中国社会科学年鉴

全国社会科学院年鉴 2016

YEARBOOK OF NATIONAL ACADEMIES OF SOCIAL SCIENCES

中国社会科学院科研局 编

中国社会科学出版社

# 图书在版编目（CIP）数据

全国社会科学院年鉴．2016／中国社会科学院科研局编．—北京：中国社会科学出版社，2017.3

ISBN 978-7-5203-0200-5

Ⅰ.①全… Ⅱ.①中… Ⅲ.①中国社会科学院—2016—年鉴 Ⅳ.①G322.22—54

中国版本图书馆 CIP 数据核字（2017）第 081012 号

| | |
|---|---|
| 出 版 人 | 赵剑英 |
| 责任编辑 | 彭莎莉　马志鹏 |
| 责任校对 | 林福国 |
| 责任印制 | 张雪娇 |

| | |
|---|---|
| 出　　版 | 中国社会科学出版社 |
| 社　　址 | 北京鼓楼西大街甲 158 号 |
| 邮　　编 | 100720 |
| 网　　址 | http://www.csspw.cn |
| 发 行 部 | 010-84083685 |
| 门 市 部 | 010-84029450 |
| 经　　销 | 新华书店及其他书店 |

| | |
|---|---|
| 印刷装订 | 三河市东方印刷有限公司 |
| 版　　次 | 2017 年 3 月第 1 版 |
| 印　　次 | 2017 年 3 月第 1 次印刷 |

| | |
|---|---|
| 开　　本 | 787×1092　1/16 |
| 印　　张 | 90.5 |
| 插　　页 | 4 |
| 字　　数 | 2316 千字 |
| 定　　价 | 480.00 元 |

凡购买中国社会科学出版社图书，如有质量问题请与本社营销中心联系调换
电话：010-84083683
版权所有　侵权必究

1954年12月，毛泽东主席与中国科学院院长兼历史研究一所所长郭沫若亲切交谈

1985年9月，邓小平同志与胡乔木同志在中共中央十二届四中全会上亲切交谈

2002年7月，江泽民总书记在中共中央政治局委员、中国社科院院长李铁映的陪同下考察中国社会科学院，并与青年学者亲切交谈

2005年2月，胡锦涛总书记在中共中央政治局进行第20次集体学习期间与全国政协副主席、中国社会科学院院长陈奎元一行亲切交谈

2013年5月,习近平总书记在中共中央政治局2013年度第5次集体学习期间与中国社会科学院院长王伟光一行亲切交谈

2015年,"第十八届全国社会科学院院长联席会议"在内蒙古自治区举办

2015年,"第四届中国沿边九省区新型智库战略联盟高层论坛"在甘肃敦煌举办

2015年,"华北地区社科院第三十二届科研管理联席会议"在天津举办

2015年,"华东六省一市社科院院长论坛暨首届华东智库论坛"在山东举办

2015年,"中南地区社科院院长联席会暨荆楚智库建设理论研讨会"在湖北举办

2015年,"第十一届西部社会科学院院长联席会议暨首届中阿智库论坛"在宁夏举办

2015年,"西部五省区社会科学院院长联席会暨'加强新型智库建设推进藏区四个全面发展'研讨会"在青海举办

# 《全国社会科学院年鉴·2016》编辑委员会

总顾问：王伟光（中国社会科学院院长、党组书记）
顾　问：王京清（中国社会科学院副院长、党组副书记）
　　　　张　江（中国社会科学院副院长、党组成员）
　　　　张英伟（中央纪委驻中国社会科学院纪检组组长、党组成员）
　　　　蔡　昉（中国社会科学院副院长、党组成员）
　　　　荆惠民（中国社会科学院党组成员）
主　任：李培林（中国社会科学院副院长、党组成员）
副主任：马　援（中国社会科学院科研局局长）
　　　　赵剑英（中国社会科学出版社社长兼总编辑）
委　员：王学勤（北京市社会科学院党组书记、院长）
　　　　张　健（天津社会科学院党组书记、院长）
　　　　郭金平（河北省社会科学院党组书记、院长）
　　　　李中元（山西省社会科学院党组书记、院长）
　　　　刘万华（内蒙古社会科学院党委书记）
　　　　马永真（内蒙古社会科学院院长）
　　　　戴茂林（辽宁社会科学院党组书记）
　　　　姜晓秋（辽宁社会科学院院长）
　　　　邵汉明（吉林省社会科学院党组书记、院长）
　　　　谢宝禄（黑龙江省社会科学院党委书记）
　　　　朱　宇（黑龙江省社会科学院院长）
　　　　王　战（上海社会科学院院长）
　　　　于信汇（上海社会科学院党委书记）
　　　　王庆五（江苏省社会科学院党委书记、院长）
　　　　张伟斌（浙江省社会科学院党委书记）
　　　　迟全华（浙江省社会科学院院长）
　　　　刘飞跃（中共安徽省委宣传部副部长，安徽省社会科学院党组书记、院长）
　　　　张　帆（福建省政协副主席，福建社会科学院院长）
　　　　陈祥健（福建社会科学院党组书记、副院长）
　　　　姜　玮（江西省社会科学院党组书记）

梁　勇（江西省社会科学院院长）
唐洲雁（山东省社会科学院党委书记）
张述存（山东省社会科学院院长）
魏一明（河南省社会科学院党委书记）
张占仓（河南省社会科学院院长、党委副书记）
张忠家（湖北省社会科学院党组书记）
宋亚平（湖北省社会科学院院长）
刘建武（湖南省社会科学院党组书记、院长）
蒋　斌（广东省社会科学院党组书记）
王　珺（广东省社会科学院院长）
李海荣（广西社会科学院党组书记、院长）
张作荣（海南省社会科学院党组书记、院长）
陈　澍（重庆社会科学院党组书记、院长）
李后强（四川省社会科学院党委书记）
侯水平（四川省社会科学院院长）
金安江（贵州省社会科学院党委书记）
吴大华（贵州省社会科学院院长）
何祖坤［云南省社会科学院、中国（昆明）南亚东南亚研究院党组书记、院长］
白玛朗杰（西藏自治区政协副主席、西藏自治区社会科学院院长）
车明怀（西藏自治区社会科学院党委书记、副院长）
任宗哲（陕西省社会科学院党组书记、院长）
王福生（甘肃省社会科学院党委副书记、院长）
陈　玮（青海省社会科学院党组书记、院长）
张进海（宁夏社会科学院党组书记）
张　廉（宁夏社会科学院院长）
铁木尔·吐尔逊（新疆维吾尔自治区社会科学院党委书记、副院长）
高建龙（新疆维吾尔自治区社会科学院院长、党委副书记）

## 《全国社会科学院年鉴·2016》编辑部

主　　编：马　援
副 主 编：赵　芮　张国春　王子豪　安文华
执行主编：安文华
责任编辑：孙　晶　刘　普　和为民　张昊鹏
编　　辑：彭莎莉　马志鹏　任　琳

# 《全国社会科学院年鉴·2016》审稿人

（按姓氏笔画排序）

| | | | | | |
|---|---|---|---|---|---|
|马　援|马廷旭|王　寅|王　维|王　静|王　镭|
|王子豪|王兴国|王希军|王燕梅|王毛跃|方继水|
|邓章扬|邓颖颖|白宽犁|曲建军|朱渊寿|任　琳|
|任仕暄|刘　伟|刘　杨|刘　普|刘文俊|刘玉顺|
|刘红敏|刘芦梅|刘现民|刘旺洪|刘信君|闫文忠|
|汤井东|安文华|许　诺|孙　晶|孙发平|孙丽红|
|牟　岱|杜荣坚|苏海红|李　波|李学成|李学红|
|李星良|吴　坚|何　凌|何　馨|张国春|陈为民|
|陈　瑞|陈于武|陈文胜|苑淑娅|林　帆|和　都|
|金　香|金朝霞|周秋香|孟庆凯|侯万锋|赵逵夫|
|赵细康|郝　丽|钟会兵|袁北星|袁凯声|芮　阳|
|郭建宏|郭晓鸣|黄　英|黄仁伟|章寿荣|万　辉|
|博　悦|葛吉云|葛志扬|董积生|韩　锰|焦　蕊|
|谢林毅|裴云松|谭钦恭|熊厚|樊　宾|颜　阳|
| | |魏钦恭|魏登才|魏澄荣| |

# 《全国社会科学院年鉴·2016》撰稿人

（按姓氏笔画排序）

| | | | | | | |
|---|---|---|---|---|---|---|
|丁晓燕|于宁楷|马华|马寅|马援|马颖|马志超|
|马瑞青|王云|王钊|王寅|王维|王静|王志超|
|王磊|王子豪|王玉斌|王国爱|王玲杰|王彦杰|王静|
|王振卯|王燕梅|王元文礼|毛叶信进|方继水|尹光明昀|
|孔苏颜|付丽|卢敦基|朱奕瑾|许晓玲|邢寿普|
|曲建军|吕华忠林|朱全一梅|朱伟民|朱杨珺|朱渊|
|任琳|刘志强|刘芦晶|刘现民|刘闫|汤井东文|
|刘红敏|孙健|孙洋|孙策杰|孙功谦|孙丽军|
|安文华|朱晓玲|李卫宏|杜志柏|杜荣水|李劲为军|
|关宇|李小红|李振涛|李同明|李宏利|杨宋娟|
|李敬|李国锋|肖勉之|李晓馨|李慧芬|张剑锋|
|李学忠|肖尚桂|肖凤莲|何宏波|沈悦|林帆|
|杨君|张少红|张煜宇|张宏波|张国春|罗惊澜|
|张萍|张维银|范宗兴|陈于武|陈爱民|罗海燕|
|张雁军|范永刚|金朝霞|罗剑|罗继东|周海燕|
|苑淑娅|金香|孟庆凯|周小鹃|周秋香|赵敏|
|和为民|郑斌|胡惠芳|轲祖瑶|赵芮|克木|
|周湘智|郝丽|袁伟|都木来提·阿不力|||
|赵京广|秦伟|唐晓虎|阳涂征|高泽敏|高康印|
|结昂|郭建宏|盛忆东|崔俊斌|黄英|曹明|
|郭锋|龚剑飞|葛吉艳|蒋蓝国华|崔树华|章寿荣|
|曹宝杰|博悦|覃卫军|熊厚亮|韩锰|程珺红|
|逯万辉|游霭琼|谭扬芳|戴|解桂海|臧鸿阳|
|焦蕊|廖冲绪|滕云鹏||樊宾|颜钦|
|裴云龙|穆悦||||鞠洪斌|魏钦恭|
|潘翔|||||||

# 编纂说明

一、《全国社会科学院年鉴·2016》为首次编纂，除重点对中国社会科学院、各省市区社会科学院2015年相关资料进行收录外，特设立"历史沿革"专栏，对各院建院以来的情况有所追溯。此外，为便于读者及时、全面、深入了解社会科学界大事要事，本年鉴部分内容进行了适当下延。

二、《全国社会科学院年鉴·2016》除"特稿"外，各院按"历史沿革""组织机构""年度工作概况""科研活动""重点成果""学术人物""大事记"七个栏目布局。

三、《全国社会科学院年鉴·2016》按照"全面、真实、准确"的方针，遵循"重点突出，科研为主""大事不漏、小事不收"的基本原则。从中国社会科学院、各省市区社会科学院选出2015年在全国、各省市区最有影响，最有代表意义，体现最新科研成果和最高学术水平的事件、成绩、人物作为年鉴的主要内容。

四、《全国社会科学院年鉴·2016》在中国社会科学院领导的关心支持下，院长、党组书记王伟光担任总顾问，副院长、党组副书记王京清，副院长、党组成员张江，中央纪委驻中国社科院纪检组组长、党组成员张英伟，副院长、党组成员蔡昉，党组成员荆惠民担任顾问，中国社会科学院副院长、党组成员李培林任编委会主任，具体由中国社会科学院科研局组织实施。

五、由于《全国社会科学院年鉴·2016》涉及30多个单位，我们在组织编纂过程中采取了各院选三位撰稿人、一位审稿人、一位院领导的三级负责制，并对文稿作了以下要求。

1. 内容要求直陈其事，以事实和数据说话，所选用的材料在具备准确性、稳定性、权威性和资料性的同时，还必须注意材料的新、广、精、准。不以个人好恶决定材料的取舍，也不以个人的观点对所述人、事、物作任意褒贬和评论。

2. 内容撰写采用说明、记叙文体，述而不作。文句要精练通顺，合乎逻辑。做到层次分明、条理清楚、生动通俗。材料须翔实，以事实说话，不空泛议论。力戒空话、套话、华而不实及形容词过多的内容。

3. 在时间表述上，不用"明年""今年""去年""90年"之类的写法。应写年份全称。日、月的表达，跨月份的写"×月×日至×月×日"，而不用"几个月来"等含糊的提法；不跨月份的则写"×月×—×日"。

4. 引文的格式。一般写在直接引语后加括号，如"……"（《中国社会科学》第×期）。

5. 会议、组织机构、项目名称都需用全称。若在同一文章或条目内出现两次以上时，可在首次出现的全称后面加括号注明"简称"或"缩写"，以后则可用简称或缩写代替。

国际会议和国外组织机构名称应注明原文全称及缩写。

学术名词的译名，原则上以各工具书为依据。新出现的学术名词术语，在未经过有关部门审定或统一时，照习惯用法书写。

6. 凡是可以使用阿拉伯数字且又得体的地方，都应使用阿拉伯数字。

六、因时间关系，"科研成果形式"依循各院科研管理惯例，未作统一；个别数据因年代久远未及查访补充完整；一些机构、行业专用词的全称、简称同时使用，未作统一。特此说明。

七、各省区市社会科学院在年鉴编纂过程中积极支持并参与此项工作，各省区市社会科学院党委（党组）书记、院长担任编委会委员，在全院组织精干力量，抓好年鉴推进落实，在规定时间内提供了较高质量的稿件，为编辑部顺利完成《全国社会科学院年鉴·2016》编纂工作打下了坚实的基础。中国社会科学院科研局全体同志在百忙中撰写中国社会科学院部分，共同审稿，为在较短时间内提供给出版社较完整的书稿发挥了团队协作精神。中国社会科学出版社为及时编辑、出版《全国社会科学院年鉴·2016》付出了辛勤劳动。在此一并致谢！

《全国社会科学院年鉴·2016》编辑部

2016年12月8日

# 目 录

## 第一篇 特稿

在哲学社会科学工作座谈会上的讲话（2016年5月17日） ……………… 习近平 3
中央发出《关于进一步繁荣发展哲学社会科学的意见》 ………………………………… 15
中共中央、国务院印发《关于深化科技体制改革加快国家创新体系建设的
　　意见》 …………………………………………………………………………………… 18
中共中央办公厅、国务院办公厅印发《关于加强中国特色新型智库建设的
　　意见》 …………………………………………………………………………………… 26

## 第二篇 中国社会科学院

历史沿革 …………………………………………………………………………………… 33
组织机构 …………………………………………………………………………………… 39
年度工作概况 ……………………………………………………………………………… 46
科研活动 …………………………………………………………………………………… 52
重点成果 …………………………………………………………………………………… 102
学术人物 …………………………………………………………………………………… 181
2015年大事记 ……………………………………………………………………………… 204

## 第三篇 各省区市社会科学院

北京市社会科学院 ………………………………………………………………………… 209
　第一节　历史沿革 ……………………………………………………………………… 209
　第二节　组织机构 ……………………………………………………………………… 210
　第三节　年度工作概况 ………………………………………………………………… 211
　第四节　科研活动 ……………………………………………………………………… 214
　第五节　重点成果 ……………………………………………………………………… 222
　第六节　学术人物 ……………………………………………………………………… 235
　第七节　2015年大事记 ………………………………………………………………… 240
天津社会科学院 …………………………………………………………………………… 244
　第一节　历史沿革 ……………………………………………………………………… 244
　第二节　组织机构 ……………………………………………………………………… 248

第三节　年度工作概况 ……………………………………………………………… 250
　　　第四节　科研活动 …………………………………………………………………… 253
　　　第五节　重点成果 …………………………………………………………………… 264
　　　第六节　学术人物 …………………………………………………………………… 299
　　　第七节　2015年大事记 ……………………………………………………………… 310

河北省社会科学院 …………………………………………………………………………… 312
　　　第一节　历史沿革 …………………………………………………………………… 312
　　　第二节　组织机构 …………………………………………………………………… 316
　　　第三节　年度工作概况 ……………………………………………………………… 320
　　　第四节　科研活动 …………………………………………………………………… 323
　　　第五节　重点成果 …………………………………………………………………… 328
　　　第六节　学术人物 …………………………………………………………………… 342
　　　第七节　2015年大事记 ……………………………………………………………… 356

山西省社会科学院 …………………………………………………………………………… 359
　　　第一节　历史沿革 …………………………………………………………………… 359
　　　第二节　组织机构 …………………………………………………………………… 364
　　　第三节　年度工作概况 ……………………………………………………………… 365
　　　第四节　科研活动 …………………………………………………………………… 368
　　　第五节　重点成果 …………………………………………………………………… 372
　　　第六节　学术人物 …………………………………………………………………… 382
　　　第七节　2015年大事记 ……………………………………………………………… 385

内蒙古自治区社会科学院 …………………………………………………………………… 388
　　　第一节　历史沿革 …………………………………………………………………… 388
　　　第二节　组织机构 …………………………………………………………………… 392
　　　第三节　年度工作概况 ……………………………………………………………… 393
　　　第四节　科研活动 …………………………………………………………………… 396
　　　第五节　重点成果 …………………………………………………………………… 402
　　　第六节　学术人物 …………………………………………………………………… 416
　　　第七节　2015年大事记 ……………………………………………………………… 423

辽宁社会科学院 ……………………………………………………………………………… 424
　　　第一节　历史沿革 …………………………………………………………………… 424
　　　第二节　组织机构 …………………………………………………………………… 426
　　　第三节　年度工作概况 ……………………………………………………………… 429
　　　第四节　科研活动 …………………………………………………………………… 431
　　　第五节　重点成果 …………………………………………………………………… 437
　　　第六节　学术人物 …………………………………………………………………… 447
　　　第七节　2015年大事记 ……………………………………………………………… 466

吉林省社会科学院 …………………………………………………………………………… 469
　　　第一节　历史沿革 …………………………………………………………………… 469
　　　第二节　组织机构 …………………………………………………………………… 474
　　　第三节　年度工作概况 ……………………………………………………………… 477

|       |                                    |     |
| ----- | ---------------------------------- | --- |
| 第四节 | 科研活动                           | 479 |
| 第五节 | 重点成果                           | 492 |
| 第六节 | 学术人物                           | 514 |
| 第七节 | 2015年大事记（含吉林省社会科学界联合会） | 533 |

## 黑龙江省社会科学院 ... 536

|       |              |     |
| ----- | ------------ | --- |
| 第一节 | 历史沿革     | 536 |
| 第二节 | 组织机构     | 537 |
| 第三节 | 年度工作概况 | 538 |
| 第四节 | 科研活动     | 540 |
| 第五节 | 重点成果     | 546 |
| 第六节 | 学术人物     | 564 |
| 第七节 | 2015年大事记 | 578 |

## 上海社会科学院 ... 584

|       |              |     |
| ----- | ------------ | --- |
| 第一节 | 历史沿革     | 584 |
| 第二节 | 组织机构     | 586 |
| 第三节 | 年度工作概况 | 589 |
| 第四节 | 科研活动     | 592 |
| 第五节 | 重点成果     | 597 |
| 第六节 | 学术人物     | 600 |
| 第七节 | 2015年大事记 | 603 |

## 江苏省社会科学院 ... 606

|       |              |     |
| ----- | ------------ | --- |
| 第一节 | 历史沿革     | 606 |
| 第二节 | 组织机构     | 608 |
| 第三节 | 年度工作概况 | 610 |
| 第四节 | 科研活动     | 612 |
| 第五节 | 重点成果     | 617 |
| 第六节 | 学术人物     | 638 |
| 第七节 | 2015年大事记 | 639 |

## 浙江省社会科学院 ... 642

|       |              |     |
| ----- | ------------ | --- |
| 第一节 | 历史沿革     | 642 |
| 第二节 | 组织机构     | 646 |
| 第三节 | 年度工作概况 | 648 |
| 第四节 | 科研活动     | 651 |
| 第五节 | 重点成果     | 653 |
| 第六节 | 学术人物     | 658 |
| 第七节 | 2015年大事记 | 665 |

## 安徽省社会科学院 ... 669

|       |              |     |
| ----- | ------------ | --- |
| 第一节 | 历史沿革     | 669 |
| 第二节 | 组织机构     | 673 |
| 第三节 | 年度工作概况 | 675 |
| 第四节 | 科研活动     | 677 |

第五节　重点成果 …… 681
　　第六节　学术人物 …… 701
　　第七节　2015年大事记 …… 708
**福建社会科学院** …… 712
　　第一节　历史沿革 …… 712
　　第二节　组织机构 …… 714
　　第三节　年度工作概况 …… 715
　　第四节　科研活动 …… 718
　　第五节　重点成果 …… 725
　　第六节　学术人物 …… 748
　　第七节　2015年大事记 …… 755
**江西省社会科学院** …… 758
　　第一节　历史沿革 …… 758
　　第二节　组织机构 …… 760
　　第三节　年度工作概况 …… 762
　　第四节　科研活动 …… 764
　　第五节　重点成果 …… 769
　　第六节　学术人物 …… 788
　　第七节　2015年大事记 …… 792
**山东社会科学院** …… 796
　　第一节　历史沿革 …… 796
　　第二节　组织机构 …… 797
　　第三节　年度工作概况 …… 799
　　第四节　科研活动 …… 803
　　第五节　重点成果 …… 811
　　第六节　学术人物 …… 866
　　第七节　2015年大事记 …… 881
**河南省社会科学院** …… 885
　　第一节　历史沿革 …… 885
　　第二节　组织机构 …… 887
　　第三节　年度工作概况 …… 889
　　第四节　科研活动 …… 891
　　第五节　重点成果 …… 896
　　第六节　学术人物 …… 906
　　第七节　2015年大事记 …… 912
**湖北省社会科学院** …… 914
　　第一节　历史沿革 …… 914
　　第二节　组织机构 …… 918
　　第三节　年度工作概况 …… 920
　　第四节　科研活动 …… 923
　　第五节　重点成果 …… 929

  第六节 学术人物 ………………………………………………………………… 937
  第七节 2015 年大事记 …………………………………………………………… 953
湖南省社会科学院 ……………………………………………………………………… 957
  第一节 历史沿革 ………………………………………………………………… 957
  第二节 组织机构 ………………………………………………………………… 958
  第三节 年度工作概况 …………………………………………………………… 959
  第四节 科研活动 ………………………………………………………………… 961
  第五节 重点成果 ………………………………………………………………… 967
  第六节 学术人物 ………………………………………………………………… 987
  第七节 2015 年大事记 …………………………………………………………… 990
广东省社会科学院 ……………………………………………………………………… 993
  第一节 历史沿革 ………………………………………………………………… 993
  第二节 组织机构 ………………………………………………………………… 995
  第三节 年度工作概况 …………………………………………………………… 998
  第四节 科研活动 ……………………………………………………………… 1001
  第五节 重点成果 ……………………………………………………………… 1011
  第六节 学术人物 ……………………………………………………………… 1016
  第七节 2015 年大事记 ………………………………………………………… 1032
广西社会科学院 ………………………………………………………………………… 1037
  第一节 历史沿革 ……………………………………………………………… 1037
  第二节 组织机构 ……………………………………………………………… 1041
  第三节 年度工作概况 ………………………………………………………… 1042
  第四节 科研活动 ……………………………………………………………… 1044
  第五节 重点成果 ……………………………………………………………… 1051
  第六节 学术人物 ……………………………………………………………… 1055
  第七节 2015 年大事记 ………………………………………………………… 1060
海南省社会科学院 ……………………………………………………………………… 1063
  第一节 历史沿革 ……………………………………………………………… 1063
  第二节 组织机构 ……………………………………………………………… 1063
  第三节 科研活动 ……………………………………………………………… 1064
  第四节 2015 年大事记 ………………………………………………………… 1067
重庆社会科学院 ………………………………………………………………………… 1069
  第一节 历史沿革 ……………………………………………………………… 1069
  第二节 组织机构 ……………………………………………………………… 1070
  第三节 年度工作概况 ………………………………………………………… 1072
  第四节 科研活动 ……………………………………………………………… 1077
  第五节 重点成果 ……………………………………………………………… 1094
  第六节 学术人物 ……………………………………………………………… 1104
  第七节 2015 年大事记 ………………………………………………………… 1108
四川省社会科学院 ……………………………………………………………………… 1111
  第一节 历史沿革 ……………………………………………………………… 1111

第二节　组织机构 …………………………………………………………… 1113
　　第三节　年度工作概况 ………………………………………………………… 1115
　　第四节　科研活动 ……………………………………………………………… 1120
　　第五节　重点成果 ……………………………………………………………… 1127
　　第六节　学术人物 ……………………………………………………………… 1139
　　第七节　2015年大事记 ………………………………………………………… 1147
贵州省社会科学院 ………………………………………………………………… 1150
　　第一节　历史沿革 ……………………………………………………………… 1150
　　第二节　组织机构 ……………………………………………………………… 1158
　　第三节　年度工作概况 ………………………………………………………… 1160
　　第四节　科研活动 ……………………………………………………………… 1162
　　第五节　重点成果 ……………………………………………………………… 1169
　　第六节　学术人物 ……………………………………………………………… 1175
　　第七节　2015年大事记 ………………………………………………………… 1182
云南省社会科学院 ………………………………………………………………… 1184
　　第一节　历史沿革 ……………………………………………………………… 1184
　　第二节　组织机构 ……………………………………………………………… 1185
　　第三节　年度工作概况 ………………………………………………………… 1188
　　第四节　科研活动 ……………………………………………………………… 1190
　　第五节　重点成果 ……………………………………………………………… 1192
　　第六节　学术人物 ……………………………………………………………… 1206
　　第七节　2015年大事记 ………………………………………………………… 1209
西藏自治区社会科学院 …………………………………………………………… 1213
　　第一节　历史沿革 ……………………………………………………………… 1213
　　第二节　组织机构 ……………………………………………………………… 1216
　　第三节　年度工作概况 ………………………………………………………… 1218
　　第四节　科研活动 ……………………………………………………………… 1220
　　第五节　重点成果 ……………………………………………………………… 1223
　　第六节　学术人物 ……………………………………………………………… 1227
　　第七节　2015年大事记 ………………………………………………………… 1230
陕西省社会科学院 ………………………………………………………………… 1234
　　第一节　历史沿革 ……………………………………………………………… 1234
　　第二节　组织机构 ……………………………………………………………… 1235
　　第三节　年度工作概况 ………………………………………………………… 1236
　　第四节　科研活动 ……………………………………………………………… 1238
　　第五节　重点成果 ……………………………………………………………… 1242
　　第六节　学术人物 ……………………………………………………………… 1252
　　第七节　2015年大事记 ………………………………………………………… 1258
甘肃省社会科学院 ………………………………………………………………… 1260
　　第一节　历史沿革 ……………………………………………………………… 1260
　　第二节　组织机构 ……………………………………………………………… 1261

第三节　年度工作概况 …… 1263
　　第四节　科研活动 …… 1264
　　第五节　重点成果 …… 1269
　　第六节　学术人物 …… 1289
　　第七节　2015年大事记 …… 1292
青海省社会科学院 …… 1294
　　第一节　历史沿革 …… 1294
　　第二节　组织机构 …… 1295
　　第三节　年度工作概况 …… 1296
　　第四节　科研活动 …… 1299
　　第五节　重点成果 …… 1307
　　第六节　学术人物 …… 1318
　　第七节　2015年大事记 …… 1321
宁夏社会科学院 …… 1324
　　第一节　历史沿革 …… 1324
　　第二节　组织机构 …… 1327
　　第三节　年度工作概况 …… 1329
　　第四节　科研活动 …… 1332
　　第五节　重点成果 …… 1335
　　第六节　学术人物 …… 1356
　　第七节　2015年大事记 …… 1358
新疆维吾尔自治区社会科学院 …… 1360
　　第一节　历史沿革 …… 1360
　　第二节　组织机构 …… 1362
　　第三节　年度工作概况 …… 1365
　　第四节　科研活动 …… 1367
　　第五节　重点成果 …… 1371
　　第六节　学术人物 …… 1385
　　第七节　2015年大事记 …… 1395

## 第四篇　附录

…… 1399

# 第一篇

# 特　稿

# 在哲学社会科学工作座谈会上的讲话

(2016年5月17日)

习近平

今天,我们召开一个哲学社会科学工作座谈会,参加的大多是我国哲学社会科学方面的专家学者,其中有德高望重的老专家,有成果丰硕的学术带头人,也有崭露头角的后起之秀,包括马克思主义理论研究和建设工程的咨询委员或首席专家、国家高端智库代表,还有在校的博士生、硕士生、本科生,以及有关部门负责同志。首先,我向大家,向全国广大哲学社会科学工作者,致以诚挚的问候!

党的十八大以来,为加强和改进宣传思想文化工作和理论研究工作,党中央先后召开了全国宣传思想工作会议、文艺工作座谈会、新闻舆论工作座谈会、网络安全和信息化工作座谈会等会议,我在这些会议上作了讲话。召开这些会议,目的是听听各方面意见,大家一起分析形势、沟通思想、凝聚共识、谋划未来。

哲学社会科学是人们认识世界、改造世界的重要工具,是推动历史发展和社会进步的重要力量,其发展水平反映了一个民族的思维能力、精神品格、文明素质,体现了一个国家的综合国力和国际竞争力。一个国家的发展水平,既取决于自然科学发展水平,也取决于哲学社会科学发展水平。一个没有发达的自然科学的国家不可能走在世界前列,一个没有繁荣的哲学社会科学的国家也不可能走在世界前列。坚持和发展中国特色社会主义,需要不断在实践和理论上进行探索、用发展着的理论指导发展着的实践。在这个过程中,哲学社会科学具有不可替代的重要地位,哲学社会科学工作者具有不可替代的重要作用。

刚才,几位同志讲得很好,很多是真知灼见、肺腑之言,听了很受启发。下面,我就几个问题讲点意见,同大家交流讨论。

第一个问题:坚持和发展中国特色社会主义必须高度重视哲学社会科学

恩格斯说:"一个民族要想站在科学的最高峰,就一刻也不能没有理论思维。"我们党历来高度重视哲学社会科学。革命战争年代,毛泽东同志就说过,必须"用社会科学来了解社会,改造社会,进行社会革命"。毛泽东同志就是一位伟大的哲学家、思想家、社会科学家,他撰写的《矛盾论》、《实践论》等哲学名篇至今仍具有重要指导意义,他的许多调查研究名篇对我国社会作出了鞭辟入里的分析,是社会科学的经典之作。进入改革开放历史新时期,邓小平同志指出:"科学当然包括社会科学。""政治学、法学、社会学以及世界政治的研究,我们过去多年忽视了,现在也需要赶快补课。"江泽民同志指出:"在认识和改造世界的过程中,哲学社会科学与自然科学同样重要;培养高水平的哲学社会科学家,与培养高水平的自然科学家同样重要;提高全民族的哲学社会科学素质,与提高全民族的自然科学素质同样重要;任用好哲学社会科学人才并充分发挥他们的作用,与任用好自然科学人才并发挥他们的作用同样重要。"胡锦涛同志说:"应对激烈的国际综合国力竞争,在不断增强我国的经济实力的同时增强我国的文化创造力、民族凝聚力,增强中华文明的影响力,迫切需要哲学社会科学发展具有中国特色的学科体系和学术思想。"党的十八大以来,党中央继续制定政策、采取措施,大力推动哲学社会科学发展。

观察当代中国哲学社会科学,需要有一个宽广的视角,需要放到世界和我国发展大历史中去看。人类社会每一次重大跃进,人类文明每一次重大发展,都离不开哲学社会科学的知识变革和思想先导。从西方历史看,古代希腊、古代罗马时期,产生了苏格拉底、柏拉图、亚里士多德、西塞罗等人的思想学说。文艺复兴时期,产生了但丁、薄伽丘、达·芬奇、拉斐尔、哥白尼、布鲁诺、伽利略、莎士比亚、托马斯·莫尔、康帕内拉等一批文化和思想大家。他们中很多人是文艺巨匠,但他们的作品深刻反映了他们对社会构建的思想认识。英国资产阶级革命、法国资产阶级革命、美国独立战争前后,产生了霍布斯、洛克、伏尔泰、孟德斯鸠、卢梭、狄德罗、爱尔维修、潘恩、杰弗逊、汉密尔顿等一大批资产阶级思想家,形成了反映新兴资产阶级政治诉求的思想和观点。马克思主义的诞生是人类思想史上的一个伟大事件,而马克思主义则批判吸收了康德、黑格尔、费尔巴哈等人的哲学思想,圣西门、傅立叶、欧文等人的空想社会主义思想,亚当·斯密、大卫·李嘉图等人的古典政治经济学思想。可以说,没有18、19世纪欧洲哲学社会科学的发展,就没有马克思主义形成和发展。20世纪以来,社会矛盾不断激化,为缓和社会矛盾、修补制度弊端,西方各种各样的学说都在开药方,包括凯恩斯主义、新自由主义、新保守主义、民主社会主义、实用主义、存在主义、结构主义、后现代主义等,这些既是西方社会发展到一定阶段的产物,也深刻影响着西方社会。

中华文明历史悠久,从先秦子学、两汉经学、魏晋玄学,到隋唐佛学、儒释道合流、宋明理学,经历了数个学术思想繁荣时期。在漫漫历史长河中,中华民族产生了儒、释、道、墨、名、法、阴阳、农、杂、兵等各家学说,涌现了老子、孔子、庄子、孟子、荀子、韩非子、董仲舒、王充、何晏、王弼、韩愈、周敦颐、程颢、程颐、朱熹、陆九渊、王守仁、李贽、黄宗羲、顾炎武、王夫之、康有为、梁启超、孙中山、鲁迅等一大批思想大家,留下了浩如烟海的文化遗产。中国古代大量鸿篇巨制中包含着丰富的哲学社会科学内容、治国理政智慧,为古人认识世界、改造世界提供了重要依据,也为中华文明提供了重要内容,为人类文明作出了重大贡献。

鸦片战争后,随着列强入侵和国门被打开,我国逐步成为半殖民地半封建国家,西方思想文化和科学知识随之涌入。自那以后,我们的国家和民族经历了刻骨铭心的惨痛历史,中华传统思想文化经历了剧烈变革的阵痛。为了寻求救亡图存之策,林则徐、魏源、严复等人把眼光转向西方,从"师夷长技以制夷"到"中体西用",从洋务运动到新文化运动,西方哲学社会科学被翻译介绍到我国,不少人开始用现代社会科学方法来研究我国社会问题,社会科学各学科在我国逐渐发展起来。

特别是十月革命一声炮响,给中国送来了马克思列宁主义。陈独秀、李大钊等人积极传播马克思主义,倡导运用马克思主义改造中国社会。许多进步学者运用马克思主义进行哲学社会科学研究。在长期实践探索中，产生了郭沫若、李达、艾思奇、翦伯赞、范文澜、吕振羽、马寅初、费孝通、钱钟书等一大批名家大师，为我国当代哲学社会科学发展进行了开拓性努力。可以说，当代中国哲学社会科学是以马克思主义进入我国为起点的，是在马克思主义指导下逐步发展起来的。

现在，我国哲学社会科学学科体系不断健全，研究队伍不断壮大，研究水平和创新能力不断提高，马克思主义理论研究和建设工程取得丰硕成果。广大哲学社会科学工作者解放思想、实事求是、与时俱进，坚持以马克思主义为指导，坚持为人民服务、为社会主义服务方向和百花齐放、百家争鸣方针，深入研究和回答我国发展和我们党执政面临的重大理论和实践问题，推出一大批重要学术成果，为坚持和发展中国特色社会主义作出了重大贡献。

新形势下，我国哲学社会科学地位更加重要、任务更加繁重。面对社会思想观念和价值取向日趋活跃、主流和非主流同时并存、社会思潮纷纭激荡的新形势，如何巩固马克思主义在意识形态领域的指导地位，培育和践行社会主义核心价值观，巩固全党全国各族人民团结奋斗的共同思想基础，迫切需要哲学社会科学更好发挥作用。面对我国经济发展进入新常态、国际发展环境深刻变化的新形势，如何贯彻落实新发展理念、加快转变经济发展方式、提高发展质量和效益，如何更好保障和改善民生、促进社会公平正义，迫切需要哲学社会科学更好发挥作用。面对改革进入攻坚期和深水区、各种深层次矛盾和问题不断呈现、各类风险和挑战不断增多的新形势，如何提高改革决策水平、推进国家治理体系和治理能力现代化，迫切需要哲学社会科学更好发挥作用。面对世界范围内各种思想文化交流交融交锋的新形势，如何加快建设社会主义文化强国、增强文化软实力、提高我国在国际上的话语权，迫切需要哲学社会科学更好发挥作用。面对全面从严治党进入重要阶段、党面临的风险和考验集中显现的新形势，如何不断提高党的领导水平和执政水平、增强拒腐防变和抵御风险能力，使党始终成为中国特色社会主义事业的坚强领导核心，迫切需要哲学社会科学更好发挥作用。总之，坚持和发展中国特色社会主义，统筹推进"五位一体"总体布局和协调推进"四个全面"战略布局，实现"两个一百年"奋斗目标、实现中华民族伟大复兴的中国梦，我国哲学社会科学可以也应该大有作为。

面对新形势新要求，我国哲学社会科学领域还存在一些亟待解决的问题。比如，哲学社会科学发展战略还不十分明确，学科体系、学术体系、话语体系建设水平总体不高，学术原创能力还不强；哲学社会科学训练培养教育体系不健全，学术评价体系不够科学，管理体制和运行机制还不完善；人才队伍总体素质亟待提高，学风方面问题还比较突出，等等。总的看，我国哲学社会科学还处于有数量缺质量、有专家缺大师的状况，作用没有充分发挥出来。改变这个状况，需要广大哲学社会科学工作者加倍努力，不断在解决影响我国哲学社会科学发展的突出问题上取得明显进展。

历史表明，社会大变革的时代，一定是哲学社会科学大发展的时代。当代中国正经历着我国历史上最为广泛而深刻的社会变革，也正在进行着人类历史上最为宏大而独特的实践创新。这种前无古人的伟大实践，必将给理论创造、学术繁荣提供强大动力和广阔空间。这是一个需要理论而且一定能够产生理论的时代，这是一个需要思想而且一定能够产生思想的时代。我们不能辜负了这个时代。自古以来，我国知识分子就有"为天地立心，为生民立命，为往圣继绝学，为万世开太平"的志向和传统。一切有理想、有抱负的哲学社会科学工作者都应该立时代之潮头、通古今之变化、发思想之先声，积极为党和人民述学立论、建言献策，担负起历史赋予的光荣使命。

第二个问题：坚持马克思主义在我国哲学社会科学领域的指导地位

坚持以马克思主义为指导，是当代中国哲学社会科学区别于其他哲学社会科学的根本标志，必须旗帜鲜明加以坚持。

马克思主义尽管诞生在一个半多世纪之前，但历史和现实都证明它是科学的理论，迄今依然有着强大生命力。马克思主义深刻揭示了自然界、人类社会、人类思维发展的普遍规律，为人类社会发展进步指明了方向；马克思主义坚持实现人民解放、维护人民利益的立场，以实现人的自由而全面的发展和全人类解放为己任，反映了人类对理想社会的美好憧憬；马克思主义揭示了事物的本质、内在联系及发展规律，是"伟大的认识工具"，是人们观察世界、分析问题的有力思想武器；马克思主义具有鲜明的实践品格，不仅致力于科学"解释世界"，而且致力于积极"改变世界"。在人类思想史上，还没有一种理论像马克思主义那样对人类文明进步产生了如此广泛而巨大的影响。

马克思主义进入中国，既引发了中华文明深刻变革，也走过了一个逐步中国化的过程。在革命、建设、改革各个历史时期，我们党坚持马克思主义基本原理同中国具体实际相结合，运用马克思主义立场、观点、方法研究解决各种重大理论和实践问题，不断推进马克思主义中国化，产生了毛泽东思想、邓小平理论、"三个代表"重要思想、科学发展观等重大成果，指导党和人民取得了新民主主义革命、社会主义革命和社会主义建设、改革开放的伟大成就。我国哲学社会科学坚持以马克思主义为指导，是近代以来我国发展历程赋予的规定性和必然性。在我国，不坚持以马克思主义为指导，哲学社会科学就会失去灵魂、迷失方向，最终也不能发挥应有作用。正所谓"夫道不欲杂，杂则多，多则扰，扰则忧，忧而不救"。

马克思主义中国化取得了重大成果，但还远未结束。我国哲学社会科学的一项重要任务就是继续推进马克思主义中国化、时代化、大众化，继续发展21世纪马克思主义、当代中国马克思主义。

在对待坚持以马克思主义为指导问题上，绝大部分同志认识是清醒的、态度是坚定的。同时，也有一些同志对马克思主义理解不深、理解不透，在运用马克思主义立场、观点、方法上功力不足、高水平成果不多，在建设以马克思主义为指导的学科体系、学术体系、话语体系上功力不足、高水平成果不多。社会上也存在一些模糊甚至错误的认识。有的认为马克思主义已经过时，中国现在搞的不是马克思主义；有的说马克思主义只是一种意识形态说教，没有学术上的学理性和系统性。实际工作中，在有的领域中马克思主义被边缘化、空泛化、标签化，在一些学科中"失语"、教材中"失踪"、论坛上"失声"。这种状况必须引起我们高度重视。

即使在当今西方社会，马克思主义仍然具有重要影响力。在本世纪来临的时候，马克思被西方思想界评为"千年第一思想家"。美国学者海尔布隆纳在他的著作《马克思主义：赞成与反对》中表示，要探索人类社会发展前景，必须向马克思求教，人类社会至今仍然生活在马克思所阐明的发展规律之中。实践也证明，无论时代如何变迁、科学如何进步，马克思主义依然显示出科学思想的伟力，依然占据着真理和道义的制高点。邓小平同志深刻指出："我坚信，世界上赞成马克思主义的人会多起来的，因为马克思主义是科学。"

我国广大哲学社会科学工作者要自觉坚持以马克思主义为指导，自觉把中国特色社主义理论体系贯穿研究和教学全过程，转化为清醒的理论自觉、坚定的政治信念、科学的思维方法。

坚持以马克思主义为指导，首先要解决真懂真信的问题。哲学社会科学发展状况与其研究者坚持什么样的世界观、方法论紧密相关。人们必须有了正确的世界观、方法论，才能更好观察和解释自然界、人类社会、人类思维各种现象，揭示蕴含在其中的规律。马克思主义关于世界的物质性及其发展规律、人类社会及其发展规律、认识的本质及其发展规律等原理，为我们研究把握哲学社会科学各个学科各个领域提供了基本的世界观、方法论。只有真正弄懂了马克思主义，才能在揭示共产党执政规律、社会主义建设规律、人类社会发展规律上不断有所发现、有所创造，才能更好识别各种唯心主义观点、更好抵御各种历史虚无主义谬论。

马克思主义经典作家眼界广阔、知识丰富，马克思主义理论体系和知识体系博大精深，涉及自然界、人类社会、人类思维各个领域，涉及历史、经济、政治、文化、社会、生态、科技、军事、党建等各个方面，不下大气力、不下苦功夫是难以掌握真谛、融会贯通的。"为学之道，必本于思。""不深思则不能造于道，不深思而得者，其得易失。"我看过一些西方研究马克思主义的书，其结论未必正确，但在研究和考据马克思主义文本上，功课做得还是可以的。相比之下，我们一些研究在这方面的努力就远远不够了。恩格斯曾经说过："即使只是在一个单独的历史事例上发展唯物主义的观点，也是一项要求多年冷静钻研的科学工作，因为很明显，在这里只说空话是无济于事的，只有靠大量的、批判地审查过的、充分地掌握了的历史资料，才能解决这样的任务。"对马克思主义的学习和研究，不能采取浅尝辄止、蜻蜓点水的态度。有的人马克思主义经典著作没读几本，一知半解就哇啦哇啦发表意见，这是一种不负责任的态度，也有悖于科学精神。

坚持以马克思主义为指导，核心要解决好为什么人的问题。为什么人的问题是哲学社会科学研究的根本性、原则性问题。我国哲学社会科学为谁著书、为谁立说，是为少数人服务还是为绝大多数人服务，是必须搞清楚的问题。世界上没有纯而又纯的哲学社会科学。世界上伟大的哲学社会科学成果都是在回答和解决人与社会面临的重大问题中创造出来的。研究者生活在现实社会中，研究什么，主张什么，都会打下社会烙印。我们的党是全心全意为人民服务的党，我们的国家是人民当家作主的国家，党和国家一切工作的出发点和落脚点是实现好、维护好、发展好最广大人民根本利益。我国哲学社会科学要有所作为，就必须坚持以人民为中心的研究导向。脱离了人民，哲学社会科学就不会有吸引力、感染力、影响力、生命力。我国广大哲学社会科学工作者要坚持人民是历史创造者的观点，树立为人民做学问的理想，尊重人民主体地位，聚焦人民实践创造，自觉把个人学术追求同国家和民族发展紧紧联系在一起，努力多出经得起实践、人民、历史检验的研究成果。

坚持以马克思主义为指导，最终要落实到怎么用上来。"凡贵通者，贵其能用之也。"马克思主义具有与时俱进的理论品质。新形势下，坚持马克思主义，最重要的是坚持马克思主义基本原理和贯穿其中的立场、观点、方法。这是马克思主义的精髓和活的灵魂。马克思主义是随着时代、实践、科学发展而不断发展的开放的理论体系，它并没有结束真理，而是开辟了通向真理的道路。恩格斯早就说过："马克思的整个世界观不是教义，而是方法。它提供的不是现成的教条，而是进一步研究的出发点和供这种研究使用的方法。"把坚持马克思主义和发展马克思主义统一起来，结合新的实践不断作出新的理论创造，这是马克思主义永葆生机活力的奥妙所在。

对待马克思主义，不能采取教条主义的态度，也不能采取实用主义的态度。如果不顾历史条件和现实情况变化，拘泥于马克思主义经典作家在特定历史条件下、针对具体情况作出的某些个别论断和具体行动纲领，我们就会因为思想脱离实际而不能顺利前进，甚至发生失误。什么都用马克思主义经典作家的语录来说话，马克思主义经典作家没有说过的就不能说，这不是马克思主义的态度。同时，根据需要找一大堆语录，什么事都说成是马克思、恩格斯当年说过了，生硬"裁剪"活生生的实践发展和创新，这也不是马克思主义的态度。

坚持问题导向是马克思主义的鲜明特点。问题是创新的起点，也是创新的动力源。只有聆听时代的声音，回应时代的呼唤，认真研究解决重大而紧迫的问题，才能真正把握住历史脉络、找到发展规律，推动理论创新。坚持以马克思主义为指导，必须落到研究我国发展和我们党执政面临的重大理论和实践问题上来，落到提出解决问题的正确思路和有效办法上来。要坚持用联系的发展的眼光看问题，增强战略性、系统性思维，分清本质和现象、主流和支流，既看存在问题又看其发展趋势，既看局部又看全局，提出的观点、作出的结论要客观准确、经得起检验，在全面客观分析的基础上，努力揭示我国社会发展、人类社会发展的大逻辑大趋势。

有人说，马克思主义政治经济学过时了，《资本论》过时了。这个说法是武断的。远的不说，就从国际金融危机看，许多西方国家经济持续低迷、两极分化加剧、社会矛盾加深，说明资本主义固有的生产社会化和生产资料私人占有之间的矛盾依然存在，但表现形式、存在特点有所不同。国际金融危机发生后，不少西方学者也在重新研究马克思主义政治经济学、研究《资本论》，借以反思资本主义的弊端。法国学者托马斯·皮凯蒂撰写的《21世纪资本论》就在国际学术界引发了广泛讨论。该书用翔实的数据证明，美国等西方国家的不平等程度已经达到或超过了历史最高水平，认为不加制约的资本主义加剧了财富不平等现象，而且将继续恶化下去。作者的分析主要是从分配领域进行的，没有过多涉及更根本的所有制问题，但使用的方法、得出的结论值得深思。

第三个问题：加快构建中国特色哲学社会科学

哲学社会科学的特色、风格、气派，是发展到一定阶段的产物，是成熟的标志，是实力的象征，也是自信的体现。我国是哲学社会科学大国，研究队伍、论文数量、政府投入等在世界上都是排在前面的，但目前在学术命题、学术思想、学术观点、学术标准、学术话语上的能力和水平同我国综合国力和国际地位还不太相称。要按照立足中国、借鉴国外，挖掘历史、把握当代，关怀人类、面向未来的思路，着力构建中国特色哲学社会科学，在指导思想、学科体系、学术体系、话语体系等方面充分体现中国特色、中国风格、中国气派。

中国特色哲学社会科学应该具有什么特点呢？我认为，要把握住以下3个主要方面。

第一，体现继承性、民族性。哲学社会科学的现实形态，是古往今来各种知识、观念、理论、方法等融通生成的结果。我们要善于融通古今中外各种资源，特别是要把握好3方面资源。一是马克思主义的资源，包括马克思主义基本原理，马克思主义中国化形成的成果及其文化形态，如党的理论和路线方针政策，中国特色社会主义道路、理论体系、制度，我国经济、政治、法律、文化、社会、生态、外交、国防、党建等领域形成的哲学社会科学思想和成果。这是中国特色哲学社会科学的主体内容，也是中国特色哲学社会科学发展的最大增量。二是中华优秀传统文化的资源，这是中国特色哲学社会科学发展十分宝贵、不可多得的资源。三是国外哲学社会科学的资源，包括世界所有国家哲学社会科学取得的积极成果，这可以成为中国特色哲学社会科学的有益滋养。要坚持古为今用、洋为中用，融通各种资源，不断推进知识创新、理论创新、方法创新。我们要坚持不忘本来、吸收外来、面向未来，既向内看、深入研究关系国计民生的重大课题，又向外看、积极探索关系人类前途命运的重大问题；既向前看、准确判断中国特色社会主义发展趋势，又向后看、善于继承和弘扬中华优秀传统文化精华。

绵延几千年的中华文化，是中国特色哲学社会科学成长发展的深厚基础。我说过，站立在960万平方公里的广袤土地上，吸吮着中华民族漫长奋斗积累的文化养分，拥有13亿中国人民聚合的磅礴之力，我们走自己的路，具有无比广阔的舞台，具有无比深厚的历史底蕴，具有无比强大的前进定力，中国人民应该有这个信心，每一个中国人都应该有这个信心。我们说要坚定中国特色社会主义道路自信、理论自信、制度自信，说到底是要坚定文化自信。文化自信是更基本、更深沉、更持久的力量。历史和现实都表明，一个抛弃了或者背叛了自己历史文化的民族，不仅不可能发展起来，而且很可能上演一场历史悲剧。

中华民族有着深厚文化传统，形成了富有特色的思想体系，体现了中国人几千年来积累的知识智慧和理性思辨。这是我国的独特优势。中华文明延续着我们国家和民族的精神血脉，既需要薪火相传、代代守护，也需要与时俱进、推陈出新。要加强对中华优秀传统文化的挖掘和阐发，使中华民族最基本的文化基因与当代文化相适应、与现代社会相协调，把跨越时空、超越国界、富有永恒魅力、具有当代价值的文化精神弘扬起来。要推动中华文明创造性转化、创新性发展，激活其生命力，让中华文明同各国人民创造的多彩文明一道，为人类提供正确精神指引。要围绕我国和世界发展面临的重大问题，着力提出能够体现中国立场、中国智慧、中国价值的理念、主张、方案。我们不仅要让世界知道"舌尖上的中国"，还要让世界知道"学术中的中国"、"理论中的中国"、"哲学社会科学中的中国"，让世界知道"发展中的中国"、"开放中的中国"、"为人类文明作贡献的中国"。

强调民族性并不是要排斥其他国家的学术研究成果，而是要在比较、对照、批判、吸收、升华的基础上，使民族性更加符合当代中国和当今世界的发展要求，越是民族的越是世界的。解决好民族性问题，就有更强能力去解决世界性问题；把中国实践总结好，就有更强能力为解决世界性问题提供思路和办法。这是由特殊性到普遍性的发展规律。

我们既要立足本国实际，又要开门搞研究。对人类创造的有益的理论观点和学术成果，我们应该吸收借鉴，但不能把一种理论观点和学术成果当成"唯一准则"，不能企图用一种模式来改造整个世界，否则就容易滑入机械论的泥坑。一些理论观点和学术成果可以用来说明一些国家和民族的发展历程，在一定地域和历史文化中具有合理性，但如果硬要把它们套在各国各民族头上、用它们来对人类生活进行格式化，并以此为裁判，那就是荒谬的了。对国外的理论、概念、话语、方法，要有分析、有鉴别，适用的就拿来用，不适用的就不要生搬硬套。哲学社会科学要有批判精神，这是马克思主义最可贵的精神品质。

哲学社会科学研究范畴很广，不同学科有自己的知识体系和研究方法。对一切有益的知识体系和研究方法，我们都要研究借鉴，不能采取不加分析、一概排斥的态度。马克思、恩格斯在建立自己理论体系的过程中就大量吸收借鉴了前人创造的成果。对现代社会科学积累的有益知识体系，运用的模型推演、数量分析等有效手段，我们也可以用，而且应该好好用。需要注意的是，在采用这些知识和方法时不要忘了老祖宗，不要失去了科学判断力。马克思写的《资本论》、列宁写的《帝国主义论》、毛泽东同志写的系列农村调查报告等著作，都运用了大量统计数字和田野调查材料。解决中国的问题，提出解决人类问题的中国方案，要坚持中国人的世界观、方法论。如果不加分析把国外学术思想和学术方法奉为圭臬，一切以此为准绳，那就没有独创性可言了。如果用国外的方法得出与国外同样的结论，那也就没有独创性可言了。要推出具有独创性的研究成果，就要从我国实际出发，坚持实践的观点、历史的观点、辩证的观点、发展的观点，在实践中认识真理、检验真理、发展真理。

第二，体现原创性、时代性。我们的哲学社会科学有没有中国特色，归根到底要看有没有主体性、原创性。跟在别人后面亦步亦趋，不仅难以形成中国特色哲学社会科学，而且解决不了我国的实际问题。1944年，毛泽东同志就说过："我们的态度是批判地接受我们自己的历史遗产和外国的思想。我们既反对盲目接受任何思想也反对盲目抵制任何思想。我们中国人必须用我们自己的头脑进行思考，并决定什么东西能在我们自己的土壤里生长起来。"只有以我国实际为研究起点，提出具有主体性、原创性的理论观点，构建具有自身特质的学科体系、学术体系、话语体系，我国哲学社会科学才能形成自己的特色和优势。

理论的生命力在于创新。创新是哲学社会科学发展的永恒主题，也是社会发展、实践深化、历史前进对哲学社会科学的必然要求。社会总是在发展的，新情况新问题总是层出不穷的，其中有一些可以凭老经验、用老办法来应对和解决，同时也有不少是老经验、老办法不能应对和解决的。如果不能及时研究、提出、运用新思想、新理念、新办法，理论就会苍白无力，哲学社会科学就会"肌无力"。哲学社会科学创新可大可小，揭示一条规律是创新，提出一种学说是创新，阐明一个道理是创新，创造一种解决问题的办法也是创新。

理论思维的起点决定着理论创新的结果。理论创新只能从问题开始。从某种意义上说，理论创新的过程就是发现问题、筛选问题、研究问题、解决问题的过程。马克思曾深刻指出："主要的困难不是答案，而是问题。""问题就是时代的口号，是它表现自己精神状态的最实际的呼声。"柏拉图的《理想国》、亚里士多德的《政治学》、托马斯·莫尔的《乌托邦》、康帕内拉的《太阳城》、洛克的《政府论》、孟德斯鸠的《论法的精神》、卢梭的《社会契约论》、汉密尔顿等人著的《联邦党人文集》、黑格尔的《法哲学原理》、克劳塞维茨的《战争论》、亚当·斯密的《国民财富的性质和原因的研究》、马尔萨斯的《人口原理》、凯恩斯的《就业利息和货币通论》、约瑟夫·熊彼特的《经济发展理论》、萨缪尔森的《经济学》、弗里德曼的《资本主义与自由》、西蒙·库兹涅茨的《各国的经济增长》等著作，过去我都翻阅过，一个重要感受就是这些著作都是时代的产物，都是思考和研究当时当地社会突出矛盾和问题的结果。

改革开放以来，我们坚持理论创新，正确回答了什么是社会主义、怎样建设社会主义，建设什么样的党、怎样建设党，实现什么样的发展、怎样发展等重大课题，不断根据新的实践推出新的理论，为我们制定各项方针政策、推进各项工作提供了科学指导。推进国家治理体系和治理能力现代化，发展社会主义市场经济，发展社会主义民主政治，发展社会主义协商民主，建设中国特色社会主义法治体系，发展社会主义先进文化，培育和践行社会主义核心价值观，建设社会主义和谐社会，建设生态文明，构建开放型经济新体制，实施总体国家安全观，建设人类命运共同体，推进"一带一路"建设，坚持正确义利观，加强党的执政能力建设，坚持走中国特色强军之路、实现党在新形势下的强军目标，等等，都是我们提出的具有原创性、时代性的概念和理论。在这个过程中，我国哲学社会科学界作出了重大贡献，也形成了不可比拟的优势。

当代中国的伟大社会变革，不是简单延续我国历史文化的母版，不是简单套用马克思主义经典作家设想的模板，不是其他国家社会主义实践的再版，也不是国外现代化发展的翻版，不可能找到现成的教科书。我国哲学社会科学应该以我们正在做的事情为中心，从我国改革发展的实践中挖掘新材料、发现新问题、提出新观点、构建新理论，加强对改革开放和社会主义现代化建设实践经验的系统总结，加强对发展社会主义市场经济、民主政治、先进文化、和谐社会、生态文明以及党的执政能力建设等领域的分析研究，加强对党中央治国理政新理念新思想新战略的研究阐释，提炼出有学理性的新理论，概括出有规律性的新实践。这是构建中国特色哲学社会科学的着力点、着重点。一切刻舟求剑、照猫画虎、生搬硬套、依样画葫芦的做法都是无济于事的。

第三，体现系统性、专业性。中国特色哲学社会科学应该涵盖历史、经济、政治、文化、社会、生态、军事、党建等各领域，囊括传统学科、新兴学科、前沿学科、交叉学科、冷门学科等诸多学科，不断推进学科体系、学术体系、话语体系建设和创新，努力构建一个全方位、全领域、全要素的哲学社会科学体系。

现在，我国哲学社会科学学科体系已基本确立，但还存在一些亟待解决的问题，主要是一些学科设置同社会发展联系不够紧密，学科体系不够健全，新兴学科、交叉学科建设比较薄弱。下一步，要突出优势、拓展领域、补齐短板、完善体系。一是要加强马克思主义学科建设。二是要加快完善对哲学社会科学具有支撑作用的学科，如哲学、历史学、经济学、政治学、法学、社会学、民族学、新闻学、人口学、宗教学、心理学等，打造具有中国特色和普遍意义的学科体系。三是要注重发展优势重点学科。四是要加快发展具有重要现实意义的新兴学科和交叉学科，使这些学科研究成为我国哲学社会科学的重要突破点。五是要重视发展具有重要文化价值和传承意义的"绝学"、冷门学科。这些学科看上去同现实距离较远，但养兵千日、用兵一时，需要时也要拿得出来、用得上。还有一些学科事关文化传承的问题，如甲骨文等古文字研究等，要重视这些学科，确保有人做、有传承。总之，要通过努力，使基础学科健全扎实、重点学科优势突出、新兴学科和交叉学科创新发展、冷门学科代有传承、基础研究和应用研究相辅相成、学术研究和成果应用相互促进。

学科体系同教材体系密不可分。学科体系建设上不去，教材体系就上不去；反过来，教材体系上不去，学科体系就没有后劲。据统计，全国本科院校几乎都设立了哲学社会科学学科，文科生也占了在校学生很大比例。这些学生是我国哲学社会科学后备军，如果在学生阶段没有学会正确的世界观、方法论，没有打下扎实的知识基础，将来就难以担当重任。高校哲学社会科学有重要的育人功能，要面向全体学生，帮助学生形成正确的世界观、人生观、价值观，提高道德修养和精神境界，养成科学思维习惯，促进身心和人格健康发展。培养出好的哲学社会科学有用之才，就要有好的教材。经过努力，我们在实施马克思主义理论研究和建设工程的过程中，教材建设取得了重要成果，但总体看这方面还是一个短板。要抓好教材体系建设，形成适应中国特色社会主义发展要求、立足国际学术前沿、门类齐全的哲学社会科学教材体系。在教材编写、推广、使用上要注重体制机制创新，调动学者、学校、出版机构等方面积极性，大家共同来做好这项工作。

发挥我国哲学社会科学作用，要注意加强话语体系建设。在解读中国实践、构建中国理论上，我们应该最有发言权，但实际上我国哲学社会科学在国际上的声音还比较小，还处于有理说不出、说了传不开的境地。要善于提炼标识性概念，打造易于为国际社会所理解和接受的新概念、新范畴、新表述，引导国际学术界展开研究和讨论。这项工作要从学科建设做起，每个学科都要构建成体系的学科理论和概念。要鼓励哲学社会科学机构参与和设立国际性学术组织，支持和鼓励建立海外中国学术研究中心，支持国外学会、基金会研究中国问题，加强国内外智库交流，推动海外中国学研究。要聚焦国际社会共同关注的问题，推出并牵头组织研究项目，增强我国哲学社会科学研究的国际影响力。要加强优秀外文学术网站和学术期刊建设，扶持面向国外推介高水平研究成果。对学者参加国际学术会议、发表学术文章，要给予支持。

构建中国特色哲学社会科学是一个系统工程，是一项极其繁重的任务，要加强顶层设计，统筹各方面力量协同推进。要实施哲学社会科学创新工程，搭建哲学社会科学创新平台，全面推进哲学社会科学各领域创新。要充分发挥马克思主义理论研究和建设工程、中国特色社会主义理论体系研究中心、马克思主义学院、报刊网络理论宣传等思想理论工作平台的作用，深化拓展马克思主义理论研究和宣传教育。要运用互联网和大数据技术，加强哲学社会科学图书文献、网络、数据库等基础设施和信息化建设，加快国家哲学社会科学文献中心建设，构建方便快捷、资源共享的哲学社会科学研究信息化平台。要创新科研经费分配、资助、管理体制，更好发挥国家社科基金作用，把财政拨款和专项资助结合起来，把普遍性经费资助和竞争性经费资助结合起来，把政府资助和社会捐赠结合起来，加大科研投入，提高经费使用效率。要建立科学权威、公开透明的哲学社会科学成果评价体系，建立优秀成果推介制度，把优秀研究成果真正评出来、推广开。

第四个问题：加强和改善党对哲学社会科学工作的领导

哲学社会科学事业是党和人民的重要事业，哲学社会科学战线是党和人民的重要战线。加强和改善党对哲学社会科学工作的领导，是繁荣发展我国哲学社会科学事业的根本保证。

各级党委要把哲学社会科学工作纳入重要议事日程，加强政治领导和工作指导，一手抓繁荣发展、一手抓引导管理。要深化管理体制改革，形成既能把握正确方向又能激发科研活力的体制机制，统筹管理好重要人才、重要阵地、重大研究规划、重大研究项目、重大资金分配、重大评价评奖活动。要统筹国家层面研究和地方层面研究，优化科研布局，合理配置资源，处理好投入和效益、数量和质量、规模和结构的关系，增强哲学社会科学发展能力。各级领导干部特别是主要负责同志，既要有比较丰富的自然科学知识，又要有比较丰富的社会科学知识，以不断提高决策和领导水平。

各级党委和政府要发挥哲学社会科学在治国理政中的重要作用。党的十八届三中全会提出，要加强中国特色新型智库建设，建立健全决策咨询制度。党的十八届五中全会强调，要实施哲学社会科学创新工程，建设中国特色新型智库。2015年11月，我主持中央深改组会议，通过了国家高端智库建设试点工作方案，第一批高端智库已经建立并运行起来。我在那次会议上强调，要建设一批国家亟需、特色鲜明、制度创新、引领发展的高端智库，重点围绕国家重大战略需求开展前瞻性、针对性、储备性政策研究。近年来，哲学社会科学领域建设智库热情很高，成果也不少，为各级党政部门决策提供了有益帮助。同时，有的智库研究存在重数量、轻质量问题，有的存在重形式传播、轻内容创新问题，还有的流于搭台子、请名人、办论坛等形式主义的做法。智库建设要把重点放在提高研究质量、推动内容创新上。要加强决策部门同智库的信息共享和互动交流，把党政部门政策研究同智库对策研究紧密结合起来，引导和推动智库建设健康发展、更好发挥作用。

构建中国特色哲学社会科学，要从人抓起，久久为功。哲学社会科学领域是知识分子密集的地方。目前，我国哲学社会科学有五路大军，我们要把这支队伍关心好、培养好、使用好，让广大哲学社会科学工作者成为先进思想的倡导者、学术研究的开拓者、社会风尚的引领者、党执政的坚定支持者。要实施以育人育才为中心的哲学社会科学整体发展战略，构筑学生、学术、学科一体的综合发展体系。要实施哲学社会科学人才工程，着力发现、培养、集聚一批有深厚马克思主义理论素养、学贯中西的思想家和理论家，一批理论功底扎实、勇于开拓创新的学科带头人，一批年富力强、锐意进取的中青年学术骨干，构建种类齐全、梯队衔接的哲学社会科学人才体系。要完善哲学社会科学领域职称评定和人才遴选制度，建立规范的奖励体系，表彰有突出贡献的哲学社会科学工作者，增强他们的荣誉感、责任感、获得感。宣传部门、组织人事部门、教育部门和高等院校、哲学社会科学研究机构、党校行政学院、党政部门所属研究机构、军队院校等要共同努力，形成培养哲学社会科学人才的良好激励机制，促进优秀人才不断成长。

要认真贯彻党的知识分子政策，尊重劳动、尊重知识、尊重人才、尊重创造，做到政治上充分信任、思想上主动引导、工作上创造条件、生活上关心照顾，多为他们办实事、做好事、解难事。领导干部要以科学的态度对待哲学社会科学，尊重哲学社会科学工作者的辛勤付出和研究成果，不要觉得哲学社会科学问题自己都能讲讲，不是什么大不了的学问。要主动同专家学者打交道、交朋友，经常给他们出题目，多听取他们的意见和建议。要加强哲学社会科学优秀人才使用，让德才兼备的人才在重要岗位上发挥作用。

百花齐放、百家争鸣，是繁荣发展我国哲学社会科学的重要方针。要提倡理论创新和知识创新，鼓励大胆探索，开展平等、健康、活泼和充分说理的学术争鸣，活跃学术空气。要坚持和发扬学术民主，尊重差异，包容多样，提倡不同学术观点、不同风格学派相互切磋、平等讨论。要正确区分学术问题和政治问题，不要把一般的学术问题当成政治问题，也不要把政治问题当作一般的学术问题，既反对打着学术研究旗号从事违背学术道德、违反宪法法律的假学术行为，也反对把学术问题和政治问题混淆起来、用解决政治问题的办法对待学术问题的简单化做法。

繁荣发展我国哲学社会科学，必须解决好学风问题。当前，哲学社会科学领域存在一些不良风气，学术浮夸、学术不端、学术腐败现象不同程度存在，有的急功近利、东拼西凑、粗制滥造，有的逃避现实、闭门造车、坐而论道，有的剽窃他人成果甚至篡改文献、捏造数据。有的同志比较激烈地说，现在是著作等"身"者不少、著作等"心"者不多。要大力弘扬优良学风，把软约束和硬措施结合起来，推动形成崇尚精品、严谨治学、注重诚信、讲求责任的优良学风，营造风清气正、互学互鉴、积极向上的学术生态。广大哲学社会科学工作者要树立良好学术道德，自觉遵守学术规范，讲究博学、审问、慎思、明辨、笃行，崇尚"士以弘道"的价值追求，真正把做人、做事、做学问统一起来。要有"板凳要坐十年冷，文章不写一句空"的执着坚守，耐得住寂寞，经得起诱惑，守得住底线，立志做大学问、做真学问。要把社会责任放在首位，严肃对待学术研究的社会效果，自觉践行社会主义核心价值观，做真善美的追求者和传播者，以深厚的学识修养赢得尊重，以高尚的人格魅力引领风气，在为祖国、为人民立德立言中成就自我、实现价值。

  同志们！在中国特色社会主义发展历史进程中，我国广大哲学社会科学工作者天地广阔。希望大家不畏艰辛、不辱使命，以自己的智慧和努力，为实现"两个一百年"奋斗目标、实现中华民族伟大复兴的中国梦不断作出新的更大的贡献！

  （稿件来源：习近平《在哲学社会科学工作座谈会上的讲话》，人民出版社2016年5月第一版）

# 中央发出《关于进一步繁荣发展哲学社会科学的意见》

新华网北京3月20日电　中共中央最近发出《关于进一步繁荣发展哲学社会科学的意见》（以下简称《意见》）。《意见》强调指出，在全面建设小康社会、开创中国特色社会主义事业新局面、实现中华民族伟大复兴的历史进程中，哲学社会科学具有不可替代的作用。必须进一步提高对哲学社会科学重要性的认识，大力繁荣发展哲学社会科学。

《意见》分七部分：一、繁荣发展哲学社会科学是建设中国特色社会主义的一项重大任务；二、繁荣发展哲学社会科学的指导方针；三、繁荣发展哲学社会科学的目标；四、实施马克思主义理论研究和建设工程；五、积极推进哲学社会科学管理体制改革；六、造就一支高水平的哲学社会科学队伍；七、加强党对哲学社会科学工作的领导。

《意见》指出，繁荣发展哲学社会科学事关党和国家事业发展的全局。哲学社会科学是人们认识世界、改造世界的重要工具，是推动历史发展和社会进步的重要力量。哲学社会科学的研究能力和成果是综合国力的重要组成部分。建设中国特色社会主义离不开以马克思主义为指导的哲学社会科学的繁荣发展。在改革开放和社会主义现代化建设进程中，哲学社会科学与自然科学同样重要，培养高水平的哲学社会科学家与培养高水平的自然科学家同样重要，提高全民族的哲学社会科学素质与提高全民族的自然科学素质同样重要，任用好哲学社会科学人才并充分发挥他们的作用与任用好自然科学人才并充分发挥他们的作用同样重要。因此，一定要从党和国家事业发展的全局高度，增强责任感和使命感，把繁荣发展哲学社会科学作为一项重大而紧迫的战略任务，切实抓紧抓好，努力推动我国哲学社会科学事业有一个新的更大发展。

《意见》指出，繁荣发展哲学社会科学必须坚持马克思主义的指导地位。要用马克思列宁主义、毛泽东思想、邓小平理论和"三个代表"重要思想统领哲学社会科学工作，善于把马克思主义的基本原理同中国具体实际相结合，把马克思主义的立场、观点和方法贯穿到哲学社会科学工作中，用发展着的马克思主义指导哲学社会科学。决不能搞指导思想多元化。要坚持为人民服务、为社会主义服务的方向和百花齐放、百家争鸣的方针，努力营造生动活泼、求真务实的学术环境，提倡不同学术观点、学术流派的争鸣和切磋，提倡说理充分的批评与反批评。

《意见》指出，要坚持解放思想、实事求是、与时俱进，积极推进理论创新。要自觉地把思想认识从那些不合时宜的观念、做法和体制的束缚中解放出来，从对马克思主义的错误的和教条式的理解中解放出来，从主观主义和形而上学的桎梏中解放出来。贴近实际、贴近生活、贴近群众，立足当代又继承民族优秀文化传统，立足本国又充分吸收世界文化优秀成果，准确把握当今世界的发展趋势，深刻认识当代中国经济社会发展的规律，努力建设哲学社会科学理论创新体系，积极推动学术观点创新、学科体系创新和科研方法创新。

《意见》指出，繁荣发展哲学社会科学的总体目标是，努力建设面向现代化、面向世界、面向未来，具有中国特色的哲学社会科学。力争用 10 年左右时间，形成全面反映马克思列宁主义、毛泽东思想、邓小平理论和"三个代表"重要思想的教材体系，形成具有时代特点、结构合理、门类齐全的学科体系，形成人尽其才、人才辈出的人才培养选拔和管理机制，充分发挥我国哲学社会科学认识世界、传承文明、创新理论、咨政育人、服务社会的重要作用。

《意见》指出，要加强哲学社会科学传统学科、新兴学科和交叉学科的建设。要推进哲学社会科学与自然科学的交叉渗透，推进哲学社会科学不同学科之间的交叉渗透。要加强哲学社会科学基础研究和应用对策研究，重点扶持关系哲学社会科学发展全局的研究项目，扶持对学科创新发展起关键性作用的研究项目，扶持对弘扬民族精神、传承民族文化有重大作用的研究项目，扶持对经济社会发展和国家安全有重要影响的研究项目。要加强哲学社会科学的宣传和普及，充分发挥报刊、图书、广播电视、互联网等大众媒体的作用，大力宣传哲学社会科学研究的优秀成果，扩大优秀成果的社会影响力，推动优秀成果更多更及时地应用于实际。要在国民教育中加大人文社会科学知识的比重，不断提高全民族的哲学社会科学素质。

《意见》指出，要加强哲学社会科学宏观管理体制和微观运行机制建设。建立健全党委统一领导、各部门分工负责的哲学社会科学管理体制。形成既能把握正确方向，又有利于激发哲学社会科学发展活力的引导机制；形成既能有效整合资源，又能充分发挥各方面积极性的调控机制。要深化哲学社会科学各单位的内部改革，转变管理方式，增强活力，壮大实力，形成创新能力和自我发展能力强的运行机制。要重视哲学社会科学领域立法工作。要扩大哲学社会科学领域的国际交流，注意引进国外哲学社会科学优秀成果、研究方法、管理经验。要大力实施哲学社会科学"走出去"战略，采取各种有效措施扩大我国哲学社会科学在世界上的影响。

《意见》指出，加强马克思主义基本原理研究是繁荣发展哲学社会科学的一项极为重要的工作。要立足新的实践，加强马克思、恩格斯、列宁经典著作的编译和研究工作，准确阐述经典著作中的基本观点。要深入研究邓小平理论和"三个代表"重要思想在什么是社会主义、怎样建设社会主义和建设什么样的党、怎样建设党的问题上提出的新思想、新观点、新论断。要研究回答干部群众关心的重大理论和实际问题，推动理论武装工作深入发展。要组织编写全面反映邓小平理论和"三个代表"重要思想的哲学、政治经济学、科学社会主义以及政治学、社会学、法学、史学、新闻学和文学等学科的教材，进一步推动邓小平理论和"三个代表"重要思想进教材、进课堂、进学生头脑工作。要增强马克思主义理论课的吸引力和感染力。要抓好马克思主义理论师资队伍建设，着力培养一批中青年马克思主义理论教学骨干。

《意见》指出，要深化哲学社会科学研究体制改革，整合研究力量，优化哲学社会科学资源配置。要深化哲学社会科学教学改革，以提高教学质量和课堂效果为重点，改革教学内容和教学方式。要深化哲学社会科学规划体制改革，按照公正、透明、竞争的原则，改革国家社会科学研究基金项目评审制度，重点支持重大基础研究项目和重大现实问题研究项目，着力推出代表国家水平的哲学社会科学研究成果。要建立和完善哲学社会科学评价和激励机制。评价哲学社会科学要注重原创性，注重实际价值。要完善哲学社会科学成果的奖励制度。要依法保护哲学社会科学的知识产权。

《意见》指出，要高度重视哲学社会科学人才的培养和使用。按照政治强、业务精、作风正的要求，造就一批用马克思主义武装起来、立足中国、面向世界、学贯中西的思想家和理论家，造就一批理论功底扎实、勇于开拓创新的学科带头人，造就一批年富力强、政治和业务素质良好、锐意进取的青年理论骨干。要完善哲学社会科学人才培养选拔和管理机制，紧紧抓住培养人才、吸引人才、用好人才三个环节，形成优秀人才脱颖而出、人尽其才的良好机制。要加强哲学社会科学队伍的思想道德和学风建设。哲学社会科学工作者要树立正确的世界观、人生观和价值观，坚持严谨治学、实事求是、民主求实的学风。要增强社会责任感，加强学术道德修养，提倡做人、做事、做学问相一致，坚决抵制各种不正之风，自觉维护哲学社会科学工作者的良好形象。

《意见》最后强调，开创哲学社会科学事业繁荣发展的新局面必须加强党对哲学社会科学工作的领导。党委和政府要高度重视哲学社会科学工作，全面贯彻落实中央的有关方针政策。要努力把握哲学社会科学的发展规律，改进领导方式，提高领导水平，为繁荣发展哲学社会科学创造良好的环境。党委和政府要经常向哲学社会科学界提出一些需要研究的重大问题，注意把哲学社会科学优秀成果运用于各项决策中，运用于解决改革发展稳定的突出问题中，使哲学社会科学界成为党和政府工作的"思想库"和"智囊团"。党委和政府要密切同哲学社会科学工作者的联系，全面落实党的知识分子政策，团结一切可以团结的力量，充分发挥广大哲学社会科学工作者的积极性、主动性和创造性，引导他们始终坚持正确的政治方向。要与哲学社会科学工作者广交朋友，增加了解、增进感情，树立服务意识，关心他们的学习、工作和生活，多为他们办实事、办好事。

（稿件来源：新华网 http://news.xinhuanet.com/newscenter/2004-03/20/content_1375785.htm。发布时间：2004年3月20日。）

# 中共中央、国务院印发《关于深化科技体制改革加快国家创新体系建设的意见》

新华网北京 9 月 23 日电　中共中央、国务院近日印发了《关于深化科技体制改革加快国家创新体系建设的意见》。全文如下：

为加快推进创新型国家建设，全面落实《国家中长期科学和技术发展规划纲要（2006—2020 年）》（以下简称科技规划纲要），充分发挥科技对经济社会发展的支撑引领作用，现就深化科技体制改革、加快国家创新体系建设提出如下意见。

一　充分认识深化科技体制改革、加快国家创新体系建设的重要性和紧迫性

科学技术是第一生产力，是经济社会发展的重要动力源泉。党和国家历来高度重视科技工作。改革开放 30 多年来，我国科技事业快速发展，取得历史性成就。特别是党的十六大以来，中央作出增强自主创新能力、建设创新型国家的重大战略决策，制定实施科技规划纲要，科技投入持续快速增长，激励创新的政策法律不断完善，国家创新体系建设积极推进，取得一批重大科技创新成果，形成一支高素质科技人才队伍，我国整体科技实力和科技竞争力明显提升，在促进经济社会发展和保障国家安全中发挥了重要支撑引领作用。

当前，我国正处在全面建设小康社会的关键时期和深化改革开放、加快转变经济发展方式的攻坚时期。国际金融危机深层次影响仍在持续，科技在经济社会发展中的作用日益凸显，国际科技竞争与合作不断加强，新科技革命和全球产业变革步伐加快，我国科技发展既面临重要战略机遇，也面临严峻挑战。面对新形势新要求，我国自主创新能力还不够强，科技体制机制与经济社会发展和国际竞争的要求不相适应，突出表现为：企业技术创新主体地位没有真正确立，产学研结合不够紧密，科技与经济结合问题没有从根本上解决，原创性科技成果较少，关键技术自给率较低；一些科技资源配置过度行政化，分散重复封闭低效等问题突出，科技项目及经费管理不尽合理，研发和成果转移转化效率不高；科技评价导向不够合理，科研诚信和创新文化建设薄弱，科技人员的积极性创造性还没有得到充分发挥。这些问题已成为制约科技创新的重要因素，影响我国综合实力和国际竞争力的提升。因此，抓住机遇大幅提升自主创新能力，激发全社会创造活力，真正实现创新驱动发展，迫切需要进一步深化科技体制改革，加快国家创新体系建设。

二　深化科技体制改革、加快国家创新体系建设的指导思想、主要原则和主要目标

（一）指导思想。高举中国特色社会主义伟大旗帜，以邓小平理论和"三个代表"重要思想为指导，深入贯彻落实科学发展观，大力实施科教兴国战略和人才强国战略，坚持自主创新、重点跨越、支撑发展、引领未来的指导方针，全面落实科技规划纲要，以提高

自主创新能力为核心，以促进科技与经济社会发展紧密结合为重点，进一步深化科技体制改革，着力解决制约科技创新的突出问题，充分发挥科技在转变经济发展方式和调整经济结构中的支撑引领作用，加快建设中国特色国家创新体系，为2020年进入创新型国家行列、全面建成小康社会和新中国成立100周年时成为世界科技强国奠定坚实基础。

（二）主要原则。一是坚持创新驱动、服务发展。把科技服务于经济社会发展放在首位，大力提高自主创新能力，发挥科技支撑引领作用，加快实现创新驱动发展。二是坚持企业主体、协同创新。突出企业技术创新主体作用，强化产学研用紧密结合，促进科技资源开放共享，各类创新主体协同合作，提升国家创新体系整体效能。三是坚持政府支持、市场导向。统筹发挥政府在战略规划、政策法规、标准规范和监督指导等方面的作用与市场在资源配置中的基础性作用，营造良好环境，激发创新活力。注重发挥新型举国体制在实施国家科技重大专项中的作用。四是坚持统筹协调、遵循规律。统筹落实国家中长期科技、教育、人才规划纲要，发挥中央和地方两方面积极性，强化地方在区域创新中的主导地位，按照经济社会和科技发展的内在要求，整体谋划、有序推进科技体制改革。五是坚持改革开放、合作共赢。改革完善科技体制机制，充分利用国际国内科技资源，提高科技发展的科学化水平和国际化程度。

（三）主要目标。到2020年，基本建成适应社会主义市场经济体制、符合科技发展规律的中国特色国家创新体系；原始创新能力明显提高，集成创新、引进消化吸收再创新能力大幅增强，关键领域科学研究实现原创性重大突破，战略性高技术领域技术研发实现跨越式发展，若干领域创新成果进入世界前列；创新环境更加优化，创新效益大幅提高，创新人才竞相涌现，全民科学素质普遍提高，科技支撑引领经济社会发展的能力大幅提升，进入创新型国家行列。

"十二五"时期的主要目标：一是确立企业在技术创新中的主体地位，企业研发投入明显提高，创新能力普遍增强，全社会研发经费占国内生产总值2.2%，大中型工业企业平均研发投入占主营业务收入比例提高到1.5%，行业领军企业逐步实现研发投入占主营业务收入的比例与国际同类先进企业相当，形成更多具有自主知识产权的核心技术，充分发挥大型企业的技术创新骨干作用，培育若干综合竞争力居世界前列的创新型企业和科技型中小企业创新集群。二是推进科研院所和高等学校科研体制机制改革，建立适应不同类型科研活动特点的管理制度和运行机制，提升创新能力和服务水平，在满足经济社会发展需求以及基础研究和前沿技术研发上取得重要突破。加快建设若干一流科研机构，创新能力和研究成果进入世界同类科研机构前列；加快建设一批高水平研究型大学，一批优势学科达到世界一流水平。三是完善国家创新体系，促进技术创新、知识创新、国防科技创新、区域创新、科技中介服务体系协调发展，强化相互支撑和联动，提高整体效能，科技进步贡献率达到55%左右。四是改革科技管理体制，推进科技项目和经费管理改革、科技评价和奖励制度改革，形成激励创新的正确导向，打破行业壁垒和部门分割，实现创新资源合理配置和高效利用。五是完善人才发展机制，激发科技人员积极性创造性，加快高素质创新人才队伍建设，每万名就业人员的研发人力投入达到43人年；提高全民科学素质，我国公民具备基本科学素质的比例超过5%。六是进一步优化创新环境，加强科学道德和创新文化建设，完善保障和推进科技创新的政策措施，扩大科技开放合作。

## 三 强化企业技术创新主体地位，促进科技与经济紧密结合

（四）建立企业主导产业技术研发创新的体制机制。加快建立企业为主体、市场为导向、产学研用紧密结合的技术创新体系。充分发挥企业在技术创新决策、研发投入、科研组织和成果转化中的主体作用，吸纳企业参与国家科技项目的决策，产业目标明确的国家重大科技项目由有条件的企业牵头组织实施。引导和支持企业加强技术研发能力建设，"十二五"时期国家重点建设的工程技术类研究中心和实验室，优先在具备条件的行业骨干企业布局。科研院所和高等学校要更多地为企业技术创新提供支持和服务，促进技术、人才等创新要素向企业研发机构流动。支持行业骨干企业与科研院所、高等学校联合组建技术研发平台和产业技术创新战略联盟，合作开展核心关键技术研发和相关基础研究，联合培养人才，共享科研成果。鼓励科研院所和高等学校的科技人员创办科技型企业，促进研发成果转化。

进一步强化和完善政策措施，引导鼓励企业成为技术创新主体。落实企业研发费用税前加计扣除政策，适用范围包括战略性新兴产业、传统产业技术改造和现代服务业等领域的研发活动；改进企业研发费用计核方法，合理扩大研发费用加计扣除范围，加大企业研发设备加速折旧等政策的落实力度，激励企业加大研发投入。完善高新技术企业认定办法，落实相关优惠政策。建立健全国有企业技术创新的经营业绩考核制度，落实和完善国有企业研发投入的考核措施，加强对不同行业研发投入和产出的分类考核。加大国有资本经营预算对自主创新的支持力度，支持中央企业围绕国家重点研发任务开展技术创新和成果产业化。营造公平竞争的市场环境，大力支持民营企业创新活动。加大对中小企业、微型企业技术创新的财政和金融支持，落实好相关税收优惠政策。扩大科技型中小企业创新基金规模，通过贷款贴息、研发资助等方式支持中小企业技术创新活动。建立政府引导资金和社会资本共同支持初创科技型企业发展的风险投资机制，实施科技型中小企业创业投资引导基金及新兴产业创业投资计划，引导创业投资机构投资科技型中小企业。完善支持中小企业技术创新和向中小企业技术转移的公共服务平台，健全服务功能和服务标准。支持企业职工的技术创新活动。

（五）提高科研院所和高等学校服务经济社会发展的能力。加快科研院所和高等学校科研体制改革和机制创新。按照科研机构分类改革的要求，明确定位，优化布局，稳定规模，提升能力，走内涵式发展道路。公益类科研机构要坚持社会公益服务的方向，探索管办分离，建立适应农业、卫生、气象、海洋、环保、水利、国土资源和公共安全等领域特点的科技创新支撑机制。基础研究类科研机构要瞄准科学前沿问题和国家长远战略需求，完善有利于激发创新活力、提升原始创新能力的运行机制。对从事基础研究、前沿技术研究和社会公益研究的科研机构和学科专业，完善财政投入为主、引导社会参与的持续稳定支持机制。技术开发类科研机构要坚持企业化转制方向，完善现代企业制度，建立市场导向的技术创新机制。

充分发挥国家科研机构的骨干和引领作用。建立健全现代科研院所制度，制定科研院所章程，完善治理结构，进一步落实法人自主权，探索实行由主要利益相关方代表构成的理事会制度。实行固定岗位与流动岗位相结合的用人制度，建立开放、竞争、流动的用人机制。推进实施绩效工资。对科研机构实行周期性评估，根据评估结果调整和确定支持方向和投入力度。引导和鼓励民办科研机构发展，在承担国家科技任务、人才引进等方面加

大支持力度，符合条件的民办科研机构享受税收优惠等相关政策。

　　充分发挥高等学校的基础和生力军作用。落实和扩大高等学校办学自主权。根据经济社会发展需要和学科专业优势，明确各类高等学校定位，突出办学特色，建立以服务需求和提升创新能力为导向的科技评价和科技服务体系。高等学校对学科专业实行动态调整，大力推动与产业需求相结合的人才培养，促进交叉学科发展，全面提高人才培养质量。发挥高等学校学科人才优势，在基础研究和前沿技术领域取得原创性突破。建立与产业、区域经济紧密结合的成果转化机制，鼓励支持高等学校教师转化和推广科研成果。以学科建设和协同创新为重点，提升高等学校创新能力。大力推进科技与教育相结合的改革，促进科研与教学互动、科研与人才培养紧密结合，培育跨学科、跨领域的科研教学团队，增强学生创新精神和创业能力，提升高等学校毕业生就业率。

　　（六）完善科技支撑战略性新兴产业发展和传统产业升级的机制。建立科技有效支撑产业发展的机制，围绕战略性新兴产业需求部署创新链，突破技术瓶颈，掌握核心关键技术，推动节能环保、新一代信息技术、生物、高端装备制造、新能源、新材料、新能源汽车等产业快速发展，增强市场竞争力，到2015年战略性新兴产业增加值占国内生产总值的比重力争达到8%左右，到2020年力争达到15%左右。以数字化、网络化、智能化为重点，推进工业化和信息化深度融合。充分发挥市场机制对产业发展方向和技术路线选择的基础性作用，通过制定规划、技术标准、市场规范和产业技术政策等进行引导。加大对企业主导的新兴产业链扶持力度，支持创新型骨干企业整合创新资源。加强技术集成、工艺创新和商业模式创新，大力拓展国内外市场。优化布局，防止盲目重复建设，引导战略性新兴产业健康发展。在事关国家安全和重大战略需求领域，进一步凝炼重点，明确制约产业发展的关键技术，充分发挥国家重点工程、科技重大专项、科技计划、产业化项目和应用示范工程的引领和带动作用，实现电子信息、能源环保、生物医药、先进制造等领域的核心技术重大突破，促进产业加快发展。加大对中试环节的支持力度，促进从研究开发到产业化的有机衔接。

　　加强技术创新，推动技术改造，促进传统产业优化升级。围绕品种质量、节能降耗、生态环境、安全生产等重点，完善新技术新工艺新产品的应用推广机制，提升传统产业创新发展能力。针对行业和技术领域特点，整合资源构建共性技术研发基地，在重点产业领域建设技术创新平台。建立健全知识转移和技术扩散机制，加快科技成果转化应用。

　　（七）完善科技促进农业发展、民生改善和社会管理创新的机制。高度重视农业科技发展，发挥政府在农业科技投入中的主导作用，加大对农业科技的支持力度。打破部门、区域、学科界限，推进农科教、产学研紧密结合，有效整合农业相关科技资源。面向产业需求，围绕粮食安全、种业发展、主要农产品供给、生物安全、农林生态保护等重点方向，构建适应高产、优质、高效、生态、安全农业发展要求的技术体系。大力推进农村科技创业，鼓励创办农业科技企业和技术合作组织。强化基层公益性农技推广服务，引导科研教育机构积极开展农技服务，培育和支持新型农业社会化服务组织，进一步完善公益性服务、社会化服务有机结合的农业技术服务体系。

　　注重发展关系民生的科学技术，加快推进涉及人口健康、食品药品安全、防灾减灾、生态环境和应对气候变化等领域的科技创新，满足保障和改善民生的重大科技需求。加大投入，健全机制，促进公益性民生科技研发和应用推广；加快培育市场主体，完善支持政策，促进民生科技产业发展，使科技创新成果惠及广大人民群众。加强文化科技创新，推进科技与文化融合，提高科技对文化事业和文化产业发展的支撑能力。

加快建设社会管理领域的科技支撑体系。充分运用信息技术等先进手段，建设网络化、广覆盖的公共服务平台。着力推进政府相关部门信息共享、互联互通。建立健全以自主知识产权为核心的互联网信息安全关键技术保障机制，促进信息网络健康发展。

四 加强统筹部署和协同创新，提高创新体系整体效能

（八）推动创新体系协调发展。统筹技术创新、知识创新、国防科技创新、区域创新和科技中介服务体系建设，建立基础研究、应用研究、成果转化和产业化紧密结合、协调发展机制。支持和鼓励各创新主体根据自身特色和优势，探索多种形式的协同创新模式。完善学科布局，推动学科交叉融合和均衡发展，统筹目标导向和自由探索的科学研究，超前部署对国家长远发展具有带动作用的战略先导研究、重要基础研究和交叉前沿研究。加强技术创新基地建设，发挥骨干企业和转制院所作用，提高产业关键技术研发攻关水平，促进技术成果工程化、产业化。完善军民科技融合机制，建设军民两用技术创新基地和转移平台，扩大民口科研机构和科技型企业对国防科技研发的承接范围。培育、支持和引导科技中介服务机构向服务专业化、功能社会化、组织网络化、运行规范化方向发展，壮大专业研发设计服务企业，培育知识产权服务市场，推进检验检测机构市场化服务，完善技术交易市场体系，加快发展科技服务业。充分发挥科技社团在推动全社会创新活动中的作用。建立全国创新调查制度，加强国家创新体系建设监测评估。

（九）完善区域创新发展机制。充分发挥地方在区域创新中的主导作用，加快建设各具特色的区域创新体系。结合区域经济社会发展的特色和优势，科学规划、合理布局，完善激励引导政策，加大投入支持力度，优化区域内创新资源配置。加强区域科技创新公共服务能力建设，进一步完善科技企业孵化器、大学科技园等创新创业载体的运行服务机制，强化创业辅导功能。加强区域间科技合作，推动创新要素向区域特色产业聚集，培育一批具有国际竞争力的产业集群。加强统筹协调，分类指导，完善相关政策，鼓励创新资源密集的区域率先实现创新驱动发展，支持具有特色创新资源的区域加快提高创新能力。以中央财政资金为引导，带动地方财政和社会投入，支持区域公共科技服务平台建设。总结完善并逐步推广中关村等国家自主创新示范区试点经验和相关政策。分类指导国家自主创新示范区、国家高新技术产业开发区、国家高技术产业基地等创新中心完善机制，加强创新能力建设，发挥好集聚辐射带动作用。

（十）强化科技资源开放共享。建立科研院所、高等学校和企业开放科研设施的合理运行机制。整合各类科技资源，推进大型科学仪器设备、科技文献、科学数据等科技基础条件平台建设，加快建立健全开放共享的运行服务管理模式和支持方式，制定相应的评价标准和监督奖惩办法。完善国家财政资金购置科研仪器设备的查重机制和联合评议机制，防止重复购置和闲置浪费。对财政资金资助的科技项目和科研基础设施，加快建立统一的管理数据库和统一的科技报告制度，并依法向社会开放。

五 改革科技管理体制，促进管理科学化和资源高效利用

（十一）加强科技宏观统筹。完善统筹协调的科技宏观决策体系，建立健全国家科技重大决策机制，完善中央与地方之间、科技相关部门之间、科技部门与其他部门之间的沟通协调机制，进一步明确国家各类科技计划、专项、基金的定位和支持重点，防止重复部

署。加快转变政府管理职能，加强战略规划、政策法规、标准规范和监督指导等方面职责，提高公共科技服务能力，充分发挥各类创新主体的作用。完善国家科技决策咨询制度，重大科技决策要广泛听取意见，将科技咨询纳入国家重大问题的决策程序。探索社会主义市场经济条件下的举国体制，完善重大战略性科技任务的组织方式，充分发挥我国社会主义制度集中力量办大事的优势，充分发挥市场在资源配置中的基础性作用，保障国家科技重大专项等顺利实施。

（十二）推进科技项目管理改革。建立健全科技项目决策、执行、评价相对分开、互相监督的运行机制。完善科技项目管理组织流程，按照经济社会发展需求确定应用型重大科技任务，拓宽科技项目需求征集渠道，建立科学合理的项目形成机制和储备制度。建立健全科技项目公平竞争和信息公开公示制度，探索完善网络申报和视频评审办法，保证科技项目管理的公开公平公正。完善国家科技项目管理的法人责任制，加强实施督导、过程管理和项目验收，建立健全对科技项目和科研基础设施建设的第三方评估机制。完善科技项目评审评价机制，避免频繁考核，保证科研人员的科研时间。完善相关管理制度，避免科技项目和经费过度集中于少数科研人员。

（十三）完善科技经费管理制度。健全竞争性经费和稳定支持经费相协调的投入机制，优化基础研究、应用研究、试验发展和成果转化的经费投入结构。完善科研课题间接成本补偿机制。建立健全符合科研规律的科技项目经费管理机制和审计方式，增加项目承担单位预算调整权限，提高经费使用自主权。建立健全科研经费监督管理机制，完善科技相关部门预算和科研经费信息公开公示制度，通过实施国库集中支付、公务卡等办法，严格科技财务制度，强化对科技经费使用过程的监管，依法查处违法违规行为。加强对各类科技计划、专项、基金、工程等经费管理使用的综合绩效评价，健全科技项目管理问责机制，依法公开问责情况，提高资金使用效益。

（十四）深化科技评价和奖励制度改革。根据不同类型科技活动特点，注重科技创新质量和实际贡献，制定导向明确、激励约束并重的评价标准和方法。基础研究以同行评价为主，特别要加强国际同行评价，着重评价成果的科学价值；应用研究由用户和专家等相关第三方评价，着重评价目标完成情况、成果转化情况以及技术成果的突破性和带动性；产业化开发由市场和用户评价，着重评价对产业发展的实质贡献。建立评价专家责任制度和信息公开制度。开展科技项目标准化评价和重大成果产出导向的科技评价试点，完善国家科技重大专项监督评估制度。加强对科技项目决策、实施、成果转化的后评估。发挥科技社团在科技评价中的作用。

改革完善国家科技奖励制度，建立公开提名、科学评议、实践检验、公信度高的科技奖励机制。提高奖励质量，减少数量，适当延长报奖成果的应用年限。重点奖励重大科技贡献和杰出科技人才，强化对青年科技人才的奖励导向。根据不同奖项的特点完善评审标准和办法，增加评审过程透明度。探索科技奖励的同行提名制。支持和规范社会力量设奖。

六　完善人才发展机制，激发科技人员积极性创造性

（十五）统筹各类创新人才发展和完善人才激励制度。深入实施重大人才工程和政策，培养造就世界水平的科学家、科技领军人才、卓越工程师和高水平创新团队。改进和完善院士制度。大力引进海外优秀人才特别是顶尖人才，支持归国留学人员创新创业。加

强科研生产一线高层次专业技术人才和高技能人才培养。支持创新人才到西部地区特别是边疆民族地区工作。支持35岁以下的优秀青年科技人才主持科研项目。鼓励大学生自主创新创业。鼓励在创新实践中脱颖而出的人才成长和创业。重视工程实用人才、紧缺技能人才和农村实用人才培养。

建立以科研能力和创新成果等为导向的科技人才评价标准，改变片面将论文数量、项目和经费数量、专利数量等与科研人员评价和晋升直接挂钩的做法。加快建设人才公共服务体系，健全科技人才流动机制，鼓励科研院所、高等学校和企业创新人才双向交流。探索实施科研关键岗位和重大科研项目负责人公开招聘制度。规范和完善专业技术职务聘任和岗位聘用制度，扩大用人单位自主权。探索有利于创新人才发挥作用的多种分配方式，完善科技人员收入分配政策，健全与岗位职责、工作业绩、实际贡献紧密联系和鼓励创新创造的分配激励机制。

（十六）加强科学道德和创新文化建设。建立健全科研活动行为准则和规范，加强科研诚信和科学伦理教育，将其纳入国民教育体系和科技人员职业培训体系，与理想信念、职业道德和法制教育相结合，强化科技人员的诚信意识和社会责任。发挥科研机构和学术团体的自律功能，引导科技人员加强自我约束、自我管理。加强科研诚信和科学伦理的社会监督，扩大公众对科研活动的知情权和监督权。加强国家科研诚信制度建设，加快相关立法进程，建立科技项目诚信档案，完善监督机制，加大对学术不端行为的惩处力度，切实净化学术风气。

引导科技工作者自觉践行社会主义核心价值体系，大力弘扬求真务实、勇于创新、团结协作、无私奉献、报效祖国的精神，保障学术自由，营造宽松包容、奋发向上的学术氛围。大力宣传优秀科技工作者和团队的先进事迹。加强科学普及，发展创新文化，进一步形成尊重劳动、尊重知识、尊重人才、尊重创造的良好风尚。

七 营造良好环境，为科技创新提供有力保障

（十七）完善相关法律法规和政策措施。落实科技规划纲要配套政策，发挥政府在科技投入中的引导作用，进一步落实和完善促进全社会研发经费逐步增长的相关政策措施，加快形成多元化、多层次、多渠道的科技投入体系，实现2020年全社会研发经费占国内生产总值2.5%以上的目标。

完善和落实促进科技成果转化应用的政策措施，实施技术转让所得税优惠政策，用好国家科技成果转化引导基金，加大对新技术新工艺新产品应用推广的支持力度，研究采取以奖代补、贷款贴息、创业投资引导等多种形式，完善和落实促进新技术新产品应用的需求引导政策，支持企业承接和采用新技术、开展新技术新工艺新产品的工程化研究应用。完善落实科技人员成果转化的股权、期权激励和奖励等收益分配政策。

促进科技和金融结合，创新金融服务科技的方式和途径。综合运用买方信贷、卖方信贷、融资租赁等金融工具，引导银行等金融机构加大对科技型中小企业的信贷支持。推广知识产权和股权质押贷款。加大多层次资本市场对科技型企业的支持力度，扩大非上市股份公司代办股份转让系统试点。培育和发展创业投资，完善创业投资退出渠道，支持地方规范设立创业投资引导基金，引导民间资本参与自主创新。积极开发适合科技创新的保险产品，加快培育和完善科技保险市场。

加强知识产权的创造、运用、保护和管理，"十二五"期末实现每万人发明专利拥有

量达到 3.3 件的目标。建立国家重大关键技术领域专利态势分析和预警机制。完善知识产权保护措施,健全知识产权维权援助机制。完善科技成果转化为技术标准的政策措施,加强技术标准的研究制定。

认真落实科学技术进步法及相关法律法规,推动促进科技成果转化法修订工作,加大对科技创新活动和科技创新成果的法律保护力度,依法惩治侵犯知识产权和科技成果的违法犯罪行为,为科技创新营造良好的法治环境。

(十八)加强科技开放合作。积极开展全方位、多层次、高水平的科技国际合作,加强内地与港澳台地区的科技交流合作。加大引进国际科技资源的力度,围绕国家战略需求参与国际大科学计划和大科学工程。鼓励我国科学家发起和组织国际科技合作计划,主动提出或参与国际标准制定。加强技术引进和合作,鼓励企业开展参股并购、联合研发、专利交叉许可等方面的国际合作,支持企业和科研机构到海外建立研发机构。加大国家科技计划开放合作力度,支持国际学术机构、跨国公司等来华设立研发机构,搭建国内外大学、科研机构联合研究平台,吸引全球优秀科技人才来华创新创业。加强民间科技交流合作。

八 加强组织领导,稳步推进实施

(十九)加强领导,精心组织。各级党委和政府要把深化科技体制改革、加快国家创新体系建设工作摆上重要议事日程,把科技体制改革作为经济体制改革的重要内容,同部署、同落实、同考核。发挥专家咨询作用,充分调动广大科技工作者和全社会积极参与,共同做好深化科技体制改革工作。

(二十)明确责任,落实任务。在国家科技教育领导小组的领导下,建立健全工作协调机制,分解任务,明确责任,狠抓落实。各有关方面要增强大局意识、责任意识,加强协调配合,抓好各项任务实施。加强分类指导和评价考核,定期督促检查。各有关部门和单位要按照任务分工和要求,结合实际制定具体改革方案和措施,按程序报批。有关职能部门要尽快制定完善相关配套政策,加强政策落实情况评估。

(二十一)统筹安排,稳步推进。注重科技体制改革与其他方面改革的衔接配合,处理好改革发展稳定关系,把握好改革节奏和进度,认真研究和妥善解决改革中遇到的新情况新问题,对一些重大改革措施要做好试点工作,积极稳妥地推进改革。加强宣传和舆论引导,大力宣传科技发展的重大成就,宣传深化科技体制改革的重要意义、工作进展和先进经验,及时回应社会关切,引导社会舆论,形成支持改革的良好氛围。

(稿件来源:新华网 http://news.xinhuanet.com/2012-09/23/c_113176891.htm。发布时间:2012年9月23日。)

# 中共中央办公厅、国务院办公厅印发《关于加强中国特色新型智库建设的意见》

新华社北京1月20日电 近日，中共中央办公厅、国务院办公厅印发了《关于加强中国特色新型智库建设的意见》，并发出通知，要求各地区各部门结合实际认真贯彻执行。

《关于加强中国特色新型智库建设的意见》全文如下。

为深入贯彻落实党的十八大和十八届三中、四中全会精神，加强中国特色新型智库建设，建立健全决策咨询制度，现提出如下意见。

一 重大意义

（一）中国特色新型智库是党和政府科学民主依法决策的重要支撑。决策咨询制度是我国社会主义民主政治建设的重要内容。我们党历来高度重视决策咨询工作。改革开放以来，我国智库建设事业快速发展，为党和政府决策提供了有力的智力支持。当前，全面建成小康社会进入决定性阶段，破解改革发展稳定难题和应对全球性问题的复杂性艰巨性前所未有，迫切需要健全中国特色决策支撑体系，大力加强智库建设，以科学咨询支撑科学决策，以科学决策引领科学发展。

（二）中国特色新型智库是国家治理体系和治理能力现代化的重要内容。纵观当今世界各国现代化发展历程，智库在国家治理中发挥着越来越重要的作用，日益成为国家治理体系中不可或缺的组成部分，是国家治理能力的重要体现。全面深化改革，完善和发展中国特色社会主义制度，推进国家治理体系和治理能力现代化，推动协商民主广泛多层制度化发展，建立更加成熟更加定型的制度体系，必须切实加强中国特色新型智库建设，充分发挥智库在治国理政中的重要作用。

（三）中国特色新型智库是国家软实力的重要组成部分。一个大国的发展进程，既是经济等硬实力提高的进程，也是思想文化等软实力提高的进程。智库是国家软实力的重要载体，越来越成为国际竞争力的重要因素，在对外交往中发挥着不可替代的作用。树立社会主义中国的良好形象，推动中华文化和当代中国价值观念走向世界，在国际舞台上发出中国声音，迫切需要发挥中国特色新型智库在公共外交和文化互鉴中的重要作用，不断增强我国的国际影响力和国际话语权。

智力资源是一个国家、一个民族最宝贵的资源。近年来，我国智库发展很快，在出思想、出成果、出人才方面取得很大成绩，为推动改革开放和社会主义现代化建设作出了重要贡献。同时，随着形势发展，智库建设跟不上、不适应的问题也越来越突出，主要表现在：智库的重要地位没有受到普遍重视，具有较大影响力和国际知名度的高质量智库缺乏，提供的高质量研究成果不够多，参与决策咨询缺乏制度性安排，智库建设缺乏整体规划，资源配置不够科学，组织形式和管理方式亟待创新，领军人物和杰出人才缺乏。解决这些问题，必须从党和国家事业发展全局的战略高度，把中国特色新型智库建设作为一项重大而紧迫的任务，采取有力措施，切实抓紧抓好。

二 指导思想、基本原则和总体目标

（四）指导思想。深入贯彻党的十八大和十八届三中、四中全会精神，高举中国特色社会主义伟大旗帜，坚持以马克思列宁主义、毛泽东思想、邓小平理论、"三个代表"重要思想、科学发展观为指导，深入贯彻习近平总书记系列重要讲话精神，以服务党和政府决策为宗旨，以政策研究咨询为主攻方向，以完善组织形式和管理方式为重点，以改革创新为动力，努力建设面向现代化、面向世界、面向未来的中国特色新型智库体系，更好地服务党和国家工作大局，为实现中华民族伟大复兴的中国梦提供智力支撑。

（五）基本原则

——坚持党的领导，把握正确导向。坚持党管智库，坚持中国特色社会主义方向，遵守国家宪法法律法规，始终以维护国家利益和人民利益为根本出发点，立足我国国情，充分体现中国特色、中国风格、中国气派。

——坚持围绕大局，服务中心工作。紧紧围绕党和政府决策急需的重大课题，围绕全面建成小康社会、全面深化改革、全面推进依法治国的重大任务，开展前瞻性、针对性、储备性政策研究，提出专业化、建设性、切实管用的政策建议，着力提高综合研判和战略谋划能力。

——坚持科学精神，鼓励大胆探索。坚持求真务实，理论联系实际，强化问题意识，积极建言献策，提倡不同学术观点、不同政策建议的切磋争鸣、平等讨论，创造有利于智库发挥作用、积极健康向上的良好环境。

——坚持改革创新，规范有序发展。按照公益服务导向和非营利机构属性的要求，积极推进不同类型、不同性质智库分类改革，科学界定各类智库的功能定位。加强顶层设计、统筹协调和分类指导，突出优势和特色，调整优化智库布局，促进各类智库有序发展。

（六）总体目标。到2020年，统筹推进党政部门、社科院、党校行政学院、高校、军队、科研院所和企业、社会智库协调发展，形成定位明晰、特色鲜明、规模适度、布局合理的中国特色新型智库体系，重点建设一批具有较大影响力和国际知名度的高端智库，造就一支坚持正确政治方向、德才兼备、富于创新精神的公共政策研究和决策咨询队伍，建立一套治理完善、充满活力、监管有力的智库管理体制和运行机制，充分发挥中国特色新型智库咨政建言、理论创新、舆论引导、社会服务、公共外交等重要功能。

中国特色新型智库是以战略问题和公共政策为主要研究对象、以服务党和政府科学民主依法决策为宗旨的非营利性研究咨询机构，应当具备以下基本标准：（1）遵守国家法律法规、相对稳定、运作规范的实体性研究机构；（2）特色鲜明、长期关注的决策咨询研究领域及其研究成果；（3）具有一定影响的专业代表性人物和专职研究人员；（4）有保障、可持续的资金来源；（5）多层次的学术交流平台和成果转化渠道；（6）功能完备的信息采集分析系统；（7）健全的治理结构及组织章程；（8）开展国际合作交流的良好条件等。

三 构建中国特色新型智库发展新格局

（七）促进社科院和党校行政学院智库创新发展。社科院和党校行政学院要深化科研体制改革，调整优化学科布局，加强资源统筹整合，重点围绕提高国家治理能力和经济社会发展中的重大现实问题开展国情调研和决策咨询研究。发挥中国社会科学院作为国家级综合性高端智库的优势，使其成为具有国际影响力的世界知名智库。支持中央党校、国家行政学院把建设中国特色新型智库纳入事业发展总体规划，推动教学培训、科学研究与决策咨询相互促进、协同发展，在决策咨询方面发挥更大作用。地方社科院、党校行政学院要着力为地方党委和政府决策服务，有条件的要为中央有关部门提供决策咨询服务。

（八）推动高校智库发展完善。发挥高校学科齐全、人才密集和对外交流广泛的优势，深入实施中国特色新型高校智库建设推进计划，推动高校智力服务能力整体提升。深化高校智库管理体制改革，创新组织形式，整合优质资源，着力打造一批党和政府信得过、用得上的新型智库，建设一批社会科学专题数据库和实验室、软科学研究基地。实施高校哲学社会科学走出去计划，重点建设一批全球和区域问题研究基地、海外中国学术研究中心。

（九）建设高水平科技创新智库和企业智库。科研院所要围绕建设创新型国家和实施创新驱动发展战略，研究国内外科技发展趋势，提出咨询建议，开展科学评估，进行预测预判，促进科技创新与经济社会发展深度融合。发挥中国科学院、中国工程院、中国科协等在推动科技创新方面的优势，在国家科技战略、规划、布局、政策等方面发挥支撑作用，使其成为创新引领、国家倚重、社会信任、国际知名的高端科技智库。支持国有及国有控股企业兴办产学研用紧密结合的新型智库，重点面向行业产业，围绕国有企业改革、产业结构调整、产业发展规划、产业技术方向、产业政策制定、重大工程项目等开展决策咨询研究。

（十）规范和引导社会智库健康发展。社会智库是中国特色新型智库的组成部分。坚持把社会责任放在首位，由民政部会同有关部门研究制定规范和引导社会力量兴办智库的若干意见，确保社会智库遵守国家宪法法律法规，沿着正确方向健康发展。进一步规范咨询服务市场，完善社会智库产品供给机制。探索社会智库参与决策咨询服务的有效途径，营造有利于社会智库发展的良好环境。

（十一）实施国家高端智库建设规划。加强智库建设整体规划和科学布局，统筹整合现有智库优质资源，重点建设50至100个国家亟需、特色鲜明、制度创新、引领发展的专业化高端智库。支持中央党校、中国科学院、中国社会科学院、中国工程院、国务院发展研究中心、国家行政学院、中国科协、中央重点新闻媒体、部分高校和科研院所、军队系统重点教学科研单位及有条件的地方先行开展高端智库建设试点。

（十二）增强中央和国家机关所属政策研究机构决策服务能力。中央和国家机关所属政策研究机构要围绕中心任务和重点工作，定期发布决策需求信息，通过项目招标、政府采购、直接委托、课题合作等方式，引导相关智库开展政策研究、决策评估、政策解读等工作。中央政研室、中央财办、中央外办、国务院研究室、国务院发展研究中心等机构要加强与智库的沟通联系，高度重视、充分运用智库的研究成果。全国人大要加强智库建设，开展人民代表大会制度和中国特色社会主义法律体系理论研究。全国政协要推进智库建设，开展多党合作和政治协商制度、社会主义协商民主制度理论研究。人民团体要发挥密切联系群众的优势，拓展符合自身特点的决策咨询服务方式。

## 四　深化管理体制改革

（十三）深化组织管理体制改革。按照行政管理体制改革和事业单位分类改革的要求，遵循智库发展规律，推进不同类型智库管理体制改革。强化政府在智库发展规划、政策法规、统筹协调等方面的宏观指导责任，创新管理方式，形成既能把握正确方向、又有利于激发智库活力的管理体制。

（十四）深化研究体制改革。鼓励智库与实际部门开展合作研究，提高研究工作的针对性实效性。健全课题招标或委托制度，完善公开公平公正、科学规范透明的立项机制，建立长期跟踪研究、持续滚动资助的长效机制。重视决策理论和跨学科研究，推进研究方法、政策分析工具和技术手段创新，搭建互联互通的信息共享平台，为决策咨询提供学理支撑和方法论支持。

（十五）深化经费管理制度改革。建立健全规范高效、公开透明、监管有力的资金管理机制，探索建立和完善符合智库运行特点的经费管理制度，切实提高资金使用效益。科学合理编制和评估经费预算，规范直接费用支出管理，合规合理使用间接费用，发挥绩效支出的激励作用。加强资金监管和财务审计，加大对资金使用违规行为的查处力度，建立预算和经费信息公开公示制度，健全考核问责制度，不断完善监督机制。

（十六）深化成果评价和应用转化机制改革。完善以质量创新和实际贡献为导向的评价办法，构建用户评价、同行评价、社会评价相结合的指标体系。建立智库成果报告制度，拓宽成果应用转化渠道，提高转化效率。对党委和政府委托研究课题和涉及国家安全、科技机密、商业秘密的智库成果，未经允许不得公开发布。加强智库成果知识产权创造、运用和管理，加大知识产权保护力度。

（十七）深化国际交流合作机制改革。加强中国特色新型智库对外传播能力和话语体系建设，提升我国智库的国际竞争力和国际影响力。建立与国际知名智库交流合作机制，开展国际合作项目研究，积极参与国际智库平台对话。坚持引进来与走出去相结合，吸纳海外智库专家、汉学家等优秀人才，支持我国高端智库设立海外分支机构，推荐知名智库专家到有关国际组织任职。重视智库外语人才培养、智库成果翻译出版和开办外文网站等工作。简化智库外事活动管理、中外专家交流、举办或参加国际会议等方面的审批程序。坚持以我为主、为我所用，学习借鉴国外智库的先进经验。

五 健全制度保障体系

（十八）落实政府信息公开制度。按照政府信息公开条例的规定，依法主动向社会发布政府信息，增强信息发布的权威性和及时性。完善政府信息公开方式和程序，健全政府信息公开申请的受理和处置机制。拓展政府信息公开渠道和查阅场所，发挥政府网站以及政务微博、政务微信等新兴信息发布平台的作用，方便智库及时获取政府信息。健全政府信息公开保密审查制度，确保不泄露国家秘密。

（十九）完善重大决策意见征集制度。涉及公共利益和人民群众切身利益的决策事项，要通过举行听证会、座谈会、论证会等多种形式，广泛听取智库的意见和建议，增强决策透明度和公众参与度。鼓励人大代表、政协委员、政府参事、文史馆员与智库开展合作研究。探索建立决策部门对智库咨询意见的回应和反馈机制，促进政府决策与智库建议之间良性互动。

（二十）建立健全政策评估制度。除涉密及法律法规另有规定外，重大改革方案、重大政策措施、重大工程项目等决策事项出台前，要进行可行性论证和社会稳定、环境、经济等方面的风险评估，重视对不同智库评估报告的综合分析比较。加强对政策执行情况、实施效果和社会影响的评估，建立有关部门对智库评估意见的反馈、公开、运用等制度，健全决策纠错改正机制。探索政府内部评估与智库第三方评估相结合的政策评估模式，增强评估结果的客观性和科学性。

（二十一）建立政府购买决策咨询服务制度。探索建立政府主导、社会力量参与的决策咨询服务供给体系，稳步推进提供服务主体多元化和提供方式多样化，满足政府部门多层次、多方面的决策需求。研究制定政府向智库购买决策咨询服务的指导意见，明确购买方和服务方的责任和义务。凡属智库提供的咨询报告、政策方案、规划设计、调研数据等，均可纳入政府采购范围和政府购买服务指导性目录。建立按需购买、以事定费、公开择优、合同管理的购买机制，采用公开招标、邀请招标、竞争性谈判、单一来源等多种方式购买。

（二十二）健全舆论引导机制。着眼于壮大主流舆论、凝聚社会共识，发挥智库阐释党的理论、解读公共政策、研判社会舆情、引导社会热点、疏导公众情绪的积极作用。鼓励智库运用大众媒体等多种手段，传播主流思想价值，集聚社会正能量。坚持研究无禁区、宣传有纪律。

### 六　加强组织领导

（二十三）高度重视智库建设。各级党委和政府要充分认识中国特色新型智库的地位和作用，把智库建设作为推进科学执政、依法行政、增强政府公信力的重要内容，列入重要议事日程。建立健全党委统一领导、有关部门分工负责的工作体制，切实加强对智库建设工作的领导。

（二十四）不断完善智库管理。有关部门和业务主管单位要按照谁主管、谁负责和属地管理、归口管理的原则，切实负起管理责任，建章立制，立好规矩，制定具体明晰的标准规范和管理措施，确保智库所从事的各项活动符合党的路线方针政策，遵守国家法律法规。加强统筹协调，做好整体规划，优化资源配置，避免重复建设，防止一哄而上和无序发展。

（二十五）加大资金投入保障力度。各级政府要研究制定和落实支持智库发展的财政、金融政策，探索建立多元化、多渠道、多层次的投入体系，健全竞争性经费和稳定支持经费相协调的投入机制。根据不同类型智库的性质和特点，研究制定不同的支持办法。落实公益捐赠制度，鼓励企业、社会组织、个人捐赠资助智库建设。

（二十六）加强智库人才队伍建设。各级党委和政府要把人才队伍作为智库建设重点，实施中国特色新型智库高端人才培养规划。推动党政机关与智库之间人才有序流动，推荐智库专家到党政部门挂职任职。深化智库人才岗位聘用、职称评定等人事管理制度改革，完善以品德、能力和贡献为导向的人才评价机制和激励政策。探索有利于智库人才发挥作用的多种分配方式，建立健全与岗位职责、工作业绩、实际贡献紧密联系的薪酬制度。加强智库专家职业精神、职业道德建设，引导其自觉践行社会主义核心价值观，增强社会责任感和诚信意识，牢固树立国家安全意识、信息安全意识、保密纪律意识，积极主动为党和政府决策贡献聪明才智。

各地区各有关部门要结合实际，按照本意见精神制定具体办法。

（稿件来源：中央政府门户网站 http：//www.gov.cn/xinwen/2015-01/20/content_2807126.htm。发布时间：2015年1月20日。）

# 第二篇

# 中国社会科学院

# 历史沿革

中国社会科学院（以下简称中国社科院）是党中央直接领导、国务院直属的国家哲学社会科学研究机构，成立于1977年5月，前身是1955年成立的中国科学院哲学社会科学学部。第一任院长胡乔木，第二任院长马洪，第三任院长胡绳，第四任院长李铁映，第五任院长陈奎元，现任院长王伟光。

中国科学院哲学社会科学学部设有经济研究所、哲学研究所、世界宗教研究所、考古研究所、历史研究所、近代史研究所、世界历史研究所、文学研究所、外国文学研究所、语言研究所、法学研究所、民族研究所、世界经济研究所和情报资料研究室等14个研究单位，总人数2200多人。

为了适应改革开放和国家经济社会发展需要，更好地为党和国家事业发展大局提供研究支撑，从1977年至1981年期间，中国社会科学院先后成立了工业经济研究所、农村发展研究所、财贸经济研究所、新闻研究所、马克思列宁主义毛泽东思想研究所、社会学研究所、人口研究所、少数民族文学研究所、世界政治研究所、美国研究所、日本研究所、西欧研究所、中国社会科学杂志社、中国社会科学出版社、研究生院和郭沫若著作编辑出版委员会办公室等16个研究和出版单位。苏联东欧研究所（现为俄罗斯东欧中亚研究所）、西亚非洲研究所和拉丁美洲研究所也在这个时期划归中国社会科学院管理。

1981年以后陆续成立数量与技术经济研究所、文献信息中心、边疆史地研究中心、政治学研究所、台湾研究所和亚洲太平洋研究所。1997年成立城市发展与环境研究中心，2012年成立社会发展研究院。

中国社会科学院的理论工作者始终坚持理论联系实际，以研究重大理论和现实问题为主攻方向，为建设中国特色社会主义提供了重要的理论支持。

——积极探索社会主义市场经济理论。1978年，胡乔木发表了《按经济规律办事，加快实现四个现代化》，对人们冲破"左"的思想束缚有重要的启迪意义。

十一届三中全会后，中国社科院的经济理论工作者发表了大量经济学论著，对社会主义经济中的价值规律、商品经济与公有制的关系、计划调节与市场调节的关系等重大经济理论问题进行论述。1979年，中国社科院学者最早以"社会主义市场经济"为题发表学术文章。1982年，刘国光在《坚持经济体制的改革方向》中提出，社会主义商品具有商品经济条件下商品的属性。马洪、于光远、刘国光、孙尚清、刘明夫等在1984年提出，社会主义条件下要保留和发展商品货币关系，竞争是社会主义经济的内在机制等一系列重要观点。

20世纪80年代中后期，中国社科院学者开始对社会主义市场经济基本理论问题进行系统研究。刘国光深入探讨了我国经济改革模式，明确提出"双重模式转换"，即体制模式的转换和发展模式的转换。中国社科院经济学家作为一支学术队伍，提出了"稳中求进"的改革与发展思路，被中外经济学界称为"稳健改革派"。进入90年代，中国社科院学者就所有制改革、收入分配改革、价格改革、国有企业改革等重要问题发表一系列成果外，还专门就建立和完善社会主义市场经济的各种问题进行了深入探讨，提交了《关于社会主义市场经济的大思路、大原则和大框架》《建立社会主义市场经济体制的理论思考和政策选择》等研究报告，其中不少观点和见解被中央采纳。中央领导同志曾赞誉："社科院在社会主义市场经济体制方面作出了贡献。"

党的十六大以来，中国社科院学者围绕西部大开发、老工业基地改造、发展资源节约型与环境友好型经济、宏观经济运行等，每年都向中央和国家有关部门报送上百篇对策建议。许多学者参加了中央重要文件的起草，参与了中央经济形势的分析咨询等。如今，努力当好党中央国务院重要的思想库和智囊团，已经成为全院专家学者的神圣使命和自觉追求。

——为"依法治国"方略的提出和实施提供理论依据。党的十一届三中全会前后，中国社科院学者组织推动法学界开展"人治与法治""法律面前人人平等"等重大问题讨论，提出并阐发了"以法治国""独立行使审判权"等观点，并在全国法学界首先提出建设社会主义"法治国家"的命题，为"依法治国"方略的提出和实施提供了理论准备。

中国社科院许多学者参与了我国宪法、刑法、刑事诉讼法、公司法、婚姻法、民法通则、香港基本法、澳门基本法、合同法、著作权法、行政诉讼法、物权法等100多部重要法律的起草、修改和论证，经常参加国家最高司法机关疑难案件的讨论和司法解释的制作等工作。有关工作受到国家立法和司法部门的高度重视。特别是党的十六大以来，中国社科院学者提交的《关于修改宪法的报告》《中国物权法草案建议稿——条文、说明、理由与参考立法例》《中国民法典草案建议稿》等，在有关立法过程中发挥了积极作用，得到了国家立法和司法部门的高度评价。

从20世纪80年代到90年代初，从事民法学、经济法学、知识产权法学等学科的学者，对我国经济体制改革中的法律问题和民事关系变化所带来的新问题等均进行了系统、深入的研究，并取得了学术界公认的突出成就。1993年，中国社科院学者提交的《建设社会主义市场经济法律体系的理论思考和对策建议》等研究报告，对建立与社会主义市场经济相适应的中国特色社会主义法律体系所涉及的一些重大问题进行了深入探讨，得到了中央领导同志的充分肯定。

中国社科院的学者还较早开展了马克思主义人权问题的理论研究和外交斗争，推出了《人权理论与对策研究》《走向权利的时代——中国公民权利发展研究》《关于加入"公民权利和政治权利国际公约"问题的研究报告》《中国人权百科全书》等一系列成果，并参与了我国政府"人权白皮书"的起草工作。

——探索社会和谐发展的新途径。中国社科院社会学研究所第一任所长费孝通教授带领他主持的"江苏小城镇研究"课题组，深入开展调查研究，相继发表了《小城镇、大问题》《小城镇、新开拓》《小城镇区域分析》等成果，产生了很大的学术影响和社会效益。1991年，由陆学艺和李培林主编的《中国社会发展报告》，是我国第一部"社会发展报告"。它以独特的视角和评价体系分析了1978年改革开放以来中国社会的发展状况，为我国提出了较为具体的"社会改革整体配套方案"。此外，学者们还在社会发展理论、社会政策、社会心理等研究领域，发表了一批在学术界有影响的科研成果。2005年2月21日，李培林、景天魁为中央政治局第二十次集体学习作了主题为"努力构建社会主义和谐社会"的讲解。

——支持和推动经济特区发展。20世纪80年代初，党中央、国务院审时度势，作出了兴办经济特区的重大决策。中国社科院学者积极响应党中央的号召，组织专家调研组分赴深圳和海南，在深入调研的基础上提交了高水平的研究报告。其中，《深圳特区发展战略研究》提出了实现发展目标的战略步骤和对策，受到国务院和深圳市政府的高度重视；《海南经济发展战略》明确提出，海南的经济体制模式应是社会主义市场经济模式，海南政治体制改革目标模式的基本框架应是小政府、大社会、党政分开、政企分开，并提出了"整体转轨"的改革思路，设计了五大经济区的发展规划。报告得到海南建省筹备组的肯定，有很多观点和建议被中央和当地政府所采纳。

在总结改革开放实践经验，探索中国特色社会主义发展规律的同时，中国社科院学者还积极参与了我国跨世纪重大工程，如三峡工程、京沪高速铁路、南水北调工程等的技术经济论证的研究与实践。进入21世纪，中国社科院学者就应对经济全球化挑战、提高对外开放水平等问题发表的《中国的外资经济——对增长、结构升级和竞争力的贡献》《我国对外贸易发展：挑战、机遇与对策》《经济全球化与中国贸易政策》《论中国进入利用外资新阶段——"十一五"时期利用外资的战略思路》《全球竞争——FDI与中国产业国际竞争力》等成果，均得到中央有关部门和学术界的高度评价。

——为我国农村改革和农业发展建言献策。1979年，当人们对安徽凤阳包产到户做法议论纷纷时，社会学家陆学艺、李兰亭等深入安徽、江苏、浙江等地农村，开展了历时数月的调查研究，并以严谨扎实的第一手资料，撰写了《"包干到户"问题应该重新研究》，从生产力与生产关系的高度阐述了"包干到户"在当时的合理性，产生了较大的社会反响。

面对一些地区削弱农业投入的倾向，中国社科院学者依据大量第一手资料，于1986年撰文提出，农业状况面临严峻的形势，要高度重视农村改革初见成效后存在的问题，受到邓小平同志的高度重视。

中国社科院学者围绕社会主义新农村建设提交的《当前农村经济形势分析》《粮食安全不足为虑》《近期农产品价格上涨原因及对策》《农村畜禽疫病防治工作亟待加强》等研究报告，得到中央领导同志的高度评价。他们率先引进国外先进经验并在国内付诸实施的面向农民的小额信贷项目，取得了成功并被国家有关部门推广，成为造福广大农民的一项重要举措。

中国社科院国际问题研究专家，在关于时代的基本特征，新旧格局交替的国际形势，我国与美、苏（俄）、日等的国家关系，我国加入世贸组织研究，亚太经合组织研究，上海合作组织研究，非传统安全问题，中东问题等方面，为国家制定外交政策、扩大对外开放提供了许多有价值的对策建议。

社会学、民族学、宗教学、新闻学以及文、史、哲等学科的科研人员，陆续推出的关于构建社会主义和谐社会、可持续发展、社会发展指标、阶级阶层、民族文化保护、民间宗教信仰、经济体制转轨期伦理道德建设、社会主义先进文化建设等研究成果，对于推动社会主义经济、政治、文化和社会建设作出了较大贡献。

中国社会科学院的发展史，是一部不断解放思想、实事求是，不断与时俱进的理论创新史：在社会主义初级阶段理论尚处于酝酿的20世纪80年代中期，中国社会科学院的专家学者进行了大规模的国情调查，为党和国家制订社会主义初级阶段的方针政策提供了科学依据；当"市场经济"一词还讳莫如深时,哲学社会科学工作者已开始大胆探讨商品经济、价值规律、发展社会主义市场经济等课题。从1999年开始,中国社科院逐年发布《中国人文社会科学前沿报告》,密切关注国内外前沿学科及相关重大课题的进展,努力走在哲学社会科学研究的最前沿。

将马克思主义基本原理与中国实际结合起来,大胆探索,在实践中不断认识真理、发展真理的理论作风;解放思想、实事求是,与时俱进、开拓创新的思想作风;深入实践,深入群众,一切为了群众,一切依靠群众的工作作风;理论联系实际,严谨而不保守,活跃而不轻浮,锐意创新而不哗众取宠的优良学风,永远是中国社会科学院全体工作者取之不竭的宝贵财富和精神食粮。

今天的中国社科院已经成长为中国一流、世界闻名的哲学社会科学综合研究中心。全院现有职能部门10个,派驻机构1个,直属机构8个,6个学部共39个研究院所,非实体研究中心173个,主管全国性学术社团110个,代管中国地方志指导小组办公室,研究范围涵盖了哲学社会科学的各个领域,在中国改革开放和中国特色社会主义现代化建设进程中,发挥着重要作用。

党中央对中国社科院提出"努力建设成为马克思主义的坚强阵地,努力建设成为党中央国务院重要的思想库和智囊团,努力建设成为我国哲学社会科学研究的最高殿堂"的"三个定位"要求,2015年1月,中办、国办印发《关于加强中国特色新型智库建设的意见》指出,"发挥中国社会科学院作为国家级综合性高端智库的优势,使其成为具有国际影响力的世界知名智库"。近年来,中国社科院多次被国际权威机构评为亚洲智库之首,在美国宾夕法尼亚大学发布的《2014全球智库报告》中,中国社会科学院以第20名的成绩跻身"全球智库50强",并蝉联"亚洲最高智库"。作为国际知名智库的排名也逐年上升。

在中国社科院历史上,曾集聚了郭沫若、范文澜、吕叔湘、季羡林、钱钟书、孙冶方等一大批享誉海内外的学术大师。2006年,中国社科院恢复建立学部制度,现有学部委员58人,荣誉学部委员99人。全院聚集了一大批国内外知名专家和学术领军人才,许多学者在国际国内重要学术组织担任领导职务,大批专家享受国务院政府特殊津贴。目前,全院在编在职人员约4000人,含科研业务人员3240余人,其中高级专业人员约1850人,中级专业人员1000余人。

中国社科院的学科布局几乎涵盖哲学社会科学主要学科领域,形成具有本院特点的研究型学科体系。在国家社科基金23个一级学科中,本院涉及22个一级学科,研究范围涵盖273个二级学科、251个三级学科,其中包括23个特殊学科、6个重点研究室。

按照"三个定位"要求,中国社科院积极推进马克思主义研究、基础研究、应用研究和智库咨询。实施马克思主义理论研究和建设工程,进一步整合全院马克思主义研究资源;努力传承中华文明,积极推进哲学社会科学基础理论研究和创新;始终站在时代发展最前列,以研究重大理论和实际问题为主攻方向,坚持理论和实际相结合,充分发挥智库作用,为建设中国特色社会主义提供重要理论支持;越来越多的专家学者为中央领导集体学习授课,参加党和国家重要文件及法律法规的起草和讨论,科学解读党和国家的各项方针政策;许多担任人大代表和政协委员的专家学者积极参政议政,为经济社会发展建言献策。

中国社科院迄今已出版学术著作1.1万部,科学论文12万篇,研究报告2.4万份。此外，还有大量的学术资料、译著、教材、工具书、古籍整理、理论宣传文章等其他形式的科研成果。中国社科院在基础理论研究领域和应用对策研究领域都推出了一批极具影响的重大成果。《中国通史》《现代汉语词典》等基础研究成果成为相关学科的扛鼎力作。关于社会主义市场经济、全面建设小康社会、依法治国等重大理论和现实问题的应用对策研究成果丰硕，率先提出"社会主义市场经济""建设社会主义法治国家"等命题，在中国特色社会主义建设进程中发挥了重要作用。与浙江省委合作的《浙江经验与中国发展》丛书先后6次得到中央领导同志重要批示，评价这项研究是"迄今为止在浙江进行的最具理论权威性、规模最大、最为系统的一次对浙江精神的全面总结"。2015年，双方最新合作成果《中国梦与浙江实践》七卷本得到中央领导和有关方面的高度肯定和积极评价。

中国社科院拥有报纸、期刊、出版社、网站、论坛、内刊组成的立体化学术传播平台。《中国社会科学报》是新中国成立以来第一份全国性的哲学社会科学专业报纸。《中国社会科学》等80多种学术期刊，其中相当一部分都是国内外学术界公认的学术名刊，基本反映了我国人文社会科学的总体水平。中国社会科学出版社等5家专业出版社，每年出版大量国内外哲学社会科学领域权威著作和优秀专业图书。中国社会科学网是国内第一个综合性哲学社会科学专业门户网站，已开通中文、英文、法文频道。"中国社会科学论坛"系列会议等重大学术活动，在国内外具有重要影响。《要报》《信息专供》《智库专报》等内刊可直接报送党中央、国务院和相关部委，直接为党和国家重大决策服务。

中国社科院拥有稳定的国家财政拨款支持，优秀的学术传统和深厚的学术积淀，为学术研究提供坚实支撑。图书馆实行"总馆—分馆—所馆"的三级管理体制，目前有4个分馆和26个研究所图书馆，实体馆藏与虚拟馆藏共同成为图书馆提供信息服务的基础，馆藏总量为560多万册，馆藏经典文献仅次于国家图书馆，是我国目前规模最大、设施先进、数字化程度最高的哲学社会科学专业图书馆。调查与数据信息中心是国内领先的哲学社会科学专业数据库和综合性信息发布中心，目前建有国家哲学社会科学学术期刊数据库、哲学社会科学海量数据库、综合集成实验平台、调查平台等。通过海量的调查数据总库，可瞬间获取哲学社会科学研究资源。

中国社科院实行院、所两级法人组织架构，院职能部门负责全院的行政、科研管理、人事工作等管理事务，6个学部的39个研究院所作为独立法人从事各学科领域的科研工作。院职能部门针对科研项目、研究成果、职称评定、经费管理、国际交流、科研规范等方面制定了比较完善的管理制度。在中央的关心和有关部委的支持下，中国社科院于2011年启动实施哲学社会科学创新工程，建立了包括"准入、退出、报偿、配置、评价、资助"六大制度的创新工程制度体系。2015年，大力加强中国特色新型智库建设，着力构建"院—所—专业化智库"三级智库格局，全院作为综合集成的总体智库，各研究单位作为具有学科优势的学科智库，集中建设一批专业化智库。在2015年确定的25家首批国家高端智库建设试点单位中，中国社科院整体及中国社会科学院国家金融与发展实验室、中国社会科学院国家全球战略智库入选。截至2015年12月，已成立16个专业化智库和2个合作智库，智库体系建设初具规模。

中国社科院积极与国家部委合作开展研究，为中央提供理论支撑和决策依据；同时与地方省市开展战略合作，与省、市、自治区人民政府及地方高校签署院际合作协议20余项，在科研、教学、国情调研、智库建设等方面,提供强有力的智力支持和人才服务。

中国社科院对外签订了140多个学术交流协议,同海外研究机构、学术团体、高等院校、智库、基金会及政府部门建立广泛关系,对外交流已遍及世界100多个国家和地区。许多国家的领导人和国际学术界的著名学者到中国社科院访问、演讲,外国驻华使领馆官员、国际机构代表以及海外媒体人士经常来中国社科院进行学术访谈。目前,年均交流总量已逾千批,近3000人次。

# 组织机构

## 一 中国社会科学院院领导

### （一）中国社会科学院历届院领导

中央派临时领导小组主持哲学社会科学部工作（1975年5月—1977年10月）

组长：林修德（1975年8月—1977年10月）

成员：刘仰峤（1975年8月—1977年10月）、宋一平（1975年8月—1977年10月）、王仲方（参加领导小组工作）、吴亮平（参加领导小组工作）、关山复（参加领导小组工作）

中国科学院哲学社会科学部改名为中国社会科学院（1977年5月7日）

第一届院领导（1977年11月—1982年5月）

院长：胡乔木（1977年11月26日—1982年5月13日）

副院长：邓力群（1977年11月26日—1982年5月13日）、于光远（1977年11月26日—1982年5月13日）、周扬（1978年9月9日—1982年5月13日）、许涤新（1978年9月9日—1982年5月13日）、宦乡（1978年9月9日—1982年5月13日）、马洪（1979年5月9日—1982年5月13日）、张友渔（1979年9月9日—1982年5月13日）、武光（1979年10月19日—1982年）、宋一平（1979年10月19日—1980年）、梅益（1980年4月21日—1982年5月13日）

院纪律检查委员会书记彭达彰（1980年10月6日—1982年5月13日）

秘书长：刘仰峤（1978年9月9日—1979年4月9日）

政治部主任：宋一平（1978年—1979年4月）

第一秘书长：武光（1979年4月9日—1979年10月19日）

第二秘书长：宋一平（1979年4月9日—1979年10月19日）

秘书长：梅益（1979年10月19日—1980年4月21日）

顾问：周扬（1977年12月23日—1978年9月9日）、齐燕铭（1978年9月9日—1982年5月13日）、陈翰笙（1978年9月9日—1982年5月13日）、许立群（1979年4月9日—1982年5月13日）、孙冶方（1979年4月9日—1982年5月13日）、杨述（1979年4月9日—1980年9月27日）、吕振羽（1979年11月27日—1980年7月17日）、千家驹（1981年—1982年5月）

第二届院领导（1982年5月—1985年6月）

院长：马洪（1982年5月13日—1985年6月23日）

副院长：夏鼐（1982年8月30日—1985年6月19日）、钱钟书（1982年8月30日—1985年6月23日）、刘国光（1982年5月13日—1985年6月23日）、汝信（1982年5月13日—1985年6月23日）

院纪律检查委员会书记

杨克（1982年5月13日—1985年6月23日）

秘书长：梅益（1982年5月13日—1985年6月23日）

顾问召集人：胡乔木（1982年5月13日—1985年5月25日）

顾问：于光远（1982年5月13日—1985年5月25日）、许涤新（1982年5月13日—1985年5月25日）、张友渔（1982年5月13日—1985年5月25日）、宦乡（1982年5月13日—1985年5月25日）、钱俊瑞（1982年5月13日—1985年5月25日）、浦寿昌（1983年5月24日—1985年6月23日）、骆耕漠（1982年1月14日—1982年12月11日）

第三届院领导（1985年6月—1988年2月）

名誉院长：胡乔木（1985年6月23日—1988年2月21日）

院长：胡绳（1985年6月23日—1988年2月21日）

副院长：赵复三（1985年6月23日—1988年2月21日）、钱钟书（1985年6月23日—1988年2月21日）、刘国光（1985年6月23日—1988年2月21日）、李慎之（1985年6月23日—1988年2月21日）、汝信（1985年6月23日—1988年2月21日）

院纪律检查委员会书记

杨克（1985年6月23日—1988年6月8日）

顾问：梅益（1985年12月28日—1988年2月21日）、于光远（1985年6月23日—1988年2月21日）、浦寿昌（1985年6月23日—1988年4月27日）

秘书长：梅益（1985年6月23日—1985年12月28日）、吴介民（1985年12月28日—1988年2月25日）

第四届院领导（1988年2月—1993年10月）

院长：胡绳（1988年2月21日—1993年10月14日）

副院长：郁文（1989年12月7日—1992年12月11日）、王忍之（1992年12月11日—1993年10月14日）、刘国光（1988年2月21日—1993年10月14日）、曲维镇（1989年12月7日—1993年10月14日）、江流（1989年12月7日—1993年10月14日）、钱钟书（1988年2月21日—1993年10月14日）、丁伟志（1988年2月21日—1990年8月17日）、李慎之（1988年2月21日—1990年8月17日）、汝信（1988年2月21日—1993年10月14日）、郑必坚（1988年9月26日—1992年10月8日）、赵复三（1988年2月21日—1990年1月）、滕藤（1993年5月28日—1993年10月14日）、王洛林（1993年7月22日—1993年10月14日）、刘吉（1993年6月12日—1993年10月14日）

中央纪委驻中国社会科学院纪检组组长

汪文风（1991年2月26日—1994年11月5日）

顾问：浦寿昌（1988年4月27日—1993年11月17日）

特邀顾问：吴介民（1991年3月2日—1993年11月17日）

秘书长：刘启林（1988年2月25日—1992年4月13日）、龙永枢（1992年5月5日—1993年10月14日）

第五届院领导（1993年10月—1998年10月）

院长：胡绳（1993年10月14日—1998年2月28日）

副院长：王忍之（1993年10月14日—1998年10月10日）、汝信（1993年10月14日—1998年10月12日）、滕藤（1993年10月14日—1998年10月12

日）、王洛林（1993年10月14日—1998年10月10日）、刘吉（1993年10月14日—1998年10月12日）、龙永枢（1993年10月14日—1998年10月12日）

中央纪委驻中国社会科学院纪检组组长

汪文风（1991年2月26日—1994年11月5日）、李英唐（1994年11月5日—1998年10月10日）

特邀顾问：钱钟书（1993年11月17日—1998年10月10日）、刘国光（1993年11月17日—1998年10月10日）

秘书长：郭永才（1993年10月16日—1998年10月10日）

第六届院领导（1998年10月—2003年1月）

院长：李铁映（1998年2月28日—2003年1月7日）

副院长：王忍之（1998年10月10日—2000年7月3日）、王洛林（1998年10月10日—2003年1月7日）、李慎明（1998年10月10日—2003年1月7日）、江蓝生（1998年10月10日—2003年1月7日）、陈佳贵（1998年10月10日—2003年1月7日）、朱佳木（2000年12月28日—2003年1月7日）、高全立（2000年8月31日—2003年1月7日）

中央纪委驻中国社会科学院纪检组组长

李英唐（1998年10月10日—2001年6月21日）、林文肯（2001年6月21日—2003年8月7日）

秘书长：郭永才（1998年10月10日—2000年8月25日）、朱锦昌（2000年8月25日—2003年1月7日）

特约顾问：刘国光（1998年10月10日—2003年1月7日）

第七届院领导（2003年1月—2013年4月）

院长：陈奎元（2003年1月7日—2013年4月27日）

副院长：王洛林（2003年1月7日—2004年10月14日）、冷溶（2004年10月14日—2007年12月18日）、王伟光（2007年12月20日—2013年4月27日）、李慎明（2003年1月7日—2013年6月30日）、江蓝生（2003年1月7日—2006年9月28日）、陈佳贵（2003年1月7日—2009年7月2日）、朱佳木（2003年1月7日—2012年3月16日）、李捷（2012年3月16日—2013年4月27日）、高全立（2003年1月7日—2013年6月30日）、武寅（2006年9月28日—2013年6月30日）、李扬（2009年7月2日—2013年4月27日）

中央纪委驻中国社会科学院纪检组组长

李秋芳（2003年8月7日—2012年7月26日）

秘书长：朱锦昌（2003年1月7日—2006年10月19日）、黄浩涛（2006年10月19日—2013年7月2日）

特约顾问：刘国光（2003年1月7日—2016年3月）、王忍之（2006年9月1日—2010年9月1日）、王洛林（2006年9月1日—2010年9月1日）

第八届院领导（2013年4月—  ）

院长：王伟光（2013年4月27日—  ）

副院长：王京清（2016年3月17日—  ）、李捷（2013年4月27日—2014年4月25日）、张江（2013年6月30日—  ）、李扬（2013年4月27日—2015年4月16日）、李培林（2013年6月30日—  ）、蔡昉（2014年7月28日—  ）

中央纪委驻中国社会科学院纪检组组长

张英伟（2013年9月26日—  ）

秘书长：高翔（2013年7月2日—2016年3月）、党组成员荆惠民（2014年

4月25日— ）

（二）中国社会科学院现任院领导及分工

院长、党组书记王伟光：主持全院全面工作。

兼任第五届中国地方志指导小组组长、学部主席团主席、马克思主义学院院长。

主持党组会议、院务会议、院长办公会议。

副院长、党组成员张江：负责行政后勤、文学学科建设、马克思主义文学理论和文艺批评工程、博士后工作。分管办公厅、财务基建计划局、基建工作办公室、研究生院、服务中心、中国人文科学发展公司、郭沫若纪念馆、马克思主义学院；联系、协调文化研究中心；与李培林共同负责科研成果出版资助工作。兼任马克思主义学院常务副院长。主持督办例会。

副院长、党组成员李培林：负责科研、学部、国情调研、国内科研合作和与上海合作工作。分管科研局/学部工作局、中国地方志指导小组办公室、话语体系建设办公室；联系、协调院重大问题综合研究中心、国家治理研究智库；联系地方社科院。兼任中国地方志指导小组常务副组长、上海研究院院长。

副院长、党组成员蔡昉：负责对外学术合作、报刊出版社改制、智库建设工作。分管国际合作局、离退休干部工作局、中国社会科学出版社、社会科学文献出版社、中国经营出版传媒集团；联系、协调财经战略研究院、国家金融与发展实验室、生态文明研究智库、世界经济与政治研究所、国家全球战略研究智库。联系台湾研究所、和平发展研究所。

中央纪委驻院纪检组长、党组成员张英伟：负责党风廉政建设、"三项纪律"建设、社会主义核心价值观建设工作。分管驻院纪检组、审计室。联系、协调中国廉政研究中心。

秘书长、党组成员高翔：负责院日常运转的综合协调工作、媒体工作和网络安全、报刊出版馆网库志和评价中心建设、图书资料和信息化建设。协助分管办公厅；分管中国社会科学杂志社（中国社会科学报、中国社会科学网）、图书馆（调查与数据信息中心）、信息化管理办公室、中国社会科学院评价中心。兼任中国社会科学杂志社总编辑、中国社会科学院新闻发言人、马克思主义学院副院长。

党组成员荆惠民：主持当代中国研究所全面工作；负责中央马克思主义理论研究和建设工程有关任务、院马克思主义理论学科建设与理论研究工程、思想理论写作组工作。联系马克思主义研究院、中国特色社会主义理论体系研究中心；联系、协调马克思主义理论创新智库。

## 二 中国社会科学院职能部门及领导

办公厅
主任：施鹤安
副主任：王卫东、胥锦成
科研局/学部工作局
局长：马援
副局长：张国春、王子豪
人事教育局
局长：张冠梓
副局长：高京斋、陈文学
国际合作局
局长：王镭
副局长：周云帆、王宣敬
财务基建计划局
局长：段小燕

副局长：曲永义、何敬中
离退休干部工作局
局长：刘红
副局长：崔向阳、薛增朝
直属机关党委
常务副书记：崔建民
直属机关纪委书记：王晓霞
副书记：孙伟平
驻院纪检组、监察局
驻院纪检组副组长、监察局局长：胡乐生
直属机关纪委副书记：公茂虹
监察局副局长：高波
基建工作办公室
主任（兼）：谭家林
副主任（兼）：罗京辉
副主任（兼）：何敬中

## 三　中国社会科学院科研机构及领导

文学研究所
党委书记、副所长：刘跃进
所长：陆建德
副所长：杨槐
民族文学研究所
党委书记、副所长：朝克
所长：朝戈金
外国文学研究所
党委书记、副所长：党圣元
所长：陈众议
副所长：吴晓都
语言研究所
党委书记、副所长：刘晖春
所长：刘丹青
党委副书记、副所长：张伯江
哲学研究所
党委书记、副所长：王立民
所长：谢地坤
副所长：崔唯航

世界宗教研究所
党委书记、副所长：曹中建
所长：卓新平
副所长：郑筱筠
考古研究所
党委书记、副所长：刘政
所长：王巍
副所长：白云翔、陈星灿
历史研究所
党委书记、副所长：闫坤
所长：卜宪群
副所长：王震中
近代史研究所
党委书记、副所长：周溯源
所长：王建朗
副所长：汪朝光、金以林
世界历史研究所
党委书记、副所长：赵文洪
所长：张顺洪
副所长：饶望京
中国边疆研究所
党委书记、副所长：李国强
所长：邢广程
副所长：李大路
经济研究所
党委书记、所长：裴长洪
副所长：张平、杨春学、朱恒鹏
工业经济研究所
党委书记、副所长：史丹
所长：黄群慧
副所长：黄速建、崔民选
农村发展研究所
党委书记、副所长：潘晨光
所长：魏后凯
副所长：杜志雄、黄超峰
财经战略研究院
党委书记、院长：高培勇
副院长：陈冬红、夏杰长
金融研究所
党委书记、副所长：何德旭

所长：王国刚
副所长：殷剑峰、胡滨
数量经济与技术经济研究所
党委书记、副所长：李富强
所长：李平
副所长：李雪松
党委副书记、副所长：郭红
人口与劳动经济研究所
党委书记、副所长：钱伟
所长：张车伟
副所长：汪正鸣
城市发展与环境研究所
党委书记、副所长：李春华
所长：潘家华
法学研究所
法学研究所、国际法研究所联合党委书记、副所长：陈甦
所长：李林
副所长：穆林霞、莫纪宏
国际法研究所
法学研究所、国际法研究所联合党委书记、法学所副所长：陈甦
所长：陈泽宪
政治学研究所
党委书记、副所长：赵岳红
所长：房宁
民族学与人类学研究所
党委书记、副所长：方勇
所长：王延中
副所长：尹虎彬
社会学研究所
党委书记、副所长：孙壮志
所长：陈光金
党委副书记、副所长：张翼
副所长：赵克斌
社会发展战略研究院
临时党委书记、副院长：王苏粤
院长：李汉林
新闻与传播研究所
党委书记、副所长：赵天晓

所长：唐绪军
世界经济与政治研究所
党委书记、副所长：陈国平
所长：张宇燕
副所长：王德迅、姚枝仲
俄罗斯东欧中亚研究所
党委书记、副所长：李进峰
所长：李永全
副所长：孙力
欧洲研究所
党委书记、副所长：罗京辉
所长：黄平
副所长：江时学、程卫东
西亚非洲研究所
党委书记、副所长：王正
所长：杨光
副所长：张宏明
拉丁美洲研究所
党委书记、副所长：王立峰
所长：吴白乙
亚太与全球战略研究院
党委书记、副院长：王灵桂
院长：李向阳
党委副书记、副院长：韩锋
副院长：李文
美国研究所
党委书记、副所长：孙海泉
所长：郑秉文
副所长：倪峰、刘尊
日本研究所
党委书记、副所长：高洪
所长：李薇
副所长：杨伯江、王晓峰
马克思主义研究院
党委书记、院长：邓纯东
副院长：樊建新、贾朝宁
挂任国际合作局副局长：胡乐明
当代中国研究所
党组书记、所长：荆惠民
副所长：张星星、武力

当代中国出版社总编辑：曹宏举
信息情报研究院
党委书记、副院长：姜辉
院长：张树华
副院长：孙建廷

## 四　中国社会科学院直属单位及领导

研究生院
党委书记：张政文
院长：黄晓勇
副院长：文学国、王兵、马跃华、俞燕民
中国特色社会主义理论体系研究中心
主任：尹韵公
图书馆
党委书记、副馆长：庄前生
馆长：王岚
常务副馆长兼数据中心主任：何涛
副馆长：蒋颖
中国社会科学杂志社
总编辑（兼）：高翔
副总编辑：王利民、余新华、李红岩、孙辉、李新烽
郭沫若纪念馆
馆长：冯林
信息化管理办公室
主任：杨沛超
副主任：匡卫群、罗文东
服务中心
主任：林旗
副主任：卢少宏、蔡林
中国社会科学评价中心
主任：荆林波
副主任：吴敏、姜庆国
中国社会科学出版社
社长、总编辑：赵剑英
社会科学文献出版社
社长：谢寿光
总编辑：杨群
中国人文科学发展公司
总经理：李传章

## 五　中国社会科学院代管单位及领导

中国地方志指导小组办公室
秘书长兼办公室党组书记、主任：赵芮
副秘书长兼办公室副主任：冀祥德
办公室副主任：刘玉宏、邱新立
方志出版社社长、总编辑：冀祥德

# 年度工作概况

2015年，是中国社会科学院创新工程第一个五年规划的收官之年，是中国社会科学院改革发展的关键之年，也是推进创新工程新的五年计划、努力实现中央"三个定位"要求承上启下的一年。在党中央、国务院正确领导下，在院党组带领下，全院同志高举中国特色社会主义伟大旗帜，以马克思列宁主义、毛泽东思想和中国特色社会主义理论体系为指导，贯彻落实党的十八大和十八届三中、四中、五中全会精神，贯彻落实习近平总书记系列重要讲话精神，深入开展"三严三实"专题教育，全面推进哲学社会科学创新工程，大力加强中国特色新型智库建设，各项工作都取得了新的成绩。

## 一 深入学习贯彻党的十八大、十八届历次全会精神和习近平总书记系列重要讲话精神，办院方向进一步坚定

1. 坚持用习近平总书记系列重要讲话精神统一思想。党组带头学习贯彻习近平总书记系列重要讲话精神，坚持用讲话精神统领全院各项工作。连续五年举办所局级领导干部专题读书班，党组成员作动员讲话和辅导报告。开展处（室）级干部"千人理论大培训"，引导干部职工坚持正确的政治方向和学术导向。从院属单位抽调专家学者组成宣讲团，深入全院开展宣讲。坚持把学习讲话精神与学习贯彻党的十八大和十八届三中、四中、五中全会精神结合起来，同学习中国特色社会主义理论体系结合起来，同学习马克思主义哲学和马克思主义基本原理结合起来，切实做到学而信、学而用、学而行。通过读书班、报告会、辅导班、论坛等方式，深入开展理想信念教育、国情教育、革命传统教育，不断坚定全院干部职工的道路自信、理论自信和制度自信，不断增强为人民做学问的自觉性和坚定性。

2. 深入研究和阐释中国特色社会主义理论体系和党的大政方针。围绕十八届五中全会和习近平总书记系列重要讲话提出的一系列新思想、新观点、新论断，组织专家学者深入研究，推出一批高质量的研究成果。党组成员带头在中央媒体发表理论文章，在思想理论界引起较大反响。专家学者应邀宣讲十八届五中全会精神。院中国特色社会主义理论体系研究中心在中央"三报一刊"发表理论文章36篇，高质量完成"习近平总书记治国理政思想风格与方法论""世界反法西斯战争的东方主战场"等中央交办课题。

## 二 实施创新工程，哲学社会科学创新体系建设再上新台阶

1. 创新工程工作取得重要成果。今年深入实施创新工程，在阵地建设、学科建设、人才培养、成果产出以及科研组织方式创新和管理体制机制改革等方面都取得了新的成绩，取得了一批重要成果，中国社会科学院科研人员发表专著354部，学

术论文4980篇，研究报告、论文集359部，译著（文）186部（篇），学术资料、古籍整理78种（部），理论文章206篇。发布重大科研成果232项，其中，重大人文基础研究类成果64项，全面深化改革及社会发展类成果85项，重大经济问题研究类成果39项，学术影响和社会影响力不断提升。

2. 开展创新工程五年试点工作经验总结。开展创新工程第一阶段五年试点工作总结和新一个五年的规划工作。加大创新工程成果宣传力度，《改革推动发展创新引领未来——"十二五"时期中国社科院哲学社会科学创新工程评估报告》在主流媒体发表后，引起良好反响。编制完成《中国社会科学院哲学社会科学创新工程"十三五"发展规划纲要》。

3. 进一步推进创新工程制度建设。制定印发《科研、采编、管理岗位序列后期资助目标报偿管理办法》《关于创新工程科研岗位准入条件的补充规定》《中国社会科学院离退休人员绩效考核和后期资助目标报偿实施细则》和《中国社会科学院挂职干部绩效考核和后期资助目标报偿实施细则》，编印新版《创新工程文件汇编》。推进创新工程绩效考核和落实后期资助目标报偿，组织实施创新岗位绩效考核工作，印发《关于开展2015年度创新工程绩效考核计分分档工作的通知》和《关于开展2015年度考核评价和做好2016年度创新工程有关工作的通知》，保障绩效考核后期资助目标报偿顺利发放。

## 三 落实科研强院战略，最高殿堂的学术地位和社会影响力显著提升

1. 坚持基础研究和应用研究并重并举，推动基础学科和应用学科共同发展。围绕贯彻落实中央重大决策，特别是习近平总书记系列重要讲话精神，列出相关重点课题，进行跨学科集体攻关，推出一批系统性、有影响力的研究成果。推出《世界佛教通史》（14卷15册）、《中华民族抗日战争史》（8卷）、《中美关系史》（英文）、《马克思主义史学思想史》（6卷）、《论语还原》等一系列体现学科发展水平的重要成果。进一步协调落实社科名词审定、《国家历史地图集》编纂、《中国大百科全书》第三版编纂出版工作。编撰《学科年度新进展综述》，评估各学科发展状况，引领学科发展方向。

2. 做好科研规划和科研成果发布工作。编制发布《中国社会科学院"十三五"发展规划纲要》。开展"十三五"时期国家经济社会发展重大项目论证。改革优秀科研成果奖评奖机制，完善成果发布机制。组织开展第九届研究所优秀科研成果评奖工作，修订科研成果评奖办法和奖励办法，建立研究所优秀科研成果奖外部评审专家库，完善离退休人员参加院评奖的规定，提高院级优秀科研成果的奖励标准。全院共有38个单位完成评奖工作，共评选出200多项一等奖。举办第七届"胡绳青年学术奖"评奖活动，共评出6项成果奖、7项提名奖。组织召开3次科研成果发布会，隆重推介本年度完成的山西陶寺遗址发掘成果、"一带一路"研究成果与专题数据库以及《中国民族地区经济社会调查报告》首批图书。召开新书发布会，向社会发布《东西德统一的历史经验研究丛书》《应对气候变化报告》等成果。

3. 完善科研管理体制机制和科研组织形式。组织研究所开展学术委员会换届工作，完成了43个院属单位学术委员会的换届工作，共产生新一届所学术委员会委员504人。完成创新工程学术出版资助文库项目（162项）、出版社大型

学术出版后期资助项目（21 项）、皮书项目（39 项）、中国社会科学博士后文库项目（39 项）、博士论文文库项目（6 项）、"走出去"项目（40 项）的评审和资助工作。

4. 加强学部建设，做好学部工作。组织召开学部年度工作会暨学术会议。开展重大理论和现实问题研究，组织集体协作攻关，发布《论新常态》等一系列研究成果，为党和国家的理论创新和重大决策提供智力支持。组织完成学部委员创新工程立项、年度检查和结项工作。成立学部委员厦门工作站，加强与地方政府及研究机构的学术交流。各学部立足学术前沿，开展多层次、跨学科的学术研讨活动，举办"抗战文化与文学研究"、海峡两岸"中华民族共有精神家园"、"东亚和平与发展暨'一带一路'下的中韩关系"以及院第十四届史学理论研讨会等。积极开展学部对外学术交流与合作，组织学部委员跟踪国际热点问题研究。编辑出版学部论文集、学部集刊、年鉴等学术出版物，进一步扩大学部和学部委员社会和学术影响力。

5. 加强国情调研工作。制定《关于加强和改进国情调研工作的意见》，组织相关研究所申报新建 11 个所级国情调研基地，调整"国情调研成果编选委员会"，促进我院国情调研工作在项目体系、基地建设、成果质量和组织纪律等各个方面迈上新台阶。制订重大国情调研领域指南，共评审立项 79 项国情调研年度项目，严格办理各类国情调研项目，结项 60 余项，审核列入"国情调研丛书"成果出版申请 8 项，出版 2 种。

6. 积极破解横向课题管理难题，探索横向课题管理新思路。完成《2015 年横向课题调研报告》，积极与国家审计署、财政部等国家决策部门沟通联系，协力制定横向课题管理办法，破解哲学社会科学横向课题管理困境，更好发挥中国社科院在全国哲学社会科学课题管理方式上的引领作用。

7. 完善优秀学者资助体系。全面实施、整体推进学部委员（荣誉学部委员）、长城学者、基础研究学者和青年学者等四类学者资助计划。组织完成2015年院"学者资助计划"申报立项工作。共有 18 位学部委员（荣誉学部委员）入选学者资助计划。完成 18 位学部委员（荣誉学部委员）、15 位长城学者、23 位基础研究学者和 11 位青年学者资助计划受资助人年度考核工作。

8. 办好各类学术会议和学术活动。围绕重大理论和现实问题及学术前沿问题，组织重大学术活动，扩大我院的学术影响力。组织纪念抗日战争胜利 70 周年等系列重要学术活动，举办纪念陈云同志诞辰 110 周年系列学术活动、纪念邓力群同志诞辰 100 周年座谈会、中国社会科学院首届唯物史观与马克思主义史学理论论坛。与山东省政府联合举办第 22 届国际历史科学大会，习近平主席亲致贺信，刘延东副总理出席开幕式并致辞。与上海市人民政府联合举办第二届世界考古论坛。中国社科院研究所、学术社团和非实体研究中心围绕相关学科的重大理论和社会热点问题积极开展学术研讨，繁荣学术研究，产生了很好的影响。

9. 加强哲学社会科学话语体系建设，学术导向和学术牵引作用持续增强。作为全国哲学社会科学话语体系建设协调办公室，组织召开话语体系建设协调会议成员单位2015年工作会议。主办"第二届全国哲学社会科学话语体系建设理论研讨会"。建立话语体系建设与研究信息研讨会制度。与上海大学进行交流，联合上海研究院举办"话语体系和大学生教育暨'大国方略'项目研讨会"。编辑刊发《哲学社会科学话语体系建设研究动态》，全年共组织稿件36篇，已刊25期。编辑《中国哲学社会科学话语体系研究辑刊》，出版第一辑《中国学术与话语体系建构》（2卷），遴选出具有代表性的学术论文55篇，约68.9万字，为学界和有关部门提供参考。

10. 做好国史研究和地方志工作。《中华人民共和国史稿》五至七卷编撰工作全面启动，编辑出版《中华人民共和国史编年》，推进《中华人民共和国史稿》编撰工作。中国地情网、中国方志网正式开通，实现国家、省、市、县四级地情网站全覆盖，建成全国地方志系统的信息发布、在线服务和互动交流平台。出版《郭沫若研究年鉴·2013》。

11. 大力开展学术外交、学术外宣活动，加强国际学术交流与合作。配合国家外交战略，积极开展学术外交、学术外宣项目和活动。2015年共审批出访项目1143批，1959人次；邀请来访项目193批，1764人次；横向来访103批，241人次；使馆约见258批，511人次。办理护照448份，签证1288份，港澳通行证102本。派遣长期出访研修项目44人次。新签、续签16个对外交流合作协议和备忘录。中国社科院与国外科研机构、智库签署合作协议三次。该院重要代表团成功出访，推动对外交流合作迈上新台阶。"中国社会科学论坛"及系列国际研讨会向世界传播中国学术、发出中国声音，共举办国际研讨会25个，举办国际会议107个。包括"中欧经济调整与就业结构变化"研讨会、"中俄纪念抗日战争与世界反法西斯战争胜利70周年"国际学术研讨会等，引起良好反响。开展对外学术翻译出版资助工作，14种外文期刊、40部学术著作翻译出版得到资助。

## 四　突出重大理论和现实问题研究，中国特色新型智库建设有力推进

1. 坚持围绕中心、服务大局，智库成果的质量和影响力不断增强。加强对党和国家关注的经济社会发展中的全局性、前瞻性、战略性、综合性问题的长期跟踪研究，推出了一批质量高、影响大的智库成果。全年《要报》系列刊物共刊发2720期，报送信息的数量、质量和批示采用率均有大幅增加。新创刊《舆论参考》，已刊发8期。报送的《中巴经济走廊研究报告》《土耳其政局形势及中土关系现状与前景的初步分析》等获得中央领导同志批示。马克思主义理论创新智库通过《要报》等渠道发表报送理论文章25篇。意识形态研究智库围绕党的意识形态以及思想理论建设的重大理论与现实问题，通过系列内部刊物报送决策类信息210余篇。《世界社会主义研究动态》全年出刊143期，发行范围不断扩大，发行总量达到3200余份。

2. 坚持顶层设计，制定建设规划，分步推进实施。制定落实中国社科院《加强中国特色新型智库建设的若干意见》和《中国特色新型智库建设2015年先行试点方案》，构建起院级、所级、专业化智库三个层次的智库建设工作格局。中央领导同志对中国社科院的智库建设工作给予高度评价。中国社科院及两家专业化智库纳入中宣部首批重点扶持的国家级新型智库。正式挂牌成立11个专业化智库，即马克思主义理论创新智库、意识形态研究智库、财经战略研究院、国家金融与发展实验室、生态文明研究智库、国家治理研究智库、新疆智库、中国文化研究中心、国家全球战略研究智库、世界经济与政治研究所、中国廉政研究中心。中国社科院与上海市人民政府共建的新型合作智库——上海研究院正式成立，开局良好，正逐步建立政府、专家和媒体的三个智库联系网络，通过要报、媒体等平台建设，建立健全智库成果的生产、报送和传播体系。

3. 加强统筹组织，进一步健全工作机

制。成立智库建设协调办公室，加强统筹协调和督办检查，形成领导主抓、部门协调、专人落实的工作机制。出台《中国社会科学院中国特色新型智库的若干管理规定（暂行）》《中国社会科学院创新工程科研成果后期资助实施办法（试行）》，印发《关于拨付2015年院专业化新型智库建设专项经费的通知》《关于做好院专业化新型智库建设保密工作的通知》等，进一步规范智库工作。

## 五　推进报刊出版馆网库志和评价中心名优建设，理论学术传播能力得到增强

1．《中国社会科学报》影响力进一步扩大。报纸由每周三刊改为每周五刊，创办英文数字报在美国正式上线，加入世界两家最大的电子报刊数据库。目前已建成9家国内记者站和北美、欧洲报道中心，通讯人员已覆盖国内主要高校和科研单位以及五大洲30多个国家，实现北京、广州、南京、西安四地同步印刷。

2．期刊质量和学术影响力稳步提高。完善期刊"五统一"管理，全院期刊质量继续提升，在全国学术界保持领先地位。制定实施《关于加强学术期刊"名优"建设的若干意见》，进一步完善我院创新工程有关期刊管理制度；《中国社会科学》《考古》《历史研究》《社会学研究》《哲学研究》等10种院属期刊获评2015"中国百强"报刊；新创办《中国社会科学评价》《中国文学批评》《财经智库》三家期刊，使院主办的中文学术期刊达到80种，外文学术期刊达到16种，学术年鉴达到18种。其中，44种被国内四大期刊评价机构共同认定为核心期刊。继续加强和改进期刊审读工作，强化期刊审读意见通报工作，举办全院学术期刊主编论坛。制定全院期刊采编指南。办刊经费投入力度加大，办刊条件改善，2015年办刊经费较上年增长63%。全年资助出版学术年鉴16部、学科集刊14期。

3．学术出版影响力和效益进一步提升。院属出版社坚持正确的出版方向，创新经营管理体制，图书数量和质量稳步提升。全年院属出版社出版图书4600多部，实现社会效益和经济效益共同提高。加大对出版图书的检查力度，调阅三审档案4000多种，有效地把好图书出版的政治方向关、学术导向关和学术规范关。完善创新工程学术出版资助管理机制，累计资助经费5000多万元。组织召开2015年图书出版业务培训班。社科文献出版社入选"中央转型示范单位"。

4．图书馆转型发展取得明显进展。加快全院图书信息资源整合，继续推动建设"国家哲学社会科学数字图书馆"工作。院图书馆建立健全总馆——分馆——资料室三级管理服务体系，加大数字图书馆建设力度，在扩大数字资源引进，改造网络基础设施，启用远程访问系统，提高馆藏图书和信息资源服务等方面取得了一定进展。大力推进数字化服务，使学者在家即可查阅大量数字资源。

5．网络信息化建设取得显著成效。制定实施《院重大信息化项目管理办法》《院属单位信息化工作经费管理办法》等制度文件，完成9个院重大信息化和院重大社会调查项目的立项、13个项目的结项工作，完成全院142个在用信息系统的定级备案工作。院属各单位网站和专业网站不断扩展，50多家子网迁移到新平台上。以中国社会科学网为龙头的网站集群发挥报刊网联动机制，实现平台、域名、风格统一，专题制作更加丰富，成为全国7家理论传播重点网站之一。

6．数据库建设扎实推进。中国社会科学院海量数据库建设项目（一期）正式启动。海量数据库整合平台、馆藏文献数据

库、科研成果数据库需求已通过评审,同时,三个数据库的概要设计方案已完成,系统界面设计已确定,系统开发、数据样例测试工作取得新进展。社会调查数据库面访调查系统、网络调查系统、数据调查网站的需求获审批。云平台建设完成需求调研并制定实施方案。2015年,国家期刊库继续推进期刊签约与数据上线,目前已超越美国斯坦福大学海威出版社,成为世界范围内最大的开放获取期刊数据库。

7. 学术评价工作开局良好。中国社会科学评价中心于2015年发布《马克思主义理论学科期刊评价报告2015》,举办第二届全国人文社会科学评价高峰论坛,发布《全球智库评价报告》。建构以吸引力、管理力和影响力为主要指标的哲学社会科学综合评价体系(简称AMI)。启动英文期刊评价项目,研究制定了英文期刊调研方案,完成英文期刊发展状况信息调研,并初步形成了英文期刊AMI评价指标体系。

# 科研活动

## 一 科研工作

**（一）2015年度中国社会科学院主要科研成果**

2015年中国社会科学院科研人员共发表专著354部，学术论文4980篇，研究报告、论文集359部，译著（文）186部（篇），学术资料、古籍整理78种（部），理论文章206篇，工具书7种，教材20部，以及普及读物、音像资料等其他形式的大量研究成果。

**（二）2015年重点研究方向课题名称和主持人姓名**

根据《中国社会科学院2015年度创新工程研究领域指南》，有16项"指令性计划"作为重点研究方向加强研究，由相关院领导负责，统一协调各研究单位及相关项目，详细情况列表如下。

| 序号 | 研究方向 | 总负责人 |
| --- | --- | --- |
| 1 | 习近平总书记系列重要讲话精神研究 | 王伟光 |
| 2 | 中国特色社会主义制度、道路、理论研究 | 李 扬 |
| 3 | 中国话语体系建设研究 | 李培林 |
| 4 | 中国特色社会主义法治道路和建设社会主义法治国家、实施依法治国研究 | 李培林 |
| 5 | "十三五"时期中国发展目标、任务与政策思路研究 | 李培林 蔡 昉 |
| 6 | 经济增长新常态与全面深化改革研究 | 蔡 昉 |
| 7 | 新形势下党风廉政建设和反腐败斗争体制机制创新研究 | 张英伟 |
| 8 | 我国现阶段意识形态形势及其对策研究 | 荆惠民 |
| 9 | 中国经济中长期发展的资源条件和地缘关系研究 | 李 扬 |
| 10 | 世界格局新变化与我国国际战略研究 | 蔡 昉 |
| 11 | 新疆问题研究 | 赵胜轩 |
| 12 | 《中华思想通史》（20卷本） | 王伟光 高 翔 荆惠民 |
| 13 | 《中华人民共和国史稿（1984—2012）》第五至七卷 | 荆惠民 |
| 14 | 《中国大百科全书》第三版编纂 | 李培林 |
| 15 | 中华传统文化扬弃研究 | 荆惠民 |
| 16 | 海外近代中国珍稀文献搜集整理工程 | 王建朗 |

### （三）研究所创新工程研究项目

2011年，中国社科院正式启动哲学社会科学创新工程。根据创新工程实施进度，自2012年起，设立研究所创新工程项目，由各研究所根据院发布的《中国社会科学院创新工程研究领域指南》设计，在院里核定的"年度科研经费总额拨付"的经费预算内立项。各单位依据《中国社会科学院哲学社会科学创新工程项目评价管理办法》《中国社会科学院创新工程研究项目招标投标实施办法》对研究所创新工程项目组织立项招标评审、中期检查和结项鉴定。2015年，相关研究所报送的"研究所创新工程项目"立项情况汇总如下：

| 序号 | 项目名称 | 首席专家 | 单位 |
| --- | --- | --- | --- |
| 1 | 社会主义国家主流意识形态建设与我国意识形态安全研究 | 辛向阳 | 马研院 |
| 2 | 马克思主义中国化思想通史研究 | 金民卿 | 马研院 |
| 3 | 社会主义核心价值体系引领社会思潮研究 | 赵智奎 | 马研院 |
| 4 | 马克思主义历史发展与社会主义文明建设研究 | 杨 斌 | 马研院 |
| 5 | 国外马克思主义研究的若干前沿问题 | 冯颜利 | 马研院 |
| 6 | 金融危机背景下资本主义的变化与马克思主义时代化 | 吕薇洲 | 马研院 |
| 7 | 马克思主义本土化的国际经验与启示 | 潘金娥 | 马研院 |
| 8 | 中国特色社会主义基本理论、基本路线、基本纲领、基本经验、基本要求研究 | 辛向阳 | 马研院 |
| 9 | 坚持改革的社会主义方向研究 | 龚 云 | 马研院 |
| 10 | 十八大后习近平同志党的建设思想创新研究 | 陈志刚 | 马研院 |
| 11 | 贯彻落实习近平总书记"8·19"重要讲话精神的对策研究 | 李春华 | 马研院 |
| 12 | 经济制度比较研究 | 杨春学 | 经济所 |
| 13 | 工业化、城镇化进程中农户经济的转型研究——以近百年来无锡、保定22村农户为案例 | 赵学军 | 经济所 |
| 14 | 公共经济学研究室学科建设 | 朱恒鹏 | 经济所 |
| 15 | 中国收入分配政策与制度研究设计 | 魏 众 | 经济所 |
| 16 | 企业创新和市场结构：经济结构的最优化路径 | 仲继银 | 经济所 |
| 17 | 中国宏观经济形势分析与风险预警 | 张晓晶 | 经济所 |
| 18 | 中国经济增长理论与应用研究 | 刘霞辉 | 经济所 |

续表

| 序号 | 项目名称 | 首席专家 | 单位 |
| --- | --- | --- | --- |
| 19 | 公有企业收益共享机制的国际比较 | 朱　玲 | 经济所 |
| 20 | 我国初期工业化模式形成与路径探索：观念和实践 | 徐建生 | 经济所 |
| 21 | 再分配与公共福利的政治经济学 | 赵志君 | 经济所 |
| 22 | 经济危机相关理论及其历史作用研究 | 裴小革 | 经济所 |
| 23 | 中国传统经济再研究：以制度转型为视角 | 魏明孔 | 经济所 |
| 24 | 中国经济新增长阶段的主要特征与结构调整研究 | 张　平 | 经济所 |
| 25 | 工业经济运行监测风险评估 | 张其仔 | 工经所 |
| 26 | 扩大内需与工业转型发展研究 | 刘　勇 | 工经所 |
| 27 | 垄断产业深化改革研究 | 刘戒骄 | 工经所 |
| 28 | 稀有资源的国家战略研究 | 杨丹辉 | 工经所 |
| 29 | 中国企业管理模式创新跟踪研究 | 王　钦 | 工经所 |
| 30 | 新时期国有企业制度创新研究 | 余　菁 | 工经所 |
| 31 | 中小企业服务体系研究 | 罗仲伟 | 工经所 |
| 32 | 中国工业发展差距 | 吕　政 | 工经所 |
| 33 | 中国工业强国战略研究 | 吕　铁 | 工经所 |
| 34 | 我国石油工业体制改革研究 | 史　丹 | 工经所 |
| 35 | 产业转移与区域协调发展研究 | 陈　耀 | 工经所 |
| 36 | 中国工业企业税负研究 | 杜莹芬 | 工经所 |
| 37 | 国有企业混合所有制变革与路径研究 | 黄速建 | 工经所 |
| 38 | 公平与效率关系的理论与实践 | 金　碚 | 工经所 |
| 39 | 加快经济结构调整和经济发展方式转变的若干重大问题研究 | 刘戒骄 | 工经所 |
| 40 | 中国农产品安全战略研究 | 张元红 | 农发所 |
| 41 | 中国农民福祉研究 | 吴国宝 | 农发所 |
| 42 | 社会转型背景下农村公共服务研究 | 党国英 | 农发所 |
| 43 | 中国城乡关系研究 | 朱　钢 | 农发所 |

续表

| 序号 | 项目名称 | 首席专家 | 单位 |
| --- | --- | --- | --- |
| 44 | 农业资源与农村生态保护研究 | 孙若梅 | 农发所 |
| 45 | 农产品市场和农村要素市场研究 | 李国祥 | 农发所 |
| 46 | 中国农村组织研究 | 苑 鹏 | 农发所 |
| 47 | 中国财税价格体制改革研究 | 杨志勇 | 财经院 |
| 48 | 国家治理现代化进程中的税制改革研究 | 张 斌 | 财经院 |
| 49 | 中国服务业发展趋势与战略思路研究 | 夏杰长 | 财经院 |
| 50 | 城镇化、工业化与住房发展模式 | 倪鹏飞 | 财经院 |
| 51 | 共建"一带一路"的对外投资战略研究 | 夏先良 | 财经院 |
| 52 | 国际服务贸易：理论与中国的战略 | 赵 瑾 | 财经院 |
| 53 | 物流业与经济发展"新常态"关系研究 | 依绍华 | 财经院 |
| 54 | 大陆台湾经济一体化研究 | 汪红驹 | 财经院 |
| 55 | 利益格局与收入分配：决定因素及改革战略（制度创新）研究 | 钟春平 | 财经院 |
| 56 | 中国经济新常态与货币政策 | 彭兴韵 | 金融所 |
| 57 | 系统性风险与金融监管协调研究 | 胡 滨 | 金融所 |
| 58 | 金融视角的保险理论与政策研究 | 郭金龙 | 金融所 |
| 59 | 财富管理业的宏观框架和微观机理研究 | 殷剑峰 | 金融所 |
| 60 | 中国金融市场风险的发展趋势与监管建议 | 曾 刚 | 金融所 |
| 61 | 互联网金融理论、实践与政策研究 | 杨 涛 | 金融所 |
| 62 | 人民币离岸市场建设与人民币国际化 | 程 炼 | 金融所 |
| 63 | 经济新常态下我国上市公司股权融资决策研究 | 张跃文 | 金融所 |
| 64 | 能源安全与新能源技术经济研究 | 李 平 | 数技经所 |
| 65 | 循环经济发展评价的理论与方法创新研究 | 齐建国 | 数技经所 |
| 66 | 经济预测与经济政策评价 | 李雪松 | 数技经所 |
| 67 | 人口老龄化经济增长效应理论与实证研究 | 李 军 | 数技经所 |
| 68 | 宏观调控政策效应评价——基于宏微观一体化建模框架 | 张 涛 | 数技经所 |

续表

| 序号 | 项目名称 | 首席专家 | 单位 |
| --- | --- | --- | --- |
| 69 | 促进生态文明建设的绿色发展战略与政策模拟研究 | 张友国 | 数技经所 |
| 70 | 科技创新战略与科技政策研究评价 | 王宏伟 | 数技经所 |
| 71 | 信息化测评体系创新研究与应用计划 | 姜奇平 | 数技经所 |
| 72 | 中等收入阶段劳动力市场政策研究 | 都 阳 | 人口所 |
| 73 | 中国快速人口老龄化的原因、后果及应对策略 | 林 宝 | 人口所 |
| 74 | 人口管理创新与社会保障包容：地方经验考察和总体设计研究 | 张展新 | 人口所 |
| 75 | 社会转型时期中国家庭人口变动、问题和对策 | 王跃生 | 人口所 |
| 76 | "单独二孩"生育政策及其影响研究 | 王广州 | 人口所 |
| 77 | 城乡劳动力流动、基本公共服务均等化与新型城市化 | 高文书 | 人口所 |
| 78 | 基于智慧城市的城市经济转型发展研究 | 刘治彦 | 城环所 |
| 79 | 与新型城镇化工业化相协调的住房发展模式选择 | 李景国 | 城环所 |
| 80 | 特大城市治理与城市群协同发展 | 宋迎昌 | 城环所 |
| 81 | 联合国后千年可持续发展目标研究 | 陈 迎 | 城环所 |
| 82 | 推进中国特色生态文明建设的思路与对策研究 | 陈洪波 | 城环所 |
| 83 | 推动低碳绿色经济发展的体制机制研究 | 庄贵阳 | 城环所 |
| 84 | 城市安全与风险评估研究 | 李红玉 | 城环所 |
| 85 | 中国农业的起源和早期发展——栽培大豆的起源和早期耕作技术研究 | 赵志军 | 考古所 |
| 86 | 中国动物考古学的区系类型研究 | 袁 靖 李志鹏 吕 鹏 | 考古所 |
| 87 | 黄河中游地区旧石器时代向新石器时代过渡的考古学研究 | 王小庆 | 考古所 |
| 88 | 2015年"长江中游地区史前城址的发掘与研究" | 黄卫东 | 考古所 |
| 89 | 西北地区史前聚落调查和发掘 | 李新伟 | 考古所 |
| 90 | 成都平原北东区域史前考古调查 | 叶茂林 | 考古所 |
| 91 | 新砦聚落研究 | 赵春青 | 考古所 |

续表

| 序号 | 项目名称 | 首席专家 | 单位 |
| --- | --- | --- | --- |
| 92 | 黄淮中下游地区史前城址与聚落的考古发掘与研究 | 梁中合 | 考古所 |
| 93 | 辽东半岛积石冢考古发掘与研究 | 贾笑冰 | 考古所 |
| 94 | 华南地区史前考古学文化谱系研究 | 傅宪国 | 考古所 |
| 95 | 2015年度二里头遗址的勘探、发掘与研究 | 许 宏 | 考古所 |
| 96 | 陶寺遗址发掘与研究 | 何 驽 常怀颖 | 考古所 |
| 97 | 洹北商城发掘报告 | 唐际根 | 考古所 |
| 98 | 偃师商城宫城遗址资料整理与报告编写 | 谷 飞 | 考古所 |
| 99 | 丰镐遗址考古勘探与试掘 | 徐良高 | 考古所 |
| 100 | 汉长安城遗址考古发掘与研究 | 刘振东 | 考古所 |
| 101 | 唐长安城遗址考古发掘与研究 | 龚国强 | 考古所 |
| 102 | 洛阳汉魏城遗址考古发掘与研究 | 钱国祥 | 考古所 |
| 103 | 洛阳唐城遗址的考古发掘与研究 | 石自社 | 考古所 |
| 104 | 河北邺城遗址考古发掘与研究 | 朱岩石 | 考古所 |
| 105 | 辽上京城考古发掘和研究 | 董新林 | 考古所 |
| 106 | 西安秦汉上林苑的考古与研究 | 刘 瑞 | 考古所 |
| 107 | 苏州木渎古城的发掘与研究 | 唐锦琼 | 考古所 |
| 108 | 唐宋扬州城遗址考古发掘与研究 | 汪 勃 | 考古所 |
| 109 | 北朝石窟寺调查与研究（童子寺佛寺遗址发掘） | 李裕群 | 考古所 |
| 110 | 古文字研究 | 冯 时 | 考古所 |
| 111 | 巴蜀符号研究 | 严志斌 | 考古所 |
| 112 | 中亚考古 | 王 巍 | 考古所 |
| 113 | 北庭古城综合考古研究 | 巫新华 | 考古所 |
| 114 | 新疆博尔塔拉河流域青铜文化研究——博尔塔拉河流域考古调查与发掘 | 丛德新 | 考古所 |
| 115 | 秦汉时期西南夷地区考古发掘与研究 | 杨 勇 | 考古所 |

续表

| 序号 | 项目名称 | 首席专家 | 单位 |
| --- | --- | --- | --- |
| 116 | 西藏阿里象泉河上游象雄时期墓地测绘与发掘 | 仝 涛 | 考古所 |
| 117 | 蒙古族源考古研究 | 刘国祥 | 考古所 |
| 118 | 三海子遗址群考古研究 | 郭 物 | 考古所 |
| 119 | 碳十四年代学研究和古人类食物状况研究 | 张雪莲 | 考古所 |
| 120 | 现代分析测试技术在考古学研究中的应用 | 赵春燕 叶晓红 | 考古所 |
| 121 | 考古遥感与地理信息系统研究 | 刘建国 | 考古所 |
| 122 | Agisoft Photoscan（数字摄影建模系统）绘制复杂考古遗物图 | 刘 方 | 考古所 |
| 123 | 中原地区新石器早期文化遗址的调查和试掘 | 陈星灿 | 考古所 |
| 124 | 2015年重要遗址考古发掘资料与口述考古史 | 巩 文 | 考古所 |
| 125 | 青铜器陶范铸造技术的发展与演变 | 刘 煜 | 考古所 |
| 126 | 临淄齐故城冶铸遗址调查研究 | 白云翔 | 考古所 |
| 127 | 龙山时代到商代中原地区生态环境及植物利用——应用木炭分析方法 | 王树芝 | 考古所 |
| 128 | 考古遗址古环境重建及人地关系研究 | 齐乌云 王辉（土壤微环境） | 考古所 |
| 129 | 古DNA技术的应用和人骨的综合研究 | 张 君 王明辉 | 考古所 |
| 130 | 考古基地 | 李 港 | 考古所 |
| 131 | 中国文化遗产科学体系创新研究 | 杜金鹏 | 考古所 |
| 132 | 考古遗产空间资源结构性维系及价值挖掘研究（2015） | 王学荣 | 考古所 |
| 133 | 实验室考古创新研究 | 李存信 | 考古所 |
| 134 | 文物修复技术研究 | 王浩天 王金霞 | 考古所 |
| 135 | 中国文化遗产纺织考古科学体系创新研究——江西靖安李洲坳东周墓葬出土纺织品文物 | 王亚蓉 | 考古所 |
| 136 | 中华思想通史·原始社会卷 | 王震中 | 历史所 |

续表

| 序号 | 项目名称 | 首席专家 | 单位 |
| --- | --- | --- | --- |
| 137 | 中华思想通史·夏商西周卷 | 刘　源 | 历史所 |
| 138 | 中华思想通史·春秋战国卷 | 王震中 | 历史所 |
| 139 | 中华思想通史·秦汉卷 | 卜宪群 | 历史所 |
| 140 | 中华思想通史·隋唐五代卷 | 雷　闻 | 历史所 |
| 141 | 中华思想通史·宋辽金元卷 | 刘　晓 | 历史所 |
| 142 | 中华思想通史·明代卷 | 汪学群 | 历史所 |
| 143 | 中华思想通史·清代卷 | 林存阳 | 历史所 |
| 144 | 中国古代契约社会研究 | 阿　风 | 历史所 |
| 145 | 北魏开国史研究 | 楼　劲 | 历史所 |
| 146 | 中国古代多样文化研究 | 杨宝玉 | 历史所 |
| 147 | 清末十年新政改革研究 | 崔志海 | 近代史所 |
| 148 | 社会文化史新兴学科与近代社会文化研究 | 李长莉 | 近代史所 |
| 149 | 1840—1950：中国近代国家观念演变与社会变迁互动 | 雷　颐 | 近代史所 |
| 150 | 新文化运动研究 | 耿云志 | 近代史所 |
| 151 | 抗战建国与民族复兴：20世纪30—40年代中国思想界研究 | 郑大华 | 近代史所 |
| 152 | 民国时期中共党史资料的收集整理与研究 | 金以林 | 近代史所 |
| 153 | 中共建国方略的形成与实践研究 | 于化民 | 近代史所 |
| 154 | 中国政府光复台湾史料汇编 | 张海鹏 | 近代史所 |
| 155 | 台湾历史与现状研究 | 李细珠 | 近代史所 |
| 156 | 口述历史理论研究与口述访谈 | 左玉河 | 近代史所 |
| 157 | 近代影像史料整理与研究 | 李学通 | 近代史所 |
| 158 | 中国现代化史 | 马　勇 | 近代史所 |
| 159 | 传教·边疆·战争：晚清中法关系再研究 | 葛夫平 | 近代史所 |
| 160 | 抗战时期中共的发展与壮大 | 黄道炫 | 近代史所 |
| 161 | 基督宗教与近代中国经济——以基督新教传教士和机构为重点 | 赵晓阳 | 近代史所 |

续表

| 序号 | 项目名称 | 首席专家 | 单位 |
| --- | --- | --- | --- |
| 162 | 清末民初思想研究（1900—1915年） | 邹小站 | 近代史所 |
| 163 | 社会震荡中的学术家族——家族文化视野中清末民初的学术传承与创新 | 罗检秋 | 近代史所 |
| 164 | 通向东京审判之路——国民政府与联合国战争罪行委员会研究 | 刘萍 | 近代史所 |
| 165 | 清代西藏与哲孟雄（锡金）关系史研究 | 扎洛 | 近代史所 |
| 166 | 20世纪的历史学和历史学家 | 景德祥 | 世历所 |
| 167 | 制度与古代社会 | 徐建新 | 世历所 |
| 168 | 近代以来国外社会变革与社会稳定专项研究 | 吴必康 | 世历所 |
| 169 | 跨学科研究室学科建设 | 姜南 | 世历所 |
| 170 | 印度和中国边界问题档案文献整理与研究 | 孟庆龙 | 世历所 |
| 171 | 南非种族资本主义经济史研究 | 刘兰 | 世历所 |
| 172 | 近现代以来印度中央与地方关系研究 | 宋丽萍 | 世历所 |
| 173 | 近代日本两党制的构想与挫折研究 | 文春美 | 世历所 |
| 174 | 原敬政治思想研究 | 陈伟 | 世历所 |
| 175 | 巴勒斯坦民族国家构建的进程与困境研究 | 姚惠娜 | 世历所 |
| 176 | 18—19世纪俄日两国岛屿问题的历史研究 | 李文明 | 世历所 |
| 177 | 日本马克思主义史学研究 | 张经纬 | 世历所 |
| 178 | 巴西的日本移民和中国移民比较研究 | 杜娟 | 世历所 |
| 179 | 中国边疆学学科构建 | 邢广程 | 边疆所 |
| 180 | 中国南海历史性权利研究 | 李国强 | 边疆所 |
| 181 | 新疆生产建设兵团体制与新疆长治久安 | 王义康 | 边疆所 |
| 182 | 近代西藏治理研究 | 孙宏年 | 边疆所 |
| 183 | 东北及北部边疆与周边关系研究 | 毕奥南 | 边疆所 |
| 184 | 新疆治理研究 | 许建英 | 边疆所 |
| 185 | 中国文学文献学研究 | 刘跃进 | 文学所 |
| 186 | 中国文学：经典建构与多元进程 | 范子烨 | 文学所 |

续表

| 序号 | 项目名称 | 首席专家 | 单位 |
|---|---|---|---|
| 187 | 隋唐文艺思想与唐宋文学转型 | 吴光兴 | 文学所 |
| 188 | 中国古代文艺思想与文献研究（辽金元） | 郑永晓 | 文学所 |
| 189 | 元明清戏曲小说及说唱文学研究 | 李 玫 | 文学所 |
| 190 | 清代近代文学文献整理与研究 | 王达敏 | 文学所 |
| 191 | 五四与左翼文学研究 | 赵京华 | 文学所 |
| 192 | 基础史料编纂与研究 | 刘福春 | 文学所 |
| 193 | 民间视角与经验研究 | 安德明 | 文学所 |
| 194 | 中国文学的多元经验与现代形态研究 | 董炳月 | 文学所 |
| 195 | 文学经验与空间互动 | 赵稀方 | 文学所 |
| 196 | 2015年年度文集报告 | 李洁非 | 文学所 |
| 197 | 中国现当代美学和外国美学研究 | 高建平 | 文学所 |
| 198 | 文学理论研究：西方与中国 | 金惠敏 | 文学所 |
| 199 | 当代马克思主义文学理论与文学批评研究 | 丁国旗 | 文学所 |
| 200 | 中国少数民族口头传统音影图文档案库建设 | 王宪昭 | 民文所 |
| 201 | 少数民族作家文学与当代文学批评研究 | 阿地里·居玛吐尔地 | 民文所 |
| 202 | 中国史诗学研究 | 巴莫曲布嫫 | 民文所 |
| 203 | 濒危"格萨（斯）尔"抢救、保护与研究 | 俄日航旦 | 民文所 |
| 204 | 马克思主义文艺理论与外国文学批评：文学史体现的资本语境与诗性资源 | 叶 隽 | 外文所 |
| 205 | 跨国资本主义时代的外国文学与国家认同：1898—1930的西方文学译介与"世界主义"的兴衰 | 程 巍 | 外文所 |
| 206 | 跨国资本主义的东方遭遇——资本驱动与异文化互动 | 穆宏燕 | 外文所 |
| 207 | 外国文学学术史研究工程·经典作家作品学术史研究 | 涂卫群 | 外文所 |
| 208 | 梵文学科 | 黄宝生 | 外文所 |
| 209 | 外国文学重要思潮研究 | 周启超 | 外文所 |

续表

| 序号 | 项目名称 | 首席专家 | 单位 |
|---|---|---|---|
| 210 | 文学与大国兴衰之俄罗斯经验与教训 | 吴晓都 | 外文所 |
| 211 | 文学与大国兴衰之日耳曼现代性反思 | 李永平 | 外文所 |
| 212 | 语音与言语科学重点实验室 | 李爱军 | 语言所 |
| 213 | 汉语句法语义研究的理论与实践 | 张伯江 | 语言所 |
| 214 | 汉语语法史研究 | 曹广顺 | 语言所 |
| 215 | 基于语法化和语言接触的汉语句法、语义演变研究 | 吴福祥 | 语言所 |
| 216 | 上古汉语语法、训诂、音韵、文字及文献的综合研究 | 孟蓬生 | 语言所 |
| 217 | 中国重点方言区域示范性调查研究 | 李 蓝 | 语言所 |
| 218 | 辞书编纂的理论与实践 | 谭景春 | 语言所 |
| 219 | 《现代汉语大词典》二期第三段工程及其相关问题研究 | 程 荣 | 语言所 |
| 220 | 汉语多模态语言资源库暨大数据研究 | 顾曰国 | 语言所 |
| 221 | 汉语口语跨方言调查与理论分析 | 刘丹青 | 语言所 |
| 222 | 马克思主义哲学中国化、时代化、大众化文本研究与历史研究 | 李景源 | 哲学所 |
| 223 | 创建马克思主义哲学中国化新形态 | 崔唯航 | 哲学所 |
| 224 | 社会主义核心价值体系研究 | 孙伟平 | 哲学所 |
| 225 | 中国农民哲学村调查 | 单继刚 | 哲学所 |
| 226 | 马克思主义哲学思想的源头活水——《马恩全集》历史考证版（MEGA2）研究和国外马克思主义哲学研究 | 魏小萍 | 哲学所 |
| 227 | 马克思主义哲学中国化与西方哲学中国化的比较研究 | 李俊文 | 哲学所 |
| 228 | 转型期道德建设的伦理学基础研究 | 甘绍平 | 哲学所 |
| 229 | 全球化视野下的东方哲学研究 | 孙 晶 | 哲学所 |
| 230 | 中国语境中的西方哲学基础理论研究 | 叶秀山 | 哲学所 |
| 231 | 西方哲学经典著作翻译 | 张 慎 | 哲学所 |
| 232 | 学术交流"走出去"战略启动和扩展 | 尚 杰 | 哲学所 |
| 233 | 跨文化视野下的美学与美育研究 | 王柯平 | 哲学所 |

续表

| 序号 | 项目名称 | 首席专家 | 单位 |
| --- | --- | --- | --- |
| 234 | 逻辑学当代发展的创新研究 | 邹崇理 | 哲学所 |
| 235 | 中国哲学的近现代转型 | 李存山 | 哲学所 |
| 236 | 儒释道三教关系研究 | 张志强 | 哲学所 |
| 237 | 中国哲学史资料选辑新编 | 陈 静 | 哲学所 |
| 238 | 当代哲学背景下的科技哲学理论创新与实践 | 段伟文 | 哲学所 |
| 239 | 文化发展的理论与实践 | 张晓明 | 哲学所 |
| 240 | 文化产业政策与法律 | 贾旭东 | 哲学所 |
| 241 | 中国特色社会主义宗教理论创新 | 金 泽 | 宗教所 |
| 242 | 宗教学理论创新研究 | 赵广明 | 宗教所 |
| 243 | 当代宗教发展态势研究 | 邱永辉 | 宗教所 |
| 244 | 中国传统宗教与当代文化发展 | 卢国龙 | 宗教所 |
| 245 | 中国宗教艺术现状研究 | 何劲松 | 宗教所 |
| 246 | 中华封建社会宗教思想史 | 魏道儒 | 宗教所 |
| 247 | 基督宗教与近现代中国 | 王美秀 | 宗教所 |
| 248 | 当代伊斯兰教热点问题研究 | 卓新平 | 宗教所 |
| 249 | 东南亚宗教研究 | 郑筱筠 | 宗教所 |
| 250 | 新时期的道教与民间宗教研究 | 戈国龙 | 宗教所 |
| 251 | 《中华思想通史》（第14卷） | 李 文 | 当代所 |
| 252 | 《中华思想通史》（第15卷） | 欧阳雪梅 | 当代所 |
| 253 | 《中华人民共和国国史稿》（第5卷） | 宋月红 | 当代所 |
| 254 | 《中华人民共和国国史稿》（第6卷） | 荆惠民 | 当代所 |
| 255 | 《中华人民共和国国史稿》（第7卷） | 郑有贵 | 当代所 |
| 256 | 《中华人民共和国史编年》（1964—1967） | 武 力 | 当代所 |
| 257 | 中华人民共和国史宣传与传播 | 张星星 | 当代所 |
| 258 | 深化经济体制改革中的行政法治问题研究 | 周汉华 | 法学所 |

续表

| 序号 | 项目名称 | 首席专家 | 单位 |
| --- | --- | --- | --- |
| 259 | 中华人民共和国民法典编纂问题研究 | 谢鸿飞 | 法学所 |
| 260 | 知识产权战略的法治机制研究 | 李明德 | 法学所 |
| 261 | 刑法完善与司法人权保障研究 | 刘仁文 | 法学所 |
| 262 | 中国国家法治指数研究 | 田 禾 | 法学所 |
| 263 | 法治中国建设与宪法的完善 | 莫纪宏 | 法学所 |
| 264 | 中国传统文化与程序法治问题研究 | 王敏远 | 法学所 |
| 265 | 司法体制改革重大理论与实践问题研究 | 熊秋红 | 法学所 |
| 266 | 社会法重大理论与实践问题研究 | 薛宁兰 | 法学所 |
| 267 | 深化经济体制改革与我国商事法律制度完善 | 陈 洁 | 法学所 |
| 268 | 国际条约法律框架下中国权益保护之对策研究 | 朱晓青 | 国际法所 |
| 269 | 构建开放型经济新体制的国际法律问题研究 | 廖 凡 | 国际法所 |
| 270 | 国际贸易法律体制重构中的中国话语权研究 | 刘敬东 | 国际法所 |
| 271 | 核心人权条约主要条款研究 | 赵建文 | 国际法所 |
| 272 | 国家治理与民主理论研究 | 张明澍 | 政治学所 |
| 273 | 地方政府治理与社会治理现代化研究 | 周庆智 | 政治学所 |
| 274 | 国外国家治理与民主建设比较研究 | 周少来 | 政治学所 |
| 275 | 基层社会治理与民主建设研究 | 赵秀玲 | 政治学所 |
| 276 | 行政管理体制改革与地方政府绩效评估研究 | 贠 杰 | 政治学所 |
| 277 | 民俗学的理论与方法 | 尹虎彬 | 民族所 |
| 278 | 中国周边国家的民族与民族问题 | 王延中 刘 泓 | 民族所 |
| 279 | 大调查问卷调查及数据分析研究 | 丁 赛 | 民族所 |
| 280 | 新疆裕民县经济社会发展综合调查 | 王延中 | 民族所 |
| 281 | 西藏昌都县（卡若区）经济社会发展综合调查 | 扎 洛 | 民族所 |
| 282 | 新疆生产建设兵团第一师经济社会发展综合调查 | 郭宏珍 | 民族所 |

续表

| 序号 | 项目名称 | 首席专家 | 单位 |
| --- | --- | --- | --- |
| 283 | 广西金秀瑶族自治县经济社会发展综合调查 | 徐　平 | 民族所 |
| 284 | 云南迪庆藏族自治州香格里拉经济社会发展综合调查 | 方　勇 | 民族所 |
| 285 | 内蒙古锡林郭勒盟东乌珠穆沁旗经济社会发展综合调查 | 色　音 | 民族所 |
| 286 | 四川省凉山州甘洛县（彝族）经济社会发展综合调查 | 吴兴旺 | 民族所 |
| 287 | 宁夏回族自治区西吉县经济社会发展综合调查 | 孙伯君 | 民族所 |
| 288 | 海南省五指山市（黎族）经济社会发展综合调查 | 张继焦 | 民族所 |
| 289 | 阿拉善盟阿拉善左旗（蒙古族）经济社会发展综合调查 | 周竞红 | 民族所 |
| 290 | 21世纪初中国少数民族发展系列影像志 | 庞　涛 | 民族所 |
| 291 | 云南贡山独龙族怒族自治县经济社会发展综合调查 | 郑信哲 | 民族所 |
| 292 | 云南省澜沧拉祜族自治县经济社会发展综合调查 | 管彦波 | 民族所 |
| 293 | 中国社会质量指标体系研究 | 李　炜 | 社会学所 |
| 294 | 超大城市社会治理与社会稳定：北上广中产阶级及大学生群体的态度与行为研究 | 李春玲 | 社会学所 |
| 295 | 中国家庭结构与家庭变迁关系研究 | 吴小英 | 社会学所 |
| 296 | 新社区建设与基层社会治理 | 王　颖 | 社会学所 |
| 297 | 包容性社会发展机制和体制 | 王春光 | 社会学所 |
| 298 | 社会心态的机制和监测 | 王俊秀 | 社会学所 |
| 299 | 农村公共事务治理 | 王晓毅 | 社会学所 |
| 300 | 当代中国社会变迁与文化认同 | 罗红光 | 社会学所 |
| 301 | 中国社会景气研究 | 葛道顺 | 社发院 |
| 302 | 转型期新闻传播发展趋势研究 | 宋小卫 | 新闻所 |
| 303 | 中国特色传播与社会发展研究 | 卜　卫 | 新闻所 |
| 304 | 全球化时代跨文化传播的理论研究与成功应用 | 姜　飞 | 新闻所 |
| 305 | 国内外新闻与传播前沿问题跟踪研究 | 殷　乐 | 新闻所 |
| 306 | 我国新媒体发展现状与对策研究 | 孟　威 | 新闻所 |

续表

| 序号 | 项目名称 | 首席专家 | 单位 |
|---|---|---|---|
| 307 | 新闻学与传播学学科基础建设 | 王怡红 | 新闻所 |
| 308 | 我国新闻学与传播学一流核心期刊建设 | 钱莲生 | 新闻所 |
| 309 | 国际力量格局变化及我国对外战略研究 | 张宇燕 | 世经政所 |
| 310 | 中国参与国际安全合作与治理的战略研究 | 李东燕 | 世经政所 |
| 311 | 世界经济预测与政策模拟研究 | 张斌 | 世经政所 |
| 312 | 中国参与国际金融体系重建研究 | 高海红 | 世经政所 |
| 313 | 全球价值链背景下中国对外贸易战略研究 | 宋泓 | 世经政所 |
| 314 | 中国海外资产安全问题研究 | 姚枝仲 | 世经政所 |
| 315 | 公司治理国际比较研究 | 鲁桐 | 世经政所 |
| 316 | 中国能源安全的国际地缘战略研究 | 徐小杰 | 世经政所 |
| 317 | 包容型增长与结构转型——新兴经济体的政策选择 | 李毅 | 世经政所 |
| 318 | 全球政治与安全领域的热点问题与中国的战略选择 | 邵峰 | 世经政所 |
| 319 | 普京新时期俄罗斯的政治稳定与国家治理 | 庞大鹏 | 俄欧亚所 |
| 320 | 俄罗斯经济现代化：进程、问题、前景 | 程亦军 | 俄欧亚所 |
| 321 | 全球化背景下的中俄关系（2008—2012） | 郑羽 | 俄欧亚所 |
| 322 | 中亚国家政治和社会稳定及其发展趋势 | 吴宏伟 | 俄欧亚所 |
| 323 | 转型前的俄罗斯：改革与剧变 | 张盛发 | 俄欧亚所 |
| 324 | 中东欧与欧洲的分与合——当代东西欧关系研究 | 朱晓中 | 俄欧亚所 |
| 325 | 俄罗斯主导下的独联体一体化 | 薛福岐 | 俄欧亚所 |
| 326 | 中乌战略伙伴关系研究 | 柳丰华 | 俄欧亚所 |
| 327 | 苏联执政党最后十年 | 李永全 | 俄欧亚所 |
| 328 | 转型与重建：当代俄罗斯历史研究 | 吴伟 | 俄欧亚所 |
| 329 | 中俄边境地区合作研究——以口岸调查为视角 | 姜毅 | 俄欧亚所 |
| 330 | 普京新时期俄罗斯地方权利体系及其调整 | 李雅君 | 俄欧亚所 |
| 331 | 苏联解体后俄罗斯最新史料暨述评 | 吴恩远 | 俄欧亚所 |

续表

| 序号 | 项目名称 | 首席专家 | 单位 |
| --- | --- | --- | --- |
| 332 | 欧洲经济竞争力研究 | 陈 新 | 欧洲所 |
| 333 | 安全视角下的欧洲气候政治 | 李靖堃 | 欧洲所 |
| 334 | 欧盟法治的观念、演进与影响 | 刘 衡 | 欧洲所 |
| 335 | 欧洲秩序变动中的中东欧与中国中东欧合作 | 孔田平 | 欧洲所 |
| 336 | 欧洲社会治理转型及其影响 | 田德文 | 欧洲所 |
| 337 | 欧洲科技一体化与欧洲绿色节能产业的创新政策 | 张 敏 | 欧洲所 |
| 338 | 欧洲形势跟踪研究 | 江时学 | 欧洲所 |
| 339 | 中国对非关系的国际战略研究 | 张宏明 | 西亚非所 |
| 340 | 中东热点问题与我国应对之策研究 | 王林聪 | 西亚非所 |
| 341 | 中国对非洲投资战略研究 | 姚桂梅 | 西亚非所 |
| 342 | 中国对中东战略和大国与中东关系研究 | 唐志超 | 西亚非所 |
| 343 | 中东国家与中国经贸及能源关系研究 | 杨 光 | 西亚非所 |
| 344 | 中国在非洲的"软实力"研究 | 贺文萍 | 西亚非所 |
| 345 | 中拉整体合作研究 | 吴白乙 | 拉美所 |
| 346 | 中拉关系及对拉战略研究 | 贺双荣 | 拉美所 |
| 347 | 拉美产业发展研究 | 柴 瑜 | 拉美所 |
| 348 | 拉美政治发展、改革与治理研究 | 袁东振 | 拉美所 |
| 349 | 拉美社会治理的经验与教训 | 房连泉 | 拉美所 |
| 350 | 拉美区域合作与一体化研究 | 张 凡 | 拉美所 |
| 351 | 习近平外交思想研究 | 许利平 | 全球院 |
| 352 | 亚洲新安全观 | 朴键一 | 全球院 |
| 353 | 亚太梦的背景、内涵及其实践 | 李 文 | 全球院 |
| 354 | 亚洲区域经济合作的发展方向与中国的选择 | 王玉主 | 全球院 |
| 355 | 一带一路研究 | 赵江林 | 全球院 |
| 356 | 新型大国关系研究 | 王玉主 | 全球院 |

续表

| 序号 | 项目名称 | 首席专家 | 单位 |
| --- | --- | --- | --- |
| 357 | 周边地区网络研究项目 | — | 全球院 |
| 358 | 美国再平衡战略研究 | 李向阳 | 全球院 |
| 359 | 美国全球战略的基本逻辑 | 樊吉社 | 美国所 |
| 360 | 美国全球战略的调整及走向 | 倪　峰 | 美国所 |
| 361 | 美国对华战略发展趋势研究 | 王荣军 | 美国所 |
| 362 | 美国综合国力变化与国际比较 | 袁　征 | 美国所 |
| 363 | 中国对外直接投资涉美政治风险 | 王孜弘 | 美国所 |
| 364 | 美国实力变化的社会文化因素 | 姬　虹 | 美国所 |
| 365 | 美国研究 | 赵　梅 | 美国所 |
| 366 | 日本海洋战略研究 | 吕耀东 | 日本所 |
| 367 | 日本国家能源战略研究 | 张季风 | 日本所 |
| 368 | 日本文化软实力战略研究 | 崔世广 | 日本所 |
| 369 | 日本老龄化社会应对战略研究 | 王　伟 | 日本所 |
| 370 | 中国对日战略研究 | 杨伯江 | 日本所 |
| 371 | 日本国家安全战略研究 | 吴怀中 | 日本所 |

### （四）院交办委托课题

2013年，对《中国社会科学院交办委托课题管理办法》进行了修订，修订后的交办委托课题是指：①根据党中央、国务院领导同志的具体指示和党中央、国务院文件的明确要求立项的课题；②尚未列入当年科研计划，时效性较强，根据院党组以及院领导指示立项的课题；③部级党政部门以正式文件形式委托中国社科院组织研究的课题。2015年度共受理交办委托课题9项，拨付经费141万元。全年受理应急交办研究任务59项，拨付经费44.3万元。具体情况因密级要求略。

### （五）国情调研项目

2015年国情调研项目共立项79项，其中包括国情调研重大项目9项，院级国情调研基地项目4项，所级国情调研基地项目53项，按系统组织的国情考察项目13项。另外，为保障基层调研工作需要，2015年批准新建研究所国情调研基地11个。国情调研项目如下表：

| 序号 | 项目名称 | 项目类别 | 主持人 | 单位 |
| --- | --- | --- | --- | --- |
| 1 | 革命精神与核心价值观 | 重大 | 院领导 | 直属机关党委 |
| 2 | 关于农村集体经济发展现状的调研 | 重大 | 崔红志 苑 鹏 | 农发所 |
| 3 | 关于司法体制改革与司法公信力调研 | 重大 | 田 禾 | 法学所 |
| 4 | 东中西部城乡社区综合养老服务体系建设调研 | 重大 | 姚 宇 | 经济所 |
| 5 | 社区综合养老服务体系建设调研 | 重大 | 田德文 | 欧洲所 |
| 6 | 我国城市社区综合养老服务体系建设状况调查 | 重大 | 赵一红 | 研究生院 |
| 7 | 关于民间资本进入新媒体问题调研 | 重大 | 黄速建 | 工经所 |
| 8 | 关于京津冀协同治理雾霾问题调研 | 重大 | 潘家华 | 城环所 |
| 9 | 一带一路面临的国际风险与合作空间拓展 | 重大 | 蔡 昉 | 国际学科各所 |
| 10 | 建设国家级"昌九新区"问题调研——金融配套措施与方案设计的考察 | 院基地 | 陈经伟 | 金融所 |
| 11 | 加快黑龙江省绿色食品安全产业发展调研 | 院基地 | 于法稳 | 农发所 |
| 12 | 新常态下沿海地区新的经济增长点调研 | 院基地 | 原 磊 | 工经所 |
| 13 | 宁夏回族自治区宗教事务依法管理的状况研究 | 院基地 | 莫纪宏 | 法学所 |
| 14 | 我国哲学社会科学的发展历程、主要成就、基本经验、存在问题及面临的主要任务 | 考察 | 王卫东 | 办公厅 |
| 15 | 经贸合作与边疆稳定 | 考察 | 马 援 | 科研局 |
| 16 | 中国特色新型智库人才队伍建设 | 考察 | 张冠梓 | 人事局 |
| 17 | 哲学社会科学高层次创新型人才培养研究 | 考察 | 刘晖春 | 人事局 |
| 18 | 自由贸易试验区建设：创新、挑战与成效 | 考察 | 王 镭 | 国际局 |
| 19 | 社区养老服务体系建设考察 | 考察 | 刘 红 | 离退干局 |
| 20 | 我国海洋经济发展与海洋权益维护研究——以辽宁半岛和山东半岛为例 | 考察 | 崔建民 | 机关党委 |
| 21 | 妇女减贫政策及其执行情况考察 | 考察 | 闫 坤 | 机关党委 |
| 22 | 西部生态脆弱区生态文明建设调研——以青海省生态文明先行示范区建设为例 | 考察 | 孙伟平 | 机关党委 |
| 23 | 基层党风廉政建设和反腐败工作特色经验的实践考察 | 考察 | 公茂虹 | 监察局 |
| 24 | 广西县镇社会、经济与文化建设服务考察活动 | 考察 | 庄前生 | 图书馆 |

续表

| 序号 | 项目名称 | 项目类别 | 主持人 | 单位 |
| --- | --- | --- | --- | --- |
| 25 | 社会科学信息化国情考察 | 考察 | 杨沛超 罗文东 | 信管办 |
| 26 | 学术报刊数字化产品深度开发调查 | 考察 | 李新烽 | 杂志社 |
| 27 | 红色文化与当代文化创新——围绕保定地区的调研 | 所基地 | 刘跃进 | 文学所 |
| 28 | 社会史视野下的中国文学研究——以山西为中心 | 所基地 | 陆建德 | 文学所 |
| 29 | 百色市靖西县语言与地方民俗文化的调查 | 所基地 | 吴福祥 | 语言所 |
| 30 | 巴林右旗蒙古族非物质文化遗产现状调研·2015 | 所基地 | 斯钦巴图 | 民文所 |
| 31 | 21世纪的柯尔克孜族口头史诗传统与变迁——对阿合奇县及周边地区《玛纳斯》史诗传统的调查 | 所基地 | 阿地里·居玛吐尔地 | 民文所 |
| 32 | 甘肃临洮马家窑遗址保护与居民生业发展 | 所基地 | 刘 政 | 考古所 |
| 33 | 魏晋隋唐时期商洛地区的历史文化 | 所基地 | 卜宪群 | 历史所 |
| 34 | 台儿庄大战资料收集整理 | 所基地 | 高士华 | 近代史所 |
| 35 | 涞源县社会历史文化资源分区调查 | 所基地 | 杜继东 | 近代史所 |
| 36 | 现代化进程中传统文化、现代文化的基本状况——对甘肃文县的调研 | 所基地 | 赵文洪 | 世历所 |
| 37 | 新形势下西藏边境地区稳定与发展调研——以日喀则市为中心 | 所基地 | 孙宏年 | 边疆所 |
| 38 | 三沙市政权基层组织建设调研 | 所基地 | 李国强 | 边疆所 |
| 39 | 马克思主义哲学中国化研究——对天津静海县的调研 | 所基地 | 王立民 | 哲学所 |
| 40 | 孟中印缅经济带之跨境民族宗教研究——以云南德宏为例 | 所基地 | 郑筱筠 | 宗教所 |
| 41 | 基层公共文化服务体系建设的数量与质量调研 | 所基地 | 张小平 | 马研院 |
| 42 | 新型社会组织健康发展状况调研系列之二——新型社会组织统一战线工作的情况调研 | 所基地 | 余 斌 | 马研院 |
| 43 | 保定农村农业现代化情况典型调查数据 | 所基地 | 隋福民 | 经济所 |
| 44 | 无锡"农民转居民"家庭经济情况典型调查数据库 | 所基地 | 赵学军 | 经济所 |
| 45 | 浙江省开化县绿色发展经验考察 | 所基地 | 黄速建 | 工经所 |
| 46 | 营口老边区汽保工业园区发展调研 | 所基地 | 刘戒骄 | 工经所 |
| 47 | 浙江湖州市农民福祉的调研 | 所基地 | 杨 穗 | 农发所 |
| 48 | 城乡公共服务基本情况调查 | 所基地 | 谭秋成 | 农发所 |
| 49 | 新型城镇化与县域经济发展——以湖南洞口县为例 | 所基地 | 田 侃 | 财经院 |
| 50 | 新形势下农村流通模式的变化——以黑龙江省木兰县为例 | 所基地 | 依绍华 | 财经院 |

续表

| 序号 | 项目名称 | 项目类别 | 主持人 | 单位 |
| --- | --- | --- | --- | --- |
| 51 | 构建解决融资难、融资贵的政策体系——小微贷款实践调查 | 所基地 | 曾 刚 | 金融所 |
| 52 | 山东乳山金融生态环境状况考察 | 所基地 | 杨 涛 | 金融所 |
| 53 | "鄂温克民族生活方式传承与新牧区建设示范区"调研 | 所基地 | 李 青 | 数技经所 |
| 54 | 城市基层社区治理调研（全福街道基地） | 所基地 | 李 群 | 数技经所 |
| 55 | 我国养老服务体系与政策研究——四川省成都市郫县调研 | 所基地 | 王 桥 | 人口所 |
| 56 | 海宁制造业企业微观调查 | 所基地 | 都 阳 | 人口所 |
| 57 | 社区安全共治：特大城市安全社区建设研究 | 所基地 | 李红玉 | 城环所 |
| 58 | 典型城市碳排放总量控制政策案例调研 | 所基地 | 朱守先 | 城环所 |
| 59 | 浙江法院阳光司法指数 | 所基地 | 田 禾 | 法学所 |
| 60 | 用法治思维和法治方法化解纠纷 | 所基地 | 陈 甦 | 法学所 |
| 61 | 泸水县工业园区发展的法律问题 | 所基地 | 黄 晋 | 国际法所 |
| 62 | 强化监督功能 完善人民代表大会制度 | 所基地 | 韩 旭 | 政治学所 |
| 63 | 云南省开远市城乡统筹发展状况与政府职能研究 | 所基地 | 贠 杰 | 政治学所 |
| 64 | 科尔沁左翼中期蒙古族萨满文化调研 | 所基地 | 色 音 | 民族所 |
| 65 | 宁夏永宁县闽宁镇城镇文化建设研究 | 所基地 | 丁 赛 | 民族所 |
| 66 | 老年人日常照料的居家模式和市场机制 | 所基地 | 夏传玲 | 社会学所 |
| 67 | 江苏太仓市常丰社区创新社会治理调研 | 所基地 | 王春光 | 社会学所 |
| 68 | 贫困波动与发展风险防御的调查 | 所基地 | 沈 红 | 社发院 |
| 69 | 中国社会转型期农村传播生态和地方文化建设研究 | 所基地 | 赵天晓 | 新闻所 |
| 70 | 城镇化进程中农业人口的市民化调研 | 所基地 | 黄 平 | 欧洲所 |
| 71 | "一带一路"战略下的中欧科技创新合作 | 所基地 | 张 敏 | 欧洲所 |
| 72 | 连云港与"一带一路"战略构想研究 | 所基地 | 唐志超 | 西亚非所 |
| 73 | 广东与拉美经贸合作状况调查与分析 | 所基地 | 柴 瑜 | 拉美所 |
| 74 | 深圳龙华新区文化建设研究 | 所基地 | 郭立军 | 亚太院 |
| 75 | 武城县城镇化推进中农村历史文化资源保护性挖掘调研 | 所基地 | 王玉巧 | 图书馆 |
| 76 | 乡村治理体系与治理能力建设研究——对四川省雅安市荥经县天凤乡追踪调研 | 所基地 | 董礼胜 | 研究生院 |
| 77 | 广西柳州市职业教育及其汽车城人力资源培训状况调查 | 所基地 | 张菀洺 | 研究生院 |
| 78 | 临朐县史志办公室修志工作推进情况调研 | 所基地 | 冀祥德 | 方志办 |
| 79 | 广东省人民政府地方志办公室修志工作推进情况调研 | 所基地 | 赵 芮 | 方志办 |

## （六）国家社科基金项目

2015年度，中国社科院获得国家社科基金立项项目118项，其中，重大项目9项、重点项目14项、一般项目46项、青年项目25项、后期资助项目12项、成果文库4项、中华学术外译项目3项。另有5个项目经专家评估后获得滚动资助。2015年度中国社科院共获得国家社科基金资助总额3492万元。详细情况如下：

| 序号 | 项目批准号 | 项目名称 | 项目类别 | 项目负责人 | 单位 |
|---|---|---|---|---|---|
| 1 | 15ZDA026 | 国有企业改革和制度创新研究 | 重大项目 | 黄速建 | 工经所 |
| 2 | 15ZDA051 | 稀有矿产资源开发利用的国家战略研究——基于工业化中后期产业转型升级的视角 | 重大项目 | 杨丹辉 | 工经所 |
| 3 | 15ZDA055 | 我国低碳城市建设评价指标体系研究 | 重大项目 | 庄贵阳 | 城环所 |
| 4 | 15ZDA067 | 中拉关系及对拉战略研究 | 重大项目 | 吴白乙 | 拉美所 |
| 5 | 15ZDB091 | 《剑桥文学批评史》（九卷本）翻译与研究 | 重大项目 | 王柯平 | 哲学所 |
| 6 | 15ZDB103 | 中国方言区英语学习者语音习得机制的跨学科研究 | 重大项目 | 李爱军 | 语言所 |
| 7 | 15ZDB108 | 方志中方言材料的辑录、整理与数字化工程 | 重大项目 | 李蓝 | 语言所 |
| 8 | 15ZDB131 | 中国经济史学发展的基础理论研究 | 重大项目 | 叶坦 | 经济所 |
| 9 | 15ZDB149 | "中国制造2025"的技术路径、产业选择与战略规划研究 | 重大项目 | 黄群慧 | 工经所 |
| 10 | 15AJL010 | 全球经济变局下推进两岸经济融合研究 | 重点项目 | 张冠华 | 台湾所 |
| 11 | 15AJL013 | 中国城市规模、空间聚集与管理模式研究 | 重点项目 | 张自然 | 经济所 |
| 12 | 15AJY006 | 我国城乡就业人员收入流动性比较研究 | 重点项目 | 杨穗 | 农发所 |
| 13 | 15AJY017 | "十三五"时期我国的金融安全战略研究 | 重点项目 | 何德旭 | 金融所 |
| 14 | 15AMZ004 | 少数民族人口的城市融入研究 | 重点项目 | 郑信哲 | 民族所 |
| 15 | 15AYY007 | 四川省藏区语言生态与和谐语言生活的创建研究 | 重点项目 | 尹蔚彬 | 民族所 |
| 16 | 15AZD020 | 构建一体化的新型城乡关系研究 | 重点项目 | 朱钢 | 农发所 |
| 17 | 15AZD028 | 中国对非洲关系的国际战略研究 | 重点项目 | 张宏明 | 西亚非所 |
| 18 | 15AZD045 | 元代笔记丛刊 | 重点项目 | 杨镰 | 文学所 |
| 19 | 15AZS001 | 《大唐开元礼》校勘整理与研究 | 重点项目 | 吴丽娱 | 历史所 |
| 20 | 15AZW002 | 习近平总书记文艺工作座谈会讲话的理论突破研究 | 重点项目 | 丁国旗 | 文学所 |
| 21 | 15AZW008 | 中国小说史 | 重点项目 | 石昌渝 | 文学所 |
| 22 | 15AZW012 | 香港报刊文学史 | 重点项目 | 赵稀方 | 文学所 |
| 23 | 15AZZ009 | 中国特色新型智库调查、评价与建设方略研究 | 重点项目 | 蔡继辉 | 社科文献出版社 |

续表

| 序号 | 项目批准号 | 项目名称 | 项目类别 | 项目负责人 | 单位 |
|---|---|---|---|---|---|
| 24 | 15BDJ005 | 中国共产党对台方略研究 | 一般项目 | 朱 磊 | 台湾所 |
| 25 | 15BDJ026 | 当代中国社会治理史研究 | 一般项目 | 吴 超 | 当代所 |
| 26 | 15BDJ027 | 国外当代中国社会史研究评析 | 一般项目 | 王爱云 | 当代所 |
| 27 | 15BDJ044 | 中国共产党干部任用中的五湖四海原则研究 | 一般项目 | 刘海飞 | 马研院 |
| 28 | 15BFX129 | 系统重要性金融机构恢复与处置计划法律问题研究 | 一般项目 | 徐 超 | 情报院 |
| 29 | 15BGJ017 | 中国与拉丁美洲国家经贸关系研究 | 一般项目 | 谢文泽 | 拉美所 |
| 30 | 15BGJ033 | 后全球金融危机时期新兴经济体国家风险形成机制研究 | 一般项目 | 李天国 | 亚太院 |
| 31 | 15BGJ041 | 拉美21世纪社会主义研究 | 一般项目 | 袁东振 | 拉美所 |
| 32 | 15BGJ043 | 中亚国家的宗教事务管理与上海合作组织反宗教极端合作研究 | 一般项目 | 张 宁 | 俄欧亚所 |
| 33 | 15BGJ051 | 未来十年金砖国家合作的发展趋势及影响因素研究 | 一般项目 | 徐秀军 | 世经政所 |
| 34 | 15BGL043 | 自然资源资产负债表编制研究 | 一般项目 | 胡文龙 | 工经所 |
| 35 | 15BGL114 | 旅游需求结构与旅游产品创新的动态关系研究 | 一般项目 | 宋 瑞 | 财经院 |
| 36 | 15BJL012 | 人口结构变化对中国经济减速的影响和对策研究 | 一般项目 | 陆 旸 | 人口所 |
| 37 | 15BJL046 | 新产业革命背景下欧盟工业智能化绿色化发展及其启示研究 | 一般项目 | 孙彦红 | 欧洲所 |
| 38 | 15BJL065 | 大国战略与新中国交通业发展研究（1949—2014） | 一般项目 | 彤新春 | 经济所 |
| 39 | 15BJL067 | 经济史与国际比较视角下以中国为代表的新兴大国经济转型中的产业发展选择研究 | 一般项目 | 李 毅 | 世经政所 |
| 40 | 15BJL082 | 跨境制度匹配、对外直接投资与中国价值链升级研究 | 一般项目 | 李国学 | 世经政所 |
| 41 | 15BJY028 | 新常态下的企业劳动关系冲突调节方式研究 | 一般项目 | 孙兆阳 | 办公厅 |
| 42 | 15BJY075 | 新常态下国内外产业关联对我国产业结构调整的影响及对策研究 | 一般项目 | 李新忠 | 数技经所 |
| 43 | 15BJY161 | 货币政策、资本结构与促进产业向中高端升级研究 | 一般项目 | 王朝阳 | 财经院 |
| 44 | 15BKG002 | 海岱地区先秦时期考古学文化的互动与族群变迁研究 | 一般项目 | 庞小霞 | 考古所 |
| 45 | 15BKS067 | 古巴社会主义经济模式更新研究 | 一般项目 | 贺 钦 | 马研院 |

续表

| 序号 | 项目批准号 | 项目名称 | 项目类别 | 项目负责人 | 单位 |
| --- | --- | --- | --- | --- | --- |
| 46 | 15BMZ068 | 《蒙古源流》叙事研究 | 一般项目 | 孟根娜布其 | 民文所 |
| 47 | 15BMZ069 | 国家视域中宗教权威与藏青川结合部藏区和谐治理的探索研究 | 一般项目 | 王 媛 | 民族所 |
| 48 | 15BMZ099 | 一个世纪来青藏高原泛江河源区岛状生态环境变迁研究 | 一般项目 | 文艳林 | 民族所 |
| 49 | 15BSH009 | 日常生活研究的方法论 | 一般项目 | 赵 锋 | 社会学所 |
| 50 | 15BSH101 | 社会转型中公益与民情关系的人类学研究 | 一般项目 | 李荣荣 | 社会学所 |
| 51 | 15BSH105 | 企业工作环境研究 | 一般项目 | 张 彦 | 社发院 |
| 52 | 15BSS007 | 古代两河流域的社会公正思想研究 | 一般项目 | 国洪更 | 世历所 |
| 53 | 15BXW038 | 移动终端谣言传播与社会认同影响及对策研究 | 一般项目 | 雷 霞 | 新闻所 |
| 54 | 15BXW082 | 中国网络广告发展史（1997—2016） | 一般项目 | 王凤翔 | 新闻所 |
| 55 | 15BYY061 | 中外法庭辩论的语音特征、策略及其对判决的影响力研究 | 一般项目 | 殷治纲 | 语言所 |
| 56 | 15BYY073 | 汉语方言研究的实验语音学理论与方法研究 | 一般项目 | 胡 方 | 语言所 |
| 57 | 15BYY159 | 元明时期蒙古语汉语对译词典比较研究 | 一般项目 | 布日古德 | 民族所 |
| 58 | 15BZJ027 | 民国时期伊斯兰教报刊研究 | 一般项目 | 马 景 | 宗教所 |
| 59 | 15BZJ040 | 黄天道研究 | 一般项目 | 梁景之 | 民族所 |
| 60 | 15BZS058 | 东林党、复社研究 | 一般项目 | 张宪博 | 历史所 |
| 61 | 15BZS059 | 锦衣卫"体外监察"与明代社会演进研究 | 一般项目 | 张金奎 | 历史所 |
| 62 | 15BZS093 | 抗战时期国共两党司法比较研究 | 一般项目 | 胡永恒 | 近代史所 |
| 63 | 15BZS108 | 150年来中国边疆研究学术思想史 | 一般项目 | 冯建勇 | 边疆所 |
| 64 | 15BZS109 | 17—20世纪华北地区旗人及其后裔群体研究 | 一般项目 | 邱源媛 | 历史所 |
| 65 | 15BZW049 | 全元笔记 | 一般项目 | 杨 镰 | 文学所 |
| 66 | 15BZW108 | 抗战期间古典文学学科述论研究 | 一般项目 | 程方勇 | 地方志 |
| 67 | 15BZW174 | 台湾左翼文艺研究 | 一般项目 | 李 娜 | 文学所 |
| 68 | 15BZX024 | 科技时代的科学"无知"的哲学研究 | 一般项目 | 段伟文 | 哲学所 |
| 69 | 15BZX028 | 经验、信念与知识 | 一般项目 | 唐热风 | 哲学所 |
| 70 | 15CDJ003 | 我国预防腐败体制机制的国际借鉴研究 | 青年项目 | 彭成义 | 世经政所 |
| 71 | 15CGJ024 | 北极航道的发展前景、经济影响与中国的参与机制研究 | 青年项目 | 丛晓男 | 城环所 |
| 72 | 15CGJ028 | 联盟政治与中美新型大国关系的冲突管控研究 | 青年项目 | 杨 原 | 世经政所 |
| 73 | 15CGL012 | 国家资产负债表与提高国家治理能力研究 | 青年项目 | 杨志宏 | 财经院 |
| 74 | 15CGL039 | 中国农村环境管理中的政府责任和公众参与机制研究 | 青年项目 | 陈秋红 | 农发所 |

续表

| 序号 | 项目批准号 | 项目名称 | 项目类别 | 项目负责人 | 单位 |
|---|---|---|---|---|---|
| 75 | 15CJL031 | 中国农村普惠金融的绩效评估与内生发展路径研究 | 青年项目 | 星焱 | 金融所 |
| 76 | 15CJY026 | 我国人口城镇化与土地城镇化协调发展研究 | 青年项目 | 熊柴 | 人口所 |
| 77 | 15CJY048 | 精准扶贫战略下贫困地区农村信息化减贫能力提升研究 | 青年项目 | 郭君平 | 财经院 |
| 78 | 15CJY059 | 新形势下竞争、产业、贸易政策的综合协调及实现机制研究 | 青年项目 | 张昊 | 财经院 |
| 79 | 15CJY075 | 中国式财政分权角度下的地方政府投资行为研究 | 青年项目 | 蒋震 | 财经院 |
| 80 | 15CKG001 | 福建地区旧、新石器时代过渡遗存综合研究 | 青年项目 | 周振宇 | 考古所 |
| 81 | 15CKG017 | 中原地区先秦时期家养黄牛的分子考古学研究 | 青年项目 | 赵欣 | 考古所 |
| 82 | 15CMZ036 | 美利坚民族—国家建构的过程、理论与经验研究 | 青年项目 | 王坚 | 民族所 |
| 83 | 15CRK019 | 人口结构变迁对中国房地产市场的综合影响及应对措施研究 | 青年项目 | 李超 | 财经院 |
| 84 | 15CRK022 | 同居问题成因、特征和趋势研究 | 青年项目 | 於嘉 | 社会学所 |
| 85 | 15CSH004 | 社会理论传统的重构及其对当代中国的现实意义研究 | 青年项目 | 陈涛 | 社会学所 |
| 86 | 15CSH012 | 中国城镇化进程中西部底层孩子们阶层再生产发生的日常机制及策略干预研究 | 青年项目 | 李涛 | 社会学所 |
| 87 | 15CSH072 | 以社区服务为切入点的城市新熟人社区建构研究 | 青年项目 | 史云桐 | 社会学所 |
| 88 | 15CSS006 | 古希腊史学中帝国形象的演变研究 | 青年项目 | 吕厚量 | 世历所 |
| 89 | 15CSS026 | 战后英国英属撒哈拉以南非洲政策研究（1945—1980） | 青年项目 | 杭聪 | 世历所 |
| 90 | 15CZJ019 | 清代档案道教文献研究 | 青年项目 | 林巧薇 | 宗教所 |
| 91 | 15CZS039 | 台湾统派舆论重阵《海峡评论》研究 | 青年项目 | 郝幸艳 | 近代史所 |
| 92 | 15CZW057 | 新疆乌恰县史诗歌手调查研究 | 青年项目 | 巴合多来提·木那孜力 | 民文所 |
| 93 | 15CZX030 | 战后"台湾儒学"基本形态研究 | 青年项目 | 常超 | 台湾所 |
| 94 | 15CZX032 | 亚里士多德《修辞术》的哲学研究 | 青年项目 | 何博超 | 哲学所 |
| 95 | 15FGJ001 | 中国与拉丁美洲和加勒比国家关系史 | 后期资助项目 | 贺双荣 | 拉美所 |
| 96 | 15FGJ005 | 俄罗斯软实力与国家形象研究 | 后期资助项目 | 许华 | 俄欧亚所 |
| 97 | 15FJL004 | 人民公社时期农户收入研究 | 后期资助项目 | 黄英伟 | 经济所 |
| 98 | 15FJY003 | 可再生能源城市理论分析 | 后期资助项目 | 娄伟 | 城环所 |

续表

| 序号 | 项目批准号 | 项目名称 | 项目类别 | 项目负责人 | 单位 |
|---|---|---|---|---|---|
| 99 | 15FJY006 | 人类为什么合作——基于行为实验的机理研究 | 后期资助项目 | 王国成 | 数技经所 |
| 100 | 15FKG001 | 上古的天文、思想与制度 | 后期资助项目 | 冯时 | 考古所 |
| 101 | 15FKG003 | 礼仪神器与欧亚草原社会世俗生活 | 后期资助项目 | 郭物 | 考古所 |
| 102 | 15FKG004 | 西周金文礼制研究 | 后期资助项目 | 黄益飞 | 考古所 |
| 103 | 15FZS002 | 天长纪庄汉墓木牍整理与研究 | 后期资助项目 | 杨振红 | 历史所 |
| 104 | 15FZS019 | 西南联大与现代中国 | 后期资助项目 | 闻黎明 | 近代史所 |
| 105 | 15FZW016 | 欧阳予倩研究 | 后期资助项目 | 陈建军 | 文学所 |
| 106 | 15FZX030 | 当代西方政治哲学研究 | 后期资助项目 | 周穗明 | 哲学所 |
| 107 | 15KKS001 | 文化生产力：人类走向新文明的一种现实力量 | 成果文库 | 李春华 | 马研院 |
| 108 | 15KWW001 | 新时期比较神话学反思与开拓研究 | 成果文库 | 叶舒宪 | 外文所 |
| 109 | 15KYY003 | 藏缅语族羌语支研究 | 成果文库 | 孙宏开 | 民族所 |
| 110 | 15KZS005 | 明清徽州诉讼文书研究 | 成果文库 | 阿风 | 历史所 |
| 111 | 15WJL006 | 中国与世界经济（英文版） | 中华学术外译项目 | 余永定 | 世经政所 |
| 112 | 15WZS004 | 中国古代国家的起源与王权的形成（日文版） | 中华学术外译项目 | 王震中 | 历史所 |
| 113 | 15WZX002 | 回归原创之思——"象思维"视野下的中国智慧（英文版） | 中华学术外译项目 | 王树人 | 哲学所 |

## 二 学术交流活动

### （一）国内学术交流活动

2015年，中国社会科学院根据国家和地方经济社会发展需要，以实施哲学社会科学创新工程为契机，以强化智库功能为方向，坚持开门办院、开门办所、深入基层、结合实际，与政府、企业、大学建立互动机制，合作开展重大问题研究和学术活动，为中央决策提供依据，为地方发展提供智力支持和人才服务。全年共新签合作协议1项，合作开展大型研究项目数十项，筹建共建合作机构2个，合作举办大型论坛7个。

继2014年中国社会科学院与厦门市人民政府签署了《中国社会科学院厦门市人民政府战略合作框架协议》后，2015年中国社会科学院与厦门的合作全面开始启动。在此基础上，中国社会科学院与厦门市人民政府签订了2015年年度合作协议和重大课题研究合作备忘录。经双方精心筹备和多次协商研究，确立了2015年度三项合作研究课题：厦门自贸区政策研究和评估、一带一路战略下厦门全方位对外开放策略与路径、厦门市城市治理体系和治理能力现代化研究，分别由中国社会科学院经济所、欧洲所、工经所牵头组织开展研究，并分别与厦门市发改委签署了课题合作协议。另外，2015年10月，中国社科院学部委员厦门工作站启动仪式在厦门人民会堂举行。中国社科院学部委员厦门工作站设立在厦门市社科联、社科院，这次启动仪式也是厦门市第十一届社会科学普及宣传活动周的一场重要活动，中国社会科学院学部委员张蕴岭、李林研究员应邀分别作了两场重要的学术报告。

2015年，为继续推进落实中国社会科学院与贵州省签署的院省合作框架协议，贵州省主要领导提出请中国社科院学部委员或首席专家领衔指导研究1—3个课题，经与中国社会科学院相关研究所协商，根据贵州省委提出的选题题目，确定由数技经所所长李平领衔指导研究"贵州'十三五'发展战略及GDP指标体系研究"课题；工经所所长黄群慧领衔指导研究"贵州融入'一带一路'战略路径研究"课题；城环所所长潘家华是去年院省合作的首席专家，已对贵州省生态建设做过研究，领衔指导研究"贵州生态底线指标体系研究"选题。三项课题均已完成调研报告，相关成果已通过中国社会科学院《要报》报中央领导。

6月，中国社会科学院与上海市政府在上海大学正式签约建立上海研究院。上海研究院全称为"中国社会科学院上海市人民政府上海研究院"，是中国社会科学院和上海市人民政府共同建设的研究机构，旨在充分发挥中国社会科学院国家级智库和上海作为改革开放前沿阵地的双重优势，建设高水平、国际化的中国特色新型智库。上海研究院的建设和发展全面依托中国社科院相关研究所、上海大学和上海市人民政府发展研究中心，其教学和研究工作将以其下属的研究中心为依托展开，实行院务委员会领导下的院长负责制，院务会为最高决策机构，院务委员会下设学术委员会为最高学术审议机构。上海研究院以项目制为核心，采用兼职为主、专兼职结合的聘用方式，用全新机制打造上海社科研究的人才高地。上海研究院正式成立后，很快评审立项了15个课题项目；对中国人民大学重阳金融研究院、清华大学国情研究院、北京协同创新研究院等进行了调研，积极探索创新研究院智库新体制机制；举办了上海科创中心建设论坛、全国话语体系建设研讨会、第二届世界考古论坛等；积极与上海大学研究生院对接，商讨合作招生事宜，等等。

9月，中国社会科学院与浙江省委联合举行《中国梦与浙江实践》丛书首发式暨理论研讨会。该丛书是院省合作项目"中国梦与浙江实践"的重要理论成果。全书共七卷，即总报告卷、经济卷、政治卷、文化卷、社会卷、生态卷和党建卷，合计200多万字，全面梳理了2003年以来历届浙江省委坚持一张蓝图绘到底、深入实施"八八战略"的历史进程，系统总结中国特色社会主义在浙江生动实践的宝贵经验，深入研究解读习近平同志在浙江工作期间形成的一系列关于经济、政治、文化、社会、生态文明建设和党的建设的重要思想观点和重大决策部署。中国社会科学院与浙江省委于2014年4月联合启动"中国梦与浙江实践"重大项目研究，由中共浙江省委宣传部和中国社科院科研局、浙江省社科院负责组织实施。以中国社会科学院、浙江省社会科学院为主的60多位专家学者共同组成课题组专家团队，多次深入基层考察调研，认真研究，精心撰写而成该丛书，是院省合作较为成功的一个案例。

2015年，中国社会科学院与合作方成功协调合办了第一届长江论坛、第三届后发赶超论坛、第三届中国—南亚智库论坛、第八届中国—东盟智库战略对话论坛、第二届中俄经济合作高层智库研讨会、第四届军地高端战略论坛、第十八届全国社科院院长联席会等学术会议。

4月8日，为贯彻落实国务院批准的《长江中游城市群发展规划》，深入探讨长江中游城市群区域协同发展的新模式、新机制、新途径，由中国社会科学院、湖北省人民政府联合主办，中国城市经济学会和中国社科院城市发展与环境研究所、湖北省社会科学院承办，湖南省社会科学院、江西省社会科学院和中国社科院工业经济研究所、财经战略研究院协办的"长江论坛"在湖北省武汉市举行。来自国家发改委、中国社会科学院等有关国家部委和部门的专家领导、湘鄂赣三省相关县市领导共300余人出席了会议,并就长江中游城市群发展的独特优势与巨大潜力、战略定位及对策、生态文明建设、产业协同发展与升级转型、区域协调发展与对外开放等进行了专题研讨。中国社会科学院李培林副院长致开幕词。

6月6日,中国城市百人论坛院长联席会在中国工程院举行。第十届全国政协副主席徐匡迪、中国科学院院长白春礼、中国社会科学院院长王伟光、中国工程院院长周济、两院院士吴良镛出席联席会,并就通过三院支持中国城市百人论坛,开展城市领域的学术交流和政策研讨,进行建设性商讨和会谈。论坛由中国科学院、中国社会科学院、中国工程院共同支持,挂靠中国城市经济学会(中国社会科学院主管),由中国社会科学院城市与竞争力研究中心提供具体服务。

6月16日,为加强中国与南亚在"一带一路"的合作,发挥新型智库的重要作用,深化各方在政治、经济、文化等领域合作交流,第三届"中国——南亚智库论坛"在昆明举办。此次论坛是第三届中国——南亚博览会系列活动之一,主办方是云南省政府和中国社科院,云南省社科院是主要承办方,中国人民大学重阳金融研究院是本次会议协办方。论坛以"构建利益共同体——携手共建'一带一路'"为主题,围绕沿线国家和地区的发展需求与利益共赢等问题开展深入探讨。论坛在"丝绸之路经济带"和"21世纪海上丝绸之路"建设深入推进阶段举办,具有很强的针对性和现实性,意义十分重大。中共云南省委常委、省委宣传部部长、云南省对外文化交流协会会长赵金,中国社会科学院副秘书长晋保平,印度世界事务委员会主席拉吉夫·巴提出席论坛开幕式并致辞。来自中国、南亚以及东南亚等三十多个国家,在决策咨询领域具有较大影响的70余家智库的150多名专家与会,其中不乏智库学者、大学资深学者和政府官员。

7月9—12日,由内蒙古社会科学院承办的第十八届全国社科院院长联席会议在锡林浩特召开。中央纪委驻中国社会科学院纪检组组长、中国社会科学院党组成员张英伟同志出席并作重要讲话,内蒙古自治区党委宣传部部长助理钟君同志受自治区党委常委、宣传部部长乌兰同志委托致辞。会议的主题为"加强新型智库建设"。来自全国31个省区市社科院、7个城市社科院和内蒙古自治区社会科学院9个分院的200多名代表参加了会议。会上,省市区社科院代表就如何加强新型智库建设问题,进行了广泛的交流,介绍了各自的工作经验,提出了存在的共性问题,形成了许多改革创新共识,会议取得圆满成功。会议期间,还召开了全国地方社科院党风廉政建设座谈会,对加强地方社科院的党风廉政建设产生了积极的推动作用。

7月25日,为认真贯彻落实好党的十八届三中、四中全会及习近平总书记系列重要讲话精神,实现我国欠发达地区后发赶超、全面小康的战略目标,为积极推动社科理论研究服务决策咨询、服务改革发展大局,从理论和实践两个方面为欠发达地区经济社会又好又快、更好更快发展提供支撑,中国社会科学院科研局(学部工作局)与贵州省社会科学院在贵阳共同举办"2015年中国·贵州第三届'后发赶超'论坛"。论坛主题为新常态下的后发赶超与跨越发展,主要内容是围绕新常态下我国欠发达地区经济社会发展领域的前瞻性、趋势性问题进行探讨。来自全国的80余名专家学者参加了论坛。中国社会科学院副院长李培林出席开幕式并致辞,中国社科院学部委员吕政、张晓山作了主题演讲。

8月21—22日，以"草原丝绸之路与世界文明"为主题的中国第四届蒙古学国际学术研讨会在呼和浩特召开。中国社会科学院院长、党组书记王伟光，内蒙古自治区党委常委、宣传部部长乌兰，联合国教育权问题特别报告员基肖尔·辛格，蒙古国科学院副院长图·道尔吉，中国驻蒙古国前大使高树茂分别致辞。内蒙古自治区人大常委会副主任、中国蒙古学学会会长吴团英出席研讨会并作主旨报告，内蒙古自治区副主席白向群主持开幕式。此次研讨会由内蒙古社会科学院、中国蒙古学学会主办。

9月15—16日，由广西自治区政府和中国社会科学院联合主办、广西社会科学院和广西国际博览事务局共同承办的第八届中国—东盟智库战略对话论坛在广西南宁举行，中国社科院李培林副院长出席论坛并在开幕式上致辞。中国—东盟智库战略对话论坛是中国与东盟思想库和智囊团的国际高端交流对话平台，已经连续举办了七届。2015年论坛主要围绕"一带一路"与中国—东盟命运共同体建设的主题，对"一带一路"与中国—东盟互利共赢、合作发展，以及"一带一路"与中国—东盟命运共同体建设的路径选择、"一带一路"与中国—东盟互联互通三个重要议题展开对话和讨论。论坛为期两天，100多位智库机构和高校专家学者出席了论坛。

9月15日，"中国社会科学论坛：三峡城市群·长江经济带国际研讨会"在湖北宜昌举行。来自国内外的专家学者围绕"协作、发展、共赢"这一主旨，分别就流域开发、区域一体化、生态文明与三峡城市群建设等多项议题进行了交流探讨。中国社会科学院院长、党组书记、学部主席团主席王伟光，中共湖北省委书记李鸿忠出席开幕式并发表讲话。中共湖北省委常委、宜昌市委书记黄楚平，欧洲50集团主席、法国前财政部长埃德蒙·阿尔方戴利，经济合作与发展组织（OECD）秘书长安赫尔·古利亚分别作开幕式致辞。

9月22—23日，第二届"中拉政策与知识高端研讨会"在京举行。此次会议由中国社会科学院与泛美开发银行主办，中国社会科学院国际合作局、政治学研究所与泛美开发银行发展机制部承办。会议主题为"公共部门高级管理者领导力与能力建设"。

10月11日，由黑龙江省人民政府、中国社会科学院、俄罗斯经济发展部和俄罗斯欧亚经济联盟联合主办，黑龙江省社会科学院承办的"一带一路"与"欧亚经济联盟"对接暨第二届中俄经济合作高层智库研讨会在哈尔滨市召开。这是由中俄两国领导人共同确定在中俄博览会期间联合举办的国际学术研讨会。中俄两国主要智库专家、企业家和政府官员100余人出席会议。中国社会科学院副院长李培林、黑龙江省副省长孙尧等在大会上致辞。作为中国—俄罗斯博览会的唯一论坛，此届研讨会以全面提升中俄经贸合作水平为宗旨，面对我国实施"一带一路"战略和俄罗斯实施远东超前经济社会发展区的重大机遇，探讨建立合作新机制，开拓合作新领域，为加强中俄在产业、投资、科技、金融、旅游等领域合作，促进中国东北老工业基地振兴与俄罗斯东西伯利亚及远东开发，开创中俄务实合作新局面发挥理论先导作用。大家一致认为，中俄需要在更广阔的范围内加强合作，其中举办高级别的国际论坛是两国学者有效沟通的重要手段，是促进"一带一路"与"欧亚经济联盟"对接的纽带和桥梁，必将为全力推进中俄务实合作提供智力支撑。

10月16—17日，由中国社会科学院世界社会主义研究中心、中联部当代世界研究中心和中国文化软实力研究中心联合举行的"第六届世界社会主义论坛：话语权与领导权——'颜色革命'与文化霸权国际学术研讨会"在北京举行。中国社会科学院院长王伟光致辞并作主旨报告。

10月23—24日，第四届"军地高端战略论坛"在国防科技大学成功举办。"军地高端战略论坛"是由军事科学院与国防科大共同发起，与中国科学院、中国社会科学院、北京大学、清华大学、中国人民大学等国内著名院校和科研机构联合建立的高端学术创新平台，旨在聚合国内一流战略研究资源，围绕国家安全与发展、国防和军队建设的重大战略问题，为推进国家安全战略创新和国防科技发展提供理论支撑和有力牵引，至今已成功举办三届。在此次论坛上，来自军地25家单位的100余名专家学者围绕"科技革命、产业革命和军事革命孕育背景下的国家安全和国防建设"主题展开深入研讨。专家学者们深入分析了科技革命、产业革命和军事革命背景下的国家安全问题和发展趋势，对新时期武器装备建设进行了新的探索，取得了一些新的认识，对新形势新要求下的战略选择提出了新的对策建议。

2015年12月14日，第二届"世界考古论坛·上海"在沪开幕，主题为"文化交流与文化多样性的考古学探索"。论坛由中国社会科学院、上海市人民政府联合主办，中国社会科学院/上海市人民政府——上海研究院、中国社会科学院考古研究所、上海市文物局、上海大学承办。上海市市长杨雄、中国社会科学院院长王伟光、中国社会科学院副院长李培林、国家文物局局长刘玉珠等出席开幕式。

2015年中国社会科学院与新华社继续保持良好合作关系。继2014年年末起，中国社会科学院41位专家学者被新华社正式聘请为第三届"新华社特约观察员"。截至2015年第一季度末，新华社共采访中国社会科学院"特约观察员"59人次。新华社针对新闻事件和社会热点，通过"特约观察员"接受电话连线或上门采访、嘉宾访谈、播发署名文章、联合调研以及召开研讨会、报告会、座谈会等形式，形成公开文字稿件45篇、内参报道14篇。此外，新华社记者通过与特约观察员的联络，积极拓展智力资源，还采访了一些中国社会科学院"特约观察员"之外的知名专家学者。中国社会科学院与新华社国内部、国际部、对外部、参编部、信息部、经济参考报、瞭望周刊、新华网等多个业务部门开展全面深入合作，在2015年取得了丰硕成果。

此外，2015年的院际科研合作工作中也有许多协调推进的事项，如：协调中国社会科学院法学所和宁夏社科院合作立项院级国情调研基地项目；协调求是杂志社商请中国社会科学院联合摄制五集大型文献纪录片《艾思奇与毛泽东》事宜，协商相关资金预算安排；草拟制定中国社会科学院与中央电视台的合作框架协议书，洽谈合作事宜；草拟、修订《中国社科院—海南省人民政府战略合作框架协议书》，协调推动海南省委省政府与中国社会科学院签约；与宋庆龄基金会协商洽谈开展战略合作，协助修改有关合作协议；与黑龙江社科院商讨有关成立中国社科院黑龙江学部工作站事宜；协调向广电总局推荐国家安全新闻宣传方面权威专家学者，统筹制作光盘及专家简历报广电总局；研究规范院际合作运行机制，撰写关于院际合作规范化的协议，制定《中国社会科学院合作协议书》（样本）；协调军事科学院、中国现代国际关系学院、泉州市委宣传部以及广东省社科院、黑龙江省社科院、厦门发改委、上海市委宣传部、黑龙江省社科院、华侨大学等单位来访中国社会科学院或院科研局调研，召开座谈会等事宜。

截至2015年，中国社会科学院先后与

22个省、直辖市、自治区及高校等单位签署战略合作协议，为合作方在地方重大问题研究、人才培养、科研资源共享等方面给予了大力帮助和支持，为地方经济社会文化建设提供了强有力的智力支持和人才服务。

**2015年主要科研合作活动分类一览表**

| 合作类别 | 序号 | 合作方 | 合作项目名称 |
| --- | --- | --- | --- |
| 项目研究 | 1 | 浙江省政府 | 中国梦与浙江实践 |
| | 2 | 厦门市委、市政府 | 厦门自贸区政策研究和评估，一带一路战略下厦门全方位对外开放策略与路径，厦门市城市治理体系和治理能力现代化研究 |
| | 3 | 湖北省政府等 | 长江中游城市群发展战略研究 |
| | 4 | 上海市委宣传部 | 科研成果评估研究 |
| | 5 | 上海市政府 | 中国及上海社会质量状况研究；长三角地区金融发展与上海国际金融中心建设关系研究等共15个课题（上海研究院组织实施） |
| | 6 | 贵州省政府 | 贵州"十三五"发展战略及GDP指标体系研究，贵州融入"一带一路"战略路径研究，贵州生态底线指标体系研究 |
| | 7 | 宁夏自治区政府 | 宁夏回族自治区宗教事务依法管理的状况研究 |
| 学术会议/论坛 | 1 | 湖北省政府 | 第一届长江论坛 |
| | 2 | 贵州省政府 | 第三届"后发赶超"论坛 |
| | 3 | 黑龙江省政府 | 第二届中俄经济合作高层智库研讨会 |
| | 4 | 军科院、国防科技大 | 第四届军地高端战略论坛 |
| | 6 | 广西自治区政府 | 第八届中国—东盟智库战略对话论坛 |
| | 7 | 云南省政府 | 第三届中国—南亚智库论坛 |
| | 8 | 湖北省人民政府、OECD、中国城镇化促进会 | 中国社会科学论坛：三峡城市群·长江经济带国际研讨会 |
| | 9 | 泛美开发银行 | 第二届"中拉政策与知识高端研讨会" |
| | 10 | 中国工程院 | 中国城市百人论坛院长联席会 |

### （二）国际和地区学术交流活动

2015年，中国社会科学院在院党组领导下，发挥学术资源和对外交流网络优势，打造国际合作高端平台，提升中国学术国际影响力，实施"走出去"战略取得新突破。全年共审批对外学术交流出访项目1143批，1959人次；邀请来访项目193批，1764人次；横向来访103批，241人次；使馆约见258批，511人次。派遣长期出访研修项目44人次。与港澳台交流总量170批，421人次。其中出访台湾72批，164人次；出访香港41批，69人次；出访澳门29批，51人次。台湾来访22批，102人次，港澳来访6批，35人次。2015年，中国社会科学院新签、续签16个对外交流合作协议和备忘录。

1. 配合国家重大外交活动，组织实施高端对外学术和智库交流

2015年，在院党组领导下，中国社科院从全局高度筹划和组织对外交流，紧密配合国家重大外交活动及"软实力"建设，服务国家对外工作大局取得新进展。

在习近平主席、李克强总理见证下，中国社科院分别与国外科研机构、智库签署合作协议共3次。

习近平主席见证中国社科院与白俄罗斯科学院、白俄罗斯共和国基础科学基金会签署合作协议。2015年5月，在习近平主席和卢卡申科总统见证下，王伟光院长与古萨科夫院长共同签署了中国社科院与白俄罗斯科学院、白俄罗斯共和国基础科学基金会合作协议。此项合作协议的签署，列入习近平主席访白成果，为中白两国开展社科人文交流开辟了重要渠道。

李克强总理见证中国社科院与印度外交部签订《关于设立中印智库论坛的谅解备忘录》。2015年5月，在印度总理莫迪访华期间，在中印两国总理见证下，王伟光院长代表中国社科院与印度外交秘书贾伊尚卡尔（S. Jaishankar）共同签署了双方关于共同设立中印智库论坛的谅解备忘录，为中印智库交流搭建了国家层面的交流平台，使中国社科院在对印智库交流中发挥重要引领作用。

李克强总理见证中国社科院与马来西亚战略与国际问题研究所签署合作交流谅解备忘录。2015年11月，在李克强总理访问马来西亚期间，在两国总理见证下，蔡昉副院长与拉斯塔姆所长共同签署了中国社科院与马来西亚战略与国际问题研究所双方合作交流谅解备忘录。该备案录的签署是李克强总理访马期间两国签署的八项协议中唯一一项研究领域的合作协议。

习近平主席为中国社科院牵头承办的国际历史科学大会亲自发来贺信。2015年8月，中国社科院主管的中国史学会与山东大学在济南共同承办第22届国际历史科学大会。国家主席习近平向大会发来贺电，国务院副总理刘延东出席开幕式并致辞。这次大会是国际历史科学大会首次在中国也是首次在亚洲国家举办，向世人充分展现了中国文化的"软实力"，是提高中国在世界人文社科领域话语权和影响力的一次重大而成功的实践。

由中国社科院牵头设立的中国中东欧国家智库交流合作网络正式启动运行。2015年12月16日，由中国社科院、中国中东欧国家合作秘书处、中国国际问题基金会联合主办的"第三届中国中东欧国家高级别智库研讨会暨中国中东欧国家智库交流合作网络揭牌仪式"在京召开。王伟光院长、罗马尼亚前总理蓬塔以及我外交部领导出席。该网络是中国政府委托中国社科院牵头设立的中国与中东欧国家间国际性智库协调机制与高端交流平台，由中国社科院欧洲所和国际合作局承办，旨在为我国与中东欧16国的全面合作提供智力支撑。

2. 精心组织安排中国社科院重大对外交流活动

中国社科院重要代表团成功出访，推动对外交流合作迈上新台阶。2015年，王伟光院长率代表团出访波兰、保加利亚、塞尔维亚三国，出席中国社科院分别与三国举办的"社会治理与社会政策""社会发展比较研究""国际格局背景下的中国中东欧关系"学术研讨会，与上述三国科学院院长及政府和智库领导人进行会谈，为中国社科院牵头组织开展中国中东欧国

家智库交流合作网络工作打下坚实基础。副院长张江、李培林、蔡昉，秘书长高翔率团出访俄罗斯、法国、德国、匈牙利、罗马尼亚、马来西亚、南非、西班牙、葡萄牙等国家，推动了中国社科院与各国高端科研机构、高教组织及知名智库等的交流合作。

邀请外国领导人及重要人士来访，进一步提升中国社科院国际知名度和影响力。2015年1月6日，厄瓜多尔总统科雷亚访问中国社科院，出席其著作《厄瓜多尔：香蕉共和国的迷失》中文版首发式并发表演讲。一年来，中国社科院还接待了阿根廷副总统兼参议院议长布杜、巴拿马前总统马丁·托里霍斯·埃斯皮诺、联合国人居署署长华安·克洛斯、斯洛伐克副总理米罗斯拉夫·莱恰克、欧洲议会议长舒尔茨、芬兰议会议长玛丽亚·洛赫拉、国际能源署署长法提赫·比罗尔博士、欧盟委员会经济与金融总司总司长马克·布提、罗马尼亚国务秘书拉杜·波德哥瑞安、芬兰教育文化部常务秘书安妮塔·赖赫考宁等来院访问和交流。

接待中国社科院国外重要合作伙伴机构代表团来访，进一步夯实合作基础。一年来，越南社科院、泰国研究理事会、印度观察家基金会代表团、韩国研究财团、韩国高教财团、韩国经济人文社会研究会、白俄罗斯科学院、阿塞拜疆科学院、葡萄牙托玛尔理工学院、法国波尔多政治学院、意大利威尼斯大学、英国学术院、西班牙马德里自治大学、英国经济社会研究理事会、芬兰科学院等机构领导人率领的代表团访问中国社科院，表达了拓展交流的意愿，形成了一系列新的合作意向。

拓展高层次、多渠道交流网络。2015年，中国社科院新签、续签协议、备忘录16个，其中包括：

1）中国社科院与比利时布鲁塞尔自由大学合作协议；

2）中国社科院与保加利亚科学院合作协议；

3）中国社科院与瑞士苏黎世大学合作协议；

4）中国社科院与捷克科学院合作执行计划；

5）中国社科院与斯洛伐克科学院合作执行计划；

6）中国社科院与匈牙利科学院合作执行计划；

7）中国社科院与澳大利亚墨尔本大学合作谅解备忘录；

8）中国社科院与南澳大利亚富林德斯大学学术合作备忘录及研讨会和学术访问实施协议；

9）中国社科院与澳大利亚社会科学院2016年合作研究项目谅解备忘录；

10）中国社科院与白俄罗斯科学院合作协议；

11）中国社科院与白俄罗斯共和国基础科学基金会合作协议；

12）中国社科院与南非人文科学研究理事会合作交流谅解备忘录；

13）中国社科院与韩国研究财团《关于共同召开中韩人文学论坛的合作协议》；

14）中国社科院与印度外交部《关于设立中印智库论坛的谅解备忘录》；

15）中国社科院与马来西亚战略与国际问题研究所交流谅解备忘录；

16）中国社科院与亚洲开发银行研究所合作备忘录。

截至2015年底，中国社科院已与国外科学院、智库、国际组织、高教机构等签署160多个交流协议、合作备忘录，为中国社科院研究所和科研人员提供了与国外开展学术交流的畅通渠道和高层平台。

**3. 创新工程重点对外交流项目亮点纷呈，"走出去"呈现可喜态势**

"中国社会科学论坛"(以下简称"论坛")及系列国际研讨会向世界传播中国学术、发出中国声音。2015年,中国社科院研究所及所属单位踊跃申报和承办"论坛",全年在"论坛"平台下,共举办国际研讨会25个,涉及经济、社会、法律、历史、文学、国际关系等各个领域。其中,欧洲所、社会学所、马研院、中国社会科学杂志社分别在英国、芬兰、德国、法国、意大利和新加坡等国成功举办了"论坛"研讨会。"论坛"紧扣时代发展脉搏,聚焦国内外关注热点,为开展高层次学术对话交流提供了重要平台,国际知名度和品牌效应进一步增强。

2015年,全院立项举办国际会议107个,特别是在院级对外合作机制下重点支持举办了一系列专题国际研讨会,包括"中欧经济调整与就业结构变化"研讨会、"第六届中古社会科学研讨会——中古两国社会主义建设历史经验与现实挑战"、"第二届中拉政策与知识高端研讨会——公共部门高级管理者领导力与能力建设"、"2015中国社科院与昆士兰大学亚太论坛——中澳在推动亚太合作中的作用"、"中俄战略协作新阶段与上合组织发展前景研讨会"、"中俄纪念抗日战争与世界反法西斯战争胜利70周年国际学术研讨会"、"西方与东方的文学批评:今天与明天"研讨会、"第二届'中国与伊斯兰文明'国际学术研讨会"、"中韩产业发展高端研讨会"、"探索中韩新合作时代"研讨会等。这些专题国际会议层次高、研讨深入,增进了中外相互沟通与理解。

周边及发展中国家青年学者培训项目收效显著。2015年8月,中国社科院国际合作局与研究生院合作,成功举办周边及发展中国家青年学者培训暨第四届"经济发展问题国际青年学者研修班"项目。研修班以经济发展为主题,来自越南、老挝、印尼、乌兹别克斯坦、阿根廷等23个国家的30名青年学者参加了培训班。中国社科院知名学者为研修班授课,授课内容以中国发展道路、"一带一路"战略等议题为重点,并组织赴贵州实地考察。经济发展问题国际青年学者研修班已成为中国社科院对外交流合作的一个重要品牌,受到了国外学术机构和青年学者的广泛欢迎,对培养新一代知华、友华学者产生显著成效。

智库交流进一步密切和深化。2015年,中国社科院继续推进创新工程"与国际知名智库交流平台项目",选派6位学者赴英国、德国、瑞士、波兰、巴西以及欧盟高端智库开展调研访问。派出人员在出访期间认真开展调研、交流和外宣工作,成果较往年有较大幅度增加,部分经院《要报》渠道报送有关部门,圆满完成了项目设定的各项任务。

加强与重要国际组织合作关系。中国社科院先后派团出席世界经济论坛冬季年会、第21届亚洲社科联大会、第88届国际科学院联盟大会、联合国教科文组织社会转型管理项目第12届理事会、第三届世界社会科学论坛、第38届联合国教科文大会等国际组织重要会议。与经合组织、湖北省政府联合举办"三峡城市群·长江经济带"国际学术研讨会,取得圆满成功。在京成功召开国际哲学与人文科学理事会32届大会。接待联合国教科文组织助理总干事诺达女士来访,就加强中国社科院与联合国教科文组织合作进行了富有成果的探讨。

国际合作研究项目扎实推进。2015年,在院级对外交流平台上,中国社科院与俄罗斯、白俄罗斯、荷兰、芬兰、瑞士、英国、意大利、匈牙利、保加利亚、澳大利亚等国家,启动或继续实施国际合作研究项目。还启动了"中英研究中心伙伴项目",支持开展《中国快速变迁背景下的医疗与福利体系改革》《挖掘和弘扬民族文化的意义：城市转型中的创意设计与产品》《个体选择与集体行动的相容性及公共经济学应用》等合作研究。由中国社科院社会学所与俄罗斯科学院社会学研究所共同开展的"中国梦、俄国梦"合作研究结项，并在京成功举办了成果发布与研讨会。

开展国外专项调研项目。2015年2月，中国社科院派团赴哈萨克斯坦调研，以"丝绸之路经济带建设与独联体地缘政治环境"为主题，深入了解哈学术界和智库机构对"丝绸之路经济带"构想的认识和理解，更好把握独联体地区地缘政治环境发展变化的新趋势，为切实推进丝绸之路经济带建设提供对策性建议。9月，中国社科院蓝迪国际智库项目专家委员会主席、全国人大外事委员会副主任委员赵白鸽为首的专家学者代表团赴俄罗斯和哈萨克斯坦就丝绸之路经济带与欧亚联盟建设对接、国际人道合作与应急管理体系等议题进行调研与交流。此外，推出修订《列国志》国际调研与交流项目。优先支持对重点国别、重要国际组织以及"一带一路"沿线国家的列国志修订。经招标评审，首批资助15项修订《列国志》专项国际调研项目，促进国别研究，打造列国志精品力作。

对外学术翻译出版资助形式多样、力度加大。2015年，中国社科院还持续开展了对外学术翻译期刊出版资助工作。《中国与世界经济》《中国经济学人》《中国考古学》《国际思想评论》《中国财政与经济研究》《城市与环境研究》《欧亚学刊》《世界政治经济学评论》《世界史研究》等14种外文期刊得到资助。

出国（境）培训项目取得圆满成功。根据国家外专局批准的中国社科院2015年度出国（境）培训计划，中国社科院于6月组织赴英国以"电子社会科学研究模式与信息技术应用"为主题开展为期15天的培训，24位中国社科院专家、学者参加培训，对服务中国社科院科研创新发挥了积极作用。

多渠道派遣中国社科院科研人员长期出访研修。利用中国社科院与韩国高等教育财团等国外合作伙伴机构交流渠道，派遣中国社科院学者长期出访开展学术专题研究。2015年，继续组织开展中青年骨干出国进修专业外语项目，筛选派出13名中青年学者出国进修专业外语，提高从事国际学术交流的能力。

4. 与国家有关部门密切配合，承担"学术外交""学术外宣"工作重大任务

1）与外交部配合，开展对外人文和智库交流项目。为落实习近平主席与韩国总统朴槿惠达成加强两国人文交流的共识，两国外交部牵头成立了"中韩人文交流共同委员会"。中国社科院在该委员会《2015交流合作项目名录》中承担了"中韩人文交流政策论坛"与"中韩人文学论坛"两个项目。2015年6月，中国社科院信息情报院与韩国经济人文社会研究会共同主办的第二届"中韩人文交流政策论坛"在北京召开，主题为"中韩人文学的传承与创新"。10月，中国社科院与韩国研究财团、韩国教育部共同主办的首届"中韩人文学论坛"在韩国首尔召开，主题为"中韩两国的人文交流和文化认同性"。这是中韩首次在人文领域共同举办的综合性、大规模、高水平的学术论坛，成为两国间重要的高端人文学术沟通桥梁。

9月，为配合习近平主席对美国进行国事访问并出席纪念联合国成立70周年系列峰会，中国社科院先后组织经济所、美国所2批8位学者赴美，就中国经济社会发展、中美新型大国关系，与美国知名智库和专家学者进行对话交流，为习近平主席访美营造良好氛围。

6月，为促进中日人文交流、青年交流，承担政府间中日青年交流项目，重启青年社会科学学者访日团。中国社科院派出法学所李林所长为团长的24名青年学者访问日本，就建设法制社会与日本学界交流，以人文交流配合开展对日工作。

2）与国务院新闻办配合，组织外宣专题交流项目。9月，与国务院新闻办公室合作，中国社科院派出城环所、近代史所学者访问美国，参加"中国智库美国行"活动，分别出席了"全球气候变化"研讨会和"第二次世界大战东方主战场"研讨会。配合国务院新闻办承办"21世纪海上丝绸之路"国际研讨会、"中俄创新发展与合作"青年学者研讨会、"中国和俄罗斯在世界反法西斯战争中的历史作用与伟大贡献"国际研讨会等一系列专题国际研讨会，发挥中国社科院学术和国际交往资源优势服务国家外宣工作大局。

3）与文化部合作，开展海外汉学家交流项目。2015年7月，中国社科院与文化部联合在京主办青年汉学家研修班，来自美国、俄罗斯、法国、德国、日本、韩国、哈萨克斯坦、印度、巴西、埃塞俄比亚、加纳、新西兰等31个国家的38人参加培训，其中22人分赴中国社科院5个对口研究所进行专题研修。10月25日至31日，与文化部共同主办的2015"汉学与当代中国"座谈会在北京和浙江两地举行，共邀请美国、俄罗斯等22个国家的26位知名汉学家和21位中国著名专家与会。研修班和座谈会项目，增进了中外思想文化交流，对培养、壮大国际知友华力量起到推动作用。

4）与中央党史研究室合作，举办"纪念中国人民抗日战争暨世界反法西斯战争胜利70周年国际学术研讨会"。此次会议是根据中央部署，在纪念抗战胜利70周年期间举办的最高规格的国际研讨会。中国社科院国际合作局负责研讨会全部国外代表邀请工作，会议取得圆满成功。

5）配合中联部，做好外党干部考察团授课工作。2015年，中国社科院先后派出14位学者为中联部接待的外党干部考察团授课。

5. 积极开展与台、港、澳交流，发挥学术纽带作用，服务国家和平统一大业

1）以学术为抓手，扩展和深化对台交流。发挥中国社科院学术优势，与台研究、高教机构联合召开7场高水准学术研讨会，交流内容涉及经济、社会、民族、历史、文化等多个领域。"纪念抗战胜利与台湾光复70周年学术研讨会"纳入国台办年度对台交流重点项目中。李培林副院长率团赴台，就台湾大陆同乡会文献项目开展调研。蔡昉副院长率团赴台，出席由中国社科院和台湾中华经济研究院共同主办的"中国大陆'十三五'期间开展两岸经贸合作策略"学术研讨会。李扬前副院长率团赴台，出席由台湾中华经济研究院主办的"2015中华财经高峰论坛"。高层交流活动密切和深化了中国社科院对台学术交往与合作。

2）贯彻"一国两制"方针，积极开拓渠道，加强与港澳学术交流。王伟光院长应香港特别行政区政府中央政策组的邀请率团赴港访问，参加由香港特区政府中央政策组、中国社科院财经战略研究院和香港冯氏集团利丰研究中心联合举办的"中国经济运行与政策国际论坛（2015）"，并在开幕式上致辞。访港期间，王伟光院长会见了香港特别行政区行政长官梁振英。双方一致认为，中国社会科学院与香港特区政府应进一步加强合作，为推动国家的繁荣发展贡献力量。高翔秘书长率团赴澳门访问，参加由澳门大学、澳门基金会、中国社会科学杂志社联合主办的"第四届澳门学国际学术研讨会"并致辞。参加了

澳门特别行政区政府行政长官办公室举办的"战略、风险与澳门的选择——'建设21世纪海上丝绸之路'的观察与思考"专题讲座，并会见澳门特别行政区前行政长官何厚铧。

## 三 学术社团、研究中心、期刊

### （一）中国社会科学院学术社团基本情况

截至2015年12月31日，中国社会科学院主管的全国性学术社团共有110个，其中学会62个、研究会38个、促进会4个、联合会2个、书院1个、协会1个、基金会1个、规划院1个，涵括马克思主义研究、文学、语言学、考古学、历史学、哲学、逻辑学、美学、宗教学、经济学、法学、政治学、民族学、社会学、情报学、国际问题研究等诸多学科。

2015年，中国社会科学院首次启动实施了学术社团专项经费资助工作。根据《中国社会科学院社团专项经费管理办法（试行）》的有关规定，87个社团获得了专项经费资助。其中，80个社团以学会年会、学术论坛等形式主办了共计83场学术研讨会，参与人数达到11 314人。研讨会坚持正确的政治方向和学术导向，对各学科建设和学术发展起到了有效的引领作用。各种议题涵盖人文社会科学各类学科领域，既包含学术理论问题的探索，也涉及对社会现实问题的剖析。学术社团专项经费资助工作取得明显效果。

在2015年民政部全国先进社会组织评选中，中国世界经济学会、中国社会学会、孙冶方经济科学基金会荣获全国先进组织称号。

**中国社科院主管的全国性学术社团一览表**

| 序号 | 挂靠单位 | 社团名称 | 成立时间 | 会长/理事长 | 法定代表人 |
| --- | --- | --- | --- | --- | --- |
| 1 | 文学所 | 中国当代文学研究会 | 1979.08 | 白 烨 | 白 烨 |
| 2 | | 中国近代文学学会 | 1988.10 | 关爱和 | 王达敏 |
| 3 | | 中国鲁迅研究会 | 1979.11 | 杨 义 | 赵京华 |
| 4 | | 中国现代文学研究会 | 1979.10 | 丁 帆 | 萨支山 |
| 5 | | 中国中外文艺理论学会 | 1994.4 | 高建平 | 高建平 |
| 6 | | 中华文学史料学学会 | 1989.10 | 刘跃进 | 陈才智 |
| 7 | | 中国文学批评研究会 | 2014.11 | 张 江 | 高建平 |
| 8 | 民文所 | 中国《江格尔》研究会 | 1991.9 | 朝戈金 | 斯钦巴图 |
| 9 | | 中国蒙古文学学会 | 1989.11 | 吴团英 | 刘 成 |
| 10 | | 中国少数民族文学学会 | 1979.9 | 朝戈金 | 朝戈金 |
| 11 | | 中国维吾尔历史文化研究会 | 1994.12 | 吐鲁甫·巴拉提 | 吐鲁甫·巴拉提 |
| 12 | 外文所 | 中国外国文学学会 | 1978.12 | 陈众议 | 陈众议 |
| 13 | 语言所 | 全国汉语方言学会 | 1981.11 | 刘丹青 | 刘丹青 |
| 14 | | 中国语言学会 | 1980.10 | 沈家煊 | 沈家煊 |
| 15 | 考古所 | 中国考古学会 | 1979.4 | 王 巍 | 王 巍 |

续表

| 序号 | 挂靠单位 | 社团名称 | 成立时间 | 会长/理事长 | 法定代表人 |
|---|---|---|---|---|---|
| 16 | 历史所 | 中国明史学会 | 1989.4 | 商 传 | 商 传 |
| 17 | | 中国秦汉史研究会 | 1981.9 | 卜宪群 | 周天游 |
| 18 | | 中国魏晋南北朝史学会 | 1984.11 | 楼 劲 | 楼 劲 |
| 19 | | 中国先秦史学会 | 1982.5 | 宋镇豪 | 宫长为 |
| 20 | | 中国殷商文化学会 | 1989.5 | 王震中 | 王震中 |
| 21 | | 中国中外关系史学会 | 1981.5 | 丘 进 | 万 明 |
| 22 | | 中国郭沫若研究会 | 1983.5 | 高 翔 | 李 斌 |
| 23 | 近代史所 | 中国抗日战争史学会 | 1991.1 | 步 平 | 李宗远 |
| 24 | | 中国史学会 | 1949.7 | 张海鹏 | 张海鹏 |
| 25 | | 中国孙中山研究会 | 1984.1 | 张海鹏 | 汪朝光 |
| 26 | | 中国现代文化学会 | 1989.4 | 耿云志 | 金以林 |
| 27 | | 中国中俄关系史研究会 | 1991.8 | 季志业 | 陈开科 |
| 28 | 世界史所 | 中国朝鲜史研究会 | 1979.9 | 金成镐 | 孙 泓 |
| 29 | | 中国德国史研究会 | 1980.7 | 邢来顺 | 景德祥 |
| 30 | | 中国第二次世界大战史研究会 | 1980.6 | 胡德坤 | 张晓华 |
| 31 | | 中国法国史研究会 | 1978.8 | 端木美 | 端木美 |
| 32 | | 中国非洲史研究会 | 1980.1 | 李安山 | 毕健康 |
| 33 | | 中国国际文化书院 | 1989.3 | 张顺洪 | 张顺洪 |
| 34 | | 中国拉丁美洲史研究会 | 1979.12 | 王晓德 | 王文仙 |
| 35 | | 中国美国史研究会 | 1979.11 | 王 旭 | 孟庆龙 |
| 36 | | 中国日本史学会 | 1980.7 | 汤重南 | 汤重南 |
| 37 | | 中国世界古代中世纪史研究会 | 1991.7 | 侯建新 | 徐建新 |
| 38 | | 中国世界近代现代史研究会 | 1984.9 | 李世安 | 俞金尧 |
| 39 | | 中国苏联东欧史研究会 | 1985.5 | 姚 海 | 黄立茀 |
| 40 | | 中国英国史研究会 | 1980.9 | 钱乘旦 | 吴必康 |
| 41 | | 中国中日关系史学会 | 1984.8 | 武 寅 | 徐启新 |
| 42 | 台湾所 | 全国台湾研究会 | 1988.8 | 成思危 | 周志怀 |

续表

| 序号 | 挂靠单位 | 社团名称 | 成立时间 | 会长/理事长 | 法定代表人 |
|---|---|---|---|---|---|
| 43 | 哲学所 | 国际易学联合会 | 2004.3 | 董光璧 | 孙 晶 |
| 44 | | 中国辩证唯物主义研究会 | 1982.6 | 王伟光 | 孙伟平 |
| 45 | | 中国伦理学会 | 1980.6 | 万俊人 | 孙春晨 |
| 46 | | 中国逻辑学会 | 1979.8 | 邹崇理 | 邹崇理 |
| 47 | | 中国马克思主义哲学史学会 | 1979.10 | 梁树发 | 魏小萍 |
| 48 | | 中国现代外国哲学学会 | 1979.5 | 江 怡 | 江 怡 |
| 49 | | 中国哲学史学会 | 1979.10 | 陈 来 | 李存山 |
| 50 | | 中华美学学会 | 1980.6 | 高建平 | 徐碧辉 |
| 51 | | 中华全国外国哲学史学会 | 1980.5 | 谢地坤 | 谢地坤 |
| 52 | 宗教所 | 中国宗教学会 | 1989.3 | 卓新平 | 卓新平 |
| 53 | 经济所 | 中国《资本论》研究会 | 1981.12 | 林 岗 | 裴小革 |
| 54 | | 中国比较经济学研究会 | 1986.11 | 钱颖一 | 杨春学 |
| 55 | | 中国城市发展研究会 | 1984.12 | 程安东 | 旷建伟 |
| 56 | | 中国经济史学会 | 1986.5 | 刘兰兮 | 刘兰兮 |
| 57 | | 中国经济思想史学会 | 1980.6 | 唐任伍 | 钱 津 |
| 58 | 工经所 | 中国工业经济学会 | 1978.10 | 吕 政 | 吕 政 |
| 59 | | 中国企业管理研究会 | 1995.7 | 黄速建 | 黄速建 |
| 60 | | 中国区域经济学会 | 1990.2 | 金 碚 | 金 碚 |
| 61 | 农村所 | 中国城郊经济研究会 | 1986.10 | 徐小青 | 魏后凯 |
| 62 | | 中国国外农业经济研究会 | 1978.5 | 杜志雄 | 杜志雄 |
| 63 | | 中国林牧渔业经济学会 | 1991.7 | 李 周 | 刘玉满 |
| 64 | | 中国生态经济学会 | 1984.8 | 黄浩涛 | 李 周 |
| 65 | | 中国西部开发促进会 | 2006.3 | 陈 元 | 赵 霖 |
| 66 | | 中国县镇经济交流促进会 | 1992.11 | 杜晓山 | 朱 钢 |
| 67 | 财经院 | 中国成本研究会 | 1980.9 | 张弘力 | — |
| 68 | | 中国市场学会 | 1991.3 | 卢中原 | 林 旗 |
| 69 | 数技经所 | 中国数量经济学会 | 1991.9 | 李 平 | 李 平 |
| 70 | 城环所 | 中国城市经济学会 | 1986.5 | 晋保平 | 潘家华 |
| 71 | 法学所 | 中国法律史学会 | 1979.10 | 吴玉章 | 杨一凡 |
| 72 | 政治学所 | 中国红色文化研究会 | 1985.9 | 刘润为 | 刘润为 |
| 73 | | 中国政策科学研究会 | 1994.5 | 滕文生 | 谢和军 |

续表

| 序号 | 挂靠单位 | 社团名称 | 成立时间 | 会长/理事长 | 法定代表人 |
|---|---|---|---|---|---|
| 74 | 政治学所 | 中国政治学会 | 1980.12 | 李慎明 | 李慎明 |
| 75 | 民族所 | 中国民族古文字研究会 | 1980.8 | — | 聂鸿音 |
| 76 | | 中国民族理论学会 | 1979.12 | 陈改户 | 王希恩 |
| 77 | | 中国民族史学会 | 1983.4 | 罗贤佑 | 史金波 |
| 78 | | 中国民族学学会 | 1980.1 | 杨圣敏 | 色音 |
| 79 | | 中国民族研究团体联合会 | 1978.7 | 王延中 | 王延中 |
| 80 | | 中国民族语言学会 | 1979.5 | 尹虎彬 | 周庆生 |
| 81 | | 中国世界民族学会 | 1979.5 | 方勇 | 郝时远 |
| 82 | | 中国突厥语研究会 | 1980.1 | 黄行 | 黄行 |
| 83 | | 中国西南民族研究学会 | 1981.11 | 何耀华 | 何耀华 |
| 84 | 社会学所 | 中国社会心理学会 | 1982.4 | 周晓虹 | 杨宜音 |
| 85 | | 中国社会学会 | 1979.3 | 李强 | 陈光金 |
| 86 | 世经政所 | 新兴经济体研究会 | 1978.12 | 张宇燕 | 姚枝仲 |
| 87 | | 中国世界经济学会 | 1980.4 | 张宇燕 | 邵滨鸿 |
| 88 | 俄欧亚所 | 中国俄罗斯东欧中亚学会 | 1980.7 | 李静杰 | 李静杰 |
| 89 | 欧洲所 | 中国欧洲学会 | 1984.11 | 周弘 | 周弘 |
| 90 | 西亚非所 | 中国亚非学会 | 1962.4 | 刘贵今 | 张宏明 |
| 91 | | 中国中东学会 | 1982.7 | 杨光 | 杨光 |
| 92 | 拉美所 | 中国拉丁美洲学会 | 1984.5 | 李捷 | 王立峰 |
| 93 | 亚太院 | 中国南亚学会 | 1979.11 | 孙士海 | 李文 |
| 94 | | 中国亚洲太平洋学会 | 1993.4 | 张蕴岭 | 张蕴岭 |
| 95 | 美国所 | 中国世界政治研究会 | 2013.4 | 彭小枫 | 黄平 |
| 96 | | 中华美国学会 | 1988.12 | 黄平 | 胡国成 |
| 97 | 日本所 | 全国日本经济学会 | 1987.10 | 李培林 | 黄晓勇 |
| 98 | | 中华日本学会 | 1990.2 | 李薇 | 李薇 |
| 99 | 马研院 | 中国历史唯物主义学会 | 1981.1 | 侯惠勤 | 侯惠勤 |
| 100 | | 中国社会主义经济规律系统研究会 | 1982.5 | 程恩富 | 毛立言 |
| 101 | | 中国无神论学会 | 1979.1 | 朱晓明 | 习五一 |
| 102 | | 中华外国经济学说研究会 | 1979.7 | 程恩富 | 程恩富 |
| 103 | 图书馆 | 中国社会科学情报学会 | 1986.12 | 庄前生 | 刘振喜 |
| 104 | 当代中国所 | 中华人民共和国国史学会 | 1992.10 | 朱佳木 | 朱佳木 |

续表

| 序号 | 挂靠单位 | 社团名称 | 成立时间 | 会长/理事长 | 法定代表人 |
|---|---|---|---|---|---|
| 105 | 方志办 | 中国地方志学会 | 1981.8 | 朱佳木 | 邱新立 |
| 106 | — | 中国开发性金融促进会 | 2013.4 | 陈元 | 陈元 |
| 107 | — | 中国企业投资协会 | 1992.10 | 陈元 | 宋晓鹤 |
| 108 | — | 中国战略文化促进会 | 2011.1 | 郑万通 | 罗援 |
| 109 | 经济所 | 孙冶方经济科学基金会 | 1983.6 | 李剑阁 | 李剑阁 |
| 110 | 办公厅 | 当代城乡发展规划院 | 2004.8 | 汝信 | 付崇兰 |

## （二）中国社会科学院非实体研究中心基本情况

为促进科研体制机制创新、扩展传统研究模式、扩大学科研究领域、完善学科布局，中国社会科学院自1992年已开始在院、所两级设立不设编制、经费自筹、不具有法人资格的非实体性研究中心，并制定了《中国社会科学院非实体研究中心管理办法（暂行）》等管理规定。截至2015年底，全院共有院、所两级研究中心173个，其中院属研究中心89个，所属研究中心84个。173个研究中心分别归属于42个所局级单位主管。

中国社会科学院各非实体研究中心严格遵守国家法律、法规，遵照章程和宗旨积极开展学术活动，在开展课题研究、决策咨询、组织学术交流、成果出版等方面都取得了重要进展。2015年，各研究中心开展学术活动总计515次，以中心的名义公开发表科研成果总计596项，以中心的名义承担的科研项目总计230项，对扩大中国社会科学院在国内外学术界的知名度和影响力，促进哲学社会科学事业繁荣发展发挥了积极作用。

**中国社会科学院非实体研究中心一览表**

| 序号 | 主管单位 | 类别 | 中心名称 | 负责人 |
|---|---|---|---|---|
| 1 | 文学所 | 所属 | 比较文学研究中心 | 主任叶舒宪、史忠义 |
| 2 | 文学所 | 所属 | 马克思主义文艺与文化批评研究中心 | 主任高建平 |
| 3 | 文学所 | 所属 | 民俗文化研究中心 | 理事长祁连休，主任吕微 |
| 4 | 文学所 | 所属 | 世界华文文学研究中心 | 主任黎湘萍 |
| 5 | 民文所 | 院属 | 少数民族文化与语言文字研究中心 | 主任朝戈金 |
| 6 | 民文所 | 所属 | 格萨尔研究中心 | 主任诺布旺丹 |
| 7 | 民文所 | 所属 | 口头传统研究中心 | 主任朝戈金 |
| 8 | 外文所 | 所属 | 马克思主义文艺思想研究中心 | 主任陈众议 |
| 9 | 外文所 | 所属 | 文学理论研究中心 | 主任周启超、高建平 |
| 10 | 语言所 | 所属 | 语料库与计算语言学研究中心 | 主任顾曰国 |

续表

| 序号 | 主管单位 | 类别 | 中心名称 | 负责人 |
|---|---|---|---|---|
| 11 | 哲学所 | 院属 | 东方文化研究中心 | 主任成建华 |
| 12 | | 院属 | 科学技术和社会研究中心 | 主任殷登祥 |
| 13 | | 院属 | 社会发展研究中心 | 主任孙伟平 |
| 14 | | 院属 | 世界文明比较研究中心 | 主任汝信 |
| 15 | | 院属 | 文化研究中心 | 主任李景源 |
| 16 | | 院属 | 应用伦理研究中心 | 主任龚颖 |
| 17 | 宗教所 | 院属 | 道家与道教文化中心 | 主任王卡 |
| 18 | | 院属 | 佛教研究中心 | 主任魏道儒 |
| 19 | | 院属 | 基督教研究中心 | 主任卓新平 |
| 20 | | 院属 | 邪教问题研究中心 | 主任高全立 |
| 21 | | 所属 | 巴哈伊教研究中心 | 主任卓新平 |
| 22 | | 所属 | 儒教研究中心 | 主任卢国龙 |
| 23 | 考古所 | 院属 | 古代文明研究中心 | 主任王巍 |
| 24 | | 院属 | 蒙古族源研究中心 | 主任王巍 |
| 25 | | 所属 | 边疆考古研究中心 | 主任李裕群 |
| 26 | | 所属 | 公共考古中心 | 主任王巍 |
| 27 | 历史所 | 院属 | 敦煌学研究中心 | 主任黄正建 |
| 28 | | 院属 | 徽学研究中心 | 主任阿风 |
| 29 | | 院属 | 甲骨学殷商史研究中心 | 主任宋镇豪 |
| 30 | | 院属 | 简帛研究中心 | 主任杨振红 |
| 31 | | 所属 | 内陆欧亚学研究中心 | 主任李锦绣 |
| 32 | 近代史所 | 院属 | 台湾史研究中心 | 理事长朱佳木，主任张海鹏 |
| 33 | | 所属 | 中国近代社会史研究中心 | 理事长汪朝光，主任李长莉 |
| 34 | | 所属 | 中国近代思想研究中心 | 主任郑大华 |
| 35 | 世历所 | 院属 | 加拿大研究中心 | 主任刘军 |
| 36 | | 院属 | 史学理论研究中心 | 理事长朱佳木，主任于沛 |
| 37 | | 所属 | 日本历史与文化研究中心 | 主任张经纬 |
| 38 | 经济所 | 院属 | 民营经济研究中心 | 主任刘迎秋 |
| 39 | | 院属 | 欠发达经济研究中心 | 主任袁钢明 |
| 40 | | 院属 | 上市公司研究中心 | 主任张卓元 |
| 41 | | 院属 | 中国现代经济史研究中心 | 理事长刘国光，主任董志凯 |

续表

| 序号 | 主管单位 | 类别 | 中心名称 | 负责人 |
|---|---|---|---|---|
| 42 | 经济所 | 院属 | 公共政策研究中心 | 主任朱恒鹏 |
| 43 | | 所属 | 经济转型与发展研究中心 | 主任魏众 |
| 44 | | 所属 | 决策科学研究中心 | 主任朱玲 |
| 45 | 工经所 | 院属 | 管理科学与创新发展研究中心 | 主任黄速建 |
| 46 | | 院属 | 食品药品产业发展与监管研究中心 | 主任张永建 |
| 47 | | 院属 | 西部发展研究中心 | 理事长王洛林,主任魏后凯 |
| 48 | | 院属 | 中国产业与企业竞争力研究中心 | 主任金碚 |
| 49 | | 院属 | 中小企业研究中心 | 理事长黄群慧,主任罗仲伟 |
| 50 | | 所属 | 澳门产业发展研究中心 | 理事长金碚,主任黄如金 |
| 51 | | 所属 | 国家经济发展与经济风险研究中心 | 主任吕政 |
| 52 | | 所属 | 能源经济研究中心 | 理事长吕政,主任史丹 |
| 53 | 农发所 | 院属 | 贫困问题研究中心 | 主任王洛林 |
| 54 | | 院属 | 生态环境经济研究中心 | 主任李周 |
| 55 | | 所属 | 农村社会问题研究中心 | 主任于建嵘 |
| 56 | | 所属 | 合作经济研究中心 | 主任张晓山 |
| 57 | | 所属 | 畜牧业经济研究中心 | 主任刘玉满 |
| 58 | 财经院 | 院属 | 财政税收研究中心 | 主任高培勇 |
| 59 | | 院属 | 城市与竞争力研究中心 | 主任倪鹏飞 |
| 60 | | 院属 | 对外经贸国际金融研究中心 | 主任于立新 |
| 61 | | 院属 | 经济政策研究中心 | 主任高培勇、郭克莎 |
| 62 | | 院属 | 旅游研究中心 | 主任宋瑞 |
| 63 | | 所属 | 服务经济与餐饮产业研究中心 | 主任荆林波 |
| 64 | | 所属 | 信用研究中心 | 主任裴长洪 |
| 65 | 金融所 | 院属 | 保险与经济发展研究中心 | 理事长王洛林、吴定富,主任李扬 |
| 66 | | 院属 | 金融政策研究中心 | 理事长李扬,主任何海峰 |
| 67 | | 院属 | 投融资研究中心 | 理事长李扬,主任董裕平 |
| 68 | | 所属 | 财富管理研究中心 | 主任殷剑峰 |
| 69 | | 所属 | 房地产金融研究中心 | 理事长林汉克,主任尹中立 |
| 70 | | 所属 | 支付清算研究中心 | 理事长王国刚,主任杨涛 |
| 71 | 数技经所 | 院属 | 环境与发展研究中心 | 主任张晓 |
| 72 | | 院属 | 技术创新与战略管理研究中心 | 理事长汪同三,主任金周英 |

续表

| 序号 | 主管单位 | 类别 | 中心名称 | 负责人 |
|---|---|---|---|---|
| 73 | 数技经所 | 院属 | 项目评估与战略规划研究咨询中心 | 理事长李京文，主任李平 |
| 74 | 数技经所 | 院属 | 信息化研究中心 | 理事长汪同三，主任汪向东 |
| 75 | 数技经所 | 院属 | 中国经济社会综合集成与预测中心 | 主任李平 |
| 76 | 人口所 | 院属 | 健康业发展研究中心 | 理事长蔡昉，主任张车伟 |
| 77 | 人口所 | 院属 | 老年与家庭研究中心 | 主任张跃生 |
| 78 | 人口所 | 院属 | 人力资源研究中心 | 理事长王洛林，主任蔡昉 |
| 79 | 人口所 | 所属 | 迁移研究中心 | 理事长蔡昉，主任张展新 |
| 80 | 城环所 | 院属 | 可持续发展研究中心 | 主任潘家华 |
| 81 | 城环所 | 所属 | 城市政策与城市文化研究中心 | 主任李红玉 |
| 82 | 城环所 | 所属 | 人居环境研究中心 | 理事长魏后凯，主任侯京林 |
| 83 | 法学所 | 院属 | 人权研究中心 | 主任王家福、刘海年 |
| 84 | 法学所 | 院属 | 台湾、香港、澳门法研究中心 | 主任陈欣新 |
| 85 | 法学所 | 院属 | 文化法制研究中心 | 主任冯军 |
| 86 | 法学所 | 院属 | 知识产权中心 | 主任李明德 |
| 87 | 法学所 | 所属 | 法治宣传教育与公法研究中心 | 主任莫纪宏 |
| 88 | 法学所 | 所属 | 马克思主义法学研究中心 | 主任肖贤富 |
| 89 | 法学所 | 所属 | 欧洲联盟法研究中心 | 主任孙宪忠 |
| 90 | 法学所 | 所属 | 私法研究中心 | 主任梁慧星 |
| 91 | 法学所 | 所属 | 性别与法律研究中心 | 主任朱晓青 |
| 92 | 法学所 | 所属 | 国家法治指数研究中心 | 主任田禾 |
| 93 | 国际法所 | 所属 | 国际刑法研究中心 | 主任樊文 |
| 94 | 国际法所 | 院属 | 海洋法与海洋事务研究中心 | 主任王翰灵 |
| 95 | 国际法所 | 所属 | 竞争法研究中心 | 主任王晓晔 |
| 96 | 政治学所 | 所属 | 公共管理研究中心 | 主任房宁 |
| 97 | 政治学所 | 所属 | 马克思主义政治学研究中心 | 主任王一程 |
| 98 | 民族所 | 院属 | 国际移民与海外华人研究中心 | 主任郝时远 |
| 99 | 民族所 | 院属 | 蒙古学研究中心 | 主任郝时远 |
| 100 | 民族所 | 院属 | 少数民族语言研究中心 | 主任黄行 |
| 101 | 民族所 | 院属 | 西夏文化研究中心 | 主任史金波 |
| 102 | 民族所 | 院属 | 藏族历史与文化研究中心 | 主任郝时远 |
| 103 | 民族所 | 所属 | 羌学研究中心 | — |

续表

| 序号 | 主管单位 | 类别 | 中心名称 | 负责人 |
| --- | --- | --- | --- | --- |
| 104 | 社会学所 | 院属 | 国情调查与研究中心 | 主任李培林 |
| 105 | | 院属 | 社会政策研究中心 | 主任朱锦昌 |
| 106 | | 院属 | 中国私营企业主群体研究中心 | 主任陈光金 |
| 107 | | 院属 | 廉政研究中心 | — |
| 108 | | 所属 | 农村环境与社会研究中心 | 主任王晓毅 |
| 109 | | 所属 | 社会文化人类学研究中心 | 主任罗红光 |
| 110 | | 所属 | 社会调查和数据处理研究中心 | 主任沈崇麟 |
| 111 | | 所属 | 社会心理学研究中心 | 主任杨宜音 |
| 112 | | 所属 | 社区信息化研究中心 | 主任王颖 |
| 113 | 新闻所 | 所属 | 传媒调查中心 | 主任刘志明 |
| 114 | | 所属 | 传媒发展研究中心 | 主任黄楚新 |
| 115 | | 所属 | 广播影视研究中心 | 主任殷乐 |
| 116 | | 所属 | 媒介传播与青少年发展研究中心 | 主任卜卫 |
| 117 | | 所属 | 世界传媒研究中心 | 主任姜飞 |
| 118 | | 院属 | 新媒体研究中心 | 主任唐绪军 |
| 119 | 社发院 | 院属 | 社会景气研究中心 | 主任李汉林 |
| 120 | 世经政所 | 所属 | 发展研究中心 | 主任余永定 |
| 121 | | 所属 | 公司治理研究中心 | 主任鲁桐 |
| 122 | | 所属 | 国际金融研究中心 | 主任高海红 |
| 123 | | 所属 | 国际经济与战略研究中心 | 主任张宇燕 |
| 124 | | 所属 | 全球并购研究中心 | 主任张金杰 |
| 125 | | 所属 | 世界经济史研究中心 | 主任李毅 |
| 126 | 俄欧亚所 | 院属 | 俄罗斯研究中心 | 主任庞大鹏 |
| 127 | | 院属 | "一带一路"研究中心 | 主任李永全 |
| 128 | | 院属 | 上海合作组织研究中心 | 主任孙力 |
| 129 | 欧洲所 | 院属 | 国际发展合作与福利促进研究中心 | 主任周弘 |
| 130 | | 院属 | 西班牙研究中心 | 主任周弘 |
| 131 | | 院属 | 中德合作研究中心 | 主任周弘 |
| 132 | | 所属 | 马克思主义与欧洲文明研究中心 | 主任罗京辉 |
| 133 | 西亚非所 | 院属 | 海湾研究中心 | 理事长杨光 |
| 134 | | 所属 | 南非研究中心 | 主任杨立华 |

续表

| 序号 | 主管单位 | 类别 | 中心名称 | 负责人 |
|---|---|---|---|---|
| 135 | 拉美所 | 所属 | 巴西研究中心 | 主任陈笃庆 |
| 136 | | 所属 | 古巴研究中心 | 主任刘玉琴 |
| 137 | | 所属 | 墨西哥研究中心 | 主任曾钢 |
| 138 | | 所属 | 阿根廷研究中心 | 主任殷恒民 |
| 139 | | 所属 | 中美洲和加勒比研究中心 | 主任李长华 |
| 140 | 亚太院 | 院属 | 澳大利亚、新西兰、南太平洋研究中心 | — |
| 141 | | 院属 | 地区安全研究中心 | 主任张蕴岭 |
| 142 | | 院属 | 南亚研究中心 | 主任叶海林 |
| 143 | | 院属 | 亚太经合组织与东亚合作研究中心 | 主任王玉主 |
| 144 | | 所属 | 东北亚研究中心 | 主任朴键一 |
| 145 | | 所属 | 东南亚研究中心 | — |
| 146 | 美国所 | 院属 | 世界社会保障制度与理论研究中心 | 主任郑秉文 |
| 147 | | 院属 | 世界政治研究中心 | 理事长张蕴岭,主任黄平 |
| 148 | | 所属 | 军备控制与防扩散研究中心 | 主任刘尊 |
| 149 | | 所属 | 台港澳研究中心 | 主任黄平 |
| 150 | 日本所 | 所属 | 日本政治研究中心 | 主任杨伯江 |
| 151 | | 所属 | 中日关系研究中心 | 主任王晓峰 |
| 152 | | 所属 | 中日经济研究中心 | 主任李薇 |
| 153 | | 所属 | 中日社会文化研究中心 | 主任高洪 |
| 154 | 马研院 | 院属 | 国家文化安全与意识形态建设研究中心 | 主任侯惠勤 |
| 155 | | 院属 | 科学与无神论研究中心 | 主任习五一 |
| 156 | | 所属 | 经济社会发展研究中心 | 主任程恩富 |
| 157 | 当代所 | 院属 | "陈云与当代中国"研究中心 | 理事长朱佳木,主任陈东林 |
| 158 | | 所属 | "一国两制"史研究中心 | 主任王灵桂 |
| 159 | | 所属 | 当代中国文化建设与发展史研究中心 | 主任刘国新 |
| 160 | | 所属 | 当代中国政治与行政制度史研究中心 | 主任李正华 |
| 161 | | 所属 | 新中国历史经验研究中心 | 主任武力 |
| 162 | 情报院 | 院属 | 国际中国学研究中心 | 理事长汝信,主任黄长著 |
| 163 | | 所属 | 当代理论思潮研究中心 | 主任何秉孟 |
| 164 | 图书馆 | 院属 | 互联网发展研究中心 | 主任李春华 |

续表

| 序号 | 主管单位 | 类别 | 中心名称 | 负责人 |
|---|---|---|---|---|
| 165 | 研究生院 | 所属 | 国际能源研究中心 | 理事长黄晓勇 |
| 166 | | 院属 | 当代中国文艺理论研究中心 | 主任张江 |
| 167 | 科研局 | 院属 | 梵文研究中心 | 主任黄宝生 |
| 168 | | 院属 | 中日历史研究中心 | 主任王忍之 |
| 169 | 国际合作局 | 院属 | 韩国研究中心 | 理事长汝信 |
| 170 | | 所属 | 亚洲研究中心 | 理事长李扬，主任周云帆 |
| 171 | 直属机关党委 | 院属 | 妇女/性别研究中心 | 主任武寅 |
| 172 | | 院属 | 青年人文社会科学研究中心 | 理事长崔建民 |
| 173 | 经济学部 | 所属 | 企业社会责任研究中心 | 理事长李扬、主任钟宏武 |

## （三）中国社会科学院学术期刊、年鉴

### 中国社会科学院2015年学术期刊一览表（以创刊时间排序）

| 序号 | 刊名 | 刊期 | 创刊时间 | 主办单位 | 主编 | 全年字数（万字） |
|---|---|---|---|---|---|---|
| 1 | 考古学报 | 季刊 | 1936 | 考古研究所 | 刘庆柱 | 91.52 |
| 2 | 中国语文 | 双月刊 | 1949 | 语言研究所 | 沈家煊 | 96 |
| 3 | 世界文学 | 双月刊 | 1953 | 外国文学研究所 | 余中先 | 211.2 |
| 4 | 历史研究 | 双月刊 | 1954 | 中国社会科学院 | 高翔 | 138.4 |
| 5 | 文学遗产 | 双月刊 | 1954 | 文学研究所 | 刘跃进 | 161.3 |
| 6 | 经济研究 | 月刊 | 1955 | 经济研究所 | 裴长洪 | 322.56 |
| 7 | 考古 | 月刊 | 1955 | 考古研究所 | 王巍 | 194.4 |
| 8 | 外国文学动态研究 | 双月刊 | 1955 | 外国文学研究所 | 苏玲 | 94.1 |
| 9 | 哲学研究 | 月刊 | 1955 | 哲学研究所 | 谢地坤 | 215 |
| 10 | 世界哲学 | 双月刊 | 1956 | 哲学研究所 | 孙伟平 | 146 |
| 11 | 文学评论 | 双月刊 | 1957 | 文学研究所 | 陆建德 | 188.2 |
| 12 | 民族研究 | 双月刊 | 1958 | 民族学与人类学研究所 | 王延中 | 107.5 |
| 13 | 经济学动态 | 月刊 | 1960 | 经济研究所 | 杨春学 | 268.8 |
| 14 | 当代语言学 | 季刊 | 1961 | 语言研究所 | 顾曰国 | 76.8 |

续表

| 序号 | 刊名 | 刊期 | 创刊时间 | 主办单位 | 主编 | 全年字数（万字） |
|---|---|---|---|---|---|---|
| 15 | 国外社会科学 | 双月刊 | 1978 | 信息情报研究院 | 张树华 | 134.4 |
| 16 | 世界经济 | 月刊 | 1978 | 中国世界经济学会 世界经济与政治研究所 | 张宇燕 | 253.4 |
| 17 | 世界历史 | 双月刊 | 1978 | 世界历史研究所 | 张顺洪 | 134.4 |
| 18 | 法学研究 | 双月刊 | 1979 | 法学研究所 | 陈甦 | 174.7 |
| 19 | 方言 | 季刊 | 1979 | 语言研究所 | 麦耘 | 66.6 |
| 20 | 环球法律评论 | 双月刊 | 1979 | 法学研究所 | 刘作翔 | 161.3 |
| 21 | 近代史研究 | 双月刊 | 1979 | 近代史研究所 | 徐秀丽 | 134.4 |
| 22 | 经济管理 | 月刊 | 1979 | 工业经济研究所 | 黄群慧 | 349.44 |
| 23 | 拉丁美洲研究 | 双月刊 | 1979 | 拉丁美洲研究所 | 吴白乙 | 115.2 |
| 24 | 民族语文 | 双月刊 | 1979 | 民族学与人类学研究所 | 黄行 | 67.2 |
| 25 | 南亚研究 | 季刊 | 1979 | 亚太与全球战略研究院 | 李向阳 | 78.72 |
| 26 | 青年研究 | 双月刊 | 1979 | 社会学研究所 | 单光鼐 | 84 |
| 27 | 世界经济与政治 | 月刊 | 1979 | 世界经济与政治研究所 | 张宇燕 | 226.7 |
| 28 | 世界宗教研究 | 双月刊 | 1979 | 世界宗教研究所 | 卓新平 | 164.64 |
| 29 | 哲学动态 | 月刊 | 1979 | 哲学研究所 | 崔唯航 | 188.2 |
| 30 | 中国史研究 | 季刊 | 1979 | 历史研究所 | 彭卫 | 108.2 |
| 31 | 中国史研究动态 | 双月刊 | 1979 | 历史研究所 | 刘洪波 | 74.6 |
| 32 | 财贸经济 | 月刊 | 1980 | 财经战略研究院 | 高培勇 | 268.8 |
| 33 | 世界宗教文化 | 双月刊 | 1980 | 世界宗教研究所 | 郑筱筠 | 134.4 |
| 34 | 西亚非洲 | 双月刊 | 1980 | 西亚非洲研究所 | 杨光 | 115.2 |
| 35 | 中国农村观察 | 双月刊 | 1980 | 农村发展研究所 | 李周 | 80.6 |
| 36 | 中国社会科学 | 月刊 | 1980 | 中国社会科学院 | 高翔 | 260 |
| 37 | 中国社会科学（英文版） | 季刊 | 1980 | 中国社会科学杂志社 | 高翔 | 92 |
| 38 | 俄罗斯东欧中亚研究 | 双月刊 | 1981 | 俄罗斯东欧中亚研究所 | 李永全 | 113.4 |
| 39 | 中国工业经济 | 月刊 | 1981 | 工业经济研究所 | 金碚 | 268.8 |

续表

| 序号 | 刊名 | 刊期 | 创刊时间 | 主办单位 | 主编 | 全年字数（万字） |
|---|---|---|---|---|---|---|
| 40 | 中国社会科学院研究生院学报 | 双月刊 | 1981 | 研究生院 | 文学国 | 121 |
| 41 | 中国哲学史 | 季刊 | 1982 | 中国哲学史学会 | 李存山 | 86.2 |
| 42 | 国际社会科学杂志 | 季刊 | 1983 | 中国社会科学杂志社 | 王利民 | 42.5 |
| 43 | 马克思主义研究 | 月刊 | 1983 | 马克思主义研究院 | 程恩富 | 245.8 |
| 44 | 民族文学研究 | 双月刊 | 1983 | 民族文学研究所 | 汤晓青 | 131.8 |
| 45 | 欧洲研究 | 双月刊 | 1983 | 欧洲研究所 | 黄 平 | 110.6 |
| 46 | 数量经济技术经济研究 | 月刊 | 1984 | 数量经济与技术经济研究所 | 李 平 | 268.8 |
| 47 | 中国财经与经济研究（英文） | 半年刊 | 1984 | 财经战略研究院 | 高培勇 | 75.6 |
| 48 | 第欧根尼 | 半年刊 | 1985 | 信息情报研究院 | 肖俊明 | 32.7 |
| 49 | 日本学刊 | 双月刊 | 1985 | 日本研究所 | 李 薇 | 115.2 |
| 50 | 政治学研究 | 双月刊 | 1985 | 政治学研究所 | 房 宁 | 107.5 |
| 51 | 中国农村经济 | 月刊 | 1985 | 农村发展研究所 | 李 周 | 161.3 |
| 52 | 社会学研究 | 双月刊 | 1986 | 社会学研究所 | 陈光金 | 178.6 |
| 53 | 中国经济史研究 | 双月刊 | 1986 | 经济研究所 | 魏明孔 | 147.8 |
| 54 | 美国研究 | 双月刊 | 1987 | 美国研究所 中华美国学会 | 郑秉文 | 115.2 |
| 55 | 外国文学评论 | 季刊 | 1987 | 外国文学研究所 | 陈众议 | 124.8 |
| 56 | 中国人口科学 | 双月刊 | 1987 | 人口与劳动经济研究所 | 蔡 昉 | 107.5 |
| 57 | 台湾研究 | 双月刊 | 1988 | 台湾研究所 | 刘佳雁 | 95.6 |
| 58 | 抗日战争研究 | 季刊 | 1991 | 近代史研究所 | 高士华 | 89.6 |
| 59 | 中国边疆史地研究 | 季刊 | 1991 | 中国边疆研究所 | 李大龙 | 103 |
| 60 | 当代亚太 | 双月刊 | 1992 | 亚太与全球战略研究院 | 李向阳 | 104.4 |
| 61 | 史学理论研究 | 季刊 | 1992 | 世界历史研究所 | 于 沛 | 89.6 |
| 62 | 当代韩国 | 季刊 | 1993 | 院韩国研究中心 社会科学文献出版社 | 汝 信 | 62.1 |
| 63 | 中国与世界经济（英文） | 双月刊 | 1993 | 世界经济与政治研究所 | 余永定 | 84 |
| 64 | 当代中国史研究 | 双月刊 | 1994 | 当代中国研究所 | 张星星 | 104.8 |

续表

| 序号 | 刊名 | 刊期 | 创刊时间 | 主办单位 | 主编 | 全年字数（万字） |
|---|---|---|---|---|---|---|
| 65 | 新闻与传播研究 | 月刊 | 1994 | 新闻与传播研究所 | 唐绪军 | 207.4 |
| 66 | 世界民族 | 双月刊 | 1995 | 民族学与人类学研究所 | 王延中 | 94.1 |
| 67 | 国际经济评论 | 双月刊 | 1996 | 世界经济与政治研究所 | 张宇燕 | 126.7 |
| 68 | 欧亚经济 | 双月刊 | 1996 | 俄罗斯东欧中亚研究所 | 高晓慧 | 95 |
| 69 | 科学与无神论 | 双月刊 | 1998 | 中国无神论学会 | 申振钰 | 91.52 |
| 70 | 中国社会科学文摘 | 月刊 | 2000 | 中国社会科学杂志社 | 余新华 | 112.5 |
| 71 | 中国经济学人（英文） | 双月刊 | 2006 | 工业经济研究所 | 金碚 | 120 |
| 72 | 金融评论 | 双月刊 | 2009 | 金融研究所 | 王国刚 | 107.5 |
| 73 | 中国地方志 | 月刊 | 2012 | 中国地方志指导小组办公室 | 于伟平 | 99.8 |
| 74 | 劳动经济研究 | 双月刊 | 2013 | 人口与劳动经济研究所 | 蔡昉 | 121.0 |
| 75 | 城市与环境研究 | 季刊 | 2014 | 城市发展与环境研究所 | 潘家华 | 56.2 |
| 76 | 国际法研究 | 双月刊 | 2014 | 国际法研究所 | 陈泽宪 | 107.5 |
| 77 | 社会发展研究 | 季刊 | 2014 | 社会发展战略研究院 | 李汉林 | 119 |
| 78 | 世界史研究（英文） | 半年刊 | 2014 | 世界历史研究所 | 张顺洪 | 45.4 |
| 79 | 中国社会科学评价 | 季刊 | 2015 | 中国社会科学杂志社 | 张江 | 52.6 |
| 80 | 中国文学批评 | 季刊 | 2015 | 中国社会科学杂志社 | 张江 | 53.3 |

**中国社会科学院2015度学术年鉴一览表**

| 序号 | 名称 | 主办单位 | 主编/总编辑/编委会主任 | 出版单位 | 字数（万字） |
|---|---|---|---|---|---|
| 1 | 中国社会科学院年鉴（2014） | 办公厅 | 王伟光 | 中国社会科学出版社 | 140 |
| 2 | 中国经济学年鉴（2014—2015） | 经济学部 | 李扬 | 中国社会科学出版社 | 110 |
| 3 | 马克思主义理论研究与学科建设年鉴（2015） | 马克思研究院 | 邓纯东 | 中国社会科学出版社 | 115 |
| 4 | 中国宗教研究年鉴（2014） | 宗教所 | 曹中建 | 中国社会科学出版社 | 90 |
| 5 | 中国民俗学年鉴（2015） | 民族文学所 | 朝戈金 | 中国社会科学出版社 | 135 |
| 6 | 中国人口年鉴（2015） | 人口与劳动经济所 | 张车伟 | 中国社会科学出版社 | 120 |
| 7 | 郭沫若研究年鉴（2014） | 郭沫若纪念馆 | 赵笑洁 | 中国社会科学出版社 | 80 |

续表

| 序号 | 名　称 | 主办单位 | 主编/总编辑/编委会主任 | 出版单位 | 字数（万字） |
|---|---|---|---|---|---|
| 8 | 中国辽夏金研究年鉴（2014） | 民族学与人类学研究所 中国辽金史学学会 | 史金波 宋德金 | 中国社会科学出版社 | 60 |
| 9 | 中国文学年鉴（2015） | 文学所 | 陆建德 | 中国社会科学出版社 | 170 |
| 10 | 中国新闻传播学年鉴（2015） | 新闻与传播研究所 | 唐绪军 | 中国社会科学出版社 | 140 |
| 11 | 中国哲学年鉴（2015） | 哲学所 | 谢地坤 | 中国社会科学出版社 | 82 |
| 12 | 中国地方志年鉴（2015） | 地方志指导小组 | 赵　芮 | 中国社会科学出版社 | 93 |
| 13 | 中国生态文明建设年鉴（2015） | 城市环境与发展研究所 | 潘家华 | 中国社会科学出版社 | 100 |
| 14 | 中国社会学年鉴（2011—2014） | 社会学所 | 陈光金 | 中国社会科学出版社 | 90 |
| 15 | 中国新闻年鉴（2015） | 新闻与传播研究所 | 赵天晓 | 中国社会科学出版社 | 220 |
| 16 | 中国政府管理年鉴（2014） | 中央财大 | 赵景华 | 中国社会科学出版社 | 120 |
| 17 | 中国教育学年鉴（2015） | 北师大教育学部 | 石中英 | 中国社会科学出版社 | 90 |
| 18 | 中国艺术学年鉴（2011—2013） | 中国艺术研究院 | 王文章 | 中国社会科学出版社 | 120 |

# 重点成果

## 一 2014年以前获中国社会科学院历届优秀科研成果奖

### (一)中国社会科学院首届(1993年)优秀科研成果奖共计183项*

| 成果名称 | 作者 | 成果形式 | 发表单位 | 发表时间 |
|---|---|---|---|---|
| 中国近代经济史(1840—1894) | 严中平等 | 专著 | 人民出版社 | 1990.10 |
| 中国资本主义发展史(三卷本) | 吴承明等 | 专著 | 人民出版社 | 1985(第一卷),1990(第二卷),第三卷待出版 |
| 明清时代的农业资本主义萌芽问题 | 李文治等 | 专著 | 中国社会科学出版社 | 1983 |
| 晚清钱庄和票号研究 | 张国辉 | 专著 | 中华书局 | 1989.9 |
| 新中国工业经济史 | 汪海波等 | 专著 | 经济管理出版社 | 1986.7 |
| 中国式消费模式选择 | 杨圣明 | 专著 | 中国社会科学出版社 | 1989 |
| 中国农业发展战略问题研究 | 张留征等 | 专著 | 中国社会科学出版社 | 1988.9 |
| 经济效益问题研究 | 郑友敬 | 专著 | 中国社会科学出版社 | 1990 |
| 社会主义市场模式研究 | 赵效民 贾履让 主编 | 专著 | 经济管理出版社 | 1991.12 |
| 帝国主义与中国铁路(1847—1949) | 宓汝成等 | 专著 | 上海人民出版社 | 1980 |
| 中国经济体制改革的模式研究 | 刘国光等 | 专著 | 中国社会科学出版社 | 1988.7 |
| 公有制宏观经济理论大纲("中国宏观经济问题研究"子项目之一) | 樊纲 | 专著 | 上海三联书店 | 1990.6 |
| 不宽松的现实和宽松的实现——双重体制下的宏观经济理论 | 刘国光等 | 专著 | 上海人民出版社 | 1991.8 |
| 中国社会主义工业企业管理研究 | 蒋一苇等 | 专著 | 经济管理出版社 | 1988.5 |
| 论中国农业剩余劳动力转移——农业现代化的必由之路 | 陈吉元 主编 | 专著 | 经济管理出版社 | 1991.10 |

---

\* 注:在本篇的表格中的"发表时间"一栏,年、月、日使用阿拉伯数字,且"年""月""日"三字省略(发表期数除外,保留"年"字)。既有年份,又有月份、日时,"年""月"用"."代替。如:"1983年"用"1983"表示,"1990年10月"用"1990.10"表示,"1998年第5期"不变。

续表

| 成果名称 | 作者 | 成果形式 | 发表单位 | 发表时间 |
| --- | --- | --- | --- | --- |
| 合作经济理论与实践——中外比较研究 | 张晓山等 | 专著 | 中国城市出版社 | 1991.9 |
| 中国价格模式转换的理论与实践 | 张卓元等 | 专著 | 中国社会科学出版社 | 1990.5 |
| 理论财政学 | 何振一 | 专著 | 中国财政经济出版社 | 1987.3 |
| 中国经济的周期波动 | 刘树成 | 专著 | 中国经济出版社 | 1989.11 |
| 中国老年人口（人口、经济、社会）（三卷） | 田雪原等 | 专著 | 中国经济出版社 | 1991.11 |
| 中国产业政策研究 | 周叔莲 裴叔平 陈树勋 主编 | 专著 | 经济管理出版社 | 1991.1 |
| 经济形势分析与预测 | 刘国光等 | 调研报告 | 中国社会科学出版社 | 1990.11 |
| 中国经济改革理论十年回顾 | 刘国光 | 论文 | 经济管理出版社《改革》 | 1998年第5期 |
| 经济发展及其结构转换中的贸易问题——国际和中国的选择 | 张曙光 | 论文 | 《中国社会科学》 | 1988年第5期 |
| 宏观非均衡模型的比较 | 刘小玄 | 论文 | 《经济研究》 | 1987年第10期 |
| 手工业与中国经济变迁 | 孔泾源 | 论文 | 《中国社会经济变迁》中国财经出版社 | 1990 |
| 试论清代等级制度 | 经君健 | 论文 | 《中国社会科学》 | 1980年第6期 |
| 试论社会主义市场经济 | 于祖尧 | 专著 | 中国社会科学出版社 | 1979.3 |
| 就业与物价通论 | 周方 | 论文 | 《数理经济学研究论文集》，《数量经济技术经济研究》杂志社 | 1991年第2期 |
| 企业改革和两权分离 | 周叔莲 | 论文 | 《理论纵横》，河北人民出版社 | 1988.12 |
| 谈搞活大中型企业的难点与对策 | 吕政 金碚 | 论文 | 《经济管理》 | 1991年第5期 |
| 论企业对市场的适应性 | 陈佳贵 | 专著 | 《中国工业经济丛刊》 | 1982.1 |
| 论我国农业由传统方式向现代方式的转化 | 蔡昉等 | 论文 | 《经济研究》 | 1990年第6期 |
| 农村雇工经营问题研究 | 刘文璞等 | 论文 | 《农业经济丛刊》 | 1984年第1期 |

续表

| 成果名称 | 作者 | 成果形式 | 发表单位 | 发表时间 |
|---|---|---|---|---|
| 财政效果初探 | 刘溶沧 | 论文 | 《财贸问题研究》 | 1983年第1期 |
| 社会主义经济的经济形式问题 | 刘明夫 | 论文 | 《经济研究》 | 1979年第4期 |
| 我国货币政策的透视 | 何德旭 | 论文 | 《财经问题研究》，东北财经大学出版社 | 1988年第5期 |
| 科技进步是富国之源 | 李京文 | 论文 | 《光明日报》 | 1990.12.7 |
| 混合工艺假设下投入产出系数推导法 | 贺菊煌 | 论文 | 《数量经济技术经济研究》 | 1988年第8期 |
| 深圳特区发展战略研究 | 刘国光等 | 调研报告 | 香港经济导报社 | 1985.12 |
| 海南经济发展战略 | 刘国光等 | 调研报告 | 经济管理出版社 | 1988.6 |
| 以工代赈政策调研 | 朱玲等 | 调研报告 | 《经济研究》 | 1990.10 |
| 能源基地发展高耗能工业的研究 | 张宣三 黄载克等 | 调研报告 | — | 1987.8 |
| 北京市新技术产业开发试验区发展战略咨询报告 | 周叔莲等 | 调研报告 | — | |
| 经济学科片系列研究报告 | 刘国光等 | 调研报告 | 《经济研究》，经济管理出版社 | 1985，1990.7 |
| 关于处理旧中国外债的建议 | 宓汝成 | 调研报告 | 中国社会科学院《要报》 | 1983年第61期 |
| 山西综合经济模型报告 | 张守一等 | 调研报告 | 山西省计委 | 1984（内部出版） |
| 中国74城镇人口迁移调查研究报告 | 马侠 王维志 | 调研报告 | 《人口报告》（中、英文版两种） | 1988 |
| 中国近代航运史资料（第一辑） | 聂宝璋 | 学术资料 | 上海人民出版社 | 1984 |
| 全国百村劳动力调查资料集 | 庾德昌主编 | 学术资料 | 中国统计出版社 | 1989.9 |
| 中国1987年60岁以上老年人口抽样调查资料 | 田雪源等 | 学术资料 | 《中国人口科学》增刊（1） | 1988.6 |
| 中华人民共和国经济档案资料选编（1949—1952） | 刘国光主编 | 学术资料 | 中国城市经济社会出版社、社会科学文献出版社 | 1989—1991 |

续表

| 成果名称 | 作者 | 成果形式 | 发表单位 | 发表时间 |
|---|---|---|---|---|
| 技术经济手册（理论方法卷） | 李京文等 | 工具书 | 中国科学技术出版社 | 1990.7 |
| 政治体制改革与法制建设 | 吴大英 刘 瀚 主编 | 专著 | 社会科学文献出版社 | 1991 |
| 中国民法学·民法债权 | 王家福 主编 梁慧星 副主编 | 专著 | 法律出版社 | 1991 |
| 中国智力产权 | 郑成思 | 专著 | 英国麦克斯韦尔出版公司 | 1987 |
| 论企业法人与企业法人所有权 | 梁慧星 | 论文 | 《法学研究》 | 1981年第1期 |
| 票据法概论 | 谢怀栻 | 学术性普及读物 | 法律出版社 | 1990 |
| 中国新民主主义革命时期根据地法制文献选编（四卷） | 韩延龙 常兆儒 主编 | 学术资料 | 中国社会科学出版社 | 1981—1984 |
| 关于审判林彪、江青反革命集团的意见和建议 | 吴建璠 刘海年等 | 调研报告 | 1980年上报中央两案审判委员会 | 1980 |
| 中国政治制度史 | 白 钢 主编 | 专著 | 天津人民出版社、新西兰霍兰德出版公司 | 1991 |
| 中国社会发展报告 | 陆学艺 李培林 主编 | 专著 | 辽宁人民出版社 | 1991.11 |
| 中国民族关系史纲要 | 翁独健 主编 | 专著 | 中国社会科学出版社 | 1990.2 |
| 蒙古族简史 | 翁独健 主编 | 专著 | 内蒙古人民出版社 | 1985.11 |
| 凉山彝族奴隶制社会形态 | 胡庆钧 | 专著 | 中国社会科学出版社 | 1985.5 |
| 中国少数民族语言简志丛书 | 民族所语言研究室 | 专著 | 民族出版社 | 1980—1987 |
| 农业面临比较严峻的形势 | 陆学艺 | 研究报告 | 中国社会科学院《要报》 | 1986年第18—20期 |
| 我国少数民族语言文字使用与发展问题研究 | 罗美珍等 | 研究报告 | — | 1989.12 |

续表

| 成果名称 | 作者 | 成果形式 | 发表单位 | 发表时间 |
|---|---|---|---|---|
| 我国社会发展水平到底居世界多少位 | 朱庆芳 | 论文 | 《人民日报》 | 1990.7.9 |
| 中国民族史人物辞典 | 高文德主编 | 工具书 | 中国社会科学出版社 | 1990.5 |
| 西藏地方是中国不可分割的一部分 | 姚兆麟主编 | 资料集 | 西藏人民出版社 | 1986.8 |
| 回鹘式蒙古文文献汇编 | 道布 | 古籍整理 | 民族出版社 | 1983.6 |
| 前苏格拉底哲学研究 | 叶秀山 | 专著 | 生活·读书·新知三联书店 | 1982 |
| "西方马克思主义" | 徐崇温 | 专著 | 天津人民出版社 | 1982 |
| 理学的演变 | 蒙培元 | 专著 | 福建人民出版社 | 1984 |
| 形式逻辑原理 | 诸葛殷同等 | 专著 | 人民出版社 | 1982 |
| 马克思主义哲学与现时代 | 李景源主编 | 专著 | 重庆出版社 | 1991 |
| 宗教学通论 | 吕大吉等 | 专著 | 中国社会科学出版社 | 1989 |
| 中国道教史 | 任继愈主编 | 专著 | 上海人民出版社 | 1989 |
| 伊斯兰教史 | 金宜久等 | 专著 | 中国社会科学出版社 | 1990 |
| 佛教史 | 杜继文等 | 专著 | 中国社会科学出版社 | 1991 |
| 何晏王弼玄学新探 | 余敦康 | 专著 | 齐鲁书社 | 1991 |
| 预测科学 | 秦麟征 | 专著 | 贵州人民出版社 | 1985 |
| 论智能革命——高技术发展的社会影响 | 童天湘 | 论文 | 《中国社会科学》 | 1988年第6期 |
| 隋唐时期中国与朝鲜佛教的交流——新罗来华佛教僧侣考 | 黄心川 | 专著 | 中国社会科学院《世界宗教研究》 | 1986.10 |
| 天津市农村天主教现状与思考 | 彭耀等 | 内部研究资料 | 公安部内部发表 | 1989.4 |
| 世界十大宗教 | 黄心川等 | 普及读物 | 东方出版社 | 1988 |
| 宗教文化通俗丛书 | 杨曾文等 | 普及读物 | 齐鲁书社 | 1989—1991 |
| 中国伊斯兰教史参考资料选编(1911—1949年) | 李兴华等 | 学术资料 | 宁夏人民出版社 | 1985 |

续表

| 成果名称 | 作者 | 成果形式 | 发表单位 | 发表时间 |
|---|---|---|---|---|
| 道藏提要 | 任继愈等 | 工具书 | 中国社会科学出版社 | 1991 |
| 全部知识学的基础 | 王玖兴 | 译著 | 商务印书馆 | 1986 |
| 黑格尔《自然哲学》 | 梁存秀等 | 译著 | 商务印书馆 | 1980 |
| 五十奥义书 | 徐梵澄 | 译著 | 中国社会科学出版社 | 1979 |
| 简明中国百科全书 | 汝 信 丁伟志 李凌等 | 工具书 | 中国社会科学出版社 | 1989 |
| 当代中国社会科学手册 | 易克信 汝 信 主编 | 工具书 | 社会科学文献出版社 | 1989 |
| 管锥编 | 钱钟书 | 专著 | 中华书局 | 1979—1991 |
| 中国美学思想史 | 侯敏泽 | 专著 | 齐鲁书社 | 1987.7—1989.9 |
| 文学原理——发展论 | 钱中文 | 专著 | 社会科学文献出版社 | 1989.9 |
| 南北朝文学史 | 曹道衡 沈玉成 | 专著 | 人民文学出版社 | 1991.12 |
| 元代文学史 | 邓绍基 主编 | 专著 | 人民文学出版社 | 1991.12 |
| 中国现代小说史 | 杨 义 | 专著 | 人民文学出版社 | 1986—1991 |
| 法国文学史 | 柳鸣九 主编 | 专著 | 人民文学出版社 | 1979—1991 |
| 美国文学简史 | 董衡巽等 | 专著 | 人民文学出版社 | 1986 |
| 现代汉语八百词 | 吕叔湘 主编 | 专著 | 商务印书馆 | 1980.5 |
| 中国语言地图集 | 李 荣 傅懋勣等 | 专著 | 香港朗文出版有限公司 | 1987—1989 |
| 普通话语音分析和合成的基础研究 | 语言所 语言室 | 专著、论文、软件 | 高等教育出版社 | 1986—1990 |
| 曹雪芹佚著辨伪 | 陈毓罴 刘世德 | 论文 | 《中华文史论丛》复刊号，上海古籍出版社 | 1979年第一辑 |
| 关于中国现代文学史料工作的总体考察 | 樊 骏 | 论文 | 《新文学史料》，人民文学出版社 | 1989年第1、2、4期 |

续表

| 成果名称 | 作者 | 成果形式 | 发表单位 | 发表时间 |
| --- | --- | --- | --- | --- |
| 恩格斯致哈克奈斯信与现实主义理论问题 | 吴元迈 | 论文 | 《中国社会科学》 | 1982年第3期 |
| 唐诗选 | 余冠英等 | 普及读物 | 人民文学出版社 | 1978 |
| 1913—1983鲁迅研究学术论著资料汇编 | 文学所鲁迅室 | 学术资料 | 中国文联出版公司 | 1985—1991 |
| 蒙古民歌一千首 | 仁钦道尔吉等 | 学术资料 | 内蒙古人民出版社等 | 1979—1984 |
| 马克思主义文艺理论丛书 | 叶水夫等编 | 学术资料 | 人民文学出版社 | 1978—1983 |
| 外国文学研究资料丛书 | 陈燊主编 | 学术资料 | 中国社会科学出版社、上海译文出版社等六家 | 1979—1991 |
| 近代汉语语法资料汇编·唐五代卷 | 刘坚主编 | 学术资料 | 商务印书馆 | 1990.6 |
| 现代汉语词典 | 语言所词典室 | 工具书 | 商务印书馆 | 1978 |
| 莎士比亚悲剧四种 | 卞之琳 | 译著 | 人民文学出版社 | 1988.3 |
| 堂·吉诃德 | 杨绛 | 译著 | 人民文学出版社 | 1978 |
| 普希金诗集 | 戈宝权 | 译著 | 北京出版社 | 1987.7 |
| 经济系统的自组织理论——现代自然科学与经济学方法论 | 沈华嵩 | 专著 | 中国社会科学出版社 | 1991.4 |
| 美国农业政策 | 徐更生 | 专著 | 中国人民大学出版社 | 1991.11 |
| 发展中国家的经济发展战略与国际经济新秩序 | 陈立成 谷源洋 谈世中 主编 | 专著 | 经济科学出版社 | 1987.10 |
| 美国对华政策的缘起与发展（1945—1950） | 资中筠 | 专著 | 重庆出版社 | 1987.6 |
| 美国经济与政府政策 | 陈宝森 | 专著 | 世界知识出版社 | 1988.4 |
| 美国政府和美国政治 | 李道揆 | 专著 | 中国社会科学出版社 | 1990.9 |
| 战后西欧国际关系（1945—1984） | 陈乐民 | 专著 | 中国社会科学出版社 | 1987.4 |
| 非洲社会主义：历史·理论·实践 | 唐大盾 张士智等 | 专著 | 世界知识出版社 | 1988.4 |

续表

| 成果名称 | 作者 | 成果形式 | 发表单位 | 发表时间 |
| --- | --- | --- | --- | --- |
| 拉丁美洲对外经济关系 | 陈芝芸等 | 专著 | 世界知识出版社 | 1991.12 |
| 拉丁美洲国家经济发展战略研究 | 苏振兴 徐文渊 主编 | 专著 | 北京大学出版社 | 1987.10 |
| 中印经济发展比较研究 | 孙培钧 主编 | 专著 | 北京大学出版社 | 1991.3 |
| 改变传统的农业观念，走以畜牧业为主的发展道路 | 刘振邦 | 论文 | 《人民日报》 | 1979.7.31 |
| 论我国引进外国直接投资的部门选择 | 李向阳 | 论文 | 《国际贸易问题》 | 1990年第1期 |
| 美国人口的分布、流动和地区经济发展 | 茅于轼 | 论文 | 《美国研究》 | 1988年第1期 |
| 过渡时期国际形势的若干问题 | 何 方 | 论文 | 《国际展望》（半月刊） | 1992年第1、2期 |
| 法国社会阶级结构的变化 | 吴国庆 | 论文 | 《西欧研究》 | 1985年第6期 |
| 西方政治制度的分类与比较研究 | 杨祖功 | 论文 | 《西欧研究》 | 1990年第4期 |
| 从"美洲倡议"看拉美关系走向 | 苏振兴 | 论文 | 《拉丁美洲研究》 | 1991年第5期 |
| 海湾危机的前景及若干对策建议 | 刘靖华 | 研究报告 | 中国社会科学院《要报》 | 1990年9月8日第56期 |
| 关于新时期我国国防政策中若干问题的探讨与建议 | 张静怡 | 研究报告 | 国务院国际问题研究中心《研究报告》 | 1986年第1—4期 |
| 对苏联当前政局及其发展可能性的几点分析与估计 | 东欧中亚所课题组 | 研究报告 | 《苏联东欧情况》 | 1990.2.19 |
| 关于我国对苏、美、日政策的几点想法 | 李静杰 | 研究报告 | — | 1982.11 |
| "资源小国"的压力与活力 | 冯昭奎 | 考察报告 | 《新技术革命专刊》 | 1984.11.26 |
| 关于加强我国与西欧关系的意见 | 西欧所课题组 | 研究报告 | 国务院国际问题研究中心《情况反映》 | 1984.5 |
| 非洲国家解决土地问题的一种尝试——关于津巴布韦重新安置计划的调查 | 何丽儿 钱榆圭 | 考察报告 | 《西亚非洲》 | 1987年第5期 |

续表

| 成果名称 | 作者 | 成果形式 | 发表单位 | 发表时间 |
| --- | --- | --- | --- | --- |
| 世界格局变化中的古巴 | 毛相麟 | 研究报告 | 中共中央政策研究室《苏东研究参阅资料》 | 1991.7.20 |
| 在宣传报道东盟国家的华人中值得注意的问题 | 程毕凡 | 研究报告 | 中国社会科学院《要报》 | 1984.7.26 |
| 资本主义兴衰史 | 樊亢主编 | 普及读物 | 北京出版社 | 1984.9（1991年修订） |
| 印度文化与民俗 | 王树英 | 普及读物 | 四川民族出版社 | 1989.12 |
| 梵文《妙法莲华经》写本（拉丁字母转写本） | 蒋忠新 | 古籍整理 | 中国社会科学出版社 | 1988.8 |
| 苏联概览 | 徐葵主编 | 工具书 | 中国社会科学出版社 | 1989.5 |
| 东欧概览 | 张文武 赵乃斌 孙祖荫 主编 | 工具书 | 中国社会科学出版社 | 1991.12 |
| 新中国的考古发现和研究 | 夏鼐主编 | 专著 | 文物出版社 | 1984.5 |
| 中国古兵器论丛 | 杨泓 | 专著 | 文物出版社 | 1986.5 |
| 青海柳湾 | 谢端琚等 | 发掘报告 | 文物出版社 | 1984.5 |
| 宝鸡北首岭 | 刘随盛等 | 发掘报告 | 文物出版社 | 1983.12 |
| 殷墟妇好墓 | 郑振香 | 发掘报告 | 文物出版社 | 1980.12 |
| 满城汉墓发掘报告 | 卢兆荫等 | 发掘报告 | 文物出版社 | 1980.10 |
| 西汉南越王墓 | 黄展岳等 | 发掘报告 | 文物出版社 | 1991.10 |
| 定陵 | 王岩等 | 发掘报告 | 文物出版社 | 1990.5 |
| 碳十四测定年代成果 | 仇士华等 | — | — | 1977—1991 |
| 殷周金文集成 | 王世民等 | 学术资料集（18册本） | 中华书局 | 1984 |
| 小屯南地甲骨 | 刘一曼等 | 学术资料集（5册本） | 中华书局 | 1980—1983 |
| 尚书学史 | 刘起釪 | 专著 | 中华书局 | 1989.9 |

续表

| 成果名称 | 作者 | 成果形式 | 发表单位 | 发表时间 |
|---|---|---|---|---|
| 中国古代服饰研究 | 沈从文等 | 专著 | 商务印书馆香港分馆 | 1981.9 |
| 宋明理学史 | 侯外庐 黄宣民等 | 专著 | 人民出版社 | 1984.4（上卷），1987.6（下卷） |
| 清代全史（十卷本） | 王戎笙等 | 专著 | 辽宁人民出版社 | 1991.10 |
| 甲骨文合集 | 胡厚宣等 | 学术资料（13册本） | 中华书局 | 1978—1983 |
| 徽州千年契约文书 | 王珏欣 周绍泉等 | 学术资料（40卷） | 花山文艺出版社 | 1991 |
| 英国所藏甲骨集（上下编） | 李学勤 齐文心等 | 学术资料 | 中华书局 | 1985（上编），1991（下编） |
| 试论周初青铜器铭文中的易卦 | 张政烺 | 论文 | 《考古学报》 | 1980年第4期 |
| 明朝的配户当差制 | 王毓铨 | 论文 | 《中国史研究》 | 1991年第1期 |
| 中国古代土地私有化的具体途径 | 林甘泉 | 论文 | 《文物与考古论集》 | 1986年第12期 |
| 沙俄侵华史 | 余绳武等 | 专著（4卷5册） | 人民出版社 | 1978—1990 |
| 太平天国史 | 罗尔纲 | 专著（4册本） | 中华书局 | 1991.9 |
| 胡适研究论稿 | 耿云志 | 专著 | 四川人民出版社 | 1985.10 |
| 中国轮船航运业的兴起 | 樊百川 | 专著 | 四川人民出版社 | 1985.10 |
| 北洋军阀——1912—1928年 | 章伯锋等 | 学术资料（6卷本） | 武汉出版社 | 1990.6 |
| 近代来华外国人名辞典 | 黄光域等 | 工具书 | 中国社会科学出版社 | 1981.12 |
| 中山舰事件之谜 | 杨天石 | 论文 | 《历史研究》 | 1988年第2期 |
| 重评《多余的话》 | 陈铁健 | 论文 | 《历史研究》 | 1979年第3期 |
| 古代印度与古代中国——贸易与宗教交流（英文） | 刘欣如 | 专著 | 牛津大学出版社 | 1988 |
| 外国历史大事集 | 朱庭光等 | 工具书（10册本） | 重庆出版社 | 1985.1—1989.10 |
| 南沙群岛史地研究 | 吕一燃等 | 调研报告 | — | 1986年6月上报 |

## （二）中国社会科学院第二届（1996年）优秀科研成果奖共54项

| 成果名称 | 作者 | 成果形式 | 发表单位 | 发表时间 | 获奖等级 |
|---|---|---|---|---|---|
| 中国国情丛书——百县市经济社会调查 | 丁伟志主编 | 系列专著 | 中国大百科全书出版社 | 1990—1994 | 荣誉奖 |
| 什么是社会主义，如何建设社会主义？——学习《邓小平文选》（第三卷） | 胡绳 | 论文 | 《人民日报》 | 1994年6月16、17日 | 荣誉奖 |
| 中国通史（10卷本） | 范文澜 蔡美彪等 | 专著 | 人民出版社 | 1978—1993 | 荣誉奖 |
| 中国珍稀法律典籍集成 | 刘海年 杨一凡主编 | 古籍整理注释 | 科学出版社 | 1994 | 荣誉奖 |
| 中华大藏经（汉文部分） | 任继愈等 | 古籍整理 | 中华书局 | 1985—1995（已出90卷） | 荣誉奖 |
| 从信仰到理性——意大利人文主义研究 | 张椿年 | 专著 | 浙江人民出版社 | 1993 | 优秀奖 |
| 科学前沿与哲学 | 胡文耕 | 专著 | 中共中央党校出版社 | 1993 | 优秀奖 |
| 拉丁美洲史稿（第3卷） | 李春辉 苏振兴 徐世澄主编 | 专著 | 商务印书馆 | 1993 | 优秀奖 |
| 明清时代封建土地关系的松解 | 李文治 | 专著 | 中国社会科学出版社 | 1993 | 优秀奖 |
| 青铜生产工具与中国奴隶制社会经济 | 陈振中 | 专著 | 中国社会科学出版社 | 1992 | 优秀奖 |
| 十九世纪的香港 | 余绳武 刘存宽主编 | 专著 | 中华书局 | 1994 | 优秀奖 |
| 殷墟的发现与研究 | 郑振香等 | 专著 | 科学出版社 | 1994 | 优秀奖 |
| 中国皇帝 | 白钢 | 专著 | 天津人民出版社 | 1993 | 优秀奖 |
| 中国禅宗通史 | 杜继文 魏道儒 | 专著 | 江苏古籍出版社 | 1993 | 优秀奖 |
| 中国居民收入分配研究 | 赵人伟等 | 专著 | 中国社会科学出版社 | 1994 | 优秀奖 |
| 中国民间宗教史 | 马西沙 韩秉方 | 专著 | 上海人民出版社 | 1992 | 优秀奖 |

续表

| 成果名称 | 作者 | 成果形式 | 发表单位 | 发表时间 | 获奖等级 |
|---|---|---|---|---|---|
| 周易经传溯源 | 李学勤 | 专著 | 长春出版社 | 1996 | 优秀奖 |
| 《江格尔》论 | 仁钦道尔吉 | 专著 | 内蒙古大学出版社 | 1994 | 优秀奖 |
| 当代资本主义论 | 李琮等 | 专著 | 社会科学文献出版社 | 1993 | 优秀奖 |
| 中美关系史（1911—1950） | 陶文钊 | 专著 | 重庆出版社 | 1993 | 优秀奖 |
| 印度古典诗学 | 黄宝生 | 专著 | 北京大学出版社 | 1993 | 优秀奖 |
| 采用购买力平价法的中外经济实力对比研究 | 桑炳彦等 | 研究报告 | — | 1994 | 优秀奖 |
| 国外社会科学政策研究 | 王兴成 秦麟征 主编 | 研究报告 | 社会科学文献出版社 | 1993 | 优秀奖 |
| 建立社会主义市场经济体制的理论思考与政策选择 | 经济学科片课题组 | 研究报告 | — | 1993 | 优秀奖 |
| 建立社会主义市场经济法律体系的理论思考和对策建议 | 王家福等 | 研究报告 | — | 1993年上报 | 优秀奖 |
| 人权理论与对策研究 | 王家福 刘海年 李步云 刘楠来等 | 研究报告 | — | 1991—1994 | 优秀奖 |
| 美国跨国公司在华投资的考察报告 | 陈宝森 袁文祺等 | 研究报告 | 国务院发展研究中心《经济工作者学习资料》 | 1994.7 | 优秀奖 |
| 1993年中国农村经济发展年度报告——兼析1994年发展趋势 1994年中国农村经济发展年度报告——兼析1995年发展趋势 | 农发所课题组 | 研究报告 | 中国社会科学出版社 | 1993、1994 | 优秀奖 |
| 中国少数民族语言使用情况 | 欧阳觉亚 周耀文 主编 | 研究报告 | 中国藏学出版社 | 1994 | 优秀奖 |
| "入关"冲击与对策的国际比较研究 | 江小涓 | 论文 | 《中国社会科学》 | 1994年第5期 | 优秀奖 |
| 商周铜爵研究 | 杜金鹏 | 论文 | 《考古学报》 | 1994年第3期 | 优秀奖 |
| 说"环中"——"中国古代混沌论"之一 | 栾勋 | 论文 | 《淮阴师专学报》 | 1994年第2期 | 优秀奖 |

续表

| 成果名称 | 作者 | 成果形式 | 发表单位 | 发表时间 | 获奖等级 |
|---|---|---|---|---|---|
| "中观"人口控制与社会综合发展 | 田雪原 | 论文 | 《中国人口科学》 | 1993年第1期 | 优秀奖 |
| 简明日本百科全书 | 日本所主编 | 工具书 | 中国社会科学出版社 | 1994 | 优秀奖 |
| 逻辑百科辞典 | 周礼全主编 | 工具书 | 四川教育出版社 | 1994 | 优秀奖 |
| 中国官制大辞典 | 俞鹿年 | 工具书 | 黑龙江人民出版社 | 1992 | 优秀奖 |
| 居延新简——甲渠候官（上、下册） | 谢桂华 | 学术资料 | 中华书局 | 1994 | 优秀奖 |
| 中国海关密档（英文4卷本） | 陈霞飞等 | 学术资料 | 外文出版社 | 1990—1993 | 优秀奖 |
| 大英帝国从殖民地撤退前后 | 陈启能等 | 普及读物 | 香港新天出版社 | 1993.4 | 优秀奖 |
| 宏观经济学·高级教程 | 刘树成等 | 译著 | 经济科学出版社 | 1992 | 优秀奖 |
| 音标处理系统（YEX）和方言词典自动处理系统（FYCD） | 熊正辉研制 | 软件 | — | — | 优秀奖 |
| 宏观经济模型论述 | 汪同三 | 专著 | 经济管理出版社 | 1992 | 提名奖 |
| 夏商社会生活史 | 宋镇豪 | 专著 | 中国社会科学出版社 | 1994 | 提名奖 |
| 中国工业化经济分析 | 金碚 | 专著 | 中国人民大学出版社 | 1994 | 提名奖 |
| 对中纺机建立现代企业制度的考察 | 周叔莲等 | 研究报告 | 《中国工业经济研究》 | 1994年第1期 | 提名奖 |
| 关于旅顺博物馆藏西域语文书的初步研究报告 | 蒋志新 | 研究报告 | 《南亚研究》 | 1992年第3期 | 提名奖 |
| 冷战后的世界民族主义浪潮及其对我之影响 | 郝时远 | 研究报告 | — | — | 提名奖 |
| 苏联剧变研究 | 江流 徐葵 单天伦主编 | 研究报告 | 社会科学文献出版社 | 1994 | 提名奖 |
| 二十世纪中国哲学的宏观审视 | 方克立 | 论文 | 《中国社会科学院研究生院学报》 | 1994年第4期 | 提名奖 |
| 货币供应量的统计及调控——对在我国建立货币供应统计体系的讨论 | 李扬 | 论文 | 《经济研究》 | 1994年第9期 | 提名奖 |
| 忠实于何——百年来翻译理论论战若干问题再思考 | 冯世则 | 论文 | 《国际社会科学杂志》 | 1994年第1期 | 提名奖 |
| 新满汉大词典 | 胡增益主编 | 工具书 | 新疆人民出版社 | 1994 | 提名奖 |

续表

| 成果名称 | 作者 | 成果形式 | 发表单位 | 发表时间 | 获奖等级 |
|---|---|---|---|---|---|
| 西方文艺思潮论丛 | 柳鸣九主编 | 学术资料 | 中国社会科学出版社 | 1986—1996 | 提名奖 |
| 德国社会市场经济的运行机制 | 顾俊礼 | 普及读物 | 武汉出版社 | 1994 | 提名奖 |

## （三）中国社会科学院第三届（2000年）优秀科研成果奖共131项

| 成果名称 | 成果形式 | 作者 | 发表单位 | 发表时间 | 获奖等级 |
|---|---|---|---|---|---|
| 1895—1936年中国国际收支研究 | 专著 | 陈争平 | 中国社会科学出版社 | 1996.4 | 一等奖 |
| 哲学逻辑研究 | 专著 | 张清宇 李小五 等 | 社会科学文献出版社 | 1997.5 | 一等奖 |
| 汉长安城未央宫 | 专著 | 刘庆柱 | 中国大百科全书出版社 | 1996 | 一等奖 |
| 知识产权论 | 专著 | 郑成思 | 法律出版社 | 1998 | 一等奖 |
| 苏联高层决策70年 | 专著 | 邢广程 | 世界知识出版社 | 1998.6 | 一等奖 |
| "有界"与"无界" | 论文 | 沈家煊 | 《中国语文》 | 1995年第5期 | 一等奖 |
| 明清时期山东商品经济的发展 | 专著 | 许檀 | 中国社会科学出版社 | 1998.3 | 二等奖 |
| 中国地区发展：经济增长、制度变迁与地区差异 | 专著 | 魏后凯等 | 经济管理出版社 | 1997.6 | 二等奖 |
| 穷人的经济学：农业依然是基础 | 专著 | 蔡昉 | 武汉出版社 | 1998.3 | 二等奖 |
| 伦理新视点 | 专著 | 廖申白 孙春晨 主编 | 社会科学文献出版社 | 1997.11 | 二等奖 |
| 中国伊斯兰教史 | 专著 | 李兴华等 | 中国社会科学出版社 | 1998.5 | 二等奖 |
| 中国叙事学 | 专著 | 杨义 | 人民出版社 | 1997.12 | 二等奖 |
| 李渔美学思想研究 | 专著 | 杜书瀛 | 中国社会科学出版社 | 1998.3 | 二等奖 |
| 南朝文学与北朝文学研究 | 专著 | 曹道衡 | 江苏古籍出版社 | 1998.7 | 二等奖 |
| 汉语功能语法研究 | 专著 | 张伯江 方梅 | 江西教育出版社 | 1996.4 | 二等奖 |
| 古代民主与共和制度 | 专著 | 施治生 郭方 主编 | 中国社会科学出版社 | 1998.12 | 二等奖 |

续表

| 成果名称 | 成果形式 | 作者 | 发表单位 | 发表时间 | 获奖等级 |
|---|---|---|---|---|---|
| 中国古代文明与国家形成研究 | 专著 | 李学勤主编 | 云南人民出版社 | 1997.12 | 二等奖 |
| 明代黄册研究 | 专著 | 栾成显 | 中国社会科学出版社 | 1998.7 | 二等奖 |
| 突厥汗国与隋唐关系史研究 | 专著 | 吴玉贵 | 中国社会科学出版社 | 1998 | 二等奖 |
| 中国史前考古学史研究（1895—1949） | 专著 | 陈星灿 | 生活·读书·新知三联书店 | 1997 | 二等奖 |
| 早期奴隶制社会比较研究 | 专著 | 胡庆钧 | 中国社会科学出版社 | 1996 | 二等奖 |
| 中国历代民族史（八卷本） | 专著 | 田继周等 | 四川民族出版社 | 1996 | 二等奖 |
| 世界的书面语：使用程度和使用方式概况 | 专著（多人合著） | 谭克让等 | 加拿大拉瓦尔大学出版社 | 1995 | 二等奖 |
| 村庄的再造——一个超级村庄的变迁 | 专著 | 折晓叶 | 中国社会科学出版社 | 1997 | 二等奖 |
| 走向权利的时代 | 专著 | 夏勇等 | 中国政法大学 | 1995 | 二等奖 |
| 可持续发展途径的经济学分析 | 专著 | 潘家华 | 中国人民大学出版社 | 1997.6 | 二等奖 |
| 西方国际政治学：历史与理论 | 专著 | 王逸舟 | 上海人民出版社 | 1998.4 | 二等奖 |
| 转变中的中美日关系 | 专著 | 张蕴岭主编 | 中国社会科学出版社 | 1997.7 | 二等奖 |
| 拉美发展模式研究 | 专著 | 江时学 | 经济管理出版社 | 1996.11 | 二等奖 |
| 论晚清新式工商企业对政府的报效 | 论文 | 朱荫贵 | 《中国经济史研究》 | 1997年第4期 | 二等奖 |
| 90年代以来我国工业发展和结构调整的新特点 | 论文 | 吕政 | 《中国工业经济》 | 1998年第7期 | 二等奖 |
| 农村股份合作企业产权制度 | 论文 | 张晓山等 | 《中国社会科学》 | 1998年第2期 | 二等奖 |
| 全要素生产率的测算及其增长规律——由东亚增长模式的争论谈起 | 论文 | 郑玉歆 | 《数量经济技术经济研究》 | 1998年第10期 | 二等奖 |
| 18世纪中后期中国人口数量变动研究 | 论文 | 王跃生 | 《中国人口科学》 | 1997年第4期 | 二等奖 |
| 新的起点：世纪之交的中国历史学 | 论文 | 林甘泉 | 《历史研究》 | 1997年第4期 | 二等奖 |
| 梵本《因明入正理论》——因三相的梵语原文和玄奘的汉译 | 论文 | 巫白慧 | 《中华佛学学报》 | 1995年第8期 | 二等奖 |

续表

| 成果名称 | 成果形式 | 作者 | 发表单位 | 发表时间 | 获奖等级 |
| --- | --- | --- | --- | --- | --- |
| 老工业基地的失业治理：后工业化与市场化——东北地区9家大型国有企业的调查 | 论文 | 李培林 | 《社会学研究》 | 1998年第4期 | 二等奖 |
| 欧洲文明扩张史论纲 | 论文 | 陈乐民 | 《欧洲》 | 1996年第2期 | 二等奖 |
| 高处不胜寒——冷战后美国的世界地位初探 | 论文 | 王缉思 | 《美国研究》 | 1997年第3期 | 二等奖 |
| 百年思想的冲击与撞击 | 论文 | 资中筠 | 《美国研究》 | 1996年第4期 | 二等奖 |
| 新形势下财政宏观调控的基本经验与重要启示 | 研究报告 | 刘溶沧 | 中国社会科学院《要报》 | 1997.53 | 二等奖 |
| 耶路撒冷与阿犹耶路撒冷之争 | 调研报告 | 殷罡 | 时事出版社 | 1998.9 | 二等奖 |
| 抗日战争 | 资料集 | 章伯锋 庄建平 主编 | 四川大学出版社 | 1997.6 | 二等奖 |
| 秘鲁传说 | 译著 | 白凤森 | 人民文学出版社 | 1997.11 | 二等奖 |
| 经济人与社会秩序分析 | 专著 | 杨春学 | 上海三联书店 上海人民出版社 | 1998.12 | 三等奖 |
| 国有企业产权交易行为分析 | 专著 | 唐宗焜 韩朝华 王红领 | 经济科学出版社 | 1997.5 | 三等奖 |
| 工业增长质量研究 | 专著 | 郭克莎等 | 经济管理出版社 | 1998.2 | 三等奖 |
| 农村经济体制建设 | 专著 | 韩俊等 | 江苏人民出版社 | 1998.12 | 三等奖 |
| 走向21世纪的生态经济管理 | 专著 | 王松霈等 | 中国环境科学出版社 | 1997.5 | 三等奖 |
| 发展理论与中国 | 专著 | 胡必亮 | 经济科学出版社 | 1998.9 | 三等奖 |
| 技术创新——国家系统的改革与重组 | 专著 | 齐建国等 | 社会科学文献出版社 | 1995.12 | 三等奖 |
| 中国生产率分析前沿 | 专著 | 李京文 钟学义 主编 | 社会科学文献出版社 | 1998.8 | 三等奖 |
| 哲学与文化 | 专著 | 陈筠泉 刘奔 主编 | 社会科学文献出版社 | 1996.4 | 三等奖 |

续表

| 成果名称 | 成果形式 | 作者 | 发表单位 | 发表时间 | 获奖等级 |
|---|---|---|---|---|---|
| 气功与特异功能解析 | 专著 | 杜继文 | 当代中国出版社 | 1996.5 | 三等奖 |
| 内圣外王的贯通——北宋易学的现代阐释 | 专著 | 余敦康 | 学林出版社 | 1997.1 | 三等奖 |
| 人道主义与现代化 | 专著 | 靳辉明 罗文东 | 安徽人民出版社 | 1997 | 三等奖 |
| 多重选择的世界——当代少数民族作家文学的理论扫描 | 专著 | 关纪新 朝戈金 | 中央民族大学出版社 | 1995.3 | 三等奖 |
| 20世纪外国国别文学史 | 专著 | 吴元迈 | 青岛出版社 | 1998.12 | 三等奖 |
| 明日观花——七八十年代苏联小说的形式问题 | 专著 | 石南征 | 社会科学文献出版社 | 1997.1 | 三等奖 |
| 现代汉语方言音档 | 专著 | 侯精一 主编 | 上海教育出版社 | 1992—1999 | 三等奖 |
| 汉语语法理论研究 | 专著 | 杨成凯 | 辽宁教育出版社 | 1996.12 | 三等奖 |
| 苏联文化体制沿革史 | 专著 | 马龙闪 | 中国社会科学出版社 | 1996.4 | 三等奖 |
| 安阳殷墟郭家庄商代墓葬 | 专著 | 杨锡璋等 | 中国大百科全书出版社 | 1998.8 | 三等奖 |
| 中国知青史：大潮 | 专著 | 刘小萌 | 中国社会科学出版社 | 1998.1 | 三等奖 |
| 近代中国社会文化变迁录（1—3卷） | 专著 | 刘志琴 主编 | 浙江人民出版社 | 1998.3 | 三等奖 |
| 20世纪的中国边疆研究——一门发展中的边缘学科的演进历程 | 专著 | 马大正 刘 逖 | 黑龙江教育出版社 | 1997.11 | 三等奖 |
| 亚太经合组织与中国 | 专著 | 陆建人 主编 | 经济管理出版社 | 1997.11 | 三等奖 |
| 现代东方哲学 | 专著 | 黄心川 主编 | 浙江人民出版社 | 1998.11 | 三等奖 |
| 现代日本政治 | 专著 | 王新生 | 经济日报出版社 | 1997.7 | 三等奖 |
| 美国和拉丁美洲关系史 | 专著 | 徐世澄 | 社会科学文献出版社 | 1995.11 | 三等奖 |
| 俄罗斯与当代世界 | 专著 | 李静杰 主编 | 世界知识出版社 | 1998 | 三等奖 |
| 苏联民族问题研究 | 专著 | 赵常庆 | 社会科学文献出版社 | 1996 | 三等奖 |
| 反思与发展——非洲经济调整与可持续发展 | 专著 | 谈世中 | 经济出版社 | 1998.10 | 三等奖 |

续表

| 成果名称 | 成果形式 | 作者 | 发表单位 | 发表时间 | 获奖等级 |
|---|---|---|---|---|---|
| 海湾战争后的中东格局 | 专著 | 赵国忠 | 中国社会科学出版社 | 1995 | 三等奖 |
| 亚洲金融危机:最新分析与对策 | 专著 | 何秉孟 刘溶沧等 | 中国社会科学出版社 | 1998 | 三等奖 |
| 中国经济转轨中劳动力流动模型 | 论文 | 李 实 | 《经济研究》 | 1997年第1期 | 三等奖 |
| 双重目标的企业行为模型兼论我国宏观经济运行的微观基础 | 论文 | 刘小玄 | 《经济研究》 | 1998年第11期 | 三等奖 |
| 中国农村居民区域收入不平等与非农就业 | 论文 | 张 平 | 《经济研究》 | 1998年第8期 | 三等奖 |
| 中国药业政府管制制度形成障碍的分析（上）（下） | 论文 | 余 晖 | 《管理世界》 | 1997年第5、6期 | 三等奖 |
| 市场化进程中的低效率竞争——以纺织业为例 | 论文 | 江小涓 | 《经济研究》 | 1998年第3期 | 三等奖 |
| 国际资本流动与我国宏观经济稳定 | 论文 | 李 扬 | 《经济研究》 | 1995年第6期 | 三等奖 |
| 关于我国投资基金发展的几个问题的探讨 | 论文 | 何德旭 | 《金融研究》 | 1998年第12期 | 三等奖 |
| 关于当前消费需求不足的分析与对策 | 论文 | 赵京兴 | 社会科学文献出版社 | 1998.12 | 三等奖 |
| 论发展观和文化建设 | 论文 | 吴元梁 | 社会科学文献出版社 | 1996年第5期 | 三等奖 |
| 中国古代文论的范畴和体系 | 论文 | 党圣元 | 《文学评论》 | 1997年第1期 | 三等奖 |
| 说《秦风小戎》 | 论文 | 扬之水 | 《中国文化》 | 1996年第1期 | 三等奖 |
| 瑞斯的小说与"黑色"语言 | 论文 | 黄 梅 | 中国社会科学出版社 | 1995.11 | 三等奖 |
| 里尔克的诗歌之路 | 论文 | 李永平 | 《文艺研究》 | 1998年第5期 | 三等奖 |
| 普通话两音节间F0过渡及其感知 | 论文 | 林茂灿 | 《中国社会科学》 | 1996年第4期 | 三等奖 |
| "V双+N双"短语的理解因素 | 论文 | 张国宪 | 《中国语文》 | 1997年第3期 | 三等奖 |

续表

| 成果名称 | 成果形式 | 作者 | 发表单位 | 发表时间 | 获奖等级 |
| --- | --- | --- | --- | --- | --- |
| 外国史学理论的引入和回响 | 论文 | 于 沛 | 《历史研究》 | 1996年第3期 | 三等奖 |
| 十月革命：必然性、历史意义和启迪 | 论文 | 吴恩远 | 《世界历史》 | 1997年第5期 | 三等奖 |
| 明代中葡两国的第一次正式交往 | 论文 | 万 明 | 《中国史研究》 | 1997年第2期 | 三等奖 |
| 偃师商城与夏商文化分界 | 论文 | 高炜等 | 《考古》1998 | 1998年第10期 | 三等奖 |
| 二战爆发前国民政府外交综论 | 论文 | 王建朗 | 《历史研究》 | 1995年第4期 | 三等奖 |
| 现代西方著名哲学家评传：社会哲学导论 | 专著 | 苏国勋 | 山东人民出版社 | 1996 | 三等奖 |
| "一国两制"和香港基本法 | 论文 | 吴建璠等 | 《法学研究》 | 1997年第4期 | 三等奖 |
| 清末报律再探——兼评几种观点 | 论文 | 李斯颐 | 《新闻与传播研究》 | 1995年第1期 | 三等奖 |
| 从东亚货币危机看汇率制度的选择 | 论文 | 高海红 | 《管理世界》 | 1998年第6期 | 三等奖 |
| 对东欧国家向市场经济过渡的若干理论问题的探讨 | 论文 | 张文武 | 《东欧中亚研究》 | 1997年第1期 | 三等奖 |
| 苏共失败的历史教训 | 论文 | 李静杰 | 《东欧中亚研究》 | 1992年第6期 | 三等奖 |
| 何去何从——当代中国的国有企业问题 | 普及读物 | 金 碚 | 今日中国出版社 | 1997.9 | 三等奖 |
| 深度忧患——当代中国的可持续发展问题 | 普及读物 | 郑易生 钱薏红 | 今日中国出版社 | 1998.10 | 三等奖 |
| 大国之难：当代中国的人口问题 | 普及读物 | 田雪原 | 今日中国出版社 | 1997.9 | 三等奖 |
| 日本经济 | 普及读物 | 冯昭奎 | 高等教育出版社 | 1998.12 | 三等奖 |
| 中国工业发展报告（1996） | 研究报告 | 陈佳贵 | 经济管理出版社 | 1996.6 | 三等奖 |
| 研究与开发课题制研究报告 | 研究报告 | 金吾伦 | 社会科学文献出版社 | 1998 | 三等奖 |
| 中梵关系研究 | 研究报告 | 任延黎 王美秀 | 中央有关部门 | 1998.4 | 三等奖 |

续表

| 成果名称 | 成果形式 | 作者 | 发表单位 | 发表时间 | 获奖等级 |
|---|---|---|---|---|---|
| 新疆社会稳定战略研究 | 研究报告 | 厉 声 | 新疆维吾尔自治区党委、东方研究院 | 1998.12 | 三等奖 |
| 民族地区百家县级国有亏损企业调查研究 | 研究报告 | 龙远蔚 杜发春 | 国家民委、统战部等国家机关 | 1997 | 三等奖 |
| 中国百县市国情调查第二批调查点问卷调查——调查报告和资料汇编 | 调查报告 | 沈崇麟 陈婴婴 | 中国大百科全书出版社 | 1998 | 三等奖 |
| 关于加入《公民权利和政治权利国际公约》问题的研究报告 | 研究报告 | 刘楠来等 | 中国社会科学院《要报》 | 1998 | 三等奖 |
| 海南推行小政府大社会管理体制的探索和成效 | 研究报告 | 潘小娟 | 政治学所 | 2000 | 三等奖 |
| 两德统一的谈判基本情况和历史经验 | 研究报告 | 潘琪昌 顾俊礼 | 中国社会科学院 | 1998.9 | 三等奖 |
| 当代日本社会思潮 | 研究报告 | 高增杰等 | 中国社会科学院 | 1996.12 | 三等奖 |
| 台湾与拉美国家的关系及我国对策 | 研究报告 | 吴国平 | 中国社会科学院 | 1998.12 | 三等奖 |
| 广西邕宁县顶蛳山遗址的发掘 | 研究报告 | 傅宪国 | 《考古》 | 1998年第11期 | 三等奖 |
| 伊斯兰教词典 | 工具书 | 金宜久主编 | 上海辞书出版社 | 1997.10 | 三等奖 |
| 外国在华工商企业辞典 | 工具书 | 黄光域 | 四川人民出版社 | 1995.9 | 三等奖 |
| 中国少数民族史大辞典 | 工具书 | 高文德 | 吉林教育出版社 | 1995 | 三等奖 |
| 人权大百科全书 | 工具书 | 王家福 刘海年等 | 中国大百科全书出版社 | 1998 | 三等奖 |
| 沈家本未刻书集纂 | 古籍整理 | 刘海年等 | 中国社会科学出版社 | 1996 | 三等奖 |
| 王维集校注 | 古籍整理 | 陈铁民 | 中华书局 | 1997.8 | 三等奖 |
| 萨丽和萨德格：乌苏蒙古故事（蒙古语） | 学术资料 | 旦布尔加甫著 | 民族出版社 | 1996.4 | 三等奖 |
| 日本黄檗山万福寺藏旅日高僧隐元中土往来书信集 | 资料整理 | 陈智超等 | 中华全国图书馆文献缩微复制中心 | 1995.3 | 三等奖 |
| 应用经济学研究方法论 | 译著 | 朱 钢译 | 经济科学出版社 | 1998.6 | 三等奖 |
| 现象学运动 | 译著 | 王炳文 张金言译 | 社会科学文献出版社 | 1995.10 | 三等奖 |

续表

| 成果名称 | 成果形式 | 作者 | 发表单位 | 发表时间 | 获奖等级 |
| --- | --- | --- | --- | --- | --- |
| 认真对待权利 | 译著 | 信春鹰等译 | 中国大百科全书出版社 | 1998 | 三等奖 |
| 诗学 | 译著 | 陈中梅译注 | 商务印书馆 | 1996.1 | 三等奖 |
| 蒙塔尤 | 译著 | 许明龙 马胜利译 | 商务印书馆 | 1997.10 | 三等奖 |
| 西域考古图记 | 译著 | 孟凡人等 | 广西师范大学出版社 | 1998.12 | 三等奖 |

## （四）中国社会科学院第四届（2002年）优秀科研成果奖共122项

| 成果名称 | 成果形式 | 作者 | 发表单位 | 发表时间 | 获奖等级 |
| --- | --- | --- | --- | --- | --- |
| 中国近代经济史 1895—1927（上、中、下） | 专著 | 汪敬虞主编 | 人民出版社 | 2000 | 一等奖 |
| 甲骨文合集释文（附来源表） | 专著 | 胡厚宣 王宇信 杨升南等 | 中国社会科学出版社 | 1999 | 一等奖 |
| 张家坡西周墓地 | 专著 | 张长寿 | 中国大百科全书出版社 | 1999 | 一等奖 |
| 美国哲学史（共3卷） | 专著 | 涂纪亮 | 河北教育出版社 | 2000 | 一等奖 |
| 中国活字印刷术的发明和早期传播——西夏和回鹘活字印刷术研究 | 专著 | 史金波 雅森·吾守尔 | 社会科学文献出版社 | 2000 | 一等奖 |
| 中国流动人口问题 | 专著 | 蔡昉 | 河南人民出版社 | 2000 | 二等奖 |
| 体制转轨与产业发展：相关性、合意性以及对转轨理论的意义——对若干行业的实证研究 | 论文 | 江小涓 | 《经济研究》 | 1999年第1期 | 二等奖 |
| 中国经济前景分析——2000年春季报告 | 研究报告 | 刘国光 王洛林 李京文主编 | 社会科学文献出版社 | 2000 | 二等奖 |
| 中国工业发展报告（2000） | 研究报告 | 吕政主编 | 经济管理出版社 | 2000 | 二等奖 |

续表

| 成果名称 | 成果形式 | 作者 | 发表单位 | 发表时间 | 获奖等级 |
| --- | --- | --- | --- | --- | --- |
| 中国经济通史（先秦经济卷、秦汉经济卷、元代经济卷、明代经济卷） | 专著 | 周自强 林甘泉 陈高华 王毓铨等 | 经济日报出版社 | 2000 | 二等奖 |
| 经史之学与文史之学 | 论文 | 胡宝国 | 《文史》 | 1999年第2辑 | 二等奖 |
| 新中国成立初年英国关于中国联合国代表权问题的政策演变 | 论文 | 王建朗 | 《中国社会科学》 | 2000年第3期 | 二等奖 |
| 从塾师、基督徒到王爷：洪仁玕 | 专著 | 夏春涛 | 湖北教育出版社 | 1999 | 二等奖 |
| 英美新殖民主义 | 专著 | 张顺洪 孟庆龙 毕健康 | 社会科学文献出版社 | 1999 | 二等奖 |
| 师赵村与西山坪 | 专著 | 谢端琚 | 中国大百科全书出版社 | 1999 | 二等奖 |
| 胶东半岛贝丘遗址环境考古 | 专著 | 袁靖 | 社会科学文献出版社 | 1999 | 二等奖 |
| 唐宋词流派史 | 专著 | 刘扬忠 | 福建人民出版社 | 1999 | 二等奖 |
| 魏晋文学史 | 专著 | 徐公持 | 人民文学出版社 | 1999 | 二等奖 |
| 意志与超越——叔本华美学思想研究 | 专著 | 金惠敏 | 中国社会科学出版社 | 1999 | 二等奖 |
| 口传史诗诗学：冉皮勒《江格尔》程式句法研究 | 专著 | 朝戈金 | 广西人民出版社 | 2000 | 二等奖 |
| 柏拉图诗学和艺术思想研究 | 专著 | 陈中梅 | 商务印书馆 | 1999 | 二等奖 |
| 不对称和标记论 | 专著 | 沈家煊 | 江西教育出版社 | 1999 | 二等奖 |
| 处所词的领格用法与结构助词"底"的由来 | 论文 | 江蓝生 | 《中国语文》 | 1999年第2期 | 二等奖 |
| 自然语言逻辑研究 | 专著 | 邹崇理 | 北京大学出版社 | 2000 | 二等奖 |
| A Strategy of Clinical Tolerance for the Prevention of HIV and AIDS in China（《中国艾滋病预防的宽容策略》） | 论文 | 王延光 | The Journal of Medicine and Philosophy | Vol. 25, No. 1, 2000 | 二等奖 |
| 唐五代禅宗史 | 专著 | 杨曾文 | 中国社会科学出版社 | 1999 | 二等奖 |
| 宗教社会学 | 专著 | 戴康生 彭耀 主编 | 社会科学文献出版社 | 2000 | 二等奖 |

续表

| 成果名称 | 成果形式 | 作者 | 发表单位 | 发表时间 | 获奖等级 |
|---|---|---|---|---|---|
| 较量——关于社会主义历史命运的战略沉思 | 专著 | 李崇富 | 当代中国出版社 | 2000 | 二等奖 |
| 中国物权法草案建议稿 | 专著 | 梁慧星等 | 社会科学文献出版社 | 2000 | 二等奖 |
| 民事证据研究 | 专著 | 叶自强 | 法律出版社 | 1999 | 二等奖 |
| 论西部大开发的法治保障 | 研究报告 | 法学所课题组 | 中南海、中共中央第十一次法制讲座 | 2000 | 二等奖 |
| 国有企业社会成本分析 | 专著 | 李培林等 | 社会科学文献出版社 | 2000 | 二等奖 |
| 中华民族凝聚力的形成与发展 | 专著 | 卢勋 杨保隆 罗贤佑 高文德等 | 民族出版社 | 2000 | 二等奖 |
| 壮语方言研究 | 专著 | 张均如 梁敏 欧阳觉亚 郑贻青 李旭练 谢建猷 | 四川民族出版社 | 1999 | 二等奖 |
| "西藏独立"是帝国主义侵略中国的产物 | 论文 | 伍昆明 | 《人民日报》（海外版），《CHINA DAILY》（中国日报）、新华社英文电讯稿 国际电台 | 1999 | 二等奖 |
| 斯大林与冷战 | 专著 | 张盛发 | 中国社会科学出版社 | 2000 | 二等奖 |
| WTO与中国企业国际化 | 专著 | 鲁桐 | 中共中央党校出版社 | 2000 | 二等奖 |
| 未来可能的排放空间分配及相关国际谈判发展趋势的跟踪研究 | 研究报告 | 陈迎 | 送交国家计委气候协调办公室 | 2000 | 二等奖 |
| 美国跨国公司的全球竞争 | 专著 | 陈宝森 | 中国社会科学出版社 | 1999 | 二等奖 |
| 中美关系史（1949—1972） | 专著 | 陶文钊 | 上海人民出版社 | 1999 | 二等奖 |
| 多维视野中的非洲政治发展 | 专著 | 张宏明 | 社会科学文献出版社 | 1999 | 二等奖 |
| 简明非洲百科全书 | 工具书 | 葛佶 | 中国社会科学出版社 | 2000 | 二等奖 |
| 简明西亚北非百科全书 | 工具书 | 赵国忠 | 中国社会科学出版社 | 2000 | 二等奖 |
| 经济转型与社会发展 | 专著 | 冒天启 朱玲 罗德明等 | 湖北人民出版社 | 2000 | 三等奖 |

续表

| 成果名称 | 成果形式 | 作者 | 发表单位 | 发表时间 | 获奖等级 |
|---|---|---|---|---|---|
| 中国经济通史（清代经济卷上、中、下） | 专著 | 方行 经君健 魏金玉 主编 | 经济日报出版社 | 2000 | 三等奖 |
| 1953—1957中华人民共和国经济档案资料选编（共9卷） | 资料整理 | 刘国光 王刚 沈正乐 主编 | 中国物价出版社 | 1998—2000 | 三等奖 |
| 晚清财政与咸丰朝通货膨胀 | 论文 | 张国辉 | 《近代史研究》 | 1999年第3期 | 三等奖 |
| 中国国有企业改革与发展研究 | 专著 | 陈佳贵 金碚 黄速建 主编 | 经济管理出版社 | 2000 | 三等奖 |
| 21世纪中西部工业发展战略 | 专著 | 魏后凯 主编 | 河南人民出版社 | 2000 | 三等奖 |
| 产业组织经济学 | 教材 | 金碚 主编 | 经济管理出版社 | 1999 | 三等奖 |
| 中国工业化的进程、问题与出路 | 论文 | 郭克莎 | 《中国社会科学》 | 2000年第3期 | 三等奖 |
| 控制权作为企业家的约束因素：理论分析及现实解释意义 | 论文 | 黄群慧 | 《经济研究》 | 2000年第1期 | 三等奖 |
| 聚焦中国农村财政：格局、机理与政策选择 | 专著 | 朱钢 张元红 张军等 | 山西经济出版社 | 2000 | 三等奖 |
| 中国农业政策——理论框架与应用分析 | 专著 | 李成贵 | 社会科学文献出版社 | 1999 | 三等奖 |
| 农村金融与发展 | 专著 | 何安耐 胡必亮 主编 | 经济科学出版社 | 2000 | 三等奖 |
| 静悄悄的革命：中国农村土地制度变通问题研究（《大变革中的乡土中国：农村组织与制度变迁问题研究》之一） | 研究报告 | 刘小京 | 社会科学文献出版社 | 1999 | 三等奖 |

续表

| 成果名称 | 成果形式 | 作者 | 发表单位 | 发表时间 | 获奖等级 |
|---|---|---|---|---|---|
| 中国经济科学前沿丛书：中国对外经贸理论前沿、中国财政理论前沿、中国金融理论前沿、中国商业理论前沿 | 专著 | 杨圣明 刘溶沧 赵志耘 李 扬 王松奇 郭冬乐 宋 则 主编 | 社会科学文献出版社 | 1999—2000 | 三等奖 |
| 货币政策与财政政策的配合：理论与实践 | 论文 | 李 扬 | 《财贸经济》 | 1999年第11期 | 三等奖 |
| 扩大内需的财政——货币政策运用：经验、启示和进一步的对策探讨 | 研究报告 | 刘溶沧 | 《财贸经济》 | 1999年第7期 | 三等奖 |
| 国民经济信息化：发展趋势、重大矛盾与政策建议 | 内部报告 | 课题组 | — | 2000 | 三等奖 |
| 政策性贷款的激励研究 | 论文 | 张昕竹 | 《欧洲经济评论》 | 2000年第4期 | 三等奖 |
| 关于投入产出模型的比较静态分析——兼评 Woods 定理之误 | 论文 | 曾力生 | 《数量经济技术经济研究》 | 2000年第12期 | 三等奖 |
| 影子工资率对农户劳动供给水平的影响——对贫困地区农户劳动力配置的经验研究 | 论文 | 都 阳 | 《中国农村观察》 | 2000年第5期 | 三等奖 |
| 伦理与生活——清代的婚姻关系 | 专著 | 郭松义 | 商务印书馆 | 2000 | 三等奖 |
| 彝族史要（上、下） | 专著 | 易谋远 | 社会科学文献出版社 | 2000 | 三等奖 |
| 洪承畴长沙幕府与西南战局 | 论文 | 杨海英 | 《燕京学报》 | 1999年第7期 2000年第8期 | 三等奖 |
| 太平天国与咸同政局 | 论文 | 朱东安 | 《近代史研究》 | 1999年第2期 | 三等奖 |
| 章士钊《甲寅》时期自由主义政治思想评析 | 论文 | 邹小站 | 《近代史研究》 | 2000年第1期 | 三等奖 |
| 论清末彩票 | 论文 | 闵 杰 | 《近代史研究》 | 2000年第4期 | 三等奖 |
| 中葡关系史资料集 | 资料集 | 张海鹏 | 四川人民出版社 | 1999 | 三等奖 |
| 中世纪晚期和近代早期欧洲的寡妇改嫁 | 论文 | 俞金尧 | 《历史研究》 | 2000年第5期 | 三等奖 |

续表

| 成果名称 | 成果形式 | 作者 | 发表单位 | 发表时间 | 获奖等级 |
|---|---|---|---|---|---|
| 美国农业劳动力向城市转移的特点 | 论文 | 黄柯可 | 《世界历史》 | 2000年第3期 | 三等奖 |
| 偃师二里头 | 专著 | 赵芝荃 | 中国大百科全书出版社 | 1999 | 三等奖 |
| 试论偃师商城小城的几个问题 | 论文 | 杜金鹏 | 《考古》 | 1999年第2期 | 三等奖 |
| 汉长安城桂宫二号建筑遗址发掘简报 | 研究报告 | 西安汉城队 | 《考古》 | 1999年第1期 2000年第1期 | 三等奖 |
| 陕西西安唐长安城圜丘遗址的发掘 | 研究报告 | 西安唐城队 | 《考古》 | 2000年第7期 | 三等奖 |
| 五代十国的辖区设治与军事戍防 | 论文 | 林荣贵 | 《中国边疆史地研究》 | 1999年第4期 | 三等奖 |
| 共和国文学50年 | 专著 | 杨匡汉 孟繁华 主编 | 中国社会科学出版社 | 1999 | 三等奖 |
| 文学理论现代性问题 | 论文 | 钱中文 | 《文学评论》 | 1999年第2期 | 三等奖 |
| 文化研究：后—后结构主义时代的来临 | 论文 | 陈晓明 | 《文化研究》 | 2000年创刊号 | 三等奖 |
| 现代性论争中的民间文学 | 论文 | 吕微 | 《文学评论》 | 2000年第2期 | 三等奖 |
| 乾嘉时期文艺学的格局 | 论文 | 钱竞 | 《文学评论》 | 1999年第3期 | 三等奖 |
| 玛纳斯论 | 专著 | 郎樱 | 内蒙古大学出版社 | 1999 | 三等奖 |
| 书写材料与中印文学传统 | 论文 | 黄宝生 | 《外国文学评论》 | 1999年第3期 | 三等奖 |
| 爱德华·萨伊德《东方主义》和后殖民主义 | 论文 | 陆建德 | 中国社会科学出版社 | 1999 | 三等奖 |
| 艳情诗与神学诗 | 译著 | 傅浩 | 中国对外翻译出版社 | 1999 | 三等奖 |
| 试论汉语动态助词的形成过程 | 论文 | 曹广顺 | 《汉语史研究集刊》 | 1999 | 三等奖 |
| 词的意义、结构的意义与词典释义 | 论文 | 谭景春 | 《中国语文》 | 2000年第1期 | 三等奖 |
| 维特根斯坦 | 专著 | 江怡 | 湖南教育出版社 | 1999 | 三等奖 |
| 走进分析哲学 | 专著 | 王路 | 生活·读书·新知三联书店 | 1999 | 三等奖 |
| 从仁的四个层面看普遍伦理的可能性 | 论文 | 蒙培元 | 《中国哲学史》 | 2000年第4期 | 三等奖 |

续表

| 成果名称 | 成果形式 | 作者 | 发表单位 | 发表时间 | 获奖等级 |
|---|---|---|---|---|---|
| 关于构建"中国创新体系（CIS）"的若干重要问题的报告 | 研究报告 | 李鹏程 张晓明 李 河等 | — | 2000 | 三等奖 |
| 近现代伊斯兰教思潮与运动 | 专著 | 吴云贵 周燮藩 | 社会科学文献出版社 | 2000 | 三等奖 |
| 20世纪90年代国际政治中的伊斯兰 | 研究报告 | 金宜久 吴云贵 | — | 2000 | 三等奖 |
| 京剧·跷和中国的性别关系（1902—1937） | 专著 | 黄育馥 | 生活·读书·新知三联书店 | 1998 | 三等奖 |
| 世贸组织的法律制度 | 专著 | 赵维田 | 吉林人民出版社 | 2000 | 三等奖 |
| 法治是什么？——渊源、规诫与价值 | 论文 | 夏 勇 | 《中国社会科学》 | 1999年第4期 | 三等奖 |
| 因特网上的犯罪及其遏制 | 论文 | 屈学武 | 《法学研究》 | 2000年第4期 | 三等奖 |
| 物权法基本范畴及主要制度的反思 | 论文 | 孙宪忠 | 《中国法学》 | 1999年第5、6期 | 三等奖 |
| 权利与正义——康德政治哲学研究 | 专著 | 李 梅 | 社会科学文献出版社 | 2000 | 三等奖 |
| 缺席与断裂 | 专著 | 渠敬东 | 上海人民出版社 | 1999 | 三等奖 |
| 世纪之交的城乡家庭 | 专著 | 沈崇麟等 | 中国社会科学出版社 | 1999 | 三等奖 |
| 社会科学成果价值评估 | 专著 | 卜 卫 刘晓红等 | 社会科学文献出版社 | 1999 | 三等奖 |
| 世纪之交我国民族问题的基本态势及进一步促进民族团结研究 | 研究报告 | 王希恩 张世和 郑信哲 周竞红 孙 懿 | 上报社科规划办 | 2000 | 三等奖 |
| 西夏唐卡中的双身图像的内容与年代分析 | 论文 | 谢继胜 | 《艺术史研究》第2辑，中山大学出版社 | 2000 | 三等奖 |
| 资源与交换——中国单位组织中的依赖性结构 | 论文 | 李汉林等 | 《社会学研究》 | 1999年第4期 | 三等奖 |
| 中俄战略伙伴关系及其美国因素 | 论文 | 李静杰 | 《东欧中亚研究》 | 2000年第3期 | 三等奖 |

续表

| 成果名称 | 成果形式 | 作者 | 发表单位 | 发表时间 | 获奖等级 |
|---|---|---|---|---|---|
| 俄罗斯经济转轨评析 | 论文 | 许新 | 《东欧中亚研究》 | 2000年第4期 | 三等奖 |
| 俄罗斯利益集团 | 专著 | 董晓阳 | 当代世界出版社 | 1999 | 三等奖 |
| 综合安全观及对我国安全的思考 | 专著 | 张蕴岭 | 《当代亚太》 | 2000年第1期 | 三等奖 |
| 印度的发展及其对外战略 | 专著 | 孙士海 | 中国社会科学出版社 | 2000 | 三等奖 |
| 国际经济规则与企业竞争方式的变化 | 论文 | 李向阳 | 《国际经济评论》 | 2000年第6期 | 三等奖 |
| 干涉主义及相关理论问题 | 论文 | 李少军 | 《世界经济与政治》 | 1999年第10期 | 三等奖 |
| 经济全球化与国家主权让渡和维和 | 论文 | 王金存 | 《中国宏观经济研究》 | 2000年第4期 | 三等奖 |
| 日本新时期国家安全战略浅析 | 论文 | 张进山 | 《日本学刊》 | 2000年第4期 | 三等奖 |
| 美国强盛之道 | 论文 | 资中筠 | 《学术界》 | 2000年第6期 | 三等奖 |
| "美国例外论"与美国的外交政策传统 | 论文 | 周琪 | 《中国社会科学》 | 2000年第6期 | 三等奖 |
| 非洲大湖地区国家关系演变探析 | 论文 | 吴增田 | 《西亚非洲》 | 1999年第5期 | 三等奖 |
| 坦桑联合过程及经验的研究 | 内部报告 | 温伯友等 | 内部发表 | 2000 | 三等奖 |
| 拉丁美洲的经济发展 | 专著 | 苏振兴 | 经济管理出版社 | 2000 | 三等奖 |
| 伯克、卢梭与法国大革命 | 论文 | 陈志瑞 | 《史学月刊》 | 1997年第5期 | 三等奖 |
| 论欧洲联盟的社会 | 论文 | 田德文 | 《欧洲》 | 2000年第4期 | 三等奖 |

## （五）中国社会科学院第五届（2004年）优秀科研成果奖共129项

| 成果名称 | 成果形式 | 作者 | 发表单位 | 发表时间 | 获奖等级 |
|---|---|---|---|---|---|
| 中华人民共和国经济史（第一卷）（1949—1952） | 专著 | 吴承明 董志凯等 | 中国财政经济出版社 | 2001 | 一等奖 |
| 唐代财政史稿 | 专著 | 李锦绣 | 北京大学出版社 | 1995—2001 | 一等奖 |
| 卡尔梅克《江格尔》校注 | 学术资料 | 旦布尔加甫 | 民族出版社 | 2002 | 一等奖 |
| 希腊哲学从宇宙论到伦理学的过渡 | 论文 | 叶秀山 | 《江苏行政学院学报》 | 2001年第1、2期 | 一等奖 |

续表

| 成果名称 | 成果形式 | 作者 | 发表单位 | 发表时间 | 获奖等级 |
|---|---|---|---|---|---|
| 哲学全书·第一部分：逻辑学 | 译著 | 梁存秀（署名梁志学）译 | 人民出版社 | 2002 | 一等奖 |
| 人文发展分析的概念构架与经验数据 | 论文 | 潘家华 | 《中国社会科学》 | 2002年第6期 | 一等奖 |
| 独联体十年：现状 问题 前景 | 专著 | 郑羽 李建民 | 世界知识出版社 | 2002 | 一等奖 |
| 中国资本主义的发展和不发展 | 专著 | 汪敬虞 | 中国财政经济出版社 | 2002 | 二等奖 |
| 农地分配中的性别不平等 | 论文 | 朱玲 | 法兰克福欧洲科学出版社 | 2001年第9期 | 二等奖 |
| 中国城市中的三种贫困类型 | 论文 | 李实 John Knight | 《经济研究》 | 2002年第10期 | 二等奖 |
| 中国工业发展报告（2001）——经济全球化背景下的中国工业 | 研究报告 | 吕政等 | 经济管理出版社 | 2001 | 二等奖 |
| 我国经济增长过程中能源利用效率的改进 | 论文 | 史丹 | 《经济研究》 | 2002年第9期 | 二等奖 |
| 工业化与城市化关系的经济学分析 | 论文 | 郭克莎 | 《中国社会科学》 | 2002年第2期 | 二等奖 |
| 农村金融转型与创新 | 专著 | 张晓山等 | 山西经济出版社 | 2002 | 二等奖 |
| 中国的外资经济——对增长、结构升级和竞争力的贡献 | 专著 | 江小涓 | 中国人民大学出版社 | 2002 | 二等奖 |
| 2002年：中国人口与劳动问题报告——城乡就业问题与对策 | 研究报告 | 蔡昉等 | 社会科学文献出版社 | 2002 | 二等奖 |
| 唐代文化（上、中、下卷） | 专著 | 李斌城 | 中国社会科学出版社 | 2002 | 二等奖 |
| 透过明初徽州的一桩讼案窥探三个家庭的内部结构及其相互关系 | 论文 | 周绍泉 | 《徽学》2000年卷，安徽大学出版社 | 2001 | 二等奖 |
| 满族从部落到国家的发展 | 专著 | 刘小萌 | 辽宁民族出版社 | 2001 | 二等奖 |
| 古罗马早期平民问题研究 | 专著 | 胡玉娟 | 北京师范大学出版社 | 2002 | 二等奖 |
| 蒙城尉迟寺 | 专著 | 王吉怀等 | 科学出版社 | 2001 | 二等奖 |

续表

| 成果名称 | 成果形式 | 作者 | 发表单位 | 发表时间 | 获奖等级 |
|---|---|---|---|---|---|
| 偃师杏园唐墓 | 专著 | 徐殿魁等 | 科学出版社 | 2001 | 二等奖 |
| 中国天文考古学 | 专著 | 冯时 | 中国社会科学出版社 | 2001 | 二等奖 |
| 唐西州行政体制考论 | 专著 | 李方 | 黑龙江教育出版社 | 2002 | 二等奖 |
| 圣路易 | 译著 | 许明龙 | 商务印书馆 | — | 二等奖 |
| 中国20世纪文艺学学术史（五卷） | 专著 | 杜书瀛 钱竞等 | 上海文艺出版社 | 2001 | 二等奖 |
| 论文学艺术评价的文化性与国际性 | 论文 | 高建平 | 《文学评论》 | 2002年第2期 | 二等奖 |
| 诺苏彝族的述源传统：以毕摩咒经中的仪式化叙事长诗为个案 | 论文 | 巴莫曲布嫫 | 美国：《口头传统》 | 2001：16/2 | 二等奖 |
| 汉语口语的韵律与标注研究 | 论文 | 李爱军 | 《言语的韵律2002》Aix-en Provence University | 2002 | 二等奖 |
| 吐蕃佛教——宁玛派前史与密宗传承研究 | 专著 | 尕藏加 | 宗教文化出版社 | 2002 | 二等奖 |
| 中国珍稀法律典籍续编（10卷本） | 古籍整理 | 杨一凡等 | 黑龙江人民出版社 | 2002 | 二等奖 |
| 欧共体竞争法 | 专著 | 王晓晔 | 中国法制出版社 | 2001 | 二等奖 |
| 中国社会发展的时空结构 | 论文 | 景天魁 | 《社会学研究》 | 1999年第6期 | 二等奖 |
| 中国少数民族分布图集 | 工具书 | 郝时远等 | 中国地图出版社 | 2002 | 二等奖 |
| 汉藏语言演化的历史音变模型——历史语言学的理论和方法探索 | 专著 | 江荻 | 民族出版社 | 2002 | 二等奖 |
| 契丹大字中若干官名和地名之解读 | 论文 | 刘凤翥 | 《民族语文》 | 1996年第4期 | 二等奖 |
| 人类婚姻史 | 译著 | 李彬等 | 商务印书馆 | 2002 | 二等奖 |
| 当代国际垄断 | 专著 | 李琮 | 上海财经大学出版社 | 2002 | 二等奖 |
| 剖析美国"新经济" | 专著 | 陈宝森 | 中国财政经济出版社 | 2002 | 二等奖 |
| 国际政治学概论 | 专著 | 李少军 | 上海人民出版社 | 2002 | 二等奖 |
| 21世纪的日本：战略的贫困 | 专著 | 冯昭奎 | 中国城市出版社 | 2002 | 二等奖 |
| 一只灵巧的手：论政府转型 | 专著 | 胡家勇 | 社会科学文献出版社 | 2002 | 三等奖 |

续表

| 成果名称 | 成果形式 | 作者 | 发表单位 | 发表时间 | 获奖等级 |
| --- | --- | --- | --- | --- | --- |
| 中国经济走势分析（1998—2002）——兼论以住宅金融创新为突破口实现城乡就业联动 | 论文 | 刘树成 汪丽娜 常 欣 | 《经济研究》 | 2002年第4期 | 三等奖 |
| 中国就业发展新论——核心就业与非核心就业理论分析 | 论文 | 王 诚 | 《经济研究》 | 2002年第12期 | 三等奖 |
| 企业边界的重新确定：分立式的产权重组——大中型国有企业的一种改制模式 | 研究报告 | 刘小玄 | 《经济研究》 | 2001年第4期 | 三等奖 |
| 中国能成为世界工厂吗？ | 论文 | 吕 政 | 《中国工业经济》 | 2001年第11期 | 三等奖 |
| 报业经济学 | 专著 | 金 碚 | 经济管理出版社 | 2002 | 三等奖 |
| 中国外商投资区位决策与公共政策 | 专著 | 魏后凯 贺灿飞 王 新 | 商务印书馆 | 2002 | 三等奖 |
| 未来50年中国西部大开发战略 | 专著 | 王洛林等 | 北京出版社 | 2002 | 三等奖 |
| 产权明晰与建立现代企业制度 | 论文 | 陈佳贵 | 《中共中央党校学报》 | 2000年第4卷第1期 | 三等奖 |
| 基础设施与制造业发展关系研究 | 专著 | 王延中等 | 中国社会科学出版社 | 2002 | 三等奖 |
| 2001—2002年：中国农村经济形势分析与预测 | 研究报告 | 农发所、国家统计局 | 社会科学文献出版社 | 2002 | 三等奖 |
| 中国特色的小额信贷 | 专著 | 任常青 朴之水 | 社会科学文献出版社 | 2001 | 三等奖 |
| 中国农村市场化进程中的农民合作组织研究 | 论文 | 苑 鹏 | 《中国社会科学》 | 2001年第6期 | 三等奖 |
| 岳村政治——转型期中国乡村政治结构的变迁 | 专著 | 于建嵘 | 商务印书馆 | 2001 | 三等奖 |
| 商业银行制度与投资基金制度：一个比较分析框架 | 论文 | 何德旭 | 《经济研究》 | 2002年第9期 | 三等奖 |
| 调整税制结构，激活社会投资，推动国企改革，促进经济增长 | 论文 | 杨之刚 | 《经济社会体制比较》2000 | 2000年第3期 | 三等奖 |
| 中国货币市场：理论与实践 | 论文 | 李 扬 彭兴韵 | 《中国货币市场》2001 | 2001年第1期 | 三等奖 |

续表

| 成果名称 | 成果形式 | 作者 | 发表单位 | 发表时间 | 获奖等级 |
| --- | --- | --- | --- | --- | --- |
| 次高增长阶段的中国经济 | 专著 | 刘迎秋 | 中国社会科学出版社 | 2002 | 三等奖 |
| 中国社会科学院数量经济与技术经济研究所经济模型集 | 研究报告 | 汪同三 沈利生等 | 社会科学文献出版社 | 2001 | 三等奖 |
| 中国税收可计算一般均衡模型及其应用研究 | 研究报告 | 郑玉歆 樊明太等 | 上报财政部税政司（现关税司） | 2001 | 三等奖 |
| 中国环境与发展评论（第一卷） | 专著 | 郑易生 王世汶等 | 社会科学文献出版社 | 2001 | 三等奖 |
| 中国贫困农村的食物需求与营养弹性 | 论文 | 张车伟 蔡昉 | 《经济学（季刊）》 | 2002年第2卷第1期 | 三等奖 |
| 从文明起源到现代化 | 学术普及读物 | 林甘泉 张海鹏 任式楠等 | 人民出版社 | 2002 | 三等奖 |
| 唐礼撷遗——中古书仪研究 | 专著 | 吴丽娱 | 商务印书馆 | 2002 | 三等奖 |
| 旧本《老乞大》书后 | 论文 | 陈高华 | 《中国史研究》 | 2002年第1期 | 三等奖 |
| 睡虎地秦简《日书》"龙"字试释 | 论文 | 刘乐贤 | 《揖芬集：张政烺先生九十华诞纪念集》，社会科学文献出版社 | 2002 | 三等奖 |
| 民国人物传（11卷） | 工具书 | 李新 孙思白等 | 中华书局 | 1978—2002 | 三等奖 |
| 中国近代工人阶级和工人运动（14卷） | 学术资料 | 刘明逵 唐玉良等 | 中共中央党校出版社 | 2002 | 三等奖 |
| 近代中国专名翻译词典 | 工具书 | 黄光域 | 四川人民出版社 | 2001 | 三等奖 |
| 衰落期的炮舰与外交——"紫石英"号事件中一些问题的再探讨 | 论文 | 王建朗 | 《近代史研究》 | 2001年第4期 | 三等奖 |
| 伊朗危机与冷战的起源（1941~1947年） | 专著 | 李春放 | 社会科学文献出版社 | 2001 | 三等奖 |
| 中国古代家猪饲养（Pig domestication in ancient China） | 论文 | 袁靖等 | 《古物志》Antiquity | 2002年第76卷第293期 | 三等奖 |
| 夏商周断代工程中的碳十四年代框架 | 论文 | 仇士华 蔡莲珍 | 《考古》 | 2001年第1期 | 三等奖 |
| 豆卢氏世系及其汉化——以墓碑墓志为线索 | 论文 | 姜波 | 《考古学报》 | 2002年第3期 | 三等奖 |
| 中国改革开放的酝酿与起步 | 专著 | 李正华 | 当代中国出版社 | 2002 | 三等奖 |

续表

| 成果名称 | 成果形式 | 作者 | 发表单位 | 发表时间 | 获奖等级 |
|---|---|---|---|---|---|
| 近代日本政治体制研究 | 专著 | 武寅 | 中国社会科学出版社 | 1997 | 三等奖 |
| 王渔洋事迹征略 | 专著 | 蒋寅 | 人民文学出版社 | 2001 | 三等奖 |
| 先秦诗文史 | 专著 | 赵永晖（笔名扬之水） | 辽宁教育出版社 | 2002 | 三等奖 |
| 古本山海经图说 | 专著 | 马昌仪 | 山东画报出版社 | 2001 | 三等奖 |
| 比较文学：文学平行本质的比较研究——清代蒙汉文学关系论稿 | 专著 | 扎拉嘎 | 内蒙古教育出版社 | 2002 | 三等奖 |
| 否定性思维：马尔库塞思想研究 | 专著 | 程巍 | 北京大学出版社 | 2001 | 三等奖 |
| 童心剖诗——论博尔赫斯的镜子、老虎和迷宫 | 论文 | 陈众议 | 《文艺研究》 | 2002年第4期 | 三等奖 |
| "认同"还是虚构？——结构、解构的中国梦再剖析 | 论文 | 盛宁 | 《中国学术》 | 2001年第3期 | 三等奖 |
| 人文主义二三事 | 论文 | 吕大年 | 《外国文学评论》 | 2001年第1期 | 三等奖 |
| 施事角色的语用属性 | 论文 | 张伯江 | 《中国语文》 | 2002年第6期 | 三等奖 |
| 上古汉语同源词语音关系研究 | 专著 | 孟蓬生 | 北京师范大学出版社 | 2001 | 三等奖 |
| 应用伦理学前沿问题研究 | 专著 | 甘绍平 | 江西人民出版社 | 2002 | 三等奖 |
| 西欧文明 | 专著 | 姚介厚 李鹏程 杨深 | 中国社会科学出版社 | 2002 | 三等奖 |
| 断裂中的传统 | 专著 | 郑家栋 | 中国社会科学出版社 | 2001 | 三等奖 |
| 印度吠檀多不二论哲学 | 专著 | 孙晶 | 东方出版社 | 2002 | 三等奖 |
| 马克思主义哲学在中国——传播 应用 形态 前景 | 专著 | 徐素华 | 北京出版社 | 2002 | 三等奖 |
| 明《初刻南藏》研究 | 论文 | 何梅 | 《闽南佛学院学报》 | 2001年第1期 | 三等奖 |
| 中国宗教研究年鉴（1996，1997—1998，1999—2000） | 工具书 | 曹中建等 | 中国社会科学出版社 宗教文化出版社 宗教文化出版社 | 1998 2000 2001 | 三等奖 |
| 伊斯兰与国际热点 | 专著 | 金宜久 吴云贵 | 东方出版社 | 2001 | 三等奖 |
| 西方女性学——起源、内涵与发展 | 专著 | 刘霓 | 社会科学文献出版社 | 2001 | 三等奖 |
| 世界社会科学报告（1999） | 译著 | 黄长著等 | 社会科学文献出版社 | 2001 | 三等奖 |

续表

| 成果名称 | 成果形式 | 作者 | 发表单位 | 发表时间 | 获奖等级 |
| --- | --- | --- | --- | --- | --- |
| 清代翰林院制度 | 专著 | 邸永君 | 社会科学文献出版社 | 2002 | 三等奖 |
| 仲巴·昂仁（人类学电视录像片） | 学术资料 | 陈景源 庞涛 | 2002年影视人类学国际学术研讨会 | 2002 | 三等奖 |
| 论藏缅语族中的羌语支语言 | 论文 | 孙宏开 | 《语言暨语言学》 | 第二卷2001年第1期 | 三等奖 |
| 濒危语言研究 | 专著 | 徐世璇 | 中央民族大学出版社 | 2001 | 三等奖 |
| 大众传播心理研究 | 专著 | 刘晓红 卜卫 | 中国广播电视出版社 | 2001 | 三等奖 |
| 论法的成长——来自中国南方山地法律民族志的诠释 | 专著 | 张冠梓 | 社会科学文献出版社 | 2002 | 三等奖 |
| 日本民法编纂及学说继受的历史回顾 | 论文 | 渠涛 | 《环球法律评论》 | 2001年秋季号 | 三等奖 |
| 中法西用——中国传统法律及习惯在香港 | 专著 | 苏亦工 | 社会科学文献出版社 | 2002 | 三等奖 |
| 冲突法及其价值导向（修订本） | 专著 | 沈涓 | 中国政法大学出版社 | 2002 | 三等奖 |
| 政治文明：涵义、特征与战略目标 | 论文 | 杨海蛟（署名郑慧） | 《政治学研究》 | 2002年第3期 | 三等奖 |
| 巨变：村落的终结——都市里的村庄研究 | 论文 | 李培林 | 《中国社会科学》 | 2002年第1期 | 三等奖 |
| 制度规范行为——关于单位的研究与思考 | 论文 | 李汉林 渠敬东 | 《社会学研究》 | 2002年第5期 | 三等奖 |
| 发达国家和发展中国家的金融结构、资本结构和经济增长 | 论文 | 孙杰 | 《金融研究》 | 2002年第10期 | 三等奖 |
| M2/GDP的动态增长路径 | 论文 | 余永定 | 《世界经济》 | 2002年第12期 | 三等奖 |
| 非洲联盟：理想与现实 | 论文 | 杨立华 | 《西亚非洲》 | 2001年第5期 | 三等奖 |
| 非洲发展问题的文化反思——兼论文化与发展的关系 | 论文 | 张宏明 | 《西亚非洲》 | 2001年第5期 | 三等奖 |
| 级差地租与欧佩克市场战略 | 论文 | 杨光 | 《西亚非洲》 | 2002年第2期 | 三等奖 |
| 阿以冲突——问题与出路 | 专著 | 殷罡 | 国际文化出版公司 | 2002 | 三等奖 |
| 试析麦加商道状况与伊斯兰教兴起诸问题 | 论文 | 王林聪 | 《中国社会科学院研究生院学报》 | 2002年第6期 | 三等奖 |
| 经济全球化与中国国家利益 | 论文 | 裘元伦 | 《世界经济》 | 1999年第12期 | 三等奖 |
| 福利国家向何处去 | 论文 | 周弘 | 《中国社会科学》 | 2001年第6期 | 三等奖 |

续表

| 成果名称 | 成果形式 | 作者 | 发表单位 | 发表时间 | 获奖等级 |
|---|---|---|---|---|---|
| 缔造意大利的精英——以人物为线索的意大利近代史 | 译著 | 戎殿新 罗红波译 | 世界知识出版社 | 1993 | 三等奖 |
| 美国政党与选举政治 | 专著 | 张立平 | 中国社会科学出版社 | 2002 | 三等奖 |
| 发展模式与社会冲突 | 专著 | 苏振兴 袁东振 | 当代世界出版社 | 2001 | 三等奖 |
| 简明拉丁美洲百科全书 | 工具书 | 李明德 | 中国社会科学出版社 | 2001 | 三等奖 |
| 中国民众对日本很少有亲近感 | 研究报告 | 蒋立峰 | 《日本学刊》 | 2002年第6期 | 三等奖 |
| 亚洲现代化透视 | 专著 | 张蕴岭 | 社会科学文献出版社 | 2001 | 三等奖 |
| 国家安全环境的系统理论 | 论文 | 唐世平 | 《世界经济与政治》 | 2001年第8期 | 三等奖 |
| 叶利钦时代的俄罗斯（经济卷） | 专著 | 许新 | 人民出版社 | 2001 | 三等奖 |
| 强控制、模式功效递减规律和危机——对苏联模式的一般思考 | 论文 | 邢广程 | 《东欧中亚研究》 | 2001年第3期 | 三等奖 |
| 普京文集 | 译著 | 徐葵 张达楠 | 中国社会科学出版社 | 2002 | 三等奖 |
| 简明东欧百科全书 | 工具书 | 张文武 | 中国社会科学出版社 | 2002 | 三等奖 |

### （六）中国社会科学院第六届（2007年）优秀科研成果奖共140项

一等奖（6项）

| 成果名称 | 成果形式 | 作者 | 发表单位 | 发表时间 |
|---|---|---|---|---|
| 殷墟花园庄东地甲骨 | 专著 | 刘一曼 曹定云等 | 云南人民出版社 | 2003 |
| 西方哲学史（多卷本） | 专著 | 叶秀山 王树人等 | 江苏人民出版社 | 2004—2005 |
| 本草纲目（全英译本） | 译著 | 罗希文 | 外文出版社 | 2003 |
| 现代经济辞典 | 工具书 | 刘树成等 | 凤凰出版社 江苏人民出版社 | 2004 |
| 中国法制史考证（甲编） | 专著 | 杨一凡等 | 中国社会科学出版社 | 2003 |
| 新自由主义研究 | 论文 | "新自由主义研究"课题组 | 《马克思主义研究》 | 2003年第6期 |

## 二等奖（41 项）

| 成果名称 | 成果形式 | 作者 | 发表单位 | 发表时间 |
| --- | --- | --- | --- | --- |
| 元诗史 | 专著 | 杨 镰 | 人民文学出版社 | 2003 |
| 古诗文名物新证 | 专著 | 扬之水（赵永晖） | 紫禁城出版社 | 2004 |
| 中国古代小说总目 | 工具书 | 石昌渝等 | 山西教育出版社 | 2004 |
| 格斯尔全书（卷二）：圣主格斯尔可汗 | 学术资料 | 斯钦孟和 | 内蒙古人民出版社 | 2003 |
| 法国小说发展史 | 专著 | 吴岳添 | 浙江大学出版社 | 2004 |
| 凤凰再生——伊朗现代新诗研究 | 专著 | 穆宏燕 | 北京大学出版社 | 2004 |
| 语序类型学与介词理论 | 专著 | 刘丹青 | 商务印书馆 | 2003 |
| 复句三域"行、知、言" | 论文 | 沈家煊 | 《中国语文》 | 2003 年第 3 期 |
| 二十世纪英语诗选 | 译著 | 傅 浩 | 河北教育出版社 | 2003 |
| 桂林甑皮岩 | 专著 | 傅宪国等 | 文物出版社 | 2003 |
| 西汉礼制建筑遗址 | 专著 | 黄展岳等 | 文物出版社 | 2003 |
| 简帛数术文献探论 | 专著 | 刘乐贤 | 湖北教育出版社 | 2003 |
| 汉晋唐时期农业 | 专著 | 张泽咸 | 中国社会科学出版社 | 2003 |
| 中国古代知识阶层的原型及其早期历史行程 | 论文 | 林甘泉 | 《中国史研究》 | 2003 年第 3 期 |
| 党员、党权与党争——1924—1949 年中国国民党的组织形态 | 专著 | 王奇生 | 上海书店出版社 | 2003 |
| 墨索里尼与意大利法西斯 | 专著 | 陈祥超 | 中国华侨出版社 | 2004 |
| 唯心与了别——根本唯识思想研究 | 专著 | 周贵华 | 中国社会科学出版社 | 2004 |
| 敦煌道教文献研究——综述·目录·索引 | 专著 | 王 卡 | 中国社会科学出版社 | 2004 |
| 文化转向的由来——关于当代西方文化概念、文化理论和文化研究的考察 | 专著 | 萧俊明 | 社会科学文献出版社 | 2004 |
| 增长与分享——居民收入分配理论和实证 | 专著 | 张 平 | 社会科学文献出版社 | 2003 |
| 论中国经济的长期增长 | 论文 | 刘霞辉 | 《经济研究》 | 2003 年第 5 期 |
| 利他主义经济学的追求 | 论文 | 杨春学 | 《经济研究》 | 2001 年第 4 期 |
| 中国工业发展报告（2004）——中国工业的技术创新 | 研究报告 | 吕 政等 | 经济管理出版社 | 2004 |

续表

| 成果名称 | 成果形式 | 作者 | 发表单位 | 发表时间 |
| --- | --- | --- | --- | --- |
| 化解西北地区水资源短缺的研究 | 专著 | 李周 宋宗水 包晓斌 于法稳 王利文 | 中国水利水电出版社 | 2004 |
| 国债规模：在财政与金融之间寻求平衡 | 论文 | 李扬 | 《财贸经济》 | 2003 年第 1 期 |
| 环境影响的经济分析——理论、方法与实践 | 专著 | 郑玉歆等 | 社会科学文献出版社 | 2003 |
| 中国物权法总论 | 专著 | 孙宪忠 | 法律出版社 | 2003 |
| 中国单位社会 | 专著 | 李汉林 | 上海人民出版社 | 2004 |
| 村落的终结——羊城村的故事 | 专著 | 李培林 | 商务印书馆 | 2004 |
| 新疆民族传统社会与文化 | 专著 | 何星亮 | 商务印书馆 | 2003 |
| 西部裕固语研究 | 专著 | 陈宗振 | 中国民族摄影艺术出版社 | 2004 |
| 台湾的"族群"与"族群政治"析论 | 论文 | 郝时远 | 《中国社会科学》 | 2004 年第 2 期 |
| 磨合中的建构——中国与国际组织关系的多视角透视 | 专著 | 王逸舟等 | 中国发展出版社 | 2003 |
| 新区域主义与大国战略 | 论文 | 李向阳 | 《国际经济评论》 | 2003 年第 4 期 |
| "冲突—合作模型"与中美关系的量化分析 | 论文 | 李少军 | 《世界经济与政治》 | 2002 年第 4 期 |
| 东欧经济改革之路——经济转轨与制度变迁 | 专著 | 孔田平 | 广东人民出版社 | 2003 |
| 简明南亚中亚百科 | 工具书 | 薛克翘 赵常庆 | 中国社会科学出版社 | 2004 |
| 美国人权外交政策 | 专著 | 周琪 | 上海人民出版社 | 2001 |
| 未来 10—15 年中国在亚太地区面临的国际环境 | 专著 | 张蕴岭等 | 中国社会科学出版社 | 2003 |
| 全球化与第三世界 | 论文 | 李慎明 | 《中国社会科学》 | 2000 年第 3 期 |
| 当代资本主义与世界社会主义——当代资本主义新变化及其未来走向 | 专著 | 靳辉明 谷源洋等 | 海南出版社 | 2004 |

## 三等奖（93 项）

| 成果名称 | 成果形式 | 作者 | 发表单位 | 发表时间 |
| --- | --- | --- | --- | --- |
| 灵境诗心——中国古代山水诗史 | 专著 | 陶文鹏 韦凤娟等 | 凤凰出版社 | 2004 |
| 文学台湾：台湾知识者的文学叙事与理论想象 | 专著 | 黎湘萍 | 人民文学出版社 | 2003 |
| 现代性与民间文学 | 专著 | 户晓辉 | 社会科学文献出版社 | 2004 |
| 科举阴影中的明清文学生态 | 论文 | 蒋 寅 | 《文学遗产》 | 2004 年第 1 期 |
| 理查逊和帕梅拉的隐私 | 论文 | 吕大年 | 《外国文学评论》 | 2003 年第 1 期 |
| 20 世纪俄罗斯文学的有机构成 | 论文 | 刘文飞 | 《外国文学评论》 | 2003 年第 3 期 |
| 关于伍尔夫的"1910 年的 12 月" | 论文 | 盛 宁 | 《外国文学评论》 | 2003 年第 3 期 |
| 跨层非短语结构"的话"的词汇化 | 论文 | 江蓝生 | 《中国语文》 | 2003 年第 1 期 |
| 故事的歌手 | 译著 | 尹虎彬 | 中华书局 | 2004 |
| 汉唐都城礼制建筑研究 | 专著 | 姜 波 | 文物出版社 | 2003 |
| 青海都兰地区公元前 515 年以来树木年轮年表的建立及应用 | 论文 | 王树芝 | 《考古与文物》 | 2004 年第 6 期 |
| 河南偃师市二里头遗址宫城及宫殿区外围道路的勘察与发掘 | 论文 | 许 宏等 | 《考古》 | 2004 年第 11 期 |
| 河南安阳市洹北商城的勘察与试掘 | 论文 | 唐际根等 | 《考古》 | 2003 年第 5 期 |
| 中国经学思想史（第一、二卷） | 专著 | 姜广辉等 | 中国社会科学出版社 | 2003 |
| 龚自珍年谱考略 | 专著 | 樊克政 | 商务印书馆 | 2004 |
| 商代的疾患医疗与卫生保健 | 论文 | 宋镇豪 | 《历史研究》 | 2004 年第 2 期 |
| 《旧唐书》斠补举例——以《太平御览》引《唐书》为中心 | 论文 | 吴玉贵 | 《中国社会科学院历史所学刊（第二集）》，商务印书馆 | 2004 |
| 甲骨文亳邑新探 | 论文 | 王震中 | 《历史研究》 | 2004 年第 5 期 |
| 梁启超启蒙思想的东学背景 | 专著 | 郑匡民 | 上海书店出版社 | 2003 |
| 西方民主在近代中国 | 专著 | 耿云志等 | 中国青年出版社 | 2003 |
| 张之洞与清末新政研究 | 专著 | 李细珠 | 上海书店出版社 | 2003 |
| 论一九二八年的东北易帜 | 论文 | 曾业英 | 《历史研究》 | 2003 年第 2 期 |
| 日本掠夺华北强制劳工档案史料集 | 资料集 | 居之芬 庄建平等 | 社会科学文献出版社 | 2003 |

续表

| 成果名称 | 成果形式 | 作者 | 发表单位 | 发表时间 |
| --- | --- | --- | --- | --- |
| 苏联兴亡史纲 | 专著 | 陈之骅 吴恩远 马龙闪等 | 中国社会科学出版社 | 2004 |
| 欧洲历史上家庭概念的演变及其特征 | 论文 | 俞金尧 | 《世界历史》 | 2004 年第 4 期 |
| 论日本近代民主制的建立 | 论文 | 武寅 | 《中国社会科学》 | 2002 年第 2 期 |
| 南中国海研究：历史与现状 | 专著 | 李国强 | 黑龙江教育出版社 | 2003 |
| 由新民主主义向社会主义的提前过渡与优先发展重工业的战略抉择 | 论文 | 朱佳木 | 《当代中国史研究》 | 2004 年第 5 期 |
| 走向精神科学之路——狄尔泰哲学思想研究 | 专著 | 谢地坤 | 江苏人民出版社 | 2003 |
| 伦理学之后——现代西方元伦理学思想 | 专著 | 孙伟平 | 江西教育出版社 | 2004 |
| 郭店竹简与先秦学术思想 | 专著 | 郭沂 | 上海教育出版社 | 2001 |
| 反思经史关系：从"启攻益"说起 | 论文 | 李存山 | 《中国社会科学》 | 2003 年第 4 期 |
| 中国古代国家宗教研究 | 专著 | 邹昌林 | 学习出版社 | 2004 |
| 犹太教小词典 | 工具书 | 周燮藩等 | 上海辞书出版社 | 2004 |
| 面向 21 世纪的国外社会科学 | 专著 | 李惠国 何培忠等 | 武汉大学出版社 | 2003 |
| 中国人文社会科学核心期刊要览 | 工具书 | 文献信息中心 文献计量学研究室 | 社会科学文献出版社 | 2004 |
| 维特根斯坦全集 | 译著 | 涂纪亮等 | 河北教育出版社 | 2003 |
| 规模型竞争论——中国基础部门竞争问题 | 专著 | 常欣 | 社会科学文献出版社 | 2003 |
| 开放中的经济增长与政策选择 | 研究报告 | 经济所经济增长前沿课题组 | 《经济研究》 | 2004 年第 4 期 |
| 民国时期的定货契约习惯及违约纠纷的裁处 | 论文 | 刘兰兮 | 《中国社会经济史研究》 | 2003 年第 3 期 |
| 关于中国经济的二元结构与三元结构问题 | 论文 | 林刚 | 《中国经济史研究》 | 2000 年第 3 期 |

续表

| 成果名称 | 成果形式 | 作者 | 发表单位 | 发表时间 |
|---|---|---|---|---|
| 近代中国国家产业化的艰难历程 | 论文 | 汪敬虞 | 《近代中国资本主义的总体考察与个案辨析》，中国社会科学出版社 | 2004 |
| 全球竞争：FDI与中国产业国际竞争力 | 专著 | 杨丹辉 | 中国社会科学出版社 | 2004 |
| 中国产业发展的道路和战略选择 | 论文 | 金碚 | 《中国工业经济》 | 2004年第7期 |
| 跨国公司进入及其对中国制造业的影响 | 研究报告 | 李海舰 | 《中国工业经济》 | 2003年第5期 |
| 中国农业竞争力研究 | 专著 | 翁鸣 陈劲松等 | 中国农业出版社 | 2003 |
| 村庄信任与标会 | 论文 | 胡必亮 | 《经济研究》 | 2004年第10期 |
| 工业化进程中村庄经济的变迁：以东部地区的一个发达村庄为例 | 论文 | 苑鹏 | 《管理世界》 | 2004年第7期 |
| 土地股份合作制的经济学分析 | 论文 | 王小映 | 《中国农村观察》 | 2003年第6期 |
| 小额信贷原理及运作 | 专著 | 杜晓山 刘文璞等 | 上海财经大学出版社 | 2001 |
| 中国投资基金制度变迁分析 | 专著 | 何德旭 | 西南财经大学出版社 | 2003 |
| 科学发展观：引领中国财政政策新思路 | 研究报告 | 高培勇等 | 中国财政经济出版社 | 2004 |
| 信息技术产业发展与实现普遍接入到普遍服务的飞跃 | 论文 | 荆林波 | 《管理世界》 | 2003年第6期 |
| 经济全球化与中国贸易政策 | 专著 | 冯雷等 | 经济管理出版社 | 2004 |
| 中国资本账户开放：经济主权、重点和步骤 | 论文 | 王国刚 | 《国际金融研究》 | 2003年第3期 |
| 积极财政政策退出的方案设计 | 研究报告 | 汪同三等 | 上报 | 2004 |
| 劳动力流动的政治经济学 | 专著 | 蔡昉 都阳 王美艳 | 上海三联书店 上海人民出版社 | 2003 |
| 中国人社会地位的获得——阶级继承和代内流动 | 论文 | 张翼 | 《社会学研究》 | 2004年第4期 |

续表

| 成果名称 | 成果形式 | 作者 | 发表单位 | 发表时间 |
| --- | --- | --- | --- | --- |
| 人口转变的储蓄效应和增长效应——论中国增长可持续性的人口因素 | 论文 | 王德文 蔡昉 张学辉 | 《人口研究》 | 2004年第5期 |
| 中国工业现代化问题研究 | 专著 | 陈佳贵 黄群慧 王延中 刘刚等 | 中国社会科学出版社 | 2004 |
| 中国西部大开发政策 | 专著 | 王洛林 魏后凯等 | 经济管理出版社 | 2003 |
| 中国民间组织的合法性困境 | 论文 | 谢海定 | 《法学研究》 | 2004年第2期 |
| 欧共体反倾销法与中欧贸易 | 专著 | 蒋小红 | 社会科学文献出版社 | 2004 |
| 当代俄罗斯政治思潮 | 专著 | 张树华 刘显忠 | 新华出版社 | 2003 |
| 一门学科与一个时代——社会学在中国 | 专著 | 阎明 | 清华大学出版社 | 2004 |
| 资本怎样运作——对"改制"中资本能动性的社会学分析 | 论文 | 折晓叶 陈婴婴 | 《中国社会科学》 | 2004年第4期 |
| 鄂温克语形态语音论及名词形态论 | 专著 | 朝克 | 日本东京外国语大学亚非语言与文化研究所 | 2003 |
| 金代女真语 | 专著 | 孙伯君 | 辽宁民族出版社 | 2004 |
| 炽盛光佛构图中星曜的演变 | 论文 | 廖旸 | 《敦煌研究》 | 2004年第4期 |
| 自治与共治:民族政治理论新思考 | 论文 | 朱伦 | 《民族研究》 | 2003年第2期 |
| 媒介消费的法律保障:兼论媒体对受众的底限责任 | 专著 | 宋小卫 | 中国广播电视出版社 | 2004 |
| "喉舌"追考——《文心雕龙》之传播思想探讨 | 论文 | 尹韵公 | 《新闻与传播研究》 | 2003年第3期 |
| 外国直接投资是否会带来国际收支危机 | 论文 | 姚枝仲 何帆 | 《经济研究》 | 2004年第11期 |
| 中国企业跨国经营战略 | 专著 | 鲁桐 | 经济管理出版社 | 2003 |
| 货币政策、公司融资行为与货币供给内生性 | 论文 | 孙杰 | 《世界经济》 | 2004年第5期 |

续表

| 成果名称 | 成果形式 | 作者 | 发表单位 | 发表时间 |
| --- | --- | --- | --- | --- |
| 人民币汇率调整对中国宏观经济的影响 | 论文 | 何新华 吴海英 刘仕国 | 《世界经济》 | 2003年第11期 |
| "回归欧洲"与中欧概念的嬗变 | 论文 | 朱晓中 | 《欧洲研究》 | 2004年第2期 |
| 后冷战时代中俄美三角关系的演变 | 论文 | 郑羽 | 《二十一世纪》 | 2004年第10期 |
| 改革与发展失调——对拉美国家经济改革的整体评估 | 论文 | 苏振兴 | 《拉丁美洲研究》 | 2003年第6期 |
| 拉丁美洲左派的近况和发展前景 | 研究报告 | 徐世澄 | 《世界社会主义研究动态》 | 2004年第36期 |
| 汉西经贸词典 | 工具书 | 毛金里 杨衍永 梁德润 涂光楠 陈芝芸 | 外语教学与研究出版社 | 2004 |
| 中美关系三十年 | 资料 | 陶文钊等 | 内部资料 | 2003 |
| 非洲传统时间观念 | 论文 | 张宏明 | 《西亚非洲》 | 2004年第6期 |
| 新南非十年:多元一体国家的建设 | 论文 | 杨立华 | 《西亚非洲》 | 2004年第4期 |
| 中东:美国霸权的陷阱 | 论文 | 张晓东 | 《西亚非洲》 | 2003年第6期 |
| 日本国土综合开发论 | 专著 | 张季风 | 世界知识出版社 | 2004 |
| 21世纪的中日关系 | 专著 | 金熙德 | 日本侨报社 | 2004 |
| 印度文明 | 专著 | 刘建 朱明忠 葛维钧 | 中国社会科学出版社 | 2004 |
| 关于推动我国与周边国家经贸关系的思考 | 研究报告 | 陆建人 | 《当代亚太》 | 2004年第9期 |
| 欧洲模式与欧美关系:2003—2004欧洲发展报告 | 专著 | 周弘 郑秉文 沈雁南等 | 中国社会科学出版社 | 2004 |
| 欧洲发达国家共产党的变革 | 专著 | 姜辉 | 学习出版社 | 2004 |
| 现阶段中国社会阶级阶层分析 | 专著 | 吴波 | 清华大学出版社 | 2004 |
| 苏联"三十年代大清洗"人数考 | 论文 | 吴恩远 | 《历史研究》 | 2002年第5期 |

## （七）中国社会科学院第七届（2010年）优秀科研成果奖共127项

### 一等奖（5项）

| 成果名称 | 成果形式 | 主要完成人 姓名 | 主要完成人 单位 | 发表单位 | 发表时间 |
|---|---|---|---|---|---|
| 先秦两汉铁器的考古学研究 | 专著 | 白云翔 | 考古所 | 科学出版社 | 2005.4 |
| 巴别塔的重建与解构——解释学视野中的翻译问题 | 专著 | 李河 | 哲学所 | 云南大学出版社 | 2005.10 |
| 当代基督宗教研究丛书（6册） | 专著 | 卓新平 主编 | 宗教所 | 上海三联书店 | 1998.5 2000.10 2007.1 |
| 历代判例判牍（12册） | 古籍整理 | 杨一凡 徐立志 | 法学所 | 中国社会科学出版社 | 2005.12 |
| 居安思危——苏共亡党的历史教训 | 研究报告 | 李慎明等 | 院部 | 《科学社会主义》 | 2006年第5—6期、2007年第1期 |

### 二等奖（24项）

| 成果名称 | 成果形式 | 主要完成人 姓名 | 主要完成人 单位 | 发表单位 | 发表时间 |
|---|---|---|---|---|---|
| *Mongolian Epic Identity: Formulaic Approach to Janggar Epic Singing*（《蒙古史诗特异质：〈江格尔〉程式研究》） | 论文（英文） | 朝戈金 | 民文所 | 马来亚大学出版社（新加坡） | 2004 |
| "王冕死了父亲"的生成方式——兼说汉语糅合造句 | 论文 | 沈家煊 | 语言所 | 《中国语文》 | 2006年第4期 |
| *New Zooarchaeological Evidence for Changes in Shang Dynasty Animal Sacrifice*（《商代使用动物祭祀行为变迁的动物考古学研究》） | 论文 | 袁靖 | 考古所 | *Journal of Anthropological Archaeology*（《考古学杂志》） | 2005.9 第24期第3号 |
| 中国近代通史 | 专著 | 张海鹏 | 近代史所 | 江苏人民出版社 | 2013.10 |
| 地域观念与派系斗争：以二三十年代国民党粤籍领袖为中心的考察 | 论文 | 金以林 | 近代史所 | 《历史研究》 | 2005年第3期 |
| 好太王碑拓本の研究 | 专著 | 徐建新 | 世历所 | 日本东京堂 | 2006.2 |
| 中国新疆历史与现状 | 专著 | 厉声 | 边疆中心 | 新疆人民出版社 | 2004—2006 |

续表

| 成果名称 | 成果形式 | 主要完成人 姓名 | 主要完成人 单位 | 发表单位 | 发表时间 |
|---|---|---|---|---|---|
| 唯识、心性与如来藏 | 专著 | 周贵华 | 哲学所 | 宗教文化出版社 | 2006.3 |
| 春秋繁露校释（校补本）（上、下） | 古籍整理 | 钟肇鹏 | 宗教所 | 河北人民出版社 | 2005.5 |
| 中国宗教历史文献集成（120册） | 古籍整理 | 周燮藩主编 | 宗教所 | 黄山书社 | 2005.10 |
| 中国十个五年计划研究报告 | 专著 | 张卓元 董志凯 武 力 徐建青 | 经济所 | 人民出版社 | 2006.3 |
| 经济全球化与发展中国家的国际储备管理 | 论文 | 李 扬 余维彬 | 院部 金融所 | 《经济学动态》 | 2005年第8期 |
| 中国劳动力市场转型与发育 | 专著 | 蔡 昉 都 阳 王美艳 | 人口所 | 商务印书馆 | 2005.9 |
| 两大法系法律实施系统比较——财产法律的视角 | 论文 | 冉 昊 | 法学所 | 《中国社会科学》 | 2006年第1期 |
| 行政许可法：观念创新与实践挑战 | 论文 | 周汉华 | 法学所 | 《中国社会科学》 | 2005年第2期 |
| 企业员工的心理契约——概念、理论及实证研究 | 专著 | 李 原 | 社会学所 | 复旦大学出版社 | 2006.9 |
| 全球化：文化冲突与共生 | 专著 | 苏国勋 张旅平 夏 光 | 社会学所 | 社会科学文献出版社 | 2006.7 |
| 民族认同危机还是民族主义宣示？——亨廷顿《我们是谁》一书中的族际政治理论困境 | 论文 | 郝时远 | 院部 | 《世界民族》 | 2005年第3期 |
| 西藏农村的宗教权威及其公共服务——对于西藏农区五村的案例分析 | 论文 | 扎 洛 | 民族所 | 《民族研究》 | 2005年第2期 |
| 国际战略报告——理论体系、现实挑战与中国的选择 | 专著 | 李少军等 | 世经政所 | 中国社会科学出版社 | 2005.1 |

续表

| 成果名称 | 成果形式 | 主要完成人 姓名 | 主要完成人 单位 | 发表单位 | 发表时间 |
|---|---|---|---|---|---|
| 既非盟友 也非敌人：苏联解体后的俄美关系 | 专著 | 郑羽 | 俄欧亚所 | 世界知识出版社 | 2006.7 |
| 非洲国家民主化进程比较研究 | 专著 | 贺文萍 | 西亚非所 | 时事出版社 | |
| 意识形态与美国外交 | 专著 | 周琪 | 美国所 | 上海人民出版社 | 2006.7 |
| 《德意志意识形态》的理论贡献及其当代价值 | 论文 | 侯惠勤 | 马研院 | 《高校理论战线》 | 2006年第3期 |

## 三等奖（98项）

| 成果名称 | 成果形式 | 主要完成人 姓名 | 主要完成人 单位 | 发表单位 | 发表时间 |
|---|---|---|---|---|---|
| 两周诗史 | 专著 | 马银琴 | 文学所 | 社会科学文献出版社 | 2006.12 |
| 萧纲萧绎年谱 | 专著 | 吴光兴 | 文学所 | 社会科学文献出版社 | 2006.10 |
| 元代文学编年史 | 专著 | 杨镰 | 文学所 | 山西教育出版社 | 2005.7 |
| 清诗话考 | 专著 | 蒋寅 | 文学所 | 中华书局 | 2005.1 |
| 主题的变迁与转换——细读延安小说（上、下） | 论文 | 李洁非等 | 文学所 | 《长城》 | 2006年第1期 2006年第2期 |
| 故事的无序生长及其最优策略——以梁祝故事结尾的生长方式为例 | 论文 | 施爱东 | 文学所 | 《民俗研究》 | 2005年第3期 |
| 中国新诗书刊总目 | 工具书 | 刘福春 | 文学所 | 作家出版社 | 2006.6 |
| 中国各民族文学关系研究（先秦至唐宋卷、元明清卷） | 专著 | 郎樱 扎拉嘎 主编 | 民文所 | 贵州人民出版社 | 2005.9 |
| 伊阿诺斯，或双头鹰：俄国文学和文化中斯拉夫派和西方派的思想对峙 | 专著 | 刘文飞 | 外文所 | 中国社会科学出版社 | 2006.12 |
| 中产阶级的孩子们——60年代与文化领导权 | 专著 | 程巍 | 外文所 | 生活·读书·新知三联书店 | 2006.6 |
| "白雪"入歌源流考 | 论文 | 吕莉 | 外文所 | 《外国文学评论》 | 2006年第4期 |
| "陌生化"与经典之路 | 论文 | 陈众议 | 外文所 | 《中国比较文学》 | 2006年第4期 |

续表

| 成果名称 | 成果形式 | 主要完成人 姓名 | 主要完成人 单位 | 发表单位 | 发表时间 |
|---|---|---|---|---|---|
| 关于《现代汉语词典》第5版词类标注的说明 | 论文 | 徐枢 谭景春 | 语言所 | 《中国语文》 | 2006年第1期 |
| 《上博竹书（四）》间诂 | 论文 | 孟蓬生 | 语言所 | 《简帛研究2004》，广西师范大学出版社 | 2006.10 |
| 汉语史研究中的假设与证明——试论一个学术观念问题 | 论文 | 麦耘 | 语言所 | 《语言研究》 | 2005.6，第25卷第2期 |
| 枣阳雕龙碑 | 专著 | 吴耀利 | 考古所 | 科学出版社 | 2006.4 |
| 滕州前掌大墓地 | 专著 | 梁中和 | 考古所 | 文物出版社 | 2005.11 |
| 北朝晚期石窟寺研究 | 专著 | 李裕群 | 考古所 | 文物出版社 | 2003.5 |
| 聚落形态研究与中华文明探源 | 论文 | 王巍 | 考古所 | 《文物》 | 2006年第5期 |
| 先商社会形态的演进 | 论文 | 王震中 | 历史所 | 《中国史研究》 | 2005年第2期 |
| 蒙恬所筑长城位置考 | 论文 | 贾衣肯 | 历史所 | 《中国史研究》 | 2006年第1期 |
| 晚明社会变迁：问题与研究 | 专著 | 万明等 | 历史所 | 商务印书馆 | 2005.12 |
| 洪承畴与明清易代研究 | 专著 | 杨海英 | 历史所 | 商务印书馆 | 2006.8 |
| 嘉庆以来汉学传统的衍变与传承 | 专著 | 罗检秋 | 近代史所 | 中国人民大学出版社 | 2006 |
| "桐工作"辨析 | 论文 | 杨天石 | 近代史所 | 《历史研究》 | 2005年第2期 |
| 礼俗文化的再研究——回应文化研究新思潮 | 论文 | 刘志琴 | 近代史所 | 《史学理论研究》 | 2005年第1期 |
| 美国政府与清朝的覆灭 | 论文 | 崔志海 | 近代史所 | 《史林》 | 2006年第6期 |
| 苏联社会阶层与苏联剧变研究 | 专著 | 黄立茀 | 世历所 | 社会科学文献出版社 | 2006.8 |
| 20世纪末联邦德国史学流派争议（上、下） | 论文 | 景德祥 | 世历所 | 《世界历史》《史学理论研究》 | 2005年第1期 2005年第3期 |
| 古代两河流域的创世神话与历史 | 论文 | 国洪更 | 世历所 | 《世界历史》 | 2006年第4期 |
| 论道德金规则的最佳可能方案（中文版） | 论文 | 赵汀阳 | 哲学所 | 《中国社会科学》 | 2005年第3期 |
| 宋学与《宋论》——兼评余英时《朱熹的历史世界》 | 论文 | 李存山 | 哲学所 | 山东大学出版社《儒林》第一辑 | 2005.8 |
| 应用伦理学的论证问题 | 论文 | 甘绍平 | 哲学所 | 《中国社会科学》 | 2006年第1期 |

续表

| 成果名称 | 成果形式 | 主要完成人 姓名 | 主要完成人 单位 | 发表单位 | 发表时间 |
|---|---|---|---|---|---|
| 克罗齐史学名著译丛：《历史学的理论和历史》《作为思想和行动的历史》《十九世纪欧洲史》 | 译著 | 田时纲 | 哲学所 | 中国社会科学出版社 | — |
| 地藏信仰研究 | 专著 | 张总 | 宗教所 | 宗教文化出版社 | 2003.3 |
| 当代国外中国学研究 | 专著 | 何培忠 主编 | 文献中心 | 商务印书馆 | 2006.12 |
| 1995—2004年文献计量学研究的共词分析 | 论文 | 蒋颖 | 文献中心 | 《情报学报》 | 2006年第4期 |
| 俄罗斯的主权民主论 | 论文 | 张树华 | 文献中心 | 《政治学研究》 | 2006年第4期 |
| 转型经济理论研究 | 专著 | 王振中 | 经济所 | 中国市场出版社 | 2006.5 |
| 中国手工业经济通史·隋唐五代卷 | 专著 | 魏明孔 | 经济所 | 福建人民出版社 | 2005.5 |
| 民国时期经济政策的沿袭与变异（1912~1937） | 专著 | 徐建生 | 经济所 | 福建人民出版社 | 2006.1 |
| 经济人的"再生"：对一种新综合的探讨和辩护 | 论文 | 杨春学 | 经济所 | 《经济研究》 | 2005年第11期 |
| 干中学、低成本竞争机制和增长路径转变 | 论文 | 张平 刘霞辉 | 经济所 | 《经济研究》 | 2006年第4期 |
| 中国居民医疗支出不公平性分析 | 论文 | 魏众 B.古斯塔夫森 | 经济所 | 《经济研究》 | 2005.12 |
| 经济全球化与中国产业组织调整 | 专著 | 沈志渔 罗仲伟 | 工经所 | 经济管理出版社 | 2006.9 |
| 管理科学化与管理学方法论 | 专著 | 黄速建 黄群慧 | 工经所 | 经济管理出版社 | 2005.9 |
| 竞争秩序与竞争政策 | 专著 | 金碚 | 工经所 | 社会科学文献出版社 | 2005.9 |
| 中国能源效率的地区差异与节能潜力分析 | 论文 | 史丹 | 工经所 | 《中国工业经济》 | 2006年第10期 |
| 国有企业的性质、目标与社会责任 | 论文 | 黄速建 余菁 | 工经所 | 《中国工业经济》 | 2006年第2期 |

续表

| 成果名称 | 成果形式 | 主要完成人 姓名 | 主要完成人 单位 | 发表单位 | 发表时间 |
|---|---|---|---|---|---|
| 中国成为"世界工厂"的国际影响 | 论文 | 杨丹辉 | 工经所 | 《中国工业经济》 | 2005年第9期 |
| 西部地区农业生产效率的DEA分析 | 论文 | 李 周 于法稳 | 农发所 | 《中国农村观察》 | 2005年第6期 |
| 我国农地转用中的土地收益分配实证研究——基于昆山、桐城、新都三地的抽样调查分析 | 论文 | 王小映 | 农发所 | 《管理世界》 | 2006年第5期 |
| 农村公路基础设施对减缓贫困的影响研究 | 论文 | 吴国宝 | 农发所 | 《中国农村发展研究报告No.5：聚焦三农》，社会科学文献出版社 | 2006 |
| 中国乡镇企业融资与内生民间金融组织制度创新研究 | 研究报告 | 冯兴元 何广文 杜志雄等 | 农发所 | 山西经济出版社 | 2006.11 |
| 论中国进入利用外资新阶段——"十一五"时期利用外资的战略思考 | 论文 | 裴长洪 | 财贸所 | 《中国工业经济》 | 2005年第1期 |
| 走向"共赢"的中国多级财政 | 研究报告 | 高培勇 杨之刚 | 财贸所 | 中国财政经济出版社 | 2005.11 |
| 中美消费对比与政策建议 | 研究报告 | 荆林波 | 财贸所 | 《财贸经济》 | 2006年第12期 |
| 股市公共性：股权分置改革的理论根据 | 论文 | 王国刚 | 金融所 | 《中国工业经济》 | 2006年第4期 |
| A Property of the Leontief Inverse and its Applications to Comparative Static Analysis | 论文 | 曾力生 | 数技经所 | Economic Systems Research | Vol. 13, 2003 |
| 金融结构与货币传导机制 | 专著 | 樊明太 | 数技经所 | 中国社会科学出版社 | 2005.5 |
| 改革开放以来收入分配对资本积累及投资结构的影响 | 论文 | 汪同三 蔡跃洲 | 数技经所 | 《中国社会科学》 | 2006.1 |
| 人力资本回报率变化与收入差距："马太效应"及其政策含义 | 论文 | 张车伟 | 人口所 | 《经济研究》 | 2006年第12期 |

续表

| 成果名称 | 成果形式 | 主要完成人 姓名 | 主要完成人 单位 | 发表单位 | 发表时间 |
| --- | --- | --- | --- | --- | --- |
| 城市劳动力市场上的就业机会与工资差异——外来劳动力就业与报酬研究 | 论文 | 王美艳 | 人口所 | 《中国社会科学》 | 2005年第5期 |
| 国际气候制度与中国 | 专著 | 庄贵阳 陈迎 | 城环所 | 世界知识出版社 | 2005.12 |
| 争议与思考——物权立法笔记 | 研究报告 | 孙宪忠 | 法学所 | 中国人民大学出版社 | 2006.10 |
| 追寻历史的"活法"——法律的历史分析理论述评 | 论文 | 谢鸿飞 | 法学所 | 《中国社会科学》 | 2005年第4期 |
| 美国知识产权法 | 专著 | 李明德 | 法学所 | 法律出版社 | 2003.10 |
| 论国家在《经济、社会和文化权利国际公约》下义务的不对称性 | 专著 | 柳华文 | 国际法所 | 北京大学出版社 | 2005.9 |
| 时代的契机 理智的选择——关于中国国际私法中确定合同准据法立法的几点思考 | 论文 | 沈涓 | 国际法所 | 《国际法研究》第一卷，中国人民公安大学出版社 | 2006.8 |
| 有限政府论：思想渊源与现实诉求 | 论文 | 贠杰 | 政治学所 | 《政治学研究》 | 2005年第1期 |
| 组织变迁的社会过程——以社会团结为视角 | 专著 | 李汉林 渠敬东 夏传玲 陈华珊 | 社会学所 | 东方出版中心 | 2006.6 |
| 产权怎样界定——一份集体产权私化的社会文本 | 论文 | 折晓叶 陈婴婴 | 社会学所 | 《社会学研究》 | 2005年第4期 |
| 云南稻作源流史 | 专著 | 管彦波 | 民族所 | 民族出版社 | 2005.3 |
| 唐代长安方言考 | 译著 | 聂鸿音 | 民族所 | 中华书局 | 2005.1 |
| 西方的"族体"概念系统：从"族群"概念在中国的应用错位说起 | 论文 | 朱伦 | 民族所 | 《中国社会科学》 | 2005第4期 |
| 土家语句子中的选择性语流变调 | 论文 | 徐世璇 | 民族所 | 《语言科学》 | 2005年第6期 |
| 河南邓州"台湾村"研究 | 系列论文 | 陈建樾 郝时远 杜世伟 | 民族所 | 《民族研究》 | 2005年第5期 |

续表

| 成果名称 | 成果形式 | 主要完成人 姓名 | 主要完成人 单位 | 发表单位 | 发表时间 |
| --- | --- | --- | --- | --- | --- |
| 资本结构、治理结构和代理成本：理论、经验和启示 | 专著 | 孙杰 | 世经政所 | 社会科学文献出版社 | 2006.7 |
| 中国宏观经济季度模型 China_QEM | 专著 | 何新华 吴海英 曹永福 刘睿 | 世经政所 | 社会科学文献出版社 | 2005 |
| 汇率与经济增长：对亚洲经济体的检验 | 论文 | 高海红 陈晓莉 | 世经政所 | 《世界经济》 | 2005.10 |
| 货币升值的后果——基于中国经济特征事实的理论框架 | 论文 | 张斌 何帆 | 世经政所 | 《经济研究》 | 2006年第5期 |
| 中俄战略协作伙伴关系：十年实践的历史考察 | 论文 | 吴大辉 | 俄欧亚所 | 《俄罗斯中亚东欧研究》 | 2006年第5期 |
| 重新崛起之路——俄罗斯发展的机遇与挑战 | 专著 | 许志新 | 俄欧亚所 | 世界知识出版社 | 2005.9 |
| 福利国家向何处去 | 专著 | 周弘 | 欧洲所 | 社会科学文献出版社 | 2006.7 |
| 欧洲政党执政经验研究 | 专著 | 顾俊礼 主编 | 欧洲所 | 经济管理出版社 | 2005.6 |
| 阿富汗的伊斯兰教 | 论文 | 张晓东 | 西亚非所 | 《西亚非洲》 | 2005年第4期 |
| 阿富汗伊斯兰化进程刍议 | 论文 | 张晓东 | 西亚非所 | 《西亚非洲》 | 2005年第6期 |
| 弗罗贝纽斯的非洲学观点对桑戈尔黑人精神学说的影响 | 论文 | 张宏明 | 西亚非所 | 《西亚非洲》 | 2005年第5期 |
| 社保改革"智利模式"25年的发展历程回眸 | 论文 | 郑秉文 房连泉 | 拉美所 | 《拉丁美洲研究》 | 2006年第5期 |
| 对拉美国家经济与社会不协调发展的理论分析 | 论文 | 袁东振 | 拉美所 | 《拉丁美洲研究》 | 2005年第3期 |
| 《胜乐轮经》及其注疏解读 | 专著 | 李南 | 亚太所 | 中国社会科学出版社 | 2005.11 |
| 东南亚：政治变革与社会转型 | 专著 | 李文 主编 | 亚太所 | 中国社会科学出版社 | 2006.9 |
| 中国能源安全中的马六甲因素 | 论文 | 张洁 | 亚太所 | 《国际政治研究》 | 2005年第3期 |

续表

| 成果名称 | 成果形式 | 主要完成人 姓名 | 主要完成人 单位 | 发表单位 | 发表时间 |
|---|---|---|---|---|---|
| 美国对台湾政策的演变 | 论文 | 陶文钊 | 美国所 | 《中国社会科学院学术咨询委员会集刊（第2辑）》，社会科学文献出版社 | 2006.2 |
| 美日关系 | 专著 | 刘世龙 | 日本所 | 世界知识出版社 | 2003.6 |
| 安倍政权的政治属性与政策选择 | 论文 | 高洪 | 日本所 | 《日本学刊》 | 2006年第6期 |
| 当代资本主义新论 | 专著 | 靳辉明 罗文东 主编 | 马研院 | 四川出版集团 四川人民出版社 | 2006.2 |
| 构建社会主义和谐社会要正确处理的若干重大关系 | 论文 | 何秉孟 姜辉 赵培杰 | 院部 | 《马克思主义研究》 | 2006年第7期 |
| 生产方式的"绝对规律"与政治经济学的"最终目的" | 论文 | 毛立言 | 马研院 | 《马克思主义研究》 | 2006年第3期 |

## （八）中国社会科学院第八届（2013年）优秀科研成果奖共133项

### 一等奖（4项）

| 成果名称 | 成果形式 | 主要完成人 姓名 | 主要完成人 单位 | 发表单位 | 发表时间 |
|---|---|---|---|---|---|
| 近代中国文化转型研究（9卷本） | 专著 | 耿云志 | 近代史所 | 四川人民出版社 | 2008.4 |
| 中国的哲学现状、问题和任务 | 论文 | 谢地坤 | 哲学所 | 《中国社会科学》 | 2008年第5期 |
| 宗教人类学学说史纲要 | 专著 | 金泽 | 宗教所 | 中国社会科学出版社 | 2009.8 |
| 西夏社会 | 专著 | 史金波 | 民族所 | 上海人民出版社 | 2007.8 |

### 二等奖（33项）

| 成果名称 | 成果形式 | 主要完成人 姓名 | 主要完成人 单位 | 发表单位 | 发表时间 |
|---|---|---|---|---|---|
| 姚鼐与乾嘉学派 | 专著 | 王达敏 | 文学所 | 北京学苑出版社 | 2007.11 |
| 拒斥与吸纳：论陶渊明与庐山佛教之关系 | 论文 | 范子烨 | 文学所 | 《国学研究》第二十三卷，北京大学出版社 | 2009.6 |

续表

| 成果名称 | 成果形式 | 主要完成人 姓名 | 主要完成人 单位 | 发表单位 | 发表时间 |
|---|---|---|---|---|---|
| 从荷马到冉皮勒：反思国际史诗学术的范式转换 | 论文 | 朝戈金 | 民文所 | 《中国社会科学院文学研究所学刊（2008）》，中国社会科学出版社 | 2008.12 |
| 在卡夫山上追寻自我——奥尔罕·帕慕克的《黑书》解读 | 论文 | 穆宏燕 | 外文所 | 《外国文学》 | 2008年第2期 |
| 语法调查研究手册 | 专著 | 刘丹青 | 语言所 | 上海教育出版社 | 2008.11 |
| 安阳殷墟花园庄东地商代墓葬 | 专著 | 考古研究所 | 考古所 | 科学出版社 | 2007.10 |
| 跨度为2332年的考古树轮年表的建立与夏塔图墓葬定年 | 论文 | 王树芝（第一作者） | 考古所 | 《考古》 | 2008年第2期 |
| 太子慈烺和北南两太子案——纪念孟森先生诞生140周年、逝世70周年 | 论文 | 何龄修 | 历史所 | 《中国史研究》 | 2008年第1期 |
| 魏晋南北朝五礼制度考论 | 专著 | 梁满仓 | 历史所 | 社会科学文献出版社 | 2009.5 |
| 清代北京旗人社会 | 专著 | 刘小萌 | 近代史所 | 中国社会科学出版社 | 2008.8 |
| 俄罗斯远东的"犹太民族家园" | 论文 | 王晓菊 | 世历所 | 《世界历史》 | 2007年第2期 |
| 清王朝佛教事务管理 | 专著 | 杨健 | 宗教所 | 社会科学文献出版社 | 2008.7 |
| 全球化背景下的世界诸语言：使用及分布格局的变化 | 论文 | 黄长著 | 图书馆 | 《国外社会科学》 | 2009年第6期 |
| 中央驻藏代表张经武与西藏 | 专著 | 宋月红编著 | 当代所 | 人民出版社 | 2007.12 |
| 中国经济增长前沿 | 专著 | 张平 刘霞辉 主编 | 经济所 | 社会科学文献出版社 | 2007.5 |
| 奠定中国市场经济的微观基础：企业革命30年 | 专著 | 刘小玄 | 经济所 | 格致出版社，上海人民出版社 | 2008.11 |
| 和谐社会的政治经济学基础 | 论文 | 杨春学 | 经济所 | 《经济研究》 | 2009年第1期 |
| 中国工业化进程报告——1995—2005年中国省域工业化水平评价与研究 | 专著 | 陈佳贵 黄群慧 钟宏武 王延中 等 | 工经所 | 社会科学文献出版社 | 2007.7 |

续表

| 成果名称 | 成果形式 | 主要完成人 姓名 | 主要完成人 单位 | 发表单位 | 发表时间 |
|---|---|---|---|---|---|
| 资源环境管制与工业竞争力关系的理论研究 | 论文 | 金碚 | 工经所 | 《中国工业经济》 | 2009.3 |
| 公共财政：概念界说与演变脉络 | 论文 | 高培勇 | 财经院 | 《经济研究》 | 2008年第12期 |
| 刘易斯转折点——中国经济发展新阶段 | 专著 | 蔡昉 | 人口所 | 社会科学文献出版社 | 2008.10 |
| 碳预算方案——一个公平、可持续的国际气候制度框架 | 论文 | 潘家华 陈迎 | 城环所 | 《中国社会科学》 | 2009年第3期 |
| 中国民法继受潘德克顿法学：引进、衰落和复兴 | 论文 | 孙宪忠 | 法学所 | 《中国社会科学》 | 2008年第2期 |
| 《公民权利与政治权利国际公约》的批准与实施 | 专著 | 陈泽宪 主编 | 国际法所 | 中国社会科学出版社 | 2008.11 |
| 底线公平：和谐社会的基础 | 专著 | 景天魁 | 社会学所 | 北京师范大学出版社 | 2009.1 |
| 全球化中的民族过程 | 专著 | 王希恩 | 民族所 | 社会科学文献出版社 | 2009.6 |
| 国际经济政治学 | 专著 | 张宇燕 李增刚 | 世经政所 | 上海人民出版社 | 2008.1 |
| 普京八年：俄罗斯复兴之路（2000—2008年）政治卷 普京八年：俄罗斯复兴之路（2000—2008年）经济卷 普京八年：俄罗斯复兴之路（2000—2008年）外交卷 | 三卷本丛书 | 郑羽 总主编 | 俄欧亚所 | 经济管理出版社 | 2008.5 |
| 中长铁路归还中国的历史考察 | 论文 | 张盛发 | 俄欧亚所 | 《历史研究》 | 2008年第4期 |
| 近代非洲思想经纬——18、19世纪非洲知识分子思想研究 | 专著 | 张宏明 | 西亚非 | 社会科学文献出版社 | 2008.6 |
| 拉美"增长性贫困"与社会保障的减困功能——国际比较的背景 | 论文 | 郑秉文 | 拉美所 | 《拉丁美洲研究》 | 2009年增刊 |
| 美国的政治腐败与反腐败——对美国反腐败机制的研究 | 专著 | 周琪 袁征 | 美国所 | 中国社会科学出版社 | 2009.4 |
| 制度经济学 | 译著 | 赵睿 | 研究生院 | 华夏出版社 | 2009.1 |

## 三等奖（89 项）

| 成果名称 | 成果形式 | 主要完成人 姓名 | 主要完成人 单位 | 发表单位 | 发表时间 |
|---|---|---|---|---|---|
| 典型文坛 | 专著 | 李洁非 | 文学所 | 湖北人民出版社 | 2008.8 |
| 宋代家族与文学研究 | 专著 | 张 剑 吕肖奂 周扬波 | 文学所、四川大学中文系、湖州师范学院 | 中国社会科学出版社 | 2009.9 |
| 灾难谣言的形态学分析——以5·12汶川地震的灾后谣言为例 | 论文 | 施爱东 | 文学所 | 《民族艺术》 | 2008年第4期 |
| 黄庭坚全集辑校编年 | 古籍整理 | 郑永晓 | 文学所 | 江西人民出版社 | 2008.9 |
| 史诗观念与史诗研究范式转换 | 论文 | 尹虎彬 | 民文所 | 《中央民族大学学报（哲学社会科学版）》 | 2008年第1期 |
| 荷马诗论 | 论文 | 陈中梅 | 外文所 | 《意象》第2期，北京大学出版社 | 2008.1 |
| 在反思中深化文学理论研究——"后理论时代"文学研究的一个问题 | 论文 | 周启超 | 外文所 | 《江苏社会科学》 | 2009年第6期 |
| 汉语里的名词和动词 | 论文 | 沈家煊 | 语言所 | 《汉藏语学报》 | 2007年第1期 |
| 由背景化触发的两种句法结构——主语零形反指和描写性关系从句 | 论文 | 方 梅 | 语言所 | 《中国语文》 | 2008年第4期 |
| 论宁波方言和苏州方言前高元音的区别特征——兼谈高元音继续高化现象 | 论文 | 胡 方 | 语言所 | 《中国语文》 | 2007年第5期 |
| 南邠州·碾子坡 | 专著 | 考古所 | 考古所 | 世界图书出版公司 | 2007.4 |
| 蒙城尉迟寺（第二部） | 专著 | 考古所 | 考古所 | 科学出版社 | 2007.12 |
| 中国美术考古学概论 | 工具书（教材） | 杨 泓 郑 岩 | 考古所 | 中国社会科学出版社 | 2008.2 |
| 新砦—二里头—二里冈文化考古年代序列的建立与完善 | 论文 | 张雪莲（第一作者） | 考古所 | 《考古》 | 2007年第8期 |
| 元代怯薛轮值新论 | 论文 | 刘 晓 | 历史所 | 《中国社会科学》 | 2008年第4期 |

续表

| 成果名称 | 成果形式 | 主要完成人 姓名 | 主要完成人 单位 | 发表单位 | 发表时间 |
|---|---|---|---|---|---|
| 白银货币化视角下的明代赋役改革（上、下） | 论文 | 万明 | 历史所 | 《学术月刊》 | 2007年第5、6期 |
| 明清时代妇女的地位与权利——以明清契约文书、诉讼档案为中心 | 专著 | 阿风 | 历史所 | 社会科学文献出版社 | 2009.4 |
| 殷墟甲骨文人名与断代的初步研究 | 专著 | 赵鹏 | 历史所 | 线装书局 | 2008.7 |
| 郊庙之外——隋唐国家祭祀与宗教 | 专著 | 雷闻 | 历史所 | 生活·读书·新知三联书店 | 2009.5 |
| 国民党高层的派系政治 | 专著 | 金以林 | 近代史所 | 社会科学文献出版社 | 2009.11 |
| 抗战后国家资本膨胀和垄断问题再研究 | 论文 | 虞和平 | 近代史所 | 《历史研究》 | 2009年第5期 |
| 蔡锷与小凤仙——兼谈史料辨伪和史事考证问题 | 论文 | 曾业英 | 近代史所 | 《近代史研究》 | 2009年第1期 |
| 全球环境问题与国际回应 | 专著 | 徐再荣 | 世历所 | 中国环境科学出版社 | 2007.8 |
| 论郑芝龙与明清王朝权利互动之关系 | 论文 | 李国强 | 边疆史地中心 | 《法国汉学第12辑·边臣疆吏》 | 2007.12 |
| 英帝国与中国西藏（1937—1947） | 专著 | 张永攀 | 边疆史地中心 | 中国社会科学出版社 | 2007.4 |
| 共在存在论：人际与心际 | 论文 | 赵汀阳 | 哲学所 | 《哲学研究》 | 2009年第8期 |
| Chinese Way of Thinking（《中国人的思维》） | 专著（英文） | 王柯平 | 哲学所 | 上海锦绣文章出版社 | 2009.5 |
| 人权伦理学 | 专著 | 甘绍平 | 哲学所 | 中国发展出版社 | 2009.2 |
| 韩国儒学史 | 专著 | 李甦平 | 哲学所 | 人民出版社 | 2009.8 |
| 经、史、儒关系的重构与"批判儒学"之建立——以《儒学五论》为中心试论蒙文通"儒学"观念的特质 | 论文 | 张志强 | 哲学所 | 《中国哲学史》 | 2009年第1期 |

续表

| 成果名称 | 成果形式 | 主要完成人 姓名 | 主要完成人 单位 | 发表单位 | 发表时间 |
|---|---|---|---|---|---|
| 莫尔特曼的三位一体辩证法 | 论文 | 杨华明 | 宗教所 | 《基督教思想评论》总第七辑，2007年第二册，世纪出版集团 上海人民出版社 | 2008.1 |
| 改革开放30年思想史（上、下卷） | 专著 | 赵智奎 主编 | 马研院 | 人民出版社 | 2008.12 |
| 现代马克思主义政治经济学的四大理论假设 | 论文 | 程恩富 | 马研院 | 《中国社会科学》 | 2007年第1期 |
| 国家资本主义与"中国模式" | 论文 | 胡乐明 刘志明 张建刚 | 马研院 | 《经济研究》 | 2009年第11期 |
| 试论马克思主义理论的"内在紧张" | 论文 | 侯惠勤 | 马研院 | 《中国社会科学》 | 2007年第3期 |
| "康德拉季耶夫周期"理论视野中的美国经济 | 论文 | 李慎明 | 院部 | 《马克思主义研究》 | 2007年第4期 |
| 陈云、马寅初与中国二十世纪五十年代的计划生育——兼谈毛泽东的人口观 | 论文 | 李文 | 当代所 | 《中共党史研究》 | 2009年第5期 |
| 国外中国女性研究——文献与数据分析 | 专著 | 刘霓 黄育馥 | 信息情报院 | 中国社会科学出版社 | 2009.6 |
| 共和国对外贸易60年 | 专著 | 裴长洪 主编 | 经济所 | 人民出版社 | 2009.9 |
| 清代道光至宣统间粮价表 | 学术资料 | 封越健 王砚峰 | 经济所 | 广西师范大学出版社 | 2009.1 |
| 近代农村钱庄的资本经营及其特点——近代农村钱庄探索之二 | 论文 | 刘克祥 | 经济所 | 《中国经济史研究》 | 2009年第3期 |
| 大国模型与人民币对美元汇率的评估 | 论文 | 赵志君 陈增敬 | 经济所 | 《经济研究》 | 2009年第3期 |
| 公用事业：竞争、民营与监管 | 专著 | 刘戒骄等 | 工经所 | 经济管理出版社 | 2007.10 |
| 对公司领办的农民专业合作社的探讨——以北京圣泽林梨专业合作社为例 | 论文 | 苑鹏 | 农发所 | 《管理世界》 | 2008年第7期 |

续表

| 成果名称 | 成果形式 | 主要完成人 姓名 | 主要完成人 单位 | 发表单位 | 发表时间 |
|---|---|---|---|---|---|
| 灌溉水价改革对灌溉用水、粮食生产和农民收入的影响分析 | 论文 | 廖永松 | 农发所 | 《中国农村经济》 | 2009年第1期 |
| 中国能源效率地区差异及其成因研究 | 论文 | 史 丹等 | 财经院 | 《管理世界》 | 2008年第2期 |
| 生产率增长与要素再配置效应：中国的经验研究 | 论文 | 姚战琪 | 财经院 | 《经济研究》 | 2009年第11期 |
| 中国银行体系中资金过剩的界定和成因分析 | 论文 | 王国刚 | 金融所 | 《财贸经济》 | 2008年第5期 |
| 美国居民低储蓄率之谜和美元的信用危机 | 论文 | 殷剑峰 | 金融所 | 《金融评论》 | 2009年第6期 |
| Cointegrated VAR and China's monetary policy：1979-2004（《协整向量自回归模型与中国货币政策分析：1979—2004》） | 专著 | 张延群 | 数技经所 | 德国 Shaker Verlag 出版社 | 2007.4 |
| 中国城镇居民消费需求的动态实证分析 | 论文 | 娄 峰 李雪松 | 数技经所 | 《中国社会科学》 | 2009年第3期 |
| Structural Decomposition Analysis of Sources of Decarbonizing Economic Development in China：1992-2006 | 论文 | 张友国 | 数技经所 | Ecological Economics | Vol.68，2009 |
| 国际经济危机对我国经济冲击过程的系统回顾和思考 | 论文 | 李 平 余根钱 | 数技经所 | 《中国工业经济》 | 2009年第10期 |
| 教育回报与城乡教育资源配置 | 论文 | 王美艳 | 人口所 | 《世界经济》 | 2009年第5期 |
| 中国产业集聚与集群发展战略 | 专著 | 魏后凯等 | 城环所 | 经济管理出版社 | 2008.8 |
| 电子政务法研究 | 论文 | 周汉华 | 法学所 | 《法学研究》 | 2007年第3期 |
| 违宪判决的形态 | 论文 | 翟国强 | 法学所 | 《法学研究》 | 2009年第3期 |
| 当代中国法学研究 | 专著 | 陈 甦 主编 | 法学所 | 中国社会科学出版社 | 2009.9 |
| 经济全球化与国际经济法的新趋势：兼论我国的回应与对策 | 论文 | 廖 凡 | 国际法所 | 《清华法学》 | 2009年第6期 |
| 中国社会结构与社会意识对国家稳定的影响 | 论文 | 樊 鹏 | 政治学所 | 《政治学研究》 | 2009年第2期 |

续表

| 成果名称 | 成果形式 | 主要完成人 姓名 | 主要完成人 单位 | 发表单位 | 发表时间 |
|---|---|---|---|---|---|
| 中国村民委员会选举：历史发展与比较研究（上、下） | 专著 | 史卫民等 | 政治学所 | 中国社会科学出版社 | 2009.10 |
| 农民工在中国转型中的经济地位和社会态度 | 论文 | 李培林 李炜 | 社会学所 | 《社会学研究》 | 2007年第3期 |
| 关系化还是类别化：中国人"我们"概念形成的社会心理机制探讨 | 论文 | 杨宜音 | 社会学所 | 《中国社会科学》 | 2008年第4期 |
| 当前中国中产阶层的政治态度 | 论文 | 张翼 | 社会学所 | 《中国社会科学》 | 2008年第2期 |
| 合作与非对抗性抵制——弱者的"韧武器" | 论文 | 折晓叶 | 社发院 | 《社会学研究》 | 2008年第3期 |
| 结构与主体：激荡的文化社区石门坎 | 专著 | 沈红 | 社发院 | 社会科学文献出版社 | 2007.9 |
| 蒙古语语音实验研究 | 专著 | 呼和 | 民族所 | 辽宁民族出版社 | 2009.7 |
| 图腾与中国文化 | 专著 | 何星亮 | 民族所 | 江苏人民出版社 | 2008.1 |
| 中国社会保障制度改革发展的几个重大问题——对《中国的社会保障报告》的评论与建议 | 论文 | 王延中 | 民族所 | 《中国工业经济》 | 2009年第8期 |
| 国家权力扩张下的民族地方政治秩序建构——晚清康区改流中的制度性选择 | 论文 | 卢梅 | 民族所 | 《民族研究》 | 2008年第5期 |
| 现代锡伯语口语研究 | 专著 | 朝克 | 科研局 | 民族出版社 | 2006.12 |
| 媒介消费之讼——中国内地案例重述与释解 | 专著 | 宋小卫 | 新闻所 | 中国社会科学出版社 | 2009.4 |
| 最优货币区：对东亚国家的经验研究 | 论文 | 高海红 | 世经政所 | 《世界经济》 | 2007年第6期 |
| 深度一体化、外国直接投资与发展中国家的自由贸易区战略 | 论文 | 东艳 | 世经政所 | 《经济学（季刊）》第8卷第2期，北京大学出版社 | 2009.1 |
| 国际关系学研究方法 | 专著 | 李少军 | 世经政所 | 中国社会科学出版社 | 2008.10 |

续表

| 成果名称 | 成果形式 | 主要完成人 姓名 | 主要完成人 单位 | 发表单位 | 发表时间 |
|---|---|---|---|---|---|
| 资产专用性投资与全球生产网络的收益分配 | 论文 | 李国学 | 世经政所 | 《世界经济》 | 2009年第8期 |
| 转型九问——写在中东欧转型20年之际 | 论文 | 朱晓中 | 俄欧亚所 | 《俄罗斯中亚东欧研究》 | 2009年第6期 |
| 欧洲市场一体化：市场自由与法律 | 专著 | 程卫东 | 欧洲所 | 社会科学文献出版社 | 2009.8 |
| 拉丁美洲：政治发展与社会凝聚 | 论文 | 张 凡 | 拉美所 | 《拉丁美洲研究》 | 2009年增刊 |
| 国际经济规则的实施机制 | 论文 | 李向阳 | 亚太院 | 《世界经济》 | 2007年第12期 |
| 三大主义式论文可以休矣 | 论文 | 周方银 | 亚太院 | 《国际政治科学》 | 2009年第1期 |
| 美国大战略的历史沿革及思考 | 论文 | 倪 峰 | 美国所 | 《当代世界》 | 2008年第11期 |
| 美国新移民研究（1965年至今） | 专著 | 姬 虹 | 美国所 | 知识产权出版社 | 2008.8 |
| 日本现代化过程中的文化变革与文化建设研究 | 专著 | 崔世广 | 日本所 | 河北人民出版社 | 2009.12 |
| 拥抱战败：第二次世界大战后的日本 | 译著 | 胡 博译 | 文学所 | 生活·读书·新知三联书店 | 2008.9 |
| 荷马诸问题 | 译著 | 巴莫曲布嫫 | 民文所 | 广西师大出版社 | 2008.6 |
| 奈瓦尔传 | 译著 | 余中先 | 外文所 | 上海人民出版社 | 2007.1 |
| 欧洲社会主义百年史（上、下册） | 译著 | 姜 辉 于海清 庞晓明译 | 信息情报院 | 社会科学文献出版社 | 2008.1 |
| 普京文集（2002—2008） | 译著 | 张树华 李俊升 许华等译 | 信息情报院 | 中国社会科学出版社 | 2008.4 |

追加奖励（6项）

| 成果名称 | 成果形式 | 主要完成人 姓名 | 主要完成人 单位 | 发表单位 | 发表时间 | 获奖名称 |
|---|---|---|---|---|---|---|
| 中国古代民间故事类型研究（上、中、下） | 专著 | 祁连休 | 文学所 | 河北教育出版社 | 2007.5 | 第二届中国出版政府奖提名奖 |
| 蒙古英雄史诗大系（蒙文）（共4卷） | 学术资料 | 仁钦道尔吉主编 | 民文所 | 民族出版社 | 2007.10 | 第二届中国出版政府奖 |

续表

| 成果名称 | 成果形式 | 主要完成人 姓名 | 主要完成人 单位 | 发表单位 | 发表时间 | 获奖名称 |
|---|---|---|---|---|---|---|
| 古希腊悲剧喜剧全集（共8卷） | 译著 | 王焕生 张竹明译 | 外文所、南京大学历史系 | 译林出版社 | 2007.4 | 第二届中国出版政府奖图书奖 |
| 西班牙文学——黄金世纪研究 | 专著 | 陈众议 | 外文所 | 译林出版社 | 2007.4 | 第二届中国出版政府奖提名奖 |
| 中国近代边界史 | 专著 | 吕一燃 | 边疆史地中心 | 四川人民出版社 | 2007.4 | 第二届中国出版政府奖图书奖 |
| 学问有道——学部委员访谈录（上、下） | 普及读物 | 张冠梓主编 | 中国社会科学院青年人文社会科学研究中心 | 方志出版社 | 2007.8 | 第二届中国出版政府奖图书奖提名奖 |

特别奖（1项）

| 成果名称 | 成果形式 | 主要完成人 |
|---|---|---|
| 浙江经验与中国发展（丛书） | 专著 | 中国社会科学院浙江经验与中国发展研究课题组 |

## 二 2015年重要科研成果

成果名称：《古典文学与华夏民族精神建构》丛书
主持人：刘扬忠
职称：研究员
成果形式：专著
字数：2000千字
出版单位：河北教育出版社
出版时间：2015年3月

《古典文学与华夏民族精神建构》丛书是中国社科院重大课题成果，全书由7部专著组成，分别为：蒋寅著《镜与灯：古典文学与华夏民族精神》，李山著《西周礼乐文明的精神建构》，韦凤娟著《灵光澈照：魏晋南北朝文学中关于生死、自然、社会的思考与叙述》，谢思炜著《唐代文学精神》，刘扬忠著《儒风汉韵流海内：两宋辽金西夏时期的"中国"意识与民族观念》，王筱芸著《文学与认同：蒙元西游、北游文学与蒙元王朝认同建构研究》，刘倩著《通俗小说与大众文化精神》。专著通过研究我国历史上各个时期文学作品所表现的中华民族的情感、观念、心态，深入探究不同时代人们所共同关注的焦点问题，从而洞见我们这个民族的自我体验及对人性开掘的深度，把握文学创作在其人生中的意义。这项研究是立足于当代学术前沿的原创性课题，具有方法论上的启迪意义，它提出的问题和研究成果将是对我国传统文化资源的深度开发，能够为当代中国社会主义精神文明建设和社会主义核心价值体系构建提供富有参考意义的理论意见。

成果名称：《论语还原》
主持人：杨义
职称：研究员
成果形式：专著
字数：1050千字
出版单位：中华书局
出版时间：2015年3月

《论语还原》对《论语》的发生过程，进行实证的古典学的研究。该书对《论语》的解读，横跨诸子学和经学，综合运用以史解经、以礼解经、以生命解经的方法，在方法论上有许多带有本质价值的创造。作者提出了两千年来尚未深入探究的52个问题，全面总结历代以来研究得失，充分进行文本细读，又充分利用当下出土简帛材料，推求《论语》成书的原始过程，篇章政治学的内在秘密，梳理了七十子后学编纂《论语》和传道、传经的文化脉络，谱写了孔子及其时代的生命年轮和文化地图，开创出以"碎片缀合"和"年代迭压分析"为核心方法的诸子研究新理路，也以一人之力开启21世纪诸子学研究，以及诸子学与经学互证研究的新局面，预示着中国文化深层次价值的再发现。

成果名称：《中国神话母题W编目数据库》
主持人：王宪昭
职称：研究员
成果形式：数据库
出版单位：互联网在线发布 http://myth.ethnicliterature.org/
出版时间：2015年12月

"中国神话母题W编目数据库"包含从中国各民族12 600篇神话中提取的33 469个母题，并将这些母题分十大类型、三个母题层级，通过图表形式呈现，系统展现了中国各民族神话共性与个性、传承和研究全貌，具有专业性、互通性、可扩展性、开放性等特点。

使用者可通过互联网访问该数据库，按顺序浏览母题编码表，也可按类型、关联项、关键字、族称等多种方式、多条件检索母题。利用这一数据库，可以比较具体神话、分析神话叙事结构、分析神话类型的组合规律等，可以对中国各民族神话进行定量和定性分析，考察各民族神话发生、发展和变化的轨迹，有助于各民族神话间的横向或纵向比较分析，有助于中国各民族神话的宏观研究与比较分析，可为中国神话研究提供重要的便利与助力。

成果名称：《巴汉对勘〈法句经〉》
主持人：黄宝生
职称：研究员
成果形式：专著
出版单位：中西书局
出版时间：2015年5月

《巴汉对勘〈法句经〉》是国内第一部对勘巴利语文本和古代汉译佛经的学术著作。对勘的文本格式是按照巴利语偈颂次序列出原文，提供每颂的现代汉语今译，列出对应的古代汉译原文，同时，最具创新性的对勘研究成果以注释的形式呈现，为国内学界基于巴利语的语言文献研究推进了坚实而极具开创性的一步。

成果名称：《情感语音的编码与解码——中日跨文化的多模态研究（韵律、音系和语音系列）》（英文）
主持人：李爱军
职称：研究员
成果形式：专著
出版单位：德国斯普林格出版社
出版时间：2015年9月

《情感语音的编码与解码——中日跨文化的多模态研究（韵律、音系和语音系列)》首次从中日跨文化的角度，利用心理语言学和语音学方法，探讨多模态情感语音的编码、解码机制以及编解码之间的关系。

研究结果表明中日语言文化背景之间情感编码和解码有相同也有跨文化的差异，作为声调语言的汉语，其情感语调还采用后续叠加边界调的编码方式来表达情感语气。通过分析情感语调的声学特征与情感表达的关系，说明了情感语音的编码和解码之间是复杂的多对多的关系。

成果名称：《〈法礼篇〉的道德诗学》
主持人：王柯平
职称：研究员
成果形式：专著
字数：463千字
出版单位：北京大学出版社
出版时间：2015年4月

《〈法礼篇〉的道德诗学》从道德理想主义和政治工具主义视角出发，侧重探讨柏拉图《法礼篇》中涉及的道德诗学和公民德行问题。该书的主要建树有五。

其一，国内外迄今尚无系统研究《法礼篇》的诗学专著，该书填补了此项空白，并提炼出"心灵诗学"（psycho-poiēsis）与"身体诗学"（sōmato-poiēsis）两个特定概念，分析了柏拉图道德诗学的两个基本维度及其重要特征。

其二，比较集中而深入地论述和分析了国际学界长期忽视的一个问题，即柏拉图的城邦净化说。

其三，比较集中而深入地揭示了柏拉图在《法礼篇》中所提出的"剧场政体"问题实质，认为柏拉图所关注的"剧场政体"，既是一个诗乐翻新的艺术问题，也是一个制度腐败的政治问题。

其四，将《法礼篇》第十卷中的"劝诫神话"也归结为"心灵教育神话"，借此解析了柏拉图在反驳异教哲学时所采用的弱化式与强化式三步论策略。

其五，比较深入地探讨了柏拉图的"至真悲剧"喻说，依次从悲剧的历史地位及其与立法的应和关系、悲剧的艺术特征及其艺术效应、悲剧和人生的严肃性等角度出发，揭示了这一喻说中深刻而幽微的用意，论述了柏拉图式悲剧寓意与希腊传统悲剧形式的本质差异。

成果名称：《伦理学的当代建构》
主持人：甘绍平
职称：研究员
成果形式：专著
出版单位：中国发展出版社
出版时间：2015年1月

《伦理学的当代建构》是一部对基础伦理学的探究成果。它从伦理学中人的镜像的描绘出发（第一章），对伦理学的基本样态做了一个概览式的阐述（第二章）。它把道德界定为人际交往公认的、普遍的行为规范，这种规范可以表现为外在的规约，也可以表现为内在的品德。接着，它提出三大最重要的伦理规范——不伤害、公正、仁爱；认定这些道德规范的功能，在于对人的共通利益以及和谐相处的需求提供保障（第三章）；而人类所有道德规范的作用发挥，都必须是以人的自由选择为前提和基础（第四章）。除了在这三大最重要的伦理规范上人们拥有普遍的共识之外，在何为正确和根本的道德规范的问题上，各种道德理论都有自己的独特解答和论证方式。该书阐释了四大最重要的规范伦理体系——德性论（第五章）、功利主义（第六章）、义务论（第七章）、契约主义（第八章）的历史与现代流变，并且将这些伦理资源构建成一种融贯的道德规范应用系统，从而试图为有效应对现实的道德冲突与难题提供伦理导向和指南（第九章）。接着，该著作研究了道德现象的客观性等涉及道德本质的元伦理学问题

（第十章）。作为伦理学的现实延伸，该著作探讨了四大最重要的社会价值基准或政治伦理价值：自由（第十一章）、人权（第十二章）、民主（第十三章）、正义（公正）（第十四章）；再有，该著作前瞻性地展示了当代伦理学演进的新的面向及道德发展的敏感触点（第十五至十六章）。最后，以"再谈道德：在规则与德性之间"作为全书的结束（第十七章）。

成果名称：《世界佛教通史》
主持人：魏道儒
职称：研究员
成果形式：专著
字数：8000千字
出版单位：中国社会科学出版社
出版时间：2015年12月

《世界佛教通史》是第一部佛教的世界通史，主要论述佛教从起源到20世纪在世界范围内的兴衰演变主要过程。《世界佛教通史》以辩证唯物主义和历史唯物主义为指导，坚持历史与逻辑相统一的原则，以史学和哲学方法为主，并且借鉴考古学、文献学、宗教社会学、宗教人类学、宗教心理学、宗教比较学、文化传播学等相关学科的理论和方法，在收集、整理、辨析第一手资料（个别部分除外）的基础上，全方位、多角度对世界范围内的佛教历史进行深入研究，系统阐述众多的佛教思潮、派系、典籍、人物、事件、制度等，并且兼及礼俗、典故、圣地、建筑、文学、艺术等。

成果名称：《襄汾陶寺——1978—1985年发掘报告》
主持人：高炜
职称：研究员
成果形式：专著
字数：2120千字
出版单位：文物出版社
出版时间：2015年12月

1978—1985年，陶寺遗址第一阶段田野工作总计发掘面积7000平方米。

陶寺墓地显现出王权至上、等级观念突出、崇尚礼教、宗教氛围相对淡薄等同三代文明一脉相承的特征。

陶寺早期大墓中出土的鼍鼓、特磬、蟠龙纹陶盘、朱绘或彩绘的漆木案、俎等各类礼器，大都是同类器物中可确认的最早标本，将这些器物出现的历史提早数百至一千多年。晚期墓出土的铜铃，是中原地区首次发现的复合范铸造品，又是中国音乐史上第一件金属乐器，成为青铜器群问世的前奏。居住址晚期陶扁壶上的毛笔朱书"文"字，比殷墟甲骨文早六七百年，对探索中国早期文字发展史有非同一般的意义。

由以上一系列发现已可推定：公元前2400年前后（或相当古史传说中的尧舜时期），这里已是一处进入早期文明社会的重要都城，成为多种文明因素的集中载体。因当年发掘所展现的重要学术价值，1988年被国务院批准为第三批全国重点文物保护单位。

《襄汾陶寺——1978—1985年发掘报告》由前言、上编、下编和编后记四部分组成，上编分五章，是对当年发掘资料的详细报道以及必要的解读和讨论；下编用15个专题介绍了多学科鉴定、研究成果。全书共四册212万字，表格139份，集成图纸501幅，彩色、黑白图版417版（含照片1800余张），为研究陶寺遗址和陶寺文化提供了一份翔实的基础性参考资料。

成果名称：《中国考古学·三国两晋南北朝卷》
主持人：杨泓
职称：研究员
成果形式：专著
出版单位：中国社会科学出版社

出版时间：2015 年 12 月

《三国两晋南北朝卷》是《中国考古学》第七卷本，主编为著名考古学家杨泓。这卷的主要内容是综合介绍 20 世纪、主要是 1949 年中华人民共和国成立以来，有关三国两晋南北朝时期田野考古调查发掘和研究的成果，重点介绍对三国两晋南北朝时期城市（以都城为代表）遗迹的考古新发现和研究，究明其在中国古代都城发展历史中的重要地位。

成果名称：《走马楼吴简采集簿书整理与研究》
主持人：凌文超
职称：助理研究员
成果形式：专著
字数：450 千字
出版单位：广西师范大学出版社
出版时间：2015 年 4 月

《走马楼吴简采集簿书整理与研究》是首部利用古文书学方法对古井简牍加以整理与研究的成果。《走马楼吴简采集簿书整理与研究》根据古井简牍的独特性，综合利用考古学整理信息（揭剥位置示意图、盆号、清理号）和简牍遗存信息，首次大规模、系统地复原整理长沙走马楼三国吴简采集簿书，并在此基础上构建"吴简文书学"，奠定古井简牍文书学形成和发展的基础；又运用"二重证据分合法"研究模式，以确认的簿书为依据，对孙吴临湘侯国文书行政的基本情况进行研究，勾勒了官民互动的一些社会景象，探讨了孙吴在汉晋社会变迁过程中所发挥的承续和革新作用。

成果名称：《辽史百官志考订》
主持人：林鹄
职称：助理研究员
成果形式：专著
字数：250 千字
出版单位：中华书局
出版时间：2015 年 1 月

《辽史百官志考订》在总结前人成果的基础上，首次对《辽史·百官志》作了全面系统的整理及研究。在重新校勘的基础上，该书对《百官志》四卷诸条目一一作详细辨析，重点是考源正讹，逐条考察其在相关史籍中的记载情况，明其史源，正其错讹。同时，该书还在整体结构上对南面官、北面官分别作了考订，并对《辽史·百官志》之史源、成书及史料价值作了系统探讨。

成果名称：《中华民族抗日战争史》
主持人：王建朗
职称：研究员
成果形式：专著
出版单位：社会科学文献出版社
出版时间：2015 年 12 月

"中国抗日战争史"作为院重大课题，由近代史研究所组织了包括近代史研究所在内的国内著名的抗战史研究的学者共同研究。其最重要的创新在于以下三个方面。

第一，从中国与国际社会的角度，全面叙述中华民族的抗日战争历史，特别是体现全民族抗战的历史壮举和历史经验。

第二，突破了以往的抗战史仅仅以战争为主的叙述方式，把抗战时期的政治、经济社会、外交以及沦陷区各单独成卷，力图全面反映抗日战争时期中国的全面状况，说明抗战对中国社会发展，尤其是民族复兴的巨大意义。

第三，认为抗战史结束在 1945 年是不完整的，所以特别设置一卷，专门介绍战后中日关系的发展与曲折，回答社会关注的中日关系的问题。告诉读者：战争是一面镜子，能够让人更好地认识和平的珍贵。今天，和平与发展已经成为时代主题，但世界仍很不太平，战争的达摩克利斯之剑依然悬在人类头上。我们要以史为鉴，坚定维护和平的决心。

成果名称：《国家记忆：海外稀见抗战影像集》
主持人：金以林
职称：研究员
成果形式：图片资料集
图片数：1800（张）
出版单位：山西人民出版社
出版时间：2015年12月

《国家记忆：海外稀见抗战影像集》由中国社会科学院近代史研究所专家领衔主编。《国家记忆：海外稀见抗战影像集》这套大型丛书共分六卷，分别为《从九一八事变到全面抗战》《日本社会与侵华战争》《中缅印战场》《战时中美合作》《大后方的社会生活》《从反攻到受降》，几乎涵盖了抗日战争的方方面面，收集图片1800余张。图片主要来源于史迪威家族、顾维钧家族复制、捐赠的照片，美国国家档案馆藏战时美军随军摄影记者拍摄的照片（MILITARY OPERATIONS IN CHINA 和 AMERICAN FORCES IN CHINA 两种图片档案），还有从东京神保町旧书街购置的老照片和部分日本战时出版的各类画册、写真集，如《大东亚战争写真集》《满洲事变从军纪念写真帖》《从军：满洲事变关东军纪念写真帖》《从军：上海派遣军》等，以及从台湾搜集的各种老照片。

成果名称：《色诺芬的道德教育》（英文）
主持人：吕厚量
职称：助理研究员
成果形式：专著
出版单位：剑桥学者出版社
出版时间：2015年1月

《色诺芬的道德教育》一书的主题为希腊古典作家色诺芬的社会道德教育思想。其核心研究思路是从色诺芬对教育的独特理解出发展开分析，进而论证色诺芬教育思想的系统性。作者认为，色诺芬将教育的主要内容理解为社会道德教育，这种观念既反映了他身处的雅典古典时期文化背景的特点，又融入了色诺芬在本人生活经历基础上形成的独特世界观的元素。在社会道德教育这一核心概念的基础上，色诺芬对教育形式、教育者、教育手段、教育的物质基础及与社会道德教育相关的文学宣传、家庭生活组织方式等问题进行了系统阐述与探索，构建了一套古代条件下相对丰富、系统的社会道德教育理论。

成果名称：《西欧婚姻家庭与人口史研究》
主持人：俞金尧
职称：研究员
成果形式：专著
字数：500千字
出版单位：中国出版集团现代出版社
出版时间：2015年6月

《西欧婚姻家庭与人口史研究》是围绕西欧历史上的婚姻、家庭、人口主题而展开的社会史研究。作者把研究的重点放在西欧从中世纪晚期到近代早期的社会转型时期，力图通过观察那个时期欧洲人的日常私生活和最基本的社会关系及其变迁，来理解它们与西欧社会发生转变的关系。

成果名称：《马克思主义史学思想史》
主持人：于沛
职称：研究员
成果形式：专著
出版单位：中国社会科学出版社
出版时间：2015年11月

《马克思主义史学思想史》较系统地描述中外马克思主义史学的发展轨迹；系统阐释中外马克思主义史学思想，论述它的理论成就；实事求是地分析它的失误，从而发扬优秀传统，克服缺点，进一步明确马克思主义史学的发展方向。

成果名称：《清朝图理琛使团与〈异域录〉研究》
主持人：阿拉腾奥其尔
职称：副研究员
成果形式：专著
字数：400千字
出版单位：广西师范大学出版社
出版时间：2015年3月

《清朝图理琛使团与〈异域录〉研究》在辨析考评前人研究的基础上，从以下三个方面进行了深化研究：一、对图理琛一生政绩做了详尽和全面的综述，从而为人们认识图理琛作为图理琛使团一员的特殊作用，以及他写作《异域录》的动因与影响，提供了更为广阔的人生背景；二、书中增加了《瑞典人施尼茨克尔及其有关图理琛使团的记述》《康熙帝谕土尔扈特阿玉奇汗敕书研究》和《阿玉奇汗长子沙克都尔扎布致阿斯特拉罕军政长官的两封托忒文信函研究》对图理琛使团出使土尔扈特汗国的始末做了补充，为人们进一步认识图理琛使团的历史地位提供了新史料和新思维；三、结合新的研究心得，对满文本《异域录》重新进行拉丁转写，并附汉文对照；对《异域录》所记俄国人名、地名加以考释，复原俄文原文。

成果名称：《中、日、美三角关系下的钓鱼岛问题》
主持人：侯毅
职称：副研究员
成果形式：专著
出版单位：中国社会科学出版社
出版时间：2015年11月

《中、日、美三角关系下的钓鱼岛问题》基于对二战后钓鱼岛问题演变的历史进程，进行系统、全面的梳理，深入分析钓鱼岛问题的历史经纬，从历史和现实两个维度，剖析钓鱼岛问题的实质和内涵。同时，注重对国际法基本原则的运用，将历史研究与法理研究有机结合，阐明了我国拥有钓鱼岛及其附属岛屿主权的合法性。

成果名称：《论新常态》
主持人：李扬
职称：研究员
成果形式：专著
字数：172千字
出版单位：人民出版社
出版时间：2015年2月

《论新常态》一书提出"新常态"是一个具有历史穿透力的战略概念，深刻剖析了新常态的来龙去脉，概括了中国新常态的特征、挑战及发展方向，全面分析了"引领新常态"的关键改革举措。

成果名称：《中国基本经济制度——基于量化分析的视角》
主持人：裴长洪
职称：研究员
成果形式：专著
字数：288千字
出版单位：中国社会科学出版社
出版时间：2015年11月

《中国基本经济制度——基于量化分析的视角》一书主要探索了一套测算公有制与非公有制经济结构的方法，并根据该方法对我国所有制结构进行了测算，初步回答了公有制经济是否还占据着主体地位的问题。

成果名称：《中国发展道路的经济史思索》
主持人：董志凯
职称：研究员

成果形式：论文
出版单位：《中国经济史研究》
出版时间：2015 年第 2 期

中国发展道路的选择是由特定的资源禀赋、历史条件使然；是顺应客观条件的结果。曲折的路径体现了选择中国道路的艰辛与经验；紧迫的机遇，挑战中国道路的应对；错综复杂的内外矛盾决定中国道路要在探索中坚持和发展。

成果名称：《法治经济：习近平社会主义市场经济理论新亮点》
主持人：裴长洪
职称：研究员
成果形式：论文
出版单位：《经济学动态》
出版时间：2015 年第 1 期

如何理解社会主义市场经济本质上是法治经济，是《法治经济：习近平社会主义市场经济理论新亮点》探讨的主题。提出这个命题的现实客观依据是中国经济基本上已经是市场经济，它具备五个方面的显著标志；提出这个命题的理论依据是马克思历史唯物主义经济法学理论，它有三个最基本的内涵。中国法治经济的最核心的要求是打造约束权力的笼子，处理好市场配置资源的决定性作用和更好发挥政府作用。建立中国法治经济的基础是完善产权制度规范，构建一个有利于促进产权最优配置的法律体系，通过对产权形态的选择和保护，提高财产的利用效率。建立法治经济的主体要求是完善市场运行规则，使交易成本最小化，资源利用效率最大化，也要遵循自然规律与和谐包容的社会发展规律。

成果名称：《新时期国有经济改革研究》
主持人：黄群慧
职称：研究员
成果形式：专著

字数：672 千字
出版单位：经济管理出版社
出版时间：2015 年 12 月

20 世纪 90 年代末，我国提出国有经济战略性调整，对应于抓大放小、加快竞争性领域国有企业改革的一系列政策举措。眼下，我们已经面临新的形势。一方面，十八届三中全会提出了未来一段时期全面深化改革的新要求；另一方面，我国正逐步从持续多年快速高增长的发展阶段转入经济增长速度相对趋于放缓的经济新常态中。新的改革与发展形势决定了，国有经济部门应该具备跟随新形势下国家战略与功能需要的变化而相应变化的能力，有的放矢地实施相应的战略性调整。

当前深入推进国有经济战略性调整的内涵，与 20 世纪 90 年代末相比，已经有了显著的区别——当前的国有经济战略性调整不仅有国有经济布局收缩的内容，还有国有经济布局扩张的内容，而 20 世纪 90 年代末是以国有经济布局收缩为主要特征的。具体而言，二者区别表现为：首先，当前的国有经济战略性调整的实施主体是国有大企业；而 20 世纪 90 年代末国有经济战略性调整的实施主体是国有中小企业。其次，从国有经济布局的变化趋向看，当前的国有经济战略性调整侧重于引导国有资本从非重要、非关键的传统产业领域有序退出，转而去开拓那些对国家社会经济发展更加具有战略意义的新兴产业领域；而 20 世纪 90 年代末国有经济战略性调整侧重于引导国有资本从竞争性领域退出。再次，当前的国有经济战略性调整的主要任务是要提高国有经济的控制力和带动力，与此同时，还要提高国有资本的流动性和运营效率、效益；而 20 世纪 90 年代末国有经济战略性调整的主要任务是收缩国有经济战线，改善国有经济部门的财务状况。最后，当前的国有经济战略性调整的主要实现途径是积极发展混合所有制；而 20 世纪90年代末国有经济战略性调整的主要实现途径是向私有企业或私人投资者出售国有股权。

成果名称：《对马克思恩格斯有关合作制与集体所有制关系的再认识》
主持人：苑鹏
职称：研究员
成果形式：论文
出版单位：《中国农村观察》
出版时间：2015年第5期

近年来，随着我国农民合作运动蓬勃发展，有关合作制与集体所有制的争论持续增多。马克思、恩格斯的合作制理论是以高度发达的资本主义社会化大生产以及小农的灭亡或即将注定沦为农业工人的社会经济的制度基础为研究前提，以彻底解放农民的价值关怀以及小农作为无产阶级革命同盟军为基本出发点。合作制与最终实现生产资料全社会所有制具有内在的一致性。在马克思、恩格斯的所有制理论中，集体所有制等同于全社会所有制；在马克思、恩格斯的话题体系下，集体所有制与社会所有制、国家所有制的概念是相同的，是两者交叉使用的。马克思、恩格斯的"集体"概念是指重建生产者作为自由人的共同体，并不存在人们所理解的剥夺了个人所有权的合作社的集体所有制。再认识马克思、恩格斯的合作经济基本理论，对理解当前中国特色的合作运动实践意义重大。

成果名称：《中国外贸发展方式战略转变研究》
主持人：冯雷
职称：研究员
成果形式：专著
字数：281千字
出版单位：社会科学文献出版社
出版时间：2015年8月

《中国外贸发展方式战略转变研究》从中国外贸发展的战略形势变化、战略环境变化和战略处境评估入手，分析中国外贸发展的战略定位、战略阶段和战略重点，探索中国外贸发展的战略及其转变，以及外贸发展方式战略转变的途径和措施。贯穿全书的主线是着力研究如何从战略上提高中国外贸发展的质量和效益，扩大中国外贸发展的利益，增进国民福祉，增强中国外贸发展的长期竞争力和可持续性。

成果名称：《互联网金融理论与实践》
主持人：杨涛
职称：研究员
成果形式：研究报告
出版单位：经济管理出版社
出版时间：2015年1月

《互联网金融理论与实践》从概念分析和理论框架设定入手，以国内外的发展状况及监管特征比较考察为补充，以国内外的典型案例分析为点缀，努力使互联网金融的研究线索更加清晰一些，使互联网金融在人们脑海中有更明晰的"镜像"。

成果名称：《中国现代制造业体系论》
主持人：李金华
职称：研究员
成果形式：专著
字数：338千字
出版单位：中国社会科学出版社
出版时间：2015年1月

《中国现代制造业体系论》运用经济计量学的理论与方法，定性分析与定量分析相结合，比较系统地研究了中国现代制造业的现实基础、发展背景、依托环境、框架体系、空间布局、生产效率、生态效益以及竞争实力等。经过大量调查、研究和思考，形成了关于中国现代制造业体系的一些基本研究结论和认识。

成果名称：《制度与人口——以中国历史和现实为基础的分析》
主持人：王跃生
职称：研究员
成果形式：专著
字数：1238千字
出版单位：中国社会科学出版社
出版时间：2015年9月

《制度与人口——以中国历史和现实为基础的分析》从多个视角探讨历史时期和当代社会不同的制度形式在人口数量变动、人口承载单位、人口空间分布、人口结构、人口管理和人口压力应对等方面所起作用。该书的研究将有助于认识不同制度交织在一起对人口发展的作用，全面把握一种政策的落实有可能产生的副作用，进而采取有针对性的措施，改进和完善已有制度。

成果名称：《中国城市低碳发展蓝图：集成、创新与应用》
主持人：庄贵阳
职称：研究员
成果形式：专著
字数：281千字
出版单位：社会科学文献出版社
出版时间：2015年5月

《中国城市低碳发展蓝图：集成、创新与应用》着眼于城镇低碳发展蓝图设计的现实需求，以城镇温室气体清单编制为核心出发点，按照城市温室气体排放清单、低碳发展路线图和低碳适用技术需求评估"三位一体"的逻辑框架，开展了相应方法学研究，并在广元市、济源市以及杭州市下城区进行了实证研究与集成示范。

成果名称：《100%新能源与可再生能源城市》
主持人：娄伟
职称：副研究员
成果形式：专著
字数：497千字
出版单位：社会科学文献出版社
出版时间：2015年4月

《100%新能源与可再生能源城市》立足于学术前沿，着眼于基础研究，服务于现实需要，从研究进展、建设现状、理论基础、规划方法、建设模式、典型案例等多个层面系统研究分析了100%新能源与可再生能源城市。

成果名称：《中国的能源安全》
主持人：黄晓勇
职称：研究员
成果形式：专著
字数：302千字
出版单位：社会科学文献出版社
出版时间：2014年11月

《中国的能源安全》以国际政治与经济发展的视角，深入探索世界能源发展动向，并且针对中国的能源安全问题，尝试解答如何安全持续稳定地获得有效的能源供应；如何使能源供应与经济发展模式取得平衡；如何使经济发展与环境保护实现双赢等重要问题。

成果名称：《清代秋审文献》（影印本）
主持人：杨一凡
职称：研究员
成果形式：古籍整理
出版单位：中国民主法制出版社
出版时间：2015年6月

《清代秋审文献》收入文献38种，其中清人纂辑的代表性秋审文献36种，书后附近代人董康撰《清秋审条例》和《秋审制度第一编》刻本2种，并附有编者纂写的《三部大型秋审案例文献所载死刑人犯罪名及秋审结果一览表》。

《清代秋审文献》所收文献大多版本稀见，其中抄本、稿本、孤本10余种，是研究清代秋审制度的珍贵资料。

成果名称：《人权离我们有多远：人权的概念及其在近代中国的发展演变》
主持人：曲相霏
职称：副研究员
成果形式：专著
字数：348千字
出版单位：清华大学出版社
出版时间：2015年2月

《人权离我们有多远：人权的概念及其在近代中国的发展演变》综合人权原理、人权史和人权法等不同视角，分析了一系列人权基本理论问题。该书批判了自由主义人权主体的精英特征和文化特征，也批判了人权主体泛化的理论，提出要把对人的经验研究和形而上学结合起来，让人权主体回归真实的人和具体的人，并以真正普遍的人权主体为基础来建构人权的体系与分类。

成果名称：《亚洲政治发展研究报告》
主持人：房宁
职称：研究员
成果形式：专著
出版单位：社会科学文献出版社
出版时间：2015年9月

《亚洲政治发展研究报告》分为《自由 威权 多元——东亚政治发展研究报告》与《民主与发展——亚洲工业化时代的民主政治研究》两册。课题组在亚洲地区选择不同类型的9个国家及我国台湾地区，就其工业化时期政治发展进程展开调查与研究，探索亚洲工业化、现代化进程中政治发展的特性与规律，为中国的现代化及政治建设提供参考与借鉴，同时进行理论探讨，提炼依据亚洲范本与经验的政治发展与民主政治的理论性认识。

成果名称：《孰言吾非满族》
主持人：刘正爱
职称：研究员
成果形式：专著
字数：300千字
出版单位：中国社会科学出版社
出版时间：2015年4月

《孰言吾非满族》采用人类学界正在探索的多点民族志的方法，在文献研究和跨地区、跨时段田野调查的基础上，利用历史人类学方法和思路探讨民族认同与历史变迁的关系，分析满族的形成过程以及当代满族的认同特征。

成果名称：《释"答兰不剌"——兼谈所谓"德兴府行宫"》
主持人：陈晓伟
职称：副研究员
成果形式：论文
出版单位：《历史研究》
出版时间：2015年第1期

《释"答兰不剌"——兼谈所谓"德兴府行宫"》根据蒙古语和汉语文献，将公文书中的蒙古语地名"答兰不剌"与Dalan bulaq勘同，准确地释义为"七十泉"，是蒙元时期两都巡幸途中一处重要的纳钵。蔡美彪先生推测八思巴蒙古文碑文中的Dalan bulaq，当在大都约五日行程的龙虎台一带。《释"答兰不剌"——兼谈所谓"德兴府行宫"》对此提出商榷意见，从皇帝巡幸路线中去寻找相关线索，指出答兰不剌（Dalan bulaq）应该就是缙山香水园纳钵的蒙古语名称。《释"答兰不剌"——兼谈所谓"德兴府行宫"》发现的与元朝两都巡幸制度相关的另一个疑点，是从未为前人所注意的"德兴府行宫"问题。《元史·选举志》江南学田诏颁布地"德兴府"，应为元朝柳林春猎之所"德仁府"；进一步从文化语言学的角度加以解释，华北方言中作为地名使用的"务"字读音特殊，为 fu 音，于是人们就用"府"字去撰写。元代文献中的"德仁府"，其实记录的就是"德仁务"的方言读音，后者才是它的本名。

成果名称：《全球治理——行为体、机制与议题》
主持人：李东燕
职称：研究员
成果形式：专著
字数：355 千字
出版单位：当代中国出版社
出版时间：2015 年 10 月

《全球治理——行为体、机制与议题》基于全球治理的基本要素及不同的全球治理理念与方案，选择了在当今全球治理中具有代表意义和影响作用的不同行为体作为研究对象，包括联合国、区域组织、七国集团、二十国集团、金砖国家、中等强国、小国集团、非政府组织及跨国公司等，以考察不同行为体在全球治理中的角色特征和作用，以及不同行为体之间的互动关系。

成果名称：《中美关系史》（英文）
主持人：陶文钊
职称：研究员
成果形式：专著
字数：1515 千字
出版单位：外文出版社
出版时间：2015 年 9 月

《中美关系史》为英文著作，是从1784 年美国第一艘商船"中国皇后号"远航广州到 2013 年为止的中美关系的通史性著作。全书根据中美双方的资料，简明扼要地叙述了悠长岁月中的两国关系，展现了两国关系极其丰富又错综复杂的图景；作者力求持论公平，分析客观，既注意照顾全面，也对重要的政策、事件进行了重点剖析；书中既注意了历史的延续性，又鲜明地指出了各个不同阶段两国关系的不同特征。作者也对未来的两国关系作了展望。

成果名称：《上海合作组织农业合作与中国粮食安全研究》
主持人：张宁
职称：副研究员
成果形式：专著
字数：474 千字
出版单位：社会科学文献出版社
出版时间：2015 年 3 月

《上海合作组织农业合作与中国粮食安全研究》利用贸易特化系数模型、恒定市场份额 CMS 模型和 GM（1，1）模型分析，认为上合组织成员的农产品比较优势和贸易结构基本上反映各国农业资源禀赋特征；当前正是该组织加强农业合作的重要机遇期；到 2020 年，中国从上合组织其他成员（包括正式成员、观察员国和对话伙伴国）的农产品进口总额将达到 133.62 亿美元，比 2012 年增长 3.2 倍。中国向上合组织其他成员的农产品出口总额将达到 102 亿美元，比 2012 年增长 2.03 倍。

成果名称：《外援在中国》（英文）
主持人：周弘
职称：研究员
成果形式：专著
字数：430 千字
出版单位：德国施普林格出版社
出版时间：2015 年

《外援在中国》梳理了援华机构和它们的援助方式，分析了外援带来的理念、方式和机制的变迁，评价了外援在"中国发展模式"形成过程中的作用，希望有助于解释外援在国际力量之间相互联系、沟通、博弈、帮助和影响的渠道及其意义。

成果名称：《国家构建的欧洲方式——欧盟对西巴尔干政策研究（1991—2014）》
主持人：刘作奎
职称：研究员
成果形式：专著
字数：259千字
出版单位：社会科学文献出版社
出版时间：2015年6月

《国家构建的欧洲方式——欧盟对西巴尔干政策研究（1991—2014）》一书是国内第一部系统介绍欧盟对西巴尔干国家构建政策的专著。作者全面系统地介绍了欧盟对西巴尔干政策历史演进及具体内容，分析了欧盟对西巴尔干入盟政策的战略考虑、运行机制以及投放的政策工具和政策前景等问题。同时，该书深入细致地考察了西巴尔干地区各国的"国家性"特点，认真考察了欧盟在西巴尔干国家构建中所起的作用，并清晰地阐述了西巴尔干国家构建的"欧洲方式"。

成果名称：《石油卡特尔的行为逻辑——欧佩克石油政策及其对国际油价的影响》
主持人：刘冬
职称：助理研究员
成果形式：专著
字数：254千字
出版单位：社会科学文献出版社
出版时间：2015年4月

《石油卡特尔的行为逻辑——欧佩克石油政策及其对国际油价的影响》从卡特尔组织机制入手，结合石油产权转移及其他政治因素对国际油价长周期波动的影响，对当前欧佩克的市场属性与油价影响力给出了清晰的界定。不同于以往许多欧佩克研究成果，该书研究并不局限于分析欧佩克对国家油价短期波动的影响，而是将研究重点放到欧佩克影响国际油价长周期波动的方式与效果上。

成果名称：《拉美国家的能力建设与社会治理》
主持人：吴白乙
职称：研究员
成果形式：研究报告集
字数：331千字
出版单位：中国社会科学出版社
出版时间：2015年5月

《拉美国家的能力建设与社会治理》为2015年拉丁美洲与加勒比专题报告，主要内容包括主报告、形势报告、专题报告、国别和地区报告及附录资料五个部分。

主报告分析了中拉整体合作的合理性和可行性，认为这是双方在当下全球治理进程中相互依赖、相互促进和自觉自强意识的必然选择，其产生是双方关系演变的自然进程，在外部受到南南合作新趋势和全球跨区域合作潮流的推动，在内部则符合双方经济转型对接需要。

"形势报告"篇对拉美地区的政治、经济、社会、对外关系展现出的新变动趋势做出详尽分析和展望。

"专题报告"篇选择南美大国巴西政治生态的变化和执政党所面临的党建及国家治理转型的多重挑战为视角，力图进行"窥一斑而知全豹"式的评析。

"国别和地区报告"篇，作者试图将各国在改革和转型过程中面临的新问题和各种挑战，放在各国特殊国情背景下解读和分析，在展现拉美国家共性的同时，解释各国的特殊性。

成果名称：《拉美国家的法治与政治——司法改革的视角》
主持人：杨建民

职称：副研究员
成果形式：专著
字数：297千字
出版单位：社会科学文献出版社
出版时间：2015年5月

《拉美国家的法治与政治——司法改革的视角》一书的主要研究内容包括以下六个方面。一是对拉美国家的司法制度进行历史考察，探究拉美国家的法律渊源和司法传统，以及殖民统治和独立后的拉美政治对司法制度和司法传统的影响。二是结合拉美国家的实际情况研究拉美国家司法改革的理论基础，探讨司法改革与经济发展、民主巩固和社会公正之间的关系，指出一个高质量的司法体系对一个国家经济发展、民主巩固以及反对腐败、实现社会正义的重要性。司法与政治之间是一种政治关系。三是研究拉美国家司法改革的主要背景，即经济上转为开放的市场经济、政治上第三波民主化深入发展以及国际上的多边国际组织等支持拉美国家的司法改革。四是指出拉美国家司法改革的主要目标和内容。拉美国家司法改革的主要目标是发展经济、巩固民主和实现社会正义。司法改革的主要内容包括创设司法委员会，改革法官的选任程序和任期，增强最高法院的独立性，增加司法机构预算，发挥争端解决替代机制的作用以及法律一体化等。五是具体研究拉美国家司法改革的若干典型案例。该书选取了阿根廷、巴西、墨西哥、智利、哥伦比亚、秘鲁和委内瑞拉等7个案例，囊括了政治转型时期司法改革具备不同特点的所有主要国家，同时对这些国家的司法改革进行分析，总结拉美国家政治转型时期司法改革的启动、内容和实施等特点及司法与政治关系的一般规律。六是对拉美国家的司法改革与政治转型进行评估与分析，分析拉美国家司法改革取得的主要成就、面临的主要问题和挑战，指出司法改革往往成为政治变革的先导和重要内容。

成果名称：《美国对外援助——目标、方法与决策》
主持人：周琪
职称：研究员
成果形式：专著
字数：483千字
出版单位：中国社会科学出版社
出版时间：2014年12月

《美国对外援助——目标、方法与决策》共分为三部分，第一部分对二战后美国官方援助缘起和发展、卡特和里根政府的对外援助政策、后冷战时代的美国对外援助、21世纪以来的美国对外援助进行了论述；第二部分就美国对非洲、以色列和埃及、朝鲜援助以及美国人道主义援助进行了分论；第三部分就美国对外援助决策过程、西方对外援助理论、美国对外援助的总体评价进行了分析论证。

成果名称：《日本战后70年：轨迹与走向》
主持人：李薇
职称：研究员
成果形式：论文集
出版单位：中国社会科学出版社
出版时间：2015年12月

《日本战后70年：轨迹与走向》作者队伍代表着中国学界当代日本研究的最高水平。30位来自中国社会科学院、北京大学、南开大学等日本研究重镇的顶级专家，分别从政治、外交、经济、社会、思想、中日关系等多个领域，对日本战后70年来的轨迹进行系统梳理、深入分析，在此基础上，对本领域日本未来走向做出预测。

成果名称：《中日热点问题研究》
主持人：李薇
职称：研究员

成果形式：论文集
出版单位：中国社会科学出版社
出版时间：2015年12月

《中日热点问题研究》基于"聚焦中日关系热点、汇集思想产品精华"的宗旨，遴选了近年来中国主流媒体发表的有关中日关系热点问题的时政评论、中国日本研究权威刊物《日本学刊》刊载的有关中日关系的学术论文和作者专为该书撰写的文章，共计31篇，其中已发表的大多数文章经作者根据中日关系形势的最新变化进行了修改补充。

成果名称：《民主化悖论：冷战后世界政治的困境与教训》
主持人：张树华
职称：研究员
成果形式：专著
字数：471千字
出版单位：中国社会科学出版社
出版时间：2015年1月

《民主化悖论：冷战后世界政治的困境与教训》围绕冷战后国际上民主理论的迷思和一些国家民主化的成败得失，详细地剖析了围绕民主和民主化问题上的学术误区以及由此导致的政治发展陷阱。该书运用政治学及国际政治问题的研究方法，通过多地区、多语种、跨学科的比较研究，梳理了近年来西方政治学在民主与民主化研究中的主要思潮倾向，厘清了西方民主理论输出的历史脉络，评析了移植民主的风险和代价，揭示了民主裂变与民主异化现象，分析了"颜色革命"的策划、爆发及其实质。

成果名称：《邓小平理论的马克思主义解读》
主持人：李崇富
职称：研究员
成果形式：专著
字数：786千字
出版单位：中国社会科学出版社
出版时间：2015年1月

《邓小平理论的马克思主义解读》立足于当代中国国情，立足于改革开放和现代化建设的伟大成就，深刻揭示马克思主义中国化"两次飞跃"的历史和逻辑联系，阐明邓小平理论与马克思列宁主义、毛泽东思想在本质上一脉相承的同一性和与时俱进的创新性内在结合的科学品质，以论述邓小平理论的思想渊源、实践主题、哲学基础为底蕴，从社会主义的本质论、初级阶段论、根本任务论、改革开放论、市场经济论、民主法治论、精神文明论等十二个基本方面的历史和逻辑展开中，阐述了当代中国社会主义"特色"与科学社会主义"本色"的辩证联结和现实结合。

成果名称：《当代西方工人阶级研究》
主持人：姜辉
职称：研究员
成果形式：专著
出版单位：中国社会科学出版社
出版时间：2015年7月

《当代西方工人阶级研究》是一部全面系统研究当代西方工人阶级状况的著作。该书把西方工人阶级作为一个整体，置于21世纪初期的时代背景和社会条件下，探求回答西方资本主义国家的工人阶级向何处去、西方社会主义运动向何处去的重大问题。从理论分析与实际状况的结合中，深入研究当代资本主义社会的阶级与阶级关系、全球资本家阶级与全球工人阶级的形成与特征、西方国家的阶级冲突与阶级斗争、西方国家工人阶级数量与构成的变化、"告别工人阶级"论与"中产阶级化"的实际甄验、工人阶级与左翼政党、工人阶级与工会组织、工人阶级的行动战略、工人阶级与社会主义主体、工人阶级的"自在"与"自为"、工人阶级运动与世界社会主义运动的关系等诸多具体问题。

成果名称：百集《中国通史》纪录片
主持人：卜宪群
职称：研究员
成果形式：影视纪录片
出版单位：中央电视台影视频道
出版时间：2015年7月

百集《中国通史》系中国社会科学院与中央电视台电影频道合作制作的大型纪录片，由电影频道出资，中国社会科学院监制，中国社会科学院历史研究所承担撰稿及监制任务。课题组在唯物史观的指导下，按照"历代治乱兴衰的经验教训""统一多民族国家的形成"及"中华民族悠久灿烂的历史文化"三条主线，遴选了100集选目，陆续完成写作任务。在电影频道制片过程中，课题组在"基础内容稿审阅""配音稿审阅""审片"三个环节严格把关，认真履行监制责任。2015年7月，百集《中国通史》纪录片制作完成。

成果名称：《2020：走向全面小康社会——"十三五"规划研究报告》
主持人：李培林、蔡昉
职称：研究员
成果形式：研究报告集
出版单位：社会科学文献出版社
出版时间：2015年11月

《2020：走向全面小康社会——"十三五"规划研究报告》是中国社会科学院多位学者的研究成果，共包括"十三五"规划研究报告22篇，围绕"十三五"时期我国经济社会发展的主要趋势和重大思路以及全面建成小康社会的目标，从产业发展的方向与政策、财税和金融体制改革、就业发展战略、社会保障制度改革、人口发展战略及对策、社会心理和舆论引导、三农发展改革、工业转型升级、服务业发展改革、坚持和完善社会主义经济制度、提高对外开放水平、城镇化和区域发展、资源环境发展战略、创新驱动发展战略、收入分配问题及对策、全面推进依法治国等方面进行了深入的分析研究，是国家级智库深度剖析"十三五"规划、参透中国未来发展大势的精品著作。

成果名称：《中国国家资产负债表2015：杠杆调整与金融风险管理》
主持人：李扬
职称：研究员
成果形式：专著
出版单位：人民出版社
出版时间：2015年2月

《中国国家资产负债表2015：杠杆调整与金融风险管理》一书在《中国国家资产负债表2013：理论、方法与风险评估》所作研究的基础上，对我国居民、非金融企业、金融机构、政府和对外部门，以及国家和主权的资产负债表，相应计算了负债率和杠杆率，并做了若干分析，提出了若干建议。

成果名称：《中国金融体系改革的总体构架和可选之策》
主持人：王国刚
职称：研究员
成果形式：研究报告
字数：560千字
出版单位：中国社会科学出版社
出版时间：2015年10月

《中国金融体系改革的总体构架和可选之策》对《中共中央关于全面深化改革若干重大问题的决定》提出的深化金融体制机制改革任务进行了系统分析，就中国金融体系改革的各个方面内容进行符合学理规范且符合国情的细致深入探讨，为完善相关各部门提出的各项金融改革实施方案提出了意见建议。

成果名称：《论完善税收制度的新阶段》
主持人：高培勇
职称：研究员
成果形式：论文
出版单位：《经济研究》
出版时间：2015年第2期

《论完善税收制度的新阶段》在系统评估现行税收制度格局功能和作用"漏项"的基础上，围绕以增加自然人直接税为主要着力点，以现代税收征管机制转换为配套措施两个方面政策主张，全面分析了建立现代税收制度的全新思维和操作路线。

成果名称：《产能过剩、重复建设形成机理与治理政策研究》
主持人：李平
职称：研究员
成果形式：专著
字数：230千字
出版单位：社会科学文献出版社
出版时间：2015年8月

《产能过剩、重复建设形成机理与治理政策研究》首先区分了两种不同类型的产能过剩，分析了本轮产能过剩及部分重点行业产能过剩的基本情况与主要特征，解析了本轮产能过剩的形成机制，并指出增长阶段转换与体制机制缺陷共同作用导致本轮产能过剩，并提出了建立防范和化解产能过剩长效机制的意见建议。

成果名称：《中国城市竞争力报告2015：巨手，托起城市中国新版图》
主持人：倪鹏飞
职称：研究员
成果形式：研究报告集
出版单位：社会科学文献出版社
出版时间：2015年5月

《中国城市竞争力报告2015：巨手，托起城市中国新版图》是中国城市竞争力课题组的第13次年度报告。利用指标体系和客观数据，报告详细评价了中国近300个城市的竞争力状况。报告从整体上衡量中国城市竞争力发展格局，以及有关方面距离理想状态的差距。报告对各级政府尤其是城市政府部门、国内外企业、有关研究机构、社会公众具有重要的决策参考意义和研究借鉴价值。

成果名称：《中国县域经济发展报告（2015）》
主持人：吕风勇、邹琳华
职称：助理研究员
成果形式：研究报告集
出版单位：社会科学文献出版社
出版时间：2015年8月

《中国县域经济发展报告（2015）》是中国社会科学院财经战略研究院县域经济课题组的首部年度研究报告，专注于对中国县域经济竞争力和发展潜力评价、发展模式探索和动态跟踪监测，探讨影响中国县域经济发展的主要矛盾和问题，并在此基础上对中国县域经济趋势进行分析，提出具有操作性的政策建议。

成果名称：《中国的环境治理与生态建设》
主持人：潘家华
职称：研究员
成果形式：专著
字数：222千字
出版单位：中国社会科学出版社
出版时间：2015年5月

《中国的环境治理与生态建设》紧扣人类社会可持续发展的理论与实践困境，考察中国生态文明的建设实践，厘清了生态文明与工业文明的关联与区别，揭示了生态文明是相对于工业文明的一种社会文明形态，表明生态文明在中国的实践、改造和提升工业文明，有其必然性，具有普遍适用性，是人类社会经济发展的一个新的阶段，从而揭示生态文明发展范式的科学性和客观性。

成果名称：《2016年世界经济形势分析与预测》
主持人：王洛林、张宇燕
职称：研究员
成果形式：研究报告集
字数：361千字
出版单位：社会科学文献出版社
出版时间：2015年12月

世界经济黄皮书《2016年世界经济形势分析与预测》介绍并讨论了2015—2016年度世界经济发展形势。内容涉及世界经济总体形势分析与展望，以及美国、欧洲、日本、亚太、俄罗斯、拉美、西亚非洲和中国等国家与地区经济形势分析。同时，该报告对国际贸易、国际金融、国际直接投资和全球大宗商品市场的形势等专题，对亚投行、全球贸易低速增长问题、油价问题和"一带一路"等年度热点问题做了比较深入的讨论。

成果名称：《中国梦与俄罗斯梦——现实与期待》
主持人：李培林
职称：研究员
成果形式：研究报告集
字数：329千字
出版单位：社会科学文献出版社
出版时间：2016年6月

《中国梦与俄罗斯梦——现实与期待》基于中国社科院社会学所第四次"中国社会状况综合调查"的数据，围绕五个方面八个部分的内容全方位地阐述了中国梦。俄方研究者按照中方的框架基于自己的调查数据对俄罗斯梦进行了阐述，试图回答俄罗斯民众对个人未来的期望与对社会整体的期望。

成果名称：《2016年中国社会形势分析与预测》
主持人：李培林
职称：研究员
成果形式：研究报告集
字数：388千字
出版单位：社会科学文献出版社
出版时间：2015年12月

社会蓝皮书《2016年中国社会形势分析与预测》以中国迈入全面建成小康社会决胜阶段的社会发展为主题，指出2016年及整个"十三五"时期的经济社会发展，要坚决贯彻落实创新、协调、绿色、开放、共享五大发展理念，继续认真做好调结构、惠民生、转方式、补短板、防风险的工作。

成果名称：《中国发展经验丛书》
主持人：李汉林
职称：研究员
成果形式：专著
出版单位：中国社会科学出版社
出版时间：2014年5月

《中国发展经验丛书》从国家与社会、国家与市场、国家与农民、中央与地方、政府与企业、城市与乡村、劳动与资本七个关系出发，通过对改革发展历程中的中国经验的调查和总结，从中国社会发展的各阶段出发，寻找其内在的条件和规律，指出中国社会现代化发展中社会结构变迁的轨迹，并寻找中国社会运行的具体机制和历史前提。

成果名称：《中国新媒体发展报告（2015）》
主持人：唐绪军
职称：研究员

成果形式：研究报告集
字数：470千字
出版单位：社会科学文献出版社
出版时间：2015年7月

《中国新媒体发展报告（2015）》是由中国社会科学院新闻与传播研究所组织编写的关于新媒体发展的最新年度报告，分为总报告、热点篇、调查篇、传播篇和产业篇等五部分，全面分析中国新媒体的发展现状，解读新媒体的发展趋势，探析新媒体的深刻影响。

成果名称："全面依法治国的理论创新和实践推进"系列成果
主持人：李林
职称：研究员
成果形式：专著
研究报告：论文（论著7部，智库研究报告6册，论文和重点文章5篇，内部研究报告23份）
出版时间：2015年内陆续出版、发表或上报

"全面依法治国的理论创新和实践推进"系列成果是法学所贯彻落实党的十八届四中全会审议通过的《中共中央关于全面推进依法治国若干重大问题的决定》各项规定和精神的一系列学术研究成果，成果的形式涉及专著、论文、调研报告和要报等，成果的主要议题是围绕着中国特色社会主义法治理论和实践的基本特征，进行全面和系统地阐述，同时对贯彻落实《全面依法治国决定》中的重大事项和重要问题结合法学研究的最新成果，向党和国家最高决策部门提出了一系列有针对性的对策和建议，很多对策和建议得到了党和国家领导人的重视和肯定。

成果名称：《中国民族地区经济社会调查报告》
主持人：王延中
职称：研究员
成果形式：研究报告
出版单位：中国社会科学出版社
出版时间：2015年

《中国民族地区经济社会调查报告》围绕调研地区21世纪初期以来政治、经济、社会、文化、生态五大文明建设展开论述，比较全面地回顾和总结上述地区在五大建设方面取得的主要成就和基本经验，分析民族地区全面建设小康社会进程中面临的挑战与困难，并针对未来发展提出具有针对性的对策和建议。

成果名称：《中国西南边疆的治理》
主持人：孙宏年
职称：研究员
成果形式：专著
出版单位：湖南人民出版社
出版时间：2015年7月

《中国西南边疆的治理》在充分吸收国内外已有成果的基础上，结合档案、文献，主要探讨、研究先秦以来中国西南边疆的治理及其发展历程，阐述了历史时期和当代中国西南边疆治理的重大事件、重要政策和相关内容。

成果名称：《中国反腐倡廉建设报告No.5》
主持人：张英伟
成果形式：研究报告集
字数：274千字
出版单位：社会科学文献出版社
出版时间：2015年12月

反腐倡廉蓝皮书《中国反腐倡廉建设报告No.5》聚焦"建设"主题，从学术视角研究和分析党的十八大以来特别是2015年我国党风廉政建设和反腐败工作的新部署、新进展和新成效。

成果名称：《反腐败体制机制国际比

较研究》

主持人：李秋芳、孙壮志
职称：研究员
成果形式：专著
字数：541千字
出版单位：中国社会科学出版社
出版时间：2015年12月

《反腐败体制机制国际比较研究》一书是中国社科院中国廉政中心十多年来跟踪研究各国各地区反腐败体制机制的成果，运用比较分析方法，重点围绕反腐败体制、反腐机构、法律制度、反腐举措等重要内容进行了研究。

成果名称：《全球智库评价报告》
主持人：荆林波
职称：研究员
成果形式：研究报告
字数：140千字
出版单位：中国社会科学出版社
出版时间：2016年7月

《全球智库评价报告》从智库的界定、智库评价方法的对比分析、全球智库综合评价AMI指标体系、全球智库评价的过程与排行榜、基于全球视角构建中国新型特色智库五个方面对全球智库和中国智库的整体情况进行了说明。

成果名称：《中国梦与浙江实践》
主持人：王伟光、李培林
职称：研究员
成果形式：专著
出版单位：社会科学文献出版社
出版时间：2015年9月

《中国梦与浙江实践》共分7卷（总报告卷、经济卷、政治卷、文化卷、社会卷、生态卷和党建卷），全景式、立体式揭示了2003年以来历届浙江省委坚持一张蓝图绘到底、深入实施"八八战略"的历史进程；系统总结了中国特色社会主义在浙江生动实践的宝贵经验，深入研究和解读了习近平同志在浙江工作期间形成的一系列关于经济、政治、文化、社会、生态文明建设和党的建设的重要思想观点和重大决策部署。

成果名称：《生态引领 绿色赶超——新常态下加快转型与跨越发展的贵州案例研究》
主持人：潘家华、吴大华
职称：研究员
成果形式：专著
字数：259千字
出版单位：中国社会科学出版社
出版时间：2015年5月

《生态引领 绿色赶超——新常态下加快转型与跨越发展的贵州案例研究》以贵州省为个案，研究如何守住"发展"与"生态"两条底线，如何通过生态引领实现生态脆弱区的绿色赶超。全书紧扣国家和中央会议精神，把握当前国际国内新形势、新要求，结合贵州省的省情，深入剖析了贵州省当前发展的机遇与挑战，并立足贵州省自身的资源禀赋和中央对贵州省的发展定位，在阐释界定贵州省坚守两条底线发展战略内涵的基础上，系统探讨了贵州省如何适应新常态，坚守两条底线，推动可持续赶超。

# 学术人物

## 一 中国科学院哲学社会科学部学部委员

1955年选出

吴玉章、陈垣、马寅初、马叙伦、杨树达、陶孟和、杜国庠、艾思奇、陈寅恪、李达、陈望道、黎锦熙、李俨、郭沫若、汤用彤、范文澜、潘梓年、包尔汉、金岳霖、王学文、冯友兰、茅盾、杨献珍、陈翰笙、郑振铎、翦伯赞、黄松龄、罗常培、向达、王力、王亚南、魏建功、吕振羽、沈志远、冯定、薛暮桥、侯外庐、张稼夫、陈伯达、吕叔湘、郭大力、冯至、李亚农、尹达、许涤新、张如心、钱俊瑞、周扬、骆耕漠、吴晗、丁声树、千家驹、狄超白、夏鼐、季羡林、邓拓、何其芳、胡乔木、刘大年、于光远、胡绳

1957年选出

陆志韦、嵇文甫、吕澂

## 二 中国社会科学院学部委员、荣誉学部委员

2006年选出（第一批学部委员）

方克立、王叔文、王家福、史金波、叶秀山、田雪原、刘庆柱、刘国光、刘树成、吕政、汝信、江流、江蓝生、余永定、冷溶、张卓元、张晓山、张海鹏、张蕴岭、李扬、李京文、李崇富、李景源、李静杰、杨义、杨圣明、汪同三、沈家煊、苏振兴、陈佳贵、陈祖武、陈高华、卓新平、周弘、周叔莲、林甘泉、郑成思、郝时远、耿云志、梁慧星、黄长著、黄宝生、景天魁、程恩富、裘元伦、靳辉明、廖学盛（以笔画为序）

2006年选出（第一批荣誉学部委员）

丁伟志、丁守和、于光远、于祖尧、仇士华、孔繁、王仲殊、王庆成、王贵宸、王耕今、邓绍基、刘世德、刘克明、刘海年、刘起釪、刘楠来、刘魁立、吕大吉、朱寨、朱大渭、朱绍文、何方、何乃维、何振一、何龄修、余绳武、余敦康、佟柱臣、吴元迈、吴宗济、吴承明、吴家骏、张炯、张长寿、张守一、张泽咸、张振鹍、张椿年、李琮、李奇、李步云、李道揆、杜荣坤、杜继文、杨天石、杨季康、杨曾文、汪海波、汪敬虞、谷源洋、邵荣芬、陆学艺、陈燊、陈之骅、陈乐民、陈启能、陈宝森、陈栋生、陈筠泉、陈毓罴、周定一、巫白慧、庞朴、金宜久、柳鸣九、胡庆钧、赵人伟、赵凤岐、姚介厚、骆耕漠、徐葵、徐苹芳、徐崇温、浦寿昌、涂纪亮、贾芝、资中筠、郭松义、钱中文、高恒、高莽、高涤陈、梁存秀、黄心川、黄绍湘、葛佶、董衡巽、道布、韩延龙、照那斯图、蔡美彪、樊亢、樊骏、戴园晨、瞿同祖（以笔画为序）

2010年选出（第二批学部委员）

王伟光、魏道儒、王巍、宋镇豪、朱玲、金碚、高培勇、蔡昉、李林、李培林

2010年选出（第二批荣誉学部委员）

马西沙、仁钦道尔吉、吴云贵、李文俊、李惠国、陈铁民、罗希文、郎樱、侯

精一、郭宏安、王宇信、王曾瑜、卢钟锋、任式楠、吕一燃、余太山、张显清、张海涛、李瑚、黄展岳、王松霈、刘文璞、孙世铮、宓汝成、经君健、郑友敬、聂宝璋、马骧聪、白钢、刘尧汉、孙宏开、杨一凡、王金存、冯昭奎、陆南泉、徐世澄、陶文钊、项启源

## 三 中国社会科学院学部委员、荣誉学部委员简介

（一）文学哲学学部

1. 学部委员

王伟光，男，1950年2月出生，山东海阳人，中共党员。学术专长为马克思主义理论和哲学，以及中国特色社会主义建设中的重大理论与现实问题研究。主要代表作为《王伟光讲习录》《利益论》《社会矛盾论》等。

方克立，男，1938年6月出生，湖南湘潭人，中共党员。学术专长为中国哲学与文化，主要代表作为《中国哲学史上的知行观》、《现代新儒学与中国现代化》、《方克立文集》、《中国哲学大辞典》（主编）等。

叶秀山，男，1935年6月出生，江苏扬中人，无党派人士。学术专长为西方哲学，兼及美学及中西哲学会通。主要代表作为《前苏格拉底哲学研究》《苏格拉底及其哲学思想》《思·史·诗——现象学和存在哲学研究》等。

汝信，男，1931年8月出生，江苏吴江人，中共党员。学术专长为哲学、美学。主要代表作为《西方美学史论丛续编》《西方的哲学和美学》《美的找寻》《论西方美学与艺术》《汝信自选集》等。

李景源，男，1945年7月出生，河北宝坻人，中共党员。学术专长为马克思主义哲学、认识论。主要代表作为《史前认识研究》、《马克思主义哲学与现时代》（主编）、《21世纪的马克思主义哲学创新》（主编）等。

江蓝生，女，1943年11月出生，湖北仙桃市（原沔阳县）人，中共党员。学术专长为汉语史，专攻近代汉语语法和词汇。主要代表作为《近代汉语探源》《近代汉语研究新论》《江蓝生自选集》等。

杨义，男，1946年8月出生，广东电白人，中共党员。学术专长为中国现代文学、古代文学。主要代表作为《鲁迅小说综论》、《中国现代小说史》（三卷）、《中国古典小说史论》、《中国新文学图志》、《中国叙事学》、《中国古典文学图志》等。

沈家煊，男，1946年3月出生，上海人，中共党员。学术专长为句法与语义学、语言学理论。主要代表作为《不对称和标记论》《英汉介词对比》《"差不多"和"差点儿"》《"判断语词"的语义强度》《口误类例》等。

卓新平，男，1955年3月出生，湖南慈利人，中共党员。学术专长为宗教学、宗教哲学。主要代表作为《中西当代宗教理论比较研究》（德文）、《基督教犹太教志》、《全球化的宗教与当代中国》、《中国人的宗教信仰》等。

黄长著，男，1942年5月出生，重庆人，中共党员。学术专长为语言学、图书馆学、情报学。主要代表作为《世界语言纵横谈》（编著）、《各国语言手册》（编著）、《网络环境下图书馆学情报学科及实践的发展趋势》（合著）等。

黄宝生，男，1942年7月出生，上海人，中共党员。学术专长为梵文。主要代表作为《印度古代文学》、《印度古典诗学》、《〈摩诃婆罗多〉导读》、《梵语文学读本》、《摩诃婆罗多》（合译）等。

朝戈金，男，蒙古族，1958年8月出生，内蒙古巴林右旗人，中共党员。学术专长为中国少数民族文学和民俗学。主要代表作为《口传史诗诗学：冉皮勒〈江格

尔〉程式句法研究》《少数民族文学学科的概念对象和范围》等。

魏道儒，男，1955年10月出生，河北景县人，中共党员。学术专长为佛教。主要代表作为《中国华严宗通史》、《华严学与禅学》、《宋代禅宗文化》、《中华佛教史·宋元明清卷》、《中国禅宗通史》（合著）等。

2. 荣誉学部委员

马西沙，男，1943年11月出生，北京人。学术专长为道教与中国民间宗教。代表作《中国民间宗教史》（合著）、《清代八卦教》、《民间宗教志》、《中国道教史》（合著）、《中国民间宗教简史》等。

孔繁，男，1930年5月出生，山东泰安人，中共党员。学术专长为中国哲学史。代表作《魏晋玄学和文学》《荀子评传》《魏晋玄谈》《孔繁哲学文集》等。

邓绍基，男，1933年1月出生，江苏常熟人。学术专长为中国古代文学史。代表作为《元代文学史》（主编）、《杜诗别解》、《五四以来继承文学遗产问题的若干回顾》等。

仁钦道尔吉，男，1936年2月出生，内蒙古巴林右旗人，中共党员。学术专长为蒙古文学和北方民族史诗。代表作为《蒙古民间文学论文选》《英雄史诗〈江格尔〉》《〈江格尔〉论》《蒙古英雄史诗源流》等。

刘世德，男，1932年12月出生，山西临汾人，九三学社成员。学术专长为中国古代文学研究，主攻古代小说、戏曲、元明清文学。代表作为《曹雪芹祖籍辨证》《红楼梦版本探微》《红学探索——刘世德论红楼梦》《红楼梦之谜》《刘世德话三国》《明清小说》等。

刘魁立，男，1934年9月出生，河北静海（今属天津）人，中共党员。学术专长为民间文艺学，民俗学。代表作为《俄国农奴制时期民间文学的幻想与现实问题》《刘魁立民俗学论集》《民间叙事的生命树》等。

朱寨，男，1923年3月出生，山东平原人，中共党员。代表作为《从生活出发》、《朱寨文学评论集》、《感悟与沉思》、《行进中的思辨》、《中国当代文学思潮史》（主编）等。

吕大吉，男，1931年9月出生，四川达县人，中共党员。学术专长为宗教学原理研究。代表作为《洛克物性理论研究》、《宗教学通论》（主编）、《西方宗教学说史》、《人道与神道》、《中国宗教与中国文化》（合著）等。

杨绛，原名杨季康，女，1911年7月出生，江苏无锡人，无党派。学术专长外国文学研究、外国文学翻译。代表作译作《堂·吉诃德》（上、下册）、《小癞子》、《斐多》等。

杨曾文，男，1939年12月出生，山东即墨人，中共党员。学术专长为中日佛教历史。主要代表作为《日本佛教史》《唐五代禅宗史》《宋元禅宗史》《当代佛教与社会》《佛教的起源》《中国佛教史论》等。

陈铁民，男，1938年4月出生，福建泉州人。学术专长为唐代文学及古籍整理。主要代表作为《王维集校注》、《王维论稿》、《增订注释全唐诗》（副主编）、《新译王维诗文集》等。

陈燊，男，1921年7月出生，浙江温州人，无党派人士。学术专长为俄国文学及某些文学理论问题研究。主要代表作为《亡羊集》（三卷）、《外国文学研究资料》丛书（主编）、《二十世纪欧美文论丛书》（主编）等。

陈筠泉，男，1935年9月出生，浙江海宁人，中共党员。学术专长为马克思主义哲学、文化哲学研究等。主要代表作为《文明发展战略》、《陈筠泉文集》、《哲学与文化》（合主编）、《科技革命与当代社会》（合主编）等。

陈毓罴，男，1930年2月出生，湖北武汉人，无党派。学术专长为中国古代文学。代表作为《沈三白和他的浮生六记》、《中国文学史》（合著）、《红楼梦论丛》（合著）等。

杜继文，1930年5月出生，山东青岛人，中共党员。学术专长为佛教研究。主要代表作为《佛教史》（主编）、《中国禅宗通史》（合著）、《汉译佛教经典哲学》（上、下卷）、《大乘起信论全译》（译注）等。

张炯，男，1933年11月出生，福建福安人，中共党员。学术专长为文学研究。代表作《社会主义文学艺术论》、《新时期文学格局》、《文学多维度》、《当代文学新潮》（合著）、《中华文学发展史》（三卷，主编）等。

邵荣芬，字欣伯，男，1922年12月出生，安徽寿县人，中共党员。学术专长为汉语音韵学研究。主要代表作为《切韵研究》《集韵音系简论》《经典释文音系》等。

巫白慧，男，1919年9月出生，香港人，中共党员。学术专长为印度哲学、梵语学、佛学。主要代表作为《印度哲学》、《印度哲学与佛教》（英文）、《吠陀经与奥义书》、《〈梨俱吠陀〉神曲选》（译解）等。

李奇，女，1913年10月出生，河北饶阳人，中共党员。学术专长为伦理学。代表作《道德科学初学集》、《道德与社会生活》、《道德学说》（主编）等。

李文俊，男，1930年12月出生，上海人，无党派。学术专长为现代西方文学。代表作译作《变形记》《喧哗与骚动》《押沙龙，押沙龙!》《老人与海》等。

李惠国，男，1938年5月出生，吉林长春人，中共党员。学术专长为科学技术哲学、科技进步与社会发展。主要代表作为《李惠国文集》、《高科技时代的社会发展》（合作主编）、《社会科学新方法大系》（主编）等。

吴元迈，男，1933年12月出生，安徽歙县人，中共党员。学术专长为俄罗斯文学与文学理论研究。代表作为《苏联文学思潮》《文学作品的存在方式》《现实的发展和现实主义的发展》《吴元迈文集》等。

吴宗济，男，1909年4月出生，浙江吴兴人，农工民主党党员。学术专长为语言学、语音学。代表作《吴宗济语言学论文集》、《补听集》、《汉语普通话单音节语图册》（主编）等。

吴云贵，男，1939年10月出生，辽宁抚顺人，中共党员。学术专长为宗教学与伊斯兰教研究。代表作为《伊斯兰教法概略》、《近现代伊斯兰思潮与运动》（合著）、《近代伊斯兰运动》、《当代伊斯兰教法》、《伊斯兰教典籍百问》等。

余敦康，男，1930年5月出生，湖北汉阳人，无党派人士。学术专长为中国哲学。主要代表作为《易学今昔》《魏晋玄学史》《何晏王弼玄学新探》《中国哲学论集》《宗教·哲学·伦理》《汉宋易学解读》等。

郎樱，女，1941年4月出生，北京人，中共党员。学术专长为突厥语民族文学。主要代表作为《〈福乐智慧〉与东西方文化》《〈玛纳斯〉论》等。

周定一，男，1913年11月出生，湖南酃县（现炎陵县）人，民主促进会会员。学术专长为汉语词汇学。主要代表作为《对〈审音表〉的意见》《所字别义》《酃县客家话的语法特点》等。

罗希文，男，1945年6月出生，北京人。学术专长为英译中医药典籍与中医哲学研究。代表作为英译《伤寒论》《金匮要略》《黄帝内经》《东医宝鉴》《伤寒论及500医案》《金匮要略方论及300医案》等。

金宜久，男，1933年10月出生，安徽寿县人，中共党员。学术专长为宗教研究。主要代表作为《中国伊斯兰探秘》、《王岱舆思想研究》、《伊斯兰教史》（主编）、《伊斯兰教》（主编）、《当代宗教与极端主义》（主编）等。

柳鸣九，男，1934年3月出生，湖南长沙人，中共党员。学术专长为法国文学与文艺理论研究。主要代表作为《法国文学史》（主编）、《走近雨果》、《论遗产及其他》、《巴黎名士印象记》、《萨特研究》等。

侯精一，男，1935年10月出生，山西平遥人，中共党员。学术专长为汉语方言。主要代表作为《现代晋语研究》、《现代汉语方言音库》（主编）、《现代北京城区话的形成》等。

姚介厚，男，1940年4月出生，浙江杭州人，中共党员。学术专长为古希腊罗马哲学、当代欧美哲学、西欧文明、西方文明理论研究。主要代表作为《〈国家篇〉导读》、《西方哲学史》第2卷、《古代希腊与罗马哲学》等。

赵凤岐，男，1930年12月出生，辽宁彰武人，中共党员。学术专长为马克思主义哲学、辩证法。主要代表作为《辩证法论集》、《论绝对与相对》（合著）、《马克思主义哲学基本问题》（主编）等。

涂纪亮，男，1926年4月出生，贵州遵义人，中共党员。学术专长为现代西方哲学。主要代表作为《维特根斯坦后期哲学思想研究》《从古典实用主义到新实用主义》《分析哲学及其在美国的发展》《美国哲学史》等。

徐崇温，男，1930年7月出生，江苏无锡人，中共党员。学术专长为马克思主义、社会主义研究。主要代表作为《当代社会主义的若干问题》（合作主编）、《西方马克思主义理论研究》（主编）、《民主社会主义评析》等。

钱中文，男，1932年11月出生，江苏无锡人，中共党员。学术专长为中外文学理论、美学、俄罗斯文学。主要代表作为《文学发展论》《文学理论：走向交往对话的时代》《新理性精神文学论》等。

贾芝，原名贾植芝，男，1913年12月出生，山西襄汾人，中共党员。学术专长为民族文学、民间文学。主要代表作为《贾芝集》《水磨集》《民间文学论集》《新园集》《播谷集》等。

郭宏安，男，1943年2月出生，山东莱芜人，中共党员。学术专长为法国文学。主要代表作为《论〈恶之花〉》、《二十世纪西方文论研究》（法国部分）、《从蒙田到加缪》、《从阅读到批评》等。

高莽，男，1926年10月出生，黑龙江哈尔滨人，中共党员。学术专长为俄苏文学研究、翻译和编辑工作。主要代表作为《圣山行》《高贵的苦难》《墓碑·天堂》等。

梁存秀，别名梁志学，男，1931年6月出生，山西定襄人，中共党员。学术专长为德国古典哲学。主要代表作为《论黑格尔的自然哲学》《费希特耶拿时期的思想体系》《费希特柏林时期的体系演变》等。

董衡巽，男，1934年1月出生，浙江余姚人，无党派人士。学术专长为美国文学。主要代表作为《美国现代小说风格》、《海明威评传》、《美国文学简史》（主编）、《海明威谈创作》、《海明威研究》、《马克·吐温画像》。

樊骏，男，1930年12月出生，浙江镇海人，无党派人士。学术专长为中国现代文学。主要代表作为《论中国现代文学研究》《中国现代文学论集》《关于中国现代文学史料工作的总体考察》等。

## （二）历史学部

### 1. 学部委员

王震中，男，1957年1月出生，陕西三原人，中共党员。学术专长为先秦史、史前文化与早期国家和文明起源研究、夏商城市都邑史。主要代表作为《中国文明起源的比较研究》、《中国古代文明的探索》、《中国古代文明与国家形成研究》（合著）、《中国古代国家的起源与王权的形成》等。

王巍，男，1954年5月出生，山东荣成人，中共党员。学术专长为夏商周考古、东亚地区古代文化交流和文明起源研究。主要代表作为《从中国看邪马台国和倭政权》（日文）、《东亚地区古代铁器和冶铁术的传播与交流》等。

刘庆柱，男，1943年8月出生，河南南乐人，中共党员。学术专长为中国古代都城与帝陵考古学研究、秦汉考古学研究。先后参加并主持秦都咸阳遗址、西汉十一陵、关中唐十八陵、秦汉栎阳城遗址、西汉杜陵陵园遗址、汉长安城遗址、秦阿房宫遗址等考古勘探、发掘。主要代表作为《汉长安城未央宫——1980—1989年考古发掘报告》《汉杜陵陵园遗址》《古代都城与帝陵考古学研究》等。

陈祖武，男，1943年10月出生，贵州贵阳人，中共党员。学术专长为清代学术史。主要代表作为《清初学术思辨录》《清儒学术拾零》《中国学案史》等。

陈高华，男，1938年3月出生，浙江温岭人，无党派人士。学术专长为中国古代史。主要代表作为《元代画家史料》《元大都》《宋辽金画家史料》《明代哈密吐鲁番资料汇编》等。

张海鹏，男，1939年5月出生，湖北省汉川人，中共党员。学术专长为中国近代史研究。主要代表作为《中国近代史稿地图集》、《中国近代通史》（10卷，合著）、《台湾简史》（合著）等。

宋镇豪，男，1949年1月出生，江苏苏州人，九三学社社员。学术专长为古文字学、历史文献学、中国古代史。主要代表作为《夏商社会生活史》、《中国春秋战国习俗史》、《商代史》（11卷，主编）、《中国社会科学院历史研究所藏甲骨集》（主编）等。

林甘泉，男，1931年11月出生，福建石狮人，中共党员。学术专长为中国古代社会经济史、秦汉史。主要代表作为《中国封建土地制度史》第一卷（主编）、《中国经济通史·秦汉经济卷》（主编）、《中国古代政治文化论稿》等。

耿云志，男，1938年12月出生，辽宁海城人。中共党员。学术专长为中国近代思想史、文化史及政治史。主要代表作为《胡适研究论稿》《蓼草集》《耿云志文集》《近代中国文化转型研究导论》等。

廖学盛，男，1936年7月出生，湖北咸宁人。中共党员。学术专长为世界历史、古希腊史。主要代表作为《廖学盛文集》、《早期奴隶制社会比较研究》（合著）、《世界古代文明史研究导论》（合著）、《20世纪的历史巨变》（合著）等。

### 2. 荣誉学部委员

丁伟志，男，1931年1月出生，山东潍坊人。学术专长为中国近思想史、中国近代文化史。代表作为《中体西用之间》《裂变与新生》《对历史的宏观思考》等。

丁守和，男，1925年4月出生，河北望都人，中共党员。学术专长为中国近代史、中国文化史。主要代表作为《从五四启蒙运动到马克思主义传播》《瞿秋白思想研究》《学海求索录》等。

仇士华，男，1932年7月出生，江苏如皋人，中共党员。学术专长为科技考古方法。主要代表作为《中国碳十四年代学研究》（主编）、《中国考古学中碳十四年代数据集（1965—1981）》（合著）、《$^{14}$C

测年及科技考古论集》（合著）等。

王庆成，男，1928年4月出生，浙江嵊县人，中共党员。学术专长为太平天国史、晚清史。主要代表作为《石达开》《太平天国的历史和思想》《太平天国的文献和历史》《稀见清世史料并考释》等。

王宇信，男，1940年5月出生，北京人。学术专长为甲骨学与殷商史。主要代表作为《甲骨学一百年》（主编）、《甲骨学通论》、《中国甲骨学》等。

王仲殊，男，1925年10月出生，浙江宁波人，中共党员。学术专长为中国汉唐时代考古学兼日本考古学和日本古代史。主要代表作为《汉代文明》（英文）、《汉代考古学概说》、《三角缘神兽镜》（日文）等。

王曾瑜，男，1939年6月出生，上海人，无党派人士。学术专长为辽宋金史。主要代表作为《鄂国金佗稡编、续编校注》《岳飞和南宋前期政治与军事研究》《尽忠报国——岳飞新传》等。

卢钟锋，男，1938年12月出生，广东潮州人，中共党员。学术专长为中国思想史。主要代表作为《中国传统学术史》《卢钟锋文集》《"亚细亚生产方式"的社会性质与中国文明起源的路径问题》等。

吕一燃，男，1929年1月出生，福建南安人，无党派人士。学术专长为中国边疆史。主要代表作为《中国近代边界史》（主编）、《沙俄侵华史》（合著）、《中国北部边疆史研究》、《南海诸岛：地理·历史·主权》（主编）等。

朱大渭，男，1931年2月出生，四川西充县人，无党派。学术专长为秦汉魏晋南北朝史。主要代表作《六朝史论》《六朝史论续编》《中古汉人由跪坐到垂脚高坐》。

任式楠，男，1936年10月出生，江苏无锡人，中共党员。学术专长为中国新石器时代考古。主要代表作为《任式楠文集》、《黄梅塞墩》（合著）、《中国考古学·新石器时代卷》（主编）等。

刘起釪，男，1917年3月出生，湖南安化人，九三学社社员。学术专长为经学和中国上古史研究。主要代表作为《顾颉刚先生学述》《尚书学史》《古史续辨》《尚书校释译论》。

陈之骅，男，1934年6月出生，浙江杭州人，中共党员，学术专长为俄苏历史。主要代表作为《克鲁泡特金传》、《苏联史纲（1917—1937）》（主编）、《苏联史纲（1953—1964）》（主编）、《勃列日涅夫时期的苏联》（主编）等。

余太山，男，1945年7月出生，江苏无锡人，无党派。学术专长为中外关系史。主要代表作为《嚈哒史研究》《塞种史研究》《古族新考》《两汉魏晋南北朝正史西域传研究》等。

杨天石，1936年2月出生，江苏人，无党派人士。学术专长为中国文化史、中国近代史。主要代表作为《中华民国史》（合著）、《中国通史》第12册、《杨天石近代史文存》（5卷本）、《揭开民国史的真相》（7卷本）、《找寻真实的蒋介石——蒋介石日志解读》等。

张长寿，男，1929年5月出生，上海人，无党派人士。学术专长为商周考古学研究。主要代表作为《张家坡西周墓地》、《西周青铜器分期断代研究》（合著）、《中国考古学·两周卷》（合著）等。

陈启能，男，1934年10月出生，上海人，无党派人士。学术专长为史学理论、俄国史。主要代表作为《史学理论与历史研究》、《文明理论》（合著）、《苏联史学理论》（合著）、《马克思主义史学新探》（合著）等。

张泽咸，男，1929年12月出生，湖南宁乡人。学术专长为中国汉晋唐史。主要代表作为《汉晋唐时期农业》（上、下）、《唐五代赋役史草》、《唐代工商业》、

《唐代阶级结构研究》《晋唐史论集》等。

佟柱臣，男，1920年3月出生，辽宁黑山人，无党派人士。学术专长为史前考古、边疆民族考古。主要代表作为《中国新石器研究》《中国边疆民族物质文化史》等。

张显清，男，1937年3月出生，河北兴隆人，中共党员。学术专长为中国古代史·明史。主要代表作为《明代后期社会转型研究》（合著）、《严嵩传》、《张显清文集》。

张海涛，男，1927年9月出生，湖北汉川人，中共党员。学术专长为美国当代史。主要代表作为《吉米·卡特在白宫》《我说美国》《再说美国》《三说美国——国家垄断资本主义危机》等。

张振鹍，男，1926年5月出生，河北正定人，无党派人士。学术专长为近代中外关系史。主要代表作为《帝国主义侵华史》（合著）、《日本侵华七十年史》（合著）、《中国复兴枢纽——抗日战争的八年》（合著）等。

余绳武，男，1926年5月出生，江苏扬州人，中共党员。学术专长为近代中外关系史。主要代表作为《帝国主义侵华史》（合著）、《沙俄侵华史》（合著）等。

张椿年，男，1931年10月出生，江苏溧阳人，中共党员。学术专长为世界历史、欧洲史。主要代表作为《从信仰到理性——意大利人文主义研究》、《第二次世界大战史》（合著）、《20世纪的历史巨变》（合著）等。

李瑚，男，1926年5月出生，辽宁锦州人。学术专长为中国近代史及经济史。主要代表作为《中国通史》第五册（合著）、《中国经济史丛稿》、《魏源研究》、《晚学集》等。

何龄修，男，1933年11月出生，湖南湘乡人，无党派人士。学术专长为清史、南明史。主要代表作为《五库斋清史丛稿》、《清代人物传稿》（合著）等。

庞朴，男，1928年10月出生，江苏淮阴人，中共党员。学术专长为中国古代思想史、文化史。主要代表作为《公孙龙子研究》《帛书五行篇研究》《沉思集》等。

徐苹芳，男，1930年10月出生，山东济南人，无党派人士。学术专长为中国考古学。主要代表作为《中国古代天文文物图集》（主编）、《明清北京城图》、《中国历史考古学论丛》等。

郭松义，男，1935年12月出生，浙江上虞人，无党派人士。学术专长为清代历史。主要代表作为《伦理与生活——清代的婚姻关系》《民命所系：清代的农业和农民》等。

黄绍湘，女，1915年5月出生，湖南临澧人，中共党员。学术专长为美国史，中国美国史研究奠基人之一。主要代表作为《美国简明史》《美国早期发展史》《美国通史简编》《美国史纲》《黄绍湘集》等。

黄展岳，男，1926年8月出生，福建南安人，无党派人士。学术专长为汉唐考古学。主要代表作为《古代人牲人殉通论》、《先秦两汉考古论丛》、《西汉礼制建筑遗址》、《西汉南越王墓》（合著）等。

蔡美彪，男，1928年2月出生，天津人，中共党员。学术专长为中国史、蒙古史。主要代表作为《元代白话碑集录》、《中国地震历史资料汇编》（第1—3卷，第4卷上）、《中国通史》（第5—10卷）。

瞿同祖，男，1910年7月出生，湖南长沙人，无党派人士。学术专长为中国社会史、中国法律史。主要代表作为《中国封建社会》《中国法律与中国社会》《中国法律之儒家化》等。

## (三) 经济学部

### 1. 学部委员

王国刚，男，1955年11月出生，江苏无锡人，中共党员。学术专长为金融运行、资本市场运作和宏观经济政策。主要代表作为《资金过剩背景下的中国金融运行分析》、《货币政策与价格波动》、《资本市场导论》（第二版）等。

田雪原，男，1938年8月出生，辽宁本溪人。主要从事人口学、人口经济学、老年学研究，主要学术专长是人口发展战略、家庭经济与生育、人口老龄化与社会保障、人口与可持续发展等领域研究。主要代表作有：《新时期人口论》、《中国老年人口》、《为马寅初的新人口论翻案》（论文）、《人口与国民经济的可持续发展》（论文）、《大国之难》。

朱玲，女，1951年12月出生，安徽寿县人。现从事发展经济学研究，主要学术专长是贫困问题、社会保障和发展政策等问题。主要代表作有：《计划经济下的社会保护评析》（论文）、《政府与农村基本医疗保健保障制度选择》（论文）、《减贫与包容——发展经济学研究》等。

吕政，男，1945年7月出生，安徽金寨人，中共党员。学术专长为工业发展理论与政策。主要代表作为《新中国工业经济史：1976—1985》《关于八五及九十年代我国经济发展的基本思路》《产业政策的作用范围及其实现问题》等。

刘国光，男，1923年11月出生，江苏省南京人，中共党员。学术专长为经济学研究。主要代表作为《刘国光文集》（全十卷）、《经济学新论》等。

刘树成，男，1945年10月出生，河北省武强县人，中共党员。现从事宏观经济学、数量经济学研究，主要学术专长是中国经济周期波动问题研究。主要代表作有《论中国经济增长与波动的新态势》（论文）、《中国经济的周期波动》、《中国经济周期波动的新阶段》、《繁荣与稳定》、《经济周期与宏观调控——繁荣与稳定Ⅱ》等。

张卓元，男，1933年7月出生，广东梅州人。现从事政治经济学研究，主要学术专长是政治经济学、价格学、市场学。主要代表作有《社会主义经济中的价值·价格·成本和利润》《社会主义价格理论与价格改革》《张卓元选集》《政治经济学大辞典》等。

杨圣明，男，1939年7月出生，山东金乡人，中共党员，学术专长为宏观经济理论、消费经济理论、国际贸易理论和市场价格理论。主要代表作为《走向贸易强国的理论创新》《中国宏观经济透析》《中国式消费模式选择》等。

李扬，男，1951年9月出生，安徽怀远人。中共党员。学术专长为货币金融理论、财政理论、宏观经济政策。国际欧亚科学院院士，国家金融与发展实验室理事长，中国社会科学院经济学部主任，第十二届全国人大代表，全国人大财经委员会委员，中国金融学会副会长，中国海洋研究会副理事长，中国社会科学院原副院长，第三任中国人民银行货币政策委员会委员。曾五次获得"孙冶方经济科学奖"著作奖和论文奖。2015年获"中国软科学奖"。同年获首届"孙冶方金融创新奖"。

汪同三，男，1948年7月出生，湖北蕲春人，中共党员。学术专长为数量经济学理论与方法、经济模型与预测等。主要代表作为《宏观经济模型论述》等。

李京文，男，1933年10月出生，广西人，中共党员。中国工程院院士。学术专长为技术经济学和管理学。主要代表作为《科技富国论》、《技术进步与产业结构》（主编）、《跨世纪重大工程技术经济论证》等。

陈佳贵，男，1944年10月出生，四

川岳池人，中共党员。学术专长为工业经济、企业管理、宏观经济。主要代表作为《现代大中型企业的经营与发展》《企业改革、管理与发展》《经济改革与经济发展战略》等。

周叔莲，男，1929年7月出生，江苏溧阳人，中共党员，学术专长为产业经济和经济体制改革。主要代表作为《科学 技术 生产力》《把发展轻工业放在优先地位》《中国的经济改革和企业改革》《中国产业政策研究》等。

张晓山，男，1947年10月出生，上海人，中共党员。学术专长为农业经济、农村组织与制度。主要代表作为《走向市场：农村的制度变迁和组织创新》《合作经济理论与中国农民合作社的实践》等。

金碚，男，1950年4月出生，江苏吴江人，中共党员。学术专长为产业经济学。主要代表作为《中国工业国际竞争力——理论、方法与实证研究》《何去何从——当代中国的国有企业问题》《报业经济学》等。

高培勇，男，1959年1月出生，天津人，中共党员。学术专长为财政学。主要代表作为《公共财政：概念界说与演变脉络》《市场经济条件下的中国税收与税制》《市场化进程中的中国财政运行机制》等。

蔡昉，男，1956年9月出生，江西萍乡人，中共党员。主要从事劳动经济学、人口经济学研究，主要学术专长是中国经济改革、经济增长、收入分配和贫困、农村经济理论与政策研究。主要代表作有：《中国经济》、《中国劳动力市场的发育与转型》、《超越人口红利》、《从人口红利到改革红利》、《中国人口与劳动问题报告》（主编）。

2. 荣誉学部委员

于光远，男，1915年7月出生，上海人，中共党员。学术专长为经济学、哲学。主要代表作为《政治经济学社会主义部分探索》（1—7卷）、《中国社会主义初级阶段的经济》等。

于祖尧，男，1933年1月出生，安徽天长人，中共党员。学术专长为政治经济学。主要代表作为《试论社会主义市场经济》等。

王松霈，男，1928年8月出生，天津人，中共党员。学术专长为生态经济、农村经济。主要代表作为《生态经济学》《走向21世纪的生态经济管理》《生态经济学为可持续发展提供理论基础》等。

王贵宸，男，1929年10月出生，吉林四平人，中共党员。学术专长为农村经济、合作经济。主要代表作为《中国农村改革新注》《中国农村现代化与农民》《联系产量的生产责任制是一种好办法》《论包产到户》。

王耕今，男，1911年10月出生，河北南宫人，中共党员。学术专长为农业经济、生态经济。主要代表作为《减租减息到联产承包》《农民与土地》《抗日战争时期山东滨海区农村经济调查》等。

刘文璞，男，1934年11月出生，北京人，中共党员。学术专长为农村合作经济、农村贫困和信贷扶贫。主要代表作为《中国农业合作化的历史回顾》《地区经济增长和减缓贫困》《农业发展与贫困的缓解》《小额信贷扶贫》等。

孙世铮，男，1919年2月出生，安徽人，中共党员。学术专长为统计学、经济计量学、经济思想。主要代表作为《试论农产量调查》（论文）、《经济计量学》、《西方宏观经济理论与政策简介》等。

朱绍文，男，1915年12月出生，江苏镇江人，民建会员。学术专长为外国经济思想史、日本经济。主要代表作为《经典经济学与现代经济学》《人民币的若干理论问题》等。

张守一，男，1931年11月出生，湖南岳阳人，中共党员。学术专长为数量经济学。主要代表作为《数量经济学概论》《中国宏观经济：理论、模型、预测》《市场经济与经济预测》等。

吴承明，男，1917年1月出生，河北滦县人，中共党员。学术专长为中国经济史。主要代表作为《帝国主义在旧中国的投资》《中国资本主义与国内市场》《市场·近代化·经济史论》等。

陈栋生，男，1935年10月出生，湖北应城人，中共党员。学术专长为区域经济、产业布局。主要代表作为《经济布局的理论与实践》《西部大开发与可持续发展》《中国地区经济结构研究》等。

汪海波，男，1930年9月出生，安徽宣城人，中共党员。学术专长为经济学。主要代表作为《脑力劳动与体力劳动问题研究》《社会主义经济问题初探》《中国工业经济问题研究》等。

何迺维，男，1930年12月出生，吉林吉林人，中共党员。学术专长为生态经济、林业经济。主要代表作为《农业生态经济学》《论长江有变成第二黄河的危险》等。

何振一，男，1931年8月出生，辽宁海城人，中共党员。学术专长为财政税收、企业财务。主要代表作为《工业企业经济核算制理论与方法》《理论财政学》《中国市场经济财政必要规模的研究》等。

吴家骏，男，1932年8月出生，北京人，中共党员。学术专长为工业经济与企业管理。主要代表作为《企业管理漫谈》、《中日企业比较研究》（日文版）、《日本的股份公司与中国的企业改革》、《吴家骏文集》。

汪敬虞，男，1917年7月出生，湖北圻春人，中共党员。学术专长为中国近代经济史。主要代表作为《十九世纪西方资本主义对中国的经济侵略》等。

郑友敬，男，1935年3月出生，辽宁沈阳人，中共党员。学术专长为技术经济、产业结构等。主要代表作为《经济效益问题研究》《技术进步与现代企业发展》《技术经济基本理论与分析方法》。

宓汝成，男，1924年1月出生，浙江慈溪人，无党派人士。学术专长为中国近代经济史。主要代表作为《中国近代经济史，1840—1894》等。

经君健，男，1932年8月出生，江苏仪征人，无党派人士。学术专长为中国经济史。主要代表作为《明清时代的农业资本主义萌芽问题》等。

赵人伟，男，1933年3月出生，浙江金华人，中共党员。学术专长为收入分配问题和经济转型问题。主要代表作为《中国居民收入分配研究》等。

骆耕漠，男，1908年10月出生，浙江临安人，中共党员。学术专长为马克思主义政治经济学。主要代表作为《我国过渡时期商品生产的特点和价值法则的作用》《社会主义制度下的商品和价值问题》等。

聂宝璋，男，1922年9月出生，河北蓟县人，无党派人士。学术专长为中国近代经济史。主要代表作为《中国买办资产阶级的发生》《聂宝璋集》等。

高涤陈，男，1931年11月出生，辽宁康平人，中共党员。学术专长为流通经济理论、贸易经济。主要代表作为《社会主义流通过程研究》《商品流通若干理论问题》《政治经济学讲话农村读本》等。

戴园晨，男，1926年7月出生，浙江海宁人。中共党员。学术专长为宏观经济学。主要代表作为《过渡时期的国家税收》等。

## （四）社会政法学部

### 1. 学部委员

王叔文，男，1927年3月出生，四川青神人，中共党员。学术专长为宪法学、港澳基本法。主要代表作为《宪法是治国安邦的总章程》、《香港特别行政区基本法导论》（主编）等。

王家福，男，1931年2月出生，四川南充人，中共党员。学术专长为民法、法治与人权理论。主要代表作为《依法治国，建设社会主义法治国家的理论与实践问题》、《社会主义商品经济法律制度研究》（主编）等。

史金波，男，1940年3月出生，河北高碑店人，中共党员。学术专长为西夏文史、中国民族史和中国民族古文字。主要代表作为《文海研究》（合著）、《西夏文化》、《西夏佛教史略》、《西夏社会》等。

李林，男，1955年11月出生，山东招远人，中共党员。学术专长为法理学、宪法学、立法学、法治与人权理论、民主与宪政理论。主要代表作为《立法理论与制度》《法治与宪政的变迁》《走向人权的探索》等。

李培林，男，1955年5月出生，山东济南人，中共党员。学术专长为社会发展、社会结构、企业组织和社会政策。主要代表作为《另一只看不见的手：社会结构转型》《和谐社会十讲》等。

郑成思，男，1944年12月出生，云南昆明人，中共党员。学术专长为知识产权法。主要代表作为《知识产权法通论》、《计算机、软件与数据的法律保护》、《中国智力产权》（英文）等。

郝时远，男，1952年8月出生，内蒙古呼和浩特人，中共党员。学术专长为民族理论、国内外民族问题、民族历史。主要代表作为《中国共产党怎样解决民族问题》等。

梁慧星，男，1944年1月出生，四川青神人，中共党员。学术专长为民法。主要代表作为《民法解释学》、《民法总论》、《裁判的方法》、《法学学位论文写作方法》、《中国物权法研究》（主编）等。

景天魁，男，1943年4月出生，山东蓬莱人，中共党员。学术专长为发展社会学、福利社会学。主要代表作为《打开社会奥秘的钥匙》《社会认识的结构和悖论》《社会发展的时空结构》《底线公平与社会保障的柔性调节》等。

何星亮，男，1956年8月出生，广东梅州兴宁人，民革党员。学术专长为中国民族历史与文化、新疆民族与宗教、人类学理论与方法。主要代表作为《中华文明·中国少数民族文明》《边界与民族——清代勘分中俄西北边界大臣的察合台、满、汉五件文书研究》《新疆民族传统社会与文化》《图腾与中国文化》等。

2. 荣誉学部委员

马骧聪，男，1934年1月出生，河南博爱人，中共党员。学术专长为环境与资源保护法学。主要代表作为《环境保护法基本问题》、《国际环境法导论》（主编）、《环境资源法》（主编）等。

白钢，男，1940年1月出生，江苏睢宁人，无党派人士。学术专长为政治制度。主要代表作为《中国皇帝》、《中国政治制度史》（主编）、《中国政治制度通史》（1—10卷）（主编）、《选举与治理》（合著）等。

刘尧汉，男，1922年7月出生，云南楚雄人，无党派人士。学术专长为中国民族史和民族文化，尤其是彝族历史文化。主要代表作为《中国文明源头新探》、《文明中国的彝族十月历》（合著）等。

孙宏开，男，1934年12月出生，江苏张家港人，中共党员。学术专长为研究汉藏语系语言。主要代表作为《中国新发现语言研究丛书》（主编）、《中国少数民族语言方言研究丛书》（主编）、《中国少数民族语言系列词典丛书》（主编）等。

刘海年，男，1936年4月出生，河南唐河人，中共党员。学术专长为中国法律史、法治与人权理论。主要代表作为《刘海年文集》、《战国秦代法制管窥》、《睡虎地秦墓竹简》（参加整理、注释、翻译）等。

刘楠来，男，1933年5月出生，江苏丹阳人，中共党员。学术专长为国际法。主要代表作为《国际海洋法》（合著）、《发展中国家与人权》、《关于我国加入〈公民权利和政治权利国际公约〉的研究报告》等。

杨一凡，男，1944年3月出生，陕西富平人，中共党员。学术专长为中国法律史。主要代表作为《明初重典考》、《明大诰研究》、《洪武法律典籍考证》、《历代例考》（合著）等。

李步云，男，1933年8月出生，湖南娄底人，中共党员。学术专长为法学理论、宪法学、人权理论。主要代表作为《论法治》《论人权》《我的治学为人》《走向法治》《法理探索》等。

陆学艺，男，1933年8月出生，江苏无锡人，中共党员。学术专长为社会学理论、农村发展。主要代表作为《联产承包责任制研究》《当代中国农村与当代中国农民》《三农论》《三农新论》等。

杜荣坤，男，1935年3月出生，上海人，中共党员。学术专长为民族史、民族学研究。主要代表作为《中国民族史》《西蒙古史研究》《论哈萨克游牧宗法封建制》等。

胡庆钧，男，1918年12月出生，湖南宁乡人，中共党员、中国民盟盟员。学术专长为民族学与社会学。主要代表作为《明清彝族社会史论丛》、《凉山彝族奴隶制社会形态》、《早期奴隶制社会比较研究》（主编）等。

高恒，男，1930年1月出生，湖北老河口人，中共党员。学术专长为中国法制史、中国法律思想史。主要代表作为《秦汉法制论考》《秦汉简牍中法制文书辑考》《论中国古代法学与名学的关系》等。

道布，男，1934年11月出生，河北承德（原籍喀喇沁左旗）人，中共党员。学术专长为蒙古语言文字研究和民族语文政策研究。主要代表作为《回鹘式蒙古文文献汇编》《蒙古语简志》《道布文集》等。

韩延龙，男，1934年8月出生，江苏徐州人，中共党员。学术专长为中国近现代法制史。主要代表作为《中国新民主主义革命时期根据地法制文献选编》（合编）、《中国革命法制史》、《中国近代警察制度》（主编）等。

照那斯图，男，1934年5月出生，内蒙古科右中旗人，中共党员。学术专长为蒙古语言学、八思巴字及其文献。主要代表作为《土族语简志》（编著）、《东部裕固语简志》（编著）、《蒙古字韵校本》等。

（五）国际问题研究学部

1. 学部委员

余永定，男，1948年11月出生，广东台山人，中共党员。学术专长为世界经济。主要代表作为《见证失衡》《通过加总推出的总供给曲线》。

苏振兴，男，1937年4月出生，湖南汨罗人，中共党员。学术专长为拉丁美洲经济与政治研究。主要代表作为《苏振兴文集》、《拉美国家现代化进程研究》（主编）、《拉丁美洲史稿》第3卷（合著）等。

李静杰，男，1941年12月出生，江苏邳县人，中共党员。学术专长为国际政治。主要代表作为《俄罗斯与当代世界》（合著）、《叶利钦时代的俄罗斯》（共同主编）、《十年巨变》（主编）等。

张蕴岭，男，1945年5月出生，山东汶上人，中共党员。学术专长为世界经济、国际关系。主要代表作为《中国与世界：新变化、新认识与新定位》（主编）、《亚洲区域主义与中国》（英文）等。

周弘，女，1952年10月出生，山东

曲阜人，中共党员。学术专长为欧洲当代社会、政治与外交。主要代表作为《福利的解析》、《福利国家向何处去》、《欧盟是怎样的力量》（主编）、《社会保障制度国际比较》（主编）、《外援在中国》（合著）等。

裘元伦，男，1938年5月出生，浙江慈溪人，中共党员。学术专长为欧洲经济。主要代表作为《西德的农业现代化》（编著）、《稳定发展的联邦德国经济》、《欧元启动——世界经济一体化进程中的大事件》等。

2. 荣誉学部委员

王金存，男，1936年5月出生，河北乐亭人，中共党员。主要代表作为《苏联经济结构的调整》《破解难题——世界国有企业比较研究》等。

冯昭奎，男，1940年8月出生，浙江慈溪人，中共党员。学术专长为日本经济与科技。主要代表作为《21世纪的日本：战略的贫困》、《日本经济》第二版、《新工业文明》等。

刘克明，男，1919年7月出生，辽宁昌图人，中共党员。学术专长为苏联东欧问题、中苏关系问题。主要代表作为《刘克明集》、《苏联政治经济体制70年》（合著）、《从列宁到戈尔巴乔夫：苏联社会主义理论的演变》（合著）等。

何方，男，1922年10月出生，陕西临潼人，中共党员。学术专长为国际问题、中共党史。主要代表作为《论和平与发展时代》《何方集》《党史笔记——从遵义会议到延安整风》等。

陈乐民，男，1930年1月出生，北京人，中共党员。学术专长为国际政治、欧洲文明。主要代表作为《战后西欧国际关系（1945—1984）》《欧洲观念的历史哲学》《欧洲文明的进程》等。

陈宝森，男，1924年8月出生，北京人，中共党员。学术专长为美国经济研究。主要代表作为《当代美国经济》（合著）、《美国经济与政府政策》、《美国经济周期研究》（合著）、《美国总统与经济智囊》（合著）等。

陆南泉，男，1933年11月出生，江苏省江阴市人，中共党员。学术专长为苏联、俄罗斯体制问题研究。主要代表作为《苏联经济体制改革史论（从列宁到普京）》《走近衰亡——苏联勃列日涅夫时期研究》等。

李琮，男，1928年1月出生，河北丰润人，中共党员。学术专长为世界经济。主要代表作为《第三世界论》《当代资本主义新发展》《当代国际垄断——巨型跨国公司综论》等。

李道揆，男，1919年1月出生，河南信阳人，中共党员。学术专长为美国政治。主要代表作为《美国政府机构和人事制度》《美国政府和美国政治》等。

谷源洋，男，1934年11月出生，辽宁大连人，中共党员。学术专长为发展经济和世界经济。主要代表作为《亚洲区域合作路线图》（合著）、《当代资本主义与世界社会主义》（上册主编）等。

陶文钊，男，1943年出生，浙江绍兴人，中共党员。学术专长为中国近代对外关系史、中美关系、美国外交，主要代表作为《中美关系史（1911—2000）》《抗日战争时期中国对外关系》等。

资中筠，女，1930年6月出生，湖南人，中共党员。学术专长为国际政治、美国研究。主要代表作为《追根溯源：战后美国对华政策的缘起与发展，1945—1950》《冷眼向洋：百年风云启示录》《20世纪的美国》等。

徐世澄，男，1942年5月出生，上海人，中共党员。学术专长为拉美政治和国际关系。主要代表作为《拉丁美洲政治》、《古巴》（编著）、《卡斯特罗评传》、《墨西哥政治经济改革及模式转换》等。

徐葵，男，1927年3月出生，上海人，中共党员。学术专长为苏联东欧问题。主要代表作为《布哈林和布尔什维克革命》（译著）、《一位英国学者眼中的苏共党史》（合译）、《在戈尔巴乔夫身边六年》（合译）等。

黄心川，男，1928年7月出生，江苏人，中共党员。学术专长为印度宗教文化。主要代表作为《世界十大宗教》（主编）、《印度哲学史》、《现代东方哲学》、《当代亚太地区宗教》（主编）、《印度近代哲学家辩喜研究》等。

葛佶，女，1929年3月出生，浙江平湖人，中共党员。学术专长为非洲研究。主要代表作为《简明非洲百科全书（撒哈拉以南）》（主编）、《南非——富饶而多难的土地》等。

樊亢，女，1924年5月出生，河南卫辉人，中共党员。学术专长为世界经济史。主要代表作为《外国经济史（近代现代）》（合著）、《主要资本主义国家经济简史》（合著）、《资本主义兴衰史》（合著）、《世界经济史》（合著）等。

（六）马克思主义研究学部

1. 学部委员

江流，男，1922年7月出生，山东栖霞人，中共党员。学术专长为科学社会主义。主要代表作为《社会主义论集》、《江流自选集》、《简明科学社会主义》（主编）、《马克思主义理论的历史发展》（主编）等。

冷溶，男，1953年8月出生，山东平度人，中共党员。学术专长为科学社会主义和邓小平理论研究。主要代表作为《邓小平理论与当代中国基本问题》、《冷溶自选集》、《中国特色社会主义与全面建设小康社会》（主编）等。

李崇富，男，1943年9月出生，湖北鄂州人，中共党员。学术专长为马克思主义哲学和科学社会主义研究。主要代表作为《李崇富选集》、《较量——关于社会主义历史命运的战略沉思》、《非生物界的反映》（译著）等。

程恩富，男，1950年7月出生，上海人，中共党员。学术专长为理论经济学和马克思主义理论。主要代表作为《程恩富选集》、《马克思主义经济思想史》（5卷本）（主编）、《西方产权理论评析：兼论中国企业改革》等。

靳辉明，男，1934年12月出生，山西侯马人，中共党员。学术专长为马克思主义发展史、马克思主义哲学、科学社会主义。主要代表作为《中国特色社会主义理论体系研究》（主编）、《当代资本主义新论》（合作主编）等。

2. 荣誉学部委员

项启源，男，1925年7月出生，浙江杭州人，中共党员。学术专长为政治经济学。主要代表作为《认识和运用社会主义经济规律的问题》（合著）、《社会主义经济理论的回顾与反思——中国社会主义政治经济学学说史概要》（合著）等。

## 四 2014年以前中国社会科学院在职正高专业技术人员（以评审时间为序）

**院部**：李培林、王伟光、蔡昉、郝时远、江蓝生（女）、李扬、朱佳木、高翔、荆惠民、李慎明、张江

**文学研究所**：杨义、包明德、蒋寅、陆建德、叶舒宪、黎湘萍、刘跃进、孙歌（女）、高建平、金惠敏、赵稀方、刘福春、李玫（女）、户晓辉、董炳月、彭亚非、安德明、范子烨、吴光兴、郑永晓、赵永晖（女）、王筱芸（女）、赵京华、王达敏、刘方喜、竺青、陈定家、李兆忠、祝晓风、李建军、刘宁（女）、马银琴（女）、范智红（女）、陈才智、施爱东、

丁国旗、张剑、王秀臣、吴子林

民族文学研究所：朝克、朝戈金、尹虎彬、巴莫曲布嫫（女）、斯钦孟和、汤晓青（女）、张春植、阿地里、旦布尔加甫、斯钦巴图、黄中祥、王宪昭

外国文学研究所：黄宝生、刘文飞、黄梅（女）、周启超、陈众议、董晓阳、余中先、傅浩、党圣元、李永平、程巍、冯季庆（女）、石海军、吴晓都、高兴、穆宏燕（女）、吕大年、吕莉（女）、叶隽、苏玲（女）、钟志清（女）、涂卫群（女）、贺骥、侯玮红（女）、秦岚（女）

语言研究所：沈家煊、张国宪、顾曰国、刘丹青、蔡文兰（女）、麦耘、张伯江、郭小武、方梅（女）、曹广顺、谭景春、胡建华、程荣（女）、杨永龙、吴福祥、李爱军（女）、徐赳赳、李蓝、孟蓬生、沈明（女）、赵长才、覃远雄、王灿龙、谢留文、杨国文（女）、刘祥柏

哲学研究所：叶秀山、李景源、王柯平、孙晶、章建刚、张慎（女）、陈霞（女）、谢地坤、赵汀阳、邹崇理、尚杰、余涌、甘绍平、魏小萍（女）、李登贵、陈静（女）、王延光（女）、孙春晨、李河、徐碧辉（女）、杜国平、欧阳英（女）、刘一虹（女）、肖显静、杨通进、贾旭东、李俊文（女）、刘钢、周贵华、罗传芳（女）、单继刚、贾红莲（女）、王青（女）、鉴传今、王齐（女）、成建华、张志强、刘新文、龚颖（女）、黄慧珍（女）、李理（女）、段伟文、刘素民（女）

世界宗教研究所：卓新平、魏道儒、王卡、卢国龙、邱永辉（女）、何劲松、郑筱筠（女）、金泽、叶涛、尕藏加、黄夏年、王健（女）、王美秀（女）、谭德贵、周伟驰、戈国龙、周齐（女）、曾传辉、董江阳、赵广明、纪华传、嘉木扬·凯朝、李建欣

考古研究所：刘庆柱、王巍、白云翔、杜金鹏、陈星灿、冯时、袁靖、张静（女）、朱乃诚、李裕群、陈良伟、傅宪国、何努、张雪莲（女）、叶茂林、梁中合、徐良高、许宏、钱国祥、赵志军、唐际根、施劲松、朱岩石、谷飞、龚国强、丛德新、王学荣、刘振东、印群、王小庆、齐乌云格日乐（女）、刘建国、刘国祥、董新林、张君（女）、赵春青、李新伟、巫新华、赵春燕（女）、王树芝（女）、徐龙国

历史研究所：林甘泉、陈高华、陈祖武、宋镇豪、王震中、彭卫、吴玉贵、万明（女）、黄正建、杨珍（女）、胡宝国、李锦绣（女）、孙晓、闫坤（女）、吴伯娅（女）、汪学群、张海燕、杨振红（女）、刘洪波、卜宪群、吴锐、王启发、张宪博、宫长为、楼劲、刘晓、刘源、张兆裕、杨宝玉（女）、杨海英（女）、阿风、孟彦弘、沈冬梅（女）、李万生、牛来颖（女）、林存阳、杨艳秋（女）、青格力、雷闻、徐义华、杨英（女）、李花子（女）、邬文玲（女）

近代历史研究所：耿云志、张海鹏、刘小萌、于化民、郑大发、汪朝光、周溯源、王建朗、马勇、李长利（女）、雷颐、徐秀丽（女）、严立贤、崔志海、左玉河、罗检秋、李细珠、刘俐娜（女）、谢维、黄道炫、李学通、邹小站、金以林、汪婉（女）、葛夫平（女）、高士华、贾维、贺渊（女）、赵晓阳（女）、杜继东、卞修跃、刘萍（女）、王士花（女）、王键、陈开科

世界历史研究所：廖学盛、吴必康、张顺洪、徐建新、黄立茀（女）、易建平、赵文洪、俞金尧、刘军、顾宁（女）、孟庆龙、刘健（女）、王晓菊（女）、毕健康、徐再荣、景德祥、王旭东、张经纬、胡玉娟（女）、吴英、姜南（女）、任灵兰（女）

中国边疆研究所：邢广程、李国强、

李大龙、李方（女）、于逢春、毕奥南、房建昌、孙宏年、许建英、王义康、翟国强

**经济研究所**：张卓元、朱玲（女）、刘树成、叶坦（女）、裴长洪、胡家勇、王诚、郑红亮、张平、周学、占小洪、裴小革、魏明孔、杨春学、赵志君、剧锦文、汪利娜（女）、封越健、刘兰兮（女）、刘霞辉、魏众、徐建生、李仁贵、张晓晶、朱恒鹏、徐卫国、王砚峰、常欣（女）、俞亚丽（女）、赵学军、袁为鹏、仲继银、白丽健（女）、胡怀国、赵农、苏金花（女）、唐寿宁、高超群

**工业经济研究所**：周叔莲、吕政、金碚、黄速建、李海舰、陈耀、杜莹芬（女）、黄群慧、史丹（女）、吕铁、张其仔、张世贤、罗仲伟、刘戒骄、周民良、余晖、刘勇、张金昌、刘湘丽（女）、曹建海、杨丹辉（女）、余菁（女）、王钦、杨世伟、周文斌

**农村发展研究所**：张晓山、李周、朱钢、刘建进、刘玉满、张军、党国英、苑鹏（女）、吴国宝、张元红、杜志雄、国鲁来、谭秋成、李国祥、李静（女）、王小映、孙若梅（女）、任常青、冯兴元、潘晨光、于法稳、潘劲（女）

**财经战略研究院**：杨圣明、高培勇、王诚庆、冯雷、夏杰长、孔凡来、赵瑾（女）、杨志勇、张群群、倪鹏飞、江红驹、王迎新（女）、申恩威、钟春平、夏先良、姚战琪、戴学锋、马珺（女）、依绍华（女）、张斌

**金融研究所**：王国刚、王松奇、周茂清、易宪容、郭金龙、王力、彭兴韵、余维彬、胡滨、董裕平、殷剑峰、杨涛、刘煜辉、曾刚

**数量经济与技术经济研究所**：李京文、汪同三、郑玉歆、齐建国、徐嵩龄、赵京兴、李平、何德旭、张晓（女）、曾力生、张昕竹、李金华、李青（女）、李军、樊明太、李雪松、王国成、李群、李新中、张涛、王宏伟（女）、李文军

**人口与劳动经济研究所**：田雪原、王跃生、张车伟、郑真真（女）、都阳、王广州、王德文、张展新、吴要武、王美艳（女）、高文书

**城市发展与环境研究所**：潘家华、魏后凯、梁本凡、蒋建业、宋迎昌、李景国、李国庆、刘治彦、罗勇、庄贵阳、陈迎（女）、单菁菁（女）

**法学研究所**：王家福、梁慧星、刘作翔、李林、孙宪忠、张绍彦、王敏远、陈甦、李明德、田禾（女）、莫纪宏、吴玉章、邹海林、周汉华、熊秋红（女）、渠涛、薛宁兰（女）、黄芳（女）、尤韶华、叶自强、刘仁文、徐卉（女）、邓子滨、陈洁（女）、陈欣新、谢鸿飞、胡水君、刘洪岩、管育鹰（女）、李洪雷

**国际法研究所**：赵建文、陈泽宪、沈涓（女）、朱晓青（女）、黄东黎（女）、柳华文、孙世彦、廖凡、刘敬东

**政治学研究所**：房宁、杨海蛟、赵秀玲（女）、陈红太、周庆智、张云鹏、周少来、张明澍、贠杰、王炳权

**民族学与人类学研究所**：史金波、何星亮、聂鸿音、黄行、王希恩、色音、王延中、郑信哲、徐世璇（女）、刘正寅、方素梅（女）、刘世哲、赵明鸣、龙远蔚、江荻、梁景之、曾少聪、张继焦、孙伯君（女）、王建娥（女）、管彦波、呼和、秦永章、刘泓（女）、李云兵、江桥（女）、邱永君、陈勇、陈建樾、周泓（女）、周竞红（女）、曹道巴特尔、蓝庆元、易华、廖旸（女）、丁赛（女）、黄成龙、刘晓春（女）、孙懿（女）、周毛草（女）、扎洛、王淑玲（女）

**社会学研究所**：景天魁、王颖（女）、王春光、罗红光、王晓毅、杨宜音（女）、张翼、陈光金、李春玲（女）、夏传玲、阎明（女）、许欣欣（女）、吴小英

（女）、樊平、张芝梅（女）、张旅平、王俊秀、潘屹（女）、罗琳（女）

**社会发展战略研究院**：李汉林、刘白驹、沈红（女）、葛道顺

**新闻与传播研究所**：卜卫（女）、时统宇、宋小卫、唐绪军、王怡红（女）、姜飞、孟威（女）、殷乐（女）、钱莲生

**世界经济与政治研究所**：余永定、张宇燕、李毅（女）、李东燕（女）、鲁桐（女）、孙杰、高海红（女）、邵滨鸿（女）、宋泓、何新华（女）、袁正清、冯晓明（女）、邵峰、何帆、王德迅、姚枝仲、徐小杰、王鸣鸣、倪月菊（女）、张斌、张金杰、刘仕国、田丰（女）、高华（女）、宋志刚、王永中

**俄罗斯东欧中亚研究所**：李静杰、吴恩远、郑羽、李永全、朱晓中、潘德礼、张盛发、常玢、吴伟、姜毅、许志新、吴宏伟、高晓慧（女）、何卫（女）、白晓红（女）、程亦军、高歌（女）、刘显忠、孙力、李雅君（女）、李中海、李福川、薛福岐、柳丰华、庞大鹏、张红侠（女）、张聪明

**欧洲研究所**：裘元伦、黄平、周弘（女）、江时学、孔田平、赵俊杰、田德文、程卫东、薛彦平、张敏（女）、陈新、张浚（女）、李靖堃（女）

**西亚非洲研究所**：杨光、张宏明、李智彪、贺文萍（女）、姚桂梅（女）、王林聪、李新烽、安春英（女）、成红（女）、张永蓬、唐志超、余国庆

**拉丁美洲研究所**：苏振兴、吴白乙、吴国平、宋晓平、贺双荣（女）、袁东振、柴瑜（女）、张凡、陈振声、刘维广、杨志敏、岳云霞（女）、蔡同昌、孙桂荣（女）

**亚太与全球战略研究院**：张蕴岭、李向阳、韩锋、周小兵、李文、朴键一、赵江林（女）、朴光姬（女）、许利平、王玉主、董向荣（女）

**美国研究所**：周琪（女）、郑秉文、倪峰、潘小松、王孜弘、姬虹（女）、洪源、袁征、赵梅（女）、樊吉社、王荣军、刘得手（女）、魏红霞（女）

**日本研究所**：张淑英（女）、李薇（女）、杨伯江、崔世广、高洪、王屏（女）、张季风、王伟、徐梅（女）、吕耀东、胡澎（女）、张建立、吴怀中

**马克思主义研究院**：靳辉明、程恩富、侯惠勤、李崇富、尹韵公、夏春涛、辛向阳、翟胜明、赵智奎、郑一明、胡乐明、张祖英（女）、樊建新、吕薇洲（女）、桁林、冯颜利、金民卿、吴波、黄纪苏、余斌、杨斌、龚云、栾文莲（女）、潘金娥（女）、张小平（女）、谭晓军（女）、陈志刚、李春华（女）、邓纯东、张建云（女）、李瑞琴（女）、刘志明

**当代中国研究所**：武力、张星星、李文、李正华、欧阳雪梅（女）、郑有贵、王灵桂、王瑞芳（女）、冷兆松、宋月红、钟瑛（女）、黄庆、王巧荣（女）、张金才、姚力（女）、刘维芳（女）

**信息情报研究院**：肖俊明、卢世琛、刘霓（女）、张树华、姜辉、曲永义、梁俊兰（女）、杨丹（女）、张静（女）、黄永光、朴光海

**研究生院**：方克立、赵俊、董礼胜、余乔乔（女）、蔡曙光、龚赛红（女）、吕静（女）、文学国、周勤勤、张波（女）、黄晓勇、赵一红（女）、王晓明（女）、蔡礼强、张菀洺（女）

**图书馆**：黄长著、杨雁斌、赵嘉朱（女）、蒋颖（女）、顾红（女）、庄前生、任宁宁（女）、李春华

**中国社会科学出版社**：马晓光、郭沂纹（女）、曹宏举、冯春凤（女）、任明、张红（女）、王浩、赵剑英、郭媛（女）、陈彪、周晓慧（女）、卢小生、李炳青（女）、曲弘梅（女）、罗莉（女）、田文（女）、郭晓鸿（女）、王茵（女）

**社会科学文献出版社**：谢寿光、徐思彦（女）、周丽（女）、杨群、王绯（女）许春山、宋月华（女）

**中国社会科学杂志社**：柯锦华（女）、孙辉、余新华、王利民、王兆胜、李红岩、魏长宝、路育松（女）、梁华（女）、李琳（女）、林跃勤

**中国社会科学评价中心**：荆林波

**办公厅**：周葆禾、白晓丽（女）、刘玉杰（女）

**科研局**：王子豪、张国春、金朝霞（女）、韦莉莉（女）、赵芮、金香（女）

**人事教育局**：张冠梓

**国际合作局**：张丽华（女）、沈进建、周云帆（女）、吴波龙、王镭、张青松

**机关党委**：孙伟平、季为民

**监察局**：孙壮志

**信息办**：罗文东、杨沛超

## 五 2015年中国社会科学院晋升正高级任职资格专业技术人员

靳大成，1955年10月出生，中国社会科学院研究生院毕业，获得硕士学位。现为文学研究所研究员。主要代表作有：《在刺猬与狐狸之间——出自中道观的思考方案之预案》（论文）。

周亚琴，1968年8月出生，女，北京大学毕业，获得博士学位。现为文学研究所研究员。主要代表作有：《透过诗歌写作的潜望镜》（专著）。

石雷，1966年12月出生，女，中国艺术研究院毕业，获得博士学位。现为文学研究所编审。主要代表作为：《方苞古文理论的破与立》（论文）。

纳钦，1970年1月出生，蒙古族。中央民族大学毕业，获得博士学位。现为民族文学研究所研究员。主要代表作有：《纳·赛音朝克图研究：人类学民俗学视野中的作家新阐释与研究词典》（蒙古文专著）。

吴晓东，1966年9月出生，苗族。中央民族大学毕业，获得硕士学位。现为民族文学研究所研究员。主要代表作有：《〈山海经〉语境重建与神话解读》（专著）。

徐德林，1968年3月出生，北京大学毕业，获得博士学位。现为外国文学研究所研究员。主要代表作有：《重返伯明翰：英国文化研究的系谱学考察》（专著）。

胡方，1972年2月出生，香港城市大学毕业，获得博士学位。现为语言研究所研究员。主要代表作有：《宁波话元音的语音学研究》（英文专著）。

王志平，1968年6月出生，中国社会科学院研究生院毕业，获得博士学位。现为语言研究所研究员。主要代表作有：《出土文献与先秦两汉方言地理》（专著，第一作者）。

王楠，1968年5月出生，女，陕西师范大学毕业，获得硕士学位。现为语言研究所编审。主要代表作有：《"无时无刻"与"无时无刻不"》（论文）。

卢春红，1970年7月出生，女，复旦大学毕业，获得博士学位。现为哲学研究所研究员。主要代表作有：《同时性与"你"——伽达默尔理解问题研究》（专著）。

唐热风，1965年8月出生，女，伦敦大学毕业，获得博士学位。现为哲学研究所研究员。主要代表作有：《心身世界》（专著）。

黄益民，1964年9月出生，美国俄亥俄州立大学毕业，获得博士学位。现为哲学研究所研究员。主要代表作有：《从语言到心灵：一种生活整体主义的研究》（专著）。

汪桂平，1967年4月出生，女，北京大学毕业，获得硕士学位。现为世界宗教研究所研究员。主要代表作有：《东北全

真道研究》（专著）。

周广荣，1971年11月出生，扬州大学毕业，获得博士学位。现为世界宗教研究所研究员。主要代表作有：《印度佛教卷》（专著）。

唐晓峰，1977年10月出生，蒙古族。北京大学毕业，获得博士学位。现为世界宗教研究所研究员。主要代表作有：《改革开放以来的中国基督教及研究》（专著）。

岳洪彬，1968年9月出生，中国社会科学院研究生院毕业，获得博士学位。现为考古研究所研究员。主要代表作有：《殷墟青铜礼器研究》（专著）。

刘瑞，1973年7月出生，复旦大学毕业，获得博士学位。现为考古研究所研究员。主要代表作有：《汉长安城的朝向、轴线与南郊礼制建筑》（专著）。

严志斌，1975年8月出生，中国社会科学院研究生院毕业，获得博士学位。现为考古研究所研究员。主要代表作有：《商代青铜器铭文研究》（专著）。

巩文，1967年6月出生，女，西北大学毕业，获得硕士学位。现为考古研究所编审。主要代表作有：《仰韶文化坠饰述论》（论文）。

乌云高娃，1971年10月出生，女，蒙古族。南京大学毕业，获得博士学位。现为历史研究所研究员。主要代表作有：《明四夷馆鞑靼馆及〈华夷译语〉鞑靼"来文"研究》（专著）。

成一农，1974年4月出生，北京大学毕业，获得博士学位。现为历史研究所研究员。主要代表作有：《古代城市形态研究方法新探》（专著）。

江小涛，1965年12月出生，北京大学毕业，获得博士学位。现为历史研究所研究员。主要代表作有：《王氏新学述论》（论文）。

宋艳萍，1971年1月出生，女，山东大学毕业，获得博士学位。现为历史研究所研究员。主要代表作有：《公羊学与汉代社会》（专著）。

陈爽，1965年12月出生，北京大学毕业，获得博士学位。现为历史研究所研究员。主要代表作有：《出土墓志所见中古谱牒研究》（专著）。

胡振宇，1957年9月出生，北京师范大学毕业，获得学士学位。现为历史研究所研究员。主要代表作有：《甲骨文与神话传说》（专著）。

褚静涛，1966年8月出生，南京大学毕业，获得博士学位。现为近代史研究所研究员。主要代表作有：《国民政府收复台湾研究》（专著）。

戴东阳，1968年10月出生，女，北京大学毕业，获得博士学位。现为近代史研究所研究员。主要代表作有：《晚清驻日使团与甲午战前的中日关系（1876—1894）》（专著）。

张跃斌，1969年4月出生，北京大学毕业，获得博士学位。现为世界历史研究所研究员。主要代表作有：《田中角荣与战后日本政治》（专著）。

张旭鹏，1975年11月出生，四川大学毕业，获得博士学位。现为世界历史研究所研究员。主要代表作有：《全球史视野下的世界史研究——以美国为中心的考察》（论文）。

国洪更，1974年3月出生，东北师范大学毕业，获得博士学位。现为世界历史研究所研究员。主要代表作有：《亚述赋役制度考略》（专著）。

阿拉腾奥其尔，1962年3月出生，蒙古族。中国人民大学博士研究生结业。现为中国边疆研究所研究员。主要代表作有：《清朝图理琛使团与〈异域录〉研究》（专著）。

王宏淼，1972年10月出生，中国人民大学毕业，获得博士学位。现为经济研究所研究员。主要代表作有：《全球失衡下的中国双顺差之谜：基于 FDI—贸易—金融关联的一种经济学描述》（专著）。

吴延兵，1975 年 12 月出生，中国社会科学院研究生院毕业，获得博士学位。现为经济研究所研究员。主要代表作有：《国有企业双重效率损失研究》（论文）。

袁富华，1968 年 9 月出生，中国人民大学毕业，获得博士学位。现为经济研究所研究员。主要代表作有：《低碳经济约束下的中国潜在经济增长》（论文）。

邓曲恒，1979 年 7 月出生，中国社会科学院研究生院毕业，获得博士学位。现为经济研究所研究员。主要代表作有：《农村居民举家迁移的影响因素：基于混合 Logit 模型的经验分析》（论文）。

隋福民，1972 年 12 月出生，北京大学毕业，获得博士学位。现为经济研究所研究员。主要代表作有：《干沟子村的发展与变迁——辽西农民生产与生活的历史缩影》（专著）。

姚宇，1974 年 6 月出生，复旦大学毕业，获得博士学位。现为经济研究所研究员。主要代表作有：《控费机制与中国公立医院的运行逻辑》（论文）。

张磊，1971 年 6 月出生，中国社会科学院研究生院毕业，获得博士学位。现为经济研究所研究员。主要代表作有：《后起经济体为什么选择政府主导型金融体制》（论文）。

崔红志，1964 年 11 月出生，中国社会科学院研究生院毕业，获得博士学位。现为农村发展研究所研究员。主要代表作有：《对完善新型农村社会养老保险制度若干问题的探讨》（论文）。

包晓斌，1967 年 9 月出生，蒙古族。北京林业大学毕业，获得博士学位。现为农村发展研究所研究员。主要代表作有：《西部地区农业用水与节水效率》（论文）。

宋瑞，1972 年 9 月出生，女，中国社会科学院研究生院毕业，获得博士学位。现为财经战略研究院研究员。主要代表作有：《利益相关者视角下的古村镇旅游发展》（专著）。

张德勇，1969 年 11 月出生，中国人民大学毕业，获得博士学位。现为财经战略研究院研究员。主要代表作有：《财政支出政策对扩大内需的效应——基于 VAR 模型的分析框架》（论文）。

程炼，1976 年 9 月出生，中国社会科学院研究生院毕业，获得博士学位。现为金融研究所研究员。主要代表作有：《中国金融体系中的资金流动及其经济效应——基于支付清算的视角》（论文）

谢增毅，1977 年 10 月出生，清华大学毕业，获得博士学位。现为法学研究所研究员。主要代表作有：《劳动法的改革与完善》（专著）。

吕艳滨，1976 年 6 月出生，中国社会科学院研究生院毕业，获得博士学位。现为法学研究所研究员。主要代表作有：《透明政府：理念、方法与路径》（专著）。

贺海仁，1966 年 9 月出生，中国社会科学院研究生院毕业，获得博士学位。现为法学研究所研究员。主要代表作有：《谁是纠纷的最终裁判者：权利救济原理导论》（专著）。

蒋小红，1970 年 1 月出生，女，中国社会科学院研究生院毕业，获得博士学位。现为国际法所研究员。主要代表作有：《欧盟对外贸易法与中欧贸易》（专著）。

木仕华，1971 年 12 月出生，纳西族。中国社会科学院研究生院毕业，获得博士学位。现为民族学与人类学研究所研究员。主要代表作有：《纳西哥巴文研究》（专著）。

王剑峰，1967 年 9 月出生，蒙古族。中央民族大学研究生院毕业，获得博士学位。现为民族学与人类学研究所研究员。主要代表作有：《族群冲突与治理——基于冷战后国际政治的视角》（专著）。

刘正爱，1965年4月出生，女，朝鲜族。东京都立大学毕业，获得博士学位。现为民族学与人类学研究所研究员。主要代表作有：《孰言吾非满族》（专著）。

王锋，1971年8月出生，白族。中央民族大学毕业，获得博士学位。现为民族学与人类学研究所研究员。主要代表作有：《白语南部方言中来母的读音》（论文）。

鲍江，1968年11月出生，纳西族。中央民族大学毕业，获得博士学位。现为社会学研究所研究员。主要代表作有：《娲皇宫志：探索一种人类学写文化体裁》（专著）。

何蓉，1971年7月出生，女，北京大学毕业，获得博士学位。现为社会学研究所研究员。主要代表作有：《宗教经济诸形态：中国经验与理论探研》（专著）。

刘志明，1962年11月出生，中国人民大学毕业，获得硕士学位；现为新闻与传播研究所研究员。主要代表作有：《舆情与管理：构建中国旅游舆情智库》（专著）。

东艳，1974年10月出生，女，中国社会科学院研究生院毕业，获得博士学位。现为世界经济与政治研究所研究员。主要代表作有：《中美潜在贸易战的损益分析》（英文论文，第一作者）。

张明，1977年9月出生，中国社会科学院研究生院毕业，获得博士学位。现为世界经济与政治研究所研究员。主要代表作有：《中国投资者是否是美国国债市场上的价格稳定者》（论文）。

欧阳向英，1972年1月出生，女，瑶族。北京师范大学毕业，获得博士学位。现为世界经济与政治研究所研究员。主要代表作有：《〈斯大林全集〉俄文版第16卷增补版的基本情况》（论文）。

李勇慧，1969年12月出生，女，中国社会科学院研究生院毕业，获得博士学位。现为俄罗斯东欧中亚研究所研究员。主要代表作有：《俄日关系》（专著）。

冯育民，1956年9月出生，女，北京外国语大学毕业，获得学士学位；现为俄罗斯东欧中亚研究所研究员。主要代表作有《政府职能的转换和中央地方经济关系》（论文）。

姜琍，1970年5月出生，女，中国社会科学院研究生院毕业，获得博士学位。现为俄罗斯东欧中亚研究所研究员。主要代表作有：《民族心理与民族联邦制国家的解体——以捷克斯洛伐克联邦为例》（论文）。

房连泉，1973年7月出生，中国社会科学院研究生院毕业，获得博士学位。现为拉丁美洲研究所研究员。主要代表作有：《智利养老金制度研究》（专著）。

谢文泽，1969年3月出生，中国社会科学院研究生院毕业，获得博士学位。现为拉丁美洲研究所研究员。主要代表作有：《城市化率达到50%以后：拉美国家的经济、社会和政治转型》（论文）。

高程，1977年11月出生，女，中国社会科学院研究生院毕业，获得博士学位。现为亚太与全球战略研究院研究员。主要代表作有：《市场扩展与崛起国对外战略》（英文论文）。

张洁，1973年8月出生，女，北京大学毕业，获得博士学位。现为亚太与全球战略研究院研究员。主要代表作有：《对南海断续线的认知与中国的战略选择》（论文）。

刘卫东，1968年2月出生，国际关系学院毕业，获得硕士学位。现为美国研究所研究员。主要代表作有：《美国对中日两国的再平衡战略论析》（论文）。

陈宪奎，1958年1月出生，中国社会科学院研究生院毕业，获得硕士学位。现为美国研究所编审。主要代表作有：《付费墙：〈纽约时报〉的数字化转型与美国报业的发展》（论文，第一作者）。

张伯玉，1970年10月出生，女，蒙古族。北京大学毕业，获得博士学位。现为日本研究所研究员。主要代表作有：《日本选举制度与政党政治》（专著）。

侯为民，1967年12月出生，中国人民大学毕业，获得博士学位。现为马克思主义研究院研究员。主要代表作有：《技术进步、制度变革与经济增长》（专著）。

贺新元，1970年10月出生，中国人民大学毕业，获得博士学位。现为马克思主义研究院研究员。主要代表作有：《中国道路——不一样的现代化道路》（专著）。

钟君，1979年11月出生，中国社会科学院研究生院毕业，获得博士学位。现为马克思主义研究院研究员。主要代表作有：《社会之霾——当代中国社会风险的逻辑与现实》（专著）。

王爱云，1971年3月出生，女，武汉大学毕业，获得博士学位（同等学历）。现为当代中国研究所研究员。主要代表作有：《中国共产党领导的文字改革》（专著）。

崔玉军，1966年12月出生，中国社会科学院研究生院毕业，获得博士学位。现为信息情报研究院研究员。主要代表作有：《陈荣捷与美国的中国哲学研究》（专著）。

塔西雅娜，1959年10月出生，女，蒙古族，内蒙古大学毕业。现为信息情报研究院编审。主要代表作为：《多措并举增加反"占中"的针对性和有效性》（研究报告）。

张静，1965年5月出生，女，南开大学毕业，获得学士学位。现为信息情报研究院编审。主要代表作为：《国外h指数研究概述》（论文）。

谭扬芳，1972年2月出生，女，北京师范大学毕业，获得博士学位。现为科研局研究员。主要代表作有：《"占领华尔街"点燃美国民众的愤怒》（论文）。

张林，1968年10月出生，女，中国社会科学院研究生院毕业，获得硕士学位。现为中国社会科学出版社编审。主要代表作有：《安徽铜陵吴语记略》（专著，第一作者）。

陈立旭，1954年7月出生，满族。中共中央党校毕业，获得硕士学位。现为当代中国出版社编审。主要代表作有：《创造高于资本主义的社会福利是社会主义的本质特征之一》（论文）。

# 2015 年大事记

**二月**

2月6日，李扬副院长在山东省济南市出席学习贯彻中办、国办《关于加强中国特色新型智库建设的意见》座谈会暨山东社会科学院"创新工程"启动发布会，并讲话。

2月9日，新疆智库成立大会在京举行。中央政治局委员、新疆维吾尔自治区党委书记张春贤向大会发来贺信。院长王伟光，秘书长高翔，全国政协民族和宗教委员会主任朱维群，全国政协文史和学习委员会副主任方立，国家民委副主任李昭，新疆维吾尔自治区党委常委、宣传部长李学军出席成立大会。王伟光、李昭、李学军共同为新疆智库揭牌。

2月11—12日，院长王伟光在福建省泉州市出席由国务院新闻办公室主办，中国社科院和新华通讯社、中国外文出版发行事业局、福建社会科学院共同承办的21世纪海上丝绸之路国际研讨会并发表演讲。副院长李培林出席会议并主持论坛。

**三月**

3月26—27日，副院长李扬在海南省出席博鳌亚洲论坛2015年年会，并主持普惠金融专题论坛。

3月27日，院长王伟光在京出席中国地方志工作五届二次会议并作《深入学习贯彻落实习近平总书记系列重要讲话精神，全力推动地方志事业繁荣发展》的讲话。副院长李培林主持会议并传达习近平总书记等中央领导同志近一年来关于地方志工作的重要讲话、批示。同时对第五届指导小组部分组成人员变动及调整情况作了通报说明。

3月30日—4月3日，院党组在密云培训基地举办中国社会科学院所局级主要领导干部学习习近平总书记系列重要讲话精神及马克思主义著作读书班。党组书记王伟光，党组成员张江、李扬、李培林、张英伟、高翔驻会指导。王伟光在开班仪式上作开班动员报告。院长助理、副秘书长以及来自院属56个单位的91名所局级主要领导干部参加读书班。

**四月**

4月10日，中央纪委驻院纪检组组长张英伟主持召开会议，研究部署2015年度中国廉政研究中心工作；主持召开"三项纪律"专项巡查专题会议。

4月11日，副院长蔡昉在四川省市厅级主要领导干部学习贯彻"四个全面"战略布局和"讲政治、守纪律、守规矩"读书班作专题讲座。

4月13日，秘书长高翔在江苏省连云港市出席"一带一路"战略和新时期亚非合作——纪念万隆会议60周年高端研讨会并致辞。

4月17—18日，副院长张江出席当代西方文论的有效性国际高层论坛，致开幕词并作总结讲话。

4月23日，中央纪委驻院纪检组组长张英伟在所局级领导干部读书班上作《纪律建设永远在路上——学习习近平同志关于纪律建设重要讲话的体会》的专题报告。

### 五月

5月18—20日，中国社科院在密云绿化基地举办第二期处室级干部学习习近平总书记系列重要讲话专题培训班。中央纪委驻院纪检组组长张英伟作辅导报告。处室级干部150余人参加培训班。

5月21日，院党组举办"三严三实"专题党课报告会暨"三严三实"专题教育动员部署会议。党组书记王伟光作"三严三实"专题党课报告。党组成员张江、李培林、张英伟、蔡昉、高翔、荆惠民出席会议。院长助理、副秘书长、院副局以上领导干部，职能部门副处以上领导等500余人参加会议。

5月26日，院领导班子成员王伟光、张江、李培林、张英伟、蔡昉、高翔、荆惠民出席院11家智库启动仪式。王伟光、蔡昉讲话并共同启动智库。

### 六月

6月18日，中国社会科学院在国务院新闻办公室举行新闻发布会，发布考古研究所在山西省临汾市襄汾县陶寺遗址的发掘成果。中国社会科学院院长王伟光出席发布会并作重要讲话。新华社、人民日报、中央电视台、光明日报等70多家新闻媒体110多名记者参加发布会。

6月23—26日，秘书长高翔在澳门大学出席第四届澳门学国际学术研讨会并致辞。

6月25日，副院长李培林出席社会科学文献出版社"一带一路"研究系列报告暨"一带一路"专题数据库发布会并讲话。

6月30日，副院长张江出席中韩人文交流政策论坛开幕式并致辞。

### 七月

7月9日，副院长张江在全国宣传干部学院，为全国文艺评论界学习贯彻落实习近平总书记文艺座谈会重要讲话精神培训班作报告。

7月9日，中央纪委驻院纪检组组长张英伟在内蒙古自治区出席第十八届全国社科院院长联席会议并讲话。

7月10—11日，副院长李培林在湖南省长沙市出席湖南省社科院智库成果发布会并讲话；在长沙、岳阳等市调研湖南省地方志工作；在长沙市分别出席中国社会学会2015年学术年会开幕式和社会学期刊论坛并讲话。

7月18—19日，秘书长高翔在国家行政学院参加省部级领导干部对外信息发布专题讲座。

7月22日，中央纪委驻院纪检组组长张英伟出席院"三项纪律"专题教育报告会暨"三项纪律"建设学习教育月活动部署会议并讲党课，对开展"三项纪律"建设学习教育月活动进行动员部署。

### 八月

8月3日，副院长蔡昉在京出席中东欧国家高级别官员访华团专题班开班式并致辞。

8月26—28日，党组成员荆惠民在京参加政协第十二届全国委员会常务委员会第十二次会议。

8月28日，院长王伟光、副院长张江、原副院长武寅和《求是》杂志社社长李捷、中央统战部副部长斯塔、中央党校副校长黄浩涛等出席由科研局、民族学与人类学研究所、中国社会科学出版社共同主办的民族地区经济社会协调发展与全面小康社会建设——《中国民族地区经济社会调查报告》首批图书出版座谈会。王伟光、李捷、斯塔、黄浩涛讲话。张江主持发布会。

## 九月

9月3日,院领导班子成员王伟光、张江、李培林、张英伟、蔡昉、高翔、荆惠民在天安门广场观礼台出席纪念中国人民抗日战争暨世界反法西斯战争胜利70周年大会。

9月22—23日,我院与泛美开发银行在京联合召开主题为"公共部门高级管理者领导力与能力建设"的第二届中拉政策与知识高端研讨会。王伟光在开幕式上致辞。

## 十月

10月11日,副院长李培林在黑龙江省哈尔滨市出席"一带一路"与"欧亚经济联盟"对接暨第二届中俄经济合作高层智库研讨会并致辞。

10月13—14日,副院长张江在扬州大学出席第二届"当代中国文论:反思与重建"高级学术研讨会并作主题发言。

10月17—18日,由中国社会科学院、北京大学、复旦大学、南京大学、台湾大学、台湾"中央"大学、香港中文大学共同主办,北京大学承办的第八届"两岸三地人文社会科学论坛"在北京大学召开,副院长蔡昉出席开幕式并致辞。

## 十一月

11月2—3日,中国社会科学院所局主要领导干部传达学习党的十八届五中全会精神专题培训班在京举行。院领导班子成员王伟光、张江、李培林、张英伟、蔡昉、高翔、荆惠民出席。

11月13日,副院长蔡昉为最高人民检察院党组中心组扩大会议作学习贯彻党的十八届五中全会精神专题辅导报告;主持召开重大问题中外合作研究项目专题会议。

11月20—21日,秘书长高翔在京出席中国社会科学杂志社2015年度青年学者论坛并作学术报告。

## 十二月

12月14日,副院长蔡昉出席中国社会科学论坛(2015·经济学)——"十三五"中国经济转型、就业与社会保障国际研讨会并发表主旨演讲;出席"构建创新、活力、联动、包容的世界经济"——G20智库峰会中国启动会并致辞。

12月16日,第三届中国—中东欧国家高级别智库研讨会暨"中国—中东欧国家智库交流与合作网络"揭牌仪式在京举行。院长王伟光出席并讲话,副院长蔡昉出席会议。

12月17日,中国社会科学院警示教育大会在社科会堂召开。党组书记王伟光,党组成员张江、李培林、张英伟、高翔、荆惠民和中央第一巡视组副组长赵春光出席会议。王伟光作重要讲话,张江、李培林、张英伟、高翔分别对中央精神进行了传达。院长助理、副秘书长、院属单位所局以上干部、学部委员、党委委员、支部书记参加会议。

12月25日,副院长李培林出席中国社会科学院创新工程2015年度重大成果系列发布会并讲话。

12月29日,全国地方志系统先进模范座谈会在京召开。中共中央政治局常委、国务院总理李克强作出重要批示。中共中央政治局委员、国务院副总理刘延东会前接见与会代表并讲话。院长王伟光出席会议并讲话。副院长李培林主持会议。

# 第三篇

# 各省区市社会科学院

# 北京市社会科学院

## 第一节 历史沿革

北京市社会科学院是隶属于中共北京市委、市政府的综合性社会科学研究机构，其前身是北京市社会科学研究所，成立于1978年8月。1986年1月，更名为北京市社会科学院。主要职责是在市委市政府的领导下，研究首都经济、政治、文化、社会协调发展的中长期战略规划；研究在改革、发展、实践中所遇到的重大理论问题和实际问题，为市委市政府的科学决策提供理论支持，积极发挥首都意识形态主阵地作用，努力成为首都新型智库建设的重要社科研究单位。

### 一、领导

北京市社会科学院的历任党组书记、院长（所长）：肖远烈（1978年8月—1986年1月）、方玄初（1986年1月—1989年11月）、高墀兰（1989年11月—1990年10月）、高起祥（1990年10月—2002年4月）、朱明德（2002年4月—2005年12月）、刘牧雨（2005年12月—2009年11月）、谭维克（2009年11月—2015年11月）、王学勤（2005年11月— ）。

### 二、发展

北京市社会科学院以建设"决策智囊、学术高地、社会智库"为办院方针。以"四个建设好、一个努力"为基础，打造一流地方社科院：一是建设好市委市政府的思想库、智囊团，做到"信得过、用得上、离不开"；二是建设好马克思主义中国化理论阵地，做到"有发展、有创新、有建树"；三是建设好繁荣发展首都哲学社会科学主阵地，做到有"话语权、创造性、表现力"；四是建设好新型智库，做到"立得住、叫得响、过得硬"；五是在全盘工作和长远发展上，努力做到"与国际接轨、创国内一流"。

在建设一流地方社科院进程中，北京市社会科学院在研究中贴近核心决策、贴近社会需求、贴近群众生活，强化交流、开阔视野，基础学科巩固发展，应用对策学科作用明显，特色学科研究独树一帜，产生了一批如《北京通史》《中国古今官德研究丛书》等具有较高理论水平和应用价值的学术专著；主办的要报《看一眼》提出了建设世界城市、提炼北京精神、建设首都新型智库等建议，为市委市政府决策提供了大量的参考信息，对社会产生了重要影响；举办了总部经济、社会管理、城市问题、满学研究等各类研究论坛，在学术界产生了重要影响。建院以来，共完成学术专著一千余部，论文一万余篇，研究报告千余份，以及大量的其他形式的研究成果。在推进马克思主义中国化、时代化、大众化，建设社会主义核心价值体系，服务市委市政府重大决策，北京建设世界城市和首都新型智库的历史进程方面发挥了积极作用，极大提升了社会科学的决策影响力、学术影响力和社会影响力。

### 三、机构设置

北京市社会科学院自1978年8月成立

以来，内部机构设置根据发展的需要数次变更。截至2015年12月，内设机构27个：文化所、历史所、经济所、哲学所、科社所、社会学所、城市所、外国所、管理所、满学所、综治所、法学所、传媒所、市情中心、国际交流中心、《北京社会科学》编辑部、《城市问题》编辑部、图书信息中心、办公室、科研处、人事处、计财处、行政处、老干部处、机关党委、机关纪委、机关工会。

### 四、人才建设

建院以来，经过几代科研人员在哲学社会科学领域辛勤耕耘，取得了丰硕的治学成果，其中不乏学有专长和卓有建树的专家学者。截至2015年12月，在编在岗人员合计239人。专业技术人员合计189人，其中具有正高级职称人员28人，副高级职称人员78人，中级及以下职称人员83人；管理岗位人员47人；工勤岗位3人。

## 第二节　组织机构

### 一、北京市社会科学院领导及其分工

院党组书记、副书记、成员

党组书记：王学勤

党组成员：周航、许传玺、赵弘、杨奎

院长、副院长

院长：王学勤。主持院全面工作，分管科研处、《北京社会科学》编辑部工作。

副院长：周航。分管办公室（新闻宣传办公室）、人事处、老干部处、《城市问题》编辑部工作，联系历史所、哲学所、满学所。

副院长：许传玺。分管机关党委、工会、机关纪委、图书信息中心、国际交流中心工作，协助管理科研工作，联系社会学所、外国所、综治所、法学所。

副院长：赵弘。分管行政处、计财处工作，协助管理科研工作，联系文化所、经济所、城市所、管理所。

副院长：杨奎。兼任科社所所长，联系市情调研中心、传媒所。

### 二、北京市社会科学院职能部门

办公室
主任：邢昀
副主任：任立军
机关党委
副书记：岳勇
机关纪委
副书记：孙晓玉
机关工会
主席：崔小飞
人事处
处长：范永刚
副处长：刘莹
副处长：李力强
科研处
处长：王燕梅
副处长：朱霞辉
计财处
处长：董莉
副处长：安红霞
行政处
处长：阎平
副处长：姚亚林
副处长：马合超
老干部处
处长：孟立仙

### 三、北京市社会科学院科研机构

文化所
所长：李建盛
副所长：高音
历史所
副所长：刘仲华
副所长：王建伟

经济所
副所长：杨松
哲学所
副所长：孙伟
副所长：王玉峰
科社所
副所长：张登文
社会学所
副所长：李伟东
副所长：江树革
城市所
副所长：齐心
副所长：张佰瑞
外国所
副所长：刘波
副所长：齐福全
管理所
所长：施昌奎
副所长：毕娟
满学所
副所长：常越男
综治所
所长：袁振龙
副所长：张苏
法学所
副所长：张真理
传媒所
所长：郭万超
市情中心
主任：唐鑫
副主任：陆小成
国际交流中心
主任：韩忠亮

**四、北京市社会科学院科研辅助部门**

《北京社会科学》编辑部
主任：牛金莉
《城市问题》编辑部
主任：辛章平
副主任：刘媛君

图书信息中心
主任：祁建庄
副主任：孙天法
副主任：马少军
副主任：陈文
副主任：赵文春

## 第三节 年度工作概况

2015 年，在市委的领导和市委宣传部的指导下，全院上下以贯彻落实习近平总书记系列重要讲话精神为核心，以"三严三实"专题教育为动力，凝聚力量、开拓创新，紧密围绕市委市政府关注的中心工作，发挥"决策智囊、学术高地、社会智库"作用，扎实推进各项工作的开展。

一、科研管理

（一）国家级及市级课题立项、结项工作

组织申报国家社科基金和自然科学基金项目，获准国家社科基金课题立项 6 项（3 项一般项目，3 项青年项目），立项率为 17.1%（全国平均立项率为 13.6%）。获准立项国家社科基金特别委托项目 1 项，国家社科基金后期资助项目 1 项。组织申报北京市社科基金年度项目，立项 8 项。组织申报北京市社科基金重大项目 2 项，获准立项重大项目 1 项，重点项目 1 项。组织申报北京市社科基金基地项目 11 项，立项 6 项。完成 3 项北京市"十三五"前期研究重点课题。

完成国家社科基金项目结项 2 项，2 项鉴定完毕，2 项正在鉴定中。完成市社科基金项目结项 15 项，1 项鉴定完毕，3 项正在鉴定中。

马一德研究员的《全面推进依法治国重大现实问题研究》列入中央马克思主义理论研究和建设工程重大项目和国家社科基金重大项目。

## （二）院各级课题管理工作

2015年度各类课题的申报立项工作。依据《北京市社会科学院课题管理办法》，经过招标、评审、院长办公会等程序确定院重点课题25项，青年课题10项，院皮书、论丛项目立项15项，院一般课题立项122项，到目前为止课题合计立项172项。

## （三）科研成果

围绕京津冀协同发展、疏解非首都功能、治理"大城市病"等重点开展课题研究，产出了一批具有较高理论水平和应用价值的科研成果。公开出版专著28部、编著16部。公开发表论文412篇（其中核心期刊论文117篇），获省部级领导批示7次。要报《看一眼》发刊12期，获得市领导批示3期。社科文库收到申报材料12份，10份成果获得出版资助。

## （四）学术活动

举办院长论坛8次，主题分别为"国家社科基金项目申报培训会""从社会管理到社会治理——概念、理论和框架""新丝绸之路与中国第五次崛起""铭记历史，汲取力量""我国当前的社会转折与新成长阶段""中国经济形势分析与展望""宗教与台湾问题""如何看我国经济持续下行和增长目标实现"。

发挥马克思理论研究与传播基地、世界城市研究基地等社会科学研究基地的作用，着力加强重大理论和实践问题的研究，为推进社会科学研究提供理论支撑和智力支持。召开北京马克思主义理论研究与传播基地工作会议暨特约研究员聘任仪式。中央委员、中央社会主义学院党组书记、第一副院长叶小文作为基地顾问，中央党史研究室原副主任李忠杰作为基地首席专家到会并讲话。来自中央党校等学界知名专家学者与我院相关科研人员近70人参加会议。

主办了"中国古村落保护与利用学术研讨会"、"但约花影不约人"出版座谈会、"首届国际文化产业发展形势研讨会"、"中国的双城记：比较视野下的北京与上海城市历史学术研讨会"、"2015年北京蓝皮书系列新闻发布会暨学术研讨会"、"满洲民族共同体及其文化学术研讨会"、"2015年政府绩效管理理论与实践研讨会"、"社区治理研讨会"等中型研讨会8次。

紧密围绕党委和政府关注的社会热点、难点问题广泛开展学术论坛和研讨。全年共组织各种学术沙龙、研讨会近30场，注重学术观点的创新和学术研讨成果的宣传转化。加强院校交流合作。发挥各自科研和学科优势，院主要领导带队先后与中国传媒大学、北京联合大学、北京城市学院等院校深入开展交流与合作，研究策划宋庄文化论坛、城市发展论坛等系列合作活动。

## （五）转载排名情况

该院2014年度《复印报刊资料》转载学术论文指数排名继续保持全国社科院、社科联序列领先地位，2014年该院以13篇的转载量位列第3名，综合指数上升至第5名，均居于排名前列。

# 二、智库建设

认真学习领会贯彻中央《关于加强中国特色新型智库建设的意见》，将《意见》的精神落地、落实，不断提高该院为决策服务的软实力。依据中央和市委关于加强智库建设的意见，成立加强智库建设和院"十三五"规划起草小组，起草该院新型智库建设实施意见和"十三五"发展规划。召开全院相关层面座谈会，广泛征求各方意见，总结"十二五"期间各项工作，研究"十三五"期间发展战略布局。

## （一）发挥科研攻关团队作用

院党组率先认真学习领会中央颁布的《京津冀协同发展规划纲要》和市委的《贯彻意见》，并组织好全院范围，尤其是科研人员的学习。谭维克同志总牵头，赵弘同志具体负责院攻关团队开展研究，组成跨专业、跨所的课题组，承担完成王安顺市长交办的"进一步落实首都战略定位，破解城市病的实施路径研究"重大课题，完成"1+5"系列研究报告，供市领导决策参考。承担市委、市政府十三五规划相关子规划以及部分区县十三五规划的研究和起草工作。该院课题组承接市审计局委托课题"北京城镇保障房建设审计研究"调研报告获得市审计局优秀结项。围绕首都城市战略定位、调整疏解非首都核心功能、治理"城市病"、推动京津冀协同发展方面大力开展研究。

（二）提升决策影响力

2015年4月24日，于燕燕研究员在市政协议政会上就"北京市基层管理体制改革的对策"发言，受到了市委书记郭金龙的好评。《人民论坛》杂志向该院法学所马一德研究员约稿解读《习近平关于全面依法治国论述摘编》，文章题目是《如何全面正确理解习近平法治思想——写在〈习近平关于全面依法治国论述摘编〉发行之际》。法学所马一德研究员《瞒报个人重大事项就是对组织不忠诚》一文被中纪委《中国纪检监察》杂志2015年第6期刊登，引起中央领导高度重视。法学所陶品竹博士的研究报告《域外互联网管理的法律制度与实践经验》和《美国治理空气污染的立法启示》获得国务院法制办公室副主任袁曙宏同志的肯定性批示。城市所谭日辉博士的研究报告《2014年社会思想动态调查研究报告》获得中央宣传部常务副部长黄坤明同志的肯定性批示，要报《看一眼——北京人口疏解工作存在的问题及对策》获得王安顺市长的肯定性批示。文化所刘瑾的"北京市文化创意产业功能区土地使用现状及问题"获市委宣传部部长李伟同志的肯定性批示。10月21日，河北省社科院在该院管理所挂职的王建强研究员在《看一眼》上发表的《关于为冬奥会培养冰雪人才的思考与建议》，获得了王安顺市长和张建东副市长的肯定性批示，指示冬奥申委要尽快落实冰雪人才培养计划。

2015年6月23日召开2015年蓝皮书系列发布会暨学术研讨会，北京文化、经济、区域经济、公共服务、社会治理等5本蓝皮书发布，原创蓝皮书成为新型智库建设的有力抓手。

法学所被中央人才工作协调小组办公室选定为"国家人才理论研究基地"之一，承担的"《人才工作条例》框架体系和重要条款研究"以优秀等级结题。

（三）重视意识形态工作，做好意识形态舆情分析

院党组认真学习贯彻中央关于《党委（党组）意识形态工作责任制实施办法》，研究制定具体实施意见，对意识形态领域工作进行研究部署，确保该院科研方向与中央、市委保持高度一致，切实增强科研人员做好意识形态工作的责任感和使命感。以"学习领会十八届五中全会精神和加强意识形态教育"为主题，举办了副高以上职称科研骨干政治理论研修班，传达学习了市委宣传部部长李伟同志在该院领导干部会议上的讲话精神和有关加强意识形态工作的文件精神，市委宣传部副部长赵卫东同志作了专题辅导报告。由院主要领导牵头，相关研究所科研人员成立课题组，承担了市委宣传部部长李伟同志主持的中宣部马工程重大课题"掌握意识形态的领导权、话语权、管理权"，目前此课题已经正式启动。

2015年年初召开舆情信息工作会议，部署全年舆情和信息工作。2015年7月，中宣部批准该院作为舆情信息直报点。不断完善舆情工作机制，由办公室牵头成立该院意识形态舆情信息研究中心，以各研究所为依托，调整充实舆情信息员工作队伍，报送了一批舆情分析信息材料，为2016年做好舆情报送工作奠定基础。通过宣传系统快报及时上报该院的重点工作和特色工作，全年报送130余条，采用40余条。组织舆情信息员赴天津社科院舆情所学习调研。积极发挥意识形态

主阵地作用,从2015年开始,该院将承担市委宣传部委托的全市意识形态季度分析研究,第一季度意识形态分析报告受到市委宣传部领导的认可,并获得了刘奇葆同志、郭金龙同志的批示。该院还承担编辑市委理论学习中心组参考资料的工作,全年报送12期。

（四）期刊影响力不断提升

《北京社会科学》在第4届RCCSE中国学术期刊评价中获得"RCCSE中国核心学术期刊（A）"。《城市问题》入选第7版《中文核心期刊名录（2014年版）》,12月入选《中国国际影响力优秀学术期刊名录（2015）》。

## 第四节 科研活动

一、科研工作

（一）科研成果统计

2015年,北京市社会科学院公开出版专著28部、编著16部。公开发表论文412篇（其中核心期刊论文117篇）,获省部级领导批示7次。要报《看一眼》发刊12期,获得市领导批示3期。社科文库收到申报材料12份,10份成果获得出版资助。

（二）科研课题

**2015年度承担国家级、省部级科研项目\***

| 项目名称 | 负责人 | 项目类别 | 预期成果形式 | 计划完成日期 |
|---|---|---|---|---|
| 新中国农村分配制度的探索历程与基本经验研究（1949—1966） | 尤国珍 | 国家社科基金青年项目 | 专著 | 2017.12.31 |
| 图像传播与中国文化价值输出策略研究 | 陈红玉 | 国家社科基金一般项目 | 研究报告 | 2016.12.30 |
| 治理视域下地方公共服务供给的系统优化研究 | 罗 植 | 国家社科基金青年项目 | 研究报告 | 2017.12.31 |
| 超大型城市城乡结合部社区包容性发展路径研究 | 袁振龙 | 国家社科基金一般项目 | 专著 | 2017.12.31 |
| 辟谣信息构成要素实证研究 | 熊 炎 | 国家社科基金青年项目 | 专著 | 2017.12.31 |
| 维吾尔族流动人口的城市接纳与融入调查研究 | 包路芳 | 国家社科基金一般项目 | 研究报告 | 2017.12.31 |
| 《党委（党组）中心组学习规则》可行性研究和草案初拟 | 许传玺 | 国家社科基金委托项目 | 研究报告 | 2016.6.30 |
| 中国近代辞书指要 | 钟少华 | 国家社科基金后期资助项目 | 专著 | 2016.4.1 |
| 经济新常态下的北京人才红利测量和释放问题研究 | 鄢圣文 | 北京市社科基金重点项目 | 研究报告 | 2016.12.31 |
| 北京市整建制农转居集体建设用地法律制度研究 | 王伟伟 | 北京市社科基金一般项目 | 研究报告 | 2017.6.30 |

\* 注：在本节的表格中的"计划完成日期"一栏,年、月、日使用阿拉伯数字,且"年""月"用"."代替,"日"字省略。

续表

| 项目名称 | 负责人 | 项目类别 | 预期成果形式 | 计划完成日期 |
| --- | --- | --- | --- | --- |
| 基于贫困地理学的环京津贫困带的时空演变及其形成机理研究 | 何仁伟 | 北京市社科基金一般项目 | 研究报告 | 2017.5.30 |
| 京冀区域市场化生态补偿机制研究 | 刘 薇 | 北京市社科基金一般项目 | 研究报告 | 2017.6.30 |
| 民国北京文化生态研究 | 王建伟 | 北京市社科基金一般项目 | 专著 | 2017.12.31 |
| 社会心态视角下诚信价值与信任修复研究 | 刘 东 | 北京市社科基金一般项目 | 研究报告 | 2017.12.30 |
| 新常态下北京山区生态经济发展空间格局特征及其优化模式研究 | 穆松林 | 北京市社科基金青年项目 | 研究报告 | 2017.3.1 |
| "一带一路"战略下北京文化"走出去"的新路径研究 | 田 蕾 | 北京市社科基金青年项目 | 研究报告 | 2016.9.30 |
| 社会治理创新中的社区减负研究 | 谭日辉 | 北京市社科基金重点项目 | 研究报告 | 2017.12.31 |
| 北京市民社区感的测量与理论研究 | 宋 梅 | 北京市社科基金重点项目 | 专著 | 2017.10.25 |
| 新常态下首都意识形态安全创新路径研究 | 尤国珍 | 北京市社科基金一般项目 | 研究报告 | 2017.9.30 |
| 新媒体视域下首都传播社会主义核心价值观的方式与机制研究 | 陈界亭 | 北京市社科基金青年项目 | 研究报告 | 2017.12.31 |
| 京津冀世界级城市群污染防治区域联动与低碳发展机制研究 | 陆小成 | 北京市社科基金一般项目 | 研究报告 | 2017.10.30 |
| "新常态"下北京城市文化建设研究 | 贾 澎 | 北京市社科基金青年项目 | 研究报告 | 2016.9.30 |
| 京津冀地缘关系的历史考察 | 孙冬虎 | 北京市社科基金重大项目 | 专著 | 2018.12.30 |
| 清代国家与京畿区域互动研究 | 刘仲华 | 北京市社科基金重点项目 | 专著 | 2018.12.30 |

（三）学术交流活动

"从社会管理到社会治理——概念、理论和框架"院长论坛

2015年4月1日，由该院综治研究所

承办的2015年第1期院长论坛在该院成功举办。论坛由许传玺副院长主持，由北京大学政府管理学院万鹏飞教授主讲，题目为《从社会管理到社会治理——概念、理论和框架》。万教授从概念、理论和框架三个方面展开了对社会管理与社会治理问题的阐述，结合首都社会治理的实际情况，深入介绍了首都社会治理规划的基本框架。他提出，首都社会治理的最终目标是增加人民的福祉，核心理念是区分政府治理和社会自治，侧重于社会关系重塑和社会结构与制度的构建。首都社会治理的原则应当注重首都功能的发挥，突出中央与地方的共治、国家与社会的合作、正式法与非正式法的结合，同时应当促进京津冀的协同发展。首都社会治理应坚持党政主导与多元主体参与"两大方向"，重点抓好党委政府主导板块、家庭与学校基础主体板块、企业商业主体板块、社会组织板块、社区生活居住板块等"六大板块"，只有这样才能促进首都社会治理的良性发展。万鹏飞教授主讲的此次院长论坛，结合首都社会治理的热点问题展开，具有实效性和前瞻性，理论联系实际，有利于全院科研人员深入和全面了解首都社会治理的前沿理论与实践问题。

**中国古村镇保护与利用学术研讨会**

2015年4月25—26日，中国古村镇保护与利用学术研讨会在北京召开，此次会议由北京市社会科学院主办，北京古都学会、北京永定河文化研究会、中国文物学会古村镇专业委员会联合承办。来自清华大学、北京大学、中国人民大学、北京师范大学、首都师范大学、华南理工大学、北京联合大学、中国建筑设计院、中国文物学会、中国古都学会、北京市社会科学院、北京永定河文化研究会、北京建工建筑设计研究院、宁夏社会科学院、人民日报社、中国文物报社等高校和科研院所，以及贵州、四川、福建、山西等相关古村镇研究机构的80余位专家学者参加会议。北京古都学会会长、北京市文史馆馆员、北京市社会科学院历史所所长王岗研究员主持会议。开幕式上，北京市社会科学院副院长周航、门头沟区委宣传部长彭利锋、中国文物学会古村镇专业委员会会长张囿生先后致辞。此次研讨会采取大会主题报告和学术讨论相结合的方式进行，与会学者围绕古村镇历史文化资源的整理与研究、古村镇的保护与利用、乡村旅游与古村镇发展规划、中外古村镇保护利用比较研究、中国传统村落申报等主题，展开了热烈的学术交流和讨论。随着国家关于传统村落保护的政策法规相继出台，专家学者对这一新型文化遗产的研究逐渐深入，同时也越来越多地受到社会的关注和重视。此次研讨会提出的若干理论和对策建议，将有助于北京古村镇的保护与利用，拓宽思路、更新模式，推动中国传统村落的保护与可持续发展。

**首届国际文化产业发展形势研讨会**

2015年4月28日，"首届国际文化产业发展形势研讨会"在北京市社会科学院举行。会议由北京市社会科学院传媒研究所、北京市文化创意产业研究中心、北京新元文智咨询服务有限公司共同举办。北京市社会科学院党组书记、院长谭维克研究员在会上以"我国文化产业发展必须处理好四大关系"为题发表了热情洋溢的致辞，北京市社会科学院传媒所所长、北京市文化创意产业研究中心主任郭万超研究员主持会议。研讨会以"迈向新时代的文化产业国际战略"为主题，就2014年度国际文化产业发展战略政策与现状趋势，展开主题演讲和学术讨论相结合的交流。来自政府、学界、产业界、中央及北京市媒体等共计100多人参加会议。在研讨会上，谭维克院长提出，随着大力发展文化产业上升为国家战略，文化产业迎来了难得的历史机遇。郭万超所长发表了题为"互联网文化产业发展新态势"的演讲,以李克强总理提出的"互联网+"为引言,介绍了互联网对文化产业颠覆性影响,以及互联网发展的四大新态势——移动互联网的兴盛、众筹模式的推广、微市场的崛起和知识产权凸显。在国家关于文化走出去的政策鼓励和扶持下,我国的文化产业开始了国际化征程,此次研讨会通过对国际文化产业发展的动态及趋势呈现,对各国信息源进行了整合和汇报,将为深度开展国际文化产业各领域研究提供有效参考,为我国文化产业走出去、文化企业国际化提供了有益的借鉴。

**"一带一路战略与中国第五次崛起"院长论坛**

2015年4月29日,由该院经济所承办的2015年第2期院长论坛在该院二层报告厅成功举办。此次论坛由赵弘副院长主持,由清华大学新闻与传播学院副院长、国际传播研究中心主任李希光教授主讲,报告题目为"一带一路战略与中国第五次崛起"。谭维克院长、许传玺副院长及全院科研人员、机关干部等参加了论坛。在该届院长论坛上,李希光教授结合多年来实地考察的体会,从丝绸之路的历史渊源、概念内涵、新丝绸之路六大廊道、新丝绸之路上的大国博弈等方面介绍了"一带一路"发展战略的重大意义及"一带一路"与中国第五次崛起的关系。李希光教授的报告视野开阔,信息量丰富,材料鲜活,运用大量的数据、图表、照片及实地考察的材料,从地缘政治、经济、文化、历史、民族等多角度阐述了"一带一路"发展战略实施的重要性和艰巨性,有利于全院科研人员全面和深入了解"一带一路"发展战略问题。

**中国的"双城记":比较视野下的北京与上海城市历史学术研讨会**

2015年6月13—14日,中国的"双城记":比较视野下的北京与上海城市历史学术研讨会在北京召开。此次会议由北京市社会科学院、华东师范大学、北京古都学会联合主办。6月13日上午,大会举行开幕式。北京市政协文史委、北京市社科规划办、北京市地方志办的领导出席,北京市社科院谭维克院长、华东师范大学上海史研究中心主任姜进教授分别致辞。北京市社科院周航副院长主持开幕式。随后,北京大学陈平原教授、华东师范大学许纪霖教授先后发表题为"北京研究的可能性"与"以北京为'他者'的近代上海"的主题演讲。6月13日下午和14日上午,会议进行分组讨论。与会专家学者就北京与上海的历史文化及二者之间的比较与对照等诸多议题,展开了热烈地研讨。6月14日下午,举行圆桌论坛暨闭幕式。在圆桌论坛上,与会专家学者都纷纷谈了自己参加会议的学术心得并期待下一次"双城记"学术会议的举办。北京市社科院历史所所长、北京古都学会会长王岗研究员主持闭幕式。他指出,通过比较研究,深入探讨城市之间的差异性具有非常重要的意义。北京和上海是中国最具代表性的两座城市,相应的"北京研究"与"上海研究"也呈现出鲜明的学术理路。此次会议的成功召开,为拓展城市史研究的新问题、丰富城市史研究的理论框架、建立城市史研究的新图景,提供了宝贵的对话平台。最后,作为会议的主办方,北京市社会科学院和华东师范大学上海史研究中心就以后持续举办北京与上海城市史比较研究的计划达成了共识。

**"铭记历史,吸取力量"院长论坛**

2015年6月17日,由北京市社会科学院主办,科社所承办的院长论坛"铭记历史,吸取力量"在该院成功召开。此次论坛的主讲专家为中共中央党史研究室原第一研究部副主任李蓉研究员。此次论坛由赵弘副院长主持,谭维克院长出席，全院职工参加了学习活动。李蓉研究员围绕"铭记历史，吸取力量"的主题从纪念抗战胜利70周年的目的和主题、中国抗战胜利的重大意义、抗战胜利的主要原因三个方面进行了深入阐述。论坛主持人赵弘副院长对李蓉研究员的报告给予了高度的评价，认为此次报告是一场平实、富有正能量、发人深省的报告。他进一步指出，李蓉研究员的报告不仅了解了中国14年抗日战争的时段划分，明确了抗战时期中国的死亡人数、经济损失等详细内容，而且理清了许多事件背后的故事，这有助于我们深入地把握抗日战争的内涵和纪念抗战胜利70周年的伟大意义。他号召全院科研人员要努力学习李蓉研究员扎实做研究、认真做调查的敬业精神，争取在自己的科研领域取得更多更好的成绩。

**2015年北京蓝皮书系列新闻发布会暨学术研讨会**

2015年6月23日，由该院和社会科学文献出版社联合举办的"2015年北京蓝皮书系列新闻发布会暨学术研讨会"在京举行，正式发布了由该院编撰，社会科学文献出版社出版的五本皮书。北京市社会科学院党组书记、院长谭维克，社会科学文献出版社社长谢寿光，社会科学文献出版社皮书分社社长邓泳红出席了发布会。会议由北京社科院科研处处长王燕梅主持。参与发布的五本皮书的主编作了主题发言，解读了2014—2015年度北京公共服务、经济、社会治理、文化等方面发展的热点事件和面临的挑战，展望了2015年新形势下的北京经济、社会治理、文化等发展的新动向。应邀出席会议的闫玉刚教授、曹和平教授、文魁教授、唐任伍教授、万鹏飞教授对这五本皮书的出版发布表示了热烈的祝贺，并对五本皮书作了精彩的专家点评及深度剖析，提出了非常有建设性的意见和建议。社会科学文献出版社社长谢寿光在发布会上对五本皮书的出版表示了祝贺，向长期关心支持北京蓝皮书研创的有关各方表示衷心的感谢。社会科学文献出版社皮书分社社长邓泳红在总结发言中对皮书作者、点评专家及媒体朋友表达了诚挚的谢意。该院蓝皮书系列的发布引起了社会的广泛关注，新浪网、搜狐网、网易新闻、财经网、中国网、北京晚报、人民网、中国新闻网等多家媒体对发布会进行了报道。

**性别与国际比较视野下的创业就业国际学术研讨会**

2015年6月24日，适逢联合国第四次世界妇女大会制定的《北京宣言》战略目标和中国实施男女平等基本国策（双）20周年之际，为了进一步研究国际比较视野下女性创业，并着眼于建设具有国际影响力的高端智库的学术发展目标，北京市社会科学院妇女研究中心、北京市社会科学院国际交流中心、北京市社会科学院市情调研中心和北京市妇女国际交流中心在北京市社会科学院联合举办了主题为"性别与国际比较视野下的创业就业"的国际学术研讨会和中外学术对话交流活动。此次研讨会旨在从学术的视角客观地理解和分析中国社会变迁和经济转型中不断增长的女性创业和创新成长，在分享国外专家经验和交流的过程中，伴随着结合中国实际的讨论，将此次国际学术研讨引向深入。此次国际学术研讨和学术对话交流活动由北京市社会科学院社会学所副所长、院妇女研究中心主任江树革主持，同时，江树革主任代表此次研讨会会务组做了精彩的开场致辞，并与北京市妇联副主席一同做了会议总结。来自德国维尔茨堡大学、北京大学、北京市妇联、北京市妇女国际交流中心以及北京市社会科学院社会学所、市情调研中心、管理所和国际交流中心等单位的专家和学者出席了会议并进行了学术研讨交流。

### "一带一路与区域投资"国际学术研讨会

2015年6月25日,由北京市社会科学院外国问题研究所、北京市社会科学院国际交流中心与北京国际经济研究中心联合举办的"一带一路系列活动之印尼投资座谈会"在北京市社会科学院召开。此次座谈会邀请到的主要出席与发言嘉宾包括:印度尼西亚驻华大使馆公使衔参赞弗莱迪(Freddy Sirait)阁下,中国原驻印尼大使兰立俊先生,北京市社科院副院长、北京国际经济研究中心常务副理事赵弘研究员,中国社科院亚太社会文化研究室主任许利平研究员,中国太平洋经济委员会对外经济技术合作委员会执行理事长吴巍先生、秘书长牛丽女士,全国工商联国际合作商会办公室主任罗晓东先生、汽车摩托车用品业商会副会长李保民先生等。座谈会由北京国际经济研究中心秘书长邹长峰先生主持。近年来,中国与印尼双边政治互信互利,经贸合作获得迅速发展;近期两国分别提出"一带一路"与"海洋立国"战略,为两国进一步深化、扩大合作提供了良好的战略背景。座谈会围绕"一带一路"战略下中国如何加强对印尼投资的问题展开。北京社科院副院长、北京国际经济研究中心常务副理事赵弘研究员致欢迎辞并表示北京作为中国经济、科技重镇,在新时期两国经贸合作中必然能够占据重要地位,北京社科院作为北京市委市政府的唯一智库,对此负有重要的政策研究支持功能。弗莱迪(Freddy Sirait)参赞先生详细介绍了中国以往在印尼投资的基本情况及新政策,表达欢迎中国方面对印尼进行更多更优秀的投资。兰立俊大使则强调中国企业对印尼投资要有针对性的选择项目,要符合国内产业政策,更要符合当地的发展需求,各自发挥优势。许利平研究员则表示两国投资合作需要重点关注海洋能源、渔业、旅游业等,同时也要注重海洋界限划定与海洋权益问题。在之后的讨论环节,各位专家、学者及产业界人士分别就自己过往的研究或投资经验进行了更多的详细介绍,同时也就若干问题向弗兰迪参赞先生与兰立俊大使提问并互动讨论。《第一财经》《国际商报》等媒体的记者也受邀参与了座谈会。

### "满洲民族共同体及其文化"学术研讨会

2015年是"满洲"命名380周年,为促进满学、清史研究的发展,2015年6月26日至28日,由北京市社科院满学研究所主办的"满洲民族共同体及其文化"学术研讨会在北京召开。来自中国社科院、国家清史编纂委员会、北京大学、故宫博物院、沈阳故宫博物院、中国第一历史档案馆等近20家社科院、高校、文博单位的50多名专家学者参加了会议。此次学术研讨会围绕女真与满洲的关系,清代政治、经济、军事、文化之满洲元素,清朝满文档案文献整理、编译、出版的最新成果及其发展趋势,满语文教学、研究之现状及满文入选第四批国家级非物质文化遗产代表性项目名录扩展项目的意义四大主题展开。与会学者就相关主题,进行了深入的探讨,推动了对满洲民族共同体及满文档案等方面的研究。谭维克院长参加了此次研讨会,做开幕式致辞。谭院长指出,清代是满洲民族共同体形成、发展的时期,以满文为中心的民族文化得到了空前的发展和繁荣,在特定的历史时期发挥了重要作用。对于满洲民族共同体及其文化的研究,亟待学术界给予更多的关注。

### "我国当前的社会转折与新成长阶段"院长论坛

2015年7月15日,北京社会科学院举办院长论坛,论坛邀请中央候补委员、中国社科院副院长李培林研究员作了题为"我国当前的社会转折与新成长阶段"的演讲。谭维克院长参加并主持了会议。李培林研究员长期从事社会发展、组织与工业社会学等相关研究,在国内外有较高的学术和社会影响力。他首先引入罗斯托关于经济成长的"六阶段理论",分析了社会转型的理论背景,认为当前我国所处的经济发展的新常态和社会发展的新成长阶段,实际上是罗斯托的从起飞阶段到新成长阶段的过渡时期,当前经济新成长阶段的特征包括以下三个方面:一是发展结构变化,即工业化、城镇化进入中后期,二是发展动力变化,即大众消费阶段(追求生活质量阶段)到来,三是发展成本变化,即老龄化加速和低成本劳动时代的终结。相应的,经济新常态下的社会转折主要体现在城市化的转折、劳动力供求关系的转折、职业结构变动的转折、老龄化的转折、收入分配格局的转折和生活消费的转折。谭维克院长对李培林副院长的发言进行了点评,认为报告切中了当前经济社会发展的要害,用科学严谨的方法分析了发展的特征和趋势,具有较强的理论深度和战略高度,对北京市社科院社会科学研究有较高的指导和参考价值。

**"一带一路与周边安全"学术会议**

2015年8月29日上午,北京市社科院外国所联合中央民族大学民族学与社会学院在中央民族大学,共同举办"一带一路与周边安全"学术会议。会议邀请了瑞典安全与发展政策研究所所长Niklas Swanstrom教授和中央民族大学民族学与社会学院吴楚克教授作主题发言。Niklas Swanstrom教授提出,在中亚安全构建中,欧盟虽然有经验,但是不能起主导作用,而中国有能力和需要领导这个进程,欧盟可以配合中国在该问题上发挥更大的作用。吴楚克教授指出对待"新丝绸之路"这样的国家战略时,必须抛弃局部、单位、个人利益,才能认清这个宏大战略的未来意义,才能真正关心和爱护这个战略的实施。会议由北京市社科院外国所副所长刘波副研究员主持。与会者与两位主讲嘉宾进行了热烈互动,就"一带一路"战略、中欧合作中涉俄罗斯政策、中欧合作的可行性和重点、南方丝绸之路的中欧合作等问题进行了深入交流和探讨。

**"中国经济形势分析与展望"院长论坛**

2015年9月16日,主题为"中国经济形势分析与展望"的院长论坛在北京市社科院举办。此次主讲人是国家统计局新闻发言人、国民经济综合统计司司长盛来运。盛来运司长长期从事经济统计调查和宏观经济分析研究工作,在宏观经济增长、农民收入、粮食安全、农村贫困和农村劳动力流动转移等领域均有深入研究。此次论坛由赵弘副院长主持,全院科研人员听取了论坛报告。盛来运司长从四个方面阐述了当前我国宏观经济态势以及对未来经济发展作展望:一是尽管增速下滑,但稳中有进的态势没有改变;二是经济仍面临下行压力,趋稳的基础不牢固;三是未来走势为"上有压力,下有支撑";四是积极适应新常态,加快改革创新。这次院长论坛是在管理所策划下完成的,论坛气氛活跃、内容精彩、反响较好,有助于我们更好地了解当前我国经济发展态势以及未来发展方向。

**2015年政府绩效管理理论与实践研讨会**

2015年10月15日,在北京社科院的资助和大力支持下,北京市社会科学院管理研究所、北京市政府绩效管理研究中心主办的"2015政府绩效管理理论与实践研讨会——治理能力现代化背景下政府重大事项绩效"学术研讨会在北京召开。此次研讨会重点围绕当前绩效评价工作中的理论和现实问题展开交流与讨论,共同探讨如何解决政府重大事项绩效问题、突破难题,探讨政府绩效管理的创新模式。北京社会科学院党组成员、副院长周航,国家行政学院公共管理教研部主任刘旭涛、北京市政府绩效办副主任、绩效考评处处长张国兴在开幕式上作了重要发言。中国行政管理学会、国家科技部、环保部等相关部门、北京市政府办公厅、法制办、编办、市审计局、北京市各区县等多家政府机构绩效管理相关负责人，北京、上海、兰州、澳门等地的20余家科研院所、高校、咨询机构的专家学者，以及多家媒体记者等共约百人参加了研讨会。会议由北京市政府绩效管理研究中心主任张耘研究员、北京市社会科学院管理所所长施昌奎研究员主持。此次研讨会规模庞大、内容丰富、讨论热烈、反响较好，为解决北京市政府绩效管理工作中所遇到的实际问题提供交流平台与科学支撑，并有助于形成学术研究与政府决策互助发展的良好态势。

### "宗教与台湾问题"院长论坛

2015年10月21日，由北京社会科学院主办，北京社科院科学社会主义研究所承办的院长论坛"宗教与台湾问题"成功召开。此次论坛的主讲专家为中共中央委员、中央社会主义学院党组书记、第一副院长叶小文。北京市社会科学院院长谭维克主持，院科研人员参加论坛。叶小文委员围绕"画出最大的同心圆"的题目从"画出最大的同心圆"的必要性、"画出最大的同心圆"的热点问题、如何画出最大的同心圆三个方面阐述当前的统战工作，形象地阐述通过发挥宗教的作用来团结台湾同胞，推动海峡两岸和平统一进程。"画出最大的同心圆"的热点问题——台湾问题。叶小文从宗教和台湾的关系，回顾了宗教特别是佛教在促进海峡两岸关系过程中的重要作用，分析了当前台湾地方领导人大选的热点问题。"如何画出最大的同心圆"来实现海峡两岸的统一。叶小文总结道，应该"从说不到一起，争取唱到一起；从唱到一起，争取说到一起；从说到一起，争取想到一起；从想到一起到干到一起"，必将会实现海峡两岸的统一。他认为，要"画出最大的同心圆"，我们应该正确处理好"一致性"和"多样性"的关系，找到最大的公约数，凝聚社会共识，共同推进海峡两岸的统一，共同推进"中国梦"的实现。论坛主持人谭维克院长对叶小文委员的报告给予了高度的评价，认为这是一场非常精彩的报告，充分肯定了此次论坛的理论与现实意义。他指出，宗教与台湾问题是当前的热点问题，对理解和把握两岸的和平统一、实现国家统一大业具有重要意义。

### "如何看我国经济持续下行和增长目标实现"院长论坛

2015年10月28日，由北京社会科学院主办、北京社科院经济研究所承办的院长论坛"如何看我国经济持续下行和增长目标实现"成功召开。此次论坛的主讲专家为中共中央党校副校长赵长茂教授。北京市社会科学院党组书记、院长谭维克主持论坛，院党组成员、副院长赵弘出席，院全体科研人员参加论坛。赵长茂副校长的报告主要围绕着两个问题展开：一是如何看待经济持续下行？二是全年7%左右的预期增长目标能否实现？赵长茂副校长运用经济增长理论，以翔实的最新数据分析为基础，综合分析和比较国内外主要经济体运行发展的实际情况，概括分析了当前我国经济发展面临的挑战、机遇、政策取向、改革目标等重大现实问题。论坛主持人谭维克院长对赵长茂副校长的报告给予了高度的评价，充分肯定了此次论坛的理论与现实意义。

### "推进国家治理体系和治理能力现代化"院长论坛

2015年11月4日，由北京市社会科学院主办，该院科研处和外国问题研究所共同承办的院长论坛"推进国家治理体系和治理能力现代化"成功召开。此次论坛的主讲专家为北京大学政治学研究中心主任、政府管理学院院长，原中央编译局副局长俞可平教授。北京市社会科学院副院长许传玺研究员主持论坛，副院长赵弘研究员出席，院全体科研人员参加论坛。俞可平教授的报告主要围绕着三个问题展开：一、什么是现代化的治理体系与治理能力？二、为什么需要现代化的治理体系与治理能力？三、如何建设现代化的治理体系与治理能力？他充分结合自己的治学成果与中国政治生态现实情况，对这一重大理论与现实问题，展开了详细而权威的论述。论坛主持人许传玺副院长对俞可平教授的报告给予了高度的评价，充分肯定了此次论坛的理论与现实意义，广大科研人员深表受益良多。

### 社区治理研讨会

2015年11月27—29日，由北京社区研究基地举办的"社区治理研讨会"在北京召开。会议由基地主任于燕燕研究员主持，来自民政部社区建设司、中央编译局、北京大学、清华大学、中国人民大学、上海大学、华南师范大学、香港大学、中国青年政治学院、中央民族大学、首都经贸大学、北京市哲学社会科学规划办、北京市社会科学院、北京城市学院、中国社工协会等多所大学和科研单位的专家学者、单位负责人以及基层社区的代表共60多人参加了会议，并进行了深入的探讨和交流。研讨会围绕社区治理存在问题、社区治理主体范围、社区协商民主、社区治理途径、社区治理模式、社区治理信息化、社区党建、基层治理范围等主题而展开。与会专家学者一致认为，社区治理是社区建设发展过程中的一个重要议题，是理论界极为关注的话题，也是一个富有争论的焦点，同时更是一个亟需理论与实践相结合的重大课题。此次研讨的召开，加强了社区研究基地的建设，搭建了社区研究者、社区建设者和社区指导部门交流的平台，整合了众多力量推动社区理论研究和实践经验交流，取得了良好成效。

### 二、期刊

《城市问题》，月刊，主编周航，2015年共出12期，每期20万字。

《北京社会科学》，月刊，主编王勤，2015年共出12期，每期22万字。

## 第五节 重点成果

一、2014年以前获省部级以上奖项科研成果*

| 成果名称 | 作者 | 成果形式 | 出版发表单位 | 出版发表时间 | 获奖情况 |
| --- | --- | --- | --- | --- | --- |
| 马克思的社会生产公式Ⅰ(v+m)＝Ⅰc的伟大历史意义（论文） | 牟以石 | 论文 | 《经济研究》 | 1983 | 北京市第一届哲学社会科学优秀成果一等奖 |

---

\* 注：在本节的表格中的"出版发表时间"一栏，年使用阿拉伯数字，且"年"字省略（发表期数除外，保留"年"字）。

续表

| 成果名称 | 作者 | 成果形式 | 出版发表单位 | 出版发表时间 | 获奖情况 |
| --- | --- | --- | --- | --- | --- |
| 今日北京 | 曹子西 | 编著 | 北京燕山出版社 | 1986 | 北京市第一届哲学社会科学优秀成果一等奖 |
| 艺术典型新议 | 田丁 王主玉 马玉田 | 专著 | 文化艺术出版社 | 1983 | 北京市第一届哲学社会科学优秀成果二等奖 |
| 现代诗人及流派琐谈 | 钱光培 向远 | 专著 | 人民文学出版社 | 1982 | 北京市第一届哲学社会科学优秀成果二等奖 |
| 北京历史纪年 | 《北京历史纪年》编写组 | 编著 | 北京出版社 | 1984 | 北京市第一届哲学社会科学优秀成果二等奖 |
| 北京史地风物书录 | 王灿炽 | 编著 | 北京出版社 | 1985 | 北京市第一届哲学社会科学优秀成果二等奖 |
| 努尔哈赤传 | 阎崇年 | 专著 | 北京出版社 | 1983 | 北京市第一届哲学社会科学优秀成果二等奖 |
| 中日关系简史 | 杨正光 | 专著 | 湖北人民出版社 | 1984 | 北京市第一届哲学社会科学优秀成果二等奖 |
| 西方认识论史纲 | 朱德生 冒从虎 雷永生 | 编著 | 江苏人民出版社 | 1983 | 北京市第一届哲学社会科学优秀成果二等奖 |
| 首都社会结构调查与研究 | 社会学研究所 | 专著 | 内部 | 1985 | 北京市第一届哲学社会科学优秀成果二等奖 |
| 斯宾诺莎评传 | 洪汉鼎 | 论文 | 《西方哲学家评传》 | 1984 | 北京市第一届哲学社会科学优秀成果二等奖 |
| 怀柔县乡镇企业的调查与分析 | 体制改革研究小组 | 调研报告 | 内部 | 1984 | 北京市第一届哲学社会科学优秀成果二等奖 |
| 宏观控制论 | 牟以石 | 专著 | 重庆出版社 | 1989 | 北京市第二届哲学社会科学优秀成果一等奖 |

续表

| 成果名称 | 作者 | 成果形式 | 出版发表单位 | 出版发表时间 | 获奖情况 |
| --- | --- | --- | --- | --- | --- |
| 《资本论》中历史唯物主义若干问题研究 | 金志广 | 编著 | 北京燕山出版社 | 1988 | 北京市第二届哲学社会科学优秀成果一等奖 |
| 北京产业结构合理化研究 | 经济所 | 编著 | 北京科学技术出版社 | 1989 | 北京市第二届哲学社会科学优秀成果二等奖 |
| 现代诗人朱湘研究 | 钱光培 | 专著 | 北京燕山出版社 | 1987 | 北京市第二届哲学社会科学优秀成果二等奖 |
| 城市综合管理 | 陈光庭 | 编著 | 北京科学技术出版社 | 1987 | 北京市第二届哲学社会科学优秀成果二等奖 |
| 北京与周围城市关系史 | 王玲 | 专著 | 燕山出版社 | 1988 | 北京市第二届哲学社会科学优秀成果二等奖 |
| 英国 | 李念培 孙正达 | 专著 | 世界知识出版社 | 1988 | 北京市第二届哲学社会科学优秀成果二等奖 |
| 诗源、诗美、诗法探幽 | 吕智敏 | 专著 | 书目文献出版社 | 1990 | 北京市第二届哲学社会科学优秀成果二等奖 |
| 企业文化概论 | 管益忻 郭廷建 | 专著 | 人民出版社 | 1990 | 北京市第二届哲学社会科学优秀成果二等奖 |
| 社会学纲要 | 宋书伟 王因为 | 编著 | 山东人民出版社 | 1988 | 北京市第二届哲学社会科学优秀成果二等奖 |
| 推动中国现代化的两大支点 | 史可远 何思仁 | 论文 | 《北京社会科学》 | 1989 | 北京市第二届哲学社会科学优秀成果二等奖 |
| 面对挑战的当代社会主义 | 刘永平等 | 编著 | 文津出版社 | 1993 | 北京市第三届哲学社会科学优秀成果一等奖 |
| 斯宾诺莎哲学研究 | 洪汉鼎 | 专著 | 人民出版社 | 1993 | 北京市第三届哲学社会科学优秀成果一等奖 |

续表

| 成果名称 | 作者 | 成果形式 | 出版发表单位 | 出版发表时间 | 获奖情况 |
| --- | --- | --- | --- | --- | --- |
| 中国国情丛书——百县市社会经济调查（海淀卷） | 林乐农等 | 调研报告 | 中国大百科全书出版社 | 1993 | 北京市第三届哲学社会科学优秀成果二等奖 |
| 外国城市住宅问题研究 | 陈光庭等 | 编著 | 北京科学技术出版社 | 1991 | 北京市第三届哲学社会科学优秀成果二等奖 |
| 活力源——中国第一个现代化矿务局潞安企业文化模式初探 | 管益忻等 | 编著 | 经济日报出版社 | 1992 | 北京市第三届哲学社会科学优秀成果二等奖 |
| 中国科技兴市大趋势 | 宋书伟等 | 编著 | 中国物价出版社 | 1992 | 北京市第三届哲学社会科学优秀成果二等奖 |
| 老舍与北京文化 | 甘海岚 | 专著 | 中国妇女出版社 | 1993 | 北京市第三届哲学社会科学优秀成果二等奖 |
| 辛亥革命前后宋教仁与日本的关系 | 习五一 | 论文 | 《历史研究》 | 1991年第6期 | 北京市第三届哲学社会科学优秀成果二等奖 |
| 国有企业经营责任制与市场经济体制发育 | 王至元等 | 论文 | 《北京社会科学》 | 1993 | 北京市第三届哲学社会科学优秀成果二等奖 |
| 真理与方法 | 洪汉鼎 | 译著 | 台湾时报出版公司 | 1995 | 北京市第四届哲学社会科学优秀成果一等奖 |
| 北京经济形势分析与预测 | 景体华 | 编著 | 首都师范大学出版社 | 1994 | 北京市第四届哲学社会科学优秀成果一等奖 |
| 沦陷时期北京文学八年 | 张泉 | 专著 | 中国和平出版社 | 1994 | 北京市第四届哲学社会科学优秀成果二等奖 |
| 北京历代建置沿革 | 尹钧科 | 专著 | 北京出版社 | 1994 | 北京市第四届哲学社会科学优秀成果二等奖 |
| 法国左翼联盟的兴衰 | 侯玉兰 | 专著 | 中央编译出版社 | 1995 | 北京市第四届哲学社会科学优秀成果二等奖 |
| 企业经营策划与实用计算方法 | 刘鸿 | 专著 | 中国物资出版社 | 1995 | 北京市第四届哲学社会科学优秀成果二等奖 |

续表

| 成果名称 | 作者 | 成果形式 | 出版发表单位 | 出版发表时间 | 获奖情况 |
|---|---|---|---|---|---|
| 社会主义现代化建设是建设具有中国特色社会主义中心内容 | 马仲良 | 论文 | 人民出版社 | 1995 | 北京市第四届哲学社会科学优秀成果二等奖 |
| 北京历史自然灾害研究 | 尹钧科等 | 专著 | 中国环境科学出版社 | 1997 | 北京市第五届哲学社会科学优秀成果一等奖 |
| 世界现代化进程中的中国社会主义 | 马仲良 | 编著 | 同心出版社 | 1997 | 北京市第五届哲学社会科学优秀成果一等奖 |
| 京味文学散记 | 甘海岚等 | 编著 | 北京燕山出版社 | 1997 | 北京市第五届哲学社会科学优秀成果二等奖 |
| 逻辑与知识 | 苑莉筠 | 译著 | 商务印书馆 | 1996 | 北京市第五届哲学社会科学优秀成果二等奖 |
| 昆虫记 | 王 光 | 译著 | 作家出版社 | 1997 | 北京市第五届哲学社会科学优秀成果二等奖 |
| 顺义县"二次创业"发展战略策划与研究 | 管益忻 | 编著 | 经济科学出版社 | 1997 | 北京市第五届哲学社会科学优秀成果二等奖 |
| 北京城市生活史 | 吴建雍等 | 专著 | 开明出版社 | 1997 | 北京市第五届哲学社会科学优秀成果二等奖 |
| 尼采传 | 杜丽燕 | 专著 | 河北人民出版社 | 1997 | 北京市第五届哲学社会科学优秀成果二等奖 |
| 私营企业劳资关系及女工问题研究报告 | 戴建中等 | 论文 | 内部 | 1997 | 北京市第五届哲学社会科学优秀成果二等奖 |
| 发展文化产业与北京产业结构调整的战略抉择 | 钱光培等 | 论文 | 《北京社会科学》 | 1997 | 北京市第五届哲学社会科学优秀成果二等奖 |
| 北京市经济发展战略若干问题和量化分析 | 景体华等 | 论文 | 《跨世纪的抉择》，北京科学技术出版社 | 1996 | 北京市第五届哲学社会科学优秀成果二等奖 |
| 社会主义文化市场概论 | 李贺林等 | 编著 | 北京出版社 | 1998 | 北京市第六届哲学社会科学优秀成果二等奖 |

续表

| 成果名称 | 作者 | 成果形式 | 出版发表单位 | 出版发表时间 | 获奖情况 |
| --- | --- | --- | --- | --- | --- |
| 传教士与中国科学 | 曹增友 | 专著 | 宗教文化出版社 | 1999 | 北京市第六届哲学社会科学优秀成果二等奖 |
| 冯友兰哲学思想研究 | 陈战国 | 专著 | 北京大学出版社 | 1999 | 北京市第六届哲学社会科学优秀成果二等奖 |
| 现代企业观念创新 | 马仲良等 | 专著 | 中国人事出版社 | 1999 | 北京市第六届哲学社会科学优秀成果二等奖 |
| 北京市城区文明综合评价指标体系 | 戚本超等 | 调研报告 | 内部 | — | 北京市第六届哲学社会科学优秀成果二等奖 |
| 北京适度人口规模理论与模型 | 景体华等 | 论文 | 内部 | — | 北京市第六届哲学社会科学优秀成果二等奖 |
| 北京文化产业现状与对策研究 | 钱光培 | 论文 | 北京出版社 | — | 北京市第六届哲学社会科学优秀成果二等奖 |
| 中国宏观经济分析方法与运行 | 江晓薇 | 专著 | 中国经济出版社 | 2001 | 北京市第七届哲学社会科学优秀成果二等奖 |
| 北京考古集成（1—15卷） | 苏天钧 | 编著 | 北京出版社 | 2000 | 北京市第七届哲学社会科学优秀成果二等奖 |
| 话语转型与价值重构——世纪之交的北京文学 | 吕智敏等 | 编著 | 北京出版社 | 2001 | 北京市第七届哲学社会科学优秀成果二等奖 |
| 北京郊区村落发展史 | 尹钧科 | 专著 | 北京大学出版社 | 2001 | 北京市第七届哲学社会科学优秀成果二等奖 |
| 康熙《御制清文鉴》研究 | 江桥 | 专著 | 北京燕山出版社 | 2001 | 北京市第七届哲学社会科学优秀成果二等奖 |
| 心态、气象、意义——冯友兰先生人生境界分析 | 陈占国 | 论文 | 《北京社会科学》 | 2001 | 北京市第七届哲学社会科学优秀成果二等奖 |
| 现阶段中国私营企业主研究 | 戴建中 | 论文 | 《社会学研究》 | 2001 | 北京市第七届哲学社会科学优秀成果二等奖 |
| 北京市流动儿童义务教育状况调查报告 | 韩嘉玲 | 论文 | 《青年研究》 | 2001 | 北京市第七届哲学社会科学优秀成果二等奖 |
| 理解事件与文本意义——文学诠释学 | 李建盛 | 专著 | 上海译文出版社 | 2002 | 北京市第八届哲学社会科学优秀成果二等奖 |

续表

| 成果名称 | 作者 | 成果形式 | 出版发表单位 | 出版发表时间 | 获奖情况 |
| --- | --- | --- | --- | --- | --- |
| 2002年中国首都发展报告——经济、社会、城市发展形式分析与预测 | 景体华 | 专著 | 社会科学文献出版社 | 2003 | 北京市第八届哲学社会科学优秀成果二等奖 |
| 中国经济发展中的总需求研究 | 江晓薇 | 专著 | 首都师范大学出版社 | 2003 | 北京市第八届哲学社会科学优秀成果二等奖 |
| 邓小平政治发展思想概论 | 李贺林 | 专著 | 北京出版社 | 2002 | 北京市第八届哲学社会科学优秀成果二等奖 |
| 清代秘密教门治理 | 郑永华 | 专著 | 福建人民出版社 | 2003 | 北京市第八届哲学社会科学优秀成果二等奖 |
| 旧清语研究 | 赵志强 | 专著 | 北京燕山出版社 | 2002 | 北京市第八届哲学社会科学优秀成果二等奖 |
| 首都社会发展与居民生活质量研究 | 雷弢 | 调研报告 | 内部 | 2002 | 北京市第八届哲学社会科学优秀成果二等奖 |
| 抗战时期的华北文学 | 张泉 | 专著 | 贵州教育出版社 | 2005 | 北京市第九届哲学社会科学优秀成果二等奖 |
| 后现代转向中的美学 | 李建盛 | 专著 | 江西教育出版社 | 2004 | 北京市第九届哲学社会科学优秀成果二等奖 |
| 《文子》思想及竹简《文子》复原研究 | 赵雅丽 | 专著 | 北京燕山出版社 | 2005 | 北京市第九届哲学社会科学优秀成果二等奖 |
| 历史上的永定河与北京 | 尹钧科 | 专著 | 北京燕山出版社 | 2005 | 北京市第九届哲学社会科学优秀成果二等奖 |
| 北京漕运和仓场 | 于德源 | 专著 | 同心出版社 | 2004 | 北京市第九届哲学社会科学优秀成果二等奖 |
| 清代诸子学研究 | 刘仲华 | 专著 | 中国人民大学出版社 | 2004 | 北京市第九届哲学社会科学优秀成果二等奖 |
| 人性的曙光：希腊人道主义研究 | 杜丽燕 | 专著 | 华夏出版社 | 2005 | 北京市第九届哲学社会科学优秀成果二等奖 |
| 道家与海德格尔相互诠释——在心物一体中人成其人物成其物 | 那薇 | 专著 | 商务印书馆 | 2004 | 北京市第九届哲学社会科学优秀成果二等奖 |

续表

| 成果名称 | 作者 | 成果形式 | 出版发表单位 | 出版发表时间 | 获奖情况 |
| --- | --- | --- | --- | --- | --- |
| 总部经济 | 赵弘 | 专著 | 中国经济出版社 | 2004 | 北京市第九届哲学社会科学优秀成果二等奖 |
| 北京选民选举心态与参与行为追踪调研报告 | 雷弢 | 调研报告 | 《北京日报（理论周刊）》 | 2004 | 北京市第九届哲学社会科学优秀成果二等奖 |
| 城市流动儿童教育问题研究 | 韩嘉玲 | 论文 | 人民教育出版社 | 2005 | 北京市第九届哲学社会科学优秀成果二等奖 |
| 社会变迁与文化调适 | 包路芳 | 专著 | 中央民族大学出版社 | 2006 | 北京市第十届哲学社会科学优秀成果二等奖 |
| 城市拆迁中的利益冲突及其调整 | 雷弢 | 论文 | 《北京社会科学》 | 2006年第2期 | 北京市第十届哲学社会科学优秀成果二等奖 |
| 首都可持续发展战略资源研究 | 张耘 | 专著 | 中国经济出版社 | 2007 | 北京市第十届哲学社会科学优秀成果二等奖 |
| 会展经济：运营管理模式 | 施昌奎 | 专著 | 中国经济出版社 | 2006 | 北京市第十届哲学社会科学优秀成果二等奖 |
| 首钢涉钢部分整体外迁后产业发展战略研究 | 赵弘 | 调研报告 | 内部 | 2005 | 北京市第十届哲学社会科学优秀成果二等奖 |
| 经济全球化与后发资本主义国家 | 张登文 | 专著 | 人民出版社 | 2007 | 北京市第十届哲学社会科学优秀成果二等奖 |
| 北京近百年生活变迁1840—1949 | 袁熹 | 专著 | 同心出版社 | 2007 | 北京市第十届哲学社会科学优秀成果二等奖 |
| 艺术 科学 真理 | 李建盛 | 专著 | 北京大学出版社 | 2009 | 北京市第十一届哲学社会科学优秀成果二等奖 |
| 北京地名研究 | 尹钧科 | 专著 | 北京燕山出版社 | 2009 | 北京市第十一届哲学社会科学优秀成果二等奖 |
| 北京近千年生态环境变迁研究 | 孙冬虎 | 专著 | 北京燕山出版社 | 2007 | 北京市第十一届哲学社会科学优秀成果二等奖 |
| 北京城市发展史（五卷本） | 吴建雍 | 专著 | 北京燕山出版社 | 2008 | 北京市第十一届哲学社会科学优秀成果二等奖 |

续表

| 成果名称 | 作者 | 成果形式 | 出版发表单位 | 出版发表时间 | 获奖情况 |
| --- | --- | --- | --- | --- | --- |
| 北京灾害史（上下册） | 于德源 | 专著 | 同心出版社 | 2008 | 北京市第十一届哲学社会科学优秀成果二等奖 |
| 清代前期关税制度研究 | 邓亦兵 | 专著 | 北京燕山出版社 | 2008 | 北京市第十一届哲学社会科学优秀成果二等奖 |
| 清代中央决策机制研究 | 赵志强 | 专著 | 科学出版社 | 2007 | 北京市第十一届哲学社会科学优秀成果二等奖 |
| 回归自我——20世纪西方人道主义与反人道主义 | 杜丽燕 | 专著 | 华夏出版社 | 2008 | 北京市第十一届哲学社会科学优秀成果二等奖 |
| 土地征用过程中农民利益保护问题研究 | 王朝华 | 专著 | 北京燕山出版社 | 2009 | 北京市第十一届哲学社会科学优秀成果二等奖 |
| 当代北京流动人口管理制度变迁研究 | 冯晓英 | 专著 | 北京出版社 | 2008 | 北京市第十一届哲学社会科学优秀成果二等奖 |
| 利益公平与社会和谐 | 白志刚 | 专著 | 中国社会出版社 | 2008 | 北京市第十一届哲学社会科学优秀成果二等奖 |
| 中国古代科学思想史要 | 王 光 | 专著 | 人民出版社 | 2010 | 北京市第十二届哲学社会科学优秀成果一等奖 |
| 批判学派与现代和后现代科学哲学 | 郝 苑 | 专著 | 北京燕山出版社 | 2010 | 北京市第十二届哲学社会科学优秀成果二等奖 |
| 首都经济新增长点研究 | 赵 弘 | 专著 | 北京出版社 | 2009 | 北京市第十二届哲学社会科学优秀成果二等奖 |
| 首都城市公用事业市场化研究 | 杨 松 | 专著 | 中国经济出版社 | 2010 | 北京市第十二届哲学社会科学优秀成果二等奖 |
| 北京地名发展史 | 孙冬虎 | 专著 | 北京燕山出版社 | 2010 | 北京市第十二届哲学社会科学优秀成果二等奖 |
| 北平的大学教育与文学生产：1928—1937 | 季剑青 | 专著 | 北京大学出版社 | 2011 | 北京市第十二届哲学社会科学优秀成果二等奖 |
| 北京城市内部人口迁居研究 | 齐 心 | 专著 | 经济日报出版社 | 2010 | 北京市第十二届哲学社会科学优秀成果二等奖 |
| 中国古今官德研究（四卷本） | 谭维克 | 专著 | 北京出版社 | 2012 | 北京市第十三届哲学社会科学优秀成果一等奖 |

续表

| 成果名称 | 作者 | 成果形式 | 出版发表单位 | 出版发表时间 | 获奖情况 |
|---|---|---|---|---|---|
| 首都市民价值观调查模型建设研究 | 杨奎 | 专著 | 人民出版社 | 2013 | 北京市第十三届哲学社会科学优秀成果二等奖 |
| 宋代禁约制度研究 | 万川 | 专著 | 云南人民出版社 | 2012 | 北京市第十三届哲学社会科学优秀成果二等奖 |
| 姚广孝史事研究 | 郑永华 | 专著 | 人民出版社 | 2011 | 北京市第十三届哲学社会科学优秀成果二等奖 |
| 公共艺术与城市文化 | 李建盛 | 专著 | 北京大学出版社 | 2012 | 北京市第十三届哲学社会科学优秀成果二等奖 |
| 三家子满语语音研究 | 戴光宇 | 专著 | 北京大学出版社 | 2012 | 北京市第十三届哲学社会科学优秀成果二等奖 |
| 舞台上的新中国 | 高音 | 专著 | 中国戏剧出版社 | 2013 | 北京市第十三届哲学社会科学优秀成果二等奖 |
| 未成年人团伙犯罪研究 | 姚兵 | 专著 | 中国人民公安大学出版社 | 2012 | 北京市第十三届哲学社会科学优秀成果二等奖 |
| 中国视野 | 左宪民 | 专著 | 上海人民出版社 | 2011 | 北京市第十三届哲学社会科学优秀成果二等奖 |
| 北京交通史 | 孙冬虎 | 专著 | 人民出版社 | 2012 | 北京市第十三届哲学社会科学优秀成果二等奖 |
| 北京水利史 | 吴文涛 | 专著 | 人民出版社 | 2013 | 北京市第十三届哲学社会科学优秀成果二等奖 |

## 二、2015年主要科研成果

成果名称：《民国北京（北平）城市形态与功能演变》

作者：孙冬虎、王均

出版单位：华南理工大学出版社

字数：266千字

该书综合运用城市史、历史地理等学科的理论和方法，广泛参考近现代史籍、市政档案、社会调查统计数据以及见诸各类报刊的论文、通讯、笔记与文学作品，分析了从京师到北平市的建制变化、社会变革引起的城市改造对城市形态的影响；研究了官署与皇家禁地的功能转变、近代化市政与建筑的分区差异、地租地价对城市结构的调节、城市文化地理的空间特征；依据详细的人口统计资料，展现了城乡人口的时空变迁、城市功能变化带动下的居民职业与社会阶层的分化；讨论了北平沦陷期间日本制定《北京都市计划大纲》的基本思路与实施过程、城市人口的增减与功能分区的变更；总结了以北京为中心的铁路建设、新式邮政、航空事业、市内交通的发展进程及其对城市功能的影响；引入行为地理学的概念与方法，探讨了城市意象的分解与综合、多元化城市意象的分析等重要问题。在上述基础上，对城市功能空间结构及社会空间结构的基本特征与作用机制做出了比较系统的理论阐释，有助于深化关于民国时期北京（北平）城市形态与城市功能的演变过程、影响因素、社会成效等方面的探索，进而拓宽北京城市史与区域历史地理的研究领域。

成果名称：《创新驱动发展与知识产权战略研究》

作者：马一德

出版单位：北京大学出版社

字数：305千字

该书以体系论的视角，依循"本体论——关联论——运行论——变革论"的主线，从我国的国家知识产权战略出发，站在宏观的角度，理论结合实际，对关涉我国21世纪经济社会走向的两大国家战略——创新驱动发展战略与国家知识产权战略的内涵、外延、本质、意义，二者之间的关系进行了多维检视，作出了理论探讨；对创新驱动发展战略和国家知识产权战略的深入实施提出了可行性建议；对国际知识产权制度的初创、建立、发展历程进行了细致梳理；对我国知识产权制度和国家知识产权战略实施的效果、出现的问题进行了考察和分析；考察了美国、日本、韩国的创新驱动发展历程及其知识产权战略的制定背景、内容异同、内在规律，通过比较总结教训、寻找经验，以图借鉴；在此基础上对当前国际形势下国际范围内知识产权制度的理论变革进行梳理和研究，对我国知识产权法律的制度变革提出了自己的见解。

成果名称：《北京经济发展质量研究》

作者：王德利

出版单位：知识产权出版社

字数：303千字

该书认为北京经济已到了从外延扩张向内涵发展转型的临界点，良好的发展态势与伴随产生的矛盾问题并存。党的十八大报告指出，要适应国内外经济形势新变化，加快形成新的经济发展方式，把推动发展的立足点转到提高质量和效益上来，这对首都发展具有更加突出的重要意义。首都步入了新的发展阶段，在推进中国特色世界城市建设的新的发展阶段，需要更加注重由规模扩张向质量提升转变，全方位提升城市品质和居民生活质量。在新阶段，我们必须把质量效益放在更加突出的位置，坚持把结构调整作为加快经济发展方式转变的主攻方向，紧紧抓住科技创新、现代服务业、高端功能区发展等重点领域和关键节点，持续提升首都经济核心竞争力。该研究在探讨城市经济发展质量内涵的基础上，揭示城市经济发展质量的影响因素及调控机制，剖析城市经济发展质量的时空（时间、空间）演变规律，完善城市经济发展质量理论体系。根据现实的经济发展数据对北京市经济发展质量进行评价，提出具有针对、可行的北京市经济发展质量提升对策，避免单纯关注GDP等产出指标带来的发展盲目性。

成果名称：《迈向均衡型社会——2020北京社会结构趋势研究》

作者：李晓壮

出版单位：中国社会科学出版社

字数：283千字

该书的论题是，由于现代化的非均衡性推进或者发展的不平衡性，导致北京经济结构已是"后工业社会"的经济，但社会结构还处在工业社会的前中期阶段，更为复杂的是前工业社会、工业社会、后工业社会三种社会形态在不同时空中同时并存。如果不同时使整个社会一劳永逸地摆脱发展不平衡性问题，就不能或者很难顺利地实现全面建成小康社会和全面社会现代化的伟大目标。一个社会的结构变迁、特征、走向，是理解社会现代化究竟是什么，诊断今天生活在物境中的每位社会成员面对种种工业化后果所必不可少的分析工具。因此，对上述论题的回答，该书以社会结构为研究视角，按照认识论与实践论的研究方式，系统梳理新中国成立以来北京社会结构变迁历程，总结提炼北京社会结构发展的阶段性特征，对这一非均衡现象进行详尽阐释，最后提出对未来北京社会发展的预想是迈向更加均衡型的社会。该书研究的对象是走在当代中国现代化进程前列的现代化国际大都市的社会结构状况，这对于中国的城镇化进程有着十分重要的借鉴价值。特别是，这个大都市还是我们的首都，这个核心城市的核心问题如果得到破解或被拨开云雾，中国现代化的进程无疑将会高效而富有成果。

成果名称：《东西方比较视阈下的廉政文化与首善之区建设》

作者：尤国珍

出版单位：中国社会出版社

字数：280千字

纵观当今世界，无论是东方国家还是西方国家，无论是发展中国家还是发达国家，都在一定程度上存在腐败现象。面对腐败对经济社会造成的巨大破坏，世界各国都在探索预防和解决这一紧迫问题的有效途径。从历史和逻辑的互动关系来看，通过廉政文化建设推进反腐倡廉建设是东西方反腐败斗争实践和长期党风廉政建设经验积累的必然结果。廉政文化作为社会主义先进文化的重要组成部分，能够有效地整合和引导人们的价值观念、价值取向，消除市场经济发展所带来的负面影响，将为我国当前精神文明建设热点问题提供科学的理论支撑、正确的舆论引导和高尚的精神追求。该书在作者近年相关研究基础上，在中共北京市委组织部优秀人才专项资金资助下，把廉政建设置于东西方比较视野下，以考察中国共产党几代领导集体廉政文化建设的发展历程为国内背景，以国外发达国家廉政文化建设的经验和启示为国外背景，结合北京市近年廉政文化建设的实际情况，分为九章内容，分析新常态下中国和首都廉政建设面临的形势和问题，从筑牢思想基础、规范体制机制、丰富产品服务、推进环境建设等方面探寻一条建设有中国特色"首善之区"和"首廉之区"的廉政建设之路，为新时期首都全面推进惩治和预防腐败体系、加强廉政文化建设提供参考和借鉴。

成果名称：《中国地方政府规模与结构优化：理论、模型与实证研究》

作者：罗植

出版单位：经济管理出版社

字数：213千字

该书围绕中国地方政府规模与结构优化这一主题，以实证研究为主，理论分析为辅，对中国地方政府规模与结构的历史演进、政府最优规模估计、行政层级结构优化、财政支出结构优化和政府规模内生影响因素等方面进行了实证分析。该书首先通过梳理中国地方政府行为与规模在制度约束下的演进逻辑说明了水平监督与激励机制的重要性。其次，通过比较三类最优政府规模估计模型，认为基于"Barro法则"的劳均模型与门槛回归模型比较符合中国实际，且最优规模估计值约为财政支出占GDP的10%。再次，利用"双差分"模型估计了"省直管县"体制的净效应，发现其对经济绩效具有显著促进作用，是地方政府行政层级结构优化的一个选择方向。又次，通过公共服务需求决定模型估计了中国地方政府公共服务的拥挤性程度，进而讨论了财政支出结构优化对策。最后，在政府规模内生性的假设下，构建了政府规模的影响因素模型，分析了政府规模的动态调整特征，从内生性角度估计了决定政府规模因素的影响效应。该书的学术价值在于针对不同问题构建并使用了多个计量经济模型，可以为相关领域的研究提供新的估计分析模型与实证检验证据。实践意义在于其主要结论可以为中国地方政府规模与结构的优化提供必要的理论指向与经验支持。

成果名称：《九白之贡：喀尔喀和清朝朝贡关系建立过程再探》

作者：哈斯巴根

发表单位：《民族研究》

出版时间：2015年3月

朝贡制度是中国历史上处理对周边民族、地区和国家关系的一整套规范和运作体系的总称。该文结合利用新近公布的清内秘书院蒙古文档案和《清实录》《王公表传》《宝贝念珠》等官私修文献，从多语种多元资料的比勘出发，对旧说提出质疑，通过系统梳理清初天聪、崇德、顺治、康熙各朝与蒙古外喀尔喀部的关系后提出，清廷首先制订"九白之贡"是顺治七年。虽然有些喀尔喀小首领从顺治八年就已经开始进贡九白，但为首的左右翼诺颜们与清立誓盟好则分别是在顺治十二年（1655）、十四年和十六年，由此双方关系最终跨入和平稳定时期。清入关直至多伦会盟前，借鉴了中原王朝朝贡制度的传统，并努力运用到对喀关系上，但其最终实现的是包括内亚因素（盟誓等）在内的朝贡关系。这表明其国家制度（包括对外关系）中内亚因素持续存在这一特征。总之，《九白之贡：喀尔喀和清朝朝贡关系建立过程再探》是一篇具备新史料、新观点、新方法的力作，在重新审视"九白之贡"这一历史现象上具有独特的学术贡献。

成果名称：《"道"与"幸福"：荀子与亚里士多德伦理学比较研究》

作者：孙伟

出版单位：北京大学出版社

字数：234千字

"道"与"幸福"是中国古代哲学和古希腊哲学对人类整体生活所设定的最高目的。亚里士多德的"幸福"既是一种在现实实践活动中的德性体现，也是对于宇宙的理论性"沉思"（contemplation）。亚里士多德这种从现实实践活动到理论沉思的跨越或许可以用荀子"虚一而静"的方式来加以诠释和理解。对于荀子来说，儒家之道既包含了各种德性活动以及外在的伦理与政治规范，也在于通过"虚一而静"的方式达到的"大清明"境界。对荀子而言，实现"道"的途径不是单纯的神性思辨和冥想，而是要首先通过日常的德性实践，形成人们德性思辨的现实基础和前提。在此基础上，通过"虚一而静"的方式，一个人才能够用容纳世间万物的包容心态和追寻形而上本源的"大清明"境界来认识这个世界，从而获得"道"。亚里士多德同样也没有因为强调理论"沉思"的重要性而忽略日常的德性实践。对他而言，虽然理论"沉思"是一种对于人类最优部分（理性）和宇宙最优部分（努斯）的理论思考而并不局限于某种具体的德性行为之中（因而是"首要"的"幸福"），但日常的德性实践则是实现"次一级幸福"的方式，也是实现"首要幸福"的前提和基础。因此，在形而上学与日常德性实践的关系上，我们可以找到亚里士多德和荀子思想的内在一致性。"道"或"幸福"既存在于神性思辨的至善中，也存在于实践中的德性实践活动乃至礼仪制度中。

## 第六节 学术人物

**北京市社会科学院建院以来正高级专业技术职务人员**

| 姓名 | 出生年月 | 学历/学位 | 职务 | 职称 | 主要学术兼职 | 代表作 |
| --- | --- | --- | --- | --- | --- | --- |
| 牟以石 | 1922.6 | 大学 | 所长 | 研究员 | — | 《宏观控制论》 |
| 曹子西 | 1929.1 | 大学 | 副院长 | 研究员 | — | 《北京通史》十卷本 |
| 宋书伟 | 1931.10 | 大学 | 所长 | 研究员 | — | 《中国科技兴市大趋势》 |
| 陈显容 | 1933.8 | 本科 | — | 研究员 | — | 《犯罪与社会对策——当代犯罪社会学》 |
| 韩文敏 | 1936.7 | 研究生 | — | 研究员 | — | 《鲁迅的寂寞感》（论文） |
| 王 玲 | 1937.3 | 本科 | — | 研究员 | — | 《北京与周围城市关系史》 |
| 陈光庭 | 1936.6 | 本科 | 所长 | 研究员 | — | 《城市综合管理》 |
| 魏开肇 | 1936.1 | 本科 | 所长 | 研究员 | — | 《雍和宫漫录》 |
| 阎崇年 | 1934.4 | 本科 | 所长 | 研究员 | 中国紫禁城学会副会长 | 《努尔哈赤传》 |
| 吕智敏 | 1939.2 | 本科 | 所长 | 研究员 | — | 《诗源、诗美、诗法探幽》 |
| 管益忻 | 1938.10 | 本科 | — | 研究员 | | 《活力源——中国第一个现代化矿务局潞安企业文化模式初探》 |
| 钱光培 | 1939.3 | 本科 | — | 研究员 | — | 《现代诗人及流派琐谈》《现代诗人朱湘研究》 |
| 张宗平 | 1939.3 | 本科 | — | 研究员 | — | 《日伪在北平沦陷区的残暴统治》（论文） |
| 甘海岚 | 1939.11 | 本科 | 所长 | 研究员 | — | 《老舍与北京文化》 |
| 俞长江 | 1939.11 | 本科 | — | 研究员 | — | 《知识短文精粹》 |
| 洪汉鼎 | 1938.11 | 研究生 | — | 研究员 | — | 《斯宾诺莎哲学研究》《真理与方法》 |
| 贺树德 | 1941.2 | 本科 | — | 研究员 | — | 《北京地区地震史料》 |
| 尹均科 | 1941.3 | 研究生 | — | 研究员 | — | 《北京历史自然灾害研究》《北京历代建置沿革》 |
| 景体华 | 1940.5 | 本科 | 所长 | 研究员 | — | 《北京经济形势分析与预测》 |
| 陈占国 | 1944.4 | 研究生 | 所长 | 研究员 | — | 《冯友兰哲学思想研究》 |
| 曹 随 | 1944.2 | 本科 | 所长 | 研究员 | — | 《作业管理技术》 |
| 曹增友 | 1944.9 | 本科 | — | 研究员 | — | 《传教士与中国科学》 |

续表

| 姓名 | 出生年月 | 学历/学位 | 职务 | 职称 | 主要学术兼职 | 代表作 |
| --- | --- | --- | --- | --- | --- | --- |
| 于德源 | 1946.10 | 高中 | — | 研究员 | — | 《北京漕运和仓场》《北京灾害史（上下册）》 |
| 吴建雍 | 1946.7 | 研究生 | 所长 | 研究员 | — | 《北京城市生活史》 |
| 袁熹 | 1949.10 | 本科 | — | 研究员 | — | 《北京近百年生活变迁 1840—1949》 |
| 那薇 | 1947.9 | 研究生 | — | 研究员 | — | 《道家与海德格尔相互诠释——在心物一体中人成其人物成其物》 |
| 邱守娟 | 1949.1 | 研究生 | — | 研究员 | — | 《毛泽东的思想历程》 |
| 金启平 | 1947.9 | 本科 | — | 编审 | — | 《真理和知识的辩证关系》论文 |
| 李宝臣 | 1947.10 | 本科 | — | 研究员 | — | 《文化冲撞中的制度惯性》 |
| 王灿炽 | 1938.10 | 本科 | — | 研究员 | — | 《北京史地风物书录》 |
| 许金声 | 1948.5 | 本科 | — | 研究员 | — | 《活出最佳状态——自我实现》 |
| 李贺林 | 1949.3 | 本科 | — | 研究员 | 中国科学社会主义协会常务理事，北京市科学社会主义协会副会长 | 《邓小平政治发展思想概论》 |
| 戴建中 | 1949.8 | 本科 | 副所长 | 研究员 | — | 《私营企业劳资关系及女工问题研究报告》（论文） |
| 张泉 | 1949.9 | 本科 | 所长 | 研究员 | — | 《沦陷时期北京文学八年》 |
| 孟固 | 1950.7 | 本科 | 主任 | 研究员 | 北京文艺协会监事长 | 《电影艺术的文学解读》 |
| 雷弢 | 1951.2 | 本科 | — | 研究员 | — | 《首都社会发展与居民生活质量研究》（调研报告）、《北京选民选举心态与参与行为追踪调研报告》 |
| 王光 | 1951.4 | 本科 | — | 研究员 | — | 《中国古代科学思想史要》 |
| 王超湘 | 1951.8 | 本科 | 馆长 | 研究馆员 | 北京市社会科学信息协会秘书长 | 《现代图书馆与信息资源共建共享导论》 |

续表

| 姓名 | 出生年月 | 学历/学位 | 职务 | 职称 | 主要学术兼职 | 代表作 |
| --- | --- | --- | --- | --- | --- | --- |
| 戚本超 | 1951.9 | 本科 | 副院长 | 研究员 | 中国职业教育产学研联盟常务理事，首都科学决策研究会监事长 | 《北京市城区文明综合评价指标体系》（调研报告） |
| 缪 青 | 1954.2 | 研究生 | — | 研究员 | — | 《走向民主化社区——中国城市自下而上公民参与的兴起》 |
| 沈望舒 | 1954.1 | 研究生 | — | 研究员 | — | 《危机文化与文化资源的产业化》 |
| 杜丽燕 | 1954.8 | 本科 | 所长 | 研究员 | 北京市哲学会副会长 | 《尼采传》《人性的曙光：希腊人道主义研究》 |
| 齐大芝 | 1955.3 | 本科 | 主任 | 编审 | — | 《辛亥革命最终完成了商人阶层社会地位的转变过程》（论文） |
| 上官李力 | 1956.11 | 研究生 | — | 研究员 | — | 《教育的国际视野》 |
| 叶立梅 | 1956.7 | 本科 | 副所长 | 研究员 | — | 《全球化背景下北京城市功能空间布局调整研究》（调研报告） |
| 谢 芳 | 1958.11 | 本科 | — | 研究员 | — | 《回眸纽约》 |
| 邱莉莉 | 1959.8 | 本科 | 副所长 | 研究员 | 俄罗斯中亚研究会理事 | 《城市贫困家庭就业扶持对策研究——对北京市西城区、宣武区贫困家庭再就业状况的调查分析》（调研报告） |
| 冯晓英 | 1956.9 | 本科 | 所长 | 研究员 | 中国社会学会理事，北京社会学会常务理事 | 《当代北京流动人口管理制度变迁研究》 |
| 白志刚 | 1955.8 | 本科 | 所长 | 研究员 | — | 《利益公平与社会和谐》 |
| 张 耘 | 1955.8 | 本科 | 所长 | 研究员 | — | 《首都可持续发展战略资源研究》 |
| 左宪民 | 1954.10 | 本科 | 副所长 | 研究员 | — | 《中国视野》《论增强忧患意识》 |
| 刘牧雨 | 1949.11 | 本科 | 院长 | 研究员 | 北京市新闻工作者协会顾问 | 《北京改革开放30年研究》（多卷本） |

续表

| 姓名 | 出生年月 | 学历/学位 | 职务 | 职称 | 主要学术兼职 | 代表作 |
|---|---|---|---|---|---|---|
| 谭维克 | 1954.10 | 研究生 | 院长 | 研究员 | 北京城市管理学会会长 | 《古今官德研究》 |
| 傅秋爽 | 1964.10 | 研究生 | — | 研究员 | — | 《北京元代文学》 |
| 韩嘉玲 | 1957.7 | 研究生 | | 研究员 | | 《北京市流动儿童义务教育状况调查报告》 |
| 李建盛 | 1964.7 | 研究生 | 所长 | 研究员 | 北京市文艺学会会长 | 《理解事件与文本意义——文学诠释学》《后现代转向中的美学》 |
| 王学勤 | 1960.2 | 研究生 | 院长 | 研究员 | — | 《陈独秀与中国共产党》《中共党史若干著作研究》 |
| 孙冬虎 | 1961.11 | 研究生 | — | 研究员 | 北京测绘学会理事，中国地名学研究会理事 | 《北京地名发展史》《北京交通史》 |
| 孙天法 | 1962.10 | 研究生 | 副主任 | 研究员 | — | 《市场结构范式研究》 |
| 万川 | 1963.11 | 研究生 | — | 研究员 | — | 《宋代禁约制度研究》 |
| 王岗 | 1955.6 | 本科 | 所长 | 研究员 | 北京国际交流协会副会长，中国历史文献研究会理事 | 《中国元代政治史》 |
| 许传玺 | 1968.11 | 研究生 | 副院长 | 研究员 | 中国法学会比较法学研究会副会长，北京市法学会副会长 | 《美国侵权法研究系列》（六卷）、《从实践理性到理性实践：构建部门比较法》 |
| 赵弘 | 1962.6 | 研究生 | 副院长 | 研究员 | 北京产业经济学会副会长，中国区域经济学会常务理事 | 《总部经济》《首都经济新增长点研究》 |
| 赵志强 | 1957.2 | 大专 | 所长 | 研究员 | 中国民族古文字研究会会员 | 《旧清语研究》《清代中央决策机制研究》 |
| 于燕燕 | 1959.3 | 本科 | 所长 | 研究员 | — | 《社区自治与政府职能转化》 |
| 施昌奎 | 1964.5 | 研究生 | 所长 | 研究员 | 北京市慈善协会理事会理事 | 《会展经济：运营管理模式》 |

续表

| 姓名 | 出生年月 | 学历/学位 | 职务 | 职称 | 主要学术兼职 | 代表作 |
|---|---|---|---|---|---|---|
| 辛章平 | 1959.11 | 本科 | 主任 | 编审 | — | 《关于社会科学情报成果评定的标准》 |
| 杨 奎 | 1969.8 | 研究生 | 副院长 | 研究员 | 中国特色社会主义研究会副会长，中国马克思主义哲学史学会副秘书长 | 《首都市民价值观调查模型建设研究》 |
| 殷星辰 | 1962.7 | 研究生 | 所长 | 研究员 | — | 《北京黑车问题及治理对策》（调研报告） |
| 冯 刚 | 1958.5 | 研究生 | — | 研究员 | — | 《北京城市管理体制——理论与模式》《中国宜居城市建设——理论与实践》 |
| 刘仲华 | 1973.11 | 研究生 | 副所长 | 研究员 | 北京古都学会副会长 | 《清代诸子学研究》 |
| 马一德 | 1967.3 | 研究生 | — | 研究员 | 中国知识产权法学研究会副会长 | 《创新驱动发展与知识产权战略研究》《中国企业知识产权战略》 |
| 齐 心 | 1969.6 | 研究生 | 副所长 | 研究员 | 中国城市科学研究会理事，中国残疾人事业发展研究会理事 | 《北京城市内部人口迁居研究》 |
| 袁振龙 | 1971.5 | 研究生 | 所长 | 研究员 | 中国社会学会理事，首都社会治安综合治理研究会秘书长 | 《社会资本与社区治安》《社区安全的理论与实践》 |
| 郑永华 | 1968.5 | 研究生 | — | 研究员 | — | 《清代秘密教门治理》《姚广孝史事研究》 |
| 郭万超 | 1972.6 | 研究生 | 所长 | 研究员 | — | 《中国梦——一个东方大国的成长之道》 |
| 章永俊 | 1970.10 | 研究生 | — | 研究员 | — | 《北京手工业史》 |
| 韩忠亮 | 1962.11 | 研究生 | 副主任 | 研究员 | — | 《全球化背景下金融监管的博弈研究》 |

续表

| 姓名 | 出生年月 | 学历/学位 | 职务 | 职称 | 主要学术兼职 | 代表作 |
| --- | --- | --- | --- | --- | --- | --- |
| 江树革 | 1969.2 | 研究生 | 副所长 | 研究员 | 北京市人民政协理论与实践研究会理事，北京市妇女对外交流协会理事 | 《完善首都低保制度的社会政策研究》 |
| 张真理 | 1978.5 | 研究生 | 副所长 | 研究员 | — | 《社区流动人口服务管理》《法：理解的存在——法律诠释学的基本立场》 |
| 季剑青 | 1979.1 | 研究生 | — | 研究员 | — | 《北平的大学教育与文学生产：1928—1937》 |
| 陈玲玲 | 1973.6 | 研究生 | — | 研究员 | — | 《忽值山河改：战时下的文化触变与异质文化中间人的见证叙事（1931—1945）》 |

## 第七节　2015年大事记

### 一月

1月16日，北京社科院召开决策研究团队会议暨落实习近平总书记"2·26"讲话精神研究报告课题组启动大会。谭维克院长、赵弘副院长出席，市政府办公厅会议处郭海峰处长参加。谭院长要求，此项课题是王安顺市长委托课题，课题组要高度重视，拿出最高水平，交上满意答卷。

1月30日，召开院领导班子述职述廉述德大会，谭维克院长作院领导班子2014年工作总结，在一定范围内对院领导班子进行民主测评，市委宣传部干部处宋豪杰副处长参加会议。

### 二月

2月9日，山西省社科院李中元院长率队到北京社科院调研，赵弘副院长以及相关所处室同志参加。

### 三月

3月4日，召开2015年第一次政情院情通报会。传达中央关于严明政治纪律和政治规矩的要求，传达全市宣传部长会议精神。谭维克院长指出，从严治党成为新常态，中层干部要敬业、包容、务实、创新。

3月5日，谭维克院长率队到门头沟区，就门头沟区十三五规划编制工作进行会商。区委书记韩子荣、区长张桂林，区属相关委办局负责同志参加。赵弘副院长，方迪研究院有关同志参加。

3月11日上午，召开2015年全院工作大会，表彰了北京社科院获得市第13届哲学社会科学优秀成果奖和院第16届优秀科研成果奖、2014年度研究所综合考核前3名（市情调研中心、法学所、文化所），科研绩效考核前40名的单位和个人。殷爱平组长对全院2015年党风廉政建设工作进行部署。谭维克院长对2015年全院各项工作进行了全面部署。

同日下午，召开院机关党委委员会议，研究部署支部换届工作和党日活动，对机关党委下一步工作进行探讨。

3月17日，北京市委宣传部副部长赵卫东同志来到北京社科院调研，谭维克院长介绍了社科院的现状、发展思路和需要部里帮助协调解决的问题。赵卫东同志表示要认真研究探索路径，推动首都哲学社会科学繁荣发展。周航副院长参加调研。

3月18日，北京市社科院召开院领导班子民主生活会情况通报会，院领导、中层干部、部分职工代表60余人参加会议。周航副院长就院领导班子民主生活会的总体情况进行了通报，谭维克院长就下一步如何整改落实提出了具体要求。

3月19、20、23日 北京市委组织部考察组王春元组长一行5人到北京社科院调研后备干部队伍建设。

3月26日，广西社科院纪检组长黄信章带队到北京社科院调研科研经费使用情况，殷爱平组长、赵弘副院长以及相关部门负责同志参加座谈会。

## 四月

4月1日，2015年第一期院长论坛举办。谭维克院长出席论坛，论坛由许传玺副院长主持，北京大学政府管理学院万鹏飞教授作题为"从社会管理到社会治理"报告，全院科研人员参加。

4月2日，谭维克院长主持召开院十三五发展规划编制启动会。许传玺副院长、科研处、人事处、行政处、图书信息中心、办公室负责同志参加会议。

4月27日，北京社科院召开国际文化产业发展形势和趋势研讨会，谭维克院长出席会议，传媒所承办。

4月28日，2015年第二期院长论坛举办。谭维克院长、许传玺副院长出席论坛，论坛由赵弘副院长主持，清华大学李希光教授作主题为"一带一路战略与中国第五次崛起"报告，全院科研人员参加。

## 五月

5月8日，吉林社科院副院长邵汉明一行到北京社科院调研智库建设等有关情况，周航副院长带队与对方进行了友好的座谈，改革办、人事处、科研处、办公室相关负责同志参加座谈。

5月11日，召开第6次党组会，传达北京市委书记郭金龙5月8日在全市领导干部大会上党课有关内容，部署北京社科院"三严三实"专题教育工作。

5月21—22日，谭维克院长率队赴广西社科院调研。

5月27日，谭维克同志在院领导班子、中层干部和全院党员范围内作了"学习'三严三实'、践行'三严三实'，当好社科人、办好社科事、建好社科院"的党课报告。

## 六月

6月4日，谭维克院长率队到中国传媒大学调研，双方就今后开展首都智库建设、全面加强课题合作进行了充分交流。

6月8日，武汉社科院湛红好副院长一行来我院访问，周航副院长率队与武汉院同志进行座谈，双方就事业单位改革、新型智库建设等内容进行了深入交流。

6月17日，举办第三次院长论坛，邀请中央党史研究室研究员李蓉同志作题为"铭记历史、汲取力量"的报告，谭维克院长出席，赵弘副院长主持，全院同志参加。

6月18日，谭维克院长率队赴怀柔区调研，围绕新农村建设与养老进行实地考察。市情调研中心、办公室有关同志陪同调研。

6月23日，北京社科院召开2015年蓝皮书系列新闻发布会暨学术研讨会，北京文化、经济、区域经济、公共服务、社会治理等5本蓝皮书发布，原创蓝皮书成为新型智库建设的有力抓手。谭维克院长、谢寿光社长出席会议并致辞。

6月24日，召开"三严三实"专题教育学习交流会，院领导班子成员、中层干部、机关党委委员、各党支部书记近80人参加会议。

6月26—28日，由北京社科院满学研究所主办的"满洲民族共同体及其文化"学术研讨会在北京召开。来自中国社科院、国家清史编纂委员会、北京大学、故宫博物院、沈阳故宫博物院、中国第一历史档案馆等近20家社科院、高校、文博单位的50多名专家学者参加了会议。

### 七月

7月1日，北京社科院隆重召开纪念建党九十四周年座谈会暨表彰会。院领导、机关党委委员、各支部支委、全体获奖人员近100人参加会议。

7月27—28日，北京社科院召开全院2015年暑期学习班暨半年工作会议，院领导、中层干部、方迪院负责人60余人参加会议。会议总结上半年工作，部署下半年任务，谭维克院长出席。

### 九月

9月16日，举办主题为"中国经济形势分析与展望"的院长论坛。邀请国家统计局新闻发言人、国民经济综合统计司司长盛来运就宏观经济增长、农民收入、粮食安全、农村贫困和农村劳动力流动转移等内容为全院科研人员作报告。论坛由赵弘副院长主持。

### 十月

10月21日，北京社科院举办院长论坛，题目是"宗教与台湾问题"。主讲专家为中共中央委员、中央社会主义学院党组书记、第一副院长叶小文。北京市社会科学院院长谭维克主持，院科研人员参加论坛。

10月28日，北京市社科院举办院长论坛，题目是"如何看我国经济持续下行和增长目标实现"。主讲专家为中共中央党校副校长赵长茂教授。北京市社会科学院党组书记、院长谭维克主持论坛，院党组成员、副院长赵弘出席，全体科研人员参加论坛。

### 十一月

11月4日，北京市社科院举办院长论坛，题目是"推进国家治理体系和治理能力现代化"。主讲专家为北京大学政治学研究中心主任、政府管理学院院长，原中央编译局副局长俞可平教授。北京市社会科学院副院长许传玺研究员主持论坛，副院长赵弘研究员出席，全体科研人员参加。

11月9日，北京市委常委、宣传部长李伟带队到北京市社科院宣布院主要领导职务变动，谭维克同志不再担任院党组书记、院长，王学勤同志任院党组书记、院长。市委组织部常务副部长张建春、市委宣传部常务副部长王海平、副部长赵卫东等参加。

11月18日，召开全院学习贯彻五中全会精神会议，院领导、中层干部、机关党委委员、各党支部书记参加会议。王学勤院长强调要把学习领会贯彻落实全会精神作为当前首要任务抓紧抓好，与院的科研工作紧密结合。

同日，市委宣传部纪检组丁力同志带队到北京社科院就党风廉政建设进行专题调研。院领导、中层干部参加。

### 十二月

12月24—25日，北京社科院召开2015年度务虚工作会议，王学勤院长作重要讲话，对全院下一步工作提出明确要求。各部门负责同志总结2015年工作，对2016年工作提出明确思路，并对全院发展建言献策。

12月29日,王学勤院长主持召开外网建设座谈会,周航、许传玺同志以及相关部门负责同志、各研究所信息员到会。

12月30日,北京社科院召开机关党委、纪委换届大会,全体党员同志参加。选举产生新一届机关党委委员、纪委委员。

# 天津社会科学院

## 第一节 历史沿革

天津社会科学院是在天津市历史研究所的基础上成立的,天津市历史研究所的前身是成立于1958年的中国科学院河北省分院历史研究所。该所经历了"'文化大革命'前""'文化大革命'后期恢复"和"'文化大革命'结束"几个阶段,形成了以天津史和日本史为重点的学科研究特色。

1979年3月17日,中共天津市委下发了《关于建立天津社会科学院的通知》(津党发〔1979〕60号),决定建立天津社会科学院,暂按区局级待遇,建立党组,实行院长制,编制暂定三百人。下设历史研究所、哲学研究所、经济研究所、文学研究所和日本问题研究所。天津社会科学院成立后,与天津市社联合署办公5年,至1983年完全分离。

### 一、历届主要领导

1980年6月前,天津社会科学院由市委宣传部确定的建院筹备组负责领导,当时的负责人为"文化大革命"前天津市社联副秘书长吴雨。1980年6月,市委正式任命第一届院领导班子,至今,天津社会科学院有五届主要领导。

天津社会科学院的历任院长是:刘刚(时任中共天津市委书记兼天津市社联主任委员,1980年6月—1983年6月)、段镇坤(1983年6月—1986年8月)、王辉(1986年8月—1998年5月)、李锦坤(1998年5月—2009年7月)、张健(2009年7月—  )。

天津社会科学院的历任党组书记是:沈其朋(兼天津市社联副主任委员,1980年6月—1983年6月)、段镇坤(1983年6月—1986年8月)、王辉(1986年8月—1998年5月)、李锦坤(1998年5月—2009年7月)、张健(2009年7月—  )。

### 二、三个发展时期

天津社会科学院三十多年的发展,大体经历了三个时期:

第一个时期是初创奠基时期。从1979年3月市委批准成立天津社会科学院到1986年。这一时期的主要特点是"开创打基础",从整体上为以后的全面发展奠定坚实基础。初创奠基时期,各方面条件都相当困难,"文化大革命"刚刚结束,十年动乱对经济建设的破坏尚未恢复,社会物质供应依然匮乏,加之天津还处在1976年震后重建时期,就是在这样困难的条件下,全院职工坚持贯彻十一届三中全会精神,解放思想,大胆探索,艰苦创业,经过八年的艰苦奋斗,为后来的探索前进、深化改革打下了扎实的基础。这一时期,确立了天津社会科学院作为地方社科研究机构的性质、方向、任务等基本定位;搭建了院、所、处、室机构的基本框架;通过多渠道招贤纳才,科研和行政人员初具规模;建立起科研管理和行政管理的基本规章制度;在传统学科的基础上开始探索扩建新学科；启动了图书资料工作；创办了《天津社会科学》、《伦理学与精神文明》（后改名《道德与文明》）、《天津经济年鉴》等刊物；马场道128号科研办公楼竣工完成，并开始筹建迎水道新院区；初步解决了部分职工住房困难；所有这一切，无不带有艰苦创业的印记。正是这些起步工作的全面完成，为天津社会科学院后来的发展奠定了良好的基础。

第二个时期是探索前进时期。从1987年搬迁迎水道新院区，到1997年党的十五大召开前后，这一时期的一个显著特点是"探索"，在探索中改革，在改革中前进。这一时期是继往开来的时期，各方面工作都取得了显著的进步，也为后来进一步发展提供了重要经验，巩固了前进的基础。

这一时期，天津社会科学院积极承担起国家、市、院三级课题，发表了大量研究成果；编纂了多部中国优秀古典文化遗产的大型辞书，受到李瑞环同志的肯定；为政府决策提供信息咨询服务；举办面向大众的各类讲座、研习班；开展形式多样的理论宣传、社科普及工作；成立天津社会科学院出版社；在机构设置上，新建了一些与外界联建的小型研究所，以及多功能、灵活多样的研究中心；随着院学术委员会建立，职称改革逐步实行；管理制度不断完善，全院科研人事改革得到了初步推进。

院党组提出了"上天、入地、过海"的科研六字方针："上天"要求基础研究不断理论创新，"入地"要求应用研究深入扎根实际，"过海"要求国际合作研究具有开放的胸襟。成立了全国首家以所为建制的邓小平理论研究所，发表了一系列重要研究成果；出版了天津市第一本经济社会发展"蓝皮书"，为市委市政府决策提供咨询服务；连续十年开展天津市千户居民户卷调查，享誉海内外，并被列入市政府工作报告；连续多个年度获得"五个一工程"优秀理论文章奖和优秀图书奖，为天津市连续夺得"五个一工程"满堂红做出了突出贡献；主办"世界妇女大会"NGO论坛及其组成部分的中外女性文学国际学术研讨会，受到第四次世界妇女大会中国组织委员会嘉奖；首次在国外组织召开大型国际学术研讨会；《天津社会科学》获首届全国社科期刊优秀期刊提名奖，是华北地区唯一获此奖项者；举办首届院学术年会，成为坚持至今的传统。

第三个时期是深化改革、加快发展时期。从1998年院党组确定社科院改革发展的基本思路开始，至今已19年，这一时期的改革发展呈现新的特点，目标明确，力度加大，步子加快，有组织、有计划、全方位推进。

院党组提出的天津社会科学院改革和发展的基本思路是这一时期全院工作的重要指导，按照基本思路的要求，天津社会科学院要高举伟大旗帜，深化内部改革，提高三个水平，即科研水平、管理水平和社会服务水平。按照这一思路，全院先后制定了一个改革发展三年规划和三个五年规划，以改革为动力，在体制、机制、法制上建立起自我管理和自我发展的基本框架。同时，形成了独特的教育产业，经济实力得到很大提升，全院面貌焕然一新。在科研改革方面，以科研成果鉴定评估作为切入点和中心环节，成功进行大规模、规范化的成果评估。在人员管理上，开始实行中层正职干部竞聘上岗。许多政策和措施，在地方社科院中属于首创，也为天津社科院今后的发展打下了坚实的制度基础。

截至2015年底，天津社会科学院"四五规划"圆满完成，实现了跨越性的发展。全院学科建设步伐进一步加快，人才结构明显改善，整体科研水平不断提高，智库建设能力进一步加强；在稳定数量的基础上，科研成果质量不断提高；一批服务于天津经济社会发展的应用研究成果得到市领导的充分肯定；图书编辑出版工作更上一层楼；行政管理工作按照"严细深实"的总要求，更加制度化、规范化、程序化；科研产业和教育产业不断发展，综合经济实力进一步增强；院区环境和职工的工作生活条件得到明显改善。目前，天津社会科学院按照中央和市委的部署，根据天津经济社会发展的需要，制定实施了《天津社会科学院"十三五"时期改革发展五年规划》，对未来发展提出新的奋斗目标，努力建设更高水平的天津社科院。

### 三、机构设置

**各类科研机构**

天津社科院建院时有5个研究所，建院30多年来，研究所的建制不断变化和调整。大体上有两种情况：一是集中性大调整；一是随时个别加设。集中性大调整有两次，一次是建院后不久。1984年提出"立足天津，重在应用"总方针和院改革设想后开始酝酿，经连续多年才完成调整。调整内容为两大方面：其一是经济研究，除经济研究所外，1986年增加工业经济研究所、对外经济研究所、情报所，1987年建立城郊经济研究中心（1988年改为城郊经济研究所），1988年增加财贸经济研究中心。其二是社会学、伦理学、美学研究，最早包含在哲学研究所中的社会学、伦理学、美学方面研究力量，1983年从哲学研究所中独立出来，成立了"社会学、伦理学、美学研究所"，1987年又单独成立社会学研究所，1991年单独成立了伦理学研究所，还成立了技术美学研究中心。另一次大调整是在20世纪末。1999年，在贯彻院党组改革发展基本思路过程中实行了研究所的调整，撤销了原来的经济研究所和技术美学研究中心等一批研究机构，新建城市经济研究所、现代企业研究所、经济社会预测研究所、舆情研究所，2000年又增设发展战略研究所。这次调整不仅动作大，而且设置新，更加适合形势发展需要，突出地方社科院的特色。

在两次大调整之间，根据需要和条件，随时个别增设的所也有若干。1989年成立法学研究所，1993年成立邓小平理论研究所，1988年成立台湾研究所，1989年成立美国研究中心，1999年成立东北亚研究所。近年来，为了加强新型智库建设，从2012年开始，先后成立了市情研究中心、社会主义核心价值观研究中心、天津历史文化研究中心、东北亚区域合作研究中心、社会治理与公共政策研究中心、京津冀及城市群发展研究中心。

目前，天津社会科学院共有科学研究部门14个，分别为马克思主义研究所、文学研究所、历史研究所、哲学研究所、城市经济研究所、现代企业研究所、社会学研究所、法学研究所、日本研究所、舆情研究所、经济社会预测研究所、发展战略研究所、东北亚研究所、伦理学研究所。

**图书编辑出版机构**

天津社科院图书馆成立于1979年3月，前身是1958年10月成立的天津市历史研究所图书资料室。1987年，图书馆迁入新的馆址，新馆址为一座三层大楼，总面积4600平方米，现有馆藏书刊60万册，其中，华北地区历史古籍珍本大套图书、天津地方文献、港台社科类图书、日文历史资料为馆藏特色。

1979年6月，天津社会科学院院刊编辑室成立，1980年3月，《文稿与资料》第1期出刊，至1983年7月出刊15期后停刊。1981年12月，正式出版综合性学术期刊《天津社会科学》，先后获得新闻出版总署"首届全国优秀社科学术期刊提名奖""第二届百种全国重点社科期刊奖""第二届国家期刊奖百种重点期刊""第三届国家期刊提名奖"等荣誉。相继入选《中国人文社会科学核心期刊》《中国中文核心期刊》《中文社会科学引文索引（CSSCI）来源期刊》《中国学术期刊综合评价数据库》，2012年入选国家社科基金资助期刊。

1980年8月，天津社科院哲学研究所油印了一份《伦理学简报》。1982年6月，天津市委宣传部正式批复，同意天津社科院哲学研究所与中国伦理学会共同出版内部刊物《伦理学与精神文明》；10月，《伦理学与精神文明》试刊号出版发行。1984年，刊物公开发行；1985年，刊物更名为《道德与文明》，连续被评为天津市一级期刊，先后多次获得天津市优秀期刊奖、中国北方优秀期刊等荣誉，先后入选《中文社会科学引文索引（CSSCI）来源期刊》、中国学术期刊综合评价数据库（CAJCED）来源期刊、《中国人文社会科学核心期刊》、《中文核心期刊要目总览》、《中国人文社会科学期刊评价报告》权威期刊，2012年入选国家社科基金资助期刊。

《东北亚学刊》（内刊）创办于2000年1月，2011年底经国家新闻出版总署批准，公开出版发行，2014年4月，被列为中国社会科学院创新工程科研评价核心期刊。

经国家新闻出版总署批准，天津社会科学院出版社于1988年成立。设立出版社的地方社科院极少，天津社科院能够通过国家严格审查，克服重重困难，成立出版社，确非易事。

**行政管理机构**

1979年3月天津社会科学院成立时，设立行政管理机构三个：办公室、人事处、行政处，另设财务科，隶属于行政处。1980年8月，设立科研组织处、机关党委。1987年1月，设立老干部处。1987年5月，设立财务处。1989年11月，成立工会。1997年12月，设立培训部。2000年，获批成立凯乐维自费出国留学中介服务中心。

四、人才队伍建设

1979年3月建院时，按市委《关于建立天津社会科学院的通知》规定，全院人员"编制暂定三百人为事业编制（含原历史研究所一百零七人）"。1979年6月，市委办公厅《关于天津社会科学院机构编制方案的批复》中，进一步明确此编制中，"分配院本部一百一十人（含印刷厂），各研究所一百八十人，暂留机动名额十人"。此后，为适应各方面工作需要，根据有关规定又增加过若干编制。在人才的吸收和培养上，根据天津社科院自身发展的三个历史时期，经历了三个不同阶段：即建院时期多方吸纳人才，探索时期根据需要调整，改革发展时期启动人才工程。目前，全院在不断提高在职人员素质的同时，每年都引入一批博士、硕士，以增强科研专业队伍。截至2015年12月，在编在岗人员合计228人。专业技术人员合计155人，其中，具有正高级职称人员31人，副高级职称人员76人，中级及以下职称人员48人；管理岗位人员62人，其中，处级以上干部36人（含双肩挑人员）；工勤岗位11人。具有博士学历人员102名，硕士学历人员42名。

天津社会科学院正高职称人员：

张健、王立国、钟会兵、闫立飞、张大为、任云兰、任吉东、张献忠、王伟凯、蔡玉胜、孙明华、余桂玲、张宝义、丛梅、王光荣、刘晓梅、于海生、程永明、平力群、周建高、王来华、毕宏音、叶国平、卢卫、雷鸣、牛桂敏、石森昌、周俊旗、赵景来、时世平、杨义芹。

天津社会科学院副高职称人员：

信金爱、李同柏、李少斐、王勇、苗伟、吴佩芬、杨昕、丁琪、李进超、孙爱霞、王士强、田淑晶、成淑君、万鲁建、熊亚平、王静、许哲娜、赵建永、杨晓东、杨东柱、毕于榜、储诚山、陈滢、王双、董微微、苑雅文、金伟、徐全军、田力、齐亚芬、杨玉秀、孙德升、许爱萍、王小波、张雪筠、刘娜、李宝芳、张品、李培志、刘志松、刘中流、王焱、祝淑春、田香兰、田庆立、师艳荣、林竹、李莹、张丽红、于家琦、张智、王立岩、高峰、梁建洪、张小蕾、田华、乌兰图雅、李冰、郭登浩、孙书祥、刘文智、朱晓萍、赵云利、黄宁、王贞、陈菊、段素革、冯书生、徐晶、张博、高潮、王建明、陈静、马华、刘志强、刘芳。

## 第二节 组织机构

一、天津社会科学院领导及其分工

1. 历任领导

第一届（1980年6月—1983年6月）

党组书记：沈其朋（兼）（1980年6月—1983年6月）

党组副书记：吴雨（1980年6月—1983年6月）

党组成员：田琛（1980年6月—1983年6月）

　左健（1980年6月—　）

　孙振（1980年6月—1983年6月）

　黎干（1980年6月—　）

　段镇坤（1980年6月—　）

　院长：刘刚（兼）（1980年6月—1983年6月）

　副院长：沈其朋（兼）（1980年6月—1983年6月）

　吴雨（1980年6月—1983年6月）

　田琛（1980年6月—1983年6月）

　段镇坤（1981年4月—　）

　秘书长：段镇坤（1980年6月—　）

　副秘书长：吴静斋（1981年9月—　）

　第二届（1983年6月—1986年8月）

　党组书记：段镇坤（1983年6月—1986年8月）

　党组副书记：唐海（1984年7月—1986年6月）

　党组成员：黎干（1983年6月—1985年12月）

　左健（1983年6月—1986年8月）

　王成（1983年6月—1985年4月）

　吴静斋（1983年6月—1987年7月）

　院长：段镇坤（1983年6月—1987年1月）

　副院长：唐海（1983年6月—1986年11月）

　黎干（1983年6月—1985年12月）

　左健（1983年6月—1986年11月）

　副秘书长：吴静斋（1981年9月—1987年7月）

　王成（1983年6月—1985年4月）

　管宓（1983年6月—1987年12月）

　杨庆华（1985年2月—1986年8月）

　顾问：田琛（1983年6月—1985年5月）

　第三届（1986年8月—1998年5月）

　党组书记：王辉（1986年8月—1998年5月）

　党组副书记：杨庆华（1986年8月—1988年8月）

　党组成员：房良钧（1986年8月—　）

　齐文敏（1986年9月—1993年12月）

　武永泽（1989年8月—　）

　周毓伟（1995年3月—　）

　万新平（1996年5月—　）

　院长：王辉（1986年11月—1998年5月）

　副院长：杨庆华（1986年11月—1988年8月）

　房良钧（1986年11月—　）

　齐文敏（1988年9月—1993年12月，1995年11月—1997年5月）

　武永泽（1993年12月—　）

万新平（1995 年 11 月— ）
荣长海（1997 年 6 月— ）
秘书长：齐文敏（1986 年 9 月—1989 年 2 月）
武永泽（兼）（1989 年 2 月—1995 年 3 月）
周毓伟（1995 年 3 月— ）
副秘书长：武永泽（1988 年 3 月—1989 年 1 月）
万新平（1989 年 2 月— ）
第四届（1998 年 5 月—2009 年 7 月）
党组书记：李锦坤（1998 年 5 月—2009 年 7 月）
党组成员：房良钧（1986 年 8 月—2001 年 8 月）
周毓伟（1995 年 3 月—1999 年 12 月）
武永泽（1989 年 8 月—2003 年 9 月）
万新平（1996 年 5 月—2001 年 9 月）
荣长海（1999 年 3 月—2009 年 7 月）
易明（1999 年 3 月—2008 年 4 月）
项新（2001 年 9 月—2010 年 8 月）
张健（1999 年 12 月—2009 年 7 月）
赵建秀（2001 年 9 月—2012 年 10 月）
王立国（2002 年 5 月—2015 年 12 月）
王学海（2006 年 6 月—2011 年 11 月）
院长：李锦坤（1998 年 5 月—2009 年 7 月）
副院长：房良钧（1986 年 11 月—2001 年 8 月）
武永泽（1993 年 12 月—2003 年 9 月）
万新平（1995 年 11 月—2001 年 9 月）
荣长海（1997 年 6 月—2009 年 7 月）
易明（1998 年 12 月—2008 年 4 月）
项新（2001 年 9 月—2010 年 8 月）
张健（2001 年 9 月—2009 年 7 月）
赵建秀（2001 年 9 月—2012 年 10 月）
王立国（2006 年 1 月—2015 年 12 月）
秘书长：周毓伟（1995 年 3 月—1999 年 12 月）
张健（1999 年 12 月—2002 年 5 月）

王立国（2002 年 5 月—2006 年 6 月）
王学海（2006 年 6 月—2011 年 11 月）
副秘书长：王学海（2003 年 11 月—2006 年 6 月）
信金爱（2006 年 8 月—2011 年 11 月）

2. 现任领导及其分工

党组书记：张健（2009 年 7 月— ）
党组成员：钟会兵（2011 年 11 月— ）
施琪（2011 年 11 月— ）
张景诗（2016 年 3 月— ）
李同柏（2012 年 2 月— ）
院长：张健（2009 年 7 月— ）
主持全院工作。主管教育培训工作；分管天津国际语言文化进修学院（培训部）、凯乐维自费出国留学中介服务中心、院学术活动服务中心。
副院长：吕春波（2013 年 9 月— ）
负责党的建设、工青妇工作，分管机关党委、工会。
副院长：钟会兵（2010 年 11 月— ）
负责科研、财务、图书编辑出版工作，分管图书馆、《天津社会科学》编辑部、《道德与文明》编辑部、天津社会科学院出版社有限公司。
副院长：施琪（2011 年 12 月— ）
负责干部人事和老干部工作，分管人事处、老干部处。
副院长：张景诗（2016 年 3 月— ）
负责机关办公和东北亚问题研究、纪检工作，分管办公室、东北亚研究所。
秘书长：李同柏（2012 年 2 月— ）
协助院长处理和协调有关工作，主管机关后勤工作，协管科研工作；分管行政处。

二、天津社会科学院职能部门

办公室
主任：马华
科研组织处
处长：李同柏（兼）

人事处
处长：刘志强
行政处
处长：郑永华
财务处
处长：陈永春
老干部处
处长：祁瑜
机关党委
专职副书记：薛志勇
培训部
主任：张玉宽
凯乐维自费出国留学中介服务中心
主任：陆群

三、天津社会科学院科研机构

马克思主义研究所
负责人：张达
文学研究所
所长：闫立飞
历史研究所
所长：任云兰
哲学研究所
所长：王伟凯
城市经济研究所
所长：蔡玉胜
现代企业研究所
所长：孙明华
社会学研究所
所长：张宝义
法学研究所
所长：刘晓梅
日本研究所
所长：程永明
舆情研究所
所长：王来华
经济社会预测研究所
代所长：雷鸣
发展战略研究所
代所长：梁建洪
东北亚研究所
所长信金爱（兼）
伦理学研究所
所长：杨义芹

四、天津社会科学院科研辅助部门

图书馆
馆长：郭登浩
《天津社会科学》
主编：赵景来
《道德与文明》
主编：杨义芹
《东北亚学刊》
主编：信金爱（兼）
天津社会科学院出版社有限公司
代总编辑：徐晶
天津社会科学院学术活动服务中心
主任：田兰

## 第三节　年度工作概况

2015年，是国家和天津市实施"十二五"规划、天津社会科学院实施"四五规划"收官之年。在这一年里，全院职工在院党组的带领下，根据中央和市委的统一部署和该院2015年工作安排，精神振奋，努力拼搏，团结合作，创新务实，圆满完成了全年各项工作任务。

一、开展"三严三实"专题教育，全面推进党的建设

2015年，院党组认真学习《党章》和党的理论知识，认真学习中央和市委有关文件精神，认真学习习近平总书记系列重要讲话精神，并结合该院工作实际，认真贯彻落实。根据市委《关于在全市处级以上领导干部中开展"三严三实"专题教育的实施方案》和市委"三严三实"专题教育工作座谈会精神，该院从5月下旬开始，自上而下，在全院开展以专题党课、专题

学习研讨、专题民主生活会和组织生活会为主要形式，以强化整改落实和立规执纪为主要内容的"三严三实"专题教育。制定了《关于在天津社会科学院处级以上领导干部中开展"三严三实"专题教育的实施方案》和《天津社会科学院领导班子开展"三严三实"专题教育实施方案》；院党组书记、院长张健为全院党员领导干部讲"三严三实"专题教育党课，启动专题教育；先后多次召开"三严三实"专题教育研讨会；深入开展"三创三评"活动。按照市委要求，实施帮扶工作组人员调换，继续扎实做好帮扶困难村工作，落实帮扶资金和项目，进一步加大帮扶力度。

党群工作与和谐院区建设卓有成效。机关党委按照上级党委和院党组部署，积极开展工作，完成了全院党支部书记的换届改选；2月和7月，分别以"学党章、守纪律、建智库、促服务"和"增强践行'三严三实'的思想自觉和行动自觉，加强智库建设，深入开展'三创三评'活动，严格落实绩效管理，确保安全稳定"为主题举办了两期中层干部、党支部书记培训班；举办了纪念建党94周年优秀共产党员评选表彰活动；按照上级党组织要求，2015年内完成了党库建设工作，强化党员信息管理。工会、妇委会、共青团等群团组织采取多种形式，开展了丰富多彩的活动，发挥正能量，促进院区和谐。院工会组织多个文体俱乐部，长期坚持活动，丰富职工生活；举办太极培训和健康知识讲座，促进职工身心健康；多方筹措资金加大对困难职工的帮扶；严格按照规定落实职工正常福利待遇，保障职工权益；向全院在职和离退休人员送生日贺卡和生日蛋糕，为大家送上温暖和关怀。妇委会举办妇女专题讲座、妇女节趣味运动会等系列活动，建立"爱心妈咪之家"，维护女职工权益。院团委继续组织该院青年人员素质拓展培训，效果良好。

## 二、圆满完成"四五规划"，科学制定"十三五规划"（该院第五个五年改革发展规划）

2015年是天津社会科学院改革发展第四阶段五年规划的收官之年。"四五"期间，院党组带领全院各部门广大干部职工不断调整工作思路、改进工作方式、创新工作方法、完善工作内容，脚踏实地，拼搏进取，顺利完成了"四五"规划确定的各项任务指标，各项工作取得了新的成绩。截至2015年末，全院具有博士学位和具有高级专业职称的人员均已超过百人。学科建设稳步推进、成绩斐然。五年间，全院科研专业人员共承担国家课题22项，市级课题69项，横向课题216项，院级课题189项；共完成通过鉴定评估成果3391项，年均678.2项，其中重要成果3271项，年平均重要成果率96.46%；国家级报刊（免评）成果五年累计481项，是"三五规划"期间的3倍；全院应用研究成果共获得市主要领导批示121人次；刊发《论点·建议》212期，其中60余期受到张高丽、孙春兰等市主要领导批示肯定。《天津市经济社会形势分析与预测》（蓝皮书）的质量和水平进一步提高。《天津社会科学》和《道德与文明》办刊水平和学术影响力持续提高，均获得国家社科基金资助，《天津社会科学》两次入选"百强社科期刊"，《东北亚学刊》获准公开出版发行。出版社共有4个项目获得国家出版基金资助，一大批图书和个人获得各类奖励，实现了历史新突破。教育产业发挥整体优势，充分利用现有资源，经济效益明显增加。党的建设、和谐院区建设和行政管理工作成效明显。

院党组对"四五"期间的各项工作完成情况进行了全面总结分析，同时也明确了下一个发展阶段有待解决的问题。为了更好借鉴各地方社科院的经验，院领导带队，分别到部分地方社科院调研学习，并结合中央和市委有关智库建设的文件精神，多次进行专题学习讨论，统一思想，明确方向，按照中央和市委对于地方社科院的定位，结合该院工作实际，在广泛听取群众建议的基础上，科学制定该院改革发展"十三五规划"。

### 三、加强新型智库建设，服务天津经济社会发展

院党组认真学习中央关于新型智库建设的指示精神和市委关于天津市新型智库建设的实施意见，始终坚持"围绕中心、服务大局"，努力为市委市政府和天津市经济社会发展服务。继2013年成立市情研究中心之后，该院又先后成立了社会主义核心价值观研究中心、天津历史文化研究中心、社会治理与公共政策研究中心、东北亚区域合作研究中心、京津冀及城市群发展研究中心等五个研究中心。应用性研究成果数量显著增加，科研人员的应用研究能力不断提高。按照成果形式统计，2015学术年度应用成果数量达到136项（其中调研报告64项、对策研究成果19项、咨询研究成果53项），创历年新高。对策研究成果获市级领导同志19人次以上批示，编发《论点·建议》30余期，其中，有9期10次受到市级领导同志的批示，稿件质量和水平不断提高。发挥院办公室信息主渠道作用，向市委办公厅报送该院科研人员意见建议30余篇，其中十余篇被市委办公厅编印的《决策参考》选登，有些建议经市委办公厅上报中央，受到中央领导同志的批示肯定。5月至8月，该院3名专家应国家审计署京津冀特派员办事处邀请，参加了对河北省大气污染防治专项调研，研究报告及相关建议受到有关部门肯定。

### 四、科研水平稳步提升，学术交流积极活跃

2015学术年度，该院科研工作扎实稳步推进。科研成果在数量稳定的基础上，质量又有了较大提高。全院共有701项科研成果通过鉴定评估，其中重要成果672项，重要成果率为95.86%；国家级报刊（免评）成果112项；高等级成果15项。在科研成果中，著作类成果数量达到了33项，占成果总数的4.71%，创历史新高，其中专著26项，学术资料著作7项。2014年该院出台了《天津社会科学院学术著作后期出版资助办法（试行）》，2015年已经有部分后期资助的项目完成出版并通过了鉴定评估。全院60项科研成果获奖，其中，天津市委宣传部优秀科研成果"创新奖"13项，天津社会科学院青年优秀科研成果奖18项，天津社会科学院优秀科研成果奖29项。在天津市第十三届优秀调研成果评奖中，该院再获佳绩，共有7项调研成果获奖，其中二等奖2项、三等奖5项，在全市同级部门中获奖总数再次名列第一。

经全国哲学社会科学规划领导小组批准，该院共有8项课题获批2015年度国家社科基金项目，1项课题获批国家社科基金后期资助项目，申报立项率名列全市各申报单位前茅，再创历史新高，实现了连续三年的稳步增长。目前，全院在研国家社科基金规划课题已达到21项。在承担市级社科规划、艺术规划及院级课题方面也有新的提高，2015年全院科研专业人员承担市级课题14项，院级课题37项（其中重大招标课题2项，委托重点课题11项，重点课题13项，青年课题11项）。

2015年，该院积极开展多种形式的国内外学术活动，活跃学术气氛、促进学术发展。3月13—14日，哲学所与上海社科院哲学所在天津社会科学院联合主办了第二届"生活哲学：阐释与创新天津论坛"；5月6日，天津市法学会犯罪学分会2015年年会暨"法治社会建设与犯罪防控"学术研讨会在天津社会科学院举行；同日，"'一带一路'构想与东北亚区域合作座谈会"在该院召开；5月26日，"2015中俄东北亚安全与合作学术研讨会"在该院召

开；7月7—10日，"华北地区社科院第三十二届科研管理联席会议"在该院召开；9月5—9日，"抗战时期的中国与天津"学术研讨会在该院召开；10月4—8日，该院和韩国仁川发展研究院在韩国共同主办了"第二届东亚门户城市政策论坛"，与韩国国立群山大学、圆光大学在韩国共同主办了"第十届中韩环黄渤海合作·天津论坛"；10月24—25日，《道德与文明》杂志社主办了"当代中国道德文化建设的问题、挑战与前景高端论坛暨纪念《道德与文明》出刊200期"；11月7日，《天津社会科学》编辑部召开"'十三五'时期哲学社会科学前沿热点问题前瞻暨学术期刊品牌建设论坛"。此外，先后多次派人参加国内外学术活动。通过上述活动，扩大了该院在国内外的学术影响，同时进一步展现了天津改革发展的成就。

**五、院刊再次入选"百强社科期刊"，图书编辑出版工作水平稳步提升**

图书馆不断创新服务模式，拓宽数字资料服务领域，2015年新上线了"一站式学术资源发现与获取系统"，整合了该院图书馆所有纸质馆藏资源和电子资源，为该院科研工作提供服务、支持和保障的能力显著提升。

《天津社会科学》继续实施以"精品文章、精品栏目、精品期刊"为主要内容的"精品战略"，精心组织了一批在国内学术界有影响的专题讨论，发表了一批高水平的学术论文，一些论文被《新华文摘》《中国社会科学文摘》《光明日报》等报刊转载。《天津社会科学》再次入选由国家新闻出版广电总局评选的"百强社科期刊"。

《道德与文明》加强选题策划的力度，以专题的形式设定栏目。积极参加国内外学术交流，追踪学术前沿信息。并先后举办多次学术研讨会，扩大了在学术界的影响。在做好刊物编辑的同时，伦理学研究所开展学术研究，努力完成科研工作，逐步实现编研结合，在继续获得国家社科基金期刊资助的有利形势下，不断提高学术水平和办刊质量，保持和巩固已有的荣誉和地位。

《东北亚学刊》全体编研人员牢牢把握本所编研结合的特点，坚持原有的优良作风，并在此基础上更加严格落实办刊的各项规定，提高了刊物的质量。2014年，该刊在被列为中国社会科学院创新工程科研评价核心期刊后，继续不懈努力，使刊物水平更上一层楼。

院出版社承担的国家出版基金项目《舆情支持与舆情危机》顺利结项并获得综合绩效考评"优秀"，成为天津市仅有的两个优秀项目之一；在第十一届天津市优秀图书奖评选中，院出版社分获"优秀图书奖""装帧设计奖""畅销书奖""组织奖"，获奖类别和数量居全市出版社前列，院出版社一名编辑入选第八届天津市优秀出版中青年编辑，实现了新的突破；出版社经济效益突出，出书品种、销售收入和利润均接近历史最好水平。

## 第四节　科研活动

**一、人员、科研机构**

截至2015年12月，共有在职人员215名。其中科研人员152名，高级职称人员97名，博士学历人员102名，硕士学历人员42名。

天津社会科学院共有科学研究部门14个，分别为马克思主义研究所、文学研究所、历史研究所、哲学研究所、城市经济研究所、现代企业研究所、社会学研究所、法学研究所、日本研究所、舆情研究所、经济社会预测研究所、发展战略研究所、东北亚研究所、伦理学研究所。

## 二、科研工作

### 1. 科研成果统计

2015年,天津社会科学院共完成专著33种,3258万字;论文511篇,379.9万字;研究报告64篇,51.7万字;一般文章19篇,5万字。

### 2. 科研课题

(1) 2015年度新立项课题60项:其中国家社科基金项目9项;市社科规划项目14项;院课题共37项:其中院重大2项,院重点13项,青年11项,委托11项。

**2015年度承担国家课题立项情况(9项)**

| 序号 | 课题名称 | 承担人 |
|---|---|---|
| 1 | 经学史视野下的《国语》学史研究 | 张永路 |
| 2 | 近代日本对华金融政策研究 | 刘凤华 |
| 3 | 农业转移人口市民化推进机制研究 | 陈志光 |
| 4 | 生育意愿和生育行为不一致现象的原因及其影响机制研究 | 张银锋 |
| 5 | 日本企业"走出去"战略中的协同支持体系研究 | 程永明 |
| 6 | 战后日本建构国家认同的思想资源研究 | 田庆立 |
| 7 | 援藏政策实践比较及援建者口述史研究 | 张小蕾 |
| 8 | 现代中国文学的语言选择与文体革新研究 | 时世平 |
| 9 | 华北铁路沿线集镇研究(1881—1937) | 熊亚平 |

**2015年度承担市课题立项情况(14项)**

| 序号 | 课题名称 | 承担人 |
|---|---|---|
| 1 | 锲而不舍 弛而不息 让节俭清风成常态 | 张 达 |
| 2 | 旗帜鲜明地做好意识形态工作 | 李会富 |
| 3 | 京津冀视角下制造业人才培养和使用战略研究 | 梁建洪 |
| 4 | 天津自主创新示范区建设中金融支撑体系研究 | 董微微 |
| 5 | 京津冀协同发展中产业转移和布局调整对天津的影响及对策研究 | 张 智 |
| 6 | 京津冀大气污染防控中府际协同机制研究 | 陈月生 |
| 7 | 林希创作论 | 丁 琪 |
| 8 | 近代天津体育史研究 | 张 博 |
| 9 | 地区间生态补偿市场化机制研究与框架设计 | 王 双 |
| 10 | 社区网在居民参与社区治理中的作用研究——以天津中北镇论坛为例 | 张 品 |
| 11 | 社会史视野下的日本青少年蛰居问题研究 | 师艳荣 |
| 12 | 基层协商民主中舆情表达与政府回应机制研究 | 郭 鹏 |
| 13 | 京津冀区域战略性新兴产业空间布局优化与推进研究 | 王立岩 |
| 14 | 天津市大气污染治理与经济影响评估研究 | 王会芝 |

**2015年度院级重大招标课题立项情况(2项)**

| 序号 | 课题名称 | 承担人 |
|---|---|---|
| 1 | 中国共产党反腐倡廉历程和经验研究 | 张达等 |
| 2 | 天津历史丛书 | 任云兰等 |

## 2015年度院级重点课题立项情况（13项）

| 序号 | 课题名称 | 承担人 |
| --- | --- | --- |
| 1 | 改革开放以来社会主义核心价值观培育和践行历程研究 | 张美君 |
| 2 | 天津当代女作家创作研究 | 李进超 |
| 3 | 近代日本银行在华北的经济活动——以横滨正金银行为例 | 刘凤华 |
| 4 | 生活哲学：西方社会探寻人类生存意义的历史与逻辑 | 杨晓东 |
| 5 | 区际生态补偿：从政府主导走向市场 | 王　双 |
| 6 | 城镇化进程中的性别分异与形塑——社会性别视角下的城镇化研究 | 李宝芳 |
| 7 | 城市文化特色视野下老字号保护与利用研究——以天津为例 | 李培志 |
| 8 | 法治天津建设中市民法治观念与行为方式研究 | 丛　梅 |
| 9 | 战后日本建构自我认同依托的思想资源研究 | 田庆立 |
| 10 | 协商民主的具体实现路径研究 | 郭　鹏 |
| 11 | 天津宏观经济计量模型的研制与应用 | 雷　鸣 |
| 12 | 社科院图书馆建设与发展研究 | 郭登浩 |
| 13 | 出版创新与编辑执行力研究 | 时世平 |

## 2015年度院级青年课题立项情况（11项）

| 序号 | 课题名称 | 承担人 |
| --- | --- | --- |
| 1 | 道德理想国的建立 | 艾翔 |
| 2 | 构建生命之美：女性民俗与当代天津女性 | 李小茜 |
| 3 | "致良知"中的生命体验问题研究 | 耿静波 |
| 4 | 消费者嵌入式开放创新价值生成过程研究——基于消费类电子信息产品技术创新的视角 | 许爱萍 |
| 5 | 我国税收政策对消费需求影响的结构异质性研究 | 赵云峰 |
| 6 | 和平宪法视角下的日本"集体自卫权"问题 | 刘树良 |
| 7 | 城市住房保障制度的演变及思考——以天津为例 | 高原 |
| 8 | 日本国际环境援助政策分析 | 王晓博 |
| 9 | 冷战后俄日关系发展特点及前景 | 杨俊东 |
| 10 | 国内外迷你图书馆发展现状及对比研究 | 万亚萍 |
| 11 | 扩大天津市文化消费的机制与路径研究 | 杨晓丽 |

**2015 年度院级重点委托课题立项情况（11 项）**

| 序号 | 课题名称 | 承担人 |
| --- | --- | --- |
| 1 | 天津地方古籍文献资源的建设、开发及利用 | 罗海燕等 |
| 2 | 京津冀协同发展视阈下国家自主创新示范区构建路径研究 | 董微微 |
| 3 | 社会组织参与公共服务的困境与对策研究 | 王光荣等 |
| 4 | 中国（天津）自贸区建设的法治保障 | 于海生等 |
| 5 | 近年来地方社科院推进现代新型智库建设的实践及发展战略研究 | 赵景来等 |
| 6 | 以天津自创区设立为契机带动大众创业万众创新研究 | 蔡玉胜等 |
| 7 | 天津市落实京津冀协同发展纲要若干问题研究——以新城市定位为视角 | 许爱萍等 |
| 8 | 天津市先进制造业工人职业技能提升研究 | 陈志光等 |
| 9 | 日本轨道交通与城市联动发展及其对京津冀城市群的启示 | 周建高等 |
| 10 | 电子商务背景下天津市涉农产品流通渠道优化对策 | 王立岩等 |
| 11 | 扩大公民参与与健全依法治市的决策机制研究 | 田华等 |

（2）2015 年度结项课题 37 项：其中市社科规划项目 12 项；院课题共 25 项：其中院重点 7 项，青年 3 项，委托 2 项，应急课题 13 项。

**市课题结项情况（12 项）**

| 序号 | 课题名称 | 承担人 |
| --- | --- | --- |
| 1 | 近现代天津词学系年初编 | 孙爱霞 |
| 2 | 天津民俗文化现状调查与转型对策研究 | 许哲娜 |
| 3 | "负的主体性"与东方文化思维 | 张大为 |
| 4 | 理想信念教育方式、方法再探讨 | 李少斐 |
| 5 | 警察与近代城市社会管理研究——以京津两市为中心（1900——1928） | 丁芮 |
| 6 | 传统文化视阈的儒释互鉴融汇研究 | 耿静波 |
| 7 | 创新型城市发展模式及路径研究 | 许爱萍 |
| 8 | 机会评价理论、方法及应用研究 | 石森昌 |
| 9 | 资源约束、技术进步与经济增长 | 王双 |
| 10 | "十三五"时期加强理论研究宣传普及、繁荣天津哲学社会科学研究 | 苗伟 |
| 11 | 锲而不舍 弛而不息 让节俭清风成常态 | 张达 |
| 12 | 旗帜鲜明地做好意识形态工作 | 李会富 |

**2015 年度院级重点课题结项情况（7 项）**

| 序号 | 课题名称 | 承担人 |
| --- | --- | --- |
| 1 | 和谐企业构建与企业竞争力提升 | 苑雅文 |
| 2 | 近代华北铁路沿线市镇发展研究（1881—1937） | 熊亚平 |
| 3 | 教育与城市空间生产——基于对城市社会学空间研究的拓展 | 张 品 |
| 4 | 结构优化调整下天津新兴服务业发展战略研究 | 雷 鸣 |
| 5 | 城市青少年犯罪防控比较研究——基于英美国家的理论和实践 | 于 阳 |
| 6 | 中国文化奠基期的生活哲学研究及其现代价值 | 张永路 |
| 7 | 城市的文学书写——长篇小说与天津 | 闫立飞 |

**2015 年度院级青年课题结项情况（3 项）**

| 序号 | 课题名称 | 承担人 |
| --- | --- | --- |
| 1 | "致良知"中的生命体验问题研究 | 耿静波 |
| 2 | 消费者嵌入式开放创新价值生成过程研究——基于消费类电子信息产品技术创新的视角 | 许爱萍 |
| 3 | 我国税收政策对消费需求影响的结构异质性研究 | 赵云峰 |

**2015 年度院级重点委托课题结项情况（2 项）**

| 序号 | 课题名称 | 承担人 |
| --- | --- | --- |
| 1 | 进一步完善党的群众路线教育实践活动长效机制研究 | 叶国平 |
| 2 | 反腐情绪跟踪研究 | 李 莹 |

**2015 年度院级重点研究（应急）课题结项情况（13 项）**

| 序号 | 课题名称 | 承担人 |
| --- | --- | --- |
| 1 | 城市形象的文化研究——以天津文学为途径 | 闫立飞等 |
| 2 | 中国当代文学中的津味元素研究 | 丁琪等 |
| 3 | 京津冀生态补偿机制实现的市场化路径研究 | 王双等 |
| 4 | 天津市域边缘城镇发展模式研究 | 蔡玉胜等 |
| 5 | 天津万企转型升级动态监控评价研究：基于竞争力提升的视角 | 孙德升 |
| 6 | 天津市农业旅游发展调查 | 苑雅文等 |
| 7 | 日韩两国首都圈及其门户城市发展规律研究 | 田香兰等 |
| 8 | 城市交通的日本经验与中国出路 | 周建高等 |
| 9 | 舆情表达机制与协商民主广泛多层制度化研究 | 叶国平 |

续表

| 序号 | 课题名称 | 承担人 |
|---|---|---|
| 10 | 天津城市国际形象研究——基于境外人士和境外媒体的调查分析 | 叶国平等 |
| 11 | 京津冀一体化未来的格局与天津的选择 | 张　智等 |
| 12 | 将资源、环保、生态效益纳入城市经济社会发展评价体系研究 | 牛桂敏等 |
| 13 | 实施文化科技创新工程助推我市文化产业发展对策研究 | 赵景来 |

（3）2015年度延续在研课题52项：其中国家社科基金项目12项；市社科规划项目40项。

**2015年度延续在研国家课题情况（12项）**

| 序号 | 课题名称 | 承担人 |
|---|---|---|
| 1 | 汤用彤与20世纪宗教学研究新证 | 赵建永 |
| 2 | 当代中国社会主义意识形态安全评估与保障研究 | 张　达 |
| 3 | 晚明商业出版与思想文化及社会变迁研究 | 张献忠 |
| 4 | 现代大众传媒对犯罪新闻信息传播的实证研究 | 刘晓梅 |
| 5 | 民间资本投入社会福利研究 | 赵文聘 |
| 6 | 国家创新系统支撑下日本发展新兴产业制度安排研究 | 平力群 |
| 7 | 近代以来华北区域城镇化进程研究（1860—2000年） | 张利民 |
| 8 | "空"及其文学思想史地位研究 | 田淑晶 |
| 9 | 日韩两国依托"产官学研"发展老龄服务产业机制研究 | 田香兰 |
| 10 | 基层社会治理法治化与纠纷解决机制多元化的场域融合研究 | 刘志松 |
| 11 | 舆情视角下中国政策议程设置模式及完善路径研究 | 于家琦 |
| 12 | 舆情表达机制建设与协商民主体系构建研究 | 王来华 |

**2015年度延续在研市级课题情况（40项）**

| 序号 | 课题名称 | 承担人 |
|---|---|---|
| 1 | 天津儿童文学创作与影视剧改编的发展历程（1949—2009） | 孙玉蓉 |
| 2 | 天津文化创意产业集聚区建设和管理问题研究 | 张　达 |
| 3 | "津派文化"的内涵及其学科化发展之途——以"津派"品牌优化整合资源，促进文化繁荣为中心 | 赵建永 |
| 4 | 面向生态城市的天津特色生态文化建设战略 | 张新宇 |

续表

| 序号 | 课题名称 | 承担人 |
| --- | --- | --- |
| 5 | 提高天津企业参与政府采购能力研究 | 王立国 |
| 6 | 政治发展视野中的社会管理创新研究 | 王 勇 |
| 7 | 住房的隐性再分配功能研究 | 张雪筠 |
| 8 | 基于民生保障的社会建设路径研究 | 杨 政 |
| 9 | "近代中国看天津"旅游文化品牌战略与实施研究 | 王 丽 |
| 10 | 一个新崛起的城市中间阶层——近代天津律师群体研究 | 王 静 |
| 11 | 天津当代诗歌论 | 王士强 |
| 12 | 天津经济史 | 张利民 |
| 13 | 天津交通史 | 熊亚平 |
| 14 | 城市生态基础设施建设研究——以天津为例 | 屠凤娜 |
| 15 | 海外天津作家研究 | 王云芳 |
| 16 | 区域·文化·艺术：天津近现代绘画史研究 | 罗海燕 |
| 17 | 中国传统艺术尚空思想研究 | 田淑晶 |
| 18 | 天津1970年代文学研究 | 艾 翔 |
| 19 | 天津女性民俗的文学展演研究——以津味文学中的女性民俗书写为例 | 李小茜 |
| 20 | 生成与衍变：城镇化进程中的城市下层社会——以天津为例 | 任吉东 |
| 21 | 有序推进农业转移人口市民化研究 | 陈志光 |
| 22 | 法治天津建设中市民法治观念与法律意识的实证研究 | 王 焱 |
| 23 | 日韩两国老龄服务产业比较研究 | 田香兰 |
| 24 | 网络社会舆情视角下公共政策形成的过程和机制研究 | 于家琦 |
| 25 | 深化经济体制改革非均衡路径研究 | 梁建洪 |
| 26 | 马根济：在中国的医学传教 | 任云兰 |
| 27 | 文化建设和社会参与：天津曲艺发展的对策研究 | 桂慕梅 |
| 28 | 西方审丑艺术史研究 | 李进超 |
| 29 | 从老字号看非物质文化遗产的生产性保护——以天津传统技艺、医药类"非遗"项目为例 | 李培志 |
| 30 | 京津冀视角下制造业人才培养和使用战略研究 | 梁建洪 |
| 31 | 天津自主创新示范区建设中金融支撑体系研究 | 董微微 |

续表

| 序号 | 课题名称 | 承担人 |
| --- | --- | --- |
| 32 | 京津冀协同发展中产业转移和布局调整对天津的影响及对策研究 | 张　智 |
| 33 | 林希创作论 | 丁　琪 |
| 34 | 近代天津体育史研究 | 张　博 |
| 35 | 地区间生态补偿市场化机制研究与框架设计 | 王　双 |
| 36 | 社区网在居民参与社区治理中的作用研究——以天津中北镇论坛为例 | 张　品 |
| 37 | 社会史视野下的日本青少年蛰居问题研究 | 师艳荣 |
| 38 | 基层协商民主中舆情表达与政府回应机制研究 | 郭　鹏 |
| 39 | 京津冀区域战略性新兴产业空间布局优化与推进研究 | 王立岩 |
| 40 | 天津市大气污染治理与经济影响评估研究 | 王会芝 |

### 三、学术交流活动

#### 1. 学术活动

2015年3月13—14日，由天津社会科学院哲学所与上海社科院哲学所联合主办的第二届"生活哲学：阐释与创新"天津论坛在天津社会科学院召开，论坛围绕着马克思主义的生活理论、中国哲学中的生活阐释以及西方哲学中的生活认知进行了研讨。

3月20日，中国政治学会副会长包心鉴教授应舆情研究所邀请，到天津社会科学院作了题为"协商民主的制度化建设"的学术报告。

3月22日，第五届公共外交"北京论坛"在北京外国语大学召开，天津社会科学院东北亚研究所副研究员乌兰图雅、李冰应邀参会，论坛重点探讨"高校公共外交的学科建设与智库作用"。

4月10日，南开大学周恩来政府管理学院博士研究生导师、高等教育研究所教授陈·巴特尔博士到天津社会科学院社会学研究所进行学术交流，作了题为"剑桥大学何以造就科学精英（88位诺贝尔奖获得者）——基于组织生态的思考"的学术报告。

5月6日，天津市法学会犯罪学分会2015年年会暨"法治社会建设与犯罪防控"学术研讨会在天津社会科学院举行。

5月6日，"'一带一路'构想与东北亚区域合作座谈会"在天津社会科学院召开。

5月18—19日，王来华所长、郭鹏博士在北京参加中宣部舆情信息局主办的"全国社会心态调查研讨会"。

5月22—24日，由中国社会科学院、河北省社会科学院、保定市人民政府主办的京津冀协同发展社会学理论研讨会在保定举行，王立国副院长应邀率天津社会科学院相关学者参会。

5月30—31日，"日本现代化进程中的社会、思想与文化"学术研讨会在成都举行，该研讨会由中国日本史学会和四川师范大学联合主办，四川师范大学历史文化与旅游学院和日本研究中心承办。天津社会科学院院长张健出席并致开幕词。

7月7日至10日，华北地区社科院第三十二届科研管理联席会议在天津社会科学院召开，此届会议主题是"建设中国特色新型智库——地方社科院未来发展走向"。

9月13日，天津社会科学院文学研究所与天津市解放区文学研究会联合主办的

"纪念抗战胜利70周年天津抗战作家作品研讨会"在天津社会科学院召开。

为纪念中国人民抗日战争暨世界反法西斯战争胜利70周年，天津社会科学院于9月17—18日主办了题为"抗战时期的中国与天津"的学术研讨会。会议由天津社会科学院历史研究所承办，天津市档案局（馆）、天津市史学会、南开大学历史学院、天津师范大学历史文化学院、《历史教学》杂志社协办。

由中国社会科学院哲学所、天津社会科学院哲学所和天津社会科学院社会主义核心价值观研究中心联合主办的第二十六届全国社科哲学大会暨中华文化与社会主义核心价值观高端论坛于9月17—19日在天津社会科学院召开，此次会议的主题为"中华文化与社会主义核心价值观"。

为配合天津社会科学院大数据建设，9月29日，应网络信息中心邀请，中国社会科学院社会科学文献出版社数据中心一行来我院座谈交流，就人文社科特色资源建设平台（即智库产品学术服务平台）和天津社会科学院大数据建设等问题进行专题座谈交流。

10月16日，应天津社会科学院舆情研究所的邀请，南京大学新闻传播学系主任丁柏铨教授来天津社会科学院作题为"十八大以来中国共产党新闻宣传思想的特色"的学术报告。

10月24日，舆情研究所于家琦副研究员受邀参加由山东大学当代社会主义研究所与信阳师范学院当代马克思主义研究所合办的"社会主义协商民主与政治文明建设"学术研讨会。

10月24—25日，"2015年城市社会学前沿研究暨中法城市研究工作坊"研讨会在北京举行，此次研讨会由中央民族大学民族学与社会学学院和中国社会学会城市社会学专业委员会，联合法国高等社会科学研究院——巴黎高等师范学校莫里斯·哈尔布瓦赫中心、天津社会科学院社会学研究所、杭州师范大学城市学研究所等机构举办。

10月24—25日，为纪念《道德与文明》杂志出刊200期，由中国伦理学会、天津社会科学院主办，《道德与文明》杂志社承办的"当代中国道德文化建设的挑战、应对、前景"高端论坛在天津远洋宾馆召开。

10月27—28日，现代企业研究所孙德升博士受邀参加了2015浦江创新论坛，该论坛由中华人民共和国科学技术部和上海市人民政府共同主办，主题为"全球创新网络 汇聚共同利益"。

10月28日，舆情研究所所长王来华研究员受邀参加由清华大学公共管理学院主办的国家社会科学基金重大项目"意识形态视域下的网络文化安全治理研究"的开题论证会。

11月7日，历史所所长任云兰研究员、任吉东研究员应邀参加了在广州举行的"近代中国城市社会生活及开放性特征学术研讨会"。此次会议由中国社会科学院近代史研究所、广州市社会科学院联合举办，广州市社会科学院历史研究所承办。

中国城市经济学会2015年年会暨"中国城市群发展的战略选择"研讨会于11月7—8日在北京召开，天津社会科学院城市经济研究所所长蔡玉胜研究员和储诚山副研究员应邀参会。

11月10日，天津市社科联领导到天津社会科学院进行调研考察，并举行座谈会，共商加强天津市新型智库建设、繁荣发展哲学社会科学大计。

由广州市社科院承办的全国城市社科院第25次院长联席会议暨"一带一路"与新型城市智库建设论坛于11月12日至13日在广州举行，张健院长应邀出席会议。

11月29—30日，由中国社科院社会

学研究所主办，福建社科院承办的"中国社会治理现代化与法治社会研讨会暨全国社会科学院系统社会学所所长会议"在福州市召开。

12月1日，以"理论创新与智库建设论坛"为主题的天津市社会科学界第十一届（2015）学术年会（天津社会科学院分会场）在天津社会科学院召开。

12月4—6日，王立国副院长率历史研究所任吉东、张献忠等一行四人前往深圳，出席由社会科学文献出版社、深圳大学中国经济特区研究中心共同主办的主题为"学术集刊与学术共同体建设"的第四届人文社会科学集刊年会。

2. 国际学术交流

5月26日，"2015东北亚安全与合作学术研讨会"在天津社会科学院召开。会议由天津社会科学院和俄罗斯科学院远东研究所共同主办，天津社科院东北亚研究所、日本研究所承办。

6月4日，俄罗斯科学院远东研究所代理所长谢·根·卢贾宁教授应邀访问天津社会科学院，并举行"东北亚区域合作与'一带一路'建设"学术报告会。

9月14日，日本山梨学院大学熊达云教授来天津社会科学院进行学术交流，并就当下日本最热门的安保法制问题作了专题讲座。

10月4—8日，张健院长率天津社会科学院学术代表团一行六人前往韩国，出席由天津社会科学院与韩国仁川发展研究院共同主办的"第二届东亚门户城市政策论坛"和由天津社会科学院、韩国国立群山大学校、圆光大学校共同主办的"第十届中韩环黄渤海合作·天津论坛"。

3. 与港澳台学术交流

5月15日，应舆情研究所邀请，南开大学台湾校友会会长、中国现代化文化基金会执行长刘恩廷博士来天津社会科学院作了题为"台湾民主发展的现状和趋势"的学术报告。

8月13日，亚洲犯罪学学会副会长、台湾中正大学副校长杨士隆教授应邀来天津社会科学院访学交流，并作了题为《国际间毒品发展趋势与防治作为》的学术报告。

四、会议综述

中韩日三国合作与共赢
——"第十届环黄渤海合作·群山论坛"

2015年10月6—7日，由天津社会科学院、韩国国立群山大学、韩国圆光大学共同主办，国立群山大学承办的"第十届环黄渤海合作·群山论坛"在国立群山大学隆重召开。论坛自2006年在天津首次举办以来，已在两国连续举办9届，成为两国地方大学和科研机构开展多边交流、互学互鉴、共促发展的重要平台。在开幕式上天津社会科学院张健院长、国立群山大学罗义均总长、圆光大学金道宗总长分别致辞，表达对共谋中韩日合作与共赢的美好期待。韩国国会议员金宽永、柳成叶，全罗北道知事宋河珍，群山市长文东信，新万金开发厅次长田炳国等人致祝词。50多位中韩日学者、社会各界人士出席论坛，就"中韩日三国合作与共赢"进行深入交流、探讨，共话睦邻之谊，同筑共赢之路。与会学者不仅十分重视深挖中韩日三国合作中出现的问题，更强调借鉴作用及现实意义。论坛分三个单元进行研讨，共有14位中韩日学者发言，每单元安排3—5位点评人进行评议。

"一带一路"为东北亚合作带来新机遇
——"2015中俄东北亚安全与合作学术研讨会"

2015年5月26日，"2015中俄东北亚安全与合作学术研讨会"在天津召开。中俄两国学者就"一带一路"与中俄合作、"一带一路"与东北亚区域合作、"一带一路"与日本等相关议题进行了深入分析与研讨。会议由天津社会科学院和俄罗斯科学院远东研究所主办，天津社会科学院东北亚研究所、日本研究所承办。俄罗斯科学院远东研究所日本研究中心主任基斯塔诺夫教授、莫斯科大学经济系经济理论中心主任科农科娃教授，以及来自中国人民大学、南开大学、黑龙江省社会科学院、天津社会科学院东北亚研究所和日本研究所的20多位专家学者参加了研讨会。天津社会科学院副院长信金爱研究员主持会议。

五、学术社团、期刊

1. 研究中心

天津社会科学院市情研究中心，分管科研工作副院长主管，研究天津市情及经济社会发展现状。

天津社会科学院社会主义核心价值观研究中心，执行主任杨义芹，研究社会主义核心价值观内涵。

天津社会科学院天津历史文化研究中心，执行主任闫立飞，研究天津地方文化的历史渊源、发展脉络、突出特点。

天津社会科学院东北亚区域合作中心，执行主任信金爱，研究东北亚地区国际关系问题以及东北亚地区各国政治经济文化的历史与现状。

天津社会科学院社会治理与公共政策研究中心，执行主任王来华，研究天津社会治理工作中的重大理论问题和现实问题。

天津社会科学院京津冀及城市群发展研究中心，执行主任蔡玉胜，研究京津冀协同发展重大理论和现实问题。

2. 期刊

**《天津社会科学》**

《天津社会科学》是天津社会科学院主办的哲学社会科学综合性学术刊物。1981年创刊，现任主编赵景来。《天津社会科学》坚持正确的办刊宗旨，倡导"提出新问题，发表新观点，传播新信息"，坚持探索，勇于创新，密切关注现实，致力于探讨改革开放中的重大理论问题，相继荣获"首届全国优秀社科学术理论期刊提名奖""第二届百种全国重点社科期刊奖""第二届国家期刊奖百种重点期刊""第三届国家期刊奖提名奖""百强社科期刊""百强社科期刊"；并入选"中国人文社会科学核心期刊""全国中文核心期刊""中文社会科学引文索引（CSSCI）来源期刊""中国学术期刊综合评价数据库"。2012年入选"国家社科基金资助期刊"。

2015年共出刊6期（双月刊），约165万字，选用了王峰明《资本、资本家与资本主义——从马克思看皮凯蒂的〈21世纪资本论〉》、孙乐强《皮凯蒂为21世纪重写〈资本论〉了吗?》、吴志成等《"一带一路"战略实施中的中国海外利益维护》、高春芽《国家治理视野中的民主发展：目标与路径》、李杨《"记录历史"与"创造历史"——论斯诺〈西行漫记〉的历史诗学》、俞祖华《欧洲文艺复兴的引介与近代中国民族复兴思潮》等重点文章。

**《道德与文明》**

《道德与文明》杂志创刊于1982年，是改革开放后我国第一家伦理学专业期刊，中国伦理学会会刊，由中国伦理学会和天津社会科学院合办，编辑部设在天津。《道德与文明》是中国人文社会科学权威期刊、全国中文核心期刊、中文社会科学引文索引（CSSCI）来源期刊、中国北方地区优秀期刊、国家社科基金资助期刊。该刊原名为《伦理学与精神文明》，1985年更名为《道德与文明》，现任主编为万俊人、杨义芹，开本为16开10印张。

2013年以编辑部为主体成立天津社会科学院伦理学研究所,采用科研与编辑合一的办刊体制。常设有伦理学基础理论、马克思主义伦理思想、中外伦理思想史、应用伦理学、公民道德建设、社会主义核心价值观、探索与争鸣、学术动态与综述、新著评介等栏目。该刊目前采用远程网络投稿系统,并聘请相关外审专家匿名审稿,以确保审稿的程序性和公正性。

2015年共出刊6期(双月刊),约170万字,代表性文章有彭怀祖《"己所不欲,勿施于人"的当代道德价值——对俞吾金先生〈黄金律令,还是权力意志〉一文的商榷》;邓安庆《第一哲学作为伦理学——以斯宾诺莎为例》;王泽应《宋代士大夫"以天下为己任"的伦理精神述论》;曹刚《诉讼调解的伦理辩护》;Peter Singer著,郑林娟、张晶译《生命和死亡判定的伦理变迁》;唐文明《人伦理念的普世意义及其现代调适——略论现代儒门学者对五伦观念的捍卫与重构》;田海平《生命伦理学的中国话语及其"形态学"视角》。

### 《东北亚学刊》

《东北亚学刊》(双月刊)由天津社会科学院东北亚研究所主要主办,现任主编张景诗,该刊是以研究东北亚地区政治、经济和国际关系研究为重点的学术理论刊物。《东北亚学刊》创办于2000年1月,2011年底获准公开出版发行。

《东北亚学刊》现已入列《中国社会科学院创新工程科研评价核心期刊增补名录》,被《中国人文社会科学期刊评价报告(AMI)》引文数据库和"国家哲学社会科学学术期刊数据库"收录为来源期刊,并可通过中国知网和维普网全文检索。

2015年《东北亚学刊》共出版发行6期,合计60万字,代表性文章包括:金灿荣、孙西辉《从APEC看2014年中国外交》,张季风《日本能源形势的基本特征与能源战略新调整》。

## 第五节 重点成果

### 一、2014年以前获省部级以上奖项科研成果

**全国精神文明建设"五个一工程"奖(共6项)**

| 作品题目 | 本院作者 | 评奖时间 |
| --- | --- | --- |
| 《中华五千年美德》丛书 | 温克勤 | 1993年度 |
| 社会主义市场经济与集体主义道德 | 温克勤 | 1993年度 |
| 《沽上春秋》百年风云丛书分册 | 罗澍伟 | 1994年度 |
| 邓小平运用矛盾理论的高超艺术 | 张景荣 | 1994年度 |
| 大城市精神文明建设的时代特征 | 李超元、周路参加 | 1996年度 |
| 村民自治的理论与实践 | 唐忠新参加 | 2001年度 |

## 天津市社会科学优秀成果奖（共325项）

### 第一届（1984年）共31项

| 作品题目 | 本院作者 | 获奖级别 |
| --- | --- | --- |
| 矛盾的直接同一性的基本含义及其客观普遍性 | 房良钧 | 一等奖（论文） |
| 工人创作的新声、工人文学的新页——谈蒋子龙创作 | 滕 云 | 一等奖（论文） |
| 李商隐诗传 | 钟铭钧 | 二等奖（专著） |
| 先秦易学中的数理问题 | 杨柳桥 | 二等奖（论文） |
| 鲁迅论艺术美 | 吴 火 | 二等奖（论文） |
| 谈古代的家庭道德教育——"家训" | 温克勤 | 二等奖（论文） |
| 经济效果、经济效益与政治经济学（社会主义部分） | 黎 干、管 宓、冯大愚 | 二等奖（论文） |
| 试论经济中心的作用 | 鄢淦五等合作 | 二等奖（论文） |
| 商品流通规模应当同生产和消费相适应 | 郑 宁、鄢淦五 | 二等奖（论文） |
| 技术进步是战后日本出口贸易高速发展的决定因素——论日本是怎样打入世界市场的 | 盛继勤 | 二等奖（论文） |
| 关于《红楼梦》后四十回的著作权问题 | 王昌定 | 二等奖（论文） |
| 谈孙犁小说的形象塑造 | 黄泽新 | 二等奖（论文） |
| 西学在封建末期的中国与日本 | 吕万和、罗澍伟 | 二等奖（论文） |
| 论清政府与义和团的关系 | 廖一中 | 二等奖（论文） |
| 诗词曲格律纲要 | 涂宗涛 | 三等奖（专著） |
| 论教师的职业修养 | 刘锡钧 | 三等奖（论文） |
| 有关城市经济学研究的几个问题的意见 | 黎 干 | 三等奖（论文） |
| 论沿海城市的地位和作用 | 王 强 | 三等奖（论文） |
| 在调整中前进的天津机械工业——天津市一机局系统机械工业调查 | 赵 阳、路广业、杨学军 | 三等奖（论文） |
| 略论海港在国民经济发展中的作用——兼论海港与沿海城市及内地的关系 | 邹 凤、刘东涛等 | 三等奖（论文） |
| 再生产两个部类的原理和我国生产结构问题 | 傅 韬 | 三等奖（论文） |
| 试论人口质量的研究 | 黎宗献（特邀人员） | 三等奖（论文） |
| 认真搞好天津农业经济结构的调整 | 包永江 | 三等奖（论文） |
| 我国农业剩余劳动力的转移途径和模式浅议 | 傅政德 | 三等奖（论文） |
| 关于"文学是一面镜子"的论辩 | 王 南 | 三等奖（论文） |

续表

| 作品题目 | 本院作者 | 获奖级别 |
| --- | --- | --- |
| 李大钊同志与《言治》 | 刘民山 | 三等奖（论文） |
| 日本古代部民性质初探 | 王金林 | 三等奖（论文） |
| 社会学与历史唯物主义 | 潘允康 | 三等奖（论文） |
| 一九八五年国内自行车市场需求量预测 | 郑宁等合作 | 三等奖（论文） |
| 解放战争时期的天津学生运动 | 左建、秦戈 | 三等奖（资料文） |
| 中国共产党历史讲义 | 李锦坤等合作 | 三等奖（教材） |

第二届（1986年）共48项

| 作品题目 | 本院作者 | 获奖级别 |
| --- | --- | --- |
| 平衡是矛盾的暂时的相对的统一 | 房良钧 | 一等奖（论文） |
| 多元化的典型观 | 滕云 | 一等奖（论文） |
| 简明日本古代史 | 王金林 | 二等奖（专著） |
| 简明日本近代史 | 吕万和 | 二等奖（专著） |
| 论形象思维的普遍性 | 王南 | 二等奖（论文） |
| 迎接技术革命挑战加速实现天津市产业结构的转变 | 张峻山等合作 | 二等奖（论文） |
| 战后日本是怎样解决能源供需矛盾的 | 盛继勤 | 二等奖（论文） |
| 天津市工业结构与布局的分析 | 王达洲执笔 | 二等奖（论文） |
| 略论《歧路灯》第五回及李绿园的创作思想 | 王昌定等合作 | 二等奖（论文） |
| 从生活原料中抽取艺术真实——学习马克思主义真实观 | 黄泽新 | 二等奖（论文） |
| 刘半农评传 | 鲍晶 | 二等奖（论文） |
| 天津市资本主义工商业社会主义改造的胜利 | 梁占鳌、陈运泽、石火、张竹涛 | 二等奖（论文） |
| 美育书简 | 徐恒醇 | 二等奖（资料书） |
| 马克思《1844年经济学哲学手稿》 | 张景荣、岳田 | 二等奖（资料书） |
| 天津历史人口的状况 | 刘洪奎 | 二等奖（资料文） |
| 清代经济史简编 | 郭蕴静 | 三等奖（专著） |
| 古谚与道德 | 温克勤 | 三等奖（论文） |
| 美感的直接性和间接性 | 马觉民 | 三等奖（论文） |
| 庄子"三言"试论 | 杨柳桥 | 三等奖（论文） |
| 老子非文化观剖析 | 李超元 | 三等奖（论文） |
| 马克思的假象概念 | 周振选 | 三等奖（论文） |

续表

| 作品题目 | 本院作者 | 获奖级别 |
|---|---|---|
| 我国城市的现状、特点和作用 | 刘洪奎 | 三等奖（论文） |
| 经济中心与经济联合 | 鄢淦五等合作 | 三等奖（论文） |
| 天津港的历史、现状和发展中的一些问题 | 刘东涛、邹凤等 | 三等奖（论文） |
| 按劳分配与社会主义经济效益 | 黎干、管宓、冯大愚 | 三等奖（论文） |
| 论天津市水资源与工农业发展关系 | 王强等 | 三等奖（论文） |
| 天津食品工业调查 | 路广业 | 三等奖（论文） |
| 一个值得重视的行业管理形式 | 韩士元、孙鸿武 | 三等奖（论文） |
| 天津城市雇工调查 | 唐建宇、杨学军等 | 三等奖（论文） |
| 技术进步经济增长与就业问题 | 郝一生 | 三等奖（论文） |
| 战后日本的银行体系的形成及其特点 | 金光根 | 三等奖（论文） |
| 南斯拉夫的利用外资问题 | 陈国锋 | 三等奖（论文） |
| 天津农业经济发展问题 | 傅政德等 | 三等奖（论文） |
| 重视对孙冶方流通理论的研究 | 郑宁 | 三等奖（论文） |
| "风格"试解 | 王之望 | 三等奖（论文） |
| 浅评《新世界》与《十月》的文学论争 | 谭思同 | 三等奖（论文） |
| 浅评中国寓言的起源 | 赵沛霖 | 三等奖（论文） |
| 记载猗 | 廖一中 | 三等奖（论文） |
| 天津的近代早期民族工业 | 刘民山 | 三等奖（论文） |
| 战后日本教育思想的演变及其发展趋势 | 刘剑乔 | 三等奖（论文） |
| 再论我国城市的家庭和家庭结构 | 潘允康 | 三等奖（论文） |
| 简论青少年犯罪的"综合治理" | 胡汝泉 | 三等奖（论文） |
| 探讨有中国特色的社会主义的方法论问题 | 胡汝泉等合作 | 三等奖（论文） |
| 第一劝银财团概貌 | 盛继勤、由其民 | 三等奖（译著） |
| 社会学浅谈 | 王辉 | 三等奖（通俗读物） |
| 麦加拉学派 | 齐云山 | 三等奖（译文） |
| 苏联工资制度改革概况 | 刘重 | 三等奖（资料文） |
| 晋察冀文艺运动大事记 | 张学新 | 三等奖（资料文） |

续表

| 第三届（1988年）共31项 |||
|---|---|---|
| 作品题目 | 本院作者 | 获奖级别 |
| 中心城市的经济理论与实践 | 鄢淦五等合作 | 一等奖（专著） |
| 工业结构研究 | 主　编：赵　阳<br>副主编：路广业<br>王达洲　王世全、<br>刘　重、张克生 | 二等奖（专著） |
| 古代的日本（古代日本，以邪马台国为中心） | 王金林 | 二等奖（专著） |
| 兴：宗教道德观念内容向艺术形式的积淀 | 赵沛霖 | 二等奖（论文） |
| 贫富道德观念的演变及富与德的关系 | 温克勤 | 二等奖（论文） |
| 论科学社会主义的理论体系 | 荣长海等合作 | 二等奖（论文） |
| 阿城的"半文化小说" | 滕　云 | 二等奖（论文） |
| 现代社会研究方法 | 许　真 | 二等奖（译著） |
| 天津农业经济概况 | 傅政德等 | 二等奖（资料） |
| 《红楼梦》艺术探 | 王昌定 | 三等奖（专著） |
| 文学风格论 | 王之望 | 三等奖（专著） |
| 辛弃疾词传 | 钟铭钧 | 三等奖（专著） |
| 青少年犯罪综合治理对策学 | 周　路、胡汝泉等 | 三等奖（专著） |
| 论欲望的道德化 | 丁大同 | 三等奖（论文） |
| 要把第三产业真正当作"产业"来办 | 张朝中 | 三等奖（论文） |
| 试论消费城市 | 卢　卫 | 三等奖（论文） |
| 京津地区在我国经济发展中的战略地位与经济区建设 | 黎干、张克生 | 三等奖（论文） |
| 对天津仓储体制改革与社会化服务的调查与思考 | 冯大愚等合作 | 三等奖（论文） |
| 关于物资流通体制改革的几个问题 | 郑　宁等合作 | 三等奖（论文） |
| 试论我国的企业集团 | 孙鸿武 | 三等奖（论文） |
| 谈我国技术市场的几个问题 | 刘　重 | 三等奖（论文） |
| 艾青在延安时期的诗 | 王玉树 | 三等奖（论文） |
| 新时期文学的现实主义流向 | 黄泽新 | 三等奖（论文） |
| 论早期天津商会的性质与作用 | 胡光明 | 三等奖（论文） |
| 辛亥革命时期优待清室条件的产生及其评价 | 罗澍伟 | 三等奖（论文） |
| 创造性教育初探 | 刘　潮 | 三等奖（论文） |
| 简明中国古代史 | 罗宏曾 | 三等奖（教材） |

续表

| 作品题目 | 本院作者 | 获奖级别 |
| --- | --- | --- |
| 家庭社会学 | 潘允康 | 三等奖（教材） |
| 荀子诂译 | 杨柳桥 | 三等奖（资料） |
| 刘半农研究资料 | 鲍晶 | 三等奖（资料） |
| 俞平伯研究资料 | 孙玉蓉 | 三等奖（资料） |

第四届（1991年）共28项

| 作品题目 | 本院作者 | 获奖级别 |
| --- | --- | --- |
| 科学社会主义：理论·运动·社会制度 | 荣长海等合作 | 一等奖（专著） |
| 兴的源起——历史积淀与诗歌艺术 | 赵沛霖 | 一等奖（专著） |
| 天津简史 | 课题组 | 一等奖（专著） |
| 工业公司研究 | 孙鸿武、韩士元 | 二等奖（专著） |
| 明治维新与中国 | 吕万和 | 二等奖（专著） |
| 奈良文化与唐文化 | 王金林 | 二等奖（专著） |
| 中国人口（天津分册） | 王强等合作 | 二等奖（专著） |
| 中国城市婚姻家庭 | 潘允康等 | 二等奖（专著） |
| 二十一世纪发展中国家的农村趋势 | 傅政德 | 二等奖（论文） |
| 文学的自失与自寻 | 滕云 | 二等奖（论文） |
| 过渡论 | 房良钧 | 二等奖（论文） |
| 社会主义初级阶段的理论与实践 | 荣长海 | 三等奖（专著） |
| 大学生思想政治工作系统工程 | 李锦坤等 | 三等奖（专著） |
| 战后日本国民经济基础结构 | 盛继勤 | 三等奖（专著） |
| 技术美学原理 | 徐恒醇 | 三等奖（专著） |
| 老子释义 | 卢育三 | 三等奖（专著） |
| 天津经济社会发展战略的几个问题 | 王强 | 三等奖（论文） |
| 试论社会主义市场体系的总体构造 | 刘东涛 | 三等奖（论文） |
| 天津市重化工业外向型战略与滨海地区的产业配置 | 张克生 | 三等奖（论文） |
| 大城市肉蛋市场景气波动引起的反思 | 包永江 | 三等奖（论文） |
| 李大钊与天津 | 刘民山 | 三等奖（论文） |
| 北洋时期官僚私人投资与天津近代工业 | 宋美云 | 三等奖（论文） |
| 天津城市环境美的史学构思 | 胡光明 | 三等奖（论文） |
| 孔孟伦理思想中的主体性观念 | 闻明、温克勤 | 三等奖（论文） |
| 陈亮的义利观 | 魏德东 | 三等奖（论文） |

续表

| 作品题目 | 本院作者 | 获奖级别 |
| --- | --- | --- |
| 中国伦理学史上的廉洁范畴 | 丁大同 | 三等奖（论文） |
| 郁离子评注 | 傅正谷 | 三等奖（通俗读物） |
| 农村社会学 | 唐忠新 | 三等奖（教材） |

第五届（1993年）共20项

| 作品题目 | 本院作者 | 获奖级别 |
| --- | --- | --- |
| 中国城郊发展研究 | 包永江 | 二等奖（专著） |
| 中国城乡居民生活方式理论研究 | 唐忠新等合作 | 二等奖（专著） |
| 经济技术开发区研究 | 郑宁、韩继东 | 三等奖（专著） |
| 八十年代天津工业发展研究 | 孙鸿武、张克生 | 三等奖（专著） |
| 农业规模经济学 | 傅政德、冯大愚等 | 三等奖（专著） |
| 明治的经济发展与中国（日文） | 周启乾 | 三等奖（专著） |
| 马克思、恩格斯的矛盾同一性思想 | 房良钧 | 三等奖（专著） |
| 社会主义民主政治建设论纲 | 荣长海等合作 | 三等奖（专著） |
| 技术美学 | 徐恒醇、马觉民、张博颖、张楠 | 三等奖（专著） |
| 社会改革与心理障碍 | 潘允康、关颖 | 三等奖（专著） |
| 天津近代经济史 | 周祖常等合作 | 三等奖（专著） |
| 天津商会档案汇编 | 胡光明等 | 三等奖（工具书） |
| 中国历代文献精粹大典 | 门岿等 | 三等奖（工具书） |
| 从政史鉴 | 罗宏曾、佟飞 | 三等奖（通俗读物） |
| 屈原在我国神话思想史上的地位和贡献 | 赵沛霖 | 三等奖（论文） |
| 评"个人本位主义" | 温克勤 | 三等奖（论文） |
| 论科学社会主义学说的历史发展 | 荣长海 | 青年佳作奖（专著） |
| 城市房地产市场管理 | 卢卫 | 青年佳作奖（专著） |
| 中国民众的宗教意识 | 范丽珠 | 青年佳作奖（论文） |
| 中国古代技术美学思想三题议 | 张博颖 | 青年佳作奖（论文） |

第六届（1996年）共17项

| 作品题目 | 本院作者 | 获奖级别 |
| --- | --- | --- |
| 经济改革的社会观 | 潘允康、张文宏 | 二等奖（专著） |
| 近代天津城市史 | 罗澍伟等 | 二等奖（专著） |
| 中国社会主义道路的特殊性 | 荣长海等 | 二等奖（专著） |

续表

| 作品题目 | 本院作者 | 获奖级别 |
| --- | --- | --- |
| 论《诗经》的神话学价值 | 赵沛霖 | 二等奖（论文） |
| 中国梦文学史 | 傅正谷 | 三等奖（专著） |
| 当代实证犯罪学 | 周路等 | 三等奖（专著） |
| 亚太经济探微——日本韩国等地区生产力经济考察 | 冯大愚　孙明华、王爱兰、樊奇洲 | 三等奖（专著） |
| 毛泽东哲学的历史地位 | 房良钧 | 三等奖（论文） |
| 试论心理健康日益恶化的主要原因及其控制 | 李强 | 三等奖（论文） |
| 论新形势下的老工业基地改造 | 孙鸿武 | 三等奖（论文） |
| 科学技术、经济社会、生态环境协调发展中的感性和理性决策 | 傅政德等 | 三等奖（论文） |
| 改造"大批发"重构主渠道 | 刘东涛、张峻山 | 三等奖（论文） |
| 后现代建筑及其对中国的影响 | 史建 | 青年佳作奖（论文） |
| 《沽上春秋》百年风云丛书分册 | 罗澍伟 | 荣誉奖（专著） |
| 中华五千年美德丛书 | 温克勤等 | 荣誉奖（专著） |
| 社会主义市场经济与集体主义道德 | 温克勤 | 荣誉奖（论文） |
| 邓小平运用矛盾理论的高超艺术 | 张景荣 | 荣誉奖（论文） |

第七届（1999年）共11项

| 作品题目 | 本院作者 | 获奖级别 |
| --- | --- | --- |
| 矛盾存在形态论 | 张景荣 | 二等奖（专著） |
| 理性与情感世界对话——科技美学 | 徐恒醇 | 三等奖（专著） |
| 日本在华北经济统治掠夺史 | 张利民　居之芬 | 三等奖（专著） |
| 侦探小说学 | 黄泽新等 | 三等奖（专著） |
| 跨世纪的利用外资与技术引进 | 何玉清、闫金明、王忠文 | 三等奖（专著） |
| 住房与中国城市的家庭结构——区位学理论思考 | 潘允康、关颖等 | 三等奖（论文） |
| 论天津社会治安综合治理的机制 | 周路 | 三等奖（论文） |
| 1997—1998年天津经济社会形势分析与预测 | 万新平等 | 三等奖（调研报告） |
| 梨园相思树 | 鲍震培 | 青年佳作奖（专著） |
| 中国古代的商人 | 刘文智、王兆祥 | 青年佳作奖（专著） |
| 老年生活保障与对社区的依赖 | 王来华等 | 青年佳作奖（论文） |

续表

### 第八届（2002年）共27项

| 作品题目 | 本院作者 | 获奖级别 |
| --- | --- | --- |
| 九十年代邓小平理论研究 | 李锦坤等 | 一等奖（专著） |
| 天津工业直接利用外资研究 | 孙鸿武等 | 一等奖（专著） |
| 我国新世纪发展的指导原则——学习江泽民关于发展问题的重要论述 | 荣长海、张春新 | 一等奖（论文） |
| 生态美学 | 徐恒醇 | 二等奖（专著） |
| 解读人居——中国城市住宅发展的理论思考 | 卢 卫 | 二等奖（专著） |
| 社会学视野中的家庭教育 | 关 颖 | 二等奖（专著） |
| 中国社会治安综合治理机制论 | 周路等 | 二等奖（专著） |
| 俞平伯年谱 | 孙玉蓉 | 二等奖（专著） |
| 日本两次跨世纪的变革 | 张 健、王金林 | 二等奖（专著） |
| 三代中共领导人的文化观 | 张景荣 | 二等奖（论文） |
| 从国际资产证券化浪潮看天津资本市场发展战略取向 | 王立国 | 二等奖（论文） |
| 加强社会舆情和思想动态调研，牢牢把握思想政治工作主动权 | 王来华等合作 | 二等奖（研究报告） |
| 社会主义精神文明建设论纲（上、下） | 杨立新 | 三等奖（专著） |
| 天津市率先基本实现农业现代化研究 | 韩士元等 | 三等奖（专著） |
| 城郊型乡镇企业的"二次创业" | 包永江等 | 三等奖（专著） |
| 贫富分化的社会学研究 | 唐忠新 | 三等奖（专著） |
| 民国北派通俗小说论丛 | 张元卿 | 三等奖（专著） |
| 中华文化通志·艺文典·曲艺杂技志 | 鲍震培等 | 三等奖（专著） |
| 略论虚拟性实践的基本特征和价值 | 李超元 | 三等奖（论文） |
| 关于"普遍伦理"若干问题研究综述 | 赵景来 | 三等奖（论文） |
| 国企脱困攻坚，改革领导体制是关键 | 刘立均 | 三等奖（论文） |
| 天津市未来50年人口发展趋势预测 | 雷 鸣 | 三等奖（论文） |
| 从过度竞争到有效竞争：我国产业组织发展的必然选择 | 牛桂敏 | 三等奖（论文） |
| "白领"与现代社会结构 | 潘允康 | 三等奖（论文） |
| 从超经济强制到关系性合意——对私营企业主政治参与过程的一种分析 | 李宝梁 | 三等奖（论文） |

| 作品题目 | 本院作者 | 获奖级别 |
| --- | --- | --- |
| 抗战期间日本对华北经济统治方针政策的制定和演变 | 张利民 | 三等奖（论文） |
| 中国钱币学辞典（上、下） | 唐石父 | 三等奖（工具书） |

### 第九届（2004年）共24项

| 作品题目 | 本院作者 | 获奖级别 |
| --- | --- | --- |
| 群众性精神文明创建活动导论 | 杨立新 | 一等奖（专著） |
| 台湾历史文化渊源 | 姚同发 | 一等奖（专著） |
| 建设有中国特色社会主义理论 | 荣长海等 | 二等奖（专著） |
| 毛泽东战略思想研究 | 李锦坤等 | 二等奖（专著） |
| 机遇论 | 房良钧 | 二等奖（专著） |
| 当代文艺发展的必由之路 | 王之望 | 二等奖（专著） |
| 近代环渤海地区经济与社会研究 | 张利民等 | 二等奖（专著） |
| 信息化带动工业化的理论与策略 | 王爱兰 | 二等奖（专著） |
| 个人信用交易：理论架构与操作要略 | 王立国等 | 二等奖（专著） |
| 社会变迁中的家庭——家庭社会学 | 潘允康 | 二等奖（专著） |
| 清代女作家弹词小说论稿 | 鲍震培 | 三等奖（专著） |
| 近代天津商会 | 宋美云 | 三等奖（专著） |
| WTO会改变中国经济吗？ | 刘重 | 三等奖（专著） |
| "十五"期间天津经济社会发展前瞻 | 卢卫等 | 三等奖（专著） |
| 社会预测导论 | 阎耀军等 | 三等奖（专著） |
| 论文化的力量 | 张景荣等 | 三等奖（论文） |
| 关于"现代性"若干问题研究综述 | 赵景来 | 三等奖（论文） |
| 略论骆驼祥子的悲剧 | 张春生 | 三等奖（论文） |
| 日本终身雇佣制的过去、现状及今后的发展趋势 | 程永明 | 三等奖（论文） |
| 资本市场发展与我国货币政策的有效传导 | 陈柳钦 | 三等奖（论文） |
| 中国大城市文化产业综合评价指标体系研究 | 王琳 | 三等奖（论文） |
| 试论开放经济中的政府职能 | 阎金明 | 三等奖（论文） |
| 试论依法治市工作评估的指标体系 | 丛梅等 | 三等奖（论文） |
| 私营企业主的思想形态与行为方式分析：社会网的观点 | 李宝梁 | 三等奖（论文） |

续表

| 第十届（2006年）共23项 |||
|---|---|---|
| 作品题目 | 本院作者 | 获奖级别 |
| "三个代表"重要思想对科学社会主义的发展 | 荣长海等 | 一等奖（专著） |
| 邓小平战略思想研究 | 张景荣等 | 二等奖（专著） |
| 通俗文艺学 | 黄泽新等 | 二等奖（专著） |
| 华北城市经济近代化研究 | 张利民 | 二等奖（专著） |
| 城市经济发展专论 | 韩士元 | 二等奖（专著） |
| 现代经济预测 | 卢 卫等 | 二等奖（专著） |
| 企业竞争力 | 孙明华等 | 二等奖（专著） |
| 舆情研究概论——理论、方法和现实热点 | 王来华等 | 二等奖（专著） |
| 中国哲学的合法性问题研究述要 | 赵景来 | 二等奖（论文） |
| 社会稳定的计量与预警预控管理系统的构建 | 阎耀军 | 二等奖（论文） |
| 马克思主义在当代中国的新发展——文化建设论 | 杨义芹等 | 三等奖（专著） |
| 天津现代文学史稿 | 郭武群 | 三等奖（专著） |
| 诗词曲答问——《诗词曲格律纲要》 | 涂宗涛 | 三等奖（专著） |
| 吕留良年谱长编 | 卞僧慧 | 三等奖（专著） |
| 空间与社会：近代天津城市的演变 | 刘海岩 | 三等奖（专著） |
| 《明史·刑法志》考注 | 王伟凯 | 三等奖（专著） |
| 城市经济发展前沿——天津经济焦点透析 | 阎金明 | 三等奖（专著） |
| 反倾销 | 刘 重 | 三等奖（专著） |
| 法律、社会与犯罪——迪尔凯姆法律社会学与犯罪学思想研究 | 刘晓梅 | 三等奖（专著） |
| 城市未成年人犯罪与家庭 | 关 颖 | 三等奖（专著） |
| 中国城市社区建设概论 | 唐忠新 | 三等奖（专著） |
| 循环经济：从超前性理念到体系和制度创新 | 牛桂敏 | 三等奖（论文） |
| 天津经济社会发展对科技的需求及其影响问题研究 | 王立国等 | 三等奖（研究报告） |
| 第十一届（2008年）共24项 |||
| 作品题目 | 本院作者 | 获奖级别 |
| 作为思想体系的"三个代表"重要思想研究 | 荣长海 | 一等奖（专著） |
| 当代中国公民道德建设——国家伦理与市民社会伦理的视角 | 张博颖 | 二等奖（专著） |
| 三星丽天 | 王之望 | 二等奖（专著） |

续表

| 作品题目 | 本院作者 | 获奖级别 |
| --- | --- | --- |
| 现代学术文化思潮与诗经研究——二十世纪诗经研究史 | 赵沛霖 | 二等奖（专著） |
| 当代日本 | 张　健 | 二等奖（专著） |
| 城市新贫困问题研究——对天津市部分下岗失业者的实地调查 | 王来华 | 二等奖（专著） |
| 当代中国先进文化建设论 | 杨立新 | 二等奖（专著） |
| 给孩子的心灵甘露——社会主义荣辱观知与行 | 关　颖 | 二等奖（科普读物） |
| 工资差异、城市生活能力与劳动力转移——一个基于中国背景的分析框架 | 唐茂华 | 二等奖（论文） |
| 论大城市多中心发展模式 | 王光荣 | 二等奖（论文） |
| 论和谐社会构建中的利益格局 | 杨义芹 | 二等奖（论文） |
| 人文科学若干问题研究述要 | 赵景来 | 二等奖（论文） |
| 《如意宝卷》解析——清代天地门教经卷的重要发现 | 濮文起 | 二等奖（论文） |
| 近代城市贫民阶层及其救济探析——以天津为例 | 任云兰 | 二等奖（论文） |
| 明代山东农业开发研究 | 成淑君 | 三等奖（专著） |
| 清代以来天津土地契证档案选编 | 任吉东 | 三等奖（专著） |
| 居住城市化：人居科学的视角 | 卢　卫 | 三等奖（专著） |
| 科技型中小企业竞争战略研究 | 孙明华 | 三等奖（专著） |
| 中国城市新移民的犯罪问题研究——农民工犯罪问题的调查与分析 | 张宝义 | 三等奖（专著） |
| 群体性突发事件与舆情 | 陈月生 | 三等奖（专著） |
| 企业环境绩效与经济绩效 | 王爱兰 | 三等奖（论文） |
| 美国与德国金融制度变迁分析及其思考 | 陈柳钦 | 三等奖（论文） |
| 中国地区经济发展中的地方政府竞争类型分析 | 蔡玉胜 | 三等奖（论文） |
| 恢复性司法框架下的社区犯罪防控 | 刘晓梅 | 三等奖（论文） |

第十二届（2010年）共23项

| 作品题目 | 本院作者 | 获奖级别 |
| --- | --- | --- |
| 艰难的起步——中国近代城市行政管理机制研究 | 张利民 | 一等奖（专著） |
| 20世纪晚期中国学界西方社会科学研究综述 | 赵景来 | 二等奖（论文） |
| 卢卡契美学的开拓性及其当代意义 | 徐恒醇 | 二等奖（论文） |
| 打开历史的尘封——民国报纸文艺副刊研究 | 郭武群 | 二等奖（专著） |
| 理论的文化意志——当下中国文艺学的"元理论"反思 | 张大为 | 二等奖（专著） |

续表

| 作品题目 | 本院作者 | 获奖级别 |
| --- | --- | --- |
| 高新技术产业发展的资本支持研究 | 陈柳钦 | 二等奖（专著） |
| 中国构建和谐社会进程中犯罪防控研究 | 刘晓梅 | 二等奖（专著） |
| 城市社会学理论的发展轨迹及其对和谐城市建设的启示 | 王光荣 | 二等奖（论文） |
| 粉墨功名——元代曲家的文化精神与人生意趣 | 门岿 | 三等奖（专著） |
| 多元性与一体化：近代华北乡村社会治理 | 任吉东 | 三等奖（专著） |
| 日本的联合国外交研究 | 连会新 | 三等奖（专著） |
| 贞操与生存：民国时期天津贫民性行为失范现象探析 | 成淑君 | 三等奖（论文） |
| 近代天津的慈善与社会救济 | 任云兰 | 三等奖（专著） |
| 循环经济发展模式与预测 | 牛桂敏 | 三等奖（专著） |
| 城市生态补偿与循环经济体系的建构 | 信欣 | 三等奖（论文） |
| 政府竞争、增长差异与趋同 | 蔡玉胜 | 三等奖（专著） |
| 论和谐企业的文化要素 | 余桂玲 | 三等奖（专著） |
| 农地制度、劳动力迁移决策及其工资变动——基于"收入补充论"的分析框架 | 唐茂华 | 三等奖（论文） |
| 城市回族社区权力研究——以天津市S社区为例 | 张小蕾 | 三等奖（专著） |
| 走近孩子们的内心世界——城市流浪儿童的生活感受、自我认识和未来设想 | 关颖 | 三等奖（论文） |
| 诉求表达机制研究 | 毕宏音 | 三等奖（专著） |
| 母亲河的变迁：海河与天津城市景观 | 周俊旗 | 三等奖（科普读物） |
| 社区居委会舆情疏导机制研究 | 陈月生 | 三等奖（专著） |

第十三届（2013年）共18项

| 作品题目 | 本院作者 | 获奖级别 |
| --- | --- | --- |
| 天津文学史 | 王之望<br>闫立飞 | 一等奖（专著） |
| 陈寅恪先生年谱长编（初稿） | 卞慧新 | 一等奖（专著） |
| 马克思解放视野中的社会政治生活 | 杨晓东 | 二等奖（专著） |
| 论舆情研究的两个需要 | 王来华 | 二等奖（论文） |
| 城市社区女性赋权与增能——社会性别视角下的城市社区建设研究 | 王小波 | 二等奖（专著） |
| 道德调查与社会主义道德建设 | 杨义芹 | 三等奖（论文） |
| 天地门教抉原 | 濮文起 | 三等奖（论文） |

续表

| 作品题目 | 本院作者 | 获奖级别 |
|---|---|---|
| "后文化批评":经济理性时代的"文化"实践 | 张大为 | 三等奖(论文) |
| 铁路与华北乡村社会变迁1880—1937 | 熊亚平 | 三等奖(专著) |
| 近代天津日本侨民研究 | 万鲁建 | 三等奖(专著) |
| 明中后期科举考试用书的出版 | 张献忠 | 三等奖(论文) |
| 滨海新区文化创意产业发展战略研究 | 王琳 | 三等奖(论文) |
| 劳动力成本上升对经济运行的影响及建议 | 孙明华 尹利 | 三等奖(论文) |
| 城乡一体化进程中土地利用存在的问题与对策 | 蔡玉胜 王安庆 | 三等奖(论文) |
| 乡土自治——系统观与中国传统乡土社会的自组织 | 刘志松 | 三等奖(专著) |
| 重新犯罪实证研究 | 丛梅 | 三等奖(专著) |
| 近期我国社会谣言传播的特点、形成原因及对策研究 | 姜胜洪 | 三等奖(论文) |
| 热点事件背后的新媒体之手——以"宜黄强拆自焚"事件中的微博运行为例 | 毕宏音 | 三等奖(专著) |

**天津市优秀调研成果奖(共144项)**

第一届(1990年)共6项

| 作品题目 | 本院作者 | 获奖级别 |
|---|---|---|
| 静海县经济发展战略 | 王辉、傅政德、孙鸿武、董坤靖、莫振良 | 二等奖 |
| 改革与中国农村未来 | 傅政德 | 三等奖 |
| 对天津市私人企业发展的初步调查及对策思考 | 孙鸿武、雷保中、牛桂敏 | 三等奖 |
| 天津发展乡镇企业的比较研究 | 包永江、毕国华 | 三等奖 |
| 社会治安综合治理初探——河西区治安综合治理的经验分析 | 薛启涵 | 三等奖 |
| 关于组建民间商会及同业公会的几点建议 | 胡光明 | 三等奖 |

第二届(1992年)共6项

| 作品题目 | 本院作者 | 获奖级别 |
|---|---|---|
| 关于天津工业结构调整应当深入研究的几个问题 | 孙鸿武 | 二等奖 |
| 中外合资企业维护中方利益的问题应引起重视 | 韩士元、林敏志 | 三等奖 |
| 以郊促城、以郊带乡 | 包永江 | 三等奖 |
| 关于当前工商矛盾及强化工商互利机制的建议 | 刘东涛、张峻山、王立国 | 三等奖 |
| 天津犯罪调查系列报告 | 周路等 | 三等奖 |
| 社区服务研究 | 潘允康等合作 | 三等奖 |

续表

| 第三届（1994 年）共 8 项 |||
|---|---|---|
| 作品题目 | 本院作者 | 获奖级别 |
| 增强思想政治工作针对性和有效性的对策研究 | 李锦坤等 | 三等奖 |
| 在"北方浦东"辟建中国首家自由港的探讨 | 闫金明 | 三等奖 |
| 对市委、市政府新领导班子的期望和建议 | 包永江 | 三等奖 |
| 天津市开发小区建设调研报告 | 傅政德等 | 三等奖 |
| 企业改革与企业家——华新制药厂的改革报告 | 孙鸿武 陈焕文 | 三等奖 |
| 当前我市犯罪特点和相应对策 | 周　路等 | 三等奖 |
| 大力开发生活工程——天津经济技术开发区应采取的一项新对策 | 郝麦收 | 三等奖 |
| 本市西青区李七庄乡党委抓经济工作的几点做法 | 项　新等 | 三等奖 |

| 第四届（1996 年）共 9 项 |||
|---|---|---|
| 作品题目 | 本院作者 | 获奖级别 |
| 关于巩固发展成功举办第 43 届世乒赛成果的几点思考 | 项　新等 | 二等奖 |
| 关于人民代表大会的民意调查 | 潘允康 | 三等奖 |
| 推进超市、限制集市，是我市城市面貌综合治理的有力举措 | 张克生 | 三等奖 |
| 天津华联商厦的启示——兼论社会主义市场经济条件下如何搞好国有商业企业 | 李正中等 | 三等奖 |
| 对天津市八千名罪犯的普查 | 周　路 张宝义 | 三等奖 |
| 43 届世乒赛舆情调研系列 | 郝麦收、张春生、张博颖 | 三等奖 |
| 把权利亮到明处——蓟县推行办事公开制度的调查 | 项　新等 | 三等奖 |
| 把群众性学先进模范人物活动不断引向深入 | 项　新等合作 | 三等奖 |
| 加强精神文明建设，促进社会全面进步 | 荣长海、李超元等 | 三等奖 |

| 第五届（1998 年）共 7 项 |||
|---|---|---|
| 作品题目 | 本院作者 | 获奖级别 |
| 天津市区待业人员情况调查报告 | 万新平 王来华 | 二等奖 |
| 对我市 1996 年入监罪犯的定量分析 | 周　路 | 三等奖 |
| 关于完善发展私营经济外部环境的几点建议 | 孙鸿武 | 三等奖 |
| 老年热点问题研究 | 郝麦收 | 三等奖 |
| 人与社区——来自和平区新兴街的调查 | 唐忠新等 | 三等奖 |
| 东亚抵羊集团发展战略研究报告 | 宋仁一、陈焕文 | 三等奖 |
| 强化国有企业领导干部的监督机制 | 郝麦收、李正中等合作 | 三等奖 |

续表

| 第六届（2000 年）共 9 项 |||
| --- | --- | --- |
| 作品题目 | 本院作者 | 获奖级别 |
| 天津市利用高新技术改造传统产业发展规划的研究 | 孙鸿武等 | 一等奖 |
| 百名专家学者对天津市经济社会形势分析与预测问卷调查报告 | 万新平、王来华等 | 二等奖 |
| 1999 年天津市犯罪情况调查研究报告 | 周　路等 | 三等奖 |
| 天津市城乡老年人基本需求调查 | 郝麦收 | 三等奖 |
| 选择与重构：当前审美文化消费的社会学探索 | 张博颖 | 三等奖 |
| 北京、上海、重庆、广州、山东、辽宁经济增长点的选择培育及其对天津的启示 | 王爱兰 | 三等奖 |
| 天津市大中型工业企业扭亏脱困问题研究报告 | 陈焕文、宋仁一 | 三等奖 |
| 利用外资与天津支柱产业的发展 | 牛桂敏 | 三等奖 |
| 进一步发挥天津港保税区对天津及北方经济发展的示范带动作用 | 阎金明等合作 | 三等奖 |
| 第七届（2002 年）共 18 项 |||
| 作品题目 | 本院作者 | 获奖级别 |
| 关于我市实施住房抵押贷款证券研究 | 卢　卫、王忠文等合作 | 二等奖 |
| 天津旅游产业地位的确定及 21 世纪发展趋势预测 | 万新平、王　琳、刘红娟等合作 | 二等奖 |
| 为天津市设计一个新景点——为旅游配套建立一条娱乐街 | 门　岿 | 三等奖 |
| 天津农业和农村经济全面上水平的思考 | 韩士元 | 三等奖 |
| 对天津资本市场发展战略的再思考 | 王立国 | 三等奖 |
| 天津、北京、上海、重庆综合经济实力比较和天津跨越式发展战略实施对策研究 | 王爱兰 | 三等奖 |
| 天津市工业发展三年调整规划 | 陈焕文、宋仁一、王世全 | 三等奖 |
| 天津工业现代物流现状及对策建议 | 郑勤朴 | 三等奖 |
| 天津"十五"时期社会发展战略研究 | 潘允康、张宝义、王　琳 | 三等奖 |
| 天津社会结构的变革对社区建设的新要求——来自和平区的调研报告 | 唐忠新 | 三等奖 |
| 2000 年天津市社会舆情和思想动态万人问卷调查 | 万新平、王来华等 | 三等奖 |
| 2000 年天津市"外宣资源"情况调查研究报告 | 陈月生、林　竹、余桂玲 | 三等奖 |
| 空巢老人的现状与未来 | 郝麦收等 | 三等奖 |
| 关于我市参与西部大开发的几点建议 | 孙鸿武、陈月生 | 三等奖 |
| 发展天津环境产业，创造新经济增长点 | 牛桂敏 | 三等奖 |
| 打造文化产业经济新平台增强城市综合竞争能力 | 王　琳等 | 三等奖 |

续表

| 作品题目 | 本院作者 | 获奖级别 |
| --- | --- | --- |
| 关注流动人口子女的生存、教育与发展 | 关 颖等 | 三等奖 |
| 邓小平理论与南开区的发展实践 | 张景荣等 | 三等奖 |

第八届（2004年）共16项

| 作品题目 | 本院作者 | 获奖级别 |
| --- | --- | --- |
| 天津市"法轮功"劳教人员情况调查 | 周 路 | 二等奖 |
| 进城务工青年生活、工作和需求状况及对天海公寓未来发展的思考 | 关 颖 | 二等奖 |
| "十五"时期保持天津经济快速发展的对策思考 | 牛桂敏 | 二等奖 |
| 关于举办"我爱天津"电视知识大奖赛的建议 | 王之望 | 三等奖 |
| 天津住宅市场化水平测度及进一步发展住宅市场的对策 | 韩士元、王爱兰、毕于榜 | 三等奖 |
| 谈WTO背景下的沿海都市型农业 | 阎金明 | 三等奖 |
| 天津实施信息化带动工业化战略中面临的问题及对策 | 王爱兰 | 三等奖 |
| 城市家庭问题社区干预的思考 | 汪 洁 | 三等奖 |
| 我市青少年犯罪的日时段分布规律及预防对策 | 张宝义 | 三等奖 |
| 关于我市犯罪地域、场所分布特点及防范对策 | 王志强、张智宇 | 三等奖 |
| 天津市区居民生活质量问卷调查分析报告 | 王来华、陈月生、李 莹 | 三等奖 |
| 天津市发展服务贸易的思考与建议 | 刘 重 | 三等奖 |
| 中国大城市文化产业综合评价指标体系研究 | 王 琳 | 三等奖 |
| 天津的城市建设追求 | 周俊旗 | 三等奖 |
| 关于构建天津企业信用认证体系的建议 | 阎金明、刘 重 | 三等奖 |
| 国际生产要素转移与京津塘高速公路经济带发展 | 阎金明等 | 三等奖 |

第九届（2006年）共15项

| 作品题目 | 本院作者 | 获奖级别 |
| --- | --- | --- |
| 关于"十一五"期间天津经济社会发展总体思路的研究报告 | 王立国等 | 一等奖 |
| "十一五"期间天津市面临的发展环境和战略机遇问题研究 | 李锦坤、王立国、杨立新、阎金明、卢 卫 | 二等奖 |
| 关于把装备制造业培育成我市新的支柱产业的建议对策 | 韩士元 | 二等奖 |
| 关于我市发展社区服务经济的建议 | 潘允康 | 二等奖 |
| 关于加快天津市再生资源回收利用产业发展的建议 | 王爱兰 | 三等奖 |
| 产业集群与产业竞争力 | 陈柳钦 | 三等奖 |
| 《未成年人保护法》修改建议 | 关 颖 | 三等奖 |
| 关于建立现代城市导视系统的建议 | 阎耀军 | 三等奖 |

续表

| 作品题目 | 本院作者 | 获奖级别 |
| --- | --- | --- |
| 天津市十一五期间劳动力市场发展的思想与对策 | 汪 洁 | 三等奖 |
| 当前天津文化产业发展的现状、问题与对策 | 王 琳 | 三等奖 |
| 从对2004年入狱罪犯的分析看当前我市犯罪的新动向 | 王志强等 | 三等奖 |
| 天津谋求东北亚中心城市地位的优势与建议 | 姚同发 | 三等奖 |
| 发展我市循环经济建设生态型社会的对策建议 | 牛桂敏 | 三等奖 |
| 天津旅游产业对经济社会发展的影响力及贡献度的研究 | 王 琳等合作 | 三等奖 |
| 扩建天津港散货物流中心的战略意义和对策建议 | 孙鸿武等 | 三等奖 |

第十届（2008年）共10项

| 作品题目 | 本院作者 | 获奖级别 |
| --- | --- | --- |
| 关于完善我市精神卫生管理体制切实解决精神疾病防治中突出问题的对策建议 | 陈月生 | 二等奖 |
| 关于推进当代中国马克思主义大众化的思考 | 张博颖 | 二等奖 |
| 关于天津旅游业发展格局的建议 | 韩士元 | 三等奖 |
| "宅基地置换"试点工作效果好 | 王伟凯 | 三等奖 |
| 关于以奥运为契机将天津品牌进一步推向世界的建议 | 张 博 | 三等奖 |
| 关于家庭进行未成年人荣辱观教育的建议 | 关 颖 | 三等奖 |
| 关于预防流动人口重新犯罪的建议 | 丛 梅 | 三等奖 |
| 关于我市农村出嫁女合法权益保护问题的几点建议 | 毕宏音 | 三等奖 |
| 努力构建与加快开发开放相适应的天津滨海新区文化发展新格局 | 杨立新 | 三等奖 |
| 天津市城市居民收入横向比较及增收对策研究 | 卢 卫 | 三等奖 |

第十一届（2010年）共18项

| 作品题目 | 本院作者 | 获奖级别 |
| --- | --- | --- |
| 天津站地区管理体制创新的实证研究 | 刘晓梅等 | 二等奖 |
| 关于本市农村民主选举中存在的问题和相关建议 | 王伟凯等 | 二等奖 |
| 关于华明镇城市管理综合行政执法模式的思考 | 刘晓梅等 | 二等奖 |
| 天津市人才政策法规体系研究 | 王立国等 | 三等奖 |

续表

| 作品题目 | 本院作者 | 获奖级别 |
| --- | --- | --- |
| 落实中日循环型城市合作备忘录加快子牙环保产业园发展 | 王爱兰等 | 三等奖 |
| 加快城管义工发展，推进公众参与城市管理机制建设 | 陈柳钦 | 三等奖 |
| 天津应加强产业用地集约利用和精细化管理 | 唐茂华 | 三等奖 |
| 金融危机下保持中小企业健康发展的对策 | 孙明华等 | 三等奖 |
| 关于化解我市交通拥堵的若干具体建议 | 张宝义 | 三等奖 |
| 关于完善滨海新区公共交通体系的建议 | 刘志松等 | 三等奖 |
| 关于我市困难群众救助机制的问题和对策建议 | 陈月生 | 三等奖 |
| 关于我市大学生"就业辅导"机制存在的问题与对策 | 毕宏音 | 三等奖 |
| 促进天津服务业发展的认识与建议 | 卢 卫 | 三等奖 |
| 对我市第三次产业比重逆向发展问题的分析与思考 | 牛桂敏 | 三等奖 |
| 关于天津房地产业增加值核算中的问题与对策 | 张 智 | 三等奖 |
| 韩国游客旅津市场研究 | 王 琳等 | 三等奖 |
| 天津人才发展战略和解决人力资源结构性矛盾对策研究 | 杨立新等 | 三等奖 |
| 天津市公众人文社会科学素养及需求状况调查报告 | 叶国平等 | 三等奖 |

第十二届（2012年）共15项

| 作品题目 | 本院作者 | 获奖级别 |
| --- | --- | --- |
| 关于我市制定低碳交通综合战略的建议 | 王光荣 | 二等奖 |
| 2010年天津市社情民意调查与分析 | 张文英、王来华、叶国平 | 二等奖 |
| 社会科学普及——社会管理创新的奠基工程 | 关 颖 | 二等奖 |
| 工厂·改革·后工业：天津工业文学的历程 | 李进超 | 三等奖 |
| 关于挖掘"赶大营"史料打造津商品牌的建议 | 张 博 | 三等奖 |
| 关于改良天津市民烧纸习俗的建议 | 张利民、许哲娜 | 三等奖 |
| 关于实行校车工程 创建国内校车示范城市的建议 | 任吉东 | 三等奖 |
| 关于提升市区景观河道管理水平的相关建议 | 王伟凯 | 三等奖 |
| 进一步强化考核在城市长效化管理中的推动作用 | 蔡玉胜 | 三等奖 |
| 关于鼓励民间资本参与公共停车场建设和经营的建议 | 孙明华 | 三等奖 |

续表

| 作品题目 | 本院作者 | 获奖级别 |
|---|---|---|
| 关于建立"抽验审核制度"落实领导干部个人事项如实报告的建议 | 张宝义 | 三等奖 |
| 关于加强"滨海精神"研究的建议 | 李培志 | 三等奖 |
| 关于我市滨海新区蓝领公寓的调查报告 | 刘晓梅 | 三等奖 |
| 关于司法所在综治信访服务中心发挥基础性作用的调研报告 | 丛 梅、王 炎 | 三等奖 |
| 对我市实施高水平大项目好项目战略的认识与建议 | 卢 卫、张 智 | 三等奖 |

第十三届（2014年）共7项

| 作品题目 | 本院作者 | 获奖级别 |
|---|---|---|
| 关于发展我市公共自行车交通系统的建议 | 王光荣 | 二等奖 |
| 关于培育和践行社会主义核心价值观的调研报告 | 叶国平参加 | 二等奖 |
| 关于充分发挥东亚运动会后体育场馆作用的建议 | 任吉东 | 三等奖 |
| 我市居民消费环境的变化特点及优化建议 | 天津社会科学院课题组（蔡玉胜、董微微、许爱萍） | 三等奖 |
| 关于提高政府科技扶持资金使用绩效的建议 | 余桂玲等 | 三等奖 |
| 关于掌握微博传播规律 健全网上危机管理机制的建议 | 毕宏音 | 三等奖 |
| 关于把泰达国际心血管病医院培育成我市健康服务业品牌的建议 | 石森昌 | 三等奖 |

## 二、天津社会科学院2015年主要科研成果

成果名称：《中国民生问题中的结构性矛盾研究》

作者姓名：潘允康、王光荣、张宝义

职称：研究员、研究员、研究员

成果形式：专著

字数：491千字

出版单位：北京大学出版社

出版时间：2015年4月

以结构性矛盾为切入点，运用辩证思维和统筹方法，研究了收入分配、教育、医疗卫生、社会保障、住房等主要民生问题，深入考察民生问题的根源和相互联系，把解决民生问题和发展社会事业结合起来，在中观和宏观层面上提出从根本上解决民生问题的系统思路。

成果名称：《当代西方政治生活中的权力话语》

作者姓名：杨晓东、王伟凯

职称：副研究员、研究员

成果形式：专著

字数：221千字

出版单位：天津社会科学院出版社

出版时间：2015年2月

权力问题是我们现实社会中绕不开的话题，当代诸多西方哲学家曾对这一问题进行过深入的研究和探讨。权力存在于广泛的社会生活之中，它能以各不相同的方

式来运用，这就导致了不同权力观念的出现，这些观念有时也被视为权力的不同维度或"面孔"，相应地，不同领域的权力现象分别被称为政治权力、经济权力、社会权力、宗教权力等。由于权力是在生活中产生的，生活离不开权力，权力对人们生活的影响又十分巨大，所以研究生活与权力的关系也就成为我们面临的重要课题。

权力是政治的基础，政治权力是权力现象在政治生活领域的体现，正如货币或金钱是经济学的核心概念一样。鉴于政治权力问题研究视角的多维性以及国内学界在这方面研究的欠缺，该书从学术史方面回顾了西方政治权力理论的发展脉络，选取了当代西方学者关于政治权力问题的经典著述，从中可以帮助读者在学理层面了解西方社会政治生活及国际政治关系的发展概况，并引起国内学界对于权力问题研究和探讨的关注，同时也拓展了生活哲学的研究领域。

成果名称：《当代诗学的观念空间》
作者姓名：张大为
职称：研究员
成果形式：专著
字数：267 千字
出版单位：社会科学文献出版社
出版时间：2015 年 5 月

该书重点在于对于新时期以来当代诗学的观念构成进行清理，对其生成机制进行探究，以及在此基础上对于观念情境的还原与其历史复杂性进行揭示。希望能够对于当代诗学观念的主要精神动向与文化趋势予以一定程度的廓清。

成果名称：《东方传统：文化思维与文明政治》
作者姓名：张大为
职称：研究员
成果形式：专著
字数：300 千字
出版单位：上海三联书店
出版时间：2015 年 8 月

该书从"文化思维"与"文明政治"层面，探讨东方传统自身的内在的形式、机理和结构构成方式，并从文化思维的自然真确性和文明"大政治"格局当中，来考量这一传统对于今天的生活世界的构成性作用和现实意义。

成果名称：《和谐社会评价指标体系构建与预警预测》
作者姓名：雷鸣
职称：研究员
成果形式：专著
字数：260 千字
出版单位：天津社会科学院出版社
出版时间：2015 年 1 月

该书以和谐社会的科学内涵和基本特征为依据，在借鉴比较国内外现有研究成果的基础上，从和谐社会目标的物质文明、精神文明、政治文明三方面出发，确定了一个包括 18 项指标的和谐社会评价指标体系。书中还对影响我国社会和谐的主要因素进行研究。

成果名称：《资源约束、技术进步与经济增长》
作者姓名：王双
职称：副研究员
成果形式：专著
字数：260 千字
出版单位：人民出版社
出版时间：2015 年 9 月

随着经济增长速度加快，资源约束的影响不断加大。将资源作为"增长的发动机"放入增长模型发现：内生的技术进步能够保证在资源有限存量的前提下达到经济平衡增长路径；当技术参数足够大时，可以同步实现资源效率提升和有质量的增长。

成果名称：《城市协调发展评价与预测研究——以天津市为例》
作者姓名：石森昌
职称：副研究员
成果形式：专著
字数：230千字
出版单位：中国发展出版社
出版时间：2015年9月

该书研究城市协调发展评价与预测问题，并以天津市为例进行实证分析。书中在界定城市协调发展内涵基础上，建立基于城市经济、社会、文化、环境以及制度协调发展的城市协调发展评价指标体系。该书的研究内容对于加快新型城镇化建设具有重要的参考指导价值。

成果名称：《机会评价理论、方法及应用研究》
作者姓名：石森昌
职称：副研究员
成果形式：专著
字数：240千字
出版单位：天津社会科学院出版社
出版时间：2015年9月

该书探讨基于选择自由的机会评价理论和方法。书中建立了机会评价的一般分析模型，从机会项的可获得性、价值分布以及多样性等角度建立多个评价模型，并建立制度的机会评价分析框架。该书的研究成果对制订促进社会各主体间机会公平的公共政策具有较好的借鉴意义。

成果名称：《日本政界人士中国观的演进谱系（1972—2012）》
作者姓名：田庆立
职称：副研究员
成果形式：专著
字数：363千字
出版单位：社会科学文献出版社
出版时间：2015年5月

主要依据日本政府公布的官方文件及档案材料、官员发言、国会答辩记录，运用历史唯物主义方法，借鉴国际政治中的建构主义和政治心理学理论，系统考察和分析中日复交后日本政界人士的中国观及其在对华决策中的作用；深入剖析思想认知与行动抉择之间互动关系形成的内在机理，以期阐释日本对华决策背后的政治文化及观念因素与对华决策之间的"力学"关系，旨在描摹日本政界人士中国观在40年间变迁的总体图景，力图对深化中日关系的研究有所助益。

成果名称：《先秦犯罪学学说丛论》
作者姓名：刘志松
职称：副研究员
成果形式：专著
字数：200千字
出版单位：中国法制出版社
出版时间：2015年9月

中国古代关于罪的观念的起源和发展与西方甚至东方的其他具有代表性的国家和民族有着诸多的不同。从这一本源意义上对罪的观念的起源进行梳理和探讨，对于研究人类关于罪的观念出现和发展的各种具体形态具有重要意义。该书旨在对中国先秦思想中所蕴含的犯罪学学说进行系统考察和梳理分析，尤其是对罪观念的起源问题、罪的训诂学考察、各学派关于犯罪问题的代表性学说进行考察，以期为我国犯罪学史的研究提供参考。

成果名称：《维多利亚时期英国中产阶级婚姻家庭生活研究》
作者姓名：李宝芳
职称：副研究员
成果形式：专著
字数：269千字

出版单位：社会科学文献出版社
出版时间：2015年5月

该书系统梳理了维多利亚时期英国中产阶级的婚姻家庭生活，对中产阶级婚姻家庭生活情状和当时的社会风貌进行了描绘，指出维多利亚时期的英国中产阶级在很大程度上是一个文化概念，对中产阶级内涵及中产阶级妇女角色与生活的解读呈现了创新性的学术观点。

成果名称：《社会哲学视域中的社会资本研究》
作者姓名：杨东柱
职称：副研究员
成果形式：专著
字数：191千字
出版单位：天津社会科学院出版社
出版时间：2015年7月

该书立足社会哲学层次，对社会资本是什么、为什么存在以及如何存在等相关基础理论问题作了尝试性探讨，对于系统认识社会资本以及构建当代中国社会资本形态具有一定参考价值。

成果名称：《救亡·启蒙·复兴——现代性焦虑与清末民初文学语言转型论》
作者姓名：时世平
职称：副编审
成果形式：专著
字数：223千字
出版单位：天津社会科学院出版社
出版时间：2015年第5期

清末民初的文学语言转型，是近现代文学、文化研究中的一个重要问题。该书深入阐释近代文学语言变革背后的文化动因、心理动机、价值诉求，从现代性的理论分析和心态变化入手来论述语言变革问题，具有较强的文化整体意识和理论深度。

成果名称：《从精英文化到大众传播——明代商业出版研究》
作者姓名：张献忠
职称：副研究员
成果形式：专著
字数：320千字
出版单位：广西师范大学出版社
出版时间：2015年5月

该书首次从社会文化史的视角来系统研究明代商业出版，提出了明代商业出版打破了两千多千年来精英文化独断的局面，促进了文化的传播和下移，实现了传统的主流文化、启蒙思潮和大众文化共存的多元文化格局的观点；首次将商业出版与社会变迁联系起来，探讨了商业出版与晚明"公共空间"的兴起和人文思潮的兴起、传播之间的关系，进一步明确了晚明在整个中国历史特别是思想史上的地位。此外，通过考证，订正了诸多版本和目录学家沿袭已久的书坊著录的错误。

成果名称：《企业创新与风险防范》
作者姓名：金伟
职称：副研究员
成果形式：专著
字数：261千字
出版单位：上海交通大学出版社
出版时间：2015年8月

该书首先提出对公关企业的监管：税务稽查部门的计算机与公关企业的财物部门计算机联网，实时稽查公关企业的银行账户有关公关资金流向。

其次，在期货/证券交易所崩盘风险防范方面，该书建议修改交易所的只限涨跌停价不限时的交易系统计算机程序，禁止短时间内形成涨跌停板，给市场参与者足够离场或进场时间。

具体方案如下：

（1）设置约束价。

上约束价 = 涨停价 × 99%（比涨停价低1%）

下约束价 = 跌停价 × 101%（比跌停价高 1%）

（2）当日申报价高于上约束价或低于下约束价，按约束价交易。

（3）按约束价成交 1200 笔且持续 120 分钟后，申报高于上约束价或低于下约束价按申报价交易。

这持续 120 分钟就是"窗口"期，防止在极短时间内出现涨跌停板，给市场参与者足够离场或进场时间，留有充分时间释放市场风险。按约束价成交 1200 笔表示约束价成交出现的频率和一定的交易量，防止人为以极少的交易量恶意操纵价格。

最后，该书提出构建新型房地产市场格局。土地国有，因此地方政府有责任和义务委托相关机构担当建设方，取代现行作为建设方的中间商——房地产开发企业，依然由建筑企业承担施工建房，房屋建成后统一在房地产交易所销售，售房收益归地方政府所有并用于房屋建设。同时，地方政府取消土地使用权出让环节，开征房产税获得长期稳定收入。

成果名称：《汤用彤与现代中国学术》
作者姓名：赵建永
职称：副研究员
成果形式：专著
字数：260 千字
出版单位：人民出版社
出版时间：2015 年 3 月版

作者收集整理并研读了汤用彤全部已刊、未刊稿，全方位梳理了他的学术思想体系，系统总结他对现代中国哲学的影响，从整体上推进了对汤用彤学术思想及相关研究的深入。该书价值可概括为三点：一、发掘整理研究汤用彤未刊遗稿，推进相关研究领域的深化。二、研究学术史和总结学科建设经验的需要。三、进一步把握中外文明交流互鉴规律，探索中国式发展路径。

成果名称：《西方主流经济学实证方法批判》
作者姓名：梁建洪
职称：副研究员
成果形式：专著
字数：277 千字
出版单位：中国社会科学出版社
出版时间：2015 年 9 月

西方主流经济学实证研究方法本身没有问题，关键是这种方法一旦置于西方资本主义的生产关系中，成了资本主义拜物教的外化形式，就具有了一定程度的拜物教性质。

成果名称：《劳马评传》
作者姓名：艾翔
职称：助理研究员
成果形式：专著
字数：300 千字
出版单位：现代出版社
出版时间：2014 年版

该书结合人物经历、秉性气质以及文学史、文学社会学、文本细读等研究方法对作家的创作历程和重要作品的出现背景及思想价值进行剖析，呈现作家多层次的创作内涵，借此分析中国社会六十年的发展历程、社会思潮成因和影响以及文艺创作的新风气。

成果名称：《中国共产党意识形态话语权研究》
作者姓名：杨昕
职称：助理研究员
成果形式：专著
字数：234 千字
出版单位：社会科学文献出版社
出版时间：2015 年 9 月

该书从历史和现实的维度关注和聚焦于中国共产党意识形态话语权的构建，主要从理论基础、历史轨迹、现实条件与应对策略等方面，对新的历史条件下中国共产党应当如何有效维护和巩固意识形态话语权的主导性地位进行了分析和探讨，提出和形成了一些建设性的思路与对策。

成果名称：《先秦儒家生活哲学研究》
作者姓名：张永路
职称：助理研究员
成果形式：专著
字数：232千字
出版单位：天津社会科学院出版社
出版时间：2015年9月

该书将儒家思想置于生活哲学视域下，挖掘其中蕴含的生活面向，从人、德、礼、和等四个维度系统梳理了先秦儒家生活哲学，提供了一个更为贴近中国自身语境的视角，也为化解哲学脱离生活世界的弊病提供了一种参考。

成果名称：《金华文派研究》
作者姓名：罗海燕
职称：助理研究员
成果形式：专著
字数：333千字
出版单位：东方出版中心
出版时间：2015年8月

该书从学术与地域两大层面对元代金华文派进行综合研究，主要结合宋元时期的文化生态，对金华学派衍为金华文派的流变历程、文派的成员构成等进行考察，并重点对金华文派三代人的诗学思想、诗文创作、文学风格等情况加以归纳与总结。

成果名称：《创新集群形成与发展机理研究——基于复杂网络视角》
作者姓名：董微微
职称：助理研究员
成果形式：专著
字数：210千字
出版单位：经济科学出版社
出版时间：2015年8月

该书以创新的不确定性为逻辑起点，构建了从创新到创新集群的经济学分析框架，运用复杂网络理论剖析了创新集群形成与发展机理，构建创新集群复杂网络演化模型，揭示了创新集群的发展规律，对创新集群建设实践具有重要的指导意义。

成果名称：《津沽漫记——日本人笔下的天津》
作者姓名：万鲁建
职称：副研究员
成果形式：著作
字数：200千字
出版单位：天津古籍出版社
出版时间：2015年1月

该书一共收录了20位作者的天津游记，另有2篇附录。这些游记、见闻录、实录、信件等的作者来自各个阶层。不同程度反映了天津各方面的情况以及日本人在津活动的历史脉络，以及中日两国国民在战争爆发后的真实心态。对于我们推动中日关系史、天津地方史、租界史、社会生活史，都是具有价值和意义的。

成果名称：《潜伏在中国——中日战争的幕后间谍》
作者姓名：万鲁建
职称：副研究员
成果形式：合著
字数：295千字
出版单位：团结出版社
出版时间：2015年2月

该书记录了16位在日本侵华间谍史上具有代表性和影响的间谍，通过对他们在华活动的叙述和分析，来反映日本间谍给予近代中国带来的深重灾难，是一部近代日本侵华史。不仅弥补了近代中日关系史的不足，同时也有助于天津地方史以及天津与日本关系史的研究。

成果名称：《天津社会科学院图书馆馆藏满铁华北文献资料选编》第二辑
作者姓名：郭登浩
职称：副研究馆员
成果形式：著作
字数：12000 千字
出版单位：北京燕山出版社
出版时间：2014 年 12 月

该书以满铁华北地区经济史资料为主，是一种满铁资料选编。第二辑是农业、副业部分，分为 36 册，收录了有关华北农业、副业的资料共计 141 种，其中农业综合 30 种、粮食综合 18 种、粮食流通 16 种、农副业 21 种、棉花业 20 种、农业综合调查 36 种。每一种史料的前面，都有编者撰写的题记，对该条史料进行简明扼要的介绍。是对相关史料精挑细选，注重研究的过程。

成果名称：《天津社会科学院图书馆馆藏满铁华北文献资料选编》第三辑
作者姓名：郭登浩
职称：副研究馆员
成果形式：著作
字数：12000 千字
出版单位：北京燕山出版社
出版时间：2014 年 12 月

该书以满铁华北地区经济史资料为主，是一种满铁资料选编。第三辑是财税、金融、商品流通、交通运输部分，分为 35 册，收录了有关华北财税、金融、商品流通、交通运输的资料共计 162 种，其中财政 9 种，税收 8 种，金融 25 种，商品流通综合 14 种，各地流通情况 21 种，交通运输综合 36 种，公路、客运 13 种，港口、水运 36 种。每一种史料的前面，都有编者撰写的题记，对该条史料进行简明扼要的介绍。为满铁资料的整理出版提供一个与目前满铁资料出版物不尽相同的思路。

成果名称：《论诉讼欺诈行为的刑法评价——以〈刑法修正案（九）（草案）〉第三十三条为研究视角》
作者姓名：于海生
职称：研究员
成果形式：论文
字数：9 千字
发表刊物：《学术交流》
出版时间：2015 年第 9 期

该文主要以《刑法修正案（九）（草案）》第三十三条为研究视角，对诉讼欺诈行为的刑法评价进行研究。诉讼欺诈行为应该构成犯罪，但诉讼欺诈不能作为诈骗罪（二者间诈骗）论处，也不能做三角诈骗论处。针对司法实践中出现的问题，立法机关进一步出台该条文的相关立法、司法解释，并严格执行和规范解释的适用，明确诉讼欺诈与诉讼技巧的界限。

成果名称：《论〈孔丛子〉中之孟子思想读释》
作者姓名：王伟凯
职称：研究员
成果形式：论文
字数：7.3 千字
发表刊物：《兰州学刊》
出版时间：2014 年第 9 期

作为孔家后人思想的一部著作，《孔丛子》"是一部相当于'孔家杂记'的书，主要记述从战国初期到东汉中期十几位孔子后代子孙的言语行事"。虽然对该书的真伪，人们多有争议，但书中有关孟子的记载，却对我们研究孟子思想提供了帮助。书中涉及孟子的思想观点主要有仁义观、义利观和圣人之道，而这也正是孟子思想的根本所在，如果能够系统明晰了孟子的这些观点，那就可谓基本上把握住了孟子思想的核心。

成果名称：《生态文明视域下我国经济社会发展评价体系研究》
作者姓名：牛桂敏、王会芝
职称：研究员、副研究员
成果形式：论文
字数：10千字
发表刊物：《理论学刊》
出版时间：2015年第3期

文章针对我国生态文明视域下的经济社会发展评价指标体系，很少将资源消耗、环境损失和生态效益同时纳入评价体系，特别是未将生态效益纳入评价指标，针对性和可操作性不强的问题，提出具有可操作性的完善评价指标的建议，并初步构建了将三者同时纳入其中的经济社会发展评价指标体系。

成果名称：《技术经济范式转换与日本国家创新系统的重构》
作者姓名：平力群
职称：研究员
成果形成：论文
字数：23千字
发表刊物：《日本学刊》
出版时间：2015年第4期

该文以"国家创新系统与技术经济范式的关系"为分析框架，通过阐述"追赶型"国家创新系统的"封闭性"与新技术经济范式所要求的"开放性"之间的冲突，揭示出日本经济绩效的逆转缘于日本国家创新系统与技术经济范式从匹配、协调走向不匹配、不协调的转变。为解决国家创新系统与技术经济范式的不匹配，需要对国家创新系统进行改革与重塑。

成果名称：《海河的整治与近代天津城市环境的重塑》
作者姓名：任云兰
职称：研究员
成果形式：论文
字数：10千字
发表刊物：《福建论坛》
出版时间：2015年第5期

该文认为，19世纪末到20世纪上半叶，海河历经6次裁弯取直和多次治淤工程，不仅缩短了从大沽口到市区的航程，增加了纳潮量，使航道加深加宽，适应了船舶数量增加和船舶大型化发展的要求，而且重塑了天津的城市环境。

成果名称：《近代华北乡村市场中的包税制——以直隶省获鹿县为例》
作者姓名：任吉东
职称：研究员
成果形式：论文
字数：11千字
发表刊物：《安徽史学》
出版时间：2015年第3期

该文在前人研究的基础上，对民国初年华北乡村市场中牙行及包税制的施行与兴弊，以及它们与乡村社会中传统因素的关系做了一综合考察，在动态中解读税收制度变迁对乡村社会产生的实质性影响。该文指出作为买卖双方的中介机构，牙行在乡村市场自古有之，但到了近代，政府为满足自身攫取资源的需要，采用了包税制度，这种制度与乡村市场传统的抽用体系产生矛盾，使得维持村庄组织运行与乡地制度的基本保障与必要成本从根基上造成破坏，引发了近代乡村社会的多重危机。

成果名称：《从乡村到城镇：近代天津城乡体系衍化探析》
作者姓名：任吉东
职称：研究员
成果形式：论文
字数：9千字
发表刊物：《求索》
出版时间：2014年第11期

该文认为，作为近代城乡关系的重要

一环，城市与环城村镇关系的研究尚属薄弱环节。近代天津城市周边村镇的数量及其空间布局有着自己的规律和发展脉络，具有先天性的亲水属性和人为性的规划属性，前者是传统经济的自然衍生，后者则是政治事件的外力嫁接，而近代天津城乡关系则是两者合力下的产物。

成果名称：《新世纪天津文学：变革与开拓》
作者姓名：闫立飞
职称：研究员
成果形式：论文
字数：12千字
发表刊物：《天津师范大学学报》（社科版）
出版时间：2014年第5期

文章从工业题材、农业题材、知青题材与文体变革等角度对新世纪天津文学进行总体描述和概括，指出了其基本特征，对于认识和总结新世纪天津文学有参考作用。

成果名称：《城市转型发展与文化创意产业研究述略》
作者姓名：赵景来
职称：编审
成果形式：论文
字数：10千字
发表刊物：《学术界》
出版时间：2015年第11期

该文认为，文化创意产业的新业态、新内容与我国经济发展方式转变直接相关。要以增强文化的包容性、多元性，打造全球创意的"中国平台"；同时，把文化创意产业发展与创新型、服务型经济体系建设有机融合，造就"创意城市""文化都市"。

成果名称：《冲突与交融：〈红旗谱〉中的革命诉求与乡村理想》
作者姓名：丁琪
职称：副研究员
成果形式：论文
字数：8千字
发表刊物：《文艺理论与批评》
出版时间：2015年第5期

该文认为《红旗谱》的史诗建构隐含着乡土生活理想与现代政治诉求的叙事冲突，形成文化上的悖论性依存关系。作者调适性处理方式具有文学典范性，缓解了社会主义文学内在的叙事危机，使"文化中国"与"革命中国"获得和谐的审美呈现。

成果名称：《蒙古族跨族婚恋小说：作为蒙汉民族交流的一种想象方式》
作者姓名：丁琪
职称：副研究员
成果形式：论文
字数：8.5千字
发表刊物：《中央民族大学学报》
出版时间：2015年第5期

该文认为新时期蒙古族跨族婚恋小说是对历史上中华多民族间"分而不裂、融而未合"的文化亲缘关系的一种性别化、情感化重构，承载着"差异探索"与"文化融合"的双重诉求。形成基于文化差异又超越差异的"文学—文化"建构，成为蒙古族小说创作高品质突破的关键。

成果名称：《族际文化互动的文学建构：新时期蒙古族小说中的跨族叙事》
作者姓名：丁琪
职称：副研究员
成果形式：论文
字数：7千字
发表刊物：《东疆学刊》
出版时间：2015年第1期

该文认为，新时期蒙古族小说的跨族

叙事以拟血缘方式模拟同胞手足之情、父母子女之爱来建构蒙汉之间跨族成长的故事，隐喻中华多民族之间血浓于水的亲情和文化亲缘关系，其中"人在他族"的创伤性体验也隐含着族际交流中语言障碍、文化隔膜和被排斥的文学想象。

成果名称：《甲午战争对近代以来中日两国的影响》
作者姓名：田庆立
职称：副研究员
成果形式：论文
字数：15千字
发表刊物：《武汉大学学报》（人文科学版）
出版时间：2014年第6期

该文认为，近代以来日本海权意识的不断膨胀，成为日本发动甲午战争的思想根源。甲午战争同时成为建构近代日本国民国家的逻辑起点，进一步刺激了日本进行海外扩张的野心，形成了面对中国颇具优越意识的"蔑视型"的"甲午史观"。甲午战争从思想观念上促进了中华民族的觉醒，推动国人从制度层面进行反思和改革。甲午战争及其后日本发动的一系列侵华战争干扰和打乱了中国的近代化进程，甚至对当代的中日关系也产生深远影响。

成果名称：《战后日本建构国家认同依托的内外资源探析》
作者姓名：田庆立
职称：副研究员
成果形式：论文
字数：21千字
发表刊物：《四川大学学报》（哲社版）
出版时间：2015年第5期

该文认为，基于"自我—他者"认知模式的分析框架，战后日本在建构国家认同过程中，主要依托的思想资源由内生性的本土资源和外生性的外来资源组成。象征天皇制的意识形态、摆荡于"亲美"与"反美"之间的复杂情结，以及视中国为"竞争对手"的战略认知，自内而外地界定了"自我"认同的向度，成为支撑和维系战后日本国家认同的三大支柱。

成果名称：《从五色文化的视角看传统"天人合一"政治思维》
作者姓名：许哲娜
职称：副研究员
成果形式：论文
字数：8千字
发表刊物：《天津社会科学》
出版时间：2015年第5期

该文从五色文化这一较为新颖的视角解读传统"天人合一"政治思维的形成机制、思辨特征、实践途径、演变轨迹，反映了"人"在天人关系中能动性的不断增强、主导性的逐渐上升过程。跨学科的研究方法对色彩文化史与政治文化史两大领域都有开拓与深化。

成果名称：《"两制"互鉴中需要解决的几个关键问题》
作者姓名：李少斐
职称：副研究员
成果形式：论文
字数：9千字
发表刊物：《理论视野》
出版时间：2015年第2期

该文主要研究社会主义和资本主义两大社会形态的互鉴问题，认为社会主义处理"两制"互鉴问题的关节点是必须解决好资本主义文明成果的鉴别、认定和承续问题，必须解决好社会主义超越替代资本主义的方式、方法问题。

成果名称：《城市基层社会协同：社会治理创新的视角》

作者姓名：李培志
职称：副研究员
成果形式：论文
字数：8千字
发表刊物：《东岳论丛》
出版时间：2015年第9期

该文认为，从现行制度文本和实践的视角来看，城市基层社会协同主要是指在城市基层社会，以创新社会治理的实践为观照，基层各类组织之间通过协同效应的践行，以此促进基层社会结构的调整、实现基层社会秩序的有序化。总体来说，城市基层社会协同可以分为两个层次，一个是主协同；一个是次协同。

成果名称：《以日为鉴：近代中国文学语言转型的他者视角》
作者姓名：时世平
职称：副编审
成果形式：论文
字数：12千字
发表刊物：《社会科学辑刊》
出版时间：2015年第2期

该文认为，中日同为汉文化圈，中日语言有着较多的一致性，封近代中国文学语言的转型中多以日本为鉴。中日两国在针对西方现代化提倡的言文一致运动中，也表现出了一定的关联性。日语在改造过程中对于传统汉语的态度和选择方法，值得我们深思。

成果名称：《文社、书坊与话语权力——晚明商业出版与公共空间的兴起》
作者姓名：张献忠
职称：副研究员
成果形式：论文
字数：28千字
发表刊物：《学术研究》
出版时间：2015年第9期

该文认为，晚明出版的商业化使其初步具备了大众传播的某些属性，各种文社和准文社与出版商结成了联盟，他们互相合作，出版了大量的图书，改变了官方对话语权的绝对垄断地位，由此形成了哈贝马斯意义上的"公共空间"，昭示着晚明开始了由传统向近代的转型。该文揭示了晚明社会转型的驱动力问题，是对晚明社会转型说的有力支持，同时深化了晚明社会变迁史的研究。

成果名称：《晚明底层文人的生存状态——以南京王世茂车书楼为中心的考察》
作者姓名：张献忠
职称：副研究员
成果形式：论文
字数：13.6千字
发表刊物：《安徽史学》
出版时间：2015年第4期

车书楼是晚明南京一家重要的书坊，但因为它编纂刊刻的图书大都是尺牍类的实用读物，因此从未引起学者重视，该文从车书楼及其所编纂、刊刻的图书中发现了一个底层文人群体，仔细阅读车书楼编纂刊刻的图书文本，又发现了另一套不同于当时主流意识形态的话语体系，该文通过个案的考察和对这套话语体系的解读，首次深入揭示了晚明底层文人的生存状态。在各种历史叙事中，底层文人基本处于"失语"状态，因此关于底层文人的资料特别少，这方面的个案研究几近空白，该文打破了这一空白，深化和拓展了对明代文人的研究。

成果名称：《科举竞争压力下晚明底层文人的职业选择——以晚明职业出版人群体形成为中心》
作者姓名：张献忠
职称：副研究员
成果形式：论文

字数：13.6 千字
发表刊物：《社会科学研究》
出版时间：2015 年第 3 期

该文首次提出了晚明"职业出版人群体"的概念，并将其形成置于科举竞争的压力下来考察，认为商业出版的繁荣给大量不能进入官僚队伍的底层文人提供了一条谋生的出路，设坊刻书、编辑校对和商业化写作成为一部分底层文人的职业选择，在此基础上深入考察了这一群体的经济、社交状况以及精神状态。

成果名称：《略论中华文明没有侵略和称霸的基因——以明代为中心的考察》
作者姓名：张献忠
职称：副研究员
成果形式：论文
字数：7.3 千字
发表刊物：《历史教学》
出版时间：2015 年第 2 期

该文重点探讨了明代"宗藩体制"下的对外关系，从实践层面论证了"国强必霸"的逻辑不符合中国的历史传统，同时也指出了宗藩关系所存在的问题，认为"和平共处五项原则"以及习近平"亲诚惠容"的外交理念是对古代中国外交原则的批判继承。

成果名称：《晚清主流意识形态危机和道统之断裂——以废科举为中心的考察》
作者姓名：张献忠
职称：副研究员
成果形式：论文
字数：14.5 千字
发表刊物：《河北学刊》
出版时间：2014 年第 6 期

该文借鉴布迪厄的场域理论，从道统和政统两个方面探讨了废科举给中国社会带来的消极影响，认为科举革废本身并非悖时之举，而且也有一定的必要性，但是，不可否认，无论是清廷最高统治者还是朝廷重臣，抑或是当时主张废科举的普通士人，都没有对废科举所带来的消极影响有清醒的认识和估价，更没有认识到道统和政统重构的复杂性和必要性。

文章的主旨是强调制度变革的复杂性，需要有充分的准备应对制度变革带来的消极影响，因此对于现实中的制度变革也有一定的启示价值。

成果名称：《斯宾诺莎政治哲学中的自然主义》
作者姓名：陈菊
职称：副编审
成果形式：论文
字数：12 千字
发表刊物：《湖南师范大学社会科学学报》
出版时间：2015 年第 4 期

斯宾诺莎认为自然界和人类社会具有连续性，政治生活包括政治权威都是自然生长的结果，而不是人类意志的产物。他将政治建立在人的自然本性的基础上，这使他的政治哲学具有了自然主义的特征。斯宾诺莎政治哲学中的自然主义是首尾一贯的，它的出发点和目的始终是个体的自我保存，自我保存的最高形式是自由，但是这种首尾一贯的自然主义却有着致命的缺陷。斯宾诺莎政治哲学中的自然主义具有重要的理论意义和现实意义。

成果名称：《日本的灾民居住重建无偿救助制度研究》
作者姓名：周建高
职称：副研究员
成果形式：论文
字数：13 千字
发表刊物：《武汉大学学报（哲学社会科学版）》

出版时间：2015 年第 2 期

该文研究了日本的灾民居住重建无偿救助制度。根据灾害中住宅损坏程度对困难家庭的援助有住房和生活用品等实物，还有搬家费等现金。国民是命运共同体，援助灾民是国家责任。日本经验可为中国灾害救助制度建设的借鉴。

成果名称：《日本公营住宅应对老龄化的举措》
作者姓名：周建高
职称：副研究员
成果形式：论文
字数：8.8 千字
发表刊物：《国家行政学院学报》
出版时间：2015 年第 4 期

对于市场机制无法解决的中低收入老人居家生活困难，该文从住宅硬件的改良、福利设施的合作、社会交往等角度全面揭示了日本公营住宅制度应对老龄化的政策变化。关注日本最新变化，为中国应对类似问题提供了参考答案。

成果名称：《教界与学界〈太平经〉研究之比较：以陈撄宁与汤用彤、陈寅恪为中心》
作者姓名：赵建永
职称：副研究员
成果形式：论文
字数：8 千字
发表刊物：《宗教学研究》
出版时间：2015 年第 2 期

在研究《太平经》的过程中，陈撄宁一方面证实了陈寅恪、汤用彤关于《太平经》的一些观点，另一方面也以新视角对陈寅恪、汤用彤之说多有推进，并开启了内在理路的《太平经》研究。他们在这些问题上各尽其妙，使学界和教界对早期道教与《太平经》的关系有了较为完整的理解。学界和教界的这种学术交流与互动，值得后学借鉴和发扬。

成果名称：《传统儒学现代转化的早期尝试——以汤用彤的理学救国论为例》
作者姓名：赵建永
职称：副研究员
成果形式：论文
字数：10 千字
发表刊物：《孔子研究》
出版时间：2015 年第 1 期

汤用彤早年在清华时期发表的《理学谵言》等儒学论文，是探究新儒家和学衡派产生渊源的重要文献。他以道德为立己和立国的基本，阐发以道德实践为本的宋明理学救治时弊的效用和它所具有的普遍价值。辛亥革命后从"反传统"到"接续"传统，学衡派是最早的转折点。汤用彤主导的学衡派在思想上与新儒家息息相关，都强调儒家的道德价值及其现实意义。藉此可为学界对新儒学与学衡派关系研究提供新的视角。

成果名称：《实践内辩护：H.G. 法兰克福自主性理论之"认同"标准的优长与缺陷》
作者姓名：段素革
职称：副研究员
成果形式：论文
字数：9 千字
发表刊物及时间：《哲学评论》
出版时间：2015 年第 1 期

H.G. 法兰克福以认同概念为核心的自主性理论在当代相容论及自由意志问题讨论中有着重要影响。但他对于"认同"的说明是狭隘和抽象的，忽视了行为者自我同一性意义上的含义及相应的价值性条件，导致其"认同"概念所说明的自主性是不充分的。

该文从 H.G. 法兰克福切入指出了西方伦理理论处理"自主性"问题的抽象性和局限性，认为人类社会实践才是这个问题的恰当问题域。

成果名称：《西方经济学人与人关系研究的物化逻辑》
作者姓名：梁建洪
职称：副研究员
成果形式：论文
字数：6千字
发表刊物：《天津社会科学》
出版时间：2015年第5期

该成果研究的是西方经济学人与人关系研究的性质。文章认为，西方经济学虽然研究的是人与人的关系，但是实质上是用物与物的关系代替人与人关系进行研究，研究的方法论逻辑是一种物化逻辑。

成果名称：《华北市镇管理体制的变迁（1902—1937）——以警政、商会、自治为中心》
作者姓名：熊亚平
职称：副研究员
成果形式：论文
字数：15千字
发表刊物：《史学月刊》
出版时间：2015年第2期

该文考察了1902—1937年间华北市镇管理体制的变迁过程，揭示了影响市镇管理体制变迁的主要因素，从一个方面阐明制度建设、管理体制变迁与市镇发展之间的关系，对实现市镇的可持续发展和实现国家制定的城镇化发展战略，具有一定的借鉴意义。

成果名称：《铁路站厂的"差序化设置"与华北集镇的"差异化发展"（1881—1937）》
作者姓名：熊亚平
职称：副研究员
成果形式：论文
字数：9千字
发表刊物：《史学月刊》
出版时间：2015年第7期

该文以1881—1937年间的铁路站厂的"差序化设置"与华北集镇的"差异化发展"之间的关系为研究对象，从一个方面揭示铁路影响下的华北地区集镇发展的基本特征，对推进近代华北集镇发展及城镇化进程研究和当前华北交通建设具有一定的借鉴意义。

成果名称：《大历史写作的尝试——劳马〈哎嗨哟〉的思想价值》
作者姓名：艾翔
职称：助理研究员
成果形式：论文
字数：7千字
发表刊物：《民族文学研究》
出版时间：2015年第3期

该文通过对小说《哎嗨哟》中叙事模式和历史观的解读，以及主人公吴超然"政治人""边界人"形象的塑造，梳理出作家的大历史观。并且通过对作家传论合一的研究，分析中国社会六十年的发展历程、社会思潮成因和影响以及文艺创作的新风气。

成果名称：《消费者嵌入式开放创新价值生成过程研究——基于消费类电子信息产品技术创新的视角》
作者姓名：许爱萍
职称：助理研究员
成果形式：论文
字数：9.5千字
发表刊物：《科技管理研究》
出版时间：2015年第3期

将顾客视为最终消费者的企业—顾客互动式创新模式已经难以满足消费类电子技术高速创新的需要。该文提出顾客嵌入式开放创新的概念和内涵，并对消费类电子信息产品顾客嵌入式开放创新过程和创新价值生成过程进行剖析，有助于探究顾客嵌入技术创新的轨迹。

成果名称：《创新型城市政府治理的工具效应》
作者姓名：许爱萍
职称：助理研究员
成果形式：论文
字数：8千字
发表刊物：《中国科技论坛》
出版时间：2014年第12期

创新型城市概念的提出是多方利益协调的结果。创新型城市治理为解决技术变革的挑战、供需矛盾和资本增值诉求，以及缓和冲突、提高资源利用效率起到了重要的工具作用。该文通过对创新型城市政府治理工具效应的分析，有助于厘清创新型城市治理目的与内容。

成果名称：《中庸的主敬修养论——以高攀龙思想为例》
作者姓名：李卓
职称：助理研究员
成果形式：论文
字数：11千字
发表刊物：《伦理学研究》
出版时间：2015年第5期

该文认为，高攀龙的主敬工夫针对王学末流而发，矫其狂肆之弊，但同时也受惠于阳明学的激荡。既避免了程朱主敬过于拘迫，"似中而欠庸"的流弊，也扭转了阳明学者在敬畏天命处不足，"似庸而未中"的偏颇，能够折衷朱王，去两短而合两长。

成果名称：《中国微公益发展现状及趋势分析》
作者姓名：张银锋
职称：助理研究员
成果形式：论文
字数：12千字
发表刊物：《中国青年研究》
出版时间：2014年第10期

该文重点考察了微公益发展现状、参与者对项目的评估以及普通公众对它的认知态度等方面的情况。研究发现，传播速度快、范围广、成本低是微公益无可比拟的优势，微公益已逐渐成为人们参与公益事业的主渠道之一，但另一方面，它也面临公开透明度、真实可信度尚显不足等问题，这与公众的期望形成了强烈的反差。

成果名称：《集体主义、泛家族认同与"明星村"：来自京郊柳村的实践与经验（集体经济村庄专题）》
作者姓名：张银锋
职称：助理研究员
成果形式：论文
字数：5千字
发表刊物：《开放时代》
出版时间：2015年第1期

该文认为，柳村个案研究为乡村集体制度的延续现象提供一种文化视角的诠释。它不仅是集体制"明星村"的一个代表，更是中国广大农村集合中的一普通分子，在历史及文化层面上，对于柳村的观察与研究都有助于我们反观、发现地域社会乃至中国社会发展变迁过程中的一些普遍的逻辑、规律与现象。

成果名称：《食品价格变动机制及其区域差异分析》
作者姓名：赵云峰
职称：助理研究员
成果形式：论文
字数：11千字
发表刊物：《统计与决策》
出版时间：2015年18期

该文从城市化的视角研究了食品价格变动的具体机制及其区域差异。理论分析：城市化主要通过直接推高机制、间接推高机制和间接平抑机制，对食品价格变动产生影响。实证分析：对于土地丰裕度较低的农业主产区，其城市化的直接和间接推高机制最为明显，因此需谨慎推动城市化进程，而对于土地丰裕度较高的地区而言，无论其是否属于农业主产区，城市化的直接推高机制都不显著，并且对于土地丰裕度较高的非农业主产区，其间接推高机制也不显著，因此最适宜成为城市化的新增长点。此外，城市化的间接平抑机制在大多数模型中都不显著，这说明我国的农业生产仍然处于粗放型的发展阶段。

成果名称：《浅析图书分级对儿童阅读的影响》
作者姓名：黄宁
职称：馆员
成果形式：论文
字数：5千字
发表刊物：《图书馆工作与研究》
出版时间：2015年3月

该文主要研究了图书分级对儿童阅读的影响。阐述了图书分级阅读对孩子们阅读培养的重要性。该成果在理论上的突破与创新是提出图书分级阅读要考虑到孩子们年龄的增长而产生认知变化的特征，通过符合年龄特点的阅读激发儿童的阅读潜力。对社会的指导意义在于图书分级阅读可以作为一种参考，帮助父母降低为孩子购书的盲目性，有效地提升儿童的认知能力、理解能力、组织概括能力以及许多综合能力。

成果名称：《学术型图书馆知识服务要素分析与模型构建》
作者姓名：张雅男
职称：馆员
成果形式：论文
字数：5.5千字
发表刊物：《图书馆工作与研究》
出版时间：2015年第5期

该文主要研究了社科院图书馆等学术型图书馆的知识服务这一重要的服务形式。知识服务的内涵包括人、空间、资源、服务四要素。研究立足知识服务理论，综合运用文献调研法和实地调研法，对以地方社科院图书馆为代表的学术型图书馆的知识服务四要素进行了详细分析，其中涉及对用户、馆员、物理空间、实体空间、纸质资源、虚拟资源及面向科研过程的知识服务等多方面的内容。最终构建出新型地方社科院图书馆知识服务模型，并就各模块服务内容进行了说明。

该文提出的知识服务"四要素"说及学术型图书馆知识服务模型，是对图书馆知识服务理论的一种完善和补充，构建的模型有助于指导图书馆实践工作，推动图书馆更好地服务科研人员，发挥科研支撑作用。

成果名称：《清末〈保定习艺所章程表册类纂〉》
作者姓名：刘志松
职称：副研究员
成果形式：学术资料
字数：10千字
发表刊物：《历史档案》
出版时间：2015年第2期

近代监狱改良运动虽肇始于欧美，但近代日本监狱制度改革正是在对西方监狱制度系统借鉴的基础上进行的，中国是通过学习日本来借鉴西方监狱制度的。其中最具体的表现就是清末习艺所的创办，而尤以袁世凯主持创办的天津习艺所和保定习艺所最为成功。日本东洋文化研究所收藏的《保定习艺所章程》等珍贵档案，对保定习艺所的创办过程、章程和各种表单都作了详尽的介绍，此珍贵档案资料对于考察清末犯罪习艺所创办和发展的具体情形具有不可替代的价值。

成果名称：《"生活哲学：阐释与创新"天津论坛综述》
作者姓名：张永路
职称：助理研究员
成果形式：学术资料
字数：3.2 千字
发表刊物：《哲学动态》

出版时间：2015 年第 9 期

20 世纪以来，生活哲学作为一种现代西方哲学的重要范畴传入国内，并逐渐成为学术界讨论的热点。该文认为，众多学者围绕生活哲学的理论与方法进行阐释，还对中国传统生活哲学进行了创新式解读，逐渐汇集成当代中国哲学研究的新趋向。

## 第六节　学术人物

一、天津社会科学院建院以来正高级专业人员列表（1979—2014）

| 姓名 | 出生年月 | 学历/学位 | 职务 | 职称 | 主要学术兼职 | 代表作 |
| --- | --- | --- | --- | --- | --- | --- |
| 陈邦怀 | 1897.2 | 大学 | 原顾问 | 研究员 | 天津文史研究馆副馆长，天津书法家协会主席 | 《殷墟书契考释小笺》《甲骨文零拾》《殷代社会史料征存》 |
| 王昌定 | 1924.9 | 大学 | 所长 | 研究员 | 天津解放区文学研究会副会长 | 《红楼梦艺术探》《文艺评论》《方纪论》 |
| 钟铭钧 | 1932.12 | 大学 | 原室主任 | 研究员 | 中国李清照、辛弃疾学会理事 | 《李商隐诗传》《辛弃疾词传》《读杜诗札记二则》 |
| 涂宗涛 | 1925.1 | 大学 | — | 研究员 | 中国历史文献研究会学术委员，天津市语言文学会副秘书长 | 《常用文史工具书简目》《诗词曲格律纲要》《略论李贺诗中的想象》 |
| 廖一中 | 1927.4 | 大学 | — | 研究员 | — | 《一代枭雄袁世凯》《义和团运动史》《论清政府与义和团的关系》 |
| 吕万和 | 1925.9 | 大学 | 所长 | 研究员 | 中国日本史学会副会长 | 《简明日本近代史》《明治维新与中国》《明治维新和明治政权性质的再探讨》 |
| 杨柳桥 | 1908.5 | — | — | 研究员 | 天津市中国哲学史学会理事长 | 《庄子译注》《荀子诂译》《先秦易学中的数理问题》 |
| 吴火 | 1925.4 | 研究生 | 原副所长 | 研究员 | 天津美学学会会长 | 《实践美学思想的天才萌芽》《鲁迅美学思想述评》《美学的沉思》 |
| 盛继勤 | 1931.8 | 大学 | 原所长 | 研究员 | 中华日本学会常务理事，天津日本经济学会副理事长，天津世界经济学会副理事长 | 《战后日本国民经济基础结构》《技术进步是战后日本出口贸易高速发展的决定因素》 |

续表

| 姓名 | 出生年月 | 学历/学位 | 职务 | 职称 | 主要学术兼职 | 代表作 |
| --- | --- | --- | --- | --- | --- | --- |
| 郑 宁 | 1931.1 | 大学 | 原所长 | 研究员 | 天津市人民政府咨询委员会委员，天津市委科学技术顾问 | 《流通规模应当同生产和消费相适应》《关于物资流通体制改革的几个问题》《经济技术开发区研究》 |
| 王金林 | 1935.8 | 大学 | 原副所长 | 研究员 | 中国日本史学会名誉会长，中国中日关系史学会理事 | 《简明日本古代史》《汉唐文化与古代日本文化》《日本天皇制及其精神结构》 |
| 温克勤 | 1936.9 | 大学 | 原所长 主编 | 研究员 | 中国伦理学会理事，天津市伦理学会会长 | 《中国伦理思想史》《中华五千年美德》《社会主义市场经济与集体主义道德》 |
| 卢育三 | 1926.9 | 硕士 | 原室主任 | 研究员 | 中国哲学史学会理事、天津市中国哲学史学会理事长 | 《老子释义》《中国哲学名著简介》《一个始终合一的圆圈——老子哲学的逻辑结构》 |
| 段镇坤 | 1922.11 | 大学 | 原院长 | 编审 | 天津市政府咨询委员会常务副主任 | 《天津经济年鉴》《我市仓储重新组合问题》 |
| 毕 西 | 1925.2 | 大学 | 原副总编 | 编审 | 天津市社联理事，天津市社会学学会理事，天津市政协编译委员会委员 | — |
| 叶 迈 | 1925.5 | 大学 | 原副总编 | 编审 | — | 《夜读随笔》《对矛盾的同一性和斗争性问题之管见》 |
| 张子清 | 1918.8 | 大学 | 原副总编 | 编审 | — | 《管窥"七七事变"》《宋哲元再起及其与日人之周旋》《解放战争时期大事记》 |
| 杨思慎 | 1914.7 | 大学 | 原馆长 | 研究馆员 | 天津市图书馆学会理事会副理事长，天津史学会理事 | 《台湾人民斗争简史》《如何认识孙中山让位问题》 |
| 卞慧新 | 1912.11 | 大学 | 原室主任 | 研究员 | 天津市文史研究馆馆员 | 《吕留良年谱长编》《陈寅恪先生年谱长编初稿》《天津史志研究文集》 |
| 滕 云 | 1939.2 | 大学 | 原所长 | 研究员 | 南开大学特约研究员 | 《小说审美谈》《八十年代文学之思》《阿城的"半文化小说"》 |
| 樊公裁 | 1927.8 | 研究生 | — | 研究员 | — | 《黑格尔的实体学说与当代哲学思潮》《庄子的美学思想》 |

续表

| 姓名 | 出生年月 | 学历/学位 | 职务 | 职称 | 主要学术兼职 | 代表作 |
|---|---|---|---|---|---|---|
| 王 南 | 1928.2 | 大学 | — | 研究员 | 中华全国美学会美育研究会理事，天津市美学会副秘书长 | 《美育文萃》《美的本原》《论形象思维的普遍性》 |
| 郭蕴静 | 1934.12 | 大学 | — | 研究员 | 中国经济史学会理事，中国商业史学会常务理事 | 《清代经济史简编》《天津古代城市发展史》《谈谈清代的重商政策》 |
| 房良钧 | 1939.7 | 大学 | 原副院长 | 研究员 | 天津市哲学学会副会长，天津市建设有中国特色社会主义理论研究会常务副会长 | 《马克思、恩格斯的矛盾同一性思想》《矛盾的直接统一性的基本含义及其客观普遍性》 |
| 张 绥 | 1926.10 | 中学 | — | 研究员 | 天津市辩证唯物主义和历史唯物主义学会副理事长 | 《历史唯物主义讲话》《辩证唯物主义讲话》《社会主义初级阶段理论的客观依据应该是生产力的二重结构》 |
| 王 辉 | 1930.9 | 大专 | 原院党组书记、院长 | 研究员 | 中国社会学学会副会长，天津市社会学学会会长 | 《生活方式》《中国的"官场病"》《社会学浅谈》 |
| 王 强 | 1925.6 | 大学 | 原所长 | 研究员 | 中国城市经济学会常务理事，天津市城市经济学会副会长，天津市人口学会副理事长 | 《天津经济社会发展战略研究》《中国人口（天津分册）》《正确认识和充分发挥天津港口和经济中心的作用》 |
| 聂长振 | 1914.3 | 大学 | — | 译审 | 中国日本史学会会员 | 《战后日本史》《日本史概论》《日本稻荷神社与中国民间信仰的关系》 |
| 鄢淦五 | 1928.7 | 大学 | 原室主任 | 研究员 | 中国城市经济学会理事 | 《中心城市的经济理论与实践》《试论经济中心的作用》《经济中心与经济联合》 |
| 刘洪奎 | 1928.9 | 大学 | — | 研究员 | 中国城市经济学会理事，天津市城市科学研究会常务理事 | 《城市经济学研究的对象和内容》《我国城市的现状、特点和作用》 |
| 华庆昭 | 1931.8 | 大学 | 原中心主任 | 研究员 | 中国国际关系史学会会员，中国翻译工作者协会会员 | 《从雅尔塔到板门店：中、美、苏、英 1945—1953》《英宫往事：三个女王的个人生活》《米字旗下的约翰牛》 |

续表

| 姓名 | 出生年月 | 学历/学位 | 职务 | 职称 | 主要学术兼职 | 代表作 |
|---|---|---|---|---|---|---|
| 李锦坤 | 1946.8 | 大学 | 原院党组书记、院长 | 教授 | 天津市思想政治工作研究会会长，天津市中国特色社会主义研究会会长 | 《大学生思想政治工作系统工程》《九十年代邓小平理论研究》《毛泽东战略思想研究》 |
| 马翰章 | 1935.6 | 大学 | — | 教授 | 天津市美协会员，天津市第九届政协委员，中国工业设计协会资深会员 | 《马翰章画集》 |
| 黄泽新 | 1933.7 | 大学 | — | 研究员 | 天津市作家协会理事 | 《中国大众文化与通俗文学现状研究》，论文《新时期文学的现实主义流向》、《论孙犁小说的形象塑造》 |
| 傅正德 | 1936.6 | 大学 | 原所长 | 研究员 | 中国城市生态经济研究会副会长，中国生态经济学会常务理事，天津农业经济学会副会长 | 《农业规模经济学》《天津农业经济概况》《论农业产业本质》 |
| 何玉清 | 1942.11 | 博士 | 原所长 | 研究员 | 中国国际贸易学会理事，天津市世界经济学会副秘书长 | 《跨世纪的利用外资与技术引进》《国际技术理论与实践》《中国技术设备引进回顾》 |
| 包永江 | 1935.8 | 大学 | 原所长 | 研究员 | 中国城郊经济研究会会长 | 《中国城郊发展研究》《中国城郊经济结构与发展战略研究》《大城市肉蛋市场景气波动引起的反思》 |
| 荣长海 | 1957.9 | 硕士 | 原副院长 | 教授 | 中国科学社会主义学会常务理事，天津市科学社会主义学会会长 | 《科学社会主义：理论、运动、社会制度》《"三个代表"重要思想对科学社会主义的发展》 |
| 赵沛霖 | 1938.10 | 大学 | 原副所长 | 研究员 | 中国诗经学会副会长兼秘书长，天津美学学会副会长、天津语文学会理事 | 《兴的源起》《屈赋研究论衡》《兴：宗教道德观念内容向艺术形式的积淀》《论诗经的神话学价值》 |
| 谭思同 | 1934.10 | 大学 | 原副所长 | 研究员 | 天津外国文学学会理事，天津翻译协会理事 | 《浅评〈新世界〉与〈十月〉的文学论争》《苏联"纪实文学"漫议》 |

续表

| 姓名 | 出生年月 | 学历/学位 | 职务 | 职称 | 主要学术兼职 | 代表作 |
| --- | --- | --- | --- | --- | --- | --- |
| 傅正谷 | 1933.9 | 大学 | 原中心副主任 | 研究员 | 天津当代文学研究会理事，孙犁研究会理事，梁斌文学研究会理事 | 《中国梦文化辞典》《郁离子评注》《勤于耕耘者之歌——读〈耕堂杂录〉》《中国梦幻主义文学主潮论》 |
| 罗澍伟 | 1938.7 | 大学 | 原所长 | 研究员 | 中国史学会理事，天津市历史学会副理事长，天津市口述史学会副会长 | 《天津简史》《近代天津城市史》《近代华北区域的城市系统》 |
| 张增元 | 1935.9 | 大学 | — | 研究员 | — | 《天津古代城市发展史》《明清戏曲作家考略》《明清天津盐商》 |
| 周启乾 | 1939.2 | 研究生 | 原所长 | 研究员 | 中华日本学会常务理事，中国日本史学会常务理事 | 《明治的经济发展与中国》《日本近现代经济简史》 |
| 潘允康 | 1946.11 | 大专 | 原所长 | 研究员 | 中国社会学学会副会长，天津市婚姻家庭研究会会长 | 《中国城市婚姻家庭》《社会改革与心理障碍》《经济改革的生活观》 |
| 徐恒醇 | 1938.4 | 硕士 | 原中心主任 | 研究员 | 天津市美学学会会长，中华美学学会常务理事 | 《技术美学原理》《生态美学》《艺术设计学》 |
| 冯大愚 | 1939.2 | 大学 | 原副所长 | 研究员 | 中国生产力经济学会常务理事，中国计划学会理事 | 《亚太经济探微——日本韩国等地区生产力经济考察》《中国腾飞在东方》 |
| 王之望 | 1944.10 | 硕士 | 原所长 | 研究员 | 天津艺术研究会副会长，天津解放区文学研究会副会长 | 《天津文学史》《当代文艺发展的必由之路》《天津作家论》 |
| 尹 靖 | 1941.6 | 大学 | 原主编 | 研究员 | 天津出版工作者协会理事，天津市期刊协会常务理事 | 《中华文化大观》《从生活中发现新的美学价值——莫言创作漫评》 |
| 罗宏曾 | 1934.12 | 大学 | — | 研究员 | 中国魏晋南北朝史学会理事 | 《简明中国古代史》《魏晋南北朝文化史》《中国魏晋南北朝思想史》 |
| 胡光明 | 1939.2 | 大学 | 原所长 | 研究员 | 中国经济史学会理事，中国商业文化研究会理事 | 《天津城市环境美的史学构思》《天津商会档案汇编》 |
| 孙鸿武 | 1940.2 | 大专 | 原所长 | 研究员 | 天津市企业管理协会常务理事 | 《工业公司研究》《八十年代天津工业发展研究》 |

续表

| 姓名 | 出生年月 | 学历/学位 | 职务 | 职称 | 主要学术兼职 | 代表作 |
|---|---|---|---|---|---|---|
| 周 路 | 1944.7 | 大专 | 原所长 | 研究员 | 中国青少年犯罪研究会副会长、中国犯罪学会常务理事 | 《中国社会治安综合治理机制论》《犯罪调查十年——统计与分析》 |
| 门 岿 | 1942.1 | 硕士 | 原副所长 | 研究员 | 中国散曲协会副理事长 | 《中国历代文献精粹大典》《戏曲文学》 |
| 张春生 | 1945.1 | 硕士 | 原所长 | 研究员 | 中国小说学会理事 | 《俗眼看影视》《略论骆驼祥子的悲剧》 |
| 张景荣 | 1947.4 | 大学 | 原所长 | 研究员 | 天津市建设有中国特色社会主义理论研究会副秘书长 | 《矛盾存在形态论》《邓小平运用矛盾理论的高超艺术》《三代中共领导人的文化观》 |
| 李超元 | 1943.10 | 高中 | 原所长 | 研究员 | 天津哲学学会常务理事 | 《论虚拟性实践》《虚拟性实践的基本特征和价值》 |
| 苗增瑞 | 1936.12 | 大专 | 原副所长 | 研究员 | 天津市毛泽东哲学思想学会副理事长 | 《邓小平管理思想研究》《中国寓言故事中的哲理》 |
| 万新平 | 1947.10 | 大学 | 原副院长 | 研究员 | 天津市口述史研究会会长 | 《天津史话》《环渤海经济圈·天津卷》《跨世纪京津联合与发展》 |
| 唐忠新 | 1958.2 | 博士 | 所长 | 研究员 | 中国社会学会副秘书长，中国农村社会学研究会副秘书长 | 《农村社会学》《贫富分化的社会学研究》 |
| 张 健 | 1956.11 | 博士 | 书记、院长 | 研究员 | 中国日本史学会会长 | 《日本两次跨世纪的变革》《当代日本》 |
| 王 玮 | 1942.5 | 大学 | 原总编辑 | 编审 | 天津市出版工作者协会理事，天津市出版发行协会理事 | — |
| 濮文起 | 1951.1 | 大学 | 原所长 | 研究员 | 中国宗教学会理事 | 《秘密教门——中国民间秘密宗教溯源》《天地门教抉原》 |
| 杨学军 | 1940.9 | 大学 | — | 研究员 | 天津市企业集团协会副秘书长，天津市经济学会理事 | 《国企转机建制的理论思考》《建立现代企业制度亟待解决的几个问题》 |
| 刘锡钧 | 1942.3 | 大学 | 原主编 | 研究员 | — | 《中国古典文学故事中的哲理》《传统道德正负价值辨析》 |

续表

| 姓名 | 出生年月 | 学历/学位 | 职务 | 职称 | 主要学术兼职 | 代表作 |
| --- | --- | --- | --- | --- | --- | --- |
| 刘立均 | 1945.11 | 大学 | 原所长 | 研究员 | — | 《国企脱困攻坚，改革领导体制是关键》《国企三年改革与脱困工程评析》 |
| 张利民 | 1953.4 | 大学 | 原所长 | 研究员 | 天津历史学学会副会长 | 《艰难的起步——中国近代城市行政管理机制研究》《华北城市经济近代化研究》 |
| 李雨村 | 1945.7 | 大学 | 原所长 | 研究员 | 天津伦理学会常务理事，副秘书长 | 《中国企业文化》《中华伦理精神》《话说官德》 |
| 韩士元 | 1946.11 | 大学 | 原所长 | 研究员 | 中国生态经济学会常务理事 | 《天津市率先基本实现农业现代化研究》《城市经济发展专论》 |
| 王来华 | 1958.7 | 博士 | 所长 | 研究员 | 中国社会学会理事，天津市社会学学会常务理事 | 《舆情研究概论——理论、方法和现实热点》《城市新贫困问题研究》 |
| 卢 卫 | 1955.12 | 大学 | 所长 | 研究员 | 天津市房地产经济学会副会长 | 《解读人居——中国城市住宅发展的理论思考》《现代经济预测》 |
| 关 颖 | 1954.12 | 大学 | 原副所长 | 研究员 | 天津市家庭教育研究会副会长兼秘书长 | 《社会学视野中的家庭教育》《城市未成年人犯罪与家庭》 |
| 赵景来 | 1961.10 | 大学 | 主编 | 编审 | 天津市哲学学会常务理事，天津市期刊工作者协会理事 | 《中国哲学的合法性问题研究述要》《人文科学若干问题研究述要》 |
| 王立国 | 1955.12 | 博士 | 副院长 | 研究员 | 天津法学会副会长 | 《个人信用交易：理论架构与操作要略》《从国际资产证券化浪潮看天津资本市场战略取向》 |
| 张博颖 | 1962.2 | 博士 | 所长、主编 | 研究员 | — | 《当代中国公民道德建设——国家伦理与市民社会伦理的视角》《中国共产党推进马克思主义大众化的历史经验》 |
| 于铁丘 | 1948.1 | 大学 | 原馆长 | 研究馆员 | 天津市图书馆学会常务理事 | 《清官崇拜谈 从包拯到海瑞》《中国帝王的私生活》 |

续表

| 姓名 | 出生年月 | 学历/学位 | 职务 | 职称 | 主要学术兼职 | 代表作 |
|---|---|---|---|---|---|---|
| 姚同发 | 1946.7 | 大学 | 所长 | 研究员 | 全国台湾研究会理事,天津市台湾研究会副秘书长 | 《台湾历史文化渊源》《泛蓝阵营跨越"蓝色忧郁"》 |
| 周俊旗 | 1955.12 | 硕士 | 总编、馆长 | 研究员 | 天津市图书馆学会常务理事 | 《民国天津社会生活史》《近代环渤海地区经济与社会研究》 |
| 孙玉蓉 | 1949.12 | 大学 | 原所长 | 研究员 | 天津市鲁藜学会副会长 | 《俞平伯年谱》《劳荣:一位不该被遗忘的作家和翻译家》 |
| 阎金明 | 1957.3 | 大专 | 所长 | 研究员 | 天津市台湾研究会副会长 | 《城市经济发展前沿——天津经济焦点透析》《试论开放经济中的政府职能》 |
| 张克生 | 1946.5 | 大学 | 原副所长 | 研究员 | — | 《国家决策:机制与舆情》《天津市重化工业外向型战略与滨海地区的产业配置》 |
| 杨立新 | 1961.9 | 研究生 | 所长 | 研究员 | 天津市邓小平理论研究会副秘书长 | 《群众性精神文明创建活动导论》《当代中国先进文化建设论》 |
| 王 琳 | 1952.8 | 大学 | — | 研究员 | 天津文化产业发展研究会会长 | 《文化创新视角下的中国文化产业战略》《滨海新区文化创意产业发展战略研究》 |
| 宋美云 | 1949.6 | 大学 | — | 研究员 | 中国商业史学会副会长 | 《近代天津商会》《近代天津工业与企业制度》 |
| 王爱兰 | 1952.8 | 大学 | 原副所长 | 研究员 | 天津市经济学会理事 | 《信息化带动工业化的理论与策略》《企业环境绩效与经济绩效》 |
| 刘 重 | 1955.8 | 大学 | 副所长 | 研究员 | 政协天津市第十三届委员会专门委员会文史资料委员会副主任 | 《WTO会改变中国经济吗?》《反倾销》 |
| 刘海岩 | 1948.12 | 大学 | — | 研究员 | — | 《空间与社会:近代天津城市的演变》《清代以来天津土地契证档案选编》 |
| 孙明华 | 1961.1 | 大学 | 所长 | 研究员 | 天津市工商行政管理学会常务理事,天津市环渤海经济研究会理事 | 《企业竞争力》《科技型中小企业竞争战略研究》 |

续表

| 姓名 | 出生年月 | 学历/学位 | 职务 | 职称 | 主要学术兼职 | 代表作 |
|---|---|---|---|---|---|---|
| 张宝义 | 1963.3 | 大学 | 所长 | 研究员 | 中国社会学会常务理事，天津市社会学学会理事 | 《中国城市新移民的犯罪问题研究——农民工犯罪问题的调查与分析》《我市青少年犯罪的日时段分布规律及预防对策》 |
| 阎耀军 | 1954.1 | 大专 | 原副所长 | 研究员 | 天津市未来研究会常务副会长兼秘书长 | 《社会预测导论》《社会预测学基本原理》 |
| 郭武群 | 1949.7 | 大学 | — | 研究员 | 天津市鲁藜学会秘书长 | 《天津现代文学史稿》《现代报刊对传统文学观念的变革》 |
| 李宝梁 | 1960.12 | 大学 | — | 研究员 | — | 《从共生走向和谐——当代中国私营企业主成长的社会生态研究》《私营企业主的思想形态与行为方式分析：社会网的观点》 |
| 王 锋 | 1950.5 | 硕士 | 原所长 | 研究员 | — | 《企业竞争力》《企业技术进步与企业竞争力》《强化企业经营者的"核心能力"意识》 |
| 王兆祥 | 1950.4 | 大学 | — | 研究员 | — | 《中国古代的商人》《华北教育的近代化进程》 |
| 余桂玲 | 1963.6 | 硕士 | — | 研究员 | 天津市环渤海经济研究会理事 | 《论和谐企业的文化要素》《关于提高政府科技扶持资金使用绩效的建议》 |
| 牛桂敏 | 1963.1 | 大学 | — | 研究员 | 天津市经济学会理事 | 《循环经济发展模式和预测》《循环经济：从超前性理念到体系和制度创新》 |
| 于海生 | 1967.6 | 博士 | — | 教授 | | |
| 王忠文 | 1950.7 | 大学 | — | 研究员 | 中国国际经济关系学会常务理事 | 《关于我市实施住房抵押贷款证券研究》《天津滨海新区构建离岸金融市场问题研究》 |
| 陈柳钦 | 1969.4 | 硕士 | — | 研究员 | — | 《高新技术产业发展的资本支持研究》《资本市场发展与我国货币政策的有效传导》 |

续表

| 姓名 | 出生年月 | 学历/学位 | 职务 | 职称 | 主要学术兼职 | 代表作 |
|---|---|---|---|---|---|---|
| 任云兰 | 1964.11 | 博士 | 所长 | 研究员 | 天津市中国共产党党史学会理事 | 《近代天津慈善与社会救济》《近代城市贫民阶层及其救济探悉——以天津为例》 |
| 信 欣 | 1955.4 | 大学 | — | 编审 | — | 《城市生态补偿与循环经济体系的建构》《城市化进程中的生态问题与生态补偿》 |
| 王伟凯 | 1972.10 | 博士 | 所长 | 研究员 | 天津市哲学学会理事，天津市中国特色社会主义理论研究会理事 | 《〈明史·刑法志〉考注》《关于本市农村民主选举中存在的问题和相关建议》 |
| 蔡玉胜 | 1971.9 | 博士 | 所长 | 研究员 | 天津市环渤海经济研究会理事 | 《大城市边缘区城乡一体化研究——以天津为例》《政府竞争、增长差异与趋同》 |
| 刘晓梅 | 1972.1 | 博士 | 所长 | 研究员 | 天津法学会犯罪分会副会长，天津市司法鉴定协会理事 | 《法律、社会与犯罪——迪乐凯姆法律社会学与犯罪学思想研究》《中国构建和谐社会进程中犯罪防控研究》 |
| 程永明 | 1972.8 | 博士 | 所长 | 研究员 | 中国日本史学会副秘书长 | 《裕仁天皇传》（上、下卷）、《当代日本企业经营理念研究》 |
| 雷 鸣 | 1958.10 | 硕士 | 副所长（代所长） | 研究员 | 天津市未来与预测科学研究会副会长，天津市人口学会理事 | 《社会综合评价与预测》《和谐社会评价指标体系构建与预警预测》 |
| 杨义芹 | 1965.5 | 博士 | 主编、所长 | 研究员 | 中国伦理学会常务理事，天津市伦理学学会副会长 | 《马克思主义在当代中国的发展——文化建设论》《论和谐社会构建中的利益格局》 |
| 钟会兵 | 1972.10 | 博士 | 副院长 | 教授 | 天津市社科联副主席，天津市政治学会副会长 | 《论社会保障权的实现》《法治中国建设中人权保障的重心与路径》 |
| 郭 栋 | 1955.4 | 大学 | 总编辑 | 编审 | — | 《翻拍、翻唱、隐括、挪用与阅读状态》 |
| 闫立飞 | 1973.10 | 博士 | 所长 | 研究员 | 天津解放区文学研究会副会长，天津市文学学会副会长 | 《天津文学史》《历史的诗意言说——中国小说文体观念的变迁》 |

续表

| 姓名 | 出生年月 | 学历/学位 | 职务 | 职称 | 主要学术兼职 | 代表作 |
|---|---|---|---|---|---|---|
| 张大为 | 1975.11 | 博士 | — | 研究员 | — | 《理论的文化意志——当下中国文艺学的"元理论"反思》《东方传统：文化思维与文明政治》 |
| 丛梅 | 1967.4 | 硕士 | — | 研究员 | 天津市南开区法学会理事 | 《重新犯罪实证研究》《试论依法治市工作评估的指标体系》 |
| 毕宏音 | 1968.10 | 硕士 | — | 研究员 | 中国社会学学会理事 | 《诉求表达机制研究》《网络舆情研究概论》 |
| 任吉东 | 1976.9 | 博士 | — | 研究员 | 中国城市史学会理事 | 《多元性与一体化：近代华北乡村社会治理》《近代华北乡村市场中的包税制——以直隶省获鹿县为例》 |
| 王光荣 | 1975.10 | 博士 | — | 研究员 | 中国社会学会城市社会学专业委员会副秘书长 | 《大城市和谐交通研究》《论大城市多中心发展模式》 |
| 平力群 | 1969.8 | 博士 | — | 研究员 | 中国日本史学会常务理事，天津国际贸易学会副秘书长 | 《日本风险投资研究——制度选择与组织行为》《浅析日本公司规范与实践调整的战略考量》 |
| 叶国平 | 1968.6 | 博士 | — | 研究员 | 天津市政治学会理事 | 《舆情制度建设论》《天津市公众人文社会科学素养及需求状况调查报告》 |
| 陈月生 | 1955.3 | 大学 | 所长 | 研究员 | — | 《群体性突发事件与舆情》《社区居委会舆情疏导机制研究》 |

**二、天津社会科学院 2015 年晋升正高级专业技术职务人员**

张献忠，1973 年 12 月出生，山东平邑人，研究员。现从事中国史研究，主要学术专长是明史、书籍报刊史、科举学。主要代表作有：《明代商业出版研究》（专著）、《大家精要·李贽》（专著）、《文社、书商与话语权力——晚明商业出版与公共空间的兴起》（论文）。

石淼昌，1975 年 5 月出生，贵州黎平人，研究员。现从事应用经济学研究，主要学术专长是经济社会评价与预测问题研究。主要代表作有：《城市协调发展评价与预测研究——以天津市为例》（专著）、《机会评价理论、方法及应用研究》（专著）。

时世平，1976 年 2 月出生，山东德州人，编审。现从事中国现当代文学研究和编辑学理论研究,主要学术专长是近现代文学研究、文学语言修辞研究以及网络文学研究。主要代表作有:《救亡·启蒙·复兴——现代性焦虑与清末民初文学语言转型论》(专著)、《清末民初的翻译实践与"文言的终结"》(论文)、《章太炎的汉语言文学观》(论文)。

周建高,1965年7月出生,江苏海门人,研究员。现从事当代日本社会变迁和东亚现代化比较研究。主要学术专长是城市化的中日比较研究。主要代表作有:《日本人善学性格分析》(专著)、《日本的终身学习》(专著)、《公营住宅——日本住宅保障制度的战后70年》(论文)。

## 第七节 2015年大事记

**一月**

1月27日,施琪副院长率队前往帮扶村,代表院党组和全院职工向特困群众表示了亲切慰问,向他们致以新春的祝福。

**二月**

2月6日,召开"天津社会科学院2014年度总结表彰大会",表彰先进,总结工作,部署任务。

**三月**

3月6—10日,举办2015年度第一期中层干部、党支部书记培训班,主题是"学党章、守纪律、建智库、促服务"。

3月13—14日,由天津社会科学院哲学所与上海社科院哲学所联合主办的第二届"生活哲学:阐释与创新天津论坛"在天津社会科学院召开。

**四月**

4月15日,中国现代文学馆第三批客座研究员离馆暨第四批客座研究员聘任仪式在京举行,天津社会科学院文学所青年博士受聘。

**五月**

5月6日,天津市法学会犯罪学分会2015年年会暨"法治社会建设与犯罪防控"学术研讨会在天津社会科学院举行。

5月6日,"'一带一路'构想与东北亚区域合作座谈会"在天津社会科学院召开。

5月22—24日,京津冀协同发展社会学理论研讨会在保定举行,王立国副院长应邀率相关学者参会。

5月26日,"2015东北亚安全与合作学术研讨会"在天津社会科学院召开,院长、首席专家张健研究员在开幕式上致欢迎辞并作主旨演讲。

5月28日,院党组书记、院长张健为全院党员领导干部讲"三严三实"专题教育党课,全院"三严三实"专题教育正式启动。

5月30—31日,"日本现代化进程中的社会、思想与文化"学术研讨会在成都举行,中国日本史学会会长、天津社会科学院院长张健研究员出席并致开幕词。

**六月**

6月2日,新一届院学术委员会召开全体会议,审议申请2015年(6月)出版基金资助项目,院长、院学术委员会主任张健主持会议并讲话。

6月4日,俄罗斯科学院远东研究所代理所长谢·根·卢贾宁教授应邀访问天津社会科学院,举行"东北亚区域合作与'一带一路'建设"学术报告会。

6月30日,院党组书记、院长张健主持召开"三严三实"教育第一专题"严以修身,坚定理想信念"研讨会。

## 七月

7月7—10日，华北地区社科院第三十二届科研管理联席会议在天津社会科学院召开，会议主题是"建设中国特色新型智库——地方社科院未来发展走向"。

## 八月

8月31日，第十二次院党组会议经过集体讨论通过《天津社会科学院深入开展"三创三评"活动的实施方案》，活动分为组织筹备、创建先进、评议考核、评选表彰四个阶段。

## 九月

9月5—9日，举办2015年度第二期中层干部、党支部书记学习培训班暨"三严三实"专题教育第二专题"严以律己严守政治纪律"专题研讨会。

9月17—18日，主办了题为"抗战时期的中国与天津"学术研讨会，纪念中国人民抗日战争暨世界反法西斯战争胜利七十周年。

9月17—19日，第二十六届全国社科哲学大会暨中华文化与社会主义核心价值观高端论坛在天津社会科学院召开。

9月18日，国家新闻出版广电总局发布了"百强报刊"名单，《天津社会科学》再次入选"百强社科期刊"。

## 十月

10月4—8日，张健院长率天津社会科学院学术代表团一行六人前往韩国，出席"第二届东亚门户城市政策论坛"和"第十届中韩环黄渤海合作·天津论坛"。

10月12日，院学术委员会分别召开各学科组会议和全体会议，听取各研究所（组）科研成果鉴定评估情况汇报，审议2015年度各研究所（组）推荐的A级成果。

10月22日，天津社会科学院成立东北亚区域合作研究中心、京津冀及城市群发展研究中心。

10月24—25日，为纪念《道德与文明》杂志出刊200期，由中国伦理学会、天津社会科学院主办，《道德与文明》杂志社承办的"当代中国道德文化建设的挑战、应对、前景"高端论坛顺利召开。

10月26日，院党组理论学习中心组召开专题学习会，学习贯彻市委市政府智库建设实施意见，全力推进院智库建设工作。

## 十一月

11月7日，《天津社会科学》编辑部召开"'十三五'时期哲学社会科学前沿热点问题前瞻暨学术期刊品牌建设论坛"，天津市及外地专家学者、学术期刊负责人出席论坛。

11月10日，天津市社科联主席、南开大学党委书记薛进文到天津社会科学院进行调研考察，并举行座谈会，共商加强天津市新型智库建设、繁荣发展哲学社会科学大计。

11月12—13日，张健院长应邀出席由广州市社科院承办的全国城市社科院第25次院长联席会议暨"一带一路"与新型城市智库建设论坛。

11月27日，院党组书记、院长张健主持召开院处级以上领导干部"三严三实"教育第三专题"严以用权，始终勤政廉政"专题研讨会。

## 十二月

12月1日，以"理论创新与智库建设论坛"为主题的天津市社会科学界第十一届（2015）学术年会分会场在天津社科院举行。

12月4—6日，王立国副院长（时任）率队赴深圳出席第四届人文社会科学集刊年会，主题为"学术集刊与学术共同体建设"。

# 河北省社会科学院

## 第一节　历史沿革

河北省社会科学院的前身是1963年建立的河北省哲学社会科学研究所。1963年10月17日，中共河北省委常委会批准决定建立河北省哲学社会科学研究所，为正厅级单位。"文化大革命"期间，河北省哲学社会科学研究所受到冲击而消散。1977年1月，中共河北省委决定重建河北省哲学社会科学研究所，1977年8月正式建立，并改称河北省社会科学研究所。1981年3月12日，经中共河北省委批准，河北省社会科学研究所正式改为河北省社会科学院。

2009年2月，中共河北省委办公厅、河北省人民政府办公厅发出《关于调整省委省政府有关直属事业单位（社团机构）设置的通知》，指出："为更好地促进我省社会科学事业发展，加强邓小平理论、'三个代表'重要思想和科学发展观的研究工作，省委、省政府决定，按照精简、统一、效能的原则，将省委讲师团、省社会科学界联合会并入省社会科学院，省社会科学院挂河北省邓小平理论、'三个代表'重要思想和科学发展观研究中心（简称：省邓研中心），中共河北省委讲师团、河北省社会科学界联合会（简称：省社科联）牌子。"2010年11月，经河北省政府批准，将河北省社会科学院内设管理机构列入参照公务员法管理范围，自此实行"一院两制"，即原省委讲师团、省社科联的参公人员和原社会科学院符合条件的行政管理人员参照公务员管理，科研科辅人员按事业单位管理。

### 一、领导

河北省社会科学研究所党委书记、所长：高斌（1978年5月—1980年12月）。

河北省社会科学院历任党组书记、院长：石虹（1981年6月—1983年7月任党组书记、院长，1983年7月—1985年11月任院长、党组成员），向流（1983年7月—1984年10月，任党组书记、副院长），严兰绅（1985年3月—1997年8月），李仲华（1997年8月—2003年2月），周振国（2003年2月—2006年4月），周文夫（2006年4月—2014年12月，2009年4月起兼任省邓研中心主任、省委讲师团主任、省社科联副主席）。现任党组书记、院长郭金平（2014年12月—　，兼任省邓研中心主任、省委讲师团主任、省社科联第一副主席）。

### 二、发展

自1981年正式建院以来，经过三十多年的发展，河北省社会科学院（以下简称"河北社科院"）在省委、省政府的领导下，历届领导班子都注意顺应形势发展的需要，努力探索社会科学研究的规律，适时制定和调整该院的发展战略，确立各个时期的办院方针，为该院的持续发展奠定了坚实的基础。经过全院上下多年的不懈奋斗，全院各项事业取得了长足的进展，生产出大量的社会科学研究成果，积累了丰富的科研经验，也培养出许多有突出贡献的社会科学研究人才，在为领导决策、为河北省的经济社会发展服务、为基层服务等方面做出了重大贡献，成为省委、省政府的"思想库"与"智囊团"。

2009年2月，省委讲师团、省社科联并入河北社科院，河北社科院力量进一步壮大，既是综合性的社会科学研究机构，又是重要的理论宣讲机构和社团机构。组织开展邓小平理论、"三个代表"重要思想和科学发展观理论与实践问题研究，组织开展河北省经济社会发展中的重大理论与实践问题研究、河北历史文化研究，建立了较为齐全的学科门类，现有农村经济学、区域经济学、中国特色社会主义理论体系研究、河北地方史与传统历史文化研究、当代文化（文学）发展研究5个重点学科，人口社会学、马克思主义哲学与现代化、服务经济、李大钊与区域史研究4个重点扶持学科，在马克思主义中国化和中国特色社会主义理论研究方面发挥了主阵地作用，在为省委省政府科学决策、服务全省经济社会发展中发挥了参谋助手作用。不断深化和拓展党的理论武装工作，积极开展理论宣传、理论教育，为各级党委中心组提供学习服务，指导各市委讲师团的业务工作，在深化理论武装、凝聚发展力量中发挥价值引领作用。努力发挥省委、省政府联系全省社会科学工作者的桥梁和纽带作用，指导、组织、管理、协调全省社科联所属团体会员和全省民办社会科学研究机构的工作；组织学术活动与交流，普及社会科学知识，发布管理"河北省社会科学发展研究课题"，依照省政府授权，负责省级社会科学成果奖励和管理工作，评选社会科学优秀青年专家，在强化依法管理、推动社科理论繁荣发展中发挥正确导向作用。院主办《河北学刊》《经济论坛》和《社会科学论坛》等公开发行刊物；主办《河北社会科学》《决策参考》，与省委宣传部联合主办《党委中心组理论学习通讯》《理论信息》等内部刊物；主办"河北省社会科学院网""理论教育网"和"河北社会科学网"；拥有经济形势分析会、"河北蓝皮书"等服务决策品牌。广泛开展国际学术交流与合作，同世界主要国家和我国港台地区23个科研机构和大学建立了长期稳定的学术交流与合作关系。

2015年1月20日，中共中央办公厅、国务院办公厅印发了《关于加强中国特色新型智库建设的意见》。2015年10月，河北省委办公厅、省政府办公厅印发《关于加强河北新型智库建设的意见》。河北社科院积极发挥学科门类齐全、科研人才密集的优势，先行先试，在2015年7月正式印发《河北省社会科学院中国特色新型智库建设先行先试方案》，成立了城乡发展研究中心、宏观经济与公共政策研究中心、创新驱动发展研究中心、京津冀协同发展研究中心、社会治理与党风廉政建设研究中心五个非编制智库专业研究中心。创刊《智库成果专报》，一批高质量的智库成果赢得了省委、省政府的认可与肯定。进入"十三五"，河北社科院继续贯彻落实中央和省委关于加强新型智库建设的意见要求，坚持"一个引领、四个作用"的工作方针，积极落实"五个先行"工作要求，以打造河北中心智库为重点，实施哲学社会科学创新工程，进一步推进马克思主义学习研究宣传重要阵地建设，进一步服务党委政府决策和河北经济社会发展，进一步推进社科学术建设水平，为建设经济强省、美丽河北提供有力的理论支撑和智力支持。

三、机构设置

自1981年始，院内设机构根据发展需要发生了数次变更。建院之初，经河北省委宣传部同意，院内机构设置经济研究室、历史研究室、哲学研究室、文学研究室、图书资料室、办公室。1981年6月,河北省计委下达的《关于河北省社会科学院计划任务书的批复》:河北社科院在石家庄建设,规模暂按150人,设经济研究所、历史研究所、哲学研究室、文学研究室、科学社会主义研究室、法学研究室。1981年10月,报经河北省委宣传部建立《河北学刊》编辑部。1983年8月,设立办公室、人事处、科研组织处、行政处、经济研究所、历史研究所、哲学研究所、语言文学研究所、科学社会主义研究所、法学研究室、社会科学情报研究室、《河北学刊》编辑部、图书馆。1985年1月,将经济研究所一分为二,分别建立经济研究所和农村经济研究所,将科学社会主义研究室和哲学研究所合并为哲学研究所。1987年4月创办《经济论坛》杂志社。1987年6月,将政治学法学研究室改为政治学法学研究所。1988年8月,建立新闻研究所。1989年1月,将政治学法学研究所分为政治学研究所、法学研究所。1991年5月,情报研究所并入图书馆,成立"河北省社会科学院图书情报中心",情报研究所、政治学研究所、经济研究所的有关社会学人口学研究人员合并,成立"河北省社会科学院社会学人口学研究所"。

1996年5月,经院长办公会研究决定,院机构调整设立:经济研究所、农村经济发展研究所、区域经济发展研究所、社会发展研究所、哲学研究所、语言文学研究所、历史研究所、燕赵文化研究所、河北现当代史研究所、法学研究所、社会学研究所、新闻研究所、精神文明建设研究中心、人才资源研究中心。

1998年5月,经河北省机构编制委员会办公室同意,设置老干部处。7月,经院长办公会议决定,院内设机构设置22个:办公室、人事处、老干部处、机关党委、纪检组、科研组织处、行政处、河北省社科服务中心、河北学刊杂志社、经济论坛杂志社、图书情报中心、经济研究所、农村经济发展研究所、哲学研究所、语言文学研究所、燕赵文化研究所、历史研究所、法学研究所、社会发展研究所、新闻研究所、人才资源开发中心、精神文明建设研究所。临时机构1个:基建办公室。

2002年11月,经省机构编制委员会办公室同意,设立财贸经济研究所、培训部。

2006年7月,河北省财政供养人员总量控制工作协调小组办公室、河北省机构编制委员会联合下发"关于河北省社会科学院清理整顿方案的批复":保留河北省社会科学院及内设的22个处(室、所、中心、部),即:办公室、人事处、行政财务处、老干部处、机关党委、科研组织处、信息中心、培训部、后勤服务中心、经济研究所、农村经济研究所、财贸经济研究所、哲学研究所、法学研究所、新闻与传播学研究所、语言文学研究所(燕赵文化研究中心)、人才资源开发中心加挂人力资源研究所牌子、经济论坛杂志社(旅游研究中心)、河北学刊杂志社、历史研究所(河北省炎黄文化研究会办公室、河北省抗日战争史研究中心)、社会发展研究所加挂精神文明建设研究中心牌子,精神文明研究中心(邓小平理论研究中心)更名为邓小平理论与"三个代表"思想研究中心,撤销邓小平理论研究中心,另按规定设纪检组。

2009年7月,根据河北省编制委员会制定的《河北省社会科学院编制方案》:

河北社科院内部设置管理机构7个:办公室、人事处、财务处、行政处、科研组织处、培训处(外事办公室)、老干部处。

社团工作机构5个:社科联秘书处、学会工作处、科普工作处、科学成果管理处、社团党建工作处。

教学研究机构15个：讲师团工作处，经济教研室，哲学教研室，政治文化教研室，经济研究所，财贸经济研究所，农村经济研究所，语言文学研究所（燕赵文化研究中心），历史研究所（河北省抗日战争史研究中心），哲学研究所，社会发展研究所（精神文明建设研究中心），法学研究所，新闻与传播学研究所，邓小平理论、"三个代表"重要思想和科学发展观研究所，人力资源研究所（人才资源开发研究中心）。

教学科研辅助机构4个：社会科学信息中心、《河北学刊》杂志社、《经济论坛》杂志社（旅游研究中心）、《社会科学论坛》杂志社。

按规定设置机关党委。

直属事业单位1个：河北省社会科学发展中心。

按规定设置省纪委驻社科院纪检组。

### 四、人才建设

河北社科院注重人才队伍建设。截至2015年12月底，在编在岗人员合计329人。参照公务员管理工作人员110人；专业技术人员179人，其中正高级职称人员50人，副高级职称人员59人，中级及以下职称人员70人；管理岗位人员17人，工勤岗位人员23人。

具有副研究员及以上专业技术职务的有：孙继民、薛维君、王彦坤、李建国、陈璐、方伟、颜廷标、周伟文、朱文通、王艳宁、王晓岚、穆兴增、惠吉兴、田翠琴、王文录、焦原、田苏苏、魏建震、刘书越、王建强、王月霞、赵建国、王小梅、许文建、李宏、麻新平、刘洪升、杜永明、石亚碧、吴庆智、夏明芳、金红勤、姚胜菊、孙宏滨、王艳霞、崔清明、王玫、严晓萍、赵砚文、王亭亭、高海生、刘宝辉、贺银凤、董颖、唐丙元、李军、梁世和、梁跃民、张川平、裴赞芬、吴景双、张平、靳志玲、刘淑娟、路辉、郝晏荣、潘保海、杜英、刘宏、刘明、马春香、王丽英、李山、徐立群、孙荣欣、宋东升、魏丽、张瑜、邹玲芳、王全领、贾淑军、刘美然、魏宣利、李翠艳、何石彬、冯金忠、陈建伟、王志强、李鉴修、黄建生、覃志红、李义生、郑恩兵、吕广亮、车同侠、樊雅丽、闫永路、白玉芹、崔巍、侯建华、张涛、向回、张芸、把增强、李靖、杨春娟、赵然芬、杨艳军、马春梅、姜兴、郭强、郑萍、陈瑞青、边继云、杜欣、耿卫新、张波、李茂、王春蕊。

自1981年建院以来，河北社科院涌现了一批专家学者。先后有27人被评为"享受国务院特殊津贴专家"：黄绮、胡如雷、王永祥、魏连科、严兰绅、孙宝存、张岗、张永泉、陈耀彬、牛凤瑞、焦凤贵、张建军、王友才、于云志、薛维君、周文夫、时运生、王彦坤、赵金山、杨连云、彭建强、周振国、孙世芳、孙继民、陈璐、郭金平、李建国。

10人荣获"河北省省管优秀专家"称号：黄绮、胡如雷、王永祥、魏连科、严兰绅、赵金山、彭建强、薛维君、孙继民、王彦坤。

23人被评为"河北省有突出贡献中青年专家"：宋珠贵、王永祥、魏连科、袁森坡、周文夫、薛维君、李澍卿、王彦坤、李建国、孙世芳、孙继民、彭建强、王晓岚、朱文通、王亭亭、颜廷标、穆兴增、张国岚、田翠琴、刘宝辉、王维国、王建强、方伟。

14人被评为"河北省社会科学优秀青年专家"：薛维君、方伟、王彦坤、孙继民、彭建强、朱文通、孙世芳、王晓岚、陈璐、王亭亭、魏建震、王建强、郑恩兵、樊雅丽。

注：截至2016年11月，已去世人员有10名：黄绮、胡如雷、张岗、陈耀彬、

焦凤贵、于云志、袁森坡、李澍卿、薛维君、杜永明。

此外，彭建强入选全国宣传文化系统"四个一批"人才和全国"万人计划"哲学社会科学领军人才。在职人员中15人入选河北省宣传文化系统"四个一批"人才，17人入选河北省"中青年社科专家五十人工程"人选，3人入选"燕赵文化英才"，2人入选"河北省青年拔尖人才"，河北省"三三三人才工程"一二层次入选19人，三层次人选31人，2人获得"河北省青年拔尖人才"称号，2人享受"河北省政府特殊津贴"。

## 第二节 组织机构

一、河北省社会科学院领导及其分工

1. 历任领导

河北省社会科学研究所党委书记（委员）、所长（副所长）简表

| 姓　名 | 职务 | 任职时间 |
| --- | --- | --- |
| 高　斌 | 党委书记、所长 | 1978.5—1980.12 |
| 赵　纯 | 党委副书记、副所长 | 1977.7—1978.3 |
| 孙宝存 | 党委委员、副所长 | 1977.7—1978.6 |
| 刘管柱 | 党委委员、办公室主任 | 1977.8—1977.9 |
| 崔鹏云 | 党委委员、文史组组长 | 1977.8—1978.1 |
| 臧三戈 | 党委委员、副所长 | 1978.2—1980.12 |
| 肖永庆 | 党委委员、副所长 | 1978.5—1980.12 |
| 陈　哲 | 党委委员、副所长 | 1979.7—1980.12 |
| 刘伯愚 | 党委委员、经济研究室主任 | 1981.3—1983.7 |

河北社科院党组书记、院长简表

| 姓　名 | 职务 | 任职时间 |
| --- | --- | --- |
| 石　虹 | 党组书记、院长 | 1981.6—1983.7（1983.7—1985.11任党组成员、院长） |
| 向　流 | 党组书记、副院长 | 1983.7—1984.10 |
| 严兰绅 | 党组书记、院长 | 1985.3—1997.8 |
| 李仲华 | 党组书记、院长 | 1997.8—2003.2 |
| 周振国 | 党组书记、院长 | 2003.2—2006.4 |
| 周文夫 | 党组书记、院长 | 2006.4—2014.12（2009年4月兼任省委讲师团主任、省邓研中心主任、省社科联副主席） |

河北社科院党组成员、副院长简表

| 姓　名 | 职务 | 任职时间 |
| --- | --- | --- |
| 高　斌 | 党组副书记、副院长 | 1980.12—1985.5 |
| 陈　哲 | 党组成员、副院长 | 1980.12—1983.6 |
| 臧三戈 | 党组成员、副院长 | 1980.1—1988.7 |
| 周剑琴 | 党组成员、副院长 | 1980.12—1983.7 |
| 肖永庆 | 党组成员 | 1980.12—1991 |
| 刘伯愚 | 党组成员 | 1981.3—1983 |
| 张　岗 | 党组成员、副院长 | 1983.7—1987.5 |
| 宋彦博 | 党组副书记、副院长 | 1983.10—1986.4 |
| 赵　池 | 党组成员、副院长 | 1983.10—1990.11 |
| 唐振景 | 党组成员、副院长 | 1986.3—1994.12 |
| 商怀亮 | 党组成员 | 1987.2—1993.3 |
| 孙宝存 | 党组成员、副院长 | 1989.12—1999.3（1996年3月免党组成员，1999年3月免副院长） |
| 焦凤贵 | 党组成员、党组副书记、副院长 | 1990.4—1993.12 |
| 杨连云 | 党组成员、副院长（1999年8月党组副书记） | 1991.1—2004.9 |
| 郭金平 | 党组成员、副院长（1995年7月党组副书记） | 1994.12—2003.6（1999年5月免党组副书记） |
| 袁树峰 | 党组成员、副院长 | 1996.2—2000.7 |
| 王荣珊 | 党组成员、纪检组组长 | 1996.2—2006.8 |
| 赵金山 | 党组成员、副院长 | 1998.6—2006.10 |
| 孙世芳 | 党组成员、副院长（2004年7月党组副书记） | 2003.8—2011.4 |
| 孙继民 | 党组成员、副院长 | 2003.8—2015.4 |
| 杨思远 | 党组成员、副院长 | 2004.11—2009.4 |
| 王秀芬 | 党组成员、纪检组组长 | 2006.9—2009.6 |
| 张志平 | 党组副书记、副院长（正厅级） | 2009.4—2011.12 |
| 兰英山 | 党组成员、副院长、省社科联副主席 | 2009.4—2013.12 |
| 胡银山 | 党组成员、省纪委驻省社科院纪检组组长 | 2010.11—2014.1 |
| 王新明 | 副巡视员 | 2009.4—2013.11 |

### 河北社科院现任领导班子简表

| 姓名 | 职务 | 任职时间 |
| --- | --- | --- |
| 郭金平 | 党组书记，院长，省委讲师团主任，省邓小平理论、"三个代表"重要思想和科学发展观研究中心主任，省社科联第一副主席 | 2014.12 |
| 曹保刚 | 党组成员、副院长、省社科联常务副主席（正厅级） | 2009.4 |
| 杨思远 | 党组成员、副院长 | 2009.4 |
| 孙毅 | 党组成员、副院长 | 2009.4 |
| 刘月 | 党组成员、副院长 | 2009.4 |
| 张福兴 | 党组成员、副院长 | 2009.4 |
| 彭建强 | 党组成员、副院长、省社科联副主席 | 2012.11 |
| 焦新旗 | 党组成员、副院长、省社科联副主席 | 2014.1 |
| 张国岚 | 党组成员、省纪委驻省社科院纪检组组长 | 2014.1 |

2. 现任领导及其分工

郭金平，党组书记，院长，河北省邓小平理论、"三个代表"重要思想和科学发展观研究中心（简称：省邓研中心）主任，河北省委讲师团主任，河北省社科联第一副主席，主持省社科院（省邓研中心、河北省委讲师团、河北省社科联）全面工作。

曹保刚，党组成员、副院长、河北省社科联常务副主席（正厅级），负责河北省社科联常务工作；分管人事处、社科联秘书处、科学成果管理处；负责河北省社会科学发展中心工作，兼任河北省社会科学发展中心主任。

杨思远，党组成员、副院长，负责社会法学学科片工作，分管邓小平理论、"三个代表"重要思想和科学发展观研究所，法学研究所，社会发展研究所（精神文明建设研究中心、河北生态环境建设研究中心），人力资源研究所（人才资源开发研究中心），新闻与传播学研究所。

孙毅，党组成员、副院长、省邓研中心副主任，分管院机关党委、讲师团工作处、哲学教研室。

刘月，党组成员、副院长、省邓研中心副主任，分管省邓研中心工作；分管经济教研室（河北金融研究中心）、政治文化教研室、培训处（外事办）。

张福兴，党组成员、副院长，分管科普工作处、《社会科学论坛》杂志社、社会科学信息中心。

彭建强，党组成员、副院长、河北省社科联副主席，负责经济学科片工作，分管经济研究所、农村经济研究所、财贸经济研究所、《经济论坛》杂志社（旅游研究中心）；分管学会工作处。

焦新旗，党组成员、副院长、河北省社科联副主席，分管办公室、财务处、行政处、老干部处、社团党建工作处。

张国岚，河北省纪委驻省社会科学院纪检组组长、党组成员，分管纪检、监察工作；主持纪检组（监察室）工作。

## 二、河北社科院职能部门

办公室
主任：程珺红
调研员：张力姝
副主任：黄军毅、许明、谢强
人事处
处长：盛忆东
副处长：李东、苗聪聪
财务处
处长：郭振虎
调研员：陈秀清
副处长：孙树杰、吴诚
副调研员：靳德怀
行政处
处长：王文玉
副处长：张炳武、李广杰
副调研员：敦建丰
科研组织处
处长：孟庆凯
副处长：张宏波、赵玉静
培训处
处长：张小平
副处长：王晓
老干部处
副处长：时晓华
机关党委
专职副书记：陈秀平
调研员：王凤权
副调研员：张吉跃
社科联秘书处
副处长：杨自新
学会工作处
处长：张天云
副处长：祝寿恒
科普工作处
处长：景兰杰
副处长：陈刚
副调研员：孙钦玫
科学成果管理处
处长：王海鸥
副调研员：侯咨军
社团党建工作处
调研员：柴东风
副处长：王宪超
讲师团工作处
处长：王金华
调研员：丁红、王梦茹
副处长：谈明霞
经济教研室
主任：刘来福
副主任：刘海焕
哲学教研室
主任：何宪民
副主任：郑英霞
政治文化教研室
副主任：贾玉娥
省纪委驻社科院纪检组
副组长：刘本台
正处级纪检员：于怀新
副调研员：赵巍

## 三、河北社科院科研机构

经济研究所
所长：薛维君
财贸经济研究所
所长：颜廷标
副所长：崔巍
农村经济研究所
所长：陈璐
副所长：唐丙元
语言文学研究所（燕赵文化研究中心）
所长：方伟
副所长：郑恩兵
历史研究所（河北省抗日战争史研究中心）
所长：朱文通
副所长：王小梅
哲学研究所
所长：魏建震

副所长：梁世和

社会发展研究所（精神文明建设研究中心）

所长：王文录

副所长：王玫

法学研究所

所长：王艳宁

副所长：麻新平

新闻与传播学研究所

所长：田苏苏

副所长：梁跃民

邓小平理论、"三个代表"重要思想和科学发展观研究所

副所长：李鉴修

人力资源研究所（人才资源开发研究中心）

副所长：王建强

## 四、河北社科院科研辅助部门

社会科学信息中心

主任：杜永明

副主任：李宏、金红勤

《河北学刊》杂志社

社长兼总编：王月霞

副社长兼副总编：冯金忠

《经济论坛》杂志社（旅游研究中心）

社长兼总编：穆兴增

副总编：覃志虹

旅游研究中心副主任：刘宝辉

《社会科学论坛》杂志社

社长兼总编：赵虹

副总编：韩方玉

副调研员：李秋红

## 第三节　年度工作概况

一、以中央和省委精神为指导，积极探索，改革创新，全力打造河北中心智库

1. 学习贯彻中央和省委精神，解放思想，创新全院发展新思路

2015年初，院党组书记、院长郭金平和其他院领导组织有关专家认真学习贯彻落实中央办公厅、国务院办公厅印发的《关于加强中国特色新型智库建设的意见》精神和省委有关会议精神，紧紧围绕"四个全面"战略布局，顺应河北经济社会发展新要求，在谋划全院重点工作时，提出了"一个引领、四个作用"的总体思路，即以新型智库建设引领和带动各项工作协同发展，在为省委省政府科学决策、服务河北经济社会发展中发挥参谋助手作用，在深化理论武装、凝聚发展力量中发挥价值引领作用，在强化依法管理、推动社科理论繁荣发展中发挥正确导向作用，在确立阵地意识、加强队伍建设中发挥社科理论主阵地作用。思路清，则道路明，为把河北社科院建成马克思主义学习研究宣传重要阵地、省内外有影响力的新型智库和全省社科理论工作学术殿堂指明了方向，打下了坚实基础。这一工作思路得到省委省政府领导的充分肯定。

2. 以建设国内一流高端智库为目标，率先开展先行先试，铸牢河北中心智库组织基础

2015年，河北社科院在谋划全院工作重点时深刻认识到，新型智库建设之于该院，正如京津冀协同发展之于河北一样，是千载难逢的重大机遇。鉴于此，河北社科院坚持早启动、早实施，在河北省委、省政府关心支持下，学习借鉴中国社科院和京津等地方社科院的经验，在省内率先出台了智库建设先行试点方案，把"从整体上发挥智库核心载体和主体平台功能，成为在省内外有影响力的河北中心智库"作为智库建设的总目标。试点方案以该院为依托、整合全省社科资源，以院内重点学科首席专家为带头人，组建了5个非编制的研究中心，即宏观经济决策与公共政策研究中心、创新驱动发展研究中心、京津冀协同发展研究中心、城乡发展研究中

心、社会治理与党风廉政建设研究中心。5个中心紧紧围绕河北省委省政府中心工作，根据当前经济社会发展的现实需要，针对全局性、战略性、前瞻性、综合性、长期性重大而紧迫的问题开展对策研究，为省委省政府科学决策提供智力支持。同时，还积极谋划推进省情研究重点实验室、宏观政策仿真重点实验室、舆情监测分析重点实验室3个专业实验室和社会科学数据信息网络平台、社会科学评价平台、社会科学（智库）成果转化平台三大平台建设。

3. 以学科建设为抓手，持续提升科研实力，夯实河北中心智库建设基础

2004年，河北社科院开始实施学科建设工程。到2015年底，已完成了三个周期的学科建设，由最初的3个重点学科、4个重点扶持学科扩展到5个重点学科[农村经济学、区域经济学、中国特色社会主义理论体系研究、河北地方史与传统历史文化研究、当代文化（文学）与河北文化发展研究]、4个重点扶持学科（人口社会学、马克思主义哲学与现代化、服务经济、李大钊与区域史研究）、4个重点培育学科（人才资源开发、地方法治建设、新闻传播学、宏观经济政策学），兼顾了应用和基础研究的均衡发展，学科布局更趋科学合理。学科建设中，各个学科均以本部门为基础整合研究力量，组建学科团队，由在职在岗的思想品德端正、学术界认可、在省内拔尖、具有较强科研组织能力的，具备高级职称的专业技术人员担任学术带头人，开展研究工作。其中重点学科、重点扶持学科设立首席专家岗位，由已荣获"国家'四个一批'人才、国务院特殊津贴专家、省管优秀专家、省有突出贡献的中青年专家"等专家称号的学术带头人担任，有力地带动了全院科研实力的提升，形成了多个优势学科和特色学科。

2016年第一季度，河北社科院对第三期学科建设进行了考核总结和第四期申报评估工作。重点学科中农村经济学考核优秀，区域经济学、中国特色社会主义理论体系研究、河北地方史与传统历史文化研究、当代文化（文学）与河北文化发展研究考核合格；重点扶持学科中李大钊与区域史研究考核优秀，服务经济、人口社会学、马克思主义哲学与现代化考核合格；重点培育学科中地方法治建设考核优秀，人才资源开发、新闻传播学、宏观经济政策学考核合格。

此外，该院对《河北省社科院重点学科、重点扶持学科管理办法》《河北省社会科学院关于设立重点培育学科的暂行规定》等规定进行了修订，准备出台《河北省社科院学科建设管理办法》，为学科建设工作的有序高效运行提供制度保障，为打造"河北中心智库"奠定坚实基础。

4. 表彰重要科研成果，鼓励精品生产，奠定河北中心智库坚实基础

表彰2014年度重要科研成果。2014年河北社科院有389项科研成果达到"重要科研成果"资助标准：其中发表类146项，出版类30项，转载类12项，采纳类115项，入选类75项，获奖类11项。有53项编辑成果达到"重要编辑成果"资助标准。2015年5月，组织该院第三届优秀科研成果评奖工作。经过专家认真评审，有23项科研成果分获一、二、三等奖和青年奖。其中一等奖3项、二等奖7项、三等奖9项、青年奖4项。做好学术著作出版资助工作。2015年资助出版学术著作5部：《禀赋、有限理性与农村劳动力迁移行为》《仪式符号——农村婚礼》《传统与变革：近代保定的城市空间（1860—1928）》《马克思拯救世界的警世箴言——建设中国特色社会主义的"精神武器"》《阅微草堂笔记鉴赏》。

5. 发挥职能和优势，搞好舆情信息的收集和研判，为党委部门提供准确有效的

信息服务和对策建议

舆情监测分析实验室是河北社科院新型智库试点方案中明确提出打造的三个重点实验室之一。2015年7月，河北社科院被中宣部确定为舆情信息直报点。以此为契机，河北社科院充分利用社科研究基地、社科联所属学会协会研究会和遍布城乡的省市县乡村"五级宣讲网络"基层宣讲工作站和联系点，设线布点，建立社会舆情调研基地，为开展舆情信息工作提供社会调研支持。建立选题机制，定期召开舆情信息选题策划会。整合智力资源，建立院舆情监测分析重点实验室，集中优势力量，联合攻关。通过互联网舆情信息监测系统实时采集互联网新闻、论坛、博客、微博、QQ群、搜索、文档、微信公众号等通道信息，抽取舆情要素、发现舆情热点和敏感话题，为该院舆情深度分析提供硬件支撑。设立舆情信息工作专项工作经费，对承担舆情信息工作任务的人员提供经费保障。截至2015年12月，河北社科院共向省委宣传部、中宣部报送53篇舆情信息，被中宣部采用1篇，被省委宣传部采用6篇；向省委办公厅报送44篇信息，被采用31篇，其中被中央办公厅采用2篇。

二、充分发挥新型智库作用，积极开展应用对策和基础理论研究，不断活跃学术气氛，社科研究取得了新突破

1. 应用研究质量提升，成果批示转化再创新高

2015年8月，为满足新型智库发展需要，河北社科院在提高《决策参考》质量的同时，重点打造了《智库成果专报》，使研究成果更具权威性、前沿性、实用性，并以"组合拳"的形式提供给省领导。全年上报《决策参考》调研报告24篇，获得省领导批示18篇；上报《智库成果专报》调研报告28篇，获得省领导批示20篇。通过这两项直报件共有38项研究成果直接进入决策，创历年新高，提升了河北社科院的决策影响力。其中，2015年《智库成果专报》第1—5期《"互联网+"系列报告》，分别得到河北省委书记赵克志、省长张庆伟、省委副书记赵勇、常务副省长杨崇勇、省委秘书长范照兵、副省长张杰辉、时任宣传部长艾文礼批示肯定。赵克志书记批示："请发言起草组阅研。也要听听社科院领导和专家的意见。"张庆伟省长批示："发改委参阅。"杨崇勇常务副省长批示："社科院这五篇研究与报告很好，请发改委永久同志阅"；第10期《解放思想及其大讨论的一些思想动向值得关注应对》得到省委书记赵克志、秘书长范照兵、宣传部长田向利、组织部长梁田庚的批示肯定；第16期《关于缩小非首都功能疏解核心承载地公共服务水平差距的思路与对策》得到省委书记赵克志、常务副省长杨崇勇批示肯定，赵克志书记批示："此件很好，建议印送省委常委、副省长、省直有关部门负责同志、各设区市委书记、市长参阅。"第19期《我省产业"以老育新"实现内涵转型的思考与建议》得到省委书记赵克志、省政协主席付志方、副省长张杰辉、省人大常委会副主任王雪峰的批示肯定。

2. 重大理论和基础研究能力提升，发表出版了一批有影响力的科研成果

河北社科院的"河北省中国特色社会主义理论体系研究中心"品牌效应进一步彰显，影响力不断扩大。一年来，与人民日报理论部、光明日报理论部、《求是》杂志分别举办了相关的理论研讨会、理论文章选题论证会，参与全国"中特中心"年会并提交多篇学术论文。组织专家学者在《人民日报》《光明日报》《经济日报》《求是》杂志等国家级重点报刊发表理论文章9篇，其中4篇刊发在理论版头条或作为专栏的开栏文章。同时，河北社科院还出版了《黄道周哲学思想研究》《日军

镜头中的侵华战争——日军、随军记者未公开影像资料集》《黑水城元代汉文军政文书研究》《区域创新驱动路径选择研究》等一大批有影响力的著作,进一步巩固和提高了河北社科院在全国的话语权。《华北抗日根据地精兵简政期间基层政权建设述论》《〈党和国家领导制度的改革〉与推进国家治理现代化》《崇礼滑雪旅游资源深度开发研究》等一批论文在国家级核心期刊发表,引起较大社会反响。

3. 组织"学术报告厅"系列讲座,活跃学术交流氛围

为推动新型智库建设,进一步营造良好的学术氛围,促进中青年科研人员尽快成长,更好地发挥咨政建言、理论创新、舆论引导和服务社会的功能,2015年2月起,河北社科院组织开设院"学术报告厅"系列讲座。"学术报告厅"是开展学术交流,推动学术思想传播,启迪创新思维,提高科研创新能力的重要载体,是完善多层次学术交流机制的重要举措。一年来,共邀请了9位知名专家就宏观经济、京津冀协同发展、社会治理及如何做好科研等主题来院作学术报告,院内中青年科研人员积极参与,反响热烈,对提升该院科研创新能力、推进新型智库建设发挥重要作用。

4. 打造蓝皮书品牌,举办经济形势分析会,充分发挥智库职能

搞好蓝皮书编辑出版,发挥智库作用。2015年1月份,《河北经济社会发展报告(2015)》出版;2月份,《2014—2015年河北发展蓝皮书》(六卷本)出版。河北社科院及时向中国社科院、地方兄弟社科院和河北省委、省政府、省人大、省政协、省委委员、候补委员,省直厅局领导、高校、企业、各县区领导等呈送、赠阅蓝皮书600余套。

举办经济形势分析会,为提高领导经济工作前瞻性提供服务。2015年7月,河北社科院组织召开"2015年上半年河北省经济形势分析会"。会议深入贯彻落实党的十八届三中、四中全会和省委有关会议精神,聚焦河北省上半年经济运行情况,重点分析了当时河北省经济形势、面临的矛盾和问题,探讨发展思路及对策建议。来自省发改委、省统计局、省委研究室、省政府研究室、省社科规划办、省人大财经委、河北经贸大学、省社科院的多位专家学者出席会议并发言。与会专家对进一步抢抓京津冀协同发展机遇,促进河北省"绿色崛起",提出了具体建议。

5. 积极开展国际学术交流与合作,进一步提升开放办院水平。

2015年,河北社科院共接待来访的日本、美国、新西兰等国家的专家学者6批20人次,组织召开了"河北省智库建设国际学术研讨会"等学术交流和研讨会5次,其中由河北社科院举办的第二届"中国·新西兰现代农业发展学术研讨会"会议综述上报后得到省委副书记赵勇的肯定批示;组织国外专家学者赴有关市、县、农村参观考察累计16天18人次。同时,全年安排出访团组2批12人次;资助7名中青年科研和管理骨干赴国外考察访问和参加学术交流活动。通过国际学术交流与合作,提升了河北社科院的知名度和影响力,拓宽了科研工作的国际化视野,增强了科研话语权。

## 第四节 科研活动

一、人员、机构等基本情况

1. 人员

2015年底,河北社科院共有专业技术人员179人。其中,正高级职称人员50人,副高级职称人员59人,中级职称人员70人。高、中级职称人员占全体在职人员总数的64%。

2. 机构

河北社科院设有教学科研机构14个,

包括经济教研室、哲学教研室、政治文化教研室、经济研究所、财贸经济研究所、农村经济研究所、语言文学研究所、历史研究所、哲学研究所、社会发展研究所、法学研究所、新闻与传播学研究所、邓小平理论"三个代表"重要思想和科学发展观研究所、人力资源研究所。科研辅助机构4个，包括社会科学信息中心、《河北学刊》杂志社、《经济论坛》杂志社（旅游研究中心）、《社会科学论坛》杂志社。

## 二、科研活动

### 1. 科研成果统计

2015年河北社科院完成各类科研成果593项，共计3151.24万字。其中专著11种，444.4万字；编著33种，2266万字；书稿4种，18.3万字；论文358篇，247.87万字；调研报告137篇，149.85万字；文章21篇，3.32万字；其他类成果29项，21.5万字。

### 2. 科研课题

2015年，河北省社会科学院共有新立项课题145项。其中，国家社科基金项目立项4项；省社科基金项目立项16项；省软科学项目立项10项；省社会科学发展课题立项29项；院重大课题14项，重点课题72项。

**2015年新立项国家社科基金项目、省社科基金项目、省软科学项目表**

| 项目类别 | 主持人 | 项目名称 | 是否结项 |
| --- | --- | --- | --- |
| 国家社科基金项目 | 刘书越 | 凝聚社会各阶层中国梦共识研究 | 否 |
| 国家社科基金项目 | 王凤丽 | 华北农村基层社会天主教群体行为研究 | 否 |
| 国家社科基金项目 | 陈瑞青 | 百石斋藏新出宋元买地券整理与研究 | 否 |
| 国家社科基金项目 | 卢小合 | 艺术时间诗学与巴赫金的赫罗诺托普理论研究 | 是 |
| 省社科基金项目 | 魏宣利 | 京津冀协同发展背景下高起点谋划和打造"湾区经济"的对策建议 | 是 |
| 省社科基金项目 | 张 葳 | 京津冀协同视角下的河北省体育产业发展思考 | 是 |
| 省社科基金项目 | 蔡欣欣 | 法律进社区对策研究 | 否 |
| 省社科基金项目 | 郭金平 | 破解我省科普短板 推动法治河北建设和创新驱动战略的基础性调研与对策建议 | 是 |
| 省社科基金项目 | 张 葳 | 关于推动河北省智慧旅游发展的对策建议 | 是 |
| 省社科基金项目 | 郭瑞东 | 关于利用财政科技投入有效带动全社会RD投入的对策建议 | 是 |
| 省社科基金项目 | 庞 博 | 提高科技成果转化政策"含金量"打造创新发展绿色崛起驱动力的对策建议 | 是 |
| 省社科基金项目 | 庞 博 | 关于组织实施产业金融行动计划的建议 | 是 |
| 省社科基金项目 | 王 昆 | 西柏坡时期中共整党建党研究 | 否 |
| 省社科基金项目 | 杜 欣 | 河北省与首都科技合作的思路与重点研究 | 否 |
| 省社科基金项目 | 李海飞 | 马克思企业间资本社会化理论及其当代发展研究 | 否 |

续表

| 项目类别 | 主持人 | 项目名称 | 是否结项 |
| --- | --- | --- | --- |
| 省社科基金项目 | 把增强 | 华北抗日根据地精兵简政研究 | 否 |
| 省社科基金项目 | 刘 宏 | 20世纪二三十年代河北省的社会教育 | 否 |
| 省社科基金项目 | 车同侠 | 农村籍大学毕业生创业就业的环境支撑研究 | 否 |
| 省社科基金项目 | 张 波 | 完善我省承接京津功能疏解和产业转移重点平台的思路与对策研究 | 否 |
| 省社科基金项目 | 赵然芬 | 河北省现代农业生产性服务体系构建研究 | 否 |
| 省软科学项目 | 崔 巍 | 河北省促进科技成果转化的体制机制研究 | 否 |
| 省软科学项目 | 马春梅 | 河北省科技创新"十三五"发展总体思路研究 | 是 |
| 省软科学项目 | 王春蕊 | 河北省科技型中小企业发展问题研究 | 否 |
| 省软科学项目 | 张亚宁 | 河北省科技创新人才资源开发与管理研究 | 否 |
| 省软科学项目 | 李 茂 | 河北省城市绿色出行模式构建与发展路径研究——基于石家庄市的调查 | 否 |
| 省软科学项目 | 王维国 | 离退休专业技术人员二次开发与使用问题研究 | 否 |
| 省软科学项目 | 吕广亮 | 构建京津冀交通网络一体化中公路发展服务效力提升研究 | 否 |
| 省软科学项目 | 宋东升 | 产业转型升级背景下我省创意农业发展研究 | 否 |
| 省软科学项目 | 白玉芹 | 我省服务业竞争力提升的思路与重点研究 | 否 |
| 省软科学项目 | 颜廷标 | 河北省"十三五"创新驱动发展思路与模式研究 | 否 |

3. 获奖优秀成果

2015年，河北社科院参加第九届河北省社会科学基金项目优秀成果奖评选活动，有5项成果获奖。其中，二等奖3项：庞博《抢抓中蒙合作重大契机 助力我省绿色崛起的对策建议》，张葳《我省体育旅游资源深度开发和特色品牌建设对策研究》，张波《我省打造环京津绿色生态屏障面临问题与战略举措》。三等奖2项：王少军《农家书屋管理、使用及发展问题研究》，把增强《抗战时期中共精兵简政与退伍人员安置问题研究》。

### 三、学术交流活动

1. 学术活动

2015年，河北社科院举办的学术活动有："京津冀协调发展社会学理论研讨会"、2015年上半年河北省经济形势分析会、第八届河北省社会科学博士论坛、"中国·新西兰现代农业发展学术研讨会"、"河北宗教发展与文化强国战略学术研讨会"、"第五届河北禅宗文化论坛"、"第二届河北儒学论坛"等。

2. 国际学术交流与合作

（1）学者出访情况

2015年，安排出访团组2批12人次；资助7名中青年科研和管理骨干赴国外考察访问和参加学术交流活动。

（2）外国学者来访情况

2015年，河北社科院共接待来访的日本、美国、新西兰等国家的专家学者6批20人次，组织学术交流和研讨会5次；组织国外专家学者赴有关市、县、农村参观考察累计16天18人次。

### 四、研究中心、期刊

1. 非实体研究中心

（1）"省社科院城乡发展研究中心"，主任彭建强。

（2）"省社科院宏观经济决策与公共政策研究中心"，主任薛维君。

（3）"省社科院创新驱动发展研究中心"，主任颜廷标。

（4）"省社科院京津冀协同发展研究中心"，主任陈璐。

（5）"省社科院社会治理与党风廉政建设研究中心"，主任王彦坤。

（6）"省社科院河北生态环境建设研究中心"，主任王文录。

（7）"省社科院河北金融研究中心"，主任刘来福。

2. 期刊

（1）《河北学刊》，主编王月霞。2015年，《河北学刊》共出版6期，共计270万字。该刊全年代表性文章有：高兆明，《"道德冷漠"的哲学思辨》；张金龙，《北魏俸禄制的班行及其背景》；高玉，《论现代文学欣赏方式及其理论基础》；彭建强，《统筹城乡发展路径与模式创新研究》；沈亚平，《基本公共服务的疆域及其供给成效分析》。

（2）《经济论坛》，主编穆兴增，2015年，《经济论坛》共出版12期，共计360万字。该刊全年代表性文章有：穆兴增，《河北省行政服务中心发展改革调研报告》；任娜，《促进河北省少数民族地区经济发展的研究报告》；李丹，《关于优化北京农业再保险体系的思考》；杨彩云，《中国金融发展与城镇居民收入关系的实证研究》。

（3）《社会科学论坛》，主编赵虹，2015年，《社会科学论坛》共出版12期，共计260万字。该刊全年代表性文章有：傅国涌《"新国民"：百年前对现代中国的思索》；陈士聪《早期黑格尔思想是"神学"还是"哲学"？》黄清华《论中国法制改革的系统方法——基于案例和实证的分析》；王刚《唐五代时期南郊大礼五使考述》；陈明远《黄帝崇拜的来龙去脉》。

### 五、会议综述

1. 河北省第十届社会科学普及周

2015年4月19—25日，河北省第十届社会科学普及周以全省联动方式在各市同步举行。该届社科普及周主题为"依法开展社会科学普及、推进法治河北建设"。这次活动紧紧围绕全面贯彻落实党的十八大、十八届三中四中全会精神、习近平总书记系列重要讲话精神和省委八届九次全会精神，紧密结合《河北省社会科学普及规定》颁布实施，着力宣传推进法治河北建设的政策举措，面向全省广大干部群众开展法治教育，引导人们树立法治思维、增强法治意识、提高法治素养，凝聚共识、积聚力量，为我省科学发展、绿色崛起，为推进法治河北建设，提供精神动力和智力支持。期间，省、市社科联和全省社科团体组织300多个会员单位的5000余名专家学者与实际工作者，深入社区、企业、农村、机关、学校开展丰富多彩、形式多样的活动。

2. "京津冀协调发展社会学理论研讨会"

2015年5月22—23日，"京津冀协同发展社会学理论研讨会"在保定召开。这次研讨会由中国社会科学院社会学所、河北社科院、保定市人民政府联合北京市社科院和天津社科院共同发起，保定市社会发展研究院、保定市京津冀协同发展办公室承办。省委宣传部常务副部长杨永山到会并讲话。出席此次会议的有中国社科院社会学所所长陈光金，副所长赵克斌，河北社科院党组书记、院长郭金平,天津市社科院副院长王立国,省委政策研究室副主任张建国,中国人民大学社会与人口学院副院长段成荣。保定市副市长闫立英出席会议并致词。来自京津冀辽社科院、院校的专家学者以及来自河北省和保定市有关部门的同志共100多人参加会议。会议围绕京津冀地区功能城市发展研究、京津冀地区反贫困问题研究、京津冀生态环境协同治理研究、京津冀地区文化认同研究、京津冀地区社会服务发展研究、京津冀区域融合融入研究等六个主题,开展交流对话和深入研讨,以多种视角为京津冀协同发展建言献策,成果丰硕。与会专家学者站在社会、经济、文化、环境、历史等多个发展角度、从国家战略高度和学术理论前沿进行交流,为破解影响京津冀协同发展的各种障碍献计献策,为实现京津冀三地经济、社会、文化、生态的协同发展提出了许多有价值的意见和建议。

3. 2015年上半年河北省经济形势分析会

2015年7月13日,由河北省社科院主办的"2015年上半年河北省经济形势分析会"召开。分析会围绕深入贯彻落实党的十八届三中、四中全会精神和省委有关会议精神,聚焦河北省上半年经济运行情况,重点分析了河北省经济形势、面临的矛盾和问题,探讨了发展思路及对策建议。院党组书记、院长郭金平同志出席会议并致辞,来自省发改委、省统计局、省委研究室、省政府研究室、省社科规划办、省人大财经委、河北经贸大学、河北省社科院的多位知名专家出席会议并发言。与会专家对进一步抢抓京津冀协同发展的机遇,促进河北省"绿色崛起"提出了具体建议。

4. 河北省智库建设国际学术研讨会

2015年10月13日,由河北社科院主办、经济论坛杂志社承办的河北省智库建设国际学术研讨会在石家庄召开。来自美国印第安纳大学—普渡大学韦恩堡分校、中国社科院、广东省社科院、省委政策研究室、石家庄经济学院以及省社科院的50多名专家学者参加了研讨会。这是河北省首届智库建设国际学术研讨会。会议紧紧围绕"相互借鉴,开拓创新,推动河北智库建设跨上新台阶"开展学术研讨。美方学者主要就智库在美国政治决策中的作用、智库的运行机制、智库指导下的环境治理以及智库与利益集团的关系等问题发表了演讲,中方学者主要就政府决策与新型智库发展的关系、中美智库内涵比较、新型智库建设的基本要求、智库相关机制的建立与完善以及关于国外智库个案研究等问题作了发言。

与会专家认为,这次智库建设国际学术会议在京津冀协同发展战略正在实施之际召开,具有重要意义。

5. 第八届河北省社会科学博士论坛

2015年10月17—18日,由河北省社会科学界联合会主办,河北工程大学和河北省"三化"及其协同发展研究基地承办的第八届河北省社会科学博士论坛在邯郸市冀南新区召开。来自全省高校、党校、科研院所、学术团体等三十余家单位的百余位社科博士参加了论坛。省教育厅、省财政厅、省人社厅和河北工程大学、邯郸市政府、冀南新区等相关单位、部门的领导及负责同志出席开幕式。河北社科院党组成员、副院长、省社科联常务副主席曹保刚出席论坛并讲话。该届论坛认真贯彻习近平总书记系列重要讲话精神和省委书记赵克志在省委中心组学习会上的重要讲话精神,围绕"解放思想、抢抓机遇、奋发作为、协同发展,为建设经济强省、美丽河北提供智力支撑"主题,通过专家学术报告会、分组研讨交流和实地考察调研等系列活动,为河北省经济和社会发展建言献策。论坛紧贴现实、主题鲜明,内容丰富、形式多样,组织严密、成效明显,达到了预期目标。

## 第五节 重点成果

### 一、2014年以前获省部级以上优秀成果奖

1. 中宣部精神文明建设"五个一工程奖"8项[*]

| 序号 | 成果名称 | 发表报刊、时间 | 成果形式 | 作者 | 获奖情况 |
| --- | --- | --- | --- | --- | --- |
| 1 | 农村专业市场结构与发育的基本条件 | 《调研与建议》1992年第1期 | 调研报告 | 署名：吴毕映。执笔人：王义豪、白群英、贺银凤 | 1992年获第一届中宣部精神文明建设"五个一工程"入选作品奖 |
| 2 | 苦练内功：搞好企业的永恒主题 | 《河北日报》1993.12.30 | 论文 | 署名：中共河北省委宣传部、河北省社会科学院。执笔人：薛维君 | 1993年获第二届中宣部精神文明建设"五个一工程"入选作品奖 |
| 3 | "软"要素带来硬效益——冀东水泥厂"两个文明都过硬"的研究报告 | 《河北日报》1994.12.29 | 调研报告 | 署名：中共河北省委宣传部、河北省社会科学院课题组。执笔人：于云志、薛维君、李洪卫 | 1994年获第三届中宣部精神文明建设"五个一工程"入选作品奖 |
| 4 | 弘扬西柏坡精神的时代意义 | 《人民日报》1995.11.8 | 论文 | 时运生、王彦坤 | 1995年获第四届中宣部精神文明建设"五个一工程"入选作品奖 |
| 5 | 周恩来公仆思想的时代意义 | 《河北日报》1998.1.8 | 论文 | 王彦坤、薛维君 | 1999年获第七届中宣部精神文明建设"五个一工程"入选作品奖 |
| 6 | 我国农村民主政治建设的新发展——关于河北省实行村务公开、推进村民自治的研究报告 | 《河北日报》1999.4.20 | 调研报告 | 署名：河北省社会科学院、省委党校课题组。执笔人：朱贵玉、郭金平、薛维君、王彦坤、苗月霞 | 1999年获第七届中宣部精神文明建设"五个一工程"入选作品奖 |
| 7 | 论我国改革实践过程中对人们思想的影响 | 《河北日报》2001.3.14 | 论文 | 署名：河北省委宣传部课题组。执笔人：周振国、赵金山、王洪斌、李志江、范希奎 | 2001年获第八届中宣部精神文明建设"五个一工程"入选作品奖 |
| 8 | 坚持"两个务必"，提高执政能力 | 《光明日报》2003.3.25 | 论文 | 署名：河北省邓小平理论研究中心。执笔人：周振国、赵金山、王彦坤、张志敏、赵惠娟 | 2003年获第九届中宣部精神文明建设"五个一工程"入选作品奖 |

---

[*] 注：在本节的表格中的"发表报刊、时间"一栏，年、月、日使用阿拉伯数字，且"年""月"用"."代替，"日"字省略（发表期数除外）。

## 2. 河北省精神文明建设"五个一工程奖"8 项

| 序号 | 成果名称 | 成果形式 | 作者 |
| --- | --- | --- | --- |
| 1 | 我省国有企业走出困境面临的主要矛盾与对策 | 调研报告 | 颜廷标等 |
| 2 | 论科学与文明 | 论文 | 李振伦 |
| 3 | 积极促进乡镇企业的第三次飞跃 | 论文 | 李建国等 |
| 4 | 加强廉政建设的积极探索——藁城市坚持"两公一监督"的调查 | 调研报告 | 时运生 |
| 5 | 我省特色经济格局：支持系统战略构想 | 调研报告 | 薛维君等 |
| 6 | 消除小农意识：中国走向现代化的跨世纪思想工程 | 文章 | 王彦坤 |
| 7 | 当前我省土地流转的法律问题调查研究 | 调研报告 | 麻新平 |
| 8 | 建设社会主义法治国家的重要制度保障——关于河北省推行错案和执法过错责任追究制的研究报告 | 调研报告 | 王艳宁 |

## 3. 河北省社会科学优秀成果奖 184 项（其中著作 74 部，论文 77 篇，调研报告 33 项）

|   | 一等奖 | 二等奖 | 三等奖 | 荣誉奖 | 青年奖 | 合计（项） |
| --- | --- | --- | --- | --- | --- | --- |
| 第一届 | 2 | 3 | 6 | — | — | 11 |
| 第二届 | 1 | 3 | 3 | 2 | 3 | 12 |
| 第三届 | 2 | 4 | 7 | 1 | 3 | 17 |
| 第四届 | 3 | 3 | 4 | 1 | 7 | 18 |
| 第五届 | 1 | 6 | 8 | — | — | 15 |
| 第六届 | 1 | 8 | 8 | — | — | 17 |
| 第七届 | 3 | 4 | 9 | — | — | 16 |
| 第八届 | 3 | 3 | 9 | — | — | 15 |
| 第九届 | 2 | 4 | 5 | — | — | 11 |
| 第十届 | 1 | 3 | 8 | — | — | 12 |
| 第十一届 | — | 5 | 3 | — | — | 8 |
| 第十二届 | 1 | 1 | 7 | — | — | 9 |
| 第十三届 | — | 2 | 5 | — | — | 7 |
| 第十四届 | — | 4 | 12 | — | — | 16 |
| 合计 | 20 | 53 | 94 | 4 | 13 | 184 |

其中，河北省社会科学优秀成果一等奖（20 项）如下。

| 序号 | 成果名称 | 成果形式 | 作者 | 出版（发表）单位、时间 |
|---|---|---|---|---|
| 1 | 中国封建社会形态研究 | 专著 | 胡如雷 | 生活·读书·新知三联书店 1979 年 7 月 |
| 2 | 矛盾潜伏阶段简论 | 论文 | 王永祥 | 《天津社会科学》1982 年第 4 期 |
| 3 | 《弇山堂别集》点校 | 古籍整理 | 魏连科 | 中华书局 1985 年 12 月 |
| 4 | 河北经济发展战略研究 | 编著 | 孙宝存 | 中国统计出版社 1989 年 6 月 |
| 5 | 科学的难题——悖论 | 专著 | 张建军 | 浙江科学技术出版社 1990 年 |
| 6 | 三国史 | 专著 | 马植杰 | 人民出版社 1993 年 |
| 7 | 中国国情丛书——百县市经济社会调查（南皮卷） | 编著 | 赵池等 | 中国大百科全书出版社 1993 年 7 月 |
| 8 | 中国古代同一思想史 | 专著 | 王永祥 | 齐鲁书社 1991 年 |
| 9 | 晋察冀抗日根据地史 | 编著 | 谢忠厚 | 改革出版社 1992 年 |
| 10 | 论邓小平中国特色社会主义现代化理论对马克思主义的重大发展 | 论文 | 谢霖 | 《当代中国马克思列宁主义巡礼》人民出版社 1995 年 4 月 |
| 11 | 市场经济条件下农业集约化发展问题研究 | 研究报告 | 彭建强等 | 《农业经济问题研究》1996 年第 4 期 |
| 12 | 李大钊全集 | 编著 | 朱文通等 | 河北教育出版社 1999 年 9 月 |
| 13 | 坝上生态农业建设与改善京津环境质量研究 | 研究报告 | 杨连云等 | 《河北学刊》2000 年第 2 期 |
| 14 | 积极促进乡镇企业的第三次飞跃 | 论文 | 李建国等 | 《光明日报》1999 年 1 月 29 日 |
| 15 | 在历史的转折点上——从周树人到鲁迅 | 专著 | 张永泉 | 文化艺术出版社 2001 年 5 月 |
| 16 | 喉舌之战——抗战中的新闻对垒 | 专著 | 王晓岚 | 广西师范大学出版社 2001 年 1 月 |
| 17 | WTO 框架下河北农业区域特色产业外向型发展对策研究 | 研究报告 | 彭建强等 | 2002 年以报告形式上报省领导并获批示 |
| 18 | "大北京"框架下河北省区域生产力布局战略性调整与对策研究 | 研究报告 | 薛维君等 | 2002 年以报告形式上报省领导并获批示 |
| 19 | 自主管理灌区与农业用水制度改革研究 | 研究报告 | 彭建强等 | 国家社科基金《成果要报》2004 年 12 月 |
| 20 | 构建符合河北实际现代产业体系研究 | 编者 | 周文夫 | 河北人民出版社 2009 年 12 月 |

4. 河北省社会科学基金项目优秀成果奖36项（其中著作13部，论文5篇，调研报告18项）

|  | 合计 | 第一届 | 第二届 | 第三届 | 第四届 | 第五届 | 第六届 | 第七届 | 第八届 |
|---|---|---|---|---|---|---|---|---|---|
| 一等奖 | 10 | 1 | 1 | 1 | 1 | 1 | 2 | 2 | 1 |
| 二等奖 | 12 | 2 | 2 | 1 | — | 1 | 1 | — | 5 |
| 三等奖 | 14 | — | 2 | 3 | 1 | — | 1 | 2 | 5 |
| 合　计 | 36 | 3 | 5 | 5 | 2 | 2 | 4 | 4 | 11 |

其中，河北省社会科学基金项目优秀成果一等奖（10项）如下。

| 成果名称 | 成果形式 | 作者 | 届别 | 时间 |
|---|---|---|---|---|
| 农业经营组织创新途径与对策研究 | 系列论文 | 彭建强 | 第一届 | 1998年以前 |
| 企业产权交易中国有资产流失及其治理体系 | 研究报告 | 陈璐 | 第二届 | 1998—1999年 |
| 京津冀经济一体化发展趋势与实现途径研究 | 研究报告 | 王亭亭 | 第三届 | 2000—2002年 |
| 欠发达地区农村专业市场发育实证研究 | 专著 | 彭建强 | 第四届 | 2003—2004年 |
| 文化生产力——一种社会文明驱动源流的个人观 | 专著 | 方伟 | 第五届 | 2005—2006年 |
| 俄藏黑水城宋代军政文书研究 | 专著 | 孙继民 | 第六届 | 2007—2008年 |
| 我省奶业走出困境的方略和对策研究 | 研究报告 | 穆兴增 | 第六届 | 2007—2008年 |
| 李大钊年谱长编 | 编著 | 朱文通 | 第七届 | 2009—2010年 |
| 俄藏黑水城汉文非佛教文献整理与研究 | 专著 | 孙继民 | 第七届 | 2009—2010年 |
| 河北沿海地区经济发展问题研究 | 编著 | 周文夫 | 第八届 | 2011—2012年 |

5. 国家计委科技进步奖2项（其中著作1部，论文1篇）

| 序号 | 成果名称 | 成果形式 | 作者 | 获奖情况 |
|---|---|---|---|---|
| 1 | 河北省能源历史、现状和未来 | 论文 | 刘仲 | 二等奖 |
| 2 | 冀京津联合与竞争对策研究 | 编著 | 薛维君等 | 二等奖 |

6. 河北省科技进步奖4项

| 序号 | 成果名称 | 成果形式 | 作者 | 获奖情况 |
|---|---|---|---|---|
| 1 | 平衡与发展——河北粮食问题研究 | 专著 | 牛凤瑞等 | 三等奖 |
| 2 | 河北创汇农业研究 | 研究报告 | 牛凤瑞等 | 三等奖 |
| 3 | 河北省国有企业向现代化企业制度转换的目标模式、方法与步骤研究 | 研究报告 | 颜廷标 | 三等奖 |
| 4 | 农业开发投资效益实证研究 | 研究报告 | 彭建强 | 三等奖 |

## 7. 其他中央部委奖 4 项（其中调研报告 3 项，论文 1 篇）

| 序号 | 成果名称 | 成果形式 | 作者 | 获奖情况 |
|---|---|---|---|---|
| 1 | 干部工作中贯彻群众公认原则方法研究 | 调研报告 | 王元瑞等 | 获中组部优秀调研报告一等奖 |
| 2 | 建立健全干部选拔任用工作的风险、责任机制、监督机制和制度保证机制 | 调研报告 | 王艳霞等 | 获中组部优秀调研报告一等奖 |
| 3 | 关于河北省天主教地下势力问题的调查与思考：历史·现状·对策 | 调研报告 | 徐 麟 | 获 1999 年全国统战理论研究优秀成果二等奖 |
| 4 | 告别"个人化"写作 | 论文 | 方 伟 | 获 2000 年中国文联 2000 年度文艺评论二等奖 |

## 8. 河北省文艺振兴奖 4 项（其中论文 2 篇，著作 2 部）

| 序号 | 成果名称 | 成果形式 | 作者 |
|---|---|---|---|
| 1 | 在黑暗中寻求光明的女性——莎菲形象再评论 | 论文 | 张永泉 |
| 2 | 他深深地植根于民族的土壤——鲁迅与中国传统文化 | 论文 | 张永泉 |
| 3 | 中国解放区摄影史略 | 编著 | 方伟 |
| 4 | 崇高美的历史再现——中国解放区新闻摄影美学风格论 | 专著 | 蔡子谔 |

## 9. 中国图书奖 3 项

| 序号 | 成果名称 | 成果形式 | 作者 | 获奖情况 |
|---|---|---|---|---|
| 1 | 崇高美的历史再现 | 专著 | 蔡子谔、顾 棣 | 第十届中国图书奖 |
| 2 | 邓小平的理论境界研究 | 专著 | 郭金平、顿占民 | 第十二届中国图书奖 |
| 3 | 中国服饰美学史 | 专著 | 蔡子谔 | 第十三届中国图书奖 |

## 二、2015 年科研成果概况及主要科研成果简介

2015 年，河北社科院共完成科研成果 593 项，计 3151.24 万字。其中专著 11 部，444.4 万字；编著 33 部，2266 万字；书稿 4 部 18.3 万字；论文 358 篇，247.87 万字；调研报告 137 项，149.85 万字；文章 21 篇，3.32 万字；其他类成果 29 项，21.5 万字。

2015 年，河北社科院专家学者在《光明日报》《人民日报》《经济日报》《求是》等大报大刊发表理论文章 11 篇。其中在《光明日报》发表 6 篇，《经济日报》发表 3 篇，《人民日报》发表 1 篇，《求是》发表 1 篇。有 65 篇文章收录 cssci 来源期刊。有 5 篇论文被中国人民大学复印报刊资料转载。符合重要成果资助办法的采纳类成果 115 项，占全部重要科研成果的 30.7%。其中有 2 项成果获中央领导肯定批示。64 篇调研报告获得省级以上领导肯定批示，县级以上有关部门采纳 44 项，5 项调研报告通过河北社科院信息渠道上报，被中央办公厅信息采纳。其中，2015 年主要科研成果如下。

成果名称：《批评和自我批评的武器要大胆使用、经常使用》

作者姓名：朱文通、把增强

职称：研究员、副研究员

成果形式：论文

字数：3 千字

发表刊物：《求是》

出版时间：2015年1月

该成果阐述了开展批评与自我批评的重要性、根本原则和方法以及如何建立健全批评和自我批评的长效机制。对营造良好政治生态具有一定指导意义。

成果名称：《孔子及其时代的"文学"观念》

作者姓名：关小彬

职称：助理研究员

成果形式：论文

字数：2.5千字

发表刊物：《中国社会科学报》

出版时间：2015年11月

该成果认为"文学"即探讨礼之义理的学问，其目的是使人之行为合乎义理，对推动当前文艺工作具有一定的借鉴意义。

成果名称：《"中国抗日战争史研究的回顾与前瞻研讨会"综述》

作者姓名：李春峰

职称：副研究员

成果形式：论文

字数：5.8千字

发表刊物：《教学与研究》

出版时间：2015年5月

该成果总结了当前学术界中国抗日战争史研究的主要成果、问题和达成的共识，反映了当前此领域研究现状和趋势。

成果名称：《工商业秩序与阶级改造：对"五反"运动的考察——以河北省为研究中心》

作者姓名：李春峰

职称：副研究员

成果形式：论文

字数：11千字

发表刊物：《毛泽东思想研究》

出版时间：2015年9月

该成果以河北为研究中心梳理了"五反"运动不同阶段的特征，对新时期中国特色社会主义建设有一定的借鉴意义。

成果名称：《论20世纪中国两次启蒙的误区及其超越》

作者姓名：张川平

职称：研究员

成果形式：论文

字数：5.8千字

发表刊物：《西南民族大学学报》（人文社科版）

出版时间：2015年9月

通过对20世纪中国两次启蒙的审视，认为个体仍处于不成熟状态，并指明了知识分子在社会转型中的责任，具有一定的现实意义。

成果名称：《论黄道周的宋明理学观》

作者姓名：许卉

职称：中职

成果形式：论文

字数：8千字

发表刊物：《现代哲学》

出版时间：2015年5月

该成果阐述了黄道周对宋明理学反思的主要特征，充实了明末清初经学复归运动研究的内容。

成果名称：《二〇一四年中共党史研究述评》

作者姓名：李春峰（第二作者）

职称：副研究员

成果形式：论文

字数：28千字

发表刊物：《中共党史研究》

出版时间：2015年8月

该成果以中国大陆地区公开出版物为评述对象，回顾了党史研究的概况和成就，总结了其研究特点和发展趋势，有助于增进学界对于党史研究的了解。

成果名称：《空间：讲述城市故事的新维度》
作者姓名：张静
职称：中职
成果形式：论文
字数：18千字
发表刊物：《中国社会科学报》
出版时间：2015年1月
该成果提出了以城市空间作为城市史研究的新维度，有助于扩展城市史的研究领域，丰富城市史学的内涵。

成果名称：《建设新中国的积极探索——敌后华北晋察冀边区建设》
作者姓名：谢忠厚
职称：教授
成果形式：论文
字数：3千字
发表刊物：《中国社会科学报》
出版时间：2015年10月
该成果总结了晋察冀边区的政治、经济、文化建设，丰富了晋察冀边区建设研究内容。

成果名称：《儒家怎能安顿现代女性？》
作者姓名：王凤丽
职称：中职
成果形式：论文
字数：1.9千字
发表刊物：《中国社会科学报》
出版时间：2015年11月
该成果回应了"只有儒家能安顿现代女性"的观点，从一个侧面反映了社会转型期传统与现代的冲突与碰撞。

成果名称：《推进改革创新，建设新型智库——访河北社科院党组书记、院长郭金平》
被访者：郭金平
职称：研究员
成果形式：论文
字数：3.4千字
发表刊物：《中国社会科学报》
出版时间：2015年7月
该成果以答记者问的形式阐述了如何认识当前新型智库建设面临的机遇与挑战和如何解决新型智库建设存在的突出问题，并望通过先行先试为河北省的新型智库建设提供引领和可资借鉴的有益经验。

成果名称：《用当代社会心态理论指导实践》
作者姓名：任娜
职称：副研究员
成果形式：论文
字数：2.3千字
发表刊物：《中国社会科学报》
出版时间：2015年9月
该成果主张用社会心态理论指导实践，对缓解社会矛盾、增进群体间信任具有借鉴意义。

成果名称：《重读元稹：多情诗人绝情诗》
作者姓名：向回
职称：副研究员
成果形式：论文
字数：2.5千字
发表刊物：《中国社会科学报》
出版时间：2015年9月
该成果以《古决绝词》三首分析了元稹人格与文品完全分裂，充实了元稹诗的研究内容。

成果名称：《多一点幽默 多一点禅味》
作者姓名：梁世和

职称：研究员
成果形式：论文
字数：3.8 千字
发表刊物：《中国宗教》
出版时间：2015 年 3 月

该成果分析了延参法师的"萌"和"禅"，对于促进社会心态的平和具有一定的借鉴意义。

成果名称：《禀赋异质、偏好集成与农民工居住稳定性分析》
作者姓名：王春蕊
职称：副研究员
成果形式：论文
字数：19.2 千字
发表刊物：《人口研究》
出版时间：2015 年 7 月

该成果采用定量分析方法对农民工居住稳定性进行了分析，并提出了政策建议，对农民市民化有一定的指导和借鉴意义。

成果名称：《河北省滑雪旅游资源深度开发和特色品牌建设对策研究》
作者姓名：张葳
职称：中职
成果形式：论文
字数：6.9 千字
发表刊物：《城市发展研究》
出版时间：2015 年 1 月

该成果分析了崇礼滑雪旅游发展存在的问题，从产品设计、市场开发、品牌建设三个层面提出了崇礼滑雪旅游资源深度开发和特色品牌建设的对策建议，对促进滑雪旅游发展具有一定的指导意义。

成果名称：《抗战时期华北根据地精兵简政与荣退军人的选定和安抚》
作者姓名：把增强
职称：副研究员
成果形式：论文
字数：11 千字
发表刊物：《党史研究与教学》
出版时间：2015 年 8 月

该成果认为在荣退军人的供给上、组织与管理上，中共不仅遵循了精兵简政的总体原则，也赋予各地一定灵活度，具有一定的借鉴意义。

成果名称：《抗战初期晋察冀边区的廉政建设》
作者姓名：把增强
职称：副研究员
成果形式：论文
字数：12 千字
发表刊物：《河北大学学报》
出版时间：2015 年 9 月

该成果总结了抗战初期晋察冀边区的廉政建设情况，指出了其重要意义，对当前党风廉政建设具有一定的借鉴意义。

成果名称：《缓刑在社区矫正中的性质和定位》
作者姓名：董颖
职称：研究员
成果形式：论文
字数：8 千字
发表刊物：《河北学刊》
出版时间：2015 年 7 月

该成果对缓刑在社区矫正中的性质和定位进行了分析，认为缓刑是处罚和教育方式的复合，厘清了理论上的一些模糊问题，具有一定的现实意义。

成果名称：《统筹城乡发展路径与模式创新研究——"唐山经验"的深度考察与剖析》
作者姓名：彭建强
职称：研究员
成果形式：论文
字数：12 千字

发表刊物：《河北学刊》
出版时间：2015年1月
该成果剖析了唐山以"城乡等值化"为目标的城乡一体化多元建设模式对推动统筹城乡发展具有一定的指导意义。

成果名称：《从上层包办到简政放权：抗战时期中共干部作风建设之路》
作者姓名：把增强
职称：副研究员
成果形式：论文
字数：10千字
发表刊物：《河北学刊》
出版时间：2015年3月
该成果从作风角度分析了抗战时期根据地政权运作的演变，该成果被中国人民大学复印报刊资料《中国现代史》全文转载。

成果名称：《"这里是立规矩的地方"——学习习近平2013年7月在西柏坡座谈时的新判断》
作者姓名：陆仁权
职称：教授
成果形式：论文
字数8.1千字
发表刊物：《河北学刊》
出版时间：2015年3月
该成果总结了西柏坡时期中共中央和毛泽东立的"规矩"：为建立新中国所订立的政治制度与原则，为中国共产党的组织和干部订立的规矩，对当前党风廉政建设具有一定的现实意义。

成果名称：《河北社会科学研究近期走势与提升策略》
作者姓名：孙浩、王海鸥等
职务：处长
成果形式：论文
字数：8千字

发表刊物：《河北学刊》
出版时间：2015年3月
该成果总结了河北社会科学研究近期走势，针对制约河北社会科学发展的价值认同、客观环境、科研体制等因素，主张应当在学风和文风建设、科研评价机制、科研管理体制等方面进一步深化改革。对推动河北社科研究发展具有一定的现实意义。

成果名称：《近代以来公文纸本古籍的流传和存轶》
作者姓名：孙继民
职称：研究员
成果形式：论文
字数：15.4千字
发表刊物：《河北学刊》
出版时间：2015年5月
该成果介绍了近代以来公文纸本古籍的流传和存轶情况，比较了公文纸本原始文献与次生文献的价值。该成果被中国人民大学复印报刊资料《历史学》全文转载。

成果名称：《别具一格的元代数字式人名——从公文纸本〈魏书〉纸背文献谈起》
作者姓名：张重艳
职称：中职
成果形式：论文
字数：7.6千字
发表刊物：《河北学刊》
出版时间：2015年5月
该成果利用公文纸本古籍新资料对元代数字式人名特征进行了分析总结，对推动公文纸本文献资源的开发和整理研究有一定意义。

成果名称：《新都市主义与宜业宜居城镇构建——石家庄冶河新市镇理想生活

栖息地建设报告》

作者姓名：王文录
职称：研究员
成果形式：论文
字数：6.5千字
发表刊物：《河北学刊》
出版时间：2015年7月

该成果借鉴新都市主义理论基本理念，构建了冶河新市镇"宜居宜业"的新型城镇，对新型城镇化建设有一定的借鉴意义。

成果名称：《国家认同：中国抗战动力之本》
作者姓名：李翠艳
职称：副研究员
成果形式：论文
字数：5.4千字
发表刊物：《河北学刊》
出版时间：2015年9月

该成果从国家认同的角度分析了中国抗日战争中的国家认同的演进，具有一定的理论创新和现实意义。

成果名称：《社会认同：中国抗战历程流转与民众之选择》
作者姓名：王小梅
职称：研究员
成果形式：论文
字数7.8千字
发表刊物：《河北学刊》
出版时间：2015年9月

该成果分析阐述了全面抗战前后中国社会认同的状况，对当前社会认同研究具有一定的借鉴意义。

成果名称：《民族认同：中国抗战凝聚力之源》
作者姓名：张瑞静
职称：中职
成果形式：论文

字数：6.5千字
发表刊物：《河北学刊》
出版时间：2015年9月

该成果从民族认同的额角度阐述了抗日民族统一战线的历史作用，有一定的理论意义。

成果名称：《抗日民族统一战线：国家构建、民族认同与社会整合的新视野》
作者姓名：朱文通/李春峰
职称：研究员/副研究员
成果形式：论文
字数：10千字
发表刊物：《河北学刊》
出版时间：2015年9月

该成果认为抗日民族统一战线不仅使中共牢牢掌握了抗日战争的领导权，还为新民主主义理论的传播开辟了道路，为后来的国家重构和社会整合指明了前进方向，有一定的理论创新。

成果名称：《京津冀协同发展中河北省新型城镇化发展的思路与对策——从土地要素的视角出发》
作者姓名：段小平
职称：中职
成果形式：论文
字数：6千字
发表刊物：《经济研究参考》
出版时间：2015年7月

该成果本文以河北省新型城镇化发展面临的土地问题出发，提出了如何破解土地要素瓶颈，加快新型城镇化发展的思路与建议，对河北省新型城镇化发展具有一定的现实意义。

成果名称：《以区域特色经济推进河北省农业现代化的方略与对策研究》
作者姓名：张波
职称：副研究员

成果形式：论文
字数：6.9千字
发表刊物：《经济研究参考》
出版时间：2015年7月
该成果从河北发展的现实问题出发，研究提出以区域特色经济推进河北省农业现代化的基本方略，对推动河北农业现代化具有一定的现实意义。

成果名称：《产业转型升级背景下区域创意农业发展研究——以河北省为例》
作者姓名：宋东升
职称：副研究员
成果形式：论文
字数：10千字
发表刊物：《经济研究参考》
出版时间：2015年10月
该成果分析了河北省创意农业的发展形态、发展特点、发展水平与制约因素，提出了政府推动、文化创意和设计服务、创意人才培养、科技创新等推动区域创意农业发展的关键路径，对推动创意农业产业发展具有一定的指导意义。

成果名称：《关于GPA参加方中次中央政府实体开放情况的研究》
作者姓名：李海飞
职称：中职
成果形式：论文
字数：8千字
发表刊物：《经济研究参考》
出版时间：2015年7月
该成果解析了GPA文本中对次中央政府实体的相关规定要求、其他国家地区实际做法、基本特征和规律，具有一定的现实意义。

成果名称：《从统筹城乡试点看城乡发展一体化政策举措——以河北省为例》
作者姓名：彭建强
职称：研究员
成果形式：论文
字数：8千字
发表刊物：《经济研究参考》
出版时间：2015年7月
该成果对河北省统筹城乡试点工作的成效、问题、矛盾进行了分析总结，对推动城乡一体化发展具有一定的指导意义。

成果名称：《启蒙的文学观察及其反思》
作者姓名：张川平
职称：研究员
成果形式：论文
字数：12千字
发表刊物：《山西大学学报（哲社版）》
出版时间：2015年7月
该成果从文学角度对20世纪我国两次启蒙运动进行了审视，认为知识分子在其中起着重要作用，对当前社会转型具有一定的现实意义。

成果名称：《华北抗日根据地的简政举措及其成效》
作者姓名：把增强
职称：副研究员
成果形式：论文
字数：10千字
发表刊物：《中州学刊》
出版时间：2015年11月
该成果分析总结了华北抗日根据地的简政举措及其成效，对当前推动政府"放管服"有一定的借鉴意义。

成果名称：《论农业转移人口市民化进程中居住证制度的完善》
作者姓名：王春蕊
职称：副研究员
成果形式：论文

字数：10千字
发表刊物：《中州学刊》
出版时间：2015年6月
该成果分析了上海、广州的居住证管理模式，提出了完善居住证管理制度的建议，对促进农民工市民化有一定的现实意义。

成果名称：《上市公司对商誉计量、披露存在的问题及对策》
作者姓名：王超
职称：中职
成果形式：论文
字数：4.1千字
发表刊物：《财会月刊》
出版时间：2015年4月
该成果分析了上市公司对商誉计量、披露存在的问题，提出了对策，对规范上市公司发展具有一定的现实意义。

成果名称：《中国城镇化与农业的互动发展研究》
作者姓名：张瑞静
职称：中职
成果形式：论文
字数：7.4千字
发表刊物：《改革与战略》
出版时间：2015年4月
该成果从农业发展与城镇化之间的相互关系论述了农业对城镇化所起的基础性作用，指出加速农业发展才能为城镇化顺利建设提供坚实的物质基础，对推动城镇化具有一定的现实意义。

成果名称：《京津冀水源生态涵养区建设面临的困境及应对措施》
作者姓名：王玫、王立源
职称：研究员、中职
成果形式：论文
字数：7.8千字
发表刊物：《改革与战略》
出版时间：2015年8月
该成果针对京津冀水源生态涵养区建设面临的困境，提出了八个方面的对策建议，对京津冀水源生态涵养区建设具有一定的指导意义。

成果名称：《河北生态环境建设与京津协同发展障碍因素及思路建议》
作者姓名：王玫
职称：研究员
成果形式：论文
字数：4.5千字
发表刊物：《改革与战略》
出版时间：2015年7月
该成果就河北生态环境建设与京津协同发展中障碍因素进行初步探讨，并提出破解障碍因素的具体思路建议，对河北生态环境建设与京津协同发展有一定的现实意义。

成果名称：《晚明文学家思想意识形态的对立与碰撞》
作者姓名：张涛
职称：副编审
成果形式：论文
字数：12千字
发表刊物：《江苏师范大学学报》
出版时间：2015年9月
该成果从文学社盟视角分析了晚明门户观念的形成及其对文学家之影响，认为晚明时期树门别户成为此期文坛的主要特征之一，充实了晚明文学的研究内容。

成果名称：《抗战初期晋察冀边区的县政权建设》
作者姓名：把增强
职称：副研究员
成果形式：论文
字数：18.5千字

发表刊物：《军事历史研究》
出版时间：2015年5月

该成果回顾了抗战初期晋察冀边区的县政权建设经历的起步与发展的历程，认为其体现了因时而易的特点。该文被《中国社会科学文摘》2015年第9期论点摘编。

成果名称：《落后产能退出机制的河北模式》
作者姓名：郭晓杰
职称：副研究员
成果形式：论文
字数：4.2千字
发表刊物：《开放导报》
出版时间：2015年4月

该成果对河北省落后产能现状及存在的问题进行分析，提出构建淘汰落后产能的退出机制，对河北省去产能工作具有一定的现实意义。

成果名称：《美国"双反"措施对中国出口贸易产品影响探析》
作者姓名：何宪民
职称：高级经济师
成果形式：论文
字数：6.2千字
发表刊物：《理论视野》
出版时间：2015年3月

该成果探究美国实施"双反"贸易保护主义政策的原因，提出了对应措施，对于构建我国应对美国"双反"措施政策，具有一定的现实意义。

成果名称：《略论李大钊民生思想的四个维度》
作者姓名：把增强
职称：副研究员
成果形式：论文
字数：12千字
发表刊物：《理论学刊》
出版时间：2015年6月

该成果从四个维度分析了李大钊的民生思想，丰富了李大钊思想的内涵。

成果名称：《交易有无：宋、夏、金榷场贸易的融通与互动——以黑水城西夏榷场使文书为中心的考察》
作者姓名：陈瑞青
职称：副研究员
成果形式：论文
字数：8千字
发表刊物：《宁夏社会科学》
出版时间：2015年6月

该成果通过考察夏金榷场贸易中的商品，认为宋、夏、金三国榷场之间存在明显的贸易互动过程，实现了南北货物在三国之间的流通，丰富了宋夏金史的研究。

成果名称：《2015年下半年腐败与反腐败发展态势考察》
作者姓名：王彦坤
职称：研究员
成果形式：论文
字数：4千字
发表刊物：《人民论坛》
出版时间：2015年8月

该成果分析了对2015年下半年反腐败斗争形势的严峻和复杂性，对深入开展反腐败斗争具有借鉴意义。

成果名称：《天庆观、兴华禅院与天申圣节——以〈宋人佚简〉为中心》
作者姓名：张重艳
职称：中职
成果形式：论文
字数：7千字
发表刊物：《山西档案》
出版时间：2015年1月

该成果研究指出宋代天庆观、兴化禅院在天申节的活动，都是在政府监督下进行的。

成果名称：《新型城镇化过程中农村生态文明建设研究》
作者姓名：樊雅丽
职称：副研究员
成果形式：论文
字数：7千字
发表刊物：《中国沼气》
出版时间：2015年8月
该成果分析总结山东即墨生态文明乡村示范区成功的建设经验，依托生态技术和沼气工程，进行区域性的农村生态文明建设，对河北省美丽乡村建设有所借鉴。

成果名称：《黑水城所出西夏榷场使文书中的"头子"》
作者姓名：陈瑞青
职称：副研究员
成果形式：论文
字数：10千字
发表刊物：《中华文史论丛》
出版时间：2015年9月
该成果将西夏时期的"头子"分为六大类，并指出西夏时期名目繁多的"头子"，多能在宋代找到原型。反映了西夏头子这种文体地方化的趋势和特点，丰富了西夏史的研究内容。

成果名称：《黑水城文书所见西夏银牌：兼论西夏制度的辽金来源》
作者姓名：冯金忠
职称：研究员
成果形式：论文
字数：13千字
发表刊物：《中华文史论丛》
出版时间：2015年9月
该成果以西夏银牌渊源流变问题为中心，探讨了西夏银牌出现的制度渊源、西夏银牌的性质与功能以及西夏政治制度的多元来源等问题，指出西夏制度既受宋朝制度的影响，也有辽、金制度的影响因子，丰富了西夏史的研究内容。

成果名称：《晋察冀边区军政民代表大会研究》
作者姓名：谢忠厚
职称：教授
成果形式：论文
字数：29.9千字
发表刊物：《军事历史研究》
出版时间：2015年5月
该成果研究了晋察冀边区军政民代表大会发展历程，被中国人民大学复印报刊资料《中国现代史》全文转载。

成果名称：《区域创意农业发展研究——基于实证分析的路径探索》
作者姓名：宋东升
职称：副研究员
成果形式：专著
字数：201千字
出版单位：光明日报出版社
出版时间：2015年7月
该成果对区域创意农业发展进行了实证研究，对推动农业现代化有一定的借鉴意义。

成果名称：《黄道周哲学思想研究》
作者姓名：许卉
职称：中职
成果形式：专著
字数：288千字
出版单位：中国社会科学出版社
出版时间：2015年12月
该成果对黄道周哲学思想进行了全面系统的研究，充实了明末哲学思想研究的内容。

成果名称：《培育和践行社会主义核

心价值观行动手册》

作者姓名：刘月、宋屹

职务：副院长、主任

成果形式：编著

字数：550 千字

出版单位：人民日报出版社

出版时间：2015 年 12 月

该成果围绕社会主义核心价值观建设中干部群众普遍关心关注的热点、难点，着力讲清怎么看、怎么办，对培育和践行社会主义核心价值观有一定的指导促进作用。

成果名称：《2015 新常态与宏观经济形势导读》

作者姓名：郭金平／刘月／刘来福

职称：研究员／副院长／教授

成果形式：编著

字数：300 千字

出版单位：人民日报出版社

出版时间：2015 年 5 月

该成果分析了当前宏观经济形势并阐释了重大宏观经济政策，对推动河北经济发展提出了意见和建议，是干部群众形势政策教育的重要辅助教材。

## 第六节 学术人物

### 一、2014 年以前获正高级专业技术职务人员

| 姓 名 | 出生年月 | 学历/学位 | 职务 | 职称 | 主要学术兼职 | 代表作 |
|---|---|---|---|---|---|---|
| 黄 绮 | 1914.5 | 本科 | — | 教授 研究员 | — | 《部首讲解》《解语》《说文解字三索》 |
| 胡如雷 | 1926.1 | 本科 | — | 教授 研究员 | — | 《中国封建社会形态研究》 |
| 魏连科 | 1936.11 | 本科 | — | 研究员 | 中国历史学会理事 | 《〈弇山堂别集〉点校》 |
| 马植杰 | 1922.12 | 本科 | — | 研究员 | — | 《三国史》 |
| 严兰绅 | 1933.1 | 本科 | 原院长、党组书记 | 研究员 | 中国李大钊研究会会长、中国炎黄文化研究会会长 | 《河北通史》（主编） |
| 张 岗 | 1934.1 | 本科 | 原院长 | 研究员 | — | 《河北通史·明朝》 |
| 陈耀彬 | 1938.2 | 本科 | 所长 | 研究员 | — | 《西方社会历史观》《邓小平社会历史观》 |
| 王永祥 | 1937.7 | 本科 | 所长 | 研究员 | 河北省董仲舒研究会常务副会长、河北哲学学会常务副会长 | 《矛盾潜伏阶段简论》 |
| 袁森坡 | 1937.1 | 本科 | — | 研究员 | — | 《避暑山庄与外八庙》、《河北通史·清朝》（上卷） |

续表

| 姓　名 | 出生年月 | 学历/学位 | 职务 | 职称 | 主要学术兼职 | 代表作 |
|---|---|---|---|---|---|---|
| 林　杰 | 1929.8 | 本科 | — | 研究员 | — | — |
| 焦凤贵 | 1937.9 | 本科 | 原副院长 | 研究员 | — | 《中国社会主义建设概论》《马克思主义基本常识》 |
| 孙宝存 | 1938.10 | 本科 | 原副院长 | 研究员 | 中国生产力学会常务理事、河北燕赵文化研究会会长 | 《河北经济发展战略研究》 |
| 牛凤瑞 | 1946.10 | 本科 | 所长 | 研究员 | — | 《平衡与发展——河北粮食问题研究》《河北创汇农业研究》 |
| 张永泉 | 1944.9 | 本科 | 所长 | 研究员 | 中国丁玲研究会副会长 | 《在历史的转折点上——从周树人到鲁迅》《个性主义的悲剧——解读丁玲》 |
| 杜荣泉 | 1934.1 | 本科 | 所长 | 研究员 | 河北省史学会秘书长、李大钊研究会副会长 | 《河北简史》《当代中国的河北》《当代河北简史》 |
| 刘刚范 | 1937.10 | 本科 | — | 研究员 | 中国辛亥革命研究会常务理事 | 《冯国璋年谱》《义和团运动在河北》 |
| 王友才 | 1938.2 | 本科 | 所长 | 研究员 | — | 《试论刑罚的社会心理效应》 |
| 陈学慎 | 1933.7 | 本科 | 所长 | 研究员 | — | 《中国县级行政管理学》（主编） |
| 李澍卿 | 1942.4 | 本科 | 所长 | 研究员 | — | 《女性职业角色与发展》《旱区环境社会学》 |
| 孙继民 | 1955.3 | 博士研究生 | 原党组成员、副院长 | 研究员 | 河北省史学会会长、河北省地方志学会副会长 | 《唐代行军制度研究》《敦煌吐鲁番所出唐代军事文书初探》《唐代瀚海军文书研究》 |
| 赵　池 | 1930.4 | 大专 | 原副院长 | 研究员 | — | 《中国国情丛书——百县市经济社会调查（南皮卷）》（编著） |

续表

| 姓　名 | 出生年月 | 学历/学位 | 职务 | 职称 | 主要学术兼职 | 代表作 |
| --- | --- | --- | --- | --- | --- | --- |
| 陈瑞卿 | 1931.4 | 本科 | 副所长 | 研究员 | — | 《河北坝上地区经济发展战略研究》 |
| 李子健 | 1932.4 | 本科 | 副所长 | 研究员 | — | 《河北经济手册》《农村经济政策350题》 |
| 霍修锦 | 1933.12 | 本科 | — | 研究员 | — | 《农村经济合同百问百答》 |
| 宋珠贵 | 1932.12 | 本科 | — | 研究员 | — | 《晋县实行合同制经验》 |
| 孙　昌 | 1933.7 | 本科 | 副所长 | 研究员 | — | — |
| 方尔庄 | 1930.4 | 大专 | — | 研究员 | — | 《对洋务运动分期问题的一点认识》 |
| 刘　鹏 | 1933.10 | 大专 | 社长 | 编审 | 中国期刊协会理事、河北省社科期刊学会副会长 | — |
| 闫守寅 | 1935.9 | 本科 | 代总编 | 编审 | — | — |
| 谢　霖 | 1937.7 | 本科 | — | 研究员 | — | 《论邓小平中国特色社会主义现代化理论对马克思主义的重大发展》《当代中国马克思列宁主义巡礼》 |
| 张国伟 | 1935.5 | 本科 | — | 研究员 | — | 《绝句审美》《中国古典诗的探索历程》 |
| 于云志 | 1935.12 | 本科 | 所长 | 研究员 | — | 《"软"要素带来硬效益——冀东水泥厂"两个文明都过硬"的研究报告》 |
| 吴育群 | 1939.12 | 本科 | 主任 | 研究员 | 河北省社会科学情报学会副理事长兼秘书长 | 《中国社会科学学术会议通鉴》《社会科学学术会议信息库建设及开发利用研究》 |
| 谢忠厚 | 1939.1 | 本科 | 所长 | 研究员 | 李大钊研究会副会长兼秘书长 | 《晋察冀抗日根据地史》《日本侵略华北罪行档案》 |
| 张树坡 | 1936.10 | 本科 | 副所长 | 研究员 | — | 《国风集说》 |

续表

| 姓　名 | 出生年月 | 学历/学位 | 职务 | 职称 | 主要学术兼职 | 代表作 |
|---|---|---|---|---|---|---|
| 李学斌 | 1944.11 | 本科 | 所长 | 研究员 | 中国青少年犯罪研究会副会长、河北省立法研究会副会长 | 《强基固本　稳定发展》 |
| 时运生 | 1941.2 | 本科 | — | 研究员 | 中国县级行政管理学会理事、河北省监察学会副会长 | 《弘扬西柏坡精神的时代意义》《加强廉政建设的积极探索——藁城市坚持"两公一监督"的调查》 |
| 薛维君 | 1958.3 | 硕士研究生 | 所长 | 研究员 | 河北省委、省政府决策咨询委员会副主任 | 《苦练内功：搞好企业的永恒主题》《"软"要素带来硬效益》 |
| 孙秀荣 | 1942.12 | 本科 | 总编 | 编审 | — | 《喻世明言》（点校）《醒世恒言》（点校）《警世通言》（点校） |
| 周文夫 | 1954.6 | 本科/学士 | 原党组书记、院长 | 教授 | 河北省经济学会副会长、河北省劳动学会副会长 | 《构建符合河北实际现代产业体系研究》《河北沿海地区经济发展问题研究》 |
| 刘多田 | 1944.8 | 本科 | — | 研究员 | — | 《日本农协》《关于我省"走出去"战略实施现状及对策研究》 |
| 谢志诚 | 1939.7 | 本科 | — | 研究员 | — | 《河北通史·宋辽金元卷》 |
| 杨连云 | 1944.7 | 本科 | 原副院长 | 研究员 | 河北省电子商务研究会会长、河北省经济学会副会长 | 《河北坝上生态农业建设与改善京津环境质量研究》《京津冀——正在崛起的中国经济增长第三极》 |
| 蔡子谔 | 1943.10 | 大专 | — | 研究员 | 河北省茶文化研究学会副会长 | 《崇高美的历史再现——中国解放区新闻摄影美学风格论》《中国服饰美学史》 |

续表

| 姓名 | 出生年月 | 学历/学位 | 职务 | 职称 | 主要学术兼职 | 代表作 |
|---|---|---|---|---|---|---|
| 彭建强 | 1965.9 | 博士研究生 | 副院长 | 研究员 | 河北省委、省政府决策咨询委员会委员 | 《市场经济条件下农业集约化发展问题研究》《自主管理灌区与农业用水制度改革研究》 |
| 李仲华 | 1940.1 | 本科 | 原院长、党组书记 | 研究员 | 河北省李大钊研究会会长 | 《跨越与辉煌——邓小平理论与河北实践》《廊坊经济跨越式发展研究》《21世纪社会科学发展趋势与地方社科院职能地位和改革》 |
| 李振伦 | 1945.9 | 本科/硕士 | — | 研究员 | 河北省自然辩证法研究会副理事长 | 《论科学与文明》 |
| 张圣洁 | 1946.1 | 本科 | 所长 | 研究员 | 河北省炎黄文化研究会副会长 | 《全元曲》（主编之一）、《中国历代游记精华全编》（主编、点校） |
| 王硕荃 | 1944.4 | 本科 | — | 研究员 | — | 《古今韵会举要辨证》 |
| 王彦坤 | 1957.8 | 本科/学士 | 主任 | 研究员 | 河北省科学社会主义学会副会长 | 《周恩来公仆思想的时代意义》《消除小农意识：中国走向现代化的跨世纪思想工程》 |
| 王维国 | 1955.11 | 本科 | 社长、总编 | 研究员 | 河北省解放区文学研究会副会长 | 《河北当代文学史》《河北抗战题材文学史》 |
| 郭金平 | 1956.1 | 本科/学士 | 党组书记、院长 | 研究员 | 河北省社科联第一副主席、河北省哲学学会会长、河北省报业协会会长、省人大科教文卫委员会副主任委员 | 《西方哲学思想要义》《马克思主义原理》《邓小平的理论境界研究》《2015新常态与宏观经济形势导读》 |
| 赵建国 | 1956.4 | 本科/学士 | 副所长 | 研究员 | — | 《新时期抗战题材影片的现代观念》《经济活动传播论》《划时代的文化载体——多媒体》 |

续表

| 姓　名 | 出生年月 | 学历/学位 | 职务 | 职称 | 主要学术兼职 | 代表作 |
|---|---|---|---|---|---|---|
| 许文建 | 1956.2 | 本科/学士 | — | 研究员 | — | 《我省国有企业走出困境面临的主要矛盾与对策》《河北省转变经济增长方式可行性研究报告》 |
| 杨耀武 | 1964.7 | — | — | 研究员 | — | 《论科学与文明》 |
| 颜廷标 | 1959.7 | 研究生/硕士 | 所长 | 研究员 | 河北省流通学会副会长、省改革发展研究会副会长 | 《我省国有企业走出困境面临的主要矛盾与对策》《河北省国有企业向现代化企业制度转换的目标模式、方法与步骤研究》 |
| 孙世芳 | 1964.5 | 研究生/博士 | 原副院长 | 研究员 | 河北省农业技术经济学会副理事长 | 《河北省农业经济形势分析与展望》《加快开发河北海上农业的思路与建议》 |
| 杜荣水 | 1946.12 | 本科/学士 | 处长 | 研究员 | 河北省专家献策服务团成员 | 《青年就业与教育改革》《中国人口迁移与城市化研究（河北卷）》 |
| 赵金山 | 1946.10 | 研究生/硕士 | 原副院长 | 研究员 | 河北省李大钊研究会副会长、河北省党史研究会副会长 | 《论我国改革实践过程中对人们思想的影响》《坚持"两个务必"，提高执政能力》《关于社会主义认识方法论的几点思考》 |
| 卢小合 | 1942.4 | 本科 | 副所长 | 研究员 | — | 《巴赫金哲学思想研究》、《巴赫金全集》（副主编） |
| 杨倩描 | 1955.11 | 研究生/博士 | 主任 | 研究员 | 民革中央孙中山研究会理事 | 《宋朝禁巫述论》《吴家将——吴玠吴璘吴挺吴曦合传》《南宋宗教史》 |
| 李建国 | 1955.9 | 本科 | 主任 | 研究员 | 河北省青年商会副会长 | 《积极促进乡镇企业的第三次飞跃》 |

续表

| 姓 名 | 出生年月 | 学历/学位 | 职务 | 职称 | 主要学术兼职 | 代表作 |
| --- | --- | --- | --- | --- | --- | --- |
| 周振国 | 1945.6 | 本科 | 原党组书记、院长 | 教授 | 河北省李大钊研究会会长、河北省邓小平理论研究会会长 | 《论"三个代表"重要思想的创立及其体系结构》《论当代中国共产党人的事业观》《毛泽东人民主体思想基本内涵及其内在逻辑》《论我国改革实践过程中对人们思想的影响》 |
| 刘增玉 | 1944.2 | 本科 | 副所长 | 研究员 | — | 《农村家族财产的分割继承》《周家庄之路》《大河乡的变革》 |
| 王元瑞 | 1944.10 | 本科 | 所长 | 研究员 | 中国人才研究会人才学分会常务理事 | 《干部工作中贯彻群众公认原则方法研究》 |
| 王义豪 | 1946.8 | 本科 | 副所长 | 研究员 | — | 《农村专业市场结构与发育的基本条件》 |
| 杨爱民 | 1947.6 | 本科 | 副所长 | 研究员 | — | 《中国社会主义基层民主政治建设研究》《中国农村基层民主政治建设的创举》 |
| 周伟文 | 1956.10 | 本科/学士 | 所长 | 研究员 | 河北省社会学会社会发展研究会副会长兼秘书长 | 《一项深受农民欢迎的好政策——承德计划生育奖励扶助政策实施调查》《河北省残疾人状况分析及对策》《全面提高妇女自身素质》 |
| 朱文通 | 1964.3 | 研究生/博士 | 所长 | 研究员 | 河北省历史学会副会长 | 《李大钊全集》《李大钊年谱长编》 |
| 穆兴增 | 1963.2 | 大专 | 社长、总编 | 研究员 | 中国林木渔业学会畜牧业专业委员会常务理事 | 《1998年河北省畜牧业产销形势及对策》《谋划和实施五大系统工程,带动我省海陆经济一体化大发展》 |

续表

| 姓　名 | 出生年月 | 学历/学位 | 职务 | 职称 | 主要学术兼职 | 代表作 |
|---|---|---|---|---|---|---|
| 惠吉星 | 1960.3 | 研究生/博士 | — | 研究员 | 河北省哲学学会秘书长、河北省董仲舒研究会副会长 | 《中国哲学精神》《宋代礼学研究》 |
| 田卫平 | 1957.10 | 研究生/硕士 | 社长、总编 | 编审 | — | |
| 江涌 | 1942.3 | 本科 | — | 编审 | — | |
| 王艳宁 | 1963.4 | 本科/学士 | 所长 | 研究员 | — | 《建设社会主义法治国家的重要制度保障——关于河北省推行错案和执法过错责任追究制的研究报告》《乡村股份合作企业立法的几个问题》 |
| 顿占民 | 1948.11 | 本科 | 所长 | 研究员 | 中国历史唯物主义研究会理事 | 《关于认识阶段的划分与感性、知性、理性问题》《邓小平的理论境界研究》 |
| 夏明芳 | 1956.11 | 本科/学士 | — | 编审 | — | |
| 王晓岚 | 1965.10 | 研究生/硕士 | — | 研究员 | — | 《喉舌之战——抗战中的新闻对垒》《中共早期党报发行研究》 |
| 田翠琴 | 1963.8 | 本科/学士 | — | 研究员 | — | 《农民闲暇》《中国特色社会主义社会建设理论研究》《和谐河北读本》 |
| 徐麟（原名解成） | 1947.9 | 本科 | — | 研究员 | 中国宗教学会理事、中国无神论学会理事 | 《关于河北省天主教地下势力问题的调查与思考：历史·现状·对策》《避暑山庄与外八庙古建筑群带给我们的启示》 |

续表

| 姓名 | 出生年月 | 学历/学位 | 职务 | 职称 | 主要学术兼职 | 代表作 |
|---|---|---|---|---|---|---|
| 曹焕忠 | 1953.3 | 本科/学士 | — | 研究员 | — | 《科学发展观与法制建设》《家庭法律300问》 |
| 薛静 | 1963.12 | 本科/学士 | 副所长 | 研究员 | — | 《河北省青少年违法犯罪状况调查》《重新犯罪控制研究》 |
| 焦原 | 1956.1 | 本科学士 | — | 编审 | — | — |
| 崔清明 | 1959.8 | 本科学士 | 主任 | 编审 | — | — |
| 方伟 | 1960.12 | 本科/学士 | 所长 | 研究员 | 河北省解放区文学研究会副会长 | 《文化生产力——一种社会文明驱动源流的个人观》《告别"个人化"写作》《中国解放区摄影史略》 |
| 孙宏滨 | 1966.2 | 研究生班 | 主任 | 研究员 | — | 《城郊农业与都市农业的理论研究综述》《工业化中期现代服务业演进规律与我省发展思路选择》《沿海地区服务业发展的国际经验与启示》 |
| 陈璐 | 1970.9 | 研究生/硕士 | 所长 | 研究员 | 河北省民营经济研究会副会长 | 《企业产权交易中国有资产流失及其治理体系研究》《我省特色产业集群区域布局、发展重点及其培育途径》 |
| 焦新旗 | 1962.11 | 本科/学士 | 副院长 | 编审 | — | 《世界贸易组织基础知识》 |
| 王月霞 | 1964.8 | 本科/学士 | 社长、总编 | 编审 | — | 《让富有农民进城如何》《农村工业邻城设区研究》 |
| 田苏苏 | 1965.4 | 本科/学士 | 所长 | 研究员 | 晋察冀研究会常务理事、河北省历史学会理事 | 《华北抗日战争史》（丛书）、《日本侵略华北罪行史稿》、《日本侵略华北罪行档案》（丛书） |

续表

| 姓　名 | 出生年月 | 学历/学位 | 职务 | 职称 | 主要学术兼职 | 代表作 |
|---|---|---|---|---|---|---|
| 刘洪升 | 1961.5 | 本科/学士 | 主任 | 研究员 | — | 《燕赵文化史稿》（近代史卷二）、《石家庄通史》（当代卷）、《20世纪80年代以来长芦盐业史研究综述》 |
| 杨思远 | 1961.11 | 研究生/硕士 | 副院长 | 研究员 | 河北省统一战线学会副会长、河北省茶文化学会会长 | 《新时期统一战线理论的几个重要问题》《中国民主党派史》《书法文化集萃》 |
| 王文录 | 1963.1 | 研究生/博士 | 副所长 | 研究员 | 河北省社会学与社会发展研究会秘书长 | 《人口城市化背景下的户籍制度变迁研究》《我国户籍制度及其历史变迁》《忠信村调查》《铜匠村经济调查》 |
| 严晓萍 | 1964.11 | 本科/学士 | — | 研究员 | — | 《新农村建设中农民平等问题研究》《马克思与马尔萨斯人口论之比较》 |
| 吴庆智 | 1963.7 | 本科/学士 | — | 研究员 | — | 《京津冀文化产业协作中河北省的市别政策研究》 |
| 王　玫 | 1965.2 | 本科/学士 | 副所长、副主任 | 研究员 | — | 《京津冀协同发展框架下河北生态环境建设研究》、《河北生态省建设障碍因素及对策研究》（研究报告） |
| 王亭亭 | 1963.7 | 大专 | 主任 | 研究员 | — | 《京津冀经济一体化发展趋势与实现途径研究》《"一线两厢"的经济学内涵》《实现"北厢"历史的新跨越》 |
| 石亚碧 | 1959.2 | 研究生班 | — | 研究员 | 河北省社科专家与管理者联合会理事 | 《提升河北省优势产业竞争力与自主创新能力的思考》 |

续表

| 姓　名 | 出生年月 | 学历/学位 | 职务 | 职称 | 主要学术兼职 | 代表作 |
|---|---|---|---|---|---|---|
| 刘书越 | 1966.4 | 研究生/硕士 | — | 研究员 | 中国历史唯物主义学会理事 | 《环境友好论：人与自然关系的马克思主义解读》《当代中国先富阶层荣辱观提升研究》《生态文明与全面建设小康社会》 |
| 陈旭霞 | 1953.7 | 本科 | 副所长 | 研究员 | 河北省茶文化学会副会长 | |
| 姚胜菊 | 1967.1 | 本科/学士 | — | 研究员 | — | 《构筑河北省县域循环经济持续发展的机制研究》《培育和打造具有全国竞争力的高增长产业群的思路及策略》《民营经济战略发展研究》 |
| 赵砚雯 | 1966.2 | 本科/学士 | — | 研究员 | — | 《人际协调的艺术》《推进机制创新开发人力资本》《河北省民营企业选人机制创新研究》 |
| 麻新平 | 1964.1 | 研究生/硕士 | 副所长 | 研究员 | — | 《当前我省土地流转的法律问题调查研究》《论政府干预市场的法律规则》《完善人大代表履职评价机制研究》 |
| 魏建震 | 1966.1 | 研究生/博士 | 所长 | 研究员 | 河北省哲学学会副会长 | 《先秦社祀研究》《赵国史稿》《甲骨学导论》 |
| 李　宏 | 1963.9 | 本科/学士 | 副主任 | 研究馆员 | — | 《文献数字化与著作权保护》《我国图书馆立法滞后状况与原因分析》 |

续表

| 姓 名 | 出生年月 | 学历/学位 | 职务 | 职称 | 主要学术兼职 | 代表作 |
|---|---|---|---|---|---|---|
| 金红勤 | 1967.12 | 本科/学士 | — | 研究馆员 | — | 《读者服务工作中的制度化管理与人性化管理》《网络信息带来的思考》 |
| 何宪民 | 1968.10 | 研究生/博士 | 副处长 | 正高级会计师 | — | 《全面建设小康社会农村干部读本》《美国"双反"措施对中国出口贸易产品影响探析》 |
| 高海生 | 1958.6 | 大专 | 副主任 | 研究员 | 河北省旅游研究会副会长兼秘书长 | 《河北红色旅游研究》《河北省旅游人力资源调查与发展规划》 |
| 王艳霞 | 1963.10 | 本科/学士 | — | 研究员 | — | 《京津冀区域人才合作研究》《建立健全干部选拔任用工作的风险、责任机制、监督机制和制度保证机制》 |
| 李成旺 | 1970.10 | 研究生/博士 | — | 研究员 | — | 《历史唯物主义中"历史"概念的双重内涵》《西方逻各斯中心主义传统与马克思主义哲学的革命》 |
| 王秀芬 | 1952.9 | 本科 | 原纪检组长 | 研究员 | — | 《应尽快完善我省商品条码管理立法》《以史为鉴，为政以廉——诸子廉政要语精义》 |
| 杜永明 | 1962.5 | 本科/学士 | 主任 | 研究员 | — | 《"入世"后公众思想的变化及思想工作对策》《文化开放与政治文明》《发展社会主义民主政治根本问题研究》 |
| 王小梅 | 1966.04 | 本科/学士 | 副所长 | 研究员 | 河北省历史学会副秘书长、河北省李大钊研究会秘书长 | 《李大钊全集》《李大钊年谱长编》 |

续表

| 姓名 | 出生年月 | 学历/学位 | 职务 | 职称 | 主要学术兼职 | 代表作 |
|---|---|---|---|---|---|---|
| 王建强 | 1969.01 | 研究生/硕士 | 副所长 | 研究员 | 河北省社科联文化专业委员会委员 | 《曹妃甸工业区人才发展问题探析》（论文） |
| 刘宝辉 | 1970.01 | 研究生/硕士 | 副主任 | 研究员 | 河北省电子商务研究会秘书长 | 《河北省企业管理信息化发展对策研究》《加快我省电子商务发展的建议》 |
| 唐丙元 | 1973.2 | 本科/学士 | 副所长 | 研究员 | 河北省耕作学会理事 | 《农村经济形势分析与预测》《建设生态农业，推动绿色发展》《牢固树立生态致富新理念》 |
| 王泽华 | 1955.12 | 本科 | 所长 | 研究员 | — | 《河北省志·新闻志》《电视新闻学》 |
| 董颖 | 1965.9 | 研究生/硕士 | — | 研究员 | — | 《WTO与地方立法研究》、《河北省科技地方性法规框架建设研究》、《刑法总则》（专著） |
| 贺银凤 | 1958.4 | 本科/学士 | — | 研究员 | — | 《河北食品安全的社会学思考》《我国老龄照料服务体系面临的挑战》 |
| 李军 | 1973.6 | 本科/学士 | — | 研究员 | — | 《河北省新民居建设系列典型经验报告》《河北省关于加快建设果品产业强省的意见》 |
| 梁世和 | 1966.9 | 研究生/博士 | 副所长 | 研究员 | — | 《北学与燕赵文化》《曾国藩思想的大本大原》 |
| 梁跃民 | 1971.5 | 研究生/博士 | 副所长 | 研究员 | 河北省委宣传部特约研究员 | 《我省文化产业园区上水平的建议》《河北省对外宣传重大方略研究》 |

续表

| 姓　名 | 出生年月 | 学历/学位 | 职务 | 职称 | 主要学术兼职 | 代表作 |
|---|---|---|---|---|---|---|
| 吴景双 | 1963.7 | 本科/学士 | — | 研究员 | 河北省民族与宗教学会理事、反邪教协会理事 | 《关于增强新时期党员干部理想信念的调查与思考》《论马克思主义宗教观中国化的历史经验》 |
| 张川平 | 1970.4 | 研究生/硕士 | — | 研究员 | — | 《贾平凹小说的结构迁衍及其意象世界》《主体建构与困境救赎——王小波及其文学世界》 |
| 裴赞芬 | 1972.10 | 研究生/硕士 | — | 研究员 | 河北省李大钊研究会副秘书长 | 《李大钊与早期中国共产党》《李大钊的世界眼光与全球化意识》 |
| 张　平 | 1956.11 | 本科/学士 | — | 研究员 | — | 《政统与道统之间》《人间佛教之源与脉》 |
| 贾淑军 | 1969.6 | 本科/学士 | — | 研究员 | — | 《新形势下破解我省城镇建设资金瓶颈的对策建议》《河北省商贸流通行业"十二五"发展规划》 |
| 何石彬 | 1972.1 | 研究生/博士 | — | 编审 | 河北禅文化研究中心秘书长 | 《〈阿毗达磨俱舍论〉研究——以缘起、有情与解脱为中心》 |
| 郑恩兵 | 1968.12 | 研究生/硕士 | 副所长、副主任 | 研究员 | — | 《二十世纪中国乡村小说叙事》《多重变奏下的魔幻现实——莫言小说的声音叙事》 |
| 冯金忠 | 1973.9 | 研究生/博士 | 副总编 | 研究员 | 河北省史学会理事、河北省民族与宗教研究会副秘书长 | 《唐代河北藩镇研究》《河北古代少数民族史》《燕赵佛教》《唐代地方武官研究》 |

## 二、2015 年晋升正高级专业技术人员

李鉴修，1966 年 6 月出生，河北曲周县人，研究员。现从事中国特色社会主义理论体系研究，主要学术方向为党建、思政，代表性成果：《文化软实力与对外宣传》（专著）。

陈建伟，1975 年 3 月出生，河北平山县人，研究员。现从事农村经济研究，主要学术方向为科技创新与管理、区域发展，代表性成果：《我国农业科技创新效率研究》（专著）。

## 第七节  2015 年大事记

### 一月

1 月 15 日，日本神户大学村井恭子教授、明治大学堀井裕之博士，应邀来河北社科院进行学术访问。院党组成员、副院长孙继民会见了日本学者一行。

1 月 22 日，院党组书记、院长、省委讲师团主任郭金平出席全省党委讲师团系统工作会议。

1 月 29 日，院党组书记、院长郭金平率工作组赴平山县城子沟村看望慰问困难群众，调研指导河北社科院驻村扶贫工作。

1 月 30 日，河北省社会科学界联合会四届三次全委会在石家庄召开。省政协党组副书记、副主席，省社科联主席刘永瑞出席会议并讲话。会议由郭金平主持。

### 二月

2 月 9 日至 12 日，院领导郭金平、曹保刚、孙继民、杨思远、孙毅、刘月、张福兴、彭建强、焦新旗、张国岚分别带队和有关处室工作人员走访慰问了新中国成立前参加工作、入党的老同志和部分困难职工。

### 三月

3 月 10 日，河北社科院召开 2014 年度总结表彰大会，院党组书记、院长郭金平作重要讲话，省社科院党组成员、副院长，省社科联常务副主席曹保刚代表院党组作总结报告。会议由副院长杨思远主持。

3 月 13 日，省委常委、宣传部长艾文礼到河北社科院进行工作调研。先后参观了省社科院社科信息中心特藏书库和院科研成果展。郭金平代表省社科院就 2015 年总体工作思路和重点工作作了汇报。

3 月 17 日，河北社科院召开 2015 年度党风廉政建设工作会议。院党组书记、院长郭金平就如何做好全院党风廉政建设工作作重要讲话。张国岚作院 2014 年党风廉政建设工作报告。

### 四月

4 月 9 日至 10 日，美国加州大学河滨分校商学院副院长兼国际部主任陈少晖先生一行 5 人访问河北社科院。院党组成员、副院长刘月，院党组成员、副院长，省社科联副主席彭建强会见美方代表团全体成员。陈少晖副院长代表美国加州大学河滨分校向河北社科院提交了《学术交流与合作备忘录》。

4 月 10 至 12 日，新西兰维多利亚大学当代中国研究中心高级研究员 Jason Young（杨杰森）教授应邀对河北社科院进行学术访问。院党组书记、院长郭金平会见了新西兰学者。

4 月 19 日至 25 日，河北省第十届社会科学普及周启动仪式在河北师范大学校园广场举行。省政协党组副书记、副主席，省社科联主席刘永瑞致开幕词并宣布该届社科普及周开幕。启动仪式由郭金平主持。

### 五月

5 月 14 日，河北社科院举办"三严三实"专题教育党课，郭金平以"深化'三严三实'，抓好专题教育，为河北社科院新型智库建设提供坚强政治保证"为题讲

专题党课。

5月22日至23日，由河北社科院发起的"京津冀协同发展社会学理论研讨会"在保定召开。省委宣传部常务副部长杨永山到会并讲话。郭金平出席会议。

## 六月

6月10日至12日，院党组书记、院长郭金平赴张家口市宣化区春光乡按院村蹲点调研。

6月23日至25日，院党组书记、院长郭金平出席省委讲师团举办的全省党委讲师团系统中青年宣讲骨干培训班并作动员讲话。

## 七月

7月5日，河北省社科联组织的第十一届河北省社会科学优秀青年专家评委会全体会议在石家庄市召开。省政府副省长、本届评委会主任许宁同志出席会议并作重要讲话。

7月7日至9日，院党组书记、院长郭金平出席在天津召开的华北地区社科院第三十二届科研管理联席会议。

7月9日至11日，院党组书记、院长郭金平出席在内蒙古锡林浩特召开的第十八届全国社会科学院院长联席会议。

7月13日，院党组书记、院长郭金平出席河北社科院主办的2015年上半年河北省经济形势分析会。

7月13日，院党组会议研究通过了《河北省社会科学院中国特色新型智库建设先行试点方案》，印发全院施行。

## 八月

8月10日，院党组成员，省纪委驻院纪检组长张国岚参加了由中国社科院组织的中国社会学会2015年学术年会并以"当前我国反腐败形势分析"为主题做大会交流发言。

## 九月

9月10日至11日，华北地区社科联协作会暨河北省设区市社科联工作会在张家口举行。省政协党组副书记、副主席，省社科联主席刘永瑞作书面致辞。郭金平主持开幕式，曹保刚主持会议交流。

9月17日，河北省委副秘书长王俊金、省委办公厅综合调研室主任张立恒一行5人到河北省社科院调研新型智库建设情况。郭金平会见王俊金副秘书长一行，主持召开座谈会。

## 十月

10月11日至17日，美国印第安纳大学——普渡大学韦恩堡分校商学院前院长张锡峰教授（Otto Chang）、社会学系主任彼得·艾迪科教授（Peter Iadicola）、凯文·麦克弗雷副教授（Kevin J. Mc Caffree）、雪莉·斯坦瑞副教授（Sherrie Steiner）和政治学系詹姆斯·图尔副教授（James G. Toole）一行访问河北社科院，并出席河北社科院举办的"河北省首届智库建设"国际学术研讨会。

10月14日，院党组书记、院长郭金平出席院"解放思想、抢抓机遇、奋发作为、协同发展"大讨论动员大会并讲话。

10月16日至26日，美国新墨西哥州立大学名誉校长、印第安纳大学——普渡大学韦恩堡分校前校长迈克尔·沃泰尔教授访问河北社科院，并进行学术交流。

10月23日，河北省委常委、宣传部长田向利到河北社科院进行工作调研。院党组书记、院长郭金平主持召开座谈会。

10月28日，院领导郭金平、彭建强赴山东社科院，就河北社科院推进新型智库建设和哲学社会科学创新工程进行调研。

## 十一月

11月2日　院长办公会通过了《河北

省社会科学数据信息网络平台（第一期）建设情况报告》，河北省社会科学数据信息网络平台（第一期）建设基本完成。

**11月3日** 院党组书记、院长郭金平主持召开党组理论中心组学习（扩大）会议，主题是"严守党的政治纪律和政治规矩，营造风清气正、干事创业的单位生态"。

### 十二月

**12月22日至23日** 由中国社会科学院农村发展研究所、河北省社会科学院联合主办的"深化农村改革智库建设论坛暨第十一届全国社科农经协作网络大会"在石家庄召开。十八届中央候补委员、中国社会科学院副院长李培林出席大会并发言。省委副书记赵勇向大会发来书面致辞，省委常委、宣传部长田向利会见了李培林副院长一行和部分省区市社科院领导，省政协副主席葛会波出席了大会开幕式。郭金平院长主持开幕式并致辞。

**12月25日** 院党组召开"三严三实"专题民主生活会。郭金平主持会议，院领导班子全体成员参加会议。

**12月29日** 河北省社会科学界联合会四届四次全委会在石家庄召开。省政协党组副书记、副主席、省社科联主席刘永瑞出席会议并作重要讲话。全会由郭金平主持。

# 山西省社会科学院

## 第一节 历史沿革

山西省社会科学院前身是1959年成立的中国科学院山西分院哲学社会科学研究所，1962年撤销，后改名为山西省社会科学研究所，附设于中共山西省委党校。所内设哲学、经济、历史、文学研究室及《学术通讯》编辑部。1970年研究所撤销。1981年11月恢复山西省社会科学研究所，王守贤任所长，高仲雨任副所长。所内设经济、历史、哲学、语言学、文学5个研究室，《晋阳学刊》《经济问题》2个编辑部及科研组织处、办公室、行政处、图书馆。

1983年5月，山西省委决定将山西省社会科学研究所改为山西省社会科学院，刘贯文任党组书记兼院长。

### 一、历任党组书记、院长

首任院长、党组书记：刘贯文（1983年5月—1988年3月）

第二任院长、党组书记：吴德春（1988年3月—1994年3月）

第三任院长、党组书记：董晓阳（1994年3月—2000年9月）

第四任院长、党组书记：张成德（2000年9月—2006年2月）

第五任院长、党组书记：李留澜（2006年3月—2009年4月）

第六任院长、党组书记：李中元（2009年12月—  ）

### 二、发展

山西省社会科学院建院30多年来，作为全省规模最大的哲学社会科学研究机构，认真履行认识世界、传承文明、创新理论、咨政育人、服务社会职能，积极发挥思想库、智囊团、参谋部作用，高举旗帜，围绕中心，服务决策，促进实践，为推动全省经济社会发展作出了重要贡献。目前，全院共有12个科研部门、9个行政科辅部门、1个山西社科报刊社，拥有14万册藏书、21个院属单位。截至2015年底，全院在职人员共220人，其中科研人员137人，博士17人，硕士67人，高级职称61人。

30多年来，山西省社科院坚持基础研究与应用研究并重，突出应用对策研究；全国共性问题和山西特殊问题兼顾，以山西经济社会发展中的理论和实际问题为主；历史问题和现实问题兼顾，以现实问题为主。在学科建设上，已经形成相对完备、富有山西地方特色的学科体系，全院12个研究部门形成各类学科32个，其中一级学科12个，二级学科20个；有学科团队22个，包括农村经济、区域经济、能源经济、环境生态经济、宏观经济、民营经济、交通运输经济、财政金融、民国山西史、山西文明史、县域历史文化、明清与晋商发展史、人口学、社会保障、汉语语汇学、马克思主义哲学、党建政法研究、案例学研究、旅游研究、文化学研究、谱牒学研究、思维科学研究、图书情报研究等，文艺评论、先秦诸子哲学、五台山研究、能源社会学、山西古代文明史研究、关公文化、阎锡山研究等在全省卓有影响。拥有全国地方社科院系统中独一无二的3个研究机构：能源经济研究所、语言研究所、谱牒研究中心。据不完全统计，建院30多年山西省社会科学院共完成各类课题4140多项，其中国家社科基金课题35项；完成论文5310多篇，其中在国家核心来源期刊发表的论文近700篇；完成各类著作510部。各类科研成果累计字数达3.6亿字。获得各种奖励300多项，其中国家级奖励20多项，省社科优秀奖150多项，科技进步奖10项。

30多年来，山西省社科院涌现出了一批在省内外、国内外有影响的专家、学者和一批优秀的青年骨干、学术带头人。比如以研究区域经济、农村经济闻名的原副院长陈家骥研究员，以创办《晋阳学刊》"中国现代社会科学家传略"栏目闻名的高增德研究员，以及以创立汉语语汇学闻名的温端政研究员，创立"相似论"闻名的张光鉴研究员，开创谱牒学研究的张海瀛研究员，在能源经济研究领域卓有建树的董继斌研究员，在文学评论领域成就斐然的艾斐研究员，等等。

目前，全院主要在研学科有：经济学、能源经济学、社会学、历史学、哲学、马克思主义、党史党建、政治、法学、文学、语言学、思维科学、晋商文化、五台山研究等。

（一）经济研究发展情况

经济研究所组建于1978年，现设有宏观经济、农村经济、区域经济、财贸经济、企业经济和基础设施等六个研究室，其中，农村经济和区域经济为两大优势学科。重点研究方向为：国家、地区及重要产业的发展战略与规划；宏观经济形势跟踪、预测和宏观调控政策；财政、货币政策及其协调配合，财政税收、金融体制改革、金融发展与金融监管；企业产权制度与内部治理、并购重组及中小企业政策创新；山西经济社会可持续发展的应用对策研究等。

建所以来，经济所先后承担国家项目15项，省、部项目100余项，出版专著、编著150多部，发表论文2000余篇，撰写研究报告400余篇。在农村改革与发展、经济转型与结构调整、区域经济发展、中长期发展规划、宏观经济分析预测、反贫困战略、全面小康建设、财政金融和中小企业发展等研究领域，取得了一批学术性强、应用性强的科研成果，为省委、省政府提供了重要的决策参考。

代表性的成果有：《山西省经济社会形势分析与预测》15部，《山西县域经济发展难题相关对策研究》《山西加快构建新型农业经营体系研究》《新趋势——中国农村的现实与未来》《昔阳县农村经济史记》《经济转型时期农业结构调整的特点与对策研究》等。

（二）能源经济研究发展情况

能源经济研究是山西省社科院重点学科。能源经济研究所成立于1984年，其前身是1980年成立的山西煤炭能源基地政策研究组，是全国社科院系统惟一的以能源经济理论和应用研究为主的科研机构。所内设能源政策、能源环境、能源社会和工业经济四个研究室。

能源经济研究所成立以来，围绕中国及山西能源发展的重大问题，在能源经济理论、能源基地建设、能源环境经济和工业经济等方面完成了一大批具有开拓性、创新性的研究成果。尤其在煤炭价格、能源发展战略、煤炭与煤层气发展、新能源发展、资源环境等研究领域取得了突出成绩。在能源经济理论研究方面，吴德春、董继斌研究员主编的《能源经济学》一书影响广泛；在煤炭价格研究方面，董继斌主持完成的国家社科基金重点项目"煤炭价格改革研究"，为国家和山西省能源政策制定起到了决定性作用；在资源环境方面，李连济主持的国家社科基金重点项目"我国煤炭城市采空塌陷灾害及防治对策"，被确定为国家政策重点，该项研究成果获山西省科技进步二等奖。

（三）历史研究发展情况

历史研究所1983年由山西省社科所历史研究室改制而建，现设有古代史研究室、近代史研究室、现代史研究室、文献研究室。

历史所成立以来，立足山西历史文化，突出地方特色，在兼顾中国历史研究的同时将山西地方历史作为研究重点，发表了大量有鲜明地方特色的高质量的研究成果，形成了山西县域历史文化与文明史研究、明清史及晋商研究、山西抗战历史研究、阎锡山与民国山西研究四大优势学科，出版了有关山西文明史、晋商文化、明清史、民国山西史、古代文明与先秦史、当代山西史、社会性别与妇女史、区域性灾害与救治、山西民俗研究、地方口述史研究等方面30多部著作，发表了大量论文。主要成果有《光绪版〈山西通志〉》（点校本）、《山西通史》（十一卷本）、《傅山全书》、《山西抗日战争史》（上、下）、《阎锡山与西北实业公司》、《建国60年山西若干重大成就与思考》、《山西抗战口述史》、《山西文明史》、《晋商案例研究》等。

（四）社会学研究发展情况

社会学研究所成立于1987年，设立农村社会学、人口社会学和社会调查3个研究室。自成立以来，针对中国尤其是山西经济社会发展过程中出现的大量热点、难点问题，进行了较为广泛而深入的研究，在社会学理论与应用社会学、人口学、社会保障等方面取得了较为突出的成绩。进入21世纪以来，社会学所在深化研究、提高学术水平的基础上，着力在社会评价、农村社会管理和休闲社会学研究方面有所发展和创新。

在人口社会学方面，梁中堂的《人口学》一书影响广泛。在社会保障方面，谭克俭主持完成的2003年国家社科基金资助项目成果——《农村养老保障体系构建研究》专著获2012年山西省第七次社会科学研究优秀成果一等奖。秦谱德、崔晋生等合著的《生态社会学》把研究视阈扩大到整个人类生态系统，初步构建了生态社会学学科的知识体系。

（五）语言学研究发展情况

语言研究所于1981年正式建室，1987年改为山西省社会科学院语言研究所。

语言所成立以来，在山西方言研究和汉语语汇学研究方面取得了突出成就。20世纪80—90年代主攻山西方言研究，组织出版的41种山西省方言志和《山西方言调查研究报告》（山西高校联合出版社，1993）开创了方言研究的新体例，为晋语分立作出很大贡献。进入21世纪温端政、沈慧云首倡汉语语汇学，以《汉语语汇学》（商务印书馆，2005）、《三晋俗语研究》（书海出版社，2009）及《新华语典》（商务印书馆，2014）等为代表的大批成果标志着汉语语汇学逐步确立并产生了社会影响。

（六）党的建设与政治学法学研究发展情况

党建与政治法学研究所始于1985年筹建的经济发展战略室，1987年更名为经济发展战略研究所，1990年改建为文化研究所，1993年12月改建为政治学法学研究所，2009年更名为党的建设与政治学法学研究所。

自成立以来，主要围绕政治学、行政学、法学及党的建设案例等方面展开研究，其中政治学方面著作有《基层政权建设问答》《邓小平民主法制理论在山西的实践等》，法学研究方面著作有《法学通论》《中华法律文化探源》《新农村建设与村民自治法律研究》等。

（七）哲学研究发展情况

哲学所始于1978年成立的哲学研究

室,1987年改为哲学研究所。自成立以来,主要研究学科有马克思主义哲学、中国哲学与三晋文化、心智哲学、科技哲学、伦理学、教育哲学等,在中国逻辑史、先秦儒家、心智哲学、教育理论等领域取得了重要成果并产生了学术影响。其中李元庆的《中国逻辑史》获国家社科基金项目优秀成果奖,《三晋古文化源流》获山西省第二届社会科学研究优秀成果二等奖,《晋学初集》获山西省第三届社会科学研究优秀成果二等奖;刘景钊的《意向性:心智关指世界的能力》获山西省第五次社会科学研究优秀成果一等奖;李玉萍的《一份特别教案——教育艺术案例与分析》获山西省第五次社会科学研究优秀成果二等奖。

（八）马克思主义研究发展情况

马克思主义研究所成立于2008年。重点研究方向是马克思主义中国化和中国特色社会主义理论体系。马克思主义研究所成立之前,此方面研究主要依托哲学所开展,早期有诸多马克思主义哲学原理研究方面的成果,中后期在毛泽东思想和中国特色社会主义理论研究方面发表的论文和专著,在学界曾产生一定影响。

马研所成立以来,在不断加强基础理论研究同时,还承担院中国特色社会主义理论体系研究中心、中国廉政文化研究中心山西调研基地的研究与管理工作。2012年,成功举办了全国社会科学院系统中国特色社会主义理论体系研究中心第十七届年会暨理论研讨会,出版的论文集《文化建设与中国发展道路》收录全国同行学者论文百余篇;2012—2015年,连续4年完成省纪委委托课题《山西省党风廉政建设和反腐败斗争民意调查报告》;论文《承图强精神 促转型发展》获山西省第十一届精神文明建设"五个一工程"优秀理论文章奖。

（九）文学研究发展情况

文学研究所成立于1978年,研究领域主要集中于古典文学、现当代文学评论及文艺理论、华文文学、山西地域文学与文化四个方面,最具学术影响力的研究在文学评论与文艺理论方面。30多年来,共发表论文近2000篇,出版专著20余部,完成国家社科基金项目"中国当代文学流派"等3项,在研国家社科基金项目"《管子》学史"一项。其中,有130余篇评论文章刊发于《人民日报》《光明日报》《求是》等。获国家级奖励3次、省级奖励10余次。代表性著作有艾斐的《中国当代文学流派》、陈坪的《思考与言说》等。

（十）思维科学研究

思维科学与教育研究所前身为思维科学研究所。1984年,在著名科学家钱学森的直接指导下,山西省社科院成立了全国第一所思维科学研究所,并于1985年1月正式出版了国内外公开发行的《思维科学》杂志,受到同行专家的高度评价。与此同时,思维科学研究所在相似论、创造性思维研究等方面也取得较大成绩,得到国内外相关领域专家一致认可,代表著作有张光鉴的《相似论》。

2010年,思维科学研究所更名为思维科学与教育研究所,在教育应用研究领域不断创新与突破,在基础教育资源均衡、高等教育产学研、职业教育师资队伍建设、高等职业教育人才供给与需求、职业院校基础设施建设研究方面取得了较为突出的成绩,与省内、国内以及德国相关研究院所、学校、企事业单位开展了学术交流活动。

（十一）谱牒学研究

山西省社科院家谱资料研究中心成立于20世纪90年代中期,主要致力于谱牒资料的收集、整理、研究、开发,并由此涉及姓氏学研究。经过多年的努力,在国内外该研究领域获得较大影响,同时成为山西省社科院独具特色的学科之一。

该中心现收藏有 400 余个姓氏的族谱10000 余部，编辑出版专著、发表论文约300 万字。自 2007 起，出版《谱牒学论丛》（1—7 辑），受到广泛好评。出版《太原王氏》《中华族谱集成》《郭氏史略》《中华百家姓始祖图典》《太原王姓源流》《姓氏总论》《中国姓氏》《中华姓氏文化通论》《汾阳王郭子仪谱传》等著作。

（十二）晋文化研究

晋文化研究是山西省社科院特色研究之一，研究人员分散在院历史所、哲学所、人文资源开发研究中心、《晋阳学刊》编辑部等。2003 年，主办"晋文化研讨会"，在省域内外产生重要影响。30 多年来，在总体理论研究方面的著述主要有：《三晋文化源流》《侯马盟书研究》《子夏与三晋儒学》《荀子与先秦学术的终结》《三晋纵横家》《三晋烽烟》《河东思想家与理学》《三晋变法风云》《山西史纲》等；在历史文献的整理和研究方面的成果主要有：光绪版《山西通志》点校本、《薛瑄全集》点校本、《傅山全书》、《山西通志·社会科学志》（中华书局，1995 年版）、《山西通志·社会科学志》（中华书局，2011 年版）、《徐继畬集》校释、《山西通史》（第四至九卷）、《山西通史大事编年》、《明清山西碑刻资料选》（续一、续二）等；在山西历史人物研究方面的主要成果有：《三晋百位名人评传》《明代重臣王琼》《关公》《元遗山新论》等。

（十三）晋商研究

晋商研究是山西省社科院重点学科之一，也是院历史所优势研究学科。为加强晋商文化研究，2012 年 5 月成立晋商文化研究中心，主要致力于晋商文化研究及传播。

晋商研究方面的主要著作有：《晋商兴衰史》《明清晋商资料选编》《平遥票号商》《明清山西商人研究》《山西商帮》《晋商与中国近代金融》《晋商研究新论》《中国晋商研究》《天下晋商——明清山西商人五百年》《晋商学》《潞商文化探究》《晋商与明清山西城镇化研究》《国外珍藏晋商资料汇编》等。晋商文化研究方面与山西省地方志办公室合作，启动了《山西省志·企业家志》的编纂。

（十四）五台山研究

五台山研究会于 1985 年成立，并创办学术期刊《五台山研究》杂志。1987 年举办"首届五台山佛教文化研讨会"，提出建立"五台山学"命题。30 多年来，围绕"五台山学"出版有大量的研究著作。国家社科基金"九五"规划项目《五台山佛教史》被学界认为是"五台山学"的奠基之作，获山西省第四届社会科学优秀成果一等奖。《五台山研究》杂志作为五台山研究的重要学术园地，对促进"五台山学"的构建起到了重大推动作用，特色栏目有：五台山学专论、文殊研究、遗产保护等，为社会科学类国际交流期刊、2014 年进入中文社会科学引文（CSSCI）来源期刊，2016 年进入中国人文社会评价报告（AMI）引文数据库来源期刊，是国家新闻出版广电总局认定的首批学术期刊。现在"五台山学"的构建已初具规模，成为山西省社科院特色学科之一。

三、机构设置

山西省社会科学院是省委、省政府直接领导和管理的哲学社会科学专门研究机构，为全额拨款事业单位。截至 2015 年 12 月底，院设有经济研究所（所长景世民）、能源经济研究所（所长韩东娥）、历史研究所（副所长高春平、冯素梅）、社会学研究所（所长高专诚）、国际学术交流中心 5 个副厅级建制研究单位，哲学研究所（所长刘景钊）、语言研究所（所长安志伟）、文学研究所（所长耿振东）、党的建设与政治法学研究所（所长温万名）、思维科学研究所（所长张玉明）、马克思主义研究所（所长庞丽峰）、晋商文化研究中心（主任宋丽莉）7个正处级研究所，一个图书馆（馆长李书琴）。

公开发行的学术刊物有：《晋阳学刊》（主编孙晋浩）、《经济问题》（主编韩克勇）、《五台山研究》（主编崔玉琴）、《语文研究》（主编李小平）

另有8个内设职能部门、5个自收自支单位和一个报刊社。

## 四、人才建设

截至2015年12月底，山西省社会科学院在职人员220人，其中行政科辅人员83人，科研人员137人。科研人员中女性94人，具有正高职称人员28人，副高职称34人，中级职称人员78人，初级职称21人。管理人员50人，其中正厅级1人，副厅级5人，处级57人。

具有研究员专业技术职称的有：李中元、潘云、贾桂梓、杨茂林、景世民、韩东娥、高专诚、陈平、李书琴、杨晓国、杨国玉、孙晋浩、张文丽、武小惠、王云珠、高春平、李永宠、李小平、刘景钊、丁润萍、韩克勇、张保华、马志超、陈红爱、刘晓丽、周萍、曹瑞芳、陈新凤。

## 第二节　组织机构

### 一、山西省社科院领导及其分工

1. 历任领导

1983年：院长：刘贯文

副院长：宋玉岫、吴德春、陈家骥、张海瀛

党组书记：刘贯文

副书记：宋玉岫

成员：吴德春、陈家骥、张海瀛

1988年，吴德春任院长、党组书记。

1989年，张巨功任副院长、党组成员。

1991年，张巨功任党组副书记，吕器任党组成员。

1990年，梁中堂任副院长。

1992年，刘文芳任副院长、党组成员。

1993年，董晓阳任副院长、党组成员，董继斌、胡续平任副院长。

1994年，董晓阳任院长、党组书记，刘文芳任党组副书记，张正明任副院长。

1995年，原方任副院长、党组成员，李怀璧任党组成员。

1996年，李怀璧任秘书长。

1998年，梁中堂、董继斌任党组成员。

2000年，张成德任院长、党组书记，艾斐任副院长、党组成员，阎宝礼任副院长、党组成员。

2001年，潘云任党组成员。

2001年，张晓瑜任副院长、党组成员。

2004年，孙丽萍任党组成员。

2004年，贾桂梓任副院长、党组成员。

2006年，李留澜任党组书记、院长。

2008年，潘云、孙丽萍、孟艾芳任副院长。

2009年，李中元任党组书记、院长。

2010年，孟艾芳、景世民、杨茂林任党组成员。

2011年，宋建平任纪检组长、党组成员。

2012年，杨茂林任副院长。

2012年，张建武任党组成员。

2. 现任领导及其分工

院党组书记：李中元

党组成员：潘云、杨茂林、宋建平、景世民、张建武

李中元院长主持院全面工作。

潘云副院长协助院长分管科研工作和经济片工作，分管行政后勤、人事及新院建设；杨茂林副院长协助院长分管文史片工作，分管办公室、监察和期刊工作。

### 二、山西省社会科学院职能部门

办公室主任：马志超；副主任：赵向东

人事处处长：罗惊澜；副处长：王凯

科研组织处处长：王云；副处长：杨亚琳

行政处处长：薛建彪；副处长：孙勇

机关党委专职副书记兼机关纪委书记：耿向红

监察室主任：韩振法

工会主席：赵勇强

离退休管理处处长：张根生

## 三、山西省社会科学院科研机构及领导

经济研究所
所长：景世民
副所长：张文丽、赵旭强
能源经济研究所
所长：韩东娥
副所长：王云珠、李峰
历史研究所
副所长：高春平（主持工作）、冯素梅
社会学研究所
所长：高专诚
副所长：陈红爱、丁润萍
国际交流中心
主任：张建武
副主任：郭婕、赵平利
语言研究所
所长：安志伟
文学研究所
所长：耿振东
思维科学与教育研究所
所长：张玉明
副所长：张雪莲
党的建设与政治学法学研究所
所长：温万名
哲学研究所
所长：刘景钊
副所长：杨珺
马克思主义研究所
所长：庞丽峰
晋商文化研究中心
主任：宋丽莉
副主任：王勇红
旅游经济研究中心
主任：李永宠

## 四、山西省社会科学院科研辅助部门及领导

经济问题杂志社
主编：韩克勇
副主编：戎爱萍
晋阳学刊杂志社
主编：孙晋浩
副主编：马艳
五台山研究编辑部
主编：崔玉卿
语文研究编辑部
主编：李小平
图书馆
馆长：李书琴
副馆长：王利亚

## 第三节 年度工作概况

2015年，山西省社科院充分发挥省委、省政府"思想库"、"智囊团"职能作用，奋力推进哲学社会科学创新工程和现代新型智库建设，各项工作取得了较大的成绩，保持了持续、稳定、健康的发展态势。特别是紧紧围绕山西省委"六权治本"、"六大发展"、"三大突破"、煤炭"六型转变"、"三个文化"、全面从严治党在把纪律和规矩挺在前面上先走一步等重大安排部署，提出了许多针对性强、有价值的决策建议，发挥了新型智库应有的作用。

一、开展学习讨论落实活动和"三严三实"专题教育

按照山西省委统一安排，2014年11

月底至 2015 年 3 月山西省社会科学院开展了以"深入学习贯彻习近平总书记系列重要讲话精神、净化政治生态、实现弊革风清、重塑山西形象、促进富民强省"为主题的学习讨论落实活动。全院各部门、各单位严格遵循"实施方案"确定的指导思想、目标任务和方法步骤,一个环节一个环节地抓,一个阶段一个阶段地落实,坚决做到有安排、有部署、不走样、不跑偏。活动期间,山西省社科院部分科研人员参加了省委十届六次全会报告、全省经济工作会议报告、选拔任用县委书记、"六权治本"、"六大发展"、煤炭"六型转变"等一系列专项报告的起草,积极为省委重大决策部署建言献策。从 2015 年 4 月底开始,中央决定在副处以上党员干部中开展"三严三实"专题教育。按照院党组安排,山西省社会科学院副处以上党员积极参加院党组中心组学习,党组书记、院长和各位院党组成员进行了专题辅导。广大党员干部通过"学、讨、落"活动和专题教育普遍提高了认识,增强了群众观点,站正了群众立场,强化了宗旨意识、大局意识和责任意识,全院干事创业形成了新气象。

二、实施哲学社会科学创新工程,积极筹备山西省智库发展协会

2013 年以来,山西省政府把启动实施哲学社会科学创新工程确定为山西省社科院每年的目标责任分解任务,明确为牵头单位。2015 年又列入李小鹏省长《政府工作报告》任务分工。为做好此项工作,山西省社科院多次派人到中国社会科学院学习先进经验,利用参加全国社科院系统会议、各种研讨会的机会对其他地方社科院推进创新工程工作中的典型做法、推进模式、有效措施等进行广泛的学习了解。中共中央关于建设新型智库意见下发后,按照山西省委宣传部安排,山西省社会科学院牵头起草了山西省加快地方新型智库建设意见。2015 年下半年开始积极组建山西省智库发展协会(联盟),目前各项手续正在申办中。

三、创新体制机制,组建社科研究快速反应团队取得良好效果

围绕山西省委、省政府交付的重大课题、社会关注的热点问题、经济社会发展的重大理论和现实问题,山西省社会科学院打破所、中心建制,整合优质科研力量,建立社科研究快速反应团队,采用集中研究方式,及时、快速地分析问题,形成社科研究、决策咨询快速反应机制,以专题研究报告和《决策专报》形式上报省委、省政府,得到省委、省政府主要领导的高度重视。2015 年共编报《决策专报》11 期,省委书记作出 5 次重要批示,其他领导也多次作出批示。

四、立足山西实际,以山西经济社会发展重大课题为抓手,巩固基础研究、突破应用研究

结合转型跨越发展、综改试验区建设、全面小康社会建设、"六大发展"、"六权治本"等山西省委重大安排部署,2015 年山西省社会科学院继续对外发布山西经济社会发展重大课题选题,面向全国招标进行研究,年底大部分课题已进入结题评审阶段。

基础研究得到加强。在确定 2015 年重大课题、院级课题和青年课题时,院领导班子有针对性地重点扶持基础性研究课题,使基础性研究课题占到课题总数的 1/3;制定经费预算时,适当提高了文史片经费比例,同时确定从科研经费中拿出一定资金资助基础研究学术成果出版。目前,《山西文明史》《山西古代廉吏》等一批基础研究成果正式出版。

应用研究突飞猛进。密切联系山西经济社会文化发展实际,围绕贫困山区脱贫

致富、山西历史文化资源和文化产业发展优势、职业教育、山西文明史、抗战史研究等专题进行研究，山西省社会科学院推出了一批有价值的成果，引起了广泛的社会关注。特别是语言研究所的语汇学研究，在全国语言研究领域取得领先地位，正在积极推进国家重大语言学工程项目《语海》的编写工作。

五、着力培育新的学术增长点，不断加大科研人员培训力度，学科建设和人才建设开创新局面

培育新的学术增长点。积极加强学科建设，重点培育和壮大与我省经济、社会、人文、历史联系紧密，富有成长潜力、学术前景和现实需求较大的学科，以期形成新的学术增长点。如反腐倡廉研究、职业教育研究、马克思主义研究、口述史研究（西沟口述史、申纪兰口述史）、文化产业研究等。大力加强马克思主义研究基地建设，积极开展中特理论研究，参加全国社科院系统中国特色社会主义理论研讨会，同省纪委合作撰写发表廉政理论文章等，论文发表数量和质量均有较大进步。

加大人才引进和培养力度。积极引进优秀高素质人才，不断加大科研人员培训力度，支持中青年科研人员在职深造，提高学历和科研水平。2015年新进博士1人，公开招聘硕士6人，1人前往德国北威州学习进修，3人获得山西省宣传思想文化系统"四个一批"人才称号，在人才选用和培养上形成了良性发展的局面。

六、启动第二轮管理岗位和专业技术岗续聘竞聘

2015年5月，山西省社会科学院三年一个聘期的竞聘续聘工作全面启动。院党组严格按照"党管干部"原则，坚持从大局出发，坚持选人用人的一贯导向和可持续的发展思路，坚持有利于推进工作和调动工作积极性原则，顺利完成了五、六级管理岗位的续聘工作。续聘五级管理岗位21人、续聘和调整六级管理岗位26人。竞聘工作通过岗位竞聘申报、资格审查、民主征求意见、结构化面试、拟任干部"六查"、确定考察对象考察等6个环节，新聘五级管理岗位7人。六级管理岗位竞聘工作即将启动，专业技术、工勤技能和科以下管理岗位人员竞聘续聘工作也将随之进行。

七、成功举办纪念中国人民抗日战争暨世界反法西斯战争胜利70周年学术研讨会、第五届全国汉语语汇学学术研讨会暨《新华语典》学术研讨会和《五台山研究》创刊30周年系列活动

八、努力探索社会科学研究机构党建工作规律，全面从严治党，基层党建工作取得新突破

强化主体责任。按照省委要求，制定出台了《中共山西省社会科学院党组落实党风廉政建设主体责任清单》、《山西省社科院纪检组落实党风廉政建设监督责任清单》，不断强化"两个责任"。坚持落实党风廉政建设"一岗双责"，院党组成员、领导班子不仅对分管领域、分管部门的科研、业务工作负责，同时对分管领域、分管部门的党风廉政建设负责；各所、处长不仅对本单位、本部门全面工作负责，同时对本单位、本部门的党风廉政建设负责。院党组于年初同各单位、各部门签订《党风廉政建设责任书》，进一步强化责任意识，明确责任划分。

不断探寻社科研究机构党建工作规律。结合科研队伍中党员的现状，坚持开门学习，按照省委和省直工委要求撰写理论文章、进行理论宣讲。据不完全统计，2015年山西省社会科学院科研人员在《山西日报》等媒体上发表理论文章10余篇，院党组成员、部分科研人员在基层宣讲党的十八届五中全会精神10余场，在社会上有

力地发出了社科人的声音。

### 九、积极推进新院建设

占地60余亩的新院于2013年5月19日正式奠基，经过两年多的积极推进和建设，目前科研后勤楼、科研楼已经竣工，正在进行内外装修和配套工程建设。新院建成后，山西省社会科学院及科研条件将得到大幅改善。

## 第四节 科研活动

### 一、人员、机构等基本情况

**1. 人员**

截至2015年底，山西省社会科学院共有在职人员220人。其中，正高级职称人员28人，副高级职称人员34人，中级职称人员78人；高、中级职称人员占全体在职人员总数的76.36%。

**2. 机构**

山西省社科院下设经济研究所、能源经济研究所、历史研究所、社会学研究所、国际学术交流中心等5个副厅级单位，7个处级研究所（思维科学与教育研究所、语言研究所、文学研究所、哲学研究所、党的建设与政治法学研究所、马克思主义研究所、晋商文化研究中心），2个杂志社（《经济问题》杂志社、《晋阳学刊》杂志社），1个《五台山研究》编辑部，另外还设有8个职能部门、1个图书馆、5个正处级自收自支事业单位和1个报刊社（山西社科报刊社）。

**3. 人事变动**

2015年4月，党组成员、副院长孟艾芳退休；2015年12月，党组成员、副院长贾桂梓调任朔州市政协主席。

### 二、科研工作

**1. 科研成果统计**

2015年，山西省社会科学院共完成专著19种，726.5万字；论文264篇，153.2万字；研究报告68篇，237.6万字。

**2. 科研课题**

（1）新立项课题：2015年，山西省社科院共有新立项课题25项。其中，省哲学社会科学规划课题：山西古代廉吏研究；山西：创意时代的文化建构；制度与伦理张力中的生态观念研究；我省城市老年人养老中的社会支持调查研究；文化视域下的山西土窑洞——穴居文化的保护意义与价值；新常态下山西省文化与旅游产业深度融合的路径研究；山西省人口安全与风险控制研究；山西省哲学社会科学哲学学科建设调查研究；"把纪律挺在前沿"实证研究；"空心化"农村社会治理问题研究；文明史视域下的晋国史研究；山西省互联网金融P2P模式研究；"十三五"时期山西经济增长潜力测算研究。省软科学课题：欠发达地区经济发展与生态系统保护耦合政策措施研究；贫困地区经济发展与生态环境保护相关政策措施研究。省社科联课题：明清山西清官廉吏群体研究；山西红色文化研究——申纪兰与男女同工同酬运动的发起与实践；山西煤炭管理体制配套改革研究；山西省探索新型农村集体经济实现形式研究；山西城乡民生事业发展现状与对策思考；政府购买公共服务的问题研究——以山西为例；山西金融振兴和发展研究；丝绸之路与五台山世界遗产研究；晋南传统庙会与乡民社会生活研究；山西对外开放战略及开放新格局研究。

（2）结项课题：2015年，山西省社科院共有结项课题94项。其中：

山西经济社会发展2015年重大研究课题10项：山西实施六大发展战略路径研究；山西煤炭"六型"转变与革命兴煤发展道路研究；山西科技创新发展研究；太原城中村改造、园区建设、新区开发"三同步"发展研究；"互联网+"助推山西经济社会转型升级研究；山西公共资源交易平台建设研究；山西在全面从严治党、严格执行党纪党规方面"先走一步"研究；弘扬三个文化与培育践行社会主义核心价值观研究；山西全面深化改革扩大开放重大问题研究；推进六权治本跟踪研究。

省哲学社会科学规划课题2项：山西煤炭产业可持续发展研究；口述历史新论。

省软科学课题1项：资源型地区转型综改的着力点研究。

省社科联课题5项：山西实施农企对接带动贫困地区扶贫开发研究；山西新型城镇化过程中农村人口转移问题研究；当代道德建设与佛教文化之关系研究；山西古村落非物质文化遗产的保护与传承研究；贫困县纪检体制改革研究。

省社科院规划课题30项：山西经济周期波动测定及经济运行机理研究；山西实施创新驱动发展战略的瓶颈与对策研究；山西区域经济的组群式发展研究；山西省新型农村集体经济发展研究；互联网金融P2P模式研究；"新常态"下激发山西民营经济发展活力的对策研究；山西经济—生态系统耦合协调发展机制研究；完善山西煤炭管理体制改革研究；山西排污权交易制度研究；山西新能源产业发展政策研究；山西省社会养老服务体系构建研究；山西省农村"空村化"后的社会治理问题研究；山西省"单独二孩"政策实施效果及影响因素研究；生育政策调整中的相关政策协调研究；山西经济社会发展与自然生态协调研究；生态文明时代的生态观念问题研究；马克思主义信仰观与党风廉政建设研究；马克思主义权力制约监督思想当代价值研究；山西省大学生村官发展现状、存在问题及对策研究；我省推进"六权治本"实践研究；我国公务员隐性腐败的现状、原因及防治——以山西为例；构建合力监督权力有效机制研究；西沟村史；本土化口述历史理论体系；抗战时期中共在廉政建设方面的政策研究及其启示——以山西抗日根据地为中心的考察；汉墓中的"胡人"形象分析——基于对黄河流域汉墓的考察；明清以来晋南村落传统庙会研究；晋籍诗人与二十世纪中叶的台湾诗坛；习近平总书记系列重要讲话的语言风格研究；新时期晋商发展与转型路径研究。

省社科院青年课题10项："十三五"时期山西经济增长潜力测算研究；山西省杂粮产业发动型发展研究；近代以前晋商的公益与慈善；古村落居民的心智活动研究；我国社区养老中的政府职能定位研究；法制视域下的问责制研究；山西省政务微信的运营与开发研究；相似论的哲学意蕴；新中国成立以来汾河的流域治理与水土保持；山西省煤炭地质环境治理研究。

省社科院后期资助课题26项：新常态下山西创新驱动发展战略研究；战略性新兴产业发展实践及在山西的现状问题分析；基本公共服务均等化推进全面建成小康社会研究；山西家庭农场建设研究——基于全省120户家庭农场的监测数据分析；山西能源装备制造业发展研究；山西以扶贫开发推进全面建成小康社会研究；资源型经济转型发展理论与实践探索——以山西省为例；2015年煤炭价格分析与山西对策研究；人力资本影响经济增长的理论及实证研究——基本包含人力资本的索洛模型；山西政府购买公共服务问题研究；新常态下山西区域发展战略研究；隋唐五代山西经济发展研究；山西古代廉政思想文化研究；历史文化视域下的山西成语研究；山西古村落保存状况调查及保护对策——以晋中市榆次区为中心；西周时期浍河流域的戎狄研究——以翼城大河口西周墓地为研究中心；新中国禁娼：扫清屋子做主人；克里米亚汗国对外关系简史；体系性腐败多维度治理下的惩治腐败策略——"严惩滥用权力"的新视野分析；资源型地区的人口生存与发展问题研究；山西省休闲产业转型发展研究；逆向思维下我国儿童福

利发展模式选择研究；制度嵌入性视角下的家庭消费行为研究；破解地方立法中的利益困局；山西文化产业结构优化研究；山西特色现代职业教育体系构建研究。

（3）延续在研课题：2015年，山西省社科院共有延续在研课题14项。其中：

国家社科基金在研4项：汉语方言俗语语料库建设研究；农村养老需求与养老模式创新模式研究；《管子》学史；煤炭基地能源加工转换产业发展方式变革研究。

省哲学社会科学规划课题在研4项：中国成语辞书编纂史；基于G2C模式的山西省服务型政府建设研究；"三个自信"的哲学基础与发展机制研究；山西省城市人口休闲消费水平空间差异分析。

省软科学课题在研4项：健全重大决策社会稳定风险评估机制研究；促进山西产业集群升级的政策研究；促进山西煤炭经济向综合能源经济转型的体制机制研究；山西推进农业转移人口市民化研究。

省社科联课题在研2项：山西省城中村改造中的腐败问题研究；新型农业经营体系与提高贫困地区农民收入的关系研究。

3. 获奖优秀科研成果

山西省社会科学院科研成果获奖情况：

山西省社会科学优秀成果"百部（篇）工程"优秀成果7项：贫困山区农村卫生服务缺失问题研究（谭克俭、王卫东、侯天慧）；山西省各级党组织密切党群关系的实践与思考（常瑞）；山西流动人口发展现状、预测与管理创新研究（安培培）；语典编纂的理论与实践（温端政、温朔彬）；本土化视域下的口述历史理论研究（李卫民）；资源型地区工业化与信息化融合方式探析（刘晔）；技术进步视角下的土地流转研究（郭卫东、关建勋、薛建良）。

第三届山西省公共管理领域优秀科研成果：新绛县投资软环境评价（杨茂林）；资源型地区资本市场发展路径研究——以山西省为例（王云）。

## 三、学术交流活动

1. 学术活动

举行的大型会议有：（1）4月12日，由山西省社会科学院、山西杏花村汾酒集团有限责任公司主办，山西省社会科学院晋商研究中心、晋商杂志社承办的"晋商与汾酒高峰论坛"在太原举行。（2）6月25日，由山西省社会科学院主办的中国首届傅说文化高峰论坛在太原举行。（3）2015年7月17日至19日，由山西省社会科学院、商务印书馆、上海辞书出版社、人民教育出版社和长治学院联合主办的第五届全国汉语语汇学学术研讨会暨《新华语典》学术研讨会在山西长治举办。（4）2015年7月19日，由山西省社会科学院、上海辞书出版社与长治学院联合主办的《语海》编纂工作会议在山西长治举办。（5）2015年9月18日至20日，由山西省社会科学院、中共大同市委、大同市人民政府主办，山西省社科院历史所、中共灵丘县委、灵丘县人民政府承办的"纪念中国人民抗日战争胜利70周年研讨会"在山西省大同市灵丘县举行。

2. 国际学术交流与合作，

学者出访情况：从1月至12月，山西省社会科学院共派学者出访1批1人次。

## 四、学术社团、研究中心、期刊

1. 社团、研究中心

山西廉政研究中心，主任贾桂梓

傅说文化研究中心，主任杨茂林

中国特色社会主义理论体系研究中心，副主任马志超

省社科院舆情中心，主任马志超

山西医药卫生体制改革研究中心，主任谭克俭

2. 期刊

（1）《经济问题》（月刊），主编韩

克勇。

2015年，《经济问题》共出版12期，共计约300万字。近两年所获荣誉：中国国际影响力优秀学术期刊；山西省一级期刊；RCCSE中国核心学术期刊；全国中文核心期刊；中国人文社会科学核心期刊；中文社会科学引文索引（CSSCI）期刊。该刊全年刊载的代表性的文章有：《我国小微型企业贷款保证保险相关问题研究》（巴曙松、游春）；《纵向财政不平衡对中国省际基础教育服务绩效的影响》（刘成奎、柯鷉）；《关于我国农村经济改革规律的探讨》（陈家骥）。

（2）《晋阳学刊》（月刊），主编孙晋浩。

2015年，《晋阳学刊》共出版6期，共计145万字。据中南财经政法大学图书馆统计，该刊2015年被中国人民大学复印报刊资料等权威刊物转载文章13篇。该刊全年刊载的代表性的文章有：《关于社会主义改造几个问题的探讨》（罗平汉）；《论国家治理能力现代化的推动力》（方盛举）；《晚清欧化白话：现代白话起源新论》（赵晓阳）。

（3）《五台山研究》（月刊），主编崔玉卿。

2015年，《五台山研究》共出版4期，共计44万字。该刊全年刊载的代表性的文章有：《李通玄的"观心配法"思想研究——以〈新华严经论〉为中心》（刘媛媛、覃江）；《佛教对烦恼的认知——基于汉译〈杂阿含经〉的考察》（王鹤琴）；《唐代佛教典籍向日本流传的途径》（许栋、李艳）。

（4）《语文研究》（月刊），主编李小平。

2015年，《语文研究》共出版4期，共计55万字。该刊本年度获得了"二〇一五中国国际影响力优秀学术期刊"（中国学术文献国际评价研究中心评价）、"2015年度中文报刊海外发行最受海外机构欢迎期刊"（中国国际图书贸易集团评价）。该刊全年刊载的代表性的文章有：《向心结构可以与其中心语属于不同形式类》（王红旗）；《关于框式结构研究的理论与方法》（邵敬敏）；《〈重刊老乞大〉对〈老乞大新释〉的修改及其原因》（汪维辉）。

（5）《会计之友》（半月刊），主编李笑雪。

2015年，《会计之友》共出版24期，共计600万字。该刊全年刊载的代表性的文章有：《政府审计独立性、审计体制和审计权能配置》（李笑雪、郑石桥）；《论中国预算法的修订与政府理财的挑战》（马蔡琛）；《嵌入公平的财务基本理论创新研究》（干胜道）。

（6）《经济师》（月刊）主编廉钢生。

2015年，《经济师》共出版12期，共计710.4万字。该刊全年刊载的代表性的文章有：《城镇化与工业化协调发展之路——贵州大学洪名勇教授访谈录》；《治理"城市病"要抓住关键　多管齐下——北京市社会科学院赵弘副院长访谈录》；《积极推进智库建设　为经济社会发展提供智力支持——湖南省社会科学院党组书记、院长刘建武访谈录》。

（7）《现代消费导报》（周报），总编王健枫。

2015年，《现代消费导报》共出版54期，每期对开八版。该报全年刊载的代表性的栏目有：《消费指南》《政策解读》。

五、会议综述

纪念中国人民抗日战争胜利70周年研讨会

2015年9月18日至20日，由山西省社会科学院、中共大同市委、大同市人民政府主办，山西省社科院历史所、中共灵丘县委、灵丘县人民政府承办的"纪念中国人民抗日战争胜利70周年研讨会"在山西省大同市灵丘县举行。来自北京、上海、河北、河南、黑龙江、福建、广东、江苏和山西等地高校和科研机构的60多名代表参加了会议。研讨会由山西省社科院党组成员、副院长杨茂林主持,院党组书记、院长李中元作大会发言,中共山西省委宣传部副部长尹天五,中共大同市委常委、宣传部长马斌,灵丘县人民政府县长罗永山等出席会议。

研讨会的主题是"山西与中国抗战"。与会专家学者围绕山西在中国抗战中的地位和作用、平型关战役的历史意义与价值、全民抗战及抗日根据地建设等,从不同视角进行了深入探讨。

## 第五节 重点成果

### 一、2014年以前获省部级以上奖项科研成果*

| 成果名称 | 作者 | 职称 | 成果形式 | 字数（万字） | 出版发表单位 | 出版发表时间 | 获奖情况 |
| --- | --- | --- | --- | --- | --- | --- | --- |
| 资金是社会主义经济的主体范畴 | 陈典模 | 研究员 | 论文 | 1.4 | 《晋阳学刊》 | 1982年第1期 | 第一届山西省社会科学研究优秀成果一等奖 |
| 人口学 | 梁中堂 | 研究员 | 专著 | 28.3 | 山西人民出版社 | 1983.11 | 第一届山西省社会科学研究优秀成果一等奖 |
| 新趋势 | 陈家骥 | 研究员 | 编著 | 30 | 农村读物出版社 | 1984.6 | 第一届山西省社会科学研究优秀成果一等奖 |
| 王通论 | 尹协理 | 研究员 | 专著 | 23.3 | 中国社会科学出版社 | 1984.12 | 第一届山西省社会科学研究优秀成果一等奖 |
| 山西省各县市地方志中的方言志 | 温端政 | 研究员 | 编著 | 155 | 语文出版社 | 1985.4 | 第一届山西省社会科学研究优秀成果一等奖,全国高校出版社优秀学术专著优秀奖 |
| 文学创作的思想与艺术 | 艾斐 | 研究员 | 专著 | 39 | 北岳文艺出版社 | 1986.12 | 第一届山西省社会科学研究优秀成果一等奖 |
| 煤炭价格改革的思路及政策 | 董继斌 | 研究员 | 论文 | 0.9 | 《南开经济研究》 | 1987年第2期 | 第一届山西省社会科学研究优秀成果一等奖 |

---

\* 注：在本节的表格中的"出版发表单位"一栏,年、月、日使用阿拉伯数字,且"年""月""日"三字省略（发表期数除外,保留"年"字）。既有年份,又有月份、日时,"年""月"用"."代替。如："1986年"用"1986"表示,"1983年11月"用"1983.11"表示,"1982年第1期"不变。

续表

| 成果名称 | 作者 | 职称 | 成果形式 | 字数（万字） | 出版发表单位 | 出版发表时间 | 获奖情况 |
| --- | --- | --- | --- | --- | --- | --- | --- |
| 煤炭价格改革与山西煤炭价格 | 董继斌等 | 研究员 | 研究报告 | 2.5 | 经济研究参考资料 | 1986 | 山西省科技进步奖一等奖 |
| 山西省煤炭筛分、洗选、成型、焦化及小型火力发电等初级加工转化对策研究 | 李连济等 | 研究员 | 研究报告 | 13.5 | — | 1989 | 山西省科技进步奖二等奖 |
| 中国逻辑史 | 李元庆 | 研究员 | 专著 | 40 | 甘肃人民出版社 | 1989 | 国家社科基金项目优秀成果奖 |
| 中国俗语大辞典 | 温端政 | 研究员 | 辞书 | 150 | 上海辞书出版社 | 1989.6 | 第四届全国图书"金钥匙"奖优胜奖 |
| 张骞 | 姚宝瑄 | 研究员 | 剧本 | — | — | 1991 | 第三届中国戏剧节优秀创作奖，曹禺剧本文学奖 |
| 蒙古游牧记 | 张正明 宋聚成 | 研究员 | 点校 | 31 | 山西人民出版社 | 1991 | 第二届全国古籍整理优秀图书奖 |
| 新加坡政治文化的形成与演变 | 李明 | 研究员 | 论文 | 1.2 | 《东南亚研究》 | 1991年第3期 | 第一届全国青年社会科学优秀成果奖三等奖 |
| 实现我国工农业发展战略研究 | 刘光辉等 | 研究员 | 研究报告 | 20 | 农业部软科学课题 | 1992 | 农业部部级科学技术进步三等奖 |
| 煤炭开发利用与城市环境问题的实证分析 | 董继斌 雷仲敏 | 研究员 | 论文 | 0.8 | 《山西能源》 | 1992年第3期 | 第二届山西省社会科学研究优秀成果奖一等奖 |
| 文艺的功利性与社会主义文艺的崇高使命 | 艾斐 | 研究员 | 论文 | 0.72 | 《求是》 | 1991年11期 | 首届山西省社会科学研究成果推广应用奖一等奖 |
| 山西商人及其历史启示 | 张正明 孔祥毅 | 研究员 | 论文 | 1.6 | 《山西日报》 | 1991.11.18—19 | 首届山西省社会科学研究成果推广应用奖一等奖 |
| 山西煤炭交易市场建设若干问题研究 | 雷仲敏 | 研究员 | 研究报告 | 20 | 国家社科基金课题 | 1992.3 | 首届山西省社会科学研究成果推广应用奖一等奖 |
| 相似论 | 张光鉴 | 研究员 | 专著 | 26.7 | 江苏科学技术出版社 | 1992.10 | 首届山西省社会科学研究成果推广应用奖一等奖 |

续表

| 成果名称 | 作者 | 职称 | 成果形式 | 字数（万字） | 出版发表单位 | 出版发表时间 | 获奖情况 |
|---|---|---|---|---|---|---|---|
| 山西农区农业社会化服务体系实验研究 | 陈家骥 | 研究员 | 研究报告 | 25 | — | 1993 | 首届山西省社会科学研究成果推广应用奖一等奖 |
| 山西省工业产业结构调整战略研究 | 陈家骥 韩亚珠 等 | 研究员 | 研究报告 | 3.2 | 《软科学研究动态》 | 1992年第19期 | 山西省科技进步奖一等奖 |
| 山西经济上新台阶对策研究 | 董继斌 | 研究员 | 编著 | 39 | 山西人民出版社 | 1994.7 | 全国"五个一工程"优秀作品奖 |
| 运用投入产出模型优化山西产业结构的研究 | 韩亚珠 等 | 研究员 | 研究报告 | 2.5 | — | 1995 | 山西省科技进步奖二等奖 |
| 晋商兴衰史 | 张正明 | 研究员 | 专著 | 26.9 | 山西古籍出版社 | 1995.12 | 第二届山西省社会科学研究成果推广应用奖特别奖，全国"五个一工程"荣誉奖 |
| 山西能源基地发展研究 | 吴德春 董继斌 | 研究员 | 研究报告 | 3 | 国家社科基金课题 | 1995 | 第二届山西省社会科学研究成果推广应用奖一等奖 |
| 谈兴起学习邓小平理论的新高潮 | 李茂盛 | 研究员 | 论文 | 0.5 | 《山西日报》 | 1998.6.29 | 第二届山西省社会科学研究成果推广应用奖一等奖 |
| 忻州方言词典 | 温端政 张光明 | 研究员 | 辞书 | 55.1 | 江苏教育出版社 | 1995 | 第三届国家辞书奖一等奖 |
| 万荣方言词典 | 吴建生 赵宏因 | 研究员 | 辞书 | 59.8 | 江苏教育出版社 | 1995 | 第四届国家图书荣誉奖 |
| 万荣县志·方言俗语卷 | 吴建生 | 研究员 | 地方志 | 8 | 海潮出版社 | 1985 | 全国地方志二等奖 |
| 走向未来战略 | 韩东娥 | 研究员 | 专著 | 20 | 山西经济出版社 | 1996.12 | 山西省第九届优秀图书一等奖，第12届北方十五省、直辖市、自治区哲学、社会科学优秀图书奖 |
| 平遥票号商 | 张正明 邓泉 | 研究员 | 专著 | 17.5 | 山西教育出版社 | 1997.4 | 第三届山西省社会科学研究优秀成果奖荣誉奖 |

续表

| 成果名称 | 作者 | 职称 | 成果形式 | 字数（万字） | 出版发表单位 | 出版发表时间 | 获奖情况 |
| --- | --- | --- | --- | --- | --- | --- | --- |
| 张居正改革与山西万历清丈研究 | 张海瀛 | 研究员 | 专著 | 90.8 | 山西人民出版社 | 1993.3 | 第三届山西省社会科学研究优秀成果奖一等奖 |
| 能源基地发展的反思与探索 | 吴德春 董继斌 | 研究员 | 专著 | 23.5 | 山西经济出版社 | 1993.11 | 第三届山西省社会科学研究优秀成果奖一等奖 |
| 中国当代文学流派论 | 艾 斐 | 研究员 | 专著 | 49 | 北岳文艺出版社 | 1995.7 | 第三届山西省社会科学研究优秀成果奖一等奖 |
| 持续发展的资源对策 | 韩东娥 | 研究员 | 论文 | 0.5 | 《生态经济》 | 1995年第6期 | 第三届山西省社会科学研究优秀成果奖一等奖，第二届全国青年社会科学优秀成果奖 |
| 毛泽东领导哲学思想导论 | 田其治 | 研究员 | 专著 | 11 | 天津社会科学院出版社 | 1996.7 | 第三届山西省社会科学研究优秀成果奖一等奖 |
| 山西煤炭市场运作与运行秩序研究 | 雷仲敏 | 研究员 | 论文 | 1.19 | 《煤炭经济研究》 | 1997年第1、2期 | 第三届山西省社会科学研究优秀成果奖一等奖 |
| 以产权变动和国有企业职工去职为切入点的改革构想 | 梁中堂 | 研究员 | 论文 | 0.4 | 《前进》 | 1997年第3期 | 第三届山西省社会科学研究优秀成果奖一等奖 |
| 中国农业生态与环境 | 陈家骥 | 研究员 | 论文 | 1.22 | 《调研世界》 | 1998年第11期 | 第三届山西省社会科学研究优秀成果奖一等奖 |
| 人口计划生育统计失实：新的特征与对策分析 | 谭克俭 | 研究员 | 论文 | 0.63 | 《人口与经济》 | 1998年第4期 | 全国人口科学优秀成果二等奖 |
| 山西煤炭经济发展战略 | 董继斌 | 研究员 | 编著 | 15 | 煤炭工业出版社 | 1999.11 | 山西省科技进步奖二等奖 |
| 写时代风貌 绘改革大潮 | 艾 斐 | 研究员 | 论文 | 0.2 | 《人民日报》 | 1999.11.26 | 全国"五个一工程"评论奖一等奖 |
| 普通话水平测试教材 | 吴建生等 | 研究员 | 教材 | 17 | 书海出版社 | 1999 | 全国第十三批优秀畅销书奖、山西省优秀畅销书一等奖 |

续表

| 成果名称 | 作者 | 职称 | 成果形式 | 字数（万字） | 出版发表单位 | 出版发表时间 | 获奖情况 |
|---|---|---|---|---|---|---|---|
| 摄影文学：在多元辐射与互动审美中创新 | 艾斐 | 研究员 | 论文 | 0.42 | 文艺报/中国人民大学复印报刊资料《文艺理论》 | 2002.3.22/2002年第12期 | "冰心文学奖"文学理论贡献奖 |
| 突破定势——三维管理方格 | 晔枫 | 副研究员 | 专著 | 10 | 山东教育出版社 | 1998.2 | 第四届山西省社会科学研究优秀成果奖一等奖 |
| 五台山佛教史 | 崔正森 | 研究员 | 专著 | 71.5 | 山西人民出版社 | 2000.7 | 第四届山西省社会科学研究优秀成果奖一等奖 |
| 关于农业经营大户的理论思考 | 武小惠 杨国玉 | 研究员 | 论文 | 0.84 | 《山西农经》 | 2002年第2期 | 第四届山西省社会科学研究优秀成果奖一等奖 |
| 退耕还林中的人口与发展矛盾及其解决 | 谭克俭 | 研究员 | 论文 | 1.2 | 《人口与经济》 | 2002年第5期 | 第四届山西省社会科学研究优秀成果奖一等奖 |
| 2003：山西经济社会形势分析与对策 | 张成德 董继斌 | 研究员 | 编著 | 30 | 山西人民出版社 | 2002.12 | 第四届山西省社会科学研究优秀成果奖一等奖 |
| 汉语语汇学 | 温端政 | 研究员 | 专著 | 35 | 商务印书馆 | 2005.1 | 第五届山西省社会科学研究优秀成果奖一等奖 |
| 意向性：心智关指世界的能力 | 刘景钊 | 研究员 | 著作 | 21.6 | 中国社会科学出版社 | 2005.7 | 第五届山西省社会科学研究优秀成果奖一等奖 |
| 山西抗战口述史 | 张成德 孙丽萍 | 研究员 | 编著 | 135 | 山西人民出版社 | 2005.8 | 第五届山西省社会科学研究优秀成果奖一等奖 |
| 能源社会学 | 董继斌 陈红爱 | 研究员 | 编著 | 32 | 书海出版社 | 2005.9 | 第五届山西省社会科学研究优秀成果奖一等奖 |
| 煤炭城市采空塌陷及经济转型研究 | 李连济 | 研究员 | 研究报告 | 16 | 2003年度国家社科基金重点项目/《晋阳学刊》 | 2006年第5期 | 第五届山西省社会科学研究优秀成果奖一等奖 |
| 矿产城市采空塌陷区沉降及经济转型问题研究 | 李连济 | 研究员 | 调研报告 | 16 | 2003年度国家社科基金重点项目 | 2008 | 山西省科技进步奖二等奖 |

续表

| 成果名称 | 作者 | 职称 | 成果形式 | 字数（万字） | 出版发表单位 | 出版发表时间 | 获奖情况 |
|---|---|---|---|---|---|---|---|
| 农村养老保障体系构建研究 | 谭克俭 | 研究员 | 专著 | 35 | 中国社会出版社 | 2009.5 | 山西省第七次社会科学研究优秀成果一等奖 |
| 我国煤炭行业资源整合的实践与对策 | 葛维琦 曹海霞 等 | 研究员 | 论文 | 0.8 | 《中国煤炭》 | 2010 | 国家能源局软科学研究优秀成果三等奖 |
| 倾听基层计生干部的心声 | 谭克俭 等 | 研究员 | 专著 | 49.4 | 社会科学文献出版社 | 2012.8 | 第六届人口科学优秀成果奖（专著类）二等奖 |
| 时代文化论要 | 艾 斐 | 研究员 | 专著 | 40 | 山西经济出版社 | 2013.1 | 第八次社科优秀成果一等奖 |

## 二、2015年科研成果一般情况介绍、学术价值分析

2015年山西省社会科学院科研人员共发表各类论文264篇，合计1532.01千字；出版学术专著19部，合计7265千字；译著1部，250千字；工具书1部，3900千字；论文集1部，300千字；教材4部，合计626千字；完成国家、省、市各类课题68项，合计2376千字。其中，在煤炭产业转型发展，《关于山西煤炭产业清洁发展的建议》获得省领导肯定性批示；文明史研究方面，《山西文明史》将山西作为一个区域文明单位，置于中华文明的大背景中，从多理论、多视角、多方法对山西区域历史文化进行了创新性研究，获得较大的社会影响和学术影响。人口和社会学领域，对人口政策研究、山西人口老龄化趋势、城乡养老模式等方面取得理论进展。生态社会学方面，初步构建了生态社会学学科的知识体系。2015年，山西省社会科学院围绕省委省政府中心工作，充分发挥地方智库服务决策作用，多项研究成果转化为决策专报，获得省主要领导肯定性批示，为山西省经济社会转型发展和综改区建设提供了智力支持。

## 三、2015年主要科研成果

成果名称：《山西文明史》（上、中、下卷）

作者：杨茂林

职称：研究员

成果形式：专著

字数：1500千字

出版单位：商务印书馆

出版时间：2015年1月

《山西文明史》（上、中、下卷），除绪论外，共有8编，分别从地理环境、经济发展、社会进步、政治变革、文化繁荣、集体心理等6个维度进行探讨，将山西作为一个区域文明单位，并置于中华文明的大背景中，是多理论、多视角、多方法对山西区域历史文化进行创新性研究的著作。

《光明日报》和《山西日报》和中国社会科学网、人民网、新华网、新浪网、搜狐、腾讯、网易、中华文明网、凤凰网、山西新闻网、《三晋都市报》等十多家媒体发布了书讯和重要介绍。《中国经济史研究》2015年第5期刊发了张正明研究员的书评。2015年9月25日第25届全国书

博会上，商务印书馆在中国出版集团展区举办了《山西文明史》专场发布会。

成果名称：《俗语大词典》
主编：温端政
职称：研究员
成果形式：辞书
字数：4842.24千字
出版单位：商务印书馆
出版时间：2015年6月

该书收汉语俗语34231条，所收条目按汉语拼音排列。释义包括通释和分释两部分，通释是对语目整体意义的解释，分翻译解释语目中的疑难字词，有典故的作适当考证，并作简要阐释。例证选自书面作品，书前附"语目首字音序表"，书后附"语目笔画索引"。

成果名称：《山西生态经济发展要览》
作者：山西社科院能源经济所与山西省生态经济学会合编
成果形式：编著
字数：450千字
出版单位：山西经济出版社
出版时间：2015年12月

该书是山西生态经济理论工作者和实践工作者集体智慧的结晶。它以专题的形式收录了全国和山西省理论工作者关于发展生态经济的重要理论阐述和实践经验。在系统阐述山西生态经济发展历程、现状和未来发展思路的基础上，着重介绍了山西各市、县（区）、企业、乡村的生态经济建设实践，提升了生态经济理论指导生产实践的价值。

该书在理论上对生态经济进行了全面阐述，在现实中全面系统总结了山西生态经济发展的历程，分析研究了山西生态经济发展的现状和存在的问题，对山西进一步发展生态经济提供了重要的理论和实践参考。

成果名称：《五台山学探究》
作者：崔玉卿
职称：副研究员
成果形式：专著
字数：310千字
出版单位：宗教文化出版社
出版时间：2015年11月

该书是"五台山学"学科构建的尝试之作，把"五台山学"的概念第一次提到了学科建设的议程上来，是在前人对五台山研究的基础上实现学科架构和认知飞跃的成果。该著作的探究所及，主要是明确提出了"五台山学"的概念，并对其内涵和外延进行了开掘和辐射，从而赋予"五台山学"以更加丰厚的文化内质，更加明朗的精神光彩和更加广泛的社会意义与现实价值。

中国社会科学网2016年3月4日发表山西省社科联副主席王志超的评论文章《构建五台山学的尝试之作——评〈五台山学探究〉》，指出，该书"把'五台山学'的概念第一次提到了学科建设的议程上来，其肇始之功意义当不可小觑"。中国社会科学网2016年3月4日发表北京大学教授姚卫群评论文章《从五台山研究谈中国的佛教名山研究》，指出"《五台山学探究》是近年来五台山研究的代表性成果和特色，有明显的学术意义和创新成果。"

成果名称：《实践最深刻 群众最智慧——马克思主义群众观的研究与阐释》
作者：刘庆丰、杨根龙
职称：助理研究员
成果形式：专著
字数：241千字
出版单位：人民出版社
出版时间：2015年9月

该书研究阐释了马克思主义对待群众的基本态度及其根本缘由；中国共产党坚

持马克思主义群众观的鲜明态度、基本方式及其实践成果；深入分析了中国共产党继续坚守马克思主义群众观的必要性和宏观路径。对理论的来龙去脉进行了严密的逻辑推演和实证分析。

该书以七个大问题为线索，把马克思主义群众观和实践观联系起来研究与阐释。我认为这是一种有创意的尝试。这种思路符合认识规律，符合历史唯物主义基本原理的内在逻辑……全书架构清新，语言通俗，是一本建立在扎实的理论研究基础之上的有价值的通俗理论读物（原武汉大学校长、人文社科资深教授、国家重点学科学术负责人陶德麟评语）。

成果名称：《抗战时期党的群众路线缘何深入人心》
作者：高春平
职称：研究员
成果形式：论文
字数：6千字
发表刊物：《人民论坛》
出版时间：2015年第6期

20世纪60年代，许多西方学者就"抗日战争时期共产党为什么能得到农民的拥护"曾展开激烈的讨论，其说法多样，但各有偏颇，讨论结果并不尽如人意。该文即是对这一问题的重新审视。作者认为共产党之所以能融于老百姓中，能得到百姓的拥护和爱戴，是因为共产党的路线、方针正确地抓住了中日民族矛盾这一主要矛盾。抗战中，共产党需要老百姓，老百姓相信共产党，二者之间存在一种"雨水瓜秧"的关系，也就是说，共产党的发展要以人民大众为基础，而人民解脱枷锁，翻身做主同样离不开共产党的领导。

成果名称：《由孝入佛：印光大师佛教教育方法论浅析》
作者：崔玉卿
职称：副研究员
成果形式：论文
字数：10千字
发表刊物：《世界宗教文化》
出版时间：2015年第2期

在近代中国佛教教育中，印光大师注重对佛教与孝道关系的阐释，发展了由孝入佛的佛教教育方法。印光大师的佛教教育方法既是对历代祖师大德融合儒家孝道与佛教教育思想的继承，也是对当时佛教复兴运动的积极响应。该论文着眼于印光大师由孝入佛的佛教教育方法论，对于探索近代中国佛教教育和佛教将来的发展之路具有重要意义。

成果名称：《以土地政策引领老龄产业发展的理论探讨》
作者：韩淑娟
职称：助理研究员
成果形式：论文
字数：10千字
发表刊物：《贵州社会科学》
出版时间：2015年第10期

论文在对当前老龄产业发展中的几个基本关系做出辨析的基础上，提出土地为载体和平台引领老龄产业发展的可能性和可行性。

该文在老龄产业尚处于起步阶段的当下，对理论问题的辨析和发展思路的探索具有一定的理论价值和现实意义。

成果名称：《资源产业繁荣对劳动力部门间分配的影响机制》
作者：韩淑娟
职称：助理研究员
成果形式：论文
字数：8千字
发表刊物：《西北人口》
出版时间：2015年第6期

该论文通过构建基于城市面板数据的

计量模型，得出在我国资源型地区资源产业繁荣对劳动力在不同生产部门间分配的作用机制。对破解"资源陷阱"、实现资源型经济转型有一定的理论意义。

成果名称：《环境伦理的道德形而上学基础》
作者：路强
职称：助理研究员
成果形式：论文
字数：11千字
发表刊物：《社会科学辑刊》
出版时间：2015年第2期

伦理学家面对环境问题时，必须回答，究竟有没有一种能够超越于传统的伦理理念的环境伦理，环境伦理会不会只是在自然环境的层面解决人与人之间的伦理关系。要解答这一难题，首先，要回到伦理的原点，即道德形而上学去寻找环境伦理的基本内核；其次，则要借助于后现代中的"他者"与"责任"的理念实现对传统道德形而上学的超越；最后，环境伦理将在一种伦理转向的维度上实现其现实的合理性，乃至成为生态文明的核心伦理观念。沿袭这样一种思考向路，才能看到环境伦理的真正的理论价值和现实意义。

成果名称：《门槛回归方法下利率与银行风险关系的实证检验》
作者：韩克勇、李燕平
职称：研究员
成果形式：论文
字数：7千字
发表刊物：《福建论坛》（人文社会科学版）
出版时间：2015年10月5日

在货币政策影响银行风险的研究成果中，有关利率如何作用于银行风险的文献并不多见。运用门槛回归技术，检验利率水平对中国商业银行风险承担行为所存在的结构性突变及具体效应。回归结果表明：长期利率对银行风险资产比的影响存在结构突变点，如GDP增长率高于10.4%时，长期利率对风险资产比的影响为正，且银行规模高于15.2时，提高长期利率会增加银行风险资产比；长期利率对银行不良贷款率的影响程度弱于风险资产比，当GDP增长率高于9.3%时，长期利率对不良贷款率的影响为负，银行规模的门槛值为11.55，高于该值，长期利率对不良贷款率有正影响，低于该值，此影响为负；短期利率的门槛回归结果与长期利率相似。

成果名称：《胡乔木因何称赞张荫麟》
作者：李卫民
职称：助理研究员
成果形式：论文
字数：3.5千字
发表刊物：《党的文献》
出版时间：2015年第6期

胡乔木对张荫麟的史学观点非常重视。张荫麟强调，通过记述人物生平，也能反映历史进程，胡乔木借鉴、发挥了这一观点，他在指导《中国共产党历史》第一卷的编纂时，多次强调，要认真写好历史人物。

成果名称：《山西节能环保产业发展现状及对策》
作者：王云珠、黄桦、何静
职称：研究员、副研究员
成果形式：论文
字数：9.8千字
发表刊物：《经济问题》
出版时间：2015年第11期

该文结合第三次经济普查资料和其他相关统计资料，分析评价山西节能环保产业发展现状、存在问题，立足山西节能环保产业发展基础和特色，提出了今后重点任务。并提出了强化政策支持、推进技术创新、培育规范市场、加强监督管理等推进节能环保产业的政策建议。

该文提出山西省今后一个时期发展节能环保产业的重点领域、发展举措,为山西省制定"十三五"节能环保产业发展规划和产业政策提供了决策依据。

成果名称:《山西与丝绸之路——兼论山西在"一带一路"战略中的定位与对策》

作者:高春平

职称:研究员

成果形式:论文

字数:9千字

发表刊物:《经济问题》

出版时间:2015年第4期

丝绸之路,是中国古代一条横贯亚欧大陆,连接中外世界,贯通东西方文明的重要国际通道。以习近平为核心的新一届党中央把建设丝绸之路经济带和海上丝绸之路作为统筹国内外经济社会发展的重大战略。山西是华夏文明的重要发祥地。自古就是中原农耕文明与草原游牧文明的连接通道,也曾是"丝绸之路"的东起点和晋商开拓的万里国际"茶叶之路"的拓荒地。历史文献与考古发掘证实,山西既是先秦时期"玉石之路"的中转站,又是魏晋时期丝绸之路的重心,特别是北朝时山西是丝绸之路的中心和亮点。面对"一带一路"建设,山西应以5000年悠久的历史文化积淀,对焦定位,制定跟进策略,积极开展万里茶路申遗、丝路品牌与文化、艺术交流活动,拓展与中亚、西亚、欧美的经贸往来、扩大对外合作与开放,发挥其重要的枢纽作用。

成果名称:《中蒙俄文化廊道——"丝绸之路经济带"视域下的"万里茶道"》

作者:李永宠

职称:研究员

成果形式:论文

字数:7千字

发表刊物:《经济问题》

出版时间:2015年第4期

丝绸之路自开辟以后半通半停,奥斯曼帝国兴起后彻底中断;欧洲商人的"地理大发现"从南、西、北三个方向到达东方的同时,山西商人开辟"万里茶道"到达西方,说明晋商"万里茶道"与开创精神的重要世界地位。通过"万里茶道"联合申遗,建设中蒙俄文化廊道,依托国际大通道,开展经贸文化旅游交流,于建设"丝绸之路经济带"具有不可或缺的重大作用。

成果名称:《新常态下农业结构调整的多维困境及其路径选择》

作者:郭秀兰

职称:助理研究员

成果形式:论文

字数:14千字

发表刊物:《经济问题》

出版时间:2015年第9期

该文对新常态下推进农业结构调整面临的多维困境作了深度分析,并提出了有针对性的对策建议,发表后被多次下载和转载。

成果名称:《涵养清正廉洁的价值理念》

作者:程淑兰

职称:助理研究员

成果形式:论文

字数:2.3千字

发表刊物:《山西日报》

出版时间:2015年9月22日

该文认为,价值观是决定人行为选择的心理基础,反腐首先应当涵养清正廉洁的价值理念,从弘扬法治精神、破除社会潜规则、干部率先垂范等方面来施行。

成果名称:《以问责制推动责任社会建设》
作者:张勋祥
职称:助理研究员
成果形式:论文
字数:3千字
发表刊物:《山西日报》
出版时间:2015年3月17日

该文针对我国公职机构拍胸脯决策、拍屁股走人的现象,提出完善问责法制,确保问责到位,营造问责文化,以问责制推动责任社会建设,构建责任型社会。该成果着眼当前我国问责中存在的现实问责问题,提出解决我国公职机构的有责不负责问题的对策,进而推动责任社会建设,被光明网等网站转载,被宣讲家网收藏。

## 第六节 学术人物

一、山西省社会科学院正高级专业职务技术人员(1977—2015年)

| 姓名 | 出生年月 | 学历/学位 | 职称 | 主要学术兼职 | 代表作 |
| --- | --- | --- | --- | --- | --- |
| 艾 斐 | 1948.12 | 本科 | 研究员 | — | 《守护文化的价值质点》 |
| 车振华 | 1945.10 | 本科 | 研究员 | — | 《遏制通货膨胀,促进经济发展》 |
| 陈典模 | 1930.9 | 本科 | 研究员 | — | 《试揭商品经济的基因之迷》 |
| 陈家骥 | 1932.9 | 本科 | 研究员 | — | 《论包干到户》 |
| 陈 平 | 1956.5 | 本科 | 研究员 | — | 《"李向南"性格的心理学分析》 |
| 成新文 | 1943.3 | 本科 | 研究员 | — | 《地方志与认识地情》 |
| 楚 刃 | 1948.11 | 本科 | 研究员 | — | 《中国古代用人的资格问题》 |
| 崔正森 | 1942.3 | 本科 | 研究员 | — | 《五台山佛教史》 |
| 董继斌 | 1947.1 | 硕士 | 研究员 | — | 《再生产论》 |
| 高春平 | 1963.3 | 硕士 | 研究员 | — | 《山西通史》第五卷 |
| 高胜恩 | 1949.9 | 大普 | 研究员 | — | 《能源社会学》 |
| 高增德 | 1932.7 | 中专 | 研究员 | — | 《世纪学人自述》 |
| 高专诚 | 1963.4 | 本科 | 研究员 | — | 《孔子·孔子弟子》 |
| 葛维琦 | 1953.11 | 本科 | 研究员 | — | 《中国煤矿采空区塌陷灾害治理对策》 |
| 郭文瑞 | 1939.11 | 本科 | 研究员 | — | 《论文化人才的节后》 |
| 韩东娥 | 1963.9 | 本科 | 研究员 | — | 《持续发展的资源对策》 |
| 韩亚珠 | 1937.11 | 本科 | 研究员 | — | 《双向启动,扩大内需》 |
| 霍春英 | 1954.4 | 大普 | 研究员 | — | 《中国农民的分化与流动》 |
| 贾桂梓 | 1962.1 | 研究生 | 研究员 | — | 《聚焦共产党先进性》 |
| 贾克勤 | 1952.8 | 大普 | 研究员 | — | 《中国戏剧大辞典》 |
| 贾心儿 | 1950.8 | 高中 | 研究员 | — | 《新自由主义的风行及其本质》 |

续表

| 姓名 | 出生年月 | 学历/学位 | 职称 | 主要学术兼职 | 代表作 |
|---|---|---|---|---|---|
| 降大任 | 1943.4 | 本科 | 研究员 | — | 《元遗山新论》 |
| 景世民 | 1963.3 | 本科 | 研究员 | — | 《经济发展新论》 |
| 景占魁 | 1943.9—2014 | 本科 | 研究员 | — | 《阎锡山官僚资本研究》 |
| 康洪武 | 1936.8 | 本科 | 研究员 | — | 《评所谓第二代马克思主义》 |
| 雷忠勤 | 1937.6 | 本科 | 研究员 | — | 《纳兰成德评传》 |
| 李吉 | 1944.2 | 本科 | 研究员 | — | 《毛主席在山西》 |
| 李连济 | 1942.3 | 本科 | 研究员 | — | 《山西土焦改造技术经济综合调研》 |
| 李留澜 | 1949.3 | 本科 | 研究员 | — | 《变被动渗透为主动开放》 |
| 李茂盛 | 1945.7 | 本科 | 研究员 | — | 《人的惰性》 |
| 李书琴 | 1960.7 | 本科 | 研究员 | — | 《法学通论》 |
| 李小平 | 1962.1 | 本科 | 研究员 | — | 《临县方言志》 |
| 李永宠 | 1961.1 | 本科 | 研究员 | — | 《软权利结构初探》 |
| 李元庆 | 1934.8—2009.6 | 研究生 | 研究员 | — | 《中国逻辑史》 |
| 李中元 | 1959.2 | 本科 | 研究员 | — | 《文化建设与中国发展道路》 |
| 梁中堂 | 1948 | 高中 | 研究员 | — | 《人口学》 |
| 刘贯文 | 1924.10—2007.11 | — | 研究员 | — | 《新闻学概论》 |
| 刘景钊 | 1957.1 | 博士 | 研究员 | — | 《意会认知结构的心理学分析》 |
| 刘振祥 | 1943.3—2008.4 | 本科 | 研究员 | — | 《对市场与货币的几点新看法》 |
| 雒春普 | 1954.4 | 大普 | 研究员 | — | 《阎锡山全传》 |
| 马斗全 | 1949.12 | 本科 | 研究员 | — | 《傅山全书》 |
| 孟艾芳 | 1955.3 | 本科 | 研究员 | — | 《中国党政领导案例教程》 |
| 孟繁仁 | 1942.2 | 本科 | 研究员 | — | 《黄土高原的女娲崇拜》 |
| 南元生 | 1940.8 | 本科 | 研究员 | — | 《行政管理学》 |
| 潘云 | 1963.5 | 硕士 | 研究员 | — | 《中国农村社会经济变迁》 |
| 秦谱德 | 1943.7 | 本科 | 研究员 | — | 《健康老龄化探索》 |
| 屈毓秀 | 1936.9 | 本科 | 研究员 | — | 《山西抗战文学史》 |
| 沈慧云 | 1942.12 | 本科 | 研究员 | — | 《晋城方言志》 |
| 孙晋浩 | 1957.1 | 硕士 | 研究员 | — | 《山西社科人物综览》 |
| 孙丽萍 | 1960.6 | 硕士 | 研究员 | — | 《晚清民国的河东盐业》 |
| 孙小勇 | 1955.5 | 本科 | 研究员 | — | 《资本市场的培育与发展研究》 |
| 谭克俭 | 1955.6 | 硕士 | 研究员 | — | 《农村养老保障体系构建研究》 |

续表

| 姓名 | 出生年月 | 学历/学位 | 职称 | 主要学术兼职 | 代表作 |
|---|---|---|---|---|---|
| 唐昌黎 | 1931.12 | 本科 | 研究员 | — | 《中国现代生产力理论》 |
| 田其治 | 1940.2 | 本科 | 研究员 | — | 《当代山西社会科学》 |
| 王宏英 | 1964.10 | 本科 | 研究员 | — | 《山西能源基地环境建设与可持续发展》 |
| 王岳红 | 1963.3 | 本科 | 研究员 | — | 《中国姓氏》 |
| 王云珠 | 1963.6 | 本科 | 研究员 | — | 《农产品价格改革如何走出困境》 |
| 温端政 | 1932.9 | 本科 | 研究员 | — | 《汉语语汇学》 |
| 吴德春 | 1934.4 | 硕士 | 研究员 | — | 《晋煤开发速度和规模的探讨》 |
| 吴建生 | 1954.10 | 大普 | 研究员 | — | 《万荣方言志》 |
| 武静清 | 1943—2008 | 本科 | 研究员 | — | 《山西财政困境与对策研究》 |
| 武小惠 | 1961.10 | 本科 | 研究员 | — | 《关于农业经营大户的考察报告》 |
| 武新立 | 1935.6—2014.11 | 本科 | 研究员 | — | 《明清稀见史籍叙录》 |
| 夏 冰 | 1948.11 | 本科 | 研究员 | — | 《山西替代能源发展战略研究》 |
| 夏连保 | 1960.4 | 硕士 | 研究员 | — | 《全辽金文》 |
| 谢启源 | 1948.7 | 本科 | 研究员 | — | 《傅山书法艺术研究》 |
| 阎宝礼 | 1946.7 | 本科 | 研究员 | — | 《山西省情与发展战略》 |
| 杨国玉 | 1956.12 | 本科 | 研究员 | — | 《中国农民的分化和流动》 |
| 杨茂林 | 1962.3 | 博士 | 研究员 | — | 《跨世纪领导者素质论》 |
| 杨晓国 | 1949.5 | 本科 | 研究员 | — | 《遗产生态的魅力》 |
| 姚乃文 | 1943.11 | 本科 | 研究员 | — | 《王勃评传》 |
| 尹协理 | 1944.8 | 本科 | 研究员 | — | 《未来的哲学》 |
| 翟胜明 | 1956.8 | 本科 | 研究员 | — | 《人口适应新论》 |
| 张福生 | 1948.5 | 本科 | 研究员 | — | 《改造晋西北的良方》 |
| 张光鉴 | 1934.3 | 大专 | 研究员 | — | 《相似论》 |
| 张国祥 | 1939.11 | 本科 | 研究员 | — | 《山西抗日战争史》 |
| 张海瀛 | 1933.11 | 硕士 | 研究员 | — | 《张居正改革与山西万历清丈研究》 |
| 张莲莲 | 1944.12 | 本科 | 研究员 | — | 《山西煤炭产运销体制改革的思考》 |
| 张思荣 | 1941.7 | 本科 | 研究员 | — | 《高君宇传》 |
| 张铁生 | 1946.1 | 本科 | 研究员 | — | 《一个类比推理的认知模型》 |
| 张维胜 | 1949.6 | 本科 | 研究员 | — | 《当代企业家三十六计》 |
| 张文丽 | 1968.12 | 硕士 | 研究员 | — | 《山西经济和社会发展蓝皮书》 |
| 张正明 | 1938.11 | 硕士 | 研究员 | — | 《明清晋商资料选编》 |

续表

| 姓名 | 出生年月 | 学历/学位 | 职称 | 主要学术兼职 | 代表作 |
|------|----------|-----------|------|---------------|--------|
| 张志江 | 1951.5 | 硕士 | 研究员 | — | 《全金文》 |
| 智效民 | 1946.5 | 大专 | 研究员 | — | 《心理的单间》 |

## 二、2015年晋升正高级专业技术职务人员

马志超，1965年3月出生，山西大同人，研究员。研究领域主要集中在谱牒学、晋文化和文化产业等方面。主要代表作有整理、编辑《山西省社会科学院藏中国家谱目录》（专著）、《汾阳王郭子仪谱传》（合著）、《寻根祭祖——家谱》等；在晋文化和文化产业研究方面主要有《荀子》（点校本）、《研究晋文化，建设先进文化》（论文）、《山西文化产业发展的有益探索》（论文）等。

张保华，1963年12月出生，山西太原人，研究员。现从事经济学研究，主要学术专长是数量经济学、交通经济学。主要代表作有：《社会主义市场体系与市场经营》（参著）、《大运高速公路经济带开发综合研究》（参著）、《山西工业发展报告》（参著）。

刘晓丽，1965年4月出生，山西长治人，研究员。现从事历史学研究，主要研究领域是中国近现代妇女史及山西近现代史。主要代表作有：《山西通史·卷八》（专著）、《山西抗战口述史》（合著）、《山西通志》（合著）、《中国名人与山西》（合著）。

陈红爱，1965年7月出生，山西洪洞人，研究员。现从事社会学研究，主要研究领域是就业与社会保障、社会影响评价、移民安置与外部监测评估。主要代表作有：《能源社会学》（主编）、《山西农村公共卫生发展研究》（合著）。

周萍，1956年11月出生，山西永济人，研究员。现从事文学研究，主要学术专长是世界华文文学和中国当代文学研究。主要代表作有：《古希腊悲剧故事全集》（参著）、《世华文韵》（专著）、《方瀛斋诗学录》（专著）、《寓言与经营》（专著）。

曹瑞芳，1964年7月出生，山西阳泉人，研究员。现从事语言学研究，主要学术专长是汉语方言研究和汉语史方面。主要代表作有：《山西方言沿用〈水浒传〉词语钩沉》（论文）、《山西阳泉方言的持续体助词"能〔neng〕"》（论文）、《"墓生"辨》（论文）。

丁润萍，1963年10月出生，山西大同人，研究员。现从事社会学研究，主要研究领域是社会保障、老年社会学和反腐倡廉建设。主要代表作有：《健康老龄化探索》（合著）、《农村养老保障体系构建研究》（合著）、《中国反腐倡廉建设报告》（合著）。

韩克勇，1964年2月出生，山西祁县人，研究员。现从事经济学研究，研究领域主要包括：金融理论与政策、商业银行的经营与管理、资本市场的完善与发展、财务与会计、消费经济等。主要代表作有：《加强中央银行金融宏观调控之我见》（论文）、《关于金融风险的思考》（论文）、《双向启动，扩大内需》（论文）。

## 第七节 2015年大事记

**一月**

9日，山西省社会科学院召开党组中

心组集中学习（扩大）会议，会议由院党组书记、院长李中元主持，省委第十督导组成员张建波、傅欣等出席会议。

13—14日，院党组书记、院长李中元到我院扶贫工作点河曲县巡镇镇就扶贫工作进行调研。

27—30日，院党组成员、副院长杨茂林带领我院课题组赴上海社会科学院、浙江省社会科学院进行"六权治本"专题调研。

## 二月

9日，山西省社会科学院与人民论坛杂志社在北京签署战略合作框架协议。

## 三月

12日，召开全院工作会议，对2014年全院工作进行回顾总结，对2015年工作进行安排部署。

20日，由山西省社会科学院主办的傅说文化学术研讨会暨山西省社会科学院傅说文化研究中心第一次工作会议在三晋国际饭店隆重举行。中国社科院副秘书长晋保平，山西省社会科学院党组书记、院长李中元，中共太原市委宣传部原部长范世康出席会议并讲话，中国先秦史学会会长、中国社会科学院学部委员宋镇豪，中国先秦史学会秘书长、中国社会科学院先秦研究室主任宫长卫在会上作专题报告。

## 四月

12日，由山西省社会科学院、山西杏花村汾酒集团有限责任公司主办，山西省社会科学院晋商研究中心、晋商杂志社承办的"晋商与汾酒高峰论坛"在太原举行。

## 五月

14日，第十一届中国（深圳）国际文化产业博览交易会开幕，李中元院长参加文博会。其间，李中元院长赴深圳市社科院调研，与深圳市社科院张骁儒院长座谈交流。

## 六月

1—4日，李中元院长带领课题组深入高平市，就高平在全面从严治党、把纪律和规矩挺在前面、净化政治生态、实现弊革风清"先走一步"和勇于担当、敢于作为，面对经济下行压力，主动适应经济新常态，促进"富民强市"上发挥示范作用进行专题调研。

24日，山西省社会科学院召开处级干部竞聘、续聘动员大会，正式启动全院副处级以上领导干部竞聘、续聘和专业技术人员职称聘任工作。

25日，由中国先秦史学会、山西省社会科学院、民进山西省委、三晋文化研究会共同主办的"中国首届傅说文化高峰论坛暨中国先秦史学会傅说文化研究基地、山西省社会科学院傅说文化研究中心挂牌仪式"在太原举行。来自中国社会科学院、清华大学、西北大学、曲阜师范大学、故宫博物院、上海社会科学院、山西省社会科学院、三晋文化研究会和北辰学堂的专家学者30余人参加会议。

## 七月

7—10日，李中元院长出席由天津社科院承办的华北地区社科院第三十二届科研管理联席会议。

10—11日，由内蒙古社会科学院承办的"第十八届全国社会科学院院长联席会议"在内蒙古自治区锡林浩特市召开。山西社科院党组成员、副院长潘云等参加会议。

17—19日，由山西省社会科学院和商务印书馆、上海辞书出版社、人民教育出版社、长治学院共同主办，长治学院中文系承办的第五届全国汉语语汇学学术研讨会暨《新华语典》学术研讨会在长治召开。

## 八月

8月3—7日，李中元院长带领课题组就太原市城中村改造、园区建设和新区开发以及"十三五"期间经济社会发展思路在太原调研。

8月13日，山西省政协党组副书记、副主席李雁红率政协调研组到山西社科院视察调研。

## 九月

19日，山西省社会科学院主办的中国人民抗日战争暨世界反法西斯战争胜利70周年学术研讨会在灵丘召开。

23日，由山西省直机关工委主办，山西省新闻出版广电局、山西出版传媒集团承办的弘扬"三大文化"读书交流会在中国煤炭交易中心举行。李中元院长应邀作题为《博大精深 忠廉爱民——山西廉政文化概说》讲座。

23日，全国社科院系统中特理论研究中心第二十届年会暨理论研讨会在山东济南召开。山西社科院党组成员、副院长贾桂梓等参加会议。

25日，由商务印书馆主办的《山西文明史》新书发布会举行。

## 十月

29—30日，中南地区社科院院长联席会议暨荆楚智库建设理论研讨会在武汉召开。山西社科院党组成员、副院长杨茂林参加会议。

## 十一月

27日，按照山西省委统一安排，省委专项巡视十二组进驻山西社科院，开展为期两个月的专项巡视。

## 十二月

12月，山西省社会科学院党组成员、副院长贾桂梓调任山西省朔州市政协主席。

26日，山西省社会科学院举行以"弘扬中华文化，构建五台山学"为主题的《五台山研究》创刊30周年系列纪念活动。

# 内蒙古自治区社会科学院

## 第一节 历史沿革

内蒙古社会科学院成立于1979年2月，是内蒙古自治区直属的综合性哲学社会科学研究机构，是内蒙古自治区财政全额拨款的事业单位。内蒙古社会科学院的前身是内蒙古历史语言文学研究所。该研究所由当时的内蒙古自治区文字改革委员会筹备，于1957年7月成立。1958年3月，内蒙古自治区文字改革委员会改为内蒙古自治区语文工作委员会，与内蒙古历史语言文学研究所合署办公。1958年12月，内蒙古历史语言文学研究所分建，成立了内蒙古历史研究所（包括考古）和内蒙古语言文学研究所。1959年，成立中国科学院内蒙古分院，下设哲学社会科学部，辖历史研究所、语言文学研究所、哲学研究所（原在内蒙古党校、双重领导）和经济研究所（原在内蒙古经委、双重领导）。1962年冬，撤销分院建制。1964年秋，内蒙古哲学社会科学研究所成立，分历史、语言、文学、哲学、经济、民族、宗教6部分，与内蒙古语文工作委员会合署办公。20世纪70年代初，对该所进行了精简合并。1973年4月，内蒙古党委批复内蒙古历史语言文学研究所体制，属内蒙古自治区革命委员会建制，由政治部分管，与内蒙古自治区所属各局平行，下设历史、语言、文学、图书编译室等。1978年11月，内蒙古自治区党委决定成立内蒙古社会科学院，内蒙古历史、语言、文学研究所（老三所）归属内蒙古社会科学院。1979年2月，内蒙古自治区党委任命内蒙古社会科学院领导班子，1979年11月，内蒙古社会科学院正式成立。1983年5月，内蒙古自治区党委决定内蒙古自治区哲学社会科学联合会与内蒙古社会科学院合署办公，一套机构，两块牌子；1989年，内蒙古自治区哲学社会科学联合会从社会科学院分出另设。

### 一、领导

内蒙古社会科学院的历任党委（党组）书记是：浩帆（1979年2月—1983年5月）、斯平（1985年1月—1989年10月）、王德信（1989年10月—1995年11月）、沈升光（1995年11月—1999年5月）、李长贵（1999年5月—2003年7月）、李冰（2003年7月—2006年3月）、吴团英（2006年3月—2008年3月、2010年9月—2012年3月）、刘万华（2012年3月—　）。

内蒙古社会科学院的历任院长是：浩帆（1979年2月—1983年5月）、斯平（1985年1月—1989年10月）、吴玉生（1989年12月—1999年5月）、刘惊海（1999年5月—2003年3月）、吴团英（2004年3月—2006年3月、2008年3月—2010年9月）、牛森（2006年3月—2008年3月）、马永真（2010年9月—　）。

内蒙古社会科学院的历任党委（党组）副书记是：周达理（1980年3月—1983年8月）、斯平（1983年7月—1985年1月）、克尔伦（1985年1月—1987年12月）、吴玉生（1989年12月—1999年5月）、马俊秀（1991年3月—2004年12月）、刘惊海（1999年5月—2003年3月）、吴团英

（2004年3月—2006年3月）、牛森（2006年3月—2008年3月）。

内蒙古社会科学院的历任副院长是：鲁志浩（1979年2月—1980年2月）、戈瓦（1979年2月—1983年7月）、克尔伦（1979年2月—1985年1月）、昂如布（1979年2月—1983年7月）、周达理（1980年3月—1983年8月）、陈良瑾（1983年7月—1985年9月）、斯平（1983年5月—1985年1月）、陈育宁（1983年7月—1986年12月）、乌兰察夫（1983年7月—2001年4月）、吴玉生（1986年12月—1989年12月）、时青（1988年1月—1991年10月）、任思霖（1989年11月—1990年10月）、赵相璧（1991年4月—1994年8月）、银福禄（1990年4月—1997年9月）、宝力格（1994年4月—2007年7月）、牛森（1999年5月—2006年3月）、马永真（1999年5月—2010年9月）、胡匡敬（2000年1月—2005年11月）、乐奇（2005年11月—2016年5月）、安建洛（2006年3月—2011年2月）、张志华（2011年11月—　）、毅松（2011年11月—　）、金海（2014年12月—　）。

内蒙古社会科学院的历任纪检委书记是：克尔伦（1985年1月—1987年12月）、那顺乌日塔（1990年5月—1995年10月）、杨翰斌（1995年11月—2000年9月）、包桂花（2001年10月—2012年2月）、毕力格（2012年2月—2015年12月）、刘满贵（2016年4月—　）。

## 二、发展

内蒙古社会科学院成立初期，相继设立了哲学、经济、历史、蒙古语言文字、文学、民族、情报等7个研究所，创办了综合性社会科学学术刊物《内蒙古社会科学》。20世纪90年代末，内蒙古社会科学院蒙古语信息技术研发中心（MIT）成立。这一时期，内蒙古社会科学院和区内各学科的研究机构、学术团体大力拓展了研究工作的视野和运作平台，加强了同兄弟省市和国外有关研究单位及学术界人士的联系，相互交流访问，开展项目合作，取得了很好的效果。进入21世纪，内蒙古社会科学院提出"担当使命、直道而行"的办院理念和"学科立院、人才强院、精品兴院、开门办院"的发展思路，围绕建设以"三个中心、两个基地"为主要内容的社会主义新型智库发展目标，抢抓机遇，乘势而上，大力推进改革与发展，先后增设了社会学研究所、草原文化研究所、俄罗斯与蒙古国研究所、政治学与法学研究所、公共管理研究所、城市发展研究所等7研究所，成立了《蒙古学研究年鉴》编辑部。使全院科研实力日益增强，学科布局日趋合理，对外影响力不断提高，为内蒙古自治区经济社会发展和哲学社会科学事业的繁荣做出了应有的贡献。

内蒙古社会科学院重点学科及成果包括：

蒙古学：蒙古学是内蒙古社会科学院传统优势学科，建院以来，内蒙古社会科学院不断加强蒙古学学科建设，在蒙古族历史、蒙古语言文字、蒙古族文学等传统领域和新兴学科领域形成了独具特色的研究体系，造就和培养了一批学科带头人和知名专家学者，蒙古学在国际国内学术界的地位和影响得到不断巩固和加强。传统学科研究方面，推出诸多在蒙古学学界具有标志性的成果。如：《〈蒙古秘史〉校勘本》《蒙古族通史》（三卷本）《蒙古族文学史》（四卷本）《蒙古语辞典》《汉蒙词典》等，已成为蒙古族历史、文学、语言、文献等学科的标志性成果。新兴学科研究方面，推出《蒙古族哲学及社会思想史》《蒙古族美学史》《蒙古族法制史》《蒙古族经济史》等一批前沿性科研成果。根据内蒙古自治区社会文化发展的需要，积极培育新的学科生长点和突破点。如实施了"内蒙古民族民间文化遗产数据库"建设工程和"蒙古语语料库"建设工程、"内蒙古民族文化建设研究工程"等内蒙古自治区文化大区建设重大科研项目和内蒙古自治区社会科学规划特别委托项目。在蒙古语言学方面,研发了集蒙古语言学、文字学、编码学等综合知识和技能的蒙古语言信息处理技术,并使之走上了市场化发展的道路。这些新领域的拓展,在蒙古学创新研究领域焕发出勃勃生机和活力。

草原文化学:在中央领导和内蒙古自治区党委领导的高度重视和指导下,在内蒙古民族文化大区建设启动之际,2004年7月,由内蒙古社会科学院开始组织实施内蒙古"草原文化研究工程"。"草原文化研究工程"先后获准立项为2004年度国家社会科学基金特别委托项目、2005年度国家社会科学基金重大委托项目、国家"十一五"重点图书出版规划项目和内蒙古自治区建设民族文化大区重点项目,经过多年的努力,现已出版、发表具有标志意义的《草原文化研究丛书》(11卷12册)、《崇尚自然 践行开放 恪守信义——论草原文化的核心理念》(系列论文)、《草原文化》教材(2种)等重大成果,以及《文化内蒙古》(3卷)、《论草原文化》(论文集,12辑)、《草原文化研究资料选编》(10辑)等2000多万字的重要成果。研究提出的"草原文化核心理念""关于设立草原文化遗产保护日的建议",被内蒙古自治区党委、政府采纳;研究提出的"草原文化同黄河文化、长江文化一样,是中华文化的重要组成部分,是中华文化的三大主源之一和重要动力源泉之一""内蒙古十大文化符号"等一系列重要学术观点,得到中央领导和社会各界的高度评价。截至2015年,共举办12届中国·内蒙古草原文化节草原文化主题论坛。《论草原文化在中华文化发展史上的地位和作用》等5篇系列论文、《草原文化研究丛书》和《崇尚自然 践行开放 恪守信义——论草原文化的核心理念》(系列论文)分获内蒙古自治区政府第一、二、三届哲学社会科学优秀成果政府奖一等奖。2008年,分别经内蒙古自治区党委宣传部和中国社会科学院批准,"内蒙古草原文化研究基地"和"中国草原文化研究中心"在内蒙古社会科学院相继设立。12年来,草原文化研究取得一系列奠基性成果,形成一支专兼职结合的科研队伍,充分奠定了草原文化学作为一门学理明晰、学科范畴周严、学术结构合理、学术逻辑严谨的独立的人文社会科学的坚实基础。

经济学:内蒙古社会科学院的经济研究紧紧围绕内蒙古改革开放和经济建设的现实,倾力于区域经济发展、草原生态经济、农牧业产业化、区域发展战略等方面的研究,进行了大量的理论创新;努力为内蒙古自治区党委、政府提供决策咨询,直接参与了内蒙古自治区经济发展战略、内蒙古自治区经济领域行业专项规划、内蒙古自治区区域经济发展战略的研究和制定;形成了《内蒙古经济社会形势分析与预测》(后改版为《内蒙古经济社会发展报告》)、《领导参阅》《内蒙古反腐倡廉报告No.1版》等品牌产品;紧密关注经济动态,积极为改革开放提供咨询服务;注重科研成果在社会各类媒体的宣传,推进了社会经济观念的发展进步。

民族理论与"三少民族"研究:内蒙古社会科学院建立伊始,就重视开展马克思主义民族理论、民族法制建设与"三少民族"研究,着重深化历史文化研究,开展现实问题研究,为民族工作提供智力支持,决策参考。在民族理论方面,发表和出版了《内蒙古蒙古民族的社会主义过渡》《我国民族区域自治制度的完善与发展》《民族区域自治理论及其在内蒙古的实践》《正确认识和调节社会主义初级阶段的民族关系》等著作，在民族理论的基础理论及现实问题的研究方面均取得重要成果。达斡尔族、鄂温克族、鄂伦春族"三少民族"研究是内蒙古社会科学院的特色优势学科，成立了内蒙古社会科学院三少民族研究中心，2007年起至今召开了4届三少民族经济文化发展研讨会。《达斡尔族简史》《鄂伦春族社会历史调查》《鄂温克族的起源》《达斡尔族传统诗歌选译》《达斡尔族文学史略》《达斡尔族鄂温克族鄂伦春族文化研究》《田野中的求索》等学术成果，成为该学术领域标志性成果，为学科发展和人才培养奠定重要学术基础。

经过一代代科研人员的努力，内蒙古社会科学院已发展成为一个颇具影响力、充满生机、富有地区和民族特色的地方哲学社会科学专业研究机构。建院以来共出版各类著作600余部，发表学术论文、研究报告等9000多篇，先后主办、承办、同有关单位联合举办各类有规模、有影响的学术会议、论坛30余次，国内外专家学者和相关领导参会人员达到2000多人次。"中国蒙古学国际学术研讨会""中国·内蒙古草原文化研讨会（主题论坛）"等会议、论坛已成为品牌。出版有《内蒙古社会科学》（蒙汉文版）、《中国蒙古学》、《蒙古学研究年鉴》4种杂志，《领导参阅》《内蒙古舆情》2种内刊。自2004年起，内蒙古社会科学院先后组织实施了"草原文化研究工程""北部边疆历史与现状研究"项目（与中国社会科学院中国边疆研究所合作）、"内蒙古民族民间文化遗产数据库"建设项目、"蒙文《大藏经》影印出版工程"、"蒙古语语料库"建设工程、"蒙元文化研究工程"（《元史》汇注项目）、"内蒙古民族文化建设研究工程"等国家社科基金项目、内蒙古自治区民族文化大区建设重大项目和内蒙古社会科学规划特别项目等重大工程项目，参与策划、组织实施了"内蒙古文化资源普查"、"内蒙古文化艺术长廊建设计划"等重大文化建设项目。内蒙古社会科学院的研究力、创新力、影响力不断扩大。

### 三、机构设置

内蒙古社会科学院设有院办公室、科研组织处、人事处、机关党委（纪检委）等4个职能部门；现有哲学与宗教研究所、经济研究所、牧区发展研究所、历史（成吉思汗）研究所、蒙古语言文字研究所、文学研究所、民族研究所、政治学与法学研究所、社会学研究所、草原文化研究所、俄罗斯与蒙古国研究所、公共管理研究所、城市发展研究所等13个研究所和图书馆、杂志社；有1个应用开发科研机构——蒙古语言信息技术研发中心（MIT），并设有中国特色社会主义理论体系研究中心、蒙古学研究中心、"三少民族"研究中心、内蒙古舆情研究中心4个研究中心；中国草原文化研究中心、中国社会科学院国情调研内蒙古基地、中国蒙古学学会和内蒙古草原文化研究基地等4个研究机构（学术团体），基地设在内蒙古社会科学院。

### 四、人才建设

建院至今，内蒙古社会科学院的科研人员孜孜以求，锐意进取，取得了丰硕的科研成果，各类学有专长和在某一学科领域卓有建树的专家学者纷纷涌现。截至2016年7月，在编在岗人员合计226人。专业技术人员154人，其中，具有正高级职称人员27人，副高级职称人员47人，中级及以下职称人员80人；行政管理岗位人员63人，其中，正厅级干部2人，副厅级干部4人，正处级干部17人，副处级干部22人，科级及以下职务人员18人；工勤岗位9人。荣誉方面：享受国务院特殊津贴专家11人，内蒙古自治区有突出贡献的中青年专家7人，入选"草原英才"4人，"321人才"一二层次人选17人，1名学者列入中共中央组织部联系专家行列，

5名学者列入内蒙古自治区领导干部联系的百名专家行列。

## 第二节 组织机构

### 一、内蒙古社会科学院领导及其分工

院党委书记、副书记、党委成员

党委书记：刘万华，主持院党委工作，侧重应用对策研究工作，负责"北部边疆历史与现状研究"项目及"内蒙古中长期经济社会发展研究工程"项目办公室工作，分管人事处。

党委成员：马永真、张志华、毅松、金海、刘满贵

院长、副院长

院长：马永真，主持院行政工作，侧重基础理论研究工作，负责"内蒙古民族文化建设研究工程""草原文化研究工程""蒙古语语料库"建设工程、"《元史》汇注"项目办公室工作，分管办公室。

副院长：张志华，分管哲学与宗教研究所、经济研究所、牧区发展研究所、政治学与法学研究所、社会学研究所、俄罗斯与蒙古国研究所、公共管理研究所和经济研究所、城市发展研究所及《领导参阅》编辑部，负责中国社会科学院国情调研内蒙古基地和分院工作，协助党委书记做好"北部边疆历史与现状研究"项目及"内蒙古中长期经济社会发展研究工程"项目办公室工作。

副院长：毅松，协助院长抓"内蒙古民族文化建设研究工程"项目办公室全面工作，分管科研组织处、杂志社、图书馆及《蒙古学研究年鉴》编辑部。

副院长：金海，分管历史（成吉思汗）研究所、蒙古语言文字研究所、文学研究所、民族研究所、草原文化研究所、蒙古语信息技术研发中心（MIT），协助院长抓蒙古学研究、草原文化研究全面工作，协助做好"草原文化研究工程"、"蒙古语语料库"建设工程、"《元史》汇注"项目办公室工作。

院纪检委

纪检委书记：刘满贵，负责纪委工作，分管机关党委（纪检委），协助做好科研成果宣传推广工作。

### 二、内蒙古社会科学院职能部门及领导

办公室
主任：多志勇
副主任：崔俊、白金花、达呼巴雅尔
科研组织处
处长：（暂缺）
副处长：崔树华、方俊英
人事处
处长：李振涛
副处长：张佩智
机关党委
专职副书记：孟·格日乐
副书记：盛明光
纪检委
副书记（正处级）：富布和
副处级纪检员：苏雅拉

### 三、内蒙古社会科学院科研机构及领导

哲学与宗教研究所
所长：额尔敦陶克套
副所长：李静
经济研究所
所长：于光军
副所长：张明贵、高凤
牧区发展研究所
所长：王关区
副所长：图雅
历史（成吉思汗）研究所
所长：刘蒙林
副所长：（暂缺）
蒙古语言文字研究所
所长：萨日娜
副所长：金书包、艳春

文学研究所
所长：布和朝鲁
副所长：铁军
民族研究所
所长：白兰
副所长：孟克、娜仁其木格
政治学与法学研究所
所长：（暂缺）
副所长：常文清（主持工作）、白永利
社会学研究所
所长：（暂缺）
副所长：孙晓刚（主持工作）、敖仁其
草原文化研究所
所长：王其格
副所长：黄金
俄罗斯与蒙古国研究所
所长：斯林格
副所长：范丽君、白颖
公共管理研究所
所长：（暂缺，多志勇主持工作）
副所长：兰海燕、张敏
城市发展研究所
所长：天莹
副所长：额尔敦乌日图、山丹

四、内蒙古社会科学院科研辅助部门及领导

杂志社
总编辑：牧仁
副总编辑：莎日娜、乌兰其其格
图书馆
馆长：王智
副馆长：陈红宇、托亚
《蒙古学研究年鉴》编辑部
总编辑：格日乐
蒙古语言信息技术研发中心（MIT）
主任：苏雅拉图
副主任：巴图赛恒

《领导参阅》编辑部
主任：焦志强
副主任：梅园

## 第三节 年度工作概况

一、着力推进重大工程项目实施

2015年，内蒙古社会科学院获批国家社科基金项目6项、内蒙古自治区社科规划课题4项、内蒙古自治区社科联课题3项、"2015年留学人员科技活动项目资助"2项。同时，内蒙古社会科学院党委根据内蒙古自治区党委、政府重大决策部署，围绕内蒙古自治区经济社会发展需要，设立委托性应用对策研究课题10余项。

"内蒙古民族文化建设研究工程"：该"工程"办和内蒙古社会科学院在2015年项目组织实施中，新立子项目58项，其中社会历史调查系列33项；研究系列25项；"内蒙古民族文化数据库"完成标准制定、平台搭建等重要工作环节，部分子库开始进行数据加工。社会历史调查系列中的"内蒙古文化符号调研"项目成果"内蒙古十大文化符号"向社会公布后，引起了广泛关注和热烈反响，得到中共中央政治局委员、书记处书记、中宣部部长刘奇葆同志的重要批示。内蒙古社会科学院与内蒙古蒙语卫视联合摄制的11集电视系列访谈节目——《专家解读"内蒙古十大文化符号"》，播出后引起社会各界强烈反响。

"草原文化研究工程"：三期"工程"项目进展顺利，2015年新立子项目10项，其中，《草原文化简明读本》作为草原文化研究成果转化的重要项目开始实施。年内，该"工程"领导小组召开"工程"办负责人会议，对"草原文化研究工程"三期工程科研工作进行了总结，提出了2016年主要工作安排，并对草原文化研究下一步工作和草原文化学科进入国家社会科学学科编码等重点工作作出部署。有关工作安排部署已经"工程"领导小组批准并开始组织实施。

"北部边疆历史与现状研究项目"：2015年在研课题共有93项，结项课题29项；《蒙古族部落史》研究项目在年内已有4部著作通过结项评审。2015年内蒙古社会科学院与蒙古国科学院、蒙古国国立大学合作撰写出版《中蒙历史学研究文集》《中蒙关系研究（一）》等。

"内蒙古中长期经济社会发展研究工程"：新立子项目33项；跨年度在研课题16项。顺利完成2015年度33项课题结项评审工作。

"蒙古语语料库"建设工程：完成近2000万词的文献语料的扫描、编号、录入工作，完成500万词的机器校对和人工校对工作，一期工程成果蒙古语言语料库展示系统于12月30日通过专家评审。

其他项目实施方面："《元史》汇注"项目已于2015年10月完成全部研究工作，项目办并于10月份对该项目最终成果进行了检查。《蒙古语大词典》在广泛调研的基础上逐步完善编纂方案，已开始选词。《汉蒙词典》（第四版）完成了39个学科近8万条专业名词术语的翻译工作，完成了1万多条常用词、新词、新语的审定和录入工作。"内蒙古文化资源普查数据库"建设项目通过专家评审。

应用对策研究方面，一是加强对重大理论问题的研究阐释。内蒙古社会科学院密切关注内蒙古自治区经济社会发展和意识形态领域新动态，主动引导社会舆论，组织专家学者在《光明日报》《内蒙古日报》《实践》等报刊上发表多篇理论文章。内蒙古社会科学院院领导被选为内蒙古自治区党的十八届五中全会精神宣讲团成员和党委统战工作第一宣讲团成员，深入盟市开展宣讲活动；还有多名专家学者多次接受媒体的采访，积极为内蒙古自治区经济社会发展建言献策。

二是主动参与"十个全覆盖"工程等重大社会现实问题研究。通过课题设置、组织专题研究、召开座谈会等方式，积极开展对"十个全覆盖"、经济发展转型等重大社会现实问题的研究，研究成果通过公开发表、《领导参阅》报送等方式为内蒙古自治区党委政府提供科学决策咨询。

三是积极为内蒙古自治区"十三五"规划制定献计出力。承担了内蒙古自治区党委宣传部委托的《内蒙古自治区"十三五"时期文化改革发展规划纲要》、内蒙古自治区党委组织部委托的《内蒙古组织工作服务经济社会发展总体规划》、呼和浩特市土左旗委托的《土左旗"十三五"时期经济社会发展规划纲要》等规划纲要的起草编制工作。同时，内蒙古社会科学院领导在内蒙古自治区党委政府组织的"十三五"规划编制征求意见座谈会上提出的《关于自治区制定"十三五"规划的建议》，得到内蒙古自治区党委书记王君同志的肯定性批示。

四是充分发挥第三方评估咨询平台作用。按照中央《关于加强中国特色新型智库建设的意见》的要求，内蒙古社会科学院参加了内蒙古自治区党委委托、宣传部组织的贯彻《意见》的调研起草工作；承担了内蒙古自治区公安厅委托的《内蒙古自治区禁毒宣传教育社会效果评估研究》的评估任务。此外，还承担了内蒙古自治区党委组织部、宣传部、统战部、纪委等上级部门和内蒙古自治区检察院、发展研究中心，兴安盟行署等其他有关部门的委托科研任务40余项，为上级部门的科学决策和地方政府的经济社会发展提供了良好的理论支撑和智力支持。

五是出版了《内蒙古自治区经济社会发展报告2015》（蓝皮书），如期提供给参加内蒙古自治区"两会"的人大代表、政协委员参阅，发挥了理论咨询服务的作用。

截至2015年12月底，内蒙古社会科学

院当年共完成论文、研究报告439篇，著作11部，其他文献综述等53篇。以"内蒙古自治区中国特色社会主义理论体系研究中心"名义发表的7篇文章，被内蒙古自治区党委宣传部评为2015年度重点理论课题。《内蒙古反腐倡廉建设报告（2014）》总报告"把权力关进制度的笼子里"获中国社会科学院第四届（2015年）皮书优秀报告三等奖。有多名科研人员在内蒙古自治区党委宣传部组织的"经济新常态与内蒙古发展"征文活动中获得奖项。

二、进一步加强国内外学术交流与合作

一是提升学术活动影响力。成功举办了第十二届中国·内蒙古草原文化主题论坛、第十八届全国社会科学院院长联席会议、第四届中国蒙古学国际学术研讨会、中国蒙古学学会2015年年会等大型学术会议以及内蒙古改革发展论坛、"三少"民族学术研讨会等学术活动。特别是第四届中国蒙古学国际学术研讨会邀请中国社会科学院院长王伟光等国内外知名学者出席，进一步扩大了内蒙古社会科学院的学术影响力，为中国蒙古学发展注入了新的活力。

二是继续加强分院工作。加快分院建设步伐。2015年，新批复成立了巴彦淖尔、阿拉善、赤峰及二连浩特、满洲里5个分院，内蒙古社会科学院盟市分院数量达到12家。同时以委托课题和合作研究的方式加强对分院的业务指导和支持，进一步拓展了与盟市的联系。

三是进一步加强与蒙古国、俄罗斯的交流合作。推动和深化跨部门、跨国智库的战略合作，在与蒙古国科学院、蒙古国国立大学和俄罗斯科学院布里亚特分院签订合作协议的基础上，实现信息沟通、资源共享等方面的深度合作。9月，内蒙古社会科学院领导率团赴蒙古国参加"中俄蒙智库合作联盟成立暨首届三方智库国际论坛"并作学术报告，受到广泛关注，内蒙古社会科学院成为中蒙俄智库联盟理事单位；10月，内蒙古社会科学院与内蒙古自治区商务厅合作，协助承办中蒙博览会期间举行的"'中蒙俄经济走廊'中蒙合作论坛"，院领导在论坛作学术报告，受到广泛好评。

四是学术交流更加活跃。2015年，内蒙古社会科学院图书馆接待来自俄罗斯、捷克、保加利亚、澳大利亚、法国、日本等国家的读者360余人次；接待来自澳大利亚、日本、俄罗斯、蒙古国、英国、法国、韩国等国专家学者13批60余人次；接待来自中国社会科学院及其他省、直辖市、自治区社会科学院来访专家学者20批100余人次；组织专家学者先后赴俄罗斯、蒙古国、日本等国家以及北京、天津、上海、黑龙江、宁夏、山东、湖北、湖南、广西等省市自治区开展学术交流，多领域的学术交流氛围日渐浓厚。

三、不断加强人才培养、科研管理和科辅工作

人才培养方面：2015年新入选"草原英才"2名，"内蒙古自治区突出贡献专家"1名；"新世纪321人才"一层次2名、二层次9名；"青年创新拔尖人才"二层次1名；1名专家获第四届"乌兰夫蒙古语言文字奖"。内蒙古社会科学院作为2015年"内蒙古少数民族专业技术人才特殊培养计划"培养单位，接收并培养阿拉善盟专业技术人员1名。

科研管理方面：一是增加科研经费投入。2015年投入研究所学科建设费107万元，同比增长15%。进一步加大科研精品扶持力度，投入30万元资助在职科研人员和离退休老专家的优秀科研著作出版。二是强化课题结项评审。采取院外盲审和现场答辩相结合的方式，安排院外评审专家不少于2名，并要求每位评审专家在审读所有成果的基础上根据自身学术专长，选

择 3 项科研成果进行重点点评,指出成果优劣。同时,进行打分排序,增强课题结项评审的严谨性和公正性,取得良好效果。三是建立成果发布机制。2015 年 1 月 19 日,内蒙古社会科学院召开新闻发布会,以"捆绑"方式向社会集中发布了 2014 年所取得的主要科研成果和各"工程"办与内蒙古社会科学院共同组织实施的在研工程项目进展情况。确定每年 1 月 18 日前后为年度科研成果发布日,建立了科研成果宣传推广和转化的有效机制。四是激励科研成果转化。制定出台了《内蒙古社会科学院年度优秀科研成果后期资助办法（试行）》,依据成果发表的刊物级别和学术委员会评审,分类进行后期资助。共有 6 部著作、186 篇在省级以上报刊上发表的论文、调研报告和 13 项"中长期工程"、"北疆项目"优秀及良好成果获得后期资助,资金额度达 60 万元。同时,对 2015 年发表的重大理论政策等宣传解读文章、获得有关方面重要奖励成果及在服务社会方面有较大贡献者给予奖励,共奖励 12.6 万元,有效调动了成果转化的积极性。

科辅工作方面：内蒙古社会科学院图书馆争取到 90 万元资金进行蒙古文文献数字化工作。加强对《内蒙古社会科学》等刊物办刊支持力度,内蒙古社会科学院杂志社三刊办刊经费自 2016 年增加到 120 万元,并列入以后年度财政预算；《内蒙古社会科学》（汉文版）进入全国"四核心"期刊行列,同时荣获国家社科基金资助期刊 2015 年度考核"优良"等次,获得资助经费 50 万元。

## 第四节 科研活动

一、内蒙古社会科学院人员、机构等基本情况

（一）人员

截至 2015 年年底,内蒙古社会科学院共有在职人员 227 人。其中,正高级职称人员 43 人,副高级职称人员 53 人,中级职称人员 63 人；高、中级职称人员占全体在职人员总数的 70%。

（二）机构

内蒙古社会科学院设有：办公室、科研组织处、人事处、机关党委、纪检委、哲学与宗教研究所、经济研究所、牧区发展研究所、历史（成吉思汗）研究所、蒙古语言文字研究所、文学研究所、民族研究所、政治学与法学研究所、社会学研究所、草原文化研究所、俄罗斯与蒙古国研究所、公共管理研究所、城市发展研究所、杂志社、图书馆、《蒙古学研究年鉴》编辑部、蒙古语言信息技术研发中心（MIT）、《领导参阅》编辑部。

二、科研工作

（一）科研成果统计

2015 年共完成著作 26 部,803.18 万字；论文 342 篇,563.8 万字；研究报告 123 篇,378.2 万字；访谈 6 篇,1.8 万字及 75 分钟；规划文本 5 篇,4.11 万字；综述 19 篇,16.745 万字；注释 2 部,85 万字；述评 1 篇,0.2 万字；评论 4 篇,3.08 万字；资料整理 1 篇,1.5 万字；立法说明 1 篇,0.4 万字；法规草案 1 篇,0.43 万字；教材 2 部,10 万字；资料汇编 2 部,6.2 万字；人物介绍 1 篇,0.61 万字；咨询报告 3 篇,3.4 万字；词库 1 部,300 万字；平台建设 2 项,0.2 万字；专利 1 项,1 万字；计算机软件 7 种,270 千行。

（二）科研课题

1. 新立项课题

2015 年内蒙古社会科学院共有新获准立项课题 62 项。

国家社会科学基金课题 6 项：(1) 基于韵律的蒙古语方言土语区别特征研究,主持人：开花。(2) 北方少数民族文化价值观研究,主持人：那仁毕力格。(3) 内

蒙古向北开放经济带建设的软实力支撑条件研究，主持人：多志勇。（4）蒙古语反义词研究，主持人：金书包。（5）蒙古族文学前沿与热点问题研究，主持人：铁军。（6）印度《五卷书》在蒙古地区的传播与变异研究，主持人：崔斯琴。

内蒙古哲学社会科学规划项目4项：其中，重大项目1项：内蒙古文化建设70年，主持人：马永真。委托项目1项：讲好"内蒙古故事"、提升内蒙古文化软实力，主持人：多志勇。一般项目1项：内蒙古库布齐沙漠生态文明建设研究，主持人：阿拉腾其木格。青年项目1项：元代政治制度的传承性研究——以东亚政治秩序板块的发展与构建为中心。主持人：班布日。

草原文化研究工程1项：草原石文化研究，主持人：王其格。

内蒙古中长期经济社会发展研究工程项目33项：（1）新时期内蒙古牧区政策问题研究，主持人：毕力格。（2）马克思主义在内蒙古地区的传播史研究，主持人：乌云贺希格。（3）"一带一路"建设中的内蒙古旅游业发展对策研究，主持人：于光军。（4）内蒙古"十三五"主要农畜产品发展研究，主持人：韩成福。（5）内蒙古牧区新型经营主体发展问题研究，主持人：文明。（6）元代草原丝绸之路商业城市的盛衰与中国经济中心的变动研究，主持人：班布日。（7）近代草原丝绸之路贸易往来中的商业信用与风险防控机制研究，主持人：刘春子。（8）草原丝绸之路历史文化遗产保护与开发利用研究——以文物遗址为例，主持人：翟禹。（9）蒙古语喀喇沁土语历史演变调查研究，主持人：开花。（10）蒙古文网站内容规范研究，主持人：呼日乐吐什。（11）社会转型时期内蒙古自治区蒙古族青少年学习掌握蒙古语现状调查——以巴彦淖尔市乌拉特前旗为考察点，主持人：都仁。（12）蒙古族敖包传说的文化价值研究，主持人：崔斯琴。（13）成吉思汗神话：12—19世纪蒙古文学文本思维结构解析，主持人：包红梅。（14）鄂温克族语言使用的现状研究——以鄂温克族自治旗为例，主持人：金洁。（15）呼和浩特市城市民族工作特点研究，主持人：苏媛媛。（16）近年来内蒙古民族政策落实情况调研——以呼伦贝尔市为例，主持人：启戈。（17）内蒙古有效预防和化解突出社会矛盾的体制机制创新研究，主持人：常文清。（18）内蒙古反腐败体制机制创新研究，主持人：白永利。（19）内蒙古民族基础教育城乡非均衡发展成因与对策研究，主持人：乌仁塔娜。（20）内蒙古人口发展新特点及影响研究，主持人：双宝。（21）蒙汉合祭敖包的多元文化交融研究——以陕西省北部地区敖包祭祀为例，主持人：那仁毕力格。（22）佛教文化对草原文化发展的影响研究，主持人：双宝。（23）蒙古国中资企业（以内蒙古企业为主）发展研究，主持人：吴伊娜。（24）内蒙古在"中俄蒙经济走廊"建设中的战略地位研究，主持人：王启颖。（25）内蒙古人才政策的实施效果评价，主持人：张敏。（26）2015年内蒙古基本公共服务满意度调查，主持人：任丽慧。（27）"十三五"内蒙古城市发展思路研究，主持人：天莹。（28）完善我区东部小城镇功能问题研究，主持人：额尔敦乌日图。（29）内蒙古向北开放的软实力支撑条件研究，主持人：多志勇。（30）内蒙古新型智库建设机制创新研究，主持人：崔俊。（31）西部地区哲学社会科学发展力对比研究——基于国家社科基金项目的视角，主持人：吴英达。（32）内蒙古科研事业单位专业技术人员绩效评估机制研究，主持人：李振涛。（33）内蒙古农村牧区土地纠纷化解机制研究，主持人：苏雅拉。

内蒙古民族文化建设研究工程项目（研究系列）3项：（1）《鄂伦春族研究概

论》，主持人：白兰；（2）《达斡尔族鄂温克族鄂伦春族非物质文化保护概论》，主持人：孟荣涛；（3）《鄂温克族通史》，主持人：涂建军。

内蒙古民族文化建设研究工程项目（调查系列）12项：（1）科右中旗代钦塔拉苏木蒙古族生活方式变迁调查，主持人：双宝。（2）白彦花镇生态环境变迁调查，主持人：阿拉腾其木格。（3）科左后旗蒙古族教育变迁调查，主持人：乌仁塔娜。（4）巴林右旗蒙古族婚俗文化变迁调查，主持人：塔娜。（5）土默特蒙古族聚居村落经济社会变迁——土默特旗毕克齐村调查，主持人：刘小燕。（6）蒙汉杂居村落生产经济与邻里关系变迁调查——以伊金霍洛旗合同庙嘎查等村落为个案，主持人：武振国。（7）城镇化过程中蒙古族文化变迁调查，主持人：额尔敦乌日图。（8）莫尔道嘎镇社区的建立与变迁调查，主持人：陈红宇。（9）商都县小庙子嘎查蒙古族生活方式变迁调查，主持人：吴英达。（10）鄂尔多斯蒙古族传统节日的变迁调查，主持人：奇·斯钦。（11）通辽市蒙古族人口城镇化变迁调查，主持人：天莹。（12）新巴尔虎左旗蒙古族教育变迁研究，主持人：萨日娜。

内蒙古民族文化建设研究工程项目（翻译系列）3项：（1）蒙古史研究（日文），主持人：王桂兰。（2）蒙古文学研究新动态（新蒙文），主持人：包呼格吉勒图。（3）蒙古国人类学、语言学地图集（新蒙文），主持人：六月。

2. 结项课题

2015年内蒙古社会科学院共结项课题66项。

国家社会科学基金课题6项：（1）成吉思汗祭奠仪式及其文化功能研究，主持人：额尔敦陶克套。（2）内蒙古经济增长、结构调整和就业效应的实证研究，主持人：于光军。（3）草原生态经济理论与实践研究，主持人：王关区。（4）牧区草牧场制度改革之草牧场流转问题研究，主持人：文明。（5）卡尔梅克语土尔扈特土语比较研究，主持人：秀花。（6）国外收藏蒙古文版刻图书综录研究，主持人：托亚。

国家社会科学基金特别委托课题《北部边疆历史与现状研究》子项目27项：（1）清代绥远城八旗驻防研究，主持人：刘蒙林。（2）土默特史（修订版），主持人：晓克。（3）电视政论片《北疆纪行》（上集：江山多娇，下集：敖包相会），主持人：宝力格、周玉树。（4）中蒙关系研究（一），主持人：乐奇。（5）蒙古族文化的传承保护和发展问题研究，主持人：黄金、乌云贺希格。（6）内蒙古边境地区管理与防务研究，张志华。（7）蒙古国动态研究，主持人：斯林格。（8）内蒙古在构建"丝绸之路经济带"中的地位和作用，主持人：马永真。（9）内蒙古自治区蒙古文字改革始末，主持人：巴特尔。（10）2014"中蒙友好交流年"内蒙古与蒙方交流合作的重点领域及项目研究，主持人：刘万华。（11）内蒙古自治区成立以来产业结构演进及调整政策，主持人：于光军。（12）内蒙古自治区成立以来牧区政策变迁研究，主持人：图雅。（13）环渤海"新引擎"背景下的内蒙古产业结构优化升级研究，主持人：焦志强。（14）内蒙古国有林区、垦区发展现状与城镇化问题研究，主持人：天莹。（15）内蒙古可持续发展的人才保障研究，主持人：阿如娜。（16）内蒙古县域经济发展的路径分析，主持人：山丹。（17）内蒙古非公经济发展现状及支持政策研究，主持人：乐奇。（18）内蒙古对外文化交流研究，主持人：张志华。（19）新时期完善发展民族区域自治制度研究，主持人：多志勇。（20）内蒙古和谐稳定主要成因研究，主持人：赵利春。（21）宗教对内蒙古地区和谐稳定影响研究,主持人:吉仁尼格。(22)内蒙古社会结构与社会层级现状研究,主持人:双宝。(23)内蒙古构建北疆安全稳定屏障的长效机制研究,常文清。(24)基本公共服务均等化视角下城市流动人口管理研究:以呼和浩特为例,主持人:张敏。(25)内蒙古蒙古族民族认同与民族和谐关系研究,主持人:其乐木格。(26)内蒙古牧区村级组织建设与村级管理研究,主持人:陈新丽、于翠英。(27)中蒙历史学研究文集,主持人:毅松。

内蒙古中长期经济社会发展研究工程33项:(1)新时期内蒙古牧区政策问题研究,主持人:毕力格。(2)马克思主义在内蒙古地区的传播史研究,主持人:乌云贺希格。(3)"一带一路"建设中的内蒙古旅游业发展对策研究,主持人:于光军。(4)内蒙古"十三五"主要农畜产品发展研究,主持人:韩成福。(5)内蒙古牧区新型经营主体发展问题研究,主持人:文明。(6)元代草原丝绸之路商业城市的盛衰与中国经济中心的变动研究,主持人:班布日。(7)近代草原丝绸之路贸易往来中的商业信用与风险防控机制研究,主持人:刘春子。(8)草原丝绸之路历史文化遗产保护与开发利用研究——以文物遗址为例,主持人:翟禹。(9)蒙古语喀喇沁土语历史演变调查研究,主持人:开花。(10)蒙古文网站内容规范研究,主持人:呼日乐吐什。(11)社会转型时期内蒙古自治区蒙古族青少年学习掌握蒙古语现状调查——以巴彦淖尔市乌拉特前旗为考察点,主持人:都仁。(12)蒙古族敖包传说的文化价值研究,主持人:崔斯琴。(13)成吉思汗神话:12—19世纪蒙古文学文本思维结构解析,主持人:包红梅。(14)鄂温克族语言使用的现状研究——以鄂温克族自治旗为例,主持人:金洁。(15)呼和浩特市城市民族工作特点研究,主持人:苏媛媛。(16)近年来内蒙古民族政策落实情况调研——以呼伦贝尔市为例,主持人:启戈。(17)内蒙古有效预防和化解突出社会矛盾的体制机制创新研究,主持人:常文清。(18)内蒙古反腐败体制机制创新研究,主持人:白永利。(19)内蒙古民族基础教育城乡非均衡发展成因与对策研究,主持人:乌仁塔娜。(20)内蒙古人口发展新特点及影响研究,主持人:双宝。(21)蒙汉合祭敖包的多元文化交融研究——以陕西省北部地区敖包祭祀为例,主持人:那仁毕力格。(22)佛教文化对草原文化发展的影响研究,主持人:双宝。(23)蒙古国中资企业(以内蒙古企业为主)发展研究,主持人:吴伊娜。(24)内蒙古在"中俄蒙经济走廊"建设中的战略地位研究,主持人:王启颖。(25)内蒙古人才政策的实施效果评价,主持人:张敏。(26)2015年内蒙古基本公共服务满意度调查,主持人:任丽慧。(27)"十三五"内蒙古城市发展思路研究,主持人:天莹。(28)完善我区东部小城镇功能问题研究,主持人:额尔敦乌日图。(29)内蒙古向北开放的软实力支撑条件研究,主持人:多志勇。(30)内蒙古新型智库建设机制创新研究,主持人:崔俊。(31)西部地区哲学社会科学发展力对比研究——基于国家社科基金项目的视角,主持人:吴英达。(32)内蒙古科研事业单位专业技术人员绩效评估机制研究,主持人:李振涛。(33)内蒙古农村牧区土地纠纷化解机制研究,主持人:苏雅拉。

3. 延续在研课题

国家社会科学基金课题6项:(1)蒙古族传统节庆文化的传承与创新研究,主持人:巴·布和朝鲁。(2)蒙古族传世法典研究,主持人:李梅英。(3)内蒙古汉族牧民的社会文化境遇研究,主持人:乌尼尔。(4)俄蒙双边关系与中国的东北亚战略研究,主持人:范丽君。(5)成吉思汗祭祀及其历史沿革研究,主持人:奇·斯钦。(6)增强少数民族地区中小城市、小城镇功能研究，主持人：李莹。

北部边疆历史与现状研究21项：（1）达斡尔族、鄂温克族、鄂伦春族通史，主持人：毅松。（2）中蒙关系史研究，主持人：斯林格。（3）文化人类学视域中的蒙古文学，主持人：包红梅。（4）20世纪内蒙古文学现代性研究，主持人：铁军。（5）北部边疆研究数据库，主持人：于逢春、张志华。（6）北部边疆稀见文献汇编，主持人：金海、毕奥南。（7）中蒙政治和经贸关系研究，主持人：阿岩。（8）扎鲁特史，主持人：长命。（9）现代中国达斡尔族、鄂温克族、鄂伦春族的文化记录与政策研究，主持人：白兰。（10）蒙古国独立史，主持人：长命。（11）匈奴政权制度研究，主持人：李春梅。（12）蒙古千户制度研究，主持人：于默颖。（13）两晋南北朝时期北方诸部族源流及其文化研究，主持人：胡玉春。（14）二十世纪上半叶俄罗斯—蒙古—中国1911至1946年政治关系，主持人：曲锋。（15）达赖集团与蒙古国关系研究，主持人：吴伊娜。（16）萨满教与蒙古族文化关系研究，主持人：金海。（17）内蒙古少数民族思想史，主持人：宝力格。（18）《蒙古秘史》的文化学解读，主持人：张双福。（19）中蒙两国经贸关系研究，中方主持人：斯林格，蒙方主持人：旭日夫。（20）内蒙古农村牧区村嘎查现状抽样调查，主持人：敖仁其。（21）古代蒙古族部落起源（蒙古族部落史丛书），主持人：乔吉。

（三）2015年获奖优秀科研成果

王其格的论文：《草原丝绸之路在草原文化发展中的历史价值和当代意义》，获得"第十二届中国·内蒙古草原文化主题论坛"优秀论文一等奖；刘蒙林的论文：《清代中俄恰克图贸易初探》，获"第十二届中国·内蒙古草原文化主题论坛"优秀论文二等奖。霍燕的研究报告：《新常态下内蒙古养老问题研究》、毛伟华的《新常态下内蒙古主导产业选择与调整方向研究》和乌兰图雅的论文：《法治反腐构建内蒙古反腐新常态》，获得"经济新常态与内蒙古发展"征文二等奖。张志华、无极主编的《内蒙古反腐倡廉建设报告NO.1》总报告《把权力关进制度的笼子里》，获得第三届皮书学术评审委员会、中国社会科学院社会科学文献出版社第六届"优秀皮书报告奖"三等奖。

三、学术交流活动

（一）学术活动

举办了第十二届中国·内蒙古草原文化主题论坛、第十八届全国社会科学院院长联席会议、第四届中国蒙古学国际学术研讨会、中国蒙古学学会2015年年会以及内蒙古改革发展论坛、达斡尔族鄂温克族鄂伦春族学术研讨会等学术活动。接待来自中国社会科学院及其他省、直辖市、自治区社会科学院来访专家学者20批100余人次。内蒙古社会科学院专家学者先后赴北京、天津、上海、黑龙江、宁夏、山东、湖北、湖南、广西等省市自治区开展学术交流。

（二）国际学术交流与合作

1. 学者出访情况

内蒙古社会科学院专家学者先后出访俄罗斯、蒙古国、日本等国家。2015年9月，内蒙古社科院组团赴蒙古国参加"中俄蒙智库合作联盟成立暨首届三方智库国际论坛"，成为中蒙俄智库联盟理事单位；10月，内蒙古社科院与内蒙古商务厅合作，协助承办中蒙博览会期间举行的"'中蒙俄经济走廊'中蒙合作论坛"。

2. 外国学者来访情况

2015年，内蒙古社会科学院图书馆接待来自俄罗斯、捷克、保加利亚、澳大利亚、法国、日本等国家的读者360余人次；接待来自澳大利亚、日本、俄罗斯、蒙古国、英国、法国、韩国等国外专家学者13

批60余人次。

### 四、学术社团、期刊

（一）社团

中国蒙古学学会，会长吴团英，秘书长金海。

内蒙古自治区草原文化学会，会长马永真，秘书长王其格。

（二）期刊

1.《内蒙古社会科学》（双月刊），主编：牧仁

2015年，《内蒙古社会科学》共出版6期，共计240万字。

该刊全年刊载的有代表性的文章有：吴团英的《草原文化符号体系研究与建构》（2015年5月）；叶舒宪的《草原玉石之路与〈穆天子传〉——第五次玉帛之路考察笔记》（2015年5月）；包庆德的《游牧文明：生存智慧及其生态维度研究评述》（2015年1月）。

2.《内蒙古社会科学》（蒙文版），主编：胡尔查毕力格

2015年，《内蒙古社会科学》（蒙文版）共出版6期，共计240万字。

该刊全年刊载的有代表性的文章有：王来喜的《托王及其重农学说与实践》（2015年4月）；策·巴图的《〈敦罗布喇什补充法〉与〈蒙古卫拉特大法典〉的内在关系研究》（2015年4月）；铁军的《俗世欢乐与佛教经义的自由论辩》（2015年6月）。

3.《中国蒙古学》（蒙文版，双月刊），主编：莎日娜

2015年，《中国蒙古学》共出版6期，共计240万字。

该刊全年刊载的有代表性的文章有：金黑英、阿拉腾格日勒的《蒙古族传统时空观念中崇尚大自然的理念》（2015年2月）；斯琴巴图的《〈格斯尔传〉中的"佛指"探秘》（2015年3月）；乌日图那苏图的《赛春嘎及其一篇日文作品》（2015年3月）。

4.《蒙古学研究年鉴》（年刊），主编：格日乐

2015年，《蒙古学研究年鉴》共出版1卷，共计45万字。

该刊全年刊载的有代表性的文章有：白图亚、铁军的《蒙古族现当代文学综述》；谢咏梅等的《蒙元史研究综述》。

### 五、会议综述

1. 中国第四届蒙古学国际学术研讨会

2015年8月21—22日，由内蒙古社会科学院、中国蒙古学学会主办的中国第四届蒙古学国际学术研讨会在呼和浩特举行。该届研讨会主题为"草原丝绸之路与世界文明"。来自联合国有关组织和蒙古国、俄罗斯、匈牙利、法国、巴基斯坦、卢旺达、印度、日本、韩国等多个国家，以及中国社会科学院、中央民族大学、内蒙古社会科学院、内蒙古大学、内蒙古师范大学等科研院所、高等院校和有关部门的负责人、专家学者近200人参加了会议。此次研讨会共收到多文种蒙古学研究论文91篇。中国社会科学院党组书记、院长王伟光，内蒙古党委常委、宣传部部长乌兰，联合国教育权问题特别报告员基肖尔·辛格，蒙古国科学院副院长图·道尔吉，中国驻蒙古国前大使高树茂分别在开幕式上致辞。内蒙古人大常委会副主任、中国蒙古学学会会长吴团英研究员作了题为《关于推进蒙古学学科建构的若干思考与设想》的主旨报告，内蒙古自治区人民政府副主席白向群主持开幕式。

研讨会上，国际蒙古学协会秘书长、蒙古国科学院院士特木尔陶高教授以及来自俄罗斯、蒙古国、日本、韩国、法国和中国社会科学院等国内外学者围绕大会主题分别作了学术报告。

该学术研讨会设有历史、语言、文学和草原文化四个分会场，与会学者分别在

分会场展开了深入而热烈的讨论。

2. 第十二届中国·内蒙古草原文化主题论坛

2015年6月25—26日，由中国·内蒙古草原文化节组委会主办，内蒙古社会科学院、内蒙古社科联、内蒙古蒙医药学会、内蒙古新闻出版广电局、内蒙古民族艺术剧院、内蒙古草原文化学会承办的第十二届中国·内蒙古草原文化节草原文化主题论坛在呼和浩特举行。论坛主题为"草原文化与草原丝绸之路"。

内蒙古党委常委、宣传部部长、内蒙古"草原文化研究工程"领导小组组长乌兰出席论坛开幕式并讲话。内蒙古人大常委会副主任、内蒙古"草原文化研究工程"领导小组副组长、首席专家吴团英研究员和上海交通大学教授、中国社会科学院博士生导师叶舒宪研究员分别作了《谈谈构建草原文化学术话语体系问题——从草原丝绸之路说开去》和《草原玉石之路——周穆王西巡路线新探》的大会学术报告。

该论坛设有"草原文化与草原丝绸之路"主论坛和"草原文化与蒙医药""蒙古文图书出版""共鸣草原——内蒙古作曲家交响作品音乐会"三个分论坛。来自区内外的300余名专家学者，参加了主论坛与各个分论坛的研讨。本届论坛共收到北京、上海、江苏、江西、陕西、新疆、贵州、青海等13个省市自治区、中国社会科学院、中国中医科学院等有关单位的专家学者提交的115篇论文，其中内蒙古社会科学院王其格研究员的《草原丝绸之路在草原文化发展中的历史作用和当代意义》等37篇论文分获一、二、三等奖和优秀奖。

## 第五节 重点成果

一、内蒙古自治区社会科学院2014年以前获省部级以上奖项科研成果

（一）2014年以前获内蒙古自治区哲学社会科学优秀成果奖（政府奖）成果

| 成果名称 | 作者 | 成果形式 | 获奖情况 |
| --- | --- | --- | --- |
| 改革是振兴中华的必由之路 | 斯 平 | 论文 | 一等奖 |
| 系统论和辩证法 | 陈良瑾 | 论文 | 二等奖 |
| 共产党的政策是富民政策 | 何一兵 | 论文 | |
| 我国民族关系中若干基本要素之分析 | 吴 金 | 论文 | |
| 关于蒙文《格斯尔》的几个问题 | 齐木德道尔吉 | 论文 | 一等奖 |
| 论民族地区经济运行机制与经济改革的特点 | 潘照东 | 论文 | |
| 《蒙古秘史》词汇选释 | 乌云达来 | 专著 | 二等奖 |
| 文艺民族化论稿 | 梁一儒 | 专著 | |
| 忽必烈"变通"思想浅析 | 巴 干 | 论文 | |
| 我国民族团结的大趋势 | 吴 金 | 论文 | |
| 鄂尔多斯地区沙漠化的形成和发展述论 | 陈育宁 | 论文 | |
| 内蒙古智力外流初探 | 哈布尔 | 论文 | |
| 充分发挥我们的真正优势 | 斯 平 | 论文 | |

续表

| 成果名称 | 作者 | 成果形式 | 获奖情况 |
| --- | --- | --- | --- |
| 知识青年上山下乡的历史经验与教训 | 史镜、李明启、邢宝玉 | 调研报告 | 二等奖 |
| 达斡尔族文学 | 呼思乐 | 专著 | 三等奖 |
| 有计划的商品经济解说 | 高克林 | 专著 | |
| 东北经济区的发展及其小经济区域的划分 | 王路 | 论文 | |
| 正确认识少数民族地区经济体制改革中的民族因素 | 王勋铭 | 论文 | |
| 社会学对象探讨 | 史建海 | 论文 | |
| 矛盾的统一性和斗争性的关系及其作用 | 刘世海 | 论文 | |
| 毛泽东政策和策略思想初探 | 孙国栋 | 论文 | |
| 唯物主义方法研究 | 李长域 | 论文 | |
| 浅谈图书馆的效益问题 | 若仆 | 论文 | |
| 原始共产主义的遗留不是直接过渡的优势 | 赵复兴 | 论文 | |
| 《蒙古秘史》军事思想再探 | 赵智奎 | 论文 | 三等奖 |
| 论史诗《江格尔》中蒙古古代美学思想 | 满都夫 | 论文 | |
| 生态畜牧业构想 | 暴庆五 | 论文 | |
| 《蒙古秘史》——还原注释（蒙文） | 阿尔达扎布 额尔登泰 | 还原注释 | |
| 民族化——文学繁荣发展的必由之路 | 梁一儒 | 论文 | |
| 内蒙古蒙古民族的社会主义过渡 | 浩帆 | 专著 | 二等奖 |
| 现代蒙古语研究概论（蒙文） | 图力更等 | 专著 | |
| 初论乌审旗家庭牧场 | 克尔伦 陈恩波 | 论文 | |
| 论社会发展与社会发展指标 | 贺学礼 | 论文 | |
| 谈蒙古族的民族意识发展问题 | 敖日其楞 | 论文 | |
| 哲学价值论 | 张书琛 | 论文 | 三等奖 |
| 成吉思汗哲学思想之我见 | 巴干 | 论文 | |
| 论蒙古族从渔猎经济向畜牧业经济的过渡 | 王路 | 论文 | |
| 关于新时期的哲学党性问题 | 宝力格 | 论文 | |
| 牧民生活方式考察与思考 | 乌兰察夫 | 论文 | |
| 鄂伦春族研究 | 赵复兴 | 论文 | |
| 蒙古史学关系史研究 | 申屠榕 | 译文 | |

续表

| 成果名称 | 作者 | 成果形式 | 获奖情况 |
| --- | --- | --- | --- |
| 蒙文原理 | 诺尔金 | 专著 | 三等奖 |
| 试论历史上达斡尔族商品经济的发展 | 毅松 | 论文 | |
| 牧区白灾及防御对策 | 额尔敦布和、暴庆五 | 论文 | |
| 我国经济发展的四大潜在危险 | 潘照东 | 论文 | |
| 牧区畜产品价格改革的思考 | 陈文、刘明升 | 论文 | |
| 关于正确认识和处理社会主义初级阶段的民族问题的几个问题 | 王勋铭 | 论文 | |
| 论双轨体制改革与二元结构转换 | 姜月忠、阿岩 | 论文 | 一等奖 |
| 内蒙古社会科学通览 | 内蒙古社会科学通览编委会 | 专著 | 二等奖 |
| 金蔓（蒙文） | 乔吉 | 校注 | |
| 中蒙经济联系研究 | 额尔敦布和、暴庆五等 | 专著 | |
| 新时期蒙古文学的启蒙性 | 扎拉丰嘎 | 论文 | |
| 儿童文学民族化小论 | 张锦贻 | 论文 | |
| 现代蒙古语元音区别特征 | 诺尔金 | 论文 | |
| 谈当代世界民族进程和民族发展意识问题 | 吴金 | 论文 | |
| 牧区畜产品流通体制改革的回顾与展望 | 刘明升 | 论文 | |
| 鄂伦春族 | 白兰 | 专著 | |
| 北元蒙古社会思潮与佛教 | 王德恩 | 论文 | 三等奖 |
| 群众路线与马克思主义哲学 | 时青 | 论文 | |
| 社会主义必须在稳定中发展 | 银福禄 | 论文 | |
| 哲学价值论三题 | 张书琛 | 论文 | |
| 批评的观念与观念的批评（蒙文） | 包斯钦 | 论文 | |
| 蒙古族当代短篇小说审美变迁（蒙文） | 萨日娜 | 论文 | |
| 论蒙古文学的游牧文化属性（蒙文） | 乌云巴图 | 论文 | |
| 有限权力论 | 何一兵 | 论文 | |
| 论进一步发挥我区知识分子在四化建设中的作用 | 敖日其愣 | 论文 | |
| 《蒙古秘史》地名"阿舌儿不中合""捌斡舌儿中合惕"考略 | 巴图吉日嘎拉 | 论文 | |

续表

| 成果名称 | 作者 | 成果形式 | 获奖情况 |
| --- | --- | --- | --- |
| 达斡尔族民间神话故事的哲学思想 | 毅松 | 论文 | 三等奖 |
| 清代达斡尔族诗人敖拉·昌兴及其诗歌 | 塔娜 | 论文 | |
| 关于蒙古语族语言词首辅音 n | 包力高 | 论文 | |
| 十一届三中全会以来党对社会主义民族关系理论的发展 | 王勋铭 | 论文 | |
| 草原畜牧业投资机制问题初探 | 额尔敦布和 | 论文 | |
| 民族传统与时代特征——谈新时期蒙古文学认识局限（蒙文） | 青格勒图 | 论文 | 青年奖 |
| 蒙古族文学史（一） | 荣苏赫、赵永铣、贺希格陶克涛 | 专著 | 一等奖 |
| 发生认识论 | 石向实 | 专著 | 二等奖 |
| 历史的探索——蒙古学及民族经济研究文集 | 陈献国 | 论文集 | |
| 各民族共同繁荣的理论指南 | 王勋铭 | 论文 | |
| 21世纪中国少数民族地区的社会—经济发展问题 | 石向实 | 论文 | |
| 内蒙古经济发展差距在哪里——内蒙古经济发展差距问题谈 | 潘照东 | 论文 | |
| 重返关贸总协定对内蒙古工业经济的影响和对策 | 阿岩、李文玉等 | 调研报告 | |
| 论游牧业向现代化畜牧业的转变 | 暴庆五 | 论文 | |
| 社会主义市场经济中的社会公平问题 | 张书琛 | 论文 | |
| 克拉维约东使记 | 巴图吉日嘎拉 | 译著 | 三等奖 |
| 十三章《江格尔》审美意识 | 格日乐 | 专著 | |
| 元代宗教史 | 苏鲁格 | 专著 | |
| 敖拉·昌兴诗选 | 塔娜 | 论文集 | |
| 蒙古文的擦音 h 和零声母 | 包力高 | 论文 | |
| 新时期女性散文文体风度审视 | 冯军胜 | 论文 | |
| 关于精神文明建设与社会主义市场经济 | 苏布达 | 论文 | |
| 艺术模式的嬗变与满都麦的小说创作 | 包斯钦 | 论文 | |
| 民族地区向市场经济过渡的基本主题 | 姜月忠 | 论文 | |
| 蒙古神话传说形象题材问题 | 额尔敦陶克套 | 论文 | |
| 蒙古哲学思想研究四题 | 巴干 | 论文 | |
| 古代蒙古"雅木"分享制初探 | 胡日查毕力格 | 论文 | |

续表

| 成果名称 | 作者 | 成果形式 | 获奖情况 |
| --- | --- | --- | --- |
| 新巴尔虎左旗2000年经济发展战略规划 | 额尔敦布和等7人 | 委托咨询规划 | 三等奖 |
| 蒙古族法制史概述 | 奇格 | 论文 | |
| 对民族地区与发达地区差距的几点认识 | 乌兰察夫 | 论文 | |
| 达斡尔民俗中的伦理思想 | 阿尔泰 | 论文 | |
| 对开发我国人力资源的思考 | 张佩智 | 论文 | |
| 论邓小平同志关于"两手抓"的方法论意义 | 马永真 | 论文 | |
| 内蒙古中南部三处古遗址调查 | 崔树华 | 调研报告 | 青年奖 |
| 达斡尔族传统科学技术初探 | 毅松 | 论文 | |
| 加快发展牧区第三产业的探析 | 图雅 | 论文 | |
| 蒙古神话独特性初探 | 金海 | 论文 | |
| 试析蒙古族近代哲学思想 | 何金山 | 论文 | |
| 论现代畜牧业与投资机制的重塑 | 潘建伟 张立忠 | 论文 | 青年奖 |
| 内蒙古的社会现代化之路 | 石向实 | 专著 | 一等奖 |
| 古代蒙古法制史 | 奇格 | 专著 | |
| 达斡尔文学史略 | 赛音塔娜、托亚 | 专著 | 二等奖 |
| 阿尔寨石窟回鹘蒙古文榜题研究 | 丹森、布仁巴图、嘎日迪等 | 专著 | |
| 美的话语寻觅 | 冯军胜、徐扬 | 专著 | |
| 我国市场经济法律制度 | 刘惊海 | 专著 | |
| 中国各民族原始宗教资料集成（蒙古族卷） | 乌兰察夫 | 资料集 | |
| 转轨时期的蒙古国经济研究 | 敖仁其 | 专著 | |
| 中国牧区资源开发与环境保护 | 潘建伟、乔光华 | 专著 | |
| 蒙汉对外经贸词典 | 敖敦娜 | 工具书 | |
| 高僧将成陵祭典纳入教规的活动 | 胡日查毕力格 | 论文 | 三等奖 |
| 蒙古族哲学思想的萌芽 | 额尔敦陶克陶、齐秀华 | 论文 | |
| 二元对立思维模式与蒙古文学人物形象的二极对位模式 | 金海 | 论文 | |
| 民间说唱艺术家的才华 | 德斯来扎布 | 论文 | |

续表

| 成果名称 | 作者 | 成果形式 | 获奖情况 |
| --- | --- | --- | --- |
| 高级专业技术任职资格评审方式的新思考 | 苏 浩、陈恩波、张佩智 | 论文 | 三等奖 |
| 论教育共识 | 哈布尔 | 论文 | |
| 内蒙古农牧林业生产、技术、效益协调发展诸因素分析及对策 | 宝力格 | 论文 | |
| 试论内蒙古自治区信息产业的发展 | 陈红宇 | 论文 | |
| 蒙古族传统文化论 | 乌云巴图 | 专著 | 二等奖 |
| 蒙古族传统美德 | 乌 恩 | 专著 | |
| 《格斯尔》全书（第一卷） | 布和朝鲁 | 注释 | |
| 西部大开发与内蒙古的可持续发展 | 王关区 | 专著 | |
| 达斡尔族民俗在现代的传承与文化 | 毅 松 | 论文 | |
| 对内蒙古草原畜牧业的再认识 | 敖仁其 | 论文 | |
| 内蒙古高级专门人才心态调查与分析 | 陈红艳 | 调研报告 | |
| 内蒙古自治区经济社会蓝皮书 | 内蒙古社科院课题组 | 专著 | 三等奖 |
| 文化变迁与蒙古小说艺术 | 萨日娜 | 专著 | |
| 中国蒙古学概论 | 吉木斯 | 专著 | |
| 中国人民解放战争时期内蒙古骑兵史 | 牧 仁 | 译著 | |
| 从鄂伦春民族的发展看我国民族政策的调整取向 | 白兰 | 论文 | |
| 绥远城八旗蒙古初探 | 刘蒙林 | 论文 | |
| 中国岩画中的"点"的运用等系列论文 | 冯军胜 | 论文 | |
| 心理咨询业发展浅析 | 阿尔泰 | 论文 | |
| 农牧交错带优先发展战略的研究初论 | 于光军 | 论文 | |
| 少数民族语言文字在西部大开发中的地位和作用 | 奇·斯钦 | 论文 | |
| 西部大开发与西部民族教育 | 陈红宇 | 论文 | 青年奖 |
| 人性的审美关照——阿勇嘎小说创作 | 铁 军 | 论文 | |
| 内蒙古与俄罗斯商品贸易分析 | 焦志强 | 论文 | |
| 牧区牧户生产生活现状及增收对策 | 图 雅 | 调研报告 | |
| 论草原文化在中华文化发展史上的地位与作用 | 内蒙古社科院草原文化研究课题组 | 论文 | 一等奖 |

续表

| 成果名称 | 作者 | 成果形式 | 获奖情况 |
| --- | --- | --- | --- |
| 蒙古族传统理论思维 | 额尔敦陶克套 | 专著 | 二等奖 |
| 辽代政权机构史稿 | 何天明 | 专著 | |
| 最后的游牧帝国——准格尔部落的兴亡 | 晓克 | 译著 | |
| 碧野蓝天竞风流——论草原文化与产业开发 | 潘照东 | 论文 | |
| 关于建立《内蒙古民族文化遗产数据库》的建议 | 巴·布和朝鲁 | 调研报告 | |
| 关于加快我区饲料工业发展的建议 | 乐奇、周晓东 | 调研报告 | |
| 北中国 那远去的鹿群 | 白兰 | 专著 | 三等奖 |
| 蒙古族近现代思想史论 | 宝力格 | 专著 | |
| 中国蒙古文学通史写作论析 | 金海 | 论文 | |
| 蒙古源流吉日嘎朗图本抄写年代考 | 乌·托娅 | 论文 | |
| 沙嘎（羊踝骨）的象征寓意及其文化寻绎 | 王海荣 | 论文 | |
| 制度变迁与游牧文明 | 敖仁其 | 专著 | |
| 内蒙古生态环境治理状况分析与预测 | 天莹 | 论文 | |
| 内蒙古县域经济发展的非均衡性及对区域经济增长的贡献 | 高风 | 调研报告 | |
| 草原文化研究丛书 | 吴团英、马永真 | 专著 | 一等奖 |
| 社会主义市场经济与党的先进性建设 | 蔡常青、于连锐、马俊林 | 专著 | 二等奖 |
| 我国草原退化加剧的深层次原因探析 | 王关区 | 论文 | |
| 文化内蒙古（1—3卷） | 吴团英、马永真、包双龙 | 专著 | 三等奖 |
| 清代右卫和绥远驻防城关系初探 | 刘蒙林 | 论文 | |
| 《元史》高丽驸马王封王史料考辨 | 张岱玉 | 论文 | |
| 达斡尔族人口城市化及其城市人口特点——以呼和浩特市达斡尔族人口为个案 | 娜仁其木格 毅松 | 论文 | |
| 关于内蒙古发展循环经济的思考 | 天莹 | 论文 | |
| 一部绚丽多姿的精神创造史——略论草原民族的文化精神 | 贾喜喜 | 论文 | |
| 诗意与神性——蒙古族作家海泉创作印象 | 乌冉 | 论文 | |
| 清代嵩祝寺蒙古文图书出版考述（蒙文） | 乌·托亚 | 论文 | |
| 关于藏满蒙三文合璧十八合宜教训（蒙文） | 全荣 | 论文 | |

续表

| 成果名称 | 作者 | 成果形式 | 获奖情况 |
| --- | --- | --- | --- |
| 新时期蒙古族文学中的生态伦理诉求（蒙文） | 铁军 | 论文 | 三等奖 |
| 转型时期蒙古族儿童文学的建设（一、二）（蒙） | 乌兰格日乐 | 论文 | |
| 内蒙古持续快速发展与人才支撑研究 | 蔡常青 | 著作 | 一等奖 |
| 崇尚自然践行开放恪守信义——论草原文化核心理念 | 内蒙古社会科学院草原文化研究课题组 | 系列论文 | |
| 土默特史 | 晓克 | 专著 | 二等奖 |
| 草原生态经济系统良性循环之研究 | 王关区 | 专著 | |
| 蒙古语名词术语研究 | 巴特尔 | 著作（蒙） | |
| 成陵祭祀文化研究 | 胡尔查毕力格 | 著作（蒙） | |
| 草原那达慕 | 德力格尔 | 专著 | 三等奖 |
| 河套地区北魏以前古代民族初探 | 何天明 | 论文 | |
| 参照系、切入口与着力点——中国西部文化产业发展战略研究 | 无极 | 论文 | |
| 人的力量的有限性与再现生活本来面目的叙事策略——巴·格日勒图小说的一种解读 | 莎日娜 | 论文（蒙） | |
| 《圣主成吉思汗史》版本考 | 全荣 | 论文（蒙） | |
| 卡尔梅克语语法 | 范丽君 | 译著 | |
| 现代化过程中的鄂伦春族经济和文化调研报告 | 白兰 | 调研报告 | |
| 红山诸文化与游牧民族原始宗教比较研究 | 王其格 | 论文（蒙） | |
| 达斡尔族新农村新牧区文化建设研究报告 | 毅松 娜仁其木格 | 研究报告 | |
| 鄂温克族教育现状及发展调查 | 涂建军 | 调研报告 | |
| 大夏国铁匈奴社会经济状况探析 | 胡玉春 | 论文 | 二等奖 |
| 内蒙古草原人口与生态问题研究 | 天莹 | 专著 | |
| 游牧思想论 | 额尔敦陶克套 | 专著 | |
| 布林研究 I | 莎日娜 | 专著（蒙） | |
| 蒙古民间动物故事研究 | 崔斯琴 | 专著（蒙） | |
| 民族地区构建社会主义核心价值体系的思考 | 内蒙古社会科学院政治学与法学研究所课题组 | 论文 | 三等奖 |

续表

| 成果名称 | 作者 | 成果形式 | 获奖情况 |
|---|---|---|---|
| 母语与语言安全问题——纪念第十二个国际母语日 | 达·巴特尔 | 论文 | 三等奖 |
| 牧区经济发展中存在的主要问题及其对策 | 王关区 | 论文 | |
| 蒙古族好汉歌研究 | 王海荣 | 专著（蒙） | |
| 《实验语音学标注的蒙古语语料库》建设中所遇到的难题及其解决方法 | 山丹 | 论文（蒙） | |
| 卡尔梅克语数词研究 | 秀花 | 论文（蒙） | |
| 蒙古族文学批评现象研究 | 那·格根萨日（亮月） | 专著（蒙） | |
| 《彰所知论》蒙汉译文研究 | 乌红梅 | 专著（蒙） | |
| 论匈奴世袭制度 | 李春梅 | 论文 | |
| 资料分析与历史解读——从百灵庙自治运动到绥境蒙政会成立 | 长命 | 专著 | |
| 合理利用牧场制度的理论思考与案例分享 | 敖仁其 | 论文 | |
| "土木之变"至隆庆和议前明朝对蒙古的消极固守应付政策 | 于默颖 | 论文 | 二等奖 |
| 内蒙古自治区志·社会科学志 | 马永真（主编） | 专著 | |
| 草原生物多样性保护及生态补偿机制研究 | 天莹 | 专著 | |
| 蒙古族现代诗歌研究 | 黄金 | 专著（蒙） | |
| 《元朝秘史》畏吾体蒙古文再复原及其拉丁转写 | 鲍·包力高、齐木德道尔吉、巴图赛恒、乌兰、庄永兴 | 专著（蒙） | |
| 《圣主成吉思汗史》研究 | 全荣 | 专著（蒙） | |
| 把权力关进制度的笼子里 | 张志华、无极 | 研究报告 | 三等奖 |
| 赫连夏地方州、镇（城）考 | 胡玉春 | 论文 | |
| 明开平卫置迁考述 | 翟禹 | 论文 | |
| 绥远地区自立教会考 | 刘春子 | 论文 | |
| 走出森林草原——达斡尔族人口城市化研究 | 娜仁其木格、毅松、德红英 | 专著 | |
| 水资源约束下的内蒙古自治区粮食增产问题研究 | 韩成福 | 论文 | |

续表

| 成果名称 | 作者 | 成果形式 | 获奖情况 |
|---|---|---|---|
| 草原生态保护补奖机制实施中存在的问题及对策 | 额尔敦乌日图、花蕊 | 论文 | 三等奖 |
| 地方社会科学院图书馆学科服务与学科化信息共享空间的构建 | 陈红宇 | 论文 | |
| 蒙古语"dain、dailaldugan、baildugan、tululdugan、mθrguldugen"等词的细微差别 | 金书包 | 论文（蒙） | |
| 现代蒙古语常用亲属称谓词的语义分析 | 哈申格日乐 | 专著（蒙） | |
| 对科尔沁地区巨额彩礼的人类学审视 | 塔娜 | 论文（蒙） | |
| 蒙古族敖包祭祀仪式举行日期和古代历法之间的关联 | 那仁毕力格 | 论文 | |

（二）2014年以前内蒙古社会科学院获得内蒙古自治区精神文明建设"五个一工程"奖成果*

| 届次 | 时间 | 成果形式 | 作者 | 成果名称 | 出版发表时间 |
|---|---|---|---|---|---|
| 第二届 | 1994 | 文章 | 潘照东 | 内蒙古自治区科技兴农兴牧调查 | 1994年第12期 |
| 第三届 | 1995 | 文章 | 于光军 | 建立现代企业制度的关键在于确立国有资产的运营机制 | 1995年第3期 |
| 第四届 | 1996 | 文章 | 张锦贻 | 20世纪中国儿童文学研究略论 | 1996年第2期 |
| 第六届 | 1998 | 图书 | 石向实 | 内蒙古的社会现代化之路 | 1998.12 |
| 第六届 | 1998 | 文章 | 天莹 | 草原资源开发与环境保护的生态经济学思考 | 1998年第4期 |
| 第十届 | 2006—2008 | 图书 | 乌·托亚 | 蒙古古代书籍史 | 2008.7 |
| 第十届 | 2006—2008 | 图书 | 莎日娜 | 插图本蒙古族经典历史故事传说 | 2006.12 |
| 第十一届 | 2009—2011 | 图书 | 那格根萨日 | 蒙古族文学批评现象研究 | 2011.11 |
| 第十一届 | 2009—2011 | 图书 | 崔斯琴 | 蒙古民间动物故事研究 | 2011.3 |

\* 注：在本页的表格中的"出版发表时间"一栏，年、月使用阿拉伯数字，且"年""月"两字省略（发表期数除外，保留"年"字），"年"用"."代替。

## 二、2015年完成科研成果情况

2015年，内蒙古社科院共完成著作26部，8031.8千字；论文342篇，5638千字；研究报告123篇，3782千字；访谈6篇，18千字及75分钟；规划文本5篇，41.1千字；综述19篇，167.45千字；注释2篇，850千字；述评1篇，2千字；评论4篇，30.8千字；资料整理1篇，15千字；立法说明1篇，4千字；法规草案1篇，4.3千字；教材2部100千字；资料汇编2部，62千字；人物介绍1篇，6.1千字；咨询报告3篇，34千字；词库1部，3000千字；平台建设2项，2千字；6千字；专利1项，10千字；计算机软件7种，270千行。

## 三、2015年主要科研成果

### （一）发表于《光明日报》以及核心期刊成果12篇

刘万华等：《"四个全面"：实现民族地区治理现代化的根本引领》，发表于《光明日报》，2015年11月8日。

马永真、刘蒙林：《民族史研究中应重视的几个问题》，发表于《西域研究》，2015年第1期。

马永真：《中国回族区域性口述史料的内容范畴、特点和价值——以民国时期呼和浩特市回族口述史为例》，发表于《回族研究》，2015年第3期。

毅松、娜仁其木格：《达斡尔族人口分布状况及特点》，发表于《黑龙江民族丛刊》，2015年第2期。

天莹、武振国：《提升内蒙古城镇化水平的对策研究》，发表于《内蒙古社会科学》，2015年第6期。

李春梅：《匈奴族早期历史与阴山河套的关系》，发表于《内蒙古社会科学》，2015年第4期。

那仁毕力格：《萨满教对游牧文化核心价值观形成与发展的作用》，发表于《内蒙古社会科学》，2015年第2期。

胡玉春：《贺兰部考略》，发表于《内蒙古社会科学》，2015年第5期。

刘春子：《20世纪30年代的绥远乡村建设委员会探讨》，发表于《内蒙古社会科学》，2015年第3期。

文明：《内蒙古农村牧区土地流转问题研究》，发表于《内蒙古社会科学》，2015年第2期。

牧仁：《社会保障公共服务模式创新研究》，发表于《经济纵横》，2015年第6期。

张立伟：《促进我国数字出版产业技术创新的对策研究》，发表于《求是学刊》，2015年第1期，被《新华文摘》2015年第8期"篇目辑览"栏目转载。

### （二）主要科研成果

成果名称：《内蒙古经济社会发展报告2014》

作者：刘万华

职称：研究员

成果形式：研究报告集

字数：385千字

出版机构：内蒙古出版集团、远方出版社

出版时间：2015年1月

该报告又称为内蒙古经济社会发展蓝皮书，是由内蒙古社会科学院组织撰写的连续性年度智库产品，也是内蒙古社会科学院服务决策、服务内蒙古发展的重要学术载体。从2006年第一本内蒙古经济社会发展蓝皮书出版到现在，已连续出版10年了。该书在以往的基础上进行了改版，由原来的综合编、经济篇、社会篇3个篇目，调整为综合篇、经济发展篇、社会发展篇、地区发展篇、专题研究篇等5个篇目。为各级党委、政府科学决策，为有关部门和行业研判区情发挥了较好的作用。同时，也成为社会各界全面了解内蒙古的重要窗口。特别是每年在自治区"两会"上，向与会的人大代表、政协委员赠阅，方便了各位代表和委员及时了解情况及更好地参政议政，深受好评。

**成果名称**：《"四个全面"：实现民族地区治理现代化的根本引领》
作者：刘万华
职称：研究员
发表刊物：《光明日报》
发表时间：2015年11月8日

对于民族地区而言，协调推进"四个全面"战略布局更是实现其治理现代化的根本引领。进一步深化对"四个全面"战略布局的学习理解，凝聚更加广泛的共识和力量，在谋小康之业、扬改革之帆、行法治之道、筑执政之基上争创新的业绩，以实际行动进一步推动民族地区治理现代化建设。以党的坚强有力领导推进民族地区治理现代化建设，进一步把内蒙古打造成经济发展、文化繁荣、民族团结、边疆安宁、生态文明、各族人民幸福生活的亮丽风景线。

**成果名称**：《民族史研究中应重视的几个问题》
作者：马永真、刘蒙林
职称：研究员
发表刊物：《西域研究》第1期

该文结合当前民族史研究的需要，提出：应重视民族史在中国历史中的地位研究、应注重对民族关系史的研究、应加强对汉族史的研究，应注重对民族史研究的新理论、新方法的借鉴和运用，应加强对民族史研究的史料收集和整理工作。该文为作者在2014年9月《新疆通史》编委会举办的"新疆民族史学术研讨会"上的大会主旨发言。

**成果名称**：《农牧业和农村牧区发展的机遇与挑战探讨》
作者：王关区
职称：研究员
发表刊物：《内蒙古自治区经济社会发展报告2015》

提出新常态下内蒙古农牧业发展挑战与机遇并存。新常态的经济发展是适中、适度的发展，农牧业经济增长的相对中低速不再显得慢，而农牧业持续、稳定、健康的发展正是新常态下推动总体经济高质量、高效益发展所必需的。新常态要求更加重视农牧业发展，不断强化农牧业的基础地位。目前，内蒙古农牧业发展也面临诸多的挑战与难题，如农牧业发展的创新驱动力不足，农牧业发展的现代化水准较低，粮食供给的结构性矛盾加剧，部分农畜产品成本上升、价格下降、利润减少。在新常态下，内蒙古农牧业发展迎来了新的机遇，表现在更加有利于农村牧区产业结构特别是农牧业结构的优化升级，更加有利于科学技术进步、推进农牧业创新发展，更加有利于生态文明建设、加速农村牧区绿色发展，更加有利于城乡协调发展、有效提升农村牧区公共服务水平。

**成果名称**：《"中蒙俄经济走廊"建设的重大意义和对策》
作者：马永真、范丽君
职称：研究员
发表刊物：《领导参阅》
发表时间：2015年第3期

"中蒙俄经济走廊"是三国经济合作的新模式，加强"中蒙俄经济走廊"建设，一要推进基础设施"互联互通"建设；二要发挥文化外交的柔性作用；三要以地方合作、边境合作为基点，构建三国经济合作新机制。

**成果名称**：《有效发挥智库引擎作用，助力"中蒙俄经济走廊"建设》
作者：张志华

职称：副研究员

发表刊物：《领导参阅》

发表时间：2016 年第 1 期

该成果认为，加强智库交流合作是推动"中蒙俄经济走廊"建设的重要引擎。一方面智库能够通过发挥专业研究能力，影响政府决策及公众意识，在加强政策引导和阐释、加大理解与共识，破解难题和困境方面发挥重要作用；另一方面通过"智库+"的模式，形成全智能智库服务链条，为推进"中蒙俄经济走廊"建设提供智力支持。提出要从构建三国智库网络平台、建立常态化智库对话与合作研究机制等方面推进三国智库间交流合作。

成果名称：《内蒙古在中蒙俄经济走廊建设中的战略地位研究》

作者：王启颖

职称：助理研究员

发表刊物：《内蒙古自治区经济社会发展报告 2015》

该成果对内蒙古参与"中蒙俄经济走廊"建设提出三点建议：一是在大力发展中蒙俄能源合作的同时，积极推进非能源经济领域合作，实现全方位发展；二是发挥智库作用，深化对内蒙古与俄蒙经济合作各领域的研究，为政府决策提供智力支持；三是充分发挥蒙古族等跨境民族文化与情感相通的纽带作用，推动三国民心相通。

成果名称：《内蒙古人口发展特点及影响研究》

作者：双宝等

职称：副研究员

发表刊物：《内蒙古自治区经济社会发展报告 2015》

内蒙古人口结构中存在以下三个"短板"，即基础性"短板"——人口老龄化与就业难问题；整合性"短板"——空巢养老与性别比失衡问题；流动性"短板"——乡村空心化与流动人口半城镇化问题。这三个人口结构性"短板"相互联系、相互制约，对经济社会发展的影响是多方位和长远的。少子化和老龄化加剧了空巢老人养老问题。与老龄化对应的是，以劳动年龄人口比重高位运行和人力资本结构不合理为特征的就业难问题仍然突出。流动人口基本公共服务缺失和"老人农牧业"问题并存。性别比失衡，尤其乡村因女性稀缺和婚姻成本提高而出现了大量的"光棍群体"。

成果名称：《内蒙古城市发展思路研究》

作者：天莹等

职称：研究员

发表刊物：《内蒙古自治区经济社会发展报告 2015》

该文提出内蒙古城市建设和发展取得了显著成效，但还存在 6 个不可忽视的问题：一是中等城市数量偏少，小城市数量偏多，城市集聚效益偏低。二是城市规模和空间分布与水资源配置不够合理，人均水资源偏少的西部城市（镇）集中了 56% 的市镇人口，水资源相对丰富的东部城市（镇）集中了 44% 的市镇人口。三是城市科技人才保有量低于全国平均数，依靠科技促进城市发展的内生动力不足。四是一些城市建设盲目追求大马路、大广场、大框架及过高的城市人口目标，导致城市土地利用不够集约、运行成本偏高。五是城市市政建设存在重地上设施建设轻地下管网建设和改造，重工程建设轻生态系统自身功能的合理利用。六是城市就业压力仍然较大，就业结构性矛盾比较突出；社会保障扩面困难，基金支付压力不断加大。对上述城市发展中面临的问题，应积极应对，加以解决。

成果名称：《内蒙古"十三五"推进

农牧业现代化的对策建议》

作者：韩成福

职称：副研究员

发表刊物：《内蒙古自治区经济社会发展报告2015》

该文提出"十三五"期间内蒙古应当加快农畜产品供给侧结构性改革。针对内蒙古存在着农产品结构性过剩、资源环境趋紧；畜产品供给同质化、类同化；农畜产品国际竞争激烈；生产销售成本上升等问题，提出以下策略：第一，促进粮经饲协调发展，改善农田生态系统，加强畜产品原产地品牌建设，差别化供给绿色有机农畜产品；第二，培养新型职业农牧民和经营主体；第三，推进农畜产品质量安全追溯和信用体系建设；第四，通过电商、大数据、物联网技术，升级农畜产品生产销售方式，提高效率。目的就是提高农畜产品供给体系质量和效率，使农畜产品供给数量充足，品种和质量契合消费者需求，形成结构合理、保障有力的农畜产品有效供给。

成果名称：《内蒙古禁毒宣传教育社会效果评估》

成果形式：内蒙古社科院受内蒙古自治区公安厅委托完成的作为第三方评估报告

目前内蒙古自治区毒情呈现出合成毒品消费市场扩大、毒品涉及区域扩大、中西部地区的毒情形势较为严重、吸食毒品低龄化现象愈加凸显的特点。内蒙古自治区禁毒工作存在问题和不足是：（1）个别地方和部门重打击、轻防范，对禁毒宣传教育和预防工作重视不够、投入不足。（2）禁毒工作领导体系、工作机制、队伍建设有待进一步优化和加强，效果评估和激励机制还不健全。（3）禁毒宣传教育还不能完全适应快速变化的毒情形势，针对性、实效性有待提高。（4）社会公众禁毒法律意识需要加强培养。（5）禁毒地方立法严重滞后。因此，提出我区禁毒形势不容乐观，亟待改进相关工作。

成果名称：内蒙古社会科学院组织课题组对内蒙古敖包进行了专项普查

成果形式：普查范围为全区12个盟市，在全区共调查到3747座敖包的有效信息，使内蒙古敖包第一次有了具体的统计数据

在普查中还收集到诸如萨满敖包、女性敖包、墓冢敖包、蒙汉合祭敖包等特殊类型敖包的详细资料，发现了书敖包、歌手敖包、摔跤手敖包等新敖包类型，为敖包文化的深入研究积累了丰富的第一手资料。课题组根据敖包文化的自身特点，以"古老的敖包、有较大影响的敖包、有特色的敖包、有故事的敖包、大型共祭敖包"为知名敖包标准，经专家会议评审，确定70座敖包为内蒙古知名敖包。敖包普查及"内蒙古知名敖包"的评出，对于深化内蒙古敖包文化的研究、传承，弘扬敖包文化蕴含着的崇尚自然、天人相谐、祝福吉祥等人文精神，将会产生积极的意义。

成果名称：《草原文化的自觉与自信》，作者：毅松研究员；《增强文化自信 繁荣草原文化》，作者：马永真研究员；《草原文化凭什么自信》，作者：陶克套研究员。

成果形式及发表刊物、时间：三篇系列论文发表于2015年6月26日《内蒙古日报》

该系列论文首次系统阐述了草原文化自信的观点。认为，文化自觉、文化自信是一个国家、一个地区、一个民族文化发展的坚定信念和内在动力，草原文化自觉、自信，是内蒙古文化建设的重要根基。提出草原文化自信是中华文化自信的重要组成部分。草原文化自信来源于对草原文化历史地位、丰富内涵、特色以及发展实践的深刻认识，来源于海纳百川的开放包容

精神。增强草原文化自信要抓好以下三个方面的工作：(1)汲取草原文化厚重的文化资源，为内蒙古文化建设构筑坚实的基础。(2)激发草原文化的生机活力，推动内蒙古文化事业创新发展。(3)以草原文化彰显地区文化特色与底蕴，塑造内蒙古的文化形象。

成果名称：基于蒙古文标准编码实现跨平台输入

经内蒙古社会科学院科研人员研究，推出适用于 Windows/Android/Linux 多种操作系统的蒙古文 OpenType 字库 26 款，以及适用于苹果电脑和手机操作系统的蒙古文 AAT 字库 6 款的蒙古文跨平台输入法，实现了蒙古文输入法在 Windows/Android/Linux/IOS 四大主流操作系统平台上的跨平台录入。该跨平台输入法不仅保留了统一的键盘布局，而且没有因跨平台技术而改变人们已形成的录入习惯，极大地方便了用户在各种不同操作系统环境下的习惯录入，极大地满足了人们各种不同的个性化输入需求，既兼顾易用，又兼顾快速，更兼顾读音准确，改变了以往只能单平台输入、跨平台不兼容的局面。

## 第六节 学术人物

一、内蒙古社会科学院在职正高级专业技术人员

| 姓名 | 出生年月 | 学历/学位 | 职务 | 职称 | 主要学术兼职 | 代表作 |
| --- | --- | --- | --- | --- | --- | --- |
| 马永真 | 1956.9 | 大学本科 | 院长 | 研究员 | 中国回族学会常务理事，内蒙古草原文化学会会长 | 《知识分子工作领导艺术》《内蒙古旅游文化丛书》《草原文化》 |
| 毅 松 | 1960.9 | 大学本科 | 副院长 | 研究员 | 内蒙古达斡尔学会副理事长、内蒙古民间文艺家协会副主席 | 《中国少数民族村寨调查·达斡尔族哈力村调查》《达斡尔族鄂温克族鄂伦春族文化研究》 |
| 金 海 | 1963.7 | 博士研究生 | 副院长 | 研究员 | 中国蒙古学学会秘书长，中国蒙古文学学会副会长，内蒙古草原文化学会副会长 | 《蒙古神话的人类学研究》《草原精神文化研究》《中国新时期蒙古学回顾与反思》 |
| 额尔敦陶克套 | 1963.10 | 大学本科 | 所长 | 研究员 | 中国蒙古学学会常务理事，内蒙古哲学学会副会长 | 《蒙古族传统理论思维》《蒙古文化丛书——哲学》《蒙古族思想家丛书——成吉思汗》 |
| 于光军 | 1963.11 | 硕士研究生 | 所长 | 研究员 | 内蒙古财政学会常务理事 | 《内蒙古发展问题研究集萃》《供给侧结构性改革与内蒙古新经济发展》 |
| 王关区 | 1963.8 | 大学本科 | 所长 | 研究员 | 中国畜牧业经济学会常务理事、内蒙古民族经济学会副会长 | 《草原生态经济系统良性循环之研究》《草原生态文化研究》《草原生态经济协调发展》 |

续表

| 姓名 | 出生年月 | 学历/学位 | 职务 | 职称 | 主要学术兼职 | 代表作 |
|---|---|---|---|---|---|---|
| 布和朝鲁 | 1959.10 | 大学本科 | 所长 | 研究员 | 中国蒙古文学学会秘书长 | 《隆福寺〈格斯尔〉》《青海〈格斯尔〉》《蒙古包文化》《论蒙古族民间仪式歌的演唱传统》 |
| 白兰 | 1958.3 | 大学本科 | 名誉所长 | 研究员 | 中国民族学研究会常务理事，中国世界民族研究会常务理事，内蒙古民族理论研究会常务理事 | 《鄂伦春族》《北中国那远去的鹿群》《飘雪的兴安岭》《鄂伦春族文化研究》《高高的兴安岭——鄂伦春族风情》 |
| 王其格 | 1960.10 | 硕士研究生 | 所长 | 研究员 | 内蒙古自治区草原文化学会副会长兼秘书长，中国蒙古学学会理事 | 《红山诸文化与北方游牧民族原始信仰比较研究》《草原敖包文化研究》 |
| 斯林格 | 1956.11 | 大学本科 | 所长 | 研究员 | 中国蒙古学学会常务理事，中国蒙古国研究会常务理事， | 《当代蒙古国宗教问题研究》《中蒙关系史》《蒙古国动态研究》 |
| 天莹 | 1965.6 | 硕士研究生 | 所长 | 研究员 | 中国生态经济学会理事 | 《草原生物多样性保护及生态补偿机制研究》《内蒙古草原人口与生态问题研究》 |
| 莎日娜 | 1962.9 | 硕士研究生 | — | 研究员 | 中国蒙古文学学会副理事长，内蒙古文学翻译家协会副主席 | 《布林研究》《蒙古族饮食文化》《20世纪蒙古族小说创作方法研究》《女性文学与蒙古族女作家》 |
| 格日乐 | 1957.6 | 硕士研究生 | — | 研究员 | 中国蒙古学学会副秘书长、中国《江格尔研究会副秘书长》 | 《比较文学论稿》《十三章〈江格尔〉审美意识》《黄金史》 |
| 斯琴高娃 | 1960.3 | 大学本科 | — | 研究馆员 | — | 《蒙古文文献与信息研究》《中国蒙古文古籍总目》《蒙古文大藏经》 |

续表

| 姓名 | 出生年月 | 学历/学位 | 职务 | 职称 | 主要学术兼职 | 代表作 |
|---|---|---|---|---|---|---|
| 巴图赛恒 | 1958.8 | 大学本科 | — | 研究员 | 中国蒙古学学会理事；中国蒙古语文学会常务理事 | 《现代蒙古语语音学》、《蒙日拟态词简释》、《〈蒙古秘史〉畏吾体蒙古文再复原及其拉丁转写》（上、下册） |
| 苏雅拉图 | 1956.4 | 大学本科 | — | 研究员 | 中国蒙古学学会副会长 | 《蒙古文 WPS2002 办公软件》《蒙古文多变体附加成分智能化处理研究》《蒙古文整词编码研究》 |
| 牧 仁 | 1957.9 | 大学本科 | 总编 | 编审 | — | 《社会保障公共服务模式创新研究》《内蒙古牧区城镇化进程中牧民可持续生计问题研究》 |
| 敖仁其 | 1957.7 | 大学本科 | — | 研究员 | 内蒙古少数民族经济学会常务副理事长，中国蒙古国研究会理事 | 《转轨时期蒙古国经济研究》《牧区制度与政策研究》《草原·牧区·游牧文明文集》 |
| 巴 图 | 1960.9 | 大学本科 | — | 研究员 | 中国蒙古学学会理事，中国蒙古语文学会社会语言分学会副会长 | 《格斯尔全书》（卷一、卷四、卷六、卷九、卷十一） |
| 图 雅 | 1964.5 | 大学本科 | — | 研究员 | 内蒙古少数民族经济研究会常务理事 | 《我国牧民消费问题实证研究》《谈对牧区未来有关问题的思考》《新牧区建设中值得关注的几个问题》 |
| 高 凤 | 1964.8 | 大学本科 | — | 研究员 | — | 《西部大开发后续政策研究》《内蒙古县域经济发展的非均衡性及对区域经济增长的贡献》 |
| 范丽君 | 1969.3 | 硕士研究生 | — | 研究员 | 内蒙古俄罗斯民族研究会理事 | 《卡尔梅克语语法》《蒙古郡都与俄罗斯》《新世纪俄蒙关系与东北亚区域合作》 |

续表

| 姓名 | 出生年月 | 学历/学位 | 职务 | 职称 | 主要学术兼职 | 代表作 |
|---|---|---|---|---|---|---|
| 托亚 | 1962.12 | 大学本科 | — | 研究馆员 | — | 《蒙古古代书记史》《蒙古文出版史》《蒙古文大藏经》 |
| 白双成 | 1974.9 | 大学本科 | — | 研究员 | 中文信息学会会员 | 《蒙古文输入法输入码方案研究》《蒙古文多层次形态分析研究》 |
| 长命 | 1965.5 | 博士研究生 | — | 研究员 | — | 《科尔沁史纲》《资料分析与历史解读——从百灵庙自治运动到绥境蒙政会成立》《蒙古族思想家——乌兰夫》 |

## 二、建院以来内蒙古自治区社会科学院离退休正高级专业技术人员

| 姓名 | 出生年月 | 学历/学位 | 职务 | 职称 | 主要学术兼职 | 代表作 |
|---|---|---|---|---|---|---|
| 巴达荣嘎 | 1917.1 | 大学 | — | 研究员 | — | 《民族教育的发展》《蒙古与青海》《蒙古马政史》《达斡尔族诗歌选》 |
| 朱凤 | 1922.3 | 大学 | 原副所长 | 研究员 | 原中国蒙古史学会常务理事 | 《庚申外史》《汉译蒙古黄金史纲》 |
| 茂敖海 | 1921.3 | 大学 | — | 研究员 | — | 《中国共产党的民族政策》《也谈马克思主义民族观》《按照民族问题的规律解决民族问题》 |
| 珠荣嘎 | 1920.12 | 大学 | 原副所长 | 研究员 | 原中国蒙古史学会理事 | 《明代蒙古族简史》《阿勒坦汗传》《十七世纪土默特部的历法》 |
| 齐木道尔吉 | 1921.2 | 大学 | 原副所长 | 研究员 | — | 《蒙古族文学简史》《蒙古族图腾神话》《纵谈蒙古"格斯尔"》 |
| 斯平 | 1926.8 | 大学 | 原党委书记 | 研究员 | — | 《团结建设中的内蒙古》《内蒙古社会发展与变迁》《当代内蒙古简史》 |

续表

| 姓 名 | 出生年月 | 学历/学位 | 职 务 | 职称 | 主要学术兼职 | 代表作 |
|---|---|---|---|---|---|---|
| 色道尔吉 | 1925.7 | 大学 | — | 研究员 | 原中国蒙古文学学会理事 | 《江格尔》《蒙古族的文学》《蒙古黄金史》 |
| 舒振邦 | 1929.11 | 大学 | — | 研究员 | — | 《中国古代北方各族简史》《略谈蒙古族对元代历史的重大贡献》 |
| 图力更 | 1930.11 | 研究生 | 原所长 | 研究员 | — | 《现代蒙古语研究概论》《现代蒙古语——词汇学》《论蒙古语言历史发展及其诸方言的形成》 |
| 洪用斌 | 1931.9 | 大学 | — | 研究员 | — | 《元代的流民问题》《元代的棉花生产和棉纺业》《侍僧释宗泐和他的诗》 |
| 赵复兴 | 1931.5 | 初中 | — | 研究员 | — | 《鄂伦春族简史》《鄂温克人的原始社会形态》《狍子和鄂伦春人的衣、食、住、行》 |
| 陈 文 | 1933.4 | 大学 | 原所长 | 研究员 | 原中国畜牧业经济年会常务理事 | 《内蒙古自治区经济发展概论》《内蒙古社会科学通览》 |
| 诺尔金 | 1936.9 | 大学 | 原所长 | 研究员 | 原中国蒙古语言学会理事 | 《蒙古书面语辅语连缀规律》《蒙文字母体系》《蒙文正字法总则》 |
| 卢明辉 | 1934.12 | 大学 | — | 研究员 | — | 《蒙古"自治运动"始末》《中国蒙古史研究概况》《蒙古族历史人物论集》 |
| 崔 璿 | 1933.5 | 大学 | — | 研究员 | — | 《内蒙古发现的秦文化遗存》《内蒙古考古》《内蒙古先秦时期畜牧遗存述论》 |

续表

| 姓　名 | 出生年月 | 学历/学位 | 职　务 | 职称 | 主要学术兼职 | 代表作 |
|---|---|---|---|---|---|---|
| 留金锁 | 1935.11 | 大专 | 原所长 | 研究员 | 原中国蒙古史学会副理事长 | 《13—17世纪蒙古历史编纂学》《蒙古族通史》《十善福白史册》《黄金史纲》 |
| 包力高 | 1938.12 | 研究生 | — | 研究员 | — | 《蒙古文字简史》《蒙古语长元音的形成与发展》《蒙古书面语元音间未脱落的辅音 γ~g》 |
| 银福禄 | 1938.3 | 大学 | 原副院长 | 研究员 | 曾兼任内蒙古哲学学会副会长、内蒙古社会主义学会副会长 | 《论对立的相对性和联系的绝对性》《论稳定在发展中的意义》 |
| 王勋明 | 1938.12 | 大学 | 原所长 | 研究员 | — | 《关于民族的几个理论问题》《关于"民族"的断想》《关于民族关系的几个理论认识问题》 |
| 巴干 | 1940.4 | 大专 | — | 研究员 | — | 《蒙古族哲学思想史研究》《蒙古族无神论史》《忽必烈思想研究》 |
| 额尔德木图 | 1939.7 | 大学 | 原副总编 | 编审 | — | 《蒙古婚俗》（合著）、《关于萨满教及其社会影响》 |
| 郭冠连 | 1939.2 | 大学 | 原所长 | 研究员 | — | 《特睦格图传》《蒙古学10年》《蒙古博尔济吉忒氏族谱》 |
| 赛音塔娜 | 1939.12 | 大学 | — | 研究员 | 原内蒙古达斡尔族学会常务理事、内蒙古民俗学会常务理事、中国民俗学会常务理事 | 《敖拉昌兴诗选》《达斡尔族文学史略》《中国民俗大系·内蒙古民俗》 |
| 奇格 | 1941.5 | 大学 | 原所长 | 研究员 | — | 《古代蒙古法治史》《近代蒙古族人民反帝反封斗争》《成吉思汗统一蒙古诸部》 |

续表

| 姓　名 | 出生年月 | 学历/学位 | 职　务 | 职　称 | 主要学术兼职 | 代表作 |
|---|---|---|---|---|---|---|
| 暴庆五 | 1940.11 | 大学 | 原所长 | 研究员 | — | 《生态畜牧业构想》《论草场地产经管制度》《蒙古族生态经济研究》 |
| 扎拉丰嘎 | 1941.11 | 大学 | — | 研究员 | 原内蒙古文学研究会副会长秘书长，内蒙古戏剧家协会常务理事 | 《蒙古族文学通史》《蒙古族当代文学史》 |
| 乔　吉 | 1941.1 | 大学 | — | 研究员 | — | 《蒙古佛教史——大蒙古国时期》《蒙古佛教史——元朝时期》《蒙古佛教史——北元时期》 |
| 楚伦巴根 | 1940.11 | 研究生 | — | — | 原中国蒙古语言学会，中国少数民族文学学会 | 《与蒙古族族源有关的匈奴语若干词汇新释》《从社会语言学角度研究蒙古语》 |
| 浩斯巴特尔 | 1941.1 | 大学 | — | 研究员 | 原中国蒙古文期刊学会理事 | 《关于学术刊物编辑素质修养的思考》《蒙古语研究与刊物关系》 |
| 满都夫 | 1944.3 | 大学 | — | 研究员 | 原中国美学学会理事 | 《神奇的马头琴》《纪录片人的使命》《中国民歌魂》《论蒙古萨满性质与世界观》 |
| 丹森尼玛 | 1946.1 | 研究生 | — | — | 原中国蒙古文学学会理事 | 《简明蒙古语成语词典》《现代蒙古语研究概论》《蒙古文字起源考》 |
| 斯　钦 | 1952.11 | 大学 | 原所长 | 研究员 | — | 《批评的视角》《草原精神文化研究》《社会转型期蒙古文学思潮研究》 |
| 阿　岩 | 1952.7 | 大学 | — | 研究员 | — | — |
| 何莲喜 | 1952.1 | 大学 | 原副所长 | 研究员 | — | 《蒙古语词的多义研究》《论用义素分析法阐释词的多种含义》《关于满蒙书面语汉语借词的研究》 |

续表

| 姓　名 | 出生年月 | 学历/学位 | 职务 | 职称 | 主要学术兼职 | 代表作 |
|---|---|---|---|---|---|---|
| 潘照东 | 1953.9 | 大学 | — | 研究员 | 中国少数民族经济研究会理事、中国生产力经济学研究会理事、中国工业经济研究会理事。 | 《中华文化大系比较研究——草原文化对中华文化的历史贡献》《开发经济学导论》《通向繁荣的探索》 |
| 阿腾生卜尔 | 1954.11 | 大学 | — | 研究员 | — | 《古今宝史纲》《"庚申外史"译注》《鄂尔多斯格斯尔汗注释》 |
| 巴特尔 | 1954.2 | 大学 | 原所长 | 研究员 | 中国蒙古语文学会副会长、中国辞书学会常务理事 | 《蒙古语名词术语研究》、《汉蒙词典》（第三版）、《辞书本体论》 |

## 第七节　2015 年大事记

**一月**

1 月 19 日，内蒙古社会科学院组织召开科研成果新闻发布会，首次以"捆绑"方式集中向社会公布内蒙古社会科学院重大科研成果和重大科研项目进展情况。并将每年 1 月 18 日前后定为年度科研成果发布日，实现科研成果集中发布和重大成果随时发布的常态化。

**七月**

7 月 1 日，内蒙古自治区政府新闻办召开新闻发布会，向社会发布了由内蒙古社会科学院组织评选的"内蒙古十大文化符号"，引起积极的社会反响。内蒙古自治区党委宣传部将此信息报送中宣部，中共中央政治局委员、中央书记处书记、中宣部部长刘奇葆同志给予肯定，并作重要批示。内蒙古社会科学院与内蒙古蒙语卫视联合摄制的 11 集电视系列访谈节目——《专家解读"内蒙古十大文化符号"》，播出后引起社会各界良好反响。

7 月，内蒙古社会科学院举办第十八届全国社会科学院院长联席会议，来自中国社会科学院、31 个省区市社科院、7 个城市社科院及内蒙古社会科学院 9 个分院共 200 多名代表参加了会议。会议就"加强中国特色新型智库建设"交流了经验，提出了建设性的意见和建议。

**八月**

8 月，内蒙古社会科学院举办主题为"草原丝绸之路与世界文明"的中国第四届蒙古学国际学术研讨会。中国社会科学院院长王伟光、蒙古国科学院副院长图·道尔吉、联合国教育权问题特别报告员基肖尔·辛格等国内外专家学者近 200 人参加会议，会议收到多文种蒙古学研究论文 91 篇，进一步提高了中国蒙古学国际学术研讨会的影响力。

**十月**

10 月，《内蒙古社会科学》（汉文版）进入全国"四核心"期刊行列，同时荣获国家社科基金资助期刊 2015 年度考核"优良"等次，并获得资助经费 50 万元。

# 辽宁社会科学院

## 第一节 历史沿革

辽宁社会科学院是辽宁省委、省政府的科学民主决策咨询智库机构，也是省内综合性哲学社会科学学术研究机构，其前身是辽宁省哲学社会科学研究所，成立于1962年6月，于1969年11月解散，1977年6月重建，1978年10月经中共辽宁省委批准更名为辽宁社会科学院。

### 一、历任领导

辽宁社会科学院的历任党组书记和院长：张堃生和叶方（1962—1977年）、陈放（1978—1983年）、麻东堤（1983—1991年）、朱世良（1991—1994年）、阎福君（1994—1998年）、赵子祥（1998—2005年）、鲍振东（2005—2013年）、党组书记戴茂林、院长孙洪敏（2013—2015年）。现任党组书记戴茂林、院长姜晓秋（2015—  ）。

### 二、研究特色

建院60多年，辽宁社会科学院在辽宁省委、省政府的领导下，坚持以马克思主义、毛泽东思想、邓小平理论、"三个代表"重要思想和科学发展观为指导，认真学习贯彻习近平总书记重要讲话精神，贯彻国家关于新型智库建设和哲学社会科学体系建设要求，以服务地方党和政府以及国家决策为宗旨，坚持以智库研究和学术科研为中心，把全面深化中国特色社会主义改革开放新常态时期的公共政策和外交政策等问题作为主攻方向，围绕地方政府和地域国家发展战略开展问题导向研究和决策咨询服务。建院以来，几百项研究成果获得中央、省部级以上领导肯定性批示采用；共完成各类课题2929项，其中国家社科基金项目49项，辽宁省社会科学基金项目398项；出版著作1323部；发表论文、研究报告18389篇。仅2000年以来，辽宁社会科学院在重点和核心期刊发表论文1229篇，有1631项成果获奖，有2892项成果被转载、摘要、引用、评论，成果总文字量4.06亿字。

近年来，辽宁社会科学院坚持"服务辽宁、影响全国"的发展战略，结合辽宁社会科学院的专业积累和地缘优势，突出智库研究特色，坚持为地方党委、政府以及中央政府提供科学化专业化决策服务。辽宁社会科学院在新型智库建设中已经形成了具有自己特色的专业领域，在区域国际政治问题（例如，朝鲜半岛和东北亚研究问题）、满学（满文语言）、东北沦陷十四年史、东北抗联史、东北现当代文学、清史（清前史）、奉系军阀史、东北振兴研究（老工业基地）、东北地域文化和民俗学等专业，形成了具有资深专家领军，研究历史较长，学术积累较厚，发表成果较多和研究队伍有规模的格局。其中，《在葫芦岛日侨大遣返》《九一八事件真相》《新中国改造日本战犯研究》《文化产业走出去国际反馈研究》和《丹东抗美援朝纪念馆改扩建》等国家研究项目和研究成果进入各级党委和政府的决策采用。2005年以来，辽宁社会科学院有370余项研究成果获得中央和省部级领导肯定性批示。

按照中央的精神，辽宁社会科学院始终贯彻创建国际化新型智库建设的要求，建设具有国际视野和国际化格局意识的新型智库。为此，多年来辽宁社会科学院与美国、俄罗斯、日本、韩国、朝鲜、法国、德国、西班牙、英国和澳大利亚等国家的有关机构保持着长期的稳定的学术交流合作关系和工作机制。每年接待来访的国际学术交流团组40多个，保持着国际化学术信息交流的畅通渠道，发挥中国特色新型智库在地域公共外交和文化互鉴中的重要作用，不断增强我国在东北亚地区的国际影响力和区域问题的国际学术话语权。

### 三、机构专业设置

截至2015年，辽宁社会科学院共有专业研究所17个，综合服务部门10个，科研辅助部门5个。其中，专业研究所包括：哲学研究所、经济研究所、东北亚研究所、城市发展研究所、法学研究所、社会学研究所、民俗与文化学研究所、文学研究所、历史研究所、地方党史研究所、边疆史地研究所、财政金融研究所、人力资源研究所、产业经济研究所、心理研究所、农村发展研究所、低碳发展研究所和社会科学信息研究所；科研辅助部门有：科研处、外事工作办公室、文献信息中心、老专家工作室、《社会科学辑刊》编辑部、信息工作办公室和社会科学志办公室；主管主办4个公开发行的学术期刊：《社会科学辑刊》、《文化学刊》《人力资源》和《中年读者》；2个智库成果转化平台和报送渠道——《信息专报》和《辽宁智库》。根据新型智库建设的需要，辽宁社会科学院还成立了"朝鲜半岛研究""抗战文化研究""辽宁振兴发展研究"和"文化发展战略研究"4个院级智库研究中心。科研服务部门有：办公室、人事处、财务处、离退休干部处、综合处、行政管理处、机关党委、纪委和工会。

截至2015年12月，辽宁社会科学院的机构设置为：哲学研究所（所长张思宁）、经济研究所（所长张万强）、东北亚研究所（郭印副所长主持工作）、城市发展研究所（所长韩红）、法学研究所（所长陈爽）、社会学研究所（所长王磊）、文化学研究所（所长王凯旋）、文学研究所（所长程义伟）、历史研究所（所长廖晓晴）、地方党史研究所（所长张洪军）、边疆史地研究所（所长李绍德）、财政金融研究所（所长张献和）、人力资源研究所（所长孙航）、产业经济研究所（所长张天维）、心理研究所（所长王妮）、农村发展研究所（所长王丹）、低碳发展研究所（所长毕德利）、社会科学信息研究所（所长卢骅）、外事工作办公室（主任禹颖子）、文献信息中心（主任金涛）、《社会科学辑刊》编辑部（刘瑞弘副主编主持工作）、信息工作办公室（主任卢骅）、社会科学志办公室（李学成副主任主持工作）。办公室（主任尹光明）、科研处（处长李劲为）、人事处（处长张剑峰）、财务处（处长吴瑛）、离退休干部处（处长艾仲君）、综合处（处长姜险峰）、行政管理处（处长丁弋）、机关党委（专职副书记王凤洲）、机关纪委（书记赵今朝）、工会（刘克华）。

### 四、智库专家团队

截至2015年12月，辽宁社会科学院有人员编制219名，其中专业技术人员编制176名。专业技术人员中，有研究员48人，副研究员52人；全院现有海归博士3人，全日制和在职博士研究生40人。建院以来，共有40位学者获得国务院特殊津贴专家，入选国家"万人计划"首批专家1人（牟岱），国家哲学社会科学领军人才1

人（牟岱），入选全国"四个一批"人才1人（牟岱），入选全国首批文化名家1人（牟岱）。省委省政府决策咨询委员会专家8人；3人获得辽宁哲学社会科学成就奖；省级优秀专家2人，省级"四个一批"人才11人；省"百千万"人才工程"百"人层次6人，"千"人层次7人，"万"人层次28人。

近年来，辽宁社会科学院以新型智库建设为重点，以专业建设为龙头，以项目研究为抓手，以制度落实为驱动，以改革创新为动力，全面提升新型智库研究能力和社会影响力，为中国特色社会主义新型智库建设进行不断的探索。

## 第二节　组织机构

一、辽宁社会科学院领导及分工

1. 历任领导

1962—1977年

辽宁省哲学社会科学研究所（辽宁社会科学院前身）

历任所长：张堃生、叶方

1978—1983年

党组书记：陈放

党组副书记：石光、马广基

党组成员：张丕风、牛君仰、肖梦、温永禄、彭定安、礼广贵

院长：陈放

副院长：石光、马广基、张丕风、牛君仰、肖梦、温永禄、彭定安、礼广贵

1983—1991年

党组书记：麻东堤

党组成员：彭定安、王纯山、温永禄、谢肇华、朱服

院长：麻东堤

副院长：彭定安、王纯山、温永禄、谢肇华

秘书长：朱服

1991—1994年

党组书记：朱世良

党组副书记：李光天

党组成员：谢肇华、王俊儒

院长：朱世良

副院长：李光天、谢肇华、王俊儒

1994—1998年

党组书记：阎福君

党组副书记：徐继舜

党组成员：赵子祥、曹晓峰

院长：阎福君

副院长：徐继舜、赵子祥、曹晓峰、武斌

1998—2005年

党组书记：赵子祥

党组副书记：曹晓峰

党组成员：姜晓秋、李向平、门泉东、孙洪敏

院长：赵子祥

副院长：曹晓峰、姜晓秋、李向平、门泉东、孙洪敏

2005—2013年

党组书记：鲍振东

党组副书记：曹晓峰

党组成员：李向平、孙洪敏

院长：鲍振东

副院长：曹晓峰、李向平、孙洪敏

2013—2015年

党组书记：戴茂林

党组副书记：孙洪敏

党组成员：梁启东、牟岱

院长：孙洪敏

副院长：戴茂林、梁启东、牟岱

2. 现任院领导及其分工

党组书记：戴茂林

党组副书记：姜晓秋

党组成员：梁启东、牟岱

院长：姜晓秋

副院长：戴茂林、梁启东、牟岱

现任领导分工：

党组书记、副院长：戴茂林，主持全

面工作，分管办公室。

院长、党组副书记：姜晓秋，分管科研处、机关党委、纪委、工会、《社会科学辑刊》编辑部、文献信息中心、社会学研究所、法学研究所、文化学研究所、文学研究所、历史研究所、地方党史研究所、《老同志之友》杂志社。

党组成员、副院长：梁启东，分管人事处、离退休干部处、综合处、经济研究所、东北亚研究所、城市发展研究所、财政金融研究所、产业经济研究所、低碳发展研究所、农村发展研究所、《文化学刊》杂志社。

党组成员、副院长：牟岱，分管财务处、行政管理处、信息工作办公室、哲学研究所、边疆史地研究所、人力资源研究所、心理研究所、外事工作办公室、社会科学志办公室、老专家工作室、《人力资源》杂志社。

## 二、辽宁社会科学院科研服务部门及负责人

办公室
党支部书记、主任：尹光明
实有在职人员9人
科研处
党支部书记、处长：李劲为
副处长：陈东冬
实有在职人员6人
人事处
党支部书记、处长：张剑峰
副处长：元文礼
实有在职人员6人
财务处
处长：吴瑛
副处长：董亮
实有在职人员7人
离退休干部处
党支部书记、处长：艾仲君
副处长：张艳明

实有在职人员3人
综合处
党支部书记、处长：姜险峰
实有在职人员3人
行政管理处
处长：丁弋
实有在职人员7人
机关党委、纪委、工会
支部书记、机关党委专职副书记：王凤洲
机关纪委书记：赵今朝
实有在职人员4人

## 三、辽宁社会科学院科研所及负责人

哲学研究所
所长：张思宁
副所长：徐明君、张岩
在职人员14人，其中正高级专业人员4人，副高级专业人员7人
经济研究所
党支部书记、所长：张万强
副所长：赵玉红、宋帅官
在职人员14人，其中正高级专业人员4人，副高级专业人员6人
东北亚研究所
党支部副书记、副所长：郭印（主持工作）
副所长：秦兵
在职人员8人，其中正高级专业人员4人，副高级专业人员3人
城市发展研究所
党支部书记、所长：韩红
副所长：沈忻昕、张国俊
在职人员9人，其中正高级专业人员3人，副高级专业人员1人
法学研究所
党支部书记、所长：陈爽
副所长：徐微、李宁顺
在职人员8人，其中正高级专业人员4人，副高级专业人员1人

社会学研究所
党支部书记、所长：王磊
副所长：王焯、杨成波
在职人员9人，其中正高级专业人员2人，副高级专业人员3人

文化学研究所
党支部书记、所长：王凯旋
副所长：郎元智
在职人员4人，其中正高级专业人员1人，副高级专业人员2人

文学研究所
所长：程义伟
党支部书记、副所长：刘冬梅
在职人员6人，其中副高级专业人员3人

历史研究所
党支部书记、所长：廖晓晴
副所长：赵朗、孟繁勇
在职人员10人，其中正高级专业人员4人，副高级专业人员3人

地方党史研究所
党支部书记、所长：张洪军
副所长：张万杰、于之伟
在职人员8人，其中正高级专业人员3人，副高级专业人员4人

边疆史地研究所
所长：李绍德
副所长：孟月明
在职人员6人，其中正高级专业人员1人，副高级专业人员2人

财政金融研究所
所长：张献和
副所长：邢文妍
在职人员6人，其中正高级专业人员4人，副高级专业人员1人

人力资源研究所
所长：孙航
副所长：张春昕
在职人员5人，其中正高级专业人员2人，副高级专业人员1人

产业经济研究所
支部书记、所长：张天维
副所长：姜瑞春
在职人员7人，其中正高级专业人员1人，副高级专业人员2人

心理研究所
现任支部书记、所长：王妮
在职人员1人，其中正高级专业技术人员1人

农村发展研究所
党支部书记、所长：王丹
副所长：李志国
在职人员8人，其中正高级专业技术人员1人，副高级专业人员2人

低碳发展研究所
所长：毕德利
在职人员3人，其中副高级专业人员2人

四、辽宁社会科学院科研辅助部门及负责人

外事工作办公室
截至2015年12月，外事工作办公室实有在职人员2人，其中具有副高级专业技术资格人员1人。主任禹颖子。

文献信息中心
党支部书记：王丽香
主任：金涛
副主任：王丽香、曲哲
在职人员8人，其中正高级专业人员1人，副高级专业人员1人

《社会科学辑刊》编辑部
党支部书记：高翔
副总编辑：刘瑞弘（主持工作）、薛勤
在职人员9人，其中正高级专业人员2人，副高级专业人员5人

信息工作办公室
党支部书记、主任：卢骅
副主任：郝维嘉

在职人员7人，其中正高级专业人员1人，副高级专业人员1人

社会科学志办公室

副主任：李学成（主持工作）

在职人员2人，其中正高级专业人员1人

## 第三节　年度工作概况

辽宁社会科学院作为省委、省政府的重要智库，贯彻落实习近平总书记系列重要讲话精神，以打造"服务辽宁，影响全国"的中国特色新型智库为目标，紧紧围绕辽宁省委省政府和中央的中心工作开展决策咨询研究，发挥辽宁社会科学院的地域研究特长，围绕着朝鲜半岛和东北亚问题、老工业基地振兴问题、抗战文化问题和文化发展战略等重点问题导向，开展各专业领域的理论研究、应用研究和决策咨询研究，圆满地完成了全年的科研绩效考核任务。

一、围绕新型智库建设主题，开展专业特色智库研究工作，智库建设工作成效显著

辽宁社会科学院2015主要智库研究成果包括研究报告、学术论文、著作、举办学术会议、成果获奖励和承担课题等几大类。

全年160多名科研人员共撰写研究报告300余篇，其中在新华社内参、人民日报内参和光明日报内参等国家级内参刊发辽宁社会科学院研究人员的智库研究报告百余篇，余者多在省部级内参刊发。

全院在核心期刊上发表论文93篇，其中B类以上核心期刊发表文章30篇，比2014年增加19篇，增幅172%；全文转载6篇。在辽宁省2015年社会科学优秀科研成果政府奖的评选中，辽宁社会科学院组织申报的29项成果中有12项成果获奖。其中，一等奖1项、二等奖6项、三等奖5项，获奖率41.38%。全年出版学术著作32部。

全年举办或协办大型学术会议8次，参与国内外学术会议30余次，举办辽宁科学发展论坛8次；组织全院参与辽宁省社科联学术活动月和"辽海讲坛"等活动；参加中特中心第20届年会，"九一八"国难文学文献集成研讨会，第三届辽宁区域经济论坛，新型城镇化与社会治理学术研讨会和辽宁省法学会知识产权法研究会第二届理事会换届大会等学术活动。以纪念抗战胜利70周年为主题的系列学术报告会创新了会议模式和活动载体，收到较好的学习宣传交流效果。智库人员接受国家级媒体采访30多次。此外，辽宁社会科学院接待美国、俄罗斯、日本、朝鲜、韩国和中国香港等国家或地区来访学者120多人次，与境外学术研究机构保持良好的学术交流合作关系。

课题研究方面。现有在研国家社科基金课题10项，其中重大项目课题2项。2015年获得国家社科基金重大委托项目立项1项，获得国家社科基金青年课题1项，全国"四个一批"人才自选资助课题2项，辽宁省社科规划课题21项，辽宁省社科联课题6项，辽宁社会科学院院级课题248项，承担社会委托类课题70余项。

在以上智库成果中，获得副省级以上领导肯定性批示成果56件。其中，获得中央和国家主要领导人批示成果19件，正省级领导批示成果10件，副省级领导批示成果27件。其中研究报告《专家建议创新融资模式多渠道引入资金》被评为2015年第一季度辽宁省直机关最佳实事。2015年，辽宁社会科学院获得省部级以上领导肯定性批示的科研成果，大多得到了中央和省部级有关部门采纳，有些取得了重大的经济和社会效益。

二、根据新型智库建设需要，重点进行机制体制改革，建立新型智库导向和驱动机制

为了强化新型智库建设的科研管理工

作，2015年党组遵循科研内在规律，将科研人员考核由以往一年周期考核制改为三年周期考核制，以克服智库科研工作中的短期行为，鼓励出精品。为此，围绕鼓励多出科研精品力作和规范学术活动，辽宁社会科学院重新修订10项科研管理规定，加大了对智库产品的奖励机制和配套资金，提高了科研成果精品的后期资助，对重点学科建设管理办法和重点学科带头人进行修订调整，不断规范和完善新型智库的机制体制建设。

围绕新型智库建设需要，辽宁社会科学院在管理制度建设方面制定修改完善各类规章制度52项，编印《辽宁社会科学院规章制度汇编》，并下发到每名职工。

在机构改革方面，根据智库工作发展需要，打破所际限制，成立朝鲜半岛研究中心、辽宁振兴发展研究中心、抗战文化研究中心和文化发展战略研究中心，实现了跨所研究资源整合，围绕领军人才建立专业智库团队，并通过课题立项、经费资助等方式，确保智库研究工作的顺利开展。

根据中央关于新型智库建设的要求，辽宁社会科学院2015年创办内部刊物《辽宁智库》作为智库成果转化平台和报送渠道，专门报送辽宁社会科学院智库工作者的研究成果。2015年全年出刊21期，正刊20期，国际动态版1期。创刊以来，有些研究报告获得中央有关领导批示，辽宁社会科学院相关智库团队为此多次进京到国家有关部门进行汇报。智库成果转化平台为辽宁省委、省政府和中央有关部门及时报送辽宁社会科学院智库研究人员的最新成果，为科学民主决策咨询提供时效性服务和智力支撑。

### 三、重点打造智库专家和智库队伍建设

根据国家建设新型智库的要求，打造领军人才和培养智库人才队伍是新型智库建设工作的重点。为此，辽宁社会科学院采取多种措施联动并举，促进智库队伍建设：通过导师助手制以老带新，帮助青年科研人员提高专业素养和实践水平；通过参加大型学术活动或邀请院内外专家学者讲学，开阔青年科研人员的学术视野；通过青年专才培训计划，加强重点专业人才的培养，为青年科研人员创造成材环境；通过组织出版学者文库、博士论文后期资助，把辽宁社会科学院十几名研究人员的成果推向学术界；通过举办满语培训班，培养了4名年轻同志，提升了青年科研人员的语言技能，确保院特色优长专业得到接续传承。

辽宁社会科学院充分利用各种培训渠道，培训智库人员。全年组织参加辽宁省哲学社会科学教学科研骨干研修班、辽宁省委党校省直处级干部进修班、辽宁省委组织部市厅级干部轮训班、辽宁省直机关处级干部自主选学培训班、辽宁社会科学院中层副职干部培训班、2015年度辽宁省管干部和专业技术人员在线学习等共计233人次，受理辽宁社会科学院申报攻读在职研究生4人次，访问学者1人次。

全年选拔推荐辽宁社会科学院各类专家人选共计27人次。其中推荐申报2015年度全国"四个一批"人才1人次，推荐申报"四个一批人才资助项目"2人次，推荐申报2015年度辽宁省"百千万人才工程"人选14人次，推荐申报"2015年度百千万人才工程资助项目"3人次，选拔辽宁社会科学院青年专才培养计划7人次。

### 四、强化科辅行政的保障作用，努力提高智库建设的服务质量

全年编审上报各类社科信息成果63项。其中，通过《信息专报》上报42项，《辽宁智库》上报21项。完成网络维护、网站信息发布等工作，及时更新期刊数据库数据。2015年，辽宁社会科学院信息办公室被列为国家网信办首个直报点，这也

是辽宁社会科学院科研信息工作的新亮点。

加强馆藏资源规划建设、文献资源宣传利用工作，拓展网络服务途径和手段，不断整合电子图书信息资源，为科研工作提供先进、便捷、优质的服务。

严格执行保密工作管理制度，规范机要文件、密码电报、内外网络、工作档案等方面的管理和使用，推进行政管理工作的制度化、规范化、程序化发展。

《社会科学辑刊》被评为RCCSE中国核心学术期刊（AMI）[入选第四届《中国学术期刊评价研究报告（武大版）(2015—2016)》核心期刊名录]，中国人民大学复印报刊资料重要转载来源期刊，并在2015年度国家社会科学资助期刊考核中，被评为"优良"。

2015年，辽宁社会科学院获得2014年度辽宁省省直目标绩效考核先进单位、辽宁省学习型组织标兵单位、辽宁省信息工作先进单位、辽宁省舆情工作先进单位、辽宁省定点扶贫工作先进单位、辽宁省公共机构节能减排先进单位、辽宁省直机关模范职工之家和辽宁省直青年文明号等荣誉。此外，20余个人获得全国、辽宁省、辽宁省直机关和沈阳市的各项荣誉。

## 第四节 科研活动

### 一、科研人员、科研机构等基本情况

1. 科研人员

截至2015年底，辽宁社会科学院共有在职科研人员151人。其中，正高级职称人员48人，副高级职称人员52人，中级职称人员53人。高、中级职称人员占全体在职科研人员总数的99%。

2. 科研机构

截至2015年年底，辽宁社会科学院科研机构设有：哲学研究所、经济研究所、社会学研究所、东北亚研究所、边疆史地研究所、城市发展研究所、法学研究所、文化学研究所、文学研究所、历史研究所、地方党史研究所、财政金融研究所、人力资源研究所、心理学研究所、产业经济研究所、低碳发展研究所、农村发展研究所和信息研究所。

3. 人事变动

2015年10月16日中共辽宁省委辽委干发〔2015〕358号文件决定，姜晓秋同志任辽宁社会科学院院长、党组副书记。免去孙洪敏同志的辽宁社会科学院院长、党组副书记职务，改任辽宁省政协民族和宗教委员会副主任。

### 二、科研工作

1. 科研成果统计

截至2015年12月31日，辽宁社会科学院共完成专著32部，1380.75万字；合著18部，459.5万字；编著11部，330.46万字；论文392篇，174.5万字，其中CSSCI期刊30篇，中文核心期刊要目总览期刊63篇，一般刊物299篇；智库研究报告1382篇，691万字数。

2. 科研课题

（1）新立项课题。2015年，辽宁社会科学院共有新立项课题288项。其中国家社会科学规划基金项目2项（特别重大委托项目1项，青年项目1项）；辽宁省社会科学规划基金项目11项（重点项目4项，一般项目6项，青年项目1项）；辽宁省社科联经济发展课题13项（其中重点项目9项，一般项目4项）；辽宁省财政基金项目5项；辽宁社会科学院自选课题项目257项；横向委托课题42项。

（2）结项课题。2015年，辽宁社会科学院共有各类课题结项200项。其中国家社会科学规划基金后期资助项目1项；辽宁省社会科学规划基金项目19项；辽宁省社科联经济发展课题项目8项；辽宁省财政基金项目3项；辽宁社会科学院创新工程课题62项、自选课题99项、委托课题

4项、追加课题4项。

（3）延续在研课题。2015年，辽宁社会科学院共有延续在研课题24项，其中国家社会科学规划基金项目9项，辽宁省社会科学规划基金项目15项。

国家社科基金在研课题

高翔"'九·一八'文学研究"；

高翔"'九·一八'国难文学文献集成与研究"；

孟月明"近代以来日本对华移民侵略问题研究"；

郎元智"中国近代东北地区城市生活兴衰与社会发展研究"；

鲍振东"坚守共产党人的精神追求研究"；

张天维"资源型地区战略性新兴产业发展研究"；

陈志刚"明代封贡体系地缘军事关系研究"；

王磊"以福利需求为导向的适度普惠型社会福利制度建构研究"；

闫琳琳"基于收入再分配的养老保险全国统筹实现路径研究"。

全国"四个一批"人才课题

牟岱"我国文化产业'走出去'国际反馈研究"；

牟岱"特色社会主义新型智库建设研究"。

辽宁省社科基金在研课题

张献和"辽宁地方商业银行可持续发展问题研究"；

邹立言"沈阳构建东北区域金融中心进程中金融法治环境建设若干问题研究"；

田华"开放式创新视角下辽宁省ICT产业竞争能力提升的路径选择"；

刘瑞弘"近百年东北文学民生精神"；

王丹"促进辽宁县域基本公共服务均等化财政政策研究"；

李宁顺"跨国公司在华并购与政府规制问题研究"；

孟月明"中国归还者联合会（抚顺奇迹继承会）活动情况"；

牟岱"中国改造日本战犯的国际影响研究"；

卢骅"日本战犯口述资料整理研究"；

黄巍"九一八事变后东北民众的社会心态与近代中国民族主义的发展"；

王雁"清代辽宁地区流人及流人作品研究"；

王淑娟"辽宁省食品安全管理现状及对策研究"；

张岩"中国传统文化马克思主义契合性研究"；

魏素蕊"加快辽宁诚信建设制度化的思路及对策研究"；

李坤英"宁养老保险金支付缺口问题研究"；

江楠"生态文明建设面临的困境及对策研究"。

3. 获奖优秀科研成果

2015年，辽宁社会科学院各项成果获奖共计73项。其中获得辽宁省哲学社会科学成果奖12项：

一等奖1项：

著作《高岗传》，作者戴茂林

二等奖6项：

著作《打造世界级装备制造业基地——战略定位与发展路径》，作者张万强；

论文《从理论创新视角看以人为本的理论基础》，作者张妍；

论文《交邻有道实为保土之方论明代封贡体系的重心与本质》，作者陈志刚；

论文《互文性、超文性与文学原型——〈吴越春秋史话〉与〈吴越春秋〉的互文性关系研究》，作者刘瑞弘；

研究报告《沈阳"九君子"与"TRUTH（真相）"史料研究》，作者张洁；

研究报告《沈阳装备制造业发展的金

融支持问题研究》，作者张献和。

三等奖5项：

论文《爱国与保身：辛亥革命期间的亲贵捐输》，作者王春林；

研究报告《未来五年东北亚国际关系发展趋势研究》，作者吕超；

研究报告《公立医院深化改革问题研究》，作者李晓萌；

研究报告《辽宁低碳社会建设的对策研究》，作者王新；

音像制品《腐败心里的成因分析》，作者张思宁。

## 三、学术交流活动

### （一）学术活动

2015年，辽宁社会科学院举行的大型学术交流会议有：

依法治国专题学术报告

2015年3月27日，辽宁社会科学院举行依法治国专题学术报告会。法学研究所所长陈爽研究员、副所长徐微副研究员及邵琰助理研究员共同作了题为《培养法治思维》的学术报告。报告人围绕宪法、腐败及事业单位改革等问题分别进行展开分析。报告会形式新颖、内容丰富，对培养公民的法治思维具有一定的现实意义。

### （二）国际学术交流与合作

1. 学者出访情况

2015年辽宁社会科学院共派遣学者出访2批7人次。出访所涉及的国家有日本、韩国2个国家。考察内容涉及《一带一路与中日韩合作》等问题。

3月23—27日，应环日本海研究所（ERINA）的邀请，辽宁社会科学院副院长梁启东研究员率代表团到日本进行学术访问。代表团成员有财政金融研究所所长张献和、经济所李天舒、外事工作办公室主任禹颖子。在日期间，辽宁社会科学院代表团参加环日本海经济研究所主办的"东北振兴和辽宁区域发展战略"研讨会。考察了日本东北电力公司的新潟火力发电所和新潟港两个企业。在日期间，代表团在东京还拜会了千叶商科大学、大东文化大学的有关学者，了解到日本学者对日本少子化问题、偏远地区发展边缘化问题的普遍关注，日本学者对中国未来区域发展战略的关切，对中国实施"一带一路"战略的理解和认识。

9月8—12日，应韩国国土交通部部长柳一镐的邀请，辽宁社会科学院党组书记戴茂林率团赴韩参加"亚欧交通物流国际研讨会"。代表团成员有低碳发展研究所所长毕德利、外事工作办公室主任禹颖子。在韩期间，代表团还访问了韩国经济人文社会研究会、韩国产业银行未来统一事业本部等机构。在韩期间，代表团通过与韩国各方的学术交流，不仅增进了对国际问题的认识，还建立了与各方相互联系的渠道，为辽宁社会科学院今后的国际合作打下了坚实基础；通过"亚欧交通物流国际研讨会"的参加，收获更多有关欧亚通道建设的信息，对辽宁社会科学院更好地完成"一带一路建设与辽宁的振兴"这一重大课题，打下了基础。

2. 外国学者（官员、机构）来访情况

2015年辽宁社会科学院共接待来访学者32批123人次，分别来自美国、法国、俄罗斯、韩国、日本和朝鲜。

5月11—13日，韩国中小企业研究院金世宗院长率代表团到辽宁社会科学院进行学术访问。来访期间，辽宁社会科学院与韩国中小企业研究院签订了学术交流合作协议。两院学者就有关中韩中小企业合作等议题进行了学术座谈会。

6月12日，日本内阁府的实生泰介内阁参事官率3人代表团访问社会科学院，就东北亚地区相关形势与辽宁社会科学院相关学者交换意见。

8月25日，韩国产业银行姜其南副行长率3人代表团访问辽宁社会科学院。

10月27日，韩国开发研究院、庆南大学远东问题研究所10人代表团访问辽宁社会科学院，共同举办了以"近期朝鲜经济变化与中韩朝三方合作"为主题的学术座谈会。双方学者围绕近期朝鲜半岛形势及中韩合作、中韩朝三方合作为主题，展开了讨论。

10月28日，韩国城南市副市长沈岐辅先生率4人代表团，访问辽宁社会科学院，与辽宁社会科学院学者就中韩经贸发展前景等问题进行交流。

11月19日，韩国经济人文社会研究会安世英理事长率韩国国家级智库的8人代表团访问辽宁社会科学院。其中包括韩国交通研究院李昌云院长、韩国统一研究院崔振旭院长。在辽宁社会科学院会议室以"一带一路与欧亚倡议的对接"为主题进行学术座谈会。中韩双方学者分别以"韩中交流及物流合作方案""中蒙俄经济走廊新通道是促进东北亚经济合作的新桥梁""韩国统一研究现状与朝鲜半岛对于东北亚的影响与作用"为题作了主题发言。

### 3. 使领馆交流情况

2015年，辽宁社会科学院共参加使领馆举办的国庆接待会及交流活动8次。

### 4. 重大国际与地区学术交流情况

2015年7月17日，辽宁社会科学院与大连外国语大学共同举办了"一带一路建设与中日韩合作"学术研讨会，来自中国社会科学院、辽宁省外办、吉林省社会科学院、吉林大学和黑龙江社会科学院等地的专家学者共60余人参加了此次会议。

## 四、学术社团、研究中心、期刊

### 1. 社团

辽宁抒青书道院，法定代表人廖晓晴。

中国民俗语言学会（中国民间文艺家协会民俗语言学专业委员会），法定代表人曲彦斌。

辽宁省民俗学会，会长曲彦斌。

辽宁省社会学会，会长曹晓峰。

### 2. 研究中心

朝鲜半岛研究中心，负责人牟岱。中心主任金哲、李绍德、禹颖子。研究领域：朝鲜半岛区域政治、经济、文化及"一带一路"建设。

辽宁振兴发展研究中心，负责人梁启东。中心主任张献和、张天维、张万强。研究领域：辽宁老工业基地振兴和辽宁区域经济发展。

辽宁抗战文化研究中心，负责人孙洪敏。中心主任张洪军，副主任张万杰、张洁。研究领域：辽宁抗日战争历史和文化。

文化发展战略研究中心，负责人姜晓秋。中心主任姜晓秋，副主任张岩、张思宁、程义伟、李劲为。研究领域：文化发展战略。

### 3. 期刊

《社会科学辑刊》（双月刊），副总编刘瑞弘（主持工作）。《社会科学辑刊》是由辽宁社会科学院主办的综合性人文社会科学期刊，1979年创刊，双月刊。创刊以来长期被中国社会科学引文索引（CSSCI）来源期刊、全国中文核心期刊、中国人文社会科学核心期刊等列为来源核心期刊，并于2012年入选首批国家社会科学基金资助期刊。《社会科学辑刊》以综合性、学术性、前沿性为特色，所刊发的文章被《新华文摘》、《中国社会科学文摘》、中国人民大学复印报刊资料、《全国高校文科学术文摘》大量转载、转摘。2015年，《社会科学辑刊》出版6期，共计120万字。代表性文章有：《欲望形而上学批判——〈资本论〉的形上意义》《本土性与专业性社会工作的整合与重塑——基于农民工城镇融入实践的研究》《新常态下以再工业化推进经济发展方式转变的路径选择》《明代中后期的官场生态与官场病的形成》《当代休闲文化的美学研究和理论建构》。

《人力资源》（月刊），主编曹敬莉。《人力资源》杂志是辽宁省一级期刊，隶属于辽宁省社会科学院，创办于1982年，前身是由国内六省人事厅联合主办的《干部人事月报》。2003年改为《人力资源》，由辽宁社会科学院主办，国内外公开发行，杂志为全彩版管理类大型月刊，每月1日出版。截至目前，专业订阅机构已超过20000家，读者分布于15个国家和地区。其中，美国国会图书馆、英国剑桥大学、日本中央大学和新加坡国立大学等均有订阅。2015年，《人力资源》出版12期，共计120万字。代表性文章有：《人才地图里走来了机器人》《全面开放二胎，HR你准备好了吗》《企业转型，宽带薪酬正当时》《职业规划，岂是浮皮潦草的事》《知耻而后勇，还企业涛声依旧》。

《文化学刊》（月刊），主编曲彦斌。《文化学刊》创刊于2006年，是国家新闻出版总署批准的国内外公开发行的中文社科文化学术理论期刊。学刊以继承弘扬传统优秀文化，探索导引现代先进文化，构建和谐人文社会为办刊主旨，以创新·求是·争鸣·前沿为办刊理念，以关注重大理论问题让社会关注为办刊方略，瞩目学术前沿创新。2015年，《文化学刊》出版12期，共计约240万字。代表性文章有：《新媒体与学术思想自由的关系》《南宋文化在中国文化史上的地位及影响》《蔡元培社会美育理论的当代意义》《中国谥号的文化》《微观权力说视角下国际非政府组织的兴起及其权利来源》。

《中年读者》（月刊），主编陈文胜。在今天纸媒普遍滑坡的大趋势下，该刊发行量是全国为数不多的逆势上扬的品种之一，连续五年被评为"中国邮政发行畅销报刊"。2015年，《中年读者》出版12期，共计约100万字。

## 五、会议综述

### 1. 东北振兴专家研讨会

3月28日，由辽宁社会科学院、新华社辽宁分社主办，沈阳金融商贸开发区管委会协办的"改革与创新——新常态下求解东北振兴"专家研讨会在沈阳东北大厦举行。辽宁社科院院长孙洪敏、副院长梁启东等出席会议。研讨会主要围绕新常态下东北老工业基地面临的新挑战和深层次矛盾、辽宁沿海经济带战略升级、东北振兴重构动力源、东北亚区域合作前景以及东北全面振兴的战略选择和对策建议等相关问题展开深入探讨和交流。同时，该研讨会也为跨区域科研机构、新闻媒体以及政府职能部门之间建立了桥梁，提供了交流的平台，并为未来产学研企政之间的交流互动，东北老工业基地振兴献计献策建立了良好的运作机制。

### 2. 史韵留香——辽宁抗战题材人物创作论坛

8月27日，"史韵留香——辽宁抗战题材人物创作论坛"在纪念中国人民抗日战争暨世界反法西斯战争胜利70周年之际，由辽宁省传记文学学会、辽宁社科院文学所、辽宁省文艺理论家协会联合举办。该论坛的主题报告是："让抗日英雄的生命在人民心中鲜活起来""弘扬二战反法西斯战斗精神，传承抗日战争英烈革命传统——辽宁抗战题材人物创作概述"。专题交流环节传记文学作家、文学评论家、学者和编辑们各抒己见。评论家就系列丛书《红色少年读本：抗战铁血关东魂》《锡伯夫妻抗日传奇》《铁血雄魂》等作品展开研讨，充分肯定辽宁传记文学作家在辽宁抗战题材人物创作方面取得的成绩。传记文学作家则就作品谈创作体会与心得。与会人员一致表示要铭记历史，珍爱和平，缅怀英烈，塑造国魂，自觉承担，奋笔书写。

### 3. 新型城镇化与辽宁经济社会发展理论研讨会

9月13日，辽宁社会科学院社会学所承办新型城镇化与辽宁经济社会发展理论研讨会。此次研讨会得到了院内外有关专家、学者的积极支持和响应，来自东北财经大学、辽宁大学、沈阳师范大学、沈阳工业大学、沈阳工程学院、沈阳体育学院、鞍山师范学院及辽宁社会科学院等单位的20余位专家学者参会。研讨会采取半开放式讨论的方式，与会同志围绕东北振兴与辽宁社会发展的研究主题，分别从理论和实践层面对东北振兴与辽宁社会发展进行了深入、全面的研讨。

### 4. 依法治国论坛

10月13日，由辽宁社会科学院法学所主办的"依法治国论坛"在沈阳召开。会议分为主题报告和大会交流两个阶段。东北大学文法学院法学系系主任周实教授指出，地方政府法治建设问题应以行政决策法治化为突破口进行研究，法治政府内涵的四个方面，即服务型、诚信型、程序型和责任型政府。辽宁省委党校法学教研部主任李玮教授指出，党的十八届四中全会第一次回答了什么是法治政府，即把法治政府界定为"职能科学、权责法定、执法严明、公开公正、廉洁高效、守法诚信"6个方面，并提出深入推进依法行政，加快建设法治政府问题。同时为确保法治政府建设，做了很多制度设计。辽宁社会科学院法学研究所邹立言指出，辽宁地方立法经过了30多年的探索，取得了巨大进步，但在民主立法、科学立法两个方面尚存在许多问题，亟待完善。辽宁社会科学院法学所研究员徐微指出，全面依法治国，必须坚持立法先行，继续完善以宪法为统帅的中国特色社会主义法律体系。

### 5. 第三届区域经济发展论坛

2015年10月23日，第三届辽宁省区域经济发展论坛在辽宁社会科学院召开，会议由辽宁社会科学院经济研究所承办。本次论坛主题为辽宁全面振兴与增长动力机制。大会由经济研究所所长、研究员张万强主持，辽宁社会科学院副院长牟岱研究员致辞，中科院地理与资源研究所张文忠研究员、原辽宁省发改委王希文巡视员、辽宁省委政研室李万军副主任、辽宁社会科学院梁启东副院长分别作了大会主旨发言。来自东北大学、辽宁大学、辽宁石油化工大学、沈阳化工大学、辽宁中医药大学、辽东学院、朝阳工程技术学院、大连财经学院和辽宁社会科学院等单位的50余名专家学者就会议主题，围绕当前东北老工业基地遇到的问题及如何推进新一轮老工业基地振兴，实现经济提质增效升级展开热烈的学术探讨。

与会专家认为，辽宁老工业基地振兴发展还存在体制性、机制性、结构性的问题，急需形成经济增长的内生动力和可持续发展机制。为此，要推动东北地区的经济又好又快发展要进一步深化改革，推动各级政府转变政府职能，深化国企改革，扶持非公有制经济发展；加快产业转型升级，进一步发挥科技创新的支撑作用，大力发展战略性新兴产业及生产性服务业，特别是推进工业化和信息化的融合发展；提升城镇化的质量，完善城市群和城镇布局，提高城市综合功能，加快城区老工业区的改造，推进资源枯竭城市转型和独立工矿区改造搬迁；加快发展现代农业，建设绿色生态基地，发展农产品深加工，率先构建新型农业经营体系；继续推进棚户区改造等重大民生工程，落实各项就业和创业扶持政策；同时要进一步深化面向东北区域的开放，推进与欧美发达国家在促进老工业基地振兴和促进高端产业发展方面的合作。

### 6. 辽宁省社会学会第八届会员代表大会暨新型城镇化与社会治理学术研讨会

12月12日，辽宁省社会学会第八届会员代表大会暨"新型城镇化与社会治理"学术研讨会在沈阳召开，来自东北大学、辽宁大学、沈阳师范大学、大连海事大学、大连理工大学、东北财经大学、辽宁工程技术大学以及《中年读者》杂志社、省社科联等单位的近80位专家学者参加了此次会议。会议选举了辽宁省社会学会新一届理事会，并就"新型城镇化与社会治理"进行了专题研讨。辽宁省社会学会新一届理事会共有成员100位，会员300余位，涵盖沈阳、大连、鞍山和阜新等地25家高校和科研单位，是学会发展史上规模最大的一届。辽宁社会科学院院长姜晓秋代表业务主管单位作了发言，对辽宁省社会学会30年的发展给予充分肯定和高度评价。辽宁社会科学院原院长赵子祥研究员、沈阳师范大学校长林群教授及辽宁大学副校长穆怀中教授等也先后在会上发言。

7. 地方财政可持续发展论坛

12月，由辽宁省社会科学联合会主办，辽宁社会科学院财经金融所承办辽宁省地方财政可持续发展论坛。此次论坛是在辽宁GDP增速下滑、地方财政出现负增长和地方财政的可持续性受到了前所未有的挑战的大背景下召开，对于实现辽宁地方财政的可持续发展，以及更好的发挥财政对辽宁经济的支持作用具有重要意义。会议邀请了辽宁省人大、辽宁省财政科研所、辽宁大学、沈阳市党校、辽宁管理干部学院等科研机构和院校的专家学者莅临，与会专家围绕辽宁地方财政发展问题进行研讨，提出一些颇有可行性的建议及措施。会议达到了预期的目的。

## 第五节 重点成果

### 一、辽宁社会科学院2014年以前获省部级奖优秀科研成果[*]

| 成果名称 | 作者 | 成果形式 | 出版发表单位 | 出版发表时间 | 获奖情况 | 颁奖部门 | 颁奖时间 |
| --- | --- | --- | --- | --- | --- | --- | --- |
| 辽宁老工业基地全面振兴战略研究 | 赵子祥 | 著作 | 辽宁人民出版社 | 2004.1 | 辽宁省第十届哲学社会科学成果奖一等奖 | 辽宁省人民政府 | 2007.12 |
| 中华民族博大胸怀的历史见证 | 张志坤 | 论文 | 求是杂志社 | 2005.4 | 辽宁省第十届哲学社会科学成果奖一等奖 | 辽宁省人民政府 | 2007.12 |
| 辽宁新农村建设亟待解决的几个问题和对策研究 | 牟岱 | 研究报告 | — | — | 辽宁省第十届哲学社会科学成果奖二等奖 | 辽宁省人民政府 | 2007.12 |
| 固定资产投资结构与地区经济增长 | 陈萍 | 研究报告 | 辽宁人民出版社 | 2002.12 | 辽宁省第十届哲学社会科学成果奖二等奖 | 辽宁省人民政府 | 2007.12 |

---

\* 注：在本节的表格中的"出版发表时间""颁奖时间"两栏，年、月使用阿拉伯数字，且"年"用"."代替，"月"字省略。

续表

| 成果名称 | 作者 | 成果形式 | 出版发表单位 | 出版发表时间 | 获奖情况 | 颁奖部门 | 颁奖时间 |
| --- | --- | --- | --- | --- | --- | --- | --- |
| 建设辽宁社会主义新农村法制环境研究 | 鲍振东 | 研究报告 | — | — | 辽宁省第十届哲学社会科学成果奖二等奖 | 辽宁省人民政府 | 2007.12 |
| 日本遗孤调查研究 | 关亚新 | 著作 | 社会科学文献出版社 | 2005.10 | 辽宁省第十届哲学社会科学成果奖二等奖 | 辽宁省人民政府 | 2007.12 |
| 诚信政府建构论 | 王策 | 论文 | 《社会科学辑刊》 | 2005.11 | 辽宁省第十届哲学社会科学成果奖三等奖 | 辽宁省人民政府 | 2007.12 |
| 美国《菱镁矿反托拉斯案》辽宁12家公司列入被告名单及相关应对策略 | 王振华 | 研究报告 | — | 2006.4 | 辽宁省第十届哲学社会科学成果奖三等奖 | 辽宁省人民政府 | 2007.12 |
| 刘澜波与东北救亡运动 | 张万杰 | 研究报告 | — | 2006.3 | 辽宁省第十届哲学社会科学成果奖三等奖 | 辽宁省人民政府 | 2007.12 |
| 普列汉诺夫的文艺生态观 | 高翔 | 论文 | 人文杂志社 | 2006.5 | 辽宁省第十届哲学社会科学成果奖三等奖 | 辽宁省人民政府 | 2007.12 |
| 现代信用概论 | 曹敬莉 | 著作 | 辽宁人民出版社 | 2006.12 | 辽宁省第十届哲学社会科学成果奖三等奖 | 辽宁省人民政府 | 2007.12 |
| 新时期哲学社会科学工作者必须处理好的几个关系 | 鲍振东 | 论文 | 光明日报社 | 2007.8 | 辽宁省第十一届哲学社会科学成果奖一等奖 | 辽宁省人民政府 | 2009.12 |
| 通向复兴之路:东北老工业基地振兴政策研究 | 李向平 | 著作 | 社会科学文献出版社 | 2008.12 | 辽宁省第十一届哲学社会科学成果奖一等奖 | 辽宁省人民政府 | 2009.12 |
| 沈抚同城化战略研究 | 梁启东 | 著作 | 辽宁大学出版社 | 2007.12 | 辽宁省第十一届哲学社会科学成果奖一等奖 | 辽宁省人民政府 | 2009.12 |

续表

| 成果名称 | 作者 | 成果形式 | 出版发表单位 | 出版发表时间 | 获奖情况 | 颁奖部门 | 颁奖时间 |
| --- | --- | --- | --- | --- | --- | --- | --- |
| 辽宁老工业基地先进装备制造业发展趋势研究 | 张万强 | 研究报告 | 中国经济出版社 | — | 辽宁省第十一届哲学社会科学成果奖二等奖 | 辽宁省人民政府 | 2009.12 |
| 世界银行贷款辽宁6城市交通项目公众参与咨询服务社会评价报告 | 沈忻昕 | 研究报告 | — | 2008.8 | 辽宁省第十一届哲学社会科学成果奖二等奖 | 辽宁省人民政府 | 2009.12 |
| 现代东北的文学世界 | 高翔 | 著作 | 春风文艺出版社 | 2007.1 | 辽宁省第十一届哲学社会科学成果奖二等奖 | 辽宁省人民政府 | 2009.12 |
| 历史性巨变——解读辽宁改革开放三十年的伟大实践 | 曹晓峰 | 著作 | 社会科学文献出版社 | 2008.11 | 辽宁省第十一届哲学社会科学成果奖三等奖 | 辽宁省人民政府 | 2009.12 |
| 新型工业化与科技创新战略研究 | 张天维 | 著作 | 辽宁民族出版社 | 2008.5 | 辽宁省第十一届哲学社会科学成果奖三等奖 | 辽宁省人民政府 | 2009.12 |
| 辽宁经济发展研究报告2008《制度与政策：建立公平分享经济增长的新机制》 | 陈萍 | 著作 | 辽宁人民出版社 | 2008.12 | 辽宁省第十一届哲学社会科学成果奖三等奖 | 辽宁省人民政府 | 2009.12 |
| 辽宁沿海经济带生态保护需要法律支撑 | 牛睿 | 论文 | 《人民日报》内参 | 2008.12 | 辽宁省第十一届哲学社会科学成果奖三等奖 | 辽宁省人民政府 | 2009.12 |
| 民生问题与社会秩序重建 | 张思宁 | 研究报告 | 《探索》 | — | 辽宁省第十一届哲学社会科学成果奖三等奖 | 辽宁省人民政府 | 2009.12 |
| 辽宁民众对重大民生问题的关切度与心态研究 | 王妮 | 研究报告 | 《人民日报》内参 | 2008.11 | 辽宁省第十一届哲学社会科学成果奖三等奖 | 辽宁省人民政府 | 2009.12 |
| 审美人类学视域中的民族民间舞蹈开发 | 徐明君 | 研究报告 | 《北京舞蹈学院学报》 | 2007.4 | 辽宁省第十一届哲学社会科学成果奖三等奖 | 辽宁省人民政府 | 2009.12 |

续表

| 成果名称 | 作者 | 成果形式 | 出版发表单位 | 出版发表时间 | 获奖情况 | 颁奖部门 | 颁奖时间 |
|---|---|---|---|---|---|---|---|
| 对我省部分地区春耕备耕资金出现缺口情况的调查 | 刘艳菊 | 研究报告 | 《咨询文摘内参》 | 2008.1 | 辽宁省第十一届哲学社会科学成果奖三等奖 | 辽宁省人民政府 | 2009.12 |
| 辽宁西部地区经济振兴战略研究 | 王宝民 | 研究报告 | 《辽宁振兴简报》 | 2008.1 | 辽宁省第十一届哲学社会科学成果奖三等奖 | 辽宁省人民政府 | 2009.12 |
| 领导干部必须在学习型政党建设中当先锋做表率 | 鲍振东 | 论文 | 《光明日报》 | 2010.4 | 辽宁省第十二届哲学社会科学成果奖一等奖 | 辽宁省人民政府 | 2013.12 |
| 辽宁"十二五"期间民生发展对策研究 | 孙洪敏 | 著作 | 社会科学文献出版社 | 2010.8 | 辽宁省第十二届哲学社会科学成果奖一等奖 | 辽宁省人民政府 | 2013.12 |
| 葫芦岛日侨遣返的调查与研究 | 张志坤 | 著作 | 社会科学文献出版社 | 2010.12 | 辽宁省第十二届哲学社会科学成果奖一等奖 | 辽宁省人民政府 | 2013.12 |
| 辽宁加快发展具有国际竞争力装备制造业的难点及对策研究 | 张万强 | 研究报告 | — | 2011.10 | 辽宁省第十二届哲学社会科学成果奖二等奖 | 辽宁省人民政府 | 2013.12 |
| 辽宁文化通史 | 曲彦斌 | 著作 | 大连理工大学出版社 | 2009.12 | 辽宁省第十二届哲学社会科学成果奖二等奖 | 辽宁省人民政府 | 2013.12 |
| 辽宁风电产业发展中的问题和对策研究 | 吴伟 | 研究报告 | 《辽宁省政府》内参 | 2010.2 | 辽宁省第十二届哲学社会科学成果奖二等奖 | 辽宁省人民政府 | 2013.12 |
| 沈阳经济区综合配套改革研究 | 梁启东 | 著作 | 辽宁大学出版社 | 2009.9 | 辽宁省第十二届哲学社会科学成果奖二等奖 | 辽宁省人民政府 | 2013.12 |
| 李兆麟传 | 地方党史研究所 | 著作 | 当代中国出版社 | 2010.12 | 辽宁省第十二届哲学社会科学成果奖三等奖 | 辽宁省人民政府 | 2013.12 |

续表

| 成果名称 | 作者 | 成果形式 | 出版发表单位 | 出版发表时间 | 获奖情况 | 颁奖部门 | 颁奖时间 |
|---|---|---|---|---|---|---|---|
| 城乡统筹哲学问题研究 | 刘艳菊 | 著作 | 东北大学出版社 | 2010.12 | 辽宁省第十二届哲学社会科学成果奖三等奖 | 辽宁省人民政府 | 2013.12 |
| 辽宁金融发展问题研究 | 张献和 | 著作 | 光明日报出版社 | 2010.1 | 辽宁省第十二届哲学社会科学成果奖三等奖 | 辽宁省人民政府 | 2013.12 |
| 辽宁省境外敌对势力利用宗教进行渗透的情况与对策研究 | 张妍 | 研究报告 | 《人民日报》内参 | 2010.5 | 辽宁省第十二届哲学社会科学成果奖三等奖 | 辽宁省人民政府 | 2013.12 |
| 辽宁工业设计专业化服务发展问题研究 | 李天舒 | 研究报告 | — | 2009.1 | 辽宁省第十二届哲学社会科学成果奖三等奖 | 辽宁省人民政府 | 2013.12 |
| 辽宁省农村土地流转模式及途径研究 | 陈萍 | 研究报告 | — | 2011.10 | 辽宁省第十二届哲学社会科学成果奖三等奖 | 辽宁省人民政府 | 2013.12 |
| 社会转型期城乡统筹的低保制度研究 | 王磊 | 研究报告 | 辽宁教育出版社 | 2010.10 | 辽宁省第十二届哲学社会科学成果奖三等奖 | 辽宁省人民政府 | 2013.12 |
| 英雄无名——阎宝航 | 王连捷 | 著作 | 北京团结出版社 | 2008.7 | 辽宁省第十二届哲学社会科学成果奖三等奖 | 辽宁省人民政府 | 2013.12 |
| 辽宁水问题综合研究 | 沈殿忠 | 研究报告 | — | 2010.12 | 辽宁省第十二届哲学社会科学成果奖三等奖 | 辽宁省人民政府 | 2013.12 |
| 关于健全和完善我省新农村合作医疗制度的建议 | 牟岱 | 研究报告 | 辽宁人民出版社 | — | 辽宁省第十二届哲学社会科学成果奖三等奖 | 辽宁省人民政府 | 2013.12 |
| 关于封贡体系研究的几个理论问题 | 陈志刚 | 论文 | 《清华大学学报》 | 2010.11 | 辽宁省第十二届哲学社会科学成果奖三等奖 | 辽宁省人民政府 | 2013.12 |

## 二、2015年科研成果一般情况介绍、学术价值分析

2015年，辽宁社会科学院学习贯彻习近平总书记系列重要讲话精神过程中，按照中央新型智库建设的总体要求，建设服务中央和地方党委政府的新型智库，围绕党委政府的工作大局开展智库服务工作。全院完成了各类课题257项；出版著作32部；在核心期刊和重要内刊上发表论文192篇；创办出版21期《辽宁智库》；有54项成果获得副省级以上领导肯定性批示，其中19项成果获得中央领导肯定性批示；1项成果被省直机关评为最佳实事。

2015年辽宁社会科学院主要围绕落地辽宁的国家重大战略部署，开展智库研究工作，服务于国家和地方党委政府的科学民主依法决策。

### 1. 针对"一带一路"国家发展战略在辽宁落地生根的研究工作

2015年辽宁社会科学院针对一带一路国家发展的实施，组织了多项专题研究课题，其中，辽宁社会科学院承担了省政府委托资助的重大研究课题"一带一路与辽宁的发展机遇"，由党组书记戴茂林研究员挂帅任课题组长，组成了由东北亚研究所、边疆史地研究所、低碳研究所、社会信息研究所和外事办公室等部门的人员参加的课题组。他们用一年的时间，在国内和东北亚地区进行了广泛调研，撰写了十余篇研究报告，对辽宁参与"一带一路"，参与中蒙俄经济走廊，参与中日韩经济合作，一带一路与欧亚大陆桥对接、巴新铁路等问题，进行了专门研究，形成了《辽宁参与"一带一路"战略的优势及建议》《携手推进"中蒙俄经济走廊新通道"建议》《关于将"巴新铁路"列入第二轮中俄蒙元首会晤议题》《"一带一路"框架下韩国对辽宁的新动态和应对办法》《主动作为，加快融入"一带一路"战略的建议》《"一带一路"战略下中蒙俄经济走廊合作开发》《以跨境旅游自贸区建设推进东北四省区快速融入"一带一路"战略》《"一带一路"战略背景下辽宁与日本的经贸合作》等成果。他们提出依据辽宁地处"东北亚枢纽"地位的区位优势，抓住国家将东北地区打造成为我国向北开放重要窗口和东北亚地区合作中心枢纽的重大机遇，积极推动辽宁参与"一带一路"和中蒙俄经济走廊建设，所提出的重要建议得到了有关部门的高度重视。这些研究成果得到了有关领导的批示和有关部门的采用。

### 2. 针对实施新一轮东北振兴和辽宁老工业基地振兴对策研究

辽宁社会科学院多年开展老工业基地振兴研究。2015年经济所、城市发展研究所、金融所、农发所、社会学所和低碳研究所等完成了一批服务于老工业基地振兴发展的有针对性的成果，较有代表性的有：《国家应该设立东北振兴工业基金》《辽宁推进新一轮老工业基地振兴总体思路研究》《跨越发展的鸿沟——产业转移的学术视角与实践操作》《关于实施工业4.0战略加快辽宁产业升级的建议》《支持非公经济进入公用事业和基础领域的对策建议》《构建辽宁沿海经济带重点园区业绩考核体系的对策研究》《辽宁"两化"融合推动装备制造业转型升级的对策建议》。同时，这些部门承担了大量横向课题，积极参与到各级政府的规划制定中，并与其他部门联合举办了一系列论坛和论证会。这些成果大都是针对政府决策提供的决策思路和参考依据。

### 3. 针对东北亚局势与辽宁发展外部环境的研究

东北亚和朝鲜半岛问题研究等地缘国际政治问题一直是辽宁社会科学院的优长专业领域。2015年东北亚局势动荡朝鲜半岛局势的变化成为辽宁社会科学院研究关注的重点工作之一，围绕朝鲜半岛局势变化和美国亚太再平衡战略在东北亚的推进

和落地，东北亚研究所、边疆史地研究所、社会科学信息研究所、产业经济研究所和院外事工作办公室等部门从全局性、战略性和前瞻性出发，开展了针对性、时效性操作性很强的研究，形成了大量的研究报告和论文，获得了多项中央和国家领导的重要批示和采用。

4. 针对东北亚各国关系与二战历史的研究

2015年，历史研究所、党史研究所、东北亚研究所和社科志办公室等部门围绕东北亚周边各国与我国的关系变化和发展，从中国近现代史角度研究了中国与东北亚各国关系和辽宁外向发展的周边外部环境，形成了多篇研究报告，经过新华社内参、人民日报内参等刊发，获得了国家领导人的多项批示。2015年在史学研究方面还出版了《江桥抗战史略》、《日本在辽宁的鸦片侵略政策研究》、《大爱：日本遗孤的故事》（中文、日文和英文版）、《东北满族先祖的社会发展简析》、《清代文化名人传略》、《辽宁近代生活民俗概览》等著作。

5. 针对核心价值观与辽宁地域文化研究

2015年，辽宁社会科学院进一步加强当代中国马克思主义理论研究，哲学所、文学所和《社会科学辑刊》编辑部发表的代表性成果有：《当代马克思主义生态文明理论与实践研究》《形而上学自由概念的生成与终结》《马克思"人的价值"实现的理论探索》《马克思主义哲学视域下的社会主义核心价值观研究》。在文学、艺术和文化研究方面，出版了《鲁艺文艺道路研究——以秧歌剧为中心的考察》《"五四"小说身体话语研究》《语言民俗学概要》《辽宁文化形态与精神重构——以宋惠民、韦尔申、白国文为例》《辽宁当代美术史》《新时期长篇小说的伪满洲国书写》《地域文化交织中的辽宁文学》《文化体制改革视域下现代公共文化服务体系建设研究》《辽宁老工业基地振兴的精神动力研究》等著作，这些成果充分突出了辽宁社会科学院的研究特色和地域特点，在基础理论和学术研究上有所创新。

## 三、主要科研成果

成果名称：《鲁艺文艺道路研究》
作者：徐明君
职称：研究员
成果形式：著作
字数：300千字
出版单位：人民出版社
出版时间：2015年11月

该书以葛兰西的文化理论为方法，以鲁艺人探寻文化报国途径为主线，探索了知识分子与民间文化的内在联系。作者对健在的鲁艺人进行了口述采访，认为鲁艺传统表现为国家信仰、民族责任，鲁艺精神主要是民间立场、乡土情结。该书进一步把鲁艺文艺道路的现代形成与当代发展结合起来，以中国革命的文艺道路视角来理解和叙述鲁艺。

成果名称：《东北抗联与苏联远东军对日军事侦察活动》
作者：王惠宇
职称：研究员
成果形式：论文
字数：8千字
发表刊物：《长白学刊》
出版时间：2015年6月

成果名称：《第三方媒体视域下战后中国的政治变革1946—1948：以〈观察〉为例》
作者：于之伟
职称：副研究员
成果形式：论文
字数：16千字
发表刊物：《河北师范大学学报》（哲

学社会科学版）

出版时间：2015 年 5 月

《观察》虽对国民党批评多多，但仍对其重振新风寄予希望，同时主张各党在平等地位的基础上建立联合政府，实行民主宪政。然而执政的国民党在分化第三方力量的同时却按照自己的设想进行政治变革。《观察》对政府改组经历了从最初的欢欣鼓舞到最后认为新瓶装旧酒的失望，对国民党"行宪国大"做了详尽报道的同时，也对一片乱象下的失败而感到沮丧。《观察》以及它背后的政治力量的行为并未改变中国政治发展的逻辑。这次政治变革于各方来讲均是事与愿违。《观察》对战后中国政治变革的观察，可以看出其背后的"僭民政治"逻辑。

成果名称：《形而上学自由概念的生成与终结》
作者：侯小丰
职称：研究员
成果形式：论文
字数：15 千字
出版单位：《学术研究》
出版时间：2015 年 9 月

康德承认了卢梭的自由，将其限制在道德和信仰领域，并以主观形式将其确立起来。黑格尔发展了康德的自由理论，通过区别道德和伦理，把国家作为法和道德在伦理领域的最高统一，作为自由的最后实现，最终以客观的形式确立了自由。然而黑格尔的自由不仅是概念的，也是精神的。马克思以其"历史科学"突破了传统形而上学的思维原则，开垦出一片自由的新天地，使人类关于自由的理想第一次屹立在人的实践活动这样一个现实的、历史的平台上，最终以实践自由终结了形而上学的概念自由。

成果名称：《概念史与社会史：一个哲学问题的讨论——以自由概念为例》
作者：侯小丰
职称：研究员
成果形式：论文
字数：11 千字
出版单位：《广东社会科学》
出版时间：2015 年 6 月

在探究历史的规律性与历史的真实性问题上，概念史与社会史的方法，不再是历史表述方法的问题，而是一个哲学的问题。当我们在改变世界的旅途中迈出自由的脚步时，概念史与社会史的方法，将由于一个全新历史平台的确立而转变为一种作为世界观的方法论。它的工作不是要将5000 年人类文明史中自由历程做一简单描述，也不是以"思"的方式对自由历史做一般性的理性分析，而是要在一个时代变革的历史关节点上，重新整理人类精神的时空秩序，在以变求变的思绪中完成实践旗帜下对自由的考问。

成果名称：《财政政策影响装备制造业发展的经验分析》
作者：张万强
职称：研究员
成果形式：论文
字数：10 千字
发表刊物：《财经问题研究》
出版时间：2015 年 7 月

财政固定资产投资对装备制造业发展有显著的正效应。财政科技投资的短期效应不明显，紧缩性税收的政策效应相对高于其他扩张性财政政策。建议政府进一步实施对装备制造业的财政扶持政策，特别是增加财政科技投资规模，实施定向减税政策，增强产业的内生增长动力，提升市场竞争力。

成果名称：《"一带一路"战略下中蒙俄经济走廊合作开发探析》

作者姓名：陈岩
职称：助理研究员
成果形式：论文
字数：5.4千字
发表刊物：《社会科学辑刊》
发表时间：2015年12月

在"一带一路"战略推动下，中蒙俄经济合作发展具备了良好的基础和条件，然而中蒙俄经济走廊在发展过程中也面临着诸多问题与挑战。该文探讨了中蒙俄经济走廊合作开发的有效途径。

成果名称：《中外海洋经济研究述评》
作者姓名：程娜
职称：副研究员
成果形式：论文
字数：12千字
发表单位：《当代经济研究》
发表时间：2015年1月

与陆域经济相比，国际上对海洋经济的研究略显滞后，且有着迥然不同的特点。而作为海洋大国的中国，对海洋经济的研究已取得一定的成绩，但理论研究的局限性制约着海洋经济的发展实践。中国海洋经济的研究必须将可持续发展理念深入至理论及实践研究的各个领域，扩大海洋经济的研究范围，加强理论研究深度，密切联系陆域经济领域的研究成果将理论成果逐步转化为生产力。

成果名称：《城市低保救助水平的经济适应性研究》
作者姓名：王磊
职称：研究员
成果形式：论文
字数：8.5千字
发表刊物：《社会科学辑刊》
发表日期：2015年10月

为客观揭示城市低保水平与经济发展水平的适应性，笔者构建了城市低保水平和经济发展水平两大综合测度指标体系，并利用因子分析法对全国31个省市自治区2006—2012年连续7年城市低保水平与经济发展的适应性进行了实证分析。研究发现：我国城市低保水平与经济发展不相适应，城市低保水平与经济发展水平也并不呈正相关关系，当前我国城市低保水平与经济发展水平的关系大致可以划分为四种类型，宏观上看城市低保的水平依然偏低。

成果名称：《我国社会治理的现代化效能分析》
作者：沈忻昕
职称：副研究员
成果形式：论文
字数：10千字
发表刊物：《社会科学辑刊》
发表日期：2015年6月

该文通过对我国社会治理现代化进行资源消耗的投入、活动成果的产出、价值实现的"投入产出比"进行了深入分析，对推进社会治理体系和能力现代化具有重要意义。通过"投入产出比"分析表明，社会治理效能分析需要进行合法性评估，社会治理效能分析需要进行合理性衡量，社会治理效能分析需要进行合适性判断。

成果名称：《沈阳老字号品牌价值THBV评估和提升对策》
作者：王焯
职称：副研究员
成果形式：论文
字数：9千字
发表刊物：《北方民族大学学报》（哲学社会科学版）
出版时间：2015年11月

作者运用THBV法对沈阳的老字号进行评估可知：历史和文化价值是老字号品牌价值存在的根本和基础，市场价值是决定老字号品牌价值优势的关键因素，社会价值在老字号品牌长远规划中不容忽视。同时，经过个案解析与验证，可以发现：THBV评估法具有较强的研究价值，但也有与之相应的适用范畴和操作难点。

成果名称：《论先秦时期的华夷观念及其演变》
作者姓名：陈志刚
职称：副研究员
成果形式：论文
字数：16.5千字
发表单位：《学术研究》
发表时间：2015年11月

五帝、夏、商、西周时期的早期华夷观，并不含有文化歧视与种族歧视的成分。至西周基于文化选择模式的华夷观开始凸显、强化。东周特别是战国中期后，华夷观念随着周边四夷诸族群对华夏族群联盟的频繁进攻开始渐趋强硬，无法落地生根。至秦汉以后，长城一线的烽燧防御系统始进一步固化了中原华夏族群与周边四夷族群的地缘军事格局，华夷观中的地域隔阂、族群、种族矛盾也开始随着华夷族群在地缘军事对峙的分和消长中不断趋于螺旋式的强化，这也是历次王朝一统之后华夷族群融合大多缓慢、曲折的重要原因。

成果形式：《伪满洲国文学书写中的妓女叙事——以〈朦胧烟花巷〉为个案研究》
作者：冯静
职称：副研究员
成果形式：论文
字数：8.5千字
发表单位：《社会科学辑刊》
发表时间：2015年2月

伪满洲国的文学书写展开了这个时代怪胎留给人们的历史遗存，这一时期独有的殖民性、奴性等政治属性更多的附加在文学作品中。民众的奴性和心灵反抗也在小说创作中交织错综着，作家们总能过透过普通民众的日常生活和生老病死展现伪满洲国的史学观照。

成果名称：《恶作剧：伪满戏剧的后现代表征》
作者：徐明君
职称：研究员
成果形式：论文
字数：5千字
发表刊物：《戏剧文学》
出版时间：2015年7月

日本在伪满洲国时期出于转嫁中日民族矛盾的目的，支持上演反映中英民族矛盾的戏剧《怒吼吧，中国》，但民众并没有被欺骗，反而掀起了反日浪潮。这种愚弄民众的行为是国家层面的恶作剧。该文对日本对中国的文化侵略进行了揭露与批判，并对伪满剧作家的曲折反抗进行了美学阐释。

成果名称：《20世纪初东北文言文学话语转型与新变——以〈点金术〉〈出人意外〉〈家庭革命〉为例》
作者姓名：薛勤
职称：副研究员
成果形式：论文
字数：11千字
发表单位：《求是学刊》
出版时间：2015年11月

东北文学在一段较短的历史时期内经历了令人眼花缭乱的话语实验，在地域、时代、历史、文化因素的共同作用下作出了新的文学选择，回应了历史与时代对东北文学的吁求。三文本中体现出的话语选择历程，虽然有欠融会贯通，但也颇有历史意蕴，它们保存了大量的传统元素，保存了新旧文学话语博弈的历史样态，是值得珍视和记取的文学实践。

成果名称：《危机管理模式下新媒体网络舆情治理路经研究》
作者：李阳
职称：副研究员
成果形式：论文
字数：9千字
发表单位：《社会科学辑刊》
出版时间：2015年8月

与以往的舆情事件相比，网络舆情具有传播速度快，影响范围广，参与人数多，信息追溯难和监管难度大等特点。线上的问题一旦处理不当，极有可能诱发线下的群体性舆情事件，甚至会升级为社会危机，对社会稳定构成极大的威胁。相关政府部门必须对网络舆情问题给予足够的重视。

## 第六节 学术人物

### 一、辽宁社会科学院2014年以前正高级专业技术职务人员

| 姓名 | 出生年月 | 学历/学位 | 职务 | 职称 | 主要学术兼职 | 代表作 |
|---|---|---|---|---|---|---|
| \multicolumn{7}{c}{1983——1989年（19人）} |
| 陈放 | 1914.4 | 大学 | 书记院长 | 研究员 | — | 《中国民族工业》《资本主义经济制度》《努力掌握毛泽东思想武器》 |
| 肖梦 | 1920.1 | 高中 | 副院长 | 研究员 | 中国农业经济学会副理事长、辽宁省农经学会理事长 | 《农业生产合作社的劳动报酬和劳动计算》《农业现代化问题》《城乡经济融合发展研究》 |
| 朱子方 | 1914.4 | 研究生 | 所长 | 研究员 | 中国辽金及契丹女真史学会副会长兼秘书长 | 《辽代墓志考释》《辽瓷选集》《辽会要》《辽史》《从出土墓志看辽代社会》《辽代复诞礼管窥》 |
| 方秉铸 | 1916.10 | 硕士研究生 | 副所长 | 研究员 | 中国计划学会理事，辽宁计划学会、统计学会、商业经济学会副会长 | 《综合物价指数编制方法》《辽宁基本省情研究》《辽宁的经济体制改革》《中国农区畜牧业经济问题》《辽中南经济区探索》 |
| 王革生 | 1922.10 | 大学 | — | 研究员 | — | 《清代东北外贸、商埠、海关》《清代东北史》《论清初八旗汉军》《清代东北地方的"社"》 |
| 罗生智 | 1926.5 | 大学本科 | 副所长 | 研究员 | 辽宁省城市经济学会常务副理事长、辽宁省旅游学会副会长 | 《发挥城市经济中心作用》《城市经济学概论》《发挥中心城市的作用是我国经济体制的重大改革》《商流与物流浅论》 |

续表

| 姓名 | 出生年月 | 学历/学位 | 职务 | 职称 | 主要学术兼职 | 代表作 |
|---|---|---|---|---|---|---|
| 彭定安 | 1928.11 | 大学 | 副院长 | 研究员 | 中国鲁迅研究会副会长、辽宁文学学会理事长、中国当代文学研究会理事、辽宁美学学会名誉会长 | 《鲁迅评传》《走向鲁迅世界》《突破与超越——论鲁迅和他的同时代人》《鲁迅文学概论》《鲁迅学导论》《创作心理学》《文化选择学》 |
| 傅憎享 | 1931.7 | 大学 | 副总编辑 | 研究员 | 中国红楼梦学会理事、辽宁省红楼梦学会理事 | 《红楼梦艺术技巧论》《红楼梦色彩初论》《红楼梦之绘声艺术》《从比喻论红楼梦语言形象化》 |
| 傅世侠 | 1933.9 | 研究生 | 副所长 | 研究员 | 辽宁省自然辩证法研究会副理事长 | 《科技人员创造力开发》《科学前沿的哲学探索》《创造》 |
| 麻东堤 | 1931.1 | 大专 | 省委委员党组书记院长 | 研究员 | 辽宁省科协副主席 | 《马克思主义哲学》《辩证唯物主义与历史唯物主义》《新时期共产党员修养》《精神文明建设中的几个问题》《智囊机构——决策科学化的参谋》《社会科学研究必须进行改革》 |
| 林宏桥 | 1930.5 | 大学 | 所长 | 研究员 | 全国政治学社会主义部分研究会理事、辽宁省经济学会副理事长 | 《辽宁城镇集体经济》《辽宁经济调查报告选》《正确认识和对待城镇个体商业服务业》《沈阳市城镇个体经济调查》 |
| 李浩棠 | 1931.8 | 研究生 | 所长 | 研究员 | 辽宁省信息协会理事、辽宁省科技情报学会理事兼副秘书长 | 《当代国外社会科学手册》《当代中国社会科学手册》《辽宁省社会科学研究概况》《情报在社会科学中的地位和作用》 |
| 徐兴田 | 1931.10 | 研究生 | 所长 | 研究员 | 辽宁省经济学会秘书长、中国宏观经济学会理事、中国社会主义经济规律体系研究会理事 | 《辽宁基本省情研究》《正确认识和对待城镇个体商业服务业》《辽宁与苏浙鲁鄂粤五省经济的比较》《辽宁城镇集体所有制调查》 |
| 胡宝琛 | 1936.12 | 大学本科 | 所长 | 研究员 | 辽宁省历史唯物主义研究会理事长、辽宁省哲学学会理事长 | 《辽宁文化大革命纪实》《辽宁文化大革命大事记》《专业大户类型集》《究竟什么是真高举》 |

续表

| 姓名 | 出生年月 | 学历/学位 | 职务 | 职称 | 主要学术兼职 | 代表作 |
|------|---------|----------|------|------|--------------|--------|
| 王树茂 | 1938.2 | 研究生 | — | 研究员 | 沈阳市心理学会理事长、美国心理学会（APA）国外会员、国际政治心理学会（ISPP）会员 | 《思想政治工作心理学》《领导与心理》《探索人类心灵的奥秘》《中美大学生梦境的对比系列研究》《企业内部经营机制转换过程中的心理调适》 |
| 张卓民 | 1932.2 | 大学 | 所长 | 研究员 | 中国自然辩证法研究会理事、辽宁省自然辩证法研究会副理事长兼秘书长 | 《系统方法》《科学方法论丛书》《科学·技术·哲学研究丛书》《物质论探新》《夸克禁闭与物质无限可分》《系统论的几个哲学问题》 |
| 温永录 | 1930.9 | 大学 | 副院长 | 研究员 | 辽宁党史学会副理事长 | 《东北抗日义勇军史》《东北抗日联军斗争史》《东北抗日游击斗争的作用与意义》《马占山在抗日斗争中的作用》 |
| 任 松 | 1927.10 | 大学本科 | — | 研究员 | 辽宁省历史学会副理事长 | 《郭松龄将军》《郭松龄与浦参谋会谈纪要》《试论郭松龄反奉》《张作霖与日本铁路交涉问题考略》 |
| 巴 图 | 1927.1 | 大学本科 | 副所长 | 研究员 | 辽宁省史学会副秘书长、辽宁省蒙古语文学会副理事长 | 《契丹小字字源举隅》《试解三颗契丹文印》《展望契丹文字研究》《契丹小字探源一斑》 |
| 黄立夫 | 1934.6 | 大专 | — | 研究员 | 辽宁省翻译工作者协会理事、中国苏联东欧学会理事 | 《当代美国的技术统治论思潮》《我们的伙伴：机器人》《别无选择》 |
| 1991年：（4人） ||||||||
| 李光天 | 1934.6 | 专科 | 副书记副院长 | 研究员 | 辽宁省社会学会会长、辽宁省期刊协会副会长 | 《流年纪——李光天文存之一》《往事归根——李光天文存之二》《中国社会主义革命与建设的基本问题》《辽宁期刊史》《辽宁老期刊图录》《期刊策划试点书系》 |

续表

| 姓名 | 出生年月 | 学历/学位 | 职务 | 职称 | 主要学术兼职 | 代表作 |
|---|---|---|---|---|---|---|
| 谢肇华 | 1941.8 | 本科 | 副院长 | 研究员 | — | 《明代辽东军户制初探》《明代辽东军屯制初探》《明代女真汉族的关系》《明清时期灶户的分化》 |
| 冯贵盛 | 1937.8 | 本科 | 副所长 | 研究员 | 全国国土学会理事、全国生态经济学会理事、省生态学会常务理事、省国土学会常务理事 | 《辽宁省农业资源和农业区划地图集》《辽宁农业生产布局研究》《辽宁省国土综合规划》 |
| 孙进己 | 1931.5 | 本科 | — | 研究员 | 中国辽金契丹女真史学会副秘书长、辽宁省辽金契丹女真史研究会理事长、东北历史考古资料信息研究会理事长、北方历史人物研究会理事长 | 《东北民族源流》《东北民族文化交流史》《女真史》《东北历史地理》《东北古史资料丛编》《北方史地资料》 |
| 1992年：（5人） ||||||||
| 刘兴华 | 1931.9 | 大学 | — | 研究员 | 辽宁城经学会副秘书长、中国资本论研究会会员 | 《厂长经营与管理》《经济责任制与工业管理体制改革》《有计划按比例规律和价值规律作用的特殊点》 |
| 张发颖 | 1930.7 | 本科 | — | 研究员 | 中国古典戏曲协会理事 | 《中国戏曲班社活动史稿》《唐五代戏剧纵横录》《唐英集》 |
| 周广平 | 1929.3 | 本科 | 主任 | 研究员 | 中国工业经济学会会员 | 《学习毛主席著作》《学哲学》《政治经济学》《工业经济》 |
| 赵玉龄 | 1932.3 | 本科 | 主任 | 研究员 | — | 《不同类型国家和地区的新技术革命动向》《苏联工资制度》《新技术革命与东欧国家的科技发展》 |
| 王建中 | 1931.11 | 职高 | 副所长 | 研究员 | 辽宁省文学学会常务理事兼秘书长、丁玲研究会理事、解放区文学学会理事 | 《鲁迅作品选讲》《当代文学作品选读》（上下）、《中国现代文学史》（上下）、《现实人生的剖露巨变时代的折光——略论茅盾早期短篇小说的现实性和时代性》 |

续表

| 姓名 | 出生年月 | 学历/学位 | 职务 | 职称 | 主要学术兼职 | 代表作 |
|---|---|---|---|---|---|---|
| 1993 年（26 人） ||||||||
| 王俊儒 | 1936.10 | 大学本科 | 副院长 | 研究员 | 辽宁省人才学会理事、中国社会科学院科研管理学会理事 | 《社会科学研究组织与管理》《科研管理学简论》《毛泽东思想发展事典》 |
| 徐凤臣 | 1940.2 | 大学本科 | 主任 | 研究员 | 辽宁经济信息理论研究会副会长、辽宁消防科学理论研究学会主任 | 《承包制评介与探索》《论创立消防经济学》《关于建立消防科学理论体系的探索》《城市经济安全管理》《私营企业管理探索》 |
| 马蹄疾 | 1936.5 | 中专 | — | 研究员 | 中国鲁迅研究会理事、中华文学史料学学会理事 | 《读鲁迅书信杂记》《鲁迅和他的同时代人》《鲁迅与新兴木刻运动》《许广平忆鲁迅》《水浒资料汇编》 |
| 张可时 | 1942.11 | 大学本科 | 副所长 | 研究员 | 辽宁省农业经济学会常务理事、辽宁省畜牧经济学会常务理事 | 《辽宁粮食生产发展与对策研究》《新型合作经济与双层经营体系》《辽中南经济区建设问题探索》《辽宁农村第三产业的发展及其战略思考》《辽宁城郊经济发展战略研究》 |
| 孙跃川 | 1938.8 | 大学本科 | 所长 | 研究员 | 辽宁省经济学会常务理事、副秘书长 | 《苏玉兰个体畜牧专业户的调查》《全国第三次畜牧经济理论讨论会纪要》《辽宁省发展黄牛生产的几个问题》《健全服务网络加快畜牧业社会化》 |
| 朴成昊 | 1940.2 | 大学本科 | 所长 | 研究员 | 辽宁省对外文化经济交流中心常务理事、辽宁省亚太学会常务理事、辽宁省世界经济学会常务理事 | 《韩中经济合作现状及前景》《东北亚地区各国对外经济发展》《战略与区域经济合作》《挑战与机遇——面向21世纪的东北亚经济》 |
| 关效荣 | 1944.1 | 大学本科 | 所长 | 研究员 | 辽宁省关贸总协定研究会副理事长、秘书长、辽宁省国际经济法研究会常务理事 | 《再造北方香港》《国际经济法大辞典》《国民经济综合平衡问题研究》 |

续表

| 姓名 | 出生年月 | 学历/学位 | 职务 | 职称 | 主要学术兼职 | 代表作 |
|---|---|---|---|---|---|---|
| 冯继钦 | 1935.4 | 大学本科 | — | 研究员 | 中国辽金契丹女真史研究会理事、辽宁省辽金契丹女真历史考古研究会副理事长 | 《室韦史研究》《辽代奚族共同体的演变及其特征初探》《辽金时代室韦的变迁》《辽代长白山三十部女真新探》《金代契丹人分布研究》 |
| 关嘉禄 | 1943.3 | 大学本科 | 所长 | 研究员 | 中国民族古文字研究会副秘书长、沈阳市民族学会常务理事 | 《清代内阁大库散佚档案选编》皇庄上下册《三姓副都统衙门满文档案译编》《雍乾两朝镶红旗档》《旧满洲档·天聪九年档》 |
| 武育文 | 1935.3 | 大学本科 | — | 研究员 | 辽宁省东北近现代史研究会秘书长 | 《东北义和团档案史料》《郭松龄将军》《张学良将军传略》《陈纳德将军传》《奉系军阀军事史》《满铁档案与满铁史研究》 |
| 赵子祥 | 1946.1 | 大学本科 | 书记院长 | 二级研究员 | 中国社会学会常务理事，辽宁省社会学会、人口学会、监察学会、比较文化学会、体育社会学会、妇女学会、青年学会副会长 | 《中国社会问题评析》《西方社会阶层与社会流动理论研究述评》《文化书场的结构功能及其发展中的对策研究》 |
| 魏鉴勋 | 1939.4 | 研究生 | 总编辑 | 研究员 | 辽宁省史学会常务理事、辽宁省期刊协会政治综合委员会副主任、中国少数民族文学学会理事 | 《清史简编》文化部分、《清代辽宁碑刻》、《清代内阁大库散佚档案选编》满汉合璧部分、《曹頫骚扰驿站始末》 |
| 卞直甫 | 1935.8 | 大学本科 | — | 研究员 | 中国秦汉史学会理事、奉系军阀史学会理事 | 《盛京轶事》《张作霖和奉系军阀》《张学良与东北抗日义勇军》 |
| 杨庆镇 | 1934.1 | 大学本科 | 主任 | 研究员 | 中国民族学会理事、辽宁省地名学研究会副理事长 | 《满文老档太祖朝村屯地名考》《中国"子"后缀地名的特点》 |
| 王秉忠 | 1933.8 | 大学本科 | 所长 | 研究员 | 中国现代史东北分会副会长、东北地区中日关系史研究会副会长、张学良及东北军学术研究会副会长 | 《"九·一八"事变丛书》《"九·一八"事变前后日本与中国东北》《东北人物大辞典》《东北当日义勇军史》《满洲开发四十年史》《东北沦陷十四年史大事编年》 |

续表

| 姓名 | 出生年月 | 学历/学位 | 职务 | 职称 | 主要学术兼职 | 代表作 |
|---|---|---|---|---|---|---|
| 张玉兴 | 1939.5 | 大学本科 | — | 研究员 | — | 《满族大辞典》《清代东北流人诗选注》《清代东北史》《中国古代北方民族文化史——满族文化》《孙赤崖与赤崖和尚考》 |
| 王驹 | 1934.6 | 大学本科 | — | 研究员 | 辽宁省东北近现代史研究会常务理事 | 《东北抗日义勇军史》（上、下）、《东北救亡总会与东北抗日联军》、《朱庆澜与辽吉黑民众后援会》 |
| 刘远图 | 1936.10 | 大学本科 | — | 研究员 | 东北地区中俄（苏）关系研究会副理事长、辽宁省苏联学会常务副会长 | 《中苏东段边界研究》《早期中俄东段边界研究》《早期中俄东段边界地图初探》《黑瞎子岛综考》 |
| 宋德宣 | 1937.12 | 大学本科 | — | 研究员 | 辽宁省哲学逻辑学会会员 | 《康熙思想研究》《中日思维方式演变比较研究》《康熙评传》《论社会主义初级阶段与价值观念的变革》 |
| 陈涴 | 1941.4 | 大学本科 | — | 二级研究员 | 中国历史文献研究会会员 | 《中国古代改革史论》《论努尔哈赤改革与女真族社会变革》《袁崇焕与辽东战局》《陶澍学术成就述评》 |
| 李春林 | 1942.2 | 硕士研究生 | — | 研究员 | 辽宁鲁迅学会副秘书长、辽宁儿童文学学会理事 | 《东方意识流文学》《中日现代文学史新编》《中日现代文学人物画廊》 |
| 秦洪祥 | 1942.4 | 大学本科 | — | 研究员 | 中国朝鲜经济学会理事、辽宁国际法研究会理事 | 《新技术革命研究》《南朝鲜的经济网络模式与开发战略》《南朝鲜的科技开发与经济开放》《辽宁与南朝鲜的对比》 |
| 朱永贻 | 1935.10 | 大学本科 | — | 研究员 | 辽宁省经济学会理事、辽宁省数量经济研究会常务理事 | 《管理二重性是一个普遍"原理"吗?》《作为政治经济学概念的生产劳动》 |
| 李永昌 | 1942.7 | 研究生 | — | 研究员 | | 《中国近代赴俄华工述论》《十月革命前夕的旅俄华工》《马克思主义关于历史发展过程的思想》 |

续表

| 姓名 | 出生年月 | 学历/学位 | 职务 | 职称 | 主要学术兼职 | 代表作 |
|---|---|---|---|---|---|---|
| 孙玉玲 | 1940.3 | 大学本科 | — | 研究员 | 东北中日关系史学会常务理事、辽宁中日关系史学会常务理事 | 《日本对中日关系史的研究》《日本帝国主义在辽宁暴行》《"九·一八"事变前日本帝国主义对民族金融业的摧残》 |
| 李有春 | 1932.9 | 大学本科 | — | 研究员 | 中国朝鲜经济学会副会长、沈阳国际经济学会理事 | 《不同类型国家经济翻两番概况》《南朝鲜债务积累的现状与趋势》 |
| 1994年（6人） ||||||||
| 张守山 | 1936.2 | 大学本科 | — | 研究员 | 中国朝鲜语学会常务理事、辽宁省朝鲜语学会副理事长 | 《加强与朝鲜半岛的经济合作》《我省与南朝鲜经贸关系发展现状及对策》 |
| 周平生 | 1935.7 | 大专 | — | 研究员 | — | 《首创抗日义勇军的董显声》《血肉长城第一人》《刘澜波传略》《辽北蒙汉义勇军》《略论东北抗日义勇军》《黄显声传》 |
| 杨 森 | 1937.3 | 研究生 | — | 研究员 | 辽金契丹女真史研究会会员 | 《论契丹族的婚姻制度》《辽史百官志辩误举例》《辽代经济机构试探》《东北教育通史》《溥仪与伪国》《管子选注》《中国古代笔记小说选》《中国古代科学家史话》 |
| 唐红飙 | 1936.10 | 大学本科 | — | 研究员 | 东北中国经济史学会理事辽宁分会常务理事、中国民俗史学会会员 | 《辽代鞫狱机构研究》《契丹于越考》《辽史详考·列传》《关于契丹北、南宰相府的几个问题》 |
| 潘喜廷 | 1935.1 | 大学本科 | — | 研究员 | 奉系军阀史学会副理事长、辽宁省水运史学会副理事长、中华酒文化研究会理事 | 《东北抗日义勇军史》《东北地方史研究》《张学良将军》《东北人民抗日斗争史论文集》 |
| 白忠乐 | 1934.6 | 大学本科 | — | 研究员 | 沈阳市国际经济学会理事 | 《挑战与机遇——面向21世纪的东北亚经济》《苏联东欧国家研究》《别无选择》《关于辽宁省引进苏联能源可行性的研究报告》 |

续表

| 姓名 | 出生年月 | 学历/学位 | 职务 | 职称 | 主要学术兼职 | 代表作 |
|------|----------|-----------|------|------|--------------|--------|
| | | | | | | |
| | | | 1995年（5人） | | | |
| 闫福君 | 1937.3 | 大学本科 | 书记院长 | 研究员 | 东北亚经贸发展研究会副会长、中华民族与世界民族文化研究会副会长 | 《鞍山城市建设与未来发展》《股票常识与交易技巧》《辽宁发展大外贸的战略思考》《地方社会科学研究改革和发展的若干思考》 |
| 徐继舜 | 1942.12 | 大学本科 | 党组副书记副院长 | 研究员 | 辽宁省非公有制经济研究会会长、中国经济规律研究会副会长、中国政治学会理事 | 《毛泽东社会主义经济理论》《东北亚商务合作的前景》《21世纪非公有制经济发展与统一战线》《现代人事行政学》 |
| 高立胜 | 1945.1 | 大学本科 | 总编辑 | 研究员 | 辽宁省企业文化联合会副主席、辽宁省营销科学研究会副会长、辽宁省毛泽东哲学思想研究会副会长 | 《企业文化管理理论》《企业道德》《企业形象》《企业文化理论与实践》 |
| 杨振福 | 1940.3 | 大学本科 | 副所长 | 研究员 | 辽宁省社会学会副秘书长、辽宁省犯罪社会学研究会副秘书长 | 《市场学》《企业社会学》《失范行为论》 |
| 任惜时 | 1940.5 | 大学本科 | 所长 | 研究员 | 辽宁省文学学会副理事长 | 《东北现代文学史》《东北解放区文学史》《东北文学通史》《东北现代文学史》 |
| | | | 1996年（6人） | | | |
| 焦永德 | 1943.12 | 大学本科 | 副所长 | 研究员 | 中国生产力学会常务理事、辽宁省体制改革研究会常务理事、中国生产力学会理事 | 《深化企业改革研究》《论产权关系》《社会主义市场经济基本知识通俗读本》《论国有企业机制转换和建设》 |
| 徐继成 | 1940.1 | 大学本科 | — | 研究员 | — | 《区域学》《美国婚姻与家庭》《社会学与环境》 |
| 于治贤 | 1946.1 | 硕士研究生 | 所长 | 研究员 | 中共辽宁省委、省政府决策咨询委员会委员 | 《问题、成因、对策——中国百年改革展望》《挑战与机遇——迈向21世纪的东北亚经济》《辽宁对外开放的回顾与前瞻》 |

续表

| 姓名 | 出生年月 | 学历/学位 | 职务 | 职称 | 主要学术兼职 | 代表作 |
|---|---|---|---|---|---|---|
| 高树桥 | 1944.1 | 高中 | 所长 | 研究员 | 辽宁东北抗联暨东北抗战史学会秘书长、辽宁东北近现代史研究会副秘书长 | 《东北抗日联军斗争史》《中国共产党在辽宁》《情系魂牵黑土地》《白山黑水的尊严》《论东北抗联与远东军的合作及其结局》 |
| 许思奇 | 1949.3 | 研究生班 | — | 研究员 | 辽宁省经济与社会发展研究基金秘书长、沈阳市消费纠纷仲裁委员会委员 | 《日本市场经济法制——日本经验与中国社会主义市场经济立法思路》《国际经济大法大辞典》《关于消费者保护总政策和法律体系的探讨》 |
| 沈殿忠 | 1950.8 | 初中 | 所长 | 二级研究员 | 辽宁省华侨历史学会副会长、辽宁省社会学会秘书长 | 《日本侨民在中国》《中国政坛女性分析》《环境社会学》《论侨民史在社会史中的地位》 |
| \multicolumn{7}{c}{1997年（4人）} |
| 李向平 | 1950.12 | 大学普通班 | 副院长 | 二级研究员 | 中国区域经济学会理事、辽宁省商业经济学会顾问、常务理事 | 《辽宁工业化阶段的内在矛盾和产业政策协调》《中国区域经济增长格局中的"南北"问题》《全国区域经济比较》 |
| 曲彦斌 | 1950.7 | 初中 | 所长 | 二级研究员 | 中国民俗语言学会会长兼中国俗语行话研究会理事长、辽宁省民俗学会理事 | 《民俗语源探解》《中国典当使》《中国镖行——中国保安业史略》《中国招幌》《口彩略论》《中国民间秘密语研究概说》 |
| 安振泰 | 1941.5 | 大学本科 | 主任 | 研究员 | 辽宁东北近现代史研究会常务理事、辽宁省锡伯族史学会常务理事 | 《中国共产党在辽宁》《九一八抗战史》《中共辽宁党史人物传》《辽宁省锡伯族志》《何成湘》 |
| 李兴武 | 1943.9 | 大学本科 | — | 研究员 | 辽宁省美学学会常务理事、辽宁省道教学术研究会副秘书长 | 《丑陋论》《西方审美观源流》《社会转型与人格再造》《心态困惑的魔圈》《当代西方美学思潮评述》 |
| \multicolumn{7}{c}{1998年（7人）} |
| 姜晓秋 | 1959.5 | 博士 | 院长党组副书记 | 研究员 | 辽宁省省委、省政府决策咨询委员会委员、辽宁省政协文化和文史委副主任、辽宁省哲学社会科学学术委员会委员、辽宁省政府成果奖评奖委员会委员 | 《劳动力就业的对策与出路》《加快实现两个根本性转变》《充分认识非公有制经济的地位和作用》《跨越式发展：辽宁21世纪战略问题研究》 |

续表

| 姓名 | 出生年月 | 学历/学位 | 职务 | 职称 | 主要学术兼职 | 代表作 |
|---|---|---|---|---|---|---|
| 武斌 | 1953.4 | 大学本科 | — | 研究员 | 东北地区外国哲学学会副理事、辽宁省鲁迅学会副会长 | 《中华文化海外传播史》《文化后院的眷恋——彭定安学传》《现代中国人——从过去走向未来》 |
| 庄严 | 1954.1 | 大学本科 | 副所长 | 研究员 | 中国民族史学会理事、沈阳市历史学会副秘书长 | 《苦难与斗争十四年》《简析日伪经济特征》《日伪时期日本对东北钢铁资源的掠夺》 |
| 高翔 | 1953.7 | 大学本科 | 总编辑 | 二级研究员 | 辽宁省文学学会、美学学会、美育学会、文艺评论家联谊会理事 | 《东北现代文学史论》《东北现代文学大系·长篇小说卷》《东北现代文学大系·中篇小说卷》《秋瑾》 |
| 赵东辉 | 1940.6 | 大学本科 | — | 研究员 | 辽宁满铁研究中心副主任 | 《苦难与斗争十四年》《九一八事变与日本外交》《九一八国难史》《日本统治东北方案的形成》 |
| 杨纯富 | 1942.7 | 大学本科 | 副所长 | 研究员 | 辽宁省毛泽东哲学思想研究会理事、辽宁省经济与社会发展研究基金副秘书长 | 《人是什么——西方人学思想发展历程》《马克思主义哲学应用性拓论》《社会主义市场经济与人的思想政治素质》 |
| 吴连有 | 1941.10 | 大学本科 | — | 研究员 | — | 《挑战与机遇》《面向21世纪东北亚经济的发展与合作》《我国同东北亚周边国家的区域经济合作》 |
| 1999年（6人） ||||||||
| 曹晓峰 | 1953.10 | 本科 | 党组副书记 副院长 | 研究员 | 中国社会学会理事、辽宁省社会学会会长、辽宁省哲学学会副会长 | 《中国国情丛书——百县市经济社会调查·海城篇》《浅析城乡关系与小城镇建设》《提高企业家素质首要转变企业家观念》 |
| 孙洪敏 | 1955.6 | 博士 | 院长 副书记 | 二级研究员 | 中国应用哲学学会常务理事、辽宁省哲学学会副会长 | 《超前思维》《首脑思维》《创新思维》《创新概论》 |
| 陈萍 | 1958.2 | 本科 | 所长 | 研究员 | 辽宁省工商学会理事、辽宁省投资学会理事 | 《国内统一市场研究》《新一轮经济周期的特点及辽宁的对策》《辽宁省大中型工业企业综合优势分析》 |

续表

| 姓名 | 出生年月 | 学历/学位 | 职务 | 职称 | 主要学术兼职 | 代表作 |
|---|---|---|---|---|---|---|
| 王兵银 | 1942.11 | 本科 | 副所长 | 研究员 | 中国社会科学情报学会会员 | 《卢布汇率缘何暴跌》《中俄经贸的互补性及其作用》 |
| 王复士 | 1943.5 | 本科 | — | 研究员 | 中国东欧中亚学会理事 | 《北约东扩和俄罗斯在亚洲的选择》《试论俄罗斯远东地区对外开放的客观条件》 |
| 白长青 | 1946.11 | 研究生 | 所长 | 研究员 | 辽宁省文学学会副秘书长、辽宁省美学学会副秘书长 | 《东北现代文学史论》《东北现代文学大系》《论东北现代文学中的短篇小说创作》 |
| 2000年（6人） | | | | | | |
| 王广林 | 1957.6 | 研究生 | 副所长 | 研究员 | 辽宁省价格学会理事、辽宁省物资流通学会理事 | 《关于经济结构调整的思考》《辽宁支柱产业市场经济能力研究》 |
| 李鸿飞 | 1952.6 | 博士 | 副所长 | 研究员 | 辽宁大学软科学研究中心研究员 | 《走出贫困：中国大中城市贫困人口问题研究》《中国国有企业转制的"非经济因素"》 |
| 于海江 | 1942.6 | 本科 | — | 研究员 | — | 《论分》《论一般》《论反映的重大意义》《论斗争的种类及表现形式》 |
| 张志强 | 1945.4 | 大专 | 副所长 | 研究员 | 辽宁省历史学会副秘书长、奉系军阀史研究会副秘书长 | 《中国遭遇"过剩经济"》《城市发展观的理论缺失》 |
| 王冬芳 | 1947.1 | 大专 | 主任 | 研究员 | 辽宁省妇女理论研究会理事、辽宁省地方志学会理事 | 《满族崛起中的女性》《迈向近代——剪辫放足》《关于明代中朝边界形式研究》 |
| 张献和 | 1961.2 | 本科 | 所长 | 研究员 | 当代辽宁研究会常务理事 | 《辽宁金融发展策略》《辽宁金融发展问题研究》《辽宁村镇银行发展与创新研究》 |
| 2001年（4人） | | | | | | |
| 冯年臻 | 1943.10 | 本科 | — | 研究员 | — | 《袁世凯真传》《清单人物传稿第七卷》《舒尔哈齐父子在清开国史上的历史地位》 |

续表

| 姓名 | 出生年月 | 学历/学位 | 职务 | 职称 | 主要学术兼职 | 代表作 |
|---|---|---|---|---|---|---|
| 牟岱 | 1962.11 | 博士 | 副院长 | 二级研究员 | 辽宁省欧美同学会副会长 | 《民生哲学问题研究》《形而上至形而下的路径》《城乡统筹哲学问题研究》 |
| 赵军山 | 1949.1 | 大学普通班 | 副所长 | 研究员 | 中华日本学会理事 | 《改革开放20年的理论与实践——辽宁卷》《辽宁民营经济发展报告》《新世纪之初的世界经济》 |
| 梁启东 | 1965.5 | 博士 | 副院长 | 研究员 | 辽宁省经济学会副秘书长、辽宁省社会学会理事 | 《沈阳经济区综合配套改革研究》《沈抚同城化战略研究》《沈阳经济区城市发展研究》 |
| 2002年（2人） ||||||||
| 王宝民 | 1954.11 | 本科 | 主任 | 研究员 | — | 《知识经济：深刻的变革与严峻的挑战》《构筑21世纪的辽宁高新技术产业》《辽宁社会总需求态势及展望》 |
| 张强 | 1953.1 | 大学普通班 | 主任 | 研究员 | — | 《中小企业破产法律制度比较研究》《产权制度改革与展望》 |
| 2003年（3人） ||||||||
| 李天舒 | 1964.5 | 本科 | — | 研究员 | — | 《经济发展新阶段辽宁经济创新发展研究》《基于全球价值链的辽宁产业体系构建研究》 |
| 廖晓晴 | 1958.9 | 研究生 | 所长 | 研究员 | 中国史学会理事、辽宁省史学会副会长 | 《史学巨匠——章学诚与史著》《中国历代宦官、中国书法史略》 |
| 张国庆 | 1957.7 | 本科 | 副总编辑 | 研究员 | 中国辽金契丹女真史研究会副秘书长、常务理事 | 《辽代契丹习俗史》《艺人传奇》《辽代石刻文化刍论》 |
| 2004年（4人） ||||||||
| 门泉东 | 1952.10 | 大学 | 副院长 | 研究员 | — | 《当代中国共产党人的马克思主义立场、观点、方法》《当代中国共产党人的行动指南》 |
| 何月香 | 1954.2 | 大学普通班 | — | 研究员 | — | 《俄日领土纠纷难以解决原因分析》《浅析中日经贸合作新机遇》 |

续表

| 姓名 | 出生年月 | 学历/学位 | 职务 | 职称 | 主要学术兼职 | 代表作 |
|---|---|---|---|---|---|---|
| 刘肃勇 | 1932.6 | 本科 | — | 研究员 | 中国辽金契丹女真史研究会会员 | 《金世宗传》《论完颜亮》《金代窝鲁欢墓志所记史事考探》《辽夏金元宫廷》 |
| 王成国 | 1946.12 | 高中 | — | 研究员 | 中国辽金史学会会员 | 《略论辽朝统治下的汉人》《渤海与高句丽比较研究》《论唐代契丹》 |
| 2005 年（10 人） ||||||||
| 鲍振东 | 1955.1 | 研究生 | 书记院长 | 研究员 | 《中国农民》杂志社特邀研究员 | 《一个实践者的理性思考》《执政能力探索与实践》《构建和谐辽宁研究》《重在求真务实》《贯彻民主集中制的四个观念、清清白白做官》 |
| 金泗 | 1954.4 | 本科 | — | 研究员 | 中国社会学会会员 | 《90 年代辽宁社会保障改革的理论思考》《社会保障资金筹集管理》《社会变迁与社会流动》 |
| 王策 | 1957.4 | 本科 | 所长 | 研究员 | 辽宁省法学会常务理事，辽宁省民法、经济法研究会副会长 | 《振兴辽宁老工业基地的法制问题研究》《我国物权制度的立法选择》《企业制度改革中的法律问题》 |
| 李香晨 | 1935.6 | 本科 | — | 研究员 | 中国自然辩证法研究会会员 | 《进化系统辩证法》《进化系统辩证法大纲》《当代混沌概念的演变》 |
| 张志坤 | 1950.11 | 本科 | 副所长 | 研究员 | 东北抗联史暨东北抗日战争史研究会副理事长 | 《日本遗孤调查研究》《日本法西斯思想渊源研究》《中华民族博大胸怀的历史见证》 |
| 黄凤岐 | 1927.4 | 本科 | — | 研究员 | 辽宁省辽金契丹女真史研究会理事长 | 《契丹史研究》《契丹族文化史》《中国古代北方民族文化史》 |
| 马越山 | 1941.7 | 研究生 | — | 研究员 | 张学良暨东北军史研究会副秘书长 | 《九一八全史》第四卷《九一八事变后张学良抗日斗争评述》 |
| 张天维 | 1962.5 | 研究生 | 所长 | 研究员 | 中共辽宁省委省政府决策咨询委员 | 《后金融危机时代产业发展与安全研究》《产业转移的学术视角与实践操作》 |

续表

| 姓名 | 出生年月 | 学历/学位 | 职务 | 职称 | 主要学术兼职 | 代表作 |
|------|---------|----------|------|------|------------|--------|
| 孙建利 | 1954.12 | 大专 | — | 研究员 | 辽宁省世界经济学会会员 | 《步入调整期的世界经济》《民营经济与中小企业发展——政策、体制、国际比较》 |
| 吕 超 | 1951.8 | 本科 | 所长 | 研究员 | 中国日本史学会常务理事、辽宁茶文化研究会副会长 | 《外国人的中国观》《中日中小企业合作中地方政府的作用》《朝鲜的箕子墓与檀君陵》 |
| 2006年（5人） |||||||
| 张洪军 | 1957.4 | 研究生班 | 所长 | 研究员 | 中国国史学会理事、辽宁省张学良暨东北军研究会副会长 | 《江桥抗战史略》《危险的大国轨迹》《可歌可泣的诗篇》《九一八全史》 |
| 张思宁 | 1962.12 | 大学本科 | 所长 | 研究员 | 辽宁省心理咨询师协会、21世纪哲学研究会副理事长，辽宁省周易研究会副会长 | 《转型中国之价值冲突与秩序重建》《边际异化信息嵌入理论》《统一场论的哲学研究》 |
| 周延丽 | 1962.9 | 博士 | — | 研究员 | — | 《东北亚国家的地缘战略与中俄战略协作》 |
| 毛世英 | 1964.3 | 研究生 | — | 研究员 | 辽宁省文化社会学常务理事、辽宁省孔子研究会常务理事 | 《企业服务哲学》《戴尔文化》《转型发展与提升人民幸福感的哲学思考》 |
| 许 宁 | 1965.2 | 研究生 | 所长 | 研究员 | 辽宁省美学学会副秘书长 | 《根脉与生发——直面东北地域文化的女性思考》《当代审美文化的特征及成因》 |
| 2007年（3人） |||||||
| 冯 昀 | 1967.1 | 本科 | — | 研究员 | 辽宁地方立法研究会常务理事、沈阳市妇女权益保障研究会副会长 | 《民族自治地方立法问题刍议》 |
| 侯小丰 | 1962.12 | 博士 | — | 研究员 | — | 《自由的思想移居——概念史与社会史》 |
| 王连捷 | 1957.11 | 本科 | — | 研究员 | 辽宁张学良暨东北军研究会副会长兼秘书长 | 《十四年抗战—中国共产党的光辉历史篇章》《论东北救亡运动与抗日民族统一战线》 |

续表

| 姓名 | 出生年月 | 学历/学位 | 职务 | 职称 | 主要学术兼职 | 代表作 |
|---|---|---|---|---|---|---|
| 2008 年（6 人） ||||||||
| 王 正 | 1960.11 | 研究生 | — | 研究员 | 辽宁省社会学会常务理事 | 《聚焦命案》《中国经纪人》《社会转型时期的越轨行为与社会控制》 |
| 王 新 | 1955.3 | 研究生 | — | 研究员 | 辽宁省社会学会理事 | 《社区建设经验集萃》《我国视屏安全问题研究》《网络黑帮——危及社会秩序的现实问题》 |
| 石恒利 | 1948.10 | 本科 | — | 研究员 | 九一八战争研究会副会长、辽宁赵尚志研究会副会长 | 《网络艺术教育》《自主创新是发展软件出口产业的核心理念》 |
| 严 伟 | 1956.5 | 研究生 | — | 研究员 | — | 《思考国有企业》《建设新农村不是把农民留在农村》《国有企业高级管理人员不能实行高薪制》 |
| 关亚新 | 1968.10 | 博士 | — | 研究员 | — | 《日本遗孤调查研究》《葫芦岛日侨遣返的调查研究》 |
| 王振华 | 1950.11 | 大专 | 所长 | 研究员 | 全国律师协会 WTO 专门委员会委员 | 《欧盟对华反倾销研究——理论框架与实证分析》《欧盟对华"冷冻草莓"反倾销研究》 |
| 2009 年（5 人） ||||||||
| 牛 睿 | 1950.8 | 本科 | 所长 | 研究员 | 辽宁省法学会常务理事、辽宁省法学会经济法学研究会副会长 | 《东北区域经济一体化进程中的法制协调问题》《论行政职权的滥用与制约监督》 |
| 赵玉红 | 1969.12 | 研究生 | 副所长 | 研究员 | — | 《结构调整与区域经济发展》《中国城镇化建设发展趋势和对策建议》 |
| 韩 红 | 1966.10 | 本科 | 所长 | 研究员 | 辽宁省科学技术项目评委专家 | 《我国电子商务发展历程影响与趋势》《十三五期间辽宁打造融合示范区的规划建议》 |
| 马 琳 | 1970.5 | 博士 | 副所长 | 研究员 | 中国鲁迅研究会会员 | 《电视剧传播：性别建构与身份认同》《邓小平文艺思想的美学内涵》《深度关注与表达困惑》 |

续表

| 姓名 | 出生年月 | 学历/学位 | 职务 | 职称 | 主要学术兼职 | 代表作 |
|---|---|---|---|---|---|---|
| 王凯旋 | 1961.1 | 博士 | 所长 | 研究员 | 辽宁师范大学兼职教授 | 《中国科举制度史》《秦汉社会生活史稿》《清代八旗科举述要》《中国谣谚民俗史》《明代科举制度考论》 |
| 2010年（4人） ||||||||
| 孙 冀 | 1964.12 | 研究生 | — | 研究员 | — | 《当代西方市场经济理论的确认和研究》《加拿大政治体制》《韩国的朝鲜政策、龙魂：理论的废墟与重建》 |
| 王 丹 | 1971.10 | 研究生 | 所长 | 研究员 | 沈阳市政协农业和农村工作委员会顾问 | 《辽宁工业经济史》《农村基本公共服务体系建设与城镇化发展研究》《统筹农村社会保障体系研究》 |
| 郭 印 | 1973.8 | 本科双学位 | 副所长 | 研究员 | — | 《可持续发展议题的经济学研究现状及前沿》《中国的生态文明观是中西方价值理论发展与融合的结晶》 |
| 王惠宇 | 1972.6 | 博士 | — | 研究员 | 辽宁省东北抗日联军史暨东北抗战史研究会副会长 | 《1945—1949年美国与中国东北问题研究》《新中国成立前后日本与中国东北的贸易》《论中国共产党在东北抗战中的历史作用》 |
| 2011年（7人） ||||||||
| 刘瑞弘 | 1973.6 | 硕士 | 总编辑 | 研究员 | — | 出版专著《东北现代小说的互文性与原创性》《生态批评与生态美学》，发表论文《互文性、超文性与文学原型》 |
| 孙 航 | 1966.4 | 本科 | — | 研究员 | 辽宁省二十一世纪哲学研究会副会长、辽宁生命与生存研究会副会长、辽宁省周易研究会副会长 | 《中小企业人力资源管理智慧与方法》《人才队伍建设问题研究》《学习型党组织建设考评体系研究》 |
| 卢 骅 | 1957.1 | 本科 | 主任 | 研究员 | — | 《辽宁红色旅游发展研究》《铁岭指画研究》 |

续表

| 姓名 | 出生年月 | 学历/学位 | 职务 | 职称 | 主要学术兼职 | 代表作 |
| --- | --- | --- | --- | --- | --- | --- |
| 陈爽 | 1969.1 | 研究生 | 所长 | 研究员 | 辽宁省知识产权研究会会长 | 《知识产权保护与地方经济发展》 |
| 胡丽华 | 1965.5 | 本科 | — | 研究员 | — | 《政府投资环境建设与选择》《推动非公经济跨越式发展战略研究》 |
| 张万强 | 1971.11 | 博士 | 所长 | 研究员 | 辽宁省中青年决策咨询专家 | 《打造世界级装备制造基地：战略定位与发展路径》《构建内生增长动力的老工业基地振兴道路》 |
| 张万杰 | 1974.1 | 研究生 | 副所长 | 研究员 | 辽宁省东北抗日联军史暨东北抗战史研究会副会长 | 《救亡图存东北魂——东北救亡群体与西安事变研究》《抗日战争研究》《东北救亡人生与西安事变》 |
| 2012年（5人） ||||||||
| 李宁顺 | 1972.9 | 研究生 | 副所长 | 研究员 | 辽宁省知识产权研究会常务理事 | 《新型城镇化背景下农村土地法律制度创新研究》 |
| 金波 | 1965.5 | 研究生 | — | 研究员 | — | 《建设社会主义新农村若干法律问题研究》 |
| 王慧娟 | 1960.5 | 本科 | — | 研究员 | — | 《构建辽宁现代化农业产业体系问题研究》《试论辽宁农业结构与布局调整》 |
| 郭莲纯 | 1967.12 | 大学本科 | — | 研究员 | — | 《古都辽阳》《文化民生背景下的人口老龄化问题研究》 |
| 韩晓时 | 1973.1 | 研究生 | — | 研究员 | 辽宁省民俗学会秘书长 | 《满族民居民俗》《古城印记》《抢救民俗语言文化》《突破传统模式发展辽宁创意旅游》 |
| 2013年（3人） ||||||||
| 戴茂林 | 1957.2 | 博士 | 党组书记副院长 | 二级研究员 | — | 《莫斯科中山大学与王明》《王明传》《高岗传》《中国共产党主要领导权力转移的类型、特点与启示》 |

| 姓名 | 出生年月 | 学历/学位 | 职务 | 职称 | 主要学术兼职 | 代表作 |
|---|---|---|---|---|---|---|
| 张长凤 | 1965.10 | 研究生 | — | 研究员 | — | 《房地产调控策论》《房价变动规律性及调控对策研究》《房地产指数系统及调控对策研究》 |
| 谭 静 | 1968.3 | 研究生 | — | 研究员 | — | 《国际金融危机背景下辽宁中小企业融资选择》《中国资本市场发展面临的与对策》 |
| 2014年（3人） ||||||||
| 王 妮 | 1974.7 | 研究生 | 所长 | 研究员 | 辽宁省生命健康研究会副会长、沈阳市残疾人心理研究会副会长 | 《跨文化和谐——中国文化体验的心理解读》《转型期中国社会心态问题研究》《儿童感觉统合失调的理论与实践》《论人际沟通》 |
| 张国俊 | 1962.10 | 本科 | 副所长 | 研究员 | 辽宁省金融学会常务理事 | 《辽宁区域金融协调互动发展研究》《东北振兴十年金融业发展回顾与展望》 |
| 李学成 | 1972.5 | 研究生 | 主任 | 研究员 | 辽宁省历史学会理事 | 《满族生活风俗变迁史》《清初满族婚俗特征考》《侵略之痛经济之殇》 |

## 二、2015年晋升正高级专业技术职务人员

张洁，1970年1月出生，辽宁昌图人，研究员。研究方向为东北沦陷史、辽宁历史文化。代表作：《日本分裂企图破灭及中国统一大业——再议东方会议及皇姑屯事件》（论文）、《日军对奉天盟军战俘进行细菌实验罪行考实》（论文）、《历史回眸：沈阳九君子与国联调查团》（专著）。

李绍德，1958年2月出生，辽宁沈阳人，研究员。现从事国际关系及国际政治研究，主要学术专长是东北亚及朝鲜半岛问题研究。主要代表作有：《东北亚区域安全·合作与发展》（专著）、《中国周边安全与东北亚区域合作》（主编）、《东北亚区域合作与发展研究报告2014—2015》（副主编）、《东北亚区域合作与发展研究报告2013—2014》（副主编）。

王磊，1977年12月出生，辽宁辽阳县人，研究员。现在从事社会学研究，主要学术专长社会保障、社会政策。主要代表作《城乡居民最低生活保障制度统筹研究》（专著）、《适度普惠型社会福利制度建构研究》（专著）、《辽宁经济社会形势分析与预测（辽宁蓝皮书）》（2014、2015、2016）（编著）。

徐明君，1975年8月出生，吉林省吉林市人，博士，研究员。主要从事审美文

化研究。曾主持国家社科基金项目等省部级以上课题5项，在《民族艺术》《电视研究》等核心期刊上发表论文10余篇，主要著作有《鲁艺文艺道路研究》《马克思主义美学中国化研究》等，参与主持编写辽宁文化蓝皮书。

赵朗，1960年3月出生，辽宁沈阳人，研究员。现从事东北沦陷史研究，主要学术专长是日本对东北的鸦片侵略问题研究。主要代表作：《"以毒养战"：九一八事变前日本在东北实施的鸦片战略——以辽宁的鸦片走私活动为中心》（论文）、《日本在东北地区实施的鸦片侵略政策——以抚顺千金寨地区鸦片毒品贩卖活动为中心》（论文）、《揭开日本鸦片侵略的面纱》（论文）、《日本在辽宁实施的鸦片侵略政策研究》（专著）、《日本在满铁附属地的鸦片贩毒罪行》（论文）、《日本鸦片毒化政策下的辽西地区》（论文）。

陈亚文，1968年9月出生，辽宁北镇县人，研究员。现从事区域经济研究，主要学术专长是产业经济、计量经济及计算机学研究。主要代表作有：《辽宁中长期经济发展思路研究》（专著）、《辽宁现代产业体系构建问题研究》（合著）、《城市化进程中辽宁农村发展研究》（合著）等。

王建忠，1956年6月出生，陕西宜川人，研究员。现从事文化、文字、文学等相关领域研究。主要代表作有：《汉字美学浅谈》（专著）、《书法艺术简论》（专著）、《书信文化漫说》（专著）。

## 第七节 2015年大事记

### 一月

1月20日，辽宁社会科学院党组书记戴茂林参加全省宣传部长会议。

### 三月

3月17日，法国驻沈阳总领事馆总领事美屿女士、教育科技专员葛敬先生、助理王月女士一行3人来辽宁社会科学院访问座谈。院长孙洪敏研究员、副院长牟岱研究员出席座谈。

3月23日，美国国务院东亚和太平洋分析处环境科技卫生分析员克莉丝汀伯克女士、美国驻沈阳总领事馆政治经济领事郭一杰先生访问辽宁社会科学院，并与院低碳研究所进行座谈，院党组成员、副院长牟岱出席座谈。

### 四月

4月22日，福建社会科学院党组书记陈祥健一行6人到辽宁社会科学院开展调研，并与科研处、外事办、财务处和人事处相关同志进行座谈。党组书记戴茂林、副院长牟岱出席座谈。

4月24日，日本国驻沈阳总领事馆副领事柏仓伸哉先生、经济研究院鸭川润一先生来访辽宁社会科学院，同院学者就一带一路和中日关系前景问题进行交流座谈。院党组成员、副院长牟岱，低碳所、东北亚所和外事办相关同志出席座谈。

4月24日，美国国务院经济官尼克·埃里克森先生、美国驻沈阳总领事馆领事东方迈先生、助理许同阳先生一行3人来访，同院学者进行学术座谈。院党组成员、副院长牟岱，原社会学所所长沈殿忠、法学所副所长徐微、助理研究员邵琰博士和外事办主任禹颖子出席座谈。

### 五月

5月11日，纽约大学工程学院助理研究教授马瑞拉·阿方索、美国驻沈阳总领事馆副文化领事东方贤惠等一行6人来访，同院学者进行座谈。低碳所、东北亚所、社会学所和外事办相关同志参加座谈。

5月12日，驻中国日本大使馆公使远藤和也、日本国驻沈阳总领事馆首席领事高垣了士、副领事柏仓伸哉一行3人来访。院党组成员、副院长梁启东，东北亚所、外事办相关同志出席座谈。

5月22日，辽宁社会科学院召开"三严三实"专题教育工作会议，辽宁社会科学院党组副书记、院长孙洪敏主持，院党组书记戴茂林同志作"三严三实"专题党课。

### 六月

6月2日，以聂向军副总工程师为组长的交通部规划设计院考察组到访辽宁社会科学院。考察组一行12人就东北目前经济社会发展形势、"十三五"期间辽宁面临的机遇与对策、港口等基础设施建设、辽宁新一轮对外开放等问题与院学者进行学术交流。产业经济所、经济所相关同志参加座谈。

### 七月

7月1日，在中国共产党成立94周年之际，院党组书记戴茂林结合三严三实专题教育，以"严以修身、坚定信念、学习讲话、促进发展"为题，为全院职工上党课。

7月22日，俄罗斯科学院东方学研究所研究员基干鑫先生、杜亚娜女士、省人民对外友好协会经济合作部部长周长海先生、友好城市工作部杜跃普先生一行5人到访辽宁社会科学院，同院学者座谈。院党组成员、副院长牟岱，哲学所、东北亚所和外事办相关同志参加座谈。

### 八月

8月10日，甘肃省社会科学院党委委员、纪委书记陈双梅一行到辽宁社会科学院调研，并与人事处、机关党委相关同志进行座谈。

8月24日，朝鲜民主主义人民共和国驻沈阳总领事馆总领事金光勋先生、领事全庆正先生来访辽宁社会科学院，就一带一路中朝关系前景进行交谈，院党组副书记、院长孙洪敏，院党组成员、副院长牟岱和外事办主任禹颖子出席座谈。

8月25日，韩国产业银行总行统一事业部姜鎮男副行长、李允载部长、金铉一次长和沈阳分行西门达行长一行拜访辽宁社会科学院。院党组书记戴茂林，院党组成员、副院长牟岱，财政金融所和外事办相关同志出席座谈。

### 九月

9月3日，日本海经济研究所代表团来访辽宁社会科学院，围绕双方未来合作和学术交流事宜进行深入磋商。

9月21日，韩国对外经济政策研究院副院长林虎烈博士、东北亚经济室主任林秀虎研究员和金俊永研究员来访辽宁社会科学院，围绕当前朝鲜经济发展状况、辽宁省产业经济发展现状等问题进行深入交流。院党组成员、副院长牟岱、产业经济与WTO研究所和外事办等部分同志参加会议。

### 十月

10月20日，辽宁社会科学院召开全院职工大会，省委组织部副部长郭平、处长呼延广玮通报辽宁社会科学院领导班子的任免决定：免去孙洪敏同志院长、党组副书记职务，改任辽宁省政协民族和宗教委员会副主任。任命姜晓秋同志为辽宁社会科学院院长、党组副书记。

10月27日，韩国开发研究院政策大学院、韩国庆南大学极东问题研究所的专家学者前往辽宁社会科学院，围绕近期朝鲜经济变化与中韩合作会议问题，与相关专家学者进行深入交流，为两国的学术合作、人员交流和互学互鉴搭建平台。辽宁社会科学院党组成员、副院长牟岱，老专家室、东北亚研究所和外事办等相关同志出席会议。

10月28日，韩国城南市代表团来访辽宁社会科学院，围绕中韩经贸发展前景等热点问题进行学术交流，进一步增进城南市和沈阳市友好城市的交流发展。辽宁社会科学院党组成员、副院长牟岱，东北亚研究所和外事办等相关同志参加会议。

10月30日，辽宁社会科学院党组书记戴茂林主持召开全院中层干部和专业技术人员大会，传达十一届十一次全会精神，对学术委员会增补人员进行民主测评，并组织观看电视专题片《人民的好干部——张鸣岐》，不断深化"三严三实"教育实践活动。

### 十一月

11月5日，法国巴黎政治大学国际研究所教授罗卡、法国驻沈阳总领事馆科技教育合作专员葛敬及翻译来访。围绕中法社会分层结构及其现状、女性问题和其他学术热点问题与辽宁社会科学院的专家学者进行深入探讨交流。牟岱副院长、社会学研究所和外事办相关同志出席会议。

11月17日，辽宁社会科学院召开深入学习贯彻党的十八届五中全会精神专题报告会。院党组书记戴茂林主持会议并传达了中共中央、辽宁省委对意识形态工作责任制的相关要求。院党组副书记、院长姜晓秋对全院职工作了深入学习贯彻党的十八届五中全会精神专题报告。

11月19日，由韩国经济人文社会研究会、韩国交通研究院和韩国统一研究院组成的韩国国策研究机构联合辽宁社会科学院专家学者召开学术交流会，围绕"一带一路"建设与欧亚倡议如何有效对接等热点问题深入交流，进一步加强双方的智库建设和务实合作。辽宁社会科学院党组副书记、院长姜晓秋，院党组成员、副院长牟岱，以及产业经济与WTO研究所、低碳发展研究所、社科志和外事办相关同志参加会议。

### 十二月

12月25日，辽宁社会科学院院党组副书记、院长姜晓秋为全院离退休党员做十八届五中全会精神专题报告会。

12月29日，辽宁社会科学院召开全院党员干部大会，院党组书记戴茂林同志围绕《中国共产党党员领导干部廉洁从政若干准则》《中国共产党纪律处分条例》及学习体会为全院党员做专题党课。

12月31日，按照中央和省委的有关工作要求，辽宁社会科学院党组成员召开"三严三实"专题民主生活会，院党组书记戴茂林同志主持会议，并代表领导班子进行对照检查发言。院党组副书记、院长姜晓秋，院党组成员、副院长梁启东、牟岱同志依次进行对照检查发言。省委调研组、巡视组和纪检组的领导同志参加会议并发表讲话。

# 吉林省社会科学院

## 第一节　历史沿革

吉林省社会科学院是在吉林省哲学社会科学研究所和东北文史研究所的基础上建立和发展起来的。

1958年7月，吉林省委创建了中国科学院吉林分院，并在分院内设置了哲学社会科学学组，内设哲学、历史、语言文学、经济、教育、法学6个研究所。1961年12月，吉林省将原属中国科学院吉林省分院哲学社会科学学组的哲学、语言文学、经济和历史4个研究所合并，成立了吉林省哲学社会科学研究所，并从中国科学院划出，归吉林省委直接领导。1962年5月，东北局宣传部在长春创办了东北文史研究所。"文化大革命"中这两个研究所受到严重冲击，研究工作被迫停止。1969年2月，同时解散。1972年，在全国"全面整顿"的形势下，经吉林省委批准，以原吉林省哲学社会科学研究所和东北文史研究所部分人员为基础，合并恢复为吉林省哲学社会科学研究所。1978年10月，吉林省委决定在省哲学社会科学研究所的基础上，正式建立吉林省社会科学院。2000年12月，吉林省委决定吉林省社会科学院与吉林省社会科学界联合会、吉林省经济学团体联合会、中共吉林省委讲师团四家单位合并，合署办公，对外保留吉林省社会科学院、吉林省社会科学界联合会、吉林省经济学团体联合会称谓，对内实行一体化管理；中共吉林省委讲师团成为吉林省社会科学院管理的行政部门。2002年，吉林省委决定吉林省经济学团体联合会并入吉林省社会科学界联合会。吉林省社会科学院目前的正式称谓是"吉林省社会科学院（吉林省社会科学界联合会）"，简称吉林省社会科学院（社科联）。重组后的吉林省社会科学院（社科联），重新整合了吉林省的社会科学机构和研究力量，成为集社会科学研究、管理和在职干部教育培训职能于一身的综合性机构，各项事业蓬勃发展，蒸蒸日上。

一、领导

吉林省社会科学院（社科联）历任院长是：

佟冬（1978年10月—1985年4月）、万欣（1985年4月—1990年3月）、孙乃民（1992年6月—2001年11月）、邴正（2001年12月—2011年5月）、马克（2011年12月—2015年11月）。现任院长邵汉明（2015年12月—　）。

吉林省社会科学院（社科联）历任党组书记是：

佟冬（1978年10月—1985年5月）、万欣（1985年5月—1986年1月）、李绍庚（1986年1月—1990年2月）、孙乃民（1992年6月—2001年2月）、弓克（2001年1月—2002年4月）、邴正（2002年4月—2011年5月）、马克（2011年12月—2015年11月）。现任党组书记邵汉明（2015年12月—　）。

期间，1990年3月—1992年6月，由时任党组副书记、副院长的高振清主持工作。

## 二、发展

半个多世纪以来，吉林省社会科学院走过了一段曲折而光辉的道路，经历了艰苦创业、曲折前进、不断深化改革的发展历程。从一个分散的从事哲学社会科学研究的机构，逐渐发展成为全省统一的研究机构；从一个单纯的研究机构，到集社会科学研究、管理、干部教育与培训于一身的复合型的综合性机构。在吉林省委和省政府的正确领导和大力支持下，吉林省社会科学院创新求实、锐意进取，事业日益发展，队伍日益壮大，科研水平日益提高，功能日益丰富，地位日益上升，作用日益显著。

吉林省社会科学院（社科联）共有人员546人（其中离退休人员244人），科研及科辅人员187人，行政人员98人，其他人员10人。共有研究员148人（其中离退休研究员99人），副研究员65人。全国文化名家暨"四个一批"人才1人，全国"万人计划"哲学社会科学领军人才1人，享受国务院政府津贴31人，省资深高级专家1人，省高级专家11人，省拔尖创新人才13人，省有突出贡献中青年专业技术人才30人。拥有14个研究所，3个研究中心（吉林省东北亚研究中心、吉林省高句丽研究中心、吉林省满铁研究中心）。13个重点学科基地，共有一级学科13个，二级学科29个。

吉林省社会科学院（社科联）以学术著作、论文、调查研究报告、资料翻译和文献整理等形式向社会提供科研产品。建院以来，共发表科研成果12280多项，其中著作类成果1480多部，学术论文与研究报告类成果10800余篇。这些成果获国家级奖励30余项，获吉林省社会科学优秀成果奖260余项，其中一些具有较高的学术和应用价值。经过几十年努力，吉林省社科院在坚持基础研究，保持传统学科优势的同时，注重发展地方特色，大力加强应用研究，为党和政府决策服务，为吉林经济社会发展提供智力支持，现已形成三大研究领域、独具特色的研究优势：一是东北边疆历史与文化研究，重点是高句丽渤海问题研究；二是东北亚国际关系问题研究，重点是朝鲜半岛问题研究；三是吉林经济与社会发展研究，重点是为地方经济与社会发展提供咨询服务。出版了一批国际上有影响、国内领先、省内有权威的研究成果。如：《中国东北史》（6卷）是中国第一部多卷本区域性通史；《吉林通史》（3卷）是吉林省第一部多卷本通史类著作；《吉林历史与文化研究丛书》（10卷）是晚清编纂《吉林通志》百余年后第一部超大型的新吉林通史，是东北地区历史与文化研究的一次重大学术开创；《中国文化研究30年》回顾改革开放以来中国文化研究和讨论的基本情况，提出未来中国文化发展的前瞻性、建设性意见；整理出版的朝鲜古籍《三国遗事》《三国史记》等专著，填补了国内关于高句丽研究方面的空白；《中朝边界史》作为我国第一部系统论述中朝边界变迁的学术著作，上报给中央政治局；《中朝关系通史》是我国第一部大型研究中朝关系的学术著作；《满铁档案资料汇编》是我国独一无二的大型、系列满铁档案资料全集；《吉林蓝皮书》已成为服务吉林省经济与社会发展的拳头产品，是吉林省委省政府决策的重要参考，是社会各界了解吉林省经济社会发展形势的重要窗口；《东北蓝皮书》是由吉林、辽宁、黑龙江三省社科院联合编撰，其以丰富的基层资料信息和大量翔实的数据资料为依据，深入全面地分析东北地区经济社会发展形势，为东北三省省委、省政府了解域情、省情、科学决策提供重要参考；很多卓有见地、有重要参考价值的研究报告得到国家领导人和吉林省委省政府主要负责同志批示或被有关部门采纳，其中《学者建议"新农保"制度重点关注三类"参保难"群体》和《从吉林省实施大豆—玉米轮作计划看粮食主产区农业结构调整》两篇研究报告得到原国务院总理温家宝的充分肯定和重要批示；研究报告《吉林省城市竞争力报告——融入"一带一路"：吉林省城市发展新版图》得到全国人大常委会副委员长陈昌智的充分肯定并作了重要批示；全院还先后承担了吉林省"十五""十一五""十二五""十三五"规划的编制工作，得到了吉林省委省政府认可。

吉林省社会科学院（社科联）已进入吉林省"首批省级智库试点"，为更好地发挥在经济社会发展中的智库作用，加快进入"国家重点智库试点"进程，吉林社科院结合发展实际，制定出台了《吉林省社会科学院（社科联）特色新型智库建设实施方案》和《加快推进院（会）特色新型智库建设实施细则》，近百名高级职称科研人员组成智库团队，以突出特色优势、强化新型模式、突破重点问题为核心理念，把握正确导向，服务中心工作，坚持改革创新，鼓励大胆探索，实施智库建设"双十"主体工程和"三五"辅助计划，加快吉林省社会科学院特色新型智库建设进程。其中"双十"主体工程包括：建设10个专门智库和10个智库支撑体系。10个智库中，特色智库3个："满铁"研究智库、高句丽渤海研究智库、朝鲜半岛研究智库；优势智库3个：东北历史与文化软实力研究智库、现代化农业发展研究智库、宏观经济预测预警研究智库；新型智库4个：经济质量评价研究智库、城乡发展及科技创新研究智库、民生保障和社会建设研究智库、法制发展评估研究智库。10个支撑体系为：新型科研体系、新型咨询体系、新型人才体系、新型评价体系、新型文献体系、新型合作体系、新型财务体系、新型信息体系、新型宣传体系、新型后勤体系。"三五"辅助计划包括谋划5个智库建设重点品牌、开通5个智库建设展示专栏、争取5个智库建设试点示范。

吉林省社会科学院（社科联）注重加强国内外学术交流，不仅积极与全国多家省市社会科学院、社科联和部分高校建立学术交流和合作关系，而且高度重视与国外学术团体的交流与合作，把与国外高端智库的交流协作作为对外交流的重要组成部分。从2004年至今，累计有100个团组，190人次出国参加学术会议和学术交流。目前，与美国、俄罗斯、韩国、日本、朝鲜、蒙古国等多家学术机构签有学术交流协议，定期互访，共同召开学术研讨会，互派研究人员研修以及共同承担课题研究等，构建了多层次、有重点、高水平的国外学术合作交流平台，并借助这些平台把吉林院推向国际学术舞台。积极推进"吉林省与俄罗斯远东地区经济合作圆桌会议"纳入吉林省政府计划，定期举办"中国吉林与俄罗斯远东地区经济合作圆桌会议"；与吉林省贸易促进会、吉林省博览局共同发起成立"吉林中日韩合作研究中心"，定期举办"中日韩合作对话会"；定期举办东北亚智库论坛。这些重要的活动扩大了吉林省社会科学院对外学术交流的范畴，拓展了吉林省社会科学院开展国际合作的空间，使吉林省社会科学院的学术研究走向了国际化，提升了吉林省社会科学院的国际影响力。

东北亚智库论坛由吉林省社会科学院与中国—东北亚博览会秘书处共同承办，自2010年起到2015年，已成功举办五届，迄今为止共邀请了东北亚以及美国、新加坡等国家的知名专家和学者、政界和企业界人士100余人次前来参会。论坛的主要目的是打造自主、高端、品牌化的国际区域性论坛，搭建东北亚六国国际学术交流平台，拓展东北亚博览会的功能和作用，促进东北亚区域文化交流与合作发展；从专家学者的视角解读东北亚区域合作、社会发展、经贸交流等问题，为推进东北亚区域合作提供智力支持。目前论坛已成为中国—东北亚博览会重要品牌之一，是东北亚博览会的专家论坛，又是与东盟智库论坛、中亚智库论坛、南亚智库论坛相对应的区域性国际论坛。每届论坛之后都及时整理会议提出的各项对策建议，报送国家和吉林省相关领导和部门。出版《智库：东北亚区域经济合作和发展——东北亚智库论坛（2010—2015）论文集萃》，该书是五届智库论坛的精粹，展示了论坛举办五年来所取得的主要学术成果，体现了东北亚各国学者们参与智库论坛的真知灼见。

开门办学、合作办院是重组后的吉林省社会科学院（社科联）党组提出的一个基本办院思路和方针。从 2001 年至今，与吉林省社会科学院合作的高校有 10 余所，其中有实质性合作的院校包括吉林师范学院、北华大学、吉林财经大学、长春理工大学、长春师范大学、吉林农业大学、吉林电子信息学院。合作中与高校互聘导师，合作培养博士生和硕士生。各高校共有 45 位教授被聘为吉林院的客座研究员，全院先后有近 40 位研究员被聘为研究生导师，共同培养的硕士、博士生达 400 余人。吉林省社会科学院研究员积极参加合作院校的硕士生面试、开题报告会，硕士、博士生毕业论文答辩、博士后出站答辩，每年 20 余场。为高校研究生开设了 10 余门课程，每年为研究生授课 500 多课时，有的导师还带领高校研究生到基层实习调研，开创了理论与教学相结合的研学模式。从 2007 年至今，吉林省社会科学院共与高校合建了 5 个重点学科和 3 个重点基地。从 2012—2014 年，基地和学科成员共发表成果 1800 余项，包括出版著作 56 部，承担省级以上课题 115 项，一些成果得到了吉林省领导的肯定性批示或相关厅局的采纳。2016 年初，吉林院和吉林省教育厅签署全面合作协议。这次合作，本着"整合资源、优势互补、互惠共赢、协同发展"的原则，是共同推进科研院所和高等学校资源共享，探索协调合作有效机制的有益尝试，也是推进科教强省战略，全面提升吉林省高水平大学和一流学科建设的重要举措，为吉林省社科研究及高等教育的发展注入了新的发展动力。

此外，吉林省社科院在延边州、吉林市、通化市成立了社科院分院，并在分院建立了调研基地。全院决定在两年时间里在其他 6 个市州建立分院。分院的成立搭建了省市两级社科研究资源共享的平台，必将对分院所在地的哲学社会科学的繁荣和发展产生深远的影响，进而为推动地方经济社会全面振兴提供更多更好的智力保障和理论支持；调研基地的建立使地方社科院的研究工作更有针对性，调研工作更接地气，增加了研究成果在政府决策中的参考作用。

吉林省社会科学院（社科联）是重要的学术宣传阵地。有三个在国内外公开发行的学术性期刊《社会科学战线》《经济纵横》和《东北史地》，一个公开发行的社会科学普及刊物《现代交际》；四个内部刊物：《干部学习》《东北亚研究》《吉林社科界》和《吉林社科报》。其中，《社会科学战线》创刊于 1978 年 5 月，是大型综合性社会科学类学术期刊，在国内学术界、期刊界具有重要的影响力，还发行于美国、英国、香港等 30 多个国家和地区。荣获第二届中国出版政府奖期刊奖提名奖、第一至三届"国家期刊奖"，连续被评为"全国百强期刊""东北三省优秀社科期刊""北方优秀期刊""吉林省十佳期刊""吉林名刊""中国最美期刊"，是中国人文社会科学核心期刊、中文社会科学引文索引（CSSCI）来源期刊、中国期刊方阵双效期刊、第一批国家社科基金资助期刊。《经济纵横》创办于 1985 年，是中文社会科学引文索引（CSSCI）来源期刊、中国人文社会科学核心期刊和复印报刊资料重要转载来源期刊，相继获得"全国优秀经济期刊""吉林省新闻出版奖""吉林省学术期刊名栏"等众多奖项，是吉林省确定的 20 家重点扶持期刊之一。《东北史地》随同吉林省高句丽研究中心的成立于 2004 年 1 月出刊，是面向国内外公开发行的区域历史类学术期刊，在国内外具有特殊影响力，被誉为"中国高句丽研究第一刊"。

吉林省社会科学界联合会（简称省社科联）于1963年12月成立，是全国成立较早的省级社科联组织。2000年12月，吉林省委决定，省社科联与省社科院、省经济学团体联合会、省委讲师团合署办公。省社科联是吉林省委领导下的学术性人民团体，是全省社会科学界各学术团体、民办社科研究机构的联合组织，是全省哲学社会科学学术评价的重要组织和参与者，是社会科学普及的重要组织和参与者。截至2015年，吉林省社科联直属及团体会员总数达到155家，拥有会员总数10余万众。从1987年开始，组织评审吉林省社科优秀成果奖10届，共评出优秀成果4400余项；从2008年开始，组织召开学术年会6届。省社科联现拥有省级科普基地18个，每年组织科普讲座500余场，受众人数近30万人次。半个世纪以来，吉林省社科联与时俱进，求真务实，不断推动社科理论创新，联系、指导全省社科类社会组织及广大社科工作者发挥着省级社会智库的重要作用，为全面推进吉林省改革开放和社会主义现代化建设提供智力服务。

吉林省委讲师团成立于1950年。2000年12月，吉林省委决定，省委讲师团与省社会科学院、省社会科学界联合会、省经济学团体联合会合署办公。省委讲师团是各级党委组织实施在职干部马克思主义理论和形势政策教育的职能部门，是党的理论工作的重要力量。2001年以来，省委讲师团积极组织开展中国特色社会主义理论体系和党的重大方针政策的宣讲；精心组织一系列质量高、分量重、受众广、影响大的宣讲活动；依托《干部学习》杂志、吉林宣讲网等载体，深入贯彻"三个代表"重要思想、科学发展观、习近平总书记系列重要讲话精神，为振兴吉林、富民强省、实现经济社会又好又快发展，提供了有力的理论支撑、舆论支撑、精神支撑和文化支撑。

吉林省社会科学院（社科联）有占地总面积5000平方米的图书馆，总藏书达10万余种，46万余册。其中古籍线装书1.5万种，15万册（善本381种，5946册）；外文报刊68种，18万册。馆藏书门类齐全，数量较大，种类繁多，学术价值较高。特别是新中国成立前及五六十年代出版的文史哲方面的学术著作基本完备，有一批珍贵的文献资料。电子信息资源建设力度进一步加大，网络不断升级扩容，网站信息量丰富，图书馆的综合服务能力不断提高。

展望未来，吉林省社会科学院（社科联）将以构建吉林省领先、东北地区一流、全国范围有较大影响、东北亚区域有一定声音的特色新型智库为目标，以吉林省委、省政府的中心工作和吉林经济社会发展中的重大理论问题和现实问题为主攻方向，优化基础理论研究，加强应用研究，突出对策研究，努力成为哲学社会科学创新的重要基地，成为马克思主义中国化的坚强阵地，成为国内外学术交流的主要平台，成为具有国内外重要影响力的高端智库。

三、机构设置

吉林省社会科学院自1978年建院以来，内部机构设置根据时代发展需要几经变更，不断完善。曾先后设置有：机关党委、机关纪委、人事处、办公室、科研组织处、行政处、文学研究所、历史研究所、经济研究所、政治理论研究室、世界经济资料中心、外国问题研究室、苏联研究室、编译室、情报所、图们江区域国际开发研究所等，并主管过吉林省哲学社会科学规划办公室，代管过吉林省哲学社会科学联合会等。截至2015年12月底，吉林省社会科学院（社科联）设有14个行政管理处室，14个专业研究所，3个研究中心，1个图书馆，4个期刊杂志社。

行政部门：办公室（主任全一），人事处（处长郭连强），学会工作处（处长王峰），社会科学普及宣传处（处长于德偶），讲师团工作处（处长袁承军），网络信息处（处长李国良），财务处（处长于大勇），行政处（处长王俊民），老干部处（处长安向阳），机关党委（专职书记刘国辉），科研管理处（处长沈悦），研究生处（处长贾丽萍），外事处（处长周华），情报资料室（主任陈新）。

研究部门：马克思主义研究所（所长周笑梅），哲学与文化研究所（副所长刘辉主持工作），语言文学研究所（副所长杨春风主持工作），历史研究所（所长黄松筠），民族研究所（所长朱立春），经济研究所（所长孙志明），软科学开发研究所（所长丁晓燕），农村发展研究所（所长张磊），城市发展研究所（所长崔岳春），法学研究所（所长于晓光），社会学研究所（所长付诚），日本研究所（满铁资料馆）（副所长武向平主持工作），朝鲜·韩国研究所（副所长谭红梅主持工作），俄罗斯研究所（所长周伟萍），吉林省东北亚研究中心（副秘书长金美花主持工作），吉林省高句丽研究中心（高句丽办公室主任李靖斌、高句丽研究室主任刘炬、《东北史地》杂志社主编王卓）。

科辅部门：图书馆（馆长高文俊），《社会科学战线》杂志社（主编陈玉梅），《经济纵横》杂志社（主编王成勇），《现代交际》杂志社（主编郭美英）。

### 四、人才建设

建院至今，吉林省社会科学院培养和造就了一大批社科研究人才，他们在哲学社会科学领域辛勤耕耘，取得了丰硕的研究成果，其中不乏学有专长和卓有建树的专家学者。重组后的吉林省社会科学院（社科联）积极推进人事制度改革，制订岗位设置和管理实施方案，调整和充实部分处所领导班子，进一步优化领导干部队伍的年龄、知识和专业结构。加强以科研人才为重点的队伍建设，引进急需人才和青年人才，形成了一批老中青结合、中青年为骨干，在学术上有一定造诣、在吉林省有一定学术地位、在全国有一定影响，素质优良、锐意进取、勇于创新的社会科学工作者队伍。截至2015年12月，在编在岗人员合计302人。专业技术人员合计194人，其中，具有正高级职称人员49人，副高级职称人员65人；管理岗位人员98人，其中处级以上干部46人（包括实职和虚职）；工勤岗位10人。全国文化名家暨"四个一批"人才1人，全国"万人计划"哲学社会科学领军人才1人，享受国务院政府津贴3人，省资深高级专家1人，省高级专家5人，省拔尖创新人才11人，省有突出贡献中青年专业技术人才12人。

## 第二节 组织机构

一、吉林省社会科学院（吉林省社会科学界联合会）领导及其分工

1. 历任领导

（1）1978年10月—1985年5月

党组书记、院长：佟冬

党组副书记、副院长：姜念东、任尚琮、石静山

副院长：王键华、王守海、关梦觉、张松如、杨公骥、冯宝兴、王贵、王承礼、高振清、马万里

（2）1985年5月—1990年2月

党组书记：万欣、李绍庚

院长：万欣

党组副书记、副院长：任尚琮、石静山

副院长：王承礼、高振清、马万里、吕钦文

（3）1990年2月—1992年6月

党组副书记、副院长：高振清

副院长：吕钦文、李斌、徐毅鹏

秘书长：孟宪伦

（4）1992年6月—2001年2月

党组书记、院长：孙乃民

副院长：吕钦文、徐毅鹏、杨学忠、王守安、张殊凡、迟学智、常樵

纪检组长：李彦、田相华

（5）2001年1月—2002年4月

党组书记：弓克

党组副书记、社科联副主席、院长：孙乃民

副院长：杜少先、邴正、常樵、张殊凡、付百臣、郭绍墨、田相华

纪检组长：赵尊华

（6）2001年12月—2011年5月

党组书记、社科联副主席、院长：邴正

副院长：常樵、张殊凡、付百臣、郭绍墨、田相华、张福有、邵汉明、刘亚政、黄文艺

纪检组长：赵尊华、赵福

（7）2011年12月—2015年11月

党组书记、社科联副主席、院长：马克

副院长：邵汉明、刘亚政、黄文艺、刘信君

纪检组长：赵福

2. 现任领导及其分工

党组书记、成员

党组书记、社科联副主席：邵汉明

党组成员：刘亚政（兼社科联副主席）、刘信君、杨静波、郭连强

院长、副院长

院长：邵汉明，主持院（会）全面工作；分管《社会科学战线》杂志社、《经济纵横》杂志社。

副院长：刘亚政，协助党组书记、院长分管学会工作处、社会科学普及宣传处、情报资料室、外事处、日本研究所、朝鲜·韩国研究所、俄罗斯研究所、东北亚研究中心。

副院长：刘信君，协助党组书记、院长分管科研管理处、研究生处、马克思主义研究所、哲学与文化研究所、语言文学研究所、历史研究所、民族研究所、高句丽研究中心办公室、高句丽研究室、《东北史地》杂志社。

副院长：杨静波，协助党组书记、院长分管办公室、讲师团工作处、网络信息处、财务处、行政处、老干部处、机关党委、图书馆。

副院长：郭连强，协助党组书记、院长分管人事处、经济研究所、软科学开发研究所、农村发展研究所、城市发展研究所、法学研究所、社会学研究所、《现代交院》杂志社。

二、吉林省社会科学院（吉林省社会科学界联合会）职能部门及现任领导

办公室
主任：全一
副主任：王庆华、王梅

人事处
处长：沈悦
副处长：李双凤

学会工作处
处长：王峰
副处长：孙利艳、刘鸿雁

社会科学普及宣传处
处长：于德偶
副处长：李志博、王占华

讲师团工作处
副主任：吴长杰
处长：袁承军
副处长：杨玮玲、关辉

网络信息处
处长：李国良
副处长：董杨

财务处
处长：于大勇
副处长：索娜、王昕、王海彦

行政处
处长：王俊民

副处长：高雪松、王静
老干部处
处长：安向阳
副处长：刘丽玲
机关党委
专职书记：刘国辉
纪委书记：任玺平
工会主席：张智博
专职组织员：李树成
科研管理处
处长：丁晓燕
副处长：蒋戎
研究生处
处长：贾丽萍
外事处
处长：周华
副处长：李雪
情报资料室
主任：陈新
高句丽研究中心办公室
主任：李靖斌

### 三、吉林省社会科学院（吉林省社会科学界联合会）科研机构及现任领导

马克思主义研究所
所长：周笑梅
哲学与文化研究所
副所长：刘辉
语言文学研究所
副所长：杨春风
历史研究所
所长：黄松筠
副所长：杨雨舒
民族研究所
所长：朱立春
副所长：赵红梅
高句丽研究中心研究室
主任：刘炬
副主任：华阳
经济研究所

所长：孙志明
副所长：李添
软科学开发研究所
副所长：张丽娜
农村发展研究所
所长：张磊
副所长：段秀萍
城市发展研究所
所长：崔岳春
副所长：赵光远
法学研究所
所长：王成勇
副所长：邢宜哲、郭永智
社会学研究所
所长：付诚
副所长：韩桂兰
日本研究所
副所长：武向平
朝鲜·韩国研究所
副所长：谭红梅、韩忠富
俄罗斯研究所
所长：周伟萍
副所长：杨学峰
东北亚研究中心
副秘书长：金美花

### 四、吉林省社会科学院（吉林省社会科学界联合会）科研辅助部门及领导

图书馆
馆长：高文俊
副馆长：初丽
《社会科学战线》杂志社
社长：邵汉明（兼）
主编：陈玉梅
副社长：于德钧
副主编：尚永琪、王永平
《经济纵横》杂志社
社长：邵汉明（兼）
副社长：闫春英
《东北史地》杂志社

社长：刘信君（兼）
主编：王卓
《现代交际》杂志社
社长：郭连强（兼）
主编：郭美英

## 第三节　年度工作概况

2015年，吉林省社会科学院（社科联）全面贯彻党的十八大和十八届三中、四中全会精神，深入学习贯彻习近平总书记系列重要讲话精神，特别是视察吉林重要讲话精神，紧密围绕吉林省委、省政府中心工作，求真务实，稳中求进，开拓创新，各项工作都取得较好成绩。

一、把握发展机遇，大力加强特色新型智库建设

1. 为了深入贯彻落实中央《关于加强中国特色新型智库建设的意见》和吉林省《关于加强吉林新型智库建设的实施意见》指示精神，加快吉林社会科学院特色新型智库建设步伐，吉林社会科学院于2015年年初专门成立"吉林省社会科学院特色新型智库建设研究"课题组，对近十年来全院科研情况进行系统的梳理和总结，多次召开座谈会，听取全院各部门对智库建设的意见、建议，在此基础上起草了《吉林省社会科学院特色新型智库建设实施方案》（初稿）。5月初，邵汉明副院长带队到上海、北京和中国社科院调研，针对地方社科院特色新型智库建设的定位、目标、思路和框架以及各自智库建设的经验和做法与三个社科院进行了交流。在此基础上初步拟定了《吉林省社会科学院特色新型智库建设实施方案》和《加快推进院（会）特色新型智库建设实施细则》。力争在朝鲜半岛问题研究、高句丽渤海问题研究、满铁资料整理研究和吉林省经济社会发展重大问题研究等方面，拿出高质量、高水平，有影响、有深度且具有独特性甚至是唯一性的研究成果，为国家发展大局和吉林省决策提供服务。

2. 围绕吉林省经济社会发展中的热点难点问题开展研究，不断提高为现实服务的水平。积极参与吉林省"十三五"规划的调研论证及制定工作，受多个厅局委托，承担多项规划的编制工作，在吉林省重大政策评估中涉及的民生、依法治省等领域建言献策。其中受长春市发改委委托负责编制的《长春市国家新型城镇化试点方案》得到国家发改委等国家部委采纳，长春市因此被列入国家试点名单。关于现代化农业的科研成果得到吉林省相关部门认可，在《关于加强吉林新型智库建设的实施意见》第十条"实施现代化农业发展智库研究工程"中，将吉林社科院列位其中。

3. 通过"两报"平台，充分发挥智库作用。为切实推进成果品牌化、精品化发展，形成"社科院特色"的"思想库"和"智囊团"，提升为政府决策咨询服务水平，吉林社科院于2013年创办《科研成果要报》和《决策咨询专报》（简称为"两报"）。2015年，《决策咨询专报》上报研究报告34篇，受到吉林省委、省政府决策层高度关注，有26篇得到副省级以上领导批示，决策咨询的影响力在不断提高。

4. 充分发挥在东北亚国际关系问题特别是朝鲜半岛问题研究方面的优势，国内外高端智库的交流协作取得成效。成功举办第五届东北亚智库论坛，召开首届中国吉林省与俄罗斯远东地区经济合作圆桌会议和第二届中日韩合作对话会，并在会后及时整理会议提出的各项对策建议，报送国家和吉林省相关领导和部门；吉林中日韩合作研究中心在吉林社科院正式挂牌，步入实质性研究；全年共组织5个团组9人次前往新加坡、日本、韩国和中国台湾、澳门等国家和地区参加学术会议，进行学术交流；接待来自美国、加拿大、日本、

韩国、德国、新加坡、俄罗斯等国的学者和驻华使馆官员90余人次，扩大了与国外高端智库的交流协作。

5. 成立国家文化软实力研究协同创新中心吉林省社科院分中心，并在吉林社科院举行了合作签约仪式。地方社科院进入中心的仅有内蒙古社科院和吉林社科院两家。分中心的成立为吉林社科院充分发挥研究优势，加强协同互动，切实发挥智库作用提供了更大的平台。

6. 成立吉林省社会科学院城乡发展研究中心和城乡空间演化实验室，与中国社会科学院财经战略研究院进行合作，开展吉林省城市经济、城市管理、城市竞争力相关的学术研究，为吉林省委、省政府在新型城镇化建设等领域提供咨询服务。

## 二、发挥研究优势，科研工作再上新台阶

吉林社科院在坚持基础研究，保持传统学科优势的同时，大力加强应用研究，逐步形成了具有地方和区域特色的东北边疆历史与文化研究、东北亚国际关系问题研究和吉林经济与社会发展研究三大科研优势。2015年的科研工作以继续实施"科学研究攻关工程"和"精品成果培育工程"，突出研究优势，提高成果质量为重点，同时深化科研机制体制改革，科研工作取得较大成绩。

### 1. 课题立项稳步提高

认真组织各级各类课题申报立项工作。重点围绕十八届四中全会和省委十届四次会议精神，围绕吉林新一轮振兴发展以及"十三五"发展的趋势和重点、难点问题，做好选题策划和申报工作，加强与实际工作部门的联系对接，扩大合作领域，开展深入研究；采取多种方式，了解把握吉林省委、省政府的战略思路，有针对性地开展基础性、前瞻性研究。全年共立各级各类课题163项，其中，国家社科基金项目4项、省部级项目18项（包括省规划项目11项，省科技发展计划项目6项，农业部软科学项目1项）、长春市社科规划项目8项、院级项目57项、各类横向课题76项。同时，进一步完善现有的《科研管理制度》，项目管理更加规范严格，加强了对各级项目申报立项、中期检查、鉴定结项等管理工作。

### 2. 科研成果质量进一步提升

全年完成科研成果总计507篇（部），其中出版著作48部，发表论文和研究报告459篇。科研成果精品化程度提升，重点加强了对吉林振兴与吉林文化振兴、吉林省生态农业、吉林省城区老工业区搬迁改造等问题的研究力度，推出了一批有分量的研究成果，109项研究成果达到优秀论文奖励标准，其中6项成果获得特等奖，另有61项研究成果在重点核心期刊发表或得到副省级以上领导肯定性批示。著作类精品成果《吉林历史与文化研究丛书》首批10部著作和《满铁内密文书》按时推出，《东北蓝皮书》《吉林蓝皮书》以及第7批《专家文集》如期出版发行。

### 3. 特色学科成绩喜人

成立满铁研究中心、实施满铁资料抢救工程、"满铁资料整理与研究"申请国家社科基金重大委托项目、创办《满铁研究》等4项工作，在中央和吉林省委领导的大力支持下，进展顺利。成立"吉林省社会科学院满铁研究中心"的批复文件已经正式下发，创办《满铁研究》杂志的审批工作正在进行。《满铁内密文书》等4部专著公开出版；多篇纪念抗日战争胜利暨世界反法西斯战争胜利70周年的论文公开发表，及时推出了揭露日本侵华史实的研究成果。

落实中央及省委有关指示精神，深入开展高句丽问题研究。深化研究领域，加强了对高句丽问题的系统化研究，获得《高句丽专门史研究》等3个国家社科基金项目，内容涉及高句丽研究的政治、经济、文化、周边关系、文物遗址等诸多方面。出版

《东北史地研究丛书》即《高句丽王国史话》《高句丽史事》《高句丽人物传》。完成成立吉林省高句丽渤海研究会的筹备工作。

4. 学科基地建设取得新突破

成立"朝鲜半岛研究基地",这是吉林社科院承建的又一个"吉林省社会科学重点领域研究基地"。旨在组织开展高水平的应用研究,为各级政府提供决策咨询服务,为公共舆论提供正确的思想指导和前瞻性的理论指导。该基地拟设立三个研究方向:朝鲜半岛政治外交、朝鲜半岛经济、朝鲜半岛历史文化。目前,吉林社科院拥有研究基地和重点学科达到13个。

5. 院校合作稳步推进

院校合作各项工作有序开展。进一步加强与吉林省教育厅的合作,达成了全面合作意向,这对扩大吉林社科院与省内各高校的合作范围,加深我院与高校的深度合作,提升吉林社科院专家学者的影响力,传播吉林社科院的学术成果具有积极的推动作用。继续与高校稳步合作培养研究生,2015年培养硕士研究生新增24人,博士研究生1人。

### 三、注重实效,省社科联和省委讲师团工作稳步推进

省社科联组织召开了全省社科联八届二次委员会暨省第六届社科学术年会和2015年全省社科联工作会议;举行了2015年科普周活动,在全省开展科普讲座、专家访谈、科普展览等活动300余场;新建4个科普基地(截至目前,共有18个科普基地);编辑出版了《社会科学讲坛集萃》。

省委讲师团扎实做好宣讲工作,协助吉林省委宣传部举办了"全省学习贯彻党的十八届五中全会和省委十届六次全会精神党教(理论)骨干暨基层宣讲员培训班"、开展了"全省宣讲工作先进集体和先进个人"评选活动,全年共编发《干部学习》正刊4期、增刊6期。

### 四、打造学术名刊,期刊影响力实现新突破

学术期刊坚持正确的政治舆论导向,着力打造精品栏目,提高刊物质量,取得显著成效。《社会科学战线》学术影响力持续提升,被国家新闻出版广电总局评选为2015年"百强社科期刊",被中国期刊协会评为"中国最美期刊",获第三届吉林省新闻出版奖期刊精品奖。《经济纵横》在经济理论类核心期刊中的排名大幅上升,在2015年《期刊下载排行榜》中摘取经济学专业期刊下载排行第一名。《东北史地》立足长远发展,更名为《地域文化研究》的论证工作已经完成。

### 五、坚持为职工办实事,后勤服务水平进一步提高

关注民生,全年完成了科研楼消防、供电设施更新改造、外墙保温、屋顶防水、庭院道路维修改造、监控设备升级改造、更换节能空调和信息化建设工程等8项基本建设项目。为了圆满完成各个项目,成立了建设项目管理及招标工作领导小组及办公室,多次召开会议,对项目细致研究。施工期间,成立了三个项目保障小组,高度负责,积极配合,圆满完成了全部建设任务。

## 第四节 科研活动

### 一、科研工作[*]

1. 科研成果统计

2015年,吉林省社会科学院共完成著作51部,论文(含研究报告)471篇。

---

[*] 注:在本节的表格中的"出版时间"或"发表时间"一栏,年、月、日使用阿拉伯数字,且"年""月""日"三字省略(发表期数除外,保留"年"字)。既有年份,又有月份、日时,"年""月"用"."代替。

## 2015 年著作成果汇总表

| 序号 | 成果名称 | 作者姓名 | 作者作用 | 成果类型 | 出版时间 | 出版单位 |
|---|---|---|---|---|---|---|
| 1 | 吉林历史与文化研究丛书——吉林文化通史、吉林社会通史、吉林将军传略、中国图们江鸭绿江流域开发史、高句丽战争史、渤海国兴亡史、近代吉林与俄（苏）关系史、吉林城镇通史、走遍吉林、吉林名人传 | 马 克 刘信君 | 总主编 | 专著 | 2015.11 | 吉林人民出版社 |
| 2 | 吉林传记文学研究 | 廖 一 | 独立 | 专著 | 2015.12 | 吉林人民出版社 |
| 3 | 当代东北儿童文学探究 | 栾 明 | 独立 | 专著 | 2015.5 | 吉林文史出版社 |
| 4 | 古代东北民族服饰文化研究 | 贺 飞 | 独立 | 著作 | 2015.12 | 吉林人民出版社 |
| 5 | 近代中国东北地区社会与民间信仰 | 刘 扬 | 合著 | 著作 | 2015.5 | （韩）学古房 |
| 6 | 高句丽王国史话 | 刘 炬 | 第一作者 | 专著 | 2015.11 | 吉林文史出版社 |
| 7 | 高句丽人物传 | 李 爽 | 独立 | 专著 | 2015.12 | 吉林文史出版社 |
| 8 | 高句丽史事 | 王 旭 | 独立 | 专著 | 2015.12 | 吉林文史出版社 |
| 9 | 新时期中国旅游业发展研究与探索 | 刘 慧 | 独立 | 专著 | 2015.7 | 吉林大学出版社 |
| 10 | 中国房地产宏观调控及对房地产市场影响研究 | 王佳蕾 | 独立 | 专著 | 2015.12 | 吉林大学出版社 |
| 11 | 经济新常态下东北制造转型升级问题研究 | 肖国东 | 独立 | 专著 | 2015.12 | 吉林人民出版社 |
| 12 | 我国新兴服务业空间集聚水平测度及决策优化研究 | 王 西 | 独立 | 专著 | 2015.12 | 现代出版社 |
| 13 | 吉林省文化产业发展解析 | 丁晓燕 | 主编 | 著作 | 2015.3 | 吉林人民出版社 |
| 14 | 搬迁·治理·新城市 改造·升级·再振兴 | 崔岳春 | 主编 | 著作 | 2015.12 | 社会科学文献出版社 |
| 15 | 吉林省城市竞争力报告（2015） | 崔岳春 | 主编 | 专著 | 2015.12 | 社会科学文献出版社 |
| 16 | 科技创新引领区域发展 | 赵光远 | 独著 | 专著 | 2015.2 | 社会科学文献出版社 |
| 17 | 绿色发展助推资源型城市转型 | 姚震寰 | 独立 | 专著 | 2015.11 | 吉林大学出版社 |

续表

| 序号 | 成果名称 | 作者姓名 | 作者作用 | 成果类型 | 出版时间 | 出版单位 |
|---|---|---|---|---|---|---|
| 18 | 农民专业合作社法律问题点析 | 邢宜哲 | 独立 | 专著 | 2015.7 | 中国法制出版社 |
| 19 | 吉林省农村社会养老模式的实践与理论研究 | 韩桂兰 | 独立 | 专著 | 2015.11 | 吉林人民出版社 |
| 20 | 中华美德25讲 | 王晓峰 | 独立 | 编著 | 2015.5 | 吉林人民出版社 |
| 21 | 伪满时期日本对东北的宗教侵略研究 | 王晓峰 | 独立 | 专著 | 2015.9 | 社会科学文献出版社 |
| 22 | 永乐帝：华夷秩序的完成 | 王晓峰 | 独立 | 译著 | 2015.12 | 社会科学文献出版社 |
| 23 | 满铁对中国东北的文化侵略 | 李娜 | 独立 | 专著 | 2015.9 | 社会科学文献出版社 |
| 24 | 满铁与国联调查团研究 | 武向平 | 独立 | 专著 | 2015.7 | 社会科学文献出版社 |
| 25 | 国内外高句丽研究论著目录 | 谭红梅 | 主编 | 编著 | 2015.12 | 吉林文史出版社 |
| 26 | 朝鲜半岛北南关系演化因素研究 | 谭红梅 | 独立 | 著作 | 2015.8 | 吉林大学出版社 |
| 27 | 新经济视域下中韩文化交流研究 | 郑媛媛 | 独立 | 专著 | 2015.12 | 吉林人民出版社 |
| 28 | 莲花上的狮子：图说欧亚狮子文化 | 尚永琪 | 独立 | 专著 | 2015.3 | 中华书局 |
| 29 | 鸠摩罗什及其时代 | 尚永琪 | 独立 | 专著 | 2014.12 | 兰州大学出版社 |
| 30 | 经邦济世纵横谈 | 王成勇 | 主编 | 文集 | 2015.5 | 吉林人民出版社 |
| 31 | 纵谈古今横论中西 | 王成勇 | 主编 | 文集 | 2015.10 | 吉林文史出版社 |
| 32 | 吉林省与东北亚经贸合作概况 | 王成勇 | 第一作者 | 著作 | 2015.10 | 吉林文史出版社 |
| 33 | 满族说部概论 | 王卓 邵丽坤 | 合著 | 专著 | 2014.12 | 长春出版社 |
| 34 | 高句丽研究 | 祝立业 | 独立 | 专著 | 2015.6 | 吉林人民出版社 |
| 35 | 资源型城市经济转型政策研究 | 马克 | 合著 | 专著 | 2015.5 | 科学出版社 |
| 36 | 核心价值观研究——以中国和世界主要国家的实践为视域 | 邵汉明 | 主编 | 著作 | 2015.12 | 长春出版社 |
| 37 | 满族说部研究丛书 | 邵汉明 | 主编 | 专著 | 2015.8 | 长春出版社 |
| 38 | 吉林省省志、社会科学志（1986—2000） | 刘信君 | 执行主编 | 编著 | 2015.6 | 吉林人民出版社 |

续表

| 序号 | 成果名称 | 作者姓名 | 作者作用 | 成果类型 | 出版时间 | 出版单位 |
|---|---|---|---|---|---|---|
| 39 | 满铁内密文书（30卷） | 解学诗 | 主编 | 专著 | 2015.4 | 社会科学文献出版社 |
| 40 | 《杨旸文集》 | 杨 旸 | 著者 | 文集 | 2015.12 | 吉林人民出版社 |
| 41 | 《屈校民文集》 | 屈校民 | 著者 | 文集 | 2015.12 | 吉林人民出版社 |
| 42 | 《王育民文集》 | 王育民 | 著者 | 文集 | 2015.12 | 吉林人民出版社 |

**2015年度代表性论文汇总表**

| 序号 | 成果名称 | 作者 | 发表（转载）单位 | 发表时间 |
|---|---|---|---|---|
| 1 | 新型城镇化建设的制度创新：综合动因与体系架构 | 陈玉梅 | 《新华文摘》全文转载 | 2015年第4期 |
| 2 | 海青冠演变为朱雀冠的图像学解释 | 尚永琪 | 《新华文摘》全文转载 | 2015年第13期 |
| 3 | 发达国家保障房分配的做法与启示 | 张 琪 | 《新华文摘》全文转载 | 2015年第15期 |
| 4 | 再论东北抗联精神 | 刘信君 | 《新华文摘》全文转载 | 2015年第16期 |
| 5 | 论战后日本"满铁会"及其活动 | 武向平 | 《新华文摘》全文转载 | 2015年第23期 |
| 6 | 罪责反省：克服过去的新生之路 | 金寿铁 | 《中国社会科学》 | 2015年第9期 |
| 7 | 以社会主义核心价值观引领公共文化服务体系建设 | 周笑梅 | 《光明日报》 | 2015.7.26 |
| 8 | 论满族说部在当代传承的建构方式 | 邵丽坤 | 《光明日报》 | 2015.10.7 |

2. 科研课题

（1）新立项课题。2015年吉林省社会科学院共有新立项课题68项。其中国家社科基金课题4项，省社科基金课题12项，吉林省社科院课题52项，其他部委课题1项。

**2015年新立项课题**

| 序号 | 负责人 | 项目名称 | 项目类别 |
|---|---|---|---|
| 1 | 刘信君 | 高句丽专门史研究 | 国家社科基金 |
| 2 | 刘 炬 | 唐朝东北边疆经略史研究 | 国家社科基金 |
| 3 | 吴永华 | 马克思与卢梭自由观的关系研究 | 国家社科基金 |
| 4 | 赵 欣 | 近代西方人对中国东北边疆地理的研究 | 国家社科基金 |
| 5 | 陈玉梅 | 《社会科学战线》发展报告 | 吉林省社科基金 |
| 6 | 纪明辉 | 吉林省生产性服务业发展及其就业吸纳能力研究 | 吉林省社科基金 |

续表

| 序号 | 负责人 | 项目名称 | 项目类别 |
| --- | --- | --- | --- |
| 7 | 何 爽 | 伪满洲国戏剧研究 | 吉林省社科基金 |
| 8 | 焦 宝 | 晚清吉林报刊文化传播研究 | 吉林省社科基金 |
| 9 | 刘 举 | 马克思社会史观的精神向度研究 | 吉林省社科基金 |
| 10 | 李 琪 | 马克思经济学视野下新型城镇化路径研究 | 吉林省社科基金 |
| 11 | 周笑梅 | 社会主义核心价值观培育与公共文化服务建设的良性互动与共建路径研究 | 吉林省社科基金 |
| 12 | 徐卓顺 | 十三五时期吉林省经济发展前景预测 | 吉林省社科基金 |
| 13 | 景 壮 | 伪满洲国农业统制政策研究——以满铁调查报告书为中心 | 吉林省社科基金 |
| 14 | 王晓峰 | 伪满时期日系宗教活动研究 | 吉林省社科基金 |
| 15 | 赵 欣 | 西方学者对伪满洲国的调查与研究 | 吉林省社科基金 |
| 16 | 赵光远 | 吉林省青年科技人才创新成果转化问题及对策研究 | 吉林省社科基金 |
| 17 | 周笑梅 | 吉林省公共文化服务协同发展战略研究 | 吉林省社科院 |
| 18 | 杨春风 | 满族说部英雄母题研究 | 吉林省社科院 |
| 19 | 张 磊 | 十三五时期吉林省生态农业发展问题研究 | 吉林省社科院 |
| 20 | 张丽娜 | 吉林省融入"一带一路"战略的发展思路与对策研究 | 吉林省社科院 |
| 21 | 金美花 | 一带一路战略与东北亚区域合作 | 吉林省社科院 |
| 22 | 于 凌 | 汉代东北边民的构成与管理 | 吉林省社科院 |
| 23 | 肖国东 | 提升吉林省制造业技术水平研究 | 吉林省社科院 |
| 24 | 纪明辉 | 吉林省文化产业集聚水平测度与影响因素分析 | 吉林省社科院 |
| 25 | 盛海燕 | 近期俄罗斯加强对朝关系：原因及影响 | 吉林省社科院 |
| 26 | 赵 欣 | 日俄战争后英美等国对中国东北的经济渗透 | 吉林省社科院 |
| 27 | 祝立业 | 高句丽祖先记忆与族群认同研究 | 吉林省社科院 |
| 28 | 焦 宝 | 大数据时代综合性学术期刊发展研究 | 吉林省社科院 |
| 29 | 闫春英 | 加强我国网络借贷平台监管研究 | 吉林省社科院 |
| 30 | 武向平 | 论战后日本"满铁会"及活动 | 吉林省社科院 |
| 31 | 李 娜 | 满铁右翼社团组织侵华活动研究 | 吉林省社科院 |
| 32 | 王 静 | 金正恩执政以来朝鲜经济变化研究 | 吉林省社科院 |
| 33 | 郭永智 | 吉林省农民"带地进城"问题研究 | 吉林省社科院 |
| 34 | 邵丽坤 | 历史记忆与文学想象——东北文学地域文化特征研究 | 吉林省社科院 |
| 35 | 曲芳艾 | 公共文化服务体系建设中社会主义核心价值观培育研究 | 吉林省社科院 |
| 36 | 李丽莉 | 吉林省人才政策演进及评估研究 | 吉林省社科院 |

续表

| 序号 | 负责人 | 项目名称 | 项目类别 |
| --- | --- | --- | --- |
| 37 | 张 琪 | 吉林省保障性住房建设的融资机制研究 | 吉林省社科院 |
| 38 | 李 倩 | 东北沦陷时期满铁对图们江流域生态环境的破坏和影响 | 吉林省社科院 |
| 39 | 孙葆春 | 吉林省地理标志农产品发展问题与对策研究 | 吉林省社科院 |
| 40 | 陈姝宏 | 习近平社会治理思想研究 | 吉林省社科院 |
| 41 | 李 克 | "满映"国策影片中的殖民叙事 | 吉林省社科院 |
| 42 | 麻 玲 | 辽朝文化政策成因及对策研究 | 吉林省社科院 |
| 43 | 王玉芹 | 战后日德战争历史观的比较研究 | 吉林省社科院 |
| 44 | 徐卓顺 | 经济增长新常态下吉林省产业转型升级思路研究 | 吉林省社科院 |
| 45 | 付 诚 | 吉林省农民工市民化的政策支持研究 | 吉林省社科院 |
| 46 | 王 晖 | 韩国实行双重国籍制度对我国的影响 | 吉林省社科院 |
| 47 | 高 苑 | 社会主义核心价值观的传统文化基础研究 | 吉林省社科院 |
| 48 | 何 爽 | 伪满时期广播剧研究 | 吉林省社科院 |
| 49 | 王 姝 | 金代命妇封赠制度研究 | 吉林省社科院 |
| 50 | 明 阳 | 论满族说部中的平民英雄 | 吉林省社科院 |
| 51 | 赵 亮 | 吉林省新型城镇化进程中农民工市民化障碍及对策研究 | 吉林省社科院 |
| 52 | 刘 瑶 | 吉林省文化产业与科技融合发展的路径研究 | 吉林省社科院 |
| 53 | 丁 冬 | 吉林省新型职业农民培育路径研究 | 吉林省社科院 |
| 54 | 刘星显 | 吉林省安全发展法律体系的建构与完善研究 | 吉林省社科院 |
| 55 | 高 洁 | 吉林省社区居家养老服务市场化运作模式中的政府职责研究 | 吉林省社科院 |
| 56 | 石美生 | 中韩FTA背景下韩国对华直接投资研究 | 吉林省社科院 |
| 57 | 崔小西 | 一带一路战略下吉林省对俄通道的现状、问题及对策研究 | 吉林省社科院 |
| 58 | 郑媛媛 | 吉林省发展"东北亚文化旅游"的优势、潜力与策略 | 吉林省社科院 |
| 59 | 王广瑞 | 富察敦崇及其著述研究 | 吉林省社科院 |
| 60 | 刘 毅 | 九一八事变后国民党在东北的地下抗日活动 | 吉林省社科院 |
| 61 | 董 健 | 杨谅东征之战爆发及失败原因研究 | 吉林省社科院 |
| 62 | 刘雅君 | 新常态下中国产业结构优化升级的环境条件和推进机制研究 | 吉林省社科院 |
| 63 | 刘 举 | 当前大众精神生活的文化导向与整合研究 | 吉林省社科院 |
| 64 | 崔 巍 | "十三五"期间吉林省强化应用基础研究增强原始创新能力的对策建议 | 吉林省社科院 |
| 65 | 张佳睿 | 美国风险投资对经济发展的影响及对我国的启示 | 吉林省社科院 |
| 66 | 栾 明 | 当代东北儿童文学探究 | 吉林省社科院 |

续表

| 序号 | 负责人 | 项目名称 | 项目类别 |
| --- | --- | --- | --- |
| 67 | 谭红梅 | 金正恩执政后朝鲜的对外政策与中朝关系研究 | 吉林省社科院 |
| 68 | 于德运 | 经济新常态下我国粮食生产能力安全的多维度变化与政策取向研究 | 吉林省社科院 |

（2）结项课题。2015年吉林省社会科学院共有结项课题60项。其中省社科基金课题15项，院课题45项。

**2015年结项课题**

| 序号 | 负责人 | 项目名称 | 项目类别 |
| --- | --- | --- | --- |
| 1 | 李琪 | 吉林省战略性新兴产业集群式发展研究 | 吉林省社科基金 |
| 2 | 段秀萍 | 吉林省新型农民专业合作组织运行现状及对策研究 | 吉林省社科基金 |
| 3 | 刘举 | 大众精神生活的异化及其现代性批判 | 吉林省社科基金 |
| 4 | 李娜 | 满铁对中国东北的文化侵略 | 吉林省社科基金 |
| 5 | 刘雅君 | 基于技术创新的吉林省生态产业集群建设研究 | 吉林省社科基金 |
| 6 | 孙璐 | 法治中国的外交表达 | 吉林省社科基金 |
| 7 | 王玉芹 | 日本殖民统治下的东北医学——以满铁医疗卫生机构为中心 | 吉林省社科基金 |
| 8 | 谭红梅 | 朝鲜半岛安全环境及金正恩的核战略研究 | 吉林省社科基金 |
| 9 | 肖国东 | 推动吉林省制造业创新发展研究 | 吉林省社科基金 |
| 10 | 张丽娜 | 吉林省城镇化进程中土地流转模式及潜在风险研究 | 吉林省社科基金 |
| 11 | 徐嘉 | 吉林省城市文化软实力发展研究 | 吉林省社科基金 |
| 12 | 吴永华 | 卢梭自由观及其现实启示 | 吉林省社科基金 |
| 13 | 王西 | 吉林省现代农资物流系统优化研究 | 吉林省社科基金 |
| 14 | 贺飞 | 近代关内移民与吉林城镇近代化 | 吉林省社科基金 |
| 15 | 于凡 | 吉林省农村金融服务创新研究 | 吉林省社科基金 |
| 16 | 刘毅 | 齐世英与东北抗日救亡活动 | 吉林省社科院 |
| 17 | 李丽莉 | 吉林省文化产业人才资源开发研究 | 吉林省社科院 |
| 18 | 邵冰 | 日本对图们江地区国际开发的政策与战略研究 | 吉林省社科院 |
| 19 | 焦宝 | 近代东北诗词研究——吉林三杰 | 吉林省社科院 |
| 20 | 尚咏梅 | "先军政治"与朝鲜对美国的外交政策 | 吉林省社科院 |
| 21 | 张春凤 | 四平市换热器产业集群调查研究 | 吉林省社科院 |

续表

| 序号 | 负责人 | 项目名称 | 项目类别 |
| --- | --- | --- | --- |
| 22 | 张磊 | 加快构建新型农业经营体系问题研究 | 吉林省社科院 |
| 23 | 李晓勇 | 马克思与阿伦特政治哲学比较研究 | 吉林省社科院 |
| 24 | 邵冰 | 日本对图们江地区国际开发的政策与战略研究 | 吉林省社科院 |
| 25 | 李倩 | 东北抗联精神地位研究 | 吉林省社科院 |
| 26 | 周伟萍 | 沿边开放视域下东北亚国际合作的新思路 | 吉林省社科院 |
| 27 | 刘扬 | 日伪统治下东北民间信仰变迁与特点研究 | 吉林省社科院 |
| 28 | 赵亮 | 促进吉林省新生代农民工就业对策研究 | 吉林省社科院 |
| 29 | 李爽 | 唐朝与高句丽使者往来研究 | 吉林省社科院 |
| 30 | 张琪 | 吉林省保障房准入与退出机制研究 | 吉林省社科院 |
| 31 | 刘举 | 韦伯宗教社会学的价值立场及其方法论基础 | 吉林省社科院 |
| 32 | 李克 | "十七年"时期长影"红色经典"电影研究 | 吉林省社科院 |
| 33 | 高洁 | 失地农民的社会养老保险制度选择和政府应对 | 吉林省社科院 |
| 34 | 徐嘉 | 吉林省政务微博创新发展研究 | 吉林省社科院 |
| 35 | 栾凡 | 明朝对东北的经营理念与对北元政策研究 | 吉林省社科院 |
| 36 | 吴永华 | 卢梭"消极教育"思想研究 | 吉林省社科院 |
| 37 | 崔剑锋 | 加快我省自主品牌乘用车发展的对策研究 | 吉林省社科院 |
| 38 | 宋慧宇 | 安全监管协调机制研究 | 吉林省社科院 |
| 39 | 郝瑞军 | 加快推进吉林省私募股权投资基金发展研究 | 吉林省社科院 |
| 40 | 佟大群 | 近代吉林"土地财政问题"的形成及特征研究 | 吉林省社科院 |
| 41 | 吴可亮 | 新形势下推进中韩自由贸易园区建设研究 | 吉林省社科院 |
| 42 | 马维英 | 甲午战前日本对朝鲜的渗透与清廷的应对 | 吉林省社科院 |
| 43 | 刘慧 | 提升吉林省旅游竞争力对策研究 | 吉林省社科院 |
| 44 | 王西 | 吉林省现代服务业集聚区发展研究 | 吉林省社科院 |
| 45 | 姜峰 | 借助跨境电商平台推动吉林省对俄经贸合作 | 吉林省社科院 |
| 46 | 韩佳均 | 共同事权背景下医疗保障制度建设中地方政府责任问题研究 | 吉林省社科院 |
| 47 | 王岚 | 改革开放以来中国共产党群众观的发展与创新研究 | 吉林省社科院 |
| 48 | 李博 | 宋丽书画贸易研究 | 吉林省社科院 |
| 49 | 王永平 | 《周易》从"占筮之书"到"义理之书" | 吉林省社科院 |
| 50 | 孙志明 | 工业化加速背景下我省产业结构调整研究 | 吉林省社科院 |
| 51 | 张新梅 | 吉林省城镇房屋拆迁纠纷预防和解决机制研究 | 吉林省社科院 |

续表

| 序号 | 负责人 | 项目名称 | 项目类别 |
|---|---|---|---|
| 52 | 于 蕾 | 吉林省综合性市场消费类期刊品牌建设与延伸 | 吉林省社科院 |
| 53 | 陈一虹 | 吉林省创业促就业工程中的创业园区建设研究 | 吉林省社科院 |
| 54 | 于晓光 | 吉林省法院检察院系统人财物统一管理机制研究 | 吉林省社科院 |
| 55 | 韩忠富 | 朝鲜局势变化与中朝跨境经贸合作研究 | 吉林省社科院 |
| 56 | 崔岳春 | 吉林省城区老工业区搬迁改造问题研究 | 吉林省社科院 |
| 57 | 栾 凡 | 吉林振兴与吉林文化振兴 | 吉林省社科院 |
| 58 | 付 诚 | 吉林省农民工就业心态调查与应对政策研究 | 吉林省社科院 |
| 59 | 丁晓燕 | 吉林省文化产业发展实证研究 | 吉林省社科院 |
| 60 | 金美花 | 中日韩自由贸易区的构建对长吉图开发开放的影响 | 吉林省社科院 |

（3）延续在研课题。2015年，吉林省社会科学院共有延续在研课题20项。其中国家社科基金12项，省社科基金6项，院课题2项。

**2015年延续在研课题**

| 序号 | 负责人 | 项目名称 | 项目类别 |
|---|---|---|---|
| 1 | 马 克 | 东北地区资源枯竭城市可持续发展能力研究 | 国家社科基金 |
| 2 | 贾丽萍 | 城乡养老保障制度整合难点及框架设计 | 国家社科基金 |
| 3 | 王 卓 | 满族创世神话谱系及其历史演变 | 国家社科基金 |
| 4 | 杨春风 | 满族说部中的神话与史诗研究 | 国家社科基金 |
| 5 | 刘 扬 | 近代东北民间信仰研究 | 国家社科基金 |
| 6 | 马 妮 | 超越物质主义的幸福追寻 | 国家社科基金 |
| 7 | 姜 喆 | 帝俄时期的代议制研究 | 国家社科基金 |
| 8 | 李晓群 | 形成厉行节约、反对浪费的社会风气研究 | 国家社科基金 |
| 9 | 李 倩 | 东北抗联精神及其当代价值研究 | 国家社科基金 |
| 10 | 武向平 | 1936—1941年日本对德同盟政策研究 | 国家社科基金 |
| 11 | 丁晓燕 | 振兴东北老工业基地战略跟踪研究 | 国家社科基金 |
| 12 | 尚永琪 | 汉唐时期来华西域胡僧研究 | 国家社科基金 |
| 13 | 马 克 | 吉林省历史文化研究丛书 | 吉林省社科基金 |
| 14 | 何青志 | 东北文学通史研究 | 吉林省社科基金 |
| 15 | 付 诚 | 当代长白山文化发展的保障机制 | 吉林省社科基金 |
| 16 | 于 凌 | 秦汉辽东郡防务研究 | 吉林省社科基金 |
| 17 | 刘 莉 | 近代东北交通与城市发展 | 吉林省社科基金 |

续表

| 序号 | 负责人 | 项目名称 | 项目类别 |
|---|---|---|---|
| 18 | 佟大群 | 中国现代文献辨伪学史研究 | 吉林省社科基金 |
| 19 | 刘　辉 | 大众儒学与美好吉林构建 | 吉林省社科院 |
| 20 | 周伟萍 | 新时期俄罗斯"东进"：吉林省的机遇与选择 | 吉林省社科院 |

## 二、学术交流活动

### （一）学术活动

2015年，吉林省社会科学院举行的大型会议有：

7月15日，吉林省社会科学院主办"《满铁内密文书》新书发布暨满铁史学术研讨会"。

8月31日，吉林省社会科学院在长春承办"首届中国吉林省与俄罗斯远东地区经济合作圆桌会议"。

9月2日，吉林省社会科学院在长春承办"第五届东北亚智库论坛"。

11月29日，吉林省社会科学院主办"《吉林历史与文化研究丛书》出版暨座谈会"。

### （二）国际学术交流与合作

1. 学者出访情况

2015年，吉林省社会科学院共派学者出访3批7人次。

4月，参加由中日韩合作秘书处主办的中日韩合作论坛暨中日韩三国商界交流会。同时，访问日本相关机构，拜会驻韩国首尔的中日韩合作秘书处，商讨与吉林中日韩合作研究中心合作事宜，邀请日方和韩方相关人员参加第十届中国—东北亚博览会。

7月，吉林社科院学者赴新加坡参加第四届世界华文学术名刊高层论坛，并在会上发表论文，论坛围绕"中国学术期刊与现代世界的学术共同体建设"展开。

12月，吉林社科院学者赴韩国成均馆大学成均研究中心访问并召开学术座谈会，围绕"一带一路与东北亚合作"进行研讨。

2. 外国学者按照学术合作协议来访情况

2015年，吉林省社会科学院共接待来访学者6批61人次。

8月，韩国学者来访，与文学所共同召开无形文化遗产考察研讨会。

8月，承办中国吉林省与俄罗斯远东地区经济合作圆桌会议，邀请来自俄罗斯的官员和学者8人，会议规模50人，其中包括俄罗斯科学院远东分院历史、考古与民族研究所所长拉林。

8月，德国波鸿大学学者来访，与吉林社科院经济所学者探讨了吉林省传统工业转型等问题。

9月，承办第五届东北亚智库论坛，邀请来自美国、日本、韩国、新加坡等国学者与会，会议规模80人，其中包括斯坦福大学亚太研究中心主任申起旭教授。

9月，与外交学院共同承办第二届中日韩合作对话会，邀请来自日本和韩国的学者25人，会议规模35人。

10月，韩国专家学者来访，与吉林社科院朝鲜·韩国研究所和东北亚研究中心学者进行座谈，就"政策知识生态环境结构分析"等问题进行深入探讨。

3. 与港澳台交流情况

2015年，吉林省社会科学院共派学者赴台湾、澳门2批2人次。

11月，吉林社科院学者赴台湾参加"第五届海峡两岸抗日战争史学术研讨会"，并在会上发表论文。

12月，吉林社科院学者赴澳门参加"2015年学术期刊发展座谈会"，会议将围绕"繁荣中国人文社会科学研究，促进华文学术期刊的共同发展"为主要内容展开。

### 三、学术社团、期刊

**1. 社团**

（1）满族说部学会，会长邵汉明。2015年7月28日"东亚历史文化与口传文化传统"学术会在长春召开，满族说部学会与韩国全北大学非物质文化研究所开展了学术交流。2015年学会出版学会刊物《满族说部学会通讯》两期。

（2）东北地区中日关系史研究会，会长刘信君。2015年7月31日，"东北地区中日关系史研究会第18届年会暨抗日战争胜利70周年学术研讨会"在黑龙江省哈尔滨市召开。

（3）周易学会，会长曹福敬。2015年10月，召开吉林省周易学会2015年会员大会暨学术研讨会。会议研讨的主要问题有"易学研究的热点问题"、"周易学会的发展"等。

（4）特色理论研究会，会长郭绍墨。

（5）农业与农村经济发展研究会，会长张磊。

（6）朝韩学会，会长张玉山。

**2. 期刊**

（1）《社会科学战线》（双月刊），主编陈玉梅。

2015年《社会科学战线》共出版6期，共计600万字。该刊物全年刊载的代表性文章有：欧阳谦《当代哲学的"文化转向"》，孙利天《哲学理论如何落实到实处》，赵林《文化传承与发展之路》，田阡《非物质文化遗产文化创意产业发展路径研究》，李忠军《中国梦·社会主义核心价值观·中国精神三位一体的铸魂逻辑》，朱富强《审视现实市场的缺陷》，刘文超《后凯恩斯主义增长理论：从何处来，向何处去》，卢现祥《中国研发投入的导向机制：从政府到市场》，周佰成《中国国有企业分层分类体系研究》，胡祥琴《魏晋南北朝正史〈五行志〉中的"服妖"》，崔建华《秦汉社会对早慧现象的认知》，夏炎《环境史视野下"飞蝗避境"的史实建构》，楼劲《北魏开国时期的文明程度》，衣长春《论雍正帝西南边疆治理方略》，武向平《论战后日本"满铁会"及其活动》，梅雪芹徐畅《"雾气何能致人于死"——1930年比利时马斯河谷烟雾成灾问题探究》，刘信君《再论东北抗联精神》，步平《再论中国历史问题的对话空间》，孙克强《唐宋词兴盛的原因》，张昆陈雅莉《时尚传播与社会发展：问题和反思》，王富仁《学识 史识 胆识（其三）胡适与"胡适派"》，胡晓明《再论后五四时代建设性的中国文论》，李强、王昊《中国社会分层结构的四个世界》，雷勇《分离主义的发生学分析》，张贤明《整合碎片化：公共服务的协同供给之道》，李林《推进法制改革 建设法治中国》，李婧《中国特色社会主义法律体系构建的基本经验》，张斌贤、高玲《法治中国中的内涵》，王凌皓、王晶《先秦儒家礼教思想的历史定位及现代镜鉴》，田正平《教育国际化考略》等。

（2）《经济纵横》（月刊），主编王成勇。

2015年，《经济纵横》共出版12期，共计240万字。全年刊载的代表性文章有：卫兴华《关于市场配置资源理论与实践值得反思的一些问题》，平新乔《新一轮国企改革的特点、基本原则和目标模式》，李建伟、齐建国、赵振华"新常态下的中国经济发展"专题，范建军《宏观调控的逻辑：总量政策和结构政策互补而非对立》，贾康《中国新型城镇化进程中土地制度改革的新思路》，魏杰《经济新常态下的产业结构调整及相关改革》,刘云中《"丝绸之路经济带"建设的战略构想》,洪群联《我国服务业产业安全形势评估及政策建议》,辜胜阻《发展养老服务业应对人口老龄化的战略思考》,张卓元《以深化改革推动经济稳步进入新常态》,许宪春《关于对我国政府统计三项质疑的解答》,卢现祥《中国经济增速下行的"制度换挡"思考》。

(3)《东北史地》(双月刊),主编王卓。

2015年共出版6期,共计120万字。该刊全年刊载的有代表性的文章有:张海鹏《应深入研究甲午战争、抗日战争对后世的影响》,毕万闻《抗战胜利与今日中国——纪念抗日战争胜利与世界反法西斯战争胜利70周年》,曾景中《有关东北抗日义勇军研究的若干问题》,程尼娜《17—18世纪东北遍地族群朝贡活动》,刘俊勇《明代辽东海防城堡的调查与考证》,范恩实《高句丽早期地方统治体制演化历程研究》,耿铁华《好太王碑与东北亚古代国家关系》,林玉茹《清中叶台湾三大区域型经济区的成立(1784—1850)》,滕德永《清季税关于内务府财政关系探析》,富希陆《瑷珲十里长江俗记》等。

(4)《现代交际》(半月刊)主编:郭美英。

2015年共出版24期,约650万字,图文2240版。全年刊发的代表性文章:《城镇居民社会养老保险运行现状及对策研究——以长春市为例》(2015年2月)、《中国社会保障制度的公平与效率问题分析》(2015年5月)、《全球化背景下文化产业发展新思路——以吉林地区文化产业与旅游产业融合发展调查为例》(2015年6月)、《服务型政府在社会秩序建构中的基本经验与未来——聚焦"公民意识的培育"》(2015年9月)。

(5)《东北亚研究》(季刊)主编:金美花。

2015年共出版4期。全年刊发的代表性文章:《美日"转移+介入"战略与东北亚地缘格局变动》(郭锐、杨端程)、《对中日间"政冷旅热"现状及走势的分析与思考》(笪志刚)、《中国学界对渤海族的认识》(王旭)、《吉林省鸭绿江沿线中朝边贸企业面临的问题及对策》(王晖);《关于朝鲜半岛问题以及研究的几点认识》(刘亚政)、《美日同盟关系强化对中国的地缘关系影响》(李晓倩)、《日本政府财政政策效果的实证检验》(李杉)、东北亚"一带一路"历史探源(马维英);《朝鲜实施中国式改革开放的可能性及其前景展望》(徐文吉)、《政治利益主导下的经济往来——清代朝鲜贡道及其经济功能考论》(王卓)、《国家"一带一路"战略与东北亚区域合作研究》(中心课题组);《近期中朝关系回暖解读》(陈龙山)、《南北与西东:朝鲜半岛统一问题的历史类比》(许琳)、《中国与朝鲜半岛古诗交流与研究》(杨昭全)、《吉林省与蒙古国东部地区合作情况研究》(吴可亮)。

**四、会议综述**

1. 第五届东北亚智库论坛

9月2日,由中国社会科学院和吉林省人民政府主办,中国东北亚博览会秘书处、吉林省社会科学院(社科联)、吉林中日韩合作研究中心共同承办的"第五届东北亚智库论坛"在吉林省长春市成功举办。

论坛以"中国'一带一路'战略背景下的东北亚区域合作"为主题,通过对"全球政策竞争和智库的角色:对中国的启示""韩中经济合作以及'一带一路和欧亚倡议'战略""日本的'一带一路'构想""东亚竞争自由化的新动力"、"'一带一路'战略下中俄朝韩跨境经济走廊建设的构想与建议"等一系列具体问题进行了深入的探讨和交流。来自美国、韩国、日本、俄罗斯以及中国的100多位专家和学者出席了会议。会议由吉林省社会科学院（社科联）副院长刘亚政主持会议，中共吉林省委常委、宣传部部长高福平出席会议并致辞。

省委常委、宣传部部长高福平在致辞中指出：五年来，在中方的积极资助和东北亚各国的大力支持下，中国与东北亚各国的智库专家、战略研究机构和知名学者、政府官员以论坛为平台，以促进中国与东北亚各国友好合作为宗旨，充分发挥思想先导和智囊团的作用，通过经验交流、观点交锋和智慧交融、集思广益、求同存异，深入探索中俄与东北亚各国的合作发展之路，规模不断扩大，领域不断拓展，层次不断提升，成为促进中俄与东北亚国家传承友谊，加深了解，增进信任，强化合作的有效平台，为推动中国与东北亚国家关系发展和务实合作起到了越来越重要的作用。

东北亚智库论坛作为推进东北亚区域和平与合作发展献计献策的会议，为各国专家加强交流与沟通搭建了平台。与会专家学者提出了诸多富有建设性和前瞻性的观点和建议，对增进中国与周边国家互联互通建设，助推中国对外开放战略的有效实施，为东北亚更好地融入"一带一路"战略提供思路，对共促东北亚区域经贸合作的新格局无疑具有重要意义并将产生深刻的影响。

2. 首届中国吉林省与俄罗斯远东地区经济合作圆桌会议

8月31日，由中国东北亚博览会秘书处和俄罗斯科学院远东分院联合主办、吉林省社会科学院（社科联）与俄罗斯科学院远东分院历史考古与民族研究所共同承办的"首届中国吉林省与俄罗斯远东地区经济合作圆桌会议"在长春南湖宾馆举行。"首届中国吉林省与俄罗斯远东地区经济合作圆桌会议"是由中俄双方专家、企业家和政府官员共同参与的会议。俄罗斯滨海边疆区俄中友好协会主席、滨海边疆区国际关系发展基金首席执行官、滨海边疆区移民和民族关系咨询中心主席、俄罗斯知名企业家等俄罗斯学界、政界和实业界知名人士出席了会议，中方著名的俄罗斯问题专家、吉林省相关各机构以及企业家代表参加了会议。会议由吉林省社会科学院（社科联）副院长刘亚政主持。中共吉林省委常委、宣传部部长高福平出席会议并致辞。

该圆桌会议的主题为"'一带一路'战略下吉林省与远东经济合作"。俄罗斯滨海边疆区俄中友好协会主席拉林作了题为《关于将俄罗斯太平洋区域引入"新丝绸之路经济带"规划的前景》的主旨演讲，他提出："对中方'一带一路'倡议和项目实施的可能性要透过俄罗斯的整体利益和远东的利益来看待并要采用比较务实的方法来评价。"中国俄罗斯东欧中亚学会常务副会长李永全作了题为"中国东北振兴与俄罗斯远东开发如何接轨"的主旨演讲。他说："远东开发和东北振兴对接，除了要考虑双方的政治意愿和立法的支持，未来中国和俄罗斯在远东的合作要考虑需求，需求决定规模，投资环境决定投资。"与会代表围绕"吉林省与滨海边疆区发展规划和计划：可能性与协调机制""吉林省与俄远东在经济和人道主义相互作用中的经验、问题和前景"以及"劳务移民和旅游在吉林省与俄远东地区中的相互作用"三个议题，深入探讨当前吉林省与俄罗斯远东地区在投资与贸易合作中的障碍与对策、互联互通建设中存在的问题与措施等。会议特别注重研讨双方合作过程中理论政策和经贸实践的结合以及智库和决策的融合，突出自由讨论，双方代表直面问题，观点鲜明，交锋热烈而深入，为切实推动吉林与俄罗斯远东地区经济合作提出了富有建设性的看法和意见。

## 第五节 重点成果

一、吉林省社会科学院主要科研成果

（一）2014 年以前获省部级以上优秀成果奖

自 1987 年首届省社会科学优秀成果奖评奖以来，吉林省政府已经举办了十次省社科优秀成果评奖，27 年来吉林社科院凭借着丰厚科研成果，共获省社科优秀成果奖 265 项。

**获吉林省第一次社科优秀成果奖\*（1987 年）**

| 序号 | 成果名称 | 作者 | 成果类型 | 出版或发表单位 | 出版或发表时间 | 奖励级别 |
|---|---|---|---|---|---|---|
| 1 | 中国东北史（第一卷） | 佟冬 | 著作 | 吉林文史出版社 | 1987.7 | 特别奖 |
| 2 | 中原音韵表稿 | 宁继福 | 著作 | 吉林文史出版社 | 1985.6 | 优秀奖 |
| 3 | 辽金文学作品选 | 周惠泉 | 著作 | 时代文学出版社 | 1986.8 | 优秀奖 |
| 4 | 渤海简史 | 王承礼 | 著作 | 黑龙江人民出版社 | 1984.1 | 优秀奖 |
| 5 | 清太宗全传 | 李治亭 | 著作 | 吉林文史出版社 | 1983.4 | 优秀奖 |
| 6 | 哲学辞典 | 张念丰 | 著作 | 吉林人民出版社 | 1983.2 | 优秀奖 |
| 7 | 朝鲜史话丛书（共四卷） | 宋祯焕 | 著作 | 辽宁民族出版社 | 1983—1985 年 | 优秀奖 |
| 8 | 中日关系史（第一卷） | 张声振 | 著作 | 吉林文史出版社 | 1986.4 | 优秀奖 |
| 9 | 《茶馆》的结构艺术 | 关德富 | 论文 | 《社会科学战线》 | 1983 年第 3 期 | 优秀奖 |
| 10 | 体国经野 义尚光大 | 毕万忱 | 论文 | 《文学评论》 | 1983 年第 16 期 | 优秀奖 |
| 11 | 历史真实、时代感与现实感受 | 关德富 | 论文 | 《社会科学战线》 | 1985 年第 4 期 | 优秀奖 |
| 12 | 蒲鲜万奴国号考辨 | 王慎荣 | 论文 | 《历史研究》 | 1985 年第 5 期 | 优秀奖 |
| 13 | 商品经营美学 | 夏芒 | 论文 | 《社会科学战线》 | 1986 年第 1 期 | 优秀奖 |
| 14 | 论康有为的相对主义理论 | 吕彦博 | 论文 | 《吉林大学社会科学学报》 | 1986 年第 4 期 | 优秀奖 |
| 15 | 长白山区的民族地区和边境县建设规划研究 | 窦长伍 | 论文 | 《学术研究丛刊》 | 1986 年第 1 期 | 优秀奖 |
| 16 | 论《资本论》中逻辑与历史统一的几个基本问题 | 宋晓绿 | 论文 | — | — | 优秀奖 |
| 17 | 城市土地价格问题探讨 | 李斌 | 论文 | | | 优秀奖 |
| 18 | 试论吉林省农业发展的战略措施 | 杜少先 | 论文 | 《农业经济》 | 1984 年第 6 期 | 优秀奖 |
| 19 | 《新发现的群婚实例》补证 | 张璇如 | 论文 | 《社会科学战线》 | 1984 年第 4 期 | 优秀奖 |
| 20 | 改革是社会主义发展不可逆转的历史潮流 | 徐毅鹏 | 论文 | — | — | 优秀奖 |
| 21 | 幽州刺史墓考略 | 刘永智 | 论文 | 《历史研究》 | 1983 年第 2 期 | 优秀奖 |

\* 注：在本节的表格中的"出版或发表时间"一栏，年、月、日使用阿拉伯数字，且"年""月""日"三字省略（发表期数除外，保留"年"字）。既有年份，又有月份、日时，"年""月"用"."代替。如："1986 年"用"1986"表示，"1987 年 7 月"用"1987.7"表示，"1983 年第 3 期"不变。

续表

| 序号 | 成果名称 | 作者 | 成果类型 | 出版或发表单位 | 出版或发表时间 | 奖励级别 |
|---|---|---|---|---|---|---|
| 22 | 按照美的规律建设新的生活方式 | 李长庆 | 论文 | 《生活方式探讨》 | 1985年第11期 | 优秀奖 |
| 23 | 满族女神——"佛托妈妈"考辨 | 程迅 | 论文 | 《黑龙江民族丛刊》 | 1986年第3期 | 优秀奖 |
| 24 | 复员退伍军人犯罪特点及心理剖析 | 李淳 | 论文 | — | — | 优秀奖 |
| 25 | 谢灵运论稿 | 钟优民 | 著作 | 齐鲁书社 | 1985.10 | 佳作奖 |
| 26 | 赵树理小说的艺术世界 | 李士德 | 著作 | 东北师范大学出版社 | 1986 | 佳作奖 |
| 27 | 马克思恩格斯列宁斯大林文艺思想讲解 | 彭治平 | 著作 | 时代文艺出版社 | 1986.3 | 佳作奖 |
| 28 | 明代奴儿干都司及其卫所研究 | 杨旸 | 著作 | 中州书画社 | 1983.4 | 佳作奖 |
| 29 | 职业道德简明教程 | 孙乃民 | 著作 | 山东教育出版社 | 1985 | 佳作奖 |
| 30 | 周易大传新注 | 徐志锐 | 著作 | 齐鲁书社 | 1986.6 | 佳作奖 |
| 31 | 朝鲜解决农业问题的经验 | 杨学忠 | 著作 | — | — | 佳作奖 |
| 32 | 关于朝鲜农村技术革命问题的研究 | 安清奎 | 著作 | 朝鲜金日成综合大学出版社 | 1985.8 | 佳作奖 |
| 33 | 生产价格形成的客观经济条件 | 郭绍墨 | 论文 | — | — | 佳作奖 |
| 34 | 当代美国的技术贸易 | 姜圣复 | 论文 | 《世界经济》 | 1987年第3期 | 佳作奖 |
| 35 | 谈国内技术转移问题 | 李晓群 | 论文 | 《数量经济技术经济研究》 | 1986年第1期 | 佳作奖 |
| 36 | 苏联国民经济区域结构的调整趋势 | 许维新 | 论文 | 《外国问题研究》 | 1983年第4期 | 佳作奖 |
| 37 | 论爱情 | 李淑英 | 论文 | 《上海社会科学》 | 1984年第12期 | 佳作奖 |
| 38 | 满族火祭习俗与神话 | 富育光 | 论文 | — | — | 佳作奖 |
| 39 | 论经济杠杆与经济法规在宏观经济管理中的关系 | 杨春堂 | 论文 | 《经济管理》 | 1985年第11期 | 佳作奖 |
| 40 | 普列汉诺夫的托尔斯泰论 | 陈复兴 | 论文 | 《扬州师院学报》 | 1983年第2期 | 佳作奖 |

**获吉林省第二次社科优秀成果奖（1991年）**

| 序号 | 成果名称 | 作者 | 成果类型 | 出版或发表单位 | 出版或发表时间 | 奖励级别 |
|---|---|---|---|---|---|---|
| 1 | 地域审美特征初探 | 关德富 | 著作 | 时代文艺出版社 | 1989.1 | 一等奖 |
| 2 | 吴三桂大传 | 李治亭 | 著作 | 吉林文史出版社 | 1990.9 | 一等奖 |
| 3 | 唐明皇全传 | 郑英德 | 著作 | 吉林文史出版社 | 1987.5 | 一等奖 |
| 4 | 吉林省产业结构与产业政策研究 | 杜少先 | 著作 | 东北师范大学出版社 | 1990.3 | 一等奖 |
| 5 | 我国社会主义初级阶段劳动工资保险制度改革的目标模式 | 李国英 | 著作 | 吉林人民出版社 | 1989.2 | 一等奖 |
| 6 | 中国社会主义初级阶段理论研究 | 王育民 | 著作 | 吉林大学出版社 | 1990.11 | 一等奖 |
| 7 | 论社会总资源优化配置 | 李斌 | 论文 | 《经济研究》 | 1990年第9期 | 一等奖 |
| 8 | 斯大林思想评述 | 张念丰 | 著作 | 中国政法大学出版社 | 1989.1 | 二等奖 |
| 9 | 思想政治工作概论 | 宋宝安 | 著作 | 吉林大学出版社 | 1990.12 | 二等奖 |
| 10 | 苏联区域经济 | 许维新 | 著作 | 江西人民出版社 | 1988.12 | 二等奖 |
| 11 | 张学良研究之我见 | 毕万闻 | 论文 | 《近代史研究》 | 1989年第1期 | 二等奖 |
| 12 | 关于中国传统文化的整体反思与超越 | 邵汉明 | 论文 | 《学习与探索》 | 1988年第4期 | 二等奖 |
| 13 | 论女性意识 | 李淑英 | 论文 | — | — | 二等奖 |
| 14 | 中国历代赋选（先秦两汉卷） | 毕万忱 | 著作 | 江苏教育出版社 | 1990.12 | 三等奖 |
| 15 | 东夏史 | 王慎荣 | 著作 | 天津古籍出版社 | 1990.10 | 三等奖 |
| 16 | 女真史 | 张璇如 蒋秀松 | 著作 | 吉林文史出版社 | 1985 | 三等奖 |
| 17 | 中国青年消费概况 | 金世和 | 著作 | — | — | 三等奖 |
| 18 | 职工社会主义简明教程 | 孙乃民 | 著作 | — | — | 三等奖 |
| 19 | 沙俄侵朝史 | 宋祯焕 | 著作 | | 1990.8 | 三等奖 |
| 20 | 从水浒戏和水浒叶子看《水浒传》的成书年代 | 李伟实 | 论文 | 《社会科学战线》 | 1988年第1期 | 三等奖 |
| 21 | 现实主义仍然有强大的生命力 | 彭嘉锡 | 论文 | 《文艺报》 | 1989.9.23 | 三等奖 |
| 22 | 生产力与物质运动形式 | 郑新桐 | 论文 | 《哲学研究》 | 1987年第3期 | 三等奖 |
| 23 | 《周易》卦爻辞编作年代新考 | 曹福敬 | 论文 | 《中国哲学史研究》 | 1988年第3期 | 三等奖 |

续表

| 序号 | 成果名称 | 作 者 | 成果类型 | 出版或发表单位 | 出版或发表时间 | 奖励级别 |
|---|---|---|---|---|---|---|
| 24 | 企业集团管理体制模式的构思 | 王守安 王劲松 | 论文 | 《管理世界》 | 1987年第4期 | 三等奖 |
| 25 | 简评几种"新学说" | 孙乃民 常 樵 | 论文 | 《真理的追求》 | 1990 | 三等奖 |
| 26 | 满族神话传说与道德仙话 | 程 迅 | 论文 | 《民间文艺集刊》 | 1988年第4期 | 三等奖 |
| 27 | 论国内技术转移系统模型 | 李晓群 | 论文 | 《中外管理导报》 | 1990年第4期 | 三等奖 |
| 28 | 发明怪才 | 张玉来 | 论文 | — | — | 三等奖 |
| 29 | 东北亚区域的经济发展在亚太经济崛起中的地位和作用 | 张明清 | 论文 | 《东北亚研究》 | 1988年第4期 | 三等奖 |
| 30 | 满族萨满教三种形态及其演变 | 王宏刚 | 论文 | 《社会科学战线》 | 1988年第1期 | 鼓励奖 |
| 31 | 论儒家文化的基本精神 | 邵汉明 | 论文 | 《孔孟学报》（台湾） | 1990年9月第60期 | 鼓励奖 |
| 32 | 无须存在公理的指称理论 | 张 盾 | 论文 | 《哲学研究》 | 1989年第6期 | 鼓励奖 |
| 33 | 谈科研管理的三个辩证关系 | 吕 彬 | 论文 | — | — | 鼓励奖 |

### 获吉林省第三次社科优秀成果奖（1995年）

| 序号 | 成果名称 | 作 者 | 成果类型 | 出版或发表单位 | 出版或发表时间 | 奖励级别 |
|---|---|---|---|---|---|---|
| 1 | 中国东北沦陷十四年史纲要 | 王承礼 | 著作 | 中国大百科全书出版社 | 1991 | 特别奖 |
| 2 | 朝鲜民主主义共和国经济 | 杨学忠 | 著作 | 吉林大学出版社 | 1994.2 | 一等奖 |
| 3 | 毛泽东与东北解放战争 | 刘信君 | 论文 | 《社会科学战线》 | 1993年第6期 | 一等奖 |
| 4 | 从流通领域看当代国际经济关系的新发展 | 姜圣复 | 论文 | 《经济理论与经济管理》 | 1993年第5期 | 一等奖 |
| 5 | 论肃"AB团"误区的形成 | 武国友 | 论文 | 《中共党史研究》 | 1994年第6期 | 一等奖 |
| 6 | 图们江三角洲国际自由经济贸易区的构想 | 李绍庚 | 论文 | — | — | 一等奖 |
| 7 | 金代文学学发凡 | 周惠泉 | 著作 | 东北师范大学出版社 | 1994 | 二等奖 |
| 8 | 社会主义市场经济理论与实践 | 杜少先 | 著作 | 人民出版社 | 1994 | 二等奖 |
| 9 | 文化消费学 | 金世和 | 著作 | 长春出版社 | 1991.6 | 二等奖 |
| 10 | 毛泽东、周恩来与溥仪 | 王庆祥 | 著作 | 人民出版社 | 1993.2 | 二等奖 |

续表

| 序号 | 成果名称 | 作 者 | 成果类型 | 出版或发表单位 | 出版或发表时间 | 奖励级别 |
|---|---|---|---|---|---|---|
| 11 | 关于粮价改革的几个重要问题 | 屈校民 | 论文 | 《价格理论与实践》 | 1991年第9期 | 二等奖 |
| 12 | 浅析三国干涉还辽事件对远东国际关系的影响 | 郭洪茂 郑 毅 | 论文 | 《日本侵华研究》（美国国际学会刊物） | 1994 | 二等奖 |
| 13 | 吉林省社会养老保险改革之我见 | 宋宝安 | 论文 | 《社会学研究》 | 1994年第3期 | 二等奖 |
| 14 | 马克思主义与中国民族文化 | 邵汉明 | 论文 | 《光明日报》 | 1991.10.14 | 二等奖 |
| 15 | 小康目标与社会环境生态环境协调发展 | 宋宝安 | 论文 | 《社会科学战线》 | 1993年第3期 | 二等奖 |
| 16 | 道光帝 | 孙文范 | 著作 | 吉林文史出版社 | 1993.5 | 三等奖 |
| 17 | 工会运动基础理论 | 赫宝祺 陈一平 | 著作 | 吉林人民出版社 | 1990.12 | 三等奖 |
| 18 | 吉林老年人口研究（上册） | 叶连友 | 著作 | 中国统计出版社 | 1991.3 | 三等奖 |
| 19 | 论甲午战争前后中日危机意识的变化 | 徐绍清 | 论文 | 《清史研究》 | 1994年第3期 | 三等奖 |
| 20 | 论海德格尔的人类观——兼论存在哲学与哲学人类学的关系 | 金寿铁 | 论文 | 《求是学刊》 | 1994年第6期 | 三等奖 |
| 21 | 《周易》有关决策的思想及其现代价值 | 曹福敬 | 论文 | 《周易与现代化》中州古籍出版社 | 1992.9 | 三等奖 |
| 22 | 论我国当前的人才危机 | 胡显中 | 论文 | 《长白学刊》 | 1993年第3期 | 三等奖 |
| 23 | 图们江地区开发前景及其制约因素 | 刘秀云 | 论文 | 《东北亚研究》 | 1994年第4期 | 三等奖 |
| 24 | 发展我国连锁商业撷谈 | 陈玉梅 | 论文 | 《经济视角》 | 1994年第6期 | 鼓励奖 |

**获吉林省第四次社科优秀成果奖（1998年）**

| 序号 | 成果名称 | 作 者 | 成果类型 | 出版或发表单位 | 出版或发表时间 | 奖励级别 |
|---|---|---|---|---|---|---|
| 1 | 金代文学论 | 周惠泉 | 著作 | 东北师范大学出版社 | 1997.12 | 一等奖 |
| 2 | 1997—1998年吉林省社会形势分析与预测（吉林蓝皮书） | 孙乃民 王守安 | 著作 | 吉林人民出版社 | 1997 | 一等奖 |
| 3 | 1996—1997年东北亚经济形势分析与预测（吉林蓝皮书） | 孙乃民 等 | 著作 | 吉林人民出版社 | 1997.12 | 一等奖 |

续表

| 序号 | 成果名称 | 作者 | 成果类型 | 出版或发表单位 | 出版或发表时间 | 奖励级别 |
|---|---|---|---|---|---|---|
| 4 | 英豪何所惧 相忍皆为国——谈张学良幽禁期间与周恩来的往来密信 | 毕万闻 | 论文 | 《深圳特区报》 | 1997.2 | 一等奖 |
| 5 | 围绕区域特色产业开展资本经营，促进结构调整，提高经济效益 | 杜少先等 | 论文 | 《经济纵横》 | 1997年第5期 | 一等奖 |
| 6 | 我省股份制改革面对的许多问题亟待解决 | 张兴昌 孙志明 | 论文 | 时任吉林省副省长刘希林批示 | 1994.12 | 一等奖 |
| 7 | 论科学技术与中国的跨世纪社会发展 | 武国友 | 论文 | 《社会科学战线》 | 1996年第6期 | 一等奖 |
| 8 | 论日寇浙赣细菌战及其后果 | 郭洪茂 李力 | 论文 | 《社会科学战线》 | 1995年第5期 | 一等奖 |
| 9 | 有关社会保险制度改革的社会基础调查 | 宋宝安 | 论文 | — | — | 一等奖 |
| 10 | 道家哲学智慧 | 邵汉明等 | 著作 | 吉林人民出版社 | 1996.12 | 二等奖 |
| 11 | 1997—1998年吉林省经济形势分析与预测（吉林蓝皮书） | 屈校民等 | 著作 | 吉林人民出版社 | 1997.12 | 二等奖 |
| 12 | 1997—1998年吉林省农村经济形势分析与预测（吉林蓝皮书） | 于德运等 | 著作 | 吉林人民出版社 | 1997.12 | 二等奖 |
| 13 | 萨满教女神 | 富育光 王宏刚 | 著作 | 辽宁人民出版社 | 1995.11 | 二等奖 |
| 14 | 香港经济转型及前景 | 丁晓燕 | 论文 | 《世界经济》 | 1997年第6期 | 二等奖 |
| 15 | 美国对朝政策浅析 | 韩忠富等 | 论文 | 《东北亚论坛》 | 1996年第2期 | 二等奖 |
| 16 | 吉林省农业可持续发展研究 | 于德运 | 著作 | 长春出版社 | 1997.12 | 三等奖 |
| 17 | 韩国经济发展论 | 陈龙山 张玉山 | 著作 | 社会科学文献出版社 | 1997.2 | 三等奖 |

续表

| 序号 | 成果名称 | 作者 | 成果类型 | 出版或发表单位 | 出版或发表时间 | 奖励级别 |
| --- | --- | --- | --- | --- | --- | --- |
| 18 | 《三国志通俗演义》成书于明中叶弘治初年 | 李伟实 | 论文 | 《吉林大学学报》 | 1995年第4期 | 三等奖 |
| 19 | 东北民族文化与中华文化 | 周惠泉 | 论文 | 《人民日报》 | 1997.9.6 | 三等奖 |
| 20 | 长平高速公路沿线地区农业发展构想 | 姜军等 | 论文 | 《长白学刊》 | 1997年第1期 | 三等奖 |
| 21 | 关于按劳分配的几个问题 | 关柏春 | 论文 | 《马克思主义研究》 | 1995年第6期 | 三等奖 |
| 22 | 理论工作与社会主义精神文明建设 | 朴日勋 | 论文 | — | — | 三等奖 |
| 23 | 试论"一国两制"条件下的思想政治教育 | 于淑芬 | 论文 | 《社会科学战线》 | 1997年第5期 | 三等奖 |
| 24 | 吉林省对周边国家（地区）发展外向型经济研究 | 刘秀云等 | 论文 | 《经济纵横》 | 1998年第8期 | 三等奖 |
| 25 | 关于图们江地区开发战略调整的研究报告 | 于国政等 | 论文 | 时任吉林省委书记张德江批示 | 1997.6 | 三等奖 |
| 26 | 把家政学纳入我国高等教育体系是实现素质教育的需要 | 庞玉珍等 | 论文 | 《现代教育科学：高教研究》 | 1997年第11期 | 三等奖 |

**获吉林省第五次社科优秀成果奖（2001年）**

| 序号 | 成果名称 | 作者 | 成果类型 | 出版或发表单位 | 出版或发表时间 | 奖励级别 |
| --- | --- | --- | --- | --- | --- | --- |
| 1 | 中国东北史 | 佟冬 赵鸣岐 刘信君 | 著作 | 吉林文史出版社 | 1998.8 | 一等奖 |
| 2 | 2000年吉林蓝皮书 | 孙乃民（主编） | 著作 | 吉林人民出版社 | 1999.12 | 一等奖 |
| 3 | 对我国文化消费结构问题的探讨 | 金世和 | 论文 | 《社会科学战线》 | 1998年第7期 | 一等奖 |
| 4 | 1999—2000年吉林省经济形势分析与预测 | 曲校民 付诚 | 论文 | 社会科学文献出版社 | 1999.11 | 一等奖 |

续表

| 序号 | 成果名称 | 作者 | 成果类型 | 出版或发表单位 | 出版或发表时间 | 奖励级别 |
|---|---|---|---|---|---|---|
| 5 | 以科学态度学习科学理论 | 常樵 | 论文 | 《人民日报》 | 1998 | 一等奖 |
| 6 | 21世纪中国文化理念的构建 | 邴正 | 论文 | 《光明日报》 | 2000.12.13 | 一等奖 |
| 7 | 吉林省社会保障需求趋势与发展规划研究 | 宋宝安（负责人） | 论文 | 省计委采纳 | 2000.12 | 一等奖 |
| 8 | 朝鲜调整对外政策的原因、影响及我国应采取的对策 | 张英等 | 论文 | 《世界经济调研》 | 2000年12月50期 | 一等奖 |
| 9 | 东北文学史论 | 李春燕（主编） | 著作 | 吉林文史出版社 | 1998.9 | 二等奖 |
| 10 | 中国文化精神 | 邵汉明（主编） | 著作 | 商务印书馆 | 2000.12 | 二等奖 |
| 11 | 小城镇发展论 | 陈玉梅 | 著作 | 吉林大学出版社 | 2000 | 二等奖 |
| 12 | 21世纪吉林省人口、资源、环境发展趋势及挑战 | 张晓莉 | 论文 | 《人口学刊》 | 2000.4 | 二等奖 |
| 13 | 经营者持股问题研究 | 金花等 | 论文 | 《人民日报》 | 1999.11.12 | 二等奖 |
| 14 | 吉林省上市公司调查与问题研究 | 姜军 于德偶 | 论文 | 《投资与证券》 | 1998年第11期 | 二等奖 |
| 15 | 关于加快推进我省城市化的报告 | 付百臣等 | 论文 | — | — | 二等奖 |
| 16 | 东北老工业城市社会保障失缺与再就业问题 | 时立荣 | 论文 | 《社会科学战线》 | 1999年第4期 | 二等奖 |
| 17 | 东北亚地区国际经济合作中的障碍 | 王世才 | 论文 | 《当代亚太》 | 1999年第7期 | 二等奖 |
| 18 | 浅谈地方社会科学院图书馆的发展问题 | 高佩群 | 论文 | 《社会科学战线》 | 2000年第3期 | 二等奖 |
| 19 | 大易阐真 | 曹福敬 | 著作 | 吉林人民出版社 | 1999.12 | 三等奖 |
| 20 | 吉林省农业产业结构的调整问题研究 | 于德运 | 著作 | 吉林人民出版社 | 1999.2 | 三等奖 |

续表

| 序号 | 成果名称 | 作者 | 成果类型 | 出版或发表单位 | 出版或发表时间 | 奖励级别 |
|---|---|---|---|---|---|---|
| 21 | 走出"法轮功"邪教魔区 | 张殊凡（主编） | 著作 | 吉林人民出版社 | 2000.5 | 三等奖 |
| 22 | 罗振玉王国维往来书信 | 王庆祥 | 著作 | 东方出版社 | 2000.7 | 三等奖 |
| 23 | 自然性情的迂回归返——从王维到苏轼 | 王凤霞 王树海 | 论文 | 《东北师范大学学报·哲学社会科学版》 | 2000年第6期 | 三等奖 |
| 24 | 清代东北流人诗歌创新的精神特质——关于创作主持文化心理结构的解析 | 刘国平 | 论文 | 《社会科学战线》 | 1999年第6期 | 三等奖 |
| 25 | 鄂华：20世纪中国文学独特存在 | 廖一 | 论文 | 《社会科学战线》 | 1999年第6期 | 三等奖 |
| 26 | 企业技术新产品创新亟待加强的几个问题 | 张月明 | 论文 | — | — | 三等奖 |
| 27 | 国际性证券投资与中国的外汇管理 | 马克 张琪等 | 论文 | 《人民日报》 | 2000.10.19 | 三等奖 |
| 28 | 我国公民民主意识的嬗变及其发展 | 郑沪生 于新恒 | 论文 | 《中国科技产业》 | 1999年第4期 | 三等奖 |
| 29 | 朝鲜内外政策的变化及前景展望 | 安丰存 张锋 | 论文 | 《国土》（韩国） | 2001年第7期 | 三等奖 |
| 30 | 图书商品与市场经济 | 于波 | 论文 | 《社会科学战线》 | 1999年第4期 | 三等奖 |

**获吉林省第六次社科优秀成果奖（2004年）**

| 序号 | 成果名称 | 作者 | 成果类型 | 出版或发表单位 | 出版或发表时间 | 奖励级别 |
|---|---|---|---|---|---|---|
| 1 | 2004年吉林省经济社会形势分析与预测 | 邴正 | 著作 | 吉林人民出版社 | 2003.12 | 一等奖 |
| 2 | 中国文化研究二十年 | 邵汉明等 | 著作 | 人民出版社 | 2003.9 | 一等奖 |
| 3 | 人民选择了共产党——解放战争时期民众反蒋拥共心态研究 | 刘信君 | 论文 | 《新华文摘》 | 2002年第4期 | 一等奖 |

续表

| 序号 | 成果名称 | 作者 | 成果类型 | 出版或发表单位 | 出版或发表时间 | 奖励级别 |
|---|---|---|---|---|---|---|
| 4 | 吉林省工业化与城市化互动关系研究 | 陈玉梅 丁晓燕 | 论文 | 《社会科学战线》 | 2002年第4期 | 一等奖 |
| 5 | 关于我省促进产权顺畅流转、发展混合所有制经济的调查 | 屈校民等 | 论文 | 《经济纵横》 | 2004年第4期 | 一等奖 |
| 6 | 中国东北松辽平原粮食主产区实施大豆—玉米轮作计划个案分析研究 | 李添等 | 论文 | 时任国务院副总理温家宝批示、时任吉林省委书记王云坤批示 | 2002.1 | 一等奖 |
| 7 | 社会主义与人的现代化 | 常樵等 | 著作 | 吉林人民出版社 | 2003.2 | 二等奖 |
| 8 | 2003年东北地区经济形势分析与预测 | 孙乃民等 | 著作 | 时任吉林省委书记王云坤等批示、辽宁省委副书记赵新良批示 | 2003.1 | 二等奖 |
| 9 | 韩国现代企业制度与市场经济 | 陈龙山等 | 著作 | 吉林人民出版社 | 2001.12 | 二等奖 |
| 10 | 吉林省城市贫困与低保制度研究 | 韩桂兰 | 论文 | 时任吉林省委书记王云坤批示 | 2003.12 | 二等奖 |
| 11 | 怎样拉动内需 | 郝瑞军 | 论文 | 《人民日报》 | 2002.5.23 | 二等奖 |
| 12 | 加快长吉经济带建设 | 常樵等 | 论文 | 时任吉林省委书记王云坤批示 | 2001.8 | 二等奖 |
| 13 | 东北地区朝鲜人若干问题调研报告 | 周伟萍等 | 论文 | 时任省长批示 | 2003.12 | 二等奖 |
| 14 | 当代东北小说研究 | 何青志 | 著作 | 吉林人民出版社 | 2002.12 | 三等奖 |
| 15 | 高句丽历史知识 | 孙文范等 | 著作 | 吉林文史出版社 | 2003 | 三等奖 |
| 16 | 吉林省与俄罗斯经贸合作研究 | 王世才等 | 论文 | 《经济纵横》 | 2003年第4期 | 三等奖 |

## 获吉林省第七次社科优秀成果奖（2007年）

| 序号 | 成果名称 | 作者 | 成果类型 | 出版或发表单位 | 出版或发表时间 | 奖励级别 |
|---|---|---|---|---|---|---|
| 1 | 毛泽东与东北解放战争 | 刘信君 | 著作 | 吉林人民出版社 | 2004.1 | 一等奖 |
| 2 | 2007年吉林省经济社会形势分析与预测 | 常樵等 | 著作 | 吉林人民出版社 | 2006.12 | 一等奖 |
| 3 | 乌托邦—物质之弓——论布洛赫的物质观 | 金寿铁 | 论文 | 《哲学研究》 | 2006年第2期 | 一等奖 |
| 4 | 辽金文学的历史定位与研究述评 | 周惠泉 | 论文 | 《中国社会科学》 | 2005年第5期 | 一等奖 |
| 5 | 振兴东北与振兴东北文化 | 邴正 | 论文 | 《社会科学战线》 | 2004年第5期 | 一等奖 |
| 6 | 关于我省党员干部信仰问题的研究报告 | 付百臣等 | 论文 | 时任吉林省委书记王云坤批示 | 2005.10 | 一等奖 |
| 7 | 东北文学五十年 | 何青志（主编） | 著作 | 吉林人民出版社 | 2006.12.31 | 二等奖 |
| 8 | 中国市场经济学概论 | 赵玉琳 | 著作 | 清华大学出版社 | 2004.4 | 二等奖 |
| 9 | 东北经济区的内在联系与合作开发 | 孙乃民 王守安 | 著作 | 学习出版社 | 2005.6 | 二等奖 |
| 10 | 回到马克思与发展马克思 | 邵汉明 吴海霞 | 论文 | 《光明日报》 | 2006.1.25 | 二等奖 |
| 11 | 加快东北地区城市化进程应处理好几个关系 | 陈玉梅 | 论文 | 《社会科学战线》 | 2007年第5期 | 二等奖 |
| 12 | 中国吉林经济与环境可持续发展研究 | 董立延 | 论文 | 《日本学论坛》 | 2007年第2期 | 二等奖 |
| 13 | 吉林省完善农村合作医疗的难点及政策建议 | 付诚等 | 论文 | 时任吉林省省长等批示 | 2006.11 | 二等奖 |
| 14 | 吉林省国企改制中引发的社会问题及对策研究 | 韩桂兰 | 论文 | 时任省委书记王云坤批示 | 2006.11 | 二等奖 |
| 15 | 发展现代农业、统筹城乡发展 | 杜少先等 | 论文 | 《振兴之策——吉林省2005年优秀调研成果选编》吉林人民出版社 | 2006.9 | 二等奖 |

续表

| 序号 | 成果名称 | 作者 | 成果类型 | 出版或发表单位 | 出版或发表时间 | 奖励级别 |
|---|---|---|---|---|---|---|
| 16 | 延边地区中朝、中韩跨国婚姻对东北边疆地区稳定的影响及对策研究 | 田相华等 | 论文 | 时任吉林省委书记王云坤批示 | 2005.2 | 二等奖 |
| 17 | 现代科技条件下的玉米经济系统工程建设研究 | 于德运等 | 论文 | 时任吉林省委书记王云坤批示 | 2004.4.12 | 二等奖 |
| 18 | 加快提升吉林省经济竞争力的对策研究 | 金花等 | 论文 | 时任吉林省委书记王云坤、吉林省省长批示 | 2005.8.27 | 三等奖 |
| 19 | 吉林省汽车零部件产业提高市场竞争力的对策研究 | 姜军等 | 论文 | 《社会科学战线》 | 2005年第1期 | 三等奖 |

**获吉林省第八次社科优秀成果奖（2010年）**

| 序号 | 成果名称 | 作者 | 成果类型 | 出版或发表单位 | 出版或发表时间 | 奖励级别 |
|---|---|---|---|---|---|---|
| 1 | 吉林通史 | 孙乃民 赵鸣岐 刘信君 | 著作 | 吉林人民出版社 | 2008.9 | 一等奖 |
| 2 | 日伪时期吉林人民抗日武装斗争研究 | 李倩 | 著作 | 吉林人民出版社 | 2008.6 | 一等奖 |
| 3 | 2009年吉林蓝皮书——吉林省经济社会形势分析与预测 | 吉林省社会科学院 | 著作 | 吉林人民出版社 | 2008.12 | 一等奖 |
| 4 | 中国古代治理东北边疆思想研究 | 刘信君 | 著作 | 吉林人民出版社 | 2008.9 | 二等奖 |
| 5 | 东北地区城镇化道路 | 陈玉梅 | 著作 | 社科文献出版社 | 2008.3 | 二等奖 |
| 6 | 中国朝鲜族革命斗争史 | 杨昭全 | 著作 | 吉林人民出版社 | 2007 | 二等奖 |
| 7 | 3—6世纪佛教传播背景下的北方社会群体研究 | 尚永琪 | 著作 | 科学出版社 | 2008 | 三等奖 |

续表

| 序号 | 成果名称 | 作者 | 成果类型 | 出版或发表单位 | 出版或发表时间 | 奖励级别 |
|---|---|---|---|---|---|---|
| 8 | "和而不同":儒道释和谐思想分疏及其当代启示 | 邵汉明 | 论文 | 《天津师范大学学报》 | 2007年第5期 | 一等奖 |
| 9 | 略论日本在东亚朝贡体系中的作用和角色 | 付百臣 | 论文 | 《社会科学战线》 | 2007年第6期 | 一等奖 |
| 10 | 马克思主义哲学视域中的全球化与本土化矛盾及文化抉择 | 邴 正 | 论文 | 《中国社会科学》 | 2008年第5期 | 一等奖 |
| 11 | 市场经济分配机制的基本特征 | 赵玉琳 郭连强 | 论文 | 《中国流通经济》 | 2008年第11期 | 一等奖 |
| 12 | 地域文化研究的全球化视野 | 何青志 | 论文 | 《浙江社会科学》 | 2008年第4期 | 一等奖 |
| 13 | 多层次养老服务供给模式研究 | 付 诚 王 一 | 论文 | 时任省长王儒林批示 | 2009.12 | 一等奖 |
| 14 | 恩斯特·布洛赫:希望的原理 | 金寿铁 | 论文 | 《社会科学报》 | 2007.2.1 | 二等奖 |
| 15 | 论边疆问题与历代王朝的盛衰 | 李治亭 | 论文 | 《东北史地》 | 2009年第6期 | 二等奖 |
| 16 | 对经济犯罪概念的再认识 | 麻 锐 | 论文 | 《社会科学战线》 | 2008年第5期 | 二等奖 |
| 17 | 韩美FTA的战略含义及对中国的影响 | 张玉山 | 论文 | 《社会科学战线》 | 2008年第12期 | 二等奖 |
| 18 | 农村工业化、城镇化与农村劳动力转移关联度研究 | 张 磊 等 | 咨询报告 | 时任省委书记批示 | 2007.9.12 | 二等奖 |
| 19 | 吉林省居民消费价格变动分析及全年走势预测 | 丁晓燕 | 咨询报告 | 时任省委书记批示 | 2007.12 | 二等奖 |
| 20 | 迷失抑或回归:审美范式的当代转换 | 陈一虹 | 论文 | 《社会科学战线》 | 2009年第9期 | 三等奖 |
| 21 | 满族说部:北方民族生活的百科全书 | 周惠泉 | 论文 | 《社会科学报》 | 2007.4.12 | 三等奖 |
| 22 | 二战时期日本的盟军战俘集中营及其监管制度 | 郭洪茂 | 论文 | 《社会科学战线》 | 2009年第4期 | 三等奖 |
| 23 | 我国玉米加工产业发展新特点及对策探析 | 段秀萍 | 论文 | 《社会科学战线》 | 2008年11期 | 三等奖 |

续表

| 序号 | 成果名称 | 作 者 | 成果类型 | 出版或发表单位 | 出版或发表时间 | 奖励级别 |
|---|---|---|---|---|---|---|
| 24 | 加快我省现代服务业发展的思路与对策 | 张丽娜 | 论文 | 《经济纵横》 | 2009年第5期 | 三等奖 |
| 25 | 关于防范非法集资犯罪活动的若干建议 | 张 鑫 | 咨询报告 | 时任省委书记批示 | 2007.12 | 三等奖 |
| 26 | 韩国东亚周刊：无端指责我国长白山的开发规划 | 金美花 | 咨询报告 | 时任副省长陈伟根批示 | 2008 | 三等奖 |

### 获吉林省第九次社科优秀成果奖（2012年）

| 序号 | 成果名称 | 作 者 | 成果类型 | 出版或发表单位 | 出版或发表时间 | 奖励级别 |
|---|---|---|---|---|---|---|
| 1 | 2011年吉林蓝皮书 | 吉林省社会科学院 | 著作 | 吉林人民出版社 | 2010.12 | 一等奖 |
| 2 | 儒学的未来 | 邵汉明 | 论文 | 《光明日报》 | 2010.11.16 | 一等奖 |
| 3 | 东北解放战争研究中的三个重要问题 | 刘信君 | 论文 | 《历史研究》 | 2011年第2期 | 一等奖 |
| 4 | 新时期大图们江地区开发与东北亚经济技术合作研究 | 陈玉梅 赵光远 | 论文 | 《社会科学战线》 | 2010年5期 | 一等奖 |
| 5 | 以长吉图开发开放先导区带动吉林省经济结构调整 | 长吉图开发研究课题组 | 论文 | 《社会科学战线》 | 2010年4期 | 一等奖 |
| 6 | 中国特色社会主义法律体系理论的总结与反思 | 黄文艺 | 论文 | 《河南社会科学》 | 2010年5期 | 一等奖 |
| 7 | 关于消除监管盲区，提升我省药品安全监管质量的建议 | 付 诚 | 咨询报告 | 时任省委书记孙政才批示 | 2011.12 | 一等奖 |
| 8 | 延边地区"空巢家庭"青少年问题调查研究 | 田相华等 | 咨询报告 | 时任省委书记孙政才批示，时任省长王儒林批示，时任吉林省委副书记巴音朝鲁批示 | 2011.5.18 | 一等奖 |

续表

| 序号 | 成果名称 | 作者 | 成果类型 | 出版或发表单位 | 出版或发表时间 | 奖励级别 |
|---|---|---|---|---|---|---|
| 9 | 金日成传 | 杨昭全 | 著作 | 香港亚洲出版社 | 2010.6 | 二等奖 |
| 10 | 创业理念与全民创业——基于吉林省的实证研究 | 李丽莉 陈一虹 | 著作 | 吉林人民出版社 | 2011.12 | 二等奖 |
| 11 | 国家主义幸福观的心理学解析 | 马妮 邢立军 | 论文 | 《学习与探索》 | 2010年第5期 | 二等奖 |
| 12 | "改变世界"的新哲学及其文化遗产——布洛赫对《关于费尔巴哈的提纲》命题11的解读 | 金寿铁 | 论文 | 《中国社会科学》 | 2010年第3期 | 二等奖 |
| 13 | 论清代边疆问题与国家"大一统" | 李治亭 | 论文 | 《云南师范大学学报》 | 2011年第1期 | 二等奖 |
| 14 | 元明清藩属制度建设的历史经验 | 黄松筠 | 论文 | 《社会科学战线》 | 2011年第1期 | 二等奖 |
| 15 | 构建吉林特色城镇化新格局的思路及对策 | 丁晓燕 | 论文 | 《繁荣哲学社会科学推动社会主义文化大发展》吉林人民出版社 | 2011.12 | 二等奖 |
| 16 | "十二五"吉林省生产性服务业发展的主要思路 | 张丽娜 | 咨询报告 | 时任省委书记孙政才批示 | 2010.11 | 二等奖 |
| 17 | 学者建议重点关注三类"参保难"群体 | 贾丽萍 | 咨询报告 | 时任中共中央政治局常委、国务院总理温家宝肯定性批示 | 2010.1 | 二等奖 |
| 18 | 论阿伦特政治判断与审美判断的可通约性 | 李晓勇 | 论文 | 《社会科学辑刊》 | 2011年第4期 | 三等奖 |
| 19 | 从"满族说部"看母系氏族社会的形成、发展与解体 | 杨春风 | 论文 | 《社会科学战线》 | 2010年第9期 | 三等奖 |
| 20 | 以典型培育城市价值取向 | 周笑梅 等 | 论文 | 《光明日报》 | 2010.1 | 三等奖 |
| 21 | 国内关于"战略性新兴产业"研究的新动态及评论 | 郭连强 | 论文 | 《社会科学辑刊》 | 2011年第1期 | 三等奖 |

续表

| 序号 | 成果名称 | 作者 | 成果类型 | 出版或发表单位 | 出版或发表时间 | 奖励级别 |
|---|---|---|---|---|---|---|
| 22 | 政府与市场的双向增权——社会化养老服务的合作逻辑 | 王一等 | 论文 | 《吉林大学社会科学学报》 | 2010年第5期 | 三等奖 |
| 23 | 关于水毁灾后恢复重建监督检查情况的报告 | 张磊等 | 咨询报告 | 时任省委书记孙政才肯定性批示 | 2010.12 | 三等奖 |
| 24 | 吉林省重点工程中的职务犯罪预防对策研究 | 于晓光 | 咨询报告 | 时任省长王儒林批示 | 2010.11 | 三等奖 |

### 获吉林省第十次社科优秀成果奖（2014年）

| 序号 | 成果名称 | 作者 | 成果类型 | 出版或发表单位 | 出版或发表时间 | 奖励级别 |
|---|---|---|---|---|---|---|
| 1 | 吉林文学通史 | 何青志等 | 著作 | 吉林人民出版社 | 2013.11 | 一等奖 |
| 2 | 清代文献辨伪学研究 | 佟大群 | 著作 | 人民出版社 | 2012.9 | 一等奖 |
| 3 | 吉林省房地产业发展的特征与走向 | 郭连强 | 著作 | 吉林人民出版社 | 2013.6 | 一等奖 |
| 4 | 创新驱动发展：加快形成新的经济发展方式的必然选择 | 马克 | 论文 | 《社会科学战线》 | 2013年第3期 | 一等奖 |
| 5 | 化解四大矛盾是提升新城建设生命力的关键 | 陈玉梅 | 论文 | 《经济纵横》 | 2012年第5期 | 一等奖 |
| 6 | 曹操猎狮传说的历史学考察 | 尚永琪 | 论文 | 《光明日报》 | 2012.12.6 | 一等奖 |
| 7 | 日德苏意"四国同盟"构想及演讲述考 | 武向平 | 论文 | 《东北师大学报》 | 2012年第6期 | 一等奖 |
| 8 | 中国多元化纠纷解决机制：成就与不足 | 黄文艺 | 论文 | 《学习与探索》 | 2012年第11期 | 一等奖 |
| 9 | 吉林省提升自主创新能力的20条建议 | 赵光远等 | 咨询报告 | 时任副省长陈伟根等肯定性批示 | 2013.10 | 一等奖 |
| 10 | 吉林特色城镇化需加快养老保障整合进程 | 贾丽萍 | 咨询报告 | 时任副省长王化文批示 | 2013.10 | 一等奖 |
| 11 | 金代儒学特质 | 刘辉 | 论文 | 《社会科学战线》 | 2013年第6期 | 二等奖 |

续表

| 序号 | 成果名称 | 作者 | 成果类型 | 出版或发表单位 | 出版或发表时间 | 奖励级别 |
|---|---|---|---|---|---|---|
| 12 | 推进我国农业规模经营发展的外部困扰与化解对策 | 耿玉春 | 论文 | 《经济纵横》 | 2013年第10期 | 二等奖 |
| 13 | 关于应对我省药用胶囊铬超标事件的对策建议 | 宋慧宇 | 咨询报告 | 时任吉林省委书记孙政才批示 | 2012.4.20 | 二等奖 |
| 14 | 吉林省民俗节庆 | 朱立春 | 著作 | 吉林人民出版社 | 2012.12 | 三等奖 |
| 15 | 〖德〗恩斯特·布洛赫著《希望的原理》第一卷 | 金寿铁 | 著作 | 上海译文出版社 | 2012.12 | 三等奖 |
| 16 | 关于实现社会保障资源平衡配置的思考 | 王一 | 论文 | 《经济纵横》 | 2012年第11期 | 三等奖 |
| 17 | 东北女性文化刍议 | 王艳丽 | 论文 | 《社会科学战线》 | 2013年第4期 | 三等奖 |
| 18 | 由"卓越法律人才教育培养计划"看中国法学教育模式改革 | 朱志峰 | 论文 | 《社会科学研究》 | 2013年第11期 | 三等奖 |
| 19 | 社会价格论：对价格形成理论的重新思考 | 闫春英 赵玉琳 | 论文 | 《社会科学辑刊》 | 2013年第1期 | 三等奖 |
| 20 | 以中国梦促进多元价值观整合 | 周笑梅 | 论文 | 《光明日报》 | 2013.12.31 | 三等奖 |
| 21 | "吉林三杰"诗歌研究初探 | 焦宝 | 论文 | 《社会科学战线》 | 2013年第8期 | 三等奖 |
| 22 | 杂交玉米给吉林省农村社会发展带来重大影响应引起有关部门高度重视 | 付大中 | 咨询报告 | 时任中共中央政治局常委批示 | 2012.3 | 三等奖 |
| 23 | 韩国对高句丽研究综述 | 刘炬 | 咨询报告 | 时任吉林省委书记孙政才肯定性批示 | 2012.4 | 三等奖 |
| 24 | 关于深入推进农业产业化经营提高我省农业现代化水平的建议案 | 张磊 | 咨询报告 | 时任省长巴音朝鲁肯定性批示 | 2013.7 | 三等奖 |
| 25 | 关注韩国的渤海史研究新动向，加强中国渤海史研究 | 杨雨舒 | 咨询报告 | 时任省委书记孙政才肯定性批示 | 2012.4 | 三等奖 |

（二）2015年科研成果一般情况介绍、学术价值分析

2015年，精品成果培育工程深入落实，成果精品化程度不断提升，据统计，科研成果总量520项，其中著作49部，论文399篇，研究报告471篇。

1. 论文层次不断提升

在核心期刊发表论文共计98篇，其中论文《罪责反省：克服过去的新生之路》在社科类最高级别刊物《中国社会科学》刊发。此外，《再论东北抗联精神》等4篇论文被《新华文摘》全文转载。

### 2. 咨询报告跟踪社会热点更加及时

2015年70篇研究报告中，25篇研究报告获得副省级以上领导的批示，其中，《珲春与瑞丽开发开放水平比较及对吉林省沿边开发开放的启示》等6篇报告获得巴音朝鲁书记的批示。研究报告《加强中朝边境管控的具体对策》获得了政法委书记金振吉、省军区司令员陈红海以及副省长谷春立等多位领导的肯定性批示。充分发挥了吉林社科院的智库作用。规划战略及政策研究逐步深入。院（会）承担或参与各级政府、企业以及行业等规划编制工作，参与省直有关部门政策的起草工作，拓宽了应用研究尤其是决策咨询服务的新渠道。

### 3. 精品著作成果丰硕

吉林省哲学社会科学基金重大委托项目成果《吉林历史与文化研究丛书》（17卷），现已出版十卷640余万字。该丛书涵盖了吉林历史上的政治、经济、军事、文化、社会、生态、旅游、人物、对外关系等诸多方面。全方位地反映吉林从古到今的历史，达到经世致用、为现实服务的目的。受到业内专家的广泛关注及好评。第7批《专家文集》编印正常进行，目前已出版7批21部。2015年度学术出版补贴通过院内外专家的评议，共资助出版书稿6部。自2012年启动出版补贴资助以来，吉林社科院已有23部著作获得院出版补贴资助，颇具规模，且质量较高。

### （三）2015年主要科研成果

成果名称：《新型城镇化建设的制度创新：综合动因与体系架构》

作者：陈玉梅

职称：研究员

成果形式：论文

字数：10千字

发表刊物：《江海学刊》

出版时间：2014年6期

新型城镇化是不同于传统城镇化模式的以人为中心的城镇化发展道路，其顺利推进需要一系列完善的制度支撑。新型城镇化建设制度创新的总体架构是"三线、双环、多元"，即以政府、企业与民众三大主体为主线，内环制度创新与外环制度创新相结合，推动制度创新多元化。从我国的实际情况来看，当前新型城镇化建设制度创新的核心内容和任务是建立规范的多级土地流转市场体系、统一流动的户籍制度、城乡统筹的劳动就业制度、城乡一体化的社会保障体系，并且牢牢把握体制改革这一着力点。该文被2015年第4期《新华文摘》全文转载。

成果名称：《海青冠演变为朱雀冠的图像学解释》

作者：尚永琪

职称：研究员

成果形式：论文

字数：10千字

发表刊物：《中国社会科学报》

出版时间：2015年4月15日

对于古代蒙古人而言，海东青不仅是一种狩猎的帮手，也是人们敬畏崇拜的对象，是神，是王权的象征。蒙古人的牌符中，万夫长有狮头金符；统率10万人的大藩主或一军之统帅，使用刻有日月形的狮子符；只有可汗的牌符是"海青符"，这反映出海东青神圣而至高无上的地位。从草原文化传承上应该是"鹰冠"的图像却成为了"朱雀"，"朱雀形"的海东青应在形象上借鉴了朱雀的美化样式。从汉到唐的三足金乌被美化接近凤凰或孔雀的样子，这种"美饰"做法，似可为"海青冠"演变成"朱雀冠"做一个较形象的解释。该文被2015年第13期《新华文摘》全文转载。

成果名称：《发达国家保障房分配的做法与启示》

作者：张琪
职称：研究员
成果形式：论文
字数：10千字
发表刊物：《经济纵横》
出版时间：2015年3月

由于我国在保障房制度设计上存在缺陷和相关法律的缺失，保障房分配与退出问题日益凸显。该文在深入分析和借鉴国外保障房准入退出成功经验基础上提出：建立较完善的保障房法律法规，完善保障房分配和退出制度，建立专门的住房保障机构，加大对违规者的惩罚力度，对违规者应既要有道德谴责，又要有经济上处罚，更要有刑事处罚。该文被2015年第15期《新华文摘》全文转载。

成果名称：《再论东北抗联精神》
作者：刘信君
职称：二级研究员
成果形式：论文
字数：12千字
发表刊物：《社会科学战线》
发表时间：2015年第6期

在东北抗日战争中，中国共产党人和广大东北抗日联军指战员，在武装反抗日本帝国主义侵略的战争中，作出了巨大的贡献，用鲜血和生命铸就了伟大的东北抗联精神。其内涵包括爱国主义精神、革命英雄主义精神、艰苦奋斗精神、国际主义精神，在中国共产党人诸多革命精神中具有典型性。从抗日战争时期到抗日战争胜利70周年，对东北抗联精神的评价始终是不够的，更谈不上定位。作者强烈呼吁应该把东北抗联精神与"八一"精神、井冈山精神、苏区精神、长征精神、延安精神、西柏坡精神并列，使其共同成为中国共产党的宝贵精神财富。

该文先后在中共中央批准的东北三省省委共同举办的"弘扬伟大的东北抗联精神"研讨会，在全国延安精神研究会举办的"纪念抗日战争胜利70周年学术研讨会"，在吉林省委宣传部、吉林省军区举办的"弘扬抗联精神座谈会"，在吉林省委党校、吉林省社会科学院、吉林省教育厅联合举办的"纪念抗日战争胜利70周年理论研讨会"上做主题发言，得到吉林省委宣传部长高福平的充分肯定与高度赞扬。该文被《新华文摘》2015年第16期全文转载（上封面要目）。

成果名称：《论战后日本满铁会及其影响》
作者：武向平
职称：研究员
成果形式：论文
字数：9千字
发表刊物：《社会科学战线》
发表时间：2015年第8期

该文主要是从战后日本"满铁会"及其活动入手分析日本对侵略战争的认识和反省态度，并深刻揭示日本"满铁会"为日本右翼否定侵略战争和侵华历史提供理论支持。日本投降后，满铁的阴魂并未随着该组织的解体而消亡。回国的满铁社员以"纪念"为名成立"满铁会"，建立"满铁留魂碑"，为满铁在中国东北的侵略行为歌功颂德，认为满铁在华的社业活动为日本的"兴亚大业奠定了不朽的功绩"，宣扬"满洲开发论"，为战后日本右翼势力否定侵华历史和侵略战争提供了理论支撑，成为20世纪日本六七十年代掀起美化侵略战争高潮的急先锋。该文被2015年第23期《新华文摘》全文转载。

成果名称：《罪责反省：克服过去的新生之路》
作者：金寿铁
职称：研究员
成果形式：论文

字数：20千字

发表刊物：《中国社会科学》

出版时间：2015年9月

第二次世界大战后，对战争历史进行反省，清算战争罪责成为世界和平与稳定的一大焦点问题。德国政治思想家卡尔·雅斯贝尔斯的《罪责问题：关于德国的政治责任》（1946）等一系列政治—道德著作，为战后德国反省战争罪责，肃清纳粹意识形态，实现政治—道德转变，走上自由、民主、和平的发展道路，提供了强大的思想武器和精神动力。

成果名称：《以社会主义核心价值观引领公共文化服务体系建设》

作者：周笑梅

职称：研究员

成果形式：论文

字数：3千字

发表刊物：《光明日报》

出版时间：2015年10月7日

吉林省社科院周笑梅撰写的论文《以社会主义核心价值观引领公共文化服务体系建设》发表于2015年7月26日《光明日报》（理论版），内容主要从标准化均等化、社会性参与性、公益性公共性三个层面剖析了社会主义核心价值观与公共文化服务体系建设的关系。论文发表后被人民网、新华网等各大重要理论宣传网站转载，并于2016年获长春市社会科学优秀成果三等奖。

成果名称：《满族说部需要多元化传承》

作者：邵丽坤

职称：副研究员

成果形式：论文

字数：3千字

发表刊物：《光明日报》

出版时间：2015年7月26日

满族说部2006年被列入"国家级非物质文化遗产名录"，2009年被国家非物质文化遗产专家委员会评为"优秀保护项目"。作为东北地区有着较为久远传承历史的非遗项目，满族说部要得到持续性保护，必须探索多种方式的传承。从语言传承、纳入民俗、静态保护、动态传承及要开拓满族说部新的传播空间。

多元化的传承与传播途径，满族说部当代的传承体系正在逐步构建，不断完善。

成果名称：《珲春与瑞丽开发开放水平比较及对吉林省沿边开发开放的启示》

作者：赵光远

职称：副研究员

成果形式：研究报告

字数：5千字

发表刊物：《决策咨询专报》

出版时间：2015年4月27日

通过实地调研，以同为内陆沿边城市的云南省瑞丽市为比较对象，对珲春市开发开放水平进行了比较分析，并对吉林省沿边开发开放工作提出了对策建议。该成果对增强珲春市及吉林省的开发开放水平具有一定指导意义。省委书记巴音朝鲁批示"此报告通过对比研究，提出了很好建议，请安顺、景浩同志阅研"。

成果名称：《韩国宗教势力对延边地区渗透活动的变化及对策》

作者：谭红梅

职称：副研究员

成果形式：研究报告

字数：5千字

发表刊物：《决策咨询专报》

出版时间：2015年12月

主要研究近年韩国对边延边地区进行宗教渗透的基本情况及特征和危害、当前延边地区反宗教渗透工作中存在的问题，在此基础上提出对策建议。该报告资料均来源于实地调研。通过走访中朝边境的合龙、龙井、图们、珲春等市、县，与国保大队、宗教局等相关部门负责同志进行座谈，以及与当地教会负责同志访谈等，掌握了大量一手资料。并与10年前我们调研的情况进行比较，把握近年来韩国宗教势力对延边地区渗透发生的明显变化、出现的新情况，以及反渗透工作存在的突出问题，尤其是进行战略前瞻，提出对策建议。可为省委省政府等相关部门提供一定的政策咨询和决策参考。

成果名称：《高度关注朝鲜经济动向对我省经济发展的影响和契机》
作者：王璇
职称：助研
成果形式：研究报告
字数：4千字
发表刊物：《决策咨询专报》
出版时间：2015年12月

总体来看，中朝贸易呈现下降趋势。对此，国际专家认为这主要是由于"中国对朝鲜地下资源需求缩减"和"朝鲜外汇渠道收窄"。但是，通过我们研究发现，它的更深层次的原因很可能是，朝鲜的外贸出口导向正在发生尝试性微观调整，即朝方正在默默地尝试从以出口地下资源为主向加工出口方向逐渐转变。这个极其细微的变化很可能为我省带来新的贸易契机。

该研究报告综合考察了不同机构的朝鲜外贸统计数据，在研判其准确性的基础上，为省委领导决策提供了相对准确信息，成果获2015年吉林社科院一等奖。

成果名称：《长春市国家新型城镇化试点方案》
作者：孙志明等
职称：研究员
成果形式：研究报告
字数：5千字
发表刊物：上报材料
出版时间：2015年12月

2014年7月，受长春市发改委委托，按照国家八部委的试点工作要求，编制了《长春市国家新型城镇化试点方案》。当年9月国家发改委等部门组织的专家评审中，该方案顺利通过，在全部169个申报城市中通过评审的只有57个，其中22个申报的省会城市中通过评审的只有10个。2015年初正式公布试点名单，长春市成为62个国家首批试点城市之一。对此，当时市委书记高广滨、常务副市长肖万民作了批示。

成果名称：《东北经济是减速，不是衰退》
作者：孙志明
职称：研究员
成果形式：研究报告
字数：5千字
发表刊物：《吉林日报》
出版时间：2015年10月11日

按照吉林日报理论部的约稿要求，撰写了"东北经济是减速，不是衰退"的文章，刊发在《吉林日报》2015年10月11日第一版上。后来在省委理论中心组开会时，省委书记巴音朝鲁发言中提到这篇文章，并引用了其中的一些观点和数据。

成果名称：《吉林历史与文化研究丛书》（10卷）
总主编：马克、刘信君
职称：研究员、研究员
成果形式：著作丛书
字数：9000千字
出版单位：吉林人民出版社
出版时间：2015年11月

由马克和刘信君任总主编的《吉林历史与文化研究丛书》是省"十二五"规划重大委托项目，全书共分为4大类17卷900余万字，首批10卷640万字于2015年

11月出版。该丛书从政治、经济、军事、文化、社会、生态、旅游、人物、对外关系等方面全方位反映吉林从古到今的历史。是吉林社科院的最新研究成果，也是吉林建省108年以来，容量最大的一部学术著作。

成果名称：《吉林省城市竞争力报告（2015）》
作者：崔岳春
职称：研究员
成果形式：专著
字数：275千字
出版单位：社会科学文献出版社
出版时间：2016年3月

该书依托中国社会科学院城市与竞争指数数据库及指标体系，结合吉林省各层级城市的发展数据和相关资料，综合分析吉林省各类城市的综合经济竞争力、宜居宜商竞争力、可持续竞争力情况，明确了吉林省各城市竞争力发展中存在的问题和不足，并进而提出了对策建议。该著作及阶段性成果分别获得了国家级领导、省部级领导的认可。

成果名称：《科技创新引领区域发展》
作者：赵光远
职称：副研究员
成果形式：专著
字数：275千字
出版单位：社会科学文献出版社
出版时间：2015年2月

该书总体上是按照从实践到理论的脉络形成的，立足于吉林省科技创新实践，有关领域拓展到整个东北地区，力求突出科技创新引领区域发展的实证性、操作性，先后对科技引领支撑发展、科技投入、科技成果转化及高新技术产业发展、科技环境建设、科技合作、创新能力提升等领域进行了探索，该著作可为区域科技创新管理研究提供参考。

成果名称：《满铁内密文书》
作者：解学诗
职称：研究员
成果形式：档案资料
字数：300千字
出版单位：社会科学文献出版社
出版时间：2015年5月

该书系作者从其毕生所搜集的数万件满铁资料中选编而成，所选资料大部分出自原满铁机构所藏的日本政府的文书、专题问题调查报告、条约、协议、阁议决定、理监事会议决议、综合情报、会议会谈记录等，其中超半数为"秘""极秘""特秘"文书。内容涉及满铁历史本身问题，与满铁直接、间接相关或由满铁延伸、衍生出的问题。作者按专题辑录资料，最大限度地还原当时满铁在华的历史史实和日本对华的政策取向，为研究满铁及日本侵华历史提供了原始的文献资料，具有重要的学术价值和社会价值。该档案资料为锦衣不揭露日本侵华历史提供了大量的佐证。

成果名称：《满铁与国联调查团研究》
作者：武向平
职称：研究员
成果形式：专著
字数：300千字
出版单位：社会科学文献出版社
出版时间：2015年12月

该书研究目的主要是从满铁与国联调查团关系的视角出发，在对大量日文原始档案资料进行分析和整理的基础上，全面分析和阐释满铁在国联调查团来华期间的活动目的，并理清从"九·一八"事变爆发到国联调查报告书发表这一过程中满铁所起到的作用，进而进揭示满铁在日本侵华战争中的地位和作用。

该书最大的创新之处在于利用大量未公开的日文原始档案资料，并从满铁与国联调查团的视角阐述满铁在日本侵华战争中的地位和作用，在一定程度上填补了这一研究领域的不足。

成果名称：《满铁对中国东北的文化侵略》

作者：李娜

职称：研究员

成果形式：专著

字数：275千字

出版单位：社会科学文献出版社

出版时间：2015年9月

该书从"文化侵略"这一核心概念出发，探究满铁文化侵略政策的提出、制定及其历史根源和理论依据，梳理满铁文化侵略机构设立、调整过程，阐述满铁对中国东北的文化侵略的方式、活动及其特征，从而证明文化侵略是满铁侵华史上的一种客观存在，揭露满铁的文化侵略不仅在日本侵华战略中起了巨大的作用，而且对中国东北的发展造成了长久的危害。

成果名称：《伪满时期日本对东北的宗教侵略研究》

作者：王晓峰

职称：副研究员

成果形式：专著

字数：300千字

出版单位：社会科学文献出版社

出版时间：2015年12月

该书对伪满时期中国东北的佛教、喇嘛教、基督教、伊斯兰教等宗教进行系统的梳理研究。本书以近代中国东北地区特殊的政治和文化为背景，着重探讨伪满时期的东北诸宗教在日本殖民统治下处于何种状态，如何应对各种挑战而发展自身，把握东北各教与政治的互动关系，勾画出近代东北宗教的概貌，并针对东北区域史的薄弱环节，进行了补充研究。

## 第六节　学术人物

一、吉林省社会科学院研究员（1978—2014）

| 序号 | 姓名 | 出生年月 | 学历/学位 | 职务 | 职称 | 取得资格时间 | 主要学术兼职 | 代表作 |
| --- | --- | --- | --- | --- | --- | --- | --- | --- |
| 1 | 万　欣 | 1926.9 | 大学 | 院长 | 研究员 | 1985 | — | 《政治经济学》《当代中国的吉林》 |
| 2 | 解学诗 | 1928.10 | 大学 | — | 研究员 | 1985 | 中国社科院中日历史研究中心专家委员会委员 | 《伪满洲国史新编》《满铁档案资料汇编》 |
| 3 | 王承礼 | 1928.11 | 大学 | 副院长 | 研究员 | 1985 | 美国加利福尼亚大学伯克利分校客座教授 | 《渤海简史》《中国东北的渤海国和东北亚》 |
| 4 | 顾铭学 | 1927.7 | 研究生 | — | 研究员 | 1985 | — | 《古朝鲜的领域及其中心地》（译文） |

续表

| 序号 | 姓名 | 出生年月 | 学历/学位 | 职务 | 职称 | 取得资格时间 | 主要学术兼职 | 代表作 |
|---|---|---|---|---|---|---|---|---|
| 5 | 张声振 | 1924.10 | 大学 | — | 研究员 | 1985 | — | 《试论日本明治初期天皇制政权的阶级基础》《中日关系史》卷一 |
| 6 | 董国良 | 1922.3 | 大学 | — | 研究员 | 1985 | — | 《评苏联对女真金郭的历史研究》 |
| 7 | 贡贵春 | 1929.9 | 大学 | 所长 | 研究员 | 1985 | — | 《韩国经济发展论》《韩国企业集团》 |
| 8 | 张念丰 | 1934.1 | 大学 | — | 研究员 | 1985 | 中国马哲史学会理事，东北地区马哲史学会会长 | 《斯大林哲学思想概论》《斯大林思想评述》 |
| 9 | 贾玉芹 | 1924.7 | 大学 | — | 研究员 | 1985 | — | 《日本经济图说（日本：大内卫兵）》（译注） |
| 10 | 孙继武 | 1926.5 | 大学 | — | 研究员 | 1985 | — | 《苦难与斗争十四年史》 |
| 11 | 佟冬 | 1905.6 | 大学 | 院长 | 研究员 | 1985 | — | 《中国东北史》《沙俄与东北史》 |
| 12 | 叶幼泉 | 1911.9 | 大学 | — | 编审 | 1985 | — | 《我们的历史只能这样写——驳古列维奇》 |
| 13 | 王育民 | 1938.2 | 大学 | 所长 | 研究员 | 1985 | — | 《中国现代哲学史新编》《社会主义初级阶段的商品观念》 |
| 14 | 李治亭 | 1941.12 | 大学 | — | 研究员 | 1985 | 吉林省史学学会会长 | 《吴三桂大传》《努尔哈赤》 |
| 15 | 钟优民 | 1936.7 | 大学 | 所长 | 研究员 | 1985 | — | 《望乡诗人庾信》《陶学发展史》 |
| 16 | 丁枫 | 1938.1 | 研究生 | — | 研究员 | 1985 | 中华美学学会理事 | 《美学浅谈》《高尔泰美学思想研究》 |

续表

| 序号 | 姓名 | 出生年月 | 学历/学位 | 职务 | 职称 | 取得资格时间 | 主要学术兼职 | 代表作 |
|---|---|---|---|---|---|---|---|---|
| 17 | 宋敏 | 1925.8 | 大学 | — | 研究员 | 1985 | — | 《论楚汉战争的胜负——并斥"四人帮"映射史学的伪造》 |
| 18 | 孙瑕 | 1930.4 | 大专 | 专职副主席 | 研究员 | 1985 | — | 《社会主义在当代丛书》 |
| 19 | 丛佩远 | 1937.7 | 大学 | — | 研究员 | 1988 | — | 《中国东北史》第三卷、《中国三宝经济简史》 |
| 20 | 宁继福 | 1938.9 | 大学 | — | 研究员 | 1988 | 中国音韵学研究会常务理事 | 《中原音韵表稿》《校订五音集韵》 |
| 21 | 刘壮飞 | 1936.5 | 大学 | 所长 | 研究员 | 1988 | 中国林业经济学会理事 | 《国有林业计划管理》《国有林业计划管理》 |
| 22 | 吕彦博 | 1930.2 | 研究生 | — | 研究员 | 1988 | — | 《形而上学批判》 |
| 23 | 许维新 | 1933.7 | 大学 | 副所长 | 研究员 | 1988 | — | 《苏联区域经济》 |
| 24 | 刘家磊 | 1930.3 | 大学 | — | 研究员 | 1988 | — | 《东北地区东段中俄边界沿革及其界牌研究》《沙俄与东北》 |
| 25 | 关德富 | 1938.11 | 大学 | — | 研究员 | 1988 | — | 《地域审美论集》戏剧卷、《地域审美论集》造型艺术卷 |
| 26 | 宋玉印 | 1931.11 | 研究生 | — | 研究员 | 1988 | — | 《满铁资料华北篇》 |
| 27 | 张凤桐 | 1932.5 | 大学 | — | 研究员 | 1988 | — | 《共产主义教育基础理论》 |
| 28 | 陈复兴 | 1932.12 | 大学 | — | 研究员 | 1988 | — | 《昭明文选译著》全六卷、《中国古代文论议讲》 |
| 29 | 杨旸 | 1937.1 | 大学 | — | 研究员 | 1988 | 日本横滨国立大学教育部客座研究员 | 《明清东北亚水路丝绸之路与虾夷锦研究》《明代奴儿干都司及其研究》 |

续表

| 序号 | 姓名 | 出生年月 | 学历/学位 | 职务 | 职称 | 取得资格时间 | 主要学术兼职 | 代表作 |
|---|---|---|---|---|---|---|---|---|
| 30 | 杨昭全 | 1933.5 | 大学 | 所长 | 研究员 | 1988 | — | 《中国—朝鲜韩国文化交流史》四卷、《当代中朝中韩关系史》上下卷 |
| 31 | 金泰相 | 1930.3 | 大学 | 所长 | 研究员 | 1988 | — | 《战后日本垄断资本》《中日经济合作的现状及展望》 |
| 32 | 彭嘉锡 | 1929.6 | 大学 | — | 研究员 | 1988 | — | 《现实主义仍然有生命力》《小说创作十谈》 |
| 33 | 王慎荣 | 1934.7 | 大学 | — | 编审 | 1988 | — | 《元史探源》《东夏史》 |
| 34 | 毕万忱 | 1937.12 | 大学 | — | 编审 | 1988 | — | 《中国历代赋选四卷》《杜甫》 |
| 35 | 金增新 | — | — | — | 编审 | 1988 | — | — |
| 36 | 李斌 | 1954.10 | 大学 | 副院长 | 研究员 | 1992 | — | 《社会主义建设理论与实践》 |
| 37 | 孙玉良 | 1936.11 | 大学 | — | 研究员 | 1992 | — | 《高句丽简史》《文景之治》 |
| 38 | 张秉楠 | 1939.7 | 大学 | 所长 | 研究员 | 1992 | 吉林省哲学学会副理事长 | 《孔子传》《商周政体研究》 |
| 39 | 金世和 | 1942.4 | 大学 | 所长 | 研究员 | 1992 | — | 《消费经济学》《文学经济学》 |
| 40 | 高书全 | 1934.9 | 大学 | 所长 | 研究员 | 1992 | — | 《中日关系史（第二卷）》《东北抗联资料》 |
| 41 | 李森 | 1934.4 | 大学 | — | 研究员 | 1992 | — | 《〈文心雕龙〉论稿》 |
| 42 | 李国英 | 1932.7 | 大学 | — | 研究员 | 1992 | 中国劳动协会常务理事，学术委员会委员 | 《社会主义工资概论》《我国社会主义初级阶段劳动工资保险制度改革的目标模式》 |

续表

| 序号 | 姓名 | 出生年月 | 学历/学位 | 职务 | 职称 | 取得资格时间 | 主要学术兼职 | 代表作 |
|---|---|---|---|---|---|---|---|---|
| 43 | 徐毅鹏 | 1940.1 | 大学 | 副院长 | 研究员 | 1992 | — | — |
| 44 | 杜少先 | 1941.10 | 大学 | 副院长 | 研究员 | 1992 | — | 《吉林省产业结构与产业政策研究》《依靠科技进步——2020年的吉林》 |
| 45 | 孙乃民 | 1941.9 | 大学 | 院长 | 研究员 | 1992 | — | 《道德纵横谈》《共产主义道德讲话》 |
| 46 | 李 星 | 1933.4 | 中专 | — | 研究员 | 1992 | — | 《新世纪新探索》 |
| 47 | 李绍庚 | 1936.10 | 大学 | 专职副教授 | 研究员 | 1992 | — | 《邓小平文选理论研究》《一切从国情出发》 |
| 48 | 胡显中 | 1932.10 | 大学 | 副主任 | 编审 | 1992 | — | 《孙中山的经济思想》《中国当前的人才危机》 |
| 49 | 郑欣桐 | 1934.7 | 研究生 | — | 研究员 | 1993 | — | 《漫画中的哲理》《吉林工业四十年·浑江册》 |
| 50 | 杨学忠 | 1939.3 | 大学 | 调研员（副院长级） | 研究员 | 1993 | — | 《朝鲜农村主体革命理论及其实践》 |
| 51 | 王守安 | 1943.11 | 大学 | — | 研究员 | 1993 | — | 《企业发展要素论》《中国企业集团》 |
| 52 | 张本政 | 1936.6 | 大学 | — | 研究员 | 1993 | — | 《东北大事记》 |
| 53 | 李士德 | 1937.2 | 大学 | — | 研究员 | 1993 | — | 《中国现代小说名篇艺术鉴赏》 |
| 54 | 陈龙山 | 1943.9 | 大学 | — | 研究员 | 1993 | 吉林省蒙古族文化与经济促进会顾问，长春市蒙古族文化促进会顾问，吉林中日韩合作研究中心专家委员会委员 | 《韩国经济发展论》《韩国现代企业制度与市场经济》 |

续表

| 序号 | 姓名 | 出生年月 | 学历/学位 | 职务 | 职称 | 取得资格时间 | 主要学术兼职 | 代表作 |
|---|---|---|---|---|---|---|---|---|
| 55 | 王玉祥 | 1938.12 | 大学 | 主任 | 研究员 | 1993 | — | — |
| 56 | 文中俊 | — | — | — | 编审 | 1993 | — | — |
| 57 | 宋焱 | 1939.5 | 大学 | 处长 | 编审 | 1993 | — | 《红楼写怒析》《夜雨秋灯录矫点》 |
| 59 | 郭绍墨 | 1947.5 | 大学 | 副院长 | 教授 | 1994 | — | 《当代西方经济学简编》《政治经济学（集体主义部分）》 |
| 60 | 屈校民 | 1941.10 | 大学 | 所长 | 研究员 | 1994 | 中国价格协会常务理事 | 《收费管理概论》《2000年吉林蓝皮书（经济卷）》 |
| 61 | 姜圣复 | — | — | — | 研究员 | 1994 | — | 《中外企业成败研究》 |
| 62 | 张英 | 1943.3 | 大学 | 所长 | 研究员 | 1994 | 中国国际友好联络会常务理事 | 《朝鲜半岛概观》《韩国语教程1—6句型解析及例句翻译》 |
| 63 | 肖国良 | 1941.5 | 大学 | 副秘书长（正处） | 研究员 | 1994 | — | 《当代中青年社会科学家辞典》《孔子与儒学研究》 |
| 64 | 吕钦文 | 1947.7 | 大专 | 副院长 | 编审 | 1994 | — | 《中国现代文学社团流派——东北沦陷时期的社团》 |
| 65 | 张辅麟 | 1936.11 | 大学 | 调研员 | 编审 | 1994 | — | 《史证中国教育改造日本战犯实录》《伪满末日》 |
| 66 | 刘亚政 | 1956.9 | 研究生 | 副院长 | 教授 | 1995 | 延边社科院院长 | 《理性思维与社会发展》《智库：东北亚区域经济合作与发展》 |
| 67 | 赵鸣岐 | 1942.5 | 大学 | 主编 | 研究员 | 1995 | — | 《中国东北史》《吉林通史》 |

续表

| 序号 | 姓名 | 出生年月 | 学历/学位 | 职务 | 职称 | 取得资格时间 | 主要学术兼职 | 代表作 |
|---|---|---|---|---|---|---|---|---|
| 68 | 郭燕顺 | 1935.2 | 大学 | 所长 | 研究员 | 1995 | — | 《黑龙江旅行记》译著、《日俄战争》译著 |
| 69 | 孙文范 | 1943.2 | 大学 | 主任 | 编审 | 1995 | 中国近现代史史料协会副会长 | 《清帝列传·道光帝》《高句丽历史故事》 |
| 70 | 周惠泉 | 1940.3 | 大学 | 主编 | 研究员 | 1996 | — | 《金代文学发凡》 |
| 71 | 李伟实 | 1941.9 | 大学 | 馆长 | 研究员 | 1996 | — | 《三国志通俗演义成书于明朝中叶弘治初年》《水浒传成书于明朝中叶可以定论》 |
| 72 | 曹丽琴 | 1942.4 | 大学 | — | 研究员 | 1996 | — | 《朝鲜半岛概观》《韩国语教程（二）》 |
| 73 | 宋宝安 | 1949.8 | 大学 | — | 研究员 | 1996 | — | 《思想政治工作概论》 |
| 74 | 蒋秀松 | 1936.11 | 大学 | — | 研究员 | 1996 | — | 《东北民族史纲》《东北民族史——辽金元明的女真研究》 |
| 75 | 张兴昌 | 1947.11 | 大学 | — | 研究员 | 1997 | — | 《国民收入分配区域格局研究》 |
| 76 | 邵汉明 | 1959.4 | 研究生硕士 | 院长 | 研究员 | 1997 | 吉林大学、东北师范大学博士生导师 | 《儒道人生哲学》《中国哲学与养生》 |
| 77 | 霍燎原 | 1937.12 | 大学 | — | 研究员 | 1997 | — | 《日伪宪兵与警察》《东北抗日联军第二军》 |
| 78 | 刘秀云 | 1941.12 | 大学 | 所长 | 研究员 | 1997 | — | 《转轨中的俄罗斯》《一个俄国军官的满洲札记》 |

续表

| 序号 | 姓名 | 出生年月 | 学历/学位 | 职务 | 职称 | 取得资格时间 | 主要学术兼职 | 代表作 |
|---|---|---|---|---|---|---|---|---|
| 79 | 宋勇征 | — | — | — | 研究员 | 1997 | | — |
| 80 | 李淑英 | 1942.11 | 大学 | 主编 | 编审 | 1997 | — | 《无奈的悲歌》 |
| 81 | 马孝兰 | 1937.12 | 大学 | — | 编审 | 1997 | — | 《伟人传记》《全唐诗》 |
| 82 | 于国政 | 1941.5 | 大学 | — | 研究员 | 1998 | — | 《国际经济学》 |
| 83 | 王庆祥 | 1943.9 | 大学 | — | 研究员 | 1998 | 溥仪研究会副会长 | 《溥仪的后半生》《毛泽东周恩来与溥仪》 |
| 84 | 李春燕 | 1944.2 | 大学 | 所长 | 研究员 | 1998 | — | 《吉林文学通史》《东北现代文学史论》 |
| 85 | 迟学智 | 1954.10 | 研究生硕士 | 副院长 | 研究员 | 1998 | — | 《过剩研究》 |
| 86 | 李晓群 | 1949.9 | 大学 | — | 研究员 | 1998 | 2013年国家社会科学基金重大项目首席专家，吉林省节约网络责任有限公司董事长 | 《中国式节约之路》《浪费也是罪过》 |
| 87 | 关柏春 | 1953.1 | 大专 | — | 研究员 | 1998 | — | 《劳动商品论》《破解循环论证之谜》 |
| 88 | 冯振翼 | 1942.5 | — | — | 编审 | 1998 | — | 《五花山集》《岁月足音》 |
| 89 | 毕万闻 | 1943.10 | 大学 | — | 研究员 | 1999 | — | 《英雄本色》《宋庆龄斯大林与西安事变》 |
| 90 | 韩今玉 | 1942.3 | 大学 | — | 研究员 | 1999 | — | 《在广阔的土地上》《朝鲜通史第一卷百济史》 |

续表

| 序号 | 姓名 | 出生年月 | 学历/学位 | 职务 | 职称 | 取得资格时间 | 主要学术兼职 | 代表作 |
|---|---|---|---|---|---|---|---|---|
| 91 | 郭洪茂 | 1955.8 | 研究生硕士 | 所长 | 研究员 | 1999 | 吉林省日本学会会长，中国日本史学会战后史专业委员会会长，中国抗日战争史学会理事，中华日本学会常务理事，东北地区中日关系史学会副理事长 | 《中日关系史》《日本侵华与中国抗战研究》 |
| 92 | 丛德奇 | 1944.2 | 大学 | — | 研究员 | 1999 | — | 《中心企业管理技术》 |
| 93 | 王宏刚 | — | — | — | 研究员 | 1999 | — | 《东北亚历史与文化研究》 |
| 94 | 康自善 | 1940.4 | 大学 | 副主席 | 研究员 | 1999 | — | 《简明政工词典》《社会科学志》 |
| 95 | 宋 禾 | 1950.7 | 大学 | — | 研究员 | 1999 | — | 《论文论方法》《走出迷宫》 |
| 96 | 文 毅 | 1954.8 | 研究生 | — | 编审 | 1999 | — | 《历代奏议大典》《辽河文化与中华文明起源——访著名历史学家李学勤先生》 |
| 97 | 耿玉春 | 1957.3 | 大学 | 副主编 | 编审 | 1999 | — | 《我国农业生产经营模式的演变及今后的选择》 |
| 98 | 李长庆 | 1936.2 | 研究生 | 会长 | 研究员 | — | — | 《郑板桥美学思想初探》《当代中国的吉林》 |
| 99 | 傅华山 | 1934.7 | 大学 | 秘书长 | 研究员 | — | — | 《关于价值规律问题的讨论》 |
| 100 | 全兴洙 | 1946.2 | 大学 | 处长 | 研究员 | — | — | 《中国省市县名新词典》 |

续表

| 序号 | 姓名 | 出生年月 | 学历/学位 | 职务 | 职称 | 取得资格时间 | 主要学术兼职 | 代表作 |
|---|---|---|---|---|---|---|---|---|
| 101 | 张福有 | — | — | — | 研究员 | — | — | 《高句丽王城考鉴》 |
| 102 | 常 樵 | 1948.1 | 研究生 | 巡视员 | 研究员 | 2000 | 吉林省关心下一代工作委员会副主任 | 《马克思主义经典作家划分社会阶段的思想》《邓小平理论和新的科学发展观》 |
| 103 | 张殊凡 | 1943.4 | 大学 | 副院长 | 研究员 | 2000 | — | 《走出法轮功邪教魔区》 |
| 104 | 张玉山 | 1953.2 | 大学 | 秘书长 | 研究员 | 2000 | 朝鲜韩国研究学会会长 | 《韩国经济发展论》《新地缘政治环境下的韩美同盟关系》 |
| 105 | 于德运 | 1948.10 | 大学 | 所长 | 研究员 | 2000 | — | 《吉林省农业可持续发展研究》《吉林省农业产业结构调整研究》 |
| 106 | 曹福敬 | 1946.2 | 大学 | — | 研究员 | 2000 | 吉林省周易协会会长 | 《大易阐真》《大六壬精解》 |
| 107 | 郑 敏 | 1947.1 | 大学 | — | 研究员 | 2000 | — | 《日本帝国主义侵略中国东北史》 |
| 108 | 陈 忠 | 1949.10 | 大专 | 主编 | 研究员 | 2000 | — | 《"道德经济"评》 |
| 109 | 刘信君 | 1962.10 | 研究生硕士 | 副院长 | 研究员 | 2000 | 吉林大学、东北师范大学博士生导师 | 《毛泽东与东北解放战争》《中国古代治理东北边疆思想研究》《吉林社会通史》 |
| 110 | 张 盾 | 1956.7 | 研究生硕士 | — | 研究员 | 2000 | — | 《无须存在公理的指称理论》 |
| 111 | 付大忠 | 1955.7 | 大专 | — | 研究员 | 2000 | — | 《伪满洲国》 |
| 112 | 李丽达 | 1956.11 | 大学 | 秘书长 | 研究员 | 2000 | — | 《吉林省社会科学发展报告——2010年吉林绿皮书》《论满族农耕文化》 |

续表

| 序号 | 姓名 | 出生年月 | 学历/学位 | 职务 | 职称 | 取得资格时间 | 主要学术兼职 | 代表作 |
|---|---|---|---|---|---|---|---|---|
| 113 | 王世才 | 1949.9 | 大专 | 所长 | 研究员 | 2001 | 吉林省高校专家库专家 | 《中国与俄罗斯经贸合作研究》《纪实中国——国家重点前沿创新理论成果文选》 |
| 114 | 付百臣 | 1952.6 | 研究生硕士 | 巡视员 | 研究员 | 2001 | 东北地区中日关系史研究会名誉理事长，吉林省高句丽渤海研究会顾问 | 《略论日本在东亚朝贡体系中的角色与作用》《略论金世宗的吏治思想与举措》 |
| 115 | 孙志明 | 1962.3 | 大学 | 所长 | 研究员 | 2001 | 吉林省政治经济学会副理事长，长春理工大学硕士导师 | 《决策咨询专报》《推进吉林省供给侧改革的几点看法》 |
| 116 | 李 力 | 1955.6 | 研究生硕士 | — | 研究员 | 2001 | — | 《伪满洲国的劳务管理机构与劳务政策研究》《浙赣战争期间日军实施的细菌战》 |
| 117 | 时立荣 | 1963.3 | 研究生硕士 | 所长 | 研究员 | 2001 | — | 《社会主义市场经济条件下的利益分配格局》 |
| 118 | 辛晓辉 | 1948.4 | 研究生博士 | 所长 | 研究员 | 2001 | — | 《科学的哲学探知》《思想道德制约原理》 |
| 119 | 宋立民 | 1949.9 | 研究生博士 | — | 研究员 | 2001 | — | 《宋代史官制度》《现代学术思潮·史学卷》 |
| 120 | 陈玉梅 | 1961.9 | 大学 | 主编 | 研究员 | 2001 | 吉林省科学学学会常务理事 | 《新型城镇化建设的制度创新：综合动因与体系架构》 |

续表

| 序号 | 姓名 | 出生年月 | 学历/学位 | 职务 | 职称 | 取得资格时间 | 主要学术兼职 | 代表作 |
|---|---|---|---|---|---|---|---|---|
| 121 | 范亚军 | 1948.6 | 大专 | — | 研究员 | 2001 | — | 《走向21世纪的中国农村经济》《吉林省科技智力资源状况与国有企业改革》 |
| 122 | 姜维久 | 1954.1 | 大专 | — | 研究员 | 2001 | — | 《过剩研究》《从国际法论劳工与慰安妇受害赔偿》 |
| 123 | 徐世刚 | 1962.10 | 研究生 | 副秘书长 | 研究员 | 2001 | — | 《日本经济法全书》（译著） |
| 124 | 徐绍清 | 1954.3 | 大学 | 四级职员 | 研究员 | 2001 | 东北师范大学历史文化学院研究生导师 | 《论甲午战争前后中日危机意识的变化》《论五四对传统文化的批判与继承》 |
| 125 | 董亚珍 | 1960.12 | 大学 | — | 研究员 | 2001 | — | 《正确看待级差土地收入与农户收入水平的差异》 |
| 126 | 于晓光 | 1956.1 | 大学 | 所长 | 研究员 | 2002 | — | 《建设社会主义新农村的法律思考》《吉林省重点工程中的职务犯罪预防对策研究》 |
| 127 | 刘国平 | 1951.10 | 大专 | — | 研究员 | 2002 | — | 《历史地域现代化——以吉林文化为中心》《日本的张太炎鲁迅研究论稿》 |
| 128 | 张晓莉 | 1960.7 | 大学 | 主任 | 研究员 | 2002 | — | — |
| 129 | 金寿铁 | 1955.2 | 研究生博士 | — | 研究员 | 2002 | — | 《心灵的界限——雅斯贝尔斯精神病理学研究》《真理与现实——恩斯特·布洛赫哲学研究》 |
| 130 | 姜军 | 1954.11 | 大学 | — | 研究员 | 2002 | — | 《WTO框架下的中国证券未来》 |

续表

| 序号 | 姓名 | 出生年月 | 学历/学位 | 职务 | 职称 | 取得资格时间 | 主要学术兼职 | 代表作 |
|---|---|---|---|---|---|---|---|---|
| 131 | 黄璘 | 1957.10 | 大学 | — | 编审 | 2002 | — | 《黄璘山水水墨画集》 |
| 132 | 高佩群 | 1955.8 | 大学 | 馆长 | 研究馆员 | 2002 | — | 《吉林省少数民族古籍文献资源建设研究》《世界民族大词典》 |
| 133 | 何青志 | 1956.3 | 研究生博士 | 所长 | 研究员 | 2003 | 吉林省文学学会副会长，中国当代文学学会理事，世界华文文学学会理事，吉林省比较文学学会副会长，吉林省美学学会常务理事，吉林省长白山文学学会常务理事，中国作家协会会员，吉林师大硕士生导师 | 《东北当代小说论纲》《吉林文学通史》 |
| 134 | 张锋 | 1954.2 | 大专 | 所长 | 研究员 | 2003 | 东北师范大学人文学院韩语系专职教授 | 《朝鲜粮食问题对我国的影响及对策研究》、《韩国科技法规选编》（译著） |
| 135 | 陈一虹 | 1960.5 | 大学 | 所长 | 研究员 | 2003 | 中国人学学会常务理事，吉林省美学学会副会长 | 《新时期学术思潮·美学卷》《迷失抑或回归——当代审美范式转换》 |
| 136 | 赵玉琳 | 1954.12 | 大专 | 副主任 | 研究员 | 2003 | — | 《中国市场经济学概论》《经邦济世纵横谈》 |
| 137 | 黄松筠 | 1964.10 | 研究生硕士 | 所长 | 研究员 | 2003 | 吉林师范大学硕士生导师，北华大学客座教授 | 《中国古代藩属制度研究》 |
| 138 | 栾凡 | 1963.6 | 研究生博士 | — | 研究员 | 2004 | 吉林师范大学教授 | 《明代女真文化研究》 |

续表

| 序号 | 姓名 | 出生年月 | 学历/学位 | 职务 | 职称 | 取得资格时间 | 主要学术兼职 | 代表作 |
|---|---|---|---|---|---|---|---|---|
| 139 | 李添 | 1962.5 | 研究生硕士 | 副所长 | 研究员 | 2004 | 吉林省农业经济学会常务理事,长春理工大学客座教授 | 《从吉林省实施大豆—玉米轮作计划看粮食主产区农业结构调整》《吉林省农民专业合作经济组织发展情况的调查与思考》 |
| 140 | 付诚 | 1963.2 | 研究生硕士 | 所长 | 研究员 | 2004 | 中国社会学会常务理事,吉林省社会学会副会长兼秘书长,吉林省政协委员,长春市政协常委,社会法制委员会副主任,民建吉林省委常委,理论研究委员会主任,吉林省劳动社会保障学会,慈善总会,老龄学会常务理事 | 《公民参与社区治理的经验与民主实现形式》《公民参与社区治理的现实困境及对策》 |
| 141 | 丁晓燕 | 1966.6 | 大学 | 处长 | 研究员 | 2005 | 北华大学特聘教授,吉林财经大学特聘教授,长春外国语学院特聘教授 | 《吉林省工业化与城市化互动关系研究》《吉林省居民消费价格变动分析及全年走势预测》《构建吉林特色城镇化新格局的思路及对策》 |
| 142 | 王卓 | 1963.10 | 研究生硕士 | 主编 | 研究员 | 2005 | 长春师范学院特聘教授,长春理工大学硕士导师 | 《清代东北满族文学研究》《满族说部概论》 |
| 143 | 崔岳春 | 1964.11 | 大学 | 所长 | 研究员 | 2005 | 中国软科学学会常务理事 | 《吉林省城市竞争力报告》《吉林省中部城市群集合效能研究》 |
| 144 | 郭美英 | 1969.11 | 研究生硕士 | 主编 | 编审 | 2005 | — | 《近五年中国高句丽研究述评》 |

续表

| 序号 | 姓名 | 出生年月 | 学历/学位 | 职务 | 职称 | 取得资格时间 | 主要学术兼职 | 代表作 |
|---|---|---|---|---|---|---|---|---|
| 145 | 张磊 | 1962.7 | 大学 | 所长 | 研究员 | 2006 | 农业与农村经济发展研究会会长，吉林省农经协会副理事长 | 《农业发展问题研究》《吉林省县域经济发展路径选择》 |
| 146 | 董立延 | 1960.12 | 大专 | 副所长 | 研究员 | 2006 | — | 《对日民间索赔国际法与历史认识》《新世纪日本绿色经济发展战略——日本低碳政策与启示》 |
| 147 | 廖一 | 1962.7 | 研究生硕士 | — | 研究员 | 2006 | — | 《新时期东北文学的流变》《当代吉林传记文学研究》 |
| 148 | 周伟萍 | 1963.9 | 研究生博士 | 所长 | 研究员 | 2007 | 中国亚太学会常务理事，俄罗斯东欧中亚学会理事，吉林省朝韩研究会秘书长 | 《近代吉林与俄（苏）关系史》《延边地区"空巢家庭"青少年问题调查研究》 |
| 149 | 郑沪生 | 1951.12 | 大学 | — | 研究员 | 2007 | 吉林省老年福祉研究会秘书长 | 《吉林省失地农民城市适应研究》《吉林省妇女社会地位调查研究报告》 |
| 150 | 段秀萍 | 1963.10 | 大学 | 副所长 | 研究员 | 2007 | — | 《农业循环经济与新农村建设研究》《中国家庭农场经营机制的实践现状与对策》 |
| 151 | 朱立春 | 1963.2 | 大学 | 所长 | 编审 | 2007 | 吉林省非遗工作专家组副组长，吉林艺术学院硕士生导师 | 《吉林民俗节庆研究》《北方民族民俗文化初探》 |
| 152 | 李华 | 1963.2 | 大学 | 副主编 | 编审 | 2007 | — | 《过剩经济》《历史与人性的冲突》 |

续表

| 序号 | 姓名 | 出生年月 | 学历/学位 | 职务 | 职称 | 取得资格时间 | 主要学术兼职 | 代表作 |
|---|---|---|---|---|---|---|---|---|
| 153 | 田相华 | 1953.6 | 大学 | 巡视员 | 研究员 | 2008 | — | 《延边地区"空巢"家庭青少年问题调查研究》《延边地区中朝、中韩跨国婚姻对东北边疆地区稳定的影响及对策研究》 |
| 154 | 孔静芬 | 1962.12 | 大学 | — | 研究员 | 2008 | — | 《农村消费与新农村建设研究》《我国房价与收入的关系研究》 |
| 155 | 刘炬 | 1962.1 | 大学 | 主任 | 研究员 | 2008 | — | 《海东大外交》《唐征高句丽史》 |
| 156 | 李倩 | 1969.9 | 研究生博士 | — | 研究员 | 2008 | 吉林师范大学教授、硕士研究生导师，中国近现代史史料学会副秘书长，东北地区中日关系史研究会副理事长兼秘书长，吉林省中国共产党历史与理论研究会秘书长 | 《日伪时期吉林人民抗日武装斗争研究》 |
| 157 | 庞淑华 | 1949.9 | 大学 | — | 研究员 | 2008 | — | 《东北民间文学60年》 |
| 158 | 尹传学 | 1951.11 | 中专 | — | 研究员 | 2009 | — | 《南朝鲜企业集团》、《东北亚研究论丛》第三辑 |
| 159 | 朱辽野 | 1957.5 | 大学 | — | 研究员 | 2009 | — | 《朝韩经贸合作现状及对我国的影响》《后朝核时期的中朝关系走势》 |
| 160 | 邢宜哲 | 1965.11 | 研究生硕士 | 副所长 | 研究员 | 2009 | 长春理工大学（客座教授），吉林财经大学（客座教授） | 《未成年人法律意识问题研究》《保险法案例解析》 |

续表

| 序号 | 姓名 | 出生年月 | 学历/学位 | 职务 | 职称 | 取得资格时间 | 主要学术兼职 | 代表作 |
|---|---|---|---|---|---|---|---|---|
| 161 | 杨雨舒 | 1961.3 | 大学 | 副所长 | 研究员 | 2009 | 吉林省历史学会副秘书长,长春市政协文史工作专员 | 《唐代渤海国五京研究》《辽代吉林经济发展概述》 |
| 162 | 韩桂兰 | 1965.6 | 大学 | 副所长 | 研究员 | 2009 | — | 《吉林省农村社会养老模式的实践与理论研究》 |
| 163 | 周 华 | 1957.5 | 大学 | 处长 | 正高级会计师 | 2009 | 吉林省管理会计咨询专家 | 《价值型财务管理与自律》 |
| 164 | 尚永琪 | 1969.5 | 研究生博士 | 副主编 | 研究员 | 2010 | 中国魏晋南北朝史学会副会长 | 《鸠摩罗什及其时代》 |
| 165 | 赫宝祺 | 1952.7 | 大学 | — | 研究员 | 2010 | 中国反邪教协会理事,吉林省民营经济研究会理事 | 《中国民营企业劳动关系》《三个代表重要思想理论探源》 |
| 166 | 王成勇 | 1960.8 | 大学 | 主编 | 研究员 | 2010 | 国家及省学术期刊评审专家 | 《记者的视角》 |
| 167 | 朴日勋 | 1954.2 | 大学 | 副主任（正处级） | 研究员 | 2010 | — | 《回顾过去展望未来》《继承创新发展》 |
| 168 | 张喜才 | 1956.6 | 研究生硕士 | 副巡视员 | 研究员 | 2010 | 长春大学兼职教授 | — |
| 169 | 王艳坤 | 1958.7 | 大学 | — | 编审 | 2010 | — | 《词组词典》《同义词反义词近义词组词造句词典》 |
| 170 | 于 波 | 1959.11 | 大专 | 副馆长 | 研究馆员 | 2010 | — | 《吉林将军传略》《扶余历史研究文献汇编》 |
| 171 | 刘 辉 | 1968.6 | 研究生博士 | 副所长 | 研究员 | 2011 | 中华孔子学会理事,吉林省哲学学会副秘书长,吉林省伦理学会理事,吉林农业大学、延边大学硕士生导师 | 《儒家哲学智慧》《大众儒学》 |

续表

| 序号 | 姓名 | 出生年月 | 学历/学位 | 职务 | 职称 | 取得资格时间 | 主要学术兼职 | 代表作 |
|---|---|---|---|---|---|---|---|---|
| 172 | 周笑梅 | 1968.8 | 研究生硕士 | 所长 | 研究员 | 2011 | 吉林财经大学，长春师范大学硕士研究生导师 | 《互联网对国家的冲击与国家的回应》《公共文化服务领域的国家文化治理转型——以社会主义核心价值观引导公共文化服务体系建设》 |
| 173 | 郭连强 | 1970.9 | 研究生博士 | 副院长 | 研究员 | 2011 | 吉林财经大学，吉林农业大学客座教授 | 《吉林省房地产业发展的特征与走向》《国内关于战略性新兴产业研究的新动态及评论》 |
| 174 | 张爱群 | 1954.12 | 大学 | — | 研究员 | 2011 | — | 《经济解释》 |
| 175 | 于德钧 | 1969.8 | 大学 | 副社长（正处级） | 编审 | 2011 | — | 《社会科学战线发展历程》 |
| 176 | 王永平 | 1972.11 | 研究生博士 | 副主编 | 研究员 | 2012 | 吉林省周易学会副会长，秘书长 | 《大众儒学》《儒家文化基本精神》 |
| 177 | 沈悦 | 1973.7 | 研究生博士 | 处长 | 研究员 | 2012 | — | 《转轨中的俄罗斯》《梅德韦杰夫缘何高调登陆争议岛屿》 |
| 178 | 温靖宇 | 1953.2 | 大学 | — | 研究员 | 2012 | — | 《两位青年企业家的异同》 |
| 179 | 陶丽 | 1973.11 | 研究生博士 | — | 研究员 | 2012 | — | 《宗教文化与俄罗斯民族性格》 |
| 180 | 郭永智 | 1968.11 | 大学 | 副所长 | 研究员 | 2013 | 长春师范大学（客座教授），长春工业大学（硕导） | 《犯罪现象——犯罪学的基石范畴》《民营企业和谐劳动关系问题研究》 |
| 181 | 贾丽萍 | 1973.4 | 研究生博士 | 处长 | 研究员 | 2013 | — | 《新农保应注重三类群体》 |

续表

| 序号 | 姓名 | 出生年月 | 学历/学位 | 职务 | 职称 | 取得资格时间 | 主要学术兼职 | 代表作 |
|---|---|---|---|---|---|---|---|---|
| 182 | 杨春风 | 1973.1 | 研究生硕士 | 副所长 | 研究员 | 2013 | 吉林职业技术师范学院兼职教授，北华大学兼职教授 | 《吉林当代诗歌六十年——满族说部与东北历史文化》 |
| 183 | 闫春英 | 1964.1 | 大学 | 副社长 | 研究员 | 2013 | — | 《吉林省房地产业发展的特征与走向》《当前我国经济增长面临的新问题及对策》 |
| 184 | 杨　峰 | 1959.5 | 大专 | — | 编审 | 2013 | 中国文艺评论家协会会员，省美协理论艺委会副主任 | 《吉林民俗审美新论》 |
| 185 | 赵红梅 | 1977.8 | 研究生博士 | 副所长 | 研究员 | 2014 | 北华大学兼职硕士生导师，吉林电子信息学院客座教授 | 《汉四郡研究》《夫余与玄菟郡关系研究》 |
| 186 | 朱志峰 | 1967.6 | 大学 | — | 研究员 | 2014 | 中国社会法学研究会理事，吉林省法学会经济法学研究会副会长 | 《公益信托的法律特征及中国模式的探索》 |
| 187 | 张　琪 | 1959.10 | 大专 | — | 研究员 | 2014 | — | 《发达国家保障房分配的做法与启示》《基于保障房的准入与退出制度研究：一个国际比较的视角》 |
| 188 | 初　丽 | 1960.6 | 大专 | 副馆长 | 研究馆员 | 2014 | 吉林省古籍保护专家委员会成员 | 《关于钟文烝所藏〈仪礼〉及其批校题跋》《〈辽海志略〉与东北方志》 |

二、吉林省社会科学院2015年度晋升正高级专业技术职务人员

金美花，1976年2月出生，吉林省和龙县人，研究员。现从事国际关系研究，主要学术专长是朝鲜半岛问题与区域经济合作研究。主要代表作有：《"一带一路"倡议与东北亚区域合作》（编著），《评估安理会制裁对朝鲜经济的影响》（论文）。

孙彤，1962年2月出生，吉林省吉林

市人，研究馆员。现从事满铁资料整理与研究，主要学术专长是满铁史料研究。主要代表作有：《中国朝鲜族史料全集·经济史卷二》（主编），《中国朝鲜族史料全集·经济史卷十一》（主编），《关东军满铁与伪满洲国傀儡政权的建立》（副主编），《满铁档案资料汇编第七卷》（副主编）等。

张丽娜，1975年11月出生，吉林省松原市人，研究员。现从事产业经济和区域经济领域开展研究，主要学术专长是服务业、城镇化、区域合作相关内容研究，主要代表作有：《吉林省城镇化发展报告》（编著），《东北城市发展报告》（编著），《困境与抉择：吉林省畜牧业金融支持问题研究》（专著），《畜牧业发展的金融困境及成因》（论文），《我国服务业发展的主要制约因素及对策建议》（论文）。

武向平，1974年11月出生，吉林省长春市人，研究员。现从事日本侵华史研究，主要学术专长是满铁侵华史料整理与研究，主要代表作有：《满铁与国联调查团研究》（专著），《论战后日本满铁会及其影响》（论文），《日德意苏"四国同盟"构想及演进述考》（论文）。

## 第七节 2015年大事记（含吉林省社会科学界联合会）

### 一月

1月12日，院党组书记、院长马克参加2015年第一次省委常委会议。

1月16日，院党组书记、院长马克参加全省宣传部长会议。

1月28日，院党组书记、院长马克参加省纪委十届四次全体会议。

1月29日，院（会）召开2015年度工作会议。

### 二月

2月25日，院党组书记、院长马克参加全省推进新一轮振兴发展落实年动员大会。

2月27日，院党组书记、院长马克参加"长白山讲坛学习习近平总书记系列重要讲话精神"专题报告会。

### 三月

3月1日，省委常委、宣传部部长庄严就高句丽问题到吉林省社会科学院（会）调研。

3月16日，院党组书记、院长马克参加传达十二届全国人大三次会议和全国政协十二届三次会议精神大会。

3月25日，院党组书记、院长马克参加吉林省长白山文化建设工作会议。

### 四月

4月2日，副院长邵汉明主持召开院智库建设研讨会。

4月16日，吉林省社会科学院（会）召开重大事项通报会。

### 五月

5月5日，副院长刘信君与省直机关事务管理局领导协商院（会）2015年基建工程事宜。

5月7—11日，副院长邵汉明一行就地方社科院智库建设问题到上海社会科学院、北京市社会科学院和中国社会科学院调研。

5月11日，院党组书记、院长马克参加全省"三严三实"专题党课暨专题教育动员部署会。

5月16—17日，副院长刘亚政一行就科普立法工作到河北省社会科学界联合会调研。

5月21日，吉林省社会科学院（会）召开"三严三实"专题党课暨专题教育动员部署会议，院党组书记、院长马克为全体职工讲党课。

5月26日，吉林省规划办批准吉林省社会科学院（会）承建"朝鲜半岛研究基地"。

## 六月

6月2日，院党组书记、院长马克参加省政府2015年第九次常务会议。

6月3日，省教育厅副厅长苏忠民一行就院校合作问题到院（会）调研。

6月23—25日，院（会）组织青年党员开展"重走抗联路"党性教育专题培训活动。

6月25—26日，院党组书记、院长马克参加省政协十一届十次常委会议。

## 七月

7月2日，院（会）召开2012—2014年度重大项目优秀成果报告会。

7月9—12日，院党组书记、院长马克参加第十八届全国社科院院长联席会议。

7月16日，院（会）召开理论中心组学习扩大会议，副院长邵汉明作主题发言。

7月25日，副院长刘亚政主持中日韩合作研究中心专家聘任仪式及发展规划研讨会。

7月28日，院（会）召开中韩"东北亚历史文化与口传文化传统"学术研讨会。

7月30日，副院长刘信君参加中共中央批准的由黑龙江省委主办的东三省联合召开的"弘扬伟大的东北抗联精神"座谈会，并在会上作主旨发言。

7月31日，副院长刘信君参加"东北地区中日关系史研究会第十八届年会暨抗日战争胜利70周年学术研讨会"，并当选为研究会理事长。

## 八月

8月18日，副院长刘信君参加中国延安精神研究会举办的"纪念抗日战争胜利70周年理论研究会"，并在大会上发言。

8月22日，副院长邵汉明参加2015年中国历史唯物主义学会年会。

8月31日，副院长刘亚政主持召开首届中国吉林与俄罗斯远东地区经济合作圆桌会议。

## 九月

9月2日，副院长刘亚政主持召开第五届东北亚智库论坛。

9月6日，副院长邵汉明参加中宣部舆情信息局调研座谈会。

9月15日，院党组书记、院长马克和副院长刘亚政参加省社科联工作会议及白山市社会科学科普基地揭牌仪式。

9月16日，院党组书记、院长马克和副院长刘亚政参加2015年省社会科学普及周启动仪式暨集安市社科联成立大会。

9月17日，院（会）召开2015年上半年重大事项通报暨下半年工作部署会议。

9月26日，副院长刘信君当选"吉林省中国共产党历史与理论研究会"副会长。

## 十月

10月27日，院（会）青年研究会举行换届选举大会，丁晓燕当选新一届会长。

10月29日，院（会）召开理论中心组学习扩大会议，副院长刘亚政作主题发言。

## 十一月

11月11日，副院长刘亚政参加全国社科联工作会议。

11月12—19日，副院长刘信君就"历史与文化资源的研究与利用"问题到河南省调研。

11月24日，副院长邵汉明参加省委十届六次全体会议。

11月29日，副院长刘信君主持召开《吉林历史与文化研究丛书》（10卷）出版暨学术研讨会。

## 十二月

12月3日，副院长邵汉明、刘亚政、刘信君及院（会）副处以上干部参观"党风廉政建设和反腐败斗争永远在路上"主题展览。

12月8日，院（会）召开全体干部职工大会，省委组织部宣布省委、省政府决定：邵汉明同志任省社会科学界联合会副主席、省社会科学院（省社会科学界联合会）党组书记；省社会科学院院长。

12月10日，院（会）召开理论中心组学习扩大会议，副院长刘信君作主题发言。

12月27日，院党组书记、院长邵汉明参加省经济工作会议。

12月29日，院党组书记、院长邵汉明主持召开党组"三严三实"专题民主生活会。

12月30日，省社科联专职副主席刘亚政主持省社科联第八届二次全委会暨省第六届社科学术年会。省社科联党组书记邵汉明作工作报告。

# 黑龙江省社会科学院

## 第一节 历史沿革

黑龙江省社会科学院的前身是1960年建立的中国科学院黑龙江分院哲学社会科学学部和1964年成立的省哲学社会科学研究所。1979年，经黑龙江省委批准，组建黑龙江省社会科学院。经过50多年的发展，黑龙江省社会科学院现已成为全省哲学社会科学研究中心，省委、省政府"信得过、靠得住、离不开"的思想库、智囊团。特别是贯彻中共中央《关于进一步繁荣发展哲学社会科学的意见》（中发〔2004〕3号）以来，黑龙江省社会科学院以创建全国一流地方社科院为目标，坚持科研强院、人才兴院、制度管院、开门办院、民主建院，以科研为中心的各项工作取得了显著成效。目前，全院从"激活改革发展内生动力，聚集协同创新社会合力，增强服务全省发展贡献力，扩大国际国内影响力，增强创新发展保障力"入手，大力推动实施具有龙江特色的新型智库建设和哲学社会科学创新工程。

### 一、领导

黑龙江省社会科学院的历任党委（组）书记是：李友林（党组书记1981年8月—1983年5月）、刘振荣（党组书记1983年5月—1985年2月）、赵洁新（党组书记1985年2月—1988年11月）、范洪才（党委书记1991年8月—2003年12月）、艾书琴（党委书记2003年12月—2014年11月）、谢宝禄（党委书记2015年5月—  ）

黑龙江省社会科学院的历任院长是：李剑白（兼）（1979年10月—1981年8月）、刘振荣（1983年5月—1985年2月）、赵洁新（1985年2月—1988年11月）、高骞（1988年11月—1991年9月）、刘景林（1993年6月—1997年11月）、王传遒（1997年11月—1999年9月）、曲伟（1999年9月—2013年6月）、艾书琴（2013年6月—2014年7月）、朱宇（2014年7月—  ）

### 二、发展

建院以来，黑龙江社科院共发表各类科研成果1.5万余项，其中专著、编著、译著680余部；承担国家级和省级重要课题380余项，其中承担国家社科基金项目80余项、东北边疆工程项目近20项，获省社科研究规划项目240余项、省科技攻关项目40余项；共有500余项成果获省部级以上奖励。黑龙江省社会科学院现拥有政治学理论、东北史、社会学、俄罗斯经济、俄国史、科学社会主义、农村经济学、政治学理论、东北地方文化史、工业经济学、亚太经济、中俄关系史、渤海国史、哈尔滨犹太人历史文化、区域经济学、黑龙江流域文明、旅游经济学、行政学和城市社会学等18个省（级）领军人才梯队，其中政治学理论为535工程第二层次。黑龙江省社会科学院在硕士研究生教育方面拥有应用经济学、政治学、社会学、世界史等4个一级学科，其中世界史、政治学为省（级）重点学科。

### 三、机构设置

黑龙江省社会科学院自1979年成立以来，内部机构设置根据发展的需要数次变更，截至2015年12月31日，机构设置为：黑龙江省社会科学院设有历史研究所、政治学研究所、经济研究所、哲学与文化研究所、社会学研究所、文学研究所、俄罗斯研究所、东北亚研究所、应用经济研究所、农村发展研究所、法学研究所、犹太研究中心等12个研究所（中心），拥有东北亚和国际问题研究中心以及对俄法律咨询中心、省廉政建设研究中心、省工运理论研究中心、省残疾人事业研究中心、萧红国际研究中心、中俄自贸区研究中心等实体和非实体研究中心。2个科辅部门：文献信息中心、网络中心；1个办刊单位：《学习与探索》杂志社。

截至2015年12月31日，各机关处室、直属单位的负责同志为：党委（院长）办公室副主任于要文，组织部（人事处）部长（处长）毕岩，宣传部部长（空缺），纪委副书记有宏宇，老干部处处长卜于捷，工会（空缺），科研处处长刘欣，行政处处长王继伟，财务处处长余哲，历史研究所所长赵儒军，政治学研究所所长陈静，经济研究所所长王爱新，哲学与文化研究所所长刘伟民，社会学研究所副所长鲁锐，文学研究所所长丛坤，东北亚和国际问题研究中心主任张磊，俄罗斯研究所所长马友君，东北亚研究所所长笪志刚，应用经济研究所所长王刚，农村发展研究所所长李小丽，犹太研究中心主任刘涧南，文献信息中心副主任白秀丽，网络中心主任牛健，《学习与探索》杂志社社长赵玉贵，研究生学院院长赵玉贵（兼），继续教育学院院长孟庆中。

### 四、人才建设

截至2015年12月31日，黑龙江省社会科学院在编在岗人员合计331人。专业技术人员合计193人，其中，具有正高级职称人员42人，副高级职称人员43人，中级及以下职称人员108人；管理岗位人员96人；处级以上干部64人；工勤岗位42人。具有副研究员及以上专业技术职称的有：谢宝禄、朱宇、刘爽、战继发、任玲、王爱丽、梁玉多、高晓燕、郭素美、石方、车霁虹、李随安、陈静、许淑萍、王爱新、周琳、刘伟民、陈也奔、吴桐、王黎明、鲁锐、盛昕、丛坤、郭淑梅、王为华、张磊、马友君、钟建平、笪志刚、张凤林、张秀杰、王刚、刘小宁、李小丽、王彦庆、张铁江、冯向辉、刁乃莉、刘伟东、高云涌、陈淑华、房宏琳、王敬荣、董丹、牛淑贞、辛巍、唐晓英、高洪贵、陈晓辉、王春娥、程遥、吕萍、孙浩进、安会茹、王欣剑、周红路、田雨、任雪梅、庄鸿雁、郑薇、彭晓川、金钢、安兆祯、黄秋迪、陈秋杰、邹秀婷、封安全、杜颖、曹志宏、王亦兵、周传杰、王海英、陈秀萍、刘涧南、韩天艳、朱南平、贾书利、黎刚、武晓军、荀丽芳、杨丽雁、由薇波、那晓波、肖海晶、杨大威。

## 第二节 组织机构

### 一、黑龙江省社会科学院领导及其分工

**党委书记**：谢宝禄，主持党委全面工作，统筹领导全院发展、改革与创新，党的建设、队伍建设工作。承担意识形态、党的建设、党风廉政建设第一责任人职责。

**党委副书记、院长**：朱宇，主持院科研、行政工作，领导推进全院制度机制创新、重大课题攻关、换建工作。承担院法人代表职责。

**党委副书记**：战继发，协助谢宝禄同

志抓意识形态、党的建设、组织人事工作；协调机关日常工作。负责办刊、宣传、统战、群团、精神文明建设工作。

副院长：任玲，负责行政后勤、文献信息、安全保密工作。

副院长：王爱丽，负责科研和办学工作。

二、黑龙江省社会科学院职能部门及领导

党委办公室（院长办公室）
副主任：于要文
组织部（人事处）
部长（处长）：毕岩
宣传部
（空缺）
纪委
副书记：有宏宇
监察室副主任：董晓钟
老干部处
处长：卜于捷
副处长：付国萍
工会
（空缺）
科研处
处长：刘欣
副处长：吕秀伟
行政处
处长：王继伟
副处长：王晓锋
副处长：高韫韬
黑龙江省社会科学院科研机构及领导
历史研究所
所长：赵儒军
副所长：梁玉多
副所长：高晓燕
政治学研究所
所长：陈静
副所长：许淑萍
经济研究所
所长：王爱新
副所长：程遥
哲学与文化研究所
所长：高桂梅
副所长：孙开明
社会学研究所
副所长：鲁锐
文学研究所
所长：丛坤
副所长：郭淑梅
副所长：任雪梅
东北亚和国际问题研究中心
主任：张磊
俄罗斯研究所
所长：马友君
副所长：安兆祯
东北亚研究所
所长：笪志刚
副所长：张凤林
应用经济研究所
所长：王刚
副所长：刘小宁
犹太研究中心
主任：刘润南
副主任：张铁江
法学研究所
所长：冯向辉
副所长：朱南平

## 第三节 年度工作概况

2015年，黑龙江省社会科学院围绕中心，服务大局，坚守马克思主义阵地，努力建设黑龙江省哲学社会科学学术高地，大力推进一流地方社科院和新型智库建设。

一是开展大调研，全面谋划新型智库建设。与省委宣传部、省社科联组成联合调研组，赴中国社科院及北京、上海、四川、湖北、山东、广东等省市进行专题调研，学习全国社科系统具有代表性的先进经验和创新做法，形成《新型智库建设调研报告》报送省委宣传部，为省委出台新型智库建设指导意见提供工作支持、智力支撑，"支持省社科院实施创新工程"被纳入2016年全省深化改革重点任务。

二是搭建新平台，强化国际高端智库对接。受省政府、中国社科院、俄罗斯经济发展部和欧亚经济联盟委托，承办了"一带一路"与欧亚经济联盟对接暨第二届中俄经济合作高层智库研讨会；与省委宣传部和光明日报社联合主办了中蒙俄经济走廊·龙江陆海丝绸之路经济带建设高层论坛。百余名来自中国、俄罗斯高端智库及日本、韩国、蒙古国的专家、企业家和政府官员深入研讨，为深化中俄及东北亚区域务实合作发挥了理论先导和实践引领作用。配合省委重要纪念活动，召开系列学术会议。先后协办东北三省弘扬伟大东北抗联精神座谈会、承办东北地区中日关系史学术研讨会、举办第15次中韩抗日历史问题国际学术研讨会、中国社会学会生活方式专业委员会学术研讨会、黑龙江省俄罗斯东欧中亚学会年会暨学术研讨会、黑龙江省政治学会年会暨学术研讨会、黑龙江流域文明国际学术研讨会、院学术年会和系列国内外知名学者学术报告会。国情调研基地作用得到中国社科院的认可与好评；市地分院和调研基地积极发挥作用，支持黑龙江省社会科学院10个团组近百人赴地市开展省情调研。全年黑龙江省社会科学院接待来自9个国家20个团组学者93人次，黑龙江院学者7个团组、30多人次出访7个国家和地区，传播中国声音，展示龙江学人风采。

三是开拓新领域，承担省政府第三方评估。受省政府委托，院主要领导亲自挂帅，举全院之力，组建60余人的专家团队，分别深入23个省政府部门和10个市县区实地调研，召开座谈会51场，走访企业19家，形成资料60余万字，获取问卷3100余份。撰写4个专题报告提交省政府，对全省简政放权工作的成效、问题及原因进行专业评估分析，得到省领导的肯定和社会各界的好评。也拓展和加深了黑龙江省社会科学院与政府部门、企业和社会组织的联系。

四是实现新突破，推出系列皮书智库精品。黑龙江经济蓝皮书、社会蓝皮书入选中国社会科学院创新工程学术出版项目，获得全国优秀皮书三等奖；牵头编撰东北蓝皮书，首次发布住房与城乡建设蓝皮书。四部皮书以其原创性、权威性、前沿性、前瞻性受到社会高度关注，被国家和省内主流新闻媒体联动深度报道，为省委、省政府和两会代表了解省情、科学决策提供了重要参考。

2015年，围绕编制"十三五"规划和解决经济社会发展中的突出问题，黑龙江省社会科学院完成了《黑龙江省煤炭资源型城市短期脱困路径研究》等5项省主要领导圈批重点课题，《制约黑龙江省经济发展的主要问题及对策建议》等10项省领导交办课题；承担省委改革办招标课题4项，开辟了服务决策新渠道；完成20项省直部门、地市和企业横向委托课题；《黑龙江省煤城应开展"以工代赈"助解就业、转型难题》《制约黑龙江省非公有制经济发展的主要问题与对策研究》等13项成果获省领导批示；通过省委办公厅报送对策建议20项，编发《要报》10期，呈送省领导参阅。

五是迈上新台阶，申报国家立项位次前移。2015年，黑龙江省社会科学院课题立项提档升级，全年立项各类课题128项，其中，获国家社科基金项目11项，项目总数在全国地方社科院排名第3，全省第2，立项层次和使用资金数量创历史最好成绩；获省社科规划项目等省级课题40项。院级一般课题由往年的4项增至6项、经费由每项2万元提升至3万元。后期资助优质成果77项。黑龙江历史文化工程推出新著10部，新增立项17

项,"黑龙江屯垦史"系列项目全面铺开。2015年,黑龙江省社会科学院出版专著、编著、译著22部,其中国家级出版社9部;公开发表论文197篇,其中核心以上48篇;研究报告及建议111篇。

2015年,黑龙江省社会科学院人才队伍不断优化。1人受聘为省政府参事,21人次入选省级各类专家库,1人获留学回国人员资助项目,1人获后备带头人资助;通过积极争取,聘任东北亚和国际问题研究首席专家1名,为黑龙江省社会科学院复合型领导干部和专业人才辟建了新的通道和平台。

六是获得新提升,打造办刊办学知名品牌。《学习与探索》办刊经验被全国社科规划办三次报道推广,年度考评获最高等级"优良";二次文献转载稳定在较高水平;中文核心期刊排名上升至第29位;影响力指数及影响因子稳中有升,排名第25位;再获武汉大学版"中国权威学术期刊A+"证书。《黑龙江社会科学》《西伯利亚研究》和《中国—东北亚国家年鉴》质量稳步提升,影响持续扩大。研究生学院进一步完善各专业培养计划,强化教学管理,教学质量进一步提升,借力发力,打造品牌教育。继续教育学院实现学历教育与培训工作同步发展,启动光大银行"育英计划"等培训项目,拓展了新的发展空间。

七是跃上新高度,服务保障能力明显增强。思想政治工作进一步加强。坚持正确的科研方向、舆论导向,与中央和省委保持高度一致。深入开展"三严三实"专题教育,高标准开好班子民主生活会,制定和落实党委中心组学习制度,推进星级党支部建设。组织保障进一步加强。调整充实院所两级班子,形成了新一任院领导集体。认真贯彻执行民主集中制,集思广益深度谋划推进改革创新,群策群力推进一流地方社科院建设。加强干部队伍建设,推荐8名厅级后备干部和长期培养对象,选派1名干部挂职任村党支部第一书记。开设"社科大讲堂",营造了积极向上、勤敏好学的良好氛围。党风廉政建设进一步加强。全力配合省委巡视工作,扎实推进问题整改。落实党风廉政建设主体责任和监督责任,构建党风廉政建设责任体系。监督检查"三重一大"决策及重点部门、重点环节的制度落实情况,强化廉政风险防控。服务保障能力进一步加强。黑龙江省社会科学院人事、科研、财务、外宣、行政、后勤、文献信息、网络服务的能力和水平不断提高,工青妇及老干部工作取得了新的成绩。

## 第四节 科研活动

### 一、人员机构等基本情况

（一）人员

截至2015年12月31日,在编在岗人员合计331人。专业技术人员合计193人,其中,具有正高级职称人员42人,副高级职称人员43人,中级及以下职称人员108人。

（二）机构

黑龙江省社会科学院设有历史研究所、政治学研究所、经济研究所、哲学与文化研究所、社会学研究所、文学研究所、俄罗斯研究所、东北亚研究所、应用经济研究所、农村发展研究所、法学研究所、犹太研究中心等12个研究所（中心）,拥有东北亚和国际问题研究中心以及对俄法律咨询中心、省廉政建设研究中心、省工运理论研究中心、省残疾人事业研究中心、萧红国际研究中心、中俄自贸区研究中心等实体和非实体研究中心。

### 二、科研工作

（一）科研成果统计

黑龙江省社会科学院2015年共完成科研成果460余项,其中出版专著、编著、译著25种,926.2万字;发表论文197篇,134.6万字;译文25篇,撰写研究报告及建议 111 篇，87 万字；一般文章 38 篇，7.3 万字。

(二) 科研课题

1. 新立项课题

2015 年，黑龙江省社会科学院新立项课题 103 项。国家社会科学基金课题 11 项，其中特别委托项目 1 项："黑龙江区域史抢救性保护研究"（李兴盛）。重点项目 1 项："哈尔滨犹太人图史"（曲伟）。一般项目 7 项：分别是"我国粮食主产区新型农业经营体系建设目标与培育机制研究"（陈秀萍），"调节阶级阶层关系的权利与权力体制研究"（李元书），"俄罗斯远东开发与中国东北振兴区域合作研究"（马友君），"日本遗孤的历史记忆与战争责任反思研究"（杜颖），"土地流转背景下粮食主产区农民生计问题研究"（赵勤），"俄罗斯民族文化自治组织的实践与效应研究"（孙连庆），"中俄北极合作开发研究"（封安全）。青年项目 1 项："金朝墓志整理与研究"（苗霖霖）。后期资助项目 1 项："我国地区经济发展潜力评价与开发研究"（吕萍）。

黑龙江省社会科学研究规划课题 25 项，其中重大委托项目 1 项："国际智库建设经验分析与借鉴"（笪志刚）。重点项目 1 项："赫哲族伊玛堪研究史"（黄任远）。马克思主义理论研究工程项目 1 项："习近平系列重要讲话精神暨'四进四信'专题研究"（王爱丽）。一般项目 9 项：分别是"社会主义核心价值观培育方式转型研究"（陈静），"法治中国的地方实践模式比较研究"（冯向辉），"基于区域经济一体化的黑龙江省四煤城产业布局优化研究"（王海英），"黑龙江省产学研技术创新战略联盟运行模式比较研究"（王爱新），"黑龙江省资源型城市生态承载力安全预警与路径选择"（吕萍），"新常态下龙江文化产业发展战略研究"（肖海晶），"'龙江丝路带'背景下深化我省与东北亚国家经贸合作研究"（张凤林），"东北民俗流变研究"（王为华），"抗联文化研究"（董丹）。青年项目 6 项，分别是："公民有序参与司法审判的理论与制度研究"（王玉），"黑龙江省绿色食品安全监管保障体系与路径选择研究"（宋晓丹），"黑龙江省农业生产经营模式与县域经济发展问题研究"（冉政语），"新型城镇化进程中黑龙江省农业转移人口市民化问题研究"（王力力），"黑龙江知青纪实文学研究"（丁媛），"'一带一路'与中韩 FTA 背景下深化我省对韩经贸合作的路径研究"（洪欣）。专项项目 7 项："先秦儒家人学思想及其现代转化问题研究"（安会茹），"微时代农民工政治认同及提升路径研究"（高洪贵），"新媒体时代文学与文化景观研究"（张珊珊），"蒙古国国家安全战略研究"（张秀杰），"独联体国家颜色革命研究"（梁雪秋），"黑龙江民俗当代形态研究"（丛坤），"东北亚汉文典籍视野中的《三国史记》研究"（张芳）。

黑龙江省社会科学院 2015 年立项课题 26 项，其中重点课题 5 项："加快我省工业经济结构调整的对策研究"（朱宇），"我省煤炭资源型城市短期脱困路径研究"（王爱新），"制约我省非公有制经济发展的问题及对策研究"（刘小宁），"进一步优化我省发展环境的对策研究"（王爱丽），"构建龙江陆海丝绸之路经济带对策研究"（刘爽）。

黑龙江省社科联立项课题 11 项：学术出版资助项目 6 项，年度内均完成结项：分别是"鲜卑部落联盟研究"（苗霖霖），"党内民主改革的思想源头——列宁党内民主理论和实践"（樊欣），"近代中国人权哲学思想的发展历程"（姜昱子），"俄罗斯旅游概论"（孙晓谦），"封贡关系视角下明代中朝使者往来研究"（刘喜涛），"俄国犹太人研究（18 世纪末—1917 年）"（郭宇春）。经济社会发展重点研究课题 5 项：分别是"黑龙江省产业园区发展研究"（刘小宁），"黑龙江省绿色食品产业发展研究"（赵勤），"黑龙江省龙江陆海丝经济带建设对经济发展拉动作用研究"（笪志刚），"中国学者渤海国研究史"（张芳），"国家级非遗项目萨布素将军口述资源传承研究"（郭淑梅）。

黑龙江省改革办招标课题4项："关于我省玉米全产业链发展路径研究"（赵勤），"关于工商资本与农民及新型经营主体建立长期稳定利益机制的对策研究"（陈秀萍），"关于我省建立改革第三方评估机制的研究"（王爱丽），"关于围绕优势企业优势资源发展全产业链和产业集群的对策研究"（王刚）。

领导及部门临时委托课题6项。"党风政风与民风社风关联性研究"（战继发），"东北光复时57个战略要点中苏主官调查"（车霁虹），"镜泊湖连环战"（王希亮），"东北抗联及后代资料信息库"（车霁虹），"制约我省经济发展的主要问题及对策建议"（朱宇），"中俄沿边地区基础设施建设状况考查报告"（刘爽）。

### 2. 结项课题

2015年黑龙江省社会科学院共有结项课题66项。其中国家社科基金项目3项，结项等级均为良好，分别是梁玉多主持的"勿吉靺鞨民族史论"，孙浩进主持的"我国产业转移对区域收入差距的影响研究"和王希亮主持的"近代中国东北日本人早期活动及其影响研究"。

黑龙江省社会科学规划研究项目结项26项，优秀5项，分别是梁玉多主持的"勿吉靺鞨考"，张铁江主持的"黑龙江地域内犹太资本活动史研究"，车霁虹主持的"东北抗日联军的抗战精神与作用"，姜昱子主持的"近代中国权利哲学的肇始与嬗变"，郭淑梅主持的"满通古斯语民族口述资源的女性研究"。

黑龙江省社会科学院课题结项23项，其中重点课题结项5项：分别是"加快我省工业经济结构调整的对策研究"（朱宇），"促进央企与我省经济融合发展研究"（刘小宁），"制约我省非公有制经济发展的问题及对策研究"（刘小宁），"构建龙江陆海丝绸之路经济带对策研究"（刘爽），"工商企业参与我省农地流转研究"（陈秀萍）。其中有2项获得黑龙江省主要领导的肯定性批示。

黑龙江省科技厅（软科学）项目3项："黑龙江旅游产业竞争力评价与提升对策研究"（赵蕾），"黑龙江省小城镇发展的产业支撑研究"（张慧霄），"新经济增长路径下黑龙江扩大消费需求的着力点研究"（曾博）。

黑龙江省社科联学术著作出版资助项目6项："鲜卑部落联盟研究"（苗霖霖），"党内民主改革的思想源头——列宁党内民主理论和实践"（樊欣），"近代中国人权哲学思想的发展历程"（姜昱子），"俄罗斯旅游概论"（孙晓谦），"封贡关系视角下明代中朝使者往来研究"（刘喜涛），"俄国犹太人研究（18世纪末—1917年）"（郭宇春）。黑龙江省经济社会发展重点研究课题有3项完成结项："黑龙江省产业园区发展研究"（刘小宁），"黑龙江省绿色食品产业发展研究"（赵勤），"黑龙江省龙江陆海丝经济带建设对经济发展拉动作用研究"（笪志刚）。

黑龙江省改革办委托课题2项："关于工商资本与农民及新型经营主体建立长期稳定利益机制的对策研究"（陈秀萍），"关于我省建立改革第三方评估机制的研究"（王爱丽）。

领导及部门临时委托课题3项："党风政风与民风社风关联性研究"（战继发），"东北光复时57个战略要点中苏主官调查"（车霁虹），"镜泊湖连环战"（王希亮）。

3. 延续在研课题，截至2015年底延续在研课题有120余项，其中国家社会学基金项目10项:"黑龙江区域史抢救性保护研究"(李兴盛),"我国粮食主产区新型农业经营体系建设目标与培育机制研究"(陈秀萍),"调节阶级阶层关系的权利与权力体制研究"(李元书),"土地流转背景下粮食主产区农民生计问题研究"(赵勤),"俄罗斯民族文化自治组织的实践与效应研究"(孙连庆),"中俄北极合作开发研究"(封安全),"俄罗斯远东开发与中国东北振兴区域合作研究"(马友君),"日本遗孤的历史记忆与战争责任反思研究"(杜颖),"金朝墓志整理与研究"(苗霖霖),"我国地区经济发展潜力评价与开发研究"(吕萍)。黑龙江省社会科学规划项目61项,院级一般课题14项,2015年新立院一般课题7项,院级青年课题14项,黑龙江省社科联、黑龙江省改革办、横向课题等其他课题20余项。

(三)获奖优秀科研成果

2015年,黑龙江省社会科学院获"黑龙江省社会科学第十六届社会科学优秀成果奖"共41项,其中一等奖3项、二等奖9项、三等奖8项、佳作奖21项。编著类一等奖1项:《黑龙江历史文化资源战略研究》(郭淑梅等);论文类一等奖2项:"经济转型中的城镇居民收入问题研究"(李小丽),"国际传媒产业转移趋势与理论构建——基于演化经济学的视角"(孙浩进)。专著类二等奖2项:《阶层关系和谐发展之路》(赵瑞政等),《黑龙江流域文明新探》(庄鸿雁等)。译著类二等奖1项:《21世纪初的西伯利亚》(马友君等)。研究报告类二等奖1项:"龙江崛起在此时——黑龙江省走出特色城镇化道路的调查思考"(曲伟等)。论文类二等奖5项:"党员干部在社会主义核心价值体系建设中双重角色研究"(陈静),"基于动态进化的企业核心竞争力分析"(房宏琳等),"'辩证法研究'还是'研究辩证法'?——对近年来国内有关辩证法讨论的一个质询"(高云涌等),"改革开放以来我国主要社会群体利益关系问题分析"(鲁锐),"老工业基地城市流动人口医保现状及参保意愿"(田雨)。专著类三等奖3项:《施毒与清毒——战时化学战及战后化学武器的处理》(高晓燕),《夏墟淹城》(王黎明),《日本农业问题研究》(张凤林)。研究报告类三等奖2项:"构建我省群体性事件化解机制研究"(马立智等),"粮食主产区现代粮食流通产业发展研究——以黑龙江为例"(赵勤等)。论文类三等奖3项:"新生代农民工参与政府公共决策的困境与机制重构——以协商民主理论为视角"(高洪贵),"鲜卑妇女社会地位初探"(苗霖霖),"论地方政府公共服务绩效评估的标准体系"(唐晓英)。

三、学术交流活动

(一)学术活动

2015年,黑龙江省社会科学院举行的大型会议有:"一带一路"与"欧亚经济联盟"对接暨第二届中俄经济合作高层智库研讨会、中蒙俄经济走廊—龙江陆海丝绸之路经济带建设高层论坛、弘扬伟大东北抗联精神座谈会、东北地区中日关系史学术研讨会、第十五次中韩抗日历史问题国际学术研讨会、中国社会学会生活方式专业委员会学术研讨会、黑龙江省俄罗斯东欧中亚学会年会暨学术研讨会、黑龙江省政治学会年会暨学术研讨会、黑龙江流域文明国际学术研讨会、院学术年会和系列国内外知名学者学术报告会(讲座)。

(二)国际学术交流与合作

1. 学者出访情况

2015年,黑龙江省社会科学院共派学者出访21批38人次,出访日本、韩国、俄罗斯、美国和我国台湾等国家和地区。涉及环日本海经济研究所、俄罗斯科学院远东研究所、俄罗斯科学院远东分院、韩国忠南发展研究院、美国伍德罗威尔逊国际学者中心、北海道大学斯拉夫研究中心等多家研究机构。

２．学者来访情况

2015年，黑龙江省社会科学院共接待来访学者18批51人次。全年接待来自美国驻沈阳领事馆、日本国驻沈阳总领事馆、日本ABC企划委员会、基辛格中美关系研究所和凯南俄罗斯问题研究所等单位的要人、学者来访。

## 四、学术社团、期刊

### （一）学术社团

黑龙江省边疆文化学会，会长刘伟民；

黑龙江省政治学会，会长朱宇；

黑龙江省抗日战争史学会，常务副会长张宗海；

黑龙江省年鉴研究会，副会长房德胜；

黑龙江省东北亚研究会，理事长谢宝禄；

黑龙江省俄罗斯东欧中亚学会，会长刘爽；

黑龙江省社会学学会，会长艾书琴。

### （二）学术期刊

《学习与探索》（月刊），主编张磊，全年12期，共计384万字。

《黑龙江社会科学》（双月刊），主编那晓波，全年6期，共计204万字。

《西伯利亚研究》（双月刊），主编刘爽，全年6期，共计96万字。

## 五、会议综述

### 1．"一带一路"与"欧亚经济联盟"对接暨第二届中俄经济合作高层智库研讨会

10月11日，由中国社会科学院、俄罗斯经济发展部、欧亚经济委员会和黑龙江省人民政府联合主办，由黑龙江省社会科学院承办的"一带一路"与"欧亚经济联盟"对接暨第二届中俄经济合作高层智库研讨会在哈尔滨召开。该论坛是两国领导人共同确定在中俄博览会期间联合举办的国际学术研讨会，中俄两国的主要智库专家、企业家以及政府官员100余人出席会议。作为中国—俄罗斯博览会的唯一论坛，该研讨会以全面提升中俄经贸合作水平为宗旨，面对我国实施"一带一路"战略和俄罗斯实施远东超前经济社会发展区的重大机遇，探讨建立合作新机制，开拓合作新领域，为加强中俄在产业、投资、科技、金融、旅游等领域合作，促进中国东北老工业基地振兴与俄罗斯东西伯利亚及远东开发，开创中俄务实合作的新局面发挥了理论先导的重要作用。

### 2．中蒙俄经济走廊——龙江陆海丝绸之路经济带建设高层论坛

2015年10月12日，由黑龙江省委宣传部、黑龙江省社会科学院主办，以"携手'一带一路'互利互惠共赢"为主题，旨在突出黑龙江省应常态、增信心、强定力、促发展的"中蒙俄经济走廊—龙江陆海丝绸之路经济带高层论坛"在哈尔滨隆重举行，来自中蒙俄及日韩等国的政府外交、商务等实务人士、知名科研和大学智库专家学者、跨国和地方企业家代表等共80余人莅临论坛。

### 3．弘扬伟大东北抗联精神座谈会

7月30日，按照中央安排部署，中共黑龙江、辽宁、吉林省委在哈尔滨联合召开弘扬伟大东北抗联精神座谈会。会议由中共黑龙江省委主办，黑龙江省委宣传部及黑龙江省社会科学院承办。中共黑龙江省委书记王宪魁出席并讲话。黑、吉、辽三省省委宣传部、省委党史研究室负责同志，黑龙江省军区、省直有关单位负责同志，抗联老战士或家属代表及来自全国的党史、抗日战争史专家学者参加会议。与会人员向所有参加东北抗联的老战士以及奋起反抗日本侵略者的东北各族人民致以崇高敬意，向所有在东北抗日战争中英勇牺牲的抗联烈士表示深深的怀念，向惨遭日本侵略者杀戮的无辜死难同

胞表示沉痛的哀悼。

4. 东北地区中日关系史研究会

2015年7月30日，东北地区中日关系史研究会第十八届年会暨抗日战争胜利70周年学术研讨会在哈尔滨召开。会议由东北地区中日关系史研究会和黑龙江省社会科学院共同主办。来自东北三省以及北京、上海、江苏等地科研单位、大专院校的80余名专家学者参加了研讨。研讨会主要议题有东北地区的抗日斗争、日本侵略东北研究、日本战争史观研究和70年来中日关系的回顾与展望。与会学者就东北抗日联军英勇顽强的斗争及其在世界反法西斯战争中的作用和伟大的抗联精神；日本帝国主义残酷的殖民统治及其对人民的奴役压迫，迟滞了东北经济社会发展的进程；抗日战争胜利的原因及抗战精神对实现中华民族伟大复兴的作用和意义；甲午战争中国失败的原因及其对中日两国深远的影响；日本侵华遗留问题，特别是化学战、细菌战的伤害问题；中日关系和日本历史观问题；抗战期间国共两党在政治思想领域的论战及其对中国前途命运的影响等问题进行了深入研讨。

5. 抗日历史问题第十五次国际学术研讨会

7月7—10日，由黑龙江省社会科学院和韩国国史编纂委员会共同主办的抗日历史问题第十五次国际学术研讨会在哈尔滨市召开。来自韩国首尔6所高校和黑龙江、山西、四川社科院等单位的40多位专家学者围绕东北地区抗日独立运动、战后日本政治右倾化、"九·一八"后朝鲜人民抗日武装斗争、侵华日军生化战、劳工等问题进行了广泛深入的探讨，并就中韩合作开展抗日战争研究，敦促日方销毁遗留生化武器等问题进行了磋商。

6. 中国社会学会生活方式专业委员会学术研讨会

2015年11月15日，由中国社会学会生活方式研究专业委员会、江苏省哲学社会科学界联合会主办，南京市社科联（院）承办，黑龙江省社科院社会学所、南京社科院社会发展研究所、哈尔滨工程大学人文社会科学学院、扬州历史文化名城研究院《中国名城》杂志社等单位协办的主题为"美好生活：个人与社会的建构"的学术研讨会在南京举行。

7. 黑龙江省俄罗斯东欧中亚学会年会暨学术研讨会

6月27日，由黑龙江省俄罗斯东欧中亚学会主办，黑河学院承办的黑龙江省俄罗斯东欧中亚学会2015年度学术年会在黑河学院召开，来自省内高校、科研院所的百余名代表参会。与会学者在分组讨论中就加快推进"一带一路"与"欧亚联盟"对接、黑龙江省对俄合作、新形势下中俄经贸关系等问题进行了交流与研讨。

8. 黑龙江省政治学会年会暨学术研讨会

6月27日，黑龙江省政治学会六届四次常务理事会暨"全面依法治国与政治发展"学术研讨会在东北石油大学召开。来自全省高校、科研院所、企业单位的省政治学会常务理事、理事及会议代表共50余人参加了会议。

9. 黑龙江流域文明学术研讨会

12月12日，由黑龙江省社会科学院历史研究所、黑龙江省社会科学院文学研究所与哈尔滨师范大学社会历史文化学院、黑龙江大学历史文化旅游学院联合主办的第四届黑龙江流域文明学术研讨会在黑龙江省社会科学院召开。来自中国社会科学院以及省内各高校科研机构的40余名学者与俄罗斯国家历史博物馆、阿穆尔国立大学、俄罗斯科学院西伯利亚分院的8位学者参会。该会议的议题是黑龙江流域历史与考古研究、黑龙江流域岩画艺术研究、大鲜卑山文化研究、黑龙江流域国家文明的演进历程研究。

10. 黑龙江省社会科学院学术年会

2015年黑龙江省社会科学院共举办学

术年会4场,分别是:由俄罗斯研究所、东北亚研究所、犹太研究中心联合举办的国际问题研究专场,主题为"经济新常态与'龙江丝路带'构建";由历史研究所、文学研究所联合举办的文史研究专场,主题是"回望与沉思——纪念抗日战争胜利70周年";由哲学与文化研究所、政治学研究所、社会学研究所、法学研究所联合举办的哲政社法研究专场,主题为"'四个全面'与国家治国能力现代化";由经济研究所、应用经济研究所、农村发展研究所联合举办的经济研究专场,主题为"聚焦龙江发展、发挥智库作用"。25位科研人员在学术年会上作了主题报告。来自黑龙江省政府发展研究中心、黑龙江省委党校、黑龙江省经济管理干部学院、黑龙江大学、哈尔滨师范大学、东北农业大学等单位的同行参会。

11. 系列学术报告会(讲座)

10月13日,中国社会科学院中国边疆研究所所长邢广程、上海社会科学院副院长、历史研究所所长黄仁伟应邀来黑龙江社会科学院作学术报告。黄仁伟、邢广程分别作了题为"TPP后'一带一路'的战略环境"和"'一带一路'与中国边疆"的学术报告。

10月14日,吉林大学行政学院教授、博士生导师、吉林大学社会公正与政府治理研究中心主任周光辉应邀来黑龙江社会科学院作题为"法治中国与法治国家建设"的学术报告。

11月10日,黑龙江省社会科学院纪委书记战继发为全院干部职工作了题为《指点人生的儒家文化精髓》学术讲座。

11月17日,党委副书记、院长朱宇为全院干部职工作十八届五中全会精神专题辅导讲座。

12月8日,黑龙江省保密局局长吴晓鲁应邀来我院为全院干部职工作保密知识讲座。

12月15日,俄罗斯科学院远东研究所副所长、经济学博士、教授奥斯特洛夫斯基·安德烈·弗拉基米尔洛维奇应邀来黑龙江社会科学院作题为"'一带一路'框架下俄远东地区与中国东北地区经贸合作的机遇与风险"的学术报告。

2015年12月30日,黑龙江省社会科学院副院长王爱丽为全院干部职工作了题为"阵地意识、学者责任与政治规矩"的学术讲座。

## 第五节 重点成果

### 一、黑龙江省社科院2014年以前获省部级以上奖主要科研成果

2014年以前黑龙江省社会科学院共获黑龙江省社会科学优秀成果奖428项,其中一等奖以上47项、二等奖69项、三等奖129项、三等奖以下183项;获黑龙江省文艺奖7项。

2014年以前获二等奖以上奖项详见下表。

| 成果名称 | 姓名 | 成果类型 | 获奖级别 | 奖项 | 届次 | 获奖时间 |
| --- | --- | --- | --- | --- | --- | --- |
| 论基础结构 | 刘景林 | 论文 | 荣誉奖 | 黑龙江省社会科学优秀成果奖 | 第二届 | 1986年 |
| 黑龙江国营农场经济发展史 | 杨遇春等 | 专著 | 二等奖 | 黑龙江省社会科学优秀成果奖 | 第二届 | 1986年 |
| 马克思列宁主义社会学原理 | 贾稚岩 | 译著 | 优秀成果奖 | 黑龙江省社会科学优秀成果奖 | 第二届 | 1986年 |

续表

| 成果名称 | 姓名 | 成果类型 | 获奖级别 | 奖项 | 届次 | 获奖时间 |
|---|---|---|---|---|---|---|
| 攻克瑷珲 | 郝建恒 | 译著 | 优秀成果奖 | 黑龙江省社会科学优秀成果奖 | 第二届 | 1986年 |
| 策亡阿喇布坦与沙皇俄国 | 宋嗣喜 | 论文 | 优秀成果奖 | 黑龙江省社会科学优秀成果奖 | 第二届 | 1986年 |
| 斯大林领导苏维埃民主制建设的经验及教训 | 李元书 | 论文 | 优秀成果奖 | 黑龙江省社会科学优秀成果奖 | 第二届 | 1986年 |
| 系统美学 | 杨春时 | 专著 | 二等奖 | 黑龙江省社会科学优秀成果奖 | 第三届 | 1988年 |
| 社会主义经济学导论 | 苏东斌 | 专著 | 二等奖 | 黑龙江省社会科学优秀成果奖 | 第三届 | 1988年 |
| 技术市场学 | 张 敏等 | 专著 | 二等奖 | 黑龙江省社会科学优秀成果奖 | 第三届 | 1988年 |
| 改革、发展、整体性及其评价尺度 | 王雅林 | 论文 | 一等奖 | 黑龙江省社会科学优秀成果奖 | 第四届 | 1990年 |
| 俄语（上、下册） | 郝建恒等 | 编译 | 二等奖 | 黑龙江省社会科学优秀成果奖 | 第四届 | 1990年 |
| 论社会规范 | 董鸿扬 | 论文 | 二等奖 | 黑龙江省社会科学优秀成果奖 | 第四届 | 1990年 |
| 中国文学基本特质及其形成原因的探讨 | 张碧波等 | 论文 | 二等奖 | 黑龙江省社会科学优秀成果奖 | 第四届 | 1990年 |
| 论农村基础结构发展问题 | 刘景林 | 论文 | 一等奖 | 黑龙江省社会科学优秀成果奖 | 第五届 | 1992年 |
| 关于当代政治学现状与我国政治学建设的思考 | 李元书 | 论文 | 一等奖 | 黑龙江省社会科学优秀成果奖 | 第五届 | 1992年 |
| 东北流人史 | 李兴盛 | 专著 | 二等奖 | 黑龙江省社会科学优秀成果奖 | 第五届 | 1992年 |
| 艺术符号与解释 | 杨春时 | 专著 | 二等奖 | 黑龙江省社会科学优秀成果奖 | 第五届 | 1992年 |

续表

| 成果名称 | 姓名 | 成果类型 | 获奖级别 | 奖项 | 届次 | 获奖时间 |
| --- | --- | --- | --- | --- | --- | --- |
| 历史文献补编——十七世纪中俄关系文件选译 | 郝建恒等 | 编著 | 二等奖 | 黑龙江省社会科学优秀成果奖 | 第五届 | 1992年 |
| 苏联西伯利亚的开发与亚太地区的关系——兼论中国的西伯利亚学 | 徐景学 | 论文 | 二等奖 | 黑龙江省社会科学优秀成果奖 | 第五届 | 1992年 |
| 关于文学史重构的两点设想 | 张碧波等 | 论文 | 二等奖 | 黑龙江省社会科学优秀成果奖 | 第五届 | 1992年 |
| 古代东西方"变形记"雏形比较并溯源 | 刘以焕 | 论文 | 二等奖 | 黑龙江省社会科学优秀成果奖 | 第五届 | 1992年 |
| 《金瓶梅》价值论 | 王启忠 | 专著 | 一等奖 | 黑龙江省社会科学优秀成果奖 | 第六届 | 1994年 |
| 人生知识大辞典 | 周汉民等 | 编译 | 一等奖 | 黑龙江省社会科学优秀成果奖 | 第六届 | 1994年 |
| 城镇居民时间预算研究 | 王雅林 | 论文 | 一等奖 | 黑龙江省社会科学优秀成果奖 | 第六届 | 1994年 |
| 西伯利亚史 | 徐景学等 | 专著 | 二等奖 | 黑龙江省社会科学优秀成果奖 | 第六届 | 1994年 |
| 政治社会学:对象·界限·意义 | 李元书 | 论文 | 二等奖 | 黑龙江省社会科学优秀成果奖 | 第六届 | 1994年 |
| 现代政治学概论 | 李元书等 | 专著 | 荣誉奖 | 黑龙江省社会科学优秀成果奖 | 第七届 | 1996年 |
| 北方民族史研究 | 孟广耀 | 专著 | 一等奖 | 黑龙江省社会科学优秀成果奖 | 第七届 | 1996年 |
| 黑龙江年鉴(1994年) | 房德胜等 | 编著 | 一等奖 | 黑龙江省社会科学优秀成果奖 | 第七届 | 1996年 |
| 东北人:关东文化 | 董鸿扬 | 专著 | 二等奖 | 黑龙江省社会科学优秀成果奖 | 第七届 | 1996年 |
| 古希腊语文化初窥 | 刘以焕 | 专著 | 二等奖 | 黑龙江省社会科学优秀成果奖 | 第七届 | 1996年 |

续表

| 成果名称 | 姓名 | 成果类型 | 获奖级别 | 奖项 | 届次 | 获奖时间 |
|---|---|---|---|---|---|---|
| 创造性思维与历史认识系统结构 | 刘爽 | 论文 | 二等奖 | 黑龙江省社会科学优秀成果奖 | 第七届 | 1996年 |
| 中国古代北方民族文化史 | 张碧波等 | 专著 | 特等奖 | 黑龙江省社会科学优秀成果奖 | 第八届 | 1998年 |
| 中国流人史 | 李兴盛 | 专著 | 一等奖 | 黑龙江省社会科学优秀成果奖 | 第八届 | 1998年 |
| 市场经济的发展与我国人格素质的提高 | 张慧彬等 | 论文 | 一等奖 | 黑龙江省社会科学优秀成果奖 | 第八届 | 1998年 |
| 分离、冲击、制导——现阶段中国城市婚姻变革的社会学思考 | 王爱丽 | 论文 | 青年奖一等奖 | 黑龙江省社会科学优秀成果奖 | 第八届 | 1998年 |
| 中国林业经济增长与发展研究 | 田宝强 | 专著 | 二等奖 | 黑龙江省社会科学优秀成果奖 | 第八届 | 1998年 |
| 社会科学成果管理 | 么大中等 | 编著 | 二等奖 | 黑龙江省社会科学优秀成果奖 | 第八届 | 1998年 |
| 黑龙江省城乡社会主义精神文明建设情况抽样调查 | 课题组 | 编著 | 二等奖 | 黑龙江省社会科学优秀成果奖 | 第八届 | 1998年 |
| 现代化进程与当代历史科学的重建 | 刘爽 | 论文 | 二等奖 | 黑龙江省社会科学优秀成果奖 | 第八届 | 1998年 |
| 关于社会主义市场经济形成中黑龙江人的人生观、价值观、道德观的调查报告 | 三观课题组 | 论文 | 二等奖 | 黑龙江省社会科学优秀成果奖 | 第八届 | 1998年 |
| 俄远东反华动向不容忽视 | 王晓菊 | 论文 | 青年奖二等奖 | 黑龙江省社会科学优秀成果奖 | 第八届 | 1998年 |
| 洪秀全传 | 郭蕴深 | 专著 | 一等奖 | 黑龙江省社会科学优秀成果奖 | 第九届 | 2000年 |
| 社科学术理论期刊"专题"专栏的特点及作用 | 张慧彬 | 论文 | 一等奖 | 黑龙江省社会科学优秀成果奖 | 第九届 | 2000年 |

续表

| 成果名称 | 姓名 | 成果类型 | 获奖级别 | 奖项 | 届次 | 获奖时间 |
|---|---|---|---|---|---|---|
| 西方经济思想库 | 王慎之等 | 编著 | 二等奖 | 黑龙江省社会科学优秀成果奖 | 第九届 | 2000年 |
| 改革开放20年的理论与实践·黑龙江卷 | 范洪才等 | 编著 | 二等奖 | 黑龙江省社会科学优秀成果奖 | 第九届 | 2000年 |
| 论新世纪的"三观"建设 | 金增林等 | 论文 | 二等奖 | 黑龙江省社会科学优秀成果奖 | 第九届 | 2000年 |
| 对"黄赌毒"丑恶现象的调查与理性思考 | 王爱丽 | 论文 | 青年二等奖 | 黑龙江省社会科学优秀成果奖 | 第九届 | 2000年 |
| 黑土魂与现代城市人 | 董鸿扬等 | 专著 | 一等奖 | 黑龙江省社会科学优秀成果奖 | 第十届 | 2002年 |
| 宋代市民生活 | 伊永文 | 专著 | 一等奖 | 黑龙江省社会科学优秀成果奖 | 第十届 | 2002年 |
| 法轮功的社会问题须引起严重关注 | 彭放 | 论文 | 一等奖 | 黑龙江省社会科学优秀成果奖 | 第十届 | 2002年 |
| 博士下海 | 曲伟 | 调研报告 | 一等奖 | 黑龙江省社会科学优秀成果奖 | 第十届 | 2002年 |
| 关于加强"哈尔滨犹太人"研究，促进黑龙江省经济发展的建议 | 张铁江 | 调研报告 | 一等奖 | 黑龙江省社会科学优秀成果奖 | 第十届 | 2002年 |
| 早期中俄关系史研究 | 宿丰林 | 专著 | 二等奖 | 黑龙江省社会科学优秀成果奖 | 第十届 | 2002年 |
| 跨世纪中俄国际关系史 | 宋魁等 | 专著 | 二等奖 | 黑龙江省社会科学优秀成果奖 | 第十届 | 2002年 |
| 东北亚国际关系史 | 黄定天等 | 专著 | 二等奖 | 黑龙江省社会科学优秀成果奖 | 第十届 | 2002年 |
| 死亡哲学 | 毕治国 | 专著 | 二等奖 | 黑龙江省社会科学优秀成果奖 | 第十届 | 2002年 |
| 鄂温克族文学 | 黄任远 | 专著 | 二等奖 | 黑龙江省社会科学优秀成果奖 | 第十届 | 2002年 |
| 中俄关系史译名辞典（俄汉对照） | 王晶等 | 编著 | 二等奖 | 黑龙江省社会科学优秀成果奖 | 第十届 | 2002年 |

续表

| 成果名称 | 姓名 | 成果类型 | 获奖级别 | 奖项 | 届次 | 获奖时间 |
|---|---|---|---|---|---|---|
| 论政治运行法制化 | 冯向辉等 | 论文 | 二等奖 | 黑龙江省社会科学优秀成果奖 | 第十届 | 2002年 |
| 希腊上古线形文字说略 | 刘以焕 | 论文 | 二等奖 | 黑龙江省社会科学优秀成果奖 | 第十届 | 2002年 |
| 世界政治格局均衡论 | 孙正甲 | 论文 | 二等奖 | 黑龙江省社会科学优秀成果奖 | 第十届 | 2002年 |
| 政治发展导论 | 李元书 | 专著 | 一等奖 | 黑龙江省社会科学优秀成果奖 | 第十一届 | 2004年 |
| 黑龙江流域文化与旅游文化丛书 | 李兴盛等 | 专著 | 一等奖 | 黑龙江省社会科学优秀成果奖 | 第十一届 | 2004年 |
| 政治运行法制化在政治现代化中的地位和作用 | 冯向辉 | 论文 | 一等奖 | 黑龙江省社会科学优秀成果奖 | 第十一届 | 2004年 |
| 政治文化学 | 孙正甲 | 专著 | 二等奖 | 黑龙江省社会科学优秀成果奖 | 第十一届 | 2004年 |
| 中国农民养老保障之路 | 赵瑞政等 | 专著 | 二等奖 | 黑龙江省社会科学优秀成果奖 | 第十一届 | 2004年 |
| 黑龙江文学通史 | 彭放 | 专著 | 二等奖 | 黑龙江省社会科学优秀成果奖 | 第十一届 | 2004年 |
| 人生科学概论 | 庞发现等 | 编著 | 二等奖 | 黑龙江省社会科学优秀成果奖 | 第十一届 | 2004年 |
| 十九世纪中叶前的中俄文化关系史 | 宿丰林 | 论文 | 二等奖 | 黑龙江省社会科学优秀成果奖 | 第十一届 | 2004年 |
| 加快黑龙江省科技型大中小企业发展对策研究 | 张敏等 | 调研报告 | 二等奖 | 黑龙江省社会科学优秀成果奖 | 第十一届 | 2004年 |
| 日军遗弃化学武器综考——兼评"5·15"判决书 | 高晓燕 | 论文 | 一等奖 | 黑龙江省社会科学优秀成果奖 | 第十二届 | 2006年 |
| 《犹太人在哈尔滨》画册 | 曲伟等 | 编译著 | 二等奖 | 黑龙江省社会科学优秀成果奖 | 第十二届 | 2006年 |
| 黑龙江民营经济年鉴 | 张桐等 | 编译著 | 二等奖 | 黑龙江省社会科学优秀成果奖 | 第十二届 | 2006年 |

续表

| 成果名称 | 姓名 | 成果类型 | 获奖级别 | 奖项 | 届次 | 获奖时间 |
|---|---|---|---|---|---|---|
| 第三次世界大战——信息心理战 | 殷剑平等 | 编译著 | 二等奖 | 黑龙江省社会科学优秀成果奖 | 第十二届 | 2006年 |
| 马克思主义以前没有唯物史观吗？ | 徐殿玖 | 论文 | 二等奖 | 黑龙江省社会科学优秀成果奖 | 第十二届 | 2006年 |
| 犬图腾族的源流与变迁 | 王黎明 | 专著 | 一等奖 | 黑龙江省社会科学优秀成果奖 | 第十三届 | 2009年 |
| 19世纪中叶至20世纪中叶中国乡村治理结构的历史考察 | 朱宇 | 论文 | 一等奖 | 黑龙江省社会科学优秀成果奖 | 第十三届 | 2009年 |
| 日本学术界"南京大屠杀事件"论争及各派观点评析 | 王希亮 | 论文 | 一等奖 | 黑龙江省社会科学优秀成果奖 | 第十三届 | 2009年 |
| 黑龙江省林区特色旅游经济的典型调查 | 周琳等 | 研究报告 | 一等奖 | 黑龙江省社会科学优秀成果奖 | 第十三届 | 2009年 |
| 农村干部与群众——干群信任关系研究 | 赵瑞政等 | 专著 | 二等奖 | 黑龙江省社会科学优秀成果奖 | 第十三届 | 2009年 |
| 龙江春秋——黑水文化论集 | 郭淑梅等 | 编译著 | 二等奖 | 黑龙江省社会科学优秀成果奖 | 第十三届 | 2009年 |
| 黑龙江疆域历史与现状问题研究 | 王敬荣等 | 编译著 | 二等奖 | 黑龙江省社会科学优秀成果奖 | 第十三届 | 2009年 |
| 论全球政治对民族国家政治民主化的影响 | 冯向辉 | 论文 | 二等奖 | 黑龙江省社会科学优秀成果奖 | 第十三届 | 2009年 |
| 决策伦理学 | 许淑萍 | 专著 | 一等奖 | 黑龙江省社会科学优秀成果奖 | 第十四届 | 2010年 |
| 黑龙江百科全书 | 曲伟等 | 编著 | 一等奖 | 黑龙江省社会科学优秀成果奖 | 第十四届 | 2010年 |
| 大国悲剧 | 徐昌翰等 | 译著 | 一等奖 | 黑龙江省社会科学优秀成果奖 | 第十四届 | 2010年 |
| 关于哈尔滨在老工业基地振兴中加速发展研究 | 张新颖等 | 研究报告 | 一等奖 | 黑龙江省社会科学优秀成果奖 | 第十四届 | 2010年 |
| 社会主义核心价值观基本内涵探要 | 陈静等 | 论文 | 一等奖 | 黑龙江省社会科学优秀成果奖 | 第十四届 | 2010年 |

续表

| 成果名称 | 姓名 | 成果类型 | 获奖级别 | 奖项 | 届次 | 获奖时间 |
|---|---|---|---|---|---|---|
| "红色之路"与哈尔滨左翼文学潮 | 郭淑梅 | 论文 | 一等奖 | 黑龙江省社会科学优秀成果奖 | 第十四届 | 2010年 |
| 哈尔滨犹太侨民史 | 刘爽 | 专著 | 二等奖 | 黑龙江省社会科学优秀成果奖 | 第十四届 | 2010年 |
| 冰雪,让我们与众不同——上海世博会黑龙江馆主题陈述报告 | 丛坤等 | 研究报告 | 二等奖 | 黑龙江省社会科学优秀成果奖 | 第十四届 | 2010年 |
| 论和谐社会语境下新的收入分配观——从公平与效率矛盾角度的解析 | 孙浩进 | 论文 | 青年类二等奖 | 黑龙江省社会科学优秀成果奖 | 第十四届 | 2010年 |
| 苏联解体的史学阐释——兼论俄罗斯史学的功能与特征 | 刘爽 | 专著 | 一等奖 | 黑龙江省社会科学优秀成果奖 | 第十五届 | 2013年 |
| 北方生态明珠城 | 王爱丽等 | 编著 | 一等奖 | 黑龙江省社会科学优秀成果奖 | 第十五届 | 2013年 |
| 黑龙江省级发展战略研究 | 曲伟等 | 研究报告 | 一等奖 | 黑龙江省社会科学优秀成果奖 | 第十五届 | 2013年 |
| 东北地区资源型城市转型中旅游业可持续发展问题研究 | 周琳等 | 研究报告 | 一等奖 | 黑龙江省社会科学优秀成果奖 | 第十五届 | 2013年 |
| 居民收入构成来源对城乡差距的影响差异分析 | 房宏琳 | 论文 | 一等奖 | 黑龙江省社会科学优秀成果奖 | 第十五届 | 2013年 |
| 黑龙江省生态建设与发展报告(2009) | 艾书琴等 | 编著 | 二等奖 | 黑龙江省社会科学优秀成果奖 | 第十五届 | 2013年 |
| 关于促进我省更好更快发展精神动力问题研究 | 朱宇等 | 研究报告 | 二等奖 | 黑龙江省社会科学优秀成果奖 | 第十五届 | 2013年 |
| 综合类人文社科期刊须解决五大难题 | 冯向辉 | 论文 | 二等奖 | 黑龙江省社会科学优秀成果奖 | 第十五届 | 2013年 |
| 从关系思维层面重释马克思辩证法 | 高云涌 | 论文 | 二等奖 | 黑龙江省社会科学优秀成果奖 | 第十五届 | 2013年 |

续表

| 成果名称 | 姓名 | 成果类型 | 获奖级别 | 奖项 | 届次 | 获奖时间 |
| --- | --- | --- | --- | --- | --- | --- |
| 青年农民工非制度化政治参与论析 | 高洪贵 | 论文 | 青年类二等奖 | 黑龙江省社会科学优秀成果奖 | 第十五届 | 2013年 |
| 中国收入分配不公平问题分析及制度思考 | 孙浩进 | 论文 | 青年类二等奖 | 黑龙江省社会科学优秀成果奖 | 第十五届 | 2013年 |
| "红色之路"与哈尔滨左翼文学潮 | 郭淑梅 | 论文 | 二等奖 | 黑龙江省文艺奖 | 第六届 | 2010年 |
| 女性文学景观与文本批评 | 郭淑梅 | 专著 | 二等奖 | 黑龙江省文艺奖 | 第七届 | 2012年 |
| 现代东北文学中的俄罗斯人形象 | 金钢 | 论文 | 二等奖 | 黑龙江省文艺奖 | 第七届 | 2012年 |
| 寻找与考证：萧红居地安葬地及纪实作品研究 | 郭淑梅 | 论文 | 一等奖 | 黑龙江省文艺奖 | 第八届 | 2013年 |
| 黑龙江历史文化资源战略研究 | 郭淑梅等 | 编著 | 一等奖 | 黑龙江省社会科学优秀成果奖 | 第十六届 | 2015年 |
| 经济转型中的城镇居民收入问题研究 | 李小丽 | 论文 | 一等奖 | 黑龙江省社会科学优秀成果奖 | 第十六届 | 2015年 |
| 国际传媒产业转移趋势与理论构建——基于演化经济学的视角 | 孙浩进 | 论文 | 一等奖 | 黑龙江省社会科学优秀成果奖 | 第十六届 | 2015年 |
| 阶层关系和谐发展之路 | 赵瑞政等 | 专著 | 二等奖 | 黑龙江省社会科学优秀成果奖 | 第十六届 | 2015年 |
| 黑龙江流域文明新探 | 庄鸿雁等 | 专著 | 二等奖 | 黑龙江省社会科学优秀成果奖 | 第十六届 | 2015年 |
| 21世纪初的西伯利亚 | 马友君等 | 译著 | 二等奖 | 黑龙江省社会科学优秀成果奖 | 第十六届 | 2015年 |
| 龙江崛起在此时——黑龙江省走出特色城镇化道路的调查思考 | 曲伟等 | 研究报告 | 二等奖 | 黑龙江省社会科学优秀成果奖 | 第十六届 | 2015年 |
| 党员干部在社会主义核心价值体系建设中双重角色研究 | 陈静 | 论文 | 二等奖 | 黑龙江省社会科学优秀成果奖 | 第十六届 | 2015年 |

续表

| 成果名称 | 姓名 | 成果类型 | 获奖级别 | 奖项 | 届次 | 获奖时间 |
|---|---|---|---|---|---|---|
| 基于动态进化的企业核心竞争力分析 | 房宏琳等 | 论文 | 二等奖 | 黑龙江省社会科学优秀成果奖 | 第十六届 | 2015年 |
| "辩证法研究"还是"研究辩证法"？——对近年来国内有关辩证法讨论的一个质询 | 高云涌等 | 论文 | 二等奖 | 黑龙江省社会科学优秀成果奖 | 第十六届 | 2015年 |
| 改革开放以来我国主要社会群体利益关系问题分析 | 鲁 锐 | 论文 | 二等奖 | 黑龙江省社会科学优秀成果奖 | 第十六届 | 2015年 |
| 老工业基地城市流动人口医保现状及参保意愿 | 田 雨 | 论文 | 二等奖 | 黑龙江省社会科学优秀成果奖 | 第十六届 | 2015年 |

## 二、2015年主要科研成果

黑龙江省社会科学院2015年共出版专著、编著、译著25部（六大出版社8部），9262千字；公开发表论文197篇（1篇被《光明日报》《社会科学报》《学术界》论点摘编、中国人民大学复印报刊资料全文转载），1346千字。其中核心以上期刊发表48篇（1篇被人大报刊复印资料《国际政治》2015年第11期全文转载，1篇被中国社会科学网、中央党校中国干部学习网2015年8月18日全文转载）；译文25篇，146千字；文章38篇（其中光明日报5篇A类），73千字；研究报告（含蓝皮书）及建议111篇，870千字；其他105篇（综述2篇，纪实1篇，会议论文102篇），663千字。

2015年主要科研成果（国家级出版社出版的专著，国家级期刊、SSCI、CSSCI发表论文）

成果名称：《唯物史观与历史研究》
作者：刘爽
职称：研究员
成果形式：专著
字数：300千字
出版单位：中国社会科学出版社
出版时间：2015年7月

该成果在理论上的突破与创新、对社会实践的指导意义：通过研究唯物史观关于人类社会历史规律的科学论断，可以加深我们对所处时代的历史阶段和社会性质的认识。在中国改革开放面临各种机遇与挑战的关键时期，坚持用唯物史观指导历史研究，对我们把握重大历史机遇，选择正确发展道路，加快中国特色社会主义建设，实现复兴中华伟大中国梦的宏伟目标具有重要的现实意义。通过系统梳理和深入阐释中西方马克思主义史学的发展历程、经验和教训，突显了本课题的学术价值。

成果名称：《渤海靺鞨民族源流研究》
作者：郭素美、梁玉多
职称：研究员
成果形式：专著
字数：226千字
出版单位：社会科学文献出版社

出版时间：2015 年 11 月

该成果主要的研究对象是渤海国主体民族的来源与流向。认为渤海国的主体民族是以粟末靺鞨为主体，结合了靺鞨的其他各部，以及部分高句丽遗民而形成的。渤海国灭亡后，其遗民绝大多数都融合到汉、满等中国各民族中去了。该成果在理论上的突破与创新、对社会实践的指导意义：通过对渤海国主体民族的来源与流向的具体分析，进一步确认了渤海国是我国唐代的地方民族政权，渤海国的历史是中国的历史。这不但丰富了中华民族多源一体的理论基础，也在史学领域维护了国家权益。

成果名称：《黑龙江住房和城乡建设发展报告（2016）》
作者：朱宇
职称：研究员
成果形式：编著
字数：341 千字
出版单位：社会科学文献出版社
出版时间：2015 年 12 月

该书作为全省住房和城乡建设领域研究的重大成果，系统总结了"十二五"时期黑龙江省住房和城乡建设的发展历程，深刻分析了尚存的困难和问题，对"十三五"时期黑龙江省住房和城乡建设发展的趋势进行了分析和预测，并提出了相应的对策建设。该成果在理论上的突破与创新、对社会实践的指导意义。该书对"十三五"时期黑龙江省住房和城乡建设发展进行了前瞻性研究和科学谋划，以确保黑龙江在建设领域改革、城乡建设发展、坚持依法行政、规范权力运行等方面的工作科学推进，体现了一个开放性的观察视角和研究范式，其经验可为全国解决民生用房问题所借鉴，是一部信息密度高、史料性强，具有较高权威性的资料参考书。

成果名称：《中国东北地区发展报告（2015）》
作者：朱宇
职称：研究员
成果形式：编著
字数：450 千字
出版单位：社会科学文献出版社
出版时间：2015 年 12 月

该书是黑龙江、吉林、辽宁、内蒙古三省一区社会科学院关于"东北地区经济社会发展"研究的第 10 个年度报告，是围绕中国东北地区经济社会发展建设中心任务，服务东北地区经济社会发展大局的重要阶段性成果，是东北地区专门从事经济社会发展研究的专家学者对东北地区 2014—2015 年经济社会运行态势、发展方向、保障措施的专业解读，具有时效性、原创性、系统性、前沿性和权威性。即时的指标解读、及时的形势判断、应时的趋势预测等，使得该书具有重大的理论研究和政策参考价值。该成果在理论上的突破与创新、对社会实践的指导意义。该书是我国在东北地区经济社会发展重大战略谋划上的重要依据，是国内各界关注东北、了解东北、追踪东北、建设东北的必备资料，是把握东北地区经济社会发展脉动、探索东北地区经济社会发展规律、实现东北地区全面振兴发展的重要思想源泉。

成果名称：《黑龙江经济发展报告（2015）》
作者：曲伟
职称：研究员
成果形式：编著
字数：343 千字
出版单位：社会科学文献出版社
出版时间：2015 年 1 月

该书围绕黑龙江经济建设中心任务，服务经济社会发展大局的重要阶段性成果，是黑龙江省专门从事经济研究的专家学者对全省2014—2015年经济运行态势、发展方向、保障措施的专业解读。该成果在理论上的突破与创新、对社会实践的指导意义。该书具有时效性、原创性、系统性、前沿性和权威性的特点。具有重大理论研究和政策参考价值，是省委、省政府指定黑龙江发展重大战略谋划的重要依据，是国内外各界关注黑龙江的必备资料，是把握龙江经济脉动、探索龙江经济规律、实践龙江经济发展的思想源泉和智囊支撑。

成果名称：《黑龙江社会发展报告(2015)》
作者：张新颖
职称：研究员
成果形式：编著
字数：319千字
出版单位：社会科学文献出版社
出版时间：2015年1月

该书对2014年黑龙江省关系民生问题，如居民生活、就业、住房、教育、医疗、人口和生态环境等进行了广泛调查、实证研究和舆情分析；对2014年黑龙江省诸多社会热点和焦点问题进行了有益探索。该成果不仅为党委、政府部门更加全面深入了解省情、科学制定决策提供了智力支持，也为广大读者认识、了解、关注黑龙江省社会发展提供了理性思考。

成果名称：《律师之魂》
作者：王希亮
职称：研究员
成果形式：译著
字数：199千字
出版单位：社会科学文献出版社
出版时间：2015年11月

20世纪90年代以来，鉴于日本政府及右翼社会推诿战争责任，否认战争罪行的举动，中国部分战争受害者及其遗属向日本法庭提起日本国家战争加害赔偿诉讼。日本相应组织起为中国受害者辩护的律师团，团长为资深律师土屋公献先生。该成果系土屋先生在法庭内外收集采录日本战争罪行实证，以正义和真理进行法庭辩护的活动经历。该成果对于揭露日本战争罪行，促进日本战争遗留问题的研究，激励日本正义社会继续追究日本战争责任，维护东亚及世界和平具有深远的现实意义和历史意义。

成果名称：《侵华日军731部队细菌战资料选编》
作者：王希亮
职称：研究员
成果形式：译著
字数：578千字
出版单位：社会科学文献出版社
出版时间：2015年5月

该成果编译了日本和美国最新发现的有关侵华日军细菌战资料，系此前学界尚未发现或利用的原始资料及档案资料等，另包括部分美日学者的最新研究成果。该成果对于推进侵华日军细菌战的深入研究，弥补以往细菌战研究的某些缺憾，解析以往研究过程中的某些不解之谜，具有重要的创新指导意义和重大的史料价值。同时，通过真实的史料披露了战后美日勾结，掩盖侵华日军细菌战罪行的行径，揭示日本细菌战犯战后逍遥法外的根本原因。

成果名称：《论唯物史观对全球化进程的阐释及其意义》
作者：刘爽
职称：研究员
成果形式：论文
字数：9千字
发表刊物：《北方论丛》
出版时间：2015年第1期

马克思主义唯物史观基于对资本主义生产和交换方式的科学考察，揭示了世界历史的客观规律，对于把握全球化进程的特点和趋势具有重要价值。唯物史观通过社会存在与社会意识、生产力与生产关系等多重视角，阐明了历史与现实的内在逻辑联系，不仅为历史学家建构整体的史学思想、确立全球历史观提供了理论依据，而且对于认识当代资本主义变化，分析世界经济政治的基本走势，进而研究全球化背景下不同国家现代化道路的选择都具有重要作用，彰显了其科学理论的现代意义。

该成果在理论上的突破与创新、对社会实践的指导意义：唯物史观通过对世界历史进程的阐释，以及试图建立一种整体的、"全球历史观"的努力，把历史研究与现实紧密结合起来，成为解决当代社会各种矛盾和问题的理论武器。中国特色社会主义建设的宏伟事业，就是在人类全球化进程的大背景下，实现中华民族伟大复兴的"中国梦"，在这一过程中，马克思主义的唯物史观及其世界历史理论，对于我们选择正确的道路和方向，克服前进中的艰难险阻，仍然具有重要的理论价值和现实意义。

成果名称：《以哲学的方式推进〈资本论〉哲学研究——兼及"柯尔施问题"的"活动论"解》
作者：高云涌
职称：编审
成果形式：论文
字数：9千字
发表刊物：《天津社会科学》
出版时间：2015年第5期

其一，在目前国内哲学界关于《资本论》的研究中，如何摆脱"哲学的知识论立场"的影响其实仍是一个至今没有得到彻底解决的基本理论问题。以孙正聿、赵汀阳等为代表的"哲学的活动论立场"对"哲学的知识论立场"的理论反拨，对于我们摆脱关于《资本论》哲学性的"知识论"的确证方式和研究方式开启了一条有益的问题解决出路。其二，从"哲学的活动论立场"出发来确证《资本论》的哲学性，我们就会将"《资本论》哲学思想研究"中的"思想"做一种动词性的理解，就会突出强调对其"思想活动"或"思想方式"的研究，而不是将关注点仅仅放到对其"思想内容"的研究之上。其三，在《资本论》中，各种经济范畴（观念）从直接性上看都是科学活动的结果，它们作为对一定社会关系的抽象，构成了关于现实的资本主义社会的思想；而作为这些经济范畴（观念）得以成立的理论前提（包括规范性前提和描述性前提）的基础性范畴则扮演了哲学范畴（观念）的角色；这些哲学范畴（观念）是哲学活动的结果，是通过反思、批判相应经济范畴（观念）的理论前提得到的，其内涵则是对资本的时代人的存在意义即资本主义时代精神的理论表征。

成果名称：《中国哲学史诠释模式的传统借鉴与当代反思——论〈明儒学案〉的哲学史意义》
作者：张圆圆
职称：助理研究员
成果形式：论文
字数：8千字
发表刊物：《社会科学辑刊》
出版时间：2015年4月

主要回顾与总结了中国哲学史诠释模式的既有框架和理论成果，又重点研究了《明儒学案》的中国哲学史意义和其哲学史方法论，并具体提出了《明儒学案》对中国哲学史诠释模式的借鉴意义。文章的主要观点为：中国哲学史学科自建构以来，经历了"以西释中""以中释中""以马释中"等多元交汇的诠释路径。但至今为止，在选择何种诠释模式重构中国哲学史这一问题上，学界尚存多种声音。黄宗羲的《明儒学案》是中国传统学术史的一部经典文本，也是传统意义上的哲学史著作。它不仅开创了真正意义上的"学案体"体裁，而且在创造性地继承以往学术史研究成果的基础上，产生了具有普适意义的学术史方法论。其在民族哲学话语体系中呈现出的明代理学史思想，至今仍具有重要的参考价值。因此，回顾与反思以往中国哲学史学科建构的既得成果，从哲学史角度继续深入研究《明儒学案》，在彰显中国传统文化优越性、探寻一条具有民族独立性的中国哲学史诠释路径的今天，具有十分重要的启示和借鉴意义。

成果名称：《游戏：日常生活的精神家园》

作者：周红路

职称：副教授

成果形式：论文

字数：5千字

发表刊物：《天津社会科学》

出版时间：2015年11月

该文主要研究对象为社会学视角中的审美游戏。20世纪哲学的日常生活转向表明，人终究不是理性、道德、政治的单面人，而是日常生活中的凡夫俗子，最深刻的人的本质就蕴涵在人的日常生活中。从日常生活的平庸处发现神奇与真谛，并引领人们走进"游戏"——日常生活的精神家园，这才是哲学和社会学的永恒使命与真正价值。该成果在理论上的突破与创新主要体现为提出了人是善于制定游戏规则（突破游戏规则）并游戏其间的文化性社会动物及游戏在由猿进化到人的过程中起到了决定性作用等结论，填补了当代文化社会学研究的空白。该成果对社会实践的指导意义主要体现为突破了以往游戏理论更多关注"形而上"的研究局限（多从哲学、美学、心理学等学科入手研究）。该文突出应用社会学的研究视角，尤其注意应用生活方式理论研究的最新成果，使理论成果较易转化为现实力量，具有较强的对社会实践的指导意义。

成果名称：《网络社会社会分层的结构转型》

作者：张斐男

职称：助理研究员

成果形式：论文

字数：6千字

发表刊物：《学术交流》

出版时间：2015年3月

该论文将社会分层放在网络社会这一大环境下，探讨了网络社会的发展对社会分层的影响。该论文认为，社会分层正从金字塔结构向"空中花园"转变，这些网络社会中社会分层的新特征正在影响并消解着原本的由上而下的权力结构。

成果名称：《中国旅游业可持续发展的制度障碍及其解决之策》

作者：周琳

职称：研究员

成果形式：论文

字数：7.5千字

发表刊物：《学习与探索》

出版时间：2015年8月

中国旅游业的发展距离世界旅游强国的目标仍有很大距离，旅游业的可持续发展还有很多问题，这些问题中最突出的就是制度问题。该成果在理论上的突破与创新、对社会实践的指导意义：要运用制度创新思维，充分释放改革创造的制度红利和社会和谐红利，加快旅游各方面制度、体制建设，实现我国旅游业可持续发展。

成果名称：《论消费主义经济理念对我国大学生的误导与化解》

作者：王春娥

职称：副研究员

成果形式：论文
字数：6.5千字
发表刊物：《黑龙江高教研究》
出版时间：2015年6月

消费主义经济理念是大学生错误消费观念和行为的理论支撑，误导部分大学生认同并践行消费主义式消费，如此不仅危害大学生身心健康，还加重家庭负担破坏家庭和睦、破坏良好校风甚至社会安定，为此不仅要在路径方法上不断探寻有效对策，更要从思想观念上找到化解问题的着力点。

成果名称：《俄罗斯对外结盟的目标形成及影响因素——基于权力结构、地缘关系、意识形态视角的分析》
作者：初智勇
职称：助理研究员
成果形式：论文
字数：40千字
发表刊物：《俄罗斯研究》
出版时间：2015年第3期

俄罗斯结盟目标：维系国际均势，渐进式扩张。影响因素：权力结构、地缘环境与意识形态。

该成果在理论上的突破与创新、对社会实践的指导意义。俄罗斯不具备成为支配大国的能力，但却足以使力量对比向有利于制衡的方向倾斜。俄罗斯的结盟战略，关乎中国北部和西部的安全，及中国能否集中战略资源解决海洋问题。被人大报刊复印资料《国际政治》2015年第11期全文转载。

成果名称：《中世纪城市与古典城市比较》
作者：黄秋迪
职称：副研究员
成果形式：论文
字数：1.2千字
发表刊物：《学习与探索》
出版时间：2015年7月

中世纪城市与古典城市之间存在许多相似之处，但两者在相似表象背后具有本质差别。首先，古典城市的主宰者城邦公民是土地所有者，工商业者处于无权地位，而中世纪城市市民主要是工商业者，他们组成市镇管理机构以实行自治；其次，古典城市主要通过殖民、扩展战争等政治军事手段建立，而中世纪城市主要通过贸易、发展工商业等经济手段建立；最后，古典城市在城邦政治生活中处于核心地位，统治着周边乡村地区，而中世纪城市是封建社会中的岛屿和飞地，其发展逐渐侵蚀封建制度。

成果名称：《十月革命与苏（俄）远东苏维埃政权的建立》
作者：黄秋迪
职称：副研究员
成果形式：论文
字数：8.5千字
发表刊物：《北方论丛》
出版时间：2015年7月

十月革命后，苏维埃政权开始在全国"凯歌行进"，远东地区也汇入到波澜壮阔的革命洪流中。在苏（俄）中央委员会的领导下，经过四个发展阶段，普遍建立苏维埃政权，确立了十月革命在苏（俄）的全面胜利。远东苏维埃政权是在严酷的国内外环境下建立起来的，有效的斗争策略保证了革命逐步推进，但是，苏维埃和地方自治管理局两个政权并存、苏维埃政权建设实行"一刀切"等问题，在一定程度上影响了远东地区苏维埃政权的稳固。

成果名称：《19—20世纪初俄国农业协会的兴农实践探析》
作者：钟建平
职称：资深翻译

成果形式：论文

字数：7千字

发表刊物：《贵州社会科学》

出版时间：2015年第3期

19—20世纪初，粗放型农业在俄国占主导地位，农耕技术落后，习惯于传统家长式管理的农民生产积极性低，加之政府对农业重视不足，导致俄国农业现代化进程极其艰难。作为帝俄时期重要的社会组织，农业协会广泛开展兴农活动，为政府发展农业提供额外的资源和帮助。通过支持科学研究，普及先进农业知识，农业协会成为俄国农业现代化思想的传播者，对促进农业科学进步和提高农业合理化水平作出了积极贡献。该成果在理论上的突破与创新、对社会实践的指导意义。农业是重要的国民经济领域，社会力量是解决农业问题的重要因素之一。发展农业生产，既需要政府的积极作为，也需要社会的广泛参与和支持。

成果名称：《明清生态环境劣变与大青山前城镇水灾的关系——以归绥城为例》

作者：牛淑贞

职称：副教授

成果形式：论文

字数：15千字

发表刊物：《山西大学学报》（哲学社会科学版）

出版时间：2015年11月

该成果在理论上的突破与创新、对社会实践的指导意义：当前随着我国城市化建设的迅猛推进，城市水患现象也引起民众的普遍重视。历史地理学者牛淑贞由现实关怀而推及历史，对坐落于农牧交错地带、降水相对稀少的塞外边城归绥城的水患问题做了考察。该文的一大亮点在于，作者并没有将视域局限于城市本体，而是敏锐地洞察到归绥城北的大青山的生态劣变与城市水患现象加重之间的密切关联，这种环境史视野下的研究理念，显然是我们以后推动城市灾害史研究时需要格外留心的所在。灾荒本身的复杂属性，决定了灾荒史研究未来创新的一大路径在于如该文一样的多学科结合。

成果名称：《夫余王葬用玉匣考》

作者：张芳、刘洪峰

职称：助理研究员

成果形式：论文

字数：11千字

发表刊物：《学习与探索》

出版时间：2015年7月

该成果通过对夫余王葬用玉匣的研究反映两汉时期夫余国的地位问题。主要学术观点如下：第一，东汉赐予夫余王葬用玉匣的时间断限开始于安帝永宁元年（120）至顺帝永和元年（136）之间，结束时间为延康元年（220）。第二，从形制上看，夫余王葬用玉匣符合"银缕"的可能性。第三，已使用玉匣的夫余王是夫台和尉仇台，文献中最后的玉匣主人是简位居。

该成果在理论上的突破与创新、对社会实践的指导意义：东汉对夫余国的重视，最突出的表现是夫余王葬用玉匣，而相关研究尚未得到学界关注。该成果从微观角度研究夫余国问题，可以看出夫余国在汉魏时期曾强大一时，在东汉的政治版图中居于特殊位置。

成果名称：《满语同音词的来源及其与多义词的辨别》

作者：时妍

职称：助理研究员

成果形式：论文

字数：7千字

发表刊物：《黑龙江民族丛刊》

出版时间：2015年1月

同音词与多义词的辨别是比较复杂的问题之一，这种复杂性的极端表现是它曾经成为否认词汇多义性存在的理由。该成果在理论上的突破与创新、对社会实践的指导意义：满语同音词与多义词的辨别分析，是满语多义词研究的前提。同音词与多义词的界限很难划分，最直接的表现就是不同词典编纂者对两者的理解和处理不同。作者以《新满汉大词典》中的 gisun、ba、surambi、šodombi、dere、burimbi 为例来分析不同研究者对多义词与同音词的划分是不同的。

成果名称：《满语多义词的共性与个性特征探析》
作者：时妍
职称：助理研究员
成果形式：论文
字数：11.5 千字
发表刊物：《黑龙江民族丛刊》
出版时间：2015 年 4 月

多义词是满语词汇中非常复杂也非常普遍的词汇现象，它与英汉语言多义词一样都具有规律性、经济性与概括性、语境制约性和民族特性。同时，满语多义词还具有鲜明的个性特征，例如与狩猎有关的词汇大多具有多义性，且词义的派生力强；人体器官词汇具有多义性，但是其词义所指不明确；美好、祝愿、积极向上的词汇都成为封谥用语；满语多义词的词义内容广泛；满语多义词的引申义词性不丰富；满语动词的使动态和被动态与原型相比派生出了新义项等。

该成果在理论上的突破与创新、对社会实践的指导意义：研究满语多义词的个性特征有助于更好地理解满语词汇及相关的民族文化，对满语教学及学生"隐喻能力"的培养都有一定的指导意义。

成果名称：《陈力娇小说的"地母情怀"——评中短篇小说集〈青花瓷碗〉》
作者：郭淑梅
职称：研究员
成果形式：论文
字数：9 千字
发表刊物：《文艺评论》
出版时间：2015 年 7 期

该成果对黑龙江作家陈力娇中短篇小说高度概括，认为其富有张力的小说风格主要来源于她将当下生活纳入其"创作场域"，在一团麻似的社会生活中迅速捋出线索，深具目标选择能力。即使在讲荒诞故事，也重视当下生活细节。其次，对小说立体化的追求，使其在短篇幅中不乏厚重之感。一些女性主角具有像土地一样厚实可靠的品性，包容大气、坚定不移，裹起人世沧桑。正是作家崇尚的"大地之母"创造引领精神，小说才透出一股覆盖世俗陈规的霸气。

该成果在理论上的突破与创新、对社会实践的指导意义：该成果概括的"风格论"，以精神症候群为研究旨归，将作家中短篇小说整体梳理，有助于推进作家创作走向深化，也有助于提醒作家突破现有程式。

成果名称：《迟慧和她的慢生活》
作者：任雪梅
职称：副研究员
成果形式：论文
字数：9 千字
发表刊物：《文艺评论》
出版时间：2015 年 9 月

该文从四个独特的视角品读了迟慧的散文集《慢生活》：细腻与粗疏的"迟"，透着率直疏朗；本真而有余裕的"爱"，尤其见天见地，见情见性；而那些极致的悲伤与幸福更呈现了迟慧的"真"，正是生命中难以承受的悲喜都让我们抵达了从未曾抵达的自己；而这一切的迟、爱、与真中流露出的"慧"更引领我们在这喧嚣世间来参悟宇宙人生的奥义。

成果名称：《大兴安岭岩画的田野考察与文化考论》
作者：庄鸿雁
职称：副研究员
成果形式：论文
字数：9千字
发表刊物：《黑龙江民族丛刊》
出版时间：2015年第1期

该文就近年发现的40余处大兴安岭岩画遗存中的典型岩画点的分布、发现过程作了概述，并对其文化特征、文化价值进行了分析，虽然大兴安岭岩画的断代仍为其研究的最大瓶颈，但通过大兴安岭岩画的研究，黑龙江流域早其民族或族群都可从中寻找到其文化渊源，同时，大兴安岭岩画作为环太平洋岩画带的重要特点，为研究中国北方民族历史文化的变迁及与北美大陆的文化交流，提供了鲜活的材料。

该论文为国内第一篇对大兴安岭岩画在田野考察的基础上进行的综合分析。

成果名称：《大兴安岭嘎仙洞岩画与北方民族的狼图腾》
作者：庄鸿雁
职称：副研究员
成果形式：论文
字数：6.5千字
发表刊物：《文艺评论》
出版时间：2015年第9期

作为鲜卑民族的发源地和祖室，嘎仙洞近年发现有动物岩画，该文通过对这一动物岩画的考察与分析，得出此岩画为鲜卑及一些北方民族崇拜的狼图腾的结论，同时，也揭示出这一动物岩画背后蕴藏的深厚的文化学意义。

成果名称：《文化结点上的大兴安岭龙形岩画解读》
作者：庄鸿雁
职称：副研究员
成果形式：论文
字数：6.5千字
发表刊物：《学习与探索》
出版时间：2015年第7期

中国东北地区是中华龙的起源地之一，近年随着大兴安岭岩画的不断被发现，大兴安岭岩画中也发现有龙形图像。该文试图通过对大兴安岭龙形岩画及其图像背后蕴藏的深厚文化内容的勾连与解读，探索大兴安岭岩画作为黑龙江流域文明的一部分在中华文明多元一体体系形成过程中所发挥的作用，并进而揭示出大兴安岭龙形岩画在整体中华龙文化进程中所发挥的结点功能。

成果名称：《文化视域中的大兴安岭生殖崇拜岩画图式解读》
作者：庄鸿雁
职称：副研究员
成果形式：论文
字数：6.5千字
发表刊物：《文艺争鸣》
出版时间：2015年第7期

生殖崇拜不仅是人类自身繁衍壮大的根本方式，也是人类文化与审美的永恒的主题。作为产生于旧石器时代原始艺术的岩画，其生殖崇拜主题和图式占有相当的比重。该文通过对近年发现的大兴安岭岩的生殖崇拜岩画三种典型图式的分析，揭示大兴安岭岩画作为原始先民创造的史前艺术，其生殖崇拜主题表现出的多样性与丰富性。

成果名称：《悲欣交集的中国北疆世界》
作者：金钢
职称：副研究员

成果形式：论文
字数：5千字
发表刊物：《文艺评论》
出版时间：2015年5月

该论文对迟子建的长篇小说《群山之巅》进行了分析和评论。小说中的种种世事人生如过眼云烟，在迟子建的随立随扫中，这块北疆世界终归变成了"白茫茫一片大地"，世界以我们无法把握的方式在前行，而一次次被搅动的心澜，最终化成了空寂。这空寂或许正是迟子建创作三十年的心境，三十年岁月匆匆而过，迟子建自己也从一个讲着故乡童话的青涩少女迈入知天命之年，她这时的述说与故乡的黑土白雪水乳交融，我们知道，白茫茫的大雪下覆盖着肥沃的黑土，当大雪消融的时候，便会有生机萌发。《群山之巅》将我们带入中国北疆一片半封闭、半神秘的传奇世界里，这里发生的故事是如此丰富多彩，有着各种各样的来历，而其终极的悲凉、欢欣却与别的世界并无不同。

成果名称：《探寻赫哲族"伊玛堪"活态传承》
作者：侯儒
职称：研究实习员
成果形式：论文
字数：8.1千字
发表刊物：《黑龙江民族丛刊》
出版时间：2015年6月

该文以赫哲族"伊玛堪"说唱为研究对象，论述"伊玛堪"说唱的现状，在此基础上对"伊玛堪"说唱变迁的原因进行分析探讨。为建立完备的保护、传承措施提供理论学术依据。在现有资源的基础上，对"伊玛堪"代表性传承人有所回赠，也让更多人了解"伊玛堪"，学习"伊玛堪"。

成果名称：《东北亚区域经济合作视角下的中蒙俄经济走廊建设》
作者：张秀杰
职称：研究员
成果形式：论文
字数：8千字
发表刊物：《学习与探索》
出版时间：2015年6月

针对把中国丝绸之路经济带同俄罗斯跨欧亚大铁路、蒙古国草原之路对接，打造中蒙俄经济走廊这一热点问题，该文从东北亚区域经济合作新形势出发，分析中蒙俄经济走廊建设的基础与制约因素，提出未来必须在维护相关国家共同经济利益的基础上，加强人文交流，建立安全信任机制，促进区域内的互联互通建设，扩大各国之间的相互投资，推进人文领域合作新亮点，促进东北亚区域经济协调发展。

该成果在理论上的突破与创新、对社会实践的指导意义：主要是将中蒙俄经济走廊纳入东北亚区域经济合作中研究，与东北亚此区域合作机制比较，提出中蒙俄经济走廊将带动东北亚区域经济合作深入发展。特别是要加强人文领域合作，促进互联互通。

## 第六节 学术人物

研究员专业技术职务人员简介：

杨遇春，1927年出生，男，中共党员、研究员、硕士生导师。曾任黑龙江省社会科学院经济研究所所长。社会兼职有：黑龙江省农村发展战略专家顾问组成员；省农村发展研究学会常务理事；省农业经济学会副理事长；省农场管理学会副理事长；省经济研究中心及省农村研究中心特邀研究员。主要从事黑龙江省农村经济、农场经济研究。共出版学术著作6部，发表论文、调查报告近百篇。其中有代表性的专著有《黑龙江省国营农场经济发展史》《国营友谊农场五分场二队引进农业机械试点的经济效果考察》《海伦农业现代化实验》等。围绕课题撰写调查报告和论文计21篇，分别发表在《中国农垦》《经济研究参考资料》《学习与探索》《学术交流》《经济展望》《北方经济》等国家级和省级刊物。曾多次参加国内、省内农垦、农村经济问题研讨会。参与《中国农村生产关系研究》一书（研究中国农村生产关系较早的一部专著）的编撰工作。

孟宪章，1927年出生，男，中共党员，1992年晋升研究员，曾任历史所所长，中俄关系史专业硕士研究生导师，中共黑龙江省第四届委员会委员、五届委员会候补委员，中国中俄关系史研究会副会长。他是历史所中俄关系史学科的奠基者之一。

郝建恒，1928年出生，男，中共党员，研究员。1973年调入原黑龙江省哲学社会科学研究所第三研究室（黑龙江省社会科学院历史研究所前身），1985年被评为我院首批研究员，1990年离休。1996年郝建恒被莫斯科俄罗斯科学院远东研究所授予荣誉博士称号，他的大幅彩照被挂在俄罗斯科学院的大厅里。

刘民声，1929年出生，男，中共党员，1980年12月晋升副研究员，1979年10月—1983年5月任院党组成员兼历史所所长，1983年5月—1988年11月任副院长。中俄关系史专业硕士研究生导师，曾任中国史学会常务理事，黑龙江省史学会会长。刘民生是历史研究所的组建者和首任所长，是历史所中俄关系史学科的奠基者之一，是专家型领导，成果颇丰。

徐景学，1939年出生，男，历史学家。研究员。1962年毕业于哈尔滨师范大学历史系，曾任黑龙江省社会科学院西伯利亚研究所所长、东北亚国际问题研究中心主任、硕士生导师，是中国西伯利亚学的创始人之一。1988年，被授予"国家级有突出贡献的中青年专家"称号；1991年被批准享受国务院特殊津贴；1995年，被黑龙江省委、省政府授予"黑龙江省优秀专家"称号；1998年，被俄罗斯科学院远东分院经济研究所授予经济学名誉博士学位。2006年被黑龙江省社会科学院授予终身研究员称号。徐景学研究员主要从事俄国史，尤其是西伯利亚历史研究，撰写和主编18部学术专著，发表160余篇论文和研究报告。

张寰海，1933年出生，男，中共党员，研究员，中国资深翻译家。1953年毕业于哈尔滨外国语学院，留校任教并从事语言研究工作；1963年调入黑龙江省社会科学院二室，从事苏（俄）西伯利亚与远东问题研究，直至1996年退休。曾任西伯利亚研究所资料编译室主任，省级重点学科（世界经济学科）带头人，自1979年起任本院研究生部世界经济专业硕士研究生导师。作为世界经济学科创始人之一，在学科发展中作了大量基础工作，为西伯利亚所的发展作出了一定贡献。研究领域主要为俄罗斯西伯利亚与远东经济问题。数十年来，先后发表文字量数百万字。

王慎之，1938年出生，男，黑龙江省社会科学院研究员，经济研究理论研究室主任。1961年毕业于中国人民大学经济系政治经济学专业，1961—1979年在宁夏大学任教，1979—1992年在黑龙江大学任副教授，1990年被中共黑龙江省委，黑龙江省人民政府授予"黑龙江省优秀专家"称号；1992年至退休前在黑龙江省社会科学院任研究员。1993年享受国务院特殊津贴。

王启忠，1936年出生，男，中共党

员，编审。1963 年毕业于北京大学汉语言文学专业，历任牡丹江日报报社记者。黑龙江省社会科学院学习与探索杂志社编辑、室主任、《学习与探索》杂志副主编。享受国务院特殊津贴。

战凤翰，1933 年出生，男，中共党员，编审。1954 年毕业于哈尔滨师范专科学校中文科，1962 年毕业于哈尔滨师范学院中文系本科（在职函授），1968 年参与中国第一所五七干校——黑龙江省革委会柳河五七干校的创建工作，担任该校革委会副主任（副校长）、党委副书记。1978 年在中共中央党校学习。1980 年后历任黑龙江省社会科学院《学习与探索》杂志社副主编、主编，黑龙江年鉴社副总编辑、总编辑。

王观泉，1932 年出生，男，研究员，中国现代文学专家。1949 年曾在凌云美术研究所研习美术史和绘画。1950 年 1 月参加中国人民解放军，1958 年在北大荒转业。1962 年调入黑龙江省文联工作，任省美协评论创作员，后调入黑龙江省社会科学院文学研究所工作，硕士生导师，享受国务院特殊津贴。1992 年退休。曾任黑龙江省社会科学院文学研究所现代文学研究室主任、中国鲁迅学会理事、中国现代文学研究会理事、中国美术史学会理事，是中国美术家协会会员，被收入《中国艺术家名人辞典》。

李兴盛，1937 年出生，男，无党派，研究员，历史学家。毕业于黑龙江大学中文系，1978 年调入黑龙江省社会科学院历史研究所。省级优秀专家和省劳动模范。1992 年 10 月获国务院特殊津贴，12 月又被国家人事部授予了国家级突出贡献专家称号。1997 年被评为省直机关科教兴省积极分子，同年退休。2003 年 1 月被省政府聘为省文史馆终身馆员。2004 年 12 月被省老科技工作者协会评为优秀科普工作者。2006 年 12 月被黑龙江省社会科学院授予终身研究员称号。2007 年被省委宣传部授予龙江文化建设终身荣誉奖。李兴盛先生多年来一直从事黑龙江历史文化、流人史、流人文化与旅游文化方面的研究。他在历史学和文化学的贡献主要体现在以下两个方面：创建了流人史和流人文化，乃至于流人学这一新学科。对于流人史，以往有学者零星接触过，李兴盛是把它作为一个课题深入研究的第一人。

张碧波，1930 年出生，男，研究员，中国文学史专家。1956 年毕业于东北师大中文系古典文学研究生班，1956 年至 1985 年于哈尔滨师范学院中文系任教，先后担任著名文学史家张志岳先生的助教和古典文学教研室主任，1980 年晋级为副教授、硕士研究生导师。1985 年调入黑龙江省社会科学院文学研究所，任副所长，硕士研究生导师，同年晋升为研究员。1993 年享受国务院特殊津贴，1994 年底离休。2007 年被黑龙江省社会科学院授予终身荣誉研究员称号。2008 年被省委宣传部授予"龙江文化建设终身成就奖"。

孟广耀，1938 年出生，男，研究员，国务院特殊津贴获得者，曾任第八届省政协委员，受聘于辽宁省东亚研究所、黑龙江大学中国北部边疆民族历史文化研究所兼职研究员、黑龙江大学满族语言文化研究中心特聘研究员、哈尔滨大学黑龙江流域文明史研究所特聘研究员等。是中华孔子学会、中国长城学会、中国军事史学会等多个学会理事。孟广耀先生主要从事中国北方民族史研究，尤其长于对契丹、奚、乌古、敌烈、术不姑等民族或部族的研究。

金宇钟，1930 年出生，男，朝鲜族，

中共党员，研究员。1946 年参加工作，曾任地方党史研究室（所）主任、所长，黑龙江省政协第四、五、六、七届委员、文史委副主任；省社联第三、四、五届委员，曾兼任了黑龙江省中共党史学会常务副理事长、全国中共党史人物研究会常务理事、理事、哈尔滨工业大学外经贸学院、黑龙江省社会科学院历史所顾问、黑龙江省抗日战争史学会名誉会长。1991 年获中央党史研究室表彰的全国党史部门先进工作者称号；1993 年获国务院特殊津贴。

徐昌汉，1935 年出生，男，中共党员，研究员。1953 年毕业于哈尔滨外语学院本科，1957 年毕业于哈尔滨外语学院研究班俄苏文学专业。曾任历史研究所中俄关系研究室主任、历史研究所副所长、文学研究所所长。曾兼任黑龙江省民间文艺家协会副主席，省外国文学学会、省苏东学会、省民族学会副理事长等社会职务。现任黑龙江省作家协会名誉理事、省翻译家协会名誉理事、中国译协资深翻译家、中国社科院萨满文化研究中心客座研究员、黑龙江省政府非物质文化遗产专家委员会评审委员、黑龙江省俄罗斯东欧学会顾问、黑龙江省民间文艺家协会顾问等职。

铁峰（原名牛金山），1936 年出生，男，研究员。1995 年被批准享受省政府特殊津贴。1960 年毕业于哈尔滨师范大学中文系。毕业后曾先后执教于黑龙江大学，牡丹江第七中学，牡丹江师范学校，1980 年调入黑龙江社会科学院文学研究所工作，1996 年退休。自 1980 年从事文学研究后，特别是萧红文学研究，发表《萧红传略》《对萧军及其〈文化报〉批判的再认识》《沦陷时期的东北文学》《再论沦陷时期的东北文学》《也谈东北沦陷区的东北文学思潮》《东北新诗的流程与特点》《抗战时间中国文学的多维性与特点》等百余篇论文，以及《东北现代文学史》（与他人合作）、《北大荒文学艺术》（与他人合作）、《萧红文学之路》、《黑龙江文学志》等专著，是一位有成就有影响的东北文学研究专家，尤其是在萧红研究领域，成就显著。

彭放，1937 年出生，男，中共党员，研究员。曾任文学所当代文学研究室主任。中国作家协会会员，享受国务院特殊津贴专家。曾任当代文学研究会理事，黑龙江省当代文学研究会副会长，黑龙江省文学院副院长，黑龙江省政府科顾委专家，省政协文史组特邀委员。2003 年被评为黑龙江省科顾委优秀专家。研究领域：退休之前主要从事中国现当代文学研究。他思想解放，勇于接受新事物，在三中全会以后，文学上产生的"伤痕文学""改革文学""朦胧诗"和"意识流"等新思潮，他积极投入研究，发表了许多重要文章，参与当时各种文学思潮的论争，是新时期文学批评领域最活跃的人物之一。

魏国忠，1937 年出生，男，中共党员，研究员，1960 年 7 月毕业于北京大学历史系，1980 年 8 月转入省社科院从事地方史研究。魏国忠研究员是知名的渤海国史和东北史专家，先后主攻东北地方史、民族史、边疆史和东北亚国际关系史，尤其是侧重于渤海史和黑龙江省史的探究与考证。

张书庭，1938 年出生，男，中共党员，研究员，硕士研究生导师，曾任黑龙江省社会科学院政治学研究所所长。先后在北京函授学院、哈尔滨市群众艺术馆、市文化局、市委宣传部工作。1963 哈尔滨师范大学研究生毕业，1979 年进入黑龙江社会科学院。兼任中国行政管理学会第一、二届理事，黑龙江省行政管理学会副会长等。1982 年在政治学研究所创建了行政管理学研究室。

张敏，1939年出生，男，中共党员，研究员。曾任省社会科学院社会与科技发展研究所自然辩证法研究室主任。曾兼任黑龙江省社会科学高级职称评审委员会哲学科社组成员（1990—1994）、黑龙江省自然辩证法研究会秘书长、副理事长。享受国务院特殊津贴。主要研究方向：为科技社会学。是黑龙江社会科学院从事软课题研究时间最长、成果最多的学者。

金增林，1937年出生，男，中共党员，研究员。1963年毕业于中国人民大学马列主义政治学研究生班。曾任哈尔滨医科大学政治理论教研室副主任。1979年调入省社科院，先后在政治学所、综合理论研究室（科学社会主义研究室）、社会与科技发展所从事研究工作，历任研究室副主任、主任、副所长、所长及院邓小平理论研究中心常务副主任等职，省重点学科科学社会主义专业带头人。1997年被批准享受国务院特殊津贴。1998年退休。2006年被授予省社科院终身荣誉研究员称号。多次被评为院优秀共产党员标兵、省直机关优秀共产党员。2008年被省老科技工作者协会评为省优秀老科技工作者。曾担任院学术委员会成员、职称评定委员会成员、学位委员会成员；省哲学社会科学研究系列高级职称评定委员会成员和专家组成员、省社会科学规划领导小组马克思主义研究专家组成员、省哲学社会科学优秀科研成果评奖组成员、哈尔滨市社会科学优秀科研成果评奖组成员。曾兼任中国人权研究会理事、省政治学会副会长、省社会主义学会副理事长。现任省老科技工作者协会副会长及所属人文分会会长、院老科技工作者协会会长。主要研究领域是科学社会主义和马克思主义经典著作、邓小平理论。对苏联政治制度、我国地方人民代表大会制度有一定研究。

高骞，1931年出生，男，中共党员。研究员、硕士研究生导师，曾任中国科学社会主义学会理事、马克思主义研究会理事、中国苏联东欧学会副会长，省科学社会主义学会会长。自1947年起长期从事新闻工作和理论宣传工作，后调入黑龙江省社会科学院工作。曾历任哈尔滨松江日报社财贸组、政教部、文艺部、总编室副组长、副主任、主任、编委，省委宣传部理论教育处处长、办公室主任、副秘书长，省哲学社会科学研究所党委副书记、副所长，省社会科学院副院长、院长、党组副书记等职。在黑龙江省社会科学院工作期间，主要从事科学社会主义研究和改革理论研究。主持和完成国家"七五"社会科学基金项目：社会主义初级阶段研究。主编《在改革中建设有中国特色的社会主义》《中国的社会主义改革》《苏联东欧国家改革理论比较》《历史的抉择——社会主义初级阶段研究》等书。论文20余篇。在全国和省内有很高的学术威望和学术影响。

王启忠，1936年出生，男，中共党员，编审。1963年毕业于北京大学汉语言文学专业，历任牡丹江日报报社记者。黑龙江省社会科学院学习与探索杂志社编辑、室主任、《学习与探索》杂志副主编。享受国务院特殊津贴。

张慧彬，1944年出生，男，中共党员。编审。1968年12月毕业于黑龙江大学中文系，1979年9月考入吉林大学哲学系中国哲学专业读研究生，获哲学硕士学位，分配到黑龙江省社会科学院哲学研究所从事科研工作。1985年8月调入《学习与探索》杂志社工作，历任综合编辑室主任、副主编，兼任黑龙江省社会科学院纪律检查委员会委员、黑龙江省哲学学会副会长。1997年9月晋升为编审，2000年7月享受省政府特殊津贴，2002年7月享受国务院特殊津贴。2003年5月主持刊物全面工作到2005年1月。

房德胜，1942年出生，男，中共党员，编审（1996），曾任学习与探索杂志社主编、社长（1993—2003），同时任《黑龙江年鉴》总编辑。国务院特殊津贴专家，全国百佳出版工作者。中国版协年鉴研究会副会长、顾问，黑龙江省年鉴研究会常务副会长。

郭蕴深，1942年出生，男，1967年毕业于吉林大学历史系，1982年获中国社会科学院研究生院历史学硕士学位，1996年晋升为研究员。曾任黑龙江省社会科学院《黑龙江社会科学》杂志主编，兼任中国中俄关系史研究会理事、东北三省中国经济史学会理事、黑龙江省中国经济学会理事、黑龙江省人生科学学会常务理事等职，享受政府特殊津贴专家。主要研究领域或方向：主要从事中俄关系史和中国近代史研究。

陈日山，1941年出生，男，中共党员、研究员。曾任西伯利亚研究所第一研究室负责人、副所长。长期担任黑龙江省世界经济学会常务副会长，曾任中国苏东学会理事、省国际贸易学会常务理事等职。兼任省计委经济研究所副所长。1985年起任省社科院世界经济专业硕士研究生导师，世界经济（省重点学科）学科带头人。研究领域：俄罗斯经济、西伯利亚远东经济开发和中俄经贸技术合作研究。

赵立枝，1943年出生，男，中共党员、研究员。1966年毕业于黑龙江大学俄语系。1968—1978年在中国人民解放军某部任俄文翻译。从1978年开始从事俄罗斯暨西伯利亚与远东问题研究至今。1985年9月—1986年年底国家公派莫斯科国民经济学院进修苏联国民经济。回国后开始从事苏联（现俄罗斯）西伯利亚暨远东经济问题研究，1987—2007年起先后担任黑龙江省社会科学院世界经济（俄罗斯经济）和哈尔滨商业大学国际贸易专业硕士研究生指导教师。

殷剑平，1944年出生，男，中共党员、研究员，曾任俄罗斯研究所第二研究室主任，省重点学科（俄国史专业）带头人。1966年毕业于黑龙江大学俄语系，1982年毕业于黑龙江省社会科学与研究生部俄国史专业，获历史学硕士学位。1987年考取国家公派留学生，到莫斯科国民经济学院进修苏联国民经济史。

初祥，1948年出生，男，中共党员，研究员。1985年毕业于黑龙江省社会科学院俄国史专业，获硕士学位。曾任研究室主任、副所长、省重点学科带头人，俄国史专业硕士研究生导师。1994—1995年，作为访问学者，由国家公派前往俄罗斯莫斯科大学，学习中国经贸关系。2001—2002年，由国家公派，前往乌克兰基辅大学，学习苏联史。兼任中国中俄关系史研究会理事，中国世界民族研究会理事，黑龙江省俄罗斯东欧中亚学会常务理事等社会职务。曾任《西伯利亚研究》编辑部主任，为提高刊物质量付出大量心血。

宋魁，1947年出生，男，中共党员，2000年9月晋升研究员，曾任黑龙江省社会科学院东北亚研究所所长。现为中国国家安全论坛特邀研究员、黑龙江省政府重大决策专家、科技经济顾问委员会专家、商业经济学会高级顾问、东北亚经济技术研究会副理事长、哈尔滨工业大学东北亚所荣誉所长、人文学院特聘教授、哈尔滨商业大学研究生导师等职。研究领域：中俄关系及东北亚区域经济研究。

宿丰林，1947年出生，男，中共党员，研究员。1982年1月毕业于牡丹江师院政治系。1985年1月毕业于黑龙江社科院研究生部，获历史学硕士学位。1994年和1999年两赴莫斯科大学留学，获俄罗斯历史学博士学位。历任黑龙江省社科院历史所助理研究员、副研究员，人生科学研究所副所长、研究员，《黑龙江社会科学》杂志副主编，俄罗斯所（原西伯利亚所）副所长、所长，省级重点学科（世界史）带头人，专门史硕士点牵头导师，《西伯利亚研究》主编。现任中国中俄关系史研究会副会长、中国俄罗斯东欧中亚学会常务理事、黑龙江省俄罗斯东欧中亚学会副会长。2006年6月至2007年4月受聘为日本北海道大学斯拉夫研究中心外籍研究员。2009年4月赴台湾政治大学、台北"中央"研究院访学。2005年获黑龙江省政府特殊津贴。主要研究方向：是俄罗斯与中俄关系问题。在早期中俄关系史研究方面有一定建树。

王占国，1944年出生，男，中共党员，研究员。曾任副区长、县长和社科院行政处长、职大校长、省级重点学科带头人。学术兼职：中国管理科学研究院特聘研究员、中国社会科学情报学会常务理事、黑龙江省县域经济学会副会长、边疆经济学会顾问、老科协人文社科分会副会长。曾获黑龙江省抗洪抢险、促进农村工作、精神文明建设、成人高校预防"非典"先进个人和社科院优秀共产党员称号。主要研究领域为区域经济（县域经济）。

蒋立东，1946年出生，男，中共党员，研究员。1974毕业于北京大学经济系，1980年进修于中共中央党校理论部，曾任经济研究所副所长，并主持工作多年。硕士研究生导师，省级重点学科农业经济管理带头人。

王希亮，1946年出生，男，中共党员，研究员，东北地方史重点学科带头人，硕士研究生导师、享受省政府特殊贡献津贴。兼任中国抗日战争史研究会常务理事、东北地区中日关系史研究会副理事长、黑龙江省抗日战争研究会副会长、哈尔滨市二战史暨抗日战争史研究会副会长等。1991年，受国家教委派遣，以外国人研究者身份赴日本千叶大学研修，1993年被日本金泽大学法学部聘为副教授，为该校学生讲授中日关系史等课程。1995—1999年，先后被日本岛根大学、鸟取大学聘为客座教授。2000年1月—2000年6月，被日本名古屋大学聘为客座教授。王希亮是历史所东北地方史和中日关系史研究的领军人，在国内外有较大的影响，取得了丰硕的研究成果。

王晶，1944年出生，女，中共党员，研究馆员。1968年毕业于黑龙江大学俄语系，1979年黑龙江省社会科学院建院即到院工作。1989年任历史研究所资料编译室主任，2003年任中国中俄关系史研究会常务理事。2003年，历史研究所的传统优势学科中俄关系史被省人事厅批准为省级重点学科，王晶同志与张宗海同志共同为学科带头人。

石方，1953年出生，男，研究员。1993年被批准享受国务院特殊津贴，社会学专业硕士研究生导师。主要研究领域为黑龙江地方移民史、俄国侨民史、社会史。

步平，1948年出生，男，中共党员，毕业于哈尔滨师范大学历史系，1978年到院工作，1996年晋为研究员，获国务院特殊津贴，获俄罗斯科学院远东分院荣誉博士称号，曾任黑龙江省社会科学院副院长，2004年调中国社科院。现为中国社会科学院近代史研究所所长兼党委书记、博士生导师、抗日战争史学会执行会长、中国现代史学会副会长、日本多家大学的客座教授。在黑龙江省社会科学院工作期间曾担任专门史专业东北亚国际关系方向硕士研究生导师。步平研究员多年从事中外关系史，尤其是中日关系史与抗日战争史研究，重点研究日本第二次世界大战期间的化学战及遗弃化学武器问题、战后日本的历史认识、日本的右翼问题等，现已经成为我国著名的中日关系史专家。

张宗海（元东），1947年出生，男，中共党员，史学硕士，研究员（2002），曾任历史研究所所长（1993），中俄关系史专业省级学科带头人（2003），中俄关系史专业硕士生导师（2003），中国中俄关系史研究会副会长（2003），黑龙江省抗日战争史研究会副会长兼秘书长（2005）。研究领域：中俄（苏）关系史；主要研究方向：中俄东段边界形成、演变史，俄罗斯远东地区的中国人问题。

李树孝（李述笑），1944年出生，男，中共党员，研究员。1968年8月毕业于吉林大学外文系俄文专业。曾任哈尔滨犹太研究中心副主任、省级重点学科带头人。2006年在延聘两年后退休，现仍返聘于犹太研究中心工作。曾任东北三省中国经济史学会副理事长、黑龙江省地方史学会副理事长、哈尔滨市政协文史委员会副主任；现任黑龙江省翻译协会副会长、哈尔滨市旅游产业发展专家咨询组成员、哈尔滨市文史馆馆员、黑龙江省保护挖掘利用历史文化资源专题推进领导小组办公室成员等学术及社会职务。主要研究领域：哈尔滨地方历史，侧重于哈尔滨近代城市发展史、外侨史、犹太人在哈尔滨历史研究。

黄任远，1947年出生，男，中共党员，2004年评为研究员，曾任文学所民族文学研究室主任。现在兼任黑龙江省民间文艺家协会副主席、黑龙江省炎黄文化研究会副秘书长、中国社会科学院萨满文化研究中心研究员、黑龙江大学和佳木斯大学特邀研究员。

王中宪，1942年出生，男，中共党员，研究员，1985—2002年任社会学所第一研究室主任。兼中国社会科学院和中共中央党校所属中国国情调查与研究中心特邀研究员及黑龙江省社会学学会分会副会长等职。社会学所硕士生兼职教师。研究领域：主要从事社区与社群两个概念的界限方面的社会学基本理论以及社会管理与社会调查方面的课题研究。

王传邃，1941年出生，男，中共党员，研究员。毕业于哈尔滨师范学院（现哈尔滨师范大学）政治系，曾任黑龙江省社会科学院院长。1982—1989年任省委宣传部理论研究室主任、理论处处长；1989—1997年任省社科联副主席；1997—1999年任省社科院院长。退休前任黑龙江省社会科学院巡视员。兼任省政协民族和宗教委员会副主任、省科协副主席，中国科学社会主义学会常务理事，省科学社会主义学会、省精神文明建设理论研究会、省人才研究会、省成人教育学会、省企业家科学家协会、哈尔滨儒商学会等社团副理事长、会长。享受国务院特殊津贴。研究方向为科学社会主义、思想政治工程学、社会主义精神文明。

孙正甲，1945年出生，男，中共党员，研究员。1982年吉林大学研究生毕业，获历史学硕士学位。原院政治学研究所副所长，硕士研究生导师。中国政策研究会理事，黑龙江省政治学会副会长，黑龙江省纪检监察学会常务理事。曾任省社会科学优秀科研成果评奖委员会委员。省级重点学科带头人（政治学理论）。

李元书，1941 年出生，男，中共党员。1967 年毕业于北京大学国际政治系。研究员。曾任政治学研究所副所长（主持工作），院研究生领导小组成员，院学术、学位委员会成员，省社会科学基金评审委员会政治组成员、组长（1987—2001 年），黑龙江省社会科学优秀科研成果评审委员会委员、组长（第五至十届），黑龙江省社会科学研究系列高级职称评审委员会委员（1994—2002），黑龙江省学位委员会哲学、政治学、社会学组成员，哈尔滨市第四届专家咨询顾问委员会委员，黑龙江大学特聘教授，中国政治学会副秘书长。1986—2008 年担任政治学理论专业研究生导师，担任牵头导师至 2006 年。中国政治学会常务理事，黑龙江省政治学会会长，黑龙江省宪法及人大理论研究会副会长，黑龙江省社会科学界联合会委员。

杨春时，1948 年出生，男，研究员。1982 年毕业于吉林大学，获文学硕士学位。1982 年 8 月分配到黑龙江省社会科学院哲学所任助理研究员、副研究员（破格）、研究员（破格）。1995 年 2 月调海南师范学院任教授，1998 年 12 月调厦门大学中文系任教授，现任文艺学专业博士生导师。享受国务院特殊津贴，获劳动人事部"国家级有突出贡献的中青年专家"称号。兼任第九届、第十届全国政协委员，中华美学学会副会长，福建省美学学会会长、福建省文学学会副会长。研究领域。主要从事美学、文艺学及中国现代文学思潮、中国文化思想史研究。

庞发现，1942 年出生，男，中央党员，研究员，先后任哲学研究所毛泽东哲学思想研究室副主任，主任，科研所所长，曾兼任黑龙江省人生科研学会副会长、常务副秘书长、秘书长；1994 年 11 月任中国人生科研学会理事；1998 年增补为常务理事。2003 年 9 月任院老科技工作者协会秘书长；2006 年 6 月开始任黑龙江省社会科学联合会委员。2009 年 5 月起任黑龙江省老科技工作者协会理事。研究领域。主要从事哲学、党建和人生科学研究。

赵瑞政，1946 年出生，男，中共党员，研究员。1982 年研究生毕业，获哲学硕士学位。1998 年评为研究员。1997—2006 年任社会学所副所长，后四年主持所工作。2004——2006 年任省重点学科社会学专业学科带头人，2005 年获省政府特殊津贴。硕士生导师，第六届中国社会学会常务理事、第七届理事，省科顾委专家、省政府重大项目决策咨询专家、省"十二五"规划和项目咨询论证专家、全国社会科学基金项目匿名评审专家和成果鉴定专家。研究方向为社会学应用与社会发展研究。

董鸿扬，1942 年出生，男，中共党员，研究员。1967 年毕业于北京大学哲学系，社会学专业硕士生导师。曾任社会学所副所长，省科顾委委员及社会保障专家组副组长、省政府妇儿工委专家组成员，哈尔滨市专顾委委员，中国社会学学会理事，黑龙江省社会学学会副理事长兼秘书长，多年被评为省科顾委优秀专家。1996 年获国务院特殊津贴。1998 年被评为省级重点学科带头人。2003 年被省委授予全省优秀共产党员称号。主要研究方向是应用社会学、文化社会学、生活方式与地域文化、社会保障。

牛燕平，1950 年出生，女，中共党员，研究员。1974 年 4 月毕业于华东师范大学外语系俄语专业，分配到黑龙江省社会科学院西伯利亚研究所（现俄罗斯研究所）工作，现任俄罗斯研究所副所长、省级重点学科——世界经济学科带头人，世界经济专业硕士生导师，黑龙江省俄罗斯东欧中亚学会常务理事、黑龙江省国际经贸学会常务理事。主要研究方向为俄罗斯西伯利亚与远东地区经济问题。承担的主要课题：省社科基金课题《黑龙江省对俄经贸战略研究》；省政府委托课题《俄人口状况及黑龙江省对俄劳务输出对策建议》、省科技厅软课题《俄罗斯加快远东开发与黑龙江省对策研究》子课题《黑龙江省对俄东部地区投资机遇、挑战及对策》、院重点课题《推进黑龙江省对俄东部地区经贸战略升级问题研究》等 10 余项。

刘爽，1955 年出生，男，中共党员，1997 年晋升为编审，2009 年同级转职为研究员。黑龙江省社会科学院副院长、东北亚及国际问题研究中心主任兼俄罗斯研究所所长、历史学博士、省级重点学科带头人、硕士研究生导师，获国务院政府特殊津贴专家，黑龙江省"六个一批"人才。担任全国社科规划办同行评议专家、省人大立法咨询专家、中国中俄关系史研究会常务理事、全国史学理论研究会常务理事、黑龙江省俄罗斯东欧中亚学会副会长兼秘书长、黑龙江省俄语学会特聘专家等多项社会职务。研究领域：俄国历史、苏联历史、东北亚国际关系史、史学理论、历史哲学、当代中俄经济技术合作、民族史、犹太人历史文化、哈尔滨地方史等。

笪志刚，1962 年出生，男，2005 年晋升研究员。曾任黑龙江省社会科学院经济研究所国际经济研究室主任，现任该院东北亚所副所长（主持工作），东北亚区域经济黑龙江省重点学科学术带头人，院研究生部世界经济专业日本经济方向硕士研究生导师。同时担任黑龙江省东北亚区域研究基地副主任（主持工作）、黑龙江省社会科学院学术委员会委员，兼任中国亚太学会副秘书长，全国日本经济学会常务理事、黑龙江省国际经济贸易学会常务理事、中国太平洋学会理事、中国生产力学会理事、中华日本学会理事、哈尔滨市东北亚经济研究会副会长、黑龙江省东北亚研究会代理秘书长等社会职务。研究领域：日本经济、黑龙江省与东北亚经贸合作、东北亚区域经济研究。

徐泽民，1951 年出生，男，中共党员，研究员，现任黑龙江省社会科学院应用经济研究所副所长，省级重点学科"产业经济学"带头人，国民经济学硕士研究生导师（受聘于哈商大经济学院）。

曲伟，1953 年出生，男，中共党员，硕士研究生学历，研究员，硕士研究生导师。1999 年 10 月起任黑龙江省社会科学院党委副书记、院长，2000 年起兼任黑龙江省科技经济顾问委员会委员，享受省政府特殊津贴，任黑龙江省级重点学科哈尔滨犹太人历史文化专业学科带头人。2004 年 10 月被俄罗斯科学院远东研究所授予名誉博士，2005 年 4 月被评为享受国务院特殊津贴专家，2005 年 5 月起兼任中国俄罗斯东欧中亚学会副会长，2005 年 10 月被俄罗斯国际区域合作发展科学院授予外籍名誉院士，2008 年 7 月被评为黑龙江省第五批优秀中青年专家，2008 年 6 月被俄罗斯联邦委员会授予罗蒙诺索夫奖章，2008 年 6 月起兼任黑龙江省俄罗斯东欧中亚学会会长、2009 年 9 月被亚洲开发银行聘为"黑龙江省级发展战略研究课题"专家顾问组长。2014 年 1 月任省政府参事室参事。

刘小宁，1959年出生，男，先后毕业于黑龙江大学数学系，获数学学士学位；黑龙江省社会科学院产业经济学专业，获经济学硕士学位，现为黑龙江省社会科学院应用经济研究所研究员、黑龙江省级重点学科（县域经济）带头人、黑龙江大学特聘（兼职）教授。主要从事经济学，特别是县域经济研究。

张新颖，1954年出生，女，中共党员，博士，研究员，现任黑龙江省社科院副院长，省级重点学科农业经济管理专业学科带头人，硕士研究生导师。省政府科顾委专家顾问、哈尔滨市政府专家顾问、省政府重大项目专家顾问。

周琳，1965年出生，女，中共党员，研究员，现任经济研究所资源经济研究室主任，兼任黑龙江省旅游经济学会理事、黑龙江省人口学会理事、黑龙江省数量与技术经济学会理事、黑龙江省城镇经济学会理事、黑龙江省委宣传部网络评论员等。2009年获得黑龙江省"六个一批"理论人才称号。主要从事旅游经济学、制度经济学等问题研究。

冯向辉，1963年出生，女，中共党员，编审，现任省社会科学院《学习与探索》杂志社副主编。自1986年7月毕业于黑龙江大学法律系，历任黑龙江省社会科学院《学习与探索》杂志社编辑、编辑室主任、副主编，兼《黑龙江年鉴》副主编。2003年在南京师范大学法学院攻读法理学专业（法制现代化方向）博士学位，师从著名法学家公丕祥教授。2008年2月挂职于哈尔滨市道里区人民检察院副检察长、党组成员、检察委员会委员。兼黑龙江省政治学会常务理事、省法学会理事、哈尔滨市宪法学研究会常务理事、市道里区法学会副会长，黑龙江大学法学院法理学专业硕士毕业生论文答辩委员会委员。一贯主张并力行"编辑学者化"。在认真完成《学习与探索》《黑龙江年鉴》等编辑出版工作后，利用业余时间从事法学理论和编辑学研究，主要科研方向是法政治学、法制现代化。

车继红，1963年出生，女，中共党员，1985年毕业于吉林大学历史系，现任黑龙江省社会科学院历史研究所东北地方史研究室主任。2004年评定为研究员。主要从事东北地方史和中日关系史研究。先后主持、参加国家社科基金课题3项，省级课题3项。院重点课题2项。

张凤鸣，1950年出生，男，中共党员，研究员，历史研究所副所长，兼任黑龙江省历史学会副理事长、黑龙江省抗日战争史研究会副秘书长、黑龙江大学满族语言文化研究中心特聘研究员，专门史专业硕士研究生导师，2007年5月—2009年6月任省级重点学科中俄关系史学科带头人。主要研究方向为中俄关系史和东北近现代史。

张铁江，1961年出生，男，朝鲜族，中共党员，研究员，现任黑龙江省社会科学院犹太研究中心主任助理、中国对外关系史学会理事、省级优秀中青年专家、哈尔滨犹太历史文化省级重点学科后备带头人、黑龙江省政府对外开放战略研究组专家、黑龙江省农业科技示范区管委会顾问。研究领域：主要从事近现代犹太人来华史研究。

李随安，1962年出生，男，中共党员，研究员，黑龙江省社会科学院历史研究所"中俄关系史研究室"主任，黑龙江省重点学科中俄关系史学科带头人，中国中俄关系史研究会常务理事，黑龙江省俄罗斯东欧中亚研究会常务理事，黑龙江省第十三届社会科学优秀科研成果评奖终评评审会委员。研究方向：中俄文化关系，黑龙江地域文化。

辛培林，1942年出生，男，中共党员，研究员。曾任历史研究所副所长，中国东北史学科带头人，东北亚国际关系史专业研究生导师，黑龙江省抗日战争史研究会会长。主要从事东北近现代史和日军731部队罪恶史研究。主持过1989年度国家社会科学基金项目"黑龙江开发史"、2002年度黑龙江省哲学社会科学重点课题"黑龙江疆域历史与现状问题研究"等重大项目。

战继发，1961年出生，男，中共党员，2001年晋升编审。现任黑龙江省社会科学院党委副书记，兼任黑龙江省社会科学院廉政研究中心副主任。1996年11月，被国家教委条件装备司、全国高校文科学报研究会评为全国学报优秀编辑，并获香港田家炳基金会奖励，享受省政府特殊津贴专家待遇。2006年12月，被国家人事部、新闻出版总署评为全国新闻出版系统先进工作者。研究领域：中国古代史及史学理论、编辑学、廉政文化。

郭素美，1950年出生，女，中共党员，研究员。1981年毕业于哈尔滨师范大学历史系，获学士学位。1982年到黑龙江省社会科学院历史所工作，多年来一直从事东北地方史，主要是渤海国史的研究。2001年任历史所所长助理，2003年任省级重点学科渤海国史学科带头人，同年任历史研究所专门史专业硕士研究生导师，2005年任历史研究所副所长。郭素美研究员在渤海国史研究领域是国内外知名专家，现正主持2007年度国家社会科学基金项目"渤海靺鞨民族源流研究"、省财政支持项目"绥芬河流域渤海遗址遗迹调查"，还曾主持过院课题"辽金时期的渤海遗民研究"等重要研究项目。

郭淑梅，1958年出生，女，中共党员，研究员，文学研究所副所长。省级重点学科带头人、省社科重大委托项目首席专家、院学术委员会委员。中国当代文学研究会女性文学委员会副秘书长、省中华炎黄文化研究会常务副会长、省萧红研究会副会长。中国女性文学奖评委、省社科系统职称评委、省社科优秀成果奖评委、省"五个一工程"奖评委、省文艺奖评委。获2006—2007年度省社科联系统先进工作者，2006年、2008年院先进个人，2003年、2005年、2006年院优秀共产党员，2005年院先进女职工，2007年院"三八"红旗手。研究领域为东北地方文化史、中国女性文学。

高晓燕，1958年出生，女，中共党员，研究员。哈尔滨师范大学历史系毕业。黑龙江省社会科学院历史研究所所长助理。兼东北地区中日关系史学会、黑龙江省抗日战争史学会、黑龙江省党史学会常务理事。曾在中国社会科学院近代史研究所作访问学者。2008年被确定为黑龙江优秀中青年专家。2009年获得黑龙江省"六个一批"人才光荣称号。高晓燕研究员长期从事东北史研究，主要研究领域是东北沦陷史及中日关系史。

王爱丽，1962年出生，女，中共党员，研究员，辽宁大学经济学硕士、香港理工大学社会工作硕士。现为省社会科学院社会学所所长，硕士生导师，省级重点学科社会学专业带头人。2002年获省政府特殊津贴，2008年获省优秀中青年专家，省宣传文化系统"六个一批"人才，"有突出贡献的中青年专家"。担任中国社会学学会常务理事、中国生活方式专业委员会秘书长、中国妇女/性别专业委员会副秘书长、省科顾委专家组成员、省社会学学会副会长兼秘书长。主要研究领域：为家庭社会学、发展社会学。作为黑龙江省社会学界的优秀骨干和学科带头人，具有设计、主持、协调大型科研项目的理论水平、组织能力及社会调查经验。曾多次应邀参加国际学术会议，先后前往美国芝加哥大学、北卡罗莱纳大学及香港中文大学做访问学者，进行合作研究，受到国内外同行好评。

王黎明，1960年出生，女，研究员，哲学与文化研究所文化室主任。研究方向：文化人类学、历史哲学，主要从事文化哲学、历史哲学、民族学、民俗学等交叉学科的问题研究，系统地研究中国民族的发源和形成过程。自1984—2006年研究并撰写完成115万字学术专著《犬图腾族的源流与变迁》，黑龙江人民出版社2006年12月出版。该书对藏族、蒙古族、维吾尔族、满族、畲族、瑶族等二十多个民族的发源历史进行了深入系统的研究和探讨，提出了中华民族同源一体的基本学术观点，填补了中国民族史关于犬图腾族研究的重大理论空白。

朱宇，1959年出生，男，中共党员，研究员。1986年获东北师范大学法学士学位；1997年获辽宁大学经济学硕士学位；2004年获北京大学法学博士学位。现为黑龙江省社会科学院副院长。现任中国政治学会理事、中国行政管理学会理事、黑龙江省政治学会副会长兼秘书长、黑龙江省青年科技工作者协会副会长、黑龙江省专顾委法律社会事业专家组专家、黑龙江省纪委反腐倡廉建设研究基地专家委员会专家、黑龙江省维护稳定专家组专家、黑龙江省人民政府参事局省情研究专家组专家、

省级重点学科带头人（政治学理论）。2004年担任硕士研究生导师。主要研究领域为政治学，研究方向为中国政府与政治、地方基层治理等。

刘伟民，1956年出生，男，中共党员，研究员。1980年黑龙江大学哲学专业毕业后分配到黑龙江省社会科学院哲学研究所从事科研工作。现任哲学与文化研究所所长、研究员，黑龙江省社会科学院马克思主义基本原理专业硕士生导师，黑龙江省社会科学联合会兼职副主席、黑龙江省边疆文化学会会长，黑龙江省哲学学会副会长。主要学术专长为马克思主义哲学和文化哲学。

陈静，1962年出生，女，中共党员，研究员，政治学研究所所长。现为省级重点学科带头人，中国科学社会主义学会理事、中国国际共运史学会理事、省青年马克思主义者培养工作理论研究会副会长、省青少年研究会副会长。获得省直首届百名女优秀人物、省直"三八"红旗手、哈尔滨市"三八"红旗手等多项荣誉称号。担任科学社会主义专业硕士生牵头导师。研究领域：科学社会主义，主要研究方向为社会主义核心价值观和科学社会主义基础理论。

鲁锐，1956年出生，女，九三学社社员，研究员，2007年任所长助理，2009年任副所长。主要社会兼职为黑龙江省社会学学会副秘书长、黑龙江省县域经济学理事、黑龙江人口学会理事、黑龙江省视台特邀评论员等。社会学专业硕士生导师。主要研究领域为农村社会学、人口社会学、消费社会学。

李蓉，1957年出生，女，大学本科学历，1992年晋升为馆员，2002年晋升为副

研究馆员，2009年同级改职为副译审，2010年晋升为译审。1989年以来，主要从事俄罗斯问题研究及相关学术著作翻译，兼任省翻译协会副会长，在省内具有较高知名度。先后出版译著6部；发表译文、论文30余篇；先后获省社科优秀科研成果三等奖1项、佳作奖1项，东北亚研究会优秀译文一等奖1项。

高云涌，1971年出生，男，博士研究生学历，2004年晋升为副编审，2006年获得吉林大学法学博士学位。2010年晋升为编审。任《学习与探索》杂志社哲学综合编辑室主任，连续6年策划并开设《当代哲学问题探索》专题专栏，先后推出《马克思哲学思想研究》《现代性问题研究》和《实践哲学研究》等一系列专题讨论文章，在学术界产生较大反响。晋升副编审以来，平均每年编发稿件40万字以上。其中，所编发的78篇稿件，先后被《新华文摘》《光明日报》《中国社会科学文摘》《中国人民大学报刊复印资料》等二次文摘全文转载或论点摘编。先后获得省第九届期刊优秀文章编辑奖和省出版理论论文一等奖。

王爱新，1959年出生，男，研究生学历，2004年晋升为副研究员，2010年晋升为研究员。从事应用经济问题研究。任副研究员以来，主持各类课题29项，发表论文7篇，出版专著1部，参与和主持出版编著12部，完成各类调研报告42个。其主持完成的《黑龙江省生态建设与发展报告》，是全国地方第一部研究生态环境的蓝皮书；主持完成的亚洲开发银行贷款项目《林泉公路的等级公路建设经济评估及社会行动规划》，被作为范本在实践中应用，成果获省社科优秀科研成果评奖三等奖；主持完成的研究报告《我省金融存贷差过大问题研究的课题成果》，获得省委书记肯定性批示。

马友君，1964年出生，男，俄罗斯弗拉基米尔国立师范大学历史学专业毕业，博士学位。曾在俄罗斯工作学习6年，是黑龙江社会科学院引进的海归专业技术人才，从事俄罗斯经济及中俄区域合作问题研究。2007年晋升为副研究员，2014年晋升为研究员。近年来，先后出版专著《俄罗斯对外贸易》和《俄罗斯远东地区开发研究》，主持完成译著《21世纪初的西伯利亚》；先后主持完成省委书记圈批课题3项，其中执笔完成的调研报告获省委书记肯定性批示；先后在《俄罗斯东欧中亚市场》等国内外核心期刊发表论文和研究报告70余篇；获第十届省社会科学优秀科研成果评奖佳作奖1项；多次接受中外媒体采访，包括中央电视台俄语频道、西伯利亚政府机关报《西伯利亚苏维埃报》、黑龙江电视台等，就我省对俄合作相关问题发表独特见解。

房宏琳，1969年出生，女，硕士研究生，在读博士。2003年晋升高级会计师，2006年同级改职为副审，2012年晋升为编审。2003年担任学习与探索杂志社经济编辑室主任以来，编发重点稿件300篇，280余万字，其所编发稿件每年被《新华文摘》《光明日报》《中国社会科学文摘》《高校文科学报文摘》、中国人民大学复印报刊资料等刊物全文转载、论点摘编、辑目等均在25篇以上。任副高级专业技术职务以来，先后发表论文26篇；主持省科学技术厅软科学项目2项，参与国家级、省部级课题8项，2011年起担任省级领军人才梯队旅游经济学后备带头人。

程遥，1961年出生，男，南京农业大学农业历史专业毕业，研究生学历，硕士学位。2007年晋升为副研究员，2014年晋升为研究员。任现职以来，出版专著《生产力发展之国际比较》1部；主持完成国家社科基金课题"新型农业经营主体构建与农业现代化研究"1项，主持参与省部级课题13项，撰写研究报告20余篇，其中研究报告《确保我省大豆产业安全》获省委书记王宪魁肯定性批示；共发表论文30余篇，多篇论文获国家级和省级学会优秀论文一等奖；多次接受新闻、报刊等媒体采访，一些重要观点由新华记者编写的"内参"报送中央，得到中央政治局常委的认可和批示。

张凤林，1963年出生，男，黑龙江大学日本语专业毕业，大学学历，学士学位。从事东北亚区域经济问题研究。2007年晋升为副研究员，2014年晋升为研究员。近年来，出版专著《日本农业问题研究》一部，作为副主编，编写《国际旅游—沟通与合作 东北亚区域旅游合作文集》一部；独立公开发表论文（含译文）等80余篇；主持参与完成课题14项，其中，主持并完成的省社科规划课题和院级课题12项，省级课题"十二五时期黑龙江省参与东北亚区域经贸合作战略选择研究"获优秀科研成果奖，在研省级课题1项及院级课题多项；获奖成果多项，其中，获省社科优秀科研成果佳作奖1项，获省级学会一等奖15项，获原省委书记吉炳轩批示和省领导批示各1项，专著《日本农业问题研究》获省农业委员会等机构认可，观点列入相关教材。

吴桐，1957年出生，女，哈尔滨师范大学教育管理专业毕业。大学学历。从事防范和抵御邪教问题研究。2002年晋升为副研究员，2014年晋升为研究一年。近年来，持续关注农民信仰状态和社会发展的关系问题，以及青少年宗教信仰状况和无神论教育在基础教育中的实施情况，探索了有效实施无神论教育的方式方法的研究得到相关部门的重视。出版专著《文化视野中的新农村建设》1部，作为副主编，编写《和谐与不和谐》著作一部；撰写研究报告13篇，多次获得省级领导的批示，获省社科优秀科研成果奖多项；完成相关论文15篇。2013年被中国反邪教协会特聘为全国反邪教理论专家。

钟建平，1970年出生，男，1994年参加工作，硕士研究生学历。2000年晋升为翻译，2007年晋升为副译审，2014年晋升为资深翻译。从事俄罗斯著作和论文翻译以及俄罗斯历史研究达20年，现为黑龙江省社会科学院俄罗斯研究所科研人员。先后出版译著3部；在国内外期刊发表论文、译文30余篇，其中CSSCI杂志14篇，5篇译文被《新华文摘》转载；主持国家社科基金特别委托项目子课题1项，主持哈尔滨市科技攻关项目1项和院课题2项等；获2011年黑龙江省优秀翻译成果三等奖1项、黑龙江省第14届社会科学优秀科研成果佳作奖1项。

谢宝禄，1963年出生，男，汉族，中共党员，1997年考取经济师中级专业技术职称任职资格，2016年晋升为研究员。中国社会科学院研究生院政府政策与公共管理系国民经济学专业在读博士研究生。现任黑龙江省社会科学院党委书记。先后累计起草各类文字材料数百万字、撰写研究报告上千篇，在国家级专业期刊、省市级重点期刊媒体刊播百余篇并荣获多项奖励。目前参与在研国家课题1项等。

## 第七节 2015年大事记

**一月**

1月5日，黑龙江省社科院举行2015年《黑龙江蓝皮书》发布会，院党委副书记、院长朱宇出席会议并作总结发言。新华社黑龙江分社、省电视台等十余家媒体的记者参加了会议。

1月16日，党委副书记、院长朱宇参加全省宣传部长会议。会议传达了全国宣传部长会议精神，听取了2014年全省宣传思想文化工作情况汇报。省委常委、宣传部长张效廉出席并讲话。

1月25日，纪委书记战继发参加全省组织部长会议。省委常委、组织部长杨讷出席会议并讲话。

1月26—28日，院党委副书记、院长朱宇参加省政协十一届三次会议。

1月30日，院党委副书记、院长朱宇参加省政府第三次全体会议。会议由省长陆昊主持，研究贯彻省十二届人大四次会议精神。

## 二月

2月15日，院党委副书记、院长朱宇及相关专家学者参加省新型智库建设座谈会。省长陆昊出席会议并作重要讲话。

2月17日，院党委副书记、院长朱宇参加省委省政府2015年新春团拜会。

## 三月

3月5日，黑龙江省社科院召开纪念三八妇女节表彰大会。副院长刘爽主持会议，副院长任玲作院女工委工作报告，纪委书记战继发宣读表彰决定，党委副书记、院长朱宇作重要讲话。全院女职工及各部门负责人参加会议。

3月10日，黑龙江省社科院召开2015年工作会议。省委宣传部部务委员刘光慧出席会议并讲话。院党委副书记、院长朱宇代表院党委作工作报告，副院长刘爽、纪委书记战继发、副院长任玲出席会议。12个地市分院负责人及全院职工参加会议。下午，分院负责人参观了黑龙江省社科院江北新址。

3月12日，省社科联副主席、院党委副书记、院长朱宇，省社科联副主席、副院长刘爽出席省社科联八届二次全会。省委常委、宣传部部长、省社科联主席张效廉到会并作了题为"加强新型智库建设服务党委政府决策"的讲话。

3月20日，院党委副书记、院长朱宇参加省委2014年度落实党风廉政建设责任制检查考核和省管领导班子及领导干部考核工作情况通报会议。

3月21日，由黑龙江省社科院与光大银行黑龙江分行联合举办的光大银行"育英计划"培训班在黑龙江省社科院举行开学典礼，光大银行龙江分行行长刘瑜晓，院党委副书记、院长朱宇出席会议并致辞。副院长刘爽、光大银行龙江分行副行长周鹏及首届"育英计划"培训班全体学员参加会议。

3月23日，黑龙江省社科院举行第33届硕士研究生毕业典礼，院党委副书记、院长朱宇，副院长刘爽出席会议。

同日，党委副书记、院长朱宇会见来访的日本国驻沈阳总领事馆总领事大泽勉、副领事平岛隆幸、柏仓伸哉一行。

3月31日，由省委宣传部部务委员刘光慧带队，黑龙江省社科院副院长刘爽、社会学所所长王爱丽、科研处长刘欣及省内宣传文化系统相关单位同志组成的调研组赴北京市、上海市的相关部门就新型智库建设进行调研。

## 四月

4月7日，副省长孙尧在黑龙江省社科院党委副书记、院长朱宇，副院长刘爽的陪同下拜访中国社会科学院，就第二届中俄经济合作发展高层研讨会筹备等问题与中国社会科学院院长、党组书记王伟光，副院长李培林交换意见。

同日，由党委副书记、院长朱宇，副院长刘爽带队的黑龙江省社科院调研组一行，就加强新型智库建设等问题与中国社会科学院相关部门负责人座谈交流。

4月8—10日，副院长刘爽、纪委书记战继发率历史所所长赵儒军、研究生学院院长高桂梅，财务处处长余哲，继续教育学院院长孟庆中赴四川省社会科学院、湖北省社会科学院就新型智库建设等问题进行调研。

4月13日，党委副书记、院长朱宇参加省政府召开的黑龙江陆海丝绸之路经济带建设推进工作会。副省长孙尧出席会议并讲话。

4月18日，副院长刘爽与来访的黑河学院副院长宋立全等洽谈合作事宜，就合作办学，联合承办高层次学术会议学术交流等问题进行了深入交流。

4月21日，黑龙江省社会科学院与俄罗斯阿穆尔国立大学合作协议签约仪式在院部举行，党委副书记、院长朱宇与阿穆尔国立大学校长普鲁坚科·安德烈·塔里耶维奇共同签署《中国黑龙江省社会科学院与俄罗斯阿穆尔国立大学合作协议》。

## 五月

5月15日，中央纪委驻中国社科院纪检组组长、院党组成员张英伟带队的调研组一行4人到黑龙江省社科院进行调研，与院党委副书记、院长朱宇，纪委书记战继发及院部分专家学者座谈。

5月19日，黑龙江省社会科学院与光大银行黑龙江分行合作签约仪式在院部举行，光大银行黑龙江分行行长刘瑜晓与院党委副书记、院长朱宇共同签署《黑龙江省社会科学院与光大银行黑龙江分行合作协议》。副院长刘爽主持会议。

5月21—27日，应俄中友协主席、俄罗斯科学院远东研究所所长季塔连科院士的邀请，由黑龙江省社科院党委副书记、院长朱宇带队，院俄罗斯研究所所长马友君、经济研究所所长王爱新和应用经济研究所所长王刚组成的代表团一行4人，先后访问了俄罗斯科学院、莫斯科大学、圣彼得堡国立大学、圣彼得堡国立经济大学和俄罗斯战略研究所等相关国家级智库和全国性工商团体。

## 六月

6月2日，湖北省社科院宋亚平等一行四人来黑龙江省社科院调研，院党委副书记、院长朱宇，副院长任玲参加座谈会。

6月3日，黑龙江省社科院与黑河学院战略合作框架协议签约仪式在黑河学院举行。院党委副书记、院长朱宇，副院长刘爽及俄罗斯研究所所长马友君、科研处处长刘欣，黑河学院党委书记曹百瑛、校长贯昌福、副校长宋立权和张焕强等参加签字仪式。

6月4日，黑龙江省社科院召开干部大会，省委宣布谢宝禄同志任黑龙江省社会科学院党委书记。

6月9日，党委书记谢宝禄参加全省进一步优化发展环境工作电视电话会议。省委书记王宪魁出席会议并讲话。

6月11日，党委副书记、院长朱宇，副院长刘爽赴山东省社科院调研，就新型智库建设等相关问题。

6月12日，党委书记谢宝禄，纪委书记战继发赴省社科联会见社科联主席李己华。

6月18—19日，副院长刘爽赴浙江省义乌参加丝绸之路经济带城市国际论坛，并就国际陆港建设、口岸建设、国际贸易与金融便利化的问题发表演讲。

6月27—28日，省俄罗斯东欧中亚学会在黑河学院举行换届会议暨2015年学术年会，吸引省内高校、科研院所的近百名代表参会，刘爽副院长当选为新任会长。

## 七月

7月6日，黑龙江省社科院召开七一表彰大会。院党委班子成员出席会议，院中层班子成员及部分受表彰先优代表、新发展党员参加会议。会上，党委副书记、院长朱宇宣读了《关于表彰先进党支部、优秀共产党员标兵、优秀党务工作者、优秀共产党员的决定》。会上举行了新党员入党宣誓仪式。

同日，黑龙江省社科院召开2015年年中工作会议，院党委班子成员出席会议，院中层班子成员参加会议。副院长刘爽主持会议，党委副书记、院长朱宇代表院党委总结上半年工作，部署下半年工作。党委书记谢宝禄在会上作了重要讲话。

7月7—10日，由黑龙江省社会科学院和韩国国史编纂委员会共同主办的"抗日历史问题第十五次国际学术研讨会"在哈尔滨召开。来自韩国汉城6所高校和黑龙江、山西、四川社科院等单位的40多位专家学者参加研讨。会议决定2016年在韩国首尔继续进行有关抗战问题的研讨。

7月8—12日，党委副书记、院长朱宇赴内蒙古自治区锡林浩特市参加第18届全国社会科学院院长联席会议。

7月10—11日，副院长刘爽出席"中国社会科学院历史学部第十四届史学理论研讨会暨'中外历史经验与边疆地区发展'研讨会"，并作了题为"唯物史观对全球化进程的阐释及其意义"的会议发言。

7月15日，党委书记谢宝禄参加由省委宣传部、光明日报社联合举办的贯彻落实习近平总书记系列重要讲话精神暨"四进四信"专题教学研讨会。省委副书记陈润儿出席会议并讲话，省委常委、宣传部长张效廉主持会议，光明日报社总编辑何东平应邀到会并讲话。

7月16—24日，党委副书记、院长朱宇带领经济所和应用经济所联合调研组赴牡丹江、绥芬河等地就哈大齐高新技术产业园区集聚带发展、哈牡绥东对俄贸易加工区的园区发展等问题进行省情调研。

7月30日，中共黑龙江省委、辽宁省委、吉林省委在哈尔滨联合召开弘扬伟大东北抗联精神座谈会。省委书记王宪魁出席并讲话。党委书记谢宝禄、院长朱宇、副院长刘爽、纪委书记战继发、副院长任玲出席会议。

7月30—31日，东北地区中日关系史研究会第十八届年会暨抗日战争胜利七十周年学术研讨会在哈尔滨召开。会议由东北地区中日关系史研究会和黑龙江省社会科学院主办，来自各地大学、科研院所的80余名专家学者参加了研讨。院党委书记谢宝禄出席会议并致辞。

## 八月

8月3日，党委书记谢宝禄、副院长刘爽一行赴中国社科院会见中国社科院院长王伟光。

8月11—13日，甘肃省社会科学院党委委员、纪委书记陈双梅一行赴黑龙江省社科院就事业单位改革、落实监督责任、党的建设等问题进行调研。院纪委书记战继发及相关部门负责同志参加座谈。

## 九月

9月1日，省委第五专项巡视组进驻我院开展为期一个月的巡视工作。

9月2日，党委书记谢宝禄率调研组赴陕西社科院调研。陕西省社会科学院党组书记、院长任宗哲带相关处室及研究所负责同志参加调研座谈会。两院就人才培养、科研创新、智库建设、经费使用等问题进行了富有成效的交流。

同日，副院长刘爽参加由中国社会科学院和吉林省人民政府主办、中国—东北亚博览会秘书处、吉林省社会科学院、吉林中日韩合作研究中心共同承办的"第五届东北亚智库论坛"并发言。

9月3—5日,党委书记谢宝禄率团参加在甘肃敦煌召开的第四届中国沿边地区开放发展暨社会科学智库联盟高层论坛。论坛围绕"促进沿边开放发展""推动一带一路建设等"主题展开讨论。

9月7日,党委书记谢宝禄率调研组赴青海社科院调研。两院就新型智库建设、有效开展应用对策研究等问题进行了交流。

9月7—17日,为办好第二届中俄经济合作高层智库研讨会,由副院长刘爽带队,中俄两国科研单位专家参加的调研组一行对两国相关口岸建设进行专题调研。

9月9日,院党委副书记、院长朱宇会见来访的美国驻沈阳领事馆总领事东方迈一行。

9月13—17日,党委副书记、院长朱宇率东北亚所所长笪志刚、应用经济所副所长刘小宁、经济所副所长程遥访问韩国,出席在韩国忠清南道举办的2015东亚三国地方政府三农论坛。

9月15日,黑龙江省社科院举行2015年研究生开学典礼,院党委书记谢宝禄、硕士点研究所所长、硕士生导师和研究生学院全体人员参加大会,会议由研究生学院院长高桂梅主持。

9月22日,以宫崎教四朗为团长的日本ABC企画委员会代表团来院访问,与历史研究所、东北亚研究所研究人员和研究生座谈交流。

9月28日,黑龙江省委财经领导小组来院座谈。

## 十月

10月7—8日,副院长刘爽参加第二届中国—俄罗斯(哈尔滨)文学艺术合作交流会。

10月11日,由黑龙江省人民政府、中国社会科学院、俄罗斯经济发展部和俄罗斯欧亚经济联盟联合主办,由黑龙江省社科院承办的"一带一路"与"欧亚经济联盟"对接暨第二届中俄经济合作高层智库研讨会在哈尔滨市召开。中俄两国主要智库专家、企业家和政府官员100余人出席会议。中国社会科学院副院长李培林、黑龙江省副省长孙尧等分别在大会上致辞。

10月12日,由黑龙江省委宣传部及黑龙江省社科院主办,以"携手'一带一路'互利互惠共赢"为主题的"中蒙俄经济走廊—龙江陆海丝绸之路经济带高层论坛"在哈尔滨隆重举行,来自中蒙俄及日韩等国的政府外交、商务等实务人士、知名科研和大学智库专家学者、跨国和地方企业家代表等共80余人莅临论坛,新华社、中央电视台、人民日报、光明日报、黑龙江电视台、东北网、黑龙江日报等媒体前来采访报道。

## 十一月

11月4日,党委书记谢宝禄带领评估组到哈尔滨市调研,就简政放权第三方评估工作与哈尔滨市领导及相关部门负责人座谈。

同日,党委副书记、院长朱宇参加省委"十三五"经济社会发展座谈会。省委书记王宪魁主持会议。

11月6日,由中国史学会主办、河南大学承办的中国史学界第九次代表大会在郑州开幕。副院长刘爽参加大会,并被选为中国史学会第九届理事会理事。

11月6—8日,党委书记谢宝禄参加中国互联网金融行业协会专业委员会会议。

11月8日,国务院发展研究中心张来明在省委宣传部部务委员刘光慧,党委副书记、院长朱宇陪同下参观了犹太历史文化展。

11月19日,按照省委统一部署,党的十八届五中全会精神省委宣讲团成员、院长朱宇受省委政法委邀请,为省委政法委机关党员干部作专题辅导报告。省委常委、政法委书记杨东奇出席报告会。

11月20日，党委副书记、院长朱宇参加"一带一路"建设与中日韩合作国际研讨会。

11月26日，省委宣讲团成员、院党委副书记、院长朱宇赴大兴安岭地区，进行十八届五中全会精神宣讲，刘杰、钟志林、姜宏伟等大兴安岭地区领导出席报告会。

### 十二月

12月1日，党委副书记、院长朱宇到省体育局宣讲十八届五中全会精神。

12月4日，党委书记谢宝禄、纪委书记战继发率领全院机关正科级以上干部、各部门班子成员赴省廉政教育基地参观学习。

12月5—6日，党委副书记、院长朱宇，政治学所所长陈静，法学所所长冯向辉参加了由中国政治学会主办，上海市委党校、上海政治学会承办的"中国政治学会2015年会暨'四个全面'战略布局与中国政治发展"学术研讨会。

12月9日，副院长刘爽率东北亚所所长笪志刚赴日访问交流。

12月12日，党委书记谢宝禄，党委副书记、院长朱宇在老干部处有关同志的陪同下亲切看望慰问了在京的离退休老同志，向他们送上新年的美好祝福，与在京老同志一起座谈。

同日，由黑龙江省社科院历史研究所、文学研究所与哈尔滨师范大学社会历史文化学院、黑龙江大学历史文化旅游学院联合主办的第四届黑龙江流域文明学术研讨会在召开。来自中国社会科学院以及省内各高校科研机构的40余名学者与俄罗斯国家历史博物馆、阿穆尔国立大学、俄罗斯科学院西伯利亚分院的8位学者参会。院纪委书记战继发出席会议并作了题为"加强黑龙江流域文明研究，深化国内国际合作交流"的主旨发言。

12月15日，黑龙江省社科院召开《社科大讲堂》俄中友协专场学术报告会，特邀俄中友协副主席，俄罗斯科学院远东研究所副所长、教授A.B.奥斯特洛夫斯基作报告。院党委书记谢宝禄、院长朱宇出席报告会。

12月15日，院纪委书记战继发出席了第十二届省青年科技奖表彰暨科学道德和学风建设宣讲教育报告会，并向获奖青年颁发荣誉证书。

12月23日，黑龙江省社科院召开全院各部门负责人述职述责述廉大会，院党委书记谢宝禄、党委副书记、院长朱宇，副院长刘爽，纪委书记战继发参加会议，科研、科辅部门班子成员、副高级以上专业技术人员，机关正科级以上干部参会。

# 上海社会科学院

## 第一节 历史沿革

上海社会科学院创建于1958年，是新中国最早建立的社会科学院，由当时的中国科学院上海经济研究所和上海历史研究所、上海财经学院、华东政法学院、复旦大学法律系合并而成。王战同志任上海社会科学院院长、于信汇同志任上海社会科学院党委书记。

上海社会科学院与海外许多大学和智库研究机构建立了广泛的学术联系，诺贝尔经济学奖获得者劳伦斯·克莱因、道格拉斯·诺思等在内的30余人被聘为名誉研究员、特聘研究员。"世界中国学论坛"已经成为我国对外学术宣传的重要渠道和有世界影响的中国学研究交流平台。

上海社会科学院积极响应中央加强中国特色新型智库建设的号召，以构建国内一流、国际知名的社会主义新智库为目标，大力实施智库建设和学科发展的双轮驱动发展战略，努力成为哲学社会科学创新的重要基地，成为马克思主义中国化的坚强阵地，成为国内外学术交流的主要平台，成为具有国内外重要影响力的国家高端智库。

### 一、领导

上海社会科学院历任院长是：
雷经天（1958年8月—1959年8月）
杨永直（1960年3月—1964年6月）
李培南（1964年6月—1966年6月）
黄逸峰（1978年10月—1984年1月）
张仲礼（1987年6月—1998年11月）
尹继佐（1998年11月—2004年7月）
王荣华（2004年7月—2009年8月）
王战（2012年7月—　　）。
上海社会科学院历任党委书记：
李培南（1958年8月—1966年6月、1978年10月—1981年10月）
洪泽（1981年10月—1987年5月）
严瑾（1987年5月—1998年10月）
程天权（1998年12月—2000年6月）
王荣华（2004年7月—2009年8月）
潘世伟（2009年8月—2014年11月）
于信汇（2014年11月—　　）。

### 二、发展

在半个多世纪不寻常的岁月中，上海社科院经历了建院的艰辛，撤院的无奈，更经历了复院以来的奋斗和辉煌。上海社科院50年的历史与共和国的历史紧密相连，呼吸与共，国运昌则社科院昌。

创设之初，上海社会科学院是一个教学与研究并重的机构，设有政治法律系、工业经济系、贸易经济系、财政信贷系、会计系、统计系、业余大学和经济研究所，隶属上海市委教育卫生工作部领导。1959年起改为科学研究机构，不再招收本科生。不久，中国科学院上海历史研究所并入，并相继设立了哲学研究所、政治法律研究所和国际问题研究所，以及学术情报研究室和毛泽东思想研究室。另设有图书馆和《学术界动态》（内部刊物）编辑部。这一时期，尽管运动不断，一波接着一波，科研工作时断时续，备受滋扰，但社科院仍卓有成效地开展学术研究工作，编成《南洋烟草公司史料汇编》《上海小刀会起义史料汇编》《大隆机器厂的发生、发展与改造》《上海棚户区的变迁》等一大批至今仍有广泛影响的论著和资料集，为上海社会科学院后来的发展奠定了厚实的基础。

1966年"文化大革命"爆发后，许多领导干部、知识分子和工作人员遭到残酷打击和迫害，上海社会科学院的科研和建设遭受了严重的挫折和损失。至1968年底，全院除部分工作人员调"市革会"及"市革委"地区组工作外，其余人员均到地处奉贤县的"市直五七干校"参加学习、劳动，被编入"市直五七干校六兵团"，上海社会科学院的建制被撤销。即使在这样的背景下，仍有部分科研人员割舍不下对学术研究的独钟情愫，冒着被批判的风险，白天运动、劳作，晚上阅读、思索，以萤火爝光探照民族前去的道路。

1978年，沐浴着改革开放的春风，上海社会科学院恢复建制，一大批幸存的社科人重新汇聚一堂，上海社会科学院由此步入了一个崭新的历史时期。

复院以后，百废待举，在中共上海市委的领导下，上海社会科学院因时、因地制宜，"囊括大典，网罗众家"，及时调整、扩充研究机构，调集、充实研究力量，以个体和团队的智慧积极回应改革开放时代的挑战，并在认识世界、传承文明、创新理论、资政育人、服务社会的过程中积累起可观的思想资源和学术资源，上海社会科学院因此成了备受海内外学术界瞩目的人文社会科学研究重镇，成了党和政府充分信赖的思想库、智囊团。

经过几代社科人50多年持续不懈的耕耘，如今的上海社会科学院已发展成为全国规模最大、学科齐全、研究力量雄厚的地方社会科学院。全院设有17个研究所、12个职能处室、7个直属单位和12个直属研究中心。上海社科已拥有健全的学科体系，设立了12个重点学科、14个特色学科；本着"开门办院"的精神，与政府、大学、企业、学会开展形式多样的合作，并致力于拓展海外学术交流网络，已与海外50余所知名学府、科研机构和智库签订了学术交流协议，建立了稳固的合作关系；创设了一系列高端的学术对话平台，包括每两年举办一次的"世界中国学论坛"、一年一度与中国外交学院联合主办的"东亚思想库网络金融合作会议"，与天津、深圳有关部门联合主办的"三城论坛"，以及面向院内的"高层论坛""大家学术论坛""新智库论坛"和"中青年学术论坛"等，这些常设的学术论坛的影响力正在不断地扩大；拥有1家声名鹊起的出版社，1座藏书总量超过115万册的图书馆，13种公开出版的学术报刊；研究生院拥有8个博士点、48个硕士点、2个博士后科研流动站，具备招收国外留学生资格，在读博士、硕士研究生近600人。

### 三、机构设置

上海社会科学院自成立以来，就紧跟时代前沿，不断调整和完善机构设置。截止到2015年年底，上海社会科学院设有12个机关处室、17个研究所以及9个直属单位。

机关处室：

纪委、监察室（书记王玉梅），党政办公室（主任黄凯锋），党委组织部（老干部办公室）、党委统战部（部长包蕾萍），党委宣传部（部长李轶海），人事处（处长钱运春），科研处（创新工程办公室）（副处长邵建），智库建设处（研究室、重大课题办公室）（副处长于蕾主持工作），国际合作处（台港澳办公室）（处长吴雪明），财务处（会计服务中心）（处长张国云），审计室（主任张华），行政处（处长钱伟萍）。

研究所：

经济研究所（所长石良平），部门经济研究所（所长孙福庆），世界经济研究所（副所长姚勤华、权衡主持工作），国际关系研究所（常务副所长刘鸣主持工作），法学研究所（副所长殷啸虎主持工作），政治与公共管理研究所（所长刘杰），中国马克思主义研究所（所长方松华），社会学研究所（所长杨雄），城市与人口发展研究所（副所长周海旺、屠启宇主持工作），生态与可持续发展研究所（所长诸大建），宗教研究所（所长晏可佳），文学研究所（副所长荣跃明主持工作），历史研究所（副所长王健主持工作），哲学研究所（副所长何锡蓉主持工作），信息研究所（副所长党齐民主持工作），新闻研究所（所长强荧），世界中国学研究所（执行所长王海良）。

直属单位

中国国际经济交流中心上海分中心（主任王战），智库研究中心（执行主任杨亚琴），《社会科学报》报社（社长、总编：段钢），《社会科学》杂志社（社长、主编胡键），图书馆（馆长王海良），研究生院（进修学院）（院长朱平芳），网络管理中心（主任赵虹），上海社会科学院出版社有限公司（社长、总编缪宏才），上海社科资产经营管理有限责任公司（后勤服务中心）（总经理陈国梁）。

### 四、人才建设和培养

上海社会科学院为上海唯一的综合性人文和社会科学研究机构，是全国最大的地方社会科学院。截至2015年12月，在职工作人员739人，其中拥有专业技术人员625人，正高132人，副高182人；专业技术人员中，拥有博士学位者占58%。

上海社会科学院于1979年开始招收研究生，为首批获得国务院学位委员会批准的学位授予单位之一。目前在哲学、经济学、法学、历史学、文学、管理学等6个学科门类中，拥有理论经济学、应用经济学2个博士后科研流动站，拥有理论经济学一级学科博士学位授予权，拥有哲学、理论经济学、应用经济学、统计学、法学、政治学、社会学、中国语言文学、中国史和世界史10个一级学科硕士学位授予权，具有同等学力申请硕士学位授予权以及招收外国留学生的资格。具有同等学力申请硕士学位授予权以及招收外国留学生的资格。在读研究生650余人。

## 第二节　组织机构

### 一、院党政领导班子

王　战：院长、院党委委员
于信汇：院党委书记
王玉梅：院党委副书记、纪委书记
黄仁伟：院党委委员、副院长
谢京辉：院党委委员、副院长
王　振：院党委委员、副院长
何建华：院党委委员、副院长

### 二、院学术委员会

主任：王战
副主任：于信汇、王玉梅、黄仁伟、王振、何建华。
委员（按姓氏笔画为序，标*号者为院外委员）：于信汇、王世伟、王玉梅、王战、王振、叶青、左学金、石良平、刘华*、孙福庆、成素梅、权衡、何建华、何勤华*、余建华、张幼文、张道根*、李安方*、杨建文、杨雄、沈开艳、沈国明*、陈圣来、周振华*、姜义华*、洪民荣*、袁志刚*、黄仁伟、强荧、彭希哲*、童世骏*、熊月之。

### 三、院聘任委员会

主任：王战
副主任：于信汇
委员（按姓氏笔画为序）：王玉梅、

王振、叶青、石良平、孙福庆、权衡、何建华、何锡蓉、杨雄、邵建、荣跃明、党齐民、钱运春、黄仁伟、强荧、谢京辉

秘书长：钱运春

四、院学位评定委员会

主席：王战

副主席：于信汇、叶青

委员（按姓氏笔画为序）：王振、王世伟、王玉梅、方松华、石良平、权衡、朱平芳、刘杰、刘鸣、孙福庆、杨雄、何锡蓉、周海旺、荣跃明、晏可佳、黄仁伟、强荧

秘书长：朱平芳（兼）

五、研究所

经济研究所
所长：石良平
副所长：沈开艳、张兆安
学术秘书室主任：沈桂龙
党总支书记：沈开艳
部门经济研究所
所长：孙福庆
副所长：郁鸿胜
学术秘书室主任：李伟
党总支书记：孙福庆
党总支副书记：李伟
世界经济研究所
副所长：姚勤华、权衡
学术秘书室主任：胡晓鹏
党总支书记：姚勤华
党总支副书记：权衡
国际关系研究所
常务副所长：刘鸣
党总支书记：余建华
党总支副书记：姚勤
法学研究所
副所长：殷啸虎
学术秘书室主任：杜文俊
党总支书记：叶青（兼）

党总支副书记：裴斐
政治与公共管理研究所
所长：刘杰
副所长：张树平
党支部书记：徐茜
中国马克思主义研究所
所长：方松华
副所长：姜佑福
党支部书记：娄雄
社会学研究所
所长：杨雄
副所长：陈建军
学术秘书室主任：程福财
党总支书记：杨雄
党总支副书记：程福财
城市与人口发展研究所
所长：郁鸿胜（兼）
副所长：周海旺、屠启宇
党支部书记：周海旺
党支部副书记：李佩佩
生态与可持续发展研究所
所长：诸大建
常务副所长：周冯琦
党支部书记：周冯琦
宗教研究所
所长：晏可佳
副所长：朱静芬
党总支书记：晏可佳
党总支副书记：朱静芬
文学研究所
副所长：荣跃明
学术秘书室主任：徐清泉
党总支书记：荣跃明
党总支副书记：徐清泉
历史研究所
所长：黄仁伟（兼）
副所长：王健
学术秘书室主任：叶斌
党总支书记：王健
党总支副书记：张秀莉

哲学研究所
副所长：何锡蓉
学术秘书室主任：成素梅
党总支书记：何锡蓉
党总支副书记：计海庆
信息研究所
副所长：党齐民
党总支书记：党齐民
党总支副书记：沈结合
新闻研究所
所长：强荧
党支部书记：强荧
党支部副书记：陈骅
世界中国学研究所
所长：张维为
执行所长：王海良
党支部书记：乔兆红

## 六、机关处室

纪委、监察室
书记：王玉梅（兼）
副书记：刘社建
监察室主任：刘社建
监察室副主任：何卫东
党政办公室
主任：黄凯锋
副主任：丁波涛
党委组织部（老干部办公室）
党委统战部
部长：包蕾萍
副部长：陈庆安、周洁莉
党委宣传部
部长：李轶海
副部长：张雪魁
人事处
处长：钱运春
副处长：屠胤捷
科研处（创新工程办公室）
处长：邵建
副处长（创新办主任）：汤蕴懿

副处长：李宏利
智库建设处（研究室、重大课题办公室）
处长：于蕾
副处长：陆军荣
国际合作处（台港澳办公室）
处长：吴雪明
副处长：刘阿明
财务处（会计服务中心）
处长：张国云
副处长：纪岳军、涂波
审计室
主任：张华
行政处
处长：钱伟萍
副处长：黄正华、席培毅

## 七、直属单位

中国国际经济交流中心上海分中心
主任：王战（兼）
秘书长：郁鸿胜（兼）
党支部书记：陆军荣
智库研究中心
执行主任：杨亚琴
副主任：李凌
《社会科学报》报社
社长、总编：段钢
副社长、副总编：徐美芳
党支部书记：段钢
《社会科学》杂志社
社长、主编：胡键
党支部书记：胡键
图书馆
馆长：王海良（兼）
副馆长：沈大明
党支部书记：王海良
研究生院（进修学院）
院长：朱平芳
副院长：佘凌
党委书记：朱平芳

党委副书记：佘凌
网络管理中心
主任：赵虹
上海社会科学院出版社有限公司
社长、总编：缪宏才
副总编：唐云松
上海社科资产经营管理有限责任公司（后勤服务中心）
总经理：陈国梁

## 第三节 年度工作概况

2015年是我国深化改革、攻坚克难的关键之年，是"十二五"规划收官和"十三五"规划谋划之年，也是上海社科院发展历史上具有重要里程碑意义的一年。年初中央发布《关于加快中国特色新型智库建设的若干意见》，为上海社科院发展指明新方向、注入新动力；年底中央召开国家高端智库建设启动会，上海社科院被列入首批试点单位，正式成为中国智库的"国家队"。在新的形势下，上海社科院以党的十八大和十八届三中、四中、五中全会和习近平总书记系列重要讲话精神为指引，紧紧抓住国家建设"中国特色新型智库"的重大契机，加快实施双轮驱动战略，深入推进创新工程，积极谋划和探索国家高端智库建设，取得了一系列重要成绩。

一、坚持从严治党，认真开展"三严三实"专题教育

以十八届五中全会和习近平总书记系列重要讲话精神为指导，不断强化政治意识、大局意识和责任意识，以正确导向引领全院各项工作。

认真开展"三严三实"专题教育，定期开展中心组学习，及时领会、贯彻中央和市委的方针政策和重大部署；通过集体党课、查找不严不实问题、专题组织生活等活动，严肃党内政治生活、严明党的政治纪律和政治规矩，确保全院干部职工在政治上、思想上、行动上自觉与党中央保持高度一致。全年上海社科院的研究咨询、会议论坛、国际交流、报刊等工作中没有出现一例严重违反政治纪律和宣传纪律的情况。

狠抓党风廉政建设。制定《加强纪检监察体系建设实施办法》等规章，做好"两个责任"自查，签订党风廉政承诺责任书，召开全院党风廉政建设大会和季度例会，开展纪律教育月活动，不断提高领导干部党风廉政意识。加强遵纪守法检查工作力度，开展两轮"四项经费"自查，按时查办各类信访举报件，完成《2014年机关工作作风评估报告》，对上海社科院加强机关作风提出改进重点与努力方向。

切实加强党建工作。建立分党委工作机制，成立院机关党委、研究生院党委，整合基层党建工作资源；深入推进创先争优工作，做好宣传系统优秀组织生活案例申报，出版上海社科院《党建工作案例》；规范党员发展程序，提升党员质量，全年共发展预备党员21人，预备党员转正23人，组织预备党员参加党员宣誓活动，举办入党积极分子培训班。

二、坚持固本强基，提升重大决策咨询和理论创新能力

抓住国家建设中国特色新型智库的重大历史契机，突出"以智库建设为本、以学科发展为基"，不断提升上海社科院的决策影响力、学术影响力、社会影响力和国际影响力。

提升决策咨询研究水平。积极服务国家战略，围绕国家发展中的重大现实问题，为中央领导和各部委决策提供咨询服务，包括习近平总书记在内的国家领导人对我院50余篇成果作出了肯定性批示；组织重大课题攻关，围绕上海"全球科创中心建

设""十三五规划"等重大议题，组织全院骨干开展研究，得到市委主要领导肯定；打造智库服务精品，今年以来《上海新智库》系列专报百余篇，其他形式专报百余篇，两篇研究报告获得第六届"优秀皮书报告奖"一等奖；提升智库合作平台，与民进中央、民盟中央联合举办论坛，发起成立上海自贸区研究协调中心，探索政府、高校、社科院协同创新模式；积极开展智库研究，发布《2014年中国智库报告》，公布中国智库影响力排名，牢牢把握"中国特色新型智库建设"话语权。

抓好科研成果质量管理。做好国家课题申报，2015年全院共中标国家社科基金课题33项，实现了四个"首次"，即中标课题总数首次位列全市第一，年度课题一次性立项总数首次突破30大关，一般课题数首次超过青年课题数，国家课题中标率首次突破20%；支持基础理论研究，资助全院21个团队开展学科前沿跟踪研究，出版"学科理论前沿"系列丛书，鼓励基础学科的研究人员申报创新团队和创新特色人才；狠抓课题研究质量，院主要领导参加在研课题汇报交流会、逾期课题督促会，引导全院科研人员转变"重立项、轻结项""重数量、轻质量"的惯性思维，取得了明显成效；规范科研考核工作，立足"做实、做细、做专"的总要求，完善科研成果填报流程，严格进行科研免考和成果认定，细致组织科研成果抽查，科研成果填报的真实性进一步提高。

扎实推进创新工程建设。及时将工作重点由申报转向过程管理，确保工程建设达到预期目标。一是组织立项及评估，完成第二批创新工程评审立项和签约，启动第三批申报工作，开展第一批创新工程年度评估。二是建设创新工程数据库，与院科研考核系统对接，形成季度成果要报，建立定期交流机制；三是完善过程管理，制订院《创新工程过程管理细则》，建立创新工程季度报表制度，探索创新团队分类评估方法。

整合媒体资源提升影响力。加强院内学术报刊建设，《社会科学报》发行量突破18000份，圆满完成了2015年发行指标，发行范围从长三角地区为主逐步辐射全国，探索"互联网+"的学术媒体传播形式，进一步增强全国学术影响力；《社会科学》杂志抓好选题工作，加强动态调研，坚持严格审稿，学术地位进一步上升，在南京大学CSSCI来源期刊目录中排名社科院及社联系统综合类第三名，被中国人民大学复印报刊资料2014年全文转载量居全国社科系统第三位；院出版社获"2014中国图书世界馆藏影响力出版100强"称号，多本图书获市文化基金和出版基金资助，一批图书入选"向全国青少年推荐百种优秀图书"；积极利用院外媒体加强成果推介，先后组织《转型升级的新战略与新对策》等十多场研究成果发布会，主动邀请中央和上海重要媒体对上海社科院专家学者进行采访报道，扩大了上海社科院社会影响力。

### 三、坚持人才优先，打造专业化智库人才队伍

落实中央文件"人才为先、凝聚一流研究队伍"的要求，加强人才管理服务，优化人才发展环境，促进人才队伍的专业化、高端化、国际化和年龄梯队合理化。

优化人才队伍结构，引进汪怿研究员、魏昌东教授等高层次人才，改善了我院人才梯队结构，公开招聘27人，为上海社科院注入了新的血液；实施人才国际化战略，帮助5人获得国家留学基金资助，推行"教师海外研修计划"，派出一批科研骨干到国际著名智库开展课题研究；加强青年人才培养，院青年学术交流中心组织青年骨干开展联合研究、出版《理论热点大碰撞》，2015年荣获上海五四青年奖章，院青年管理人才交流中心开展"青年管理人

员示范岗创建"等活动，提高青年人员的行政管理能力。

完善领导干部队伍。加强干部选拔任用，首次开展处级干部岗位非定向推荐，选拔16位处级干部走上了新的工作岗位，形成一支年龄梯度较为合理的干部梯队；加强领导干部培养，全年共有11人次的局级领导干部、6人次的处级干部参加中央和上海举办的各类培训，进一步提高了领导干部的行政管理服务水平；严格规范干部管理，接受上级部门领导干部选拔任用工作的检查，完成选人用人巡视整改工作，制定《干部选拔任用工作办法》，规范干部选拔任用程序，加强领导干部个人事项申报的审核和电子化管理，开展干部档案专项审核，及时补充完善相关材料。

提升研究生教育水平。利用网络新媒体宣传我院研究生招生工作，主动与外地985高校合作，拓宽生源渠道，提升生源质量；采取"教学前检查教案、教学中听课抽查、教学后学生评估"相结合的方法，规范教学工作；实施学位论文百分之百外校"双盲"评审，强化学位管理，提高论文质量，1篇博士学位论文、3篇硕士学位论文获评市优秀学位论文。

做好老干部服务工作。始终坚持把政治上尊重、思想上关心、生活上照顾老同志放在首位，加强离退休总支建设，积极组织老干部政治学习和理论研究；召开离退休干部座谈会，院党政主要领导向老同志通报工作情况；按政策落实离休干部生活待遇，举办"冬送温暖""夏送清凉"活动，院所领导走访慰问院老领导和老同志200人次。

**四、坚持开放发展，优化国际智库合作网络**

树立全球视野、开放思维，坚持"走出去与引进来"相结合，积极开展国际合作、人员交流和学术外宣，不断提高上海社科院的国际竞争力和国际影响力。

对外学术合作进一步密切。全年共接待外宾团组149个、445人次，接待外籍访问学者、志愿者、实习生等共计27人；因公出访共计92批次、193人次，出访人数比去年增长近40%；接待台港澳地区学术单位及其他社会机构访问团组37批次、180人次，因公赴台港澳地区访问和学习共计18批次、52人次。

国际合作层次进一步提升。与彼得森国际经济研究所、韩国开发研究院、白俄罗斯科学院、荷兰国际亚洲研究所等重要智库新签或续签合作协议，联合举办论坛研讨会、共同开展课题研究，深化实质性合作；新设立联合国项目办公室，引进联合国亚太培训中心，拓展了与联合国等重要国际组织的紧密合作。

国际学术平台进一步优化。2015年上海社科院共举办30多次国际研讨会和10个涉台港澳地区的学术会议，包括第六届世界中国学论坛等重要国际论坛。同时还首次在美国纽约和亚特兰大举办世界中国学论坛的海外分论坛，在国内外产生很大影响。

对外学术宣传进一步加强。举办"媒体学术沙龙"，创新与境外媒体的沟通方式，得到市委宣传部领导的肯定；推出院《英文年报》，编撰出版第12辑院《英文论文选》，定期编发院《海外学术交流动态》，加强院英文网站建设，有力提升了上海社科院在海外的知名度和影响力。

**五、坚持全面改革，积极探索新型管理体制机制**

根据国家高端智库建设的要求，积极谋划治理结构、经费管理、信息服务等方面的改革，探索灵活高效的智库运行机制。

完善院所组织构架。优化学科布局，新成立生态与可持续发展研究所，撤销上海国际问题研究中心和国际关系研究所，新成立国际问题研究所，实现对社科主要研究领域的全覆盖;加强科研管理,重新组建科研处、智库建设处,充实院智库研究中心的功能,形成"两处一中心"的新格局;完善组织机构,新成立院审计室,加强上海社科院的审计工作,后勤服务中心下属企业转制为有限责任公司,法人治理结构进一步健全。

严格科研经费管理。加强经费的合规性审核,切实提高科研资金使用效益;按规定推进部门预算、"三公"经费等的公开;成立"上海社会科学院智库建设基金会",为上海社科院高端智库建设提供更加充足的经济保障。

加强国有资产监管。开展了院所属企业的整改工作,已有6家企业完成关闭或启动关闭程序;对7家经济实体开展绩效考核,修订经营管理责任书的相关条款及考核评分标准,完成院属经济实体的责任书签约工作;建设院资产管理信息化平台,全院固定资产定点、定位、直观呈现,实现实时、动态化管理。

实施"智慧社科院"工程。推进院总部无线网络改造,将院邮箱迁移至网易企业邮箱,加大信息安全保障力度,全年未出现重大网络安全事故;实施院门户网站改版升级,优化页面风格,整合板块资源,提升宣传效能,积极利用院报、橱窗、大屏幕等渠道报道工作成效,加强信息工作;启动"一带一路"等重大数据库建设,为国家高端智库建设提供坚实的数据支撑;图书馆网站正式改版,建设创新工程数字文献信息平台,建立移动服务平台,学术信息服务更加便利。

六、坚持和谐办院,不断完善群众民生工作

落实"共享发展"理念,做好工青妇工作,抓好精神文明建设,改进行政后勤服务,增强全院凝聚力,为上海社科院国家高端智库建设营造和谐氛围。

加强群众工作。院工会召开三届二次职代会,推进民主办院。积极推荐优秀个人,今年上海社科院荣获全国先进工作者、上海先进工作者、市劳模集体各一名;举办上海发展系列参观和职工书画展等活动,丰富职工文体生活。院妇委会推进巾帼文明岗创建活动,建设妇女之家,院"女博士工作室"荣获全国五一巾帼奖状、全国工人先锋号及全国五一巾帼标兵岗称号。

抓好精神文明建设。制订上海社科院《2015—2016年度创建上海市精神文明单位规划》,编撰《2015年上海精神文明发展报告》,举办第四届"上海精神文明论坛",推动"少年中国梦孵化工程",与上海长征医院等单位开展精神文明共建。

完善后勤服务。开展技术大比武,提高员工技能,加强食堂管理,确保用餐安全,探索后勤服务社会化改革,引入外部优质后勤服务资源;做好办公场所的维修保养,启动绿化改造工程,不断改善办公环境;更新总部监控设备,开展消防安全演练,与各单位签订《综合治理目标责任书》,全年未发生重大治安和消防事故。

2015年,上海社科院围绕中心、服务大局,各项工作都取得了较好成绩。与此同时,面对建设国家高端智库的历史重任,社科院在人才队伍、创新能力、体制机制方面,仍有许多不匹配不适应之处。在新的一年中,上海社科院将以十八大及十八届五中全会精神为指引,团结带领全院干部职工开拓进取、努力奋斗,不断将上海社科院事业发展推上新的高度。

## 第四节 科研活动

2015年,上海社科院共获得国家社科基金项目36项。其中,重大项目2项,重点项目1项,一般项目23项,青年项目8项,软科学项目2项。在上海市社科规划课题立项中,上海社科院共中标34项。其中，重大课题 1 项，一般课题 10 项，青年课题 3 项，系列课题 20 项。

### 2015 年中标国家课题一览表（36 项）

| 成果名称 | 主持人 | 单位 |
| --- | --- | --- |
| 国家社科基金重大项目（2 项） | | |
| 城乡协调发展与我国包容性城镇化新战略研究 | 权 衡 | 世经所 |
| 推进双向投资布局的开放体制创新与内外战略协同 | 赵蓓文 | 世经所 |
| 国家社科基金重点项目（1 项） | | |
| 新常态下加速我国现代服务业升级的战略研究 | 胡晓鹏 | 世经所 |
| 国家社科基金一般项目（23 项） | | |
| 上海港工人《毛履亨日记》整理与研究 | 宋钻友 | 历史所 |
| 上海市"五反"运动研究 | 郑维伟 | 政治所 |
| 基于动态演化和货币搜寻的货币国际化研究 | 姚大庆 | 世经所 |
| 互联网金融风险防范、监督理论与经验的跨国比较研究 | 杨亚琴 | 智库研究中心 |
| 新时期加强在华境外非政府组织管理研究 | 汤蕴懿 | 院 部 |
| 程序正义视阈下的宏观调控程序法律制度研究 | 徐澜波 | 法学所 |
| 生态保护法治实施评估体系构建研究 | 何卫东 | 院 部 |
| 非正规就业女性生育保险问题研究 | 庄渝霞 | 城人所 |
| 困境儿童国家保护制度研究 | 程福财 | 社会学所 |
| "一带一路"战略对推进人民币国际化的路径及其对策研究 | 孙立行 | 世经所 |
| 地区公共产品视野中的中国周边外交战略研究 | 王 健 | 历史所 |
| 外部势力影响香港政治发展的途径及对策研究 | 尤安山 | 世经所 |
| 构建对韩战略支点关系与美韩同盟制约因素研究 | 郝群欢 | 国关所 |
| 开埠后上海城市经济转型中的民间（行业）制度与民间理性研究 | 樊卫国 | 经济所 |
| 商务印书馆档案抄件整理与研究 | 周 武 | 历史所 |
| 民国学术评议制度的创建与学术发展研究 | 张 剑 | 历史所 |
| 摩尼教西方文献研究 | 芮传明 | 历史所 |
| 净明道科仪文书收集、整理与研究 | 许 蔚 | 文学所 |
| 吴越地区海神信仰的传播研究及其图谱化展示研究 | 毕旭玲 | 文学所 |
| 当代西方神经美学对中国美学发展的影响研究 | 胡 俊 | 社科报（思想文化研究中心） |
| 社会史视野下的现代文学"士绅"阶层人物研究 | 袁红涛 | 文学所 |
| 新媒体环境下的新闻职业话语研究 | 白红义 | 新闻所 |
| 信息安全策略与网络强国关系研究 | 李 农 | 信息所 |

续表

| 成果名称 | 主持人 | 单位 |
|---|---|---|
| 国家社科基金青年项目（8项） ||||
| 作为公民德性的"友善"研究 | 赵 琦 | 哲学所 |
| 收入分配、居民消费与中国经济转型研究 | 李 凌 | 经济所 |
| 基于城市专业化的城市群产业协调互动机理与经济增长效应研究 | 蒋媛媛 | 部门所 |
| 中国碳排放交易体系制度设计的连接研究 | 嵇 欣 | 生态所 |
| 特大城市的基层社区分化与分类治理研究 | 李 骏 | 社会学所 |
| 城市化过程中农民工恋爱、婚姻问题研究 | 王 会 | 社会学所 |
| 中国对美投资摩擦的政治化及对策研究 | 吴其胜 | 国关所 |
| 公共图书馆理事会制度的建设与完善研究 | 冯 佳 | 文学所 |
| 国家软科学研究计划项目（2项） ||||
| 创新型城市评价研究 | 屠启宇 | 城人所 |
| 上海自贸区建设对科技创新的影响研究 | 汤蕴懿 | 院 部 |

2015年中标上海市社科规划课题一览表（34项）

| 成果名称 | 主持人 | 单位 |
|---|---|---|
| 重大课题（1项） ||||
| 华侨华人与中国侨务政策研究 | 吴前进 | 国关所 |
| 一般课题（10项） ||||
| 中国梦与中国的世界秩序观 | 焦世新 | 国关所 |
| 网络科学技术意识形态理论与我国意识形态建设研究 | 吴瑞敏 | 信息所 |
| 长江三角洲地区制造业产业内分工研究 | 樊福卓 | 部门所 |
| "农民工二代"政治价值观与社会稳定 | 曾燕波 | 社会学所 |
| 高考新政下高等教育的个体选择与机会不平等 | 华桦 | 社会学所 |
| "社区基金会"与基层社会治理创新研究 | 李宗克 | 社会学所 |
| 面向2030的中美气候合作路径研究 | 汤 伟 | 国关所 |
| 隋唐时期的海上军事力量与东北亚周边关系 | 张晓东 | 历史所 |
| 唐人的日常生活与道德书写研究——以唐五代笔记为中心 | 朱 红 | 文学所 |
| 移动互联网时期我国集成电路产业追赶战略转型研究 | 李 勇 | 信息所 |
| 青年课题（3项） ||||
| 西方中国道路研究的百年流变与启示 | 马丽雅 | 中马所 |
| 当代信息技术背景下延展认知的哲学研究 | 戴潘 | 中马所 |

续表

| 成果名称 | 主持人 | 单位 |
|---|---|---|
| 新世纪以来中国的对外宣传和国际话语体系建设 | 徐庆超 | 中国学所 |
| 系列课题（20项） | | |
| 上海建设具有全球影响力科技创新中心软环境研究系列 | 首席专家：沈开艳 | |
| 上海建设具有全球影响力科技创新中心市场环境研究 | 沈开艳 | 经济所 |
| 上海建设具有全球影响力科技创新中心社会氛围营造研究 | 李双金 | 经济所 |
| 上海建设具有全球影响力科技创新中心法制环境研究 | 彭 辉 | 法学所 |
| 上海自贸试验区改革创新研究系列 | 首席专家：沈玉良 | |
| 深化上海自贸试验区投资贸易便利化改革研究 | 沈玉良 | 世经所 |
| 深化上海自贸试验区金融制度改革创新研究 | 孙立行 | 世经所 |
| 上海自贸试验区事中事后监管制度研究 | 唐杰英 | 世经所 |
| 全面深化改革，推进上海创新发展研究系列 | 首席专家：孙福庆 | |
| 经济新常态下上海经济转型升级动力机制研究 | 李伟 | 部门所 |
| 上海参与和服务国家"一带一路"战略研究 | 孙福庆 | 部门所 |
| 上海积极参与长江经济带建设战略模式研究 | 王晓娟 | 部门所 |
| 创新社会治理，保障和改善民生研究系列 | 首席专家：（外单位） | |
| 实现上海更高质量就业的保障政策研究 | 刘社建 | 经济所 |
| 上海基层协商民主实证研究 | 张友庭 | 社会学所 |
| 创新上海宣传思想文化工作研究系列 | 首席专家：于信汇 | |
| 上海培育和践行社会主义核心价值观实践探索研究 | 于信汇 | 院 部 |
| 理论创新成果分众化定向传播问题研究 | 陈祥勤 | 中马所 |
| 繁荣上海文艺创作的体制机制创新问题研究 | 饶先来 | 文学所 |
| 提升上海城市文化多样性问题研究 | 郑崇选 | 文学所 |
| 加快发展上海文化产品和要素市场问题研究 | 冯 佳 | 文学所 |
| 加快推进上海专业化高端智库建设研究系列 | 首席专家：黄仁伟 | |
| 上海高端智库发展规划思路研究 | 黄仁伟 | 院 部 |
| 有利于智库发展的科研管理体制创新研究 | 胡晓鹏 | 世经所 |
| 智库研究成果学术评价问题研究 | 于 蕾 | 院 部 |
| 上海高端智库人才高地建设研究 | 姚勤华 | 世经所 |

**2015 年国家和市级课题分布情况**

| 单 位 | 国家课题 | 市课题 | 市决咨课题 | 市软课题 |
|---|---|---|---|---|
| 经济所 | 2 | 3 | 2 | — |
| 部门所 | 1 | 4 | 3 | 2 |
| 世经所 | 6 | 5 | 7 | 1 |
| 国关所 | 2 | 3 | — | — |
| 法学所 | 1 | 1 | — | — |
| 政治所 | 1 | — | — | — |
| 中马所 | — | 3 | — | — |
| 社会学所 | 3 | 4 | — | — |
| 城人所 | 2 | — | 3 | 1 |
| 生态所 | 1 | — | — | — |
| 宗教所 | — | — | — | — |
| 文学所 | 4 | 4 | — | — |
| 历史所 | 5 | 1 | — | — |
| 哲学所 | 1 | — | — | — |
| 信息所 | 1 | 2 | — | 1 |
| 新闻所 | 1 | — | — | — |
| 中国学所 | — | 1 | — | — |
| 社科报（思想文化研究中心） | 1 | — | — | — |
| 智库研究中心 | 1 | — | — | 1 |
| 院　部 | 3 | 3 | 3 | — |
| 总　计 | 36 | 34 | 18 | 6 |

**院外核心刊物论文与论著**

| 单 位 | 院外甲类论文 | 院外甲类 A 级论文 | 专著 A 级 | 专著 B 级 | 专著 C 级 |
|---|---|---|---|---|---|
| 经济所 | 7 | — | 2 | 2 | 2 |
| 部门所 | 5 | 1 | — | 7 | — |
| 世经所 | 10 | — | 2 | 2 | 1 |
| 国关所 | 6 | 3 | 1 | 1 | 1 |
| 法学所 | 4 | — | — | 1 | 2 |
| 政治所 | — | 1 | 1 | 7 | 1 |
| 中马所 | 3 | 2 | — | 3 | — |

续表

| 单　位 | 院外甲类论文 | 院外甲类A级论文 | 专著A级 | 专著B级 | 专著C级 |
|---|---|---|---|---|---|
| 社会学所 | 11 | 1 | — | 7 | — |
| 城人所 | 5 | — | — | 4 | — |
| 生态所 | — | — | — | 1 | — |
| 宗教所 | 4 | 1 | — | 3 | — |
| 文学所 | 9 | 2 | 4 | 1 | 1 |
| 历史所 | 12 | 1 | — | 7 | — |
| 哲学所 | 5 | 2 | — | 3 | — |
| 信息所 | 2 | 1 | 1 | 2 | 1 |
| 新闻所 | 3 | 1 | — | 1 | — |
| 中国学所 | 2 | — | 0 | 2 | — |
| 院　部 | 7 | — | 1 | 5 | — |
|  | — | — | 12 | 59 | 8 |
| 总　计 | 95 | 16 | 79 | — | — |

第十一届（2015年）张仲礼学术奖获得者名单

| | | |
|---|---|---|
| 张仲礼学术奖 | 曹祎遐 | 部门所 |
| | 蒋宝麟 | 历史所 |
| | 张志宏 | 哲学所 |
| | 高子平 | 信息所 |
| 张仲礼优秀研究生奖 | 闫立东 | 硕士生 |

## 第五节　重点成果

经过一年的精心筹备和积极申报，2015年底上海社科院被列入国家高端智库建设首批试点单位，正式成为中国智库的"国家队"。为配合高端智库申报工作，2015年上海社科院成立了"高端智库建设基金会"，重新组建了智库建设处和智库研究中心，并启动了人事、财务、国际化、信息化等一系列改革，为高端智库建设奠定了坚实基础。

2015年上海社科院中标上海市重要决策咨询研究课题24项。

2015年（截至12月10日），《上海新智库》专报刊发47期，舆情专报刊发37篇，其他形式专报百余篇，副国级以上领导人对上海社科院50余篇成果作出肯定性批示。

## 2015年度重要决策咨询研究课题一览表（24项）

### 市决策咨询委员会招标课题（1项）

| 关于上海加快地方特色智库建设问题研究 | 权 衡 | 世经所 |
|---|---|---|

### 市政府发展研究中心决策咨询重点课题（5项）

| 新常态下上海经济增长潜力及动力机制研究 | 权 衡 | 世经所 |
|---|---|---|
| 上海服务长江经济带建设研究 | 王晓娟 | 部门所 |
| 中美BIT谈判金融及相关服务业领域在上海自贸试验区选择性先试先行研究 | 吕文洁 | 世经所 |
| 上海自贸试验区与上海"四个中心"和"科创中心"联动协同问题研究 | 黄烨菁 | 世经所 |
| 上海继续在自贸试验区发挥开放和制度创新保持领先重点领域研究 | 彭 羽 | 世经所 |

### 市政府决策咨询研究财政专项课题（1项）

| 关于进一步优化完善本市"大众创业、万众创新"财税支持政策的若干问题研究 | 王玉梅 | 院 部 |
|---|---|---|

### 市政府决策咨询研究工商联专项课题（1项）

| 整合各类资源，探索"总商会"机制建设 | 汤蕴懿 | 院 部 |
|---|---|---|

### 市政府决策咨询研究商务发展专项课题（4项）

| 上海加快发展转口贸易、离岸贸易的主要瓶颈、突破口与具体举措研究 | 彭 羽 | 世经所 |
|---|---|---|
| 加快上海服务贸易转型升级的主要突破口与具体举措研究 | 沈玉良 | 世经所 |
| 以"互联网+"等为抓手，促进上海生活性服务业转型升级主要目标与具体举措研究 | 徐炳胜 | 部门所 |
| 加强上海国际贸易中心与长三角、长江经济带建设联动的主要任务与具体举措研究 | 郁鸿胜 | 城人所 |

### 市政府决策咨询研究教育政策专项课题（1项）

| 人口调控下的流动人口子女教育问题研究 | 周海旺 | 城人所 |
|---|---|---|

### 市政府决策咨询研究浦东专项课题（1项）

| 上海科创中心建设背景下的浦东科技信贷服务体系研究 | 张晓娣 | 经济所 |
|---|---|---|

### 市政府决策咨询合作交流专项课题（2项）

| 上海推进长三角一体化发展突破方向及重点专项合作研究 | 郁鸿胜 | 城人所 |
|---|---|---|
| 上海服务国家战略构建长江沿岸园区和产业合作平台研究 | 孙福庆 | 部门所 |

### 市政府决策咨询研究妇联专项课题（2项）

| 上海建设全球影响力科创中心背景下女性人才机制研究 | 包蕾萍 | 院 部 |
|---|---|---|
| 大众创业、万众创新的家庭支持系统研究 | 徐美芳、薛亚利 | 经济所 |

### "科技创新行动计划"软科学主题项目（6项）

| 上海发展创新型经济的思路研究 | 林 兰 | 城人所 |
|---|---|---|
| 基于自由贸易制度的创新要素便利化研究 | 杨亚琴 | 智库研究中心 |
| 留学归国人员来沪创新创业调查研究 | 高子平 | 信息所 |
| 上海众创空间发展思路和政策支撑体系构建研究 | 顾丽英 | 部门所 |
| 价值链视角下上海地区小微企业科技创新的动力机制与政策研究 | 曹祎遐 | 部门所 |
| 加强在沪跨国公司技术溢出的国民经济增长效应研究 | 赵蓓文 | 世经所 |

### 2015年重要媒体发表论文、观点统计

| 年份 | 人民日报 | 光明日报 | 文汇报 | 解放日报 | 其他 | 总计 |
|---|---|---|---|---|---|---|
| 2013 | 4 | 1 | 75 | 41 | 106 | 227 |
| 2014 | 7 | 9 | 52 | 54 | 22 | 144 |
| 2015 | 3 | 5 | 56 | 29 | 28 | 121 |

注：以上数据统计时间为2015年1月1日至2015年12月9日。

## 第十届上海市决策咨询研究成果奖获奖名单

### 一等奖（4项）

| 新产业革命与上海的转型发展 | 王 战等 | 院 部 |
|---|---|---|
| 上海市民社会态度报告 | 李 煜等 | 社会学所 |
| 从海关特殊监管区到自由贸易试验区：上海国际贸易中心转型升级研究 | 石良平等 | 经济所 |
| 上海城市未来发展与土地利用制度改革的两个重点空间和两个制度创新 | 左学金 | 经济所 |

## 二等奖（7 项）

| 项目 | 作者 | 单位 |
|---|---|---|
| 上海国际金融中心建设——互联网时代挑战下的功能升级和业态创新 | 徐明棋等 | 世经所 |
| 第三次工业革命对上海制造业的影响及对策研究 | 杨亚琴等 | 智库研究中心 |
| 中国（上海）自由贸易试验区建设立法协商调研报告 | 王　振等 | 院　部 |
| 关于改革和完善上海城管综合执法体制机制的研究 | 叶　青等 | 法学所 |
| 关于中短期内上海楼市风险的认识与建议 | 张泓铭 | 部门所 |
| 当前宗教舆论问题研究 | 邱文平 | 宗教所 |
| 海外理工科博士生和博士后科研状况研究 | 高子平等 | 信息所 |

## 三等奖（2 项）

| 项目 | 作者 | 单位 |
|---|---|---|
| 单独两孩政策对上海的影响及对策 | 包蕾萍等 | 院　部 |
| "十三五"上海进一步增强城市综合服务功能提升城市核心竞争力研究 | 屠启宇等 | 城人所 |

# 第六节　学术人物

### 二级研究员（在职）

| 姓　名 | 所在单位 | 研究领域 |
|---|---|---|
| 王世伟 | 信息所 | 图书馆学、情报学和历史文献学 |
| 左学金 | 经济所 | 人口经济学、就业与社会保障、城市和区域研究 |
| 石良平 | 经济所 | 国际贸易和投资、宏观经济学、产业经济学等 |
| 刘　杰 | 政治所 | 中国政治、国际人权、国际关系理论 |
| 成素梅 | 哲学所 | 科学哲学 |
| 朱平芳 | 院　部 | 数量经济理论与方法应用、经济增长与科技创新等 |
| 权　衡 | 世经所 | 发展经济学、宏观经济学 |
| 张幼文 | 世经所 | 世界经济理论和中国对外开放战略研究 |
| 张忠民 | 经济所 | 中国企业史、企业制度史，上海经济史，明清经济史 |
| 张泓铭 | 部门所 | 住房和房地产经济研究 |
| 杨建文 | 部门所 | 产业经济学和发展经济学 |
| 花　建 | 文学所 | 文化产业、创意经济、文化战略、企业文化和地区发展研究和决策咨询 |
| 陆晓禾 | 哲学所 | 历史唯物主义和经济伦理学 |
| 陈圣来 | 文学所 | 文艺学、文化发展战略、节庆文化、大众传媒 |
| 徐明棋 | 世经所 | 世界经济理论、国际金融体系和市场结构、外汇理论、货币政策等 |
| 黄仁伟 | 院　部 | 国际关系与国际经济 |

续表

| 姓 名 | 所在单位 | 研究领域 |
|---|---|---|
| 强 荧 | 新闻所 | 新闻理论，新闻实务 |
| 蒯大申 | 文学所 | 文艺学、城市文化研究 |
| 熊月之 | 历史所 | 城市史、思想文化史等 |

(按姓氏笔画排序)

**名誉研究员**

| 姓 名 | 单 位 |
|---|---|
| 池田大作 | 日本创价学会名誉会长 |
| 胡 佛 | 台湾"中研院"研究员、台湾大学政治学系教授 |
| 柯伟林 | 美国哈佛大学费正清研究中心主任、历史学教授 |
| 劳伦斯·克莱因 | 1980年诺贝尔经济学奖获得者，美国宾西法尼亚大学经济学教授 |
| 西原春夫 | 日本早稻田大学第十二任校长、法学教授 |
| 尼古拉斯·拉迪 | 美国国际经济研究院高级研究员 |
| 李君如 | 中央直属机关侨联主席、研究员 |
| 刘遵义 | 中信资本控股有限公司副董事长、香港中文大学前校长、美国斯坦福大学经济学教授 |
| 林 南 | 美国杜克大学社会学系教授 |
| 刘国光 | 中国社会科学院前副院长、经济学教授 |
| 道格拉斯·诺思 | 1993年诺贝尔经济学奖获得者，美国圣路易斯华盛顿大学教授 |
| 尼古拉斯·卜励德 | 美国亚洲协会名誉会长 |
| 沈大伟 | 美国乔治华盛顿大学政治与国际关系教授、布鲁金斯学会对外政策项目高级研究员 |
| 汤一介 | 北京大学中国哲学与文化研究所所长、哲学系教授 |
| 吴建民 | 中国前驻法国大使、外交学院前院长 |
| 叶文心 | 美国加州大学伯克利分校历史系教授、东亚研究中心前主任 |
| 郑必坚 | 中共中央党校前副校长、国家创新与发展战略研究会会长 |

**特聘研究员**

| 姓 名 | 所在单位 |
|---|---|
| 王新奎 | 全国政协常务委员、全国工商联副主席、上海市政协副主席、市政府参事室主任 |
| 刘国胜 | 上海宝钢集团公司党委书记、副董事长 |
| 宋仪侨 | 上海市政协原副主席、上海市慈善基金会副理事长、上海华夏文化经济促进会会长 |

续表

| 姓　名 | 所在单位 |
|---|---|
| 李　锐 | 上海市政协学习委员会原副主任、上海市政协研究室原主任、上海市经济学会副会长、中共上海市委党史研究室特约研究员 |
| 陈祥麟 | 上海汽车工业（集团）总公司原董事长、党委书记 |
| 周　伟 | 上海社会科学院副院长 |
| 周锦尉 | 上海市人大常委会研究室原主任、上海市人大常委会法工委委员、上海市马克思主义研究会副会长 |
| 周鹤龄 | 上海市政协原常委、上海市政协教科文卫体委员会特聘委员、上海党建研究会副会长、上海党建文化研究中心主任 |
| 郝铁川 | 上海市文史研究馆馆长 |
| 滕一龙 | 上实集团原董事长、全国政协委员 |

### 国务院政府特殊津贴获得者（在职，按获得时间排序）

| 姓　名 | 所在单位 |
|---|---|
| 王　战 | 院　部 |
| 左学金 | 院　部 |
| 张幼文 | 世经所 |
| 熊月之 | 院　部 |
| 石良平 | 经济所 |
| 黄仁伟 | 院　部 |
| 杨建文 | 部门所 |
| 刘　杰 | 政治所 |
| 王　振 | 院　部 |
| 张忠民 | 经济所 |
| 成素梅 | 哲学所 |

### 上海市领军人才（在职）

| 姓　名 | 类　别 | 所在单位 |
|---|---|---|
| 左学金 | 市领军人才 | 院　部 |
| 熊月之 | 市领军人才 | 院　部 |
| 黄仁伟 | 市领军人才 | 院　部 |
| 张幼文 | 市领军人才 | 世经所 |

续表

| 姓 名 | 类 别 | 所在单位 |
| --- | --- | --- |
| 杨建文 | 市领军人才 | 部门所 |
| 张忠民 | 市领军人才 | 经济所 |
| 周 武 | 市领军人才 | 历史所 |
| 刘 杰 | 市领军人才 | 政治所 |
| 缪宏才 | 全国新闻出版领军人才 | 出版社有限公司 |
| 强 荧 | 市领军人才 | 新闻所 |
| 权 衡 | 市领军人才 | 世经所 |
| 王 振 | 市领军人才 | 院部 |
| 成素梅 | 市领军人才 | 哲学所 |
| 朱平芳 | 市领军人才 | 研究生院 |
| 段 钢 | 全国新闻出版领军人才 | 社科报 |

**2015年获得国家留学基金委资助的公派访问学者名单（按获得时间排序）**

| 姓 名 | 单 位 | 出访国家 |
| --- | --- | --- |
| 焦世新 | 国关所 | 美 国 |
| 计海庆 | 哲学所 | 荷 兰 |
| 唐杰英 | 世经所 | 英 国 |
| 黄烨菁 | 世经所 | 美 国 |
| 罗 力 | 信息所 | 挪 威 |

## 第七节　2015年大事记

**一月**

1月12日，上海社科院智库研究中心召开《2014年中国智库报告》新闻发布会。

1月26日，院长王战调研全院创新工程建设。

**二月**

2月5日，上海社科院召开全国、上海市党外人大代表与政协委员座谈会。

2月16日，上海社科院召开党风廉政建设大会。

2月25日，《解放日报》头版专题报道上海社科院创新工程最新进展。

**三月**

3月19日，党委中心组召开全国"两会"精神专题学习会议。

3月20日，上海社科院召开2015年工作会议暨科研工作会议。

3月27日，上海社科院举行汪道涵铜像揭幕仪式。

3月30日至31日，院领导赴京出席中宣部舆情信息工作会议。

## 四月

4月2日，全国政协副秘书长、民盟中央副主席徐辉一行访问上海社科院。

4月9日，上海社科院举行"科创中心"课题中期汇报会。

4月10日，上海市委宣传部领导看望并祝贺张仲礼老院长95华诞。

4月13日，王战院长、于信汇书记带队赴中国社会科学院学习考察。

4月28日，院党委书记于信汇出席"2015沪港蓝皮书发布暨沪港合作共推上海自贸区发展"研讨会并致辞。

## 五月

5月4—7日，上海社科院参与承办的世界中国学论坛美国分论坛成功举办。

5月5日，上海社科院召开纪念世界反法西斯战争暨中国人民抗日战争胜利70周年国际研讨会。

5月9日，上海社科院召开"历史传统与当代语境"学术研讨会，探求创建中国新学术之路。

5月18日，上海社科院世经所参与主办的"金砖银行与新合作发展"研讨会在沪召开。

5月19日，上海社科院举办《上海加快建设具有全球影响力的科技创新中心研究》新书发布会。

5月22日，党委书记于信汇为党员领导干部讲"三严三实"专题党课。

5月26日，上海社科院与彼得森国际经济研究所签订谅解备忘录。

## 六月

6月4日，意大利都灵大学校长Gianmaria Ajani访问上海社会科学院。

6月12日，上海社科院参与主办的"2015中国世界经济学会国际金融论坛"召开。

6月24日，上海社科院2015年度国家课题立项再获佳绩，全国排名第12位。

6月29日，上海社会科学院党建研究会成立。

## 七月

7月3日上海社科院研究成果"长三角城市环境绩效指数"发布。

7月4日，上海社科院举办首届筹海论坛发布《筹海文集》，推进海洋强国战略研究。

7月8日，中宣部全国社会心态调研组在上海社科院召开座谈会。

7月9日，上海社科院参与主办的第二届两岸自由经贸区合作论坛召开。

7月15日，上海社科院与江苏省海门市人民政府启动新一轮战略合作。

7月16日，上海社科院图书馆出齐《密勒氏评论报》原刊影印本。

7月17日，院长王战在全国社科院院长会议上介绍上海社科院新型智库建设举措。

## 八月

8月8日，上海社科院法学所编撰的《上海法治发展报告2014》荣获全国第六届优秀皮书奖。

8月22—23日，首届当代中国马克思主义研究创新论坛在上海社科院召开。

8月25日，上海社科院与韩国开发研究院（KDI）续签合作协议。

8月28日，上海社会科学院生态与可持续发展研究所成立。

## 九月

9月2日，院长王战会见白俄罗斯国家科学院第一副院长齐日克院士，双方就加强交流与合作达成初步意向。

9月8—10日，上海社科院经济研究所所长石良平一行参加世界海关组织（WCO）第10届"海关学术研究与发展伙伴计划（PICARD）"年度大会。

9月18日，上海社科院与上海市委外宣办联合举办首届"媒体学术沙龙"。

9月17—25日，上海社科院国际关系研究所常务副所长刘鸣与美国华盛顿主要智库举行圆桌讨论。

9月22—23日，上海社科院哲学研究所主办第五届中德科技哲学论坛。

9月24日，上海社会科学院主办上海发展论坛系列——智能制造。

9月28日，上海社科院哲学研究所主办"城市哲学与文明比较"全国学术研讨会

## 十月

10月2—3日，上海社科院中国马克思主义研究所跨文化教育与交流中心参与主办的"跨文化传播与伦理实践"研讨会在美举行

10月8—9日，上海社科院联合举办"全球不平等及其消除与经济增长模式转型"国际会议。

10月15日，上海社科院隆重召开"社会科学报创刊30周年——回顾与展望"研讨会。

10月17日，上海社科院举行上海周易研究会成立大会。

10月29日，上海社科院参与主办2015年度沪港发展论坛，聚焦一带一路建设。

10月31日—11月1日，上海社科院哲学研究所主办大陆儒学新生代学术研讨会。

## 十一月

11月5—6日，上海社科院图书馆主办第十九次全国社科院图书馆馆长协作会议。

11月7日，院长王战主持中国城市经济学会2015年会开幕式并做主旨演讲。

11月12—13日，院长王战赴日出席首轮中日企业家和前高官对话并发言。

11月14日，上海社科院主办"智库论坛"启动仪式暨首场讲座。

11月17日，上海社科院与哈萨克斯坦教育科学部签订合作协议。

11月20日，上海社科院承办的第六届世界中国学论坛在沪开幕。

11月21—22日，首届"金砖大都市治理国际论坛"在上海社科院召开。

11月22—23日，第三届淮海大国关系论坛在上海社科院召开。

11月24日，上海社科院历史研究所与荷兰学术机构签署学术合作备忘录。

11月27日，副院长何建华、谢京辉应邀赴粤出席广东省社会科学院举行的"沪粤两地品牌发展研究座谈会"，探讨长、珠三角品牌研究。

11月30日，上海社科院举行"COP21：气候变化政策与法律国际研讨会"。

## 十二月

12月4日，上海社科院举办第四届上海精神文明论坛。

12月9日，上海社科院与中国金融信息中心签署战略合作协议。

《上海"十三五"发展规划思路研究》新书发布。

12月11日，上海社科院联合主办的第十一届"沪津深"三城论坛在天津召开。

12月14日，中东欧国家科学院高级代表团一行来访上海社科院。

12月22日，俄罗斯外交事务委员会代表团访问上海社科院。

12月28日，上海社科院世界经济研究所最新成果《2016年世界经济分析报告》发布。

# 江苏省社会科学院

## 第一节 历史沿革

江苏省社会科学院是江苏省人民政府直属事业单位，是从事哲学社会科学研究、经济社会发展决策咨询服务的专门机构，是省委、省政府的思想库和智囊团。江苏省社会科学院成立于1980年，前身是1958年成立的中国科学院江苏分院经济研究所、历史研究所和1960年成立的哲学研究所，1961年三所合并为中国科学院江苏分院哲学社会科学研究所，1962年改为江苏省哲学社会科学研究所。1980年，江苏省人民政府（苏政复〔1980〕57号）同意在江苏省哲学社会科学研究所的基础上成立江苏省社会科学院。

### 一、历任院主要领导

江苏省社科院历任院长是：汪海粟（名誉院长，1983年10月—1990年6月）、薛家骥（1983年10月—1990年6月）、徐福基（代院长，1990年6月—1992年9月）、胡福明（1992年9月—1997年8月）、宋林飞（1997年8月—2010年10月）、刘志彪（2010年10月—2014年6月）、王庆五（2014年6月—　）。

江苏省社科院历任党委书记是：许符实（党组书记，1980年10月—1983年10月）、徐福基（1986年7月—1992年9月）、贾轸（1992年9月—1999年8月）、宋林飞（2000年1月—2010年10月）、刘志彪（2010年10月—2014年6月）、王庆五（2015年6月—　）。

### 二、发展简况

江苏省社会科学院自建院以来，在省委、省政府的领导下，努力发挥马克思主义理论阵地作用，强化咨询服务职能，在理论研究、学科发展、人才建设等方面取得了一定的成绩，为推进江苏省经济社会发展作出了应有的贡献。人文学科在当代中国社会主义理论及发展、道德哲学理论、中国传统伦理、东西文化比较、明清小说、六朝史、民国史等领域，逐步建立了学科优势方向；经济、社会、法律等学科在江苏经济发展战略、社会主义经济与金融、区域现代化、农村工业化、城市化、社会保障、新社会阶层、法理学、宪法和行政法学等领域的研究中，形成了较大的学术影响。建院以来共承担了89项国家社会科学基金资助课题，4项国家自然科学基金资助课题，273项省社会科学资金资助课题，出版了1000多部学术著作，发表了15000多篇学术论文，获得国家和省政府哲学社会科学优秀成果奖290多项，获中宣部及省委宣传部"五个一工程"奖16项。此外，通过学术访问、合作研究等形式，江苏省社科院先后与同美国、英国、加拿大、荷兰、俄罗斯、日本、韩国等30多个国家与地区的研究机构建立了学术联系，产生了较大的反响。

近几年来，江苏省社会科学院不断推进书记省长圈定重点课题、江苏经济运行研讨会、现代智库论坛、江苏发展高层论坛、《决策咨询专报》和经济社会发展蓝皮书等六大综合性决策咨询平台建设，正逐步形成一个省级重点高端智库——区域现代化研究院、一个省级重大研究工程"江苏文脉研究"为龙头，若干学科片智库和第三方评估中心为骨干的院内专业智库体系。近三年累计编发并上报《决策咨询专报》153 期、《江苏发展研究报告》127 期，决策咨询报告获得省领导重要批示 123 项，其中书记省长批示 40 项；发表核心期刊论文 400 余篇，出版学术著作 83 部，50 项课题分别获得国家社科基金、国家自然科学基金、江苏省社科基金立项；在《人民日报》《光明日报》《求是》等主流报刊发表理论宣传文章 98 篇，举办现代智库论坛 13 期，江苏经济运行分析研讨会 4 期，承办江苏发展高层论坛 4 期。

三、机构设置

1980 年，江苏省社会科学院正式成立，与江苏省哲学社会科学联合会合署办公（至 1985 年划分为两家单位）。江苏省社会科学院下设经济、情报资料、历史、哲学、文学五个研究所。院内设职能部门有：1982 年，成立办公室、科研组织处、图书资料室（1984 年改为图书馆）、机关党总支（1987 年改为机关党委），1983 年成立人事处（1991 年前与办公室合署办公），1989 年成立监察室，1993 年成立老干部处，1994 年成立行政处（1997 年并入办公室）。院内设研究机构根据实际工作需要多次调整，曾增设或改设有：政法研究所、社会学研究所、新闻研究所、改革与发展研究所、农村发展研究所、邓小平理论研究中心、信息研究所、世界经济研究所、法学所、国际社会冲突研究所、社会政策研究所、马克思主义研究所、区域现代化研究院等。

江苏省社会科学院成立以来，一些院内机构逐步变更或划转其他部门。1984 年成立的省地方志编纂委员会办公室，由省社科院代管，1990 年划归省政府办公厅代管。1986 年成立的《江苏年鉴》杂志社（1986—1990 年为《江苏经济年鉴》编辑部，1990—1995 年为《江苏年鉴编辑部》，1995 年更名为《江苏年鉴》杂志社），1998 年划归省地方志编纂委员会办公室管理。1987 年成立的省哲学社会科学规划办公室，1996 年划归省委宣传部代管。1989 年成立江苏省信息研究中心，1995 年划归省侨办代管。

经过 30 年发展，现有 11 个研究所，7 个职能处室，4 个科辅机构。其中，研究所包括：马克思主义研究所、经济研究所、农村发展研究所、世界经济研究所、财贸研究所、哲学与文化研究所、文学研究所、历史研究所、社会学研究所、社会政策研究所和法学研究所；职能处室包括：办公室、科研组织处、人事处、老干部工作处、后勤管理处、机关党委和监察室；科辅机构包括：图书馆、《江海学刊》杂志社、《学海》编辑部和《现代经济探讨》编辑部。2015 年底，江苏省社科院组建的"区域现代化研究院"获批首批省级重点高端智库。

江苏省社科院院办学术期刊有 6 本，包括：《江海学刊》（1958 年创刊）、《世界经济与政治论坛》（1981 年创刊）、《现代经济探讨》（1982 年创刊）、《明清小说研究》（1985 年创刊）、《学海》（1990 年创刊）、《世界华文文学论坛》（1990 年创刊）等。

此外，江苏省社科院与省辖市合作，分别成立了泰州分院、连云港分院、南通分院、盐城分院和镇江分院。与有关部门合作共建"江苏省决策咨询研究基地——江苏转型升级研究基地""江苏省金融创新与发展研究基地""中国统一战线新的社会阶层统战工作理论江苏研究基地""南通（如皋）沿江沿海发展研究基地""江苏省博士后创新实践基地""健康产业研究基地""连云港沿海沿桥发展研究基地""苏北发展研究院""中国特色社会主义理论研究中心""江苏经济运行研究中心"等研究基地。

### 四、人才建设

江苏省社会科学院成立以来,重视人才培养,着力优化人才队伍结构。截至2015年12月,在职人员合计203人。其中,专业技术人员合计150人,具有正高级职称人员38人,具有副高级职称人员49人,具有中级及以下职称人员63人。管理岗位人员41人,其中处级以上干部20人,工勤岗位人员8人。

为提高在职人员整体素质,优化人才学历结构,进一步优化江苏省社科院人才专业结构与年龄结构,强化青年智库人才培养,2014—2015年,根据智库建设的需要,从省级机关单位、高校选调3名具有博士学历学位、高级职称的研究人员充实到科研岗位。招聘引进5名优秀博士,配置到科研岗位。招聘与遴选3名优秀青年人才配置管理等岗位。选派和支持7名中青年学者出国做访问学者,促进中青年学者拓宽视野、提升科研水平。鼓励支持科研与管理岗位上的青年人才在职攻读学位,2014—2015年,4名在职人员考上博士,5名青年科研人员进入博士后流动站从事研究工作。

## 第二节 组织机构

### 一、江苏省社会科学院领导及其分工

（一）历任领导

社会科学院顾问：王北苑（1980年4月—1984年6月）

党组书记、副院长：许符实（1981年10月—1983年10月）

党组副书记、副院长：薛家骥（1981年10月—1983年10月）

党组成员、副院长：徐向东（1981年10月—1983年10月）

党组成员：秦向阳（1981年10月—1983年10月）

党组成员：王淮冰（1981年10月—1983年10月）

党组成员：姜志良（1981年10月—1983年10月）

名誉院长：汪海粟（1983年10月—1990年）

党委副书记、院长：薛家骥（1983年10月—1990年7月）

党委副书记：徐若通（1983年10月—1986年10月）

党委委员、副院长：萧焜焘（1983年10月—1990年7月）

党委委员、副院长：盛思明（1983年10月—1990年7月）

党委委员、秘书长：刘靖（1983年10月—1990年6月）

党委委员：程极明（1983年10月—1984年5月）

党委委员、副院长：钟永一（1986年1月—1990年5月）

党委书记：徐福基（1986年7月—1992年9月）

代院长：徐福基（1990年6月—1992年9月）

党委委员、副院长：戴家余（1990年6月—2000年1月）

省委常委、院长：胡福明（兼）（1992年9月—1997年7月）

党委书记、副院长：贾轸（1992年9月—1999年8月）

党委委员、副院长：刘钰（1992年9月—2007年3月）

党委书记、院长：宋林飞（1997年7月—2010年10月）

党委委员、副院长：叶南客（2000年1月—2004年8月）

党委委员、副院长：张灏瀚（2000年12月—2010年8月）

党委委员、副院长：张德华（2000年12月—2011年3月）

党委委员、副院长：陈刚（2009年6月—    ）

党委委员、纪委书记：周祥宝（2009年12月—2013年12月）

党委书记、院长：刘志彪（2010年10月—2014年6月）

历任副秘书长：钟永一（1984年8月—1986年1月）、陈仁礼（1986年9月—1998年2月）

（二）现任领导及其分工

院党委书记：王庆五

院党委成员：刘旺洪、樊和平、吴先满

院长：王庆五，负责院党委、院行政全面工作，分管科研工作、决策咨询工作、人事工作等，代管纪检监察、党建工团工作。分管部门：科研组织处、人事处、《江海学刊》杂志社，代管纪委（监察室）。

副院长：刘旺洪，分管社政法片科研工作、办公室工作、后勤服务工作、机关党委（工会）、分院工作等，协助院长分管人事处工作。分管部门：办公室、后勤管理处、马克思主义研究所、社会学研究所、社会政策研究所、法学研究所、社会发展研究中心。

副院长：樊和平，分管文史哲片科研工作、图书馆工作等，协助院长分管科研组织处工作。分管部门：哲学与文化研究所、文学研究所、历史研究所、图书馆、《学海》编辑部。

副院长：吴先满，分管经济片科研工作、老干部工作等，协助院长分管《江海学刊》杂志社工作。分管部门：老干部工作处、经济研究所、世界经济研究所、农村发展研究所、财贸研究所、区域发展研究中心、《现代经济探讨》编辑部。

二、江苏省社会科学院职能部门

办公室
主任：王亚平
副主任：郑永辉、范旭斌
科研组织处
处长：章寿荣
副处长 唐永存（兼外办主任）：曹宝杰
人事处
处长：孙功谦
副处长：雷旭华
老干部工作处
处长：陈小平
副处长：周茗
后勤管理处
副处长：赵军
机关党委
专职副书记：张和安
监察室
副主任：姚剑云

三、江苏省社会科学院科研机构

经济研究所
所长：胡国良
副所长：张超
世界经济所
所长：张远鹏
副所长：王维
农村发展研究所
所长：包宗顺
副所长：张立冬
财贸研究所
所长：孙克强
社会学研究所
所长：张卫
副所长：张春龙
社会政策研究所（区域现代化研究院）
副所长（副院长）：丁宏

法学研究所
副所长：方明、钱宁峰
马克思主义研究所
所长：孙肖远
哲学与文化研究所
所长：胡发贵
副所长：余日昌
文学研究所
所长：姜建
副所长：徐永斌
历史研究所
所长：王卫星
副所长：叶扬兵
《江海学刊》杂志社
主编：韩璞庚
副主编：李芸、赵涛、陈清华

四、江苏省社会科学院科研辅助部门

图书馆
馆长：徐志明
副馆长：韩兵

## 第三节　年度工作概况

2015年，江苏省社会科学院作为江苏省委、省政府高水平的现代新型智库和综合性社科研究与创新基地，深入学习贯彻习近平总书记系列重要讲话和中央、江苏省委全会精神，扎实巩固"三严三实"专题教育成果，以推进"社科创新工程"为总抓手，加快推动中国特色新型智库建设，不断深化基础理论研究，提升决策咨询服务水平，创新理论宣传工作机制，同时强化制度建设和作风建设，改善内部管理与服务，取得了新的成效。

### 一、学习习总书记系列重要讲话精神

2015年，江苏省社会科学院深入学习贯彻习近平总书记"四个全面"战略布局和系列重要讲话精神，学习贯彻中央和江苏省委全会精神，按照中央和江苏省委统一部署深入开展"三严三实"专题教育。先后召开多次全院学习会、党委中心组学习扩大会，部门集中学习和专题学习逐步常态化、制度化。切实发挥哲学社会科学研究的意识形态引导功能，组织有关专家多次赴江苏全省各地宣讲党的创新理论，积极参与江苏省委组织的"四个全面"战略思想丛书的编撰。建立理论宣传和意识形态研判机制，积极开展社会舆情和思想文化动态分析研判工作，相关成果以《决策咨询专报·思想文化动态专刊》的形式报送省领导参阅。围绕学习贯彻习近平总书记视察江苏重要讲话精神开展12项院长应急课题研究，在《人民日报》《光明日报》《新华日报》《群众》等主流报刊发表理论宣传文章46篇，编撰《新常态，新江苏》等理论宣传著作2部。

### 二、开展"三严三实"专题教育

2015年江苏省社会科学院进一步加大思想建设、组织建设和作风建设工作力度，在全院党员中开展"四个全面"战略布局主题教育，按照中央和省委部署深入开展"三严三实"专题教育。围绕"三严三实"专题教育，院党委中心组学习12次，其中专题党课1次、"三严三实"专题教育学习研讨会6次、专题讲座和学习5次，召开征求意见和建议座谈会4次，先后组织中层以上干部等赴雨花台、沂蒙革命老区开展党性教育活动，教育引导全院党员干部强党性、守纪律、树正气、敢担当、尽职责、干实事，切实践行"三严三实"。进一步严明党的政治纪律和政治规矩，严格贯彻执行党风廉政建设各项规定，针对社科研究工作的特点，完善工作机制，着力落实江苏省社会科学院严明政治纪律的各项制度，加强对包括离退休人员在内的全体人员的教育与管理，将江苏省社会科学院建设成为社会主义意识形态的坚强阵地。

## 三、推进新型智库建设

2015年，江苏省社会科学院以"迈上新台阶，建设新江苏"进程中的重大问题为主攻方向，努力发挥"思想库""智囊团"作用，积极开创决策咨询新局面。先后组织实施由省主要领导圈定的院重点课题18项，院长应急课题2批共37项，重大工程课题3项、自选课题9项、青年课题13项；编发并上报《决策咨询专报》43期、《江苏发展研究报告》55期，出版2015年度重点智库报告3部、江苏经济、社会、文化发展系列蓝皮书3部；开展重大政策举措第三方评估取得良好开局，组织实施的2项扶贫开发第三方评估，获得江苏省委书记罗志军，省委常委、副省长徐鸣充分肯定。江苏省社会科学院决策咨询研究报告获得省领导批示创历史新高，一年中共获得省领导重要批示63项，其中江苏省委罗志军书记批示16项。2015年，江苏省社会科学院组建的"区域现代化研究院"获批江苏首批省级重点高端智库，举办专家指导委员会第1次会议，编发并上报《决策咨询专报·区域现代化研究》3期，第1期《江苏率先实现全面建成小康社会目标的判断与建议》获得江苏省委书记罗志军等省领导的重要批示。

## 四、加强基础理论研究

扎实的基础理论研究是提升决策咨询服务和理论宣传水平的前提。2015年，江苏省社会科学院科研人员在核心期刊（CSSCI）发表学术论文135篇，出版学术著作32部。《江苏名人传》已正式出版20种；《江苏文化史》进入撰写阶段。2015年江苏省社科院申报国家社科基金项目40项，获得立项4项，其中一般项目2项，青年项目2项。2015年申报国家自然科学基金4项，立项2项。2015年江苏省社科院申报江苏省哲学社会科学基金项目25项，获得立项9项，其中宣传思想文化专项3项，重点项目2项，青年项目2项，自筹项目2项；此外，获得山东省哲学社会科学基金重大项目立项1项。2015年度江苏省社科院获得江苏省社科应用研究精品工程项目立项8项，其中重点项目1项，一般项目3项，青年项目4项。《江海学刊》获2015年国家"百强报刊"奖。《我国社会阶层结构的新变化与统一战线新定位》研究成果获得2015年度全国统战理论研究优秀成果奖。

## 五、举办高水平学术会议

与江苏省统计局联合主办的"江苏经济运行研讨会"实现制度化、常态化，先后举行"江苏经济运行研讨会"第3次、第4次会议，分别围绕"经济下行压力之应对策略""江苏经济发展新动能探讨"主题展开研讨。经济、社政法和文史哲三个学科片分别承办2次"现代智库论坛"，聚焦江苏经济社会发展中的热点、难点问题深入研讨，并加强论坛宣传报道，编发《决策咨询专报》专刊，取得良好社会反响。此外，与南京大学、江苏省社科联联合承办江苏发展高层论坛第34次会议，研讨"十三五"时期经济社会发展的思路与对策。与江苏省委宣传部、江苏省社科联联合举办"民生政策与民生幸福"学术聚焦专场；与江苏高校区域法治发展协同创新中心共同主办"区域立法与区域治理现代化"学术研讨会。召开院学术研究方法"四方"讨论会，举办院经济研究报告会6期，组织院内学者沙龙21期。

## 六、加快分院与基地建设

分院和基地建设步伐加快。年初召开了江苏省社会科学院分院工作会议和江苏省市社科院协作会议，加强与各分院和各市社科院的联系。在加强已有分院建设的同时，新建镇江分院、盐城分院。与淮阴工学院等合作新建研究基地"苏北发展研究院"，各研究基地运行情况良好，开展了许多学术研讨活动。

### 七、培养引进高端人才

为推进中国特色新型智库建设，江苏省社会科学院着力加强人才队伍建设。公开招聘4名应届博士生和2名管理岗工作人员，引进2名科研骨干，新聘任2名中青年科研骨干担任所长、副所长职务，组织部分科研骨干赴英国进行智库培训，资助6位青年科研人员出国访学，选派1名干部参加中组部博士服务团赴新疆克州服务锻炼，选派1名青年人才到基层挂职锻炼。

### 八、推进"社科创新工程"

2015年初，江苏省社会科学院确定以推进"社科创新工程"为总抓手，推进各项工作有序开展，建设一流的中国特色新型地方智库。为此，专门成立社科创新工程领导小组和工作小组，研究社科创新工程方案设计和实施步骤。各部门围绕社科创新工程不断探索和改革管理服务体制机制。制定并实施《院内课题管理办法》，逐步完善江苏省社会科学院课题体系。探索智库人才出国培训、挂职锻炼等多种培养方式，健全人才公开招聘和引进的相关办法，进一步完善职称评审办法。各学科片进一步整合研究力量，发挥学科优势，有力地推动了江苏省社会科学院学科建设。院办期刊不断加大改革力度，进一步提高办刊质量，努力打造成为党的创新理论宣传平台、优秀社科成果发布平台和对外学术交流的重要窗口，《江海学刊》因成绩突出入选全国"百强报刊"。

## 第四节 科研活动

### 一、人员、机构等基本情况

（一）人员

截至2015年年底，江苏省社会科学院共有在职人员203人。其中，正高级职称人员41人，副高级职称人员50人。

（二）机构

江苏省社会科学院现设有11个研究所：经济研究所、财贸研究所、文学研究所、社会政策研究所、世界经济研究所、马克思主义研究所、历史研究所、法学研究所、农村发展研究所、哲学与文化研究所、社会学研究所，4个科辅机构：图书馆、《江海学刊》杂志社、《学海》编辑部、《现代经济探讨》编辑部，2个研究中心：区域发展研究中心、社会发展研究中心。

### 二、科研工作

（一）科研成果统计

2015年，江苏省社会科学院共完成学术著作28部，核心期刊学术论文（CSSCI）135篇，其中一级核心期刊论文6篇，二级核心期刊论文42篇。

（二）科研项目

1. 国家哲学社会科学基金项目

2015年，江苏省社会科学院申报国家社科基金项目40项，获得立项4项，其中，一般项目2项，青年项目2项。一般项目为：新丝绸之路经济带建设推动我国开放型经济体系完善、升级研究，负责人：张远鹏；严复稀见译作整理与研究，负责人：皮后锋。青年项目为：传记社会学的历史、理论与主要议题研究，负责人：鲍磊；流动性背景下的城市社区公共性重建与治理绩效研究，负责人：樊佩佩。

2. 国家自然科学基金项目

2015年，江苏省社会科学院申报国家自然科学基金4项，获得立项2项：规模经营农户土地利用行为决策机制研究，负责人：高珊；职业流动视角下我国农民工社会分化与市民化研究，负责人：周春芳。

3. 江苏省哲学社会科学基金项目

2015年江苏省社会科学院申报江苏省

哲学社会科学基金项目 25 项，获得立项 9 项，其中，宣传思想文化专项 3 项，重点项目 2 项，青年项目 2 项，自筹项目 2 项；获得山东省哲学社会科学基金重大项目立项 1 项。

宣传思想文化专项分别为：推动文化建设迈上新台阶的主要内涵和目标定位研究，负责人：王庆五；推动优秀传统文化创造性转化、创新性发展的思路和对策研究，负责人：胡发贵；"四个全面"战略布局的科学内涵研究，负责人：王庆五。重点项目分别为：基层治理法治化的实现路径研究，负责人：孙肖远；明清商业经营体制研究，负责人：王裕明。青年项目分别为：江苏引导和支持"大众创业、万众创新"对策研究，负责人：李思慧；生态文明视域下苏北农村水环境保护机制研究，负责人：王俊敏。自筹项目分别为：基于灰色理论模型的农业全要素生产率及其影响因素研究，负责人：曹明霞；江苏古代儒家思想及其现代价值研究，负责人：孙钦香。重大项目为：当代道德观与传统美德转化研究，负责人：胡发贵。

4. 江苏省社科应用研究精品工程项目

2015 年度，江苏省社会科学院省社科应用研究精品工程项目立项 8 项，其中重点项目 1 项，一般项目 3 项，青年项目 4 项。

重点项目为：苏南自主创新示范区建设的现实挑战与对策思路研究，项目负责人：李思慧。一般项目分别为：国家实施"一带一路"战略背景下江苏开放型经济发展研究，项目负责人：张莉；社会主义核心价值观的深层次传播研究，项目负责人：韩海浪；江苏法治政府建设的重点和难点问题研究，项目负责人：张春莉。青年项目分别为：经济新常态与江苏经济结构向中高端演进路径研究，项目负责人：蒋昭乙；江苏争创内生型开放新优势研究，项目负责人：陈思萌；协同推进江苏城镇化和城乡发展一体化研究，项目负责人：曹明霞；以提升公共性和均等化推动江苏民生建设迈上新台阶研究，项目负责人：樊佩佩。

（三）获奖优秀科研成果

《江海学刊》获 2015 年国家"百强报刊"奖；《我国社会阶层结构的新变化与统一战线新定位》研究成果获 2015 年度全国统战理论研究优秀成果奖。

三、决策咨询

（一）领导批示

2015 年江苏省社会科学院获省领导批示的报告总数为 44 项、62 批次。其中，书记省长圈定课题 9 项；院长应急课题 14 项，首批项目获批报告 12 项，第二批项目获批报告 2 项；《决策咨询专报》获批报告 10 项；其他各类报告获领导批示 11 项。

（二）院重点课题（书记、省长圈定课题）

2015 年年初，江苏省社会科学院在广泛征集全院科研人员意见的基础上，研究确定 40 项选题报送省委省政府。经过调研、专家评审、修改完善，最终有 18 份课题研究报告获得上报资格。2015 年 7 月上旬，18 份书记省长圈定课题的精要报告以《江苏发展研究报告》的形式报送省委、省人大、省政府、省政协领导参阅。其中 4 项课题的最终成果获得代省长石泰峰、副省长曹卫星的重要肯定性批示，获批报告的负责人和项目名称分别是：章寿荣研究员：苏南自主创新示范区建设的现实挑战与突破对策研究；张卫研究员："三守""三力"与江苏建设文化强省、文明高地的对策研究；胡发贵研究员：深入开掘江苏深厚文化底蕴涵养社会主义核心价值观研究；王卫星研究员：用好用活江苏丰富红色文化资源的对策研究。

（三）院长应急项目

2015 年，为学习贯彻习近平总书记视

察江苏讲话精神以及实施江苏"十三五"规划预研究工作,江苏省社会科学院分别设立12项及25项院长应急研究课题。

2014年12月,习近平总书记在江苏视察并发表重要讲话,为贯彻落实习总书记讲话精神,江苏省社会科学院特设立应急课题,并确定12个候选题目。经过研写、审稿、修改,于2月13日完成印发,之后呈送给省领导。截至2月下旬,共收到省领导批示6项,3月初又收到批示4项。第一批应急课题共收到省委省政府领导批示10项。

7月—9月,江苏省社会科学院组织开展江苏"十三五"规划课题研究,此次课题主题紧紧围绕当前省委省政府的主要工作需要和安排。从8月中旬立项到9月底印刷报送,课题组贯彻领导讲话精神,认真组织、积极工作,努力撰写高质量的初稿。最终有25份系列研究成果以江苏发展报告形式报送给省领导。

(四)智库重点建设

2015年,江苏省社会科学院获批成立江苏省首批重点研究智库"江苏区域发展研究院",院内共设18个重点建设智库平台:江苏经济与金融、江苏农村改革与发展、江苏产业可持续发展、江苏开放型经济、江苏服务业发展、江苏经济转型升级、中小企业发展创新、区域经济与现代化、社会治理与社会发展、社会发展政策、新型城镇化与城乡一体化、江苏法治先导区建设、地方治理现代化、中国道德与文化、明清文学、民国史及南京大屠杀史、新兴媒体产业发展和江苏乡镇社会生活。各智库平台均取得了丰硕的研究成果。

四、学术交流活动

(一)学术活动

2015年,江苏省社会科学院举办多场次重要学术活动与会议,学术活动蓬勃开展。与江苏省统计局合办江苏经济运行研讨会第2次、第3次会议;与南京大学、省社科联共同主办江苏发展高层论坛第34次会议;由省委宣传部、省社科联主办,江苏省社科院承办"民生政策与民生幸福"学术聚焦专场;与江苏高校区域法治发展协同创新中心共同主办"区域立法与区域治理现代化"学术研讨会。主办现代智库论坛5期,召开院学术研究方法"四方"讨论会,举办经济研究报告会6期,组织院内学者沙龙21期。

1. 江苏经济运行研讨会

6月26日,由江苏省社会科学院和江苏省统计局共同主办、江苏经济运行研究中心承办的江苏经济运行研讨会第2次会议在南京召开,会议主题为"经济下行压力之应对策略",研讨今天以来江苏经济运行态势、面临问题及应对策略。江苏省社会科学院王庆五院长做题为"2015年上半年江苏经济运行分析与下半年经济形势预测及对策"的主旨发言。江苏省社会科学院共提交会议6篇学术论文,分别为:(1)2015年上半年江苏经济运行分析与下半年经济形势预测及对策(王庆五、吴先满等);(2)苏浙粤"百姓富"综合评价研究(骆祖春、吴先满);(3)如何看待苏南地区贸易增长放缓(张远鹏、曹晓蕾);(4)新常态下江苏经济稳定增长支撑条件和新动力研究(胡国良、吕永刚);(5)参与一带一路建设,促进江苏省对内对外开放研究(张莉);(6)新常态下"十三五"苏南自主创新示范区建设突破对策研究(李思慧)。

12月17日,由江苏省社会科学院和江苏省统计局共同主办、江苏经济运行研究中心承办的江苏经济运行研讨会第3次会议在南京举行,会议主题为"江苏经济发展新动能探讨"。与会专家学者和有关部门围绕"'新常态'下江苏经济发展新动能"展开深入探讨,积极为"十三五"江苏经济发展建言献策。王庆五院长做题为"培育、增强江苏经济发展新动能研究——'十三五'开局之年（2016年）江苏经济形势分析和预测"的主旨发言指出，江苏应当着力推进以稳定投资、促进消费、提升公共服务水平为主的需求侧管理改革与创新，同时推进以促进实体经济发展、化解产能过剩、发展现代服务业、鼓励创新创业为主的供给侧管理改革与创新。

2. 江苏发展高层论坛

6月25日，江苏省社会科学院与南京大学、省社科联共同主办的江苏发展高层论坛第34次会议在南京大学举行，该论坛由南京大学原党委书记洪银兴主持，以"江苏'十三五'发展战略思路"为主题。与会专家学者围绕论坛主题，从"江苏'十三五'规划编制""调结构、稳增长""改善民生""环境治理""推进农业现代化""充分利用国家战略重大机遇""推进'社会精准治理'"等方面，积极为"十三五"时期江苏经济社会发展，为"迈上新台阶，建设新江苏"建言献策。

3. 现代智库论坛

4月14日，江苏省社会科学院举行"君子文化研究中心成立大会暨第一次学术座谈会"。王庆五院长致辞并指出，传承君子文化是培育和践行社会主义核心价值观的需要，中国优秀的传统文化是社会主义核心价值观的根和魂，研究君子文化，对进一步发掘社会主义核心价值观的深厚内涵有重要意义。

5月16日，江苏省社会科学院举办第4期"现代智库论坛（经济学）"，围绕"新常态下江苏'十三五'经济发展思路与对策"主题进行深入研讨。与会的领导、专家围绕论坛主题进行了深入研讨，积极为"迈上新台阶，建设新江苏"建言献策。

6月17日，为推进中国特色新型智库建设，做好决策咨询服务，江苏省社会科学院举办第15期"现代智库论坛"，围绕"实施社科创新工程，推进地方社科院新型智库建设"为主题进行深入研讨。

7月17日，江苏省社会科学院举办第16期"现代智库论坛"，主题为"人文精神与社会文明"。"学会在一起！"是该期"现代智库论坛"提出的最新理念。"收入分配的两极分化，正在演变成道德文明的两极分化"。十分严峻的国情趋向引申出我国社会文明的最前沿课题——"社会信任危机"。本届论坛邀请国内著名学者，就"人文精神与社会文明"基本关系深入研讨，形成"将社会关系文明作为提升江苏社会文明程度的突破口和贡献点"的基本共识，形成"以公共政策为中介，将人文精神植入社会文明"的战略思路，提出"一个理念、三大工程"（即"学会在一起"+"社会理解工程、生态决策工程、底线防控工程"）的具体对策建议。此外，会议另提交论文15篇。

11月27日，江苏省社会科学院举办第17期"现代智库论坛"，围绕"学习党的十八届五中全会精神——'十三五'时期江苏经济社会发展的重点与战略思路"主题进行深入研讨。

4. 经济研究报告会

1月21日，江苏省社会科学院召开第10期经济研究报告会，会议主题为"发展金融控股集团，做大做强江苏地方法人金融"。该报告会同时是江苏省社会科学院与中国人民银行南京分行合作共建的江苏省金融创新与发展研究基地的一次学术活动。

3月24日下午，江苏省社科院经济片与科研处联合召开第11期经济研究报告会，会议主题为"迈上新台阶建设新江苏的经济坐标"。

4月29日，江苏省社会科学院召开第12期经济研究报告会，主题为"中国（上海）自贸区制度创新与长三角区域经济发展"。

7月15日，江苏省社会科学院召开第13期经济研究报告会，李少冬副巡视员做"居民医疗保健需求增长与卫生体制深化改革和健康产业发展"主题报告。

9月28日,江苏省社会科学院召开第14期经济研究报告会,研讨新常态下建设"强富美高"新江苏系列经济问题。

10月22日,江苏省社会科学院召开第15期经济研究报告会,围绕"中国经济发展新常态下的金融深化改革发展与创新"主题进行深入研讨与交流,就经济发展新常态下的金融深化改革发展与创新提出了一系列富有建设性的意见与建议。

(二)国际学术交流

1. 学者出访情况

10月11—24日,江苏省社会科学院王庆五院长率团赴英国剑桥国际管理培训中心进行"现代政府管理与智库建设"培训,培训旨在推进中国特色新型智库建设,更好地服务地方政府决策。通过此次研修学习,大家拓宽视野,拓展研究视角,提升做好做强智库的信心,为提高江苏智库的决策咨询水平、建设中国特色新型智库发挥应有的作用。

9月6—13日,江苏省社会科学院刘旺洪副院长率领学术代表团赴澳大利亚、新西兰进行学术访问。代表团通过与专家对"智库建设"等专题进行深入交流,了解到澳大利亚、新西兰的政府、大学和社会三类智库在服务对象、研究方式、经费来源及成果利用等方面的区别。

2. 外国学者按照合作协议来访情况

12月18日,江苏省社会科学院与韩国东亚大学在南京联合召开"中韩社会发展学术研讨会",会议围绕中韩社会发展问题进行研讨。东亚大学学者分别以"均衡发展模式的重建""数字化时代综合新闻编辑室的内外资源整合研究""韩国中小企业国际化阻碍因素研究"为题进行学术演讲,江苏省社会科学院学者分别以"新型城镇化背景下拆迁安置型社区治理的对策研究""农业转移人口市民化与中国的社会再整合""新形势下中国社会治理面临的挑战与政策选择"为题进行学术演讲,与会人员围绕会议主题进行了深入的研讨与交流。

10月29日,江苏省社会科学院与韩国全罗北道发展研究院在南京联合召开"江苏省与全罗北道共同发展"学术研讨会,会议围绕产业经济、文化旅游、农业农村发展三个专题进行研讨。与会人员就进一步促进江苏省和全罗北道共同发展提出了一系列富有建设性的意见与建议。

## 五、会议综述

11月26日,由江苏省委宣传部、省社科联主办,江苏省社会科学院承办的"民生政策与民生幸福"学术聚焦专场会议在南京举行。我院孙肖远研究员、徐琴研究员、丁宏副研究员、张春龙副研究员分别就江苏民生发展中的一些重要问题进行自由发言,提出了相关对策性建议。

11月14日,由江苏省社会科学院和江苏高校区域法治发展协同创新中心共同主办的"区域立法与区域治理现代化"学术研讨会在南京召开。王庆五院长指出,区域治理体系是国家治理体系的重要组成部分,加强区域立法和区域治理法治化、现代化研究,对于推动区域治理现代化进程具有重要的理论价值和实践意义。

6月9日,江苏省社会科学院召开学术研究方法讨论会。王庆五院长首先介绍了江苏省社会科学院"四'方'大讨论"(研究方法、研究方向、研究方式、研究方略大讨论)的内容、工作安排及本次讨论会的主题,希望通过对四位专家学术研究方法的经验分享,启发科研人员掌握正确的研究方法,促进江苏省社会科学院科研工作再上新台阶。樊和平副院长在主题发言中指出,从事学术研究一定要有认真的态度、执着的精神,坐得住"冷板凳",同时研究方法非常重要,只有掌握科学的研究方法,才能提出高质量的研究成果。

## 第五节　重点成果

### 一、2014年及以前获省部级以上奖项科研成果[*]

| 成果名称 | 作者 | 职称 | 成果形式 | 字数（万字） | 出版发表单位 | 出版发表时间 | 获奖情况 |
| --- | --- | --- | --- | --- | --- | --- | --- |
| 转型时期的人文关怀 | 陈　刚 | 研究员 | 著作 | 22 | 南京出版社 | 2003 | 江苏省第九次哲学社会科学三等奖 |
| 经济全球化与美国经济的重新崛起 | 张远鹏 | 研究员 | 著作 | 19 | 中国社会科学出版社 | 2004 | 江苏省第九次哲学社会科学三等奖 |
| 第三种文明——社会主义政治文明建设研究 | 刘　钰等 | 研究员 | 著作 | 30.2 | 南京大学出版社 | 2004 | 江苏省第九次哲学社会科学三等奖 |
| 西周政治地理结构研究 | 王　健 | 研究员 | 著作 | 35 | 中州古籍出版社 | 2004 | 江苏省第九次哲学社会科学三等奖 |
| 江苏文化产业发展态势与对策 | 吕　方 | 研究员 | 决策咨询报告 | 0.35 | 《新华日报》 | 2004 | 江苏省第九次哲学社会科学三等奖 |
| 江苏农村税费改革跟踪研究 | 包宗顺 徐志明 | 研究员 | 决策咨询报告 | 0.72 | 江苏人民出版社（蓝皮书） | 2004 | 江苏省第九次哲学社会科学三等奖 |
| 从经营国有企业到管理国有资产 | 张颢瀚 王　维 | 研究员 | 著作 | 33 | 社会科学文献出版社 | 2005 | 江苏省第十次哲学社会科学一等奖 |
| 百年沧桑——中国国民党史（上、下册） | 徐梁伯 | 研究员 | 著作 | 116 | 鹭江出版社 | 2005 | 江苏省第十次哲学社会科学二等奖 |
| 澄清历史——南京大屠杀研究与思考 | 孙宅巍 | 研究员 | 著作 | 40.3 | 江苏人民出版社 | 2005 | 江苏省第十次哲学社会科学三等奖 |

---

[*] 注：在本节的表格中"出版发表时间"一栏，年、月使用阿拉伯数字，且"年""月"两字省略（发表期数除外，保留"年"字）。既有年份，又有月份时，"年"用"."代替。如："2003年"用"2003"表示，"2008年6月"用"2008.6"表示。

续表

| 成果名称 | 作者 | 职称 | 成果形式 | 字数（万字） | 出版发表单位 | 出版发表时间 | 获奖情况 |
|---|---|---|---|---|---|---|---|
| 可持续发展：以人为本的行为分析与制度安排 | 葛守昆 | 研究员 | 著作 | 17 | 中国文史出版社 | 2005 | 江苏省第十次哲学社会科学三等奖 |
| 神秘信仰之谜——一种社会学与心理学的解读 | 苏 和 | — | 著作 | — | 凤凰出版传媒集团，江苏人民出版社 | 2006 | 江苏省第十次哲学社会科学三等奖 |
| 当前值得重视的几个农村基层工作问题决策 | 包宗顺 高 珊 | 研究员 | 咨询报告 | 0.45 | 《咨询要报》 | 2006 | 江苏省第十次哲学社会科学三等奖 |
| 江苏吸引利用台资20年的评估与思考决策 | 张远鹏 | 研究员 | 咨询报告 | — | — | — | 江苏省第十次哲学社会科学三等奖 |
| 小康社会的来临 | 宋林飞 | 教授 | 著作 | 37.9 | 南京大学出版社 | 2007 | 江苏省第十一次哲学社会科学一等奖 |
| 长三角制造业向产业链高端攀升路径与机制 | 刘志彪 江 静等 | 教授 | 著作 | — | 经济科学出版社 | 2009 | 江苏省第十一次哲学社会科学一等奖 |
| 宋代美学史 | 吴功正 | 研究员 | 著作 | — | 江苏教育出版社 | 2007 | 江苏省第十一次哲学社会科学二等奖 |
| 国家产业振兴规划与江苏产业发展对策研究 | 胡国良等 | 研究员 | 咨询报告 | 0.51 | 《咨询要报》 | 2009 | 江苏省第十一次哲学社会科学二等奖 |
| 马克思主义理论的当代意义 | 陈 刚 | 研究员 | 著作 | — | 光明日报出版社 | 2008 | 江苏省第十一次哲学社会科学三等奖 |
| 和谐发展在江苏——社会主义和谐社会建设理论在江苏的实践探索及典型经验研究 | 刘 钰 卞 敏等 | 研究员 | 著作 | — | 江苏人民出版社 | 2008 | 江苏省第十一次哲学社会科学三等奖 |

续表

| 成果名称 | 作者 | 职称 | 成果形式 | 字数（万字） | 出版发表单位 | 出版发表时间 | 获奖情况 |
| --- | --- | --- | --- | --- | --- | --- | --- |
| 人民币汇率升值与出口企业承受力研究——基于江苏机电产业和纺织服装产业和实证分析 | 江苏课题组（吴先满） | 研究员 | 决策咨询报告 | 1.2 | 《世界经济与政治论坛》 | 2008 | 江苏省第十一次哲学社会科学三等奖 |
| 儒家朋友伦理研究 | 胡发贵 | 研究员 | 著作 | 28 | 光明日报出版社 | 2008 | 江苏省第十一次社科评奖三等奖 |
| "家""国"关联的历史社会学分析——兼论"差序格局"的宏观建构 | 沈毅 | 助理研究员 | 论文 | — | 《社会学研究》 | 2008.6 | 江苏省第十一次社科评奖三等奖 |
| 京沪港渝：引领中国经济发展新格局 | 汪海 | 研究员 | 著作 | — | 东南大学出版社 | 2009 | 江苏省第十一次社科评奖三等奖 |
| 瞿秋白传 | 王铁仙 刘福勤 | 研究员 | 著作 | 54 | 人民出版社 | 2011 | 江苏省第十二次社科评奖一等奖 |
| 关于建设苏南国家自主创新示范区的几点战略考虑 | 刘志彪 吴先满 | 教授、研究员 | 决策咨询报告 | 2 | 《决策咨询专报》 | 2011 | 江苏省第十二次社科评奖二等奖 |
| 江苏率先基本实现现代化的三对关系初探 | 刘旺洪 章寿荣 | 教授、研究员 | 决策咨询报告 | 0.35 | 《新华日报》 | 2011 | 江苏省第十二次社科评奖二等奖 |
| 鉴证与探索——农村改革三十年 | 包宗顺 | 研究员 | 著作 | 58.8 | 凤凰出版社 | 2011 | 江苏省第十二次社科评奖二等奖 |
| 朱自清年谱 | 姜建 吴为松 | 研究员 | 著作 | 35 | 光明日报出版社 | 2012 | 江苏省第十二次社科评奖二等奖 |
| 南京通史·民国卷 | 杨颖奇 经盛鸿 孙宅魏 蒋顺兴 叶扬兵 | 研究员 | 著作 | — | 南京出版社 | 2011 | 江苏省第十二次社科评奖二等奖 |

续表

| 成果名称 | 作者 | 职称 | 成果形式 | 字数（万字） | 出版发表单位 | 出版发表时间 | 获奖情况 |
|---|---|---|---|---|---|---|---|
| "五四"事件中暴力行为再反思 | 胡传胜 | 研究员 | 论文 | — | 《开放时代》 | 2010.8 | 江苏省第十二次社科评奖二等奖 |
| 昆山可持续发展之路：理论、规划与实践 | 丁宏沈跃新费文隽 | 副研究员 | 著作 | — | 江苏人民出版社 | 2010 | 江苏省第十二次社科评奖二等奖 |
| 披星戴月集 | 吴功正 | 研究员 | 著作 | — | 凤凰出版社 | 2010 | 江苏省第十二次社科评奖三等奖 |
| 深要见底 宽要到边——改革时代的经济学术探索 | 葛守昆 | 研究员 | 著作 | 47 | 凤凰出版社 | 2011 | 江苏省第十二次社科评奖三等奖 |
| 严复评传 | 皮后锋 | 研究员 | 著作 | 43.5 | 南京大学出版社 | 2006 | 江苏省第十二次社科评奖三等奖 |
| 南京国民政府审判制度研究 | 蒋秋明 | 研究员 | 著作 | — | 光明日报出版社 | 2011 | 江苏省第十二次社科评奖三等奖 |
| 凌濛初考证 | 徐永斌 | 研究员 | 著作 | — | 江苏人民出版社 | 2010 | 江苏省第十二次社科评奖三等奖 |
| 产品创新、供求互动与中国经济内生增长研究 | 张超 | 副研究员 | 论文 | — | 《科研管理》 | 2011.10 | 江苏省第十二次社科评奖三等奖 |
| 信用问题的比较社会学解析——从职业伦理到法人团体研究视角的转换 | 沈毅 | 副研究员 | 论文 | — | 《江海学刊》 | 2011.2 | 江苏省第十二次社科评奖三等奖 |
| 共享与和谐——进城务工人员共享城市发展成果的社会学研究 | 张春龙 | 研究员 | 著作 | — | 光明日报出版社 | 2010 | 江苏省第十二次社科评奖三等奖 |
| 宋代田园诗的政治因缘 | 刘蔚 | 研究员 | 论文 | — | 《文学评论》 | 2011.6 | 江苏省第十二次社科评奖三等奖 |

续表

| 成果名称 | 作者 | 职称 | 成果形式 | 字数（万字） | 出版发表单位 | 出版发表时间 | 获奖情况 |
|---|---|---|---|---|---|---|---|
| 中国农村居民收入流动性实证研究——收入流动性、长期收入均等化与反贫困 | 张立冬 | 助理研究员 | 著作 | 14.6 | 中国农业出版社 | 2011 | 江苏省第十二次社科评奖三等奖 |
| 西方民主史（第三版） | 应克复 | 研究员 | 著作 | — | 中国社会科学出版社 | 2012 | 江苏省第十三次社科评奖二等奖 |
| 面向世界的中国学术期刊自律与学术生态建设 | 韩璞庚 | 研究员 | 论文 | — | 《社会科学辑刊》 | 2012.6 | 江苏省第十三次社科评奖二等奖 |
| 语调哲学 | 陈刚 | 研究员 | 著作 | — | 江苏人民出版社 | 2013 | 江苏省第十三次社科评奖二等奖 |
| 历史主义的兴起 | 陆月洪 | 副研究员 | 译著 | 51.8 | 译林出版社 | 2010 | 江苏省第十三次社科评奖二等奖 |
| 宋代田园诗研究 | 刘蔚 | 研究员 | 著作 | 30 | 人民文学出版社 | 2012 | 江苏省第十三次社科评奖二等奖 |
| 叶德均《凌濛初事迹系年》补疑 | 徐永斌 | 研究员 | 论文 | — | 《书目季刊》（台湾） | 2013.4 | 江苏省第十三次社科评奖三等奖 |
| 明清徽州典商研究 | 王裕明 | 研究员 | 著作 | — | 人民出版社 | 2012 | 江苏省第十三次社科评奖三等奖 |
| 江苏低碳发展模式及政策研究 | 高珊 | 副研究员 | 著作 | 29.7 | 南京大学出版社 | 2013 | 江苏省第十三次社科评奖三等奖 |
| 加快文化产业发展成为我省支柱产业研究 | 李芸 | 研究员 | 研究报告 | 2 | 江苏人民出版社 | 2013 | 江苏省第十三次社科评奖三等奖 |
| 中国特色社会主义道路江苏实践 | 吴先满 | 研究员 | 著作 | 34.6 | 人民出版社 | 2013 | 江苏省第十三次社科评奖三等奖 |

## 二、2015年主要科研成果

### （一）学术著作

| 作者 | 著作名称 | 出版情况 |
| --- | --- | --- |
| 主编：王庆五<br>副主编：陈刚 刘旺洪 | 全面深化改革促发展的江苏新对策——2014年院重点课题研究报告集 | 江苏人民出版社2015年6月出版 |
| 主编：王庆五<br>副主编：陈刚 刘旺洪 | 2015年江苏发展蓝皮书——江苏经济社会发展分析与展望 | 江苏人民出版社2015年3月出版 |
| 主编：王庆五<br>副主编：吴先满 | 多重国家战略与江苏经济发展——新常态下江苏经济发展的新机遇、新动力、新优势研究 | 江苏人民出版社2015年7月出版 |
| 主编：王庆五<br>执行主编：章寿荣<br>副主编：杨亚琴 杨建华 陈瑞 | 2015年新常态下深化一体化的长三角（长三角蓝皮书） | 社会科学文献出版社2015年12月出版 |
| 本书编写组 | 新常态 新江苏 | 江苏人民出版社2015年9月出版 |
| 主编：王庆五 | 社会主义核心价值观：平等卷 | 江苏人民出版社2015年1月出版 |
| 主编：刘旺洪 | 社会主义核心价值观：民主卷 | 江苏人民出版社2015年1月出版 |
| 刘旺洪等 | 中国地理信息安全政策和法律研究 | 科学出版社2015年11月出版 |
| 主编：吴先满<br>副主编：胡国良 张超 | 江苏经济转型升级研究 | 江苏人民出版社2015年8月出版 |
| 周睿 | 中国加入TPP的经济效应分析——基于可计算一般均衡的模拟 | 江苏人民出版社2015年2月出版 |
| 钱宁峰 | 行政组织法立法论研究 | 东南大学出版社2015年10月出版 |
| 孙钦香 | 王夫之（名人评传） | 南京大学出版社2015年6月出版 |

续表

| 作者 | 著作名称 | 出版情况 |
| --- | --- | --- |
| 王　健等 | 江苏大运河的前世今生 | 河海大学出版社2015年3月出版 |
| 张春龙等 | 中国乡村巨变 | 江苏人民出版社2015年10月出版 |
| 张　生、王卫星、董为民等 | 南京大屠杀史研究（增订版） | 凤凰出版社2015年12月出版 |
| 王卫星等　编 | 南京大屠杀史（日文版） | 南京大学出版社2015年11月出版 |
| 王卫星　编著 | 日本侵华图志·侵占华东地区卷（1932—1945年） | 山东画报出版社2015年6月出版 |
| 姚　乐等 | 清儒地理考据研究·魏晋南北朝卷 | 齐鲁书社2015年6月出版 |
| 陈清华等 | 五维立体模式：城市经济规划创新实践 | 南京大学出版社2015年4月出版 |
| 陈清华等 | 有一种生活叫周庄：苏州周庄"三化三促"幸福发展新模式 | 南京大学出版社2015年7月出版 |
| 陈清华等 | 苏绣——以"苏绣之乡"镇湖为例 | 江苏人民出版社2015年11月出版 |

## （二）CSSCI发表论文

| 作者 | 篇名 | 发表情况 |
| --- | --- | --- |
| 樊和平 | 伦理道德发展的精神哲学规律 | 《中国社会科学》2015年第12期 |
| 樊和平 | 伦理道德现代转型的文化轨迹 | 《哲学研究》2015年第1期 |
| 樊和平 | "精神"，如何与"文明"在一起？ | 《哲学动态》2015年第8期 |
| 赵　涛 | 电子网络时代的知识生产问题析论 | 《哲学动态》2015年第11期 |
| 王卫星等 | 罗斯福对日军南京暴行的反应 | 《历史研究》2015年第5期 |
| 李荣山 | 共同体的命运——从赫尔德到当代的变局 | 《社会学研究》2015年第1期 |
| 王　婷 | 行政体制改革的中国语境与中国命题 | 《江海学刊》2015年第2期 |
| 苗　国等 | 人类发展指数评述与重构 | 《江海学刊》2015年第2期 |
| 陈　柳 | 省级政府推动服务业发展：机理、行为与政策取向 | 《江海学刊》2015年第4期 |
| 王庆五 孙肖远 | "四个全面"战略布局：宏大背景下的理论创新 | 《江海学刊》2015年第6期 |

续表

| 作者 | 篇名 | 发表情况 |
| --- | --- | --- |
| 吴先满 骆祖春 | "百姓富"的时代内涵及其绩效评价 | 《江海学刊》2015年第6期 |
| 韩璞庚 | 大数据视域下的学术期刊挑战与对策 | 《新华文摘》2015年第9期 |
| 王 维 周 睿 | 世界经济体系的演化及其对中国的影响分析 | 《新华文摘》2015年第3期 |
| 潘 清 | 元代江淮流域水利建设述论 | 《学术研究》2014年第12期 |
| 束 锦等 | 中共早期革命中的巴黎公社元素及路线图的展呈——基于对广州起义的考察 | 《学术研究》2015年第3期 |
| 毕素华 | 官办型公益组织的价值突围 | 《学术研究》2015年第4期 |
| 束 锦 | 马克思主义中国化的初始样本——苏维埃运动时期毛泽东对巴黎公社的认知与实践 | 《天津社会科学》2015年第3期 |
| 樊和平 | 伦理,如何关切生命 | 《天津社会科学》2015年第6期 |
| 王 维 周 睿 | 世界经济体系的演化及其对中国的影响分析 | 《江苏社会科学》2014年第12期 |
| 侯祥鹏等 | 地方政府推动城镇化的机理与实证:以江苏为例 | 《江苏社会科学》2015年第2期 |
| 巩丽娟 | 论国家治理现代化的创造性空间 | 《江苏社会科学》2015年第4期 |
| 姜 建 | 论开明派的文化出版实践 | 《江苏社会科学》2015年第6期 |
| 陈如勇等 | 政策评估中的公众参与 | 《江苏社会科学》2015年第6期 |
| 苗 国等 | 老年贫困与社会救助 | 《山东社会科学》2015年第6期 |
| 潘 清等 | 十到十四世纪的中韩关系形态与东亚世界 | 《南京社会科学》2015年第2期 |
| 崔 巍 | 从日本封锁中国海岸看抗战初期英国双重性的远东政策 | 《南京社会科学》2015年第5期 |
| 王卫星 | 日本外交官对日军南京暴行的反应与应对 | 《南京社会科学》2015年第9期 |
| 曹小春 | 企业高管对反转影响的国外研究述评 | 《南京社会科学》2015年第9期 |
| 李 芸 战炤磊 | 政府与市场关系的模式重构与路径选择 | 《南京社会科学》2015年第12期 |
| 吴 群 | 新常态下小微企业发展环境优化的思路与对策 | 《江苏行政学院学报》2015年第5期 |
| 巩丽娟 | 国家治理现代化的价值导向探索 | 《江苏行政学院学报》2015年第6期 |
| 韩璞庚等 | 多元协同:走向现代治理的主体建构 | 《学习与探索》2014年第12期 |
| 千慧雄 | 技术创新资本结构演化与技术进步 | 《学习与探索》2015年第8期 |
| 韩璞庚等 | 视域与历史:从现象学到解释学发展的内在逻辑 | 《社会科学战线》2015年第10期 |

续表

| 作者 | 篇名 | 发表情况 |
| --- | --- | --- |
| 赵 涛 | 论网络时代知识生产方式的变迁与演替 | 《自然辩证法研究》2014年第12期 |
| 千慧雄等 | 中国城市规模偏差研究 | 《中国工业经济》2015年第4期 |
| 战炤磊 | 资源禀赋型产业全要素生产率变化：优势还是诅咒？ | 《产业经济研究》2014年第6期 |
| 周 睿 | 新兴市场国家环境库兹涅茨曲线的估计——基于参数与半参数方法的比较 | 《国际贸易问题》2015年第3期 |
| 黎 峰 | 全球生产网络下的国际分工地位与贸易收益——基于主要出口国家的行业数据分析 | 《国际贸易问题》2015年第6期 |
| 程俊杰 | 中国转型时期产业政策与产能过剩——基于制造业面板数据的实证研究 | 《财经研究》2015年第8期 |
| 程俊杰 | 转型时期中国产能过剩测度及成因的地区差异 | 《经济学家》2015年第3期 |
| 程俊杰等 | 产能过剩、要素扭曲与经济波动——来自制造业的经验证据 | 《经济学家》2015年第11期 |
| 程俊杰 | 转型时期中国地区产能过剩测度——基于协整法和随机前沿生产函数法的比较分析 | 《经济理论与经济管理》2015年第4期 |
| 包宗顺等 | 土地股份合作制能否降低农地流转交易成本？——来自江苏300个村的样本调查 | 《中国农村观察》2015年第1期 |
| 赵锦春 | 不对称劳动参与、收入不平等与全球贸易失衡 | 《世界经济》2015年第9期 |
| 周 睿 | 能源消耗、经济增长与$CO_2$排放量——基于新兴经济体的实证研究 | 《世界经济研究》2015年第11期 |
| 黎 峰 | 全球价值链分工下的出口产品结构及核算——基于增加值的视角 | 《南开经济研究》2015年第4期 |
| 王思豪 | 汉赋尊体与《诗》之"六义" | 《南京大学学报》2015年第1期 |
| 王思豪等 | 圣域的图写：从《上林赋》到《上林图》 | 《复旦学报》2015年第5期 |
| 骆祖春等 | 住房价格与中国居民储蓄率——基于面板联立方程的经验分析 | 《华中科技大学学报（社会科学版）》2014年第6期 |
| 王 婷 | 公民身份与阶级统治的共谋 | 《科学社会主义》2015年第2期 |
| 张春龙 | 现实性与现代性：农民工与土地的关联性及其走向 | 《求实》2015年第11期 |

续表

| 作者 | 篇名 | 发表情况 |
| --- | --- | --- |
| 成婧 | 组织、行为与制度：政治激励研究的三个维度 | 《求索》2015 年第 8 期 |
| 程俊杰 | 负面清单管理与转轨时期中国体制性产能过剩治理 | 《学习与实践》2014 年第 12 期 |
| 苗国等 | 意料之外与情理之中：单独二孩政策为何遇冷？ | 《探索与争鸣》2015 年第 2 期 |
| 战炤磊等 | 全面深化改革背景下高新区转型发展路径选择 | 《科技进步与对策》2015 年第 14 期 |
| 陈柳 | 信任、声誉与产学研合作模式 | 《科技管理研究》2015 年第 12 期 |
| 韩璞庚 | 大数据视域下的学术期刊挑战与对策 | 《甘肃社会科学》2015 年第 1 期 |
| 战炤磊等 | 依托民间资本发展体育产业：综合动因与路径选择 | 《贵州社会科学》2014 年第 12 期 |
| 韩璞庚 | 第二作者，语义无定与索引表征 | 《江汉论坛》2015 年第 3 期 |
| 丁宏等 | 新常态下深化江苏服务业对外开放的对策研究 | 《江南论坛》2015 年第 8 期 |
| 丁宏 | 深化发展品牌经济 助推江苏转型升级的对策思考 | 《江南论坛》2015 年第 10 期 |
| 程俊杰 | 中国转型时期产能过剩形成机制：基于吸纳框架的解释 | 《产业经济评论》2015 年第 6 期 |
| 千慧雄 | 竞争对第三方标记有效性的异质性影响：理论与实证 | 《当代财经》2014 年第 12 期 |
| 黎峰 | 要素收益差异、贸易分工与"比较收益悖论" | 《当代财经》2015 年第 9 期 |
| 黎峰 | 全球价值链分工下的双边贸易收益核算：以中美贸易为例 | 《南方经济》2015 年第 8 期 |
| 黎峰 | 全球价值链分工下的双边贸易收益核算：以中日贸易为例 | 《现代日本经济》2015 年第 4 期 |
| 黎峰 | 全球价值链下的国际分工地位：内涵及影响因素 | 《国际经贸探索》2015 年第 9 期 |
| 刘远 | 直觉型决策研究现状和展望 | 《外国经济与管理》2015 年第 11 期 |
| 王树华 | 文化消费、公共财政投入与文化产业发展的互动关系研究——以我国东部地区 11 个省（市）为例 | 《文化产业研究》2015 年第 11 期 |
| 沈宏婷等 | 基于修正场模型的区域空间结构演变及空间整合 | 《长江流域资源与环境》2015 年第 4 期 |
| 沈宏婷等 | 中国省域 R&D 投入的区域差异及时空格局演变 | 《长江流域资源与环境》2015 年第 6 期 |
| 高珊 | 农产品商品化对农户种植结构的影响 | 《资源科学》2014 年第 11 期 |
| 沈宏婷等 | 区域旅游空间结构演化模式研究 | 《经济地理》2015 年第 1 期 |

续表

| 作者 | 篇名 | 发表情况 |
| --- | --- | --- |
| 钱宁峰 | 官制立法：形式法治国时代的行政组织立法模式 | 《行政法论丛第16卷》 |
| 钱宁峰 | 立法后中止实施：授权立法模式的新常态 | 《政治与法律》2015年第7期 |
| 徐永斌 | 治生视野下的《红楼梦》中贾雨村人生价值观转变探析 | 《红楼梦学刊》2014年第四辑 |
| 王裕明 | 宋元时期的徽州商人 | 《安徽史学》2015年第3期 |
| 崔 巍 | 1931年初美国政府对废除在华治外法权的态度 | 《民国档案》2014年第2期 |
| 丁宏等 | 江苏发展城市体育服务综合体的路径选择 | 《体育与科学》2015年第2期 |
| 战炤磊等 | 中国体育用品制造业全要素生产率变化及其影响因素研究 | 《体育与科学》2014年第6期 |
| 千慧雄 | 中国城市规模偏差研究 | 《中国社会科学文摘》2015年第8期 |
| 樊和平 | 当前中国伦理道德的"问题轨迹"及其精神形态 | 《东南大学学报》2015年第1期 |
| 毕素华等 | 联合劝募：慈善组织管理与运行的新机制研究 | 《南京师范大学学报》2015年第6期 |
| 张卫等 | 自由择业知识分子的职业流动及其影响因素——以江苏省为例 | 《江苏师范大学学报》2015年第4期 |
| 毕素华 | 中国特色社会福利项目的运行与反思 | 《河海大学学报》2015年第2期 |
| 张立冬 周春芳 曹明霞 | 收入差距、收入流动性与收入均等化——基于中国农村的经验分析 | 《南京农业大学学报（社科版）》2015年第4期 |
| 刘明轩 | 农户分化背景下不同农户金融服务需求研究 | 《南京农业大学学报（社科版）》2015年第5期 |
| 赵锦春 | 收入分配不平等、生育率与劳动生产率——兼论低生育率下我国的长期经济增长 | 《山西财经大学学报》2015年第11期 |
| 侯祥鹏等 | 服务业开放与发展：来自江苏的实证研究 | 《国际商务——对外经济贸易大学学报》2015年第4期 |
| 方维慰等 | 服务业开放与发展：来自江苏的实证研究 | 《国际商务》2015年第6期 |
| 吴先满 陈 柳等 | 江苏需要第二个同城化——试论苏通同城化建设的思路与政策 | 《南京邮电大学学报（社会科学版）》2015年第2期 |
| 王思豪 | 小说文本视阈中的赋学形态与批评 | 《安徽大学学报》2015年第1期 |
| 王裕明 | 清代徽州的谱禁 | 《安徽大学学报》2015年第6期 |

续表

| 作者 | 篇名 | 发表情况 |
| --- | --- | --- |
| 赵伟 | 抗战时期各地抗敌戏剧运动管窥 | 《中央戏剧学院学报》，2015年第2期 |
| 包宗顺<br>张立冬<br>吕美晔<br>金高峰 | 农民资金互助社的规范发展 | 《学海》2014年第6期 |
| 方明 | 国家治理现代化视角下的立法体制创新 | 《学海》2015年第3期 |
| 林海 | 以德治国：法治社会建设的精神支柱 | 《学海》2015年第3期 |
| 刘伟 | 刑事司法改革中律师主体性问题思考 | 《学海》2015年第3期 |
| 樊佩佩 | 绩效约束、制度弹性与有效治理的结构转型——以基础性权力为视角 | 《学海》2015年第3期 |
| 钱宁峰 | 通过政府内部权力法治化塑造法治政府的新形态 | 《学海》2015年第3期 |
| 曹小春等 | 政治审计学论纲 | 《学海》2015年第5期 |
| 陆月洪 | 君子"为政以正"的境域化解读 | 《学海》2015年第5期 |
| 孙钦香 | "文质彬彬，然后君子"：孔子的君子意涵 | 《学海》2015年第5期 |
| 李宁 | 《论语》"君子不器"涵义探讨 | 《学海》2015年第5期 |
| 束锦 | 中国共产党对巴黎公社的认知与传播（1920—1927） | 《学海》2015年第6期 |
| 张远鹏 | 全球金融危机以来中国对美国投资的新进展 | 《现代经济探讨》2015年第3期 |
| 张春龙<br>张卫 | 当前"用工荒"：人口结构改变和经济结构转型的预警 | 《现代经济探讨》2015年第6期 |
| 陈柳 | 发挥资本市场功能破解国有企业改革难题的思路与对策 | 《现代经济探讨》2015年第7期 |
| 周睿等 | 长三角地区流动人口管理和服务问题与对策研究 | 《现代经济探讨》2015年第8期 |
| 巩丽娟 | 长三角地区政府与社会合作关系的成长 | 《现代经济探讨》2015年第8期 |
| 徐志明等三人 | 深化农村产权制度改革 赋予农民更多财产权利 | 《现代经济探讨》2015年第9期 |
| 黎峰等 | 区域分工视角下的中印增加值贸易分解 | 《现代经济探讨》2015年第10期 |
| 张震 | 中国都市连绵区的界定与治理对策研究述评——基于全球大都市区发展的启示 | 《现代经济探讨》2015年第11期 |
| 周睿 | 中国加入TPP的经济效应分析——基于GTAP模型的模拟 | 《世界经济与政治论坛》2014年第12期 |

续表

| 作者 | 篇名 | 发表情况 |
| --- | --- | --- |
| 陈思萌 | 出口模式与贸易摩擦：基于引力模型的中德比较分析 | 《世界经济与政治论坛》2015 年第 2 期 |
| 蒋昭乙等 | 金融深化和加工贸易转型升级的线性和非线性 granger 分析 | 《世界经济与政治论坛》2015 年第 2 期 |
| 丁　宏等 | 新常态下实现外资高水平引进来的影响因素及推进策略研究 | 《世界经济与政治论坛》2015 年第 3 期 |
| 李思慧等 | 研发经费异质性、创新能力与科技金融政策 | 《世界经济与政治论坛》2015 年第 4 期 |
| 王　里 | 弘扬善行文化　凝聚道德力量 | 《群众》2014 年第 5 期 |
| 吴　群 | 大力发展高效循环农业经济 | 《群众》2014 年第 12 期 |
| 孙肖远 | 准确把握全面推进依法治国的基本特征 | 《群众》2014 年第 12 期 |
| 李宁宁 | 碧水蓝天宜居：让江苏环境更美 | 《群众》2015 年第 2 期 |
| 张　卫 | 推动江苏交通绿色化发展 | 《群众》2015 年第 4 期 |
| 王　里 | 创业就业带动富民惠民 | 《群众》2015 年第 4 期 |
| 吴　群 | 优化小微企业发展环境的路径 | 《群众》2015 年第 5 期 |
| 李宁宁 | 江苏"减排"的进展与对策 | 《群众》2015 年第 6 期 |
| 张　卫 | 提升社会组织承接政府公共服务职能的能力 | 《群众》2015 年第 10 期 |
| 岳少华 | 运用大数据提高社会治理水平 | 《群众》2015 年第 10 期 |

（三）研究报告（2015 年《决策咨询专报》）

| 期号 | 作者 | 题目 |
| --- | --- | --- |
| 1 | 于日昌 | 关于设立江苏艺术基金的建议 |
| 2 | 张立冬 | 培育新型农业经营主体，加快推进我省农业现代化 |
| 3 | 方　明<br>徐　静 | 江苏加强互联网地方立法的思考和建议 |
| 4 | 江苏省商务厅<br>江苏省社会科学院 | 抢抓"一带一路"战略机遇，构建江苏开放型经济新格局 |
| 5 | 何　雨<br>徐　琴 | 围绕"七个更"目标，明确重点创新制度　推进江苏民生建设再上新台阶 |
| 6 | 丁　宏<br>金世斌 | 紧抓全民健身国家战略机遇　促进江苏体育产业跨越发展的若干建议 |

续表

| 期号 | 作者 | 题目 |
| --- | --- | --- |
| 7 | 丁 宏 | 经济新常态下实现江苏外资更高水平引进来的思考与建议 |
| 8 | 王庆五<br>吴先满等 | 适应新常态，推出新举措，增强协调性——"十三五"时期促进江苏区域经济协调发展的思路与政策研究 |
| 9 | 张 卫<br>王 红<br>张春龙 | 特色社区建设面临的问题及对策研究 |
| 10 | 王庆五<br>吴先满等 | 迈上新台阶、建设新江苏的国际经验借鉴 |
| 11 | 古龙高<br>赵 巍<br>古 璇 | 江苏融入"一带一路"要重点做好新亚欧大陆桥文章 |
| 12 | 陈 柳 | 新常态下江苏产业转型升级的难点与对策 |
| 13 | 张春龙 | 江苏"十三五"建立"更可靠的社会保障"的建议 |
| 14 | 徐 琴 | 改革人才管理制度 促进大众创业万众创新 |
| 15 | 现代智库论坛专辑 | 新常态下江苏"十三五"经济发展思路与对策研究 |
| 16 | 吴先满<br>张吨军 | 江苏要把经济深入转型升级建立在信息技术革命的基础上 |
| 17 | 丁 宏 | 更好地构建面向人人的"众创空间"的若干建议 |
| 18 | 古龙高<br>赵 巍<br>古 璇 | 沿东陇海线地区参与"一带一路"建设的关键点与对策 |
| 19 | 徐 琴<br>樊佩佩<br>何 雨 | 关于江苏实施新型城镇化综合试点的几点建议 |
| 20 | 陈清华 | 社会信任堪忧 亟须加强诚信体系建设 |
| 21 | 王庆五<br>吴先满等 | 2015年上半年江苏经济运行分析与下半年经济形势预测及对策 |
| 22 | 王庆五<br>刘旺洪等 | 实施社科创新工程 推进地方社科院新型智库建设 |
| 23 | 经济运行研讨会综述 | 经济下行压力之应对策略：江苏经济运行研讨会会议观点综述 |
| 24 | 徐 琴 | 加快建立农村留守儿童关爱服务体系 推动江苏民生建设更上新台阶 |
| 25 | 潘时常等 | 互联网+农业：江苏农业现代化实现路径研究 |

续表

| 期号 | 作者 | 题目 |
|---|---|---|
| 26 | 吴先满 骆祖春 | 关于"十三五"江苏重视研制实施民生驱动战略的建议 |
| 27 | 徐 琴 | 关于江苏江北新区规划和建设的几点建议 |
| 28 | 张远鹏 | 推动江苏沿海中部崛起,拓展"一带一路"东部空间 |
| 29 | 樊和平 余日昌 | "人文精神与社会文明"——第16期现代智库论坛发言要点 |
| 30 | 吴 群 | 江苏优化小微企业发展环境的对策建议 |
| 31 | 胡国良 | 江苏推进新一轮国企改革的政策建议 |
| 32 | 方 明 钱宁峰 | 对江苏落实和完善地方立法权的思考和建议 |
| 33 | 丁 宏 | 深化发展品牌经济助推江苏转型升级的对策建议 |
| 34 | 陈清华 | 切实加强制度体系建设提升核心价值观在基层的知晓度 |
| 35 | 徐 琴 鲍 雨 | 让地域文化走进校园 为文化建设再上新台阶打下扎实根基 |
| 36 | 李 芸 战炤磊 | 适应和引领新常态,江苏需培育四类新经济增长点 |
| 37 | 江苏现代健康产业发展研究课题组 | 江苏现代健康产业加快发展战略研究 |
| 38 | 陈 朋 | 加快形成惩治群众身边腐败合力的对策建议 |
| 39 | 陈清华 | 亟须通过"心态建设"消除公务员"焦虑症" |
| 40 | 现代智库论坛专辑 | 秉持共享理念探索可持续改善的民生建设之路 |
| 41 | 江苏省社会科学院课题组 | 培育和增强江苏经济发展新动能 |
| 42 | 现代智库论坛专辑 | "十三五"时期江苏发展的重点与战略思路 |
| 43 | 徐 琴 | 切实化解房地产库存压力的几项对策建议 |

### 三、重点科研成果介绍

成果名称:《全面深化改革促发展的江苏新对策——2014年院重点课题研究报告集》

主编:王庆五(教授)

副主编:陈刚(研究员)、刘旺洪(教授)

出版单位：江苏人民出版社

出版时间：2015年6月

为贯彻落实中央十八大精神及江苏省委第十二次党代会精神，江苏省社会科学院于2014年初研究提出了一批重要选题上报省委书记罗志军、省长李学勇，两位主要省领导共圈定18项。2014年中期，江苏省社会科学院又立项一批应急课题，其中8项是围绕江苏十三五规划的前期研究，6项是落实江苏省十二届七次党代会关于全面深化六项改革的对策研究。2014年秋形成14份《江苏发展研究报告》上报省领导作为决策咨询参考。

这批课题研究成果不仅对推动2014年江苏经济社会发展起到了参考作用，而且对于2015年及"十三五"的江苏经济社会改革与发展亦有一定的参考指导意义。为了进一步促进这批研究成果转化特别是向社会转化应用，江苏省社会科学院决定将2014年完成的这批书记省长圈定课题及院长应急课题的研究报告公开出版，书名定为"全面深化改革促发展的江苏新对策——2014年院重点课题研究报告集"。

成果名称：《2015年江苏发展蓝皮书——江苏经济社会发展分析与展望》

主编：王庆五

副主编：陈刚、刘旺洪

出版单位：江苏人民出版社

出版时间：2015年3月

江苏院社会科学院积极响应党中央的号召，全方位地加强决策咨询服务工作，努力做好江苏省委、省政府的思想库与智囊团。2014年底，江苏省社会科学院组织全院经济、社会、法学、政治学、哲学等学科研究领域的专家，撰写《2015年江苏发展蓝皮书——江苏经济社会发展分析与展望》。全书分为总论篇、经济篇与社会篇，内容主要针对当前经济社会发展的热点与重点问题，如发展新常态、保持合理增长区间、产业结构调整、新型城镇化、民生建设、文化建设、依法治国、从严治党等。

成果名称：《2015年新常态下深化一体化的长三角（长三角蓝皮书）》

主编：王庆五

执行主编：章寿荣

副主编：杨亚琴、杨建华、陈瑞

出版单位：社会科学文献出版社

出版时间：2015年12月

长三角一体化从2003年正式开始，十二年来，长三角一体化不断走向深入，制度建设、经济建设和文化建设都取得了前所未有的成绩。长三角地区作为我国综合实力最强的区域，是提升国家综合实力和国际竞争力、带动全国经济又好又快发展的重要引擎。该书对2014—2015年长三角区域一体化发展及趋势作了全面的分析。总报告主要论述了新常态下如何深化长三角一体化发展，四个分报告分析苏浙沪皖三省一市在新常态背景下经济社会发展的基本情况及趋势和对策。专题报告分别从区域发展和产业发展角度分析了长三角一体化过程中经济、社会、文化、科技、生态等领域的情况。该报告对决策部门认识长三角一体化发展，把握长三角未来发展趋势，制定长三角一体化发展政策具有一定参考价值。

成果名称：《多重国家战略与江苏经济发展——新常态下江苏经济发展的新机遇、新动力、新优势研究》

主编：王庆五

副主编：吴先满

出版单位：江苏人民出版社

出版时间：2015年7月

受2008年国际金融危机以及国内经济等多重因素的影响，近年来，中国经济发展进入新常态。与此相适应，作为全国经济重要组成部分的江苏经济，其发展近几年来也已进入新常态。经济发展新常态，无疑增加了经济运行与发展的复杂性，提高了对经济工作的要求，但是经济发展新常态也孕育着重要的发展机遇。差不多在中国经济发展渐次步入新常态的过程中，国家陆续推出了一系列重大的经济战略与政策。江苏省社会科学院在江苏省率先提出运用好多重国家战略密集叠加实施的重要战略机遇，增创江苏经济发展新优势的思路与观点看法；之后组织撰写研究报告上报省领导；秋季，组织召开这一主题的现代智库论坛（经济学）研讨会，邀请省委研究室、省政府研究室、省委党校的负责人和专家与江苏省社会科学院专家学者共同展开研讨交流，形成一批新的研究成果。冬季，江苏省社会科学院决定将《多重国家战略与江苏经济发展——新常态下江苏经济发展的新机遇、新动力、新优势研究》作为江苏省社会科学院2015年重大课题立项，围绕上述八大国家战略与江苏经济发展，组织江苏省社会科学院经济学科片的专家学者进一步展开深入系统的研究，并把这一研究置于中国经济发展新常态的背景之下，努力形成一部研究性著作。

成果名称：《新常态 新江苏》
作者：本书编写组编著
出版单位：江苏人民出版社
出版时间：2015年9月

该书以党的十八届三中、四中全会精神，习近平总书记系列重要讲话精神和对江苏工作的最新要求为指导，深入宣传贯彻省委十二届八次、九次全会精神，全面系统的阐释"新常态 新江苏"的相关理论与实质内涵、任务举措与探索实践。全书采用问题解答的方式展开写作。八个部分的主题包括以下：（1）新常态、新动力、新作为。（2）建设"强富美高"新江苏。（3）做好产业结构"加减乘除"混合运算。（4）激发"大众创业 万众创新"活力。（5）让全面小康激荡江苏大地。（6）留住"青奥蓝"。（7）朝着"三强两高"目标再出发。（8）践行全面从严治党不留死角。分别阐释了新常态的内涵特征，新江苏建设的内涵，做好产业结构升级换挡，鼓励创业创新，关注民生幸福，注重环境保护发展，加强精神文化建设和进一步从严治党工作等内容，基本涵盖了江苏"两个率先"过程中主要领域。

成果名称：《社会主义核心价值观：平等卷》
主编：王庆五
出版单位：江苏人民出版社
出版时间：2015年1月

该书是社会主义核心价值观研究丛书之一，主要研究平等价值。该书首先探讨了平等价值的内涵、与其他核心价值的辩证关系及倡导平等价值的重大意义，继而分析了平等价值观提出的历史背景、理论渊源和时代主题，从古代与近代中国与外国的平等思想，再到世界社会主义运动对平等价值的追求和中国共产党对平等价值的认识和主张，从社会主义理论和中国社会主义实践相结合的角度对平等价值观作了系统研究和学理分析，提出了一些新观点、新判断、新思考，并针对中国社会主义初级阶段平等实践中存在的问题，提出了培育和践行社会主义平等价值观的基本路径。

成果名称：《社会主义核心价值观：民主卷》
主编：刘旺洪
出版单位：江苏人民出版社
出版时间：2015年1月

该书是社会主义核心价值观研究丛书之一，主要研究民主观。民主是马克思主义政治理论的核心价值、社会主义政治制度的根本价值、国家治理现代化的重要价值目标，也是中国人民和中国共产党人孜孜以求的政治理想，该书首先介绍了人类探索民主的历史进程、马克思主义民主观的形成和发展以及中国特色社会主义民主观的历史演进，进而在理论上探讨了社会主义民主观的本质内涵及其制度表现、社会主义民主法治化，并如何应对西方宪政民主思潮挑战。该书最后讨论了社会主义民主价值与推进国家治理现代化的辩证关系，以及如何培育与践行社会主义民主观等。

成果名称：《江苏经济转型升级研究》
主编：吴先满
副主编：胡国良、张超
出版单位：江苏人民出版社
出版时间：2015年8月

该书以中国特色社会主义理论为指导，深入学习贯彻落实习近平总书记系列重要讲话特别是视察江苏发表的重要讲话精神以及"四个全面"战略布局思想，理论与实际相结合，吸收借鉴国际国内的成功做法与经验，分别从总体上和深入推进经济体制改革攻坚、推进新一轮经济国际化、大力发展创新型经济、提高经济运行质量、深入推进产业结构调整升级、推进农业现代化、工业化与信息化融合互动、推进新型城镇化、增强区域经济发展协调性等9个方面，全面、系统、深入地分析研究了江苏经济转型升级的历程、进展、现状、存在的问题及其原因，研究提出了深入推进江苏经济转型升级的思路与政策。该书研究对于国内其他地区的转型升级实践具有突出的借鉴和参考价值。

成果名称：《中国加入TPP的经济效应分析——基于可计算一般均衡的模拟》
作者：周睿
出版单位：江苏人民出版社
出版时间：2015年2月

作者认为，在美国的积极推动下，TPP已经成为亚太地区一个及其重要的自由贸易区，得到了社会各界的广泛关注。与已有的和TPP相关研究不同，该书着力研究中国加入TPP的经济效应。从对TPP谈判进程、相关内容、主要参与国意图等的梳理介绍基础上开始，根据TPP协议的内容、中国的实际情况和研究的技术可行性，使用中国CGE模型分别模拟了中国加入TPP后关税减让、减少国有企业补贴等情景，随后，以间接税减让为例模拟了中国加入TPP后主动政策调整的经济效应。接着，又使用GTAP模型模拟了中国加入TPP的经济效应。最后，结合中国（上海）自由贸易试验区介绍了中国应对TPP的相关问题。

成果名称：《行政组织立法论研究》
作者：钱宁峰
出版单位：东南大学出版社
出版时间：2015年10月

行政组织立法是行政组织法研究的前提，并具有相对独立的理论体系。行政组织立法是指立法机关和行政机关有关行政组织问题的法律或者命令的制定、变更和废止的活动。行政组织立法的核心范畴是行政官署。行政组织立法的法律原则有法治原则和效率原则。在形式上，行政组织立法有行政组织法律和行政组织命令两种。行政组织立法的内容包括行政组织法律命令的依据、组织权的归属、行政组织的基本事项和行政组织体制。从历史来看，近代以来中国行政组织立法的历史变迁形成了官制立法、组织法立法以及决定立法三种类型。从未来看，当代中国行政组织立法从决定立法模式向组织法立法模式转变是历史发展的必然。这就需要当代中国行政组织立法充分考虑到官制立法、组织法立法和决定立法三种立法模式的优势和劣势,以便构建出符合当代中国国情的行政组织立法体系。

成果名称:《王夫之》(名人评传)
作者:孙钦香
出版单位:南京大学出版社
出版时间:2015年6月

该书为"中国思想家评传简明读本"之一,作者在多年研究的基础上,以简明、通俗的笔调,较为全面地叙述了明代著名思想家王夫之的生平事迹和他富有特色的哲学思想和他对后世中国启蒙思想的影响。该书主要记述王夫之艰苦卓绝的一生及其深邃宏阔的思想世界。全书分为十个章节,从王夫之家世、家学谈起,介绍他出身背景和幼年受教情况,继而记述王夫之青少年时期的求学历程;再次着重论述在明末社会大动荡的时代背景下,王夫之一家所受的牵连与苦难;再者详细评述王夫之在恢复故国无望的悲凉心境下,反诸六经,评点诸家百流,开创了深厚开阔的思想系统,成为中国思想史上一位杰出的思想家和哲学家。该书虽然文字篇幅简短,但尽量展现王夫之一生的曲折、苦难和抗争,也尽力呈现王夫之独具一格的思想创作和观念体系,可以说是一本简明扼要的中国古代大思想家王夫之的小传。

成果名称:《江苏大运河的前世今生》
作者:王健等
出版单位:河海大学出版社
出版时间:2015年3月

该书是为纪念京杭大运河最早河段邗沟开凿2500年而完成的一部集创新性、系统性、学术性与可读性于一体的学术著作,31万字,文字准确、生动、流畅,图文并茂。该书由董文虎发起并指导,王健主撰,彭安玉教授对书稿整理、补充有重要贡献。该书以中国历史长时段发展的宏观视野,采取历史学、经济史、历史地理、区域历史文化、交通航运等学科研究方法,以江苏大运河为中心,将其置于中国区域发展和大运河演变的宏观背景中,详尽梳理了江苏大运河的形成、发展和演变过程,提出了区域发展空间转换的六次时代划分,其中"运河时代"承先启后。重点研究了近代以来尤其是新中国成立以来江苏大运河的整治的规划、实施的艰难历程,特别是改革开放以来大规模整治与现代化的管理与服务,京杭大运河局部复兴,江苏段全面复兴的历程,包括地理环境、运河形成与变迁、水利与水系、航道与船闸、船舶与历代漕运发展、运河功能、运河整治与管理、文物人文景观、大运河遗产在保护中发展,在发展中保护的理念,江苏运河的历史地位、作用等,详今略古,弥补了运河"今生"研究的薄弱。该书内容丰富、史料翔实、史论结合、条理清晰,在许多问题上推陈出新,提出许多创新性见解,言之成理、持之有故。

成果名称:《中国乡村巨变》
作者:张春龙等
出版单位:江苏人民出版社
出版时间:2015年10月

在三十多年特别是近十年来改革开放进程中,中国农村发生了历史性巨大变革,乡村面貌发生了翻天覆地的变化。这些变革和变化,不仅包括可直观感受到的村容村貌焕然一新,还包括一系列的农村制度政策变革,以及农村生产方式、生活方式的改变。该书在总结中国农村制度性的变革和变化的基础上,重点介绍农村变化的状况。通过比较过去与现在,从经济、生活、观念、文化、行为以及基础设施等方面反映中国农业、农村、农民所经历的变化,重点反映经济发展所带来的农民在生产方式、生活方式以及村容村貌、乡风文明等方面的改变,并对未来农村发展做出一定的展望。

成果名称：《南京大屠杀史（日文版）》

作者：王卫星等

出版单位：南京大学出版社

出版时间：2015 年 11 月

该书是国内第一部用日文全面介绍南京大屠杀历史的著作，对日军在南京的屠杀暴行、性暴行、城市破坏及劫掠暴行，进行了全方位阐述，厘清了南京沦陷时日军对国民政府首都的军事、经济和社会控制的史实，展示了南京安全区国际委员会保护和救援难民的人道主义善举，再现了中外媒体和国际社会对日军暴行的反应，披露了战后远东国际军事法庭和南京国防部审判战犯军事法庭对日本战犯的判决过程，以叙事的方式再现了南京大屠杀这一历史事件的真相，有力地驳斥了日本右翼否定南京大屠杀史实的谬论。该书是中国学者在南京大屠杀研究方面最新、最全面的研究成果，是海内外研究南京大屠杀的巅峰之作，并在学术上进行了多方面突破和创新。全书共三卷本，对比运用加害方、第三方、受害方的资料，全面、立体、连续地论证了南京大屠杀，厘清了日军对南京的军政经控制的史实，展示了国际人士的人道主义善举，披露了战后对日本战犯的判决，揭示了历史的真相。

成果名称：《当今中国伦理道德发展的精神哲学规律》

作者：樊和平

发表刊物：《中国社会科学》

发表时间：2015 年第 12 期

调查显示，当今中国伦理道德发展呈现出：伦理与道德同行异情的伦理型文化的"转型轨迹"；由经济上两极分化到伦理上两极分化的"问题轨迹"；伦理道德与大众意识形态的"互动轨迹"。三者整体性地呈现为以伦理与道德为焦点的精神世界的椭圆型图谱，演绎出伦理与道德一体、以伦理为重心的精神哲学轨迹。据此可以发出两大精神哲学预警：伦理型文化的预警、伦理分化的预警。前者形成关于伦理道德发展的"文明自觉"，后者呈现其"问题自觉"。当今中国伦理道德发展遵循伦理型文化的规律；表现为伦理与文化、伦理与道德、伦理与精神的三重关系。对上述规律本质的探索，推动我们的问题意识从"应当如何生活"的道德问题，向"我们如何在一起"的伦理问题转换。

成果名称：《伦理道德现代转型的文化轨迹及其精神图像》

作者：樊和平

发表刊物：《哲学研究》

发表时间：2015 年第 1 期

当代中国社会处于理性判断与经验感受的纠结之中：分明感受到宗教需求的增长，也期盼法治社会的到来，伦理却是生活的主流与主宰；大量存在的伦理道德问题令人忧虑，人们又对当下伦理道德格局基本满意；家庭在伦理型文化中被赋予本位使命，而严重瘦化的家庭又承担不了伦理文化的重任。但是，无论中国文化失根现象多么严重，调查结果都表明：现代中国文化依然是伦理型文化，只是它以矛盾纠结的方式展现，构成了后伦理型文化的独有精神图像。

成果名称：《精神，如何与文明在一起》

作者：樊和平

发表刊物：《哲学动态》

发表时间：2015 年第 8 期

经过 30 多年的发展，对于精神文明我们有必要进行由意识形态话语、大众话语到哲学话语的第三次学术推进。哲学话语推进的前沿课题是：精神，如何与文明在一起？为此，必须探讨三个问题。第一，精神因何文明？精神因超越自然、超越自我、知行合一的三大品质而进入文明，理想与信念是精神的哲学内核。第二，文明如何精神？思想竭力体现为现实和现实力求趋向思想是文明具有精神的两个不可或缺的维度，前者是文化理想主义，后者是文明理想主义。其中，现实力求趋向思想，是文明对待精神的一种新态度，也是精神对待文明的一种新诉求，因而是关于精神与文明关系理念的哲学革命。第三，精神如何与文明在一起？精神以伦理之石与文明在一起，伦理是精神文明的基石，是精神与文明相互过渡的中介，是中国式精神文明最重要的民族气质和文化根基，因而必须确立精神文明发展的伦理优先理念和伦理优先战略。

成果名称：《电子网络时代的知识生产问题析论》
作者：赵涛
发表刊物：《哲学动态》
发表时间：2015年第11期

在电子网络时代，知识载体的虚拟化意味着知识的存在方式正在引起重大的转变。这戏剧性地改变了传统知识离散的布展方式，根本上刷新了人与知识的关系，革命性地重塑了知识生产者之间交往互动的方式，既极大地解放了人类知识生产的能力，又对当前既有的知识生产制度及规范提出了严峻的挑战。这样一场自印刷术发明以来对人类文明影响至为重大的技术变革，亟待我们从诸多层面寻绎其哲学意蕴。该文对马克思主义的知识论、社会历史理论研究提出了诸多值得思考的问题。

成果名称：《共同体的命运——从赫尔德到当代的变局》
作者：李荣山
发表刊物：《社会学研究》
发表时间：2015年第1期

当代人面临一个困境：越是追求共同体，越是求之不得。这个困境的本质是当代社会中确定性和自由之间的矛盾。要理解这一张力，必须回到早期现代性的境况加以考察。该文梳理了共同体理论从赫尔德到当代的变局，以揭示共同体如何逐步演变成当代的形貌。总体来看，共同体概念在社会理论中的地位经历了一个逐步"降格"的过程。整个过程可以概括为三种格局的两步变化：第一步从"共同体作为统领原则"的格局变为"共同体与社会"对立的格局；第二步从"共同体与社会"对立的格局变为"社会中的共同体"格局。格局之变实际上反映了现代性的不断深化，确定性与自由的矛盾在人的体验中日益突出。

成果名称：《罗斯福对日军南京暴行的反应》
作者：王卫星
发表刊物：《历史研究》
发表时间：2015年5期

1937年9月下旬日军对南京地区的轰炸高潮后不久，罗斯福发表了著名的"隔离演说"，暗示要对日本实行制裁。在"隔离演说"的鼓舞下，国联代表大会通过了谴责日本违反《九国公约》和《非战公约》条约义务的决议。"帕奈"号事件后，罗斯福以此为契机，制定了封锁日本、对日本实行禁运的战略。1938年1月，在收到反映日军暴行的电报后，罗斯福指示向媒体透露日军暴行，考虑冻结日本在美国的财产，试图以此扭转美国孤立主义的倾向。尽管罗斯福对日军暴行作出了反应，但在具体落实时却显得十分谨慎、拖延和克制，其主要原因是受到孤立主义思潮的制约、国会反对意见的影响，同时，影响美国民意的策略、罗斯福个人领导风格等也是重要的因素。美日最终走向战争的具体诱因之一是美国逐步对日本实行石油、废钢铁等物资的禁运及冻结日本在美国的资产,这实际上是罗斯福"隔离"战略的落实,而"隔离"战略的产生在很大程度上源于日本的侵华战争,特别是日军的南京暴行。

## 第六节 学术人物

### 一、江苏省社会科学院2014年以前获正高级专业技术职务人员

| 序号 | 姓名 | 出生年月 | 学历/学位 | 职务 | 职称 | 岗位等级 |
| --- | --- | --- | --- | --- | --- | --- |
| 1 | 王庆五 | 1957.9 | 专科 | 院长 | 教授 | 正高二级 |
| 2 | 刘旺洪 | 1963.3 | 博士研究生 | 副院长 | 教授 | 正高二级 |
| 3 | 樊和平 | 1959.9 | 博士研究生 | 副院长 | 教授 | 正高二级 |
| 4 | 吴先满 | 1957.8 | 硕士研究生 | 副院长 | 研究员 | 正高二级 |
| 5 | 陈 刚 | 1954.10 | 硕士研究生 | — | 研究员 | 正高二级 |
| 6 | 朱 珊 | 1969.4 | 本科 | 主任 | 研究员 | 正高四级 |
| 7 | 章寿荣 | 1963.7 | 硕士研究生 | 处长 | 研究员 | 正高三级 |
| 8 | 孙肖远 | 1964.5 | 本科 | 所长 | 研究员 | 正高四级 |
| 9 | 胡国良 | 1964.10 | 硕士研究生 | 副所长 | 研究员 | 正高四级 |
| 10 | 沈卫平 | 1956.4 | 本科 | — | 研究员 | 正高三级 |
| 11 | 包宗顺 | 1956.11 | 本科 | 所长 | 研究员 | 正高二级 |
| 12 | 吴 群 | 1958.9 | 硕士研究生 | 主编 | 研究员 | 正高三级 |
| 13 | 皮后锋 | 1966.11 | 博士研究生 | — | 研究员 | 正高四级 |
| 14 | 张远鹏 | 1965.2 | 博士研究生 | 所长 | 研究员 | 正高三级 |
| 15 | 王 维 | 1963.5 | 本科 | 副所长 | 研究员 | 正高四级 |
| 16 | 孙克强 | 1962.2 | 本科 | 所长 | 研究员 | 正高四级 |
| 17 | 胡发贵 | 1960.7 | 硕士研究生 | 所长 | 研究员 | 正高二级 |
| 18 | 余日昌 | 1961.1 | 博士研究生 | 副所长 | 研究员 | 正高四级 |
| 19 | 姜 建 | 1957.9 | 博士研究生 | 所长 | 研究员 | 正高二级 |
| 20 | 徐永斌 | 1968.11 | 博士研究生 | 副所长 | 研究员 | 正高四级 |
| 21 | 王卫星 | 1957.12 | 硕士研究生 | 所长 | 研究员 | 正高三级 |
| 22 | 叶扬兵 | 1967.1 | 博士研究生 | 副所长 | 研究员 | 正高四级 |
| 23 | 王 健 | 1959.8 | 博士研究生 | — | 研究员 | 正高三级 |
| 24 | 王裕明 | 1969.7 | 博士研究生 | — | 研究员 | 正高四级 |
| 25 | 张 卫 | 1965.1 | 本科 | 所长 | 研究员 | 正高三级 |
| 26 | 徐 琴 | 1963.11 | 博士研究生 | 副主任 | 研究员 | 正高三级 |

续表

| 序号 | 姓名 | 出生年月 | 学历/学位 | 职务 | 职称 | 岗位等级 |
| --- | --- | --- | --- | --- | --- | --- |
| 27 | 李宁宁 | 1962.3 | 硕士研究生 | — | 研究员 | 正高四级 |
| 28 | 蒋影明 | 1956.1 | 本科 | — | 研究员 | 正高四级 |
| 29 | 方 明 | 1967.8 | 本科 | 副所长 | 研究员 | 正高四级 |
| 30 | 徐志明 | 1964.8 | 本科 | 馆长 | 研究员 | 正高四级 |
| 31 | 韩 兵 | 1958.8 | 本科 | 副馆长 | 研究馆员 | 正高四级 |
| 32 | 韩璞庚 | 1963.12 | 硕士研究生 | 主编 | 研究员 | 正高二级 |
| 33 | 李 芸 | 1961.7 | 本科 | 副主编 | 研究员 | 正高三级 |
| 34 | 陈清华 | 1972.7 | 研究生 | 副主编 | 研究员 | 正高四级 |
| 35 | 张春莉 | 1963.1 | 本科 | — | 研究员 | 正高四级 |
| 36 | 潘 清 | 1965.5 | 博士研究生 | — | 研究员 | 正高四级 |
| 37 | 刘 蔚 | 1973.3 | 博士研究生 | — | 研究员 | 正高四级 |
| 38 | 胡传胜 | 1962.10 | 博士研究生 | 主编 | 研究员 | 正高三级 |
| 39 | 蒋秋明 | 1963.9 | 双学士 | 副主编 | 研究员 | 正高四级 |
| 40 | 叶克林 | 1956.5 | 硕士研究生 | — | 研究员 | 正高三级 |
| 41 | 曹小春 | 1962.3 | 本科 | — | 编审 | 正高四级 |
| 42 | 毕素华 | 1965.11 | 本科 | — | 研究员 | 正高四级 |

## 二、2015年晋升正高级专业技术职务人员

| 序号 | 姓名 | 出生年月 | 学历/学位 | 职务 | 职称 | 岗位等级 |
| --- | --- | --- | --- | --- | --- | --- |
| 1 | 丁 宏 | 1974.4 | 博士研究生 | 副所长 | 研究员 | 副高五级 |
| 2 | 骆祖春 | 1970.9 | 博士研究生 | — | 研究员 | 副高五级 |
| 3 | 方维慰 | 1972.12 | 博士研究生 | — | 研究员 | 副高六级 |
| 4 | 刘红林 | 1955.1 | 硕士研究生 | — | 研究员 | 正高四级 |
| 5 | 张丽宁 | 1956.4 | 本科 | — | 研究员 | 正高四级 |
| 6 | 施学光 | 1955.6 | 本科 | — | 研究员 | 正高四级 |
| 7 | 汪 海 | 1955.7 | 专科 | — | 研究员 | 正高四级 |

## 第七节 2015年大事记

**一月**

1月8日,江苏省社会科学院召开分院工作会议。

1月8日,由江苏省社会科学院主办的"江苏省省市社科研协作会议"在南京举行。

1月15日,江苏省社会科学院召开各部门主要负责人会议,宣布省委关于江苏省社会科学院副院长职务的任命决定,樊

和平、吴先满同志任副院长、党委委员。

1月18日，樊和平副院长参加生命伦理与老龄生命伦理国际大会筹备会议。

### 二月

2月3日，由江苏省社会科学院、淮阴工学院、淮安市发展和改革委员会合作共建的苏北发展研究院在淮阴工学院正式成立。

2月27日，王庆五院长参加省委办公厅组织召开的第135次常委会议。

### 三月

3月10日，江苏省社会科学院召开2015年工作会议。

3月26日，美国兰德公司总裁高级顾问、首席研究员黛博拉·诺普曼博士一行访问江苏省社会科学院。

### 四月

4月1日，中纪委驻中宣部纪检组组长傅自应副省长、省政府副秘书长方伟等赴江苏省社会科学院访问座谈，王庆五院长、吴先满副院长等参加座谈。

4月13—14日，王庆五院长等参加"'一带一路'战略和新时期亚非合作——纪念万隆会议60周年高端研讨会"。

4月14日，王庆五院长参加省委、省政府召开的全省深入实施转型升级工程推动经济发展迈上新台阶工作会议。

### 五月

5月16日，江苏省社会科学院举办第4期现代智库论坛（经济学），围绕"新常态下江苏'十三五'经济发展思路与对策"主题进行深入研讨。

5月28日，樊和平副院长参加省委书记罗志军主持召开的文化建设迈上新台阶调研座谈会并发言。

### 六月

6月12日，江苏省社会科学院召开中层干部扩大会议，宣布中共江苏省委决定，王庆五同志任江苏省社会科学院党委书记。

6月17日，江苏省社会科学院举办第15期"现代智库论坛"，围绕"实施社科创新工程，推进地方社科院新型智库建设"主题进行深入研讨。

6月25日，江苏省社会科学院与南京大学、省社科联共同主办的江苏发展高层论坛第34次会议在南京大学举行，与会专家学者围绕"江苏'十三五'发展战略思路"展开深入讨论。

6月26日，由江苏省社会科学院和省统计局共同主办、江苏经济运行研究中心承办的江苏经济运行研讨会第2次会议在南京召开，主题为"经济下行压力之应对策略"。

### 七月

7月9—11日，江苏省社会科学院党委书记、院长王庆五出席由内蒙古社科院承办的"第18届全国社科院院长联席会议"。

7月22日，王庆五院长参加省政府全体（扩大）会议。

7月23—26日，吴先满副院长出席由山东社会科学院和山东智库联盟主办的华东六省一市社科院院长论坛暨首届华东智库论坛。

### 八月

8月31日，王庆五院长等参加"纪念中国人民抗日战争暨世界反法西斯战争胜利70周年理论座谈会"。

### 九月

9月1日，王庆五院长参加省委召开的省委统战工作会议。

9月2日，江苏省社会科学院召开纪

念中国人民抗战胜利暨世界反法西斯战争胜利70周年座谈会。座谈会由吴先满副院长主持。

9月6—13日，刘旺洪副院长率团赴澳大利亚、新西兰进行学术访问。

9月18日，《江海学刊》荣获国家新闻出版广电总局颁发的2015年中国"百强报刊奖"。

9月23日，刘旺洪副院长参加中宣部理论局课题组召开的"如何加强'四个全面'战略布局的宣传阐释"专题调研座谈会。

9月24—25日，刘旺洪副院长参加由中国人权发展基金会、江苏省政府主办的第三届世界大型基金会（南京）高峰论坛。

十月

10月11—24日，王庆五院长率团赴英国剑桥国际管理培训中心进行"现代政府管理与智库建设"培训。

10月22日，刘旺洪副院长参加省委第158次常委会议。

10月29日，江苏省社会科学院与韩国全北研究院联合举办"江苏省与全罗北道共同发展"学术研讨会。

十一月

11月3日，江苏省社会科学院盐城分院揭牌仪式在盐城市委党校举行。

11月6日，樊和平副院长赴杭州参加教育部哲学学部委员会议。

11月10日，省委宣传部召开"江苏新型智库建设工作推进会"，并为江苏首批省级重点高端智库授牌，江苏省社会科学院组建的"区域现代化研究院"获批首批省级重点高端智库。

11月10日，吴先满副院长参加省政府第72次常务会议。

11月18日，王庆五院长参加省委宣传部组织召开的全省宣传文化系统负责人会议。

11月27日，江苏省社会科学院举办第17期"现代期智库论坛"，围绕"学习党的十八届五中全会精神——'十三五'时期江苏经济社会发展的重点与战略思路"主题进行深入研讨。

11月28日，江苏省世界经济学会2015年年会暨学术研讨会在南京林业大学召开，吴先满副院长出席并致辞。

十二月

12月8日，刘旺洪副院长参加省政法委组织召开的省法学会地方法治研究会2015年年会筹备会议。

12月12日，吴先满副院长赴长沙参加湖南省社科院等单位主办的2015年首届湖湘智库论坛，并就新型智库建设主题作了大会发言。

12月14日，王庆五院长参加省委中心组学习会。

12月15—23日，樊和平副院长赴英国牛津大学、伦敦政治经济学院、威尔士大学访问。

12月16—20日，韩国东亚大学社会科学大学金辰洙学长率该校学术代表团来院访问。

12月17日，由江苏省社会科学院和省统计局共同主办"江苏经济运行研讨会"，与会专家学者和省有关部门围绕"'新常态'下江苏经济发展新动能"展开深入研讨。

12月18日，江苏省社会科学院与韩国东亚大学在南京联合召开"中韩社会发展学术研讨会"。

12月28日，江苏省社会科学院举行"区域现代化研究院"成立大会暨专家指导委员会第一次会议。

# 浙江省社会科学院

## 第一节 历史沿革

浙江省社会科学院的前身是1958年6月成立的中国科学院浙江分院哲学社会科学研究所和1979年12月成立的浙江省社会科学研究所。经浙江省社会科学研究所（浙社科学〔1983〕24号文件）请示中共浙江省委宣传部并中共浙江省委批复同意（中共浙江省委常委会议纪要1983年第19号、省委干〔1984〕94号），浙江省社会科学研究所于1984年3月改为浙江省社会科学院。

### 一、领导

（一）浙江省社会科学研究院（所）历任院长（所长）是：

周林（兼1958年6月—1964年9月）
朱赤（兼1964年9月—1968年3月）
朱人俊（1979年12月—1984年3月）
沈善洪（1984年3月—1987年6月）
厉德馨（兼1987年6月—1989年2月）
王凤贤（1989年2月—1994年11月）
史济焘（1994年11月—1996年8月）
侯玉琪（兼1996年8月—2000年12月）
万斌（2000年12月—2006年9月）
迟全华（2009年9月—　）

（二）浙江省社会科学院（所）历任党委书记是：

程炳卿（兼1979年12月—1984年3月）
张少甫（兼1984年3月—1985年9月，省社科院、省社科联党委）
钟儒（1985年9月—1991年6月，省社科院、省社科联党委，1991年6月—1993年10月）
史济焘（1993年10月—1996年8月）
侯玉琪（兼1996年8月—2000年12月）
沈立江（兼2001年1月—2008年5月）
林吕建（2008年5月—2012年3月）
张伟斌（2012年3月—　）

### 二、发展

浙江省社会科学院的建立和发展，同步于我国改革开放和社会主义现代化建设的伟大历史进程。31年来，浙江省社会科学院广大哲学社会科学工作者始终坚持以马克思列宁主义、毛泽东思想和中国特色社会主义理论体系特别是习近平总书记系列重要讲话精神为指导，坚持"二为"方向和"双百"方针，紧紧围绕省委、省政府中心工作和浙江经济社会发展大局，在工作上谋发展、在思路上求创新、在科研上下功夫，全院各项事业呈现出蓬勃发展的良好局面。

浙江省社会科学院充分发挥哲学社会科学认识世界、传承文明、创新理论、咨政育人、服务社会的重要作用，坚持以科研工作作为中心，"科研、教育、咨询"三位一体的办院思路和"立足浙江、发挥优势、突出特色"的办院理念，锐意进取，创新求实，经过全院同志的共同努力，研究领域不断拓展，人才队伍不断壮大。进入新世纪以后，已发展成为多学科、多功能、信息化、开放型的浙江省哲学社会科学综合学术研究机构，成为推动浙江经济社会发展的重要的"思想库"和"智囊团"。

"十二五"以来，浙江省社会科学院深入学习贯彻中央和省委省政府关于繁荣发展哲学社会科学、加强中国特色新型智库建设的部署要求，自觉肩负起"干在实处永无止境，走在前列要谋新篇"的使命，进一步厘清发展思路，明确发展目标，完善发展举措，根据"建设马克思主义学习研究宣传阵地、省委省政府思想库智囊团、全省哲学社会科学学术研究高地"三大功能定位和"贴近决策、贴近实际、贴近学术前沿"的科研理念，立足浙江、研究浙江、服务浙江，大力实施"一流省级社科院建设工程"，谋划提出了"一二三四五"的工作思路，即以建设中国特色新型智库和"一流省级社科院"为目标；推进学科发展和智库建设"两轮驱动"；落实"多出成果、多出精品、多出人才"三项要求；实施"科研立院、人才兴院、创新强院、开放办院"四大发展战略；推进智库建设工程、区域特色文化研究工程、方志强省建设工程、学术名刊打造工程、创新人才培育工程等"五大工程"。深入开展中国特色社会主义最新理论成果在浙江的生动实践系列研究，着眼引领社会舆论，积极投身意识形态斗争，大力推进马克思主义学习研究宣传阵地建设；围绕党和政府工作大局，坚持把省委、省政府关注的重大理论和现实问题作为科研主攻方向，着眼于发展战略和公共政策研究，积极在科研组织形式、管理模式和体制机制创新等智库运行体系上做了大量积极有效的探索和实践，打造了省委、省政府重大决策理论支撑课题、《智库报告》《东海问题研究》、年度形势分析会、科研成果发布会等一批重要的智库建设平台，及时向省委省政府提供重大决策理论支撑，有效发挥省委、省政府思想库和智囊团作用；

积极发挥人文学科和基础理论研究优势，支持学术研究洗尽铅华、沉静岁月，通过潜心研究形成一批具有较高水平的学术成果，为学术高地建设和文化强省建设作出了贡献。浙江省社会科学院的学术影响力、决策影响力和社会影响力得到了持续提升。

在应用对策研究方面，把为省委、省政府决策服务和浙江经济社会发展服务作为科研主攻方向，紧贴省委、省政府重大决策和中心工作，进行前瞻性、战略性的理论与实践问题突破性研究。特别是进入新世纪以来，围绕实施"四大国家战略举措""四个全面战略布局"在浙江实践、"八八战略""两富""两美"浙江建设等重大决策部署，紧紧抓住平安浙江、法治浙江、文化大省、生态省份建设等系列重大理论和现实问题，加大"红船精神"、"两座山"理论、"法治浙江"建设，社会管理和民生保障，深化体制改革，调整经济结构、加快经济发展方式转变、建设创新型省份，统筹推进新型城市化和新农村建设、大力发展海洋经济，推动文化大发展大繁荣、"五水共治"、"三改一拆"、"浙商回归"、宗教问题等方面的研究力度，组织精干科研力量先后开展了"浙江经验与中国发展"、"中国梦与浙江实践"、"浙江私营经济发展研究"、"浙江经济可持续发展若干战略问题研究"、"坚持中国化方向·引导宗教与社会主义社会相适应"、"加快经济发展方式转变"、"十三五"发展规划研究、"积极探索具有浙江特色文化产业发展路径"、"文化大省"到"文化强省"建设的思考、"精神富有"、"舟山群岛'先行先试'政策思考"等重大课题研究，得到省委、省政府领导的充分肯定。连年来，获得的省领导批示数量屡创新高。部分课题成果被纳入省委、省政府决策，有的成为省委专题学习会重要资料，还有的被实际工作部门采纳并转化为文件政策。

在基础理论研究方面，突出马克思主义基础理论和中国特色社会主义理论体系研究，注重优秀传统文化的挖掘、整理和弘扬，体现浙江地方文化特色。出版了《中国特色社会主义理论体系概要》《社会主义核心价值体系大众化研究》《马克思主义理论研究》（Ⅰ－Ⅶ）、《浙江文化名人传记丛书》（100部）、《浙江通史》（12卷）、《浙江文化研究》（10个系列50卷）、《姜亮夫全集》（24卷本）、《浙江历史人文读本》（八卷本）、《浙江民国人物大辞典》、《天下浙商》（七卷本）等一批重要科研成果；开展了《阳明后学文献丛书》（续编）、《浙江通志·人文社科卷》、《浙江文化通史》《夏承焘前集》等一批重大科研项目的研究。

同时，浙江省社会科学院高度重视抓好高级别项目的申报工作，组织科研人员积极申报国家社科基金和省级社科规划课题。特别可喜的是，2015年，《阳明后学文献整理与研究》获国家社科基金重大项目立项，填补了浙江省社会科学院国家社科基金重大招标项目的空白，彰显了基础理论研究方面的潜力。还积极承担并出色完成了国家相关部委，省委、省政府以及省直有关部门交办委托的课题。

为努力把方志资源大省建设成为方志工作强省，浙江省社会科学院高度重视全省地方志工作，立足修志主业，注重开发利用，创新工作机制，全面实施全省方志系统人才梯队建设计划，大力推进省二轮修志创优工程，并于2009年启动实施了《浙江通志》编纂工作，目前113卷编纂工作进展顺利，力争2018年全面完成《浙江通志》编撰任务。同时，积极推进浙江省地方志信息化建设和浙江省方志馆建设的筹备工作，不断深化方志学术研究和学科建设，以成功申办中国（浙江）地方志学术研究中心为契机，积极开展相关课题研究，取得了一批重要成果，努力构建一业（修志）为主、九业（志、鉴、库、网、馆、刊、会、研、用）并举的地方志工作新格局。

为适应浙江经济社会发展的需要，浙江省社会科学院重视优化学科布局，强化重点学科建设，形成了布局合理、重点突出、特色鲜明、优势明显的学科体系。全院共设6个学科为院重点学科：部门法学，首席专家陈柳裕；专门史，首席专家陈野；浙江社会发展研究，首席专家杨建华；区域政治学，首席专家陈华兴；发展社会学，首席专家王金玲；党建研究，首席专家黄宇。4个学科为院特色学科：中国哲学史，首席专家陈永革；浙江文学与文化研究，首席专家吴蓓；社会史，首席专家徐吉军；区域经济学，首席专家徐剑锋。同时设有："全国研究中心"——浙江省中国特色社会主义理论体系研究中心；浙江省哲学社会科学重点研究基地——浙江省中国特色社会主义理论研究中心、浙江省浙江历史文化研究中心、全国妇联、中国妇女研究会"妇女/性别研究与培训基地"、中国（浙江）方志研究中心、浙江省"人文浙江建设研究"、浙江省"地方法治与法治浙江建设研究"、"政府治理与公共政策创新研究"和之江青年学者"浙江发展研究中心"创新团队，9个理论研究平台的综合研究实力、研究水平和科研竞争力已居省内前列和国内领先地位。

浙江省社会科学院坚持开门办院的方针。以互派学者、考察访问、开展合作研究、举行双边或多边学术研讨会等多种形式，广泛开展卓有成效的对外学术交流活动，对外学术交流的范围逐渐扩大，促进了对外学术交流的不断发展。建院以来，共接待来自五大洲30多个国家和地区的专家学者500余批、1000余人次，举行学术座谈会550余次；并派近300人次专家学者，赴美国、俄罗斯、日本、德国、法国、英国、意大利、古巴、巴西、南非、印度、韩国、越南等国家和我国港澳台地区考察访问、研修或参加学术会议，与国外多个科研机构、学术团体和高校建立了学术交流关系。主办重大学术活动百余次。其中全国性学术会议50余次，国际性学术会议20余次。如《浙江经验与中国发展》首发式暨学术研讨会、《中国梦与浙江实践》丛书首发式暨理论研讨会、百名专家学者话诚信、阳明学派国际学术研讨会、黄宗羲国际学术研讨会等，还不定期地主办年度形势分析会、改革发展研究成果发布会、年度《浙江蓝皮书》新闻发布会等，适时探讨经济社会发展中出现的热点、难点问题，有针对性地提出对策和建议，还积极承担了省政府法治政府建设专业机构评估工作，有力地配合了省委、省政府的中心工作。同时，浙江省社会科学院还充分发挥"省院合作"平台作用，先后与中国社科院合作开展了"浙江经验与中国发展""中国梦与浙江实践"重大科研项目研究并取得了重要成果。与兄弟社科院合作开展"长三角蓝皮书"等年度编纂工作。还先后与市县等地党委政府和省级有关部门，以及一些企业建立了合作关系，建立了调研基地，启动了"院市合作"关系，广泛组织科研人员赴实地调研，掌握第一手资料，作为深化"走转改"活动的一项重要内容来抓。日益发展的学术交流活动，对繁荣发展浙江哲学社会科学事业，促进浙江省社会科学院研究事业的发展以及学科建设和人才培养发挥着重要的作用。

据不完全统计，2004年以来，浙江省社会科学院共获得各类研究成果4543项，其中著作564部，论文2306篇，研究报告326份，其他理论文章1082篇，承担国家社会科学基金项目14项，省社科基金项目182项，院内立项课题845项；获省政府哲学社会科学优秀成果奖72项，其中，特别奖4项，突出贡献奖1项，一等奖12项，二等奖19项，三等奖28项，优秀奖2项，学术进步奖6项。1篇入选全国纪念改革开放30周年理论研讨会（中宣部）、6篇入选全省纪念改革开放30周年理论研讨会（浙江省委、省政府）、4篇入选全省纪念中国共产党成立90周年理论研讨会；获省社科联青年社科优秀成果奖10项。

### 三、机构设置

浙江省社会科学院自1984年3月正式成立以来，内部机构设置根据发展的需要数次变更。院内曾先后设置有：机关办公室、科研人事处，机关党委、哲学研究所、社会学研究所、经济研究所、世界经济研究所、邓小平理论研究中心（政治学研究所）、文学研究所、中华文化研究所、历史研究所、法学研究所、情报资料研究所、浙江证券投资研究所（自收自支）、图书馆和《浙江学刊》《学习与思考》两个编辑部、教培中心等，并曾经主管浙江省社会科学联合会，代管省地方志编纂室、《当代中国》编辑室、《中国人名辞典》编辑部，主办科理律师事务所等。截至2014年12月底，浙江省社会科学院的机构设置为：办公室（主任华忠林）、人事处（处长戴亮）、科研情报处（处长卢敦基）、机关党委（专职副书记徐晓）、区域经济所（所长徐剑锋）、产业经济研究所（主持工作副所长聂献忠）、哲学研究所（所长陈永革）、社会学研究所（所长王金玲兼）、文化研究所（所长吴蓓）、历史研究所（主持工作副所长王永太）、法学研究所（所长毛亚敏）、政治学研究所（所长陈华兴）、公共政策研究所（所长杨建华）、调研中心（主任陈野）、《浙江学刊》编辑部（总编辑徐吉军）、《观察与思考》编辑部（总编辑黄宇）和图书馆（馆长潘志良）和代管的副厅级建制的省地方志编纂办公室（主任潘捷军）。

### 四、人才建设

浙江省社会科学院高度重视人才队伍建设，以科学人才观统领队伍建设，以建立高水平、高素质的科研、管理人才队伍为目标,大力实施人才兴院战略。以用为要、不拘一格大胆提拔使用各类人才,以绩为导,激励广大科研人员创新争优,以育为先,创新科研人才培育机制,造就了一支立足浙江、服务浙江的人才队伍,培养了一批理论功底扎实、勇于开拓创新的学科带头人和年富力强、政治和业务素质良好、锐意进取的青年理论骨干。截至2014年12月,核定事业编制178人,现有在编人员共151人,离退休人员67人。专业技术人员合计89人,其中,具有正高级职称人员46人、副高级职称人员43人;管理(科辅)岗位人员66人,其中,处级以上干部51人;工勤岗位1人。拥有国家和省级突出贡献专家7名,享受政府特殊津贴专家11名,省新世纪"151"人才工程重点资助培养人员2人,第一、二、三层次培养人员共16人;入选省宣传文化系统"五个一批"人才11人;入选"浙江省之江青年社科学者"12人;省政府咨询委员3人;省文史馆馆员1人。

## 第二节 组织机构

### 一、浙江省社会科学院领导及其分工

(一)历任领导

浙江省社会科学院成立于1984年3月,其前身是1958年6月成立的中国科学院浙江分院哲学社会科学研究所和1979年12月成立的浙江省社会科学研究所。

1. 中国科学院浙江分院哲学社会科学研究所

所长:周林(兼)1958年6月—1964年9月,朱赤(兼)1964年9月—1968年3月。

2. 浙江省社会科学研究所筹建领导小组(1978年4月)

组长:商景才(兼);副组长:程炳卿 魏桥 孙信华;组员:李荫森 王凤贤;顾问:王文彬。

3. 浙江省社会科学研究所

党委书记:程炳卿(兼)1979年12月7日—1984年3月1日;党委副书记:朱人俊1979年12月7日—1984年3月1日;顾春林1981年9月9日—1984年3月1日;党委委员:顾春林1979年12月7日—1981年9月9日;魏桥1981年9月9日—1984年3月1日;王凤贤1981年9月9日—1984年3月1日;李荫森1981年9月9日—1984年3月1日。

所长:朱人俊1979年12月7日—1984年3月1日;副所长:顾春林1979年12月7日—1984年3月1日;魏桥1981年9月9日—1984年3月1日;王凤贤1981年9月9日—1984年3月1日;李荫森1981年9月9日—1984年3月1日。

4. 浙江省社会科学院

党委书记:张少甫(兼,1984年3月2日—1985年9月12日,省社科院、省社联党委);钟儒1985年9月12日—1991年6月17日(省社科院、省社联党委)、1991年6月18日—1993年10月9日;史济煊1993年10月9日—1996年8月23日;侯玉琪1996年8月23日—2000年12月19日;沈立江(兼)2001年12月17日—2008年5月6日;林吕建2008年5月6日—2012年3月19日。

党委副书记:孙信华1984年3月2日—1984年12月(亡故);王凤贤1984年3月2日—1989年2月3日(省社科院、省社联党委)、1991年6月18日—1994年11月21日;谢宝森1989年2月3日—1991年6月17日(省社科院、省社联党委)、1991年6月18日—1998年8月17日;杨金荣1994年11月21日—2007年11月13日;万斌1998年8月17日—2006年9月12日。

党委委员:沈善洪1984年3月2日—1987年6月1日;厉德馨(兼)1987年6月1日—1989年2月14日;王凤贤1989年2月3日—1991年6月18日;魏桥1984年3月2日—1991年6月20日;李荫森1986年3月21日—1994年11月25日;程炳卿

1984年3月2日—1986年3月21日、1991年6月20日—1994年11月25日；叶炳南1984年3月2日—1987年4月27日；方民生1986年3月21日—1991年6月20日；刘佑成1989年2月14日—1990年11月12日；李家骏1991年6月20日—1994年11月25日；谷迎春1991年6月20日—2000年7月1日；张仁寿1994年11月25日—2000年3月13日；何一峰1999年8月9日—2010年4月20日；汪俊昌2008年7月31日—2010年12月27日。

院长：沈善洪1984年3月2日—1987年6月1日；厉德馨（兼）1987年6月1日—1989年2月14日；王凤贤1989年2月14日—1994年11月25日；史济烜1994年11月25日—1996年8月30日；侯玉琪1996年8月30日—2000年12月21日；万斌2000年12月21日—2006年9月27日。

副院长：孙信华1984年3月2日—1984年12月（亡故）；魏桥1984年3月2日—1991年6月20日；程炳卿1984年3月2日—1986年3月21日、1991年6月20日—1994年11月25日；叶炳南1984年3月2日—1987年4月27日；王凤贤1986年3月21日—1989年2月13日；方民生1986年3月21日—1991年6月20日；李荫森1986年3月21日—1994年11月25日；刘佑成1989年2月14日—1990年11月12日；李家骏1991年6月20日—1994年11月25日；谷迎春1991年6月20日—2000年7月1日；谢宝森1994年11月25日—1998年8月24日；张仁寿1994年11月25日—2000年3月13日；万斌1998年8月24日—2000年12月20日；何一峰1999年8月9日—2010年4月20日；林吕建2008年5月16日—2012年3月29日；汪俊昌2008年7月31日—2010年12月27日。

副院级巡视员：王金玲2008年7月31日—2015年11月23日

（二）现任领导及其分工（截止到2015年底）

院党委书记：张伟斌，主持院党委全面工作，联系省方志办。

党委副书记：迟全华，主持院行政全面工作，分管社会学所。

党委委员：葛立成、潘捷军、毛跃、陈柳裕

院长：迟全华，主持院行政全面工作，分管社会学所。

副院长：张伟斌，主持院党委全面工作，联系省方志办。

副院长：葛立成，分管科研情报处、区域经济研究所、产业经济研究所、历史研究所、调研中心、《浙江学刊》编辑部。

省地方志办公室主任：潘捷军，主持省方志办工作。

副院长：毛跃，分管办公室、人事处、机关党委、纪检监察、工会、政治学研究所。

副院长：陈柳裕，分管法学研究所、哲学研究所、文化研究所、公共政策研究所、《观察与思考》编辑部，图书馆。

二、浙江省社会科学院职能部门及领导

办公室
主任：华忠林
副主任：俞隽、王正
人事处
处长：戴亮
副处长：徐银泓
科研情报处
处长：卢敦基
副处长：李东
机关党委
专职副书记：徐晓

三、浙江省社会科学院科研机构及领导

区域经济研究所
所长：徐剑锋

副所长：查志强
产业经济研究所
副所长：聂献忠
哲学研究所
所长：陈永革
副所长：王宇
社会学研究所
所长：王金玲
副所长：李文锋
文化研究所
所长：吴蓓
副所长：何勇强
历史研究所
副所长：王永太
法学研究所
所长：毛亚敏
副所长：沈军
政治学研究所
所长：陈华兴
副所长：傅歆
公共政策研究所
所长：杨建华
副所长：应焕红
调研中心
主任：陈野

四、浙江省社会科学院科研辅助部门及领导

《浙江学刊》编辑部
总编辑：徐吉军
副总编辑：任宜敏
《观察与思考》编辑部
总编辑：黄宇
副总编辑：徐友龙
图书馆
馆长：潘志良
副馆长：甘玫

五、浙江省社会科学院代管机构

浙江省地方志编纂委员会办公室（浙江省人民政府地方志办公室）（副厅级）
主任：潘捷军
副主任：章其祥

## 第三节　年度工作概况

2015年，浙江省社会科学院在中共浙江省委、浙江省政府的正确领导下，深入学习贯彻习近平总书记系列重要讲话精神，党的十八届四中、五中全会和省委十三届历次全会精神，牢记"干在实处永无止境，走在前列要谋新篇"的新使命，以加快推进新型智库建设和"一流省级社科院"为目标，按照"三大功能定位"要求、"一二三四五"的工作思路和年初确定的"抓落实、促提升"工作主基调，突出重点，创新举措，狠抓落实，有力推动了浙江省社会科学院事业取得新的发展进步。据不完全统计，2015年全院共承担各类课题146项，其中国家级课题2项（其中1项为全国社科基金重大项目），省级课题9项，委托课题10项，院立项课题125项。出版专著53部，发表论文及各类文章265篇；获各类奖项17项，其中获第十八届省哲学社会科学优秀成果奖二等奖4项，三等奖4项。共有26项成果得到省委、省政府领导34次批示肯定。据中国人民大学人文社会科学学术成果评价研究中心、书报资料中心转载学术论文指数排名，浙江省社会科学院在全国地方社科院系统列第4位；据中国智库研究中心权威发布，该院智库影响力在全国地方社科院系统列第5位。这表明浙江省社会科学院整体科研实力首次进入了国内一流省级社科院行列。

一、深入推动马克思主义中国化最新理论成果的研究宣传

浙江省社会科学院作为意识形态领域的重要阵地，始终把学习研究宣传马克思主义中国化成果列为首要任务。2015年，在深入抓好"马工程"建设相关举措基础

上，积极拓宽马克思主义中国化理论研究的空间维度，取得了新的突破。

1. "中国梦与浙江实践"重大成果研究圆满完成

9月份，由中国社会科学院、中共浙江省委主办，中国社科院科研局、浙江省委宣传部和浙江省社会科学院联合承办的《中国梦与浙江实践》丛书首发式暨理论研讨会在杭州成功召开，标志着该项目成功结题。项目的筹划实施到结题，历时一年多的时间，浙江省社会科学院始终把该项目作为政治任务、头号重大项目进行筹划和部署，作为锻炼科研队伍、提升团队协作能力的重要机遇。项目结题后，浙江省社会科学院对项目实施作了全面总结，系统梳理了项目实施过程中形成的经验，并研究组建"浙江省'中国梦'研究中心"，以"中国梦与浙江实践"重大课题的成功实施为新的起点，继续深入研究阐释习近平总书记系列重要讲话精神、"中国梦"的理论内涵与实践意义，着力推出一批以深化实施"八八战略"为总纲、推动"四个全面"战略布局在浙江实践的有分量、有影响、有价值的智库型成果。

2. "中特中心"成功跨入国家级行列

设立在浙江省社会科学院的"浙江省中国特色社会主义理论体系研究中心"，是浙江省首批哲学社会科学省级重点研究基地。年初，浙江省社会科学院在省委宣传部的指导下，积极筹划、认真准备并完成了相关申报工作，后经中宣部组织的严格评审，成功入选全国中国特色社会主义理论体系研究中心名单。

3. 围绕中心，组织开展理论研讨活动

浙江省社会科学院围绕"学习贯彻'四个全面'战略布局""学习习近平总书记在浙江考察重要讲话""坚持中国化方向积极引导宗教与社会主义社会相适应""学习贯彻十八届五中全会精神""家风家训与社会主义核心价值观"等重大主题，与浙江省委宣传部、省社科联一起，及时组织召开社科理论界座谈会、研讨会，营造浓厚舆论氛围。同时，还通过与中国社科院马克思主义研究院沟通联系，达成合作共建"马克思主义执政党建设研究中心"协议，同时设立"中国社科院马克思主义研究院浙江调研基地"，举办了"执政党建设理论与实践研讨会"，开展课题协作攻关，开展学科建设、成果转化等方面的合作。

二、坚持"三服务"根本，致力打造新型智库浙江样本

2015年，浙江省社会科学院把服务决策、服务中心、服务发展作为新型智库建设着眼点和立足点，按照"多出成果、多出精品、多出人才"要求，努力建设省委、省政府"帮得上""用得上""离不开"的新型智库。

1. 制定符合"新型"要求，彰显"浙江特色"的新型智库建设方案

为深入贯彻落实中央出台的《关于加强中国特色新型智库建设的意见》（中办发〔2014〕65号）精神，浙江省社会科学院组织系统调研，借鉴先进经验，在制定彰显"浙江特色"的新型智库建设方案，打造新型智库建设样本上统一了思想，达成了共识。坚持以浙江重大现实问题为主攻方向、以优秀文化的传承与创新为重要基础，形成了《省社科院新型智库建设方案（送审稿）》，报经省委、省政府分管领导同意后，正式上报省委省政府。

2. 精品意识催生优质智库成果

对于决策需求而言，科研成果能否真正"帮得上""用得上"，关键取决于成果质量。2015年，浙江省社会科学院相继开展了"红船精神"、"两座山"理论研究、"八八战略"在浙江的实践、宗教问题研究和"一打三整治"依法行政实践等相关课题研究，获得了全面突破的好成绩，全年共立项课题35项，是该项目设立之年的

2 倍，是项目设立以来总数最多的一年；26 项研究成果获省委省政府领导批示 34 件次，在前两年连创新高的基础上，再创历史最好成绩。法治政府评估工作得到省政府主要领导的表扬，并成功入选全省宣传思想文化工作"贴近实际、贴近生活、贴近群众"创新探索优秀案例。

3. 智库建设借助媒体传播了正能量

从一定意义上说，智库对社会的影响力释放主要是通过媒体来实现的。鉴于此，浙江省社科院围绕省委省政府中心工作，着眼引领社会舆论，主动作为，准确发声。通过组织多种形式活动，多层次、多渠道开展党的创新理论宣传阐释，以科学的理论解读社会热点、难点问题，不断增强干部群众的思想认同、理论认同和情感认同，为凝聚促进改革发展、维护社会稳定的正能量发挥积极作用。2015 年，先后承办主办或参加各类研讨会 80 余场次、组织科研人员撰写理论 100 余篇，在《人民日报》《光明日报》《中国社会科学报》和《浙江日报》等全国和省内主流媒体上发表理论文章 50 余篇。尤其是开展的"八八战略"在浙江实践的研究，其成果在 10 月 23 日、26 日的《浙江日报》理论版以整版形式公开发表，发出了社科院的好声音，有效引导社会舆论。

三、基础理论、历史人文研究攀上新高度

2015 年，浙江省社会科学院积极发挥学科建设在智库建设中的基础性作用，使智库建设与学科建设相得益彰、同步推进，基础理论、历史人文研究攀上新高度。通过两轮申报，2 项课题获国家社科基金立项，其中《阳明后学文献整理与研究》获国家社科基金重大招标项目立项，这是社科院建院以来首次获得的重大级别的国家项目。《阳明后学文献整理与研究》重大课题，由 5 个子课题组成，计划出版阳明后学文献 17 种，阳明后学专题研究著作 10 种，合计 27 种著作，总字数超过 3000 万字。

四、《浙江通志》重大项目有了新的进展

《浙江通志》编纂是方志工作的重头戏。浙江省社会科学院省方志办认真贯彻落实《国务院办公厅印发全国地方志事业发展规划（2015—2020 年）的通知》（"国办发〔2015〕64 号"）精神，坚持以学科建设为基础，以目标任务为牵引，以内部管理为保障，统筹推进《浙江通志》编纂和市县方志工作，尤其《浙江通志》编纂工作取得了新的进展。大部分资料搜集基本完成，并已进入资料长编和志稿撰写等阶段，第一批 20 卷大部分已形成志稿并陆续进入评审阶段，其他两批编纂工作也正按计划有序进行。

五、改革驱动为加快新型智库建设步伐提供了发展环境

浙江省社会科学院积极应对挑战，在管理机制上找准方向，改革创新，突破发展瓶颈和障碍。一是深化事业单位人事制度改革。二是积极完善保障管理机制。三是进一步完善考核评价体系。近年来，制定和完善了《科研课题管理办法》《科研业绩奖励办法》《科研人员考核办法》等制度建设，将各类智库成果以及智库活动成果扩容纳入到职称评聘、科研管理、工作考核、业绩奖励、成果评估等制度体系中，目前基本形成了有活力、有效率、有利于智库发展的管理机制，为"多出成果、多出精品、多出人才"提供了良好的制度保障。四是完善人才评价机制，创新人才选拔培养引进机制。以能力和业绩为导向，完善首席专家、学科带头人等荣誉激励制度，提高了专家学者的积极性。

六、加强党的建设，为推进新型智库建设提供保障

加强领导班子建设、人才队伍建设和

党风廉政建设,是推进"一流省级社科院"建设和新型智库建设的坚强保障。浙江省社会科学院党委自觉履行党委主体责任和院领导"一岗双责"。精心组织党委理论中心组学习会,进一步提升领导班子科学决策能力和班子成员理论素养。2015年,通过组织开展"坚定信念、与党同心""守纪律、讲规矩"主题教育实践活动和中层以上干部"三严三实"专题教育活动,认真落实党风廉政建设年度各项工作,广泛组织科研人员深入基层省情大调研活动,充分发挥"工、青、妇"和民主党派作用,大力推进全院思想政治建设和党风廉政建设,积极营造风清气正的良好氛围。

## 第四节 科研活动

### 一、科研工作

2015年,浙江省社会科学院共完成专著22种,410.5万字,论文135篇,145.7万字;研究报告75篇,72万字;一般文章55篇,50.6万字。

1. 科研课题

2015年,浙江省社会科学院共有新立项课题145项。其中,国家规划课题:3项;省规划及软科学课题:9项;院立项课题:125项(重大支撑35项,常规34项,专项18项,历史基地13项,中特基地11项,配套14项);其他横向课题:8项。

2. 获奖优秀科研成果

2015年,浙江省社会科学院共有17项获奖成果。其中第18届省哲学社会科学奖8项(二等4项,三等奖4项);其他奖项9项。其中,获得省部级以上优秀科研成果、第一作者为浙江省社会科学院的奖项具体如下:马克思主义基本理论类优秀成果二等奖,《论社会民主主义的历史演进》(朱旭红);应用理论与对策咨询类优秀成果三等奖,《法治政府建设指标体系的"袁氏模式":样态、异化及其反思》(陈柳裕);基础理论研究类优秀成果二等奖,《边界渗透与不平等:兼论社会分层的后果》(范晓光);基础理论研究类优秀成果三等奖,《中国拐卖拐骗人口问题研究》(王金玲);基础理论研究类优秀成果三等奖,《通俗政治经济学》(王铁生);基础理论研究类优秀成果三等奖,《产品责任制度的法经济学分析》(吴晓露)。

### 二、学术交流活动

1. 学术活动

2015年,浙江省社会科学院举行的大型会议主要有:"四个全面"战略布局在基层实践的理论与研讨会、"执政党建设理论与实践研讨会"、"八八战略"理论研讨会、《中国梦与浙江实践》丛书首发式暨理论研讨会、丽水市深化农村综合改革研讨会。

2. 国际学术交流与合作

5月22日,韩国全南发展研究院曹彰完先任研究员、金炫喆责任研究员、洪荣成博士一行来访我院,双方讨论了双方今后合作方向和具体合作细节,并就深化合作、建立科研信息交流机制等事宜交换了意见。

### 三、学术期刊

1.《浙江学刊》(双月刊),总编徐吉军

2015年,《浙江学刊》共出版6期,共计240万字。该刊全年刊载的有代表性的文章有:彭卫《脚气病、性病、天花:汉代疑问》;铁爱花《宋代女性行旅风险问题探析》;何兆泉《〈东京梦华录〉作者问题考辨》;马金生《自保、革新与维权》;韩锴《方志视域里"述而不作"的全方位考察》;白效咏《秦末社会各阶层利益诉求与楚汉战争》;何勇强《宋代宗学考论》;马寅卯《决定论和自由意志的相容性问题》;赵顺宏《神幻体小说:中国当代小说创作》;林志猛《柏拉图的神话诗》;李咏吟《洪堡的希腊理想及其诗学的语言》；刘运好《经学对魏晋诗学的影响》；高丽静《新媒体条件下社会主义核心价值观教育》；阚为、洪波《协商民主如何嵌入中国民主治理》；耿兆锐《约翰·密尔与英国东印度公司》；王侃《在以市场经济为导向的全面深化改革》；蒋俊杰《我国城市社区公共服务模式的困境与重构》；胡承槐《基于马克思历史总体观的全面深化改革》；刘军《北美工会运动与新社会运动的理论反思》；郑大华《抗战时期"学术中国化"运动》；杨海坤、樊响《一条宪法方法论的新进路》；余军《正当程序：作为概括性人权保障条款》；郑孟状《论〈票据法〉上的代理付款人》；赵婷婷、赵伟《FDI异质性、产业集聚与东道国产业效率》；马焱《对老年受暴妇女的社会救助》；邵培仁、王昀《转向"关系"的视角：线上抗争的扩散结构分析》；任强《合作社研究的若干问题》。

2. 《观察与思考》（月刊），总编黄宇

2015年，《观察与思考》共出版12期，共计130万字。该刊全年刊载的有代表性的文章有：文建龙、丁晓强《党风建设与共产党员的修养》；肖剑忠、朱斌荣《党员志愿服务的探索和创新——对宁波市北仑区"红领之家"的调查》；王芝华《基层党的组织生活定位、功能及标准研究》；雷云《"中国特色道路"三题》；康渝生、胡寅寅《走向"真正的共同体"——马克思主义中国化的价值旨归》；林红《试论民本主义的近代形变》；赵家祥《恩格斯论社会历史规律的性质——纪念恩格斯逝世120周年》；雷龙乾《毛泽东现代化实践哲学的三维价值映现》。

## 四、会议综述

1. 第九届浙江省马克思主义理论研讨会

2015年5月16日，第九届浙江省马克思主义理论研讨会在宁波大学召开。会议由浙江省哲学社会科学发展规划领导小组办公室、浙江省教育厅宣传教育处、宁波大学、浙江省马克思主义学会、浙江省中国特色社会主义理论研究中心等五家单位共同主办。来自全省宣传、党校、社科院、高校系统的180余名专家和学者参加了本次研讨会。该研讨会以"马克思主义与中国特色的国家治理创新"为主题，深入研讨和分析马克思主义基本理论及其创新发展成果，深入研究中国特色社会主义在浙江实践过程中所面临的理论和实际问题。以马克思主义理论的时代发展、中国特色的国家治理创新的理论与实际问题为研究重点，推出了一系列的研究成果。会议深化了浙江省马克思主义理论研究与理论创新，加强了浙江省马克思主义理论研究学术交流，有力推进了浙江省马克思主义理论研究与建设工程。

2. 《中国梦与浙江实践》丛书首发式暨理论研讨会

2015年9月23日，《中国梦与浙江实践》丛书首发式暨理论研讨会在杭州举行。该丛书是浙江省重大研究课题"中国梦与浙江实践"的重要理论成果，省委书记夏宝龙和中国社会科学院院长王伟光分别为丛书作序。中国社科院副院长李培林，中共浙江省委常委、宣传部长葛慧君出席会议并讲话，中国社科院有关部门和省有关部门负责人、《中国梦与浙江实践》课题组成员、省内外专家学者代表100余人出席了首发式和理论研讨会。

"中国梦与浙江实践"理论研讨会上，与会专家和学者在发言中指出，"八八战略"的经验不仅属于浙江，也属于全国。当前，我国全面建成小康社会进入决定性阶段，全面深化改革进入攻坚期，我们面临并且必须破解的新挑战、新课题很多，认真总结浙江人民在实施"八八战略"的过程中努力实现中国梦的基本经验，对于从历史的大视野和发展的大趋势方面着眼，从容应对各种风险与挑战，协调推进"四个全面"战略布局,都具有重要的理论价值和实践意义。

## 第五节 重点成果

### 一、2014年以前获省部级以上奖项科研成果*

| 成果名称 | 作者 | 职称 | 成果形式 | 出版发表单位 | 出版发表时间 | 获奖情况 |
| --- | --- | --- | --- | --- | --- | --- |
| 论劳务在社会再生产过程中的作用 | 方民生 | 研究员 | 论文 | 经济研究 | 1982 | 1978—1982年度省社科优秀成果一等奖,1984年度孙冶方经济科学论文奖 |
| 论哲学基本问题和波普的"三个世界" | 任鹰 | 研究员 | 论文 | 哲学研究 | 1982 | 1978—1982年度省社科优秀成果一等奖 |
| 中国哲学史概要 | 沈善洪 | 研究员 | 著作 | 浙江人民出版社 | 1980 | 1978—1982年度省社科优秀成果一等奖 |
| 王阳明哲学的内在矛盾 | 沈善洪 王凤贤 | 研究员 | 论文 | 浙江学刊 | 1980 | 1983—1984年度省社科优秀成果一等奖 |
| 中国伦理学说史 | 沈善洪 王凤贤 | 研究员 | 著作 | 浙江人民出版社 | 1985 | 1985—1986、1987—1988年度省社科优秀成果一等奖 |
| 温州模式研究 | 张仁寿 李红 | 研究员 | 著作 | 中国社会科学出版社 | 1990 | 1989—1990年度省社科优秀成果一等奖 |
| 河姆渡文化初探 | 林华东 | 研究员 | 著作 | 浙江人民出版社 | 1992 | 1991—1992年度省社科优秀成果一等奖,华东地区优秀政治理论读物一等奖 |
| 中国第一王朝的崛起 | 陈剩勇 | 研究员 | 著作 | 湖南出版社 | 1994 | 第七届(1993—1994)哲学社会科学优秀成果一等奖 |
| 政治哲学 | 万斌 | 研究员 | 著作 | 浙江大学出版社 | 1996 | 省第八届(1995—1996)哲学社会科学优秀成果一等奖; |
| 浙江制度变迁与发展轨迹 | 方民生等 | 研究员 | 著作 | 浙江人民出版社 | 2000 | 省第十届(1999—2001)哲学社会科学优秀成果(著作类)一等奖 |

* 表格中"著作"包括专著、译著、编著。

续表

| 成果名称 | 作者 | 职称 | 成果形式 | 出版发表单位 | 出版发表时间 | 获奖情况 |
| --- | --- | --- | --- | --- | --- | --- |
| 浙江省哲学社会科学志 | 社会科学志编辑部编 | — | 著作 | 浙江人民出版社 | 1999 | 省第十届（1999—2001）哲学社会科学优秀成果（著作类）一等奖 |
| 中国上古创世神话钩沉 | 董楚平 | 研究员 | 论文 | 《中国社会科学》 | 2002 | 省第十一届哲学社会科学优秀成果一等奖 |
| 弘扬和培育民族精神是发展先进文化的极为重要任务 | 汪俊昌 毛 跃 陈华兴 陈立旭 陈先春 | — | 论文 | 《党建研究》 | 2003 | 省第十三届哲学社会科学优秀成果一等奖 |
| 法理学 | 万 斌 | 教授 | 著作 | 浙江大学出版社 | 1988 | 省第十三届突出学术贡献奖 |
| 人文浙江——加快建设文化大省 | 汪俊昌 陈立旭 等 | 研究员 | 著作 | 浙江人民出版社 | 2006 | 省第十四届特别奖 |
| 开放浙江——引进来与走出去 | 程惠芳 黄先海 徐剑锋 | 研究员 | 著作 | 浙江人民出版社 | 2006 | 省第十四届特别奖 |
| 大力弘扬和培育"与时俱进的浙江精神" | 滕 复 | 研究员 | 研究报告 | 《浙江日报》 | 2006 | 省第十四届特别奖 |
| 浙江通史 | 金普森 陈剩勇 | 教授 | 著作 | 浙江人民出版社 | 2005 | 省第十四届特别奖 |
| 西方法理思想的逻辑演变 | 万 斌 陈柳裕 | 研究员 | 著作 | 浙江人民出版社 | 2006 | 第十四届一等奖 |
| 中国佛教史：元代 | 任宜敏 | 研究员 | 著作 | 人民出版社 | 2005 | 第十四届一等奖 |
| 历史哲学 | 万 斌 王学川 | 教授 | 著作 | 社会科学文献出版社 | 2008 | 浙江省第十五届哲学社会科学优秀成果马克思主义基本理论类一等奖 |

续表

| 成果名称 | 作者 | 职称 | 成果形式 | 出版发表单位 | 出版发表时间 | 获奖情况 |
| --- | --- | --- | --- | --- | --- | --- |
| 社会化小生产——浙江现代化的内生逻辑 | 杨建华 | 研究员 | 著作 | 浙江大学出版社 | 2008 | 浙江省第十五届哲学社会科学优秀成果应用理论与对策咨询类一等奖 |
| 梦窗词汇校笺释集评 | 吴蓓 | 研究员 | 著作 | 浙江古籍出版社 | 2007 | 浙江省第十五届哲学社会科学优秀成果基础理论研究类一等奖 |
| 浙江文化名人传记丛书 | 万斌主编 | — | 著作 | 浙江人民出版社 | 2008 | 浙江省第十五届哲学社会科学优秀成果基础理论研究类一等奖 |
| 浙江民俗史 | 陈华文 宣炳善 徐吉军 陈淑君 李志庭 | 研究员、教授 | 著作 | 杭州出版社 | 2008 | 浙江省第十五届哲学社会科学优秀成果基础理论研究类一等奖 |
| 中国佛教史：明代 | 任宜敏 | 研究员 | 著作 | 人民出版社 | 2009 | 浙江省第十六届哲学社会科学优秀成果基础理论类一等奖 |
| 宋元浙江方志集成 | 浙江省地方志编纂委员会 | — | 著作 | 杭州出版社 | 2009 | 浙江省第十六届哲学社会科学优秀成果基础理论类一等奖 |

## 二、2015年主要科研成果

成果名称：《中国梦与浙江实践》系列丛书

总主编：王伟光　夏宝龙

成果形式：丛书

字数：2225千字

出版单位：社会科学文献出版社

出版时间：2015年8月

中共浙江省委和中国社会科学院于2014年4月联合启动"中国梦与浙江实践"重大课题研究，中国社会科学院院长王伟光和中共浙江省委书记夏宝龙担任课题组领导小组组长，由中共浙江省委宣传部和中国社科院科研局、浙江省社科院负责组织实施。以中国社会科学院、浙江省社会科学院为主的60多位专家学者共同组成课题组专家团队，多次深入基层考察调研，认真研究，精心撰写。该丛书共七卷，即总报告卷、经济卷、政治卷、文化卷、社会卷、生态卷和党建卷。丛书全面梳理了2003年以来历届浙江省委坚持一张蓝图绘到底、深入实施"八八战略"的历史进程，系统总结中国特色社会主义在浙江生动实践的宝贵经验，深入研究解读习近平同志在浙江工作期间形成的一系列关于经济、政治、文化、社会、生态文明建设和党的建设的重要思想观点和重大决策部署。

**学术价值分析**：丛书集中展现习近平同志在省域层面对中国特色社会主义的理论创新和实践探索，深刻反映习近平总书记在治国理政方面的政治智慧、战略远见、思想方法和领导艺术，以利于我们从理论渊源、实践基础、思想内涵上更好地把握总书记治国理政思想孕育、形成、发展的轨迹，更好地用总书记系列重要讲话精神来指导实践、推动工作。

**成果名称**：《边界渗透与不平等：兼论社会分层的后果》
**作者**：范晓光
**职称**：副研究员
**成果形式**：专著
**字数**：163 千字
**出版单位**：社会科学文献出版社
**出版时间**：2015 年 1 月

该著作一共有六章，前四章是理论综述；后两章是经验研究。该著作前部分以"社会渗透"为切入点，把社会分层与流动的几个核心关切都串联了起来。后两章的经验分析，则让带着社会学想象力羽翼的理论框架，落到了现实世界的土地上。

**学术价值分析**：作者区分了两种"边界"。一是阶级的社会边界，二是符号边界。这是一个敏锐的观察。作者巧妙地将事实发现与机制解释两个层面的问题糅合到了一起。著作重点分析了"地位获得"的问题。归纳了"忠诚—能力""单位—组织""结构—壁垒""网络—过程""教育—再生产"这五种分析的视角，这是一种原创性地归纳。

**成果名称**：《从幕僚到战略家——蒋百里传》
**作者**：张学继
**职称**：研究员
**成果形式**：专著
**字数**：400 千字
**出版单位**：陕西人民出版社
**出版时间**：2015 年 8 月

全书包括导论及正文十一章：第一章《故乡家世少年》，第二章《从东洋留学到西洋》，第三章《从总参议到军校校长》，第四章《新文化运动中的健将》，第五章《"联省自治"的拥护者》，第六章《冯玉祥吴佩孚孙传芳的客卿》，第七章《侧身于国民革命军阵营》，第八章《从事著述与构建国防建设计划》，第九章《军委会高等军事顾问》，第十章《振奋国人的抗日必胜论》，第十一章《抗战烽火中的最后岁月》。

**成果名称**：《杭州经济史》
**作者**：周膺　吴晶
**职称**：研究员
**成果形式**：专著
**字数**：623 千字
**出版单位**：中国社会科学出版社
**出版时间**：2015 年 5 月

该书是一部综合性的杭州经济通史，主要内容包括杭州的经济地理及其在中国经济地位的初步确立、两宋的商工经济和商农经济与杭州经济的近世化、元明清杭州经济的近世化展开、外来因素作用下的晚清民国经济现代化等。杭州具有特殊的经济地理环境，由其衍生的经济在历代具有十分突出的地域特色。如早期的农桑混合经济、宋代至清代中期的城市商业与手工业混合经济、晚清民国时期的现代工业与旅游混合经济。它们以城市天然禀赋为根据，具有充分的合理性。新中国成立后。杭州的经济偏离了这一传统，盲目跟风发展机器大工业，不仅使没有形成发展优势和特色，而且极大程度污染了生态环境。该书通过对杭州经济史的研究以促使人们反思这种不合理的发展模式，并侧重于经济文化学维度的研究，通过对经济史的研究阐释经济与文化互动对城市发展的重大意义。

成果名称：《房地产质量安全法律制度研究》
作者：王建东、毛亚敏等
职称：教授、研究员
成果形式：专著
字数：390千字
出版单位：法律出版社
出版时间：2015年8月

该书以房地产工程建设环节为主线，以近十年来国内发生的大量典型房地产质量安全事故为例，紧密结合房地产建设工程实践，以11章39万余字的篇幅，全面研究了我国房地产质量安全法律制度中存在的问题，并提出相关的完善意见。作者认为，房产业运作模式在工程实践中的变异，加上法律制度自身不健全，建筑市场不平衡等原因，使得房地产工程相关法律制度在工程实践中变得苍白无力；建设单位、施工单位、监理单位、勘察设计单位等主体的各种不规范的建设行为无拘无束地出现在当前的房地产工程实践中。房地产质量安全法律制度的完善，应重视过程控制原则，以保证房地产业直接参与者建设行为的规范化来保障房地产工程的质量安全。这一点上，既要完善相关法律制度，还需要结合房地产工程实践的具体情况，构建配套的新法律制度。

成果名称：《中国佛教史：清代》
作者：任宜敏
职称：研究员
成果形式：专著
字数：640千字
出版单位：人民出版社
出版时间：2015年5月

该书对清代佛教在全国兴衰嬗变的历史过程，作了全面细致的梳理；翔实地揭示了清代汉传佛教与藏传佛教各个宗派发展演化的真实面貌、传承线索、内在逻辑及其在整个佛教发展长河中的历史地位；阐明了该时期佛教与政治、佛教与经济、佛教与文化艺术、佛教与其他各种宗教的辩证互动关系；再现了清代我国与周边各国以佛教文化为纽带和桥梁的友好交往盛况。长期以来，学术界所谓"清代佛教日渐衰微"的结论，是完全错误的。清王朝，一方面以儒家思想为帝王敷治之正统，另一方面又在保护佛教，实践之中，更常以佛教为辅佐，光扬道化，激发善心，阴赞皇赞，显资治理，祝厘国家，安定社会，致使清初汉传佛教，既承明末诸宗师匠启导惠解、振乏起疲之强劲余绪，更因大批高僧于天下变乱、兵祸日烈、饥馑水旱等灾害频仍之季，秉持殊胜妙宝菩提心，应劫现世，拔济苦难、慰藉人心、抚平痛楚、普满希愿，而从容勃发，化流海内。该书最主要的创新之处在于：以详细考证为基础，厘清了清代汉传佛教各宗各派各系的法脉传承；深入分析并揭示了清王朝的佛教政策及其本质特征；论证清代辅教居士的历史贡献和社会作用；厘清了清代藏传佛教各个宗派的法脉传承及发展衍化的特点。

成果名称：《安倍政府经济政策研究》
作者：陈刚
职称：助理研究员
成果形式：专著
字数：200千字
出版单位：社会科学文献出版社
出版时间：2015年5月

2012年，日本自民党安倍政府在实现政权更替后，推出了一揽子旨在治理通缩的经济政策：大胆的货币政策、机动的财政政策、刺激民间投资为中心的经济产业增长战略，这三大政策构成了安倍政府经济政策的整体框架，俗称"安倍经济学"。

安倍政府希望通过这三大政策，帮助日本摆脱通货紧缩的恶性循环，达到通货膨胀率2%的目标来提振日本经济，解决日本"20年的经济迷失"。安倍经济学的出台，实际反映了在日本学界一直处于非主流地位的再通胀主义开始走向前台。再通胀派主张从维护经济支付体系的流动性出发，通过货币、财政等手段向市场注入流动性，刺激需求，控制价格水平，预先制止萧条的可能性。本书从安倍政府经济政策的背景、理论基础出发，研究作为安倍经济学政策体系的"三支箭"：货币政策、财政政策、经济产业增长战略，围绕着安倍经济学的支柱、效果、历史借鉴、政策启示等角度，全面展现旨在克服通缩的"安倍经济学"的全貌。本书采取历史的视角，结合日本泡沫经济破灭后20多年来的经济轨迹，评价安倍政府经济政策的地位、效果以及可能的影响，帮助找寻日本"失去的20年"症结所在，为未来中国经济政策提供必要的参考和借鉴。

成果名称：《义乌细菌受害者口述史》
作者：赵福莲
职称：研究员
成果形式：专著
字数：352千字
出版单位：上海人民出版社
出版时间：2015年8月

该书为细菌战幸存者、受害人后代、"侵华日军使用细菌武器中国民间受害诉讼代表团"成员及律师、记者的口述，揭露日军细菌战以及侵华日军在义乌所犯下的种种滔天罪行。作者通过近一年的义乌实地采访，与当地细菌战受害者零距离接触，录制了大量的音频与视频材料，结合史料，整理出了该口述材料。该书幸存者及受害人的口述，以鲜活的细节，丰富、填补了我们对于日本侵华战争史的认知；浙江人王选所组织的"侵华日军细菌战中国受害诉讼代表团"相关人员的口述，除了存史之外，也以严峻和沉痛的事实，向后人提出"战争·正义·和平"主题的永恒警示。

## 第六节　学术人物

一、浙江社会科学院正高级专业技术人员（1984—2014）（离退休28人）

| 姓名 | 出生年月 | 学历/学位 | 职务 | 职称 | 主要学术兼职 | 代表作 |
| --- | --- | --- | --- | --- | --- | --- |
| 王铁生 | 1927.1 | 研究生 | — | 研究员 |  | 《环境管理经济学》《通俗政治经济学》 |
| 王凤贤 | 1929.7 | 高中 | — | 研究员 |  | 《中国伦理学说史》《王阳明哲学研究》 |
| 魏　桥 | 1930.4 | 高中 | — | 编审 |  | 《两轮修志说》《风雨四十年》 |
| 郭志今 | 1932.7 | 大学 | — | 研究员 |  | 《当代浙江文学概观》《晚清启蒙思潮与王国维非功利文学论》 |
| 余凤高 | 1932.7 | 大专 | — | 研究员 | — | 《"心理分析"与中国现代小说》《创作的内在流程》 |

续表

| 姓名 | 出生年月 | 学历/学位 | 职务 | 职称 | 主要学术兼职 | 代表作 |
|------|----------|-----------|------|------|--------------|--------|
| 姚辉 | 1933.5 | 大学 | — | 研究员 | — | 《辛亥革命浙江史料选辑》《陈士英评传》 |
| 郑观年 | 1933.10 | 大专 | — | 研究员 | — | 《中国现代文学作品选评》《中国当代文学教程：1949—1987》 |
| 程炳卿 | 1934.1 | 高中 | — | 研究员 | — | 《农业股份合作制：体制创新的实践和探索》《学思集》 |
| 陈学文 | 1934.8 | 大学 | — | 研究员 | — | 《中国封建晚期的商品经济》《明清时期杭嘉湖市镇史研究》 |
| 方民生 | 1934.10 | 研究生 | — | 研究员 | — | 《论劳务在社会再生产过程中的作用》《经济增长与运行》 |
| 戴宗贡 | 1935.2 | 研究生 | — | 研究员 | — | 《农村工业化、商品化、城镇化综合研究》 |
| 顾志兴 | 1937.1 | 大学 | — | 研究员 | — | 《浙江藏书史》《浙江藏书家藏书楼》 |
| 陈铭 | 1939.3 | 研究生 | — | 研究员 | — | 《龚自珍综论》《唐诗美学论稿》 |
| 谢宝森 | 1939.6 | 研究生 | — | 研究员 | — | 《朝鲜朱子学发端》《李退溪与朝鲜朱子学》 |
| 林树建 | 1940.9 | 大学 | — | 研究员 | — | 《唐五代浙江的海外贸易》《毛泽东对中国传统财政思想的继承和超越》 |
| 谷迎春 | 1942.1 | 大学 | — | 研究员 | — | 《中国的城市"病"——城市社会问题研究》《黑格尔〈逻辑学〉一书摘要初探》 |
| 姜昆武 | 1944.5 | 大学 | — | 研究员 | — | 《诗书成词考释》《屈原与楚辞》 |

续表

| 姓名 | 出生年月 | 学历/学位 | 职务 | 职称 | 主要学术兼职 | 代表作 |
|---|---|---|---|---|---|---|
| 吴 光 | 1944.10 | 硕士 | — | 研究员 | — | 《黄老之学通论》《黄宗羲全集》 |
| 徐儒宗 | 1946.9 | 初中 | — | 研究员 | — | 《中庸论》《婺学通论》 |
| 朱国凡 | 1949.2 | 硕士 | — | 研究员 | — | 《现阶段浙江农村专业市场的发展》《在买方市场中创造卖方市场》 |
| 罗以民 | 1949.3 | 硕士 | — | 研究员 | — | 《郁达夫传》《日本五良太夫正德入明考》 |
| 杨张乔 | 1950.3 | 大专 | — | 研究员 | — | 《青年学导论》《声张自我的艺术——舆论社会学》 |
| 解力平 | 1951.4 | 大普 | — | 研究员 | — | 《渔业经济学》《浙江农村股份合作制研究》 |
| 傅允生 | 1951.9 | 硕士 | — | 研究员 | — | 《东部地区劳动密集型制造业转移趋势》《经济全球化的逻辑与中国的选择》 |
| 林华东 | 1951.11 | 大普 | — | 研究员 | — | 《河姆渡文化初探》《良渚文化研究》 |
| 滕 复 | 1952.4 | 硕士 | — | 研究员 | — | 《浙江文化史》《毛泽东与中国传统文化》 |
| 邹建中 | 1953.2 | 大专 | — | 编审 | — | 《新闻期刊采编和管理》《主编评论100篇》 |
| 张耀东 | 1954.7 | 大专 | — | 研究馆员 | — | 《我国图书馆形态的历史沿革与未来》 |

(在职45人)

| 姓名 | 出生年月 | 学历/学位 | 职务 | 职称 | 主要学术兼职 | 代表作 |
|---|---|---|---|---|---|---|
| 王金玲 | 1955.9 | 大学 | 副院级巡视员所长 | 研究员 | 中国社会学学会副会长 | 《中国拐卖拐骗人口问题研究》《社会学视野下的中国女性社会学》 |
| 葛立成 | 1956.3 | 大专 | 副院长 | 研究员 | 浙江省经济学会副会长 | 《市场化进程中的制度创新》《浙江制度变迁与发展轨迹》 |

续表

| 姓名 | 出生年月 | 学历/学位 | 职务 | 职称 | 主要学术兼职 | 代表作 |
|---|---|---|---|---|---|---|
| 韩 锴 | 1956.4 | 大学 | 主任助理 | 研究员 | — | 《中国古代廉政建设的现代阐释》《中国民本思想》 |
| 杨建华 | 1956.9 | 硕士 | 所长 | 研究员 | 浙江省社会学学会会长、浙江省政府咨询委员会委员 | 《社会化小生产：浙江现代化的内生逻辑》《发展社会学通论》 |
| 钱 明 | 1956.11 | 博士 | — | 研究员 | — | 《阳明学的形成与发展》《王阳明及其学派论考》 |
| 任宜敏 | 1957.10 | 硕士 | 副总编 | 研究员 | — | 《中国佛教史：明代》《中国佛教史：清代》 |
| 沈 毅 | 1957.12 | 研究生班 | — | 研究员 | — | 《生命的动力意义——论死亡恐惧》《生命之镜——对死亡的社会心理考察》 |
| 毛 跃 | 1958.1 | 研究生 | 副院长 | 研究员 | 浙江省中国特色社会主义理论研究中心主任 | 《执政党建设创新十论》《论社会主义核心价值观的国际话语权》 |
| 沙虎居 | 1958.1 | 大学 | — | 研究员 | — | 《区域性民营银行的发展》《论产业结构调整中的金融支持》 |
| 王永太 | 1958.6 | 硕士 | 副所长 | 研究员 | — | 《浙江省情地图集》《宋初迁都洛阳的考辨及其意义》 |
| 迟全华 | 1958.9 | 硕士 | 院长副书记 | 研究员 | — | 《钓鱼岛之争》《从政治的高度深刻认识绿色发展理念重大意义》 |
| 宋 烜 | 1960.3 | 大专 | — | 研究员 | 浙江越国文化研究会副会长 | 《明代浙江海防研究》《江南运河之两浙古运河——兼谈大运河南端问题》 |
| 潘捷军 | 1960.9 | 研究生 | 院党委委员、省方志办主任 | 研究员 | 中国地方志学会副会长、中国（浙江）地方志学术研究中心主任 | 《方志馆史话》《中国方志馆》 |

续表

| 姓名 | 出生年月 | 学历/学位 | 职务 | 职称 | 主要学术兼职 | 代表作 |
|---|---|---|---|---|---|---|
| 陈华兴 | 1960.10 | 博士 | 所长 | 研究员 | 浙江省中国特色社会主义理论研究中心执行主任、浙江省马克思主义学会常务副会长兼秘书长 | 《论可持续发展的人文限度及其超越》《论需要概念的理性实质及其意义》 |
| 徐吉军 | 1961.4 | 大学 | 总编 | 研究员 | — | 《南宋史稿》《中国丧葬史》 |
| 陈野 | 1962.5 | 硕士 | 主任 | 研究员 | — | 《中国南方民族文化之美》《南宋绘画史》 |
| 颜越虎 | 1962.5 | 大学 | 副处长 | 研究员 | — | 《学思录》 |
| 赵福莲 | 1962.7 | 大学 | — | 研究员 | 杭州市作协副主席 | 《傅大士评传》《三门湾历史与文化探源》 |
| 卢敦基 | 1962.7 | 博士 | 处长 | 研究员 | 浙江省浙江历史文化研究中心执行主任 | 《浙江文化名人传记》（103部）（常务副主编）《永康手艺人口述史》 |
| 张叶 | 1963.1 | 硕士 | — | 研究员 | — | 《浙江产业空间的结构变动》《绿色经济》 |
| 毛亚敏 | 1963.4 | 硕士 | 所长 | 研究员 | 浙江省民法研究会副会长 | 《公司法比较研究》《担保法论》 |
| 张学继 | 1963.4 | 硕士 | — | 研究员 | — | 《古德诺与民初宪政问题研究》《民国初年的制宪之争》 |
| 俞为洁 | 1963.6 | 硕士 | — | 研究员 | — | 《饭稻衣麻：良渚人的衣食文化》《中国史前植物考古：史前人文植物散论》 |
| 董郁奎 | 1963.8 | 硕士 | 主任 | 研究员 | 浙江省越国文化研究会副会长 | 《范文澜传》《〈浙江通志〉篇目研究》 |
| 张伟斌 | 1963.10 | 硕士 | 书记 副院长 | 研究员 | — | 《习近平同志主政浙江时期加强党风廉政建设的思想与实践》《精神富有论》 |

续表

| 姓名 | 出生年月 | 学历/学位 | 职务 | 职称 | 主要学术兼职 | 代表作 |
|---|---|---|---|---|---|---|
| 李东华 | 1964.1 | 硕士 | — | 研究员 | — | 《产业国际竞争力比较研究》 |
| 应焕红 | 1964.4 | 研究生班 | 副所长 | 研究员 | — | 《家族企业制度创新》《公司文化管理——永续经营的动力源泉》 |
| 项义华 | 1964.11 | 硕士 | — | 研究员 | — | 《人之子——鲁迅传》《长河绵延》 |
| 吴蓓 | 1965.4 | 博士 | 所长 | 研究员 | — | 《梦窗词汇校笺释集评》《论毛泽东与诗》 |
| 徐剑锋 | 1965.7 | 硕士 | 所长 | 研究员 | 民建中央经济委员会委员 浙江省经济学会副会长 | 《中国梦与浙江实践》（经济卷）《进入工业化发达阶段的浙江经济发展》 |
| 闻海燕 | 1965.11 | 硕士 | — | 研究员 | — | 《粮食安全——市场化进程中主销区粮食问题研究》《浙江蓝皮书（经济）》 |
| 陈永革 | 1966.10 | 博士 | 所长 | 研究员 | — | 《佛教弘化的现代转型：民国浙江佛教研究（1912—1949）》 |
| 朱旭红 | 1966.12 | 硕士 | — | 研究员 | — | 《论社会民主主义的历史演进》《浙江省老年人口生活现状及其性别差异研究》 |
| 郭鹰 | 1967.5 | 博士 | — | 研究员 | — | 《民间资本参与公私合作伙伴关系（PPP）的路径与策略》《民企上市与小股东权益保护》 |
| 黄宇 | 1967.10 | 博士 | 总编 | 研究员 | 浙江省科学社会主义学会副会长 浙江省中国特色社会主义理论研究中心副秘书长 | 《中国共产党党内监督史论》《新中国60年来反腐倡廉重大战略思想回顾》 |
| 陈柳裕 | 1968.4 | 博士 | 副院长 | 研究员 | 浙江省政府咨询委员会委员、浙江省法学会副会长 | 《法制冰人——沈家本传》《西方法理思想逻辑演变》 |

续表

| 姓名 | 出生年月 | 学历/学位 | 职务 | 职称 | 主要学术兼职 | 代表作 |
|---|---|---|---|---|---|---|
| 陈永忠 | 1969.11 | 博士 | — | 研究员 | — | 《抗战胜利后中国知识分子的美国观》《在自由与公道之间：1940年代中国知识分子的社会民主主义思潮》 |
| 吴晶 | 1970.8 | 大学 | — | 研究员 | — | 《南宋四洪的思想和学术进退》《南宋美学思想研究》 |
| 田明孝 | 1970.8 | 博士 | — | 研究员 | — | 《欧洲社会民主主义历史的两次转型》《公民社会与浙江农村治理创新》 |
| 何勇强 | 1971.8 | 博士 | 副所长 | 研究员 | — | 《钱氏吴越国史论稿》《科学全才——沈括传》 |
| 聂献忠 | 1972.2 | 博士 | 副所长 | 研究员 | — | 《创新引领发展模式的国际经验和浙江实践》《新常态下加快并购提升产业竞争力》 |
| 周祝伟 | 1972.9 | 博士 | 副处长 | 研究员 | 浙江省地方志学会秘书长 | 《7—10世纪杭州的崛起与钱塘江地区结构变迁》《中国传统乡村的社会特性及其价值取向》 |
| 查志强 | 1973.12 | 博士 | 副所长 | 研究员 | — | 《基于原产地多元化的浙江产业集群升级研究》《长江三角洲台资工厂产业集群研究》 |
| 王坤 | 1975.6 | 博士 | — | — | 浙江省人民政府咨询委员会特约研究员、浙江省知识产权法学研究会副秘书长 | 《知识产权法学方法论》《著作权法科学化研究》 |
| 王宇 | 1978.8 | 博士 | 副所长 | 研究员 | — | 《道行天地：南宋浙东学派论》《永嘉学派与温州区域文化》 |

## 二、浙江社会科学院 2015 年度晋升正高级专业技术职务人员

钟其，1977 年 3 月出生，浙江诸暨人，研究员。现从事社会学研究，涉及社会治理、发展社会学、环境社会学等领域。主要代表作有：《社会转型中的青少年犯罪问题研究——以浙江省为例》（专著），《县域善治：基层社会管理创新的理想模式》（论文），《我省环境群体性事件现状、趋势及对策研究》（研究报告）。

王一胜，1969 年 9 月出生，浙江义乌人，研究员。现从事中国历史研究，主要学术专长是区域社会经济史与地方社会治理研究。主要代表作有：《宋代以来金衢地区经济史研究》（专著），《义乌敲糖帮——口述访谈与历史调查》（专著）。

汤敏，1971 年 5 月出生，福建周宁人，研究员。现从事地方志研究，主要学术专长是地方志编纂和当代浙江农村文化建设研究。主要代表作有：《从祠堂到礼堂——浙江农村公共空间的转型与重构》（专著），《论民国〈衢县志〉的文本特色与价值》（论文），《论文化自觉与地方志编纂》（论文），《论浙江传统节庆活动与文化凝聚力的生成》（论文）。

## 第七节 2015 年大事记

### 一月

1 月 9 日，省委常委、宣传部长葛慧君在浙江省社会科学院呈报的《浙江省社会科学院 2014 年工作总结和 2015 年工作思路》的报告上作出肯定性批示。

1 月 12 日，上海社科院中国智库研究中心发布国内首份对全国智库影响力进行排名的《2014 年中国智库报告》，浙江省社会科学院在全国地方社科院系统智库影响力排名中名列第 5。

1 月 12—15 日，院长迟全华率队赴广东省社科院、中国（海南）发展改革研究院调研新型智库建设情况。

1 月 19 日，省委常委、秘书长赵一德在浙江省社会科学院呈报的《浙江省社会科学院 2014 年工作总结和 2015 年工作思路》的报告上作出肯定性指示。

1 月 20—25 日，院党委书记张伟斌、院长迟全华参加省政协十一届三次会议。

1 月 22 日，院党委书记张伟斌，院长迟全华参加省委全委扩大会议。

### 二月

2 月 4 日，省委常委、省委宣传部部长、省地方志编纂委员会副主任葛慧君一行来省方志办视察指导。

2 月 5 日，院领导班子民主生活会，院党委书记张伟斌主持会议。

2 月 8 日，院长迟全华与来杭的中国社科院科研局局长马援会面，详细了解中国社科院创新工程及新型智库建设有关情况。

2 月 9 日，院党委书记张伟斌参加国务院第三次廉政工作会议和省政府第三次廉政工作电视电话会议。

2 月 17 日，院党委书记张伟斌参加省委 2015 年春节团拜会。

2 月 28 日，全省社科理论界"坚定信念、与党同心"主题教育实践活动动员会在之江饭店召开，省社科院党委书记张伟斌主持会议，副院长陈柳裕在会上作发言，院中层干部参加会议。

### 三月

3 月 10 日，院年度工作会议暨领导班子述职述廉述法会议，进行院领导班子和领导干部年度考核测评，全院干部职工参加。

3 月 23—25 日，院党委书记张伟斌参加省委组织的学习贯彻"四个全面"战略

布局专题研讨班。

3月23日—4月3日，副院长葛立成率团赴英国萨里大学、比利时布鲁塞尔自由大学、意大利国家行政学院进行学术交流。

3月27日，院党风廉政建设工作会议，院党委书记张伟斌部署加强我院党风廉政建设工作。

3月30日，院党委书记张伟斌、院长迟全华向省委常委、宣传部长葛慧君汇报近期相关工作及新型智库建设的有关问题。

3月31日，《光明日报》刊登2014年度中国人民大学"复印报刊资料"转载学术论文机构排名。浙江省社会科学院2014年度共有11篇论文被人大"复印报刊资料"全文转载，在全国各级社科院、社科联系统中排名第四。

3月，全院各支部、各部门开展"坚定信念、与党同心"和"守纪律，讲规矩"主题教育实践活动、"服务型机关基层党组织建设推进年"活动和"深改革、强规范、提能效"作风建设专项行动。

### 四月

4月1日，浙江省社会科学院与省委宣传部、省社科联在杭州联合举办浙江省社科理论界学习贯彻"四个全面"战略布局理论研讨会。院党委书记张伟斌出席会议并讲话。

4月9日，中国社科院副秘书长晋保平来院商讨《中国梦与浙江实践》有关事项。

### 五月

5月7日，院党委书记张伟斌参加全省"三严三实"专题党课暨专题教育部署会议。

5月11日，院党委书记张伟斌专程赴中国社科院商议《中国梦与浙江实践》丛书出版有关工作。

5月16日，院党委书记张伟斌参加天台山文化当代价值研讨会并讲话。同日，第九届浙江省马克思主义理论研讨会暨浙江省马克思主义学会年会在宁波大学召开，副院长毛跃出席会议并讲话。

5月19日，浙江省社会科学院与浦江县委、县政府共建"四个全面"调研基地揭牌仪式在浦江县行政中心举行。

5月21日，院"三严三实"专题教育动员会。院党委书记张伟斌在会上讲专题党课，并部署院专题教育活动。同日，韩国全南发展研究院专家学者一行四人来院访问交流。

5月29日，浙江省社会科学院与中国社会科学院马克思主义研究院就合作共建"马克思主义执政党建设研究中心"达成协议，并举行签字仪式。中国社科院马研院党委书记、院长邓纯东与副院长陈柳裕在合作共建协议上签字。

5月30日上午，在杭院领导参加全省领导干部会议，听取传达学习习近平总书记考察浙江重要讲话精神。

### 六月

6月3日，院党委书记张伟斌、院长迟全华向副省长郑继伟汇报新型智库建设情况。

6月4日，浙江省社会科学院与省委宣传部、省社科联在省人民大会堂举行全省青年社科学者学习习近平在浙考察重要讲话精神座谈会。省委宣传部常务副部长胡坚主持会议并讲话，院党委书记张伟斌出席会议。

6月10—12日，院党委书记张伟斌参加省委十三届七次全体（扩大）会议。

6月11日，省委常委、宣传部长葛慧君对浙江省社会科学院呈报的《浙江省社会科学院关于加强新型智库建设的报告》和《浙江省社会科学院新型智库建设2015年先行试点方案》作出"同意"的批示。

6月15日，向省委、省政府报送《浙江省社会科学院关于加强中国特色新型智库建设的报告》（浙社科〔2015〕14号）。

6月18日，副省长、省地方志编纂委员会副主任郑继伟主持召开《浙江通志》编纂工作座谈会，听取省方志办关于11个单位编纂工作情况汇报。

6月24日，郑继伟副省长对浙江省社会科学院呈报的《浙江省社会科学院关于加强新型智库建设的报告》（浙社科〔2015〕14号）作出批示。

6月25日，迟全华院长参加由李强省长主持召开的"'十三五'时期若干重大问题研究"课题开展情况汇报会。

6月26日，院长迟全华参加省委宣传部关于浙江省智库现状与发展对策研究课题工作会议。下午，全院党员大会，进行机关党委、机关纪委换届选举。

6月28—29日，院党委书记张伟斌参加在嘉兴举办的"红船精神"研讨会。

## 七月

7月3日，与省委宣传部、省社科联在杭州召开"坚持中国化方向·引导宗教与社会主义社会相适应"社科理论界座谈会。

7月9—11日，第十八届全国社会科学院院长联席会议在内蒙古召开，院党委书记张伟斌出席会议并作大会发言。

7月10—12日，2015年中国社会学会年会在长沙召开，院社会学所和妇女与家庭研究中心共同承办了"性别视角：经济新常态下的社会改革"论坛。副院级巡视员、社会学所所长、妇女与家庭研究中心主任王金玲致论坛开幕词。

7月13—15日，省社科联第七次代表大会，院党委书记张伟斌出席会议，并被选举当选省社科联第七届理事会副主席。

7月23—26日，华东六省一市社科院院长论坛暨首届华东智库论坛在山东举行，副院长陈柳裕出席论坛并作大会交流发言。

## 八月

8月4—5日，院党委书记张伟斌，院长迟全华参加全省宣传文化系统专题读书会。院党委书记张伟斌作了题为"发挥智库功能助力舆论斗争"的发言。

8月10—11日，院党委书记张伟斌参加省委召开的"绿水青山就是金山银山"理论研讨会。

8月28—30日，第十一届西部社会科学院院长联席会议暨首届中阿智库论坛在银川召开，副院长毛跃出席会议并发言。

## 九月

9月10—17日，副院长陈柳裕率团赴斯里兰卡、印度考察，进行地方法治环境调研。

9月15日，院党委理论学习中心组围绕"严以律己，严守党的政治纪律和政治规矩，自觉做政治上的'明白人'"这一主题，进行"三严三实"专题教育学习研讨。

9月20日，浙江省社会科学院与中国社会科学院马克思主义研究院在杭州联合举办的"执政党建设理论与实践研讨会"，院党委书记张伟斌出席大会并讲话。

9月23日上午，院党委书记张伟斌陪同中国社科院副院长李培林考察阿里巴巴公司和梦想小镇，调研互联网与信息经济。

下午，由中国社会科学院、中共浙江省委主办，中国社科院科研局、浙江省委宣传部和浙江省社会科学院联合承办的《中国梦与浙江实践》丛书首发式暨理论研讨会在杭州举行。省委常委、宣传部长葛慧君出席会议并讲话。

9月25日，全省学习贯彻《全国地方志事业发展规划纲要（2015—2020年）》座谈会在杭召开。

9月30日，省委宣传部主管，浙江省

社会科学院负责的"浙江省中国特色社会主义理论体系研究中心"被中宣部确定为15个全国中心之一（中宣发〔2015〕27号）。

## 十月

10月9—10日，由中宣部主持召开的全国中国特色社会主义理论体系研究中心工作会议在杭州召开，副院长毛跃、政治学研究所长陈华兴参加会议。

10月16日，院领导和科研情报处负责人研究落实省委常委、宣传部长葛慧君提出的关于组建互联网与信息经济研究中心的意见。

10月19日，省委宣传部下发《关于公布全省基层宣传思想文化工作"三贴近"优秀案例的通知》（浙宣办〔2015〕9号），浙江省社会科学院"法治政府建设专业评估"被评为优秀案例。

10月21日，院长迟全华出席省政府"加快发展信息经济"政治协商会议。

10月23日，院党委书记张伟斌、院长迟全华出席省政协界别组会议。

## 十一月

11月3日，浙江省社会科学院与省委宣传部、省社科联在杭州联合举办全省社科理论界学习五中全会精神座谈会。

浙江省社会科学院与省文明办联合在杭州举办浙江省第十届精神文明建设理论研讨会暨"家训家风与社会主义核心价值观"论坛。

11月6日，中共中央候补委员、中国社科院副院长、中指组常务副组长李培林在院党委书记张伟斌陪同下，到方志办调研指导。

11月11日，向中国社科院、浙江省委、浙江省委宣传部报送《浙江省社会科学院关于〈中国梦与浙江实践〉重大课题研究工作的报告》。

11月15日，"阳明后学文献整理与研究"课题，获2015年度国家社会科学基金重大项目（第二批）立项（15ZDB009）。

11月18日，院党委书记张伟斌赴中国社科院向王伟光院长、李培林副院长汇报"中国梦与浙江实践"重大课题工作总结及院"十三五"发展规划编制情况。

11月23日，院长迟全华列席省委常委会，讨论省"十三五"规划。

11月25—26日，院党委书记张伟斌参加省委十三届八次全体（扩大）会议。

## 十二月

12月21日，省委政法委召开省法官检察官遴选委员会成立大会，陈柳裕副院长受聘为省法官检察官遴选委员会专家委员。

12月25日，《浙江日报》在要闻版刊载"省社科院科研实力跻身全国前列"报道。

12月31日，省委副书记、省长李强对浙江省社会科学院呈报的《浙江省社会科学院整体科研实力迈入国内一流省级社科院行列》材料作出肯定性批示。

院党委书记张伟斌参加省级宣传文化系统部门负责人务虚会，总结分析2015年工作，研究谋划2016年工作思路。

# 安徽省社会科学院

## 第一节 历史沿革

安徽省社会科学院的发展历史已有60年。最初是1956年7月安徽省科学研究所下设的历史研究室；1958年8月，在此基础上扩建为中国科学院安徽省分院所属的哲学社会科学研究所；1960年成为独立机构，"文化大革命"期间撤销，1978年恢复，更名为安徽省哲学社会科学研究所。1983年4月6日，安徽省委作出决定（见《中国共产党安徽省委员会〔皖〕15号》），成立安徽省社会科学院，任命欧远方为院长、党组书记。6月14日，中共安徽省委办公厅印发《省委常委会议纪要》（第52号），文件强调了社会科学研究在社会主义现代化建设中的重要性，对社科院的研究方向、研究方针，社科院的发展规模和研究所设置，社科院体制和所属机构的规格，充实研究人员，改善科研工作条件和生活条件等问题作了明确指示。关于社科院的体制和规格，《纪要》规定："将省社科院定为部委一级机构，思想政治工作及科研工作在省委领导下进行，干部由省委组织部管理，行政工作归省人民政府领导。省社科院配备院长一人、副院长三至四人，秘书长一人、副秘书长若干人；秘书长配正厅级干部，副秘书长配副厅级干部；各研究所及《江淮论坛》编辑部为一级半机构，所长配副厅级干部。"1995年，根据皖政办〔1995〕83号《关于印发安徽省社会科学院职能配置、内设机构和人员编制方案的通知》，安徽省社会科学院为省政府直属事业单位，正厅级建制。其主要职责是：组织开展马列主义、毛泽东思想、科学社会主义和邓小平理论研究，探讨有中国特色的社会主义理论；组织开展社会科学基础理论研究，丰富和发展社会科学的理论与方法，提高我省社会科学研究水平；发挥多学科、综合性的特点，组织承担我省社会经济发展中重大问题的研究，为省委、省政府决策提供科学依据；组织开展社会科学的课题研究和专题研究，为社会经济发展中的重大问题提供理论依据；系统地挖掘地方历史文化，为弘扬优秀民族文化和社会主义精神文明建设服务；组织开展社会科学学术活动和对外交流，培养社会科学研究优秀人才，负责评价我省社会科学优秀成果；承担省委、省政府交办的其他工作。2003年省政府印发皖政办〔2003〕19号《关于印发安徽省社会科学院职能配置内设机构和人员编制方案的通知》，对安徽省社科院部分职能进行调整，增加了"对'三个代表'重要思想的研究，不断推进理论创新，为安徽省经济建设和社会发展服务""推进后勤社会化改革进程，将院机关后勤服务职能交给后勤服务机构承担"。

### 一、领导

安徽省社会科学院历任院长、党组书记是：欧远方（1983年4月—1986年3月）、丁汀（1986年3月—1991年12月）、何永炎（1991年12月—1994年2

月）（1991年12月—1993年3月副院长、副书记主持工作）、韩酉山（1994年2月—1997年1月）、汪石满（1997年1月—2002年7月）、韦伟（2002年7月—2009年6月）、陆勤毅（2009年6月—2014年7月）、朱士群（2014年7月—2016年6月）、刘飞跃（2016年6月—　）。

二、发展

安徽省社会科学院经过60年建设发展尤其是改革开放30多年的蓬勃发展，已建设成为全省哲学社会科学研究的最高学术机构、从事经济社会发展战略决策咨询的专门机构。党的十八大以来，安徽省社科院以服务文化强省建设、服务安徽经济社会发展为目标，以建成符合党委政府要求的思想库和智囊团为宗旨，坚持基础理论和应用对策研究并重，认真按照"十二五"规划的时间表和路线图，精心组织实施，一任接着一任干，较好地履行了各项职责，社科事业得到了持续稳定健康发展。

1. 强化理论武装，坚定政治方向

"十二五"以来，院党组把学习贯彻习近平总书记的系列重要讲话精神和党的十八大、十八届三中、四中、五中全会精神作为党组的一项中心工作，多次组织中心组理论学习，举办专题研讨，力求掌握讲话精髓，同时认真学习贯彻中央和省委有关意识形态工作的一系列决策部署。通过多种形式的理论学习，坚定党员干部的理想信念和政治立场，严守政治纪律和政治规矩，确保与党中央保持高度一致。凡是党中央、国务院和省委、省政府作出的重大决策部署，都及时召开党组会议或专题会议学习传达，研究制定贯彻落实的具体办法及措施，并认真抓好落实。在各种场合强调按规矩办事，始终坚持正确的政治方向。

2. 推进学科建设，提升学术质量

为期三年的学科建设现已进入第二轮。2014年，首期学科建设全面收官。经院内外专家评估考核，首期学科建设项目均实现预期目标。首期学科建设项目紧紧围绕学科建设方向和目标任务，共出版著作52部，发表B类（CSSCI来源期刊）以上论文174篇，在《人民日报》《光明日报》发表论文7篇，共有35项成果获省领导批示。五年来，安徽省社科院先后承担国家社科基金项目及软科学项目14项、省部级课题152项、横向课题186项，出版学术专著120余部，发表论文约2000篇，研究报告700余篇。人均立项数稳居全省高校、社科研究机构第一。安徽省社科院学术影响力在社科院、社科联系统有较大提升。在中国人民大学"复印报刊资料"中心发布的转载学术论文指数排名中，安徽省社科院专家学者发表的论文转载量连续4年进入社科院、社科联系统排行榜前10位。

3. 加强决策咨询建设，提升咨政建言能力

"十二五"以来，我院接受省政府相关厅局及地市委托，编制几十项经济社会发展规划项目。2013年以来，安徽省社科院相关研究机构还先后应合肥市蜀山区、岳西县、霍邱县、灵璧县等县区请求，帮助其编制县区级文化建设和文化改革发展规划，体现了我院科研工作触角不断向下延伸、主动服务基层、创新服务模式的新特点。顺应"十三五"规划的形势要求，积极承接省级和省辖市的"十三五"规划预研项目。截至2015年，已完成省委宣传部、省发改委、省经信委、合肥市发改委、合肥市委宣传部等部门委托的"十三五"规划前期研究合作项目多项。

坚持自主发展，打造拳头产品和核心竞争力，树立"智库品牌"。充分利用《咨政》的平台作用，加大咨询服务品牌的建设和关注力度，全面提高应用对策研究成果的质量和成果转化率，每年三分之一成果获得省领导肯定性批示。省领导圈定课题除部分对外招标外，还委托安徽省

社科院相关领域内的权威专家开展研究，并与招标课题一同检查、一同评审。从近年来的评审结果看，院内专家的评审成绩及受省领导关注程度普遍高于院外专家。

加强与省内科研机构、地方政府深度合作。与安徽大学、安徽省政府参事室、安徽日报社等单位签订了战略合作协议；与安徽大学、安徽师范大学、安徽财经大学、合肥师范学院等高校合作成立协同创新中心；与合肥市社科院开展了一系列合作和交流，相关课题已经立项；省社科院蚌埠分院挂牌，并顺利开展工作，取得了一系列智库成果。"十二五"期间，还先后在省内挂牌5家省情调研基地，组织科研人员定期开展省情大调研活动，以调研基地的现状和问题入手，为省委省政府决策及时提供第一手资料和决策参考。

4. 坚持人才兴院战略，培育惜才聚才氛围

一是重视现有人才培养。"十二五"期间，全院有90余人次参加各种形式的培训学习，其中参加党校、行政学院培训的达29人次。尤其重视青年科研人员成长为科研骨干，鼓励中青年科研人员攻读在职博士、硕士研究生，6人在职攻读硕士、博士学位。专门设立了年度院青年课题，科研成果奖励办法中专门针对青年人员设立了鼓励奖。在学科建设项目中明确要求各研究所和项目负责人对青年科研人员进行培养。

二是重视人才引进工作。在引进人才方面，根据学科发展实际，实行自主招聘，原则上不进非科研人员，逐步提高引进人才的学历标准，四年间通过选招聘和调入等方式录用10名博士、2名专业人员（中高级各一人）。

三是坚持专家治学，发挥学术委员会在学科建设、人才培养、职称评定等方面的作用。

四是在干部选拔和使用上，严格按干部选拔任用制度办事，保证干部选拔质量。

五年间考察提拔处级干部17人，科级干部5人，处级、科级干部轮岗交流29人次。

5. 加强学术交流，提升学术影响力

"十二五"期间，安徽省社科院举办了一系列高层次学术研讨会。这些学术研讨会有的是基础理论研究，有的是应用对策研究，有的是跨界研究，通过广泛邀请政界、学界、业界精英参加论坛、研讨会，集思广益，把论坛、研讨会办成层次高、有影响的名坛名会，以学术影响力带动决策咨询力。自2012年开始，安徽省社科院为贯彻安徽文化强省建设目标，先后在亳州、安庆、合肥等地召开高层次"安徽文化论坛"，邀请海内外对安徽文化研究具有较深造诣的专家学者出席论坛，共同探讨安徽传统文化对当下文化强省建设的借鉴意义、文化强省建设的实施路径及对策等。为响应实施皖北振兴战略，2015年，安徽省社科院与安徽大学联合举办"淮河流域发展论坛"，针对淮河流域经济、社会、文化、生态发展等方面，提出切实可行的对策建议。此外，我院还与中国社会科学院、光明日报社等单位联合主办"老庄思想与社会主义核心价值观""老庄思想与社会治理""皋陶法治思想与法治中国建设""徽商文化及其当代价值"等高层次论坛。论坛的部分成果在光明日报整版刊登，扩大了我院的学术影响力。

6. 实施名刊工程，提升刊物质量

"十二五"期间，安徽省社科院加强了对院办刊物的资助扶持力度，使《江淮论坛》《安徽史学》两种学术刊物进入全国同类期刊第一方阵。两种刊物已连续多年同时入选全国中文核心期刊、中国人文社会科学核心期刊、中文社会科学引文索引（CSSCI）来源期刊、RCCSE中国核心学术期刊。中国社会科学院中国社会科学评价中心发布的《中国人文社会科学期刊评价报告（2014年）》中，《江淮论坛》位列综合性人文社会科学期刊第89位，比2013年前进

20 位；《安徽史学》位列历史学科期刊第 17 位。在 2014 年度人民大学人文社科学术成果评价排名中，《江淮论坛》全文转载率列社科院（联）主办的综合期刊第 25 位；《安徽史学》全文转载率列历史学类期刊第 27 位，转载量列第 20 位。中国人民大学人文社会科学学术成果评价研究中心的分析报告特别指出"《江淮论坛》是唯一一种同时新入围转载量和综合指数排行榜的期刊"，"社科院（联）综合期刊近 3 年各排行榜中新上榜期刊共有 12 种，其中《江淮论坛》连续两年持续进步。"

此外，安徽省社科院主办的《小康生活·文明风》作为安徽省精神文明建设工作性刊物，不仅对安徽省精神文明建设具有指导性，而且富有理论性和思想性，得到了中央文明办领导的肯定和多次批示。

7. 改善办公环境，保障科研条件

"十二五"期间，安徽省社科院多渠道争取经费近 1000 万元，积极改善办公条件。

一是顺利完成图书楼工程建设任务。图书楼工程是"十二五"期间安徽省社科院最大的一项基建工程项目。图书楼的建设，扩大了院图书藏量，改善了图书保管条件，改善了院学术活动的条件。项目于 2012 年 10 月交付使用。

二是美化办公环境。配合图书楼建设对院办公楼周边道路进行整修，植树、栽种灌木，新建自行车防雨棚，铺设沥青混凝土 2320 平方米，使院办公区焕然一新。向省行管局争取专项经费，对办公楼进行整修。经与财政厅沟通，利用图书库装修余款购置了办公电脑、空调，扩建了科研成果展厅并为研究所添置了办公硬件。

三是提升科研信息化条件。推进自动化、网络化建设，初步构建覆盖全院的网络系统。在省财政支持下，全院正高职称人员实现每人配备一台便携式计算机，科研人员基本达到人手一台电脑。

"十二五"期间，院机关各处室认真履行岗位职责，在科研管理、人事管理、财务管理、纪检监察、离退休工作以及后勤保障、工会工作等方面均取得较好成绩，为科研工作提供了全面的行政服务保障。

### 三、机构设置

安徽省社会科学院自 1983 年成立以来，内部机构设置根据发展需要数次变更。根据皖政办〔1995〕83 号《安徽省社会科学院职能配置、内设机构和人员编制方案》，院机关设 4 个处室（办公室、科研组织处、人事处、行政处）和机关党委，直属二级事业单位 13 个，分别为乡镇经济研究所，处级建制，事业编制 11 名，领导职数 2 名；经济研究所，处级建制，事业编制 15 名，领导职数 3 名；马列主义毛泽东思想研究所，处级建制，事业编制 10 名，领导职数 2 名；哲学研究所，处级建制，事业编制 10 名，领导职数 2 名；法学研究所，处级建制，事业编制 10 名，领导职数 2 名；历史研究所（人物研究所），处级建制，事业编制 14 名，领导职数 2 名；文学研究所，处级建制，事业编制 10 名，领导职数 2 名；社会学研究所，处级建制，事业编制 14 名，领导职数 2 名；新闻信息研究所，处级建制，事业编制 6 名，领导职数 2 名；当代安徽研究所，处级建制，事业编制 10 名，领导职数 2 名；图书馆，副处级建制，事业编制 9 名，领导职数 1 名；《江淮论坛》杂志社，副厅级建制，内设 3 个部室（副处级），事业编制 15 名，领导职数副厅级 1 名，正处级 2 名，副处级 3 名；《安徽年鉴》编辑部，处级建制，事业编制 7 名，领导职数 2 名；原安徽省社会科学院青少年研究所并入社会学研究所。纪检、监察机构单列编制 3 名，领导职数 2 名，其中，纪检组长 1 名，处级职数 1 名。2003 年，根据皖编办〔2003〕65 号文件精神，安徽省社会科学院经济开发中心更名为安徽省社会科学院机关服务中心。2003年，根据皖政办〔2003〕19号文件精神，院机关设5个处室（办公室、科研组织处、人事处、财务处、离退休工作处）和机关党委。2007年，根据皖编办〔2007〕243号文件精神，院《安徽年鉴》编辑部划转省地方志办公室，列入省地方志办公室全额预算事业单位管理序列，处级建制，《安徽年鉴》编纂及全省地方综合年鉴编纂工作的规划、业务指导职能划转省地方志办公室承担。2010年，根据皖编办〔2010〕213号文件精神，为适应工作需要，哲学研究所更名为哲学与文化研究所、马列主义毛泽东思想研究所更名为马克思主义研究所、新闻信息研究所更名为新闻与传播研究所。2012年，根据皖编办〔2012〕188号文件精神，根据工作需要，乡镇经济研究所更名为城乡经济研究所。

此外，安徽省社科院还与省直部门合办了10多个非编制研究中心。如与安徽省文明办合作成立"安徽省精神文明建设研究中心"，与省妇联合作成立"安徽省妇女儿童研究中心"，与省经信委合作成立"安徽工业经济研究院"，与省住建厅合作成立"安徽城市研究中心"，与省文化产业促进会合作成立"安徽文化研究中心"，与省旅游局合作成立"安徽旅游发展研究中心"等。上述研究中心针对政府相关部门、领域的热点、难点问题开展应用对策研究，受到合作单位的好评。

### 四、人才建设

建院以来，几代科研人员在社会科学领域辛勤耕耘，取得了较为丰硕的科研成果，有力推动了安徽地方经济社会的发展，涌现出一些在省内外较为知名的专家和学者。截至2015年12月，安徽省社科院在编在岗人员合计148人，专业技术人员111人，其中，具有正高级职称人员23人，副高级职称人员32人，中级及以下人员56人。管理人员有42人（双肩挑5人），其中处级以上干部20人。具有副研究员及以上专业技术职称的有：施立业、吕连生、朱士群、杨俊龙、钱念孙、孙自铎、王可侠、沈跃春、林斐、杨根乔、陈瑞、汪谦干、张亨明、吴元康、胡晓、孔令刚、张谋贵、吴兴国、方英、白云、邢军、方金友、曹树青、张小平、杨国化、徐本纯、蒋晓岚、吴树新、吴海升、程惠英、吴治中、程宏志、李季林、何平、范丽娟、陶武、胡功胜、叶维根、江涛、顾辉、王慧、赵红、吕成、赵胜、鞠洪斌、戚嵩、焦德武、吴楠、黄胜江、左媛、秦柳、郝红暖、康武刚、郑基超、王晴飞、张寒凝、崔跃松。

## 第二节 组织机构

### 一、安徽省社会科学院院领导及其分工

1. 历任院领导

第一任院长（党组书记）：欧远方（1983年4月—1986年3月）

副院长：古克武（1984年调出）、陆德生、徐则浩、金隆德

秘书长：陈汝鼎

副秘书长：杨学敏、李栋材

第二任院长（党组书记）：丁汀（1986年3月—1991年12月）

副院长：陆德生（1986年12月调出）、金隆德、徐则浩（1988年11月调出）、陈汝鼎、戴清亮、张云生

秘书长：王季平（1986年12月任职）

副秘书长：杨学敏（1988年3月离任）、李栋材（1986年12月离任）

第三任院长（党组书记）：何永炎（1991年12月—1994年2月）（1991年12月—1993年3月副院长、副书记主持工作）

副院长：张云生、韩西山、韩永荣、程必定（1993年4月任职）

秘书长：王季平（1993年4月调出）、王传寿（1993年4月任职）

第四任院长（党组书记）：韩西山

（1994年2月—1997年1月）

副院长：张云生（1995年1月离任）、韩永荣、程必定、王传寿

秘书长：唐先田（1995年5月任职）

纪检组长：徐士泰（1996年3月任职）

第五任院长（党组书记）：汪石满（1997年1月—2002年7月）

副院长：韩永荣（1998年1月离任）、程必定（2002年4月调出）、王传寿、唐先田、朱文根（1997年1月任职）

纪检组长：徐士泰

第六任院长（党组书记）：韦伟（2002年7月—2009年6月）

副院长：王传寿（2006年2月离任）、唐先田（2005年1月离任）、朱文根（2003年6月调出）、李抗美（2004年9月任职）、宋蓓（2004年9月任职）、倪学鑫（2009年3月任职）

纪检组长：徐士泰（2006年12月调出）、张东明（2006年12月任职）

党组成员：孙自铎（2004年9月—2008年11月）

党组成员、《江淮论坛》杂志社主编：计永超（2009年2月）

第七任院长（党组书记）：陆勤毅（2009年6月—2014年7月）

副院长：李抗美（2009年12月调出）、宋蓓（2012年3月调出）、倪学鑫（2012年8月离任）、施立业（2011年12月任职）、杨俊龙（2012年7月任职）、张东明（2013年10月）

纪检组长：张东明（2013年10月转任）、周之林（2013年10月任职）

党组成员、《江淮论坛》杂志社主编：计永超（2009年2月）

第八任院长（党组书记）：朱士群（2014年7月—2016年6月）

党组成员、《江淮论坛》杂志社主编：计永超（2009年2月）

党组成员、副院长：张东明（2016年5月离任）、施立业（2011年12月任职）、杨俊龙（2012年7月任职）

纪检组长：周之林（2013年10月任职）

2. 现任院领导及其分工

院长（党组书记）：刘飞跃（2016年6月— ）。主持院全面工作。分管人事处，联系城市发展研究中心。

党组成员、《江淮论坛》杂志社主编：计永超。负责《江淮论坛》杂志社工作。分管马克思主义研究所、社会学研究所、当代安徽研究所，安徽省中国特色社会主义理论体系研究中心省社院研究基地。

党组成员、副院长：施立业。分管财务处、机关党委、法学研究所、历史研究所（人物研究所）、《安徽史学》杂志社、图书馆，联系安徽省淮河文化研究中心。

党组成员、副院长：杨俊龙。分管科研处、城乡经济研究所、经济研究所、大协调学研究中心，联系安徽省工业经济研究院。

纪检组长：周之林。负责纪检工作。分管离退休工作处、监察室、新闻与传播研究所，联系省旅游发展研究中心。代管办公室、机关服务中心（生活服务中心）、哲学与文化研究所、文学研究所、《小康生活·文明风》杂志社、咨政研究中心，联系安徽省精神文明建设研究中心、安徽省文化产业研究中心。

二、安徽省社会科学院内设机构及直属机构

（一）内设机构

办公室

主任：何长辉

副主任：常锐、王莉

科研组织处

处长：陈瑞

副处长：吴海升

人事处

处长：杭大虎

财务处

处长：朱顶飞

机关党委

专职副书记：陆训

监察室

主任：程洪波

(二) 直属机构

城乡经济研究所

所长：孔令刚

副所长：张谋贵

经济研究所

所长：吕连生

副所长：程惠英、程宏志

马克思主义研究所

副所长：李季林

法学研究所

所长：何平

副所长：曹树青

历史研究所（人物研究所）

副所长：汪谦干

文学研究所

所长：沈跃春

新闻与传播研究所

副所长：方金友

当代安徽研究所

所长：邢军

副所长：徐本纯

图书馆

馆长：白云

《江淮论坛》杂志社

主编：计永超

副主编：张亨明、吴兴国

《安徽史学》杂志社

总编辑：方英

机关服务中心

副主任：阮庆忠

## 第三节 年度工作概况

2015年，安徽省社会科学院紧紧围绕省委省政府的中心工作，以服务文化强省建设、服务安徽经济社会发展为目标，坚持基础理论和应用对策研究并重，努力建成符合党委政府要求的思想库和智囊团。

### 一、学术研究成果丰硕

据中国人民大学复印报刊资料中心发布的2015年转载学术论文指数排名，安徽省社科院专家学者发表的论文转载量列社科院、社科联系统排行榜第8位。2015年国家社科基金年度项目和青年项目立项名单显示，安徽省社科院有5项课题在列（含1项国家社科基金艺术学项目），人均立项数在全省处于领先地位。2015年是安徽省社科院为期三年的第二期学科建设开局年，把学科建设作为全院工作的重中之重抓细抓实。经初步统计，各单位学科建设均实现了年初确定的目标，全院共发表学术论文420余篇，出版专著20余部。在《人民日报》《光明日报》等中央权威报刊发表文章8篇。

### 二、新型智库建设取得新进展

一是应用对策研究和决策咨询服务水平得到明显提升。围绕省委省政府关心关注的大局大势开展深入调研和学术研讨。

为呼应省委省政府"调转促"行动计划，安徽省社科院先后主办三次"安徽省调结构转方式促升级"学术研讨会，邀请社科理论界、省直职能部门、市县党政部门和部分战略性新兴产业基地的代表共聚一堂，探讨"调转促"的相关问题。并组织专家及时撰写多篇"4105"行动计划方面的调研文章供省领导参阅。

为响应实施皖北振兴战略、规划建设淮河生态经济带的重大战略，安徽省社科院邀请省参事室、安徽日报等单位专家举办淮河流域经济社会发展研讨会，与安徽大学联合举办"我国区域战略布局升级背景下淮河流域新发展"高层论坛，并将"淮河流域经济社会发展研究"列为安徽省社会科学院重大项目,首次采用项目首席专家制,进行长期跟踪研究。

为响应省委主要领导同志关于讨论和弘扬徽商精神的指示,安徽省社科院与中国社会科学院、光明日报社、江西省委宣传部等单位联合举办"徽商文化与当代价值学术座谈会",《光明日报》整版刊登了学术研讨成果,开启了安徽省发动徽商精神大讨论的序幕。

此外,安徽省社科院还与合肥市联合举办主题为"文化创新与大湖名城"的第三届安徽文化论坛,与安徽师范大学联合主办"新媒体传播与舆论引导"学术研讨会等,有效扩大了该院的学术影响力。

二是加大决策咨询服务品牌的建设力度。以院党组名义出台了《关于加强〈咨政〉工作的意见》,树立全院办《咨政》的方针,通过强化激励措施、增强编辑力量、提升稿件质量、开放办《咨政》、加强宣传推介等途径,加大《咨政》的品牌建设力度。全年共刊发《咨政》38期,包含各类决策咨询类文章。对2015年省领导圈定课题,多位省领导表示热情关切。多位省领导还亲自修改、增补课题。经省领导圈阅、公开招标,2015年组织完成28项课题的调研报告撰写和鉴定工作。从招标和立项结果看,2015年省领导圈定课题呈现应标单位覆盖广、中标项目主持人学术影响力强和选题范围广、针对性强等特点;从成果质量看,2015年度省领导圈定课题最终上报成果获得时任安徽省人民政府省长李锦斌等多位省领导的肯定性批示。这充分体现了省领导圈定课题日益受到省内政界、学界的普遍关注和重视,也体现了课题决策咨询功能的进一步加强和品牌影响力的进一步提升。

三是加强与相关厅局和地市政府深度合作,积极承接各类规划课题。以安徽省社科院研究人员为主体,承担了全省"十三五"文化改革发展规划建议稿编写工作,获得省委宣传部领导的首肯。据不完全统计,2015年,院属各研究部门直接承担或参与省委宣传部、省发改委、省经信委、省民政厅等省直单位和合肥市、亳州市、宿州市以及界首市、望江县、包河区、庐阳区、蜀山区等市县区"十三五"规划研制项目10余项,其中不少项目为市县区项目,体现了该院科研和智库工作触角不断向下延伸、主动服务基层、创新服务模式的新特点。

四是加强对新型智库建设本身的研究力度。院党组通过中心组学习、党组专题会议研究、科研例会等各种形式,认真研究探讨如何在现有基础上把社科院建成具有安徽特色的高端新型智库。院党组专门召开会议,研究提出《安徽省推进中国特色新型智库建设的实施意见(代拟稿)》的修改意见。院党组成员、副院长施立业同志撰写的《关于安徽省新型智库建设的思考与建议》在《咨政》发表后,获得原省委书记张宝顺同志的批示。省委常委、宣传部长曹征海同志专就安徽省社科院的省领导圈定课题《安徽新型智库建设研究》成果报告,作出长篇批示,并就相关问题的研究和解决作出明确部署。

### 三、名刊传播力进一步提升

《江淮论坛》《安徽史学》两种学术刊物稳居全国同类期刊第一方阵。2015年两本刊物在物质、人才、区位等均不占优势的情况下,转载量逆势上扬。据不完全统计,《江淮论坛》刊载论文2015年在主要学术期刊转载量比2014年增加11篇次。《安徽史学》在主要学术期刊转载36篇次,比2014年增加近10篇次。2015年9月出版的《中文核心期刊要目总览(2014年版)》中,《安徽史学》列历史类第11位,比2011年版前进了3个位次。《小康生活·文明风》杂志坚持正确舆论导向,拓宽报道广度和深度,服务精神文明建设大局,为安徽创建助力喝彩,发行量及美誉度都有提升。

## 四、干部队伍建设和人才引进力度显著增强

根据工作需要,选拔5名处级干部,充实院直部门干部力量。院党组统一认识,高度重视人才引进工作,决定大幅引进人才,专业领域覆盖更宽。2015年,全院共引进16名博士和硕士,引进幅度比近四年来的总和还多,有效缓解了我院人才青黄不接的局面。推荐10名专家申报省宣传文化领域"拔尖人才"和"青年英才",有7名获批。2名专家入选"安徽省学术技术带头人",2人入选"安徽省学术技术带头人后备人选"。此外,安徽省社科院还高度重视和充分发挥党外人士重要作用,在处所负责人选拔过程中,注重提拔使用党外人士,一批党外高级知识分子成为我院科研管理的骨干。

## 五、党建和机关行政能力建设水平得到有效提升

2015年,院机关各处室认真履行岗位职责,在党建和理论学习、纪检监察、科研、人事、财务、离退休工作以及后勤保障、工会等方面均取得预期的管理绩效,突出表现在以下几个方面。

一是认真迎接省委巡视,全力做好巡视整改工作。2015年12月8日,省委第一专项巡视组对我院巡视的情况进行了反馈。反馈结束后,院党组立即召开整改工作动员会。针对巡视组反馈的问题,院党组要求整改工作小组逐项查找原因,逐项研究制定整改方案,切实抓好整改落实。院党组以巡视整改为契机,坚定不移抓好党风廉政建设和反腐败工作,破除思想和行为上的"社科院例外论",认真落实党组主体责任和纪检组监督责任。目前各项整改任务已基本完成,院党组切实把巡视成果转化成为加强领导班子和干部队伍建设、加强党的基层组织建设、加强作风建设、加强内部管理和加快新型智库建设的工作动力,在全院强化了积极向上、干事创业、风清气正的政治生态和学术生态。

二是积极创新学习载体和学习形式,以专家辅导性、讨论性发言形式开展学习。认真开展学习贯彻习近平总书记系列重要讲话精神、中央和省委省政府重要文件精神。通过多种形式的理论学习,坚定党员干部的理想信念和政治立场,严守政治纪律和政治规矩,确保与党中央保持高度一致。

三是严格落实党风廉政建设主体责任制和监督责任制。制定了《中共安徽省社会科学院党组2015年纪检监察总体部署及各季度工作安排》,召开了全院党风廉政工作会议,党组书记与院属各单位负责人签订党风廉政建设责任书,对党风廉政建设工作实行层级管理。院领导班子和省管干部2014年度考核工作和两项考核工作,均获得省委考核组的充分肯定。

四是加强财务管理,严格落实八项规定。按照省财政厅要求,我院把财务预决算工作放在重要地位,连续第七年召开了年度综合预算民主讨论会,并在院网站公布了年度预算情况和三公经费预算情况,做到财务预决算公开透明,严格规范财政经费支出,科学合理地进行会计核算和统计工作。

## 第四节 科研活动

### 一、科研工作

**1. 科研成果统计**

2015年,安徽省社会科学院共完成专著24种,768万字;论文160篇,169万字;研究报告21篇,10万字;一般文章299篇,42.5万字。在《人民日报》《光明日报》等中央权威报刊发表文章8篇。

**2. 科研课题**

(1) 新立项课题

2015年,安徽省社会科学院共有新立项课题48项。其中,国家社科基金年度项目5项,其中一般项目2项,分别为:我

国制造业服务转型发展的立体路径构建与机制研究（程惠英）、胡适中文书信文献再整理与研究（吴元康）；国家社科基金青年项目2项，分别为：10—19世纪浙南滨海平原的水利建设与环境变迁研究（康武刚）、唐代地方行政与文学关系研究（王树森）；国家社科基金艺术学项目1项：农村公共服务体系与基层文化建设研究（庆跃先）。

安徽省哲学社会科学规划项目12项，其中，重点项目3项，分别为：君子文化的当代价值研究（钱念孙）、新科技革命背景下的安徽加快实施创新驱动发展战略研究（孔令刚）、食品安全与安徽生态高效农业发展研究（谢培秀）；一般项目5项，分别为：习近平全面从严治党思想及实现路径研究（杨根乔）、社会治理创新背景下完善重大决策社会稳定风险评估机制研究（沈跃春）、"互联网+"时代安徽新兴文化业态培养研究（胡功胜）、安徽基本公共文化服务标准化均等化研究（吴冬梅）、安徽古代文人曲家剧作文献与史实研究（黄胜江）；青年项目3项，分别为：善用法治思维和法治方式推进服务型政府建设研究（吴楠）、政府向社会组织购买居家养老服务模式研究（李双全）、学术与政治：民国时期新闻团体的职业教育研究（1912—1949）（胡凤）；后期资助项目1项：合肥文化转型升级研究（邢军）。

安徽省社会科学创新发展研究课题4项，分别是：制度安排下的乡村治理主体关系变形研究（殷民娥）、我省新兴文化业态发展研究（范丽娟）、安徽文化创意产业与制造业融合发展研究（程惠英）、安徽文化消费转型升级研究（胡功胜）。

省委省政府重大决策部署舆情跟踪研判课题4项，其中，重点课题1项：涉皖网络群体性事件风险防范研究（常松）；一般课题3项，分别为：依法治省视野下的我省党员干部法治素质调查（吴兴国）、安徽省公共文化服务体系建设示范县建设研究（庆跃先）、网络舆情环境下安徽地方政府公共形象建设研究（顾辉）。

合肥市哲学社会科学规划项目2项，分别为：合肥市知识产权服务业政策链建构与创新研究（程惠英）、"大湖名城 创新高地"形象现代传播体系研究（焦德武）。

安徽省第一批科技计划项目1项：安徽开发区转型发展研究（张谋贵）。

省领导圈定课题5项，分别为：微时代涉皖舆情分析、预判与治理研究（常松）、政府购买公共服务评估指标研究（何平）、构建安徽现代公共文化服务体系研究（庆跃先）、安徽加强与沪苏浙能源合作研究（孔令刚）、安徽文化强省建设综合评价体系研究（邢军）。

（2）结项课题

2015年，安徽省社会科学院共有结项课题14项，分别为：社会流动视角下的"X二代"现象研究（顾辉），安徽文化人才队伍建设研究（范丽娟），政务微博与安徽政府形象建构研究（王慧），网络舆情的善治路径研究（方金友），论余恕诚先生的唐诗研究思想（王树森），"溥仪出宫"与北京知识界（王晴飞），试析混合所有制发展中的法律障碍及对策（史山山），善用法治思维推进政府购买公共服务研究（吴楠），论建国初期农村的互助组制度（赵胜），革命、教育与学术："安徽公学"研究（胡凤），新型城镇化与开发区转型发展（秦柳），我国公民网络政治参与法治化研究（贾绍俊），网民结构与网络舆论的成因、议题与实质探究（焦德武），基于活态理念与多元文化语境下的安徽地方戏传承与发展研究（黄胜江）。

（3）延续在研课题

2015年，安徽省社会科学院共有延续在研课题17项，分别为：江淮之间商周青铜器研究（陆勤毅），农业生产合作社制度与农村社会变迁研究（赵胜），农民工与城市公共文化服务体系研究（刘奇），健全党员民主权利保障制度问题研究（邸乘光），先秦宋国史研究（陈立柱），明清徽州基层社会管理研究（陈瑞），新四军与外界关系研究（汪谦干），近百年学人诗词及其诗论词论研究（刘梦芙），微博舆论与公众情绪互动研究（常松），中国现代文学与中国现代大学互动关系研究（王晴飞），安徽淮河流域自然、人文环境与历史文化资源保护研究（胡晓），当代安徽农村社会变迁史研究（沈葵），市场化视角下集体建设用地地权配置法律对策研究（吴兴国），建立产业联盟推动煤炭产业及资源型城市转型升级（王可侠），安徽新型智库建设背景下的社科信息服务创新研究（白云），儒学的重建（陶清），安徽著名家族研究（方英）。

3. 获奖优秀科研成果

程惠英《新常态下安徽产业转型升级研究》、康武刚《宋代地方势力与基层社会秩序研究》、王树森《论敦煌唐五代诗歌文献的民族史意义》、杨根乔《干部选拔任用部门化问题的成因及对策》、陶清《如何理解牟宗三的哲学观》、王晴飞《溥仪出宫与北京知识界：以胡适为中心的考察》、秦柳《长江经济带建设背景下皖江地区开发区转型发展研究》、张亨明《综合配套实验区创新能力评价及对策建议》、邸乘光《"四个全面"与中国特色社会主义关系研究》、谢培秀《混合所有制导向的我国农村土地制度改革》等10项成果，获2015年度安徽省社会科学院科研成果精品奖。此外，邸乘光《"四个全面"与中国特色社会主义关系研究》获2015年度省属社科类社会组织"三项课题"研究成果一等奖。

安徽省社科院组织的2015年省领导圈定课题多项研究成果获得多位省领导的肯定性批示。省委副书记、省长李锦斌批示："课题完成很好。希望16年在'三去一降一补'方面加大研究力度。"省委常委、常务副省长詹夏来将《长三角一体化发展中安徽体制机制问题研究》《安徽战略性新兴产业发展现状、存在问题及发展对策》《政府购买公共服务评估指标研究》和《安徽省立医院综合改革研究》四份研究报告分别批示给省发改委、省财政厅、省卫计委等相关部门参考。省委常委、统战部长沈素琍批示："省社科院就推进混合所有制改革和基层协商民主建设进行的深入调研，对开展统战工作很有帮助。请发成、昌虎同志阅，注意运用研究成果。"

## 二、学术交流活动

1. 学术活动

2015年，安徽省社会科学院举行的主要学术活动有：

5月11日，举行淮河流域经济社会发展研讨会。院党组书记、院长朱士群教授，省政协常委、院淮河文化研究中心主任陆勤毅教授，省政府参事、安徽省社科院特约研究员程必定研究员出席会议，来自院内外十多位淮河流域研究专家参加了会议。

5月22日，安徽省中国特色社会主义理论体系研究中心省社科院研究基地召开年度工作会议。院党组书记、院长、研究基地主任朱士群出席会议并讲话。院党组成员、《江淮论坛》主编、研究基地副主任计永超主持会议并作总结讲话。研究基地领导成员和有关工作人员参加了会议。朱士群肯定了研究基地在过去一年工作中取得的成绩，并就如何推进今后研究基地工作发展，提升整体研究水平提出了几点意见和建议。计永超指出，近年来研究基地的影响不断扩大，成绩值得肯定。下一步要努力形成一批真正有价值、有水平、有影响的研究成果，提高安徽省社科院研究基地的工作实效，为提升安徽省社科研究整体水平做出贡献。

5月23—24日，由安徽省社科院经济研究所、城乡经济研究所参与举办的安徽省

"十三五"发展思路研讨会暨第二届新型城镇化乡镇发展论坛在安徽行政学院召开。

5月30日,由光明日报社和安徽省社科院联合主办,安徽省社科院历史所和六安市委宣传部、六安市委讲师团承办的"皋陶法治思想与法治中国建设研讨会"在六安市举行。光明日报社副总编辑李春林、省委宣传部副部长刘飞跃,六安市领导孙云飞、杨光祥、何颖、樊忠厚、黄应松等参加研讨会。研讨会由院党组书记、院长朱士群主持。与会专家学者结合法治中国建设的背景,探讨如何传承和发扬皋陶的法治思想,为法治中国建设提供有益借鉴。

6月13—14日,由安徽省社科院和安徽师范大学联合主办,安徽省社科院新闻与传播研究所和安徽师范大学新闻与传播学院承办的"新媒体传播与舆论引导"学术研讨会在芜湖召开。院党组书记、院长朱士群,院党组成员、纪检组长周之林出席会议。

7月7日,由中国社会科学院、光明日报社、安徽省委宣传部联合主办,安徽省社会科学院、安徽省社会科学界联合会、亳州市委宣传部承办的"2015年中国·亳州老庄思想与社会治理学术论坛"在老庄故里亳州举行。院党组书记、院长朱士群出席此次论坛并主持论坛开幕式和大会研讨。

11月29日,由光明日报社、中国社会科学院历史所、江西省委宣传部、安徽省委宣传部等单位联合主办的"徽商文化与当代价值学术座谈会"在歙县召开。安徽省社科院负责此次会议的具体筹备工作。安徽省委常委、宣传部长曹征海,江西省委常委、宣传部长姚亚平,光明日报社总编辑何东平出席会议并讲话。黄山市委书记任泽锋致辞。中国社会科学院历史研究所所长卜宪群,宣城市委书记姚玉舟,黄山市委常委、宣传部长路海燕等出席会议。座谈会上,广东省社会科学院叶显恩研究员、中国社会科学院栾成显研究员、上海师范大学唐力行教授、南京大学范金民教授、厦门大学陈支平教授、复旦大学王振忠教授、安徽省社会科学院陈瑞研究员等17位徽商研究专家先后进行了发言。他们围绕徽商文化及其当代价值这一主题,就徽商文化的内涵与特征、徽商文化的当代价值、徽商精神的内涵与特征、徽商精神的当代弘扬、徽商资源的当代利用、历史时期徽商专题研究等重要议题发表了自己的最新研究成果和独到见解。本次会议取得了丰硕的学术成果,共收到正式论文62篇,65万字。此次会议的召开,为进一步推动徽商文化研究,挖掘弘扬其当代价值发挥了积极作用。

2. 国际学术交流合作

2015年度,院党组书记、院长朱士群应邀赴美国、韩国、日本考察文化建设情况;院党组成员、副院长施立业应邀赴美国、加拿大考察国外智库建设情况。

三、研究中心、期刊

1. 研究中心

安徽城市研究中心。主任:郭万清;办公室主任:孙自铎研究员。

安徽省精神文明建设研究中心。负责人:钱念孙研究员。

安徽省旅游发展研究中心。负责人:常松研究员。

安徽省大协调学研究中心。负责人:赵营波研究员。

安徽省工业经济研究院。研究院由省经信委主任、省社科院院长任轮值院长,王可侠、石象斌、华克思任副院长。

安徽省文化研究中心。主任:陆勤毅;副主任:张东明。

2. 期刊

《江淮论坛》(双月刊),主编:计永超。

2015年,《江淮论坛》共出版6期,计200万字。该刊全年刊载的代表性文章有:《长江经济带城镇化战略思路研究》(肖金成、黄征学)、《论国家话语体系的建构》(陈汝东)、《中国城市大气污染加重的关键原因分析》（李佐军、盛三华）、《治理中国要"以道莅天下"》（李景源）。

《安徽史学》（双月刊），主编：方英。

2015年，《安徽史学》共出版6期，计180万字。该刊全年刊载的代表性文章有：《徽州文书的日常生活史研究》（常建华）、《中国历史上的"契约"》（阿风）、《清代思想史上的诸子学》（罗检秋）、《论中华民族复兴思想在五四时期的发展》（郑大华）。

《小康生活·文明风》（月刊），总编：钱念孙。

2015年，《小康生活·文明风》共出版12期，计120万字。

## 第五节 重点成果

一、2014年以前获省部级以上奖项科研成果（收录二等奖以上）[*]

| 成果名称 | 作者 | 职称 | 成果形式 | 字数（万字） | 出版发表单位 | 出版发表时间 | 获奖情况 |
| --- | --- | --- | --- | --- | --- | --- | --- |
| 国家哲学论 | 任吉悌等 | 教授 | 著作 | 37.7 | 安徽人民出版社 | 2000.2 | 安徽省社会科学优秀成果奖（荣誉奖） |
| 抗日战争回忆录 | 宋霖等 | 助理研究员 | 著作 | 38 | 安徽人民出版社 | 1992.2 | 安徽省社会科学优秀成果奖（荣誉奖） |
| 安徽包干到户研究 | 欧远方 | 研究员 | 论文集 | 12.2 | 安徽人民出版社 | 1998.12 | 安徽省社会科学优秀成果奖（一等奖） |
| 安徽发展战略 | 欧远方主编 | 研究员 | 著作 | 39 | 安徽人民出版社 | 1987.10 | 安徽省社会科学优秀成果奖（一等奖） |
| 社会主义学说史 | 戴清亮等 | 副研究员 | 著作 | 51.3 | 人民出版社 | 1987.3 | 安徽省社会科学优秀成果奖（一等奖） |
| 清代哲学 | 王茂等 | 研究员 | 著作 | 66 | 安徽人民出版社 | 1992.1 | 安徽省社会科学优秀成果奖（一等奖） |
| 中国地区比较优势分析 | 郭万清 | — | 著作 | 30 | 中国计划出版社 | 1992.12 | 安徽省社会科学优秀成果奖（一等奖） |
| 迈向21世纪的大别山经济 | 汪石满等 | — | 著作 | 32.4 | 中国财政经济出版社 | 2000.12 | 安徽省社会科学优秀成果奖（一等奖） |
| 公有制实现形式多样化通论 | 王可侠参与 | 副研究员 | 著作 | 43 | 经济科学出版社 | 2001.6 | 安徽省社会科学优秀成果奖（一等奖） |
| 安徽经济年鉴 | 年鉴编辑部 | — | 工具书 | — | — | — | 安徽省社会科学优秀成果奖（二等奖） |

---

[*] 注：在本节的表格中的"出版发表时间"一栏，年、月使用阿拉伯数字，且"年""月"两字省略（发表期数除外，保留"年"字）。既有年份，又有月份时，"年"用"."代替。如："1994年"用"1994"表示，"2000年2月"用"2000.2"表示，"1982年第4期"不变。

续表

| 成果名称 | 作者 | 职称 | 成果形式 | 字数（万字） | 出版发表单位 | 出版发表时间 | 获奖情况 |
| --- | --- | --- | --- | --- | --- | --- | --- |
| 论鄂豫皖苏区肃反中的几个问题 | 郭煜中 | 助理研究员 | 论文 | 1.5 | 《党史资料通讯》 | 1982年第4期 | 安徽省社会科学优秀成果奖（二等奖） |
| 马克思"世界文学"思想初论 | 钱念孙 | 助理研究员 | 论文 | 3.1 | 《文艺理论》 | 1984年第10期 | 安徽省社会科学优秀成果奖（二等奖） |
| 论社会主义职业道德 | 社科院编写组 | — | 著作 | 16.7 | 安徽人民出版社 | 1984.12 | 安徽省社会科学优秀成果奖（二等奖） |
| 安徽战略研究文汇 | 省发展战略研究室 | — | 论文集 | 30 | 安徽人民出版社 | 1985.8 | 安徽省社会科学优秀成果奖（二等奖） |
| 试论巴金小说的"生命"体系 | 张民权 | — | 论文 | 1.6 | 《文学评论》 | 1985年第1期 | 安徽省社会科学优秀成果奖（二等奖） |
| 行政管理简论 | 杨学敏等 | 副研究员 | 著作 | 19 | 安徽人民出版社 | 1985.10 | 安徽省社会科学优秀成果奖（二等奖） |
| 社会主义法律体系的形成及其科学结构 | 王传生 | 助理研究员 | 论文 | 0.85 | 《法学》 | 1983年第7期 | 安徽省社会科学优秀成果奖（二等奖） |
| 区域经济学 | 程必定主编 | 副研究员 | 著作 | 36 | 安徽人民出版社 | 1989.4 | 安徽省社会科学优秀成果奖（二等奖） |
| 太平天国安徽省史稿 | 徐川一 | — | 著作 | 31.2 | 安徽人民出版社 | 1991.2 | 安徽省社会科学优秀成果奖（二等奖） |
| 中国古代秘书通论 | 潘林杉 | 研究员 | 著作 | 25 | 安徽人民出版社 | 1990.12 | 安徽省社会科学优秀成果奖（二等奖） |
| 阴阳聚裂论 | 张允熠 | — | 著作 | 21 | 北方妇女儿童出版社 | 1988.9 | 安徽省社会科学优秀成果奖（二等奖） |
| 简明安徽通史 | 朱玉龙等 | 副研究员 | 著作 | 58 | 安徽人民出版社 | 1994 | 安徽省社会科学优秀成果奖（二等奖） |
| 区域经济运行调控 | 程必定 | 副研究员 | 著作 | 40 | 安徽人民出版社 | 1992 | 安徽省社会科学优秀成果奖（二等奖） |

续表

| 成果名称 | 作者 | 职称 | 成果形式 | 字数（万字） | 出版发表单位 | 出版发表时间 | 获奖情况 |
|---|---|---|---|---|---|---|---|
| 张孝祥年谱 | 韩酉山 | 研究员 | 著作 | 17 | 安徽人民出版社 | 1993.10 | 安徽省社会科学优秀成果奖（二等奖） |
| 邓小平论政治稳定 | 邱乘光 | 助理研究员 | 论文 | 1.1 | 《人民论坛》 | 1992.10 | 安徽省社会科学优秀成果奖（二等奖） |
| 皖江农村文化考察 | 王季平等 | — | 著作 | 40 | 黄山书社 | 1993.12 | 安徽省社会科学优秀成果奖（二等奖） |
| 朱光潜与中西文化 | 钱念孙 | 研究员 | 著作 | 40 | 安徽教育出版社 | 1995 | 安徽省社会科学优秀成果奖（二等奖） |
| 五代十国方镇年表 | 朱玉龙 | 研究员 | 著作 | 48 | 中华书局 | 1997 | 安徽省社会科学优秀成果奖（二等奖） |
| 当代中国的马克思主义政治经济学 | 孙自铎主编 | 副研究员 | 著作 | 28 | 安徽人民出版社 | 1997.12 | 安徽省社会科学优秀成果奖（二等奖） |
| 中国安徽十年减灾研究 | 程必定等主编 | 研究员 | 著作 | 34.6 | 中国林业出版社 | 1997.5 | 安徽省社会科学优秀成果奖（二等奖） |
| 安徽现代史 | 戴惠珍等主编 | 研究员 | 著作 | 56 | 安徽人民出版社 | 1997 | 安徽省社会科学优秀成果奖（二等奖） |
| 邓小平对马列主义与中国实际相结合理论的新贡献 | 许良廷 | 副研究员 | 论文 | 1 | 《江淮论坛》 | 1995年第4期 | 安徽省社会科学优秀成果奖（二等奖） |
| 秦桧传 | 韩酉山 | 研究员 | 著作 | 21.8 | 上海古籍出版社 | 1999.9 | 安徽省社会科学优秀成果奖（二等奖） |
| 区域经济空间秩序 | 程必定 | 研究员 | 著作 | 29 | 安徽人民出版社 | 1998 | 安徽省社会科学优秀成果奖（二等奖） |
| 中国村民自治 | 辛秋水等 | 研究员 | 著作 | 21 | 黄山书社 | 1999.12 | 安徽省社会科学优秀成果奖（二等奖） |
| 新时期执政党建设的伟大纲领 | 课题组 | — | 论文 | 0.9 | 《江淮论坛》 | 2000年第3期 | 安徽省社会科学优秀成果奖（二等奖） |
| 晚清哲学 | 余秉颐等 | 研究员 | 著作 | 50 | 安徽人民出版社 | 2002.9 | 安徽省社会科学优秀成果奖（二等奖） |

续表

| 成果名称 | 作者 | 职称 | 成果形式 | 字数（万字） | 出版发表单位 | 出版发表时间 | 获奖情况 |
| --- | --- | --- | --- | --- | --- | --- | --- |
| 海峡两岸唐代文学研究史 | 陈友冰 | 研究员 | 著作 | 46 | 广西师范大学出版社 | 2002.5 | 安徽省社会科学优秀成果奖（二等奖） |
| 当代安徽简史 | 沈葵等 | 副研究员 | 著作 | 41 | 当代中国出版社 | 2001.10 | 安徽省社会科学优秀成果奖（二等奖） |
| 论日记和日记体文学 | 钱念孙 | 研究员 | 论文 | 1.8 | 《学术界》 | 2002年第3期 | 安徽省社会科学优秀成果奖（二等奖） |
| 金融危机论——经济学角度的分析 | 韦伟 | 教授 | 著作 | 29 | 经济科学出版社 | 2001.11 | 安徽省社会科学优秀成果奖（二等奖） |
| 农民收入增长的制度性约束与创新研究 | 孙自铎等 | 研究员 | 著作 | 22.5 | 中国财政经济出版社 | 2002.11 | 安徽省社会科学优秀成果奖（二等奖） |
| 现代企业理论和产业组织理论 | 韦伟等 | 教授 | 著作 | 34 | 人民出版社 | 2003.11 | 安徽省社会科学优秀成果奖（二等奖） |
| 姚莹年谱 | 施立业 | 副研究员 | 著作 | 29.8 | 黄山书社 | 2004.11 | 安徽省社会科学优秀成果奖（二等奖） |
| 中华文化精要丛书 | 汪石满主编 | — | 著作 | 324 | 安徽教育出版社 | 2002 | 安徽省社会科学优秀成果奖（二等奖） |
| 中国农村改革轨迹与趋势 | 谢培秀 | 研究员 | 著作 | 26.3 | 知识产权出版社 | 2004.9 | 安徽省社会科学优秀成果奖（二等奖） |
| 技术创新与工业结构升级 | 蒋晓岚等 | 副研究员 | 著作 | 44.5 | 合肥工业大学出版社 | 2008.11 | 安徽省社会科学优秀成果奖（二等奖） |
| 二钱诗学之研究 | 刘梦芙 | 副研究员 | 著作 | 31 | 黄山书社 | 2007.12 | 安徽省社会科学优秀成果奖（二等奖） |
| 跨世纪的丰碑——中国希望工程纪实 | 钱念孙等 | 研究员 | 著作 | 30 | 安徽少年儿童出版社 | 1993 | 中宣部精神文明建设五个一工程奖 |
| 论社会主义的发展动力 | 邱乘光等 | 助理研究员 | 论文 | — | — | — | 中宣部精神文明建设五个一工程奖 |
| 心灵长城——中华爱国主义传统 | 钱念孙等 | 研究员 | 著作 | 30 | 安徽教育出版社 | 1995 | 中宣部精神文明建设五个一工程奖 |

续表

| 成果名称 | 作者 | 职称 | 成果形式 | 字数（万字） | 出版发表单位 | 出版发表时间 | 获奖情况 |
|---|---|---|---|---|---|---|---|
| 中华三德歌 | 钱念孙 | 研究员 | 著作 | 2.5 | 安徽教育出版社 | 1996 | 中宣部精神文明建设五个一工程奖 |
| 起点——中国农村改革发端纪实 | 钱念孙等 | 研究员 | 著作 | 25 | 安徽教育出版社 | 1997 | 中宣部精神文明建设五个一工程奖 |
| 改革是人民群众的伟大创造 | 汪石满等 | — | 论文 | 0.7 | 《求是》 | 1998年第23期 | 中宣部精神文明建设五个一工程奖 |
| 世纪壮举——中国扶贫开发纪实 | 钱念孙等 | 研究员 | 著作 | 26 | 安徽教育出版社 | 2000 | 中宣部精神文明建设五个一工程奖 |
| 城乡越轨女生类型差异之实证研究 | 韩永荣等 | 副研究员 | 论文 | 0.9 | 《江淮论坛》 | 1992年第5期 | 安徽省精神文明建设五个一工程奖 |
| 当代马克思主义动力论 | 何永炎主编 | — | 著作 | 25.1 | 安徽人民出版社 | 1993.7 | 安徽省精神文明建设五个一工程奖 |
| 从腾云村看农村村民自治问题 | 辛秋水 | 研究员 | 论文 | 0.8 | 《江淮论坛》 | 1995年第5期 | 安徽省精神文明建设五个一工程奖 |
| 市场经济与精神文明同步发展论 | 王开玉等 | 研究员 | 论文 | 0.9 | 《实与虚》 | 1994年第11—12期 | 安徽省精神文明建设五个一工程奖 |
| 从输血、造血到树人 | 辛秋水 | 研究员 | 论文 | 0.8 | 《求是》 | 1996年第6期 | 安徽省精神文明建设五个一工程奖 |
| 我们的根本目标是共同富裕 | 邸乘光 | 助理研究员 | 论文 | 0.7 | 《云南学术探索》 | 1995年第3期 | 安徽省精神文明建设五个一工程奖 |
| 邓小平政治经济统一思想 | 邸乘光 | 助理研究员 | 论文 | 1.2 | 《实与虚》 | 1996年第12期 | 安徽省精神文明建设五个一工程奖 |
| 市场竞争道德谱 | 李抗美等 | 研究员 | 著作 | 19 | 安徽人民出版社 | 1998.12 | 安徽省精神文明建设五个一工程奖 |
| 当代中国的马克思主义政治经济学 | 孙自铎主编 | 副研究员 | 著作 | 28 | 安徽人民出版社 | 1997.12 | 安徽省精神文明建设五个一工程奖 |

续表

| 成果名称 | 作者 | 职称 | 成果形式 | 字数（万字） | 出版发表单位 | 出版发表时间 | 获奖情况 |
|---|---|---|---|---|---|---|---|
| 邓小平的现代化理论研究 | 汪石满主编 | — | 著作 | 34.8 | 安徽人民出版社 | 1998.12 | 安徽省精神文明建设五个一工程奖 |
| 再就业问题透视 | 倪学鑫等 | 副研究员 | 著作 | 18 | 中国科学技术大学出版社 | 1998 | 安徽省精神文明建设五个一工程奖 |
| 贫困地区农村两个文明建设的基础性工程——岳西县实施文化扶贫的调查 | 辛秋水等 | 研究员 | 论文 | 0.8 | 《学术界》 | 1998年第2期 | 安徽省精神文明建设五个一工程奖 |
| 邓小平文艺理论宏观解读 | 唐先田 | 编审 | 论文 | 0.9 | 《江淮论坛》 | 2000年第2期 | 安徽省精神文明建设五个一工程奖 |
| 丰原集团的战略管理 | 程必定等 | 研究员 | 论文 | 1.2 | 《江淮论坛》 | 2000年第6期 | 安徽省精神文明建设五个一工程奖 |
| 建设"三个文明"的强大动力 | 唐先田等 | 编审 | 论文 | 0.8 | 《江淮论坛》 | 2002年第6期 | 安徽省精神文明建设五个一工程奖 |
| 中国志愿者行动纪实 | 钱念孙等 | 研究员 | 著作 | 30 | 安徽教育出版社 | 2003.4 | 安徽省精神文明建设五个一工程奖 |

## 二、2015年科研成果情况

2015年，安徽省社会科学院共完成专著24种，768万字；论文160篇，169万字；研究报告21篇，10万字；一般文章299篇，42.5万字。在《人民日报》《光明日报》等中央权威报刊发表文章8篇。在B类及以上期刊发表论文67篇。被《人大报刊复印资料》《红旗文摘》转载7篇。

## 三、2015年主要科研成果

成果名称：《从社会管理到社会治理：动力、逻辑和制度发展》

作者：朱士群

职称：教授

成果形式：论文

字数：12.6千字

出版刊物：《学术界》

出版时间：2015年第3期

由于计划经济的惯性，政府管理社会的体制和机制不能适应经济和社会的巨大变迁，社会管理的"失灵"在所难免。而要克服社会管理的"失灵"，唯有实现从社会管理到社会治理的转变。这一转变，既有政府内在的改革驱动，也是政府对外在压力的回应。真正实现这一转变，需要不断的制度创新和发展，促成社会组织的

"去行政化",并防止其"再行政化"。

成果名称:《城市治理现代化:理念、价值与路径构想》
作者:计永超等
职称:无
成果形式:论文
字数:9千字
出版刊物:《江淮论坛》
出版时间:2015年第6期

该文在梳理城市治理现代化理论的基础上,结合实践论述了推进城市治理现代化的科学价值,文章认为城市治理现代化是国家治理能力现代化的基础,是解决当前城市问题和社会矛盾的主要途径,是推进城市与社会发展的本质需求。最后,文章对城市治理现代化的实现路径进行了构想。

成果名称:《略论吕本中的诗歌创作》
作者:韩酉山
职称:研究员
成果形式:论文
字数:12千字
出版刊物:《江淮论坛》
出版时间:2015年第4期

吕本中是南北宋之交的重要道学家和江西诗派的诗论家与诗人,对南宋前期诗风的变化产生过重要影响。与江西诗派其他诗人相比,其诗歌有两个鲜明的特点:一是在思想内容上比较关注现实;二是在艺术追求上风标自铸,自成特色。就其风格而言,前期浑厚平夷而时出雄伟,中期趋于沉着深稳,晚期趋于老健枯淡;就其总体格局而言,呈现出开豁疏朗的器局与波澜宏阔的气势;就其细部技巧而言,注重深致新巧的构思与轻快流畅的语言。

成果名称:《地区主导产业核心竞争力培育研究》
作者:王可侠
职称:研究员
成果形式:论文
字数:10.8千字
出版刊物:《江淮论坛》
出版时间:2015年第3期

该文认为地区主导产业的核心竞争力来自产业的竞争力、带动力、创新驱动力和绿色性,并依据产业集聚、比较优势和新经济增长点等不同起点及不同路径,形成地区特点鲜明的竞争优势。该文以安徽为欠发达地区代表,通过其与长三角沿海地区的主导产业发展数据比较,进一步探讨不同经济水平地区产业竞争力的差距所在。

成果名称:《工业化视角下现代服务业发展研究》
作者:王可侠
职称:研究员
成果形式:论文
字数:9.6千字
出版刊物:《现代经济探讨》
出版时间:2015年第8期

该文认为现代服务业的发展差距已经成为我国沿海与内陆地区新一轮发展差距加大的重要因素。如何加快内陆地区现代服务业发展?作者以长三角地区为例,进行比较探讨。首先从生产性服务业对现代服务业发展影响分析,提出加快现代服务业发展的必要途径。其次,通过长三角地区四省市产业、生产性服务业发展水平的数据比较,论证了内陆地区现代服务业发展滞后的根源,并给出加快发展的建议。

成果名称:《平原农区农民集中居住社区建设的理论思考》
作者:谢培秀
职称:研究员
成果形式:论文

字数：10.6千字
出版刊物：《江淮论坛》
出版时间：2015年第1期

作者通过对我国豫、鲁、皖等省平原农区农民集中居住社区建设实践的考察，肯定了这一建设模式对促进这些地区新农村建设的生产发展、村容整洁、管理民主、乡风文明等方面的积极作用，从促进新型农村社区持续发展及推进新型城镇化与城乡一体化角度，对这一建设实践中所暴露出来的农民就业不足、建设资金匮乏及推进新型农村社区房地产制度改革等问题进行了深入探讨和分析。

成果名称：《混合所有制导向的我国农村土地制度改革》
作者：谢培秀
职称：研究员
成果形式：论文
字数：10.6千字
出版刊物：《中州学刊》
出版时间：2015年第5期

该文认为，现行的城乡二元土地管理制度引发了严重的"城市病"与"农村病"问题，而且由于农村集体所有土地不能与城市国有土地一样同等入市、同权同价，不仅影响到城乡之间的发展不平衡，甚至威胁到了我国当前宏观经济的平稳、健康发展。为此，应采取混合所有制思路改革农村土地制度，这一土地制度的特征在产权结构上表现为"三权分立"，即国家拥有农村土地的规划与用途管制权，集体拥有耕地发包权、宅基地划拨权和建设用地占有使用权，农户拥有承包地承包经营权和宅基地使用权；在具体管理上表现为"三种模式"，即集体所有、国家管理，集体所有、农户管理，集体所有、集体管理；管理责任人分为"三个主体"，即国家、集体经济组织和农户。

成果名称：《城市视域的电子信息产业创新策略与方向研究》
作者：蒋晓岚
职称：副研究员
成果形式：论文
字数：12千字
出版刊物：《华东经济管理》
出版时间：2015年第3期

该文认为，基于城市空间视角，分析源头性技术创新、产学研协同创新、知识密集型服务业对产业创新系统形成的作用，以合肥电子信息产业链构建及深圳信息通信枢纽城市特点对比为例，研究两地电子信息产业政策的实际效用，给出合肥在构建电子信息产业创新高地过程中区域创新环境的优化方向。

成果名称：《从"北方谈话"到"'三中全会'主题报告"》
作者：邸乘光
职称：研究员
成果形式：论文
字数：15.1千字
出版刊物：《安徽史学》
出版时间：2015年第1期

该文认为，从1978年9月访朝归来到12月举行党的十一届三中全会，从"北方谈话"到"'三中全会'主题报告"，邓小平不仅明确提出了改革开放的时代课题，而且多方面地阐明了为什么要实行改革开放、要在哪些方面改革开放和如何实行改革开放等重大问题，实际完成了中国改革开放决策的酝酿，为"三中全会"最终作出实行改革开放的伟大决策，做好了充分的思想理论准备。回顾我国改革开放决策的酝酿过程，重温邓小平当时关于改革开放的论述，对在新的历史起点上全面深化改革开放具有多方面的意义。

成果名称：《"四个全面"：演进脉络、

基本内涵与科学定位》

作者：邸乘光

职称：研究员

成果形式：论文

字数：11.6千字

出版刊物：《求索》

出版时间：2015年第7期

党的十八大以来，以习近平为总书记的党中央提出和形成了协调推进全面建成小康社会、全面深化改革、全面依法治国、全面从严治党的重大战略布局，开辟了中国共产党治国理政的新境界，实现了马克思主义中国化的新飞跃，是中国特色社会主义理论体系的新成果。在"四个全面"中，每一个"全面"都具有重大战略意义，都有其历史形成过程和深刻而丰富的科学内涵。系统考察其演进脉络，深刻把握其基本内涵，正确认识其科学定位，对深入贯彻和协调推进"四个全面"战略布局，具有重要意义。

成果名称：《"四个全面"形成与确定的历史考察》

作者：邸乘光

职称：研究员

成果形式：论文

字数：13.5千字

出版刊物：《当代中国史研究》

出版时间：2015年第4期

中共十八大以来，以习近平为总书记的中共中央从坚持和发展中国特色社会主义全局出发，逐步形成和确立了协调推进全面建成小康社会、全面深化改革、全面依法治国、全面从严治党的战略布局和战略思想，为实现"两个一百年"奋斗目标和中华民族伟大复兴的中国梦提供了理论指导和实践指南。"四个全面"中的每一个"全面"都具有丰富的科学内涵和重大的战略意义，同时又有各自形成和确立的历史过程。

成果名称：《"四个全面"与中国特色社会主义关系研究》

作者：邸乘光

职称：研究员

成果形式：论文

字数：21.6千字

出版刊物：《新疆师范大学学报》

出版时间：2015年第5期

坚持和发展中国特色社会主义是"四个全面"战略布局的出发点和主题，"全面建成小康社会"是坚持和发展中国特色社会主义的阶段性战略目标；"全面深化改革"是坚持和发展中国特色社会主义的必由之路和根本动力；"全面依法治国"是坚持和发展中国特色社会主义的基本方略和法治保障；"全面从严治党"是坚持和发展中国特色社会主义的关键所在和政治保证。"四个全面"内在地统一于党治国理政的伟大实践，统一于坚持和发展中国特色社会主义的伟大实践，是马克思主义中国化的新飞跃，是在新的历史起点上坚持和发展中国特色社会主义的科学指南。

成果名称：《"四个全面"战略布局的形成、内涵与定位》

作者：邸乘光

职称：研究员

成果形式：论文

字数：15.5千字

出版刊物：《南通大学学报》

出版时间：2015年第4期

党的十八大以来，以习近平同志为总书记的新一届中央领导集体从坚持和发展中国特色社会主义全局出发，提出和确立了协调推进全面建成小康社会、全面深化改革、全面依法治国、全面从严治党的战略布局，形成了"四个全面"战略思想，开辟了中国共产党治国理政的新境界，实现了马克思主义与中国实际相结合的新飞跃，是中国特色社会主义理论体系的最新成果。在"四个全面"战略布局中，既有战略目标，也有战略举措，其中每一个"全面"都具有重大战略意义，都有其历史形成过程和深刻而丰富的科学内涵。系统考察其形成过程，深刻把握其基本内涵，正确认识其科学定位，对正确理解把握和深入贯彻落实"四个全面"战略布局，具有重要意义。

成果名称：《坚持和发展中国特色社会主义新指南》
作者：邸乘光
职称：研究员
成果形式：论文
字数：17.6千字
出版刊物：《湖南社会科学》
出版时间：2015年第5期

党的十八大以来，以习近平同志为总书记的党中央从坚持和发展中国特色社会主义全局出发，明确提出协调推进全面建成小康社会、全面深化改革、全面依法治国、全面从严治党的战略布局，形成了"四个全面"战略思想。坚持和发展中国特色社会主义是"四个全面"战略布局的根本出发点和鲜明主题；"全面建成小康社会"是坚持和发展中国特色社会主义在现阶段的战略目标；"全面深化改革"是坚持和发展中国特色社会主义的必由之路和根本动力；"全面依法治国"是坚持和发展中国特色社会主义的基本方略和法治保障；"全面从严治党"是坚持和发展中国特色社会主义的关键所在和政治保证。"四个全面"内在地统一于中国特色社会主义伟大实践，是中国特色社会主义理论体系的最新成果。深刻理解把握、深入贯彻落实"四个全面"战略思想，对于坚持和发展中国特色社会主义、实现"两个一百年"奋斗目标、实现中华民族伟大复兴的中国梦，具有重大而深远的意义。

成果名称：《干部选拔任用部门化问题的成因及对策》
作者：杨根乔
职称：研究员
成果形式：论文
字数：10千字
出版刊物：《中州学刊》
出版时间：2015年第2期

近年来，各地党政部门都在积极探索干部选拔任用制度改革并取得了明显成效，但在干部选拔任用的部门主导权、"一把手"用人权、选任机会和选任渠道等方面还存在不同程度的部门化现象。究其原因，主要有：一些部门的主要领导干部受传统用人观的影响；干部人事制度还不完善；干部选拔任用民主监督机制还不健全。要从根本上消除这种部门化现象，必须树立正确的选任标准和导向，规范初始提名制度，完善选任程序和运行机制，健全政绩考评方法，拓宽选任渠道，强化监督机制与明确选任责任。

成果名称：《干部选拔任用如何突破部门化"瓶颈"》
作者：杨根乔
职称：研究员
成果形式：论文
字数：12.9千字
出版刊物：《江淮论坛》
出版时间：2015年第2期

该文认为，当前各地在打破党委主要职能部门干部选拔任用部门化问题上取得了一定成效。但在干部选拔任用的部门主导权、"一把手"用人权、选任机会和选任渠道等方面还存在一些突出问题。解决这些问题，必须分析与研究其形成的深层原因，并从树立正确选任标准和导向、规范初始提名制度、完善选任程序和运行机制、健全政绩考评方法、拓宽选任渠道、强化监督机制、明确选任责任等方面打破干部选拔任用的部门化。

成果名称：《从孟子到朱子"以水喻性"的嬗变》
作者：吴冬梅
职称：助理研究员
成果形式：论文
字数：12千字
出版刊物：《社会科学战线》
出版时间：2015年第6期

"以水喻性"，指用"水"来比喻"人性"，该范畴见于《朱子语类》。以水比喻人性，发端于"孟告之辩"中孟子的"人之性善也，犹水之就下也"，臻熟于朱子的"水之清者，性之善也"。孟子以为人性善像水往低处流一样具有必然性；朱子阐释孟子"以水喻性"，以为人性的善像水的清澈一样。为了解决二程"以水喻性"的悬疑，鼎足于关学、湖湘学等学派之林，朱子赋予性以至善，阐明恶之来源，指明返回善性的路径，由此形成了与其心性论联系紧密、较为完善的"以水喻性"论断。朱子的"以水喻性"较之孟子的"以水喻性"，最大贡献在于将"性"提升到"天理"的地位，维护性的至善。"水之就下"和"水之清"两字之差，蕴藏着儒家心性论的发展路径。

成果名称：《如何理解牟宗三的哲学观》
作者：陶清
职称：研究员
成果形式：论文
字数：17.9千字
出版刊物：《哲学动态》
出版时间：2015年第7期

牟宗三的哲学思想极富个性而且著述丰厚，因此我们很难准确理解和全面把握他的哲学观。由于牟宗三哲学体系的最高范畴"性体"的本质属性乃是内在而且超越的道德实体，因此，人们可以通过"逆觉体证"等道德意识唤醒或激活人人具有的"智的直觉"以呈现之从而获得自由，这就是牟宗三哲学观的核心要义。牟宗三所构建的"道德的形上学"体系综合阐释了中西哲学思维历史的经验和教训，因此，研究和探索他的哲学观有益于中国传统哲学的现代化。

成果名称：《戴震与儒学哲理化进程的终结》
作者：陶清
职称：研究员
成果形式：论文
字数：14.1千字
出版刊物：《江淮论坛》
出版时间：2015年第4期

儒学究竟是维系人心、规范人的社会关系的人生学问，还是由概念辨析、逻辑推理所建构的哲学系统，这是儒学研究尤其是中国传统文化的现代化研究所必需思考和直接面对的大问题。戴震直面儒学失却匡范人心、维系伦常的社会功能以及宋明新儒学"以理杀人"的现实，延续儒学传统的经典诠释学的方法，从思想理论上分疏和辨析了儒学作为学问和作为哲学所具有的截然不同的社会功能和效应，从而提出和完成了终止儒学哲理化进程以回归其学问特质的历史性任务。出于思想理论分疏和辨析尤其是学术论战的需要，戴震的学术思想、特别是通过经典诠释学所实现的他的学术思想的理论精华和思想贡献，仍然属于哲学范畴；但是，戴震哲学以后，以儒家学问为思想理论资源的"道德的形上学"的理论建构和思想实现已无可能。

成果名称：《研究邓小平理论　务实可持续发展——兼论综合规划宏观协调的基本要领》

作者：赵营波
职称：研究员
成果形式：论文
字数：9.8千字
出版刊物：《江淮论坛》
出版时间：2015年第4期

该文从大协调学的角度研究了邓小平理论对务实可持续发展的价值，在大尺度上研究了邓小平理论产生的必然性和邓小平理论的逻辑结构，进而运用邓小平理论和有关科学，论述了实施可持续发展需要搞好综合规划、宏观协调和健全领导工作责任制，并提供了有关方法。

成果名称：《我国饮用水水源保护城乡统筹立法研究》
作者：曹树青
职称：副研究员
成果形式：论文
字数：9.2千字
出版刊物：《中州学刊》
出版时间：2015年第9期

保护饮用水水源是保障饮用水安全的关键环节。我国目前饮用水水源保护和管理乏力，水源污染趋势加重，饮用水安全形势严峻。现有涉及饮用水水源保护的法律规范分散在若干单行法和规范性文件中，相互之间存在目的不统一、内容不协调等问题，不能形成系统、完整的制度体系，尤其是缺乏对农村饮用水水源保护的关注。为了长期、有效地保护好城乡饮用水水源，我国应当对饮用水水源保护进行专门立法。专门立法应当遵循城乡统筹的思路，兼顾城乡饮用水水源保护的共性和农村饮用水水源保护的个性，构建以饮用水水源保护区制度为核心，包括饮用水水源地城乡共同所有、开发、利用和保护的产权制度，饮用水水源保护规划制度，饮用水水源保护区制度，饮用水水源地修复制度，污染或破坏饮用水水源的法律责任制度等在内的严密、系统的制度体系。

成果名称：《从资产池层级披露到资产层级披露》
作者：王远胜
职称：助理研究员
成果形式：论文
字数：19千字
出版刊物：《民商法论丛》
出版时间：2015年1月

自大萧条后金融市场加强规制时起，持续、准确、公开的信息披露一直被视为证券市场监管的基石。对资产证券化的信息披露监管从资产池层级向资产层级的演变，不仅宣告了金融自由化浪潮背景下的对市场自发监管迷信的结束，也带来了信息披露监管技术的变化和传统监管哲学的改变。尽管这种改革的实际效率尚待市场检验，但其普遍应用已是大势所趋。

成果名称：《巴塞尔协议资产证券化资本监管新框架述评》
作者：王远胜
职称：助理研究员
成果形式：论文
字数：13千字
出版刊物：《证券市场导报》
出版时间：2015年第12期

针对次贷危机暴露出的巴塞尔协议Ⅱ资产证券化资本监管框架的不足，2014年底公布的证券化资本监管新框架重新设计了监管资本计量模式系统，通过让内部评级法名副其实，改变了原框架对外部评级的机械依赖。同时，新框架对原监管公式法进行了简化、优化，调整了风险计算因子，并重新设定了外部评级法的风险权重，以增加监管资本的风险敏感度，减缓监管资本套利。我国应当及时引入新框架，以克服现行框架下存在的监管资本套利风险。

成果名称:《以法治方式完善政府购买公共服务绩效评价》
作者:吴楠
职称:副研究员
成果形式:论文
字数:7.2千字
出版刊物:《江淮论坛》
出版时间:2015年第6期

政府购买公共服务绩效评价在我国尚处于总结经验、先行先试的状态,基本概念、内容、程序、指标选择等都没有统一的规定。完善绩效评价制度,需要利用法律解释方法明晰相关概念,承认、区分和保障各主体的利益,通过主体间的监督与约束,推进绩效评价在政府购买公共服务工作中的积极实践。

成果名称:《有巢氏传说综合研究》
作者:陈立柱
职称:研究员
成果形式:论文
字数:17千字
出版刊物:《史学月刊》
出版时间:2015年第2期

远古有巢氏,文献记载初见于《庄子》,汉唐学者多视之为历史人物,并且有所发挥。之后的学者,思考深入者则加以辨析或质疑,一般文人则接受之,甚者进行再发挥,典型的情况就是各地都有有巢氏的传闻与胜迹,形成内涵丰富的有巢文化现象,特别是在巢湖流域。有巢氏的提出,是早期学者对于远古时代的一个有价值的建构,符合历史发展的逻辑,为早期人们对于远古时代生活情形的理解与认识提供了帮助。有巢氏传说的演变还让我们认识到过去中国史学实际上有着两个传统,即一个是以儒家史学为代表的正史传统,它是中国史学的主体,史学史研究主要关注的是这一方面;中国还有一个以巫史、纬书、道书、野史等为代表的术士史学,传统史学史对此关注不多,但是它在民间的影响至巨,甚至在很大一部分知识分子中间也有市场,这是值得重视的。

成果名称:《论安徽东至周馥家族对我国近代社会发展的贡献》
作者:汪谦干
职称:研究员
成果形式:论文
字数:20千字
出版刊物:《安徽史学》
出版时间:2015年第6期

安徽东至周馥家族自19世纪60年代以来,为我国社会发展做出了积极的贡献。主要有:参与制订了多项有利于我国社会发展的政策,并努力付诸实施;创办或参与创办了一系列近代工商企业;开创或参与开创了我国近代教育事业;丰富和发展了我国的科学文化事业;积极推动和热心从事社会慈善与公益事业。

成果名称:《1917年京直水灾救济中心"义赈"及其作用》
作者:郝红暖
职称:助理研究员
成果形式:论文
字数:8千字
出版刊物:《中州学刊》
出版时间:2015年第9期

1917年京直水灾救济采用委托慈善组织办理赈济的办法,使义赈组织成为此次救灾的主体,并有效促进了民间义赈事业的发展。为加强各义赈组织之间的合作,专门成立京畿水灾赈济联合会,开创了义赈组织联合办赈的先例。义赈组织不仅为此次水灾筹集了大量资金,而且受委托办理"急赈"和"官赈",并在"散赈""灾民收养"和"灾后恢复"等方面发挥了重要作用。然而,由于赈灾款物筹集困难、义赈组织间的协调性不强等原因,导致"义赈"多集中于某些重灾区,且赈灾款物分配不均,在一定程度上影响了"义赈"在此次水灾救济中的效果和作用。

成果名称:《1918年流感的中国疫情初探》
作者:郝红暖
职称:助理研究员
成果形式:论文
字数:15千字
出版刊物:《安徽史学》
出版时间:2015年第5期

文章以民国报纸和档案为主要资料,分析了直隶获鹿县的1918年流感疫情,给出了具体的感染率、死亡率以及在不同年龄、性别和区域之间的差异。指出此次流感虽然未在中国形成大面积流行,但由于对发病原因认识不足,医疗手段落后,北洋政府未能采取统一的防疫措施,导致个别地区流感死亡率偏高。作者认为国家的积极作用是控制疾病大流行的关键。

成果名称:《宋代的宗族组织与基层社会秩序》
作者:康武刚
职称:助理研究员
成果形式:论文
字数:15千字
出版刊物:《学术界》
出版时间:2015年第4期

宋代的基层社会由于政府控制力的不足,给地方势力的发展提供了较为广阔的空间。由此,乡里精英通过自发地有组织的行为在基层社会中公共事务领域发挥了重要的作用。宋代的宗族组织,是以世代相承的血缘谱系界定宗族成员间的权利与义务,维持宗族生存与发展秩序,以宗族和国家的力量保证其实施的规范的总称。其运作更多地体现了伦理的作用或对伦理的依靠,在这一框架下,长幼尊卑得以各司其职,默守本族道德规范和清规戒律,不敢逾越本分。该文主要从三个方面探讨了宋代基层社会中宗族组织对于基层社会秩序的调控作用。一是宗族组织通过设立族田、义庄、同庄,赡养族人;编撰族谱,设立宗祠,敬宗收族;达到对于宗族内部成员的有效控制。二是宗族组织对于宗族以外乡民所进行的控制,这种控制是基层社会内部的各个阶层之间的利益调整,是宗族组织自发的行为。三是探讨了宗族组织在宗族内部与宗族外的教俗化民。

成果名称:《民国高等教育奖学金制度的历史考察》
作者:黄伟
职称:助理研究员
成果形式:论文
字数:16千字
出版刊物:《历史教学》
出版时间:2015年第12期

清末建立大学堂以后,中国教育逐步迈入收费时代。为了补贴家境贫寒的学生,高校设置奖学金成为必然的选择。民国以后,历届政府不断加大对高校学生的收费力度,为了使贫寒学生顺利完成学业,社会各界在高校设置了不同种类的奖学金。抗战时期,由于时局艰难,为减轻战区学生的经济压力,国民政府开始设置贷学金作为奖励学习优秀学生的奖学金,但这种贷学金的设置加重了政府的负担。抗战结束后,国民政府取消贷学金,改行奖学金,试图通过向高校学生收取学费来补充国家对高等教育投入的不足。

成果名称:《"救救孩子"的三个问题》
作者:王晴飞
职称:助理研究员
成果形式:论文
字数:12千字

出版刊物：《文艺争鸣》

出版时间：2015年第11期

该文分析了鲁迅作品中孩子的形象，提出了三个问题：孩子是可救的吗？谁来救孩子？如何救？通过对鲁迅文章的分析，作者认为鲁迅不认为这个世界存在完全"纯洁"的孩子（"救"的对象），也不认为有完全无罪、永远正确的"导师"（"救"的主体），更不相信有一条人人都适用的大道和一蹴而就的目标（"救"的方法），这是鲁迅彻底拒绝"瞒和骗"的精神的体现。但是鲁迅从未放弃过启蒙，他正是以他自己一生的实践告诉我们：所谓的启蒙，最重要的是教人懂得自我启蒙，教人充分认识到自己的不完善，然后自己寻路，自我拯救。

成果名称：《人性隐微处的鬼气与先锋叙事的印迹》

作者：王晴飞

职称：助理研究员

成果形式：论文

字数：12千字

出版刊物：《中国现代文学研究丛刊》

出版时间：2015年第8期

第六届鲁迅文学奖的五篇获奖中篇小说在风格上各有不同，但多能竭力开掘人物的内心，对于人性的观察进入到潜意识层面，从而写出人心中的鬼气，人性隐微深处的光明与晦暗，认识到人性的复杂、庸常、善恶并存的状态。在叙事手法上，也多少都带有先锋写作的印记，显现出先锋叙事介入现实世界的努力。而当先锋文学所指向的经验、形式、意识形态已经破产或者无法批判，面对新的形势和经验，先锋作家如何由"破"向"立"，建构自己对世界的认识，先锋的遗产该如何继承，这是先锋以后的作家需要面对的问题。

成果名称：《溥仪出宫与北京知识界：以胡适为中心的考察》

作者：王晴飞

职称：助理研究员

成果形式：论文

字数：17千字

出版刊物：《社会科学》

出版时间：2015年第4期

在1924年的"溥仪出宫"事件中，胡适以新派领袖的身份发表意见，同情溥仪，激烈反对修改清室优待条件，称驱逐溥仪出宫之举为"民国史上的一件最不名誉的事"。"溥仪出宫"事件的合法性问题，牵涉到道义、法理、政治三个层面，不同的声音自然与各人所处的位置和立场有关，也牵涉到人们对于"革命"的态度和"民国"构成因素的不同看法。我们只有将胡适的观点置于与各方观点交锋的历史现场及其自身思想前后变化的轨迹中，才能比较深入地理解溥仪出宫事件和胡适的思想与性格。

成果名称：《论敦煌唐五代诗歌文献的民族史意义》

作者：王树森

职称：助理研究员

成果形式：论文

字数：19.8千字

出版刊物：《文学遗产》

出版时间：2015年第4期

敦煌唐五代诗歌文献，需要以整体和全局的眼光全面认识其意义。中原诗歌流传敦煌的态势，与唐五代时期民族关系的变迁息息相关，证明文学的传播需要安定的边疆民族环境；中原诗歌对敦煌本土文学的面貌，特别是通俗文学的发展产生重要影响。敦煌文献中的民族题材诗歌，保留了数百年民族交往碰撞的信息，对认识唐前期边塞诗、西北民族关系和河西地方政权的历史地位，均有重要意义。从敦煌佛教诗中可以看出，无论是吐蕃民族政权还是归义军,都十分重视佛教的建设与发展,佛教对维护西北社会稳定、促进民族团结、推动祖国统一,发挥了不可替代的作用。

成果名称:《立体建构:唐诗演进模式的新探索》
作者:王树森
职称:助理研究员
成果形式:论文
字数:12.6千字
出版刊物:《学术界》
出版时间:2015年第2期

余恕诚先生在立体建构唐诗的演进体系上,进行了积极探索。他既对诗歌迁变的纵向轨迹进行细致寻绎,又对唐诗广泛吸收众体之长、推陈出新、异体交融的恢弘文学景观,作了横向展示。他的唐诗演进体系建构,还特别注意从时代文化土壤与作家主体心理两方面寻找成因,认为是多方面因素共同作用,才促成一代文学的全面繁荣。

成果名称:《论创作中移情的三种状态:投射、自居和感通》
作者:缪丽芳
职称:助理研究员
成果形式:论文
字数:12.6千字
出版刊物:《江淮论坛》
出版时间:2015年第5期

在创作过程中,移情有几种情况:一是投射,它是指自恋力比多灌注到对象身上,对象成为自我特点的一种载体,主体统摄对象而达到物我同一的状态;二是自居,即自我对对象进行模仿,同化于对象之中,从而自我具有了对象的特点,于是主体消融于对象而达成同一的状态;三是感通,主体与对象各自独立,主体由自身的体验与对象产生共情,从而在非强迫的情形下实现物我合一。当提及"移情"一词时,取义最多的是第一种情况,而后两者的情形往往被扭结在一起含混地使用。该文试图通过细致入微地分析,将其区分开来,阐述其对创作的影响。

成果名称:《社会流动视角下的阶层固化研究》
作者:顾辉
职称:副研究员
成果形式:论文
字数:19.2千字
出版刊物:《广东社会科学》
出版时间:2015年第5期

当前阶层固化问题成为舆论热点,但是学术界缺乏基于大规模调查基础上的科学研究。使用中国妇女社会地位调查的三期(1990年、2000年和2010年)数据研究显示,没有足够证据表明当前社会阶层已经固化,社会结构仍保持着足够的开放性,但一些情况表明,社会阶层的确出现了固化的趋势。

成果名称:《当前中国社会流动的新特征与趋势》
作者:顾辉
职称:副研究员
成果形式:论文
字数:9.1千字
出版刊物:《学术界》
出版时间:2015年第8期

近十年来中国的社会结构发生了深层次的变化,社会阶层之间的垂直流动趋缓,优势阶层和底层的封闭性增加,社会结构出现了固化趋势。网络等媒体频繁出现的"富二代""官二代""贫二代""农二代"等热词,一定程度上反映这种趋势。文章对近年来与"二代"相关的社会阶层的社会流动研究进行了梳理,并对相关研究的结论进行了归纳,力图从研究者的视角观察当前的社会结构开放状况。同时，文章对近年来的社会流动研究提出了自己的看法，认为：与社会结构的深刻变化不一致，近年来社会分层与流动研究却出现了退潮，缺少系统的、权威的调查和研究，相关研究零散化和边缘化，社会分层与流动研究亟须加强。

成果名称：《综合评价法在城市治理评估指标体系中的应用》
作者：顾辉
职称：副研究员
成果形式：论文
字数：8.8 千字
出版刊物：《江淮论坛》
出版时间：2015 年第 6 期

随着中央推进国家治理体系和治理能力现代化建设，治理评估指标体系越来越受到政界和学界重视。作为一项系统工程，城市治理能力现代化指标体系构建需要一整套研究方法和操作体系来指导，综合评价法的综合性、开放性等特点适应城市治理指标体系的要求，是一种较为适宜的评估方法体系。

成果名称：《政务微博与政府形象建构》
作者：王慧、常松
职称：副研究员、研究员
成果形式：论文
字数：7.2 千字
出版刊物：《江淮论坛》
出版时间：2015 年第 6 期

文章分析了政务微博中政府形象传播的现实困境，提出了提升政府形象传播的路径：个性传播，传播理念彰显政府行政特色；及时传播，主动全面公开政务信息；借力传播，充分发挥意见领袖作用；互动传播，建立政治协商对话制度；真实传播，与民众坦诚沟通。

成果名称：《当代中国文化转型的内在逻辑与路径选择》
作者：邢军
职称：副研究员
成果形式：论文
字数：7.8 千字
出版刊物：《学术界》
出版时间：2015 年第 9 期

文化转型是旧的文化形态、模式被新的取代的过程，具有世界性、民族性、时代性的内在逻辑。当代中国文化转型的价值诉求是构建全新的现代性文化体系和时代性价值体系，应将人的理念转变、文化生态构建、文化产业转型和全新话语体系构建等作为实践路径，促进传统文化重生与再造，以适应全球化和新型城镇化需要。

成果名称：《中国城市公共文化领域的历史形态及其演变》
作者：邢军
职称：副研究员
成果形式：论文
字数：13 千字
出版刊物：《江海学刊》
出版时间：2015 年第 5 期

城市公共文化领域在不同的时空具有不同的表现形态。从空间维度看，我国城市公共文化领域与西方公共文化领域发展路向不同。从时间维度看，古代中国城市公共文化空间是"礼制化"和"生活化"并存的空间，结构上体现封建化样态，不具有公共文化领域的特征；近代中国公共文化领域呈现出"政治"和"文化"交融共存的局面，始终面临精英阶层两极化的内在消耗，公共文化领域的功能和价值没有得到充分体现；当代中国公共文化领域由于互联网技术和媒体融合发展，正从孤立空间向多元空间拓展，但仍存在着公共性被侵蚀和共识价值难以实现等困境。城市公共文化领域不仅影响文化生态，也影响城市居民道德水准和价值判断。当前我们亟须培育公共价值观念及促进公民文化能力成长，以建立符合法治思维、功能相对完备、满足公众基本需求的公共文化领域。

成果名称：《梁漱溟、吴景超社会思想之比较》
作者：邢军
职称：副研究员
成果形式：论文
字数：5.4千字
出版刊物：《安徽史学》
出版时间：2015年第5期

梁漱溟、吴景超为民国时期的著名学者，20世纪30年代以来的"中国现代化道路"的争论成为彼此学术思想的关联点，开启了他们对一些社会重大焦点问题的深层次思考。该文从知识社会学视角分析和认识他们社会思想的分歧与共识，揭示近代社会改良思想的演变规律，进而反思工具理性和价值理性在社会发展过程中的是非得失。

成果名称：《城镇化背景下农民工参与城市文化生态构建的路径选择》
作者：邢军
职称：副研究员
成果形式：论文
字数：9.2千字
出版刊物：《贵州社会科学》
出版时间：2015年第11期

新型城镇化是以人为本的城镇化，将从传统的政治型、经济型城镇化转向文化型城镇化，文化型城镇化需要构建起良好的城市文化生态，必须引导农民工参与城市文化生态构建。农民工是"多样共生"的城市文化生态的构建主体，但在当前的城市社会结构中，农民工参与城市文化生态建设却面临城市管理者理念落后、制度设计缺陷及参与渠道不畅等障碍。政府作为提供公共产品的职能机构，应该通过实施积极的文化政策、完善农民工参与城市文化生态构建机制、搭建农民工参与平台、实施农民工参与城市文化生态构建工程等途径，建立一个包括精英文化、大众文化和农民工文化在内的"草灌乔"共生的城市文化生态。

成果名称：《高等院校债务风险的成因与防范——以安徽省为例》
作者：张亨明
职称：研究员
成果形式：论文
字数：9.7千字
出版刊物：《求索》
出版时间：2015年第11期

高等院校债务形成的主要原因在于财政投入跟不上高等院校办学规模的不断扩张，商业银行丧失风险警惕无限信任。要化解和防范高等院校债务风险，需要政府、高等院校和银行的共同努力。政府应提高高等院校生均财政投入，力争达到并超过全国平均水平；省级财政要建立"高等院校债务调剂基金"；主管部门要严格审核高等院校基建项目，控制盲目扩张；建立高等院校绩效管理评价体系。高等院校应完善财务预算管理体系，建立健全财务风险控制机制；少数高等院校可采取土地置换方式解决债务问题；债务规模畸高的高等院校可采取债务重组方式解决债务问题。

成果名称：《皖江城市带文化创意产业空间集聚推进模式研究》
作者：张亨明
职称：研究员
成果形式：论文
字数：12.4千字
出版刊物：《湖南科技大学学报》

出版时间：2015年第4期

皖江城市带文化创意产业的发展为拓展大企业和中小型企业的互补空间，对文化产业集群的形成、壮大和提升区域竞争力有着巨大的促进作用。在分析皖江城市带文化创意产业的发展现状、皖江城市带文化创意产业空间集聚的障碍因素基础上，比较皖江城市带文化创意产业与其他先进文化创意产业的差距，提出皖江城市带文化创意产业空间集聚推进模式和对策，对提升安徽经济在全国的影响力具有战略研究价值。

成果名称：《中小民营企业融资途径及创新研究》

作者：张亨明

职称：研究员

成果形式：论文

字数：10.4千字

出版刊物：《河南师范大学学报》

出版时间：2015年第4期

中小民营企业融资难是世界各国普遍面临的一个问题。日本、美国等发达国家在中小民营企业融资方面采取了一些卓有成效的做法，其成功经验值得我国借鉴。国内一些地方在中小民营企业融资方面也做了一些有益的探索。然而，目前我国中小民营企业融资难问题依然突出，为有效解决这一问题，需要考虑与中小民营企业高度契合的民间融资。民间融资已成为我国中小民营企业获取资金的重要渠道，并且规模不断扩大，但民间融资仍处于法律的灰色地带，运行中也存在一些亟须解决的问题，尚未发挥应有的效用。要确立民间融资的法律地位，进行有效的规范和引导，推动民间融资阳光化、规范化发展。

成果名称：《国家级试验区创新发展存在问题的原因分析及对策》

作者：张亨明

职称：研究员

成果形式：论文

字数：11千字

出版刊物：《湖南社会科学》

出版时间：2015年第1期

国家将"合芜蚌"自主创新综合配套试验区与北京中关村、武汉东湖、上海张江示范区作为"3+1"试验示范区序列，为合芜蚌三市及安徽经济社会发展带来了重大机遇，本文在分析"合芜蚌"自主创新综合配套试验区创新发展现状的基础上，探讨"合芜蚌"自主创新综合配套试验区创新发展存在问题的原因，对促进"合芜蚌"自主创新综合配套试验区创新发展提出相应的对策建议。

成果名称：《安徽农村金融综合改革研究》

作者：张亨明

职称：研究员

成果形式：论文

字数：10.8千字

出版刊物：《江淮论坛》

出版时间：2015年第5期

近年来，农村金融体系实施了以丰富农村金融产品为内容、以提升服务水平为宗旨、以增强创新能力为手段的进阶式改革，形成了崭新的组织结构特征：其主体为农村合作金融机构、农业发展银行和农业银行系侧翼、其他金融机构为补充，新的金融体系成为农村经济发展的重要推手和保障。但新兴农村经济组织如农民产业合作社及中小企业贷款难的现象仍较为普遍，农村金融改革急需深层"破冰"。

成果名称：《从"生之谓性"到"生生之谓性"——先秦主要几种人性论检讨》

作者：吴勇

职称：助理研究员

成果形式：论文
字数：10千字
出版刊物：《学术界》
出版时间：2015年第11期

人性与人的本质的区别在于，人性兼具人的自然属性和社会属性，单一地用善恶这样的人的社会属性，或"食色"这样的人的自然属性来概括人性的内容都不妥当。"生生"观念从个体与种群生命的存续和延续角度而言，主要指人的自然属性，从创生和化生的角度而言，主要指人的社会属性，恰当地概括了人的属性。先秦几种主要人性论的失误在于，单一地从人性的自然属性或社会属性来界定人性，导致理论的片面化或矛盾。但先秦人性论具有重要价值，它涉及个人的幸福、法、正义和善，对我国古代的政治、经济、文化理论均起着基础性的支撑作用，在今天仍然极为重要。

成果名称：《纪念朱陆鹅湖之会840周年学术研讨会综述》
作者：吴勇
职称：助理研究员
成果形式：论文
字数：5.4千字
出版刊物：《江淮论坛》
出版时间：2015年第6期

朱陆鹅湖之会是学术史上一重要公案，在朱陆异同的辩难与发展中，彰显了理学与心学的分歧，但朱陆最终还是走向了和会。程朱理学与陆王心学同属宋明理学，各有其发展、衍变的内在理路，然其宗旨不二。理学学派活动与民间书院的发展密切相关，书院成为社会大系统的一个组成部分，对今天仍有积极意义。理学作为儒家文化的一部分，其影响不限于中国境内，其在海外的传播、流变，以及海外的研究视野，对国内学术界有重要价值。

成果名称：《网民结构与网络舆论的成因、议题与实质探究》
作者：焦德武
职称：副研究员
成果形式：论文
字数：11.6千字
出版刊物：《湖南大学学报》
出版时间：2015年第6期

通过现实人口与网民结构进行人口统计学特征的对比，考察了网络舆论生成的因素。文章认为，网络舆论的议题集中在政治化、公益化、底层化、道德化等几个方面，同时具有明显的愤怒、戏谑、怨恨、悲情等情绪指向。在此基础上，文章提出网络舆论在一定程度上放大了社会风险，是当前话语格局重建的组成部分。

成果名称：《别有忧愁写心曲——清中叶剧作家司马章创作心态成因考论》
作者：黄胜江
职称：副研究员
成果形式：论文
字数：10.8千字
出版刊物：《西北大学学报》
出版时间：2015年第6期

通过袁枚《随园诗话补遗·卷三》、赵眠云《心汉阁杂记·双星会》及剧本的文本细读，可推考清中叶剧作家司马章与青楼女子周麟官曾有一段不被世俗认可的情缘，司马章的二种剧作正是围绕此段悲情而自伤怀抱、隐怨吟哦的写心自喻之作。司马章这一写心自喻的创作心态与乾嘉之际的文化环境和剧坛风习密切相关，有多向度的文化成因：清中叶激涌的人文思潮对人之个体价值肯定的影响，明末清初以来写心剧风潮所带来的强烈个人化倾向之影响，南京地区繁盛的青楼戏曲文化之影响，宗法等级社会对青楼戏曲文化的压制偏见造成的影响。

成果名称：《档案史料所见清中叶文人曲家稽考三题》
作者：黄胜江
职称：副研究员
成果形式：论文
字数：9千字
出版刊物：《江淮论坛》
出版时间：2015年第6期

有清一代文献浩繁，大量有关曲家、剧目之散见文献史料亟待勾稽和考辨。通过相关档案史料的勾稽，可考辨清中叶黄图珌、徐柱臣、许树棠等三位曲家的生平行实与著述，以个案为基点，尽可能确定有清一代曲家剧作之时代坐标，可为清代戏曲之宏观整体研究作些谳疑。

成果名称：《明代合肥地区农业发展的举措与成就》
作者：陈瑞
职称：研究员
成果形式：论文
字数：31.7千字
出版刊物：《中国农史》
出版时间：2015年第3期

元末农民战争和社会动荡，严重破坏了合肥地区的农业生产环境。在朱元璋控制合肥地区及建立明政权后，统治阶级中的有识之士及合肥地区的地方官十分重视恢复和发展当地的农业经济。为恢复和发展农业经济，明代合肥地方官府乃至中央政府实施了招徕逃亡、鼓励垦荒、减免租税、赈济灾荒，兴修水利、改善生产条件等一系列惠农利农举措，在农业方面取得了人口数量不断增长，耕地面积日渐增加，耕地类型日益丰富，粮食产量不断提高，粮食作物和经济作物广泛种植，作物品种日益丰富等发展成就。

成果名称：《宋代安徽书院述论》
作者：吴海升
职称：副研究员
成果形式：论文
字数：9.3千字
出版刊物：《安徽史学》
出版时间：2015年第4期

宋代安徽地区曾设立书院30所，其中官办的只有4所；创办于北宋时期5所，南宋时期25所。安徽地区书院呈现创办时段不一、分布不均、规模不齐、创办者身份多样、选址多在山林偏僻处、教育效果显著等特点。

## 第六节　学术人物

一、安徽省社会科学院2014年以前正高级专业技术职务人员

| 姓　名 | 出生年月 | 学历/学位 | 职务 | 职称 | 主要学术兼职 | 代表作 |
| --- | --- | --- | --- | --- | --- | --- |
| 杨学敏 | 1927.12 | 硕士 | 副秘书长 | 研究员 | — | 《行政管理简论》（合著） |
| 戴清亮 | 1929.7 | 本科 | 副院长 | 研究员 | — | 《当代中国社会主义思想史》《社会主义学说史》《政党制度辨析》 |
| 季象图 | 1925.4 | — | — | 所顾问 | 研究员 | — | 《"真理的主观性"的命题是对抗辩证唯物主义真理观的》《人性的异化理论不是马克思主义的》 |

续表

| 姓　名 | 出生年月 | 学历/学位 | 职务 | 职称 | 主要学术兼职 | 代表作 |
|---|---|---|---|---|---|---|
| 李安恒 | 1929.12 | 中专 | — | 研究员 | — | 《艺术十年》《编剧杂谈》《写戏漫谈》 |
| 王　茂 | 1930.1 | 高中 | 副所长 | 研究员 | — | 《清代哲学》（合著） |
| 施培毅 | 1928.4 | 中专 | 所顾问 | 编审 | — | 《我国近代教育先驱吴汝纶》《欧阳修的"颍州诗词"》 |
| 欧远方 | 1922.3 | — | 省顾委常委、院长 | 研究员 | — | 《安徽包产到户研究》《安徽发展战略》（合著） |
| 罗立业 | 1928.11 | 硕士 | 所长 | 研究员 | — | 《马克思主义农业合作经济理论与农业联产承包责任制》《论农村专业市场》 |
| 汪慎模 | 1930.5 | 本科 | 副所长 | 研究员 | — | 《县级经济研究的对象及其特点》《农业宏观调节机制及其改革》《"土地国有个人占有"论质疑》 |
| 王　琴 | 1929.8 | 人大一年 | 副所长 | 研究员 | — | 《略论同一性及其作用》《试论我国当前社会的主要矛盾》《论关心个人利益与个人主义》 |
| 潘林杉 | 1930.3 | 人大一年 | 主任 | 研究员 | — | 《中国古代秘书通论》（合著）《中国古代官印略论》《中国古代信访工作》 |
| 郭煜中 | 1928.9 | 本科 | 副处 | 研究员 | — | 《论鄂豫皖苏区肃反中的几个问题》《张国焘在鄂豫皖根据地的肃反经验及其恶果》 |
| 徐寿凯 | 1927.8 | 中师 | 副所长 | 研究员 | — | 《吴汝纶全集》 |
| 徐川一 | 1931.4 | 本科 | 副所长 | 研究员 | — | 《太平天国安徽省史稿》《太平天国首战及其影响》《太平天国晚期的一面旗帜——汪海洋传略》 |
| 马昌华 | 1930.6 | 本科 | 室主任 | 研究员 | — | 《捻军调查与研究》《安徽近代史》（合著）《捻军雉河集会时间考》 |
| 龚维英 | 1930.11 | 高中 | — | 研究员 | — | 《沅湘自然崇拜和〈楚辞·九歌〉》《〈天问〉零释》《楚族的酒文化和屈原的"逆反"精神》 |
| 王传生 | 1927.3 | 本科 | — | 研究员 | — | 《社会主义法律体系的形成及其科学结构》《私营企业法律调整问题研究》《中国农村社会学》 |

续表

| 姓　名 | 出生年月 | 学历/学位 | 职务 | 职称 | 主要学术兼职 | 代表作 |
| --- | --- | --- | --- | --- | --- | --- |
| 辛秋水 | 1928.1 | 本科 | — | 研究员 | — | 《中国村民自治》《文化贫困与贫困文化》《从输血、造血到树人——论贫穷文化》 |
| 张云生 | 1934.8 | 硕士 | 正厅级副院长 | 研究员 | — | 《毛泽东关于社会科学研究的思想》《纪念渡江战役50周年》《对党群关系问题的几点认识》 |
| 韩西山 | 1936.11 | 本科 | 院长书记 | 研究员 | — | 《张孝祥年谱》《秦桧传》《张孝祥评传》 |
| 孙树霖 | 1933.11 | 硕士 | 副主编 | 研究员 | — | 《徽商研究论文集》（合著） |
| 戴惠珍 | 1934.3 | 本科 | — | 研究员 | — | 《青年王稼祥》《安徽现代史》 |
| 唐锡强 | 1935.1 | 本科 | 所长 | 研究员 | — | 《新四军军部在皖南》《李大钊人生寄语》《茂林悲歌》 |
| 张湘炳 | 1936.12 | 本科 | — | 研究员 | — | 《史海抔浪集》《吴樾一生》《辛亥革命安徽资料汇编》（合著） |
| 许良廷 | 1938.6 | 本科 | 所长 | 研究员 | — | 《科学社会主义理论与建设有中国特色的社会主义》《马克思主义何以经久不衰》 |
| 任吉悌 | 1933.8 | 本科 | 正厅级 | 教授 | — | 《国家哲学论》（合著）、《西欧近代哲学史》（合著）、《马克思主义哲学史》（合著） |
| 夏明钊 | 1938.7 | 大学全科 | 副处级 | 研究员 | — | 《谣言这东西》《鲁迅诗全笺》《嵇康集译注》 |
| 王献永 | 1938.8 | 本科 | 副主编 | 研究员 | — | 《桐城文派》《鲁迅杂文的艺术构思》《论鲁迅杂文在我国散文艺术发展史上的地位》 |
| 王利耀 | 1940.1 | 硕士 | 所长 | 研究员 | — | 《人工智能中的认识与哲学基本问题》《论数学真理的检验标准》 |
| 肖方扬 | 1941.4 | 本科 | 所长 | 研究员 | — | 《市场经济法律概要》《关于现阶段我国私营企业的经济性质》 |
| 朱玉龙 | 1941.12 | 本科 | 所长 | 研究员 | — | 《五代十国方镇年表》、《简明安徽通史》（合著）、《安徽通史·宋金元传》（合著） |

续表

| 姓　名 | 出生年月 | 学历/学位 | 职务 | 职称 | 主要学术兼职 | 代表作 |
|---|---|---|---|---|---|---|
| 郭唐松 | 1946.11 | 大普 | 所长 | 研究员 | 安徽省科学社会主义学会执行会长 | 《社会主义学说史》（合著）、《新时期执政党建设的伟大纲领》、《发展安徽县域经济之我见》 |
| 宋　霖 | 1946.2 | 本科 | 所长 | 研究员 | — | 《李大钊家族史研究》、《罗炳辉将军在淮南抗日根据地》（合著）、《安徽通史·民国卷》（合著） |
| 许厚今 | 1946.1 | 本科 | 副所长 | 研究员 | — | 《江泽民新闻宣传思想研究》（合著）、《为构建和谐社会营造和谐舆论环境》 |
| 王开玉 | 1942.11 | 本科 | 所长 | 研究员 | — | 《合肥市：一个中部省会城市的社会阶层结构研究》《中国中等收入者研究》 |
| 黄家声 | 1938.8 | 本科 | — | 研究员 | — | 《私营经济税费改革》（合著）、《农村联产承包制及其发展趋势》（合著） |
| 余秉颐 | 1948.9 | 本科 | 所长 | 研究员 | — | 《评现代新儒家的文化价值观》《以生命的精神价值为中心——方东美论述中国哲学的通性与特点》 |
| 陈友冰 | 1944.11 | 本科 | 所长 | 研究员 | 安徽省文学研究会副会长 | 《海峡两岸唐代文学研究史》《新时期中国古典文学研究述论》（四卷本，主编）、《安徽文学史》（三卷，主编） |
| 唐先田 | 1944.11 | 本科 | 副院长 | 编审 | — | 《中国散文小说简论》、《安徽文学史》（合著）、《鲁彦周评传》（合著） |
| 莫增荣 | 1939.9 | 本科 | 处长 | 研究员 | — | 《中国教育》《中国教育精粹》《环境·生存·发展——社会科学研究机构比较》（合著） |
| 王传寿 | 1945.12 | 本科 | 副院长 | 研究员 | — | 《烽火信使——新四军及华中抗日根据地报刊研究》《安徽新闻传播史》《江泽民新闻宣传思想研究》（合著） |
| 刘梦芙 | 1951.7 | 本科 | — | 研究员 | 安徽省文史研究馆馆员 | 《近代诗词论丛》《二钱诗学之研究》《近百年名家旧体诗词及其流变研究》 |
| 倪学鑫 | 1952.3 | 本科 | 副院长 | 编审 | — | 《价值决定的实质、形式和机制》《知识劳动引论》《市场制度创建完善与安徽发展》 |

续表

| 姓　名 | 出生年月 | 学历/学位 | 职务 | 职称 | 主要学术兼职 | 代表作 |
|---|---|---|---|---|---|---|
| 沈　葵 | 1953.11 | 本科 | 所长 | 研究员 | 安徽省炎黄文化研究会执行副会长 | 《王稼祥：家世、情感、品格》、《安徽通史·新中国卷》（合著）、《起点——中国农村改革发端纪实》 |
| 谢培秀 | 1954.6 | 本科 | 副所长 | 研究员 | — | 《城乡要素流动和中国二元经济结构转换》、《中国低碳农业发展及其政策研究》、《中国农村改革轨迹与趋势——安徽农业发展与农民增收实证分析》 |
| 陶　清 | 1955.6 | 硕士 | — | 研究员 | — | 《明遗民九大家哲学思想研究》《中国哲学史上的真理观》 |
| 庆跃先 | 1955.9 | 本科 | 所长 | 编审 | 安徽省哲学学会副会长 | 《建国以来党的群众路线的新发展》《巩固和扩大党在农村的执政基础》 |
| 赵营波 | 1954.8 | 中专 | — | 研究员 | — | 《完整的世界与人类大协调策略》《大协调学对全球可持续发展的作用》 |
| 邸乘光 | 1954.9 | 本科 | 所长 | 研究员 | 安徽省科学社会主义学会执行副会长 | 《当代中国社会主义思想史》（合著）、《邓小平论政治稳定》、《"四个全面"与中国特色社会主义关系研究》 |
| 常　松 | 1955.11 | 双学士 | 所长 | 研究员 | — | 《博客舆情的分析与研判》（合著）、《新媒体传播与舆论引导》（合著）、《博客舆情的群体属性与传播模式》 |
| 韦　伟 | 1955.6 | 博士 | 书记院长 | 教授 | — | 《集约经营与安徽发展》、《中国地区比较优势分析》（合著）、《金融危机论——经济学角度的分析》（合著） |
| 陆勤毅 | 1954.3 | 本科 | 党组书记院长 | 教授 | — | 《皖南商周青铜器》、《世纪之交的中国史学》（主编）、《安徽通史·先秦卷》（主编） |
| 朱士群 | 1956.2 | 博士 | 党组书记院长 | 教授 | 安徽省哲学学会会长 | 《认真对待传统：从诠释学的观点看》《当代中国社会思潮：回应与引领》《试论卡尔·波普的理解理论》 |
| 施立业 | 1958.10 | 本科 | 副院长 | 研究员 | 安徽省历史学会副会长 | 《姚莹年谱》、《安徽近代经济轨迹》（合著）、《姚莹与桐城经世派的兴起》 |

续表

| 姓　名 | 出生年月 | 学历/学位 | 职务 | 职称 | 主要学术兼职 | 代表作 |
|---|---|---|---|---|---|---|
| 杨俊龙 | 1967.11 | 博士 | 副院长 | 教授 | 安徽省《资本论》研究会会长 | 《流动性风险的模型刻画与中国股市实证分析》《企业资本结构研究》《我国中小企业融资问题新探》 |
| 孙自铎 | 1948.3 | 本科 | 党组成员所长 | 研究员 | — | 《农民增收的制度约束与创新》《农村改革30年》《从失衡走向协调》 |
| 陈　瑞 | 1973.2 | 博士 | 处长 | 研究员 | 安徽省徽学学会副会长兼秘书长、安徽省历史学会副会长 | 《明清徽州宗族与乡村社会控制》《徽州古书院》（合著）、《安徽通史·宋金元卷》（合著） |
| 孔令刚 | 1964.2 | 硕士 | 所长 | 研究员 | 安徽省商业经济学会副会长兼秘书长 | 《区域创新资源与区域创新系统——基于安徽的区域创新特色研究》《创新型企业成长的非类趋向战略》 |
| 张谋贵 | 1964.7 | 双学士 | 副所长 | 研究员 | — | 《小岗村改革的新制度经济学解释》《新农村环境建设当从理顺体制着手》《建立横向转移支付制度探讨》 |
| 吕连生 | 1957.5 | 本科 | 所长 | 研究员 | 安徽省经济学会副会长 | 《中小企业信用担保体系研究》《创新思路促进中部崛起》《新常态下安徽如何发挥后发优势》 |
| 王可侠 | 1954.6 | 本科 | 所长 | 研究员 | 安徽省工业经济研究院副院长（常务） | 《崛起中的探索——安徽工业化道路研究》《国际金融危机与安徽工业发展》《从数量到质量——安徽工业化道路研究之二》 |
| 林　斐 | 1965.10 | 硕士 | — | 研究员 | 省人社厅专家咨询委员 | 《农民大分流》《对"百名"打工回乡创办企业人员的调查和分析》《我国统筹经济社会发展的八个着力点》 |
| 杨根乔 | 1962.12 | 本科 | 所长 | 研究员 | 安徽省科学社会主义学会常务副会长兼秘书长 | 《德国社会民主党执政经验刍议》《当前县（区）"一把手"权力监督问题调查与思考》《反腐倡廉制度执行问题调查与思考》 |
| 曹树青 | 1970.2 | 博士 | 副所长 | 研究员 | 安徽省法学会环境资源法学研究会副会长兼秘书长 | 《饮用水水源保护城乡统筹立法研究》《法律效率价值导向下的城乡环境正义探究》《结果导向型区域环境治理法律机制探研》 |

续表

| 姓　名 | 出生年月 | 学历/学位 | 职务 | 职称 | 主要学术兼职 | 代表作 |
|---|---|---|---|---|---|---|
| 方　英 | 1973.5 | 硕士 | 主编 | 研究员 | 安徽省历史学会秘书长 | 《太平天国时期安徽士绅的分化与地方社会》《合作中的分歧：马嘉理案交涉再研究》 |
| 汪谦干 | 1965.11 | 本科 | 副所长 | 研究员 | — | 《安徽省志·乡镇企业志》、《安徽通史·民国卷》（合著）、《安徽地区城镇历史变迁研究》（合著） |
| 吴元康 | 1964.12 | 硕士 | — | 研究员 | — | 《张继与国民党同志俱乐部关系考》《一九二五年底中共领导人与国民党右派首领谈判事件中的几个问题》 |
| 胡　晓 | 1960.7 | 本科 | — | 研究员 | — | 《胡适思想与现代中国》《段祺瑞年谱》《安徽通史·民国卷》（合著） |
| 钱念孙 | 1953.5 | 大普 | 所长 | 研究员 | 安徽省君子文化研究会会长、省政府参事 | 《朱光潜与中西文化》《文学横向发展论》《重建文学空间》 |
| 沈跃春 | 1962.6 | 本科 | 所长 | 研究员 | 安徽省逻辑学会副会长兼秘书长、 | 《社会建设与社会治理创新》《跨学科悖论与悖论的跨学科研究》《现代逻辑学及其发展趋势》 |
| 方金友 | 1966.5 | 本科 | 副所长 | 研究员 | 安徽省社会学学会秘书长 | 《家庭投资理财1000问》、《中国中等收入者研究》（合著）、《农村青年就业问题探讨》 |
| 邢　军 | 1966.9 | 双学士 | 所长 | 研究员 | 安徽省文化产业研究会副会长兼秘书长 | 《大社区治理的合肥模式》《积极搭建农民工城市融入的文化平台》《中国城市公共文化领域的历史形态及其演变》 |
| 白　云 | 1967.11 | 本科 | 馆长 | 研究馆员 | 安徽省消费者协会常务理事 | 《当前信息环境下地方社科院图书馆的发展障碍与对策》《共生理论与社会科学图书情报服务创新》《社会科学专业图书馆核心功能探析》 |
| 张亨明 | 1962.12 | 硕士 | 副主编 | 研究员 | 安徽省经济文化研究会执行会长（筹） | 《皖江城市带承接产业转移的优势与对策》《民营企业在皖江城市带承接产业转移示范区建设中的作用研究》 |

续表

| 姓名 | 出生年月 | 学历/学位 | 职务 | 职称 | 主要学术兼职 | 代表作 |
|---|---|---|---|---|---|---|
| 吴兴国 | 1974.10 | 本科 | 副主编 | 研究员 | 安徽省区域发展研究会秘书长 | 《集体建设用地市场化配置的制度障碍及其克服》《违法建筑治理的困境与出路》《发达国家地权市场配置的基本经验及对我国的启示》 |

## 二、安徽省社会科学院2015年度晋升正高级专业技术职务人员

曹树青，男，1970年2月出生，安徽青阳人。现任法学所副所长。1994年毕业于安徽农业大学，获农学学士学位。2001年毕业于中国科技大学，获法学硕士学位。2012年毕业于武汉大学，获法学博士学位。2001年进我院法学所工作至今，从事法学研究工作。2016年被聘为研究员。主要研究方向为环境与资源保护法学。主持承担省级课题3项，厅级课题5项。参与多项省级和其他各类课题。

方金友，男，1966年5月出生，安徽桐城人。现任新闻与传播研究所副所长、研究员。主持国家社科基金项目"微传播的舆情分析与治理路径研究"（2016）1项；参与并完成"全国百村经济社会调查"（1998）、"扩大中等收入者比重研究"（2003）、"博客舆情分析研判机制研究"（2010）等国家社科基金项目多项；主持安徽省社科规划项目、省文化基金项目多项。

邢军，男，1966年10月出生，安徽灵璧人。1989年毕业于阜阳师范学院化学系，获理学学士学位。1998年毕业于中国青年政治学院青少年工作系，获法学学士学位。现任当代安徽研究所所长、研究员、高级政工师。主要研究方向为文化社会学、青年社会学、城市社会学。参与主持国家社科基金重大项目"农民工与城市公共文化服务体系研究"1项，参与国家社科基金项目5项，国际招标项目1项。主持完成文化部课题、团中央课题、省政府委托课题、省社科规划项目、省软科学项目及省领导圈定课题12项，厅局级课题20余项。

## 第七节　2015年大事记

**一月**

1月9日，安徽省社科院召开2015年度第一次科研工作例会，总结2014年、谋划2015年科研工作。会议由院党组书记、院长朱士群主持，院领导张东明、计永超、施立业、周之林参加会议。

1月16日，安徽省社科院与省住建厅、省文化厅、省旅游局、省政协教科文卫体委员会、安徽建筑大学等单位联合主办的首届安徽照明艺术摄影大赛颁奖仪式暨第一届"安徽照明论坛"在合肥成功举办。院党组书记、院长朱士群出席颁奖仪式并致辞。党组成员、副院长张东明出席颁奖仪式和论坛。

1月16—17日，安徽省城乡劳动力资源开发研究会2014年年会暨如何认识和解决当前农民问题理论研讨会在安徽省社科院召开。院党组书记、院长朱士群出席会议并致辞。

1月22日，安徽省社科院举行特约研究员聘任仪式，聘任省委宣传部原副部长

黄传新同志为院经济研究所特约研究员。院党组书记、院长朱士群主持仪式并讲话。

## 二月

2月4日，谢广祥副省长一行莅临安徽省社科院调研、指导工作，并与院领导亲切座谈。院领导朱士群、张东明、计永超、施立业、周之林出席座谈会。

2月7日，安徽省君子文化研究会成立大会暨学术研讨会在合肥举行，院党组书记、院长朱士群到会祝贺并讲话。会议选举全国人大代表、省政府参事、院文学所钱念孙研究员为会长。

## 三月

3月31日，院党组成员、《江淮论坛》主编计永超应邀参加中国人民大学人文社会科学学术成果评价发布论坛。在转载学术论文指数排名中，《江淮论坛》全文转载率在全国各级社科院、社科联主办的约100种综合性学术期刊中排在第25位。

## 四月

4月7日，广东省社会科学院副院长周薇、章扬定研究员率调研组来安徽省社科院重点就探索与新型智库建设相适应的治理结构体制改革、科研经费管理体制、科研管理服务体制、人才培养与管理体制、外事管理体制、成果转化与应用推广机制等方面问题进行调研和交流。院党组书记、院长朱士群会见调研组一行。院党组成员、副院长张东明主持召开调研座谈会。

4月10日，《安徽城区城镇历史变迁研究》在安徽省社科院举行首发式。省人大常委会原副主任郭万清、省委宣传部副部长刘飞跃、省政协常委陆勤毅、省地方志办公室主任朱文根、省社科联巡视员宋蓓等出席首发式并讲话，院党组书记、院长朱士群主持首发式。

4月28日，安徽省社科院召开干部大会，对院领导班子和省管干部进行年度考核，并对2014年度干部选拔任用工作进行"一报告两评议"。考核组组长、省委宣传部副部长、省文明办主任贺懋燮莅临会议。院党组书记、院长朱士群主持会议。

## 五月

5月6日，安徽省社科院召开2015年省领导圈定课题立项发布会。院党组书记、院长朱士群主持会议并讲话，副院长张东明出席会议，各立项课题的主持人或代表参加发布会。

5月11日，安徽省社科院举行淮河流域经济社会发展研讨会。院党组书记、院长朱士群主持会议并讲话。省政协常委、院淮河文化研究中心主任陆勤毅，省政府参事、省社科联原党组书记、常务副主席程必定出席会议，来自院内外十多位淮河流域研究专家参加会议。

5月22日，安徽省中国特色社会主义理论体系研究中心省社科院研究基地召开年度工作会议。院党组书记、院长、研究基地主任朱士群出席会议并讲话。院党组成员、《江淮论坛》主编、研究基地副主任计永超主持会议并作总结讲话。

5月30日，由光明日报社和安徽省社科院联合主办，院历史所和六安市委宣传部、六安市委讲师团承办的"皋陶法治思想与法治中国建设研讨会"在六安市举行。光明日报社副总编辑李春林、省委宣传部副部长刘飞跃，六安市领导孙云飞、杨光祥、何颖、樊忠厚、黄应松等出席会议。会议由院党组书记、院长朱士群主持。

## 六月

6月10日，安徽省社科院程惠英、吴元康、康武刚、王树森4位同志申报的4项课题获国家社科基金立项。

6月13—14日，由安徽省社科院和安徽师范大学联合主办、院新闻与传播研究所和安徽师范大学新闻与传播学院承办的"新媒体传播与舆论引导"学术研讨会在芜湖市召开。院党组书记、院长朱士群出席开幕式并致辞，院党组成员、纪检组长周之林主持开幕式。

6月28日，安徽省社科院召开纪念中国共产党成立94周年党员大会暨党组中心组扩大学习。院党组成员和全体党员、各部门主要负责人参加会议。院党组书记、院长朱士群主持会议。

## 七月

7月7日，由中国社会科学院、光明日报社、安徽省委宣传部联合主办，安徽省社会科学院、安徽省社会科学界联合会、亳州市委宣传部承办的"2015年中国·亳州老庄思想与社会治理学术论坛"在亳州市举行。中国社会科学院副院长李培林，省委常委、宣传部长曹征海，亳州市委书记杨敬农出席论坛并致辞，光明日报社总编辑何东平作总结讲话。论坛由安徽省社科院党组书记、院长朱士群主持。院领导张东明、计永超出席论坛。

7月9—11日，由内蒙古社会科学院承办的"第18届全国社科院院长联席会议"在锡林浩特举行。院党组书记、院长朱士群出席会议，并以"安徽特色新型智库的调查与思考"为主题作了大会交流发言。

7月23—26日，华东六省一市社科院院长论坛暨首届华东智库论坛在山东枣庄举行。院党组成员、副院长施立业一行出席会议，并在大会作交流发言。

## 八月

8月22日，安徽省社科院与安徽大学联合主办、安徽省社科院经济所和安徽大学淮河流域环境与经济社会发展研究中心具体承办的"我国区域战略布局升级背景下淮河流域的新发展"高层论坛在合肥召开。院党组书记、院长朱士群，安徽大学党委书记李仁群，合肥市副市长吴春梅分别代表举办方和会议所在地政府出席并致辞。院党组成员、副院长施立业主持会议并作点评。

8月26日，山东社会科学院党委书记唐洲雁率调研组来安徽省社科院调研交流。院党组书记、院长朱士群会见了调研组一行并主持调研座谈会。

8月28日，院党组书记、院长朱士群，党组成员、纪检组长周之林分别慰问了院抗战时期参加革命工作的离休干部杨学敏、陈士勋，并向他们颁发了抗战胜利70周年纪念章和慰问金。

## 九月

9月20日，安徽省社科院和安徽电视台在合肥市联合举行"包公精神及其时代价值"座谈会。院党组书记、院长朱士群出席会议并致欢迎词，院党组成员、《江淮论坛》主编计永超主持会议。

9月23日，院党组成员、中国特色社会主义理论体系研究基地副主任、《江淮论坛》主编计永超应邀出席在山东济南由中国社会科学院中国特色社会主义理论体系研究中心、山东社会科学院联合主办，山东社会科学院、山东智库联盟、山东省马克思主义研究中心承办的"全国社科院系统中国特色社会主义理论体系研究中心第二十届年会暨理论研讨会"。

9月29日，由安徽省社会科学院、合肥市委宣传部、合肥学院联合主办的"第三届安徽文化论坛"在合肥举行，省委常委、宣传部长曹征海出席论坛并讲话。院党组书记、院长朱士群主持论坛开幕式并致闭幕词。院领导张东明、计永超、杨俊龙出席论坛。

## 十月

10月8日，省委第一专项巡视组来安

徽省社科院召开巡视工作动员会,全院在职干部职工及近四年来退休的厅级领导干部参加,第一专项巡视组全体同志出席。会议由院党组书记、院长朱士群主持,巡视组组长罗昌平作动员报告。

10月24日,由安徽省社科院主办,安徽省工业经济研究院、安徽财经大学经济社会发展研究院、中共蚌埠市委党校(省社会科学院蚌埠分院)承办的安徽省"调结构转方式促升级"学术研讨会在蚌埠市召开。院党组书记、院长朱士群主持会议开幕式并讲话。院党组成员、副院长杨俊龙出席会议。

10月23—24日,由安徽省社科院与安徽师范大学主办、院新闻与传播研究所和安师大新闻与传播学院承办的"部校共建中的新媒体学科建设"研讨会在六安市举行。安徽省委宣传部副部长汪家驷,省政协常委、部校共建课题组组长陆勤毅,安徽师范大学党委书记顾家山,皖西学院院长刘学忠,皖西学院副院长孔敏,安徽省社科院党组成员、纪检组长周之林出席会议。院党组书记、院长朱士群主持会议并讲话。

10月26日,山西省社会科学院党组成员、经济所所长景世民一行来安徽省社科院调研座谈。院党组成员、副院长杨俊龙会见调研组一行并主持座谈会。

## 十一月

11月25—26日,江西省社会科学院党组成员、副院长龚建文率调研组来安徽省社科院就安徽省各类投融资平台、产业引导基金、改革开放创新平台的基本情况和存在问题及对策建议等内容开展调研座谈。院党组成员、副院长杨俊龙主持调研座谈会。

11月29日,由光明日报社、中国社会科学院历史研究所、中共安徽省委宣传部、中共江西省委宣传部联合主办,安徽省社科院与江西省社会科学院、中共歙县县委宣传部共同承办的徽商文化与当代价值学术座谈会在安徽歙县举行。安徽省委常委、宣传部长曹征海,光明日报社总编辑何东平,江西省委常委、宣传部长姚亚平,中国社会科学院历史研究所所长卜宪群出席会议并讲话。院党组书记、院长朱士群主持会议开幕式及上午主题发言并作会议学术总结。院党组成员、副院长杨俊龙出席会议。

## 十二月

12月8日,省委第一专项巡视组对我院巡视情况进行反馈。巡视组组长罗昌平提出了在安徽省社科院巡视工作中发现的问题。院党组书记、院长朱士群作表态发言。

12月17日,安徽省社科院召开专题党组会议,研究落实省委第一专项巡视组反馈意见的整改方案。院党组书记、院长朱士群主持会议,院党组全体成员出席会议。

12月21日,安徽省社会科学院安庆市大观区省情调研基地揭牌仪式在大观区政府举行。院党组书记、院长朱士群,院党组成员、副院长杨俊龙,安庆市委常委、宣传部长陈爱军出席揭牌仪式。

12月23日,蚌埠市委党校常务副校长、安徽省社科院蚌埠分院院长王长双主持召开蚌埠分院特邀研究员聘任座谈会。院党组成员、副院长、蚌埠分院院长杨俊龙出席会议并讲话。

12月31日,院党组召开"三严三实"专题民主生活会,省委宣传部副部长刘飞跃到会指导并讲话。院党组书记、院长朱士群主持会议并讲话,院党组成员及省社科规划办负责同志出席会议。

# 福建社会科学院

## 第一节 历史沿革

1978年2月，中共福建省委对省委宣传部关于成立福建省哲学社会科学研究所的报告作出批复，同意成立福建省哲学社会科学研究所。1982年4月，福建省哲学社会科学研究所改为福建社会科学院。

一、领导

福建社会科学院历任院长：

明祖凡（1978年12月—1980年8月）、方晓丘（1980年8月—1985年6月）、李洪林（1985年6月—1987年3月）、祁茗田（1992年9月—1994年11月）、陈俊杰（1994年11月—1996年4月）、严正（1996年4月—2006年7月）、张帆（2006年7月—    ）。

福建社会科学院历任党组书记：

明祖凡（1979年7月—1985年1月）、方晓丘（1985年1月—1985年8月）、李洪林（1985年8月—1987年3月）、朱卜璜（1990年6月—1992年9月，为党组代书记）、祁茗田（1992年9月—1994年11月）、陈俊杰（1994年11月—1996年4月）、潘心雄（1996年4月—1999年4月）、杨华基（1999年4月—2008年4月）、方彦富（2008年4月—2013年3月）、陈祥健（2013年3月—    ）。

二、发展

（一）中国科学院福建分院哲学社会科学学部的成立与发展

中国科学院福建分院哲学社会科学学部（以下简称学部）于1960年6月成立，1962年撤销。曾设立学部委员会（郑奇芳任秘书长、杨启章任副秘书长）。学部下设办公室及哲学、政治经济学、历史、文学四个研究所。肖文玉任办公室主任，高明轩、孙泽夫任办公室副主任，郑奇芳为哲学研究所所长，高明轩为政治经济学研究所所长，肖文玉为历史研究所所长，张鸿为文学研究所所长。研究所分别附设在有关部门，如哲学与历史研究所附设在福建省委党校，文学研究所设在福建省文联，政治经济学研究所设在《红与专》杂志社。哲学研究所除研究马列主义哲学外，着重研究思想动态，历史研究所主要研究福建党史，文学研究所主要研究福建文学创作、民间文学、诗歌、文艺思想和文学艺术发展史，介绍国内外文艺创作等，政治经济学研究所主要研究福建农业、工业、财贸等。学部对业务所负有学术指导责任。学部的编制与经费归中国科学院福建分院。

（二）福建社会科学院（福建省哲学社会科学研究所）的成立与发展

1978年2月，中共福建省委批准成立福建省哲学社会科学研究所。研究所为省局一级机构，核定事业编制30人，由福建省委宣传部领导，暂借福建省委党校六号楼办公，1982年9月搬入新建的科研办公楼。1982年4月改为福建社会科学院，正厅级建制。

福建省领导对福建社会科学院工作高

度重视，历任省领导多次到该院调研。尤其是，时任省长习近平来该院调研时，对该院的"为领导决策服务，为地方经济社会发展服务，为实现祖国统一大业服务"的办院方针给予了充分肯定，并为交办该院编写的第一本《福建经济社会发展与预测蓝皮书》作序。时任省委书记卢展工来该院调研时，给该院下达了编写《福建省经济社会发展概念规划》的任务，该《概念规划》为在福建建立"海峡西岸经济区"并上升为国家战略奠定了基础。

福建社会科学院紧紧围绕建设中国特色社会主义这个总课题，按照党的十八大提出的建设哲学社会科学创新体系的要求，发挥福建独特优势，着力加强经济社会发展重大理论与现实问题和具有福建地方特色的重大基础理论问题研究，逐步形成了自己的研究优势。该院每年发表论文500余篇，1000多万字；每年完成10余项省重点调研课题和省领导交办课题任务，编写出版《福建经济社会发展与预测蓝皮书》和《福建文化发展蓝皮书》，供省领导和有关部门领导参阅；办有《福建社会科学院专报》，不定期刊载该院对策研究成果；每年以各种形式上报福建省委省政府和省委宣传部的调研信息达上百篇，被采用的有50多篇，平均有20余篇获省部级以上领导批示。目前，福建社会科学院拥有三座办公大楼，占地约15 000平方米。建设有文献信息中心图书馆和福建省台湾文献信息中心人文社科馆。馆藏图书20余万册，订有国内外报刊450余种，建成1000多种国内学术期刊数据库，建立并开通了福建社会科学院网站。

### 三、机构设置

福建社会科学院自1978年2月成立以来，院内曾先后设置有：办公室、人事处、科研组织处、机关党委、工会、后勤服务中心、外事办与台港澳办公室、福建省纪委驻社科院纪检组、文学研究所、历史研究所、哲学研究所、经济研究所、省台湾研究所、法学研究室、东亚研究所、华侨华人研究所、社会学研究所、精神文明建设研究所、现代台湾研究所、情报所、图书情报所、《福建论坛》杂志社、《亚太经济研究》杂志社、《现代台湾研究》编辑部、三角号码辞书编辑室、《福建经济年鉴》编辑部等。

截至2015年12月，福建社会科学院机构设置为：

5个职能机构：办公室（主任袁和平）、人事处（处长蔡天明）、科研组织处（处长魏澄荣）、对外合作处（处长杜强）、机关党委（专职副书记杨登超）；

10个研究所：文学研究所（所长刘小新）、历史研究所（所长刘传标）、哲学研究所（所长张文彪）、经济研究所（所长伍长南）、法学研究所（所长陈荣文）、亚太经济研究所（副所长全毅）、华侨华人研究所（所长林勇）、社会学研究所（所长许维勤）、精神文明研究所（所长曲鸿亮）、现代台湾研究所（所长单玉丽）；

1个科辅机构：文献信息中心（福建省台湾文献信息中心人文社科馆）（主任陈元勇）；

3个编辑出版机构：《福建论坛》杂志社（社长黎昕、总编辑管宁）、《亚太经济研究》杂志社（社长李鸿阶、总编辑全毅）、《现代台湾研究》杂志社（社长陈祥健、主编郭健青）；

4个研究基地：建设有中国特色社会主义理论研究基地（主任黎昕）、中国统一战线理论研究会两岸关系理论福建基地（主任陈祥健）、国务院侨务办公室侨务理论研究福建基地（主任李鸿阶）、福建省人民政协理论与实践研究基地（主任魏澄荣）。

### 四、人才建设

截至2015年12月，福建社会科学院

共计在职人员157人，其中各类专业技术人员132人（含"双肩挑"人员），占在职人员总数的84.08%。专业技术人员中，正高32人（含未聘3人），占专业技术人员总数的24.24%；副高53人（含未聘3人），占专业技术人员总数的40.15%；中级36人，占专业技术人员总数的27.27%；初级11人，占专业技术人员总数的8.33%。管理人员中，省部级干部1人，厅级干部4人（正厅2人，副厅2人），处级干部32人（正处19人，副处13人）。工勤人员11人，其中技术工三级7人，技术工四级2人，技术工五级1人，普通工1人。在职人员中，具有博士学位的36人，占在职人员总数的22.93%，具有硕士学位的42人，占在职人员总数的26.75%。此外，在职人员中，有国家突出贡献的中青年专家1人，新世纪"百千万人才工程"国家级人选1人，国务院特殊津贴专家5人，全国宣传文化系统"四个一批"人才1人，全国新闻出版行业领军人才1人，省宣传文化系统"四个一批"人才3人，省优专家人才3人，省哲学社会科学领军人才2人，省文化名家2人，"百千万人才工程"省级人选15人。

## 第二节 组织机构

### 一、福建社会科学院领导及其分工

**1. 历任领导**

| 姓名 | 职务 | 任职时间 |
| --- | --- | --- |
| 明祖凡 | 所长 | 1978.12—1980.8 |
| 单曙光 | 党组成员、副所长（副院长） | 1978.12—1990.6 |
| 明祖凡 | 党组书记 | 1979.7—1985.1 |
| 陈以一 | 党组副书记、副所长（副院长） | 1979.7—1983.2 |
| 方晓丘 | 党组副书记、所长 | 1980.8—1985.6 |

续表

| 姓名 | 职务 | 任职时间 |
| --- | --- | --- |
| 林子东 | 党组成员、副所长（副院长） | 1981.8—1985.8 |
| 曹尔奇 | 党组成员、副院长 | 1983.3—1990.6 |
| 方晓丘 | 党组书记 | 1985.1—1985.8 |
| 李洪林 | 党组成员、院长 | 1985.6—1987.3 |
| 刘树勋 | 党组成员、副院长 | 1988.5—1992.9 |
| 李洪林 | 党组书记 | 1985.8—1987.3 |
| 单曙光 | 党组副书记 | 1985.8—1990.6 |
| 刘学沛 | 党组成员、副院长 | 1985.8—1994.3 |
| 黄猷 | 党组成员、副院长 | 1985.8—1988.2 |
| 朱卜瑄 | 党组代书记 | 1990.6—1992.9 |
| 董承耕 | 党组成员、副院长 | 1990.6—1998.3 |
| 杨泗德 | 党组成员、副院长 | 1990.6—1993.5 |
| 祁茗田 | 党组书记、院长 | 1992.9—1994.11 |
| 潘心雄 | 党组副书记、副院长 | 1992.9—1996.4 |
| 严正 | 党组成员、副院长 | 1992.9—1996.4 |
| 陈俊杰 | 党组书记、院长 | 1994.11—1996.4 |
| 刘玉志 | 党组成员、副院长 | 1995.4—2005.5 |
| 潘心雄 | 党组书记、副院长 | 1996.4—1999.4 |
| 林其屏 | 党组成员、副院长 | 1996.4—2005.5 |
| 严正 | 党组成员、院长 | 1996.4—2006.7 |
| 薛朝光 | 党组成员、纪检组长 | 1997.8—2006.7 |
| 杨华基 | 党组书记、副院长 | 1999.4—2008.4 |
| 潘心雄 | 巡视员 | 1999.4—1999.12 |
| 张帆 | 副院长 | 2000.10—2006.7 |
| 张永生 | 党组成员、纪检组长 | 2007.8—2015.11 |
| 方彦富 | 党组书记、副院长 | 2008.4—2013.3 |
| 陈文章 | 党组成员、副院长 | 2011.5—2015.11 |

**2. 现任领导及其分工**

院长：张帆（福建省政协副主席）。主持科研、行政全面工作。分管科研组织处、职改办、文学研究所、福建海峡文化研究中心。

党组书记、副院长：陈祥健。主持党组全面工作。分管人事处、对外合作处、法学研究所。

党组成员、副院长：黎昕。分管历史研究所、哲学研究所、社会学研究所、精神文明研究所、《福建论坛》杂志社、宋明理学研究中心、办公室。

党组成员、副院长：李鸿阶。分管经济研究所、亚太经济研究所、华侨华人研究所、现代台湾研究所、文献信息中心、《亚太经济》杂志社，机关党委、机关纪委、工青妇等党群组织。

二、福建社会科学院职能部门及领导

办公室
主任：袁和平
副主任：刘宗坤（正处级）、周海青、陈秋红
人事处
处长：蔡天明
副处长：涂征、黄春花（专管老干工作）
科研组织处
处长：魏澄荣
副处长：魏然（正处级）
对外合作处
处长：杜强
副处长：王燕
机关党委、工会
专职副书记：杨登超（兼机关纪委书记）
副书记：方向红（正处级）
工会专职副主席：刘宗坤（兼）

三、福建社会科学院科研机构及领导

经济研究所
所长：伍长南
副所长：吴德进
亚太经济研究所
副所长：全毅（兼《亚太经济》编辑部总编辑，正处级）
华侨华人研究所
所长：林勇
副所长：林心淦
现代台湾研究所
所长：单玉丽
文学研究所
所长：刘小新
历史研究所
所长：刘传标
副所长：麻健敏
哲学研究所
所长：张文彪
社会学研究所
所长：许维勤
精神文明研究所
所长：曲鸿亮
法学研究所
副所长（主持工作）：陈荣文

四、福建社会科学院科研辅助部门及领导

文献信息中心（福建省台湾文献信息中心人文社科馆）
主任：陈元勇
副主任：陆小辉、邓达宏
《福建论坛》杂志社
社长：黎昕（兼）
总编辑：管宁
副总编辑：蔡雪雄、曾志兰

五、直属事业单位

1. 福建省海峡文化研究中心
2. 福建社会科学院、中国社会科学院哲学研究所宋明理学研究中心

## 第三节　年度工作概况

2015年，福建社会科学院深入学习贯

彻党的十八大和十八届三中、四中、五中全会精神，贯彻落实习近平总书记系列重要讲话精神，加强基础理论和应用对策研究，科研工作取得丰硕成果。

一、研究重大理论与现实问题，着力提升咨询服务水平。发挥独特优势，加强与"一带一路"沿线国家智库的交流合作，助推海上丝绸之路建设，参与承办"21世纪海上丝绸之路国际研讨会"，中共中央政治局委员、中央书记处书记、中宣部部长刘奇葆出席会议并发表主旨演讲，福建省政协副主席、福建社会科学院院长张帆在会议开幕式上致辞。紧密结合中央和省委重大决策部署，参与省"十三五"规划相关研究工作，承担了"福建自贸区建设""21世纪海上丝绸之路核心区建设""福州新区建设""加快福建区域经济发展""调整优化经济结构""福建产业与新型城镇化协调发展""新型农村社区建设""依法创新社会治理"等课题研究，并取得系列研究成果，有24篇决策咨询报告获省领导批示，有14篇理论文章在《福建日报》（求是版）发表，有59篇政策建议被《八闽快讯专报件》《福建信息》《政讯专报》等刊物采用。参与和完成中央马克思主义理论研究和建设工程2015年重大实践总结课题和国家社科基金特别委托项目"福建省深入实施生态省战略 加快生态文明先行示范区建设研究"，并承担子课题"关于打造清新福建，建设人居环境优美的福建经验研究"，省台办"拓展厦金与福马经贸合作研究"，省文明办"关于进一步加强我省农村精神文明建设工作的实施方案"等委托课题。

二、加大专题调研和"省领导交办课题"研究力度。参加省委、省政府以及省委宣传部、省发改委等部门组织的专题调研活动。落实尤权书记等省领导关于化解福建省群众"办事难""办证难"问题有关批示精神，组织专题调研，形成的调研报告得到省领导批示。针对海上丝绸之路核心区建设、两岸关系与闽台合作、平潭开放开发与两岸共同家园建设、福建自贸区建设、新型智库建设等课题，多次组织专题调研组赴省内外调研考察，研究报告得到省领导批示。完成省领导交办的两岸关系与闽台合作、平潭开放开发与两岸共同家园建设、福建自贸区建设、省新型智库建设等十余项课题。完成该院参与的"福建'十三五'规划研究""建设21世纪海上丝绸之路核心区研究""加快福建自贸试验区建设的研究""推进协商民主发展研究"等7项省重点调研课题。

三、研究具有福建地方特色的重大理论问题，夯实智库建设基础。开展中国特色社会主义理论体系研究和重大基础理论问题研究。将宣传贯彻习近平总书记系列重要讲话和来闽考察重要讲话精神与推动新福建建设结合起来，深入开展"习近平总书记系列重要讲话和在福建工作时期重要思想观点研究"，在《福建日报》（求是版）发表理论文章、在《福建论坛》开辟"习近平在闽工作期间重要思想观点研究"专栏，把学习贯彻习总书记系列重要讲话精神引向深入；有8篇论文入选全国社科院系统中特理论研究中心第二十次年会暨理论研讨会论文集。《文学拒绝低俗铜臭》《中国文学理论的重建：环境与资源》《台湾地区环境教育法制化研究》《城市品牌建构的文化思考》等多篇学术论文在权威期刊发表。

四、开展朱子文化、妈祖文化、闽南文化、文化产业、台侨等问题研究。加强朱子文化研究，完成《朱子文化研究推广交流中长期规划》初稿，出版《朱子学说与闽学发展》《闽学研究十年录》等专著。发挥理论研究优势，开展闽派批评研究、闽派诗歌史研究、广义闽学研究等课题研究，组织编撰闽派批评新秀丛书。参与"福建省'十三五'精神文明建设规划纲要""福建省'十三五'文化改革发展专项规划"等编制工作。研究台湾问题,组织专家参加中宣部"选后两岸关系发展调研座谈会"、省台办"福建省台商台胞及涉台专家座谈会"等会议,及时为上级有关部门提供决策咨询。完成国侨办课题"国际比较视野下移民汇款与经济发展"以及一批院级课题"闽台深度融合问题""习近平两岸关系和平发展的思想内涵及新形势下两岸关系发展""左翼理论对台湾当代思潮的影响"等。

五、大力加强学术交流,开拓学术视野。充分利用地缘优势,大力加强与高校、科研院所等机构的科研合作和人员交流互动。振兴"闽派翻译",打响"闽派翻译"品牌,参与主办"近代福建翻译与中国思想文化的现代转型暨闽派翻译高层论坛",众多国内知名专家学者、翻译家围绕近代福建翻译与中国思想文化的现代转型、复兴"闽派翻译"的策略与思路等进行研讨,在国内产生了积极影响。加强和创新社会治理,承办"中国社会治理现代化与法治社会研讨会暨全国社科院系统社会学所所长会议"。参与主办"华侨与抗日战争学术研讨会""福建省纪念林则徐诞辰230周年学术研讨会",参与"林耀华学术研讨会"筹备指导工作。此外,福建社会科学院专家学者积极参加"亚洲学术文化论坛""海上丝绸之路与中国国家安全""第一届台商发展论坛"等学术活动。组织专家学者出国(境)学术交流18批32人次,其中赴台湾地区学术交流8批19人次;接待国(境)外专家、学者等学术交流14批92人次,其中台湾地区学者9批38人次。

六、加强人才队伍建设,大力推进科辅工作。出台吸引优秀博士毕业生待遇相关配套政策,去年招聘硕博士8人;选派2名"百千万人才工程人选"赴台访学、1名青年科辅人员到平潭挂职、1名行政管理人员到龙岩市驻村蹲点;完成省百千万领军人才、省哲学社会科学领军人才等人选推荐工作;聘任副研究员3人、助理研究员6人、实习研究员1人、助理馆员1人;建立院领导挂钩联系青年人员制度,出台《福建社会科学院关于院领导联系培养青年人员的暂行办法》。在干部工作方面,完成院领导班子和领导干部考核测评、领导干部个人有关事项报告抽查与核实、处级干部人事档案专项审核及建库等工作。加强福建省台湾文献信息中心(人文社科馆)建设,全年采集大陆报刊200种、台版图书3000多册、台版报纸12种;持续购置中国知网信息资源检索平台等数据库;做好院外读者的图书借阅与信息咨询服务以及台情信息资料编报工作。努力提高福建社会科学院办刊水平,《福建论坛》配合党的理论宣传重点,结合新常态下经济社会文化各领域发展和福建科学发展跨越发展主题,刊发了对福建经济社会发展有指导作用的系列文章,被《新华文摘》中国人民大学复印报刊资料等转载20余篇。《亚太经济》围绕亚太区域经济合作、开放型经济新体制等问题,刊发了一批有理论深度的文章。《现代台湾研究》也刊发了一批对发展两岸关系有推动作用的文章。

七、推动福建社科院向新型智库转型,实现创新发展。中央《关于加强中国特色新型智库建设的意见》下发后,该院成立了智库建设领导小组,下设五个工作小组,研究起草新型智库建设试点方案及相关配套文件。2015年4月13日至22日,院领导分别带领三个调研组赴广东、广西、上海、吉林、辽宁、山东、江苏、浙江等省社科院学习调研,在此基础上形成《福建社会科学院高端智库建设试点方案》初稿。2015年12月,省委办公厅、省政府办公厅《关于加强福建新型智库建设的实施意见》提出"支持社科院先行开展高端智库建设试点,在各个方面先行探索、创造经验,努力成为特色鲜明、制度创新、引领发展的综合性、专业化高端智库"。目前该院正在拟订创新工程和高端智库建设方案,下一步将全面推进创新工程和高端智库建设。

## 第四节 科研活动

一、科研工作

1. 科研成果统计

2015年,福建社会科学院共组织研究课题170余项,发表论文和研究报告521篇,其中权威刊物16篇、核心刊物121篇,完成专著20部,获省领导批示24篇,科研成果总字数1300余万字。

2. 科研课题

(1) 新立项课题。2015年,福建社会科学院共新立项课题97项。

福建社科规划项目19项

| 序号 | 课题负责人 | 课题名称 |
| --- | --- | --- |
| 1 | 蔡雪雄 | 福建产业与新型城镇化协调发展研究 |
| 2 | 陈荣文 | 新常态下农村集体经济实现形式创新法治保障研究 |
| 3 | 曾志兰 | 上海自贸区文化开放经验在福建的复制推广研究 |
| 4 | 谭 敏 | 城镇化背景下福建农村子女高等教育机会问题研究 |
| 5 | 耿 羽 | 福建省征地补偿协商民主机制研究 |
| 6 | 张 帆 | 台湾80、90后青年文学及亚文化研究 |
| 7 | 周元侠 | 朱子教育思想及其现代性研究 |
| 8 | 魏澄荣 | 加快新型智库建设,为我省科学发展跨越发展提供智力保障研究 |
| 9 | 程春生 | 创新发展乡贤文化培育和实践社会主义核心价值观调查研究 |
| 10 | 李鸿阶 | 闽籍海外华商企业的历史与现状 |
| 11 | 林 勇 | 闽籍华商经济成就对所在国的贡献 |
| 12 | 陈祥健 | 台湾"反课纲"运动的文化政治分析 |
| 13 | 李鸿阶 | 福建自贸区建设与闽台融合发展研究 |
| 14 | 董玉洪 | 台湾"九合一"选举后的岛内政局变化及对两岸关系的影响 |
| 15 | 刘小新 | 台湾青年认知构建研究 |
| 16 | 刘传标 | 增强大陆涉台宣传网络话语权问题研究 |
| 17 | 单玉丽 | 重视在闽台商生存发展问题提升台商向心力 |
| 18 | 刘小新 | 国民党、民进党文宣策略比较及其影响分析 |
| 19 | 刘凌斌 | 台湾青年政治心态及对台湾政局与两岸关系的影响 |

福建省科技厅软科学项目4项

| 序号 | 课题负责人 | 课题名称 |
| --- | --- | --- |
| 1 | 张建青 | 基于人才机构视角构建校企合作长效机制的研究与实践 |
| 2 | 林发彬 | 基于土地信托流转推动的新型城镇化研究 |
| 3 | 吴德进 | 福建装备制造业突破性创新机制与实现路径研究 |
| 4 | 蔡承彬 | 闽台财政科技经费监管的比较研究 |

续表

福建社会科学院重大课题 12 项

| 序号 | 课题负责人 | 课题名称 |
| --- | --- | --- |
| 1 | 张　帆 | 中国文学理论的重建：环境与资源 |
| 2 | 陈祥健 | 贯彻习总书记重要讲话精神，推动新福建加快发展 |
| 3 | 管　宁 | 文化创意视野下的流行文化 |
| 4 | 刘小新 | 当代文艺理论与批评的传统与创新 |
| 5 | 刘传标 | 船政精英文化研究 |
| 6 | 陈元勇 | 2015 年台湾发展情势分析 |
| 7 | 李鸿阶 | 新常态下的福建经济发展战略研究 |
| 8 | 伍长南 | 加快福建省区域经济发展战略研究 |
| 9 | 魏澄荣 | 新型智库建设的理论与实践 |
| 10 | 单玉丽 | 台湾政治生态变化下视阈下的两岸关系发展研究 |
| 11 | 蔡雪雄 | 福建加快农业现代化建设研究 |
| 12 | 全　毅 | 跨越中等收入陷阱：亚太地区的经验与教训 |

福建社会科学院重点课题 17 项

| 序号 | 课题负责人 | 课题名称 |
| --- | --- | --- |
| 1 | 杜　强 | 加快福建生态文明先行示范区建设研究 |
| 2 | 吴德进 | 全球价值链下福建装备制造业升级发展研究 |
| 3 | 吴肇光 | 调整优化经济结构，促进经济提质增效升级研究 |
| 4 | 魏　然 | 新语境下两岸文创合作与文化交流研究 |
| 5 | 林　珊 | 新形势下，福建服务贸易结构升级与市场拓展的研究 |
| 6 | 郭健青 | "一带一路"对两岸关系变化的影响 |
| 7 | 杨德明 | 中国特色社会主义法治体系建设若干问题研究 |
| 8 | 郑有国 | 中日工业化道路选择 |
| 9 | 林　勇 | 国际视野下国际移民对母国发展影响的比较研究 |
| 10 | 潘　健 | 近代福建对日关系史研究 |
| 11 | 赖扬恩 | 福建省欠发达少数民族村落田野调查研究 |
| 12 | 王　伟 | 西方马克思主义文论与中国当代文论建设——以詹姆逊、伊格尔顿等为中心 |
| 13 | 翁东玲 | "一带一路"战略下东亚金融合作的新特点、新趋势 |
| 14 | 周元侠 | 李退溪的《四书》学思想研究 |
| 15 | 陆　芸 | 21 世纪陆海丝绸之路的历史渊源、当代意义和设计前瞻 |
| 16 | 邓达宏 | 侨批与侨乡民俗文化研究 |
| 17 | 陈舒劼 | 近三十年来文学与文化的认知、想象和表述 |

续表

福建社会科学院青年资助课题6项

| 序号 | 课题负责人 | 课题名称 |
| --- | --- | --- |
| 1 | 林秀琴 | 文学中的城市与城市文学的经验书写（中国现代性的复调） |
| 2 | 陈美霞 | 华文文学：历史重构与文化政治 |
| 3 | 黄继炜 | 福建高新技术开发区发展研究 |
| 4 | 林昌华 | 生态文明下我省推进新型城镇化的路径与对策 |
| 5 | 刘凌斌 | "九合一"选举后的台湾政局与两岸关系走向研究 |
| 6 | 张元钊 | 我国企业"走出去"战略研究——基于企业并购视角 |

地方委托项目39项

| 序号 | 课题负责人 | 课题名称 | 课题委托单位 |
| --- | --- | --- | --- |
| 1 | 黎昕 | 福建省"十三五"期间精神文明建设规划 | 福建省委文明办 |
| 2 | 黎昕 | 朱子文化研究推广交流中长期规划 | 福建省委宣传部 |
| 3 | 李鸿阶 | 莆田市优化工业发展问题研究 | 莆田市经贸委 |
| 4 | 李鸿阶 | 平潭建设21世纪海上丝绸之路闽台合作战略支点行动方案 | 平潭综合试验区经济发展局 |
| 5 | 李鸿阶 | 福建省交通运输现代化发展规划发展形势与需求分析技术咨询 | 交通运输部规划研究院 |
| 6 | 李鸿阶 | 安溪县国民经济和社会发展"十三五"规划纲要 | 安溪县发改局 |
| 7 | 李鸿阶 | 台商对福建自贸试验区的需求及其愿意 | 福建省商务厅 |
| 8 | 李鸿阶 | 福建自由贸易试验区对接台湾自由经济示范区研究 | 福建省商务厅 |
| 9 | 李鸿阶 | 中国（福建）自由贸易试验区解读 | 福建省商务厅 |
| 10 | 李鸿阶 | 华侨华人与"一带一路"战略研究 | 中国华侨华人历史研究所 |
| 11 | 李鸿阶 | 新时期福建侨务对台工作研究 | 福建省侨办 |
| 12 | 李鸿阶 | 福建融入"一带一路"战略研究 | 华侨大学海丝研究院 |
| 13 | 魏澄荣 | 编制南平市申报省级高新区规划材料 | 福建武夷高新技术园区开发建设有限公司 |
| 14 | 魏澄荣 | 福州市"十三五"服务业发展专项规划 | 福州市商务局 |
| 15 | 魏澄荣 | 关于推进我市高新技术产业园区发展的调研 | 民进福州市委会 |
| 16 | 伍长南 | 诏安县国民经济和社会发展"十三五"规划纲要 | 诏安县发改局 |
| 17 | 伍长南 | 福建省计量院发展规划（2016—2020年）研究 | 福建省计量科学研究院 |
| 18 | 伍长南 | 福州市闽侯青口培育小城市研究 | 福州市青口投资区管委会 |
| 19 | 伍长南 | "十三五"闽东北（五市一区）区域合作发展规划 | 福州市发改委 |

续表

| 序号 | 课题负责人 | 课题名称 | 课题委托单位 |
| --- | --- | --- | --- |
| 20 | 伍长南 | 霞浦县国民经济和社会发展"十三五"规划纲要 | 霞浦县发改局 |
| 21 | 伍长南 | "十三五"台商投资区经济社会发展规划 | 泉州台商投资区科技经济发展局 |
| 22 | 伍长南 | 马尾区国民经济和社会发展第十三个五年规划纲要 | 马尾区发改局 |
| 23 | 伍长南 | 漳州市民族乡发展规划 | 漳州市发改委 |
| 24 | 吴德进 | 清流县国民经济和社会发展第十三个五年发展规划纲要 | 清流县发改局 |
| 25 | 吴德进 | 福建省"十三五"战略性新兴产业发展专项规划 | 福建省发改委 |
| 26 | 吴德进 | 成立海峡国际大宗商品交易所可行性研究报告 | 福建海峡大宗商品市场管理有限公司 |
| 27 | 吴肇光 | 建瓯市国民经济和社会发展"十三五"规划纲要 | 建瓯市发改局 |
| 28 | 吴肇光 | 福州市青口投资区产业发展战略研究 | 福州市青口投资区管委会 |
| 29 | 吴肇光 | 福鼎市国民经济和社会发展"十三五"规划纲要 | 福鼎市发改局 |
| 30 | 吴肇光 | 发挥计量支撑作用,助推我省产业转型升级 | 福建省计量科学研究院 |
| 31 | 程春生 | 福州市"十三五"新型城镇化路径研究 | 福州市发改委 |
| 32 | 全毅 | 福建拓展西亚、非洲经贸关系研究 | 福建省商务厅 |
| 33 | 全毅 | 2014年度省宣"四个一批"人才资助——亚太区域经济一体化演进与机制创新(专著) | 福建省委宣传部 |
| 34 | 单玉丽 | 新形势下闽台农业交流与合作态势及对策建议 | 福建名成集团有限公司 |
| 35 | 管宁 | 2014年度省宣"四个一批"人才资助——创新设计与文化产业转型升级(专著) | 福建省委宣传部 |
| 36 | 管宁 | 2014省文化名家项目——提升创意水平,扩大福建文化影响力研究(系列调研报告) | 福建省委宣传部 |
| 37 | 陆芸 | 中国与阿拉伯伊斯兰国家的故事 | 中宣部 |
| 38 | 曲鸿亮 | 福州市志愿者服务星级评定和激励办法研究 | 福州市委文明办 |
| 39 | 曲鸿亮 | 舆情信息探测系统项目建设直报点补助款 | 省社会思想动态汇集分析中心 |

(2) 结项课题。2015年,福建社会科学院共结项课题51项。

### 福建省社科规划课题3项

| 序号 | 课题负责人 | 课题名称 |
| --- | --- | --- |
| 1 | 许维勤 | 法统归———闽台法缘 |
| 2 | 李鸿阶 | 福建省侨资企业发展环境问题研究 |
| 3 | 林 勇 | 新归侨与海西经济区建设:现状、问题与对策 |

### 福建省科技厅软科学课题4项

| 序号 | 课题负责人 | 课题名称 |
| --- | --- | --- |
| 1 | 李鸿阶 | 深化两岸产业与技术对接的政策研究 |
| 2 | 程春生 | 推进福建省高新区发展的对策研究 |
| 3 | 蔡雪雄 | 福建农村城镇化发展路径研究 |
| 4 | 魏澄荣 | 城镇化背景下福建省农民工市民化问题研究 |

### 福建社科科学院重大课题20项

| 序号 | 课题负责人 | 课题名称 |
| --- | --- | --- |
| 1 | 经济所 | 经济研究所学科发展方向研究 |
| 2 | 《亚太杂志》 | 亚太区域经济一体化机制演进与创新研究 |
| 3 | 文学所 | 当代文艺学与世界华文文学研究 |
| 4 | 刘传标 | 中国近代海军人物及其海防思想研究 |
| 5 | 吴能远 | 2010年的台湾政局及两岸关系 |
| 6 | 黎 昕 | 农村新型社区化与城乡一体化道路研究 |
| 7 | 吴能远 | 未来四年两岸关系战略研究 |
| 8 | 李鸿阶 | 居民收入倍增计划国际经验与我省的政策选择研究 |
| 9 | 林 勇 | 国际金融危机与海外华商经济发展 |
| 10 | 伍长南 | 福建加快产业发展研究 |
| 11 | 魏澄荣 | 结构性减速与福建经济发展动力优化研究 |
| 12 | 李鸿阶 | 打造福建经济升级版的路径选择与政策措施研究 |
| 13 | 刘传标 | 2014年台湾发展情势分析 |
| 14 | 张 帆 | 中国文学理论的重建:环境与资源 |
| 15 | 陈祥健 | 贯彻习总书记重要讲话精神,推动新福建加快发展 |
| 16 | 刘小新 | 当代文艺理论与批评的传统与创新 |
| 17 | 李鸿阶 | 新常态下的福建经济发展战略研究 |
| 18 | 伍长南 | 加快福建省区域经济发展战略研究 |
| 19 | 魏澄荣 | 新型智库建设的理论与实践 |
| 20 | 单玉丽 | 台湾政治生态变化视阈下的两岸关系发展研究 |

续表

福建社会科学院重点课题 21 项

| 序号 | 课题负责人 | 课题名称 |
|---|---|---|
| 1 | 管 宁 | 视觉文化与后现代叙事 |
| 2 | 杜 强 | 台湾地区环境污染治理与生态保育研究 |
| 3 | 郭健青 | 台海关系的和平发展遇到的新挑战 |
| 4 | 吴德进 | 基于区域统筹视角的中央苏区、革命老区与沿海发达地区联动发展研究 |
| 5 | 吴能远 | 关于国家尚未统一特殊情况下两岸政治关系合情合理安排研究 |
| 6 | 刘宗坤 | 科研事业单位财务管理的创新思路和对策 |
| 7 | 黄继炜 | 资本项目开放——亚洲的经验与中国的路径 |
| 8 | 吴肇光 | 新型城镇化视角下解决"三农"问题的路径研究 |
| 9 | 林 勇 | 海外华商与福建省建设新的海上丝绸之路研究 |
| 10 | 杜 强 | 福建海洋生态文明建设研究 |
| 11 | 吴德进 | 中国资源错配、结构失衡与经济转型研究 |
| 12 | 黄 平 | 历史唯物主义与中国改革 |
| 13 | 陈荣文 | 我国农村合作社法律制度的传承、发展与创新 |
| 14 | 邓达宏 | 侨批与华商文化探究 |
| 15 | 杜 强 | 加快福建生态文明先行示范区建设研究 |
| 16 | 吴德进 | 全球价值链下福建装备制造业升级发展研究 |
| 17 | 吴肇光 | 调整优化经济结构,促进经济提质增效升级研究 |
| 18 | 林 珊 | 新形势下,福建服务贸易结构升级与市场拓展的研究 |
| 19 | 林 勇 | 国际视野下国际移民对母国发展影响的比较研究 |
| 20 | 王 伟 | 西方马克思主义文论与中国当代文论建设——以詹姆逊、伊格尔顿等为中心 |
| 21 | 邓达宏 | 侨批与侨乡民俗文化研究 |

福建社会科学院青年资助课题 3 项

| 序号 | 课题负责人 | 课题名称 |
|---|---|---|
| 1 | 陈舒劼 | 近二十年文学认同建构的策略研究 |
| 2 | 林秀琴 | 文学中的城市与城市文学的经验书写(中国现代性的复调) |
| 3 | 林昌华 | 生态文明下我省推进新型城镇化的路径与对策 |

## 二、学术交流活动

### 1. 学术活动

2015年,福建社会科学院参与主办协办"21世纪海上丝绸之路国际研讨会""2015年闽派批评家高峰论坛暨'闽派诗歌'研讨会""近代福建翻译与中国思想文化的现代转型暨闽派翻译高层论坛""第三届海峡两岸文化发展论坛""华侨与抗日战争学术研讨会""福建省纪念林则徐诞辰230周年学术研讨会";承办"中国社会治理现代化与法治社会研讨会暨全国社科院系统社会学所所长会议"；参与"林耀华学术研讨会"筹备指导工作。

2. 国际学术交流与合作

2015年，福建社科院学者出国学术交流8批10人次，主要前往缅甸、韩国、澳大利亚、新西兰、印度尼西亚、菲律宾、捷克、塞尔维亚、斯洛文尼亚、马来西亚等国。接待国外学者、官员、企业家共5批54人次。主要来自伊朗、新加坡、意大利、印度尼西亚、菲律宾、韩国等国家。

2015年来访的要人、著名学者有：

1月16日，新加坡驻厦门总领事馆总领事池兆森、前总领事罗德杰、中方雇员方琦一行3人。

2月11—12日，承办21世纪海上丝绸之路国际研讨会，接待意大利那不勒斯东方大学白蒂（Patrizia）教授、阿美亚洲总裁易卜拉欣·布彦、菲律宾大学艾琳教授等36人。

7月20日，新加坡驻厦门总领事馆总领事池兆森、中方雇员庄庭燕一行2人。

10月13日，韩国海洋水产开发院中国研究中心首席代表金范中、前任韩国海洋水产部部长姜武贤一行9人。

12月3日，韩国亚太海洋文化研究院朱刚玄院长、中央日报张世政次长、韩国海洋水产开发院中国研究中心研究员朴文进一行4人。

3. 与中国香港、澳门特别行政区和台湾地区开展学术交流

2015年，福建社科院学者出访台、港、澳地区学术交流10批22人次。接待中国台湾来院学术交流学者等9批38人次。

三、研究中心、期刊

1. 研究中心

18个研究中心：中国与海上丝绸之路研究中心（主任李鸿阶）、客家研究中心（主任谢重光）、福建台湾文化研究中心（主任刘登翰）、中国茶文化研究交流中心（主任狄宪德）、建设有中国特色社会主义理论研究中心（主任黎昕）、法国远东学院福州中心（主任陈达生）、台湾研究中心（主任吴能远）、福建省海峡文化研究中心（主任曲鸿亮）、移民与征迁安置研究中心（主任严正）、WTO事务研究中心（主任全毅）、宋明理学研究中心（主任潘叔明）、华商研究中心（主任李鸿阶）、文化产业与文化传播研究中心（主任管宁）、闽台文化研究中心（主任徐晓望）、东亚文化与两岸关系研究中心（主任刘小新）、经济与绩效评价研究中心（主任魏澄荣）、中国（福建）自贸区发展研究中心（主任李鸿阶）、现代企业研究中心（主任陆小辉）。

2. 期刊

（1）《福建论坛》（人文社会科学版），月刊，社长黎昕、总编辑管宁，2015年共出版12期，字数420万左右。

（2）《亚太经济》，双月刊，社长李鸿阶、主编全毅，2015年共出版6期，字数173万左右。

（3）《学术评论》，双月刊，社长黎昕、总编辑管宁，2015年共出版6期，字数80万左右。

（4）《现代台湾研究》，双月刊，社长陈祥健、主编郭健青，2015年共出版6期，字数60万左右。

四、会议综述

2015年2月11—12日，由国务院新闻办公室主办，新华社、中国社会科学院、中国外文局、福建社会科学院共同承办的"21世纪海上丝绸之路国际研讨会"在福建省泉州市举行。中共中央政治局委员、中央书记处书记、中央宣传部部长刘奇葆出席会议并在高峰论坛上发表主旨演讲。中宣部副部长、国务院新闻办公室主任蒋建国，福建省委书记尤权，新华社社长蔡名照，中国社科院院长王伟光，福建省政协副主席、福建社科院院长张帆分别在开幕式上致辞。研讨

会以"打造命运共同体，携手共建21世纪海上丝绸之路"为主题，来自30个国家的280余名专家学者出席会议。

2015年8月23日，由福建师范大学、中华全国台湾同胞联谊会、两岸关系和平发展协同创新中心、福建社会科学院、台湾世新大学等多家单位联合主办的"第三届两岸文化论坛"在福州召开。主题是"两岸文化交流的拓展与深化"。

2015年9月5—7日，由《福建华侨史》编撰委员会、福建社会科学院等多单位联合主办，院华侨华人研究所承办的"华侨与抗日战争学术研讨会"在福州召开。

2015年9月19—21日，由福建社会科学院、福建师范大学、福建省文联联合主办，福建社会科学院文学所等单位联合承办的"近代福建翻译与中国思想文化的现代转型暨闽派翻译高层论坛"在福建省福州市举行。

2015年10月25日，由中国史学会、福建省政协文史学习委、福建省社科联、福建社会科学院、林则徐基金会、闽都文化研究会主办的"纪念林则徐诞辰230周年学术研讨会"在福州举行，研讨会以"林则徐与民族复兴"为主题。

2015年11月1日，由中国社会科学院历史研究所、莆田学院、福建省妈祖文化传承与发展协同创新中心、湄洲岛国家旅游度假区管委会、福建省社会科学研究基地莆田学院妈祖文化研究中心联合主办的"2015年国际妈祖文化学术研讨会"在福建省莆田市湄洲岛召开。

2015年11月29—30日，由中国社科院社会学研究所主办、福建社会科学院承办的"中国社会治理现代化与法治社会研讨会暨全国社会科学院系统社会学所所长会议"在福州召开。中国社会科学院副院长、党组成员李培林出席会议并作大会主旨发言。福建省政协副主席、省社会科学院院长张帆出席会议并致辞。

## 第五节　重点成果

一、2014年以前获省部级以上奖的优秀科研成果[*]

1. 获各部委奖成果

| 成果名称 | 作者 | 成果形式 | 奖励种类 | 等级 | 年度 |
| --- | --- | --- | --- | --- | --- |
| 江泽民对邓小平特区理论的新贡献 | 林其屏 林两贞 | 论文 | 中共中央宣传部第七届精神文明建设"五个一工程"奖 | 优秀理论文章奖 | 1999 |
| 江泽民对国有企业改革与发展理论的新贡献 | 林其屏 | 论文 | 中共中央宣传部第八届精神文明建设"五个一工程"奖 | 优秀理论文章奖 | 2001 |
| 阐释的空间/小说艺术模式的革命 | 张　帆 | 专著 | 获1992年度"庄重文文学奖"（中国作协颁发，部级奖） | 庄重文文学奖 | 1992 |
| 冲突的文学 | 张　帆 | 专著 | 获1993年度中国当代文学研究成果奖（中国当代文学研究会） | 中国当代文学研究成果奖 | 1993 |

---

[*] 注：在本节的表格中的"出版发表时间"一栏，年、月、日使用阿拉伯数字，且"年""月""日"三字省略（发表期数除外，保留"年"字）。既有年份，又有月份、日时，"年""月"用"."代替。如："2002年"用"2002"表示，"2001年2月"用"2001.2"表示，"2002年第2期"不变。

续表

| 成果名称 | 作者 | 成果形式 | 奖励种类 | 等级 | 年度 |
|---|---|---|---|---|---|
| 文类与散文 | 张帆 | 论文 | 获第二届全国青年社会科学优秀成果奖 | 论文奖 | 1997 |
| 三种标准：实践·生产力·三个有利于 | 潘叔明 | 论文 | 全国报纸理论宣传优秀文章评选年度奖 | 一等奖 | 1998 |
| 论江泽民对邓小平理论的新贡献 | 林其屏 林两贞 | 论文 | 全国报纸理论宣传优秀文章评选年度奖 | 二等奖 | 1999 |
| 台湾文学史 | 刘登翰 | 专著 | 第八届中国图书奖 | 中国图书奖 | 1994 |
| 中国当代新诗史 | 刘登翰 | 专著 | 中国当代文学研究优秀成果奖 | 表彰奖 | 1996 |
| 三种标准的历史意义及其内在统一 | 潘叔明 | 论文 | 全国报刊优秀理论文章奖 | 一等奖 | 1999 |
| 社会主义初级阶段与"一国两制"构想 | 金泓汛 | 论文 | 中共中央宣传部、中共中央党校、中国社会科学院"纪念十一届三中全会十周年理论讨论会入选论文奖" | 论文奖 | 1988 |
| 革命、浪漫与凡俗 | 张帆 | 论文 | 第三届中国文联文艺评论奖 | 三等奖 | 2002 |
| 四重奏：文学、革命、知识分子与大众 | 张帆 | 论文 | 第四届中国文联文艺评论奖 | 一等奖 | 2004 |
| 文化诗学与华文文学批评的范式转移 | 刘登翰 刘小新 | 论文 | 第五届中国文联理论批评论文奖 | 二等奖 | 2005 |
| 消费历史 | 张帆 | 文艺评论 | 中国文联2001年度文艺评论奖 | 二等奖 | 2001 |
| 关于我父母的一切 | 张帆 | 专著 | 第三届"华语文学传媒大奖" | 散文家奖 | 2005 |
| 辛亥年的枪声 | 张帆（署名：南帆） | 专著 | 第四届鲁迅文奖（2004—2006） | 全国优秀散文、杂文奖 | 2007 |
| 启蒙与大地崇拜：文学的乡村 | 张帆（署名：南帆） | 论文 | 第六届中国文联文艺评论奖 | 一等奖 | 2007 |
| 五种形象 | 张帆（署名：南帆）专著 | 专著 | 第五届鲁迅文学奖 | 文学理论评论类奖 | 2010 |

续表

| 成果名称 | 作者 | 成果形式 | 奖励种类 | 等级 | 年度 |
| --- | --- | --- | --- | --- | --- |
| 八十年代、话语场域与叙事的转换 | 张帆（署名：南帆） | 论文 | 第八届中国文联文艺评论奖 | 一等奖 | 2012 |
| 中国推进区域合作与FTA建设的战略研究 | 全毅 | 论文 | 2012—2013年度全国商务发展研究成果评选（中华人民共和国商务部） | 二等奖 | 2013 |

### 2. 获福建省社会科学优秀奖成果

| 成果名称 | 作者 | 等级 | 成果形式 |
| --- | --- | --- | --- |
| 福建省第二届社会科学优秀成果奖（1994年） | | | |
| 台湾文学史（上、下） | 刘登翰等主编 | 一等奖 | 专著 |
| 关于我国特区发展新阶段的目标模式 | 苏彦汉 | 二等奖 | 论文 |
| 我国产业重组与产业组织政策创新 | 陈明森 | 二等奖 | 论文 |
| 福建经济综合开发论 | 唐兴夏 | 二等奖 | 专著 |
| 福建旅游业开发论 | 林惠滨 | 二等奖 | 专著 |
| 中国国情丛书——百县市经济社会调查·晋江卷 | 刘树勋 魏子熹 主编 | 二等奖 | 专著 |
| 环境侵害及其救济 | 陈泉生 | 二等奖 | 论文 |
| 我国大陆与台湾财产权制度比较 | 王克衷 | 二等奖 | 专著 |
| 冲突的文学 | 张帆 | 二等奖 | 专著 |
| 汉唐佛教社会史论 | 谢重光 | 二等奖 | 专著 |
| 荷据时代台湾史 | 杨彦杰 | 二等奖 | 专著 |
| 优化产业结构——发展外向型经济面临的抉择<br>注：该书并获1989—1990年华东地区优秀政治理论图书一等奖 | 旗修霖主编 | 二等奖 | 专著 |
| 城市理论与中国城市化道路 | 严正 | 三等奖 | 论文 |
| 改革开放中的困惑与出路：论体制性膨胀及不平衡发展策略 | 连好宝 | 三等奖 | 论文 |
| 闽南三角洲开放区发展战略研究 | 课题组著 | 三等奖 | 专著 |
| 读《经济民主论》的几点思考 | 苏炎灶 | 三等奖 | 论文 |
| 面临十字路口的台湾经济体制 | 吴能远 | 三等奖 | 论文 |
| 利益格局：产业结构调整的最大障碍 | 林其屏 | 三等奖 | 论文 |
| 艺术感觉论 | 杨健民 | 三等奖 | 专著 |

续表

| 成果名称 | 作者 | 等级 | 成果形式 |
| --- | --- | --- | --- |
| 建立精神文明建设指标体系断想 | 叶向平 | 三等奖 | 论文 |
| 应重视对社科情报学阶段性问题的研究——兼议社科情报学应着重研究的问题 | 张学惠 | 三等奖 | 论文 |
| 台湾近代文学丛稿 | 汪毅夫 | 三等奖 | 论文 |
| 文莱发现公元十四世纪初穆斯林王国的遗物——勃泥苏丹阿拉伯文墓碑 | 陈达生 | 三等奖 | 论文 |
| 经济特区反国际避税问题思考 | 杜强 | 三等奖 | 论文 |
| 福建省第三届社会科学优秀成果奖（1998年） | | | |
| 福建民间信仰源流 | 徐晓望 | 一等奖 | 专著 |
| 邓小平"一国两制"科学构想是对马克思主义国家理论的卓越贡献 | 潘叔明 | 二等奖 | 论文 |
| 论社会主义市场经济条件下领导干部价值观建设 | 董承耕 林 庄 | 二等奖 | 论文 |
| 论进入壁垒与进入壁垒政策选择 | 陈明森 | 二等奖 | 论文 |
| 论中国环境侵权法学理论的建构 | 陈泉生 | 二等奖 | 论文 |
| 林语堂评传 | 万平近 | 二等奖 | 专著 |
| 福建思想文化史纲 | 徐晓望主编 | 二等奖 | 专著 |
| 福建省基础设施建设资金问题研究 | 课题组 施修霖 贺易田 执笔 | 二等奖 | 论文 |
| 邓小平创建社会主义市场经济条件下道德建设理论的重大贡献 | 董承耕 | 三等奖 | 论文 |
| 建设有中国特色社会主义的科学体系论要 | 李鸿烈 | 三等奖 | 论文 |
| 闽学源流 | 刘树勋 | 三等奖 | 专著 |
| 东南沿海经济区的跨世纪战略 | 严 正 廖世忠 | 三等奖 | 论文 |
| 世界特区经济探索 | 苏彦汉 | 三等奖 | 专著 |
| 经济对策论 | 林其屏 | 三等奖 | 专著 |
| 弱发展地区可持续发展动态仿真模型研究 | 李崇阳等 | 三等奖 | 论文 |
| 贫困恶性循环与反贫困超循环可持续发展——兼论福建省安溪县扶贫与发展 | 李崇阳等 | 三等奖 | 论文 |

续表

| 成果名称 | 作者 | 等级 | 成果形式 |
| --- | --- | --- | --- |
| 漳州"海峡两岸农业合作示范区"总体构想 | 课题组 唐兴夏 执笔 | 三等奖 | 论文 |
| 税收筹划 | 唐腾翔 唐 向 | 三等奖 | 专著 |
| 海峡两岸债与合同制度比较 | 王克衷 | 三等奖 | 专著 |
| 精神损害的认定与赔偿 | 关今华 | 三等奖 | 专著 |
| 人民主体价值观：孔繁森人生价值观的核心 | 林 庄 | 三等奖 | 论文 |
| 面向二十一世纪的选择——三明市精神文明建设研究 | 课题组 董承耕 主编 | 三等奖 | 专著 |
| 中国国情丛书——百县市经济社会调查·永安卷 | 课题组 刘树勋 魏子熹 主编 | 三等奖 | 专著 |
| 福建宗教发展的现状与趋势 | 黎 昕 | 三等奖 | 论文 |
| 中国国情丛书——百县市经济社会调查·厦门卷 | 课题组 严 正 祁铭田 主编 | 三等奖 | 专著 |
| 中国当代新诗史 | 刘登翰 | 三等奖 | 专著 |
| 个案与历史氛围——真、现实主义、所指 | 张 帆 | 三等奖 | 论文 |
| 闽西客家宗族社会研究 | 杨彦杰 | 三等奖 | 专著 |
| 李登辉时期统独斗争之演变 | 吴能远 | 三等奖 | 专著 |
| 论福厦经济带交通建设 | 唐兴夏 | 三等奖 | 论文 |
| 宁德地区跨世纪战略研究 | 课题组 严 正 林智钦 执笔 | 三等奖 | 论文 |
| 经济体制转变与经济增长方式内在关系的理论探讨与实践分析 | 课题组 陈明森等 | 三等奖 | 论文 |
| 实施开放开发战略机电产品 | 杜 强等 | 三等奖 | 论文 |

续表

| 成果名称 | 作者 | 等级 | 成果形式 |
| --- | --- | --- | --- |
| 福建省第四届社会科学优秀成果奖（2000年） ||||
| 环境法原理 | 陈泉生 | 一等奖 | 专著 |
| 文学的维度 | 南 帆 | 一等奖 | 专著 |
| 一个国家 两种制度 | 潘叔明 | 二等奖 | 专著 |
| 论三种标准的历史意义及其内在统一 | 潘叔明 | 二等奖 | 论文 |
| 当前我国经济周期调控"政策搭配"探析 | 刘义圣 | 二等奖 | 论文 |
| 产权与市场双重约束：构建企业行为市场化微观机制 | 陈明森 | 二等奖 | 论文 |
| 明末清初中西文化冲突 | 林仁川 徐晓望 | 二等奖 | 专著 |
| 社会主义市场经济初始阶段的精神文明建设 | 董承耕 主编 | 三等奖 | 专著 |
| 韩国与泰国金融危机比较研究 | 全 毅 | 三等奖 | 论文 |
| 21世纪中国可能成为世界的经济学研究中心 | 林其屏 | 三等奖 | 论文 |
| 福建跨世纪主导产业仿真研究 | 李崇阳等 | 三等奖 | 研究报告 |
| 论言论自由与人身权利的权利冲突、制约和均衡（上下） | 关今华 | 三等奖 | 论文 |
| "一国两制"理论与实践 | 严 正 潘叔明 主编 | 三等奖 | 专著 |
| 华侨华人在中外关系中的作用载体研究 | 张学惠 江作栋 | 三等奖 | 论文 |
| 妈祖的子民——闽台海洋文化研究 | 徐晓望 | 三等奖 | 专著 |
| 金门史稿 | 谢重光 杨彦杰 汪毅夫 | 三等奖 | 专著 |
| 香港文学史 | 刘登翰 | 三等奖 | 专著 |

| 成果名称 | 作者 | 职称 | 成果形式 | 字数（万字） | 出版发表单位 | 出版发表时间 | 获奖情况 |
| --- | --- | --- | --- | --- | --- | --- | --- |
| 福建省第五届社会科学优秀成果奖（2003年） ||||||||
| 市场进入退出与企业竞争战略 | 陈明森 | 研究员 | 专著 | 29.6 | 中国经济出版社 | 2001.2 | 一等奖 |
| 中国利率市场化改革论纲 | 刘义圣 | 研究员 | 专著 | 35 | 北京大学出版社 | 2002.9 | 一等奖 |

续表

| 成果名称 | 作者 | 职称 | 成果形式 | 字数（万字） | 出版发表单位 | 出版发表时间 | 获奖情况 |
|---|---|---|---|---|---|---|---|
| 中华文化与闽台社会——闽台文化关系论纲 | 刘登翰 | 研究员 | 专著 | 24.4 | 福建人民出版社 | 2002.12 | 一等奖 |
| 与时俱进的历史总结（"三个代表"重要思想系列论文） | 潘叔明 | 研究员 | 系列论文 | — | — | — | 二等奖 |
| 经济理论的突破与创新 | 林其屏等 | 研究员 | 专著 | 26 | 红旗出版社 | 2001.4 | 二等奖 |
| 规则和信用：市场经济两大基石的缺损与重构 | 林其屏 | 研究员 | 论文 | 1.3 | 《福建论坛》（经济社会版） | 2002年第1期 | 二等奖 |
| 福建省高新技术产业化研究 | 严 正等主编 | 研究员 | 专著 | 25.6 | 福建人民出版社 | 2001.12 | 二等奖 |
| 利率市场化的宏观风险与"安全模式"初探 | 刘义圣 | 研究员 | 论文 | 0.62 | 《经济学动态》 | 2001年第6期 | 二等奖 |
| 关于空间权的性质与立法体例的探讨 | 陈祥健 | 研究员 | 论文 | 1 | 《中国法学》 | 2002年第5期 | 二等奖 |
| 文学理论新读本 | 张 帆主编 | 研究员 | 专著 | 29.5 | 浙江文艺出版社 | 2002.8 | 二等奖 |
| 华侨华人经济新论 | 李鸿阶主编 | 研究员 | 专著 | 27.2 | 福建人民出版社 | 2002.7 | 三等奖 |
| WTO框架与福建外向型经济研究 | 马元柱 | 研究员 | 专著 | 52 | 福建教育出版社 | 2001.11 | 三等奖 |
| 中国入世：体制改革与政策调整 | 全 毅 | 副研究员 | 专著 | 25 | 经济科学出版社 | 2001.5 | 三等奖 |
| 我省建立符合世贸规则的外经贸发展支持服务体系的研究 | 马元柱 | 研究员 | 论文 | — | — | — | 三等奖 |

续表

| 成果名称 | 作者 | 职称 | 成果形式 | 字数（万字） | 出版发表单位 | 出版发表时间 | 获奖情况 |
|---|---|---|---|---|---|---|---|
| 福建近代产业史 | 罗肇前 | 副研究员 | 专著 | 30.9 | 厦门大学出版社 | 2002.12 | 三等奖 |
| 小说家笔下的人性图谱：论新时期小说的人性描写 | 管宁 | 副研究员 | 专著 | 25 | 福建教育出版社 | 2001.12 | 三等奖 |
| 图书馆学之人文向度刍议 | 王涛 | 副研究馆员 | 论文 | 1 | 《情报资料工作》 | 2002年第1期 | 三等奖 |
| 进一步利用海外华人资本及其对策研究 | 李鸿阶等 | 研究员 | 研究报告 | 2.5 | 获省领导批示 | 2001.10.31 | 三等奖 |
| 2001—2002年福建经济社会发展与预测（蓝皮书） | 严正等 | 研究员 | 专著 | 33 | 福建人民出版社 | 2002.1 | 三等奖 |
| 华侨华人在主籍地的作用方式研究——对榕籍华侨华人创新"作用方式"的实证分析 | 张学惠等 | 副研究员 | 研究报告 | — | — | — | 三等奖 |
| 福建省第六届社会科学优秀成果奖（2005年） | | | | | | | |
| 理论的紧张 | 张帆 | 研究员 | 专著 | 22.7 | 上海三联书店 | 2003.8 | 一等奖 |
| "当代大众传媒与大众文艺"等3篇 | 管宁 | 研究员 | 系列论文 | — | — | — | 一等奖 |
| "一国两制"与台湾问题 | 潘叔明 | 研究员 | 专著 | 20.4 | 人民出版社 | 2003.9 | 二等奖 |
| 财政收支预测与控制 | 李崇阳主编 | 研究员 | 专著 | 46 | 宁夏人民出版社 | 2004.11 | 二等奖 |
| 担保物权研究 | 陈祥健主编 | 研究员 | 专著 | 47.5 | 中国检察出版社 | 2004.10 | 二等奖 |
| "关于华文文学几个基础性概念的学术清理"等8篇 | 刘登翰 刘小新 | 研究员 | 系列论文 | — | — | — | 二等奖 |

续表

| 成果名称 | 作者 | 职称 | 成果形式 | 字数（万字） | 出版发表单位 | 出版发表时间 | 获奖情况 |
|---|---|---|---|---|---|---|---|
| 福建省经济社会发展概念规划 | 课题组 | — | 研究报告 | — | — | — | 二等奖 |
| 我省新移民问题及其对策建议 | 杨华基 李鸿阶等 | 研究员 | 研究报告 | — | 获省领导批示 | 2003.7.29 | 二等奖 |
| 论转刑期理想信念建设 | 董承耕 | 研究员 | 专著 | 20 | 吉林人民出版社 | 2002 | 三等奖 |
| 发展着的马克思主义——关于马克思主义理论发展中哲学思维转型研究 | 华学忠 施修霖 | 副研究员 | 专著 | 35 | 经济学出版社 | 2004.10 | 三等奖 |
| 江泽民对我国对外开放理论的新贡献 | 课题组 | — | 论文 | — | — | — | 三等奖 |
| 中国城市发展问题研究 | 严 正 主编 | 研究员 | 专著 | 52.6 | 中国发展出版社 | 2004.2 | 三等奖 |
| 对外开放理论的突破与创新 | 林其屏 主编 | 研究员 | 专著 | 23 | 红旗出版社 | 2003.7 | 三等奖 |
| "从经济主导型到社会主导型：现代城市管理模式的优化取向"等4篇 | 蔡雪雄等 | 副研究员 | 系列论文 | — | — | — | 三等奖 |
| 转型中的城市社区建设 | 黎 昕 | 研究员 | 专著 | 25.7 | 福建人民出版社 | 2004.2 | 三等奖 |
| 福建文化生态与软环境建设研究 | 管 宁 主编 | 研究员 | 专著 | 17.3 | 福建海潮摄影艺术出版社 | 2004.1 | 三等奖 |
| 中国近代海军职官表 | 刘传标 | 副研究馆员 | 工具书 | 80 | 福建人民出版社 | 2003.12 | 三等奖 |
| "十五"期间税制改革趋势对我省经济社会发展的影响及其对策研究 | 课题组 | — | 研究报告 | — | — | — | 三等奖 |
| 关于华侨权益保护法的立法调研报告 | 李鸿阶等 | 研究员 | 研究报告 | 2 | — | — | 三等奖 |

续表

| 成果名称 | 作者 | 职称 | 成果形式 | 字数（万字） | 出版发表单位 | 出版发表时间 | 获奖情况 |
|---|---|---|---|---|---|---|---|
| 福建省第七届社会科学优秀成果奖（2007年） ||||||||
| 后革命的转移 | 张帆 | 研究员 | 专著 | 27 | 北京大学出版社 | 2005.8 | 一等奖 |
| 中国资本市场的多功能定位与发展方略 | 刘义圣 | 研究员 | 专著 | 25 | 社会科学文献出版社 | 2006.2 | 二等奖 |
| 跨越技术性贸易壁垒——理论分析、经济影响与对策研究 | 全毅等 | 研究员 | 专著 | 26.9 | 福建人民出版社 | 2005.8 | 二等奖 |
| 福建通史 | 徐晓望主编 | 研究员 | 专著 | 184.8 | 福建人民出版社 | 2006.3 | 二等奖 |
| 当前中国文学的时尚化倾向 | 管宁 | 研究员 | 论文 | 1.68 | 《中国社会科学》 | 2006年第11期 | 二等奖 |
| 大陆台资的区域集聚规律及福建因应对策研究 | 单玉丽等 | 研究员 | 研究报告 | — | — | — | 二等奖 |
| 复合型图书馆的建设 | 刘传标 | 研究馆员 | 专著 | 19 | 北京图书馆出版社 | 2005 | 三等奖 |
| 福建省第八届社会科学优秀成果奖（2009年） ||||||||
| 近代中国海军大事编年 | 刘传标 | 研究馆员 | 古籍整理 | 278 | 海风出版社 | 2008.5 | 一等奖 |
| 发展经济学与中国经济发展策论 | 刘义圣 | 研究员 | 专著 | 40 | 社会科学文献出版社 | 2008.11 | 二等奖 |
| 中国高等学校贷款问题研究 | 林莉 | 副研究员 | 专著 | 33.5 | 广东高等教育出版社 | 2008.7 | 二等奖 |
| 两岸共同市场与闽台合作 | 杨华基等 | 研究员 | 专著 | 2.5 | 福建人民出版社 | 2007.12 | 三等奖 |
| 标准化战略与我国外贸增长方式转变 | 全毅 | 研究员 | 论文 | 1.1 | 《世界经济研究》 | 2007年第6期 | 三等奖 |
| 闽台行政建置关系 | 许维勤 | 研究员 | 专著 | 26 | 福建人民出版社 | 2008.12 | 三等奖 |
| 改革创新社会管理体制的若干思考 | 黎昕等 | 研究员 | 论文 | 1.1 | 《福建论坛》（人文社会科学版） | 2007年第11期 | 三等奖 |

续表

| 成果名称 | 作者 | 职称 | 成果形式 | 字数（万字） | 出版发表单位 | 出版发表时间 | 获奖情况 |
| --- | --- | --- | --- | --- | --- | --- | --- |
| 妈祖信仰史研究 | 徐晓望 | 研究员 | 专著 | 34.5 | 海风出版社 | 2007.4 | 三等奖 |
| 华文文学：跨越的构建 | 刘登翰 | 研究员 | 专著 | 93.6 | 福建人民出版社 | 2007.8 | 三等奖 |
| 关于制定好实施"海峡文化"发展战略的建议 | 曲鸿亮等 | 研究员 | 研究报告 | — | 获省领导批示 | 2007.5.30 | 三等奖 |
| 福建省第九届社会科学优秀成果奖（2011年） ||||||||
| 利息理论的深度比较与中国应用 | 刘义圣 | 研究员 | 专著 | 30.8 | 长春出版社 | 2010.12 | 一等奖 |
| CAFTA框架下深化福建与东盟经贸关系对策研究 | 李鸿阶等 | 研究员 | 研究报告 | 0.9 | 获省领导批示 | 2010.5.12 | 一等奖 |
| 发展循环经济与构建和谐社会 | 魏澄荣等 | 研究员 | 专著 | 38 | 吉林人民出版社 | 2010.8 | 二等奖 |
| 台湾工业化过程中的现代农业发展 | 单玉丽等 | 研究员 | 专著 | 37.9 | 知识产权出版社 | 2009.10 | 三等奖 |
| 我国城乡二元经济结构的演变历程及趋势分析 | 蔡雪雄 | 研究员 | 论文 | 0.81 | 《经济学动态》 | 2009年第2期 | 三等奖 |
| 封闭式公司中的股东信义义务：原理与规则 | 张学文 | 副研究员 | 论文 | 1.78 | 《中外法学》 | 2010年第2期 | 三等奖 |
| 阐释的焦虑——当代台湾理论思潮解读（1987—2007） | 刘小新 | 研究员 | 专著 | 27.3 | 福建人民出版社 | 2009.12 | 三等奖 |
| 汪伪政权财政研究 | 潘健 | 副研究员 | 专著 | 32.6 | 中国社会科学出版社 | 2009.11 | 三等奖 |
| 软科学研究的复杂性范式 | 李崇阳等 | 研究员 | 专著 | 21.85 | 厦门大学出版社 | 2009.9 | 三等奖 |
| 福建省第十届社会科学优秀成果奖（2013年） ||||||||
| 无名的能量 | 南帆 | 研究员 | 专著 | 28.7 | 人民文学出版社 | 2012.12 | 一等奖 |

续表

| 成果名称 | 作者 | 职称 | 成果形式 | 字数（万字） | 出版发表单位 | 出版发表时间 | 获奖情况 |
|---|---|---|---|---|---|---|---|
| 近代中国船政大事编年与资料选编（第一、二、三册） | 刘传标 | 研究员 | 古籍整理 | 300 | 九州出版社 | 2011.11 | 一等奖 |
| 有限责任公司股东压制问题研究 | 张学文 | 研究员 | 专著 | 22.2 | 法律出版社 | 2011.11 | 二等奖 |
| 当代海外的朱子学研究及其方法 | 黎昕 赵妍妍 | 研究员 | 论文 | 0.82 | 《哲学研究》 | 2012年第5期 | 三等奖 |
| 中国宏观经济利率微调的操作模式探绎 | 刘义圣 王春丽 | 研究员 | 专著 | 15 | 长春出版社 | 2012.8 | 三等奖 |
| 福建省产业转型升级研究 | 伍长南 林昌华 主编 | 研究员 | 专著 | 16.8 | 中国经济出版社 | 2011.12 | 三等奖 |
| 中国少数民族高等教育入学机会研究——基于家庭背景的分析 | 谭敏 | 助理研究员 | 专著 | 30.1 | 福建教育出版社 | 2012.8 | 三等奖 |
| 福建省"十二五"建设海峡两岸产业合作基地研究报告 | 魏澄荣 | 研究员 | 研究报告 | — | 获省领导批示 | 2011.6.28 | 三等奖 |
| 福建省第十一届社会科学优秀成果奖（2015年） ||||||||
| 建议将福建列入ECFA先行先试省份 | 全毅 | 研究员 | 决策咨询报告 | — | — | 2014.4.15 | 二等奖 |
| 论解决利他主义两难的几种进路 | 赵妍妍 | 助理研究员 | 论文 | 1.39 | 《自然辩证法研究》 | 2011年第9期 | 三等奖 |
| 中国农村合作社法律制度研究：渊源、变迁与创新 | 陈荣文 | 副研究员 | 专著 | 27 | 法律出版社 | 2014.6 | 三等奖 |
| 审美宽容：从主体性到主体间性？ | 刘小新 | 研究员 | 论文 | 1.15 | 《东南学术》 | 2014年第4期 | 三等奖 |
| 两岸大交流背景下台湾青年的"国家认同"研究 | 刘凌斌 | 助理研究员 | 论文 | 1.6 | 《台湾研究》 | 2014年第5期 | 青年佳作奖 |
| 家祭：两岸祭祖习俗变迁及其社会基础 | 耿羽 | 副研究员 | 专著 | 25 | 海风出版社 | 2014.10 | 青年佳作奖 |

## 二、2015年主要科研成果

### 1. 2015年在CSSCI期刊上发表的论文

| 序号 | 成果题目 | 作者 | 出版发表单位 | 发表时间 | 成果字数（万字） |
|---|---|---|---|---|---|
| 1 | 水与《老生》的叙事学 | 张帆 | 《当代作家评论》 | 2015年第1期 | 0.6 |
| 2 | 虚构的真实 | 张帆 | 《福建论坛》 | 2015年第5期 | 2.16 |
| 3 | 先锋文学的多重影像 | 张帆 | 《文艺争鸣》 | 2015年第10期 | 0.8 |
| 4 | 中国文学理论的重建：环境与资源 | 张帆 | 《中国社会科学》 | 2015年第4期 | 0.9 |
| 5 | 挑战与博弈：文化研究、阐释、审美 | 张帆 | 《文学评论》 | 2015年第6期 | 1.3 |
| 6 | 《摆脱贫困》蕴含的科学方法论 | 黎昕 | 《福建论坛》 | 2015年第2期 | 0.8 |
| 7 | 进一步改善福建侨资企业发展环境的建议 | 李鸿阶 林心淦 张元钊 | 《福建论坛》 | 2015年第11期 | 0.36 |
| 8 | 中国企业"走出去"发展特征及其相关政策研究 | 李鸿阶 | 《亚太经济》 | 2015年第5期 | 1.28 |
| 9 | 后马克思主义在台湾的兴起 | 刘小新 | 《东南学术》 | 2015年第5期 | 0.79 |
| 10 | 文艺批评需重启时代精神概念 | 刘小新 | 《福建论坛》 | 2015年第3期 | 0.9 |
| 11 | 《悲愤琉球》：背负责任的历史孤独与孤独的文学见证责任 | 肖成 | 《华文文学》 | 2015年第3期 | 1.21 |
| 12 | "暖男"：易碎的完美 | 王伟 | 《社会科学论坛》 | 2015.10 | 0.54 |
| 13 | 孤芳自赏的"审美"本质 | 王伟 | 《学术界》 | 2015年第4期 | 0.91 |
| 14 | 身体、美学与政治——论伊格尔顿的身体观 | 王伟 | 《文艺理论研究》 | 2015年第5期 | 1.26 |
| 15 | 刘建韶对林则徐"救时济世"功业和子女教育的影响 | 刘传标 | 《福建论坛》 | 2015年第9期 | 1.44 |
| 16 | 建构与地方社科院智库建设相匹配的服务体系 | 刘传标 | 《情报资料工作》 | 2015年第6期 | 0.84 |
| 17 | 鸦片战争前后中英茶叶贸易的口岸之争 | 徐晓望 | 《福建论坛》 | 2015年第8期 | 1.44 |
| 18 | 辛亥革命前后福建近代经济发展的比较与分析 | 潘健 | 《福建论坛》 | 2015.1 | 1.08 |
| 19 | 从《摆脱贫困》中学习和领会习近平"行动至上"思想 | 张文彪 | 《福建论坛》 | 2015年第12期 | 1.94 |

续表

| 序号 | 成果题目 | 作者 | 出版发表单位 | 发表时间 | 成果字数（万字） |
|---|---|---|---|---|---|
| 20 | 城镇化进程中的历史文脉保护和传承 | 赵妍妍 | 《福建论坛》 | 2015年第11期 | 0.72 |
| 21 | "四下基层"与加强党的作风建设 | 许维勤 | 《福建论坛》 | 2015年第2期 | 0.8 |
| 22 | 对抗与融合：台湾城市化进程中的文化保存问题研究 | 谭 敏 | 《台湾研究集刊》 | 2015年第1期 | 1.11 |
| 23 | 当前"半正式行政"的异化与改进 | 耿 羽 | 《中国乡村研究》 | 2015年第12期 | 1.86 |
| 24 | 福建省推动传统媒体和新兴媒体融合发展的财政支持政策研究 | 陈舒劼 刘小新 等 | 《东南学术》 | 2015年第6期 | 0.7 |
| 25 | 重层、分歧、犹疑与再认 | 陈舒劼 | 《福建论坛》 | 2015年第12期 | 1.44 |
| 26 | 虹影小说的"变"与"常"——结构及其汉字演绎 | 陈舒劼 | 《华文文学》 | 2015.2 | 1.17 |
| 27 | 先锋的复出与失语 | 陈舒劼 | 《扬子江评论》 | 2015年第5期 | 1.17 |
| 28 | 中国公司高管薪酬的法律规则 | 张学文 | 《东南学术》 | 2015年第6期 | 1.4 |
| 29 | 福建自贸试验区产业发展研究 | 伍长南 | 《东南学术》 | 2015年第5期 | 1.38 |
| 30 | 发挥福建优势，融入"一带一路"建设 | 黄继炜 | 《福建论坛》 | 2015年第5期 | 1.26 |
| 31 | 东部地区经济发展动态绩效评价及路径启示 | 林昌华 | 《产业经济评论》 | 2015年第4期 | 1.48 |
| 32 | 论开放型经济新体制的基本框架与实现路径 | 全 毅 | 《国际贸易》 | 2015.9 | 1.5 |
| 33 | 全球区域经济一体化发展趋势及中国的对策 | 全 毅 | 《经济学家》 | 2015年第1期 | 1.72 |
| 34 | 海峡两岸共建厦金跨境合作区的方案与建议 | 全 毅 | 《亚太经济》 | 2015年第6期 | 1.35 |
| 35 | 福建拓展西亚、非洲经贸的现状、问题及对策研究 | 全 毅 刘京华 | 《东南学术》 | 2015年第6期 | 1.11 |
| 36 | 推进闽台海洋新兴产业合作的重点与对策 | 林 珊 吴肇光 宋武林 | 《福建论坛》 | 2015年第8期 | 0.54 |
| 37 | 中巴服务贸易合作前景探析 | 林 珊 何天扬 | 《亚太经济》 | 2015年第4期 | 0.8 |

续表

| 序号 | 成果题目 | 作者 | 出版发表单位 | 发表时间 | 成果字数（万字） |
|---|---|---|---|---|---|
| 38 | 中国农庄经济成长的土地政策研究 | 陈彤 | 《东南学术》 | 2015年第5期 | 1.23 |
| 39 | 海峡两岸"乡村再造"的比较与借鉴 | 陈彤 | 《亚太经济》 | 2015年第3期 | 1.26 |
| 40 | 韩国产业发展政策适变及对突破"中等收入陷阱"的启示 | 黄启才 | 《东南学术》 | 2015年第2期 | 1.2 |
| 41 | 2008年以来两岸制度化经济合作：成效检讨与前瞻 | 王媛媛 | 《亚太经济》 | 2015年第6期 | 1.16 |
| 42 | 当前两岸制度性经济合作之成就、问题及出路 | 王媛媛 | 《亚太经济》 | 2014年第6期 | 1.15 |
| 43 | 市场起决定作用下的利率调控模式：国际比较与借鉴 | 王春丽 | 《亚太经济》 | 2015年第1期 | 0.97 |
| 44 | 福州—马祖经贸文化交流现状与促进举措 | 王春丽 | 《亚太经济》 | 2015年第6期 | 1.26 |
| 45 | 全球价值链下中国提高出口依存度与其经济风险的防范研究 | 林发彬 | 《现代经济探讨》 | 2015年第10期 | 0.92 |
| 46 | 福建侨商投资发展环境问题及对策研究 | 林心淦 李鸿阶 张元钊 | 《东南学术》 | 2015年第6期 | 0.62 |
| 47 | "一带一路"建设背景下我国企业"走出去"的机遇和挑战 | 廖萌 | 《经济纵横》 | 2015年第9期 | 0.76 |
| 48 | 斯里兰卡参与共建海上丝绸之路的战略考虑及前景 | 廖萌 | 《亚太经济》 | 2015年第3期 | 1.16 |
| 49 | 闽台南业整合的现状、机遇挑战与发展策略 | 单玉丽 | 《福建论坛》 | 2015年第9期 | 1.08 |
| 50 | 新时期两岸经济合作成效、羁绊与因应之道 | 单玉丽 | 《亚太经济》 | 2015年第3期 | 0.89 |
| 51 | 国际侨汇对收款国宏观经济安全的影响分析 | 张洁 林勇 | 《华侨华人历史研究》 | 2015年第2期 | 1.5 |
| 52 | 侨批与侨乡民俗文化探究 | 邓达宏等 | 《东南学术》 | 2015年第6期 | 0.86 |

续表

| 序号 | 成果题目 | 作者 | 出版发表单位 | 发表时间 | 成果字数（万字） |
| --- | --- | --- | --- | --- | --- |
| 53 | 社区治理转型与新秩序的构建 | 孙 璐 | 《江汉大学学报》（社科版） | 2015年第6期 | 1.06 |
| 54 | 台湾解严后小说中的历史书写与认同建构 | 张 帆 | 《福建论坛》 | 2015年第9期 | 1 |
| 55 | 图书馆学：理论资源与中国问题 | 姜乖俊 | 《新世纪图书馆》 | 2015年第5期 | 0.76 |
| 56 | 创意设计：引领经济发展转型升级 | 管 宁 | 《艺术百家》 | 2015年第3期 | 1.3 |
| 57 | 个体化时代的风险自由与社会认同 | 孙 菲 杨 君 | 《东岳论丛》 | 2015年第11期 | 0.68 |
| 58 | 台湾文化政策推动文艺创意产业发展机制研究 | 林秀琴 管 宁 | 《东南学术》 | 2015年第6期 | 1.06 |
| 59 | 沦陷的乌托邦：对海子生命诗学的思考 | 林秀琴 | 《福建论坛》 | 2015年第9期 | 1.99 |
| 60 | 从现代到后现代：林耀德与台湾都市文学的经验书写 | 林秀琴 | 《江西社会科学》 | 2015年第12期 | 1.1 |
| 61 | 作为文化议题的创意经济与创意城市 | 林秀琴 | 《文化产业研究》 | 2015年第11期 | 1 |
| 62 | 艺术与美学城市的建构 | 林秀琴 | 《中国文化产业评论》 | 2015年第20卷 | 1.16 |
| 63 | 20世纪90年代女性写作中的乡土伦理观 | 郑斯扬 | 《福建论坛》 | 2015年第2期 | 1.19 |
| 64 | 使八闽大地更加山清水秀——习近平生态文明建设思想试析 | 魏澄荣 | 《福建论坛》 | 2015年第2期 | 0.8 |
| 65 | 稳步推进我国美丽乡村建设的思考——以福建省为例 | 杜 强 | 《福建论坛》 | 2015年第8期 | 0.9 |
| 66 | 能指过剩：叙事新变与文化症候 | 魏 然 王 伟 | 《福建论坛》 | 2015年第11期 | 0.36 |
| 67 | 清前期闽台郊行及其商贸网络 | 许莹莹 | 《福建论坛》 | 2015年第10期 | 0.9 |
| 68 | 从官方到民间：安溪城隍信仰的历史考察 | 杨彦杰 | 《东南学术》 | 2015年第1期 | 1.03 |
| 69 | 从民族抗战到民族文化重建：1945年后许寿裳对日本的认识 | 杨彦杰 | 《福建论坛》 | 2015年第7期 | 1.25 |

续表

| 序号 | 成果题目 | 作者 | 出版发表单位 | 发表时间 | 成果字数（万字） |
|---|---|---|---|---|---|
| 70 | 从宁化伊氏的宗族构建看中原移民与客家宗族文化的形成 | 杨彦杰 | 《中州学刊》 | 2014年第12期 | 0.97 |
| 71 | 福建推进涉台立法先行先试的进路 | 杨德明 | 《福建论坛》 | 2015年第12期 | 1.08 |

2. 2015年重要成果介绍

成果名称：《泥土哪去了》
作者姓名：南帆（张帆院长笔名，下同）
职称：研究员
成果形式：专著
字数：230千字
出版单位：作家出版社
出版时间：2015年4月

《泥土哪去了》是南帆最具代表性、精粹汇集的散文集子，呈现出了一个敏感睿智而又不失理性之思的现代知识分子与现代文明发展的多维对话。作者冷峻地审智，旨在超越抒情，突破话语的遮蔽，读来智趣无限。

成果名称：《中国文学理论的重建：环境与资源》
作者姓名：南帆
职称：研究员
成果形式：论文
字数：9千字
发表刊物：《中国社会科学》
出版时间：2015年第4期

中国文学理论"重建"工程十分复杂，它必须加入现代性话语平台，参与各种对话和竞争，中国古代文论仅仅构成一个重要的思想资源。"民族"仅仅是重建中国文学理论系统考虑的核心范畴，而不是唯一的衡量标准。

成果名称：《文学拒绝低俗铜臭》
作者姓名：南帆
职称：研究员
成果形式：论文
字数：3.5千字
发表刊物：《人民日报》
出版时间：2015年4月10日

相对于通俗的文艺形式，低俗更多显现为文艺作品的内容，体现在文艺作品的情节、情调和主题之中。通俗的形式既可能接纳高尚，也可能接纳低俗；低俗的内容既可能拥有阳春白雪的风格，也可能纳入下里巴人的形式。

成果名称：《网络文学：庞然大物的挑战》
作者姓名：南帆
职称：研究员
成果形式：论文
字数：6千字
发表刊物：《新华文摘》
出版时间：2015年第1期

盛行的网络文学凸显了大众的娱乐渴求，同时往往流露出粗糙简单的倾向。论文分析了多种谱系的"大众"理论对于网络文学评价体系的意义。对于文学研究来说，网络文学仍是一个陌生的庞然大物，其"内部研究"远未展开。

成果名称：《挑战与博弈：文化研究、阐释、审美》
作者姓名：南帆
职称：研究员

成果形式：论文
字数：13千字
发表刊物：《文学评论》
出版时间：2015年第6期

文化研究出现之后，审美的消失引起了多方面的不安和质疑。审美拥有独特的视野和价值观念，它与各种理论语言的关系并非相互覆盖，它们始终处于复杂的博弈之中。

成果名称：《文学、民族形象与对话》
作者姓名：南帆
职称：研究员
成果形式：论文
字数：4.5千字
发表刊物：《文艺报》
出版时间：2015年12月2日

不同的民族文学之间时常存在各种程度的对话。中国文学走向世界应当以深刻和独特征服听众；另外，对话常常是双方的相互塑造，民族文学乃至民族形象必须在对话之中汲取文化养料，不断地重新确立自我形象。

成果名称：《虚构的真实》
作者姓名：南帆
职称：研究员
成果形式：论文
字数：21.6千字
发表刊物：《福建论坛》
出版时间：2015年第5期

文学的"真实"是一种"诗意真实"，文学通过对日常生活秩序的重新组织来摹写真实，它仅仅支持有限的真实感。随着文学中符号与对象距离的逐渐消失，已经可以预期"真实"这一概念理论效力不断收缩的前景。

成果名称：《"水"与〈老生〉的叙事学》
作者姓名：南帆
职称：研究员
成果形式：论文
字数：6千字
发表刊物：《当代作家评论》
出版时间：2015年第1期

《老生》是贾平凹长篇小说之中较为复杂的文本。小说的大部分段落更像是全知全能的叙事，俯瞰的视野和精致的细部描述开阖自如。贾平凹已经为个人文学史找到称心如意的美学归宿。

成果名称：《先锋文学的多重影像》
作者姓名：南帆
职称：研究员
成果形式：论文
字数：8千字
发表刊物：《文艺争鸣》
出版时间：2015年第10期

"先锋文学"这个名词的理论含义仍然十分活跃。作为一个显眼的标志，"先锋文学"正在成功地组织各种文学史话题。当"先锋文学"开始承担这些话题的理论轴心时，深藏于这个名词的多重影像逐渐显露。

成果名称：《加快推动我省精准扶贫工作的建议》
作者姓名：陈祥健、吴肇光
职称：研究员
成果形式：论文
字数：4.2千字
发表刊物：《决策参考信息》，获省领导批示
出版时间：2015年9月28日第80期

该成果以习近平总书记关于扶贫开发工作的重要战略思想为指导，按照全省深化精准扶贫工作会的新部署新要求，突出精准扶贫的难点重点，以"精准扶贫"实现"精准脱贫"，提出需要靠强力实施、

需要靠改革推动、需要靠作风保障、需要靠实效检验，为实现精准脱贫提供有力保障。该成果提出的建议对推动福建省科学扶贫、精准扶贫工作，具有一定的指导意义。

成果名称：《新型农村社区建设研究》
作者姓名：黎昕
职称：研究员
成果形式：专著
字数：300千字
出版单位：华中科技大学出版社
出版时间：2015年6月

该书力图以理论与实践、历史与现实相结合的方法，从统筹城乡发展的视角，阐明坚持统筹城乡发展是推进新型农村社区建设的根本路径。并从农村社区的历史变迁、农村社区建设的实践与经验、农村社区治理创新、农村社区基础设施建设、农村社区公共服务、农村社区文化、农村社区规划、农民的主体作用与农村社区建设等方面，对如何推进农村社区建设进行了探讨。

成果名称：《朱子学说与闽学发展》
作者姓名：黎昕
职称：研究员
成果形式：专著
字数：273千字
出版单位：中国社会科学出版社
出版时间：2015年6月

朱熹是中国古代继孔子之后又一位具有国际影响的思想家。该书从福建历史文化发展与闽学的产生、朱子学说与闽学的理论渊源、思想传承、基本内核、社会教化论、在台湾的传播与发展、国内外朱子学研究及其方法、朱子学说与闽学的历史地位及当今价值等方面进行了探讨。

成果：《闽学研究十年录》
作者姓名：黎昕
职称：研究员
成果形式：专著
字数：383千字
出版单位：福建人民出版社
出版时间：2015年3月

该书梳理和总结了十年来闽学研究的发展状况。一是精研朱子学说，汇集了十余年来全国30多位专家学者聚闽论道之精华；二是探讨闽学源流，分析了宋代延平三先生杨时、罗从彦、李侗与朱子的思想传承；三是阐释心性义理，论述了朱熹思想对现代社会仍具有积极的意义。它有助于全方位了解闽学研究的最新成果和洞悉闽学研究的巨大发展空间。

成果名称：《〈摆脱贫困〉蕴含的科学方法论》
作者姓名：黎昕
职称：研究员
成果形式：论文
字数：8千字
发表刊物：《福建论坛》
出版时间：2015年第2期

《摆脱贫困》一书，是习近平同志在闽东实践、思考的记录。他运用辩证唯物主义和历史唯物主义世界观和方法论，不仅提出了一系列贫困地区如何脱贫致富的思想方略，而且贯穿了科学思想方法和工作方法，以及战略思维、历史思维、底线思维、改革意识、统筹协调等，为我们认识问题、分析问题、解决问题提供了有效的方法"钥匙"。

成果名称：《台湾自由经济示范区发展成效与面临问题》
作者姓名：李鸿阶、苏美祥
职称：研究员
成果形式：决策参考信息
字数：3.2千字

发表刊物：《八闽快讯专报件》，获省领导批示

出版时间：2015年11月13日第883期

该报告分析，台湾自由经济示范区与大陆自由贸易试验区发展目标契合，虽然进展比较缓慢、成效不够明显、前景扑朔迷离，但台湾经济自由化、国际化目标不可能改变、步伐不会停下。福建省应扬长补短，坚持对台先行先试，继续发挥对台工作优势，认真做好台商台胞工作，积极探索经济合作新模式，实现闽台融合发展和两岸经济一体化。

成果名称：《福建省自贸试验区建设与闽台融合发展研究》

作者姓名：李鸿阶

职称：研究员

成果形式：研究报告

字数：7千字

发表刊物：《福建社会科学院专报》，获省领导批示

出版时间：2015年第8期

当前闽台合作已经取得不少成效，但受岛内政治生态和台湾当局的政策限制等影响，闽台融合发展面临着不少问题和困难。要紧紧围绕"改革创新试验田、两岸经济合作示范区、21世纪海上丝绸之路新高地"的功能定位，强化制度创新，加快构建两岸命运共同体，为闽台合作拓展新的空间，为闽台融合发展提供政策保障。

成果名称：《我省高新区发展的问题和推进策略》

作者姓名：魏澄荣等

职称：研究员

成果形式：研究报告

字数：5千字

发表刊物：《福建社会科学院专报》，获省领导批示

出版时间：2015年第2期

经过二十多年的发展，福建省在9个设区市中的7个建立起了国家级高新区，高新区已经成为科技创新的重要基地和区域经济发展的重要引擎，但福建省高新区还存在规模不大、产业集群效果不强、体制机制不顺、创新能力不高等问题。推进福建省高新区发展，必须加强组织领导、完善体制机制、整合创新资源、加大政策扶持力度。

成果名称：《文化同根——闽台文缘》

作者姓名：刘小新

职称：研究员

成果形式：专著

字数：399千字

出版单位：社会科学文献出版社

出版时间：2015年1月

运用当代文化理论和闽台区域文化研究的成果，具体阐述闽台教育体系、文学艺术、宗教哲学、语言风俗、民间信仰以及史学等方面的亲缘关系，深入探讨闽台文化的传承、互动和文化认同的复杂关系。闽台两地风俗相通、习性相同，民间信仰相通，儒学教化一体，这些塑造了闽台常民相同或相近的"感觉结构"。

成果名称：《当代文论嬗变》

作者姓名：刘小新

职称：研究员

成果形式：专著

字数：470千字

出版单位：江苏大学出版社

出版时间：2015年9月

《当代文论嬗变》的内容包括三大部分：一是文学艺术介入现实生活的可能性及其美学路径，包括现实主义的介入方式、现代主义的美学方法、后现代主义的路径等；二是马克思主义对左翼文艺的影响以及左翼文艺介入社会的方式与意义；三是

当代台湾的"后学"论争。

成果名称：《三坊七巷名人与中国文化的现代转型》
作者姓名：刘小新
职称：研究员
成果形式：编著
字数：540千字
出版单位：社会科学文献出版社
出版时间：2015年7月

该书是"三坊七巷名人与中国文化的现代转型"学术研讨会论文集。书中收录50篇论文涉及历史学、社会学、文化学、美学、文艺学、生态学等多个学科，全方位地探讨了三坊七巷历史人物与中国文化现代转型的关系，力图向内深入挖掘三坊七巷的文化内涵和当代意义。

成果名称：《后马克思主义在台湾的兴起（1987—1992）》
作者姓名：刘小新
职称：研究员
成果形式：论文
字数：12千字
发表刊物：《东南学术》
出版时间：2015年10月

解严后，一批倾向于新左翼立场的知识分子一直在寻找结合台湾社会运动的思想方向和新的思想资源，"人民民主"论的重构即是其中一种重要的尝试。这一尝试受到国际泛左翼思潮和后现代主义的深刻影响，形成了台湾后马克思主义思潮的最初形态。

成果名称：《〈悲愤琉球〉：背负责任的历史孤独与孤独的文学见证责任》
作者姓名：肖成
职称：副研究员
成果形式：论文
字数：12.1千字
发表刊物：《华文文学》
出版时间：2015年第3期

以报告文学笔法编撰了一部特殊的"琉球全史"，以田野调查所获得的第一手资料和披沙拣金态度全面辨析了诸多关于琉球的罕见史料，展示了一个"文学地理学"与"文学历史学"的研究范本，将中日东海问题、美日操纵下的台海问题，以及中国与东南亚诸国之间的南海问题都做了清晰的根源与流脉梳理，有理、有据、有节地驳斥了种种"妖魔化"中国的谬论，从而在文学见证历史方面呈现出了更大现实价值与意义。

成果名称：《迟开的花朵：缅甸五边形诗社华文诗歌浅论》
作者姓名：肖成
职称：副研究员
成果形式：论文
字数：10.6千字
发表刊物：《世界华文文学论坛》
出版时间：2015年第2期

缅甸"五边形诗社"诗歌以其独特的抒情方式，通过赞美"生命与自然"的伟大、探究"存在与时间"的意义，展现某种"庸常生活美学"的方式，为现代华文诗歌开拓出了一个新的抒情空间。

成果名称：《海峡两岸跨域互动共生的民国文学——以1920—1930年代台湾·东京·大陆左翼文学为例》
作者姓名：肖成
职称：副研究员
成果形式：论文
字数：12.7千字
发表刊物：《文学研究丛刊》
出版时间：2015年第2期

20世纪20—30年代海峡两岸文学界，特别是文联东京支部、左联东京支盟，以及上海、台湾岛内文坛之间，渐次形成一个带有左翼性质的跨域文学交流互动网络，这既是海峡两岸同胞追求民族解放和祖国统一的历史佐证，其性质是两岸文学界在中华民族解放斗争的多边互动中产生的抵抗文学，又反映了当前对民国文学历史叙述进行反思与重构的一种思潮。

成果名称：《社会形式的诗学——詹姆逊文学形式理论探析》
作者姓名：王伟
职称：副研究员
成果形式：专著
字数：210千字
出版单位：上海三联书店
出版时间：2015年10月

该著上编从詹姆逊的形式理论切入，在梳理的基础上进行深入剖析，探究其合理性与理论罅隙。下编在梳理现实主义、现代主义、后现代主义的来源及特征后，重在结合中国经验与中国问题展开讨论。

成果名称：《身体、美学与政治——论伊格尔顿的身体观》
作者姓名：王伟
职称：副研究员
成果形式：论文
字数：12.6千字
发表刊物：《文艺理论研究》
出版时间：2015年第5期

伊格尔顿的身体论述视野宏阔，意在借助美学范畴，将身体与国家治理、阶级矛盾与生产方式等传统政治主题重新连接。很多研究者忽略了他以此重建理性与政治的宏大抱负，忽略了他对其他多种类型的身体并不完全妥当的述评。

成果名称：《本质主义、反本质主义与美学研究》
作者姓名：王伟
职称：副研究员
成果形式：论文
字数：11.7千字
发表刊物：《海南师范大学学报》
出版时间：2015年第9期

"美的本质"问题再次成为当前中国美学界激烈论争的焦点。应予考察的是：对否弃者而言，美学研究走向了哪些不同的路径？对守护者来说，它在后现代反本质主义的冲击下，发生了怎样的变化？它们有何意义与缺陷？

成果名称：《民国海洋文学史述略》
作者姓名：王伟
职称：副研究员
成果形式：论文
字数：7.5千字
发表刊物：《文学研究》
出版时间：2015年12月

迄今为止，民国年间丰富的海洋文学资源并未得到全面发掘、深入研究。"民国"与"海洋"视域既可使大量被湮没的文学景观浮出水面，又有助于重绘这一阶段的文学地图。

成果名称：《华文文学："离散"与文化认同》
作者姓名：刘桂茹
职称：副研究员
成果形式：专著
字数：237千字
出版单位：北京邮电大学出版社
出版时间：2015年9月

该著以北美、东南亚的华文文学为讨论中心，围绕华文文学的美学形态和美学价值、华文文学的"离散"叙述与文化认同、华文文学与"承认的政治"等问题，勾勒华文文学的发展形态和美学经验，探察华族群体的文学想象及文化认同建构。

成果名称：《脱贫攻坚如何精准到位》

作者姓名：吴肇光
职称：研究员
成果形式：论文
字数：2.7千字
发表刊物：《光明日报》
出版时间：2015年11月24日
该成果提出要把握精准识别、精准帮扶和精准管理三个环节，抓好政府、市场和社会三个层面，坚持中央、省级、地级市、县级、乡级和村级六级联动，实施基础扶贫、产业扶贫、新村扶贫、能力扶贫和生态扶贫五大工程，突出发展特色产业、完善基础设施和推进基本公共服务均等化三大重点。所提建议对做好脱贫工作具有一定的指导意义。

成果名称：《闽台商缘——商海泛舟》
作者姓名：徐晓望
职称：研究员
成果形式：专著
字数：368千字
出版单位：社会科学文献出版社
出版时间：2015年1月
该书为2013年重点国家课题"闽台缘"之一。探索了自新石器以来福建与台湾之间数千年的贸易史。本书重要观点有：1. 早在荷兰人抵达台湾以前，在台湾北港发生的一些经济案件由福建官府进行处理。2. 明末清初的台湾海峡是东亚贸易枢纽。3. 晚清福建对台湾的投资是台湾经济高速发展的原因。

成果名称：《妈祖信仰与华人的海洋世界》
作者姓名：徐晓望
职称：研究员
成果形式：论文集
字数：300千字
出版单位：澳门妈祖文化基金会
出版时间：2015年1月

该书是澳门妈祖文化研究中心主任徐晓望（福建社会科学院历史研究所研究员）主持编纂的一部论文集，收录2012年10月22日澳门妈祖文化研究中心召开的妈祖研讨会参会论文14篇及相关论文10篇，反映了福建与澳门的学术合作以及福建、澳门、台湾妈祖研究的新成果。

成果名称：《闽台建制与两岸关系》
作者姓名：许维勤
职称：研究员
成果形式：专著
字数：350千字
出版单位：社会科学文献出版社
出版时间：2015年5月
该书以史料挖掘梳理为基础，以历史发展脉络为背景，论述和阐释福建与台湾之间行政关系发生、发展、变化和延续的过程。全书以闽台行政关系为核心，又将闽台行政关系放在更加宽广的时空视野，来揭示两岸历史关系的实质。该书在史料挖掘的系统性和史实分析上有许多独到之处，在理论建构上寻求创新。

成果名称：《"一带一路"战略视阈下两岸经济合作的前景》
作者姓名：单玉丽
职称：研究员
成果形式：论文
字数：9千字
发表刊物：《台湾研究》
出版时间：2015年第4期
论文紧扣"一带一路"内涵，在深入分析该战略的时代特征和意义基础上，以"一带一路"建设内容为切入点，分析了两岸合作的现有基础、比较优势、合作方向和重点领域、面临的挑战及前景。研究内容具有一定前瞻性，对"一带一路"战略下如何"为台湾地区参与'一带一路'建设作出妥善安排"有启发意义。

成果名称：《福建自由贸易试验区与台湾自由经济示范区对接合作的建议》

作者姓名：苏美祥

职称：副研究员

成果形式：决策参考信息

字数：2.5千字

发表刊物：《八闽快讯专报件》，获省领导批示

出版时间：2015年12月22日第1002期

该报告认为，当前两岸关系正处于新的重要节点上，福建自贸区应依托近台的区位优势，先行探索与台湾自经区对接的机制、路径与模式，促进闽台经济深度融合及两岸经济一体化发展。

成果名称：《两岸大交流背景下台湾青年的"国家认同"研究》

作者姓名：刘凌斌

职称：助理研究员

成果形式：论文

字数：12千字

发表刊物：《中国人民大学复印报刊资料·台、港、澳研究》

出版时间：2015年第1期全文转载

该论文主要探讨两岸大交流背景下台湾青年的"国家认同"现状、成因及其对两岸关系的影响，并提出在深化两岸关系和平发展的进程中重新建构台湾青年的"中国认同"的路径与策略。

成果名称：《台湾青年政治心态及对台湾政局与两岸关系的影响》

作者姓名：刘凌斌

职称：助理研究员

成果形式：研究报告

字数：13千字

发表刊物：《福建社会科学院专报》，获省领导批示

出版时间：2015年第5期

该研究报告主要探讨现阶段台湾青年群体的主流政治心态的新特点、新变化与新趋势及其对台湾政局与两岸关系的影响，并提出在新形势下进一步做好台湾青年工作的对策建议。

## 第六节  学术人物

一、福建社会科学院在聘正高人员

| 姓 名 | 出生年月 | 学历/学位 | 职务 | 职称 | 主要学术兼职 | 代表作 |
| --- | --- | --- | --- | --- | --- | --- |
| 张 帆 | 1957.8 | 研究生 文学硕士 | 省政协副主席 院长 | 研究员 | 中国文艺理论学会会长、中国作家协会全国委员会委员，福建省文联主席、"闽江学者"、福建师范大学特聘教授、博士生导师 | 《文学的维度》《后革命的转移》《五种形象》《无名的能量》 |
| 陈祥健 | 1964.1 | 在职研究生 法学博士 | 党组书记 副院长 | 研究员 | 福建省法官检察官遴选（惩戒）委员会主任、中国民法研究会理事、福建省法学会副会长兼学术委员会主任 | 《空间地上权研究》《担保物权研究》（编著） |

续表

| 姓 名 | 出生年月 | 学历/学位 | 职务 | 职称 | 主要学术兼职 | 代表作 |
|---|---|---|---|---|---|---|
| 黎 昕 | 1957.3 | 在职研究生 | 党组成员 副院长 | 研究员 | 中国社会学会常务理事、福建省社会学会副会长、福建省社会建设研究会副会长、福建省闽学研究会副会长 | 《和谐社会论要》《朱熹与闽学思想研究》《朱熹学说与闽学发展》 |
| 李鸿阶 | 1963.1 | 大学 经济学学士 | 党组成员 副院长 | 研究员 | 中国华侨历史学会副会长、中国亚太学会常务理事、中国区域经济学会常务理事、中国太平洋学会常务理事、福建省对外经济关系研究会会长 | 《平潭综合实验区开放开发研究》《台湾大陆经贸政策变化与深化两岸经济合作研究》 |
| 魏澄荣 | 1957.10 | 在职研究生 法学硕士 | 科研组织处处长 | 研究员 | 福建师范大学硕士生导师 | 《发展循环经济与构建和谐社会》《福建省"十二五"建设海峡两岸产业合作基地研究报告》 |
| 杜 强 | 1963.8 | 在职研究生 经济学学士 | 对外合作处处长 | 研究员 | 福建经济学会常务理事；福建对外经济关系研究会常务理事 | 《台湾地区环境污染治理与生态保护研究》 |
| 魏 然 | 1959.3 | 大学 文学学士 | 科研组织处副处长（正处级） | 研究员 | — | 《台湾文化产业论稿》《台湾文化产业人才培养体系初探》《台北发展城市文化产业的经验》 |
| 刘小新 | 1965.4 | 在职研究生 文艺学博士 | 文学研究所所长 | 研究员 | 厦门大学两岸关系和平发展协同创新中心专家委员，福建省美学学会副会长，中国世界华文文学学会学术工作委员会副主任 | 《阐释台湾的焦虑》《当代文论嬗变》《文化同根：闽台文缘》《现代性与当代台湾文论》 |

续表

| 姓 名 | 出生年月 | 学历/学位 | 职务 | 职称 | 主要学术兼职 | 代表作 |
|---|---|---|---|---|---|---|
| 刘传标 | 1960.6 | 大学 历史学学士 | 历史研究所所长 | 研究馆员 政府特贴专家 | 中国社会科学情报学会常务理事、福建省社会科学文献信息学会会长、福建省方志学会副会长 | 《近代中国海军大事编年》全三册、《近代中国船政大事编年及资料选编》全25册、《近代中国海军将校》全七册 |
| 徐晓望 | 1954.9 | 在职研究生 历史学博士 | — | 研究员 政府特贴专家 | 福建师范大学博士生导师、福建省历史学会副会长、厦门大学人文学院兼职教授 | 《福建通史》 |
| 张文彪 | 1961.11 | 大学 哲学学士 | 哲学研究所所长 | 研究员 | 福建省特色研究会副会长、福建省自然研究会常务理事、福建省哲学学会理事 | 《儒学在现代台湾》《学术与政治之间——台湾的儒学现代发展反思》《闽学与台湾人文社会》 |
| 许维勤 | 1960.11 | 大学 历史学学士 | 社会学研究所所长 | 研究员 | 福建省严复学术研究会副会长兼秘书长 | 《闽台建制与两岸关系》《历史视野下的台湾海峡文化圈》《论历史上的东南开发浪潮》 |
| 曲鸿亮 | 1956.12 | 在职大学 | 精神文明研究所所长 | 研究员 | 福建省高校思想政治理论课特聘教授 | 《文明·发展·交流：社会科学研究的多维视角》 |
| 伍长南 | 1963.3 | 大学 经济学学士 | 经济研究所所长 | 研究员 | 福建省经济体制改革研究会会员、福建省海洋经济学会会员 | 《海峡西岸经济区产业发展研究》 |
| 吴德进 | 1969.4 | 在职研究生 经济学博士 | 经济研究所副所长 | 研究员 | 福建农林大学兼职教授 | 《产业集群论》《福建战略性新兴产业发展研究》 |

续表

| 姓名 | 出生年月 | 学历/学位 | 职务 | 职称 | 主要学术兼职 | 代表作 |
|---|---|---|---|---|---|---|
| 吴肇光 | 1970.5 | 大学 经济学学士 | — | 研究员 | 福建省经济学会理事 | 《我国出口加工区主导产业的选择与培育》《脱贫攻坚如何精准到位》《正确处理好调整优化经济结构的七大关系》 |
| 林勇 | 1965.10 | 在职研究生 历史学博士 | 华侨华人研究所所长 | 研究员 | 中国华侨历史学会常务理事、福建省华侨历史学会秘书长 | 《马来西亚华人与马来人经济地位变化研究》 |
| 黄英湖 | 1954.6 | 硕士研究生 | — | 研究员 | 中国华侨历史学会常务理事,中国民族学学会汉民族分会常务理事,福建省东南亚学会常务理事、副秘书长,福建省华侨历史学会常务理事 | 《福建人的海外移民与拓展》《海外福建新移民研究》《战后华侨的再移民及其原因剖析》 |
| 单玉丽 | 1960.2 | 大学 经济学学士 | 现代台湾研究所所长 | 研究员 | 国台办"海峡两岸关系研究中心"兼职研究员、福建省委政策研究室特约研究员、中国统一战线理论研究会两岸关系理论(福建福州)研究基地秘书长 | 《台湾工业化过程中的现代农业发展》《台湾经济60年》《大陆台资的区域集聚规律及福建因应对策研究》 |
| 郭健青 | 1954.1 | 在职研究生 经济学博士 | — | 研究员 | 国台办海研中心兼职研究员 | 《过渡期的澳门财政与博彩税》 |
| 张学文 | 1971.12 | 在职研究生 法学博士 | — | 研究员 | 中国社会科学院法学研究所博士后研究人员、福州大学法学院、福建师范大学法学院硕士研究生导师,中国商法学研究会理事 | 《有限责任公司股东压制问题研究》《非依法律行为之不动产物权变动》 |

续表

| 姓 名 | 出生年月 | 学历/学位 | 职务 | 职称 | 主要学术兼职 | 代表作 |
|---|---|---|---|---|---|---|
| 全　毅 | 1964.11 | 研究生班<br>史学学士 | 亚太经济研究所副所长兼《亚太经济》编辑部总编辑（正处级） | 研究员 | 中国太平洋经济合作全国委员会常务委员、中国亚洲太平洋学会副秘书长、中国世界经济学会理事、中国美国经济学会理事、中国国际关系学会理事、福建省对外经济贸易学会副会长 | 《中国入世：体制改革与政策调整》《跨越技术性贸易壁垒》《亚太地区的发展模式与路径选择》 |
| 郑有国 | 1956.1 | 研究生<br>历史学博士 | — | 研究员 | 全国日本经济研究会常务理事、中华日本经济研究会常务理事、福建亚太合作与经济发展研究会副会长兼秘书长 | 《中国简牍学概论》《台湾简牍研究六十年》《中国市舶制度研究》 |
| 翁东玲 | 1964.5 | 大学<br>经济学学士 | — | 研究员 | — | 《国际资本流动与中国资本账户开放》 |
| 林　珊 | 1964.10 | 大学<br>经济学学士 | — | 研究员 | 福建省对外经济关系研究会理事 | 《中巴服务贸易合作前景探析》 |
| 管　宁 | 1958.1 | 在职研究生<br>文学博士 | 《福建论坛》杂志社总编辑 | 编审 | 中国文化创意产业研究会副会长、福建省文化产业学会会长 | 《消费文化与文学叙事》《创意、艺术与生活》《当前中国文学的时尚化倾向》 |
| 蔡雪雄 | 1969.7 | 在职研究生<br>经济学博士 | 《福建论坛》杂志社副总编辑 | 研究员 | 福建省蔡襄学术研究会副会长 | 《新农村视角下福建城乡二元经济结构转换研究》 |
| 邓达宏 | 1964.5 | 在职大学 | 文献信息中心副主任 | 研究馆员 | 福建省档案学会科技档案分会副会长 | 《华侨谱牒的档案价值》《论民间谱牒档案文献的儒家文化内涵》《闽南侨批：中华儒文化缩影》 |
| 陈小玲 | 1963.8 | 在职大学 | — | 研究馆员 | — | 《档案与经济社会发展》《建设服务型政府的档案思考》 |

## 二、福建社会科学院离退休正高人员

| 姓名 | 出生年月 | 学历/学位 | 原部门/职务 | 职称 | 代表作 | 备注 |
|---|---|---|---|---|---|---|
| 曹尔奇 | 1930.10 | 大学 | 党组成员副院长 | 编审 | 专著：《振兴福建之路》、《国际经贸惯例》、《中国改革开放辉煌成就》（福建卷）、《当代中国的福建》、《当代福建简史》 | 离休 |
| 戴学稷 | 1928.10 | 大学 | 历史所所长 | 研究员 | 专著：《热血为中华》《近代中国的抗争》《奋斗与希望》三册 | 离休 |
| 李洪林 | 1925.9 | 大学 | 党组书记院长 | 研究员 | 著作：《中国思想运动史》《论自由》《什么是官僚主义和宗派主义》《辩证唯物主义学习方法的几个问题》 | 离休 |
| 啸 马 | 1930.11 | 大学 | 福建论坛总编辑 | 编审 | 专著：《中国古典小说人物审美论》；论文：《中国古典诗歌的爱国主义精神》 | 离休 |
| 刘树勋 | 1932.1 | 研究生 | 党组成员副院长 | 研究员 | 论著：《闽学源流》《发展战略学》 | 离休 |
| 魏世恩 | 1931.9 | 研究生 | 经济所代所长 | 研究员 | 专著：《中国沿海与内地经济发展关系》《中国西北地区经济发展探索》 | 离休 |
| 李鸿烈 | 1932.2 | 研究生 | 哲学所 | 研究员 | 论著：《论矛盾的统一性也是事物发展的根本动力》《略论人的本质》《论一般人道主义》《论改革与发展社会生产力》 | 离休 |
| 金泓汎 | 1932.6 | 大学 | 亚太所所长 | 研究员 | 专著：《台湾经济概论》；论文：《社会主义初级阶段与"一国两制"构想》 | 离休 |
| 王克衷 | 1927.3 | 研究生 | 法学所 | 研究员 | 论著：《我国大陆与台湾财产权制度比较》《海峡两岸债与合同制度比较》《关贸总协定与中国》 | 退休 |
| 万平近 | 1926.9 | 大学 | 文学所所长 | 研究员 | 专著：《林语堂论》《林语堂评传》《林语堂传》 | 退休 |
| 蔡厚示 | 1928.5 | 大学 | 文学所 | 研究员 | 专著：《文艺学引论·上册》《诗词拾萃》《李璟李煜词赏析集》 | 退休 |
| 陈以强 | 1930.2 | 大学 | 原三角号码系列辞书编辑室负责人 | 研究员 | 《三角号码字典》《三角号码简明词典》《三角号码学生字典》 | 退休 |
| 苏彦汉 | 1930.3 | 大学 | 经济所 | 研究员 | 专著：《世界特区经济探索》 | 退休 |

续表

| 姓名 | 出生年月 | 学历/学位 | 原部门/职务 | 职称 | 代表作 | 备注 |
| --- | --- | --- | --- | --- | --- | --- |
| 唐兴夏 | 1931.9 | 研究生 | 经济所 | 研究员 | 专著《福建经济综合开发论》《闽南三角开放区发展战略研究》；论文：《福建沿海山区产业结构合理化问题》《福建省外向型经济发展战略构想》 | 退休 |
| 施修霖 | 1933.9 | 大学 | 经济所 | 研究员 | 专著：《优化产业结构》《中国东南沿海侨乡建设的研究》《福建省基础建设资金问题系列研究》 | 退休 |
| 包恒新 | 1937.7 | 大学 | 福建论坛副总编 | 编审 | 专著：《台湾知识词典》《台湾现代文学简述》《台湾文学史·古代编》《戒贪立廉史鉴》 | 退休 |
| 董承耕 | 1937.10 | 大学 | 党组成员副院长 | 研究员 | 专著：《论转型期理想信念建设》《论转型期思想道德建设》《迈向现代文明》《面向21世纪的选择》 | 退休 |
| 李崇阳 | 1938.1 | 大学 | 原决策中心主任 | 教授 | 《实用数理统计方法》《工业系统动态仿真》 | 退休 |
| 杨立冰 | 1942.9 | 大学 | 亚太所 | 研究员 | 论著：《中越关系史简编》《近代中越关系史资料选编》 | 退休 |
| 连好宝 | 1942.10 | 大学 | 经济所 | 研究员 | 论著：《改革开放中的困惑与出路：论体制性膨胀及不平衡策略》《闽南三角开放区经济发展战略》 | 退休 |
| 刘登翰 | 1937.7 | 大学 | 文学所所长 | 研究员 | 专著：《台湾文学史》（上、下卷）、《香港文学史》《澳门文学概观》 | 退休 |
| 潘叔明 | 1938.6 | 高中 | 哲学所 | 研究员 | 论著：《马克思人类学笔记研究》《走向历史和文化深处》《人道主义之累》《"一国两制"与台湾问题》 | 退休 |
| 王涛 | 1946.3 | 大学 | 文献信息中心 | 研究馆员 | 《试论中国古代图书编目的文化内涵》《寻找图书馆学的灵根——图书馆哲学初探》 | 退休 |
| 陈萍 | 1948.5 | 在职大学 | 台湾所 | 研究员 | 专著：《海峡两岸直接"三通"与区域产业整合研究》《两岸文化创意产业的发展与融合》 | 退休 |
| 严正 | 1943.5 | 大学 | 党组成员院长 | 研究员 | 专著：《中国国情丛书——百县市社会经济调查 厦门卷》《闽澳经济关系》《"一国两制"理论和实践》 | 退休 |

续表

| 姓名 | 出生年月 | 学历/学位 | 原部门/职务 | 职称 | 代表作 | 备注 |
|---|---|---|---|---|---|---|
| 马元柱 | 1947.7 | 博士研究生 | 亚太所所长 | 研究员 | 专著：《WTO框架与福建外向型经济研究》《21世纪初亚太新经济与闽台高新技术产业合作》 | 退休 |
| 杨华基 | 1944.1 | 大学 | 党组书记副院长 | 研究员 | 专著：《镜像台湾》《论文化生态保护》 | 退休 |
| 林其屏 | 1944.3 | 大学 | 党组成员副院长 | 研究员 | 论文：《江泽民对邓小平特区理论的新贡献》《江泽民对国有企业改革与发展理论的新贡献》《21世纪中国可能成为世界的经济学研究中心》《规则和信用：市场经济的法制基石和道德基石》 | 退休 |
| 罗肇前 | 1948.10 | 大学 | 历史所副所长 | 研究员 | 专著：《清末的私有化浪潮》《福建近代产业史》《晚清官督商办研究》《三国征战史》 | 退休 |
| 黄 雄 | 1948.12 | 大专 | 人事处副处长（正处级） | 研究馆员 | 专著：《人力资源开发利用实务》《档案与经济社会发展》 | 退休 |
| 吴能远 | 1945.2 | 研究生 | 台湾所所长 | 研究员 | 专著：《李登辉时期统独斗争之演变》《世纪之交的台海风云》；论文：《台湾经济的性质》《面临十字路口的台湾经济体制》 | 退休 |
| 杨彦杰 | 1951.5 | 大学 | 海峡文化研究中心 | 研究员 | 专著：《荷据时代台湾史》 | 退休 |
| 杨德明 | 1951.8 | 在职大学 | 法学所 | 研究员 | 专著：《海峡两岸知识产权制度冲突与对策》 | 退休 |
| 张学惠 | 1955.5 | 在职大学 | 亚太所 | 研究员 | 论著：《海外华人林文镜在华决策行为研究》《中印两国在亚太经济发展中作用的共性研究》 | 退休 |
| 陈榕三 | 1952.9 | 研究生 | 台湾所 | 研究员 | 论著：《源远流长的闽台交通关系》《历史上闽台往来运载工具考略》 | 退休 |

## 第七节 2015年大事记

### 一月

1月7日，台湾政界知名人士黄义交、台湾非凡音广播公司执行长朱淑华和总经理吴沐华一行与福建社会科学院相关人员进行了座谈与交流。

### 二月

2月9日，海协会常务副会长、国台办原常务副主任郑立中率省台办、国台办综合局6人到福建社会科学院调研座谈。

2月11—12日，由国务院新闻办公室主办，福建社会科学院等多家单位承办的"21世纪海上丝绸之路国际研讨会"在泉州举行。中央政治局委员、中央书记处书记、中宣部部长刘奇葆出席了12日举行的高峰论坛并发表主旨演讲。

### 三月

3月，福建社会科学院亚太经济所全毅研究员提出的《加快实现厦金新三通的建议》得到国家领导人的批示。

### 四月

4月23日，由福建省文化产业学会等多家单位联合主办的"福建省2015年春季文创论坛"在泉州市举行。省政协副主席、福建社会科学院院长张帆研究员等专家学者出席了论坛。

4月29日，由福建社会科学院文学研究所和福建省作家协会联合主办的"世界读书日"耕读文化周——林那北新书《锦衣玉食》《今天有鱼》品读会在福州三坊七巷郎官巷耕读书院举办。省政协副主席、福建社会科学院院长张帆研究员等专家学者出席了品读会。

### 五月

5月27日，由对外经贸大学国际经济研究院与福建社会科学院亚太经济杂志社联合举办的"构建开放型经济新体制与我国自贸区建设"学术研讨会在北京召开。

### 六月

为落实尤权书记和郑栅洁副省长关于福建省群众"办事难""办证难"问题的批示精神，黎昕副院长率专题调研组赴福州、厦门、晋江、三明、建瓯、福安开展调研。

### 七月

7月2日，台湾中华经济研究院大陆经济研究所所长刘孟俊、台湾经济研究院产经研究中心主任庄朝荣及厦门大学台研院副院长邓利娟、厦门大学台研院经济所所长唐永红等海峡两岸11位专家，与福建社会科学院多位学者进行学术交流。

7月18日，台湾政治大学国际关系研究中心主任丁树范等一行三人访问福建社会科学院。

7月20日，新加坡驻厦门总领事池兆森及助理庄庭燕等访问福建社会科学院。

7月24日，福建省副省长郑栅洁到福建社会科学院参加"福建自贸区发展研究中心"挂牌仪式。

### 八月

8月16—23日，福建社会科学院副院长黎昕研究员和耿羽助理研究员赴韩国参加"朱子或退溪与礼学"研讨会。

### 九月

9月5—7日，由《福建华侨史》编撰委员会、福建社会科学院等多单位联合主办，福建社会科学院华侨华人研究所承办的"华侨与抗日战争学术研讨会"在福州召开。

9月19—21日，由福建社会科学院与福建师范大学、福建省文联联合主办，福建社会科学院文学所等单位联合承办的"近代福建翻译与中国思想文化的现代转型暨闽派翻译高层论坛"在福州举行。福建省委常委、宣传部长李书磊出席开幕式并致辞，福建省政协副主席、福建社会科学院院长张帆和福建师范大学副校长汪文顶主持论坛。

### 十月

10月13日，由中韩有关科研机构联

合举办的"2015中国地域物流研讨会"之"中国福建省一带一路政策及运用方案"分会在福建社会科学院召开。

10月18—23日，福建社会科学院副院长李鸿阶研究员等赴台参加"福建自由贸易试验区与台湾自由经济示范区对接合作"研讨会，10月29日至11月1日，赴澳门参加"第三届澳门福建文化节"系列活动。

10月25—30日，院党组书记、副院长陈祥健研究员一行8人赴台参加学术交流，与台湾中华经济研究院和金门大学签署了《学术交流合作备忘录》（MOU）。

**十一月**

11月11—30日，福建社会科学院副院长李鸿阶研究员带领《福建华侨史》编委会东南亚调研团一行4人赴马来西亚、印度尼西亚、菲律宾开展福建华侨史相关资料收集工作。

11月21—23日，由福建社会科学院文学研究所、省社科联等多家单位联合主办的"抗战文艺传统与民族精神传承"学术研讨会在泉州师范学院举办。

11月29—30日，由中国社会科学院社会学研究所主办、福建社会科学院承办的"中国社会治理现代化与法治社会研讨会暨全国社会科学院系统社会学所所长会议"在福州召开。

**十二月**

12月3日，韩国亚太海洋文化研究院院长朱刚玄、韩国海洋水产开发院中国研究中心研究员朴文进，韩国《中央日报》次长张世政、摄影组副局长金春植等访问福建社会科学院。

12月19日，由福建省社科联主办，福建社会科学院文学研究所、福建省美学学会和东南学术杂志社联合承办的福建省社会科学界2015年学术年会分论坛"当代美学的文化使命与理论重构"学术研讨会在泉州理工学院晋江校区举行。

# 江西省社会科学院

## 第一节 历史沿革

江西省社会科学院创建于1984年，其前身为1980年成立的江西省哲学社会科学研究所和江西省经济研究所。1983年7月，中共江西省委决定，成立江西省社会科学院筹备小组，组长周銮书，副组长王朝俊、李克、傅文仪、吴吉祥，成员夏景文、姚公骞、郭文玉。1984年8月，江西省委决定，将江西省哲学社会科学研究所与江西省经济研究所合并，成立江西省社会科学院，任命李克为副院长（主持工作）、党组成员，吴吉祥为党组副书记，姚公骞为副院长，王朝俊为顾问，郭文玉为秘书长、党组成员。1994年，江西省社会科学院和江西省社会科学界联合会合署办公，实行两块牌子一套机构。2009年7月，中共江西省委、江西省人民政府根据全省哲学社会科学发展新形势决定，江西省社会科学院与江西省社会科学界联合会分设，2010年3月正式分设并开展工作。

一、领导

江西省社会科学院历任党组书记是：李克、白永春、周銮书、李国强、傅伯言、尹世洪、汪玉奇、姜玮。

江西省社会科学院历任院长是：李克、白永春、周銮书、李国强、傅伯言、傅修延、汪玉奇、梁勇。

二、发展

江西省社会科学院坚持以马列主义、毛泽东思想、邓小平理论、"三个代表"重要思想和科学发展观为指导，深入学习贯彻习近平总书记系列重要讲话精神，以建设"马克思主义中国化建设的重要阵地、繁荣发展哲学社会科学的重要基地、服务省委省政府科学决策的新型智库"为目标，始终秉承"政治立院、开门办院、精品兴院、人才强院、制度治院"的理念，以具有江西特色和优势的基础理论研究为支撑，致力于服务江西经济、政治、文化、社会、生态文明发展的应用对策研究，努力探索改革开放和社会主义现代化建设中的重大理论与现实问题，为江西崛起、领导决策提供科学依据和政策建议，加强社会科学学科建设和人才培养，积极开展国内、国际学术交流，为繁荣哲学社会科学事业、促进江西改革发展作出了应有的贡献。

经过三十多年的努力，江西省社会科学院现已成为省内综合性人文社会科学研究高地，以及为中共江西省委、省人民政府提供决策咨询的重要"思想库"和"智囊团"。为适应江西改革发展需要，江西省社会科学院持续推进体制机制创新，整合学科布局，规范科研管理，调动全员积极性和主动性，大力推进江西特色新型智库建设，取得了显著成效。

截至2015年12月，江西省社会科学院共承担了73项国家社科基金项目、258项省社科规划项目，出版了600余部学术著作，发表了12 000余篇学术论文，获得国家级、省级优秀成果奖500余项，获得中宣部、中共江西省委宣传部"五个一工程"奖15项。国家社科基金项目立项率和结项优良率连续多年在全省高校和科研机构中名列前茅，江西省仅有3项列入《国家哲学社会科学成果文库》的成果，均为江西省社会科学院管理的国家社科基金项目研究成果，有力彰显了江西省社会科学院在全国哲学社会科学界的影响力和"话语权"。

通过多年的努力，已形成重点理论选题研究、编发应用对策"专报"、打造"江西·智库论坛"、编辑出版系列蓝皮书等多样化的成果研究和转化平台。从2002年开始，创办了《江西经济蓝皮书》《中部蓝皮书》《江西发展蓝皮书》等系列皮书；2005年9月，创办研究性内刊《专报》，及时对有关江西改革与发展的重大问题提出前瞻性、实效性和针对性的分析意见和对策建议，受到中共江西省委、省人民政府领导的高度重视和充分肯定。2000年，创办"江西学者论坛"，旨在汇聚科研机构、高校和实际工作部门的学者专家智慧，为江西发展出谋划策，中共江西省委、省人民政府主要领导多次亲临论坛听取专家学者的意见建议，到2009年12月共举办论坛7期，2013年更名为"江西·智库论坛"。近年来，应用对策研究成果平均每年获40余项江西省领导肯定性批示。2014—2015年，获中央政治局常委、国务院副总理张高丽同志，中央政治局委员、国务院副总理汪洋同志批示各1件，实现历史性突破；获得省级领导批示近100件，创历史新高，充分发挥了"思想库"与"智囊团"的作用。

2014年9月，在中共江西省委宣传部的大力支持下，江西省社会科学院实施理论创新工程，以出成果、出人才、出影响力为目标，围绕深入学习贯彻习近平总书记系列重要讲话精神，围绕中央重大战略决策部署，围绕江西省经济社会发展中的重大理论问题、重大现实问题和重大实践经验，开展创新研究，取得了新成绩，共有120位科研人员作为课题负责人获得理论创新工程经费资助，约占全院科研人员总数的85%，共取得了220项创新成果，大批理论文章在《光明日报》《经济日报》《学习时报》《江西日报》等省内外重要报刊上发表，产生了较大的影响。

三、机构设置

江西省社会科学院1984年8月成立以来，内设机构和下属机构根据改革发展的需要数次变更。现有内设职能处室：办公室、人事处、科研管理处、行政财务处、机关党委（工会）。1992年4月设立纪检组（监察室），2001年设立机关后勤服务中心，2005年设立国际交流合作中心，2011年设立江西省社会科学咨询服务中心。

截至2015年12月底，江西省社会科学院的内设机构为：办公室、人事处、科研管理处、行政财务处、机关党委、监察室。另设有国际交流合作中心、机关后勤服务中心、图书馆。

下属研究所（室）的设置，在改革发展中变动较大。除哲学研究所、经济研究所、历史研究所相对稳定之外，其他归并、更名、新设的研究所（室）有：1991年设立语言文学研究所，省文化厅文学艺术研究所的文学研究任务及人员转入该所；1992年10月至12月，原科学社会主义研究所拆分、改设为社会学研究所和马列主义毛泽东思想研究所；1992年12月，原《当代中国的江西》编辑部改设为当代江西研究所；1993年5月，设立港澳台经济研究所，1995年更名为农村经济研究所，2010年更名为产业经济研究所；1994年2月，设立法学研究所；1994年设立赣文化研究所，2010年更名为赣鄱文化研究所；2006年设立社会调查事务所；2010年设立应用对策研究室；2015年设立城市经济研究所。主办《江西社会科学》《企业经济》《农业考古》和《鄱阳湖学刊》等学术期刊，在学界和相关领域享有良好声誉。其中《企业经济》于1987年9月由《赣江经济》改名而来，《鄱阳湖学刊》创刊于2009年3月，以综合性生态文明研究为办刊宗旨。

现有哲学研究所、经济研究所、产业经济研究所、城市经济研究所、社会学研究所、法学研究所、文化研究所、历史研究所、社会调查事务所、应用对策研究室等10个研究所（室）。

除研究所（室）之外，设有以课题、项目为纽带的开放式研究中心3个：中国特色社会主义理论体系研究中心（前身为邓小平理论与"三个代表"重要思想研究中心，1992年设立）、赣东北革命根据地史研究中心（2010年设立）、传播与舆情信息研究中心（2015年设立）。

原情报资料研究所于1991年12月改设为图书馆，藏书22余万册，订阅期刊200余种及多种网络数据资料库。

2008年8月，为有效整合科研资源，更好地开展具有地方特色的基础理论研究，加强应用对策研究，在研究所的基础上，组建了马克思主义研究部、经济研究部、文化研究部、历史研究部、社会学法学研究部。

## 四、人才建设

截至2015年12月，在编在岗人员合计184人。专业技术人员141人，其中，具有正高级职称人员28人，副高级职称人员56人，中级及以下职称人员56人；管理岗位人员34人，其中，处级以上干部20人；工勤岗位9人。"享受国务院特殊津贴"专家16人，"享受省政府特殊津贴"专家7人，国家"百千万人才工程"人才1人，江西省"百千万人才工程"人才13人，首批文化名家暨全国"四个一批"人才1人，江西省"四个一批"人才14人，江西省"赣鄱英才555"工程人选4人，江西省文化名家3人，二级研究员10人。

截至2015年，具有副研究员及以上专业技术职称的有（按姓氏笔画排序）：万发根、万红燕、王文乐、王伟民、王果、王建平、王彬、王琦、毛智勇、尹小健、孔凡斌、邓虹、甘庆华、龙晨红、平欲晓、卢根源、叶萍、邝筱倩、尧水根、刘双琴、刘军、刘晓东、汤水清、汤建萍、孙飞行、孙育平、李小玉、李志萌、杨达、杨志诚、杨芳勇、杨秋林、杨舸、杨锦琦、肖海萍、吴晓荣、吴锋刚、吴道明、余建红、沈克慧、宋智勇、张小华、张丽、张泽兵、张秋兰、张晓霞、陈齐芳、陈李龙、陈瑾、欧阳镇、易凤林、易外庚、庞振宇、胡长春、胡炜、胡颖峰、钟群英、俞晖、施由明、姜玮、袁小农、聂卫平、真理、夏汉宁、倪爱珍、高平、高玫、郭东、郭际、郭斌、涂明辉、黄春、龚建文、龚剑飞、麻智辉、康芬、梁勇、彭民权、蒋小钰、程宇航、曾明生、游冬娥、赖功欧、赖丽华、虞文霞、樊宾、黎康、黎清、薛华。

## 第二节 组织机构

### 一、江西省社会科学院领导及其分工

1. 江西省社会科学院历任领导

历任党组书记：李克（1986年12月—1988年9月）、白永春（1988年9月—1990年7月）、周銮书（1990年7月—1994年3月）、李国强（1994年3月—1999年12月）、傅伯言（2000年7月—2005年9月）、尹世洪（2005年9月—2011年6月）、汪玉奇（2012年7月—2013年4月）、姜玮（2013年6月—　）。

历任党组副书记：吴吉祥（1984年8

月—1986年12月）、傅伯言（1996年10月—2000年7月）、傅修延（2005年9月—2006年5月）、汪玉奇（2009年8月—2012年7月）、梁勇（2013年6月—  ）。

历任院长：李克（1985年5月—1988年9月）、白永春（1988年9月—1990年7月）、周銮书（1990年7月—1994年4月）、李国强（1994年4月—1999年12月）、傅伯言（2000年7月—2005年9月）、傅修延（2005年9月—2009年5月）、汪玉奇（2009年8月—2013年4月）、梁勇（2013年7月—  ）。

历任副院长：李克（1984年8月—1985年5月）、姚公骞（1984年8月—1998年5月）、廖士祥（1986年12月—1995年7月）、史忠良（1986年12月—1993年6月）、彭聚先（1988年9月—1996年11月）、陈文华（1990年3月—1998年4月）、闵清和（1991年9月—1995年1月）、肖春云（1994年9月—1996年12月）、傅伯言（1996年10月—2000年7月）、刘学经（1996年12月—1997年2月）、尹世洪（1996年12月—2003年12月）、李小三（1999年7月—2000年9月）、毛智勇（2003年12月—  ）、万建强（2008年12月—2014年3月）、叶青（2010年12月—2014年8月）、龚建文（2014年9月—  ）、孔凡斌（2014年10月—  ）。

历任社科联主席：傅伯言（1996年10月—2003年12月）、尹世洪（2003年12月—2009年8月）。

历任社科联副主席：郑克强（1995年1月—1996年10月）、罗柱才（1995年1月—1999年12月）、龚绍林（1996年12月—2000年8月）、沈谦芳（1999年7月—2003年12月）、曾绍阳（2000年7月—2003年12月）、郭杰忠（2000年7月—2008年12月）、汪玉奇（2003年12月—2009年8月）。

历任秘书长：郭文玉（1984年8月—1994年7月）。

历任纪检组长：柯受森（1995年1月—1998年4月）、姜玮（2001年1月—2013年6月）、吴峰（2014年8月—2016年4月）。

2. 现任领导及其分工

党组书记：姜玮。主持省社科院党组全面工作，兼任院机关党委书记，兼管《江西社会科学》杂志社、《企业经济》编辑部、《农业考古》编辑部、《鄱阳湖学刊》编辑部。

党组副书记、院长：梁勇。主持省社科院行政全面工作，兼管办公室。

党组成员、副院长：毛智勇。协助党组书记分管人事处，分管机关党委、图书馆、国际交流中心、文化研究所、历史研究所、社会学研究所。

党组成员、副院长：龚建文。协助院长分管行政财务处，分管应用对策研究室、社会调查事务所、后勤服务中心。

党组成员、副院长：孔凡斌。分管科研管理处、哲学研究所、经济研究所、产业经济研究所、城市经济研究所、法学研究所。

二、江西省社会科学院职能部门及领导

办公室
主任：龚剑飞
副主任：陈刚俊
人事处
处长：肖尚桂
副处长：罗亨仁
科研管理处
处长：樊宾
行政财务处
处长：甘庆华
机关党委
专职副书记：任欢
机关工会主席：刘军

## 三、江西省社会科学院科研机构及领导

哲学研究所
所长：黎康
副所长：欧阳镇、杨达
经济研究所
所长：麻智辉
副所长：高玫
产业经济研究所
所长：吴锋刚
副所长：尹小健
城市经济研究所
所长：孙育平
副所长：王果
文化研究所
所长：夏汉宁
副所长：倪爱珍
社会学研究所
所长：邓虹
副所长：平欲晓
法学研究所
副所长：赖丽华
社会调查事务所
副所长：易外庚、黄军和
历史研究所
所长：汤水清
副所长：吴凯雷、吴晓荣
应用对策研究室
主任：李志萌
副主任：张秋兰、陈李龙

## 四、江西省社会科学院科研辅助部门及领导

《江西社会科学》杂志社
主编：高平
副主编：叶萍、俞晖
《企业经济》编辑部
主编：李小玉
副主编：陈瑾
《鄱阳湖学刊》编辑部
副主编：胡颖峰
《农业考古》编辑部
主编：施由明
副主编：王建平、尧水根
图书馆
馆长：胡长春
副馆长：康芬、付志祥
国际交流合作中心
主任：宋建平
副主任：邝筱倩、吴建中

## 第三节　年度工作概况

2015年，在中共江西省委、江西省人民政府正确领导下，江西省社会科学院认真贯彻落实《关于加强江西特色新型智库建设的意见》精神，紧紧围绕中共江西省委"发展升级、小康提速、绿色崛起、实干兴赣"16字方针，锐意改革、开拓创新，多项工作特别是新型智库建设取得了新突破。

### 一、应用对策研究取得新突破

重点围绕江西省委绿色崛起战略、全省经济工作、赣南油茶产业发展、庐山管理体制改革、景德镇陶瓷产业发展等地方经济社会发展中的重大问题开展应用对策研究，推出了一批高质量的决策咨询成果，获中共中央政治局常委、国务院副总理张高丽同志批示1件，首次获得中共中央政治局常委领导批示，实现历史性突破；获江西省领导批示55件，其中，中共江西省委书记强卫同志批示9件，省人民政府省长鹿心社同志批示3件；5篇研究报告被中办内刊等重要刊物采纳刊发。此外，受中共江西省委、江西省人民政府委托，江西省社会科学院在深入调研的基础上，代为起草了呈送党中央、国务院关于加强景德镇御窑厂遗址保护的报告，得到中共江西省委、江西省人民政府主要领导的充分

肯定。2015年6月10日，中共江西省委书记强卫来到江西省社会科学院调研并召开座谈会，指出：全省哲学社会科学战线坚持正确导向、服从服务大局、锐意改革创新，推出了一批有创见、有影响的研究成果，推动了全省哲学社会科学繁荣发展，为江西经济社会发展提供了强有力的理论支撑和智力支持。

## 二、基础理论研究取得新突破

在各类学术期刊上共公开发表学术论文300余篇，成果数量和质量与2014年相比均有较大提升，其中在CSSCI来源期刊发表论文17篇，核心刊物46篇；6篇被中国人民大学复印报刊资料等权威刊物转载，共出版各类学术著作31部。获得江西省第十六次社会科学优秀成果奖15项，光明日报社、商务部、全国党建研究会等机构颁发的各类学术奖近10项。积极延揽国家、省级各类科研项目，共获得国家社科基金项目、江西省经济社会发展重大招标课题等社科规划类项目20余项，年度立项数、立项率均创新高，有力提升了江西省社会科学院的学术影响和学术地位。

## 三、研究成果转化取得新突破

社会科学服务经济社会发展，很重要的一步就是让科研成果走出"围墙"，实现转化。2015年，江西省社会科学院2项重大研究成果都作为中共江西省委全会材料发放给会议代表，引起了强烈反响，其中《江西设区市发展报告（2015）》被列为中共江西省委十三届十一次全会会议材料，《奋力打造生态文明建设的江西样板——绿色崛起干部读本》被列为中共江西省委十三届十二次全会会议材料。积极实施理论创新工程，全年共立项创新课题170项，取得114项创新成果。其中在《光明日报》《经济日报》发表理论文章4篇，在《江西日报》发表理论文章28篇，为主流舆论宣传引导发挥了重要作用。

## 四、智库平台建设取得新突破

重点打造"江西·智库论坛"，围绕国家"一带一路"战略、中共江西省委绿色崛起战略等重大议题，举办了5期论坛，汲取国内知名学者智慧，为江西发展出谋划策。在持续推出《江西发展蓝皮书》基础上，结合绿色崛起的背景，以及新常态下江西的发展形势，在全国率先推出了《江西设区市发展报告（2015）》《江西民营经济发展报告》等新品种蓝皮书；在科学分析、研判江西省经济运行态势的基础上，策划推出了《江西·智库报告》。

## 五、体制机制创新取得新突破

面对新形势，江西省社会科学院以深入开展"三严三实"专题教育为契机，积极在管理体制机制上找准方向，改革创新，突破发展瓶颈和障碍。重点围绕理顺科研生产关系，实行研究所（室、中心）单一层次管理，进一步解放和发展了科研生产力。实施科研业绩考核的结构化改革，建立完善了优秀成果奖励制度、学术委员会工作制度、重点学科建设制度等，全院各项管理的制度化、规范化和科学化水平大大提升，被评为"全省综治工作（平安建设）先进集体""江西省直机关第十一届文明单位""省直机关党建工作考核优秀单位"。

## 六、人才队伍建设取得新突破

以人才强院战略为支撑，着力构筑推动经济社会发展的人才高地，先后建立完善了人才选拔培养引进机制。首次获准设立博士后创新实践基地、国家博士后科研工作站，柔性引进人才平台获得重大突破。加强了对首席研究员与学术带头人的任期制考核，建立了能进能出、能上能下的灵活机制。加强学术梯队建设，实施"引进

（紧缺急需专业）高层次人才办法"，引进了一批学风严谨、学术基础扎实的青年高层次人才。2015年，江西省社会科学院1人被评为享受国务院特殊津贴专家，1人被评为2015年江西省优秀社科普及专家，1人入选江西省"百千万人才工程"人选。

### 七、改进作风学风取得新突破

根据全省统一部署，江西省社会科学院深入开展"三严三实"专题教育，围绕"严守党的政治纪律和政治规矩"，"严以修身，加强党性修养，坚定理想信念，把牢思想和行动的'总开关'"等主题，采取专题学习研讨会、党课报告等多种形式，严格落实"三严三实"要求，进一步转变作风学风。通过开展专题教育，全院政治方向和学术导向进一步明确，群众观念进一步增强，理想信念进一步坚定，学风文风进一步端正，工作作风进一步改进，以科研为中心的各项工作得到了有效促进。

## 第四节 科研活动

### 一、人员、机构等基本情况

#### 1. 人员

截至2015年底，江西省社会科学院共有在职人员184人。其中，正高级职称人员28人，副高级职称人员56人，中初级职称人员56人；高、中级职称人员占在职人员总数的74.9%。

#### 2. 机构

江西省社会科学院设有：哲学研究所、经济研究所、产业经济研究所、城市经济研究所、社会学研究所、法学研究所、文化研究所、历史研究所、社会调查事务所、应用对策研究室；《江西社会科学》杂志社、《企业经济》编辑部、《农业考古》编辑部和《鄱阳湖学刊》编辑部；中国特色社会主义理论体系研究中心、赣东北革命根据地史研究中心、传播与舆情信息研究中心、宗教研究中心、社会调查评估中心、专报与皮书研创中心。

### 二、科研工作

#### 1. 科研成果统计

2015年，江西省社会科学院共完成专著12种，约475.4万字；论文315篇，约222.2万字；研究报告43篇，约15万字；一般文章40篇，约12.7万字。

#### 2. 科研课题

（1）新立项课题。2015年，江西省社会科学院共有新立项课题67项。其中：

国家社会科学基金课题1项：《我国区域生态红线的管控体系构建和保障制度研究》（何雄伟）。

江西省社会科学规划课题20项，如：《推进赣南原中央苏区精准扶贫、分类施策的考核体系创新研究》（孔凡斌），《昌九新区建设研究》（梁勇），《作为符号修辞的反讽研究》（倪爱珍），《江西参与海上丝路经济带建设的历史因素与现实状况研究》（龚建文），《赣东北苏区法治建设研究》（樊宾），《构建适应流动性异地养老的社会保障服务体系研究》（杨舸）。

（2）结项课题。2015年，江西省社会科学院共结项43项。其中：

国家社会科学基金课题2项：《生态功能保护区环保与经济社会和谐共生发展研究》（李志萌），《明清时期的乡绅与县域社会治理——以江西为例》（施由明）。

江西省社会科学规划课题9项，如：《建设江西风清气正的政治生态长效机制研究》（姜玮），《根植于乡镇的β生态产业镇发展模式研究》（钟群英），《宋代江西文人群及其文学观念研究》（彭民权），《区域资源环境承载力评价和产业结构调整与优化策略研究》（何雄伟），《寓言成语的叙事语用分析》（袁演），《新媒体语境下大众文化叙事及引导机制研究》（王琦），《〈史记〉中人物外貌描写的"实录"精神研究》（王胜奇）。

（3）延续在研课题。2015年，江西省社会科学院共有延续在研课题129项。其中：

国家社会科学基金课题22项，如：《中南六省农村调查资料整理与研究（1949—1954）》（汤水清），《基于优化乡村治理的农村土地流转研究》（赖丽华），《北宋文人交游与文学关系研究》（黎清），《中国古代谏议制的儒家思想基础研究》（赖功欧），《苏区乡村社会改造及历史经验研究》（吴晓荣），《从卫所到州县——清代卫所裁撤与政区形成研究》（王涛）。

江西省社会科学规划课题44项，如：《改革开放是当代中国最鲜明的特色和中国共产党最鲜明的旗帜》（余品华），《习近平总书记关于传承和弘扬中华文化的重要论述研究》（黎康），《江西民间刺绣研究》（胡颖峰），《明代官吏考核制度研究》（胡长春），《江西土地流转与农民财产性收入增长研究》（高玫），《元代茶文化——民族文化认同的具象表达》（王立霞）。

3. 获奖优秀科研成果

2015年，获江西省第十六次社会科学优秀成果奖一等奖2项、二等奖6项、三等奖7项。

一等奖：赖功欧《"人文演进"观绎论》，龙迪勇《空间叙事研究》。

二等奖：姜玮《中国梦是奉献世界的梦》，吴锋刚《调查发现粮食主产区补偿存在诸多问题亟待改革补偿制度》，夏汉宁《宋代江西文学家地图》，汤水清《传统与现代之间：中南乡村社会改造研究（1949—1953）》，胡炜《法哲学视角下的碳排放交易制度》，杨舸《农民工与"城中村"问题研究——"不完全城市化"背景下的"广丰村"》。

三等奖：龚建文《在希望的田野上——中国新农村建设的探索与实践》，孔凡斌《中国集体林地联合经营政策研究》，万建强《建设美丽村庄 发展乡村旅游产业——婺源县江湾镇上晓起村调查》，李志萌《大力发展农民合作组织正逢其时》，倪爱珍《中国叙事传统中预叙的发生及流变》，黎清《宋代江西文学家族研究》，余悦《茶文化旅游概论》。

三、学术交流活动

1. 学术活动

2015年，江西省社会科学院举行的大型学术会议主要有：

8月26—29日，由江西省社会科学院、日本福冈国际大学、广州大学和中国文学地理学会联合主办的"文学地理学国际学术研讨会暨中国文学地理学会第五届年会"在日本福冈召开。

10月10日，由江西省社会科学院、九江市人民政府、江西省农业厅、江西省旅游发展委员会联合举办的"'一带一路'与中国茶业发展高峰论坛"在江西九江召开。

12月5日，由江西省社会科学院主办的"'中国叙事学'学科建设暨成果发布座谈会"在江西南昌召开。

12月12日，由中国社会科学院城市发展与环境研究所、江西省社会科学院共同主办的"2015：中国智慧城市"论坛在江西南昌召开。

12月19—21日，由中国生态经济学学会、光明日报社理论部、中国社会科学院生态环境经济研究中心、江西省社会科学院联合主办的"生态文明·绿色发展"学术研讨会暨"江西·智库论坛"在江西南昌召开。

2. 国际学术交流与合作

（1）学者出访情况

2015年，江西省社会科学院共派出学者访问10批27人次。主要有：

8月26—29日，由江西省社会科学

院、日本福冈国际大学、广州大学和中国文学地理学会联合主办的"文学地理学国际学术研讨会暨中国文学地理学会第五届年会"在日本福冈市举行，江西省社会科学院副院长孔凡斌研究员一行3人赴日本参会。

9月21—25日，由江西省社会科学院、俄罗斯科学院区域社会经济发展研究所联合主办的"俄罗斯和中国社会经济现代化：经验、问题和前景"在俄罗斯沃洛格达举行。江西省社会科学院马雪松研究员一行4人赴俄罗斯参会。

11月10—17日，江西省社会科学院党组书记姜玮研究员一行5人赴南非和坦桑尼亚进行学术交流。其间，学术交流团分别与南非金山大学社会工作发展研究院卡尔·范·霍得院长、坦桑尼亚慕祖比（MZUMBE）大学约瑟·安德鲁·库泽瓦校长等就经济发展、社会调查研究和生态环境保护等方面进行座谈交流，并签订了《江西省社会科学院和MZUMBE大学谅解备忘录》。

（2）国外学者按照合作协议来访情况

2015年，江西省社会科学院共接待来访学者4批16人次。

5月21日，韩国全南发展研究院中国研究中心所长、先任研究委员曹彰完率学术代表团一行3人来江西省社会科学院交流访问。双方就将西省农业、绿色生态发展情况，韩国全罗南道发展有机农业、生态、旅游观光等问题做了交流。

8月30日—9月18日，牛津大学中国研究中心金城原博士赴江西开展学术调研，与江西省社会科学院就"农村劳动力流动家庭中家庭状况和子女教育问题"展开合作调研。

9月17—23日，英国牛津大学跨学科领域系主任瑞雪博士赴江西开展学术调研，与江西省社会科学院学者就"中国城市化进程中农村与城市的关系问题"进行座谈并展开合作调研。

9月21—24日，瑞典华人工商联合总会王建荣会长一行11人访问江西。江西省社会科学院与瑞典华人工商联合总会签署了《关于共建"海外事务欧洲研究中心"补充协议》，并举行授牌仪式。

（3）2015年与中国香港、澳门特别行政区和中国台湾开展的学术交流

5月1—30日，应香港中文大学中国研究服务中心邀请，历史研究所所长汤水清研究员赴香港进行学术交流访问。

9月5—11日，应中国推动两岸文化经济贸易交流协会邀请，哲学研究所赖功欧研究员一行5人赴台湾进行学术交流访问。

### 四、学术社团、研究中心、期刊

1. 学术社团

江西省文艺学会，会长叶青。

江西省经济学会，常务副会长任世安。

江西省社会学学会，会长王明美。

江西省诗词学会，会长王飚。

江西省民俗与文化遗产学会，会长余悦。

江西省杂文学会，会长危仁晸。

江西省国防文化教育学会，会长冯世界。

江西省开放教育协会，会长方志远。

2. 研究中心

中国特色社会主义理论体系研究中心，主任姜玮。

赣东北革命根据地史研究中心，主任毛智勇。

传播与舆情信息研究中心，主任吴峰。

宗教研究中心，主任欧阳镇。

社会调查评估中心，主任易外庚。

专报与皮书研创中心，主任李志萌。

3. 期刊

（1）《江西社会科学》（月刊），主编高平。

2015年，《江西社会科学》共出版12

期，共计396万字。该刊全年刊载的有代表性的文章有：李晶《中国（上海）自贸区负面清单的法律性质及其制度完善》，易文彬《论当下的"非转农"：城市化还是逆城市化？》，马德才《〈联合国反腐败公约〉与我国〈引渡法〉的完善》，齐卫平《全面从严治党：续写"进京赶考"的新答案》，姚亚平《当前我国意识形态工作的阶段性特征与主要任务》，高放《马克思恩格斯主义双星合璧论》，梁满仓《从魏晋南北朝执手礼看礼文化的传承与更新》，赵欢春《当前我国意识形态安全的"非传统转向"》，兰勇《传统农户向现代家庭农场演变的机制分析》，刘东《新型城镇化背景下土地改革方向探讨》，朱雅妮《"一带一路"对外投资中的环境附属协定模式——以中国—东盟自由贸易区为例》，刘紫春、汪红亮《家国情怀的传承与重构》。

（2）《企业经济》（月刊），主编李小玉。

2015年，《企业经济》共出版12期，共计400万字。该刊全年刊载的有代表性的文章有：张向前《我国家族企业文化创新机理研究》，葛颜祥《基于动态机制的企业IT能力绩效作用研究》，王兴元《旅游品牌生态综合评价研究》，叶春明《基于学习效应的行为生产调度新模式研究》，骆温平《基于制造业与物流业联动分析的物流产业划分》，赫连志巍《产业集群升级导向的高管胜任特征内部匹配研究》，孙明贵《经济新常态下中国企业转型升级的战略取向》，刘邦凡《从适应性治理看京津冀府际经济合作发展》，刘瑞《从"三步走"到"一带一路"：习近平的国家经济战略创新》，王克玲《企业发展视域下全球价值链治理和产品采购标准关系研究》，朱虹《论旅游商品发展的标准、重点及路径》，王光伟《人民币国际化的途径与策略——货币国际化研究视角》，黄津孚《工业文明是中国工业化的最大瓶颈》。

（3）《农业考古》（双月刊），主编施由明。

2015年，《农业考古》共出版6期，共计420万字。该刊全年刊载的有代表性的文章有：孙璐、陈宝峰《中国近代农业科技的创新与发展》，施由明《论河口、九江及江西茶叶与"一带一路"》，吴才茂《清代苗族妇女的劳力贡献》，李建中《当代供销合作社改革遇挫原因探析》，刘晓航《抗战时期国内砖茶的生产与外销》，薛瑞泽《渭水流域农业与周秦兴起》。

（4）《鄱阳湖学刊》（双月刊），主编龚建文。

2015年，《鄱阳湖学刊》共出版6期，约20万字。该刊全年刊载的有代表性的文章有：俞孔坚《美丽中国的水生态基础设施：理论与实践》；［美］格里塔·加德《女人，水，能源：生态女性主义路径》，李莉、韦清琦译；郇庆治《绿色变革视角下的环境公民理论》；马瑞丽《恩格斯自然观的生态学意蕴及其启示》；［美］斯科特·斯洛维克《反击"毁灭麻木症"：勒克莱齐奥、洛佩兹和席娃作品中的信息与悲情》，柯英译；陈望衡《〈周易〉的"恋地情结"与生态观念》。

五、会议综述

1. 文学地理学国际学术研讨会暨中国文学地理学会第五届年会

2015年8月26—29日，"文学地理学国际学术研讨会暨中国文学地理学会第五届年会"在日本福冈市举行。会议由江西省社会科学院、日本福冈国际大学、广州大学和中国文学地理学会联合主办，江西省社会科学院文学研究所（宋代文学重点学科）、福冈国际大学海村研究室（汉字文化共同体研究会）、广州大学广府文化研究中心（广东省地方特色文化重点研究基地）共同承办。来自中日两国高等院校和人文社会科学研究机构的40余位专家学者出席会议，并围绕文学地理学的基本原理（基础理论与基本概念）、文学地理学的研究方法，中国其他区域文学地理，文学景观研究，语言与文学的地域性，民俗与文学的地域性，20世纪80年代以来的文学地理学研究之检讨七个议题展开学术讨论。

2."一带一路"与中国茶业发展高峰论坛

2015年10月10日，由九江市政府和省社科院、农业厅、旅发委主办，市农业局、《农业考古》编辑部、江西茶业联合会承办的"一带一路"与中国茶业发展高峰论坛在江西九江召开，副省长朱虹出席并讲话。来自中国农业科学院茶叶研究所、中国社会科学院茶产业发展研究中心、湖南农业大学、厦门大学、华南农业大学、南昌大学、浙江农林大学、南京农业大学等研究机构和大学的专家学者，国内多家相关刊物、茶叶研究会、茶业协会及茶企负责人等100余位专家学者、茶企业家出席论坛。

3."中国叙事学"学科建设暨成果发布座谈会

2015年12月5日，江西省社会科学院在南昌隆重举办"中国叙事学"学科建设暨成果发布座谈会。来自北京大学出版社、江西师范大学、江西省文联、上海大学等省内外多所高校的专家学者共50余人参加了此次会议。此次会议由江西省哲学社会科学重点研究基地"江西师范大学叙事学研究中心"协办。《中国社会科学报》《文艺报》、人民网、中新网、凤凰网、大江网等多家媒体对会议进行了报道。会议介绍了叙事学的发展现状、研究中国叙事学的重要意义、江西叙事学研究团队的特色和优势，发布了江西省社会科学院"中国叙事学"重点学科建设八年来所取得的成果。

4. 2015：中国智慧城市论坛

2015年12月12日，由中国社会科学院城市发展与环境研究所、江西省社会科学院共同主办的"2015：中国智慧城市"论坛在南昌隆重召开。来自省内外的14位专家学者围绕"打造未来城市新形态"的主题，从不同的视角做了大会发言，就智慧城市的内涵定位、发展前景、核心动力，智慧城市建设的江西实践和探索，智慧城市与"互联网+"，智慧城市与大数据，智慧城市与创新创业等提出了许多有创意的见解和建议。此次论坛由中共南昌市青云谱区委、区人民政府，中国社会科学院城市信息集成与动态模拟实验室，江西省社会科学院城市经济研究所共同承办，江西优联投资发展有限责任公司协办。来自国内知名研究机构、高校的专家学者及有关部门人员150余人参加会议。

5. 2015"生态文明·绿色发展"学术研讨会暨"江西·智库论坛"

2015年12月19—21日，由中国生态经济学学会、光明日报社理论部、中国社会科学院生态环境经济研究中心、江西省社会科学院联合主办的"生态文明·绿色发展"学术研讨会暨"江西·智库论坛"在南昌召开。与会专家围绕会议主题就"论中国特色的生态文明建设""生态文明建设引领绿色发展""生态补偿机制发展的现状与趋势""生态文明发展范式与城市低碳转型""投入产出分析方法在生态文明建设中的应用研究""实现我国农业绿色转型发展的思考"等议题作专题演讲。研讨会由光明日报社江西记者站、江西省社会科学院《企业经济》编辑部承办，来自全国各地的140多名专家学者参会。

## 第五节 重点成果

### 一、2014年以前获得省部级以上奖项的科研成果[*]

| 成果名称 | 作者 | 成果形式 | 出版发表单位 | 出版发表时间 | 获奖情况 |
| --- | --- | --- | --- | --- | --- |
| 鄱阳湖区综合考察和治理研究 | 杨荣俊等 | 专著 | 上海科学技术出版社 | 1988 | 1990年度国家科技进步二等奖 |
| 没有调查就没有决策权 | 周銮书等 | 论文 | 《求是》 | 1991年第14期 | 中宣部1992年度"五个一工程"入选文章奖 |
| 马克思主义普遍真理同中国具体实际相结合的第二次历史飞跃 | 余品华 | 论文 | 《学术季刊》 | 1994年第3期 | 中宣部1993年度"五个一工程"入选作品奖 |
| 江西地方文献索引 | 真安基 王 河 | 编著 | — | 1984.10 | 1989年中华人民共和国成立四十周年，中国图书馆学会成立十周年二次文献成果奖 |
| 人性的怪圈 | 夏汉宁 | 论文 | 《影剧新作》 | 1990年第2期 | 1991年田汉戏剧奖论文二等奖 |
| 中国风俗辞典 | 余 悦 | 专著 | 上海辞书出版社 | 1990.1 | 1991年第五届全国图书"金钥匙"优胜奖；1991年上海市优秀图书一等奖 |
| 债权股份化——解决债务问题新思路 | 孙育平 | 论文 | — | 1994 | 首届全国改革大奖赛优秀成果三等奖 |
| 中国农业考古图录 | 陈文华 | 专著 | 江西科学技术出版社 | 1994.12 | 1995年第九届中国图书奖 |
| 关于完善党政领导干部理论学习制度的研究报告 | 傅伯言等 | 研究报告 | — | 1996 | 1996年中组部全国组织工作成果评选二等奖 |
| 世界禁书大观 | 余 悦 叶 青 谢珊珊等 | 著作 | 百花洲文艺出版社 | 1996.4 | 全国图书"金钥匙"奖三等奖 |

---

[*] 注：在本节的表格中的"出版发表时间"一栏，年、月、日使用阿拉伯数字，且"年""月""日"三字省略（发表期数除外，保留"年"字）。既有年份，又有月份、日时，"年""月"用"."代替。如："1988年"用"1988"表示，"1995年12月"用"1995.12"表示，"1991年第14期"不变。

续表

| 成果名称 | 作者 | 成果形式 | 出版发表单位 | 出版发表时间 | 获奖情况 |
| --- | --- | --- | --- | --- | --- |
| 关于完善党领导干部理论学习考试考核制度的研究 | 傅伯言等 | 论文 | 《江西社会科学》 | 1998年第5期 | 中组部1997年全国组织工作成果评选二等奖 |
| 党政领导干部理论学习检测评估人机对话系统 | 傅伯言 汤乐毅 | 论文 | —— | 1998 | 1998年全国干部教育课题研究优秀成果一等奖 |
| 邓小平社会主义本质论对马克思主义的继承与发展 | 曾丽雅 | 论文 | 《理论导报》 | 1998.10.1 | 第七次全国省级讲师团政治理论刊物优秀论文奖 |
| 中国农村土地产权制度的缺陷与创新 | 谢茹 | 论文 | 《江西社会科学》 | 1998年第10期 | 1998年度中国改革实践与社会经济形势社科成果三等奖 |
| 知识经济本质探研 | 陈瑾 | 论文 | 《江西社会科学》 | 1999年第5期 | 1999年度中国改革实践与社会经济形势社科成果二等奖 |
| 不同经营规模农村住户经营行为 | 熊建等 | 研究报告 | —— | —— | 1999年全国农普办优秀论文三等奖 |
| 《隋唐宋印风（附辽夏金）》 | 萧高洪 | 著作 | 重庆出版社 | 1999.12 | 2001年首届全国艺术图书一等奖 |
| 八大山人全集 | 胡迎建等 | 古籍整理 | 江西美术出版社 | 2000.12 | 2000年度国家图书奖 |
| 永远坚持党的先进性和纯洁性 | 傅伯言等 | 论文 | 《江西党建》 | 2000.12 | 中组部、中宣部全国党的建设刊物优秀论文一等奖 |
| 共产党员要加强思想意识修养 | 傅伯言 | 著作 | 江西人民出版社 | 2000.12 | 中组部、中宣部全国党的建设刊物优秀论文二等奖 |
| 走向当代中国的电视剧观众 | 季晓燕 | 论文 | 《江西社会科学》 | 2000年第11期 | 2000年第十八届中国金鹰电视艺术节优秀论文二等奖 |
| 印章历史与文化——萧高洪印论文选 | 萧高洪 | 著作 | 江西教育出版社 | 2000 | 2002年首届中国书法"兰亭奖"理论奖 |
| 中国共产党从来就是中国人权的坚强捍卫者 | 余品华 | 论文 | 国务院新闻办《人权研究资料》 | 2000.12.1 | 2001年全国纪念中华苏维埃共和国成立70周年三等奖 |

续表

| 成果名称 | 作者 | 成果形式 | 出版发表单位 | 出版发表时间 | 获奖情况 |
| --- | --- | --- | --- | --- | --- |
| 中国茶叶大辞典 | 余悦 | 著作 | 中国轻工业出版社 | 2001 | 2001年第四届国家辞书一等奖 |
| 治国安邦的预演、民主新政的初探——纪念中华苏维埃共和国成立七十周年 | 余伯流 | 论文 | 《求是》 | 2001年第23期 | 2001年全国纪念中华苏维埃共和国成立70周年二等奖 |
| 中央苏区史 | 余伯流等 | 著作 | 江西人民出版社 | 2001 | 2002年第十三届"中国图书奖" |
| 讲政治是具体的 | 傅伯言等 | 论文 | 《江西党建》 | 2001.6 | 全国党建刊物一等奖 |
| 党的三代领导集体对马克思主义中国化的贡献 | 余品华 | 论文 | 《江西党建》 | 2002 | 中组部《党建研究》等11家刊物纪念建党80周年优秀成果奖 |
| "三个代表"重要思想对组织工作提出的新要求问题研究 | 吴道明等 | 研究报告 | — | 2001 | 2001年度中组部组织工作优秀调研成果三等奖 |
| "入世"对领导班子建设提出的新要求问题研究 | 沈谦芳等 | 研究报告 | — | 2003 | 2002年度中组部组织工作优秀调研成果三等奖 |
| 粮食主产区市场放开势在必行 | 李志萌 杨志诚 | 论文 | 《农民日报》 | 2003.1.4 | 2003年农业部、《人民日报》、《农民日报》联合举办的"新时期农村改革与发展对策"征文二等奖 |
| 中国共产党的伟大理论旗帜 | 余品华 | 论文 | 《江西社会科学》 | 1994年第1期 | 1995年中宣部"五个一工程"奖 |
| 中国母亲 | 课题组 | 编著 | 江西人民出版社 | 1994.12 | 1995年中宣部"五个一工程"奖 |
| 中华正气歌 | 胡迎建 熊盛元等 | 著作 | 江西美术出版社 | 1996 | 1997年中宣部"五个一工程"奖 |
| 论弘扬井冈山精神 | 余品华 尹世洪等 | 论文 | 《江西日报》 | 1996.12.31 | 1997年中宣部"五个一工程"奖 |
| 光辉的旗帜 | 汪玉奇 | 著作 | 二十一世纪出版社 | 1996 | 1997年中宣部"五个一工程"奖 |

续表

| 成果名称 | 作者 | 成果形式 | 出版发表单位 | 出版发表时间 | 获奖情况 |
|---|---|---|---|---|---|
| 中国共产党是中国先进文化前进方向的忠实代表 | 尹世洪 何友良 叶青 | 论文 | 《江西社会科学》 | 2000年第11期 | 2001年中宣部"五个一工程"奖 |
| 长征中"毛张周"领导体制的架构及其重大历史作用 | 余伯流 | 论文 | 《江西社会科学》 | 2004年第9期 | 2004年中央党史研究室全国纪念长征出发70周年优秀论文一等奖 |
| 红六军团的西征与中央红军的长征 | 邹耕生 | 论文 | — | 2004 | 2004年中央党史研究室全国纪念长征出发70周年优秀论文三等奖 |
| 构筑新世纪江西人才高地 | 陈瑾等 | 研究报告 | 中国人事出版社 | 2004.2 | 第四次全国人事科研一等奖 |
| 农业考古（20世纪中国文物考古发现与研究丛书） | 陈文华 | 著作 | 文物出版社 | 2002.1 | 2002年全国文博考古十佳图书奖 |
| 构建和完善现代农产品流通体系 | 李志萌 | 论文 | 中国商务出版社 | 2006.6 | 商务部中国商务发展征文优秀成果三等奖 |
| 南昌市中小学法制教育状况的调研及政策研究 | 曾明生 易外庚 | 研究报告 | — | 2006.4 | 共青团中央调研奖三等奖 |
| 论"马克思主义中国化"与"马克思主义哲学中国化" | 余品华 | 论文 | 《湖南科技大学学报》 | 2010年第1期 | 第四届全国教育科研优秀成果奖一等奖 |
| 加强和创新江西社会管理若干问题研究 | 汪玉奇 姜玮等 | 研究报告 | — | 2013.5 | 2012年度维护稳定工作优秀调研文章三等奖（中央） |
| 建立小康目标指标体系的方法论研究 | 杨荣俊 | 论文 | 《企业经济》 | 1991年第11期 | 1993年江西省第五次社会科学优秀成果三等奖 |
| 老区经济起飞之路 | 杨荣俊 | 专著 | 江西人民出版社 | 1989 | 1990年江西省第四次社会科学优秀成果二等奖 |
| 价格、税收对能源生产和消费的影响 | 阮正福 | 论文 | — | — | 江西省科技进步三等奖 |
| 中国古代农业科技成就展览 | 陈文华 | 展览 | | 1980 | 1980年度江西省科研成果一等奖 |
| 试谈我国农具史上的几个问题 | 陈文华 | 论文 | 《考古学报》 | 1981年第4期 | 1982年江西省第一次社会科学优秀成果二等奖 |

续表

| 成果名称 | 作者 | 成果形式 | 出版发表单位 | 出版发表时间 | 获奖情况 |
| --- | --- | --- | --- | --- | --- |
| 农业生产责任制度辩证法三题 | 余品华 | 论文 | 《江西社会科学》 | 1984年第2期 | 1986年江西省第二次社会科学优秀成果一等奖 |
| 毛泽东哲学思想研究 | 余品华等 | 专著 | 江西人民出版社 | 1983.12 | 1986年江西省第二次社会科学优秀成果二等奖 |
| 汉代长江流域水稻栽培和有关农具的成就 | 陈文华 | 论文 | 《农业考古》 | 1987年第1期 | 1989年江西省第三次社会科学优秀成果三等奖 |
| 中国一百个哲学家 | 余品华 | 专著 | 江西人民出版社 | 1987 | 1989年江西省第三次社会科学优秀成果二等奖 |
| 民族英雄与爱国诗人文天祥（江西古代文化名人丛书） | 赖功欧 | 专著 | 江西人民出版社 | 1986.7 | 1989年江西省第三次社会科学优秀成果二等奖 |
| 散文名家——曾巩（江西古代文化名人丛书） | 黄南南等 | 专著 | 江西人民出版社 | 1986.7 | 1989年江西省第三次社会科学优秀成果二等奖 |
| 一代文宗欧阳修 | 夏汉宁 | 专著 | 江西人民出版社 | 1986.7 | 1989年江西省第三次社会科学优秀成果二等奖 |
| 综罗百代的朱熹 | 余悦 | 专著 | 江西人民出版社 | 1986.7 | 1989年江西省第三次社会科学优秀成果二等奖 |
| 明代杰出的科学家宋应星 | 王河等 | 专著 | 江西人民出版社 | 1986.7 | 1989年江西省第三次社会科学优秀成果二等奖 |
| 中国稻作的起源 | 陈文华 | 专著 | 日本六兴出版社 | 1989.1 | 1991年江西省第四次社会科学优秀成果一等奖 |
| 新时期党的领导方法与工作方法的新发展 | 余品华 | 论文 | 《福建论坛》 | 1985年第4期 | 1991年江西省第四次社会科学优秀成果一等奖 |
| 中国古代农业科技史图谱 | 陈文华 | 专著 | 中国农业出版社 | 1991.12 | 1993年江西省第五次社会科学优秀成果一等奖 |
| 毛泽东哲学思想史（第2、3卷） | 余品华 | 专著 | 江西人民出版社 | 1991 | 1993年江西省第五次社会科学优秀成果一等奖 |
| 马克思主义人才观的新发展 | 尹世洪等 | 专著 | 北京出版社 | 1990.3 | 1993年江西省第五次社会科学优秀成果三等奖 |
| 在过去和未来之间——决定性与非决定性 | 王天恩 | 专著 | 江西人民出版社 | 1993 | 江西省第二届青年优秀社会科学成果一等奖 |

续表

| 成果名称 | 作者 | 成果形式 | 出版发表单位 | 出版发表时间 | 获奖情况 |
|---|---|---|---|---|---|
| 安乐死，中国比西方更自由 | 张赞宁 | 论文 | 《家庭医生》 | 1993年第9期 | 第五届全国十家科普期刊优秀成果二等奖 |
| 以艺术的笔触抒写人生 | 吴海 | 论文 | 《百花洲》 | 1984年第3期 | 1984年获江西省人民政府颁发的优秀文艺评论奖 |
| 论邓小平消除贫困思想 | 郑克强 罗莹 汤乐毅 | 论文 | — | — | 1996年江西省"五个一工程"奖 |
| 擎天之柱 | 汪玉奇等 | 电视片 | — | — | 1996年江西省"五个一工程"奖 |
| 在对外开放中高扬爱国主义旋律 | 沈谦芳 | 论文 | — | — | 1997年江西省"五个一工程"奖 |
| 可持续发展的跨世纪工程 | 李国强 杨荣俊 汪玉奇 蒋小钰 | 论文 | 《江西社会科学》 | 1998年第5期 | 1998年江西省"五个一工程"奖 |
| 他们走出了绝对贫困的沼泽——对毛泽东《兴国调查》中有关人员后裔情况的再调查 | 傅伯言 罗莹 | 论文 | 《江西社会科学》 | 1999年第1期 | 1999年江西省"五个一工程"奖 |
| 从三次考验看党的第三代中央领导集体 | 尹世洪 汪玉奇 何友良 | 论文 | 《江西社会科学》 | 1999年第5期 | 1999年江西省"五个一工程"奖 |
| 马克思主义中国化：从毛泽东到邓小平 | 余品华 | 论文 | 《江西社会科学》 | 2000年第12期 | 2001年江西省"五个一工程"奖 |
| 反贫困：新中国对国际社会的卓越贡献 | 傅伯言 罗莹 | 论文 | 《江西社会科学》 | 2000年第12期 | 2001年江西省"五个一工程"奖 |
| 井冈山精神：中国共产党革命精神之源 | 尹世洪 余品华 余伯流 邹耕生等 | 专著 | 江西人民出版社 | 1999.10 | 2001年江西省"五个一工程"奖 |
| 知识分子与社会主义市场经济 | 马雪松等 | 论文 | 《争鸣》 | 1994年第2期 | 1995年江西省第六次社会科学优秀成果一等奖 |
| 邵世平传 | 李国强等 | 著作 | 江西人民出版社 | 1992.5 | 1995年江西省第六次社会科学优秀成果二等奖 |

续表

| 成果名称 | 作者 | 成果形式 | 出版发表单位 | 出版发表时间 | 获奖情况 |
|---|---|---|---|---|---|
| 审美感悟录 | 吴海 | 著作 | 百花洲文艺出版社 | 1993.12 | 1995年江西省第六次社会科学优秀成果二等奖 |
| 死刑制度比较研究 | 李云龙等 | 论文 | 中国人民公安大学出版社 | 1992.2 | 1995年江西省第六次社会科学优秀成果二等奖 |
| 走向经济联合国 | 汪玉奇等 | 著作 | 江西人民出版社 | 1992.9 | 1995年江西省第六次社会科学优秀成果二等奖 |
| 邓小平改革思想研究 | 周銮书 黄慕亚 | 著作 | 江西人民出版社 | 1993 | 1995年江西省第六次社会科学优秀成果二等奖 |
| 企业融资通论 | 罗莹等 | 著作 | 江西人民出版社 | 1993 | 1995年江西省第六次社会科学优秀成果二等奖 |
| 社会科学团体工作概论 | 刘芳圣等 | 编著 | 南海出版社 | 1993 | 1995年江西省第六次社会科学优秀成果二等奖 |
| 战后苏东政局纪实 | 郑克强等 | 论文 | — | 1993 | 1995年江西省第六次社会科学优秀成果三等奖 |
| 企业技术进步：九十年代中国经济发展的基点选择 | 龚绍林 | 论文 | 《经济与管理研究》 | 1992.1 | 1995年江西省第六次社会科学优秀成果三等奖 |
| 农业工业化战略研究——兼论发展经济学 | 彭聚先 杨荣俊 | 论文 | 经济管理出版社 | 1993 | 1995年江西省第六次社会科学优秀成果二等奖 |
| 发展才是硬道理——论二十世纪邓小平同志的新发展概论 | 余品华 | 论文 | 《理论参考》 | 1994.10 | 1996年江西省第七次社会科学优秀成果一等奖 |
| 死刑论 | 李云龙 | 专著 | 台湾亚太图书出版社 | 1995.1 | 1996年江西省第七次社会科学优秀成果一等奖 |
| 江西妇女社会地位调查（江西卷） | 王明美等 | 著作 | 中国妇女出版社 | 1994.12 | 1996年江西省第七次社会科学优秀成果二等奖 |
| 灾害与越轨：关于人类行为的检讨与预警 | 黄志刚 | 论文 | — | 1995.11 | 1996年江西省第七次社会科学优秀成果二等奖 |

续表

| 成果名称 | 作者 | 成果形式 | 出版发表单位 | 出版发表时间 | 获奖情况 |
|---|---|---|---|---|---|
| 社会主义公有制与市场经济若干问题的研究 | 彭聚先 | 论文 | 《江西社会科学》 | 1995年第12期 | 1996年江西省第七次社会科学优秀成果二等奖 |
| 中央苏区经济史 | 余伯流 | 专著 | 江西人民出版社 | 1995.4 | 1996年江西省第七次社会科学优秀成果二等奖 |
| 近代江西诗话 | 胡迎建 | 专著 | 百花洲文艺出版社 | 1994.8 | 1996年江西省第七次社会科学优秀成果三等奖 |
| 略论中国农民与抗日战争 | 何友良 | 论文 | 《抗日战争胜利五十周年纪念集》，《抗日战争研究》增刊 | 1995.9 | 1996年江西省第七次社会科学优秀成果三等奖 |
| 江西民俗文化叙论 | 余 悦等 | 专著 | 光明日报出版社 | 1995.10 | 1996年江西省第七次社会科学优秀成果三等奖 |
| 美国知识产权法律及其启示对策 | 王国良 | 论文 | 《江西社会科学》 | 1995年第5期 | 1996年江西省第七次社会科学优秀成果三等奖 |
| 科学社会主义理论的一次新飞跃 | 曾丽雅 | 论文 | 《当代中国马克思主义研究巡礼》，人民出版社 | 1995.4 | 1996年江西省第七次社会科学优秀成果三等奖 |
| 产权社会化与国有企业产权制度改革 | 阮正福 | 论文 | 《学术月刊》 | 1995年第4期 | 1996年江西省第七次社会科学优秀成果三等奖 |
| 量刑的数学方法初探 | 张赞宁等 | 论文 | 《江西社会科学》 | 1995年第5期 | 1996年江西省第七次社会科学优秀成果三等奖 |
| 创造性地开展工作 自觉维护中央的权威 | 傅伯言等 | 论文 | 《党建研究》 | 1996年第7期 | 1999年江西省第八次社会科学优秀成果一等奖 |
| 井冈山革命根据地全史 | 余伯流 | 专著 | 江西人民出版社 | 1997.10 | 1999年江西省第八次社会科学优秀成果一等奖 |
| 论弘扬井冈山精神 | 尹世洪 余品华等 | 论文 | 《江西日报》 | 1996.12.31 | 1999年江西省第八次社会科学优秀成果一等奖 |
| 经济犯罪与死刑适用 | 李云龙 | 专著 | 日本成文堂出版社 | 1996 | 1999年江西省第八次社会科学优秀成果二等奖 |

续表

| 成果名称 | 作者 | 成果形式 | 出版发表单位 | 出版发表时间 | 获奖情况 |
|---|---|---|---|---|---|
| 中国苏维埃区域社会变动史 | 何友良 | 专著 | 当代中国出版社 | 1996.7 | 1999年江西省第八次社会科学优秀成果二等奖 |
| 马克思的"重建个人所有制"的含义究竟是什么 | 雷正良 | 论文 | 《江西社会科学》 | 1997年第3期 | 1999年江西省第八次社会科学优秀成果二等奖 |
| 土地公有制条件下农户经营发展面临的改革和选择 | 杨荣俊等 | 研究报告 | 《江西农业经济》 | 1997年第6期 | 1999年江西省第八次社会科学优秀成果二等奖 |
| 粮食品工业培育为江西第一大支柱产业的对策思路 | 龚绍林等 | 研究报告 | 《内部论坛》 | 1998.6.22 | 1999年江西省第八次社会科学优秀成果二等奖 |
| 市场经济条件下农业保护十策 | 谢茹 | 论文 | 《企业经济》 | 1998年第9期 | 1999年江西省第八次社会科学优秀成果三等奖 |
| 论科技扶贫的战略性转变 | 罗莹 | 论文 | 《江西社会科学》 | 1997年第12期 | 1999年江西省第八次社会科学优秀成果三等奖 |
| 功利与奉献：社会主义市场经济伦理学引论 | 朱林 | 著作 | 漓江出版社 | 1996.11 | 1999年江西省第八次社会科学优秀成果三等奖 |
| 寻找理想的工作 | 汪玉奇 麻智辉 陈瑾等 | 编著 | 江西高校出版社 | 1997.1 | 1999年江西省第八次社会科学优秀成果三等奖 |
| 江西居民对消费结构的动态分析及灰色系统预测 | 黄志刚 | 论文 | 《中国南方经济研究》 | 1997年第8期 | 1999年江西省第八次社会科学优秀成果三等奖 |
| 政党与政治 | 聂爱平等 | 论文 | 《求实》 | 1997年第3期 | 1999年江西省第八次社会科学优秀成果三等奖 |
| 庐山诗文金石广存 | 胡迎建等 | 古籍整理 | 江西人民出版社 | 1996.8 | 1999年江西省第八次社会科学优秀成果三等奖 |
| 陈云农业经济思想初探 | 谢茹 | 论文 | 中央文献出版社 | 1997.4 | 1999年江西省第八次社会科学优秀成果三等奖 |
| 井冈山精神：中国共产党革命精神之源 | 尹世洪等 | 专著 | 江西人民出版社 | 1999.10 | 2000年江西省第九次社会科学优秀成果特等奖 |
| 当前中国城市贫困问题 | 尹世洪等 | 专著 | 江西人民出版社 | 1998.12 | 2000年江西省第九次社会科学优秀成果一等奖 |
| 国事与人生 | 李小三 | 专著 | 江西人民出版社 | 1999.12 | 2000年江西省第九次社会科学优秀成果二等奖 |

续表

| 成果名称 | 作者 | 成果形式 | 出版发表单位 | 出版发表时间 | 获奖情况 |
|---|---|---|---|---|---|
| 论马、恩对社会主义社会基本特征的构思 | 雷正良 | 论文 | 《江西社会科学》 | 1999年第1期 | 2000年江西省第九次社会科学优秀成果二等奖 |
| 历史性的概括与升华 | 余品华 | 论文 | 《毛泽东邓小平理论研究》 | 1998年第2期 | 2000年江西省第九次社会科学优秀成果二等奖 |
| 中国茶文化经典 | 余悦等 | 古籍整理 | 光明日报出版社 | 1999.8 | 2000年江西省第九次社会科学优秀成果二等奖 |
| 中华茶文丛书（10本） | 王河 胡长春等 | 著作 | 光明日报出版社 | 1999.8 | 2000年江西省第九次社会科学优秀成果二等奖 |
| 依法消费 | 郭际等 | 著作 | 江西人民出版社 | 1999.12 | 2000年江西省第九次社会科学优秀成果二等奖 |
| 加强农村跨世纪干部的培养 | 汤乐毅等 | 论文 | 《老区建设》 | 1998年第4期 | 2000年江西省第九次社会科学优秀成果二等奖 |
| 发展县域经济促进江西振兴——八县（市区）的调查 | 龚绍林 熊建等 | 论文 | 《江西日报》 | 1999.11 | 2000年江西省第九次社会科学优秀成果二等奖 |
| 江西通史 | 陈文华 陈荣华等 | 专著 | 江西人民出版社 | 1999.7 | 2000年江西省第九次社会科学优秀成果二等奖 |
| 邹韬奋传 | 沈谦芳 | 专著 | 山东人民出版社 | 1998.4 | 2000年江西省第九次社会科学优秀成果二等奖 |
| 当前农村工作中应注意的几个问题 | 曾绍阳等 | 论文 | 《江西社会科学》 | 1999 | 2000年江西省第九次社会科学优秀成果二等奖 |
| 新中国农地制度述略 | 谢茹 | 专著 | 江西人民出版社 | 1999.12 | 2000年江西省第九次社会科学优秀成果二等奖 |
| 发挥村党支部在扶贫攻坚中的核心领导作用 | 汤乐毅 | 论文 | 《老区建设》 | 1999年第11期 | 2000年江西省第九次社会科学优秀成果三等奖 |
| 加快个体私营经济发展步伐，我们江西最紧要的是做什么 | 王明美 | 论文 | 《内部论坛》 | 1998年第6期 | 2000年江西省第九次社会科学优秀成果三等奖 |
| 国有资产监控机制研究 | 孙飞行 | 专著 | 江西高校出版社 | 1998.12 | 2000年江西省第九次社会科学优秀成果三等奖 |

续表

| 成果名称 | 作者 | 成果形式 | 出版发表单位 | 出版发表时间 | 获奖情况 |
| --- | --- | --- | --- | --- | --- |
| 关键在党，希望在党 | 傅伯言等 | 论文 | 《人民日报》 | 2001.7.1 | 2002年江西省第十次社会科学优秀成果特等奖 |
| 决定国家民族命运的千秋大业 | 何友良 | 论文 | 《当代中国史研究》 | 2000年第3期 | 2002年江西省第十次社会科学优秀成果二等奖 |
| 中部省份城市化发展模式与对策研究 | 麻智辉 | 论文 | 《经济研究参考》 | 2001年第61期 | 2002年江西省第十次社会科学优秀成果二等奖 |
| 明代欧洲汉学史 | 吴孟雪 曾丽雅 | 专著 | 东方出版社 | 2000.10 | 2002年江西省第十次社会科学优秀成果二等奖 |
| 特大洪灾与社会控制 | 李国强 马雪松 | 专著 | 江西高校出版社 | 2001.12 | 2002年江西省第十次社会科学优秀成果二等奖 |
| 江西当代影视文学总论 | 季晓燕 | 专著 | 百花洲文艺出版社 | 2000.12 | 2002年江西省第十次社会科学优秀成果三等奖 |
| 老区必须以大开放促发展 | 汤乐毅 | 论文 | 《老区建设》 | 2001年第9期 | 2002年江西省第十次社会科学优秀成果三等奖 |
| 寻找失去的时间——试论叙事的本质 | 龙迪勇 | 论文 | 《江西社会科学》 | 2000年第9期 | 2002年江西省第十次社会科学优秀成果三等奖 |
| 科学技术是生产力的集中体现和主要标志 | 郭杰忠等 | 论文 | 《江西社会科学》 | 2001年第12期 | 2002年江西省第十次社会科学优秀成果二等奖 |
| 劳动纠纷案例精选精评 | 万发根 王国良等 | 编著 | 江西高校出版社 | 2000.9 | 2002年江西省第十次社会科学优秀成果三等奖 |
| 应物传神：中国画写实传统研究 | 叶青 | 专著 | 江西人民出版社 | 2004.4 | 2006年江西省第十一次社会科学优秀成果一等奖 |
| 论"三个代表"重要思想的时代背景 | 傅伯言 尹世洪 余品华 | 论文 | 《人民日报》 | 2003.9.1 | 2006年江西省第十一次社会科学优秀成果奖一等奖 |
| 俊彩星驰遗古韵：南昌人文巡礼（南昌历史文化丛书） | 季晓燕 马雪松 叶青 龚国光等 | 编著 | 百花洲文艺出版社 | 2004.6 | 2006年江西省第十一次社会科学优秀成果二等奖 |
| 长征中"毛张周"领导体制的构架及其重大的历史作用 | 余伯流 | 论文 | 《江西社会科学》 | 2004年第9期 | 2006年江西省第十一次社会科学规划优秀成果二等奖 |

续表

| 成果名称 | 作者 | 成果形式 | 出版发表单位 | 出版发表时间 | 获奖情况 |
|---|---|---|---|---|---|
| 江西民俗 | 余悦 | 专著 | 甘肃人民出版社 | 2004.9 | 2006年江西省江西第十一次社会科学优秀成果二等奖 |
| 论苏区社会变革的特点和意义 | 何友良 | 论文 | 《中共党史研究》 | 2002年第1期 | 2006年江西省江西第十一次社会科学优秀成果二等奖 |
| 论江泽民的科学技术观 | 郭杰忠 | 论文 | 《江西农业大学学报》 | 2004年第2期 | 2006年江西省第十一次社会科学优秀成果奖三等奖 |
| 江西文学史 | 吴海 夏汉宁等 | 著作 | 江西人民出版社 | 2005.3 | 2007年江西省第十二次社会科学优秀成果一等奖 |
| 毛泽东与红军赣湘进军 | 何友良 | 论文 | 《近代史研究》 | 2006年第4期 | 2007年江西省第十二次社会科学优秀成果一等奖 |
| 中国叙事传统形成于先秦时期 | 傅修延 | 论文 | 《江西社会科学》 | 2006年第10期 | 2007年江西省第十二次社会科学优秀成果一等奖 |
| 环鄱阳湖城市群发展战略构想 | 麻智辉 | 论文 | 《江西社会科学》 | 2006年第3期 | 2007年江西省第十二次社会科学优秀成果二等奖 |
| 生产力概念的制定及其对历史唯物主义的贡献 | 郭杰忠 | 论文 | 《江西社会科学》 | 2005年第9期 | 2007年江西省第十二次社会科学优秀成果二等奖 |
| 空间形式：现代小说的叙事结构 | 龙迪勇 | 论文 | 《思想战线》 | 2005年第6期 | 2007年江西省第十二次社会科学优秀成果二等奖 |
| 论中国社会主义现代化战略的构想与实践 | 曾丽雅 | 论文 | 《江西社会科学》 | 2005年第7期 | 2007年江西省第十二次社会科学优秀成果二等奖 |
| 人文价值取向的现代转换 | 赖功欧 | 专著 | 江西人民出版社 | 2005.12 | 2007年江西省第十二次社会科学优秀成果二等奖 |
| 刑事程序的精神与诉讼文明 | 曾明生等 | 编著 | 江西人民出版社 | 2006.11 | 2007年江西省第十二次社会科学优秀成果二等奖 |
| 关于江西新型城镇化和城市群建设研究 | 姜玮 马雪松等 | 研究报告 | — | 2006.12 | 2007年江西省第十二次社会科学优秀成果二等奖 |

续表

| 成果名称 | 作者 | 成果形式 | 出版发表单位 | 出版发表时间 | 获奖情况 |
|---|---|---|---|---|---|
| 执政目标、实现方式、与政党能力——对"构建社会主义和谐社会的能力"的全面解读 | 尹世洪 黎 康 | 论文 | 《江西社会科学》 | 2006年第7期 | 2007年江西省第十二次社会科学优秀成果二等奖 |
| 中国经济增长趋势中长期预测及对江西的影响分析 | 汪玉奇等 | 研究报告 | — | 2015.7 | 2007年江西省第十二次社会科学优秀成果二等奖 |
| 塞尔"中文屋"思想实验的哲学意蕴辨析 | 郭 斌 | 论文 | 《自然辩证法研究》 | 2005年第12期 | 2007年江西省第十二次社会科学优秀成果三等奖 |
| 试论城市化进程中的工业园区建设 | 龚建文 | 论文 | 《江西社会科学》 | 2005年第5期 | 2007年江西省第十二次社会科学优秀成果三等奖 |
| 江西省志卷55：中国共产党江西省地方组织志 | 王亚菲等 | 编著 | 江西省地方志编撰委员会 | 2005.5 | 2007年江西省第十二次社会科学优秀成果三等奖 |
| 世界石油市场的结构和石油价格的高涨 | 尹小健 | 译文 | 《江西社会科学》 | 2005年第11期 | 2007年江西省第十二次社会科学优秀成果三等奖 |
| 现行国家赔偿范围问题缺陷与完善 | 杨秋林 | 论文 | 《江西社会科学》 | 2005年第11期 | 2007年江西省第十二次社会科学优秀成果三等奖 |
| 中国茶文化研究的当代历程和未来走向 | 余 悦 | 论文 | 《江西社会科学》 | 2005年第7期 | 2007年江西省第十二次社会科学优秀成果三等奖 |
| 论新中国城乡二元社会制度的形成 | 汤水清 | 论文 | 《江西社会科学》 | 2006年第8期 | 2007年江西省第十二次社会科学优秀成果三等奖 |
| 民国旧体诗史稿 | 胡迎建 | 论著 | 江西人民出版社 | 2005.11 | 2007年江西省第十二次社会科学优秀成果三等奖 |
| 东江源生态资源评价与环境保护研究 | 刘良源 李志萌等 | 编著 | 江西科学技术出版社 | 2006.11 | 2007年江西省第十二次社会科学优秀成果三等奖 |
| 中国特色社会主义是当代中国发展进步的旗帜 | 尹世洪 黎 康 | 论文 | 《求是》 | 2008年第5期 | 2009年江西省第十三次社会科学优秀成果一等奖 |
| 赣南90村——劳动力转移背景下的村级社区考察 | 杨 达 | 专著 | 社会科学文献出版社 | 2008.3 | 2009年江西省第十三次社会科学优秀成果一等奖 |

续表

| 成果名称 | 作者 | 成果形式 | 出版发表单位 | 出版发表时间 | 获奖情况 |
|---|---|---|---|---|---|
| 学术组织与学术创新——对现时学术研究一种状况的考察与反思 | 余悦 | 论文 | 《江西社会科学》 | 2007年第1期 | 2009年江西省第十三次社会科学优秀成果一等奖 |
| 《欧阳先生文粹》《欧阳先生遗粹》校勘 | 夏汉宁 | — | 江西教育出版社 | 2008.12 | 2009年江西省第十三次社会科学优秀成果一等奖 |
| 关于建议申报"环鄱阳湖生态经济区"的研究报告 | 傅修延 郭杰忠等 | 研究报告 | — | — | 2009年江西省第十三次社会科学优秀成果一等奖 |
| 浙江经验与江西发展新跨越 | 汪玉奇等 | 研究报告 | 《老区建设》 | 2007年第11期 | 2009年江西省第十三次社会科学优秀成果三等奖 |
| 江西科学技术史 | 李国强等 | 编著 | 海洋出版社 | 2007.1 | 2009年江西省第十三次社会科学优秀成果一等奖 |
| 实践和发展：马克思主义生产力理论研究 | 郭杰忠 | 专著 | 江西人民出版社 | 2008.9 | 2009年江西省第十三次社会科学优秀成果一等奖 |
| 从家庭联产承包责任制到社会主义新农村建设——中国农村改革30年回顾 | 龚建文 | 论文 | 《江西社会科学》 | 2008年第5期 | 2009年江西省第十三次社会科学优秀成果二等奖 |
| 图像叙事与文字叙事——故事画中的图像与文本 | 龙迪勇 | 论文 | 《江西社会科学》 | 2008年第3期 | 2009年江西省第十三次社会科学优秀成果二等奖 |
| 江西社会发展五十年 | 王明美 | 专著 | 江西人民出版社 | 2006 | 2009年江西省第十三次社会科学优秀成果二等奖 |
| 中国特色反腐倡廉道路的科学内涵与价值取向 | 姜玮等 | 论文 | 《红旗文稿》 | 2008年第20期 | 2009年江西省第十三次社会科学优秀成果二等奖 |
| 文天祥研究 | 俞兆鹏 俞晖等 | 专著 | 人民出版社 | 2008.10 | 2009年江西省第十三次社会科学优秀成果二等奖 |
| 以"学术组织型"管理促进人文社科研究 | 叶青 | 论文 | 《社会科学管理与评论》 | 2007年第4期 | 2009年江西省第十三次社会科学优秀成果三等奖 |

续表

| 成果名称 | 作者 | 成果形式 | 出版发表单位 | 出版发表时间 | 获奖情况 |
|---|---|---|---|---|---|
| 中国农民收入研究 | 徐永祥 王建平等 | 著作 | 江西科学技术出版社 | 2007.12 | 2009年江西省第十三次社会科学优秀成果三等奖 |
| 中国茶馆的流变与未来走向 | 刘清荣 | 专著 | 中国农业出版社 | 2007.12 | 2009年江西省第十三次社会科学优秀成果三等奖 |
| 上海粮食计划供应与市民生活（1953—1956） | 汤水清 | 专著 | 上海辞书出版社 | 2008.8 | 2009年江西省第十三次社会科学优秀成果三等奖 |
| 浙商看江西 | 刘蓉玲 甘庆华 | 研究报告 | 《专报》 | 2007年第11期 | 2009年江西省第十三次社会科学优秀成果佳作奖 |
| 中国旅游产业发展研究 | 万红燕 | 专著 | 中国戏剧出版社 | 2008.11 | 2009年江西省第十三次社会科学优秀成果佳作奖 |
| 2011：谋求进位赶超的新思路——江西经济发展形势分析与建议 | 汪玉奇 姜玮等 | 研究报告 | 《专报》 | 2010年第26期 | 2011年江西省第十四次社会科学优秀成果二等奖 |
| 永远的惨痛——江西省抢救抗战时期遭受日军侵害史料·口述实录 | 尹世洪 傅修延等 | 著作 | 人民出版社 | 2010.7 | 2011年江西省第十四次社会科学优秀成果二等奖 |
| 非物质文化遗产研究的十年回顾与理性思考 | 余悦 | 论文 | 《江西社会科学》 | 2010年第9期 | 2011年江西省第十四次社会科学优秀成果二等奖 |
| 当前国际国内形势对反腐倡廉建设带来的新影响 | 姜玮等 | 论文 | 《江西社会科学》 | 2009年第6期 | 2011年江西省第十四次社会科学优秀成果二等奖 |
| 记忆的空间性及其对虚构叙事的影响 | 龙迪勇 | 论文 | 《江西社会科学》 | 2009年第9期 | 2011年江西省第十四次社会科学优秀成果二等奖 |
| 建设社会主义新农村理论与实践·农村工作方法 | 高玫等 | 著作 | 江西人民出版社 | 2008.12 | 2011年江西省第十四次社会科学优秀成果三等奖 |
| 国际产业集群升级的实践与启示 | 陈瑾 | 论文 | 《企业经济》 | 2010年第12期 | 2011年江西省第十四次社会科学优秀成果三等奖 |
| 关于开展百家企业技术创新情况的调研报告 | 麻智辉 李志萌 | 调研报告 | — | 2009.5 | 2011年江西省第十四次社会科学优秀成果三等奖 |

续表

| 成果名称 | 作者 | 成果形式 | 出版发表单位 | 出版发表时间 | 获奖情况 |
| --- | --- | --- | --- | --- | --- |
| 十六大以来党中央实施社会主义现代化战略的特点 | 曾丽雅 | 论文 | 《中国井冈山干部学院学报》 | 2009年第3期 | 2011年江西省第十四次社会科学优秀成果三等奖 |
| 儒家"直道"理念的实践指向及其现代反思 | 赖功欧 | 论文 | 《江西社会科学》 | 2009年第8期 | 2011年江西省第十四次社会科学优秀成果三等奖 |
| 群众路线：现阶段反腐倡廉建设的根本保证 | 甘庆华 | 论文 | 《当代马克思主义论丛》，江西人民出版社 | 2010.12 | 2011年江西省第十四次社会科学优秀成果三等奖 |
| 中国苏区史 | 余伯流等 | 著作 | 江西人民出版社 | 2011.8 | 2013年江西省第十五次社会科学优秀成果一等奖 |
| 宋版邵尧夫先生诗全集、重刊邵尧夫击壤集 | 胡迎建 | 古籍整理 | 江西美术出版社 | 2012.3 | 2013年江西省第十五次社会科学优秀成果二等奖 |
| 论新形势下贯彻党的群众路线的新要求 | 姜　玮等 | 论文 | 《江西社会科学》 | 2011年第2期 | 2013年江西省第十五次社会科学优秀成果二等奖 |
| 中国制造业贸易成本的测度 | 陈　瑾等 | 论文 | 《中国工业经济》 | 2011年第7期 | 2013年江西省第十五次社会科学优秀成果二等奖 |
| 宋代江西文学家考录 | 夏汉宁等 | 著作 | 中山大学出版社 | 2011.12 | 2013年江西省第十五次社会科学优秀成果二等奖 |
| 叙事作品中的空间书写与人物塑造 | 龙迪勇 | 论文 | 《江海学刊》 | 2011年第1期 | 2013年江西省第十五次社会科学优秀成果二等奖 |
| "离婚法"与"妇女法"：20世纪50年代初期乡村民众对婚姻法的误读 | 汤水清 | 论文 | 《复旦学报》 | 2011年第6期 | 2013年江西省第十五次社会科学优秀成果二等奖 |
| 地权建设与村庄权力秩序的重构——赣西北S镇农村阶层分化与整合的田野经验考察 | 杨秋林 | 著作 | 法律出版社 | 2012.6 | 2013年江西省第十五次社会科学优秀成果二等奖 |
| 楚调唐音：歌吟艺术的活化石 | 宗九奇 叶　青 | 著作 | 江西教育出版社 | 2012.4 | 2013年江西省第十五次社会科学优秀成果二等奖 |

续表

| 成果名称 | 作者 | 成果形式 | 出版发表单位 | 出版发表时间 | 获奖情况 |
| --- | --- | --- | --- | --- | --- |
| 马克思主义中国化启示录：两次历史性飞跃的途径、经验及其他 | 余品华 | 著作 | 中国社会科学出版社 | 2012.9 | 2013年江西省第十五次社会科学优秀成果二等奖 |
| 宋代江西文化史 | 虞文霞 王 河 | 著作 | 江西人民出版社 | 2012.11 | 2013年江西省第十五次社会科学优秀成果二等奖 |
| 史出于巫与先秦两汉史传中虚构的发生 | 倪爱珍 | 论文 | 《江西社会科学》 | 2011年第10期 | 2013年江西省第十五次社会科学优秀成果三等奖 |
| 从同一与差异看中国特色社会主义理论体系的逻辑结构 | 龚剑飞 | 论文 | 《中共福建省委党校学报》 | 2012年第9期 | 2013年江西省第十五次社会科学优秀成果三等奖 |
| 保护区生态环境功能退化的成因与对策 | 李志萌 | 论文 | 《鄱阳湖学刊》 | 2012年第3期 | 2013年江西省第十五次社会科学优秀成果三等奖 |
| 张君劢"中国现代化"诉求的人文思想特征 | 赖功欧 | 论文 | 《江西社会科学》 | 2012年第8期 | 2013年江西省第十五次社会科学优秀成果三等奖 |
| 文学叙事中的可能性与真实性 | 张 丽 | 论文 | 《江西社会科学》 | 2012年第11期 | 2013年江西省第十五次社会科学优秀成果三等奖 |
| 中国古代农业文明史 | 陈文华 | 专著 | 江西科学技术出版社 | 2005.10 | 2009年第二届江西优秀理论成果奖 |

## 二、2015年主要科研成果

成果名称：《奋力打造生态文明建设的江西样板——绿色崛起干部读本》

作者姓名：姜玮、梁勇

职称：研究员

成果形式：编著

字数：220千字

出版单位：江西人民出版社

出版时间：2015年10月

全书紧扣绿色崛起战略，既立足江西省情，又统筹把握国内国际两个大局，系统阐述了绿色崛起的核心要义、基本路径、重要基础、有力保障和根本目的，并就推进江西绿色工业、绿色农业、绿色服务业发展，巩固提升江西生态优势、建立健全生态文明制度体系等作出了全景式的介绍。

《绿色崛起干部读本》出版后，获得了理论界、学术界专家学者的好评，引起了良好的社会反响，并获得第三十届华东地区优秀哲学社会科学图书一等奖。在2015年11月召开的中共江西省委十三届十二次全会上，读本作为学习材料向全体与会人员发放。

成果名称：《江西设区市发展报告（2015）》

作者姓名：姜玮、梁勇
职称：研究员
成果形式：专著
字数：300千字
出版单位：江西人民出版社
出版时间：2015年7月

该书以江西11个设区市经济社会发展为主线，通过构建指标体系，全方位对江西各设区市的发展情况加以比较研究，力求从不同视角、不同层面全面剖析江西11个设区市经济社会发展的现状、取得的成绩、存在的问题以及重点、难点等。全书包含2个总报告、4个专题报告、5个区域报告、4个典型报告、1个绿色崛起专题。

该书既具有理论探讨价值，也具有现实指导价值，作为学习材料在中共江西省委十三届十一次全会上向全体参会代表发放，引起强烈反响。

成果名称：《"人文演进"观绎论》
作者姓名：赖功欧
职称：研究员
成果形式：专著
字数：525千字
出版单位：中国社会科学出版社
出版时间：2014年12月

该书以揭示"人文演进"观内涵，并以呈显新儒家们如何应对现代而张举"人文"为研究目标；以如何展现新儒家在现代条件下以"人文演进"谋求中国文化出路为根本宗旨，是国内学界第一次对现代新儒家代表人物的人文思想特别是钱穆的人文演进观展开的全面而系统的深入探讨。

该书为赖功欧研究员的国家社科基金项目最终成果，项目结项等级为"优"。该书入选江西省社会科学院学术文库，并获得江西省第十六次社会科学优秀成果一等奖。

成果名称：《明清中国茶文化》
作者姓名：施由明
职称：研究员
成果形式：专著
字数：350千字
出版单位：中国社会科学出版社
出版时间：2015年6月

该书致力于阐述明清时期的中国茶文化，对明清时期各阶层饮茶艺术和饮茶方式等作了阐述，如皇室、文人、市民、宗教人士、少数民族等，并对明代和清代各阶层的饮茶的不同作了分析。对明清时期中国茶文化如何传入东亚和欧洲作了疏理和研究。

该书探讨的是明清中国茶文化，但作者视野宽广，以独特的视角，将茶文化与社会、历史、政治、经济等结合起来研究，既研究茶文化如何在社会各因素综合作用下演变，又以茶文化为视角来解读与剖析社会、历史等的变迁，茶文化的研究意义就得到了扩展，对深化中国茶文化的研究和扩展明清史研究的视野有很好的作用，从而有较好的学术价值。

成果名称：《文人与茶》
作者姓名：胡长春
职称：研究员
成果形式：专著
字数：322千字
出版单位：中国社会科学出版社
出版时间：2015年2月

作者以文人与茶文化的关系为切入点，把历史上与文人饮茶相关的茶文化事象作为研究对象，从民俗学、文化学、美学、儒释道三教文化等角度，对这一系列的茶文化事象进行了深刻的剖述分析，力求在中国古代农业文明的大背景下，厘清文人与茶文化之间相辅相成、密不可分的关系，全面分析概括文人在茶文化发展过程中所起到的巨大作用，以求尽可能准确地把握历代文人茶事活动乃至于整个中国茶文化的发展脉络。

该书除了部分采用现成的史料外，又从中国历代正史、野史、文集、方志、笔记、政书、类书等各种史料中查找了大量的第一手材料，尤其是明清茶文化史料，因而具有观点鲜明、材料新颖的特点。

### 三、2015年重要学术文章

| 作者 | 文章名称 | 发表刊物及时间 |
| --- | --- | --- |
| 梁 勇 | 深入挖掘文化内生动力 | 《经济日报》2015年7月22日 |
| 袁 演 | 江西散文：以独立的叙述精神稳步前行 | 《文艺报》2015年9月14日 |
| 余品华 | 加强提炼和阐释中国特色社会主义的"特色" | 《理论视野》2015年第8期 |
| 黎 康 | 精神标识·历史底蕴·转化发展——习近平关于"中华文化"重要论述的理论蕴含与实践指向 | 《社会科学家》2015年第9期 |
| 赖丽华 | 民事习惯的现代乡村治理功能——基于赣南民事习惯的调查 | 《社会科学家》2015年第10期 |
| 汪玉奇等 | 党的建设制度体系在国家治理体系中的地位与作用 | 《江西社会科学》2015年第4期 |
| 夏汉宁 黎 清 | 宋代江西文学家的诗创作——以欧阳修、王安石、黄庭坚、杨万里为代表 | 《江西社会科学》2015年第7期 |
| 王琦 | "临川四梦"人物塑造的空间表征法 | 《江西社会科学》2015年第9期 |
| 王涛 | 《明史·地理志》编里数据来源及相关问题 | 《中国历史地理论丛》2015年第1期 |
| 余品华 | 关于评价毛泽东和毛泽东思想的几个争论问题 | 《湘潭大学学报》（哲学社会科学版）2015年第3期 |
| 倪爱珍 | 符号修辞视阈下的反讽新释 | 《南京社会科学》2015年第5期 |
| 刘芝华 | 《真赏斋图》卷与华夏身份的构建 | 《南京艺术学院学报》（美术与设计）2015年第4期 |
| 卢根源 | 邓小平社会主义科学富裕观与中国特色国有经济理论的构建 | 《现代经济探讨》2015年第3期 |
| 王 琦 | 《邯郸记》："临川四梦"戏曲文本叙事的巅峰之作 | 《江西财经大学学报》2015年第9期 |
| 施由明 | 清代江西乡绅与乡村社会治理 | 《中国农史》2015年第2期 |

## 第六节　学术人物

**江西省社会科学院在岗正高级专业技术职务人员**
（按姓氏笔画排序）

| 姓名 | 出生年月 | 学历/学位 | 职务 | 职称 | 主要学术兼职 | 代表作 |
| --- | --- | --- | --- | --- | --- | --- |
| 马雪松 | 1953.7 | 研究生 | — | 二级研究员 | 中国社会学学会常务理事、江西省社会学学会副会长兼秘书长、江西省杂文学会副会长 | 《不完全城市化的负面影响及其应对建议》《论我国"不完全城市化"困局的破解路径》《从盲流到产业工人——农民工问题与和谐社会建设研究》 |
| 王伟民 | 1965.1 | 大学 | 主任 | 研究员 | — | 《朱陆哲学异同的几个方面》《破"门面格式"做"实际学问"——邹守益的心学思想概论》《儒学的基本观念、基本问题和基本方法》 |
| 尹小健 | 1959.11 | 硕士 | 副所长 | 研究员 | — | 《赣南脐橙产业现代化路径分析》《大力发展乡村旅游》《世界石油市场的结构和石油价格的高涨》 |
| 孔凡斌 | 1967.12 | 博士 | 党组成员副院长 | 二级教授 | 中国生态经济学会常务理事、中国林业经济学会常务理事、江西省生态学会副理事长 | 《中国林业市场化进程评价：理论、方法与实证》《鄱阳湖生态经济区环境保护与生态扶贫问题研究》《中国生态补偿机制：理论、实践与政策设计》 |
| 邓　虹 | 1959.8 | 大学 | 所长 | 研究员 | — | 《欠发达地区乡村工业化进程中水资源保护的研究》《关怀生命之源——江西工业化进程中水资源保护的研究》《下岗与通胀的探讨》 |
| 尧水根 | 1963.5 | 大学 | 副主编 | 研究员 | 江西人民出版社特聘编审、江西省新闻出版局审读员 | 《科技期刊文稿的结构层次及其编辑加工》《试论核心期刊认识上的误区》《精准扶贫研究论析》 |
| 朱　林 | 1956.8 | 大学 | 副所长 | 研究员 | 江西省伦理学会副会长 | 《功利与奉献》《中国传统经济伦理思想》《成语中的道德智慧》 |

续表

| 姓名 | 出生年月 | 学历/学位 | 职务 | 职称 | 主要学术兼职 | 代表作 |
|---|---|---|---|---|---|---|
| 汤水清 | 1966.3 | 博士 | 所长 | 研究员 | 中国近现代史史料学会理事、江西省现代中国研究学会副会长 | 《传统与现代之间：中南乡村社会改造研究（1949—1953）》《上海粮食计划供应制度与市民生活（1953—1956）》《"离婚法"与"妇女法"：20世纪50年代初期乡村民众对婚姻法的误读》 |
| 孙育平 | 1962.7 | 大学 | 所长 | 研究员 | 中国城市经济学会理事 | 《债权股份化——解决债务问题的新思路》《股份合作经济研究》《投资基金理论与实践》 |
| 李小玉 | 1965.11 | 大学 | 主编 | 研究员 | — | 《招商学》《生态资本运营与生态补偿耦合机制构建理论研究》《党的三代领导集体对社会主义发展战略理论的探索及贡献》 |
| 李志萌 | 1965.7 | 硕士 | 主任 | 研究员 | 江西省生态经济学会常务理事、生态学会常务理事 | 《农业产业化的理论与实践》、《产业生态经济：理论与实践》《资源环境约束下的经济发展研究》 |
| 杨 达 | 1957.5 | 大学 | 副所长 | 研究员 | — | 《思维是观念点的运动》《科学的定位缺陷和哲学的生存空间》《赣南90村——劳动力转移背景下的村级社区考察》 |
| 杨秋林 | 1965.6 | 博士 | 副主任 | 研究员 | 中国法学会会员、中国法学会财税法研究会理事、江西省法学会理事、南昌仲裁委员会仲裁员 | 《杨秋林法律辩论词精选》《经济犯罪证据调查理论与实务》《建筑工程合同纠纷法律问题研究》 |
| 吴锋刚 | 1967.12 | 硕士 | 所长 | 研究员 | — | 《中国城市贫困问题》《中国南方经济研究》《当代江西简史》 |

续表

| 姓名 | 出生年月 | 学历/学位 | 职务 | 职称 | 主要学术兼职 | 代表作 |
|---|---|---|---|---|---|---|
| 汪玉奇 | 1953.5 | 大学 | 省政协常委经济委员会副主任 | 二级研究员 | — | 《江西宏观经济评估与展望》《CEPA与赣港经济合作》《反国际金融危机背景下加快江西发展问题》《环鄱阳湖城市群发展战略研究》《兴起解放思想新高潮》《中国分配制度的伟大改革》 |
| 张晓霞 | 1977.12 | 大学 | — | 研究员 | — | 《未来我们如何养老：预测与战略》《江西基本养老服务体系建设的现状及对策》《江西人口预测及发展趋势分析》 |
| 陈瑾 | 1963.1 | 大学 | 副主编 | 研究员 | 江西省地方税务学会常务理事、江西省金融学会理事、江西省生产力学会理事 | 《我国中小企业产业集群分层梯度式升级模式研究》《中小企业发展论》《江西跨越式经济发展战略的构想》 |
| 胡长春 | 1963.12 | 大学 | 馆长 | 研究员 | — | 《茶品悠韵》、《谭纶评传》、《麻姑山志校注》（第二著者） |
| 胡颖峰 | 1969.1 | 大学 | 副主编 | 研究员 | — | 《性别、叙事与江西文学论集》、《20世纪江西杂文选评》、《当代江西创作论》（执行主编） |
| 钟群英 | 1963.1 | 研究生 | — | 研究员 | — | 《江西全面建设小康社会与人口发展问题研究》《以工业为主导的江西经济发展研究》 |
| 施由明 | 1963.12 | 大学 | 主编 | 研究员 | — | 《明清中国茶文化》《论明代江西农村宗族的大发展》《清代江西乡绅与乡村社会治理》 |
| 姜玮 | 1957.6 | 大学 | 党组书记 | 研究员 | 中国城市经济学会常务理事 | 《井冈山精神的历史形成、基本内涵与时代价值》《苏区精神：深化群众路线教育实践活动的宝贵资源》《当前国际国内形势对反腐倡廉建设带来的新影响》 |

续表

| 姓名 | 出生年月 | 学历/学位 | 职务 | 职称 | 主要学术兼职 | 代表作 |
|---|---|---|---|---|---|---|
| 夏汉宁 | 1958.2 | 大学 | 所长 | 二级研究员 | 江西省文艺学会常务副会长、江西省文艺评论家协会副主席、江西省作家协会常务理事、江西省古代文学专业委员会副会长 | 《欧苏手简校勘》《宋代江西文学家地图》《宋代江西文学家考录》 |
| 高 平 | 1961.12 | 大学 | 社长主编 | 二级研究员 | 江西省经济学会秘书长、江西省生产力学会常务理事 | 《股份合作经济研究》《金融创新概论》《金融创新与江西经济发展》 |
| 高 玫 | 1965.9 | 大学 | 副所长 | 研究员 | — | 《低碳经济时代的江西重点产业发展研究》《鄱阳湖生态经济区研究》《流域生态补偿模式比较与选择》 |
| 郭 际 | 1963.7 | 大学 | 副主任 | 研究员 | — | 《依法消费》、《消费者权益保护案例精选精析》（法学丛书）、《实行依法普法、弘扬法治文化》 |
| 郭 斌 | 1967.8 | 在读博士 | — | 研究员 | — | 《改革开放20年的理论与实践 江西卷》（合作者之一）、《科学知识是什么》（合作者之一）、《科学发现中的模型化推理》 |
| 龚建文 | 1966.4 | 大学 | 党组成员副院长 | 研究员 | 中国城市经济学会常务理事 | 《在希望的田野上——中国新农村建设的探索与实践》《县域经济概论》《江西县域工业经济研究》 |
| 麻智辉 | 1962.5 | 大学 | 所长 | 二级研究员 | 中国生产力学会理事、江西省国际经济贸易企业协会副会长、江西省经济学会副秘书长、江西省财政学会常务理事、江西省生产力学会常务理事 | 《当前中国的贫困问题研究》《企业CI战略与策划》《城镇社会保障制度研究》 |

续表

| 姓名 | 出生年月 | 学历/学位 | 职务 | 职称 | 主要学术兼职 | 代表作 |
|---|---|---|---|---|---|---|
| 梁　勇 | 1964.6 | 硕士 | 党组副书记 院长 | 研究员 | — | 《江西提出把油茶产业打造成老区人民脱贫致富的绿色产业》《关于设立庐山市的方案与建议》《建设生态文明，增进人民福祉》 |
| 程宇航 | 1957.1 | 大学 | — | 研究员 | — | 《艰难抉择》《风险投资实物》《在职研究生考试复习大纲》 |
| 曾明生 | 1971.6 | 博士 | — | 研究员 | 江西省犯罪学会副秘书长 | 《刑法目的论》《动态刑法的惩教机制研究——刑事守法教育学引论》《经济刑法一本通》 |
| 赖功欧 | 1954.8 | 大学 | 所长 | 二级研究员 | 江西省哲学学会、江西省书院研究会、江西省和谐文化研究会、江西省谱牒文化研究会副会长 | 《儒家"以道德代宗教"的思想特质及其现代反思》《儒家"直道"理念的实践指向及其现代反思》《东方哲学经典命题》《"人文演进"观绎论》 |
| 赖丽华 | 1974.1 | 硕士 | 副所长 | 研究员 | — | 《物权的保障与私法限制研究》《物权公示公信原则》《从身份到契约：不完全城市化困局的理性思考》 |
| 黎　康 | 1965.6 | 硕士 | 所长 | 研究员 | — | 《马克思主义中国化的多维审思》《论马克思主义与中国传统文化的结合方式》《论马克思主义与中国传统文化的结合条件——基于主体视角的分析》 |

## 第七节　2015年大事记

### 一月

1月22日，江西省社会科学院召开院学术活动月开幕式暨2014年度学术成果发布会。中共江西省委宣传部副部长龙和南出席会议并讲话，院党组书记姜玮致开幕词，院长梁勇主持会议。

1月23日，由江西省社会科学院、江西日报社、江西省物流行业协会共同主办的"江西省第一届现代物流发展高峰论坛"在南昌召开。院党组成员、副院长龚建文出席。

### 二月

2月6日，江西省社会科学院文化研究部、《鄱阳湖学刊》编辑部共同主办

2015年度江西省社会科学院学术活动月学术年会，院党组书记姜玮、副院长毛智勇出席，副院长孔凡斌作总结讲话。

### 三月

3月10日上午，江西省社会科学院召开2015年院工作会议暨党风廉政工作会议。中共江西省委宣传部副部长龙和南出席会议并作重要讲话，院党组书记姜玮主持会议并作总结讲话，院长梁勇作2015年院工作报告。

3月13日，江西省社科院举行"科学精神 学术创新"2015年学术活动月学术报告会。院党组书记姜玮出席会议并作专题学术演讲。江西省人大常委会常委、内司委副主任委员陈东有教授，南昌大学博士生导师黄新建教授应邀作学术点评。

### 四月

4月2日上午，江西省社科院召开理论创新工程推进会。院党组成员、副院长孔凡斌，院学术委员会主任夏汉宁出席会议。

4月7日，江西省社科院召开"空间叙事学及其基本问题"学术报告会，由院叙事学重点学科带头人龙迪勇研究员主讲。院党组成员、副院长孔凡斌研究员出席会议并讲话，院学术委员会主任夏汉宁研究员主持会议。

4月9日上午，院党组书记姜玮，副院长龚建文、孔凡斌一行走访了武汉大学法学院、经济与管理学院、社会学系等，与各学院相关负责同志就江西省社会科学院2015年人才引进计划、武汉大学推荐毕业生到江西省社会科学院实习等事宜进行会谈。

4月23日，院党组书记姜玮、院长梁勇、副院长龚建文一行走访中国社科院，并与中国社科院副院长蔡昉等进行了亲切会谈。

### 五月

5月8日，江西省社科院举行"经济新常态下的新亮点新机遇"学术报告会，中共中央政策研究室原副主任、全国政协经济委员会原副主任、江西省社科院特聘首席顾问郑新立研究员应邀主讲。院党组书记姜玮、院长梁勇、副院长毛智勇、纪检组长吴峰、副院长龚建文、院学术委员会主任夏汉宁出席会议。

5月9日，江西省社科院获中央政治局常委、国务院副总理张高丽同志重要批示1件，是建院以来首次获得中央政治局常委批示，实现历史性突破。

5月13日，经研究决定，成立西亚非洲研究中心，与国际交流合作中心合署办公，邝筱倩兼任中心主任。

5月13日上午，中国社科院投融资研究中心副主任陈经纬研究员、候成晓副教授前来江西省社科院，就"昌九新区"金融支持问题召开座谈会，院长梁勇、副院长龚建文会见了中国社科院专家。

5月22日，江西省社科院主办2015年首届"江西·智库论坛"——"江西融入'一带一路'国家战略：路径与举措"。院党组书记姜玮、院长梁勇出席论坛。

5月21日，韩国全南发展研究院中国研究中心所长、先任研究委员曹彰完率学术代表团一行3人来江西省社会科学院进行学术交流访问。

5月29日，江西省社科院召开"三严三实"专题教育动员会。党组书记姜玮主持会议，并作动员讲话暨专题党课报告，院长梁勇，副院长毛智勇，纪检组长吴峰，副院长龚建文、孔凡斌，院长助理王大任出席，省直机关团工委书记付利明应邀出席会议。

### 六月

6月10日，省委书记强卫来到江西省

社科院调研并召开座谈会，推动江西哲学社会科学工作开创新局面，省委常委、省委宣传部部长姚亚平陪同。

6月15日，江西省省政府访问团联合瑞典华人工商联合总会在斯德哥尔摩举办了旅游推介会。江西省副省长朱虹，中国驻瑞典大使馆领事郭延航，瑞典华人工商联合总会会长王建荣及华人华侨代表等出席并发言，院长梁勇出席并参与签署有关合作协议。

### 七月

7月2日上午，中共江西省委常委、省委宣传部部长姚亚平来院调研，并就进一步繁荣江西省哲学社会科学事业召开专题座谈会。省委宣传部常务副部长郭建辉、副部长龙和南陪同调研。

7月3日，江西省社科院召开"七一"表彰大会。院党组书记姜玮出席并讲话，院长梁勇主持，副院长毛智勇、吴峰、龚建文、孔凡斌出席。

7月8日，江西省社科院举行"三严三实"专题教育学习，党组副书记、院长梁勇做党课报告，党组成员、副院长毛智勇主持，全院副处以上领导干部参加学习讨论。

### 八月

8月17日，经党组研究决定，成立"传播与舆情信息研究中心"，挂靠文化研究所。

8月26—29日，"文学地理学国际学术研讨会暨中国文学地理学会第五届年会"在日本福冈举行。本次会议由江西省社会科学院、日本福冈国际大学、广州大学和中国文学地理学会联合主办。

### 九月

9月11日，为落实江西省人民政府—北京大学战略合作框架协议，副院长孔凡斌率队走访北京大学，就建立北京大学江西省情调研基地、联合开展重大科研攻关、中青年学者交流合作等事宜与北京大学副校长王杰进行会谈。

9月16日下午，中央纪委驻中国社会科学院纪检组组长张英伟一行来江西省社会科学院调研并座谈，院长梁勇、院纪检组组长吴峰出席。

9月21—25日，由马雪松研究员为团长、胡长春研究员、王果副研究员和张宜红助理研究员组成的学术访问团访问俄罗斯科学院区域社会经济发展研究所并进行学术交流。

9月24日，以瑞典华人工商联合总会王建荣会长为团长的代表团一行11人来江西省社科院就进一步合作事宜展开商谈，双方签署了《关于共建"海外事务欧洲研究中心"补充协议》，并举行了授牌仪式。

9月24日，由邓小平思想生平研究会和中共广安市委联合主办、江西省社会科学院等单位承办的"学习邓小平同志崇高品格风范，践行社会主义核心价值观"学术研讨会在四川省广安市召开，副院长孔凡斌出席研讨会。

9月25日，副院长孔凡斌一行赴重庆社会科学院调研，双方就科研管理体制创新、学科期刊合作等事项进行了交流。

9月29日，院领导班子率全院副处级以上干部参观江西革命烈士纪念堂，接受革命传统教育。院党组书记姜玮、党组副书记、院长梁勇敬献了花圈。

### 十月

10月10日，江西省社科院、九江市政府、江西省农业厅和江西省旅发委在九江联合举办"一带一路"与中国茶业发展高峰论坛，副省长朱虹出席并讲话。

### 十一月

11月6日，江西省社科院与华东交通

大学战略全面合作协议签订仪式在南昌举行。院党组书记姜玮、华东交通大学校党委书记万明致辞，江西省社科院院长梁勇与华东交通大学校长雷晓燕代表双方签署了《战略合作框架协议》。

11月18日，由江西省社会科学院编写的《奋力打造生态文明建设的江西样板——绿色崛起干部读本》出版发行座谈会在南昌召开。江西省社科院党组书记姜玮主持座谈会，江西省社科院院长梁勇致辞并介绍读本编撰出版情况。

11月18日，由中国社科院文学所古代文学研究室、江西省社科院文学研究所、江西科技师范大学文学院共同主办的2015年"文献·文学·文化"学术论坛在江西科技师范大学举行。副院长毛智勇出席开幕式并致辞。

### 十二月

12月5日，举办"中国叙事学"学科建设暨成果发布座谈会，院长梁勇出席并致辞，副院长孔凡斌主持开幕式，省内外专家学者共50余人参加会议。

12月7日，江西省社科院获准设立博士后创新实践基地、国家博士后科研工作站。

12月12日，由中国社科院城市发展与环境研究所、江西省社科院共同主办的"2015：中国智慧城市"论坛在南昌隆重召开。中国社科院城市发展与环境研究所党委书记李春华，江西省社科院党组书记姜玮、院长梁勇出席论坛。

12月18日，中国社会科学院农村发展研究所生态经济与环境研究室副主任、博士生导师、中国生态经济学会秘书长于法稳研究员应邀来院作专题学术报告，副院长孔凡斌主持会议。

12月19—21日，由中国生态经济学会、光明日报社理论部、中国社会科学院生态环境经济研究中心、江西省社会科学院联合主办的"生态文明·绿色发展"学术研讨会暨"江西·智库"论坛在南昌召开，中国生态经济学会秘书长于法稳、光明日报社理论部周晓菲、江西省社会科学院党组书记姜玮分别代表主办单位作大会致辞，江西省社会科学院院长梁勇主持开幕式。

# 山东社会科学院

## 第一节 历史沿革

山东社会科学院是省委、省政府直属的综合性社会科学研究机构，成立于1978年2月，时称山东省社会科学研究所。1980年12月改为山东社会科学院。

### 一、领导

山东社会科学院的历任党委书记是：李书厢（1978年2月—1982年12月）、蒋捷夫（1983年10月—1985年9月）、刘蔚华（1987年1月—1990年8月）、鞠茂勤（1990年8月—1994年2月）、黄学军（1995年8月—1998年1月）、刘喜敏（1999年4月—2001年1月）、于明（2001年1月—2002年9月）、宋士昌（2002年9月—2004年9月）、张华（2004年9月—2014年7月）。现任党委书记唐洲雁（2014年7月—　）。

山东社会科学院的历任院长是：李书厢（1978年2月—1981年10月）、蒋捷夫（1981年10月—1985年9月）、刘蔚华（1985年9月—1990年8月）、鞠茂勤（1990年8月—1994年2月）、卢培琪（1994年2月—1999年12月）、宋士昌（1999年12月—2004年9月）、张华（2004年9月—2012年9月）、唐洲雁（2012年9月—2015年6月）。现任院长张述存（2015年6月—　）。

### 二、发展

山东省编办批复的山东社科院主要职责是：组织开展哲学社会科学理论研究，承担国家和省哲学社会科学重点研究课题，围绕山东经济社会发展开展应用对策研究，为省委、省政府科学决策提供理论支持，组织开展社科领域学术交流活动，承办山东省委、省政府交办的其他事项。

2004年中共中央3号文件《关于进一步繁荣发展哲学社会科学的意见》指出，哲学社会科学必须坚持马克思主义的指导地位，把马克思主义的立场、观点和方法贯穿到哲学社会科学工作中，绝不能搞指导思想多元化，要实施马克思主义理论研究和建设工程。地方社会科学研究机构应主要围绕本地区经济社会发展的实际开展应用对策研究，有条件的可开展有地方特色和区域优势的基础理论研究。2015年1月20日，中共中央办公厅、国务院办公厅印发的《关于加强中国特色新型智库建设的意见》明确，坚持党管智库，坚持中国特色社会主义方向。地方社科院要着力为地方党委和政府决策服务，有条件的要为中央有关部门提供决策咨询服务。省委实施意见提出，发挥山东社科院综合研究机构的优势，支持开展社会科学创新工程试点，支持建立山东智库联盟，在打造专业化高端智库过程中发挥示范引领作用。

按照中央和山东省委对山东社科院发展的定位，山东社科院提出的发展目标是牢牢把握正确的政治方向，坚持高举中国特色社会主义旗帜，坚持中国特色社会主义方向，研究中国特色社会主义理论和现实问题，建设国内一流新型智库，在构建中国特色哲学社会科学进程中走在全国地方社科院前列，争取进入国家高端智库行列。围绕这一目标，山东社科院提出把本院打造成山东省马克思主义研究宣传的"思想理论高地"和意识形态工作的重要阵地、省委省政府的重要"思想库""智囊团"、山东省哲学社会科学高端学术殿堂、山东省省情综合数据库和研究评价中心、服务经济文化强省建设的创新型团队。

山东社科院建院以来，共承担院级以上重点课题 1900 多项，取得各类研究成果 22 000 多项，出版著作 1100 余部。承担国家社科基金项目、自然科学基金项目等国家级课题 113 项，近三年有 21 项国家级课题获得立项，立项数量稳居全国社科院系统第一方阵。承担省社科规划课题 383 项，省软科学课题 94 项，省领导交办课题 460 多项。

建院以来，共有 473 项成果获国家和省部级优秀成果奖，其中国家社科基金项目优秀成果奖 1 项，山东省社会科学重大成果奖 4 项，一等奖 55 项。

据不完全统计，共有 800 多项研究成果获得省级以上领导肯定性批示。特别是近十年来，围绕建设国内一流新型智库，加强应用对策研究，有 300 余项研究成果被省级以上领导肯定性批示或进入决策，其中，10 余项研究成果得到温家宝、李克强、刘云山、张高丽等中央领导同志的肯定性批示。

每年举办国际性、全国性学术会议 30 余次，积极开展对外学术交流，先后与 10 余个国家的高校和科研机构建立学术交流关系。

设有"泰山学者"岗位 2 个：区域经济研究（2006—2010 年）、高效生态经济研究（2011—2015 年）；9 个省级研究基地：山东省对外经济研究基地、山东省生态经济研究基地、山东省经济发展与预测研究基地、山东省海洋经济研究基地、山东省人口研究基地、山东省文化产业理论创新基地、山东省统战理论研究基地、山东省中国特色社会主义理论体系研究中心、山东省区域发展理论与实践创新研究基地；2 个分院：山东社会科学院鲁西发展研究院（设在聊城市委研究室）、山东社会科学院青岛西海岸新区研究院（设在黄岛区委政研室）；9 个调研基地：东营市社科院、日照市社科院、黄岛区委党校、菏泽市委党校、潍坊市委党校、淄博市人民政府研究室、枣庄市人民政府研究室、金乡县决策咨询研究中心、贝亿集团。

### 三、机构设置

山东社会科学院下设文化研究所、历史研究所、哲学研究所、国际儒学研究与交流中心、省马克思主义研究中心、法学研究所、社会学研究所、人口学研究所、经济研究所、农村发展研究所、国际经济研究所、省情研究院、财政金融研究所、海洋经济文化研究院、政策研究室等 15 个研究机构和《东岳论丛》编辑部 1 个研究辅助机构。内设办公室、人事处、科研组织处、机关党委、行政处、财务处、离退休干部处等 7 个职能处室。

### 四、人才建设

山东社会科学院现有在职人员 274 人，离退休人员 169 人。有 224 人获得了社会科学研究、出版、翻译、图书资料等八个系列的各级专业技术职务资格，其中正高职 53 名，副高职 79 名。有国务院政府津贴获得者 24 名（含离退休 18 名），中宣部"四个一批"人才 1 名，国家"万人计划"哲学社会科学领军人才 1 名，山东省有突出贡献中青年优秀专家 14 名（含离退休 5 名），泰山学者 1 名，"齐鲁文化名家" 1 名，"齐鲁文化英才" 5 名。

## 第二节　组织机构

### 一、山东社会科学院领导及其分工

**党委书记**：唐洲雁。主持院党委全面工作,主管干部人事方面工作。

党委副书记、院长:张述存。主持院行政全面工作,主管科研业务方面工作。

党委副书记:王希军。负责人事、离退休干部工作,分管办公室、人事处、离退休干部处,联系法学研究所、省马克思主义研究中心。

党委委员、副院长:王兴国。负责科研、行政后勤工作,分管科研组织处、行政处,联系政策研究室(创新工程办公室)、经济研究所、农村发展研究所、国际经济研究所。

党委委员、纪委书记:姚东方。协助唐洲雁同志做好机关党委工作,分管纪检、监察工作,联系人口学研究所、国际儒学研究与交流中心。

党委委员、副院长:王志东。协助王兴国同志负责科研工作,兼任《东岳论丛》主编,联系文化研究所、历史研究所、哲学研究所。

党委委员、副院长:袁红英。负责财务、省情数据库建设、海洋经济文化研究等工作,分管财务处、山东省海洋经济文化研究院,联系社会学研究所、省情研究院、财政金融研究所。

## 二、山东社会科学院职能部门

办公室
主任:孙健
副主任:黄晋鸿、崔凤祥、张辉
人事处
处长:张少红
副处长:赵世忠、罗涛
科研组织处
处长:张凤莲
副处长:刘阳、周德禄
机关党委
专职副书记、工会主席:陈宇佳
院纪委
副书记:徐凤民

机关党委
副书记:王阳春
工会
副主席:梁保艳
行政处
处长:杨锐
副处长:高敏、孙长征、侯春玲
财务处
处长:肖广玉
副处长:侯升平
离退休干部处
处长:文光辉
副处长:赵延虎

## 三、山东社会科学院科研机构

政策研究室(创新工程办公室)
主任:杨金卫
副主任:韩冰、王颖
文化研究所
所长:涂可国
副所长:张伟
历史研究所
所长:刘良海
副所长:吕世忠
哲学研究所
所长:郝立忠
财政金融研究所
所长:张文
经济研究所
所长:张卫国
农村发展研究所
所长:张清津
副所长:郭春
国际经济研究所
所长:李广杰
副所长:顾春太
法学研究所
所长:谢桂山
社会学研究所
所长:侯小伏

人口学研究所
所长：崔树义
副所长：高利平
省情研究院
院长：李善峰
副院长：鲁冰、徐光平
国际儒学研究与交流中心
主任：孙聚友
副主任：石永之
山东省海洋经济文化研究院
院长：王晓明
副院长：孙吉亭、孟庆武

四、山东社会科学院科辅部门

《东岳论丛》编辑部
主任：王波
副主任：曹振华、王成利

## 第三节　年度工作概况

**一、统筹谋划，精心组织，扎实推进社会科学创新工程试点工作，倡议发起山东智库联盟**

在全面深化改革和建设中国特色新型智库的大背景下，山东社科院发展面临着重大机遇和挑战，特别是在科研组织方式、人才选用机制、科研资源配置方式等方面存在着不容忽视的问题和困难。为破解发展难题，2015年年初，在山东省委、省政府和省直有关部门的大力支持下，山东社科院启动了社会科学创新工程试点工作。

山东省委、省政府和姜异康书记、郭树清省长、龚正副书记等省领导高度重视社会科学创新工程，省委"十三五"规划建议明确写进了"实施哲学社会科学创新工程，建设一批高水平的新型智库"。山东省委副书记、省长郭树清同志作出具体指示，要求选好题目，克服形式主义，加强学风建设。在中央宣讲团十八届五中全会宣讲大会上，郭树清省长就山东社科院创新工程和新型智库建设作出重要指示。山东省委常委、宣传部长孙守刚同志就实施社会科学创新工程、加强新型智库建设，到山东社科院专题调研并召开座谈会，现场办公，出思路、解难题，要求从山东社科院实际出发，凝聚改革创新的内生动力，建设服务决策、有守有为、引领发展、具有山东特色和齐鲁气派的高端智库。季缃绮副省长和中国社科院李扬副院长出席山东社科院创新工程启动仪式，就开展创新工程提出了具体要求。山东省委组织部、省委宣传部和省政府办公厅、省发改委、省财政厅、省人社厅、省科技厅、省审计厅、省政府研究室、省政府督察室等部门单位还就山东社科院如何实施创新工程提出了具体的意见建议，给予了大力支持。省财政厅将山东社科院创新工程列入2015年财政专项，给予经费支持。

为加强创新工程的领导工作，山东社科院成立了由院领导、处所长组成的创新工程领导小组，谋划创新工程的重大事项。为做好创新工程推进工作，院党委确定2015年上半年为创新工程培育阶段，制定创新工程实施细则，做好遴选组建创新团队的准备工作。创新工程既要大胆突破，又要稳步推进，避免剧烈振荡。院党委及时做好沟通、解释工作，每周召开处所长会议传达创新工程最新进展，确保了干部职工的知情权。院领导与中层干部、专家代表谈心，注重解决干部职工的思想认识问题和实际困难，确保大家心往一块儿想、劲往一处使。经过全院上下的全员参与和反复论证，最终拿出了11个符合院情、操作性强的具体实施办法。

按照创新工程制度设计，建立以"创新单位—创新团队—创新岗位"为主线的科研组织方式，坚持"严进严出"，实行严格的"准入"制度和"退出"制度，遴选组建15个科研和11个服务创新团队。在管理服务、科研辅助和对外交流方面，也设置专门的团队开展工作。创新团队内设置了首席专家、执行专家和研究助理三个层级,打破了过去职称、职级的限制,在一定程度上实现了人员的能进能出、能上能下。

经过近一年的辛勤耕耘,创新工程取得了实实在在的成效,科研成果质量不断提高,重大理论和现实问题研究重磅成果频频推出,服务山东经济社会发展的决策咨询报告多次得到省领导长篇幅肯定性批示。

依托创新工程的体制机制,山东社科院倡议发起山东智库联盟,开展山东省经济社会综合问卷调查,举办高层次学术会议,加大对外宣传与成果推介力度,不断拓宽山东社科院发展空间,扩大社会影响。

一是整合省内智库资源,打造山东智库联盟。在新型智库建设过程中,山东社科院认识到,建设专业化高端智库,提升服务决策的质量和水平,必须整合各类智库资源,建设山东智库联盟,开展合作研究,形成研究合力。为此,在省委宣传部的支持下,由山东社科院倡议发起,省内各智库加盟成立了山东智库联盟,山东智库联盟在线网站和微信公众号同步开通。举办现代农业发展论坛等多场"泰山智库论坛",先后与潍坊市人民政府、省政府研究室、枣庄市人民政府、中国(海南)改革发展研究院、中国行政体制改革研究会等签署战略合作协议,与新加坡国立大学签署研究合作备忘录。一系列重要举措和高层次会议,叫响了"山东智库联盟"这一含金量很高的品牌。

二是开展山东省经济社会综合问卷调查,打造权威省情数据发布平台和研究评价中心。为更好地适应省情数据库建设工作的需要,山东社科院成立了省情研究院,全力打造省情数据库,重点开展了2015年度山东省经济社会综合问卷调查,这是山东省历史上第一次由学术单位主导和主持的年度性、跟踪性大型综合调查。省情院与新加坡国立大学等机构合作,筹划建立全省17个城市综合竞争力评价中心,开展山东17个城市综合竞争力评估。

三是积极组织各类学术交流活动,打造高层次学术交流平台。2015年,山东社科院积极组织各类学术交流活动,全年共举办国际性学术会议5次,全国性学术研讨会近20次。第二届中韩儒学交流大会、第二十届全国社科院系统中国特色社会主义理论体系研究中心年会暨理论研讨会、第二届中国特色社会主义论坛、首届华东智库论坛、新型智库建设与决策咨询研讨会、山东融入"一带一路"建设研讨会、现代农业发展论坛等学术会议,在国内外学术界产生了较大反响。对外学术交流更加密切,全年接待美国、韩国、澳大利亚等国来访专家学者28批92人次,先后派出14批共43人次赴国(境)外参会或考察访问,其中有一半以上是利用外国经费成行。国内交流更加紧密,全年共有20多家兄弟省区市社科院来山东社科院调研创新工程和新型智库建设,省内也有10多家部门、地市、高校来院洽谈合作开展研究、联合培养研究生等事项。为活跃学术氛围,举办了3期专家治学经验讲座、4期高层学术论坛、4期青年学术论坛。

四是筹建外宣平台,构建多媒体多终端的立体传播体系。为进一步推进科研创新,加强学术交流与协作,山东社科院创办了《山东社会科学报道》报纸,改版了院官方网站。《山东社会科学报道》是一份立足于山东社科院、面向省内外社科界的综合性、学术性、专业性报纸,年内出版7期,有效读者群2500余人,在全省和全国社科界形成一定的品牌效应。山东社科院网站改版半年以来,在百度网站排名大幅跃升,名列省级社科院网站前三。山东智库联盟微信公众号推介发布重要学术观点以及山东社科院创新工程成果700多条，起到了很好的宣传推介作用。进一步密切了与中央和省内新闻媒体的联系，与《经济日报》达成全面战略合作框架协议，中央及省内重要媒体全年共刊发山东社科院各类稿件100多篇。

五是强化办刊特色，提升《东岳论丛》办刊质量。《东岳论丛》编辑部强化办刊特色，推出和刊发特色专题和研究栏目，如"港台海外现代中国文学与文化研究""社会政策研究""网络政治参与"等专题。结合山东社科院创新工程，重点关注"蓝""黄"两区国家战略发展的新阶段和面临的新问题、"一带一路"、中日韩地方经济合作示范区等问题。连续入选南京大学CSSCI（2016—2017）来源期刊，在《新华文摘》《中国社会科学文摘》《高等学校文科学术文摘》都获得了较高的转载率。

二、坚持精品导向，实施双轮驱动，推出基础理论研究与应用对策研究重大成果

在实施创新工程过程中，山东社科院设置了创新工程重大支撑项目，以重大支撑项目引领科研创新，同时，强化了精品导向，鼓励多出原创性、高质量研究成果，充分调动了科研人员的积极性，成果质量不断提高，服务决策能力不断提升，学术影响不断扩大，在新型智库建设中发出了山东声音。

一是深化中国特色社会主义理论体系研究，取得一批有全国影响的理论成果。一批重量级理论研究文章在中央媒体发表。2015年全年共在《人民日报》《光明日报》《经济日报》和《求是》杂志等中央主要媒体发表15篇，实现了每月在中央主流媒体发表1篇以上理论文章的设想，及时发出了山东的声音，扩大了山东社科院在社科理论界、学术界的知名度和影响力。

重点推出了一批学术著作。由人民出版社出版的创新工程重大项目《山东融入"一带一路"建设战略研究》《全面深化改革"面面观"》等著作在学术界和社会上产生了极大反响，《光明日报》等权威报刊分别发表书评，给予了高度评价。出版了《构筑精神家园——社会主义核心价值观百问百答》《"四个全面"战略布局与中国特色新型智库建设》《新型智库建设理论与实践》等多部有重要影响的著作，提高了山东社科院在社科理论界、学术界的知名度，扩大了在主流意识形态领域的话语权和影响力。由中国社会科学出版社推出的《山东社会科学院文库》，汇集了山东社科院建院以来获得的国家社科基金优秀成果奖、省社科重大成果奖、一等奖的精品成果，首批15部19本已经出版，后续20余部正在紧张编校中。《全面建成小康社会"面面观"》《全面依法治国"面面观"》《全面从严治党"面面观"》等重点打造的学术著作也即将出版。

此外，山东社科院还发挥自身优势特点，积极参加理论宣传工作。1名同志参加了中宣部组织的总书记系列重要讲话学习材料的起草和修订等工作；1名同志参加了中国社科院组织的赴欧洲宣讲中国道路的活动，向西方宣传介绍了中国特色社会主义道路、制度和理论体系，起到了很好的效果；1名同志作为省委宣讲团成员赴兖矿集团宣讲十八届五中全会精神；7名同志受聘为山东高校思想政治理论课特聘教授，并到高校讲授思想政治课。

二是加强经济文化强省重大战略问题研究，服务决策的能力和水平不断提升。山东社科院坚持围绕中心、服务大局，按照山东省委提出的在打造专业化高端智库过程中发挥示范引领作用的要求，瞄准山东经济社会发展的亟须解决的热点、难点问题，服务省委、省政府决策的能力和水平有新提升。

重大支撑项目引领中长期发展战略研

究。在首批创新团队重大支撑项目研究中，山东社科院重点立项了胶济铁路沿线中德自由贸易区建设、农村专业化趋势与农业经营方式演变、跨境电子商务发展、国库现金管理模式创新等关系山东经济社会发展的中长期发展战略研究选题。《关于建立我省财政"资金池"盘活国库现金存量的对策建议》《我省跨境电子商务发展研究》等一批研究报告得到省领导肯定性批示或被省直有关部门采纳。"2015年山东省经济社会综合问卷调查"获得了拥有独立知识产权的第一批自有省情数据，基于调查数据撰写的5个研究报告即将推出。

积极主动作为，谋划山东省"十三五"发展规划。山东社科院整合有关研究力量，成立"山东省'十三五'规划重大问题研究"课题组，设计了21个重大选题，开展深入研究，为山东省"十三五"规划的制定实施建言献策。17个课题组完成的调研报告已呈送省领导参阅。郭树清省长、龚正副书记、孙伟常务副省长、省委常委宣传部孙守刚部长等10位省领导对《"十三五"我省财政收入稳增长的思路与建议》《"十三五"我省先行实践中国制造2025，推动制造工业生态系统升级的路径》《补齐服务业"短板"加快我省"十三五"经济转型发展的建议》等7项成果作出重要批示，要求有关部门结合山东社科院研究成果，安排专人调查分析，提出山东省"十三五"时期相关工作的意见建议。

集聚全省智库力量，开展重大理论与现实问题协同攻关。以山东智库联盟为依托，山东社科院与省社科规划办联合设立省社科规划项目重大理论和现实问题协同创新研究专项，面向全省招标，聚集全省智库研究力量开展协同攻关。经评审，确定了"以更高层次开放型经济引领新常态下山东经济转型发展研究"等5项重点项目、"新常态下山东省产城融合发展政策取向研究"等20项一般项目。目前25项课题研究工作正稳步推进。山东社科院还设立了山东智库联盟调研基地专项课题，以此为纽带，加强与智库联盟成员单位的合作。

主动回应社会关切，为应用研究注入新活力。基础类各研究所结合学科优势和研究专长，积极主动服务决策、服务社会，推出了一批具有决策参考价值和社会影响的研究成果。

三是着眼学术前沿，加强学科建设，精心组织开展学术研究。山东社科院在加强重大理论与现实问题研究的同时，注重发挥科研创造性，鼓励开展学术独立思考，倡导科研人员特别是青年科研人员加强学科基础理论的学习和研究，立足学科发展前沿，开展独立思考，在研究中注重发挥每一位科研人员的自主创新能力。

精心组织各级各类课题申报工作。2015年，共立项国家社科基金课题7项（其中2项为重大委托课题），省社科规划课题15项，省软科学课题5项，院"省情与发展"调研课题33项、院自选课题13项。完成2015年度学术著作出版资助工作，共有7部书稿获得资助。

推出一批有重要影响的学术精品成果。《运用唯物主义辩证法应对全盘西化和文化复古两大思潮的挑战》《融合历史文化资源与创意产业探讨》等70多篇高质量学术论文在权威期刊发表，《全面深化改革必须把握正确方向》《关于加强地方新型智库建设的几点思考》《以"三个导向"为指引，加快现代农业发展》等20余项成果被《新华文摘》《中国社会科学文摘》、中国人民大学复印报刊资料转载。《光明日报》用4个整版报道山东社科院新型智库建设、"一带一路"建设等创新工程成果，对山东社科院开展创新工程的情况进行了专访，《中国社会科学报》用6个整版推出了基层社会治理、新型智库建设等方面的创新成果。山东社科院全院专家撰写的咨政建议类文章、热点解析评论等频频见诸各大媒体，仅《中国社会科学报》《大众日报》就各有10多篇。中央电视台《新闻联播》节目首次采访山东社科院专家，实现了零的突破。山东电视台、齐鲁网等媒体对山东社科院研究成果进行深度报道和追踪报道，起到了咨政启民的重要作用。

山东社科院再次被山东省委宣传部评为"全省调研工作先进单位"。《析列宁急于在俄国消灭资本主义的思想理论表现》等5项成果获得省社科优秀成果二等奖，《跨国公司研发投资与山东省区域创新体系互动发展的路径研究》等2项成果获三等奖。经省委宣传部批准，在山东社科院设立了中国特色社会主义理论研究基地，省级重点研究基地数量达到10个。同时，修订完善了《学术委员会组织条例》，改组了院学术委员会，由院长担任学术委员会主任，成立了院青年学术委员会，把握科研导向推进学术研究。

### 三、注重人才的培养和使用，为社会科学创新发展提供强有力的人才保障

山东社科院在人事管理和人才培育方面加大改革力度，抓好人才引进、培养、使用等关键环节，建立创新岗位人员竞争择优、灵活高效的用人制度，人才队伍焕发出新的生机与活力。

一是根据发展需要调整机构设置，进一步加强干部队伍建设。根据新型智库建设和实施创新工程需要，经省编办同意，撤销开发事业处，设立政策研究室（创新工程办公室），政治学研究所（省马克思主义研究中心）更名为省马克思主义研究中心，省情综合研究中心、图书馆（文献信息中心）合并组建省情研究院，设立国际儒学研究与交流中心，海洋经济研究所更名为山东省海洋经济文化研究院。配合机构调整，先后出台了取消部分处级干部"双肩挑"、处级干部轮岗以及充实调整部分处级干部的相关方案，先后有33名处级干部进行了双向岗位选择，组织了三轮20人次的处级干部轮岗交流，新提拔了2名正处级干部、12名副处级干部，有效地优化了干部资源配置和年龄结构，树立了正确的用人导向，极大地调动了干部职工干事创业的积极性和能动性。

二是高标准选拔优秀人才，做好人才培养和知识分子工作，为创新工程提供强有力的人才保障。2015年，山东社科院通过自主公开招聘、参加省属初级岗位统招和人员调入等方式引进16人，其中博士研究生10人、硕士研究生6人，目前第三批博士自主招聘即将完成，极大地缓解了科研一线青年人才断档的问题。同时，认真做好全院各类专家的推荐、管理工作，有1人被聘任到二级岗，有1人被评为山东省有突出贡献专家候选人。院党外知识分子联谊会顺利完成换届工作。

三是加强岗位管理，规范档案审核，严格考勤制度。山东社科院制定《岗位聘用管理细则（暂行）》和《2015年专业技术岗位聘任工作实施方案》，组织两轮58人次的各级专业技术岗位人员聘用，进一步调动了广大专业技术人才的科研积极性。

## 第四节 科研活动

### 一、人员、机构等基本情况

1. 人员

截至2015年底，山东社会科学院共有在职人员274人。其中，正高级职称人员53名，副高级职称人员79名，中级职称人员84名，初级职称人员8名；高、中级职称人员占全体在职人员总数的79%。

2. 人事变动

2015年6月，中共山东省委、山东省人民政府任命张述存同志为山东社会科学

院党委委员、副书记、院长,党委书记唐洲雁同志不再兼任院长职务。

二、科研工作

1. 科研成果统计

2015年,山东社会科学院共完成著作28种,487.7万字;译著1种,12万字;论文集4种,179.4万字;论文380篇,239.9万字;研究报告262篇,200.3万字。

2. 科研课题

(1) 新立项课题

2015年,山东社会科学院新立项课题82项。

国家社会科学基金课题7项:《〈进一步加强党的思想理论建设实施办法〉可行性研究和草案初拟》(唐洲雁)、《山东与韩国经贸合作的实践经验研究》(张述存)、《我国网络意识形态导向机制及其安全体系建构研究》(杨金卫)、《文明互鉴下的圣经犹太伦理与先秦儒家伦理比较研究》(谢桂山)、《21世纪海上丝绸之路沿线港口供应链融合与绩效研究》(王圣)、《稳定税负约束下我国税负结构优化及操作路径研究》(张念明)、《老年人社区健康服务需求及实现路径研究》(杨素雯)。

山东省社会科学规划项目15项:《中古社会阶层变迁研究》(杨恩玉)、《"乡村记忆"工程对文化遗产的挖掘与保护研究》(宋暖)、《山东讨袁护国战争史》(刘晓焕)、《山东省海洋经济加快融入21世纪"海上丝绸之路"战略研究》(孙吉亭)、《城市居家养老服务的政府参与路径研究》(林瑜胜)、《农民专业合作社发展趋势及商业银行支持策略研究》(李岩)、《适应新型智库发展的图书馆科研工作研究》(查炜)、《山东基本公共文化服务均等化评估指标体系研究》(赵迎芳)、《山东传统农业村庄乡村治理路径研究》(姜玉欣)、《地方政府创新的伦理纬度》(卓成霞)、《新型农村社区治理方式与实践创新研究》(苏爱萍)、《山东省地方民主立法路径实证研究》(张卉林)、《产业集聚促进山东省加工贸易转型升级:机制与对策研究》(张英涛)、《宏观审慎监管视域下金融系统风险治理的法律研究》(郑文丽)、《传统文化新视野中的社会与人生》(张伟)。

山东省软科学研究计划项目5项:《新一代信息技术新式融合下的山东省现代产业新体系构建》(朱孟晓)、《新常态下山东省海洋经济拉动作用研究》(孟庆武)、《海洋科技创新引领海洋产业转型升级问题研究》(赵玉杰)、《"一带一路"背景下山东对外科技人文交流模式与路径研究》(王苧萱)、《大数据战略驱动山东经济转型升级的思路和对策研究》(孙晶)。

山东省人文社会科学课题1项:《新型城镇化过程中农民政治参与的实证研究》(苏爱萍)。

山东社会科学院创新工程重大支撑项目15项:《唯物主义辩证法通俗读本》(郝立忠)、《中国特色社会主义民主政治创新实践研究》(李述森)、《全面推进依法治国"面面观"》(谢桂山)、《山东省医养结合问题研究》(崔树义)、《胶济铁路沿线建设中德自由贸易区研究》(张卫国)、《山东农村专业化趋势与农业经营方式演变研究》(张清津)、《山东社会科学院省情研究数据库建设》(李善峰)、《山东省国库现金管理模式创新研究》(张文)、《全面从严治党"面面观"》(杨金卫)、《山东区域文化竞争力比较研究》(涂可国)、《山东抗战英烈传》(刘大可)、《儒家治国理政思想的现代价值》(孙聚友)、《山东农村基层社会治理创新研究》(侯小伏)、《山东跨境电子商务发展研究》(李广杰)、《山东海洋经济发挥"一带一路"海上战略支点作用研究》(孙吉亭)。

山东社会科学院"省情与发展"课题

33项：《新型智库建设的几个重大理论与实践问题调研》（唐洲雁）、《地方社科院加强新型智库建设调研》（张述存）、《社会主义核心价值观载体化工程建设调研》（王希军）、《新形势下做好事业单位后勤服务工作调研》（刘贤明）、《我省农业六次产业化的发展思路与推进路径调研》（王兴国）、《以微腐败治理为导向的廉政文化建设调研》（姚东方）、《"山东好人"评选的调查分析与理论总结》（王志东）、《新常态下山东省新型财源培植调研》（袁红英）、《山东省当代民间儒学发展的成就、问题及其对策调研》（涂可国）、《山东主题公园现状及发展对策调研》（李然忠）、《"乡村记忆"工程对乡村文化发掘保护的现状与问题》（刘良海）、《儒学在山东社会文明建设中的作用》（孙聚友）、《山东省基层公务员生存状态调研》（战旭英）、《地方民主立法实践路径调研》（谢桂山）、《山东省城市第一代独生子女父母家庭状况调研》（崔树义）、《改进社区治理方式激发社会组织活力调研》（侯小伏）、《胶济铁路沿线装备制造业中小企业集群发展与能力升级研究》（李力充）、《大数据下大型塑料化工物流企业创新模式调研》（侯效敏）、《山东与国内先进省市跨境电子商务发展比较调研》（李广杰）、《山东农村社区环境及综合治理状况调查》（张清津）、《山东省海洋文化遗产保护调研》（孙吉亭）、《新常态下山东省财政收支变动趋势预测调研》（张文）、《山东省智慧城市建设的现状、问题和对策调研》（高晓梅）、《山东省数字文献信息平台建设调研》（陈宝生）、《青岛西海岸新区体制机制创新调研》（杨金卫）、《21世纪"海上丝绸之路"港口供应链融合调研》（王戎）、《地方社科院完善重大学术交流活动组织协调机制调研》（孙健）、《外宣创新促进新型智库发展调研》（黄晋鸿）、《新型智库建设背景下的职称改革对策调研》（张少红）、《提升我省科技创新竞争力的思路与对策调研》（张凤莲）、《事业单位〈会计基础工作规范〉实施的现状与对策》（侯升平）、《临沂、济宁农村基层党建工作调研》（陈宇佳）、《科研单位离退休人员人力资源开发与利用调研》（文光辉）。

山东社会科学院青年科研启动基金课题6项：《生产分割与区域经济一体化研究》（张英涛）、《农户贷款需求行为研究——以山东省为例》（李岩）、《唯物史观的解释功能研究》（张培培）、《海洋渔业管理权力与组织相关研究》（管晓牧）、《创新市场风险治理法律制度研究》（郑文丽）、《竹枝词的文本整理与研究》（郑艳）。

（2）结项课题

2015年，山东社会科学院共有结项课题64项。

国家社会科学基金课题1项：《加入政府采购协议对我国产业发展的影响与对策研究》（袁红英）。

山东省社会科学规划项目10项：《极端个人主义思潮对社会主义核心价值观培育的挑战与对策研究》（颜景高）、《国外城镇化过程中市镇设置经验及启示研究》（卓成霞）、《山东省企业自主创新能力培育的融资资源整合问题研究》（孙灵燕）、《山东省市级海洋生产总值核算研究》（孙吉亭）、《山东实施海洋强省战略的制约因素与对策》（王苧萱）、《山东省海上粮仓建设研究》（孙吉亭）、《新一轮税制改革背景下山东地方税体系构建研究》（张念明）、《全球价值链视角下山东加工贸易转型升级研究》（王爽）、《山东优秀历史文化的"活化"研究》（宋暖）、《全球价值链视角下山东出口导向型产业集群的升级路径与对策研究》（李晓鹏）。

山东省软科学研究计划项目5项：《推进山东社会养老服务体系建设研究》（张卫国）、《蓝色经济引领我省海陆统筹协调发展》（郑贵斌）、《城市社区养老服务的路径与对策研究》（李爱）、《山东省农村留守老人健康状况及干预对策研究》（杨素雯）、《山东省农村失独家庭社会救助研究》（李兰永）。

2015年山东社会科学院创新工程重大支撑项目15项。山东社会科学院"省情与发展"课题33项。

（3）延续在研课题

2015年，山东社会科学院共有延续在研课题68项。

国家社会科学基金课题20项：《农村专业合作组织中失地农民的经济和社会效益分析及风险控制研究》（侯小伏）、《我国大学生就业质量测评研究》（周德禄）、《创新和发展新型农村经济组织政府扶持体系研究》（许英梅）、《中国荀学史》（路德斌）、《我国转向"结构均衡增长"的城市化战略研究》（刘爱梅）、《农村老年人口经济供养及其对策研究》（王承强）、《中国特色社会主义理论体系的内在逻辑与历史发展研究》（唐洲雁）、《商事习惯、规约档案文献的发掘与近代中国市场制度研究》（庄维民）、《我国"失独家庭"社会救助研究》（崔树义）、《跨国公司生产分离化新趋势对国际资本流动的影响及对策研究》（顾春太）、《从荀子到董仲舒：儒学一尊的历史嬗变研究》（李峻岭）、《企业异质性视角下中国对外直接投资的区位与模式研究》（刘晓宁）、《中西伦理学比较视阈中的儒家责任伦理思想研究》（涂可国）、《家庭农场的理论分析与培育机制研究》（王新志）、《我国老年福利设施绩效评估与发展方向研究》（高利平）、《中国近百年结婚率变动研究》（鹿立）、《汉晋南北朝田庄研究》（杜庆余）、《清末民初民间习惯视野下北方女性日常生活研究》（王蕊）、《企业技术创新中的融资渠道选择及效率优化研究》（孙灵燕）、《二十世纪中国"俗文学研究"史论》（车振华）。

山东省社会科学规划项目48项：《汉代基层社会治理研究》（杜庆余）、《山东半岛蓝色经济区融资体系研究》（张健）、《低碳约束下的山东省产业转型升级研究》（袁爱芝）、《高密市文化产业发展研究》（曹振华）、《城市化加速背景下的山东省城市文化建设考察》（杜玉梅）、《维稳视角下我省农村社会管理体制改革和创新研究》（李春龙）、《山东省新生代农民工城市融入机制研究》（李兰永）、《"黄三角"高效生态经济区发展高端服务业研究》（尹燕霞）、《节能减排视角下的山东绿色建筑发展研究》（孙晶）、《"十二五"期间山东扩大内需增加居民消费研究》（秦庆武）、《会计信息化条件下的会计基础工作规范研究》（付宁）、《山东农村文化消费问题研究》（姜锐）、《后现代主义思潮影响下的中国新时期小说发展研究》（王源）、《儒家哲学与人类中心主义研究》（刘云超）、《分工深化和传统村落的分化与重构》（张清津）、《海外园区建设：开启山东境外投资又一扇门》（王爱华）、《加快山东服务贸易发展的路径与对策研究》（李广杰）、《进一步完善新型农村社会养老保险研究》（崔凤祥）、《我国智库建设中的问题与对策研究——以地方社会科学院系统为例》（崔树义）、《山东半岛蓝色经济区金融人才建设研究》（侯升平）、《山东省未成年人思想道德成长环境测评指标体系研究》（李玉）、《我省政府购买社会组织服务管理模式和运作模式研究》（侯小伏）、《实现中国梦与弘扬中国精神研究》（张伟）、《毛泽东思想与中国特色社会主义理论关系的逻辑关系研究》（冯锋）、《中国梦对中国特色社会主义理论体系的丰富发展研究》（韩冰）、《当代中国邪教传播与治理对策研究》（张进）、《中国梦重要战略思想与党的建设新的伟大工程研究》（杨金卫）、《实现中国梦对世界文明进步的贡献和价值研究》（谢桂山）、《山东省农村老年人精神需求及其社区支持研究》（王毅平）、《山东省产业结构调整对就业的影响》（孙同德）、《山东省城市流动人口管理创新研究》（田杨）、《山东省城乡居民社会养老保险制度调查研究》（高利平）、《推进黄河三角洲四大临港产业区"港产城"联动发展的路径与对策研究》（王鹏飞）、《加快鲁西经济发展方式转变的途径与政策研究》（王波）、《山东省城镇化发展的产业支撑能力研究》（徐光平）、《基于动态均衡的山东城镇化布局优化研究》（石晓艳）、《社会治理视阈下的社区市民议事制度研究》（张勇）、《发达国家工会职能的发展演变及其对我国的启示研究》（关娜）、《城镇化背景下农村新型社区的定位及其发展路径研究》（闫文秀）、《日本养老模式变迁及对山东的启示》（杨素雯）、《山东文化与科技融合发展的机制与模式研究》（徐建勇）、《山东省产业转型升级与人才发展互动关系研究》（王承强）、《整体性治理视域下我国养老服务供给研究》（韩小凤）、《城镇化进程中青年农民工生活方式的转变与社会融入问题研究》（刘娜）、《新形势下加快山东服务业利用外资的路径选择与对策研究》（卢庆华）、《南四湖流域生态补偿问题研究》（程臻宇）、《儒家生命哲学对绿色发展模式的价值导向研究》（刘云超）、《山东近代金融研究》（李丹）。

3. 获奖优秀科研成果

2015年，山东社会科学院获"山东省第二十九次社会科学优秀成果奖"二等奖5项：《析列宁急于在俄国消灭资本主义的思想理论表现》（李述森）、《农村失能老人照护方式及社会支持研究》（高利平）、《萧梁官班制渊源考辨》（杨恩玉）、《FDI、融资约束与民营企业出口——基于中国企业层面数据的经验分析》（孙灵燕等）、《山东省加强新型农村社区建设的对策建议》（李爱）；三等奖2项：《列宁理论学说演变过程中的三次"大跃进"》（韩小凤）、《跨国公司研发投资与山东省区域创新体系互动发展的路径研究》（刘晓宁）。

三、学术活动

2015年，山东社会科学院举行的大型学术会议有：

（1）"山东经济形势预测"分析会。2015年1月15日，由山东社会科学院主办的"'山东经济形势预测'分析会"在济南举行。会议以学习贯彻中央和山东省经济工作会议精神为主题，就山东如何主动适应经济发展新常态，进一步实现腾笼换鸟、凤凰涅槃，在转变经济发展方式、全面提高经济发展质量和效益上起到领头雁作用等展开深入研讨。

（2）山东融入"一带一路"建设理论研讨会暨《山东融入"一带一路"建设战略研究》出版座谈会。2015年5月6日，由山东社会科学院主办的"山东融入'一带一路'建设理论研讨会暨《山东融入'一带一路'建设战略研究》出版座谈会"在济南举行。会议围绕山东融入"一带一路"建设和《山东融入"一带一路"建设战略研究》一书展开深入研讨和交流。

（3）全国第二届中国特色社会主义发展论坛（2015）。2015年6月26日，由中国社会科学院马克思主义研究院、山东社会科学院、广西师范大学出版集团联合举办，山东省马克思主义研究中心承办的"全国第二届中国特色社会主义发展论坛（2015）"在济南举行。会议主题为："四个全面"与中国特色社会主义发展。

（4）山东社科论坛——新型智库建设与决策咨询研讨会。2015年7月24日，由中共山东省委宣传部、山东省社会科学界联合会主办，山东社会科学院和山东智库联盟承办的"山东社科论坛——新型智库建设与决策咨询研讨会"在济南举行。

会议主题为：新型智库建设与决策咨询。

（5）第二届中韩儒学交流大会。2015年8月17日，由山东社会科学院、中国孔子基金会、中国孔子研究院、韩国国立安东大学、韩国国学振兴院、韩国大邱教育大学共同主办，山东社会科学院国际儒学研究与交流中心和韩国国立安东大学孔子学院承办的"第二届中韩儒学交流大会"在济南举行。会议主题为：中韩儒学比较与发展。

（6）全国社科院系统中国特色社会主义理论体系研究中心第二十届年会暨理论研讨会。2015年9月23日，由中国社会科学院中国特色社会主义理论体系研究中心、山东社会科学院联合主办，山东社会科学院、山东智库联盟、山东省马克思主义研究中心承办的"全国社科院系统中国特色社会主义理论体系研究中心第二十届年会暨理论研讨会"在济南举行。会议主题为：中国特色社会主义理论创新发展与新型智库建设。

（7）现代农业发展论坛。2015年10月30日，由山东社会科学院、山东智库联盟与山东省委全面深化改革领导小组办公室联合主办的"现代农业发展论坛"在济南举行。会议主题为：转变农业发展方式、推动农业转型升级。

四、国际学术交流与合作

（1）学者出访情况

2015年，山东社会科学院共派学者赴日本、韩国、英国、法国、德国、意大利、澳大利亚、美国、泰国、新加坡出访12批35人次；赴中国台湾开展学术交流2批8人次。2015年9月25日，山东社会科学院党委书记唐洲雁研究员应"中国道路欧洲论坛"组委会邀请，出席在德国、法国和意大利分别召开的第二届"中国道路欧洲论坛"，并作"'四个全面'战略布局与中华民族伟大复兴"的专题报告。2015年8月25日，山东社会科学院院长张述存研究员一行3人赴新加坡出席"大中华经济圈省域与区域竞争力研究——新常态下的中国经济暨大中华地区收入增长分析研讨会"，张述存院长作为主礼嘉宾发表题为《"一带一路"背景下推动鲁新经贸合作转型升级的思考》的演讲。

（2）外国学者按照合作协议来访情况

2015年，山东社会科学院共接待美国、韩国、日本、新加坡、澳大利亚、俄罗斯来访学者28批92人次。来访的著名学者有美国俄亥俄大学终身教授、《美国中国研究学刊》主编李捷理博士，美国兰德公司总裁高级顾问柯德兰博士，俄罗斯科学院社会学所所长戈什科夫院士，韩国海洋水产开发院金成贵院长，韩国国立安东大学权泰桓校长，韩国国立安东大学大学院院长李润和教授，日本东北大学小林一穗教授。

（3）重大国际与地区学术交流与合作事项

2015年8月17日，山东社会科学院与韩国国立安东大学等共同举办"第二届中韩儒学交流大会"，此次大会被列入《2015年中韩人文交流共同委员会交流合作项目名录》。

2015年8月31日，山东社会科学院与新加坡国立大学李光耀公共政策学院亚洲竞争力研究所正式签署国际交流合作协议，就合作开展山东省十七城市竞争力评估研究达成共识。

五、学术社团、研究中心、期刊

1. 社团

（1）山东智库联盟，负责人唐洲雁、张述存。

（2）山东省社会学学会，会长李善峰。

（3）山东省历史学会，负责人刘大可。

2. 研究中心

（1）经山东省有关部门批准设立的研

究机构

山东省理论建设工程"中国特色社会主义理论体系研究中心",主任唐洲雁。

山东省理论建设工程"区域发展理论与实践创新研究基地",主任张述存。

山东省马克思主义研究中心,主任李述森。

山东蓝色经济文化研究院,负责人唐洲雁、张述存。

山东省思想理论动态研究中心,主任张华。

(2)非实体性研究中心

山东文化产业研究中心,主任张华。

山东发展研究中心,主任郑贵斌。

中国社会科学院经济研究所上市公司研究与预测中心(与中国社会科学院联办),主任张卓元(中国社会科学院)。

桥头堡与鲁南发展研究中心,主任郑贵斌。

山东社会科学院日本研究中心,主任姚东方。

山东社会科学院旅游研究中心,主任王志东。

山东省人才与人力资源研究中心,主任鹿立。

山东社会科学院女性研究中心,主任王毅平。

山东社会科学院孙子研究中心,主任谢祥皓。

山东社会科学院精神文明建设研究中心,主任涂可国。

山东社会科学院文学与社会文化研究中心,主任张伟。

山东社会科学院甲午战争研究中心,主任刘晓焕。

山东社会科学院区域经济研究中心,主任张卫国。

山东社会科学院金融与投资研究中心,主任张健。

山东省海洋经济研究中心,主任孙吉亭。

山东社会科学院省情研究中心,主任秦庆武。

山东社会科学院梁漱溟研究交流中心,主任李善峰。

山东社会科学院人口与发展研究中心,主任李兰永。

山东社会科学院人口老龄化研究中心,主任高利平。

山东社会科学院新工业化研究中心,主任韩民青。

山东社会科学院科技创新与区域发展研究中心,主任曲永义。

山东社会科学院儒学研究中心,主任路德斌。

山东社会科学院"三农"研究中心,主任张清津。

山东社会科学院对外经济研究中心,主任范振洪。

山东社会科学院东亚经济研究中心,主任王爱华。

山东社会科学院中国特色社会主义理论研究中心,主任王立行。

山东社会科学院政府绩效管理研究中心,主任战旭英。

山东社会科学院法治研究中心,主任于向阳。

山东地方发展法律研究中心,主任王希军。

山东社会科学院公共经济与政策研究中心,主任袁红英。

山东社会科学院党的建设研究中心,主任杨金卫。

山东社会科学院齐鲁文化研究中心,主任张进。

山东社会科学院民生与社会保障研究中心,主任李爱。

3. 期刊

《东岳论丛》(月刊),主编王志东。2015年,《东岳论丛》共出版12期,共计430万字。该刊全年刊载的有代表性的文章有：《秦人的发展及其神话的演变考论》（闫德亮）、《界定者：汉墓画像边饰研究》（姜生）、《五中全会视野下的全面小康与现代化》（唐洲雁）、《论网络虚拟社群对政治参与和政治民主的误导与疏导及其协同治理策略》（杨嵘均）、《试论经济发展新常态下积极的社会政策托底》（王思斌）、《新生代农民工基本医疗保险领域责任主体行为分析——兼析医保需求悖论缘由》（王雪蝶）、《作为方法的美学——"麦克卢汉与美学研究"专题代序》（金惠敏）、《论张炜文学创作中的思想探求》（谭好哲）、《中国普惠金融体系构建与运行要点》（邢乐成）、《气候变迁与战争、王朝兴衰更迭——基于中国数据的统计与计量文献述评》（俞炜华）、《银行竞争、市场结构与关系型贷款——基于中国A股上市公司面板数据的实证分析》（郭建强）、《基于历史与逻辑视角的工业革命与创意产业发展关系研究》（杜传忠）、《人性与和平》（傅永军）。

## 六、会议综述

（1）学习贯彻中办、国办《关于加强中国特色新型智库建设的意见》座谈会暨山东社科院"创新工程"启动发布会。

2015年2月6日，由山东社会科学院主办的"学习贯彻中办国办《关于加强中国特色新型智库建设的意见》座谈会暨山东社科院'创新工程'启动发布会"在山东济南举行。中国社会科学院副院长李扬、山东省副省长季缃绮等领导同志出席会议并讲话。山东社会科学院党委书记、院长唐洲雁主持会议。上海社会科学院、山东省直有关部门、部分山东省属高校、山东省行政学院、山东社会科学院、山东省市级社科院负责同志，《人民日报》《光明日报》《求是》杂志等中央媒体和《中国社会科学报》《大众日报》《社会科学报》、山东广播电视台等省内外媒体记者共60多人参加会议。同日，山东社会科学院正式启动实施"创新工程"。山东社会科学院"创新工程"按发动培育、分类实施、全面推进三个步骤进行，坚持基础理论研究和应用对策研究双轮驱动，着力深化科研管理、人事管理、经费管理三方面改革，推出以科研组织运行方式、科研成果评价考核体系、科研辅助手段和方法、人事管理制度、人才培育方式、经费配置和使用管理改革创新为主的六方面重点改革创新举措，建立以重点学科体系、重要学术观点、科研方法手段创新为主要内容的哲学社会科学创新体系，努力建设中国一流新型智库。

（2）第七届山东省地方社科院科研联席会议暨山东社会科学院调研基地座谈会。

2015年7月15日，由山东社会科学院主办的"第七届山东省地方社科院科研联席会议暨山东社会科学院调研基地座谈会"在山东济南召开。来自山东社会科学院、山东省各地方社科院和山东社会科学院各调研基地的负责同志、专家学者40余人参加会议。山东社会科学院通过本次会议，发起成立山东智库联盟，山东智库联盟在线网站和微信公众号同步上线运行。

（3）华东六省一市社科院院长论坛暨首届华东智库论坛。

2015年7月25日，山东社会科学院和山东智库联盟共同主办的"华东六省一市社科院院长论坛暨首届华东智库论坛"在山东枣庄举行。山东省副省长季缃绮为本次会议专门作出指示，山东社会科学院党委书记唐洲雁、枣庄市市长李峰出席会议并致辞，山东社会科学院院长张述存主持开幕式并发言。来自上海、江苏、浙江、安徽、福建、江西、山东以及河南、湖南等省级地方社科院的领导、专家70余人围绕"实施社会科学创新工程，建设中国特色新型智库"的主题参与研讨。

## 第五节 重点成果

### 一、2014年以前获省部级以上奖项科研成果[*]

| 成果名称 | 作者 | 职称 | 成果形式 | 字数（万字） | 出版发表单位 | 出版发表时间 | 获奖情况 |
|---|---|---|---|---|---|---|---|
| 中国海洋区域经济研究 | 蒋铁民 | 研究员 | 著作 | 44.6 | 海洋出版社 | 1990.11 | 国家社会科学基金项目优秀成果奖<br>山东省第七次社会科学优秀成果奖一等奖 |
| 做好构建社会主义市场经济新体制的大文章 | 陈建坤等 | 研究员 | 调查报告 | 0.7 | 《人民日报》 | 1993.7.18 | 第二届"五个一工程"入选作品奖 |
| 倡导孔繁森精神 | 卢培琪<br>王振海 | 研究员<br>研究员 | 论文 | 0.5 | 《人民日报》 | 1995.9.21 | 第五届"五个一工程"入选作品奖 |
| 社会主义民主最广泛的实践 | 陈建坤<br>王振海 | 研究员<br>研究员 | 论文 | 0.5 | 《人民日报》 | 1997.11.20 | 第七届"五个一工程"入选作品奖<br>山东省第十三次社会科学优秀成果奖一等奖 |
| 中国农民战争问题论丛 | 孙祚民 | 研究员 | 著作 | 22 | 人民出版社 | 1982.6 | 山东省第一次社会科学优秀成果奖一等奖 |
| 北洋舰队 | 戚其章 | 研究员 | 著作 | 14.4 | 山东人民出版社 | 1981.8 | 山东省第一次社会科学优秀成果奖一等奖 |
| 谈谈重工业服务方向的调整问题 | 卢新德 | 研究员 | 论文 | 0.9 | 《青海社会科学》 | 1982年第2期 | 山东省第一次社会科学优秀成果奖二等奖 |
| 谈谈废止干部职务终身制问题 | 孙斌 | 研究员 | 论文 | 0.8 | 红旗杂志社《内部文稿》 | 1982年第3期 | 山东省第一次社会科学优秀成果奖二等奖 |
| 龚自珍诗选 | 郭延礼 | 研究员 | 著作 | 17.6 | 齐鲁书社 | 1981.7 | 山东省第一次社会科学优秀成果奖二等奖 |
| 关于威海市农业人口转化问题的调查报告 | 王秀银<br>鹿立<br>刘书鹤 | 研究员<br>研究员<br>研究员 | 调查报告 | 1 | 《人口与经济》 | 1983年第3期 | 山东省第一次社会科学优秀成果奖三等奖 |

---

[*] 注：在本节的表格中的"出版发表时间"一栏，年、月、日使用阿拉伯数字，且"年""月""日"三字省略（发表期数除外，保留"年"字）。既有年份，又有月份、日时，"年""月"用"."代替。如："1990年11月"用"1990.11"表示，"1982年第2期"不变。

续表

| 成果名称 | 作者 | 职称 | 成果形式 | 字数(万字) | 出版发表单位 | 出版发表时间 | 获奖情况 |
| --- | --- | --- | --- | --- | --- | --- | --- |
| "两种生产"的综合平衡 | 于方纮 | 研究员 | 论文 | 0.8 | 《山东人口》 | 1982年第2期 | 山东省第一次社会科学优秀成果奖三等奖 |
| 永明声病说的再认识 | 冯春田 | 研究员 | 论文 | 1.2 | 《语言研究》 | 1982年第1期 | 山东省第一次社会科学优秀成果奖三等奖 |
| 李大钊思想研究 | 吕明灼 | 研究员 | 著作 | 30 | 河北人民出版社 | 1983.8 | 山东省第二次社会科学优秀成果奖一等奖 |
| 两汉汉语研究 | 程湘清 | 研究员 | 著作 | 30 | 山东教育出版社 | 1985.1 | 山东省第二次社会科学优秀成果奖一等奖 |
| 乡镇企业与专业户结合 开辟农村商品生产的新途径 | 修 琪 赵 恒 | 研究员 研究员 | 论文 | 0.6 | 《农村经济参考资料》 | 1984年第6期 | 山东省第二次社会科学优秀成果奖二等奖 |
| 农村合作经济的理论和实践 | 刘荣勤 | 研究员 | 论文 | 0.6 | 《中国农村经济》 | 1985年第6期 | 山东省第二次社会科学优秀成果奖二等奖 |
| 调整和改革农产品比价体系的几个问题 | 郑贵斌 | 研究员 | 论文 | 0.7 | 《农村经济问题》 | 1985年第2期 | 山东省第二次社会科学优秀成果奖二等奖 |
| 从所有制与经营方式看我国当前的经济改革 | 李维森 | 教 授 | 论文 | 1.1 | 《东岳论丛》 | 1985年第2期 | 山东省第二次社会科学优秀成果奖二等奖 |
| 山东小城镇问题初探 | 鲁 仁 | 研究员 | 论文 | 2.7 | 《东岳论丛》增刊 | 1985.5 | 山东省第二次社会科学优秀成果奖二等奖 |
| 马克思主义哲学在新时期的运用和发展 | 王文英 | 研究员 | 著作 | 17.4 | 山东人民出版社 | 1984.2 | 山东省第二次社会科学优秀成果奖二等奖 |
| 山东古代思想家 | 刘蔚华 赵宗正 | 研究员 研究员 | 著作 | 6.3 | 山东人民出版社 | 1985.6 | 山东省第二次社会科学优秀成果奖二等奖 |
| 开创中国民族关系史研究的新局面 | 孙祚民 | 研究员 | 论文 | 1.5 | 《晋阳学刊》 | 1985年第3期 | 山东省第二次社会科学优秀成果奖二等奖 |
| 秋瑾年谱 | 郭延礼 | 研究员 | 著作 | 18.5 | 齐鲁书社 | 1983.9 | 山东省第二次社会科学优秀成果奖二等奖 |

续表

| 成果名称 | 作者 | 职称 | 成果形式 | 字数（万字） | 出版发表单位 | 出版发表时间 | 获奖情况 |
|---|---|---|---|---|---|---|---|
| 二十四诗品探微 | 乔力 | 研究员 | 著作 | 13.8 | 齐鲁书社 | 1983.3 | 山东省第二次社会科学优秀成果奖二等奖 |
| 论我国古代人口思想中的人口增减问题 | 路遇 | 研究员 | 论文 | 0.8 | 《山东人口》 | 1983年第2期 | 山东省第二次社会科学优秀成果奖二等奖 |
| 论农业劳动力转移 | 刘书鹤 | 研究员 | 论文 | 0.8 | 《经济研究资料》 | 1985年第12期 | 山东省第二次社会科学优秀成果奖三等奖 |
| 依据和运用价值规律改进农村计划工作 | 赵海成 卢新德 | 研究员 研究员 | 论文 | 7.5 | 《齐鲁学刊》 | 1985年第3期 | 山东省第二次社会科学优秀成果奖三等奖 |
| 黄河口三角洲地区生态农业战略探讨 | 马传栋 | 研究员 | 论文 | 1.1 | 《山东经济战略研究》 | 1985年第1期 | 山东省第二次社会科学优秀成果奖三等奖 |
| 市管县的客观要求及对策 | 邵景均 | 研究员 | 论文 | 1 | 《东岳论丛》增刊 | 1985.5 | 山东省第二次社会科学优秀成果奖三等奖 |
| 试论社会主义改革的客观性 | 包心鉴 | 研究员 | 论文 | 0.75 | 《东岳论丛》 | 1984年第5期 | 山东省第二次社会科学优秀成果奖三等奖 |
| 试论地方人大常委会的建设 | 于向阳 | 研究员 | 论文 | 0.75 | 《东岳论丛》 | 1984年第5期 | 山东省第二次社会科学优秀成果奖三等奖 |
| 生态经济学 | 马传栋 | 研究员 | 著作 | 35 | 山东人民出版社 | 1986.5 | 山东省第三次社会科学优秀成果奖一等奖 |
| 清代和民国山东移民东北史略 | 路遇 | 研究员 | 著作 | 11 | 上海社会科学院出版社 | 1987.6 | 山东省第三次社会科学优秀成果奖一等奖 |
| 山东省经济和社会发展战略思想研究报告 | 山东社会科学院战略思想课题组 | — | 研究报告 | 2.5 | 中共山东省委、山东省人民政府转发 | 1987.5 | 山东省第三次社会科学优秀成果奖二等奖 |
| 论人类社会历史发展的道路和动因 | 孟庆仁 | 研究员 | 论文 | 1.2 | 《哲学研究》 | 1987年第5期 | 山东省第三次社会科学优秀成果奖二等奖 |

续表

| 成果名称 | 作者 | 职称 | 成果形式 | 字数（万字） | 出版发表单位 | 出版发表时间 | 获奖情况 |
| --- | --- | --- | --- | --- | --- | --- | --- |
| 资产阶级政党及其制度 | 姜士林等 | 研究员 | 著作 | 15 | 群众出版社 | 1986.2 | 山东省第三次社会科学优秀成果奖二等奖 |
| 科学社会主义概论 | 孟献村等 | — | 著作 | 33 | 山东人民出版社 | 1986.6 | 山东省第三次社会科学优秀成果奖二等奖 |
| 文心雕龙释义 | 冯春田 | 研究员 | 著作 | 22.4 | 山东教育出版社 | 1986.6 | 山东省第三次社会科学优秀成果奖二等奖 |
| 《金瓶梅》的方音特点 | 张鸿魁 | 研究员 | 论文 | 0.9 | 《中国语文》 | 1987年第2期 | 山东省第三次社会科学优秀成果奖二等奖 |
| 近代六十家诗选 | 郭延礼 | 研究员 | 著作 | 48.8 | 山东文艺出版社 | 1987.1 | 山东省第三次社会科学优秀成果奖二等奖 |
| 关于中国近代史基本线索的几点意见 | 戚其章 | 研究员 | 论文 | 1.4 | 《历史研究》 | 1985年第6期 | 山东省第三次社会科学优秀成果奖二等奖 |
| 农村工业发展了，应该怎样对待农业？ | 刘荣勤 | 研究员 | 论文 | 0.7 | 《中国农村经济》 | 1987年第4期 | 山东省第三次社会科学优秀成果奖三等奖 |
| 合理利用大自然的理论问题 | 徐继孔 | 研究员 | 译文 | 1.8 | 《陆地生态译报》 | 1985年第1期 | 山东省第三次社会科学优秀成果奖三等奖 |
| 试论健全人民代表大会的监督机制 | 高洪涛 | 研究员 | 论文 | 1 | 《人民代表大会制度建设与国外议会经验》中国广播电视出版社 | 1987.6 | 山东省第三次社会科学优秀成果奖三等奖 |
| 论资产阶级社会学理论研究与经验研究的脱节性 | 李善峰 | 研究员 | 论文 | 0.6 | 《东岳论丛》 | 1986年第4期 | 山东省第三次社会科学优秀成果奖三等奖 |
| 臧克家的诗歌艺术观 | 章亚昕 | 研究员 | 论文 | 1.2 | 《文艺研究》 | 1987年第2期 | 山东省第三次社会科学优秀成果奖三等奖 |
| 论近代山东沿海城市与内地商业的关系 | 庄维民 | 研究员 | 论文 | 1.8 | 《中国经济史研究》 | 1987年第2期 | 山东省第三次社会科学优秀成果奖三等奖 |

续表

| 成果名称 | 作者 | 职称 | 成果形式 | 字数（万字） | 出版发表单位 | 出版发表时间 | 获奖情况 |
| --- | --- | --- | --- | --- | --- | --- | --- |
| 抗日战争中山东战略区的地位与作用 | 赵延庆 | 研究员 | 论文 | 1.2 | 《抗日民主根据地与敌后游击战争》中共党史资料出版社 | 1987.1 | 山东省第三次社会科学优秀成果奖三等奖 |
| 论商品经济条件下的按劳分配问题 | 董建才 | 研究员 | 论文 | 0.92 | 《东岳论丛》 | 1988年第1期 | 山东省第四次社会科学优秀成果奖二等奖 |
| 庄子导读 | 谢祥皓 | 研究员 | 著作 | 23 | 巴蜀书社 | 1988.3 | 山东省第四次社会科学优秀成果奖二等奖 |
| 社会主义改革论 | 孙斌等 | 研究员 | 著作 | 11 | 山西人民出版社 | 1987.9 | 山东省第四次社会科学优秀成果奖二等奖 |
| 列宁论党领导管理苏维埃国家问题 | 王立行 | 研究员 | 论文 | 0.9 | 《马列主义研究资料》 | 1988年第4辑 | 山东省第四次社会科学优秀成果奖二等奖 |
| 常用论说文的写作 | 赵锦良等 | — | 著作 | 17.4 | 山东教育出版社 | 1987.7 | 山东省第四次社会科学优秀成果奖二等奖 |
| 中国人对社会主义的认识与发展 | 吕明灼 | 研究员 | 论文 | 1.5 | 《东岳论丛》 | 1987年第6期 | 山东省第四次社会科学优秀成果奖二等奖 |
| 乡镇企业发展研究 | 郑贵斌等 | 研究员 | 著作 | 7 | 青岛出版社 | 1987.9 | 山东省第四次社会科学优秀成果奖三等奖 |
| 关于粮食问题的探讨 | 修琪等 | — | 论文 | 0.6 | 《调查与研究》 | 1988.5 | 山东省第四次社会科学优秀成果奖三等奖 |
| 意识论 | 韩民青 | 研究员 | 著作 | 37.6 | 广西人民出版社 | 1988.5 | 山东省第四次社会科学优秀成果奖三等奖 |
| 论先秦儒家社会和谐统一观 | 王其俊 | 研究员 | 论文 | 0.85 | 《东岳论丛》 | 1987年第6期 | 山东省第四次社会科学优秀成果奖三等奖 |
| 关于马克思主义社会学的研究对象 | 王训礼 | 研究员 | 论文 | 0.9 | 《临沂师专学报》（社会科学版） | 1988年第2期 | 山东省第四次社会科学优秀成果奖三等奖 |
| 论县政管理及其改革 | 王振海 | 研究员 | 论文 | 0.6 | 《政治学研究资料》 | 1987年第4期 | 山东省第四次社会科学优秀成果奖三等奖 |
| 心理领导关系研究三题 | 公冶祥洪 | 研究员 | 论文 | 0.6 | 《山东社会科学》 | 1988年第1期 | 山东省第四次社会科学优秀成果奖三等奖 |

续表

| 成果名称 | 作者 | 职称 | 成果形式 | 字数（万字） | 出版发表单位 | 出版发表时间 | 获奖情况 |
| --- | --- | --- | --- | --- | --- | --- | --- |
| 简论新时期的山东小说创作 | 杨政 | 研究员 | 论文 | 0.8 | 《山东文学》 | 1987年第9期 | 山东省第四次社会科学优秀成果奖三等奖 |
| 扁鹊·秦越人辨析 | 李永先 | 研究员 | 论文 | 0.7 | 《东岳论丛》 | 1988年第2期 | 山东省第四次社会科学优秀成果奖三等奖 |
| 城市生态经济学 | 马传栋 | 研究员 | 著作 | 34 | 经济日报出版社 | 1989.2 | 山东省第五次社会科学优秀成果奖二等奖 |
| 论社区性合作经济发展模式 | 刘荣勤 张清津 | 研究员 研究员 | 论文 | 1 | 《东岳论丛》 | 1989年第3期 | 山东省第五次社会科学优秀成果奖二等奖 |
| 一个新历史观的足迹 | 孟庆仁 | 研究员 | 著作 | 31 | 中国广播电视出版社 | 1988.10 | 山东省第五次社会科学优秀成果奖二等奖 |
| 论精神文明的发展与人的素质建设 | 王振海等 | 研究员 | 论文 | 0.9 | 《科学社会主义研究》 | 1989年第4期 | 山东省第五次社会科学优秀成果奖二等奖 |
| 山东人口迁移和城镇化研究 | 路遇 | 研究员 | 著作 | 30 | 山东大学出版社 | 1988.9 | 山东省第五次社会科学优秀成果奖二等奖 |
| 论马克思关于普法战争策略的几个问题 | 张锡恩 | 教授 | 论文 | 1 | 《东岳论丛》 | 1989年第1期 | 山东省第五次社会科学优秀成果奖二等奖 |
| 中国农村经济法 | 于向阳 | 研究员 | 著作 | 19 | 中国广播电视出版社 | 1988.8 | 山东省第五次社会科学优秀成果奖二等奖 |
| 对商业储运业资金利润率的探讨 | 刘广琳 | 研究员 | 论文 | 0.45 | 《商业经济研究》 | 1988年第9期 | 山东省第五次社会科学优秀成果奖三等奖 |
| 当代真理论 | 王连法 | 研究员 | 著作 | 16 | 经济日报出版社 | 1988.12 | 山东省第五次社会科学优秀成果奖三等奖 |
| 中小学生一般性焦虑与学业成绩相关的研究 | 陈永胜 | 研究员 | 论文 | 0.8 | 《心理发展与教育》 | 1989年第1期 | 山东省第五次社会科学优秀成果奖三等奖 |

续表

| 成果名称 | 作者 | 职称 | 成果形式 | 字数（万字） | 出版发表单位 | 出版发表时间 | 获奖情况 |
| --- | --- | --- | --- | --- | --- | --- | --- |
| 韵：中国美学和文艺学中的一个基本范畴 | 刘传新 | — | 论文 | 0.9 | 《山东社会科学》 | 1988年第5期 | 山东省第五次社会科学优秀成果奖三等奖 |
| 芦沟桥事变是偶发事件吗？ | 赵延庆 | 研究员 | 论文 | 1.5 | 《世界历史》 | 1989年第3期 | 山东省第五次社会科学优秀成果奖三等奖 |
| 也谈伏羲氏的地域和族系 | 李永先 | — | 论文 | 1 | 《江淮学刊》 | 1988年第4期 | 山东省第五次社会科学优秀成果奖三等奖 |
| 对魁奈《经济表》和马克思再生产理论的探讨 | 赵海成 | 研究员 | 论文 | 1 | 《社会科学战线》 | 1990年第1期 | 山东省第六次社会科学优秀成果奖二等奖 |
| 对山东省文登县单县人口控制的比较研究 | 王秀银 | 研究员 | 研究报告 | 0.8 | 《中国人口科学》 | 1990年第1期 | 山东省第六次社会科学优秀成果奖二等奖 |
| 李广田传论 | 李少群 | 研究员 | 著作 | 20.5 | 山东文艺出版社 | 1990.1 | 山东省第六次社会科学优秀成果奖二等奖 |
| 甲午战争与近代社会 | 戚其章 | 研究员 | 著作 | 36.5 | 山东教育出版社 | 1990.1 | 山东省第六次社会科学优秀成果奖二等奖 |
| 政治哲学 | 王连法等 | 研究员 | 著作 | 27.5 | 广西人民出版社 | 1989.7 | 山东省第六次社会科学优秀成果奖三等奖 |
| 试论朱德同志的唯物主义军事路线 | 张鸿科等 | 编审 | 论文 | 0.8 | 《甘肃社会科学》 | 1989年第5期 | 山东省第六次社会科学优秀成果奖三等奖 |
| 生产力标准理论在我国的失而复得及其发展 | 赵长峰 | 研究员 | 论文 | 1 | 《科学社会主义》 | 1989年第5期 | 山东省第六次社会科学优秀成果奖三等奖 |
| 论组织与个人的整化 | 公冶祥洪 | 研究员 | 论文 | 0.9 | 《管理世界》 | 1989年第5期 | 山东省第六次社会科学优秀成果奖三等奖 |
| "代沟"横议 | 王连仲 | 编审 | 论文 | 1.2 | 《东岳论丛》 | 1990年第1期 | 山东省第六次社会科学优秀成果奖三等奖 |

续表

| 成果名称 | 作者 | 职称 | 成果形式 | 字数（万字） | 出版发表单位 | 出版发表时间 | 获奖情况 |
|---|---|---|---|---|---|---|---|
| 大众情人传：多视角下的巴人 | 王欣荣 | 研究员 | 著作 | 30 | 上海社会科学院出版社 | 1990.2 | 山东省第六次社会科学优秀成果奖三等奖 |
| 齐鲁之学与齐国政治 | 陈启智 | 研究员 | 论文 | 1.2 | 《东岳论丛》 | 1990年第1期 | 山东省第六次社会科学优秀成果奖三等奖 |
| 中国兵学总目 | 刘申宁 | 教授 | 工具书 | 91 | 国防大学出版社 | 1990.6 | 山东省第六次社会科学优秀成果奖三等奖 |
| 文化的历程（三卷） | 韩民青 | 研究员 | 著作 | 103 | 广西人民出版社 | 1990.7 | 首届桂版优秀图书奖一等奖 |
| 中国地方国家权力机关 | 鲁士恭 | 研究员 | 著作 | 38 | 中国广播电视出版社 | 1991.4 | 山东省第七次社会科学优秀成果奖一等奖 |
| 甲午战争史 | 戚其章 | 研究员 | 著作 | 45.1 | 人民出版社 | 1990.9 | 山东省第七次社会科学优秀成果奖一等奖 |
| 论生态工业 | 马传栋 | 研究员 | 论文 | 0.9 | 《经济研究》 | 1991年第3期 | 山东省第七次社会科学优秀成果奖二等奖 |
| 南朝鲜的外债结构及其启示 | 卢新德 | 研究员 | 论文 | 0.75 | 《世界经济》 | 1990年第12期 | 山东省第七次社会科学优秀成果奖二等奖 |
| 扭转山东省种植业徘徊局面的对策研究 | 许润芳等 | 研究员 | 研究报告 | 1 | 《东岳论丛》 | 1990年第4期 | 山东省第七次社会科学优秀成果奖二等奖 |
| 中国经济特区经济与社会发展研究 | 孙 斌 | 研究员 | 著作 | 23.1 | 黄河出版社 | 1991.3 | 山东省第七次社会科学优秀成果奖二等奖 |
| 中国国情丛书——百县市经济社会调查·诸城卷 | 刘荣勤等 | 研究员 | 著作 | 46 | 中国大百科全书出版社 | 1991.5 | 山东省第七次社会科学优秀成果奖二等奖 |
| 当代中国通货膨胀问题概观 | 董建才 | 研究员 | 著作 | 26.4 | 中国广播电视出版社 | 1991.3 | 山东省第七次社会科学优秀成果奖三等奖 |

续表

| 成果名称 | 作者 | 职称 | 成果形式 | 字数（万字） | 出版发表单位 | 出版发表时间 | 获奖情况 |
|---|---|---|---|---|---|---|---|
| 论分工范畴与几个重要理论范畴的联系 | 秦庆武 | 研究员 | 论文 | 0.75 | 《齐鲁学刊》 | 1991年第3期 | 山东省第七次社会科学优秀成果奖三等奖 |
| 乡镇企业技术进步与产业结构调整 | 郑贵斌 | 研究员 | 研究报告 | 3.2 | 省级鉴定 | 1991.12 | 山东省第七次社会科学优秀成果奖三等奖 |
| 关于全面启动农村市场的建议 | 刘广琳等 | 研究员 | 论文 | 0.6 | 《学习月刊》 | 1991年第4期 | 山东省第七次社会科学优秀成果奖三等奖 |
| 关于市场疲软的理论思考 | 丁少敏 | 研究员 | 论文 | 0.95 | 《东岳论丛》 | 1990年第4期 | 山东省第七次社会科学优秀成果奖三等奖 |
| 孔子"天"论新探 | 路德斌 | 研究员 | 论文 | 1.4 | 《孔子研究》 | 1990年第3期 | 山东省第七次社会科学优秀成果奖三等奖 |
| 试论考试焦虑的形成过程及其制约因素 | 陈永胜 | 研究员 | 论文 | 0.73 | 《安徽教育学院学报》 | 1990年第3期 | 山东省第七次社会科学优秀成果奖三等奖 |
| 正确认识和对待我国农民阶级 | 王训礼 | 研究员 | 论文 | 0.8 | 《社会科学研究》 | 1990年第5期 | 山东省第七次社会科学优秀成果奖三等奖 |
| 论中国共产党在中国现代化中的历史地位与作用 | 高洪涛 | 研究员 | 论文 | 1 | 《东岳论丛》 | 1990年第4期 | 山东省第七次社会科学优秀成果奖三等奖 |
| 权力监督——中国政治运行的调控机制 | 于洪生 | 研究员 | 著作 | 15.7 | 中国广播电视出版社 | 1991.1 | 山东省第七次社会科学优秀成果奖三等奖 |
| 农村老年学 | 刘书鹤 | 研究员 | 著作 | 21 | 华龄出版社 | 1991.6 | 山东省第七次社会科学优秀成果奖三等奖 |
| 山东青年作家与齐鲁文化 | 杨 政 | 研究员 | 著作 | 17 | 济南出版社 | 1991.5 | 山东省第七次社会科学优秀成果奖三等奖 |
| 近代文学观念流变 | 章亚昕 | 研究员 | 著作 | 9.5 | 漓江出版社 | 1991.5 | 山东省第七次社会科学优秀成果奖三等奖 |

续表

| 成果名称 | 作者 | 职称 | 成果形式 | 字数（万字） | 出版发表单位 | 出版发表时间 | 获奖情况 |
| --- | --- | --- | --- | --- | --- | --- | --- |
| 中国古代民族关系问题探究 | 孙祚民 | 研究员 | 著作 | 22 | 河南大学出版社 | 1992.3 | 山东省第八次社会科学优秀成果奖荣誉奖 |
| 我国劳动力资源开发利用的几个问题 | 董建才等 | 研究员 | 论文 | 0.85 | 《东岳论丛》 | 1991年第6期 | 山东省第八次社会科学优秀成果奖二等奖 |
| 南朝鲜经济结构调整的新动向及其启示 | 卢新德 | 研究员 | 论文 | 1.1 | 《世界经济与政治》 | 1991年第9期 | 山东省第八次社会科学优秀成果奖二等奖 |
| 从按劳分配规律的本质规定谈收入差距 | 刘淑琪 | 研究员 | 论文 | 1.1 | 《东岳论丛》 | 1991年第5期 | 山东省第八次社会科学优秀成果奖二等奖 |
| 人口迁移研究 | 王秀银等 | 研究员 | 著作 | 17.5 | 青岛大学出版社 | 1992.6 | 山东省第八次社会科学优秀成果奖二等奖 |
| 晁补之词编年笺注 | 乔 力 | 研究员 | 著作 | 19.6 | 齐鲁书社 | 1992.3 | 山东省第八次社会科学优秀成果奖二等奖 |
| 海洋产业优化模式 | 郑培迎 | 研究员 | 著作 | 25 | 海洋出版社 | 1991.12 | 山东省第八次社会科学优秀成果奖三等奖 |
| 论县级市的特定功能体制模式 | 王振海 | 研究员 | 论文 | 0.55 | 《行政学刊》 | 1991年第2期 | 山东省第八次社会科学优秀成果奖三等奖 |
| 加快我省农业立法的几点建议 | 于向阳 | 研究员 | 论文 | 0.75 | 《地方立法研究》山东人民出版社 | 1991.9 | 山东省第八次社会科学优秀成果奖三等奖 |
| 党领导抗日民主政权建设的特点和启示 | 张锡恩 | 教授 | 论文 | 0.88 | 《理论学刊》 | 1991年第6期 | 山东省第八次社会科学优秀成果奖三等奖 |
| 婚姻管理学 | 彭立荣等 | 研究员 | 著作 | 27 | 青岛出版社 | 1991.11 | 山东省第八次社会科学优秀成果奖三等奖 |
| 科学世界观的历程 | 孟庆仁 | 研究员 | 著作 | 31.5 | 广西人民出版社 | 1991.10 | 山东省第八次社会科学优秀成果奖三等奖 |
| 文化的价值分析 | 涂可国 | 研究员 | 论文 | 1.1 | 《文史哲》 | 1992年第5期 | 山东省第八次社会科学优秀成果奖三等奖 |

续表

| 成果名称 | 作者 | 职称 | 成果形式 | 字数（万字） | 出版发表单位 | 出版发表时间 | 获奖情况 |
| --- | --- | --- | --- | --- | --- | --- | --- |
| 引导人生 | 陈永胜 | 研究员 | 著作 | 28 | 山东教育出版社 | 1992.6 | 山东省第八次社会科学优秀成果奖三等奖 |
| 哲学新形态 | 王连法 | 研究员 | 著作 | 30 | 山东人民出版社 | 1991.8 | 山东省第八次社会科学优秀成果奖三等奖 |
| 徐福故里及东渡的探索 | 李永先 | 研究员 | 论文 | 1 | 《徐福研究》青岛海洋大学出版社 | 1991.7 | 山东省第八次社会科学优秀成果奖三等奖 |
| 海洋区域开发总体布局研究 | 蒋铁民 | 研究员 | 研究报告 | 9 | 全国海洋开发领导小组办公室鉴定 | 1992.7 | 山东省第九次社会科学优秀成果奖二等奖 |
| 中西代议机构比较 | 鲁士恭 | 研究员 | 著作 | 41 | 经济日报出版社 | 1992.6 | 山东省第九次社会科学优秀成果奖二等奖 |
| 山东省第三产业的发展与劳动力转移 | 路 遇等 | 研究员 | 论文 | 1.4 | 《中国人口科学》 | 1993年第3期 | 山东省第九次社会科学优秀成果奖二等奖 |
| 孙子集成 | 谢祥皓等 | 研究员 | 著作 | 2万页 | 齐鲁书社 | 1993.4 | 山东省第九次社会科学优秀成果奖二等奖 |
| 韩国实施"科技立国"战略的新动向及其启示 | 卢新德 | 研究员 | 论文 | 1 | 《世界经济》 | 1993年第1期 | 山东省第九次社会科学优秀成果奖三等奖 |
| 韩国对外贸易增长机制探讨 | 刘淑琪 | 研究员 | 论文 | 0.8 | 《世界经济》 | 1993年第2期 | 山东省第九次社会科学优秀成果奖三等奖 |
| 农村老年协会工作指南 | 刘书鹤等 | 研究员 | 著作 | 21 | 华龄出版社 | 1992.9 | 山东省第九次社会科学优秀成果奖三等奖 |
| 质量人口学 | 郭东海 | 研究员 | 著作 | 21 | 中国广播电视出版社 | 1993.1 | 山东省第九次社会科学优秀成果奖三等奖 |
| 原始社会发展的主要决定因素探析 | 孟庆仁 | 研究员 | 论文 | 1 | 《哲学研究》 | 1993年第4期 | 山东省第九次社会科学优秀成果奖三等奖 |

续表

| 成果名称 | 作者 | 职称 | 成果形式 | 字数（万字） | 出版发表单位 | 出版发表时间 | 获奖情况 |
| --- | --- | --- | --- | --- | --- | --- | --- |
| 职业分工与人的发展 | 秦庆武 | 研究员 | 著作 | 15.5 | 南京出版社 | 1992.10 | 山东省第九次社会科学优秀成果奖三等奖 |
| 农村教育与农村现代化 | 刘荣勤 秦庆武 | 研究员 研究员 | 论文 | 1.7 | 《中国社会科学》 | 1994年第2期 | 山东省第十次社会科学优秀成果奖一等奖 |
| 科技进步与企业国际化经营 | 卢新德 | 研究员 | 著作 | 21 | 山东人民出版社 | 1993.12 | 山东省第十次社会科学优秀成果奖二等奖 |
| 工农利益关系论纲 | 郑贵斌 张卫国 | 研究员 研究员 | 著作 | 26 | 经济科学出版社 | 1993.9 | 山东省第十次社会科学优秀成果奖二等奖 |
| 人口控制比较研究 | 王秀银等 | 研究员 | 著作 | 41 | 中国统计出版社 | 1993.8 | 山东省第十次社会科学优秀成果奖二等奖 |
| 物质进化论的人本哲学 | 韩民青 | 研究员 | 著作 | 60 | 广西人民出版社 | 1994.5 | 山东省第十次社会科学优秀成果奖二等奖 |
| 中国近代社会思潮史 | 戚其章 | 研究员 | 著作 | 33.5 | 山东教育出版社 | 1994.3 | 山东省第十次社会科学优秀成果奖二等奖 |
| 山东经济：世纪之交的发展报告 | 丁少敏 张卫国 | 研究员 研究员 | 论文 | 0.9 | 《管理世界》 | 1994年第3期 | 山东省第十次社会科学优秀成果奖二等奖 |
| 论邓小平理论的本质与生命力 | 王振海 | 研究员 | 论文 | 1 | 《文史哲》 | 1994年第3期 | 山东省第十次社会科学优秀成果奖二等奖 |
| 毛泽东与马克思主义中国化 | 卢培琪等 | 研究员 | 论文 | 1 | 《理论学刊》 | 1993年第6期 | 山东省第十次社会科学优秀成果奖二等奖 |
| 儒家义利观新诠 | 陈启智 | 研究员 | 论文 | 1.3 | 《东岳论丛》 | 1993年第6期 | 山东省第十次社会科学优秀成果奖二等奖 |
| 中国供销社经济效益学 | 刘广琳 | 研究员 | 著作 | 47.7 | 中国商业出版社 | 1993.10 | 山东省第十次社会科学优秀成果奖三等奖 |

续表

| 成果名称 | 作者 | 职称 | 成果形式 | 字数（万字） | 出版发表单位 | 出版发表时间 | 获奖情况 |
| --- | --- | --- | --- | --- | --- | --- | --- |
| 小学生心理健康丛书（三册） | 陈永胜 | 研究员 | 著作 | 58.3 | 山东教育出版社 | 1994.5 | 山东省第十次社会科学优秀成果奖三等奖 |
| 山东抗日根据地史 | 申春生 | 研究员 | 著作 | 31 | 山东大学出版社 | 1993.7 | 山东省第十次社会科学优秀成果奖三等奖 |
| 论资源配置的生态经济理论 | 马传栋 | 研究员 | 论文 | 0.9 | 《东岳论丛》 | 1994年第3期 | 山东省第十次社会科学优秀成果奖三等奖 |
| 山东海洋开发现状及与韩国合作前景 | 刘洪滨 | 研究员 | 论文 | 0.68 | 《海岸工程》 | 1993年第4期 | 山东省第十次社会科学优秀成果奖三等奖 |
| 经济增长、经济发展和社会发展影响生育的实证研究 | 鹿立 | 研究员 | 论文 | 0.7 | 《人口与计划生育》 | 1993年第4期 | 山东省第十次社会科学优秀成果奖三等奖 |
| 儒家伦理精神及其现代意义 | 刘宗贤 | 研究员 | 论文 | 0.9 | 《东岳论丛》 | 1993年第5期 | 山东省第十次社会科学优秀成果奖三等奖 |
| 《金瓶梅》"扛"字音义及字形讹变 | 张鸿魁 | 研究员 | 论文 | 0.75 | 《中国语文》 | 1994年第3期 | 山东省第十次社会科学优秀成果奖三等奖 |
| 略论邓小平的领导观 | 邵景均 | 研究员 | 论文 | 0.43 | 《人民日报》 | 1995.2.8 | 山东省第十一次社会科学优秀成果奖一等奖 |
| 新视角下的政治 | 王振海 | 研究员 | 著作 | 21 | 中国社会科学出版社 | 1995.4 | 山东省第十一次社会科学优秀成果奖二等奖 |
| 试论中韩经贸合作的现状、问题及对策 | 范振洪 | 研究员 | 论文 | 0.9 | 《世界经济》 | 1994年第12期 | 山东省第十一次社会科学优秀成果奖二等奖 |
| 论中国城市化战略与经济发展 | 路遇等 | 研究员 | 论文 | 1.5 | 《人口与经济》 | 1994年第5期 | 山东省第十一次社会科学优秀成果奖二等奖 |
| 中国烧酒名实考辨 | 王赛时 | 研究员 | 论文 | 1.6 | 《历史研究》 | 1994年第6期 | 山东省第十一次社会科学优秀成果奖二等奖 |
| 社会主义劳动论 | 董建才 | 研究员 | 著作 | 30 | 山东人民出版社 | 1995.2 | 山东省第十一次社会科学优秀成果奖三等奖 |

续表

| 成果名称 | 作者 | 职称 | 成果形式 | 字数（万字） | 出版发表单位 | 出版发表时间 | 获奖情况 |
| --- | --- | --- | --- | --- | --- | --- | --- |
| 中国海洋开发与管理 | 刘洪滨 | 研究员 | 著作 | 34.45 | 香港天马图书公司 | 1995.1 | 山东省第十一次社会科学优秀成果奖三等奖 |
| 老年教育学 | 刘书鹤等 | 研究员 | 著作 | 18 | 华龄出版社 | 1994.12 | 山东省第十一次社会科学优秀成果奖三等奖 |
| 洪武皇帝大传 | 吕景琳 | 研究员 | 著作 | 33 | 辽宁教育出版社 | 1994.8 | 山东省第十一次社会科学优秀成果奖三等奖 |
| 中国经济：世纪之交发展和改革模式的双重转换与整合 | 张卫国 | 研究员 | 论文 | 1.3 | 《文史哲》 | 1995年第2期 | 山东省第十一次社会科学优秀成果奖三等奖 |
| 山东省县级综合改革研究 | 陈建坤 秦庆武 王振海 | 研究员 研究员 研究员 | 论文 | 1 | 《东岳论丛》 | 1994年第6期 | 山东省第十一次社会科学优秀成果奖三等奖 |
| 山东海洋资源的开发与保护 | 徐质斌 | 研究员 | 论文 | 2.8 | 《省社科重点研究课题见证书》山东省社科规划办 | 1994.12.4 | 山东省第十一次社会科学优秀成果奖三等奖 |
| 山东农村妇女地位半个世纪的变迁 | 鹿立 | 研究员 | 论文 | 1.8 | 《当代中国妇女地位》北京大学出版社 | 1995.1 | 山东省第十一次社会科学优秀成果奖三等奖 |
| 科学社会主义的历史性突破 | 赵长峰 | 研究员 | 论文 | 2.4 | 《哲学研究》 | 1995年第1期 | 山东省第十一次社会科学优秀成果奖三等奖 |
| 西汉初期儒学的发展演变 | 梁宗华 | 研究员 | 论文 | 1 | 《哲学研究》 | 1994年第7期 | 山东省第十一次社会科学优秀成果奖三等奖 |
| 试论南北曲的合流与发展 | 孔繁信 | 研究员 | 论文 | 1.1 | 《全国第二届中国古代散曲研讨会论文集》天津古籍出版社 | 1994.12 | 山东省第十一次社会科学优秀成果奖三等奖 |

续表

| 成果名称 | 作者 | 职称 | 成果形式 | 字数（万字） | 出版发表单位 | 出版发表时间 | 获奖情况 |
|---|---|---|---|---|---|---|---|
| 文化的转移 | 韩民青 | 研究员 | 论文 | 1.5 | 《中国社会科学》 | 1995年第6期 | 山东省第十二次社会科学优秀成果奖一等奖 |
| 资源生态经济学 | 马传栋 | 研究员 | 著作 | 32 | 山东人民出版社 | 1995.7 | 山东省第十二次社会科学优秀成果奖二等奖 |
| 山东股份制改革与发展探索 | 许金题 秦庆武 | 研究员 研究员 | 研究报告 | 1 | 《东岳论丛》 | 1995年第5期 | 山东省第十二次社会科学优秀成果奖二等奖 |
| 山东省出生缺陷发生率下降的几点启示 | 王秀银 | 研究员 | 论文 | 0.8 | 《中国人口科学》 | 1996年第1期 | 山东省第十二次社会科学优秀成果奖二等奖 |
| 论中国抗日战争在世界反法西斯战争中的贡献和作用 | 赵延庆 | 研究员 | 论文 | 1.97 | 《东岳论丛》 | 1995年第4期 | 山东省第十二次社会科学优秀成果奖二等奖 |
| 在思维的制高点上 | 卢培琪等 | 研究员 | 著作 | 20 | 广西人民出版社 | 1995.12 | 山东省第十二次社会科学优秀成果奖三等奖 |
| 山东与江苏城乡一体化比较分析 | 山东社会科学院城乡一体化课题组 | — | 对策建议 | 0.6 | 《山东社会科学院科研要报》 | 1996年第3期 | 山东省第十二次社会科学优秀成果奖三等奖 |
| 理想与现实：国有企业产权改革的疑惑和出路探讨 | 丁少敏 | 研究员 | 论文 | 0.8 | 《东岳论丛》 | 1996年第3期 | 山东省第十二次社会科学优秀成果奖三等奖 |
| 崛起中的"增长三角"经济圈 | 刘小龙 | 研究员 | 论文 | 0.42 | 《经济学动态》 | 1996年第3期 | 山东省第十二次社会科学优秀成果奖三等奖 |
| 关于海岛地区发展工业的若干问题 | 徐质斌 | 研究员 | 论文 | 0.65 | 《海洋开发月管理》 | 1996年第2期 | 山东省第十二次社会科学优秀成果奖三等奖 |
| 《山东省经济和社会发展"九五"规划》战略思想研究 | 山东社会科学院课题组 | — | 研究报告 | 1.1 | 《东岳论丛》 | 1995年第6期 | 山东省第十二次社会科学优秀成果奖三等奖 |

续表

| 成果名称 | 作者 | 职称 | 成果形式 | 字数（万字） | 出版发表单位 | 出版发表时间 | 获奖情况 |
| --- | --- | --- | --- | --- | --- | --- | --- |
| 韩国外贸体制改革的经验及其对我国的启示 | 卢新德等 | 研究员 | 论文 | 0.9 | 《世界经济与政治》 | 1995年第7期 | 山东省第十二次社会科学优秀成果奖三等奖 |
| 日本外贸体制的宏观调控和微观运行机制探讨 | 刘淑琪 | 研究员 | 论文 | 0.8 | 《世界经济》 | 1995年第7期 | 山东省第十二次社会科学优秀成果奖三等奖 |
| 儒家人文思想群我关系的辩证机制 | 刘宗贤 | 研究员 | 论文 | 0.9 | 《东岳论丛》 | 1995年第5期 | 山东省第十二次社会科学优秀成果奖三等奖 |
| 论孟子的社会变迁思想 | 王其俊 | 研究员 | 论文 | 1.27 | 《孔子研究》 | 1995年第3期 | 山东省第十二次社会科学优秀成果奖三等奖 |
| 儒家的人学思想探析 | 孙聚友 | 研究员 | 论文 | 1 | 《管子学刊》 | 1995年第4期 | 山东省第十二次社会科学优秀成果奖三等奖 |
| 发展与起飞：转型中的山东经济 | 丁少敏 | 研究员 | 著作 | 24 | 济南出版社 | 1997.9 | 山东省第十三次社会科学优秀成果奖一等奖 |
| 保护生态环境促进环渤海经济圈可持续发展 | 卢新德等 | 研究员 | 论文 | 1.1 | 《管理世界》 | 1997年第5期 | 山东省第十三次社会科学优秀成果奖一等奖 |
| 对一个贫困山村计划生育协会工作的调查与思考 | 王秀银 | 研究员 | 论文 | 0.9 | 《人口与经济》 | 1997年第1期 | 山东省第十三次社会科学优秀成果奖一等奖 |
| 从社会结构的职能性与利益性看改革 | 韩民青 | 研究员 | 论文 | 1.1 | 《哲学研究》 | 1997年第2期 | 山东省第十三次社会科学优秀成果奖一等奖 |
| 当代日本市场经济模式研究 | 刘淑琪 | 研究员 | 著作 | 25 | 济南出版社 | 1996.9 | 山东省第十三次社会科学优秀成果奖二等奖 |
| 陆王心学研究 | 刘宗贤 | 研究员 | 著作 | 33 | 山东人民出版社 | 1997.7 | 山东省第十三次社会科学优秀成果奖二等奖 |
| 从焦裕禄到孔繁森 | 卢培琪 韩民青 涂可国 | 研究员 研究员 研究员 | 论文 | 0.5 | 《光明日报》 | 1996.12.7 | 山东省第十三次社会科学优秀成果奖二等奖 |

续表

| 成果名称 | 作者 | 职称 | 成果形式 | 字数（万字） | 出版发表单位 | 出版发表时间 | 获奖情况 |
|---|---|---|---|---|---|---|---|
| 发展与战略 | 邵景均 | 研究员 | 著作 | 57.5 | 经济日报出版社 | 1996.7 | 山东省第十三次社会科学优秀成果奖三等奖 |
| 追寻与创建——中国现代女性文学研究 | 李少群 | 研究员 | 著作 | 22 | 山东教育出版社 | 1997.12 | 山东省第十三次社会科学优秀成果奖三等奖 |
| 金瓶梅语音研究 | 张鸿魁 | 研究员 | 著作 | 27.5 | 齐鲁书社 | 1996.8 | 山东省第十三次社会科学优秀成果奖三等奖 |
| 中日战争 | 戚其章 | 研究员 | 资料 | 48.6 | 中华书局 | 1996.10 | 山东省第十三次社会科学优秀成果奖三等奖 |
| 用可持续性发展的观点分析布雷顿森林体系的成败 | 邵志勤 | 研究员 | 论文 | 0.8 | 《经济参考研究》 | 1997年第70期 | 山东省第十三次社会科学优秀成果奖三等奖 |
| 论实现山东经济社会生态的可持续发展 | 李广杰 | 研究员 | 论文 | 0.95 | 《东岳论丛》 | 1997年第5期 | 山东省第十三次社会科学优秀成果奖三等奖 |
| 我国现阶段社会转型的经济基础 | 张卫国 | 研究员 | 论文 | 0.9 | 《文史哲》 | 1997年第3期 | 山东省第十三次社会科学优秀成果奖三等奖 |
| 论中国人口可持续发展战略 | 路遇 | 研究员 | 论文 | 0.8 | 《东岳论丛》 | 1997年第1期 | 山东省第十三次社会科学优秀成果奖三等奖 |
| 妇女经济地位与妇女人力资本关系的实证研究 | 鹿立 | 研究员 | 论文 | 0.98 | 《人口研究》 | 1997年第2期 | 山东省第十三次社会科学优秀成果奖三等奖 |
| 村庄兼并：现代化进程中的农村社会变迁 | 秦庆武 | 研究员 | 调查报告 | — | 《战略与管理》 | 1996年第5期 | 山东省第十三次社会科学优秀成果奖三等奖 |
| 试论迪卡尔的哲学方法论体系 | 郑伟 | — | 论文 | 1 | 《哲学研究》 | 1997年第4期 | 山东省第十三次社会科学优秀成果奖三等奖 |
| 《江华条约》与清政府 | 王如绘 | 研究员 | 论文 | 1 | 《历史研究》 | 1997年第1期 | 山东省第十三次社会科学优秀成果奖三等奖 |

续表

| 成果名称 | 作者 | 职称 | 成果形式 | 字数（万字） | 出版发表单位 | 出版发表时间 | 获奖情况 |
|---|---|---|---|---|---|---|---|
| "海上山东"建设概论 | 郑贵斌等 | 研究员 | 著作 | 29 | 海洋出版社 | 1998.8 | 山东省第十四次社会科学优秀成果奖一等奖 |
| 当代哲学人类学（四卷） | 韩民青 | 研究员 | 著作 | 124 | 广西人民出版社 | 1998.12 | 山东省第十四次社会科学优秀成果奖一等奖 |
| 煤炭城市资源开发利用与环境保护研究 | 马传栋 | 研究员 | 研究报告 | 4 | 国家社科基金课题鉴定 | 1998.1.22 | 山东省第十四次社会科学优秀成果奖一等奖 |
| 中国的失业与就业 | 刘连华等 | 研究员 | 著作 | 23 | 人民出版社 | 1998.9 | 山东省第十四次社会科学优秀成果奖二等奖 |
| 山东经济史（三卷） | 逄振镐等 | 研究员 | 著作 | 140 | 济南出版社 | 1998.9 | 山东省第十四次社会科学优秀成果奖二等奖 |
| 邓小平理论与山东发展 | 卢培琪 董建才 王立行 | 研究员 研究员 研究员 | 著作 | 43 | 山东人民出版社 | 1998.9 | 山东省第十四次社会科学优秀成果奖二等奖 |
| 晚清海军兴衰史 | 戚其章 | 研究员 | 著作 | 40.9 | 人民出版社 | 1998.4 | 山东省第十四次社会科学优秀成果奖二等奖 |
| 三代领袖与社会科学 | 陈建坤 | 研究员 | 论文 | 1.5 | 《东岳论丛》 | 1998年第5期 | 山东省第十四次社会科学优秀成果奖二等奖 |
| 谁扛再就业大旗 | 鹿 立 | 研究员 | 著作 | 21 | 济南出版社 | 1998.12 | 山东省第十四次社会科学优秀成果奖三等奖 |
| 周恩来：思想与实践 | 孟庆仁等 | 研究员 | 著作 | 33 | 山东人民出版社 | 1998.1 | 山东省第十四次社会科学优秀成果奖三等奖 |
| 茅盾评传 | 丁尔纲 | 研究员 | 著作 | 66.5 | 重庆出版社 | 1998.10 | 山东省第十四次社会科学优秀成果奖三等奖 |
| 中国兵学（三卷本） | 谢祥皓 | 研究员 | 著作 | 93 | 山东人民出版社 | 1998.9 | 山东省第十四次社会科学优秀成果奖三等奖 |
| 论工业化中期阶段的中国农业发展 | 秦庆武 | 研究员 | 论文 | 1 | 《齐鲁学刊》 | 1998年第4期 | 山东省第十四次社会科学优秀成果奖三等奖 |

续表

| 成果名称 | 作者 | 职称 | 成果形式 | 字数（万字） | 出版发表单位 | 出版发表时间 | 获奖情况 |
| --- | --- | --- | --- | --- | --- | --- | --- |
| 日本经济萧条的原因及对中国的启示 | 刘淑琪 | 研究员 | 论文 | 0.8 | 《当代亚太》 | 1998年第9期 | 山东省第十四次社会科学优秀成果奖三等奖 |
| 原则性是领导工作第一位的 | 邵景均 | 研究员 | 论文 | 0.45 | 《人民日报》 | 1998.9.17 | 山东省第十四次社会科学优秀成果奖三等奖 |
| 从可持续发展到转移式发展 | 韩民青 | 研究员 | 论文 | 1.4 | 《哲学研究》 | 1999年第9期 | 山东省第十五次社会科学优秀成果奖一等奖 |
| 近代中日关系与朝鲜问题 | 王如绘 | 研究员 | 著作 | 35.4 | 人民出版社 | 1999.2 | 山东省第十五次社会科学优秀成果奖二等奖 |
| 区域经济增长点选择及培育 | 张卫国等 | 研究员 | 著作 | 29.8 | 青岛海洋大学出版社 | 1999.12 | 山东省第十五次社会科学优秀成果奖二等奖 |
| 论农业产业化与农村合作制的结合 | 秦庆武 | 研究员 | 论文 | 0.6 | 《中国农村经济》 | 1999年第2期 | 山东省第十五次社会科学优秀成果奖二等奖 |
| 21世纪初期中韩经济合作展望 | 范振洪 | 研究员 | 论文 | 1.3 | 《当代亚太》 | 1999年第12期 | 山东省第十五次社会科学优秀成果奖二等奖 |
| 邓小平理论论纲 | 宋士昌等 | 研究员 | 著作 | 35 | 中共中央党校出版社 | 1999.8 | 山东省第十五次社会科学优秀成果奖二等奖 |
| 新中国50年山东省发展的若干基本经验 | 邵景均 | 研究员 | 论文 | 0.9 | 《辉煌历史与光明未来》山东人民出版社 | 1999.11 | 山东省第十五次社会科学优秀成果奖二等奖 |
| 世纪之交的中国社会发展 | 陈建坤 | 研究员 | 论文 | 0.8 | 《未来与发展》 | 1999年第2期 | 山东省第十五次社会科学优秀成果奖二等奖 |
| 建立有中国特色的老年保障体系 | 刘书鹤等 | 研究员 | 论文 | 0.5 | 《人口研究》 | 1999年第1期 | 山东省第十五次社会科学优秀成果奖二等奖 |

续表

| 成果名称 | 作者 | 职称 | 成果形式 | 字数（万字） | 出版发表单位 | 出版发表时间 | 获奖情况 |
|---|---|---|---|---|---|---|---|
| 中国与东盟经贸关系研究 | 刘小龙 | — | 著作 | 19.6 | 中国物价出版社 | 1999.6 | 山东省第十五次社会科学优秀成果奖三等奖 |
| 第三产业新兴行业：经济发展的新课题 | 蔺栋华 | 研究员 | 论文 | 0.9 | 《山东工业大学学报》 | 1999年第1期 | 山东省第十五次社会科学优秀成果奖三等奖 |
| 实施多元化战略 开拓新的国际市场 | 邵志勤 | 研究员 | 论文 | 0.8 | 《当代亚太》 | 1999年第9期 | 山东省第十五次社会科学优秀成果奖三等奖 |
| 新的历史课题的正确回答 | 赵长峰 | 研究员 | 论文 | 1.4 | 《东岳论丛》 | 1999年第3期 | 山东省第十五次社会科学优秀成果奖三等奖 |
| 城市下岗女工再就业问题探析 | 王毅平 | 研究员 | 论文 | 0.7 | 《东岳论丛》 | 1999年第5期 | 山东省第十五次社会科学优秀成果奖三等奖 |
| 论哲学基本问题的唯一性 | 郝立忠 | 研究员 | 论文 | 0.97 | 《东岳论丛》 | 1999年第3期 | 山东省第十五次社会科学优秀成果奖三等奖 |
| 道家哲学向宗教神学理论的切换 | 梁宗华 | 研究员 | 论文 | 1 | 《哲学研究》 | 1999年第8期 | 山东省第十五次社会科学优秀成果奖三等奖 |
| 试论王阳明心学的圣凡平等观 | 刘宗贤 | 研究员 | 论文 | 1.5 | 《哲学研究》 | 1999年第11期 | 山东省第十五次社会科学优秀成果奖三等奖 |
| 金瓶梅字典 | 张鸿魁 | 研究员 | 著作 | 88 | 警官教育出版社 | 1999.8 | 山东省第十五次社会科学优秀成果奖三等奖 |
| 山东五十年发展史 | 吕景琳 申春生 | 研究员 研究员 | 著作 | 43 | 齐鲁书社 | 1999.9 | 山东省第十五次社会科学优秀成果奖三等奖 |
| 中国加入WTO对山东服务业的影响 | 卢新德 | 研究员 | 论文 | 0.6 | 《当代亚太》 | 2000年第10期 | 山东省第十六次社会科学优秀成果奖一等奖 |
| 生态建设与环境保护的经济手段研究 | 马传栋 | 研究员 | 论文 | 5 | 国家社科基金项目结项审批书 | 2000.10.10 | 山东省第十六次社会科学优秀成果奖一等奖 |

续表

| 成果名称 | 作者 | 职称 | 成果形式 | 字数（万字） | 出版发表单位 | 出版发表时间 | 获奖情况 |
| --- | --- | --- | --- | --- | --- | --- | --- |
| 山东省农业积极合理有效利用外资的对策研究 | 范振洪等 | 研究员 | 研究报告 | 1.8 | 山东省社科规划办鉴定 | 2000.3.29 | 山东省第十六次社会科学优秀成果奖一等奖 |
| 中国人口通史（上、下） | 路 遇等 | 研究员 | 著作 | 95 | 山东人民出版社 | 2000.1 | 山东省第十六次社会科学优秀成果奖一等奖 |
| 社会主义"世界历史性的"事业是一个过程 | 孟庆仁 | 研究员 | 论文 | 1 | 《哲学研究》 | 2000年第9期 | 山东省第十六次社会科学优秀成果奖一等奖 |
| 近代山东市场经济的变迁 | 庄维民 | 研究员 | 著作 | 61 | 中华书局 | 2000.7 | 山东省第十六次社会科学优秀成果奖一等奖 |
| 山东经济社会蓝皮书 | 陈建坤 | 研究员 | 著作 | 39 | 山东人民出版社 | 2000.2 | 山东省第十六次社会科学优秀成果奖二等奖 |
| 多样性统一观和全面发展观的伟大实践 | 卢培琪 | 研究员 | 论文 | 1.3 | 《东岳论丛》 | 2000年第6期 | 山东省第十六次社会科学优秀成果奖二等奖 |
| 海洋经济学 | 孙 斌等 | 研究员 | 著作 | — | 青岛出版社 | 2000.1 | 山东省第十六次社会科学优秀成果奖三等奖 |
| 农机服务产业化与我国农业生产方式的变更 | 许锦英等 | 研究员 | 研究报告 | 0.59 | 《农业技术经济》 | 2000年第2期 | 山东省第十六次社会科学优秀成果奖三等奖 |
| 我国第三产业发展中的环境代价与对策 | 蔺栋华 | 研究员 | 论文 | 1.1 | 《福建论坛》 | 2000年第8期 | 山东省第十六次社会科学优秀成果奖三等奖 |
| 山东股份合作企业发展法律分析 | 于向阳 | 研究员 | 论文 | 1.2 | 《法学论坛》 | 2000年第6期 | 山东省第十六次社会科学优秀成果奖三等奖 |
| 封建迷信的心理学透析与哲学思考 | 公冶祥洪 | 研究员 | 论文 | 1.4 | 《东岳论丛》 | 2000年第2期 | 山东省第十六次社会科学优秀成果奖三等奖 |
| 稳定低生育水平要标本兼治 | 刘书鹤等 | 研究员 | 论文 | 0.75 | 《人口研究》 | 2000年第5期 | 山东省第十六次社会科学优秀成果奖三等奖 |

续表

| 成果名称 | 作者 | 职称 | 成果形式 | 字数（万字） | 出版发表单位 | 出版发表时间 | 获奖情况 |
|---|---|---|---|---|---|---|---|
| 关于解决好山东省21世纪经济社会发展严重缺水问题的建议书 | 彭立荣 | 研究员 | 对策建议 | — | 山东省人民政府领导批办件 | 2000.6.15 | 山东省第十六次社会科学优秀成果奖三等奖 |
| 村级计划生育管理机制初探 | 崔树义 | 研究员 | 论文 | 0.8 | 《东岳论丛》 | 2000年第6期 | 山东省第十六次社会科学优秀成果奖三等奖 |
| 中日甲午战争史研究的世纪回顾 | 戚其章 | 研究员 | 论文 | 3.7 | 《历史研究》 | 2000年第1期 | 山东省第十六次社会科学优秀成果奖三等奖 |
| 全球化与建设有中国特色社会主义 | 宋士昌等 | 研究员 | 论文 | 1.4 | 《中国社会科学》 | 2001年第6期 | 山东省第十七次社会科学优秀成果奖一等奖 |
| 山东省人口控制效益研究 | 王秀银 鹿 立 | 研究员 研究员 | 研究报告 | 8 | 山东省科技厅鉴定 | 2001.3.30 | 山东省第十七次社会科学优秀成果奖一等奖 |
| 中国生育文化发展研究报告 | 路 遇 | 研究员 | 研究报告 | 5 | 全国哲学社科规划办结项 | 2001.8.30 | 山东省第十七次社会科学优秀成果奖一等奖 |
| 加入WTO后山东对外投资的发展策略 | 范振洪 | 研究员 | 论文 | 1.3 | 《当代亚太》 | 2001年第12期 | 山东省第十七次社会科学优秀成果奖二等奖 |
| 社会哲学 | 涂可国 | 研究员 | 著作 | 36 | 山东人民出版社 | 2001.9 | 山东省第十七次社会科学优秀成果奖二等奖 |
| 论依法治国与以德治国 | 彭立荣 | 研究员 | 论文 | 0.9 | 《东岳论丛》 | 2001年第3期 | 山东省第十七次社会科学优秀成果奖二等奖 |
| 社会科学文献信息工作与社会科学创新研究 | 陈永胜 | 研究员 | 研究报告 | 2.3 | 山东省社科规划办鉴定 | 2001.1.15 | 山东省第十七次社会科学优秀成果奖二等奖 |
| 国际法视角下的甲午战争 | 戚其章 | 研究员 | 著作 | 34.1 | 人民出版社 | 2001.9 | 山东省第十七次社会科学优秀成果奖二等奖 |
| 中国农村组织与制度的新变迁 | 秦庆武 | 研究员 | 著作 | 21 | 中国城市出版社 | 2001.1 | 山东省第十七次社会科学优秀成果奖三等奖 |

续表

| 成果名称 | 作者 | 职称 | 成果形式 | 字数（万字） | 出版发表单位 | 出版发表时间 | 获奖情况 |
| --- | --- | --- | --- | --- | --- | --- | --- |
| 邓小平经济理论研究 | 董建才 | 研究员 | 著作 | 31 | 经济管理出版社 | 2001.4 | 山东省第十七次社会科学优秀成果奖三等奖 |
| 加入WTO后中国零售业业态结构的调整与优化 | 王爱华 | 研究员 | 论文 | 0.9 | 《当代亚太》 | 2001年第1期 | 山东省第十七次社会科学优秀成果奖三等奖 |
| 百姓与政治 | 于洪生 | 研究员 | 著作 | 22.6 | 群众出版社 | 2001.9 | 山东省第十七次社会科学优秀成果奖三等奖 |
| 当代中国党政关系研究 | 鲁士恭等 | 研究员 | 著作 | 22 | 上海人民出版社 | 2001.12 | 山东省第十七次社会科学优秀成果奖三等奖 |
| 山东省志·社会科学志 | 陈建坤 | 研究员 | 著作 | 60 | 山东人民出版社 | 2001.11 | 山东省第十七次社会科学优秀成果奖三等奖 |
| 农村社会保障的若干问题 | 刘书鹤 | 研究员 | 论文 | 0.9 | 《人口研究》 | 2001年第5期 | 山东省第十七次社会科学优秀成果奖三等奖 |
| 论社区服务的有序化发展 | 王毅平 | 研究员 | 论文 | 0.6 | 《山东社会科学》 | 2001年第5期 | 山东省第十七次社会科学优秀成果奖三等奖 |
| 世纪交替与20世纪末的台湾诗坛 | 章亚昕 | 研究员 | 论文 | 1.6 | 韩国《中国现代文学研究》（第10辑） | 2001.12 | 山东省第十七次社会科学优秀成果奖三等奖 |
| 信息传播全球化与中国企业经营国际化战略 | 卢新德 | 研究员 | 著作 | 34.5 | 人民出版社 | 2002.6 | 山东省第十八次社会科学优秀成果奖一等奖 |
| 现代唯物史观大纲 | 孟庆仁 | 研究员 | 著作 | 30.6 | 当代中国出版社 | 2002.5 | 山东省第十八次社会科学优秀成果奖一等奖 |
| 马克思主义哲学研究的问题与出路 | 郝立忠 | 研究员 | 论文 | 0.9 | 《哲学研究》 | 2002年第8期 | 山东省第十八次社会科学优秀成果奖一等奖 |
| 山东文学通史（上、下卷） | 乔 力<br>李少群 | 研究员<br>研究员 | 著作 | 70 | 山东教育出版社 | 2002.12 | 山东省第十八次社会科学优秀成果奖一等奖 |

续表

| 成果名称 | 作者 | 职称 | 成果形式 | 字数（万字） | 出版发表单位 | 出版发表时间 | 获奖情况 |
|---|---|---|---|---|---|---|---|
| 山东农村人口转移与城市化的战略与对策研究 | 秦庆武 | 研究员 | 研究报告 | 18 | 山东省科技厅鉴定 | 2002.7.6 | 山东省第十八次社会科学优秀成果奖一等奖 |
| 中日贸易中的问题与对策 | 刘淑琪 | 研究员 | 论文 | 0.9 | 《当代亚太》 | 2002年第9期 | 山东省第十八次社会科学优秀成果奖二等奖 |
| 从邓小平到江泽民 | 宋士昌 | 研究员 | 著作 | — | 山东人民出版社 | 2002.6 | 山东省第十八次社会科学优秀成果奖二等奖 |
| 中国生殖健康产业发展研究 | 鹿立 | 研究员 | 研究报告 | 9 | 全国哲学社科规划办结项 | 2002.8.18 | 山东省第十八次社会科学优秀成果奖二等奖 |
| 关于人口现代化的几点思考 | 王秀银 | 研究员 | 论文 | 1.3 | 《人口研究》 | 2002年第4期 | 山东省第十八次社会科学优秀成果奖二等奖 |
| 冠、威义和拳举事口号考证 | 王如绘 | 研究员 | 论文 | 1.2 | 《历史研究》 | 2002年第5期 | 山东省第十八次社会科学优秀成果奖二等奖 |
| 2008年奥运会对山东旅游业的影响及对策 | 王志东 | 研究员 | 论文 | 0.86 | 《财贸经济》 | 2002年第11期 | 山东省第十八次社会科学优秀成果奖二等奖 |
| 农机服务产业化及加速农业现代化进程的实证研究 | 许锦英 | 研究员 | 研究报告 | 8 | 山东省科技厅鉴定 | 2002.4.10 | 山东省第十八次社会科学优秀成果奖三等奖 |
| 我国海洋环保产业的现状及发展对策 | 郝艳萍 | 研究员 | 论文 | 0.8 | 《中国人口·资源与环境》 | 2002年第11期 | 山东省第十八次社会科学优秀成果奖三等奖 |
| 公众环境意识与环境可持续发展研究 | 徐东礼 | 研究员 | 研究报告 | — | 山东省社科规划办鉴定 | 2002.4.10 | 山东省第十八次社会科学优秀成果奖三等奖 |
| 论二十世纪华夏诗坛的"哀兵模式" | 章亚昕 | 研究员 | 论文 | 1.1 | 《文学评论》 | 2002年第2期 | 山东省第十八次社会科学优秀成果奖三等奖 |
| 可持续发展经济学 | 马传栋 | 研究员 | 著作 | 32 | 山东人民出版社 | 2003.1 | 山东省第十九次社会科学优秀成果奖一等奖 |

续表

| 成果名称 | 作者 | 职称 | 成果形式 | 字数（万字） | 出版发表单位 | 出版发表时间 | 获奖情况 |
|---|---|---|---|---|---|---|---|
| 当代东方儒学 | 刘宗贤等 | 研究员 | 著作 | 54.1 | 人民出版社 | 2003.12 | 山东省第十九次社会科学优秀成果奖一等奖 |
| 海洋新兴产业发展难点与对策研究 | 郑贵斌 | 研究员 | 研究报告 | — | 山东省社科规划办鉴定 | 2003.2.21 | 山东省第十九次社会科学优秀成果奖一等奖 |
| 国有企业债转股深层次问题研究 | 丁少敏 | 研究员 | 研究报告 | — | 全国哲学社科规划办结项 | 2003.3.24 | 山东省第十九次社会科学优秀成果奖二等奖 |
| 我国农村城市化现状机制对策研究 | 王波 | 研究员 | 研究报告 | 10 | 全国哲学社科规划办结项 | 2003.10.23 | 山东省第十九次社会科学优秀成果奖二等奖 |
| 法治论 | 于向阳 | 研究员 | 著作 | — | 山东人民出版社 | 2003.6 | 山东省第十九次社会科学优秀成果奖二等奖 |
| 新工业革命与中国21世纪发展战略 | 韩民青 | 研究员 | 论文 | 3.6 | 《山东社会科学》 | 2003年第4期 | 山东省第十九次社会科学优秀成果奖二等奖 |
| 标本兼职——稳定低生育水平的战略决策和政策选择研究 | 刘书鹤 | 研究员 | 研究报告 | — | 全国哲学社科规划办结项 | 2003.6.18 | 山东省第十九次社会科学优秀成果奖二等奖 |
| 论先进生育文化 | 路遇 | 研究员 | 论文 | 1.2 | 《人口研究》 | 2003年第4期 | 山东省第十九次社会科学优秀成果奖二等奖 |
| 山东省中小企业创新与发展研究 | 曲永义 | 研究员 | 研究报告 | 28 | 山东省社科规划办鉴定 | 2003.12.24 | 山东省第十九次社会科学优秀成果奖二等奖 |
| 客观效用价值论——重构政治经济学的微观基础 | 郑克中 | 研究员 | 著作 | — | 山东人民出版社 | 2003.8 | 山东省第十九次社会科学优秀成果奖三等奖 |
| 民主论 | 徐东礼等 | 研究员 | 著作 | 32 | 山东人民出版社 | 2003.6 | 山东省第十九次社会科学优秀成果奖三等奖 |

续表

| 成果名称 | 作者 | 职称 | 成果形式 | 字数（万字） | 出版发表单位 | 出版发表时间 | 获奖情况 |
|---|---|---|---|---|---|---|---|
| 儒文化社会学 | 彭立荣 | 研究员 | 著作 | 33 | 人民出版社 | 2003.2 | 山东省第十九次社会科学优秀成果奖三等奖 |
| 城市就业弱势群体的社会支持研究 | 王毅平 | 研究员 | 研究报告 | 3 | 山东省社科规划办鉴定 | 2003.7.22 | 山东省第十九次社会科学优秀成果奖三等奖 |
| 科学社会主义通论（四卷本） | 宋士昌 | 研究员 | 著作 | 240 | 人民出版社 | 2004.8 | 山东省第二十次社会科学优秀成果奖一等奖 |
| 山东中小企业技术创新能力研究 | 曲永义 | 研究员 | 研究报告 | 13 | 山东省科技厅鉴定 | 2004.4.8 | 山东省第二十次社会科学优秀成果奖一等奖 |
| 新中国人口五十年（上、下册） | 路 遇 | 研究员 | 著作 | 122 | 中国人口出版社 | 2004.8 | 山东省第二十次社会科学优秀成果奖一等奖 |
| 树立新工业化发展观与中国新工业化发展战略研究 | 韩民青 | 研究员 | 研究报告 | 13 | 国家发展改革委员会发展规划司结项 | 2004.12 | 山东省第二十次社会科学优秀成果奖一等奖 |
| 山东与韩国贸易现状及发展对策 | 荀克宁 王爱华 | 研究员 研究员 | 论文 | 1 | 《当代亚太》 | 2004年第10期 | 山东省第二十次社会科学优秀成果奖二等奖 |
| 论情感在人类信仰活动中的二重性作用和历史消长 | 冯天策 | 研究员 | 论文 | 1 | 《哲学研究》 | 2004年第9期 | 山东省第二十次社会科学优秀成果奖二等奖 |
| 组织创新与制度创新——山东省威海市村级计划生育改革试点的调查与思考 | 王秀银 | 研究员 | 研究报告 | 1 | 《人口与经济》 | 2004年第1期 | 山东省第二十次社会科学优秀成果奖二等奖 |
| 人才战略的人口经济学研究 | 鹿 立 | 研究员 | 研究报告 | — | 山东省社科规划办结项 | 2004.3.2 | 山东省第二十次社会科学优秀成果奖二等奖 |
| "甩""摔"和"蟀"的读音问题 | 张鸿魁 | 研究员 | 论文 | 1 | 《东岳论丛》 | 2004年第1期 | 山东省第二十次社会科学优秀成果奖二等奖 |

续表

| 成果名称 | 作者 | 职称 | 成果形式 | 字数（万字） | 出版发表单位 | 出版发表时间 | 获奖情况 |
|---|---|---|---|---|---|---|---|
| 日本大亚细亚主义探析——兼与盛邦和先生商榷 | 戚其章 | 研究员 | 论文 | 2.2 | 《历史研究》 | 2004年第3期 | 山东省第二十次社会科学优秀成果奖二等奖 |
| 统筹城乡经济社会发展与增加农村公共产品供给研究 | 秦庆武 | 研究员 | 研究报告 | 3.5 | 山东省社科规划办结项 | 2004.7.30 | 山东省第二十次社会科学优秀成果奖二等奖 |
| 山东省就业问题研究 | 董建才 | 研究员 | 研究报告 | 13.8 | 山东省科技厅鉴定 | 2004.8.4 | 山东省第二十次社会科学优秀成果奖二等奖 |
| 山东省国有资产管理运营体制改革和调整重组研究 | 李忠林 | 研究员 | 研究报告 | 16 | 山东省科技厅鉴定 | 2004.8.6 | 山东省第二十次社会科学优秀成果奖二等奖 |
| 论政治因素与"新经济政策" | 李述森 | 研究员 | 论文 | 0.8 | 《东岳论丛》 | 2004年第2期 | 山东省第二十次社会科学优秀成果奖三等奖 |
| 论县域经济与农村城镇化的良性互动 | 王波 | 研究员 | 论文 | 0.73 | 《东岳论丛》 | 2004年第6期 | 山东省第二十次社会科学优秀成果奖三等奖 |
| 作为哲学形态的唯物主义辩证法 | 郝立忠 | 研究员 | 著作 | — | 山东大学出版社 | 2004.12 | 山东省第二十次社会科学优秀成果奖三等奖 |
| 茅盾人格 | 丁尔纲等 | 研究员 | 著作 | 29.2 | 河南大学出版社 | 2004.12 | 山东省第二十次社会科学优秀成果奖三等奖 |
| 传统儒学现代化的一次努力——以梁漱溟的理论和实践为个案研究 | 李善峰 | 研究员 | 论文 | 1.4 | 《孔子研究》 | 2004年第5期 | 山东省第二十次社会科学优秀成果奖三等奖 |
| 全面建设小康社会指标体系研究 | 徐东礼 | 研究员 | 著作 | 22 | 山东人民出版社 | 2004.10 | 山东省第二十次社会科学优秀成果奖三等奖 |
| 农村劳动力转移中的政府行为研究 | 李爱 | 研究员 | 研究报告 | — | 山东省社科规划办结项 | 2004.11.30 | 山东省第二十次社会科学优秀成果奖三等奖 |

续表

| 成果名称 | 作者 | 职称 | 成果形式 | 字数（万字） | 出版发表单位 | 出版发表时间 | 获奖情况 |
|---|---|---|---|---|---|---|---|
| 中国高校人才供给产业人才需求拟合研究 | 鹿立 | 研究员 | 论文 | 1.3 | 《中国人口科学》 | 2005年第1期 | 山东省第二十一次社会科学优秀成果奖一等奖 |
| 日本工商资本与近代山东 | 庄维民 刘大可 | 研究员 研究员 | 著作 | 61 | 社会科学文献出版社 | 2005.12 | 山东省第二十一次社会科学优秀成果奖一等奖 |
| 鲁苏沪浙粤经济社会发展比较研究 | 张卫国等 | 研究员 | 著作 | 27 | 山东人民出版社 | 2005.12 | 山东省第二十一次社会科学优秀成果奖一等奖 |
| 服务业与山东经济增长研究 | 袁红英 | 研究员 | 研究报告 | 4.9 | 山东省社科规划办公室结项 | 2005.12.31 | 山东省第二十一次社会科学优秀成果奖二等奖 |
| 民族论 | 张凤莲 | 研究员 | 著作 | 30 | 山东人民出版社 | 2005.9 | 山东省第二十一次社会科学优秀成果奖二等奖 |
| 荣耀与包袱——论帝国模式对俄罗斯国家发展道路的影响 | 李述森 | 研究员 | 论文 | 1.2 | 《俄罗斯中亚东欧研究》 | 2005年第2期 | 山东省第二十一次社会科学优秀成果奖二等奖 |
| 论儒家的个人本位与社会本位及其影响 | 涂可国 | 研究员 | 论文 | 1.3 | 《哲学研究》 | 2005年第1期 | 山东省第二十一次社会科学优秀成果奖二等奖 |
| 尚未完成由传统向现代的转变 | 王毅平 | 研究员 | 论文 | 0.77 | 《妇女研究论丛》 | 2005年第2期 | 山东省第二十一次社会科学优秀成果奖二等奖 |
| 关于加快山东省旅游主导产业发展的对策建议 | 王志东 | 研究员 | 研究报告 | 0.78 | 山东省领导批示 | 2005.2.10 | 山东省第二十一次社会科学优秀成果奖二等奖 |
| 推进山东省与日本、韩国经贸合作的对策 | 范振洪 | 研究员 | 论文 | 0.6 | 《经济研究参考》 | 2005年第24期 | 山东省第二十一次社会科学优秀成果奖三等奖 |
| 山东经济园区产业整体布局与协作互动式发展研究 | 王爱华 | 研究员 | 研究报告 | 2.4 | 山东省社科规划办公室结项 | 2005.7.5 | 山东省第二十一次社会科学优秀成果奖三等奖 |

续表

| 成果名称 | 作者 | 职称 | 成果形式 | 字数（万字） | 出版发表单位 | 出版发表时间 | 获奖情况 |
|---|---|---|---|---|---|---|---|
| 关于以"双改"生态经济区为突出亮点推动生态省建设上大台阶的建议 | 任继明等 | 研究员 | 对策建议 | — | 山东省领导批示 | 2005.4.21 | 山东省第二十一次社会科学优秀成果奖三等奖 |
| 私有经济论 | 李鑫生 | 研究员 | 著作 | 61.2 | 当代中国出版社 | 2005.12 | 山东省第二十一次社会科学优秀成果奖三等奖 |
| 山东省农村人口医疗保障实证研究 | 高利平 | 副研究员 | 研究报告 | 8 | 山东省社科规划办公室结项 | 2005.5.7 | 山东省第二十一次社会科学优秀成果奖三等奖 |
| 山东省人力资本积累及其经济贡献率研究 | 周德禄 | 副研究员 | 研究报告 | — | 山东省社科规划办公室结项 | 2005.1.19 | 山东省第二十一次社会科学优秀成果奖三等奖 |
| 明清山东韵书研究 | 张鸿魁 | 研究员 | 著作 | 16 | 齐鲁书社 | 2005.4 | 山东省第二十一次社会科学优秀成果奖三等奖 |
| 地域文学史学引论 | 乔力 | 研究员 | 研究报告 | — | 山东省社科规划办公室鉴定 | 2005.6.13 | 山东省第二十一次社会科学优秀成果奖三等奖 |
| 我省户籍制度改革后的生育政策问题研究 | 崔树义 | 研究员 | 对策建议 | 1.05 | 山东省领导批示 | 2005.6.17 | 山东省第二十一次社会科学优秀成果奖三等奖 |
| 山东省新型工业化与可持续发展研究 | 张文 | 研究员 | 研究报告 | 6 | 山东省社科规划办公室结项 | 2005.11.15 | 山东省第二十一次社会科学优秀成果奖三等奖 |
| 中国分省区历史人口考(上、下) | 路遇等 | 研究员 | 著作 | 98 | 山东人民出版社 | 2006.3 | 山东省第二十二次社会科学优秀成果奖重大成果奖 |
| 全球信息战的新形势与我国信息安全战略的新思路 | 卢新德 | 研究员 | 著作 | 19 | 全国哲学社科规划办结项 | 2006.2.11 | 山东省第二十二次社会科学优秀成果奖一等奖 |
| 城市低收入者人口群体社会保障问题研究 | 崔树义 | 研究员 | 研究报告 | 10 | 全国哲学社科规划办结项 | 2006.12.31 | 山东省第二十二次社会科学优秀成果奖一等奖 |

续表

| 成果名称 | 作者 | 职称 | 成果形式 | 字数（万字） | 出版发表单位 | 出版发表时间 | 获奖情况 |
|---|---|---|---|---|---|---|---|
| 现代性与文学性——关于中国现代文学研究的反思 | 张华 | 研究员 | 论文 | — | 《文史哲》 | 2006年第6期 | 山东省第二十二次社会科学优秀成果奖一等奖 |
| 中国海洋经济发展的三位一体集成战略对实施对策研究 | 郑贵斌 | 研究员 | 研究报告 | 25 | 全国哲学社科规划办结项 | 2006.4.20 | 山东省第二十二次社会科学优秀成果奖二等奖 |
| 区域技术创新与经济可持续发展研究 | 曲永义 | 研究员 | 研究报告 | 15.6 | 山东省科技厅鉴定 | 2006.10.8 | 山东省第二十二次社会科学优秀成果奖二等奖 |
| 俄罗斯历史文化传统视野下的苏共"超阶段"问题 | 李述森 | 研究员 | 论文 | 1 | 《俄罗斯中亚东欧研究》 | 2006年第4期 | 山东省第二十二次社会科学优秀成果奖二等奖 |
| 信仰的本质与价值 | 冯天策 | 研究员 | 论文 | 1 | 《哲学研究》 | 2006年第8期 | 山东省第二十二次社会科学优秀成果奖二等奖 |
| 新农村建设与城乡一体化发展 | 李善峰 | 研究员 | 论文 | 0.5 | 《山东社会科学》 | 2006年第7期 | 山东省第二十二次社会科学优秀成果奖二等奖 |
| 社会科学个性信息服务体系创新研究 | 查炜 | 研究馆员 | 研究报告 | 4 | 山东省社科规划办公室结项 | 2006.11.20 | 山东省第二十二次社会科学优秀成果奖二等奖 |
| 齐量制辨析 | 陈冬生 | 研究员 | 论文 | 1.8 | 《中国史研究》 | 2006年第3期 | 山东省第二十二次社会科学优秀成果奖二等奖 |
| 山东农村合作医疗体系建设中存在的问题与对策研究 | 秦庆武 | 研究员 | 研究报告 | 10 | 山东省科技厅鉴定 | 2006.12.29 | 山东省第二十二次社会科学优秀成果奖二等奖 |
| 县域旅游经济发展的成功典范 | 王志东 | 研究员 | 对策建议 | 0.58 | 山东省领导批示 | 2006.5.6 | 山东省第二十二次社会科学优秀成果奖二等奖 |

续表

| 成果名称 | 作者 | 职称 | 成果形式 | 字数（万字） | 出版发表单位 | 出版发表时间 | 获奖情况 |
| --- | --- | --- | --- | --- | --- | --- | --- |
| 医疗损害诉讼 | 林存柱 | 研究员 | 著作 | 36 | 人民出版社 | 2006.11 | 山东省第二十二次社会科学优秀成果奖三等奖 |
| 新农村建设：广大农民群众自己的事业 | 王毅平等 | 研究员 | 对策建议 | 0.22 | 山东省领导批示 | 2006.11.3 | 山东省第二十二次社会科学优秀成果奖三等奖 |
| 马克思的个人发展理论及其当代价值 | 张凤莲 | 研究员 | 论文 | 1 | 《哲学研究》 | 2006年第5期 | 山东省第二十二次社会科学优秀成果奖三等奖 |
| 山东海疆文化研究 | 王赛时 | 研究员 | 著作 | 49.6 | 齐鲁书社 | 2006.11 | 山东省第二十二次社会科学优秀成果奖三等奖 |
| 汉代田庄商业经营探析 | 杜庆余 | 副研究员 | 论文 | 0.82 | 《东岳论丛》 | 2006年第5期 | 山东省第二十二次社会科学优秀成果奖三等奖 |
| 关于建设中小企业技术创新平台的建议 | 李忠林 | 研究员 | 研究报告 | — | 山东省科技厅鉴定 | 2006.12.22 | 山东省第二十二次社会科学优秀成果奖三等奖 |
| 山东省循环经济发展战略研究 | 郑贵斌 | 研究员 | 研究报告 | 3 | 山东省科技厅鉴定 | 2007.11.8 | 山东省第二十三次社会科学优秀成果奖一等奖 |
| 山东吸收韩国投资的现状、前景及对策 | 范振洪 | 研究员 | 论文 | 1.1 | 《当代亚太》 | 2007.12 | 山东省第二十三次社会科学优秀成果奖二等奖 |
| 人口安全的制度安排研究 | 鹿立 | 研究员 | 研究报告 | 8 | 全国哲学社科规划办结项 | 2007.8.30 | 山东省第二十三次社会科学优秀成果奖二等奖 |
| 美国精神的封闭 | 战旭英 | 研究员 | 译著 | 30.2 | 译林出版社 | 2007.1 | 山东省第二十三次社会科学优秀成果奖二等奖 |
| 网络环境下党的群众工作创新研究 | 杨金卫 | 研究员 | 研究报告 | 18 | 全国哲学社科规划办结项 | 2007.3.9 | 山东省第二十三次社会科学优秀成果奖二等奖 |
| 历史地系统地把握马克思主义文化理论 | 张华 | 研究员 | 论文 | — | 《马克思主义研究》 | 2007.10 | 山东省第二十三次社会科学优秀成果奖二等奖 |

续表

| 成果名称 | 作者 | 职称 | 成果形式 | 字数（万字） | 出版发表单位 | 出版发表时间 | 获奖情况 |
|---|---|---|---|---|---|---|---|
| 深化文化体制改革 增强我省文化产业竞争力研究 | 姜锐 | 研究员 | 研究报告 | 2.5 | 山东省社科规划办公室结项 | 2007.8.29 | 山东省第二十三次社会科学优秀成果奖二等奖 |
| 对外贸易的制度竞争力探析——以山东省为例 | 张清津等 | 研究员 | 论文 | 1.5 | 《东岳论丛》 | 2007.5 | 山东省第二十三次社会科学优秀成果奖三等奖 |
| 论地方领导班子的心理和谐 | 公冶祥洪 | 研究员 | 论文 | 0.7 | 《东岳论丛》 | 2007.6 | 山东省第二十三次社会科学优秀成果奖三等奖 |
| 宋孝武帝改制与"元嘉之治"局面的衰败 | 杨恩玉 | 副研究员 | 论文 | 1.2 | 《东岳论丛》 | 2007.6 | 山东省第二十三次社会科学优秀成果奖三等奖 |
| 优化产业布局提高山东产业集中度研究 | 王向阳等 | 研究员 | 著作 | 30.5 | 大众文艺出版社 | 2007.10 | 山东省第二十三次社会科学优秀成果奖三等奖 |
| 山东南四湖流域生态经济与可持续发展研究 | 侯效敏 | 研究员 | 研究报告 | 3.6 | 山东省社科规划办公室结项 | 2007.12.13 | 山东省第二十三次社会科学优秀成果奖三等奖 |
| 山东经济蓝皮书——2008年山东：加快转变经济发展方式 | 张卫国 | 研究员 | 著作 | 40 | 山东人民出版社 | 2008.7 | 山东省第二十四次社会科学优秀成果奖一等奖 |
| 资源环境约束下的区域技术创新研究 | 曲永义 | 研究员 | 研究报告 | 20 | 国家自然科学基金委员会 | 2008.7 | 山东省第二十四次社会科学优秀成果奖一等奖 |
| 环境保护投融资的演进机理与路径选择 | 张健 | 研究员 | 论文 | 1.6 | 《东岳论丛》 | 2008.9 | 山东省第二十四次社会科学优秀成果奖二等奖 |
| 新工业化发展战略研究（两卷本） | 韩民青 | 研究员 | 著作 | 58 | 山东人民出版社 | 2008.5 | 山东省第二十四次社会科学优秀成果奖二等奖 |
| 科学发展观视野下的当代中国社会管理研究 | 郝立忠 | 研究员 | 研究报告 | 10 | 全国社科规划办公室结项 | 2008.11 | 山东省第二十四次社会科学优秀成果奖二等奖 |

续表

| 成果名称 | 作者 | 职称 | 成果形式 | 字数（万字） | 出版发表单位 | 出版发表时间 | 获奖情况 |
| --- | --- | --- | --- | --- | --- | --- | --- |
| 山东省农村计划生育家庭养老保障问题研究 | 崔树义 | 研究员 | 对策建议 | 0.22 | 山东省领导批示 | 2008.5 | 山东省第二十四次社会科学优秀成果奖二等奖 |
| 贸易依存度与间接腹地：近代上海与华北腹地市场 | 庄维民 | 研究员 | 论文 | 1.8 | 《中国经济史研究》 | 2008.1 | 山东省第二十四次社会科学优秀成果奖二等奖 |
| 山东与日本投资贸易合作难点热点问题研究 | 王爱华 | 研究员 | 著作 | 22 | 经济科学出版社 | 2008.9 | 山东省第二十四次社会科学优秀成果奖三等奖 |
| 山东社会主义新农村文化建设的长效机制研究 | 冯 锋 | 副研究员 | 研究报告 | — | 山东省社科规划办公室结项 | 2008.10 | 山东省第二十四次社会科学优秀成果奖三等奖 |
| 山东公共文化服务体系建设中的非物质文化遗产保护研究 | 柳 霞 | 副研究馆员 | 研究报告 | 3.5 | 山东省社科规划办公室结项 | 2008.12 | 山东省第二十四次社会科学优秀成果奖三等奖 |
| 魏晋十六国青徐兖地域政局研究 | 王 蕊 | 副研究员 | 著作 | 28 | 齐鲁书社 | 2008.9 | 山东省第二十四次社会科学优秀成果奖三等奖 |
| "元嘉之治"局面的形成原因 | 杨恩玉 | 副研究员 | 论文 | 1.1 | 《齐鲁学刊》 | 2008.7 | 山东省第二十四次社会科学优秀成果奖三等奖 |
| 齐鲁文学演变与地域文化 | 李少群 乔 力 | 研究员 研究员 | 著作 | 92 | 人民出版社 | 2009.12 | 山东省第二十五次社会科学优秀成果奖重大成果奖 |
| 山东半岛蓝色经济区战略研究 | 张 华 | 研究员 | 著作 | 51 | 山东人民出版社 | 2009.10 | 山东省第二十五次社会科学优秀成果奖重大成果奖 |
| 蓝色经济研究 | 孙吉亭 | 研究员 | 著作 | 35 | 海洋出版社 | 2009.12 | 山东省第二十五次社会科学优秀成果奖二等奖 |
| 超低生育水平下的山东省区域人口老龄化趋势比较研究 | 王承强 | 助理研究员 | 论文 | 1.1 | 《西北人口》 | 2009.1 | 山东省第二十五次社会科学优秀成果奖二等奖 |

续表

| 成果名称 | 作者 | 职称 | 成果形式 | 字数（万字） | 出版发表单位 | 出版发表时间 | 获奖情况 |
|---|---|---|---|---|---|---|---|
| 第十一届全国运动会社会效应研究 | 李善峰 | 研究员 | 研究报告 | 5 | 中华人民共和国第十一届全国运动会组委会 | 2009.11 | 山东省第二十五次社会科学优秀成果奖二等奖 |
| 加快黄河三角洲高效生态经济区建设研究 | 袁红英 | 研究员 | 研究报告 | 12.7 | 山东省社科规划办公室结项 | 2009.12 | 山东省第二十五次社会科学优秀成果奖二等奖 |
| 关于在扩大内需、节能减排工作中发挥巨大住房公积金余额作用的建议 | 孙晶 | 副研究员 | 对策建议 | 0.1 | 山东社会科学院《呈阅件》 | 2009.4 | 山东省第二十五次社会科学优秀成果奖三等奖 |
| 加快我省动漫产业发展研究 | 杨梅 | 研究员 | 研究报告 | 7.2 | 山东省社科规划办公室结项 | 2009.12 | 山东省第二十五次社会科学优秀成果奖三等奖 |
| 先秦文明与口语传播 | 张伟 | 副研究员 | 研究报告 | — | 山东省社科规划办公室结项 | 2009.12 | 山东省第二十五次社会科学优秀成果奖三等奖 |
| 中间商与中国近代交易制度的变迁——近代行栈与行栈制度研究 | 庄维民 | 研究员 | 著作 | 42 | 中华书局 | 2011.4 | 山东省第二十六次社会科学优秀成果奖重大成果奖 |
| 小农经济整合路径与制度创新研究 | 许锦英等 | 研究员 | 研究报告 | 30 | 全国社科规划办公室结项 | 2009.12 | 山东省第二十六次社会科学优秀成果奖一等奖 |
| 提高新型农村合作医疗筹资水平与补偿比例研究 | 秦庆武 | 研究员 | 研究报告 | 17.6 | 全国社科规划办公室结项 | 2010.12 | 山东省第二十六次社会科学优秀成果奖二等奖 |
| 新工业论——工业危机与新工业革命 | 韩民青 | 研究员 | 著作 | 71 | 山东人民出版社 | 2010.7 | 山东省第二十六次社会科学优秀成果奖二等奖 |

续表

| 成果名称 | 作者 | 职称 | 成果形式 | 字数（万字） | 出版发表单位 | 出版发表时间 | 获奖情况 |
|---|---|---|---|---|---|---|---|
| 重新诠释唯物主义辩证法 | 郝立忠 | 研究员 | 论文 | 1.6 | 《马克思主义研究》 | 2010年第7期 | 山东省第二十六次社会科学优秀成果奖二等奖 |
| 山东文化蓝皮书2010年：山东文化强省建设报告 | 涂可国 | 研究员 | 著作 | 48 | 山东人民出版社 | 2010.3 | 山东省第二十六次社会科学优秀成果奖二等奖 |
| 文化体制改革中的艺术院团市场营销创新研究 | 姜锐 | 研究员 | 研究报告 | 12 | 山东省社科规划办公室结项 | 2010.11 | 山东省第二十六次社会科学优秀成果奖二等奖 |
| 汉代田庄研究 | 杜庆余 | 副研究员 | 著作 | 32.3 | 山东大学出版社 | 2010.8 | 山东省第二十六次社会科学优秀成果奖二等奖 |
| 中国酒史 | 王赛时 | 研究员 | 著作 | 42.8 | 山东大学出版社 | 2010.9 | 山东省第二十六次社会科学优秀成果奖二等奖 |
| 文化产业一本通 | 王志东 | 研究员 | 著作 | 26 | 山东人民出版社 | 2010.12 | 山东省第二十六次社会科学优秀成果奖二等奖 |
| 促进山东省节能减排的财税对策研究 | 张文 | 研究员 | 研究报告 | 11.9 | 山东省社科规划办公室结项 | 2010.12 | 山东省第二十六次社会科学优秀成果奖二等奖 |
| 地方政府投资行为对经济长期增长的影响——来自中国经济转型的证据 | 张卫国 | 研究员 | 论文 | — | 《中国工业经济》 | 2010年第8期 | 山东省第二十六次社会科学优秀成果奖二等奖 |
| 荀子与儒家哲学 | 路德斌 | 研究员 | 著作 | 17.8 | 齐鲁书社 | 2010.1 | 山东省第二十六次社会科学优秀成果奖三等奖 |
| 人口大省转变到人力资源强省战略研究 | 鹿立 周德禄 | 研究员 副研究员 | 著作 | 28.8 | 山东人民出版社 | 2010.12 | 山东省第二十六次社会科学优秀成果奖三等奖 |
| 社会科学创新中的文献信息服务 | 查炜 | 研究馆员 | 著作 | — | 山东人民出版社 | 2010.12 | 山东省第二十六次社会科学优秀成果奖三等奖 |

续表

| 成果名称 | 作者 | 职称 | 成果形式 | 字数（万字） | 出版发表单位 | 出版发表时间 | 获奖情况 |
| --- | --- | --- | --- | --- | --- | --- | --- |
| 地方政府投资行为、地区性行政垄断与经济增长——基于转型期中国省级面板数据的分析 | 张卫国等 | 研究员 | 论文 | 1.86 | 《经济研究》 | 2011年第8期 | 山东省第二十七次社会科学优秀成果奖一等奖 |
| 山东"文化强省"建设战略研究 | 王志东 | 研究员 | 著作 | 36 | 山东人民出版社 | 2011.12 | 山东省第二十七次社会科学优秀成果奖一等奖 |
| 论列宁资本主义观的主导倾向 | 李述森 | 研究员 | 论文 | 1.2 | 《山东社会科学》 | 2011年第10期 | 山东省第二十七次社会科学优秀成果奖二等奖 |
| 农村独生子女家庭老年人困难救助研究 | 崔树义 | 研究员 | 研究报告 | 10 | 全国社科规划办结项 | 2011.10 | 山东省第二十七次社会科学优秀成果奖二等奖 |
| 关于从"左联五烈士"向"龙华二十四烈士"的还原 | 曹振华 | 副研究员 | 论文 | 1 | 《山东大学学报》 | 2011年第1期 | 山东省第二十七次社会科学优秀成果奖二等奖 |
| 儒学与人的发展 | 涂可国 | 研究员 | 著作 | 53.9 | 齐鲁书社 | 2011.10 | 山东省第二十七次社会科学优秀成果奖二等奖 |
| 民主革命先驱宋绍唐 | 刘晓焕 | 研究员 | 著作 | 56 | 吉林美术出版社 | 2011.7 | 山东省第二十七次社会科学优秀成果奖二等奖 |
| 山东社会蓝皮书2012年：加强与创新社会管理 | 李善峰 | 研究员 | 著作 | 35.5 | 山东人民出版社 | 2011.12 | 山东省第二十七次社会科学优秀成果奖二等奖 |
| 民主与平庸——鲁迅早期论文中对现代民主的批判性思考 | 张松 | 副研究员 | 论文 | 2.2 | 《东岳论丛》 | 2011年第1期 | 山东省第二十七次社会科学优秀成果奖三等奖 |
| 农村独生子女家庭养老保障的弱势地位与对策研究——来自山东农村的调查 | 周德禄 | 副研究员 | 研究报告 | 1.2 | 《人口学刊》 | 2011年第5期 | 山东省第二十七次社会科学优秀成果奖三等奖 |

续表

| 成果名称 | 作者 | 职称 | 成果形式 | 字数（万字） | 出版发表单位 | 出版发表时间 | 获奖情况 |
| --- | --- | --- | --- | --- | --- | --- | --- |
| 再论《江华条约》与清政府——兼答权赫秀先生 | 王如绘 | 研究员 | 论文 | — | 《东岳论丛》 | 2011年第6期 | 山东省第二十七次社会科学优秀成果奖三等奖 |
| 2010年：山东开放型经济发展报告 | 范振洪等 | 研究员 | 著作 | 38 | 经济科学出版社 | 2010.12 | 山东省第二十七次社会科学优秀成果奖三等奖 |
| 蓝色经济学 | 孙吉亭等 | 研究员 | 著作 | 46 | 海洋出版社 | 2011.11 | 山东省第二十七次社会科学优秀成果奖三等奖 |
| 灵性资本与中国宗教市场中的改教 | 张清津 | 研究员 | 论文 | 1.8 | 《文史哲》 | 2012年第3期 | 山东省第二十八次社会科学优秀成果奖二等奖 |
| 网络反腐的制度规范与机制创新研究 | 杨金卫 | 研究员 | 研究报告 | 18 | 全国哲学社会科学规划办公室结项 | 2012.1 | 山东省第二十八次社会科学优秀成果奖二等奖 |
| 郑玄"太易"说与中国哲学本体论逻辑进程 | 刘云超 | 副研究员 | 论文 | 1.2 | 《周易研究》 | 2012年第4期 | 山东省第二十八次社会科学优秀成果奖二等奖 |
| 官班制的性质、编制标准与作用考论 | 杨恩玉 | 副研究员 | 论文 | 1.4 | 《史学月刊》 | 2012年第10期 | 山东省第二十八次社会科学优秀成果奖二等奖 |
| 文化产业对于经济总产出的增值机理——基于V→I→P分析框架的中国观察 | 汪霏霏 | 副研究员 | 论文 | 0.7 | 《学术月刊》 | 2012年第1期 | 山东省第二十八次社会科学优秀成果奖三等奖 |
| 我国基层民主选举实践：成就、问题与发展走向——以山东省村委会换届选举为样本 | 苏爱萍 | 副研究员 | 研究报告 | 0.85 | 《山东社会科学》 | 2012年第9期 | 山东省第二十八次社会科学优秀成果奖三等奖 |

续表

| 成果名称 | 作者 | 职称 | 成果形式 | 字数（万字） | 出版发表单位 | 出版发表时间 | 获奖情况 |
|---|---|---|---|---|---|---|---|
| 农村计划生育家庭养老保障的问题与对策——一项基于900份问卷调查的实证研究 | 崔树义 | 研究员 | 研究报告 | 0.9 | 《人口与经济》 | 2009年第1期 | 山东省第二十八次社会科学优秀成果奖三等奖 |
| 山东省老年人口健康状况及影响因素研究 | 高利平 | 副研究员 | 研究报告 | 12.23 | 山东省社会科学规划管理办公室结项 | 2011.12 | 山东省第二十八次社会科学优秀成果奖三等奖 |
| 文化的历程 | 韩民青 | 研究员 | 著作 | 100 | 山东人民出版社 | 2012.8 | 山东省第二十八次社会科学优秀成果奖三等奖 |
| 中国儒学史·隋唐卷 | 陈启智 | 研究员 | 著作 | — | 北京大学出版社 | 2011.6 | 山东省第二十八次社会科学优秀成果奖三等奖 |
| 鲁粤苏浙转变发展方式比较研究 | 高晓梅 | 研究员 | 研究报告 | 16.6 | 山东省软科学办公室结项 | 2011.12 | 山东省第二十八次社会科学优秀成果奖三等奖 |
| 公共图书馆文化产业研究 | 王志东 | 研究员 | 著作 | 18 | 山东人民出版社 | 2012.12 | 山东省第二十八次社会科学优秀成果奖三等奖 |

## 二、2015年科研成果一般情况介绍、学术价值分析

2015年，山东社会科学院启动社会科学创新工程试点工作，通过设置创新工程重大支撑项目引领科研创新，强化精品导向，在新型智库建设中发出了山东的声音。一是深化中国特色社会主义理论体系研究，追踪研究习近平总书记系列重要讲话精神，在重大理论和现实问题研究方面，推出了一大批具有重要影响的理论文章、学术专著和研究报告。全年在《人民日报》《光明日报》《经济日报》《求是》《马克思主义研究》发表理论论文11篇。重点推出了山东社会科学院创新工程重大项目《山东融入"一带一路"建设战略研究》《全面深化改革"面面观"》《新型智库建设理论与实践》《构筑精神家园——社会主义核心价值观百问百答》《"四个全面"战略布局与中国特色新型智库建设》等著作。二是加强经济文化强省重大战略问题研究，推出了一批具有决策参考价值的研究成果，服务地方党委政府决策的能力和水平不断提升。全年25篇研究报告获中共山东省委、山东省政府领导肯定性批示。三是着眼学术前沿，加强学科建设，推出了一批学术精品成果。全年在权威期刊发表论文70余篇，20余项成果被《新华文摘》《中国社会科学文摘》、中国人民大学复印报刊资料等转载。

### 三、2015年主要科研成果

成果名称：《全面建成小康与中华民族的伟大复兴》

作者姓名：唐洲雁

职称：研究员

成果形式：论文

字数：11千字

发表刊物：《马克思主义研究》

发表时间：2015年10月

全面建成小康社会是中华民族伟大复兴的基础性工程，是实现中国梦的阶段性目标，在"四个全面"战略布局中起着战略目标的引领作用。准确把握全面建成小康社会与其他"三个全面"的关系，及时制定实现全面小康的指标体系，积极开启社会主义现代化建设新征程，抓紧制定中国现代化建设远景规划，认真谋划新的"三步走"发展战略，对于实现中华民族伟大复兴的中国梦，具有极其重要的意义。

成果名称：《站在两个36年的历史节点上》

作者姓名：唐洲雁

职称：研究员

成果形式：论文

字数：2千字

发表刊物：《人民日报》

发表时间：2015年2月13日

从党的十一届三中全会至党的十八届三中全会已经走过36年；从党的十八届三中全会到2050年前后建成富强民主文明和谐的社会主义现代化国家，大约也是36年。两个36年贯穿着同一个历史主题，那就是坚持和发展中国特色社会主义，为实现中国梦而奋斗。站在两个36年的历史节点上，我们需要思考和明确未来36年的奋斗目标和历史定位，未来36年如何迎接大好机遇和严峻挑战，未来36年坚持举什么旗、走什么路。

成果名称：《从"国情"视角看中国道路 独特国情决定独特道路》

作者姓名：唐洲雁

职称：研究员

成果形式：论文

字数：2千字

发表刊物：《人民日报》

发表时间：2015年5月15日

中国特色社会主义道路是中国立足于独特国情作出的选择。独特国情不仅指我国仍处于并将长期处于社会主义初级阶段这一基本国情，还包含着我国独特的文明、独特的历史、独特的奋斗。面向未来，我们必须坚持从我国独特国情出发，在实践中不断拓展中国道路。

成果名称：《珍爱和平 开创未来——抗日战争伟大胜利的启示》

作者姓名：唐洲雁

职称：研究员

成果形式：论文

字数：3.5千字

发表刊物：《光明日报》

发表时间：2015年7月7日

中国人民抗日战争的伟大胜利启示我们，必须始终不渝地坚持中国共产党领导，弘扬中国精神、凝聚中国力量，为实现共同梦想而奋斗；必须坚持走中国特色社会主义道路，建设强大的国家和强大的军队，努力实现富国和强军的统一；必须旗帜鲜明地反对战争，坚持走和平发展道路，始终不渝珍视和维护世界和平。

成果名称：《谋事要实，成就梦想的成事之基》

作者姓名：唐洲雁

职称：研究员

成果形式：论文

字数：3千字

发表刊物：《光明日报》

发表时间：2015年7月8日

谋事要实是"三严三实"的重要内容，为我们谋事创业提供了基本遵循。谋事要实的要求，抓住了深入改进作风的关键环节，找到了密切联系群众的重要途径，提供了协调推进"四个全面"战略布局的切实保障，是对领导干部干事创业提出的基本要求，是检验领导干部党性与作风的试金石，具有很强的现实针对性和鲜明的时代价值。如何做到谋事要实？关键是要提升领导干部谋事要实的能力和水平。这就要求谋事要有战略眼光，着眼未来，有前瞻性和预见性；要有现实眼光，多做调研，掌握和熟悉实际情况；要有历史眼光，多读史书，以史为鉴；要有国际眼光，放眼世界，面向未来。

成果名称：《绝不让历史悲剧重演》

作者姓名：唐洲雁

职称：研究员

成果形式：论文

字数：4.5千字

发表刊物：《求是》

发表时间：2015年第20期

历史启示不容忘却，历史悲剧不能重演。学习贯彻习近平总书记在纪念中国人民抗日战争暨世界反法西斯战争胜利70周年大会上的重要讲话，我们必须牢固树立人类命运共同体意识，以实际行动共同维护世界的和平与安宁；必须摒弃一切偏见、歧视和仇恨，相互尊重自主选择社会制度和发展道路的权利，把世界多样性和各国差异性转化为和平发展的活力和动力；必须始终坚持走和平发展道路，推动建立国际政治经济新秩序。

成果名称：《全面深化改革必须坚持和完善中国特色社会主义制度》

作者姓名：唐洲雁

职称：研究员

成果形式：论文

字数：8.5千字

发表刊物：《科学社会主义》

发表时间：2015年第20期

全面深化改革是社会主义制度的自我完善和发展，必须遵循中国特色社会主义发展的内在规律，把握社会主义制度"不变"与"变"的辩证统一；必须坚持社会主义基本原则不动摇，坚守中国特色社会主义制度底线不含糊；必须与时俱进完善和发展中国特色社会主义制度，不断推进国家治理体系和治理能力现代化。

成果名称：《以新的理念引领新的发展》

作者姓名：唐洲雁

职称：研究员

成果形式：论文

字数：4.5千字

发表刊物：《光明日报》

发表时间：2015年12月15日

"创新、协调、绿色、开放、共享"的发展理念具有战略性、纲领性、引领性，是发展行动的先导，是发展思路、发展方向、发展着力点的集中体现，不仅管全局、管根本，而且管方向、管长远。要如期实现全面小康，开启我国现代化建设新征程，最根本的就是牢固树立和始终坚持五大发展理念，以新理念引领和指导新实践，以新理念推动和实现新发展。

成果名称：《我们要建成怎样的现代化强国》

作者姓名：唐洲雁

职称：研究员

成果形式：论文

字数：10千字

发表刊物：《光明日报》

发表时间：2015年12月31日

党的十八届五中全会对全面建成小康社会作出了新的重要战略部署。在实现小康社会的决胜阶段，把握全面建成小康的丰富内涵，贯彻创新、协调、绿色、开放、共享五大发展理念，对我们完成全面小康的历史任务，开启现代化建设新征程，至关重要。现代化是更高阶段上的国家建设，是经济模式、生产方式乃至文明形态的根本转变和飞跃，必将面临更多更大的新问题、新挑战。而中国梦的本质，就是要实现中国特色现代化，或者说现代化本身就是中国梦的世界性表达，因此我们可以把新一届中央领导集体围绕实现中国梦所作出的一系列重要战略思想，称之为"中国现代化战略思想"。它本质上是要回答"中国到底要建设什么样的现代化，以及怎样建设现代化"的问题，或者说是要回答"我们要建设什么样的现代化强国，以及怎样建设现代化强国"的问题。正因为如此，我们说现代化才是这一重大战略思想的真正主题。

成果名称：《全面建成小康社会的历史意义》
作者姓名：唐洲雁
职称：研究员
成果形式：论文
字数：3.5 千字
发表刊物：《人民日报》
发表时间：2015 年 12 月 31 日

从"进入"到"建设"和"全面建设"，再到"全面建成"小康社会，表明我们党对如何建设小康社会的认识不断深化，也意味着全面建成小康社会的目标更明确、内涵更丰富、要求更高。全面建成小康社会是承上启下的发展目标，具有十分重大的历史和现实意义。党的十八届五中全会对全面建成小康社会的目标作了新的阐述。"五大发展理念"的提出，进一步回答了我们要实现什么样的发展、怎样发展这一时代课题，是全面建成小康社会决胜阶段的基本遵循。

成果名称：《做政治上的"明白人"》
作者姓名：张述存
职称：研究员
成果形式：论文
字数：3.5 千字
发表刊物：《光明日报》
发表时间：2015 年 11 月 1 日

党的十八大以来，习近平总书记从党要管党、从严治党的战略高度，谆谆教诲全党同志要模范遵守党的纪律规矩。严明纪律规矩是我们党的光荣传统和独特优势。站在新的历史起点上，我们党面临"四大考验""四种危险"，全面从严治党任重道远，必须更加重视党的纪律规矩建设。守纪律讲规矩最重要的是遵守政治纪律和政治规矩。党员干部要心存敬畏、身体力行，从学好熟知纪律规矩做起，自觉"向中央基准看齐"，切合工作性质突出着力点，要坚持知行合一、重在落实，坚决遵守政治纪律和政治规矩，自觉坚定做政治上的"明白人"。

成果名称：《打造大数据施政平台 提升政府治理现代化水平》
作者姓名：张述存
职称：研究员
成果形式：论文
字数：10 千字
发表刊物：《中国行政管理》
发表时间：2015 年第 10 期

随着大数据时代的到来，大数据正逐渐融入人们的学习、工作、生活等各个领域，并发挥着越来越重要的作用。在此背景下，政府治理也应充分认识到大数据的重要价值，不失时机引入大数据思维和技术，并在充分分析现实条件的基础上，积极采取措施打造大数据施政平台，不断推动科学决策和优化服务，不断推进治理方式的创新与治理水平的提高。

成果名称：《关于加强地方新型智库建设的几点思考》
作者姓名：张述存
职称：研究员
成果形式：论文
字数：9千字
发表刊物：《东岳论丛》
发表时间：2015年第9期

随着时代的发展变化，智库在服务党委政府科学民主、依法决策方面发挥的作用越来越重要。地方新型智库建设，面临着对决策需求把握不准确、研究成果针对性不强、智库之间交流不畅通、决策咨询程序不规范等突出问题。因此，建设地方新型智库，必须尊重智库发展规律，抓好服务重大决策、创新体制机制、增强地方特色、运用大数据平台、促进多元发展、加强交流合作等关键点，对党政部门、社科院、党校、行政学院、高校、企业、社会等方面智库分类施策，重点打造一批直接为党委政府服务、适应地方经济社会发展需求的高端智库，同时还必须建设智库联盟，形成具有中国特色、富有地方特点的新型智库体系。该文被《新华文摘》2015年第22期全文转载。

成果名称：《以"三个导向"为指引加快现代农业发展——山东省潍坊市的调查及启示》
作者姓名：王兴国
职称：研究员
成果形式：论文
字数：8千字
发表刊物：《中国社会科学报》
发表时间：2015年1月21日

潍坊市委市政府以"三个导向"战略思想为指引，以"解决好地怎么种"为导向加快构建新型农业经营体系，以"缓解地少水缺的资源环境约束"为导向深入推进农业发展方式转变，以"满足吃得好吃得安全"为导向大力发展优质安全农产品，初步摸索出一条具有地方特色的新型农业现代化路子。潍坊市加快现代农业发展的做法和经验，为我们提供了重要借鉴和启示，一是必须坚持走中国特色农业现代化道路；二是必须更好发挥政府在发展现代农业中的职能作用；三是必须紧紧依靠科技进步和创新，推动现代农业发展；四是必须通过全面深化改革，破除制约现代农业发展的体制机制障碍。该文被中国人民大学复印报刊资料《农业经济研究》2015年第6期全文转载。

成果名称：《中国北方农村自杀行为的特点、类型和影响因素：基于一个农业县的田野调查》
作者姓名：李善峰、张璐
职称：研究员、助教
成果形式：论文
字数：12千字
发表刊物：《山东社会科学》
发表时间：2015年第11期

该文承接社会学的理解主义传统，将社会学的个案研究方法和流行病学的统计方法结合起来，探索农村自杀行为背后的社会文化因素，建立一个融社会性别、家庭关系、社会文化和自杀问题于一体的框架，分析自杀行为的产生与社会关系、社会心理和社会环境的复杂关系，从自杀的微观角度理解宏观的社会变迁，并为降低自杀率的干预策略提供理论支持。

成果名称：《自杀行为的研究历程、理论范式和分析方法》
作者姓名：李善峰、闫文秀
职称：研究员、助理研究员
成果形式：论文

字数：14千字
发表刊物：《东岳论丛》
发表时间：2015年第12期

该文对自杀研究进行初步的学术史梳理。通过阅读文献资料发现，自杀既与个人的生物、心理因素有关，也与本人所处的文化和社会环境有关。不同学科对自杀问题的研究，形成了不同的研究视野、理论范式和分析方法。西方的自杀理论不能对中国自杀行为的根源和模式进行有效的和充分的解释，在实证研究和把握日常生活"经验自杀"的基础上，把作为"社会事实"自杀和"社会意义"自杀的分析理念结合起来，建构出具有普遍解释能力的自杀理论，进而与国际学术界进行"对话"，是中国自杀研究学者正在努力的方向。

成果名称：《国家治理中的极端现代主义：流弊与矫治》
作者姓名：卓成霞、郭彩琴
职称：副研究员
成果形式：论文
字数：13千字
发表刊物：《河南社会科学》
发表时间：2015年第8期

极端现代主义是人类社会进步进程中的副产品，人类的过度物欲摧毁了人类作为人生存的基本法则，这种现象跨越时空，在国家建设、治理的不同历史时期都有不同形式的呈现。我们必须审慎对待现代化的冒进及极端现代主义的界限与分水岭，搞清楚究竟什么样的现代化才是现代国家治理的前进方向。

成果名称：《农民住房财产权抵押的制度障碍及解决途径》
作者姓名：张卉林
职称：助理研究员
成果形式：论文
字数：9千字
发表刊物：《甘肃社会科学》
发表时间：2015年第3期

十八届三中全会提出的"农民住房财产权抵押"政策的实施面临现行法律的多重障碍。本文提供了两种可供参考的解决模式：一是突破"房地一体"原则，通过叠加权利的方式解决房屋的土地权源；二是淡化宅基地住房保障功能，有条件突破现有的流转限制，以真正实现宅基地使用权的财产属性。

成果名称：《"新常态"下经济增长动力机制转型三重解析》
作者姓名：范玉波
职称：助理研究员
成果形式：论文
字数：10千字
发表刊物：《经济问题探索》
发表时间：2015年第10期

针对"新常态"背景下的问题，提出应改变经济增长的驱动要素与结构，更加注重对供给的管理、地方政府激励转型以及重构以双轨制为特征的微观基础，重新定位政府、市场与企业的关系，回归市场机制的决定性作用。该文分别被中国人民大学复印报刊资料《社会主义经济理论与实践》、《经济学文摘》全文或部分转载。

成果名称：《"新常态"下的经济升级版：外部性的视角》
作者姓名：范玉波
职称：助理研究员
成果形式：论文
字数：9千字
发表刊物：《东岳论丛》
发表时间：2015年8月

文章以为，要在重视市场规制工具发展的同时，要求政府承担起纠正负外部性的职责，尤其是从梯级推进到优惠政策普适进行顶层设计、从命令控制到经济激励进行政府角色定位以及从民众简单参与到社会组织塑造等多个角度进行制度建设。

成果名称：《基于借鉴日本经验的我国"海上粮仓"建设研究》
作者姓名：孙吉亭、管筱牧
职称：研究员、助理研究员
成果形式：论文
字数：12.9千字
发表刊物：《东岳论丛》
发表时间：2015年第4期

文章认为，随着粮食安全问题的凸显，开发海洋资源，成为拓展新的农业资源、改善膳食结构、缓解粮食安全压力的战略性措施。文章建立海上粮仓的概念模型，提出以发展资源养护型的捕捞业、环境友好型的海水养殖业和消费引导型的海产品加工业为主的"海上粮仓"建设。

成果名称：《东晋南朝的"三吴"考辨》
作者姓名：杨恩玉
职称：副研究员
成果形式：论文
字数：14千字
发表刊物：《清华大学学报（社会科学版）》
出版时间：2015年第4期

东晋南朝"三吴"的含义自唐朝以来就争论不休。主要有丹阳说、会稽说、吴兴说三种不同观点。全面深入考察有关史料，"三吴"有三层含义。狭义的三吴是指吴郡、吴兴和义兴，丹阳和会稽都不在其中。因为吴兴和义兴都由吴郡剖分而来，三者都处在被称为吴中的太湖地区。广义的三吴指东晋南朝全境，三吴的第三个含义是指扬州。该文被中国人民大学复印报刊资料《魏晋南北朝隋唐史》2015年第6期全文转载，被《新华文摘》2015年第20期部分转载。

成果名称：《稳定税负约束下我国现代税制体系的构建与完善》
作者姓名：张念明
职称：助理研究员
成果形式：论文
字数：10千字
发表刊物：《税务研究》
发表时间：2015年第1期

文章认为，从形式上看，稳定税负意味着宏观税负水平的总体稳定，而从实质层面看，稳定税负实际上是以稳定政府支出规模为约束，通过对税负分配进行"有保有压"、有增有减的结构性调整，以推进国家治理体系与治理能力现代化为根本目标导向的基础性、支柱性制度改革与创新。

成果名称：《论涉税信息管理能力与税制结构优化》
作者姓名：张念明
职称：助理研究员
成果形式：论文
字数：10千字
发表刊物：《中南财经政法大学学报》
发表时间：2015年第2期

文章认为，涉税信息管理能力是税制决策力与执行力的实践内核，它有助于扩大税基、降低名义税率、公平税收负担，实现税制的规范与健全，进而和谐税收征纳关系，提高税收遵从度，并通过促进有增有减、统筹平衡的税收结构性调整，实现税制结构的优化。

成果名称：《山东出口贸易竞争新优势培育研究》
作者姓名：李晓鹏
职称：助理研究员

成果形式：论文
字数：9千字
发表刊物：《东岳论丛》
发表时间：2015年第10期

文章认为，近年来，山东出口贸易持续增长，但竞争优势不突出。文章从提高出口产品的技术含量、发展服务出口贸易、促进出口市场多元化等方面提出了积极培育山东新竞争优势的政策建议。该文被《理论学刊》引用1次。

成果名称：《中国渔业内部结构演进分析及调整对策》
作者姓名：孟庆武
职称：助理研究员
成果形式：论文
字数：7千字
发表刊物：《东岳论丛》
发表时间：2015年第5期

文章运用"三轴图"法对我国渔业内部产业结构演进规律进行研究分析，并指出当前我国渔业发展仍以捕捞和养殖为主，渔业产业结构仍处于初级发展阶段，提出了进行渔业资源养护与环境保护、推进渔业制度创新、提高科技创新能力、扶持龙头企业等对策。

成果名称：《农村失能老人照护方式及社会支持研究》
作者姓名：高利平
职称：副研究员
成果形式：论文
字数：19千字
发表刊物：《人口与发展》
发表时间：2015年第4期

该文为国家社会科学基金项目"我国老年福利设施绩效评估与发展方向研究"（14BRK009）的阶段性成果。通过对21位农村失能老人及其照护者问卷调查和深度访谈的数据资料进行分析，文章研究了我国农村失能老人居家照护、社区照护和机构照护三种方式，比较了不同照护方式的优劣及其所适应的老年人群体。指出不同失能程度和家庭结构的老人适合不同的照护方式，进而提出对农村失能老人不同的照护方式进行社会支持的具体路径。

成果名称：《社会转型期群众工作面临的挑战和对策研究》
作者姓名：陈宇佳、王建永
职称：副研究员、主任科员
成果形式：论文
字数：8.2千字
发表刊物：《东岳论丛》
发表时间：2015年第6期

针对社会转型期群众工作面临的一些重大考验和严峻挑战，该文在党的群众工作理念、方式方法、体制机制以及群众工作主体革新等方面展开深入系统的研究，对党的群众工作方法进行认真梳理，有针对性地提出对策建议，对改进新形势下的群众工作方式方法、提高群众工作水平、推动群众工作创新都具有一定的参考价值和较强的应用价值。

成果名称：《论学界对苏俄新经济政策的"过度"解读》
作者姓名：李述森
职称：研究员
成果形式：论文
字数：10千字
发表刊物：《山东社会科学》
发表时间：2015年第11期

论文认为苏俄20世纪20年代实行的新经济政策，表面上看是一个经济范畴的问题，而实际上却是一个政治方面的问题。它具有着先天的内在矛盾性，因而在实行过程中困难重重，并最终落得了被中止的命运。我国学界习惯于从社会主义道路角度去解读它，附加上了许多主观想象的东西。文章的主要观点具有较大的创新性。该文被中国人民大学复印报刊资料《世界社会主义运动》2016年第1期全文转载。

成果名称：《恩格斯与列宁：晚年思想的比较与启示》
作者姓名：李述森
职称：研究员
成果形式：论文
字数：14千字
发表刊物：《东岳论丛》
发表时间：2015年第9期

无论恩格斯还是列宁，晚年思想都发生了重大变化。这些变化涉及马克思主义理论学说的几乎所有重要方面。以往，学界对他们各自的晚年思想进行了较多的研究，但对其进行比较研究的文章尚没有。该文进行这方面的研究，得出了一些有价值的结论。该文被《新华文摘》2015年第23期部分转载。

成果名称：《农村劳动力流动和新农村建设问题探析》
作者姓名：田杨
职称：助理研究员
成果形式：论文
字数：8千字
发表刊物：《东岳论丛》
发表时间：2015年第8期

文章认为，就业、老人赡养和子女教育是农村流动人口面临的基本问题，也是影响他们去留抉择的重要因素，要求加快推进以城乡一体化发展为目标的新农村建设。韩国的新村运动是新农村建设的成功典范，总结借鉴韩国新村运动带来的经验和启示，有助于探索缩小我国城乡差距和推动农村建设的发展路径。

成果名称：《融合历史文化资源与创意产业探讨》
作者姓名：宋暖
职称：助理研究员
成果形式：论文
字数：12千字
发表刊物：《东岳论丛》
发表时间：2015年第4期

在信息化、数字化迅速推进的时代，仅靠传统模式传承发展历史文化资源的方式已然受到空前挑战，而融合创意产业、"活化"历史文化资源则成为保护传承历史文化的创新路径。做到这一点，就必须在文化体制、机制上实现创新，探索活化历史文化资源的创新模式，在保护的基础上，以文化创意为先导，实现创意产业和历史文化资源的完美"联姻"。该文被《新华文摘》2015年第15期部分转载，被中国人民大学复印报刊资料《文化创意产业》2015年第5期全文转载。

成果名称：《城市化进程中的文化遗产保护与文化认同》
作者姓名：宋暖
职称：助理研究员
成果形式：论文
字数：8千字
发表刊物：《理论学刊》
发表时间：2015年第9期

城市化不能以牺牲文化遗产为代价，城市化进程需要加强文化建设，改变陈旧的城市化模式，建设文化型城市。城市化进程容易引发文化认同危机，城市化进程中的内涵缺失是引发文化认同危机的重要因素，城市必须有内涵才能具有吸引力。要实现城市文化认同与文化遗产保护的统一，必须转变思想观念，完成从城市工具理性转变到城市价值理性的建构。该文被《高等学校文科学术文摘》全文转载。

成果名称：《儒家基层治理的当代价值》

作者姓名：苏爱萍
职称：副研究员
成果形式：论文
字数：8.5千字
发表刊物：《东岳论丛》
发表时间：2015年第10期

文章认为，儒家传统政治包含制度实践与政治思想。以传统儒家基层治理为研究对象进行研究，制度设计上，老人制、乡规民约、地方精英的自发行为仍具当代价值。政治思想上，民本思想、觉民行道观念、修身养性思想仍可资借鉴。研究儒家政治应在全面梳理的基础上对其当代价值进行客观认定。

成果名称：《区域海洋旅游竞争力提升研究——以山东省为例》
作者姓名：王苧萱
职称：副研究员
成果形式：论文
字数：8千字
发表刊物：《东岳论丛》
发表时间：2015年第4期

文章在建立海洋旅游竞争力评价体系的基础上，以山东省为例，测定七个沿海城市的海洋旅游竞争力，提出区域海洋旅游竞争力的升级路径，以期提高区域海洋经济的发展质量和国际地位，并加快我国海洋强国战略的实施。

成果名称：《运用唯物主义辩证法应对全盘西化和文化复古两大思潮的挑战》
作者姓名：郝立忠
职称：研究员
成果形式：论文
字数：12千字
发表刊物：《山东社会科学》
发表时间：2015年第1期

该文认为，改革开放以来，随着国际交流的扩大和中国综合国力的迅速提高，两种截然不同的学术思潮逐步在国内学术界形成影响：一种是"与国际接轨，向先进文化看齐"旗帜下出现的对西方思想文化全盘肯定的"全盘西化"观点；另一种是"文化自信"旗帜下出现的对"国学"和儒学全盘肯定的"文化复古主义"。这两种思潮对深化改革开放形成了严重阻碍，必须以唯物主义辩证法为指导，对其予以坚决批判。

成果名称：《新世纪中国马克思主义哲学发展的突破点、着力点和创新点》
作者姓名：郝立忠
职称：研究员
成果形式：论文
字数：11千字
发表刊物：《东岳论丛》
发表时间：2015年第9期

文章认为，进入新世纪，中国特色的马克思主义哲学受到"儒学热"和"西方中心主义"两个方面的挑战，这在本质上是形而上学思潮的死灰复燃。因而，必须立足于中国经济社会发展的需要，把唯物主义辩证法作为推动马克思主义哲学在中国发展的理论基础，把加强哲学形态学研究作为寻求马克思主义哲学在中国发展的突破点，把马克思主义哲学基本精神的凝练作为发展马克思主义哲学的着力点，在理论与实际的动态统一中寻求马克思主义哲学的发展方向和创新点，从社会全面发展的要求中探寻马克思主义哲学的发展动力。只有这样，中国哲学才能走出一条独立发展的道路，成为真正的世界哲学、人民哲学。

成果名称：《用大数据升级政府治理能力》
作者姓名：冯锋
职称：副研究员
成果形式：论文

字数：1.5千字
发表刊物：《人民日报》
发表时间：2015年12月10日

该文认为，大数据蕴藏政府治理大价值，通过打造大数据施政平台，有利于打破数据壁垒、跨越协同鸿沟，促进政府与个人之间、政府与组织之间以及政府部门之间各式各样的信息化交流。该文被人民网、新华网、光明网等几十家网站转载。

成果名称：《地方政府绩效评估的悖论解析》
作者姓名：战旭英
职称：研究员
成果形式：论文
字数：12千字
发表刊物：《中国行政管理》
发表时间：2015年11月

文章认为，由于制度设计不完善，我国地方政府绩效评估产生诸多悖论效果：作为政府科学管理手段的指标量化，却导致选择性关注倾向和努力配置、资源配置的扭曲；基于偏好替代的指标体系设计，体现的是评估方和上级领导的偏好，而非公众的偏好；相对绩效评估可以增加评估的精确度，但其弊端正日益显现；晋升锦标赛表面上实现了"激励相容"，实际却造成"为增长而竞争"；等等。必须从摒弃绩效合法性入手，在合理界定政府职能的基础上建立结果导向机制和全方位开放机制，使公众满意成为政府绩效评估的终极目标，完善绩效评估制度。

成果名称：《城镇化对经济结构转型升级的影响及实现路径——以山东城镇化发展为例》
作者姓名：刘爱梅
职称：副研究员
成果形式：论文
字数：10千字
发表刊物：《山东社会科学》
发表时间：2015年第11期

该文以山东城镇化发展为例研究了城镇化发展对经济结构转型升级的影响，认为城镇化率提升、城镇化体制改革、城镇化模式选择对促进经济结构转型升级有重要意义，提出了双轮驱动提升城镇化率、优化资源配置布局、改革城镇化体制等推进经济结构转型升级的政策建议，为促进我国城镇化发展及经济结构转型升级提供借鉴。

成果名称：《转型期经济增长的动力转变研究——以山东省为例》
作者姓名：颜培霞
职称：助理研究员
成果形式：论文
字数：10千字
发表刊物：《东岳论丛》
发表时间：2015年第6期

该文以山东省为例，在梳理改革开放以来经济增长动力要素的基础上，定量测度了全要素生产率的变化和不同动力要素在不同经济发展阶段对经济增长贡献的大小，提出转型期要从改善投资结构提高投资效率、推动人口红利向人才红利转变、提高创新能力以及深化改革持续释放改革红利等方面入手，加快促进经济增长动力机制的转变。

成果名称：《文化产业与文化核心竞争力培育》
作者姓名：杨梅
职称：研究员
成果形式：论文
字数：7.5千字
发表刊物：《东岳论丛》
发表时间：2015年第5期

文章认为，文化产业是发展繁荣当代文化的必由之路，也是培育文化核心竞争力的必由之路。通过市场作用，文化产业可以强有力地激发文化创新活力，满足人民多样化的文化消费需求；可以增强文化自信，培育文化精品、文化"高峰"，打造国家文化品牌；可以实施特色战略，挖掘历史资源，弘扬传统文化；可以积极参与国际交流，传播中国声音，维护文化安全，让中华文化走向世界。

成果名称：《国学热语境中的鲁迅反传统问题》
作者姓名：张明
职称：副研究员
成果形式：论文
字数：9千字
发表刊物：《东岳论丛》
发表时间：2015年第12期

在狭隘的"正统—异端"眼界下，鲁迅对中国精神文化传统的继承、发展与革新的思想，长期以来被遮蔽了。本文通过细致的论证，阐明了鲁迅从早年的"取今复古，别立新宗"到晚年的"拿来主义"，都是主张以开放的心态对传统进行创造性转化，已达到存续民族文化血脉的目的。该文被《2015年鲁迅研究述评》（载《南华大学学报（社会科学版）》2016年第3期）转引。

成果名称：《资本市场的深化拓展与文化传媒企业的变革转型》
作者姓名：李然忠
职称：编审
成果形式：论文
字数：10千字
发表刊物：《山东社会科学》
发表时间：2015年第12期

该文提出，伴随我国多层次市场的不断建设和推进，我国的资本市场在不断拓展和深化，越来越发挥出其优化资源配置和助推经济转型升级的作用。我国文化传媒产业作为新兴产业，正好迎合了资本市场拓展和深化的发展趋势，大量文化传媒企业得以登陆资本市场，并借助资本市场实现了变革转型。

成果名称：《内圣外王新诠》
作者姓名：石永之
职称：副研究员
成果形式：论文
字数：9.5千字
发表刊物：《周易研究》
发表时间：2015年第5期

该文认为，传统的内圣外王应用于皇权时代的家族社会，在民权取代皇权，家族日益消亡的情况下，应以核心家庭伦理和规则伦理取代家族伦理，并建立不干涉政治的新儒教，此为儒家新内圣。新外王的民主政治以仁爱共识为基础，首先是天下主义；其次是平等自由主义。内圣外王依据人的不同能力，政治哲学依据人的理性能力，内圣之学依据人对德性天道的信仰。儒家内圣外王的新连接应该回到儒家的源头活水处，合孟荀，折衷于孔子，其思想结构就是：仁爱、平等、自由。

成果名称：《全球视野下儒学的当代价值与未来展望》
作者姓名：石永之
职称：副研究员
成果形式：论文
字数：6.5千字
发表刊物：《光明日报》
发表时间：2015年10月12日

该文就第二届中韩儒学交流大会的内容，综合有关学者的论述探讨了儒学的当代价值，尤其是儒学在治国理政与道德建设方面的作用。文章被光明网、齐鲁网、凤凰网等多家媒体转载。

成果名称：《融入"一带一路"抢抓境外园区发展新契机》

作者姓名：荀克宁
职称：研究员
成果形式：论文
字数：9.5千字
发表刊物：《理论学刊》
发表时间：2015年第10期

论文基于"一带一路"战略实施背景，指出"一带一路"是对外开放的创新之路，也是我国境外园区发展的新契机。面对新形势，我们要顺势而为，抢占先机，积极布局和打造各类境外园区，在园区合理选址、园区特色培育、园区文化建设、园区政策集聚、园区本土化对接等多方面做好谋划与实施，借助境外园区这一产业合作平台，推进境外投资和产能转移步伐。文章提出了新的发展对策思路，对于我国包括山东境外园区的发展有着积极的指导意义。

成果名称：《打造俄蒙境外园区 构筑山东"一带一路"建设新平台》
作者姓名：荀克宁
职称：研究员
成果形式：论文
字数：9.6千字
发表刊物：《东岳论丛》
发表时间：2015年第2期

论文指出"一带一路"是传承"古丝绸之路"多民族融合精神，再现我国对外开放新辉煌的重要战略，山东作为"一带一路"最东端的重要省份，必须积极融入，努力作为，借助境外园区新平台，实现对外经济新发展。文章以俄蒙这两个重要沿线国家为对象，探析了率先在两国打造境外园区的优势条件、对策思路，以及合作重点等问题。该研究对于山东在"一带一路"时代背景下加快"走出去"步伐，构建对外开放新格局具有积极的意义。

成果名称：《既补精神之"钙"也扎制度之"笼"：把思想建党和制度治党紧密结合起来》
作者姓名：韩冰
职称：副研究员
成果形式：论文
字数：2千字
发表刊物：《人民日报》
发表时间：2015年11月19日

文章认为，坚持思想建党和制度治党紧密结合，是全面从严治党的重要原则，集中体现了以习近平同志为总书记的党中央对建党治党规律的深刻把握。重视从思想上建党，是我们党的显著特点和重要优势；坚持制度治党，是我们党对自身建设正反两方面经验教训的深刻总结，是对现代政党治理规律的遵循运用，是解决党建问题的必然选择。新的时代条件下从严治党，必须既靠思想自律，又靠制度他律，既补精神之"钙"，也扎制度之"笼"，坚持两者同向发力、同时发力。

成果名称：《我国海湾城市可持续发展问题研究》
作者姓名：王萍
职称：馆员
成果形式：论文
字数：8千字
发表刊物：《东岳论丛》
发表时间：2015年第8期

文章认为，海湾城市在经济快速发展过程中，面临环境污染、经济结构转型等一系列持续发展问题，严重阻碍了海湾城市的持续健康发展。从根本上解决海湾城市当前存在的发展问题，必须转变发展观念，探索新型城市发展模式。海湾城市可持续发展模式主要包括创新模式、生态模式、低碳模式3种基本类型，城市在实际发展过程中可能采取其中的某一种或是某几种模式的交叉。

成果名称：《自有还是雇佣农机服务：

家庭农场的两难抉择解析——基于新兴古典经济学的视角》

作者姓名：王新志

职称：副研究员

成果形式：论文

字数：12千字

发表刊物：《理论学刊》

发表时间：2015年第1期

该文认为，我国应该顺应农业机械化快速发展的趋势，鼓励家庭农场走上雇佣专业化农机服务而非自给自足的农业机械化发展道路；政策扶持的重点应该是逐步提高农机服务专业化程度和农机服务交易效率，以使家庭农场能够获得低成本、便利化、高质量的农机专业化服务。

成果名称：《"黄三角"高效生态经济区发展高端服务业的途径》

作者姓名：尹燕霞

职称：副研究员

成果形式：论文

字数：9千字

发表刊物：《东岳论丛》

发表时间：2015年第5期

该文认为，在"黄三角"高效生态经济区发展高端服务业，对积极开创、发展高效生态经济区新模式具有探索意义。概念不清、思想落后、改革步伐慢、体制特别是行政区划管理体制制约是高效生态经济区高端服务业快速发展的主要阻碍因素。要解放思想、提高认识、深化改革、创新发展，特别是要调整"黄三角"高效生态经济区区域行政区划，组建国家级新区，拓宽发展高端服务业的途径，以促进"黄三角"高效生态经济区高端服务业协调、快速、健康发展。

成果名称：《"内圣外王"之拘蔽与法治理念之转出》

作者姓名：路德斌

职称：研究员

成果形式：论文

字数：13.8千字

发表刊物：《周易研究》

发表时间：2015年第5期

文章认为，随着国家形态由"分封制"向"郡县制"的转变，从孔、孟到荀子，儒家的治道理念也经历并完成了一次实质性的转进和发展，即由以"正心"为本的"德治"之道转向以"治身"为急的"法治"之途。依荀子之见，前儒将内圣外王定于一本、修齐治平归于修身，看起来是寻根务本，一劳永逸，但其实潜含着很严重的理论偏差，因为内圣、外王实非一事，修齐、治平其道不同。治道之本不在"心"，而是"礼义法度"。

成果名称：《贸易自由化对出口产品质量的影响效应——基于中国微观制造业企业的实证研究》

作者姓名：刘晓宁

职称：助理研究员

成果形式：论文

字数：11千字

发表刊物：《国际贸易问题》

发表时间：2015年第8期

该文就贸易自由化对出口产品质量升级的影响效应进行了微观层面的探讨和实证检验。研究结果表明：贸易自由化对接近世界质量前沿的产品质量升级具有积极效应（规避竞争效应），而对远离世界质量前沿的企业产品质量升级具有消极效应（气馁效应）。

成果名称：《中国的关税消减促进了异质性企业的出口参与吗？——基于制造业企业微观数据的实证检验》

作者姓名：刘晓宁

职称：助理研究员

成果形式：论文

字数：13千字

发表刊物：《世界经济研究》
发表时间：2015年第11期

该文在异质性企业贸易理论模型基础上，运用企业层面和细分行业的海关数据，对中国进口关税消减带来的出口促进效应进行了实证分析。研究发现，进口关税的消减对企业的出口参与和出口密度决策均具有显著的正向影响，对劳动密集型企业的影响高于资本密集型企业，对一般贸易企业的影响高于加工贸易企业。

成果名称：《依托新亚欧大陆桥深化山东对外开放》
作者姓名：李广杰、刘晓宁
职称：研究员、助理研究员
成果形式：论文
字数：9千字
发表刊物：《东岳论丛》
发表时间：2015年第2期

文章认为，山东作为新亚欧大陆桥沿线的经济大省，应立足自身区位交通、产业基础和开放载体优势，以深化对中亚和欧洲的经贸合作为主线，以打造多元路桥运输体系和建设区域性国际商贸中心为突破口，着力构建以青岛、日照为主体的大陆桥"东方桥头堡"，完善全方位、宽领域、深层次的对外开放格局。

成果名称：《关税减让与异质性企业出口强度——基于中国制造业企业的实证研究》
作者姓名：刘晓宁
职称：助理研究员
成果形式：论文
字数：8千字
发表刊物：《江西社会科学》
发表时间：2015年第5期

该研究将企业数据与海关数据相匹配，实证分析我国加入WTO后施行的关税减让对异质性企业出口强度的影响。总体而言，关税减让对企业的出口强度具有非显著的正向影响；关税减让对外资企业的影响高于本土企业，对劳动密集型企业的影响高于资本密集型企业，对一般贸易企业的影响高于加工贸易企业。这些结论为我国加入WTO后出口贸易的迅速增长，特别是集约边际的演化提供了微观解释。该文被中国人民大学复印报刊资料全文转载。

成果名称：《以资源整合服务下沉推动社会治理创新——淄博市"四三二"工作格局推进社会治理创新的调查与思考》
作者姓名：侯小伏
职称：研究员
成果形式：论文
字数：11千字
发表刊物：《东岳论丛》
发表时间：2015年第7期

该文认为，传统的社会服务管理体制存在着资源配置不到位、重复浪费、效率低下、监督不足等问题，淄博市开展的"四三二"工作格局，通过对社会服务管理部门之间及其与社区组织的关系进行资源优化整合，推进服务管理部门职能下沉，为社会治理创新提供了重要借鉴。政府主导推进的基层综合治理改革与社会协同治理改革应同步进行，资源多元供给、治理的多元参与以及注意政府管理的合理权力边界是今后社会治理创新的重要着力点。

成果名称：《我国妇女发展的现状与问题研究——以山东省为例》
作者姓名：王毅萍
职称：研究员
成果形式：论文
字数：9.6千字
发表刊物：《东岳论丛》
发表时间：2015年第3期

该文认为，妇女发展离不开社会的进

步。随着经济社会的发展，我国妇女发展环境进一步优化，妇女健康水平全面提升，妇女的教育环境进一步改善，妇女的经济地位和政治参与水平不断提高，妇女儿童合法权益得到有效维护，婚姻家庭关系稳定，生活方式有所变化，女性自立意识增强。但是，女性家务负担沉重，参与决策程度较低，农村女性社会参与意识和法律维权意识薄弱，男女两性收入差距呈扩大趋势。女性在就业数量和就业质量上有待提高，妇女的社会保障有待于进一步加强，城乡老年女性生活照料和文化生活有待进一步改善。

成果名称：《浅议新诗百年发展过程中的文体建设——以贺敬之的政治抒情诗为例》
作者姓名：杜玉梅
职称：副研究员
成果形式：论文
字数：10 千字
发表刊物：《东岳论丛》
发表时间：2015 年第 2 期

文章认为，从早期白话诗至今，中国新诗的探索进入了新的时代。回顾百年新诗的发展轨迹，起伏与转折常令人始料不及；从文化的角度考察新诗的百年探索，充分认识和分析不同诗歌文体的历史价值和美学价值，就要重新审视和把握这其间发生的、容易被忽略的重要的文化现象。政治抒情诗对新诗发展的贡献在于建立一种相对规范的文体，并且在几十年的时间内能够进行持续的创作，这种文化现象对于诗歌的发展影响深远。在新诗百年探索的大背景下，考察作为政治抒情诗的代表性人物贺敬之及其艺术情怀，认识政治抒情诗的成就和历史价值是十分重要的。

成果名称：《新产业生态系统竞争——兼对智能手机和智能汽车新产业生态系统图的绘制》
作者姓名：吴炜峰、杨蕙馨
职称：副研究员、教授
成果形式：论文
字数：10 千字
发表刊物：《经济社会体制比较》
发表时间：2015 年第 6 期

该文通过比较产业生态系统、商业生态系统与新产业生态系统的异同，提出新产业生态系统的明确定义，构建了新产业生态系统的竞争模型，并讨论了群落内部竞争及平台的演化，绘制了智能手机和智能汽车新产业生态系统图，提出相应的政策建议。

成果名称：《康德义务伦理学与当代中国道德文化重建》
作者姓名：涂可国
职称：研究员
成果形式：论文
字数：13 千字
发表刊物：《理论学刊》
发表时间：2015 年第 8 期

该文认为，义务是康德实践理性批判的核心范畴，康德把义务视作整个伦理学理论架构的基石。康德义务伦理学具有普遍主义、超验主义和人本主义三大特征。当代中国社会由于传统道德纲常体系瓦解，而新的规范体系尚未建立起来，整个社会道德生活陷入失序、失控、失范的状态。因此，重温康德义务伦理学，对于当代中国道德文化重建有重要启示意义。

成果名称：《社会儒学建构：当代儒学创新性发展的一种选择》
作者姓名：涂可国
职称：研究员
成果形式：论文
字数：15 千字
发表刊物：《东岳论丛》
发表时间：2015 年第 10 期

该文认为，由于内容、方法和存在形

态的不同，形成了各种各样的儒学类型。根据时代特点和儒学发展的需要，应当建构社会儒学。在某种意义上可以说，儒学即是社会儒学，儒学从总体上表现为社会儒学。社会儒学可以分为三个方面：一是作为思想内容的社会儒学，二是作为功能实现的社会儒学，三是作为存在形态的社会儒学。社会儒学对于儒学的传承、发展、创新以及传播、普及、应用具有重大意义：一是助成儒学的结构优化，二是强化儒学的整合统一，三是促进儒学的经世致用。要积极推动社会儒学的当代重建，除了要推动儒学与不同社会科学的融合、强化各种具体社会儒学的整合、挖掘传统社会儒学丰富资源外，还要完善儒学社会化的通道与机制：一是政治化，二是大众化，三是现代化，四是世俗化，五是全球化。

成果名称：《中国特色社会主义消费文化刍探》
作者姓名：张凤莲
职称：研究员
成果形式：论文
字数：10千字
发表刊物：《山东社会科学》
发表时间：2015年第10期

该文认为，中国特色社会主义消费文化以中国优秀传统消费文化为根基和土壤，以经典马克思主义消费文化理论为指导，内容丰富厚实，特征独特鲜明。其中，满足广大人民群众日益增长的物质和精神文化生活需求是其本质要求和方向目标，厉行节约、反对浪费是其根本原则，追求适度消费和精神文化消费是其重要理念。在新的历史时期，发展中国特色社会主义消费文化，对培育践行社会主义核心价值观、引导现实消费科学健康发展、推动经济社会和人的全面发展等，都具有重大的理论意义和现实意义。

成果名称：《文化消费增长的经济效应及促进机制研究》
作者姓名：张凤莲
职称：研究员
成果形式：论文
字数：7千字
发表刊物：《东岳论丛》
发表时间：2015年第6期

该文认为，长期以来，学术界大多把文化消费作为一种精神文化现象加以关注研究，更重视其社会效应。而从文化经济融合发展、文化消费经济效应的视角来看，文化消费既能促进经济发展"量"的增长，也能推动经济发展"质"的提升。要推动文化消费增长，提升文化消费的经济效应，必须厘清影响文化消费增长的各种因素及其相互关系，并遵循文化消费发展的规律和实际构建长效动力机制。

成果名称：《儒家人的存在完善思想论析》
作者姓名：孙聚友
职称：研究员
成果形式：论文
字数：10千字
发表刊物：《东岳论丛》
发表时间：2015年第12期

该文认为，人的存在完善的思想，是儒家思想的主体内容，也是儒家思想的价值追求。儒家思想对人的存在完善的认识，是以追求和谐的社会秩序、和谐的经济关系和和谐的身心修养为其基本内容的。和谐的社会秩序是人的存在完善的前提，和谐的经济关系是人的存在完善的基础，和谐的身心修养是人的存在完善的保证。实现人的存在完善的方法，应当持守"和而不同"的基本精神、"利用厚生"的基本措施和"己所不欲，勿施于人"的基本原则，这是和谐社会秩序建构、和谐经济关系确立、和谐身心关系实现的重要指导原则和实践方法。儒家关于人的存在完善的思想，对于解决全球化进程中出现的问题，有其现实的理论意义和社会作用。

成果名称：《儒家的社会和谐管理思想》
作者姓名：李军
职称：研究员
成果形式：论文
字数：10千字
发表刊物：《东岳论丛》
发表时间：2015年第12期

该文认为，儒家文化作为中国传统文化的重要组成部分，蕴含着极为丰富的社会和谐管理思想。就其内容而言，主要表现为：一是重视社会的纲纪规范作用，主张通过持守礼义法度来建构和谐的社会秩序，保证社会的有序运行发展；二是强调民众在社会发展中的作用，主张通过实行保民爱民的为政方针，来实现社会的和谐运行；三是重视社会的教化管理，主张通过道德教化和谐人们之间的关系。儒家关于社会和谐的管理思想，在中国传统社会的进步发展中，具有着重要的历史文化价值。

成果名称：《清代山东才女的写作与日常生活》
作者姓名：王蕊
职称：副研究员
成果形式：论文
字数：12千字
发表刊物：《东岳论丛》
发表时间：2015年第10期

该文主要利用山东女性自己书写的第一手诗文资料以及地方志、碑文中的相关记载来考察才女们的创作、婚姻状态、日常生活等，通过考述分析写作对于才女们的夫妻关系、日常劳作、日常交际产生的影响，厘清儒家伦理、清代法律中关于夫主妇从、男尊女卑、男主外女主内等规范与制度在山东士人阶层女性日常生活中的实践状况。

成果名称：《"一带一路"战略视角下山东开放型经济发展路径研究》
作者姓名：王爽
职称：助理研究员
成果形式：论文
字数：8千字
发表刊物：《东岳论丛》
发表时间：2015年第11期

该文认为，山东东部沿海港口城市是我国"一带一路"建设的重要节点，具备参与"一带一路"建设区位交通、产业基础、对外开放等诸多优势，应紧紧把握国家"一带一路"建设的重大战略机遇，深度参与国际区域合作，不断拓展对外经贸合作领域和空间，促进山东对外经贸结构优化和竞争力提升，在推动实现国家战略的同时，谱写山东对外开放的新篇章。

成果名称：《从生产型社会向消费型社会的转型：困境及破解——基于公共物品供给的视角》
作者姓名：姜玉欣
职称：助理研究员
成果形式：论文
字数：10千字
发表刊物：《山东社会科学》
发表时间：2015年第11期

该文认为，消费作为经济发展重要支撑的长效机制并未真正建立的根源在于我国高积累低消费的发展模式为生产型社会向消费型社会的转型提供必要的支撑条件，要在宏观和微观两个方面重构公共物品供给机制。该文被《新华文摘》网络版2016年第3期全文转载。

成果名称：《全面深化改革"面面观"》

作者姓名：唐洲雁等
职称：研究员
成果形式：著作
字数：125千字
出版单位：人民出版社
出版时间：2015年6月

该书根据党的十八届三中全会精神对全面深化改革若干重大问题进行深入研究，是山东社会科学院创新工程重大项目的研究成果。内容紧紧围绕全面深化改革这个主题，涵盖经济、政治、文化、社会、生态等诸方面，对全面深化改革的原则、方向、道路、目标等重大问题进行了深入阐释，具有鲜明的时代性特点。

成果名称：《山东融入"一带一路"建设战略研究》
作者姓名：郑贵斌、李广杰
职称：研究员、研究员
成果形式：著作
字数：382千字
出版单位：人民出版社
出版时间：2015年4月

该书是山东社会科学院立足山东省情和发展实际，就贯彻落实国家"一带一路"战略进行课题研究形成的成果。这部著作在系统梳理我国实施"一带一路"开放新战略的大环境、意义及基本架构的基础上，回顾了我国重点省市参与"一带一路"建设的做法及启示。对山东参与、融入并推进"一带一路"建设进行了深入的SWOT分析，提出了山东发展的总体建设思路、战略定位和发展目标，探讨了未来建设的方略。2015年5月20日，《光明日报》刊发专版推介该成果。

成果名称：《新型智库建设理论与实践》
作者姓名：崔树义、杨金卫
职称：研究员、研究员
成果形式：著作
字数：180千字
出版单位：人民出版社
出版时间：2015年6月

该书从中国特色新型智库的定义，建设中国特色新型智库的目的和原因，国外智库建设的成功秘诀，我国智库建设面临的问题，建设新型智库必须处理好的四个关系，新型智库考核评价的标准，加强新型智库建设的制度保障，建设新型智库必须实施社会科学创新工程等八个方面，对中国特色新型智库的建设提出了思考和建议。2015年2月24日，《光明日报》推介该成果。

## 第六节 学术人物

建院以来正高级专业技术人员

| 姓名 | 出生年月 | 学历/学位 | 职务 | 职称 | 主要学术兼职 | 代表作 |
| --- | --- | --- | --- | --- | --- | --- |
| 张艾民 | 1921.12 | 大学 | — | 研究员 | — | 《国外海洋开发与研究》（编译）、《苏联〈哲学问题〉杂志关于人的问题的讨论》（译文） |
| 孙祚民 | 1923.4 | 大学 | — | 研究员 | — | 《中国农民战争问题探索》《中国古代民族关系问题探究》《建国以来中国民族关系史若干理论问题研究评议》 |

续表

| 姓名 | 出生年月 | 学历/学位 | 职务 | 职称 | 主要学术兼职 | 代表作 |
|---|---|---|---|---|---|---|
| 戚其章 | 1925.3 | 大学 | — | 研究员 | — | 《北洋舰队》《甲午战争与近代社会》《中国近代社会思潮史》《中日战争》《晚清海军兴衰史》 |
| 于首奎 | 1927.10 | 大学 | — | 研究员 | — | 《两汉哲学新探》《春秋繁露校释》《中国古代著名哲学家评传》 |
| 徐继孔 | 1929.9 | 大学 | — | 研究员 | — | 《国外海洋开发与研究》（编译）《合理利用大自然的理论问题》（译文） |
| 王文英 | 1930.4 | 大学 | 原哲学研究所所长 | 研究员 | — | 《马克思主义哲学在新时期的运用和发展》 |
| 李永先 | 1930.6 | 大专 | — | 研究员 | — | 《齐鲁文史之谜》《扁鹊·秦越人辨析》 |
| 王训礼 | 1930.10 | 高中 | 原社会学研究所所长 | 研究员 | — | 《山东省社会稳定问题研究》《关于马克思主义社会学的研究对象》《正确认识和对待我国农民阶级》 |
| 蒋铁民 | 1931.5 | 大学 | 原海洋经济研究所副所长 | 研究员 | — | 《中国海洋区域经济研究》《国外海洋开发与研究》《21世纪我国海洋经济可持续发展的展望》 |
| 陈远 | 1931.11 | 硕士研究生 | — | 研究员 | — | 《方法大辞典》（编著）、《警世人物传》（编著）、《中华名著要籍精诠》（编著） |
| 曹维源 | 1932.12 | 大学 | — | 研究员 | — | 《经济哲学论纲》《生产力因素研究与开发》《用文明精神建设精神文明》 |
| 逄振镐 | 1933.2 | 大学 | — | 研究员 | — | 《山东经济史（三卷）》《莒国史略》《东夷及其史前文化试论》 |

续表

| 姓名 | 出生年月 | 学历/学位 | 职务 | 职称 | 主要学术兼职 | 代表作 |
|---|---|---|---|---|---|---|
| 丁尔纲 | 1933.3 | 大学 | — | 研究员 | | 《丁尔纲新时期文论选择》《新时期文学思潮论》《茅盾评传》《茅盾人格》《茅盾翰墨人生八十秋》 |
| 鞠茂勤 | 1933.10 | 高中 | 原党委书记、院长 | 研究员 | | 《山东革命传统研究》《活跃繁荣社会科学研究的几点认识和思考》 |
| 郭墨兰 | 1933.11 | 大学 | 原《东岳论丛》杂志社总编 | 编审 | | 《中华龙凤文化缘起东方考略》《孔子"欲居九夷"探析》《孔子对中华古代语言统一的贡献》 |
| 赵长峰 | 1934.1 | 硕士研究生 | 原副院长 | 研究员 | | 《生产力标准理论在我国的失而复得及其发展》《科学社会主义的历史性突破》 |
| 陈玮 | 1934.7 | 大学 | — | 研究员 | | 《马克·吐温传奇》（译著）、《苏联经验重探》（译著）、《社会学思想简史》（译著） |
| 王培智 | 1934.9 | 大学 | — | 研究员 | | 《软科学知识辞典》（编著）、《论思想政治工作方法的认识论哲学基础》 |
| 于时化 | 1935.7 | 大学 | — | 译审 | | 《中国的传统思想与现代》《日本关于日清战争的资料、研究、评论和国民意识的评介》 |
| 张鸿科 | 1935.10 | 大学 | 原《学习月刊》编辑部总编 | 编审 | | 《试论朱德同志的唯物主义军事路线》《改进文风 势在必行》 |
| 崔延森 | 1935.2 | 硕士研究生 | 原经济研究所副所长 | 研究员 | | 《建立有利于发挥国营商业主导作用的批发商业新格局》《新亚欧大陆桥山东段桥头堡与经济带建设初步构想》 |

续表

| 姓名 | 出生年月 | 学历/学位 | 职务 | 职称 | 主要学术兼职 | 代表作 |
|---|---|---|---|---|---|---|
| 王欣荣 | 1936.5 | 大学 | — | 研究员 | — | 《大众情人传：多视角下的巴人》《巴人论稿》《王任叔的鲁迅思想研究》《甼学论纲》 |
| 许润芳 | 1936.9 | 大学 | 原农村经济研究所副所长 | 研究员 | — | 《扭转山东省种植业徘徊局面的对策研究》《试论社会主义市场经济文明观》 |
| 赵宗正 | 1936.11 | 硕士研究生 | 原儒学研究所所长 | 研究员 | — | 《中国儒家学术思想史》（编著）、《儒学大辞典》（编著）、《颜李学派的实学思想》 |
| 孔繁信 | 1937.3 | 大学 | — | 研究员 | — | 《历代边塞诗赏析》《重辑社善夫集》《试论南北曲的合流与发展》 |
| 杨克定 | 1937.3 | 大学 | — | 研究员 | — | 《关于动词"走"行义的产生问题》 |
| 谢祥皓 | 1937.3 | 大专 | 原儒学研究所副所长 | 研究员 | — | 《庄子导读》、《孙子集成》（合辑）、《中国兵学》（三卷本）、《〈晋阳秋〉杂考》 |
| 路 遇 | 1937.1 | 大学 | 原人口学研究所所长 | 研究员 | — | 《清代和民国山东移民东北史略》《中国人口通史（二卷本）》《新中国人口五十年（二卷本）》《论中国人口可持续发展战略》 |
| 刘荣勤 | 1938.1 | 大学 | 原农村经济研究所所长 | 研究员 | — | 《农村合作经济的理论和实践》《论社区性合作经济发展模式》 |
| 张念书 | 1938.1 | 大学 | 原政工处处长 | 研究员 | — | 《论功利主义价值观对中国传统道德的冲击》《范仲淹对民本思想的实践》 |
| 王连法 | 1938.12 | 大学 | — | 研究员 | — | 《当代真理论》《政治哲学》《哲学新形态》《社会主义市场经济的哲学论纲》 |

续表

| 姓名 | 出生年月 | 学历/学位 | 职务 | 职称 | 主要学术兼职 | 代表作 |
| --- | --- | --- | --- | --- | --- | --- |
| 李恒川 | 1938.12 | 大学 | — | 译审 | — | 《德国社会市场经济与中国经济体制改革》《国家在社会市场经济中的作用》 |
| 鲁士恭 | 1938.12 | 大学 | 原法学研究所所长 | 研究员 | — | 《中国地方国家权力机关》、《中西代议机构比较》（编著）、《当代中国党政关系研究》（编著） |
| 卢培琪 | 1939.10 | 大学 | 原党委副书记、院长 | 研究员 | — | 《邓小平理论与山东发展》《毛泽东与马克思主义中国化》《在思维的制高点上》 |
| 吕景琳 | 1940.11 | 大学 | 原历史研究所所长 | 研究员 | — | 《洪武皇帝大传》《明代东昌王学述论》 |
| 郑培迎 | 1940.11 | 大学 | 原海洋经济研究所副处级调研员 | 研究员 | — | 《海洋产业优化模式》《中国海湾经济研究》《海上山东建设战略研究》 |
| 申春生 | 1941.3 | 大专 | — | 研究员 | — | 《山东抗日根据地史》《山东抗日根据地的两次货币斗争》 |
| 赵延庆 | 1941.10 | 大学 | 原历史研究所副所长 | 研究员 | — | 《山东解放区发展史》《论中国抗日战争在世界反法西斯战争中的贡献和作用》 |
| 陈建坤 | 1942.3 | 大专 | 原副院长 | 研究员 | — | 《基层领导学》《领导协调论》《做好构建社会主义市场经济新体制的大文章》 |
| 鲁 仁 | 1942.11 | 硕士研究生 | 原科学社会主义研究所所长 | 研究员 | — | 《爱丽舍宫百年内幕》《深化国有企业改革的政治性制约因素及疏理对策研究》 |
| 贾炳棣 | 1943.1 | 大学 | — | 编审 | — | 《李清照秦观诗词精选》《论审美主体的能动性》《古典主义艺术和浪漫主义、现实主义典型比较》 |
| 王立鹏 | 1943.5 | 大学 | — | 研究员 | — | 《中国小说史》《中国小说价值观的变革轨迹》 |

续表

| 姓名 | 出生年月 | 学历/学位 | 职务 | 职称 | 主要学术兼职 | 代表作 |
|---|---|---|---|---|---|---|
| 吴桂荣 | 1944.4 | 大学 | — | 编审 | — | 《人学研究的当代走向和实践人学的构想》《经济全球化的哲学思考》《构建社会主义市场经济体制的实践纲领》 |
| 崔铭芝 | 1944.5 | 大学 | 原文献信息中心主任 | 研究馆员 | — | 《学习邓小平同志关于信息问题的论述》《破除封建迷信是精神文明建设的一项重要任务》 |
| 郑克中 | 1944.7 | 大学 | — | 研究员 | — | 《客观效用价值论——重构政治经济学的微观基础》《中国的通货膨胀：原因与教训》 |
| 宋士昌 | 1944.9 | 大学 | 原党委书记、院长 | 研究员 | — | 《邓小平理论论纲》《从邓小平到江泽民》《科学社会主义通论（四卷本）》 |
| 王其俊 | 1944.10 | 大学 | — | 研究员 | — | 《孟学新探》《论先秦儒家社会和谐统一观》《论孟子的社会变迁思想》 |
| 乔 力 | 1944.10 | 初中 | — | 研究员 | — | 《二十四诗品探微》《晁补之词编年笺注》《山东文学通史》《唐五代诗选》 |
| 彭立荣 | 1944.10 | 大学 | 原社会学研究所所长 | 研究员 | — | 《婚姻管理学》《儒文化社会学》《历代名人治家之道》《家庭教育学》（专著） |
| 刘淑琪 | 1945.1 | 大学 | — | 研究员 | — | 《当代日本市场经济模式研究》《从按劳分配规律的本质规定谈收入差距》 |
| 马传栋 | 1945.2 | 大学 | 原经济研究所所长 | 研究员 | — | 《生态经济学》《城市生态经济学》《资源生态经济学》 |
| 卢新德 | 1945.3 | 硕士研究生 | 原对外经济研究所所长 | 研究员 | — | 《科技进步与企业国际化经营》《信息传播全球化与中国企业经营国际化战略》 |

续表

| 姓名 | 出生年月 | 学历/学位 | 职务 | 职称 | 主要学术兼职 | 代表作 |
|---|---|---|---|---|---|---|
| 李匡夫 | 1945.4 | 大专 | — | 研究员 | — | 《中国社会经济开发理论探索》《议政恳言》《论社区自治》 |
| 张鸿魁 | 1945.10 | 硕士研究生 | — | 研究员 | — | 《金瓶梅语音研究》《临清方言志》《金瓶梅字典》 |
| 林辉基 | 1945.12 | 大学 | — | 研究员 | — | 《马克思主义领导哲学论纲》《科学发展观与和谐世界论》《马克思主义在中国的早期传播》 |
| 刘宗贤 | 1946.6 | 大学 | — | 研究员 | — | 《陆王心学研究》《当代东方儒学》《儒家伦理——秩序与活力》《儒家伦理精神及其现代意义》 |
| 孟庆仁 | 1946.6 | 大学 | — | 研究员 | — | 《一个新历史观的足迹》《科学世界观的历程》《现代唯物史观大纲》《论人类社会历史发展的道路和动因》 |
| 董建才 | 1946.6 | 大学 | 原科研组织处处长 | 研究员 | — | 《当代中国通货膨胀问题概观》《社会主义劳动论》《邓小平经济理论研究》 |
| 刘爱荣 | 1946.8 | 大专 | 原文献信息中心副主任 | 研究馆员 | — | 《试论战略目标转移中的科教兴国战略》 |
| 王如绘 | 1946.9 | 大学 | 原历史研究所所长 | 研究员 | — | 《近代中日关系与朝鲜问题》《〈江华条约〉与清政府》 |
| 王连仲 | 1946.9 | 硕士研究生 | — | 编审 | — | 《"代沟"横议》《冰心的诗和泰戈尔的〈飞鸟集〉》 |
| 刘书鹤 | 1946.9 | 大学 | — | 研究员 | — | 《农村老年学》《老年教育学》《建立有中国特色的老年保障体系》 |
| 杨 政 | 1946.10 | 大学 | — | 研究员 | — | 《山东青年作家与齐鲁文化》《简论新时期的山东小说创作》 |
| 丁少敏 | 1947.6 | 大学 | — | 研究员 | — | 《发展与起飞：转型中的山东经济》《关于市场疲软的理论思考》 |

续表

| 姓名 | 出生年月 | 学历/学位 | 职务 | 职称 | 主要学术兼职 | 代表作 |
|---|---|---|---|---|---|---|
| 王荣栓 | 1947.11 | 大专 | — | 研究员 | — | 《重读马克思》《哲学原理新论》《人生与精神修养》《科学是一种精神》《逻辑思维与科学发现》 |
| 陈启智 | 1947.12 | 初中 | — | 研究员 | — | 《中国儒学史·隋唐卷》《儒家思想与东亚模式》《儒学理论的系统研究》《齐鲁之学与齐国政治》 |
| 陈冬生 | 1948.11 | 大学 | — | 研究员 | — | 《山东农业开发史》《齐国兴衰史研究》《齐量制辨析》 |
| 李鑫生 | 1948.12 | 大专 | — | 研究员 | — | 《现代工商企业管理》《社会管理心理学》《中老年心理的社会学透视》 |
| 王秀银 | 1949.3 | 大学 | 原人口学研究所所长 | 研究员 | — | 《人口控制比较研究》（合著）、《关于人口现代化的几点思考》（论文） |
| 冯天策 | 1949.9 | 大专 | — | 研究员 | — | 《信仰导论》《宗教论》《论情感在人类信仰活动中的二重性作用和历史消长》 |
| 李忠林 | 1950.10 | 大专 | 原党委副书记 | 研究员 | — | 《山东省国有资产管理运营体制改革和调整重组研究》 |
| 李建军 | 1950.12 | 大普 | 原党委副书记 | 研究员 | — | 《指导我国哲学社会科学发展繁荣的纲领性文献——学习江泽民同志关于哲学社会科学的三篇重要讲话》《丧失阶级性必然导致先进性》（论文） |
| 韩民青 | 1952.4 | 高中 | 原副院长 | 研究员 | — | 《物质形态进化初探》、《唯物论的现代探索》、《人类的结局》、《意识论》、《人类论》、《文化论》、《文化的历程（三卷本）》 |
| 鹿 立 | 1954.1 | 大学 | 原人口学研究所副所长 | 研究员 | — | 《济南市人口与可持续发展研究》《中国生殖健康产业发展研究》《人才战略的人口经济学研究》 |

续表

| 姓名 | 出生年月 | 学历/学位 | 职务 | 职称 | 主要学术兼职 | 代表作 |
| --- | --- | --- | --- | --- | --- | --- |
| 李少群 | 1954.3 | 大学 | 原语言文学所所长 | 研究员 | 中国现代文学研究会理事，山东文学评论研究会副主席 | 《李广田传论》《中国现代女性文学研究》《新文化要义》 |
| 张　华 | 1954.3 | 博士研究生 | 山东省政府参事、原山东社科院党委书记 | 研究员 | — | 《山东半岛蓝色经济区战略研究》《现代性与文学性——关于中国现代文学研究的反思》《难辩亦辩：文学与道德》 |
| 郑贵斌 | 1954.3 | 博士研究生 | 原副院长 | 研究员 | — | 《"海上山东"建设概论》《蓝色战略》《海洋经济集成战略》《乡镇企业发展研究》 |
| 王爱华 | 1955.1 | 硕士研究生 | — | 研究员 | — | 《山东与日本投资贸易合作难点热点问题研究》《山东经济园区产业整体布局与协作互动式发展研究》 |
| 王赛时 | 1955.1 | 硕士研究生 | — | 研究员 | — | 《中国烧酒名实考辨》《山东海疆文化研究》《中国酒史》 |
| 范振洪 | 1955.3 | 大普 | 原国际经济研究所所长 | 研究员 | — | 《创汇农业与农村小康》（编著）、《试论中韩经贸合作的现状、问题及对策》 |
| 公冶祥洪 | 1955.4 | 大专 | — | 研究员 | — | 《现代领导与管理心理研究》、《领导者个性心理特征与心理领导艺术》（论文）、《论地方领导班子的心理和谐》 |
| 路士勋 | 1955.7 | 大学 | 原《东岳论丛》编辑部主编 | 编审 | — | 《关于当前农业经济理论的一些问题》《关于引进外资的几点思考》 |
| 于向阳 | 1955.8 | 大普 | 原法学研究所所长 | 研究员 | — | 《中国农村经济法》《法治论》《加快我省农业立法的几点建议》 |
| 徐东礼 | 1955.11 | 大学 | 原科研组织处处长 | 研究员 | — | 《全面建设小康社会指标体系研究》《马克思、恩格斯的民主观》 |

续表

| 姓名 | 出生年月 | 学历/学位 | 职务 | 职称 | 主要学术兼职 | 代表作 |
|------|---------|----------|------|------|-------------|--------|
| 翁惠明 | 1956.2 | 硕士研究生 | 原《东岳论丛》编辑部副主编 | 编审 | — | 《中国古代智道丛书：军事智道》《齐鲁文化的整合与中华文化一统》 |
| 王立行 | 1956.3 | 大学 | — | 研究员 | 中国国际共产主义运动史学会理事，山东省国际政治和国际共运学会副会长 | 《人权论》、《世界宪法全书》（合著）、《科学把握中国特色社会主义理论科学体系》 |
| 刘大可 | 1956.5 | 大学 | 原历史研究所所长 | 研究员 | — | 《日本侵略山东史》《抗战时期日本在山东的经济统制及其影响》《山东沦陷区新民会及其活动》 |
| 许锦英 | 1956.8 | 硕士研究生 | 原农村发展研究所副所长 | 研究员 | 山东省政府农业专家顾问团成员，山东省农业工程学会常务理事，山东农业大学硕士生导师 | 《农机服务产业化——我国农业转型的帕累托最优制度安排》《社区性农民合作社及其制度功能研究》 |
| 秦庆武 | 1956.8 | 大学 | 原省情研究中心主任 | 研究员 | 中国农业经济学会理事，中国城郊经济研究会常务理事 | 《社会分工与商品经济》《农业产业化概论》《三农问题：危机与破解》 |
| 庄维民 | 1956.11 | 大学 | — | 研究员 | — | 《近代山东市场经济变迁》《日本工商资本与近代山东》《近代山东农业科技的推广及其评价》 |
| 王毅平 | 1957.2 | 大学 | — | 研究员 | 中国妇女研究会理事，山东省社会学会常务理事，山东省性别研究培训基地主任 | 《中国城市社区发展研究》《山东妇女生存与发展研究》《山东妇女婚姻家庭生活概观》 |
| 王希军 | 1957.8 | 硕士研究生 | 党委副书记 | 研究员 | 山东师范大学、山东财经大学硕士生导师，山东省监狱学会副会长 | 《以新的理念引领新的发展》《我省沿海省市实施国家海洋战略比较研究》《贯穿"三个一切"推进文化大发展大繁荣》 |
| 张志慧 | 1957.10 | 大普 | — | 研究员 | — | 《民主方法论》《政治建设论》《中国特色社会主义民主的历史定位与制度建设》 |

续表

| 姓名 | 出生年月 | 学历/学位 | 职务 | 职称 | 主要学术兼职 | 代表作 |
|---|---|---|---|---|---|---|
| 蔺栋华 | 1957.12 | 大学 | — | 研究员 | 中国商业经济学会理事,中国城市经济学会理事,山东商业经济学会副会长 | 《通衢过程》《黄河三角洲高效生态经济区高端生产性服务业发展问题研究》 |
| 张卫国 | 1959.1 | 博士研究生 | 经济研究所所长 | 研究员 | 中国数量经济学会副理事长,中国生态经济学学会副理事长 | 《鲁苏沪浙粤经济社会发展比较研究》《主导产业对科技的需求及综合集成应用战略》 |
| 张述存 | 1960.8 | 硕士研究生 | 院长 | 研究员 | 山东省决策咨询科学学会会长,中国行政体制改革研究会常务理事,山东省理论建设工程重点研究基地首席专家 | 《山东省"十三五"规划重大问题研究》(编著)、《区域发展与改革研究》(编著)、《关于加强地方新型智库建设的几点思考》 |
| 郝立忠 | 1960.8 | 博士研究生 | 哲学研究所所长 | 研究员 | 中国辩证唯物主义研究会常务理事,中国历史唯物主义学会理事,山东省哲学学会副会长 | 《作为哲学形态的唯物主义辩证法》《理论与实际统一的马克思》《重新诠释唯物主义辩证法》 |
| 荀克宁 | 1961.2 | 大学 | — | 研究员 | — | 《"大品牌战略"助推加工贸易转型升级》《服务贸易:壮大山东楼宇经济的着力点》 |
| 王兴国 | 1961.5 | 博士研究生 | 副院长 | 研究员 | 全国社科农经协作网络大会理事会常务理事,山东农学会常务理事,山东经济学会常务理事 | 《农村人力资本投资与收益问题研究》《农村人力资本投资与就业关系分析》 |
| 王志东 | 1961.6 | 大学 | 副院长 | 研究员 | 中国旅游未来研究会副理事长,山东省沂蒙文化研究会副会长,山东省文化经济研究会常务会长 | 《公共图书馆文化产业研究》《文化产业一本通》《山东"文化强省"建设战略研究》 |

续表

| 姓名 | 出生年月 | 学历/学位 | 职务 | 职称 | 主要学术兼职 | 代表作 |
|---|---|---|---|---|---|---|
| 涂可国 | 1961.12 | 大学 | 文化研究所所长 | 研究员 | 山东孔子学会副会长，山东省哲学学会副会长，山东企业文化学会副会长，国际儒学联合会理事 | 《社会哲学》、《儒学与人的发展》、《鲁商文化概论》（编著）、《重建儒家哲学之我见》 |
| 郭东海 | 1962.7 | 硕士研究生 | — | 研究员 | — | 《质量人口学》《企业可持续发展论》《我国科技企业创新管理能力评价研究》 |
| 陈宝生 | 1962.8 | 大学 | — | 研究馆员 | 山东省图书馆学会常务理事 | 《面向智库的文献信息体系创新研究》（编著）、《论文献信息的组织与服务创新》 |
| 王晓明 | 1962.10 | 大学 | 山东省海洋经济文化研究院院长 | 研究员 | — | 《论加强党的执政能力建设》《立党为公 执政为民：中国共产党人的根本追求》《党员领导干部必须强化政治意识》 |
| 路德斌 | 1962.10 | 博士研究生 | — | 研究员 | 邯郸学院荀学研究中心特聘教授 | 《荀子与儒家哲学》《性善与性恶：千年争讼之蔽与失》《性朴与性恶：荀子言"性"之维度与理路》 |
| 唐洲雁 | 1962.11 | 博士研究生 | 党委书记 | 研究员 | 全国毛泽东哲学思想研究会会长，毛泽东思想生平研究会副会长，中国马克思主义哲学史学会常务理事 | 《邓小平理论的内在逻辑和历史发展》《毛泽东的美国观》《实现中国梦的重大战略部署》《毛泽东的成功之道》 |
| 孙吉亭 | 1963.2 | 博士研究生 | 山东省海洋经济文化研究院副院长 | 研究员 | 中国海洋学会理事，中国太平洋学会理事，山东生态经济研究会副会长，山东省海洋经济技术研究会常务理事 | 《蓝色经济学》《蓝色经济研究》《基于借鉴日本经验的我国"海上粮仓"建设研究》 |
| 侯小伏 | 1963.3 | 大学 | 社会学研究所所长 | 研究员 | 山东省社会学会常务理事，山东省政府采购评审专家，山东省委统战部特聘咨询专家，齐鲁联合"双创"智库专家 | 《打开另一扇门——中国社团组织的现状与发展》《以资源整合发展下沉推动社会治理创新》《社会项目与民主、平等及经济增长》 |

续表

| 姓名 | 出生年月 | 学历/学位 | 职务 | 职称 | 主要学术兼职 | 代表作 |
|---|---|---|---|---|---|---|
| 李善峰 | 1963.4 | 大学 | 省情研究院院长 | 研究员 | 山东省社会学学会会长，中国社会学会常务理事，中国社会科学情报学会理事 | 《梁漱溟社会改造构想研究》《我国可持续发展实验区研究》《山东的城市化进程》 |
| 崔树义 | 1963.4 | 博士研究生 | 人口学研究所所长 | 研究员 | 中国人口学会、中国老年学会理事，山东省卫计委专家委员会主任委员，山东省人口学会、山东省社会学会等常务理事 | 《世界各国智库研究》《新型智库建设的理论与实践》《现代人口管理学》《全面两孩政策的社会经济效应分析》 |
| 谢桂山 | 1963.4 | 博士研究生 | 法学研究所所长 | 研究员 | 山东师范大学马克思主义学院伦理学硕士生导师 | 《文化比较：走向文化自信的路径》《构筑富有良善德性的心灵居所》 |
| 孙聚友 | 1963.9 | 大学 | 国际儒学研究与交流中心主任 | 研究员 | 山东哲学学会常务理事，山东孔子学会常务理事 | 《儒家管理哲学新论》《荀子与〈荀子〉》《论儒家的管理哲学》 |
| 李述森 | 1963.9 | 博士研究生 | 山东省马克思主义研究中心主任 | 研究员 | 山东科社学会副会长 | 《当代俄罗斯对外战略转型研究》《论列宁的马克思主义观》 |
| 李海峰 | 1963.11 | 大学 | — | 研究员 | 山东省济南市政府法律顾问，山东省妇女研究会常务理事，济南市仲裁委员会委员 | 《民间投资财产权及其法律保护》、《关于行政执法监督的再认识》（论文） |
| 查 炜 | 1963.12 | 大学 | — | 研究馆员 | — | 《社会科学创新中的文献信息服务》《个性化信息服务与社会科学创新》《图书馆个性化信息服务创新与发展》 |
| 郝艳萍 | 1963.12 | 本科 | — | 研究员 | — | 《中国战略性海洋新兴产业》（编著）、《我国海水资源开发利用技术产业化的难点及对策》 |

续表

| 姓名 | 出生年月 | 学历/学位 | 职务 | 职称 | 主要学术兼职 | 代表作 |
|---|---|---|---|---|---|---|
| 李 爱 | 1964.3 | 大学 | — | 研究员 | 山东省民政厅政策咨询专家小组成员，山东社会学学会理事，山东农村经济发展学会理事 | 《农村劳动力转移中的政府行为研究》《深化医药卫生体制改革绩效研究》《新时期我国农村社会结构变迁研究》 |
| 李广杰 | 1964.8 | 硕士研究生 | 国际经济研究所所长 | 研究员 | 中国生态经济学会常务理事，山东省政府研究室特邀研究员 | 《可持续城市经济发展论》（合著）、《黄河三角洲高效生态经济区研究》、《乡镇企业与农村生态环境》 |
| 杨 梅 | 1964.8 | 大学 | — | 研究员 | — | 《网络文化对青少年发展的影响研究》《加快我省动漫产业发展研究》《文化产业与文化核心竞争力培育》 |
| 钱 茜 | 1964.8 | 大学 | — | 研究馆员 | 山东省图书馆学会会员 | 《地方社科院建设专业数字图书馆对策研究》《山东省社会科学数字图书馆的建设构想与发展途径》 |
| 蔡 瑛 | 1964.9 | 大学 | — | 研究馆员 | — | 《论信息资源的经济社会价值》《信息资源与社会科学研究创新》《信息资源配置与文化传承创新》 |
| 刘良海 | 1964.12 | 大学 | 历史研究所所长 | 研究员 | 中国辩证唯物主义研究会理事，山东省哲学学会副会长 | 《网络文化论纲》《宗教·邪教·迷信》《文化人类学》《论交往与人的塑造》 |
| 张清津 | 1965.4 | 大学 | 农村发展研究所所长 | 研究员 | 全国社科农经协作网络大会理事会常务理事，山东农业经济学会理事 | 《福祉经济学》（译著）、《宗教经济学：成就与发展》、《灵性资本与中国宗教市场中的改教》 |
| 高晓梅 | 1965.5 | 硕士研究生 | — | 研究员 | 中国城郊经济学会会员 | 《山东外向型经济》《发展以人为本的山东开放型经济》 |
| 姜 锐 | 1965.6 | 硕士研究生 | — | 研究馆员 | 山东省文化艺术科学协会理事 | 《重大的历史成就与丰富的成功经验》《文化自觉与文化自信》《寻根文学思潮地域化特征的解读与反思》 |

续表

| 姓名 | 出生年月 | 学历/学位 | 职务 | 职称 | 主要学术兼职 | 代表作 |
|---|---|---|---|---|---|---|
| 李然忠 | 1965.9 | 博士研究生 | — | 编审 | 山东文化经济学会秘书长，山东大学、山东财经大学兼职硕士生导师 | 《经济低效与分离化改革——中国电视传媒改革的经济学分析》《资本市场的深化拓展与文化传媒企业的变革转型》 |
| 张凤莲 | 1965.9 | 硕士研究生 | 科研组织处处长 | 研究员 | 中国马克思恩格斯研究会、中国人学学会理事，山东省马克思主义研究会、文化经济研究会常务理事，省政府研究室特邀研究员 | 《民族论》《世风俭奢话成败》《人类沉思》《山东"文化强省"建设战略研究》《马克思的个人发展理论及其当代价值》 |
| 张　健 | 1965.12 | 大学 | — | 研究员 | 山东省金融学会常务理事，山东社科院金融与投资研究中心主任 | 《山东生态省建设中的投融资问题研究》《山东环境保护投融资战略研究》《对我国当前金融创新问题的思考》 |
| 张　文 | 1966.3 | 研究生 | 财政金融研究所所长 | 研究员 | 山东财经大学、齐鲁工业大学硕士生导师，山东省财政学会理事，山东省人大常委会预算审查监督专家咨询委员会成员 | 《促进山东省节能减排的财税对策研究》《地方国库现金管理模式创新研究》 |
| 杨金卫 | 1966.10 | 硕士研究生 | 政策研究室主任 | 研究员 | 全国毛泽东哲学思想研究会副秘书长，山东省政治学与国际共运学会副会长，山东省党的建设研究会理事，山东省行政管理学会常务理事 | 《网络环境下党的群众工作创新研究》《党的制度建设理论与实践》《网络：一种新的反腐利器》《在制度规范中推进网络反腐健康有序发展》 |
| 战旭英 | 1967.4 | 硕士研究生 | — | 研究员 | 山东省科社学会常务理事，山东省行政管理学会常务理事，山东省国际共运史学会常务理事 | 《美国精神的封闭》（译著）、《地方政府绩效评估的悖论解析》、《目标设置与评估的集中化及其指引价值的缺失与重建》 |

续表

| 姓名 | 出生年月 | 学历/学位 | 职务 | 职称 | 主要学术兼职 | 代表作 |
|---|---|---|---|---|---|---|
| 王波 | 1968.4 | 硕士研究生 | 《东岳论丛》编辑部主任 | 研究员 | 山东省产业经济岗位专家，齐鲁工业大学硕士生导师 | 《黄渤海防治污染和保护生态环境的对策研究》《就地城镇化的特色实践与深化路径研究》 |
| 柳霞 | 1968.6 | 大学 | 省情研究院采编部主任 | 研究馆员 | — | 《民间藏书》（编著）、《传统文献信息服务的现代化转型研究》（编著）、《非物质文化遗产资源数据库的建设》 |
| 王向阳 | 1969.2 | 博士研究生 | — | 研究员 | 中国中小企业研究会理事 | 《现代经济学的数量分析方法》《布局优化、集中度提高与产业竞争力提升》《山东产业结构调整及其可持续发展》 |
| 袁红英 | 1970.11 | 博士研究生 | 副院长 | 研究员 | 中国经济发展研究会理事，山东省商业经济学会副会长，山东省经济学会常务理事，山东省投资咨询专家委员会委员 | 《加入政府采购协议对我国产业发展的影响与对策研究》《服务业与山东经济增长研究》《加快黄河三角洲高效生态经济区建设研究》 |

## 第七节 2015年大事记

**一月**

1月14日，山东社科院召开党委会。传达学习全省组织部长会议精神，安排部署领导班子年度考核事宜，研究调整充实院各类领导小组组长（主任）、副组长（副主任）事项，对"创新工程"启动发布会有关准备工作做出了部署，并研究了有关"创新工程"经费使用等问题。

1月15日，由山东社会科学院主办的"山东经济形势预测"分析会在济南召开。

1月30日，山东社科院召开"创新工程"政策咨询座谈会，邀请省财政厅、省人社厅、省审计厅等单位的领导、专家，围绕山东社科院开展"创新工程"试点的制度设计进行了论证座谈。

**二月**

2月6日，由山东社科院主办的"学习贯彻中办国办《关于加强中国特色新型智库建设的意见》座谈会暨山东社科院'创新工程'启动发布会"在济南举行。中国社科院副院长李扬、山东省副省长季缃绮等领导同志出席会议并讲话，党委书记、院长唐洲雁主持会议。

2月9日，省委常委、宣传部长孙守刚同志一行到山东社科院就社会科学创新工程试点工作进行调研座谈，现场办公。党委书记、院长唐洲雁就加快新型智库建设，努力打造"山东第一智库"打算与设想等情况进行了汇报。座谈会上，孙守刚部长就推进社会科学创新工程、打造国内一流新型智库提出了希望和要求。

2月28日，省委副书记、省长郭树清对山东社科院《科研要报》（领导专报）2015年第5期报送的《山东社科院"创新工程"启动实施扎实推进》作出重要批示："选题要尽可能贴近经济、社会、文化发展的实际，申报评估要减少手续和环节，尽最大可能克服形式主义，同时一定要加强学术风气监督，对论文抄袭造假坚决说不。"

### 三月

3月20日，应山东社科院邀请，美国兰德公司副总裁柯德兰博士一行2人来院作报告。

3月31日，党委书记、院长唐洲雁参加中宣部理论局、求是杂志社民主沟通重大课题组第一次工作会议，并接受相关研究任务。

### 四月

4月1日，党委书记、院长唐洲雁参加郭树清省长等省领导到省科学院召开的进一步深化科研院所改革工作调研座谈会，并围绕山东社科院创新工程进行大会发言。

4月24日，省委宣传部副部长、省文明办主任刘宝莅带领省委宣传部、省政府研究室、省委党校及行政学院等联合调研组，围绕起草制定山东省关于加强智库建设的实施意见来山东社科院调研。

### 五月

5月6日，由山东社会科学院主办的山东融入"一带一路"建设理论研讨会暨《山东融入"一带一路"建设战略研究》出版座谈会在济南召开。

5月16日，美国兰德公司总裁高级顾问柯德兰博士、中国事务顾问牟丹娉博士访问山东社科院。

5月20日，山东社科院举办"三严三实"专题教育党课，正式启动院处级以上领导干部"三严三实"专题教育。

5月22日，省委改革办专职副主任郭训成一行4人来院，就贯彻落实中央、省委全面深化改革决策部署，加快推进新型智库建设等情况进行调研。党委书记、院长唐洲雁主持座谈会。

5月28日，《山东社会科学院与潍坊市人民政府战略合作框架协议》签订仪式在济南举行。

### 六月

6月25日，国家社科基金年度项目和青年项目经全国哲学社会科学规划领导小组批准予以公布。山东社科院共有5项国家社科基金项目申请通过了会议评审，并获得立项。

6月26日，由山东社科院承办的全国第二届中国特色社会主义发展论坛在济南举行，会议以"'四个全面'与中国特色社会主义发展"为主题。

6月29日，党委书记唐洲雁主持召开院中层干部会议，省委组织部和省委宣传部领导出席会议，宣布省委对山东社科院院领导班子调整的决定。根据省委决定，张述存同志任院党委委员、副书记、院长，唐洲雁同志不再担任院长职务。

### 七月

7月3日，山东社科院举行创新工程科研（服务）创新团队评审会暨签约仪式。经评议，第一批创新团队26个，其中科研创新团队15个，服务创新团队11个。

7月8日，院党委书记唐洲雁拜访《经济日报》社，会见了《经济日报》社社长徐如俊、总编辑张小影等领导，并与有关领导、专家就双方战略合作事宜进行了交流与沟通，初步达成全面战略合作意向。

7月9—11日，由内蒙古社科院主办的第十八次全国社科院院长联席会议在内蒙古锡林浩特市举行。山东社科院院党委副书记、院长张述存出席会议。会议商定，第十九次全国社科院院长联席会议由山东社科院主办。

7月15日，由山东社会科学院主办的山东全省地方社科院科研联席会议在济南召开。

7月15日，由山东社会科学院发起，邀请省内各类智库、各地市社科院加盟的山东智库联盟在济南成立，山东智库联盟在线网站和微信公众号同步开通。

7月18—19日，中国行政体制改革研究会第一届理事会2015年年会暨第六届中国行政改革论坛在北京召开。党委副书记、院长张述存出席年会及论坛，山东社科院代表研究会常务理事在会上作了重点发言。

7月23—26日，由山东社会科学院和山东智库联盟主办的华东六省一市社科院院长论坛暨首届华东智库论坛在山东枣庄举行。

7月25日，山东社会科学院与枣庄市签署战略合作框架协议。

## 八月

8月10日，中国社会科学院副院长李培林来济南调研，山东社科院党委书记唐洲雁陪同，并简要汇报了山东社科院推进创新工程、建设山东智库联盟等情况。

8月14—16日，"生态经济研究前沿国际高层论坛"在滨州北海经济开发区召开，党委书记唐洲雁与北海新区党工委书记王力共同为山东社会科学院高效生态经济研究岗位、泰山学者岗位院士（学部委员）工作室揭牌。

8月17日，山东社会科学院等单位主办的"第二届中韩儒学交流大会"在舜耕山庄举行，山东社会科学院与韩国国立安东大学共同成立的"中韩儒家文化研究中心"在开幕式上揭牌成立。

8月28日，张述存院长一行3人参加新加坡国立大学亚洲竞争力研究所学术研讨会。

8月31日，山东社会科学院与新加坡国立大学签署研究合作备忘录。

## 九月

9月7日，山东社会科学院与中国行政体制改革研究会签署战略合作框架协议。

9月11—13日，党委书记唐洲雁在四川成都参加了第九届中国社会科学前沿论坛，在会上重点介绍了山东社科院建设山东智库联盟的情况。

9月15—16日，党委书记唐洲雁参加山东省法学会第六次会员代表大会，并当选第六届理事会副会长。

9月23日，由山东社科院与中国社会科学院中国特色社会主义理论体系研究中心主办的全国社科院系统中国特色社会主义理论体系研究中心第二十届年会暨理论研讨会在山东济南召开。

## 十月

10月18—19日，党委副书记、院长张述存，在杭州参加"2015—O2O"智力驱动全球创新创业高峰论坛。

10月22日，由山东社会科学院与山东省社科规划办合作设立的"2015年度山东省社科规划重大理论和现实问题协同创新研究专项"正式发布。

10月30日，由山东社科院与山东省委全面深化改革领导小组办公室、山东智库联盟联合主办的"现代农业发展论坛"在济南举行。

## 十一月

11月8日，经报省人社厅同意，山东社科院组织召开了全省社会科学研究系列高级职务评审会。

11月18日,党委书记唐洲雁主持召开2015年度创新团队、创新岗位考核工作部署会,标志着院创新工程开局之年的考核工作全面展开。

## 十二月

12月4日,山东社科院文化所参与主办"社会儒学与社会治理"全国学术研讨会开幕。

12月21—23日,王兴国副院长和农村发展研究所的部分专家学者出席深化农村改革智库建设论坛暨第十一届全国社科农经协作网络大会。

12月23日,山东社科院召开创新工程转段总结暨动员大会,标志着院创新工程开局之年的各项工作圆满完成,下一年度创新工程创新团队组建、创新岗位竞聘和创新工程规章制度的修改完善等工作将全面展开。

12月29日,袁红英副院长参加山东省城市文化研究会成立大会并当选为研究会副会长。

# 河南省社会科学院

## 第一节 历史沿革

1979年12月4日，中共河南省委豫发〔1979〕219号文件通知，成立河南省社会科学院，由河南省人民政府领导。河南省社会科学院的前身是1958年成立的河南省历史研究所和稍后成立的河南省哲学社会科学研究所。

### 一、领导

河南省社会科学院历任党委书记是：刘问世（1980年8月—1983年8月）、张凤昌（1983年8月—1990年8月）、舒新辅（1990年8月—1998年2月）、王天林（1998年2月—2001年3月）、阎国祥（2002年7月—2004年2月）、焦锦淼（2004年2月—2008年3月）、林宪斋（2008年3月—2014年4月）。现任党委书记魏一明（2014年4月—　）。

河南省社会科学院历任院长是：胡思庸（1983年8月—1993年8月）、舒新辅（1995年6月—1998年2月）、王天林（1998年2月—2001年3月）、王彦武（2001年3月—2008年3月）、张锐（2008年3月—2011年6月）、喻新安（2011年6月—2015年8月）。现任院长张占仓（2015年8月—　）。

### 二、发展

**概况**

河南省社会科学院的建立和发展，同步于我国改革开放的历史进程。37年来，河南省社会科学院在中共河南省委、河南省人民政府的领导下，始终坚持正确的办院方针，立足河南、研究河南、服务河南，以研究和解决中原现代化建设中的重大理论和实践问题作为主要任务，大力加强基础理论研究和应用对策研究，为中原崛起河南振兴、富民强省提供了有力的理论支持和智力服务，为河南哲学社会科学的繁荣与发展做出了重要贡献。

经过几代人的持续努力，河南省社会科学院现已成为河南省哲学社会科学研究的学术重阵，同时也是为党和政府提供科学决策咨询的重要智库。各级领导对河南省社会科学院的发展给予了深切的关怀。全国人大常委会原副委员长费孝通，全国政协原副主席、中国社会科学院院长胡绳，中国社会科学院副院长朱佳木、李慎明、武寅、李培林等先后莅临河南省社会科学院指导考察。历届省委、省政府领导侯宗宾、李克强、卢展工、李成玉、王全书、贾连朝、孔玉芳、叶清纯、尹晋华、赵素萍、徐济超、张广智等先后到河南省社会科学院调研指导工作。特别是2004年8月，时任中共河南省委书记李克强亲临河南省社会科学院视察工作并发表重要讲话，对河南省社会科学院的改革和发展提出了殷切希望。河南省现任省委书记谢伏瞻，省长陈润儿，省委副书记邓凯，省委常委宣传部长赵素萍，副省长徐济超、张广智等同志多次对河南省社会科学院的《领导参阅》《呈阅件》和相关报告作出重要批示。2008年，河南省社会科学院跨入省级文明单位行列。

### 学科布局

1958年，河南省成立了第一个社会科学专业研究机构——河南省历史研究所，同年，成立中国科学院河南分院，下设哲学社会科学研究所。在此基础上，中共河南省委省政府决定成立河南省社会科学院。

从建院之初，河南省社会科学院就明确了把研究和解决河南现代化建设中提出的重大理论和实践问题作为主要任务，做好省委省政府的助手和参谋的办院指导思想。1979年建院初到1985年，在经历了初创和稳步发展两个阶段之后，河南省社会科学院由最初的哲学研究所、经济研究所、历史研究所、文学研究室逐步发展为哲学、经济、文学、历史、近现代史、考古、科社、法学社会学、情报等9个研究所。1991年2月，为了适应社会实际需要，更好地集中人力"出精品、出力作"，河南省社会科学院对学科设置进行了调整，历史所和近现代历史所合并为历史研究所，从经济研究所中分出了工业经济研究所和农村经济研究所，并于当年11月撤销了情报研究所。

2004年，随着中央3号文件和省委关于繁荣发展哲学社会科学的实施意见文件的颁布和实施，河南省社会科学院对原有内设机构进行了撤、并、转调整，增设了城市发展研究所、社会发展研究所、政治与党建研究所、哲学与中原文化研究所。2007年，为进一步深化管理体制改革，使全院学科布局合理，多出成果、多出人才，按照河南省编办〔2007〕22号文件批复意见对全院的机构设置再次进行了调整，调整后的研究所分别是：哲学与中原文化研究所、党建与政治研究所、法学研究所、经济研究所、工业经济研究所、农村发展研究所、城市发展研究所、社会发展研究所、文学研究所、历史与考古研究所（河洛文化研究中心）。

2007年至今，结合形势发展和实际情况，在不断优化学科布局的基础上，形成了现今的经济研究所、工业经济研究所、农村发展研究所、城市与环境研究所、政治与党建研究所、法学研究所、社会发展研究所、哲学与宗教研究所、文学研究所、历史与考古研究所等10个研究所，干部职工队伍由建院之初的40多人，发展到现在的在职职工227人。

### 科研成就

作为河南省哲学社会科学的最高学术殿堂，河南省社科院始终坚持科研强院，形成了以基础研究为支撑，以应用研究为导向，以中原文化研究为特色的学科门类比较齐全、科研实力比较雄厚的科研体系。先后推出了一大批具有全局性、战略性、前瞻性的研究成果，为繁荣发展河南省哲学社会科学事业做出了突出贡献。先后出版学术专著800余部，发表论文6000多篇，完成研究报告或决策建议2000余篇，获得国家和省部级等各项奖励300多项，承担国家及省以上社科基金项目260多项。一批高质量的学术文章在国内外重要报刊发表，有500多篇被《新华文摘》等重要报刊转载；一批有分量的学术专著相继出版，其中《庄学研究》《儒学引论》《河南通史》《河南文学史》《中原文化大典（文学卷）》等著作在国内外产生了较大反响，对相关学科的发展产生了重要影响。为进一步当好省委、省政府"思想库"和"智囊团"，从2004年开始，以为全省经济社会发展大局服务，为省委、省政府中心工作服务为主攻方向，及时解读重大理论和党的有关方针政策，着力研究中原崛起中重大战略、宏观和全局问题，创办了《领导参阅》《呈阅件》等服务决策的"直通车"，及时为省委、省政府提供决策参考和对策建议。据不完全统计，《领导参阅》《呈阅件》创办以来先后有200余篇对策研究成果被省领导批示肯定，一大批科研成果进入决策层面。此外，河南省社会科学院还把省情咨询作为服务现实的重要途径，年度《河南经济发展报告》《河南工业发展报告》《河南城市发展报告》《河南文化发展报告》《河南社会形势预测分析》《河南法治发展报告》《河南农业农村发展报告》等系列，成为省领导及地方党委政府和社会各界了解河南省情的品牌丛书。其中，《河南经济发展报告》连续两届获得"优秀皮书奖"一等奖。

### 三、机构设置

河南省社会科学院自1979年12月成立以来，内部机构设置根据发展的需要有所变更，曾先后设置有：办公室、科研处（对外学术交流中心）、人事教育处、行政处、离退休工作处、机关党委、监察室、第三产业开发办公室、事业发展部、计财处、经济研究所、工业经济研究所、农村发展研究所、城市与环境研究所、政治与党建研究所、法学研究所、社会发展研究所、哲学与宗教研究所、文学研究所、历史与考古研究所、科学社会主义研究所、情报研究所、文献信息中心、《中州学刊》杂志社、《区域经济评论》杂志社、《中原文化研究》杂志社、图书馆等。

截至2015年12月，河南省社会科学院的机构设置为：办公室（主任毛兵）、科研处（对外学术交流中心）（副处长王玲杰）、人事教育处（处长曹明）、行政处（处长贾书珍）、离退休工作处（处长王占义）、机关党委（副书记李英平）、监察室（副主任陈茜）、经济研究所（所长完世伟）、工业经济研究所（所长张富禄）、农村发展研究所（所长吴海峰）、城市与环境研究所（所长王建国）、政治与党建研究所（副所长万银峰、陈东辉）、法学研究所（支部书记张林海）、社会发展研究所（所长牛苏林、支部书记王大中）、哲学与宗教研究所（所长王景全）、文学研究所（所长卫绍生）、历史与考古研究所（所长张新斌）、文献信息中心（主任王超）、《中州学刊》杂志社（社长李太淼）、《区域经济评论》杂志社（社长任晓莉）、《中原文化研究》杂志社（社长闫德亮）。另有分院5个：河南省社会科学院洛阳分院、河南省社会科学院南阳分院、红旗渠研究院、河南省社会科学院巩义分院、河南省社会科学院偃师分院。

### 四、人才建设

建院至今，河南省社会科学院的几代科研人员在哲学社会科学领域辛勤耕耘，取得了丰硕的成果，涌现出一批有专长、卓有建树的专家学者。截至2015年12月，在编人员合计227人。专业技术人员合计157人，其中，具有正高级职称人员30人，副高级职称人员55人，中级及以下职称人员72人。享受国务院政府特殊津贴4人，国家有突出贡献中青年专家1人，享受首批河南省政府特殊津贴2人，河南省优秀专家8人，河南省杰出专业技术人才1人，河南省学术技术带头人10人，河南省优秀青年社科专家2人，河南省宣传文化系统"四个一批"人才15人，河南省"811青年人才工程"7人。

## 第二节 组织机构

### 一、河南省社会科学院领导及其分工

1. 历任领导

刘问世，党委书记、副院长（1980年8月—1983年8月）

张凤昌，党委书记（1983年8月—1990年8月）

胡思庸，院长（1983年8月—1993年8月）

舒新辅，党委书记、副院长（1990年8月—1995年6月）

党委书记、院长（1995年6月—1998

王天林，院长、党委书记（1998 年 2 月—2001 年 3 月）

王彦武，院长、党委副书记（2001 年 3 月—2008 年 3 月）

阎国祥，党委书记（2002 年 7 月—2004 年 2 月）

焦锦淼，党委书记（2004 年 2 月—2008 年 3 月）

张锐，院长、党委副书记（2008 年 3 月—2011 年 6 月）

林宪斋，党委书记（2008 年 3 月—2014 年 4 月）

喻新安，院长、党委副书记（2011 年 6 月—2015 年 8 月）

2. 现任领导及其分工

院党委书记、副书记、成员

党委书记：魏一明

党委副书记：张占仓

党委成员：丁同民、周立、袁凯声

院长、副院长

院长：张占仓

副院长：丁同民。分管人事教育处、行政处、离退休工作处、机关党委、经济研究所、工业经济研究所、政治与党建研究所、法学研究所、社会发展研究所、文献信息中心

副院长：袁凯声。分管办公室、科研处（对外学术交流中心）、农村发展研究所、城市与环境研究所、哲学与宗教研究所、文学研究所、历史与考古研究所、社科研究基地建设办公室

院纪委书记

书记：周立。分管纪检监察工作

二、河南省社会科学院职能部门

办公室

主任：毛兵

副主任：韩宗波、李红梅、郑海艳

科研处（对外学术交流中心）

副处长：王玲杰（主持工作）、杨兰桥、薛冬

人事教育处

处长：曹明

副处长：郭杰、王庆菊

行政处

处长：贾书珍

副处长：祝贺、代成军、李冰、张守民

离退休工作处

处长：王占义

副处长：周素英

机关党委

副书记：李英平、刘红梅

监察室

副主任：陈茜

三、河南省社会科学院科研机构

经济研究所

所长：完世伟

工业经济研究所

所长：张福禄

副所长：赵西三

农村发展研究所

所长：吴海峰

副所长：陈明星

城市与环境研究所

所长：王建国

副所长：王新涛

政治与党建研究所

副所长：万银峰、陈东辉

法学研究所

支部书记：张林海

副所长：李宏伟

社会发展研究所

所长：牛苏林

支部书记：王大中

哲学与宗教研究所

所长：王景全

文学研究所

所长：卫绍生

副所长：李立新、杨波
历史与考古研究所（河洛文化研究中心）
所长：张新斌
副所长：陈建魁、唐金培
副主任（河洛文化研究中心）：李乔

四、河南省社会科学院科研辅助部门

文献信息中心
主任：王超
副主任：王宏源
《中州学刊》杂志社
社长：李太森
副社长：郑志强
《区域经济评论》杂志社
社长：任晓莉
副社长：刘昱洋
《中原文化研究》杂志社
社长：闫德亮
副社长：齐航福、李娟

## 第三节 年度工作概况

2015年，在河南省委、省政府的坚强领导下，河南省社会科学院深入贯彻落实党的十八大及十八届三中、四中、五中全会精神和习近平总书记系列重要讲话精神，以"三严三实"专题教育和专项巡视整改为契机，按照专业化新型高端智库建设的总体要求和目标，大力加强马克思主义理论阵地建设，积极服务河南省委、省政府中心工作，切实加强党的建设和反腐倡廉工作，圆满完成了年初既定的各项目标任务，全院呈现出团结和谐、积极向上的发展新局面。

### 一、充分发挥理论阵地作用

一是推出一批重点理论文章，深入阐释中央和省委重大决策。在《光明日报》《河南日报》等省内外报刊发表了《河南迈向现代化的总体设计和行动纲领》等理论文章，产生广泛影响。河南省社会科学院学者参与起草的《在践行"三严三实"上作表率 做焦裕禄式好干部》一文以"中共河南省委中心组"名义在《求是》杂志发表。二是积极开展理论宣讲工作。3名专家参加党的十八届五中全会精神省委宣讲团，1名专家参加省委宣传部"万所基层党校万场理论宣讲"活动，深入基层传播党的重大决策和最新理论成果。三是为全面从严治党提供理论支持。围绕基层四项基础制度建设、反腐倡廉制度建设开展深入调研，形成的理论成果《凝神聚力推进全面从严治党》等在《河南日报》发表。四是利用新闻媒体和院办刊物、网站、微博、微信，宣传党的路线方针政策，发挥了马克思主义理论阵地作用。

### 二、深入开展应用对策研究

2015年完成应用对策研究成果100余项，完成省委、省政府等领导机关交办的重要课题72项。一是积极承担河南省委、省政府部署的重要研究任务。组织100余名科研人员对省政府交办的《"十三五"时期河南全面深化改革若干重大问题研究》等60项课题进行深入研究，成果上报后得到郭庚茂书记、谢伏瞻省长等领导的批示肯定。二是服务河南省委、省政府中心工作。专家学者积极参与河南省委、省政府决策咨询，围绕全省中心工作献计献策，参加了中共河南省委"十三五"规划建议专家座谈会、省直管县专题调研、省委组织部"互联网＋组织工作"调研、"关于加强中原智库建设的实施意见"的起草等。全年共呈报《领导参阅》34期、《呈阅件》17期，获河南省领导肯定性批示29次。河南省委办公厅向院发感谢函，指出院上报信息采用数量居全省前列，一批信息进入了河南省委决策视野，较好地发挥了参谋助手作用。三是积极开展河南经济社会形势分析和预测。跟踪研究河南全省国民经济运行，形成了《2015年上半年河南经济运行分析和全年走势展望》《2015—2016年河南经济发展分析与展望》等分析报告，得到河南省领导的充分肯定和社会各界的关注。继续推出河南系列蓝皮书，组织召开相应的学术研讨会。四是通过学术论坛形式为河南全省中心工作提供智力支持。主办了以"引领新常态、谋划'十三五'"为主题的第二届中原智库论坛和以"贯彻党的十八届五中全会精神"为主题的第三届中原智库论坛等。这些论坛注重成果转化，在向河南省委省政府报送对策建议的同时，还积极向社会发布论坛的研讨成果，发挥了正面引导社会舆论的功效。河南省社会科学院积极与中国区域经济学会、英国区域经济协会等一道发起筹备中英"一带一路"战略合作论坛，得到河南省领导的充分肯定。

## 三、积极服务地方经济社会发展

一是开展河南省情集中调研活动。紧紧围绕河南经济社会发展中的重大问题，由河南省社会科学院主要领导带队，分赴郑州、洛阳、许昌、南阳、巩义等地进行调研考察，形成调研报告20余篇，为河南全省各地经济社会发展献计献策。二是努力拓展服务空间。积极承担实际工作部门委托的研究任务，横向课题立项数量稳步提升，一些研究团队深度参与了部分市县"十三五"的规划编制、咨询等工作，智库作用得到进一步发挥。三是开放办院迈出新步伐。全年共召开全国、全省性理论研讨会10多次。与巩义、偃师、华北水利水电大学、洛阳理工学院等签订战略合作协议，成立了河南省社会科学院洛阳分院、巩义分院、偃师分院。四是深入挖掘各地丰富的文化资源，为传承优秀文化特别是根亲文化资源开发提供理论服务。举办了纪念红旗渠通水50周年红旗渠精神理论研讨会、2015中国登封大禹文化研讨会、纪念清儒孙奇逢诞辰430周年研讨会等学术活动。其中纪念红旗渠通水50周年红旗渠精神理论研讨会研讨情况经新华社上报后，得到了刘云山、刘奇葆等中央领导同志的批示肯定。

## 四、不断推进理论创新

一是特色理论研究进一步深入。推出一批具有理论创新和文化传承价值的成果，2015年，发表学术论文201篇，出版《历久弥新的红旗渠精神》《竹林七贤研究》等著作18部。二是三级课题立项再获佳绩。立项省级以上课题43项，其中，粮食主产区农业生态补偿机制设计与政策优化研究、我国智慧城市建设困境与破解机制研究等5项课题获国家社科基金项目立项；新常态下河南经济发展的阶段性特征及应对策略研究、河南全面推进依法治省重大理论和实践问题研究等16项课题获省社科规划项目立项；以法治思维构建河南省服务型政府研究等13项课题获省政府决策招标项目立项；河南经济发展方式转变进程测评与路径选择等9项课题获省科技计划项目立项。三是学术影响力和社会影响力不断提升。新型城镇化的综合测度与协调推进等13项成果获省社科优秀成果奖、新形势下河南城镇化模式创新研究获省科技进步二等奖，《河南经济发展报告（2014）》获全国第六届优秀皮书一等奖，《河南省城镇化质量评价报告（2013）》获全国第六届优秀皮书报告二等奖。

## 五、进一步加强学术平台建设

一是强化学术期刊工作。《中州学刊》《区域经济评论》《中原文化研究》被转载和引用率不断上升，其中《中州学刊》以"优良"等级通过全国社科规划办2015年度考核。二是文献信息服务水平明显提高。基本建成研究资料数据库，完成网站更名调整工作，开通"中原智库网"和"中原智库"政务微博、官方微信，有效提升了河南省社会科学院形象。三是学术交流活动丰富多彩。主办或参与主办了第十三届河洛文化国际学术研讨会、2015年中国"一带一路"国际学术研讨会、2015中国中部区域经济发展研讨会等学术会议。邀请北京大学宋豫秦教授、中国科学院樊杰研究员、中国社科院历史研究所所长卜宪群研究员、英国纽卡斯尔大学王学峰教授、华东师范大学宁越敏教授等著名学者来院作学术报告。

### 六、大力提升干部人才队伍建设水平

一是加强高端智库人才建设。推荐专家学者11人次，1人享受国务院政府特殊津贴、2人享受首批河南省政府特殊津贴、3人入选河南省"811青年人才工程"人选、4人获河南全省宣传文化系统"四个一批"人才称号、1人获第一批河南省青年文化英才称号。二是干部队伍建设取得新突破。推荐产生正厅级领导干部1名、副厅级领导干部1名，选拔任用处级干部23名；选派26人次参加各级各类培训。三是加强人才队伍培训工作。在愚公移山精神干部学院、大别山干部学院举办了党员干部和党支部书记（扩大）培训班，党员干部参加培训达100人次，收到了锤炼党性修养、弘扬优良作风的效果。四是营造良好的人才成长环境。举办了"感恩、敬畏、礼让、奉献"院风教育活动演讲会，进一步增强了干部职工和广大科研人员的使命感、责任感和归属感。在河南省财政大力支持下，河南省社科院被列入基本科研费试点单位，为45岁以下科研人员提供了亟须的经费支持。

### 七、切实加强党风廉政建设

一是严格落实"一岗双责"。制定《党风廉政建设责任制实施细则》，进一步明确领导干部"一岗双责"职责。签订《党风廉政建设责任书》，把党风廉政建设责任落到实处。二是严格落实中央八项规定和省委、省政府20条意见。认真执行领导干部办公用房、公务用车、差旅住宿、业务接待及薪酬待遇标准。在"元旦、春节、五一、中秋、国庆"等节日前，下发相关文件，防止违规事件的发生。三是对"三重一大"事项进行监督。有针对性地做好专业技术职务评聘、科研项目管理、社科基地建设、干部人才队伍管理等政策制度贯彻执行的监督检查工作。四是认真抓好廉政教育。举办廉政教育报告会，组织全院领导干部和党员积极参加省纪委主办的"清风中原大讲堂"。院纪委书记对中层以上干部进行任前谈话，持续加强领导干部廉洁警示教育，做到警钟长鸣。

## 第四节 科研活动

### 一、人员、机构等基本情况

1. 人员

2015年，全院共有在职人员227人，其中正高级职称人员30人，副高级职称人员55人，中级职称人员55人，高、中级职称人员占全体在职人员总数的66%。享受国务院政府特殊津贴4人，国家有突出贡献中青年专家1人，享受首批河南省政府特殊津贴2人，河南省优秀专家8人，河南省杰出专业技术人才1人，河南省学术技术带头人10人，河南省优秀青年社科专家2人，河南省宣传文化系统"四个一批"人才15人，河南省"811青年人才工程"7人，河南省百名优秀青年社科理论人才9人，第一批河南省青年文化英才1人。

2. 机构

河南省社会科学院设有10个专业研究所：经济研究所、工业经济研究所、农村发展研究所、城市与环境研究所、政治与党建研究所、法学研究所、社会发展研究所、哲学与宗教研究所、文学研究所、历史与考古研究所（河洛文化研究中心）。

4个科研辅助机构：文献信息中心、《中州学刊》杂志社、《区域经济评论》杂

志社、《中原文化研究》杂志社。

6个综合管理部门：办公室、科研处（对外学术交流中心）、人事教育处、行政处、离退休工作处、纪律检查委员会（机关党委、监察室）。

5个综合研究中心：河南省河洛文化研究中心、河南省廉政理论研究中心、河南经济研究中心、河南省中原文化研究中心、河南省省情调查研究中心、河南省社科院区域经济研究中心。

5个分院：洛阳分院、南阳分院、红旗渠研究院、巩义分院、偃师分院。

## 二、科研工作

### 1. 科研成果统计

2015年，全年完成应用对策研究成果100余项，完成省委、省政府等领导机关交办的重要课题72项。全年公开发表各类论文229篇，其中在全国核心期刊发表学术论文80篇，在《河南日报发》表文章40余篇；出版著作18部，立项省以上社科规划、软科学、政府招标课题43项，获省级以上社科优秀成果奖16项。

### 2. 科研课题

（1）新立项课题

2015年河南省社会科学院共有43项课题获得国家和省级科研项目立项资助，其中国家社科基金项目5项（一般项目3项，青年项目2项）；河南省哲学与社会科学规划项目16项（重大项目3项，决策咨询项目4项，年度项目9项）；河南省政府决策招标项目13项（重点项目1项，一般项目12项）；河南省科技计划项目9项（软科学项目6项，"十三五"重点研究项目3项）。

**2015年河南省社会科学院获得国家和省级科研项目立项资助清单**

| 项目编号 | 项目名称 | 主持人 | 项目类别 |
| --- | --- | --- | --- |
| 国家社科基金项目（5项） | | | |
| 15BJY027 | 粮食主产区农业生态补偿机制设计与政策优化研究 | 陈明星 | 一般项目 |
| 15BZZ044 | 我国省直管县体制改革出现的新情况、新问题研究 | 孟白 | 一般项目 |
| 15BZJ029 | 伊本路世德《哲学家矛盾的矛盾》翻译与研究 | 潘世杰 | 一般项目 |
| 15CJY029 | 我国智慧城市建设困境与破解机制研究 | 高璇 | 青年项目 |
| 15CSH040 | 民间非正式金融组织借贷行为及借贷风险控制研究 | 石涛 | 青年项目 |
| 省社科规划项目（16项） | | | |
| 2015A001 | 新常态下河南经济发展的阶段性特征及应对策略研究 | 喻新安 | 重大项目 |
| 2015A009 | 河南全面推进依法治省重大理论和实践问题研究 | 丁同民 | 重大项目 |
| 2015A012 | 河南省城市文明程度指数测评体系研究 | 谷建全 | 重大项目 |
| 2015JC05 | "十三五"时期河南构建现代综合交通运输体系打造区域物流中心的总体思路和对策研究 | 完世伟 | 决策咨询项目 |
| 2015JC11 | 新常态下国土资源政策参与宏观调控问题研究 | 杨兰桥 | 决策咨询项目 |
| 2015JC24 | 河南开放式创新的对策研究 | 袁金星 | 决策咨询项目 |
| 2015JC25 | 塑造领导干部"三严三实"新形象研究 | 陈东辉 | 决策咨询项目 |
| 2015BJJ071 | 河南省都市农业发展模式创新及功能优化研究 | 苗洁 | 年度项目 |
| 2015CJJ075 | "四化同步"视域下河南推进农业现代化的路径创新研究 | 刘刚 | 年度项目 |

续表

| 项目编号 | 项目名称 | 主持人 | 项目类别 |
| --- | --- | --- | --- |
| 2015BJJ070 | 河南推进现代农业大省建设的模式创新及政策扶持研究 | 吴海峰 | 年度项目 |
| 2015CJJ069 | 河南省资源型城市土地利用效率测度及其提升路径研究 | 赵 执 | 年度项目 |
| 2015BJJ032 | 河南省基于传统优势产业发展战略性新兴产业的现状与对策研究 | 宋 歌 | 年度项目 |
| 2015CJJ066 | 河南生产性服务业与先进制造业的互动发展研究 | 袁 博 | 年度项目 |
| 2015BFX026 | 农业面源污染综合防控的法律保障问题研究 | 邓小云 | 年度项目 |
| 2015BFX009 | 自然资源国家所有权行使中经济效益与生态效益契合研究 | 祁雪瑞 | 年度项目 |
| 2015BLS004 | 商族先公问题研究 | 章秀霞 | 年度项目 |
| 省政府决策招标项目（13项） | | | |
| 2015A003 | 经济新常态下河南比较优势研究 | 喻新安 | 重点课题 |
| 2015B356 | 以法治思维构建河南省服务型政府研究 | 丁同民 | 一般项目 |
| 2015B002 | 河南在"一带一路"国家战略中的定位与切入口研究 | 陈习刚 | 一般项目 |
| 2015R021 | 河南构建现代市场体系问题研究 | 杨兰桥 | 一般项目 |
| 2015B041 | 河南省科技创新的体制机制研究 | 曹 明 | 一般项目 |
| 2015B116 | 新常态视阈下河南先进制造业发展模式和路径选择研究 | 林凤霞 | 一般项目 |
| 2015B172 | 河南省城镇化的产业、就业支撑问题研究 | 柏程豫 | 一般项目 |
| 2015B192 | 中原城市群的现状与发展路径研究 | 王新涛 | 一般项目 |
| 2015B196 | "一带一路"背景下的郑州国家中心城市构建研究 | 吴旭晓 | 一般项目 |
| 2015B227 | 河南省智慧城市创建与绿色低碳发展研究 | 高 璇 | 一般项目 |
| 2015B238 | 近年来河南落实占补平衡政策的做法、成效和问题研究 | 赵 执 | 一般项目 |
| 2015B326 | 河南省"居家养老"与"社会养老"相结合的政策支持研究 | 杨旭东 | 一般项目 |
| 2015B349 | 黄河滩区移民安置问题研究 | 韩 鹏 | 一般项目 |
| 省科技计划项目（9项） | | | |
| 152400410211 | 河南战略性新兴产业协同创新的驱动机制与实现路径研究 | 高 璇 | 软科学 |
| 152400410212 | 河南省实施创新驱动发展战略关键问题研究 | 谷建全 | 软科学 |
| 152400410213 | 河南经济发展方式转变进程测评与路径选择 | 郭志远 | 软科学 |
| 152400410214 | 河南省构建现代市场体系的战略取向与路径选择研究 | 喻新安 | 软科学 |
| 152400410633 | 科技创新支撑河南产业融合发展问题研究 | 林园春 | 软科学 |
| 152400410634 | 河南现代农业发展与新型农业经营体系创新研究 | 彭俊杰 | 软科学 |
| 152400410259 | "十三五"河南省技术市场建设研究 | 李 斌 | "十三五" |
| 152400410260 | 技术创新的市场导向机制 | 王玲杰 | "十三五" |
| 152400410261 | "十三五"河南省科技创新资源统筹与优化配置研究 | 杨兰桥 | "十三五" |

（2）结项课题

2015年，河南省社会科学院共有20项课题结项。

（3）延续在研课题

2015年河南省社会科学院共有在研课题93项。其中，国家课题27项，省规划课题43项，省决策招标11项，省软科学课题12项。

3. 获奖优秀科研成果

2015年，河南省社会科学院获得河南省社会科学优秀成果奖一等奖1项：《新型城镇化建设中的土地制度创新》；二等奖9项：《土地综合整治效益分析——以河南省为例》《金融抑制、金融创新与互联网金融发展》《航空经济发展的金融支持》《楚人的华夏观及其神话论略》《矿产资源开发中的政府行为博弈研究》《法治视域下公民主体意识研究》《关于整合社会保险经办机构的调查研究》《中原经济区城镇化模式创新研究》《殷墟甲骨文宾语语序研究》；三等奖2项：《河南区域协调发展的历程、成就与启示》《粮食主产区利益补偿机制研究》。

### 三、学术交流活动

1. 学术活动

2015年，河南省社会科学院举行的大型会议有：纪念红旗渠通水50周年红旗渠精神理论研讨会、第二届中原智库论坛、2015年上半年河南经济形势分析暨全年展望研讨会、第三届中原智库论坛、区域专门史研究的学术价值与当代意义座谈会等。

2. 国际学术交流与合作

（1）学者出访情况

2015年，河南省社会科学院共派出学者赴英国及中国港澳台地区共26人次。

（2）外国学者来访情况

2015年，河南省社会科学院接待来访学者五批30余人次。

### 四、学术社团、期刊

1. 社团

（1）河南省墨子学会，会长葛纪谦。

（2）河南省老子学会，会长王明义。

（3）河南省社会学会，会长葛纪谦。

（4）河南省文学学会，会长关爱和。

（5）黄河文化研究会，会长袁祖亮。

（6）三国文化研究会，会长郭国三。

（7）河南省炎黄文化研究会，会长常有功。

（8）河南省姓氏文化研究会，会长林宪斋。

2. 期刊

（1）《中州学刊》（月刊），主编张占仓

《中州学刊》是河南省社会科学院主管、主办的大型综合性人文社会科学期刊，1979年创刊，现为月刊。2015年，共出版12期，共计400万字。该刊全年刊载的有代表性的文章有：《市县竞争性领导干部选拔考评工作存在的问题及其对策》《中国应对第四次工业革命的战略选择》《唐代科举试诗对儒家经典的接受》《关于楚辞研究的几点看法》《全国抗战爆发前后知识界的康藏边地治理方案论析》《墨家辩学中的"真"观念辨析》《我国互联网+制造业发展的难点与对策》。

（2）《区域经济评论》（双月刊），主编张占仓

《区域经济评论》是中国区域经济学会会刊，由中国区域经济学会与河南省社会科学院共同主办，河南省社会科学院是主管单位。2013年《区域经济评论》正式出刊，双月刊。2015年，共出版6期，共计175万字。该刊全年刊载的有代表性的文章有：《"十二五"规划执行情况的分析及对"十三五"规划制定的启示》《论中国区域经济的新常态》《新常态下的区域经济发展战略思维》《现代国际机场：提升区域竞争力的新型航空商业模式》《优化国土空间开发格局与大中小城市协调发展》《现代经济学理论体系的多维度特征与经济决策》。

（3）《中原文化研究》（双月刊），主编魏一明

2015年，《中原文化研究》共出版6

期，共计120万字。该刊全年刊载的有代表性的文章有：《关于夏代国家产生的理论与实证》《清华简与伊尹传说之谜》《从出土文献看先秦诸子的五音配置》《文化的力量》《孔子儒学的价值理念与精神追求》。

## 五、会议综述

### 1. 纪念红旗渠通水50周年红旗渠精神理论研讨会

2015年1月21日，河南省社会科学院和林州市委在郑州共同主办"纪念红旗渠通水50周年红旗渠精神理论研讨会"。河南省社会科学院党委书记魏一明、副院长丁同民，林州市委书记郑中华等出席会议。

与会学者分别就红旗渠精神的当代价值和现实意义、红旗渠精神与中国精神、中国道路和中国力量、红旗渠精神与党的群众路线、红旗渠精神与共产党人精神、红旗渠精神的人学解读和普世意义、红旗渠精神与中原人文精神、红旗渠精神与河南形象和中国国家形象的建构传播等问题进行了热烈深入的研讨和交流，并就如何在全面深化改革、实现中华民族伟大复兴中国梦的新时期更好地挖掘红旗渠精神的丰富内涵，赋予红旗渠精神新的时代价值和独特魅力，继续增强红旗渠精神的生命力、感召力和影响力提出了自己的意见和建议。

### 2. 第二届中原智库论坛

2015年3月29日，由河南省社会科学院主办的第二届中原智库论坛在郑州召开，来自中国社科院、国家发改委国土开发与地区经济研究所的专家和省内有关方面领导、专家80多人出席论坛。

这次论坛的主题是，引领新常态，谋划"十三五"，即深入贯彻落实全国"两会"、河南省"两会"精神，贯彻落实河南省委九届八次、九次全会和省委经济工作会议精神，贯彻落实《河南省全面建设小康社会加快现代化建设战略纲要》，深化对新常态下河南发展的路径和"十三五"发展思路的认识，为加快河南现代化建设提供智力支持。与会人士还就当前全省经济社会发展的若干重大问题进行了研讨交流。

### 3. 2015年上半年河南经济形势分析暨全年展望研讨会

2015年7月14日上午，河南省社会科学院《河南经济蓝皮书》课题组召开了《2015年上半年河南经济形势分析暨全年展望研讨会》，来自各领域的专家参加了会议并就2015年上半年河南经济运行分析和全年走势展望发表了看法。

课题组分析指出，河南省经济呈现出低开稳走、稳中趋升、稳中向好的态势。上半年河南经济预计实现7.9%的增长，规模以上工业增加值预计增速8.5%，固定资产投资预计增速16%左右，社会消费品零售总额预计增速12.3%，进出口增长率预计增长27%左右。课题组指出，下半年河南省经济运行处在寻求新平衡的过程中。要坚定信心，把稳增长作为全局工作的突出任务，注重稳调结合，在调整中稳增长、在稳增长中促调整，做到调中有进、进中有调，坚持"三准三专三聚三提"，持续抓好"四个一""五个点"，确保完成全年目标任务。

### 4. 第三届中原智库论坛

2015年11月7日，由河南省社科院主办的第三届中原智库论坛在郑州召开，省政府副省长张广智出席论坛并发表讲话，来自中国科学院和省内有关研究领域的领导、专家80多人出席本次论坛。院党委书记魏一明主持论坛开幕式，院长张占仓致辞，省委宣传部副部长王仁海讲话。有关领导和专家樊杰、张占仓、李庚香、王作成、谷建全、陈益民、喻新安、郭军等分别作主题发言。与会人士还就当前全省经济社会发展的若干重大问题进行了研讨交流。

这次论坛的主题是，学习贯彻十八届

五中全会精神，深刻领会全会精神实质，深入研究河南发展的重大问题，深化对新常态下河南发展的路径和"十三五"发展思路的认识，为加快中原崛起、河南振兴、富民强省，提供理论和智力支持。

**5. 区域专门史研究的学术价值与当代意义座谈会**

2015年12月5日，由河南省社会科学院主办的区域专门史研究的学术价值与当代意义座谈会在郑州召开，院党委书记魏一明致辞，院长张占仓作会议总结，副院长丁同民主持会议。来自北京市社会科学院、河南省政协、郑州大学、河南大学、河南师范大学、信阳师范学院、洛阳师范学院、南阳师范学院、安阳师范学院、省社科院的专家学者等近50位嘉宾参加了会议。

魏一明书记指出，作为河南省哲学社会科学研究的专门机构，发挥人才优势，吸纳省内外相关专家学者，开展区域专门史研究，实施"河南专门史"大型学术文化工程，将进一步夯实河南历史文化研究基础，拓展中原文化研究领域，提高河南历史文化在全国的学术影响力。院历史与考古研究所长张新斌作了题为《"河南专门史"大型学术文化工程总体构想》的会议主题报告，从指导思想、总体目标、基本原则、研究方法、内容与框架、组织实施、经费统筹等方面，具体阐释了编纂河南专门史的总体构想。

座谈会上，专家们围绕区域专门史研究的学术价值、当代意义，以及河南专门史的编纂等议题，进行了深入研讨和热烈讨论，就河南专门史的内容、体例、研究方法等方面，提出了许多宝贵的意见和建议，具有重要参考价值。张占仓院长用"基础""创新""支持"三个关键词对会议进行了总结。他指出，要抓住国家繁荣发展社会科学的历史机遇，发挥河南省历史文化资源优势、发挥省社科院的学科优势和人才优势，开展"河南专门史"大型学术文化工程。此次座谈会，标志着由省社科院组织的"河南专门史"大型学术文化工程正式启动。预计到2026年，将分三批完成一套共100本4000万字左右的河南专门史。

## 第五节　重点成果

一、2014年以前获省部级以上奖项成果[*]

| 成果名称 | 作者 | 职称 | 成果形式 | 字数（万字） | 出版发表单位 | 出版发表时间 | 获奖情况 |
| --- | --- | --- | --- | --- | --- | --- | --- |
| 市场经济理论典鉴——列宁商品经济理论系统研究 | 杨承训 | 研究员 | 专著 | 30 | 天津人民出版社 | 1998.1 | 第八届孙冶方经济科学著作奖 |
| 12个：1998年的孩子 | 何向阳 | 研究员 | 文学评论 | 3.4 | 《青年文学》 | 2000年第5期 | 2001年第二届"鲁迅文学奖"、全国优秀理论评论奖 |

---

[*] 注：在本节的表格中的"出版发表时间"一栏，年、月、日使用阿拉伯数字，且"年""月""日"三字省略（发表期数除外，保留"年"字）。既有年份，又有月份、日时，"年""月"用"."代替。如："1998年1月"用"1998.1"表示，"2000年第5期"不变。

续表

| 成果名称 | 作者 | 职称 | 成果形式 | 字数（万字） | 出版发表单位 | 出版发表时间 | 获奖情况 |
|---|---|---|---|---|---|---|---|
| 策论中原崛起 | 喻新安等 | 研究员 | 专著 | 29 | 经济管理出版社 | 2006.12 | 2007年省社会科学优秀成果一等奖 |
| 恩格斯晚年对早期基督教的研究 | 牛苏林 | 研究员 | 论文 | 1.2 | 《马克思主义研究》 | 2006年第7期 | 2007年省社会科学优秀成果二等奖 |
| 社会主义新农村建设的十个结合 | 吴海峰 | 研究员 | 论文 | 0.5 | 《中国农村经济》 | 2006年第1期 | 2007年省社会科学优秀成果二等奖 |
| 从科学发展观视角看休闲 | 王景全 | 研究员 | 论文 | 0.8 | 《自然辩证法研究》 | 2006年第22期 | 2007年省社会科学优秀成果二等奖 |
| 稀缺资源利用的可持续性：土地使用权流转制度创新研究 | 朱桂香 | 研究员 | 论文 | 0.6 | — | 2006.10.8 | 2007年省科技进步二等奖 |
| 中原城市群一体化研究——郑开大道经济社会效益评估及政策分析 | 喻新安等 | 研究员 | 论文 | 0.4 | 经济管理出版社 | 2007.11 | 2008年省社会科学优秀成果一等奖 |
| 河南省反腐倡廉机制创新研究 | 焦锦淼等 | 研究员 | 专著 | 18 | 方正出版社 | 2008.1 | 2008年省发展研究奖一等奖 |
| 统筹城乡经济发展评价指标体系的构建及应用 | 赵保佑 | 研究员 | 论文 | 0.5 | 《经济学动态》 | 2007年第12期 | 2008年省社会科学优秀成果二等奖 |
| 外出青年女性就业现状及权益保护 | 李怀玉 | 研究员 | 论文 | 0.5 | 《红旗文稿》 | 2007年第4期 | 2008年省社会科学优秀成果二等奖 |
| 杜甫与中原文化 | 葛景春等 | 研究员 | 专著 | 38 | 河南人民出版社 | 2007.12 | 2008年省社会科学优秀成果二等奖 |
| 河南服务业发展研究 | 王彦武等 | 研究员 | 专著 | 30 | 河南人民出版社 | 2007.12 | 2008年省社会科学优秀成果二等奖 |
| 河南制造 | 龚绍东等 | 研究员 | 专著 | 48 | 河南人民出版社 | 2007.12 | 2008年省社会科学优秀成果二等奖 |

续表

| 成果名称 | 作者 | 职称 | 成果形式 | 字数（万字） | 出版发表单位 | 出版发表时间 | 获奖情况 |
|---|---|---|---|---|---|---|---|
| 订单农业的契约困境和组织形式的演进 | 生秀东 | 研究员 | 论文 | 0.6 | 《中国农村经济》 | 2007年第12期 | 2008年省社会科学优秀成果二等奖 |
| 高等院校科技创新能力培育研究 | 谷建全等 | 研究员 | 研究报告 | 0.5 | — | 2006.9 | 2008年省发展研究奖二等奖 |
| 河南改革开放30年 | 林宪斋等 | 研究员 | 专著 | 40 | 河南人民出版社 | 2008.12 | 2009年省社会科学优秀成果一等奖 |
| 中国戏曲通鉴 | 王永宽 | 研究员 | 专著 | 107 | 中国古籍出版社 | 2008.10 | 2009年省社会科学优秀成果一等奖 |
| 中原经济区研究 | 喻新安等 | 研究员 | 专著 | 35 | 河南人民出版社 | 2010.12 | 2011年省社会科学优秀成果一等奖 |
| 在城乡统筹中夯实农业农村发展基础 | 王建国 | 研究员 | 论文 | 0.3 | 《光明日报》 | 2010.3.23 | 2011年省社会科学优秀成果二等奖 |
| 转变农业发展方式要有新思路 | 陈明星 | 研究员 | 论文 | 0.3 | 《经济日报》 | 2010.5.24 | 2011年省社会科学优秀成果二等奖 |
| 实现党的领导与村民自治有机统一 | 赵保佑 | 研究员 | 论文 | 0.3 | 《人民日报》 | 2010.1.14 | 2011年省社会科学优秀成果二等奖 |
| 六言诗体研究 | 卫绍生 | 研究员 | 专著 | 22 | 社会科学文献出版社 | 2010.1 | 2011年省社会科学优秀成果二等奖 |
| 转型与升级——郑洛工业走廊发展研究 | 刘道兴等 | 研究员 | 专著 | 26 | 河南人民出版社 | 2010.4 | 2011年省社会科学优秀成果二等奖 |
| 法治城市建设研究 | 丁同民 | 研究员 | 专著 | 29 | 黑龙江人民出版社 | 2010.6 | 2011年省社会科学优秀成果二等奖 |
| 后危机时期河南经济结构的战略性调整 | 林宪斋等 | 研究员 | 专著 | 33 | 社会科学文献出版社 | 2011.3 | 2011年省社会科学优秀成果二等奖 |

续表

| 成果名称 | 作者 | 职称 | 成果形式 | 字数（万字） | 出版发表单位 | 出版发表时间 | 获奖情况 |
| --- | --- | --- | --- | --- | --- | --- | --- |
| 明代官员给谥中的特殊现象解读 | 田冰 | 研究员 | 论文 | 1 | 《史学月刊》 | 2010年第6期 | 2011年省社会科学优秀成果二等奖 |
| 论"务实河南" | 王建国等 | 研究员 | 论文 | 0.8 | 《河南日报》 | 2011.10.21 | 2012年省社会科学优秀成果一等奖 |
| 竹林七贤：一个时代的文化符号 | 卫绍生 | 研究员 | 论文 | 0.8 | 《光明日报》 | 2011.9.19 | 2012年省社会科学优秀成果一等奖 |
| 中国特色权力制约和监督机制构建研究 | 闫德民 | 研究员 | 专著 | 35 | 人民出版社 | 2011.11 | 2012年省社会科学优秀成果二等奖 |
| 中国古代神话文化寻踪 | 闫德亮 | 研究员 | 专著 | 27 | 人民出版社 | 2011.10 | 2012年省社会科学优秀成果二等奖 |
| 教育投入的革命 | 刘道兴 | 研究员 | 专著 | 30 | 社会科学文献出版社 | 2011.4 | 2012年省社会科学优秀成果二等奖 |
| 支持中原崛起的财政政策研究 | 赵保佑等 | 研究员 | 论文 | 0.5 | 《经济研究参考》 | 2011年第21期 | 2012年省社会科学优秀成果二等奖 |
| 加强城镇节水建设提高水力资源利用率 | 张锐等 | 研究员 | 论文 | 0.4 | 《经济日报》 | 2011.3.2 | 2012年省社会科学优秀成果二等奖 |
| 全面提升农田水利建设水平 | 吴海峰等 | 研究员 | 论文 | 0.4 | 《经济日报》 | 2011.1.31 | 2012年省社会科学优秀成果二等奖 |
| 支持中原经济区建设的财政政策研究 | 赵保佑 | 研究员 | 论文 | 0.5 | 《财政研究》 | 2011年第6期 | 2012年省发展研究奖二等奖 |
| 河南省就业问题研究及对策建议 | 曹明 | 研究员 | 论文 | 0.4 | 《中州学刊》 | 2010年第4期 | 2012年省发展研究奖二等奖 |
| 中国特色反腐倡廉基础理论体系研究 | 徐喜林等 | 研究员 | 专著 | 27 | 中国方正出版社 | 2013.7 | 2012年省科技进步二等奖 |

续表

| 成果名称 | 作者 | 职称 | 成果形式 | 字数（万字） | 出版发表单位 | 出版发表时间 | 获奖情况 |
|---|---|---|---|---|---|---|---|
| 新型三化协调论 | 喻新安等 | 研究员 | 专著 | 35 | 人民出版社 | 2012.1 | 2013年省社会科学优秀成果特等奖 |
| 新型农村社区论 | 刘道兴等 | 研究员 | 专著 | 32 | 人民出版社 | 2012.1 | 2013年省社会科学优秀成果特等奖 |
| 新型城镇化引领论 | 谷建全等 | 研究员 | 专著 | 37 | 人民出版社 | 2012.1 | 2013年省社会科学优秀成果特等奖 |
| 儒学的现代命运——儒家传统的现代阐释 | 崔大华 | 研究员 | 专著 | 62 | 人民出版社 | 2012.3 | 2013年省社会科学优秀成果一等奖 |
| 论"期权腐败"及其治理 | 阎德民 刘兆鑫 | 研究员 | 专著 | 29 | 人民出版社 | 2012.10 | 2013年省社会科学优秀成果一等奖 |
| 河南生态文化史纲 | 刘有富 刘道兴 张新斌 徐 忠 杨晓周 王建华 | 研究员 | 专著 | 53 | 黄河水利出版社 | 2013.1 | 2014年省社会科学优秀成果一等奖 |
| 打造河南经济升级版的若干重大问题研究 | 喻新安 完世伟 赵西三 龚绍东 王玲杰 唐晓旺 杨兰桥 | 研究员 | 专著 | 46 | 社会科学文献出版社 | 2013.12 | 2014年省社会科学优秀成果一等奖 |
| 新型城镇化进程中的企业责任 | 喻新安 陈明星 赵西三 李怀玉 杨兰桥等 | 研究员 | 论文 | 0.3 | 《人民日报》 | 2012.3.29 | 2013年省科技进步二等奖 |

| 成果名称 | 作者 | 职称 | 成果形式 | 字数（万字） | 出版发表单位 | 出版发表时间 | 获奖情况 |
|---|---|---|---|---|---|---|---|
| 矿产资源开发中的利益博弈及综合制衡对策研究 | 杜明军等 | 研究员 | 专著 | 28 | 中国社会科学出版社 | 2015.9 | 2014年省科技进步二等奖 |

## 二、2015年科研成果一般情况介绍、学术价值分析

2015年，河南省社科院全年完成应用对策研究成果100余项，完成省委、省政府等领导机关交办的重要课题72项。全年公开发表各类论文229篇，其中在全国核心期刊发表学术论文80多篇，在《河南日报》发表文章40余篇；出版著作18部，立项省以上社科规划、软科学、政府招标课题43项，获省级以上社科优秀成果奖16项。

## 三、2015年主要科研成果

成果名称：《河南迈向现代化的总体设计和行动纲领》

作者姓名：河南省社会科学院课题组

成果形式：研究报告

字数：9.1千字

出版单位及发表刊物：河南省社会科学院，《领导参阅》

出版时间：2015年第1期

该报告根据省委全会关于组织专家学者对《战略纲要》进行深度解读的精神和要求，从《战略纲要》的深远历史意义和重大的现实意义、丰富内涵及开启了河南全面建成小康社会加快现代化建设的新征程三个部分进行了深入解读。成果上报后，受到了省委副书记邓凯、省人大常委会副主任李文慧的批示肯定。

成果名称：《经济新常态的河南应对》

作者姓名：河南省社会科学院课题组

成果形式：研究报告

字数：8.5千字

出版单位及发表刊物：河南省社会科学院，《领导参阅》

出版时间：2015年第3期

为贯彻河南省委九届八次全会和省委经济工作会议精神，该课题组撰写了《经济新常态下的河南应对》一文，从深刻认识新常态准确把握新常态下的河南个性特征、积极适应新常态系统谋划河南发展战略思路举措、主动引领新常态努力开创河南经济社会发展新局面三个方面，深入系统地分析了新常态下河南个性特征的表现形式及原因，并提出了相应的对策建议。成果上报后，先后受到了省委副书记邓凯，省委常委、宣传部长赵素萍，省委常委、郑州市委书记吴天君等的批示肯定。

成果名称：《关于完善基层便民服务工作机制 推行"两单四化"党建服务模式的思考建议》

作者姓名：河南省社会科学院课题组

成果形式：研究报告

字数：4.4千字

出版单位及发表刊物：河南省社会科学院，《呈阅件》

出版时间：2015年第2期

该报告在围绕完善基层便民服务工作机制进行了专题调研的基础上，从完善基层便民服务工作机制面临的新情况新问题、项城市探索两单四化党建服务模式的做法、推行两单四化党建服务模式的建议和理由

三个部分进行了深入分析，并建议省委在进一步调研的基础上制订"两单四化"党建服务模式试行和推广方案，经过试行丰富完善后在全省推行实施，将"两单四化"服务模式和"四议两公开"工作法一起打造成为河南基层党组织建设的亮丽名片和品牌。成果上报后，受到了省委副书记邓凯的批示。

成果名称：《突出群众主体维护群众权益——二七区马寨镇推进以人为核心的新型城镇化的思考与启示》

作者姓名：河南省社会科学院课题组

成果形式：研究报告

字数：3.7千字

出版单位及发表刊物：河南省社会科学院，《呈阅件》

出版时间：2015年第3期

课题组通过调研发现，二七区马寨镇在推进以人为核心的新型城镇化进程中，坚持"五个充分"，让广大群众切身感受到新型城镇化和产业发展带来的好处，赢得了群众的拥护和支持。马寨镇的经验使我们认识到，推进新型城镇化，必须做到以人为核心，坚持产业为基、就业为本、生计为先，努力处理好政府与群众、目标与实践、当前与长远、农民与市民、城市与产业这五对关系，走一条产业集聚、就业增加、人口转移、产城融合的新路子，使群众真正成为新型城镇化的建设主体和受益主体。成果上报后，省委副书记邓凯、副省长赵建才、王铁等先后作出批示。

成果名称：《全省建筑劳务转型升级问题系统调查》

作者姓名：刘道兴

职称：研究员

成果形式：研究报告

该报告深入分析了河南作为建筑业和建筑劳务输出大省，涌现出一批建筑劳务基地县和建筑之乡，形成了一批知名建筑劳务品牌，初步形成了建筑劳务管理服务体系，为建筑业发展、农民工增收、就业规模扩大和社会稳定做出了贡献。但是由于对建筑劳务输出问题总体上研究和重视不够，与浙江、山东、江苏等省在建筑业和建筑劳务方面的经济效益差距越拉越大。在经济进入新常态下，建筑劳务输出必须转型升级。因此，报告提出应借鉴江苏、浙江等省的做法，总结推广林州、长垣等地的经验，提高省市县三级政府对建筑劳务的重视程度，加大建筑劳务输出行业的改革和体制创新力度。报告上报后，先后受到省委副书记邓凯、副省长王铁的批示。

成果名称：《关于漯河、驻马店两市反腐倡廉制度建设年活动情况的专题调研》

作者姓名：河南省社会科学院课题组

成果形式：研究报告

字数：4.6千字

出版单位及发表刊物：河南省社会科学院，《呈阅件》

出版时间：2015年第6期

该报告在对全省相关反腐倡廉制度进行认真梳理与分析基础上认为，尽管当前河南在反腐倡廉制度建设年活动方面各级都很重视，组织周密，推进有力，形成了一批好的制度成果，成效十分显著。但从一些制度的内容看，仍存有责任划分不够明晰、主题内容不够衔接、体系结构不够系统、格式用语不够严谨、执行落实不够到位等问题。因此，报告提出在今后的深化制度建设年活动中，要进一步地明确责任主体，增强制度的严肃性、创新监督方式，完善评估考核体系，使制定出的制度在内容上更加完备，形式上更加严谨。成果上报后，省委常委、纪委书记尹晋华作出批示肯定。

成果名称:《关于加快郑北板块发展助推郑州国际商都建设的若干建议》

作者姓名:河南省社会科学院课题组

成果形式:研究报告

字数:4千字

出版单位及发表刊物:河南省社会科学院,《呈阅件》

出版时间:2015年第10期

该报告提出,随着郑东新区、航空港综合实验区、郑上新区的规划和建设,郑州市东、南、西三个板块定位清晰、优势凸显,比较而言,郑北板块发展思路还不甚明晰,独特优势尚未充分彰显,郑州市在区域空间布局上存在"北部缺失"问题。因此,加快郑北板块发展,对助推郑州国际商都建设具有重要意义。但目前由于存在体制机制性制约等问题,郑北板块面临着生态被破坏、资源被占用、利益被裹挟、整体被割裂等潜在风险与危机。因此,报告建议,加快郑北板块发展,应当依据郑州沿黄地区空间、资源的相关性和关联度等,充分彰显其独特的生态、文化、旅游功能,将郑州北部沿黄板块设计为"三个圈层"的空间结构模式,由内而外,有重点、有步骤地有序展开。同时,加快郑北板块发展,从创新体制机制,实现核心区域一体化发展为切入点和突破口。成果上报后,省长谢伏瞻、副省长吴天君、赵建才先后作出批示。

成果名称:《新型城镇化建设中的土地制度创新》

作者姓名:李太淼

职称:研究员

成果形式:专著

字数:350千字

出版单位:郑州大学出版社

出版时间:2015年12月

该书立足于现有土地制度,总结地方创新实践,直面存在的问题,提出建立健全统筹利用城乡土地规划制度,探索实行城乡建设用地规划制度,破除"二元"产权和管理体制,创新建设用地市场制度、农村承包地流转制度,改革农村宅基地制度、土地增值收益分配制度。本书为我国新型城镇化建设中土地制度创新提供理论架构和实践参考。

成果名称:《土地综合整治效益分析——以河南省为例》

作者姓名:王建国

职称:研究员

成果形式:专著

字数:222千字

出版单位:经济管理出版社

出版时间:2015年11月

该著以河南省为例,系统梳理土地综合整治相关理论研究和国内外经验教训,从经济、社会、生态三个维度深入分析土地综合整治的综合效益,全面评估土地综合整治取得的具体成效,深刻剖析土地综合整治存在的问题和制约因素,并提出相应的对策建议,对于今后开展土地综合整治实践工作提供参考借鉴,将为实现经济发展、土地利用、生态改善的和谐统一提供理论依据。

成果名称:《金融抑制、金融创新与互联网金融发展》

作者姓名:李国英

职称:副研究员

成果形式:专著

字数:260千字

出版单位:河南人民出版社

出版时间:2015年11月

该著作在梳理互联网金融兴起的四大推动力的基础上,探讨互联网金融给传统金融机构带来的冲击与挑战,从金融功能改进的角度来思考互联网金融的发展前景,并探究互联网金融与传统金融之间应如何保持合理有序的竞（争）合（作）关系。据此为"一行三会"出台对互联网金融的监管政策提供理论参考和实践指导，以促进互联网金融可持续发展，从根本上保障我国金融创新与金融改革稳步推进。

成果名称：《航空经济发展的金融支持》

作者姓名：陈萍

职称：副研究员

成果形式：专著

字数：150千字

出版单位：河南人民出版社

出版时间：2015年10月

该书基于航空经济不同发展阶段的金融需求，建立一个航空经济发展的金融支持分析框架，探讨金融支持航空经济发展的模式问题。并以郑州航空港经济综合实验区为例，研究航空经济的金融支持实践。本书在三大方面实现了创新：金融支持航空经济发展的理论逻辑和作用机制；探究航空经济不同发展阶段的金融需求；探究航空经济不同发展阶段中不同金融支持模式的支持效率。在航空经济快速发展而航空经济研究理论相对匮乏的今天，本书的成果将具有很强的实践意义。

成果名称：《楚人的华夏观及其神话论略》

作者姓名：闫德亮

职称：研究员

成果形式：论文

字数：13千字

发表刊物：《江西社会科学》

出版时间：2015年第1期

该文从民族与神话关系角度入手，认为楚人源于中原华夏族，强大于楚蛮濮越诸等民族的融合中。坚定的华夏观，特别是对黄帝世系及华夏神话的文化接受与认同是楚人兴邦强国的强大思想武器。从神话学角度分析楚人兴邦强国是一种尝试。文章被中国人民大学复印报刊资料《先秦先汉史》2015年第4期全文复印转载。

成果名称：《论生态产品的旨趣及其法制化路径》

作者姓名：邓小云

职称：副研究员

成果形式：论文

字数：9.5千字

发表刊物：《江海学刊》

出版时间：2015年第6期

论文针对绿色发展的重要载体——生态产品，论析了其内涵及价值追求，提出自然环境的有限性和生长性并存需要经济社会适应性增长，实现适应性增长的关键是人的行为要适度，将理念上的"度"通过具体规范体现出来的可能路径是环境义务（责任）法制化。该文为推动我国绿色、协调发展提供理论支撑和现实参考。

成果名称：《矿产资源开发中的利益博弈及综合制衡对策研究》

作者姓名：杜明军

职称：研究员

成果形式：专著

字数：650千字

出版单位：中国社会科学出版社

出版时间：2015年9月

该项目研究以利益博弈分析为主线，深入分析了矿产资源开发利益关系，阐述了矿产资源开发中各相关主体的利益诉求、行为特征、博弈机理、选择取向，提出了完善矿产资源开发利益均衡发展的政策建议。立足于利益结构特征、行为互动关系、博弈均衡机制的研究思路和系统阐释，为矿产资源开发管理政策完善提供了重要参考。

成果名称：《关于整合社会保险经办

机构　成立河南省社会保障局的建议》

作者姓名、执笔：陈东辉、王运慧

职称：副研究员

成果形式：论文

字数：4千字

出版单位及发表刊物：河南省社会科学院，《呈阅件》

出版时间：2015年第1期

该成果主要研究对象为社会保险经办机构。作者认为，河南当前社会保险"五险分立"的管理模式，具有经办机构分散设置难以形成整体合力，服务效率比较低；参保单位和个人的多头申报多头缴费，服务对象意见大；社会保险管理信息系统重复建设，信息资源不能共享等弊端。建议整合省直社会保险经办机构，优化社会保险职能配置，成立河南省社会保障局。该成果通过《呈阅件》上报后，得到时任河南省省长谢伏瞻等领导同志批示，谢伏瞻同志批示："请李克、艳玲同志，编办、人社、卫计等单位研究"。2016年，河南省社会保障局正式挂牌成立。

成果名称：《中原经济区城镇化模式创新研究》

作者姓名：郭小燕

职称：副研究员

成果形式：专著

字数：319千字

出版单位：社会科学文献出版社

出版时间：2015年11月

该书构建了城镇化模式的理论逻辑框架，从动力机制模式、空间发展模式、制度模式等方面研究了城镇化模式的构成和现实内容，并具体地从动力机制模式、空间结构模式、产业发展模式、城市发展模式、人口转移模式、城乡统筹模式、生态建设模式、制度创新模式等方面构建中原经济区城镇化模式的创新体系。其理论创新与实践意义在于为促进中原经济区发展，缩小区域差距的研究提供思路，同时为政府部门制定城镇化改革办法，确定城镇化推进措施等提供决策参考，对于促进中原经济区提高城镇化质量，促进城镇化健康有序发展，推进中原经济区建设具有重要意义。

成果名称：《殷墟甲骨文宾语语序研究》

作者姓名：齐航福

职称：副研究员

成果形式：专著

字数：310千字

出版单位：中西书局

出版时间：2015年8月

殷墟甲骨文是迄今发现的最早而又成系统的汉语言资料，它对于研究古汉语意义重大，该书主要利用殷墟甲骨文探讨宾语语序问题。主要内容包括：宾语前置句、兼语句、非祭祀动词双宾语句、祭祀动词双宾语句、三宾语句、介宾结构以及相关专题研究。该书广搜甲骨语料，运用"类组说"进行甲骨卜辞的句法分析，同时注重对甲骨文辞例含义进行深入研究，使得相关结论较为可信。该书可供甲骨学、古文字及上古汉语研究者参考。

成果名称：《粮食主产区利益补偿机制研究》

作者姓名：陈明星

职称：研究员

成果形式：专著

字数：361千字

出版单位：社会科学文献出版社

出版时间：2015年12月

该书旨在通过系统提出粮食主产区利益补偿的评价体系和机制框架，并尝试展开从中央到地方不同层面的实证研究，对不同层面的利益补偿标准进行测算，同时统筹不同层面间利益补偿的衔接，从而建立与发展阶段相匹配、与区情相适应的利益补偿机制和配套政策体系，形成运转高效、动态调整的粮食主产区利益补偿机制运行模式，在丰富粮食主产区利益补偿理论研究的同时，为新时期确保粮食主产区持续发展提供有价值的思路和对策。

成果名称：《河南区域协调发展的历程、成就与启示》
作者姓名：王元亮
职称：助理研究员
成果形式：论文
字数：8千字
发表刊物：《开发研究》
出版时间：2015年第3期

该文章主要研究河南区域协调发展，通过梳理河南区域协调发展的历程，总结出河南区域协调的确定模式，实施中心城市带动战略；奠定支撑，发展壮大县域经济；立足基础，科学合理划分经济区；正视差距，注重次区域及城乡协调发展；加强联系，建立省际边界区合作机制的五点启示，这对我国中西部同类地区立足实际，努力走出适合自己的区域发展道路具有现实意义。

## 第六节 学术人物

一、河南省社会科学院研究员（1979—2014）

| 姓名 | 出生年月 | 学历/学位 | 职务 | 职称 | 主要学术兼职 | 代表作 |
|---|---|---|---|---|---|---|
| 杨承训 | 1935.11 | 硕士研究生 | 原副院长 | 研究员 | 国家社科基金评委、河南省经济学会会长 | 《市场经济理论典鉴》《历史的杠杆——科技主导经济发展规律研究》 |
| 胡思庸 | 1926.9 | 大学 | 原院长 | 研究员 | 河南省社科联副主席、中国史学会理事、河南省历史学会会长 | 《胡思庸学术文集》《中国近代史新编》 |
| 崔大华 | 1938.11 | 硕士研究生 | 原所长 | 研究员 | — | 《南宋陆学》《庄子歧解》《庄学研究》《儒学引论》 |
| 孙广举 | 1943.1 | 大学 | 原所长 | 研究员 | | 《让艺术的精灵腾飞》《李准新论》《文学的菩提树》 |
| 张清华 | 1936.7 | 大学 | — | 研究员 | | 《清忠谱校注》《王维诗选注》《韩愈诗文评注》 |
| 郑杰祥 | 1937.3 | 大学 | 原所长 | 研究员 | — | 《夏文化论文选集》《夏史初探》《商代地理概论》 |
| 彭春成 | 1931.1 | 博士研究生 | — | 研究员 | 河南省工业经济学会副会长、省乡镇经济学会副会长 | 《县级经济体制综合改革》《我国农业技术改造重点问题的探讨》 |

续表

| 姓名 | 出生年月 | 学历/学位 | 职务 | 职称 | 主要学术兼职 | 代表作 |
| --- | --- | --- | --- | --- | --- | --- |
| 岳增德 | 1937.7 | 大学 | 原副所长 | 研究员 | — | 《现代企业管理方法手册》《创优分核联利网络管理法》 |
| 王天奖 | 1933.1 | 硕士研究生 | 原所长 | 研究员 | — | 《近代河南大事记》《辛亥革命河南史事长编》《河南通史》 |
| 樊纪宪 | 1938.2 | 大学 | 原所长 | 研究员 | 河南省物价学会、合作经济学会副会长 | 《邓小平经济理论研究》《农村货币流通理论研究》 |
| 南俊英 | 1945.5 | 大学 | 原所长 | 研究员 | — | 《邓小平的群众观》《当代中国的旗帜》《构建和谐中原》 |
| 李绍连 | 1939.7 | 大学 | 原副所长 | 研究员 | 河南省孔子学会副会长、河南省炎黄文化研究会副会长 | 《华夏文明之源》《淅川下王岗》《中原古代文化研究》《河洛文明探源》 |
| 葛景春 | 1944.3 | 硕士研究生 | — | 研究员 | 河南省古代文学研究会副会长、中国李白研究会副会长 | 《李白全集校注汇释集评》《李白诗全译》《诗仙风采》 |
| 汤漳平 | 1946.2 | 大学 | 原社长 | 研究员 | — | 《屈原传》《楚辞论析》《楚辞学通曲》 |
| 王广西 | 1941.12 | 大学 | — | 研究员 | 中国近代文学研究会常务理事 | 《佛学与中国近代诗坛》《左宗棠》《中国武术与武林气质》 |
| 舒新辅 | 1937.3 | — | 原党委书记、院长 | 研究员 | — | 《领导艺术选粹》 |
| 萧鲁阳 | 1942.10 | 硕士 | 原所长 | 研究员 | — | 《鸡肋编》《鲁阳墨论》《中原墨学研究》 |
| 唐有功 | 1945.10 | 大学 | 原所长 | 研究员 | — | — |
| 郭纪元 | 1939.2 | 大学 | 原所长 | 研究员 | 黄河流域经济研究会秘书长 | 《中国股份经济大走势》《区域生态经济社会协调发展论》 |
| 马世之 | 1937.12 | 大学 | 原所长 | 研究员 | — | 《中国史前古城》《中原楚文化研究》 |

续表

| 姓名 | 出生年月 | 学历/学位 | 职务 | 职称 | 主要学术兼职 | 代表作 |
| --- | --- | --- | --- | --- | --- | --- |
| 何向阳 | 1966.10 | 硕士 | 原所长 | 研究员 | — | 《肩上是风》《自巴颜喀拉》《思远道》 |
| 喻新安 | 1955.2 | 博士研究生 | 院长 | 研究员 | 中国区域经济学会副理事长、中国工业经济学会副理事长 | 《反思与觉醒》《全面建设小康社会目标体系》《科学发展观理论与实践》 |
| 王永宽 | 1946.1 | 硕士研究生 | 原所长 | 研究员 | — | 《中国戏曲通鉴》《河图洛书探秘》《河南文学史（古代卷）》《中原文化大典·文学卷》 |
| 程有为 | 1944.10 | 硕士研究生 | 原所长 | 研究员 | — | 《西周宗法制度的几个问题》《试论东汉魏晋的选举标准》 |
| 赵保佑 | 1955.5 | 博士研究生 | 正院级干部 | 研究员 | 中国社科信息学会常务理事 | 《农业产业化经营理论与实践》《统筹城乡经济协调发展与科学评价》 |
| 刘道兴 | 1954.6 | 硕士研究生 | 副院长 | 研究员 | — | 《河南可持续发展》《科学论》 |
| 樊万选 | 1954.1 | 硕士研究生 | 副所长 | 研究员 | 河南省生态经济学会秘书长 | 《生态经济统计研究》《区域生态经济社会协调发展论》《农业生态经济学》 |
| 闫德民 | 1956.1 | 大学 | 所长 | 研究员 | — | 《邓小平社会主义主体地位论研究》《"期权"腐败问题研究》 |
| 谷建全 | 1962.5 | 博士研究生 | 副院长 | 研究员 | — | 《高新技术产业风险投资研究》《河南发展全书》《河南城镇化战略研究》 |
| 张占仓 | 1958.5 | 博士研究生 | 院长 | 研究员 | 中国地理学会常务理事、中国区域经济学会副会长、河南省地理学会副理事长、河南省自然辩证法研究会副理事长兼秘书长 | 《中国经济新常态与可持续发展新趋势》《河南省新型城镇化战略研究》《河南省建设中原经济区战略研究》 |

续表

| 姓名 | 出生年月 | 学历/学位 | 职务 | 职称 | 主要学术兼职 | 代表作 |
| --- | --- | --- | --- | --- | --- | --- |
| 丁同民 | 1968.1 | 硕士研究生 | 副院长 | 研究员 | 河南省财税法学研究会副会长、省法律文化研究会副会长等 | 《"十三五"时期航空经济区法律政策创新研究》《保障我国农民政治权益的法治路径探析》 |
| 袁凯声 | 1961.1 | 硕士研究生 | 副院长 | 研究员 | 中国近代文学研究会理事、河南省文学学会秘书长 | 《文化冲突·二元人格·感伤主义——苏曼殊与郁达夫比较片论》《论中国文学的近代转型》 |
| 完世伟 | 1963.8 | 博士研究生 | 所长 | 研究员 | 河南省委办公厅决策信息专家成员 | 《区域城乡一体化测度与评价研究》《当代中国城乡关系的历史考察及思考》 |
| 杜明军 | 1965.9 | 博士研究生 | — | 研究员 | — | 《健全反映市场供求关系的国债收益率曲线》《区域城镇体系空间结构协调发展：判定方法和路径选择》 |
| 张富禄 | 1964.11 | 硕士研究生 | 所长 | 研究员 | — | 《推进工业领域供给侧结构性改革的基本策略》《支持创新型企业发展的政府政策探析》 |
| 吴海峰 | 1957.10 | 大学 | 所长 | 研究员 | — | 《生态城市带建设与区域协调发展》《社会主义新农村建设的十个结合》 |
| 陈明星 | 1979.9 | 硕士研究生 | 副所长 | 研究员 | 河南省社会学会理事 | 《粮食供应链安全：一个新的粮食安全视角》《粮食直接补贴的效应分析及政策启示》 |
| 许韶立 | 1962.8 | 大学 | — | 研究员 | — | 《论旅游景区开发遵循的十化原则》《黄河中下游分界线新说》 |
| 生秀东 | 1965.10 | 大学 | — | 研究员 | — | 《订单农业的契约困境和组织形式的演进》《劣市场、准市场与农业产业化》 |

续表

| 姓名 | 出生年月 | 学历/学位 | 职务 | 职称 | 主要学术兼职 | 代表作 |
| --- | --- | --- | --- | --- | --- | --- |
| 王建国 | 1963.3 | 硕士研究生 | 所长 | 研究员 | — | 《扩大最终消费与回升经济景气》《中外通货紧缩的实证比较分析》《河南工业化与城镇化协调互动机制构建研究》 |
| 祁雪瑞 | 1963.8 | 硕士研究生 | — | 研究员 | — | 《国有资产所有权行使中经济效益与生态效益契合研究》《生态文明的哲思与践行》 |
| 牛苏林 | 1958.12 | 大学 | 所长 | 研究员 | — | 《马克思恩格斯的宗教理解》《河南：走向现代化》《构建和谐中原》 |
| 李怀玉 | 1977.11 | 硕士研究生 | — | 研究员 | — | 《流动儿童心理健康问题探讨》《现代女性择偶心理转向与和谐婚姻的构建》 |
| 王景全 | 1959.12 | 硕士研究生 | 所长 | 研究员 | — | 《论实践的开放性特征》《从科学发展观的视角看休闲》《论休闲阅读》 |
| 卫绍生 | 1957.10 | 大学 | 所长 | 研究员 | 中国《三国演义》学会副会长、河南姓氏文化研究会副会长 | 《陶渊明与六朝文人隐逸之风》《魏晋文学与中原文化》 |
| 李立新 | 1966.2 | 博士研究生 | 副所长 | 研究员 | 河南省姓氏文化研究会秘书长兼法人 | 《论河南运台甲骨》《甲骨文"彤"字新释》 |
| 许凤才 | 1957.12 | 大学 | — | 研究员 | — | 《诗人于赓虞传略》《郁达夫〈毁家诗纪〉的多维诠释》《论冯沅君的小说创作》 |
| 张新斌 | 1960.1 | 大学 | 所长 | 研究员 | 中国先秦史学会副会长、河南省台湾研究会会长 | 《济水与河济文明》《中原文化记忆丛书》《中华姓氏河南寻根》 |
| 李 乔 | 1968.8 | 大学 | 副主任 | 研究员 | 中国河洛文化研究会理事、河南省姓氏文化研究会副秘书长 | 《唐代固始移民对闽文化形成的影响》《"开漳圣王"陈元光籍贯辨析》 |

续表

| 姓名 | 出生年月 | 学历/学位 | 职务 | 职称 | 主要学术兼职 | 代表作 |
| --- | --- | --- | --- | --- | --- | --- |
| 田冰 | 1971.5 | 博士研究生 | — | 研究员 | — | 《试论明清时期河南城镇发展的特点》《明代官员给谥中的特殊现象解读》 |
| 李太淼 | 1961.11 | 大学 | 社长 | 研究员 | 中国科学社会主义学会理事、河南省科学社会主义学会副会长 | 《所有制原理新辩及我国所有制改革趋势》《劳动价值论若干问题新探》 |
| 郑志强 | 1958.1 | 大学 | 副社长 | 研究员 | 中国楚辞学会理事、中国范仲淹文化研究会理事 | 《当代诗经研究新视界》《诗经没有"民歌"论》《"俌戹"或"敧器"溯源》 |
| 任晓莉 | 1962.1 | 大学 | 社长 | 研究员 | 中国区域经济学会常务理事，中国生产力学会理事 | 《论国有企业与市场经济的兼容》《供给侧改革背景下我国收入分配体制改革研究》 |
| 闫德亮 | 1964.10 | 大学 | 社长 | 研究员 | — | 《早期民族融合与古代神话定型》《楚人的华夏观及其神话论略》《中国古代神话死亡读解》 |
| 毛兵 | 1967.3 | 大学 | 主任 | 研究员 | 河南省老子学会秘书长 | 《华夏历史文明重要传承区刍议》《论焦裕禄精神的时代价值》 |
| 王玲杰 | 1972.7 | 博士研究生 | 副处长 | 研究员 | — | 《新型城镇化的综合测度与协调推进》《河南经济发展报告》《积极探索"三化"协调发展之路》 |

## 二、河南省社会科学院2015年度晋升正高级专业技术职务人员

孟白，1957年10月出生，社会学学士，研究员。现从事农村经济社会发展研究，专业方向为精准扶贫及体制改革研究。主要代表作有：《扶贫工作中出现的精准扶贫不精准等突出问题应予以重视》（论文）、《建设社会主义新农村与乡镇政府机构改革研究》（论文）、《我国省直管县体制改革出现的新情况新问题研究》（论文）等。

田冰，1971年5月出生，历史学博士后，研究员。现从事明清政治经济研究，专业方向为河南地方文化史及历史地理。主要代表作有：《试论明清时期河南城镇发展的特点》（论文）、《明代官员给谥中的特殊现象解读》（论文）、《明代黄河水

患与治黄保漕的时空变迁述论》（论文）等。

杜明军，1965年9月出生，经济学博士，研究员。现从事宏观经济学研究，其专业方向是数量经济、博弈论。主要代表作有：《健全反映市场供求关系的国债收益率曲线》（论文）、《区域城镇体系空间结构协调发展：判定方法和路径选择》（论文）、《政府对企业间资源开发利益博弈局势的改变机理及政策取向》（论文）等。

## 第七节 2015年大事记

### 一月

1月21日，河南省社会科学院和林州市委在郑州共同主办"纪念红旗渠通水50周年红旗渠精神理论研讨会"。

1月29日，河南省社会科学院举办院青年学术论坛暨2014年度青年优秀学术论文评选。

### 三月

3月10—12日，河南省社会科学院党委书记魏一明、纪委书记周立带领课题组深入漯河、驻马店等地调研反腐倡廉制度建设情况。

3月29日，河南省社会科学院在郑州举办第二届中原智库论坛。论坛主题是引领新常态，谋划"十三五"，深化对新常态下河南发展的路径和"十三五"发展思路的认识，为加快河南现代化建设提供智力支持。

### 五月

5月7日，河南省社会科学院党委书记魏一明应邀出席"第五届全国社会科学院世界历史研究联席研讨会"。

5月25日，河南省社会科学院在愚公移山精神干部学院举办党员干部培训班。

### 六月

6月4日，河南省社会科学院召开"三严三实"专题教育党课暨动员部署会议，院党委书记魏一明以"学习弘扬焦裕禄精神自觉践行'三严三实'"为题讲专题党课。

6月17日，省委第九巡视组巡视河南省社会科学院工作动员会召开。省委第九巡视组组长刘林就开展好巡视工作作了讲话。

### 七月

7月11日，河南省社会科学院党委书记魏一明出席"2015中国登封大禹文化研讨会"。

7月14日，河南省社会科学院《河南经济蓝皮书》课题组召开"2015年上半年河南经济形势分析暨全年展望研讨会"。

7月23日，河南省社会科学院党委书记魏一明一行出席"华东六省一市社科院院长论坛"暨首届华东智库论坛。

### 八月

8月7日，在第十六次全国皮书年会（2015）上，河南省社会科学院编撰出版的《河南经济发展报告（2014）》获得第六届"优秀皮书奖"一等奖、《河南蓝皮书：河南城市发展报告（2014）》中的研究报告《河南省城镇化质量评价报告（2013）》获得第六届"优秀皮书报告奖"二等奖，同时河南省社会科学院经济蓝皮书入选"2016年使用'中国社会科学院创新工程学术出版项目'标识的院外皮书名单"。

8月27日，河南省社会科学院召开《河南法治蓝皮书（2015）》出版发行暨依法治省与司法体制改革研讨会。

8月30日上午，河南省社会科学院召开副处级以上干部会议。省委组织部省直干部处晏友明同志宣读了中共河南省委关于张占仓、喻新安同志职务任免的通知。省委决定张占仓同志任河南省社会科学院院长、党委副书记，喻新安同志不再担任河南省社会科学院院长、党委副书记。

### 九月

9月2日，河南省社会科学院副院长丁同民分别向院5名抗战老战士老同志张凤昌、李保英、翟端仁、李景元、刘自勉颁发"中国人民抗日战争胜利70周年"纪念章。

9月8日，省委第九巡视组专项巡视省社科院情况反馈会召开。省委第九巡视组组长刘林在会上反馈了专项巡视情况，省纪委巡视员贾英豪就省社科院抓好反馈意见的整改落实提出明确要求。

9月11日，郑州大学校长刘炯天院士一行10人来河南省社会科学院考察交流。

9月11日，河南省社会科学院院长张占仓出席郑州大学"2015年中国一带一路国际学术研讨会"。

9月19日，河南省社会科学院党委书记魏一明出席"纪念清儒孙奇逢诞辰430周年暨《中华思想通史·封建编·清代卷》学术研讨会"。

### 十月

10月13日，河南省社会科学院党委书记魏一明带队赴台参加第十三届河洛文化学术研讨会。

10月27日，河南省社会科学院在大别山干部学院举办党支部书记（扩大）培训班。

### 十一月

11月1—2日，河南省社会科学院党委书记魏一明出席许慎文化国际研讨会。

11月3日，中共河南省委宣传部召开全省重点社科研究基地工作会议，河南省社会科学院在全省11个基地年度综合考核中名列第一，再获"2014年度河南省重点社科研究基地工作先进单位"表彰。

11月7日，由河南省社会科学院主办的第三届中原智库论坛在郑州召开，来自中国科学院和省内有关研究领域的领导、专家80多人出席本次论坛。论坛主题是学习贯彻十八届五中全会精神，深刻领会全会精神实质，深入研究河南发展的重大问题，深化对新常态下河南发展的路径和"十三五"发展思路的认识，为加快中原崛起、河南振兴、富民强省，提供理论和智力支持。

11月16日，河南省社会科学院院长张占仓、副院长刘道兴等应邀参加省委召开的"十三五"规划建议研究起草工作专家学者座谈会。

### 十二月

12月5日，由河南省社会科学院主办的区域专门史研究的学术价值与当代意义座谈会在郑州召开。

12月5日，《河南省机构编制委员会办公室批复关于省社会科学院调整部分内设机构的通知》（豫编办〔2015〕486号），批复河南省社会科学院部分内设机构调整方案：撤销政治与法学研究所，设立政治与党建研究所、法学研究所；将经济研究所、金融与财贸研究所合并为经济研究所；中原文化研究所更名为文学研究所，主要职责不变。

12月14日，河南省社会科学院院长张占仓出席河南省自然辩证法研究会2015年度学术年会，并作题目为《我国"十三五"规划与发展的国际环境与战略预期》的报告。

12月31日上午，河南省社会科学院举办了"感恩、敬畏、礼让、奉献"院风教育活动演讲会。

# 湖北省社会科学院

## 第一节 历史沿革

湖北省社会科学院从办所到建院，从"文化大革命"中撤销到十一届三中全会前夕重建，从计划经济的传统体制到社会主义市场经济的现代体制，几经变迁，日臻完善。其前身是中国科学院武汉哲学社会科学研究所，该所从1956年开始筹建，1958年正式成立，1961年改为湖北省哲学社会科学研究所，1970年被撤销。1978年6月，中共湖北省委决定（鄂发〔1978〕63号文）成立湖北省社会科学院，由湖北省委宣传部领导。1996年12月，湖北省政府办公厅（鄂政办发〔1996〕165号文）明确湖北省社会科学院为省政府直属事业单位（以下简称湖北省社科院）。

### 一、领导

湖北省社科院历任党组（党委）书记是：密加凡（1979年7月—1984年1月，党委书记）、沈以宏（1984年1月—1986年4月）、夏振坤（1986年4月—1991年3月）、周景堂（1991年3月—1994年4月）、邓剑秋（1996年8月—1998年4月）、刘宗发（1998年4月—2005年9月）、李锦章（2005年9月—2008年2月）、赵凌云（2008年2月—2008年10月）、曾成贵（2008年12月—2013年6月）。现任党组书记张忠家（2013年6月—　）。

湖北省社科院历任院长是：许道琦（1978年6月—1984年1月，时任湖北省委书记、省长兼任院长）、密加凡（1984年1月—1986年4月）、夏振坤（1986年6月—1996年8月）、邓剑秋（1996年8月—2001年6月）、陈继勇（2001年6月—2005年4月）、赵凌云（2005年4月—2008年2月）、曾成贵（2008年2月—2008年12月）。现任院长宋亚平（2008年12月—　）。

### 二、发展

湖北省社科院是湖北省社会科学研究的最高学术机构和社会科学综合研究中心，是湖北省马克思列宁主义、毛泽东思想、邓小平理论、"三个代表"重要思想、科学发展观及习近平系列重要讲话研究基地，是湖北省委、省政府重要的"思想库"和"智囊团"。

湖北省社科院是在中国特色社会主义建设和改革开放伟大实践的推动下，在党和国家、湖北省委省政府的深切关怀和高度重视下发展起来的。建院之初，院党委提出工作重心是"解放思想，解放科研生产力，开展真理标准的讨论，纠正'两个凡是'的错误，在拨乱反正的基础上，恢复和建立学会，把科研队伍重新组织起来。改变人员结构，努力开展科研工作，把湖北省社科院办成湖北省哲学社会科学的研究中心"。20世纪90年代初，院党组明确湖北省社科院的首要和主要任务是"立足湖北，面向全国，为地方经济建设服务，立足理论，面向实践，为湖北省的两个文明建设服务"。提出的办院方向是：办成一个开放式的，同湖北两个文明建设紧密结合的，具有湖北特色的，拥有较强研究实力的理论研究机构，成为湖北省委与省政府得力的理论智囊，确定了"团结、创新、严谨、求是"的八字院训。此后，湖北省社科院党组坚持以改革开放的精神深入思考新形势下的办院方针问题，即："立足湖北，坚持'三为'（为社会主义现代化建设服务、为社会主义精神文明建设服务、为建设有中国特色的社会主义事业服务），发挥'三大功能'（研究马克思主义理论的阵地功能，为湖北省委省政府决策提供智力支持的服务功能，联络省域社会科学界形成科学研究网络的组织功能），实现'两争、三出'（争智囊地位、争学术地位、出高质量的人才、出成果、出经验）和'四个为主、四个兼顾'（以应用研究为主，兼顾基础研究；以经济研究为主，兼顾政治、文化研究；以现实研究为主，兼顾历史研究；以本地研究为主，兼顾全国及国外）"。与这个办院方针相配套确定了新的办院目标：从发挥决策咨询功能的角度讲，要努力把湖北省社科院办成湖北省省委省政府信得过、用得上、离不开的社科研究机构。1998 年，湖北省社科院党组、院行政提出"一二三四五"的战略设想，即：一个中心、两个服务、三位一体、四个一流、五项工程（领导工程、文明工程、人才工程、精品工程、调研工程）。2005 年，院党组根据形势的发展，提出"高举旗帜（即高举中国特色社会主义理论体系的旗帜）、深化改革、优化结构、强化制度、美化环境"的治院方略，只有高举旗帜，才能坚持正确的政治方向和科研方向，才能强化应用功能，促进各项研究为社会主义建设的现实服务，为湖北省委省政府的决策及其实施提供理论支持和智力支持。2009 年以后，院党组在总结完善过去办院方针的基础上，提出了"学术立院、人才强院、改革兴院、开放办院、制度治院"的方针，确立了专门智库、理论阵地、学术殿堂、人才基地的功能定位。2013 年以来，湖北省社科院党组积极抢抓智库建设新机遇，深度融入"五个湖北"建设新常态，以改革创新为动力，以"五重"建设（重点岗位、重点学科、重点人才、重点项目、重点工程）为重点，以提高"五力"（科研生产力、智库竞争力、社会影响力、人才成长力、管理执行力）为目标，以构建"五大体系"（组织体系、评价体系、平台体系、制度体系、保障体系）为保障，狠抓科研生产力、智库影响力和管理执行力，努力当好改革发展的助推者、党政决策的咨询者、社会问题的发现者、社情民意的反映者、政治理论的引领者。展示了智库建设的新形象。

1978 年以来，湖北省社科院共承担国家社科基金项目 60 项、省社科基金项目 107 项、省科技攻关项目 32 项，出版著作 844 部，发表学术论文、调研报告、理论文章共计 15140 余篇。科研成果获省部级以上奖励达 174 项。其中，《中国转向市场经济体制的释疑》《楚国八百年》等 5 项成果获中宣部"五个一工程"奖，《楚学文库》等著作获国家图书奖和中国图书奖。《江汉论坛》创刊 50 多年来，已成为全国较有影响的核心刊物，连续两届被评为湖北省"十大名刊"之一，并荣获首届湖北省出版政府奖，2012 年被国家社科基金办列入全国首批资助的 100 种学术期刊；积极开展理论宣讲，竭诚为改革发展提供精神动力；大力发展硕士研究生教育，努力为社会培养社科人才。现有国务院学位办授权的 7 个硕士点，共为社会培养硕士研究生 1000 余人。已逐步建设成为多学科、多功能、信息化、开放型的湖北省社会科学综合研究机构，湖北省委、省政府的思想库和智囊团。在以下几个方面形成了自己的特色和优势。

1. 有明确的科研定位

以改革开放和现代化建设中的重大理论和实际问题为主攻方向，坚持学术立院、人才强院、改革兴院、开放办院、制度治院的办院方针，认真履行专门智库、理论阵地、学术殿堂、人才基地的社科功能，以打造新型智库、建设"中部前列、全国一流"的地方社科院为奋斗目标，努力建设省委、省政府信得过、用得上、离不开的"思想库"和"智囊团"。

2. 形成了一些优长学科

现有研究涉及10个一级学科、20多个二级学科。主要特色及优长学科有：宏观经济、产业经济、区域经济、楚文化、马克思主义中国化等。

3. 出版了一批学术著作

在马克思主义理论方面，出版了《邓小平理论与跨世纪中国》《马克思主义中国化思想》《毛泽东治国方略》《党建工程研究》《邓小平理论新探》《正道中国——十六大以来党的理论创新》等。在哲学方面，出版了《马克思主义真理观》《社会组织论》《社会机制论》《信息论概论》《哲学的应用与改革》《晚周礼的文质论》等。在政治学方面，出版了《中国地方国家机构概要》《中国民族区域自治制度》《地方政府原理》《咸安政改》《湖北农村新政的深度解读》《党史论谈》《党史新得》《党内法制与反腐倡廉》《红旗漫卷》《中国公民参与制度化研究》《中国特色社会主义若干问题研究》《生态文明理论与建设研究》等。在法学方面，出版了《科技进步法学概论》《行政案例精析》《行政法治》等。在社会学方面，出版了《社会关系论》《交际社会学》《中国人口迁移与城市化研究》《现代职业分类概论》《农民工市民化》《社会学基本理论与方法论》《社会治理体系研究》（书系）等。在经济学方面，出版了《土壤经济原理》、《市场经济模式概况》、《发展经济学新探》、《政府经济学》、《湖北老区脱贫模式研究》、《特色经济论》、《绿色革命之路》、《中国改革与农业发展》、《水体经济原理》、《社会主义市场经济与中国》、《大国农业论》、《流域经济学》、《世纪初的美国经济》、《湖北发展蓝皮书》（系列）、《湖北经济社会发展年度报告》（系列）、《中三角蓝皮书》（系列）、《三农中国》（系列）、《长江中游城市群构建》、《长江经济带研究与规划》等。在文学方面，出版了《楚风补校注》《屈骚艺术研究》《巴楚文化源流》等。在史学方面，出版了《楚文化史》《荆楚文化志》《楚学文库》《世纪楚学》《楚学论丛》《先秦艺术史》《中国家族制度史》《中国大革命史》《湖北新民主革命史》《湖北历史文化论集》《辛亥革命前后的湖北经济与社会》《招商局与湖北》《炎帝神农文化读本》等。在图书情报学方面，出版了《信息接受论》《社会科学图书情报工作特殊性研究》等。在教育学方面，出版了《中国高等教育质量与水平研究》《大学教育资源优化配置研究》《产学研合作教育提升人才培养质量研究》等。

4. 推出了一系列应用研究成果

继在20世纪80年代提出中部崛起战略构想的基础上，提出了武汉城市圈战略建议，参与了《武汉城市圈总体规划》编制的全过程；提出了以"1+8城市圈"为主体申报"国家综合配套改革试验区"的建议；提出了省域经济"一主两副"战略构想；开展了中部崛起"支点战略"、湖北"十二五"发展思路和有关行业规划研究；开展了长江中游城市群、汉江生态经济带和湖北省"十三五"经济发展战略等战略问题研究；围绕湖北跨越式发展战略、长江中游城市群、湖北名牌战略、湖北文化产业发展对策、县域经济发展思路、和谐社区建设模式、武汉城市圈"两型"社会综改试验区、鄂西生态文化旅游圈、大别山革命老区经济社会发展试验区、荆门农谷、荆州"壮腰"工程、鄂州统筹城乡试验区、武汉新港等省委、省政府关心的重大问题展开研究，提出了一批有影响的对策建议。"十二五"时期，共完成湖北省领导圈批或交办课题78项，获省部级应用研究成果奖共计29项。形成了《要文摘报》《经济形势分析》《蓝皮书》《年度报告》《三农中国》等应用研究品牌。编辑出版蓝皮书21部，黄皮书3部，出版《湖北经济社会发展年度报告》4部，《中三角蓝皮书》2部。

5. 在湖北经济社会发展战略研究方面作出了积极贡献

在湖北省委、省政府的一些重大决策中，每一时期，湖北省社科院都作出过一定贡献。20世纪80年代，提出了湖北中部崛起的发展战略；90年代，提出了实施老工业基地改造的发展建议，对湖北特色经济和湖北精神问题提出了不少参考意见；新世纪以来，相继提出了"武汉城市圈"、省域经济中心"一主两副""两型"社会试验区、鄂西生态文化旅游区等战略建议；近年来，又提出了"两圈两带"、汉江生态经济带发展战略，开展了长江经济带、长江中游城市群、宜荆荆（宜昌荆州荆门）城市群等重大战略问题研究。有关中部崛起、武汉城市圈、"两型"社会试验区及长江中游城市群、汉江生态经济带等研究成果，被中央有关部门采纳。

6. 开放办院在探索中发展

在湖北省已设立市（州）社科分院9家、县（市）研究所11个。与俄罗斯科学院远东研究所、西伯利亚研究所，韩国对外经济政策研究院、忠清北道研究院等科研机构签订了合作协议。加强与中国社科院的合作，联合开展长江中游城市群发展战略研究，共同举办"长江论坛"。建院以来，先后有60余人到美国、俄罗斯、英国、德国、法国、日本、瑞士、加拿大等20多个国家进行留学及学术访问。

### 三、机构设置

湖北省社科院自1978年6月成立以来，内部机构设置根据发展需要数次变更，院内先后设置有办公室、科研处、人事处（政治处）、机关党委（含工会、团委、妇委会）、行政管理处（机关事务管理处、后勤服务中心）、纪检组（2015年11月撤销）、离退休干部处（老干处）、研究生处（教育管理中心）、经济研究所、哲学研究所、政治学研究所、历史研究所、文学研究所、农村经济研究所、社会学研究所、楚史研究所、情报研究所、长江流域经济研究所、马克思主义基础理论研究部、法学研究所、中部发展研究所、财贸所、《江汉论坛》杂志社、图书情报中心。内设机构：外事信息办公室、财会室、《企业导报》杂志社、地方经济社会发展研究部、股份经济研究所、继续教育学院、开发管理中心。院属企业：印刷厂、劳动服务公司、咨询服务公司等。

截至2015年12月底，湖北省社科院机构设置有7个职能处室：办公室、人事处、科研处、机关党委、离退休干部处、研究生处、行政管理处。1个内设机构：财务室。11个研究所：经济研究所、农村经济研究所、长江流域经济研究所、中部发展研究所、财贸研究所、马克思主义研究所、政法研究所、社会学研究所、哲学研究所、文史研究所、楚文化研究所；2个科辅单位：《江汉论坛》杂志社、图书情报中心。

### 四、人才建设

建院至今，湖北省社科院党组加强人才建设，改革人才选拔制度，推行新进人员招考制、岗位分配双向选择制、中层领导竞争上岗制。实施博士资助计划，出版"湖北省社科院文库"，开展"李达青年学术成果奖"评选活动，遴选青年学术骨干。设立所长助理。资助科研人员出国访问、访学。选派年轻干部下基层挂职锻炼，不拘一格培养使用年轻干部。截至2015年12月，全院核定编制234人，在职人员207人，离退休人员150人（其中离休人员11人）。拥有首届"荆楚社科名家"1人，中组部直接联系的专家1人，科技部特聘专家1人，享受国务院政府特殊津贴专家17人，享受省政府专项津贴专家11人，湖北省有突出贡献的中青年专家7人。入选"湖北省新世纪高层次人才"1人，入选湖北省宣传文化战线首届"五个一批"人才1人，入选湖北省宣传文化人才培养工程"七个一百"项目5人。科研系列共有研究员26人，副研究员31人，中级职称48人，初级职称20人；共有博士54人，硕士62人。硕士研究生及以上学历人员占全院职工总数的55%，专业技术人员占全院职工总数的69%，45岁以下的中青年占全院职工总数的56%。行政人员76人，其中，处级以上干部29人；工勤岗位18人。具有研究员专业技术职称的有：张忠家、宋亚平、曾成贵、刘玉堂、秦尊文、杨述明、袁北星、徐楚桥、叶学平、匡绪辉、姚莉、邹进泰、曾建民、彭智敏、周志斌、黄家顺、阳小华、梅珍生、胡江霞、唐坤、蒋谦、潘洪钢、陈金清、陈孝兵、刘龙伏、刘保昌。具有副研究员专业技术职称的有：魏登才、傅智能、谭安洛、涂人猛、刘松勤、倪艳、彭玮、张静、白洁、李兵兵、路洪卫、徐峰、苏娜、李灯强、苏涛、凌新、李海新、李广平、王立京、杨值珍、覃国慈、马德富、路彩霞、石方杰、张硕、陈绍辉、贾海燕、王峰、尹弘兵、易德生、张卫东、范鹰、庄春梅。

## 第二节  组织机构

一、湖北省社会科学院领导及其分工

（一）历任领导

院党组（党委）书记

密加凡（1979年7月—1984年1月）（党委书记）

沈以宏（1984年1月—1986年4月）

夏振坤（1986年4月—1991年3月）

周景堂（1991年3月—1994年4月）

邓剑秋（1996年8月—1998年4月）

刘宗发（1998年4月—2005年9月）

李锦章（2005年9月—2008年2月）

赵凌云（2008年2月—2008年10月）

曾成贵（2008年12月—2013年6月）

院长

许道琦（1978年6月—1984年1月）（兼）

密加凡（1984年1月—1986年4月）

夏振坤（1986年6月—1996年8月）

邓剑秋（1996年8月—2001年6月）

陈继勇（2001年6月—2005年4月）

赵凌云（2005年4月—2008年2月）

曾成贵（2008年2月—2008年12月）

党组（党委）副书记

杨锐（1979年7月—1983年12月）（党委副书记）

郭步云（1979年7月—1981年6月）（党委副书记）

密加凡（1984年1月—1986年4月）

邓剑秋（1986年12月—1996年8月）

刘宗发（1996年4月—1998年4月）

曾成贵（2008年2月—2008年12月）

副院长、党组（党委）成员

密加凡（1978年6月—1984年1月）（党委委员）

郭步云（1978年6月—1981年6月）（党委委员）

曾惇（1978年9月—1983年5月）（党委委员）

杨锐（1979年2月—1983年12月）（党委委员）

张守先（1982年5月—1987年12月）（党委委员、党组成员）

夏振坤（1984年1月—1986年4月）

刘光杰（1984年1月—1986年4月）

邓剑秋（1986年4月—1996年8月）

张思平（1986年4月—1988年）

韩毅（1987年12月—1993年7月）

李文澜（1989年2月—1990年7月）

廖丹清（1989年2月—1995年6月）

吴祖明（1992年6月—2001年6月）
陈本立（1994年4月—1997年12月）
刘宗发（1996年4月—2005年9月）
李锦章（1997年4月—2008年2月）
鲁中才（1997年4月—1998年9月）
陈文科（1998年9月—2005年3月）
曾成贵（2000年7月—2008年2月）
覃道明（2005年12月—2012年3月）

副院长

陈扶生（1978年6月—1984年1月）
黄先（1978年6月—1984年1月）
张正明（1984年1月—1989年4月）

党组成员、纪检组长

韩毅（1987年2月—1990年7月）
陈本立（1990年7月—1994年4月）
刘振宇（1997年10月—2003年2月）
陈建华（2003年8月—2011年8月）
朱建中（2013年7月—2015年11月）

党组（党委）成员、秘书长

柳佑（1979年7月—1984年1月）（党委委员）
李文澜（1986年12月—1989年2月）
陈建华（2002年3月—2006年7月）
黄勇（2006年7月—2009年12月）

党委委员、副秘书长

龚云挺（1980年1月—1984年1月）

（二）现任领导及其分工

党组书记：张忠家，主持党组全面工作；兼任《江汉论坛》主编；联系马克思主义研究所。

党组副书记：宋亚平

党组成员：刘玉堂、秦尊文、杨述明、魏登才

院长：宋亚平，主持行政全面工作；兼任《要文摘报》主编；联系经济研究所、农村经济研究所。

副院长：张忠家（分工与党组书记职责相同）

副院长：刘玉堂，负责科研、外事、国家安全工作；分管科研处；联系哲学研究所、文史研究所、楚文化研究所。

副院长：秦尊文，负责离退休干部工作、研究生教育工作，协助分管应用对策研究；分管离退休干部处、研究生处；联系长江流域经济研究所、中部发展研究所、财贸研究所。

副院长：杨述明，负责组织人事、机关党建、党风廉政建设；分管人事处、机关党委；联系政法研究所、社会学研究所。

秘书长：魏登才，协助党组书记张忠家、院长宋亚平做好全院综合协调工作；负责阅文办文统筹协调工作；分管院办公室。

副巡视员：黄勇，负责财务、后勤、图书情报、《湖北社会科学报》、湖北省社会科学院网工作；分管行政管理处、财务室、图书情报中心。

二、湖北省社会科学院职能部门及领导

办公室

主任：魏登才（兼）

副主任：朱莉、孙长德、邹光、李美虹

人事处

处长：（空缺）

副处长：夏超、陈爱民

科研处

处长：袁北星

副处长：周海燕、谢芳、李树

机关党委

专职副书记：杨俊红

副处长：曹顺华

副调研员：高永江

离退休干部处

处长：王强

副处长：张平文

研究生处

处长：徐楚桥

副处长：王卫东、郑毅

副调研员：陈小莉

行政管理处
处长：魏正强
副处长：洪新和
财务室
主任（副处）：陈再山

## 三、湖北省社会科学院科研机构及领导

经济研究所
所长：叶学平
副所长：傅智能
农村经济研究所
所长：邹进泰
副所长：曾建民、彭玮
长江流域经济研究所
所长：彭智敏
副所长：张静
中部发展研究所
所长：阳小华
副所长：苏娜
财贸研究所
所长：（空缺）
副所长：李兵兵、路洪卫
马克思主义研究所
所长：苏涛
副所长：关明、罗志刚
政法研究所
所长：凌新
副所长：李海新
社会学研究所
所长：（空缺）
副所长：覃国慈
哲学研究所
所长：梅珍生
副所长：蒋谦
文史研究所
所长：熊召政
副所长：路彩霞
楚文化研究所
所长：张硕
副所长：陈绍辉、贾海燕

## 四、湖北省社会科学院科辅部门及领导

《江汉论坛》杂志社
社长：陈金清
副社长：陈孝兵、刘龙伏
图书情报中心
主任：范鹰
副主任：聂江、沈洁
副调研员：孔令荣

## 第三节 年度工作概况

2015年，湖北省社会科学院在省委、省政府及省委宣传部的领导下，抢抓智库建设新机遇，深度融入"五个湖北"建设新常态，以改革创新为动力，以"五重"建设为重点，以提高"五力"为目标，以构建"五大体系"为保障，科研工作取得了新的成绩。

一、举办系列论坛，智库影响不断提升

1. 承办"长江论坛"

全国政协原副主席、中国工程院院士徐匡迪莅临会议并作主题报告，中国社科院副院长李培林、湖北省委书记李鸿忠、省长王国生出席会议，王国生省长主持开幕式，常务副省长王晓东作总结讲话，分管副省长郭生练主持专题研讨会。新华网、人民网、中央电视台等40多家媒体进行了报道，中央电视台英语频道对海外进行报道。

2. 主办中南地区社科院院长联席会

来自国家智库，15个省（市、区）地方社科院智库，湖北省内党政部门、党校行政学院智库、高校智库和媒体单位的领导及专家150余人出席会议。湖北省委常委、宣传部部长梁伟年出席会议并讲话。中央及省级媒体60余家报道。

3. 承办"三峡城市群·长江经济带"国际研讨会

研讨会于9月在宜昌举行，湖北省委书记李鸿忠、中国社科院院长王伟光、欧元50集团主席、法国前财政部长埃德蒙·阿尔方戴利，湖北省委常委、宜昌市委书记黄楚平等出席会议，来自国内外相关领域的知名专家学者、政府官员、嘉宾及三峡区域联盟活动代表200余人参会。

4. 与高校合办论坛

与三峡大学合办"中国三峡城市合作与发展论坛"。湖北省委常委、宜昌市委书记黄楚平出席论坛并作重要讲话。与湖北文理学院合办第二届"汉江论坛"，国务院发展研究中心战略部主任刘勇、中国区域经济学会副会长肖金成分别作了主题报告。

二、聚焦"五个湖北"，服务决策亮点纷呈

1. 完成湖北省领导圈批和交办课题15项，不少研究成果得到省领导批示，或被省内刊采用。

2. 深入开展长江中游城市群和长江经济带研究。湖北省社科院作为骨干研究团队完成《长江中游城市群发展规划》获国务院审批，完成《汉江生态经济带开放开发总体规划》编制工作，得到湖北省政府审批。编辑出版了《中三角蓝皮书》和《长江经济带研究与规划》等著作。

3. 开展湖北融入"一带一路"战略研究。编辑出版《欧亚万里茶道及其源头》（中英双语版），入围湖北省政府设立的社会公益出版专项资金奖励项目，并列为中部博览会、世界茶业大会的礼品书和资料，有效传播了湖北茶史和茶文化。此外，开展"湖北如何对接与融入'一带一路'战略研究""'一带一路'战略与鄂欧'万里茶道'复兴研究"，成果在《湖北日报》发表。

4. 开展改革评估研究，服务湖北改革工作。完成了《湖北省2014年全面深化改革第三方评估报告》《湖北省2014年市（州）全面深化改革群众满意度调查分析报告》《湖北省2014年省直改革牵头单位群众满意度调查分析报告》及《湖北省全面深化改革评估体系研究》等重要课题研究工作，湖北省改革办报送到中央深改办后，得到好评。召开改革评估新闻发布会，在省内外引起反响。受湖北省人大委托，开展了《湖北省全面深化改革促进条例》立法研究。

5. 积极完成湖北省委、省政府交办的决策咨询任务。组织专家针对《中共湖北省委关于推进党委（党组）落实全面从严治党责任实施办法》《中共湖北省委关于落实全面从严治党要求 进一步加强省直机关党的建设的意见》以及湖北省委书记李鸿忠批示的"加强意识形态建设"实施细则等开展咨询服务及提供智力支持工作。受湖北省政府委托，承办湖北"三农"问题专家座谈会，湖北省副省长任振鹤出席，湖北省农业厅、省水利厅有关领导，华中科技大学、华中师范大学、中南财经政法大学等高校专家与会，为湖北农业"十三五"规划的编制出谋划策。《湖北日报》、湖北电视台予以报道。

6. 开展"十三五"规划研究，多领域地为湖北规划编制工作献计出力。主要是参加省"十三五"规划起草工作；承担湖北省哲学社会科学"十三五"规划编制工作；承担湖北省农业、畜牧业、能源等行业发展规划编制工作；承担黄冈、鄂州、孝感、咸宁、随州五市及武汉、黄冈、黄石、十堰、襄阳、咸宁所属区、县"十三五"发展规划研究达24项。服务地方政府、部门和行业的力度、广度、深度进一步提升。

三、强化理论宣传，舆论引导发挥了重要作用

1. 积极开展党的十八届五中全会和省委十届七次全会精神的学习研究和宣传工作

2名院领导作为十八届五中全会精神

省委宣讲团成员，到黄石、鄂州及省直机关、高校宣讲15场。专家学者接受媒体采访解读五中全会精神达10余次。2名院领导作为省委十届七次全会精神宣讲团成员，到襄阳、荆州、随州及有关高校、企业宣讲10余场。

2. 深入开展习近平总书记系列重要讲话研究

在报刊上发表10余篇理论文章，集中力量开展"四个全面"战略布局研究，即将出版《"四个全面"战略布局的湖北实践》。继续开展社会主义核心价值观研究，有关专家观点被中央电视台、《中国社会科学报》报道。

3. 学术研讨、讲座、报告会渐趋活跃

据不完全统计，全院科研人员共参加各类研讨会200余人次，举办学术讲座、报告会50余次。充分利用研讨会、讲座、报告会等平台，宣传马克思主义理论，传播社会主义核心价值观，解读党的路线方针政策。

4. 理论宣传成果显著

出版了《炎帝神农文化读本》《中国精神的哲学阐释》《中国特色社会主义若干问题研究》《生态文明理论与建设研究》等著作。作理论宣讲报告80余场，接受媒体采访150余人次，在《经济日报》《中国社会科学报》《湖北日报》《政策》等报刊上发表理论文章100余篇。经全国第十七次社会科学普及工作经验交流会组委会研究认定，《现代社会治理工作读本》被评为"全国优秀社会科学普及作品"。《自强不息 厚德载物》《伟大的胜利》两本通俗理论读物，被列入湖北省第十五届青少年爱国主义读书教育活动用书。

四、加强科研支柱体系建设，学术期刊、报纸、网站及图书情报工作有了新发展

《江汉论坛》进一步推进名刊建设。

关注社会改革发展实际，追踪学术发展前沿问题、热点问题，充实和调整选题计划，使之能更完整、准确、及时地反映改革开放的实践和学术理论研究的最新成果，许多文章被《新华文摘》《中国社会科学文摘》、中国人民大学复印报刊资料《高等学校文科学术文摘》等权威报刊转载，既较好地体现了江汉论坛一贯的学术特色，同时又充分反映了时代发展对于学术研究和学术传播载体的新要求。加强图书情报文献资源建设，添置电子设备37台（套），新购图书7万余元，采购了中国知网博士论文数据库、社科会议论文数据库、《中国统计年鉴》数据库、万方期刊全文数据库。采购的超星数字移动图书馆的电子图书借阅机，已正式启用。院门户网站建设得到拓展。完成了服务器迁移、网站首页栏目更新及研究生教育专栏改版等工作。《湖北社会科学报》不断改进栏目设计，影响进一步提升。

五、深化内部改革，内生动力不断增强

积极开展改革调研工作，努力做到科学改革、民主改革、依法改革。主抓了两大重要调研：一是省内调研。面向全省党政研究部门、社科院、社科联、党校行政学院、高校及社会智库共发函100余份，实地调研座谈7家，形成了相关调研报告，为推进新型智库建设收集了第一手资料。二是省外调研。院领导分别带队，先后实地考察了10家省级社科院，发函30家，对全国兄弟社科院在新型智库建设方面的探索和经验有了初步了解，开阔了湖北省社科院深化改革的眼界，拓展了工作思路。

做好深化改革制度设计准备工作。完善了实施创新工程的系列方案，出台了《干部工作规范化管理办法（试行）》《青年学术骨干培养工程管理办法》《专业技术岗位评聘定级规范化管理试行办法》，修订了《科研考核管理办法》，完善了财

务管理相关制度。

按照分步实施的原则，有选择地推出了相关改革举措。主要是重点扶持7个特色研究中心；遴选第三届青年学术骨干；资助科研人员出国访学；公开招聘专业技术人员9名，5名中青年学者入选湖北省宣传文化人才培养工程"七个一百"项目（哲学社会科学类）；启动了新型智库建设的相关工作：开展湖北智库建设研究，推出的有关调研报告，得到省委书记李鸿忠等省领导的批示，呈报的加强新型智库建设的决策建议文章，得到省领导批示。召开了荆楚智库建设理论研讨会，湖北省委常委、宣传部部长梁伟年出席并讲话，中央及地方60余家媒体进行了报道。在《湖北日报》开辟智库论丛专版，在理论界引起反响。

### 六、坚持开放办院，对外合作有所拓展

与韩国对外经济政策研究院联合举办第四次鄂韩合作论坛，与韩国忠清北道发展研究院签订了合作协议书。组织科研人员到美国、加拿大、法国、韩国进行学术访问。加强与香港特区政府驻武汉办事处的联系，派专家赴香港大学讲学。与中国社科院合作开展长江中游城市群发展战略研究。深化了与省直机关、有关高校的合作。

### 七、生产了一批较有影响的科研成果

1. 应用研究提升了决策影响力

共完成调研报告111篇，决策咨询建议96篇。向湖北省领导呈报的成果中先后获得李鸿忠、王国生、杨松、张昌尔、李春明、王晓东、梁伟年、郭生练等18位湖北省领导同志批示48次，被《湖北今日重要信息》《湖北政务信息专报》《湖北快报》《决策调研》《送阅件》等湖北省委、省政府内刊采用31篇，其中，专报中办26篇，专报国办2篇，被中办采用4篇。有2篇咨询建议进入中央政治局常委、委员，国务委员参阅视野，有1篇被中办评为2015年度优秀稿件。

2. 基础研究提升了学术影响力

获得国家社科基金2项、重点委托1项，湖北省社科基金10项，湖北省科技支撑计划项目1项。出版理论著作47部，发表理论文章356多篇。获得重要奖项27项，其中，第九届湖北省社科优秀成果奖7项、湖北发展研究奖4项、湖北省"五个一工程"奖2项、湖北省委决策支持工作优秀成果奖3项、湖北省屈原文学奖1项、中国社科院第六届"优秀皮书报告奖"1项、武汉市社科优秀成果奖9项。

## 第四节 科研活动

### 一、科研工作

（一）科研统计

2015年，湖北省社会科学院共完成著作47种，1909.6万字；论文333篇，288万字；研究报告96篇；一般文章23篇，38万字。

（二）科研课题

1. 立项课题

2015年，湖北省社会科学院共有新立项国家社会科学基金课题2项、领导圈批课题15项。

| 项目名称 | 主持人 | 项目类别 | 立项号 |
| --- | --- | --- | --- |
| 全球化视域下邓小平改革风险观及其对全面深化改革的现实意义研究 | 苏涛 | 国家社科基金一般项目 | 15BKS012 |
| 楚地出土简帛中的天文研究 | 吕传益 | 国家社科基金青年项目 | 15CZS018 |

续表

| 项目名称 | 主持人 | 项目类别 | 立项号 |
|---|---|---|---|
| 湖北如何对接与融入"一带一路"战略研究 | 张 静 | 领导圈批课题重点项目 | — |
| 长江经济带建设背景下湖北打造世界级产业集群研究 | 白 洁 | 领导圈批课题重点项目 | — |
| 长江中游城市群建设背景下的"复兴大武汉"研究 | 路洪卫 | 领导圈批课题重点项目 | — |
| 当前湖北农业农村工作面临的形势、任务和对策研究 | 贺雪峰 | 领导圈批课题重点项目 | — |
| 荆楚文化资源整合与湖北文化产业创新发展研究 | 陈绍辉 | 领导圈批课题重点项目 | — |
| 湖北省全面深化改革评估体系研究 | 叶学平 | 领导圈批课题一般项目 | — |
| 湖北开发区转型升级对策研究 | 阳小华 | 领导圈批课题一般项目 | — |
| 湖北推动互联网金融发展的对策研究 | 李兵兵 | 领导圈批课题一般项目 | — |
| 关于加快推进幕阜山片区实现绿色崛起的建议 | 邹进泰 | 领导圈批课题一般项目 | — |
| 法治湖北视域下优化政治生态研究 | 张 俊 | 领导圈批课题一般项目 | — |
| 新形势下推进农村依法治理研究 | 凌 新 | 领导圈批课题一般项目 | — |
| 纪念抗战胜利70周年与湖北抗战文化资源及其传承研究 | 路彩霞 | 领导圈批课题一般项目 | — |
| 南水北调（中线）水源区人群心态变化及对策研究 | 张 明 | 领导圈批课题一般项目 | — |
| 湖北社会稳定与社会秩序的制度研究 | 杨植珍 | 领导圈批课题一般项目 | — |
| 湖北"生态省"建设的激励和约束机制研究 | 梅珍生 | 领导圈批课题一般项目 | — |

2. 结项课题

2015年，湖北省社会科学院共有结项领导圈批课题15项。

| 项目名称 | 主持人 | 项目类别 |
|---|---|---|
| 湖北如何对接与融入"一带一路"战略研究 | 张 静 | 领导圈批课题重点项目 |
| 长江经济带建设背景下湖北打造世界级产业集群研究 | 白 洁 | 领导圈批课题重点项目 |
| 长江中游城市群建设背景下的"复兴大武汉"研究 | 路洪卫 | 领导圈批课题重点项目 |
| 当前湖北农业农村工作面临的形势、任务和对策研究 | 贺雪峰 | 领导圈批课题重点项目 |
| 荆楚文化资源整合与湖北文化产业创新发展研究 | 陈绍辉 | 领导圈批课题重点项目 |
| 湖北省全面深化改革评估体系研究 | 叶学平 | 领导圈批课题一般项目 |
| 湖北开发区转型升级对策研究 | 阳小华 | 领导圈批课题一般项目 |
| 湖北推动互联网金融发展的对策研究 | 李兵兵 | 领导圈批课题一般项目 |
| 关于加快推进幕阜山片区实现绿色崛起的建议 | 邹进泰 | 领导圈批课题一般项目 |
| 法治湖北视域下优化政治生态研究 | 张 俊 | 领导圈批课题一般项目 |
| 新形势下推进农村依法治理研究 | 凌 新 | 领导圈批课题一般项目 |

续表

| 项目名称 | 主持人 | 项目类别 |
|---|---|---|
| 纪念抗战胜利70周年与湖北抗战文化资源及其传承研究 | 路彩霞 | 领导圈批课题一般项目 |
| 南水北调（中线）水源区人群心态变化及对策研究 | 张　明 | 领导圈批课题一般项目 |
| 湖北社会稳定与社会秩序的制度研究 | 杨植珍 | 领导圈批课题一般项目 |
| 湖北"生态省"建设的激励和约束机制研究 | 梅珍生 | 领导圈批课题一般项目 |

3. 延续课题

2015年，湖北省社会科学院共有延续在研国家社会科学基金课题11项。

| 项目名称 | 主持人 | 项目类别 | 立项号 |
|---|---|---|---|
| 马克思人类解放视域下的毛泽东平等思想研究 | 喻立平 | 一般项目 | 11BKS009 |
| 二十世纪中期地权变迁与农家经济研究 | 张　静 | 青年项目 | 12CJL008 |
| 武陵民族地区农村产业转型与社会文化变迁研究 | 向　丽 | 青年项目 | 13CMZ059 |
| 八旗驻防族群的社会变迁研究 | 潘洪钢 | 一般项目 | 13BZS065 |
| 《楚居》、早期楚国与早期楚文化研究 | 尹弘兵 | 一般项目 | 13BZS080 |
| 战国秦代出土文献史料中的基层社会组织研究 | 王　准 | 青年项目 | 13CZS010 |
| 人类科学的认知结构 | 蒋　谦 | 后期资助项目 | 13FZX022 |
| 清代鄂西南山区的社会经济与环境变迁 | 陈新立 | 后期资助项目 | 13FZS027 |
| 医疗卫生视野下的汉口社会变迁研究（1840—1949） | 路彩霞 | 一般项目 | 14BZS096 |
| 地域文化视野中的两湖现代文学研究 | 刘保昌 | 一般项目 | 14BZW112 |
| 制度和技术双重约束下推动我国科技型企业对外投资机制研究 | 白　洁 | 青年项目 | 14CJL013 |

（三）获奖优秀科研成果

1. 获第九届湖北省社会科学优秀成果奖7项。

| 获奖类别 | 成果名称 | 作　者 | 获奖等次 |
|---|---|---|---|
| 著作类 | 世纪楚学 | 刘玉堂 | 一等奖 |
| | 第四增长极：崛起的长江中游城市群 | 秦尊文 | 二等奖 |
| | 构建新型农村社会化服务体系 | 彭玮、王金华、卢青 | 三等奖 |
| 论文类 | 三农系列问题研究 | 邹进泰、彭玮、徐峰、赵丽佳等 | 二等奖 |
| | "六一"特别寻访　留守儿童调查 | 苏涛、张明 | 二等奖 |
| | 对当前农业形势的几点看法 | 宋亚平 | 三等奖 |
| | 湖北省村级运转新情况、新问题及对策研究 | 罗志刚、宋亚平 | 三等奖 |

2. 获湖北省第九届精神文明建设"五个一工程"奖 2 项。

| 获奖类别 | 成果名称 | 作　者 | 获奖等次 |
|---|---|---|---|
| 电视纪录片 | 楚国八百年 | 刘玉堂任学术顾问、主讲嘉宾 | 特别奖 |
| 著作类 | 湖北读本 | 刘玉堂、张硕 | 图书奖 |

## 二、学术交流活动

### （一）学术活动

2015 年，湖北省社会科学院举行的大型会议有：三峡城市合作与发展论坛、长江论坛、荆楚社科大讲堂、第二届荆楚文化研究青年学者论坛、"纪念抗日战争胜利 70 周年"理论研讨会、中南地区社科院院长联席会暨荆楚智库建设理论研讨会、"社会史研究的问题、材料与视野"历史学青年学者沙龙、"精准扶贫"专题讲座。

### （二）国际与地区学术交流与合作

2015 年，湖北省社会科学院共派学者出访 4 批 16 人次分赴西欧、北美、韩国及我国香港等国家和地区开展学术交流与课题调研。

| 出访人员 | 出访时间 | 邀请方 | 前往国家（地区） | 出访任务 |
|---|---|---|---|---|
| 秦尊文、赵霞、白洁、汤鹏飞 | 2015.10.25—11.4 | 纽汉姆市政府、荷拜市政府、威尔堡市政府 | 英国、法国、德国 | 围绕区域城市集群建设开展学术交流与课题调研 |
| 张忠家、彭智敏、叶学平、匡绪辉、李兵兵 | 2015.11.17—11.24 | 旧金山市政府、约克大学 | 美国、加拿大 | 围绕文化产业发展开展学术交流与课题调研 |
| 杨述明、凌新、路洪卫、张静、傅智能、覃国慈 | 2015.11.23—11.27 | 韩国对外经济政策研究院 | 韩国 | 参加第四届促进鄂韩合作专家研讨会，开展课题调研并洽谈智库合作 |
| 宋亚平 | 2015.11.15—12.9 | 香港中文大学 | 香港 | 讲学并交流农村发展与县域经济存在的问题 |

## 三、研究中心、期刊

### （一）研究中心

湖北省中国特色社会主义理论体系研究中心省社科院分中心，主任：张忠家。

湖北省全面深化改革评估中心，主任：张忠家。

中国"三农"问题研究中心，主任：宋亚平。

长江中游城市群研究中心，主任：秦尊文。

社会治理体系研究中心，主任：杨述明。

荆楚文化暨中国传统文化研究中心，主任：刘玉堂。

湖北省反腐倡廉建设形势评价中心，

主任：朱建中。

（二）期刊

《江汉论坛》（月刊），主编张忠家。

2015年，《江汉论坛》共出版12期，共计360万字。《江汉论坛》为全国中文核心期刊、国家社科基金首批资助期刊、湖北十大名刊成就奖获奖期刊，2015年《历史地理学研究》栏目荣获湖北省第九届湖北期刊"特色栏目奖"。

2015年全年刊载的有代表性的文章有：

1. 张剑伟、杨永华《〈老子〉解读方法刍议》（《新华文摘》全文转载）
2. 刘小枫《斯威夫特与古今之争》（《新华文摘》《高等学校文科学术文摘》全文转载）
3. 王中江《早期儒家的德福观》（《中国社会科学文摘》全文转载）
4. 杨耕《"人的问题"研究中的三个重大问题》（《中国社会科学文摘》《高等学校文科学术文摘》全文转载）
5. 丁四新《马王堆帛书〈易传〉的哲学思想》（《中国社会科学文摘》全文转载）
6. 罗海平、叶祥松《转型经济视阈下中国模式的范式重建与解构》（《高等学校文科学术文摘》全文转载）
7. 谢浩、张明之《区域经济增长的空间跨越及区间收敛》（《高等学校文科学术文摘》全文转载）
8. 许苏民《人性的最高表现与中国哲学家的伟大识度》（《高等学校文科学术文摘》全文转载）

《湖北社会科学》（月刊），主编唐伟。

2015年，《湖北社会科学》共出版12期，共计475万字。该刊全年刊载的有代表性的文章有：

1. 孙才华、方世荣《论党内法规与国家法律的互相作用》
2. 赵海月、殷明明《执政党意识形态建构的功用价值与路径选择》
3. 李炳海、刘洋《高唐神女传说的炎帝部族文化属性》
4. 何增科《地方政府创新与政治正当性：中美之间的比较研究》
5. 罗福惠、张远波《辛亥革命"现代性"的再思考》
6. 陶文昭《马克思主义时代之辨》
7. 秦在东、王昊《社会治理的理论创新及其对思想政治教育管理创新的启示》
8. 沈亚平、陈良雨《现代化视阈下中国教育治理体系的重构》
9. 彭富春《论孔子之"道"、"天命"与"礼乐"》
10. 储建国、朱成燕《基于区域发展困境的政府间合作机制构建——以武汉城市圈为例》
11. 廖长林、熊桉《湖北省种植业新型经营主体发展与规模经营研究》
12. 谢加书《马克思恩格斯的日常生活观四重维度》

《企业导报》（半月刊），主编张道文。

2015年，《企业导报》共出版24期，共计1188万字。《企业导报》为中国企业经济类核心期刊，是中国期刊网、中国数字化期刊群、龙源国际期刊网等文献单位的全文收录期刊。

2015全年刊载的有代表性的文章有：

1. 张武《企业集团母子公司监控博弈分析及机制设计研究》
2. 吕世国《基于高新技术企业的技术创新风险预警机制实证研究》
3. 刘怡《人力资源管理与企业核心竞争力的关系研究》
4. 舒小舍《企业经济管理中柔性管理的作用》
5. 于伟《现阶段保险公司附加值服务管理初探》
6. 李丹阳《金融创新与风险管理》
7. 林燕丹《企业内部控制有效性评价

体系构建研究》

四、会议综述

1. 三峡城市合作与发展论坛

1月24日,由湖北省社会科学院和三峡大学联合主办的首届中国三峡城市合作与发展论坛在宜昌举行。省委常委、宜昌市委书记黄楚平出席论坛并作重要讲话。来自我国经济、规划、环保、交通、法学等相关领域的24位领军人物和著名专家,站在国家大棋局大战略下纵论大势,见证和催生三峡城市群新战略。

2. 长江论坛

4月8日,由中国社会科学院、湖北省人民政府联合主办,中国城市经济学会、中国社会科学院城市发展与环境研究所、湖北省社会科学院共同承办,湖南省社会科学院、江西省社会科学院、中国社会科学院工业经济研究所、中国社会科学院财经战略研究院协办的"长江论坛"在武汉东湖宾馆举行。全国政协原副主席、中国工程院主席团名誉主席徐匡迪院士出席论坛开幕式,并作了题为"在新常态下崛起的长江中游城市群"的主题报告。湖北省委书记、省人大常委会主任李鸿忠,中国社科院副院长、党组成员李培林在开幕式上致辞。湖北省委副书记、省长王国生主持开幕式。全国人大财经委员会副主任委员、民建中央副主席辜胜阻,环保部总工程师万本太、湖南省人大常委会副主任陈君文、中国社科院副秘书长晋保平,湖北省领导王晓东、尹汉宁、傅德辉、郭生练、陈天会等出席论坛。与会领导、专家会聚一堂,围绕贯彻落实国务院批复同意的《长江中游城市群发展规划》,深入探讨长江中游城市群区域协同发展的新模式、新机制、新途径。王晓东、李培林最后作论坛总结讲话。

3. 荆楚社科大讲堂

6月11日上午,湖北省社会科学院科研处主办荆楚社科大讲堂,武汉大学二级教授、博士生导师,教育部长江学者特聘教授汪信砚应邀来湖北省社会科学院讲学,作了题为"何为人学"的学术报告。学术报告会由湖北省社会科学院党组书记张忠家教授主持,院人文学科的科研人员和研究生参加了报告会。

10月22日上午,湖北省社会科学院科研处主办荆楚社科大讲堂,中国铁建青岛分公司总经理金守华博士应邀在湖北省社会科学院作了题为"中国的铁路发展和世界的高速铁路技术"的学术报告。湖北省社会科学院院长宋亚平研究员主持报告会。

11月19日上午,中国社会科学院学部委员、历史研究所副所长王震中研究员受邀来湖北省社会科学院,作了题为"国家认同与中华民族的凝聚"的学术报告。湖北省社会科学院副院长刘玉堂研究员主持报告会。

4. 第二届荆楚文化研究青年学者论坛

7月17日,由湖北省社会科学院、湖北省社科联、湖北省荆楚文化研究院联合主办的第二届荆楚文化研究青年学者论坛在武汉召开。来自省内多所高校及研究机构的30余名学者汇聚一堂,围绕"荆楚文化与凤文化"这一主题,就凤文化的起源、荆楚文化与凤文化的联系、凤文化的当代价值、如何开发利用凤文化等,对中华凤文化进行了新的探讨。湖北省社会科学院楚文化研究所吴艳荣在论坛上作了"关于凤文化研究的几点思考"的演讲,得到大家高度好评。

5. "纪念抗日战争胜利70周年"理论研讨会

2015年是中国人民抗日战争暨世界反西斯战争胜利70周年,为"铭记历史,缅怀先烈,珍爱和平,开创未来",9月7日,湖北省社会科学院科研处与文史所在湖北省社会科学院联合组织召开"纪念抗日战争胜利70周年"理论研讨会,会议共收到19位作者的22篇参会文章,按文章内容分为"战争烽火，山河之殇""全民抗战，共襄胜利""伟大抗战，民族复兴""精神传承，开创未来"等四个组展开专题讨论。

6. "里耶秦简复原研究新进展"学术讲座

10月22日下午，湖北省社会科学院楚文化研究所特邀武汉大学简帛研究中心何有祖副教授作了题为"里耶秦简复原研究新进展"的学术讲座，楚文化研究所科研人员和研究生参加。

7. 中南地区社科院院长联席会暨荆楚智库建设理论研讨会

10月29日，由湖北省社会科学院主办的中南地区社科院院长联席会暨荆楚智库建设理论研讨会在武汉东湖宾馆召开。湖北省委常委、宣传部部长梁伟年，全国政协委员、中国社科院科研局副局长王子豪，中国（海南）改革发展研究院院长迟福林，湖北省委宣传部副部长喻立平等出席。会议由湖北省社会科学院党组书记张忠家主持，院长宋亚平致欢迎词。来自国家智库，中南地区、华北地区、东北地区、华东地区、西南地区15个省（市、区）的地方社科院智库，湖北省内党政部门、党校行政学院智库、高校智库和媒体单位的领导及专家160余人齐聚武汉，围绕"新型智库与地方治理体系和治理能力现代化"主题，深入探讨了新型智库建设、地方治理体系与治理能力现代化等一系列问题。湖北省委政研室（省改革办）、湖北省政府研究室、湖北日报传媒集团、湖北广播电视台（集团）有关领导出席会议。湖北省社会科学院全体院领导出席会议。

8. "社会史研究的问题、材料与视野"历史学青年学者沙龙

12月17日，湖北省社会科学院邀请武汉大学历史学院教授、博士生导师杨国安，华中师范大学近代史所教授、博士生导师魏文享，江汉大学历史学院教授方秋梅三位嘉宾，在研究生大楼507室举行以"社会史研究的问题、材料与视野"为主题的历史学青年学者沙龙。沙龙由湖北省社会科学院文史所副所长路彩霞主持，文史所、楚文化所、哲学所、马研所师生参与研讨。

9. "精准扶贫"专题讲座

湖北省社会科学院为了进一步加深领导干部对新一轮扶贫政策的理解和认识，12月17日，特邀湖北省扶贫办柳长毅副主任来院进行"湖北省十三五期间精准扶贫目标任务、政策体系与贯彻落实"专题讲座，讲座由湖北省社会科学院宋亚平院长主持，湖北省社会科学院科研人员和研究生悉数到场聆听讲座。

## 第五节 重点成果

一、2014年以前获省部级以上优秀成果*

| 成果名称 | 作者 | 成果形式 | 出版发表单位 | 出版发表时间 | 获奖情况 |
| --- | --- | --- | --- | --- | --- |
| 楚国都城与核心区探索 | 尹弘兵 | 著作 | 湖北人民出版社 | 2009.12 | 第八届（2009—2010年度）湖北省社会科学优秀成果奖著作类三等奖 |

---

\* 注：在本节的表格中的"出版发表时间"一栏，年、月使用阿拉伯数字，且"年""月"两字省略（发表期数除外，保留"年"字）。既有年份，又有月份时，"年"用"."代替。如："1999年"用"1999"表示，"2009年12月"用"2009.12"表示，"2009年第5期"不变。

续表

| 成果名称 | 作者 | 成果形式 | 出版发表单位 | 出版发表时间 | 获奖情况 |
| --- | --- | --- | --- | --- | --- |
| 道家政治哲学研究 | 梅珍生等 | 著作 | 湖北人民出版社 | 2010.12 | 第八届（2009—2010年度）湖北省社会科学优秀成果奖著作类三等奖 |
| "县域经济"到底是什么 | 宋亚平 | 论文 | 《江汉论坛》 | 2009年第5期 | 第八届（2009—2010年度）湖北省社会科学优秀成果奖论文类二等奖 |
| 中国企业的技术寻求型海外投资战略分析（系列研究论文） | 白洁 | 论文 | 《世界经济研究》 | 2009年第8期 | 第八届（2009—2010年度）湖北省社会科学优秀成果奖论文类三等奖 |
| 提升湖北文化产业竞争力系列研究 | 刘纪兴等 | 论文 | 《学习与实践》 | 2010年第2期 | 第八届（2009—2010年度）湖北省社会科学优秀成果奖论文类三等奖 |
| 湖北"十二五"跨越发展战略研究（系列研究报告） | 陈文科 | 研究报告 | 《要文摘报》 | 2011年第4期等 | 2011年度湖北省优秀调研成果奖一等奖 |
| 县域文化如何跨越——关于我省"一县一品"文化品牌（系列研究报告） | 刘宗发等 | 研究报告 | 《要文摘报》 | 2011年第6期等 | 2011年度湖北省优秀调研成果奖二等奖 |
| 政府主导下的农村土地流转调查 | 宋亚平 | 研究报告 | 《决策参考》 | 2012年第34期 | 2012年度湖北省优秀调研成果奖一等奖 |
| 湖北整体推进新型城镇化的典型调查（系列研究报告） | 彭玮等 | 研究报告 | 《领导参阅》 | 2013年第12、15期 | 2013年度湖北省优秀调研成果奖二等奖 |
| 湖北建设内陆开放新高地问题研究（系列研究报告） | 苏娜等 | 研究报告 | 《专送参阅件》 | 2013年第32期 | 2013年度湖北省优秀调研成果奖二等奖 |
| 湖北省国有文化企业反腐倡廉建设的调查报告 | 袁北星等 | 研究报告 | 《专报》 | 2013.7 | 2013年度湖北省优秀调研成果奖三等奖 |
| 从中部中心城市到国家中心城市——关于武汉城市发展定位的建议 | 秦尊文 | 论文 | 《天下汉商》 | 2010年第1期 | 湖北发展研究奖（2010—2011年度）二等奖 |

续表

| 成果名称 | 作者 | 成果形式 | 出版发表单位 | 出版发表时间 | 获奖情况 |
|---|---|---|---|---|---|
| 抓住发展机遇 实现十大跨越——关于湖北省跨越式发展的思考和建议 | 彭玮等 | 研究报告 | 《领导参阅》 | 2011年第2期 | 湖北发展研究奖（2010—2011年度）三等奖 |
| 关于我省大力培育发展文化的思考和建议 | 刘玉堂等 | 研究报告 | 《领导参阅》 | 2011年第21期 | 湖北发展研究奖（2010—2011年度）三等奖 |
| 湖北绿色发展研究 | 叶学平等 | 研究报告 | 《专报》 | 2013 | 湖北发展研究奖（2012—2013年度）二等奖 |
| 中部支点建设研究：理论构架与量化评估 | 苏娜等 | 研究报告 | 《专报》 | 2012.12 | 湖北发展研究奖（2012—2013年度）三等奖 |
| 提升荆楚文化核心竞争力研究 | 袁北星等 | 研究报告 | 《咨询决策》 | 2013年第15期 | 湖北发展研究奖（2012—2013年度）三等奖 |

## 二、获湖北省第九届精神文明建设"五个一工程"奖

| 获奖类别 | 成果名称 | 作者 | 获奖等次 |
|---|---|---|---|
| 电视纪录片 | 楚国八百年 | 刘玉堂任学术顾问、主讲嘉宾 | 特别奖 |
| 著作类 | 湖北读本 | 刘玉堂、张硕 | 图书奖 |

## 三、2015年科研成果一般情况介绍、学术价值分析

2015年湖北省社会科学院出版发表：专著18种，524.4万字；编著（主编、副主编）19种，1139.9万字；普及读物4种，36.1万字；论文集6种，168.2万字；论文333篇，288万字；研究报告96篇；一般文章23篇，38万字。

在著作中，各研究领域都出版了一些佳作。区域经济方面，秦尊文任主编的《中三角蓝皮书：长江中游城市群发展报告（2015）》出版后，社会科学文献出版社与湖北省社科院于2015年12月26日，联合召开了新闻发布会。国家级媒体《中国社会科学报》、新华网、中国经济网、中国网、新浪网等作了报道，省级媒体湖北电视台、《楚天都市报》、《长江商报》、荆楚网等作了报道。编著的《长江经济带研究与规划》，由中国社会科学院副院长、十八大代表蔡昉作序，认为该书体现了新型智库作用，取得了可喜成果。马德富著的《支点足迹——湖北区域经济发展探微》，由中国和平出版社出版。农村经济方面，有陈文科的《农业大省的新探索》、

邹进泰等的《"四化"背景下的粮食安全问题研究》等。历史文化方面，宋亚平主编的《欧亚万里茶道及其源头》获省出版公益奖，刘玉堂任主编或副主编的著作有7种，其中，任副主编和主要撰稿人的《荆楚建筑风格研究》，经全国历史建筑专业委员会鉴定为特级，分管副省长主持召开了成果发布会和专家座谈会，得到与会专家的高度好评；在湖北的建筑实践中得到广泛应用。任执行主编的《曾侯乙编钟》出版后，在北京中国艺术研究院召开了专家座谈会，《光明日报》刊发书评。社会调查方面，有曾成贵主编的《湖北春晖物流集团调查》、夏日新主编的《汉水文化调查》、冯桂林等主编的《湖北私营企业发展现状调查》。在文学艺术方面，有吴永平著的《姚雪垠抗战时期小说创作研究》、高娴著的《叙事文本改写研究》。通俗普及读物方面，张硕主编的《自强不息 厚德载物（小学、中学、青年版）》、刘晓慧主编的《伟大的胜利——纪念抗日战争胜利70周年（小学、中学、青年版）》被列入湖北省第十五届青少年爱国主义读书教育活动用书，发行200多万套，对学生的爱国主义教育和历史知识的普及都发挥了积极作用。

在333篇论文中，梅珍生的《道家视域：政治生活中的"民"》、尹弘兵的《地理学与考古视野下的昭王南征》、陈金清的《马克思关于人与自然生态思想的当代价值》、刘保昌的《地域文化视角中的土家族史诗写作——〈武陵王〉三部曲为中心》等分别刊发在国家级期刊上；宋亚平的《拷问农产品价格"天花板"现象》等近40篇论文刊发在CSSCI期刊上；张忠家的《论自学考试课程体系建设》、尹弘兵的《地理学与考古视野下的昭王南征》、荣开明的《坚持和发展中国特色社会主义的三个维度》等被2015年中国人民大学复印报刊资料全文转载。

在聚焦湖北、服务决策上，取得了丰硕的成果。秦尊文等完成的《长江中游城市群发展规划》和《湖北汉江生态经济带开放开发总体规划》分别获国务院和湖北省批准。全院撰写的96篇研究报告中，有67篇被省领导同志批示或转发，其中，被省委书记李鸿忠、省长王国生批示的11篇，专报中办20篇，专报国办5篇。秦尊文等的《中欧班列营运存四难待破解》、杨述明等的《我国各阶层社会心理状况调查分析及加强舆论引导的措施建议》、覃国慈的《当前乡村社会治理面临的十大困境》等被中办采用，《中欧班列营运存四难待破解》报送中央政治局常委、国务委员参阅，《当前乡村社会治理面临的十大困境》获国务委员王勇批示，被中央秘书局评为2015年优秀稿件。

四、2015年主要科研成果

成果名称：《基于企业社会绩效的机构投资者、持股偏好与机制研究》

作者：王玲玲

职称：副研究员

成果形式：专著

字数：208千字

出版单位：中国社会科学出版社

出版时间：2015年1月

该著作在我国资本市场"大力发展机构投资者"的背景下，深入检验了机构投资者持股与企业社会绩效的互动关系。研究结论显示我国机构投资者道德偏好角色的形成源于正面筛选策略的采用，且机构投资者持股仅能促进企业社会绩效微弱的改善。

该著作受到湖北省社会科学基金项目（2013069）的资助。主要创新点有：建立了我国企业社会绩效评价指标体系与因子分析模型、建立了基于企业社会绩效的机构投资者持股偏好检验模型和持股机制检验模型。研究结论为我国推动机构投资者积极主义，加强机构投资者对企业社会绩效的监控，进一步提升上市公司的企业社会绩效提供科学合理的科学依据和理论指导。

成果名称：《现代农作物种业发展路径研究——基于湖北省的调查问卷分析》
作者：彭玮
职称：副研究员
成果形式：专著
字数：300千字
出版单位：中国社会科学出版社
出版时间：2015年1月

"国以农为本，农以种为先"。我国作为农业生产大国和用种大国，农作物种业始终是国家战略性、基础性的核心产业，是促进农业长期稳定发展，保障国家粮食安全的根本。湖北省种业发展严重滞后，与全国农业大省、用种大省的身份严重不符。该书通过长期调查研究，提出加快国内资源整合、完善企业为主体的商业化育种机制、加快知识产权保护、推动现代农作物种业发展的对策建议。

成果名称：《中国粮食流通市场主体利益协调研究》
作者：王薇薇
职称：助理研究员
成果形式：专著
字数：233千字
出版单位：中国社会科学出版社
出版时间：2015年1月

从流通效率视角研究粮食供应链微观主体的经济行为，创新性地提出"双层市场模型"，对国有粮食购销企业和私营粮食购销企业的交易效率差异及对市场效率的影响进行分析和论证。主要结论：提高交易效率是协调市场各主体利益、稳定市场秩序的突破口；粮食流通行业整体交易效率处于不稳定地提升中；政府针对部分企业的政策优惠措施对行业效率影响力较小。相关内容合计被引用21次。

成果名称：《大学特色论》
作者：张忠家
职称：教授
成果形式：专著
字数：240千字
出版单位：高等教育出版社
出版时间：2015年4月

作者探讨了大学特色的本质、类型、结构与功能，回顾了大学特色的兴起与演进，总结了大学特色形成发展的规律性，论述了大学的办学理念特色、学科专业特色、人才培养模式特色与组织文化特色，分析了大学特色与大学整体、大学特色与大学外部环境之间的关系。在此基础上，作者提出了大学特色设计与构建的客观依据、指导思想及原则、技术路线与战略路径，尝试性地建立了具有全局性、系统性的大学特色评价指标体系，并对大学特色评价的过程进行了具体设计。该书为大学特色研究及大学特色创建提供了一个理论框架。

《大学特色论》是教育部哲学社会科学研究后期资助项目成果，不仅学术性、知识性强，而且也具有一定的可操作性，对于高等教育理论研究者进一步开展大学特色的理论探索，对于大学领导者开展大学特色创建都将发挥积极作用。

成果名称：《炎帝神农文化读本》
作者：刘玉堂
职称：研究员
成果形式：著作
字数：239千字
出版单位：人民出版社
出版时间：2015年5月

该书是迄今研究炎帝神农文化最系统、最全面、最深入的著作，其综合了文献、考古、实地调研、民间传说以及相关研究成果，阐释炎帝神农史迹及其文化影响。

前五章主要论述炎帝与神农的关系、时代及其地域，炎帝神农对中华文明的贡献，炎黄阪泉之战与华夏民族的形成等，后五章主要阐释炎帝神农对中华文化的影响。2015年10月17日，中华炎黄文化研究会在北京举办了《炎帝神农文化读本》专家座谈会，得到与会专家高度评价，《湖北日报》等报刊也作了报道与评价。

成果名称：《地理学与考古学视野下的昭王南征》
作者：尹弘兵
职称：副研究员
成果形式：论文
字数：26千字
发表刊物：《历史研究》
出版时间：2015年第1期

该文讨论西周早期周昭王南征，综合考古资料和出土文献，复原当时的地理景观，对周昭王南征荆楚作了全面考述。指出昭王南征是以随州地区的鄂、曾为基地，对象是汉东地区的楚蛮，意图恢复商代以盘龙城为据点控制长江中游地区的政治地理格局，但周人不明南方气候与水文，丧六师于汉。中国人民大学复印报刊资料《先秦、秦汉史》2015年第4期全文转载。

成果名称：《现代社会治理体系的五种基本构成》
作者：杨述明
职称：研究员
成果形式：论文
字数：12千字
发表刊物：《江汉论坛》
出版时间：2015年2月

该文以现代社会治理体系构成为研究对象，以现代社会治理体系的内涵、要素、特征、结构及相关关系为逻辑思路，具体研究内容为现代社会治理的主体结构、制度结构、运行结构、保障结构和评价监测结构，提出现代社会治理体系的组织体系、制度体系、运行体系、评价体系和保障体系五种基本构成及其相互关系。为深入研究社会治理体系提供了一定的理论依据和研究路径，对推进重要领域的改革具有一定的指导意义。

成果名称：《"以市场换技术"是如何提出的（1978—1988）》
作者：夏梁
职称：助理研究员
成果形式：论文
字数：17.4千字
发表刊物：《中国经济史研究》
出版时间：2015年第4期

该成果以博弈论的框架研究"以市场换技术"是如何提出的。研究认为，这一方针源于中国利用外资与引进先进技术相结合的基本战略。1978—1988年中国外资政策的"W型"演进轨迹表明，中国与外商之间的动态博弈是形成这一方针的主要原因。该研究成果对剖析外资撤离、产业转移和如何进一步加快创新驱动发展战略具有较好的启示作用。

论文的部分内容受邀刊载于《经济学家茶座》第72辑，题为《"以市场换技术"的由来》。该论文被首都青年编辑记者协会主办的《文化纵横》（双月刊）2015年第5期收录。

成果名称：《论"三公体制"》
作者：龚益鸣
职称：研究员
成果形式：论文
字数：12千字
发表刊物：《江汉论坛》
出版时间：2015年第5期

该文以建设规范的市场经济体制为方向，对改革的目标、内容和实现途径进行科学的设计。作者提出了"三公体制"并对其进行了系统研究,曾以"将改革进行到底"为题在国内作过多次演讲,产生了广泛的影响。论文对发展矛盾的透彻分析,基于现实要求和理论逻辑的完备的制度创新,应该在打破改革"锁定效应",推进民族复兴的大业中发挥应有的作用。

成果名称:《老区土地政策演变与农村生产要素流动研究》
作者:张静
职称:副研究员
成果形式:论文
字数:9千字
发表刊物:《江汉论坛》
出版时间:2015年第5期

作为老解放区,山东省自1946年即开始土地改革,至1949年全省已有72%的地区进行过土改。该文以山东老区为个案,系统考察抗战结束后到集体化高潮前的中共土地政策演变以及农民间的地权交易。以此说明,土改结束到1954年末山东农村虽有土地买卖、租佃、雇佣关系的存在和发展,但广大农村并没有出现两极分化和土地集中的趋势。相反,山东各地农村土地占有关系和土地产权分配的变化趋势和阶级构成变化趋势——中农化一致。

该文系国家社会科学基金项目"20世纪中期地权变迁与农家经济研究"(12CJL008)的阶段性成果。论文将新中国成立前后中共土地制度的演进历程置入长时段的中国土地制度史变革之中进行深入探讨,以此考察地权关系和土地制度思想的互动关系,力求对土地制度的变迁与农民的地权交易形成更清晰的脉络。对1946—1956年山东土地制度变迁的考察,为我们认识农民地权交易在不同地区表现出的多重面象提供有益的参考,同时为当前农村土地改革、土地流转提供历史借鉴和启迪。

成果名称:《从心所欲不逾矩——一种人类追寻的价值规范与实践共识》
作者:胡江霞
职称:教授
成果形式:论文
字数:9.5千字
发表刊物:《中南民族大学学报》
发表时间:2015年第5期

该文认为:人类追求精神的过程,也就是寻求自由与规范相统一的过程。由于多元文化价值体系与价值规范的存在,导致了人类不同主体价值追寻与实践的诸多困惑和矛盾。综合分析不同时代、不同文化以及不同流派理论与宗教思想的共同特征,该文试图论证:"从心所欲不逾矩"是人本身的可能,是人类精神价值取向的可能,是人类思想信仰的可能,亦是人类社会实践的可能。

文章提出以"从心所欲不逾矩"定义和规范人类的多种价值需求与价值实践,不仅可以超越不同文化背景下人类价值观念与价值行为的纷争,而且可以让每一个个体都能在这种规范中找到自我价值实践的内在尺度。

该文在第25届全国社科哲学大会上进行了交流与探讨,与会代表反响热烈。自发表以来,已被多家网站转载和文库收藏。

成果名称:《论近代以来中国文学的海洋书写》
作者:刘保昌
职称:研究员
成果形式:论文
字数:21千字
发表刊物:《西南大学学报》(社会科学版)
出版时间:2015年第6期

近代海洋书写包含感时忧国、海上生

活和战斗、滨海地域文化景观和意象呈现等四种主题类型。在国民性讨论中，海洋成为救世的"乌托邦"。海洋书写丰富了中国文学的审美经验表达。

该文系国家社科基金项目成果之一，《高等学校文科学术文摘》2016年第1期全文转载；《中国社会科学文摘》2016年第3期全文转载；《新华文摘》2016年第5期论点摘编。

成果名称：《基础设施对农业经济增长的影响：基于1995—2010年中国省际面板数据》
作者：吴清华等
职称：助理研究员
成果形式：论文
字数：10千字
发表刊物：《中国经济问题》（双月刊）
出版时间：2015年第3期

该文基于公共物品模型和基础设施实物指标，采用双向固定效应模型，分析了灌溉设施、等级公路和等外公路对中国以及东中西部地区1995—2010年农业经济增长的影响。结果表明：灌溉设施、等级公路和等外公路都对中国农业生产总值有正向促进作用，其中灌溉设施的促进作用最大；分地区来看，灌溉设施和等级公路的农业生产效应分别体现在中部地区和西部地区，等外公路的农业生产效应在东部地区较为显著。

该成果创新性地基于公共产品模型及其他经济增长理论，采用理论与实证相结合的研究方法，研究与"三农"相关度较高的灌溉设施、等级公路和等外公路对中国及其区域农业发展的影响。这为兼顾我国基础设施建设与农业发展，提供了理论依据和定量研究结果，有利于具有针对性的政策制定。

成果名称：《道家视域：政治生活中的"民"》
作者：梅珍生
职称：研究员
成果形式：论文
字数：10千字
发表刊物：《哲学研究》
出版时间：2015年第7期

该文认为，道家在君民关系上强调：立君为民；富民、爱民；依道使民；将治国与治身结合起来，强调治国如治身。该文创新地提出了道家具有"物尽其性""以道使民"的政治关怀。

成果名称：《考古学视野下的襄阳文脉》
作者姓名：张硕
职称：副研究员
成果形式：论文
字数：12千字
发表刊物：《湖北社会科学》
出版时间：2015年第7期

汉水地处长江、黄河之间，文化底蕴深厚。从考古学视角看，襄阳文化源远流长，内涵丰富，巴蜀、荆楚、秦陇和中原文化等多元文化交汇混融的特色鲜明。

该成果有助于对襄阳文化的准确定位与把握。

成果名称：《马克思关于人与自然关系生态思想的当代价值》
作者：陈金清
职称：研究员
成果形式：论文
字数：13千字
发表刊物：《马克思主义研究》
出版时间：2015年第11期

随着经济的快速发展，我国的生态环境问题也日益凸显出来。面对日益严峻的生态环境问题，我们党和政府提出了加强生态文明建设的战略决策。马克思、恩格斯关于人与自然的深邃的生态思想对于我们加快推进生态文明建设具有重要的指导意义：马克思、恩格斯的生态思想为当代中国生态文明建设确立了基本价值原则；为中国特色社会主义生态文明建设提供了理论指导；为对人民群众进行生态文明教育，培育他们的生态文明意识及提升环境伦理素质提供了正确的思想指引和丰富的文化资源；为彻底解决生态问题，实现人与自然的和解指明了方向。该文对马克思主义关于生态文明思想及其价值进行了系统论述，对于当前加强生态文明建设具有一定的启迪意义。

成果名称：《拷问农产品价格"天花板"现象》

作者：宋亚平等

职称：研究员

成果形式：论文

字数：13千字

发表刊物：《江汉论坛》

出版时间：2015年第11期

大概从2013年开始，关于农产品价格"天花板"问题便逐渐成为"三农"领域挥之不去的社会热点、焦点话题。通过专门调查，发现农产品价格"天花板"的主要症结与基本成因并非媒体所说的尽是农业经济领域自身的"毛病"，而很大程度上是工业资本、金融资本和不良社会资本"沆瀣一气"恣意侵占、挤压农业与农民利益的必然恶果。要发挥具有中国特色的农业比较优势，维系我国农业稳定、协调、可持续发展并推动其现代化，各级政府必须切实加大财政支农的力度，斩断抢劫农业效益的黑手与堵塞浸淫农民剩余的漏洞，建立和不断完善农业社会化服务体系。

成果名称：《政府信任的社会层级水平比较分析》

作者：许伟

职称：助理研究员

成果形式：论文

字数：9.5千字

发表刊物：《江汉论坛》

出版时间：2015年第11期

主要研究不同阶层的政府信任现状与影响因素，研究发现"央强地弱"的政府信任态势依旧存在，不同阶层对政府的信任程度呈倒"U型"分布。社会文化与制度绩效均显著影响政府信任程度，但制度绩效对各阶层的政府信任影响更强。定量研究与多视角分析弥补了政府信任研究的不足，政府信任的分层探讨为社会治理精细化提供了参考依据。

## 第六节 学术人物

一、湖北省社会科学院建院以来正高级专业技术人员列表（1978—2014）

1. 在职人员

| 姓名 | 出生年月 | 学历/学位 | 职务 | 职称 | 主要学术兼职 | 代表作 |
| --- | --- | --- | --- | --- | --- | --- |
| 张忠家 | 1963.6 | 博士研究生 | 党组书记、副院长 | 二级研究员 | 湖北省高等教育管理研究会副会长、湖北省科学与科技管理研究会副理事长 | 著作：《大学特色论》《中国高等教育质量与水平研究》 |

续表

| 姓名 | 出生年月 | 学历/学位 | 职务 | 职称 | 主要学术兼职 | 代表作 |
|---|---|---|---|---|---|---|
| 张忠家 | 1963.6 | 博士研究生 | 党组书记、副院长 | 二级研究员 | 湖北省高等教育管理研究会副会长、湖北省科学与科技管理研究会副理事长 | 《大学教育资源优化配置研究》《多维视角的和谐社会及其构建》《产学研合作提高人才培养质量研究》论文：《富强：历久弥新的价值追求》《有序、有效、有情——和谐社会多维解读》《大学教育资源优化配置的思考》 |
| 宋亚平 | 1957.11 | 博士研究生 | 院长、党组副书记 | 二级研究员 | 湖北省"三农"研究会常任理事 | 著作：《咸安政改》《出路》《中国县制》《三农中国》论文：《对小城镇建设热潮的冷思考》《不要让统筹城乡发展误入歧途》《"三农"问题的突破口在于改造小农经济模式》《对当前农业形势的几点看法》《警惕城镇化建设误入歧途》 |
| 曾成贵 | 1954.8 | 博士研究生 | 省政协常委 | 二级研究员 | — | 《党史论谈》《党史写真》《党史新得》《中国工人运动史第3卷》《刘少奇的峥嵘岁月》《弄潮：鲍罗廷在中国》《北伐战争史》《湖北新民主革命史·土地革命战争时期》《中国共产党建设七十年》《正道中国：十六大以来党的理论创新》 |
| 刘玉堂 | 1956.9 | 博士研究生 | 副院长、党组成员 | 二级研究员 | 中国民族史学会副会长 | 《楚国经济史》 |
| 秦尊文 | 1961.6 | 博士研究生 | 副院长、党组成员 | 二级研究员 | 中国城市经济学会副会长、中南财经政法大学博士生导师、中国地质大学学科建设顾问、湖北省区域经济学会会长、中南民族大学教授 | 《第四增长极：崛起的长江中游城市群》《长江经济带研究与规划》 |

续表

| 姓名 | 出生年月 | 学历/学位 | 职务 | 职称 | 主要学术兼职 | 代表作 |
|---|---|---|---|---|---|---|
| 杨述明 | 1961.11 | 博士研究生 | 副院长、党组成员 | 研究员 | 湖北公共管理学会副会长、湖北政治协商学会副会长、湖北统战研究会副会长 | 著作：《论政府间财政关系》《现代社会治理工作读本》《中国城市社会治理》《中国乡村社会治理》论文：《努力改善民生 构建和谐社区》《现代社会治理——地方政府职能转变的历史使命》《现代社会治理体系的五种基本构成》《群众工作与我国社会治理本质的一致性》《供求关系理论下人才培养的实现路径》 |
| 袁北星 | 1967.3 | 博士研究生 | 科研处处长 | 研究员 | 省政府咨询委员会特邀专家、省青年社科工作者协会副会长兼秘书长、省党建研究会特邀研究员、省纪委特约研究员、省廉政文化建设研究会特邀研究员、省公共文化服务体系专家库成员、武昌区第十四届人大代表 | 《客商与汉口近代化》、《荆楚近代史话》、《运用历史智慧推进反腐倡廉建设》、《践行以人民为中心的发展思想》、《武汉大码头文化的现代转型研究》（湖北首届优秀调研成果二等奖）、《提升荆楚文化核心竞争力研究》（湖北发展研究奖三等奖） |
| 徐楚桥 | 1963.9 | 博士研究生 | 研究生处处长 | 研究员 | 中国社会学会常务理事，湖北省社会学会副会长，湖北省心理咨询师协会副会长、秘书长 | 《湖北农民工问题研究》 |
| 匡绪辉 | 1965.4 | 本科 | — | 研究员 | — | 专著：《中国能成为经济大国吗》《政府经济学》学术论文：《公共财政体制下地方教育财政投入模式选择》《激励增强、效率提高与内部人控制的加深》《湖北失业保险制度研究》《国有企业治理结构的制度化选择》《构建内陆现代物流中心区管见》《构建和谐社会中的企业社会责任》在《要文摘报》《专送参阅件》《情况反映》等发表政策建议30余篇，大部分被省级领导指示 |

续表

| 姓名 | 出生年月 | 学历/学位 | 职务 | 职称 | 主要学术兼职 | 代表作 |
|---|---|---|---|---|---|---|
| 叶学平 | 1968.3 | 博士研究生 | 经济研究所所长 | 研究员 | 湖北省房地产经济学会会长 | 《转轨期中国证券市场监管体制研究》 |
| 曾建民 | 1958.8 | 本科 | 农村经济研究所副所长 | 研究员 | 湖北省统计学会常务理事 | 《民营经济发展研究》《绿色经济》 |
| 邹进泰 | 1961.7 | 研究生 | 农村经济研究所所长 | 二级研究员 | 湖北省城乡统筹研究会理事长、湖北省农村经济学会副理事长、湖北省软科学研究会副理事长 | 出版的专著有《激荡百年大国农业 1912—2012》《中国水利技术经济》《发展经济学概论》《发展经济学新探》《绿色经济》《湖北农民收入问题研究》《湖北农业强省战略研究》等10余部；在全国报刊上发表论文100多篇；主持过国家社科基金、科技部软科学、湖北省科技厅软科学、湖北省社科基金、世界银行、亚洲开发银行等课题数十项 |
| 周志斌 | 1957.10 | 大学本科 | — | 研究员 | — | 《中国可持续发展概论》 |
| 彭智敏 | 1960.9 | 大学本科 | 长江流域经济研究所所长 | 研究员 | 湖北省区域经济学会副会长兼秘书长 | 《汉江模式：跨流域生态补偿新机制》《长江中游城市群产业合作研究》《长江经济带综合立体交通走廊的打造与建设》 Ecological Protectionin Underdeveloped Areas of China—a Case Study of Hubei Province，Economic and Social Changes：Facts，Trends，Forecast（俄罗斯科学院刊物） |
| 黄家顺 | 1965.2 | 大学本科 | — | 研究员 | — | 《着力践行以人民为中心的发展思想》 |

续表

| 姓名 | 出生年月 | 学历/学位 | 职务 | 职称 | 主要学术兼职 | 代表作 |
|---|---|---|---|---|---|---|
| 阳小华 | 1964.9 | 硕士 | 中部发展研究所所长 | 研究员 | 湖北经济学会副秘书长、武汉城市圈研究会副秘书长 | 《民营经济发展研究》、《中部蓝皮书》（2006—2014）、《湖北开发区创新发展研究》 |
| 胡江霞 | 1961.5 | 硕士研究生 | — | 教授 | 湖北省政协理论研究会理事、湖北省延安精神研究会理事 | 《论"因性施教"及其实施策略》《从心所欲不逾矩——心理健康定义及标准分析》《性别差异教育——一种有待开发的策略》《谈谈学生素质发展中的学习策略问题》《培养学生的健康人格》《论自我表现的时代意义及其对表现力的培养》《心理承受力的广义之见》《论班级为本辅导模式在中国学校中的适切性》《师生和谐，从同感沟通开始》《学生主体意识的唤醒与培植》 |
| 梅珍生 | 1965.12 | 博士研究生 | 哲学研究所所长 | 研究员 | 全国老子道学文化研究会常务理事、湖北省周易学会副会长兼秘书长、湖北省哲学史学会理事、湖北省延安精神研究会常务理事、湖北省国学研究会理事 | 《晚周礼的文质论》《道家政治哲学研究》《道家视域：政治生活中的民》 |
| 潘洪钢 | 1960.11 | 本科 | — | 研究员 | — | 《细说清人社会生活》 |
| 陈金清 | 1962.5 | 硕士研究生 | 《江汉论坛》社长 | 研究员 | 湖北省哲学学会副会长、湖北省社科期刊研究会副会长 | 《现代认识论与历史观》《生态文明理论与实践》 |
| 陈孝兵 | 1964.10 | 本科 | 《江汉论坛》副社长 | 研究员 | 中华外国经济学说研究会理事 | 《现代"经济人"批判》《企业的经济自由及其限度》《夯实企业信用的道德基础》 |
| 刘龙伏 | 1965.7 | 本科 | 《江汉论坛》副社长 | 研究员 | — | 《自由涵义辨析》《邓小平辩证思想的几个经济命题》《论民主的继承性》 |
| 刘保昌 | 1971.9 | 硕士研究生 | — | 研究员 | — | 《荆楚文化哲学与中国现代文学》 |

## 2. 离退休人员

| 姓名 | 出生年月 | 学历/学位 | 职务 | 职称 | 主要学术兼职 | 代表作 |
|---|---|---|---|---|---|---|
| 陈嘉陵 | 1925.10 | 大学 | 副厅待遇 | 研究员 | 曾任湖北省政治学学会会长兼顾问、湖北省民族学会副会长兼顾问、湖北省社会科学院高级职称评审委员会委员 | 《中国民族区域自治制度》（获湖北省社会科学优秀成果三等奖）、《各国地方政府比较研究》（获全国计划单列市出版优秀图书二等奖）、《中国地方国家机构概要》（获湖北省社会科学优秀成果一等奖、第二届全国普通高等学校全国优秀教材奖）、《嘉陵文存》 |
| 夏振坤 | 1928.2 | 研究生 | 原党组书记、院长 | 研究生 | 武汉经济学院博士生导师，华中科技大学经济学院院长、博士生导师，中国生动经济学院学会常务理事，中国宏观经济学会理事 | 《农业发展结构》《时代潮流中的中国现代化发展的多维视角》 |
| 于真 | 1929.11 | 大学 | — | 研究员 | 省社会学会顾问 | 专著：《共生论》主编：《当代社会调查研究科学方法与技术》《调查研究知识手册》《社会主义社会学原理》《社会机制论》 |
| 荣开明 | 1931.12 | 大学 | 原《江汉论坛》编辑部主任 | 研究员 | 中国辩证唯物主义研究会、中国社会主义辩证法研究会理事，省社科期刊研究会常务副会长、名誉会长，省哲学、政治学、法学、炎黄文化研究会常务理事，中南财经大学、武汉理工大学、中国地质大学兼职教授 | 《人怎样少犯错误》《改革和哲学》《论矛盾转化》《现代思维方式探略》《邓小平理论的形成和发展》《邓小平实事求是思想》《毛泽东治国方略》《邓小平治国方略》《邓小平理论新探》《邓小平一国两制理论新探》 |
| 周景堂 | 1932.12 | 大学毕业本科 | 原党组书记 | 研究员 | 中国当代国史研究会理事，湖北邓小平建设有中国特色社会主义理论研究副会长、会长，湖北省社科院学术顾问 | 《中国当代文学史稿》《改革潮》《湖北农村经济发展对策研究》《湖北老区脱贫模式研究》《必然的选择——有中国特色社会主义市场经济研究》《军工大趋势——湖北军转民问题研究》《改革与发展中的老工业基地》《湖北耕地问题研究》 |

续表

| 姓名 | 出生年月 | 学历/学位 | 职务 | 职称 | 主要学术兼职 | 代表作 |
|---|---|---|---|---|---|---|
| 杨教 | 1934.3 | 大学 | 原正处级 | 研究员 | — | 《敝帚集》（获全国社科院图书馆系统科研一等奖） |
| 刘宝三 | 1935.3 | 大学 | 原副处 | 研究员 | 湖北省新闻出版工作者协会常务理事、湖北省社科期刊研究会常务理事 | 《邓小平实事求是思想研究》《民主的迷雾》《反腐败论》《现代思维方式探略》《邓小平"一国两制"思想新探》 |
| 李昭忠 | 1935.7 | 大学 | 原正处级 | 研究员 | — | 《奔梦之歌》《筑梦规律》 |
| 李明开 | 1936.1 | 大学 | 原所长 | 研究员 | 中国人口学会理事、湖北省社会学会副理事长、湖北省民政学会副会长、湖北省老龄委兼职副秘书长、湖北省人口学会副秘书长 | 《中国人口迁移》（湖北卷）、《中国老年人口与社会保障》、《湖北省志·民俗卷》 |
| 吴越 | 1936.8 | 本科 | 原所长 | 研究员 | 《法治时代》创办者兼主编 | 著作：《回光与晨曦》《干部制度的改革》论文：《剥削制度不是腐败的根源》《要求与生产不是社会的主要的或基本的矛盾》《国家机构设置不能上下对等对口》《国家的要素人民中心论》 |
| 刘发中 | 1936.10 | 高中 | — | 研究员 | — | 《信息唯物论与科学学体论》《人拓宇宙学深探》《人拓宇宙学与中华民族崛起》 |
| 王凤鹤 | 1936.10 | 大学 | 原所长 | 研究员 | — | 《价值及其他》《中国行政道德论纲》《市场经济与意识形态》《社会主义与"自由平等博爱"》 |
| 邓绍英 | 1936.11 | 研究生 | 原所长 | 研究员 | 华中科技大学兼职教授，广西工学院外聘教授 | 《邓绍英文集》 |

续表

| 姓名 | 出生年月 | 学历/学位 | 职务 | 职称 | 主要学术兼职 | 代表作 |
| --- | --- | --- | --- | --- | --- | --- |
| 郭德维 | 1937.2 | 大学 | 原所长 | 研究员 | 湖北省楚国历史文化学会副理事长、武汉楚文化学会顾问 | 《曾侯乙墓》、《礼乐地宫·曾侯乙墓发掘亲历记》（华夏文明探秘丛书之一）、《楚系墓葬研究》（《楚学文库》之一）、《楚都纪南城复原研究》、《楚史楚文化研究》（论文集） |
| 陈本立 | 1937.7 | 大学 | 原副院长 | 研究员 | 湖北省妇女理论研讨会副会长、湖北省直机关党建研究会顾问 | 《社会主义市场经济与党的基层建设》《党内法制概论》《湖北历史文化论集》《历史常识讲座》《政治常识讲座》《爱国主义理论讲座》 |
| 张甲辰 | 1938.10 | 本科 | — | 研究员 | — | 专著：《企业信息管理》《邓小平思想研究概览》<br>参撰：《毛泽东思想研究五十年》<br>论文：《认识发展过程新探》 |
| 陈祖耀 | 1938.11 | 大学 | — | 研究员 | — | 《领导科学新论》 |
| 黄念曾 | 1941.11 | 大学本科 | 原正处级 | 研究员 | 湖北省老教授协会中南财经专业政法委员会委员、中国花卉协会荷花分会常务理事 | 退休前以社会科学管理、区域经济、长江经济研究为主荣获湖北省科技进步二等奖两项、三等奖一项、优秀论文一等奖一项；退休后十余篇论文收编《湖北老教授》，参与编撰《舒红集》《薰风集》，另有8篇论文被《中国花卉园艺》《现代园林》《花木盆景》《园林》《铁岭改革探索》刊发 |

续表

| 姓名 | 出生年月 | 学历/学位 | 职务 | 职称 | 主要学术兼职 | 代表作 |
| --- | --- | --- | --- | --- | --- | --- |
| 吴祖明 | 1942.1 | 大学 | 原正厅级 | 研究员 | — | 《中国行政道德论纲》（与王凤鹤合著）、《提倡节俭与鼓励浪费》（《求是》杂志2003年10月第20期转载）、《求真集》 |
| 李文澜 | 1942.6 | 研究生 | 原副院长 | 研究员 | 曾任中国史学会理事、中国唐史学会理事、湖北省历史学会副会长 | 《湖北通史·隋唐五代卷》《文澜存稿》 |
| 俞汝捷 | 1943.9 | 本科 | — | 研究员 | 湖北省文史研究馆馆员、上海市文史研究馆特聘研究员、湖北省文艺理论家协会顾问、湖北省《三国演义》学会副会长 | 《小说24美》、《学诗26讲》、《人心28论》（一名《人心可测——小说人物心理探索》)、《幻想和寄托的国度——志怪传奇新论》、《长江小说史略》（合著）、《黄鹤楼碑廊诗注》 |
| 胡楚东 | 1944.8 | 大学 | 原助理巡视员 | 研究员 | — | 《资本主义国家的政党制度》《谈社会主义初级阶段制约人的发展的几个变量》 |
| 陈文科 | 1945.2 | 大学 | 原副院长 | 研究员 | 湖北省委决策支持顾问、湖北省"三农"研究院顾问、湖北省开发区协会顾问，曾任武汉城市圈研究会会长，华中科技大学经济学院教授、华中农业大学经贸学院教授 | 《中国农业家庭经营问题》《当代资本主义新发展研究》《发展中大国的十大困惑》《大国改革变形与矫治》《中国农民问题》《纵论湖北三十年》《从大武汉到武汉城市圈》《大国农业论》《大国问题论》 |
| 毛庆 | 1945.12 | 博士/硕士 | 原所长 | 研究员 | 四川师范大学文学院、成都文理学院特聘教授，湖北大学、长江大学、南通大学兼职教授，中国屈原学会名誉会长，湖北省屈原学会顾问 | 《屈骚艺术研究》《屈原与中华文化和民族精神》《诗祖涅槃》 |

续表

| 姓名 | 出生年月 | 学历/学位 | 职务 | 职称 | 主要学术兼职 | 代表作 |
|---|---|---|---|---|---|---|
| 王胜利 | 1946.6 | 大专 | — | 研究员 | — | 《楚国天文学探索》 |
| 李家欣 | 1946.8 | 大专 | — | 研究员 | 中国屈原学会、中国韵文学会诗词研究会、湖北省文艺理论家协会会员，湖北省炎黄文化研究会理事 | 著作：《〈诗经〉与民族文化传统》、《楚风补校注》（合著，获湖北省人民政府优秀成果奖）、《古诗精华品鉴：颖悟人生（哲理禅趣卷）》、《思想道德文化建设千字文》（获湖北省"五个一工程"奖）<br>论文：《论宋词无婉约豪放两派》《中国古代诗歌的现世精神》《〈诗经〉与民族文化心理》《中国士人的屈原情结与人生困惑》 |
| 李学英 | 1947.2 | 大学本科 | — | 研究员 | 全国竞争情报学会首批会员、中国科技情报学会会员、四川社会科学院知识经济研究所特约研究员 | 《信息接受论》（独著）、《社会科学情报研究概论》（合著）、《知识经济结构体系探讨》（策划合著）、《山水品读》<br>发表论文100多篇，其中《情报商品价值量》《信息商品使用价值尺度》《信息商品价值规律》转载率引用率高 |
| 张仲良 | 1947.3 | 大专 | 原副所长 | 研究员 | — | 《壶中天地》、《期刊编辑的理论和实践》、《说部春秋》（与王仁铭合著）、《韩愈诗，押韵之文耳》 |
| 初玉岗 | 1947.8 | 研究生 | 原副所长 | 研究员 | — | 《论国家的主导地位与国有企业改革》《马克思之谜与国有经济的治理缺陷》《国有经济与个人产权》 |

续表

| 姓名 | 出生年月 | 学历/学位 | 职务 | 职称 | 主要学术兼职 | 代表作 |
|---|---|---|---|---|---|---|
| 田锡富 | 1947.8 | 大学 | 原院长助理 | 研究员 | — | 《列强与近代湖北社会》（主编之一）、《十九世纪湖北人民的反帝国斗争》、《张之洞教案观初探》 |
| 李锦章 | 1947.11 | 大专 | 原党组书记 | 研究员 | — | 《干部考察工作指导》《干部任免工作指导》《澳门古今》《荆楚神韵》《征程》《心声》《记忆》 |
| 黄南珊 | 1948.10 | "高师函授"中文专业现代汉语结业 | 原副所长 | 研究员 | — | 《畅情求美新潮的感性光辉》《重理时代情理审美关系的畸变》《论曹雪芹的情禅思想》《"丽"：对艺术形式美规律的自觉探索》《情依于理 情理交至——叶燮理性美学观新解》 |
| 王新喜 | 1949.2 | 大学 | 《江汉论坛》杂志社原副社长 | 研究员 | 湖北省新闻出版广电局审读员 | 《真理问题的几点思考》《"度"的哲学探微》《马克思主义与社会关怀》 |
| 胡盛仪 | 1949.4 | 大学本科 | 原副所长 | 研究员 | 中国法学会董必武法学思想研究会理事、湖北省法学会常务理事、湖北省行政学会副秘书长、湖北省经济法研究会副会长兼秘书长 | 《中外选举制度比较》、《中国选举制度60年的回顾与展望》、《中国生育法律保障制度探析》（获湖北省人民政府社会优秀成果二等奖） |
| 宋致新 | 1949.5 | 大学本科 | — | 研究员 | — | 《长江流域的女性文学》《1942：河南大饥荒》 |

续表

| 姓名 | 出生年月 | 学历/学位 | 职务 | 职称 | 主要学术兼职 | 代表作 |
|---|---|---|---|---|---|---|
| 冯桂林 | 1949.8 | 研究生 | 原所长 | 研究员 | 湖北省委决策支持顾问、湖北省全面深化改革专家委员会专家、湖北省地方志副总纂、湖北省高校青年工作研究会副会长 | 著作：《如何掌握你的一生》《内陆开发区可持续发展研究》《现代职业分类概论》《当代职业发展研究》《湖北私营企业发展现状调查》论文：《试析社会结构要素对我国当代社会时尚的影响》《新时期的城市思想政治工作与市民需求》《农村社会热点：类型、特征与趋势》《试论灾后重建过程中NGO与政府的合作》《公众参与：构建中国特色社会主义社会管理体制的又一基石》 |
| 杨直 | 1950.2 | 大学 | 图书情报中心原主任 | 研究员 | 中国社会科学情报学会理事、湖北省信息学会常务理事、湖北省图书馆学会理事 | 《知识经济结构体系探研》 |
| 金德万 | 1950.11 | 大学 | 原副巡视员 | 研究员 | 中国社会科学情报信息学会常务理事 | 《沉潜中的惝悦》《生动而复杂的"具体"》 |
| 吴永平 | 1951.1 | 研究生 | — | 研究员 | — | 《李蕤评传》《隔膜与猜忌》《胡风家书疏证》 |
| 邵学海 | 1951.1 | 大专 | 原副所长 | 研究员 | — | 《艺术与文化的区域》、《画品》校注、《荆楚与绘画》、《荆楚雕塑》 |
| 徐龙福 | 1951.9 | 研究生（硕士） | — | 研究员 | — | 《实践结构中主体意识初探》《树立正确权力观》《马克思主义反映论在当代面临的挑战》《论构建和谐社会的理论导向》《马克思主义反映论的历史命运》《信息社会的网络文化安全》 |

续表

| 姓名 | 出生年月 | 学历/学位 | 职务 | 职称 | 主要学术兼职 | 代表作 |
|---|---|---|---|---|---|---|
| 寇从俊 | 1952.2 | 大学本科 | 原正处级 | 研究员 | 湖北省延安文化研究会常务理事、省直机关思想政治工作研究会常务理事、省直机关党建理论研究会常务理事 | 专著：《中国革命、建设、改革的科学指南》《毛泽东治国方略》《加强网络时代思想政治工作现代化的建设》《三代领导人与中国社会主义50年》《邓小平理论是党的思想建设的锐利武器》<br>论文：《思想政治工作要重视电脑网络阵地建设》《理论建设：我们党胜利前进的根本保证》《让先进文化成为新世纪的主旋律》《马克思主义浪漫主义理论的奠基性建构》《试论时代精神的基本建构》《以与时俱进的精神加强党的理论建设工作》《高度重视理论思维大力加强理论建设》《毛泽东文化观与当代中国的文化建设》《毛泽东开拓外交新领域的若干思考》《论思想政治工作现代化的创新机制》《论全球化背景下思想政治工作创新的若干思考》《试论"立党为公，执政为民"》 |
| 李乐刚 | 1952.10 | 硕士研究生 | 《江汉论坛》杂志社原社长 | 研究员 | 湖北省监察学会副会长 | 《走向复兴的道路》《党内法制与反腐倡廉》 |
| 龚益鸣 | 1952.10 | 大学 | 原所长 | 二级教授 | 北京德成经济研究院院长 | 著作：《政府经济学》《平权论》《民工潮起落》《现代经济革命》<br>论文：《论三公体制》《第三种贫困》 |

续表

| 姓名 | 出生年月 | 学历/学位 | 职务 | 职称 | 主要学术兼职 | 代表作 |
|---|---|---|---|---|---|---|
| 徐凯希 | 1953.3 | 大学 | 原所长 | 研究员 | 湖北省历史学会副会长 | 《湖北工业史》、《湖北农业开发史》、《湖北新民主革命史》（三） |
| 陈怀远 | 1953.9 | 大专 | — | 研究员 | — | 《社会学基本理论与方法论》《论对外贸易的宏观效益与微观效益问题》《我国产权制度变革中的隐契约问题》《反腐败问题的经济学方法论批判》《政府的经济特性与市场规范建构》《我国城市文化体制中的主要矛盾及其改革重点》《中国劳动收入分配应启动社会设置的第二种改革》《中国企业的可社会性变迁及其履责机制再造》《信访制度的法社会学引证》《我国社会心态评估的方法论初探》《社会共生理论的建构矛盾和创生前景》《和谐社会的社会保障释疑》《中国社会保障制度定型化的理论创新》《中国现代农业发展必须消除"工业原教旨主义"影响》参加院所经济与社会年度蓝皮书14本写作，共计发表16篇研究报告 |
| 夏日新 | 1953.11 | 博士研究生 | 原所长 | 研究员 | 湖北省人民政府文史研究馆员、湖北省三国文化研究会副会长 | 《汉唐之际的民众与社会》《长江流域的岁时月令》 |

续表

| 姓名 | 出生年月 | 学历/学位 | 职务 | 职称 | 主要学术兼职 | 代表作 |
|---|---|---|---|---|---|---|
| 李倩 | 1954.12 | 大学本科 | — | 研究员 | 湖北省荆楚文化研究会常务理事、湖北省炎黄文化研究会常务理事、湖北省楚国历史文化研究会理事、湖北省三国文化研究会理事 | 专著：《文学的多维探索》《土家族经济史》《明清文学与商品经济发展关系研究》合作撰著：《巴楚文化研究》《楚俗研究》《中国楚辞学》《〈淮南子〉研究》《司马迁经济思想研究》《元代社会经济史》《统一战线与小康社会的民族和宗教》《湖北：近代革命策源地》论文：《从娱神到娱人 从乐身到乐心——楚乐舞的艺术特征及其历史嬗变》《楚辞、汉赋之巫技巫法综探》《司马迁经济思想的多维建构》等一百多篇论文在国家级和省级以上刊物发表 |
| 李委莎 | 1955.2 | 本科 | — | 研究员 | — | 《湖北妇女社会地位调查》（执笔副主编）、《稳定湖北低生育水平的对策研究》（执行主编）、《警察心理导读》（主笔）各类报刊发表论文几十篇各类调研报告和省政协提案几十篇 |
| 陈小京 | 1955.4 | 研究生 | — | 研究员 | 湖北政治学会理事 | 《湖北现代化进程中的记忆》（独著）、《遥远的地平线》（译著）、RILA PUBLICATIOS-LD（2011，London） |
| 郭庆汉 | 1955.7 | 大学 | 原所长 | 研究员 | — | — |
| 刘纪兴 | 1955.7 | 大学 | 原副巡视员 | 研究员（二级研究员） | 湖北省炎黄文化研究会常务理事 | 《社会科学图书情报工作特殊性研究》（主持的国家社科基金项目最终成果，获湖北省优秀社科成果三等奖，2003年）、《荆楚文化与湖北城市群文化生态圈建设研究》、《湖北城市群文化生态圈建设的战略思考》、《中华文化：民族发展壮大的精神滋养》 |

续表

| 姓名 | 出生年月 | 学历/学位 | 职务 | 职称 | 主要学术兼职 | 代表作 |
|---|---|---|---|---|---|---|
| 黄肇漳 | 1955.10 | 大学本科（大学助教研究生班） | 原副处长 | 研究员 | 省农业经济学会副秘书长、省供销合作经济学会理事 | 著作：《供销合作社所有制性质考察与研究》（总纂，获国内贸易部社会科学优秀成果二等奖、省优秀社会科学成果三等奖）调研报告：省社科基金重点课题《资源枯竭型城市转型发展研究》（获2009年度湖北省优秀调研成果一等奖、院优秀科研成果一等奖）；独撰专题研究报告《关于全面深化供销合作社改革的一点认识与建议》（被国务院副总理汪洋批示，并获得院优秀科研成果咨询建议类一等奖） |
| 唐坤 | 1956.6 | 大学 | — | 研究员 | 湖北省纪委特约研究员，华中科技大学武汉职务犯罪研究中心研究员、教授，《预防职务犯罪研究》杂志执行主编，中国管理现代化研究会廉政建设与治理研究专业委员会理事，湖北省监察学会理事 | 《论历史尺度的总体化》《实践哲学的论纲》《马克思主义人学新探五题》《马克思主义关于人的自由发展思想再解读》《也为人道主义辩护——对一种批判的批判》《马克思主义中国化：人本话语的回归》《论"五四"时期的人道主义思潮及其局限性》《被放逐的利维坦——文化视角中公共权力的失约与回归》《以人为本解析文化体制改革的难点——基于宏观制度视阈的分析》 |
| 姚乐 | 1957.6 | 大学 | — | 研究员 | — | 《当代实业选择——企业投资的权衡与操作》（编著）、《基业长青的灵魂——合作型企业文化》（合著） |

## 二、湖北省社会科学院2015年度晋升正高级专业技术职务人员

蒋谦，1958年8月出生，广西富川县人，研究员。现从事科学哲学研究，主要学术专长是科学认知、中西科学文化比较、生态哲学研究。主要代表作有：《人类科学的认知结构》（专著）、《科学历史说明的认知框架》（论文）、《科学主体的"悬置"及其后果》（论文）、《汉语汉字挑战"中文屋实验"》等。

姚莉，1967年9月出生，湖北汉阳人，研究员。现从事经济研究，主要学术专长是产业经济研究及区域经济研究。主要代表作有：《湖北十二五产业结构调整的对策研究》（湖北优秀调研成果一等奖）、《区域视角下的老工业基地调整改造——以中部地区为例》（专著）、《中部老工业基地振兴的现状、问题与对策》（《宏观经济管理》2013年第8期）、《振兴老工业基地的新思路》（《宏观经济管理》2014年第11期）。

## 第七节　2015年大事记

### 一月

1月19日，长江经济带发展学术研讨会在武汉举行，湖北省社科院副院长秦尊文研究员作题为"国外大河流域开发经验及对长江经济带建设的启示"的发言。

1月22日，湖北省政府颁发第九届湖北省社会科学优秀成果奖，湖北省社科院《世纪楚学》获著作类一等奖，《第四增长极：崛起的长江中游城市群》获著作类二等奖；《三农系列》《"六一"特别寻访、留守儿童调查》获论文类二等奖，《构建新型农村社会化服务体系》获著作类三等奖，《对当前农业形势的几点看法》《湖北省村级组织运转新情况、新问题及对策研究》获论文类三等奖。

1月24日，由湖北省社科院和三峡大学联合主办的首届中国三峡城市合作与发展论坛在宜昌举行。

1月31日，湖北汉江生态经济带开放开发总体规划专家评审会在北京召开。湖北省社科院副院长秦尊文对规划的内容作了详细解读。

### 二月

2月27日，湖北省社科院召开2015年工作暨"三抓一促"活动动员会。党组书记张忠家作工作报告，院长宋亚平主持大会，全体院领导出席大会，全院干部职工和离退休老干部代表参加大会。大会总结了2014年工作，部署了2015年重点工作，传达了湖北省委"三抓一促"活动动员会精神并作出了落实部署。

### 三月

3月6日，湖北省社科院与湖北文理学院洽谈合作座谈会在湖北省社科院召开。

### 四月

4月8日，由中国社科院、湖北省人民政府联合主办，中国城市经济学会、中国社会科学院城市发展与环境研究所、湖北省社科院共同承办的"长江论坛"在武汉举行。

4月22日，武汉市召开第14次社会科学优秀成果奖励大会，湖北省社科院9项成果获奖，其中一等奖12项，二等奖4项，三等奖4项。

4月30日，湖北省社科院3项成果被评为湖北省第九届精神文明建设"五个一工程"奖，其中特等奖1项。

### 五月

5月8日，湖北省社科院三项成果获湖北省委决策支持工作优秀成果奖：参与

湖北省委重点课题组撰写的《"湖北如何在长江经济带建设中发挥枢纽和聚焦功能"研究报告》荣获一等奖、湖北省社科院专家撰写的《坚持市场绿色民生有机结合推进转型发展——保康县生态立县、旅游兴县、工业强县的10年实践及启示》荣获二等奖、参与湖北省"三农"问题研究会撰写的《华山模式的探索与启示》荣获三等奖。

5月15日，湖北省社科院召开"三严三实"专题教育动员会，党组书记张忠家作动员报告，院长宋来平主持大会，全院处级干部参加大会。

## 六月

6月22日，湖北省社科院副院长秦尊文出席第六届空间综合人文学与社会科学国际论坛。

## 七月

7月9日，湖北省社科院党组书记张忠家出席全国社科院党风廉政建设座谈会。

7月9—11日，湖北省社科院党组书记张忠家出席第十八届全国社科院院长联席会。

7月17日，湖北省社科院、湖北省社科联、湖北省荆楚文化研究会在武汉共同举办第二届荆楚文化研究青年学者论坛。

7月22日，湖北省社科院召开《湖北省2014年全面深化改革第三方评估报告》发布会。

7月24日，湖北省社科院长江所副研究员赵霞出席中华全国青年联合会第十二届委员会全体会议，当选全国青联委员。

7月30日，湖北省社科院副院长秦尊文出席长江中游商业功能区规划编制工作座谈会。

## 八月

8月25日，湖北省社科院白洁、刘保昌、叶学平、彭玮和张静等5位同志入选湖北省宣传文化人才培养工程"七个一百"项目（哲学社会科学类）。

8月26日，湖北省社科院副院长刘玉堂和文史研究所所长熊召政荣获湖北省炎黄文化研究会第六届会员代表大会首届"神农纪念奖"。

## 九月

9月11日，湖北省社科院召开"十三五"发展规划工作会议。党组书记张忠家出席会议并讲话，党组成员、副院长杨述明主持会议，党组成员、秘书长魏登才安排工作。

9月12日，湖北省社科院院长宋亚平出席由中国社会科学杂志社和四川大学在成都共同主办的第九届中国社会科学前沿论坛。

9月16日，湖北省社科院副院长杨述明主编的《现代社会治理工作读本》经全国第十七次社会科学普及工作经验交流会组委会研究认定，被评为"全国优秀社会科学普及作品"。

9月18日，香港特区政府驻武汉经济贸易办事处主任谢绮雯女士访问湖北省社科院，院长宋亚平出席座谈会并致辞，副院长秦尊文主持座谈会，党组成员、秘书长魏登才，副巡视员刘纪兴参加会议。

9月23日，湖北省社科院副院长秦尊文出席中共中央党校研讨会。

9月23—24日，湖北省社科院纪检组组长朱建中率队赴济南参加全国社科院系统中国特色社会主义理论体系研究中心第二十届年会暨理论研讨会。

9月28日，湖北省社科院经济所完成的"湖北绿色发展研究"，获得省政府智力成果采购项目重奖。

9月30日，江西省2011协同创新中心、江西师范大学中国社会转型研究中心礼聘湖北省首届荆楚社科名家、湖北省社科院学术顾问夏振坤研究员为研究中心名誉主任。

## 十月

10月17日，湖北省社科院副院长刘玉堂主编的《炎帝神农文化读本》专家座谈会在北京举行。

10月26日—11月4日，湖北省社科院副院长秦尊文率团对法国、德国和英国进行了为期10天的学术访问。

10月29日，由湖北省社科院主办的中南地区社科院院长联席会暨荆楚智库建设理论研讨会在武汉召开。

## 十一月

11月5—8日，湖北省社科院院长宋亚平率队参加在湖北赤壁召开的2015国际茶业大会。

11月6日，湖北省社科院党组书记张忠家到孝感市调研"十三五"哲学社会科学规划工作。

11月8日，湖北省社科院党组书记张忠家出席由湖北文理学院、湖北省社科院联合主办，湖北文理学院汉江发展研究中心、湖北文理学院鄂北区域发展研究中心、湖北省社科院长江流域经济研究所共同承办的"第二届汉江论坛暨汉江流域大学联盟成立大会"。

11月16日，湖北省委十八届五中全会精神宣讲团成员、湖北省社科院党组书记张忠家在黄石市宣讲全会精神。

11月17日，湖北省委十八届五中全会精神宣讲团成员、湖北省社科院副院长秦尊文在鄂州市宣讲十八届五中全会精神。

11月17—24日，湖北省社科院党组书记张忠家率团对美国、加拿大进行了为期8天的学术访问。

11月22日，湖北省社科院副院长秦尊文出席中宣部《长江经济带重大战略研究》课题启动会。

11月23—27日，湖北省社科院副院长杨述明一行应邀访问韩国忠清北道发展研究院，签署交流合作协议。

11月26日，由韩国对外经济政策研究院（KIEP）和湖北省社科院（HASS）共同主办的"第四届促进鄂韩合作专家研讨会"在韩国首尔举行，研讨会由KIEP副院长金准东、室长林虎烈和湖北省社科院副院长杨述明共同主持。

11月28—29日，由教育部中国特色社会主义理论体系研究中心、《光明日报》理论部和华南师范大学联合举办的"'四个全面'战略布局理论研讨会"在广州召开。湖北省社科院中国特色理论体系研究中心袁北星研究员、梅珍生研究员、科研处副处长李树应邀并受湖北省委宣传部委托，代表湖北省中国特色社会主义理论体系研究中心参加了本次研讨会。

11月30日，湖北省委十八届五中全会精神宣讲团成员、湖北省社科院党组书记张忠家在湖北省体育局作宣讲报告。

## 十二月

12月1日，湖北省委常委、宣传部部长梁伟年莅临湖北省社科院，就贯彻落实十八届五中全会精神，推进哲学社会科学事业发展进行专题调研。

12月1日，湖北省委十八届五中全会精神宣讲团成员、湖北省社科院党组书记张忠家在武汉科技大学青山校区作宣讲报告。

12月3日，湖北省委十八届五中全会精神宣讲团成员、湖北省社科院党组书记张忠家在中国地质大学（武汉）作党的十八届五中全会精神宣讲报告。

12月4日，湖北省委十八届五中全会精神宣讲团成员、湖北省社科院党组书记张忠家在湖北省联合发展投资集团有限公司作党的十八届五中全会精神宣讲。

12月12日，湖北省社科院副院长杨

述明应邀出席由中共湖南省委、省政府、湖南省社科院在长沙共同举办的"湖湘智库论坛（2015）"。

12月17日，湖北省社科院副院长杨述明出席湖北省社科院举办的"2015年度工作暨新型智库建设工作"会议。

12月29日，韩国驻武汉总领事郑载男一行5人访问湖北省社科院。

# 湖南省社会科学院

## 第一节 历史沿革

1956年8月，为响应党中央"向科学进军"的伟大号召，中共湖南省委宣传部向中宣部和中国科学院呈送了关于《筹建"湖南历史考古研究所"方案》的请示报告。10月，经中国科学院同意，"湖南历史考古研究所"正式挂牌办公。1960年5月，湖南省委省政府为顺应全省经济社会发展和学术事业发展的需要，又批准成立了湖南省哲学社会科学研究所。1974年3月，湖南历史考古研究所与湖南省哲学社会科学研究所两所合并为"湖南省哲学社会科学研究所"。1980年6月，为适应湖南省社会科学进一步发展的需要，经省委常委办公会议研究，"湖南省哲学社会科学研究所"正式更名为"湖南省社会科学院"。

### 一、领导

湖南省社会科学院历任领导是：方克（1956年10月—1957年8月）、谢华（1957年9月—1967年3月）、王兴久（1980年6月—1983年6月）、陈学源（1983年6月—1986年1月）、王驰（1986年1月—1993年7月）、禹舜（1993年7月—1998年5月）、刘湘溶（1998年5月—2000年5月）、朱有志（2001年7月—2013年5月）、刘建武（2013年5月—   ）。

### 二、发展

从中国科学院湖南历史考古研究所到湖南省社会科学院，从新中国成立不久的1956年到新世纪的2016年，湖南省社科院已经走过了风雨兼程的60年。60年的孜孜以求，湖南省社会科学院已发展成为学科门类比较齐全、研究力量比较雄厚的省级综合型哲学社会科学研究机构，已建设成为湖南省委省政府重要的思想库、智囊团。全院现有9个研究所、5个研究基地、1个杂志社、1个综合性图书馆、5个综合职能部门。已形成毛泽东思想研究、中国特色社会主义理论研究、区域经济和城市发展研究、新农村建设研究、湘籍历史人物研究、中华民族源流史、姓氏史研究、地方史、人才学、智库学等具有自身特色和研究优势的多个优长学科。

### 三、机构设置

湖南省社会科学院自成立以来，内部机构设置根据发展的需要数次变更，院内机构曾先后设置有：古代近代史研究室、现代史研究室、经济研究室、哲学研究室、科学社会主义研究室、情报研究室、文学研究室、图书资料室、院办公室、求索编辑部、哲学社会科学联合会办公室、省志编纂委员会办公室等。截至2015年12月，湖南省社会科学院的机构设置为：办公室（主任潘小刚）、科研处（处长陈文胜）、人事处（处长李铁明）、后勤与财务处（处长陈军）、机关党委（书记周少华）、纪检监察室（工会）（主任暂缺）、离退休办公室（主任李军）、文学研究所（所长卓今）、历史研究所（所长王国宇）、哲学研究所（所长杨畅）、经济研究所（所长暂缺）、区域经济与系统工程研究所（所长谢瑾岚）、产业经济研究所（所长郭勇）、中国马克思主义研究所（所长黄海）、社会学研究所（所长童中贤）、人力资源研究所（所长胡跃福）、文献信息中心（图书馆）（主任尹向东）、期刊社（社长向志柱）、湖南省湘学研究院办公室（主任伍新林）、湖南省文化创意产业研究中心办公室（主任王毅）、美国问题研究中心办公室（主任谢晶仁）。

## 四、人才建设

60年的改革创新，湖南省社会科学院队伍建设卓有成效，造就了一支高素质、有影响的学术队伍。全院现有国家级有突出贡献的中青年专家、享受政府特殊津贴专家5人，湖南省优秀社会科学荣誉专家、湖南省优秀社会科学专家、湖南省优秀专家3人，湖南省优秀中青年社会科学专家1人，湖南省宣传文化系统"五个一批"人才8人，湖南省新世纪121人才工程6人。截至2015年12月，在编在岗人员合计183人。专业技术人员合计134人，其中，具有正高级职称人员31人，副高级职称人员47人，中级及以下职称人员56人；管理岗位人员49人，其中，处级以上干部43人。

## 第二节 组织机构

### 一、湖南省社会科学院领导及其分工

#### 1. 历任领导

| 方 克 | 所长（兼） | 1956.10—1957.8 |
|---|---|---|
| 谢 华 | 所 长 | 1957.9—1967.3 |
| 王兴久 | 党组书记、院长 | 1980.6—1983.6 |
| 陈学源 | 党组书记 | 1983.6—1986.1 |
| 王 驰 | 党组书记、院长 | 1986.1—1993.7 |
| 禹 舜 | 党组书记、院长 | 1993.7—1998.5 |
| 刘湘溶 | 党组书记、院长 | 1998.5—2000.5 |
| 朱有志 | 党组书记、院长 | 2001.7—2013.5 |

#### 2. 现任领导及其分工

刘建武，党组书记、院长，主持全面工作。

周小毛，党组成员、副院长，分管财务、基建、消防、安全保卫、综合治理、计划生育、国有资产、大院后勤、《求索》等方面工作。

贺培育，党组成员、副院长，分管科研、学科建设、学术交流、研究生教育、省情课题评审、科研平台建设、社团管理等方面工作。

刘云波，党组成员、副院长，分管纪检监察、审计、党建、宣教、统战、信访、思想政治工作、工会、妇委会、共青团、国情调研等方面工作。

方向新，副巡视员，分管文献信息资源管理与开发、《湖南省情要报》编撰、人才培训、国家课题申报等方面工作。

### 二、湖南省社会科学院内设机构及领导

| 办公室 | 主 任 | 潘小刚 |
|---|---|---|
| 科研处 | 处 长 | 陈文胜 |
| 人事处 | 处 长 | 李铁明 |
| 后勤与财务处 | 处 长 | 陈 军 |
| 机关党委 | 书 记 | 周少华 |
| 纪检监察室（工会） | 主 任 | （暂缺） |
| 离退休办公室 | 主 任 | 李 军 |
| 文学研究所 | 所 长 | 卓 今 |
| 历史研究所 | 所 长 | 王国宇 |
| 哲学研究所 | 所 长 | 杨 畅 |
| 经济研究所 | 所 长 | （暂缺） |
| 区域经济与系统工程研究所 | 所 长 | 谢瑾岚 |
| 产业经济研究所 | 所 长 | （暂缺） |
| 中国马克思主义研究所 | 所 长 | 黄 海 |
| 社会学研究所 | 所 长 | 童中贤 |
| 人力资源研究所 | 所 长 | 胡跃福 |
| 文献信息中心（图书馆） | 主 任 | 尹向东 |
| 期刊社 | 社 长 | 向志柱 |
| 湖南省湘学研究院办公室 | 主 任 | 伍新林 |
| 湖南省文化创意产业研究中心办公室 | 主 任 | 王 毅 |
| 美国问题研究中心办公室 | 主 任 | 谢晶仁 |

## 第三节 年度工作概况

2015年，湖南省社科院按照"马克思主义的坚强阵地、省委省政府的核心智库、湖南社会科学研究的重要力量"的建设目标，围绕中心，服务大局，各项工作取得了新的进展。

### 一、深化理论学习研究，意识形态阵地建设成效显著

2015年，湖南省社科院着力围绕中国特色社会主义重大理论和实践问题，不断深化对马克思主义中国化最新成果，特别是习近平总书记系列重要讲话精神的研究阐释，在意识形态阵地建设方面取得了新进展。

一是理论武装扎实推进。2015年，湖南省社科院共进行了8次党组中心组集中学习，将深入学习、宣传、研究习近平总书记系列重要讲话精神作为重大政治任务来抓，出版了《中国特色社会主义理论体系的最新成果研究》一书。同时，加强对党的十八届五中全会精神的研究阐释和宣讲，刘建武和周小毛同志作为十八届五中全会精神省委宣讲团成员，在全省有关省直单位、省属企业、市县和高等院校作了30场宣讲报告，另全院有41人次围绕不同主题在院外开展了宣讲和讲座活动，还组织专家赴各市州开展了13场主题为"弘扬雷锋精神，践行'三严三实'"的宣讲活动，获得良好反响。

二是重大理论实践问题研究成绩显著。2015年湖南省社科院以省中国特色社会主义理论体系研究中心名义在中央"三报一刊"发表理论文章6篇，刊发数量位居全省前列，中国特色社会主义理论体系研究基地被评为全省优秀基地。在意识形态领域重大理论问题上，围绕"四个全面"战略布局、社会主义核心价值观等社会关注的热点、焦点问题，在《求是》《党的文献》《人民日报》《光明日报》共发表理论文章31篇，在《新湘评论》《湖南日报》发表理论文章56篇，专家学者接受中央及省内媒体采访500多次，较好地发挥了舆论引导作用。

三是舆情信息工作积极主动。2015年，湖南省社科院根据省委省政府办公厅、省委宣传部的安排和部署，充分发挥舆情信息工作服务大局、服务决策的重要作用，努力提升舆情信息工作的整体水平，全年共报送舆情热点信息562篇，被省委宣传部采用92篇，被中宣部采用5篇；针对历史虚无主义、网上意识形态阵地建设等问题组织撰写舆情专题分析报告11篇。

### 二、坚持精品导向，社科研究工作取得新成绩

2015年，湖南省社科院继续坚持精品导向，鼓励科研人员立项高端课题，产出高档次成果，科研工作取得了新成绩。

一是课题立项保持高位运行。全年获得国家社科基金课题8项，立项数居全国地方社科院系统第5位，课题立项率达16%，为2012年以来最高。另外，全年共获得省部级基金课题立项42项，其中省社科基金重大课题7项、其他课题29项，省软科学课题5项，省自然科学基金课题1项。

二是研究成果质量稳步提高。2015年湖南省社科院共出版著作36部，其中权威出版社2部、一级出版社5部。全年共发表论文349篇，其中权威报刊论文1篇，重点报刊论文32篇，CSSCI刊物论文79篇，重点报刊论文和CSSCI刊物论文分别比2014年增加13篇、21篇；11篇论文被转载，比2014年增加3篇。2015年，科研成果共获得省部级以上党政领导肯定性批示18项，黄海研究员的《当前湖南农村地下宗教蔓延的趋势、特征及治理对

策》获得中共中央政治局常委俞正声同志肯定性批示。进入省部级应用决策成果7项，比2014年增加2项。在第十二届全省社科优秀成果评奖中，湖南省社会科学院共有5项成果获奖，其中一等奖1项，二等奖2项，三等奖2项。

三是社科品牌打造卓有成效。各研究所围绕马克思主义中国化、湖南当代经济社会发展、湖南历史文化等重点领域，研究方向和重点更加突出，在绿色发展和两型社会研究、城乡一体化研究、城市群发展研究、区域经济和产业经济研究、人才战略研究、湖南当代文学研究、新型智库研究等方面拿出了一些有分量的成果；毛泽东研究影响与日俱增，湘学研究影响持续扩大，毛泽东研究中心、湘学研究院成为全省"十三五"规划支持建设的四大社科品牌中的两大品牌；文化创意产业研究中心、美国问题研究中心的研究工作稳步推进。

四是学术活动丰富多彩。2015年，湖南省社科院先后主办了"第二届中国特色社会主义道路、理论体系、制度论坛""毛泽东与中国特色社会主义道路""残雪国际学术讨论会"等一系列有影响力的学术论坛和会议。中国社科院、《光明日报》理论部、中共中央党校、中国现代国际关系研究院以及来自国外的哈佛大学、美利坚大学等知名机构的学者前来湖南省社科院开展学术交流，进一步扩大了学术影响。此外，专家学者还参加了"第九届中国社会科学前沿论坛""毛泽东思想与中华民族解放和复兴学术研讨会"等学术会议。与此同时，院内学术培训活动走向常态化，全年举办了《新结构经济学》《空间经济学》和主题学术报告23次，院内培训质量进一步提高。

三、把握战略机遇，新型智库建设实现新突破

2015年，湖南省社科院以两办出台《关于加强湖南新型智库建设的实施意见》为契机，把握难得的历史机遇，智库建设获得历史性突破。

一是智库平台建设实现历史跨越。在湖南省委下发的《关于加强湖南新型智库建设的实施意见》文件中，将湖南省社科院确定为湖南省唯一支持申报国家重点智库建设试点的单位，明确为湖南省七大重点智库之首，在"十三五"规划纲要中被确定为湖南省支持建设的三家智库之一。与此同时，全省性智库平台建设取得了以下成果：（1）《决策参考·湖南智库成果专报》来势喜人。《决策参考·湖南智库成果专报》2015年共出刊19期，获得副省级以上领导肯定性批示11次。（2）湖南智库网和湖湘智库微信运行良好。网站自开通后，每天阅览量达一万多人次，"湖湘智库"微信关注用户近万人，成为省内传播智库资讯的主要新媒体。（3）首届"湖湘智库论坛"成功举办。来自全国各地专家学者共150余人围绕"新型智库建设与湖南十三五发展"建言献策。

二是"为改革攻坚献策"活动有力推进。在2015年湖南省委开展的"为改革攻坚献策"活动中，湖南省社科院有8位专家获聘为"为改革攻坚献策"重大决策咨询智囊团专家。全院共获得7项湖南省社科基金"为改革攻坚献策"重大委托项目，居全省前列。湖南省社科院还承担了全省"为改革攻坚献策"研究成果进改革决策和进改革实践活动的组织工作，共确定21家单位共90位专家为对口服务联系点开展咨询帮扶服务。活动开展至今，共开展对口服务活动200余次，提出并被采纳的专业性意见建议达150余条，提交专业研究报告100多份，发表相关成果100余篇。

三是"十三五"规划编制研究成效显著。2015年，湖南省社科院完成7项省"十三五"规划前期研究重大课题的研究，为全省"十三五"规划思路的形

成和纲要的编制提供了重要参考。湖南省社科院还承担了60多项部门、行业和市、县（市、区）"十三五"发展规划编制研究工作。

2015年的工作取得了明显的成绩，也得到了各级领导的充分肯定，中央委员、中国社科院王伟光院长在湖南省社会科学院《关于国家重点智库建设相关情况汇报》上作出重要批示："湖南省社科院在中央《关于加强中国特色新型智建设意见》下发后，高度重视、行动迅速，周密安排、精准发力，……采取了一系列举措，加大了智库建设的力度，出了一批省委省政府满意的'湖南智库成果专报'为主要形式的研究成果，为省级社科院加强新型智库建设提供了可供借鉴和推广的样板。"湖南省委常委、省委宣传部部长张文雄同志在2016年初全省宣传部长会议的讲话中提出，过去一年全省宣传思想工作有六个明显加强，其中第一条就是"新型智库建设明显加强"，并特别提到了由湖南省社科院建设的湖南智库网、举办的首届湖湘智库论坛等工作。李友志副省长在湖南省社科院工作汇报上作出明确批示，他说："过去一年，社科成果成绩斐然，起到了社会科学理论领头羊的作用，为我省经济社会发展做出了积极贡献。"

## 第四节 科研活动

### 一、人员、机构等基本情况

1. 人员

截至2015年底，湖南省社会科学院共有在职人员190人。其中，正高职称人员34人，副高职称人员48人，中级职称人员80人；高、中级职称人员占全体在职人员总数的85%。

2. 机构

湖南省社会科学院设有：文学研究所、历史研究所、哲学研究所、经济研究所、区域经济与系统工程研究所、产业经济研究所、中国马克思主义研究所、社会学研究所、人力资源研究所、文献信息中心（图书馆）、期刊社（求索）、湖南省湘学研究院办公室、湖南省文化创意产业研究中心办公室、湖南省美国问题研究中心办公室等科研和科辅机构。

3. 人事变动

2015年3月，区域经济与系统工程研究所所长、二级研究员史永铭同志退休；2015年10月，谢瑾岚同志为区域经济与系统工程研究所所长。

2015年4月，哲学研究所所长、研究员邹智贤同志退休；2015年10月，杨畅同志为哲学研究所所长。

2015年5月，机关党委专职副书记、研究员王自立同志退休；2015年8月，周少华同志为机关党委专职副书记。

2015年12月，经济研究所所长、研究员肖毅敏同志退休。

### 二、科研工作

1. 科研成果统计

2015年，湖南省社会科学院共完成专著33种，620万字；全年发表论文349篇，其中权威刊物论文1篇，重点报刊论文32篇，CSSCI刊物论文78篇（含《求索》16篇），《湖南日报》《新湘评论》论文56篇。全年获得成果反馈40项，其中论文转载11篇，领导肯定性批示18项，应用决策成果7项，学术评介成果4项。

2. 科研课题

（1）新立项课题。2015年，湖南省社会科学院共有新立项课题31项。

其中，国家社科基金课题8项，分别为：

| 序号 | 项目名称 | 负责人 | 项目类别 |
| --- | --- | --- | --- |
| 1 | 城镇化加速推进中的新生代农民工社会诉求与社区治理创新研究 | 邓秀华 | 重点项目 |
| 2 | 我国城乡土地资源配置的二元方式及改革研究 | 肖毅敏 | 一般项目 |
| 3 | 城镇化进程中的村庄社会变迁研究 | 陈文胜 | 一般项目 |
| 4 | 晚清湖湘经世学术思想研究 | 王国宇 | 一般项目 |
| 5 | 基于社区的灾害风险网络治理模式、机制与政策体系完善研究 | 周永根 | 一般项目 |
| 6 | 社会治理结构中的企业社会责任嵌入研究 | 张 坤 | 青年项目 |
| 7 | 国共军事工业之博弈研究（1945—1949） | 王安中 | 青年项目 |
| 8 | 《言语行为与制度社会的建构研究》 | 宋春艳 | 后期资助 |

省纵向课题42项，分别为：

| 序号 | 项目名称 | 负责人 | 项目类别 |
| --- | --- | --- | --- |
| 1 | 我省"为官不为"现象的治理思路与对策研究 | 刘建武 | 省社科基金 |
| 2 | 我省推进国家新型城镇化改革试点的现实路径与政策措施研究 | 朱有志 | 省社科基金 |
| 3 | 我省局部地区非法集资屡禁不止的成因及治理对策研究 | 周小毛 | 省社科基金 |
| 4 | 推进长株潭国家自主创新示范区建设的政府措施研究 | 罗波阳 | 省社科基金 |
| 5 | 我省促进后进县如期建成全面小康的着力点与政策支持研究 | 刘云波 | 省社科基金 |
| 6 | 我省推动传统媒体和新兴媒体融合发展的思路与对策研究 | 潘小刚 任晓山 | 省社科基金 |
| 7 | 大数据时代我省文化产业的业态转型升级研究 | 郭 勇 | 省社科基金 |
| 8 | 永远的丰碑：毛泽东与雷锋研究 | 杨忠民 李 晖 | 省社科基金 |
| 9 | 2015年经济社会热点问题的舆情分析 | 王安中 | 省社科基金 |
| 10 | 基于多核协同决策系统的应急处置机制创新研究 | 邓子纲 | 省社科基金 |
| 11 | 新常态下文化产业新业态的成长机制与培育路径研究 | 陶庆先 | 省社科基金 |
| 12 | 城镇化进程中湖南新生代农民工社会诉求与社区治理创新研究 | 邓秀华 | 省社科基金 |
| 13 | 外向型农业视角下民国时期湖南农产品贸易研究 | 杨 乔 | 省社科基金 |
| 14 | 民国时期湖南农村金融变迁研究 | 李 詹 | 省社科基金 |
| 15 | 基于媒介素养成长的新型智库影响力和引导力研究 | 郭 丹 | 省社科基金 |
| 16 | 我省战略性新兴产业投融资体系建设研究 | 刘亦红 | 省社科基金 |
| 17 | 湖南城镇化推进中村庄变迁与治理创新研究 | 陈文胜 | 省社科基金 |
| 18 | 湖南人力资本投资推进农业发展方式转变研究 | 王文强 | 省社科基金 |
| 19 | "互联网+"环境下湖南县域文化产业融合发展研究 | 周海燕 | 省社科基金 |

续表

| 序号 | 项目名称 | 负责人 | 项目类别 |
| --- | --- | --- | --- |
| 20 | 延安整风运动的经验、方法与成果对党的马克思主义集中教育活动的影响研究 | 黄 海 | 省社科基金 |
| 21 | 中国特色治理理念与当代政府公信力提升研究 | 杨 畅 | 省社科基金 |
| 22 | 毛泽东与马克思主义集中教育活动研究 | 黄 海 | 省社科基金 |
| 23 | 毛泽东的学风、文风与家风研究 | 李 斌 | 省社科基金 |
| 24 | 毛泽东共同富裕思想研究 | 马纯红 | 省社科基金 |
| 25 | 毛泽东与中华民族伟大复兴中国梦研究 | 何绍辉 | 省社科基金 |
| 26 | 毛泽东执政党建设理论思想研究 | 刘馨瑜 | 省社科基金 |
| 27 | 湘人与中国军事近代化研究 | 王安中 | 省社科基金 |
| 28 | 湘学资政思想及其当代意义研究 | 周湘智 | 省社科基金 |
| 29 | 王船山法治思想及时代价值研究 | 毛 健 | 省社科基金 |
| 30 | 湖湘诚信文化与当代湖南发展研究 | 杨 畅 | 省社科基金 |
| 31 | 宋教仁思想中的法治因子及其现代意义研究 | 姚选民 | 省社科基金 |
| 32 | 现代湘籍作家对湘学思想的传承与发展研究 | 吴正锋 | 省社科基金 |
| 33 | 论唐大圆"东方文化"思想对西学的回应 | 张利文 | 省社科基金 |
| 34 | 谢觉哉关于建设社会主义法治与改进领导干部作风的思想研究 | 马延炜 | 省社科基金 |
| 35 | 促进湖南省长江中游城市群城镇联动发展研究 | 童中贤 | 省社科联 |
| 36 | 促进湖南由市场大省向商贸强省转变的发展战略研究 | 李 晖 | 省社科联 |
| 37 | 两型社会深化背景下长株潭城市群产业转型升级与布局优化研究 | 李 晖 | 省软科学 |
| 38 | 长株潭城市群主动融入"一带一路"战略、加快开放发展的战略及对策研究 | 邓子纲 | 省软科学 |
| 39 | 大湘西武陵山片区扶贫开发中农业科技创新研究 | 丁爱群 | 省软科学 |
| 40 | 湖南省战略性新兴产业开放式创新链培育政策研究 | 郑谢彬 | 省软科学 |
| 41 | 高层次科技人才创业外部风险构成及其防范研究 | 张 坤 | 省软科学 |
| 42 | 基于计算实验的南方流域农业面源污染经济型控制政策模拟 | 杨顺顺 | 省自然科学 |

(2) 结项课题。2015年,湖南省社会科学院共有结项课题31项。

其中,国家社科基金课题3项,分别为:罗波阳《促进中部地区大中小城市和小城镇协调发展——基于城市群区域路径与对策研究》、史永铭《CEPA框架下深化中部省区与港澳经贸合作关系研究》、向志柱《"新资料〈稗家粹编〉与中国古代小说研究"》。

省部级基金课题28项,分别为:罗黎平《湖南新型工业化与新型城市化联动发展战略研究》、罗黎平《人均GDP过3000

美元后湖南经济结构调整升级版的思路与对策研究》、曲婷《湖南人才国际化发展及对策研究》、廖卓娴《湖南发展公共外交对策研究》、陈文胜《湖南推进现代化农业建设中的经营主体培育与科技支撑体系研究》、陈文胜《农业科技创新加快湖南农业发展方式转变研究》、宋本江《长株潭战略性新兴产业人才开发研究》、宋本江《湖南战略性新兴产业发展中的人才支撑问题研究》、张黎《城镇化进程中湖南农村中小说布局调整与村庄可持续发展研究》、杨畅《现代治理视野下政府公信力建设困境及其改善路径》、陶庆先《文化产业异业合作战略研究》、李晖《"两个一百年"战略背景下湖南"小康梦"后基本实现现代化发展战略研究》、邓子纲《包容性金融支持平台促进我省中小企业科技成果产业化的对策研究》、黄海《改革开放以来党的集中教育活动的规律及机制研究》、陈漫涛《促进我省现代物流产业发展的财税政策研究》、周海燕《湖南城市保障房准入及退出机制研究》、郑自立《文化与科技融合视域下湖南休闲文化产业发展策略研究》、刘雯《加快湖南地方政府投融资平台发展方式转变研究》、徐华亮《"两型"视角下消费行为绿色化变革及其激励机制研究》、刘晓《面向PRED协调的湖南省连片特困山区城镇发展路径研究》、杨盛海《湖南推进城镇化进程中失地农民社会保障研究》、刘险峰《湖南城市基础设施投融资体制改革深化研究》、肖琳子《湖南省相对资源承载力与可持续发展研究》、肖卫《湖南粮食系统中的产业纵向一体化研究》、肖卫《农业基础地位与国家粮食安全的内涵特征及其二者之间的关系研究》、马美英《长株潭城市群战略性新兴产业协同发展研究》、李晖《促进湖南由市场大省向商贸强省转变的发展战略研究》、黄永忠《立足港澳科技交流平台，促进湖南国际科技合作对策研究》。

3. 获奖优秀科研成果

2015年，湖南省社会科学院研究人员共获5项第十二届湖南省社会科学优秀成果奖：

一等奖1项：罗波阳、郭勇、尹向东、邓子纲、马美英、陈文锋、蒋学、曹前满、邹质霞、郑谢彬，论文《促进湖南产业结构优化升级的思路与对策研究》

二等奖2项：周小毛、何绍辉、胡守勇、杨畅，论文《基于社会质量提升的社会建设研究》；肖卫，论文《劳动力流动过程中城乡区域经济格局演化研究》

三等奖2项：朱有志、贺培育、黄海，论文《立足民生 导向和谐——湖南省加强和创新社会管理的认识与实践》；童中贤、杨盛海、黄永忠、马骏、李晖、曾群华、刘晓、李海兵、罗黎平、熊柏隆（院外），论文《国家战略中的湖南区域发展规划研究》

三、学术交流活动

1. 学术活动

2015年，湖南省社会科学院举行的大型会议有：

7月，湖南省社科院与中国社会科学院马克思主义研究院、湖南科技大学联合主办了第二届"中国特色社会主义道路、理论体系、制度论坛"。

7月，湖南省社科院举行了《湖南城乡一体化发展报告（2014—2015）》《湖南省县域发展研究报告（2014）》智库成果发布会，中国社科院副院长李培林及省内外专家对成果予以了高度肯定。

7月，湖南省社科院承办了中国社会学年会"廉政建设与社会评价"分论坛。

7月，湖南省社科院承办了省社科联2015年第1期湘江时论。

9月21日，湖南省社科院、湖南省作协在长沙联合举办残雪国际学术研讨会。

10月，湖南省社科院召开集中调研成果交流汇报会，各部门就暑期调研的相关情况、心得体会以及对策建议等方面逐一进行了汇报。

11月，湖南省社科院召开新型智库建设工作推进会，院领导、各部门负责人和代表就我院如何全面推进新型智库建设出谋划策。

11月，湖南省社科院农研中心举行《深化农村改革综合性实施方案》研讨会，对中共中央办公厅、国务院办公厅印发的《深化农村改革综合性实施方案》进行学习研讨。

12月12日，由省委宣传部指导、湖南省社科院主办的首届"湖湘智库论坛"在长沙市成功举办，省委常委、省委宣传部部长张文雄出席并讲话。来自全国的智库研究专家共100余人围绕论坛主题"新型智库建设与湖南十三五发展"建言献策。《光明日报》、中国经济网、《湖南日报》、红网、华声在线等省内之外主流媒体对论坛进行了宣传报道。

2. 省内外、国外学术交流与合作

（1）学者赴省内外学术交流与合作情况

3月23—25日，《湖南省文化发展"十三五"规划》课题组赴四川省调研考察。

3月25—29日，《湖南省文化发展"十三五"规划》课题组赴云南省调研考察。

4月23日，党组书记、院长、省湘学院院长刘建武，省社科院副厅级纪检员、省湘学院常务副院长刘云波等赴桂阳县开展湘学调研。

6月，周湘智副研究员参加了第四届全球智库峰会、"中国智库领导力交流项目"等活动。

7月，周小毛副院长出席了第18届全国社科院院长联席会议。

9月，院长刘建武出席第九届中国社会科学前沿论坛。

9月，周小毛副院长出席"中国佛教界爱国抗战事迹巡展"首展开幕式。

（2）学者赴国外学术交流与合作情况

党组书记、院长刘建武教授于2015年9月25日—10月4日赴德国、法国、意大利参加2015"中国道路欧洲论坛"系列学术活动。

（3）外省学者来院交流情况

4月，《光明日报》理论部主任、主编一行到湖南省社科院调研新型智库建设相关情况。

4月2日，中国现代国际关系学院副院长傅梦孜教授来院就《"一带一路"战略构想》的主题作学术报告。

8月28日，中国社科院美国所吕祥研究员来湖南省社科院就"中美双边问题"开展学术交流。

11月，东北师范大学田克勤教授等来湖南省社科院进行"马克思主义中国化基本问题的认识与思考"专题座谈。

（4）国外、港澳台地区学者来院交流情况

1月18日，邀请美国广播公司原总裁哈维·凯瑞·多斯汀（Harvey Cary Dzodin）先生来湖南省社科院作《中美关系的现状及展望》的报告。

5月24日，邀请美国美利坚大学国际关系学院教授兼亚洲研究中心主任赵全胜先生来湖南省社科院就《构建中美新型大国关系》作学术交流。

5月29日，邀请美国哈佛大学费正清东亚研究中心研究员 Robert Ross 来湖南省社科院就"南海问题：中美关系中的不确定因素"作学术交流。

9月16日，邀请世界银行网络传播官、"对话圈"创始人丁源远博士来湖南省社科院就"中国文化'走出去'战略"开展学术交流。

9月22日，邀请美国哈佛大学肯尼迪学院高级研究员帕特里克·孟迪斯博士来湖南省社科院就"中美双边投资协定"作学术交流。

10月8日，邀请台湾南华大学亚太所所长张子扬教授来湖南省社科院就"构建中美新型大国关系"作学术交流。

10月14日，邀请韩国国防大学副校长韩庸燮教授来我中心开展学术交流来湖南省社科院就"如何有效应对朝鲜日益增长的核能力"作学术交流。

10月19日，邀请菲律宾中国研究协会会长齐托·鲁马纳（Chito Sta Romana）来湖南省社科院就"中菲关系及美中两国在南海的竞争"作学术交流。

11月9日，邀请美国德州农工大学刘新胜教授来湖南省社科院就"美国媒体和政府对中国看法的演变：简论美国的'中国威胁论'"作学术交流。

## 四、学术社团、期刊

1. 社团

湖南省雷锋精神研究会，会长杨忠民。

2. 期刊

（1）《求索》（月刊），主编周小毛。

2015年，《求索》共出版12期，共计410多万字。该刊全年刊载的有代表性的文章有：朱汉民《狂狷：湖湘士人的精神气质》，2015年第4期；杜艳华《现代性内涵与现代化问题》，2015年第5期；蒋寅《文人传记研究与清代文学研究的拓展》，2015年第6期；陈曙光《人何以为本：价值论上缘起，存在论上解决》，2015年第6期；贺鉴《理性维护我国海洋权益》，2015年第6期；邱乘光《"四个全面"：演进脉络、基本内涵与科学定位》，2015年第7期；胡良桂《莫言创作的世界性与人类性》，2015年第8期；黄德明《北极地区法律制度的框架及构建模式》，2015年第11期；李桂奎《中国古典小说"互文性"三维审视》，2015年第11期；苏力《阅读的衰落?》，2015年第11期；任保平、段雨晨《我国雾霾治理中的合作机制》，2015年第12期。

（2）《毛泽东研究》（双月刊），主编刘建武。

2015年，《毛泽东研究》共出版6期，共计80多万字。该刊全年刊载的有代表性的文章有：刘建武《中国梦与马克思主义中国化的新境界》，2015年第1期；陈金龙《毛泽东如何评价新文化运动》，2015年第2期；马纯红《"杨开慧已牺牲"的误传与毛泽东、贺子珍的结婚》，2015年第3期；王泽应《邓小平的国格尊严论及其理论贡献》，2015年第3期；[澳]尼克·奈特《毛泽东与历史：谁评价？如何评价？》，2015年第1期；张海荣《20世纪五六十年代毛泽东对"包产到户"的认识和态度》，2015年第3期；金民卿《毛泽东对马克思主义中国化的重大贡献及其当代启示》，2015年第4期；[加]齐慕实《毛泽东与"毛主义"》，2015年第4期；石仲泉《中国共产党与传统文化》，2015年第2期；李正华《胡耀邦在拨乱反正中的历史贡献》，2015年第5期。

## 五、会议综述

### 湖湘智库论坛（2015）

2015年12月12日，以"新型智库建设与湖南'十三五'发展"为主题的首届湖湘智库论坛在湖南长沙召开。中共湖南省委常委、宣传部部长张文雄出席并讲话，国防科技大学刘戟锋少将出席开幕式。来自全国十多个省市的地方社科院、党校、高校、科研究所及党政机关相关负责人和智库专家共计150余人，围绕地方社科院如何跻身"国家高端智库"、如何推进高校智库建设、智库如何有效服务"十三五"等问题展开了深入研讨。

## 第五节 重点成果

### 一、湖南省社科院2014年以前获得省部级以上奖项科研成果

| 成果名称 | 作者 | 成果形式 | 出版发表时间 | 获奖情况 |
| --- | --- | --- | --- | --- |
| 论"三个代表"的哲学基础 | 朱有志 何畏等 | 论文 | 2003 | 湖南省"五个一工程"优秀作品奖 |
| 论中国小康社会 | 乌东峰 | 论文 | 2003 | 湖南省"五个一工程"优秀作品奖 |
| "三个代表"与理论创新系列读本 | 刘仕清 贺培育 刘云波 王永希等 | 专著 | 2003 | 湖南省"五个一工程"优秀作品奖 |
| 中国共产党与中国农民 | 方向新 胡艳辉 | 专著 | 2003 | 湖南省"五个一工程"优秀作品奖 |
| 社会主义市场经济道德层次论 | 朱有志等 | 论文 | 2003 | 第七届湖南省社会科学优秀成果奖二等奖 |
| 论"三个代表"的哲学基础 | 朱有志 | 论文 | 2003 | 第七届湖南省社会科学优秀成果奖二等奖 |
| 永恒的生命线 | 刘仕清 | 论文 | 2003 | 第七届湖南省社会科学优秀成果奖二等奖 |
| 国民素质论 | 唐日新 | 专著 | 2003 | 第七届湖南省社会科学优秀成果奖二等奖 |
| 中国共产党与中国农民 | 方向新 胡艳辉 | 专著 | 2003 | 第七届湖南省社会科学优秀成果奖二等奖 |
| 拓展文明社区建设的关键点 | 方向新 胡艳辉 | 论文 | 2003 | 第七届湖南省社会科学优秀成果奖二等奖 |
| 银行三方利益冲突分析及对策研究 | 秦国文等 | 论文 | 2003 | 第七届湖南省社会科学优秀成果奖二等奖 |
| 中国古代易学发展第三个"圆圈"的终结——船山易学思想研究 | 陈远宁 | 专著 | 2003 | 第七届湖南省社会科学优秀成果奖二等奖 |

续表

| 成果名称 | 作者 | 成果形式 | 出版发表时间 | 获奖情况 |
| --- | --- | --- | --- | --- |
| 史诗类型与当代形态 | 胡良桂 | 专著 | 2003 | 第七届湖南省社会科学优秀成果奖二等奖 |
| 论中国小康社会 | 乌东峰 | 论文 | 2003 | 第七届湖南省社会科学优秀成果奖二等奖 |
| 中部粮食主产区农业可持续发展面临的突出问题和政策建议 | 陆远如 尹向东 刘敏 | 论文 | 2003 | 第七届湖南省社会科学优秀成果奖二等奖 |
| 制度防腐论 | 贺培育 | 专著 | 2003 | 第七届湖南省社会科学优秀成果奖三等奖 |
| 农民收入增长论 | 汪金敖 | 专著 | 2003 | 第七届湖南省社会科学优秀成果奖四等奖 |
| 企业素质管理概论 | 肖毅敏 | 专著 | 2003 | 第七届湖南省社会科学优秀成果奖四等奖 |
| "三个代表"与当今时代精神 | 何畏等 | 专著 | 2003 | 第七届湖南省社会科学优秀成果奖四等奖 |
| 毛泽东、刘少奇强国富民思想比较研究 | 欧阳雪梅 | 专著 | 2003 | 第七届湖南省社会科学优秀成果奖四等奖 |
| 名牌战略与经济结构调整有机结合问题 | 胡亚文等 | 论文 | 2003 | 第七届湖南省社会科学优秀成果奖四等奖 |
| 制度学：走向文明与理性的必然审视 | 贺培育 | 专著 | 2005 | 第八届湖南省社会科学优秀成果奖二等奖 |
| 不对称的中国农民问题研究 | 乌东峰 | 论文 | 2005 | 第八届湖南省社会科学优秀成果奖二等奖 |
| 农业产业空间转移论 | 朱有志等 | 专著 | 2005 | 第八届湖南省社会科学优秀成果奖三等奖 |
| 世界文学与国别文学 | 胡良桂 | 专著 | 2005 | 第八届湖南省社会科学优秀成果奖三等奖 |
| "三个代表"的哲学基础 | 何畏 朱有志 伍新林 邢亚莉 史南飞 | 专著 | 2005 | 第八届湖南省社会科学优秀成果奖三等奖 |

续表

| 成果名称 | 作者 | 成果形式 | 出版发表时间 | 获奖情况 |
|---|---|---|---|---|
| 农业传统模式的新突破——资本经营与农业产业化 | 汪金敖 刘险峰 杨天兵等 | 专著 | 2005 | 第八届湖南省社会科学优秀成果奖三等奖 |
| 学习型城区评价指标体系研究 | 胡艳辉 潘小刚等 | — | 2005 | 第八届湖南省社会科学优秀成果奖、湖南省社会科学基金课题优秀成果奖三等奖 |
| 湖南乡镇企业发展问题研究 | 谢瑾岚 | 论文 | 2005 | 第八届湖南省社会科学优秀成果奖三等奖 |
| 走进家园——解读常德城市化 | 童中贤 | 专著 | 2005 | 第八届湖南省社会科学优秀成果奖特别奖 |
| 湖南省民族地区小康建设研究 | 汪金敖 | 论文 | 2005 | 第八届湖南省社会科学优秀成果奖特别奖 |
| 消除农民低素质屏障研究 | 乌东峰 | 专著 | 2007 | 第九届湖南省社会科学优秀成果奖一等奖 |
| 湖南民族关系史（上下卷） | 伍新福等 | 专著 | 2007 | 第九届湖南省社会科学优秀成果奖三等奖 |
| 省域城镇化战略 | 童中贤 韩未名 余小平 周海燕 | 专著 | 2007 | 第九届湖南省社会科学优秀成果奖特别奖 |
| 湖湘文化大辞典 | 编辑委员会 | 专著 | 2007 | 第九届湖南省社会科学优秀成果奖特别奖 |
| 马克思主义中国化研究 | 肖毅敏等 | 专著 | 2010 | 第十届湖南省社会科学优秀成果奖一等奖 |
| 当代湖南作家评传丛书 | 胡良桂 吴正锋 卓今 毛炳汉等 | 专著 | 2010 | 第十届湖南省社会科学优秀成果奖二等奖 |
| 长株潭城市群重构——"两型社会"视域中的城市群发展模式 | 朱有志 童中贤 肖琳子 | 专著 | 2010 | 第十届湖南省社会科学优秀成果奖三等奖 |
| 西部人才政策措施实施效果的调查与评估研究 | 胡跃福 宋本江 许冰凌 马贵舫 张其贵 王文强 | 专著 | 2010 | 第十届湖南省社会科学优秀成果奖三等奖 |

续表

| 成果名称 | 作者 | 成果形式 | 出版发表时间 | 获奖情况 |
| --- | --- | --- | --- | --- |
| 胡文焕胡氏粹编研究 | 向志柱 | 专著 | 2010 | 第十届湖南省社会科学优秀成果奖三等奖 |
| 湖湘三农论坛（2008·长沙） | 陈文胜 陆福兴 王文强 周湘智 李晖陈 旺民等 | 专著 | 2010 | 第十届湖南省社会科学优秀成果奖特别奖 |
| 新农村建设中的产业发展研究 | 朱有志 汪金敖 湛中维 谢瑾岚 戚祖良等 | 专著 | 2010 | 第十届湖南省社会科学优秀成果奖特别奖 |
| "弯道超车"——湖南跨越发展的机遇与挑战 | 朱有志 周小毛 贺培育 周少华 尹向东 王国宇 肖毅敏 史永铭 郭 勇 王文强 | 专著 | 2012 | 第十一届湖南省社会科学优秀成果奖一等奖 |
| 中国农村环境保护社区机制研究 | 乌东峰等 | 专著 | 2012 | 第十一届湖南省社会科学优秀成果奖一等奖 |
| 加快培育发展湖南战略性新兴产业的思路与对策研究 | 朱有志 罗波阳 郭 勇 王 毅 王 亮 马美英 邓 平 宋春艳 陈文锋 蒋 学 | 研究报告 | 2012 | 第十一届湖南省社会科学优秀成果奖二等奖 |
| 电子政务信息资源的共建与共享研究 | 杨 畅等 | 专著 | 2012 | 第十一届湖南省社会科学优秀成果奖二等奖 |
| 长株潭城市群公共管理研究 | 童中贤等 | 专著 | 2012 | 第十一届湖南省社会科学优秀成果奖二等奖 |
| 长株潭人才资源开发研究 | 胡跃福 宋本江 马贵舫 许冰凌 张其贵 王文强 | 论文 | 2012 | 第十一届湖南省社会科学优秀成果奖二等奖 |
| 长株潭城市发展报告（2009卷、2010卷） | 张 萍 史永铭 湛中维 胡亚文等 | 专著 | 2012 | 第十一届湖南省社会科学优秀成果奖二等奖 |
| 和谐稳定论 | 周小毛 | 专著 | 2012 | 第十一届湖南省社会科学优秀成果奖三等奖 |
| 工业化进程中农业发展与二元经济结构转化研究 | 肖 卫 肖琳子 朱有志 | 论文 | 2012 | 第十一届湖南省社会科学优秀成果奖三等奖 |

续表

| 成果名称 | 作者 | 成果形式 | 出版发表时间 | 获奖情况 |
| --- | --- | --- | --- | --- |
| 长株潭"3+5"城市群发展研究 | 童中贤 朱有志 韩未名 周海燕 肖琳子 余小平 马骏 | 研究报告 | 2012 | 第十一届湖南省社会科学优秀成果奖三等奖 |
| 灰地：红镇混混研究（1981—2007） | 黄海 | 专著 | 2012 | 第十一届湖南省社会科学优秀成果奖三等奖 |
| 和谐社会构建中的农民工政治参与问题研究 | 邓秀华 | 专著 | 2012 | 第十一届湖南省社会科学优秀成果奖三等奖 |
| 铁路城际客运市场开发及列车规划研究 | 李海燕 | 专著 | 2012 | 第十一届湖南省社会科学优秀成果奖三等奖 |
| 新型农民能力培养 | 陈文胜 王文强 陆福兴 刘新荣 张黎 范东君 陈旺民等 | 专著 | 2012 | 第十一届湖南省社会科学优秀成果奖三等奖 |
| 湖南临空经济研究 | 陈军 童中贤 李晖 周少华 袁男优 | 研究报告 | 2012 | 第十一届湖南省社会科学优秀成果奖三等奖 |
| 城市公共安全 | 韩未名 童中贤 张胜军 张黎 | 专著 | 2012 | 第十一届湖南省社会科学优秀成果奖特别奖 |
| 地方政府公共事业管理的绩效评估与模式创新研究 | 杨畅 | 专著 | 2012 | 第十一届湖南省社会科学优秀成果奖特别奖 |
| 建设长株潭产业人才集群 | 胡跃福 王文强 许冰凌 | 论文 | 2006 | 湖南省委献计献策活动优秀建议一等奖 |
| 关于建设长株潭"人才特区"的建议 | 宋本江 胡跃福 | 论文 | 2011 | 湖南省委献计献策活动优秀建议一等奖 |
| 高度重视和扶持中小企业发展 | 朱有志 郭勇 | 论文 | 2011 | 湖南省委献计献策活动优秀建议二等奖 |
| 长株潭服务业需要有一个大发展 | 张萍 | 论文 | 2011 | 湖南省委献计献策活动优秀建议二等奖 |
| "四化两型"建设的主战场在县域 | 陈文胜 陆福兴 王文强 | 论文 | 2011 | 湖南省委献计献策活动优秀建议二等奖 |

续表

| 成果名称 | 作者 | 成果形式 | 出版发表时间 | 获奖情况 |
|---|---|---|---|---|
| 坚持把社会管理创新贯穿于经济社会发展全过程 | 童中贤 黄永忠 胡守勇 | 论文 | 2011 | 湖南省委献计献策活动优秀建议二等奖 |
| 和谐中国 | 朱有志 | 专著 | 2009 | 第二届中华优秀出版物提名奖 |
| 湘西土家族苗族自治州人才资源开发战略研究 | 胡跃福 宋本江 潘小刚 王文强 刘 敏 许冰凌 | 论文 | 2006 | 国家人事部第五次全国人事人才科研成果二等奖 |
| 湖南民族地区农民增收问题研究 | 汪金敖 刘险峰等 | 论文 | 2006 | 国家民委社会科学研究成果调研报告二等奖 |
| 农村社区建设与发挥农村基层党组织、群众自治组织作用的实证研究——关于湖南省宁乡县龙泉村的调查报告 | 陈文胜 王文强 陆福兴 张 黎 | 论文 | 2012 | 民政部农村社区建设理论研究课题征文优秀奖 |
| 资本经营与农业产业化 | 汪金熬 刘险峰 | 论文 | 2005 | 湖南省科技进步三等奖 |
| 科技成果转化的障碍与对策 | 史永铭 | 论文 | 2008 | 湖南省第十二届自然科学优秀学术论文三等奖 |
| 论死生 | 吴兴勇 | 专著 | 2008 | 中南五省人民出版社第二十次优秀图书奖 |
| 创新型企业人力资源开发与管理探析 | 马美英 | 论文 | 2010 | 湖南省第十三届自然科学优秀学术论文三等奖 |
| 湖南省高层次创新型科技人才现状与对策研究 | 王文强等 | 论文 | 2012 | 湖南省科技进步三等奖 |

## 二、2015年获得省部级以上奖项科研成果

| 成果名称 | 作者 | 成果形式 | 出版发表时间 | 获奖情况 |
|---|---|---|---|---|
| 促进湖南产业结构优化升级的思路与对策研究 | 罗波阳 郭 勇 尹向东 邓子纲 马美英 陈文锋 蒋 学 曹前满 邹质霞 郑谢彬 | 论文 | 2015 | 第十二届湖南省社会科学优秀成果奖一等奖 |

续表

| 成果名称 | 作者 | 成果形式 | 出版发表时间 | 获奖情况 |
| --- | --- | --- | --- | --- |
| 基于社会质量提升的社会建设研究 | 周小毛 何绍辉 胡守勇 杨畅 | 论文 | 2015 | 第十二届湖南省社会科学优秀成果奖二等奖 |
| 劳动力流动过程中城乡区域经济格局演化研究 | 肖卫 | 论文 | 2015 | 第十二届湖南省社会科学优秀成果奖二等奖 |
| 立足民生 导向和谐——湖南省加强和创新社会管理的认识与实践 | 朱有志 贺培育 黄海 | 论文 | 2015 | 第十二届湖南省社会科学优秀成果奖三等奖 |
| 国家战略中的湖南区域发展规划研究 | 童中贤 杨盛海 黄永忠 马骏 李晖 曾群华 刘晓 李海兵 罗黎平 熊柏隆 | 论文 | 2015 | 第十二届湖南省社会科学优秀成果奖三等奖 |

## 三、2015年重点成果

（一）2015年科研成果一般情况介绍与学术价值分析

2015年全年共立项基金课题50项，其中国家级基金课题8项，省部级基金课题42项；结项基金课题46项，其中国家社科基金课题3项，省部级基金课题43项。全年出版著作共33部，其中国家级出版社出版专著7部。全年发表论文349篇，其中CSSCI及以上期刊论文39篇，在《人民日报》《光明日报》等报刊发表理论文章论文29篇。全年获得成果反馈40项，其中论文转载11篇，省部级以上领导肯定性批示18项，应用决策成果7项，学术评介成果4项；获省社会科学优秀成果奖5项。总体来看，在毛泽东研究、湘学研究、雷锋精神研究、长株潭城市群建设与区域协调发展研究、湖南文化创意产业研究、湖南特色新型智库建设研究、湖南城乡一体化与农民工市民化研究、武陵山片区扶贫攻坚研究、湖南人才发展战略研究、湖南财政金融研究、湖南绿色发展研究等领域取得了一定的理论突破与学术创新。

（二）2015年主要科研成果

1. 国家级出版社出版的专著：

成果名称：《当代中国政府公信力提升研究：基于政府绩效评估的视角》

作者：杨畅

职称：研究员

成果形式：专著

字数：300千字

出版单位：中国社会科学出版社

出版时间：2015年10月

该著以西方国家新公共管理运动和我国政府诚信水平提升为宏观背景，借鉴和学习西方国家以及我国政府绩效评估经验、实践和理论研究成果，研究了以政府绩效评估理论为指导的当代中国政府公信力建设与提升问题。《当代中国政府公信力提升研究：基于政府绩效评估战略》阐释了政府公信力与政府绩效评估基础理论，描述了当代中国政府公信力建设标准与困境，论述了政府绩效评估与当代中国政信力建设两者的契合，分析了当代中国政府公信力评估体系的构建，并提出了当代中国政府公信力提升的绩效方略。

成果名称：《城市群生态文明制度创新》
作者：蒋俊毅
职称：副研究员
成果形式：专著
字数：300千字
出版单位：湖南人民出版社
出版时间：2015年7月

该书立足城市群作为"跨行政区域的以经济联系为主的经济区域"这一特殊经济区特征，在把握国家生态文明建设重大战略内涵和城市群生态文明转型紧迫形势的基础上，坚持理论与实践结合，对城市群生态文明制度建设内容、模式等的探索和思考。主要形成了三个方面的研究成果，一是从制度供给角度提出以政府规制、经济制度和文化观念为主体的城市群生态文明制度内涵和构成；二是研究分析了城市群生态文明基础法律制度、城市群生态文明规划制度、城市群生态文明市场机制、城市群生态文明建设促进政策、城市群生态文明公共管理制度、城市群生态文明文化与观念六个方面的制度创新；三是以长株潭城市群为例，研究分析了后发地区城市群实现经济社会与生态环境协调发展的制度路径。本书试图构建起城市群生态文明制度创新的理论框架，提出城市群生态文明制度创新的主要路径，对从事生态文明建设的理论研究者和实践工作者具有一定的参考价值。

成果名称：《城市转型与低碳发展》
作者：李晖
职称：研究员
成果形式：专著
字数：300千字
出版单位：湖南人民出版社
出版时间：2015年8月

该著以低碳发展为主题，以长株潭城市群为观测样本，在明晰城市转型理论的基础上，通过分析长株潭低碳城市群创建的背景与意义，借鉴国内外低碳城市创建经验，解析长株潭低碳城市群创建的现实基础，提出了长株潭低碳城市群创建的发展构想，对低碳建筑、低碳产业、低碳交通、低碳能源、低碳技术、低碳社区、低碳管理等建设路径进行了详细分析和合理安排，并在此基础上提出了低碳城市群创建的保障措施，以期促进城市转型与低碳发展相关理论的边际进步，推动长株潭低碳城市群创建和全国"两型社会"试验区建设。

成果名称：《当代中国文化治理困境及破解机制研究》
作者：郑自立
职称：副研究员
成果形式：专著
字数：300千字
出版单位：吉林出版集团有限责任公司
出版时间：2015年10月

自党的十八届三中全会提出"完善和发展中国特色社会主义制度，推进国家治理体系和治理能力现代化"这一全面深化改革总目标以来，"文化治理"问题的探讨成为国内学界的前沿课题。该书共有10章，紧扣"当代中国文化治理"这一主题，在厘清文化治理与文化权利、文化管理、文化政策、文化体制、文化市场、公共文化服务的辩证关系的基础上，重点对文化产业跨界融合发展问题及其治理、文化创意产业集群发展问题及其治理、公共文化服务标准化均等化社会化等方面的内容作了较为深入地探讨，在结语部分又对新常态下文化产业发展和治理问题进行了展望。

成果名称：《中国动漫产业发展模式研究》
作者：郑自立
职称：副研究员
成果形式：专著
字数：300千字
出版单位：吉林出版集团有限责任公司
出版时间：2015年10月

该书是面向动漫产业的理论性、总论性教程，其宗旨是从宏观层面上把握对象，将当代动漫产业发展的学科定位、历史脉络、产业要素、重点论域和未来趋势做出扫描、分析和透视，让读者能够较为全面地了解和掌握动漫创意产业的整体态势和学理构成。本书共有九章，在对世界动漫产业发展现状和趋势做出总体分析的基础上，重点对动漫产业的产品开发、市场营销、盈利模式、知识产权保护与管理等内容做出了深入剖析。

成果名称：《全面深化改革与弘扬雷锋精神》
作者：杨忠民、贺培育、李晖等
职称：研究员
成果形式：专著
字数：200千字
出版单位：湘潭大学出版社
出版时间：2015年3月

该书是湖南省雷锋精神研究会最新理论研究成果。书中将雷锋精神概括为赤子精神、钉子精神、奉献精神、敬业精神、勤俭精神、傻子精神、创新精神、诚信精神、协作精神、乐观精神等十种精神，分别将其与勇往直前的改革动力、百折不挠的改革毅力、舍弃小我的改革境界、忠于职守的改革定力、艰苦奋斗的改革品性、淡泊名利的改革情怀、敢为人先的改革勇气、匡正世风的改革诉求、顾全大局的改革素养、饱含斗志的改革热情相对接，既全面系统解读了雷锋精神的丰富内涵，也深刻揭示了弘扬雷锋精神与全面深化改革之间的内在关联性与契合性，旨在推动改革大步向前，具有一定的理论创新性与实践指导意义。

成果名称：《民国时期经济期刊的经济思想研究》
作者：李詹
职称：助理研究员
成果形式：专著
字数：200千字
出版单位：中共中央党校出版社
出版时间：2015年6月

民国时期，随着经济科学的发展，经济期刊得以涌现，成为当时广大知识分子和思想界人士、尤其是经济学者展示和传播其经济理论与见解的重要载体。该书以民国时期经济期刊刊载的论文为主要考察对象，将史料分析和经济学理论分析相结合，从理论经济学、工业化、农村经济、财政金融和涉外经济等方面系统梳理期刊论文中蕴涵的经济思想，探寻其中展现的脉络和特点，总结民国时期经济期刊经济思想的理论贡献、历史影响、现实启示及理论局限，以对当前我国的经济改革和经济研究提供一定的借鉴。

成果名称：《基于能源生态足迹的森林碳汇影子价格研究》
作者：华志芹
职称：副研究员
成果形式：专著
字数：250千字
出版单位：中共中央党校出版社
出版时间：2015年6月

该著认为，中国经济高速增长伴随着能源大量消耗，基于碳税可计算一般均衡模型求解各部门在市场均衡状态下的碳排放量。中国森林碳汇效应显著，但是森林碳汇提供的生态承载力小于碳排放的生态足迹。将各部门需要恢复森林碳汇承载力纳入扩展投入—产出模型中，以市场再次实现均衡状态下的价格与原均衡价格差异体现森林碳汇影子价格。据2007年数据模拟得到，森林碳汇影子价格约为907元/吨$CO_2$，远远高于林业碳汇项目的成本价格，而且以1%的碳税模拟森林碳汇影子价格对市场均衡的冲击性比较符合各项变量的变化。

成果名称：《论中国农业发展方式转变》
作者：王文强
职称：副研究员
成果形式：专著
字数：300千字
出版单位：中共中央党校出版社
出版时间：2015年6月

该书立足中国全面深化改革、推进"四化同步"的时代背景，结合中国农业发展的新态势与现实条件探索农业发展方式转变的理论框架与实践路径，探讨了农业发展方式的基本内涵和一般规律，分析了中国农业发展现阶段的基本特征与矛盾，在对转变农业发展方式与城乡一体化、"两型社会"建设、国民经济转型、粮食安全等重大关系探讨的基础上，提出了转变中国农业发展方式的思路、目标与主要任务，分别从人力资本投资、科技创新、"两型"农业发展、农民组织化、转变政府职能等层面探索了转变中国农业发展方式的重点内容与具体路径。

成果名称：《制度改革、结构升级、技术创新和绿色发展——中国经济可持续快速发展研究》
作者：肖毅敏、李晖、周晚香
职称：研究员、研究员、副研究员
成果形式：专著
字数：200千字
出版单位：中共中央党校出版社
出版时间：2015年6月

该书从制度改革、结构升级、技术创新和绿色发展等方面探讨中国经济可持续快速发展问题，旨在为中国经济持续快速发展提出思路和方案。研究认为，经济制度改革、经济结构升级、科技发展与创新是中国经济可持续快速发展的基础和主要动力源泉，资源节省和环境保护是中国经济可持续快速发展的重要内容，中国经济可持续快速发展，既是经济增长水平的可持续性，也是资源和环境的可持续性，良好的制度设计和技术创新可推动产业的绿色升级，实现中国经济的转型发展和优化发展，解决中国经济加快发展与转型发展有机统一的难题。

成果名称：《智库学概论》
作者：朱有志、贺培育、刘助仁
职称：教授、研究员、研究员
成果形式：专著
字数：200千字
出版单位：中共中央党校出版社
出版时间：2015年7月

该书跳脱了哲学社会科学界将注意力集中于基础理论研究以及促进社会发展方面的惯性思维，开始关注智库组织本身及其自身发展。全书围绕智库工作有没有内在规律可循？智库组织能不能通过对自身的研究来提升服务经济社会发展的水平？能不能通过研究自己来减少服务政府与社会的盲目性？能不能通过研究自己来更好地发挥思想库、智囊团作用这样一些核心问题从九个部分展开思考，分别探讨了智库的产生与发展、智库类型、智库的特征、智库的功能、智库的运行机制、国际智库的现状及发展趋势、智库的供需对接及当代中国智库建设的责任与使命等基本问题，并由此大胆提出并充分验证了"智库学"这一崭新的学科概念，以期通过智库学科建设自觉臻于工作理性自觉，进而促使智库学这门新兴的管理学科从无到有，从有到优，从优到强。

成果名称：《文化创意产业（第1辑）》
作者：湖南文化创意产业研究中心
成果形式：专著
字数：200千字
出版单位：中国传媒大学出版社
出版时间：2015年6月

该书作为"文化创意产业丛书"之一，分为"理论探索""对策研究""名家访谈""资讯集成""湘湖热点"等板块，全面观照我国文化创意产业最新的产业政策、理论成果、业界实践等。

成果名称：《湖南省县域发展研究报告（2014）》
作者：陈文胜、王文强、陆福兴
职称：研究员、副研究员、研究员
成果形式：专著
字数：250千字
出版单位：湖南人民出版社
出版时间：2015年7月出版

该书从政治、经济、社会、文化、生态等五个方面全方位考察了湖南县域发展情况，分析了湖南县域发展的新态势，作出了湖南县域发展的新判断，开展了对衡阳县、攸县、醴陵市、永兴县的典型研究，提出了推进湖南县域发展的新途径。本书认为新常态下湖南县域发展在经济规模与质量、城镇化与新农村建设、社会事业、民生改善、生态环境保护等方面取得了新成就，呈现出发展模式日益多元化、经济强县的引领作用不断增强、县域城乡一体化加快推进、县域改革探索亮点纷呈等五大新特征，但也面临经济减速、要素价格攀升、公共服务均等化需求扩张等六大新挑战，应在特色经济发展、县域经济一体化、资源要素优化配置等八个方面探索新的发展途径。

成果名称：《湖南城乡一体化发展报告（2014—2015）》
作者：陈文胜、刘祚祥、邝奕轩等
职称：研究员
成果形式：专著
字数：200千字
出版单位：社会科学文献出版社
出版时间：2015年6月

该书分析了湖南城乡一体化的新态势，对湖南城乡一体化水平进行了评估，开展了对城乡一体化示范县市的典型研究，提出了推进城乡一体化的新思路，认为湖南城乡一体化态势总体良好，但地域和空间差异显著，在城乡资源要素配置、公共服务、生态环境等方面存在五大突出问题，应把县域城乡一体化发展与区域一体化发展结合起来，推进县域从竞争到协作的一体化发展转变，加快构建区域城乡一体化新格局，推进多层面的一体化改革。该书较好的剖析了湖南城乡发展一体化的实践模式、基本历程、特征和路径选择，描绘了未来发展蓝图，有助于深入、系统了解和把握湖南城乡一体化发展情况，对全国的城乡一体化实践提供了有效借鉴，为党委、政府城乡一体化决策提供了有实际价值的参考。

成果名称：《洞庭湖区生态环境变迁史（1840—2010）》
作者：钟声、杨乔
职称：副研究员
成果形式：专著
字数：200千字
出版单位：湖南大学出版社

出版时间：2015年1月

该书试图以生态史观为指导，对洞庭湖生态系统的三个层面进行分析：一是对生态库，也就是洞庭湖区的外部大环境进行分析，主要探讨长江与湘资沅澧的水量、泥沙及气候与洞庭湖区环境变迁的影响；二是洞庭湖区人类直接赖以生存的生态基础，以水资源为中心进行分析，从水资源与洞庭湖区居民的生产生活、湖区对水资源的过度利用与破坏、水患与洞庭湖区环境变迁、血吸虫疫病与洞庭湖区环境变迁等方面探讨20世纪洞庭湖区人与环境的互动关系；三是对人类社会的经济活动、管理、文化和技术进行分析，从而系统探讨洞庭湖地区人类社会与所处环境的双向互动关系，探讨环境变迁的机制，总结环境保护的经验教训，为今天建设环洞庭湖生态经济圈和美丽湖南提供借鉴，探讨人类与环境共存共荣之道。

2. CSSCI及以上期刊论文：

成果名称：《处理好党的领导与社会主义法治的关系》
作者：刘建武
职称：教授
成果形式：论文
字数：8千字
发表刊物：《求是》
出版时间：2015年11月

党的领导与社会主义法治的关系，是我国法治建设的核心和根本问题。能否正确认识和处理党与法的关系，事关依法治国大业的兴衰成败，事关中国特色社会主义的前途命运。文章重点阐述了党的领导是依法治国最根本的保证，不能把两者割裂开来、对立起来；党的领导与依法治国是统一的，不存在"党大还是法大"的问题；党的领导是社会主义法治与资本主义法治的根本区别。

成果名称：《塞尔的适应方向与制度性事实的建构》
作者：宋春艳
职称：助理研究员
成果形式：论文
字数：12千字
发表刊物：《哲学动态》
出版时间：2015年3月

文章认为，通过语言建构制度性事实要求对应的言语行为具有世界适应语词的适应方向，因此，首先，从适应方向视角界定建构制度性事实的言语行为类别更为恰当；其次，言语行为、制度性事实和制度的三层关联模型模拟了言语行为建构制度性事实的过程；最后，该模型揭示了原始性物理事实相对制度性事实的优先性，由此肯定了塞尔的实在论立场。

成果名称：《中国工业部门碳排放转移评价及预测研究》
作者：杨顺顺
职称：副研究员
成果形式：论文
字数：14千字
发表刊物：《中国工业经济》
出版时间：2015年6月

该文基于修正的投入产出模型和双比例平衡法（RAS法），利用投入产出表和能源消费数据，对中国23个工业部门的直接和完全碳排放、碳排放的部门间转移和进出口转移进行了定量评价和预测。

成果名称：《论毛泽东工作方法理论与贯彻党的群众路线》
作者：刘馨瑜
职称：助理研究员
成果形式：论文
字数：8千字
发表刊物：《山东社会科学》
出版时间：2015年1月

该文认为，毛泽东的工作方法理论是在我国长期的革命斗争和社会主义建设实践中总结出来的一个系统而科学的理论体系。毛泽东的工作方法理论的核心是实事求是与群众路线。毛泽东的工作方法理论具有鲜明的实践性和科学的辩证性。毛泽东的工作方法理论是贯彻党的群众路线的理论指南。从毛泽东的工作方法理论来看，要有效贯彻党的群众路线，就必须坚持实事求是和"一般与个别相结合"的基本原则，学会"抓两头带中间""弹钢琴"和"抓关键"的基本方法。

成果名称：《中国快速城镇化进程中的四大风险》
作者：周勇、邓子纲
职称：研究员
成果形式：论文
字数：8千字
发表刊物：《江淮论坛》
出版时间：2015年1月

该文认为，党的十八大提出"新型城镇化"战略，着眼点在于强调要全面提升城镇化的内在质量，但目前我国城镇化的发展没有真正解决城乡二元结构和城乡差别的矛盾，而是转化成城镇体系内部更加复杂、更加深刻、更加棘手的社会矛盾，并引发了社会道德领域的三大危机，破坏了城镇化的思想基础。同时，快速城镇化带来的资源、环境供给不足的风险，产业布局和转型升级难以科学规划应对的风险以及市民社会不成熟等问题催生了城镇化过程中的多重利益冲突，易于破坏城镇化的生态基础、经济基础和社会基础。

成果名称：《对俄国学者翻译周敦颐〈通书〉的评论》
作者：吴兴勇
职称：研究员
成果形式：论文
字数：8千字
发表刊物：《国际汉学》
出版时间：2015年2月

该文阐述中俄两国学人通力合作，将中国宋代的著名学者周敦颐的学术经典著作翻译成俄文的创举。

成果名称：《中国传统文化对毛泽东的影响》
作者：胡艳辉
职称：研究员
成果形式：论文
字数：8千字
发表刊物：《湖南社会科学》
出版时间：2015年2月

该文认为，毛泽东对东西方文化的批判继承，使得马列主义深深地嵌植于中国社会与文化的土壤之中。他所积淀的中国传统文化知识，对其思想体系、理论思维等均产生了重要的影响。但毛泽东作为新中国独立自强和走向现代化的时代所造就的伟大历史人物，并不是一个传统文化的固守者，而是传统文化的批判改造者；毛泽东思想作为中国化的马克思主义必然具有浓厚的"中国的"特征，但毛泽东思想并不可能从中国传统文化中直接产生。

成果名称：《黄永玉的文学》
作者：卓今
职称：研究员
成果形式：论文
字数：8千字
发表刊物：《南方文坛》
出版时间：2015年2月

解读黄永玉的文学作品，几乎是一个高难度的挑战，须小心避开当代文学理论常用的技法和常规，一旦陷入某种规定的封闭概念之中，将无法打开那种回环往复、纷繁复杂、一层叠着一层的意义和美，他的作品尤其不适合用西方文论的实证、论证、逻辑、推导一类的手段，如果要在方法上赢得一种解放，就得放弃所谓的"方法"，用一种诚恳的姿态走进他的文字。黄永玉的文学作品处处都是智慧，包含着博大精深的哲学而无哲学相，融汇了高超的叙事艺术却看不到炫技的痕迹。他的《无愁河的浪荡汉子》所呈现出来的一种极其罕见的独特艺术个体，故乡思维、儿童视角、民国风范，它的文学性、神秘感，它的残酷人性中的诗性，毁灭中的大爱，倾圮的瓦砾里耀闪着的悲悯，扑面而来的泥土气息和活泼泼的生命体验。

成果名称：《均衡发展的三个维度与县域经济走向》
作者：罗黎平
职称：副研究员
成果形式：论文
字数：8千字
发表刊物：《改革》
出版时间：2015年2月

该文认为，改变我国发展失衡的状况，应推动并实施以深化改革为主线的再均衡国策，在这种再均衡国策下，县域经济在总体战略谋划上，应积极推动概念经济的转型和升级；产业发展应注重市场化导向、要素积累及本地根植性；空间发展应重视区域定位调整与内部"三生"空间优化；改革创新应重点抓好区县政府职能转变和机构改革。

成果名称：《主体功能区的价值取向与发展路径匡正》
作者：曹前满
职称：助理研究员
成果形式：论文
字数：8千字
发表刊物：《东南学术》
出版时间：2015年2月

该文认为，通过地方利益与行政体制、行政区与经济区的功能分工以及地域分工与系统结构的内在关系梳理，发现主体功能区建设应有统一的价值取向生态约束机制，摆脱福利视角的补偿与发展权争议，引导地域居民走由市场决定的价值实现与效率实现的路径，从区域视角将地域利益整合到经济社会的系统结构之中。

成果名称：《"走出去"背景下我国国际化创新人才发展评价及对策研究——以湖南为例》
作者：曲婷
职称：助理研究员
成果形式：论文
字数：8千字
发表刊物：《科学管理研究》
出版时间：2015年2月

如何加快企业"走出去"步伐，提升企业国际化经营水平，人才是重要推动力量。市场、资本的国际化只有与人才国际化结合起来，企业才能在国际舞台上获得长期、稳健地发展。在以湖南省为例分析了国际化创新人才发展存在的主要问题基础上，对湖南国际化创新人才发展水平进行评价，重点分析了"走出去"背景下推进湖南国际化创新人才发展的对策建议。

成果名称：《湘江流域重金属综合治理中公众参与机制创新探讨》
作者：龚小波、邝奕轩
职称：研究员
成果形式：论文
字数：8千字
发表刊物：《湘潭大学学报（哲学社会科学版）》
出版时间：2015年3月

该文分析公众参与湘江流域重金属综合治理存在的主要问题，进而从参与主体、参与内容、参与方式、参与效果等层面构建了创新湘江流域重金属综合治理公众参与机制的基本框架，最后从民主协商、信息沟通、公众参与渠道、自愿性激励措施、非政府组织培育等方面提出了创新湘江流域重金属综合治理公众参与机制的对策着力点。

成果名称：《论人情腐败预防体系的构建》
作者：贺培育、伍新林
职称：研究员、副研究员
成果形式：论文
字数：8千字
发表刊物：《湖南社会科学》
出版时间：2015年3月

该文认为，治理人情腐败，必须坚持零容忍态度，开展严厉惩处，同时应采取防患于未然的思维，加强预防体系的构建。鉴于人情腐败的特殊性，只有从强化思想自律机制，健全监控机制体系，完善相应法律制度等多方面着力，方能构筑起预防人情腐败的坚固防火墙。

成果名称：《重议1945—1949年苏联对中共军备之援助》
作者：王安中
职称：副研究员
成果形式：论文
字数：8千字
发表刊物：《求索》
出版时间：2015年3月

解放战争时期苏联对中共的军备援助问题一直是各界争论不休的重要话题，该文认为，尽管当时苏联对中共的军备援助有助其在东北站稳脚跟，但这些援助的总量有限、层次不高、时机微妙，对解放战争进程不足以产生决定性的影响，中共作战的武器弹药供应主要仍是依靠自身军工生产和前线缴获。

成果名称：《战略性新兴产业发展的动力机制研究》
作者：陈文锋、刘薇
职称：助理研究员
成果形式：论文
字数：8千字
发表刊物：《中国科技论坛》
出版时间：2015年3月

文章突破战略性新兴产业发展动力机制研究的传统定性范式，遵循产业生命周期的基本规律，构建了"发展阶段—特征—动力机制"的实证研究框架，将产业生命周期阶段性特征标志转化为推动战略性新兴产业发展的技术—市场动力因子。

成果名称：《〈看虹摘星录〉及〈七色魇〉"爱欲书写"的再探析》
作者：吴正锋
职称：研究员
成果形式：论文
字数：8千字
发表刊物：《中国现代文学研究丛刊》
出版时间：2015年3月

该文认为，沈从文昆明时期对"虹影""星光"的爱欲书写具有深切的自我生命体验和自叙传特征。这些爱欲书写的人物既显然有所本，又有所生发和变形。沈从文通过坦然展示一己在"人类情感发炎及其治疗"过程中的苦乐隐曲，表现了超越世俗的唯美爱欲观和坦荡的生命态度。

成果名称：《场共同体：陌生人社区建设的本位取向》
作者：何绍辉
职称：副研究员
成果形式：论文
字数：8千字
发表刊物：《人文杂志》
出版时间：2015年4月

该文认为，化解以社区治理重心转移难题、社区公共道德培育与建构难题和社区社会整合能力提升难题为具体表征的社区建设之共同体缺失问题，是陌生人社区建设和治理需要面对和解决的首要问题。走出陌生人社区建设困境，要以场共同体构建为目标，重点在积极推进社区自治、提升社区服务质量、重塑社区伦理精神和推进社区融合等方面着力。

成果名称：《基于最优经济增长的中国各省区碳排放权盈亏分析》
作者：邓吉祥、刘晓、王铮
职称：助理研究员
成果形式：论文
字数：8千字
发表刊物：《干旱区资源与环境》
出版时间：2015年4月

该文认为，在"共同但有区别的责任"原则下，综合考虑人均累计碳排放相等和差别原则，将中国碳排放划分为历史（1995—2010年）和未来（2011—2050年）两个时期，设计并分析中国各省区的减排框架。

成果名称：《中国特色社会主义理论体系形成的思想渊源和历史条件研究》
作者：刘建武
职称：教授
成果形式：论文
字数：12千字
发表刊物：《求索》
出版时间：2015年4月

该文认为，正本清源，深刻揭示马克思主义中国化历史进程中的内在源流关系。近年来有人对中国特色社会主义理论体系与马克思列宁主义、毛泽东思想之间存在的内在源流关系提出了质疑。不论是"西化"的主张，还是"僵化""儒化"的观点，都是要从根本上割裂中国特色社会主义理论体系与马克思列宁主义、毛泽东思想的内在源流关系，并进而从根本上改变中国特色社会主义的性质。中国特色社会主义理论体系与马克思列宁主义、毛泽东思想的一脉相承性首先体现在它的继承性上，我们只有正确理解和把握了马克思主义发展的内在源流关系，才能够正本清源。

成果名称：《分税制改革、土地财政与粮食生产》
作者：范东君
职称：副研究员
成果形式：论文
字数：9千字
发表刊物：《云南财经大学学报》
出版时间：2015年5月

该文运用省际面板数据实证检验中国1999—2012年财政分权、土地财政与粮食生产之间的关系。研究结果表明，分税制改革以来，财政分权是土地财政形成的重要诱因，财政分权对土地财政规模膨胀具有显著正面的激励作用。

成果名称：《如何阅读残雪》
作者：卓今
职称：研究员
成果形式：论文
字数：8千字
发表刊物：《当代作家评论》
出版时间：2015年5月

该文认为，残雪小说的神秘和反类型化加强了文字细胞的分裂能力，同时由于意象的刺激性掩盖了某种真实，它使读者容易流连于表面，忽略本质和有力量的东西。我们可以这样去看残雪的作品，它给读者提供了一种看待宇宙，看待自身的陌生的方法。

成果名称：《人情：内涵、类型与特性》
作者：贺培育、姚选民
职称：研究员、助理研究员

成果形式：论文
字数：8千字
发表刊物：《求索》
出版时间：2015年5月

该文认为，人情是原中华文化圈中人们进行社会互动时与对方进行情感交换的有形或无形资源，是人与人交往相处应遵守的规范或准则，即一种看重熟人关系、讲究个人感情、热衷人际往来、隐含期权回报的人际交往理念。"礼尚往来"型人情、"急功近利"型人情与"知恩图报"型人情是人情的三大基本类型。交往目的的期权性、交往主体的扩张性和交往手段的腐蚀性是人情的三大基本特性。

成果名称：《熵权基点决策法在绿色施工评价中的应用》
作者：罗佳、张坤
职称：助理研究员
成果形式：论文
字数：8千字
发表刊物：《湖南科技大学学报（社会科学版）》
出版时间：2015年5月

该文在已有文献的基础上，构建了一套科学的绿色施工评价指标体系，并运用熵理论和基点的决策分析方法建立综合评价模型，在一定程度上克服了以往绿色施工评价中的指标主观、测量效果不准确的问题。通过对某工程施工实例分析证明，该方法实用性强，可以应用于工程项目的前期招标方案评价和施工中、后期的施工质量评价。

成果名称：《连片特困地区空间优化与协调发展战略研究——以湘西城市带为例》
作者：刘晓
职称：助理研究员
成果形式：论文
字数：8千字
发表刊物：《经济体制改革》
出版时间：2015年5月

该文以国家首批扶贫攻坚示范区武陵山片区湖南省湘西城市带为例，选择波士顿矩阵、城市职能层次、层次职能规模等测算方法，将国民经济行业分为19类，对其发展存在的问题进行了剖析，发现该城市带存在城市等级关系模糊等问题并提出湘西城市带空间优化与协调策略。

成果名称：《社会主义核心价值观生活化的理论必然与实现路径》
作者：郑自立
职称：副研究员
成果形式：论文
字数：8千字
发表刊物：《湖南师范大学社会科学学报》
出版时间：2015年6月

该文认为，社会主义核心价值观生活化是培育和践行社会主义核心价值观的应有之义。社会主义核心价值观生活化的理论逻辑在于其自身的科学性、革命性和人本性，对于社会主义核心价值观生活化的实现路径，应针对性地从社会主义核心价值观的提炼和解读、传播、践行等三个方面作出具体的分析。

成果名称：《论湖湘文化与毛泽东爱国思想的互动关系》
作者：胡艳辉
职称：研究员
成果形式：论文
字数：8千字
发表刊物：《湖南科技大学学报》
出版时间：2015年6月

湖湘文化对毛泽东爱国思想形成和发展有着极为深刻的影响，与此同时，毛泽东的爱国思想又是对湖湘文化的丰富和超越，两者之间存在着明显的互动关系。而要准确把握这一互动关系，最为重要的是：准确把握爱国思想演变中"变"与"不变"的关联；深刻认识爱国主义与国际利益的内在关系；正确理解国家意识与地域文化的统一性；实现"心忧天下"与"实干兴邦"的有机结合。

成果名称：《司法独立再审视——一种民间法哲学思考》
作者：姚选民
职称：助理研究员
成果形式：论文
字数：8千字
发表刊物：《民间法》
出版时间：2015年6月
该文认为，要不要在当下中国这一特定时空中移植或确立司法独立制度，主要不是取决于源自于西方世界这一"民间"社会的司法独立制度——作为一项法律制度——本身有多么的"精良"或精美，而是取决于这项法律制度能否基本契合当下中国社会的整体司法环境。中国这一"民间"社会司法环境的基本现状在很大程度上决定了植根于西方世界这一"民间"社会生活经验事实的司法独立制度在当下中国社会中没有基本的生存空间。然而，这样一种情况并不意味着中国这一"民间"社会司法及其现实实践不能吸取作为人类法治文明成果之司法独立制度中的法治元素，以构筑中国这一"民间"社会中司法文明的中国梦。

成果名称：《长株潭城市群交通低碳转型的发展路径》
作者：李晖
职称：研究员
成果形式：论文
字数：8千字
发表刊物：《湖南科技大学学报》
出版时间：2015年6月
该文认为，现实表明，交通运输部门的碳排放量仅次于工业部门，是导致全球变暖现象的重要因素，优化交通运输模式，促进城市交通低碳转型，是生态文明建设的题中之义。"两型社会"建设综改区长株潭城市群，应依托交通低碳转型的发展路径，推动长株潭城市群低碳交通的构建。

成果名称：《为什么说"党大还是法大"是一个伪命题？》
作者：刘建武
职称：教授
成果形式：论文
字数：8千字
发表刊物：《党的文献》
出版时间：2015年6月
该文认为，"党大还是法大"是伪命题，是因为它背离了我国社会主义法治实践的基本事实和内在要求，背离了我国党与法治关系的基本特点和内在联系，背离了我国法治建设的基本国情和内在规律，是对党与法治关系的误判、误解和误导，是一个精心设计的话语陷阱和政治陷阱。在当代中国，坚持党的领导与全面推进依法治国是辩证统一的有机整体。社会主义法治必须坚持党的领导，党的领导必须依靠社会主义法治。党的领导是中国特色社会主义法治之魂，是中国特色社会主义法治同资本主义法治最大的区别。

成果名称：《论社会稳定质量》
作者：周小毛
职称：研究员
成果形式：论文
字数：10千字
发表刊物：《湖南师范大学社会科学学报》
出版时间：2015年6月
该文认为，提出并界定社会稳定质量将颠覆传统稳定观的许多理念，有利于调整维稳思路，促进社会稳定。判断社会稳定质量的基本标准是稳定的动态性、相对性、可控性、非强制性、开放性、规范性，社会稳定质量可以以维稳体系、制度供给、机制创新、民生建设、处置能力、心理调适、舆论引导等具体指标所构成的指标体系来衡量。

成果名称：《试论昙鸾对国外净土宗佛教的影响》
作者：陈扬
职称：助理研究员
成果形式：论文
字数：8千字
发表刊物：《世界宗教文化》
出版时间：2015年6月

昙鸾大师为北魏时期著名的佛教高僧，中国净土宗真正的开山祖师，中国净土理论的实际创始人。昙鸾大师根据中国的佛教信徒信受情况，把印度龙树菩萨的净土思想加以重新改造、发挥和阐释，创造性地提出了具有中国特色的净土思想理论。昙鸾大师对净土法门的教义、教理、教规等方面作了比较深入的理论探讨、理论研究、理论解释与理论阐述。

成果名称：《农业面源污染的测算与防治——以湖南省为例》
作者：陈文胜、杨顺顺
职称：研究员、副研究员
成果形式：论文
字数：8千字
发表刊物：《系统工程》
出版时间：2015年6月

该文借鉴IPCC对TN流失源估算的分类方式，给出了从化肥源、畜禽源、作物残体源和生活源4个主要贡献源核算TN、TP和COD3类典型面源污染物的方法，并通过建立C-D生产函数和利润函数估计污染性生产要素的投入强度变化趋势。以湖南省为例，测算了2013年农业面源污染物的排放总量、来源比重和等标污染符合，并求解非线性优化问题探讨生产要素投入变化和农业面源污染的发展趋势。文末提出为建设"两型农业"，应构建包括公共财政体系、市场调节体系、技术支撑体系、社会参与体系、制度保障体系和行政管理体系的农业面源污染防治体系，并给出相关政策建议。

成果名称：《负面网络舆情视域的政府公信力建设》
作者：杨畅
职称：研究员
成果形式：论文
字数：8千字
发表刊物：《求索》
出版时间：2015年6月

该文认为，目前互联网已成为舆论发声的主阵地、信息传播的主平台、舆论斗争的主战场，在关注正面网络舆论给社会发展稳定带来积极影响的同时，也必须高度重视负面网络舆情造成的不利影响，负面网络舆情应对应成为当前政府治理和政府公信力建设的重要内容。如何正确应对负面网络舆情，破解政府公信力建设困境，寻找负面网络舆情视域的政府公信力塑造路径是值得思考的重要问题。

成果名称：《我国城乡土地资源配置的二元方式及其改革研究》
作者：肖毅敏
职称：研究员
成果形式：论文
字数：8千字
发表刊物：《湖南社会科学》
出版时间：2015年6月

该文认为，我国城乡土地资源配置二元方式是指城市国有土地的市场化配置和农村集体所有土地的行政化配置。统一我国城乡土地资源配置二元方式的关键是实现中国农地的市场化配置。中国农村土地制度改革涉及基本制度层面和重大利益关系，并面临着发展过程中形成的多种变异现状。中国农村土地制度改革首先需要理顺一系列理论问题，然后才会有合理合规、完整系统的改革方案，并依此循序推进改革过程。

成果名称：《我国三大经济圈之间的经济溢出效应实证分析》
作者：李晖
职称：研究员
成果形式：论文
字数：8千字
发表刊物：《系统工程》
出版时间：2015年9月

该文运用Granger因果检验和脉冲响应函数，分析了我国三大都市经济圈之间的经济溢出效应。结果表明，珠三角经济圈对长三角和京津冀经济圈产生了很强的正溢出效应，长三角经济圈对其他两区域有一定的正溢出效应，京津冀经济圈对珠三角和长三角的经济增长则呈现波动起伏的态势。这一结论揭示了我国三大都市经济圈之间经济增长的关系，为促进区域经济协调发展提供了启示。

成果名称：《在不倦的探索中追求真理——读〈探索文集——对文艺与精神文明建设关系的探索〉》
作者：胡光凡
职称：研究员
成果形式：论文
字数：8千字
发表刊物：《创作与评论》
出版时间：2015年10月

在文艺界、学术界深入学习贯彻习近平总书记在文艺工作座谈会上的重要讲话的热潮中，作者读到资深社会科学家王驰的新著《探索文集——对文艺与精神文明建设关系的探索》，深感这是一部既具有理论、文献价值，又具有现实意义的力作，对于帮助我们加深对习近平重要讲话精神的理解很有裨益。

成果名称：《基本医疗卫生服务筹资主体间的博弈风险及消弥》
作者：邬力祥、张胜军
职称：助理研究员
成果形式：论文
字数：8千字
发表刊物：《湖南社会科学》
出版时间：2015年12月

该文认为，基本医疗卫生服务筹资主体在筹资过程中因利益博弈而产生的一系列非理性行为，不仅增加了筹资主体的法律和道德风险，而且在一定程度上加重了国民的"看病难、看病贵"问题。转变筹资主体的筹资理念，强调筹资制度的非自愿性和合理划分各筹资主体的责任等，则可以有效消解筹资主体博弈带来风险的同时，增加基本医疗卫生服务资金的存量，进而促进我国医疗卫生事业的健康发展。

成果名称：《论网络突发事件的非对称性困境及其对策研究》
作者：谢晶仁
职称：研究员
成果形式：论文
字数：8千字
发表刊物：《湖南社会科学》
出版时间：2015年12月

该文认为，网络突发事件非对称性困境主要表现在：网络管制的非对称性、媒体报道的非对称性、网络传播的非对称性等。其原因在于：信息失衡、行为失范、舆情失真、处理失当、监管失控等。治理的主要措施在于：完善网络舆情监测机制、完善网络民意回应机制、完善解决问题的常态机制、完善负面舆情引导机制、完善重大舆情反应机制、完善网络道德教育保障机制等。

成果名称：《商会参与我国市场经济法治化的路径研究》
作者：吴志国
职称：副研究员
成果形式：论文
字数：8千字
发表刊物：《湖南社会科学》
出版时间：2015年12月

该文认为，商会参与我国市场经济法治化建设，具有内生动力。其主要路径，一是在法律法规创制、修改方面，参与国家法的创制和民间法的制定。二是在司法方面，宣传、劝诫企业遵纪守法；配合、监督、反馈国家的司法行为；实施行业自律，对企业监督；代表行业参加集体诉讼，增强企业的法律意识。三是在规范政府行为方面，代表行业与政府沟通，参与政府决策。

## 第六节　学术人物

一、湖南省社会科学院在职正高级专业技术职务人员

| 姓名 | 出生年月 | 学位/学历 | 职务 | 职称 | 主要学术兼职 | 代表作 |
| --- | --- | --- | --- | --- | --- | --- |
| 刘建武 | 1959.10 | 博士 | 书记 院长 | 二级教授 | 毛泽东思想生平研究分会副会长 | 《中国特色与中国模式——邓小平社会主义特色观研究》《中国特色社会主义理论体系的由来与发展》《中国特色社会主义理论体系形成的思想渊源和历史条件研究》 |
| 周小毛 | 1964.10 | 博士 | 党组成员 副院长 | 研究员 | 湖南省决策咨询委员会专家 | 《和谐稳定论》《论社会稳定质量》 |
| 贺培育 | 1962.9 | 大学 | 党组成员 副院长 | 研究员 | 湖南省政治学会副会长 | 《制度防腐论》《制度学：走向文明与理性的必然审视》 |
| 刘云波 | 1965.3 | 硕士 | 党组成员 副院长 | 研究员 | 湖南省历史学会副会长 | 《长沙县通史》《中国早期现代化的五个阶段》《孙中山与同盟会上层分歧》 |
| 方向新 | 1956.10 | 大学 | 副厅级巡视员 | 二级研究员 | 湖南省社会学会常务副会长 | 《农村变迁论》《小城镇发展中的农村人口转化》《中国社会学和人类学》《城市化推进中农民工的城市融入》 |
| 潘小刚 | 1972.2 | 大学 | 主任 | 研究员 | 雷锋精神研究会副秘书长 | 《跨越不可承受之重——我国政府行政成本控制研究》《完善我国行政听证制度的构想》 |
| 陈文胜 | 1968.8 | 博士 | 处长 | 研究员 | 湖南农村财政研究会副会长 | 《论大国农业转型》《城乡一体化进程中的社会管理创新》《系统看农业发展方式转变与科技创新》 |

续表

| 姓名 | 出生年月 | 学位/学历 | 职务 | 职称 | 主要学术兼职 | 代表作 |
|---|---|---|---|---|---|---|
| 卓 今 | 1968.9 | 硕士 | 所长 | 研究员 | 湖南评论家协会理事 | 《残雪研究》《超文体写作的意义》《地域文化的变迁与赓续——谈谈湘西文学》 |
| 吴正锋 | 1970.8 | 博士 | 副所长 | 研究员 | — | 《沈从文小说艺术研究》《孙健忠：土家族文人文学的奠基者》 |
| 王国宇 | 1962.11 | 硕士 | 所长 | 研究员 | 湖南省史学会秘书长 | 《湖南经济通史》（1919—1949）《论抗战后毛泽东争取和平的思想》 |
| 周亚平 | 1958.8 | 大学 | — | 研究员 | 湖南省舜文化研究会副会长 | 《桂系军阀全传》《辛亥革命时期妇女参政运动》《文献学的又一创新性成果》 |
| 唐光斌 | 1962.11 | 硕士 | 副所长 | 研究员 | 中国医学气功学会理事 | 《首柱养生功》《传统与现代的抉择》《周易天行健发展思想探微》 |
| 谢瑾岚 | 1964.8 | 大学 | 所长 | 研究员 | 长株潭城市群研究会秘书长 | 《区域现代农业发展研究》《新常态下贫困地区产业转型发展的驱动分析与战略选择》 |
| 刘 敏 | 1975.12 | 博士 | 副所长 | 研究员 | 全国消费经济学会副秘书长 | 《当代中国居民消费方式变革的理论与实践研究》《研究实施绿色消费战略》《消费新常态中信息消费可持续发展问题研究》 |
| 黄 海 | 1976.8 | 博士 | 所长 | 研究员 | 湖南省毛泽东思想研究会副会长 | 《灰地——红镇混混研究》《乡村"混混"的生存土壤——对湘北H镇农村不良青年的考察》《用新乡贤文化推动乡村治理现代化》 |
| 马纯红 | 1977.2 | 硕士 | 主任 | 研究员 | 湖南省伦理学学会常务理事 | 《他乡的"他者"——项关于农民工闲暇生活的文化人类学研究》《以创新推进文化改革发展》 |
| 童中贤 | 1962.7 | 大学 | 所长 | 研究员 | 中国社会学会理事 | 《城市群整合论：基于中部城市群整合机制的实证分析》《论圆点领导》《加强对腐败发生机理的研究》 |
| 邝奕轩 | 1974.4 | 博士 | — | 研究员 | 中国生态经济学会理事 | 《湖泊湿地资源利用与经济发展——以太湖湿地为例》《城市湿地的价值评估》《建立健全土地流转服务体系》 |
| 陆福兴 | 1968.9 | 硕士 | — | 研究员 | 湖南省农村发展研究院院长 | 《农产品质量安全负率治理研究》《生物技术时代农业物种多样性危机及其防范》《如何加强生物育种知识保护产权》 |

续表

| 姓名 | 出生年月 | 学位/学历 | 职务 | 职称 | 主要学术兼职 | 代表作 |
|---|---|---|---|---|---|---|
| 胡跃福 | 1958.4 | 大学 | 所长 | 二级研究员 | 中国人才学专业委员会副会长 | 《西部人才政策措施实施效果的调查与评估研究》《领导工作要逐步实现职业化》《人才强国战略：坚实基础与科学内涵》 |
| 邓秀华 | 1969.11 | 研究生 | — | 研究员 | 湖南省社会学学会常务理事 | 《和谐社会构建中的农民工政治参与问题研究》《长沙、广州两市农民工政治参与问卷分析》《城镇化进程中农民权利转型发展的法治建设》 |
| 尹向东 | 1964.3 | 博士 | 主任 | 研究员 | 中国消费经济学会副会长兼秘书长 | 《新消费时代背景下的中国消费结构问题研究》《试论新消费时代的主要特征与表现》《构建四大机制促进新型消费》 |
| 向志柱 | 1970.9 | 博士 | 社长 | 研究员 | 湖南省湖湘文化研究会常务理事 | 《胡文焕〈胡氏粹编〉研究》《新资料〈稗家粹编〉的研究价值》《古典文学引文的几个问题》 |
| 肖耀球 | 1959.7 | 硕士 | 副社长 | 研究员 | — | 《技术进步机理与数量分析方法》《国际性城市评价体系研究》《技术进步是内含型经济增长的决定性因素》 |
| 余小平 | 1956.9 | 大学 | 副社长 | 研究员 | — | 《中国现代化进程中的农村村庄建设》《建设现代村庄是实现全面小康的重要内容》 |
| 乌东峰 | 1955.8 | 博士 | 省政府参事 | 二级研究员 | 国家社科基金评委 | 《"一带一路"的三个共同体建设》《从"一带一路"文明史迈向新时代》 |
| 刘新荣 | 1963.7 | 硕士 | 主任 | 研究员 | — | 《文化资本：产业战略和企业管理》《文化个性与企业价值研究》 |
| 王毅 | 1964.9 | 大学 | — | 研究员 | 长株潭经济研究会副秘书长 | 《中国产业安全》《文化产业竞争力评价方法与测试分析》《论大湘西地区文化产业与旅游业联动发展》 |
| 谢晶仁 | 1967.12 | 研究生 | 主任 | 研究员 | — | 《农村基层社区组织建设的着力点》《非公有制企业如何保持共产党员的先进性》《建立党性分析制度的思考》 |

## 二、湖南省社会科学院2015年度晋升正高级专业技术职务人员

李晖，1979年11月出生，湖南临湘人，博士研究生在读，现任湖南省社科院经济研究所副所长，研究员。兼任湖南省经济学学会副秘书长。主要从事区域经济与共享发展研究，代表作有：《城市转型与低碳发展》（专著）、《珠三角与中部地区的产业联动机制研究》（论文）等。

杨畅，1981年10月出生，湖南长沙人，湖南省社会科学院哲学研究所所长，研究员，博士。现从事公共管理研究，主要学术专长为政府绩效管理、政府公信力、行政伦理问题研究。主要代表作有《当代中国政府公信力提升研究：基于政府绩效评估的视角》（专著）、《当代中国政府公信力评估指标体系构建探析》（论文）、《现代公信政府的衡量标准》（论文）等。

## 第七节 2015年大事记

### 一月

1月27日，由湖南省社会科学院城市发展研究中心和社会学研究所集体撰写的《湖南城市蓝皮书（5）》由社会科学文献出版社出版。

1月27日，为落实党中央、国务院《关于加强中国特色新型智库建设的意见》（中办发〔2014〕65号文件）要求及省委关于大力加强社科院智库建设的指示精神，湖南社科院召开智库建设工作会。

### 二月

2月10日，湖南省社科院四位青年专家获聘为湖南省青年社科委特约研究员。

2月11日，湖南省社科院召开2015年工作会议。院领导刘建武、周小毛、罗波阳、贺培育、刘云波、方向新出席。

### 三月

3月11日，湖南省社科院两项省十三五规划前期重大委托项目《湖南省"十三五"经济社会发展总体战略思路研究》和《湖南"十三五"县域经济发展战略研究》通过评审验收。

3月24日，湖南省中国特色社会主义理论体系研究中心基地督查工作会议在长沙市人民大会堂主席团会议室拉开序幕。

3月21日，《毛泽东研究报告·2015》编写工作启动会议在湖南科技大学马克思主义学院学术报告厅召开，编写工作正式启动。

### 四月

4月22日，湖南省湘学研究院召开《中华优秀传统文化与当代共产党人修养》丛书编撰工作会议。

4月23日，《光明日报》理论部主任李向军、理论部主编王斯敏一行来到湖南社科院开展智库建设调研，刘建武院长、周小毛副院长、贺培育副院长、部分部门负责人及科研人员参加座谈。

4月28日，"湖湘智库"公共微信号正式上线运行。

4月29日，湖南省政府新闻办举行新闻发布会，湖南省经信委与湖南省社科院联合发布《2014年湖南省工业运行质量评价报告》正式对外发布。

### 五月

5月4日，由湖南省社科院为主承担的省委宣传部的年度性重大宣传工程《热点话题谈心录》在重要版面、重点时段、网页醒目位置刊播。

5月6日，湖南省委原常委、省军区原政委、省雷锋精神研究会会长杨忠民出席湖南省社科院举办的《全面深化改革与弘扬雷锋精神》出版研讨会。

5月8日，湖南省社科院召开"为改革攻坚献策"对口服务联系点工作推进会。

5月11日，湖南省社科院党组书记刘建武院长传达学习全省"三严三实"专题党课精神并研究部署院"三严三实"专题教育工作。

5月14—15日，湖南省社科院党组书记、院长刘建武深入省社科院扶贫驻点村调研。

5月20日，湖南省社科院召开了第八届湖南省情与决策咨询研究课题评审会。

5月21日，由湖南省委宣传部理论处和湖南省湘学研究院共同编写的《湘学传统与求是担当》由中国社会科学出版社出版。

5月22—23日，湖南省社科院人力资源所3位专家当选新一届中国人才学专业委员会理事。

### 七月

7月24日，湖南省社会科学院优秀学术文库（2014）出版。

7月24—26日，湖南省社科院副院长贺培育出席华东六省一市社科院院长论坛暨首届华东智库论坛。

7月25—27日，湖南省社科院院长刘建武参加"毛泽东思想与中华民族解放和复兴"学术研讨会暨全国毛泽东哲学思想研究会第22次年会。

7月31日，湖南省社科院召开2015年上半年工作总结会议。

### 八月

8月19—21日，湖南省社科院院长刘建武参加"毛泽东与抗日战争"学术研讨会暨毛泽东哲学思想生平研究会2015年年会。

8月25日，由省委原副书记文选德主编《中国传统文化之"中"与"和"思想研究》丛书出版座谈会在湖南省社科院举行。

### 九月

9月6日，《求索》入编北大版中文核心期刊（2014版）。

9月8日，湖南省委常委、省委宣传部部长张文雄在省委宣传部常务副部长李发美、副部长杨金鸢、巡视员李湘舟等领导的陪同下，到湖南省社科院调研指导工作。

9月11—13日，湖南省社科院党组书记、院长刘建武出席第九届中国社会科学前沿论坛。

9月14日，湖南省社科院副院长周小毛出席"中国佛教界爱国抗战事迹巡展"首展开幕式。

9月17日，"湖南智库网"正式开通运行。

9月21日，由湖南省社会科学院、湖南省作家协会联合主办的"残雪国际学术研讨会"在长沙召开。

9月24日，由湖南省社科院舜文化研究会主办，九嶷山舜文化研究会承办的"依法治国与舜文化"研讨会在宁远县召开，湖南省人大常委会原副主任、湖南省舜文化研究会会长唐之享出席。

### 十月

10月16日，湖南省委常委、省委宣传部部长张文雄出席全省推进新型智库建设工作座谈会，湖南省社会科学院党组书记、院长刘建武在会上发言。

### 十一月

11月11日，湖南省舜文化研究会荣获"全国社科联创建新型智库先进单位"。

11月28—30日，湖南省社科院副巡视员方向新赴福州参加全国社科院系统社会学所所长会议。

## 十二月

12月8日，中国社会科学院院长王伟光对"湖南社科院关于国家重点智库建设相关情况汇报"作出重要批示。

12月12日，由湖南省社会科学院举办的第一届湖湘智库论坛在长沙开幕，湖南省委常委、省委宣传部部长张文雄出席并讲话，省委宣传部巡视员李湘舟主持。来自全国的智库研究专家共100余人围绕论坛主题"新型智库建设与湖南十三五发展"建言献策。

# 广东省社会科学院

## 第一节　历史沿革

广东省社会科学院是一家拥有经济、社会、文化、历史、法律等哲学社会科学基本学科，以应用决策研究为主导、基础理论研究为支撑的省委、省政府管理的综合性哲学社会科学研究机构，正厅级公益一类事业单位。

广东省社会科学院的前身是中国科学院广州哲学社会科学研究所。筹办于1956年冬，经报请中国科学院哲学社会科学学部批准，于1958年10月正式成立，初名为中国科学院广州哲学社会科学研究所。1968年机构撤销，1972年10月恢复，更名为广东省理论研究室。1973年7月，经广东省编制领导小组同意，省理论室改称广东省哲学社会科学研究所。1980年7月，中共广东省委宣传部同意并报广东省委批准，将广东省哲学社会科学研究所更名为广东省社会科学院（以下简称广东社科院）。

### 一、领导

广东社科院的历任党组书记是：杜国庠（1958—1961年，所长；1956—1958年，筹备处负责人）、孙孺（1961年—1966年10月任所长；1972年10月—1973年1月任主任）、聂菊荪（1973年6月—1977年12月，党核心组组长）、廖建祥（1978年5月—1983年8月，党核心组组长、党组书记）、曾牧野（1983年8月—1988年4月）、林洪（1988年5月—1992年6月）、张难生（1992年6月—1998年10月）、李本钧（1998年10月—2000年9月）、李子彪（2001年1月—2007年9月）、田丰（2007年9月—2008年5月）、蒋斌（2010年2月—　）。

广东社科院的历任院长是：杜国庠（1958—1961年，所长；1956—1958年，筹备处负责人）、孙孺（1961年—1966年10月任所长；1972年10月—1973年1月任主任）、聂菊荪（1973年1月—1977年12月，理论室主任、革委会主任）、廖建祥（1978年5月—1980年9月，革委会主任、所长）、陈越平（1980年9月—1983年8月，院长）、王致远（1983年8月—1988年4月）、林洪（1988年5月—1989年11月）、张磊（1989年12月—1998年10月）、李本钧（1998年10月—2000年9月）、梁桂全（2002年2月—2012年7月）、王珺（2012年1月任副院长，同年7月起主持工作，2014年11月起任院长至今）。

### 二、发展

改革开放以来，广东社科院注重个人专业兴趣与社会需求的结合，涌现出了一批在全国有学术影响力的著名学者，如经济学家卓炯、曾牧野，历史学家张磊等。但由于前期仍以基础理论研究为主，与广东经济发展和社会建设的现实需求不相适应。从20世纪90年代后期开始，广东省社会科学院在全国社科院系统率先开始了从以学术理论研究为主转向以决策咨询研究为主的探索。在历届省委主要领导同志的关怀重视下,在省委宣传部直接指导下,广东省社会科学院逐步明晰了以成为省委、省政府信得过、靠得住、用得上的"思想库"和"智囊团"为己任,注重以"三贴近"(贴近实践、贴近决策、贴近社会)为特色的发展定位。2011年后,中共广东省委主要领导更多地把具有战略性、前瞻性的中长期研究课题委托给了广东社科院,该院开始了从策略型智库向战略型智库转型的二次探索。两次转型使该院与高校、省委研究室、省政府发展研究中心的发展定位区别开来。通过转型发展,广东社科院的事业发展取得了一定成效。

第一,作为中宣部七大基地(教育部,中央党校,国防大学,中国社科院,北京市、上海、广东省社科院)之一的"广东省中国特色社会主义理论体系研究中心",成绩较突出,获得全国文明单位称号,多次受到中宣部表彰。

第二,作为服务地方决策的高端智库影响力不断提高。一是决策影响力。每年围绕省委、省政府的重大决策部署研究课题,如粤东西北振兴发展、创新驱动发展、广东"十三五"发展展望研究等。据统计,2013—2015年,全院完成各类应用决策课题411项(年均137项),以《专报》《参考》形式上报省领导的研究成果121项(年均40项),其中获省领导批示52项,年均17项。广东社科院与省有关单位共同研究的成果有:《广东省海洋经济地图》《珠三角区域一体化评估指标设计及应用》《广东省碳排放权交易机制设计方案》《广东省历史人文资源调研报告》《广东省海外华务资源调研报告》《广东省历史建筑保护调查》等。二是学术影响力。2013—2015年,全院完成基础理论课题1261项(年均420项),获得国家社科基金重大、重点等课题立项9项、广东省社科基金课题立项20项、"理论粤军"专项课题立项15项、广东省自然科学基金课题立项4项、省社科规划基金课题共建项目6项。在各类权威期刊与核心期刊发表文章290多篇。出版了《传记·类传·革命党人》(中国国家清史工程项目)、《广东通史》《广东省志(社会科学卷)》等一批优秀成果。在当代马克思主义理论、粤港澳合作、海上丝绸之路、南海开发、产业集群、近现代史、社会治理、生态文明建设等研究领域拥有较权威的话语权。2011年起,张磊、梁桂全、王珺等同志先后被评为"广东省优秀社会科学家"。配合省委宣传部,组织、建设、管理"广东省地方特色文化基地"和"广东省科学发展观研究实践基地"工作。三是社会影响力。研究、发布广东区域竞争力、广东企业竞争力、现代化以及创新等指数,引起社会广泛关注。2010—2016年6月,广东省社科院科研人员在《光明日报》《人民日报》《经济日报》等国家级新闻媒体发表文章73篇,在省部级新闻媒体发表文章666篇。上述三方面提高了广东社科院的影响力。在美国宾夕法尼亚大学与上海社科院开展的全国智库影响力排名中,广东社科院在全国顶级智库综合影响力排名从2013年的24位上升到2014年的17位,连续两年在地方社会科学院影响力排第3位。

第三,配合转型发展,率先推进管理体制改革。一是配合审计整改工作深入推进"以制治院",不断加大制度修改力度,严抓落实。二是把决策研究作为考核与评价研究人员业绩、岗位设置、人员聘用、绩效工资等结合起来,形成了研究人员将主要力量用于决策研究的激励导向。与此相配套,广东社科院率先推进了人事制度的改革,如双向竞聘上岗。三是率先开发并使用了自动化管理系统。根据课题立项、过程管理、课题结项、成果应用等环节自主研发了"科研全过程动态管理系统",

并向其他社科院推广应用。

### 三、机构设置

广东社科院自1958年10月成立以来，内部机构设置根据发展的需要数次变更，院内先后设置有：广州哲学社会科学研究所时期设有历史研究室、经济研究室、哲学研究室、民族研究组；广东省理论研究室时期设有理论研究组、图书资料组、行政组；广东省理论研究所时期设有哲学研究室、经济研究室、历史研究室、学术情报室、行政办公室；广东社科院建院初期（1980—1990）设有经济研究所、历史研究所、哲学研究所、人口研究室、图书资料室、人口研究所、文学研究所、法学研究所、孙中山研究所、社会科学学术情报所、农经研究所、决策研究所、社会学室、港澳研究中心、邓小平研究中心、精神文明中心、办公室、科研处、人事处、机关党委、研究生部、《广东社会科学》杂志社、《亚太经济时报》社等；后历经变更，截至2015年12月，广东省编制委员会核定广东社科院机构设置为：内设机构：办公室、科研处、人事处、党委办、当代马克思主义研究所、精神文明研究所、财政金融研究所、国际经济研究所、图书馆、现代化战略研究所、宏观经济研究所、企业研究所、产业经济研究所、历史与孙中山研究所、哲学与宗教研究所、社会学与人口学研究所、法学研究所、研究生部、文化产业研究所；直属机构：《亚太经济时报》社、广东省社会科学综合开发中心、广东省省情调查研究中心、《广东社会科学》杂志社。

### 四、人才建设

建院至今，广东社科院科研人员在各自学科领域辛勤耕耘，取得了丰硕的治学成果，其中不乏学有专长和卓有建树的专家学者。截至2015年12月，在编在岗人员合计248人。专业技术人员165人，其中，具有正高级职称人员44人，副高级职称人员45人，中级及以下职称人员76人；管理岗位人员71人，其中，处级以上干部27人；工勤岗位12人。具有副研究员及以上专业技术职称的有89人。

## 第二节 组织机构

### 一、广东社科院领导及其分工

（一）历任领导

1958年

所长：杜国庠

副所长：孙孺

1972年

负责人：孙孺

1973年

理论室主任：聂菊荪

理论室副主任：赵冬垠、孙孺、王致远

研究所副主任：林仲

1974—1977年

党核心组组长：聂菊荪

核心组副组长：赵冬垠、孙孺、王致远（1975）、廖建祥（1977）

党核心组成员：林仲

革委会

主任：聂菊荪；副主任：何幼琦、廖建祥

1978年

党核心组组长：廖建祥

核心组副组长：赵冬垠、孙孺、王致远

党核心组成员：林仲

革委会

主任：廖建祥；副主任：何幼琦

1979年

所长、党组书记：廖建祥

副所长、党组副书记：赵冬垠、孙孺、王致远

副所长、党组成员：何幼琦、林仲、卓炯、金应熙、梁钊

1980—1982 年

院长：陈越平

党组书记：廖建祥

党组副书记：王致远、赵冬垠、孙孺（1982）

党组成员：何幼琦、卓炯、金应熙、佘绍聪（1982）、张绰（1982）、张难生（1982）、曾牧野（1982）

顾问：林仲

秘书长、党组成员：陈枫

1983—1987 年

院长：王致远

党组书记：曾牧野

副院长：金应熙、张难生（1985）、张磊

党组成员：陈枫、张难生、古念良、张绰、吴江（1985）

1988 年

院长：林洪

党组书记：林洪

副院长、党组成员：曾牧野

副院长：张磊

党组成员：副院长：张难生；秘书长：吴江

1989—1990 年

院长：张磊

党组书记：林洪

副院长：曾牧野、张难生

秘书长：吴江

1991 年

院长：张磊

党组书记：林洪

副院长：张难生、曾牧野

秘书长：李增岳

1992—1997 年

院长：张磊

党组书记：张难生

副院长：张难生、罗尚贤、梁桂全（1995）、李新家（1995）、王经伦（1996）

党组成员：张难生、张磊、罗尚贤、梁桂全（1995）、李新家（1995）、王经伦（1996）、田丰（1998）

秘书长：李增岳、田丰（1995）

1998—2000 年

院长：李本钧

党组书记：李本钧

副院长：梁桂全、李新家、王经伦、田丰

纪检组长：许辉耀

副秘书长：姚彦尹

2001—2007 年

党组书记：李子彪

院长：梁桂全（2002）

副院长：李新家、王经伦、田丰、周燎刚（2002）、谢名家（2002）、刘小敏（2003）

纪检组长：许辉耀、黎志华（2006）

副秘书长：姚彦尹

2008 年

党组书记、副院长：田丰

党组副书记、院长：梁桂全

副院长：李新家、王经伦、刘小敏、谢名家

纪检组长：黎志华

2009 年

党组副书记、院长：梁桂全

副院长：李新家、王经伦、刘小敏、周薇

纪检组长：黎志华

2010—2013 年

党组书记：蒋斌

院长：梁桂全

党组副书记：王珺

副院长：李新家、王经伦、刘小敏、周薇、温宪元、章扬定（2012）

纪检组长：黎志华

2014—2015 年

党组书记：蒋斌

党组副书记、院长：王珺

副院长：刘小敏、周薇、温宪元、章

扬定、赵细康（2015）、袁俊（2015）

纪检组长：黎志华

（二）现任领导及其分工

党组书记：蒋斌，兼任中共广东省委宣传部副部长，主持党组工作和党组会议；重点主管党的思想组织建设、纪检监察、人事组织工作。

党组副书记、院长：王珺，主持日常工作和院长会议；重点主管行政、科研、事业发展等工作。具体分管《南方经济》杂志社。

党组成员、副院长：刘小敏，负责人事，社会类、政法类科研、广东实践科学发展观研究基地管理等工作。具体分管人事处、现代化战略研究所、社会学与人口学研究所、法学研究所、《广东社会科学》杂志社。

党组成员、纪检组长：黎志华，负责党组中心组学习；机关党务、纪检监察、思想政治、党群、统战、扶贫等工作。具体分管机关党委、党委办公室（含纪委、监察室）、工会、共青团、妇委会。

党组成员、副院长：周薇，负责马克思主义研究，文化类、历史类、哲学类科研，研究生教育、对外学术交流、广东地方特色文化研究基地管理等工作。具体分管研究生部（研究生进修学院）、对外学术交流中心、当代马克思主义研究所（广东省中国特色社会主义理论体系研究中心）、精神文明建设研究所（广东省精神文明建设研究中心）、历史与孙中山研究所、哲学与宗教研究所、文化产业研究所（文学研究中心、文化产业与新闻传播研究中心）、珠三角发展研究院。

党组成员、副院长：章扬定，负责主持院务会议；行政后勤、广东社会科学中心建设与管理、财务管理、文秘档案、保密机要、信访接待等工作。具体分管办公室（广东社会科学中心管理部）、《亚太经济时报》社、旅游研究所（仲裁研究所）、广东省社会科学综合研究开发中心、广东省情调查研究中心、《新经济》杂志社、广东社会科学培训中心。

党组成员、副院长：赵细康，负责科研管理、科研开发、经济类科研、广东省社会科学研究机构战略联盟等工作。具体分管科研处（战略联盟联络处）、国际经济研究所（港澳台研究中心）、财政金融研究所、宏观经济研究所、企业研究所、产业经济研究所、区域与企业竞争力研究中心、消费与市场研究中心、环境经济与政策研究中心。

党组成员、副院长：袁俊，负责图书资料与信息化建设，分院管理，社团管理，老专家工作，港澳台联系等工作。具体分管图书馆（信息中心）、对台事务办公室、离退休人员办公室、老专家工作室。

二、广东省社会科学院职能部门及领导

办公室（广东社会科学中心管理部）

主任：李军

副主任：陈瑞中、吴永斌、张科（管理部主任）

科研处（对外学术交流中心、战略联盟理事会联络处）

处长：赵细康（兼）

副处长：胡惠芳、杨广生

人事处（离退休人员办公室）

处长：游霭琼、陈卫人（主任）

副处长：刘翠敏

党委办公室（监察室）

主任：柯锡奎

副主任：崔小娟

三、广东省社会科学院科研机构及领导

马克思主义研究所（广东省中国特色社会主义理论体系研究中心）

所长：刘伟

副所长：张造群

精神文明研究所（广东省精神文明建

设研究中心）
　　副所长（主持工作）：夏辉
　　财政金融研究所
　　所长：任志宏
　　副所长：刘佳宁
　　国际经济研究所（港澳台研究中心）
　　所长：丘杉
　　副所长：梁育民
　　现代化战略研究所
　　所长：郑奋明
　　副所长：李飏
　　宏观经济研究所
　　所长：刘品安
　　副所长：陈再齐
　　企业研究所
　　所长：林平凡
　　副所长：李源
　　产业经济研究所
　　所长：向晓梅
　　副所长：吴伟萍
　　历史与孙中山研究所
　　所长：李庆新
　　副所长：李振武、陈贤波
　　哲学与宗教研究所
　　所长：冯立鳌
　　副所长：邓智平
　　文化产业研究所（文学研究中心）
　　所长：钟晓毅
　　副所长：詹双晖
　　社会学与人口学研究所
　　所长：左晓斯
　　副所长：梁理文
　　法学研究所
　　所长：骆梅芬

四、广东省社会科学院科研辅助部门及领导

　　图书馆（社会科学信息中心）
　　馆长：罗繁明
　　副馆长：肖智星（主持工作）、蒋县平
　　研究生部（研究生进修学院）
　　主任：王珺
　　副主任：查宁
　　广东省社会科学综合研究开发中心
　　主任：黎友焕
　　广东省省情调查研究中心
　　主任：冯胜平
　　培训中心
　　主任：温仲文
　　《广东社会科学》杂志社
　　总编辑：江中孝
　　副总编辑：刘慧玲、潘莉
　　《亚太经济时报》社
　　社长：庄伟光
　　《新经济》杂志社
　　社长：杨明

## 第三节　年度工作概况

一、2015年广东社科院哲学社会科学事业发展状况

2015年，广东社科院以建设国家特色鲜明、制度创新、支撑有力的具有较大影响力和国际知名度的国家高端新型智库为目标，深化科研体制改革，强化资源统筹整合，提升决策咨询服务水平，推动科研工作与科研管理创新，新型智库建设在多方面取得成效。

1. 实施"八项行动"，推动事业发展

广东社科院围绕"更好地落实全面从严治党要求"和"充分发挥党组织的战斗堡垒作用和党员的先锋模范作用"的主线，以"三严三实"专题教育为契机，稳妥实施"八项行动"，确保群众路线教育实践活动成效得到继续巩固、反腐倡廉惩防体系更加完善，有力保障各项事业的改革与发展。同时，开展"院训"征集活动，有力地增强了全院凝聚力、向心力，使全体员工对院的定位、目标和方向及核

心价值观的认同进一步提高。

**2. 全面系统推进高端新型智库建设**

（1）编制《广东省社会科学院建设国家高端新型智库发展战略规划（2016—2020）》，提出广东省社会科学院未来建设国家高端新型智库的发展目标、发展思路、主要抓手和机制保障。（2）牵头联系广东省内十所主要高校召开广东智库协作座谈会，在修订广东智库联盟章程，扩大广东智库联盟成员范围，整合广东智库联盟资源，推进资源共享、渠道共享等方面达成初步合作意向。（3）"广东省哲学社会科学协同创新重点研究基地"取得实质性进展。其中"广东省21世纪海上丝绸之路协同创新重点研究基地"和"广东省生态文明协同创新重点研究基地"各项保障、调查研究、协同合作工作有序推进。

**3. 结合审计整改工作，完善管理体制机制**

（1）配合广东省审计厅开展2014年度预算执行审计和主要负责同志经济责任审计工作，并根据在审计过程中发现的问题一一作出回应，按照审计提出的意见进一步完善该院年度预算、经费决算以及绩效评估等相关管理措施。（2）配合广东省财政厅对广东社科院理论粤军专项资金开展绩效评估工作，对所承接的"理论粤军"项目向广东省财厅检查组作了绩效自评报告和资金使用情况说明。（3）根据审计意见制定《广东社科院审计整改台账》，对审计中发现的问题逐一落实整改。（4）结合审计意见对广东社科院现有规章制度进行梳理完善。

**4. 中国特色社会主义理论体系研究基地的作用得到进一步发挥**

"广东省中国特色社会主义理论体系研究中心"制定了五年发展规划，开展三类基地建设的筹备工作，积极发挥基地的辐射功能；创办学术交流平台《理论通讯》电子月刊，进一步发挥联络整合广东省内100多位中国特色社会主义理论专家资源的功能；大力组织策划中心特约研究员撰写理论文章，在中央"三报一刊"发表重点理论文章17篇，比2014年增长30%，其中，创新驱动、抗战纪念等多篇文章产生了良好的社会反响；依照广东省委宣传部安排，与南方日报社、羊城晚报社合作开辟了"粤论越明"和"理论广角"专栏，从9月—12月，组织发表理论文章30多篇。

**5. 应用决策研究与基础理论研究齐头并进**

应用决策研究与基础理论研究是广东社科院相互作用、相辅相承的两个研究范畴，各有侧重，同等重要。2015年新立项各类课题111项，其中，应用研究类课题88项，基础研究类课题23项。同期完成各类课题结项120项，其中，应用研究类课题结项103项，基础研究类课题结项17项。为充分实现课题研究的战略性、创新性、严谨性、实践性等目标，采取了系列举措。

（1）加强战略研究引导。以"广东创新驱动发展"为主题确定13个重点选题开展深入研究，成果以《广东省社会科学院专报》报送广东省委、省政府，并编入"第四届南方智库论坛"论文集，为广东省创新驱动发展与"十三五"发展建言献策；系列成果汇编成"广东省社科院决策研究报告——《创新驱动与广东发展》"，在"广东智库论坛"系列成果发布会上发布。根据国家"一带一路"战略部署以及广东省委、省政府推进建设广东21世纪海上丝绸之路的精神，选择具有重大意义和延续性的课题进行现实情况（数据）支持与前瞻性判断。

（2）精心组织上级交办课题。遴选一批广东省需要重点关注和研究的选题上报广东省委、省政府领导圈点，最后确定圈点课题16项，其中省主要领导圈点6项。2015年上级交办课题立项36项，完成结项30项。

（3）认真完成院级应用决策课题。2015年通过公开申报、组织评审等程序，确定院级应用决策课题立项20项，同期完成该类项目结项34项；直接提交成果结项的对策性应用决策课题20项。

（4）支持基础理论研究课题。积极组织申报2015年度国家、广东省哲学社会科学（自然科学）基金项目，对获得国家社科基金项目立项的2项课题根据所获资助经费额度按1∶0.5比例给予经费配套资助；广东省社会科学院"2015年度青年课题资助项目"立项5项；资助优秀学术专著成果出版12项。

二、2015年广东省社会科学院主要学术成就、贡献及影响

1. 科研成果实现有效推广与转化

（1）应用决策研究成果的决策影响力转化。2015年，向广东省委、省政府报送《广东省社会科学院专报》30期，共有13期获得省领导批示21人次；报送《经济社会决策参考》37期；编撰出版《广东"十三五"发展展望》《广东发展若干现实问题研究2014》等一批优质成果，较好地发挥了思想库、智囊团的作用。

（2）基础理论研究成果的学术影响力转化。2015年公开发表论文209篇，其中在EI、ISSHP、ISTP收录期刊上发表5篇，在核心期刊上发表46篇，在媒体发表署名文章184篇，在学术界及社会上产生较大影响。

（3）研究成果的社会影响力转化。转化形式包括：主办或联合主办"第四届中国南方智库论坛"等学术论坛及学术研讨会；举办"2014年度广东大型企业竞争力评估""2014广东省现代化进程测评"等成果发布会；发挥理论宣传和舆论引导作用，组织该院科研人员围绕学习《习近平总书记系列重要讲话读本》、"推动广东创新驱动发展""广东自贸区创新建设""学习贯彻十八届五中全会精神"等主题撰写一批理论文章等，引起了媒体与公众的广泛关注，产生了积极的社会影响。

2. 平台体系逐步完善，职责功能逐步发挥

继续探索新型智库平台建设模式，推进学术交流平台、协同创新平台、信息支持平台等的建设，构建更加完善的决策研究支撑体系。

（1）学术交流平台。继续办好"广东智库讲堂"，邀请了中央政策研究室经济局白津夫局长等一批专家学者、政府职能部门负责人到该院交流；积极拓展对外学术交流渠道，分别与美国夏威夷大学、日本创价大学签署交流合作框架协议。

（2）协同创新平台。广东智库联盟工作取得突破性进展，召开了广东智库协作座谈会、联盟发起人工作会议、广东智库联盟年会。在广东智库联盟年会上，进行了章程修订以及理事会选举、轮值理事长单位选举等工作，省内主要高校加入广东智库联盟成员单位，实现了联盟扩盟提质目标，为做实、做活、做强联盟工作奠定了坚实基础；广东海上丝绸之路研究院发挥"小机构、大网络"优势，开展了海上丝绸之路沿线国家的调研与研究工作；"理论粤军"的"广东地方特色文化研究基地"与"广东实践科学发展观研究基地""教育部在粤人文社科重点研究基地"项目工作有力推进。

（3）成果发布平台。打造成果发布平台，树立智库品牌卓有成效。"广东区域竞争力报告""广东大型企业竞争力评估""广东现代化进程测评"等专题已经形成具有较大影响力的科研品牌，并在此基础上进一步打造"广东智库论坛"系列成果发布。

（4）信息支持平台。广东社科院信息中心、省情调研中心和广东发展研究数据库通过密切与中国社会科学院图书馆、广东省统计局、经信委及大数据管理局、广东省中山图书馆等单位的工作联系，研究探讨合作

意向，提升信息资源共享和数据采集质量与水平，大数据平台建设成效显著，成为科研工作现代化、信息化的有力支撑。

## 第四节 科研活动

### 一、人员、机构等基本情况

**（一）人员**

截至2015年底，广东社科院共有在职人员248人。其中，正高级职称人员50人，副高级称职人员50人，中级职称人员67人；高、中级职称人员占全体在职人员总数的67%。

**（二）机构**

内设机构：办公室（广东社会科学中心管理部）、人事处（离退休人员办公室）、党委办公室（监察室）、研究生部（研究生进修学院）、图书馆（社会科学信息中心）、《新经济》杂志社、当代马克思主义研究所（广东省中国特色社会主义理论体系研究中心）、精神文明研究所（广东省精神文明建设研究中心）、财政金融研究所、国际经济研究所（港澳台研究中心）、现代化战略研究所、宏观经济研究所、企业研究所、产业经济研究所、历史与孙中山研究所、哲学与宗教研究所、文化产业研究所（文学研究中心）、社会学与人口学研究所、法学研究所。

直属机构：《亚太经济时报》社、广东省社会科学综合研究开发中心、广东省省情调查研究中心、《广东社会科学》杂志社。

### 二、科研工作

**（一）科研成果统计**

2015年，广东社科院共完成专著24种，483.4万字；学术普及读物1种，8万字；编著8种，100.7万字；论文163篇，132.4万字；研究报告87篇，44.1万字；一般文章148篇，38.5万字。

**（二）科研课题**

1. 新立项目

2015年新立项主要课题89项。其中：国家社科基金课题2项，广东省社科院重大课题37项、重点课题24项、青年课题5项，横向课题21项。

**国家社会科学基金课题**

| 序号 | 课题名称 | 课题负责人 |
| --- | --- | --- |
| 1 | 方以智禅学研究 | 邢益海 |
| 2 | 中国环境治理中的政府责任和公众参与机制研究 | 赵细康 |

**广东省社会科学院重大课题**

| 序号 | 课题名称 | 课题负责人 |
| --- | --- | --- |
| 1 | 广东省社区思想政治工作专题调研 | 刘小敏 |
| 2 | 2013年广东省基本公共服务均等化绩效考评结果分析报告 | 游霭琼 |
| 3 | 广东省地方性政府债务风险防范研究 | 任志宏 |
| 4 | 广东社会稳定重大隐患及防控机制研究 | 骆梅芬 |
| 5 | 广东省人才发展体制机制问卷调查分析报告 | 游霭琼 |
| 6 | 近期广东青年思想动态分析 | 刘伟 |

续表

| 序号 | 课题名称 | 课题负责人 |
|---|---|---|
| 7 | 珠三角打造国家自主创新示范区研究 | 郑奋明 |
| 8 | 斗门区建设中央农办农村改革试验联系点调研报告 | 章扬定 |
| 9 | 新会区建设全国农业综合改革示范区调研报告 | 章扬定 |
| 10 | 珠江流域跨行政区水环境保护与污染治理研究 | 章扬定 |
| 11 | 创新驱动下广东建设制造业强省的路径研究 | 向晓梅 |
| 12 | 促进广东大众创业万众创新研究 | 夏 辉 |
| 13 | 如何加快培育有利于创新驱动的文化土壤 | 冯立鳌 |
| 14 | 广东文化创意产业与先进制造业融合研究 | 钟晓毅 |
| 15 | 激发中小企业创新活力研究 | 林平凡 |
| 16 | 广东省纯农村地区基层治理专题调研报告 | 邓智平 |
| 17 | 广东省城市社区基层治理调研报告 | 左晓斯 |
| 18 | 促进广东自贸区发展的人才政策创新点研究 | 游霭琼 |
| 19 | 为创新驱动发展战略集聚高端创新创业人才的路径研究 | 游霭琼 |
| 20 | 破除体制机制障碍 率先实现粤港澳服务贸易自由化 | 丘 杉 |
| 21 | 广东区域人才协调发展研究 | 丁 力 |
| 22 | 2014年广东大学生对社会主义核心价值观的认知调查报告 | 周 薇 |
| 23 | 把社会主义核心价值观要求融入具体的法律法规、政策制度和社会治理、行业管理调研报告 | 周 薇 |
| 24 | 2014年广东省基本公共服务均等化绩效考评报告 | 游霭琼 |
| 25 | 社会政策创新与经济增长研究 | 左晓斯 |
| 26 | 关于设立广东省社会科学基金的请示报告 | 王丽娟 |
| 27 | 广东绿色创新的战略机遇和推进策略研究 | 曾云敏 |
| 28 | 广东省"十三五"网络文化改革发展规划纲要 | 邓智平 |
| 29 | "十三五"时期社会心理和舆论引导 | 夏 辉 |
| 30 | 城市创新驱动发展指标体系设计与测评 | 郑奋明 |
| 31 | 广东省中国特色社会主义理论体系研究中心发展规划（2016—2020） | 刘 伟 |
| 32 | "竞争性扶持高校加强马克思主义学院建设"项目考核指标体系研究 | 刘 伟 |
| 33 | "四个全面"战略布局的历史必然性与价值整体性探究 | 刘 伟 |
| 34 | 《法治热点面对面》第5章《走进法律体系"2.0时代"——怎样推进科学民主立法》 | 刘 伟 |
| 35 | 广东省海上丝绸之路产业和科技合作研究 | 邓江年 |

续表

| 序号 | 课题名称 | 课题负责人 |
|---|---|---|
| 36 | 新型网络技术变革下广东服务业业态创新与模式转型 | 郑奋明 |
| 37 | 广东海外企业社会责任研究 | 吴伟萍 |

广东省社会科学院重点课题

| 序号 | 课题名称 | 课题负责人 |
|---|---|---|
| 1 | 建设"i动广东"全省体育资源信息管理服务平台 | 蔡丽茹 |
| 2 | 2014广东现代化指标测评 | 郑奋明 |
| 3 | 2015年广东省区域竞争力评估分析研究 | 丁 力 |
| 4 | 广东外贸新常态下增长动力机制研究 | 丘 杉 |
| 5 | 新常态下的广东文化创意产业发展策略 | 陈荣平 |
| 6 | 新常态下集体劳动争议的预防及应对研究 | 黄晓慧 |
| 7 | 广东科技创新对经济增长驱动的现状、问题与对策研究 | 李 源 |
| 8 | E时代权威模式的代际变迁与政策应对 | 夏 辉 |
| 9 | 广东发展高端服务业产业集群的战略研究 | 高怡冰 |
| 10 | 三链融合体系下广东制造业企业创新驱动发展路径研究 | 刘 城 |
| 11 | 广东宣传思想工作如何落实习总书记"大宣传"的理念 | 冯立鳌 |
| 12 | 广东省公众参与基层社会治理机制梳理及对策研究 | 赵道静 |
| 13 | 新常态下广东生态文明建设的机遇与挑战 | 石宝雅 |
| 14 | 文化传播视域下的社会主义核心价值观大众化研究 | 张造群 |
| 15 | 广东城市住房保障管理存在问题及对策研究 | 左晓斯 |
| 16 | 国家治理体系现代化与广东国企改革进程监测研究 | 王晓辉 |
| 17 | 广东省社会工作人才评价研究 | 黄彦瑜 |
| 18 | 广东社会领域产业发展的思路与对策 | 柏 萍 |
| 19 | 文化育和谐:传统文化在基层治理中的作用 | 邓智平 |
| 20 | 广东加快跨越生态环境"拐点期"的战略路径与实施策略 | 吴大磊 |
| 21 | 构建广东—东盟"海上丝绸之路"国际旅游圈的路径研究 | 邹开敏 |
| 22 | 广东大力发展岭南特色文化产业的对策研究 | 钟晓毅 |
| 23 | 关于广东文化消费的拓展创新研究 | 钟晓毅 |
| 24 | 广东省社会科学院建设中国特色新型智库规划研究 | 王 珺 |

**2. 结项课题**

2015年结项课题124项。其中:广东省社科院重大课题38项、重点课题63项、青年课题11项。

## 广东省社会科学院重大课题

| 序号 | 课题名称 | 课题负责人 |
| --- | --- | --- |
| 1 | 《法治热点面对面》第5章《走进法律体系"2.0时代"——怎样推进科学民主立法》 | 刘 伟 |
| 2 | "十三五"时期社会心理和舆论引导 | 夏 辉 |
| 3 | "四个全面"战略布局的历史必然性与价值整体性探究 | 刘 伟 |
| 4 | "竞争性扶持高校加强马克思主义学院建设"项目考核指标体系研究 | 刘 伟 |
| 5 | 广东省中国特色社会主义理论体系研究中心发展规划（2016—2020） | 刘 伟 |
| 6 | 把社会主义核心价值观要求融入具体的法律法规、政策制度和社会治理、行业管理调研报告 | 周 薇 |
| 7 | 2014年广东大学生对社会主义核心价值观的认知调查报告 | 周 薇 |
| 8 | 为创新驱动发展战略集聚高端创新创业人才的路径研究 | 游霭琼 |
| 9 | 广东省城市社区基层治理调研报告 | 左晓斯 |
| 10 | 广东省纯农村地区基层治理专题调研报告 | 邓智平 |
| 11 | 如何加快培育有利于创新驱动的文化土壤 | 冯立鳌 |
| 12 | 珠江流域跨行政区水环境保护与污染治理研究 | 章扬定 |
| 13 | 新会区建设全国农业综合改革示范区调研报告 | 章扬定 |
| 14 | 斗门区建设中央农办农村改革试验联系点调研报告 | 章扬定 |
| 15 | 近期广东青年思想动态分析 | 刘 伟 |
| 16 | 广东省地方性政府债务风险防范研究 | 任志宏 |
| 17 | 广东省人才发展体制机制问卷调查分析报告 | 游霭琼 |
| 18 | 2013年广东省基本公共服务均等化绩效考评结果分析报告 | 游霭琼 |
| 19 | 广东省社区思想政治工作专题调研 | 刘小敏 |
| 20 | 港珠澳都市区建设与珠海发展战略研究 | 梁桂全 |
| 21 | 新型城镇化中土地制度创新的战略思维 | 章扬定 |
| 22 | 广东自贸区负面清单研究（2014年省领导圈点课题） | 丘 杉 |
| 23 | 广东与海上丝绸之路各国交流合作的历史和现状 | 李庆新 |
| 24 | "广东与21世纪海上丝绸之路"理论研讨会领导讲话稿 | 李庆新 |
| 25 | 2014—2015年广东经济分析、预测与建议 | 刘品安 |
| 26 | 粤东西北产业园区建设研究 | 林平凡 |
| 27 | 健全坚持正确舆论导向的体制机制研究 | 张造群 |
| 28 | 广东人民团体现代社会治理研究 | 刘梦琴 |

续表

| 序号 | 课题名称 | 课题负责人 |
| --- | --- | --- |
| 29 | 城市基层现代化社会治理研究 | 刘梦琴 |
| 30 | 广东异地务工人员社会治理创新研究 | 左晓斯 |
| 31 | 广东现代化社会治理体系和治理能力研究 | 左晓斯 |
| 32 | 振兴粤东西北计划实施进程的跟踪研究 | 刘品安 |
| 33 | 干部制度改革的经验与问题研究 | 游霭琼 |
| 34 | 广东深化市场经济体制改革的战略研究 | 李新家 |
| 35 | 广东省引进高层次文化人才专题研究 | 赵细康 |
| 36 | 广东省文化企事业单位智力贡献参与分配的实施意见 | 刘 伟 |
| 37 | 2020 的广东 | 郑奋明 |
| 38 | 培育创新型产业集群增强广东核心竞争力研究 | 王 珺 |

## 广东省社会科学院重点课题

| 序号 | 课题名称 | 课题负责人 |
| --- | --- | --- |
| 1 | 建设"i 动广东"全省体育资源信息管理服务平台 | 蔡丽茹 |
| 2 | 2014 广东现代化指标测评 | 郑奋明 |
| 3 | 广东外贸新常态下增长动力机制研究 | 丘 杉 |
| 4 | 新常态下集体劳动争议的预防及应对研究 | 黄晓慧 |
| 5 | 广东科技创新对经济增长驱动的现状、问题与对策研究 | 李 源 |
| 6 | E 时代权威模式的代际变迁与政策应对 | 夏 辉 |
| 7 | 广东宣传思想工作如何落实习总书记"大宣传"的理念 | 冯立鳌 |
| 8 | 广东社会领域产业发展的思路与对策 | 柏 萍 |
| 9 | 文化育和谐：传统文化在基层治理中的作用 | 邓智平 |
| 10 | 关于广东文化消费的拓展创新研究 | 钟晓毅 |
| 11 | 2014 年度广东大型企业竞争力评估研究 | 林平凡 |
| 12 | 基于增长理论视角的广东经济发展方式转变研究 | 刘品安 |
| 13 | 广东探索编制自然资源资产负债表研究 | 曾云敏 |
| 14 | 粤港澳合作的法制突破点探析 | 黄晓慧 |
| 15 | 大数据技术在广东创新驱动战略中的价值及其实现 | 曾 欢 |
| 16 | 广东实施突破性创新战略、提升区域核心竞争力研究 | 高怡冰 |
| 17 | 生态文明视角下广东政绩考核评价制度的"绿色化"改革思路与对策 | 王丽娟 |
| 18 | 从要素驱动转向创新驱动：广东与韩国的比较研究 | 李 源 |

续表

| 序号 | 课题名称 | 课题负责人 |
| --- | --- | --- |
| 19 | 当前广东"国学热"之现状、问题及其对策 | 孙海燕 |
| 20 | 广东社区居家养老服务的发展思路与对策 | 柏 萍 |
| 21 | 观念改变世界：广东文化消费景气指数构建及影响机理分析 | 李超海 |
| 22 | 全球自由贸易区发展趋势与粤港澳新型自贸区的协同发展 | 丘 杉 |
| 23 | 以社会投资战略推动广东经济转型升级和持续增长：社会政策与经济发展的新思维 | 左晓斯 |
| 24 | 二次人口红利语境下的广东人口质量提升研究 | 周仲高 |
| 25 | 城乡社区重塑与治理研究 | 左晓斯 |
| 26 | 粤东西北地区县域实现全面建设小康社会经济目标的政策研究 | 成建三 |
| 27 | 广东海洋文化遗产与21世纪海上丝绸之路建设 | 李庆新 |
| 28 | 金融支持广东传统优势产业转型升级的对接机制研究 | 刘佳宁 |
| 29 | 广东金融创新资源整合和政策协同研究——南沙、横琴、前海区域金融创新的机制设计 | 任志宏 |
| 30 | 传统社会组织的现代功能研究——以行会、商会为例 | 李庆新 |
| 31 | 高学历高职称女性专业技术人员退休政策研究 | 刘梦琴 |
| 32 | 广东行业廉政风险问题及防控对策 | 叶嘉国 |
| 33 | 活化村落文化：培育广东乡村旅游发展新增长点 | 庄伟光 |
| 34 | 广东自由贸易试验区功能选择研究 | 刘品安 |
| 35 | 我院建设新型高端智库专题调研报告 | 刘 炜 |
| 36 | 推动文化产品资产化，释放广东经济新增长动力 | 黎友焕 |
| 37 | 以"一带一路"倡议为契机全面深化与南亚三国经贸合作 | 丘 杉 |
| 38 | 劳动关系矛盾新常态与源头化解之策 | 左晓斯 |
| 39 | 推动汕头建设21世纪海上丝绸之路"门户城市"，引领粤东地区率先振兴发展 | 向晓梅 |
| 40 | 扩大有效投资，促进"十三五"时期广东经济的持续增长 | 王 珺 |
| 41 | 粤港澳国际都市圈世界旅游目的地的培育研究——三地旅游合作如何对接"一带一路"战略 | 庄伟光 |
| 42 | 广东"十三五"基本公共服务均等化：问题、挑战与战略 | 梁理文 |
| 43 | 发挥社会政策在大众创业、万众创新中的驱动作用 | 肖海鹏 |
| 44 | 欧盟法律体系的融合与冲突——欧盟法律考察报告 | 张庆元 |
| 45 | 如何补齐广东小康社会建设中的民生社会短板 | 柏 萍 |
| 46 | 广东老年社会组织：活力如何激发与释放？ | 周剑倩 |

续表

| 序号 | 课题名称 | 课题负责人 |
|---|---|---|
| 47 | 发展老年大学：广东如何突破现实瓶颈？ | 周剑倩 |
| 48 | 创新一乡一品模式，培育粤东西北新型城镇化支撑产业 | 罗繁明 |
| 49 | 疏导经济下行压力，提振我省中小企业发展动力 | 林平凡 |
| 50 | 以海外并购推动广东"稳外贸、稳增长"的对策研究 | 黎友焕 |
| 51 | 国际环境变化趋势对"十三五"广东经济的影响 | 丘　杉 |
| 52 | 广东十三五创新驱动发展研究 | 李　源 |
| 53 | "十三五"时期广东法治建设研究 | 骆梅芬 |
| 54 | 广东"十三五"金融改革与创新研究 | 任志宏 |
| 55 | 广东"十三五"生态文明建设发展思路研究 | 赵细康 |
| 56 | 广东"十三五"基本公共服务发展重点及其财政保障机制研究 | 游霭琼 |
| 57 | 从追赶到创新：广东省"十三五"发展思路研究 | 王　珺 |
| 58 | "十三五"社会治理创新与社会安全研究 | 梁理文 |
| 59 | "十三五"广东区域协调发展路径和策略研究 | 刘品安 |
| 60 | "十三五"行政管理体制改革与创新研究 | 柯锡奎 |
| 61 | "十三五"经济转型升级动力机制和制度环境研究 | 向晓梅 |
| 62 | "理论粤军"打造与广东社会科学研究资源系统利用研究 | 温宪元 |
| 63 | 广东海洋经济发展战略研究 | 向晓梅 |

3. 延续课题

2015年延续在研课题48项。其中：国家社科基金课题7项，广东省社科院重大课题8项、重点课题8项、青年课题19项，横向课题6项。

**国家课题**

| 序号 | 课题名称 | 课题负责人 |
|---|---|---|
| 1 | 新型城市化背景下的产业结构优化 | 王　珺 |
| 2 | 方以智庄学研究 | 邢益海 |
| 3 | 当代中国克服虚无主义的战略研究 | 杨丽婷 |
| 4 | 都市圈理论与大珠三角世界级城市群发展研究 | 郑奋明 |
| 5 | 残疾人婚姻家庭研究 | 解　韬 |
| 6 | 明代广东海防体制转变研究 | 陈贤波 |
| 7 | 清代广东海岛管理研究 | 王　潞 |

**广东省社会科学院重大课题**

| 序号 | 课题名称 | 课题负责人 |
| --- | --- | --- |
| 1 | 广东省海上丝绸之路产业和科技合作研究 | 邓江年 |
| 2 | 城市创新驱动发展指标体系设计与测评 | 郑奋明 |
| 3 | 广东省"十三五"网络文化改革发展规划纲要 | 邓智平 |
| 4 | 破除体制机制障碍 率先实现粤港澳服务贸易自由化 | 丘杉 |
| 5 | 广东文化创意产业与先进制造业融合研究 | 钟晓毅 |
| 6 | 促进广东大众创业万众创新研究 | 夏辉 |
| 7 | 创新驱动下广东建设制造业强省的路径研究 | 向晓梅 |
| 8 | 珠三角打造国家自主创新示范区研究 | 郑奋明 |

**广东省社会科学院重点课题**

| 序号 | 课题名称 | 课题负责人 |
| --- | --- | --- |
| 1 | 新常态下的广东文化创意产业发展策略 | 陈荣平 |
| 2 | 广东发展高端服务业产业集群的战略研究 | 高怡冰 |
| 3 | 三链融合体系下广东制造业企业创新驱动发展路径研究 | 刘城 |
| 4 | 新常态下广东生态文明建设的机遇与挑战 | 石宝雅 |
| 5 | 文化传播视域下的社会主义核心价值观大众化研究 | 张造群 |
| 6 | 广东省社会工作人才评价研究 | 黄彦瑜 |
| 7 | 构建广东—东盟"海上丝绸之路"国际旅游圈的路径研究 | 邹开敏 |
| 8 | 广东大力发展岭南特色文化产业的对策研究 | 钟晓毅 |

## 三、学术交流活动

### (一)学术活动

**1. 2014年度广东大型企业竞争力成果发布会**

发布会于1月16日上午召开,由广东社科院企业研究所、广东省省情调查研究中心主办。院长王珺在会上作了题为"广东2015年经济发展形势预测及十三五规划思考"的报告。会议公布了"2014年度广东大型企业竞争力评估结果""2014年度广东高等教育院校(民办)竞争力""广东职业教育院校竞争力评估结果"以及对本年度广东大型企业竞争力评估课题作了说明。发布会还向获奖单位颁发了荣誉证书及牌匾。

**2. 广东省社会科学院青年学术论坛**

论坛由广东社科院科研处、人事处主办,青年学术沙龙承办。论坛每两个月举办一次,主讲人及与会者以广东社科院青年科研人员为主,设有专家点评与互动环节。3月—12月,举办了主题分别为"创新理论与广东实践""价值观代际更替与中国发展路线图""吃鼓与高排地方社会""产业升级理论脉络、实践困局与前沿研究""底线民生与社会中国""广东碳排放增长的演变特征、驱动机制与减排路径""美国南海政策的历史与现状""城市产业结构、企业家精神、与经济增长""创客兴起：背景、机制与空间""晚清东沙岛交涉与中国近代南海诸岛知识体系的肇建""农业企业社会责任动机：维度与检验"的学术论坛。

3. 第五届全国社会科学院世界历史研究联席研讨会

该研讨会于5月7日在广州召开，中国社科院世界历史研究所与广东社科院联合主办，广东海洋史研究中心承办。黑龙江省社科院副院长刘爽、上海社科院世界史研究中心余建华、广西社科院古小松等专家分别作了精彩的主题演讲。随后会议分组讨论，学者们分别就中国与周边国家关系历史变迁、中国与海疆周边国家的分歧与合作、中国与周边国家共建"一带一路"等进行了热烈讨论。

4. 全国社科院大数据智库平台建设研讨班

该研讨班于6月15—18日在广东社科院召开，来自全国各地方社会科学院的图书馆馆长、信息中心主任和技术骨干共32人参加。研讨班主要围绕地方社会科学院图书馆、信息中心在新型智库建设背景下的定位调整与转型升级使命展开，旨在研讨组建大数据时代地方社会科学院图书馆联盟平台，探索WEB 3.0时代泛公众云资源的开放获取与采集挖掘方式，共同建立大型综合数据库、自有馆藏资源库、成果库、专家库的分享机制，共同研究地方智库科研协同平台与知识定制平台的跨地域联结方案，增进社会科学院知识资源与相关业务模块的紧密联系，营造良好的协同运作环境。

5. 广东智库协作座谈会

座谈会于6月17日在广东省社会科学院召开，中山大学、华南理工大学、暨南大学、华南师范大学、华南农业大学、广东外语外贸大学、广东财经大学、广东金融学院、深圳大学、广州大学等高校主管智库建设的校领导以及社科处相关负责人，广东社科院王珺院长、刘小敏副院长及有关职能部门负责人出席会议，科研处相关工作人员列席会议。会议就如何充分利用广东高校智库与社会科学院智库的互补优势，推进资源共享、渠道共享，加强协作，共同促进广东省新型智库整体建设与发展，更好发挥"思想库、智囊团"的作用进行了研讨。

6. 2015中国社会学年会分论坛

7月10—12日，中国社会学会在湖南省长沙市中南大学召开2015中国社会学会学术年会及第九届理事会议，会议主题是"经济新常态下的社会改革与社会治理"，年会以分论坛的形式进行学术交流。7月11日，广东社科院社会学与人口学研究所和上海社科院社会学研究所在铁道学院世纪楼联合承办了分论坛："经济发展'新常态'与东南沿海地区的社会治理。"

7. 第四届中国南方智库论坛

该论坛于12月1日在广州举行，由广东省社会科学院、广东省社会科学界联合会、南方报业传媒集团、新华通讯社广东分社、华南理工大学公共政策研究院等单位联合主办。论坛以"创新发展引领国家未来"为主题。广东省委常委、省委宣传部部长慎海雄出席并讲话。省人大常委会副主任周天鸿、省政协副主席梁伟发等领导以及相关部门负责人出席论坛。新华社原副总编辑夏林、中科院科技政策与管理科学研究所所长王毅、瑞典皇家工程科学院外籍院士吴季松、新加坡国立大学东亚研究所所长郑永年、中国（海南）改革发展研究院院长迟福林等专家学者出席论坛并作专题发言。慎海雄同志强调，助力率先实现创新发展，是广东新型智库建设的重大责任。广东社科院王珺院长以"创新发展中的广东实践"为主题作了发言。

（二）国际、港澳台学术交流与合作

2015年，广东社科院到境外进行学术交流共10批21人次，其中赴国外团组6

批 16 人次，赴中国台湾、香港、澳门地区的 4 批 5 人次；接待境外及驻穗领事官员等来访共 2 批 18 人次；安排交流座谈、采访等 2 场次。

### 四、学术社团、期刊

（一）社团

| 序号 | 社团名称 | 现任会长 |
| --- | --- | --- |
| 1 | 广东省企业文化研究会 | 田　丰 |
| 2 | 广东省台湾研究会 | 张　磊 |
| 3 | 广东省企业文化协会 | 胡中梅 |
| 4 | 广东社会科学情报学会 | 章扬定 |
| 5 | 广东省文化传播学会 | 张　磊 |
| 6 | 广东省社会医学研究会 | 罗尚贤 |
| 7 | 广东省中国特色社会主义研究会 | 周　薇 |
| 8 | 广东民商法学会 | 周林彬 |
| 9 | 广东省粤港澳经贸发展促进会 | 陈益群 |
| 10 | 广东省城市管理研究会 | 石安海 |
| 11 | 广东省消费经济学会 | 李新家 |
| 12 | 广东省企业社会责任研究会 | 黎友焕 |
| 13 | 广东社会工作学会 | 刘小敏 |
| 14 | 广东省产业发展研究会 | 蒋建业 |
| 15 | 广东省国有资本研究会 | 梁　军 |

（二）期刊

1.《广东社会科学》（双月刊），主编江中孝

2015 年，《广东社会科学》共出版 6 期，共计 39 万字。该年获得中宣部国家社科规划办国家社科基金资助学术期刊考核获得"优良"等次。该刊全年刊载的有代表性的文章有：《对外投资、转移产能过剩与结构升级》，陈岩、翟瑞瑞；《理论创新的"问题倒逼"的规律研究》，韩喜平；《"以建设为中心"思想的形成与歧变》，王先明；《章开沅与改革开放以来的中国近代史研究》，虞和平；《纪念活动与中共抗战动员》，陈金龙；《梁启超与中国现代散文的发生》，丁晓原。

2.《新经济》（旬刊），主编杨明

2015 年，《新经济》共出版 36 期，共计 116 万字。该刊全年刊载的有代表性的文章有：《浅析国内 P2P 网贷平台现状》，李鹏飞；《21 世纪海上丝绸之路与广东海洋经济发展新思路》，向晓梅等；《国有企业员工激励机制存在的问题及对策分析》，唐文政；《广东自贸区跨境电商发展的相关问题研究》，崔婷婷。

3.《南方经济》（月刊），主编王珺

2015 年，《南方经济》共出版 12 期，

总计100万字。编辑部坚持高学术标准办刊导向，在入选CSSCI（南京大学核心期刊目录）和2014年版《中文核心期刊要目总览》之后，又入选中国人民大学复印报刊资料"复印报刊资料带动"重要转载来源期刊，在中国知网2015年公布的中国期刊影响影子中位列"中国经济"类别全国第二位。

## 第五节 重点成果

### 一、2014年以前获省部级以上奖项科研成果*

| 成果名称 | 作者 | 成果形式 | 出版发表单位 | 出版发表时间 | 获奖情况 | 获奖等级 |
| --- | --- | --- | --- | --- | --- | --- |
| 企业集团——扩异动因、模式与案例 | 毛蕴诗 李新家 彭清华 | 著作 | 广东人民出版社 | 2000 | 广东省首届哲学社会科学优秀成果奖 | 一等奖 |
| 文化进步论——对全球化进程中的文化的哲学思考 | 田丰 | 著作 | 广东高等教育出版社 | 2002 | 广东省首届哲学社会科学优秀成果奖 | 二等奖 |
| 宋明经学史 | 章权才 | 著作 | 广东人民出版社 | 1998 | 广东省首届哲学社会科学优秀成果奖 | 二等奖 |
| 社会主义市场经济理论的发展 | 李新家 | 著作 | 广东人民出版社 | 2003 | 广东省首届哲学社会科学优秀成果奖 | 三等奖 |
| 深化改革 开放创新 做大做强广东高等教育——做大做强广东高等教育调研报告 | 田丰等 | 调研报告 | 报送有关部门 | — | 广东省首届哲学社会科学优秀成果奖 | 一等奖 |
| 跨世纪发展的历史使命——深圳建设有中国特色社会主义和率先基本实现现代化示范研究 | 梁桂全等 | 调研报告 | 广东经济出版社 | 2000 | 广东省首届哲学社会科学优秀成果奖 | 三等奖 |
| 网络经济研究 | 李新家 | 著作 | 中国经济出版社 | 2004 | 广东省2004—2005年度哲学社会科学优秀成果奖 | 二等奖 |
| 文化经济：时代的坐标——社会发展战略研究 | 谢名家 单世联等 | 著作 | 人民出版社 | 2005 | 广东省2004—2005年度哲学社会科学优秀成果奖 | 二等奖 |

---

\* 注：在本节的表格中的"出版发表时间"一栏，年使用阿拉伯数字，且"年"字省略（发表期数除外，保留"年"字）。如："2000年"用"2000"表示，"2005年第1期"不变。

续表

| 成果名称 | 作者 | 成果形式 | 出版发表单位 | 出版发表时间 | 获奖情况 | 获奖等级 |
| --- | --- | --- | --- | --- | --- | --- |
| 广东历史人文资源调研报告 | 梁桂全 王经伦 李庆新 | 调研报告 | 社会科学文献出版社 | 2008 | 广东省 2004—2005 年度哲学社会科学优秀成果奖 | 一等奖 |
| 抗击 SARS 实践与新人文精神的思考 | 钟南山 王经伦等 | 论文 | 《广东社会科学》《新华文摘》 | 2005 年第 1 期；2005 年第 7 期 | 广东省 2004—2005 年度哲学社会科学优秀成果奖 | 二等奖 |
| 广东通史（古代下册） | 方志钦 蒋祖缘 李庆新等 | 专著 | 广东高等教育出版社 | 2007 | 广东省 2006—2007 年度哲学社会科学优秀成果奖 | 二等奖 |
| 广东建设文化大省的理论与战略 | 周 薇 田 丰等 | 专著 | 广东人民出版社 | 2006 | 广东省 2006—2007 年度哲学社会科学优秀成果奖 | 三等奖 |
| "文化经济"：历史嬗变与民族复兴的契机 | 谢名家 | 论文 | 《思想战绩》 | 2006 | 广东省 2006—2007 年度哲学社会科学优秀成果奖 | 一等奖 |
| 关于文化经济的几个理论问题 | 李新家 | 论文 | 《思想战绩》 | 2006 年第 1 期 | 广东省 2006—2007 年度哲学社会科学优秀成果奖 | 三等奖 |
| 关于广东区域发展战略定位的思考 | 梁桂全 | 调研报告 | 报送省领导 | 2007 | 广东省 2006—2007 年度哲学社会科学优秀成果奖 | 一等奖 |
| 境外热钱在国内大陆非正常流动调查报告 | 黎友焕 | 调研报告 | 报送省领导 | 2007 | 广东省 2006—2007 年度哲学社会科学优秀成果奖 | 二等奖 |
| 2007 年广东省区域综合竞争力评估分析报告 | 丁 力 | 调研报告 | 报送省领导 | 2007 | 广东省 2006—2007 年度哲学社会科学优秀成果奖 | 三等奖 |
| 文化经济论——兼论文化产业国家战略 | 谢名家 | 著作 | 广东人民出版社 | 2009 | 广东省 2008—2009 年度哲学社会科学优秀成果奖 | 二等奖 |

续表

| 成果名称 | 作者 | 成果形式 | 出版发表单位 | 出版发表时间 | 获奖情况 | 获奖等级 |
|---|---|---|---|---|---|---|
| 推动粤台产业合作，加快两地经济融合 | 向晓梅等 | 调研咨询报告 | 《广东省社会科学院专报》 | 2009 | 广东省2008—2009年度哲学社会科学优秀成果奖 | 二等奖 |
| "广东—东盟"战略深化研究 | 丘杉等 | 调研咨询报告 | 《广东省社会科学院专报》《经济社会决策参考》 | 2009 | 广东省2008—2009年度哲学社会科学优秀成果奖 | 二等奖 |
| 美国次贷危机对广东经济的影响 | 郁方等 | 调研咨询报告 | 报送省领导 | 2009 | 广东省2008—2009年度哲学社会科学优秀成果奖 | 三等奖 |
| 关于扩大内需若干重大理论和现实问题研究 | 游霭琼等 | 调研咨询报告 | 报送省领导 | 2009 | 广东省2008—2009年度哲学社会科学优秀成果奖 | 三等奖 |
| 广东通史（近代部分） | 方志钦等 | 专著 | 广东高等教育出版社 | 2010 | 广东省2010—2011年度哲学社会科学优秀成果奖 | 三等奖 |
| 辛亥革命与广东妇女 | 李兰萍 | 专著 | 广东人民出版社 | 2011 | 广东省2010—2011年度哲学社会科学优秀成果奖 | 三等奖 |
| 我省社会建设的理论与战略研究 | 刘小敏等 | 调研报告 | 《广东省社会科学院专报》 | 2011年第21期 | 广东省2010—2011年度哲学社会科学优秀成果奖 | 一等奖 |
| 深蓝广东——广东建设海洋经济强省的优势、挑战与战略选择 | 向晓梅等 | 调研报告 | 广东经济出版社 | 2011 | 广东省2010—2011年度哲学社会科学优秀成果奖 | 一等奖 |
| 挖掘节能减排"政策红利" | 赵细康等 | 调研报告 | 《广东省社会科学院专报》 | 2011年第24期 | 广东省2010—2011年度哲学社会科学优秀成果奖 | 三等奖 |
| 民生导向型城镇化：建设幸福广东的核心战略 | 刘品安等 | 调研报告 | 《广东省社会科学院专报》 | 2011年第23期 | 广东省2010—2011年度哲学社会科学优秀成果奖 | 三等奖 |

续表

| 成果名称 | 作者 | 成果形式 | 出版发表单位 | 出版发表时间 | 获奖情况 | 获奖等级 |
|---|---|---|---|---|---|---|
| 跨越中等收入阶段的媒体与公共舆论治理研究 | 夏辉等 | 调研报告 | 《广东省社会科学院专报》 | 2011年第44期 | 广东省2010—2011年度哲学社会科学优秀成果奖 | 三等奖 |
| 创新非公企业党建模式，努力夯实长期执政基础 | 章扬定等 | 调研报告 | 《广东省社会科学院专报》 | 2012年第24期 | 广东省2012—2013年度哲学社会科学优秀成果奖 | 二等奖 |
| 十七大以来广东的科学发展研究 | 谢名家等 | 调研报告 | 《广东省社会科学院专报》 | 2012年第8期 | 广东省2012—2013年度哲学社会科学优秀成果奖 | 二等奖 |
| 十八大后广东科学发展战略思考 | 梁桂全等 | 调研报告 | 《广东省社会科学院专报》 | 2013年第3期 | 广东省2012—2013年度哲学社会科学优秀成果奖 | 三等奖 |

## 二、2015年科研成果一般情况介绍、学术价值分析

2015年出版专著24本，483万字。其中《方以智庄学研究》国家社科基金课题成果，开辟了对方以智庄学思想进行系统研究的学术新领域。

出版编著8本，100万字。其中《广东"十三五"发展展望》从经济、社会、文化、法治、生态等方面的现实分析及战略预判，为广东省委、省政府有关部门制定广东省"十三五"发展规划提供了有价值的决策参考；《创新驱动与广东发展》围绕创新驱动引领广东未来的实践进行理论探索与概括，对当前广东在改革发展中遇到的重大问题及可能出现的风险和挑战提出应对措施；《广东发展若干现实问题研究2014》采取理论与实际相结合，在充分了解广东相关情况的基础上，对广东深化改革若干重大问题的对策、混合所有制改革、文化改革、海上丝绸之路、教育改革等方面的问题进行专题研究，为将来继续实施改革开放战略提供有益的借鉴。

完成研究报告87篇，44万字。其中有13份报告获得广东省领导批示21人次，《港口联盟：广东建设21世纪海上丝绸之路的重要平台》《以海外并购推动广东"稳外贸、稳增长"的对策研究》《疏导经济下行压力，提振我省中小企业发展动力》《创新与共赢：珠三角提升全球价值链地位的对策建议》4份报告获得广东省省长肯定批示。上述报告为广东省经济社会发展及推动决策民主化、科学化作出了积极贡献。

公开发表论文209篇，169.7万字。其中在EI、ISSHP、ISTP收录期刊上发表5篇，在核心刊物上发表论文46篇。

发表文章148篇，38.5万字，其中在《光明日报》等国家级新闻媒体上发表文章12篇，在省部级新闻媒体发表文章73篇。这些文章紧贴广东省委、省政府中心工作，围绕学习《习近平总书记系列重要讲话读本》、推动广东创新驱动发展、广东自贸区创新建设、学习贯彻十八届五中全会精神等主题，发挥理论宣传和舆论引导作用，在社会上产生了积极广泛的影响。

## 三、2015 年主要科研成果

成果名称：《方以智庄学研究》
作者：邢益海
职称：研究员
成果形式：专著
字数：333 千字
出版单位：北京师范大学出版社
出版时间：2015 年 7 月

该书对方以智庄学思想进行了系统的研究，文本以《东西均》《药地炮庄》为主，兼及《易余》《冬灰录》《一贯问答》和《青原志略》等。探讨了方以智庄学的 5 个主题：方以智庄学（炮庄）的笔法、社会功效与功夫论、方以智新庄学创作的研究、道盛与方以智师徒"托孤"说研究、明末清初儒、道、释"三教会通"思潮中的典型个案——方以智会通庄禅易的思想特色研究、方以智生平与思想特质分析。本稿论证了方以智对庄学的终身关怀和践履，开辟了对方以智庄学思想进行系统研究的学术新领域。

成果名称：《陈建评传》
作者：陈贤波
职称：副研究员
成果形式：专著
字数：190 千字
出版单位：广东人民出版社
出版时间：2014 年 12 月

该书是广东省东莞市建设文化名城出版工程"东莞历史名人评传丛书"之一种，于 2014 年 12 月底作为首批六种名人评传公开出版。陈建是明代中后期著名的广东学者。他在学术上有突出成就，编撰有《皇明通纪》《学蔀通辨》《治安要议》等著作，足与陈白沙、湛若水等其他明代广东著名学者相提并论，堪称"东莞之学"。陈建的系列著作，为我们了解明代学术思想史、社会经济史提供了重要资料。

该书试从陈建的生平和学问做一综合探讨，并对其学术思想、学术地位的价值和局限进行初步评价，一定程度上弥补了学界对陈建生平事功和学问思想的不足。

成果名称：《虚无主义的审美救赎：阿多诺的启示》
作者：杨丽婷
职称：副研究员
成果形式：专著
字数：183 千字
出版单位：社会科学文献出版社
出版时间：2015 年 6 月

作者在书中对现代虚无主义的含义、语境、发生和应对路径做了很好的分析，并在此基础上考察了阿多诺遭遇虚无主义的历史语境和理论境遇，着重在阿多诺对海德格尔的批评、对话中展示第一代社会批判理论家对虚无主义问题的集中思考。北京大学仰海峰教授评价，该书从虚无主义及其超越这一新的视角出发，重新理解阿多诺对海德格尔的批判，丰富了虚无主义研究的理论图景，为阿多诺及西方马克思主义哲学研究打开了新的理论空间。复旦大学邹诗鹏教授认为，该著作形成了一种当代虚无主义的恰当的呈现与分析方式。

成果名称：《优秀传统文化的当代价值——中国特色社会主义视角的省察》
作者：张造群
职称：研究员
成果形式：专著
字数：230 千字
出版单位：中国社会科学出版社
出版时间：2015 年 7 月

该书意在梳理中国优秀传统文化与中国特色社会主义的源脉和纽带关系，分析中国特色社会主义道路的独特文化传统，阐释优秀传统文化在经济、政治、文化、社会和生态文明等建设领域的现代价值，提出创造性转化和创新性发展中国优秀传统文化的路径。

成果名称：《珠江三角洲地区港口发展与港—城关系研究》
作者：陈再齐
职称：研究员
成果形式：专著
字数：350千字
出版单位：社会科学文献出版社
出版时间：2015年7月

该书着眼于多个空间维度相结合的视角，从区域尺度、港市尺度和港区尺度对港口发展、港—城经济与空间关系进行了较为系统的探讨，是对港口发展与港—城关系研究的充实与发展。区域层面，多指标、多方法的结合运用，较为深入的揭示了区域尺度港口、港口体系发展和港—城关系的规律特征。港市尺度，长时间跨度的港口发展、港—城空间关系分析及模式总结，揭示了广州作为经久不衰千年港口城市的港—城关系演化特殊规律，在一定程度上发展了港—城关系演化的理论模式。港区尺度，通过大量资料的收集整理，从微观层面揭露了不同性质港区的港—城相互作用与相关关系的发展演化及规律特征。总体而言，该书对多个空间尺度相结合的港口发展与港—城关系研究进行了有益尝试与探索。

## 第六节 学术人物

### 一、2014年以前获正高级职称在职专业技术人员

| 姓名 | 出生年月 | 学历/学位 | 职务 | 职称 | 主要学术兼职 | 代表作 |
| --- | --- | --- | --- | --- | --- | --- |
| 王珺 | 1958.10 | 博士 | 副书记院长 | 教授 | 教育部学风委员会委员、广东经济学会会长 | 《外向经济论》《经济开放的道路》《政企关系演变的实证研究》 |
| 刘小敏 | 1959.3 | 硕士 | 副院长 | 研究员 | 中国社会学会常务理事兼移民社会学专委会副理事长 | 《"入粤民工潮"问题探讨》《新移民问题：生成机理与治道变革》 |
| 周薇 | 1958.1 | 硕士 | 副院长 | 研究员 | 广东省中国特色社会主义研究会会长 | 《唯物辩证法的运用与发展》《文明实践论》 |
| 章扬定 | 1963.3 | 硕士 | 副院长 | 研究员 | 广东社会科学情报学会会长 | 《黄遵宪明治维新观及其思想表现》《严复的中西文化比较研究》 |
| 赵细康 | 1962.9 | 博士 | 副院长 | 研究员 | 广东省环境经济与政策研究会会长 | *Localization Reform of Carbon Emissions Trading Mechanism in China*《环境库兹涅兹曲线及在中国的检验》《环境保护制度设计及其创新方向》 |

续表

| 姓名 | 出生年月 | 学历/学位 | 职务 | 职称 | 主要学术兼职 | 代表作 |
|---|---|---|---|---|---|---|
| 丁力 | 1957.4 | 博士 | 主任 | 研究员 | — | 《中国特色社会主义3.0》 |
| 游霭琼 | 1966.10 | 硕士 | 处长 | 研究员 | — | 《网络经济研究》《泛珠江区域合作：走向大战略》《中国区域发展研究报告》 |
| 向晓梅 | 1965.4 | 博士 | 所长 | 研究员 | 广东省政府决策咨询专家、广东省体制改革研究会副会长 | 《适应新常态 发展新经济》《深蓝广东——广东建设海洋经济的优势、挑战与战略选择》 |
| 吴伟萍 | 1968.11 | 硕士 | 副所长 | 研究员 | 广东省工业园区协会专家委员会委员、广东省财政厅综合性专家库评审专家 | 《城市信息化战略：理论与实证》《信息化推动产业转型：作用机制与实证研究》 |
| 燕雨林 | 1971.2 | 硕士 | — | 研究员 | — | 《战略产业与产业战略》《新经济助推产业转型升级》《多元化创新体系是推动原始创新的重要动力》 |
| 任志宏 | 1963.5 | 博士 | 所长 | 研究员 | 广东金融学会理事 | 《中国资本市场运行机制研究》《一带一路战略与人民币国际化的机遇、障碍及路径》 |
| 陈建 | 1956.10 | 硕士 | — | 研究员 | — | 《探索广东深化行政审批制度新模式》《新形势下加快转变侨务工作方式建议》《广东改革开放30年研究总论》 |
| 庄伟光 | 1964.10 | 大学 | 所长总编 | 研究员 | 广东省重大行政决策咨询论证专家、国家社会科学基金项目评审专家 | 《旅游产业发展与创新——以广东为例》《珠三角都市圈三维城市旅游景观群的培育研究》《法治社会与和谐社会》 |
| 黎友焕 | 1971.7 | 博士 | 主任 | 研究员 | 企业社会责任研究会会长 | 《热钱流入对中国经济的影响及其对策》《企业社会责任评价标准：从SA 8000到ISO 26000》《我国影子银行发展现状及影响分析》 |

续表

| 姓名 | 出生年月 | 学历/学位 | 职务 | 职称 | 主要学术兼职 | 代表作 |
|---|---|---|---|---|---|---|
| 李飏 | 1969.5 | 博士 | 副所长 | 研究员 | 广东省教育创新与发展研究会会长 | 《文化经济跨越增长的极限》《构建现代产业体系的路径选择——广东现代产业体系及其支撑要素互动关系研究》 |
| 谢淑娟 | 1971.8 | 博士 | — | 研究员 | 广东省农村经济学会理事、广东省环境经济与政策研究会理事 | 《低碳农业发展研究——基于广东省的实证分析》《低碳经济背景下现代农业发展模式探讨》《低碳农业评价指标体系构建及对广东的评价》 |
| 左晓斯 | 1963.5 | 博士 | 所长 | 研究员 | 中国社会学会理事，广东社会工作学会常务副会长、秘书长 | 《乡村旅游可持续发展研究》《全球移民治理与中国困局》 |
| 梁理文 | 1963.3 | 硕士 | 副所长 | 研究员 | — | 《市场语境下的性别关系》 |
| 周仲高 | 1979.6 | 博士 | 所长助理 | 研究员 | | 《教育人口学》《中国高等教育人口的地域性研究》 |
| 柏萍 | 1964.7 | 硕士 | — | 研究员 | — | 《广东农村社会保障研究》《我国城市养老方式及其对策探讨》 |
| 刘梦琴 | 1965.3 | 博士 | — | 研究员 | 广东公众参与和社会发展研究中心常务副主任、广东省社会工作学会副会长 | 《村庄终结——城中村及其改造研究》 |
| 曾鸣 | 1957.6 | 硕士 | — | 研究员 | — | — |
| 钟晓毅 | 1962.11 | 学士 | 所长 | 研究员 | | 《穿过林子便是海》《走进这一方风景》《在南方的阅读——粤小说论稿》 |
| 冯立鳌 | 1958.12 | 硕士 | 所长 | 研究员 | 广东社会主义社会辩证法研究会副会长 | 《重读司马迁》《"四个全面"的方法论创新》《法家思想的局限》 |
| 江中孝 | 1960.10 | 博士 | 总编 | 研究员 | 广东近代文化学会副会长兼秘书长 | 《张竞生文集》《丁未潮州黄冈起义史料辑注与研究》《关于康有为和戊戌维新的指导思想问题》 |

续表

| 姓名 | 出生年月 | 学历/学位 | 职务 | 职称 | 主要学术兼职 | 代表作 |
|---|---|---|---|---|---|---|
| 刘慧玲 | 1963.4 | 研究生 | 副总编 | 研究员 | — | 《道德个性心理学概论》《迈向社会发展新境界——和谐社会的理论逻辑和现实建构》 |
| 潘莉 | 1964.8 | 硕士 | 副总编 | 研究员 | — | 《社会保障的经济分析》 |
| 韩冷 | 1977.3 | 博士 | — | 研究员 | — | 《现代性内涵的冲突——海派小说性爱叙事》《京派叙事文学的伦理内涵》 |
| 骆梅芬 | 1964.4 | 硕士 | 所长 | 研究员 | 广东省地方立法学研究会副会长、刑法学研究会理事 | 《地方立法的理想与现实》《效率与公平：严格责任在刑法运用中所体现的两种不同价值》 |
| 黄晓慧 | 1963.3 | 硕士 | — | 研究员 | 广东省社会科学院产业经济学硕士生导师 | 《论环境影响评价制度的移植异化——以粤港两个案例的比较为视角》《环境影响评价法制的移植与超越》 |
| 张庆元 | 1969.8 | 博士 | 所长助理 | 研究员 | 广东省国际法学会理事、广州仲裁委员会仲裁员 | 《国际私法中的国籍问题研究》《电子商务法》 |
| 李继霞 | 1974 | 硕士 | — | 研究员 | 广东地方立法学会理事 | 《深圳与香港社会保障法律制度比较研究》《转型期广东劳动关系调整机制研究》《地方立法新实践新思考》 |
| 林平凡 | 1957.2 | 硕士 | 所长 | 研究员 | 广东品牌研究会副会长、广东生产力学会副会长 | 《创新驱动实现区域竞争优势重构的路径选择》《现代企业管理：构建新的竞争优势》 |
| 李源 | 1968.3 | 博士 | 副所长 | 研究员 | — | 《股权结构、利益相关者行为与代理成本》《广东省"十三五"全面实施创新驱动发展战略研究》 |
| 高怡冰 | 1976.12 | 博士 | 所长助理 | 研究员 | — | 《区域内部经济增长要素的空间关联性研究》《人力资本与城市群升级的关系研究》 |

续表

| 姓名 | 出生年月 | 学历/学位 | 职务 | 职称 | 主要学术兼职 | 代表作 |
|---|---|---|---|---|---|---|
| 李庆新 | 1962 | 博士 | 所长 | 研究员 | 中国史学会理事、中国海外交通史研究会副会长、广东历史学会副会长 | 《明代海外贸易制度》《濒海之地——中外关系与南海贸易研究》《海上丝绸之路》。 |
| 徐素琴 | 1963 | 博士 | — | 研究员 | — | 《晚清中葡澳门水界争端探微》《晚清粤澳民船贸易及其影响》 |
| 李兰萍 | 1962.1 | 学士 | — | 研究员 | 广东近代文化学会理事 | 《辛亥革命与广东妇女》《清末民初"自由女"现象分析》《辛亥革命前夕广东民间的女性观》 |
| 周联合 | 1968.9 | 博士 | 主任 | 研究员 | 广东省地方立法学研究会副会长,广东省宪法学研究会副会长。 | 《自治与官治》《法制与腐败》《土地征收法制改革与治理现代化》 |
| 谢翔 | 1958.1 | 学士 | — | 高级编辑 | — | — |
| 陈荣平 | 1962.6 | 博士 | — | 研究员 | 中国社会科学院企业社会责任研究中心副主任 | 《服务柔性理论——基于顾客价值的服务柔性竞理论》《图说南粤文脉》《广百集团企业社会责任蓝皮书》 |
| 刘伟 | 1968.2 | 博士 | 所长 | 研究员 | — | 《资源配置的价值探究》《马克思主义新闻观是应对经济全球化新挑战的强办武器》 |
| 梁育民 | 1965.5 | 硕士 | 副所长 | 研究员 | 广东省国有资本研究会副会长 | 《国际经济理论与广东经济国际化》 |
| 郭楚 | 1957.11 | 硕士 | — | 研究员 | — | 《外贸发展方式亟待战略性转型》 |
| 解韬 | 1963.2 | 博士 | — | 研究员 | 中国残疾人事业发展研究会理事、广东省残疾人事业发展研究会副会长 | 《人口与社会经济发展探索》《解韬人口学文集》《我国成年残疾人口的婚姻状况及其影响因素研究》 |

续表

| 姓名 | 出生年月 | 学历/学位 | 职务 | 职称 | 主要学术兼职 | 代表作 |
|---|---|---|---|---|---|---|
| 郑奋明 | 1955.11 | 学士 | — | 研究员 | 广东省城市管理研究会常务副会长兼秘书长，广州市政府决策咨询专家 | 《现代化与国民素质》《21世纪现代化丛书》《都市圈理论与大珠三角世界级城市群发展研究》 |
| 丘杉 | 1959.6 | 博士 | 所长 | 研究员 | — | 《粤港澳区域经济概论》《国际经济理论与前沿问题》《中美贸易摩擦的战略考察》 |
| 刘毅 | 1957.4 | 博士 | — | 研究员 | — | 《旅游经济研究十年——观念与思潮》 |
| 肖海鹏 | 1957.1 | 学士 | — | 研究员 | — | 《自然力、自然生产力和社会生产力》《试论黑格尔的中介思想》《珠江三角洲农村职业群体的利益期望与行为选择》 |

## 二、2014年以前不在职具有正高级专业技术职称人员

| 姓名 | 出生年月 | 学历/学位 | 职务 | 职称 | 主要学术兼职 | 代表作 |
|---|---|---|---|---|---|---|
| 杜国庠 | 1889.4 | — | 原所长 | — | — | 《先秦诸子思想批判》《先秦诸子思想概要》《中国思想通史（第一、二、三卷有关部分）》《便桥集》 |
| 孙孺 | 1914.7 | — | 原副书记副院长 | 研究员 | 原广东省华侨史学会会长、广东经济学会会长等 | 《政治经济学（资本主义部分）讲话》《〈雇佣劳动与资本〉解说》《前进中的中国经济特区》 |
| 聂菊荪 | 1915 | — | 原核心组组长 | — | — | 《董必武年谱》《董必武传》 |
| 赵冬垠 | 1915 | — | 原副院长副书记 | — | — | 《政治经济学初步》《存在与概念》 |

续表

| 姓名 | 出生年月 | 学历/学位 | 职务 | 职称 | 主要学术兼职 | 代表作 |
|---|---|---|---|---|---|---|
| 卓炯 | 1908.1 | 研究生 | 原副院长 | 研究员 | 曾兼广东人口学会会长、广东省政府社会经济研究中心和广东经济学会顾问 | 《论社会主义商品经济》《政治经济学新探》《再论社会主义商品经济》 |
| 金应熙 | 1919.12 | 大学 | 原副院长 | 研究员 | — | 《菲律宾民族独立运动史》《菲律宾史》《澳大利亚简史》（译著）、《东南亚史》《香港史话》 |
| 廖建祥 | 1920.12 | 大学 | 原书记副院长 | 研究员 | 曾兼广东省经济学会副会长、广东对外贸易学会副会长、广东国际金融学会副会长等 | 《广东对外经济关系》《邓小平对外开放理论与广东实践》《对外开放发展研究》《香港概论》（上卷部分） |
| 陈越平 | 1914.9 | 大学 | 原院长书记 | — | 原中国炎黄文化研究会名誉理事、省炎黄文化研究会顾问等职务等 | — |
| 王致远 | 1918.6 | — | 原院长书记 | 研究员 | 曾兼广东省经济法研究会会长等 | 《经济特区立法问题初探》《在改革开放中重新认识社会主义》《马克思主义在中国》 |
| 曾牧野 | 1928.5 | 大学 | 原书记副院长 | 研究员 | 曾兼广东经济学会会长、中国市场经济研究会常务理事等 | 《沿海新潮与广东改革》《新路》《市场经济与体制改革》《在一个县的范围内试行经济体制改革的经验》 |
| 林洪 | 1929.9 | 学士 | 原院长书记 | 研究员 | — | 《绿染南粤》《珠江三角洲经济奇迹的理论思考》 |
| 张磊 | 1933.1 | 硕士 | 原院长省社联主席 | 研究员 | 曾兼中国史学会副会长、辛亥革命研究副会长、广东省孙中山研究会会长、广东省台湾研究会会长 | 《孙中山与辛亥革命·张磊自选集》《孙中山传》《一位历史学家的艺术情缘》 |
| 张难生 | 1937.11 | 学士 | 原书记常务副院长 | 研究员 | 曾兼中国外向型农村经济研究会常务理事、广东省精神文明学会副会长 | 《龚自珍诗文选注》（合著）、《广东省盐业发展研究》《改革开放中的精神文明建设》《广东街区文明建设探索》 |

续表

| 姓名 | 出生年月 | 学历/学位 | 职务 | 职称 | 主要学术兼职 | 代表作 |
| --- | --- | --- | --- | --- | --- | --- |
| 梁桂全 | 1951.1 | 硕士 | 原副书记院长 | 研究员 | 曾兼广州市国际城市创新研究会会长等 | 《发展战略学》《变革与探索》《六论解放思想》 |
| 田丰 | 1953.1 | 博士 | 原副院长党组书记 | 研究员 | 曾兼省哲学学会副会长、省文化传播学会常务副会长、省文化学会副会长、省企业文化研究会执行会长 | 《文化进步论——对全球化进程中的文化哲学思考》《文化进步的理论与实践》《文化竞争力研究》《社会主义改革十论》《认识真理的道路》 |
| 罗尚贤 | 1936.2 | 学士 | 原副院长 | 研究员 | 曾兼广东老子文化研究会会长、省社会医学研究会会长 | 《老子通解》《老子与当代中国人》《老子西行传道考》 |
| 李新家 | 1952.2 | 博士 | 原副院长 | 研究员 | 曾兼广东消费经济学会会长等 | 《时间经济学》《消费经济学》《关于文化经济的几个理论问题》 |
| 王经伦 | 1951.6 | 大学 | 原副院长 | 研究员 | 曾兼广东省逻辑学会副会长、广东珠江三角洲企业文化会长 | 《逻辑学》《启迪思想的钥匙》《现代化建设的思维方式》《围棋推理技巧》 |
| 谢名家 | 1954.7 | 博士 | 原副院长 | 研究员 | 曾兼广东省文化经济发展研究会会长、广州设计产业协会会长、广东省企业文化研究会执行会长 | 《文化经济论——兼述文化产业国家战略》《文化经济：时代的坐标》《信用：现代化的生命线》《文化产业的时代审视》 |
| 古念良 | 1918 | — | 原主任 | 研究员 | 曾兼全国港澳经济研究会会长、原广东经济学会和香港《经济导报》社顾问等 | 《古念良文集》 |
| 章沛 | 1919.4 | — | — | 研究员 | 曾兼中国逻辑学会常务理事、全国辩证逻辑学会副会长等 | 《陈白沙哲学思想研究》《思维规律论》《辩证逻辑基础》《辩证逻辑理论问题》《辩证逻辑概念论》 |
| 温宪元 | 1954.11 | 研究生 | 原副院长 | 研究员 | — | 《用发展着的马克思主义指导新的实践》《文化多样化的重要特征——兼论客家文化研究的三个向度"》 |

续表

| 姓名 | 出生年月 | 学历/学位 | 职务 | 职称 | 主要学术兼职 | 代表作 |
| --- | --- | --- | --- | --- | --- | --- |
| 黄彦 | 1933.10 | 学士 | 原所长 | 研究员 | 曾兼广东省孙中山研究会会长等 | 《孙中山早期思想的评价问题》《孙中山选集》《孙中山研究与史料编纂》《孙中山研究》《孙中山的思想与实践》 |
| 方志钦 | 1935.1 | 学士 | 原所长 | 研究员 | — | 《简明广东史》（主编）《广东通史》（主编）《辛亥革命史》 |
| 蒋祖缘 | 1929.3 | 学士 | 原研究室主任 | 研究员 | — | 《简明广东史》（主编该书古代部分）、《广东航运史》（近代卷）、《广东通史》主编之一（共六册） |
| 李时岳 | 1928.10 | 研究生 | — | 研究员 | 曾兼中南地区辛亥革命研究会理事、广东省孙中山研究会副会长 | 《辛亥革命时期两湖地区的革命运动》《近代中国反洋教运动》《从洋务、维新到资产阶级革命》《近代史新论》 |
| 施汉荣 | 1922.8 | 学士 | 原所长 | 研究员 | 曾兼中国港澳经济研究会理事、华南经济发展研究会及广东省港澳经济研究会顾问等 | 《"一国两制"与香港》《美国农业经济概况》《香港概论》 |
| 许隆 | 1929.2 | 学士 | 原中心副主任 | 研究员 | 曾兼广东省经济科技发展研究会会长、广东省统计咨询委员会委员等 | 《国家资本主义与社会主义》《对我国特区经济性质的探讨》《商品制度与货币交换》 |
| 廖世同 | 1937.11 | 学士 | 原所长 | 研究员 | 曾兼广东省人口学会副会长、中国人口学会理事等 | 《百万农民下珠江引起的思考》《广东省人口流动的趋势及其导向》《改革开放条件下广东人口增长对经济发展影响的评估》 |
| 章权才 | 1938.12 | 硕士 | 原所长 | 研究员 | 曾兼广东儒学研究会副会长、中华民族凝聚力研究会副会长等 | 《两汉经学史》《魏晋南北朝隋唐经学史》《宋明经学史》 |

续表

| 姓名 | 出生年月 | 学历/学位 | 职务 | 职称 | 主要学术兼职 | 代表作 |
|---|---|---|---|---|---|---|
| 卜东新 | 1935.11 | 学士 | 原所长 | 研究员 | 曾兼广东社会科学情报学会副会长、广东国际经济学会副理事长、广东跨国公司研究中心副理事长 | 《广东基本现代化》《苏联百科辞典》《大俄汉词典》《便携式俄汉大词典》 |
| 李辛生 | 1929.7 | 硕士 | 原所长 | 研究员 | 曾兼广东省哲学学会、广东省社会主义辩证法学会、广东省精神文明学会副会长等 | 《先秦子学的辩证法光辉》《科学探索与辩证方法》《社会主义更新、完善发展的辩证法》 |
| 刘景泉 | 1935.4 | 硕士 | 原中心副主任 | 研究员 | 曾兼广州市哲学学会顾问等 | 《马克思"资本论"观》《黑格尔"逻辑学"》《辩证逻辑概论》 |
| 李　中 | 1928 | 大学 | 原所长 | 研究员 | 曾兼广东省政府科技咨询委员会委员、广州市人大常委会农委委员等职 | 《政治经济学》（资本主义部分）、《商品制度与货币交换》（合著）、《试论广东的开发性农业》、《论香港贸易模式》 |
| 钟文菁 | 1931.3 | 学士 | 原所长 | 研究员 | 曾兼中国农经学会理事、中国山区贫困地区研究会理事、广东省经济科技发展研究会副会长 | 《广东粮食问题的思考》《党和国家应确实保障农民的土地权益》《老马奋蹄奔新途——我在改革上的经历》 |
| 方式光 | 1936.4 | 硕士 | 原中心主任 | 研究员 | 曾兼孙中山基金会副秘书长、广东省港澳经济研究会副会长 | 《中华民国史》第二编第二卷、《孙中山全集》《中国近代政治思想论著选辑》《李嘉诚成功之路》 |
| 叶显恩 | 1937.7 | 硕士 | — | 研究员 | 曾兼中国经济史学会古代经济史分会副会长、广东经济史学会会长 | 《明清徽州农村社会与佃仆制》《徽州与粤海论稿》《珠江三角洲社会经济史研究》 |
| 邓开颂 | 1941.11 | 学士 | 原研究室主任 | 研究员 | 曾兼中国商业史学会副会长、粤港澳商业史分会会长 | 《澳门历史》《粤港澳近代关系史》《澳门沧桑500年》 |
| 黄明同 | 1939.9 | 学士 | 原所长 | 研究员 | 曾兼国际儒学联合会顾问、广东省岭南心学研究会会长 | 《陈献章评传》《岭南心学——从陈献章到湛若水》《孙中山建设哲学》 |

续表

| 姓名 | 出生年月 | 学历/学位 | 职务 | 职称 | 主要学术兼职 | 代表作 |
|---|---|---|---|---|---|---|
| 黄振位 | 1942.9 | 学士 | 原院老专家室主任 | 研究员 | 曾兼广东中共党史学会副会长、广东中共党史人物研究会常务副会长 | 《中共广东党史概论》《广东革命根据地史》《民主党派的开创者——邓演达》《论第一次国共合作》 |
| 刘望龄 | 1935.4 | 学士 | 原中心副主任 | 研究员 | 曾兼孙中山基金会理事 | 《辛亥前后湖北报刊史事长编》《辛亥革命大事录》三卷本《辛亥革命史（任上、下两册主编）》《辛亥革命辞典》 |
| 李默 | 1928.12 | 学士 | — | 研究员 | 曾兼广东省图书馆学会常务理事 | 《瑶族历史探究》《韶州瑶人》《广东方志要录》 |
| 陈启汉 | 1931.3 | 学士 | — | 研究员 | 曾兼广东省地名委员会、广东省地名学研究会学术顾问 | 《论苏轼的嘉祐〈进策〉》《清代中叶粤海烽烟》 |
| 王有钦（贺朗） | 1930.3 | 硕士 | — | 研究员 | 曾兼广东省传记文学学会会长、世界华文文学联会副会长 | 《蔡廷锴》《冯白驹传》《吴有恒传》《广东不存在地方主义》 |
| 赖伯疆 | 1936.12 | 硕士 | 原所长 | 研究员 | — | 《粤剧史》《粤剧"花旦王"千里驹》《广东戏曲简史》《海外华文文学概观》《东南亚华文戏剧概观》 |
| 张振金 | 1942.7 | 学士 | 原所长 | 研究员 | 曾兼中国散文学会副会长、中国散文理论研究会副会长 | 《岭南现代文学史》《中国当代散文史》《张振金文集》 |
| 许翼心 | 1937.12 | 学士 | 原研究室主任 | 研究员 | 曾兼广州国际中华文化学术交流协会名誉理事长 | 《岭南文学艺术的历史观察与美学思考》《海陆丰珍稀戏曲剧种》《香港文学的历史观察》 |
| 阮纪正 | 1944.3 | 学士 | 原研究室主任 | 研究员 | 曾兼省哲学学会理事等近30个，广州武术协会顾问等近20个社会学术兼职 | 《变革中的哲学文化思考》《中国：探究一个辩证的存在》《拳以合道》《至武为文》 |

续表

| 姓名 | 出生年月 | 学历/学位 | 职务 | 职称 | 主要学术兼职 | 代表作 |
|---|---|---|---|---|---|---|
| 陈道进 | 1939.1 | 学士 | 原所长 | 研究员 | 曾兼广东省农村经济学会常务理事、中国农村外向型经济研究会理事 | 《关于广东省乡镇企业出口创汇问题的研究》《外向型乡镇企业模式——珠江模式》《珠江三角洲乡镇企业与农村的现代化》 |
| 詹天庠 | 1946.4 | 学士 | 原研究室主任 | 研究员 | 曾兼中国社会学会第二届常务理事、中国中外交流史学会常务理事 | 《中国地域文化·客家文化卷》《中国百县市经济社会调查·兴宁卷》《中国沿海发达地区社会变迁调查》 |
| 王逢文 | 1946.8 | 学士 | 原所长 | 研究员 | 曾兼广东文化学会常任理事、广东历史唯物主义研究会常任理事、广东老学研究会副会长 | 《中国地域文化——岭南文化卷》《柳宗元哲学著作译注》《精神文明学》《社会主义再认识》 |
| 李克华 | 1943.11 | 硕士 | 原副所长 | 研究员 | 曾兼中国外商投资企业研究会副会长、中国宏观经济研究会理事等 | 《开放型市场营销》《开放区体改理论与实践》《开放区价格改革探索》《邓小平市场经济理论与广东实践》 |
| 吴元湛 | 1934.10 | 学士 | 原中心副主任 | 研究员 | 曾兼广东省社会科学情报学会副理事长、广东省翻译工作者协会理事 | 《国际政治经济学》（合译）、《广东社会科学四十年》（政法分篇主编）、《当代中国社会科学手册》（广东部分） |
| 林松 | 1939.6 | — | — | 研究员 | — | 《当代世界社会主义初探》《绿色社会主义》《广东百年社会主义探讨述略》 |
| 沙东迅 | 1938.11 | 学士 | — | 研究员 | 曾兼广州青运史研究委员、顾问，中国陈独秀研究会理事 | 《广东抗日战争纪事》《侵华日军在粤细菌战和毒气战揭秘》《广东抗战论文选集》 |
| 庄义逊 | 1939.4 | 学士 | 原中心副主任 | 研究员 | 曾兼广东省图书馆学会常务理事兼副秘书长、广东省统一战线研究会常务理事 | 《香港事典》《香港大词典》《港澳大百科全书》《辉煌的新中国大纪录——广东卷》《台湾四百年史》 |
| 马庆忠 | 1940.12 | 学士 | — | 研究员 | — | 《孙中山生平事业》《孙中山的武装斗争思想与实践》《人生最重要精神——孙中山和廖仲恺夫妇》 |

续表

| 姓名 | 出生年月 | 学历/学位 | 职务 | 职称 | 主要学术兼职 | 代表作 |
|---|---|---|---|---|---|---|
| 赵立人 | 1947.2 | 学士 | 原研究生部副主任 | 研究员 | 曾兼康梁研究会秘书长、会长等 | 《康有为》《戊戌密谋史实考》 |
| 徐松荣 | 1947.11 | 硕士 | — | 研究员 | 曾兼太平天国研究会、康梁研究会理事 | 《捻军史稿》《维新派与报刊》《晚清改革——研究论集》 |
| 范海泉 | 1945.7 | — | 原中心副主任 | 研究员 | 曾兼广东省台湾研究会常务理事、广东社会学会常务理事 | 《"两国论"没有存在的法律基础》《一个中国原则的实质》《外部环境对两岸关系发展的影响》 |
| 梁若梅 | 1934.4 | 学士 | — | 研究员 | 曾兼香港中文大学香港研究中心客座研究员 | 《试论台湾乡愁小说的源流》《陈若曦创作论》 |
| 骆幼玲 | 1945.2 | 硕士 | 原副主任副主编 | 研究员 | — | 《对外更加开放:珠江三角洲新工业化的"特快列车"》《珠江三角洲"经济奇迹"的理论思考》《大力振兴海洋产业,增创广东新优势》 |
| 丁培强 | 1934.7 | 学士 | 原副所长 | 研究员 | 曾兼广东省可持续发展研究会、生态学会、技术经济与现代化管理学会、社会保险学会常务理事 | 《清远市工业发展规划战略研究》《市场经济呼唤社会保险》《价值工程的基本原理与方法》 |
| 黄增章 | 1948.6 | 学士 | — | 研究员 | — | 《解放战争时期香港的进步刊物》《广东私家藏书楼和藏书家的地位与贡献》《时事画报与辛亥革命宣传》 |
| 陈 实 | 1948.4 | 学士 | 原中心副主任 | 研究员 | — | 《新加坡作家作品论》《根的寓言》《近现代中国海外文学》 |
| 盛培德 | 1946.5 | 学士 | 原总编辑 | 研究员 | — | 《管理也是生产力》 |
| 张杰林 | 1941.5 | 学士 | 原副所长 | 研究员 | — | 《对外开放的法律与实务》 |

续表

| 姓名 | 出生年月 | 学历/学位 | 职务 | 职称 | 主要学术兼职 | 代表作 |
|---|---|---|---|---|---|---|
| 陈忠烈 | 1948.8 | 学士 | — | 研究员 | 曾兼广州市人民政府文史馆馆员、广东省非物质文化遗产保护中心专家委员会委员 | 《華中南デルタ農村實地調查報告書》《"众人太公"和"私伙太公"——从珠江三角洲的文化设施看祠堂的演变》《广东通史》（古代下册） |
| 王 杰 | 1951.10 | 博士 | 原所长 | 研究员 | 曾兼中国现代文化学会副会长、民革中央孙中山研讨会副会长 | 《孙中山民生思想研究》《平民孙中山》《强权与民声——民初十年社会透视》 |
| 刘泽生 | 1950.10 | 学士 | 原社长总编辑 | 研究员 | 曾兼广东港澳经济研究会常务副会长 | 《新时期人文社科期刊发展的思考》《香港古今》《港澳概览》《香江夜谭》 |
| 郑梓桢 | 1949.7 | 硕士 | 原所长 | 研究员 | 曾兼广东省老年学会副会长、广州市老年学会会长 | 《中国区域人口迁移流动态势分析》《中山市流动人口户籍积分制管理研究》《广东省基本公共服务规划研究》 |
| 罗福群 | 1953.8 | 学士 | — | 研究员 | 曾兼广东劳动学会副秘书长 | 《国有企业改革新论》《论收入分配》《优化广东人力资源的几点认识》 |
| 王金沙 | 1948.11 | 学士 | 原副所长 | 研究员 | 曾兼广东省法学会法理学研究会副会长 | 《刑事诉讼与人权保障》《论规避法律及其对策》《我国司法独立的确立与保护》《论群体性事件的预防与处置》 |
| 陆晓敏 | 1952.1 | 硕士 | 原副所长 | 研究员 | 曾兼中国商业史学会理事、中国商业史学会粤港澳分会秘书长 | 《粤港澳近代关系史》、《粤澳关系史》、《澳门历史新说》、《澳门沧桑》（合著）、《澳门史话》 |
| 单世联 | 1962 | — | 原中心主任 | 研究员 | — | 《中国美育史导论》（合著）、《西方美学初步》、《人与梦：红楼梦的现代解释》、《走向思维的故乡》、《寻找反面》 |

续表

| 姓名 | 出生年月 | 学历/学位 | 职务 | 职称 | 主要学术兼职 | 代表作 |
| --- | --- | --- | --- | --- | --- | --- |
| 郁　芳 | 1957.2 | 博士 | 原所长 | 研究员 | 广东省人民政府参事、广东省经济监测分析联席会议经济政策顾问 | 《关于以资产证券化和金融推进广东民间资本供求对接的建议》《"广东省建设珠三角金融改革总体方案"》 |
| 雷铎（黄彦生） | 1950.4 | 硕士 | 原副所长 | 研究员 | 曾兼广东省周易研究会副会长 | 《禅宗智慧书》《易经智慧书》《十分钟周易》《现代守护神》 |
| 刘路生 | 1954 | 学士 | — | 研究员 | — | 《袁世凯在朝鲜》《袁世凯致袁世勋家书考辨——兼论宫门告密说》《袁世凯家书辨伪》 |
| 柯　可 | 1952.2 | 硕士 | 原中心主任 | 研究员 | 中国国学研究院副院长、中华老子研究会副会长、广东省国学教育促进会会长 | 《周易大典》《老子道经》《国学教纲》 |
| 韩　强 | 1953.11 | 硕士 | — | 研究员 | 曾兼广东省人民政府文史研究馆馆员 | 《绿色城市》、《岭南文化（修订本）》（英译本 *Lingnan Culture*）、《岭海文化：海洋文化视野与"岭南文化"的重新定位》 |
| 黄承基 | 1954.8 | 大学 | — | 研究员 | 曾兼壮族作家创作促进会副会长、中国诗歌研究中心顾问 | 《文学价值论》《文学审美论》《诗论》 |
| 刘品安 | 1956.3 | 大专 | 原所长 | 研究员 | 曾兼广东省消费经济学会常务副会长兼秘书长（法人代表） | 《广州外向型工业发展研究》《市场经济价格新体制探索》 |
| 江启疆 | 1955.4 | 硕士 | — | 研究员 | 曾兼中国法理学研究会理事等 | 《法治：中国市场经济的独特视角》《法治中国：现实与选择》《执政党与依法治国若干问题论要》 |
| 潘义勇 | 1955.2 | 硕士 | — | 研究员 | 曾兼广东省珠江文化研究会副会长 | 《国营农场产权制度改革目标》《改革户籍制，实行人口城市化工业化现代化》 |

续表

| 姓名 | 出生年月 | 学历/学位 | 职务 | 职称 | 主要学术兼职 | 代表作 |
|---|---|---|---|---|---|---|
| 刘飚 | 1953.10 | 硕士 | 原机关党委专职副书记 | 研究员 | 曾兼广东省文化产业研究会副会长、"挑战杯"全国大学生课外学术科技作品竞赛广东省评委 | 《新闻写作三昧》《体制创新与发展文化经济》《社会评价与媒体传播》 |
| 罗繁明 | 1955.7 | 硕士 | 原图书馆秘书长 | 研究员 | 曾兼广东省品牌研究会会长、广东社科情报学会副会长兼秘书长（法人代表） | 《知识管理方法论》《知识管理——引领知识形态创新实现》 |
| 成建三 | 1955.1 | 学士 | 原中心主任 | 研究员 | — | 《广东区域经济研究》《深圳国际城市研究》《从产业化理论看山区发展》 |
| 杨越 | — | — | — | 研究员 | — | 《杜国庠学术思想研究》 |
| 赵春晨 | 1942.10 | 学士 | — | 教授 | — | — |
| 张富强 | 1957 | 博士 | 原所长 | 研究员 | — | — |
| 刘曼容 | 1954 | 硕士 | 原副所长 | 研究员 | — | — |
| 丁旭光 | 1963 | 博士 | 原副所长 | 研究员 | — | — |
| 吴蓬生 | — | 博士 | 原所长 | 研究员 | — | — |

### 三、2015年晋升正高级专业技术职务人员

陈贤波，1980年8月出生，广东澄海人，历史学博士，现为历史与孙中山研究所副所长、研究员，兼广东省社科院潮州分院副院长、香港理工大学中国文化学系及韩山师范学院潮学研究院兼职研究员、潮汕历史文化研究中心青年委员会委员。2008年入选广东省宣传文化战线十百千人才工程、2012年入选首届广东省青年文化英才工程。主要学术专长是明清社会经济史、海洋史研究，重点关注15、16世纪广东海防体制的转变。主要代表作有《土司政治与族群历史》《陈建评传》；主编《新筠集：广东省社会科学院青年学者选集》等。

陈再齐，男，1981年9月出生，湖南安化人，经济学博士，现广东省社会科学院宏观经济研究所副所长（主持工作）、研究员，兼省社科院梅州分院副院长。2014入选广东省青年文化英才工程。主要学术专长是宏观经济、区域经济与区域发展、城市经济与城市规划研究。主要代表作有《珠江三角洲地区港口发展与港—城关系研究》《广州港经济发展及其与城市经济的互动关系研究》《广州市港口服务业空间特征及其形成机制研究》等。

张造群，男，1974年9月出生，湖南西峡人，哲学博士，当代马克思主义研究所副所长、研究员。主要学术专长是马克思主义中国化、中国哲学、传统文化与现代化。主要代表作有：专著《礼治之道——汉代名教研究》《优秀传统文化的当代价值——中国特色社会主义视角的省察》《从中国文化走出去看优秀传统文化的现代价值》等。

张拴虎，男，1974年4月出生，河南辉县人，经济学硕士，产业经济研究所研究员。主要学术专长是产业经济、区域经济、制度经济学、中小企业发展等。主要代表作有：《中心城市老城区发展楼宇经济的机制与模式》《中小企业发展的理论探索及广东实践》《创新创业与中小企业发展》等。

张金超，男，1974年10月出生，河南南阳人，历史学博士，历史与孙中山研究所研究员。主要学术专长是孙中山与中华民国史、近代中外关系史。主要代表作有：《伍朝枢与民国外交》《田桐集》（合作）、《广州：辛亥革命运动的策源地》等。

邢益海，男，1965年2月出生，安徽合肥人，历史学博士，历史与孙中山研究所研究员。主要学术专长是中国哲学与宗教，广东历史文化等。主要代表作有：《方以智庄学研究》等。

李娟，女，1969年5月出生，广东汕头人，法学硕士，法学研究所研究员，兼中国法学会会员、广东省法学会刑法学研究会理事、犯罪学研究会理事、禁毒政策研究会理事、粤港澳法学研究会理事、地方立法学研究会常务理事，广州市法学会刑诉法学研究会理事，广东社会工作学会理事。主要学术专长是事刑法学、犯罪学、禁毒学等研究。主要代表作有《内地与港澳打击毒品犯罪区际司法合作问题》《关于毒品犯罪死刑限制的现状考察与司法适用》《新型毒品犯罪研究之广东视野》等。

## 第七节 2015年大事记

### 一月

1月8日，中国社会科学院研究生院院长、民营经济研究中心主任刘迎秋研究员访问广东省社科院，与院研究人员就中国宏观经济形势分析进行了座谈。

1月12日，浙江省社会科学院院长迟全华一行5人来访，就加强建设新型智库相关情况进行调研。

1月12日，广东省人社厅发《关于温宪元同志免职退休的通知》。

1月15—16日，院党组成员、副院长刘小敏，院党组成员、纪检组长黎志华一行前往大埔县三河镇白石村开展扶贫工作"回头看"活动。

1月16日，党组副书记、院长王珺应邀出席由广东省人民政府港澳事务办公室主办的"粤港澳合作论坛"，围绕"深化推进粤港澳服务贸易自由化，增强大珠三角整天竞争力"作主题报告。

1月28日，广西社会科学院党组成员、纪检组长黄信章一行来访，就财政科研项目和资金管理等方面工作进行调研。

1月29—30日，广东省社科院召开主题为"争创具有国际影响力的高端智库"的2015年度第一次中层干部会议。

1月30日，广东省离退休老干部先进集体和先进个人表彰大会暨全省老干部工作会议在广州召开，广东社科院老专家工作室获得"全省离退休干部先进集体"荣誉称号。

### 二月

2月5日—4月17日，广东省审计厅

对广东省社科院 2014 年度预算执行与其他财政收支情况进行审计。

### 三月

3月9日—5月30日，广东省审计厅对党组书记蒋斌同志进行任中经济责任审计。

3月10日，省委宣传部常务副部长郑雁雄到广东省社科院调研。

3月17日，广东省社科院环境经济与政策研究中心承办"中英（广东）低碳周"分论坛。

3月18日，广东省社科院召开全体干部职工大会，总结 2014 年工作暨部署 2015 年工作，表彰先进。

3月25—31日，党组副书记、院长王珺，党组成员、副院长刘小敏一行 5 人组成的第一调研组前往中国社会科学院、山东社科院、上海社科院、江苏社科院，进行"建设新型智库"调研。

### 四月

4月3日，广东省社科院举办第 13 期"广东智库讲堂"，上海交通大学媒体与设计学院党委书记、特聘教授、博士生导师单世联应邀作了"文化产业的社会效益"专题报告。

4月12日，台湾文化大学社科院院长邵宗海一行 5 人来访，就学术研究、教学培训等多方面进一步开展学术合作与交流进行了探讨，着重探讨了在孙中山研究方面深入合作的可行性。

4月13日，福建省社会科学院副院长黎昕一行 6 人来访，就新型智库建设的总体思路与目标定位、新型智库建设实施方案主要内容等问题进行调研。

4月15日，国家民政部民间组织管理局副局长黄茹一行 5 人，到广东省社科院省情调查研究中心进行"规范和引导社会智库发展"调研。

4月16日，省委宣传部巡视员朱仲南同志应邀出席广东省社科院举办的"广东智库大讲堂"活动，并与院科研、行政人员进行座谈。

4月27日，广东省社科院历史与孙中山研究所所长李庆新荣获省委、省政府授予的"广东省劳动模范"称号。

### 五月

5月7日，中国社会科学院世界历史研究所与广东省社科院联合主办，广东海洋史研究中心承办的"第五届全国社会科学院世界历史研究联席研讨会"在广州召开。

5月11日，广州市人民政府研究室发布《关于成立重大行政决策论证专家库的通知》（穗府研字〔2015〕5号），广东省社科院林平凡、向晓梅、庄伟光、黎友焕、周联合、陈荣平、黄晓慧、刘佳宁、周仲高、高怡冰等 10 位专家入选广州市重大行政决策论证专家库。

5月12日，党组成员、副院长刘小敏在东莞市行政办事中心出席东莞市社会工作委员会咨询委员会换届会议，并当选为会长。

5月16日，由广东省社科院与广东外语外贸大学、佛山科学技术学院和日本创价大学联合举办的"创造幸福力量——2015'池田大作思想研讨会"在广州召开。

5月22日，党组成员、副院长刘小敏参加省委常委会议。

5月27日，韶关市政协副主席、院韶关分院院长张文铭来访，广东省社会科学院党组副书记、院长王珺，党组成员、副院长周薇等与来访人员进行座谈交流。

### 六月

6月9日，广东省社科院召开"三严三实"专题教育工作会议。

6月15—18日，广东省社科院主办"全国社科院大数据智库联盟平台建设研讨班"。

6月17日，广东智库协作座谈会在广东省社科院召开，就如何充分利用广东高校智库与社科院智库的互补优势，推进资源共享、渠道共享，加强协作，共同促进广东新型智库整体建设与发展，更好发挥"思想库、智囊团"的作用进行了研讨。

6月26日，广东省社科院财政金融研究所协办"第四届中国（广州）国际金融交易·博览会"，并举办"21世纪海上丝绸之路金融合作与发展高峰论坛"。

6月29日，广东省社科院召开学位评定委员会会议，并举行2015届研究生毕业典礼及学位授予仪式。

### 七月

7月1日，广东省社科院召开纪念建党94周年暨纪律教育学习月活动动员会议。

7月9—11日，纪检组长黎志华等赴锡林浩特市参加"第十八届全国社科院院长联席会议"。

7月16日，召开全院大会，宣布赵细康、袁俊两位同志为广东省社会科学院党组成员、副院长。

7月22日，广州市政协委员会主任余楚凤一行五人就开展"智库"建设有关情况、对"建设广州国际航运中心"的意见建议等议题到院进行了调研。

7月27—28日，党组书记蒋斌，党组成员、副院长周薇在北京参加中宣部召开的"推进理论工作四大平台建设工作会议"。

7月29日，党组成员、副院长周薇会见坦桑尼亚达累斯萨拉姆大学校长助理Y. Lawi教授一行，就中国的经济特区等议题进行座谈。

7月29日，广州市市长陈建华率市直单位负责人到广东省社会科学院调研，并主持召开了"广州市'十三五'规划省社会科学系统调研座谈会"。

7月29日，由广东省社科院、广东海上丝绸之路研究院、清远市委宣传部、广州市十三行文化促进会、十三行博物馆筹建办、广州大学十三行研究中心共同主办的"复兴世界的十三行——海上丝路文化旅游区起步区启动暨战略合作签约仪式"在花都举行。

### 八月

8月4日，广东省社科院向省编办提交报告，将"广东省社会科学研究机构战略联盟"更名为"广东智库联盟"。

### 九月

9月15日，党组副书记、院长王珺主持召开"三严三实"专题教育第二专题"严以律己、严守党的政治纪律和政治规矩、自觉做政治上的明白人"研讨会。

9月20—29日，党组副书记、院长王珺一行6人赴印度新德里大学东亚研究所、斯里兰卡—中国友好协会和孟加拉吉大港高级研究中心，就"南亚国家海上丝绸之路"研究进行专题调研。

9月22日，中国社会科学院科研局副局长张国春一行5人来访，就横向课题开展情况及经费管理相关问题进行了调研。

### 十月

10月13日，党组成员、院长王珺出席河北省智库建设国际学术研讨会，并作"政府决策与新型智库发展"的主题演讲。

10月14日，在广东省政府决策咨询顾问委员会换届大会暨省长与专家座谈会上，广东省社科院王珺、向晓梅、庄伟光三人获聘为广东省政府决策咨询顾问委员会专家委员。

10月14日，根据广州市政府《关于

聘任广州市人民政府第三届决策咨询专家的通知》，广东省社科院王珺、向晓梅、庄伟光被评为专家。

10月15—17日，院长王珺、副院长袁俊一行赴香港，与香港《紫荆》杂志社就在国家"十三五"规划框架下，粤港两地在经济与社会发展研究领域中的重要课题开展学术交流与科研合作等议题进行了商讨。

10月26日，省纪委派驻省委宣传部纪检组组长何慧华等一行4人莅临广东省社科院，就广东省社科院落实"两个责任"情况进行调研座谈。

10月28日，党组成员、副院长周薇会见了美国夏威夷大学中国研究中心办公室主任Daniel Tschudi（寇树文）先生、美国联合国际交流中心龚劳先生，就双方签署国际交流谅解备忘录以及代表团将于近期内访问夏威夷大学等事宜进行商讨。

10月29日，广州韩国贸易馆（大韩贸易投资振兴公社）一行16人来访，就做好推广韩国企业及各机构在华南地区的投资与贸易工作及促进两国企业机构之间的合作进行交流访问。

10月29日，党组成员、副院长赵细康赴武汉参加"中南地区社科院院长联席会暨荆楚智库建设理论研讨会"，并作题为"提升广东地方智库决策服务能力的管理体制机制创新研究"的大会发言。

10月30日，省政协文史委主任田丰率深圳市政协文史委主任乐正一行来访，就广东社会科学中心建设情况进行调研。

## 十一月

11月4日、13日、20日，广东省社会科学院党组成员、副院长刘小敏应邀为中共广州市委、广州市政协、中共广州市纪委学习中心组作"三严三实"第三专题学习辅导报告。

11月5日，省委书记胡春华一行到广东省社科院调研，先后考察历史与孙中山研究所、产业经济研究所、广东省中国特色社会主义理论体系研究中心、信息中心（图书馆）古籍书库，并召开调研工作座谈会。

11月5日，党组成员、副院长袁俊等在上海社科院出席第十九次全国社科院图书馆馆长协作会议暨地方社科院新型智库信息化建设论坛。

11月10—14日，党组成员、副院长袁俊一行前往江苏省社科院和浙江省社科院，就新型智库建设情况、科研经费管理、科研管理服务、人才培养与管理体制等问题进行调研。

11月13日，党组副书记、院长王珺主持召开院青年学者座谈会，就省委书记胡春华同志莅临广东省社科院调研提出的问题征求青年学者意见建议。

11月15—18日，党组副书记、院长王珺一行赴河南省和湖北省进行调研交流，重点了解河南、湖北生猪产业发展，以及湖北省城镇群建设与区域协调发展的经验教训。

11月16—23日，党组成员、副院长周薇一行赴日本创价大学和美国夏威夷大学中国研究中心进行学术访问。

11月27日，党组成员、副院长赵细康赴梅州、河源，分别作党的十八届五中全会精神专题宣讲报告会。

11月27日，上海社会科学院副院长何建华、谢京辉一行来院调研，并召开"粤沪两地品牌发展研究"座谈会。

11月27—28日，党组成员、副院长章扬定在海南出席中华海洋文化论坛（海南·2015）。

## 十二月

12月1日，省直工委副书记肖怀跃一行4人来访广东省社科院进行"党委书记抓党建工作述职"调研并座谈。

12月1日，广东省社科院与广东省社会科学界联合会、南方报业传媒集团、新华通讯社广东分社、华南理工大学公共政策研究院等单位联合主办"创新发展引领国家未来"第四届中国南方智库论坛。

12月2—4日，根据省委宣传部统一部署，党组副书记、院长王珺分赴深圳、汕尾、揭阳三市，作题为"以新理念引领发展，确保小康社会的全面建成"的宣讲报告。

12月2—4日，根据省委宣传部统一部署，党组成员、副院长刘小敏分赴肇庆、潮州两市，作题为"深刻领会党的十八届五中全会精神，以新理念引领'十三五'时期的新发展"的宣讲报告。

12月4—5日，广东省社科院青年学术沙龙与中共珠海市委政研室、横琴新区管理委员会、《南方经济》杂志社在珠海市西藏大厦共同主办"论剑横琴——广东青年创新论坛"。

12月11—13日，党组成员、副院长刘小敏率领院智库规划课题组相关人员出席由湖南省社会科学院主办的"湖湘智库论坛"，作题为"全面提升决策影响力，打造广东新型智库"的演讲。

12月17日，在"广东省第二届优秀社会科学家暨第六届哲学社会科学优秀成果颁奖大会"上，广东省社会科学院院长王珺获得优秀社会科学家称号，梁桂全等的《十八大后广东科学发展的战略思考——综合战略研究报告》以及谢名家等的《十七大以来广东的科学发展研究》分别获研究报告类二等奖；章扬定等的《创新非公企业党建模式 努力夯实长期执政基础——基于白云山和黄"1+4"党建模式的探讨》获得研究报告类三等奖。

12月22日，党组副书记、院长王珺主持召开了"广东开放问题研究"座谈会。

12月21—22日，党组成员、纪检组长黎志华与院扶贫工作小组成员到院扶贫开发"双到"村——梅州市大埔县三河镇白石村进行为期三年的最后一次"回头看"活动。

# 广西社会科学院

## 第一节 历史沿革

广西社会科学院的前身为广西哲学社会科学研究所。广西哲学社会科学研究所成立于1977年9月，是广西壮族自治区人民政府直接领导的哲学社会科学综合研究机构。1977年9月28日，广西壮族自治区编委以桂编〔1979〕38号文发出关于成立广西社会科学研究所的通知。1979年2月21日，广西壮族自治区编委以桂编〔1979〕17号文发出关于广西社会科学研究所改为广西社会科学院的通知。

### 一、领导

广西社会科学院的历任院（所）长是：张斌（1978年6月—1979年4月，任所长；1979年4月—1984年5月，任院长）、黎守法（1988年11月—1992年4月）、詹宏松（1992年8月—2000年4月）、刘咸岳（2000年4月—2003年4月）、韦克义（2002年10月—2008年6月）、吕余生（2008年6月—2015年12月）。

广西社会科学院的历任党组书记是：张斌（1978年6月—1984年5月）、詹宏松（1992年8月—2000年4月）、刘咸岳（2000年4月—2002年10月）、韦克义（2002年10月—2008年6月）、吕余生（2008年5月—2015年12月）。

### 二、发展

在广西壮族自治区党委、政府的正确领导和自治区党委宣传部的关心指导下，广西社会科学院积极建设中国特色新型智库，努力当好自治区党委、政府的"思想库"和"智囊团"，为推动广西与全国同步全面建成小康社会，打造成为西南、中南地区开放发展新的战略支点作出了积极的贡献。根据地方社科院必须为地方改革开放和社会主义现代化建设服务的宗旨，广西社会科学院在重视基础理论研究的同时，突出和加强了应用研究和对策研究，努力当好各级党委、政府的参谋和智囊，努力使科研成果为各级党委、政府的科学决策服务，不少科研成果在改革开放和现代化建设中产生了良好的社会效益。截至2015年底，广西社会科学院累计出版学术专著735部，发表学术论文7654篇，研究报告2723篇，学术工具书、科普读物及资料书272部。获国家和省部级以上奖励的优秀成果401项。其中，全国"五个一工程奖"3项（次），广西"五个一工程奖"13项，全国青年社会科学优秀成果奖3项，国家发展和改革委员会优秀论文成果一等奖1项，广西社会科学优秀成果一等奖13项、二等奖150项、三等奖193项，获首届广西壮族自治区政府决策咨询成果评奖一等奖1项、二等奖4项、三等奖5项，其他省部级奖15项。截至2015年底，广西社会科学院共主持承担国家社科基金资助的课题、自治区社科规划研究课题、广西软科学研究课题195项，其中国家社科基金课题75项，自治区社科基金研究课题103项，广西软科学研究课题20项。从

2004年广西壮族自治区党委、政府设立重大课题招投标以来广西社会科学院科研人员共承担自治区重大研究课题25项。

对外学术交流方面，广西社会科学院十分重视与国内外社会科学研究机构建立学术交流关系。建院以来，先后与美国、法国、英国、越南、新加坡、日本、捷克、墨西哥、津巴布韦、俄罗斯等国家和港、澳、台地区开展学术交流活动和建立科研合作关系。采用双方学者互访、举办双边学术研讨会、互邀学者讲学、开展合作研究等形式，促进了科研工作，扩大了学术影响。

主要出版刊物方面，广西社会科学院主办的刊物有4个学术刊物即《学术论坛》《东南亚纵横》《经济与社会发展》和《沿海企业与科技》。每年编辑出版《中国—东盟年鉴》和广西经济、社会、文化和对外开放等系列蓝皮书10—12本。每年编辑出版的内刊有《社会科学与决策》《读书·调查·思考》《中国—东盟简讯》《广西社会科学院院讯》。

信息化工作方面，广西社会科学院已建成拥有200多个节点的院局域网，开通了广西社会科学院内部网站和对外网站，全院科研、人事、财务、图书资料等均已采用MIS进行管理。院图书馆现有藏书16万册，年订阅报纸400余种；数字资源、图书报刊、学位论文、统计数据等，可通过统一数字资源平台和移动图书馆平台实现资源便利化使用。

### 三、机构设置

广西社会科学院现有内设机构17个，其中行政后勤机构5个，即办公室、人事处、科研处、党群处和后勤管理处；科研机构10个，即东南亚研究所、哲学研究所、区域发展研究所、工业经济研究所、数量经济研究所、农村发展研究所、民族研究所、社会学研究所、文化研究所、台湾研究中心；科研辅助机构2个，即信息中心和院刊编辑部；二层机构1个，即当代广西研究所。截至2015年12月底，广西社会科学院的机构设置为：

（一）行政后勤机构

1. 办公室

办公室主要负责院文秘管理、行政后勤管理和协调各部门工作，包括会议安排、文件起草、信息调研与反馈、保密、文印收发、档案管理、外事交流、财务管理、汽车调度与管理、办公用品采购与保管等。截至2015年底，办公室共有在职人员12人。

2. 人事处

人事处主要负责全院机构编制、人事、劳资、职称和人才工作，具体包括全院干部的调配、工作人员的录用、工作人员的年度考核、干部职工的学习进修和培训、人事档案管理以及职称评审等工作。截至2015年底，人事处共有在职人员4人。

3. 科研处

科研处的前身为办公室科研组织管理科，随着广西社会科学院发展壮大，1992年科研科从院办公室独立出来扩大成科研组织管理处。科研处主要负责拟定全院科研工作规划、工作计划及科研经费预算；组织申报各级科研课题；院本级科研课题及科研经费使用的管理；组织全院跨学科的学术活动和学术会议；组织重大科研成果的鉴定和评奖；管理院学术著作出版资助工作；科研工作的对外联系、交流和科研成果的宣传工作。具体负责院本级科研课题立项、实施、检查、验收及科研成果的收集、审核、登记、统计与归档；组织编撰《广西蓝皮书》《社会科学与决策》、《读书·调查·思考》；协助人事及有关部门做好优秀科研人才的推荐和年度考核工作。截至2015年底，科研处共有在职人员5人，其中副调研员2人。

4. 党群处

党群处主要承担全院机关党委、机关工会、老干部等工作职能。具体包括草拟党委工作计划、总结、请示、报告等文稿；安排和组织党委召开的工作、学习会议、整理会议纪要；组织党员干部开展学习，加强党的思想建设；做好党建各项工作；组织开展机关文化和体育活动等。截至2015年底，党群处共有在职人员5人。

5. 后勤管理处

后勤管理处主要负责全院的后勤、安全保卫工作，具体包括治安联防综合治理、户籍管理、消防管理、爱国卫生、环境绿化、水电及基建维修、物业管理、院公共机构节能管理等。截至2015年底，后勤管理处共有在职人员7人。

(二) 10个科研机构

1. 东南亚研究所

广西社会科学院东南亚研究所前身为1979年2月成立的印度支那研究所，设有越南研究室、柬老研究室、综合研究室、华侨华人研究室、编辑室和资料室，当时是我国唯一专门研究印支三国现状与历史的综合性科研机构。1989年5月更名为东南亚研究所，研究范围从重点研究印支扩大到东南亚整个地区。现东南亚研究所设有越南研究室、东盟研究室、国际关系研究室、华侨华人研究室、综合研究室、编辑室、资料室，以历史学（东南亚史、中国与东南亚关系史）、华侨与华人（东南亚华侨与华人、广西籍华侨华人的历史与现状）、民族学（东南亚民族、壮族等民族的历史关系）、区域经济（对外开放、边境经济、北部湾经济圈、华南经济）等为主要研究学科。挂靠学术团体研究机构：广西东南亚研究会。截至2015年底，东南亚研究所科研人员共11人，其中高级职称研究人员4人，中级职称研究人员5人，初级职称研究人员2人。

2. 哲学研究所

哲学研究所的前身是广西社会科学研究所哲学室，成立于1977年。1979年，广西社会科学研究所更名为广西社会科学院以后，哲学室随之更名为哲学所。目前，挂靠学术团体研究机构有：广西哲学学会、广西中国特色社会主义理论体系研究会、"广西马克思主义理论研究和建设工程"广西社会科学院研究基地、广西壮族自治区政协理论研究工作站。截至2015年底，哲学研究所共有科研人员5人，其中高级职称研究人员2人，中级职称研究人员1人，初级职称研究人员2人。

3. 区域发展研究所

区域发展研究所成立于2005年1月，前身是广西社会科学院经济研究所。2009年9月，区域发展研究所加挂"广西社会科学院西江经济带发展研究中心"牌子，与研究所实行"一套人马，两块牌子"的管理与运行模式。区域发展研究所现设有办公室和5个研究室，包括城市发展研究室、产业经济研究室、城乡规划研究室、区域合作研究室、企业发展研究室，主要从事区域经济理论、区域发展政策及战略规划、城市发展与经济理论、产业经济和企业管理等领域的问题研究。挂靠学术团体研究机构：广西产业经济与城乡发展研究会。截至2015年底，区域发展研究所现有专职研究人员10人，其中研究员3人，副研究员7人，有国家突出贡献专家1人，"新世纪十百千人才工程"第二层次人选1人。

4. 工业经济研究所

工业经济研究所主要从事设计工业经济、工业企业改革与发展、企业管理、地区性宏观经济改革与发展等领域的研究及咨询服务工作。下设工业发展战略和规划研究中心，企业管理研究咨询中心。挂靠学术团体研究机构：广西经济学会。截至2015年底，区域发展研究所现有专职研究人员9人，其中研究员1人，副研究员7人，有国家突出贡献专家1人。

### 5. 数量经济研究所

数量经济研究所前身是1990年成立的广西社会科学院数量经济与技术经济研究室，1996年更名为广西社会科学院数量经济研究所，主要从事数量经济学与技术经济学的理论、方法与应用等方面的研究。挂靠学术团体研究机构：广西数量经济会。截至2015年底，数量经济研究所共有科研人员6人，其中研究员2人，副研究员3人。获全国五一劳动奖章1人，国务院特殊津贴2人，自治区优秀专家2人，广西终身教授1人，广西"新世纪十百千人才工程"第二层次人选2人。

### 6. 农村发展研究所

广西社会科学院农村发展研究所的前身是1996年5月成立的农村与农业经济研究所。1998年7月，广西社会科学院进行机构调整，农村与农业经济研究所与经济所合并。2000年7月7日，广西社科院下文恢复农经所，更名为农村发展研究所，主要从事农村发展与改革方面的研究，开展影响广西农业发展、农村稳定、农民增收等有关问题的研究和服务工作。挂靠学术团体研究机构：广西农村发展与改革研究会。截至2015年，农村发展研究所在职8人，其中研究员2人，副研究员5人，助理研究员1人。

### 7. 民族研究所

广西社会科学院民族研究所前身为广西社会科学院壮学研究中心（对外称"广西壮族自治区壮学研究中心"），成立于1991年8月16日；2007年3月12日，根据自治区编委桂编〔2007〕30号文件更名为"广西社会科学院壮学研究所"；2012年12月27日，根据自治区编委桂编〔2012〕257号文件更名为"广西社会科学院民族研究所"。民族研究所主要开展以广西及西南边疆民族地区的民族经济、政治、历史、文化、宗教和以壮泰族群为重点的跨国民族问题等学科和专业的研究，以壮学为重点，研究广西11个世居少数民族经济社会文化发展、历史和现实问题。挂靠学术团体研究机构：广西民族发展研究会。截至2015年底，民族研究所现有在编研究人员7人，其中副研究员5人，助理研究员2人。

### 8. 社会学研究所

社会学研究所的前身是1986年成立的青少年研究所。经自治区编制委员会批准，社会学研究所于1989年2月正式成立，主要以社会学理论和方法研究广西社会发展中的重大理论和现实问题。挂靠学术团体研究机构：广西社会调查研究会。截至2015年底，社会学研究所在职人员6人，其中研究员2人，副研究员3人，助理研究员1人。

### 9. 文化研究所

文化研究所前身为广西社会科学院文史研究所，主要从事区域文化与区域发展、文化产业、文化政策、民族文化艺术相关学科领域的研究。《沿海企业与科技》杂志社、广西文学创作协会秘书处设在该所。挂靠学术团体研究机构：广西文化发展学会、广西抗战文化研究会。截至2015年底，文化研究所在职人员11人，其中研究员4人，副研究员6人，助理研究员1人。

### 10. 台湾研究中心

台湾研究中心成立于1999年6月16日，主要开展对台湾政治、经济形势和台湾与东南亚及台湾诸方面的问题进行跟踪和研究，以及对台湾问题的区域比较研究等。台湾研究中心内设政治研究室、经济研究室、综合研究室等附属机构。截至2015年底，台湾研究中心共有研究人员3人，并在有关高校和研究院所聘请了若干特约研究人员。

#### （三）科研辅助机构

### 1. 信息中心

信息中心是本院科研辅助部门，前身是广西社会科学院社会科学情报研究所。

2000年8月广西社会科学院进行机构调整时，将广西社会科学院网络中心筹备组并入该所，并更名为信息中心。现下设文献部（图书馆）、网络部、信息开发研究部。其中，文献部（图书馆）前身是1978年成立的广西哲学社会科学研究所图书资料室。1984年该室扩大为社会科学情报研究所后，图书室即为情报所下属部门。文献部（图书馆）现设有采编室、外借处、普通阅览室、内部阅览室、报刊室。主要职能是负责全院文献信息资源的采集、收藏与服务。网络部前身为广西社会科学院电脑室（隶属院办公室管理）。网络部主要负责全院计算机及相关设备、网络、院网站的管理与维护，信息采集与发布，应用管理系统开发等。信息开发研究部主要任务是研究和编写社会科学情报信息，编辑、出版信息刊物，网络信息的收集与加工，资料交换等。截至2015年底，信息中心共有工作人员8人，其中高级技术职称4人。

2. 院刊编辑部

广西社会科学院院刊编辑部为院下属的科辅机构，主要负责社科理论公开刊物《学术论坛》（月刊）、《经济与社会发展》（双月刊）的编辑、出版、发行工作。截至2015年底，院刊编辑部共有人员10人，其中高级技术职称5人。

（四）二层机构

当代广西研究所是广西社会科学院唯一一个二层机构，于1991年7月经自治区党委、自治区人民政府批准成立，是广西专门从事中华人民共和国史（当代史）、广西当代地方史研究的机构。2000年起，经自治区党委决定，当代广西研究所归属广西社会科学院直接管理，成为广西社会科学院的下属事业单位。2012年，经自治区编制委员会办公室批准，当代广西研究所加挂广西历史研究中心的牌子，担负历史学研究、尤其是华南、西南区域史、广西地方史研究的职责。当代广西研究所主要对包括中华人民共和国史、华南、西南区域史、广西地方史、国际关系史（中国与东南亚国家关系史），并就广西经济社会发展的若干重大理论与实践问题开展研究。挂靠学术团体研究机构：广西国史学会、广西历史学会。截至2015年底，当代广西研究所现有研究人员6人，其中具有高级专业技术资格3人，中级专业技术资格3人；广西"十百千人才工程"第二层次人员1人。

四、人才建设

建院至今，广西社会科学院取得了丰硕的学术成果，其中不乏学有专长和卓有建树的专家学者。截至2015年底，全院在职人员136人（含二层机构当代广西研究所8人），其中副高级以上职称68人，拥有国家突出贡献中青年专家4人、享受国务院政府特殊津贴专家19人、自治区有突出贡献科技人员6人、广西优秀专家9人，入选自治区"新世纪十百千人才工程"第二层次人选7人；自治区政府参事2人、文史馆员3人、八桂学者1人、自治区特聘专家1人、获"民族问题研究优秀中青年专家"1人。

## 第二节 组织机构

一、广西社会科学院领导及其分工

吕余生：党组书记、院长。

主持院全面工作，主持党组会议、院务会议。

谢林城：党组副书记、副院长（2015年7月—　）。

黄志勇：党组成员、副院长（至2015年7月）。

负责科研、学术交流、宣传、信息工作。分管科研处、东南亚研究所、信息中心。联系台湾研究中心、数量经济研究所、地方社科基地建设、院学术委员会。

刘建军：党组成员、副院长。

负责党建、党群、精神文明建设，人事、离退休、工会、共青团、妇委会，扶贫支教和县域经济联系点等工作。分管党群处、人事处、院刊编辑部。联系区域发展研究所、社会学研究所、当代广西研究所、广西社科系列职改办。

黄天贵：党组成员、副院长。

负责财务、机要、档案、保密、计生、信访、行政后勤、外事外联和督办督查工作。分管办公室、后勤管理处。联系文化研究所、哲学研究所。

黄信章：党组成员、纪检组长。

负责纪检监察工作。联系工业经济研究所、农村发展研究所、民族研究所。

## 二、广西社会科学院职能部门

办公室
主任：廖欣
副主任：李向明、覃子沣、廖伟群
人事处
处长：张永平
副处长：黄红星
科研处
处长：蒋斌
副处长：黄丹娜
党群处
处长：覃卫军
副处长：许凌志
后勤管理处
处长：覃黎宁
副处长：陈志勇

## 三、广西社会科学院科研机构

东南亚研究所
所长：黄志勇（兼任）
副所长：罗梅
哲学研究所
所长：曾家华
副所长：解桂海
区域经济研究所
所长：袁珈玲
副所长：杨鹏、吴坚
工业经济研究所
所长：姚华
副所长：吕永权
数量经济研究所
所长：陈洁莲
副所长：毛艳
农村发展研究所
副所长：刘东燕
民族研究所
副所长：陈红升、覃娟
社会学研究所
所长：周可达
副所长：罗国安
文化研究所
所长：覃振锋
副所长：李建平
台湾研究中心
副主任：韦朝晖
当代广西研究所
所长：冼少华
副所长：吴大华

## 四、广西社会科学院科研辅助机构

信息中心
主任：林智荣
副主任：陈川、冯海英
院刊编辑部
主任：刘汉富
副主任：戴庆瑄

## 第三节　年度工作概况

一、2015年广西社会科学院哲学社会科学事业发展状况

2015年，广西社会科学院全面贯彻落实党的十八大和十八届三中、四中、五中全会精神，紧紧围绕自治区发展大局和中

心工作，以社会主义新智库建设为主线，深入实施"科研强院、事业兴院"战略，积极推进哲学社会科学创新工程，切实当好自治区党委、政府的"思想库"和"智囊团"，经全院干部职工共同努力，理论学习和思想政治工作不断加强，科研创新能力和科研水平不断提高。

1. 坚持理论武装，加强理论学习

广西社会科学院始终把加强思想理论学习和建设作为大事来抓，坚持用中国特色社会主义理论体系武装广大党员干部。一是组织专题学习，掀起学习热潮。2015年来，院党组坚持中心组学习制度，狠抓思想政治建设，深入学习十八届三中、四中、五中全会精神和贯彻习近平总书记系列重要讲话精神，在全院掀起了一股学习热潮。坚持党组中心组学习制度，把学习习近平总书记系列重要讲话精神作为中心组学习重点。用习近平总书记系列重要讲话精神统一院党员干部和科研人员的思想和行动，紧紧围绕"四个全面"战略布局，开拓创新，扎实推进全院各项建设。二是深入开展研究，发表理论成果。2015年，广西社会科学院组织开展了贯彻落实习近平总书记系列重要讲话精神、自治区十届五次全会精神的系列学习宣传和研究工作，将学习贯彻习近平总书记重要讲话精神落到实处，完成了不少有质量的研究报告和文章。有的成果获得了自治区主要领导的批示，有的成果在中央、自治区的党报、党刊及重要学术刊物发表了，较好地发挥了社会科学研究部门的学术引领作用。

2. 加强作风建设，促进科研工作

广西社会科学院把加强调查研究，加强作风学风建设作为推动科研工作的有力抓手。一是领导带头深入基层开展调研。党组成员牵头组织开展专题调研活动，带头深入基层，带头密切联系群众，带头解决实际问题，带头改进作风。二是广泛开展国情区情调研活动。广西社会科学院按照中宣部提出的"走基层、转作风、改文风"要求，围绕自治区党委、政府的中心工作以及社会关注的重点、焦点、难点问题，深入基层、深入社会、深入群众广泛开展国情、区情调研工作，推动广西社会科学院作风转变及研究成果上质量、上档次。三是重视课题调研工作。要求申报院重点课题时提交《课题调研计划》和《课题成果推介计划》。要求课题组按计划落实调研工作，深入基层、深入群众、深入一线开展调查研究，充分掌握第一手材料。四是重视科研成果转化。认真做好《社会科学与决策》的编报工作，及时向自治区党委、政府报送科研成果；开展科研成果发布会活动，大力宣传科研成果；突出研究成果转化在科研人员绩效考核中的作用。

3. 加强中国特色新型智库建设

（1）抓好课题研究。一是抓好院级课题研究，强化绩效考核。2015年立项院级课题50项，分为院级重点绩效委托课题、青年绩效招标课题、领导带学科课题等项目，多层面、多角度加强科研能力建设。同时，加强绩效考核，抓好中期检查工作，课题组须按时提供课题开展进度报告、阶段性成果；强化调查研究，跟踪经费使用进度，重点核查调研经费比重；强化成果转化，加强学术不端检测，提高课题成果质量。二是抓好历年未结项课题的督办工作。对已经下达未完成的院级课题，包括基础研究项目和运用研究项目等进行全面清理，督促加快研究进度。三是积极申报国家、自治区级重大课题。鼓励科研人员积极申报国家级和省部级社科规划课题，组织竞标自治区重大招标课题和自治区重大专项课题，积极争取自治区党委、政府和有关部门的委托课题，全年获得了6项国家、4项自治区级课题。

（2）抓好蓝皮书出版工作。组织《广西经济形势分析与预测》《广西社会发展报告》和《越南国情报告》等11本蓝皮书的编撰与出版发行工作，提高蓝皮书质量和时效。紧紧围绕自治区党委、政府的中心工作和社会公众关注的热点、难点问题开展应用对策研究，为自治区党委、政府及有关部门提供决策参考。强化系列蓝皮书学术研究、交流、合作、学科建设及学术传播等平台作用。

（3）抓好国情区情调研项目。重点围绕提高国家治理能力和广西经济社会发展中的重大现实问题开展了15项国情区情调研。每位院领导都领带研究所科研人员和机关干部深入企业、社区和农村基层开展国情、区情调研活动。

（4）抓好研究员文库和学科建设工作。一是资助出版学术专著。做好研究员文库项目的申报审批工作，资助研究员出版学术专著，把研究员文库打造成广西社会科学院又一项精品工程。配合举办抗战胜利暨反法西斯战争胜利70周年活动，资助沈奕巨研究员再版了《广西抗日战争史》，得到学术界好评。二是强化学科建设。抓好公共基础课题研究，突出优长学科和特色学科。组建跨部门、跨区域、跨学科和跨专业的团队，对哲学社会科学进行综合研究。三是培养学科建设团队。加大学术成果内部交流力度，实现科研成果信息共享。大力培养学科带头人和中青年骨干。

（5）探索启动实施创新工程工作。以中央出台建设中国特色新型智库意见为契机，探索启动实施创新工程工作。以贯彻落实《国务院关于改进加强中央财政科研项目和资金管理的若干意见》（国发〔2014〕11号）和《国务院印发关于深化中央财政科技计划（专项、基金等）管理改革方案的通知》（国发〔2014〕64号）精神为契机，加大哲学社会科学创新工程力度，积极争取政策和资金支持。

（6）抓好调研基地建设。一是拓宽基地平台。召开调研基地建设座谈会，修改完善调研基地管理办法。二是发挥基地作用。实行调研基地建设与院学科建设和区情调研相结合，充分发挥调研基地的作用。

二、2015年广西社会科学院主要学术成就、贡献、影响等

1. 广西社会科学院优秀科研成果奖

荣获2015年广西社会科学院科研成果奖共47项，分为中老年组和青年组，评选标准根据桂社科发〔2009〕7号《广西社会科学院科研成果奖励办法》相关规定执行。具体情况如下：

中老年组获奖24项，其中著作类获二等奖2项；调研报告类获一等奖3项、二等奖3项、三等奖9项，共15项；论文类获二等奖3项、三等奖4项，共7项。

青年组获奖23项，其中调研报告类：一等奖2项、二等奖6项、三等奖10项，共18项；论文类：一等奖空缺，二等奖4项，三等奖1项，共5项。

2. 获自治区党委、政府领导批示科研成果

2015年，广西社会科学院获得自治区主要领导批示共2项，分别是钟启泉研究员的《对我区扶贫开发适应经济发展的新常态的几点建议》（独著）、覃黎宁的《广西蔗糖产业二次革命对策研究》（合著）。

## 第四节 科研活动

一、科研工作

1. 科研成果统计

2015年广西社会科学院科研成果总字数约762万字。其中著作24部，约253万字；研究报告260篇，约54万字；论文261篇，约20万字；编辑44篇，约636万字。

2. 科研课题

新立项课题

2015年，立项国家社科课题6项，其中特别委托项目2项，西部项目3项，青

年项目1项;立项广西社科规划课题4项;立项院级重点绩效委托课题34项,基础课题11项,青年绩效招标课题12项,国情(区情)项目15项。

#### 2015年广西社会科学院立项国家社会科学基金项目情况

| 序号 | 课题名称 | 主持人 | 类型 |
| --- | --- | --- | --- |
| 1 | 骆越文化权属研究 | 赵明龙 | 特别委托项目 |
| 2 | 骆越文化保护与开发研究 | 赵明龙 | 特别委托项目 |
| 3 | 西南少数民族习惯法变迁的影响因素研究 | 谭三桃 | 西部项目 |
| 4 | 构建中国—东盟南北丝绸之路旅游带研究 | 陈红升 | 西部项目 |
| 5 | 西南民族地区人口城镇化与土地城镇化协调发展研究 | 宁常郁 | 西部项目 |
| 6 | 中国西部地区农村就地城镇化模式选择研究 | 吴碧波 | 青年项目 |

#### 2015年广西社会科学院立项广西哲学社会科学研究规划课题情况

| 序号 | 课题名称 | 主持人 |
| --- | --- | --- |
| 1 | "一路一带"战略背景下广西北部湾海洋产业竞争力研究 | 毛 艳 |
| 2 | 广西人口老龄化背景下政府购买居家养老服务研究 | 邓莉莉 |
| 3 | 广西推进大众创业创新面临的主要问题和对策研究 | 吴 坚 |
| 4 | 广西培育平台经济研究 | 陈禹静 |

#### 2015年广西社会科学院立项广西重大课题情况

| 序号 | 课题名称 | 主持人 |
| --- | --- | --- |
| 1 | 新常态下广西传统优势产业转型升级研究 | 粟庆品 |
| 2 | 广西参与"一带一路"对外开放的战略布局问题研究 | 雷小华 |
| 3 | 结合广西实际创新精准扶贫工作机制问题研究 | 覃 娟 |

#### 2015年广西社会科学院立项课题情况

| 序号 | 课题名称 | 主持人 | 类型 |
| --- | --- | --- | --- |
| 1 | 云南省与东南亚合作情况及对广西的启示 | 罗 梅 | 国情(区情)调研项目 |
| 2 | 中国特色新型智库建设中地方社科院的党群工作问题调研 | 覃卫军 | 国情(区情)调研项目 |
| 3 | 关于打破蔗区划分利弊的调查 | 覃黎宁 | 国情(区情)调研项目 |
| 4 | 壮族与傣族传统节庆文化变迁调查研究 | 陈红升 | 国情(区情)调研项目 |
| 5 | "十三五"激发广西农村发展新活力对策研究 | 刘东燕 | 国情(区情)调研项目 |
| 6 | 2015广西经济运行情况分析与调查 | 陈洁莲 | 国情(区情)调研项目 |

续表

| 序号 | 课题名称 | 主持人 | 类型 |
|---|---|---|---|
| 7 | 海峡两岸农业试验区发展及对广西的借鉴 | 韦朝晖 | 国情（区情）调研项目 |
| 8 | 广西抗战遗址情况调研 | 覃振锋 | 国情（区情）调研项目 |
| 9 | 地方社科院建设中国特色新型智库的主要做法及经验借鉴 | 林智荣 | 国情（区情）调研项目 |
| 10 | 广西反腐倡廉智库建设对策调研 | 曾家华 | 国情（区情）调研项目 |
| 11 | 文化产品开发利用中环境保护研究 | 廖 欣 | 国情（区情）调研项目 |
| 12 | "十三五"期间我国城市社区养老机制创新调查研究 | 周可达 | 国情（区情）调研项目 |
| 13 | "一带一路"关联协同发展及建设经验调查研究 | 袁珈玲 | 国情（区情）调研项目 |
| 14 | "十三五"时期广西中小企业上市问题研究 | 姚 华 | 国情（区情）调研项目 |
| 15 | 广西军队抗战历史遗迹调查研究 | 冼少华 | 国情（区情）调研项目 |
| 16 | 信息时代党的意识形态话语权面临的危机及应用对策 | 曾家华 | 绩效委托课题 |
| 17 | 加速社会主义核心价值观内化进程的综合对策研究 | 曾家华 | 绩效委托课题 |
| 18 | 以建设滇桂金融综合改革试验区推动中国—东盟自贸区升级版的对策研究 | 罗 梅 | 绩效委托课题 |
| 19 | 菲律宾的南海政策对中菲关系的影响 | 罗 梅 | 绩效委托课题 |
| 20 | 中国—东盟自贸区升级版的瓶颈与实现路径 | 罗 梅 | 绩效委托课题 |
| 21 | 桂台物流产业对接研究 | 韦朝晖 | 绩效委托课题 |
| 22 | 台商在广西投资的行政成本问题研究 | 韦朝晖 | 绩效委托课题 |
| 23 | 提升广西装备制造业竞争力研究 | 姚 华 | 绩效委托课题 |
| 24 | 北部湾经济区企业上市、核心竞争力及其发展研 | 姚 华 | 绩效委托课题 |
| 25 | 中国—东盟自贸区升级版下广西与东盟产业合作重点及策略研究 | 袁珈玲 | 绩效委托课题 |
| 26 | 东盟海洋经济发展研究 | 袁珈玲 | 绩效委托课题 |
| 27 | 广西特色产业发展与品牌培育研究 | 袁珈玲 | 绩效委托课题 |
| 28 | 2015—2016年广西经济形势分析与预测 | 陈洁莲 | 绩效委托课题 |
| 29 | 广西与全国同步建成小康社会的政策与措施研究 | 陈洁莲 | 绩效委托课题 |
| 30 | 广西农业发展引导及空间布局优化研究 | 刘东燕 | 绩效委托课题 |
| 31 | 广西石漠化片区精准扶贫对策研究 | 刘东燕 | 绩效委托课题 |
| 32 | 2015年广西社会热点与公众心态调查 | 周可达 | 绩效委托课题 |
| 33 | 2015年广西社会景气研究 | 周可达 | 绩效委托课题 |
| 34 | 2014—2015广西文化发展研究 | 覃振锋 | 绩效委托课题 |

续表

| 序号 | 课题名称 | 主持人 | 类型 |
| --- | --- | --- | --- |
| 35 | 广西影视文艺创作发展研究报告（2010—2014年） | 覃振锋 | 绩效委托课题 |
| 36 | 壮族蚂拐节节庆文化的市场化、国际化与可持续发展研究 | 陈红升 | 绩效委托课题 |
| 37 | 壮族传统山歌抢救工程资料集成 | 陈红升 | 绩效委托课题 |
| 38 | 广西对外交通史研究 | 冼少华 | 绩效委托课题 |
| 39 | 大数据环境下社会科学信息服务创新研究 | 林智荣 | 绩效委托课题 |
| 40 | 创新文化扶贫模式选择研究 | 廖　欣 | 绩效委托课题 |
| 41 | 广西蔗糖产业二次革命对策研究 | 覃黎宁 | 绩效委托课题 |
| 42 | 广西空巢化农村社会安全问题研究 | 覃卫军 | 绩效委托课题 |
| 43 | 大数据时代下个人信息保护研究 | 张永平 | 绩效委托课题 |
| 44 | 财政绩效考核下的地方社会科学院科研管理制度改革研究 | 蒋　斌 | 绩效委托课题 |
| 45 | 我国户籍制度改革背景下户籍与计生管理的对策研究 | 张海宁 | 绩效委托课题 |
| 46 | 创新社区管理研究 | 解桂海 | "驻村第一书记"绩效委托课题 |
| 47 | 广西就地城镇化问题研究 | 毛　艳 | "驻村第一书记"绩效委托课题 |
| 48 | 广西少数民族妇女政治参与的特点与国际政治学界主流理论的异同及比较研究 | 伍　丹 | "驻村第一书记"绩效委托课题 |
| 49 | 广西环境变化对健康的影响极其对策研究 | 邵雷鹏 | "驻村第一书记"绩效委托课题 |
| 50 | "十三五"东南亚经济走向研究 | 云　倩 | 青年招标课题 |
| 51 | 工业化城镇化背景下广西海洋生态环境与沿海民生调查 | 邵雷鹏 | 青年招标课题 |
| 52 | 我国沿海地区与广西北部湾经济区海洋经济竞争力比较分析及对策研究 | 毛　艳 | 青年招标课题 |
| 53 | 经济金融化与我区产业结构优化 | 曹剑飞 | 青年招标课题 |
| 54 | 广西金融扶贫模式研究 | 梁艳鸿 | 青年招标课题 |
| 55 | "十三五"主体功能区背景下广西工业布局优化 | 韦艳南 | 青年招标课题 |
| 56 | 新型城镇化背景下广西产城互动发展研究 | 吴碧波 | 青年招标课题 |
| 57 | 两岸自由行背景下的桂台旅游产业合作 | 张　磊 | 青年招标课题 |

续表

| 序号 | 课题名称 | 主持人 | 类型 |
| --- | --- | --- | --- |
| 58 | 新桂系抗战研究 | 蒲林玲 | 青年招标课题 |
| 59 | 近代广西经济格局变迁研究——以港口与腹地互动为视角 | 谢国雄 | 青年招标课题 |
| 60 | 桂西少数民族地区文化产业品牌开发研究报告 | 黄璐 | 青年招标课题 |
| 61 | 人口老龄化背景下广西现代农业发展研究 | 梁臣 | 青年招标课题 |
| 62 | 中国共产党的执政风险思想研究 | 曾家华 | 基础课题 |
| 63 | 新常态下广西发展战略及路径研究 | 袁珈玲 | 基础课题 |
| 64 | 珠江—西江经济带工业产业布局研究 | 姚华 | 基础课题 |
| 65 | 广西投资效益分析 | 陈洁莲 | 基础课题 |
| 66 | 广西乡村治理问题研究 | 杨亚非 | 基础课题 |
| 67 | 新时期社会和平与社会和谐关系研究 | 周可达 | 基础课题 |
| 68 | 中缅壮泰族群文化比较研究 | 陈红升 | 基础课题 |
| 69 | 壮族歌圩的审美人类学研究 | 覃振锋 | 基础课题 |
| 70 | 广西广东历史发展进程比较研究 | 冼少华 | 基础课题 |
| 71 | 奠边府战役与中越关系 | 黄耀东 | 基础课题 |
| 72 | 台湾冷链物流产业发展研究 | 韦朝晖 | 基础课题 |

3. 编辑出版内部刊物

《社会科学与决策》由广西社会科学院科研处负责编辑出版。《社会科学与决策》是科研人员发表科研成果的重要平台，重点收集精选本院科研人员撰写的对策性较强的稿件，供自治区党委、人大、政府、政协四套班子领导决策参考，创刊以来，多次得到自治区领导及有关部门的批示。2015年编辑出版8期（总第209期），约46566字。

《中国—东盟简讯》（内刊）的前身系《中国—东盟自由贸易区·大湄公河次区域合作简讯》（内刊），创刊于2005年8月。本刊是根据自治区领导指示，在广西社会科学院原有《中国—东盟自由贸易区·南博会资讯要报》的基础上创办的内部刊物。由院信息中心和东南亚研究所共同编辑出版，其宗旨是为自治区党委、政府及有关部门和人士提供中国—东盟自由贸易区建设、大湄公河次区域合作、"两廊一圈"建设等方面的最新动态信息，为广西如何参与多区域合作，扩大对外开放，办好中国—东盟博览会建言献策。本刊为A4开本，每月出版两期。发行范围：自治区党委、人大、政府、政协四套班子领导，有关部、委、办、厅、局领导，各市和边境县有关领导。2015年编辑出版24期，约16万字。

《读书·调查·思考》由院科研处负责编辑出版。《读书·调查·思考》是本院科研人员进行学术交流的重要平台，是全院干部职工的学习园地。通过刊物的交流在全院形成浓厚的学术氛围，为构建学习型社会科学研究机构发挥作用。2015年编辑出版 8 期（总第 156 期），约 27823 字。

《广西社会科学院院讯》于 2004 年 4 月创刊，前身系《社科动态（院内版）》，每月出版两期，由院信息中心负责编辑出版，办刊宗旨是为全院提供信息交流平台。主要报道院内科研信息及工作动态，中国社会科学院和全国各省、自治区、直辖市社科院科研动态，社会科学领域前沿信息等。2015 年编辑出版 24 期，约 9 万字。

4. 资助出版研究员文库

为鼓励支持广西社会科学院研究员多出学术著作，打造更多的学术精品，推进新型智库建设，从 2015 年起，院党组会议通过《广西社会科学院研究员文库出版资助管理暂行办法（试行）》，特设立"广西社会科学院研究员文库出版资助"项目，字数在 15 万至 50 万字之间。2015 年经学术委员会评审通过 4 部研究员专著，予以资助，分别是曾德盛研究员《制度问题研究》、宋德生研究员《经济周期和周期调控》、肖永孜研究员《瑶族人口》以及曾家华研究员《思明集》。

5. 全动态科研管理信息系统处于启动阶段

为贯彻落实党的十八大、十八届三中、四中、五中全会精神，全面深化广西社会科学院科研管理体制改革，将其建设成为重要的地方社科院新型智库，经过广东、贵州、陕西等兄弟社科院的实地调研，经院党组同意，全动态科研管理信息系统启动经费已列入院 2016 年财政绩效预算，明年将全面启动。

## 二、学术交流活动

1. 承办第八届中国—东盟智库战略对话论坛

2015 年 9 月 15—22 日，第十二届中国—东盟博览会期间，广西社会科学院承办第八届中国—东盟智库战略对话论坛、圆满完成各项任务，亮点纷呈，成果丰硕。论坛参会代表达到 150 多人，其中副部级以上嘉宾 5 人，东盟 10 国知名智库均派专家参会，4 个东盟国家驻南宁领事馆的总领事参会。通过论坛讨论，形成了中国—东盟智库"南宁共识"。在论坛期间，还与柬埔寨皇家科学院签订了学术交流合作备忘录，论坛推动务实交流的作用充分显现。

2. 参与承办首届中国—东盟市长论坛和第二届中国—东盟生态环境保护论坛

2015 年 9 月 19—20 日，由中国市长协会、中国—东盟博览会秘书处主办，广西市长协会、南宁市人民政府、广西社会科学院、广西弘昊世纪投资集团有限公司承办的首届中国—东盟市长论坛在广西南宁万达文华酒店举行。广西社会科学院作为承办方之一，积极协助广西市长协会筹办论坛，完成了论坛方案设计与细化、专家嘉宾邀请与接待、论坛文稿草拟写作和翻译等工作，使论坛圆满举行，并达成了《中国—东盟市长论坛南宁共识》。期间，还参与承办由环境保护部和自治区政府在南宁市联合主办的"中国—东盟环境合作论坛 2015"举办。本年度论坛的主题为"环境可持续发展政策对话与研修"。

3. 参与第十一届桂台经贸文化合作论坛工作

2015 年 9 月 20—22 日，由广西政府主办的第十一届桂台经贸文化合作论坛在广西南宁荔园山庄举行。广西社会科学院协助自治区台办完成了接待台湾两岸共同市场基金会等台湾客人工作。期间，广西社会科学院与台湾两岸共同市场基金会、台湾《联合报》社、《经济日报》社等台湾嘉宾进行了交流座谈，对进一步举办好两岸产业共同市场论坛等桂台交流活动达成加强合作共识。

4. 根据自治区外宣办安排，广西社会科学院参与韩国五家主要媒体的采访座谈活动。

2015年9月18日，院领导及专家代表参加了韩国五家主要媒体的采访座谈活动，介绍了广西经济社会发展情况以及参与"一带一路"、中国—东盟自由贸易区建设情况，达到了宣传推介广西的目的和效果。

### 三、学术刊物

广西社会科学院编辑出版《学术论坛》《经济与社会发展》《东南亚纵横》《沿海企业与科技》四本学术刊物，以及《广西蓝皮书》《中国—东盟年鉴》等。

《学术论坛》：创刊于1978年，是广西社科类创刊最早的综合性学术理论刊物，刊物始终坚持以马列主义、毛泽东思想、邓小平理论、"三个代表"和科学发展观为指导，深入学习贯彻习近平总书记系列讲话精神，围绕改革开放中的重大理论和实践问题、围绕社会科学研究的重大课题开展理论探讨，开展理论探索，鼓励学术争鸣，进行学术争鸣，以促进理论创新，繁荣发展哲学社会科学，为社会主义"五个文明"建设服务。该刊物曾先后荣获"广西优秀期刊一等奖""广西十佳社科期刊"，并被入选北京大学"全国中文核心期刊"、南京大学"CSSCI来源期刊"；中国社会科学院"中国人文社会科学核心期刊"、武汉大学"RCCSE中国核心学术期刊"。2015年出版12期，刊登论文426篇，约432万字，中国人民大学复印报刊资料等转载23篇。2015年7月入编北京大学《中文核心期刊要目总览》。

《经济社会与发展》（双月刊）：其前身是《社科与经济信息》，创刊于1978年，是广西社科类创刊较早的综合性学术理论和信息情报刊物。该刊坚持理论性、学术性、区域性、应用性，立足广西，面向全国的办刊方针，倡导理论创新，关注社会热点、难点，弘扬时代主旋律。常设栏目主要有：经济学、政治学、哲学、法学、社会学、文学、文化学、教育学等。2015年编辑出版6期，刊登论文245篇，约194.6万字。

《东南亚纵横》（月刊）：创刊于1980年，是广西社会科学院主管、广西社会科学院东南亚研究所主办的、国内较早的一份专门介绍和研究东南亚各国情况并融知识性、学术性和资料性为一体的专业刊物。创刊36年来，为研究东南亚，增进读者对东南亚的了解，发展中国与东南亚各国的友好关系，推进中国与东南亚贸易、投资、旅游等经贸信息。刊物的出版发行得到了社会各界的普遍关注和欢迎，已成为国内同类刊物发行量最大的杂志，曾荣获1991年广西优秀期刊三等奖，2000年被评为全国中文核心期刊。2015年编辑出版12期，刊登论文174篇，约197万字。

《沿海企业与科技》（双月刊）：创刊于1996年2月，由广西社会科学院主管、广西社会科学院文化研究中心主办。杂志以推动经济发展与科技进步为宗旨，坚持高品位、大视角、多创意、可操作的办刊特色，展示沿海地区经济与科技发展风貌，以权威的理论与可靠的信息，给各级领导、企业家和科技界人士以决策参考。主要栏目有：院士访谈、经济纵横、科海浪花、焦点透视、海洋世界、企业发展与企业管理、八桂企业巡礼、信息传递等。2015年编辑出版6期，约80万字。

广西系列蓝皮书：于1999年正式编辑出版，编辑部设在院科研处。1999年，受自治区人民政府委托，由广西社会科学院牵头、自治区有关部门和有关市参加撰写、编辑出版。主要报送至自治区党委、人大、政府、政协四套班子领导，自治区"两会"代表，自治区有关厅、局领导，各地市委、市政府主要领导以及有关高校和科研单位的专家、学者。同时，有部分蓝皮书通过书店向社会上广大读者发行。2015

年编辑出版了《广西经济形势分析与预测》《广西社会发展报告》《越南国情报告》《广西文化发展报告》《广西农村发展报告》《广西县域竞争力发展报告》《广西沿边地区开放开发报告》《广西反腐倡廉建设报告》《泛北部湾合作发展报告》等蓝皮书。

《中国—东盟年鉴》是一部国际综合性年鉴。由广西社会科学院主办，广西社会科学院东南亚研究所、广西东南亚研究会联合主办，该年鉴从2004年起逐年编纂出版。年鉴收集中国和东盟各国的基本资料及区域内各方面的重要信息，旨在为海内外各界人士了解中国和东盟各国（包括国际组织）的基本情况及中国—东盟自由贸易区建设进程提供了解的窗口，为促进国际间的相互了解和合作交流提供了有效的平台。

## 第五节 重点成果

**2014年以前获省部级以上优秀成果奖科研成果**

| 成果名称 | 作者 | 成果形式 | 获奖时间 | 获奖情况 |
| --- | --- | --- | --- | --- |
| 论我国扶贫攻坚阶段的宏观决策 | 李甫春 | 论文 | 1992 | 中宣部精神文明建设"五个一工程"入选作品奖 |
| 广西经济发展战略总体构想 | 何异煌 肖永孜 朱坚真 | 专著 | 1993 | 中宣部精神文明建设"五个一工程"入选作品奖 |
| 论李向群精神文明的时代意义 | 曾德盛 雷猛发 | 论文 | 1999 | 中宣部精神文明建设"五个一工程"入选作品奖 |
| 论社会生产力 | 刘贵访 | 专著 | 1996 | 第三届广西社会科学研究优秀科研成果一等奖 |
| 广西改革与发展十年回顾和2000年展望 | 詹宏松等 | 专著 | 1996 | 第三届广西社会科学研究优秀科研成果一等奖 |
| 毛泽东经济哲学思想研究 | 曾德盛 | 专著 | 1998 | 第四届广西社会科学研究优秀科研成果一等奖 |
| 中国不发达地区经济新论 | 何异煌 | 专著 | 1998 | 第四届广西社会科学研究优秀科研成果一等奖 |
| 论价格指数的部门联动性兼论增加值指数与价格指数的关系 | 宋德生 | 论文 | 1998 | 第四届广西社会科学研究优秀科研成果一等奖 |
| 社会主义商品流通问题研究 | 詹宏松 | 专著 | 2000 | 第五届广西社会科学研究优秀科研成果一等奖 |
| 自杀病学 | 何兆雄 | 专著 | 2002 | 第六届广西社会科学研究优秀科研成果一等奖 |

续表

| 成果名称 | 作者 | 成果形式 | 获奖时间 | 获奖情况 |
| --- | --- | --- | --- | --- |
| 广西工业结构调整研究 | 钟启泉 宋德生 | 专著 | 2006 | 第九届广西社会科学研究优秀科研成果一等奖 |
| 文学桂军论——经济欠发达地区一个重要作家群的崛起及意义 | 李建平等 | 专著 | 2008 | 第十届广西社会科学研究优秀科研成果一等奖 |
| 中国与东盟交通合作战略构想——打造广西海陆空交通枢纽研究 | 古小松等 | 研究报告 | 2010 | 第十一届广西社会科学研究优秀科研成果一等奖 |
| 加快推进广西工业化战略新思路 | 寿思华等 | 专著 | 2012 | 第十二届广西社会科学研究优秀科研成果一等奖 |
| 广西高层次科技创新人才队伍与政策环境对策研究 | 陈洁莲等 | 研究报告 | 2012 | 第十二届广西社会科学研究优秀科研成果一等奖 |
| 广西建设民族文化强区战略研究报告 | 吕余生等 | 研究报告 | 2014 | 第十三届广西社会科学研究优秀科研成果一等奖 |
| 广西经济发展战略总体构想 | 何异煌 肖永孜 朱坚真 | 专著 | 1993 | 广西精神文明建设"五个一工程"奖（原广西精神文明建设"桂花工程"金奖） |
| 我国通货膨胀的成因与遏制 | 詹宏松 | 论文 | 1994 | 广西精神文明建设"五个一工程"奖（原广西精神文明建设"桂花工程"奖） |
| 在我国西部贫困地区实施集团化扶贫工程的设想 | 贾晔 | 论文 | 1994 | 广西精神文明建设"五个一工程"奖（原广西精神文明建设"桂花工程"提名奖） |
| 沿边开放地区发展需要政策倾斜 | 古小松 杨然 | 论文 | 1995 | 广西精神文明建设"五个一工程"奖（原广西精神文明建设"桂花工程"奖） |
| 97香港回归对广西的影响 | 赵和曼 | 论文 | 1995 | 广西精神文明建设"五个一工程"奖（原广西精神文明建设"桂花工程"提名奖） |
| 与渤海湾比翼：北部湾的跨世纪议程 | 周中坚 | 论文 | 1995 | 广西精神文明建设"五个一工程"奖（原广西精神文明建设"桂花工程"提名奖） |

续表

| 成果名称 | 作者 | 成果形式 | 获奖时间 | 获奖情况 |
| --- | --- | --- | --- | --- |
| 沿着希望之路迈向新世纪——南昆铁路通车后广西经济发展新态势及其对策 | 詹宏松等 | 论文 | 1996 | 广西精神文明建设"五个一工程"奖（原广西精神文明建设"桂花工程"奖） |
| 关于加大广西扶贫攻坚力度的思考 | 李甫春 | 论文 | 1996 | 广西精神文明建设"五个一工程"奖（原广西精神文明建设"桂花工程"提名奖） |
| 新时期广西民族工作的实践与探索 | 钟启泉 | 论文 | 1997 | 广西精神文明建设"五个一工程"奖（原广西精神文明建设"桂花工程"奖） |
| 论李向群精神文明的时代意义 | 曾德盛 雷猛发 | 论文 | 1999 | 广西精神文明建设"五个一工程"荣誉奖（原广西精神文明建设"桂花工程"奖） |
| 论三个代表重要思想对新世纪民族工作的指导意义 | 钟启泉等 | 论文 | 2001 | 广西精神文明建设"五个一工程"入选作品奖（原广西精神文明建设"桂花工程"奖） |
| 以案施教，增强拒腐防变能力 | 钟启泉等 | 论文 | 2001 | 广西精神文明建设"五个一工程"入选作品奖（原广西精神文明建设"桂花工程"奖） |
| 城市生态环境建设的目标取向——南宁市建设绿城的成功经验与启示 | 郭学群 刘汉富 | 论文 | 2001 | 广西精神文明建设"五个一工程"入选作品奖（原广西精神文明建设"桂花工程"奖） |
| 广西区域经济科技支撑体系规划 | 钟启泉 肖永孜等 | 研究报告 | 2001—2003 | 广西区政府首届决策咨询成果一等奖 |
| 优化甘蔗区域布局调整农业结构专题调研报告 | 翁乾麟 | 研究报告 | 2001—2003 | 广西区政府首届决策咨询成果二等奖 |
| 广西短轮伐期工业原料林与林业产业政策关系研究 | 翁乾麟 蒋小勇 | 研究报告 | 2001—2003 | 广西区政府首届决策咨询成果二等奖 |
| 建立中国——东盟自由贸易区广西对策研究 | 古小松 | 研究报告 | 2001—2003 | 广西区政府首届决策咨询成果二等奖 |
| 加入世贸组织后广西支柱产业及优势产业发展对策研究 | 钟启泉等 | 研究报告 | 2001—2003 | 广西区政府首届决策咨询成果二等奖 |

续表

| 成果名称 | 作者 | 成果形式 | 获奖时间 | 获奖情况 |
|---|---|---|---|---|
| 广西中小企业改制若干问题研究 | 赵公立 周毅等 | 研究报告 | 2001—2003 | 广西区政府首届决策咨询成果三等奖 |
| 中国—东盟自由贸易区建立与广西农业发展研究报告 | 杨亚非 | 研究报告 | 2001—2003 | 广西区政府首届决策咨询成果三等奖 |
| 广西各市事业编制问题的测算和研究 | 宋德生等 | 研究报告 | 2001—2003 | 广西区政府首届决策咨询成果三等奖 |
| 领导制度创新与反腐倡廉关系研究报告 | 钟启泉等 | 研究报告 | 2001—2003 | 广西区政府首届决策咨询成果三等奖 |
| 新世纪的广西旅游业人力资源发展战略 | 袁珈玲等 | 研究报告 | 2001—2003 | 广西区政府首届决策咨询成果三等奖 |
| 苗族神话研究 | 过竹 | 专著 | 1992 | 广西第二届文艺创作铜鼓奖 |
| 壮族图腾考 | 丘振声 | 专著 | 1997 | 广西第三届文艺创作铜鼓奖 |
| 桂林抗战文学史 | 蔡定国 李建平 | 专著 | 1997 | 广西第三届文艺创作铜鼓奖 |
| 广西教育发展与投入的决策分析 | 杨亚非 | 论文 | 1994 | 首届全国青年社会科学优秀成果二等奖 |
| 广西壮瑶族农民生育态度的比较研究 | 李秋洪 | 论文 | 1994 | 首届全国青年社会科学优秀论文奖 |
| 人类生育心理与行为 | 李秋洪 | 专著 | 1996 | 第二届全国青年社会科学优秀成果专著奖 |
| "雏鹰行动" | 伦振纲 | 电视剧本 | 1996 | 共青团中央"五个一工程"入选作品奖 |
| 脚踏实地，迈向未来 | 曾德盛 杨亚非 | 科普读物 | 1998 | 共青团中央"五个一工程"入选作品奖 |
| 近代中国海军·中法海战部分 | 庾裕良 黄振南 | 专著 | 1996 | 第九届中国图书奖 |
| 广西石山地区综合开发治理战略及规划方案研究 | 李甫春 | 研究报告 | 1990 | 自治区科技进步二等奖 |
| 发展商品生产是繁荣民族地区经济的重要途径 | 李甫春 | 论文 | 1994 | 中国社科院优秀理论文章二等奖 |

续表

| 成果名称 | 作者 | 成果形式 | 获奖时间 | 获奖情况 |
|---|---|---|---|---|
| 关于建设百色民族工业城的构想 | 李甫春 | 论文 | 1998 | 国家民委民族政策研究优秀成果一等奖 |
| 广西老年人口 | 肖永孜 陈洁莲 | 专著 | 1993 | 首届中国人口科学优秀成果二等奖 |
| 西南地区资源开发与发展战略研究 | 朱 荣 肖永孜 | 研究报告 | 1995 | 国家科技进步二等奖 |
| 中国人口丛书·广西分册 | 肖永孜 | 专著 | 1990 | 国家教委社科研究优秀成果二等奖 |
| 《水浒传》纵横谈 | 丘振声 | 专著 | 1994 | 第五届桂版优秀图书二等奖 |
| 邓小平民族理论与实践 | 钟启泉 | 专著 | 1999 | 国家新闻出版署优秀图书奖 |
| 关于深化农村改革的几个突破口 | 钟启泉 | 论文 | 1995 | 农业部、国家体改委、全国农村综合改革优秀论文一等奖 |
| 邓小平理论是新时期民族工作的指导思想 | 钟启泉 | 论文 | 1998 | 全国"纪念十一届三中全会20周年讨论会"优秀论文奖 |
| 论市场经济条件下的精神文明及社会文化 | 钟启泉 | 论文 | 1996 | 上海"中美社会文化"学术研讨会提名奖（全国共15名） |
| 来自"3.17"贩婴大案的调查及相关的报告 | 孙小迎 | 研究报告 | 2004 | "第一届中国妇女研究优秀成果三等奖" |
| 新形势下对台统战工作的策略研究 | 韦朝晖 | 研究报告 | 2006 | 中央统战部颁发二等奖 |

注：广西社会科学院获广西社会科学优秀科研成果奖（第一届到第十二届）二等奖共150项、三等奖193项，不详列。

## 第六节　学术人物

**广西社会科学院截至2015年在职正高级专业技术人员、获国家及自治区荣誉称号人员列表（按姓氏拼音排序）**

| 姓　名 | 职称 | 荣誉称号 | 主要研究领域 | 代表作 |
|---|---|---|---|---|
| 陈洁莲 | 研究员 | 2004年入选十百千人才工程；2010年获政府特殊津贴；2013年获广西壮族自治区优秀专家称号 | 主要从事宏观经济学、社会学、人口学、壮族乡村村民自治等研究 | 《广西高层次科技创新人才队伍建设调研分析》（专著）、《社区主导型发展的新农村建设模式实践——南宁市世界银行贷款小区改善项目公众参与模式评析》（专著） |

续表

| 姓　名 | 职称 | 荣誉称号 | 主要研究领域 | 代表作 |
|---|---|---|---|---|
| 戴庆瑄 | 研究员 | — | 主要从事社会学、管理学等研究 | 《广西城乡居民社会关系网比较》（独著）、《政企分开与完善国有企业约束机制》（独著）、《学术期刊编辑能力探析》（独著） |
| 古小松 | 研究员 | 1999年入选十百千人才工程；2000年获广西壮族自治区突出贡献专家称号；2004年获政府特殊津贴；2006年获广西壮族自治区优秀专家称号 | 主要从事国际经济与政治、中国与东南亚关系、区域经济等研究 | 《越南的社会主义》（专著）、《中越关系研究》（专著）、《中国—东盟自由贸易区与广西的地位和作用》（独著） |
| 黄耀东 | 研究员 | — | 主要从事区域经济、专门史等研究 | 《广西媒体与中国—东盟经贸互动》（专著）、《东南亚华文媒体现状和出路》（独著） |
| 李建平 | 研究员 | 2006年获政府特殊津贴；2007年获广西壮族自治区优秀专家称号 | 主要从事抗战文学、中国当代文学研究与批评、广西本土文化等研究 | 《新潮：中国文坛奇异景观》（专著）、《桂林抗战文艺概观》（专著）、《桂林抗战文学史》（合著） |
| 罗国安 | 研究员 | — | 主要从事教育学、心理学等研究 | 《德育环境学》（专著）、《1988—2000广西青少年犯罪状况分析》（独著） |
| 吕余生 | 研究员 | 2012年获政府特殊津贴；2013年获广西壮族自治区"八桂学者"称号 | 主要从事文化经济、区域经济学等研究 | 《桂北文化研究》（专著）、《海上丝绸之路研究》（专著）、《广西北部湾地区历史文化资源保护与开发研究》（专著） |
| 覃振锋 | 研究员 | — | 主要从事文化学、社会学等研究 | 《广西文化产业发展论》（专著）、《广西节庆文化产业可持续发展研究》（独著）、《发展文化产业成为广西经济新增长点和支柱产业研究》（独著） |
| 寿思华 | 研究员 | 1999年获广西壮族自治区优秀专家称号；2008年获政府特殊津贴 | 主要从事管理科学理论与实践的研究 | 《毛泽东经济思想新论》（独著）、《广西第三产业发展战略》（合著）、《全国百家大中型企业调查·南宁化学工业集团公司》（合著） |

续表

| 姓 名 | 职称 | 荣誉称号 | 主要研究领域 | 代表作 |
|---|---|---|---|---|
| 宋德生 | 研究员 | 1990年获广西壮族自治区突出贡献专家称号；1991年获政府特殊津贴；1994年获广西壮族自治区优秀专家称号 | 主要从事电磁学发展史、科技史、自然辩证法、高技术经济和数量经济多学科研究 | 《电磁学发展史》（专著）、《高技术与社会》（专著）、《信息革命的技术源流》（专著）、《广西宏观经济模型及景气预测》（专著）、《技术转移的方向与趋向》（独著） |
| 粟庆品 | 研究员 | — | 主要从事社会学、经济学等研究 | 《试论广西发展循环经济的实施途径及其对策》（独著）、《国内外农村公共事业建设的经验及对广西的启示》（独著） |
| 王绍辉 | 研究员 | — | 主要从事民族文化等研究 | 《用和谐理念指导建构广西北部湾经济区》（独著）、《略论民族文化的重构与输出——以广西文化为例》（独著） |
| 翁乾麟 | 研究员 | 2004年获政府特殊津贴 | 主要从事农村经济学、农村可持续发展等研究 | 《论广西的石漠化及其治理模式》（独著）、《关于广西生态环境建设与保护的几个问题》（独著）、《云南广西旅游与民族文化产业发展状况的考察》（独著） |
| 王建平 | 教授 | 2015年获广西首批文化名家暨"四个一批"人才称号 | 主要从事社会学研究 | 《长江三角洲部分城市改进投资政策环境的社会学分析》（独著）、《消费分层：社会发展视野中的社会分层》（合著） |
| 杨亚非 | 研究员 | 广西壮族自治区第一批特聘专家称号 | 主要从事区域经济与区域发展战略、农村发展问题、世界经济、发展经济学等研究 | 《中国西部地区农业问题研究》（专著）、《国家战略与广西"战略支点"问题研究》（专著）、《现代农业问题研究》（专著） |
| 杨 鹏 | 研究员 | 2012年入选十百千人才工程 | 主要从事区域经济学、发展经济学等研究 | 《广西县域竞争力报告》（2013）（专著）、《我国区域R&D知识存量的经济计量研究》（独著）、《广西北部湾经济区港口群、城市群、产业群关联协调发展机制研究》（合著） |

续表

| 姓名 | 职称 | 荣誉称号 | 主要研究领域 | 代表作 |
|---|---|---|---|---|
| 袁珈玲 | 研究员 | — | 主要从事农村经济、区域发展、可持续发展等研究 | 《浅析白裤瑶农村妇女在社会和家庭中的地位及作用》（独著）、《构建中越跨境旅游合作区浅探》（独著）、《试析广西建立健全土地承包经营权流转市场》（独著） |
| 钟启泉 | 研究员 | 1999年获广西壮族自治区优秀专家称号；2001年获政府特殊津贴 | 主要从事社会科学、社会经济学等研究 | 《论社会科学研究的方法论创新》（独著）、《构建中国—东盟自由区与广西生产力发展》（合著） |
| 周可达 | 研究员 | 2015年获广西首批文化名家暨"四个一批"人才称号 | 主要从事社会学研究 | 《当代社会舆情理论与舆情机制研究》《试论"新意见阶层"》（独著）、《社会稳定与发展状况的公众心态分析》（独著） |
| 周志华 | 研究员 | — | 主要从事社会学、民族学等研究 | 《广西在西部发开发中的人才对策》（独著）、《西部少数民族地区要走可持续发展的道路》（独著）、《广西技术开发类科研院所转制后发展问题研究报告》（合著） |
| 曾家华 | 研究员 | 2015年获广西首批文化名家暨"四个一批"人才称号 | 主要从事社会学、文化学等研究 | 《回归服务型政府本色》（独著）、《落实科学发展观的运行机制障碍及对策》（独著） |

### 广西社会科学院截至2015年获国家及自治区荣誉称号人员列表
（按姓氏拼音排序）

| 姓名 | 职称 | 荣誉称号 | 主要研究领域 | 代表作 |
|---|---|---|---|---|
| 孙小迎 | 研究员 | 2014年获政府特殊津贴 | 主要从事人口学、社会学、东南亚等研究 | 《论男权社会藩篱中的妇女参政》（独著）、《中国与东盟关系进入新阶段》（独著）、《关于反对跨境拐卖越南妇女儿童的调研报告》（合著）、《出生人口性别比失衡威胁国家安全发展》（独著） |
| 曾德盛 | 研究员 | 1994年获政府特殊津贴；1994年获广西壮族自治区优秀专家称号 | 主要从事马克思主义哲学和邓小平理论研究 | 《论李向群精神的时代意义》《毛泽东经济哲学》《邓小平社会主义精神文明建设论》 |

续表

| 姓 名 | 职称 | 荣誉称号 | 主要研究领域 | 代表作 |
|---|---|---|---|---|
| 詹宏松 | 研究员（离退休） | 1988年获广西壮族自治区突出贡献专家称号；1991年获政府特殊津贴 | 主要从事价格、商业经济理论方面的研究 | 《商业物价管理》（专著）、《谈谈工农业产品比价》（专著） |
| 岑贤安 | 研究员（离退休） | 1996年获政府特殊津贴 | 主要从事中国哲学及壮族思想文化研究 | 《天》（专著）、《道》（专著）、《气》（专著）、《理》（专著）、《心》（专著）、《性》（专著） |
| 丘振声 | 研究员（离退休） | 1986年获国家有突出贡献专家称号；1991年获政府特殊津贴 | 主要从事古典文学和美学方面的研究 | 《三国演义纵横谈》（专著）、《水浒纵横谈》（专著）、《中国古典文艺理论例释》（专著） |
| 朱 荣 | 研究员（离退休） | 1993年获政府特殊津贴 | 主要从事社会学、人口学的研究 | 《中国国情丛书——百县市经济社会调查》（专著）、《广西百科全书》（专著）、《邓小平治国思想研究》（独著） |
| 刘映华 | 研究员（离退休） | 1993年获政府特殊津贴 | 主要从事清代广西诗词的整理与注释工作，兼及壮族古俗的研究 | 《壮族古俗初探》（专著） |
| 周中坚 | 研究员（离退休） | 1993年获政府特殊津贴 | 主要从事海外交通史、中国东南亚关系史、北部湾与大西南开放开发研究 | 《古代泉州港兴衰史浅探》（独著）、《扶南：古代东西方的海上桥梁》（独著）、《北部湾经济圈构想及其依据》 |
| 顾绍柏 | 研究员（离退休） | 1993年获政府特殊津贴 | 主要从事古典文学研究、古籍整理和古汉语词典的编写工作等研究 | 《谢灵运集校注》（专著）、参与国家文化建设十大重点工程之一《辞源》的编写和定稿工作 |
| 蔡定国 | 研究员（离退休） | 1998年获广西壮族自治区突出贡献专家称号 | 主要从事中国抗战文化、戏剧文学和音乐理论研究 | 《桂林抗战文学史》（专著）、《桂林抗战文艺词典》（专著） |

续表

| 姓 名 | 职称 | 荣誉称号 | 主要研究领域 | 代表作 |
|---|---|---|---|---|
| 黄铮 | 研究员（离退休） | 1988年获广西壮族自治区突出贡献专家称号；1992年获政府特殊津贴；1992年获广西壮族自治区优秀专家；1996年获国家有突出贡献专家称号 | 主要从事壮族文化、历史学、民族学等研究 | 《孙中山在越南的革命活动及其意义》（独著）、《教师·牧师·学者徐松石》（独著） |
| 李甫春 | 研究员（离退休） | 1988年获国家有突出贡献专家称号；1988年获广西壮族自治区突出贡献专家称号；1991年获政府特殊津贴；1992年获广西壮族自治区优秀专家称号 | 主要从事少数民族经济、农村经济、扶贫开发、旅游经济和民族理论的研究 | 《中国少数民族地区商品经济研究》（专著）、《少数民族经济新论》（专著）、《摆脱贫困的新思路》（专著）、《资源开发与民族发展》（专著） |
| 肖永孜 | 研究员（离退休） | 1992年获政府特殊津贴；1992年获广西壮族自治区优秀专家称号；1999年获国家有突出贡献专家称号 | 主要从事经济学和人口经济学研究 | 《壮族人口》（专著）、《广西老年人口》（专著）、《广西人口与经济、资源、环境》（专著）、《中国人口·广西分册》（专著） |
| 何异煌 | 研究员（离退休） | 1993年享受政府特殊津贴专家 | 主要从事经济体制改革与区域经济发展研究 | 《中国不发达地区经济新论》（专著）、《广西经济发展总体构想》（专著） |

## 第七节  2015年大事记

### 一月

1月13日，杨亚非研究员完成的研究报告《广西乡村贫困向城市转移的趋势与治理问题研究》获自治区党委书记彭清华等自治区领导批示。

1月15日、20日，广西社会科学院工会组织开展全院干部职工参与的汽排球比赛、拔河比赛等文体活动。

### 二月

2月7日，黄志勇副院长会见越南社会科学翰林院中国研究所原副所长阮庭廉访问团一行，并主持召开座谈会。

2月10日，广西社会科学院全体成员带领院各党支部赴南宁市兴宁区五村岭社区开展在职党员进社区服务群众活动。

### 三月

3月16日，中国社会科学院中国边疆研究所国情调研课题组邢广程所长一行到广西社会科学院调研座谈。

### 四月

4月7日，吕余生院长、刘建军副院长率人事处、党群处、工会、办公室、哲学所、工经所一行14人，赴河池市大化瑶族自治县扶贫点开展兴水利、种好树、优生态、惠民生结对主题帮扶活动。

4月15日，福建省社会科学院副院长、研究员黎昕调研组一行5人到广西社会科学院开展新型智库建设调研座谈。

4月15—22日，广西社会科学院民族研究所与来访的缅甸掸族文学与文化研究会赛尚艾（Sai San Aik）先生一行6人开展壮泰族群学术交流活动。

4月19—25日，广西社会科学院黄志勇副院长带队参访台湾，与台湾智库、高校、基层农村等交流合作并调研。

4月20—22日，由广西社会科学院、崇左市委、崇左市人民政府主办，广西社会科学院文化研究所、宁明县委、宁明县人民政府承办的"骆越根祖 岩画花山——2015年骆越根祖文化传承与发展学术研讨会"在宁明县城举行。

4月21—23日，在杭州召开的第十六次全国地州区县年鉴研讨会暨第五届年鉴编纂出版质量评比颁奖大会中，由广西社会科学院、广西社会科学界联合会联合编纂出版的《中国—东盟年鉴》（2013年卷）荣获质量综合评比特等奖。

4月23日，广西壮族自治区党委常委、宣传部部长黄道伟一行到广西社会科学院调研并与相关专家学者进行了座谈。

## 五月

5月14日，由广西社会科学院主办，广西文艺理论家协会、广西社会科学院文化研究所与民族研究所共同承办的"雷猛发文化研究学术成果研讨会"在南宁举行。

5月21日，北京市社会科学院谭维克院长一行到广西社会科学院开展座谈调研。

5月24—29日，黄天贵副院长率调研组赴上海、浙江开展"地方社科院建设中国特色新型智库的主要做法及经验借鉴"专题调研。

## 六月

6月7—14日，吕余生院长和哲学研究所曾家华所长应邀出席"第二届中俄国际学术论坛"。

6月11—13日，黄志勇副院长率队出席第三届中国—南亚智库论坛并与云南省社会科学院座谈交流。

6月15—22日，副院长黄志勇博士率团一行6人出访马来西亚和印度尼西亚，实现广西社会科学院与东盟国家智库交流合作的新突破。

## 七月

7月8—11日，黄天贵副院长率院后勤管理处的区情调研课题组到宜州市、罗城县调研考察。

7月9—11日，吕余生院长率队出席内蒙古锡林浩特市召开的第十八届全国社会科学院院长联席会议。

7月9—16日，广西社会科学院党组成员、纪检组组长黄信章率广西社会科学院农村发展研究所、民族研究所、数量经济研究所国情联合调研组赴滇调研。

7月25—27日，黄天贵副院长率队参加2015年中国贵州第三届"后发赶超"论坛。

## 八月

8月2日，广西社会科学院二级研究员、原副院长黄铮在南宁接受越南国家电视台的采访。

8月7—8日，吕余生院长率队参加在湖北恩施召开的第十六次全国皮书年会。

8月21日，吕余生院长参加在北京召开的中国社会科学论坛（2015）：一带一路与中国周边区域合作并做主题发言。

8月25日，广西社会科学院钟启泉研究员撰写的《经济发展新常态下的广西精准扶贫调查报告》获自治区陈武主席批示。

8月28—29日，吕余生院长率队参加在宁夏回族自治区银川市举办第十一届西部社科院院长联席会议暨首届中阿智库论坛。

### 九月

9月3—5日，院长吕余生研究员应邀出席在甘肃敦煌举办的第四届中国沿边九省区新型智库战略联盟高层论坛。

9月15—16日，由中国社会科学院和广西壮族自治区人民政府主办，广西社会科学院、广西国际博览事务局和广西北部湾发展研究院承办的第八届中国—东盟智库战略对话论坛在广西南宁举行。

9月20日，广西社会科学院青年科研人员在黄天贵副院长的带领下到崇左市龙州县开展重走红军长征路活动。

9月22—25日，院长吕余生研究员带领马研基地的学者应邀出席在山东济南召开的"中国特色社会主义理论创新发展与新型智库建设"理论研讨会。

### 十月

10月13—17日，谢林城副院长率广西社会科学院东南亚研究所调研组到云南省社会科学院、红河学院、河口口岸等地进行调研。

10月17日，院长吕余生研究员出席在南宁市召开的扶绥县"十三五"规划专家座谈会。

10月31日，由广西社会科学院主办的马克思主义方法论与"四个全面"战略布局理论研讨会在南宁召开。

### 十一月

11月2日，陕西省社会科学院任宗哲院长一行到广西社会科学院座谈调研。

11月5—6日，谢林城副院长、信息中心林智荣主任参加在上海举行的第十九次全国社科院图书馆馆长协作会议暨地方社科院新型智库信息化建设论坛。

11月9日，广西社会科学院后勤管理处课题组完成的院直接委托课题项目"广西蔗糖产业二次革命对策研究"荣获广西壮族自治区人民政府主席陈武重要批示和肯定。

11月19日，河北省社会科学院杨思远副院长率调研组一行到广西社会科学院开展座谈调研。

### 十二月

12月10—14日，广西社会科学院组团赴柬埔寨暹粒市参加第11届东南亚文化价值国际学术研讨会。

12月18日，谢林城副院长出席在"中国糖都"广西崇左市举办的"首届广西糖业发展高端论坛——中国蔗糖产业转型升级战略与对策"。

12月19—23日，谢林城副院长率东南亚研究所调研组赴四川省调研。

# 海南省社会科学院

## 第一节 历史沿革

海南省社会科学院是中共海南省委、海南省人民政府管理的正厅级公益一类事业单位，与海南省社会科学界联合会机关合署办公，简称海南省社科联（院），实行"一套人员，两块牌子"的管理体制，主要负责哲学与社会科学研究工作。

海南省社会科学院成立于2013年12月25日，内设科研管理处、国际旅游岛研究所、南海经济社会发展研究所、地方历史与文化研究所等4个处级机构。现有财政预算管理事业编制9名。以"虚实结合、一体两用""小机构、大网络"为发展思路，致力于马克思主义的坚强阵地、哲学社会科学研究的最高殿堂、地方党委和政府重要的思想库和智囊团的建设，努力走具有海南特点的中国新型智库建设之路，以海南经济社会文化改革和发展中的重大理论与现实问题为主攻方向，重在为地方党委和政府的决策服务。

## 第二节 组织机构

一、海南省社会科学院院领导

院长：赵康太（2014年11月20日— ）

副院长：祁亚辉（2014年9月28日— ）

詹兴文（2014年9月28日— ）

韩江帆（2014年11月20日— ）

二、海南省社会科学院职能部门主要职责

科研管理处

主要职责：承担本院科研组织、管理及学术活动组织工作，制定实施本院科研工作规划，参与省社科联组织的国家课题的申报、管理及部分课题成果鉴定和转化，负责对外联络及日常办公事务管理。

三、海南省社会科学院科研机构主要职责

国际旅游岛研究所

主要职责：承担国家和省、市、县有关海南国际旅游岛建设的重大课题研究，重点围绕国际旅游岛建设中的经济社会发展相关重大问题展开应用性研究，为有关单位提供决策咨询和服务。

南海经济社会发展研究所

主要职责：承担国家和省、市、县涉及南海问题的研究，重点围绕南海区域的经济发展、资源开发、行政管理、国际关系，以及影响南海经济社会发展的有关问题和东南亚地区的政治发展走向问题开展研究，为有关单位提供决策咨询和服务。

地方历史与文化研究所

主要职责：承担国家和省、市、县有关海南历史和文化方面的重大课题研究，重点围绕富有地域特色的琼崖文化、南海文化和黎族苗族文化以及海南现代文化开展研究，为有关单位提供咨询服务。

## 第三节 科研活动

### 一、科研工作

2014—2015年新立项课题

| 序号 | 负责人 | 项目名称 | 项目类别 |
| --- | --- | --- | --- |
| 1 | 刘登山 | 南海无居民海岛开发与保护法律问题研究 | 国家社科基金 |
| 2 | 朱华友 | 三沙市南海管控及军民融合式发展战略研究 | 国家社科基金 |
| 3 | 赵康太 | 《南海更路簿》信息资源库建设 | 国家社科基金 |
| 4 | 邓颖颖 | 21世纪海上丝绸之路背景下三沙海洋旅游发展战略研究 | 国家社科基金 |
| 5 | 詹兴文 | 白沙黎族自治县"十三五"发展规划纲要（2016—2020） | 横向课题 |
| 6 | 陈耀 | "十三五"推动旅游业转型升级研究 | 横向课题 |
| 7 | 刘广明 | "十三五"智慧城市研究课题研究 | 横向课题 |
| 8 | 祁亚院 | 基层宣传思想文化工作绩效考核及综合评价体系研究 | 委托课题 |

### 二、学术期刊

《南海学刊》（季刊），主编赵康太。

2015年4月《南海学刊》正式公开发行创刊号。《南海学刊》是我国第一份以南海为名的学术刊物，也是第一个以南海和海南研究为主的学术阵地。海南省社科院坚持"出精品、求发展"的理念，2015年出刊4期，累计发稿68篇。据中国人民大学书报资料中心统计，2015年共有28篇文章索引，2篇文章全文转载。

### 三、会议综述

中华海洋文化历史悠久、内涵丰富、前途光明——两岸首届中华海洋文化论坛综述

中华海洋文化论坛（2015·海南）于2015年11月27—28日上午在海南琼海博鳌召开。论坛由海南省社会科学院与台湾海洋大学共同举办，主题是"东海与南海：海上丝绸之路与中华海洋文化的发展复兴"。来自中国大陆和中国台湾地区以及老挝的80多位专家学者与会。与会专家学者围绕中华海洋文化的历史变迁、中华海洋文化的本质与历史发展、中华海洋文学和中华海洋艺术、中华海洋文化的现代发展趋势等问题展开了深入的研讨。

1. 中华海洋文化历史悠久，源远流长

两岸专家一致认为，中华民族从来没有拒绝过海洋的召唤。在历史维度上，中国古代航海事业走过了相当辉煌的历史，特别是自秦代到元代，更是中国航海事业的黄金时代。中华文明创造出了具有中国特色的海洋文明——以海洋农业文化为特点的中国海洋蓝色文化。这种"以海为田""兴渔盐之利"的传统海洋文化一直深深地影响着中国海洋事业的发展。自明代以后，这种海洋文化在东海、南海与西方"以海为途"的海洋文化发生碰撞，渐渐变迁为"视海为对外开放的桥梁"之视野。

台湾海洋大学黄丽生认为，《明实录》体现了明朝政府从内外形势交错与内政治理两大方面，检视明代中期有关岛屿议题的发展变化，除延续明代前期的"海寇/海防"的对应格局外，还出现了中外海寇

交错、贡寇相间、海运贸易等复杂的情势，反映出东亚海上跨国贸易需求旺盛，但缺乏与之相应的体制应对。

台湾海洋大学吴智雄则运用现代数字人文的研究方法，以海、贡、安南、交址、朝鲜（高丽）等词汇为关键词，于《皇明经世文编》中检索相关文献，探讨了明初海洋朝贡议论特色，认为明初的海洋朝贡议论，具有专议安南入贡对治策略、颂扬海外来华朝贡盛况、通论海外藩国入贡事宜等三项特色。

海南大学阎根齐将明清时期福建、台湾一带的东海《针路簿》与海南渔民的南海《更路簿》进行比较，认为《针路簿》是航海者（包括商船、运输船）的航海指南，《更路簿》则是海南渔民的捕鱼航路。早期《针路簿》从航海图发展而来，《更路簿》是对《针路簿》的传承。海洋出版社刘义杰用现代物理海洋学的方法分析海洋潮汐现象，认为七洲洋海域存在的异常潮汐现象和由此引起的琼州海峡中周期性的潮流现象，使得这片海域成为帆船航海的危险海区，这是产生"去怕七洲、回怕昆仑"航海谚语的本因。中山大学王利兵梳理了海南岛潭门渔民与东南亚渔民之间互动的形式、内容以及历史演变轨迹，探讨了海洋族群互动的理论与现实意义以及国家疆界与文化疆界之间的关系问题。中国航海博物馆沈洋以法国商船"安菲特里忒"号两航广州为考察线索，阐述与分析了18世纪法国上流社会"中国热"产生的原因以及法国在古代海上丝绸之路中的历史地位。

2. 中华海洋文化内涵丰富，特点鲜明

两岸学者一致认为，虽然中华传统海洋文化本质上是一种农业文化，侧重于将海洋看成陆地农田的延伸或补充，着重强调海洋本身的农业价值或经济价值，但伴随着时代的变迁与海洋实践的深入，中华海洋文化的本质内涵也在不断丰富和扩充。

中国社会科学院李国强认为，必须重新认识海洋文化。第一，中国海域是造就中华海洋文化的基础；第二，人的活动是中华海洋文化形成、发展、沿承和弘扬的根基；第三，中华海洋文化与中国陆地文化相辅相成。他认为，中华海洋文化研究是一个系统工程，构建科学、规范的理论体系，对于深化中国海洋文化理论研究、保障南海海洋文化理论研究的可持续发展至关重要。台湾海洋大学林谷蓉也认为，必须重新认识海洋文化的意涵，只有破除成见与刻板印象，才能发展正确有益的海洋文化观；同时，也只有具备宏观的全球海洋视野，才能建构海洋软实力新思维。

海南大学李仁君认为，中华海洋文化具有明显的地域性、类型众多、影响广泛等特点，不同历史阶段的海洋文化对社会变迁的影响是不一样的，中国古代海上活动经历了明朝永乐年间的蓬勃发展和清末的闭塞衰落。海南省社会科学院詹兴文、邢植朝等认为，海洋民俗文化是海洋文化中极其重要的组成部分，加强海洋民俗文化研究和建构"海洋洋民俗学"学科，是"海洋世纪"的必然要求。海南热带海洋学院郑力乔探讨了丘濬、钟芳、唐胄等明代海南士大夫的海洋观，认为丘濬的海洋观念显示了商品经济思想的初步萌芽，开始认识到以舟楫之便利，加强了对外交往与通商；钟芳的潮汐论则表现了对自然海洋的观察和测评趋向客观；唐胄撰修的海南地方志对海洋地理环境和生物资源、文化资源的记载颇丰，他的外交思想则试图以平等的态度对待和处理南海周边关系。

3. 中华海洋文学艺术是中华海洋文化的重要载体

中华海洋文学艺术是中华海洋文化的艺术载体。与会学者从不同视角对其进行了分析。学者们的研究涵盖了中国古代海洋文学与现当代海洋文学，具体的研究对象包括了中国古代海洋诗词、中国古代海洋散文、中国古代海洋神话与戏曲、中国当代海洋小说。

学者们对中华海洋文学的研究，主要通过文献分析进行。台湾海洋大学颜智英从历史的纵向发展维度出发，选取从南宋到南明的诗人陆游、文天祥、归有光和张煌言4位海战诗歌诗人的代表性作品作为研究对象，通过重点研究其海战诗作特色，分别为海战书写先驱、海战书写始祖、海战书写开拓与海战书写集大成者，清晰地勾勒了宋明海战诗学的发展脉络。淮北师范大学王政认为在元明戏曲中一些关于海神的描写，透视了中国古人之于海神的想象与信奉。他结合相关史料，考证了剧作中涉及的海神特点与司职等。

学者对海洋艺术的研究，主要集中在民间艺术与绘画等方面，希望建构中国海洋美学。广东海洋大学赵少英通过对广东"人龙舞"艺术的本质特色、个性特征和人文特色三方面的研究，从艺术层面、文化层面和精神层面进行阐释，解析"人龙舞"艺术所蕴含的艺术特色和人文价值，以利于保护和开发利用，使这种古老民间艺术洋溢着的人性美、人情美和艺术美散发出新的光彩。海南大学张平认为，中国古代海洋文学因内陆文化精神的主导性影响而在创作与研究中长期被双重边缘化。对中国传统海洋文学全面系统的考察需与内陆"河流文学"这一海洋文学的"亚形态"相关联，大力推进对基础文献的爬梳与整理，最终在对传统海洋文学的多维考察中建构中国的海洋美学。

4. 21世纪海上丝绸之路建设给中华海洋文化复兴带来希望

与会学者们结合"一带一路"战略内涵，深入研究了21世纪海上丝绸之路建设与中华海洋文化的关系，并从两岸关系、历史、人类与海洋互动、海上丝路应体现的精神、科学技术、海南的作用、经济合作与人文交流等不同的角度进行了阐述。

台湾嘉义大学吴昆财认为，两岸同属中华民族，共享中华文明，海峡两岸同文同种，且有相近的历史脉络。在文化的撑持下，彼此携手共同打拼经贸，相辅相成，必可为两岸中国人在21世纪的全球视野上争得一席之地。上海社会科学院张晓东认为，郑和下西洋的外交活动不仅仅是以朝贡册封活动为中心的对外经济政治活动，而且具有丰富的文化外交内容，从物质和精神的多重领域加强国际交流和中外亲善，其外交活动的内容和方式都较为丰富，也包括了"公共外交"的内容，兼顾经济与文化。海南热带海洋学院郭万洲认为，不同的民族和不同的时代都有独特的海洋文化的价值内涵。海洋文化是中国特色社会主义文化的重要组成部分，繁荣发展海洋文化，对于推动"海洋强国"和"一带一路"建设具有积极作用。

5. 现代中华海洋文化的构建在南海资源的开发、利用与合作及南海争端解决中的作用

中华现代海洋文化建设不能回避海洋争端和海洋资源的开发利用与合作的问题。与会学者们从21世纪海上丝绸之路建设的视野探讨了海洋资源的开发、利用与合作以及南海争端法律解决的可能性等问题，并认为这是中华现代海洋文化产生的背景。

台湾海洋大学林谷蓉认为，21世纪海上丝绸之路是沿着海洋发展经贸伙伴关系，除了扩大与东南亚的战略合作关系外，更以点带线、以线带面，增进与沿边国家和地区的交往，串起连通东盟、南亚、西亚、北非、欧洲等各大经济板块的市场链，发展面向南海、太平洋和印度洋的庞大新兴经济区域。广东、广西、山东和海南的学者则纷纷研究了本省在古代海上丝绸之路形成中的历史地位，认为包容性发展是构建中华海洋文化的基础，但应明确什么是21世纪海上丝绸之路区域一体化共建的意

义、共建的效应等。海南省社会科学院的邓颖颖指出，作为一个规模宏大的多元化合作机制，21世纪海上丝绸之路涵盖了广泛领域的合作。

台湾海洋大学高圣惕针对菲律宾在"仲裁声明"中指责中国在南海东部由九段线（南海U形线）涵盖的部分海域内的海域主张、南海U形线法律争议的管辖权及可受理性问题进行仔细辨析，指出了隐藏在菲律宾起诉状当中的重大、明显错误。他认为，南海U形线的合法性争端，不属于仲裁庭管辖的范围。仲裁庭既然无权解决中菲之间的领土争端，那么任何决定都构成逾越管辖权的行为。在此，最适当的做法应该是由仲裁庭宣布对菲律宾单方提出的争端缺乏管辖权。中国对南沙群岛的领土主张，比菲律宾提出的时间更久远，更为完整。

山东省海洋经济文化研究院孙吉亭认为，海洋经济与海洋文化之间的关系是辩证统一的，海洋经济是海洋文化发展的物质基础，对海洋文化的形成及发展走势起到了决定性的作用，海洋文化具有自己相对的独立性，反过来又对海洋经济的发展起着促进作用。广东省社会科学院黄晓慧则提出构建广东—东盟"21世纪海上丝绸之路"国际旅游圈的设想。

## 第四节 2015年大事记

### 一月

1月15日，海南省社会科学院与琼州学院签订战略合作签约。海南省社科院院长赵康太教授和琼州学院党委书记韦勇教授分别代表两单位签订合作协议。

### 四月

4月9日，《南海学刊》创刊暨揭牌仪式在海口举行。中共海南省委宣传部副部长郭志民和海南省社科联党组书记、主席，省社科院院长赵康太共同为《南海学刊》创刊揭牌。

4月9日，《南海学刊》发行创刊号。

### 六月

6月26—28日，海南省社科联（院）和海南大学共同主办"南海海洋文化"研讨会，会议在海口举行。海南省社科联党组书记、主席，省社科院院长赵康太和海南省社科院邓颖颖副研究员受邀参会。

### 七月

7月9—11日，海南省社科联党组书记、主席，省社科院院长赵康太同志带队参加在内蒙古锡林浩特市举办的第18届全国社科院院长联席会议。

### 九月

9月22—25日，祁亚辉副院长一行参加全国社会科学院系统中国特色社会主义理论体系研究中心第二十届年会暨理论研讨会，并作交流发言。

### 十月

10月22—31日，应墨西哥城市自治大学、智利安德雷斯贝洛大学、阿根廷布宜诺斯艾利斯大学的邀请，海南省社科联党组书记、主席，省社科院院长赵康太同志率团出访墨西哥、智利和阿根廷。

### 十一月

11月26日，海南省社科联党组书记、主席，省社科院院长赵康太同志代表海南省社会科学院与韩国济州发展研究院签署学术合作协议，双方将在学术交流、学术研究方面开展合作。

11月27日，由海南省社会科学院和台湾海洋大学共同举办的"中华海洋文化论坛（海南·2015）"在海南博鳌隆重召开。来自中国社会科学院、老挝国家社会科学院、台湾海洋大学及山东、广东、广西、海南等地的专家学者共计100余人参加会议。海南省社科联党组书记、主席，省社科院院长赵康太和台湾海洋大学校长张清风在论坛上签署了交流合作备忘录。该论坛将在海南岛和台湾岛轮流举行，本次论坛为首届论坛，以"东海与南海：海上丝绸之路与中华海洋文化的发展复兴"为主题，分别设立"中华海洋文化的历史变迁""中华海洋文化与21世纪海上丝绸之路"与"中华海洋文化与多元包容性发展"等三个专题进行研讨。

# 重庆社会科学院

## 第一节　历史沿革

重庆社会科学院（以下简称"重庆社科院"）1987年3月建院，其前身是1982年成立的重庆市社会科学研究所。1988年成立重庆市人民政府发展研究中心，与重庆社科院实行"一套班子、两块牌子"的管理体制。

### 一、领导

重庆社科院成立之初，重庆市政府聘请著名经济学家、原中国社会科学院工业经济研究所所长蒋一苇为重庆社科院院长。

重庆社科院历任院长是：蒋一苇（1987年3月—1993年1月）、鲁济典（1994年4月—1997年7月）、俞荣根（1997年11月—2003年2月）。现任院长陈澍（2003年2月—　）。

中共重庆社会科学院党组历任党组书记是：陶维全（1987年3月—1994年4月）、鲁济典（1994年4月—1997年7月）、俞荣根（1997年11月—2003年2月）。现任党组书记陈澍（2003年2月—　）。

### 二、发展

建院29年来，重庆社科院始终坚持正确的办院方向和科研导向，紧紧围绕重庆经济社会发展的实际，着力开展应用对策研究，同时，组织开展具有重庆特色和优势的基础理论研究，大量科研成果得到转化和应用，成为重庆市目前唯一的综合性人文、社会科学研究机构，政府决策咨询机构，以及重庆市委、市政府的思想库和智囊团。

（一）学科布局

学科建设是重庆社科院发展的一项长期战略任务。目前，主要有哲学与政治学、文史、法学、社会学、产业经济、城市发展、区域经济、财经、农村发展、公共政策等基础学科。2014年4月，重庆市人力资源和社会保障局批准重庆社科院设立市级博士后科研工作站，作为学科建设的重要平台，重点在培养复合型高端人才，整合研究资源，提供咨政服务，开展学术交流，建立专业数据库等多个领域开展工作。2014年6月，重庆社科院与西南大学签订重庆公共政策研究中心合作协议，在决策咨询、科学研究、人才培养等方面实现资源共享、优势互补、发挥合力，双方共同培养"政治哲学与公共政策"方向的博士研究生。

（二）主要科研产出

建院以来，重庆社科院科研人员共完成国家、省（市）等各类课题2000余项，学术专著150余部，论文、调研报告3000余篇，共获得国家和重庆市领导批示300余项，获得国家、省（市）级政府社会科学优秀成果奖200余项。此外，还有《重庆蓝皮书》《重庆经济年鉴》等大量科研成果，为重庆市委、市政府科学决策提供了智力支持，为繁荣和发展哲学社会科学作出了积极贡献。

尤其是2003年以来，重庆社科院的科研工作围绕重庆市重大理论和现实问题开展深入研究，取得了显著成绩。国家及省部级课题年均立项20余项，应用对策研究课题100余项，2010年申报的《城乡统筹与农村生活形态变化研究》项目获得国家软科学研究计划重大项目立项，这是重庆历史上第一次成功获得国家软科学重大招标项目立项，也是全国省级社科院系统首次立项国家软科学重大项目；学术论文年均发表150余篇。2014年，经济学权威期刊《经济研究》重点刊发了重庆社科院专家撰写的《中国区域经济增长的空间关联及其解释——基于网络分析方法》。《采取四大措施推动我市工业园区低碳转型》《关于推进重庆现代物流业发展的政策》等多篇决策建议得到了国家和重庆市领导的高度关注及肯定性批示。科研成果年均获省部级以上奖近20项，围绕"第四增长极""西部大开发税收优惠政策""财政金融政策与城乡协调""文化强市""三峡库区社会安全与稳定""农村新型股份合作社""五大功能区域""页岩气装备产业"等主题开展的研究成果获得省部级一等奖。

通过全体科研人员的共同努力，重庆社科院已经形成了瞄准理论前沿和现实问题、围绕决策服务出精品成果的共识，科研成果的针对性和实用性都得到显著提高，成为重庆市社会科学研究和决策咨询服务的重要力量。

### 三、机构设置

1998年，根据重庆市人民政府批复的"三定"方案（渝办〔1998〕81号），重庆社科院设置19个内设机构。之后根据形势的变化和发展的需要，行政机构和研究部门设置数次变更，目前的内设机构为：办公室（财务处）、科研组织处、秘书处（综合处）、人事处、后勤处、对外学术交流中心、区域经济研究所、产业经济研究所、农村发展研究所、城市发展研究所、财经研究所、公共政策研究部、哲学与政治学研究所、文史研究所（台湾问题研究所）、法学研究所、社会学研究所、《改革》杂志社、培训中心、图书馆、机关党委。

### 四、人才建设

截至2015年12月，重庆社科院共有在编在岗职工127名。专业技术人员78人，行政管理人员49人。其中，博士研究生29名，占全院职工的23%；硕士研究生42人，占全院职工的33%。正高级职称人员32人，占全院职工的25%；副高级职称人员29人，占全院职工的23%。厅局级领导干部5人；处级领导干部40人。

2015年，重庆社科院在编在岗人员中，有国家"万人计划"哲学社会科学领军人才1人，国家"百千万人才工程"入选人员1人，国家有突出贡献的中青年专家1人，享受国务院政府特殊津贴人员3人，全国文化名家暨"四个一批"人才1人，国家社科基金学科评议组专家1人，全国新闻出版行业第二批领军人才1人，中共重庆市委直接掌握联系的专家3人，重庆市优秀专业技术人才1人，重庆市第二届学术技术带头人1人，重庆市第二届学术技术带头人后备人选5人，重庆市哲学社会科学领军人才特殊支持计划第二批人选2人，重庆市宣传文化"五个一批"人才4人，重庆市宣传文化第二批"五个一批"人才2人，重庆市宣传文化系统首批"巴渝新秀"青年人才2人，重庆市宣传文化第二批"巴渝新秀"青年文化人才2人。

## 第二节 组织机构

### 一、重庆社科院领导及其分工

（一）历任领导

院党组书记

陶维全（1987年3月—1994年4月）

鲁济典（1994年4月—1997年7月）
俞荣根（1997年11月—2003年2月）
院党组副书记
李慎（1987年10月—1994年6月）
院党组成员
文宗武（1990年9月—1992年5月）
廖元和（1994年6月—2003年12月）
王青山（1997年11月—2005年3月）
肖长富（2003年9月—2011年7月）
孟东方（2004年4月—2010年4月）
院长
蒋一苇（1987年3月—1993年1月）
鲁济典（1994年4月—1997年7月）
俞荣根（1997年11月—2003年2月）
副院长
陶维全（1987年3月—1994年4月）
李慎（1987年10月—1994年6月）
文宗武（1990年9月—1992年5月）
廖元和（1994年6月—2003年12月）
王青山（1997年11月—2005年3月）
肖长富（2003年9月—2011年7月）
孟东方（2004年4月—2010年4月）

（二）现任领导及分工

党组书记、院长陈澍，主持重庆社科院和重庆市人民政府发展研究中心全面工作，分管区域经济研究所、农村发展研究所。

党组成员、副院长陈红，负责重庆社科院日常工作。分管行政事务、国家安全、外事、督查督办、档案、机要、保密、财务、舆情信息、后勤、国有资产、安全保卫、学术交流、培训和《重庆经济年鉴》《重庆蓝皮书》的编辑出版发行等；分管办公室（财务处）、后勤处、培训中心、对外学术交流中心、重庆中东欧国家研究中心、出版物中心、哲学与政治学研究所、文史研究所。

党组成员、副院长张波，分管科研组织管理、科研规划制定和管理、重庆市重大决策咨询研究课题管理、重庆市发展研究奖的组织管理、重庆市中国特色社会主义理论体系研究中心的日常管理、重庆市社会科学研究系列中高级职务评审的组织管理、重庆社科院学术委员会日常工作、宣传、院校合作、学术性社团的组织管理、图书情报、网络建设与管理等；分管科研组织处（新闻中心）、重庆市中国特色社会主义理论体系研究中心秘书处、图书馆、城市发展研究所、公共政策研究部。

党组成员、副院长王胜，兼任重庆市人民政府发展研究中心秘书长，负责重庆市人民政府发展研究中心日常工作。分管重庆市人民政府发展研究中心常委单位的协调与联络、《决策建议》和《领导决策参考》的编发、重庆市重大决策咨询研究B类课题管理、党务、纪检、离退休职工管理、工会、共青团、妇委会、信访、精神文明建设、计划生育等；分管秘书处（综合处）、机关党委、工会、产业经济研究所、财经研究所。

党组成员、副院长陈劲，分管组织人事、机构编制、岗位设置、工资及福利管理、干部管理、干部教育培训、人才引进及管理、青年人才培养和《改革》《重庆社会科学》《重庆学习论坛》的编辑出版发行等；分管人事处、《改革》杂志社、《重庆学习论坛》编辑部、社会学研究所、法学研究所。

二、重庆社科院职能部门及领导

办公室（财务处）
主任（处长）：袁伟
副主任：葛南南、张红樱、陈琦
财务处副处长：杨金群
科研组织处
处长：李敬
副处长：易华均、李钰、陈容
秘书处（综合处）
处长：孟小军
副处长：彭国川、王琳

人事处
处长：郑斌
副处长：骆海燕
后勤处
处长：赵宏
副处长：陈职中
机关党委
专职副书记：刘毓全

### 三、重庆社科院科研机构及领导

哲学与政治学研究所
所长：胡波
副所长：吴大兵、石雪
文史研究所
所长：李重华
副所长：罗锐华、李玲
法学研究所
副所长：曹银涛（主持工作）
社会学研究所
所长：钟瑶奇
副所长：罗伟
产业经济研究所
所长：吴安
副所长：王小明、马晓燕
城市发展研究所
所长：许玉明
副所长：彭劲松
区域经济研究所
所长：田代贵
副所长：杨玲
财经研究所
所长：邓涛
农村发展研究所
所长：陈悦
公共政策研究部
部长：康庄
副部长：文丰安、李万慧

### 四、重庆社科院直属部门及领导

图书馆

副馆长（兼）：易华均
培训中心
主任：蔡耀平
对外学术交流中心
主任：袁伟
副主任：刘晓敬
《改革》杂志社
执行总编辑：王佳宁
副总编辑：邓龙奎

## 第三节　年度工作概况

2015年，重庆社科院围绕"新型智库建设"这一主题，各项工作有序开展，咨政服务成效明显，各类课题、学科建设稳步推进，学术交流与合作出现新气象，理论宣传和政策解读有声有色，重庆市中国特色社会主义理论体系研究中心晋级为国家级研究中心，《改革》等出版物影响力进一步提升。新增立项各类课题185项，其中国家级课题5项，省部级课题51项；发表论文140篇，其中核心期刊62篇；出版专著15部；获省部级奖14项；研究报告及决策建议获重庆市领导批示26篇。1名同志入选2015年国家"百千万人才工程"人选名单，1名同志被授予国家"有突出贡献中青年专家"荣誉称号，1名同志入选全国文化名家暨"四个一批"人才。

### 一、取得的工作成绩及亮点

（一）课题申报取得良好成绩

2015年，重庆社科院国家级项目立项数量和质量创新高。中标国家社科基金项目5项，其中重点项目1项，即《特大城市基层社会治理机制创新与路径优化研究》，一般项目和西部项目各2项；省部级项目立项数创历年新高，共立项省部级项目51项，其中重庆市决策咨询与管理创新项目13项，重庆市重大决策咨询研究课题7项，重庆市社科规划项目31项；横向课题立项78项。

## （二）咨政研究取得显著成效

**1. 高质量完成了重庆市领导交办的重大任务**

一是配合重庆市"十三五"规划的编制，遵照重庆市副市长谭家玲下达的指令性任务，积极组织重庆社科院专家并配合重庆市相关职能部门，及时启动了《重庆市建设国际旅游名城路径研究》《重庆市老龄化问题研究》《重庆市文化强市建设路径研究》《TPP对重庆内陆开放高地建设的影响及对策研究》等多项课题研究。其中，《TPP对重庆内陆开放高地建设的影响及对策研究》阶段性成果获中共中央政治局委员、重庆市委书记孙政才，重庆市委副书记、重庆市市长黄奇帆的肯定性批示。

二是迅速组建团队启动重庆市委常委、宣传部部长燕平下达的任务，重庆社科院李敬研究员作为首席专家，负责"马工程"国家重大课题《重庆市推进内陆开放高地建设实践研究》，阶段性研究成果获中央政治局委员、重庆市委书记孙政才，重庆市委常委、市委宣传部部长燕平和重庆市副市长陈绿平的肯定性批示。

**2. 上报的多期《决策建议》获得重庆市领导肯定性批示并转化应用**

《重庆融入国家"一带一路"和长江经济带战略的路径选择与"十三五"策略》《结合五大功能区域战略 九大举措发展口岸经济》《应及早应对TPP对重庆发展的潜在影响》等，获重庆市委常委、常务副市长翁杰明的肯定性批示。

《应多举措破解我市大学生村官面临的四大困境》获重庆市委常委、组织部部长曾庆红的肯定性批示。

《进一步保护与利用我市重要文化资源的一些策略》《以平台化、标准化、社会化建设为抓手 进一步提升我市公共文化服务的效能》获重庆市副市长谭家玲的肯定性批示。

**3. "重庆市重大决策咨询研究课题"成果为重庆市委、市政府的重大决策提供了理论支撑**

一是《五大功能区域工业园区负面清单管理研究报告》被重庆市政府及相关部门在制定工业园区发展规划时采纳，主要体现在《重庆市人民政府关于加快提升工业园区发展水平的意见》（渝府发〔2014〕25号）及《重庆市人民政府办公厅关于深入落实五大功能区域发展战略分类印发各功能区工业园区发展规划（2014—2020年）的通知》（渝府办发〔2015〕12号）等文件中。

二是《重庆市"五大功能区域"建设人才需求及保障措施研究》在重庆市委组织部人才办、重庆市人力资源和社会保障局、重庆市经济和信息委员会等部门指导和协助下完成，具有很强的实践性和可操作性，所撰写的决策建议《应高度关注我市"五大功能区域"建设中企业发展面临的人才保障瓶颈》得到重庆市副市长刘伟的肯定性批示，部分成果被重庆市相关部门采用。

三是《关于重庆市传播社会主义核心价值观路径选择》部分建议被重庆团市委采纳。

## （三）积极开展第三方评估研究与实践

1. 大力推进第三方评估学科建设。在博士后工作站中设立了第三方评估理论和方法研究方向，招收了2名博士后研究人员，并立项开展系列理论、方法与应用研究。

2. 加强第三方评估的人才培训及学术交流。2015年，重庆社科院派出10余人次参加了国务院发展研究中心举办的第三方评估培训班，并邀请《管理世界》杂志社总编辑、研究员李志军来重庆社科院做题为"智库与政策评估"的学术报告。

3. 积极参与第三方评估实践。受重庆

市人大常委会委托，重庆社科院承担了拟立法出台的《重庆市志愿服务条例》的第三方评估工作。通过评估，《重庆市志愿服务条例》已正式出台；受国际经济交流中心委托，重庆社科院开展了《长江经济带战略实施情况评估》。该成果得到有关重庆市领导及国务院研究室领导的充分肯定，并已上报国务院作决策参考。

（四）扎实开展理论宣传和政策解读工作

积极围绕中央和重庆市委、市政府的大政方针开展理论宣传和政策解读。多位专家围绕"五大功能区""经济新常态与重庆经济形势""全球油价下跌背景下仍应加大页岩气投资力度""重庆发展口岸经济""一带一路战略下重庆发展机遇"等接受新华社、《人民日报》《光明日报》《经济日报》等中央媒体的大型系列专访近20次，全年接受省部级及其他媒体采访700余次。协助《重庆日报》组织刊发了"四个全面""扶贫攻坚""十八届五中全会"等专题理论文章20余篇。

（五）"中特中心"提档升级

1. 重庆市中国特色社会主义理论体系研究中心晋级为国家级研究中心。此次晋级是中宣部按照"领导重视情况、依托单位情况、人才队伍情况、文章发表情况、研讨活动情况、社会影响情况"等6条标准衡量，在原有7个全国研究中心的基础上，新增的8个全国研究中心之一，也是西南地区唯一入选的全国研究中心。

2. 立项1项马克思主义理论研究和建设工程重大研究课题、国家社科基金重大委托项目"西部地区精准扶贫模式创新与实践路径研究"。

3. 加强理论文章的组织发表。全年在《人民日报》《光明日报》《重庆日报》共发表11篇署名文章。

4. 《重庆学习论坛》影响力不断扩大。为更好地服务于重庆市委中心组及重庆市各级党委（党组）中心组学习，《重庆学习论坛》编辑部不定期出刊《学习参阅》，针对最受关注的重大事项编辑出版专辑，全年共编辑出版了纪念抗战胜利70周年、扶贫攻坚、学习贯彻党的十八届五中全会精神、重庆市委四届七次全会精神等5期专辑，成为重庆市各级党委（党组）中心组学习的重要参考资料。

（六）《改革》杂志蝉联中国百强报刊

2015年，《改革》蝉联国家新闻出版广电总局表彰的"中国百强报刊"，连续三年在全国社科规划办组织的国家社科基金资助期刊年度考核中蝉联"优秀（优良）"。

一是开辟新栏目《全面深化改革对话》。每期围绕一个主题，以前瞻的视野研判经济社会发展趋向及推进改革持续走向深入的核心举措。主题主要涉及"十三五"规划、"四大战略"、"一带一路"战略、国家级新区、自由贸易区、全面深化改革的差别化探索等。

二是突出重庆市委、市政府关注的重大选题。围绕长江经济带建设、五大功能区域战略、新型城镇化建设、农村土地制度改革、公租房建设等关联重庆改革和发展的重大选题，组织专家撰文，积极为重庆市委、市政府建言献策。

三是开展《改革》服务中央和重庆市委决策优秀论文遴选活动。倡导学术研究服务政府决策，积极为经济社会发展服务。

四是组织国家社科基金资助期刊服务中央决策研讨会。形成《国家社科基金资助期刊服务中央决策的"重庆共识"》，产生了广泛的社会影响。

二、主要工作措施

（一）加强科研平台建设

1. 依托重庆社科院博士后科研工作站，与西南大学联合招收博士后，建立了市级咨政研究平台。制定了《重庆社科院博士后管理工作办法》，成立了博士后管理工作领导小组及专家组，遴选出首批博士后科研工作站合作导师。就重庆建设西部开发开放的重要战略支撑的核心功能研究、区域博弈视角下的西部地区碳减排路径研究、第三方评估的理论方法与实践研究、城镇化对农村宅基地利用的影响研究等选题进行招生，2015年招收了4名博士后研究人员。

2. 成立"一带一路"投资与贸易研究实验室，建立了"一带一路"投资与贸易研究平台。该实验室将长期从事"一带一路"相关战略研究，每年定期发布"一带一路"相关国家的贸易竞争指数、贸易互补指数、进出口结构指数、比较优势指数和产业目录等方面的发展报告。通过对贸易竞争与互补关系相关指标的分析，遴选出中国与沿线国家贸易投资合作的前景和重点产业，从而为国家产业转移和结构升级策略的制定提供科学依据。

（二）开展"重大调研"课题研究

1. 制定《重庆社科院重大调研课题组织管理办法》，编制专门的工作手册，指导、督促各课题组及时、规范、深入地开展研究，采用公告通报方式，定期通报研究进度进展情况。

2. 吸纳重庆市有关市级部门和高校的研究人员参与到各课题组中，共同开展研究。

3. 与华龙网联合共建了重庆民情调查研究中心，并以该研究中心为载体，在重庆市首批确定了重庆工商大学艺术传媒学院、北碚华光小学、两江新区鱼复工业园区等10个调研点，这些调研点涵盖街道、社区、学校、工业园区、养老机构，对重庆社科院专家学者深入一线调查研究，掌握和了解基层的实际状况起到了积极促进作用。

4. 开展了"城乡统一的建设用地市场研究""重庆文化发展研究""新型城镇化过程中规划管理体制存在的重大问题与对策研究""五大功能区域可持续发展评价研究""近郊小城镇社会治理问题研究"等5项重大调研，课题组成员深入有关省市以及重庆市有关区县调研，形成了《决策建议》（获得重庆市领导批示）、核心期刊论文、专著等系列阶段性成果。

（三）加强学术交流与合作

1. 成功签署4份院校及院际间学术交流与合作协议。组织学术交流团赴巴西、智利，分别与巴西CIETEC创新创业技术中心、智利城市科技大学、智中经济贸易促进会签署学术交流与合作协议；与韩国京畿研究院签署了两院间的学术交流与合作协议。

2. 与法国、波兰等国家的三所大学及院系达成学术交流与合作的初步意向。组织学术交流团赴法国、波兰开展学术交流，分别与法国图卢兹大学、巴黎塞纳大学、波兰卢布尔雅那大学经济学院等就共同开展学术交流合作事宜的可能领域以及可先期启动的项目进行了广泛探讨并达成合作意向。

3. 组织重庆社科院专家学者赴俄罗斯、白俄罗斯参加"第二届中俄国际学术论坛"。重庆社科院出访学者不仅主持了分论坛，还分别宣读了《"中国梦"的价值意蕴探讨》《"中国梦"传递和平发展正能量》《"中国梦"也是文化强国梦》《"一带一路"战略相关问题及对策思路》等学术论文，充分利用国际学术交流的有利时机，引导国际社会全面客观认识"中国梦"，并对"渝新欧"在"一带一路"战略中所发挥的作用进行了推介。

4. 充分发挥"重庆中东欧国家研究中心"的平台作用，不断扩大其在该研究领域的影响力。成功获得2015年度中国—中东欧国家关系研究基金资助，选派重庆社科院专家学者赴波兰参加"第二届中国—中东欧跨文化对话暨教育与经贸学术会议"，向大会提交并宣读了学术论文《孔子与转型中的欧洲：历史与未来》；加入中国与中东欧国家间国际智库的高端交流平台——"中国与中东欧国家智库交流与合作网络",成为其理事单位;参加"第三届中国—中东欧国家高级别智库研讨会",参与分论坛"中国—中东欧国家智库交流与合作网络——新平台、新目标"的学术交流。

5. 组织接待来自美国、英国、日本、韩国、印度等国家的学术交流团组7批16人次。通过重庆社科院专家的介绍与展示,令国外专家学者及官员等更多地了解重庆经济社会发展情况、强劲的发展动力及重庆社科院的科研实力。

6. 定期举办专题学术讲座。精心编制年度学术交流计划书,特邀中国社科院、上海交大等科研机构和高校、国家统计局等国家部委的知名专家来院,就新时期国有企业改革的进展与任务、中国文化产业发展的新趋势、新常态下的中国经济形势与政策等主题进行研讨和交流。全年共举办8场次。

7. 接待中国社会科学院、国务院发展研究中心以及福建、黑龙江、湖北、广东、广西、贵州、山西、大连、太原、桂林、哈尔滨、普洱、晋城、濮阳、福州等省市社科院、政府发展研究中心累计38批次173人次在渝的调研考察。在做好来访接待工作的同时,也结合重庆社科院新型智库建设与来访单位交流学习。

(四)加强人才引进和创新人才培养

1. 根据重庆社科院学科建设需要和现有人才结构,修订了《引进人才暂行办法》,制订了年度人才引进计划,通过公开招聘、选调等方式,有针对性地引进重庆社科院紧缺急需人才。全年共引进2名博士,选调3名区县干部来重庆社科院工作。

2. 主动创新,多渠道培养人才。修改完善了《在职职工攻读学历学位管理办法》,制订了《人才培养计划》,对重庆社科院具有发展前景、较强领导才能和突出科研能力的人才进行有针对性的培养。全年开展各类人才推荐8次。其中,1名同志入选2015年国家"百千万人才工程"人选名单,1名同志被授予国家"有突出贡献中青年专家"荣誉称号,1名同志入选全国文化名家暨"四个一批"人才,2名同志当选重庆市哲学社会科学领军人才第二批人选,1名同志入选"西部之光"访问学者赴中国社科院进修;为进一步提升干部综合能力,积极开展院内外干部交流。全年共完成6名干部内部轮岗,6名中青年干部院内外挂职交流(其中2人到区县、1人到企业)。

(五)以"三严三实"专题教育实践活动为契机,加强党风廉政建设

1. 以"三严三实"为重要内容组织开展学习教育。以处级以上干部为重点,采取个人自学、党组中心组集体学习、专题研讨等多种形式,深入学习习近平总书记关于党员领导干部践行"三严三实"的新思想新观点新要求,学习党章和《中国共产党廉洁自律准则》《中国共产党纪律处分条例》等规章制度,学习重庆市委《落实全面从严治党责任实施办法(试行)》《关于落实党风廉政建设主体责任和监督责任的意见》等文件规定,撰写心得体会文章50余篇。

2. 在全院开展了政治纪律、政治规矩教育、廉政教育和国安、保密、财经法规培训。教育和引导重庆社科院干部职工自觉遵守党的政治纪律、政治规矩和组织纪律。充分运用反面教材和廉政教育基地,有针对性地加强党员干部警示教育。组织党员干部赴红岩干部党性教育基地接受党性教育,开展了"遵规守矩,助推新型智库建设"专题演讲活动。

3. 开展有针对性的整改和建章立制,探索"三严三实"长效机制。由行政部门牵头,查找了重庆社科院在"三严三实"方面存在的问题;对31项规章制度进行了

再次清理、修改和完善。积极倡导良好的学术道德规范，杜绝学术腐败，反对学术不端行为，筑牢拒腐防变的思想防线。

4. 重庆社科院领导班子及班子成员自觉筑牢党建"主业"意识，切实担负起执行和维护党的纪律的主体责任，严格落实党组织书记抓基层党建述职评议，班子其他成员严格执行党建工作"一岗双责"，敢抓敢管，对违纪违规现象，发现一起、查处一起，使纪律真正成为带电的高压线。

## 第四节 科研活动

### 一、科研工作

（一）科研成果统计

2015年，重庆社科院共完成专著15部，365万字；公开发表论文140篇，58.6万字，其中核心期刊62篇，24.8万字；完成研究报告119份，476万字；研究成果获省部级奖14项；研究报告及决策建议获市领导批示26篇。

（二）科研课题

1. 新立项课题

2015年，重庆社科院新增立项课题185项：其中新增国家课题5项，省部级课题51项，院内基础课题3项，院内青年课题4项，院内权威发布课题3项，院内学科建设课题10项，院内科研启动课题2项，院内重大调研5项，横向课题102项。

**2015年重庆社科院新增立项课题统计表**

| 序号 | 课题名称 | 课题负责人 | 课题类别 |
| --- | --- | --- | --- |
| 1 | 地域文化与增强国家文化软实力研究 | 黄意武 | 国家社科基金 |
| 2 | 基于新型农户视角的农业用水合作与水价制度设计研究 | 李 然 | 国家社科基金 |
| 3 | 特大城市基层社会治理机制创新与路径优化研究 | 孙元明 | 国家社科基金 |
| 4 | 党的基层组织法治化治理腐败研究 | 文丰安 | 国家社科基金 |
| 5 | 汉藏教理院与民国佛教研究 | 杨孝容 | 国家社科基金 |
| 6 | 创新驱动战略的财政支持政策研究——以重庆为例 | 邓 涛 | 省部级课题 |
| 7 | 国家治理现代化系现代化重大问题研究 | 胡 波 | 省部级课题 |
| 8 | 创新驱动战略背景下我市科技人才评价机制研究 | 黄意武 | 省部级课题 |
| 9 | 基于产业集群的重庆区域品牌培植模式与创新路径研究 | 黎智洪 | 省部级课题 |
| 10 | 新常态下农业创新驱动发展战略实现机制研究 | 李 然 | 省部级课题 |
| 11 | 重庆市农产品品牌创新战略研究 | 廖杉杉 | 省部级课题 |
| 12 | 技术引领下的环境排放标准制定与标准管理制度协同创新研究 | 吕 红 | 省部级课题 |
| 13 | 基于全球价值链整合的重庆汽车产业创新驱动路径研究 | 彭劲松 | 省部级课题 |
| 14 | 全面深化改革中利益群体分化的社会矛盾生成机制与化解途径研究 | 石 雪 | 省部级课题 |
| 15 | 大都市区生鲜农产品电商发展模式研究 | 王 胜 | 省部级课题 |
| 16 | 社会治理视角下的创新驱动战略研究 | 文丰安 | 省部级课题 |
| 17 | 新型城镇化建设与创新驱动战略研究 | 许玉明 | 省部级课题 |

续表

| 序号 | 课题名称 | 课题负责人 | 课题类别 |
| --- | --- | --- | --- |
| 18 | 重庆市大众创业政策环境优化研究 | 朱莉芬 | 省部级课题 |
| 19 | 重庆市文化供给侧结构性改革研究 | 李重华 | 省部级课题 |
| 20 | 城乡建设用地统一市场的运行机制研究 | 田代贵 | 省部级课题 |
| 21 | 经济下行压力下低收入群体收入保障机制研究 | 陈 劲 | 省部级课题 |
| 22 | 重庆推进五大功能区域发展战略经验研究 | 陈 澍 | 省部级课题 |
| 23 | 长江上游生态屏障建设的全流域成本分担机制和利益分享机制研究 | 陈 悦 | 省部级课题 |
| 24 | 新常态下当代中国社会发展动力系统和运行机制研究 | 邓龙奎 | 省部级课题 |
| 25 | 跨部门涉案财物集中管理信息平台研究 | 何佳晓 | 省部级课题 |
| 26 | 重庆市资源性矿产研究 | 何 清 | 省部级课题 |
| 27 | 社科研究机构在新型智库建设的作用发挥研究 | 康 庄 | 省部级课题 |
| 28 | 重庆市大学生微型企业初创环境优化及扶持机制研究 | 黎智洪 | 省部级课题 |
| 29 | "一带一路"相关国家贸易竞争与互补关系研究 | 李 敬 | 省部级课题 |
| 30 | 新常态下的预算管理改革问题研究 | 李万慧 | 省部级课题 |
| 31 | 落实全面从严治党的制度建设研究 | 李 钰 | 省部级课题 |
| 32 | 重庆市农村新型金融机构发展现状、存在的问题及对策研究 | 刘晓敬 | 省部级课题 |
| 33 | 重庆发展汽车平行进口面临的问题及对策研究 | 马晓燕 | 省部级课题 |
| 34 | 重庆市闲置楼宇资源开发利用对策研究 | 马云辉 | 省部级课题 |
| 35 | "一带一路"战略下重庆文化发展路径研究 | 孟小军 | 省部级课题 |
| 36 | 重庆分功能区人口差异化发展路径及其影响的研究 | 钱明亮 | 省部级课题 |
| 37 | 全面深化改革面临的社会风险及防范机制研究 | 石 雪 | 省部级课题 |
| 38 | 重庆市立体化社会治安防控体系建设研究 | 孙元明 | 省部级课题 |
| 39 | "十三五"时期重庆稳增长面临的问题及对策研究 | 田代贵 | 省部级课题 |
| 40 | 重庆融入丝绸之路战略研究 | 田 军 | 省部级课题 |
| 41 | 重庆基层宣传思想文化队伍提质增量的对策研究 | 王佳宁 | 省部级课题 |
| 42 | 重庆新型智库发展面临的问题及对策研究 | 王 胜 | 省部级课题 |
| 43 | 基于五大功能区基本公共服务保障机制研究 | 文丰安 | 省部级课题 |
| 44 | "十三五"时期重庆投资动力机制研究 | 吴 安 | 省部级课题 |
| 45 | 转型期主流意识形态认同的实现机制研究 | 吴大兵 | 省部级课题 |
| 46 | 重庆市推进长江经济带建设取得的成效、面临的问题及对策研究 | 张 波 | 省部级课题 |
| 47 | 我国信息网络安全现状及其治理法治化研究 | 张晓月 | 省部级课题 |
| 48 | 重庆市农村精准扶贫面临的问题及对策研究 | 朱莉芬 | 省部级课题 |

续表

| 序号 | 课题名称 | 课题负责人 | 课题类别 |
| --- | --- | --- | --- |
| 49 | 重庆市口岸经济产业体系研究 | 田 军 | 省部级课题 |
| 50 | 生态涵养区和生态保护区产业发展生态化、生态经济产业化发展路径研究 | 彭国川 | 省部级课题 |
| 51 | 重庆市老龄化问题研究 | 钱明亮 | 省部级课题 |
| 52 | 重庆市文化强市建设路径研究 | 孟小军 | 省部级课题 |
| 53 | 重庆市建设国际旅游名城路径研究 | 陈 悦 | 省部级课题 |
| 54 | TPP对重庆内陆开放高地建设的影响及对策研究 | 李 敬 | 省部级课题 |
| 55 | 重庆市旅游城、镇、村认定条件、程序及办法研究 | 刘栋子 | 省部级课题 |
| 56 | 加强党委对经济工作领导制度化研究 | 王 胜 | 省部级课题 |
| 57 | 重庆市区县市场环境建设评估 | 李万慧 | 院内权威发布 |
| 58 | 重庆市农产品电商权威发布 | 王 胜 | 院内权威发布 |
| 59 | 地方政府公信力研究 | 文丰安 | 院内权威发布 |
| 60 | 城乡统一的建设用地市场研究 | 陈 澍 | 院内重大调研 |
| 61 | 重庆文化发展研究 | 陈 红 | 院内重大调研 |
| 62 | 新型城镇化过程中规划管理体制存在的重大问题与对策研究 | 张 波 | 院内重大调研 |
| 63 | 近郊小城镇社会治理问题研究 | 陈 劲 | 院内重大调研 |
| 64 | 五大功能区域可持续发展评价研究 | 王 胜 | 院内重大调研 |
| 65 | 西方民主政治思想的发展与演变 | 胡 波 | 院内学科建设 |
| 66 | 重庆公共文化服务体系建设路径创新 | 李重华 | 院内学科建设 |
| 67 | 重庆市城乡建设立法的实施效果评估 | 曹银涛 | 院内学科建设 |
| 68 | 新型城镇化下县城和乡镇发展研究——以重庆为例 | 钟瑶奇 | 院内学科建设 |
| 69 | 重庆产业结构升级研究 | 黎智洪 | 院内学科建设 |
| 70 | 小城镇建设体制创新实证研究 | 许玉明 | 院内学科建设 |
| 71 | 重庆市城乡劳动力要素配置及配套政策研究 | 陈 悦 | 院内学科建设 |
| 72 | 重庆财税改革深化研究 | 邓 涛 | 院内学科建设 |
| 73 | 重庆市农业生产组织经济模式创新问题研究 | 田代贵 | 院内学科建设 |
| 74 | 地方政府组织公共治理能力研究 | 康 庄 | 院内学科建设 |
| 75 | 后人口转变时期中国低生育——转变的新常态及其影响研究 | 钱明亮 | 院内基础 |
| 76 | 海峡两岸青年共同价值观的提出与培育研究 | 石 雪 | 院内基础 |
| 77 | 封闭状态下的激烈冲突：晚清川东教案——基于重庆维稳视角 | 李重华 | 院内基础 |
| 78 | 新型城镇化背景下市政债券融资运作机制研究 | 邓 靖 | 院内青年 |

续表

| 序号 | 课题名称 | 课题负责人 | 课题类别 |
| --- | --- | --- | --- |
| 79 | 基于博弈理论的闲置楼宇资源开发利用与房地产调控策略研究 | 马云辉 | 院内青年 |
| 80 | "四个全面"视域下统筹城乡文化治理探索 | 王资博 | 院内青年 |
| 81 | 推动五大功能区文化产业协同发展路径研究 | 王立坦 | 院内青年 |
| 82 | 基于农民专业合作组织视角的重庆低碳农业发展研究 | 杨 果 | 院内科研启动 |
| 83 | 重庆文化消费增长及与文化产业发展联动机制研究 | 刘 容 | 院内科研启动 |
| 84 | 《重庆市既有住宅增设电梯规划管理办法》 | 曹银涛 | 横向课题 |
| 85 | 重庆市老年人免费乘车调查研究 | 曹银涛 | 横向课题 |
| 86 | 重庆市城乡规划法规体系研究 | 曹银涛 | 横向课题 |
| 87 | 国内外铁路立法比较研究 | 曹银涛 | 横向课题 |
| 88 | 《重庆市铁路管理条例》立法调研 | 曹银涛 | 横向课题 |
| 89 | 《重庆市铁路管理条例》立法草案及起草说明 | 曹银涛 | 横向课题 |
| 90 | 主城区规划案研究 | 曹银涛 | 横向课题 |
| 91 | 《重庆市主城区建筑管理案例汇编》 | 曹银涛 | 横向课题 |
| 92 | 2015年度中国—中东欧国家关系研究 | 陈 红 | 横向课题 |
| 93 | 重庆人才蓝皮书——2016重庆人才发展报告 | 陈 劲 | 横向课题 |
| 94 | 社区治理动态监测平台及深度观测点网络建设项目——重庆市渝中区上清寺街道观测点建设 | 陈 劲 | 横向课题 |
| 95 | 网络社会组织建设研究 | 陈 劲 | 横向课题 |
| 96 | 重庆创意产业中长期发展战略研究 | 陈 澍 | 横向课题 |
| 97 | 重庆文化产业发展路径与重点选择研究 | 陈 澍 | 横向课题 |
| 98 | 拟定重庆市旅游村、旅游镇、旅游城的评定办法 | 陈 悦 | 横向课题 |
| 99 | 建立透明规范的城市建设投融资机制 | 邓 靖 | 横向课题 |
| 100 | 安宁市住房和城乡建设"十三五"规划 | 邓 涛 | 横向课题 |
| 101 | 安宁市"十三五"节能环保产业发展思路研究 | 邓 涛 | 横向课题 |
| 102 | 安宁市国民经济和社会发展第十三个五年规划纲要（2016—2020） | 邓 涛 | 横向课题 |
| 103 | 重庆市金融业"十三五"发展目标及主要任务 | 邓 涛 | 横向课题 |
| 104 | 重庆科技服务要素市场建设方案 | 邓 涛 | 横向课题 |
| 105 | 安宁市"十三五"发展思路、目标、主要任务和重大政策等三个子课题 | 邓 涛 | 横向课题 |
| 106 | 重庆政府投资平台可持续发展研究 | 邓 涛 | 横向课题 |
| 107 | 关于进一步加强基层人大工作的调研 | 丁新正 | 横向课题 |

续表

| 序号 | 课题名称 | 课题负责人 | 课题类别 |
| --- | --- | --- | --- |
| 108 | 人大法律监督工作的思考 | 丁新正 | 横向课题 |
| 109 | 关于加强和改进区级人大行政监督相关问题的思考 | 丁新正 | 横向课题 |
| 110 | 通过法定途径解决信访群众合理诉求机制研究 | 郭振杰 | 横向课题 |
| 111 | 建设轨道车辆产业集群方案研究 | 康　庄 | 横向课题 |
| 112 | 江北区新型城镇化试点方案 | 康　庄 | 横向课题 |
| 113 | 建设通用航空产业集群方案研究 | 康　庄 | 横向课题 |
| 114 | 创新政府配置资源方式研究 | 康　庄 | 横向课题 |
| 115 | 重庆市小微企业环境优化及政策创新研究 | 黎智洪 | 横向课题 |
| 116 | "十三五"南岸区创新型金融发展研究 | 李春艳 | 横向课题 |
| 117 | 重庆市城镇燃气价格形成机制和成本监管研究 | 李　敬 | 横向课题 |
| 118 | 重庆扩大有效投资对策研究 | 李万慧 | 横向课题 |
| 119 | 巴南区"十三五"工业和信息化融合发展规划 | 李　勇 | 横向课题 |
| 120 | 巴南区"十三五"战略新兴产业发展规划 | 李　勇 | 横向课题 |
| 121 | 重庆市沙坪坝区"十三五"工业和信息融合发展规划 | 李　勇 | 横向课题 |
| 122 | 迎龙湖区域"十三五"发展研究 | 李　勇 | 横向课题 |
| 123 | 中欧圆梦园应用对策研究 | 李　勇 | 横向课题 |
| 124 | 面向国家战略的集成开放物流网络研究 | 李　钰 | 横向课题 |
| 125 | 奉节县社会治理创新研究 | 李重华 | 横向课题 |
| 126 | 重庆市2011—2020年妇女和儿童发展规划实施情况中期评估 | 李重华 | 横向课题 |
| 127 | 推进人才向中西部地区和基层一线流动的成就和经验研究 | 李重华 | 横向课题 |
| 128 | 重庆农业综合开发"三型"团队建设研究 | 廖杉杉 | 横向课题 |
| 129 | "十三五"巴南区文化发展规划研究 | 罗锐华 | 横向课题 |
| 130 | "十三五"北部新区公共文化、体育事业发展规划研究 | 罗锐华 | 横向课题 |
| 131 | 巴南区政府购买公共文化产品和服务实施办法研究 | 罗锐华 | 横向课题 |
| 132 | 重庆律师行业发展状况问卷调查 | 罗　伟 | 横向课题 |
| 133 | 重庆与周边地区人口流动专题研究 | 罗　伟 | 横向课题 |
| 134 | 重庆市工业污染技术减排市场化政策研究 | 吕　红 | 横向课题 |
| 135 | 重庆市城乡建委"十三五"文化发展规划研究 | 吕　昕 | 横向课题 |
| 136 | 重庆历史军事地理概况研究与专题地图编制 | 吕　昕 | 横向课题 |
| 137 | 都市区工业楼宇规划管理策略研究 | 马晓燕 | 横向课题 |
| 138 | 梁平县"十三五"发展总体规划纲要 | 孟小军 | 横向课题 |

续表

| 序号 | 课题名称 | 课题负责人 | 课题类别 |
| --- | --- | --- | --- |
| 139 | 重庆五大功能区农业综合开发模式研究 | 孟小军 | 横向课题 |
| 140 | 重点建筑企业经营风险防控 | 彭国川 | 横向课题 |
| 141 | 重庆渝富置业有限公司三年发展战略规划 | 彭国川 | 横向课题 |
| 142 | 重庆市轻纺工业"十三五"发展前景研究 | 彭劲松 | 横向课题 |
| 143 | 重庆市"十三五"房地产业发展规划纲要 | 彭劲松 | 横向课题 |
| 144 | 重庆市铁路及民航邮政文件汇编 | 彭劲松 | 横向课题 |
| 145 | 重庆分功能区人口迁移预测与推动域内人口合理有序转移的对策研究 | 钱明亮 | 横向课题 |
| 146 | 渝中区"十三五"规划人口的研究 | 钱明亮 | 横向课题 |
| 147 | 基层社会治理机制创新研究 | 孙元明 | 横向课题 |
| 148 | 重庆市煤炭生产退出战略研究 | 田代贵 | 横向课题 |
| 149 | 潼南县国民经济和社会发展第十三个五年规划发展纲要 | 田代贵 | 横向课题 |
| 150 | 一带一路国家战略的物流政策研究及建议 | 田丰伦 | 横向课题 |
| 151 | 丰都县"十三五"农业农村经济发展规划 | 田 军 | 横向课题 |
| 152 | 重庆市近郊乡村旅游对交通的影响及趋势研究 | 田 军 | 横向课题 |
| 153 | "一带一路"背景下重庆市建设国家能源战略基地研究 | 王 萍 | 横向课题 |
| 154 | 黔南州一圈两翼——"北翼"区域经济发展规划 | 王 胜 | 横向课题 |
| 155 | 我国现行低碳政策评估及"十三五"低碳政策调整和制定研究 | 王 胜 | 横向课题 |
| 156 | 重庆市渝东南城镇群规划——"环境友好型特色产业发展研究" | 王 胜 | 横向课题 |
| 157 | 2015年重庆市科技思想库建设立项课题成果提炼研究 | 王 胜 | 横向课题 |
| 158 | 推进重庆农产品电商发展的对策研究 | 王 胜 | 横向课题 |
| 159 | 北碚中心城区"十三五"发展规划 | 王 胜 | 横向课题 |
| 160 | 巴南区滨江片区道路命名方案 | 王小明 | 横向课题 |
| 161 | 重庆市港城工业园区"十三五"产业发展规划 | 王小明 | 横向课题 |
| 162 | 江北区"十三五"工业和信息化发展规划 | 王小明 | 横向课题 |
| 163 | 重庆市空港新城S、T标准分区地名命名规划方案 | 王小明 | 横向课题 |
| 164 | 重庆保税港区空港水港功能区地名命名规划方案 | 王小明 | 横向课题 |
| 165 | 龙兴工业开发区地名命名规划方案 | 王小明 | 横向课题 |
| 166 | 南川区太平场园区产业发展规划 | 王小明 | 横向课题 |
| 167 | 重庆市西彭工业园区地名命名规划方案 | 王小明 | 横向课题 |
| 168 | 统一战线在推进国家治理能力现代化的优势作用 | 王资博 | 横向课题 |

续表

| 序号 | 课题名称 | 课题负责人 | 课题类别 |
|---|---|---|---|
| 169 | 政协协商机制完善创新研究 | 王资博 | 横向课题 |
| 170 | 重庆市"十三五"规划的人才问题研究 | 文丰安 | 横向课题 |
| 171 | 政协协商民主与其他渠道协商民主的关系研究 | 文丰安 | 横向课题 |
| 172 | 沙磁文化产业园产业发展规划 | 吴 安 | 横向课题 |
| 173 | 基于税收视角的重庆经济发展方式转变研究 | 吴 安 | 横向课题 |
| 174 | 渝中区"十三五"文化体育事业发展思路 | 吴 安 | 横向课题 |
| 175 | 秀山土家族苗族自治县生态保护发展功能分区规划 | 许玉明 | 横向课题 |
| 176 | 秀山服务创新发展思路研究 | 许玉明 | 横向课题 |
| 177 | 重庆与周边地区规划协调研究 | 许玉明 | 横向课题 |
| 178 | 重庆市江北区现代服务业发展"十三五"规划 | 张 波 | 横向课题 |
| 179 | 长江经济带立体交通走廊战略研究 | 张 波 | 横向课题 |
| 180 | 库区特色城镇化与人口转移研究 | 钟瑶奇 | 横向课题 |
| 181 | 重庆市22件民生实事实施情况评估 | 钟瑶奇 | 横向课题 |
| 182 | 重庆市中小企业劳动力供需趋势分析研究 | 朱莉芬 | 横向课题 |
| 183 | 重庆市民营企业五十强评选指标体系研究 | 朱莉芬 | 横向课题 |
| 184 | 重庆市中小企业成长评价体系研究 | 朱莉芬 | 横向课题 |
| 185 | 中小微企业成长性指标体系研究 | 朱莉芬 | 横向课题 |

### 2. 结项课题

2015年，重庆社科院结项课题119项：其中结项国家课题1项，省部级课题32项，院内青年课题1项，院内学科建设课题10项，院内科研启动课题1项，院内重大调研5项，横向课题69项。

### 2015年重庆社科院结项课题统计表

| 序号 | 课题名称 | 课题负责人 | 课题类别 |
|---|---|---|---|
| 1 | 科学发展运行保障系统构建研究 | 吴大兵 | 国家社科基金 |
| 2 | 重庆基层宣传思想文化队伍提质增量的对策研究 | 王佳宁 | 省部级课题 |
| 3 | 国家治理现代化现代化重大问题研究 | 胡 波 | 省部级课题 |
| 4 | 城市发展新区的产城融合路径研究 | 陈 红 | 省部级课题 |
| 5 | 重庆社会治理机制创新及实施路径研究 | 陈 劲 | 省部级课题 |
| 6 | 渝新欧大通道功能效用提升研究 | 马晓燕 | 省部级课题 |
| 7 | 新常态下重庆"十三五"期间发展战略研究 | 李 敬 | 省部级课题 |

续表

| 序号 | 课题名称 | 课题负责人 | 课题类别 |
| --- | --- | --- | --- |
| 8 | 重庆市市级执勤执法车辆使用体制改革研究 | 邓 涛 | 省部级课题 |
| 9 | "十三五"时期重庆内陆开放制度创新研究 | 张 波 | 省部级课题 |
| 10 | 加强一把手权力行使监督研究 | 文丰安 | 省部级课题 |
| 11 | 重庆资源型企业科技创新的财税激励机制研究 | 邓 涛 | 省部级课题 |
| 12 | 重庆市推动新能源汽车行业发展,促进节能减排对策研究 | 刘栋子 | 省部级课题 |
| 13 | 森林重庆与生态文明建设研究 | 杨 姝 | 省部级课题 |
| 14 | 阶级分析法的与时俱进研究 | 胡 波 | 省部级课题 |
| 15 | 经济社会全面改革中腐败预防机制研究 | 吴大兵 | 省部级课题 |
| 16 | 完善和发展中国特色社会主义的内涵研究 | 吴大兵 | 省部级课题 |
| 17 | 就近城镇化与县域法治文化建设研究 | 杨 姝 | 省部级课题 |
| 18 | 提高现代服务业发展水平研究 | 王资博 | 省部级课题 |
| 19 | 马克思主义统筹观视域下五大功能区域文化建设研究 | 王资博 | 省部级课题 |
| 20 | 重庆市高等教育发展状况与大学工作学科建设研究 | 王资博 | 省部级课题 |
| 21 | 重庆物流资源整合模式研究 | 马晓燕 | 省部级课题 |
| 22 | 推进公民权利保障的现实困境与实现路径研究 | 胡 波 | 省部级课题 |
| 23 | 重庆市公共租赁住房模式研究 | 田 军 | 省部级课题 |
| 24 | "重庆非去不可"应注意的几个策略 | 李重华 | 省部级课题 |
| 25 | 重庆向中央申请建立中国与中东欧国家经济文化合作试验区或深化渝台经贸文化合作试验区两个方案研究 | 李重华 | 省部级课题 |
| 26 | 近代重庆教案 | 李重华 | 省部级课题 |
| 27 | 渝台经贸文化合作路径创新研究 | 李重华 | 省部级课题 |
| 28 | 地方文化资源挖掘与文化强市研究 | 李重华 | 省部级课题 |
| 29 | 重庆市打造国际著名旅游目的地路径研究 | 彭劲松 | 省部级课题 |
| 30 | 市场在资源配置中起决定性作用的有效路径研究 | 李 敬 | 省部级课题 |
| 31 | 重庆工业污染物排放自愿性标准与政策诱导研究 | 吕 红 | 省部级课题 |
| 32 | 重庆融入新丝绸之路战略研究 | 田 军 | 省部级课题 |
| 33 | 长江经济带物流协调发展机制研究 | 马晓燕 | 省部级课题 |
| 34 | 城乡统一的建设用地市场研究 | 陈 澍 | 院内重大调研 |
| 35 | 重庆文化发展研究 | 陈 红 | 院内重大调研 |
| 36 | 新型城镇化过程中规划管理体制存在的重大问题与对策研究 | 张 波 | 院内重大调研 |
| 37 | 近郊小城镇社会治理问题研究 | 陈 劲 | 院内重大调研 |

续表

| 序号 | 课题名称 | 课题负责人 | 课题类别 |
| --- | --- | --- | --- |
| 38 | 五大功能区域可持续发展评价研究 | 王 胜 | 院内重大调研 |
| 39 | 西方民主政治思想的发展与演变 | 胡 波 | 院内学科建设 |
| 40 | 重庆公共文化服务体系建设路径创新 | 李重华 | 院内学科建设 |
| 41 | 重庆市城乡建设立法的实施效果评估 | 曹银涛 | 院内学科建设 |
| 42 | 新型城镇化下县城和乡镇发展研究——以重庆为例 | 钟瑶奇 | 院内学科建设 |
| 43 | 重庆产业结构升级研究 | 黎智洪 | 院内学科建设 |
| 44 | 小城镇建设体制创新实证研究 | 许玉明 | 院内学科建设 |
| 45 | 重庆市城乡劳动力要素配置及配套政策研究 | 陈 悦 | 院内学科建设 |
| 46 | 重庆财税改革深化研究 | 邓 涛 | 院内学科建设 |
| 47 | 重庆市农业生产组织经济模式创新问题研究 | 田代贵 | 院内学科建设 |
| 48 | 地方政府组织公共治理能力研究 | 康 庄 | 院内学科建设 |
| 49 | "四个全面"视域下统筹城乡文化治理探索 | 王资博 | 院内青年 |
| 50 | 重庆文化消费增长及与文化产业发展联动机制研究 | 刘 容 | 院内科研启动 |
| 51 | 《重庆市既有住宅增设电梯规划管理办法》 | 曹银涛 | 横向课题 |
| 52 | 重庆市老年人免费乘车调查研究 | 曹银涛 | 横向课题 |
| 53 | 重庆市城乡规划法规体系研究 | 曹银涛 | 横向课题 |
| 54 | 安宁市"十三五"节能环保产业发展思路研究 | 邓 涛 | 横向课题 |
| 55 | 重庆市金融业"十三五"发展目标及主要任务 | 邓 涛 | 横向课题 |
| 56 | 安宁市"十三五"发展思路、目标、主要任务和重大政策等三个子课题 | 邓 涛 | 横向课题 |
| 57 | 通过法定途径解决信访群众合理诉求机制研究 | 郭振杰 | 横向课题 |
| 58 | 建设轨道车辆产业集群方案研究 | 康 庄 | 横向课题 |
| 59 | 建设通用航空产业集群方案研究 | 康 庄 | 横向课题 |
| 60 | "十三五"南岸区创新型金融发展研究 | 李春艳 | 横向课题 |
| 61 | "十三五"巴南区文化发展规划思路研究 | 罗锐华 | 横向课题 |
| 62 | 重庆律师行业发展状况问卷调查 | 罗 伟 | 横向课题 |
| 63 | 都市区工业楼宇规划管理策略研究 | 马晓燕 | 横向课题 |
| 64 | 基层社会治理机制创新研究 | 孙元明 | 横向课题 |
| 65 | 重庆市煤炭生产退出战略研究 | 田代贵 | 横向课题 |
| 66 | 丰都县"十三五"农业农村经济发展规划 | 田 军 | 横向课题 |
| 67 | 重庆市近郊乡村旅游对交通的影响及趋势研究 | 田 军 | 横向课题 |

续表

| 序号 | 课题名称 | 课题负责人 | 课题类别 |
| --- | --- | --- | --- |
| 68 | 统一战线在推进国家治理能力现代化的优势作用 | 王资博 | 横向课题 |
| 69 | 重庆市中小企业劳动力供需趋势分析研究 | 朱莉芬 | 横向课题 |
| 70 | 重庆政府投资平台可持续发展研究 | 邓涛 | 横向课题 |
| 71 | 重庆创意产业中长期发展战略研究 | 陈澍 | 横向课题 |
| 72 | 重庆文化产业发展路径与重点选择研究 | 陈澍 | 横向课题 |
| 73 | 创新政府配置资源方式研究 | 康庄 | 横向课题 |
| 74 | 江北区闲置楼宇资源情况及利用研究 | 杨玲 | 横向课题 |
| 75 | 《重庆市志愿服务条例（草案）》表决前评估报告 | 方令 | 横向课题 |
| 76 | 重庆市创意产业发展现状及对策研究 | 朱莉芬 | 横向课题 |
| 77 | 化解区县债务风险的金融创新研究 | 邓涛 | 横向课题 |
| 78 | 区县部门预决算公开现状、问题与对策 | 邓涛 | 横向课题 |
| 79 | 重庆双福新区发展战略研究 | 李勇 | 横向课题 |
| 80 | 中欧圆梦园应用对策研究 | 李勇 | 横向课题 |
| 81 | 迎龙湖区域"十三五"发展研究 | 李勇 | 横向课题 |
| 82 | 重庆市"十三五"农业、农村发展中环境问题及控制对策研究 | 陈悦 | 横向课题 |
| 83 | 重庆市渝中区上清寺路社区"三社联动"治理创新观察报告 | 朱莉芬 | 横向课题 |
| 84 | 巴南区滨江片区道路命名规划方案 | 王小明 | 横向课题 |
| 85 | 重庆市空港新城S、T标准分区地名命名规划方案 | 王小明 | 横向课题 |
| 86 | 龙兴工业开发区地名命名规划方案 | 王小明 | 横向课题 |
| 87 | 重庆市西彭工业园区地名命名规划方案 | 王小明 | 横向课题 |
| 88 | 重庆保税港区空港水港功能区地名命名规划方案 | 王小明 | 横向课题 |
| 89 | 征地拆迁中的维稳机制研究——以北碚区歇马镇为例 | 朱莉芬 | 横向课题 |
| 90 | 重庆市"十三五"规划的人才问题研究 | 文丰安 | 横向课题 |
| 91 | "十三五"九龙坡社会事业发展问题研究 | 田军 | 横向课题 |
| 92 | "十三五"南岸区融入"一带一路"和长江经济带战略研究 | 田军 | 横向课题 |
| 93 | 重庆市九龙坡区"智慧城市"发展规划纲要 | 蒲奇军 | 横向课题 |
| 94 | "蓝领云"信息化建设项目设计方案 | 罗伟 | 横向课题 |
| 95 | 22件民生实事评估报告 | 钟瑶奇 | 横向课题 |
| 96 | 推进人才向中西部和基层一线流动研究 | 李重华 | 横向课题 |
| 97 | 基于社会治理创新的奉节民风问题研究 | 李重华 | 横向课题 |
| 98 | 重庆分功能区人口迁移预测与推动人口合理有序转移的对策研究 | 钱明亮 | 横向课题 |

续表

| 序号 | 课题名称 | 课题负责人 | 课题类别 |
| --- | --- | --- | --- |
| 99 | 2016—2030重庆分功能区人口发展态势与人口再分布研究 | 钱明亮 | 横向课题 |
| 100 | 江北区国民经济和社会发展"十二五"主要目标预测分析和"十三五"指标体系研究 | 田代贵 | 横向课题 |
| 101 | 江北区"十三五"经济社会发展基本思路研究 | 田代贵 | 横向课题 |
| 102 | 重庆市小微企业环境优化及政策创新研究 | 黎智洪 | 横向课题 |
| 103 | 重庆市文化产业融合发展路径研究 | 李 玲 | 横向课题 |
| 104 | 重庆市铁路民航邮政政策汇编 | 彭劲松 | 横向课题 |
| 105 | 两江新区核心功能打造的重点和难点研究 | 彭劲松 | 横向课题 |
| 106 | 江北区城乡居民收入增长途径及对策研究 | 彭劲松 | 横向课题 |
| 107 | 重庆市公众生态文明意识现状调查 | 何佳晓 | 横向课题 |
| 108 | 重庆交通综合行政执法改革评估分析报告 | 康 庄 | 横向课题 |
| 109 | 建设轨道车辆集群方案研究 | 康 庄 | 横向课题 |
| 110 | 建设通用航空产业集群方案研究 | 康 庄 | 横向课题 |
| 111 | 重庆全面推进都市功能核心区楼宇经济发展研究 | 江薇薇 | 横向课题 |
| 112 | 市域成品油保障规划 | 许玉明 | 横向课题 |
| 113 | 黔江区物流发展总体规划 | 许玉明 | 横向课题 |
| 114 | 重庆消费税改革思路研究 | 邓 涛 | 横向课题 |
| 115 | 重庆社会慈善捐赠的现状及税收问题分析 | 邓 涛 | 横向课题 |
| 116 | 重庆能源中长期发展战略研究 | 王 胜 | 横向课题 |
| 117 | "十三五"重庆能源保障研究 | 王 胜 | 横向课题 |
| 118 | "十三五"创新收入分配体制机制研究 | 文丰安 | 横向课题 |
| 119 | 江北区工业设计园区发展路径优化研究 | 吕 红 | 横向课题 |

## 3. 延续在研课题

2015年，重庆社科院在研课题154项：其中在研国家课题17项，省部级课题48项，院内基础课题7项，院内青年课题9项，院内权威发布课题3项，院内科研启动课题1项，横向课题69项。

**2015年重庆社科院在研课题统计表**

| 序号 | 课题名称 | 课题负责人 | 课题类别 |
| --- | --- | --- | --- |
| 1 | 地域文化与增强国家文化软实力研究 | 黄意武 | 国家社科基金 |
| 2 | 基于新型农户视角的农业用水合作与水价制度设计研究 | 李 然 | 国家社科基金 |

续表

| 序号 | 课题名称 | 课题负责人 | 课题类别 |
| --- | --- | --- | --- |
| 3 | 特大城市基层社会治理机制创新与路径优化研究 | 孙元明 | 国家社科基金 |
| 4 | 党的基层组织法治化治理腐败研究 | 文丰安 | 国家社科基金 |
| 5 | 汉藏教理院与民国佛教研究 | 杨孝容 | 国家社科基金 |
| 6 | 库区经济学研究 | 田丰伦 | 国家社科基金 |
| 7 | 马克思的社会正义思想研究 | 胡波 | 国家社科基金 |
| 8 | 数字出版与媒体舆论引导力研究 | 莫远明 | 国家社科基金 |
| 9 | 农村集体资产股份制改革研究 | 田代贵 | 国家社科基金 |
| 10 | 动态公平视角下政府调整城乡收入分配格局的理论与政策路径研究 | 李敬 | 国家社科基金 |
| 11 | 集体土地征收补偿定价问题研究 | 康庄 | 国家社科基金 |
| 12 | 海峡两岸青年价值观教育比较研究 | 石雪 | 国家社科基金 |
| 13 | 农产品价格基本稳定的长效机制构建及调控模式创新研究 | 廖杉杉 | 国家社科基金 |
| 14 | 硬化预算约束下的一般性转移支付增长机制研究 | 李万慧 | 国家社科基金 |
| 15 | 媒介融合背景下提升中国学术媒体国际传播能力研究 | 许志敏 | 国家社科基金 |
| 16 | 西部地区潜在经济增长率提升路径研究 | 何清 | 国家社科基金 |
| 17 | 亚里士多德"形而上学"解说 | 李真 | 国家社科基金 |
| 18 | 创新驱动战略的财政支持政策研究——以重庆为例 | 邓涛 | 省部级课题 |
| 19 | 创新驱动战略背景下我市科技人才评价机制研究 | 黄意武 | 省部级课题 |
| 20 | 基于产业集群的重庆区域品牌培植模式与创新路径研究 | 黎智洪 | 省部级课题 |
| 21 | 新常态下农业创新驱动发展战略实现机制研究 | 李然 | 省部级课题 |
| 22 | 重庆市农产品品牌创新战略研究 | 廖杉杉 | 省部级课题 |
| 23 | 技术引领下的环境排放标准制定与标准管理制度协同创新研究 | 吕红 | 省部级课题 |
| 24 | 基于全球价值链整合的重庆汽车产业创新驱动路径研究 | 彭劲松 | 省部级课题 |
| 25 | 全面深化改革中利益群体分化的社会矛盾生成机制与化解途径研究 | 石雪 | 省部级课题 |
| 26 | 大都市区生鲜农产品电商发展模式研究 | 王胜 | 省部级课题 |
| 27 | 社会治理视角下的创新驱动战略研究 | 文丰安 | 省部级课题 |
| 28 | 新型城镇化建设与创新驱动战略研究 | 许玉明 | 省部级课题 |
| 29 | 重庆市大众创业政策环境优化研究 | 朱莉芬 | 省部级课题 |
| 30 | 重庆市文化供给侧结构性改革研究 | 李重华 | 省部级课题 |
| 31 | 城乡建设用地统一市场的运行机制研究 | 田代贵 | 省部级课题 |
| 32 | 经济下行压力下低收入群体收入保障机制研究 | 陈劲 | 省部级课题 |
| 33 | 重庆推进五大功能区域发展战略经验研究 | 陈澍 | 省部级课题 |

续表

| 序号 | 课题名称 | 课题负责人 | 课题类别 |
| --- | --- | --- | --- |
| 34 | 长江上游生态屏障建设的全流域成本分担机制和利益分享机制研究 | 陈 悦 | 省部级课题 |
| 35 | 新常态下当代中国社会发展动力系统和运行机制研究 | 邓龙奎 | 省部级课题 |
| 36 | 跨部门涉案财物集中管理信息平台研究 | 何佳晓 | 省部级课题 |
| 37 | 重庆市资源性矿产研究 | 何 清 | 省部级课题 |
| 38 | 社科研究机构在新型智库建设的作用发挥研究 | 康 庄 | 省部级课题 |
| 39 | 重庆市大学生微型企业初创环境优化及扶持机制研究 | 黎智洪 | 省部级课题 |
| 40 | "一带一路"相关国家贸易竞争与互补关系研究 | 李 敬 | 省部级课题 |
| 41 | 新常态下的预算管理改革问题研究 | 李万慧 | 省部级课题 |
| 42 | 落实全面从严治党的制度建设研究 | 李 钰 | 省部级课题 |
| 43 | 重庆市农村新型金融机构发展现状、存在的问题及对策研究 | 刘晓敬 | 省部级课题 |
| 44 | 重庆发展汽车平行进口面临的问题及对策研究 | 马晓燕 | 省部级课题 |
| 45 | 重庆市闲置楼宇资源开发利用对策研究 | 马云辉 | 省部级课题 |
| 46 | "一带一路"战略下重庆文化发展路径研究 | 孟小军 | 省部级课题 |
| 47 | 重庆分功能区人口差异化发展路径及其影响的研究 | 钱明亮 | 省部级课题 |
| 48 | 全面深化改革面临的社会风险及防范机制研究 | 石 雪 | 省部级课题 |
| 49 | 重庆市立体化社会治安防控体系建设研究 | 孙元明 | 省部级课题 |
| 50 | "十三五"时期重庆稳增长面临的问题及对策研究 | 田代贵 | 省部级课题 |
| 51 | 重庆新型智库发展面临的问题及对策研究 | 王 胜 | 省部级课题 |
| 52 | 基于五大功能区基本公共服务保障机制研究 | 文丰安 | 省部级课题 |
| 53 | "十三五"时期重庆投资动力机制研究 | 吴 安 | 省部级课题 |
| 54 | 转型期主流意识形态认同的实现机制研究 | 吴大兵 | 省部级课题 |
| 55 | 重庆市推进长江经济带建设取得的成效、面临的问题及对策研究 | 张 波 | 省部级课题 |
| 56 | 我国信息网络安全现状及其治理法治化研究 | 张晓月 | 省部级课题 |
| 57 | 重庆市农村精准扶贫面临的问题及对策研究 | 朱莉芬 | 省部级课题 |
| 58 | 重庆市口岸经济产业体系研究 | 田 军 | 省部级课题 |
| 59 | 生态涵养区和生态保护区产业发展生态化、生态经济产业化发展路径研究 | 彭国川 | 省部级课题 |
| 60 | 重庆市老龄化问题研究 | 钱明亮 | 省部级课题 |
| 61 | 重庆市文化强市建设路径研究 | 孟小军 | 省部级课题 |
| 62 | 重庆市建设国际旅游名城路径研究 | 陈 悦 | 省部级课题 |
| 63 | TPP对重庆内陆开放高地建设的影响及对策研究 | 李 敬 | 省部级课题 |

续表

| 序号 | 课题名称 | 课题负责人 | 课题类别 |
| --- | --- | --- | --- |
| 64 | 重庆市旅游城、镇、村认定条件、程序及办法研究 | 刘栋子 | 省部级课题 |
| 65 | 加强党委对经济工作领导制度化研究 | 王 胜 | 省部级课题 |
| 66 | 重庆市区县市场环境建设评估 | 李万慧 | 院内权威发布 |
| 67 | 重庆市农产品电商权威发布 | 王 胜 | 院内权威发布 |
| 68 | 地方政府公信力研究 | 文丰安 | 院内权威发布 |
| 69 | 后人口转变时期中国低生育转变的新常态及其影响研究 | 钱明亮 | 院内基础 |
| 70 | 海峡两岸青年共同价值观的提出与培育研究 | 石 雪 | 院内基础 |
| 71 | 封闭状态下的激烈冲突：晚清川东教案——基于重庆维稳视角 | 李重华 | 院内基础 |
| 72 | 基于中央—省—区县多维视角的政府间财政关系研究 | 李万慧 | 院内基础 |
| 73 | 现代物流产业理论及实践研究 | 马晓燕 | 院内基础 |
| 74 | 社会治理机制设计理论及其实证性研究 | 孙元明 | 院内基础 |
| 75 | 推进家庭农场发展及实现路径研究 | 胡静锋 | 院内基础 |
| 76 | 新型城镇化背景下市政债券融资运作机制研究 | 邓 靖 | 院内青年 |
| 77 | 基于博弈理论的闲置楼宇资源开发利用与房地产调控策略研究 | 马云辉 | 院内青年 |
| 78 | 推动五大功能区文化产业协同发展路径研究 | 王立坦 | 院内青年 |
| 79 | 抗战时期陪都重庆的史学研究 | 吕 昕 | 院内青年 |
| 80 | 行政决策创新的行政法学路径 | 曹银涛 | 院内青年 |
| 81 | 工业污染物减排的市场诱导机制研究 | 吕 红 | 院内青年 |
| 82 | 我国学术期刊国际传播效果研究 | 许志敏 | 院内青年 |
| 83 | 重庆市支柱产业低碳技术路线与对策研究 | 李春艳 | 院内青年 |
| 84 | 重庆市农业水价改革问题研究 | 李 然 | 院内青年 |
| 85 | 基于农民专业合作组织视角的重庆低碳农业发展研究 | 杨 果 | 院内科研启动 |
| 86 | 国内外铁路立法比较研究 | 曹银涛 | 横向课题 |
| 87 | 《重庆市铁路管理条例》立法调研 | 曹银涛 | 横向课题 |
| 88 | 《重庆市铁路管理条例》立法草案及起草说明 | 曹银涛 | 横向课题 |
| 89 | 主城区规划案研究 | 曹银涛 | 横向课题 |
| 90 | 《重庆市主城区建筑管理案例汇编》 | 曹银涛 | 横向课题 |
| 91 | 2015年度中国—中东欧国家关系研究 | 陈 红 | 横向课题 |
| 92 | 重庆人才蓝皮书——2016重庆人才发展报告 | 陈 劲 | 横向课题 |
| 93 | 社区治理动态监测平台及深度观测点网络建设项目——重庆市渝中区上清寺街道观测点建设 | 陈 劲 | 横向课题 |

续表

| 序号 | 课题名称 | 课题负责人 | 课题类别 |
|---|---|---|---|
| 94 | 网络社会组织建设研究 | 陈 劲 | 横向课题 |
| 95 | 拟定重庆市旅游村、旅游镇、旅游城的评定办法 | 陈 悦 | 横向课题 |
| 96 | 建立透明规范的城市建设投融资机制 | 邓 靖 | 横向课题 |
| 97 | 安宁市住房和城乡建设"十三五"规划 | 邓 涛 | 横向课题 |
| 98 | 安宁市国民经济和社会发展第十三个五年规划纲要（2016—2020） | 邓 涛 | 横向课题 |
| 99 | 重庆科技服务要素市场建设方案 | 邓 涛 | 横向课题 |
| 100 | 江北区新型城镇化试点方案 | 康 庄 | 横向课题 |
| 101 | 关于进一步加强基层人大工作的调研 | 丁新正 | 横向课题 |
| 102 | 人大法律监督工作的思考 | 丁新正 | 横向课题 |
| 103 | 关于加强和改进区级人大行政监督相关问题的思考 | 丁新正 | 横向课题 |
| 104 | 通过法定途径解决信访群众合理诉求机制研究 | 丁新正 | 横向课题 |
| 105 | 重庆市城镇燃气价格形成机制和成本监管研究 | 李 敬 | 横向课题 |
| 106 | 重庆扩大有效投资对策研究 | 李万慧 | 横向课题 |
| 107 | 巴南区"十三五"工业和信息化融合发展规划 | 李 勇 | 横向课题 |
| 108 | 巴南区"十三五"战略新兴产业发展规划 | 李 勇 | 横向课题 |
| 109 | 重庆市沙坪坝区"十三五"工业和信息融合发展规划 | 李 勇 | 横向课题 |
| 110 | 面向国家战略的集成开放物流网络研究 | 李 钰 | 横向课题 |
| 111 | 奉节县社会治理创新研究 | 李重华 | 横向课题 |
| 112 | 重庆市2011—2020年妇女和儿童发展规划实施情况中期评估 | 李重华 | 横向课题 |
| 113 | 推进人才向中西部地区和基层一线流动的成就和经验研究 | 李重华 | 横向课题 |
| 114 | 重庆农业综合开发"三型"团队建设研究 | 廖杉杉 | 横向课题 |
| 115 | "十三五"巴南区文化发展规划研究 | 罗锐华 | 横向课题 |
| 116 | "十三五"北部新区公共文化、体育事业发展规划研究 | 罗锐华 | 横向课题 |
| 117 | 巴南区政府购买公共文化产品和服务实施办法研究 | 罗锐华 | 横向课题 |
| 118 | 重庆与周边地区人口流动专题研究 | 罗 伟 | 横向课题 |
| 119 | 重庆市工业污染技术减排市场化政策研究 | 吕 红 | 横向课题 |
| 120 | 重庆市城乡建委"十三五"文化发展规划研究 | 吕 昕 | 横向课题 |
| 121 | 重庆历史军事地理概况研究与专题地图编制 | 吕 昕 | 横向课题 |
| 122 | 梁平县"十三五"发展总体规划纲要 | 孟小军 | 横向课题 |
| 123 | 重庆五大功能区农业综合开发模式研究 | 孟小军 | 横向课题 |
| 124 | 重点建筑企业经营风险防控 | 彭国川 | 横向课题 |

续表

| 序号 | 课题名称 | 课题负责人 | 课题类别 |
| --- | --- | --- | --- |
| 125 | 重庆渝富置业有限公司三年发展战略规划 | 彭国川 | 横向课题 |
| 126 | 重庆市轻纺工业"十三五"发展前景研究 | 彭劲松 | 横向课题 |
| 127 | 重庆市"十三五"房地产业发展规划纲要 | 彭劲松 | 横向课题 |
| 128 | 渝中区"十三五"规划人口的研究 | 钱明亮 | 横向课题 |
| 129 | 潼南县国民经济和社会发展第十三个五年规划发展纲要 | 田代贵 | 横向课题 |
| 130 | "一带一路"国家战略的物流政策研究及建议 | 田丰伦 | 横向课题 |
| 131 | "一带一路"背景下重庆市建设国家能源战略基地研究 | 王 萍 | 横向课题 |
| 132 | 黔南州一圈两翼——"北翼"区域经济发展规划 | 王 胜 | 横向课题 |
| 133 | 我国现行低碳政策评估及"十三五"低碳政策调整和制定研究 | 王 胜 | 横向课题 |
| 134 | 重庆市渝东南城镇群规划——"环境友好型特色产业发展研究" | 王 胜 | 横向课题 |
| 135 | 2015年重庆市科技思想库建设立项课题成果提炼研究 | 王 胜 | 横向课题 |
| 136 | 推进重庆农产品电商发展的对策研究 | 王 胜 | 横向课题 |
| 137 | 北碚中心城区"十三五"发展规划 | 王 胜 | 横向课题 |
| 138 | 重庆市港城工业园区"十三五"产业发展规划 | 王小明 | 横向课题 |
| 139 | 江北区"十三五"工业和信息化发展规划 | 王小明 | 横向课题 |
| 140 | 南川区太平场园区产业发展规划 | 王小明 | 横向课题 |
| 141 | 政协协商机制完善创新研究 | 王资博 | 横向课题 |
| 142 | 政协协商民主与其他渠道协商民主的关系研究 | 文丰安 | 横向课题 |
| 143 | 沙磁文化产业园产业发展规划 | 吴 安 | 横向课题 |
| 144 | 基于税收视角的重庆经济发展方式转变研究 | 吴 安 | 横向课题 |
| 145 | 渝中区"十三五"文化体育事业发展思路 | 吴 安 | 横向课题 |
| 146 | 秀山土家族苗族自治县生态保护发展功能分区规划 | 许玉明 | 横向课题 |
| 147 | 秀山服务创新发展思路研究 | 许玉明 | 横向课题 |
| 148 | 重庆与周边地区规划协调研究 | 许玉明 | 横向课题 |
| 149 | 重庆市江北区现代服务业发展"十三五"规划 | 张 波 | 横向课题 |
| 150 | 长江经济带立体交通走廊战略研究 | 张 波 | 横向课题 |
| 151 | 库区特色城镇化与人口转移研究 | 钟瑶奇 | 横向课题 |
| 152 | 重庆市民营企业五十强评选指标体系研究 | 朱莉芬 | 横向课题 |
| 153 | 重庆市中小企业成长评价体系研究 | 朱莉芬 | 横向课题 |
| 154 | 中小微企业成长性指标体系研究 | 朱莉芬 | 横向课题 |

## 二、学术交流活动

(一) 2015年主办或承办的学术研讨会、论坛、讲座、报告会

5月22日,《管理世界》杂志社总编辑、研究员李志军应邀来重庆社科院作题为"智库与政策评估"的学术报告。

7月16日,国家统计局中国经济景气监测中心副主任、经济学博士、高级统计师潘建成来重庆社科院作题为"新常态下中国经济:形势与政策"的学术讲座。

(二) 2015年国际学术交流与合作

1. 派遣出访的批次与人数:组织3批12人次

第一批:陈澍院长一行5人赴巴西、智利,分别与巴西CIETEC创新创业技术中心、智利城市科技大学、智中经济贸易促进会签署了学术交流与合作协议。

第二批:张波副院长一行4人赴俄罗斯、白俄罗斯参加第二届"中俄国际学术论坛"——"合作与发展:中国、俄罗斯、白俄罗斯"。

第三批:陈澍院长一行3人赴波兰参加"中国—中东欧国家教育与商务、跨文化对话第二次学术会议"及赴法国商议签订学术交流与合作协议。

2. 2015年接待国外学术交流团来访7批次16人次

组织接待来自印度、日本、韩国、英国、美国、荷兰等国家的学术交流团组7批16人次,来访嘉宾分别为印度社会发展理事会副教授苏吉特·库玛·米什拉,日本三井物流战略研究所高桥海媛研究员等3人,韩国京畿研究院副院长李相勋等4人,韩国驻成都总领馆副总领事韩相国等2人,英国驻华使馆气候变化与能源一等秘书温妮,美国驻成都总领事馆副领事孔学凯一行2人,荷兰王国国际关系研究院高级研究员高英丽一行3人。

## 三、学术社团、研究中心、期刊

(一) 主管的社团

重庆市生产力发展中心,理事长童小平。

重庆市社会学学会,会长陈劲。

重庆市咨询业研究会,会长王秀模。

重庆名人事业促进会,会长王平。

重庆市创新型金融研究会,会长邓涛。

(二) 研究中心

重庆市中国特色社会主义理论体系研究中心,主任燕平。

重庆中东欧国家研究中心,是专门从事中东欧国家研究的学术机构。

(三) 期刊

《改革》(月刊),社长兼总编辑陈澍,执行总编辑王佳宁。

2015年,《改革》共出版12期,332万字。代表性文章:《丝绸之路经济带背景的中亚五国发展模式》(2015年第1期,作者刚翠翠、任保平),《P2P网络借贷的运行模式与风险管控》(2015年第3期,作者卢馨、李慧敏),《我国行政审批制度演进轨迹:2001—2014年》(2015年第6期,作者程惠霞、康佳),《土地经营权流转的根本属性与权能演变》(2015年第7期,作者李伟伟、张云华)。

《重庆社会科学》(月刊),主编陈澍。

2015年,《重庆社会科学》共出版12期,248万字。代表性文章:《国家治理现代化的演进逻辑》(2015年第3期,作者陈亮),《中共四大后党组织建设观察》(2015年第3期,作者王晓荣、许建华),《政府回应机制的创新:从回应性到回应力》(2015年第4期,作者晏晓娟),《哲学社会科学的社会服务属性》(2015年第7期,作者邱德胜)。

## 四、会议综述

**（一）重庆社会科学院 2014 年度总结表彰暨 2015 年度工作部署会**

1 月 16 日，2014 年度总结表彰暨 2015 年度工作部署会在学术报告厅召开。院长、党组书记陈澍代表院领导班子对 2014 年工作进行了总结并部署 2015 年重点工作。全院职工参加了会议。

**（二）"重庆新型智库建设"专题座谈会**

1 月 30 日，"重庆新型智库建设"专题座谈会在重庆社科院召开，来自社会学、经济学、法学等方面的专家学者齐聚一堂，就如何加快推进重庆新型智库建设、创新智库服务科学决策的体制机制等展开讨论。会上，专家学者们总结了重庆智库建设近年来发展的成绩和研究成果，为政府决策提供了重要的建议。

**（三）2015 度重庆市重大决策咨询研究课题开题报告会**

9 月 15 日，2015 度重庆市重大决策咨询研究课题开题报告会在重庆社科院举行。为提高重大决策咨询研究课题的时效性及针对性，促进课题研究成果的应用和有效转化，会议分别邀请了重庆大学、重庆市发改委、重庆市委宣传部、重庆社科院等部门和科研机构的相关领域专家参会，重庆社科院副院长张波对课题组提出了具体要求。

**（四）重庆社科院召开专题党建工作座谈会**

12 月 15 日，为总结工作，提升党务干部素质，重庆社科院召开专题党建工作座谈会，对 2015 年优秀党务工作者进行了表彰。会议邀请了重庆市直机关党工委宣传部部长杜秋平、重庆市直机关纪工委办公室主任罗茂作专题辅导。重庆社科院副院长、机关党委书记王胜主持会议，全体党委委员、各支委委员出席了会议。

## 第五节 重点成果

### 一、2014 年以前获省部级以上奖项科研成果（2010—2014 年）*

| 成果名称 | 作者 | 职称 | 成果形式 | 字数（万字） | 出版发表单位 | 出版发表时间 | 获奖情况 |
| --- | --- | --- | --- | --- | --- | --- | --- |
| 重庆市页岩气装备产业发展模式研究 | 王 胜 | 研究员 | 研究报告 | 10 | — | — | 重庆市发展研究奖一等奖（2014 年） |
| 重庆市五大功能区域建设重大专题研究 | 李 敬 | 研究员 | 研究报告 | 10 | — | — | 重庆市发展研究奖一等奖（2014 年） |
| 重庆市小城镇建设相关问题研究 | 陈 悦 | 研究员 | 研究报告 | 10 | — | — | 重庆市发展研究奖二等奖（2014 年） |
| 重庆建立原油管道全国联网和战略储备库能力研究 | 许玉明 | 研究员 | 研究报告 | 10 | — | — | 重庆市发展研究奖二等奖（2014 年） |

\* 注：在本节表格中的"出版发表时间"一栏，年、月、日使用阿拉伯数字，且"年""月""日"三字省略（发表期数除外，保留"年"字）。既有年份，又有月份、日时，"年""月"用"."代替。如："2001 年 3 月"用"2001.3"表示，"2008 年第 10 期"不变。

续表

| 成果名称 | 作者 | 职称 | 成果形式 | 字数（万字） | 出版发表单位 | 出版发表时间 | 获奖情况 |
|---|---|---|---|---|---|---|---|
| 重庆市水资源费标准调整机制研究报告 | 田代贵 | 研究员 | 研究报告 | 10 | — | — | 重庆市发展研究奖二等奖（2014年） |
| 重庆市油气运行安全战略研究 | 康 庄 | 副研究员 | 研究报告 | 10 | — | — | 重庆市发展研究奖二等奖（2014年） |
| 电子商务产业发展趋势及其重庆应对 | 彭国川 | 副研究员 | 研究报告 | 10 | — | — | 重庆市发展研究奖二等奖（2014年） |
| 《重庆市中长期人才发展规划纲要》贯彻实施情况检查评估 | 陈 劲 | 研究员 | 研究报告 | 10 | — | — | 重庆市发展研究奖三等奖（2014年） |
| 重庆市摩托车产业转型升级发展对策研究 | 彭劲松 | 研究员 | 研究报告 | 10 | — | — | 重庆市发展研究奖三等奖（2014年） |
| 有效解决流浪乞讨问题的路径研究 | 李重华 | 研究员 | 研究报告 | 10 | — | — | 重庆市发展研究奖三等奖（2014年） |
| 重庆现代物流业发展问题及对策研究 | 李 勇 | 研究员 | 研究报告 | 10 | — | — | 重庆市发展研究奖三等奖（2014年） |
| 城镇化进程中农民家庭迁移取向对土地利用的影响研究 | 朱莉芬 | 研究员 | 研究报告 | 10 | — | — | 重庆市发展研究奖三等奖（2014年） |
| 重庆市环境污染责任保险试点研究 | 吕 红 | 助理研究员 | 研究报告 | 10 | — | — | 重庆市发展研究奖三等奖（2014年） |
| 重庆市公租房后期管理研究 | 杨 玲 | 研究员 | 研究报告 | 10 | — | — | 重庆市发展研究奖三等奖（2014年） |
| 保持党的先进性长效机制 | 孟东方 | 研究员 | 专著 | 20 | 人民出版社 | 2011.3 | 重庆市第八次社会科学优秀成果奖一等奖（2014年） |
| 新农村建设背景下农村金融体系改革研究——基于组织胜任特征与劳动分工视角 | 李 敬 | 研究员 | 研究报告 | 10 | — | — | 重庆市第八次社会科学优秀成果奖二等奖（2014年） |
| 区域财政支农资金配置绩效研究 | 王 胜 | 研究员 | 专著 | 20 | 经济科学出版社 | 2010.9 | 重庆市第八次社会科学优秀成果奖二等奖（2014年） |

续表

| 成果名称 | 作者 | 职称 | 成果形式 | 字数（万字） | 出版发表单位 | 出版发表时间 | 获奖情况 |
|---|---|---|---|---|---|---|---|
| 重庆市统筹城乡综合配套改革探索 | 田代贵 | 研究员 | 专著 | 20 | 重庆大学出版社 | 2010.11 | 重庆市第八次社会科学优秀成果奖二等奖（2014年） |
| 和谐之境——一种精神文化视角的研究 | 胡玻 | 研究员 | 专著 | 20 | 河南人民出版社 | 2011.2 | 重庆市第八次社会科学优秀成果奖三等奖（2014年） |
| 中国财政转移支付制度优化研究 | 李万慧 | 副研究员 | 专著 | 20 | 中国社会科学出版社 | 2011.6 | 重庆市第八次社会科学优秀成果奖三等奖（2014年） |
| 我国西部地区战略性产业集群发展研究 | 吴安 | 研究员 | 研究报告 | 10 | — | — | 重庆市第八次社会科学优秀成果奖三等奖（2014年） |
| 重庆市儿童长期发展规划前期研究报告［重庆市儿童发展规划（2011—2020年）］ | 王秀模 | 研究员 | 研究报告 | 10 | — | — | 重庆市第八次社会科学优秀成果奖二等奖（2014年） |
| 关于构建原油管道全国联网提升国家能源战略安全保障能力研究 | 许玉明 | 研究员 | 研究报告 | 10 | — | — | 重庆市科技进步奖三等奖（2014年） |
| "后移民时期"三峡库区社会发展战略和重大社会问题前瞻性研究 | 孙元明 | 研究员 | 研究报告 | 10 | — | — | 重庆市科技进步奖三等奖（2014年） |
| 中国—东盟自由贸易区：重庆的融入战略及对策研究 | 田丰伦 | 研究员 | 研究报告 | 10 | — | — | 中国发展研究奖三等奖（2013年） |
| 重庆市打造"世界光谷"战略研究 | 许玉明 | 研究员 | 研究报告 | 10 | — | — | 中国发展研究奖三等奖（2013年） |
| 重庆市小城镇产业优化决策分析系统开发及应用示范 | 朱莉芬 | 研究员 | 研究报告 | 10 | — | — | 重庆市科技进步奖三等奖（2012年） |
| 重庆市战略性新兴产业优选及产业构建 | 许玉明 | 研究员 | 研究报告 | 10 | — | — | 重庆市科技进步奖三等奖（2012年） |

续表

| 成果名称 | 作者 | 职称 | 成果形式 | 字数（万字） | 出版发表单位 | 出版发表时间 | 获奖情况 |
|---|---|---|---|---|---|---|---|
| 农村新型股份合作社发展对策研究 | 陈澍 | 研究员 | 研究报告 | 10 | — | — | 第四届重庆市发展研究奖一等奖（2012年） |
| 重庆文化强市系列研究及建议 | 孟东方 | 研究员 | 研究报告 | 10 | — | — | 第四届重庆市发展研究奖一等奖（2012年） |
| 重庆农村"三权"流通问题研究——基于农村"三权"抵押问题研究 | 陈悦 | 研究员 | 研究报告 | 10 | — | — | 第四届重庆市发展研究奖二等奖（2012年） |
| 重庆市缩小"三个差距"问题研究 | 李敬 | 研究员 | 研究报告 | 10 | — | — | 第四届重庆市发展研究奖二等奖（2012年） |
| 尽快设立渝东南旅游经济特区适时启动成立泛武陵山国际旅游开发集团 | 孟小军 | 研究员 | 研究报告 | 10 | — | — | 第四届重庆市发展研究奖二等奖（2012年） |
| 重庆市城乡统筹下的农村综合配套体制改革研究 | 许玉明 | 研究员 | 研究报告 | 10 | — | — | 第四届重庆市发展研究奖二等奖（2012年） |
| 重庆市妇女长期发展规划前期研究报告——重庆市妇女发展规划（2011—2020年） | 王秀模 | 研究员 | 研究报告 | 10 | — | — | 第四届重庆市发展研究奖二等奖（2012年） |
| 创造条件鼓励转户居民自愿退出土地研究 | 廖玉姣 | 副研究员 | 研究报告 | 10 | — | — | 第四届重庆市发展研究奖三等奖（2012年） |
| 重庆主城外围卫星城市功能布局研究 | 彭劲松 | 研究员 | 研究报告 | 10 | — | — | 第四届重庆市发展研究奖三等奖（2012年） |
| 大渡口区危化仓储企业调整搬迁研究 | 田丰伦 | 研究员 | 研究报告 | 10 | — | — | 第四届重庆市发展研究奖三等奖（2012年） |

续表

| 成果名称 | 作者 | 职称 | 成果形式 | 字数（万字） | 出版发表单位 | 出版发表时间 | 获奖情况 |
|---|---|---|---|---|---|---|---|
| 关于打造"江山重庆"大型精品实景演出 展现激情魅力之都风采的建议 | 李玲 | 副研究员 | 研究报告 | 10 | — | — | 第四届重庆市发展研究奖三等奖（2012年） |
| 重庆市物流发展现状、问题及对策研究 | 马晓燕 | 研究员 | 研究报告 | 10 | — | — | 第四届重庆市发展研究奖三等奖（2012年） |
| 重庆市非公有制经济"十二五"发展规划 | 王小明 | 研究员 | 研究报告 | 10 | — | — | 第四届重庆市发展研究奖三等奖（2012年） |
| 以重庆二环时代城市建设为契机规范城市地名路名 | 许先立 | 研究员 | 研究报告 | 10 | — | — | 第四届重庆市发展研究奖三等奖（2012年） |
| 重庆民间组织发展报告 | 蒲奇军 | 研究员 | 研究报告 | 10 | — | — | 第四届重庆市发展研究奖三等奖（2012年） |
| 党的基层组织建设应抓住关键环节：机关党建 | 李重华 | 研究员 | 研究报告 | 10 | — | — | 第四届重庆市发展研究奖三等奖（2012年） |
| 科学发展系统工程研究 | 孟东方 | 研究员 | 专著 | 20 | 重庆出版社 | 2009.11 | 重庆市第七次社会科学优秀成果奖一等奖（2011年） |
| 坚定不移走中国特色社会主义政治发展道路 | 肖长富 | 研究员 | 论文 | 0.3 | 《人民日报》 | 2008.2.20 | 重庆市第七次社会科学优秀成果奖三等奖（2011年） |
| 加快发展渝东南通道经济 形成圈翼互动城乡共荣新格局 | 王胜 | 研究员 | 研究报告 | 10 | — | — | 重庆市第七次社会科学优秀成果奖三等奖（2011年） |
| 中国区域金融发展差异研究——基于劳动分工理论的视角 | 李敬 | 研究员 | 专著 | 20 | 中国经济出版社 | 2008.10 | 重庆市第七次社会科学优秀成果奖三等奖（2011年） |
| 灾后重建的经验借鉴与路径选择 | 王秀模 | 研究员 | 论文 | 1 | 《改革》 | 2008年第10期 | 重庆市第七次社会科学优秀成果奖三等奖（2011年） |

续表

| 成果名称 | 作者 | 职称 | 成果形式 | 字数（万字） | 出版发表单位 | 出版发表时间 | 获奖情况 |
|---|---|---|---|---|---|---|---|
| 《当代中国城市发展·重庆》 | 张凤琦 | 研究员 | 专著 | 20 | 当代中国出版社 | 2008.12 | 重庆市第七次社会科学优秀成果奖三等奖（2011年） |
| 深化"让我来当村支部书记"实践活动的建议 | 孟东方 | 研究员 | 研究报告 | 10 | — | — | 第三届重庆市发展研究奖一等奖（2011年） |
| 西部大开发税收优惠政策的实施效果分析及调整对策建议 | 张波 | 研究员 | 研究报告 | 10 | — | — | 第三届重庆市发展研究奖一等奖（2011年） |
| 关于在重庆辟建中国民主党派历史陈列馆的建议 | 邓平 | 研究员 | 研究报告 | 10 | — | — | 第三届重庆市发展研究奖二等奖（2011年） |
| 加强维稳工作的建议 | 孙元明 | 研究员 | 研究报告 | 10 | — | — | 第三届重庆市发展研究奖二等奖（2011年） |
| 重庆市主城区居民购房目标保障措施研究 | 李敬 | 研究员 | 研究报告 | 10 | — | — | 第三届重庆市发展研究奖二等奖（2011年） |
| 重庆两江新区未来发展策略研究（系列成果） | 孟小军 | 研究员 | 研究报告 | 10 | — | — | 第三届重庆市发展研究奖二等奖（2011年） |
| 关于做实1000亿级塑料光纤通信产业，打造世界光谷的建议 | 许玉明 | 研究员 | 研究报告 | 10 | — | — | 第三届重庆市发展研究奖二等奖（2011年） |
| 重庆打造长江上游文化高地战略研究 | 罗锐华 | 副研究员 | 研究报告 | 10 | — | — | 第三届重庆市发展研究奖三等奖（2011年） |
| 关于加强重庆市公务员工作作风建设的建议 | 方令 | 研究员 | 研究报告 | 10 | — | — | 第三届重庆市发展研究奖三等奖（2011年） |
| 重庆"十二五"建设国家重要装备制造业基地研究 | 王秀模 | 研究员 | 研究报告 | 10 | — | — | 第三届重庆市发展研究奖三等奖（2011年） |
| 重庆市环境管理体制研究 | 田丰伦 | 研究员 | 研究报告 | 10 | — | — | 第三届重庆市发展研究奖三等奖（2011年） |

续表

| 成果名称 | 作者 | 职称 | 成果形式 | 字数（万字） | 出版发表单位 | 出版发表时间 | 获奖情况 |
|---|---|---|---|---|---|---|---|
| 重庆彩票市场发展问题及对策研究 | 李勇 | 研究员 | 研究报告 | 10 | — | — | 第三届重庆市发展研究奖三等奖（2011年） |
| 关于及时"双开"严重违纪官员问题的研究 | 李重华 | 研究员 | 研究报告 | 10 | — | — | 第三届重庆市发展研究奖三等奖（2011年） |
| 重庆市低碳转型研究 | 王胜 | 研究员 | 研究报告 | 10 | — | — | 中国发展研究奖三等奖（2011年） |
| "平安重庆"建设面临的问题及对策研究 | 孙元明 | 研究员 | 研究报告 | 10 | — | — | 中国发展研究奖三等奖（2011年） |
| 提升重庆市软实力发展战略研究 | 孟东方 | 研究员 | 研究报告 | 10 | — | — | 第二届重庆市发展研究奖一等奖（2010年） |
| 共建成渝经济区打造中国第四增长极 | 陈澍 | 研究员 | 研究报告 | 10 | — | — | 第二届重庆市发展研究奖一等奖（2010年） |
| 三峡库区社会安全与稳定专项调查与对策研究 | 孙元明 | 研究员 | 研究报告 | 10 | — | — | 第二届重庆市发展研究奖一等奖（2010年） |
| 培育重庆城市精神研究 | 肖长富 | 研究员 | 研究报告 | 10 | — | — | 第二届重庆市发展研究奖二等奖（2010年） |
| 重庆市中小企业发展环境研究报告 | 刘发成 | 研究员 | 研究报告 | 10 | — | — | 第二届重庆市发展研究奖二等奖（2010年） |
| 重庆市农村劳动力转移与人口迁移的对策研究 | 钟瑶奇 | 研究员 | 研究报告 | 10 | — | — | 第二届重庆市发展研究奖二等奖（2010年） |
| 重庆市统筹城乡生态建设与环境保护研究 | 田丰伦 | 研究员 | 研究报告 | 10 | — | — | 第二届重庆市发展研究奖三等奖（2010年） |
| 重庆抗战文化资源保护与利用问题研究 | 李重华 | 研究员 | 研究报告 | 10 | — | — | 第二届重庆市发展研究奖三等奖（2010年） |

续表

| 成果名称 | 作者 | 职称 | 成果形式 | 字数（万字） | 出版发表单位 | 出版发表时间 | 获奖情况 |
|---|---|---|---|---|---|---|---|
| 重庆市中小企业中长期发展规划（2008—2020） | 王小明 | 研究员 | 研究报告 | 10 | — | — | 第二届重庆市发展研究奖三等奖（2010年） |
| 直辖以来重庆市财政支农政策及其执行情况研究 | 李琼 | 研究员 | 研究报告 | 10 | — | — | 第二届重庆市发展研究奖三等奖（2010年） |
| 中国经济第四增长极研究 | 田代贵 | 研究员 | 研究报告 | 10 | — | — | 第二届重庆市发展研究奖三等奖（2010年） |
| 沙坪坝区文化发展定位及提升战略研究 | 李勇 | 研究员 | 研究报告 | 10 | — | — | 第二届重庆市发展研究奖三等奖（2010年） |
| 重庆市房地产业结构调整与可持续发展研究 | 杨玲 | 研究员 | 研究报告 | 10 | — | — | 第二届重庆市发展研究奖三等奖（2010年） |
| 重庆轨道交通经济综合开发研究 | 田丰伦 | 研究员 | 研究报告 | 10 | — | — | 重庆市科技进步奖二等奖（2010年） |
| 重庆市国民经济与社会发展前瞻性问题研究 | 肖长富 | 研究员 | 研究报告 | 10 | — | — | 重庆市科技进步奖三等奖（2010年） |

## 二、2015年科研成果一般情况介绍、学术价值分析

2015年，重庆社科院出版专著15部，共365万字；发表论文140篇，58.6万字；完成研究报告119份，476万字。其中，专著《善治国家的基本理念》《当代中国社会发展理论创新研究》由中国社会科学出版社出版。国家"百千万人才工程"人选、中宣部"四个一批"理论人才、全国文化名家、国家有突出贡献中青年专家、享受国务院特殊津贴专家、重庆哲学社会科学领军人才特殊支持计划人选李敬首发于《经济研究》的论文《中国区域经济增长的空间关联及其解释——基于网络分析方法》，被中国人民大学复印报刊资料《区域与城市经济》全文转载，重庆市哲学社会科学领军人才特殊支持计划人选王胜撰写的《农产品电商生态系统——一个理论分析框架》提出的扶持民营农产品电商企业发展的有关政策建议，具有一定的现实指导意义。课题研究成果《五大功能区域工业园区负面清单管理研究报告》被重庆市政府及其相关部门在制定工业园区发展规划时采纳，主要体现在《重庆市人民政府关于加快提升工业园区发展水平的意见》及《重庆市人民政府办公厅关于深入落实五大功能区域发展战略分类印发各功能区工业园区发展规划

(2014—2020年）的通知》等两个文件中。

### 三、2015年主要科研成果

（一）国家级出版社出版的专著

成果名称：《善治国家的基本理念》
作者：胡波等
职称：研究员
成果形式：专著
字数：194千字
出版单位：中国社会科学出版社
出版时间：2015年7月

该书着眼于思想理念的传播而对有关国家善治的五大基本理念集中进行阐释，尝试将学理性研讨与普及性宣传结合起来，以撰写通识读本的方式宣传善治的基本理念，这类工作目前还很少见，也正是本书的价值和意义所在。

成果名称：《当代中国社会发展理论创新研究》
作者：邓龙奎
职称：副研究员
成果形式：专著
字数：237千字
出版单位：中国社会科学出版社
出版时间：2015年8月

该书揭示出了当代中国社会发展理论所取得的新发展，形成了当代中国社会发展理论的基本框架，初步厘清了科学发展观视域下当代中国社会发展理论的逻辑体系，为建构具有中国特色的马克思主义社会发展理论奠定了一定的基础。

（二）国家级期刊、SSCI、CSSCI发表论文

成果名称：《中国区域经济增长的空间关联及其解释——基于网络分析方法》
作者：李敬
职称：研究员
成果形式：论文
字数：15千字
发表刊物：《经济研究》
出版时间：2015年3月，中国人民大学复印报刊资料《区域与城市经济》转载。

该文运用网络分析法，全新解构了区域经济增长的空间关联及影响因素。发现中国区域经济增长在空间关联上具有"近水楼台先得月"和"门当户对"特征，地理位置的空间相邻、投资消费和产业结构的相似可以解释50.2%的空间关联。

成果名称：《农产品电商生态系统——一个理论分析框架》
作者：王胜、丁忠兵
职称：研究员
成果形式：论文
字数：17千字
发表刊物：《中国农村观察》
出版时间：2015年第4期，中国人民大学复印报刊资料《贸易经济》2016年第1期全文转载。

文章以生态系统理论、协同理论、交易费用理论为基础，提出了农产品电商生态系统概念，从环境扫描、结构分析、功能分析、演化分析四个方面构建了农产品电商生态系统研究的理论框架，分析了当前中国农产品电商发展存在的主要问题，提出了更好发挥政府的引导作用、大力扶持民营农产品电商企业发展、完善企业退出机制等政策建议，具有一定的现实指导意义。

成果名称：《女性视野下"唯一佛乘、即凡证圣"的佛教成佛观》
作者：杨孝容
职称：研究员
成果形式：论文
字数：12千字
发表刊物：《宗教学研究》
出版时间：2015年9月第3期

该文的创新点主要在依据佛典经教从女性视角考察佛教对成佛的认识，基于大乘佛教众生平等且皆有佛性的"唯一佛乘、即凡证圣"成佛观，阐明女性亦无例外。

成果名称：《党内监督科学化的困境及途径探究》
作者：文丰安
职称：教授
成果形式：论文
字数：12千字
发表刊物：《理论探讨》
出版时间：2015年2月

该文研究党内监督的科学化问题。当前，中国共产党党内监督存在的不足，可从党员的平等主体地位、党内民主选举制度、党的代表大会制度等方面加强党内监督的途径去促进党内监督科学化建设。

成果名称：《法治反腐的基本特性与有效实现》
作者：文丰安
职称：教授
成果形式：论文
字数：11千字
发表刊物：《湖南社会科学》
出版时间：2015年1月

立足传统文化审视法治思维和法治方式，探讨传统思维模式、文化心理结构对法治反腐的负性影响，提出在吸收和借鉴传统文化精华的基础上，实现法治反腐的推进，从而实现传统文化与廉政文化的有机融合，有效助推反腐倡廉建设。

成果名称：《中国油料生产的全要素生产率分析》
作者：李然
职称：副研究员
成果形式：论文
字数：8千字
发表刊物：《统计与决策》
出版时间：2015年第16期

该文运用随机前沿生产函数模型，分析了中国油料生产全要素生产率的增长及其构成，构建了TFP分析框架。研究表明，大豆和花生应集中于新技术的研发与推广，油菜应重点关注对现有技术和资源的充分利用与合理配置。

成果名称：《民族地区文化产业跨界融合发展的路径思考》
作者：王资博
职称：助理研究员
成果形式：论文
字数：7千字
发表刊物：《贵州民族研究》
出版时间：2015年10月

该文针对现实状况及着眼未来态势增强融合度，提升文化产业与旅游业、信息业、制造业、科技业、金融业等互动共进、一体发展水平进行了创新性探讨。刊发半年来在中国知网被下载100余次。

成果名称：《我国出版业跨界融合发展现状问题与对策》
作者：王资博
职称：助理研究员
成果形式：论文
字数：6千字
发表刊物：《中国出版》
出版时间：2015年11月

该文针对中国出版业跨界融合发展现状与问题做具体分析，进而从以内容数字化为引领、以平台渠道创新驱动、以业态刷新拉动、以多业兼容推动等维度提出了加快中国出版业跨界融合发展、实现内外优化耦合的创新性策略。

该选题被评为2015年中国出版业十大研究热点之一（人民网）。文章被人民网、五洲传播出版社、《今传媒》杂志等转载或引用。

成果名称：《作为一种理论假设的"共产主义世界文学"——对马克思主义世界文学研究新路径的探讨》

作者：谭成

职称：助理研究员

成果形式：论文

字数：9千字

发表刊物：《学术交流》

出版时间：2015年1月

该文提出共产主义世界文学的理论假设是建设马克思主义世界文学理论的重要环节，指出共产主义世界文学作为一种理念存在对当前的文学研究具有引导性意义，它把反抗当前的世界文学体系作为理论建构的首要目标，还在方法论上提出了新的要求。

## 第六节 学术人物

一、重庆社科院建院以来正高级专业技术人员（以姓氏笔画为序）

| 姓　名 | 出生年月 | 学历/学位 | 职务 | 职称 | 主要学术兼职 | 代表作 |
| --- | --- | --- | --- | --- | --- | --- |
| 丁忠兵 | 1974.8 | 博士研究生 | — | 研究员 | — | 《农业增长与农民增收的协调性检验——基于中国31个省区市面板数据的分析》 |
| 马晓燕 | 1978.3 | 本科 | 副所长 | 研究员 | — | 《中国现代物流发展研究》 |
| 王　胜 | 1976.9 | 博士研究生 | 副院长 | 研究员 | 重庆市社科系列高评委副主任 | 《区域财政支农资金配置绩效研究》 |
| 王小明 | 1966.9 | 本科 | 副所长 | 研究员 | — | 《我国中药产业的现状及发展对策》 |
| 王秀模 | 1953.6 | 本科 | 原所长 | 研究员 | — | — |
| 王佳宁 | 1965.12 | 硕士研究生 | 执行总编辑 | 编审 | 重庆智库理事长 | 《大国论衡》 |
| 王渝陵 | 1948.4 | 本科 | 原所长 | 研究员 | — | — |
| 文丰安 | 1973.12 | 硕士研究生 | 副部长 | 教授 | 重庆廉政研究中心研究员 | 《新时期高校学生党组织建设研究》 |
| 方　令 | 1956.1 | 研究生 | 所长 | 研究员 | 重庆统筹城乡法律制度研究会副会长 | 《民法占有制度研究》 |

续表

| 姓名 | 出生年月 | 学历/学位 | 职务 | 职称 | 主要学术兼职 | 代表作 |
|---|---|---|---|---|---|---|
| 邓平 | 1953.11 | 硕士研究生 | — | 研究员 | — | — |
| 邓涛 | 1967.12 | 博士研究生 | — | 研究员 | 重庆市创新型金融研究会会长 | 《支持矿产资源可持续利用的财政政策》 |
| 田丰伦 | 1950.9 | 硕士研究生 | 原所长 | 研究员 | — | — |
| 田代贵 | 1957.11 | 本科 | 所长 | 研究员 | 院学术委员会委员 | 《长江上游经济带协调发展研究》 |
| 朱莉芬 | 1973.3 | 博士研究生 | — | 研究员 | — | 《城镇化对耕地影响的研究》 |
| 刘发成 | 1965.8 | 硕士研究生 | — | 研究员 | — | 《中美广电通信经济与法律制度比较研究》 |
| 许玉明 | 1965.3 | 硕士研究生 | 所长 | 研究员 | 院学术委员会委员 | 《新型工业化中信息技术供需分析》 |
| 孙元明 | 1954.7 | 硕士研究生 | — | 研究员 | 重庆社会心理学会常务理事 | 《市场经济心理学》 |
| 孙仁中 | 1948.9 | 硕士研究生 | — | 研究员 | — | — |
| 严华 | 1938.7 | 本科 | — | 研究员 | — | — |
| 李勇 | 1957.10 | 研究生 | — | 研究员 | 中国CBD专家组成员 | 《重庆经济联系障碍研究报告》 |
| 李真 | 1930.3 | 本科 | — | 研究员 | — | — |
| 李敬 | 1973.12 | 博士研究生 | 处长 | 研究员 | "一带一路"投资与贸易实验室主任 | 《中国区域金融发展差异研究》 |
| 李慎 | 1930.6 | — | 原副院长 | 研究员 | — | — |
| 李玉雪 | 1965.3 | 硕士研究生 | — | 研究员 | 重庆市人大常委会立法助理 | 《文物返还问题的法律思考》 |
| 李进军 | 1950.2 | 本科 | — | 研究员 | — | — |

续表

| 姓名 | 出生年月 | 学历/学位 | 职务 | 职称 | 主要学术兼职 | 代表作 |
| --- | --- | --- | --- | --- | --- | --- |
| 李重华 | 1962.8 | 博士研究生 | 所长 | 研究员 | 院学术委员会委员 | 《辛亥革命成败从头说》 |
| 李盛全 | 1941.1 | 本科 | — | 研究员 | — | — |
| 杨玲 | 1972.7 | 本科 | 副所长 | 研究员 | 重庆市社会科学研究中评委会委员 | 《西三角经济区研究》 |
| 杨孝容 | 1966.6 | 博士研究生 | — | 研究员 | 重庆市宗教与社会研究中心首席专家 | 《男女同尊：佛教女性观》 |
| 肖长富 | 1952.12 | 本科 | 原巡视员 | 研究员 | — | — |
| 吴安 | 1964.2 | 本科 | 所长 | 研究员 | 院学术委员会委员 | 《我国西部地区战略性产业集群发展研究》 |
| 吴大兵 | 1969.9 | 硕士研究生 | 副所长 | 研究员 | 重庆市政治学会理事 | 《保持党的先进性长效机制》 |
| 何国梅 | 1957.7 | 本科 | — | 研究员 | — | — |
| 张波 | 1967.3 | 博士研究生 | 副院长 | 研究员 | 重庆市社科系列高评委副主任 | 《重庆投资环境竞争力评估及对策研究》 |
| 张凤琦 | 1954.5 | 硕士研究生 | 原所长 | 研究员 | — | — |
| 陈劲 | 1971.1 | 博士研究生 | 副院长 | 研究员 | 中国社会学会常务理事 | 《中国人诚信心理结构及其特征研究》 |
| 陈悦 | 1962.11 | 本科 | 所长 | 研究员 | 院学术委员会委员 | 《长江上游经济带协调发展研究》 |
| 陈澍 | 1956.6 | 博士研究生 | 院长 | 研究员 | 中国作家协会会员 | 《走向天堂》 |
| 孟小军 | 1970.5 | 博士研究生 | 处长 | 研究员 | 重庆发展研究院副院长 | 《断裂与链接——西南民族地区基础教育类型研究》 |
| 胡波 | 1967.11 | 博士研究生 | 所长 | 研究员 | 全国价值学会理事 | 《社会理想境界研究》 |

续表

| 姓　名 | 出生年月 | 学历/学位 | 职务 | 职称 | 主要学术兼职 | 代表作 |
|---|---|---|---|---|---|---|
| 钟瑶奇 | 1963.7 | 本科 | 所长 | 研究员 | 重庆市社会学学会秘书长 | 《长江二十年》 |
| 郭振杰 | 1971.7 | 博士研究生 | — | 研究员 | 重庆市财政局政府采购专家 | 《中国西部法律环境问题研究》 |
| 黄　泓 | 1956.3 | 本科 | — | 研究员 | — | — |
| 黄意武 | 1980.5 | 硕士研究生 | — | 研究员 | — | 《科学发展简明读本》 |
| 彭劲松 | 1977.11 | 硕士研究生 | 副所长 | 研究员 | 重庆市城郊经济研究会副秘书长 | 《重庆市区域工业竞争力实证分析》 |
| 彭国川 | 1975.3 | 博士研究生 | 副处长 | 研究员 | — | 《典型生态功能区生态经济发展战略研究》 |
| 蒲奇军 | 1956.1 | 本科 | — | 研究员 | 人口与可持续发展研究中心主任 | 《城郊乡镇企业的社会学透视》 |
| 蹇仕明 | 1935.12 | 本科 | — | 研究员 | — | — |

## 二、重庆社科院2015年晋升正高级专业技术职务人员

陈劲，1971年1月出生，男，重庆北碚区人，重庆社科院党组成员、副院长，重庆市人民政府发展研究中心副主任，西南大学教育学博士，中国社科院社会学博士后。兼任中国社会学会常务理事，重庆社会学会会长，重庆社会心理学会副理事长，重庆市社会科学研究高级职务评审委员会副主任委员。主要从事消费社会学、社会心理学、人才理论与政策等方面的研究。主持重庆市哲学社会科学重大课题、重庆市重大决策咨询课题，中组部、国家网信办、民政部委托课题等科研项目13项。出版专著《中国人诚信心理结构及其特征研究》，发表学术论文和研究报告10余篇，参与编写书籍10余部。

彭国川，1975年3月出生，男，重庆长寿区人，经济学博士，重庆社会科学院（重庆市人民政府发展研究中心）综合处（秘书处）副处长。研究方向为产业经济学、区域经济学。主持国家社会科学基金项目、国家社会科学基金重大项目子课题、重庆市决策咨询与管理创新计划项目、重庆市哲学社会科学规划项目、重庆市重大决策咨询研究项目18项，出版专著《典型生态功能区生态经济发展战略研究——以重庆渝东北生态涵养发展区为例》，在《改革》等经济管理类核心杂志发表学术论文近30篇。撰写的决策咨询建议获得省部级以上领导批示10余篇。获得第五届重

庆市发展研究奖一等奖、二等奖，重庆市第八次社会科学优秀成果奖二等奖。

黄意武，1980年5月出生，男，湖南株洲人，中共党员，硕士，2011年破格评为副研究员。现就职于重庆社科院公共政策研究部。主要从事政治学、马克思主义、文化理论等方面研究。主持国家社科基金项目"地域文化与国家文化软实力建设"，参研国家社科基金项目2项；主持省部级课题8项，其中省部级重点课题2项，主要有"创新驱动下的我市科技人才评价研究""重庆市大下访与社会管理创新研究""论中国特色社会主义公平正义的实现路径"等，主研省部级课题22项；独立或以第一作者公开发表核心期刊论文十多篇，主要有《论"经济人"与"道德人"的和谐及其现实影响》等；撰写个人著作1部，参与4部著作的写作，主要有《城市品质的理论与实践研究》、《科学发展简明读本》（系列丛书）、《科学发展系统工程研究》、《保持党的先进性研究》等；获得省部级一等奖5项、三等奖2项；主持和参与的决策咨询建议受到市级部门或区县以上党委政府采纳4项，有多项成果被省部级领导批示，并被相关部门文件采纳吸收。

## 第七节　2015年大事记

### 一月

1月14日，《人民日报》理论版刊发了公共政策研究部副部长文丰安研究员、科研组织处副处长李钰撰写的署名文章《推进农业现代化抓手是什么？》。

1月15日，《光明日报》理论与实践版刊发了重庆社科院哲学与政治学研究所所长胡波研究员撰写的署名文章《法治乃国家善治之基》。

1月16日，重庆社会科学院、重庆市人民政府发展研究中心召开2014年度总结表彰暨2015年度工作部署会。

1月20日，重庆社科院党组书记、院长陈澍同志带领由科研组织处、公共政策研究部、法学研究所、产业经济研究所有关负责人及专家学者组成的学术交流团一行5人赴巴西、智利开展学术访问和课题调研。

1月27日，印度社会发展理事会（海德拉巴）副教授苏吉特·库玛·米什拉（Sujit Kumar Mishra）来访重庆社科院。

### 三月

3月18日，日本三井物产战略研究所高桥海媛研究员、三井物产（中国）有限公司西南分公司副总经理吉田宪司先生、经理谢雨松先生一行3人来访重庆社科院。

3月26日，重庆社科院组织院内专家撰写的习近平总书记"四个全面"总体布局系列理论解读文章，在《重庆日报》思想版整版刊发。

### 四月

4月2日，韩国驻成都领事馆副总领事韩相国先生、玄相伯研究员一行2人来访重庆社科院。

4月28日，2015年度重庆市重大决策咨询研究课题招标，发布招标公告。

### 五月

5月7日，《经济日报》理论周刊版刊发了重庆社科院科研组织处处长李敬研究员、副处长陈容撰写的署名文章《积极推进混合所有制经济发展》。

5月14日，重庆社科院博士后管理领导小组及专家组成立。

5月15日，重庆社科院确定陈澍、张波、王胜、李敬、朱莉芬5位同志为重庆社科院首批博士后合作导师。

5月19日，重庆社科院党组书记、院长陈澍以"践行三严三实，扎实锤炼作风，着力打造市委、市政府信得过的决策咨询研究队伍"为题，为全院干部职工上了一堂深刻而又生动的专题教育党课。

5月20日，"重庆智库网"正式上线试运行。

5月22日，《管理世界》杂志社总编辑、研究员李志军应邀来重庆社科院作题为"智库与政策评估"的学术报告。

5月26日，中国社会科学院科研局副局长张国春、陈文学一行10人，来重庆社科院调研重庆市"智库建设与学科发展"的相关情况。

## 六月

6月7日，重庆社科院副院长张波应邀带队赴俄罗斯、白俄罗斯参加第二届"中俄国际学术论坛"，此次论坛的主题为"合作与发展：中国、俄罗斯、白俄罗斯"。

6月18日，中国社科院工业经济研究所所长黄群慧研究员来重庆社科院作题为"新时期国有企业改革的进展与任务"的学术讲座。

6月19日，重庆社科院与华龙网合作共建的重庆民情调查研究中心挂牌成立。

6月25日，从全国哲学社会科学规划办公室获悉，重庆社科院获2015年度国家社科基金项目5项。

## 七月

7月15日，重庆社科院专家参加新华网重庆频道"重庆经济新常态"大型访谈，围绕"一带一路"与重庆机遇、页岩气产业发展等话题接受专访。

7月16日，重庆社会科学院、重庆市人民政府发展研究中心召开2015年半年工作总结大会，全院职工参加了会议。

## 九月

9月15日，2015年度重庆市重大决策咨询研究课题开题报告会在重庆社科院举行。

9月18日，美国驻成都总领事馆副领事孔学凯先生一行2人来访重庆社科院。

9月21日，重庆社科院团委策划组织部分团员青年赴城口县，围绕农村发展互联网经济与扶贫开发进行调研。

9月23日，重庆社科院党组成员、副院长张波一行5人参加了全国社科院系统中国特色社会主义理论体系研究中心第二十届年会暨理论研讨会。

9月30日，中宣部正式下发文件，公布了15个全国中国特色社会主义理论体系研究中心名单，重庆市中国特色社会主义理论体系研究中心名列其中，是西南地区唯一入选的全国研究中心。

## 十月

10月22日，重庆社科院党组书记、院长陈澍一行3人赴波兰、法国参加"第二届中国—中东欧跨文化对话暨教育和经贸研讨会"并开展学术交流活动。

10月27日，重庆"一带一路"投资与贸易研究实验室在重庆社科院成立。

10月29日，重庆市中国特色社会主义理论体系研究中心在《人民日报》发表了由重庆社科院王资博博士执笔的理论文章《提高现代服务业发展水平》。

## 十一月

11月2日，2015年度国家社科基金重点项目"特大城市基层社会治理机制创新与路径优化研究"开题报告会在重庆市委礼堂酒店举行。

11月10日，重庆社科院召开"三严三实"专题教育推进会，全院干部职工参加会议。

11月16日，中国共产党重庆市第四届委员会第七次全体会议按照党章规定，决定递补市委候补委员，重庆社科院党组书记、院长陈澍等6名同志为市委委员。

11月24日，荷兰王国国际关系研究院高级研究员高英丽博士（Dr. Ingrid d'Hooghe）、荷兰王国驻重庆总领事馆副馆长陈俊亦、政策官员马霖（Marijn Wolff）一行3人来访重庆社科院。

11月26日，全国政策咨询信息交流协作机制联系会议办公室、国务院发展研究中心信息中心在北京组织召开"2015年度全国政策咨询信息交流与协作机制信息联络员工作会议"。授予重庆市人民政府发展研究中心"2014—2015年度全国政策咨询信息交流工作突出贡献单位"荣誉称号。

11月26日，重庆市人力资源和社会保障局转发了人力资源和社会保障部文件公布的2015年国家"百千万人才工程"入选人员名单，重庆社科院李敬研究员成功入选，并被授予国家"有突出贡献中青年专家"荣誉称号。

**十二月**

12月5日，重庆社科院李敬研究员应邀参加2015年中国重庆韩国京畿道文化产业交流大会，在大会上发布了由其独创的中韩贸易关系指数以及相关报告，详细解读了在当前供给侧结构性改革背景下中韩FTA带来的挑战和机遇。

12月7日，韩国京畿研究院李相勋副院长一行4人访问重庆社科院，两院签署学术交流与合作协议。

12月15日，重庆社科院召开专题党建工作座谈会，对2015年优秀党务工作者进行表彰。

12月16日，重庆社科院党组成员、副院长、机关党委书记王胜同志带领全院处级以上领导干部赴红岩革命纪念馆接受党性教育。

12月17日，中国中东欧国家智库交流与合作网络首届理事大会召开，重庆社科院党组成员、副院长、重庆中东欧国家研究中心副主任陈红当选为理事。

12月21日，重庆社科院党组成员、副院长王胜研究员带队，各个研究所（部）及部分职能部门专家、青年学者30余人，赴重庆市涪陵区开展"新型智库建设区县行"活动。

# 四川省社会科学院

## 第一节　历史沿革

四川省社会科学院，是在原中共四川省委政策研究室和原四川省哲学社会科学研究所的基础上，于1978年6月合并组建成四川省社会科学研究院，1983年更名为四川省社会科学院。

1978年初，四川省委宣传部以川宣报〔1978〕7号文件，向四川省委报送《关于四川省委政策研究室和省哲学社会科学研究所合并建立省社会科学研究院的报告》。报告称："为了加强四川省社会科学研究工作，我们建议将省哲学社会科学研究所和四川省委政策研究室合并，成立四川省社会科学研究院。现在的省哲学社会科学研究所有60多人，四川省委政策研究室有24人，大多数同志都有一定的研究和写作能力。但近几年，由于无经常的工作任务和其他原因，作用没有发挥出来，两个机构合并可以加强社会科学的理论研究力量，可以出成果，以适应形势发展的需要。"

1978年3月29日，中共四川省委以川委函〔1978〕38号文件批复，同意四川省委宣传部的《关于四川省委政策研究室和省哲学社会科学研究所合并建立省社会科学研究院的报告》，正式同意成立四川省社会科学研究院。四川省社会科学研究院的主要任务是：根据中国社会科学院的研究规划和四川省委的指示，进行哲学、政治经济学、文学、历史和民族等社会科学方面的研究；组织、推动四川理论研究工作，活跃学术研究；协助宣传部联系和培养专业和业余理论干部，承担四川省委和中央报刊以及宣传部交付的写作任务，成立四川省委理论刊物编辑部。

1978年6月3日，中共四川省委组织部下发川委组干〔1978〕352号文件，决定："四川省委政策研究室和哲学社会科学研究所合并，成立四川省社会科学研究院"，组建四川省社会科学研究院党组，由李文博、秦其谷任四川省社会科学研究院副院长、党组副书记；林超、贾成、林凌、吴儒玢任四川省社会科学研究院副院长、党组成员；邓止戈、理如军任四川省社会科学研究院顾问。

1990年7月，中共四川省委决定，四川省社会科学院党组改为党委，实行党委领导下的院长负责制。

一、领导

四川省社会科学院历任党委（组）书记：陈文（1979年2月—1984年11月）、冯举（1984年11月—1991年6月）、周琳（1991年6月—1996年9月）、李翠贤（1996年9月—2005年3月）、贾松青（2005年3月—2011年9月）、李后强（2011年9月—　　）

四川省社会科学院历任院长：陈文（1979年2月—1984年11月）、刘茂才（1984年11月—2001年2月）、侯水平（2001年2月—　　）

二、发展

从1978年6月建院以来，在四川省

委、省政府的正确领导下,四川省社会科学院坚持以中国特色社会主义理论体系为指导,以科学发展观统领科研工作,加快建设"坚强理论阵地、高端新型智库、一流学术殿堂、重要传播平台",加强重点学科和优长学科的培育建设;准确把握国际国内经济、政治、文化和社会发展的大事,注重人才培养和人才使用,注重加快科研转型和推进社会主义新型智库建设,加大为四川省委、省政府科学决策服务的力度,为全省经济社会发展提供理论支持和智力帮助,做出了应有的贡献。在全国地方社科院中,四川省社会科学院在承担国家社科基金项目、推出的科研成果、举办的研究生教育、主办的社科期刊以及在社会上的影响力等重要发展指标上,都名列前茅,综合科研实力不断增强。

2015年,四川省社会科学院在四川省委、省政府的正确领导下,始终高举中国特色社会主义理论伟大旗帜,以邓小平理论、"三个代表"重要思想、科学发展观和习近平总书记系列讲话精神为指导,认真贯彻落实党的十八届三中、四中、五中全会和四川省委十届六次、七次全会精神,围绕中心,服务大局,创新智库内部治理,完善制度设计,激发智库活力,不断探索更加灵活高效的管理运行机制。四川省社会科学院在2015年围绕中央和四川省委决策急需的重大课题,瞄准国家和全省重大战略需求,聚焦"四个全面"战略布局,强化问题导向、应用导向,开展前瞻性、针对性、储备性政策研究,产出了很多让党和人民满意的智库成果,提出很多具有建设性和可操作性的高质量的理论创新和决策咨询成果。同时加强与决策部门的沟通联系,与市(州)、县和科研机构开展战略合作,搭建常态化互动平台,做到供需有效对接、工作一体联动,不断扩大社会影响力。

主要科研产出:

从建院以来,四川省社会科学院获得全国性重要奖项30余项,在全省哲学社会科学优秀成果评奖中获得各类奖项达390余项。

在农村经济发展研究方面。四川省社会科学院专家学者长期深入基层,对深化农村经济体制改革、农村基础设施建设、统筹城乡发展、新农村建设、推进农业产业化等方面,进行了深入的研究,促进了全省农村经济发展。

在区域经济发展研究方面。四川省社会科学院专家学者在大西南发展战略、西部大开发、成渝经济区发展、天府新区建设、主体功能区建设等五大经济区发展战略、南水北调、"两化"互动、富民安康、藏羌彝经济走廊建设等方面,进行了广泛深入的研究,许多建议得到了党和政府采纳或决策时参考。

在城市经济发展研究方面。四川省社会科学院专家学者理论联系实际,在国营企业内部经营机制改革、中心城市经济体制改革、国有企业股份制改革等方面,充分研究,咨政献策,推进了国有经济战略性调整和城市经济体制的改革发展。

在马克思主义中国化研究方面。四川省社会科学院长期对马克思主义中国化理论成果——毛泽东思想、邓小平理论、"三个代表"重要思想、科学发展观进行系统的研究,先后出版了《毛泽东思想史》(4卷)、《邓小平理论史》(4卷)、《党的第三代领导集体对邓小平理论的实践与创新》(11卷)、《马克思主义中国化研究》(3卷)等影响较大的专著,将马克思主义中国化研究不断推向深入,取得了丰硕的成果。

在巴蜀文化研究方面。四川省社会科学院专家学者长期致力于巴蜀文化研究,系统地发掘和研究了巴蜀文化,先后推出了《四川通史》(7册)、《巴蜀文化图典》、《四川五十年图集》、《文化天府》系列丛书(12册)、《巴蜀文化研究》丛书

（6 册）、《全蜀诗》等在全国具有重要影响的科研成果，以及即将完成的《四川藏区史》等，为巴蜀文化大发展大繁荣奠定了良好的基础。2006 年由四川省社会科学院牵头，组织全省巴蜀文化研究专家，川渝合作，经过 8 年的呕心沥血，作为四川省委繁荣哲学社会科学领导小组"十一五"重点文化工程，22 卷的《巴蜀文化通史》正式出版。

在其他特色文化研究方面。四川省社会科学院专家学者重视基础理论研究，把发展文化事业与构建文化产业相结合，注重中国工农红军长征文化、抗战文化、民族宗教文化、中国神话、客家文化，以及文化创意产业等方面的课题，为探索文化产业的发展，提供了智力支撑，奠定了良好基础。

在对外开放研究方面。四川省社会科学院专家学者历来注重对外开放的研究，不但在沿海和内陆对外开放、中国加入 WTO 等方面，推出了许多科研成果，而且近年来，加大了对印度、韩国、新加坡、以及东南亚等国家经济社会文化的研究，广泛进行学术交流，为四川从中国西部走向世界提供了智力支持。

### 三、机构设置

四川省社会科学院是省政府直属的财政全额拨款事业单位，自 1978 年 6 月成立以来，内部机构设置根据发展的需要数次变更，截至 2015 年 12 月底，四川省社会科学院机构设置共 15 个研究所，10 个科研管理服务部门，17 个分院（所）。

主办主管的公开出版物是"九刊两报"［即《社会科学研究》、《毛泽东思想研究》、《邓小平研究》、《经济体制改革》、《农村经济》、《中华文化论坛》、《当代社会科学》（英文版）、《中国西部》和《当代县域经济》，《企业家日报》和《四川民族教育报》］；承办的网站三个（即全省哲学社会科学门户网站——四川社会科学在线，院网——天府智库，英文网站）。

### 四、人才建设

随着经济社会发展对哲学社会科学的需要，四川省社会科学院承担的国家、省级及地、县级科研课题不断增长，四川省社会科学院的科研力量也逐步壮大，并取得了丰硕的研究成果，其中不乏学有专长和卓有建树的专家学者。截至 2015 年末，共有员工 1100 多人，其中：财政拨款职工 717 人（其中：在职职工 450 人，离、退休职工 267 人），在读硕士研究生 372 人。在职职工的科研人员中，具有正高级职称 62 人，副高级职称 125 人；享受国务院政府特殊津贴专家 19 人，省学术和技术带头人 21 人，省有突出贡献的优秀专家 16 人；博士 115 人。

## 第二节　组织机构

### 一、四川省社会科学院领导及其分工

院党委（组）书记、副书记、成员

党委（组）书记：李后强。负责四川省社会科学院党委的全面工作，加强领导班子建设，加强党的思想建设、廉政建设，支持院长依法独立的开展院行政科研教学工作。

党委（组）副书记：陈井安。负责协助党委书记做好党务工作，参与四川省社会科学院重大问题的决策，支持书记、院长行使职权，发挥好院党组织的"保证监督"作用，做好院领导班子的团结、协调等工作。

党委（组）成员：杨钢、郭晓鸣、李明泉、盛毅、郑泰安、向宝云。

院长、副院长

院长：侯水平。带领院领导班子和全院教职工贯彻执行党的路线、方针、政策及社科院的各项决定，全面负责、主持和

协调教学、科研、学科建设和行政管理工作,负责全院规划发展、队伍建设、经费使用、章程制定、对外交流等工作。

副院长:杨钢。协助书记、院长分管产业经济研究所、毛泽东思想研究所、管理学研究所、四川企业管理与开发研究中心。

副院长:郭晓鸣。协助书记、院长分管科研处、农村发展研究所、区域经济研究所、社会学研究所。协助院长主持院学术委员会工作。

副院长:李明泉。协助书记、院长分管党委宣传部;协助院长分管文学研究所、历史研究所、哲学与文化研究所、新闻传播研究所、研究生学院。协助院长主持院学位委员会。

副院长:盛毅。协助书记、院长分管经济研究所(四川省社会经济重大问题对策研究中心)、金融与财贸经济研究所、政治学研究所、文献信息中心(四川社会科学在线网站)。

副院长:郑泰安。协助书记、院长分管法学研究所、财务处(院资产管理办公室)、后勤管理处(保卫处)、《经理日报》社;协助院长分管重大基础建设项目。

纪委书记

纪委书记:向宝云。分管党风廉政工作。

二、四川省社会科学院职能部门

党政办公室(综合研究室)
主任:林彬
副主任:陈杰、郑妮
机关党委(工会)
机关党委书记、工会主席:过晓燕
工会副主席:王殿之
机关党委副书记:岳茂良
院团委书记:刘福敏
科研处(对外学术交流中心)
处长:廖冲绪
副处长:邱平、庞淼、柴剑峰
人事处(职称改革领导小组办公室)
处长:李卫宏
副处长:朱向荣、谢春凌
财务处
处长:龙嫦
副处长:周捷、董薇
监察处
处长:蔡艳秋
副处长:陈艳
离退休人员工作处
处长:杨光辉
副处长:罗列、刘晓菊
后勤处(保卫处)
处长:黄进
副处长:黎阳、李文蓉、马昌礼

三、四川省社会科学院科研机构

经济研究所
所长:蓝定香
副所长:方茜
产业经济研究所(四川省经济社会发展重大问题对策研究中心)
所长:达捷
副所长:陈映、王学人
农村发展研究所
所长:张克俊
副所长:陈明红
区域经济研究所(汶川地震灾后重建与灾难学研究中心)
所长:廖祖君
副所长:卢阳春、张鸣鸣
金融与财贸经济研究所
所长:王小琪
副所长:杨柳、杜坤伦
政治学研究所(四川省台湾研究中心)
所长:胡学举
副所长:吴翔
毛泽东思想研究所(马克思主义中国

化研究中心）

所长：杨先农

副所长：曾敏

社会学研究所（中国青少年犯罪研究成都联络中心）

所长：李羚

副所长：张祥荣

法学研究所

所长：韩旭

副所长：郑鈜、蓝冰

管理学研究所（人力资源研究所）

所长：伏绍宏

副所长：张序

新闻传播研究所

所长：彭剑

哲学与文化研究所

所长：李后卿

副所长：胡惊雷

历史研究所（四川康藏研究中心）

所长：张彦

副所长：谭晓钟

文学研究所（四川文化创意产业研究中心）

所长：艾莲

副所长：向荣

民族与宗教研究所（旅游发展研究中心、客家文化研究中心）

所长：徐学书

副所长：喇明英

四、四川省社会科学院科辅部门

《社会科学研究》杂志社

总编：李后强（兼）

社长兼常务副总编：何频

副总编：许丽梅

文献信息中心（"四川社会科学在线"网站）

主任：贾玲

副主任：宋扬、姚晓笛

研究生学院

院长：夏良田

副院长：唐林、邹继宁

党总支书记（正处级）、院党校副校长：杜桂丽

四川企业管理与开发研究中心

总经理：余和平

副总经理：王自力

四川震灾研究中心

主任：李明泉

秘书长：曹瑛

印度研究中心

主任：向宝云

秘书长：陈吉祥

## 第三节 年度工作概况

2015年，四川省社会科学院按照"忠诚、创新、开放、和谐"的办院方针，大力实施"名家、名所、名刊、名院、名网"战略，稳步推进中国特色社会主义新型智库建设，更好地发挥四川省委、省政府思想库和智囊团的作用，为四川省实施"三大发展战略"，奋力夺取脱贫攻坚全面胜利，实现"两个跨越"提供了理论依据和智力支持。

一、咨政启智：服务四川省委、省政府决策部署

2015年，四川省社会科学院组织专家学者深入基层，调查研究全国全省经济社会发展中的重大问题，为政策形成提供意见与建议，为完善国家治理体系和提升国家治理能力现代化提供新的思想、主张、理念。一年来，全院共获得省部级以上领导肯定性批示149件次。其中，国务院副总理汪洋在四川省社会科学院副院长郭晓鸣研究员《家庭农场发展现状及对策建议》《农村共营制：一个创新性的发展方向——农村经营方式转型与崇州实验解析》的两篇报告上作重要批示。获四川省

委、省政府主要领导批示38件次。

### （一）全面创新改革试验研究

四川省社会科学院学者围绕全面创新改革试验区建设展开针对性研究，《构建以市场为导向的科技新体制——关于我省推进全面创新改革试验区的几点建议》《我省系统推进全面创新改革试验需要处理好的七大关系》《深圳创新改革对四川试验区建设的启示》等对策建议获得省领导肯定性批示。同时，受省政府委托，承担了《推进军民深度融合创新研究》，课题组成员集中时间和精力，在2个月的时间内，数次赴省内外调研，多次召开研讨会，提交了较高质量的研究报告，对策建议《军民融合发展必须解决"五大问题"》获得省领导肯定性批示。

### （二）"十三五"时期发展问题研究

四川省社会科学院积极围绕四川"十三五"时期发展思路、发展方向和发展着力点，组织科研人员从经济社会发展的各方面展开研究。《对十三五经济发展的几点认识和建议》《坚持"传统产业为主、新兴产业为辅"的基本思路——关于四川"十三五"产业规划的建议》《"十三五"时期我国经济社会发展面临的重大机遇、严峻挑战和应对策略》《关于抢抓"十三五"机遇完善协调机制实现川渝合作双赢的建议》等对策建议获得省领导批示。

### （三）党建及反腐理论研究

四川省社会科学院学者紧紧围绕强化整风肃纪、推进党风政风建设、强化权力运行监督制约和风险防控等党建和反腐倡廉关注问题开展理论研究，产出了一些有分量、有价值的研究成果。尤其在"南充拉票贿选案"的处理公布过程中，四川省社会科学院专家学者为四川省委提供了很多研究成果和智力支持。《关于利用新媒体促进"党群亲"的调研报告》《关于"南充拉票贿选案"公布后舆论把控的思考与建议》等对策建议获得省领导肯定性批示。

### （四）精准扶贫研究

四川省社会科学院学者围绕四川省委十届六次全会提出的"集中力量打赢扶贫开发攻坚战，确保同步全面建成小康社会"，深入贫困地区积极开展调研，《山区县同步全面建成小康社会的路径研究——以广元市苍溪县为例》《突破贫困山区转变农村生产方式困局的"苍溪实践"》《基层党组织带领群众共同致富典型案例研究——关于成都彭州市宝山村的调研》等对策建议和调研报告获得省领导肯定性批示。

### （五）区域经济发展研究

四川省社会科学院一直关注四川省经济发展的区域格局和空间结构，重点围绕"一带一路"建设、长江经济带、成渝经济区、天府新区建设与区域经济发展问题深入开展研究，不断为全省和各地经济发展建言献策。《加快我省攀西地区生态康养产业发展的战略思考》《关于建立"成渝西昆菱形经济圈"的战略意义》《加快首位城市成都中心城区优化升级的对策建议》等对策建议获得省领导肯定性批示。

### （六）产业发展研究

2015年四川省社会科学院专家围绕全省经济工作会议精神，就产业转型等问题展开研究，《关于我省发展辅助器具产业的建议》《关于发展我省信息安全产业的对策建议》《做大做强我省家具产业的建议》《对完善四川省服务业集聚区建设的建议》等对策建议获得省领导肯定性批示。四川省社会科学院与省发改委合作完成的《四川省加快发展生产性服务业促进产业结构调整升级研究》课题成果由省政府川府发〔2015〕25号文件发布实施。

### （七）农村发展研究

四川省委、省政府《关于全面深化农村改革努力开创"三农"发展新局面的意见》出台后，四川省社会科学院学者围绕《意见》精神，撰写的《农村小型公共基础设施农村自建的调查思考与政策建议》《激活农村市场减缓经济下行》《关于构建全省产粮大县"四位一体"利益补偿机制的建议》等对策建议获得省领导肯定性批示。

（八）依法治省和社会治理研究

2015年四川省社会科学院继续落实四川省委十届四次全会精神，持续关注依法治省和社会治理领域的相关热点问题，《关于在全国率先启动〈四川省企业社会责任促进条例〉立法调研工作的建议》《关于我省司法改革"五个+"的意见》等对策建议获得省领导肯定性批示。

（九）文化建设研究

为深化文化体制改革，建设与西部经济发展高地相适应的文化强省的奋斗目标，四川省社会科学院不断加大文化改革研究力度，取得了一批重要成果。《关于强化城市建筑文化内涵和特色的建议》《关于加快我省藏区文化旅游产品创新发展的建议》《关于借力"中国旅游年"大力开拓四川旅游印度市场的建议》《关于提炼四川旅游核心价值塑造"锦绣天府·诗意四川"旅游品牌新形象的建议》等对策建议获得省领导肯定性批示。受四川省委宣传部委托，完成《"4·20"芦山强烈地震纪念馆展陈大纲》编写工作，还配合有关单位开展地震纪念馆展陈设计和布展工作。

（十）民族问题研究

为巩固民族区域自治，促进民族地区经济社会发展，四川省社会科学院组织专家学者深入民族地区调研，在涉藏问题、宗教问题、民族经济文化和社会治理问题上深入研究，为四川省委、省政府决策提供了理论和现实依据，《关于加强我省藏区法制建设的对策建议》《关于提高"法律进寺庙"工作有效性的六点建议》《关于进一步加强我省民族地区远程直播教学工作的建议》等对策建议获得省领导肯定性批示。

（十一）突发事件对策研究

2015年四川省社会科学院还加强了对突发事件的对策研究，《正确认识当前股市非理性震荡化危为机更好地服务四川经济社会发展的建议》《当前我省加油站安全监管中存在的问题与建议》《天津港"8·12"特别重大火灾爆炸事故启示录》《关于防范出租车罢运完善我省社会治理的建议》等对策建议获得省领导肯定性批示。

（十二）四川省委干部培训教材编写

四川省社会科学院受四川省委组织部委托，组织编写了《治蜀兴川的改革新路》《治蜀兴川重在厉行法治》《治蜀兴川关键在全面从严治党》"新三大干部培训教材"。

二、理论创新：提高科研原创能力

2015年，四川省社会科学院以服务中国特色社会主义事业为导向，以提升创新能力为目标，以优化科研资源分配为基础，大力推进学术理论创新，推出了一大批优秀科研成果，在学界和社会上产生了重要影响。

1. 学科建设

2015年四川省社会科学院农村发展经济学、中国发展新闻学、科技哲学与社会发展、诉讼法学、人口与劳动经济学、文艺美学研究、社会管理与社会创新研究、党建与基层治理等8个优长学科继续围绕学科优势和四川省经济社会发展中的重大理论问题，深入开展研究工作，经过学科成员的共同努力，在课题研究、论文发表、专著出版、学术交流与研讨、人才培养等方面都取得了重大成效，全年共公开发表论文198篇，出版学术著作27部，召开省级以上学术会议9次，围绕优长学科主持立项国家社科基金课题8项，省部级课题5项，高素质科研团队逐步成型，成果质量不断提高，学术影响力进一步提升。

2015年四川省社会科学院进一步完善和规范学科管理，通过加强学科全过程管理,抓好学科建设的常态化管理,实行年度考核、中期评估、结项评估和退出等机制,做到年初有规划、年底有报告、中期有评估、期末有考核,通过督办、约谈、抽查、问卷等办法,对学科建设开展日常督查。

2. 学术著作

2015年,四川省社会科学院坚持重视学术理论研究,坚持落实后期资助办法,引导推出科研精品,共发表(出版)论文639篇,出版学术著作47部,译著1部,科普读物4部,资料汇编1部,完成研究报告147份。

由四川省社会科学院编写的《中国·四川抗战文化研究丛书》入选中宣部"纪念中国人民抗日战争暨世界反法西斯战争胜利70周年"重点出版物。由四川省社会科学院专家主持的"十三五"国家重点出版物项目《中国共产党强国战略的历史演进》丛书入选中宣部和国家新闻出版广电总局评定的2015年主题出版重点出版物。《十三经恒解》入选2015年度国家出版基金资助项目。四川省社会科学院集中研创出版了《四川经济发展形势分析与预测2015》等8部蓝皮书,《四川企业社会责任研究报告2015》在全国377种皮书中被评为100优。

在学术论文方面,《计量反腐学及其构建》《芦山重建:走生态文化旅游融合发展新路》《"一带一路"下的四川发展:机遇与挑战》《准确把握和积极适应新常态》等16篇文章分别在《人民日报》《光明日报》等大报上发表。《权利本位新论》《中国农业经营组织体系演变的逻辑与方向:一个产业链整合的分析框架》《生态补偿的制度构建:政府和市场有效融合》等6篇论文在《社会科学在线》《中国农村经济》《政治学研究》《中国藏学》《文艺研究》《马克思主义研究》等权威刊物上发表;《大数据时代腐败防治机制创新研究》《从有效教学到优质教学》《教师要学会提炼核心经验》《浅谈气候变化的长期性》等4篇论文被《新华文摘》转载;《无对象犯罪类型研究》《"和平共处五项原则"与世界秩序塑造》《中国南海岛礁建设的法律性质》等3篇论文被《中国社会科学文摘》转载。

3. 研究生教育

四川省社会科学院1982年11月成立研究生部,2007年3月,更名为研究生学院。1983年由国家教育部备案,从1984年开始招收硕士研究生,是国内较早招收硕士研究生的单位之一,其主要任务是培养人文和哲学社会科学各学科硕士研究生。经过近35年的建设与发展,现已初步形成了从招生录取到研究生教育和培养、学位授予等一整套研究生教育和培养体制机制,建立起了适合于四川省社会科学院特点的"学科建设与学位教育统一、科研成果与教学内容统一、课题研究与教学实习统一、学术梯队与师资培养统一、科研考核与教学考核统一"的科研院所办学模式。

研究生学院(部)自成立以来,在四川省委、省政府的关心支持下,在院党委的直接领导下,依托雄厚的研究力量和丰富的教育资源,四川省社会科学院的研究生教育和培养事业得到了持续健康发展,目前有中国哲学、区域经济学、金融学、产业经济学、劳动经济学、民商法学、经济法学、政治学理论、中共党史、公共政策与公共管理、社会学、文艺学、新闻学、专门史、农业经济管理、法律硕士(非法学)及法律硕士(法学)等招生专业,在校学生377人,招生规模在西南地区科研单位中名列前茅,在全国地方社科院中位居第二,已成为全国培养哲学社会科学高级专门人才的重要基地之一。2005年,国务院学位委员会批准四川省社会科学院与四川农业大学联合招收和培养博士研究生。2009年,四川省人事厅批准四川省社科学院设立省级博士后科研工作站，现与四川大学、西南政法大学等高校联合培养博士后。2011年，国务院学位委员会批准四川省社会科学院增列应用经济学、法学、政治学、社会学和中国语言文学等5个一级学科。截至2013年7月，共授予硕士学位1080人，并培养了一大批研究生课程进修班学员。这些高级专门人才学成后分赴全国各地，迅速成长为各条战线的中坚力量。

2015年，四川省社会科学院研究生教育工作以学位点评估为抓手，以规范管理为手段，以"名院"战略为目标，坚持"以问题为导向，以改革为方向"原则，不断深化研究生教育改革，以提升研究生创新能力为重点，提高研究生教育培养质量，积极提升四川省社会科学院研究生教育主动服务经济社会发展需要的能力。经国家人社部批准，四川省社会科学院博士后创新实践基地升格为国家博士后科研工作站；硕士研究生招生工作连续14年获省招生考试委员会招生考试目标责任先进单位。

### 三、开门办院：增强话语权和影响力

2015年，四川省社会科学院继续加大对外学术交流力度，积极主办和参与高层次学术活动，加强与省内外高校、研究机构的学术交流和联系，与媒体合作持续扩大宣传力度，形成和打造多渠道的成果发布机制，在国内外哲学社会科学领域的话语权和影响力明显增强。

#### 1. 对外学术交流

四川省社会科学院积极开展对外学术（外事）交流活动，进一步加强对俄罗斯、波兰、美国、日本、印度、韩国、以色列、新加坡、法国、德国、澳大利亚及中国台湾地区等国家和地区的学术交流。先后与美国驻北京大使馆经济参赞冯以宏、美国驻成都总领事馆经济领事罗莎莎、美国苹果公司全球副总裁戈峻先生、澳大利亚驻华大使馆经济参赞顾兆伦先生、澳大利亚驻成都总领事馆领事吴那鸿先生、新西兰驻成都总领事孔思达先生、以色列驻成都总领事蓝天明先生、韩国驻成都总领事馆总领事安成国先生、韩国驻成都总领事馆副总领事韩相国先生、新加坡驻成都总领事馆总领事颜呈吉先生、日本贸易振兴机构驻成都代表处首席代表中井邦尚先生等进行了交流。

#### 2. 重大学术会议

2015年，四川省社会科学院先后主办四川省党风廉政建设理论研讨会（省纪委书记王雁飞出席并讲话）、第四届中印论坛、"纪念红军长征过四川80周年"学术研讨会、"5·12"汶川特大地震纪念馆社会教育理论与实践座谈会、"学习习近平总书记纪念中国人民抗日战争暨世界反法西斯战争胜利70周年重要讲话精神与《四川抗战全史》《四川抗战文化研究丛书》出版"座谈会、全国首届"宗旨论坛"学术交流会、"中韩自由贸易区与川韩经济合作的新机遇"研讨会、四川参与"一带一路"建设与现代物流发展研讨会、"一带一路"战略下充分用好"两种资源、两个市场"研讨会、"一带一路"与韩国"欧亚计划"国际研讨会、2015中国西部法律说明会、协商民主与社会治理学术研讨会、"铁面御史"赵抃与清白文化学术研讨会等学术会议。这些学术活动配合了四川省委省政府重大战略目标的实施，扩展了四川省的学术影响力和社会影响力，得到省领导的肯定和好评。

#### 3. 重要战略合作

2015年四川省社会科学院积极加强与地方党政系统和科研院所的合作，本着平等、互利、梯次推进原则，促进双方持续合作与共赢，实现社科研究和社会实践的有机结合。四川省社会科学院先后与中国茶叶流通协会、四川省农业厅、四川省旅

游局、四川省供销社、雅安市人民政府联合主办"第十一届中国·四川蒙顶山国际茶文化旅游节";与成都市华阳街道办事处合作成立"天府新区广都智库"(暂名)并开展决策咨询工作;与中国(海南)改革发展研究院签订合作协议,在专家资源共享、学术交流等方面广泛开展合作;与中国科学院成都文献情报中心签订《共建天府智库战略合作协议》,在课题合作、信息共享、智库建设等方面开展深入合作;与外交学院合作建设"中国—东盟思想库网络"四川基地;与《人民日报》社、《人民论坛》杂志社签署战略合作协议。

**4. 智库平台建设**

2015年四川省社会科学院加强对中国特色新型智库建设的研究,与中国科学院成都文献情报中心联合成立"中华智库研究中心",并发布《中华智库影响力报告(2015)》。同时,"中华智库研究网"对外发布上线,该网站旨在全面采集和梳理我国大陆和港澳台地区与智库研究相关的机构、专家、论文和报道等各种信息的基础数据和基本素材,对智库进行动态监测和热点分析,着力打造中国特色新型智库大数据平台,截至2015年11月6日,平台已收录2014年大陆地区和港澳台智库相关数据47万余条。

四川省社会科学院围绕新型智库建设,积极搭建服务地市州经济社会发展的研究平台,2015年四川省社会科学院成立眉山分院,康藏研究中心建立白玉研究基地,在甘孜州委党校挂牌成立"四川藏区发展与治理研究中心"。

**5. 名刊名网建设**

在落实"名刊"战略的实施过程中,四川省社会科学院各刊物一直坚持正确的办刊方向,努力提高刊物质量,学术影响不断扩大和增强。《社会科学研究》蝉联由国家新闻出版广电总局评选的全国"百强社科期刊",在国家社科基金资助期刊2015年度考核中被评为"优良"并继续获得资助。《中华文化论坛》获得第二届四川省社会科学优秀学术期刊。由四川省社会科学院主管、主办的《邓小平研究》(双月刊)正式创刊,该刊是目前中国唯一专门研究邓小平思想、理论、生平及其所处时代的大型理论刊物,面向国内外公开发行。《邓小平研究》杂志的办刊方针是立足四川、面向全国、走向世界,经过几年的努力冲刺,打造成全国一流、世界有影响的权威核心期刊,要成为邓小平思想、理论和生平研究的重要阵地,成为向世界展示邓小平研究最新成果的学术窗口。《当代社会科学》(英文版)第二辑顺利出版,正积极争取批准为公开刊物。《企业家日报》和《中国西部》杂志取得新成绩。《当代县域经济》社会影响越来越大。2015年,四川省社会科学院进一步加强了图书、网络和电子信息资源建设。完成"四川社科在线""院网""英文网站"站点前后台程序、栏目设置及服务器、数据库等软硬件日常维护、监管和数据备份;完成网站"三网"的信息编辑、管理和协调工作。全年组织协调发布信息1.1万余条。

## 第四节 科研活动

### 一、人员、机构等基本情况

**1. 人员**

截至2015年12月,四川省社会科学院共有在职人员450人,其中,正高级职称人员62人,副高级职称人员125人。高、中级职称人员占全体人员总数的81%。

**2. 机构**

四川省社会科学院内设15个研究所,2个研究中心,1个研究生学院,2个科研辅助部门,17个分院(所)。15个研究所为:政治学研究所、毛泽东思想研究所、哲学与文化研究所、管理学研究所、历史研究所、法学研究所、产业经济研究所、民族与宗教研究所、文学研究所、社会学研究所、新闻传播研究所、金融与财贸经济研究所、农村发展研究所、区域经济研究所、经济研究所；2 个研究中心为：四川震灾研究中心、印度研究中心；1 个研究生学院为：四川省社会科学院研究生院；2 个科研辅助部门为：《社会科学研究》杂志社、文献信息中心。17 个分院（所）为：乐山分院、达州分院、南充分院、甘孜分院、凉山分院、广元分院、眉山分院、广汉经济研究所、新都经济研究所、龙泉驿区经济研究所、渠县经济研究所、成都县域经济研究所、成都城市经济研究所、自贡农村经济研究所、天全经济研究所、崇州经济研究所、禹羌文化研究所。

## 二、科研工作

2015 年，四川省社会科学院认真组织国家社科基金重大招标项目、国家社科基金年度项目、国家民委民族问题研究项目、省社科规划项目、省软科学项目等各类课题的申报工作，申报数量持续增加，课题类型不断拓展。

1. 科研成果统计

2015 年，四川省社会科学院共发表（出版）论文 639 篇，出版学术著作 47 部，译著 1 部，科普读物 4 部，资料汇编 1 部，完成研究报告 147 份，8 部蓝皮书，对策建议获得省部级以上领导肯定性批示 149 件次。

2. 科研课题

（1）新立项课题。2015 年，四川省社会科学院共有新立项课题 139 项。在国家社科基金项目的申报中，国家社科基金项目立项 16 项，其中重点项目 2 项，一般项目 7 项，青年项目 3 项，西部项目 4 项，四川省社会科学院院长侯水平研究员牵头申报的《增强宗教教职人员法治观念、推进藏族聚居区依法治理》，被全国哲学社会科学规划领导小组批准为 2014 年度国家社科基金重点项目，这是四川省在第三批国家社科基金重大招标课题中唯一一项中标课题。

在省部级课题申报工作中，共立项四川省社科规划项目 16 项，其中重大项目 1 项（郭晓鸣《四川精准扶贫战略研究》），重点项目 2 项（杨柳《新常态传统产业转型升级研究——以白酒产业为例》和方茜《西部中心城市空间形态演化的代体模型研究》），一般项目 6 项，青年项目 2 项。四川省社会科学规划项目"法治四川专项课题"立项 2 项，四川省社科规划文化产业专项课题立项 2 项，四川省社科规划金融专项课题立项 1 项。四川省软科学计划项目立项 7 项。国家民委民族问题研究课题立项 2 项，四川省委重大委托课题 5 项，四川省委宣传部课题 27 项，四川省委组织部课题 5 项，四川省发改委课题 10 项，中国法学会年度部级法学研究课题后期资助项目 1 项。

在院级课题申报工作中，立项十八届四中全会课题 11 项，2015 年度项目 19 项，市（州）县院所课题立项 12 项。

其他课题申报，成都市哲学社会科学规划项目立项 2 项，成都市软科学研究项目立项 1 项，四川省哲学社会科学重点研究基地四川省司法制度改革研究基地 2015 年课题立项 2 项，四川养老与老年健康协同创新中心 2015 年度招标课题立项 3 项

（2）结项课题。2015 年，四川省社会科学院共有结项课题 45 项。国家级：国家社科基金项目结项 8 项，其中国家社科基金重大招标项目 1 项，年度项目 6 项，后期资助项目 1 项；国家软科学课题结项 1 项。省部级：四川省社科规划项目结项 11 项，其中 1 项优秀，3 项良好，7 项合格；四川省科技厅软科学项目结项 11 项；四川省"十二五"规划文化产业项目结项 5

项；四川省规划重点理论项目结项4项。院级：青年成长项目结项4项；理论创新项目结项1项。

3. 获奖优秀科研成果

在整体科研工作方面，中共四川省委宣传部《关于表扬2014年度调研和部刊工作、舆情信息工作先进单位和先进个人的通报》（川宣通〔2015〕14号）通报表扬四川省社会科学院为"2014年调研和部刊工作先进单位"。中共四川省委宣传部《关于表扬2014年度四川省宣传文化系统督查工作先进单位的通报》（川宣通〔2015〕2号）表彰四川省社会科学院为"2014年度四川省宣传文化系统督查工作先进单位"。

在学术论文与专著方面，《实现标本兼治的计量反腐原理》《纪检监察派驻机构建设的实践与思考——以成都深化派驻机构管理体制改革为例》两篇论文分别获得2015年度四川省党风廉政建设理论研究优秀成果一等奖和二等奖。论文《"项目制"下村庄"政治经纪"的结构性变化——基于对川甘交界L村的观察》荣获中国社会学会2015年学术年会优秀论文一等奖。《中国共产党强国战略的历史演进》丛书入选中宣部和国家新闻出版广电总局评定的2015年主题出版重点出版物。《中国·四川抗战文化研究丛书》入选中宣部、国家新闻出版广电总局开展的"纪念中国人民抗日战争暨世界反法西斯战争胜利70周年"重点出版物。

在国家社科基金方面，副院长郭晓鸣研究员承担的国家社科基金2010年度重大招标项目"加快推进农业大省农业发展方式转变研究"（10ZD&015），获国家规划办免于鉴定。农村发展研究所胡俊波副研究员主持的国家社科基金项目"劳务输出大省扶持农民工返乡创业研究：制度困境与政策选择"（09CJY060）通过结项鉴定，结项等级为"优秀"。院学术顾问杜受祜研究员的专著《全球变暖时代我国城市的绿色变革与转型》、段渝研究员的专著《西南酋邦社会与中国早期文明》入选2014年《国家哲学社会科学成果文库》。院纪委书记向宝云研究员撰写的《建议加强中印关系舆论引导》被国家社科基金办《成果要报》第60期收录。

在蓝皮书方面，《四川蓝皮书：四川城镇化发展报告（2015）》中的《四川省城镇化发展测度和前景展望》（作者："四川省城镇化发展测度和前景展望"课题组）获得了第七届"优秀皮书奖"二等奖。《四川蓝皮书：四川生态建设报告（2015）》中的《四川省生态建设基本态势》（作者：李晟之、杜婵）获得了第七届"优秀皮书奖"三等奖。《四川蓝皮书：2017年四川经济形势分析与预测》得到授权使用"中国社会科学院创新工程学术出版项目"标识。《四川企业社会责任研究报告2015》在全国377种皮书中被评为100优。

4. 主要研究工作

（1）哲学社会科学创新工程

创新工程的实施对实施创新驱动战略、推动经济社会发展具有强有力的促进作用。中国社科院、上海社科院等科研单位实施创新工程以来，成效显著，取得了一大批在国际上领先、在国内有重大学术影响的科技创新成果，为"科教兴国"战略的实施以及推动我国哲学社会科学研究事业的繁荣发展探索出了一条新路。四川省社会科学院综合实力雄厚，作为四川省委省政府的思想库、智囊团，四川省社会科学院已经具备实施创新工程先行先试的基础和条件，启动创新工程必将对加快推进四川省科技体制机制改革具有重要示范引领作用。

为深入贯彻党的十八大和十八届三中、四中、五中全会精神，落实中共中央办公厅、国务院办公厅《关于加强中国特色新型智库建设的意见》，推进四川省哲学社会科学发展，建立健全决策咨询制度，推动四川省科技体制改革和科技强省战略的实施，把四川省社会科学院建设成全国一流的地方高端智库，从2014年开始，在院领导的带领下，科研处组织专家学者对中国社科院、上海社科院、山东省社会科学院和四川省社会科学院就哲学社会科学创新工程实施情况进行了专题调研，并成立了专门的课题组，负责起草四川省社会科学院哲学社会科学创新工程总体方案。2015年以来，经过多次讨论修改，目前，已基本形成5万多字的总体方案，并上报四川省委、省政府。

（2）院"十三五"名所规划

根据院党委会安排，四川省社会科学院科研处承担了四川省社会科学院"十三五"规划中的"名所规划"部分，自立项以来，科研处对全院15个研究所进行了密集调研，通过科研人员全面深入地进行了座谈交流，收集了大量意见和建议，在此基础上，总结梳理出"十三五"名所规划的框架和主要发展方向，目前，该规划已顺利完成。此外，还配合社会科学研究编辑部完成院"十三五"名刊规划。

（3）科研管理和服务信息化建设

为进一步深化科研体制改革，推进四川省社会科学院新型智库建设，引导科研方向，规范科研行为，合理配置资源，提高科研质量，四川省社会科学院启动了科研动态管理平台的前期调研和建设工作。2015年3月，科研处在郭晓鸣副院长的带领下赴广东社科院考察，同时与中科院成都文献信息中心进行了多次交流座谈，并将考察交流结果向院党委作了详细汇报。院党委综合考量后，决定采用同中科院成都文献信息中心合作开发四川省社会科学院科研动态管理平台的方案。科研处会同中科院成都文献信息中心商定了合作开发合同，提出了详细需求，开始了管理平台的开发。目前平台框架已基本搭建完成，正在修改完善具体的功能和细节。

（4）分院分所管理

"1221"工程顺利推进，两年来，四川省社会科学院共立项市州县院所课题22项（含自筹课题），发表市州县院所论文7篇，省《重要成果专报》1篇。凉山分院和省院兼职副院长合作，成功立项了2015年省规划年度课题，不仅是凉山分院有史以来第一次成功立项省部级课题，也是四川省社会科学院分院分所中的第一个。通过"1221"工程的实施，进一步加强了合作效果，拓展了合作空间，取得了积极的反响。另外，科研处创新合作手段，为提升和开阔市州县院所科研视野，丰富市州县院所科研方法，在省院举办或者参加重大国际性、全国性、全省性学术会议的时候，对市州县院所和调研基地发出了会议邀请，通过参加这些高水平学术会议，获得了最新的科研动态，提升了研究水平，得到了市州县院所的一致好评。

（5）科研制度建设

2015年以来，科研处继续深入推进制度建设，建立健全科研管理制度，新增了《四川省社会科学院课题管理办法》《四川省社会科学院学术会议管理办法》，修订完善了《四川省社会科学院考核管理办法》《四川省社会科学院国（境）外专家来访管理办法》。

### 三、学术交流活动

1. 学术活动

2015年，四川省社会科学院举行的大型会议有：2015中印论坛、第五届学术节暨青年论坛、四川省社会科学院市（州）县院所工作会暨"精准扶贫与全面建成小康社会"研讨会、《四川抗战全史》专家座谈会、"中韩自由贸易区与川韩经济合作的新机遇"研讨会、"协商民主与社会治理"学术研讨会、《四川知青史》出版暨学术座谈会、《中华智库影响力报告（2015）》发布会。

2. 国际学术交流与合作

（1）学者出访情况

2015年，四川省社会科学院赴港澳台地区及出国进行学术交流及考察共计派出18批55人次出访。

（2）外国学者来访情况

2015年，四川省社会科学院接待国（境）外学者及驻我使领馆官员来访及联系安排院领导及四川省社会科学院学者参加有关外事活动19批89人次。主办或合办国际学术研讨会3个（不包括12月在印度的财经会议），邀请外国来访专家学术讲座5个，办理四川省社会科学院邀请来访外宾有关手续3批50人次。

四、学术社团、期刊

1. 社团

四川省城市经济学会，会长，林凌

四川省市场学会，会长，刘茂才

四川省政治学会，会长，陈井安

四川省中国现当代文学研究会，会长，李明泉

四川省毛泽东思想学会，会长，杨先农

四川省企业文化学会，会长，蓝定香

四川省羌学学会，会长，陈兴龙

四川省文艺理论研究会，会长，冯宪光

四川省历史学会，会长，谭继和

四川省中华文化学会，会长，章玉钧

四川省儒商商业文化研究促进会，会长，陈伟生

四川省嫘祖文化促进会，会长，徐世群

四川省吴玉章研究会，会长，黄工乐、李吉荣

四川省新型城镇化建设研究会，会长，曾清华

2. 期刊

（1）《社会科学研究》（双月刊），主编李后强。

2015年，《社会科学研究》共出版6期，共计130余万字。该刊全年刊载的有代表性文章有：《隋废乡官再思》，罗志田，2015年第1期；《遵守纪律：自拘性规训社会的建构秘密》，张一兵，2015年第5期。

（2）《毛泽东思想研究》（双月刊），主编杨先农。

2015年，《毛泽东思想研究》共出版6期，共计115余万字。该刊全年刊载的代表性文章有：《〈毛泽东哲学批注集〉编辑忆往》，石仲泉，2015年第1期；《新时期邓小平的文艺批评思想及其重要意义》，叶帆子，2015年第3期。

（3）《邓小平研究》（双月刊），主编杨钢。

《邓小平研究》2015年创刊，共出版2期，共计12万余字。该刊全年刊载的代表性文章有：《最好的纪念——在中共中央纪念邓小平同志诞辰110周年座谈会上的发言》，王东明，2015年第1期；《邓小平治国艺术初探》，陶武先，2015年第1期。

（4）《经济体制改革》（双月刊），主编盛毅。

2015年，《经济体制改革》共出版6期，共计150余万字。该刊全年刊载的代表性文章有：《中国追赶型增长的阶段转换与增长前景》，张军扩，2015年第1期；《法经济学视角下小产权房的成因及治理对策》，黄日生，2015年第6期。

（5）《农村经济》（月刊），主编郭晓鸣。

2015年，《农村经济》共出版12期，共计210余万字。该刊全年刊载的代表性文章有《中国农业发展形势及面临的挑战》，陈锡文，2015年第1期；《关于赋予

农民宅基地使用权更加完整权能的探析》，崔红志，2015年第3期。

（6）《中华文化论坛》（月刊），主编李明泉。

2015年，《中华文化论坛》共出版12期，共计250余万字。该刊全年刊载的代表性文章有：《清代玛哈噶拉金铜造像研究》，李宏坤，2015年第1期；《整体视野下丝绸之路的思考——以明代南方丝绸之路为中心》，万明，2015年第9期。

（7）《中国西部》（双月刊），主编李庆。

2015年，《中国西部》共出版12期，共计120余万字。该刊全年刊载的代表性文章有：《中尼边陲的夏尔巴部落》，侯朝阳，2015年第4期；《绘就生态旅游发展新蓝图——四川省马尔康县长窦孝解谈全域旅游发展》，王国民，2015年第5期。

（8）《当代县域经济》（月刊），主编郭晓鸣。

2015年《当代县域经济》共出版12期，共计180余万字。该刊全年刊载的代表性文章有：《四川"开关论"——建设全面创新改革试验区坚定发展信心"四川论"之一》，李后强、郭丹，2012年第11期；《推动四川和韩国农业合作走向深入》，郭晓鸣，2012年第12期。

（9）《当代社会科学》（英文版），主编侯水平。

2014年12月创刊，共出版6期。该刊全年刊载的代表性文章有：Opportunities and Challenges for Social Science Research in the Age of Big Data. Li Hongqiang, Li Xianbin, Li Danjing. China's Water Regimen and National Water-Control Policies, Lin Ling.

### 五、会议综述

（1）四川省党风廉政建设专题理论研讨会

11月13日，省纪检监察学会与省社会科学院联合举办四川省党风廉政建设专题理论研讨会，围绕"推进全面从严治党，净化政治生态"开展研讨交流。四川省委常委、省纪委书记、省纪检监察学会名誉会长王雁飞出席会议并讲话。会议强调，各级纪检监察机关要高度重视党风廉政建设理论研究，加强纪检监察学会建设，着力打造"思想库""智囊团"。要加强交流沟通，各级纪检监察机关每年都要召开专家学者座谈会，听取意见建议。组织专家学者开展咨询服务、专家访谈、廉政宣传等工作。针对纪检监察工作中难点热点问题，组织"订单式"的课题进行攻关。通过举办学术论坛、干部双向交流、评选优秀研究成果等方式，努力造就一批在全国都有影响力的理论研究人才。

（2）《四川抗战全史》专家座谈会

《四川抗战全史》课题组于2015年1月13日邀请院内外专家学者召开《四川抗战全史》专家座谈会。院党委书记李后强教授、副院长李明泉研究员、四川省档案局丁成明局长、四川人民出版社刘周远总编、四川大学何一民教授、陈廷湘教授、西南交通大学鲜于浩教授、四川省档案协会张洁梅副秘书长及四川省社会科学院谭继和研究员、任新建研究员、段渝研究员、李敬洵研究员、文献信息中心贾玲主任及丛书全体作者参加座谈。与会专家学者一致认为，四川省社会科学院在2015年中国人民抗日战争胜利70周年这一伟大历史节点上，在《四川抗战史》基础上，深度策划《四川抗战全史》重大文化工程，恰逢其时，是明智之举。站在"国际视野、民族立场、人类正义"的高度，全面系统客观地阐述四川对抗日战争作出的历史性伟大贡献是极为必要的，具有重大的学术意义和现实意义。

（3）2015中印论坛

2015年10月26—27日，2015中印论

坛在四川省社会科学院隆重召开。本次论坛是四川省社会科学院、四川博览事务局、印度社会与经济研究院、印度国际管理研究院共同举办的重大国际学术活动,是"2015中国西部(四川)进口展及国际投资大会"的分论坛,主题是"中印关系:变化与发展",重点探讨中印关系新变化背景下的经贸合作和文化交流。

（4）"协商民主与社会治理"学术研讨会

四川省社会主义协商民主研究中心（省政协与四川省社会科学院联合成立）、中央编译局世界发展战略研究部共同举办的"协商民主与社会治理"学术研讨会于4月10日在成都召开。专家学者们从协商民主发展的制度环境、社会基础、制度构建、程序设计等方面,具体分析和探讨了我国协商民主的实践经验、特点与路径。

（5）四川省社会科学院市（州）县院所工作会暨"精准扶贫与全面建成小康社会"研讨会

2015年11月27日,四川省社会科学院在广元旺苍召开了市（州）县院所工作会暨"精准扶贫与全面建成小康社会"研讨会,院党委书记李后强教授、副院长杨钢研究员、副院长李明泉研究员、院纪委书记向宝云研究员、广元市委副秘书长、办公室主任任利国,旺苍县委书记张尚华、市（州）县院所负责人、兼职副院长副所长、职能部门负责人,以及旺苍县相关部门共计100多人参加了此次会议。

（6）《四川知青史》出版暨学术座谈会

由四川省社会科学院、四川人民出版社主办的"《四川知青史》出版暨学术座谈会",于2015年7月20日在四川省社会科学院演讲厅举行。与会专家学者围绕《四川知青史》的出版意义、研究价值以及知青历史文化等问题进行了热烈的研讨。《四川知青史》这项研究成果的问世,将丰富中国知青史的研究史实,拓展四川当代史的研究领域,弥补国内省域知青史研究的缺陷与空白,在中国省域知青史学研究上具有里程碑的意义。

（7）《中华智库影响力报告（2015）》发布会

11月24日,《中华智库影响力报告（2015）》发布会在四川省社会科学院举行。该报告由四川省社会科学院、中国科学院成都文献情报中心联合成立的"中华智库研究中心"发布。该报告综合运用信息抓取技术、问卷调查得到的数据,从决策影响力、专业影响力、舆论影响力、社会影响力和国际影响力5个角度,对我国大陆及港澳台地区的276家智库进行了综合评价、分项评价和分类评价,并提炼出我国智库及其影响力的五大特征。报告显示,综合影响力排名前5位的智库为中国社会科学院、清华大学、北京大学、中国科学院、中国人民大学。报告还显示,四川省社会科学院在地方性智库影响力排名中位居第四,仅落后于上海社科院、北京社科院和广东省社会科学院。同时,该报告筛选出我国2014年度10大热点议题,即全面深化改革、城镇化、新常态、"一带一路"、大数据、依法治国、粮食安全、自贸区、小康社会和智库。报告围绕热点议题分析了我国智库机构和智库研究专家的分布情况,并从基金资助角度讨论了我国智库发展的外部动力。当天,"中华智库研究网"（www.chinesethinktanks.cn）同时对外发布上线。

## 第五节　重点成果

### 一、四川省社科院2014年以前获得省部级以上奖项科研成果[*]

| 成果名称 | 作者 | 职称 | 成果形式 | 字数（万字） | 出版发表单位 | 出版发表时间 | 获奖情况 |
| --- | --- | --- | --- | --- | --- | --- | --- |
| 关于中心城市改革的几个问题 | 林凌 | 研究员 | 论文 | — | 《财贸经济》 | 1984年第1期 | 孙冶方经济科学基金奖（1984） |
| 论毛泽东的战略策略思想 | 陈文 | 研究员 | 论文 | — | 《四川党史资料》 | 1983年第1期 | 中共党史研究优秀论文一等奖 |
| 试论我国工业企业的级差收益及其调节 | 顾宗枨 孙广林 | 研究员 | 论文 | — | 《社会科学研究》 | 1981年第4期 | 孙冶方经济科学基金奖（1985） |
| 城市经济商品化与城市开放 | 林凌 | 研究员 | 论文 | — | 《财贸经济》 | 1985年第9期 | 孙冶方经济科学基金奖（1986） |
| 对社会主义所处时代重新界定 | 洪韵珊 | 研究员 | 论文 | — | — | — | 纪念党的十一届三中全会优秀成果奖（1988年） |
| 牛顿力学的横向研究 | 查有梁 | 研究员 | 专著 | — | 四川教育出版社 | 1987 | 全国第一届教育图书二等奖（1988年） |
| 控制论·信息论·系统论与教育科学 | 查有梁 | 研究员 | 专著 | — | 四川省社会科学院出版社 | 1986 | 国家教育委员会全国首届教育科学优秀成果二等奖（1990年） |
| 郭沫若传 | 秦川 | 研究员 | 专著 | — | 重庆出版社 | 1984 | 全国城市出版社优秀图书二等奖（1994年） |
| 四川米易县立体农业综合开发 | 唐洪潜 郭正模 | 研究员 | 研究报告 | — | — | — | 国家星火二等奖（1991年） |
| 秦巴山区农村经济开发规划研究 | 唐洪潜 郭正模 | 研究员 | 研究报告 | — | — | — | 全国农业区划委员会、农业部优秀成果一等奖（1991年） |
| 毛泽东思想史（1—4卷） | 毕剑横等 | 研究员 | 专著 | 126 | 四川人民出版社 | 1991—1993 | 国家社会科学基金项目优秀成果二等奖 |

[*] 注：在本节的表格中的"出版发表时间"一栏，年、月使用阿拉伯数字，且"年""月"两字省略（发表期数除外，保留"年"字）。既有年份，又有月份时，"年"用"."代替。如："1987年"用"1987"表示，"2013年11月"用"2013.11"表示，"1984年第1期"不变。

续表

| 成果名称 | 作者 | 职称 | 成果形式 | 字数（万字） | 出版发表单位 | 出版发表时间 | 获奖情况 |
| --- | --- | --- | --- | --- | --- | --- | --- |
| 中国国情丛书——百县市经济社会调查·渠县卷 | 顾宗栎 唐洪潜 杜受祐等 | 研究员 | 专著 | 41 | 中国大百科全书出版社 | 1993 | 中国社会科学院优秀成果奖二等奖（2001年） |
| 四川省土地利用总体规划 | 杜受祐 唐洪潜 郭正模 | 研究员 | 研究报告 | — | — | — | 国家土地管理局优秀成果一等奖（1993年） |
| 独生子女与父母养老保险的理论和实践 | 许改玲 | 研究员 | 论文集 | — | — | — | 国家计划生育委员会首届中国人口科学优秀成果奖二等奖（1994年） |
| 中国音乐文物大系·四川卷 | 幸晓峰等 | 研究员 | 专著 | 17 | 大象出版社 | 1996 | 中华人民共和国新闻出版署第四届国家图书奖荣誉奖 |
| 西部大开发要注重软环境建设 | 李树桂 | 研究员 | 对策建议 | — | — | — | 国家计委奖一等奖（2001年） |
| 中国国有经济的布局现状与调整方向 | 林 凌 刘世庆 | 研究员 | 论文 | — | 《中国工业经济》 | 1999年第6期 | 蒋一苇企业改革与发展学术基金优秀论文奖（2001年） |
| 中国人口老龄化趋势与"银色产业"崛起的机遇 | 许改玲 | 研究员 | 论文 | — | — | — | 国家计划生育委员会中国人口科学优秀成果奖三等奖（2002年） |
| 四川省土地利用总体规划 | 郭正模 张克俊 | 研究员 | 调研报告 | — | — | — | 中华人民共和国国土资源部土地利用规划奖一等奖（2002年） |
| 证券法通论——证券法理论与实务 | 周友苏 | 研究员 | 专著 | — | 四川人民出版社 | 1999 | 中华人民共和国司法部法学教材与科研成果奖三等奖（2002年） |
| 邓小平理论史（1—4卷） | 侯水平 | 研究员 | 专著 | 130 | 四川人民出版社 | 2003 | 吴玉章基金奖（第五届）（2016年） |
| 藏传佛教僧人学经和晋升学位问题专题研究 | 任新建 | 研究员 | 研究报告 | — | — | — | 统战部中国藏学研究中心科研成果奖特等奖（2003年） |
| 中国曲艺志·四川卷 | 幸晓峰 | 研究员 | 专著 | 60 | 中国文联出版社 | 2004 | 文化部中国民族民间艺术集成志书优秀成果奖一等奖（2004年） |

续表

| 成果名称 | 作者 | 职称 | 成果形式 | 字数（万字） | 出版发表单位 | 出版发表时间 | 获奖情况 |
|---|---|---|---|---|---|---|---|
| 母系家族 | 王林 | 研究员 | 专著 | — | 四川人民出版社 | 2004 | 中国妇女联合会"全国优秀妇女读物及全国妇联推荐作品"第四届（2005年） |
| 四川省人才政策措施实施效果的调查与评估 | 黄泽云等 | 研究员 | 调研报告 | — | — | — | 人事部第五次全国人事人才科研成果奖三等奖（2006年） |
| 四川省社会闲散青少年问卷调查统计分析报告 | 胡光伟 奉春梅等 | 研究员 | 调研报告 | — | — | — | 团中央2006年度全国优秀调研成果奖一等奖（2007年） |
| 希望·方法·快乐——发展报道的新闻价值观 | 张立伟 | 研究员 | 论文 | — | — | — | 第18届中国新闻奖论文二等奖（2008年） |
| 论教育学的核心范畴 | 查有梁 | 研究员 | 论文 | — | 《中国教育科学》 | 2013年第3期 | 四川省第十六次哲学社会科学优秀成果奖荣誉奖 |
| 重塑四川经济地理 | 《重塑四川经济地理》课题组 | — | 专著 | — | 社会科学文献出版社 | 2013.11 | 四川省第十六次哲学社会科学优秀成果奖一等奖 |
| 中国马克思主义发展规律论的历史演进 | 胡学举等 | — | 专著 | — | 陕西人民教育出版社 | 2013.3 | 四川省第十六次哲学社会科学优秀成果奖二等奖 |
| "4·20"芦山地震灾后恢复重建重大问题研究 | 课题组 | — | 研究报告 | — | 省部级以上领导批示 | 2013.9 | 四川省第十六次哲学社会科学优秀成果奖二等奖 |
| 重大公共危机应对研究 | 周友苏 郭丹等 | — | 专著 | — | 人民出版社 | 2013.11 | 四川省第十六次哲学社会科学优秀成果奖二等奖 |
| 统筹城乡发展与农村土地流转制度变革——基于成都"试验区"的实证研究 | 郭晓鸣 郑泰安等 | — | 专著 | — | 科学出版社 | 2012.7 | 四川省第十六次哲学社会科学优秀成果奖二等奖 |

续表

| 成果名称 | 作者 | 职称 | 成果形式 | 字数(万字) | 出版发表单位 | 出版发表时间 | 获奖情况 |
|---|---|---|---|---|---|---|---|
| IT梦、成都梦——成都IT产业发展回顾、启示与展望 | 盛 毅 李后强等 | — | 研究报告 | — | 省部级及以上领导批示或党政机关采用 | 2013.5 | 四川省第十六次哲学社会科学优秀成果奖二等奖 |
| 四川防范重大事件影响社会稳定对策研究 | 李后强 林彬等 | — | 研究报告 | — | 省部级以上领导批示 | 2013.9 | 四川省第十六次哲学社会科学优秀成果奖二等奖 |
| 城乡经济社会一体化新格局战略研究 | 郭晓鸣 张克俊等 | — | 专著 | — | 科学出版社 | 2013.11 | 四川省第十六次哲学社会科学优秀成果奖二等奖 |
| 消费社会与当代小说的文化变奏：1990后的中国小说批评 | 向 荣 | 研究员 | 专著 | — | 四川人民出版社 | 2013.11 | 四川省第十六次哲学社会科学优秀成果奖二等奖 |
| 神话叙事：灾难心理重建的本土经验——社会人类学田野视角对西方心理治疗理念的超越 | 王曙光 丹芬妮·克茨等 | — | 论文 | — | 《社会》 | 2013年第11期 | 四川省第十六次哲学社会科学优秀成果奖二等奖 |
| 政府公共文化服务体系主体地位研究 | 李明泉 赵萍萍等 | — | 研究报告 | — | 2013中国公共文化发展报告采用 | 2013.11 | 四川省第十六次哲学社会科学优秀成果奖二等奖 |
| 农村土地流转中的若干重大问题与政策研究 | 郭晓鸣 任永昌等 | — | 研究报告 | — | 中国农村经济、中国社会科学内部文稿 | — | 四川省第十五次哲学社会科学优秀成果奖一等奖 |
| 汶川大地震灾后恢复重建相关重大问题研究 | 侯水平 刘世庆等 | — | 专著 | — | 四川人民出版社 | — | 四川省第十五次哲学社会科学优秀成果奖一等奖 |
| 四川通史 | 贾大泉 陈世松等 | — | 专著 | — | 四川人民出版社 | — | 四川省第十五次哲学社会科学优秀成果奖一等奖 |

续表

| 成果名称 | 作者 | 职称 | 成果形式 | 字数（万字） | 出版发表单位 | 出版发表时间 | 获奖情况 |
|---|---|---|---|---|---|---|---|
| 毛泽东科技思想研究 | 曾敏 | — | 专著 | — | 中央文献出版社 | — | 四川省第十五次哲学社会科学优秀成果奖二等奖 |
| 发展型重建——灾后崛起的四川模式 | 课题组 | — | 专著 | — | 四川人民出版社 | — | 四川省第十五次哲学社会科学优秀成果奖二等奖 |
| 中国民族地区公共服务能力建设 | 张序 方茜 张霞 | — | 专著 | — | 民族出版社 | — | 四川省第十五次哲学社会科学优秀成果奖二等奖 |
| 基于能力建设的西部人才战略研究 | 陈井安 柴剑锋等 | — | 研究报告 | — | — | — | 四川省第十五次哲学社会科学优秀成果奖二等奖 |
| 中国西部民族地区乡村聚落形态和信仰社区研究 | 张雪梅 | — | 专著 | — | 四川人民出版社 | — | 四川省第十五次哲学社会科学优秀成果奖二等奖 |
| 打造中国新的增长极——成渝经济区研究报告 | 解洪 崔广义等 | — | 专著 | — | 四川人民出版社 | — | 四川省第十五次哲学社会科学优秀成果奖二等奖 |
| 中国刑事诉讼证据规则研究——以两个证据规则为中心 | 龙宗智 夏黎阳等 | — | 专著 | — | 检察出版社 | — | 四川省第十五次哲学社会科学优秀成果奖二等奖 |
| 全球化文化语境中的中西文艺美学比较研究 | 冯宪光 傅其林等 | — | 专著 | — | 巴蜀书社 | — | 四川省第十五次哲学社会科学优秀成果奖二等奖 |
| 军民融合：提升西部地区自主创新能力和高技术产业研究 | 刘世庆 邵平桢等 | — | 专著 | — | 人民出版社 | — | 四川省第十五次哲学社会科学优秀成果奖二等奖 |
| 马克思主义中国化研究文选 | 李声禄 | 研究员 | 专著 | — | 电子科技大学出版社 | 2009.5 | 四川省第十四次哲学社会科学优秀成果奖荣誉奖 |
| 马克思主义中国化与民族精神的升华研究 | 杨先农 | 研究员 | 专著 | — | 四川人民出版社 | 2008.12 | 四川省第十四次哲学社会科学优秀成果奖一等奖 |

续表

| 成果名称 | 作者 | 职称 | 成果形式 | 字数（万字） | 出版发表单位 | 出版发表时间 | 获奖情况 |
|---|---|---|---|---|---|---|---|
| 共建成渝经济区培育中国经济新的增长极 | 林 凌等 | 研究员 | 研究报告 | — | 经济科学出版社 | 2009.12 | 四川省第十四次哲学社会科学优秀成果奖二等奖 |
| 术语解码：比较美学与艺术批评 | 支 宇 | — | 专著 | — | 光明日报出版社 | 2009.12 | 四川省第十四次哲学社会科学优秀成果奖二等奖 |
| 马克思主义中国化研究 | 贾松青 孙成民等 | — | 专著 | — | 四川人民出版社 | 2007.10 | 四川省第十三次哲学社会科学优秀成果奖二等奖 |
| 上市公司法律规制论 | 周友苏 郑泰安等 | — | 专著 | — | 商务印书馆 | 2006.9 | 四川省第十三次哲学社会科学优秀成果奖二等奖 |
| 传媒竞争：法则与工具 | 张立伟 | 研究员 | 专著 | — | 清华大学出版社 | 2007.1 | 四川省第十三次哲学社会科学优秀成果奖二等奖 |
| 共建繁荣：成渝经济区发展思路研究报告 | 林 凌 刘世庆等 | — | 研究报告 | — | 经济科学出版社 | 2005.9 | 四川省第十二次哲学社会科学优秀成果奖一等奖 |
| 20世纪四川全纪录 | 编写组 | — | 资料书 | — | 四川人民出版社 | 2006 | 四川省第十二次哲学社会科学优秀成果奖二等奖 |
| 传播心理学新探 | 林之达 | 研究员 | 专著 | — | 北京大学出版社 | 2004.12 | 四川省第十二次哲学社会科学优秀成果奖二等奖 |
| 证券法律责任 | 侯水平 许前川等 | — | 专著 | — | 法律出版社 | 2005.7 | 四川省第十二次哲学社会科学优秀成果奖二等奖 |
| 以德治国：多维视野的探索 | 涂秋生 郭丹等 | — | 专著 | — | 天地出版社 | 2005.11 | 四川省第十二次哲学社会科学优秀成果奖二等奖 |
| 长江上游经济带西部大开发战略与政策研究 | 刘世庆 罗宏翔等 | — | 专著 | — | 四川科学技术出版社 | 2003.2 | 四川省第十一次哲学社会科学优秀成果奖一等奖 |
| 邓小平理论史 | 课题组 | — | 专著 | — | 四川人民出版社 | 2003.12 | 四川省第十一次哲学社会科学优秀成果奖一等奖 |

续表

| 成果名称 | 作者 | 职称 | 成果形式 | 字数（万字） | 出版发表单位 | 出版发表时间 | 获奖情况 |
|---|---|---|---|---|---|---|---|
| 新教育模式之建构 | 查有梁 | 研究员 | 专著 | — | 广西教育出版社 | 2003.5 | 四川省第十一次哲学社会科学优秀成果奖二等奖 |
| 高新技术成果产业化问题的实证研究 | 张克俊 杨萍等 | — | 研究报告 | — | 《中国科技论坛》 | 2002年第3期 | 四川省第十一次哲学社会科学优秀成果奖二等奖 |
| 邓小平"两个大局"理论与西部大开发 | 杨钢 蓝定香等 | — | 专著 | — | 四川人民出版社 | 2002.7 | 四川省第十一次哲学社会科学优秀成果奖二等奖 |
| 城市里的坐贾行商 | 郭虹 张胜康等 | — | — | — | 四川人民出版社 | 2002 | 四川省第十一次哲学社会科学优秀成果奖二等奖 |
| 论西部企业家队伍建设 | 刘茂才 侯水平等 | — | 专著 | — | 四川人民出版社 | 2003.6 | 四川省第十一次哲学社会科学优秀成果奖二等奖 |
| 理论与政治思想 | 周琳 | 研究员 | 专著 | — | 四川人民出版社 | 2001 | 四川省第十次哲学社会科学优秀成果奖荣誉奖 |
| 党的第三代领导集体对邓小平理论的实践与创新研究丛书 | 课题组 | — | 专著 | — | 四川人民出版社 | 2001 | 四川省第十次哲学社会科学优秀成果奖一等奖 |
| 环境经济学 | 杜受祜 甘庭宇等 | — | 专著 | — | 中国大百科全书出版社 | 2001 | 四川省第十次哲学社会科学优秀成果奖一等奖 |
| 对我省"法轮功痴迷者转化工作"的调查及对策建议 | 周友苏 郭虹等 | — | 研究报告 | — | 《社会科学研究》 | 2001年第5期 | 四川省第十次哲学社会科学优秀成果奖二等奖 |
| 玉垒浮云变古今——古代的蜀国 | 段渝 | 研究员 | 专著 | — | 四川人民出版社 | 2001 | 四川省第十次哲学社会科学优秀成果奖二等奖 |
| 国有企业资本营运研究 | 陈永忠等 | — | 专著 | — | 人民出版社 | 2000 | 四川省第十次哲学社会科学优秀成果奖二等奖 |
| 朱熹与中国文化 | 蔡方鹿 | 研究员 | — | — | 贵州人民出版社 | 2000 | 四川省第十次哲学社会科学优秀成果奖二等奖 |

续表

| 成果名称 | 作者 | 职称 | 成果形式 | 字数（万字） | 出版发表单位 | 出版发表时间 | 获奖情况 |
|---|---|---|---|---|---|---|---|
| 川酒发展战略研究 | 杜受祜等 | — | 研究报告 | — | 《经济体制改革》 | 1999年第1期 | 四川省第十次哲学社会科学优秀成果奖二等奖 |
| 中国神话大词典 | 袁珂 | 研究员 | 工具书 | — | 四川辞书出版社 | 1998 | 四川省第九次哲学社会科学优秀成果奖一等奖 |
| 中国反腐廉政通鉴 | 周琳等 | — | 专著 | — | 人民法院出版社 | 1997 | 四川省第九次哲学社会科学优秀成果奖二等奖 |
| 邓小平与当代中国道路 | 刘平斋姜忠等 | — | 专著 | — | 成都科技大学出版社 | 1996 | 四川省第九次哲学社会科学优秀成果奖二等奖 |
| 四川县属国有企业产权制度改革研究 | 刘茂才杜受祜等 | — | 研究报告 | — | 《经济体制改革》 | 1996年第4期 | 四川省第九次哲学社会科学优秀成果奖二等奖 |

## 二、2015年主要科研成果（按出版的先后顺序）

成果名称：《民族走廊——互动、融合与发展》
主编：陈井安
职称：研究员
成果形式：专著
字数：440千字
出版单位：光明日报出版社
出版时间：2015年1月
该书阐释了作者对于民族走廊地带古今经济文化互动与融合、文明发展、社会和谐、生态建设等领域的研究，揭示其对促进我国民族地区和边疆地区的发展稳定、增进国家认同和中华民族凝聚力具有重要现实意义。

成果名称：《汶川地震灾区羌寨重建与羌族文化重构研究》
作者：喇明英
职称：副研究员
成果形式：专著
字数：277千字
出版单位：四川民族出版社
出版时间：2015年3月
该书作者10余次深入汶川地震灾区，实地考察50多个羌寨，在第一手资料下对羌族文化灾后重构的实践进行了理论反思，对"文化认同""文化适应""文化的指导变迁"等经典理论在羌族文化重构时发挥的积极作用进行了分析。

成果名称：《全球变暖时代中国城市的绿色变革与转型》
作者：杜受祜
职称：研究员
成果形式：专著
字数：484千字
出版单位：民族出版社
出版时间：2015年4月
该书入选2014年《国家哲学社会科学成果文库》。该书在深入研究气候变化下我国城市可持续发展与我国城市可持续对于气候变化的影响的基础之上，把我国城市生态环境可持续发展与生态文明建设的目标凝练为"资源节约型、环境友好型、气候安全型"城市（简称"三型"城市），并对国内外建设"三型"城市的理论和实践进行总结概括，提出了若干以"三型"城市为目标模式推进我国城市可持续发展的对策建议。

成果名称：《中国共产党强国战略的历史演进》
主编姓名：李后强、杨钢、胡学举
职称：教授、研究员、研究员
成果形式：丛书专著
字数：630千字
出版单位：陕西人民教育出版社
出版时间：2015年4月

《中国共产党强国战略的历史演进》一书对以毛泽东、邓小平、江泽民、胡锦涛、习近平为主要代表的中国共产党人在推进社会建设和社会发展方面实施的强国战略及其演进轨迹进行了系统梳理和论述。此丛书入选中宣部和国家新闻出版广电总局评定的2015年主题出版重点出版物。

成果名称：《四川企业社会责任研究报告2015》
主编姓名：侯水平、盛毅
职称：研究员、研究员
成果形式：蓝皮书
字数：225千字
出版单位：社会科学文献出版社
出版时间：2015年4月

报告以企业社会责任为主题，对四川省各类企业和各行业企业展开深入、系统研究，既有理论阐述又有实践总结、案例分析。此书在全国377种皮书中被评为100优。

成果名称：《农村公共产品效率的检验与实践》
作者：张鸣鸣
职称：研究员
成果形式：专著
字数：275千字
出版单位：社会科学文献出版社
出版时间：2015年5月

该书从理论思考和实践观察两个视角，描述中国农村公共产品供给效率，分析影响因素，以实地调研为基础，展示了多方主动参与对农村公共产品供给效率提升的突出贡献。

成果名称：《大移民——"湖广填四川"故乡记忆》
作者：陈世松等
职称：研究员等
成果形式：专著
字数：400千字
出版单位：四川人民出版社
出版时间：2015年7月

该书讲述了百年前湖广填四川以麻城为代表的移民家族在四川各地迅速成长起来，成为川渝两地同湖广地区血缘、历史情感的百年纽带的移民潮。讲述了"麻城孝感乡"是如何成为川渝民众共同认知的故乡，以及这种传承记忆背后的文化情怀。

成果名称：《毛泽东思想的当代价值与中国特色社会主义道路的拓展研究》
作者：杨先农
职称：研究员
成果形式：专著
字数：558千字
出版单位：四川人民出版社
出版时间：2015年7月

该书系统地介绍了毛泽东在关于"怎样建设社会主义、怎样建设中国共产党、怎样发展中国社会主义"的规律，及其当代的价值。

成果名称：《包容性增长视角下基本

公共服务与区域经济发展关系研究》

作者：方茜

职称：研究员

成果形式：专著

字数：310千字

出版单位：人民出版社

出版时间：2015年7月

该书旨在对我国基本公共服务与区域经济的发展现状进行摸底，从包容性增长角度解析两者的作用机理，联系发展实际和现行政策，提出我国基本公共服务与区域经济发展的双赢策略、实施路径与政策改革思路。

成果名称：《西方农业合作社理论的当代发展与中国实践》

作者：廖祖君

职称：研究员

成果形式：专著

字数：253千字

出版单位：四川人民出版社

出版时间：2015年8月

该书着眼中国经济社会发展的特殊性，以马克思主义的立场、观点和方法来研究分析中国的实际问题，系统阐述了将西方农业合作社理论进行中国化改造，重点对西方农业合作社理论中国化的框架体系进行研究，使之适用于中国的实际。

成果名称：《四川抗战全史》

作者：苏宁等

职称：研究员等

成果形式：系列丛书

字数：2530千字

出版单位：四川人民出版社

出版时间：2015年9月

该书突破以往对四川抗战的碎片化研究和断代史研究范式，以11卷250万字鸿篇巨制的规模，从战略筹备、人口内迁、社会动员、忠勇川军、防御空袭、经济后盾、交通命脉、文化堡垒、科教救国、边地屏障、国际合作抗日等11个方面，"全面系统"地呈现了四川对抗日战争作出的巨大牺牲和伟大历史性贡献，打破了以往强军事、弱社会，弱后方、强全局、弱地方的写作倾向，称得上是目前四川抗日战争最系统、完备的历史记述。值得一提的是，该书突出了四川少数民族同胞在抗日战争中的伟大贡献。

成果名称：《中国·四川抗战文化研究丛书》

作者："中国·四川抗战文化研究丛书"课题组

成果形式：专著

字数：3047千字

出版单位：四川人民出版社

出版时间：2015年9月

该丛书从诗歌、小说、戏剧、电影、美学、文化运动、文化地理等方面专题研究中国尤其是四川——大后方的抗战文化成果，梳理抗战文化历史，提炼抗战精神。该丛书入选了中宣部、国家新闻出版广电总局评选推荐的"纪念中国人民抗日战争暨世界反法西斯战争胜利70周年"重点出版物。

成果名称：《资源丰裕型民族地区产业结构转型与升级研究——以攀西地区为例》

作者：郭利芳

成果形式：专著

字数：210千字

出版单位：经济科学出版社

出版时间：2015年10月

该书以科学发展观为指导，综合运用民族学、区域经济学、发展经济学和产业经济学的基本理论和方法，实证研究和规范研究相结合，以攀西多民族地区为例，对资源丰裕型民族地区产业结构转型与升级进行了深入的研究。

成果名称：《生态康养论》
作者：李后强、廖祖君等
职称：教授、研究员等
成果形式：合著
字数：210千字
出版单位：四川人民出版社
出版时间：2015年11月

该书提出了生态康养的概念，并在此基础上，提出了三大特征及三大主要内容，该理论涉及生态学、养生学、老年学、地理学及经济学等多学科融合的知识体系，是国内首次对生态康养的系统研究，对生态康养思想和相关产业的发展具有极强的时代指导意义和实践价值。

成果名称：《四川优化科技资源促进创新与驱动产业发展研究》
作者：唐琼、杨钢
职称：副研究员、研究员
成果形式：合著
字数：225千字
出版单位：西南财经大学出版社
出版时间：2015年11月

该书整合了科技厅资助的三个软科学课题《四川省深化科技体制改革推动区域创新体系建设研究》《四川省科技资源整合模式及对策研究》《四川省创新能力空间分布特征及创新驱动产业战略实施路径研究》的主要内容，以创新价值的有效实现为主线，重点展示近几年四川在科技体制改革、资源整合以及创新驱动方面的现状、政府的主要工作及做法，取得的成效，以及存在的问题。

成果名称：《主体功能区人口再分布——实现机理与政策研究》
作者：柴剑峰
职称：副研究员
成果形式：专著
字数：468千字
出版单位：社会科学文献出版社
出版时间：2015年12月

该书在主体功能区战略框架下，探讨新形势下人口潜流的新情况、新问题、新思路，系统评价了主体功能区人口再分布的内涵、现状、问题、目标，并提出"五位一体"的政策体系。将适度人口的测算方法与主体功能区人口再分布实现机理运用于人口流迁实践，力图为管理者提供分析工具。

成果名称：《中国农业经营组织体系演变的逻辑与方向：一个产业链整合的分析框架》
作者：廖祖君、郭晓鸣
职称：研究员、研究员
成果形式：论文
字数：13.9千字
出版单位：《中国农村经济》
出版时间：2015年2期

该文呈现了中国农业经营组织体系的创新和改进路径，分析了其理论意义与政策含义，为国家社会科学基金重大招标项目"加快推进农业大省农业发展方式转变研究"的阶段性成果。

成果名称：《大数据时代腐败防治机制创新研究》
作者：李后强、李贤彬
职称：教授、副教授
成果形式：论文
字数：14千字
出版单位：《新华文摘》
出版时间：2015年第8期

该文在综述国内外大数据时代反腐败相关研究文献的基础上，构建了基于国内实际的大数据腐败防治机制创新体系，运用大数据系统有指导学习、聚类分析、莫比乌斯分析、反演定律、泊松分布、量子跃迁、自组织临界理论（SOC理论）、扩展限制凝聚（DLA模型）、动态免疫（DI

机制）等创新理论体系，对惩治腐败、预防腐败、腐败免疫进行了系统分析，给出了束缚权力的大数据笼子设计方案。

成果名称：《人性考问与梦想重塑》
作者：李明泉、亲勤
职称：研究员、助理研究员
成果形式：论文
字数：3 千字
出版单位：《光明日报》
出版时间：2015 年 3 月 24 日

该文评价了汶川大地震 6 年后，四川作家邹瑾创作的反映汶川地震的长篇小说《天乳》，阐释了其文学价值与现实意义。

成果名称：《芦山重建：走生态文化旅游融合发展新路》
作者：李后强、翟琨
职称：教授、助理研究员
成果形式：论文
字数：3.3 千字
出版单位：《人民日报》
出版时间：2015 年 4 月 20 日

该文以习近平同志要求芦山地震灾后恢复重建必须"突出绿色发展、可持续发展理念"为切入点，系统论述了生态文化旅游融合发展的战略意义、创新模式、实现路径。

成果名称：《法治功能的理性回归》
作者：郑泰安
职称：研究员
成果形式：论文
字数：3 千字
出版单位：《光明日报》
出版时间：2015 年 10 月 25 日

该文介绍了法治功能的应有之义：法治功能的初级层面，是通过营造环境来助推经济，即如何打造良好的法治环境能够营造和谐的政治环境、经济环境、社会环境、文化环境。

成果名称：《"一带一路"下的四川发展：机遇与挑战》
作者：李后强
职称：研究员
成果形式：论文
字数：3 千字
出版单位：《光明日报》
出版时间：2015 年 11 月 29 日

四川是经济大省、人口大省、资源大省，地处"一带一路"的交汇点。该文系统介绍了国家"一带一路"战略的实施政策，及给四川带来绝佳的发展机遇。

成果名称：《在更大背景下研究三星堆与南方丝绸之路》
作者：侯水平
职称：研究员
成果形式：论文
字数：3 千字
出版单位：《光明日报》
出版时间：2015 年 12 月 26 日

该文介绍了三星堆文明的学术意义，强调其相对独立起源和发展脉络并且高度发展的区域性文明，强调了三星堆文明在整个欧亚文明之中、在南方丝绸之路中的巨大作用。

成果名称：《县委书记要做扶贫攻坚的"一线总指挥"》
作者：陈井安
职称：研究员
成果形式：论文
字数：3 千字
出版单位：《光明日报》
出版时间：2015 年 12 月 27 日

该文介绍了县委书记在全国扶贫攻坚中应站在协调推进"四个全面"战略布局

的高度，把扶贫开发工作作为重中之重，正确处理脱贫致富与全面小康、加快发展与扶贫开发、区域开发与精准扶贫等重要关系。

## 第六节　学术人物

一、四川省社会科学院1977—2014年正高级专业技术人员

| 姓名 | 出生年月 | 学历/学位 | 职务 | 职称 | 主要学术兼职 | 代表作 |
| --- | --- | --- | --- | --- | --- | --- |
| 李后强 | 1962.8 | 博士研究生 | 党委书记 | 教授 | — | 《非线性人口学》《协商民主与椭圆视角》《生态康养论》《区域经济发展模式研究》《计量反腐学》 |
| 侯水平 | 1955.12 | 博士研究生 | 院长 | 研究员 | — | 《日本公司法研究》《经营权论》《在更大背景下研究三星堆与南方丝绸之路》 |
| 陈井安 | 1964.3 | 博士研究生 | 党委副书记 | 研究员 | — | 《四川人在台湾》《四川海外移民史》《民族走廊——互动、融合与发展》 |
| 杨　钢 | 1956.4 | 硕士研究生 | 副院长 | 研究员 | — | 《毛泽东与社会主义核心价值观》《中国共产党强国战略的历史演进》 |
| 郭晓鸣 | 1957.12 | 大学 | 副院长 | 研究员 | — | 《农户金融需求基本判断与政策选择》《统筹城乡发展与农村土地流转制度变革》《精准扶贫面临的新问题及应对策略》 |
| 李明泉 | 1957.5 | 大专 | 副院长 | 研究员 | 四川省中国现当代文学研究会会长，四川省文艺评论家协会主席 | 《尽善尽美——儒学艺术精神》《民俗审美学》《艺术辩证法》 |
| 盛毅 | 1956.10 | 硕士研究生 | 副院长 | 研究员 | — | 《迈向2025年的四川工业发展新体系》《中国企业集团的理论与实践》《西南能源资源配套开发研究》 |
| 郑泰安 | 1965.1 | 硕士研究生 | 副院长 | 研究员 | — | 《证券投资基金法律制度》《反垄断法律制度》《公司分立的法律制度研究》 |
| 向宝云 | 1962.10 | 博士研究生 | 纪委书记 | 研究员 | 四川省文艺理论研究会副主席 | 《灾难文学的审美维度与美学意蕴》《红楼梦叙事论的体系性创构与中国叙事学的经典实践》 |

续表

| 姓名 | 出生年月 | 学历/学位 | 职务 | 职称 | 主要学术兼职 | 代表作 |
|---|---|---|---|---|---|---|
| 孙成民 | 1951.7 | 大专 | — | 研究员 | — | 《邓小平政策理论与实践研究》、《邓小平理论史（四卷本）》（合著）、《马克思主义中国化研究（三卷本）》（合著） |
| 杜受祜 | 1945.12 | 大学 | — | 研究员 | — | 《环境经济学》 |
| 周友苏 | 1953.11 | 大学 | — | 研究员 | — | 《新公司法论》《社会协商机制的法律建构研究》 |
| 苏宁 | 1955.8 | 博士研究生 | — | 研究员 | — | 《三星堆审美阐释》《以道相同的美学》《中国·四川抗战时期的美学家研究》 |
| 何频 | 1971.1 | 博士研究生 | 社长 | 编审 | 四川省社科学术期刊协会副会长 | 《现代区域经济发展中的文化生产力》《论文化力与区域经济发展》 |
| 张琦 | 1961.5 | 大学 | — | 编审 | 四川大学兼职教授，成都理工大学兼职教授 | 《包容性发展呼唤健康有序的市场经济》《富国强民的财产性收入》《私募基金的地位与监管》 |
| 何进平 | 1957.4 | 大专 | — | 编审 | — | 《寻找法律的灵魂》《关于企业职工代表大会的法律思考》《邓小平宪政思想指导下的民主政治建设》 |
| 潘纯琳 | 1978.1 | 博士研究生 | 编辑 | 编审 | 西南财经大学经贸外语学院硕士生导师，四川省企业文化学会理事 | 《英美童话重写与童话批评（1970—2010）》《V.S.奈保尔的空间书写研究》 |
| 蓝定香 | 1966.8 | 博士研究生 | 所长 | 研究员 | 四川省企业文化学会会长，四川省工商行政管理学会副会长 | 《大型国企产权多元化改革研究》《大型国企国有股权的"委托问题"》 |
| 郭正模 | 1952.6 | 大学 | — | 研究员 | 中国农学会立体农业分会副会长，四川省决策咨询委员会委员 | 《西南贫困地区城乡就业问题研究》《劳动力市场经济学原理与分析》《西藏重要高原农产品基地建设与扶持政策研究》 |

续表

| 姓名 | 出生年月 | 学历/学位 | 职务 | 职称 | 主要学术兼职 | 代表作 |
|---|---|---|---|---|---|---|
| 沈茂英 | 1965.4 | 硕士研究生 | — | 研究员 | — | 《西南少数民族地区农村扶贫模式研究》《川滇连片特困藏区生态扶贫调查与制度创新研究》 |
| 南山 | 1956.8 | 大学 | — | 研究员 | 四川省减灾委员会专家委员会委员 | 《灾难社会学》《当代中国社会的转型与发展》《儿童保护考验着社会的法律信仰》 |
| 贾玲 | 1965.5 | 研究生 | 主任 | 研究馆员 | — | 《信息时代的社会科学信息工作》《文化大繁荣大发展背景下的图书馆文化建设》 |
| 伏绍宏 | 1963.12 | 硕士研究生 | 所长 | 研究员 | 四川省晏阳初研究会副会长,四川省人才学会副会长,四川省劳动法学会副会长 | 《四川彝族聚居区农村剩余劳动力异地就业研究》《弘扬晏阳初平民教育思想 推进民族教育可持续发展》 |
| 张序 | 1964.10 | 大学 | 副所长 | 研究员 | — | 《天才之道》《中国民族地区公共服务能力建设》《资源配置中的政府作用》《社会科学研究》 |
| 查有梁 | 1942.1 | 大学 | — | 研究员 | 中央教育科学研究所兼职研究员,北京师范大学、华中科技大学等兼职教授 | 《控制论、信息论、系统论与教育科学》《教育人才素质研究》《系统科学与教育》《大教育论》《教育模式》《教育建模》 |
| 梁超伦 | 1943.12 | 大专 | — | 研究员 | — | 《宇宙态演论》《论矛盾转化》《关于宇宙演化的新观点》 |
| 黄进 | 1969.10 | 研究生 | 处长 | 研究员 | 四川省社会学会秘书,省科技青年联合会副主席 | 《新形势下农民工社会政策研究》《社会资本:经济学与社会学的对话》 |
| 郭丹 | 1954.8 | 大学 | — | 研究员 | 中国政治学会副秘书长,四川省政治学会副会长 | 《四川灾后重建的坚强基石》《实现"中国梦"的行动指南》 |

续表

| 姓名 | 出生年月 | 学历/学位 | 职务 | 职称 | 主要学术兼职 | 代表作 |
|---|---|---|---|---|---|---|
| 胡学举 | 1965.2 | 大学 | 所长 | 研究员 | 中国历史唯物主义研究会理事，四川省毛泽东思想研究会秘书长 | 《毛泽东书法艺术探微》《中国马克思主义发展规律论的历史演进》《毛泽东与社会主义核心价值观》 |
| 李羚 | 1966.8 | 硕士研究生 | 所长 | 研究员 | — | 《古德诺政治与行政协调思想对中国干部选任制度改革的启迪》《贺麟及五凤村落的社会学发现》 |
| 王曙光 | 1957.2 | 博士研究生 | — | 研究员 | — | 《文化作为集体创伤治疗的干预：汶川地震中的羌族儿童》《神话社会学：族群灾难应对话语经验索引意义解读》 |
| 王新前 | 1958.5 | 硕士研究生 | — | 研究员 | — | 《论社会主义初级阶段的经济模式》《论以公有制为主体的市场经济模式》《绿色发展的经济学》 |
| 周江 | 1969.6 | 博士研究生 | — | 研究员 | 中国区域经济学会常务理事，中国区域科学协会副秘书长、常务理事 | 《我国能源消费总量与经济总量的关系》《零售企业海外市场扩张模式研究》 |
| 文兴吾 | 1954.6 | 硕士研究生 | — | 研究员 | — | 《西部民族地区农牧区科学发展与社会信息化发展战略研究》《波粒二象性是自然界的一个基本矛盾吗》《相对论时空理论再认识》 |
| 朱小丰 | 1957.4 | 高中 | — | 研究员 | — | 《中国的起源》《电影美学》《论〈尚书·虞夏书〉与伪古文尚书冤案》 |
| 赵志立 | 1953.10 | 硕士研究生 | — | 研究员 | — | 《编辑学基本原理》《从大众传播到网络传播——21世纪的网络媒体》《网络传播理论与实践》 |
| 谭继和 | 1940.3 | 硕士研究生 | — | 研究员 | — | 《巴蜀文化辨思集》《巴蜀文脉》《刘沅"十三经恒解"笺解本》 |

续表

| 姓名 | 出生年月 | 学历/学位 | 职务 | 职称 | 主要学术兼职 | 代表作 |
|---|---|---|---|---|---|---|
| 王 炎 | 1949.5 | 硕士研究生 | — | 研究员 | — | 《"湖广填四川"的移民浪潮与清政府的行政调控》《三星堆文物中的蚕丛文化因素探析》《蜀梼杌校笺》 |
| 李后卿 | 1967.2 | 硕士研究生 | 所长 | 研究员 | — | 《统筹城乡体制的一种图形类比》《论职称评审中的程序正义》《论理论创新的正确方法》 |
| 夏良田 | 1963.7 | 博士研究生 | 研究生院院长 | 研究员 | — | 《打赢官司的技巧》《监所政策法律实务》《刑事证明责任问题研究》《知识产权法基本理论》 |
| 向 荣 | 1958.8 | 本科 | — | 研究员 | 成都市作家协会副主席 | 《消费社会与当代小说的文化变奏》《日常化写作：分享世俗盛宴的文学神话》《诗性正义：文学在消费时代重建社会关系的首要价值》 |
| 魏红珊 | 1964.3 | 博士研究生 | — | 研究员 | 四川郭沫若学会副会长，四川省司马相如研究会常务理事 | 《郭沫若美学思想研究》《全球化语境中的中西文艺美学比较研究》《文化移民与认同危机》 |
| 林和生 | 1954.6 | 硕士研究生 | — | 研究员 | — | 《犹人卡夫卡》《凡高传：在人性的麦田深处》《林和生诗集》《梦境与魔境：现象精神分析》 |
| 沈伯俊 | 1946.4 | 本科 | — | 研究员 | 中国明代文学学会理事 | 《校理本〈三国演义〉》《〈三国演义〉新探》《沈伯俊说三国》 |
| 李庆信 | 1936.9 | 本科 | — | 研究员 | — | 《〈红楼梦〉叙事艺术新论》《沙汀小说艺术研究》 |
| 袁 珂 | 1916.6 | 本科 | — | 研究员 | — | 《中国神话大词典》《袁珂学述》 |
| 李 谊 | 1935.2 | 本科 | — | 研究员 | — | 《历代蜀词全辑》《禅家寒山诗注（附拾得诗）》 |
| 谢桃坊 | 1935.6 | 本科 | — | 研究员 | — | 《柳永》《唐宋词普校正》《宋词论集》 |
| 秦 川 | 1938.10 | — | — | 研究员 | — | 《鲁迅出版系年》《郭沫若评传》《郭沫若新论》 |

续表

| 姓名 | 出生年月 | 学历/学位 | 职务 | 职称 | 主要学术兼职 | 代表作 |
|---|---|---|---|---|---|---|
| 马仁可 | 1945.1 | 硕士研究生 | — | 研究员 | — | 《〈金瓶梅〉纵横谈》《〈金瓶梅〉中的悬案》 |
| 李永翘 | 1941.11 | — | — | 研究员 | — | 《张大千诗词选论》《国画大师张大千》《张大千全传》 |
| 文天行 | 1943.12 | — | — | 研究员 | — | 《火热的小说世界》《血与火的文化——中国抗战文化概要》《大后方文学史》 |
| 任昭坤 | 1943.5 | — | — | 研究员 | — | 《中国军事文学史》 |
| 韩 旭 | 1968.10 | 博士研究生 | — | 研究员 | 四川省法学会常务理事,四川省法学会诉讼法学会副会长 | 《检察官客观义务论》 |
| 覃天云 | 1935.3 | 本科 | — | 研究员 | — | 《经营权论》 |
| 陈开琦 | 1955.10 | 博士研究生 | — | 研究员 | — | 《量刑公正与刑法解释》《信托业的理论与实践及其法律保障》《律师制度通论》 |
| 杨先农 | 1957.12 | 本科 | 所长 | 研究员 | — | 《马克思主义中国化与民族精神的升华研究》《社会主义精神文明建设概论》《中国特色社会主义理论体系与毛泽东思想的关系研究》 |
| 曾 敏 | 1963.1 | 硕士研究生 | 副所长 | 研究员 | — | 《毛泽东科技思想研究》《聂荣臻科技思想研究》《中国共产党强国战略的历史演进——文化卷》 |
| 张国新 | 1941.5 | 本科 | — | 研究员 | — | 《毛泽东思想史》《邓小平理论史》《党的第三代领导集体对邓小平理论的实践与创新》 |
| 单孝虹 | 1969.5 | 硕士研究生 | — | 研究员 | — | 《中国共产党民生观发展与实践的历史考察》《中华诚信故事》《邓小平的民族情》 |
| 毕剑横 | 1935.5 | 本科 | — | 研究员 | — | 《毛泽东与中国哲学传统》《国外毛泽东研究述班次》《毛泽东战略思想研究》 |

续表

| 姓名 | 出生年月 | 学历/学位 | 职务 | 职称 | 主要学术兼职 | 代表作 |
|---|---|---|---|---|---|---|
| 姜 忠 | 1936.12 | 本科 | — | 编审 | — | 《毛泽东战略思想研究》《邓小平与当代中国道路》《职业道德导论》 |
| 李声禄 | 1936.10 | 本科 | — | 研究员 | — | 《毛泽东科学技术思想简论》《毛泽东教育思想历史与理论研究》《邓小平与当代中国道路》 |
| 张立伟 | 1955.7 | 硕士 | — | 研究员 | 四川省公共关系协会副会长兼秘书长 | 《传媒竞争：法则与工具》《竞争优势的劣化与持续化——二论进军新媒体赢得纸媒优势》 |
| 林之达 | 1941.10 | 本科 | — | 研究员 | — | 《宣传科学研究纲要》《传播学基础理论研究》《中国共产党宣传史》 |
| 丁 一 | 1955.4 | 本科 | — | 研究员 | 四川省社会科学院资源与环境研究中心秘书长 | 《中国城市化道路：思考与选择》《中国西部地区低碳发展与能力建设》 |
| 张克俊 | 1966.4 | 博士研究生 | 所长 | 研究员 | 国家社科基金项目通讯评审专家，四川省人民政府研究室特邀专家 | 《城乡经济社会发展一体化新格局战略研究》《西部高新区提高自主创新能力与促进高新技术产业发展研究》 |
| 甘庭宇 | 1961.9 | 硕士研究生 | — | 研究员 | — | 《建设"雅安——熊猫首都"，促进芦山地震灾区灾后重建》《以社区为基础的自然资源管理》 |
| 罗从清 | 1965.3 | 硕士研究生 | — | 编审 | — | 《我国农村土地适度规模经营的现实条件与对策》《攀西地区生物资源开放路径选择》 |
| 邱云生 | 1960.9 | 本科 | — | 编审 | — | 《政府在新型农村养老保险制度构建中角色定位》《民间工艺美术产业发展及改革研究》 |
| 达 捷 | 1970.11 | 博士研究生 | 所长 | 研究员 | 四川省股份经济与证券研究会常务副会长 | 《我国中小企业国际化发展研究》《资本市场与西部地区高新技术产业发展研究》 |
| 陈 映 | 1967.2 | 博士研究生 | — | 研究员 | — | 《共同富裕与区域经济非均衡协调发展》《如期全面建成小康社会》 |

续表

| 姓名 | 出生年月 | 学历/学位 | 职务 | 职称 | 主要学术兼职 | 代表作 |
| --- | --- | --- | --- | --- | --- | --- |
| 陈永忠 | 1943.12 | 本科 | — | 研究员 | — | 《中国社会主义股份制研究》《企业行为学》《国有企业资本营运研究》 |
| 李忠鹏 | 1964.2 | 本科 | — | 研究员 | — | 《推动文化产业与相关产业融合发展》《为何要实施创新驱动发展战略》《企业联盟》 |
| 徐微 | 1957.2 | 本科 | — | 研究员 | — | 《四川农村发展研究》《我国实施可持续发展战略研究》 |
| 王小琪 | 1960.4 | 本科 | 所长 | 研究员 | 中国世界经济学会常务理事，四川省商务经济学会副会长 | 《美国并非净债务国》《金融研究》《当代资本主义结构性经济危机》《战后西方国家股份制的新变化》 |
| 杨柳 | 1965.2 | 硕士研究生 | 副所长 | 研究员 | 中国酒道研究专家委员会副主任委员兼秘书长，四川省酒文化研究会副理事长 | 《中国历代赋酒诗词鉴赏》《中国名酒鉴赏》《中国酒道的概念及内容体系》《中国酒道赋》 |
| 劳承玉 | 1965.1 | 本科 | — | 研究员 | — | 《水能资源有偿使用制度研究》《能源投资对地方财政的税收贡献与分配政策研究》 |
| 张理智 | 1949.2 | 中专 | — | 研究员 | — | 《西方经济学陈述与反思》《从医疗的本质谈医疗体制改革》 |
| 徐学书 | 1960.4 | 大学 | — | 研究员 | — | 《羌族特色文化资源体系及其保护与利用研究》《略论羌族文化与古蜀文化的渊源关系》 |

## 二、四川省社会科学院2015年度晋升正高级专业技术职务人员

方茜，1973年2月出生，四川合江人，研究员，四川省学术和技术人带头人后备人选。主要学术专长是公共服务和区域经济研究。在专攻领域主持国家和省部级课题5项，出版专著2本，发表中文核心、CSSCI来源期刊论文20余篇，多篇对策建议被省部级领导批示；获四川省哲学社会科学优秀成果二等奖2次，三等奖1次；主要代表作为《包容性增长视角下基本公共服务与区域经济发展关系研究》（专著）、《中国民族地区公共服务能力建设》（合著）。

廖祖君，1980年8月出生，重庆荣昌县人，研究员。现从事农村经济、区域经济研究，主要学术专长是农业经营组织与

制度创新研究及区域创新理论研究。主要代表作有：《西方农业合作社理论的当代发展与中国实践》（专著）、《生态康养论》（专著）、《成都统筹城乡：经验、挑战与发展选择》（专著）、《释放中西部逆势增长潜力》（《人民日报（理论版）》）、《新的改革红利来源于结构调整和优化》（《光明日报（理论版）》）、《中国农业经营组织体系演变的逻辑与方向：一个产业链整合的分析框架》（《中国农村经济》）、《中国城郊农村新型城市化模式探析——来自成都市温江区的个案》（《中国农村经济》）等。

## 第七节 2015年大事记

**一月**

1月4日，四川社会科学在线英文网站上线试运行。

1月16日，四川省社会科学院"四川省司法制度改革研究基地"被遴选为四川省社会科学重点研究基地。

1月20日，四川省社会科学院召开《2015年四川经济形势分析与预测》蓝皮书发行暨"四川经济稳增长、调结构、强动力、增效益"专家献计献策座谈会。

1月23日，四川省社会科学院与韩国经济·人文社会研究会联合召开"中韩自由贸易区与川韩经济合作的新机遇"研讨会。

**二月**

2月5日，韩国驻成都总领事馆韩相国副总领事、玄相伯博士、赵艺领事助理一行来院调研座谈。

**三月**

3月17日，四川省社会科学院与中国科学院成都文献情报中心签订《共建天府智库战略合作协议》。

3月19日，韩国驻成都总领事馆安成国总领事、李善娥领事、玄相伯博士一行来院拜会李后强书记，双方就新常态下四川经济现状与未来发展趋势进行了探讨与交流。

3月27日，四川省社会科学院经济研究所与韩国驻成都总领事馆共同举办的2015中国西部法律说明会召开。此次说明会旨在助力在川的韩国企业了解在"新常态"下的中国西部的投资环境和探索新的商机。

3月30日，国务院副总理汪洋在四川省社会科学院副院长郭晓鸣研究员呈送的《家庭农场发展现状及对策建议》上批示。

**四月**

4月7日，来自美国赛伦姆州立大学波特隆商学院市场及决策科学系主任、终身教授汤在勇博士开讲天府智库论坛，为四川省社会科学院科研人员做了《模型思维和运用》的学术报告。

4月10日，四川省社会科学院在成都召开协商民主与社会治理学术研讨会。此次研讨会由四川省社会主义协商民主研究中心（省政协与四川省社会科学院联合成立）、中央编译局世界发展战略研究部共同举办。

4月16日，中央农村工作领导小组办公室主任陈锡文在四川省社会科学院撰写的《农村小型公共基础设施村民自建的调查思考与政策建议》的报告上作重要批示。

4月19日，四川省社会科学院在泸州叙永召开红军长征过泸州80周年研讨会。四川省社会科学院党委书记李后强教授，市委副书记曹建国，市人大常委会副主任、叙永县委书记王波等出席会议。

4月19—20日，四川省社会科学院在雅安召开学习贯彻习近平总书记重要批示精神，探索"4·20"芦山强烈地震恢复重建新路子研讨会。

### 五月

5月7日，5·12汶川特大地震纪念馆社会教育理论与实践座谈会在北川县成功举办。

5月9日，四川省社会科学院参加第八届全国美学大会暨"美学传统与未来"研讨会。

5月12日，在2015年度国家社科基金项目评审工作会上，刘奇葆等领导同志为杜受祜等15名作者代表颁发了荣誉证书。院学术顾问杜受祜研究员撰写的学术专著《全球变暖时代我国城市的绿色变革与转型》入选2014年《国家哲学社会科学成果文库》。

5月18日，以色列资深记者、中东问题专家斯曼达·佩里（Smadar Perry）女士莅临四川省社会科学院，作《身处变化中的以色列》的学术讲座。以色列驻成都领事馆总领事蓝天铭先生出席并致辞。

5月20日，四川省社会科学院召开"三严三实"专题教育动员会。

5月25日，中国社科院科研局副局长张国春、陈文学一行到四川省社会科学院调研座谈。

### 六月

6月3日，四川省社会科学院赴眉山廉政教育基地开展警示教育活动。

6月30日，四川省社会科学院召开纪念中国共产党成立九十四周年暨"创先争优"表彰大会。

### 七月

7月2日，四川省社会科学院邀请台湾政治大学法学院副院长林国全、王文杰教授一行32人举办学术座谈会。四川省社会科学院周友苏教授、研究员作了题为"大陆证券法修改的最新动态和主要内容"的精彩学术报告。

7月9—13日，四川省社会科学院参加第18届全国社科院院长联席会。

7月13日，四川省社会科学院召开"三严三实"专题教育"严以修身"讨论会。

7月19日，由四川省社会科学院与四川省现代物流协会共同主办的四川参与"一带一路"建设与现代物流发展研讨会在成都市新都区举行。

7月20日，四川省社会科学院与四川人民出版社主办的"《四川知青史》出版暨学术座谈会"在院演讲厅举行。

### 八月

8月5—10日，四川省社会科学院与省农业厅联合成立调查组，先后赴荣县、隆昌、安岳等县就"中国民生指数"和"农村金融需求"开展问卷调查。

8月11—15日，四川省社会科学院参加西部五省区第七届社科院院长联席会。

8月29日，四川省社会科学院参加第十一届西部社会科学院院长联席会议暨首届中阿智库论坛。

8月30日，四川省社会科学院与阿坝州共同举办"长征精神与全面建成小康社会"理论研讨会。

### 九月

9月11日，新加坡驻成都总领事馆总领事颜呈吉先生、副领事陈洁琳女士一行来院座谈，就中新双方在经贸方面以及今后在学术方面更多的交流与合作等事宜进行了探讨和交流。

9月11日，前来成都参加由韩国驻成都总领事馆举办的"2015中韩未来合作论坛"的韩国专家代表团一行在韩国驻成都总领事馆安成国总领事及李善娥领事陪同下来四川省社会科学院拜会李后强书记。

9月17日，由四川省社会科学院主办

的学习习近平总书记纪念中国人民抗日战争暨世界反法西斯战争胜利70周年讲话精神、《四川抗战全史》"中国·四川抗战文化研究丛书"出版座谈会，在四川省社会科学院讲演厅举行。来自北京、南京、重庆及省内等单位专家学者及媒体代表与会。

9月22日，四川省社会科学院与韩国产业研究院主办，以"一带一路"与韩国"欧亚计划"为主题的国际研讨会在成都举行。

9月24日，由中央文献研究室和四川省委宣传部主办，四川省社会科学院和广安市参与承办的"学习邓小平同志崇高品格风范 践行社会主义核心价值观学术研讨会"在广安举行。

9月15—16日，四川省社会科学院参加第八届中国—东盟智库战略对话论坛。

9月23—27日，四川省社会科学院成立"四川省康藏研究中心白玉基地"并召开"白玉县历史文化研讨会"。

9月29日，国家人力资源和社会保障部、全国博士后管委会（人社部发〔2015〕86号）批准四川省社会科学院设立"国家级博士后科研工作站"。

## 十月

10月15—16日，四川省社会科学院召开四川省社会科学院第五届学术节暨青年论坛。

10月17日，四川省社会科学院召开四川省法学会立法学研究会成立大会暨2015年学术年会。大会选举副院长郑泰安研究员为省法学会立法学研究会会长。

10月16—18日，由四川省社会科学院与四川大学、省人大外事侨务委员会联合举办的"一带一路"战略下充分用好"两种资源、两个市场"研讨会在省人大会议中心举行。

10月22日，澳门中联办、澳门法务局组织的澳门濠江法律学社访问团来院进行学术交流。

10月26—27日，由四川省社会科学院、四川博览事务局、印度社会与经济研究院、印度国际管理研究院共同举办的重大国际学术活动2015中印论坛，是"2015中国西部（四川）进口展及国际投资大会"的分论坛，主题是"中印关系：变化与发展"，重点探讨中印关系新变化背景下的经贸合作和文化交流。来自经济、社会、文化、教育、环境等领域的中印专家学者共百余人参加了此次论坛。

10月29日，由四川省社会科学院与四川省委党史研究室联合主办的"长征精神与川陕革命老区振兴发展学术研讨会"在旺苍县举行。

10月30日，澳大利亚驻华大使馆经济参赞顾兆伦、澳大利亚驻成都总领事馆领事吴那鸿和谢轶来院座谈，内容包括艾滋病流行病与社会学研究、灾难儿童群体心理创伤的本土文化应对策略实践、临终关怀的社区资源模式等医学社会学和人类学领域。

## 十一月

11月2日，美国驻北京大使馆经济参赞冯以宏、美国驻成都总领事馆经济领事罗莎莎、政治经济领事冯安雅、领事助理罗藏才让来四川省社会科学院座谈。

## 十二月

12月1日，四川省社会科学院召开学习贯彻党的十八届五中全会、四川省委十届七次全会精神宣讲报告会。

12月2日，以色列驻成都总领事馆总领事蓝天铭先生到四川省社会科学院作了题为"创新与发展——以色列的人文经济与社会发展"的讲座。

12月11日，四川省社会科学院眉山分院成立。

# 贵州省社会科学院

## 第一节 历史沿革

贵州省社会科学院的前身是1960年成立的中国科学院贵州分院哲学社会科学研究所。1960年6月28日，中共贵州省委批复同意建立中国科学院贵州分院哲学社会科学研究所。1979年2月26日，中共贵州省委（79）省通字第14号，批复省编委并省委宣传部：省委同意将省哲学社会科学研究所改为贵州省社会科学院（仍为局级单位）。

### 一、领导

贵州省社会科学院历任党委（党组）书记是：康健（1980年8月—1984年1月），石争［1984年1月—1987年1月，党组副书记（主持工作）］，李钟伟（1987年2月—1990年12月），张雄龙（1990年12月—1996年1月），肖先治（1996年1月—2002年1月），金安江（2002年2月— ）。

贵州省社会科学院历任院长是：康健（1980年8月—1984年1月），石争［1984年1月—1990年12月，副院长（主持工作）］，张同生（1990年12月—1996年2月），蒋南华（1996年2月—2000年5月），黄钧儒（2000年5月—2005年5月），李建国（2005年5月—2008年9月），吴大华（2010年4月— ）。

### 二、发展

贵州省社会科学院复所立院以来，始终坚持站在时代发展的前沿，时刻铭记肩负的历史使命，切实履行资政育人的职责；始终以马克思主义、毛泽东思想、邓小平理论、"三个代表"重要思想、科学发展观为指导，深入贯彻落实习近平总书记系列重要讲话精神，努力夯实哲学社会科学理论基石；始终坚持面向全国，立足贵州，研究贵州，服务贵州。始终坚持开拓创新，孜孜进取，宽容包容，求学问道，崇尚卓越；始终坚持凝聚团队的综合力量，发挥个体的创造激情；始终坚持以应用研究为主，为贵州经济社会发展建言献策，同时重视具有地域优势、民族特点和地方特色的基础学科研究，努力打造贵州学术特色。

贵州省社会科学院坚持科研立院、人才强院、管理兴院的办院宗旨。几代社科人厚德笃学、求真务实、勇于创新、薪火相传，培养出一大批哲学社会科学各个领域的专家和管理人才，取得了丰硕的成果。据不完全统计，50多年来，贵州省社会科学院共承担完成国家级研究项目近100项，省部级研究项目300余项，国际合作项目30余项，横向委托项目500余项；出版著作600多种，发表学术论文10000多篇，完成各类研究报告2500多份。其中，1项成果获国家优秀成果奖，200多项成果获省部级优秀成果奖。培养出高级专业技术人员200多人。

"十二五"以来，贵州省社会科学院以中国特色社会主义理论体系为指导，深入贯彻落实中央和省委精神，结合中央和省委重大决策部署，深入推进"科研立院、人才强院、管理兴院"三大战略和以质量为中心的科研转型升级，成为贵州省社科院历史上发展势头最好的几年。

### 1. 强化顶层设计和规划引领

为加强贵州省社科院创新发展，2010年起实施"科研立院、人才强院、管理兴院"战略，并制定了系列配套措施。2013年在"三大战略"实施取得明显成效的基础上，为适应科研形势发展需要，实现科研转型升级，为切实树立"质量是科研生命线"意识和增强"以学术为业"的科研观念，打造适应新常态要求的新型智库，贵州省社会科学院围绕科研质量管理进行了系列制度和规划设计。制定《关于加快实现以质量为中心的科研转型升级的实施意见》，从创新科研规划、创新科研组织方式、创新科研成果评价体系、加快学科体系建设等16个方面进行了总体设计，配套制定了《贵州省社会科学院"十三五"发展规划纲要》《贵州省社会科学院人才建设规划》《贵州省社会科学院学科建设规划》《贵州省社会科学院信息建设规划》。"一纲要三规划"共同成为贵州省社科院"十三五"期间以质量为中心的科研转型升级的指导性文件，为打造适应贵州省经济社会发展的新型智库奠定了坚实基础。

2013年，对2010年6月印制的《贵州省社会科学院文件制度汇编》所涉及的相关文件、制度及以后制定的文件、制度"废、改、立"，共清理原有文件、制度96个，其中保留35个，废止23个，修改及合并38个，新制定制度15个。经过清理，共保留文件、制度88个。将"废、改、立"的制度汇编成《贵州省社会科学院文件制度新编》，印发全院干部职工，作为院行政和科研工作的规范予以执行。为加大力度实施以质量为中心的科研转型升级，对重点学科、学术带头人、学术活动、院级课题、科研奖励、业绩考核、项目管理、成果评价、奖惩等各方面都作了全面规定，可持续发展的制度体系得到进一步夯实。

### 2. 与时俱进调整机构设置

在建党90周年前夕增设了党建研究所，加挂"马克思主义研究所"，在贵州省大力实施"工业强省"战略之时增设了工业经济研究所，在贵州省对外开放程度加大之后将西部开发研究所更名为对外经济研究所，在"互联网+"和大数据方兴未艾之时在社科信息部加挂"传媒与舆情研究所"，实现了对贵州经济社会重点研究领域的覆盖，有效提升了贵州省社会科学院思想库和智囊团的针对性和实效性。同时，强化图书信息中心的信息化建设职能，将原属科研处的微机室划归图书信息中心管理。

### 3. 狠抓科研质量管理，课题立项数量和层次实现新突破

"十二五"期间，全院共立项纵向课题330项，其中：国家课题32项、省部级课题102项、省领导指示圈示课题196项。对比"十一五"期间的国家课题22项、省部级课题61项，分别增长45%、67%。省领导指示圈示课题自2010年设立（该年立项14项）之后，立项数逐年保持稳步增长。

**"十二五"期间贵州省社会科学院纵向课题立项情况表**

单位：项

| 年份 | 国家课题 | 省部级课题 | 省领导圈示课题 | 合计 |
| --- | --- | --- | --- | --- |
| 2011 | 5 | 7 | 25 | 37 |
| 2012 | 5 | 9 | 32 | 46 |
| 2013 | 8 | 30 | 44 | 82 |
| 2014 | 9 | 27 | 46 | 82 |
| 2015 | 5 | 29 | 49 | 83 |
| 合计 | 32 | 102 | 196 | 330 |

2013年以来，在省部级以上课题立项方面年年有新突破。2013年，贵州省社会科学院国家社科基金项目立项多年来第一次破"5"，达到了8项（在全国地方社科院中位居前列），且年度项目与西部项目基本持平，打破了往年年度项目少于西部项目的"惯例"；同年，与省科技厅达成战略合作，以省领导指示圈示课题为基础，设立省软科学联合基金项目，极大地提高了省领导指示圈示课题的地位和科研人员的积极性。2014年，贵州省社会科学院国家社科基金立项成功"保8"，实现了重点项目立项零的突破；同年，还实现了国家软科学项目立项零的突破。2015年，实现了国家社科基金重大项目立项零的突破；同年首次获得了国家社科基金艺术学项目立项。

4. 狠抓基础理论研究，理论成果转化势头好

一是继续推进"三五"基础学科振兴计划（即对贵州省社会科学院五个基础学科，用五年时间，每年每个学科资助5万元），基础学科开始复兴，效果开始彰显。《传统哲学与贵州文化——黔学中的形上智慧资源》《苗族口传活态文化元典（五种）》《海龙屯与播州土司综合研究》《文化生态视野下布依族古歌生存价值研究》《梁启超教育思想研究》《建立中国西部阳戏文化带相关问题研究》等6项成果在贵州省第十一次哲学社会科学科研成果评奖中获奖，在贵州省社会科学院本次获奖的11项成果中基础学科占了半壁江山。贵州省社会科学院近年来基础理论研究领域的"大丰收"，得益于基础学科振兴计划的资助，青年科研人员开始发力，出版《黔山抗战起烽烟》《抗战时期贵州田赋研究》《黔中城市史》《发展与差距：西部职业结构变迁研究》等专著20多部；二是主动走出书斋，融入社会，推动理论研究与现实需要的深度融合。民族民间文化研究、阳明文化研究等传统优势学科在适应经济社会发展需要中焕发生机；三线建设研究、乡贤文化研究、黔学研究等学科研究一开始就与地方政府、社会各界的需求紧密结合，"中国三线建设遗产价值与品牌建设"研讨会、夏同龢法政思想研究讲坛成功举办。

5. 狠抓应用对策研究，服务地方发展效果好

以贵州经济社会发展中的重大理论和实际问题为主攻方向，以省领导指示圈阅课题、地方经济社会发展规划、贵州重大战略部署、融入国家重大布局及第三方评估等为重点开展研究，取得一批重要成果并服务省委、省政府决策和全省经济社会发展。

一是为省委、省政府提供决策参考的能力不断增强。"十二五"期间获省领导肯定性批示、批转落实或直接进入决策的研究成果有100多项。其中，获得省委书记、省长肯定性批示的有：《提高贵州县（市、区、特区）委领导班子建设科学化水平研究》《遵义服务型党组织建设研究》《毕水兴煤化工产业带建设研究》《新一轮西部大开发背景下贵州社会扶贫开发机遇与挑战研究》《贵州省少数民族人才队伍建设研究报告》《贵州与瑞士发展比较研究》《关于加快推进我省新型城镇化的建议》《贵州省基本农田保护的三点建议》《贵州省精准扶贫工作机制研究》《扶贫开发的"贵州模式"问题及对策》《设立贵州大数据领域国家级联合研究项目的建议》等。贵州省社会科学院专家作为写作组中排名第一的专家，参加了《黔中经济区发展规划》（贵州纳入国家战略的第一个发展规划）和《国务院关于促进贵州经济社会又快又好发展的意见（代拟稿）》的编制和写作，为贵州省争取国家重大政策扶持做出了重要贡献。

二是精准对接地方政府决策需求，横

向课题质量稳步上升。"十二五"期间，贵州省社会科学院横向委托课题实现"全覆盖"，即覆盖省、市、县，覆盖所有科研所，覆盖贵州省社会科学院所有学科门类，经济、社会类横向课题大幅度增加，历史、文化、民族、党建类横向课题势头良好。《贵州区域经济空间布局研究》《贵州乌江沿江产业发展布局规划》《贵州少数民族村寨保护及发展规划》《贵州西部（毕水兴）经济带十二五发展规划》《贵州大兴高新开发区产业发展规划》《左右江革命老区振兴规划（贵州片区）》《贵安新区发展规划》《乌江经济走廊发展规划》《融入长江经济带与我省创新驱动产业转型升级实施方案》等服务地方经济社会发展效果良好。积极参与各地各部门"十三五"规划编制工作，通过公开竞标等形式，获得《贵州省"十三五"人才开发专项规划》《贵州省少数民族特色村寨保护与发展规划（2015—2020）》《贵州省民政事业发展"十三五"规划》《红花岗区"十三五"国民经济与社会发展规划》等数十项规划项目，较好地服务全省经济社会发展。

此外，贵州省社会科学院的应用对策研究频频获奖。有10余项成果在省第九、十、十一次哲学社会科学优秀成果奖中获奖，《贵州与瑞士发展比较研究》《贵州省农村"留守儿童"问题专题调研报告》分别获得著作类一等奖和研究报告类一等奖。

**6. 认真完成重点交办任务**

一是积极完成省委"习近平总书记系列重要讲话精神学习研究小组"交办的任务。贵州省社科院作为研究协调小组组长单位，按省委要求积极推动各项工作，目前已有《法治中国视野下的政法工作研究》《贵州省打造"东方瑞士"发展战略研究》等17部书稿公开出版，6部书稿正在修改完善。二是围绕省委、省政府决策部署开展专题研究。2014年《省政府工作报告》明确要重点抓好十个领域年度改革事项和十项任务的落实，贵州省社会科学院立足职能定位，在深化资源配置体制改革、实体经济领域改革、城乡统筹发展体制机制改革、生态文明建设体制机制改革、扶贫开发机制改革、财税金融改革、教育领域综合改革、行政管理体制改革、开放型经济体制改革、社会领域改革等十个方面开展了专题研究，立项22项。三是围绕省委、省政府重大决策部署执行情况，充分发挥第三方评估作用。紧紧围绕省委、省政府重大改革方案、重大政策措施、重大工程项目的实施开展可行性和社会稳定、环境、经济等方面的风险评估，积极探索政府内部评估与智库评估相结合的评估模式。贵州省政府办公厅根据国务院对部分重点政策措施落实情况第三方评估的要求，委托贵州省社会科学院对《省人民政府关于提高行政效能的若干规定》的执行情况进行第三方评估，评估对象为32个省政府组成部门、9个市州（含贵安新区管委会）和部分县（市）政府。该成果已得到省政府主要领导的肯定性批示。省政府安排由贵州省社会科学院具体负责开展对市（州）及省直管县（市）的招商引资情况进行综合评估，该评估报告已作为政府白皮书印发。

**7. 学术品牌效应进一步发挥**

组织编写的社会、法治、人才、扶贫等蓝皮书达12种，居全国地方社科院前列。蓝皮书逐渐从报告汇编式向专题研究式转变，皮书质量、学术效应和决策效应稳步提升。《贵州法治发展报告》《贵州社会发展报告》入选中国社会科学院皮书创新工程，《贵州法治发展报告》获全国皮书三等奖。调研报告《贵州省新生代农民工精神文化生活状况研究》获全国"优秀皮书报告奖"三等奖。

《贵州社会科学》期刊排名2014年版中国人文社会科学核心期刊第30位，排名

2014年版武汉大学中国核心学术期刊第42位。成为贵州省唯一获国家社科基金资助期刊（每年资助经费40万元）和贵州省唯一获国家新闻出版广电总局遴选的全国重点社科学术期刊。2011—2014年，获《新华文摘》等全文转载100多篇，《韩寒神话与当代反智主义》被人民网人民论坛评选为2012年度最具价值的争议观点（TOP20），并被光明网、中国社会科学网、理论网、新华网等转载，《论西方现代哲学的两大难题》《关于儒学复兴的若干思考》被《新华文摘》作为封面重点介绍文章等。

由中国社会科学院和贵州省人民政府合作举办的"后发赶超"论坛已成功举办3届，逐渐成为全国知名专业论坛。"甲秀论坛"成功举办100余次，其中中国社科院学部委员主讲20余次，贵州省社会科学院"甲秀论坛"的知名度进一步提升。

《社科内参》逐渐成为集中展示重大研究成果的品牌，2011年至今，报送88期，获省领导肯定性批示、批转落实和进入决策41期，批示率近50%。其中，2011年报送16期，获省领导批示9期；2012年报送16期，获省领导批示8期；2013年报送19期，获省领导批示10期；2014年报送19期，获省领导批示8期；2015年报送18期，获省领导批示6期。《关于加快推进我省新型城镇化的建议》《贵州省基本农田保护的三点建议》《贵州省精准扶贫工作机制研究》《扶贫开发的"贵州模式"问题及对策》《设立贵州大数据领域国家级联合研究项目的建议》等获得省委、省政府主要领导肯定性批示。

**8. 狠抓平台建设，更好地服务地方发展**

一是积极争取中国社会科学院支持。按照时任中共贵州省委书记栗战书同志指示，推动中国社科院与贵州省的合作，《贵州省人民政府　中国社会科学院战略合作框架协议》正式签署，中国社会科学院学部委员贵州工作站成立，学部委员领衔研究重大课题、合作举办"后发赶超"高端论坛、合作培养博士后人员等合作内容扎实有效推进。二是创新"院地、院校、院企"和与实际工作部门的合作机制，与省直厅局、地方政府、高等院校、企业等建立长期合作关系。设立或联合组建的研究中心、基地20多个，为服务决策、服务地方发展搭建了重要平台。三是围绕贵州特色理论和优势学科组建"黔学研究院""三线建设研究院"。其中，黔学研究院由中央委员、时任中央社会主义学院党组书记叶小文担任名誉院长。四是积极争取获准设立博士后科研工作站，该站目前是贵州省唯一的人文社会科学博士后科研工作站，2014年招收首批共7名博士后进站开展工作，2015年博士后科研人员招收工作也在有序推进。五是成立中国社科院学部委员贵州工作站，该站是目前中国社科院在地方社科院设立的首个学部委员工作站。通过学部委员领衔，贵州社科院科研人员参与重大项目和课题研究，提高了科研人员的素质和研究水平。

**9. 狠抓学术交流，助力宣传多彩贵州**

一是积极举办或承办国际性、全国性研讨会，宣介和展示贵州学术形象。承办生态文明贵阳国际论坛分论坛、"'泛珠'社会科学院发展论坛"、"太平洋战争与中美关系研讨会"、"全国首届贵州·岑巩陈圆圆吴三桂史迹研讨会"、"后发赶超"论坛、"第十五次全国皮书年会"等国际性、全国性学术研讨会（论坛）30多次。二是围绕重大理论和贵州经济社会发展热点问题，举办全省性学术研讨会，发挥在全省哲学社会科学研究中的引领作用。围绕"习近平总书记重要讲话精神""贵州速度""精准扶贫""扶贫开发与可持续发展"等主办或承办理论研讨会50多次。三是主动走出去参加学术会议。院领导多次带队积极参加"国"字头的学术年会，提交论文，交流观点。

**10. 加强理论宣讲和阐释，宣传思想工作呈现新亮点**

面对经济社会深化转型期意识形态领域的严峻性和多元趋向，专家学者围绕中央和省委重大会议精神主动发声亮剑，研究成果不仅频频见诸报端，同时积极发声，为社会主义核心价值观和多彩贵州鼓与呼。专家学者接受新华社、《人民日报》、《光明日报》、《经济日报》、中央电视台等国家级、省级媒体采访100余次，围绕生态环境、山区特色城镇化、黔中经济区建设、产业结构调整、法治建设、群众路线、反腐败等主题发表具有重要价值的意见和建议，对外界了解贵州、宣传贵州、弘扬社会主义核心价值观等起到了积极的推动作用；专家学者主讲道德讲堂和宣讲重大会议精神100多次，听众近4万人，有力配合了省委的正面宣传和舆论引导工作，社会反响较大；组织了贵州人才·法治·社会蓝皮书新闻发布会，中国新闻网以"贵州发布3大蓝皮书 为发展'指路'"为题作了专题报道，充分肯定了蓝皮书观点及发挥的作用，对展示多彩贵州新形象等起到了积极的宣介作用。

**11. 管理服务工作齐头并进**

一是加大科研服务力度。改善科研环境，完成科研楼维修及采暖设施添置工作。科研楼启用后，全院科研环境和条件得到较大改善。完成院内公共区域绿化、治安、停车等治理工作，区域环境得到进一步改善，为科研及各项工作开展提供了有力保障。加大后勤保障力度。为各种类型的学术活动和学术会议搞好会务，院公车使用继续向科研人员调研工作倾斜，进一步规范课题经费报销制度等。

二是加强信息化建设。科研动态管理系统、公文传输系统、考勤管理信息系统投入运行。做好电子设备的采购、管理、安装、维护、维修等工作，保障办公设备正常运转。做好网站的维护更新。"贵州省社会科学院门户网站"总访问量达43万余次，《贵州社会科学》期刊网站访问量近100万次。中国社会科学网、省人民政府网等对贵州省社会科学院网站的科研成果、科研工作、学术交流等栏目的转载量继续增加。加快图书信息化步伐，升级"金盘图书馆集成管理系统"，与中国社科院图书馆实现联机查询，订购中国知网、北大法宝法律法规数据库等。此外，干部档案数字化工作顺利完成。

三是高度重视青年工作。本着"为科研强院战略服务、为青年交流互动服务、为青年安居乐业服务"的宗旨，自2014年起，成功举办了20期"甲秀青年论坛"；组织贵州省社会科学院青年参观遵义会议会址、息烽集中营等，并与省高院青年交流联谊；积极运用团青网页、微信、微博、QQ群等新媒体平台在青年中开展正面宣传和交流学习。

管理服务部门坚持"围绕中心，服务大局"的工作思路，党政办公室、人事处、机关党委、纪委监察室、科研处、财务处、后勤处、离退休处、图书信息中心既分工又协作，各项工作成效显著，统战、工青妇、社会治安综合治理、国家安全保密、综合档案管理、全民科学素质、人口计生、节能降耗等专项工作有序推进。档案管理在省直机关档案规范整理竞赛活动中荣获三等奖；离退休处在第二届全省老干部工作创新征文大赛中荣获二等奖；工会、妇工委组织开展了一系列丰富多彩的文体活动，进一步活跃了全院科研人员的工作和生活。

## 三、机构设置

贵州省社会科学院复所立院后，机构与编制随着形势发展不断变化。人员编制由最初的40名扩大到现在的225名；内设机构由2室5组发展为现在的13个研究所、2个科辅部门、8个行政管理部门。

1978年8月2日，贵州省编委在《关于将贵州省哲学社会科学研究所改为局一级单位的通知》规定：贵州省哲学社会科学研究所暂定事业编制四十名，在事业费内开支。人员来源除理论骨干在全省选调外，其余均在省直机关中调剂解决，不要从基层和企事业单位调入，以免影响生产第一线工作……下设办公室、刊物编辑室、哲学组、政治经济组、科学社会主义组、党史组、资料组。

1979年2月26日，中共贵州省委（79）省通字第14号批复省编委并省委宣传部："省社会科学院下设六所四室，即：哲学、经济、历史、文学、法学、教育研究所和理论刊物编辑室、学会办公室、资料室、办公室，人员编制在省哲学社会科学研究所现有四十名的基础上增加七十名，共一百一十名，由事业经费开支"在省委批准设立的"六所四室"中，哲学、经济、历史、文学四个研究所和刊物编辑室、学会办公室、资料室、办公室立即建立并开展了工作。教育研究所因为省教育厅建有贵州教育研究所而未建立，法学研究所于1996年才建立。

1985年，中共贵州省委批准成立贵州省哲学社会科学界联合会，由贵州社科院学会办公室搭架子成立贵州省社科联。贵州社科院学会办公室的20人编制随即划拨到贵州省哲学社会科学界联合会。之后的一段时期内，贵州省社会科学院的人员编制为200名。

2000年3月1日，贵州省人民政府办公厅黔府办（2000）150号《省人民政府办公厅关于印发贵州省社会科学院机构编制方案的通知》（以下简称编制方案），核定贵州省社会科学院人员编制为225名。编制方案规定省社科院内设17个处（所、部、室），即哲学研究所、经济研究所、城市经济研究所、农村发展研究所、西部开发研究所、文学研究所、历史研究所、社会学研究所、法学研究所、《贵州社会科学》编辑部、图书信息中心、培训部、科研处、党政办公室、人事处、后勤处、财务处，另按有关规定另立机关党委、离退休干部处、纪检、监察等机构。规定省社科院事业编制225名（专业人员158名，行政人员47名，工勤人员20名）。其中，院长1名，书记或副书记1名，副院长4名，机关党委书记1名，巡视员或助理巡视员1名；处级领导职数40名，调研员或助理调研员5名。

2000年7月26日，中共贵州省委（2000）省通字第29号《关于贵州省人民政府机构改革实施意见》决定："原由省委管理的省社会科学院改由省政府管理。""省社科院管理的省干部智力开发中心并入社科院。"省干部智力开发中心的30名编制同时列入贵州省社会科学院编制。

2008年，经济研究所更名为区域经济研究所，文学研究所更名为民族研究所，社会学研究所更名为社会研究所，培训部更名为社科信息部。

2011年3月，成立党建研究所；2013年1月，成立工业经济研究所。人员从内部调配，不新增编制。2015年，社科信息部更名为传媒与舆情研究所，同时加挂社科信息部的牌子。

四、人才队伍建设

贵州省编委核定批准社科院机构编制后，梭石巷办公大楼、科研大楼又先后建成，1984—1987年，贵州省社会科学院加快了人才队伍建设的力度，调进了一批科研人员、编辑人员和情报资料人员。

1991年至2003年，是贵州省社会科学院在艰难中摸索发展的时期。由于实行财政包干制，制约了社科院的进人计划。总的来看，这一时期调进的科研人员不多，而流失的科研骨干却较多。

这一时期，由于经费比较困难，新进科研人员的培养与提高，主要是靠院内科研骨干的传帮带，通过参与课题研究、社会实践活动以及参加学术团体及学术会议等形式，一句话，主要靠科研人员自己在研究实践中锻炼和提高。只有少数同志通过别的渠道获得进修深造。

在相当长一段时期，贵州社科院科研的主力军主要是"研究生班"的同志和复所立院初期调进的一批科研骨干。随着时间的流逝，这批科研人员陆续达到了退休年龄。贵州社科院在科研队伍建设上，面临人才缺乏和科研骨干断层危机。人才兴，事业兴。培养造就出一批新的科研骨干人才队伍，成为贵州社科院第一位的任务。贵州社科院采取了一系列措施，包括加大人才引进和培养的力度，制定青年科研人员培养办法、确立学术带头人、设立院级研究课题、实施奖励制度、实行出版补贴等。加强人才队伍建设，在较短时期内有效解决了人才队伍缺乏和断层问题。

贵州省社会科学院在全省事业单位人事制度改革中积极主动，各项工作走在前列。2015年，贵州省社会科学院又向省人社厅争取到高层次专家和引进的博士不占机构编制岗位，使得贵州省社会科学院聘任的高级职称人数达84人（其中正高级27人、副高级57人），占专业技术人员总数的60%，远远超出了贵州省社会科学院高级职称占专业技术人员总数45%的比例，也远远超过了省人社厅规定的省直单位高级职称比例不得突破48%比例要求。通过人事制度改革，贵州省社会科学院科研人员的专业结构、职称结构和年龄结构进一步优化。先后制定了《贵州省社会科学院资助在职人员提升学历实施办法（试行）》和《贵州省社会科学院引进高层次人才办法》等，加大人才培养和引进力度。在《贵州省社会科学院研究所所长年度考核办法》中，将人才队伍建设职责纳入研究所所长年终考核。进一步完善专业技术职务评聘体制，鼓励科研、行政、科辅部门之间人员的合理流动，完成了三次全员竞聘，逐步形成人员合理流动的体制。实施了绩效分配制度，重实绩、重贡献，使收入分配政策向有实绩、有贡献的人倾斜。创新考核体制机制，激发人员活力。继专业技术人员科研动态管理系统投入使用后，也实行了行政后勤人员的量化考核。该考核指标体系的创建不仅走在省内事业单位前列，在全国也处于领先地位，在激发人员工作效率等方面成效初显。

2010年以来，贵州省社会科学院共引进了49名高层次人才和急需紧缺专业人才，人才队伍总量达到187人，其中，科研人员达到140人，比2010年增加32人。

积极鼓励和支持在职人员提升学历学位。2012年以前，支持5人在职攻读硕士研究生并获得硕士学位，3人在职攻读博士研究生。2012—2015年，支持2人在职攻读硕士研究生并获得硕士学位，15人在职攻读博士研究生，其中，4人已获得博士学位。2011年以来，有2名专家新获国务院政府特殊津贴，1名专家新获省政府特殊津贴，2名专家获国家宣传文化系统"四个一批"人才称号，2名专家获国家"万人计划"哲学社会科学领军人才称号，10名专家新获省宣传文化系统"四个一批"人才（甲秀人才）称号。截至2015年12月，贵州省社会科学院有新世纪"百千万人才工程"国家级人选1人，国家宣传文化系统文化名家暨"四个一批"人才2人，国家"万人计划"哲学社会科学领军人才2人，国贴专家6人，省贴专家3人，核心专家1人，省管专家9人，省宣传文化系统"四个一批"人才（甲秀人才）23人，"西部之光"访问学者7人。

积极选派干部参加省委党校培训、行政学院培训、省直机关理论教育培训、省人力资源和社会保障厅组织的各类学习培训；选派和支持干部到省内外有关部门和基层挂职锻炼。2011年以来，共有135人次参加省组织的各种培训和学习，24人次到省有关部门或基层挂职学习，22人到基层进行党建扶贫、挂帮和驻村。

人才队伍年龄结构、学历结构、专业结构、职称结构进一步合理。青年人员大大增加，博士科研人员已达39人（含在读），一些急需紧缺专业人员得到充实和递补，专业技术岗位正高级、副高级、中级、初级比例为19：41：34：6，高级职称人员占全体专业技术人员的60%。通过引进和培养人才，有3名博士已由副研究员晋升为研究员，有6名提升学历人员由助理研究员晋升为副研究员；有1名博士担任研究所所长职务，1名博士担任研究所副所长职务，2名博士和2名硕士担任所长助理。

开展处级干部充实调整工作。针对处级职数空岗和干部轮岗情况，贵州省社会科学院于2012年、2015年全员竞聘之机，集中开展两次处级干部充实调整工作。2012年共提拔使用处级22人，其中正处10人，副处12人。2015年正处级干部充实调整工作，充实了5个部门的正处级岗位，调整了1个部门的正处级岗位，交流调整了2个部门的正处级岗位。2016年4月第二批处级干部充实调整工作完成，共提拔正处级干部1人，副处级干部8人。

人才队伍建设经费投入不断加大。2012年以来，贵州省社会科学院用于人才队伍建设经费共计301.55万元。其中：2012年在职提升学历培训经费计21.2万元，引进高层次人才经费计45.72万元；2013年在职提升学历培训经费计8.4万元，引进高层次人才经费计83.24万元；2014年在职提升学历培训经费计6.03万元，引进高层次人才经费计68.96万元。2015年，在职提升学历培训经费计8万元，引进高层次人才经费计60万元。

## 第二节 组织机构

一、贵州省社会科学院领导及其分工

（一）历任领导

历任党委（党组）书记

康健（1980年8月—1984年1月）

石争［1984年1月—1987年1月，党组副书记（主持工作）］

李钟伟（1987年2月—1990年12月）

张雄龙（1990年12月—1996年1月）

肖先治（1996年1月—2002年1月）。

历任院长

康健（1980年8月—1984年1月）

石争［1984年1月—1990年12月，副院长（主持工作）］

张同生（1990年12月—1996年2月）

蒋南华（1996年2月—2000年5月）

黄钧儒（2000年5月—2005年5月）

李建国（2005年5月—2008年9月）

历任党委（党组）副书记、党委常委（党组成员）、副院长

冯迪民（1980年8月— ）副院长、党组成员

王瑞迎（1980年8月— ）副院长兼秘书长、党组成员

宋汉年（1984年1月— ）副院长、党组成员

周成启（1984年1月— ）副院长、党组成员

李钟伟（1985年11月—1987年2月），党组成员、纪检组长

胡隆芬（1987年3月—1989年4月）党委常委、纪委书记

（1989年4月—1991年）党委副书记

肖沉冈（1990年12月—1996年2月）副院长

冯祖贻（1990年12月—2002年4月）

副院长

王立安（1992年11月—2003年2月）党委常委、纪委书记

蒋南华（1996年1月—2000年4月）副书记

石朝江（1996年1月—2005年5月）副书记

（2005年5月—2008年7月）党委常委、副院长

龚晓宽（1996年1月—2000年8月）党委常委、副院长

蒙秋明（1996年1月—2001年11月）党委常委、副院长

金安江（1998年1月—2000年12月）党委常委、副院长

徐圻（1999年8月—2002年1月）副院长

黄钧儒（2000年4月—2005年5月）党委副书记

朱华清（2002年4月—2006年1月）党委常委、副院长

谢一（2002年4月—2011年5月）党委常委、副院长

徐静（2002年4月—2003年2月）党委常委、副院长

赵崇南（2002年4月—2008年6月）党委常委、机关党委书记

王红岗（2003年2月—2005年9月）党委常委、纪委书记

李建国（2005年5月—2008年9月）省委宣传部副部长兼任省社科院党委常委、副书记、院长

逯献珉（2005年9月—2015年5月）党委常委、纪委书记

雷厚礼（2008年6月—2012年8月）党委常委、副院长

吴廷述（2008年7月—2014年5月）党委常委、副院长

（二）现任领导及其分工

党委书记：金安江（2002年2月— ），分管党政办、离退休干部处

院长、党委副书记：吴大华（2010年4月— ），分管科研处、法律所、党建所

党委常委、副院长：汤会琳（正厅长级，2015年5月— ），分管区域经济研究所、城市经济研究所、农村发展研究所、对外经济研究所、工业经济研究所、传媒与舆情研究所

王朝新（2004年11月— ），分管财务处、后勤处、图书信息中心

宋明（2012年6月— ），因身体原因暂不分管工作

索晓霞（2014年5月— ），分管历史研究所、文化研究所、民族研究所、社会研究所、《贵州社会科学》编辑部

党委常委、机关党委书记：唐显良（2008年6月— ），分管人事处、机关党委、工会

二、贵州省社会科学院职能部门及领导

党政办公室
主任：肖勉之
副主任：汪普进
机关党委
书记：唐显良（兼）
副书记：王德庆
人事处
处长：罗芬
副处长：吕军
科研处
处长：罗剑
副处长：杨雪梅、戈弋
纪委监察室
主任：时尚国
后勤处
处长：杨兴玉
副处长：龙联文
财务处
处长：王跃斌

离退休干部处
处长：杨兴玉
副处长：王建勋

三、贵州省社会科学院科研部门及领导

历史研究所
所长：麻勇斌
文化研究所
所长：杜小书
民族研究所
所长：黄晓
社会研究所
所长：黄德林
法律研究所
所长：王飞
区域经济研究所
所长：黄勇
城市经济研究所
所长：王兴骥
农村发展研究所
所长：陈康海
对外经济研究所
所长：苟以勇
工业经济研究所
副所长：谢松
党建研究所
所长：郭丽
传媒与舆情研究所（社科信息部）
主任：聂昭汇
副主任：沙飒
贵州省社会科学院科辅部门及领导
《贵州社会科学》编辑部
主任：黄旭东
副主任：赖力
图书信息中心
主任：王剑锋
副主任：麻亮

## 第三节　年度工作概况

2015年是"十二五"收官之年，也是贵州省社会科学院各项工作发展势头良好、效果良好的一年。这一年，贵州省社科院按照中央《关于加强中国特色新型智库建设的意见》和贵州省委、省政府的决策部署，深入实施"三大战略"和以质量为中心的科研转型升级，取得了可喜成绩。

一、抓科研组织工作，研究成果突出。全年组织各类课题申报200多项，立项101项，立项率接近50%，此外，省委、省政府临时交办、各级地方政府和部门横向委托课题100多项。立项课题中，《建设社会主义民族法治体系、维护民族大团结研究》作为国家社科基金重大项目立项，实现了贵州省社会科学院国家社科基金重大项目立项零的突破，实现了贵州省法学界国家社科基金重大项目立项零的突破，同时也是2015年贵州省乃至全国地方社科院系统唯一入围的国家社科基金重大项目；首次获得国家社科基金艺术学项目立项1项；获国家社科基金西部项目3项、中国博士后基金课题1项。全年出版学术专著31部，其中一级出版社出版4部。在省部级以上期刊发表论文310篇，其中，在"核心期刊"发表35篇。

二、抓应用对策研究，服务决策和发展的能力进一步提升。一是省领导指示圈示课题保持良好态势。2015年共有49项省领导指示圈示课题立项，通过中国社会科学院专家领衔、委托省内知名专家负责和面向省内各单位招标等形式，确保课题研究高质量完成。报送的研究成果中，《贵州精准扶贫问题研究》等获得省委书记陈敏尔等的肯定性批示。二是精心组织完成各个方面委托的课题。2015年，省、市、县委托贵州省社会科学院负责的课题多达近100项，课题范围不仅涉及经济、社会等应用学科，同时涉及历史、文化、民族、党建等基础学科。《贵州省少数民族特色村寨保护与发展规划（2015—2020）》《贵州省"十三五"人才开发专项规划》等委托项目成效明显。三是应用对策研究成果获奖层次提高，《贵州与瑞士发展比较研究》《贵州省农村"留守儿童"问题专题调研报告》在省第十一次哲学社会科学科研成果评奖中分别获得著作类一等奖和研究报告类一等奖。

三、重视基础理论研究，推出一批优秀研究成果。一是继续推进"三五"基础学科振兴计划，效果开始彰显。《传统哲学与贵州文化——黔学中的形上智慧资源》等6项成果在省第十一次哲学社会科学科研成果评奖中获奖，在贵州省社会科学院获奖的11项成果中占一半以上，实现基础理论研究的"大丰收"。出版《黔中城市史》等10多部专著，成果在业内影响大、评价高。二是走出书斋，融入社会，推动理论研究与现实需要的深度融合。民族民间文化研究、阳明文化研究等传统优势学科在服务经济社会发展需要中焕发生机；三线建设研究、乡贤文化研究、黔学研究等学科研究与地方政府、社会的需求紧密结合，取得实效。

四、抓学术品牌打造，咨政话语权和学术影响力进一步提升扩大。一是《贵州社会科学》进位明显。在全国人文社会科学期刊中排名由2014年的53位进入第30位，进位23；在中国学术期刊排名中由70位进入第42位，进位28；在北大中文核心期刊排名中由102位进到45位，进位57。连续获得国家社科基金资助，获得良好评级等次、资助全款由40万元增加至50万元。《新华文摘》等全文转载20多篇，是转载量最多的一年。二是咨政品牌成效明显。报送《社科内参》21期，《贵州农民何以走出市民化的"五重"困局》等8期获省领导肯定性批转落实；报送《政务信息》9期，《毕节留守儿童自杀舆情分析及建议》等6期获省领导批示或上级部门采用；报送《舆情信息》100余期，获中宣部、省委宣传部采用29期；报送舆情专题研究报告5份，其中两份获得省领导肯定性批转，舆情工作在省直宣传文化系统排名继续保持前列，获全省"舆情信息先进单位"称号。三是《蓝皮书》品牌进一步形成。2015年，新增《贵州民航业发展报告》《贵州扶贫开发报告》《贵州民族发展报告》3部蓝皮书，至此，贵州省社会科学院的贵州蓝皮书系列达12种，为全国地方社科院中数量最多，其中3本进入中国社科院《蓝皮书》系列并获好评。四是"甲秀论坛"知名度进一步提升。邀请中国社科院学部委员等国内知名专家学者围绕"十三五"规划等主题主讲学术报告20余次，开放式报告吸引了大批听众，知名度进一步提升；"甲秀青年论坛"举行10次，得到团省委和省直机关工委的肯定。

五、精心组织，高质量完成省委、省政府交办的重大任务。一是全面完成"省委深入学习习近平同志重要讲话精神研究系列丛书"阶段性任务。目前已公开出版《走向善治——贵州省社会治理经验研究》等6部专著，保质完成年度目标任务。二是完成交办重大调研任务。主持完成省委交办的《"十三五"时期贵州经济发展的阶段性特征分析》调研任务，参与完成省委交办的《"十三五"时期贵州经济社会发展的主基调和总纲研究》等5项调研任务，参与完成省领导担任课题组组长、贵州省社会科学院作为成员单位的《商事制度改革以来贵州创业情况研究》重大调研任务，成果获陈敏尔书记和分管副省长的肯定性批示。三是完成交办重大学术论坛。承办的"生态文明与开放式扶贫""绿化与立法保障"两个分论坛圆满完成，其中"生态文明与开放式扶贫"分论坛被评为优秀分论坛；承办"守底线、走新路、奔小康——深入学习习近平总书记视察贵州重要讲话精神"理论研讨会、第三届后发赶超论坛、"贵州：开放、开发与扶贫发展"国际研讨会、贵州山地新型城镇化发展论坛、2015年第五期"松梅月坛"等。

六、重视学术平台搭建，大社科研究网络进一步形成。一是加强院省合作。委托中国社科院开展《贵州省生态底线指标体系研究》等三个重大课题研究。二是拓展院地合作研究领域。与黔西南州、贵州科学院联合成立"黔西南州喀斯特区域发展研究院"，派出1名研究员担任该院副院长；在平塘县、织金县等地成立党建研究基地、民族学重点学科研究基地等。三是整合院内研究资源。依托贵州省社会科学院优势资源成立贵州省三线建设研究院、贵州乡贤文化研究中心等，有针对性地开展相关领域研究工作。

七、人事人才工作稳步推进，人才队伍建设取得新成效。一是处级干部充实调整工作稳步进行。充实了5个部门的正处级岗位，调整了1个部门的正处级岗位，交流调整了2个部门的正处级岗位。二是人才总量继续增加。通过人才博览会，引进4名博士入院工作；通过公开招考，录取5名紧缺急需专业硕士充实到科研所，1名会计专业本科生充实到财务处。三是积极推动干部人事制度改革。在省人社厅大力支持下，争取到高层次专家和引进的博士不占机构编制岗位，使得贵州省社会科学院聘任的高级职称人数达84人，占专业技术人员总数的60%，科研人员专业结构、职称结构和年龄结构进一步优化。四是着力提升人才队伍素质。选派19人参加各层次的培训、交流、挂职、帮扶；推荐4人作为"国家百千万人才""全国文化名家""西部之光"访问学者人选。五是博士后科研工作站实现"开门红"。首批7名博士后研究人员进站工作，

1名博士后研究项目获中国博士后科学基金一等资助，是贵州省唯一获得一等资助的博士后研究项目。2015年12月，第二批博士后8人进站。又有1人获得中国博士后科学基金面上资助。

八、着力改善科研工作环境和条件，为科研创新发展提供良好氛围。完成了科研楼维修，研究所按时搬迁，为正高级职称人员每人安排1间办公室，副高级人员和博士2人安排1间办公室，其他人员3人安排1间，通过多方努力，在冬季来临之前，为科研楼添置了取暖设施，科研环境和条件得到较大改善；加强信息化建设工作，科研全过程动态管理系统、公文传输系统、图书馆集成管理系统不断完善，干部档案数字化工作有序推进，贵州省社会科学院门户网站总访问量达43万余次，《贵州社会科学》期刊网站访问量近100万次，转载量继续增加。

## 第四节 科研活动

一、人员、机构等基本情况

（一）人员

截至2015年年底，贵州省社会科学院共有在职人员180人。其中，正高级职称人员29人，副高级职称人员63人，中级职称人员30人，初级职称10人。

（二）机构

贵州省社会科学院内设机构22个，具体为：党政办、人事处、机关党委、监察室、科研处、后勤处、财务处、离退休干部处、区域经济研究所、城市经济研究所、农村发展研究所、对外经济研究所、工业经济研究所、历史研究所、社会研究所、文化研究所、民族研究所、法律研究所、党建研究所、传媒与舆情研究所、图书信息中心、《贵州社会科学》编辑部。

（三）人事变动

2015年6月，贵州省人民政府任命汤

会琳为贵州省社会科学院副院长（保留正厅级）。

二、科研工作

（一）科研成果统计

2015年，贵州省社会科学院共完成专著20种，544.2万字；论文310篇，186万字；研究报告93篇，396万字。

（二）科研课题

新立项课题

2015年，贵州省社会科学院共有新立项课题98项。

**国家社科基金课题5项**

| 课题名称 | 主持人姓名 |
| --- | --- |
| 建设社会主义民族法治体系、维护民族大团结研究 | 吴大华 |
| 西部地区设施建设类惠农政策实施效果跟踪研究 | 陈丽华 |
| 二孩生育的家庭代际依赖研究 | 杜双燕 |
| 中国喀斯特地区黔中城市群城镇化历程研究 | 范 松 |
| 公共文化服务体系建设职责主体"三层架构"研究 | 龙希成 |

**民政部课题立项1项**

| 课题名称 | 主持人姓名 |
| --- | --- |
| 事实无人抚养儿童救助的社会支持构建 | 杜双燕 |

**贵州省哲学社会科学规划课题立项5项**

| 课题名称 | 主持人姓名 |
| --- | --- |
| 习仲勋统战思想研究 | 胡月军 |
| 新常态下贵州大健康产业发展研究 | 罗先菊 |
| 新常态下贵州社会稳定风险评估机制研究 | 陈玲玲 |
| 贵州省大数据产业发展的法律保障研究 | 吴月冠 |
| "新常态"下贵州"新增长点"培育对策研究 | 杨晓航 |

**软科学项目课题立项22项**

| 课题名称 | 主持人姓名 |
| --- | --- |
| 贵州省集中连片特困地区扶贫生态移民战略研究 | 黄德林 |
| 贵州省人才计划（项目）体系研究 | 陈玲玲 |
| 开放带动创新驱动背景下贵州对外开放战略新格局研究 | 于开锋 |
| 贵州省茶产业转型升级研究 | 罗以洪 |
| 我省融入长江经济带经贸合作路径研究 | 张美涛 |
| 新常态下贵州投融资体制改革研究 | 王 俊 |

续表

| 课题名称 | 主持人姓名 |
| --- | --- |
| 贵州省耕地质量保护提升研究 | 陈丽华 |
| 贵州军工企业深化军民融合发展问题研究 | 田　牛 |
| 新常态下贵州能源发展战略研究 | 谢　松 |
| 贵州省"十三五"实施精准扶贫创建国家扶贫攻坚示范区战略的思路及对策研究 | 黄水源 |
| "云上贵州"建设发展中的政策法律问题研究——以政府大数据法律问题为核心 | 吴月冠 |
| 贵州地方政府性债务风险控制与化解对策研究 | 蒋莉莉 |
| 贵州苗医药大健康产业集约化发展研究 | 蒙祥忠 |
| 大数据时代政府舆情导控及危机治理机制研究 | 王　娴 |
| 新常态下贵州社会稳定风险评估及治理机制问题研究 | 王红霞 |
| 大数据时代提升贵州地方政府治理能力研究 | 陈　讯 |
| 贵州省依法治省评价指标体系设计与运用价值研究 | 张　帆 |
| 贵州少数民族地区基础设施建设与发展研究 | 吴　杰 |
| 新型城镇化视野下贵州省"产、城、景"互动发展研究 | 王　彬 |
| 贵州省人才成长规律及培育路径研究 | 杜双燕 |
| 经济新常态下贵州 GDP 增长研究 | 杨明锡 |
| 三线建设工业遗产价值与文化品牌建设研究 | 李代峰 |

**贵阳市哲学社会科学规划课题立项 1 项**

| 课题名称 | 主持人姓名 |
| --- | --- |
| 贵阳市大健康产业发展思路与对策研究 | 罗先菊 |

**院省战略合作重大课题立项 3 项**

| 课题名称 | 主持人姓名 |
| --- | --- |
| 贵州融入"一带一路"战略路径研究 | 黄群慧 |
| 贵州"十三五"发展战略及 GDP 指标体系研究 | 李　平 |
| 贵州生态底线指标体系研究 | 潘家华 |

**2015 年重大委托课题立项 2 项**

| 课题名称 | 主持人姓名 |
| --- | --- |
| 贵州精准扶贫发展示范研究 | 索晓霞 |
| 贵州山地特色新型城镇化发展问题研究 | 王兴骥 |

**省领导指示圈示课题立项 49 项**

| 课题名称 | 主持人姓名 |
| --- | --- |
| 贵州融入"一带一路"战略路径研究 | 郭秋梅 |
| 我省融入长江经济带经贸合作路径研究 | 张美涛 |
| 开放带动创新驱动背景下贵州对外开放战略新格局研究 | 于开锋 |
| 贵州地方政府债务风险控制与化解对策研究 | 蒋莉莉 |
| 经济新常态下的GDP增长研究 | 杨明锡 |
| 贵州少数民族地区基础设施建设与发展研究 | 黄　勇 |
| 三线建设工业遗产价值与文化品牌建设研究 | 李代峰 |
| 大数据时代提升地方政府治理能力研究 | 陈　讯 |
| "云上贵州"建设发展中的政策法律问题研究 | 吴月冠 |
| 大数据时代政府舆情导控及危机治理机制研究 | 王　娴 |
| 贵州省贫困县约束与退出机制研究 | 秦　杰 |
| 立体综合交通格局下的贵州战略地位及与周边区域合作研究 | 朱　薇 |
| 新型城镇化视野下贵州省"产、城、景"互动发展研究 | 王　彬 |
| 贵州实施农村精准扶贫 创建国家扶贫开发攻坚示范区研究 | 黄水源<br>董　强 |
| 新常态下贵州能源发展战略研究 | 谢　松 |
| 贵州省第三方评估指标体系及评价体系研究 | 王军武 |
| 新常态下贵州社会稳定风险评估及治理机制问题研究 | 陈玲玲<br>李先龙 |
| 贵州连片特困地区山地特色现代农业产业发展模式研究 | 王　前<br>胡海军 |
| 贵州省依法治省指标体系和考核评价体系研究 | 张　帆 |
| 城镇化进程中贵州民族优秀传统文化传承研究 | 王红霞<br>陈永娥 |
| 贵州苗医药大健康产业集约化发展研究 | 蒙祥忠 |
| 贵州省茶产业转型升级研究 | 罗以洪 |
| 贵州省人才成长规律及培育路径研究 | 杜双燕 |
| 贵州省耕地质量保护提升研究 | 陈丽华<br>卢德彬 |
| "资源保护型—环境友好型"视角下我省工业园区发展路径研究 | 张琳杰 |
| 贵安新区产业集聚和带动效应研究 | 蔡　伟 |

续表

| 课题名称 | 主持人姓名 |
| --- | --- |
| 老龄化背景下贵州省老年人力资源开发问题研究 | 王德召 |
| 贵州省面向东盟开发合作战略研究 | 黄 昊<br>岳 蓉 |
| 贵州民族文化古村寨保护与发展 | 何 璘<br>王星虎 |
| 新常态下贵州投融资体制机制改革研究 | 王 俊 |
| 提升贵州"十三五"区域经济合作水平研究 | 吴 杰 |
| 贵州军工企业深化军民融合发展问题研究 | 苟以勇 |
| 新形势下贵州省加强党领导社会组织的有效性研究 | 丁 胜 |
| 新常态下贵州形象塑造及对外宣传研究 | 石 迪 |
| 新型城镇化背景下贵州省社区治理创新研究 | 张登利<br>王安寨 |
| 综合保税区对贵州经济发展影响研究 | 班程农 |
| 贵州农民职业队伍建设研究 | 李中学<br>许方丽 |
| 小康建设中基层公共文化服务体系建设研究 | 龙希成<br>袁小英<br>张兴奇 |

**2015 年院级课题立项 10 项**

| 课题名称 | 主持人姓名 |
| --- | --- |
| 2015 年贵州省工业经济运行分析 | 蒋莉莉 |
| 2015 年贵州省农村经济运行分析 | 吴 杰 |
| 2015 年贵州省服务业运行分析 | 吴 杰 |
| 2015 年贵州省财政运行分析 | 蒋莉莉 |
| 贵州省社会科学院信息化建设规划 | 王剑锋 |
| 加强贵州生态文明建设与开发扶贫相结合的问题与对策研究 | 陈康海 |
| "三线建设网"建设 | 纪珊珊 |
| 新常态下充分发挥社科退休科研人员积极作用研究 | 杨兴玉 |
| 省领导圈示课题选课征集管理机制研究 | 罗 剑 |
| 加强具有贵州特色的新型智库建设研究——以贵州省社会科学院为例 | 唐显良 |

（三）2015年度获奖情况

贵州省第十一次哲学社会科学科研成果奖：

著作类一等奖

吴大华《贵州与瑞士发展比较研究》

著作类二等奖

王路平《传统哲学与贵州文化——黔学中的形上智慧资源》

著作类三等奖

麻勇斌《苗族口传活态文化元典（五种）》；王兴骥《海龙屯与播州土司综合研究》；胡晓登《资产·效应·资产建设：中国农民工融入城市的资产建设制度研究》；黄德林《文化生态视野下布依族古歌生存价值研究》；安尊华《梁启超教育思想研究》；黄勇《欠发达地区企业资本结构与区域经济发展研究》

研究报告类一等奖

周芳苓《贵州省农村"留守儿童"问题专题调研报告》

研究报告类三等奖

杜小书《建立中国西部阳戏文化带相关问题研究》；高刚《贵州省城市流浪人群的生存状态及其治理研究》

## 三、学术交流活动

（一）国内学术活动

2015年，贵州省社会科学院举办的大型学术会议有：

1. 2015年"生态文明与开放式扶贫"论坛

2015年6月27日，作为生态文明贵阳国际论坛2015年年会重点论坛之一的"生态文明与开放式扶贫论坛"在贵阳国际生态会议中心成功举行。论坛由国务院扶贫办、贵州省人民政府、北京大学主办，由中国国际扶贫中心、北京大学贫困地区发展研究院、中国社科院社会学所、贵州省社科院、贵州省扶贫办、贵州民族大学、招商局慈善基金会、黔西南州人民政府、中国新闻社贵州分社、普定县人民政府共同承办。此次论坛主题为"生态文明与开放式扶贫"，共设置了"社会参与为基础的反贫困行动新战略""农村社会治理与反贫困"和"山区发展与绿色减贫"等三个议题。

2. 中国·贵州第三届"后发赶超"论坛

2015年7月25日，由中国社会科学院学部工作局（科研局）和贵州省社会科学院联合承办的第三届"后发赶超"论坛在贵阳成功举行。该届论坛主题为新常态下的后发赶超与跨越发展。中国社会科学院和上海社科院等12个省、市（区）地方社科院，省内部分高校，省直有关部门及部分市州各方面代表100余人参加了此次论坛。

3. 学习贯彻习近平总书记视察贵州重要讲话精神理论研讨会

2015年7月15日，由中共贵州省委宣传部、贵州省中国特色社会主义理论研究会及贵州省社会科学院联合组织召开深入学习贯彻习近平总书记视察贵州重要讲话精神理论研讨会。

4. 地方法治指标体系建设研讨会

2015年8月2日，"地方法治指标体系建设研讨会"在贵阳召开。本次研讨会由贵州省社会科学院地方法治建设评估中心、中国社会科学院法学研究所法治国情贵州调研基地主办，贵州法治时代律师事务所、贵州法治时代风险评估有限责任公司、黔南州中级人民法院、贵州民族大学法学院共同协办。

5. 人文社会科学学术期刊与社会科学发展主编高层论坛

2015年8月9日，由贵州省社会科学院主办、《贵州社会科学》与《社会主义研究》编辑部承办的第四届"人文社会科学学术期刊与社会科学发展主编高层论坛"在贵阳顺利召开。"人文社会科学学术期刊与社会科学发展主编高层论坛"是由《社会主义研究》编辑部发起的全国性的学术期刊的学术论坛，分别于2009年在云南、2011年在湖北、2014年在四川举办过三届。该届论坛为第四届，论坛的主题为"大数据时代的人文社会科学学术期刊发展战略"。

6. 贵安新区学习贯彻习近平总书记视察贵安重要指示精神理论研讨会

2015年8月30日，由贵州贵安新区管理委员会、贵州省社会科学院、贵州省政府发展研究中心联合举办的"贵安新区学习贯彻习近平总书记视察贵安重要指示精神理论研讨会"在贵安新区召开。贵州省委常委、常务副省长、贵安新区党工委书记秦如培出席并致欢迎辞，贵安新区党工委副书记、管委会主任马长青主持会议，国务院发展研究中心副主任张军扩讲话，上海社会科学院院长王战作主旨演讲。中国社会科学院、北京大学、中国人民大学等20个高校、科研机构、政府部门的领导和专家学者50人参加研讨会。

7. "贵州：开放、开发与扶贫发展"国际研讨会

2015年9月11日，贵州省社会科学院与中国社会科学院研究生院在贵阳联合召开主题为"贵州：开放、开发与扶贫发展"的国际研讨会。

8. 黔学研究学术研讨会

2015年9月15日，黔学研究学术研讨会在贵州省社会科学院召开。贵州省社会科学院院长吴大华研究员、副院长索晓霞研究员出席会议。贵州省黔学研究院院长范同寿研究员、顾问黄万机研究员以及来自贵州大学、贵州民族大学、贵州师范大学、贵州师范学院、贵阳学院、贵州中医学院、贵阳市第一中学、贵阳市第三实验中学、乌当区文旅局、贵州省社会科学院的专家学者30余人到会。收到论文20篇，17余万字，内容包括黔学研究的时空视野与当代价值，黔学学科建设思路及古代、近代、当代黔地范围内学术事业重要事业与人物研究等。

9. 第五期"松梅月坛"

2015年9月25日，由中共贵州省委宣传部主办，贵州省社会科学院承办的2015年第五期"松梅月坛"在当代贵州期刊传媒集团召开。该期的主题是：汇聚社科智力 助推跨越发展。省政府副省长何力，省委宣传部副部长姚远出席论坛并讲话，会议由贵州省社会科学院院长吴大华研究员主持。

10. 中国三线建设遗产价值与品牌建设研讨会

2015年12月5日，《中国三线建设遗产价值与品牌建设研讨会》在遵义举行，来自全国各地的三线建设老领导、专家学者、三线建设相关地区企业代表80余人，围绕"三线建设遗产价值与品牌建设"主题，探讨三线建设遗产价值，献计三线建设品牌建设，共商三线建设精神传承和弘扬，为推动经济社会转型发展提供经验启示，为谱写中国梦绚丽篇章提供精神动力和智力支持。此次会议由中国三线建设研究会、贵州省社会科学院、遵义市人民政府主办，遵义市工能委、贵州三线建设研究院、遵义长征产业投资有限公司承办。省委常委、省委宣传部部长张广智出席会议并致辞，贵州省社会科学院吴大华院长致辞，索晓霞副院长作主题发言。

（二）国内学术交流与合作

2015年1月20日，贵州省社科院与多彩贵州网有限责任公司签订战略合作协议。

2015年3月31日，贵州省社会科学院与贵州省妇联签订战略合作协议。

2015年4月29日，贵州省社会科学院与黔西南州人民政府签署院地战略合作框架协议。

四、学术社团、研究中心、期刊

（一）社团

贵州省中国特色社会主义理论研究会，

会长吴大华。

2015年7月15日，由中共贵州省委宣传部、贵州省中国特色社会主义理论研究会联合主办了深入学习贯彻习近平总书记视察贵州重要讲话精神理论研讨会

（二）研究中心

贵州乡贤文化研究中心

主任：赵青副研究员

贵州与瑞士发展比较研究中心

主任：吴大华研究员，执行主任：黄水源研究员

贵州生态文明建设评价研究中心

主任：吴大华院长，研究员

贵州省性别文化研究中心

执行主任：黄晓所长，研究员

法治研究中心

主任：吴大华院长，研究员

工业经济运行研究中心

主任：宋明副院长，研究员

农村扶贫开发研究中心

主任：宋明副院长，研究员

社会稳定风险评估与研究中心

主任：吴大华院长，研究员

地理标志研究中心

执行主任：李发耀研究员

（三）期刊

《贵州社会科学》（月刊），主编黄旭东。

2015年，《贵州社会科学》共出版12期，共计380万字。该刊全年刊载的有代表性的文章有：《中国审美形态的划分标准和种类》《中与中国审美观念的起源》《连续与断裂：我国传统文化遗续的两极现象》《古今学问之战的历史僵局》《笔补造化与好异重幻的超常态审美追求——中国叙事文学的传奇奇意初探》《现代微观经济学的分析逻辑及其解构——从需求定律、供求分析到一般均衡》《论中国的精准扶贫》。

## 第五节 重点成果

### 一、2014年以前获省部级奖优秀科研成果

成果名称：《侗族习惯法研究》

作者姓名：吴大华

职称：研究员

成果形式：著作

字数：430千字

出版单位：北京大学出版社

出版时间：2012年7月

侗族习惯法主要包括古老的侗族款约法、现代的承袭于传统的侗族习惯法的村规民约以及人们心中实际发挥作用的习惯规约。该书透过侗族习惯法的产生、发展与演变，从内容到实施，从宏观到微观、从理论到实践、从局部到本土、运用法学与民族学相结合的多元化研究角度，对侗族习惯法进行了全面、细致的阐述，向读者展示作者观察到的侗族传统文化真实生动的图景。同时，该书借助大量的案例、材料、图片展现了侗族社会的纠纷解决机制与发展变迁，证明了侗族习惯法是当今侗族村寨中存在着的，维护侗族地区社会稳定的有效规范。

成果名称：《探索反腐倡廉教育规律——反腐败与廉政建设研究》

作者姓名：黄德林

职称：研究员

成果形式：著作

字数：218千字

出版单位：西南交通大学出版社

出版时间：2011年8月

胡锦涛同志在2011年"七一"重要讲话中指出，我们党"面临许多前所未有的新情况新问题新挑战，执政考验、改革开放考验、市场经济考验、外部环境考验是长期的、复杂的、严峻的。精神懈怠的

危险，能力不足的危险，脱离群众的危险，消极腐败的危险，更加尖锐地摆在全党面前"。该书致力于研究中国共产党在"四大考验""四个危险"面前，如何保持党和政府的廉洁性。同时，揭示腐败行为产生、发展、运行、分布规律，按照腐败行为产生的心理特征和规律，从多角度探索反腐倡廉教育规律；力图构建以增强反腐倡廉教育实效性、针对性、科学性为目标，以心理教育为基础，以价值教育为灵魂，以观念教育为核心，以反腐倡廉教育规律为逻辑体系；追求与反腐倡廉教育工作相伴而行的未思更未行的一些规律性问题。

成果名称：《郑珍全集》
作者姓名：黄万机
职称：研究员
成果形式：著作
字数：4200千字
出版单位：上海古籍出版社
出版时间：2012年12月

郑珍为晚清宋诗派重要诗人，撰写经学和文字音韵研究专著各十余种。该书为今人严格整理的较为完善的郑珍全集。全稿分为五集，包括《巢经巢经说》《仪礼私笺》《轮舆私笺》《说文逸字》《说文新附考》《汗简笺正》《遵义府志》《荔波县志稿》《巢经巢诗钞》《巢经巢文集》等众多具有重要学术价值的著作。每种均附有整理者严谨精到的校勘记，对于研究者有重要的参考价值。此次点校整理的《郑珍全集》，为"遵义沙滩文化典籍丛书"之一，此书的出版将有力地推进清代文化史和贵州区域文化的研究。

成果名称：《布依族纺织文化与性别视角》
作者姓名：黄晓
职称：研究员
成果形式：著作
字数：300千字
出版单位：光明日报出版社
出版时间：2011年11月

该书主要阐述布依族的纺织文化是如何保存下来的？在自然经济社会，布依族的纺织作为家庭生产的重要补充，在家庭和社会发挥了哪些作用？在现代经济发展的当代，布依族乡村又有什么改变，妇女的纺织是否还在延续，其织物的功能何在？作为土布生产者的布依族妇女，在长期的纺织劳动中，是因为生产的需要还是文化的规范使她们还端坐在织布机前？纺织文化铸造了怎样的性别文化，对当代社区发展的意义何在？

成果名称：《贵州佛教文化的典型图像——梵净山佛教文化研究》
作者姓名：王路平
职称：研究员
成果形式：著作
字数：305千字
出版单位：光明日报出版社
出版时间：2012年6月

梵净山是中国武陵山脉主峰，位于今贵州省铜仁地区，在历史上是西南佛教圣地，为著名的弥勒菩萨道场，与四大佛教名山并列为第五大山。以往学术界多注重于梵净山的自然科考研究，忽略其佛教文化研究。西部大开发以来，贵州佛教文化日益引起国内外的关注，梵净山作为极富神秘魅力的贵州佛教文化的一个典型图像，亦日益引起国内外各界的极大兴趣。近年来，虽然梵净山论题的讨论颇为热闹，但真正系统探讨梵净山佛教文化的论著极少。该书全面展现了梵净山佛教的缘起、发展、鼎盛、流变的历史面貌，系统考察了梵净山弥勒道场兴起的历史背景和文化特征，深入梳理了梵净山禅宗的传灯系统和禅学特点，具体展示了梵净山佛教的寺庙文化景观，深刻分析了梵净山佛道儒巫混杂的现象、特征和原因，深入分析了作为世界三大宗教之一的佛教在不同地域、不同民族的具体生活语境中的具体存在样态，为佛教在中国西部传播衍化、佛教与边地少数民族文化的碰撞与交融提供了颇具典型形态和个案意味的研究范本。

成果名称：《西部少数民族地区基层政府提供公共服务能力实证研究》

作者姓名：蒋莉莉

职称：副研究员

成果形式：专著

字数：270千字

出版单位：光明日报出版社

出版时间：2013年1月

报告以公共产品理论、公共财政理论和公共行政理论三大基本理论为指导，从西部少数民族地区城乡公共服务供给现状入手，对基层政府提供公共服务能力主要围绕"三个方面"加以衡量，一是以基层财政收入能力、基层财政自给率和基层财政支出规模等为衡量指标的基层财政能力。二是以"基层政府职能定位与职能转变""基层政府组织结构与机构改革""基层政府的行政效率与管理水平"为主要内容的基层政府行政能力。三是以西部少数民族地区居民"生活质量"自我评价和公共服务供给满意度评判为考量的公共服务（产品）供给能力。为提升西部少数民族地区基层政府公共服务能力，该报告将进行供给与需求互动的实证研究和田野调查，在考虑到西部少数民族地区体制外障碍和参考地方群众对公共服务需求紧迫度的基础上，提出基层政府的公共服务供给能力、基层财政增收能力和公共行政管理能力"三大能力"建设方案，以及公共服务供给机制、公共财政体制和公共行政体制的"三大体制"改革措施。以期在西部少数民族基层政府中筑造"关注农民""服务农民""幸福农民"的服务理念和执政理念，为西部少数民族地区公共服务改革和提升基层政府公共服务能力形成有效、有力、有根、有据的行动范本。

成果名称：《提高贵州地方县（市、区、特区）委领导班子建设科学化水平研究》

作者姓名：雷厚礼等

职称：研究员等

成果形式：调研报告

县委领导班子居于改革开放和经济社会建设的最前沿，在中国共产党的组织体系中肩负着承上启下的作用，处于领导经济社会全面发展的实践层面，对上是执行者，要服从国家宏观战略的指导、维护国家宏观整体利益，把中央和省、地的路线方针政策贯彻到基层；对下又是领导者和组织者，要结合当地实际，创造性地推进当地经济和社会事业协调发展，加强对微观工作的组织、指导、服务和协调，以取得地方发展全局的最佳效果。不断提高县委领导班子建设的科学化水平，是正确贯彻落实中央的路线方针政策，正确理解和执行省、市（州、地）委的要求和部署，并因地制宜地将中央和上级党组织的要求和部署与当地实际结合，及时研究解决人民最关心最直接最现实的利益问题、本地区本部门改革发展稳定的重大问题、党的建设的突出问题的重要保证。该报告在总结有关研究的基础上，给出了提高县委领导班子建设科学化水平的基本含义和主要内容，分析论述了提高县委领导班子建设科学化水平的必要性、重要性以及贵州各地提高县委领导班子建设科学化水平的基本情况重要启示和急需解决的问题，在此基础上全面系统地给出了如何进一步提高贵州省县委领导班子建设科学化水平的建议。

二、2015年重点科研成果

成果名称：《扶贫开发的"贵州模式"、问题及对策》

作者姓名：索晓霞、高刚

职称：研究员、副研究员
成果形式：调研报告
字数：20千字

课题把扶贫开发的贵州模式总结为"三精准四提高"。"三精准"：一是精准识别；二是精准帮扶；三是精准管理。"四提高"：一是提高制度效力；二是提高区域动力；三是提高资源合力；四是提高发展能力。

扶贫开发的"贵州模式"，引领贵州广大贫困群众向"同步小康"阔步前行。但是，贵州省贫困形势依然严峻、扶贫任务依然艰巨、体制机制依然需要进一步创新。这些问题具体表现为"9个并存"。一是贫困面大与贫困程度深并存；二是贫困户能力弱与劳动力空心化并存；三是基础设施欠账大与底数不清并存；四是精准识别程序繁琐与结果偏离并存；五是扶贫资金少与使用效率低并存；六是资金配套难与到位不及时并存；七是贫困群体物质生活差与公共服务少并存；八是扶贫机构断层与人才作用发挥不平衡并存；九是治理贫困方式固化与章法杂乱并存。

针对当前扶贫工作存在的问题，要有效推进新时期的扶贫开发工作，须实现"9个善于，9个统筹"。第一，善于利用两种资源，统筹推进经济社会整体发展：一要善于利用外部资源，二要善于发掘内部资源；第二，善于实现群众"两有"，统筹增强贫困群众造血功能：一要让贫困群众"有志"，二要让贫困群众"有智"；第三，善于摸清贫困家底，统筹推进基础设施和项目建设；第四，善于优化识贫程序，统筹推进精准识别和管理工作；第五，善于用好扶贫资源，统筹提高扶贫开发的效率；第六，善于创新制度设置，统筹提高贫困县扶贫开发能力；第七，善于推进社会建设，统筹实现贫困人口全面发展；第八，善于发挥人才优势，统筹推进扶贫队伍建设；第九，善于把握扶贫规律，系统推进扶贫开发项目建设。

成果名称：《人口双向流动趋势下西部地区农民政治参与的政策对策研究》
作者姓名：李华红
职称：副研究员
成果形式：调研报告
字数：200千字

该成果认为，农民外出抑或返乡将是未来西部农村社会的一种"新常态"，在此背景下出现了西部地区三类农民（外出、返乡和留守农民）政治参与不足的状况。

解决"供"、"需"均不足进而三类农民政治参与不足矛盾应采取如下对策措施：①要树立一大理念前提即"差别化政策"；②遵循八大原则（党的领导原则、能力优先"再造"原则、制度化原则、全面性与系统化原则、以"农民"为本原则、循序渐进和分类促进原则、无歧视性原则、动态化原则）；③构建四大机制即能力提高机制、激励机制、运行机制、保障机制；④构建"三柱一顶"的对策构架（培育三类农民政治参与的主体性条件、归正政府责任、扩展三类农民政治参与社会空间、健全三类农民政治参与的制度保障体系）。

成果名称：《梯度与失衡：贵州社会结构30年变迁》
作者姓名：周芳苓
职称：研究员
成果形式：调研报告
字数：80千字

改革开放30余年来，贵州社会结构已实现从"倒丁字型"到"类葫芦型"结构形态的历史嬗变，表明社会结构的包容能力有所增强，但中间层的培育还很不充分，整个社会发展仍将面临不少的矛盾与挑战，并成为诱发各种社会问题产生的结构性根源。值得关注的是，伴随着中国梯度发展格局的推进、改革发展重心的转移、大开发战略的实施，贵州地区社会结构变迁呈现出"喜忧参半"的发展格局。

成果名称：《贵州法治发展报告（2015）》
主编姓名：吴大华
职称：研究员
成果形式：著作
字数：348千字
出版单位：社会科学文献出版社
出版时间：2015年5月

《贵州法治发展报告（2015）》认为，2014年以来，贵州省各级党委、政府立足于科学执政、民主执政、依法执政的高度，牢固树立依法治理的理念，积极运用法治思维和法治方式谋划各项工作，扎实推进法治贵州建设。地方立法、行政法治、审判检察、司法行政、社会治理等领域工作取得了长足进步。该报告针对法治贵州建设面临的突出矛盾和问题，结合党的十八届四中全会、贵州省委十一届五次全会对建设法治中国、法治贵州提出的新任务、新要求，提出了系列对策建议：一是在法治贵州建设中，进一步坚持和完善党的领导，加强党领导方式的制度化，提高法治贵州建设各环节的公众参与度，增加各环节的透明度；二是加强和改进立法工作，充分发挥立法对经济社会发展的引领和推动作用；三是健全依法行政制度建设，改进依法行政考核体制及其结果运用，加快提高政府工作的法治化水平；四是牢固树立依法治理的理念，运用法治思维和法治方式进一步把平安建设纳入法治化轨道；五是在生态文明建设领域继续践行制度创新，力争为全国生态文明法治化建设积累更多有益经验。

成果名称：《设立贵州大数据领域国家级联合研究项目的建议》
作者姓名：吴月冠
职称：副研究员
成果形式：调研报告
字数：3千字
出版时间：2015年11月

该研究报告指出贵州从省级层面率先启动大数据产业，并出台系列省级大数据产业规划和规范性文件，除了具备地理、生态、能源、用地和人工成本等客观优势外，还具有政策上的比较优势、决策上的先发优势等。但还应当看到贵州大数据高端人才相当缺乏，与省内大数据产业对人才日益增长的需求不相适应。因此，需着力加强贵州大数据领域基本问题的研究力量，该报告提出了设立贵州大数据领域国家级联合研究项目的基本思路：首先，要明确设立贵州大数据领域国家级联合研究项目的双重目的在于一是锻炼和发展贵州大数据人才，培育有行业竞争力的大数据研究团队；二是促进贵州大数据领域关键技术和疑难问题解决，保障大数据产业健康规范发展。其次，从国家社会科学基金、国家自然科学基金两个渠道建立贵州国家级大数据科研项目通道。最后要规划好后续措施。

成果名称：《贵州扶贫生态移民工程实施中的问题分析及对策建议》
作者姓名：王义飞
职称：副研究员
成果形式：调研报告
字数：4千字
出版时间：2015年7月

该报告指出，扶贫生态移民工程是贵州在新一轮西部大开发建设中一项新的探索和实践，也是贯彻"精准扶贫"精神的重点工作之一，这既涉及地理空间的变换，也涉及产业结构、社会建设等一系列制度体系的调整。针对工程实施过程中存在的相关情况和问题，应予以足够关注。报告认为，扶贫生态移民工程牵涉的各行动主体自身及相互之间既具有利益的一致性，也有着差异性，因此面临部分移民仍就业困难、发展压力大，政府资金整合及配套难、管理有待改进，园区及产业带动能力有待提高等诸多亟待协调解决的问题。同时，促进贵州省扶贫生态移民工程建设的对策有五：一是探索三项试点，完善制度设计。二是协调三种关系（即地方政府与移民、企业与移民、本地原住民与移民），促进和谐发展。三是搭建三个平台，畅通信息渠道。四是构建监管问责机制、跟踪反馈机制、部门协调机制，强化过程管理及服务。五是建强党政组织、扶持社会组织、鼓励移民自治组织及群团组织。

成果名称：《依法守住发展与生态两条底线》
作者姓名：吴大华
职称：研究员
发表刊物：《光明日报》
出版时间：2015 年 2 月 8 日

建设生态文明，关系人民福祉，关乎民族未来。党的十八届四中全会进一步明确，用严格的法律制度保护生态环境，加快建立有效约束开发行为和促进绿色发展、循环发展、低碳发展的生态文明法律制度，促进生态文明建设。对贵州来讲，贫困落后是主要矛盾，加快发展是根本任务。一个良好的法治环境，就是加快发展、开放创新的"绿水青山""金山银山"。面对既要"赶"又要"转"的双重任务、双重压力，贵州的发展必须坚持依法守住发展与生态两条底线。在守住发展的底线上，对贵州来说，发展的底线就是到 2020 年与全国同步建成小康社会，就是传统产业生态化、特色产业规模化、新兴产业高端化，就是多彩贵州既要高端承接产业转移，又要坚决拒绝污染转移。在守住生态的底线上，对贵州而言，生态的底线就是要率先建成全国生态文明先行示范区，就是要筑牢长江、珠江上游的生态安全屏障，就是水及大气环境质量要保持稳定并持续改善。守住两条底线，必须更深层次地理解科学发展。守住两条底线，必须运用法治思维和法治方式更深层次地转变增长方式，推进生态文明。

成果名称：《创业要实，脚踏实地真抓实干》
作者姓名：吴大华
职称：研究员
发表刊物：《光明日报》
出版时间：2015 年 7 月 8 日

习近平总书记指出，创业要实，就是要脚踏实地、真抓实干，敢于担当责任，勇于直面矛盾，善于解决问题，努力创造经得起实践、人民、历史检验的实绩。创业要实的核心要义，在于实干事、敢干事、善干事、干成事。这既是党员干部必备的政治品格和行动准则，又是党员干部的为政之道和成事之要。创业要实，本质是要实干事。创业实不实，是衡量作风好坏的一把重要标尺，也是成事兴业的基础保障。"干事"是干部的天职。党员干部必须做到在其位谋其政。实干，是梦想成真、事业有成的根本保证。创业要实，前提是要敢干事。党员干部敢干事的作风建设和本领能力不断面临新的"赶考"。"担当"是干部的使命。有大的担当，才能干大的事业。党员干部必须具备敢于担责、直面矛盾的魄力，把推进"四个全面"的大事要事时刻记在心中、抓在手上、扛在肩上。敢干事、能担当，背后是品格，是境界，更是能力。创业要实，关键是要善干事。肩负一方发展大任，仅有创业激情和愿望远远不够，需要做到既能"勇于直面矛盾"，又能"善于解决问题"。干事要多动脑、勤思考，善于挤出时间学习，用学习成果指导工作的开展，干事创业必须要有严格执行的硬性。干事创业还贵在持之以恒。创业要实，目的是要干成事。只有干成事,才能惠及百姓,体现执政为民要求。干成事的重要前提,是要树立正确的政绩观。

## 第六节 学术人物

### 一、贵州省社会科学院正高级专业技术人员列表(1977—2014)

| 姓 名 | 出生年月 | 学历/学位 | 职务 | 职称 | 主要学术兼职 | 代表作 |
| --- | --- | --- | --- | --- | --- | --- |
| 于民雄 | 1951.1 | 研究生 | 正处级 | 研究员 | — | 《道教文化概说》《人间话语》《近思录全译》《陆游诗词精华》《宋词选注》《诗经选注》 |
| 王 建 | 1953.7 | 研究生 | — | 研究员 | — | 《贵州省仡佬族的祭神与演神》 |
| 王干梅 | 1946.3 | 研究生 | — | 研究员 | — | 《生态经济理论与实践》 |
| 王鸿儒 | 1943.9 | 本科 | 副处级 | 研究员 | — | 《蹇先艾评传》《大唐歌妓》《悬崖之舞:张居正》 |
| 王瑞迎 | 1929.3 | 本科 | 享受正厅级 | 研究员 | — | 《忆捍卫人民政权牺牲的三战友》《从冀鲁豫到贵州——南下支队和西进支队专辑》 |
| 韦启光 | 1943.11 | 大学 | 处长 | 研究员 | — | 《中国苗族婚俗》《布依族文化研究》《贵州人口与经济》 |
| 冯迪民 | 1919.7 | 高中以上 | 副厅级 | 研究员 | | |
| 冯祖贻 | 1942.1 | 研究生 | 副厅级 | 研究员 | | 《清末社会思潮》《中国近代社会思潮(1840—1949)》《百年家族·张爱玲》 |
| 史昭乐 | 1947.12 | 本科 | 正处级 | 研究员 | | 《贵州百科全书》《调动农民脱贫积极性的途径》 |
| 叶小文 | 1950.8 | 研究生 | 正部级 | 研究员 | — | 《社会学否定之否定的进程及其内在矛盾》《折衷主义与辩证法的本质区别》 |
| 石 争 | 1926.12 | 本科 | 享受正厅级 | 研究员 | | 《经济建设是社会主义国家重要的历史任务》 |
| 石朝江 | 1950.1 | 本科 | 巡视员 | 研究员 | | 《中国苗学》《中国苗族哲学社会思想史》 |
| 刘之侠 | 1943.8 | 本科 | 正处级 | 研究员 | — | 《布依族文学史》 |
| 刘毅翔 | 1945.12 | 本科 | — | 研究员 | | 《贵州风物志》 |
| 孙国锡 | 1927.6 | 研究生 | 正处级 | 研究员 | | 《贵定县经济调查》 |
| 朱华清 | 1946.6 | 本科 | 巡视员 | 研究员 | — | 《时代纵横》《贵州人力资源开发研究》 |

续表

| 姓　名 | 出生年月 | 学历/学位 | 职务 | 职称 | 主要学术兼职 | 代表作 |
|---|---|---|---|---|---|---|
| 牟代居 | 1943.6 | 本科 | — | 研究员 | — | 《贵州优特产业的演进》 |
| 邬锡鑫 | 1947.6 | 中专 | 正处级 | 研究员 | — | 《从"意象"到"意境"——中国古代文艺美学发展史的一条线索及其启示》 |
| 何积全 | 1942.5 | 本科 | 正处级 | 研究员 | — | 《民族文学探索》《彝族古代文论研究》 |
| 佘正荣 | 1953.3 | 研究生 | — | 研究员 | — | 《从社会—自然巨系统的整体关系把握历史规律》 |
| 宋汉年 | 1930.5 | — | 副厅级 | 研究员 | — | 《贵州农村社会生产力研究》 |
| 张　劲 | 1944.1 | 本科 | 副处级 | 研究员 | — | 《贵州少数民族当代文学概观》 |
| 张　爵 | 1942.1 | 本科 | — | 研究员 | — | 《常人之情与伟人之志——毛泽东诗词对联的情志美》 |
| 张万铎 | 1945.5 | 本科 | — | 研究员 | — | 《农村改革的新探索——对湄潭土地制度建设实验的评估与探索》 |
| 张玉林 | 1954.2 | 本科 | — | 研究员 | — | 《为了孩子的健康成长——青少年违法犯罪问题研究》《贵州省青少年毒品犯罪原因种种》 |
| 张亚新 | 1943.9 | 本科 | — | 研究员 | — | 《试论音乐对三曹诗歌的影响》 |
| 张同生 | 1953.1 | 本科 | 正厅级 | 研究员 | — | 《思想品德概论》 |
| 李子和 | 1943.8 | — | — | 研究员 | — | 《信仰·生命·艺术的交响——中国傩文化研究》 |
| 李双璧 | 1947.12 | 中专 | — | 研究员 | — | 《康有为严复变革思想比较》 |
| 李建国 | 1942.1 | 本科 | — | 研究员 | — | 《民族文化与经济发展》 |
| 李德芳 | 1939.6 | 本科 | 正处级 | 研究员 | — | 《当代世界的毒品问题》 |
| 杨芳慧 | 1952.5 | 本科 | 副处级 | 研究员 | — | 《贵州乡镇企业发展与管理》 |
| 杨晓航 | 1960.11 | 本科 | 副处级 | 研究员 | — | 《可持续发展战略与税收政策取向》 |
| 肖先治 | 1941.10 | 本科 | 正厅级 | 研究员 | — | 《简论知识经济与企业文化》 |
| 肖自立 | 1945.5 | 本科 | 享受副厅级 | 研究员 | — | 《贵州财政结余的调查研究》《发挥我省城市中心作用的研究》 |
| 陈训明 | 1944.3 | 本科 | — | 研究员 | — | 《古伊朗的书法和书论》 |

续表

| 姓　名 | 出生年月 | 学历/学位 | 职务 | 职称 | 主要学术兼职 | 代表作 |
|---|---|---|---|---|---|---|
| 周成启 | 1931.11 | 大学 | 副厅级 | 研究员 | — | 《贵州少数民族山区经济研究》《贵州经济手册》《外国经济学家辞典》 |
| 林国忠 | 1938.8 | 本科 | — | 研究员 | — | 《贵州工业发展史略》 |
| 林建曾 | 1943.1 | 本科 | — | 研究员 | — | 《清代前期治黔政策对贵州经济发展的影响》 |
| 欧多恒 | 1938.6 | 本科 | 正处级 | 研究员 | — | 《加强民族地区教育与科技的普及》 |
| 胡雄杰 | 1930.11 | 中专 | 享受副厅级 | 研究员 | — | 《土地集约经营研究》《贵州省思想政治工作调查研究》 |
| 贺宗唐 | 1936.1 | 本科 | — | 研究员 | — | 《深化农村改革，推行股份合作制》《贵州山区综合开发研究》 |
| 聂秀丽 | 1952.8 | 本科 | 正处级 | 研究员 | — | 《"天和现象"引起的思考》 |
| 康明中 | 1932.5 | 大学 | 正处级 | 研究员 | — | 《西南能源发展战略研究》 |
| 黄万机 | 1939.11 | 本科 | — | 研究员 | — | 《郑珍评传》《郑珍全集》《莫友芝评传》《黎庶昌评传》 |
| 黄钧儒 | 1945.3 | 本科 | 正厅级 | 研究员 | — | 《理论联系实际——兼谈理论与实际反差》《东西差距与社会稳定》 |
| 龚晓宽 | 1951.4 | 博士 | 正厅级 | 研究员 | — | 《旅游经济管理》《深化贵州农村改革》《中国不发达地区深化农村改革研究》 |
| 谢 一 | 1957.7 | 本科 | 正厅级 | 研究员 | — | 《贵州产业结构考察研究》 |
| 蒋南华 | 1939.5 | 本科 | 正厅级 | 研究员 | — | 《中华传统天文历术》 |
| 谢家雍 | 1945.3 | 本科 | 正处级 | 研究员 | — | 《西南石漠化与生态重建》 |
| 蒙秋明 | 1957.6 | 研究生 | 正厅级 | 研究员 | — | 《加强法制建设 促进西部大开发》 |
| 鲍昆明 | 1934.1 | 本科 | 正处级 | 研究员 | — | 《贵州畜牧业经济发展战略研究》 |
| 熊大宽 | 1929.10 | 大学 | 正处级 | 研究员 | — | 《贵州供销合作商业简史》 |
| 熊宗仁 | 1944.1 | 本科 | 正处级 | 研究员 | — | 《何应钦——漩涡中的历史》《何应钦传》《何应钦的宦海沉浮》 |
| 潘年英 | 1963.1 | 本科 | — | 研究员 | — | 《民族、民俗、民间》《百年高坡》 |

续表

| 姓 名 | 出生年月 | 学历/学位 | 职务 | 职称 | 主要学术兼职 | 代表作 |
|---|---|---|---|---|---|---|
| 徐 静 | 1963.5 | 本科 | 正厅级 | 研究员 | — | 《绿色的诱惑——贵州生态资源开发》 |
| 徐 圻 | 1955.3 | 本科 | 正厅级 | 研究员 | — | 《道德自律是精神文明的最高实现方式》 |
| 张 晓 | 1954.1 | 本科 | 正处级 | 研究员 | — | 《苗族价值观简论》 |
| 范同寿 | 1942.6 | 本科 | 副厅级 | 研究员 | — | 《一九一九年南北议和与南北勾结》 |
| 徐新建 | 1955.1 | 本科 | 正处级 | 研究员 | — | 《西南研究论》 |
| 王路平 | 1956.4 | 本科 | 正处级 | 研究员 | — | 《大乘佛学与终极关怀》《贵州佛教史》《阳明文化与贵州旅游》 |
| 金安江 | 1958.7 | 硕士 | 党委书记 | 研究员 | — | 《少数民族地区行政管理》《社会主义市场经济与民族关系》 |
| 吴大华 | 1963.6 | 博士 | 院长副书记 | 研究员 | 中国民族法学研究会常务副会长、中国人类学民族学研究会副会长暨法律人类学专业委员会主任、中国法学会常务理事 | 《民族法学通论》《侗族习惯法研究》《依法治省方略研究》《中国少数民族习惯法通论》《犯罪与社会》《黔法探源》《教育散得集》 |
| 汤会琳 | 1958.1 | 研究生 | 正厅级副院长 | 研究员 | 国家开放大学质量保证委员会副主任、贵州广播电视大学远程教育协会会长、贵州远程教育学会理事长 | 《贵州现代远程教育人才培养模式改革和开放教育试点理论与实践》《贵州省情教育教程》《西部欠发达地区现代远程高等教育的构建》《现代远程教育质量标准的分析视角》 |
| 宋 明 | 1960.6 | 大学 | 副院长 | 研究员 | 贵州省未来研究会副会长、贵州省经济学会副会长 | 《少数民族贫困地区综合扶贫开发》《经营城市的策略——对中国城市经营学的探讨》 |

续表

| 姓　名 | 出生年月 | 学历/学位 | 职务 | 职称 | 主要学术兼职 | 代表作 |
|---|---|---|---|---|---|---|
| 索晓霞 | 1965.1 | 大学 | 副院长 | 编审 | 贵州省期刊协会副会长、贵州省生态文明研究会副会长、贵州省文化传播学会副会长 | 《无形的链结——贵州少数民族文化传承与现代化》《贵州：永远的财富是文化》《中国西部民族民间文化知识产权保护研究》《贵州公共文化服务体系构建研究》 |
| 雷厚礼 | 1952.3 | 研究生 | 原副院长 | 研究员 | — | 《提高贵州地方县（市、区）级党委领导班子建设科学化水平研究》《中国共产党执政学》 |
| 罗　剑 | 1963.10 | 大学 | 处长 | 研究员 | 中国西南民族研究学会常务理事、贵州省布依学会副会长 | 《西部大开发与黔西北山区》《毕节地区布依族》《中国少数民族人口丛书·布依族卷》《论现代化进程对民族传统文化的影响》 |
| 王　飞 | 1973.10 | 博士 | 所长 | 研究员 | — | 《关于城市少数民族流动人员权益保障的思考》《"涵化"视域下少数民族流动人口城市融入的促进机制研究》 |
| 王兴骥 | 1964.4 | 硕士 | 所长 | 研究员 | — | 《南宋抗蒙（元）战争中的播州少数民族》《贵州省农民专业经济组织发展研究》《论贵州地区在南宋、蒙（元）战争中的作用》 |
| 郭　丽 | 1971.1 | 研究生 | 所长 | 研究员 | 贵州省行政学会常务理事 | 《贵州省加强换届后县级领导班子建设研究》《城市社区社会工作人才队伍建设研究》 |
| 麻勇斌 | 1963.8 | 大学 | 所长 | 研究员 | — | 《贵州苗族建筑文化活体解析》《阐释迷途——黔湘交界地苗族神性妇女研究》《贵州文化遗产保护研究》 |
| 黄　勇 | 1974.7 | 硕士 | 所长 | 研究员 | — | 《西南地区上市公司资本结构的决定因素分析》《贵州文化产业发展初探》 |
| 黄水源 | 1966.9 | 博士 | — | 研究员 | — | 《贵州实施农村精准扶贫 创建国家扶贫开发攻坚示范区研究——贵州的贫困现象及经济学解读》 |

续表

| 姓　名 | 出生年月 | 学历/学位 | 职务 | 职称 | 主要学术兼职 | 代表作 |
|---|---|---|---|---|---|---|
| 黄　晓 | 1965.8 | 硕士 | 所长 | 研究员 | — | 《布依族纺织文化与性别视角》《社会性别与农村发展政策——中国西南的探索与实践》 |
| 黄旭东 | 1965.5 | 大学 | 编辑部主任 | 编审 | — | 《论文化全球化背景下的当代中国文化发展战略》《意识形态建设与国家安全维护》 |
| 黄德林 | 1964.1 | 研究生 | 所长 | 研究员 | — | 《文化生态视野下布依族古歌的传承》《布依族古歌的宗教性及其社会价值》 |
| 赖　力 | 1963.9 | 大学 | 编辑部副主任 | 研究员 | — | 《文化传统在民族社区森林管理中的作用》《参与式扶贫与社区发展》 |
| 李　桃 | 1972.4 | 本科 | 编辑部副主任 | 编审 | — | 《试论学术期刊编辑的职业养成与发展》 |
| 苟以勇 | 1965.10 | 研究生 | 所长 | 研究员 | 贵州省民族文化学会常务副秘书长、贵州决策科学研究会理事 | 《开发·保护·崛起——西部大开发与民族地区生态资源的保护利用》《改革创新　科学发展——毕节试验区20年的理论与实践》 |
| 田永红 | 1966.11 | 大学 | — | 研究员 | — | 《贵州旅游名牌战略研究》《贵州农民增收对策研究》 |
| 刘庆和 | 1964.1 | 博士 | 正处级 | 研究员 | — | 《贵州经济年度模型与若干政策分析》《中国产业结构的宏观层次变动与经济增长的结构影响》 |
| 李发耀 | 1971.8 | 大学 | — | 研究员 | — | 《多维视野与的传统知识保护机制研究》《贵州：传统学术思想世界重访》 |
| 张美涛 | 1972.3 | 博士 | — | 研究员 | — | 《政府政策与区域经济差距的新经济地理学思考》《缩小区域差距与创新民族地区财政转移支付制度初探》 |
| 胡晓登 | 1954.12 | 博士 | 原所长 | 研究员 | — | 《"西电东送"电力产业政策研究》《贵州工业产业结构调整的硬约束与工业强省》 |
| 李　洁 | 1968.1 | 博士 | — | 研究员 | — | 《贵州创建中瑞自由贸易协定示范区思路与对策》 |

续表

| 姓　名 | 出生年月 | 学历/学位 | 职务 | 职称 | 主要学术兼职 | 代表作 |
|---|---|---|---|---|---|---|
| 蔡　熙 | 1968.4 | 博士 | — | 研究员 | — | 《亚鲁王》《多彩贵州文化蕴含研究》《〈亚鲁王〉的日月神话探赜》 |

## 二、贵州省社会科学院2015年度晋升正高级专业技术人员

陈康海，1965年8月出生，贵州贵阳人，贵州省社会科学院农村发展研究所所长、研究员。现从事区域经济、产业经济、农村经济、经济社会发展战略等。主要代表作有：《大西南承接长三角产业转移问题与对策研究》（专著）、《贵州国有企业社会责任研究报告（2012）》（贵州省国有企业社会责任蓝皮书）（主编）、《贵州国有企业社会责任研究报告（2013）》（贵州省国有企业社会责任蓝皮书）（主编）、《开发畜牧业资源与南贵昆经济区城乡经济协调发展研究》（合作）。多项成果获贵州省哲学社会科学优秀成果奖二、三等奖。

范松，1970年10月出生，贵州贵阳人，贵州省社会科学院历史研究所副所长、研究员。主要从事文博考古、民族地区城市史、地方史方面研究。主要代表作有：《黔中城市史——从城镇萌芽到社会转型》（专著）、《黔中城市史——近代化的艰辛历程》（专著）、《黔中城市史——建设循环经济生态城市群的征程》（专著）、《贵州六百年史事纵览》（专著）。

高刚，1980年3月出生，云南人，贵州省社会科学院社会研究所副所长、研究员。主要从事社会学方面的研究。主要代表作有：《社会治理的有形之手》（编著）、《改造小农经济》（编著）。主持省级以上课题多项，成果《扶贫开发的"贵州模式"、问题及对策》获得省委书记陈敏尔的肯定性批示。多项成果获贵州省哲学社会科学优秀奖。

魏霞，1965年12月出生，山东人，研究员。主要从事少数民族地区区域经济研究。先后主持国家社科基金项目1项、省级项目6项、其他类项目6项，参与各级各类课题70余项，合作出版专著3部，公开发表论文80余篇。主要代表作有：《贵州省重点企业高技能人才现状及加强高技能人才培养的对策措施研究》《改革完善海事管理体制　促进贵州水运事业发展研究》《贵州省公共资源交易平台建设中的监管体系研究》《制度统筹我省边远贫困落后及少数民族地区城镇化的发展战略研究》等。

周芳苓，1977年12月出生，贵州遵义人，研究员。主要从事社会结构与变迁、社会流动与分层、社会调查与分析、政策编制与评估等领域方面的研究。主要代表作有：《发展与差距：西部职业结构变迁研究》（专著）、《农民工：城镇化进程中的边缘群体》（专著）、《贵阳规划历程——牂牁筑林》（合著）、《美丽中国：城镇化与社会发展》（执行主编）。相关成果获贵州省主要领导肯定性批示，并转化为政府政策措施。获贵州省哲学社会科学成果一、二、三等奖。

杜小书，1963年7月出生，贵州石阡人，贵州省社会科学院文化研究所所长、研究员。主要从事社会主义精神文明建设、文化人类学方面的研究。主持国家社科基金课题"建立中国西部阳戏文化带相关问题研究"（在研）、贵州省社科规划课题"贵州省高等院校精神文明建设研究"、"加强和改进我省反腐倡廉工作领导方法

和工作方法研究"和省长基金项目"我省城市社区文化建设的创新问题研究"（在研）等多项。

## 第七节 2015年大事记

### 一月

1月20日，贵州省社科院与多彩贵州网有限责任公司举行战略合作协议签字暨舆情研究基地揭牌仪式。

1月21日，贵州省社科院召开2014年度领导班子专题民主生活会。

1月23日，贵州省社会科学院贵州三线建设研究院揭牌成立。

1月27日，黔西南州州长杨永英、贞丰县委书记陈湘飚一行到贵州省社科院洽谈黔西南州与贵州省社科院有关战略合作事宜。

### 二月

2月11日，省委常委、省委宣传部部长张广智慰问贵州省社科院副院长索晓霞研究员并听取了金安江书记、吴大华院长的工作汇报。

### 三月

3月11日，吴大华院长领衔申报的"建设社会主义民族法治体系、维护民族大团结研究"获国家社科基金重大项目立项。

3月28—29日，党委书记金安江、院长吴大华等作为专家组成员到中国贵州人才博览会现场对高层次人才进行评审。吴大华院长在第三届中国贵州人才博览会开幕式上发言。

3月30日，贵州省社会科学院博士后科研工作站首批博士后研究人员进站暨开题仪式在贵州省社会科学院举行。

### 四月

4月9日，贵州省社会科学院被中共贵州省委、省人民政府授予2012—2014年度"全省文明单位"荣誉称号。

4月27日，贵州省社会科学院组织广大青年到息烽集中营革命历史纪念馆、遵义会议会址开展"五四"青年节主题实践活动。

4月29日，贵州省社会科学院与黔西南州人民政府签署院地战略合作框架协议。

### 五月

5月8日，中国博士后科学基金第57批面上资助名单公示，贵州省社会科学院博士后研究人员胡剑波获得一等资助，系贵州省唯一获得一等资助的博士后研究人员。

5月15日，贵州省社会科学院召开全院副处级以上领导干部和全体党员大会，传达学习中央和省委关于"三严三实"专题教育的部署安排和《贵州省社会科学院关于在处级以上领导干部中开展"三严三实"专题教育实施方案》。

5月26日，贵州省社会科学院被评为"2014年度舆情信息工作先进单位"。

### 六月

6月12日，院党委书记金安江等到贵州省社会科学院同步小康驻村扶贫帮扶点兴义市敬南镇开展帮扶活动。

6月23日，贵州省社科院承办的"2015年第3期'松梅月坛'"举行，主题为"理论宣讲在基层的深化与创新"，省委常委、省委宣传部部长张广智出席并讲话。

6月27日，贵州省社会科学院承办的生态文明贵阳国际论坛2015年年会"生态文明与开放式扶贫"与"绿色化与立法保障"主题论坛在贵阳召开。

### 七月

7月3日，吴大华院长出席第十届

"中国法学家论坛"。

7月7日，贵州省社会科学院《贵州法治发展报告2016》《贵州社会发展报告2016》获准使用"中国社会科学院创新工程学术出版项目"标识。

7月9—11日，吴大华院长率队参加第十八届全国社会科学院院长联席会议。

7月15日，由贵州省委宣传部、贵州省社会科学院主办的深入学习贯彻习近平总书记视察贵州重要讲话精神理论研讨会召开。

7月25日，由中国社会科学院学部工作局（科研局）和贵州省社会科学院联合承办的第三届"后发赶超"论坛在贵阳举行，中国社会科学院党组成员、副院长李培林出席开幕式并讲话。

7月26日，上海社会科学院院长王战、江西省社会科学院副院长孔凡斌率队到贵州省调研座谈。

### 八月

8月7—8日，吴大华院长率队参加第十六次全国皮书年会，贵州省社会科学院一篇皮书报告获第六届"优秀皮书报告奖"二等奖。

### 九月

9月11日，贵州省社会科学院与中国社会科学院研究生院联合召开"贵州：开放、开发与扶贫发展"国际研讨会。

9月17日，贵州省社会科学院2015年同步小康驻村工作队发起的为兴义市敬南镇坝戎小学捐建图书室公益活动的捐赠图书仪式在坝戎小学举行，吴大华院长等出席。

### 十月

10月26日，贵州省人大常委会党组副书记、副主任张群山到贵州省社会科学院调研，贵州省社会科学院党委书记金安江、院长吴大华陪同并汇报工作。

10月27日，省直机关第三片区党支部主题党日现场观摩会在贵州省社会科学院召开。

### 十一月

11月1日，《扶贫开发的"贵州模式"问题及对策》获得省委书记陈敏尔的肯定性批示，批示为："《报告》有参考价值，请远坤并叶韬同志研阅。要注意总结、提炼、推广各地推进扶贫开发的新鲜经验和成功做法。"

11月7—8日，中国社科院副院长、中国地方志指导小组常务副组长李培林到荔波、独山开展"百村调查"活动，贵州省社科院院长吴大华陪同。

### 十二月

12月5日，贵州省社会科学院主办的"中国三线建设遗产价值与品牌建设研讨会"在遵义举行。

12月17日，贵州省社会科学院专家11项成果荣获贵州省第十一次哲学社会科学科研成果奖。

12月31日，贵州省社会科学院召开2015年度党委"三严三实"专题民主生活会。

12月31日，贵州省委办公厅向贵州省社会科学院专致感谢函，对贵州省社会科学院2015年紧密围绕省委工作大局，积极支持专家学者开展资政辅政工作，为专家学者向省委建言献策创造良好的环境和条件专门提出表扬和感谢。《感谢函》特别对贵州省社会科学院入选省委办公厅"服务决策专家智库"的吴大华院长、索晓霞副院长、麻勇斌研究员、王飞研究员、黄勇研究员等专家学者点名表扬。

# 云南省社会科学院

## 第一节 历史沿革

云南省社会科学院成立于1980年，是云南省人民政府直属的唯一省级综合性哲学社会科学研究机构。其前身是成立于1956年的云南省少数民族历史研究所，该所由时任云南省委副书记孙雨亭同志兼任所长，设立地方史组、民族组、东南亚组，在云南民族社会历史调查、民族识别、民族地区民主改革、我国与周边国家划界等方面做了大量基础性、对策性调查研究，为云南省社科院民族研究、东南亚研究等优势特色学科的确立打下扎实的基础。20世纪60年代，外交部在全国四个地方布局了国际问题研究机构，在云南成立了印巴研究室（在历史研究所内）。1980年建院后，云南省社科院先后设立了马列主义毛泽东思想研究所、哲学研究所、历史研究所（文献研究所）、民族学研究所、民族文学研究所、经济学研究所、农村发展研究所、东南亚研究所、南亚研究所、社会学研究所、宗教研究所等11个研究所和《云南社会科学》编辑部、图书馆、信息中心等3个科辅单位。2006年，省委、省政府给云南省社会科学院加挂了"云南省东南亚南亚研究院"牌子；2009年"云南智库"在云南省社科院挂牌成立，时任省长为云南智库揭牌；2015年9月，经省委、省政府批准成立"中国（昆明）南亚东南亚研究院"。

云南省社会科学院、中国（昆明）南亚东南亚研究院现有职工284人，其中：专业技术人员254人，占职工总数的89%；研究员、副研究员132人，占专业技术人员的52%。拥有国家有突出贡献专家、全国"百千万"人才、万人计划领军人才、中宣部"四个一批"人才、国务院特殊津贴专家、国家社科基金学科规划评审组专家、云岭文化名家、省突出贡献专家、省特殊津贴专家、省中青年学术技术带头人及后备人才、省宣传文化"四个一批"人才、优秀社科专家、博士导师等143人次。现有博士52名，在读博士18人，硕士97人，硕士以上人员占专业技术人员的66%。

自建院以来，云南社科院共出版专著2000余部，出版工具书、论文集、译著等著作200余部，完成调研报告2万余篇，发表论文2万余篇，提供给各级政府、党委部门的决策咨询研究报告500余份。先后承担国家社会科学基金研究项目110项（其中重大项目1项、重点项目3项）；承担云南省社会科学规划项目114项；承担云南智库课题160余项；承担东南亚南亚研究院课题和民族研究院课题20项；承担省院合作重大项目29项；承担中央有关部委、云南省委、省政府及各有关部门下达的重点研究项目200余项，承担国际合作项目40余项。举办了中国—南亚智库论坛、云南智库论坛（云南智库学习交流活动），组织了"云南智库专家走基层活动"，取得了一批有重要现实意义和重大学术价值的优秀成果。

## 第二节　组织机构

### 一、云南省社会科学院领导及其分工

#### 1. 历任领导

党组书记、院长王甸（1980年3月—1986年8月），党组书记、院长郭正秉（1986年8月—1991年7月），党组书记、院长何耀华（1991年7月—2001年10月），党组书记、院长纳麒（2001年10月——2010年12月），党组书记李涛（2012年8月—2016年12月），党组副书记、院长任佳（2010年12月—2016年9月）。

#### 2. 现任领导及其分工

**何祖坤**　云南省社会科学院、中国（昆明）南亚东南亚研究院党组书记、院长：主持院党组和院行政全面工作。重点抓党的建设、思想政治工作、党风廉政建设、科研工作和智库建设。

**杨正权**　云南省社会科学院党组成员、副院长：协助何祖坤同志分管智库建设、哲学社会科学创新工程工作，负责云南省社会科学院、中国（昆明）南亚东南亚研究院综合协调、省院合作（含对外合作）、财务管理、后勤基建、综治维稳、安全保卫、保密、信息、精准扶贫、智库建设、哲学社会科学创新工程工作；分管院办公室、行政处、马列研究所、哲学研究所、民族学研究所、民族文学研究所、宗教研究所；联系州（市）、县分院（所）、研究院（所）、科学研究与社会服务基地，云南藏区建设与发展研究基地。

**边明社**　云南省社会科学院副院长：协助何祖坤同志分管科研工作，负责云南省社会科学院、中国（昆明）南亚东南亚研究院科研、期刊、科研工作室管理、信息化建设、图书资料、教育培训、云南全面建成小康社会研究中心建设工作；分管科研处、培训部、编辑部、信息中心、图书馆、经济研究所、农村发展研究所。

**王文成**　云南省社会科学院党组成员、副院长：协助何祖坤同志分管党务工作，负责云南省社会科学院、中国（昆明）南亚东南亚研究院干部人事人才、纪检监察审计、党风廉政建设、宣传思想、群团建设、统战、离退休人员、国家安全、国际与港澳台合作交流工作；分管人事教育处、机关党委办公室、机关纪委、纪检监察审计室、工会、团委、离退休人员管理处、历史文献研究所、社会学研究所、国际学术交流中心。

**尚建宇**　云南省社会科学院党组成员、院长助理：协助何祖坤同志抓好中国（昆明）南亚东南亚研究院建设工作；协助分管东南亚研究所、南亚研究所、印度研究所、孟加拉国研究所、缅甸研究所、越南研究所、老挝研究所、泰国研究所。

**郑晓云**　云南省社会科学院院长助理、民族学研究所所长：协助何祖坤同志抓好云南省社会科学院、中国（昆明）南亚东南亚研究院重点学科建设工作。

### 二、云南省社科院职能部门及现任领导

| | 主　任 | 常　飞 |
|---|---|---|
| 办公室 | 副主任 | 李见明 |
| | 副主任 | 骆映华 |
| | 副主任 | 王成熙 |

续表

| | | |
|---|---|---|
| 科研处 | 处　长 | 任仕暄 |
| | 副处长 | 马　勇（兼，不占领导职数） |
| | 副处长 | 郭　娜 |
| | 副处长 | 袁春生 |
| 人事教育处 | 处　长 | 杨　炼 |
| | 副处长 | 黄颖琼 |
| 培训部 | 主　任 | 孙　瑞 |
| 机关党委办公室 | 主　任 | 杨　宪 |
| | 副主任 | 刘　辉 |
| | 副主任 | 肖云鑫 |
| 纪检监察审计室 | 主　任 | 饶　琨 |
| 离退休人员管理处 | 处　长 | 洪绍伟 |
| 行政处 | 处　长 | 李晓玲 |
| | 副处长 | 彭公明 |
| | 副处长 | 李宏明 |
| 国际学术交流中心 | 主　任 | 李汶娟 |
| | 副主任 | 陈亚辉 |

## 三、云南省社科院科研机构及现任领导

| | | |
|---|---|---|
| 马列主义毛泽东思想研究所 | 所　长 | 黄小军 |
| | 副所长 | 吴　莹 |
| 哲学研究所 | 所　长 | 谢青松 |
| | 副所长 | 杨　晶 |
| 经济研究所 | 所　长 | 董　棣 |
| | 副所长 | 穆文春 |
| 民族学研究所 | 所　长 | 郑晓云 |
| | 副所长 | 古文凤 |
| | 副所长 | 郑成军 |
| 民族文学研究所 | 所　长 | 石高峰 |
| | 副所长 | 李金明 |

续表

| | | |
|---|---|---|
| 社会学研究所 | 所　长 | 樊　坚 |
| | 副所长 | 赵　群 |
| 宗教研究所 | 所　长 | 萧霁虹 |
| | 副所长 | 梁晓芬 |
| 历史研究所<br>（加挂文献研究所牌子） | 所　长 | 杜　娟 |
| | 副所长 | 康春华 |
| | 副所长 | 刘　欣 |
| 农村发展研究所 | 所　长 | 郑宝华 |
| | 副所长 | 张体伟 |
| 东南亚研究所 | 支部书记，主持工作 | 王育谦 |
| 南亚研究所 | 所　长 | 陈利君 |
| | 副所长 | 杨思灵 |
| 印度研究所 | 副所长 | 邓　蓝 |
| 孟加拉国研究所 | 副所长 | 郭穗彦 |
| 缅甸研究所 | 副所长 | 雷著宁 |
| 越南研究所 | 所　长 | 马　勇 |
| | 副所长 | 王育谦 |
| 老挝研究所 | 副所长 | 孔志坚 |
| 泰国研究所 | 副所长 | 余海秋（主持工作） |
| | 副所长 | 梁　川 |

## 四、云南省社科院科研辅助机构及现任领导

| | | |
|---|---|---|
| 图书馆 | 副馆长 | 李吉星（主持工作） |
| | 副馆长 | 顾胜华 |
| 信息中心 | 副主任 | 汪　洋（主持工作） |
| | 副主任 | 沈宗涛 |
| 《云南社会科学》编辑部 | 主　任 | 李向春 |
| | 副主任 | 王国平 |
| | 副主任 | 杜雪飞 |

## 第三节 年度工作概况

2015年，在习近平总书记系列重要讲话精神的指导下，在省委、省政府的正确领导下，在院党组、院行政的带领下，云南省社科院广大干部职工团结进取、奋力拼搏，完成了年初部署的主要工作任务。

一是抓创新，出成果。制定和上报了哲学社会科学创新工程实施方案，推进科研运行模式创新、科研考核体系创新、科研激励机制创新、科研成果转化创新；培育创新型学科，搭建新兴交叉学科为特色的综合性科研创新平台，成立"名村名镇研究中心""周边国情调查研究中心""中非民族发展与合作协同中心"等研究中心；启动"云南省社会科学院科研全过程动态管理系统"，推动科研量化管理进程，为构建科研人员量化考核体系奠定了基础。

注重聚焦事关全局和长远的重大问题，开展前瞻性、针对性、储备性政策研究。围绕国家"一带一路""长江经济带"等战略实施，以及习近平考察云南时提出的"民族团结进步示范区、生态文明建设排头兵、面向南亚东南亚辐射中心"三个新定位，积极主动开展了"一带一路""辐射中心"等重大项目研究，参与省委宣传部举办的全国性研讨会。继续巩固"云南省社会科学院研究文库""云南省社会科学院资深专家丛书"等成果出版平台，年内公开出版著作41本，在国家二级一类（双核期刊）以上刊物发表论文52篇，在国外公开学术刊物上发表论文5篇。上报决策咨询研究报告54项，其中，受到中央部委领导及省委、省政府领导批示件17项；全院申报成功国家社会科学基金课题8项，省社会科学基金课题8项，社科规划办资助云南智库课题3项，院立课题20项，省院合作102项，横向课题63项。

购置CNKI知识库、SAGE期刊数据库、民国时期期刊全文数据库等7个数据库，积极推进云南省社科信息资源共建共享与服务机制建设。扎实推进"云南社会科学网"建设。

二是抓改革，促发展。认真贯彻《中共云南省委关于贯彻落实〈中共中央关于全面深化改革若干重大问题的决定〉的意见》精神，推进云南省社科院深化改革，进一步理顺体制、激活机制，健全制度，推进云南社科院科研、人事、行政、后勤、党建等各项改革，出台了一批深化改革，促进全院跨越发展的办法。下发了《关于成立云南省社会科学院全面深化改革领导小组的通知》成立院事业单位分类改革、科研创新改革、科研服务改革、行政后勤改革、党的建设制度改革五个专项改革小组。

谋大事、思发展，以积极进取的精神，争取省委、省政府的支持，推动中国（昆明）南亚东南亚研究院的成立。经省委、省政府批准，于2015年成立了越南、老挝、缅甸、泰国、孟加拉国、印度等6个国别研究所和国际学术交流中心，研究院的成立为云南省社科院的创新发展、转型发展、跨越发展注入了新动力。

三是抓管理，促规范。进一步健全完善各项规章制度，不断规范会议、保密、档案、办公自动化系统（OA系统）、车辆等管理工作，行政效率不断提高；以加强预算管理为突破口，健全了财务管理制度，保证了资金使用安全；不断推进后勤、社会治安、安全工作等规范管理，更换了电梯，推进了房屋维修系列工程，排除了安全隐患，营造了平安和谐稳定的工作环境；关注民生，解决了职工中餐、水电管线抢修等事关职工切身利益的问题。

四是抓开放，促合作。坚持开放办院，不断加强省院、院院、院地合作。与中国社会科学院合作完成《云南融入"一带一路"对策研究》《环印度洋地区经济发展研究》，与上海社科院合作完成《依托长江经济带和孟中印缅经济走廊建设中国（云南）沿边自由贸易试验区研究》等课题研究，与文山、怒江、临沧等州（市）政府合作开展《滇桂经济比较研究》《百色—文山跨省经济合作园区研究》《怒江融入"一带一路"战略研究》《临沧跨境经济合作区研究》等一批重大课题研究，其中，《民族团结云南经验》一书被中央党校作为专用教材。积极开展国际学术交流，16个团组出国（境）进行学术交流，接待来访外宾13个团组；成功举办第三届中国—南亚智库论坛，提升了中国与南亚国家间的学术交流水平。完成外交部委托的对孟加拉国学者的培训工作。召开了云南省地方社科院（所）联席会议等会议，不断提升了云南社科院的知名度和影响力。

五是抓队伍，强素质。吸引集聚社科人才，强化人才队伍建设，招聘引进1名博士后、5名博士、2名硕士；院内一批专家获得"云岭学者""云岭文化名家"等荣誉称号，一批专家获省政府特殊津贴。继续实施人才队伍建设"三项计划"，选派了15位高层次人才、14位青年科研骨干、7位青年管理骨干访学。以"云南智库学习交流系列活动"为载体，加强院内外形势与政策、前沿理论与方法、基层宣讲、青年沙龙等学习交流活动，营造浓厚学术氛围。邀请省内外、国内外专家学者38人次来院举办35期"云南智库论坛"专题讲座，整理完成60万字的《云南智库论坛讲义汇编》；组织开展"云南智库专家走基层"活动，深入石林、兰坪、宁蒗等地开展调研，撰写调查报告和咨询建议文章110篇，整理出版《云南智库专家走基层石林全面深化改革调研文集》《云南智库专家走基层"聚焦兰坪"调研文集》等共50万字。

六是抓党建，强保障。着力加强政治理论学习，通过中心组学习、党支部学习、干部职工大会学习等形式，对《中国共产党廉洁自律准则》、《中国共产党纪律处分条例》、习近平总书记系列讲话、十八届五中全会精神进行学习，自觉贯彻中央、省的重大决策部署。研究制定了《中共云南省社会科学院、中国（昆明）南亚东南亚研究院党组工作规则（试行）》，起草《中共云南省社会科学院党组关于认真贯彻落实党委（党组）意识形态工作责任制的实施办法》。全面加强云南省社科院党建特别是干部队伍建设工作，强化党组领导意识形态工作责任制，带头履行一岗双责，抓好党风廉政建设主体责任和监督责任的全面落实。落实"两个责任"，即党建目标责任制和党风廉政建设责任制。院党组书记切实履行好"第一责任人责任"，院领导班子其他成员认真落实"一岗双责"；院纪检部门认真履行监督责任，强化执纪问责。深化和拓展机关党组织"当先锋，走前头"实践活动，组织开展"三建五抓"活动，建设"学习型、服务型、创新型"党组织；"学习型、服务型、效能型"机关和科辅单位；"学习型、创新型、效能型"研究所；组织全院各基层党组织和各单位切实开展抓学习、抓纪律、抓作风、抓制度、抓活动，实现全院思想政治建设、反腐倡廉建设、作风建设、制度建设以及党建工作载体建设显著提升。深入开展"三严三实"和"忠诚、干净、担当"专题教育活动，严格按省委部署认真推进各阶段活动，查找问题，分析问题，严格整改，组织开展"五个一"活动，即开展一堂党课、一次智库专家走基层、一次理论研讨会、一场专题民主生活会、一批理论研究与宣传文章。着力推进我院基层党组织的规范化建设，切实抓好"三会一课"、党性定期分析、民主评议党员等制度的贯彻落实。认真组织开展"挂包帮""转走访"工作，研究制定"托甸村脱贫攻坚三年行动方案"，获得省委领导批示。

## 第四节 科研活动

### 一、科研工作

#### 1. 科研成果统计

2015年，云南省社会科学院共完成专著27本；在国家一级二类以上刊物发表论文10篇；在国家二级一类（双核期刊）刊物发表论文54篇；在国外公开学术刊物发表论文6篇，境外国际会议论文达到31篇，境内国际会议论文达到36篇；省级及以上领导批示报告、中央领导阅内参及被中央有关部门重视并采纳的材料达到24篇，国家社科基金项目立项8项；《中国人民大学复印报刊资料》全文转载2篇；《新华文摘》论点摘编2篇；《高等学校文科学术文摘》论点摘编1篇。

#### 2. 科研课题

（1）新立项课题

2015年云南省社会科学院共新立项目56项，其中国家社科基金项目8项，包括：重大项目1项：孟中印缅经济走廊社会文化调查（任佳）；西部项目4项：我国西部地区人口城镇化、土地城镇化和空间城镇化协调发展对策研究（郭凯峰）、马克思主义生态理论与我国生态文明综合制度体系建设研究（姚天祥）、云南城市民族关系调查研究（王俊）、西部民族地区生态移民聚居区农地制度改革难点及对策研究（郑宝华）；青年项目1项：欠发达地区城镇化推进中医疗资源配置失衡与机制重构研究（郑继承）；后期资助1项：《巴黎手稿》开创的人类学哲学及其后续发展（苗启明）；特别委托项目1项：越南文化战略对我国的影响及对策研究（朱振明）。云南省社科规划项目8项，其中一般项目1项：云南推进精准扶贫研究（和瑞芳）；青年项目4项：云南新型农业经营体系研究（李岚）、自发移民迁入地农村土地确权难点和对策研究（王献霞）、边境民族地区农村三级医疗卫生服务网络可及性调查研究（张源洁）、云南社区村民影像研究（徐何珊）；学科建设项目1项：印度茶业的兴起与南方丝绸之路的近代变迁研究（宫珏）；马克思主义理论研究和建设工程项目4项：习近平同志全面从严治党思想的基本逻辑（黄小军）、马克思主义理论及当代中国国际治理现代化研究（张兆民）、依法治国的要求与云南省生态文明制度建设的内涵（邵然）、全面推进依法治国建设法治云南（谢青松）

（2）结项课题

2015年云南省社会科学院共有结项课题41项，其中国家社科基金项目结项6项，云南鸡足山佛教圣地研究（张庆松）、马克思生态哲学思想与社会主义生态文明建设研究（苗启明）、外替代发展与云南边境地区和谐社会建设研究（李向春）、晚清云南督抚治理边疆基层社会研究（康春华）、外资扶贫对云南民族地区的影响与持续研究（张惠君）、发达地区对口援藏与云南藏区提升自我发展能力研究（张体伟）。省规划课题结项15项：大选后缅甸对外关系走向及其对滇缅合作的影响（熊丽英）、民国文献整理保护与开发利用研究——以云南省社科院图书馆馆藏民国文献为例（林安云）、多民族水库移民社区中的婚姻家庭与人际交往研究（苏醒）、印度对中国和不丹关系发展的态度研究（杨思灵）、缅甸政治经济转型对中缅油气管道的影响与对策研究（孔志坚）、孟中印缅经济走廊建设风险研究（陈利君）、昆曼公路便利运输存在的问题及对策研究（王育谦）、旅居瑞丽缅甸人的文化适应策略及其成因分析研究（陈春艳）、热带作物经济发展下少数民族地区资源管理的生态人类学研究（欧阳洁）、云南山地城镇建设研究（郑继承）、伊斯兰教义思想中和谐理念的当代价值与现实意义研究（纳文汇）、滇印人文交流合作问题及对策研究（和红梅）、边疆民族地区网络意识形态建设研究（张戈）、城市化进程中散居少数民族民间艺术活态传承机制研究——以昆明为例（王俊）、云南发展庄园经济的理论与实践研究（郑宝华）。

（3）在研项目

2015年国家社科基金在研项目25项，分别是：纳西东巴文献搜集、释读刊布的深度开发研究（杨福泉）、云南道教经典的搜集与研究（萧霁虹）、中国投资印度的战略规划与风险防范研究（陈利君）、中缅边境地区基督教与基层社区建设研究（苏翠薇）、云南南传佛教史研究（梁晓芬）、民国以前云南水资料整理及数据库建设（江燕）、藏彝走廊回族文化多样性与和谐民族关系研究（李红春）、南亚伊斯兰极端主义对中国西部地区安全影响研究（涂华忠）、滇南和泰北地区哈尼族农村劳动力城镇就业比较研究（余海秋）、价值观外交对中国与GMS国家信任关系的影响研究（包广将）、西部民族地区城镇化与村级集体经济协同机制研究（温曼）、印度智库与印度对华外交政策研究（胡潇文）、印度独立以来中央与地方关系研究（张晓东）、中国苗瑶族瑞人的民族志研究（黄贵权）、《群书治要》政治思想及其当代价值研究（谢青松）、社区治理视角下西部农村留守人员关爱服务体系研究（杨晶）、护法神废供问题对云南藏区稳定的影响研究（章忠云）、印美日海洋安全合作及对中国的影响研究（杨思灵）、20世纪中叶云南民族社会历史调查资料整理与研究（田青）、马克思城市和城市化思想研究（马超）、印度独立以来的边疆政策和边疆治理研究（林延明）、中国与东南亚国家粮食安全合作研究（孔志坚）、藏彝走廊多元信仰与社区治理的人类学研究（罗明军）、印度独立以来边疆治理研究（牛鸿斌）、当代文学的价值选择与价值创造研究（蔡毅）。

在研省级课题10项，其中基地课题1项：云南藏族传统生态文化研究（尹仑）；省规划课题9项：云南融入国家"一带一路"战略研究（杨福泉）、"一带一路"战略背景下的滇桂合作研究（马勇）、城镇化进程中的云南省农村家庭养老的社会扶持机制研究（张宏文）、云南传统乡规民约的现代价值研究（刘欣）、云南边境社会新势态与边境县级政府治理能力现代化研究（袁春生）、印度东北边疆治理得失及其对云南边疆治理的启示（李丽）、藏传佛教与民族社区互动关系研究——以永宁地区为例（王碧陶）、德宏景颇族作家群研究（杨芍）、独立以来印度对东北边疆的治理研究（林延明）。

## 二、学术交流活动

### 1. 学术研讨会

2015年云南省社会科学院学术活动取得丰硕成果。主办、承办、召开了十余次不同规格的学术研讨会。

举全院之力成功承办第三届中国—南亚智库论坛。作为中国—南亚博览会系列活动的重要组成部分，论坛致力于推动中国与南亚、东南亚各国互利合作、共同发展，以"构建利益共同体——携手共建'一带一路'"为主题，围绕沿线国家和地区的发展需求与利益共赢等问题开展深入探讨。中共云南省委常委、省委宣传部部长、云南省对外文化交流协会会长赵金、中国社会科学院副秘书长晋保平、印度世界事务委员会主席拉吉夫·巴提亚出席开幕式并致辞。开幕式由云南省社会科学院院长任佳主持，来自中国、南亚以及东南亚等国家和地区在决策咨询领域具有重要影响的著名智库机构、研究单位、大学的资深专家学者和政府官员150余人出席。与会专家从不同的视角分析"一带一路"建设的相关议题，发表真知灼见，进一步推动了中国与南亚、东南亚国家的学术交流。

与中国社科院世界宗教研究所联合主办了首届宗教与民族高端论坛"全球化时代宗教与民族的热点问题";承办了"文化多样性保护与发展学术论坛暨第十八届全国地方社科院文学所所长联席会议",召开了纪念中泰建交40周年学术研讨会、庆祝中越建交65周年学术研讨会、马克思主义哲学中国化时代化大众化理论研讨会、面向南亚东南亚文化辐射中心建设调研座谈会、"挖掘历史文化资源,服务社会主义文化建设"暨"云南历史文化遗址(遗迹)保护与开发"专题座谈会等。

2015年云南省社会科学院加快开放办院的步伐,加强国内外学术交流合作。与中国社会科学院合作完成《云南融入"一带一路"对策研究》《环印度洋地区经济发展研究》,与上海社科院合作完成《依托长江经济带和孟中印缅经济走廊建设中国(云南)沿边自由贸易试验区研究》等课题研究,与文山、怒江、临沧等州(市)政府合作开展《滇桂经济比较研究》《百色—文山跨省经济合作园区研究》《怒江融入"一带一路"战略研究》《临沧跨境经济合作区研究》等一批重大课题研究,其中,《民族团结云南经验》一书被中央党校作为专用教材。积极开展国际学术交流,16个团组出国(境)进行学术交流,接待学术访问的外宾13个团组。6位专家参加省委宣传部组织的理论宣讲。

2. 国际学术交流与合作

2015年,云南省社会科学院计划出访团组39个,拟出访人数108人。实际组团16个,出国(境)人数共36人次。接待来访外宾13团组,共计50余人次。

三、期刊

云南省社会科学院共有公开出版发行的学术刊物3种:

《云南社会科学》,双月刊,主编边明社,执行主编李向春,2015年共出版6期,约230万字。

《华夏地理》单月刊,社长边明社,副社长李向春,总编纳文汇,2015年共出版12期,约280万字。

《东南亚南亚研究》,季刊,主编任佳,2015年共出版4期,每期大约18万字,共72万字。

## 第五节 重点成果

一、云南省社会科学院2010—2015年获云南省哲学社会科学优秀成果奖获奖项目[*]

| 成果名称 | 作者 | 职称 | 成果形式 | 出版发表单位 | 出版发表时间 | 获奖等级 |
| --- | --- | --- | --- | --- | --- | --- |
| 中国云南与南亚经贸合作战略研究 | 任 佳<br>王崇理<br>陈利君 | 研究员<br>研究员<br>研究员 | 专著 | 中国社会科学出版社 | 2009 | 一等奖 |

---

[*] 注:在本节的表格中的"出版发表时间"一栏,年、月、日使用阿拉伯数字,且"年""月""日"三字省略(发表期数除外,保留"年"字)。既有年份,又有月份、日时,"年""月"用"."代替。如:"2009年"用"2009"表示,"2009年8月"用"2009.8"表示,"2009年第3期"不变。

续表

| 成果名称 | 作者 | 职称 | 成果形式 | 出版发表单位 | 出版发表时间 | 获奖等级 |
| --- | --- | --- | --- | --- | --- | --- |
| 复兴的探索——中国特色社会主义道路的理论框架 | 纳　麒等 | 研究员 | 专著 | 中国社会科学出版社 | 2009.8 | 三等奖 |
| 瑶族志：香碗——云南瑶族文化与民族认同 | 黄贵权 | 研究员 | 专著 | 云南大学出版社 | 2009.8 | 三等奖 |
| 现代民族学（下卷第一、二分册） | 瞿明安 郑晓云 | 教授 研究员 | 专著 | 云南人民出版社 | 2009.2 | 三等奖 |
| 杨福泉纳西学论集 | 杨福泉 | 研究员 | 专著 | 民族出版社 | 2009.7 | 三等奖 |
| 新时期农村改革发展的行动纲领——党的十七届三中全会《决定》通俗读本 | 云南省委宣传部 云南省社科院 | — | — | 云南人民出版社 | 2009.7 | 三等奖 |
| 茶马古道上的传奇家族——百年滇商口述史 | 李　旭 | 研究员 | 专著 | 中华书局 | 2009.1 | 三等奖 |
| 马克思恩格斯人类学编年史 | 李立纲 | 研究员 | 专著 | 云南民族出版社 | 2009.6 | 三等奖 |
| 舞蹈人类学视野中的彝族烟盒舞 | 李永祥 | 研究员 | 专著 | 云南民族出版社 | 2009.5 | 三等奖 |
| 经典的亵渎颠覆与传承保护 | 蔡　毅 | 研究员 | 论文 | 《社会科学评论》 | 2009年3期 | 三等奖 |
| 西南联大与中国现代文学 | 杨绍军 | 研究员 | 论文 | 《学术研究》 | 2009年第1期 | 三等奖 |
| 《物权法》的伦理审视 | 谢青松 | 研究员 | 论文 | 《云南社会科学》 | 2009年第3期 | 三等奖 |
| 多民族国家的民族政策与族群态度：新加坡、马来西亚和泰国实证研究 | 孔建勋等 | 研究员 | 专著 | 中国社会科学出版社 | 2010.10 | 二等奖 |
| 南亚国情研究 | 任　佳等 | 研究员 | 研究报告 | 云南省哲学社会科学规划办公室　结项 | 2010.5 | 二等奖 |

续表

| 成果名称 | 作者 | 职称 | 成果形式 | 出版发表单位 | 出版发表时间 | 获奖等级 |
|---|---|---|---|---|---|---|
| 云南民族关系调查研究 | 郭家骥著 | 研究员 | 专著 | 中国社会科学出版社 | 2010.3 | 三等奖 |
| 远去的背影：云南民族记忆1949—2009 | 纳麒等 | 教授 | 专著 | 云南人民出版社 | 2010.7 | 三等奖 |
| 云南名镇名村的保护和发展研究 | 杨福泉等著 | 研究员 | 专著 | 中国书籍出版社 | 2010.4 | 三等奖 |
| 傣族传统幸福观探析 | 谢青松 | 研究员 | 论文 | 伦理学研究 | 2010年第1期 | 三等奖 |
| 灾害的人类学研究述评 | 李永祥 | 研究员 | 论文 | 民族研究 | 2010年第3期 | 三等奖 |
| 桥头堡建设的财政政策研究 | 云南省财政厅 云南省社科院 | — | 研究报告 | 省财政厅结项 | 2010.10 | 三等奖 |
| 云南通史 | 何耀华等 | 研究员 | 专著 | 中国社会科学出版社 | 2011.6 | 特等奖 |
| 中国共产党的战略选择与哲学转换 | 纳麒 谢青松 | 研究员 | 专著 | 中国社会科学出版社 | — | 二等奖 |
| 中印参与自由贸易区比较研究 | 杨思灵 | 研究员 | 论文 | 《南亚研究》 | 2011年第2期 | 二等奖 |
| 城乡一体化视角下的云南新农村建设实践研究 | 崔江红 | 研究员 | 专著 | 中国书籍出版社 | 2011.10 | 三等奖 |
| 近代西方刑法哲学的追寻——从孟德斯鸠到李斯特 | 谢青松 | 研究员 | 专著 | 中国书籍出版社 | 2011.11 | 三等奖 |
| 大湄公河次区域五国文化发展的体制机制研究 | 王士录等 | 研究员 | 专著 | 云南人民出版社 | 2015.4 | 三等奖 |
| 法言 | 韩敬 | 研究员 | 专著 | 中华书局 | 2012.10 | 一等奖 |
| 东巴教通论 | 杨福泉 | 研究员 | 专著 | 中华书局 | 2012.4 | 一等奖 |

续表

| 成果名称 | 作者 | 职称 | 成果形式 | 出版发表单位 | 出版发表时间 | 获奖等级 |
|---|---|---|---|---|---|---|
| 雪山之书 | 郭净 | 研究员 | 专著 | 云南人民出版社 | 2012.3 | 二等奖 |
| 元朝平宋之际的货币替代、纸币贬值与银钱比价——至元十七年江淮行钞废钱考 | 王文成 代琴 | 研究员 | 论文 | 《云南社会科学》 | 2012年第3期 | 二等奖 |
| 傣族传统道德研究 | 谢青松 | 研究员 | 专著 | 中国社会科学出版社 | 2012.1 | 三等奖 |
| 云南民族地区农户土地林地承包权流转研究 | 赵俊臣 | 研究员 | 专著 | 云南民族出版社 | 2013 | 三等奖 |
| 迪庆州民族文化保护传承与开发研究 | 郭家骥 边明社 | 研究员 教授 | 专著 | 云南人民出版社 | 2012.7 | 三等奖 |
| 云南鸡足山禅宗"看话禅"探析 | 张庆松 | 副研究员 | 论文 | 《云南社会科学》 | 2012年第3期 | 三等奖 |
| 弹性均势与中美印在印度洋上的经略 | 陈利君 许娟 | 研究员 助理研究员 | 论文 | 《南亚研究》 | 2012年第4期 | 三等奖 |
| 云南当前干旱的影响及治理研究 | 云南省社会科学院 | 课题组 | 研究报告 | 云南省政府项目 | 2012.12 | 三等奖 |
| 云南道教碑刻辑录 | 萧霁虹 | 研究员 | 专著 | 中国社会科学出版社 | 2013.12 | 一等奖 |
| 万历云南通志 | 刘景毛 江燕（点校） | 研究员 研究员 | 专著 | 中国文联出版社 | 2014 | 三等奖 |
| 中国彝族大百科全书 | 何耀华 | 研究员 | 专著 | 云南人民出版社 | 2014.4 | 荣誉奖 |
| 以新安全观促进亚洲持久和平与共同发展——学习习近平主席在亚信峰会上的重要讲话 | 谢青松 | 研究员 | 论文 | 《光明日报》理论版 | 2014.7.28 | 二等奖 |
| 近年来印度对外关系的发展及其对中印关系的影响 | 李丽 邱信丰 | 副研究员 研究员 | 论文 | 《和平与发展》 | 2014年第5期 | 三等奖 |

续表

| 成果名称 | 作者 | 职称 | 成果形式 | 出版发表单位 | 出版发表时间 | 获奖等级 |
|---|---|---|---|---|---|---|
| 沪滇对口帮扶与区域合作研究 | 张体伟等 | 研究员 | 研究报告 | 云南省扶贫开发决策咨询课题成果 | 2014.8.29 | 三等奖 |
| 新中国成立后的党的民族文化政策在云南的实施效果评价 | 吴莹 | 研究员 | 论文 | 《学术探索》 | 2014年第4期 | 三等奖 |
| 论"民族村"对散居民族理论体系创新发展的意义 | 王俊 | 研究员 | 论文 | 《云南社会科学》 | 2014年第3期 | 三等奖 |

## 二、2015年云南省社会科学院进入科研激励的主要科研成果

| 序号 | 成果名称或项目 | 出版或刊载处 | 作者或组织者 |
|---|---|---|---|
| | 著作 | | |
| 1 | 苗启明学术文选 | 云南人民出版社2014年版 | 苗启明 |
| 2 | 圣与俗景谷傣族的南传上座部佛教 | 云南人民出版社2014年版 | 刘军 |
| 3 | 气候人类学 | 知识产权出版社2015年版 | 尹仑 |
| 4 | 中国民族生态与文化政策的理论与实践研究 | 云南民族出版社2015年版 | 尹仑 |
| 5 | 新剑桥印度史——英国统治者的意识形态 | 云南人民出版社2015年版 | 李东云（译著） |
| 6 | 宋代家训与社会整合研究 | 云南大学出版社2015年版 | 刘欣 |
| 7 | 心灵中的圣地 | 生活·读书·新知三联书店2014年版 | 蔡毅 |
| 8 | 景颇族 | 辽宁民族出版社2014年版 | 金黎燕 |
| 9 | 经典阅读与现代生活 | 云南科技出版社2015年版 | 谢青松 |
| 10 | 泰国农业投资对湄公河地区减贫的机遇与挑战 | 云南人民出版社2015年版 | 方芸（译著） |
| 11 | 云南30年的沿边开放历程、成就和经验 | 社会科学文献出版社2015年版 | 陈铁军 |
| 12 | 迪庆州民族文化生态保护与旅游发展研究 | 云南人民出版社2015年版 | 郭家骥等主编 |
| 13 | 独龙族 | 辽宁民族出版社2015年版 | 李金明 |

续表

| 序号 | 成果名称或项目 | 出版或刊载处 | 作者或组织者 |
|---|---|---|---|
| 14 | 茶马古道研究 | 云南人民出版社2014年版 | 蒋文中 |
| 15 | 云南特色文化产业丛书·茶艺 | 云南人民出版社2015年版 | 蒋文中 |
| 16 | 云南宗教研究："一带一路"与宗教文化交流 | 云南人民出版社2015年版 | 萧霁虹主编 |
| 17 | 红河州跨越发展研究 | 云南民族出版社2015年版 | 郑宝华主编 |
| 18 | 云南发展高原特色农业与构建新型农业经营体系研究 | 云南人民出版社2015年版 | 郑宝华主编 |
| 19 | 印度投资环境 | 云南人民出版社2015年版 | 陈利君主编 |
| 20 | 文汇集 | 云南大学出版社2015年版 | 纳文汇 |
| 21 | 孟中印缅毗邻地区的互联互通研究 | 中国社会科学出版社2015年版 | 任佳 |
| 22 | 构建中国云南沿边开放经济区研究 | 中国社会科学出版社2013年版 | 任佳 |
| 一级二类刊物 ||||
| 1 | 阿富汗局势现状及前景评析 | 《现代国际关系》2015年第2期 | 李敏 |
| 2 | 气候变化背景下的民族生态权利运动——以瑞典北博滕省卡拉克地区萨米人为例 | 《世界民族》2015年第2期 | 尹仑 |
| 3 | 大湄公河次区域合作的制约因素分析——以昆曼通道为例 | 《亚非纵横》2014年第5期 | 赵姝岚 |
| 4 | 应尽快出台规范土地流转的国家政策 | 《改革内参》2014综合（38）（10月17日） | 崔江红 |
| 5 | 一带一路倡议下中国与沿线国家关系治理及挑战 | 《南亚研究》2015年第2期 | 杨思灵 |
| 6 | "一带一路"：印度的回应及对策 | 《亚非纵横》2014年第6期 | 杨思灵 |
| 7 | 印度如何看待"一带一路"下的中印关系 | 人民论坛《学术前沿》2015年5月上期 | 杨思灵 |
| 8 | 深化发达地区对口援藏的思路和对策研究 | 《中国经贸导刊》2015年第27期 | 张体伟 |
| 国家级权威刊物转载 ||||
| 1 | 生态人类学视野下气候文化的理论研究与前景 | 《新华文摘》（论点摘编）2015年第6期 | 尹仑 |

续表

| 序号 | 成果名称或项目 | 出版或刊载处 | 作者或组织者 |
| --- | --- | --- | --- |
| 2 | 民族乡撤乡建镇改办的思考——基于昆明市六个民族乡的案例研究 | 人大复印报刊资料《民族问题研究》2015年第10期 | 王　俊 |
| 3 | 后期维特根斯坦美学思想探析 | 人大复印报刊资料《哲学文摘》2015年第3期 | 王海东 |
| 4 | "一带一路"：印度的回应及对策 | 人大复印报刊资料《中国外交》2015年第4期 | 杨思灵 |
| 5 | 印度对"21世纪海上丝绸之路"倡议的认知 | 人大复印报刊资料《中国外交》2015年第2期 | 许　娟 |
| 6 | 卢卡奇革命推演的显性逻辑与隐形逻辑 | 《中国社会科学文摘》2015年第5期 | 邵　然 |
| 二　级　一　类　刊　物 ||||
| 1 | 论云南少数民族物质生产民俗的休闲价值 | 《西南民族大学学报》2015年第6期 | 刘　婷 |
| 2 | 傣族工艺品的休闲价值及其人类学意义——以滇南花腰傣民间工艺为例 | 《云南社会科学》2015年第5期 | 刘　婷 |
| 3 | 庄蹻王滇的千年争论的学理反思 | 《云南社会科学》2015年第1期 | 杜玉亭 |
| 4 | 关于《论语》书名的意义 | 《深圳大学学报（人文社会科学版）》2014年第6期 | 韩　敬 |
| 5 | 巴基斯坦的反美主义及其影响 | 《国际论坛》2015年第5期 | 李　敏 |
| 6 | 马克思对中国社会横向发展规律的探索及当代意义 | 《云南社会科学》2015年第4期 | 张兆民 |
| 7 | 滇民族消失之路探索 | 《学术探索》2014年第10期 | 桑耀华 |
| 8 | 云南跨境婚姻管理 | 《云南社会科学》2015年第1期 | 李向春 |
| 9 | 社会主义生态文明建设的政治推进方略 | 《哈尔滨工业大学学报（社会科学版）》2015年第4期 | 林安云 |
| 10 | 论马克思对人类学哲学世界观的构建 | 《思想战线》2014年第5期 | 苗启明 |
| 11 | 从世界历史发展看人类学时代与人类学哲学 | 《思想战线》2015年第3期 | 苗启明 |

续表

| 序号 | 成果名称或项目 | 出版或刊载处 | 作者或组织者 |
| --- | --- | --- | --- |
| 12 | 论马克思生态哲学的自然生态原理 | 《哈尔滨工业大学学报（社会科学版）》2014年第6期 | 苗启明 |
| 13 | 论人境生态系统的生态逻辑 | 《哈尔滨工业大学学报（社会科学版）》2015年第5期 | 苗启明 |
| 14 | 云南民族地区农业生物多样性的形成及其保护 | 《生态经济》2015年第9期 | 杜雪飞 |
| 15 | 商人群体：唐宋富民阶层的主要财富力量 | 《古代文明》2015年第3期 | 杜雪飞 |
| 16 | 生态人类学视野下气候文化的理论研究与前景 | 《云南社会科学》2015年第2期 | 尹　仑 |
| 17 | 21世纪海上丝绸之路与"环印度洋战略" | 《学术探索》2015年第5期 | 尹　仑 |
| 18 | 云南藏族生态文化 | 《中央民族大学学报》2015年第4期 | 尹　仑 |
| 19 | 文化自觉与多元文化结构下的回族认同 | 《西南边疆民族研究》2014年第17辑。 | 李红春 |
| 20 | 藏彝走廊邓川坝回族"打賨"的经济人类学解读 | 《中央民族大学学报》2015年第5期 | 李红春 |
| 21 | 云南散居民族地区农村发展研究 | 《贵州民族研究》2015年第1期 | 王　俊 |
| 22 | 民族乡撤乡建镇改办的思考——基于昆明市六个民族乡的案例研究 | 《云南民族大学学报（哲社版）》2015年第3期 | 王　俊 |
| 23 | 文学价值选择的艰难与重要意义 | 《中华文化论坛》2015年第1期 | 蔡　毅 |
| 24 | 近代西方人士考察中国西南边疆的重要著述——代理领事李敦滇西北旅行报告研究 | 《学术探索》2015年第3期 | 梁初阳 |
| 25 | 中国—南盟地区主义：建构及挑战 | 《南亚研究季刊》2014年第4期 | 杨思灵 |
| 26 | 中国文化产品开拓泰国市场的可行性研究 | 《东南亚纵横》2015年第3期 | 余海秋 |
| 27 | 防灾减灾的概念、理论化及其应用展望 | 《思想战线》2015年第4期 | 李永祥 |
| 28 | 雾霾灾害的环境人类学研究理论和方法 | 《云南师范大学学报（哲学社会科学版）》2015年第4期 | 李永祥 |

续表

| 序号 | 成果名称或项目 | 出版或刊载处 | 作者或组织者 |
| --- | --- | --- | --- |
| 29 | 巴基斯坦俾路支省恐怖主义及其影响 | 《南亚研究季刊》2014年第4期 | 李丽 |
| 30 | 不对称结构和本体性安全视角下的中缅关系：依赖与偏离 | 《东南亚研究》2015年第3期 | 孔建勋 |
| 31 | 法治和德治关系探析 | 《云南社会科学》2015年第2期 | 黄小军 |
| 32 | 习近平全面从严治党思想的内在逻辑 | 《学术探索》2015年第3期 | 黄小军 |
| 33 | 云南剑川白族道教朝北斗科仪研究 | 《宗教学研究》2015年第2期 | 萧霁虹 |
| 34 | "一带一路"建设和重构新南方丝绸之路语境中的宗教文化建设与调试 | 《云南社会科学》2015年第3期 | 纳文汇 |
| 中国社会科学院网站转载 ||||
| 1 | 论"民族村"对散居民族理论创新发展的意义 | 中国社会科学网2015年5月6日 | 王俊 |
| 2 | 2013年东南亚政治形势综述 | 中国社会科学网2015年10月11日 | 赵姝岚 |
| 3 | 坚定不移地走中国特色主义文化发展道路 | 中国社会科学网2014年12月8日 | 谢青松 |
| 4 | 傣族自然崇拜的生态保护意蕴 | 中国社会科学网2014年10月9日 | 谢青松 |
| 5 | 修身处事治国理政新要求 | 中国社会科学网2015年1月28日 | 谢青松 |
| 6 | 一带一路：印度的回应及对策 | 中国社会科学院网站2015年6月24日 | 杨思灵 |
| 7 | "一带一路"倡议下中国与沿线国家关系治理及挑战 | 中国社会科学院网站2015年8月11日 | 杨思灵 |
| 8 | 印度如何看待一带一路下的中印关系 | 中国社会科学网2015年5月28日 | 杨思灵 |
| 9 | 伊斯兰教义思想中的和谐理念在云南社会历史进程中的实践和意义 | 中国社会科学网2015年4月30日 | 纳文汇 |
| 国外公开学术刊物 ||||
| 1 | 香港在"一带一路"气候变化问题中的作用 | 《紫荆论坛》2015年第4期 | 尹仑 |
| 2 | The Dimension of Chinese Think Tanks in BCIM Building | World Focus, New Delhi, June of 2015 | 胡潇文 |

续表

| 序号 | 成果名称或项目 | 出版或刊载处 | 作者或组织者 |
| --- | --- | --- | --- |
| 参加境外召开的全球性学术会议发表的学术论文、学术报告 ||||
| 1 | 通过BCIM合作连接东亚、东南亚和南亚 | 2014年11月"亚洲区域合作与一体化圆桌会议",菲律宾马尼拉亚行总部 | 雷著宁 |
| 2 | 中国视角下的区域合作 | 2015年4月麻省大学波士顿分校研讨会,美国波士顿 | 雷著宁 |
| 3 | 中国城市竞争力的理论与实践 | 2015年8月GMS第4次城镇化工作组会议,缅甸内比都 | 雷著宁 |
| 4 | GMS南北经济走廊中方调研报告 | 2015年9月亚行GMS南北经济走廊分段空间规划研讨会,老挝万象 | 雷著宁 |
| 5 | Traditional Ecological Knowledge and Nature Resource Management—Case of Deqin County, Yunnan, China | Workshop on Indigenous Knowledge and Disaster Risk Reduction in a Global Perspective, Janauary 25-30, 2015, University of Florida, USA | 尹仑 |
| 6 | Gender Studieson Climate Change and Climatic Disaster—case of Tibetan women in Hongpo Village North-west of Yunnan, China | Regional Forum on Climate Change (RFCC) 01-03 July, 2015 Asian Institute of Technology Conference Center, Thailand | 尹仑 |
| 7 | Community-led Research, Traditional Knowledge and Climate Change-Case of Tibetan People in NW of Yunnan, China | 2015 International Conference on Chinese and African Sustainable Urbanization: A Global Perspective October 24-25, 2015, Ottawa, Canada. University of Ottawa UN-Habitat | 尹仑 |
| 8 | 熟悉的他者:云南"藏回"族群认同的自述与他述 | 科技大学华南研究中心主办"伊斯兰教与西南社会"国际学术会议,2015年1月香港 | 李红春 |
| 9 | 孟中印缅地区互联互通现状及存在问题 | 孟中印地区合作论坛第12次会议,2015年2月缅甸 | 邓蓝 |
| 10 | 关于中斯经贸合作的思考 | 斯里兰卡科伦坡政策研究室研讨会,2015年7月斯里兰卡 | 邓蓝 |
| 11 | Gender, out-migrant Worker and Climate Change Adaptation Research-baoshan, Yunnan | 德国汉堡大学地理所学术研讨会,2015年5月汉堡 | 邹雅卉 |

续表

| 序号 | 成果名称或项目 | 出版或刊载处 | 作者或组织者 |
| --- | --- | --- | --- |
| 12 | 泰国新"唐人街" | 全球化背景下的中国发展道路研讨会，2014年12月曼谷 | 余海秋 |
| 13 | 新华人对泰国的适应性 | 国家发展与反腐败研讨会，2015年2月曼谷 | 余海秋 |
| 14 | 为朱拉隆功大学国际政治学专业学生讲授国际关系课程 | 亚洲研究所国际关系专业课程，2015年3月曼谷 | 余海秋 |
| 15 | 中国西南的脆弱性、灾害与文化 | 日本关西学院大学讲座2014年10月22日 | 李永祥 |
| 16 | 新平县的旅游与文化变迁 | 日本关西学院大学讲座2015年1月3日 | 李永祥 |
| 17 | China and India: Cooperation or Competition in the Indian Ocean? | Rethinking Post – 2015 Development, Cambridge USA, 18th April, 2015 | 许 娟 |
| 18 | U. S. China and India should Effort for Common Security in the Asia Pacific Region—Based on the Ontological Security | Rethinking Post – 2015 Development, Cambridge USA, 18th April, 2015 | 杨思灵 |
| 19 | China and Myanmar in the Election Year | 马来西亚史汀生中心，2015年9月 | 孔建勋 |
| 20 | Burma/Myanmar Research Forum 2015 | 康奈尔大学东南亚研究中心，2015年9月 | 孔建勋 |
| 21 | Pak – China Tourism Cooperation | The Economic Corridor: cultural Dimension, Pak – China Business forum 2015, Comsats Institute of Information Technology, Isiamabad, Pakistan, 28th march 2015 | 涂华忠 |
| 22 | The China's Role in Pakistan's Energy Crisis | International Conference on Policy Approaches of South Asian Countries and their Impact on the Region, Serena Hotel, Isiamabad, Pakistan, june 2, 2015. | 涂华忠 |
| 23 | Disarmament and Non – proliferation Education: A Perspective of China | Two day National Seminar on Npt Review Conference and Future of the Non – prolferation Regime, Marriott hotel, Pakistan, june 2015 | 涂华忠 |

续表

| 序号 | 成果名称或项目 | 出版或刊载处 | 作者或组织者 |
|---|---|---|---|
| 24 | 地母信仰及其经卷在云南的传承探析 | 中华宗教哲学研究社举办的第二届"中华文化与天人合一"国际研讨会，2015年1月8日台湾 | 萧霁虹 |
| 25 | 孟中印缅经济走廊贸易合作研究 | 孟中印缅经济走廊建设国际学术会议，2014年11月印度 | 陈利君 |
| 26 | 中国和印度参与孟中印缅的主要关切 | 孟中印缅经济走廊建设国际学术会议，2014年11月印度 | 郭穗彦 |
| 27 | *Romote Construction of BCIM Economic Corridor and Reconstruction of the South Silk Road* | 孟中印缅经济走廊建设国际学术会议，2014年11月印度 | 任 佳 |
| 参加境内国际会议发表的学术论文 ||||
| 1 | 自我意识与正义的追寻 | 第十二届诠释学与中国经典诠释国际学术研讨会，2015年4月山东济南 | 张兆民 |
| 2 | 实施面向南亚、东南亚旅游和影视合作的建议 | 孟中印缅经济走廊与"一带一路"建设国际学术研讨会，2015年9月云南昆明 | 康春华 |
| 3 | 昆曼公路：进展、挑战与前景 | 中泰建交40周年研讨会，2015年6月云南昆明 | 雷著宁 |
| 4 | 大湄公河次区域（GMS）城镇化发展与中越合作新机遇 | 中越建交65周年研讨会，2015年9月云南昆明 | 雷著宁 |
| 5 | *Traditional Knowledge on Climate Change—A Case Study of Guonian Village*, Deqin County, Yunnan Province, China | Protected Areas Law Teachers & Trainers Workshop<br>IUCN Environmental Law Programme<br>In collaboration with the Research Institute on Environmental Law<br>Wuhan University, Hubei Province, People's Republic of China | 尹 仑 |
| 6 | *Community-led Research, Indigenous Ecological Knowledge and Climate Change-experience from China* | 2015年中法历史文化国际合作研讨会，2015年8月上海 | 尹 仑 |

续表

| 序号 | 成果名称或项目 | 出版或刊载处 | 作者或组织者 |
| --- | --- | --- | --- |
| 7 | 郑和记忆及其象征意义的文化解读 | "郑和与21世纪海上丝绸之路"国际论坛，2015年7月南京 | 李红春 |
| 8 | 大国智慧与中国发展 | 中国社会科学论坛·西南论坛，2014年11月腾冲 | 马 勇 |
| 9 | 丝绸之路的历史启示 | 华侨华人与21世纪丝绸之路国际学术研讨会，2014年12月广州 | 马 勇 |
| 10 | 浅谈印度尼西亚对共建21世纪海上丝绸之路的反应 | 历史与现实：中国与东南亚和平发展共处共生学术研讨会，2015年5月郑州 | 孔志坚 |
| 11 | 中巴经济走廊：四两拨千斤的大棋局 | 中巴经济走廊国际学术研讨会，2015年5月北京大学 | 杨思灵 |
| 12 | 一带一路：印度并非必然的对立面 | 孟中印缅经济走廊人文交流国际学术研讨会，2015年6月昆明 | 杨思灵 |
| 13 | 推进中印在一带一路框架下开展合作的对策建议 | 孟中印缅经济走廊与"一带一路"建设国际学术研讨会，2015年9月云南昆明 | 杨思灵 |
| 14 | 茶马古道与丝绸之路国际经济文化的交流 | 《第一届中韩茶文化与茶产业国际发展战略研究会论文集》，2014年9月贵州大学东盟研究院编 | 蒋文中 |
| 15 | 中国—东盟教育交流 | 中国东盟教育交流学习周会，2015年8月贵阳 | 孔建勋 |
| 16 | 巴基斯坦核武器与核战略评估 | 第一次南亚安全青年学者论坛，清华大学，2015年6月北京 | 涂华忠 |
| 17 | 云南剑川白族朝北斗科仪研究 | "经典、仪式与民间信仰"国际学术研讨会，2014年10月25—26日上海 | 萧霁虹 |
| 18 | 佛教文化交流与"一带一路"建设研究——以云南为中心 | "崇圣（国际）论坛"，2014年11月1—3日大理 | 萧霁虹 |
| 19 | 身心康泰：道教的养生之道 | "第三届国际道教论坛"，2014年11月25—26日江西 | 萧霁虹 |

续表

| 序号 | 成果名称或项目 | 出版或刊载处 | 作者或组织者 |
| --- | --- | --- | --- |
| 20 | 回族文化是一带一路建设和重构新南方丝绸之路的重要资源 | 回族学高峰论坛：丝绸之路与中阿文化交流国际学术研讨会，2015年9月宁夏 | 纳文汇 |
| 21 | 宗教文化与"一带一路"战略研究——以云南和南亚东南亚佛教文化交流为中心 | 第二届丝绸之路国际艺术节"丝路文化·长安论坛"之分论坛"宗教文化与文化融合"，2015年9月6—8日陕西西安 | 萧霁虹 |
| 22 | 碑刻、科仪与区域道教研究 | "道教与宗教文化研究所建所35周年暨道教学术研究前沿问题国际论坛"，2015年9月19—24日四川 | 萧霁虹 |
| 23 | 孟中印缅经济走廊共同利益研究 | 中国与印度洋地区共同发展国际研讨会，2014年10月昆明 | 陈利君 |
| 24 | 一带一路与辐射中心建设 | 中国南亚智库论坛，2015年6月昆明 | 陈利君 |
| 25 | 积极推进孟中印缅民间交流 | 孟中印缅民间交流国际会议，2015年6月昆明 | 陈利君 |
| 26 | 云南与跨喜发展合作 | 首届跨喜马拉雅发展论坛，2015年8月德宏 | 陈利君 |
| 27 | 一带一路与孟中印缅经济走廊建设 | 第八届中国—东盟智库战略对话论坛，2015年9月南宁 | 陈利君 |
| 28 | 加强云南与印度人文交流合作的问题与对策研究 | 孟中印缅民间交流国际会议，2015年6月昆明 | 和红梅 |
| 29 | 加快BCIM经济走廊建设，服务"一带一路"国家战略 | 中国经济社会论坛——统筹推进"一带一路"建设，2104年10月昆明 | 任佳 |
| 30 | 孟中印缅经济走廊建设与地区安全合作 | 中国南亚智库论坛，2015年6月昆明 | 任　佳 |
| 论著（文）编审 ||||
| 1 | 中国人民大学复印报刊资料 | 全文转载2篇 | 编辑部 |
| 2 | 新华文摘 | 摘要转载2篇 | 编辑部 |

续表

| 序号 | 成果名称或项目 | 出版或刊载处 | 作者或组织者 |
|---|---|---|---|
| 3 | 高等学校文科学术文摘 | 摘要转载1篇 | 编辑部 |
| 发表在国际级报刊上的文章 ||||
| 1 | 今天我们怎样面对经典 | 《人民日报》2015年1月15日 | 蔡毅 |
| 2 | 抓住"去极端化"的窗口期 | 《环球时报》2015年6月4日 | 张少英 |
| 3 | 差别化对待出境极端分子 | 《环球时报》2015年7月20日 | 张少英 |
| 4 | 去"极端化",重在课堂 | 《环球时报》2015年8月14日 | 张少英 |
| 5 | Extremists Target Young Women Online | 《环球时报》英文版2015年9月7日 | 张少英 |
| 发表在中央报刊及省(部)级党报上的文章32篇 ||||
| 核心内刊、内参被采用75篇 ||||
| 获省部级领导批示23篇 ||||

# 第六节 学术人物

## 一、云南省社会科学院荣誉学术委员、学术委员、博导、正研(在职)

| 姓名 | 出生年月 | 学历/学位 | 职位 | 职称 | 主要学术兼职 | 研究方向 |
|---|---|---|---|---|---|---|
| 何祖坤 | 1965.10 | 研究生 | 副书记、院长 | — | 学术委员 | 马克思主义研究 |
| 杨正权 | 1967.7 | 博士 | 副院长 | 研究员 | 学术委员 | 新型城镇化、旅游学 |
| 边明社 | 1964.4 | 博士 | 副院长 | 研究员 | 学术委员 | 经济学、财政学 |
| 王文成 | 1966.4 | 博士 | 副院长 | 研究员 | 学术委员 | 经济史 |
| 任佳 | 1957.6 | 博士 | 省政府参事 | 研究员 | 学术委员、博导 | 国际经济 |
| 杨福泉 | 1955.9 | 博士 | — | 研究员 | 学术委员、博导 | 民族学、人类学、纳西学 |
| 马勇 | 1967.2 | 博士 | 所长 | 研究员 | 学术委员 | 东南亚研究 |
| 王士录 | 1952.10 | 学士 | — | 研究员 | 学术委员 | 东南亚研究 |
| 王亚南 | 1965.5 | 本科 | — | 研究员 | 学术委员 | 民族文化/文化理论 |
| 王国平 | 1965.8 | 硕士 | 副主任 | 研究员 | 学术委员 | 东南亚研究 |

续表

| 姓名 | 出生年月 | 学历/学位 | 职位 | 职称 | 主要学术兼职 | 研究方向 |
|---|---|---|---|---|---|---|
| 王清华 | 1955.1 | 学士 | — | 研究员 | 学术委员 | 哈尼族研究 |
| 申 旭 | 1958.2 | 硕士 | — | 研究员 | 学术委员 | 云南地方史、跨境民族 |
| 杜 娟 | 1964.1 | 博士 | 所长 | 研究员 | 学术委员 | 民族学、云南地方史 |
| 李立纲 | 1954.2 | 本科 | — | 研究员 | 学术委员 | 社会管理 |
| 李向春 | 1961.11 | 本科 | 主任 | 研究员 | 学术委员 | 民族问题研究 |
| 李金明 | 1966.6 | 本科 | 副所长 | 研究员 | 学术委员 | 独龙文化 |
| 任仕暄 | 1965.8 | 本科 | 处长 | 研究员 | 学术委员 | 社会现实问题 |
| 陈利君 | 1967.3 | 本科 | 所长 | 研究员 | 学术委员 | 南亚研究 |
| 陈铁军 | 1953.7 | 硕士 | — | 研究员 | 学术委员 | 东南亚研究、国际经济 |
| 纳文汇 | 1956.11 | 本科 | — | 研究员 | 学术委员 | 伊斯兰教、宗教文化 |
| 郑宝华 | 1964.8 | 博士 | 所长 | 研究员 | 学术委员 | 农村发展 |
| 郑晓云 | 1961.11 | 本科 | 所长 | 研究员 | 学术委员 | 民族文化、生态环境 |
| 宣 宜 | 1963.1 | 硕士 | — | 研究员 | 学术委员 | 社区发展 |
| 郭家骥 | 1955.7 | 本科 | — | 研究员 | 学术委员 | 民族发展、民族关系、民族文化 |
| 黄小军 | 1964.5 | 博士 | 所长 | 研究员 | 学术委员 | 党建 |
| 康云海 | 1963.7 | 博士 | — | 研究员 | 学术委员 | 农村经济、宏观经济 |
| 萧霁虹 | 1963.12 | 本科 | 所长 | 研究员 | 学术委员 | 宗教历史与现状 |
| 董 棣 | 1960.6 | 学士 | 所长 | 研究员 | 学术委员 | 农业经济 |
| 樊 坚 | 1962.5 | 硕士 | 所长 | 研究员 | 学术委员 | 社会学、社会管理 |
| 贺圣达 | 1948.3 | 博士 | — | 研究员 | 荣誉委员、博导 | 东南亚研究、东南亚历史文化等 |
| 杨思灵 | 1977.10 | 硕士 | 副所长 | 研究员 | — | 南亚国际关系 |
| 赵 群 | 1967.1 | 硕士 | 副所长 | 研究员 | — | 发展学 |
| 向跃平 | 1961.4 | 硕士 | — | 研究员 | — | 农村社会学 |
| 张体伟 | 1973.2 | 硕士 | 副所长 | 研究员 | — | 经济学 |
| 姚天祥 | 1961.2 | 学士 | — | 研究员 | — | 生态哲学 |
| 谢青松 | 1979.9 | 博士 | 所长 | 研究员 | — | 伦理学 |
| 唐嘉荣 | 1961.10 | 学士 | — | 研究员 | — | 文化学 |
| 蒋文中 | 1962.8 | 学士 | — | 研究员 | — | 云南地方史及民族文化 |
| 江 燕 | 1969.11 | 学士 | — | 研究员 | — | 文献整理研究 |
| 石高峰 | 1963.5 | 学士 | 所长 | 研究员 | — | 文学 |

续表

| 姓名 | 出生年月 | 学历/学位 | 职位 | 职称 | 主要学术兼职 | 研究方向 |
|---|---|---|---|---|---|---|
| 李　旭 | 1961.9 | 硕士 | — | 研究员 | — | 文化 |
| 李永祥 | 1964.9 | 博士 | — | 研究员 | — | 灾害人类学 |
| 古文凤 | 1963.10 | 学士 | 副所长 | 研究员 | — | 民族学 |
| 董建中 | 1954.9 | 学士 | — | 研究员 | — | 白族研究 |
| 张惠君 | 1962.9 | 学士 | — | 研究员 | — | 经济学、民族学、改革问题 |
| 黄贵权 | 1967.9 | 学士 | — | 研究员 | — | 瑶族研究 |
| 薛金玲 | 1964.1 | 学士 | — | 研究员 | — | 民族学、影视人类学、社会性别 |
| 宋　媛 | 1972.6 | 硕士 | — | 研究员 | — | 农村经济、就业与社会保障 |
| 穆文春 | 1965.1 | 学士 | 副所长 | 研究员 | — | 民族经济、环境资源经济 |
| 宋　立 | 1962.12 | 学士 | — | 研究员 | — | 产业经济 |
| 孙　瑞 | 1968.9 | 学士 | — | 研究员 | — | 民族文化、生态文化 |
| 肖耀辉 | 1967.6 | 学士 | — | 研究员 | — | 宗教理论、基督宗教 |
| 俞亚克 | 1957.1 | 本科 | — | 研究员 | — | 编辑 |
| 毕先弟 | 1969.2 | 大本 | — | 研究馆员 | — | 馆藏文献 |
| 杨　晶 | 1970.5 | 大本 | — | 研究员 | — | 社会学 |
| 梁　川 | 1966.1 | 研究生 | 副所长 | 研究员 | — | 国际问题研究 |
| 田　青 | 1969.9 | 大本 | 主任 | 研究馆员 | — | 馆藏文献 |
| 林安云 | 1973.7 | 大本 | 主任 | 研究馆员 | — | 馆藏文献 |
| 李汶娟 | 1981.11 | 大本 | 主任 | 研究员 | — | 民族艺术 |
| 康春华 | 1977.3 | 研究生 | 副所长 | 研究员 | — | 中国历史 |

## 二、云南省社会科学院2015年度晋升正高级专业技术职务人员

| 姓名 | 出生年月 | 学历/学位 | 职位 | 职称 | 主要学术兼职 | 研究方向 |
|---|---|---|---|---|---|---|
| 吕素芬 | 1968.1 | 大本 | — | 研究员 | — | 农村经济 |
| 吴　莹 | 1978.4 | 研究生 | 副所长 | 研究员 | — | 马列社科、党建 |
| 刘　婷 | 1978.8 | 研究生 | — | 研究员 | — | 民族文化 |
| 刘　军 | 1963.10 | 研究生 | — | 研究员 | — | 民族问题研究 |
| 刘　欣 | 1968.9 | 研究生 | 副所长 | 研究员 | — | 宋史、云南地方史 |

续表

| 姓名 | 出生年月 | 学历/学位 | 职位 | 职称 | 主要学术兼职 | 研究方向 |
|---|---|---|---|---|---|---|
| 崔江红 | 1980.12 | 研究生 | — | 研究员 | — | 农村发展 |
| 尹 仑 | 1974.9 | 研究生 | — | 研究员 | — | 生态人类学 |
| 王 俊 | 1977.9 | 研究生 | — | 研究员 | — | 散居民族 |

## 第七节 2015年大事记

**一月**

1月5日,李涛书记、任佳院长、杨正权副院长带领院安全检查组对全院安全工作进行拉网式检查督查,以现场办公形式指导安全工作和解决安全问题。

1月23日,根据省委通知要求,全体院领导参加全省领导干部大会,认真聆听了省委书记李纪恒同志、省委副书记、省长陈豪同志学习宣传贯彻习近平总书记在云南考察工作时的重要讲话精神的指示。

1月27日,根据李涛书记批示要求,组织召开所处长会议,杨福泉副院长全文传达了习近平总书记在云南考察工作时的重要讲话,以及李纪恒书记、陈豪省长的重要讲话和省委通知精神。

1月29日,云南省社会科学院召开党组中心组理论学习会,集中学习传达讨论习近平总书记考察云南重要讲话精神,并就"围绕以习近平考察云南重要讲话精神为指导,推动云南新型智库建设,为云南经济社会发展献言献策"展开热烈讨论。

**二月**

2月10日,慰问离退休职工座谈会在离退处会议室召开。院党组书记李涛,党组副书记、院长任佳,副院长边明社,院党组成员、副院长王文成,院机关处室主要领导以及90多位离退休职工参加了座谈会。

**三月**

3月4日,开远市包旭市长、开远市经开区管委会主任金鑫、市发改局王新书记一行到访云南省社科院,与院党组书记李涛、南亚所所长陈利君、办公室副主任常飞、社会学所助理研究员郑继承就《开远市国民经济和社会发展第十三个五年规划纲要》的编制举行座谈。

3月5日,省委宣讲团成员、省社科院院长、研究员任佳到保山作了题为"主动服务和融入'一带一路'战略,建设面向南亚东南亚辐射中心"的报告。

3月10日,召开2015年工作会议,全面总结2014年工作成绩,部署2015年各项工作。

3月11—17日,院党组书记李涛研究员带队,与文山州政府研究室联合课题组一行10人组成调研组,前往百色、南宁、柳州、东兴、凭祥等地开展调研。

3月24日,孟加拉国学者赴云南省社会科学院访问参加研究班开班仪式。

3月30日,《云南大百科全书·历史卷》(上、下)定稿送审会在云南省社科院举行。

3月31日,中国共产党云南省第九届委员会第十次全体会议在昆明举行。中共云南省委委员、院党组副书记、院长任佳同志出席会议,院党组书记李涛同志列席了会议。

## 四月

4月18—19日，杨福泉副院长应邀参加了在西南民族大学举办的第八届中国民族研究西南论坛。

4月22—24日，院党组成员、副院长王文成研究员与人事处工作人员一行到大理州弥渡县看望云南省社科院下派挂职的科研处副处长马骥同志，并就基层文化事业和人才队伍建设情况进行调研。

## 五月

4月28日—5月8日，任佳院长一行出访美国智库机构马萨诸塞大学波士顿分校政策与全球研究学院、纽约新学派大学印中研究所和佐治亚州立大学中国研究中心。

5月7日上午，怒江州领导干部"十三五"规划专题知识讲座第一期在六库开讲。讲座特邀副院长杨正权教授作了题为"怒江州'十三五'规划战略构想"的专题讲座。

5月20日，省委书记李纪恒率省委副书记钟勉，省委常委、常务副省长李江，省委常委、省委宣传部长赵金一行来到云南省社科院，就建设新型智库，发挥社会科学院作用，如何为云南省建设面向南亚东南亚辐射中心出谋献策等方面展开调研并作出重要指示。

5月26日，杨正权副院长一行2人受院党组委托，赴中国（海南）改革发展研究院进行专题调研。

5月29日，李涛书记应邀出席中国社会科学院中国边疆研究所主办的中国边疆智库合作发展座谈会，并在会上作了题为"当好全省新型智库建设的领头羊，更好地服务面向南亚东南亚辐射中心建设"的主旨发言。

## 六月

6月12日，云南省社科院参与承办的第三届中国—南亚智库论坛在昆明隆重开幕。

6月13日上午，云南省南亚东南亚研究院召开"孟中印缅民间交流与合作国际研讨会"，杨福泉副院长在会议上致辞。

6月15日，院党组书记李涛一行访问上海社会科学院。

6月22—24日，杨正权副院长出席云南省第二届州（市）社科院所长联席会议并讲话。

6月24日，纪念中泰建交40周年学术研讨会在云南省社科院举办。

6月27—30日，院党组李涛书记、副院长边明社带第三批领导干部赴宁蒗县拉伯乡托甸村开展"挂包帮""转走访"回访工作。

6月28日—7月1日，任佳院长一行到临沧市就临沧边境经济合作区建设和沿边开放情况、缅甸局势与中缅关系等问题进行调研。

## 七月

7月8日，院党组成员、副院长杨正权一行6人赴云南省社会科学院迪庆分院（迪庆藏学研究院）开展调研，与迪庆研究院工作人员进行了座谈。

7月10—11日，李涛书记出席第十八届全国社会科学院院长联席会议。

7月12日，结合"两学一做"学习教育计划及深入开展离退休干部发挥正能量活动方案，离退休管理处邀请院党组成员、副院长王文成同志以"不忘初心，继续前进，在新的历史条件下做好一名合格党员"为主题，为院离退休党员讲党课。

7月10—13日，云南省社科院院长任佳研究员一行应邀出席第二届跨喜马拉雅发展论坛。

7月15日，李涛书记到院保山分院调研。

7月21日，杨正权副院长与昆明理工

大学管经学院领导洽谈"院校合作"。

7月30日，李涛书记一行参加首届云南省州（市）社科院（所）长联席会议。

7月31日上午，副院长王文成、副院长杨正权及学者参加文山州旅游文化产业发展座谈会并发言。

## 八月

8月11日上午，全国政协常委、国家旅游局原局长、云南省原副省长邵琪伟访问云南省社科院，与云南省社科院学者就云南省的对外开放工作、智库建设等问题进行座谈。

8月18日上午，中共云南省委常委、组织部长刘维佳同志到云南省社科院就"三严三实"和"忠诚干净担当"专题教育情况开展随机调研。

8月28日，云南省社会科学院隆重举行颁发"中国人民抗日战争胜利70周年"纪念章活动仪式，为该院获得"中国人民抗日战争胜利70周年"纪念章的两位老同志颁发纪念章及慰问金。

## 九月

9月3—6日，任佳院长一行到甘肃参加第四届中国沿边九省区新型智库战略联盟高层论坛。

9月11日，为庆祝中越建交65周年，由中华人民共和国驻越南社会主义共和国大使馆和云南省社会科学院联合主办，云南省社会科学院东南亚研究所承办的主题为"区域一体化视角下的中越合作"学术研讨会在云南省社会科学院举行。

9月9—14日，由中共云南省委宣传部、云南省社会科学院、云南智库主办，中共兰坪白族普米族自治县委员会和兰坪白族普米族自治县人民政府承办的"云南智库专家走基层——'聚焦兰坪'活动"在怒江州兰坪白族普米族自治县举办。

9月14—16日，李涛书记带队出席中国—东盟智库战略对话论坛。

9月14—18日，副院长杨正权教授、博士应邀参加2015（第五届）"中国边疆重镇"高峰论坛。

9月17日，云南省社会科学院举办了2015孟中印缅经济走廊与"一带一路"建设国际学术研讨会暨孟加拉国学者培训结业仪式，党组副书记、院长任佳研究员，副院长边明社研究员等为孟加拉国学者颁发结业证书。

9月21日，印度辩喜基金会Gen. NC Vij主任一行4名资深研究人员访问云南省社会科学院，并与云南学者们座谈。

9月28日，中国（昆明）南亚东南亚研究院挂牌成立。中共云南省委书记、省人大常委会主任李纪恒，中共云南省委副书记、省人民政府省长陈豪，中共云南省委常委、省委宣传部部长赵金，省人民政府副省长高峰等领导出席了会议。李纪恒书记在中国（昆明）南亚东南亚研究院成立大会上发表了题为"建好中国（昆明）南亚东南亚研究院以更大历史担当服务党和政府工作大局"的重要讲话。

## 十月

10月13—15日，李涛书记携干部职工39人赴对口扶贫挂钩点宁蒗县拉伯乡托甸村委会布落、三江口、黑尔甸等9个村小组遍访贫困村、贫困户。

10月16日，云南省社科院召开"挖掘历史文化资源，服务社会主义文化建设"暨"云南历史文化遗址（遗迹）保护与开发"专题座谈会。

10月28日—11月5日，由云南省社会科学院、中国（昆明）南亚东南亚研究院党组书记李涛研究员带队的一行4人调研组赴缅甸开展课题调研及系列学术活动。

## 十一月

11月6—7日，杨正权副院长率云南省社科院学者赴京参加"丝路论坛：一带一路与共同体建设"会议。

11月9日上午，院党组李涛书记主持召开党组会议，认真传达学习党的十八届五中全会精神。

11月12日下午，召开云南省社会科学院、中国（昆明）南亚东南亚研究院第五轮全员竞聘动员大会。

11月24日上午，斯里兰卡媒体大型代表团约20人访问云南省社会科学院。

11月27日上午，印度驻广州总领事唐施恩（Sailas Thangal）先生一行访问云南省社会科学院。

## 十二月

12月3日，作为云南省第九届社科学术年会专场之一的"云南多样性农业理论与实践"学术活动在云南省社科院举行。

12月10—12日，由中国社会科学院世界宗教研究所和云南省社会科学院宗教研究所联合主办的首届宗教与民族高端论坛在云南瑞丽举办。

12月12日，院党组书记李涛率队参加第一届湖湘智库论坛。

12月17日下午，"云南省社会科学院建院三十五周年暨云南新型智库建设座谈会"在云南省社会科学院召开。

# 西藏自治区社会科学院

## 第一节 历史沿革

1978年6月，中共西藏自治区委员会决定筹建西藏自治区社会科学院（以下简称西藏社科院）。1980年1月6日，中共西藏自治区委员会正式批转了西藏社科院筹备小组"关于筹建西藏自治区社会科学院的报告"，原则同意筹建西藏社科院。1981年7月21日，经中共西藏自治区委员会批准，成立中共西藏社科院（筹）委员会。1983年5月，中共西藏自治区委员会任命拉巴平措为西藏社科院（筹）院长。经过7年筹备，1985年8月5日，西藏社科院正式成立（属财政全额拨款的事业单位），成为我国第一个综合性藏学研究机构和西藏自治区第一个综合性哲学社会科学研究机构。2011年5月26日，西藏自治区哲学社会科学界联合会（以下简称西藏社科联）正式挂牌（属参公的学术性社会团体），与自治区社会科学院"一套人马，两块牌子"。2012年6月28日，西藏自治区哲学社会科学界第一次代表大会召开。

### 一、领导

1. 西藏社科院筹备组

筹备组党支部书记：加措（1978年6月—1981年7月）

筹备组组长：多杰才旦（1978年6月—1981年7月）

2. 中共西藏社科院（筹）党委

书记：（1981年7月—1983年8月空缺）

尤其翰（1983年8月—1985年1月）

拉巴平措（1985年1月—1985年8月）

院长：多杰才旦（兼）（1981年7月—1983年5月）

拉巴平措（兼）（1983年5月—1985年8月）

顾问：霍康·索朗边巴（1983年9月—1985年8月）

波米·强巴洛珠（1983年9月—1985年8月）

3. 西藏社科院正式成立以来

书记：拉巴平措（1985年8月—1992年12月）

卢秀璋（1992年12月—1995年10月）

（1995年10月—1998年7月空缺）

格桑坚村（1998年7月—2000年9月）

沈开运（2000年10月—2006年9月）

孙勇（2006年9月—2012年12月）

车明怀（2012年12月—  ）

名誉院长：东嘎·洛桑赤来（1985年8月—1992年12月）

院长：拉巴平措（1985年8月—1988年12月）

平措次仁（1992年8月—1997年12月）

（1997年12月—1998年5月空缺）

格桑坚村（1998年5月—1998年7月）

次旺俊美（1998年7月—2006年10月）

（2006年10月—2008年1月空缺）

白玛朗杰（2008年1月—  ）

顾问：霍康·索朗边巴（1985年8月—1992年12月）

波米·强巴洛珠（1985年8月—1992

年12月）

恰白·次旦平措（1986年12月—1992年12月）

陈家琎（1986年12月—1992年12月）

1992年12月，西藏自治区党委、政府对西藏自治区社会科学院进行换届调整，不再设名誉院长和顾问。

4. 西藏社科联

名誉主席：董云虎（2012年6月—2015年8月）

白玛朗杰（2012年6月— ）

主席：王学阳（2011年1月—2013年6月）

（2013年6月—2014年3月空缺）

索林（2014年4月— ）

二、发展

西藏社科院（联）成立以来，始终高举中国特色社会主义伟大旗帜，以马克思列宁主义、毛泽东思想和中国特色社会主义理论为指导，坚决按照中央和区党委政府关于繁荣发展哲学社会科学的要求，认真履行哲学社会科学和藏学工作的各项职责，坚持正确的科研方向，牢牢把握正确的学术导向，围绕区党委、政府中心工作，服务西藏发展稳定大局，艰苦创业、积极探索、潜心科研、砥砺前行，积极发挥"思想库、参谋部"的作用，形成了现实与传统并举、基础与应用同步、理论与咨询相结合的学科架构，为建设有中国特色、西藏特点的新型智库奠定了良好基础。

西藏社科院（联）始终坚持哲学社会科学和藏学研究紧跟党中央、西藏自治区党委的部署，坚持科学理论的武装，坚持与西藏的实际相结合，涌现出一批批优秀成果。建院30年来，共完成学术专著200余部、编著300余部、译著160余部；在全国各类学术期刊上发表学术论文4000余篇，研究报告500余篇，承担国家社科基金项目42项。一批专著和论文获得"五个一"工程奖、国家图书奖、藏学研究珠峰奖；一批重大成果得到了中央领导和自治区党委、政府领导的重要批示，为西藏各项事业的发展进步提供学术诠释和理论总结。《西藏简明通史·松石宝串》《藏事汉文文献丛书》《透视达赖》（藏汉版）《西藏地方与中央政府关系史》等成为藏学工作者和爱好者的必读书目。收集整理藏文文献书籍200部、数千万字，其中不少属于珍本、孤本、善本和极为罕见的手抄本。整理出版《朗氏家族史》等75种50万印册。收集整理汉文藏学文献典章文牍、金石文字、实录方略等200余种。藏学研究事业的发展取得了突破性进展。在世界上最长史诗《格萨尔》的抢救、整理和保护上，先后录制艺人说唱本百余部，整理60多部，收集旧版本、手抄本74部。《〈格萨尔〉艺人桑珠说唱本》丛书共计45部48册，目前整理出版43册，并启动该丛书的藏译汉工程。在民族文化和历史方面，先后完成《历代噶玛巴传》《吐蕃十赞普》《吐蕃碑铭校注》《历史造就的统一体》（藏汉），特别是《西藏百年史研究》《西藏百年史史料选辑》《水牛年（乾隆五十八年）西藏噶厦商上所收公文译辑》等一大批重要专（译、编）著，其中《西藏百年史研究》被中国社科院科研局"西部项目办"鉴定为优秀。在藏语言文学方面，先后完成《诗学概论》《藏族声韵学概论》等十余部著述。在宗教研究方面，完成《苯教文化大词典》《哲蚌寺志》《拉萨市辖寺庙简志》等20余部著述。贝叶经研究保护工作也取得突破性进展。经过6年多的努力，全面开展了西藏自治区区内贝叶经写本的保护、收集、整理、编目和影印工作，基本摸清西藏贝叶经写本现状，并制定了保护章程，编写《西藏自治区珍藏贝叶经总目录》《西藏自治区珍藏贝叶经影印大全》，在此工作基础上成立全国首家贝叶经研究所，出版全国首家专门的贝叶经研究杂志《西藏贝叶经研究》（藏、汉文版）。西藏社科院主办的学术刊物《西藏研究》（汉文版）自

1981年创刊以来，连续获得"全国百家重点社科期刊"称号和"国家期刊奖"、"双高奖"（高知名度、高学术水平）、"新中国60年有影响力的期刊"等多项国家最高殊荣，入选中国人民大学复印报刊资料重要转载来源期刊。

同时，西藏社科院（联）坚持开放办院（联）的方针，不断加强与各民族的学术交往交流，积极致力于赢得国际藏学学术话语权。以强化部门联合为切入点，通过为区直单位，全区市、地、县各级政府和企业提供决策咨询，加强不同单位、不同部门的合作攻关。以推进协同联合为突破口，大力加强社科研究机构之间的交流与合作，不断拓展开放办院的形式和内涵，密切与区内外社会科学研究机构和高校的联系和交流，同时加强与世界知名藏学研究机构和藏学家的交流合作，与全球20多个国家和地区的学术机构建有图书交换关系，并与哈佛大学、弗吉尼亚大学、华盛顿大学、牛津大学、剑桥大学、柏林高级研究院、奥地利科学院等国外一些著名大学、科研机构合作进行学术研究。30年来，西藏社科院（联）专家学者二百多人次出国访问、讲学、学习，参加各种国际藏学学术会议。在第六届至第十三届国际藏学会和其他各种国际大型学术会议上，收录西藏社科院的专家学者提交的近百篇学术论文。30年来，西藏社会科学院（联）举办和参与举办全国性、国际性的大、中型学术会议以及有关西藏历史、语言、文学、民族、宗教、哲学等单学科或多学科的学术讨论会50多次。

### 三、机构设置

西藏社科院自筹建到正式成立以来，各研究部门历经数次改革、合并、撤建的过程。筹建之初，设有院办公室、科研规划处、民族历史研究所、宗教哲学研究所、语言文学研究所、藏学研究资料中心等6个部门。1985年西藏社科院正式成立时，设有院办公室、政治部、行政处、科研组织处、《西藏研究》编辑部等12个内设机构。1986年底，西藏自治区社科院机构进行撤销合并，共有办公室、科研管理处2个行政职能部门和资料情报研究所、藏文古籍出版社、《西藏研究》编辑部、民族历史研究所、宗教研究所、语言文学研究所6个科研机构。1996年机构改革后，内设办公室、科研处、政工人事处3个行政职能部门和宗教研究所、民族研究所、当代西藏研究所、农村经济研究所、经济战略研究所、刊物编辑部、文献信息处、藏文古籍出版社等8个科研机构。2001年机构改革仍为1996年机构改革设置。2008年4月，经西藏自治区机构编制委员会（藏机编发〔2008〕11号）研究，同意西藏社科院设立马克思主义理论研究所。2011年5月，经西藏自治区党委组织部研究（藏组复〔2011〕109号）同意社科院（社科联）领导班子成员和办公室、政工人事处、科研管理处、联络协调处、学术工作处参照《中华人民共和国公务员法》管理。2013年8月，经西藏自治区机构编制委员会（藏机编发〔2013〕49号）研究，同意设立贝叶经研究所。2015年8月31日，经西藏自治区机构编制委员会（藏机编发〔2015〕49号）批准，成立自治区南亚研究所。截至2015年底，西藏社科院内设机构共16个，即院办公室、政工人事处、科研管理处和社科联联络协调处、学术工作处5个职能部门，马克思主义理论研究所、民族研究所、宗教研究所、农村经济研究所、当代西藏研究所、经济战略研究所、贝叶经研究所、南亚研究所8个科学研究所，西藏藏文古籍出版社、院刊编辑部、文献信息管理处（图书馆）3个科研辅助部门。此外还赋予了西藏社科院"西藏藏学研究中心"、"西藏经济社会发展研究中心"、"西藏《格萨尔》研究中心"、自治区藏文古籍工作领导小组办公室、《格萨尔》抢救办公室、六省区市藏文古籍工作协作领导小组办公室的职能。

## 四、人才建设

1985年西藏社科院正式成立时，全院共有干部职工162人，其中科研和科研辅助人员90人，党员45名。经过30年的不断变革发展，特别是西藏社科联2011年挂牌后，截至2015年底，西藏社科院（联）核定编制156名。全院共有干部职工119名，其中专业技术人员72名（高级专业技术人员36名，中级专业技术人员22名，初级以下专业技术人员14名），藏族50人，汉族19人，彝、瑶、畲等其他少数民族3人；博士4人，硕士44人，大学22人，大学以下2人；女研究人员21人；院特聘研究员、特邀研究员18名；享受国务院政府特殊津贴专家9名、国家有突出贡献中青年专家2名、"国家万人计划"哲学社会科学领军人才1名、国家"文化名家"暨"四个一批"人才1名、中宣部"五个一批"人才7名、西藏自治区宣传文化系统"四个一批"人才8名、西藏自治区学术和技术带头人5名；自治区政协委员4名。管理岗位人员59人，其中，处级以上干部30人，工勤岗位22人。

自1995年开展对口支援西藏工作以来，中国社会科学院先后选派7批15人次，投入近300万元开展对口支援工作，涉及科研管理、期刊建设、信息化建设、学科发展等多个部门。中组部博士团先后选派3名博士支援西藏社科院学科建设。西藏社科院专家学者、科研人员先后有百余人次出国访问、讲学、学习，参加各种国际藏学学术会议。西藏社科院先后派出5批5人次到中国社科院挂职锻炼。选派1人到中国社科院进行网络技术培训。

## 第二节 组织机构

### 一、西藏社科院（联）领导及其分工

西藏自治区政协副主席、西藏社科院院长：白玛朗杰

西藏社科院党委书记、副院长，西藏社科联副主席：车明怀

西藏社科院副书记、副院长，西藏社科联主席：索林

西藏社科院党委委员、副院长，西藏社科联副主席：卓玛拉姆（女）

西藏社科院党委委员、副院长，西藏社科联副主席：布东列

西藏社科联副巡视员：吴坚

西藏社科院党委委员、对口受援办主任：徐文华

西藏自治区政协副主席、西藏社科院院长白玛朗杰负责西藏社科院（联）的全面工作；负责（或书面委托副院长）对外重大经济活动、建设项目及合同文本的签署和维护稳定履行法人的责任；负责对院内重大建设项目、大额经费支出、对全院年度和年中经费预算、支出进行审核；履行《西藏研究》编委会主任责任；分管民族研究所、农村经济研究所、贝叶经研究所；对西藏自治区社科院（联）的涉藏外事、外宣工作把关；负责协调院外重大活动；负责检查、督办重大事项的落实。

西藏社科院党委书记、副院长，西藏社科联副主席车明怀履行院党委对西藏社科院（联）工作的领导责任；把握科研工作和社科联活动的政治原则和方向、履行第一责任人的义务；主管政工人事处；主管西藏社科院外事工作，对涉外工作及人员选派、政治要求、非政府组织活动把关；分管科研管理处（侧重科研项目的审定、科研成果的审核和结项审批）、经济战略研究所、当代西藏研究所、宗教研究所；负责筹备成立南亚研究所、法学研究所工作；负责主编《要情》和地方志，对外接重大课题终审把关；主持西藏自治区社会科学院学术委员会和全区社科系列高级职称的评审工作；协调与中国社会科学院、中国藏学研究中心

（包括援藏、博士服务团）的重大合作事项；负责对全院年度和年中经费预算、支出进行审核；对院内建设布局进行审定。

西藏社科院副书记、副院长，西藏社科联主席索林负责西藏社科联的全面工作，负责协调、联系全区社会科学单位及学会、协会、研究会等；掌握全区哲学社会科学学术动态、政治方向；负责整合全区哲学社会科学资源并组织重要学术活动；协助白玛朗杰同志处理院（联）日常工作；受西藏社科院法人白玛朗杰同志书面委托履行重大经济活动、重大经济建设项目法人的签字责任，受党委书记车明怀委托召开院党委会研究有关事项；党委书记有重大事项外出或不在岗时，履行第一责任人的义务；协助白玛朗杰分管科研经费的申请、管理、日常开支和报销审签；分管马克思主义理论研究所、刊物编辑部、学术工作处、协调联络处工作；负责筹备成立宣传普及处、学会管理处工作。

西藏社科院党委委员、副院长，西藏社科联副主席卓玛拉姆（女）协助索林同志主持西藏社科联的日常工作，协助院长分管办公室；协助党委书记分管政工人事处；分管藏文古籍社；协助院长分管院行政经费的申请、管理、日常开支和报销审签。

西藏社科院党委委员、副院长，西藏社科联副主席布东列分管文献信息管理处，负责现代化办公建设及现代信息化建设，负责西藏社科院门户网站建设、栏目编辑和学术导向、政治把关工作；负责纪检监察和离退休老干部职工工作。

西藏社科联副巡视员吴坚负责办公室的文秘、文电和重大文稿的起草工作；负责院机关党委、工青妇工作、创建平安单位工作；负责综合治理、安全保卫工作；负责定点扶贫和强基惠民工作。

西藏社科院党委委员、对口受援办主任徐文华负责对口援助工作。

## 二、西藏社科院（联）职能部门

西藏社科院办公室
主任：多布杰
副主任：刘金、王彦杰
西藏社科院科研管理处
处长：保罗
副处长：蓝国华
西藏社科院政工人事处（机关党委）
处长：结昂
副处长：（空缺）
机关党委书记：文伟
西藏社科联联络协调处
处长：（空缺）
副处长：仁嘉
西藏社科联学术工作处
处长：措姆（女）
副处长：周建文

## 三、西藏社科院（联）科研机构

马克思主义理论研究所
所长：王春焕（女）
副所长：郭克范
当代西藏研究所
所长：孙伶伶（女）
副所长：边巴拉姆（女）
经济战略研究所
所长：王代远
副所长：何纲
农村经济研究所
所长：多庆
副所长：达瓦次仁
民族研究所
所长：次仁平措
副所长：班觉
宗教研究所
所长：（空缺）
副所长：布穷
贝叶经研究所
所长：（空缺）

副所长：（空缺）
负责人：索朗曲杰
南亚研究所
所长：（空缺）
副所长（空缺）

## 四、西藏社科院科研辅助部门

院刊编辑部
主任：仓决（女）
副主任：米玛次仁、刘红娟（女）
藏文古籍出版社
社长：（空缺）
副社长：索朗次旦、普琼旺堆
文献信息管理处
处长：杜新年
副处长：格桑平措

## 第三节 年度工作概况

2015年，西藏社科院（联）认真贯彻落实党的十八届三中、四中、五中全会、中央第六次西藏工作座谈会精神以及区党委八届六次、七次全委会精神，以习近平总书记"治国必治边、治边先稳藏"重要战略思想和"依法治藏、富民兴藏、长期建藏、凝聚人心、夯实基础"重要原则为统领，紧紧围绕区党委中心工作和年初既定的目标任务，结合推动中国特色社会主义新型智库建设，创新工作思路，深化内部改革，完善工作机制，提高工作质量，各项工作稳步有序推进，圆满完成了全年各项工作任务。

一、立足于西藏工作大局，紧紧围绕区党委政府的工作部署，发挥智库服务西藏发展和稳定中心工作的作用

始终坚持党对哲学社会科学和藏学工作的领导，坚持正确的科研方向，坚决同以习近平为总书记的党中央保持高度一致，坚决听从区党委的指挥和安排，重大政治原则和重大方向性问题及时向区党委汇报，把党中央、区党委的有关精神转化为西藏社科院的科研成果，服务于党的中心工作和党的事业。一年来，高度关注和研究西藏发展和稳定中具有全局性的重大问题；关注和研究西藏自治区经济建设、政治建设、文化建设、社会建设以及生态文明建设中的理论与实践问题；关注和研究经济社会发展中亟待解决的热点、难点问题等。先后编发《要情》25期，得到中央和自治区领导的重视和关注。科研工作紧紧服务于中心工作，许多科研人员参与到自治区的有关重大课题之中。特别是中央第六次西藏工作座谈会之后，及时召开哲学社会科学界贯彻落实中央第六次西藏工作座谈会精神的研讨会，围绕"四个坚定不移""四个确保""四个坚持""六个必须"和"五大重要原则"进行了深入的学习研讨交流，并在2016年度全院科研课题指南中进行了安排布置。

围绕西藏发展稳定的相关内容，积极开展国家社科基金课题的申报，加大管理力度，使国家社科基金课题的导向为党和国家的大政方针、为西藏自治区发展与稳定服务。共申报国家社科基金项目5项，《藏传因明学理论及其功能研究》（一般项目）、《依法治国视野下藏区宗教管理法治化研究》（一般项目）、《援藏工作经济社会效益评价与工作机制创新研究》（西部项目）、《〈亲友书〉梵、藏、汉文校勘译注》（西部项目）4项成功立项，立项率达80%；申报自治区专项资金课题2项，《基于产业链的西藏文化资源开发策略研究》（一般项目、研究报告）成功立项。

接续国家社科基金重大委托课题《〈拉喇嘛益希沃传〉翻译与研究》（西部项目）经专家审核，鉴定等级为良好，顺利结项；国家社科基金委托，由车明怀书记主持的《21世纪初中国少数民族地区经济社会发展综合调查之那曲调查》田野调查和资料整理正有序开展。

## 二、立足西藏特点，为全区有关部门、市县发展，提供哲学社会科学的智力支持

为党委政府提供理论支撑，为西藏自治区经济社会提供智力支持，是社科研究服务社会的具体体现。2015年，承接区内有关单位和地市县委托课题23项，其中，《西藏自治区各寺院活佛转世现状调研工作》（区党委统战部）、《西藏自治区志·西藏妇女志》（区妇联）、《〈2015年拉萨法治发展报告〉蓝皮书》（拉萨市政法委）等3项已进入验收阶段。《外国人眼中的西藏》（区党委宣传部）、《拉萨市"四业工程"理论与实践研究》（拉萨市委市政府）、《魅力后藏系列丛书》（日喀则市文化局）、《幸福拉萨：拉萨历史文化经典丛书》（拉萨市委、市政府）、《西藏高海拔草地畜牧业防抗灾体系建设研究》（区科技厅）、《阿里地区农牧业发展模式研究》（阿里地区行署）、《西藏全面建设小康社会研究》（区发改委）和拉萨市城关区、堆龙德庆县、达孜县、尼木县、林芝县、朗县、丁青县、班戈县、昌都市财政局、阿里、噶尔县、申扎县、革吉县等20项地市县"十三五"时期国民经济和社会发展规划正处于调研和资料汇总阶段。

## 三、积极推动院级各类课题研究，发挥科研人员对社会的智力支持作用

2015年度，西藏社科院共立项院级课题21项，分别为院级重大课题1项、重点课题2项、精品课题7项、一般课题7项、青年课题4项。其中，《西藏反分裂战略体系建设研究》《强化西藏旅游的文化和生态内涵，提升旅游可持续发展能力》《保护与限制：明代藏传佛教政策研究》3项研究报告，《苯教的教义教规和祭祀仪轨研究》1项专著，《〈西藏研究〉（汉文版）创刊至2014年目录及内容摘要汇编》《〈西藏研究〉（藏文版）创刊至2014年目录及内容摘要汇编》《〈东方杂志〉藏学文献整理研究（1904年—1913年）》3项编著，《因明学中的辩证思维研究》《从江察·拉温的身份看吐蕃与南诏的关系》《西藏文化经济体系梳理及产业链开发策略》《西藏生态产品供给机制研究》4篇论文共11项已如期结项。

《中国特色社会主义理论学习宣传读本》（适用于基层农牧区，藏汉对照）1项编著，《西藏加强和促进民族团结法治化研究》1项专著，《西藏夏尔巴人族群归属问题调查与研究》《多罗那他与哲布尊丹巴关系研究》《西藏旅游业竞争力现状分析与对策探讨》《依法治藏进程中西藏乡村社会治理研究》《西藏陶制品现实问题调研报告》5项研究报告和《论藏传佛教对新中国成立所做的贡献》《贝叶经翻译译场研究》2篇论文正在撰写过程中。传统研究及自治区重点文化工程《格萨尔》藏译汉项目进展顺利，年内完成了首批5部译、润、统稿工作。

## 四、注重理论成果编辑出版，做好社科藏学研究成果的社会转化

白玛朗杰同志任总主编、仲布·次仁多杰负责编写的国家社科基金重大项目《西藏百年史研究》（上、中、下册）历时8年的艰苦努力，于2015年10月经中国社科院社科文献出版社出版，填补了西藏社科院长期没有自主编写大型史书的空白，对广大干部群众了解西藏近百年史将发挥重要的作用；自治区政府授权的《西藏蓝皮书——中国西藏发展报告（2015）》《中国西藏新农村建设绿皮书（2015）》正在编辑，即将出版；《自治区社科联首届学术年会论文集》《西藏社科院优秀科研成果选集·2014》《江孜抗英论文集》和《江孜抗英采访录》正在筹划出版；《梵、藏、汉、英常用对照词典》处于编辑校对出版阶段；院庆系列丛书《理论、实践、思索》《中华民族历史背景下的藏事论衡》

《学习、思考、实践》《读西藏》《筑牢共同思想基础纵横谈》《耕耘、思考、求索》《言说西藏的方式》7部书稿已完成编校工作并交付中国社科院出版；有关专家学者的17部论著、编著正在终审，待藏文古籍出版社书号申报到位后出版。

院领导和专家积极撰写理论文章，其中，4月，配合《西藏发展道路的历史选择》白皮书发表，车明怀在《人民日报》发表了专题理论文章《民族区域自治制度是西藏各族人民的福祉所依》；9月，配合《民族区域自治制度在西藏的成功实践》白皮书发表，边巴拉姆在《人民日报》发表了专题文章《从西藏法制建设看民族区域自治制度在西藏的成功实践》。同时，专家学者配合新华社、中新社、中央人民广播电台、《西藏日报》、中国西藏新闻网、西藏电视台等相关采访任务80余人次；参与自治区有关评审、论证工作300余项。

五、加强交流合作，开拓视野，共促发展，增强院（联）开放合作能力

一是积极主办相关会议。4月17日，召开拉萨地区社科界学习国务院《西藏发展的道路选择》白皮书座谈会，院党委书记车明怀多次赴北京参与该书前期编写及统稿工作；6月12日，自治区哲学社会科学界联合会一届二次全委会圆满召开，选举产生了新一任社科联主席，补选了副主席、副秘书长、常务委员和委员；8月7日，西藏自治区哲学社会科学界联合会首届学术年会在拉萨举行，年会以"历史的跨越、伟大的变迁——民族区域自治制度在西藏的成功实践"为主题，围绕民族区域自治制度和党的民族政策的光辉实践、中央特殊关怀和全国无私援助下西藏发生的翻天覆地变化、西藏实施民族区域自治制度走过的光辉历程和社会主义建设取得的巨大成就、旧西藏"政教合一制度"的由来与终结、西藏哲学社会科学和藏学研究的繁荣发展等进行了研讨交流；8月27日，西藏社科院（联）组织召开全区社科理论界学习"中央第六次西藏工作座谈会"精神座谈会。

二是加强与国内兄弟院（联）交流合作。中国社会科学院和宁夏社科院、云南省社科院、重庆社科院、湖南省社科联来西藏社科院访问和调研。院（联）领导和有关专家学者分别参加了内蒙古第十八届全国社会科学院院长联席会、青海第七届西部五省区社科院院长联席会、宁夏第十一届西部社会科学院院长联席会、湖北全国社科联联席会议、广东全国社科联学术年会等相关会议。其中，湖北社科联联席会议期间，索林以"关于西藏智库建设的现状与思考"为题接受了"智库在行动"的独家专访。

三是立足自身全力配合做好外事外宣工作。根据上级相关安排，自治区政协副主席、社科院院长白玛朗杰率团出访尼泊尔、印度；农村经济研究所副所长、研究员达瓦次仁于2015年12月随全国人大西藏代表团出访法国、荷兰、比利时和欧洲议会；民族研究所研究员顿珠拉杰、经济战略研究所助理研究员杨亚波赴尼泊尔参加"中国西藏文化周"，进一步展示和交流西藏社科院（联）社科藏学研究的学术成果。

## 第四节  科研活动

一、人员、机构等基本情况

1. 人员

截至2015年底，西藏社科院（联）共有在职人员119人，其中，正高级职称人员13人，副高级职称人员24人，中级职称人员22名，中高级职称人员占全院在职人员总数的49.6%。

2. 机构

西藏社科院（联）内设16个工作研究机构，其中，行政职能部门5个（院办公室、政工人事处、科研管理处及社科联

学术工作处、联络协调处）；科研所8个（马克思主义理论研究所、民族研究所、宗教研究所、农村经济研究所、当代西藏研究所、经济战略研究所、南亚研究所、贝叶经研究所）；科研辅助部门3个（西藏藏文古籍出版社、《西藏研究》编辑部和文献信息管理处）。同时，西藏社科院（联）对外还承担着3个研究中心和3个协调办公室的挂牌研究工作职能，兼具"西藏藏学研究中心""西藏经济社会发展研究中心""西藏《格萨尔》研究中心"和自治区《格萨尔》抢救办公室、六省区市藏文古籍协作领导小组办公室等职责。

3. 人事变动

2015年1月11日，经西藏自治区党委常委会研究决定，丁勇任自治区党委宣传部副部长，免去其西藏社科院副院长、西藏社科联副主席职务。卓玛拉姆同志任西藏社科院副院长、西藏社科联副主席。

2015年1月11日，经西藏自治区党委组织部部务会研究决定：免去丁勇的西藏社科院（联）党委委员职务。卓玛拉姆任西藏社科院（联）党委委员。

2015年6月24日，区党委组织部部务会研究，同意增补罗布等19名同志为西藏社科联第一届委员会委员；增补陈艳等9名同志为西藏社科联第一届委员会常务委员。增补蓝国华同志为西藏社科联第一届委员会副秘书长。

2015年6月30日，经区党委常委会研究决定，布东列任西藏社科院副院长、西藏社科联副主席。吴坚任西藏社科联副巡视员。免去苟灵的西藏社科联副主席职务，免去段胜前的西藏社科联副主席职务。

2015年6月30日，经区党委组织部部务会研究决定，免去段胜前的西藏社科院（联）党委委员职务。布东列任西藏社科院（联）党委委员。

2015年11月1日，经区党委组织部部务会研究决定，徐文华任西藏社科院党委委员。

二、科研工作

1. 科研成果统计

2015年共完成专著2种，字数80余万字；编著14种，字数300余万字；译著2种，字数40余万字；论文81篇，字数60余万字；研究报告29篇，字数20余万字；一般论文27篇，字数20余万字。

2. 科研课题

（1）新立项课题。2015年，西藏社科院共有新立项课题48项。其中，国家社科基金课题4项；院重大课题1项；院重点课题2项；院精品课题7项；院一般课题7项，院青年课题4项；其他部门与地方委托课题23项。

（2）结项课题。2015年，西藏社科院共有结项课题26项。其中，国家社科基金课题1项；院重大课题1项；院重点课题2项；院精品课题7项；院一般课题7项，院青年课题4项；其他部门与地方委托课题4项。

（3）延续课题。2015年，西藏社科院共有延续在研课题22项。其中，国家社科基金课题4项；其他部门与地方委托课题18项。

3. 获奖优秀科研成果

2015年，车明怀的论文《实现中国梦必须凝聚中华个民族大团结的力量》获得首届西藏自治区哲学社会科学优秀成果奖二等奖；达琼的专著《吐蕃社会官职综述》获得首届西藏自治区哲学社会科学优秀成果奖三等奖。

三、学术交流活动

1. 学术活动

2015年，西藏社科院（联）举行的大型会议有：西藏社科院建院30周年纪念活动；全区哲学社会科学界联合会一届二次全委会；全区哲学社会科学界贯彻落实中央第六次西藏工作座谈会精神研讨会；全区首届哲学社会科学界联合会学术年会；

拉萨地区社科界学习国务院《西藏发展道路的历史选择》白皮书座谈会等。

2. 国际学术交流与合作

（1）学者出访情况

从2014年12月至2015年11月，西藏社科院共派学者2批2人次出访。2015年6月27日，西藏社科院次仁加布研究员赴德国；12月2日至12日，达瓦次仁随全国人大西藏代表团先后访问欧盟总部、比利时、荷兰和法国。

（2）外国学者按照合作协议来访情况

2014年12月至2015年11月，西藏社科院共接待来访学者1批8人次。

四、学术期刊

1.《西藏研究》（双月刊），主编：仓决卓玛

2015年，《西藏研究》共出版6期，共计120万字。该刊全年刊载的有代表性的文章有：《论藏传佛教活佛转世制度实施中的中央权威性》《西藏社科院哲学社会科学和藏学事业发展的历史回顾与经验总结——写在西藏自治区社会科学院建院30年之际》《刘朴忱驻藏经过及刘公亭的遭遇》《藏族"说事"与刑事和解：一个法文化本相的比较》《试论藏传佛教在甘肃地区的传播》《中国现代藏学的确立与发展——写在西藏社会科学院成立30周年之际》《唐蕃清水会盟在敦煌石窟中的历史遗迹——瓜州榆林窟第25窟功德主新解》《西藏产业结构演变：特征、问题与对策》《嘉绒藏族村落社会的宗教文化——以大渡河上游的沈村为例》《近代西藏麝香之路考——兼论印度大三角测量局班智达、日本僧人河口慧海和侵藏英军噶大克考察团在沿路的活动等》《〈大周沙州刺史李无亏墓志〉所记唐朝与吐蕃、突厥战事研究》《树立正确民族观与民族区域自治制度在西藏的成功实践研究》《从"因俗而治"到"民族区域自治"——兼论西藏实行民族区域自治的历史由来》《和合共生——元代帝师与汉地佛教的关系》《甘丹颇章政权时期藏文历史公文档案用语翻译的若干问题——藏文历史公文档案系列研究之三》《唐宋时期河湟地区城镇体系的演变》《1949年西藏所谓"驱汉事件"性质探析》《西夏文藏传佛经〈本续〉中的古代印藏地名及相关问题》《探寻岭·格萨尔及其诸将相城堡遗址》。

2.《西藏研究》（藏文版，季刊），主编：米玛次仁

2015年，《西藏研究》共出版4期，共计6万字。该刊全年刊载的有代表性的文章有：《解读元朝金字使者到古格地区所犯罪行的一份投诉书》《拉萨地区传统节日的特点与功能》《敦煌古藏文禅宗音译文献P.T.128号〈南天竹国菩提达磨禅师观门〉之研究》《论藏文助词与标点符号的关系》《〈格萨尔〉史诗从英雄史诗到佛教化史诗演变过程解析》《试论赤松德赞的量学著作〈正量论〉中的四种逻辑》《从族源探讨夏尔巴人的民族归属问题》《略谈藏族传统画笔制作技艺》《藏族三十九族部落历史文化研究》《古藏文文献中的神幻王贡则考究》《法藏敦煌文献古藏文契约文书PT.1094初探》。

3.《要情》（半月刊），主编：车明怀

2015年，《要情》共出版25期，共计20万字。该刊全年刊载的有代表性的文章有：《民国藏事乱局留给后人的启示》《西藏民族文化发展中值得重视的几个问题》《争取主动，扎实工作坚决打赢藏东"三岩"片区扶贫开发攻坚战》《南亚研究要关注"三隅"这片壮丽的山河，为后代子孙恢复"麦线"南部有效控制提供权属依据》《出租车服务缺陷影响拉萨市公共服务水平的提升》。

4.《贝叶经研究》（季刊），主编：索朗次旦

2015年，《贝叶经研究》共出版4期，

共计8万字。该刊全年刊载的有代表性的文章有：《藏语与佛典》《金光明经研究综述》《藏译佛经翻译译场概论》。

五、会议综述

1. 西藏哲学社会科学界联合会首届学术年会

2015年8月7—8日，由西藏社科联组织的"历史的跨越，伟大的变迁——民族区域自治制度在西藏的成功实践"学术年会在拉萨举行。自治区政协副主席、社科联名誉主席、社科院院长白玛朗杰出席开幕及闭幕会议，自治区社科联主席、社科院党委副书记、副院长索林对年会进行了总结。26位专家围绕民族区域自治制度和党的民族政策的光辉实践、中央的特殊关怀和全国的无私援助下西藏发生的翻天覆地变化、西藏实施民族区域自治制度走过的光辉历程和社会主义建设所取得的巨大成就、旧西藏"政教合一制度"的由来与终结、西藏社科院三十周年走过的道路和取得的成就、西藏哲学社会科学和藏学研究的繁荣发展等内容进行了交流。

2. 学习中央第六次西藏工作座谈会精神学术研讨会

2015年12月17日，西藏社科联以"党的治藏方略与西藏全面建成小康社会"为主题，举办社科理论界学习中央第六次西藏工作座谈会精神学术研讨会。与会专家学者一致认为，中央第六次西藏工作座谈会着眼国内国际两个大局，从战略高度统筹谋划西藏工作、全面部署西藏工作，描绘了西藏发展的美好蓝图，具有里程碑、划时代意义；自治区党委八届七次、八次全委会使宏伟蓝图更为清晰具体，吹响了西藏在新的历史起点上夺取全面建成小康社会伟大胜利的冲锋号，对开创经济社会长足发展和长治久安新局面意义重大。与会专家学者主要围绕以下几个方面展开了深入讨论：一是，关于西藏工作的指导思想、党的治国方略和重要工作原则；二是，关于西藏工作的着眼点、着力点；三是，关于西藏工作的出发点和落脚点；四是，关于西藏特色产业发展；五是，关于南亚大通道建设。此外，专家学者还紧紧围绕中央第六次西藏工作座谈会精神就党的建设和干部人才队伍建设、中央历次西藏工作座谈会的发展历程、对口援藏、老西藏精神、促进藏传佛教与社会主义社会相适应、西藏公共图书馆服务体系、老年人休闲体育等问题进行了广泛探讨。

## 第五节 重点成果

一、2014年以前获省部级以上奖项科研成果*

| 成果名称 | 作者 | 职称 | 成果形式 | 字数（万字） | 出版发表单位 | 出版发表时间 | 获奖情况 |
| --- | --- | --- | --- | --- | --- | --- | --- |
| 西藏通史·松石宝串（上、中、下，藏文） | 恰白·次旦平措等 | 研究员 | 专著 | 80 | 西藏藏文古籍出版社 | 1989.10—1991.3 | 1999年首届国家图书奖 |

---

\* 注：在本节的表格中的"出版发表时间"一栏，年、月使用阿拉伯数字，且"年""月"两字省略（发表期数除外，保留"年"字）。既有年份，又有月份时，"年"用"."代替。如：1995年用"1995"表示，"1989年10月"用"1989.10"表示，"1998年第1期"不变。

续表

| 成果名称 | 作者 | 职称 | 成果形式 | 字数（万字） | 出版发表单位 | 出版发表时间 | 获奖情况 |
|---|---|---|---|---|---|---|---|
| 西藏地方与中央政府关系史 | 车明怀等 | 研究员 | 专著 | 50 | 西藏人民出版社 | 1995 | 1995年全国"五个一工程"优秀图书奖 |
| 透视达赖 | 沈开运等 | 研究员 | 专著 | 40 | 西藏人民出版社 | 1997 | 2001年全国"五个一工程"优秀图书奖 |
| 略论藏族传统文化的继承与演变 | 陶长松 | 研究员 | 论文 | 1 | 《西藏研究》（汉文版） | 1998年第1期 | 1999年全国"五个一工程"优秀论文奖 |
| 瓦协译注本 | 巴桑旺堆 | 研究员 | 专著 | 15 | 奥地利科学院出版社 | 2000 | 2006年首届中国藏学研究珠峰奖英文研究成果类三等奖 |
| 雅拉香布山下的文明 | 次仁加布 | 研究员 | 专著 | 15 | 奥地利科学院出版社 | 2000 | 2006年首届中国藏学研究珠峰奖英文研究成果类 |
| 西藏通史·松石宝串（汉译本） | 格桑益西等 | 研究员 | 译著 | 100 | 西藏藏文古籍出版社 | 1996 | 2006年首届中国藏学研究珠峰奖基础资料成果类一等奖 |
| 西藏通史·松石宝串（上、中、下，藏文） | 恰白·次旦平措等 | 研究员 | 专著 | 80 | 西藏藏文古籍出版社 | 1989.10—1991.3 | 2006年首届中国藏学研究珠峰奖特别奖 |
| 《敦煌本吐蕃历史文书》西藏地名考释 | 米玛次仁 | 研究员 | 专著 | 20 | 西藏藏文古籍出版社 | 2005 | 2010年第二届中国藏学研究珠峰奖藏文研究专著类一等奖 |
| 阿里文明史 | 次仁加布 | 研究员 | 专著 | 15 | 西藏人民出版社 | 2006 | 2010年第二届中国藏学研究珠峰奖藏文研究专著类二等奖 |
| 试解烈山古墓葬群历史之谜 | 巴桑旺堆 | 研究员 | 论文 | 1 | 《西藏研究》（汉文版） | 2006年第3期 | 2010年第二届中国藏学研究珠峰奖汉文学术论文类二等奖 |
| 《韦协》所记载的松赞干布佛教业绩之考 | 巴桑旺堆 | 研究员 | 译文 | 1 | 西藏与喜马拉雅地区研究，荷兰莱登大学出版社 | 2002 | 2010年第二届中国藏学研究珠峰奖英文研究成果类二等奖 |

续表

| 成果名称 | 作者 | 职称 | 成果形式 | 字数（万字） | 出版发表单位 | 出版发表时间 | 获奖情况 |
|---|---|---|---|---|---|---|---|
| 阿里扎达额钦石窟壁画艺术 | 次仁加布 | 研究员 | 论文 | 1 | 西藏人民出版社 | 2011 | 2014年第三届中国藏学研究珠峰奖英文研究成果类二等奖 |
| 如意藤诠注 | 诺章·吴坚 | 研究员 | — | 20 | 西藏人民出版社 | 2011 | 2014年第三届中国藏学研究珠峰奖基础资料成果类二等奖 |

## 二、2015年科研人员发表的有影响的论文

西藏自治区政协副主席、西藏社科院院长白玛朗杰与西藏社科院党委书记、副院长车明怀合作，在《西藏研究》（2015年第4期）发表论文《西藏社科院哲学社会科学和藏学事业发展的历史回顾与经验总结——写在西藏自治区社会科学院建院30周年》。

西藏自治区政协副主席、西藏社科院院长白玛朗杰与西藏社科院马列所研究员王春焕、次仁德吉合作，在《西藏研究》（2015年第1期）发表论文《论藏传佛教活佛转世制度实施中的中央权威性》。

西藏社科院党委书记、副院长车明怀在《中国藏学》（2015年第3期）发表论文《论青藏高原地区文化地理研究中需要坚持的观点》，在《西藏研究》（2015年第6期）发表论文《刘朴忱驻藏经过及刘公亭的遭遇》。

马列所研究员王春焕在《西藏研究》（2015年第3期）发表书评《一部反映党的民族政策在西藏成功实践的力作——评贺新元的〈西藏和平解放以来民族政策西藏实践绩效研究〉》，在《中国社会科学报》（2015年5月15日）发表理论文章《政教合一：西藏封建农奴制度必然覆灭》；在《西藏研究》（2015年第2期）发表论文《邓小平关于处理民族关系三个论述的重大意义》。

马列所副研究员郑丽梅与刘红娟合作，在《西藏研究》（2015年第4期）发表论文《关于在"一带一路"战略实施中帮助尼泊尔人民重建家园的思考》。民族所研究员班觉与仓决卓玛等合作，在《西藏研究》（2015年第6期）发表论文《早期西方传教士在西藏活动综述》。

经战所研究员王代远在《西藏研究》（2015年第5期）发表论文《西藏转变经济发展方式的目标与任务研究》。

经战所副研究员周勇在《西藏研究》（2015年第5期）发表论文《人口因素对西藏经济的影响》，在《河北学刊》（2015年第9期）发表论文《资本属性对产业转移的影响研究》。

农村所副研究员多庆在《西藏研究》（2015年第4期）发表论文《西藏社会保障在反贫困中的作用》。

农村所研究员达瓦次仁专著《藏区生态移民与生产生活转型研究：西藏日喀则市生态移民案例研究报告》由中国社会科学文献出版社于2015年10月出版，在《西藏研究》（2015年第5期）发表论文《关于西藏冬季旅游的一点思考——开发冬季观鸟旅游线路》。

当代所副研究员边巴拉姆在《中国藏

学》（2015年第3期）发表论文《国际视域中民国时期的西藏地方》，在《中央民族大学学报》（2015年第5期）论文《民族区域自治地方立法评析——以50年来西藏自治区立法为例》，在《西藏大学学报》（2014年第4期）发表论文《西藏文化发展的法治保障探析》。

编辑部副研究员格珍在《西藏研究》（2015年第4期）发表论文《浅谈期刊编辑中藏语汉译的标准化和规范化》。

宗教所研究员顿珠拉杰在《藏学学刊》（第9辑）发表论文《从苯教文献看阿里穹隆卡尔董遗址的历史地位》。

宗教所副研究员项智多杰与藏大达娃次仁合著的《恰白·次旦平措年谱》由中国藏学出版社于2014年8月出版。

宗教所助理研究员米玛次仁在《藏学学刊》（第10辑）发表论文《蔡巴万户历史考述——以藏文文献〈贡塘寺志〉为中心的探讨》。

宗教所助理研究员金雷在《西藏研究》（2015年第2期）发表论文《琦善在藏举措对清后期治理西藏的影响》。

民族所研究员次仁平措在《西藏研究》（2015年第2期）发表论文《略论拉萨民族节日文化的特点与功能及其发展趋势》。

民族所副研究员白玛措在《西藏大学学报》（2015年第1期）发表论文《从经济生活变迁到身份定义转换的研究——以西藏那曲嘉黎县为例》。

民族所助理研究员阴海燕在《广西民族研究》（2015年第1期）发表论文《关于新时期民族团结进步创建的理论思考》，在《西藏研究》（2015年第3期）发表论文《中国现代藏学的确立与发展》。

当代所助理研究员方晓玲在《中国藏学》（2014年第4期）发表论文《藏族"廓尔"及相关比较分析》。

## 三、2015年主要科研成果

成果名称：《西藏百年史研究》

作者：白玛朗杰、孙勇、仲布·次仁多杰等

职称：研究员

成果形式：专著

字数：800千字

出版单位：社会科学文献出版社2015年版

在西藏近现代历史中，藏族与其他兄弟民族一样，都面临着一个历史的重大问题，即文明进步和现代化。该书分为上中下三册，囊括了晚清、民国、中华人民共和国三个历史阶段。该书将三个时段的西藏史综合为一个课题，有助于突出西藏社会百年来的剧烈变化，全国人民包括西藏人民反对帝国主义侵略势力分裂西藏的斗争，中国共产党对西藏的治理政策和西藏工作中取得的重大历史成就等三条主线。

成果名称：《民国藏事乱局留给后人的启示》

作者：车明怀

职称：研究员

成果形式：专著

字数：100千字

出版单位：西藏社科院《要情》（2015年），西藏人民出版社2016年3月版

民国政府，加上国民党名义上统一的南京政府，总共加起来不过38年时间，然而就在这短短的38年中，软弱的资产阶级建立起来的中央政府对边疆的管理尤其是对藏事管理的软弱与松散，不仅给人留下了深刻的记忆，也留下了诸多隐患。正因为西藏没有强有力中央政府的支撑，所以藏事乱象丛生，乱局纷扰。一系列乱局首先损害的是国家治理西藏的威权，进而波及西藏的政治、宗教和社会安全，甚至一

些上层贵族和僧侣都无法保障自身安全乃至付出生命的代价，而劳动人民则承受着更大的苦难。关于这段历史，许多史学家虽有研究但角度不同，考虑到启示后人、吸取历史教训的需要，该书分《没有强有力的中央政府做后盾，国家边疆治理的威权在藏事管理中难以保障，藏事乱局首先损害的是国家主权和中华民族的整体利益》《没有强有力的中央政府做后盾，不仅西藏地方动荡不止、内部自相残杀不断，即使达官显贵、望族高僧也难逃被政敌谋害的厄运》《没有强有力的中央政府做后盾，劳动群众只能继续承受着旧西藏及其黑暗之都所带给的无尽灾难》三章，从新的视角解读了那段令人扼腕的历史。

成果名称：《藏区生态移民与生产生活转型研究——西藏日喀则市生态移民案例研究报告》

作者：达瓦次仁等

职称：研究员等

成果形式：专著

字数：200千字

出版单位：社会科学文献出版社 2015年10月版

在国际和国内生态移民趋势的大背景下，该书考察和分析了西藏日喀则地区的扶贫搬迁。通过对五个搬迁村的深入调研，提出了以下6个观点：（1）西藏的扶贫搬迁概念界定模糊，严格意义上的西藏扶贫搬迁包含生态移民、扶贫安置和边民安置等；（2）搬迁过程中存在严重的资源分配问题，移民未获得对草场等资源的使用权；（3）搬迁对宗教文化生活未产生明显变化，但婚嫁传统方面的变化显著；（4）搬迁后现金收入、土地面积、房屋面积、医疗和教育设施、交通设施等有了显著提高；（5）搬迁后牲畜数量和粮食产量明显下降；（6）五个移民村对搬迁安置的满意度仅为66.5%。牲畜和产量下降以及满意度较低等均与资源分配相关，移民迁入安置地后对周围草场、灌木丛、土石等资源没有使用权，除良田和水源外，其余资源均由原有乡、村掌控。因此，资源分配问题是日喀则地区生态移民实施过程中存在的最突出问题，关乎移民的权益和可持续发展前途。

## 第六节　学术人物

一、西藏社科院正高级专业技术职称人员（1985—2014年）

| 姓名 | 出生时间 | 学历/学位 | 职务 | 职称 | 主要学术兼职 | 代表作 |
| --- | --- | --- | --- | --- | --- | --- |
| 恰白·次仁加措 | 1922 | — | 自治区人大副主任、西藏社科院副院长 | 研究员 | 西藏大学藏史系硕士研究生导师 | 《恰白·次旦平措文集》《雪域西藏》《西藏简明通史——松石宝串》（上、中、下） |
| 陈家琎 | 1928 | — | 所长、主编、院顾问 | 编审 | — | 《西藏学文献丛书》《西藏学文献丛书别辑》《西藏学文献汇刻》 |

续表

| 姓名 | 出生时间 | 学历/学位 | 职务 | 职称 | 主要学术兼职 | 代表作 |
|---|---|---|---|---|---|---|
| 阿旺次仁 | 1945 | 大学 | 所长 | 研究员 | — | 《民族文化大观·藏族卷》《西藏地方历史档案丛书·灾异志》 |
| 次仁班觉 | 1951 | 初中 | 处长 | 编审 | — | 《藏族文学范畴管见》《藏学研究中的政治学学科定位刍议》 |
| 倪邦贵 | 1958 | 大学 | 所长 | 研究员 | — | 《西藏特色产业使发展与科技创新体系研究》《西藏发展第三产业与农牧民增收探索》 |
| 次仁加布 | 1961 | 大学 | 所长 | 研究员 | — | 《阿里文明史》 |
| 仲布·次仁多杰 | 1964 | 硕士 | 副院长 | 研究员 | 中国少数民族哲学研究学会理事 | 《西藏百年史研究》《雪域沉思录》《藏族哲学的理智》《新斯文浪潮》 |
| 诺章·吴坚 | 1933 | — | 副社长 | 研究员 | 西藏天文历算学会常委、理事 | 《西藏割据史》《赤美滚登传记及其注释》《西藏五臣记详释》 |
| 平措次仁 | 1937 | 大学 | 院长副书记 | 研究员 | — | 《西藏历史年表》《西藏本教寺庙的历史与现状》《西藏通史》 |
| 陶长松 | 1938 | 大学 | 副所长 | 研究员 | — | 《西藏宗教源流考》《通鉴吐蕃史料》《番僧源流考》《理事造就的统一体》 |
| 王太福 | 1940 | 大学 | 所长 | 研究员 | — | 《西部大开发与西藏经济跨越式发展研究》 |
| 何宗英 | 1940 | 大学 | 所长 副院长 | 研究员 | — | 《辉煌的二十世纪新中国大记录西藏卷》《西藏地震史料汇编》 |
| 马冲·明久多吉 | 1940 | — | 社长 | 编审 | — | 《西藏重要历史资料选编》《戏例文法释》 |

续表

| 姓名 | 出生时间 | 学历/学位 | 职务 | 职称 | 主要学术兼职 | 代表作 |
| --- | --- | --- | --- | --- | --- | --- |
| 巴桑旺堆 | 1948 | — | 所长 | 研究员 | 国际藏学会理事 | 《协噶教法史源流》《普彤教法源流》 |
| 贡嘎 | 1947 | — | 副主任、《西藏研究》藏文版主编 | 编审 | — | 《藏族文学理论注疏》 |
| 格桑益西 | 1948 | 硕士 | 社长 | 研究员 | — | 《中国民族文化大观·藏族卷》《西藏通史·松石宝串》 |
| 共确降措 | 1950 | 大学 | — | 研究员 | — | 《藏语方言土语研究》 |
| 西尼崔臣 | 1951 | — | 副所长 | 研究员 | — | 《拉萨寺辖寺庙简志》 |
| 顿珠拉杰 | 1964 | 硕士 | — | 研究员 | — | 《前后藏地区苯教寺庙简志》 |
| 仁增 | 1964 | — | — | 研究员 | — | 《〈格萨尔〉散论》《〈格萨尔〉艺人桑珠说唱本》 |
| 关却加 | 1968 | 硕士 | — | 研究员 | — | 《诗学概论》 |
| 保罗 | 1962 | 大学 | 处长 | 研究员 | 西南民族学会秘书长 | 《西藏通鉴·远古卷》《西藏远古史新探》 |
| 王春焕 | 1961 | 硕士 | 所长 | 研究员 | — | 《西藏的昨天、今天和明天》《马克思主义理论在西藏的研究成果》 |
| 仓决卓玛 | 1962 | 大学 | 编辑部主任、《西藏研究》汉文版主编 | 编审 | 中国出版协会理事、西藏自治区出版协会常务理事 | 《西藏妇女权利地位今昔谈》 |
| 次仁平措 | 1965 | 大学 | 所长 | 研究员 | 全国《格萨尔》学会常务理事、中国民族理论学会理事 | 《西藏民间体育及游艺》 |
| 王代远 | 1971 | 大学 | 所长 | 研究员 | — | 《西藏跨越式发展研究》《西部开发中西藏及其他藏区特殊性研究》 |

续表

| 姓名 | 出生时间 | 学历/学位 | 职务 | 职称 | 主要学术兼职 | 代表作 |
| --- | --- | --- | --- | --- | --- | --- |
| 郭克范 | 1968 | 大学 | 副所长 | 研究员 | — | 《甲玛沟的变迁——西藏中部地区农村生活的社会学调查》 |
| 米玛次仁 | 1963 | 大学 | 副主任、藏文版主编 | 研究员 | — | 《〈敦煌本吐蕃历史文书〉西藏地名考释》 |
| 达瓦次仁 | 1964 | — | 副所长 | 研究员 | — | 《藏区生态移民与生产生活转型研究——西藏日喀则市生态移民案例研究报告》 |
| 班觉 | 1964 | 博士 | 副所长 | 研究员 | — | 《太阳下的日子——西藏农区典型婚姻的人类学研究》 |
| 旦增朗杰 | 1964 | 大学 | — | 研究员 | — | 《聂荣县寺庙志》《藏族五行根论》《藏族传统文化与环境保护》 |

二、西藏社科院2015年晋升正高级专业技术职务人员

索朗曲杰，1963出生，西藏山南人，西藏社科院西藏贝叶经研究所负责人，研究员。主要从事苯教、贝叶经研究。主要代表作有《卡尔梅·桑丹坚参选集》（译著），论文《西藏阿里苯教寺院古儒嘉木的建立与管理》《热振活佛与热振事件》《试论藏族文化变迁的得与失》《藏语中的借词与相关的文化问题》等。

## 第七节　2015年大事记

一月

1月8日，自治区政协副主席、西藏社科院院长、社科联名誉主席白玛朗杰主持召开全院干部职工大会，传达学习贯彻区党委八届六次全委会会议精神、全区经济工作会议精神。

二月

2月9日，自治区政协副主席、西藏社科院院长、社科联名誉主席白玛朗杰一行专程赴京走访中国社科院，就援藏有关事宜和合作事项进行深入沟通协商。期间，白玛朗杰先后与中国社科院院长王伟光和中国社科院副院长李培林以及相关厅局的领导进行了交流座谈。

四月

4月17日，西藏社科院党委副书记、副院长，社科联主席索林主持召开了"自治区社科界学习《西藏发展道路的历史选择》白皮书座谈会"。

六月

6月5日，西藏社科院院党委副书记、常务副院长苟灵主持召开全院开展"三严三实"教育大会，西藏社科院院党委书记

车明怀同志为全院党员干部职工上党课。社科院党委副书记、副院长，社科联主席索林宣读《关于在社科院（联）县处级以上领导干部中开展"三严三实"专题教育的实施方案》。

6月12日，自治区哲学社会科学界联合会第一届委员会二次会议在拉萨召开。区党委常委、宣传部部长、区社科联名誉主席董云虎，自治区副主席房灵敏，自治区政协副主席、西藏社科院院长、社科联名誉主席白玛朗杰出席会议。会议补选了索林等26名同志分别为区社科联第一届委员会主席、副主席、常务委员、委员和副秘书长。

6月30日，西藏社科院副院长段胜前（已调离）主持召开宁夏社科院副院长张少明一行就少数民族古籍事宜到西藏社科院调研的座谈会。

### 七月

7月1日，自治区政协副主席、西藏社科院院长、社科联名誉主席白玛朗杰根据"三严三实"专题教育的要求，为全院（联）党员干部上专题党课。

7月1日，西藏社科院党委副书记、副院长，社科联主席索林为全院党员上党课。

7月1日，西藏社科院党委书记、副院长，社科联副主席车明怀主持召开"庆祝中国共产党成立94周年暨社科院2014—2015年'三优一先'表彰大会"，自治区政协副主席、西藏社科院院长、社科联名誉主席白玛朗杰出席会议并为受表彰的先进基层党组织和19名优秀党（团）员、优秀党（团）务工作者颁发奖状。

7月3日，社科院（联）组织20多名县处级以上干部到拉萨市廉政警示教育基地参观学习。

7月9—12日，自治区政协副主席、西藏社科院院长、社科联名誉主席白玛朗杰出席在内蒙古锡林浩特市举行的第十八届全国社会科学院院长联席会。

7月13日，西藏社科院党委副书记、常务副院长、项目领导小组副组长兼办公室主任苟灵主持"自治区重大文化工程《格萨尔》藏译汉项目首批5部书的复审会议"，中国社科院、青海、甘肃有关《格萨尔》研究机构和西藏社科院、西藏大学、西藏档案馆的区内外专家组、翻译组、润色组等30人参加了会议。

7月22日，西藏社科院党委书记、副院长，社科联副主席车明怀主持召开院（联）县处级以上干部大会，宣布新提任班子成员的任职决定。西藏自治区党委宣传部副部长王能生代表西藏自治区党委宣传部部委会宣读自治区党委关于布东列任西藏社科院党委委员、副院长，社科联副主席，吴坚任西藏社科联副巡视员的决定。

### 八月

8月5日，西藏社科院党委书记、副院长，社科联副主席车明怀主持召开"西藏自治区社会科学院建院30周年庆祝大会"。自治区政协副主席、西藏社科院院长、社科联名誉主席白玛朗杰出席会议并作重要讲话。

8月7—8日，自治区政协副主席、西藏社科院院长、社科联名誉主席白玛朗杰出席"历史的跨越，伟大的变迁——民族区域自治制度在西藏的成功实践"学术年会，区社科联主席，西藏社科院党委副书记、副院长索林主持。

8月10日，西藏社科院党委书记、副院长，社科联副主席车明怀主持召开中国社会科学院国际法研究所所长陈泽宪带队的赴藏调研组到西藏社科院调研的座谈会。

8月12—14日，社科联副巡视员吴坚参加由青海省社科院主办的、在青海西宁和海北藏族自治州举行的第七届西部五省区社科院院长联席会，并作了题为"总结经验，发扬成绩，进一步加强中国特色西藏特点新型智库建设，为推进西藏"四个全面"发展贡献力量"的主旨报告。

8月27日，西藏社科院党委书记、副院长，社科联副主席车明怀主持召开座谈会，就中央第六次西藏工作座谈会精神特别是习近平总书记的重要讲话精神和李克强总理、俞正声主席的讲话精神进行了学习和交流，西藏自治区党委政策研究室等多家单位的40余位社科理论界专家学者参加。

8月28日，西藏社科院党委召开全院干部职工和离退休人员大会，自治区政协副主席、西藏社科院院长、社科联名誉主席白玛朗杰传达了中央第六次西藏工作座谈会精神并作了讲话。

### 九月

9月9日、11日，自治区政协副主席、社科院院长、社科联名誉主席白玛朗杰深入院民族研究所、贝叶经研究所进行工作调研，力抓作风、学风建设。

9月14日，自治区副主席房灵敏在政府副秘书长旦增伦珠陪同下莅临西藏社科院（联）考察并指导贝叶经研究等工作，参观考察了自治区社科成就展，调研考察了《西藏研究》编辑部、藏文古籍出版社、宗教研究所、经济战略研究所、马克思主义理论研究所、民族研究所等科研机构，看望了各所的科研人员。

9月18—22日，西藏社科院党委书记、副院长，社科联副主席车明怀在林芝参加西藏自治区地方志工作会议期间，分别向中国社会科学院院长、全国地方志工作领导小组组长王伟光和中国社科院副院长李培林汇报了工作。

9月23—24日，西藏社科院宗教研究所普布多吉副研究员、金雷博士、米玛次仁博士、次仁顿珠助理研究员应邀参加了中国藏语系佛学院举办的第二届黄寺论坛。

9月25日，西藏社科院党委副书记、副院长，社科联主席索林参加了在湖北武汉召开的2015年全国社科联联席会议，并就西藏智库建设的现状与进一步加强新型智库建设的思考等接受了论道湖南"智库在行动"独家专访。

### 十月

10月12—15日，自治区政协副主席、西藏社科院院长、社科联名誉主席白玛朗杰赴日喀则市昂仁县联系点开展联系活动。

10月13日，西藏社科院党委副书记、副院长，社科联主席索林主持了云南省社科院南亚研究所张晓东副研究员、林延明助理研究员就全国马克思主义理论研究和建设工程2015年度重大实践经验总结课题、2015年度国家社科基金特别委托项目"云南省边疆民族地区治理体系建设实践经验研究"专项课题"国内其他边疆民族地区治理个案研究"与西藏社科院专家学者的调研座谈会。

10月20日，西藏社科院党委副书记、副院长，社科联主席索林主持召开湖南省社科联巡视员、研究员刘晓敏一行就社会科学评审工作到西藏社科院（联）调研的座谈会。

### 十一月

11月10日，由西藏自治区人大副主任新杂·单增曲扎带队的自治区教科文卫委员会委员一行来西藏社科院进行调研座谈。西藏社科院党委书记、副院长，社科联副主席车明怀主持座谈会，并就自治区社会科学研究开展情况以及取得的主要成果等方面进行了说明。自治区人大教委委员会主任李清波就自治区人大常委会成立五十年来工作开展的基本情况进行了详细介绍。

11月11—12日，西藏社科院党委委

员、副院长，社科联副主席卓玛拉姆，参加了在广州举行的全国社科联第十六次学会工作会议，卓玛拉姆同志作了题为"围绕大局、搭建平台、建立机制、加强服务"的发言。

11月19日，西藏社科院党委书记、副院长，社科联副主席车明怀主持召开了尼泊尔大会党高级领导人谢卡尔·柯伊拉腊率团的柯伊拉腊代表团来西藏社科院参观访问的座谈会。

**十二月**

12月15日，西藏自治区社科院（联）领导班子以践行"三严三实"为主题召开专题民主生活会，深入查摆问题，开展批评与自我批评。西藏社科院党委书记、副院长，社科联副主席车明怀主持。

12月17日，西藏自治区社科联以"党的治藏方略与西藏全面建成小康社会"为主题举办了全区社科理论界学习中央第六次西藏工作座谈会精神学术研讨会。

# 陕西省社会科学院

## 第一节 历史沿革

陕西省社会科学院（以下简称"陕西省社科院"）源于1958年中国科学院陕西分院设立的哲学社会科学研究所、考古研究所和历史研究所。1959年8月，中国科学院陕西分院哲学社会科学学组成立。1961年3月，中共陕西省委决定，将中国科学院陕西分院哲学社会科学学组改名为陕西省社会科学院，陕西省社会科学院正式建立。1963年5月，中共陕西省委决定，将陕西省社会科学院改名为陕西省哲学社会科学研究所。1969年11月，陕西省哲学社会科学研究所被撤销。1974年10月，中共陕西省委决定，设立陕西省理论研究室。1978年8月，陕西省理论研究室更名为陕西省社会科学研究所。1979年3月，中共陕西省委决定，将正在筹建中的陕西省社会科学研究所更名为陕西省社会科学院，至此，在"文化大革命"期间曾被撤销的陕西省社科院恢复建院。

### 一、领导

陕西省社科院的历任党委（党组）书记、院长是：刘端棻（1980年6月—1983年12月）、何微（1982年5月—1983年12月）、郭琦（1983年12月—1986年4月）、赵炳章（1986年4月—1993年10月）、王正典（1993年10月—1996年10月）、余华青（1998年11月—2008年4月）、杨尚勤（2008年4月—2011年8月）。现任党组书记、院长任宗哲（2011年9月—  ）。

### 二、发展

建院以来，陕西省社科院始终以马克思主义为指导，坚持"出成果、创精品、育人才"的办院方针，历代社科工作者以高度的理论自觉和担当意识，潜心研究时代课题，科学回答现实问题，不辱"认识世界、传承文明、创新理论、咨政育人、服务社会"之使命，以丰硕的经世致用之作赢得了学界赞誉和社会认同。拥有博士后科研工作站、"三秦学者"岗、《陕西蓝皮书》等高端学术平台和优势咨政品牌，管理和协调全省古籍整理工作，成为省委省政府重要的"思想库"和"智囊团"。

陕西省社科院以科学发展为主题，以改革创新为动力，大力实施"科研立院、人才兴院、管理强院"战略，地方特色鲜明、学科布局合理、研究优势突出的科研新格局日益形成，科研综合竞争力大幅提升；以研究陕西经济社会发展重大问题为主要抓手，秉承"课题来自实践中、成果写在大地上"的科研理念，取得了丰硕的研究成果，充分彰显了新智库功能。目前，陕西省社科院在中国马克思主义理论创新、区域经济发展、文化强省建设、古籍整理保护等方面取得了一系列重大研究成果，为陕西哲学社会科学事业的繁荣发展作出了重要贡献，为陕西全面建设西部强省提供了坚实的理论保障、精神动力和智力支撑。

### 三、机构设置

陕西省社科院自1958年成立以来，内

部机构设置根据发展的需要数次变更，院内曾先后设置有：党委办公室（工会）、院办公室、科研外事处、人事处、总务处、纪检委（监察室）、科技开发研究中心、离退休人员服务管理所、哲学社会科学研究所、考古研究所、历史研究所、教育研究所、经济研究所、中共党史研究所、国际问题政治研究室、科学社会主义研究所（邓小平理论研究中心）、法学研究所、社会学研究所、人口理论研究所、文化艺术研究所、历史宗教研究所、陕甘宁边区历史研究所、古籍研究所（陕西省古籍保护整理出版工作领导小组古籍整理出版办公室、陕西省古籍整理办公室）、《人文杂志》编辑部、刊物编辑室、图书馆。截至2015年12月，陕西省社科院机构设置为：机关党委（工会）（领导空缺），办公室（主任高康印、副主任郝林）、科研管理处（副处长于宁锴）、人事处（副处长李小红）、发展合作处（处长牛战美、副处长张小妹）、计划财务处（副处长秦艳霞）、后勤与开发管理中心（领导空缺）、离退休人员工作处（处长牛泾民）、信息中心（图书馆、新闻宣传中心）（主任/馆长孙昉、副主任/副馆长王钊）、中国马克思主义研究所（所长唐震、副所长刘源）、经济研究所（所长裴成荣、副所长吴刚）、农村发展研究所（所长王建康）、金融投资研究所（所长谷孟宾）、政治与法律研究所（所长郭兴全、副所长陈波）、文化产业与现代传播研究所（所长王长寿、副所长程圩）、文学艺术研究所（副所长张艳茜）、社会学研究所（所长牛昉、副所长张春华）、宗教研究所（所长李继武）、古籍研究所（陕西省古籍保护整理出版工作领导小组古籍整理出版办公室、陕西省古籍整理办公室）（所长/主任吴敏霞、副所长/副主任王祥瑞）、《人文杂志》社（副主编秦开凤）、《新西部》杂志社（执行总编杨旭民）。

## 四、人才建设

陕西省社科院的几代科研人员在哲学社会科学研究领域辛勤耕耘，取得了丰硕的成果，其中不乏学有专长和卓有建树的专家学者。截至2015年12月，陕西省社科院在编人员165人。专业技术人员合计131人，其中，正高级职称人员18人，副高级职称人员38人，中级及以下职称人员75人；管理岗位人员47人（含"双肩挑"人员），其中，正处级干部12人，副处级干部13人；工勤岗位5人。具有研究员及以上专业技术职称的有：任宗哲、白宽犁、唐震、裴成荣、郭兴全、王建康、谷孟宾、王长寿、牛昉、吴敏霞、张艳茜、吴刚、孙立新、张燕、江波、张蓬、刘宁、罗丞。

## 第二节　组织机构

### 一、陕西省社会科学院院领导及分工

党组书记、院长：任宗哲。主持院全面工作，分管办公室。联系农村发展研究所、金融投资研究所。

党组成员、纪检组长：刘卫民。负责党务、纪检监察、工会工作，分管机关党委（工会）、监察室。联系政治与法律研究所、文学艺术研究所。

党组成员、副院长：白宽犁。负责科研工作、信息和新闻宣传工作，分管科研管理处、《人文杂志》社、信息中心（图书馆、新闻宣传中心）。联系中国马克思主义研究所、古籍研究所（陕西省古籍保护整理出版工作领导小组古籍整理出版办公室、陕西省古籍整理办公室）。

党组成员、副院长：杨辽。负责人事、后勤、离退休人员服务工作，分管人事处、后勤与开发管理中心、离退休人员工作处、新西部杂志社。联系经济研究所、宗教研究所。

党组成员、副院长：毛斌。负责发展

合作、财务工作。分管发展合作处、计划财务处。联系社会学研究所、文化产业与现代传播研究所。

## 二、陕西省社会科学院职能部门及领导

机关党委（工会）
（领导空缺）
办公室
主任：高康印
副主任：郝林
科研管理处
副处长：于宁锴
人事处
副处长：李小红
发展合作处
处长：牛战美
副处长：张小妹
计划财务处
副处长：秦艳霞
后勤与开发管理中心
（领导空缺）
离退休人员工作处
处长：牛泾民
信息中心（图书馆、新闻宣传中心）
主任/馆长：孙昉
副主任/副馆长：王钊

## 三、陕西省社会科学院科研机构

中国马克思主义研究所
所长：唐震
副所长：刘源
经济研究所
所长：裴成荣
副所长：吴刚
农村发展研究所
所长：王建康
金融投资研究所
所长：谷孟宾
政治与法律研究所
所长：郭兴全
副所长：陈波
文化产业与现代传播研究所
所长：王长寿
副所长：程圩
文学艺术研究所
副所长：张艳茜
社会学研究所
所长：牛昉
副所长：张春华
宗教研究所
所长：李继武
古籍研究所（陕西省古籍保护整理出版工作领导小组古籍整理出版办公室、陕西省古籍整理办公室）
所长/主任：吴敏霞
副所长/副主任：王祥瑞
《人文杂志》社
副主编：秦开凤
《新西部》杂志社
执行总编：杨旭民

## 第三节　年度工作概况

2015年，陕西省社会科学院在陕西省委、省政府的正确领导下，紧紧围绕建设中国特色新型智库目标，努力服务全省经济社会发展，持续推进科研、人才、管理"三个强院"建设，开拓进取，锐意创新，在推动哲学社会科学研究和提升决策咨询水平上取得了较好成绩。

一、改革创新，科研质量稳步提升

2015年，陕西省社科院在充分研究、调查和论证的基础上进一步修订完善了《陕西省社科院科研人员业绩考核办法》，科研质量持续提升，科研工作进一步得到规范。全年共获准立项课题121项（其中国家级课题6项，省社科基金课题6项，省软科学课题4项，西安市规划课题5项，各类横向课题42

项），国家社科基金获准立项数量位列全省第4位、全国地方社科院第7位；全年受理审核各类课题结项材料70余项，公开出版著作42部（其中国家级出版社出版著作7部）；公开发表学术论文521篇（其中权威期刊发表2篇，被《新华文摘》《中国社会科学文摘》转载4篇，核心期刊发表94篇）；提供咨询建议194项（其中《送阅件》25期，舆情信息154项），有1项舆情信息得到习近平总书记批示，5份《送阅件》分获时任陕西省省长娄勤俭及其他省领导批示，35篇舆情成果被中宣部及陕西省委宣传部采用；共有9项科研成果获得省部级优秀成果奖励，8项成果列入院高档次科研成果；专家学者300人次参与、组织了各类学术活动，400余人次接受了媒体学术采访；全年计划外科研经费到款总数990.79万元（其中国家级、省级规划课题经费171万元，各类横向课题经费819.79万元，比2014年的832.1万元增加157.69万元）。

2015年，继续扎实推进中宣部和陕西省"舆情直报点"建设，完善舆情信息员队伍和舆情报送机制，完成了中宣部"全国社会心态"问卷设计、陕西省委宣传部"2015年意识形态重大问题分析"等舆情委派任务。同时，按照省委宣传部领导指示，承担了陕西省第一部哲学社会科学发展规划的编制工作，规划成果得到各方的认可和好评。

对外宣传工作再创新业绩，有力推动科研成果快速转化。全年各类媒体以专题报道、学者专访、观点采访、成果引用等形式宣传报道700余次，其中原创报道600余次。

《人文杂志》的复合影响、综合影响等关键指标在《中国学术期刊影响因子年报（2015版）》上进一步提升，并获全国社科规划办年度考核优良等次，学术影响力进一步扩大。《新西部》《质性社会学研究》《陕西省情研究》《陕西县域经济》《陕西文化产业》《古文献整理与研究》等院办刊物的质量也不断提高，学术水平、对外影响持续提升。

## 二、知行结合，社科研究平台广泛建立

2015年，省情调研基地建设进展顺利，建成市级调研基地1个（渭南市），县级调研基地5个（岐山县、宝塔区、彬县、蒲城县、户县），企业调研基地3个（铜川市黄堡工业园区、陕文投、西安吉姆环保科技），有力地延伸了研究触角，扩大了对外影响，为全院科研人员全面、深入掌握基层实际，解决实际问题提供了便利条件。依托调研基地，开展了"延安社会治理创新实践模式"和"延安宝塔区党建"等课题研究；结合精准扶贫、精准脱贫战略部署，充分发挥智力优势，积极开展智力帮扶，完成的两项扶贫专项课题受到帮扶地的高度评价。

## 三、外联内拓，对外交流合作成效显著

2015年，陕西省社科院继续深入开展各类学术活动，重点围绕陕西经济社会发展的重点、难点和热点问题，有针对性地搭建不同形式、不同层次的学术交流平台，主办或参与举办形式多样、内容丰富的报告会、研讨会。联合西安电子科技大学共同主办了"第二届丝绸之路经济带发展论坛"；联合陕西广播电视台共同举办了"华山论剑·丝路行者论坛"；联合陕西省决咨委、省政府研究室等单位举办了"第九届大关中发展论坛"等。各研究所、学术团体也根据学科特点，充分发挥组织灵活、联系面广的优势，针对社会热点问题举办了一系列研讨、征文活动，活跃了学术氛围。

2015年，陕西省委常委、省委宣传部部长梁桂，陕西省副省长庄长兴先后来院视察指导工作。还先后有中共中央对外联络部、中国社科院及广西社科院、黑龙江

省社科院、青海省社科院、四川省社科院、云南省社科院、新疆社科院等单位领导专家学者22批次，100余人次来陕进行调研、学习和交流。这些学术交流活动的开展，拓宽了科研人员的研究视野，提升了研究深度和广度，扩大了社会影响。

2015年，陕西省社科院成功获得了国家自然科学基金项目申报代码，成功申报国家外专局出国培训项目，与韩国忠清北道发展研究院签署了交流合作协议，全年共接待新加坡驻成都总领事、韩国忠清北道发展研究院、罗马尼亚科学院经济学家、加拿大驻华公使、韩国经济人文社会研究院专家等外宾5批26人次。

四、以人为本，科研服务能力不断提高

2015年，陕西省社科院不断拓宽人才培养渠道，打通人才发展瓶颈，积极向陕西省人社厅反映实际情况，争取到了更多的高级职称指标和管理岗位指标，完成了管理岗位晋级和部分研究所领导岗位调整补充工作，优化了人才队伍结构；不断加强制度建设，注重效能管理，先后制定出台了《陕西省社科院研究所（杂志社）工作例会制度》《陕西省社科院各部门工作职责》《陕西省社科院行政科辅及工勤技能人员量化考核办法》等，强化干部职工的纪律性、服务性和团队意识，确保了全院工作有序有责高效推进；加强干部培养，结合学术专业和扶贫脱贫工作，先后选派3名青年干部下基层锻炼，锤炼意志品质，提高工作能力。

此外，还结合省规划，编制完成了《陕西省社科院十三五发展规划》和《陕西省社科院科研发展规划（2015—2020）》，总结分析了"十二五"期间发展状况，科学谋划了"十三五"时期的工作思路；不断加强信息化建设，提升管理现代化水平，完成了科研管理信息系统、电子公文查询系统、电子公告通知系统的建设，已上线运行。

2015年，按照西安地铁3号线建设的统一规划和要求，按时完成了还建综合楼的报批工作，项目建设进展顺利；整修了离退休人员活动中心，新建了离退休人员活动室、书画中心，丰富了老同志的文化生活；按时完成了2014年度财务决算和2015年度财务预算的编报，科学合规加快预算执行进度，完成了财政存量资金的清理；严格落实中央八项规定，从简安排各种会议、活动和接待，全年"三公"经费支出仅为26.7万元，比2014年减少了10余万元，下降4%；图书资料工作取得新成绩，院图书馆被省政府确定为"第一批陕西省古籍重点保护单位"，两部古籍入选《第二批陕西省珍贵古籍名录》；工会、青协积极组织、参加"送温馨"、省直机关运动会、征文和青年学术交流等活动，丰富了职工生活，激发了青年人员学习工作热情。

## 第四节 科研活动

一、人员、机构等基本情况

1. 人员

截至2015年12月，陕西省社会科学院共有在职人员165人，其中，正高级职称人员18人，副高级职称人员38人，中级职称人员75人；高中级职称人员占全体在职人员总数的78.44%。

2. 机构

陕西省社会科学院设有10个研究所，分别是：中国马克思主义研究所、经济研究所、农村发展研究所、金融投资研究所、政治与法律研究所、文化产业与现代传播研究所、文学艺术研究所、社会学研究所、宗教研究所、古籍研究所。

二、科研工作

（一）科研成果统计

据不完全统计，自恢复建院以来，截

至2015年12月，陕西省社科院已完成国家社科基金项目85项，省部级项目107项，完成各类横向及其他课题342项；出版学术著作902部，发表论文9600余篇，研究报告1200余份，还有大量其他形式的科研成果，其中，获省部级以上优秀成果奖励414项。创办的《人文杂志》是国内外知名的学术期刊，办刊特色鲜明，学术声誉卓著，被评为全国综合性人文社科类核心期刊、全国哲学类核心期刊、社科类国际交流期刊、陕西省一级期刊。

2015年共出版著作42种，1000余万字；论文521篇；研究报告86篇；提交咨询建议194项。

（二）科研课题

1. 新立项课题

2015年立项国家社科基金课题6项：张馨的《我国能源消费结构调整及其经济和环境效应研究》，韩伟的《协商民主与战时法治视阈下革命根据地社会治理经验研究》，张影舒的《来华传教士与近代陕西社会研究（1840—1949）》，李巾的《和谐家庭建设背景下转型期80、90后青年婚姻稳定性研究》，白宽犁的《我国残疾人事业治理体系创新研究》，乔欣欣的《西方传统政治思想中的公民义务观念研究》。

2015年立项院级重大课题13项：郭兴全的《法治陕西建设评价指标体系研究》，牛昉的《陕西社会治理体系现代化现状分析与对策研究》，王建康的《陕西土地流转与农民生计模式转变研究》，裴成荣的《经济新常态下陕西追赶超越战略研究》，谷孟宾的《陕西主动融入"一带一路"大战略研究》，王建康的《陕西革命老区精准扶贫脱贫方式研究》，何炳武的《陕西文化特色与文化自信建设研究》，王长寿的《延安精神对习近平治国理政思路的影响研究》，杨红娟、吴菲霞的《社会资本参与养老服务体系研究》，王长寿的《现代公共文化服务体系研究》，郭兴全的《围绕法治政府目标完善陕西省政府法规体系研究》，张燕玲、何文兰的《新常态下如何调动党员干部工作积极性研究》，谢雨锋的《陕西公众对推进"五个扎实"的期待与"获得感"状况调研》。

2015年立项院级重点课题20项：刘源的《新〈行政诉讼法〉视角下我国行政法治建设研究》，王惠君的《中国走向民主政治法治化的障碍及路径研究》，周宾的《新常态下陕西煤炭经济运行态势与调控策略研究——基于行业全产业链与企业经营效率视角》，赖作莲的《供应链视角下家庭农场、合作社与龙头企业的协同发展研究》，孙雅姗的《"新政"下的小额贷款公司发展模式研究》，贺莉的《地方政府在行政审批制度改革中的回应策略研究》，尹小俊的《中国社会学早期质性研究探索：费孝通本土方法论思考》，杨红娟的《参与式社会救助政策绩效评估研究》，吴南的《陕西"宗教游移"现象与宗教社会学理论范式本土化研究》，马燕云的《唐代消费群体文化认同的构建——以敦煌吐鲁番文书为例的考察》，魏策策的《陕派文艺批评研究》，韩红艳的《陕西历届鲁迅文学奖作品研究》，李继武的《太白山宗教文化资源调查与研究》，陈文龙的《道教灵宝派科仪研究》，王宝坤的《早期汉传佛教史学典籍研究》，高叶青的《〈（光绪）靖边志稿〉所反映的边地民俗及民族关系研究》，韩海燕的《新常态下陕西城镇居民收入分配结构优化研究》，高云艳的《试点民营银行发展模式研究及对陕西省的启示》，李冰的《安康市汉滨区茨沟生态优美小镇创建研究（扶贫专项）》，王钊的《安康市汉滨区茨沟镇扶贫开发思路创新研究（扶贫专项）》。

2015年立项院级青年课题25项：王景华的《丝绸之路经济带建设中的多元文化交往与民心相通研究》，冉淑青的《城际路网建设对关中城市群城际经济联系的影响研究》，刘晓惠的《陕西保障性住房退出机制研究》，智敏的《陕西农业社会化服务体系建设能力评估与模式分区研究》，魏雯的《陕西省农村青年致富带头人培育机制研究》，杨琳的《陕西创业投资引导基金的运作实践研究》，胡映雪的《强化依宪行政，推进法治政府建设研究》，吕晓明的《中国特色社会主义法治道路的历史、特点及模式研究》，乔欣欣的《陕西省农村社区建设的"瓶颈"问题研究》，杨艳伶的《陕西改制文化企业文化创造力研究》，邓娟的《传统主流媒体对"丝绸之路经济带新起点"议题的构建——以〈陕西日报〉为例》，郭艳娜的《手工业民俗的产业化发展路径及问题研究》，王颖的《文化创意产业视角下传统景区旅游产品创新路径研究——以大型实景历史舞剧〈长恨歌〉为例》，颜鹏的《陕西文化市场主体的重塑与机制创新研究》，毋燕的《陕南地域文化与作家群创作研究》，杜睿的《文学地理视域下的柳青当代价值重估》，齐安瑾的《"小人物故事"永远具有生命力——兼谈中国当下影视剧创作》，张芙蓉的《陕西省社区居家养老服务需求强度与需求弹性研究》，田丽丽的《多元话语空间下的舆论引导策略》，高萍的《陕西省新型城镇化推进路径研究——基于城镇化发展质量的视角》，张影舒的《民国时期陕西天主教村落发展与乡村社会治理研究》，张方的《明代道教全真派研究》，党斌的《蒲道源〈闲居丛稿〉与元代陕南文教的发展》，黄晓军的《关学的王道政治构建——以张载为中心》，彭雅琦的《中国传统舞台艺术的网络受众研究》。

2. 结项课题

2015年国家社科基金课题结项6项，院重大课题结项5项，院重点课题结项6项，院青年课题结项20项。

3. 延续在研课题

截至2015年底，延续在研的国家社科基金课题34项，院级重大课题8项，重点课题14项，青年课题5项。

（三）2015年获省部级以上优秀科研成果

石英的《质性研究与社会学的中国化》获陕西省第十二次哲学社会科学优秀成果论文类一等奖。

陈文龙的《住庙与住家：山西朔州县家族化全真教的历史和生存方式》获陕西省第十二次哲学社会科学优秀成果论文类三等奖。

杨航的《大乘般若智——〈大智度论〉菩萨思想研究》获陕西省第十二次哲学社会科学优秀成果著作类三等奖。

张燕、沈兰的《以西安起点为龙头的丝绸之路文化旅游研究》获陕西省第十二次哲学社会科学优秀成果调研报告类二等奖。

王建康、马建飞、张敏等的《陕西省"十二五"规划〈纲要〉中期评估报告》获陕西省第十二次哲学社会科学优秀成果调研报告类三等奖。

樊为之的《延安时期党的文化建设研究》获中国出版协会第五届中华优秀出版物奖图书奖。

任宗哲、王建康、王晓娟的《移民搬迁与陕南经济发展的关系研究》获2014年度全省党政领导干部优秀调研成果二等奖。

白宽犁的《"国家残疾预防行动计划"宝鸡模式调研报告》获2014年度全省党政领导干部优秀调研成果二等奖。

三、学术交流活动

（一）学术活动

2015年，陕西省社会科学院举办的大型会议有：

3月28日，在西安举办"第二届丝绸之路经济带发展论坛"；

4月25—26日，在西安举办"第九届大关中发展论坛"；

5月30日，在西安举办"纪念抗战胜利70周年学术座谈会"；

6月18日，在西安举办"弘扬延安精神，践行三严三实"理论研讨会；

6月27日，在西安举办"适应引领经济发展新常态，建设富裕陕西"中青年论坛；

7月10日，在中国社会学年会设立"社会治理的理想与质性社会学研究"分论坛；

9月12日，在西安举办"丝绸之路经济带合作机制与内陆型改革开放"研讨会。

（二）国际学术交流与合作

1. 学者出访情况

从2014年12月至2015年11月，陕西省社会科学院共派学者出访1批1人次，为宗教研究所副研究员张方于6月12—16日赴港参加学术会议。

2. 外国学者来访情况

2015年，陕西省社会科学院共接待来访外宾2批6人次，分别为：

2015年10月15日，罗马尼亚科学院经济、法律与社会研究所埃米利安·多布雷斯库秘书长与世界经济研究所艾迪特·多布雷研究员来陕西省社科院作学术交流，并作了题为"罗马尼亚竞争力"的报告；

2015年9月14日，韩国忠清北道发展研究院院长郑超时一行4人代表团来陕西省社科院访问，双方签署了学术交流合作协议。

四、会议综述

1. 第九届大关中发展论坛

2015年4月25日，由陕西省决策咨询委员会、陕西省政府研究室、陕西省社会科学院等共同举办的第九届"大关中发展论坛"在西安举行，主题为"新常态与大关中追赶超越"。在此之前，"大关中发展论坛"已成功举办了8届，是陕甘川等西部省区的重要学术互动平台。

2. 时空研究与人文社会科学学术研讨会

2014年10月25日，由陕西省社会科学院和中国社会科学院政法学部主办、陕西省社会科学院人文杂志社承办的"时空研究与人文社会科学学术研讨会"在西安举办。该会议旨在探讨我国时空研究的新问题新方法，将时空研究在人文社会科学界推向深入。中国社会科学院政法学部景天魁教授在会上作了题为"时空转换：中国社会学的问题意识"的报告。全国80余位学者参会。

3. 从理论价值哲学到实践价值哲学研讨会

2014年5月18日，全国"从理论价值哲学到实践价值哲学"研讨会在西安召开。会议由陕西省社会科学院、陕西省价值哲学学会和西北政法大学马克思主义教育研究院联合主办。国际价值哲学学会会长、北京师范大学吴向东教授，陕西省价值哲学学会会长、陕西师范大学教授袁祖社，中国社科院学部委员李景源研究员，著名哲学学者赵馥洁、江畅、邬焜等近百人参加了研讨会。该会议围绕陕西省社科院王玉樑研究员的《从理论价值哲学到实践价值哲学》专著进行研讨。

五、学术社团、研究中心、期刊

1. 学术社团

有5个学术社团在陕西省社科院挂靠，分别是：当代陕西研究会（会长杨辽）、陕西省散文学会（会长陈长吟）、陕甘宁革命根据地史研究会（会长王长寿）、陕西省社会科学信息学会（会长白宽犁）、陕西省社会学会（会长江波）。

2. 研究中心

（1）中国特色社会主义理论体系研究中心，主任白宽犁。

（2）丝绸之路经济带发展研究院，院长任宗哲。

（3）陕西省舆情研究中心，主任张春华。

（4）陕西省情研究中心，主任石英。

（5）民意调查中心，主任谷孟宾。
（6）青少年研究中心，主任谢雨锋。
（7）项目评估中心，主任方海韵。
（8）长安佛教研究中心，主任李继武。
（9）道学研究中心，主任潘存娟。
（10）陕甘宁边区历史研究中心，主任樊为之。
（11）陕西文化产业发展研究中心，主任赵东。
（12）文化旅游研究中心，主任张燕。
（13）陕西省县域经济研究中心，主任王建康。
（14）廉政建设研究中心，主任郭兴全。
（15）中国书画研究中心，主任何炳武。
（16）三秦文化研究中心，主任何炳武。
（17）陕西教育发展研究中心，主任杨辽。
（18）陕西旅游与城市规划研究院（中心），主任程圩。

3. 期刊

（1）《人文杂志》（月刊），社长任宗哲。

2015年，《人文杂志》共出版12期，共计260万字，该刊全年刊载的有代表性的文章有：李兴、成志杰的《金砖合作机制是推动"一带一路"建设的强大助力》，刘永祥的《"新史学"与周谷城的通史编纂》，戴圣鹏的《论文化的包容性》，刘平的《社会转型与文化研究》，谷玉良的《城市混合社区的衰落与边缘化风险》，朱富强的《制度经济学研究范式之整体框架思维：主要内容和现实分析》，韩骏的《人民币国际化"升级"：由结算货币向投资货币推进》，吴锐的《论夏舞与夏朝、夏族无关》。

（2）《新西部》（旬刊），主编杨旭民。

2015年，《新西部》杂志共出版35期（包括一期合刊），共计1066.16万字。2015年是中国人民抗日战争胜利70周年，《新西部》在9月3日抗战纪念日到来之时，推出了大型纪念专刊《抗战1945》，从中国共产党洛川会议吹响全面抗战的号角，到铁血川军抗日故事，再到悲壮惨烈的滇西抗战，将70年前中国西部区域的抗战历史进行了全方位的挖掘和报道。除了抗战专题，《新西部》在2015年还策划了几个较有影响的专题，如《农家电商》《洗冤者》《乡土大师》《我在西部做公益》等。

## 第五节 重点成果

一、2014年以前获省部级以上优秀成果奖[*]

| 成果名称 | 作者 | 成果形式 | 出版发表单位 | 出版时间或发表期数 | 奖项 |
| --- | --- | --- | --- | --- | --- |
| 网络舆情：社会学的阐释 | 张春华 | 著作 | 社会科学文献出版社 | 2012.10 | 陕西省第十一次哲学社会科学优秀成果著作类二等奖 |
| 区域发展与产业培育 | 裴成荣 | 著作 | 陕西人民出版社 | 2011.1 | 陕西省第十一次哲学社会科学优秀成果著作类二等奖 |

---

[*] 注：在本节的表格中的"出版时间或发表期数"一栏，年、月使用阿拉伯数字，且"年""月"两字省略。既有年份，又有月份时，"年"用"."代替。如："2011年"用"2011"表示，"2012年10月"用"2012.10"表示。

续表

| 成果名称 | 作者 | 成果形式 | 出版发表单位 | 出版时间或发表期数 | 奖项 |
| --- | --- | --- | --- | --- | --- |
| 张炳璿《王徽墓志铭》点校及初步探析 | 丁锐中 | 论文 | — | — | 陕西省第十一次哲学社会科学优秀成果论文类二等奖 |
| 关于完善廉政风险防控管理机制的思考 | 郭兴全 | 论文 | — | — | 陕西省第十一次哲学社会科学优秀成果论文类二等奖 |
| 延安时期党的文化建设研究 | 樊为之 | 著作 | 陕西人民教育出版社 | 2012.9 | 陕西省第十一次哲学社会科学优秀成果著作类三等奖 |
| 马克思恩格斯的科学世界观与传统马克思主义观研究 | 权文荣 | 著作 | 人民出版社 | 2011 | 陕西省第十一次哲学社会科学优秀成果著作类三等奖 |
| 陕西书法史 | 何炳武 王永莉 李巍 | 著作 | 陕西人民出版社 | 2011.9 | 陕西省第十一次哲学社会科学优秀成果著作类三等奖 |
| 国家治理与乡村自治：从陕南条规切入 | 韩伟 | 论文 | — | — | 中国法学会第九届中国法学青年论坛征文二等奖 |
| 从优柔月光到云气沧桑 | 刘宁 | — | — | — | 中国散文学会第六届冰心散文理论奖 |
| 网络舆情：社会学的阐释 | 张春华 | 专著 | 社会科学文献出版社 | 2012.10 | 西安市第八次哲学社会科学优秀成果一等奖 |
| "当代中国哲学"作为问题的语境意义 | 张蓬 | 论文 | — | — | 西安市第八次哲学社会科学优秀成果二等奖 |
| 区域投资环境评价：理论、实践与反思 | 谷孟宾 | 专著 | 社会科学文献出版社 | 2012.10 | 西安市第八次哲学社会科学优秀成果二等奖 |
| 中国西部失地农民可持续发展研究 | 裴成荣 曹云 | 专著 | 世界图书出版西安有限公司 | 2012.7 | 西安市第八次哲学社会科学优秀成果二等奖 |
| 延安时期党的文化建设研究 | 樊为之 | 专著 | 陕西人民教育出版社 | 2012.9 | 西安市第八次哲学社会科学优秀成果二等奖 |

续表

| 成果名称 | 作者 | 成果形式 | 出版发表单位 | 出版时间或发表期数 | 奖项 |
| --- | --- | --- | --- | --- | --- |
| 宋代求学教育发展消费论析 | 秦开凤 | 论文 | — | — | 西安市第八次哲学社会科学优秀成果三等奖 |
| 社会分析：转型期社会焦点调查与研究 | 谢雨锋 | 专著 | — | — | 西安市第八次哲学社会科学优秀成果三等奖 |
| 陕西保障性住房供给与房地产价格变动关系及后续政策研究 | 马建飞 曹 云 刘晓惠等 | 调查报告 | — | — | 西安市第八次哲学社会科学优秀成果三等奖 |
| 世园会直接引领陕西旅游业快速发展 | 张燕 | 论文 | — | — | 西安市第八次哲学社会科学优秀成果三等奖 |
| 统筹城乡视角下双向流通的路径研究 | 任宗哲等 | 著作 | 中国经济出版社 | 2011.3 | 商务部2012—2013年度全国商务发展研究成果三等奖 |
| 西北道教史 | 樊光春 | 著作 | 商务印书馆 | 2010.3 | 陕西省第十次哲学社会科学优秀成果二等奖 |
| "三个代表"与唯物史观 | 刘世文 | 著作 | 陕西人民出版社 | 2009.5 | 陕西省第十次哲学社会科学优秀成果二等奖 |
| 陕西省"十二五"时期发展思路研究报告 | 陕西省社会科学院课题组 | 论文 | — | — | 陕西省第十次哲学社会科学优秀成果二等奖 |
| 曲江失地农民可持续发展研究 | 院经济研究所课题组 | 论文 | — | — | 陕西省第十次哲学社会科学优秀成果三等奖 |
| 陕西产业结构调整与优化升级研究 | 裴成荣 王晓娟 | 论文 | — | — | 陕西省第十次哲学社会科学优秀成果三等奖 |
| 农民工进城对陕西就业影响的实证分析和对策研究 | 杨红娟 | 研究报告 | — | — | 西安市科学技术奖三等奖 |
| 西安方言研究 | 孙立新 | 著作 | 西安出版社 | 2007.6 | 西安市社会科学优秀成果三等奖 |
| 陕西科学发展上水平的若干重大问题研究 | 杨尚勤 谷孟宾等 | 调研报告 | — | — | 陕西省委、陕西省政府颁发的"2010年度全省党政领导干部优秀调研成果二等奖" |

续表

| 成果名称 | 作者 | 成果形式 | 出版发表单位 | 出版时间或发表期数 | 奖项 |
|---|---|---|---|---|---|
| 西北道教史 | 樊光春 | 著作 | 商务印书馆 | 2010.3 | 西安市第七次哲学社会科学优秀成果一等奖 |
| 西安国际化大都市研究 | 裴成荣 冉淑青 曹 云等 | 研究报告 | — | — | 西安市第七次哲学社会科学优秀成果二等奖 |
| 低碳经济转型路径探析 | 吴 刚 | 专著 | 陕西人民出版社 | 2010.10 | 西安市第七次哲学社会科学优秀成果二等奖 |
| 长安与丝绸之路 | 张 燕 | 专著 | 西安出版社 | 2010.5 | 西安市第七次哲学社会科学优秀成果二等奖 |
| 加强农村基层组织建设，突出社区化管理特色 | 杨沛英 | 论文 | — | — | 西安市第七次社科优秀成果三等奖 |
| 西安建设国际化大都市人口发展研究 | 石 英 王建康 卫东梅等 | 研究报告 | — | — | 西安市第七次社科优秀成果三等奖 |
| 关中方言代词研究 | 孙立新 | 专著 | 三秦出版社 | 2010.11 | 西安市第七次社科优秀成果三等奖 |
| 中国共产党执政与延安精神的永恒价值 | 杨梦丹 | 论文 | — | — | 陕西省纪念建党90周年理论研讨会征文一等奖 |
| 反腐倡廉制度创新：从运动和权利向教育和制度的转型 | 郭兴全 | 论文 | — | — | 陕西省纪念建党90周年理论研讨会征文二等奖 |
| 建党90周年来党群关系建设的历史经验 | 张燕玲 | 论文 | — | — | 陕西省纪念建党90周年理论研讨会征文三等奖 |
| 五四运动对中国共产党成立的重大历史贡献 | 王晓洁 | 论文 | — | — | 陕西省纪念建党90周年理论研讨会征文三等奖 |
| 让那朝阳显出来 | 莫 伸 | 电影剧本 | — | — | 中国电影"夏衍杯"优秀电影剧本奖 |

续表

| 成果名称 | 作者 | 成果形式 | 出版发表单位 | 出版时间或发表期数 | 奖项 |
|---|---|---|---|---|---|
| 关于推动新一轮解放思想的调研与思考 | 杨尚勤 | 调研报告 | — | — | 2009年度全省党政领导干部优秀调研成果二等奖 |
| 和谐社会建设中普惠政策与计划生育优惠政策的协调问题研究 | 刘玲琪 | 研究报告 | — | — | 第五届中国人口科学优秀成果三等奖 |
| 莲湖巷 | 陈长吟 | 散文 | — | — | 第四届冰心散文奖 |
| 改革开放三十年党在社会主义政治建设上最宝贵的经验 | 刘世文 | 论文 | — | — | 中宣部"全国纪念改革开放三十周年理论研讨会"入选论文 |
| 计划生育利益导向影响因素分析 | 刘玲琪等 | 论文 | — | — | 国家人口和计划生育委员会、中国人口学会第四届全国人口科学优秀成果奖论文奖三等奖 |
| 坚持科学发展 构建和谐陕西的战略新思路研究 | 院课题组 | 研究报告 | — | — | 陕西省政府2008年优秀调研成果三等奖 |
| 发展陕西第三方物流研究报告 | 吴刚参与撰写 | 研究报告 | — | — | 中共陕西省委、省政府2006年度全省党政领导干部优秀调研成果一等奖 |
| 加快组建大西安，发展关中城市群 | 张宝通 裴成荣 | 论文 | — | — | 陕西省第八次哲学社会科学优秀成果一等奖 |
| 政治文明——"三个代表"重要思想在社会主义建设规律认识上重大理论飞跃 | 刘世文 | 论文 | — | — | 陕西省第八次哲学社会科学优秀成果三等奖 |
| 隋大兴城佛寺考 | 王亚荣 | 论文 | — | — | 陕西省第八次哲学社会科学优秀成果三等奖 |
| 哲学主题的历史转换与哲学的当代性问题 | 张蓬 | 论文 | — | — | 陕西省第八次哲学社会科学优秀成果三等奖 |

续表

| 成果名称 | 作者 | 成果形式 | 出版发表单位 | 出版时间或发表期数 | 奖项 |
|---|---|---|---|---|---|
| 关于国有企业经营者激励机制的几个问题 | 王长寿 | 论文 | — | — | 陕西省第八次哲学社会科学优秀成果三等奖 |
| 陕西、黑龙江退耕还林绩效评价与后续政策建议 | 院课题组 | 调研报告 | — | — | 陕西省第八次哲学社会科学优秀成果三等奖 |
| 科学技术的社会经济功能 | 李万忍 | 著作 | 陕西科学技术出版社 | 2005.12 | 陕西省第八次哲学社会科学优秀成果三等奖 |
| 西安城市社会问题研究 | 石英 | 著作 | 兰州大学出版社 | 2004 | 陕西省第八次哲学社会科学优秀成果三等奖 |
| 黄帝陵志 | 何炳武等 | 著作 | 陕西人民出版社 | 2005.1 | 陕西省第八次哲学社会科学优秀成果三等奖 |

## 二、2015年科研成果一般情况介绍、学术价值分析

2015年共出版著作42部，其中有代表性的是：唐震的专著《接受与选择——关于对象视域与人的主体性研究（第二版）》，吴刚的专著《全面创新战略导向下产业升级模式研究》，姜涛、吴刚的合著《混合所有制经济理论与实践》，张蓬的专著《守望家园——中国哲学的当代性反思》，杨梦丹的专著《陕甘宁边区乡村民主政治建设研究》，杨艳伶的专著《藏地汉语小说视野中的阿来》，高萍的专著《家族的记忆与认同——一个陕北村落的人类学考察》等。公开发表学术论文521篇，其中有代表性的是：王玉樑的《论价值哲学研究中的偏向》《当代西方主观主义价值观的理论困境》，毋燕、韩红艳的《农村高价彩礼谁之忧》，秦开凤的《宋代书画消费与社会分层》，石英的《质性社会学论纲》等。完成调研报告86项，其中有代表性的是：裴成荣的《文化繁荣背景下遗址保护与都市圈和谐共生机制研究》，尹小俊的《高等教育大众化背景下西部大学生就业研究》，江波的《参与式视角下西部扶贫开发政策社会效益评估》，谷孟宾的《NGO视角下的进城务工人员社会服务研究》。提交咨询建议194项（其中送阅件25期；舆情信息154篇，被中宣部、省委宣传部采用35篇），其中有代表性的是：张春华的《屠呦呦获诺贝尔奖的媒体舆论分析报告》，于2015年10月8日获得了习近平总书记和刘云山、黄坤明同志批示；黄崑威的送阅件《以印度总理访华为契机，加强陕西佛教文化建设的建议》得到时任省长娄勤俭的批示。

## 三、2015年主要科研成果

**成果名称**：《接受与选择：关于对象视域与人的主体性研究》

**作者**：唐震

**职称**：研究员

**成果形式**：专著

**字数**：280千字

**出版单位**：中国社会科学出版社

出版时间：2015年10月

该书以马克思主义世界观和方法论为指导，以人的对象世界的演变对人的影响为主线，对人的主体性的嬗变进行了系统深入地分析，提出了"人是其对象之所是""人的内心尺度是由他之外的他的对象世界的大小决定的"等时代命题，历史地、系统地解构了人的内心世界与人的外在世界的关系问题，剖析了人的受动性与人的能动性的转换机制，为人建构了一个新的思想范式：对象视域。

成果名称：《古文献整理与研究》
作者：吴敏霞等
职称：研究员等
成果形式：著作
字数：400千字
出版单位：中华书局
出版时间：2015年5月

该书是陕西省社会科学院古籍研究所主办，面向海内外人文学界的专业学术刊物。以书代刊，一年一卷，分传统文献研究、新出与稀见文献研究、域外汉籍研究、学术论衡四大板块，旨在为古文献研究领域的学者提供交流平台，促进古文献研究的发展。第一辑收有《改革开放以来陕西古籍整理出版事业综述》《国家图书馆藏八行本〈礼记正义〉研究》《仿真新印美国哈佛燕京图书馆藏〈永乐大典〉二支儿字史料价值略述》《日本汉籍所见金元诗歌新资料及其价值》等文。

成果名称：《全面创新战略导向下产业升级模式研究》
作者：吴刚
职称：研究员
成果形式：专著
字数：350千字
出版单位：中国社会科学出版社
出版时间：2015年10月

该书基于技术与非技术要素全面创新的视角研究产业升级，对创新理论和产业升级理论进行了丰富和拓展；归纳和总结了技术创新、生产模式创新、商业模式创新、组织模式创新、管理变革、业态创新导向下产业升级的不同模式；基于案例分析，进一步明晰了产业升级的路径模式；系统的分析研究了当前新兴的众包、众筹、互联网+、创客空间、孵化器等创新形态内涵、演进趋势特征。提出了产业升级"动力场"概念。成果对指导产业升级、精准施策提供价值参考。

成果名称：《混合所有制经济理论与实践》
作者：姜涛、吴刚
第一作者职称：副研究员
成果形式：专著
字数：300千字
出版单位：社会科学文献出版社
出版时间：2015年10月

全书阐释了推行股权激励计划，既要实现资本所有者与劳动所有者的利益共同体，发挥股权激励的作用，又要防止分配悬殊、两极分化造成新社会不公；完善国有资产管理体制。通过配置资本贯彻国家战略意图，实施分类管理原则。打破行政性垄断国企"一股独大""一业独大"的改革周期表和路线图，以壮士断腕的精神解决国企垄断问题。全书研究揭示了混合所有制经济在目前中国存续和发展依据，填补了国内对混合所有制经济研究的空白。

成果名称：《家族的记忆与认同——一个陕北村落的人类学考察》
作者：高萍
职称：助理研究员
成果形式：专著
字数：260千字
出版单位：社会科学文献出版社

出版时间：2015年12月

该书以陕北历史上的一个著名家族——艾氏家族为研究对象，以艾氏主姓村——西村为主要调查点，在"认同"的视角下，将社会记忆理论作为分析工具，采用田野调查与文献分析相结合的研究方法，对当代陕北家族组织的形态样貌做了描摹。其创新之处在于勾勒出了陕北区域文化的一个重要方面，对研究与把握陕北文化具有非常重要的指导意义；同时，也期待这个北方的家族个案可以对长期以来以东南地区为主要研究对象的宗族（家族）研究进行补充。

成果名称：《陕甘宁边区乡村民主政治建设研究》
作者：杨梦丹
职称：助理研究员
成果形式：专著
字数：358千字
出版单位：人民出版社
出版时间：2015年12月

该研究以陕甘宁边区乡村民主政治建设为研究对象，在充分研究"第一手"资料的基础上，真实地、全面地梳理和展现边区乡村民主政治建设的实践与结果，全方位研究边区乡村民主政治建设关注和解决的重大问题，并以这些重大问题谋篇布局，厘清边区乡村民主政治建设的历史原貌。

成果名称：《陕西蓝皮书·陕西社会发展报告（2016）》
作者：任宗哲、白宽犁、牛昉
第一作者职称：教授
成果形式：著作
字数：307千字
出版单位：社会科学文献出版社
出版时间：2015年12月

全书紧紧围绕党的十八大及十八届三中全会关于社会发展的重大决策部署，紧贴"三个陕西"的建设实际，对陕西社会发展的诸多领域进行了全面深入的探讨。其中，法治政府建设、革命老区扶贫问题、行政审批制度改革以及移民搬迁问题成为本年度的热点。

成果名称：《2015—2016丝绸之路经济带发展报告》
作者：任宗哲、白宽犁、谷孟宾
第一作者职称：教授
成果形式：著作
字数：345千字
出版单位：社会科学文献出版社
出版时间：2015年12月

随着国家"一带一路"愿景与行动文件的公布，"一带一路"建设开始进入加速推进阶段。本报告主要盘点、记录该文件公布以来丝绸之路经济带建设的各项具体进展，并结合最新的形势来分析预测未来发展趋势。该书汇集了西北、西南地区社科院、大学和政府部门共20多位研究丝绸之路经济带的专家学者的最新研究成果。

成果名称：《世俗性与功利化：消费视角下的宋代佛教新发展》
作者：秦开凤
职称：副研究员
成果形式：论文
字数：13千字
发表刊物：《宗教学研究》
出版时间：2015年6月（2015年第2期）

宋代佛教从高深的义理之学转而成为大众的实用之学，它广泛深入到民众生活之中，信徒扩展至官僚、士大夫、地主、普通市民、村民以及商人等社会各阶层。佛教信仰不仅是一种精神心理活动，更外化为信徒们参与的各种佛教活动，而这些活动许多本质上是一种消费行为，具体表现为购买放生物、购买或刊印佛经、塑造神像、修庙建塔、做佛事、转轮藏和其他布施行为等。在宋代处于中国封建社会转型期的大背景下，宋代的佛教信仰消费也具有了世俗性、大众化的特点，同时，功利主义和利己主义色彩渐浓。

成果名称：《钱穆"莎评"论》
作者：魏策策
职称：助理研究员
成果形式：论文
字数：11千字
出版单位：《武汉大学学报·人文科学版》
出版时间：2015年3期

钱穆的"抑莎"论无疑是带有偏见的，原因在于他以反驳莎士比亚来反对西方文明，他的"莎评"既有对莎士比亚的溢美之词，也有对莎士比亚的贬低之语，前后矛盾，难以自圆其说。钱穆以中国文学的衡量标准质疑莎士比亚文学作为一流文学的合理性，同时他又承认莎士比亚是西方先进文明的典范，以莎士比亚为例指出了国人"慕西"的无知与危险，又对国人的"趋新"心态进行了匡正，钱穆以极强的民族主体意识抵抗西学东渐的潮流，在特定的历史时代，他的复古言论成为独语。从他的"莎评"个案中可以看出，作为尊古的代表，钱穆的困境在于无法为中国的现代转型提供新的方向和意义。

文章对钱穆论莎的态度予以评论，以分析钱穆对待西学的态度，对今天中国的文化有启示作用。

成果名称：《陕西新型城镇化质量综合评价及空间分异研究》
作者：冯煜雯、杨洁、王建康、王长寿
第一作者职称：助理研究员
成果形式：论文
字数：6千字
出版单位：《理论导刊》
出版时间：2015年2月

研究根据新型城镇化的质量内涵，构建了经济高效、城镇集聚、功能完善、环境友好、城乡统筹、社会和谐的"六维指标体系"，利用变异系数法逐层加权求和，计算陕西省城镇化质量综合得分。同时以此为基础，运用聚类分析法，将全省十市一区划分为四大类型区，剖析各区域的优势和障碍，为提高陕西城镇化质量提供理论依据和实践参鉴。

成果名称：《新型城镇化发展水平评价指标体系及其应用——基于全国31省市截面数据的实证分析》
作者：王建康
职称：研究员
成果形式：论文
字数：6千字
出版单位：《青海社会科学》
出版时间：2015年3月

文章从经济高效集约、功能完善、环境友好、城乡统筹、社会和谐等方面，选取30个指标构建了新型城镇化水平评价指标体系。在此基础上，该文以全国31个省市的指标数据进行测算和评价，对比分析了31省市的新型城镇化发展水平，以及制约我国新型城镇化发展的因素，最后提出了加快新型城镇化进程的对策建议。

成果名称：《文化遗址保护与关联产业和谐共生机制实证研究》
作者：曹林、裴成荣、张爱玲
第一作者职称：助理研究员
成果形式：论文
字数：7千字
出版单位：《长安大学学报（社会科学版）》
出版时间：2015年2月

该文以大唐西市为例，研究了文化遗

址保护与关联产业和谐共生关系。研究认为，文化遗址保护与关联产业和谐共生是互辅共进的持续发展模式，其包括三大机制：价值生成机制是和谐共生的动力源泉，运行机制是和谐共生的坚实基础，利益分配机制是和谐共生的基本保障。研究结果表明：文化遗址保护与关联产业和谐共生模式值得大力推广，关键要形成以构建文化遗址保护与关联产业和谐共生的价值生成、协调运行和利益分配三大核心机制。

成果名称：《陕北神木石峁遗址即"不周山"——对石峁遗址的若干考古文化学探想》
作者：胡义成、曾文芳、赵东
第一作者职称：研究员
成果形式：论文
字数：12千字
发表刊物：《西安财经学院学报》
出版时间：2015年第4期

文章认为陕北神木石峁遗址即神话传说中的不周山。从文化特征上看，石峁遗址是当时中国最大的"石筑城"并出土了大量玉器；从神话学大量证据、文字学证据和考古学证据看，可以充分证明它就是大禹治水与共工争斗时被毁的"不周山"。该文推进了对陕北神木石峁遗址的性质认知，在社会上引起了巨大反响。

成果名称：《标本协治：协同论视角下中国反腐败新战略》
作者：郭兴全
职称：研究员
成果形式：论文
字数：6千字
出版单位：《甘肃社会科学》
出版时间：2015年第1期

该文结合法治反腐新阶段的新要求，着眼于正确处理反腐败治标与治本之间的关系，创造性提出反腐败标本协治新战略，即治标与治本不是平均使用力量，而要在腐败高发易发的特殊阶段，优先治标降低腐败存量，在腐败势头得到有效遏制后，应该将更多的力量集中于治本，营造风清气正的政治生态，遏制腐败增量。

成果名称：《明末全真道士郭静中生平考略》
作者：张方
职称：副研究员
成果形式：论文
字数：18千字
发表刊物：《宗教学研究》
出版时间：2015年9月

全真道士郭静中在明代后期以祈雨术、内丹术闻名于北方地区。其既为名士傅山之师，又与赵南星、李长庚、乔学诗等朝廷大员为方外之友，在明末官绅阶层中有着广泛的影响。该文利用文集、地方志以及碑铭等史料对郭静中的法派传承、住持宫观、社会交往、治学修为，以及其与赵南星、傅山之间的关系等问题，进行详细的考证。目前，明代全真道研究史料十分匮乏，对郭静中这样道行高深、影响广泛的明代全真高道进行研究是对明代全真道历史的重要补充。

成果名称：《"本际"考论》
作者：黄崑威
职称：助理研究员
成果形式：论文
字数：7.5千字
发表刊物：《中国哲学史》
出版时间：2015年第2期

"本际"词源为古代印度与原始佛教同时代的外道思想流派，解释世界本源的哲学范畴。"本际"虽在汉译佛典中也间有使用，但在大乘经典中，才被赋予形而上学的内涵，逐渐突出其"本体"色彩。"本际"又曾经是道教与中国佛教哲学的范畴之一。"本际"范畴的定义,经历了由相似本体论向道性论和心性论的逻辑发展,这也是李荣的"本际义"与《本际经》及《宝藏论》的哲学诠释路径。《宗镜录》的"本际义"是佛教如来藏思想与道教重玄学"本际"理论,相互借鉴、吸收的成果,代表了中国佛教宋代以后的思想发展趋向。

## 第六节 学术人物

### 一、陕西省社会科学院2014年以前正高级专业技术职务人员

| 姓名 | 出生年月 | 学历/学位 | 职务 | 职称 | 主要学术兼职 | 代表作 |
| --- | --- | --- | --- | --- | --- | --- |
| 佘树声 | 1929.10 | 大学 | — | 研究员 | — | 《历史哲学:历史演绎的过去现在及未来》《国学导引》《西安宗教文化》 |
| 李平安 | 1933.10 | 研究生 | 副院长 | 研究员 | 西北大学中国西部发展研究中心理事、陕西省改革发展研究会专家组成员 | 《论社会主义初级阶段的商品经济运行机制》《城市经济文化研究》 |
| 张宏志 | 1929.7 | 初中 | — | 研究员 | 联合国美术家协会主席、联合国国际文学艺术家联合会副主席兼中国陕西分会主席 | 《抗日战争的战略预防》《抗日战争的战略相持》《抗日战争的战略反攻》 |
| 贾纯夫 | 1925.4 | 大学 | 副所长 | 研究员 | 陕西省政府经济研究中心干事、陕西省政府咨询委员会成员 | 《陕西社会经济发展简史》《陕西政务志》 |
| 王玉樑 | 1933.11 | 研究生 | 主编 | 研究员 | 陕西省价值哲学学会会长、陕西省哲学学会常务理事 | 《价值哲学》《价值哲学探索》《邓小平的价值观》 |
| 王西平 | 1936.6 | 大学 | 馆长 | 研究员 | 陕西省信息学会常务副理事长 | 《杜牧评传》《杜牧诗美探索》《路遥评传》《老子辩证》 |
| 史国瑞 | 1930.6 | 大学 | 所长 | 研究员 | 全国社会主义辩证法研究会理事、陕西省社会主义辩证法专业委员会名誉会长 | 《精神文明简论》《矛盾 实践 社会主义》《结构 机制 发展》 |
| 陈恩志 | 1933.8 | 大学 | — | 研究员 | — | 《蓝田直立人》《中国古代人类与旧石器考古发现与研究》《丝绸之路》 |
| 雷云峰 | 1934.2 | 大学 | 所长 | 研究员 | — | 《陕甘宁边区史》《延安名人辞典》 |

续表

| 姓名 | 出生年月 | 学历/学位 | 职务 | 职称 | 主要学术兼职 | 代表作 |
|---|---|---|---|---|---|---|
| 张俊南 | 1938.11 | 大学 | 所长 | 研究员 | 陕西省党史学会秘书长、陕西省职工思想政治工作研究会常务理事 | 《思想政治工作概论》《平凡人生》 |
| 魏世峰 | 1933.10 | 研究生 | — | 研究员 | 陕西省毛泽东哲学思想研究会副会长 | 《延安时期的毛泽东哲学思想》《建国后毛泽东哲学思想研究》 |
| 张建新 | 1934.8 | 大学 | — | 研究员 | 历史唯物主义学会理事 | 《儒学与马克思主义》《评"马克思主义是一个学派"》 |
| 田遇春 | 1936.1 | 大学 | 所长 | 研究员 | 中国人口学会理事、陕西省人口学会常务理事、副会长 | 《当代中国的陕西蓬勃发展的旅游业》《困扰与希望 陕西人口问题新探》 |
| 吴嘉本 | 1938.11 | 大学 | 所长 | 研究员 | 陕西省农业经济学会常务理事、陕西省粮食经济学会常务理事 | 《粮食批发市场与期货市场》《陕西省综合农业区划》《黄土高原土地资源评价及规划》 |
| 闫树声 | 1938.11 | 大学 | 所长 | 研究员 | 中国博物馆学会理事、陕西省延安精神研究会理事 | 《陕甘宁边区史》《遵义会议与十一届三中全会比较研究》 |
| 胡民新 | 1938.5 | 大学 | — | 研究员 | 陕西中共党史人物研究会副会长、陕西陕甘宁革命根据地史研究会副会长 | 《陕甘宁边区史》《陕甘宁边区民政工作史》 |
| 贺志强 | 1939.12 | 大学 | 馆长 | 研究员 | — | 《创世纪》期刊《延安文艺研究》 |
| 焦兴国 | 1943.1 | 大学 | — | 研究员 | 西安专家咨询团成员、雁塔区老科协副会长 | 《产业塔论》《中国文明起源与文化复兴之路》 |
| 陈景富 | 1940.12 | 大学 | — | 研究员 | 陕西省文史研究馆馆员、陕西省作家协会会员 | 《中韩佛教关系一千年》《中朝佛教文化交流史》 |
| 李忠全 | 1942.5 | 大专 | — | 研究员 | 全国中共党史学会第四届理事、陕西省党史学会副会长、陕甘宁革命根据地史研究会常务理事 | 《陕甘宁边区政权建设史》《陕甘宁边区史》《延安时期中国共产党廉政建设史论》 |
| 武 原 | 1940.8 | 大学 | 副所长 | 研究员 | 陕西省三秦文化研究会研究员 | 《权利与唐代书法文化》《李世民与唐代书法文化》《李隆基与盛唐书法文化》 |

续表

| 姓名 | 出生年月 | 学历/学位 | 职务 | 职称 | 主要学术兼职 | 代表作 |
|---|---|---|---|---|---|---|
| 李笔戎 | 1940.7 | 中专 | — | 研究员 | 中国管理科学学会理事、中国城市经济学会理事 | 《计划经济的提法值得商榷》《城市化规律与中国城市化发展战略》 |
| 胡义成 | 1945.6 | 大学 | — | 研究员 | 省社科联常务理事、省价值哲学学会副会长、全国人权研究会理事 | 《人道悖歌》《生产力哲学》《明小品三百篇》《国富新论》《精神文明概论》 |
| 张 田 | 1937.3 | 大学 | 所长 | 编审 | 中国传统文化交流协会常务副会长、中国当代艺术出版社副社长 | 《耕犁初记——张田诗文选》《杜牧评传》《中国历代故事辞典》 |
| 朱 凯 | 1945.5 | 硕士研究生 | — | 研究员 | — | 《陕甘宁边区史——解放战争时期卷》《于右任传》 |
| 牛 济 | 1945.6 | 硕士研究生 | — | 研究员 | — | 《教育界》《教育探索与实践》 |
| 杨发民 | 1946.12 | 大学 | 副院长 | 研究员 | 西安市政府决策咨询委员会委员、省体制改革研究会副会长 | 《从小康村崛起看农村脱贫致富道路》《价值观念变革的正确导向》 |
| 张应超 | 1947.2 | 大专 | 副所长 | 研究员 | 中国宗教学会理事、长安国学院名誉院长、西安市老子文化研究会会长 | 《陕西辛亥革命》《养生有道》《辛亥革命时期井勿幕的活动》《丘处机对全真道的贡献》 |
| 郭 林 | 1947.6 | 大学 | 所长 | 研究员 | 陕西省陕甘宁革命根据地史研究会会长、当代陕西研究会理事 | 《陕甘宁边区的民族关系》《陕甘宁边区史——解放战争时期》 |
| 李育华 | 1950.2 | 大学 | — | 编审 | 西安理工大学教授 | 《略论文化的经济属性》《论中国古代监察官员的管理制度》 |
| 王亚荣 | 1950.10 | 初中 | 所长 | 研究员 | 长安佛教研究中心副主任、中国宗教学会理事 | 《隋唐五代分册》《大兴善寺》《大兴城佛经翻译史要》 |
| 刘世文 | 1950.11 | 大专 | 所长 | 研究员 | 陕西省政治学会副会长、陕西省哲学学会副会长 | 《"三个代表"与唯物史观》《改革三十年党在社会主义政治建设上最宝贵的经验》 |
| 樊光春 | 1952.3 | 大专 | 所长 | 研究员 | 中国老子研究会资深常务理事 | 《西北道教史》《长安终南山道教史略》 |

续表

| 姓名 | 出生年月 | 学历/学位 | 职务 | 职称 | 主要学术兼职 | 代表作 |
| --- | --- | --- | --- | --- | --- | --- |
| 杨培英 | 1953.2 | 大学 | 所长 | 研究员 | 陕西省经济学会副会长 | 《当前中国农村土地制度研究》《农民增收与粮食安全对比研究》 |
| 权文荣 | 1953.2 | 大学 | 副所长 | 研究员 | 陕西省价值哲学学会理事 | 《中国特色社会主义理论对马克思主义科学世界观的理论贡献》《唯哲史观新探》 |
| 张宝通 | 1947.4 | 硕士 | 所长 | 研究员 | 中国贸促会专家委员会委员、陕西省城市经济文化研究会会长、陕西省决策咨询委员会咨询委员 | 《生产价格与自觉运用价值规律》《加快组建大西安、发展关中城市群》 |
| 杨明丽 | 1954.3 | 大学 | 社长 | 编审 | — | 《个人经济主体与劳动制度改革》《现代企业制度与资本经营》 |
| 杨立民 | 1954.3 | 硕士 | 主编 | 编审 | 西北大学文学院兼职教授 | 《文学活动的多维阐释》《延安文艺概论》 |
| 陈长吟 | 1955.5 | 大学 | 副所长 | 编审 | 中国散文学会副秘书长、陕西省散文学会会长 | 《散文之道》 |
| 鱼小辉 | 1955.11 | 博士 | — | 研究员 | 英国国际世纪中心理事会终身研究员、世界社会学（ISA）暨国际社会学会员 | 《战后西方两大社会思潮比较研究》《中国与世界新格局》《西方绿色运动》 |
| 石英 | 1954.8 | 硕士 | 副院长 | 研究员 | 中国社会学会副会长 | 《质性社会学论纲》 |
| 何炳武 | 1956.7 | 大专 | 所长 | 研究员 | 中华炎黄研究会常务理事、中国先秦史学会常务理事 | 《黄帝祭祀研究》《陕西书法研究》《中国书法思想史》 |
| 孙立新 | 1956.12 | 大学 | — | 研究员 | 全国汉语方言学会会员、陕西师范大学西北方言与民俗研究中心研究员 | 《户县方言研究》《关中方言语法研究》 |
| 任宗哲 | 1964.4 | 博士 | 书记院长 | 教授 | 陕西省社科联副主席、中国行政管理学会特邀理事 | 《中国地方政府研究》《中国公共服务城乡均等化供给——基于制度分析的视角》《市政管理新论》 |
| 白宽犁 | 1962.7 | 研究生 | 副院长 | 研究员 | 陕西省社科信息学会会长、陕西省社科联常委 | 《让延安精神放射出新的时代光芒》、《陕西蓝皮书》（主编） |

续表

| 姓名 | 出生年月 | 学历/学位 | 职务 | 职称 | 主要学术兼职 | 代表作 |
|---|---|---|---|---|---|---|
| 吴敏霞 | 1959.12 | 硕士 | 所长 | 研究员 | 陕西省历史学会理事、陕西省古籍保护专家委员会委员、陕西省古籍整理出版专家委员会委员 | 《秦岭碑刻的田野调查与价值研究》《长安碑刻》《日据时期的台湾佛教》 |
| 张艳茜 | 1963.3 | 大学 | 副所长 | 编审 | 中国文艺评论基地研究员、全国社科基金项目评审 | 《平凡世界的路遥》《近看陈忠实》 |
| 裴成荣 | 1965.12 | 博士 | 所长 | 研究员 | 中国延安干部学院特聘教授、中国城市经济学会理事、陕西经济学会常务理事 | 《区域发展与产业培育》《国际化大都市特色研究——以西安为例》 |
| 江　波 | 1959.11 | 大学 | — | 研究员 | 中国社会学会理事、陕西省社会学会会长 | 《社会学的新视野——社会学与现实社会研究》 |
| 牛　昉 | 1962.12 | 大学 | 所长 | 研究员 | 陕西省社会学会副会长兼秘书长 | 《退耕还林还草参与式评估研究》 |
| 张　蓬 | 1956.12 | 大学 | — | 编审 | 西安交通大学、西安电子科技大学、宝鸡文理学院兼职教授 | 《守望家园：中国哲学当代性反思》 |
| 王长寿 | 1963.10 | 博士 | 所长 | 研究员 | 陕西省人大立法咨询专家、陕西省陕甘宁革命根据地史研究会会长、陕西省城市经济文化研究会常务副会长 | 《陕西历史文化资源研究》《陕西红色文化资源的保护与开发》《试论金融市场管理》 |
| 张　燕 | 1963.8 | 大专 | — | 研究员 | 西安历史文化名城研究会常务理事、西安雁塔区政协常务委员 | 《长安与丝绸之路》《陕西道教文化旅游资源开发》《汉唐丝绸之路》 |
| 唐　震 | 1961.12 | 大学 | 所长 | 教授 | 全国党建会研究员、陕西省毛泽东邓小平哲学思想研究会常务理事 | 《接受与选择：关于对象视域与人的主体性研究》《西安文化软实力建设研究》 |
| 谷孟宾 | 1975.7 | 大学 | 所长 | 研究员 | — | 《区域投资环境评价——理论、实践与反思》 |
| 郭兴全 | 1967.12 | 博士 | 所长 | 研究员 | 陕西省人大常委会立法咨询专家、陕西省委政法委特约研究员 | 《中国廉政建设的理论与实践》《关于完善廉政风险防控管理机制的思考》 |

续表

| 姓名 | 出生年月 | 学历/学位 | 职务 | 职称 | 主要学术兼职 | 代表作 |
|---|---|---|---|---|---|---|
| 刘宁 | 1970.2 | 博士 | — | 研究员 | 复旦大学中国研究院客座研究员、陕西省散文评论委员会副主任、柳青文学研究会常务理事 | 《当代陕西作家与秦地传统文化研究》《两种现实主义的论争》 |
| 李万忍 | 1933.2 | 大专 | — | 研究员 | 中国历史唯物主义学会常务理事、陕西省社会学会负责人 | 《科学技术与精神文明》《科学技术与生产力革命》《邓小平科技思想研究》 |
| 李宝三 | 1934.10 | 初中 | 所长 | 研究员 | — | 《陕西社会科学通览（1949—1985）》《陕西年鉴》 |
| 张宪臣 | 1937.10 | 大学 | 所长 | 研究员 | — | 《执政党党风简论》《新时期党的建设概论》《当代陕西大事纪要》 |
| 张敏生 | 1943.11 | 大学 | — | 研究员 | 西安市社科学术翻译委员会委员、陕西省家庭教育学会理事 | 《延安时期的毛泽东思想研究》《精神文明简论》《哲学的新视野》 |
| 陈世夫 | 1924.9 | 大学 | — | 研究员 | 中华全国外国哲学史学会常务理事 | 《黑格尔辩证法的历史作用和地位》《邓小平价值观是时代精神的精华》 |
| 赵炳章 | 1932.11 | 大学 | 书记院长 | 研究员 | 中国国史学会理事、陕西省经济学会会长、当代陕西研究会会长、陕西省毛泽东思想研究会副会长、三秦文化研究会副会长 | 《知识经济问题研究》《陕西通史·中华人民共和国卷》《陕西经济发展战略综论》 |
| 徐博涵 | 1935.5 | 大学 | 所长 | 研究员 | 陕西省科学社会主义学会副会长、中国科学社会主义学会理事 | 《沉思录——革命与建设之路新探》《邓小平改革的哲学思维》 |

## 二、陕西省社会科学院2015年度晋升正高级专业技术职务人员

王建康，1976年9月出生，陕西户县人，研究员。现从事区域经济研究，主要学术专长是县域经济的研究，主要代表作有：《县域经济》（专著）、《通往新型城镇之路》（专著）、《当代陕西县域经济》（专著）。

罗丞，1971年5月出生，福建莆田县人，研究员。现从事农村经济管理研究，主要学术专长是农村经济研究，主要代表作有：《消费者对安全食品支付意愿的影响因素分析——基于计划行为理论框架》

（论文）、《新生代农民工的社会失范：类型与相互关系》（专著）、《生计资本对农村留守妇女外出务工意愿的影响——以安徽巢湖为例》（论文）。

吴刚，1971年9月出生，陕西宝鸡人，研究员。现从事区域经济研究，主要代表作有：《全面创新战略导向下产业升级模式研究》（专著）、《军民结合产业发展能力评测》（论文）。

## 第七节　2015年大事记

**一月**

1月8日，副院长白宽犁出席在西安理工大学举行的2014年陕西省社科信息学会年会。

**二月**

2月6日，召开院2014年度工作总结表彰暨2015年工作部署大会，党组书记、院长任宗哲总结了2014年工作，并安排部署2015年工作。

**三月**

3月28日，陕西省社科院与西安电子科技大学、中信银行西安分行成功举办"第二届丝绸之路经济带发展论坛"。

3月30日，陕西省社科院在中宣部舆情信息工作会议上再次荣获"舆情信息工作先进单位"称号，共有5篇分析报告荣获"好信息"奖。

**四月**

4月25—26日，陕西省社科院与省决咨委、省政府研究室、省社科联、省城市经济文化研究会等部门共同举办了第九届"大关中发展论坛"。

4月29日，陕西省社科院荣获"2014年度全省宣传思想文化调研工作先进单位"称号。

**五月**

5月6日，全院召开"三严三实"专题教育工作会，安排部署"三严三实"专题教育工作。

5月14日，四川省社科院纪委书记向宝云一行7人来院调研。

5月22日，陕西省副省长庄长兴一行来陕西省社科院调研，参观了科研成果展室、古籍整理展室，并与院领导班子座谈交流。

5月22日《玄奘大传》出版新闻发布会在院举行。

5月27日，广西社科院副院长刘建军一行7人来院调研。

**六月**

6月1日，陕西省委常委、省委宣传部部长景俊海来陕西省社科院调研，与院领导班子及一线社科工作者就中国特色新型智库建设进行座谈交流。

6月25日，陕组干任〔2015〕161号通知，任命毛斌同志为陕西省社会科学院党组成员。

**七月**

7月1日，陕西省社科院召开庆祝中国共产党成立94周年大会，表彰了先进党支部、优秀共产党员和优秀党务工作者。

7月13日，陕政任字〔2015〕130号决定，任命毛斌同志为陕西省社会科学院副院长。

7月13—18日，副院长白宽犁带领办公室、科研管理处、发展合作处、计划财务处负责同志，先后前往北京市社科院、江苏省社科院、山东社科院，就新型智库建设、社科院创新发展等课题进行调研考察。

7月20—25日，党组成员、纪检组长

刘卫民带领办公室、科研管理处、人事处相关人员，赴安徽省社科院、江西省社科院、福建社科院调研新型智库建设、"十三五"事业发展规划等。

### 八月

8月29日，党组书记、院长任宗哲应邀出席了在银川举行的"第十一届西部社科院院长联席会议暨首届中阿智库论坛"。

### 九月

9月2日，黑龙江省社科院党委书记谢宝禄一行5人来陕西省社科院调研新型智库建设。

9月7日，广西社科院党组书记、院长吕余生一行4人来院调研。

9月11日，陕西省委常委、省委宣传部部长梁桂来陕西省社科院调研，与院领导班子及一线社科工作者进行座谈交流。

9月14日，韩国忠清北道发展研究院院长郑超时一行4人来陕西省社科院访问，就合作开展课题研究、互派访问学者等进行了探讨交流，并签署交流合作协议。

9月15日，陕西省委常委、省委组织部部长毛万春来院调研督察"三严三实"专题教育工作。

### 十月

10月9日，中共中央对外联络部政策研究室孔根红参赞一行6人来陕西省社科院专题调研。

10月10日，党组会议研究决定，聘任唐震为中国马克思主义研究所所长、李继武为宗教研究所所长、陈波为政治与法律研究所副所长、程圩为文化产业与现代传播研究所副所长、张艳茜为文学艺术研究所副所长、张春华为社会学研究所副所长。

10月12日，《高等学校文科学术文摘》社长、总编姚申教授来陕西省社科院调研。

10月15日，罗马尼亚科学院经济学、法学与社会学部部长埃米利安·多布雷斯库博士与世界经济研究所艾迪特·多布蕾博士来陕西省社科院学术交流。

10月21日，加拿大驻华大使馆公使杜欣丽一行4人来访，就"一带一路"战略话题进行友好交流和深入探讨。

### 十一月

11月6日，党组纪检组对新聘任的6位处级干部进行集体廉政谈话。

### 十二月

12月9日，召开党风廉政建设责任制专项检查汇报总结会。全院科研、行政（科辅）部门的22个负责同志作了汇报。

12月10日，副院长白宽犁深入院扶贫点——安康市汉滨区茨沟镇瓦铺村调研，为当地赠送农村实用技术图书和音像资料60余套。

# 甘肃省社会科学院

## 第一节 历史沿革

甘肃省社会科学院的前身为甘肃省哲学社会科学研究所。1964年1月,经中共甘肃省委决定,甘肃省哲学社会科学研究所成立,有23名工作人员,1968年机构撤销,人员星散。1977年12月31日,甘肃省哲学社会科学研究所恢复成立。1979年10月22日,经中共甘肃省委批准,甘肃省哲学社会科学研究所改建为甘肃省社会科学院,正厅级建制。

### 一、领导

历任院党委书记:韩生本(1980年10月—1983年5月)、伏耀祖(1983年8月—1985年3月)、尉松明(1985年3月—1990年3月)、徐仲碧(1990年3月—2000年7月)、安可君(2000年7月—2004年9月)、范鹏(2006年11月—2011年5月)、管钰年(2011年5月—2012年5月)、范鹏(2012年5月—2014年12月)。

历任院长:朱瑜(1980年10月—1983年5月)、伏耀祖(1983年5月—1988年5月)、尉松明(1988年5月—1990年5月)、支克坚(1990年5月—1996年9月)、徐仲碧(1996年9月—2000年8月)、周述实(2000年8月—2005年2月)、范鹏(2005年2月—2012年5月)、王福生(2013年5月— )。

### 二、发展

甘肃省社会科学院是甘肃省委、省政府直属的综合性哲学社会科学研究机构,是甘肃省重要的智库和理论研究基地,是甘肃省委、省政府重要的思想库和智囊团。建院以来,甘肃省社会科学院在哲学、经济学、农业经济、社会学、法学、历史学、文学、信息学等方面进行了广泛而深入的研究,取得了丰硕成果。截至2015年底,共承担各级各类课题1980项,平均每年50多项,其中国家社科基金项目、中华青年基金项目、西部项目85项,国际合作项目17项,省部级项目530项,各类委托课题360项,院所研究项目988项。公开发表论文、研究报告4718篇,平均每年120余篇。出版学术著作266部,完成调研、咨询报告272项,获省部级以上奖励300余项。其中,有关政治体制改革、美学、思维科学、区域经济、农村经济、农村社会问题、陕甘宁根据地史、西北经济史、敦煌文学、西路军、毒品犯罪、半干旱集水农业、敦煌艺术哲学、农村法制建设、信息产业、舆情分析与预测等方面的成果在国内学术界产生了较大影响。

### 三、机构设置

1979年建院以来,内部机构设置根据发展的需要数次变更,曾先后设置:哲学、经济、历史、文学、马列主义、科学社会主义、人口理论等7个研究室,以及《社会科学》编辑部、图书资料室、院办公室等部门。2014年8月,甘肃省社会科学院人事制度改革,内设机构20个,分别是院办公室、科研处、组织人事处、行政计财处、监察室、学术合作处、机关党委、工会、后勤服务中心等9个职能部门，区域经济研究所、资源环境与城乡规划研究所、农村发展研究所、文化研究所、西北历史与丝绸之路研究所、哲学社会学研究所、政治研究所、法学研究所、决策咨询与公共政策研究所9个专业研究所和杂志社、信息网络数据中心2个科研辅助机构。另有9个院属、19个所属非实体研究中心。

### 四、人才建设

自1979年建院以来，甘肃省社会科学院在哲学社会科学领域取得了丰硕的成果，其中不乏学有专长和卓有建树的专家学者。截至2015年12月，全院总编制数为156人，在职人员148人，离退休人员62人。在职职工中专业技术人员104人，行政管理和后勤服务人员43人。其中：享受国务院特殊津贴专家8人，省领军人才9人（第一层次5人，第二层次4人），省优专家4人，"333""555"人才7人，省宣传文化系统"四个一批"人才4人。博士（含在读）14人，其中博士后4人，具有硕士学位48人。在岗104名专业技术人员中，正高级职称人员23人；副高级职称人员37人；中级职称人员36人；初级职称人员8人。

## 第二节 组织机构

### 一、甘肃省社会科学院领导及分工

1. 甘肃省社会科学院历任领导

第一届（1980年10月—1983年5月）：

党委书记：韩生本；
副书记：白涛；
院长：朱瑜；
副院长：李光、伏耀祖、陈人之。
第二届（1983年8月—1985年3月）：
党委书记、院长：伏耀祖；
党委副书记：王志伊；
副院长：徐炳文、李梦庚。
第三届（1985年3月—1990年3月）：
党委书记：尉松明；
副书记：王志伊；
院长：伏耀祖；
副院长：徐炳文、甘棠寿、任安国。
第四届（1990年3月—1996年9月）：
党委书记：徐仲碧；
院长：支克坚；
副院长：任安国、邓永鹏。
第五届（1996年9月—2000年8月）
党委书记、院长：徐仲碧；
副院长：任安国、邓永鹏、周述实。
第六届（2000年8月—2005年2月）：
党委书记：安可君；
院长：周述实；
副院长：刘敏、魏胜文、魏琦。
第七届（2005年2月—2006年11月）：
党委副书记、院长：范鹏；
副院长：刘敏、魏胜文、魏琦。
第八届（2006年11月—2011年5月）：
党委书记、院长：范鹏；
副院长：魏胜文、魏琦、朱智文、安文华；
纪委书记：陈双梅。
第九届（2011年5月—2012年5月）：
党委书记：管钰年；
院长：范鹏；
副院长：魏胜文、朱智文、安文华、刘进军；
纪委书记：陈双梅。
第十届（2012年5月—2014年12月）：
党委书记：范鹏；
党委副书记、院长：王福生；
副院长：朱智文、安文华、刘进军；
纪委书记：陈双梅。

## 2. 甘肃省社会科学院现任领导及分工

院党委副书记、院长王福生。主持院党委行政全面工作。主管组织、人事、职称、老干部工作。分管杂志社。

院党委委员、纪委书记陈双梅。主管纪检、统战、党员教育管理、党校、青年、妇女、扶贫、人口与计划生育工作。分管监察室、机关党委、工会。

院党委委员、副院长朱智文。主管科研和理论研究工作。分管科研处、学术合作处、区域经济研究所、资源环境与城乡规划研究所、农村发展研究所、法学研究所。协管杂志社。

院党委委员、副院长安文华。主管宣传、文秘、机要工作。协管组织、人事、职称、老干部工作。分管办公室、文化研究所、西北历史与丝绸之路研究所、哲学社会学研究所、政治研究所。

院党委委员、副院长刘进军。主管行政、后勤、安全保卫、综合治理、信息化工作。分管行政计财处、后勤服务中心、决策咨询与公共政策研究所、信息网络数据中心。

## 二、甘肃省社会科学院职能部门

办公室
主任：景国栋
副主任：高永敏、李耀文

科研处
处长：马廷旭
副处长：刘玉顺

组织人事处
处长：许诺
副处长：赵生雄、雒红梅

行政计财处
处长：高应恒
副处长：郝珍、伏国雄

监察室
主任：李昕
副主任：杨永志

学术合作处
处长：王灵凤

机关党委
专职副书记（正处级）：汪金平

工会
主席：海小明

后勤服务中心
主任：王森
副主任：薛世强、吴来花

## 三、甘肃省社会科学院科研机构

区域经济研究所
所长：罗哲

资源环境与城乡规划研究所
所长：何苑
副所长：张广裕

农村发展研究所
所长：王建兵
副所长：李振东

文化研究所
所长：马步升
副所长：戚晓萍

西北历史与丝绸之路研究所
副所长：马东平（主持工作）
副所长：侯宗辉

哲学社会学研究所
所长：谢增虎
副所长：李有发

政治研究所
所长：许尔君
副所长：索国勇

法学研究所
所长：张谦元
副所长：王瑾

决策咨询与公共政策研究所
所长：王晓芳
副所长：魏学宏

## 四、甘肃省社会科学院科辅部门

杂志社

社长：董积生
总编：胡政平
副总编：周小鹃
《甘肃社会科学》主编：赵国军
《开发研究》主编：王旭东
信息网络数据中心
主任：孙宏林

## 第三节　年度工作概况

2015年，甘肃省社会科学院深入学习贯彻党的十八大、十八届四中、五中全会精神，认真贯彻落实"三严三实"学习教育活动部署、党风廉政建设"3783"主体责任体系及甘肃省委"工作落实年"具体要求，按照"建设特色新型智库"的目标和"六个以"的办院方针，主动作为，求真务实，开拓创新，各项工作有序推进。

### 一、倾力打造陇原特色新型智库

2015年，甘肃省社科院倾力打造陇原特色新型智库，向甘肃省委、省政府提供决策服务。积极配合省委宣传部起草《中共甘肃省委关于贯彻落实中共中央〈关于加强我省新型智库建设的意见〉实施办法》。2015年初，甘肃省社会科学院制定下发了《深入学习〈关于加强中国特色新型智库建设意见〉的通知》（甘社科党〔2015〕2号）及《关于加强特色新型智库建设的工作安排》（甘社科党〔2015〕4号），充分发挥院所两级特色智库和子智库作用，倾力打造陇原特色新型智库。2015年9月，积极响应国家建设"丝绸之路经济带"战略部署，充分利用在西北历史与丝绸之路研究方面的优势，在敦煌主办了"促进沿边开放发展，推动一带一路建设"的沿边九省区新型智库联盟高层论坛。2015年，承担甘肃省委、省政府委托第三方评估课题5项，为甘肃省委、省政府科学民主依法决策提供智力支持。

### 二、全面完成甘肃省文化资源普查数据录入工作

2015年，甘肃省级以上文化资源的申报、登记、汇总工作全面完成，形成了《甘肃省文化资源名录初编》《甘肃省文化资源名录初编总汇索引》，共汇总15类、18445项省级以上文化资源。同时，与万维公司合作研发并完善了甘肃省文化资源普查录入统计平台软件，制定编写《全省文化资源普查表册》《甘肃省文化资源普查工作手册》《甘肃省文化资源普查——分类分级条目说明及填表说明汇总》。已录入的文化资源达22万余项。

### 三、《甘肃蓝皮书》《陇上学人文存》《甘肃社会科学》《开发研究》及《要论与对策》《专供信息》《甘肃省社会科学院要报》《思想理论研究动态》等成果不断出新

2016年1月8日，甘肃省社会科学院召开了甘肃蓝皮书创编十周年纪念大会，甘肃蓝皮书编撰数量从最初的两种增加到了目前的十种。2015年10月28日，甘肃省社会科学院主办的甘肃省大型学术文献丛书《陇上学人文丛》第四辑出版发行暨传承陇上学人文脉研讨会顺利召开，《陇上学人文丛》第四辑已正式出版发行。甘肃省社会科学院主办的《甘肃社会科学》继续入选"2014—2015版CSSCI来源期刊""全国中文核心期刊""中国人文社会科学核心期刊""RCSSE中国核心期刊"，是全国百强期刊，刊发的学术论文被全国权威报刊转载总量位列甘肃第一、西北第一；《开发研究》继续入选"中国人文社会科学核心期刊""全国中文核心期刊""RCSSE中国核心期刊"。甘肃省社会科学院主办的《要论与对策》《甘肃省社会科学院要报》《专供信息》《思想理论研究动态》等要报按期编发，要报成果批示率有所上升，成果转化率有所提高。

## 四、发挥好年度合作项目实施过程中的协调服务作用

2015年，甘肃省社科院继续加强中国社会科学院国情调研基地、白银分院、酒泉分院、河西分院、永昌基地、兰州市党建研究基地和伦理学研究生培养示范基地建设工作。2015年3月20日，进一步落实已签约的中国社会科学院和甘肃省战略合作框架协议，在酒泉召开了中国社科院与甘肃省双向挂职干部座谈会。2015年5月26日，甘肃省社会科学院和甘肃省委党校联合邀请中国社会科学院亚太与全球战略研究院副院长李文研究员，在兰州作了题为"当前世界形势与中国'一带一路'建设"的学术报告。2015年6月7日，中国社会科学院在甘挂职干部座谈会在敦煌市召开，甘肃省委组织部副部长陈卫中出席并主持了座谈会。2015年10月13日，甘肃省社科院党委副书记、院长王福生陪同中国社会科学院院长王伟光看望在甘挂职干部。青海省社科院、广西社科院、黑龙江省社科院等兄弟院的领导、专家学者也先后来甘肃省社会科学院进行了相关专题交流座谈。

## 五、党务、双联等工作稳步推进

2015年，甘肃省社科院将学习习近平总书记系列讲话精神活动作为各项工作的重中之重。以"四个全面"战略思想和战略布局等为主题，组织撰写相关理论研究和宣传文章40余篇，并积极参加省委组织的宣讲工作，先后有10名专家赴各地进行理论宣讲近50场次。坚持落实党委负责人带头讲党课制度，并采取理论中心组、职工大会、党支部会议等方式，学习党中央、甘肃省委系列文件精神。自2015年10月底起，启动《中国共产党廉洁纪律准则》及《中国共产党纪律处分条例》学习计划，规定将《准则》与《条例》的学习作为今后每一次党委会的重要议程之一。

按照党中央、甘肃省委精准扶贫工作部署，认真做好天水市清水县王河乡西李村和吉山村、松树乡时家村的双联和精准扶贫工作。制定了甘肃省社会科学院《2015年精准扶贫工作安排意见》，修订完善了《院双联干部精准扶贫分批下乡帮扶计划表》。2015年，赴双联点开展了以"精准扶贫、携手攻坚，共建美好家园"为主题的慰问演出；自筹资金11万元为三个双联村安装了24盏太阳能路灯；完成对3个双联村精准扶贫建档立卡和留守儿童、空巢老人的统计工作；修订完善了院《双联帮扶花名册》《精准扶贫工作联系电话表》。

## 第四节 科研活动

### 一、人员、机构与基本情况

#### 1. 人员

截至2015年底，甘肃省社会科学院共有在职人员148人。其中，正高级职称人员23人，副高级职称人员37人，中级职称人员36人，中级职称以上人员占全院在职人员总数的65%；博士（含在读）14人，硕士48人，硕士以上学历人数占专业技术人员的58%。享受国务院特殊津贴专家8人，省宣传文化系统"四个一批"人才4人，省优专家4人，省领军人才9人，省"333""555"人才7人。

#### 2. 机构

甘肃省社科院设区域经济研究所、资源环境与城乡规划研究所、农村发展研究所、文化研究所、西北历史与丝绸之路研究所、哲学社会学研究所、政治研究所、法学研究所、决策咨询与公共政策研究所、杂志社、信息网络数据中心等11个科研和科研辅助机构。另有9个院属、19个所属非实体研究中心。全院共有哲学社会科学学科的重点学科、主要学科、新兴学科和特色学科25个，分院3个，研究基地3个，硕士研究生联合培养示范基地1个。

## 二、科研工作

### 1. 科研成果统计

2015年，甘肃省社会科学院共完成著作28种，780.9万字；论文192篇，132.4万字；研究报告180多篇，520万字；一般文章26篇，15.2万字。

### 2. 科研课题

（1）新立项课题。2015年，甘肃省社会科学院共有新立项课题198项。其中：国家社科基金西部项目3项，省社科规划项目4项，省科技厅软科学项目1项（详见表1），院重大项目26项，院重点项目5项，院蓝皮书项目135项，院单列课题24项。

表1 2015年科研项目一览表

| 序号 | 项目名称 | 主持人 | 项目类别 |
| --- | --- | --- | --- |
| 1 | 西北地区新型城镇化与农业现代化相辅相成的制度创新研究 | 魏晓蓉 | 国家社科基金西部项目 |
| 2 | 清末民国时期外国人到西北考察、探险、游历活动研究——兼论丝绸之路文化交流问题 | 邓慧君 | 国家社科基金西部项目 |
| 3 | 新媒体背景下中国梦的哲学基础、共识凝聚和价值传播研究 | 霍晋涛 | 国家社科基金西部项目 |
| 4 | 丝绸之路经济带建设与完善甘肃省开放型经济体系研究 | 张博文 | 省社科规划项目 |
| 5 | "十三五"时期甘肃省全面建成小康进程中特困区慢性贫困问题与脱贫机制研究 | 贾 琼 | 省社科规划项目 |
| 6 | 甘肃省新型智库建设对策研究 | 张永刚 | 省社科规划项目 |
| 7 | 丝路货币与宗教文化传播研究 | 李志鹏 | 省社科规划项目 |
| 8 | 科技支撑秦巴山区（甘肃片区）精准扶贫攻坚路径研究 | 潘从银 | 省科技厅软科学项目 |

（2）结项课题。2015年，甘肃省社会科学院共有结项课题180项。

（3）延续在研课题。2015年，甘肃省社会科学院共有延续在研课题18项。

### 3. 获奖优秀科研成果

2015年，甘肃省社会科学院获得甘肃省第十四次哲学社会科学优秀成果11项、其他奖项2项（详见表2）。

表2 2015年甘肃省社会科学院获奖情况一览表

| 序号 | 成果名称 | 作者 | 成果形式 | 奖项类别 | 获奖等级 |
| --- | --- | --- | --- | --- | --- |
| 1 | 城乡二元户籍制度改革研究 | 张谦元 | 编著 | 甘肃省第十四次哲学社科奖 | 一等奖 |
| 2 | 生与死：敦煌宗教哲学的独特观照 | 谢增虎 | 论文 | 甘肃省第十四次哲学社科奖 | 二等奖 |
| 3 | 甘肃经济社会实现跨越发展问题研究 | 刘进军 | 研究报告 | 甘肃省第十四次哲学社科奖 | 三等奖 |
| 4 | 历代中央政府治藏方略研究 | 陈建华 | 编著 | 甘肃省第十四次哲学社科奖 | 三等奖 |
| 5 | 西部限制开发区新型城镇化道路探讨——基于功能定位的视角 | 魏晓蓉 | 论文 | 甘肃省第十四次哲学社科奖 | 三等奖 |

续表

| 序号 | 成果名称 | 作者 | 成果形式 | 奖项类别 | 获奖等级 |
|---|---|---|---|---|---|
| 6 | 洮岷花儿研究：生存空间视角下的田村花儿调查 | 戚晓萍 | 专著 | 甘肃省第十四次哲学社科奖 | 三等奖 |
| 7 | 关于加强甘肃省农村基层政权建设的调研报告 | 王 瑾 | 研究报告 | 甘肃省第十四次哲学社科奖 | 三等奖 |
| 8 | 社会史视阈下的河西水利（1661—1947年） | 魏 静 | 专著 | 甘肃省第十四次哲学社科奖 | 三等奖 |
| 9 | 西北地区少数民族信息资源开发与阅读文化构建 | 王晓芳 | 专著 | 甘肃省第十四次哲学社科奖 | 三等奖 |
| 10 | 论近代西北回族民族认同的特点 | 赵国军 | 论文 | 甘肃省第十四次哲学社科奖 | 三等奖 |
| 11 | 区域创新体系研究 | 刘伯霞 | 专著 | 甘肃省第十四次哲学社科奖 | 三等奖 |
| 12 | 关于参加邪教组织人员犯罪法律适用的对策建议 | 王 瑾 | 论文 | 国务院防范和处理邪教办公室 | 二等奖 |
| 13 | 以敦煌为核心的河西走廊文化生态区建设研究 | 巨 虹 | 论文 | 中国社科文献出版社第三届皮书学术评审委员会"优秀皮书报告奖" | 三等奖 |

### 三、学术交流活动

1. 学术活动

2015年，甘肃省社会科学院举行的学术活动有：

（1）当前世界形势与中国"一带一路"建设学术报告会；

（2）"四个全面"战略布局专家论坛；

（3）第四届中国沿边九省区"新型智库战略联盟"高层论坛；

（4）甘肃省敦煌哲学学会、甘肃省中国传统文化研究会2015年年会暨敦煌哲学与中国传统文化学术研讨会；

（5）《陇上学人文存》第四辑出版发行暨传承陇上人文学脉研讨会。

2. 国际学术交流与合作

2015年，甘肃省社会科学院共派学者出访1批3人次。2月26日，院党委副书记、院长王福生研究员一行3人应邀参加在比利时布鲁塞尔召开的中欧改革论坛启动研讨会。论坛倡议开展中欧改革研究交流，共建改革进步智库之桥开展改革合作研究，共建中欧改革交流的长效机制。

### 四、学术社团、研究中心、期刊

1. 学术社团

甘肃省敦煌哲学学会，会长范鹏。

甘肃省敦煌哲学学会，会长范鹏。

2. 研究中心

9个院属研究中心及负责人：

（1）甘肃省情研究中心，主任范鹏。

（2）中国特色社会主义理论研究中心，主任范鹏。

（3）甘肃省经济发展研究中心，主任朱智文。

（4）甘肃省社会建设与管理研究中

心，主任刘敏。

（5）甘肃省民主法制建设研究中心，主任陈双梅。

（6）甘肃省特色文化大省建设研究中心，主任范鹏。

（7）甘肃省社会科学研究信息交流中心，主任魏琦。

（8）党风廉政建设研究中心，主任范鹏。

（9）西部发展战略研究中心，主任牛斌。

19个所属民办研究中心及负责人：

（1）甘肃省社会科学院国情调查研究中心，负责人安文华。

（2）甘肃省社会科学院西北创造与发展研究中心，负责人安江林。

（3）甘肃省社会科学院社会政策与人口研究中心，负责人包晓霞。

（4）甘肃省社会科学院数量经济研究中心，负责人吕胜利。

（5）甘肃省社会科学院干旱农业生态经济研究中心，负责人曲玮。

（6）甘肃省社会科学院旅游研究中心，负责人郑本法。

（7）甘肃省社会科学院法律咨询研究中心，负责人王瑾。

（8）甘肃省社会科学院敦煌文学研究中心，负责人杜琪。

（9）甘肃省社会科学院贫困问题研究中心，负责人王建兵。

（10）甘肃省社会科学院社会调查研究中心，负责人张彦珍。

（11）甘肃省社会科学院市场营销策划研究中心，负责人王军锋。

（12）甘肃省社会科学院残疾人事业研究中心，负责人李跃。

（13）甘肃省社会科学院西北民族宗教研究中心，负责人马东平。

（14）甘肃省社会科学院西北少数民族女性与社会性别研究中心，负责人马亚萍。

（15）甘肃省社会科学院社会政策与社会救助研究咨询中心，负责人王旭东。

（16）甘肃省社会科学院金融发展研究中心，负责人常红军。

（17）甘肃省社会科学院西北发展与环境研究中心，负责人何苑。

（18）甘肃省社会科学院交通运输发展研究中心，负责人许尔君。

（19）甘肃省社会科学院文化产业研究中心，负责人周小华。

3. 期刊

（1）《甘肃社会科学》（双月刊），社长董积生，总编胡政平，主编赵国军。

2015年，《甘肃社会科学》共出版6期，共计360万字。该刊全年刊载的有代表性的文章有：《"社会互构论"视阈下社会复合主体参与及互构机制》《文化研究何处去？》《儒学史应当如何重写》《西王母：中华文化东西交流的神话先驱》《大数据时代学术期刊的多维辩证评价》《文学"后批评"论》《论民事检察监督制度的结构性问题和改革方向》《标本协治：协同论视角下中国反腐败新战略》《费用补偿型医疗的代位追偿问题探讨》《公司国家框架下人均收入倍增计划实施途径》《教育学研究的中国气派——胡德海先生的教育学思想述略》等80篇。

（2）《开发研究》（双月刊），社长董积生，总编胡政平，主编王旭东。

2015年，《开发研究》共出版6期，共计240万字。该刊全年刊载的有代表性的文章有：《中国城市市辖区设置和发展评价研究》《深化农村土地制度改革与增加农民财产性收入研究》《国家"一带一路"战略：亚欧大陆桥物流业的机遇与挑战》《分工演进视角下航空经济的形成与发展机理分析》《天山北坡遗址遗迹类旅游资源保护性开发研究》《虚拟企业生命周期的风险分析与控制》《"多元一体"视阈下的民族文化互动与整合》《国内电力定价机制改革研究与建议》《略论新中国工业化起步时期的技术引进》《论后危机时代中国社会政策的发展条件与目标定位》等70篇。

### 五、会议综述

**1. 当前世界形势与中国"一带一路"建设学术报告会**

2015年5月26日，甘肃省社会科学院和中共甘肃省委党校联合举办"当前世界形势与中国'一带一路'建设"的学术报告。邀请中国社会科学院亚太与全球战略研究院副院长李文研究员，在甘肃省委党校作了主题学术报告。报告从政治、经济、外交等各个角度解读了中国的国家定位、当前世界的形势及中国与周边国家的关系，重点就"一带一路"建设的主要内容和深远意义进行了深入阐述。

**2. "四个全面"战略布局专家论坛**

2015年5月27日下午，甘肃省社会科学院与中共甘肃省委党校共同主办的"四个全面"战略布局专家论坛在省委党校顺利举办。本次论坛由中共甘肃省委党校常务副校长范鹏主持，主题为"深刻领会、准确把握、大力推进'四个全面'战略布局"。论坛的目的是通过深入研讨"四个全面"战略布局的科学内涵、战略意义、内在联系和整体布局，结合建设幸福美好新甘肃的实际，以及大力推进的步骤方法，进而为实现甘肃与全国同步建成小康社会提供对策建议，充分发挥甘肃省社科院、省委党校的思想库和参谋部的重要作用。

**3. 第四届中国沿边九省区"新型智库战略联盟"高层论坛**

2015年9月3—5日，由黑龙江省社会科学院、吉林省社会科学院、辽宁省社会科学院、内蒙古社会科学院、新疆社会科学院、西藏自治区社会科学院、广西社会科学院、云南省社会科学院和甘肃省社会科学院等沿边九省区社会科学院共同主办，甘肃省社会科学院、敦煌研究院，中共敦煌市委和敦煌市人民政府承办的第四届中国沿边九省区新型智库战略联盟高层论坛在世界历史文化名城敦煌举办。本次论坛主题是："促进沿边开放发展，推动'一带一路'建设。"通过沿边九省区智库论坛，加强了与各兄弟省区社科院及相关研究机构开展合作研究、共建智慧库联盟的步伐。

**4. 甘肃省敦煌哲学学会、甘肃省中国传统文化研究会2015年年会暨敦煌哲学与中国传统文化学术研讨会**

2015年10月25日，甘肃省社会科学院与中共甘肃省委党校联合主办的甘肃省敦煌哲学学会、甘肃省中国传统文化研究会2015年年会暨敦煌哲学与中国传统文化学术研讨会在甘肃省委党校教学楼202会议室联合召开。中共甘肃省委常委、省委宣传部部长连辑出席会议并讲话，甘肃省敦煌哲学学会名誉会长、原中纪委驻交通部纪检组组长杨利民致欢迎词，甘肃省敦煌哲学学会会长、中共甘肃省委党校常务副校长范鹏主持开幕式。

**5. 《陇上学人文存》第四辑出版发行暨传承陇上人文学脉研讨会**

2015年10月28日，由甘肃省社会科学院主办的甘肃省大型学术文献丛书《陇上学人文存》第四辑出版发行暨传承陇上人文学脉研讨会在兰州隆重召开。研讨会由甘肃省社会科学院院长、《文存》副总主编王福生主持，甘肃省人民政府副省长夏红民讲话，省委宣传部常务副部长张建昌出席会议，中共甘肃省委党校常务副校长、《文存》总主编范鹏介绍了《文存》第四辑的编辑出版情况。《陇上学人文存》四辑40卷的出版面世，已经具有一定规模和良好效应，已成为甘肃哲学社会科学界投入"一带一路"建设和华夏文明传承创新区建设的文化品牌，对陇上学术文化的继承和发扬发挥着重要的作用。

## 第五节　重点成果

### 一、2014年以前获省部级以上奖优秀科研成果*

| 成果名称 | 作者 | 职称 | 成果形式 | 字数（万字） | 出版发表单位 | 出版发表时间 | 获奖情况 |
| --- | --- | --- | --- | --- | --- | --- | --- |
| 中国工业经济责任制概论 | 伏耀祖 时正新 李黑虎 | — | 专著 | 24.8 | 甘肃人民出版社 | 1986.9 | 1987年甘肃省第一次哲学社科一等奖 |
| 发展·挑战·对策 | 姚恭荣 时正新 | 副研究员 | 专著 | 35.4 | 甘肃人民出版社 | 1988.12 | 1990年甘肃省第二次哲学社科一等奖 |
| 敦煌文学 | 颜廷亮 | 研究员 | 专著 | 26 | 甘肃人民出版社 | 1989 | 1993年甘肃省第三次哲学社科一等奖 |
| 毛泽东邓小平廉政思想研究 | 强宗恕 邓兆明 | 研究员 | 专著 | — | 甘肃人民出版社 | 1993.12 | 1994年甘肃省第四次哲学社科一等奖 |
| 中国西北社会经济史研究（上、下） | 王致中 | 研究员 | 专著 | 60 | 三秦出版社 | 1993.12 | 1994年甘肃省第四次哲学社科一等奖 |
| 敦煌文学概论 | 颜廷亮 | 研究员 | 专著 | 45.5 | 甘肃人民出版社 | 1993.3 | 1994年甘肃省第四次哲学社科一等奖 |
| 当代甘肃社会犯罪问题研究 | 徐仲碧 张谦元 | 副研究员 | 专著 | 25 | 甘肃文化出版社 | 1998.3 | 1998年甘肃省第六次哲学社科一等奖 |
| 西北高原山村社会发展动力研究 | 刘敏 | 研究员 | 专著 | 20 | 甘肃人民出版社 | 2000.4 | 2001年甘肃省第七次哲学社科一等奖 |
| 二十一世纪西北地区信息产业 | 张恒昌 马廷旭 吕胜利 | 研究员 | 专著 | 28 | 甘肃人民出版社 | 2000.6 | 2003年甘肃省第八次哲学社科一等奖 |
| 敦煌文化 | 颜廷亮 | 研究员 | 专著 | 40 | 光明日报出版社 | 2000.12 | 2003年甘肃省第八次哲学社科一等奖 |
| 西部开发中的"三农"问题研究 | 朱智文 雷兴长 | 研究员 | 专著 | 34 | 甘肃人民出版社 | 2002.10 | 2005年甘肃省第九次哲学社科一等奖 |
| 中国特色社会主义理论及其在西部的实践 | 范鹏 王晓平 | 教授 | 专著 | 28 | 中共中央党校出版社 | 2004.8 | 2006年甘肃省第十次哲学社科一等奖 |

---

\* 注：在本节的表格中的"出版发表时间"一栏，年、月、日使用阿拉伯数字，且"年""月""日"三字省略（发表期数除外，保留"年"字）。既有年份，又有月份、日时，"年""月"用"."代替。如："1989年"用"1989"表示，"1986年9月"用"1986.9"表示，"2010年第6期"不变。

续表

| 成果名称 | 作者 | 职称 | 成果形式 | 字数（万字） | 出版发表单位 | 出版发表时间 | 获奖情况 |
|---|---|---|---|---|---|---|---|
| 敦煌艺术哲学 | 穆纪光 | 研究员 | 专著 | 30.8 | 商务印书馆 | 2007.8 | 2009年甘肃省第十一次哲学社科一等奖 |
| 2006—2007年甘肃省舆情分析与预测 | 范鹏 魏胜文 魏琦 | 研究员 | 编著 | 29.9 | 甘肃人民出版社 | 2006.1 | 2009年甘肃省第十一次社科一等奖 |
| 反贫困之路 | 魏胜文 穆纪光 安文华 | 研究员 | 专著 | 63 | 社会科学文献出版社 | 2009.1 | 2011年甘肃省第十二次哲学社科一等奖 |
| 伏羲文化精神的现代意义 | 胡政平 谢增虎 | 编审 | 论文 | 1.1 | 《甘肃社会科学》 | 2010年第6期 | 2013年甘肃省第十三次哲学社科一等奖 |
| 黄世仲生平诸问题小辩 | 颜廷亮 | 研究员 | 论文 | 0.97 | 《近代文学史料》 | 1985年第12期 | 1987年甘肃省第一次哲学社科二等奖 |
| 关于西北工业科技的发展问题 | 李黑虎 周述实 | 副研究员 | 论文 | 0.96 | 《工业经济管理丛刊》 | 1988年第5期 | 1990年甘肃省第二次哲学社科二等奖 |
| 中国国情丛书——百县市经济社会调查（静宁卷） | 穆纪光 | 研究员 | 专著 | 38 | 中国大百科全书出版社 | 1992.2 | 1993年甘肃省第三次哲学社科二等奖 |
| 中国不发达地区农村的社会发展 | 刘敏 | 研究员 | 专著 | 28.8 | 中国经济出版社 | 1990.9 | 1993年甘肃省第三次哲学社科二等奖 |
| 甘肃农业技术政策研究 | 时正新 | 研究员 | 研究报告 | 8 | 课题研究报告 | 1991.8 | 1993年甘肃省第三次哲学社科二等奖 |
| 中国县级政治体制改革研究 | 伏耀祖 穆纪光 | — | 专著 | 27.7 | 甘肃人民出版社 | 1993.4 | 1994年甘肃省第四次哲学社科二等奖 |
| 自主管理工作法 | 周述实 陈清方 | 副研究员 | 专著 | 40 | 企业管理出版社 | 1993.12 | 1994年甘肃省第四次哲学社科二等奖 |
| 中国草地生产力模型 | 吕胜利 | 副研究员 | 研究报告 | 20.3 | 甘肃省科委鉴定 | 1991年立项 | 1994年甘肃省第四次哲学社科二等奖 |
| 王符评传 | 王步贵 | 研究员 | 专著 | 18 | 陕西人民教育出版社 | 1993.2 | 1994年甘肃省第四次哲学社科二等奖 |
| 建立具有中国特色的社会发展理论体系 | 刘敏 | 研究员 | 论文 | 0.8 | 《甘肃社会科学》 | 1996年第2期 | 1997年甘肃省第五次哲学社科二等奖 |

续表

| 成果名称 | 作者 | 职称 | 成果形式 | 字数（万字） | 出版发表单位 | 出版发表时间 | 获奖情况 |
|---|---|---|---|---|---|---|---|
| 西北民族地区社会稳定与社会发展 | 岳 青 刘 敏 | 副研究员 | 专著 | 22 | 甘肃民族出版社 | 1994.6 | 1997年甘肃省第五次哲学社科二等奖 |
| 敦煌文学概说 | 颜廷亮 | 研究员 | 编著 | 20 | 台湾新文丰出版公司 | 1995.12 | 1997年甘肃省第五次哲学社科二等奖 |
| 傅玄评传 | 魏明安 赵以武 | 研究员 | 专著 | 33.3 | 南京大学出版社 | 1996.3 | 1997年甘肃省第五次哲学社科二等奖 |
| 晚清小说理论 | 颜廷亮 | 研究员 | 专著 | 22.5 | 中华书局 | 1996.8 | 1998年甘肃省第六次哲学社科二等奖 |
| 再铸丰碑：中国农村基层民主研究 | 石仑山 朱智文 王宗礼 | 副研究员 | 专著 | 38 | 甘肃人民出版社 | 1999.10 | 2001年甘肃省第七次哲学社科二等奖 |
| 旅游社会学 | 郑本法 曾 敏 | 副研究员 | 专著 | 29.8 | 甘肃人民出版社 | 2001.4 | 2003年甘肃省第八次社科二等奖 |
| 县乡人大代表直接选举监督研究 | 张谦元 谢蒲定 王 勇 | 研究员 | 编著 | 30.2 | 中国社会科学出版社 | 2005.1 | 2006年甘肃省第十次哲学社科二等奖 |
| 甘肃省志·社会科学志（古代至一九九〇年卷） | 支克坚 张恒昌 马廷旭 郝树声 | 研究员 | 编著 | 70 | 甘肃人民出版社 | 2007.1 | 2009年甘肃省第十一次哲学社科二等奖 |
| 甘肃省志·社会科学志（1991—2000） | 魏胜文 马廷旭 | 研究员 | 编著 | 90.3 | 甘肃人民出版社 | 2007.1 | 2009年甘肃省第十一次哲学社科二等奖 |
| "三农谈"丛书 | 朱智文 | 研究员 | 编著 | 120 | 甘肃民族出版社 | 2009.10 | 2011年甘肃省第十二次哲学社科二等奖 |
| 黄世仲革命生涯和小说生涯考论 | 颜廷亮 | 研究员 | 专著 | 83 | 人民出版社 | 2012.4 | 2013年甘肃省第十三次哲学社科二等奖 |
| 西北地区资源型产业发展研究 | 何 苑 | 研究员 | 专著 | 13.6 | 青海人民出版社 | 2010.12 | 2013年甘肃省第十三次哲学社科二等奖 |

续表

| 成果名称 | 作者 | 职称 | 成果形式 | 字数（万字） | 出版发表单位 | 出版发表时间 | 获奖情况 |
| --- | --- | --- | --- | --- | --- | --- | --- |
| 甘肃省领军人才考核指标体系研究 | 郝树声 李杰 | 研究员 | 研究报告 | 8 | 省社科规划项目 | 2012 | 2013年甘肃省第十三次哲学社科二等奖 |
| 图书馆知识整合与知识服务研究 | 袁懿 吴新年 | 副研究馆员 | 编著 | 25 | 社会科学文献出版社 | 2012.3 | 2013年甘肃省第十三次哲学社科二等奖 |
| 自然地理环境的贫困效应检验——自然地理条件下农村贫困影响的实证分析 | 曲玮 涂勤 牛叔文 胡苗 | 研究员 | 论文 | 1.3 | 《中国农村经济》 | 2012年第2期 | 2013年甘肃省第十三次哲学社科二等奖 |
| 王符思想研究 | 王步贵 | 副研究员 | 编著 | 18 | 甘肃人民出版社 | 1987.4 | 1987年甘肃省第一次哲学社科三等奖 |
| 微观、宏观和宇观范畴探源 | 马名驹 | 副研究员 | 论文 | 1.07 | 《哲学研究》 | 1985年第5期 | 1987年甘肃省第一次哲学社科三等奖 |
| 简论现代思维空间的拓广 | 孙晓文 | — | 论文 | 0.46 | 《现代哲学》 | 1985年第1期 | 1987年甘肃省第一次哲学社科三等奖 |
| 关于审美起源的追溯 | 穆纪光 | 副研究员 | 论文 | 0.78 | 《西北师院学报》 | 1985年第3期 | 1987年甘肃省第一次哲学社科三等奖 |
| 积极开展对应伦理学的研究 | 周纪兰 | 副研究员 | 论文 | 0.71 | 《甘肃社会科学》 | 1986年第3期 | 1987年甘肃省第一次哲学社科三等奖 |
| 试论改善农村流通结构与流通机制 | 时正新 | 副研究员 | 论文 | 0.72 | 《农业经济问题》 | 1987年第2期 | 1987年甘肃省第一次哲学社科三等奖 |
| 甘肃历史上的黄金开发与现实对策的若干建议 | 王致中 魏丽英 | 副研究员 | 论文 | 0.87 | 《兰州学刊》 | 1986年第4期 | 1987年甘肃省第一次哲学社科三等奖 |
| "重点西移"前西部经济发展对策探讨 | 吴解生 | 助理研究员 | 论文 | 0.7 | 甘肃《社会科学》 | 1986年第6期 | 1987年甘肃省第一次哲学社科三等奖 |
| "区域生产力差"与横生产力向运动 | 李晓帆 | — | 论文 | 0.9 | 《生产力研究》 | 1987年第2期 | 1987年甘肃省第一次哲学社科三等奖 |

续表

| 成果名称 | 作者 | 职称 | 成果形式 | 字数（万字） | 出版发表单位 | 出版发表时间 | 获奖情况 |
|---|---|---|---|---|---|---|---|
| 西路军妇女先锋团考略 | 董汉河 | 副研究员 | 论文 | 0.6 | 《党史研究》 | 1987年第3期 | 1987年甘肃省第一次哲学社科三等奖 |
| 小农观念的调查与思考 | 刘敏 | 副研究员 | 论文 | 0.6 | 《社会学研究》 | 1987年第1期 | 1987年甘肃省第一次哲学社科三等奖 |
| 人才与教育 | 赵成文 | — | 论文 | 1.24 | 《人才研究通讯》 | 1985.5 | 1987年甘肃省第一次哲学社科三等奖 |
| 犯罪社会学的创立、发展及研究现状 | 赵可 | — | 论文 | 0.82 | 《甘肃社会科学》 | 1986年第3期 | 1987年甘肃省第一次哲学社科三等奖 |
| 系统科学（第七章系统分析）——系统观与现代思维 | 马名驹 | 研究员 | 专著 | 221 | 上海人民出版社 | 1988.3 | 1990年甘肃省第二次哲学社科三等奖 |
| 爱因斯坦的科学美思想 | 穆纪光 | 副研究员 | 论文 | 1.1 | 《社会科学战线》 | 1988年第3、4期 | 1990年甘肃省第二次哲学社科三等奖 |
| 论西部改革中的非均衡地域差 | 时正新 | 副研究员 | 论文 | — | 《西部改革发展思考》 | — | 1990年甘肃省第二次哲学社科三等奖 |
| 黄世仲作品诸问题小辨 | 颜廷亮 | 副研究员 | 论文 | 1.6 | 《文学遗产》 | 1989年第2期 | 1990年甘肃省第二次哲学社科三等奖 |
| 中国当代美学家 | 穆纪光 | 研究员 | 编著 | 67 | 河北教育出版社 | 1989.8 | 1993年甘肃省第三次哲学社科三等奖 |
| 中国社会主义辩证法 | 延涛 邓兆明 | — | 专著 | 12.9 | 甘肃人民出版社 | 1991.7 | 1993年甘肃省第三次哲学社科三等奖 |
| 当代赋予哲学特色的信息研究 | 马名驹 陈忠 柳延延 | 研究员 | 论文 | 1.44 | 《智慧与人生》 | 1989年第10期 | 1993年甘肃省第三次哲学社科三等奖 |
| 甘肃稀土公司发展战略研究报告 | 李黑虎 周述实 申秀云 姜安印 强明侠 | 副研究员 | 研究报告 | 14.1 | 《开发研究》 | 1990年专集 | 1993年甘肃省第三次哲学社科三等奖 |

续表

| 成果名称 | 作者 | 职称 | 成果形式 | 字数（万字） | 出版发表单位 | 出版发表时间 | 获奖情况 |
| --- | --- | --- | --- | --- | --- | --- | --- |
| 草地第二性生产动力学模型 | 吕胜利 宋秉芳 | 副研究员 | 研究报告 | 1.1 | 《甘肃社会科学》 | 1991年增刊 | 1993年甘肃省第三次哲学社科三等奖 |
| 建立新时代的资源经济观 | 李晓帆 | — | 论文 | 0.65 | 《现代化》 | 1990年第9期 | 1993年甘肃省第三次哲学社科三等奖 |
| 西路军战俘纪实 | 董汉河 | 副研究员 | 专著 | 19.7 | 宁夏人民出版社 | 1992.1 | 1993年甘肃省第三次哲学社科三等奖 |
| 老年学基础 | 毕可生 李 晨 | 研究员 | 专著 | 22.7 | 甘肃人民出版社 | 1991.4 | 1993年甘肃省第三次哲学社科三等奖 |
| 日趋严重的毒品问题 | 刘 敏 岳 青 | 研究员 | 专著 | 15.2 | 甘肃人民出版社 | 1992.3 | 1993年甘肃省第三次哲学社科三等奖 |
| 经济结构与经济成长研究报告 | 安江林 邵克文 | 副研究员 | 研究报告 | 12 | 甘肃省科技委员会 | 1992.5 | 1993年甘肃省第三次哲学社科三等奖 |
| 中国农村法制问题 | 张谦元 | 副研究员 | 专著 | 17.4 | 甘肃人民出版社 | 1991.9 | 1993年甘肃省第三次哲学社科三等奖 |
| 中国西北地区经济发展战略概论 | 徐炳文 | 研究员 | 专著 | 33.1 | 经济管理出版社 | 1992.12 | 1994年甘肃省第四次哲学社科三等奖 |
| 历史的必然与选择——社会主义纵横谈 | 徐仲碧 邓兆明 | 副研究员 | 编著 | 32.9 | 兰州大学出版社 | 1993.5 | 1994年甘肃省第四次哲学社科三等奖 |
| 甘肃经济和铁路运输面临的挑战对策 | 康 民 周述实 | 副研究员 | 调查报告 | 1 | 《社科纵横》 | 1993.12 | 1994年甘肃省第四次哲学社科三等奖 |
| 甘肃老困地区扶贫对策研究 | 张进元 李树基 赵文刚 | 副研究员 | 研究报告 | 12 | 省级鉴定 | 1993.12 | 1994年甘肃省第四次哲学社科三等奖 |
| 阴铿生平考释六题 | 赵以武 | 研究员 | 论文 | 1.1 | 《文学遗产》 | 1993年第6期 | 1994年甘肃省第四次哲学社科三等奖 |
| 中国少数民族地区社会发展特征与转型 | 刘 敏 | 研究员 | 论文 | 0.8 | 《社会学研究》 | 1994年第1期 | 1994年甘肃省第四次哲学社科三等奖 |

续表

| 成果名称 | 作者 | 职称 | 成果形式 | 字数（万字） | 出版发表单位 | 出版发表时间 | 获奖情况 |
|---|---|---|---|---|---|---|---|
| 民族地区经济发展通俗讲话 | 杨作林 段华明 张瑞民 刘敏 | — | 编著 | 19 | 云南人民出版社 | 1993.9 | 1994年甘肃省第四次哲学社科三等奖 |
| 甘肃乡镇企业区划 | 吴解生 阎生延 王觉民 | 副研究员 | 编著 | 25 | 甘肃人民出版社 | 1993.12 | 1994年甘肃省第四次哲学社科三等奖 |
| 西路军与西安事变——兼论西路军失败的原因 | 董汉河 | 副研究员 | 论文 | 0.8 | 《人文杂志》 | 1993年第3期 | 1994年甘肃省第四次哲学社科三等奖 |
| 历史的思想和思想的历史——兼论儒学演变的客观规定性 | 王步贵 | 研究员 | 论文 | 0.85 | 《甘肃社会科学》 | 1996年第1期 | 1997年甘肃省第五次哲学社科三等奖 |
| 中国国情丛书——百县市经济社会调查（永昌卷） | 支克坚 穆纪光 刘敏 | 研究员 | 编著 | 45.7 | 中国大百科全书出版社 | 1995.6 | 1997年甘肃省第五次哲学社科三等奖 |
| 中国市场经济与地方立法 | 孙启明 张谦元 | 副研究员 | 专著 | 36 | 中国民主法制出版社 | 1996.1 | 1997年甘肃省第五次哲学社科三等奖 |
| 区域经济协调发展：政策调整与认识升华 | 吴解生 | 副研究员 | 论文 | 0.4 | 《甘肃社会科学》 | 1994年第6期 | 1997年甘肃省第五次哲学社科三等奖 |
| 甘肃历代文学概览 | 省社科院文学研究所编写组 | — | 编著 | 36.6 | 敦煌文艺出版社 | 1994.5 | 1997年甘肃省第五次哲学社科三等奖 |
| 正确处理人民内部矛盾应做到"五解" | 邓永鹏 | 副研究员 | 论文 | 0.7 | 《甘肃社会科学》 | 1995年第6期 | 1997年甘肃省第五次哲学社科三等奖 |
| 因果关系验证：中国转轨时期的通货膨胀与经济增长 | 吕胜利 宋秉芳 | 副研究员 | 论文 | 0.8 | 《市场经济导刊》 | 1996年第1期 | 1997年甘肃省第五次哲学社科三等奖 |

续表

| 成果名称 | 作者 | 职称 | 成果形式 | 字数（万字） | 出版发表单位 | 出版发表时间 | 获奖情况 |
|---|---|---|---|---|---|---|---|
| 知识的演进及其产权化过程 | 姜安印 | 副研究员 | 论文 | 0.78 | 《开发研究》 | 1996年第3期 | 1998年甘肃省第六次哲学社科三等奖 |
| 1998年甘肃省农村经济分析与预测 | 李树基 火荣贵 曲玮 | 研究员 | 研究报告 | 20 | 《开发研究》 | 1997年增刊 | 1998年甘肃省第六次哲学社科三等奖 |
| 工业成长与区域发展——庆阳地区经济发展战略决策研究 | 安江林 王银定 曹光中 | 副研究员 | 编著 | 33.5 | 甘肃人民出版社 | 1996.9 | 1998年甘肃省第六次哲学社科三等奖 |
| 中国通货膨胀的因果关系验证：通货膨胀与经济增长 | 吕胜利 | 研究员 | 论文 | 0.78 | 《开发研究》 | 1996年第4期 | 1998年甘肃省第六次哲学社科三等奖 |
| 论半干旱地区集水农业工程技术体系的建立与完善 | 李锋瑞 | 副研究员 | 论文 | 1.02 | 《特区理论与实践》 | 1998年第2期 | 1998年甘肃省第六次哲学社科三等奖 |
| 周恩来营救西路军 | 董汉河 | 研究员 | 论文 | 0.8 | 《新华文摘》 | 1996年第7期 | 1998年甘肃省第六次哲学社科三等奖 |
| 汉河西四郡的设置年代考辨 | 郝树声 | 副研究员 | 论文 | 0.88 | 《开发研究》 | 1996年第6期 | 1998年甘肃省第六次哲学社科三等奖 |
| 精神文明与"精神温饱工程" | 潘竟万 周文武 马振亚 | — | 编著 | 11 | 甘肃人民出版社 | 1997.12 | 1998年甘肃省第六次哲学社科三等奖 |
| 中小企业与中国经济的长期增长 | 姜安印 | 副研究员 | 论文 | 1.3 | 《开发研究》 | 1999年第2期 | 2001年甘肃省第七次哲学社科三等奖 |
| 落后地区发展市场经济中的若干矛盾与社会犯罪 | 张谦元 | 研究员 | 论文 | 0.6 | 《甘肃社会科学》 | 1999年第4期 | 2001年甘肃省第七次哲学社科三等奖 |
| 农产品加工经济与农村财源建设 | 李树基 牛叔文 火荣贵 | 研究员 | 编著 | 18.3 | 兰州大学出版社 | 1998.6 | 2001年甘肃省第七次哲学社科三等奖 |
| 旅游业的本质和特点 | 郑本法 郑宇新 | 副研究员 | 论文 | 0.6 | 《开发研究》 | 1998年第3期 | 2001年甘肃省第七次哲学社科三等奖 |

续表

| 成果名称 | 作者 | 职称 | 成果形式 | 字数（万字） | 出版发表单位 | 出版发表时间 | 获奖情况 |
|---|---|---|---|---|---|---|---|
| 敦煌艺术哲学论要 | 穆纪光 安文华 | 研究员 | 论文 | 0.8 | 《甘肃社会科学》 | 1999年第3期 | 2001年甘肃省第七次哲学社科三等奖 |
| 退耕还林与西部省区粮食供需动态平衡问题 | 吕晓英 吕胜利 周述实 | 研究员 | 论文 | 1.27 | 《甘肃社会科学》 | 2001年第2期 | 2003年甘肃省第八次哲学社科三等奖 |
| 现代伪科学产生的社会原因及其防范 | 宋学功 张 言 | 副研究员 | 论文 | 0.65 | 《甘肃社会科学》 | 2000年第5期 | 2003年甘肃省第八次哲学社科三等奖 |
| 西部大开发中的国家宏观政策法律调控研究 | 张谦元 | 研究员 | 论文 | 1 | 《甘肃社会科学》 | 2001年第3期 | 2003年甘肃省第八次哲学社科三等奖 |
| 西北生态启示录 | 吴晓军 董汉河 | 研究员 | 专著 | 21.5 | 甘肃人民出版社 | 2001.6 | 2003年甘肃省第八次哲学社科三等奖 |
| 转轨时期财政运行机制研究 | 周多明 司 俊 萧绍良 | 副研究员 | 专著 | 41.7 | 中国财政经济出版社 | 2000.5 | 2003年甘肃省第八次哲学社科三等奖 |
| 西北地区信息产业与人力资源 | 刘 琪 张晋平 宋雪飞 | 研究员 | 编著 | 32 | 甘肃人民出版社 | 2003.5 | 2005年甘肃省第九次哲学社科三等奖 |
| 甘肃省村民自治现状调查报告 | 曲 玮 王 瑾 王晓芳 | 副研究员 | 研究报告 | 1.2 | 《开发研究》 | 2002年第3期 | 2005年甘肃省第九次哲学社科三等奖 |
| 边缘化与边际性乡村社会 | 岳子存 包晓霞 | 研究员 | 专著 | 21.2 | 兰州大学出版社 | 2003.3 | 2005年甘肃省第九次哲学社科三等奖 |
| "三农"问题研究综述 | 李树基 朱智文 | 研究员 | 论文 | 0.7 | 《甘肃社会科学》 | 2003年第4期 | 2005年甘肃省第九次哲学社科三等奖 |
| 甘肃民族地区社会失衡的因子考量及实证分析 | 马东平 | 助理研究员 | 论文 | 0.78 | 《甘肃社会科学》 | 2005年第6期 | 2006年甘肃省第十次哲学社科三等奖 |
| 转型成长中的甘肃经济问题研究 | 周述实 姜安印 何 苑 | 研究员 | 专著 | 23.5 | 甘肃人民出版社 | 2004.12 | 2006年甘肃省第十次哲学社科三等奖 |

续表

| 成果名称 | 作者 | 职称 | 成果形式 | 字数(万字) | 出版发表单位 | 出版发表时间 | 获奖情况 |
|---|---|---|---|---|---|---|---|
| 家族企业研究及其对欠发达地区民营经济发展的启示 | 王晓芳 王军锋 | 副研究员 | 论文 | 0.75 | 《开发研究》 | 2005年第2期 | 2006年甘肃省第十次哲学社科三等奖 |
| 甘肃省中介组织的现状与发展 | 王瑾 | 助理研究员 | 论文 | 0.6 | 《开发研究》 | 2004年第5期 | 2006年甘肃省第十次哲学社科三等奖 |
| 十年来红军长征研究综述（上、下） | 吴晓军 董汉河 | 研究员 | 论文 | 2.32 | 《甘肃社会科学》 | 2006年第3、4期 | 2009年甘肃省第十一次哲学社科三等奖 |
| 中国工农红军西路军七十周年祭——西路军形成、失败及其价值和意义 | 董汉河 | 研究员 | 论文 | 1.9 | 《甘肃社会科学》 | 2007年第1期 | 2009年甘肃省第十一次哲学社科三等奖 |
| 甘肃省县域经济实力、竞争力分析与评价问题研究 | 罗哲 | 副研究员 | 研究报告 | 5 | 甘肃省社科规划办 | 2008.4 | 2009年甘肃省第十一次哲学社科三等奖 |
| 西北内陆干旱区流域综合治理方略的模拟研究 | 吕胜利 | 研究员 | 研究报告 | 25.5 | 国家社科规划项目 | 2008.4 | 2009年甘肃省第十一次哲学社科三等奖 |
| 水文化研究的现代视野 | 周小华 | 研究员 | 论文 | 1.08 | 《中国水利》 | 2007年第16期 | 2009年甘肃省第十一次哲学社科三等奖 |
| 民生问题与学术期刊的社会责任 | 王旭东 | 副研究员 | 论文 | 0.76 | 《甘肃社会科学》 | 2006年第5期 | 2009年甘肃省第十一次哲学社科三等奖 |
| 提升陇人品格树立社会主义荣辱观问题研究 | 邓慧君 | 研究员 | 研究报告 | 6.2 | 省社科规划项目 | 2008.6结项 | 2011年甘肃省第十二次哲学社科三等奖 |
| 自然科学与社会科学的融合是中国科学体系健康发展的必然 | 安文华 | — | 论文 | 1 | 《社会科学管理与评论》 | 2009年第3期 | 2011年甘肃省第十二次哲学社科三等奖 |

续表

| 成果名称 | 作者 | 职称 | 成果形式 | 字数（万字） | 出版发表单位 | 出版发表时间 | 获奖情况 |
|---|---|---|---|---|---|---|---|
| 传统与嬗变——河州八坊回族人的生活世界 | 马东平 | 副研究员 | 专著 | 25 | 甘肃民族出版社 | 2010.4 | 2011年甘肃省第十二次哲学社科三等奖 |
| 悬泉汉简研究 | 郝树声 张德芳 | 研究员 | 专著 | 29 | 甘肃文化出版社 | 2009.8 | 2011年甘肃省第十二次哲学社科三等奖 |
| 综合类学刊何以承担重要的社会责任 | 胡政平 | 编审 | 论文 | 0.76 | 《甘肃社会科学》 | 2008年第5期 | 2011年甘肃省第十二次哲学社科三等奖 |
| 基于农村文化公共产品供需的农家书屋模式解读——以甘肃、黑龙江、湖北、江苏四省为例 | 朱立芸 王旭东 | 副研究员 | 论文 | 1 | 《图书情报工作》 | 2009.9 | 2011年甘肃省第十二次哲学社科三等奖 |
| 童年的隐忧——来自童年社会学的观察 | 李有发 | 研究员 | 专著 | 25 | 甘肃人民出版社 | 2011.11 | 2013年甘肃省第十三次哲学社科三等奖 |
| 和谐社会的政治伦理基础研究 | 冉小平 | 副研究员 | 研究报告 | 3.5 | 省社科规划项目 | 2010.7 | 2013年甘肃省第十三次哲学社科三等奖 |
| 农村公共产品供给对农村经济发展的量化研究——以甘肃省为例 | 刘七军 李昭楠 | 副研究员 | 论文 | 1 | 《中国农机化》 | 2011年第4期 | 2013年甘肃省第十三次哲学社科三等奖 |
| 甘肃省新型工业化道路研究——产业集群与园区建设的"双轮驱动"模式 | 邓生菊 | 副研究员 | 研究报告 | 12.6 | 省社科规划项目 | 2011.12 | 2013年甘肃省第十三次哲学社科三等奖 |
| 西路军重要人物研究述评（上、下） | 董汉河 | 研究员 | 论文 | 2 | 《甘肃社会科学》 | 2011年第1、2期 | 2013年甘肃省第十三次哲学社科三等奖 |

续表

| 成果名称 | 作者 | 职称 | 成果形式 | 字数（万字） | 出版发表单位 | 出版发表时间 | 获奖情况 |
| --- | --- | --- | --- | --- | --- | --- | --- |
| 甘肃法制建设报告 | 张谦元 曾施霖 | 研究员 | 编著 | 44.2 | 中国法制出版社 | 2010.7 | 2013年甘肃省第十三次哲学社科三等奖 |
| 甘肃省"十二五"民族地区经济和社会发展规划 | 马东平 | 副研究员 | 研究报告 | 2.1 | 省社科联鉴定 | 2012 | 2013年甘肃省第十三次哲学社科三等奖 |
| 我国种子加工业发展探析 | 贾琼 | 副研究员 | 论文 | 0.7 | 《种子》 | 2010年第9期 | 2013年甘肃省第十三次哲学社科三等奖 |
| 集水农业的理论与实践 | 李锋瑞 | 副研究员 | 研究报告 | — | — | — | 1996年甘肃省科技进步二等奖 |
| 甘肃省人口发展战略研究 | 包晓霞 | 研究员 | 研究报告 | — | 甘肃省人口和计划生育委员会 | — | 2007年甘肃省科技进步二等奖 |
| 甘肃省"十二五"规划前期重大问题研究 | 朱智文 马大晋 | 研究员 助理研究员 | 研究报告 | — | 甘肃省发展和改革委员会 | 2009.5.10—2010.11.1 | 2012年甘肃省科技进步二等奖 |
| 甘肃省农村经济区划 | 李树基 | 副研究员 | 编著 | — | 甘肃人民出版社 | 1992.7 | 1993年甘肃省科技进步三等奖 |
| 半干旱区集水农业发展战略初探 | 李锋瑞 | 副研究员 | 论文 | 2.2 | 《开发研究》 | 1996年第6期 | 1999年甘肃省"五个一工程"二等奖 |
| 西部大开发与甘肃投资环境的优化 | 王瑾 | 副研究员 | 论文 | 0.5 | 《甘肃社会科学》 | 2002年第3期 | 2003年甘肃省"五个一工程"二等奖 |
| 甘肃经济与地方立法 | 张谦元 | 副研究员 | 研究报告 | 20 | 甘肃省科技厅 | 1997 | 1998年甘肃省科技进步三等奖 |
| 青少年毒品犯罪的原因及其防治对策 | 张谦元 | 研究员 | 论文 | 1 | 《甘肃社会科学》 | 1997年第6期 | 1999年甘肃省"五个一工程"优秀论文奖 |
| 红流 | 董汉河 | 研究员 | 剧本 | — | 《电影文学》 | 1997年第9期 | 1997年甘肃省敦煌文艺二等奖 |

续表

| 成果名称 | 作者 | 职称 | 成果形式 | 字数（万字） | 出版发表单位 | 出版发表时间 | 获奖情况 |
|---|---|---|---|---|---|---|---|
| 哈一刀 | 马步升 | 助理研究员 | 小说 | — | 《飞天》 | 2001年第8期 | 2004年甘肃省敦煌文艺一等奖 |
| 悬泉汉简研究 | 郝树声 张德芳 | 研究员 | 专著 | 29 | 甘肃文化出版社 | 2009.8 | 2013年首届李学勤中国古史研究奖三等奖 |

## 二、2015年科研成果一般情况介绍、学术价值分析

2015年，甘肃省社会科学院新立项国家社科基金西部项目3项，省规划办项目4项，省软科委项目1项。全年出版专著、编著28部，公开发表论文192篇，其中论文集24篇，《甘肃日报》理论版文章45篇；中文核心期刊级别以上论文26篇，其中CSSCI来源期刊论文17篇，CSSCI扩展期刊5篇，中文核心期刊4篇；《新华文摘》全文转载1篇，《中国人民大学复印报刊资料》全文转载2篇。

院《科研要报》系列，全年共编发49期，甘肃省委、省政府采纳应用研究成果12项。获得各级各类学会优秀成果奖29项。华夏文明传承创新区建设的文化品牌、大型学术文献丛书《陇上学人文丛》第四辑10卷出版面世。

《甘肃社会科学》继续入选"2014—2015版CSSCI来源期刊""全国中文核心期刊""中国人文社会科学核心期刊""RCSSE中国核心期刊"，刊发的学术论文被全国权威报刊转载总量位列西北第一、甘肃第一；《开发研究》继续入选"中国人文社会科学核心期刊""全国中文核心期刊""RCSSE中国核心期刊"。

《甘肃蓝皮书》覆盖面进一步拓宽，目前基本覆盖了甘肃经济、社会、政治、文化、农村、生态、民族、对外开放等各个领域，形成了"5+4+1"新格局。《甘肃蓝皮书》品牌作用不断凸显，不单纯是集中专家学者智慧，服务于党委政府决策和全省经济社会发展的系列研究性丛书，已成长为甘肃智库的第一品牌、甘肃社会科学界的学术品牌、甘肃文化领域的标志品牌、甘肃一些重要领域及市（州）工作的展示品牌等四大品牌的系列丛书。

三部著作类研究成果应广大读者的需求，再次修订出版。修订再版的编著《甘肃省情》，更新了数据，部分内容和表述进行了修改和完善，使广大读者更加准确地认识和把握省情。编著《甘肃省惩治和预防腐败体系建设研究》的修订再版，系统分析了甘肃省惩治和预防腐败的现状、存在的问题，并提出了相应的对策。专著《西路军》三部曲自2009年出版后，社会反响巨大，销量一路攀升，目前已第5次印刷；2015年再版后的内容更加充实，体例更加完善，"西路军史"的特点更加明显。

## 三、2015年主要科研成果

成果名称：《2015：甘肃经济发展分析与预测》

作者：朱智文、罗哲

成果形式：编著

字数：254千字

出版单位：社会科学文献出版社

出版时间：2015年1月

该著深度分析了2014年甘肃经济运行情况，科学预测了2015年经济发展趋势，重点

剖析了甘肃经济发展中的深层问题，认真提出了促进科学发展、转型跨越、民族团结、富民兴陇的对策建议。特别对新时期甘肃省所面临的挑战与出路、甘肃提高对外开放质量与水平、甘肃工业竞争力以及重要主体功能区产业布局及变动等诸多战略问题、经济难点与热点问题给予了高度关注。全书共分为"总论""行业篇""专题篇"3个部分15个专题。其中，总论分析了甘肃省国民经济的运行情况及宏观调控的对策，初步分析了甘肃省全面深化经济体制改革的总体思路以及甘肃省"十三五"规划的基本思路及若干重大问题；行业篇从发展形势、运行状况、存在的问题及政策建议等方面对农业、工业、金融业、第三产业、财政运行、交通运输、高新技术产业进行了研究；专题篇针对"丝绸之路经济带"建设与甘肃加快构建开放型经济体制、省属国有企业改革所存在的问题提出了思路与对策，同时对非公经济发展的环境因素进行了评价，对兰州大气污染治理的成效进行了评估。

成果名称：《2015：甘肃社会发展分析与预测》

作者：安文华、包晓霞

职称：研究员

成果形式：编著

字数：234千字

出版机构：社会科学文献出版社

出版时间：2015年1月

该书内容涉及甘肃城乡居民收入与消费、社会保障、生态文明建设与环境保护、兰州新区社会发展、民族地区社会发展等诸方面。通过专家视角，致力于甘肃社会发展分析，对群众关注的单独二孩政策、基本社会治理、医疗卫生改革、流动人口、民生工程、惠农政策等给予了充分关注，对2015年甘肃社会发展进行了预测。

成果名称：《2015：甘肃舆情分析与预测》

作者：陈双梅、郝树声

职称：研究员

成果形式：编著

字数：265千字

出版机构：社会科学文献出版社

出版时间：2015年1月

该书由总报告和14个分报告组成。每个报告都详尽地描述了不同社会阶层对执政党和各级政府的决策和运作事项的评价、诉求与期望，揭示了舆情发生、发展、变化的机理，展示出经济社会欠发达的甘肃省的舆情态势既有与全国的一致之处，又有自身的区域特点。与此同时，每个报告都提出了相应的对策和建议，表达民众合理诉求，供相关人员参考，以践行执政为民的理念，构建和谐社会。

成果名称：《2015：甘肃县域社会发展评价报告》

作者：刘进军、柳民、王建兵

职称：研究员

成果形式：编著

字数：267千字

出版机构：社会科学文献出版社

出版时间：2015年1月

该书是由甘肃省社会科学院与甘肃省统计局合作编写的第四本关于"甘肃省县域社会发展水平评价"的分析报告。报告基于甘肃省统计局提供的县域统计数据，系统分析了2013年度甘肃省77个县（市、区）的社会发展水平。一是通过客观、公正地评价甘肃省县域发展的总体情况，引导县域在重视发展经济的同时，更加注重社会各项事业的和谐发展；二是为各县（市、州）提供一个动态、综合、直观、公平公正的参考坐标，帮助各县拾遗补缺，更好地认识自身发展的优势和劣势，反思发展过程中存在或出现的问题，为省、市、县各级政府制定短期和长期发展规划提供可行的理论和决策依据；三是通过计算，为理论界提供一个评价依据，为学术界进一步探索县域社会经济发展规律提供一个科学的数据基础，以推动全省县域社会经济更好更快的发展。全书分为《总报告》《评价篇》和《专题篇》三大部分。

成果名称：《2015：甘肃文化发展分析与预测》
作者：安文华、周小华
职称：研究员
成果形式：编著
字数：277千字
出版机构：社会科学文献出版社
出版时间：2015年1月

该书由1个总报告和14个专题报告组成。追踪研究了文化相关诸领域发展的优点、缺点、难点，并在此基础上就甘肃文化发展提出对策建议。该书主要研究了华夏文明传承创新区建设中的配套政策、学术创新，丝绸之路经济带甘肃"黄金段"建设中的中外文化交流政策，敦煌国际文化旅游名城建设中的原生态文化保护研究，甘肃彩陶文化、长城文化、石窟文化、"花儿"文化等资源的整合与传承，甘肃"农家书屋"的创新发展，甘肃民营文化企业发展，甘肃体育产业发展，甘肃节庆赛事及会展业发展状况，甘肃文艺院团改革发展状况，临夏砖雕文化产业发展等。

成果名称：《西部社会学：实践基础、理论架构和研究主题》
作者：刘敏
职称：研究员
成果形式：论文
字数：9千字
发表刊物及时间：《西北师大学报》2015年第2期，《新华文摘》2015年第10期全文转载。

该文认为，21世纪的西部大开发，应该是以地域性开发和发展促进国家整体现代化进程的创造性的社会行动。在应对和参与这一规模宏大的社会实践中，西部社会学从实践基础、理论架构和研究主题等方面逐渐探索并提出了相关的命题，从而催生和形成了西部社会学的初步解读框架。

成果名称：《试论近代西北回族的社会历史发展》
作者：赵国军
职称：副研究员
成果形式：论文
字数：11千字
发表刊物及时间：《甘肃社会科学》2015年第6期，《中国人民大学复印报刊资料·民族问题研究》2015年第9期全文转载。

文章认为，回族作为我国少数民族之一，多居于西北地区。近代中国社会经历了巨大的社会变革与发展，西北地区的西北回族也受到了巨大的影响，以前所未有的各种形式被动或主动的参与到了近代西北社会的发展，使西北回族的民族认同和国家认同意识得到了发展和提升。

成果名称：《论"乡政"与"村政"平衡协调新机制的构建》
作者：侯万锋
职称：副研究员
成果形式：论文
字数：6.4千字
发表刊物及时间：《四川行政学院学报》2015年第8期，《人大复印报刊资料·公共行政》2015年第11期全文转载。

文章认为，"乡政"与"村政"的平衡协调是建立新型农村基层治理模式的现实需要。从我国现代农村基层治理格局来看，在农村基层治理实践中，仍然存在着"乡政"与"村政"的不平衡问题。分析这一问题的制约因素，尝试构建农村基层治理中"乡政"与"村政"平衡协调新机制，对于提升农村基层治理绩效，完善农村基层自治制度，无疑具有十分重要的现实意义。

成果名称：《共建丝绸之路经济带与西北地区向西开放战略选择》
作者：朱智文
职称：研究员
成果形式：论文
字数：12.5 千字
发表刊物及时间：《甘肃社会科学》2015 年第 10 期

共建"丝绸之路经济带"战略构想的提出将地处内陆腹地的西北地区由对外开放的边缘推到了向西开放的前沿。采用 2000—2013 年的面板数据，选取贸易开放度、投资开放度、旅游开放度、生产开放度多个指标，运用灰色关联分析法进行实证分析。结果表明，我国西北地区对外贸易水平和投资水平较低，对外开放程度落后于东部及全国总水平。鉴于此，西北地区应坚持以西部大开发战略为依托，以共建"丝绸之路经济带"为契机，从政策、贸易、投资等视角出发，选择适合西北特点的开放战略，缩小我国东西部差距，加快推动区域经济一体化和世界经济全球化的进程。

成果名称：《传承优秀文化　构建中国特色社会主义话语体系》
作者：安文华
成果形式：论文
字数：10 千字
发表刊物及时间：《甘肃社会科学》2015 年第 4 期

文章认为，中国自"西学东渐"后，包括政治、军事、经济、文化、社会、科技、教育诸方面的众多名词，都是从西方翻译过来的舶来品，中国在各个领域很少有自己的话语权，文化软实力不强对提升我国综合国力的负面影响很大。目前，我国正在建设中国特色社会主义，探索中国特色社会主义道路，构建中国特色社会主义理论体系。如何从中国古代优秀传统文化中汲取营养，从博大精深的中国古代文化积淀中传承语脉，对构建中国特色社会主义话语体系，抢夺世界语境，彰显大国文化软实力尤为重要。

成果名称：《敦煌艺术的哲学精神》
作者：吴绍珍
职称：副研究员
成果形式：论文
字数：11 千字
发表刊物及时间：《甘肃社会科学》2015 年第 4 期

文章认为，敦煌艺术是人类文化精神的物态化显现，它同古代各个时代人类的文化模式和现实的生活世界有着本质和内在的联系。敦煌艺术虽历经千难万险却最终能够声震寰宇、泽被后世与它所彰显的敦煌哲学精神是分不开的。敦煌艺术的包容博大、认识理性、自由精神、坚定信仰、超越创新正是它牢牢地吸引和锁定整个世界目光的原因所在。敦煌艺术的独特气质、高雅风采显示了中国哲学精神的生命力与创造力。

成果名称：《网络舆论生态视域下的网络舆论引导问题探析》
作者：王荟、伏竹君
职称：助理研究员
成果形式：论文
字数：9 千字
发表刊物及时间：《甘肃社会科学》2015 年第 12 期

在互联网经济时代，网络已经成为一种日益重要的传播手段，网络舆论更发挥着不可估量的作用，对于网络舆论的引导问题也更为必要和紧迫。网络生态是网络舆论环境、网络法律规范和网络舆论主体的复杂作用共同构建而成，以网络生态的优化与发展为大背景来进一步探讨互联网舆论引导问题，可以更全面地梳理问题，对网络舆论的良序发展产生巨大的促进作用。该文在网络生态视域下，提出互联网舆论引导问题，并就引导策略开展论述。

成果名称：《情系民俗　拓荒深耕——郝苏民先生学术事迹评介》
作者：马东平
职称：研究员
成果形式：论文
字数：10 千字
发表刊物及时间：《甘肃社会科学》2015 年第 6 期

郝苏民，男，回族，1935 年出生于宁夏银川市，浩思茫戈、豪斯蒙哥、A 速莱蛮都是他曾使用过的笔名。20 世纪 50 年代就读于西北民族学院，毕业后留校担任助教，此后，郝苏民的个人命运在历史洪流中跌宕起伏，虽然道路曲折，砥砺颇多，但在西北这片民族文化生态极其丰富的沃土上，凭着对学术的笃定和坚持，他在蒙古学（语族）民间文化、八思巴文字研究以及社会人类学·民俗学多学科交叉研究方面取得了斐然成果，成为一名在国内外有影响的民族语言学家、民间文艺学家和教育学家。

成果名称：《深钻精研，新论迭出——刘瑞明教授学术事迹评价》
作者：马步升、徐治堂
职称：研究员、副教授
成果形式：论文
字数：8.7 千字
发表刊物及时间：《甘肃社会科学》2015 年第 2 期

刘瑞明，陇东学院文学院教授，1934 年出生于甘肃平凉，1958 年毕业于西北师范学院中文系。他的科研事业起步早，在 1977 年他还是平凉二中语文教师时，就在甘肃人民出版社出版了《古汉语语法常识》，共印刷 5 次，30 多万册。后调入陇东学院（原庆阳师专）任教，从教之余，研究语言学、敦煌学、民俗学、古代文学。在《中国语文》《文学评论》《中国社会科学》《文史》《文学评论》《文学遗产》《敦煌研究》《辞书研究》及多个大学学报发表了大量学术论文。专著有《冯梦龙民歌集三种注解》（中华书局 2005 年版）、《北京方言词谐音语理据研究》（与刘敬林合著，中国言实出版社 2008 年版）、《性文化词语汇释》（百花洲文艺出版社 2013 年版）。《刘瑞明文史述林》（甘肃人民出版社 2012 年版）则是已发表与未发表的 400 多篇、达 370 万字论文的合集，实际包含了 8 种著述：《谐音造词法论集》《词义论集》《泛义动词论集》《词缀论集》《汉语人名文化》《敦煌学论集》《文学论集》《说神道鬼话民俗》。

成果名称：《论敦煌佛教家庭伦理中的行孝方式》
作者：买小英
职称：副研究员
成果形式：论文
字数：16 千字
发表刊物及时间：《敦煌研究》2015 年第 6 期

文章认为，古代敦煌地区的佛教信众在实践家庭伦理、处理父母与子女现世与来世之间关系的过程中，遵循着佛教家庭伦理中父慈子孝、知恩报恩的基本伦理关系，并将其作为佛教信仰活动的重要组成部分。敦煌文献大量记载的子女对实现孝行的方式和特殊社会环境下的父子关系，为敦煌佛教的发展赋予了浓郁的地方特色和时代特征。

成果名称：《为民办实事及其新制度新机制的推进——以甘肃涉农项目为例》
作者：何苑、李有发
职称：研究员
成果形式：论文
字数：16 千字
发表刊物及时间：《甘肃社会科学》

2015 年第 6 期

文章认为，为民办实事项目是通过以点突破、改善百姓生产生活环境的民生工程，甘肃省为民办实事项目改善了当地农民的最大现实需求，但在为民办实事项目运行与管理中也存在问题与挑战，如农村"空心化"对项目影响、基层政府叠加的配套资金压力大、"重硬件、轻软件，重建设、轻运行"等。应推进新的管理和机制、扩大群众参与、实行差别化的项目与资金支持政策、建立社会化评估验收机制等。

成果名称：《西北地区生态文明建设研究》

作者：马继民
职称：副研究员
成果形式：论文
字数：9.6 千字
发表刊物及时间：《甘肃社会科学》2015 年第 2 期

文章认为，十八届三中全会后，西北地区紧紧围绕建设美丽中国，把生态文明建设融入经济社会建设各方面和全过程，形成了人与自然和谐发展的生态文明建设新格局和新特征。但由于西北地区脆弱的生态环境、所处的发展阶段和特殊的产业结构等方面的原因，生态文明建设面临着较大的约束和压力。西北地区还需通过着力构建生态型经济发展模式，加快推进产业转型升级，加大生态系统和环境保护力度，共同建立跨区域的环境治理协调机制、生态补偿机制和生态文明制度体系，推进西北地区的生态文明建设。

成果名称：《酒嘉哈区域经济合作发展战略研究》

作者：马大晋
职称：助理研究员
成果形式：论文
字数：9 千字
发表刊物及时间：《甘肃社会科学》

2015 年第 8 期

文章认为，过去二十多年，中国经济高速增长的内生动力源于区域经济激发的强大活力，随着丝绸之路经济带等国家新战略的实施，地区合作将成为未来区域经济发展的主题。酒嘉哈地区资源丰富，产业发展互补性强，区位优势明显，加快推进区域经济合作发展已迫在眉睫，通过进一步创新体制机制，事例资源要素和产业融合发展，提升内陆开放水平，努力形成大流通、大市场、大开放的发展格局，力争将其培育成为丝绸之路经济带中段产业支撑区和西北地区重要的经济增长极。

成果名称：《初始评价：学术评价视域的关键性拓展》

作者：胡政平、巨虹
职称：编审、助理研究员
成果形式：论文
字数：13 千字
发表刊物及时间：《甘肃社会科学》2015 年第 10 期

文章认为，目前学术评价的主要方法有定性、定量评价、定性与定量相结合的评价。初始评价，是学术成果的首次评价和原始评价，即研究者完成的学术成果在进入正规学术媒介平台、准备公布于众、与读者见面、进行广泛传播之前的第一次评价。把好学术评价的初始关不仅是当下学术评价的主要环节，而且是保证学术良性发展的当务之急，努力做好初始评价，不仅能提升学术成果的发表质量，而且是学术评价视域的关键性拓展。选择"小同行"专家，打造高质量的编辑队伍，坚持质量第一、目标高远、严格把关、服从评审的原则是做好初始评价的基础，自觉抵制低质量"数量学术"，拒绝种种学术不端行为和学术失范，合理依托科学评价制度严把学术入口关是做好初始评价的基本保障。

成果名称：《好莱坞电影的意识形态运行机制》

作者：胡政平

职称：编审

成果形式：论文

字数：10千字

发表刊物及时间：《国外社会科学》2015年第10期

文章认为，好莱坞电影是美国电影的代名词，也是美国提升文化软实力和巧实力对全球实施意识形态控制的有效武器。近百年来，好莱坞电影已将意识形态的约束内化，形成了一整套成熟的流水化操作模式。在快速更新的科学技术支持下，好莱坞电影通过面向未来的题材选择、简单化的叙事结构、凸显个人的角色设置、意味悠长的情感表达以及贯穿始终的受众意识，建构起鲜明的好莱坞电影叙事特征，借由成熟、严密的营销体系，在潜移默化中向受众推销美式价值观和生活方式等内容。

成果名称：《中国对非洲直接投资的区位选择研究》

作者：黄晓梅

职称：助理研究员

成果形式：论文

字数：10千字

发表刊物及时间：《甘肃社会科学》2015年第10期

随着中国"海上丝绸之路"经济带南线的实施，中国与沿线国家加强对非洲基础设施互联互通建设的投资，将极大地改善非洲东道国的投资环境，也为非洲吸引国际直接投资带来前所未有的历史机遇。该文借鉴国内外对非洲直接投资的研究成果，分析我国对非洲直接投资的现状及结构性特点，从投资主体、东道国和投资国的视角分析影响企业对外投资区位选择的重要因素，基于此提出针对性的对策与建议，包括加强东道国区位环境评价、协调企业投资行为、鼓励企业集群式投资，促进对非投资产业集聚效率和空间资源配置效率提升，加强对非投资的产业引导和宏观管理，提升中非境外投资产业园和经贸合作区的运行效率，加强东道国国别风险的识别与防范等，以促进我国对非洲投资事业的健康持续发展。

成果名称：《明初太祖成祖对西域和中亚丝绸之路的经营方略》

作者：邓慧君

职称：研究员

成果形式：论文

字数：11千字

发表刊物及时间：《甘肃社会科学》2015年第8期

文章认为，明袭元而建后，北方和西域被蒙古部族或蒙古后裔政权占据，为防范蒙古势力南下东进，明朝在北方以长城为界，西北以玉门关、哈密为界，划地而治。为保证丝绸之路畅通，明太祖、明成祖父子两代苦心经营，文武共用，恩威并举，积极主动与西域中亚地方政权建立贡使关系和商贸往来，恢复了丝绸之路西域中亚段经济、文化交流，保证了中原政权与西域中亚历史交往的连续性，使丝绸之路文化交流步入新的发展阶段。

成果名称：《科学解读马克思主义的民族关系理论体系——兼谈民族"交融"与民族"融合"的同体质性》

作者：刘敏

职称：研究员

成果形式：论文

字数：11千字

发表刊物及时间：《西北民族研究》2015年第4期

近些年来，国家和政府越来越重视民族关系和民族地区经济社会的发展，并以极大的投入获得了显著的成效。但这种努力的社会认同并不乐观，许多冲突和矛盾并没有因发展加快而减少，甚至在一些地方还出现诡异的悖反现象。该文认为，这与在准确理解和科学坚持马克思主义民族关系理论体系上发生的偏误有关。

**成果名称**：《西王母：中华文化东西交流的神话先驱》

作者：穆纪光

职称：研究员

成果形式：论文

字数：14.6千字

发表刊物及时间：《甘肃社会科学》2015年第2期

西王母作为神话人物，自由穿越时空，百变其身份与价值；她是西方古国名？是西方女王名？是青海湖畔部落首长名？学者用考古学等方法研究她，至今尚无定见。该文指出，西王母还有一个身份，应予关注：作为以敦煌为中心的西部女神，她是东部帝王进行物质与精神交流的积极使者，在她被塑成的众多形象中，寄寓着先民阴阳互补、东西相依、国家认同等价值观念。历史上，汉唐是中华文化东西交流的鼎盛时期，亦是西王母神话非常活跃的时期，"历史真实"与"神话虚构"交相辉映，绘成绮丽的历史画卷。在当代，"交流"已成为文化叙事的重要话语、哲学研究的重要范畴，甘肃学者杨利民先生和范鹏先生首倡研究"敦煌哲学"，正是中华文化东西交流历史的当代回响，是对"交流哲学"世界潮流的积极响应。

**成果名称**：《社会性别视域下的伊斯兰教与中国穆斯林女性研究》

作者：马亚萍

职称：副研究员

成果形式：论文

字数：10千字

发表刊物及时间：《回族研究》2015年第6期

文章认为，伊斯兰教与中国穆斯林女性研究既是国际社会性别研究领域的主要组成部分，也是国内人文社会科学研究领域的重要组成部分。改革开放以来，随着国内人文社会科学研究深入发展，尤其是学界引入社会性别理论方法，推动了宗教学、女性学、民族学、社会学等领域在社会性别框架下的伊斯兰教与中国穆斯林女性研究发展。该领域研究不仅成果丰硕，且实现了学术转型，步入渐趋成熟的发展轨道，研究涉猎领域日渐广泛，研究具有深度和广度，跨学科、多领域、立体式研究的显著特征，为构建中国本土化社会性别理论奠定了丰富的学术思想和文本资料基础，此时，梳理该领域学术发展历程，总结得失明了未来研究发展方向显得尤为重要。

**成果名称**：《民族地区城市青年的婚姻匹配：基于初婚年龄、学历的研究》

作者：冯乐安、翟晓华

职称：助理研究员

成果形式：论文

字数：11千字

发表刊物及时间：《南方人口》2015年第10期

通过对典型民族聚居城市一个区全年的回族、汉族初婚登记信息的分析，反映了少数民族地区当前的婚姻缔结概况，揭示了不同民族在年龄、学历层面的婚姻匹配模式。研究发现，在年龄匹配层面，回族婚姻与汉族婚姻都普遍遵循"男大女小"的匹配模式，但是回族女性结婚年龄明显小于汉族。在学历匹配层面，尽管回族婚姻的学历层次整体上低于汉族婚姻，但是回族婚姻与汉族婚姻都遵循"学历同类婚"的匹配模式。该文认为，这体现出当前城市少数民族青年的婚配模式既有与汉族高度相似的一面，又有基于少数民族自身传统的重要特征。

**成果名称**：《敦煌愿文中的家庭伦理管窥》

作者：买小英
职称：副研究员
成果形式：论文
字数：11千字
发表刊物及时间：《敦煌学辑刊》2015年第2期

在敦煌愿文中留存有许多反映古代敦煌民众家庭伦理关系的文书，从中可以看出敦煌地区民众在处理父子、夫妻、兄弟姐妹、师徒等关系时所遵循的伦理准则和道德规范，足证中古敦煌地区的家庭伦理关系在中国传统家庭伦理观念的基础上，深受佛教伦理思想的作用和影响。

成果名称：《西北民族地区生态化现代农业发展研究》
作者：张广裕
职称：副研究员
成果形式：论文
字数：10.6千字
发表刊物及时间：《当代经济管理》2015年第2期

文章认为，现代农业为解决中国几千年来困扰社会的温饱问题作出了巨大贡献，但现代农业所带来的环境污染、土地肥力下降等不可持续发展问题也日益严峻。文章研究了生态化现代农业相关概念与中国未来农业发展趋势，生态化现代农业发展的原则，并以西北民族地区为例，分析了该地区生态化现代农业发展的制约因素和主要模式。在此基础上，提出了西北民族地区生态化现代农业发展的对策措施：树立生态文明的理念，用大农业系统的观念发展农业，重塑农业有机养分循环系统，严格控制农药和化肥的施用量，加强重视食品安全管理，重视对传统农业中积淀的农学精华的挖掘和发扬，大力发展农村社会事业。

## 第六节 学术人物

**甘肃省社会科学院正高级专业技术人员（1979—2014）**

| 姓名 | 出生年月 | 学历/学位 | 职务 | 职称 | 主要学术兼职 | 代表作 |
| --- | --- | --- | --- | --- | --- | --- |
| 支克坚 | 1935.12 | 大学 | 原院长 | 研究员 | 中国现代文学研究会理事、中国鲁迅研究会理事 | 《冯雪峰论》《胡风论》《周扬论》《中国现代文艺思潮论》 |
| 颜廷亮 | 1938.12 | 大学 | 原所长 | 研究员 | 中国敦煌吐鲁番学会理事 | 《敦煌文学概说》《敦煌文学千年史》《敦煌文学概论》 |
| 穆纪光 | 1939.1 | 研究生 | 原处长 | 研究员 | 甘肃省美学研究会会长、中华美学学会理事 | 《艺术，一个创造的世界》《敦煌艺术哲学》《中国当代美学家》 |
| 周述实 | 1945.1 | 大学 | 原院长 | 研究员 | 中国数量经济学会常务理事、甘肃省经济学会副会长 | 《兵法经营概论》《构建西北经济的支撑点》《自主管理工作法》 |
| 董汉河 | 1945.10 | 大学 | 原主编 | 研究员 | 甘肃省作协第三届理事 | 《西路军女战士蒙难记》《西路军沉浮录》 |

续表

| 姓名 | 出生年月 | 学历/学位 | 职务 | 职称 | 主要学术兼职 | 代表作 |
|---|---|---|---|---|---|---|
| 刘 敏 | 1946.7 | 大学 | 原副院长 | 研究员 | 中国社会学学会副会长、甘肃省社会学学会会长、国家社科基金评委 | 《被害者学》《日趋重要的毒品问题》《中国不发达地区农村社会发展》《民族与社会之间》《社会发展论》 |
| 范 鹏 | 1959.8 | 大学 | 原书记原院长 | 研究员 | 甘肃省委决策咨询专家、省哲学学会会长、省敦煌哲学学会会长等 | 《中国特色社会主义理论及其在西部的实践》《道通天地·冯友兰》《甘肃宗教》《中国哲学史》 |
| 郝树声 | 1953.8 | 大学 | 原所长 | 研究员 | 甘肃省历史学会副会长、甘肃省文化发展学会副会长 | 《悬泉汉简研究》 |
| 张谦元 | 1956.10 | 大学 | 所长 | 研究员 | 甘肃省职务犯罪预防研究会副会长、甘肃省行政法研究会副会长 | 《中国农村法制问题》《中国市场经济与地方立法》《当代甘肃社会犯罪问题研究》 |
| 胡政平 | 1961.9 | 大学 | 总编 | 编审 | 甘肃省出版工作者协会常务理事、副秘书长 | 《综合类学刊何以承担重要的社会职责》《学术期刊同质化及影响力探究》 |
| 朱智文 | 1963.9 | 博士 | 副院长 | 研究员 | 西北师范大学和兰州理工大学硕士研究生导师 | 《再铸丰碑——中国农村基层民主问题研究》《西部开发中的"三农"问题研究》 |
| 包晓霞 | 1962.9 | 大学 | 原所长 | 研究员 | 甘肃省计生协会副会长 | 《边缘化与边际性乡村社会》《欠发达地区农村人口与计划生育》 |
| 王晓芳 | 1968.8 | 大学 | 所长 | 研究员 | 中国社会科学情报学会理事 | 《家庭制企业研究及其对欠发达地区民营经济发展的启示》 |
| 邓慧君 | 1964.3 | 研究生 | — | 研究员 | — | 《青海近代社会史》《甘肃近代社会史》 |
| 马廷旭 | 1962.11 | 大学 | 处长 | 研究员 | 甘肃省敦煌哲学学会秘书长 | 《人的现代化问题刍议》《对马克思主义"重新发生兴趣"》 |
| 何 苑 | 1969.8 | 博士 | 所长 | 研究员 | 甘肃省哲学学会常务理事 | 《西北地区资源型产业发展研究》《西北地区工业结构与区域可持续发展分析》 |

续表

| 姓名 | 出生年月 | 学历/学位 | 职务 | 职称 | 主要学术兼职 | 代表作 |
|---|---|---|---|---|---|---|
| 周小华 | 1959.3 | 大专 | 原副所长 | 研究员 | 甘肃省敦煌哲学学会理事 | 《文学的文化海域》《水文化研究的现代视野》 |
| 魏晓蓉 | 1966.7 | 大学 | — | 研究员 | — | 《项目管理运行机制比较研究》 |
| 罗哲 | 1972.7 | 博士 | 所长 | 研究员 | — | 《循环经济市场化与欠发达区域城市化模式》《集群视觉下的中小企业与大企业共生研究》 |
| 谢增虎 | 1965.12 | 大学 | 所长 | 研究员 | 甘肃省敦煌哲学研究会常务理事、甘肃省传统文化研究会常务理事 | 《伏羲文化精神的现代意义》《生与死：敦煌宗教哲学的独特观照》 |
| 陈双梅 | 1956.5 | 大学 | 纪委书记 | 编审 | — | 《世事杂说》《群众路线与反腐倡廉机制的构建》 |
| 李有发 | 1962.5 | 大学 | 副所长 | 研究员 | 甘肃省减灾委员会专家组成员 | 《现代管理学教程》《童年的隐忧——来自童年社会学的观察》 |
| 王建兵 | 1971.1 | 博士 | 所长 | 研究员 | 甘肃省农业大学兼职教授、硕士研究生导师 | 《青藏高原高寒草甸退化演替的分区特征》《基于动力机制分析的甘肃省城镇化发展的对策与建议》 |
| 许尔君 | 1957.9 | 大学 | 所长 | 研究员 | — | 《甘肃精神文明理论与实践》《新形势下思想政治工作创新机制的构建》 |
| 马步升 | 1962.12 | 大专 | 所长 | 研究员 | 甘肃省作家协会主席、国家四大文学奖中的三项文学奖评委 | 《走西口》《老碗会》《哈一刀》《青白盐》 |
| 马东平 | 1973.10 | 博士 | 副所长 | 研究员 | 中国回族学会理事 | 《边缘关注——西北民族历史文化研究》《传统与嬗变——河州八坊回族人的生活世界》 |
| 王旭东 | 1964.11 | 大学 | 主编 | 研究员 | 中国残疾人事业发展研究会理事 | 《文化民生的当代解读》《公共服务均等化与残疾人福祉设计研究》 |

续表

| 姓名 | 出生年月 | 学历/学位 | 职务 | 职称 | 主要学术兼职 | 代表作 |
|---|---|---|---|---|---|---|
| 王福生 | 1962.11 | 大学 | 副书记院长 | 研究员 | 甘肃省宏观经济研究会名誉副会长、甘肃省哲学学会副会长 | 《大变法：中国改革的历史思考》《论社会主义核心价值体系与中华优秀传统文化的对接路径》 |
| 王 瑾 | 1968.1 | 大学 | 副所长 | 研究员 | — | 《农牧区草原湿地的法律保护》《西部大开发中甘肃投资法制环境的优化》 |

## 第七节　2015年大事记

**一月**

1月，甘肃省社会科学院荣膺甘肃省智库单位，王福生等专家被聘为省智库专家顾问。

1月8日，由甘肃省人民政府新闻办公室、甘肃省社会科学院、甘肃省民族事务委员会、甘肃省住房和城乡建设厅、甘肃省统计局、酒泉市委市政府、社科文献出版社、读者集团联合举办的《甘肃蓝皮书》（2015）系列成果发布会在兰州举行。

1月15日，甘肃省社会科学院召开"建设陇原特色新型智库动员大会"。

1月17日，省委宣传部副部长、省文明办主任苏君率省委宣传部党风廉政建设第一考核组一行四人来甘肃省社科院检查考核2014年度党风廉政建设情况。

**二月**

2月26日，院长王福生研究员应邀出席在比利时布鲁塞尔召开的"中欧改革论坛"启动研讨会。

**三月**

3月19日，省委组织部对院领导班子及班子成员2014年度政绩进行考核测评。

3月20日，省发改委曹天民副主任一行来甘肃省社科院调研座谈。

3月22日，省委常委、省委组织部部长吴德刚、副部长陈卫中一行五人来甘肃省社科院进行调研。

3月，郝树声同志荣获2014年度享受国务院政府特殊津贴专家称号。

3月，甘肃省社科院原副院长、研究员刘敏同志，被中共中央宣传部特聘为"国家青年拔尖人才支持计划（哲学社会科学、文化艺术领域）专家评审组成员"。

**五月**

5月11日，青海省社会科学院院长、党组书记陈玮，副院长淡小宁一行6人来我院调研交流工作。

5月12日，院党委理论中心组开展"三严三实"专题学习会。院党委副书记、院长王福生作题为"提高党性修养　树立新风正气"的辅导报告。

5月25日，甘委〔2015〕30号，胡政平进入领军人才第一层次。

5月27日，甘肃省社科院与中共甘肃省委党校共同主办"四个全面"战略布局专家论坛会。

**六月**

6月2日，甘肃省社科院召开纪念建党

94周年表彰大会。

6月7日，中国社会科学院在甘挂职干部座谈会在敦煌召开，省委组织部副部长陈卫忠，甘肃肃社会科学院党委副书记、院长王福生出席会议并看望。

6月24日，甘肃省国际交流员研习班学术研讨会在甘肃省社会科学院举行。

## 七月

7月14日，院纪委书记陈双梅、副院长安文华率部分行政演职人员20余人，深入双联点开展"文化下乡"文艺节目演出活动。

原副院长刘敏研究员被国家教育部聘为第七届全国高校人文社会科学优秀成果奖评审委员会委员。

## 八月

8月7—8日，王福生院长参加了在湖北恩施召开的第十六次全国皮书年会。

8月12—14日期间，副院长刘进军一行赴青海省参加由青海省社会科学院主办的西部五省区社会科学院院长联席会。

8月28—30日，副院长安文华一行赴宁夏银川参加第十一届西部社科院院长联席会议暨首届中阿智库论坛。

## 九月

9月3—5日，由甘肃省社会科学院、敦煌研究院，中共敦煌市委和敦煌市人民政府承办的第四届中国沿边九省区新型智库战略联盟高层论坛在敦煌举办。

## 十月

10月18—20日，院长王福生、纪委书记陈双梅一行深入双联村开展"走进贫苦户、助困解忧愁"精准帮扶主题实践活动。

10月28日，由甘肃省社科院主办的甘肃省大型学术文献丛书《陇上学人文存》第四辑出版发行暨传承陇上人文血脉研讨会隆重召开。

10月30日，王福生院长应邀出席2015年新兴经济体智库年会暨第80次中国改革国际论坛并发表主题演讲。

## 十一月

11月3日，甘肃省社科院和省委党校战略合作框架协议正式签署。

11月19日，甘肃省社科院召开全院职工大会，王福生院长作"做到严以用权 推进智库建设"的辅导报告。

11月20日，甘肃省社科院纪委书记陈双梅约谈全体处级干部。

11月29日，王福生院长应邀参加丝绸之路（敦煌）国际文化博览会组委会第一次会议。

11月30日，甘肃省社科院王福生院长在中国社科院拜会中国社科院副院长李培林。

## 十二月

12月2日，王福生院长在河南省社科院考察调研。

12月4日，中国社科院人事局副局长高京斋带领中国社科院首批挂职干部一行20人来甘肃省社科院考察交流工作。

12月7—9日，院党委副书记、院长王福生带领工作组赴清水县帮扶村开展精准扶贫年终慰问活动。

# 青海省社会科学院

## 第一节 历史沿革

青海省社会科学院成立于1978年10月，是隶属于青海省委的重要工作部门，正厅级公益型事业单位，承担着国家社科基础理论和应用对策研究的职责，以及为省委、省政府提供决策咨询服务的重任，是青海省哲学社会科学研究的唯一专门机构，是青海省委、省政府重要的思想库和智囊团，是中国共产党的重要理论阵地之一。

### 一、领导

青海省社会科学院的历任院长及党组书记是：史克明（1981年4月—1985年11月）、傅青元（1985年11月—1989年5月）、朱世奎（1989年6月—1994年5月）、陈国建（1994年5月—1998年12月）、景晖（1998年12月—2007年12月）、赵宗福（2008年4月—2015年4月）。现任院长、党组书记陈玮（2015年4月—  ）。

### 二、发展

青海省社会科学院自建院以来，在青海省委的正确领导和青海省委宣传部的关怀支持下，紧紧围绕青海省中心工作，特别是青海省委治理政战略部署和经济社会发展中的重大现实问题开展省情调研和决策咨询研究工作。38年来，青海省社会科学院始终坚持运用中国特色社会主义理论体系指导哲学社会科学研究，始终坚持用正确的政治方向和学术导向繁荣发展以科研为中心的各项工作，始终坚持高质量应用对策研究和高水平基础理论研究双轮共进，推出了一批有见地的研究报告和有影响力的理论成果，得到了青海省委、省政府的认可和学术界的称赞，充分发挥了为党和政府提供社科理论决策咨询的思想库和智囊团的重要作用。

青海省社会科学院的学科领域涵盖：政治学、经济学、社会学、法学、历史学、民族学、宗教学、藏学、生态环境学等。主要科研产出包括：学术专著206部；发表论文3237篇；撰写调研报告（研究报告）760余篇（项）；完成社会读物、教材、工具书、资料汇编、古籍整理、译著等各类成果656部；获批国家社科基金项目87项，承担并完成省级及省委、省政府有关部门委托课题164余项。全院有91.4%的科研人员主持国家课题。青海省社科院先后荣获中宣部"五个一工程"优秀作品入选奖3项；荣获青海省"五个一工程"优秀作品入选奖7项；荣获青海省哲学社会科学优秀成果一等奖16项，二等奖51项，三等奖113项，鼓励奖34项；荣获其他省部委及厅级各类奖20余项。

### 三、机构设置

青海省社会科学院建院以来，内部机构设置根据发展的需要数次变更，曾先后设置有：办公室（人事处）、机关党委、机关纪委、科研管理处、院学术委员会、省社科研究系列职称改革领导小组、文献信息中心、教育中心及各类研究所等。截至2015年12月底，青海省社会科学院的机构设置为：科研所7个，包括民族与宗教研究所（所长鄂崇荣）、文史研究所（所长马进虎）、社会学研究所（所长拉毛措）、政治与法学研究所（所长张立群）、经济研究所（所长杜青华）、藏学研究所（副所长谢热）、生态环境研究所（所长毛江晖）；科研辅助部门3个，包括《青海社会科学》编辑部（主任马勇进）、文献信息中心（主任刘景华）、科研管理处（处长赵晓）；行政后勤部门2个，包括：办公室（主任任惠英）、人事处（任惠英兼任）、后勤服务中心（主任张建平）。

### 四、人才建设

青海省社会科学院的几代科研人员在青海省哲学社会科学领域辛勤耕耘，取得了丰硕的研究成果，其中不乏学有专长和卓有建树的专家学者。截至2015年12月，在编在岗人员合计86人。现有专业技术人员57人，其中，具有正高级职称人员16人，副高级职称人员19人，中级及以下职称人员20人；管理岗位人员21人，其中，厅级干部4人，处级以上干部19人；工勤岗位8人。二级研究员：孙发平、苏海红、马生林、拉毛措、刘景华、赵宗福、张立群。国务院特殊津贴专家：陈玮、孙发平、马生林、张立群。省级优秀专家：苏海红、拉毛措、刘景华、鄂崇荣。"四个一批"优秀、拔尖人才：拉毛措、张立群、鄂崇荣、鲁顺元、杜青华。具有副研究员及以上专业技术职称的有：陈玮、赵宗福、孙发平、马生林、张立群、拉毛措、刘景华、谢热、苏海红、张前、鲁顺元、张生寅、鄂崇荣、马学贤、胡芳、高永宏、窦国林、马勇进、顾岩生、毛江晖、郑家强、马进虎、参看加、解占录、唐萍、刘傲洋、毕艳君、肖莉、马文慧、娄海玲、王丽莉、杨军、杜青华、沈玉萍、才项多杰。

## 第二节 组织机构

### 一、青海省社会科学院领导及其分工

1. 历任院领导正、副职

1981年4月—1985年11月

党组书记、院长：史克明

党组副书记、副院长：鲁光

党组成员、副院长：隋儒诗、周生文

1985年11月—1989年5月

党组书记、院长：傅青元

党组成员、副院长：隋儒诗、周生文、翟松天

1989年6月—1994年5月

党组书记、院长：朱世奎

党组副书记、副院长：周生文

党组成员、副院长：翟松天、王昱、刘忠、冯敏

1994年5月—1998年12月

党组书记、院长：陈国建

党组副书记、副院长：周生文

党组成员：翟松天、王昱、刘忠、冯敏、谢佐、曲青山、汪发福

1998年12月—2007年12月

党组书记、院长：景晖

党组成员、副院长：翟松天、王昱、冯敏、曹景中、曲青山、汪发福、淡小宁、崔永红、孙发平。

副院长：蒲文成

2008年4月—2015年4月

党组书记、院长：赵宗福

党组成员、副院长：淡小宁、崔永红、孙发平、苏海红

2015年4月—2016年4月

党组书记、院长：陈玮

党组成员、副院长：淡小宁、孙发平、苏海红

2. 现任院领导正、副职

院党组书记、院长：陈玮

党委（组）成员：淡小宁、孙发平、

苏海红

3. 院长、副院长分工

院长陈玮，负责全院各项工作，具体分管《青海社会科学》编辑部、培训中心（生态环境研究所）。

副院长淡小宁，协助党组书记、院长陈玮同志工作，具体分管办公室、后勤服务中心、机关党委、机关纪委、机关工会。

副院长孙发平，协助党组书记、院长陈玮同志工作，具体分管科研管理处、民族与宗教研究所、文史研究所、藏学研究所、政治与法学研究所。

副院长苏海红，协助党组书记、院长陈玮同志工作，具体分管文献信息中心、社会学研究所、经济研究所、《青海蓝皮书》编撰工作。

## 二、青海省社会科学院职能部门

办公室（人事处）
主任（处长）：任慧英
副主任：李晓燕、鲁顺元
机关党委
书记：杨志成
机关工会
主席：张国宁
科研管理处
处长：赵晓
文献信息中心
主任：刘景华
副主任：郑家强
后勤服务中心
主任：张建平
副主任：李建军
《青海社会科学》编辑部
主任：马勇进
副主任：张前

## 三、青海省社会科学院科研机构

民族宗教研究所
所长：鄂崇荣
藏学研究所
副所长：谢热
文史研究所
所长：马进虎
经济研究所
所长：杜青华
社会学研究所
所长：拉毛措
政治与法学研究所
所长：张立群
生态环境研究所
所长：毛江晖

## 第三节 年度工作概况

2015年，青海省社会科学院在科研工作上身体力行，团结协作，开拓创新，在抓好政治理论学习、围绕大局建言献策、积极打造智库平台、增强对外学术交流、深入基层开展调研等方面，取得了一些实实在在的成效，呈现出许多新的亮点。

加强政治理论学习，学习型机关建设取得新进展。2015年，青海省社会科学院以"学以立德、学以致用"为目标，以中心组（扩大）学习会为龙头，组织开展集中研讨、专题学习、学术沙龙、先锋论坛、学术讲座、参观实践等专题学习活动50余次，1000余人次参加学习，并通过系列集中研讨、考察交流、主题实践等活动，对习近平总书记系列重要讲话精神学以致用、融会贯通，学习效果明显提升。一是系统学习了习总书记系列重要讲话、十八届四中、五中全会、省十二届七次、九次、十次全委会等重要会议精神，全面贯彻中央"四个全面"战略布局、"五大发展"理念和省委省政府关于"三区"建设、脱贫攻坚和全面建成小康社会等重大战略部署，安排开展专题研讨交流10余次。二是院基层党组织立足实际，将具体工作与学术交流和主题实践活动等有机结合，先后开展了"学人风采讲坛""学术工作坊"等13次学术沙龙及"关注生态 保护环境"等12次公益主题实践活动。三是加强理论研讨活动,先后组织开展各类研讨会20余次,100余人次进行了交流发言,撰写学习心得和读书笔记350余篇。

围绕大局建言献策,新型智库建设开创新局面。2015年,院领导班子把握正确的政治方向和学术导向,紧紧围绕全省工作大局,创新举措,中国特色青海特点新型智库建设取得了新的更大成绩,全年完成国家级、省级、院级等各类课题60余项,公开发表学术论文近百篇,完成调研报告29篇。一是围绕全省经济社会发展重大理论和现实问题,确定了2015年度院级重点课题12项,一般课题30项,课题立项率比上年增长9.5%。二是创办了《青海藏区要情》和《青海研究报告·建言版》,全年给青海省委、省政府上报的《青海研究报告》等各类决策咨询报告56期,同比增长9.6%,多篇研究报告得到省委、省政府领导充分肯定,被评为2015年度全国社科联创建新型智库先进单位。三是院党组先后选派90余人次的专家学者,积极参与省委、省政府及省委统战部、宣传部、组织部等单位举办的各类理论研讨会和工作会议,为全省工作大局提出了建议和对策。其中,陈玮院长在青海省委召开的"注重融会贯通,做到学以致用,把学习贯彻习近平总书记重要讲话精神引向深入经验交流会"上,代表全省社科理论界作了大会交流发言。孙发平副院长被抽调为省委"十三五"规划建议领导小组成员,参与起草《建议》。四是《青海蓝皮书》连续两年以省政府官方发布的形式,实现了新闻发布的制度化、常态化,通过省内各主流媒体的集中宣传报道,提升了《青海蓝皮书》的影响力和知名度。在2015年全国310种系列皮书综合评价中,《青海蓝皮书》位居第79名;在220种地方皮书综合评价中位居第21名。五是在全省第十一次哲学社会科学优秀成果评奖中《青海建设国家循环经济发展先行区研究》获得一等奖、《中国节日志·春节志(青海卷)》和《当前青海伊斯兰教事务管理工作中需关注的几个问题》获得二等奖、《藏族文化生态与法律运行的适应性研究》和《青藏地区矿产资源开发利益共享机制研究》获得三等奖。在2015年度全省优秀调研报告评选中,青海省社会科学院研究成果获得二等奖2项、三等奖3项、优秀奖3项。六是院党组成员牵头,完成了《青海经济发展阶段及经验启示研究》《青海科研院所党外知识分子现状调查》《青海省实施创新驱动调研报告》《我省知识分子对十四世达赖喇嘛态度调研报告》等省委、省政府领导交办的任务。协助省委、省政府完成了《青海省生态文明建设》蓝皮书书稿的主要编纂工作。同时,陈玮院长主持申报的《青海籍海外藏胞现状研究》,成功立项为中华全国归国华侨联合会2015—2017年课题。七是院领导班子成员与专家学者先后多次深入海东、海西、海南、海北、玉树、果洛、黄南等地基层单位、社区、寺院,开展了党的十八届五中全会、省委十二届十次全委会精神、涉藏维稳、民族团结进步等主题宣讲活动30余次。全院专家学者先后接受《经济日报》《中国社科报》《青海日报》、新华网、人民网、中央电视台、青海电视台、青海新闻网等省内外新闻媒体的专访和采访50余人次。

加强重点特色学科建设,基础理论支撑得到新提升。按照青海省委领导指示精神,2015年,青海省社会科学院党组着眼青海省情特点,着力加强藏学、民族学、宗教学、生态环境学、循环经济学等重点特色学科建设。一是积极争取特色学科建设资金50万元,为学科建设提供基础保障。二是调整研究所设置,增设了生态环境研究所，加强了藏学研究所、民族宗教研究所等的研究力量。三是鼓励申报国家社科基金项目，重点围绕特色学科建设需要，加强选题引导和立项论证，年内国家社科基金成功立项4项，立项率达到50%，在全国地方社科院名列前茅。通过重点特色学科建设，不仅充分体现了青海地方特点和民族特色，也彰显了青海在全国社科界的学科特色和优势，为青海经济社会发展提供了强有力的学理支撑。

加大开放办院力度，智库机构建设得到新突破。院领导班子坚定树立社科院"有为方能有位"的理念，按照中国特色青海特点新型智库建设总体目标，扩大对外开放，积极整合社科资源，不断拓宽智库服务平台。一是积极落实青海省与中国社会科学院签订的战略合作框架协议，主动争取中国社会科学院对青海省社会科学院的业务指导，共同对青海经济社会重大问题进行联合攻关。二是与中国藏学研究中心签订了合作意向书，并实施了年度11项短期和中长期合作研究课题，内容涉及青海藏区经济社会法治等领域的热点、难点问题，实现了与国内高端智库的合作共赢。三是与相关部门联合成立了"青海藏学研究中心""青海丝路研究中心""青海生态环境研究中心"等高端智库机构，申请财政支持资金60万元用于中心建设。

深化交流加强合作，学术影响力得到新拓展。立足省情和院情实际，不断加强与国内高端智库机构的合作交流，进一步拓展和提高了青海省社会科学院的学术影响力。一是加强对外交流合作。陈玮院长带队，先后前往中国社会科学院、中国藏学研究中心等国家级智库机构，以及上海、四川、甘肃、新疆等10余家地方省市级社科院进行了走访调研，听取了国家级智库机构高层领导对青海省社会科学院工作的指导意见，借鉴了省市兄弟单位在工作创新、制度建设、人才培养、学科体系等方面的成功做法和先进经验。二是举办了系列高端学术研讨会。2015年在青海成功举办了第七届西部五省区社科院院长联席会议暨"加强新型智库建设推进藏区四个全面发展"研讨会、《青海社会科学》创新发展暨马克思主义理论研究前沿问题学术研讨会等高端学术会议，得到出席会议的领导和专家学者的一致好评，扩大了青海省社会科学院的学术影响力。三是举办了系列学术讲座。先后邀请中国社会科学院、中国藏学研究中心、兰州大学等国内知名学府和研究机构的专家学者，前来做了10余场专题系列学术报告，拓展了职工的学术视野和研究思路。四是与各地方研究分院和省情调研基地合作完成了《藏区依法治理问题研究——以黄南州为例》《青海农村低保户评定问题的调研报告》《以生态保护优先理念协调推进经济社会发展研究——以海北州为例》《海南州推进文化创意和设计服务与相关产业融合发展问题研究》《海西州"十三五"规划基本思路研究》等多项研究课题。

大兴调查研究之风，学风建设迈出新步伐。青海省社会科学院进一步加强学风建设，大力倡导深入基层调查研究，坚决杜绝弄虚作假、走马观花等调研弊端，健全调研制度保障。一是全院科研人员围绕年初确定的42项课题，深入农村牧区、机关、厂矿、扶贫村蹲点调研近200人次，累计调研天数近500天。二是每次调研都事先履行调研审批程序，制定调研方案，确定调研的主要任务、具体目标、方式方法、调查步骤、成果效益等，在有限的时间内，有重点、有针对性地做好调研工作。三是对院级重点课题、国家社科基金项目、省级重大课题和省委、省政府委托课题，坚持领导干部带队开展基层调研，并亲自撰写有情况、有分析、有见解的调研报告，提高了调研工作的科学化水平。

## 第四节 科研活动

### 一、科研成果统计

2015年，青海省社会科学院共完成专著2种，34.9万字；论文29篇，25.01万字；研究报告41篇，135.39万字；其他类型文章11篇，20.09万字。

### 二、科研课题

（一）2015年度新立项科研课题66项。其中：国家社科基金课题4项；委托、合作课题11项，院级课题51项（院级重点课题17项，一般课题34项）。

1. 国家社科基金课题（4项）

| 序号 | 项目名称 | 项目来源 | 负责人 | 成果形式 | 立项时间 | 资助金额（万元） |
| --- | --- | --- | --- | --- | --- | --- |
| 1 | 河湟地区伊斯兰教教派发展现状及社会和谐问题研究 | 国家社科基金 | 马学贤 | 专著 | 2015年 | 20 |
| 2 | 藏传佛教文化在港澳台地区的传播与发展态势研究 | 国家社科基金 | 鄂崇荣 | 研究报告 | 2015年 | 20 |
| 3 | 青海抗日战争史研究 | 国家社科基金 | 崔耀鹏 | 专著 | 2015年 | 20 |
| 4 | 甘青特有民族人口变动研究 | 国家社科基金 | 文斌兴 | 研究报告 | 2015年 | 20 |

2. 委托、合作课题（11项）

| 序号 | 项目名称 | 项目来源 | 负责人 | 成果形式 | 立项时间 | 资助金额（万元） |
| --- | --- | --- | --- | --- | --- | --- |
| 1 | 青海蓝皮书2015—2016年经济社会形势分析与预测 | 青海省政府 | 陈玮 孙发平 苏海红 | 专著 | 2015年 | 12 |
| 2 | 历代中央政府治理青海藏区研究 | 中国藏研中心 | 陈玮 | 研究报告 | 2015年 | 7 |
| 3 | 青海农牧区政治建设研究 | 中国藏研中心 | 陈玮 | 研究报告 | 2015年 | 7 |
| 4 | 青海藏区民族关系研究 | 中国藏研中心 | 鄂崇荣 | 研究报告 | 2015年 | 7 |
| 5 | 藏传佛教各教派传统学经系统研究 | 中国藏研中心 | 谢热 | 研究报告 | 2015年 | 7 |
| 6 | 现阶段藏族青年知识分子思想动态调查研究 | 中国藏研中心 | 鲁顺元 | 研究报告 | 2015年 | 2 |
| 7 | 青海藏传佛教寺院民生建设的做法及经验启示 | 中国藏研中心 | 拉毛措 | 研究报告 | 2015年 | 2 |
| 8 | 依法治国背景下青海藏区习惯法及治理研究 | 中国藏研中心 | 陈玮 | 研究报告 | 2015年 | 2 |
| 9 | 丝绸之路南道交通环境变化与青海藏区维稳面临的新问题和对策 | 中国藏研中心 | 马林 | 研究报告 | 2015年 | 2 |

续表

| 序号 | 项目名称 | 项目来源 | 负责人 | 成果形式 | 立项时间 | 资助金额（万元） |
|---|---|---|---|---|---|---|
| 10 | 青海大学生政治思想动态研究 | 中国藏研中心 | 鲁顺元 | 研究报告 | 2015 年 | 2 |
| 11 | 青海藏传佛教寺院堪布、经师的产生、作用和管理问题研究 | 中国藏研中心 | 参看加 | 研究报告 | 2015 年 | 2 |

3. 院级课题（51 项）

| 序号 | 项目名称 | 项目来源 | 负责人 | 成果形式 | 立项时间 | 资助金额（万元） |
|---|---|---|---|---|---|---|
| 1 | 我省知识分子对十四世达赖喇嘛的态度调研（涉密） | 院级重点课题 | 赵宗福 | 研究报告 | 2015 年 | 1 |
| 2 | 依法治省背景下藏区习惯法治理研究（涉密） | 院级重点课题 | 陈 玮 | 研究报告 | 2015 年 | 1 |
| 3 | 经济发展新常态下青海实施创新驱动战略研究 | 院级重点课题 | 冀康平 | 研究报告 | 2015 年 | 1 |
| 4 | 青海各县同步全面建成小康社会"两个翻番"研究 | 院级重点课题 | 孙发平 | 研究报告 | 2015 年 | 1 |
| 5 | 2020 年青海实现基本公共服务均等化的标准与路径研究 | 院级重点课题 | 毛江晖 | 研究报告 | 2015 年 | 1 |
| 6 | 2020 年青海农牧区消除贫困问题研究 | 院级重点课题 | 杜青华 | 研究报告 | 2015 年 | 1 |
| 7 | 以生态保护优先理念协调推进经济社会发展研究——以海北州为例 | 院级重点课题 | 毛江晖 海北所 | 研究报告 | 2015 年 | 1 |
| 8 | "十三五"时期持续推进民族团结进步先进区创建研究 | 院级重点课题 | 马进虎 | 研究报告 | 2015 年 | 1 |
| 9 | 城镇化背景下青海各民族交往交流交融发展中存在的问题与对策研究（涉密） | 院级重点课题 | 马学贤 | 研究报告 | 2015 年 | 1 |
| 10 | 2015—2016 年青海经济形势分析与预测 | 院级重点课题 | 苏海红 | 研究报告 | 2015 年 | 1 |

续表

| 序号 | 项目名称 | 项目来源 | 负责人 | 成果形式 | 立项时间 | 资助金额（万元） |
|---|---|---|---|---|---|---|
| 11 | 2015—2016年青海社会形势分析与预测 | 院级重点课题 | 陈 玮 | 研究报告 | 2015年 | 1 |
| 12 | 青海科研院所党外知识分子现状调查 | 院级重点课题 | 陈 玮 | 研究报告 | 2015年 | 1 |
| 13 | 光辉的历程 辉煌的成就——青海经济社会发展历程与经验启示 | 院级重点课题 | 孙发平 | 研究报告 | 2015年 | 1 |
| 14 | 民族区域自治法在我省藏区贯彻落实成效、存在问题及对策调研 | 院级重点课题 | 陈 玮 | 研究报告 | 2015年 | 1 |
| 15 | 深化对口援青工作成效、存在问题及对策调研 | 院级重点课题 | 孙发平 | 研究报告 | 2015年 | 1 |
| 16 | 我省藏区反贫困成效、存在问题及对策调研 | 院级重点课题 | 苏海红 | 研究报告 | 2015年 | 1 |
| 17 | 2014—2015青海丝绸之路经济带建设发展报告 | 院级重点课题 | 孙发平 | 研究报告 | 2015年 | 0.5 |
| 18 | 青海"十二五"发展经验及对"十三五"发展启示研究 | 院级一般课题 | 杜青华 | 研究报告 | 2015年 | 0.5 |
| 19 | 青海同步建成全面小康社会的指标体系与评价标准研究 | 院级一般课题 | 孙发平 | 研究报告 | 2015年 | 0.5 |
| 20 | 经济发展新常态下青海新经济增长点的培育问题研究 | 院级一般课题 | 苏海红 | 研究报告 | 2015年 | 0.5 |
| 21 | 经济发展新常态下青海非公有制经济发展问题研究 | 院级一般课题 | 顾延生 | 研究报告 | 2015年 | 0.5 |
| 22 | 青海农村人口老龄化问题研究——以大通县为例 | 院级一般课题 | 马文慧 | 研究报告 | 2015年 | 0.5 |
| 23 | 经济发展新常态下财政金融支持青海经济发展问题研究 | 院级一般课题 | 甘晓莹 | 研究报告 | 2015年 | 0.5 |
| 24 | 经济发展新常态下青海旅游业与相关产业深度融合发展研究 | 院级一般课题 | 解占录 | 研究报告 | 2015年 | 0.5 |
| 25 | 新形势下青海提升第三产业消费问题研究 | 院级一般课题 | 马生林 | 研究报告 | 2015年 | 0.5 |

续表

| 序号 | 项目名称 | 项目来源 | 负责人 | 成果形式 | 立项时间 | 资助金额（万元） |
|---|---|---|---|---|---|---|
| 26 | "三区"建设背景下领导干部专业化能力建设研究 | 院级一般课题 | 高永宏 | 研究报告 | 2015年 | 0.5 |
| 27 | 藏区依法治理问题研究——以黄南州为例 | 院级一般课题 | 肖莉 黄南所 | 研究报告 | 2015年 | 0.5 |
| 28 | 发挥党员在意识形态领域的先锋模范作用研究 | 院级一般课题 | 张立群 | 研究报告 | 2015年 | 0.5 |
| 29 | 传统媒体与新型媒体融合发展研究 | 院级一般课题 | 杨军 | 研究报告 | 2015年 | 0.5 |
| 30 | 青海各民族共有精神家园建设研究 | 院级一般课题 | 马进虎 | 研究报告 | 2015年 | 0.5 |
| 31 | 青海基层党组织政治服务功能的建构与发挥研究 | 院级一般课题 | 唐萍 | 研究报告 | 2015年 | 0.5 |
| 32 | 青海县域文化发展比较研究 | 院级一般课题 | 毕艳君 | 研究报告 | 2015年 | 0.5 |
| 33 | 青海农村低保户评定问题的调研报告 | 院级一般课题 | 郑家强 李婧梅 李家乡 基地 | 研究报告 | 2015年 | 0.5 |
| 34 | 法治化背景下依法管理宗教事务研究 | 院级一般课题 | 参看加 | 研究报告 | 2015年 | 0.5 |
| 35 | 借鉴历史经验推进平安青海建设研究 | 院级一般课题 | 沈玉萍 | 研究报告 | 2015年 | 0.5 |
| 36 | 藏族传统生态民俗的当代传承及其实践价值研究 | 院级一般课题 | 谢热 | 研究报告 | 2015年 | 0.5 |
| 37 | 青海生态文明先行区建设综合评价和比较研究 | 院级一般课题 | 毛江晖 | 研究报告 | 2015年 | 0.5 |
| 38 | 生态文明视角下青海生态文化建构研究 | 院级一般课题 | 毛江晖 | 研究报告 | 2015年 | 0.5 |
| 39 | 青海民族团结进步先进区的法治保障研究 | 院级一般课题 | 张立群 | 研究报告 | 2015年 | 0.5 |
| 40 | 青海建设生态文明先行区的法治保障研究 | 院级一般课题 | 娄海玲 | 研究报告 | 2015年 | 0.5 |
| 41 | 少数民族党外知识分子工作研究 | 院级一般课题 | 鄂崇荣 | 研究报告 | 2015年 | 0.5 |

续表

| 序号 | 项目名称 | 项目来源 | 负责人 | 成果形式 | 立项时间 | 资助金额（万元） |
|---|---|---|---|---|---|---|
| 42 | 海南州推进文化创意和设计服务与相关产业融合发展问题研究 | 院级一般课题 | 鄂崇荣 海南所 | 研究报告 | 2015年 | 0.5 |
| 43 | 新常态下制约青海企业发展的主要问题及政策建议 | 院级一般课题 | 苏海红 | 研究报告 | 2015年 | 0.5 |
| 44 | 海西州"十三五"时期经济社会发展基本思路研究 | 院级一般课题 | 孙发平 海西所 | 研究报告 | 2015年 | 0.5 |
| 45 | 青海藏区青年就业的影响因素分析 | 院级一般课题 | 朱学海 | 研究报告 | 2015年 | 0.5 |
| 46 | 青海文化公共服务均等化现状与对策研究 | 院级一般课题 | 苏海红 | 研究报告 | 2015年 | 0.5 |
| 47 | 对我省民族团结进步先进区建设的现状及对策研究 | 院级一般课题 | 陈玮 | 研究报告 | 2015年 | 0.5 |
| 48 | 青海"非遗"保护与外宣研究 | 院级一般课题 | 孙发平 | 研究报告 | 2015年 | 0.5 |
| 49 | 生态文明背景下青海三江源区生态经济发展形势及其路径研究 | 院级一般课题 | 苏海红 | 研究报告 | 2015年 | 0.5 |
| 50 | 党的十八大以来青海省社会科学院意识形态工作情况报告 | 院级一般课题 | 赵晓 | 研究报告 | 2015年 | 0.5 |
| 51 | 深入推进"两个共同"主题宣传教育的对策建议 | 院级一般课题 | 陈玮 | 研究报告 | 2015年 | 0.5 |

## （二）获奖优秀科研成果

### 2014—2015年青海社科院获奖情况表*

| 序号 | 成果名称 | 成果形式 | 获奖名称 | 获奖等级 | 获奖时间 | 作者 |
|---|---|---|---|---|---|---|
| 1 | 青海建设国家循环经济发展先行区研究 | 研究报告 | 青海省第十一次哲学社会科学优秀成果评奖 | 一等奖 | 2015.12 | 孙发平等 |
| 2 | 中国节日志·春节志（青海卷） | 专著 | 青海省第十一次哲学社会科学优秀成果评奖 | 二等奖 | 2015.12 | 赵宗福等 |
| 3 | 当前青海伊斯兰教事务管理工作中需关注的几个问题 | 研究报告 | 青海省第十一次哲学社会科学优秀成果评奖 | 二等奖 | 2015.12 | 马文慧 |

\* 注：在本表格中的"获奖时间"一栏，年、月使用阿拉伯数字，且"年"用"."代替，"月"字省略。

续表

| 序号 | 成果名称 | 成果形式 | 获奖名称 | 获奖等级 | 获奖时间 | 作者 |
|---|---|---|---|---|---|---|
| 4 | 藏族文化生态与法律运行的适应性研究 | 研究报告 | 青海省第十一次哲学社会科学优秀成果评奖 | 三等奖 | 2015.12 | 娄海玲 |
| 5 | 青藏地区矿产资源开发利益共享机制研究 | 研究报告 | 青海省第十一次哲学社会科学优秀成果评奖 | 三等奖 | 2015.12 | 詹红岩 |
| 6 | 青海共建丝绸之路经济带的比较优势、战略导向及对策建议 | 调研报告 | 青海省委政策研究室2014年度全省优秀调研报告评奖 | 二等奖 | 2014.12 | 孙发平等 |
| 7 | 新型城镇化进程中创新社会治理研究 | 调研报告 | 青海省委政策研究室2014年度全省优秀调研报告评奖 | 二等奖 | 2014.12 | 苏海红等 |
| 8 | 丝绸之路经济带建设中青海历史文化资源开发与合作研究 | 调研报告 | 青海省委政策研究室2014年度全省优秀调研报告评奖 | 三等奖 | 2014.12 | 杨军 |
| 9 | 青海省建设循环经济发展先行区的法制保障研究 | 调研报告 | 青海省委政策研究室2014年度全省优秀调研报告评奖 | 三等奖 | 2014.12 | 娄海玲 |
| 10 | 青海省廉政风险防控管理机制研究 | 调研报告 | 青海省委政策研究室2014年度全省优秀调研报告评奖 | 优秀奖 | 2014.12 | 张立群等 |
| 11 | 青海农村"留守妇女"问题研究——以大通县为例 | 调研报告 | 青海省委政策研究室2014年度全省优秀调研报告评奖 | 优秀奖 | 2014.12 | 拉毛措等 |
| 12 | 丝绸之路经济带建设中青海与中西亚清真产业合作发展探讨 | 调研报告 | 青海省委政策研究室2014年度全省优秀调研报告评奖 | 优秀奖 | 2014.12 | 马学贤等 |
| 13 | 当前青海伊斯兰教事务管理工作中需关注的几个问题 | 调研报告 | 青海省委政策研究室2014年度全省优秀调研报告评奖 | 优秀奖 | 2014.12 | 马文慧等 |

## 三、学术交流活动

### 1. 学术活动

2015年，青海省社会科学院举行的大型会议有：西部五省区社会科学院院长联席会暨"加强新型智库建设推进藏区四个全面发展"研讨会

### 2. 国际学术交流与合作

应中国台湾胜安宫和花莲慈惠堂来函邀请，赵宗福教授分别于2015年11月26日至12月8日，参加上述单位举办的"2015年西王母信仰文化国际学术研讨会"和"西王母信俗文化国际论坛"。

## 四、研究中心、期刊

### 1. 研究中心

（1）藏学研究中心，现任中心主任、首席研究员陈玮教授。

（2）丝路研究中心，现任中心主任、首席研究员孙发平。

（3）生态环境研究中心，现任中心主任、首席研究员苏海红。

（4）中国特色社会主义理论体系研究中心，现任中心主任、首席研究员孙发平。

### 2. 期刊

《青海社会科学》（双月刊），主编陈玮。

2015年，《青海社会科学》共出版6期，共计228万字。该刊全年刊载的有代表性的文章有：《中国梦践行场域中的社会主义核心价值观培育》（詹小美、康立芳）、《中国梦价值内涵演进的逻辑结构》（范映渊、苏泽宇）、《民族区域文化视域下的中国梦认同——基于河湟地区的文化分析》（杨玢）、《式微与强基：当代政治认同的中国梦引领》（曾楠）、《国家认同：中国梦认同的价值归旨》（金素端）、《依法治国背景下反腐败制度创新的基本问题探究》（徐玉生）、《全面理解社会主义核心价值观必须把握好的几个关系》（姚吉祥、李德才）、《青海多民族文化和美共荣发展与创建民族团结进步先进区研究》（赵宗福、鄂崇荣）、《我国雾霾治理存在的问题及解决途径研究》（蓝庆新、侯姗）、《农村社区建设：发展态势与阶段特征》（项继权、王明为）、《当前农村社区建设的地方模式及发展经验》（袁方成、杨灿）、《"四个全面"：习近平治国理政的全新战略布局》（秦正为）、《风险社会、社会资本与国家治理法治化——社会主义核心价值观的"现实境遇"与"成长阶梯"》（胡洪彬）、《中国粮食主产区粮食生产和农民收入影响因素分析》（王娜、高瑛、王咏红）、《农业文化与物质遗产资源的产业化开发价值评价》（陈亮、余千、肖爱连、贺正楚）、《城市网格化管理：运行架构、功能限度与优化路径——以上海为例》（陶振）、《垄断行业反垄断法实施的困境与出路——以法经济学为视角》（张家宇）、《将实现理想社会与完成当前任务统一起来——马克思主义经典作家研究理想社会的原则与实现中国梦》（俞良早）、《政治传播能力：党在信息时代推进国家治理现代化的必然要求》（李先伦、杨弘）、《社会主义的开放属性及其与全球化关系再研究》（薛红焰）、《财富幻象的经济哲学思考》（谢存旭）、《超越财富悖论：从物本财富论到人民财富论——兼论〈21世纪资本论〉中的财富不平等困境》（严静峰）、《共建丝绸之路经济带：战略部署及其法治机制构建》（王作全、王刚）、《社会主义先进文化框架内少数民族优秀传统文化的当代价值》（孙舒景、吴倬）、《实现社会主义核心价值观认同的难题与对策》（杨振闻）、《行政决策责任追究制建构的逻辑——基于行政过程论的考察》（覃慧）、《从傅玄、亚当·斯密赋税原则看中西古典经济思想的契合》（陈勇、张媛媛、靳皓媛）、《收入分配、经济波动与货币政策：对新凯恩斯主义劳动力市场

理论的一个反思》（陈利锋）、《现代风险社会与"急难"风险的应对——兼论社会救助救急难的常态化机制构建》（兰剑、慈勤英）、《中国抗战与世界反法西斯战争——一个统一的不可分割的整体》（戴燕）、《论中国士人"蹈义而死"文化传统之流变》（马德青）、《依法治国背景下青海藏区"习惯法"治理研究》（陈玮、张立群、鲁顺元、谢热、才项多杰）、《论"中国梦"的意识形态话语创新意蕴》（钟明华、刘小龙）、《当代中国价值观念国际传播策略的三个维度》（莫凡）、《马克思资本权力学说与深层治理生态危机之道》（杨俊）、《诊断、探索、构想：资本逻辑视域下生态危机的困境与消解》（丁丹丹）、《社会公平视角下我国残疾人医疗保障制度的发展研究》（黄波）、《家族主义对中国传统法之影响——以刑事法为考察中心》（高学强）、《清代对容隐行为的司法处置》（魏道明）、《乱世中的学者使命：民国知识分子乡村实践的现实启示》（车丽娜、徐继存）、《青海"十二五"发展成就及其经验启示》（孙发平、杜青华、鲁顺元、张生寅）、《论"一带一路"构想对当前国内外经济安全的意义》（叶卫平）、《"一带一路"战略中中国法治发展的应然思考》（马天山）、《"一带一路"战略对我国民族关系的影响——基于马克思主义民族交往理论的分析》（田烨）、《马克思主义学说史中"意识形态"概念认知的演化逻辑》（曾长秋、胡世平）、《中国公务员退出机制的路径依赖及其创新》（吴丽娟）、《论普通民众公共话语表达权的突破》（贺义廉）、《全媒体对廉政政策传播效果的影响分析》（刘雪明、魏景容）、《人口老龄化背景下老年人再就业问题的研究》（吴香雪、王三秀）、《儒家文化影响下的青藏地区少数民族价值观及特征》（苏雪芹、张利涛）、《动员与效能：1946—1947年中共黄河复堤运动》（曾磊磊）。

### 五、会议综述

**1. 第七届西部五省区院长联席会**

2015年8月12日，由青海省社会科学院主办的2015年第七届西部五省区社会科学院院长联席会在青海省西宁市青海会议中心成功召开，来自中国社会科学院、中国藏学研究中心、中国社会科学出版社等国家级智库机构和出版社，四川省、西藏自治区、甘肃省、青海省、成都市等省市区社会科学院，四川大学藏学研究所等学术机构的70余位专家学者和青海省宣传思想理论界200余位代表参加了联席会开幕式。中共青海省委常委、省委宣传部部长张西明出席并作了重要讲话，青海省社会科学院党组书记、院长陈玮主持大会并致辞。

**2. "加强新型智库建设推进藏区四个全面发展"研讨会**

8月13日上午，由青海省社会科学院主办的推进藏区"四个全面"发展研讨会，在青海省海北藏族自治州西海镇成功举办。来自中国社会科学院、中国藏学研究中心、中国社会科学出版社等国家级智库机构和出版社，四川省、西藏自治区、甘肃省、青海省、成都市等省市区社会科学院，四川大学藏学研究所等智库机构和学术单位，以及青海海北藏族自治州有关单位的80余位专家学者参加了研讨会。研讨会通过主旨报告和分组交流等形式，就如何加强新型智库建设、努力推进藏区"四个全面"发展进行了交流研讨。中共青海省海北州委书记尼玛卓玛出席开幕式并致辞。青海省社会科学院党组书记、院长陈玮教授主持研讨会开幕式。青海省社会科学院党组成员、副院长孙发平研究员主持大会交流发言。

## 第五节 重点成果

### 一、2014年以前获省部级以上奖项科研成果[*]

| 序号 | 成果名称 | 作者 | 成果形式 | 颁奖单位 | 获奖等级 | 获奖时间 |
|---|---|---|---|---|---|---|
| 1 | 吐蕃王朝历代赞普生卒年考 | 蒲文成 | 论文 | 青海省第一次哲学社会科学优秀成果评奖 | 二等奖 | 1986.7 |
| 2 | 柴达木盆地农业综合开发利用水土资源研究 | 刘忠 | 研究报告 | 中国农业部科技进步奖 | 二等奖 | 1987 |
| 3 | 中国社会主义经济思想史简编 | 王毅武 | 专著 | 青海省第二次哲学社会科学优秀成果评奖 | 一等奖 | 1989.11 |
| 4 | 社会主义初级阶段理论和党的基本路线教程 | 朱世奎 曲青山 | 教材 | 青海省第二次哲学社会科学优秀成果评奖 | 二等奖 | 1989.11 |
| 5 | 青海方志资料类编 | 王昱等 | 工具书 | 青海省第二次哲学社会科学优秀成果评奖 | 二等奖 | 1989.11 |
| 6 | 藏传佛教进步人士在我国民族关系史上的积极作用 | 蒲文成 | 论文 | 青海省第二次哲学社会科学优秀成果评奖 | 二等奖 | 1989.11 |
| 7 | 青海诗人系谈 | 赵宗福 | 论文 | 青海省第一次哲学社会科学优秀成果评奖 | 鼓励奖 | 1986.7 |
| 8 | 中国共产党历史上的重大转折与马克思主义哲学 | 魏兴 | 论文 | 全国纪念中国共产党成立70周年理论研讨会 | 入选奖 | 1991.6 |
| 9 | 论党的统一战线的基本实践与历史经验 | 曲青山 | 论文 | 全国纪念中国共产党成立70周年理论研讨会 | 入选奖 | 1991.6 |
| 10 | 中国共产党历史上的重大转折与马克思主义哲学 | 魏兴 | 论文 | 青海省第三次哲学社会科学优秀成果评奖 | 荣誉奖 | 1993.6 |
| 11 | 论党的统一战线的基本实践与历史经验 | 曲青山 | 论文 | 青海省第三次哲学社会科学优秀成果评奖 | 荣誉奖 | 1993.6 |
| 12 | 格萨尔学集成（一、二、三卷） | 赵秉理 | 编著 | 青海省第三次哲学社会科学优秀成果评奖 | 荣誉奖 | 1993.6 |
| 13 | 当代中国的青海 | 王昱 崔永红 | 编著 | 青海省第三次哲学社会科学优秀成果评奖 | 一等奖 | 1993.6 |
| 14 | 中国社会主义经济思想史研究 | 王毅武 | 专著 | 青海省第三次哲学社会科学优秀成果评奖 | 二等奖 | 1993.6 |

---

\* 注：在本表格中的"获奖时间"一栏，年、月使用阿拉伯数字，且"年"用"."代替，"月"字省略。

续表

| 序号 | 成果名称 | 作者 | 成果形式 | 颁奖单位 | 获奖等级 | 获奖时间 |
|---|---|---|---|---|---|---|
| 15 | 互助县民族经济发展战略研究 | 翟松天等 | 编著 | 青海省第三次哲学社会科学优秀成果评奖 | 二等奖 | 1993.6 |
| 16 | 中国国情丛书——百县市经济社会调查·格尔木卷 | 王恒生 崔永红等 | 专著 | 青海省第三次哲学社会科学优秀成果评奖 | 二等奖 | 1993.6 |
| 17 | 元朝帝师八思巴 | 陈庆英 | 专著 | 青海省第三次哲学社会科学优秀成果评奖 | 二等奖 | 1993.6 |
| 18 | 中共党史和马克思主义党的建设理论学习提要 | 曲青山等 | 教材 | 青海省第三次哲学社会科学优秀成果评奖 | 二等奖 | 1993.6 |
| 19 | 社会主义市场经济与精神文明建设 | 余中水 | 论文 | 全国报纸理论宣传研究会 | 入选奖 | 1994.4 |
| 20 | 坚持共同富裕处理好先富后富的关系 | 曲青山 | 论文 | 全国报纸理论宣传研究会 | 入选奖 | 1994.4 |
| 21 | 十世班禅大师的爱国思想 | 蒲文成 何 峰 穆兴天 | 论文 | 青海省第四次哲学社会科学优秀成果评奖 | 荣誉奖 | 1996.10 |
| 22 | 十世班禅大师的爱国思想 | 蒲文成 何 峰 穆兴天 | 论文 | 全国"五个一工程"入选作品 | 入选奖 | 1996.9 |
| 23 | 藏族部落制度研究 | 陈庆英 何 峰 | 专著 | 青海省第四次哲学社会科学优秀成果评奖 | 一等奖 | 1996.10 |
| 24 | 中国密教史 | 吕建福 | 专著 | 青海省第四次哲学社会科学优秀成果评奖 | 二等奖 | 1996.10 |
| 25 | 唯物论通俗读本 | 魏 兴 余中水 曲青山 | 普及读物 | 青海省第四次哲学社会科学优秀成果评奖 | 二等奖 | 1996.10 |
| 26 | 在总结历史经验的基础上创造新的理论 | 童金怀 | 论文 | 青海省第四次哲学社会科学优秀成果评奖 | 二等奖 | 1996.10 |
| 27 | 东部与中西部地区协调发展管见 | 曲青山 | 论文 | 青海省第四次哲学社会科学优秀成果评奖 | 二等奖 | 1996.10 |
| 28 | 邓小平哲学思想概论 | 曲青山等 | 专著 | 青海省第四次哲学社会科学优秀成果评奖 | 二等奖 | 1996.10 |
| 29 | 觉囊派通论 | 蒲文成等 | 专著 | 青海省第四次哲学社会科学优秀成果评奖 | 二等奖 | 1996.10 |

续表

| 序号 | 成果名称 | 作者 | 成果形式 | 颁奖单位 | 获奖等级 | 获奖时间 |
|---|---|---|---|---|---|---|
| 30 | 藏族古代教育史略 | 谢佐 | 专著 | 青海省第四次哲学社会科学优秀成果评奖 | 二等奖 | 1996.10 |
| 31 | 交通事故透析 | 朱玉坤 | 专著 | 青海省第四次哲学社会科学优秀成果评奖 | 二等奖 | 1996.10 |
| 32 | 中国社会主义经济思想研究丛书（11本） | 王毅武等 | 编著 | 青海省第四次哲学社会科学优秀成果评奖 | 二等奖 | 1996.10 |
| 33 | 社会主义建设探索中的曲解与校正现象研究 | 翟松天 | 论文 | 青海省第四次哲学社会科学优秀成果评奖 | 二等奖 | 1996.10 |
| 34 | 论邓小平的致富思想及其实践意义 | 曲青山 | 论文 | 青海省"五个一工程"评奖 | 省"五个一工程"奖 | 1996 |
| 35 | 东西兼顾协调发展 | 曲青山 | 论文 | 全国报纸理论宣传研究会 | 二等奖 | 1996.4 |
| 36 | 关于改进和加强理论宣传工作的思考 | 曲青山 | 论文 | 全国省级宣传部部刊论文评奖 | 优秀论文奖 | 1997.5 |
| 37 | 中国密教史 | 吕建福 | 专著 | 全国第二届青年社会科学优秀成果评奖 | 优秀专著奖 | 1997.12 |
| 38 | 论新时期的思想解放 | 曲青山 | 论文 | 全国纪念党的十一届三中全会20周年理论研究会入选论文 | 入选奖 | 1998 |
| 39 | 光耀柴达木人的时代精神 | 曲青山等 | 调研报告 | 全国"五个一工程"入选作品 | 入选奖 | 1999.9 |
| 40 | 中国藏族宗教信仰与人权 | 何峰 余中水 | 论文 | 全国"五个一工程"入选作品 | 入选奖 | 1999.9 |
| 41 | 光耀柴达木人的时代精神 | 曲青山等 | 调研报告 | 青海省第五次哲学社会科学优秀成果评奖 | 荣誉奖 | 2000.7 |
| 42 | 中国藏族宗教信仰与人权 | 何峰 余中水 | 论文 | 青海省第五次哲学社会科学优秀成果评奖 | 荣誉奖 | 2000.7 |
| 43 | 青海通史 | 崔永红等 | 专著 | 青海省第五次哲学社会科学优秀成果评奖 | 一等奖 | 2000.7 |
| 44 | 青海百科全书 | 朱世奎 李嘉善等 | 编著 | 青海省第五次哲学社会科学优秀成果评奖 | 一等奖 | 2000.7 |

续表

| 序号 | 成果名称 | 作 者 | 成果形式 | 颁奖单位 | 获奖等级 | 获奖时间 |
|---|---|---|---|---|---|---|
| 45 | 高耗电工业西移对青海经济和环境的影响 | 翟松天 徐建龙 张毓卫等 | 专著 | 青海省第五次哲学社会科学优秀成果评奖 | 一等奖 | 2000.7 |
| 46 | 论新时期的思想解放 | 曲青山 | 论文 | 青海省第五次哲学社会科学优秀成果评奖 | 二等奖 | 2000.7 |
| 47 | 社会主义市场经济条件下的道德建设概论 | 曲青山等 | 专著 | 青海省第五次哲学社会科学优秀成果评奖 | 二等奖 | 2000.7 |
| 48 | 青海省志·社会科学志 | 朱世奎 王 昱 李嘉善 梁明芳 | 编著 | 青海省第五次哲学社会科学优秀成果评奖 | 二等奖 | 2000.7 |
| 49 | 辉煌50年·青海 | 马 林等 | 光盘 | 青海省第五次哲学社会科学优秀成果评奖 | 二等奖 | 2000.7 |
| 50 | 走进毒品王国 | 朱玉坤 | 专著 | 青海省第五次哲学社会科学优秀成果评奖 | 二等奖 | 2000.7 |
| 51 | 自然资源和可持续利用与青海经济发展 | 王恒生 | 调研报告 | 青海省第五次哲学社会科学优秀成果评奖 | 二等奖 | 2000.7 |
| 52 | 青海资源开发研究 | 景 晖等 | 专著 | 青海省第五次哲学社会科学优秀成果评奖 | 二等奖 | 2000.7 |
| 53 | 青海草原畜牧业产业化研究 | 陈国建等 | 调研报告 | 青海省第五次哲学社会科学优秀成果评奖 | 二等奖 | 2000.7 |
| 54 | 青海资源开发回顾与思考 | 陈国建 徐建龙 余中水 | 调研报告 | 青海省第五次哲学社会科学优秀成果评奖 | 二等奖 | 2000.7 |
| 55 | 青海经济史(古代卷) | 崔永红 | 专著 | 青海省第五次哲学社会科学优秀成果评奖 | 二等奖 | 2000.7 |
| 56 | 青海经济史(近代卷) | 翟松天 | 专著 | 青海省第五次哲学社会科学优秀成果评奖 | 二等奖 | 2000.7 |
| 57 | 五世达赖喇嘛传 | 陈庆英 马连龙 马 林 | 译著 | 青海省第五次哲学社会科学优秀成果评奖 | 二等奖 | 2000.7 |
| 58 | 藏传佛教与藏族社会 | 穆兴天 | 专著 | 青海省第五次哲学社会科学优秀成果评奖 | 二等奖 | 2000.7 |

续表

| 序号 | 成果名称 | 作者 | 成果形式 | 颁奖单位 | 获奖等级 | 获奖时间 |
|---|---|---|---|---|---|---|
| 59 | 论青海历史上区域文化的多元性 | 王昱 | 论文 | 青海省第五次哲学社会科学优秀成果评奖 | 二等奖 | 2000.7 |
| 60 | 青海财源建设研究 | 刘忠等 | 专著 | 青海省第五次哲学社会科学优秀成果评奖 | 二等奖 | 2000.7 |
| 61 | 民族团结与社会稳定是实施西部大开发的首要前提 | 刘景华 | 论文 | 中央统战部 | 优秀奖 | 2000 |
| 62 | 宗教与青海地区的社会稳定和发展 | 马文慧 | 调研报告 | 中央统战部 | 二等奖 | 2000 |
| 63 | 青海通史 | 崔永红等 | 专著 | 青海省"五个一工程"入选作品 | 入选奖 | 2001.9 |
| 64 | 论中华民族凝聚力 | 曲青山 朱玉坤 余中水 | 论文 | 青海省"五个一工程"入选作品 | 入选奖 | 2001.9 |
| 65 | 关于改进和加强理论宣传工作的思考 | 曲青山 | 论文 | 青海省"五个一工程"入选作品 | 入选奖 | 2001.9 |
| 66 | 宗教与青海地区的社会稳定和发展 | 马文慧 | 调研报告 | 青海省第六次哲学社会科学优秀成果评奖 | 荣誉奖 | 2003.9 |
| 67 | 青海佛教史 | 蒲文成 | 专著 | 青海省第六次哲学社会科学优秀成果评奖 | 荣誉奖 | 2003.9 |
| 68 | 青海省志·建置沿革志 | 王昱 | 专著 | 青海省第六次哲学社会科学优秀成果评奖 | 一等奖 | 2003.9 |
| 69 | 人口控制学 | 张伟等 | 编著 | 青海省第六次哲学社会科学优秀成果评奖 | 一等奖 | 2003.9 |
| 70 | 青海经济蓝皮书 | 王恒生 翟松天等 | 编著 | 青海省第六次哲学社会科学优秀成果评奖 | 二等奖 | 2003.9 |
| 71 | 实施绿色工程发展特色经济——青海开发绿色食品的现状与前景分析 | 余中水 翟松天 苏海红 | 调研报告 | 青海省第六次哲学社会科学优秀成果评奖 | 二等奖 | 2003.9 |
| 72 | 江河源区相对集中人口保护生态环境 | 穆兴天 参看加 | 调研报告 | 青海省第六次哲学社会科学优秀成果评奖 | 二等奖 | 2003.9 |
| 73 | 藏传佛教与青海藏区社会稳定问题研究 | 蒲文成 参看加 | 论文 | 青海省第六次哲学社会科学优秀成果评奖 | 二等奖 | 2003.9 |

续表

| 序号 | 成果名称 | 作者 | 成果形式 | 颁奖单位 | 获奖等级 | 获奖时间 |
|---|---|---|---|---|---|---|
| 74 | 论河湟皮影戏展演中的口头程式 | 赵宗福 | 论文 | 青海省第六次哲学社会科学优秀成果评奖 | 二等奖 | 2003.9 |
| 75 | 民族历史回响中的文化寻根——论梅卓的长篇小说创作 | 胡芳 | 论文 | 第三届中国文联文艺评论评奖 | 二等奖 | 2003.11 |
| 76 | 邓小平及党的第三代领导集体的宗教观分析 | 拉毛措 马文慧 | 论文 | 中央七部委"邓小平生平和思想研讨会"入选 | 入选奖 | 2004 |
| 77 | 理性挣扎中的情感认同——兼论察森敖拉的小说《天敌》 | 毕艳君 | 论文 | 第五届中国文联文艺评论评奖 | 三等奖 | 2005 |
| 78 | 陈云关于解决我国"三农"问题的战略思想 | 刘傲洋 | 论文 | 中央七部委"陈云生平和思想研讨会"入选 | 入选奖 | 2005.6 |
| 79 | 浅析抗日战争时期延安廉政建设的历史经验 | 唐萍 | 论文 | 中央七部委"纪念中国人民抗日战争暨世界反法西斯战争胜利60周年学术研讨会"入选 | 入选奖 | 2006 |
| 80 | 邓小平及党的第三代领导集体的宗教观分析 | 拉毛措 马文慧 | 论文 | 青海省第七次哲学社会科学优秀成果评奖 | 荣誉奖 | 2006.10 |
| 81 | 浅析抗日战争时期延安廉政建设的历史经验 | 唐萍 | 论文 | 青海省第七次哲学社会科学优秀成果评奖 | 荣誉奖 | 2006.10 |
| 82 | 五世达赖喇嘛传 | 马林 | 专著 | 青海省第七次哲学社会科学优秀成果评奖 | 二等奖 | 2006.10 |
| 83 | 近百年来柴达木盆地开发与生态环境变迁研究 | 王昱 鲁顺元 解占录 | 调研报告 | 青海省第七次哲学社会科学优秀成果评奖 | 二等奖 | 2006.10 |
| 84 | 青海湖区生态环境研究 | 马生林 刘景华 | 专著 | 青海省第七次哲学社会科学优秀成果评奖 | 二等奖 | 2006.10 |
| 85 | 青海经济史(当代卷) | 翟松天 崔永红 | 专著 | 青海省第七次哲学社会科学优秀成果评奖 | 二等奖 | 2006.10 |
| 86 | 地方文化系统中的王母娘娘信仰 | 赵宗福 | 论文 | 青海省第七次哲学社会科学优秀成果评奖 | 二等奖 | 2006.10 |

续表

| 序号 | 成果名称 | 作者 | 成果形式 | 颁奖单位 | 获奖等级 | 获奖时间 |
| --- | --- | --- | --- | --- | --- | --- |
| 87 | 省外在青海固定资产投资研究 | 徐建龙 | 专著 | 青海省第七次哲学社会科学优秀成果评奖 | 二等奖 | 2006.10 |
| 88 | 抢救、保护青海目连戏研究 | 徐明等 | 调研报告 | 青海省第七次哲学社会科学优秀成果评奖 | 二等奖 | 2006.10 |
| 89 | 青海工业内生性增长因素研究 | 詹红岩 | 调研报告 | 青海省第七次哲学社会科学优秀成果评奖 | 二等奖 | 2006.10 |
| 90 | 西北花儿的研究保护与学界的学术责任 | 赵宗福 | 论文 | 青海省第八次哲学社会科学优秀成果评奖 | 一等奖 | 2009.12 |
| 91 | 中国三江源区生态价值及补偿机制研究 | 孙发平等 | 专著 | 青海省第八次哲学社会科学优秀成果评奖 | 一等奖 | 2009.12 |
| 92 | 明代以来黄河上游地区生态环境与社会变迁史研究 | 崔永红 张生寅 | 专著 | 青海省第八次哲学社会科学优秀成果评奖 | 二等奖 | 2009.12 |
| 93 | 青海城镇各社会阶层状况调研报告 | 哲学所 | 调研报告 | 青海省第八次哲学社会科学优秀成果评奖 | 二等奖 | 2009.12 |
| 94 | 中国藏区反贫困战略研究 | 苏海红 杜青华 | 专著 | 青海省第八次哲学社会科学优秀成果评奖 | 二等奖 | 2009.12 |
| 95 | 青海历史文化与旅游开发 | 王昱 | 专著 | 青海省第八次哲学社会科学优秀成果评奖 | 三等奖 | 2009.12 |
| 96 | 循环经济研究：柴达木矿产资源开发的模式转换 | 冀康平 | 调研报告 | 青海省第八次哲学社会科学优秀成果评奖 | 三等奖 | 2009.12 |
| 97 | "聚宝盆"中崛起的新兴工业城市 | 马生林 | 专著 | 青海省第八次哲学社会科学优秀成果评奖 | 三等奖 | 2009.12 |
| 98 | 历辈达赖喇嘛与中央政府关系 | 马连龙 | 专著 | 青海省第八次哲学社会科学优秀成果评奖 | 三等奖 | 2009.12 |
| 99 | 青海生态经济研究 | 顾延生 | 专著 | 青海省第八次哲学社会科学优秀成果评奖 | 三等奖 | 2009.12 |
| 100 | 论昆仑神话与昆仑文化 | 赵宗福 | 论文 | 青海省第九次哲学社会科学优秀成果评奖 | 一等奖 | 2011.12 |
| 101 | 中央支持青海等省藏区经济社会发展政策机遇下青海实现又好又快发展研究 | 孙发平等 | 调研报告 | 青海省第九次哲学社会科学优秀成果评奖 | 一等奖 | 2011.12 |

续表

| 序号 | 成果名称 | 作者 | 成果形式 | 颁奖单位 | 获奖等级 | 获奖时间 |
|---|---|---|---|---|---|---|
| 102 | 关于打造"西宁毛"品牌,加快申报国家农产品地理标志的调研报告 | 马学贤 | 调研报告 | 青海省第九次哲学社会科学优秀成果评奖 | 二等奖 | 2011.12 |
| 103 | 中国西部城镇化发展模式研究 | 苏海红 | 调研报告 | 青海省第九次哲学社会科学优秀成果评奖 | 二等奖 | 2011.12 |
| 104 | 青海"平安寺院"建设评价及有关建议 | 参看加 | 调研报告 | 青海省第九次哲学社会科学优秀成果评奖 | 三等奖 | 2011.12 |
| 105 | 藏族妇女问题研究 | 拉毛措 | 调研报告 | 青海省第九次哲学社会科学优秀成果评奖 | 三等奖 | 2011.12 |
| 106 | 青海省首批非物质文化遗产代表作名录丛书（10册） | 赵宗福等 | 编著 | 青海省第九次哲学社会科学优秀成果评奖 | 三等奖 | 2011.12 |
| 107 | 青海多元民俗文化圈研究 | 赵宗福等 | 专著 | 青海省第十次哲学社会科学优秀成果评奖 | 一等奖 | 2013.11 |
| 108 | "四个发展"：青海省科学发展模式创新——基于科学发展评估的实证研究 | 孙发平 刘傲洋 | 专著 | 青海省第十次哲学社会科学优秀成果评奖 | 一等奖 | 2013.11 |
| 109 | 青海加强和创新社会建设与社会管理研究 | 苏海红等 | 论文 | 青海省第十次哲学社会科学优秀成果评奖 | 一等奖 | 2013.11 |
| 110 | 青海共建丝绸之路经济带的比较优势、战略导向及对策建议 | 孙发平等 | 调研报告 | 青海省委政策研究室2014年度全省优秀调研报告评奖 | 二等奖 | 2014.12 |
| 111 | 新型城镇化进程中创新社会治理研究 | 苏海红等 | 调研报告 | 青海省委政策研究室2014年度全省优秀调研报告评奖 | 二等奖 | 2014.12 |
| 112 | 丝绸之路经济带建设中青海历史文化资源开发与合作研究 | 杨军 | 调研报告 | 青海省委政策研究室2014年度全省优秀调研报告评奖 | 三等奖 | 2014.12 |
| 113 | 青海省建设循环经济发展先行区的法制保障研究 | 娄海玲 | 调研报告 | 青海省委政策研究室2014年度全省优秀调研报告评奖 | 三等奖 | 2014.12 |
| 114 | 青海省廉政风险防控管理机制研究 | 张立群等 | 调研报告 | 青海省委政策研究室2014年度全省优秀调研报告评奖 | 优秀奖 | 2014.12 |

续表

| 序号 | 成果名称 | 作　者 | 成果形式 | 颁奖单位 | 获奖等级 | 获奖时间 |
| --- | --- | --- | --- | --- | --- | --- |
| 115 | 青海农村"留守妇女"问题研究——以大通县为例 | 拉毛措等 | 调研报告 | 青海省委政策研究室2014年度全省优秀调研报告评奖 | 优秀奖 | 2014.12 |
| 116 | 丝绸之路经济带建设中青海与中西亚清真产业合作发展探讨 | 马学贤等 | 调研报告 | 青海省委政策研究室2014年度全省优秀调研报告评奖 | 优秀奖 | 2014.12 |
| 117 | 当前青海伊斯兰教事务管理工作中需关注的几个问题 | 马文慧等 | 调研报告 | 青海省委政策研究室2014年度全省优秀调研报告评奖 | 优秀奖 | 2014.12 |

## 二、2015年获省部级以上奖项科研成果

| 序号 | 成果名称 | 作　者 | 成果形式 | 颁奖单位 | 获奖等级 | 获奖时间 |
| --- | --- | --- | --- | --- | --- | --- |
| 118 | 青海建设国家循环经济发展先行区研究 | 孙发平等 | 研究报告 | 青海省第十一次哲学社会科学优秀成果 | 一等奖 | 2015.12 |
| 119 | 中国节日志·春节志（青海卷） | 赵宗福 | 专著 | 青海省第十一次哲学社会科学优秀成果 | 二等奖 | 2015.12 |
| 120 | 当前青海伊斯兰教事务管理工作中需关注的几个问题 | 马文慧 | 研究报告 | 青海省第十一次哲学社会科学优秀成果 | 二等奖 | 2015.12 |
| 121 | 藏族文化生态与法律运行的适应性研究 | 娄海玲 | 研究报告 | 青海省第十一次哲学社会科学优秀成果 | 三等奖 | 2015.12 |
| 122 | 青藏地区矿产资源开发利益共享机制研究 | 詹红岩 | 研究报告 | 青海省第十一次哲学社会科学优秀成果 | 三等奖 | 2015.12 |

## 三、2015年主要科研成果

**成果名称：**《青海蓝皮书2015—2016青海经济社会分析与预测》

**作者（或主编）：** 陈玮

**职称：** 教授

**成果形式：** 专著

**字数：** 349千字

**出版单位：** 社会科学文献出版社

**出版时间：** 2015年12月

该书以青海省经济、社会、政治、文化和生态文明建设等各领域的重大理论和现实问题为研究对象，从战略高度对青海经济社会进行综合分析和科学预测，是对青海省经济社会形势进行上一年度全面分析，下一年度科学预测的专题研究集成。

**成果名称：**《青海多民族文化和美共荣发展与创建民族团结进步先进区研究》

**作者（或主编）：** 赵宗福、鄂崇荣

职称：教授、研究员
成果形式：论文
出版单位：《青海社会科学》
出版时间：2015年第1期

文章认为，青海多民族文化的发展特点是"和美共荣"，其模式表现为：一元主导、多元共生，自我认知、相互尊重，互动交流、团结进步，和美发展、共同繁荣。青海多民族共荣发展现状成为展示中华民族多元一体历史现状场景的微缩景观，是凸显全国民族团结进步成果的重要展示区和先进区。

成果名称：《青海农村"留守妇女"问题研究——以大通县为例》
作者：拉毛措、文斌兴
职称：研究员、助理研究员
成果形式：论文
出版单位：《青海社会科学》
出版时间：2015年第1期

文章认为，农村留守妇女是在经济社会发展、人口流动和家庭结构变迁背景下产生的特殊社会群体。她们面临着农业和家庭劳动强度大、生活和婚姻质量低、精神和生理压力大、健康状况较差、劳动技能单一等一系列问题，由于其社会关系简单，获取社会资源的能力有限，所得到的社会支持也非常单一。营造支持和关爱留守妇女的社会氛围、发展区域经济、提高农村妇女的就业能力和健康水平、有效保护农村妇女合法权益是解决农村留守妇女问题的关键。该研究以青海省大通回族土族自治县为例，主要研究农村留守妇女这一特殊群体的现实状况、面临的问题和实际需求，提出了有针对性的对策建议。

成果名称：《新型城镇化过程中青海创新社会治理研究》
作者：苏海红、参看加、朱学海
职称：研究员、研究员、助理研究员
成果形式：论文
出版单位：《青海社会科学》
出版时间：2015年第2期

创新社会治理不仅是新型城镇化发展的客观要求，也是城镇化建设的重要推动力量。由于城镇化进程的加快推进打破了原有的社会治理模式，社会治理中的一些深层次矛盾和问题不断显现，对社会和谐稳定发展形成挑战。该文分析了城镇化进程中青海社会治理面临的问题和形势，有针对性地提出了加强基层社会治理结构、改革和创新社会治理方式等方面的思路及对策建议。

成果名称：《青海农牧区党风廉政建设实证研究——以海南州为例》
作者：唐萍
职称：副研究员
成果形式：论文
出版单位：《青海社会科学》
出版时间：2015年第2期

该文以海南州为例，在深入调查研究的基础上，总结了农牧区开展党风廉政建设工作取得的成效；阐释了农牧区开展党风廉政建设工作中存在的主要问题及成因；就如何加强党风廉政建设、完善村务监督机构、做好集体三资管理以及转变工作作风等方面，提出了相关对策和建议。

成果名称：《祈愿：信仰仪式中现实心理与性灵感召之介——以青海民和新民乡三官殿玉清境洞阴大帝解厄仪式为个案》
作者：李卫青
职称：助理研究员
成果形式：论文
出版单位：《青海社会科学》
出版时间：2015年第3期

农历十月十五的下元节，青海省民和回族土族自治县新民乡三官殿信仰阖会的善男信女延承历史习俗，自发组织举办玉清境洞阴大帝解厄诵经祈愿实践仪式。该文将前述祈愿信仰置于民俗学视野，以田野调查为基础，运用民俗学方法论，分析三官殿解厄信仰仪式表现形态，以及其在承担民众现实心理和性灵感召之介中的精神内涵。

成果名称：《农民市民化背景下青海解决就业压力的路径研究》
作者：高永宏
职称：副研究员
成果形式：论文
出版单位：《青海社会科学》
出版时间：2015年第3期

农民市民化是伴随着城乡发展一体化、新型城镇化而产生的社会转型现象，就业是解决农牧民进城后生计的重要路径。该文从宏观上考察了青海新型城镇化的发展现状、农牧业转移人口就业状况及其特点，分析了农牧业转移人口在城镇就业所面临的困境与原因，以农民市民化为大背景，提出了青海解决农牧区转移人口就业问题的若干对策建议。

成果名称：《青海牧区生态畜牧业合作社发展状况的调查与建议》
作者：孙发平、丁忠兵
职称：研究员、研究员
成果形式：论文
出版单位：《青海社会科学》
出版时间：2015年第4期

在全省牧区组建和发展生态畜牧业合作社是近年来青海省委、省政府为推动传统畜牧业向现代畜牧业转变、保护生态、增加牧民收入、实现牧区可持续发展的一项重大制度创新。该文通过深入调研，总结了生态畜牧业合作社发展的成效和特点，剖析了运行过程中存在的主要问题，在此基础上提出了进一步完善和规范生态畜牧业合作社发展的对策建议。

成果名称：《依法治国背景下青海藏区"习惯法"治理研究》
作者：陈玮、张立群、鲁顺元、谢热、才项多杰
职称：教授、研究员、研究员、研究员、副研究员
成果形式：论文
出版单位：《青海社会科学》
出版时间：2015年第5期

藏区习惯法是在藏区特定的自然环境、历史条件和生产力、生产关系基础上产生的一种特殊的法律形态，在历史上曾经发挥过规范约束部落成员行为的作用。随着改革开放的深入，曾经销声匿迹的习惯法死灰复燃。在全面推进依法治国的大环境下，习惯法作为部落社会的遗存，与现代国家法相冲突，阻碍社会进步，因此，必须对其进行治理，才能维护藏区的长治久安，为藏区全面建成小康社会提供良好的法治环境。

成果名称：《理解何以可能——由濠梁之辩引发的思考》
作者：王亚波
职称：助理研究员
成果形式：论文
出版单位：《青海社会科学》
出版时间：2015年第5期

文章认为，濠梁之辩显示了庄子对理解问题的哲学思考，在理解问题上庄子关注的是理解何以可能。庄子认为境域差异和成心引发的是非之辩，是阻碍相互间理解的两大因素。境域褊狭者拘于一方，难以理解大道；自师成心者相互攻讦，理解却被是非之争所取代。针对这两大理解之蔽，庄子以"道通为一"的理论，肯定了差异与相通的并存不悖，警醒人们不能自我封闭，应用"以道观之"的视角俯视差

异，应对是非，以不断生成和更新的状态容纳他者、理解他者，这构成了庄子对理解何以可能的一种哲学思考。

成果名称：《丝绸之路经济带的法治环境建设研究》
作者：张立群
职称：研究员
成果形式：论文
出版单位：《青海社会科学》
出版时间：2015年第5期
内容简介：丝绸之路经济带是在古丝绸之路基础上形成的一个新的经济发展区域，这里地域辽阔，自然资源丰富，具有发展的巨大潜力。推进丝绸之路经济带的发展需要有相应的环境保障，其中法治环境是一项软环境，也是一种生产力，丝绸之路经济带的法治环境建设具有十分重要的作用。

# 第六节 学术人物

一、青海省社会科学院正高级专业技术人员（1978—2014年）

| 姓名 | 出生年月 | 学历/学位 | 职务 | 职称 | 主要学术兼职 | 代表作 |
| --- | --- | --- | --- | --- | --- | --- |
| 陈 玮 | 1959.12 | 博士研究生 | 院长 | 教授 | 中国世界民族学会常务理事 | 《青海藏族游牧部落社会研究》 |
| 赵宗福 | 1955.10 | 博士研究生 | 院长 | 研究员 | 中国民俗学会副会长 | 《青海多元民俗文化圈研究》《花儿通论》 |
| 孙发平 | 1962.10 | 本科 | 副院长 | 研究员 | 中国城市经济学会常务理事 | 《中国三江源区生态价值与补偿机制研究》《"四个发展"：青海省科学发展模式创新——基于科学发展评估的实证研究》 |
| 苏海红 | 1970.2 | 本科 | 副院长 | 研究员 | 中国生态经济学会理事 | 《中国藏区反贫困战略研究》《三江源区生态价值与补偿机制研究》《中国西部城镇化发展模式研究》 |
| 马生林 | 1959.12 | 大专 | — | 研究员 | 中国环境研究学会副会长 | 《青海湖区生态环境研究》 |
| 张立群 | 1962.11 | 本科 | 所长 | 教授 | 青海省法学会学术委员会委员 | 《西部民族地区和谐社会法制构建研究》 |
| 拉毛措 | 1962.12 | 硕士研究生 | 所长 | 研究员 | 青海省妇女研究会副会长 | 《藏族妇女问题研究》 |
| 刘景华 | 1964.4 | 本科 | 主任 | 研究员 | 省科协国家级科技思想库咨询专家 | 《青藏地区"汉藏走廊"的形成及经济社会发展问题研究》 |

续表

| 姓名 | 出生年月 | 学历/学位 | 职务 | 职称 | 主要学术兼职 | 代表作 |
|---|---|---|---|---|---|---|
| 谢 热 | 1962.12 | 本科 | 副所长 | 研究员 | 西藏智库理事、青海藏族研究会理事 | 《村落·信仰·仪式——河湟流域藏族民间信仰文化研究》 |
| 张 前 | 1973.7 | 本科 | 副主任 | 编审 | — | 《对学术期刊若干问题的分析与思考》 |
| 鲁顺元 | 1971.11 | 博士研究生 | 副主任 | 研究员 | — | 《文化圈的场域与视角——1929—2009年青海藏文化变迁与互动研究》 |
| 张生寅 | 1974.11 | 硕士研究生 | — | 研究员 | 中国土司研究学会理事、青海地方史志研究理事 | 《明清时期河湟地区土司与区域社会研究》《中华民族文库·中国土族》 |
| 鄂崇荣 | 1975.2 | 博士研究生 | 所长 | 研究员 | 中国少数民族民俗研究中心副主任 | 《青海民间信仰》 |
| 马学贤 | 1957.3 | 本科 | — | 研究员 | — | 《青藏多民族地区宗教现状与社会和谐研究》 |
| 胡 芳 | 1972.2 | 硕士研究生 | — | 研究员 | 中国民俗学会理事 | 《草原王国吐谷浑》 |
| 朱世奎 | 1932.12 | 大专 | 院长 | 研究员 | 江河源文化研究会顾问 | 《西宁风俗纪略》《西海雪鸿集》 |
| 刘 忠 | 1937.6 | 大学 | 副院长 | 研究员 | 青海发展研究院院长 | 《西部大开发与民族地区可持续发展研究》 |
| 翟松天 | 1942.7 | 大学 | 副院长 | 研究员 | 青海商业经济学会副会长 青海省劳动关系学会副会长 | 《青海经济史》《中国人口丛书·青海分册》 |
| 王 昱 | 1947.6 | 大学 | 副院长 | 研究员 | 青海省地方志编委会副主任、《青海省志》副总编 | 《青海省志 建制沿革志》《青海历史文化与旅游开发》 |
| 景 晖 | 1947.11 | 大学 | 院长 | 研究员 | 青海省延安精神研究会常务副会长兼秘书长 | 《党性党风党纪教育纲要》《新时期毛泽东思想发展研究》 |

续表

| 姓名 | 出生年月 | 学历/学位 | 职务 | 职称 | 主要学术兼职 | 代表作 |
|---|---|---|---|---|---|---|
| 崔永红 | 1949.10 | 研究生 | 副院长 | 研究员 | 青海地方史志学会副会长 | 《青海经济史·古代卷》《青海通史》 |
| 李高泉 | 1934.9 | 大学 | 处长 | 研究员 | — | — |
| 童金怀 | 1936.12 | 大学 | 主任 | 编审 | 中共青海省委党史研究室特邀研究员 | 《在总结历史经验的基础上创建新的理论》《毛泽东思想活的灵魂与中国特色社会主义理论》 |
| 王恒生 | 1941.7 | 大学 | 所长 | 研究员 | 中国社会科学院国情研究中心特邀研究员 | 《中国国情丛书百县市经济社会调查·格尔木卷》 |
| 朱玉坤 | 1938.11 | 大学 | 所长 | 研究员 | 哲学社会学学会秘书长 | 《走进毒品王国》 |
| 马 林 | 1955.9 | 本科 | 所长 | 研究员 | 青海省教育厅特邀研究员 | 《青海藏传佛教碑文集释》《五世达赖喇嘛传》 |
| 冀康平 | 1953.2 | 本科 | — | 研究员 | — | 《柴达木矿产资源开发的模式转换》 |
| 朱 华 | 1962.12 | 本科 | — | 研究员 | 青海地理学会理事 | 《青海省退耕还林还草区农村能源结构研究》《"十二五"时期藏区农牧民收入倍增预期研究》 |

## 二、青海省社会科学院 2015 年晋升正高级专业技术职务人员

马学贤，1957 年 3 月出生，回族，青海省门源回族自治县人，研究员。主要从事民族学研究，主要学术专长是伊斯兰教相关问题及民族问题研究。先后在国内公开或内部刊物上发表相关科研论文、研究报告等成果 50 多项，总字数有百万余。其中完成合作专著 5 部；主持国家社会科学基金课题 2 项（已完成 1 项、在研 1 项），合作参与国家社会科学基金课题 3 项；公开或内部发表论文、调研报告等 30 篇，有 40 余万字，参与《中国各民族宗教与神话大辞典》《中国回族大百科全书》《青海百科大辞典》《青海寺庙塔窟》等多部辞书的词条撰写工作。有专著、论文在历届青海哲学社会科学评奖中获二等奖 2 项、三等奖 4 项；7 篇研究报告得到省级领导的批示及相关部门的重视和采纳，获青海省优秀调研报告一等奖、三等奖和优秀奖 4 篇。主要代表作有：《青海藏传佛教寺院》（专著）、《西藏佛教史·宋代卷》（专著）。

胡芳，1972 年 3 月出生，土族，青海省民和县人，研究员。1995 年 6 月毕业于中央民族大学中文系，获文学学士学位。主要从事民俗学和文学研究，主要学术专长是地方文学和民俗文化问题研究。曾出版合著《草原王国吐谷浑》《青海历史文

化与旅游开发》，在省内外有关学术刊物发表论文40余篇，主持、参与国家社科基金西部项目5项，参与、完成省规划办立项课题1项、中央民族大学"九八五"重大课题1项，有5项成果先后获省部级奖项。主要代表作有：《青海历史文化与旅游开发》（合著）等。

顾延生，1965年8月出生，汉族，研究员。主要从事经济学研究，主要学术专场是资源开发、环境保护和旅游经济等问题研究。完成科研成果总量100余万字，公开发表学术论文50余篇（其中10篇论文发表在核心期刊）。被新华社转载1篇，科研成果获得省部级二等奖1项，三等奖4项。主要代表作有：《青海生态经济建设研究》（专著）等。

## 第七节 2015年大事记

### 一月

1月30日，青海省社会科学院召开中心组学习会，学习传达青海省人大十二届四次会议、省纪委十二届四次会议、全省组织部长会议和全省宣传部长会议等重要会议和文件精神。

### 二月

2月2日，青海省社会科学院召开2015年度地方研究所（申请调研基地）工作会议。

### 四月

4月1日，青海省委宣传部巡视员、副部长杨自沿为组长及青海省社科联常务副主席王霞为副组长的青海省委新型智库建设调研组赴青海省社会科学院调研。

4月27日，青海省省委组织部张学天同志到青海省社会科学院宣布任命陈玮同志担任青海省社会科学院党组书记、院长，赵宗福同志因任职年龄到限，免去其担任的青海省社会科学院党组书记、院长职务。

4月28日，青海省社科院扎实开展"三严三实"专题教育启动工作。

### 五月

5月4日，青海省社科院开展"不严不实"具体表现自查活动。

5月18日，青海省社会科学院党组书记、院长陈玮同志一行赴北京汇报工作并进行专题调研。

5月19日，青海省社会科学院党组书记、院长陈玮同志携院党组成员、副院长孙发平、苏海红同志走访调研中国社会科学出版社、社会科学文献出版社、中国社会科学杂志社。

5月21日，安徽省经济记者协会会长王兆蔚一行12人来青海省社会科学院调研座谈。

5月22日，青海省2014年享受政府特殊津贴专家名单公布，青海省社会科学院经济学研究所马生林研究员上榜。

5月28日，青海省社会科学院召开"三严三实"专题教育启动大会，院党组书记、院长陈玮同志以"践行'三严三实'、打造中国特色青海特点新型智库"为题上专题党课。

### 六月

6月1日，青海省社会科学院党组书记、院长陈玮同志和院党组成员、副院长淡小宁、孙发平、苏海红同志一行赴海东市乐都区李家乡中心学校开展"让山区的孩子过一个快乐的'六一'儿童节"主题活动。

6月3日，青海省社会科学院党组书记、院长陈玮与四川藏学研究所专家座谈。

6月16日，中共青海省委政策研究室下发《关于表彰2014年度青海省优秀调研报告的通报》，对2014年度青海省76篇优秀调研报告予以表彰。其中，青海省社会科学院8篇研究报告获奖。

6月16日，青海省社会科学院与青海省委党校联合举行了青海省社会科学院"青海省藏学研究中心"成立仪式暨工作座谈会。

### 七月

7月1日，青海省社会科学院党组书记、院长陈玮同志和院党组成员、副院长淡小宁、孙发平、苏海红同志在"七一"前夕走访慰问生活困难老党员。

7月16日，青海省社会科学院与中国藏学研究中心签订合作意向书。

7月22日，青海省社会科学院召开中心组（扩大）会议传达学习刘云山同志在马克思主义理论研究和建设工程工作座谈会上的重要讲话精神和省委常委、省委宣传部部长张西明同志批示精神。

7月22日，青海省社会科学院党组成员、副院长淡小宁同志给全院副处级以上干部和全体党员做了开展"严以修身"专题党课报告。

7月23日，青海省社会科学院召开与中国藏学研究中心合作课题推进会，承接与中国藏学研究中心的首批合作课题。

7月31日，宁夏社会科学院副院长刘天明研究员带领的课题组一行六人来青海省社科院调研，就青海丝绸之路经济带建设情况进行座谈。

### 八月

8月5日，《青海社会科学》创新发展暨马克思主义理论研究前沿问题学术研讨会在青海省委党校召开。

8月10日，青海省社会科学院召开"三严三实"专题教育之"严于律己""严以用权"学习，副处级以上领导参会。

8月12日，青海省社会科学院主办的2015年第七届西部五省区社会科学院院长联席会在青海省西宁市召开。

### 九月

9月23日，青海省社会科学院开展"三严三实"专题教育之"严以用权"研讨。

9月25日，青海省社会科学院赵宗福、鲁顺元的《用社会主义核心价值观引领青海牧区社会思潮问题研究》一文获中国思想政治工作研究会2014年课题研究成果二等奖，并受到表彰。

9月25日，青海省社会科学院召开中心组学习会议认真学习贯彻《中国共产党廉洁自律准则》和《中国共产党纪律处分条例》，在全院副处级以上干部、副高级以上职称专业技术人员中进行了传达学习和研讨。

9月28日，青海省社会科学院中心组召开学习会议，孙发平副院长进行"三严三实"专题教育"严以律己"专题党课辅导。

### 十月

10月12日，党组成员、副院长苏海红同志，给全院副处级以上干部和全体党员做了"严以用权"专题党课辅导。

10月12日，青海省社科院党组书记、院长陈玮带领机关党委、办公室、后勤服务中心等有关同志组成慰问组，带着全院干部职工对农民群众的深情厚谊和殷切关怀，前往院定点帮扶的海东市乐都区李家乡，给遭受干旱的甘沟岭村和马圈村群众送去了总计5吨价值万余元的面粉。

10月13日，青海省委常委、秘书长王予波同志带领省委办公厅常委办副主任王建平等一行，莅临青海省社科院就"实施'创新发展'战略，推动经济体制创新、科技创新和人才创新，全面增强'十三五'发展动力"开展调研，听取了院专家学者的建议和思考。院党组书记、院长陈玮教授主持会议。

10月27日，青海省社科院院长陈玮教授主持的2015—2017年度"青海籍海外藏胞现状研究"课题在中华全国归国华侨联合会成功立项。

### 十一月

11月26日，青海省社会科学院举行了"青海丝路研究中心"成立仪式暨选题征询会议。

11月30日，青海省社科院召开省委十二届十次全会精神宣讲报告会，青海省社科院副院长孙发平研究员作为省委宣讲团成员，向全院60余名干部职工做"全会"宣讲辅导，青海省社科院院党组书记、院长陈玮主持报告会并总结讲话，就青海省社科院如何进一步贯彻落实"全会"精神提出了要求。

### 十二月

12月10日，青海省社会科学院举办了"青海生态环境研究中心"成立仪式暨青海生态环境与智库建设研讨会。

12月11日，青海省社会科学院科研处组织召开了青海省社会科学院舆情信息工作专题交流暨安排部署会议。院综合管理部门、研究所及科辅部门负责人和舆情信息员参加会议，院党组成员、院长孙发平研究员主持会议。

12月30日，青海省社会科学院党组召开2015年度"三严三实"专题民主生活会。

# 宁夏社会科学院

## 第一节 历史沿革

宁夏社会科学院是宁夏回族自治区唯一的哲学社会科学综合性研究机构，是全区重要的哲学社会科学研究基地。宁夏社会科学院的前身是1962年1月成立的宁夏民族历史研究室，1964年8月该室改建为宁夏哲学社会科学研究所，1966年"文化大革命"开始后被撤销，人员被调离。党的十一届三中全会后，1979年7月，经宁夏回族自治区党委批准，宁夏哲学社会科学研究所恢复重建，1981年8月19日正式改名为宁夏社会科学院。

### 一、历任领导

宁夏社会科学院历任院（所）长是：杨辛（1961年12月—1964年3月）、江云（1964年3月—1968年）、王凫（1979年9月—1979年10月）、苏树铭（1980年8月—1983年10月）、马骏（1983年10月—1989年5月）、陈育宁（1989年5月—1993年8月）、余振贵（1994年8月—1998年6月，常务副院长；1998年6月—2001年8月，院长）、吴海鹰（2002年10月—2008年1月）、张进海（2008年1月—2015年9月）。现任院长张廉（2015年9月—　）。

宁夏社会科学院历任党组书记是：王凫（1979年9月—1979年10月）、苏树铭（1980年8月—1983年10月）、马骏（1983年10月—1989年5月）、陈育宁（1989年5月—1991年5月）、李云桥（1991年9月—1994年1月）、张怀武（1994年1月—1998年6月）、张万寿（1998年6月—2005年4月）、齐岳（2005年4月—2007年9月）、布青沪（2007年9月—2010年3月）、李耀松（2010年3月—2013年2月）、刘日巨（2013年2月—2014年11月）。现任党组书记张进海（2015年9月—　）。

### 二、事业发展

党的十一届三中全会后，恢复重建的宁夏社会科学院与我国改革开放的历程同步发展。37年来，宁夏社会科学院在党的正确路线指引下，在自治区党委、政府的领导下，坚持"为人民服务、为社会主义服务"的方向和"百花齐放，百家争鸣"的方针，本着突出重点、体现特色的原则，充分发挥民族地区社会科学研究机构的地方特色和民族特色，积极开展回族伊斯兰教、西夏历史文化、宁夏地方历史文化等基础学科研究和宁夏社会主义现代化建设重大理论和现实问题应用对策研究，为宁夏经济社会发展、精神文明建设和党政决策服务作出了积极贡献，发挥了重要的"思想库""智囊团"作用，取得了较好的成绩。

进入21世纪以来，在自治区党委、政府的坚强领导下，宁夏社会科学院认真贯彻落实中共中央《关于进一步繁荣发展哲学社会科学的意见》和宁夏回族自治区党委《关于加强和改进全区哲学社会科学工作的若干意见》精神，提出了以加强具有地方特色和民族特色优长学科建设为支撑，基础理论研究与应用对策研究并重发展，注重重大现实问题、理论问题和实践经验的研究和总结，稳步推进科研转型，努力建成学科布局合理、科研优势突出、咨政服务有力、地方和民族特色鲜明、学术影响较大的社会科学研究中心。形成了以建设具有地方特色和区域特点新型智库为平台，以重大现实问题研究为重点，以学科建设为支撑，以重大项目为抓手，以系列蓝皮书为品牌，以学术期刊为载体的研究体系，为今后的长远发展和可持续发展奠定了坚实的基础。

首先，学科体系建设不断完善。在回族学、西夏学、应用经济学、文化学等学科的基础上，先后建立了民族文献学、政治学法学和生态文明等9个学科，形成了具有支撑作用、较强优势和良好发展前景的基础学科、重点学科和扶持学科，建立了以首席专家、学科带头人、学科骨干等为主的多层次的学科人才梯队。回族学和西夏学两个学科成为自治区"人才高地"，在区内外有着广泛的影响。

其次，重大现实问题研究不断深入。2008年以来，宁夏社会科学院加快科研转型，加强对全区改革开放和经济社会发展重大理论问题、现实问题和实践经验的研究总结。在项目选题、专家论证、成果推介、制度建设等方面形成了一套较为完善的工作机制。特别是在课题研究定位方面，强调以经济社会发展为主攻方向，注重成果的战略性、前瞻性和针对性，努力使选题和成果同党政领导和经济社会发展的重大问题同步同向。多项研究成果被自治区党政领导批示批转有关部门作为决策参考，服务经济社会发展的水平不断提升。

最后，新智库作用日益凸显。2002年，宁夏社会科学院开始编撰第一本宁夏"经济社会蓝皮书"，到2015年，已形成了由经济、社会、文化、反腐倡廉、生态文明和中阿经贸关系等蓝皮书组成的系列蓝皮书，其决策咨询作用日益凸显，已成为自治区党政领导和实际工作部门、人大代表、政协委员及社会各界决策参考、信息咨询和掌握了解社情民意的重要依据，成为展示宁夏社会科学院专家学者科研水平和能力的重要品牌。宁夏社会科学院还先后创办了面向区内外发行的《宁夏社会科学》《回族研究》《西夏研究》三个学术理论刊物，编辑出版《新智库》（院报）和《宁夏史志》（内部报刊）这些报刊已成为宁夏哲学社会科学学术研究的重要载体。

据不完全统计，从1979—2014年的30多年里，宁夏社科院科研业务人员承担国家社科基金课题84项，自治区社科基金课题152项。出版各类学术著作490多部，发表论文、研究报告等3400余篇，在各类报纸发表理论文章700余篇，特别是"十二五"期间，宁夏社会科学院科研成果大幅增加，共出版专著、编著、工具书等180部，发表学术论文、研究报告等949篇，发表报纸理论文章227篇，完成重大现实问题研究课题108项，编发《决策咨询》《呈阅件》200多期，分别比"十一五"时期增长78.2%、38.3%、32%、120.4%和89.1%，新型智库建设初显成效，服务党政决策和经济社会发展的能力显著提高。

三、机构设置

宁夏社会科学院从1962年成立宁夏民族历史研究室开始，其内部机构设置根据时代发展和实际需要，由小到大，由少到多，数次变更和增加。1964年8月宁夏民族历史研究室改建为宁夏哲学社会科学研究所后，曾下设4个研究室，即毛泽东思想和党史研究室、哲学研究室、政治经济学研究室、民族历史研究室。1979年恢复重建后，内部机构有民族宗教研究室、哲学研究室、经济研究室、法学研究室、历史研究室、图书资料室和办公室等7个部门。1981年8月改建为宁夏社会科学院后，机构设置先后有办公室、科研组织处、纪检组和机关党委等职能部门和经济研究所、法学社会学研究所、哲学研究所、民族宗教研究所、中东伊斯兰教国家研究所、历史研究所、情报研究所、《宁夏社会科学》编辑部、《回族研究》编辑部等。另外，宁夏地方志编审委员会办公室（1985年成立）、宁夏少数民族古籍整理出版规划小组办公室（1984年成立）、宁夏国史编审委员会办公室（2002年成立）三个自治区指导协调全区方志工作、少数民族古籍整理工作和国史编撰工作的职能部门长期一直挂靠在宁夏社会科学院。宁夏社会科学界联合会从1983年12月成立以后一直设在宁夏社会科学院，与宁夏社会科学院为一个党组。2004年自治区政府授权宁夏社科联为全区社会科学学术团体业务主管部门。2005年8月成立宁夏社会科学界联合会党组，自此，与宁夏社会科学院分设独立。

截至2015年12月底，宁夏社会科学院的机构设置有：办公室、科研组织处、纪检组（监察室）、机关党委、财务后勤服务中心5个职能部门；综合经济研究所、农村经济研究所、法学社会学研究所、文化研究所、回族伊斯兰教研究所（同时挂中东伊斯兰教国家研究所牌子）、历史研究所、宁夏国史研究所（同时挂宁夏国史编审委员会办公室牌子）7个研究所；社科图书资料中心、期刊中心2个科辅部门；宁夏地方志编审委员会办公室、宁夏少数民族古籍整理出版规划小组办公室、宁夏国史编审委员会办公室3个自治区指导和协调全区方志工作、少数民族古籍整理工作和国史编审工作的职能部门。

## 四、人才建设

宁夏社会科学院通过商调引进、组织分配、面向社会招考招聘等途径和组织培养、交流挂职、定向培训等方式充实培养科研人员，形成了高中初级专业技术人员相互配合的科研梯队，涌现出了以李范文、杨怀中、余振贵、吴忠礼等为代表的一批在学术上有造诣、有建树且有敬业精神的知名专家学者。

截至2015年12月，全院核定编制为139人。在编在岗科研人员和干部职工115人。其中，科研业务人员98人，占职工总数的85%。科研业务人员中副高以上职称人员55人，中级及以下职称人员43人；硕士研究生43人，博士和在读博士13人。科研业务人员中，享受国务院政府特殊津贴的专家9名（含已离退休7人），享受自治区政府特殊津贴的专家7名（含退休1人），1人入选国家"万人计划"首批哲学社会科学领军人才，5人入选宁夏跨世纪学科带头人（自治区"313"人才工程人选）；2人获得"宁夏有突出贡献专家"称号；2人入选自治区"四个一批"人才。全院处级以上干部27人，行政管理岗位人员33人；工勤岗位人员5人。全院具有副高以上专业技术职称的人员有：张进海、张廉、郭正礼、刘天明、段庆林、李兴元、李保平、李文庆、鲁忠慧、孙俊萍、刘伟、李禄胜、李霞、马广德、郭亚莉、张耀武、钟银梅、王伏平、李有智、余军、李习文、张琰玲、孔炜莉、范宗兴、李学忠、雷晓静、马金宝、孙颖慧、许芬、郑彦卿、吴晓红、吕棣、张万静、杨巧红、杨永芳、姜歆、牛学智、胡若飞、魏淑霞、许生根、方涛、白洁、杨芳、刘海燕、邱新荣、王晓华、郭勤华、叶长青、霍丽娜、王玉琴、刘天惠、温峰、姚国芳、武杰、陈棱。

## 第二节 组织机构

一、宁夏社科院历任和现任党组书记、副书记、党组成员

1979年9月—1981年8月，宁夏哲学社会科学研究所党组

党组书记：王凫；党组成员：刘元全、马骏。

1981年8月—1983年10月，宁夏社会科学院党组

党组书记：苏树铭；党组成员：常乃光、刘元全、马骏。

1983年10月—1989年5月

党组书记：马骏；党组成员：张永庆、张远成、邢平、李范文、刘振亚、陈育宁。

1989年5月—1991年9月

党组书记：陈育宁；党组成员：张永庆、张远成、邢平、李范文。

1991年9月—1994年1月

党组书记：李云桥；党组副书记：陈育宁；党组成员：张永庆、张远成、邢平、李范文。

1994年1月—1998年6月

党组书记：张怀武；党组副书记：李树江；党组成员：余振贵、张远成、孔德元、吴忠礼。

1998年6月—2005年4月

党组书记：张万寿；党组副书记：李树江；党组成员：余振贵、孔德元、吴忠礼、尹全洲。期间增加的党组成员：吴海鹰、雷兴魁、陈通明、朱鹏云（纪检组长）、林燕萍（挂职）、张锋。

2005年4月—2007年9月

党组书记：齐岳；党组副书记：吴海鹰；党组成员：张少明、郭正礼、刘天明、陈冬红、朱鹏云（纪检组长）。

2007年9月—2010年3月

党组书记：布青沪；党组副书记：吴海鹰；党组成员：张少明、郭正礼、刘天明、陈冬红、朱鹏云（纪检组长）。

2010年3月—2013年2月

党组书记：李耀松；党组副书记：张进海；党组成员：张少明、郭正礼、刘天明、陈冬红、朱鹏云（纪检组长）。

2013年2月—2014年11月

党组书记：刘日巨；党组副书记：张进海；党组成员：张少明、郭正礼、刘天明、陈冬红、李兴元（纪检组长）。

2015年9月—

党组书记：张进海；党组副书记：张廉；党组成员：郭正礼、刘天明、李兴元（纪检组长）、段庆林（2015年12月任职）。

二、宁夏社科院历任和现任院长、副院长

1979年9月—1980年9月，宁夏哲学社会科学研究所

所长：王凫；副所长：刘元全、马骏。

1980年9月—1981年8月

所长：苏树铭；副所长：常乃光、刘元全、马骏。

1981年8月—1983年10月，宁夏社会科学院

院长：苏树铭；副院长：常乃光、刘元全、马骏。

1983年10月—1989年5月

院长：马骏；副院长：张永庆、张远成、陈育宁、邢平。

1989年5月—1993年8月

院长：陈育宁；副院长：张永庆、张远成、邢平、孔德元。

1993年8月—1994年7月

副院长：张永庆（常务）、张远成、孔德元。

1994年8月—1998年6月

副院长：余振贵（常务）、李树江、张远成、孔德元、吴忠礼。

1998年6月—2001年8月

院长：余振贵；副院长：孔德元、吴忠礼、尹全洲。

2002年10月—2008年1月

院长：吴海鹰；副院长：雷兴魁、陈通明、林燕萍（挂职）、张锋、张少明、郭正礼、刘天明、陈冬红（期间增加）。

2008年1月—2015年9月

院长：张进海；副院长：张少明、陈冬红、郭正礼、刘天明。

2015年9月—

院长：张廉；副院长：郭正礼、刘天明、段庆林（2016年1月任职）。

三、宁夏社会科学院现任领导班子及分工

党组书记张进海，负责院党组全面工作。

院长张廉，负责院行政全面工作。

党组成员、副院长郭正礼，协助党组书记、院长分管党组、行政日常工作，分管办公室，联系少数民族古籍整理出版规划领导小组办公室、回族伊斯兰教研究所、国史研究所。

党组成员、副院长刘天明，协助院长分管财务工作，分管财务后勤管理中心、地方志编审委员会办公室，联系历史研究所、社科图书资料中心、期刊中心。

党组成员、副院长李兴元，协助党组书记分管机关党建、纪检监察工作，分管机关党委、监察室，主持纪检组工作。

党组成员、副院长段庆林，协助院长分管科研工作，分管科研组织处，联系综合经济研究所、农村经济研究所、法学社会学研究所、文化研究所。

四、宁夏社会科学院职能部门

院办公室

主任：范宗兴

副主任：张万静

科研组织处

处长：李学忠

机关党委、监察室

机关党委书记：张进海

专职副书记：杨芳

财务后勤管理中心

主任：范宗兴（代）

副主任：姚国芳

五、宁夏社会科学院科研部门

综合经济研究所

所长：段庆林

副所长：杨巧红

农村经济研究所

所长：李文庆

副所长：李禄胜

法学社会学研究所

所长：李保平

副所长：杨永芳

文化研究所

所长：鲁忠慧

副所长：牛学智

回族伊斯兰教研究所

所长：马金宝

副所长：孙俊萍

历史研究所

所长：薛正昌

副所长：余军

宁夏国史研究所

所长：郑彦卿

副所长：许生根

社科图书资料中心

主任：李习文

副主任：张琰玲

期刊中心

主任：许芬

宁夏地方志编审委员会办公室

主任：负有强

宁夏少数民族古籍整理出版规划小组办公室

主任：雷晓静

副主任：马广德

## 第三节　年度工作概况

2015年，在自治区党委、政府的正确领导和宣传部的直接指导下，院领导班子带领全院干部职工，深入学习贯彻党的十八届四中、五中全会精神，习近平总书记系列重要讲话精神，自治区党委十一届五次、六次全会精神，围绕自治区党委、政府的重大决策部署，大力推进党风廉政建设，深入开展"三严三实"专题教育，新型智库建设步伐进一步加快。

全年出版和完成专著、编著35部，发表论文、调研报告187篇，其中在核心期刊发表45篇，获准立项国家、自治区社科基金项目8项，完成重大现实问题研究课题39项，在《宁夏日报》等报刊发表理论宣传文章33篇，编发报送《决策咨询》《呈阅件》28期，11项研究成果和决策咨询建议得到自治区领导批示批转，转化为自治区有关部门的工作措施和工作部署，新型智库地位和作用进一步凸显。

一、履职尽责，推动全院各项工作上台阶

（一）加强顶层设计，抓好长远规划，进一步明确发展方向

为贯彻落实中央《关于加强中国特色新型智库建设的意见》精神，宁夏社科院成立了新型智库建设领导小组，开展了新型智库建设大调研大讨论活动，起草制定了《宁夏社科院新型智库建设实施方案》，为自治区代拟了《关于加强宁夏新型智库建设的实施办法》，谋划全区新型智库建设发展大计，得到了自治区主要领导的肯定。同时，围绕新型智库建设目标，组织制定了《宁夏社科院2016—2020年发展规划》，明确了今后一段时期的发展目标、发展方向和工作措施。为整合资源，凝聚力量，制定了《宁夏社科院分院建设方案》，拟在全区五市设立分院，延伸和放大社科院职能，进一步提升新型智库建设水平和整体实力。

（二）加大应用对策研究力度，决策咨询服务能力和水平有显著提升

紧扣自治区党委、政府中心工作，聚焦"四个宁夏"建设、自治区"十三五"规划、新的经济增长点培育及依法治区、精准扶贫、贯彻落实十八届五中全会精神等，确定了两批39项重大现实问题研究课题，深入开展调研活动。编印28期《决策咨询》《呈阅件》报送自治区党政领导及部门，为自治区党政决策提供了具有针对性、可操作性的决策咨询建议。重大现实问题研究成果在数量和质量上都有显著突破。

按时完成了经济、社会、文化、反腐倡廉系列蓝皮书和《宁夏智库报告》的编撰出版工作，举办了系列蓝皮书新闻发布会，向社会各界广泛宣传宁夏社科院的科研成果。编撰出版《中阿蓝皮书：中国—阿拉伯国家经贸关系发展报告》，这是我国首部以中阿经贸关系为对象的蓝皮书。编撰出版了首部《宁夏生态文明蓝皮书》，使宁夏社科院"宁夏系列蓝皮书"由五部增加到七部，拓展了决策咨询的平台，扩大了蓝皮书品牌的社会影响。

（三）强化基础研究，一批重要文化项目取得新进展

2015年，宁夏社科院获准立项国家社科基金课题3项，自治区社科基金课题5项。截至2015年底，宁夏社科院共有国家社科基金课题20项，自治区社科基金课题15项，承担社会委托课题40多项。《回族历史报刊文选》（第二批6卷本15册）、《中国回教学会会刊》、《英藏黑水城出土社会文书研究》、《宁夏英贤祠入选人物研究》等一批成果相继出版；《宁夏全史》（全9卷）项目完成初稿，《当代宁夏日史

(第五卷)》《西夏学大辞典》等项目取得阶段性成果；《宁夏社会科学》《回族研究》《西夏研究》按期出版，刊物质量进一步提高。《宁夏社会科学》连续第三年获得国家社科基金期刊项目资助，连续两年获得全国优秀资助期刊称号，再次进入"中国人文社会科学核心期刊"和"中文核心期刊目录"；《回族研究》继续保持"中国民族类核心期刊"和"中国人文社会科学核心期刊"称号；院报《新智库》《宁夏史志》（内刊）、院网站等进一步提档升级，"大数据社科云平台"筹划建立。

（四）学术交流合作不断加强，学术影响力进一步扩大

2015年，宁夏社科院成功举办了以"'一带一路'战略与新型智库建设"为主题的第十一届西部社科院院长联席会暨首届中阿智库论坛。来自中国社科院、西部省（市）区社科院，外交部、中国现代国际关系研究院、北京大学、清华大学等国家部委、科研院所、高校及区内专家学者200余人参加会议，共同探讨新型智库建设、中阿关系发展等问题，产生了较大的反响。

继续做好自治区反腐倡廉建设评价中心工作，积极推动宁夏反腐倡廉建设教育、研究、评价"三大中心"的交流合作。各学科组织学术讲座和小型研讨会、学术沙龙等近30场。如地方历史学科举办了"纪念抗日战争胜利70周年"座谈会、"宁夏新十景"征文活动、"宁夏新十景"文化学术研讨会等学术活动；编辑出版了《宁夏景观文化古今》，推动了文化与旅游深度融合发展。在《宁夏日报》开辟"新智库"栏目，推介宣传宁夏社科院重大现实问题研究成果。

继续加强与中国社科院的合作，联合开展了《宁夏回族自治区民族宗教问题法治化治理研究》；先后接待中国社科院、中联部以及北京、四川、内蒙古、广西、黑龙江、新疆等兄弟社科院，武汉地方志办公室、浙江大学、香港中文大学等专家学者80余人次。

（五）学科结构进一步优化，人才队伍建设不断加强

为适应"五位一体"总体布局要求和新型智库建设的需要，发挥学科在科研工作中的引领作用，促进科研队伍专业化水平的提高，在西夏学、回族学、地方历史文化、应用经济学、文化学、社会学、民族文献学的基础上，新成立了政治学法学和生态文明两个学科，使宁夏社科院学科建设增加到9个，学科体系更加完善，研究方向更加明确。

启动实施宁夏社科院"新型智库人才队伍建设项目"，加大人才队伍建设力度，争取自治区人才专项资金50万元，用于引进急需紧缺人才和支持青年科研人员攻读硕士、博士学位；选派20多名青年科研人员到自治区党委、政府有关部门交流锻炼或参加区内外学术交流；引进、招聘硕士、博士科研人员10人，充实了科研力量。与此同时，加大优秀人才的推介力度，先后向自治区推选"四个一批"理论人才4人（2人入选），推选自治区"塞上文化名人"4人（2人入选），1名科研人员入选自治区"313"人才。修订完善了优秀科研成果奖励办法和重大现实问题研究管理办法，积极探索重大现实问题研究成果购买机制；建立了全院重点工作、重要科研项目进展情况跟踪督查通报制度，为学科建设和人才队伍培养提供了制度保障。

（六）方志编纂工作和年鉴编纂工作取得新突破

地方志办公室贯彻落实第五次全国地方志工作会议精神和自治区地方志编审委员会扩大会议精神，依法推动第二轮志书编修和市县区综合年鉴编辑工作，年鉴编辑工作全面启动，实现了全区各县区年鉴全覆盖，是全国唯一实现全覆盖的省份，

得到中国地方志指导小组的肯定。组织开展了"5·18"地方志宣传日活动暨年鉴工作经验交流培训会，承办了全国地方志综合年鉴编纂高级研修班，组织召开了"地方志工作暨族谱、家谱现场会"；《宁夏年鉴（2015）》编辑出版；《宁夏民族史话》《宁夏文化史话》等宁夏地方史话丛书稳步推进；25卷本《宁夏通志》全部编纂完成，标志着宁夏首部多卷本通志工程告竣；《贺兰山志》编修工作全面开展，开启宁夏山川名胜志书编修的先河；35卷本《宁夏旧方志丛书》影印出版工作正式启动。

## 二、以严和实的要求抓部署、促落实，推进党风廉政建设和精神文明建设

### （一）坚持抓好从严治党

印发《2015年党的建设工作要点》，明确"四个突出"的指导思想，分别提出了从严治党、抓好"两个责任"落实等具体措施，形成了党建工作整体推进的良好局面。同时，加强督查，确保各项措施落实到位。对照《中国共产党党组工作条例（试行）》，查找党组在履行领导职责、贯彻落实中央和自治区党委的决策部署、讨论和决定重大问题、党管干部、党管人才、贯彻民主集中制等方面存在的问题，进一步完善了党组议事规则，明确了工作职责，提升了领导能力和水平。党组中心组坚持学习制度，全年集中学习12次，举办2次专题学习班，组织学习了党章和《中国共产党廉洁自律准则》《中国共产党纪律处分条例》等规章制度，促使全院党员做政治上的清醒人、明白人，牢固树立纪律和规矩意识。

### （二）加强基层党组织建设

以创建"星级"服务型党组织为龙头，丰富党建活动载体，推进基层党组织建设见成效。先后完成了全院各党支部换届改选工作、星级"服务型"党支部评选、"五有一好"党建服务品牌创建、"践行核心价值观，争做文明银川人"之"最美人物"推荐和党员进社区志愿者服务等活动。共评定四星级党支部2个，三星级党支部4个，培育服务型党组织示范点2个。积极开展创建区直机关"文明单位"、院"文明处室"评选活动和"我爱我家，美化环境"卫生专项整治等文明创建活动。

### （三）强化党风廉政建设

进一步完善了党组书记对反腐倡廉工作负总责、分管领导分工负责，处级干部"一岗双责"的工作格局，全院处以上干部签定了《党风廉政建设责任书》，廉政风险防范意识不断增强。制定了《"两个责任"清单制度》《重大决策部署、重要工作、重点项目督查督办制度》《自办案件涉案款物管理暂行规定》等，促进了"两个责任"落地生根。凡"三重一大"、经费预算、人才招聘、住房分配、职称评聘等10个方面作为全院公开公示的重点，增强了工作透明度。开展"慵懒散"专项治理活动，制定实施了《关于开展"慵懒散"专项治理方案》，对执行制度不力、工作作风不实、工作状态不佳的现象进行整治，把守纪律、讲规矩具体化。建立了纪检信访举报件规范登记办理制度，落实了婚丧操办事宜由口头报告到书面报告等制度。

### （四）积极开展群团活动，完善关怀帮扶机制

完成了院工会、青工委换届改选，机关党委积极支持工青妇开展群团活动，举办了职工趣味运动会、读书演讲比赛、学雷锋做好事等活动，丰富了职工文化生活，活跃工作氛围。积极开展关怀帮扶工作，建立了职工帮扶档案，认真落实"五必访"制度，走访慰问干部职工近80人次，帮扶困难党员4人次。

### （五）提炼宁夏社科院核心理念，增强凝聚力和向心力

确立了"大道直行、自强担当"的院训，组织召开院训精神报告会和书法笔会，

使院训成为全院干部职工的精神追求和价值取向。追溯建院时间，明确院庆日，厘清了院发展历程。这些活动增强了凝聚力和向心力，形成了积极向上的正能量。

2015年，宁夏社科院上下锐意进取，开拓创新，抓项目推进，抓任务落实，各项工作得到了有力推进，取得了较好的成绩，先后获得了中阿博览会先进集体、"宁夏新十景"征集评选活动先进集体等称号。当然，在看到成绩的同时，存在的问题和不足也使我们不容忽视。如全院行政管理服务效率需要进一步提升；学科建设、科研管理工作需要进一步加强；科研成果评价体系建设滞后；高端智库人才建设工作需进一步加强；新型智库建设与担当自治区高端智库使命还有一定距离等，需要我们从严从实，统筹兼顾，精准施策，切实解决，为把宁夏社科院建成"在全国有影响，在西部争一流，在宁夏有大作为"的新型智库而继续努力。

## 第四节 科研活动

### 一、科研人员、科研机构等基本情况

（一）科研人员

截至2015年底，宁夏社会科学院共有科研人员（即具有研究系列职称人员）51人。其中，正高级职称科研人员9人，副高级职称科研人员17人，中级及以下职称科研人员25人；高、中级职称科研人员占全院职工总数的44%。

（二）科研机构

截至2015年底，宁夏社会科学院设有：综合经济研究所、农村经济研究所、法学社会学研究所、文化研究所、回族伊斯兰教研究所（同时挂中东伊斯兰国家研究所牌子）、历史研究所、宁夏国史研究所等7个研究所。

（三）人事变动

2015年9月29日，宁夏回族自治区党委任命张进海为宁夏社会科学院党组书记，免去其宁夏社会科学院院长职务；任命张廉为宁夏社会科学院党组副书记、院长。

### 二、科研工作

（一）科研成果统计

2015年，宁夏社会科学院共出版和完成专著、编著35部，1387万字；发表学术论文和研究报告187篇，767.5万字，其中发表在核心期刊上的有45篇；在《宁夏日报》等报刊发表理论宣传文章33篇，3.8万字；编发报送《呈阅件》《决策咨询》28期，有11篇研究报告和决策咨询建议被自治区领导批示批转。

（二）科研课题

1. 新立项课题

2015年，宁夏社会科学院获准立项国家社科基金课题3项，自治区社科基金课题5项。立项并完成院级宁夏重大现实问题研究课题39项。

2. 结项课题

2015年，宁夏社会科学院共有6项课题申请结项，其中，国家社科基金课题5项，自治区社科基金课题1项。

3. 延续在研课题

截至2015年底，宁夏社会科学院共有延续在研课题38项。其中，国家社科基金课题23项，自治区社科基金课题15项。

（三）获奖优秀科研成果

2015年，宁夏社会科学院共有11项科研成果获得宁夏第十三届社会科学优秀成果奖（两年评一次）。其中，获著作二等奖1项，三等奖3项；获论文一等奖1项，二等奖1项，三等奖5项。具体是：

杨巧红《宁夏私营经济发展的实践与探索》（著作二等奖），金贵《异而同 同而异——王岱舆对儒学的一种理解》（著作三等奖），郑彦卿《当代宁夏历史纪年》（著

作三等奖），郭亚莉《留守妇女与新农村建设》（著作三等奖），牛学智《消费社会、新穷人与文学批评的日常生活话语》（论文一等奖），保宏彪《安史之乱后朔方军的地位演变以及对党项的影响》（论文二等奖），李保平《建设统一征信平台，打造两优发展环境——关于打造我区统一社会信用信息平台的建议》（论文三等奖），段庆林《宁夏内陆开放型经济试验区体制机制创新研究》（论文三等奖），许峰《新世纪以来宁夏长篇小说创作考察》（论文三等奖），钟银梅《民国时期回族知识分子社会习俗改良宣传与实践》（论文三等奖），丁生忠《从"碎片化"到"整体性"：生态治理的及时转向》（论文三等奖）。

三、学术交流活动

1. 第十一届西部十二省区社会科学院院长联席会议暨首届中国—阿拉伯国家智库论坛

8月28—29日举行的第十一届西部十二省区社会科学院院长联席会议暨首届中国—阿拉伯国家智库论坛。来自中国社科院、西部省（自治区、直辖市）社科院，外交部、中国现代国际关系研究院、北京大学、清华大学等国家部委、科研院所、高校及区内专家学者200余人参加会议。

2. 全国地方综合年鉴编纂高级研修班

9月16—19日，由中国地方志指导小组主办，宁夏地方志办公室承办的全国地方综合年鉴编纂高级研修班在银川市举办。研修班邀请了国家统计局、中国社会科学院、中国知网以及方志界、年鉴界的专家学者授课，并对《广州年鉴》《厦门年鉴》稿进行评议。来自全国各省（自治区、直辖市）地方志编委会（办公室）、新疆生产建设兵团志办公室、全军军事志以及副省级城市和部分市县地方志机构的领导和年鉴工作者等共150余人参加。

四、研究中心、期刊

（一）研究中心

宁夏孔子文化研究院（院长：刘天明）

宁夏社会科学院中国西北发展研究院（院长：段庆林）

宁夏民族地区社会发展中心（主任：杨永芳）

宁夏文化产业研究中心（主任：鲁忠慧）

宁夏中国西部总部经济研究中心（主任：段庆林）

宁夏生态移民研究中心（主任：李霞）

宁夏县域经济研究中心（主任：张耀武）

宁夏地方历史文化研究中心（主任：保宏彪）

宁夏回商研究中心（主任：刘伟）

宁夏中阿经贸研究中心（主任：王林伶）

宁夏阿拉伯及穆斯林国家研究中心（主任：王伏平）

宁夏伊朗文化研究中心（主任：孙俊萍）

中国回族伊斯兰研究中心（主任：马金宝）

中日合作西部开发共同研究中心（主任：段庆林）

宁夏当代史与口述史研究中心（主任：马宝妮）

宁夏民国文献研究中心（主任：张明鹏）

国际西夏学研究所（所长：余军）

宁夏社会科学院理论研究中心（主任：李学忠）

宁夏决策咨询应用研究中心（主任：杜志杰）

宁夏社科界书画研究中心（主任：牛

学智）

宁夏古村落研究中心（主任：薛正昌）

（二）学术期刊

1.《宁夏社会科学》（双月刊），主编许芬

宁夏社会科学院主办，国内外公开发行，综合性人文社会科学学术期刊，1982年创刊。设有政治、法律、公共管理、经济、社会、民族、宗教、历史、文化、哲学等栏目，其中，回族学、伊斯兰教、西夏学为特色栏目。入选北京大学的《中文核心期刊要目总览》和中国社科院《中国人文社会科学核心期刊要览》。2015年，《宁夏社会科学》出版6期，共计35多万字。刊载的代表性文章有：《中国城镇住宅价格泡沫破灭的原则与政策》（《新华文摘》2015年第7期论点摘编）、《马克思对赫斯的超越与扬弃》、《张载理学思想的建构特征》、《黑水城出土元代道教文书初探》、《人类学的伊斯兰研究与"中国式"问题：路径与趋势》等（均被《中国人民大学复印报刊资料》全文转载）。

2.《回族研究》（季刊），主编马金宝

宁夏社会科学院主办，国内外公开发行，是目前国内唯一公开出版的全方位研究回族及回族理论与现实问题的综合性刊物，集知识性、学术性与资料性于一体。1991年创刊。设有回族历史、回族文化教育、各地回族、回族哲学、回族经济与社会、回族人物、回族伊斯兰教、域外伊斯兰文明、回族知识等栏目。2001年加入中国期刊网，入选中国民族学类中文核心期刊、中国人文社会科学核心期刊，被评定为中华人民共和国新闻出版总署"双效期刊"，具有较广泛的学术和社会影响。2015年，《回族研究》出版4期，共计66万多字，刊载的代表性文章有：《整合、突围中的回族文化》《国学与回族学的继承与创新》《"一带一路"战略视角下构建中阿公共外交体系初探》《阿拉伯媒体视域中的"一带一路"——兼谈中国对阿媒体公共外交》等。

3.《西夏研究》（季刊），主编薛正昌

宁夏社会科学院主办、国内外公开发行，2010年创刊。设西夏历史、西夏文化、西夏语言文学、西夏文物考古、西夏文献整理研究、西夏遗民调查研究、宋辽金元史、北方边疆民族史等栏目。主要刊登西夏历史地理文化、西夏语言文字、西夏文献整理研究、宋辽金元史研究、北方连续民族史研究、文物考古等方面的研究成果，是推动西夏历史文化研究的重要平台。2015年，《西夏研究》出版4期，共计65万多字，全年刊载的有代表性的文章有《宋代赐第问题研究》《文殊山万佛洞西夏说献疑》《西夏文献中的占卜》《早期党项拓跋氏世系补考》4篇（均被《中国人民大学复印报刊资料》全文转载）。

五、会议综述

1. 第十一届西部十二省区社科院院长联席会议

2015年8月28—29日，宁夏社会科学院举办了第十一届西部十二省区社科院院长联席会议。此次会议以"一带一路"战略与新型智库建设为主题，探讨加强新型智库建设，推动中国与阿拉伯国家关系研究从宏观研究向实证研究推进。来自西部十二省、市、区的社科院以及上海、浙江、福建、湖南、海南、齐齐哈尔社科院院长和专家学者60余人参加会议。中国社会科学院院长助理、学部主席团秘书长郝时远代表中国社科院参加了会议并在开幕式上讲话。会前，宁夏回族自治区党委副书记崔波接见了郝时远秘书长和部分领导、专家，并代表自治区党委、政府对参会的专家学者表示欢迎，对中国社科院支持和关心宁夏经济社会发展表示感谢。开幕式上，宁夏回族自治区政府副主席姚爱兴到会祝贺并讲话，郝时远秘书长

致辞。四川、西藏、重庆等20个与会省、市、区社科院领导围绕地方社科院"新型智库建设"进行专题研讨。中国社科院、上海社科院、中国现代国际关系研究院等智库的25位专家学者围绕中阿关系与中阿智库建设、"一带一路"与中阿利益共同体两个专题展开了讨论。

2. 首届中国—阿拉伯国家智库论坛

2015年8月29日,由宁夏社会科学院、中国中东学会、宁夏博览局联合主办的"首届中国—阿拉伯国家智库论坛"在宁夏回族自治区首府银川隆重举行。来自中国社会科学院、外交部、商务部、新华社、清华大学、北京大学、对外经济贸易大学、中国现代国际关系研究院、中国人民大学重阳金融研究院、上海国际问题研究院等国家部委、科研院所和高校等智库,以及宁夏回族自治区党委政策研究室、发展和改革委员会、商务厅、宁夏博览局和自治区内部分高校的专家学者共100余人参加了论坛。宁夏回族自治区党委副书记崔波会前接见了与会部分代表,自治区政府副主席姚爱兴以及自治区有关部门领导等出席了论坛开幕式。姚爱兴副主席、中国社会科学院院长助理郝时远先后致辞。中国外交部前中东问题特使吴思科、前驻伊朗大使华黎明、中国社会科学院西亚非洲研究所所长杨光研究员、世界经济与政治研究所所长张宇燕研究员、对外经济贸易大学副校长林桂军教授、新华社世界问题研究中心主任吴毅宏教授、商务部国际贸易经济合作研究院梅新育研究员、北京大学经济学院国家资源经济研究中心主任李虹教授、清华大学全球产业4.5研究院副院长李东红教授等在开幕式上作了主旨发言。开幕式后,与会的专家学者就"中阿关系与中阿智库建设"和"'一带一路'与中阿利益共同体"进行了分组研讨。

## 第五节 重点成果

### 一、2014年以前获省部级以上奖励科研成果[*]

| 成果名称 | 作者 | 成果形式 | 字数（万） | 出版发表单位 | 出版时间或期数 | 获奖名称 | 奖项 |
| --- | --- | --- | --- | --- | --- | --- | --- |
| 宁夏私营经济发展的实践与探索 | 杨巧红 | 专著 | 42 | 宁夏人民出版社 | 2014.12 | 宁夏第十三届社科成果奖 | 著作二等奖 |
| 异而同 同而异——王岱舆对儒学的一种理解 | 金贵 | 专著 | 43 | 宁夏人民出版社 | 2013.11 | 宁夏第十三届社科成果奖 | 著作三等奖 |
| 当代宁夏历史纪年 | 郑彦卿 郑晨阳 | 专著 | 40 | 中国文史出版社 | 2013.12 | 宁夏第十三届社科成果奖 | 著作三等奖 |

---

[*] 注：在本节的表格中的"出版时间或期数"一栏，年、月、日使用阿拉伯数字，且"年""月""日"三字省略（发表期数除外，保留"年"字）。既有年份，又有月份、日时，"年""月"用"."代替。如："2014年12月"用"2014.12"表示，"2014年第1期"不变。

续表

| 成果名称 | 作者 | 成果形式 | 字数（万） | 出版发表单位 | 出版时间或期数 | 获奖名称 | 奖项 |
|---|---|---|---|---|---|---|---|
| 留守妇女与新农村建设 | 郭亚莉 唐国阳 唐利 | 专著 | 43 | 黑龙江人民出版社 | 2013.12 | 宁夏第十三届社科成果奖 | 著作三等奖 |
| 消费社会、新穷人与文学批评的日常生活话语 | 牛学智 | 论文 | 0.56 | 《文学评论》 | 2014年第1期 | 宁夏第十三届社科成果奖 | 论文一等奖 |
| 安史之乱后朔方军的地位演变及其对党项的影响 | 保宏彪 | 论文 | 0.46 | 《西夏研究》 | 2013年第2期 | 宁夏第十三届社科成果奖 | 论文二等奖 |
| 建设统一征信平台，打造两优发展环境 | 李保平 | 论文 | 0.8 | — | 2014.5 | 宁夏第十三届社科成果奖 | 论文三等奖 |
| 宁夏内陆开放型经济试验区体制机制创新研究 | 段庆林 | 论文 | 0.7 | 《宁夏经济蓝皮书》（宁夏人民出版社） | 2013.12 | 宁夏第十三届社科成果奖 | 论文三等奖 |
| 新世纪以来宁夏长篇小说创作考察 | 许峰 | 论文 | 0.55 | 《小说评论》 | 2014年第2期 | 宁夏第十三届社科成果奖 | 论文三等奖 |
| 民国时期回族知识分子社会习俗改良宣传与实践 | 钟银梅 | 论文 | 0.45 | 《回族研究》 | 2013年第3期 | 宁夏第十三届社科成果奖 | 论文三等奖 |
| 从"碎片化"到"整体性"：生态治理的机制转向 | 丁生忠 | 论文 | 0.46 | 《青海师范大学学报》 | 2014年第6期 | 宁夏第十三届社科成果奖 | 论文三等奖 |
| 西部少数民族地区信息化绩效评估 | 梁春阳 赵晖 李习文 | 专著 | 45 | 宁夏人民出版社 | 2011.8 | 宁夏第十二届社科成果奖 | 著作三等奖 |
| 开城安西王府 | 余军 | 专著 | 46 | 宁夏人民出版社 | 2012.1 | 宁夏第十二届社科成果奖 | 著作三等奖 |
| 从晚唐墓志中的党项史料看唐朝与党项的关系 | 保宏彪 | 论文 | 0.56 | 《西夏研究》 | 2011年第2期 | 宁夏第十二届社科成果奖 | 论文一等奖 |

续表

| 成果名称 | 作者 | 成果形式 | 字数（万） | 出版发表单位 | 出版时间或期数 | 获奖名称 | 奖项 |
|---|---|---|---|---|---|---|---|
| 我们的"文学研究"将被引向何处？ | 牛学智 | 论文 | 0.58 | 《天津师范大学学报》 | 2011年第6期 | 宁夏第十二届社科成果奖 | 论文一等奖 |
| 宁夏城乡居民幸福感调查报告 | 张进海 李文庆 杨永芳 | 论文 | 0.9 | 《宁夏社会蓝皮书》，宁夏人民出版社 | 2012.12 | 宁夏第十二届社科成果奖 | 论文一等奖 |
| 宁夏内陆开放型经济试验区规划研究 | 段庆林 | 论文 | 0.88 | 《国家战略中宁夏的未来》，宁夏人民出版社 | 2012.12 | 宁夏第十二届社科成果奖 | 论文一等奖 |
| 宁夏清真食品和穆斯林用品产业发展的战略构想 | 刘天明 李文庆 | 论文 | 0.9 | 论文集，宁夏人民出版社 | 2011.9 | 宁夏第十二届社科成果奖 | 论文二等奖 |
| 宗教组织与社会稳定的关系研究——以宁夏回族宗教组织为例 | 李保平 | 调研报告 | 2 | 中国社会组织建设与管理理论研究部级课题 | 2012 | 宁夏第十二届社科成果奖 | 论文二等奖 |
| 宁夏清真产业品牌发展战略研究 | 张耀武 | 论文 | 0.8 | 《宁夏大学学报》 | 2012年第1期 | 宁夏第十二届社科成果奖 | 论文二等奖 |
| 现代慈善产业化、市场化路径选择 | 杨芳 | 论文 | 1 | 论文集，宁夏人民出版社 | 2011.12 | 宁夏第十二届社科成果奖 | 论文二等奖 |
| 典型贫困地区农村妇女生育观念和健康状况调查与分析 | 郭亚莉 | 论文 | 1 | 《西北人口》 | 2011年第6期 | 宁夏第十二届社科成果奖 | 论文三等奖 |
| 宁夏内陆开放型经济中的科技人才支撑问题研究 | 李文庆 袁辉 付大巧 | 论文 | 1.3 | 论文集，宁夏人民出版社 | 2011.7 | 宁夏第十二届社科成果奖 | 论文三等奖 |
| 生态安全视域下区域人口迁移与经济社会发展——对新一轮西部大开发期间宁夏生态移民安置的思考 | 李禄胜 | 论文 | 0.6 | 《宁夏社会科学》 | 2011年第6期 | 宁夏第十二届社科成果奖 | 论文三等奖 |

续表

| 成果名称 | 作者 | 成果形式 | 字数（万） | 出版发表单位 | 出版时间或期数 | 获奖名称 | 奖项 |
| --- | --- | --- | --- | --- | --- | --- | --- |
| 关于宁夏文化资源资本化的理论思考 | 鲁忠慧 | 论文 | 0.6 | 《北方民族大学学报》 | 2012年第3期 | 宁夏第十二届社科成果奖 | 论文三等奖 |
| 丝绸之路与固原——申报世界文化遗产宁夏段四处文化遗存 | 薛正昌 | 论文 | 0.7 | 《陕西师范大学学报》 | 2012年第6期 | 宁夏第十二届社科成果奖 | 论文三等奖 |
| 关于加强宁夏中小企业科技创新服务体系建设的调查与思考 | 郭正礼 | 论文 | 1.2 | — | 2012.8 | 宁夏第十二届社科成果奖 | 论文三等奖 |
| 西北地区生态建设的战略思考 | 李霞 | 论文 | 0.8 | 《宁夏师范学院学报》 | 2012年第4期 | 宁夏第十二届社科成果奖 | 论文三等奖 |
| 西夏的官品与官阶——西夏官史酬劳制度研究之一 | 魏淑霞 孙颖慧 | 论文 | 0.5 | 《宁夏社会科学》 | 2012年第6期 | 宁夏第十二届社科成果奖 | 论文三等奖 |
| 宁夏社会保险基金管理中存在的问题及对策研究 | 杨永芳 敬琼 | 论文 | 0.5 | 《宁夏社会科学》 | 2011年第1期 | 宁夏第十二届社科成果奖 | 论文三等奖 |
| 回族典藏全书 | 《回族典藏全书》编审委员会 | 编著 | 12000 | 宁夏人民出版社、甘肃文化出版社 | 2008.8 | 宁夏第十一届社科成果奖 | 著作一等奖 |
| 宁夏通志·社会科学卷 | 宁夏通志编纂委员会 | 编著 | 77.5 | 方志出版社 | 2008.2 | 宁夏第十一届社科成果奖 | 著作二等奖 |
| 世纪之交的文学思考 | 牛学智 | 专著 | 20 | 作家出版社 | 2008.11 | 宁夏第十一届社科成果奖 | 著作二等奖 |

续表

| 成果名称 | 作者 | 成果形式 | 字数（万） | 出版发表单位 | 出版时间或期数 | 获奖名称 | 奖项 |
|---|---|---|---|---|---|---|---|
| 世界视野中的回族 | 丁克家 马雪峰 | 专著 | 18 | 宁夏人民出版社 | 2008.9 | 宁夏第十一届社科成果奖 | 著作三等奖 |
| 西夏文字处理系统 | 景永时 贾常业 | 工具书 | 20 | 宁夏人民出版社 | 2007.10 | 宁夏第十一届社科成果奖 | 著作三等奖 |
| 西夏研究（第7辑） | 鲁忠慧 | 译著 | 70 | 中国社会科学出版社 | 2008.12 | 宁夏第十一届社科成果奖 | 著作三等奖 |
| 银鄂榆三角区域经济发展战略研究 | 张进海 刘天明 李文庆 张 哲 王林伶 | 论文 | 0.9 | 《宁夏社会科学》 | 2010年第6期 | 宁夏第十一届社科成果奖 | 论文一等奖 |
| 基于DEA的财政支出效率分析——以宁夏为案例的研究 | 陈冬红 | 论文 | 0.8 | 《宁夏社会科学》 | 2010年第2期 | 宁夏第十一届社科成果奖 | 论文一等奖 |
| 以组团式同核城市群构建宁夏的三个大城市——宁夏沿黄城市群基本构想研究 | 段庆林 | 论文 | 0.7 | 《宁夏社会科学》 | 2007年第1期 | 宁夏第十一届社科成果奖 | 论文二等奖 |
| 构建宁夏穆斯林特色内陆开放型经济研究 | 刘天明 张 哲 | 论文 | 0.7 | 《宁夏社会科学》 | 2010年第2期 | 宁夏第十一届社科成果奖 | 论文二等奖 |
| 信息化发展与欠发达地区的新农村建设——关于宁夏新农村信息化建设经验的思考 | 李习文 张玉梅 | 论文 | 0.9 | 《情报资料工作》 | 2009年第5期 | 宁夏第十一届社科成果奖 | 论文二等奖 |
| 户籍制度改革的探索——兼谈重庆市户籍制度改革新举措 | 吴克泽 | 论文 | 0.6 | 《宁夏社会科学》 | 2010年第6期 | 宁夏第十一届社科成果奖 | 论文二等奖 |

续表

| 成果名称 | 作者 | 成果形式 | 字数（万） | 出版发表单位 | 出版时间或期数 | 获奖名称 | 奖项 |
| --- | --- | --- | --- | --- | --- | --- | --- |
| 对宁夏金融生态环境的现实思考 | 李霞 | 论文 | 0.6 | 《宁夏社会科学》 | 2007年第3期 | 宁夏第十一届社科成果奖 | 论文三等奖 |
| 西部民族地区特色农业与生态可持续发展探析 | 李文庆 张东祥 | 论文 | 0.6 | 《宁夏社会科学》 | 2009年第6期 | 宁夏第十一届社科成果奖 | 论文三等奖 |
| 西部部分省区对外经贸发展研究 | 张耀武 | 论文 | 0.6 | 《宁夏社会科学》 | 2010年第6期 | 宁夏第十一届社科成果奖 | 论文三等奖 |
| 先秦诸子"君子"与"小人"之价值取向 | 杨芳 | 论文 | 0.7 | 《宁夏社会科学》 | 2010年第2期 | 宁夏第十一届社科成果奖 | 论文三等奖 |
| 科研管理创新的外部制约因素与对策分析 | 李保平 蔡伟 | 论文 | 0.9 | 《社会科学管理与评论》 | 2009年第3期 | 宁夏第十一届社科成果奖 | 论文三等奖 |
| 以和谐文化建设促民族地区社会和谐 | 郭正礼 | 论文 | 1.2 | 《求是》 | 2007年第3期 | 宁夏第十一届社科成果奖 | 论文三等奖 |
| 少数民族地区女童教育研究——以宁夏同心县失学女童的个案为例 | 孔炜莉 | 论文 | 1.3 | 《北京大学学报》（哲学社会科学版） | 2007国内访问学者、进修教师论文专刊 | 宁夏第十一届社科成果奖 | 论文三等奖 |
| 建设六盘山（萧关）兵站影视城的构想 | 李江波 李禄胜 | 论文 | 0.7 | 《宁夏师范学院学报》 | 2010年第2期 | 宁夏第十一届社科成果奖 | 论文三等奖 |
| 西夏通史 | 李范文 | 专著 | 73 | 人民出版社 | 2005.8 | 宁夏第十届社科成果奖 | 著作一等奖 |
| 外商直接投资与中国西部经济 | 吴海鹰 | 专著 | 20 | 中国经济出版社 | 2006.4 | 宁夏第十届社科成果奖 | 著作二等奖 |

续表

| 成果名称 | 作者 | 成果形式 | 字数（万） | 出版发表单位 | 出版时间或期数 | 获奖名称 | 奖项 |
| --- | --- | --- | --- | --- | --- | --- | --- |
| 中国农村家庭经济研究 | 段庆林 | 专著 | 22 | 宁夏人民出版社 | 2004.9 | 宁夏第十届社科成果奖 | 著作二等奖 |
| 西夏法律制度研究——《天盛改旧新定律令》初探 | 姜歆 | 专著 | 18 | 兰州大学出版社 | 2005.9 | 宁夏第十届社科成果奖 | 著作三等奖 |
| 汉语语境中的文化表述与中伊哲学的交流 | 丁克家 | 论文 | 0.7 | 《回族研究》 | 2005年第3期 | 宁夏第十届社科成果奖 | 论文二等奖 |
| 宁南山区劳务输出的调查与分析 | 李禄胜 | 论文 | 0.7 | 《中国人口科学》 | 2005年第3期 | 宁夏第十届社科成果奖 | 论文二等奖 |
| 宁夏扶贫开发资金使用效益及管理探析（1983—2003年） | 许芬 | 论文 | 0.6 | 《宁夏社会科学》 | 2006年第3期 | 宁夏第十届社科成果奖 | 论文三等奖 |
| 近代皮毛贸易在甘宁青地区的兴起 | 钟银梅 | 论文 | 0.7 | 《青海民族研究》 | 2006年第2期 | 宁夏第十届社科成果奖 | 论文三等奖 |
| 宁夏抗战史料与论著概述 | 刘天明 王晓华 | 论文 | 0.5 | 论文集 | 2006.9 | 宁夏第十届社科成果奖 | 论文三等奖 |
| 关于保护回族非物质文化遗产的理论与现实的思考 | 鲁忠慧 | 论文 | 0.6 | 论文集 | 2004.8 | 宁夏第十届社科成果奖 | 论文三等奖 |
| 对合法性审查原则的再审视 | 蔡伟 | 论文 | 0.64 | 《宁夏社会科学》 | 2005年第6期 | 宁夏第十届社科成果奖 | 论文三等奖 |
| 宁夏民间组织的现状及发展对策 | 张庆宁 赫凤起 | 论文 | 0.6 | 《宁夏社会科学》 | 2004年第6期 | 宁夏第十届社科成果奖 | 论文三等奖 |
| 欠发达地区村委会选举中的妇女参与问题——以宁夏固原市、隆德县、彭阳县为例 | 孔炜莉 | 论文 | 0.5 | 《宁夏社会科学》 | 2005年第2期 | 宁夏第十届社科成果奖 | 论文三等奖 |
| 中国书法美学简史 | 尹旭 | 专著 | 35 | 文化艺术出版社 | 2001.8 | 宁夏第九届社科成果奖 | 著作二等奖 |

续表

| 成果名称 | 作者 | 成果形式 | 字数（万） | 出版发表单位 | 出版时间或期数 | 获奖名称 | 奖项 |
|---|---|---|---|---|---|---|---|
| 宁夏县域经济研究 | 吴海鹰等 | 专著 | 20 | 宁夏人民出版社 | 2004.1 | 宁夏第九届社科成果奖 | 著作三等奖 |
| 2001—2004宁夏经济社会形势分析与预测 | 张万寿等 | 专著 | 123 | 宁夏人民出版社 | 2002—2004 | 宁夏第九届社科成果奖 | 著作三等奖 |
| 回族服饰文化 | 陶 红等 | 专著 | 11 | 宁夏人民出版社 | 2003.8 | 宁夏第九届社科成果奖 | 著作三等奖 |
| 中国回族金石录 | 余正贵 雷晓静 | 专著 | 63 | 宁夏人民出版社 | 2001.7 | 宁夏第九届社科成果奖 | 著作三等奖 |
| 不发达地区农民负担问题研究——以宁夏为例 | 段庆林 | 论文 | 0.5 | 《管理世界》 | 2002年第7期 | 宁夏第九届社科成果奖 | 论文二等奖 |
| 论回族历史上的商贸经济活动及其作用 | 吴海鹰 | 论文 | 0.65 | 《中国经济史研究》 | 2003年第3期 | 宁夏第九届社科成果奖 | 论文二等奖 |
| 文明对话视野中的中国伊斯兰文化 | 丁克家 | 论文 | 0.5 | 《回族研究》 | 2001年第4期 | 宁夏第九届社科成果奖 | 论文二等奖 |
| 学术规范的基本内容及其他 | 陈通明 杨杰民 | 论文 | 0.46 | 《宁夏大学学报》 | 2002年第6期 | 宁夏第九届社科成果奖 | 论文二等奖 |
| 土生波斯李珣 | 杨 进 | 论文 | 0.4 | 《回族研究》 | 2003年第3期 | 宁夏第九届社科成果奖 | 论文三等奖 |
| 试论新时期农村稳定与增加农民收入 | 李禄胜 | 论文 | 0.46 | 《宁夏社会科学》 | 2003年第6期 | 宁夏第九届社科成果奖 | 论文三等奖 |
| 欠发达地区非公有制经济发展存在问题及发展路径探讨 | 张庆宁 杨巧红 | 论文 | 0.5 | 《宁夏社会科学》 | 2002年第1期 | 宁夏第九届社科成果奖 | 论文三等奖 |
| 信息高速公路对社会经济政治的影响 | 刘国晨 | 论文 | 0.6 | 《税务研究》 | 2002年第2期 | 宁夏第九届社科成果奖 | 论文三等奖 |
| 中国现代化过程中德地区差距与政府行为研究 | 张万寿 段庆林 | 论文 | 0.56 | 《宁夏社会科学》 | 2004年第1期 | 宁夏第九届社科成果奖 | 论文三等奖 |

续表

| 成果名称 | 作者 | 成果形式 | 字数（万） | 出版发表单位 | 出版时间或期数 | 获奖名称 | 奖项 |
|---|---|---|---|---|---|---|---|
| 试论社会科学研究成果的评价 | 杨育华 | 论文 | 0.46 | 《宁夏社会科学》 | 2002年第5期 | 宁夏第九届社科成果奖 | 论文三等奖 |
| 银川市国有企业欠缴养老保险情况的调研报告 | 陈棱 | 论文 | 0.4 | 《市场经济研究》 | 2003年第3期 | 宁夏第九届社科成果奖 | 论文三等奖 |
| 2001年《回族研究》信息资源的定量分析 | 孔炜莉 | 论文 | 0.5 | 《回族研究》 | 2002年第4期 | 宁夏第九届社科成果奖 | 论文三等奖 |
| 党项与西夏资料汇编（9册） | 韩荫晟 | 专著 | 940 | 宁夏人民出版社 | 2000.6 | 宁夏第八届社科成果奖 | 著作特等奖 |
| 伊斯兰经济思想 | 刘天明 | 专著 | 23 | 宁夏人民出版社 | 2001.1 | 宁夏第八届社科成果奖 | 著作二等奖 |
| 和平的角逐——关于社会竞争的社会学讨论 | 陈通明 陈皆明 赵孟营 | 专著 | 18 | 宁夏人民出版社 | 1999.11 | 宁夏第八届社科成果奖 | 著作二等奖 |
| 回族心理素质与行为方式 | 马平 | 专著 | 18 | 宁夏人民出版社 | 1998.10 | 宁夏第八届社科成果奖 | 著作三等奖 |
| 马福祥传 | 丁明俊 | 专著 | 18 | 宁夏人民出版社 | 2001.1 | 宁夏第八届社科成果奖 | 著作三等奖 |
| 新闻舆论与大众传媒 | 张进海 | 专著 | 25 | 宁夏人民出版社 | 2001.3 | 宁夏第八届社科成果奖 | 著作三等奖 |
| 退耕还林（草）与增收并举：黄土高原实施生态建设反贫困双赢战略所面临的历史使命 | 张万寿 尹全洲 | 论文 | 0.67 | 《宁夏社会科学》 | 2001年第3期 | 宁夏第八届社科成果奖 | 论文一等奖 |
| 从宁夏纳家户村家庭经营的发展看农村改革的进程与效应 | 张同基 范建荣 | 论文 | 0.78 | 《宁夏社会科学》 | 1999年第3期 | 宁夏第八届社科成果奖 | 论文一等奖 |

续表

| 成果名称 | 作者 | 成果形式 | 字数（万） | 出版发表单位 | 出版时间或期数 | 获奖名称 | 奖项 |
| --- | --- | --- | --- | --- | --- | --- | --- |
| 论西夏的官手工业 | 景永时 | 论文 | 0.5 | 《固原师专学报》 | 2000年第2期 | 宁夏第八届社科成果奖 | 论文二等奖 |
| 党的建设与民族宗教工作 | 张永庆 | 论文 | 0.5 | 《宁夏社会科学》 | 2001年第3期 | 宁夏第八届社科成果奖 | 论文二等奖 |
| 回族人口分布的地域特征简析——与其他几个少数民族的比较 | 马金宝 | 论文 | 0.85 | 《回族研究》 | 2000年第4期 | 宁夏第八届社科成果奖 | 论文二等奖 |
| 重构？对话？文化启蒙——中国回族穆斯林知识分子的历史类型与理想追求 | 丁克家 | 论文 | 0.87 | 《回族研究》 | 2000年第3期 | 宁夏第八届社科成果奖 | 论文三等奖 |
| 历史上宁夏的几次大开发 | 李习文 张琰玲 | 论文 | 0.7 | 《宁夏社会科学》 | 2000年第6期 | 宁夏第八届社科成果奖 | 论文三等奖 |
| 再论新刑法中的单位犯罪 | 蔡伟 | 论文 | 0.5 | 《宁夏社会科学》 | 1998年第4期 | 宁夏第八届社科成果奖 | 论文三等奖 |
| 卫生扶贫：扶贫工作中不可忽视的一环 | 陶红 | 论文 | 0.45 | 《宁夏社会科学》 | 2000年第3期 | 宁夏第八届社科成果奖 | 论文三等奖 |
| 中国农村社会保障的制度变迁（1949—1999年） | 段庆林 | 论文 | 0.68 | 《宁夏社会科学》 | 2001年第1期 | 宁夏第八届社科成果奖 | 论文三等奖 |
| 西部经济两个根本性转变研究 | 郭正礼 林慧琴 | 论文 | 0.65 | 《宁夏大学学报》 | 2000年第3期 | 宁夏第八届社科成果奖 | 论文三等奖 |
| 张承志学术思想初探 | 李有智 | 论文 | 0.86 | 《回族研究》 | 2000年第4期 | 宁夏第八届社科成果奖 | 论文三等奖 |
| 路在何方 | 陈育宁等 | 专著 | 27 | 宁夏人民出版社 | 1998.1 | 宁夏第七届社科成果奖 | 著作一等奖 |
| 宁夏志笺证 | 吴忠礼 | 专著 | 30 | 宁夏人民出版社 | 1996.1 | 宁夏第七届社科成果奖 | 著作一等奖 |

续表

| 成果名称 | 作者 | 成果形式 | 字数（万） | 出版发表单位 | 出版时间或期数 | 获奖名称 | 奖项 |
| --- | --- | --- | --- | --- | --- | --- | --- |
| 民族地区经济建设与政府行为 | 吴海鹰等 | 专著 | 20 | 宁夏人民出版社 | 1997.3 | 宁夏第七届社科成果奖 | 著作二等奖 |
| 中国国情丛书·百市县经济社会调查·固原卷 | 张同基等 | 专著 | 33 | 中国大百科全书出版社 | 1997.8 | 宁夏第七届社科成果奖 | 著作三等奖 |
| 民族地区实施可持续发展战略的思考——学习党的十五大报告的一些认识 | 张永庆 | 论文 | 0.56 | 《宁夏社会科学》 | 1998年第1期 | 宁夏第七届社科成果奖 | 论文一等奖 |
| 伊斯兰社会主义的经济思想与实践 | 刘天明 | 论文 | 0.8 | 《西亚非洲》 | 1998年第2期 | 宁夏第七届社科成果奖 | 论文一等奖 |
| 区域非均衡发展战略在宁夏的运用和实践 | 陈育宁 | 论文 | 0.75 | 《宁夏日报》 | 1998.6.5 | 宁夏第七届社科成果奖 | 论文二等奖 |
| 前车之鉴：大战场移民开发的启示 | 张同基 范建荣 陶 红 | 论文 | 0.71 | 《宁夏社会科学》 | 1998年第1期 | 宁夏第七届社科成果奖 | 论文二等奖 |
| 城市反贫困投入研究 | 郭正礼 | 论文 | 0.6 | 《宁夏社会科学》 | 1996年第5期 | 宁夏第七届社科成果奖 | 论文二等奖 |
| 西夏的书籍及制作技艺述论 | 景永时 | 论文 | 0.7 | 《宁夏社会科学》 | 1997年第6期 | 宁夏第七届社科成果奖 | 论文二等奖 |
| 旗帜——改革开放的中国社会主义之路 | 张怀武 | 论文 | 0.68 | 《宁夏日报》 | 1997.9.5 | 宁夏第七届社科成果奖 | 论文二等奖 |
| 论对竞争的社会控制 | 陈通明 孙自俊 | 论文 | 0.67 | 《宁夏社会科学》 | 1997年第4期 | 宁夏第七届社科成果奖 | 论文二等奖 |
| 宁夏实施农业产业化的思考 | 张庆宁 | 论文 | 0.53 | 《宁夏社会科学》 | 1997年第6期 | 宁夏第七届社科成果奖 | 论文三等奖 |
| 关于机构改革的若干思考 | 陈通明 | 论文 | 0.57 | 《宁夏日报》 | 1996.1.19 | 宁夏第七届社科成果奖 | 论文三等奖 |

续表

| 成果名称 | 作者 | 成果形式 | 字数（万） | 出版发表单位 | 出版时间或期数 | 获奖名称 | 奖项 |
|---|---|---|---|---|---|---|---|
| 区域性反贫困与社会可持续发展 | 秦均平 | 论文 | 0.6 | 《宁夏社会科学》 | 1997年第6期 | 宁夏第七届社科成果奖 | 论文三等奖 |
| 历史上的秦汉萧关与唐宋萧关 | 薛正昌 | 论文 | 0.65 | 《甘肃社会科学》 | 1997年第3期 | 宁夏第七届社科成果奖 | 论文三等奖 |
| 回族的丧葬习俗与穆斯林的生死观 | 李学忠 | 论文 | 0.45 | 《宁夏社会科学》 | 1998年第1期 | 宁夏第七届社科成果奖 | 论文三等奖 |
| 党的理论教育中不可回避的几个问题 | 布青沪 | 论文 | 0.65 | 《甘肃理论学刊》 | 1996年第4期 | 宁夏第七届社科成果奖 | 论文三等奖 |
| 中华民族凝聚力的历史探索 | 陈育宁等 | 专著 | 30 | 云南人民出版社 | 1994.5 | 宁夏第六届社科成果奖 | 著作一等奖 |
| 宁夏通史 | 陈育宁 吴忠礼 等 | 编著 | 60 | 宁夏人民出版社 | 1993.1 | 宁夏第六届社科成果奖 | 著作一等奖 |
| 伊斯兰与中国文化 | 杨怀中 余振贵 | 专著 | 52 | 宁夏人民出版社 | 1995.1 | 宁夏第六届社科成果奖 | 著作一等奖 |
| 中国历代政权与伊斯兰教 | 余振贵 | 专著 | 37.9 | 宁夏人民出版社 | 1995.1 | 宁夏第六届社科成果奖 | 著作二等奖 |
| 中国百县市经济社会调查·吴忠卷 | 张同基等 | 编著 | 40.9 | 中国大百科全书出版社 | 1993.8 | 宁夏第六届社科成果奖 | 著作二等奖 |
| 西北五马 | 吴忠礼 刘钦斌 | 专著 | 33 | 河南人民出版社 | 1993.7 | 宁夏第六届社科成果奖 | 著作二等奖 |
| 宋代西北方音 | 李范文 | 专著 | 50 | 中国社会科学出版社 | 1994.6 | 宁夏第六届社科成果奖 | 著作二等奖 |
| 董福祥传 | 薛正昌 | 专著 | 28 | 甘肃人民出版社 | 1994.5 | 宁夏第六届社科成果奖 | 著作二等奖 |
| 现代企业制度——市场经济的微观基础 | 吴海鹰 | 专著 | 20 | 宁夏人民出版社 | 1994.9 | 宁夏第六届社科成果奖 | 著作三等奖 |

续表

| 成果名称 | 作者 | 成果形式 | 字数（万） | 出版发表单位 | 出版时间或期数 | 获奖名称 | 奖项 |
|---|---|---|---|---|---|---|---|
| 社会主义市场经济理论与实践 | 朱昌平 吴海鹰 马夫 | 专著 | 21.6 | 宁夏人民出版社 | 1993.5 | 宁夏第六届社科成果奖 | 著作三等奖 |
| 世界大漂流河流域的开发与治理 | 张庆宁 | 专著 | 21.5 | 地质出版社 | 1993.11 | 宁夏第六届社科成果奖 | 著作三等奖 |
| 中国经济金融国际化问题系列研究 | 尹全洲 | 论文 | 1.25 | 《财贸经济》《当代经济科学》《经济科学》 | 1992年第8期、1993年第5期、1994年第5期 | 宁夏第六届社科成果奖 | 论文一等奖 |
| 论作为社会控制的社会竞争 | 陈皆明 陈通明 | 论文 | 0.85 | 《宁夏社会科学》 | 1995年第4期 | 宁夏第六届社科成果奖 | 论文一等奖 |
| 论缩小东西部差距 | 陈育宁 | 论文 | 0.7 | 《宁夏社会科学》 | 1994年第4期 | 宁夏第六届社科成果奖 | 论文二等奖 |
| 新的社会主义发展观与社会主义理论与实践 | 张同基 宋志斌 | 论文 | 0.95 | 《宁夏社会科学》 | 1995年第3期 | 宁夏第六届社科成果奖 | 论文二等奖 |
| 伊斯兰教的市场观与西北穆斯林聚居地区的市场建设 | 张永庆 | 论文 | 0.68 | 《民族研究》 | 1994年第1期 | 宁夏第六届社科成果奖 | 论文二等奖 |
| 知行观与认识论 | 尹 旭 | 论文 | 0.75 | 《宁夏社会科学》 | 1995年第5期 | 宁夏第六届社科成果奖 | 论文三等奖 |
| 经济转型时期党建的若干问题 | 布青沪 | 论文 | 0.89 | 《宁夏社会科学》 | 1994年第6期 | 宁夏第六届社科成果奖 | 论文三等奖 |
| 重读"论权威" | 张怀武 | 论文 | 0.75 | 《宁夏日报》 | 1995.8.14 | 宁夏第六届社科成果奖 | 论文三等奖 |
| 建设有中国特色的少年司法制度 | 李 温 | 论文 | 0.68 | 《宁夏检察》 | 1992年第3期 | 宁夏第六届社科成果奖 | 论文三等奖 |
| 书法美 | 尹 旭 | 专著 | 31.9 | 宁夏人民出版社 | 1990.8 | 宁夏第五届社科成果奖 | 著作一等奖 |

续表

| 成果名称 | 作者 | 成果形式 | 字数（万） | 出版发表单位 | 出版时间或期数 | 获奖名称 | 奖项 |
|---|---|---|---|---|---|---|---|
| 黄河与宁夏 | 董家林 陈育宁 | 专著 | 23 | 宁夏人民出版社 | 1991.12 | 宁夏第五届社科成果奖 | 著作二等奖 |
| 回族史论稿 | 杨怀中 | 专著 | 35 | 宁夏人民出版社 | 1991.8 | 宁夏第五届社科成果奖 | 著作二等奖 |
| 我国历史上的民族关系及其发展趋势 | 陈育宁 | 论文 | 0.85 | 《宁夏社会科学》 | 1991年第5期 | 宁夏第五届社科成果奖 | 论文一等奖 |
| 中国银企集团论纲 | 尹全洲 | 论文 | 0.91 | 《山西财经大学学报》 | 1991年第3期 | 宁夏第五届社科成果奖 | 论文二等奖 |
| 西夏官阶封号表考释 | 李范文 | 论文 | 0.75 | 《社科战线》 | 1990年第3期 | 宁夏第五届社科成果奖 | 论文二等奖 |
| 刍议社会性"精神疲软" | 张同基 陈通明 | 论文 | 0.71 | 《宁夏社会科学》 | 1991年第2期 | 宁夏第五届社科成果奖 | 论文二等奖 |
| 关于国营企业内部约束机制的理论思考 | 吴海鹰 马 夫 | 论文 | 0.75 | 《宁夏大学学报》 | 1991年第2期 | 宁夏第五届社科成果奖 | 论文三等奖 |
| 对目前我国合理税负问题的思考 | 尹全洲 杨忠勤 | 论文 | — | — | — | 宁夏第五届社科成果奖 | 论文三等奖 |
| 论中国历史上的统一与分裂 | 陈通明 | 论文 | 0.89 | 《宁夏社会科学》 | 1991年第2期 | 宁夏第五届社科成果奖 | 论文三等奖 |
| 伊斯兰教道德范畴论——善及善行 | 孙俊萍 | 论文 | 0.7 | 《青海民族学院学报》 | 1989年第4期 | 宁夏第五届社科成果奖 | 论文三等奖 |
| 党风理论问题的思考 | 杨义成 布青沪 王大力 | 论文 | 0.7 | 《宁夏社会科学》 | 1990年第6期 | 宁夏第五届社科成果奖 | 论文三等奖 |
| 西部民族地区精神文明建设的基本思路 | 张同基 | 论文 | 0.65 | 《宁夏社会科学》 | 1991年第5期 | 宁夏第五届社科成果奖 | 论文三等奖 |
| 同音研究 | 李范文 | 专著 | 35 | 宁夏人民出版社 | 1987 | 宁夏第四届社科成果奖 | 著作一等奖 |

续表

| 成果名称 | 作者 | 成果形式 | 字数（万） | 出版发表单位 | 出版时间或期数 | 获奖名称 | 奖项 |
|---|---|---|---|---|---|---|---|
| 宁夏近代历史纪年 | 吴忠礼 | 专著 | 29 | 宁夏人民出版社 | 1988.7 | 宁夏第四届社科成果奖 | 著作二等奖 |
| 正教真诠·清真大学·希真正答（古籍点校本） | 余振贵 | 专著 | 18.6 | 宁夏人民出版社 | 1987.9 | 宁夏第四届社科成果奖 | 著作三等奖 |
| 试论宗教文化在西部地区文化发展中的地位和作用 | 张同基 张永庆 | 论文 | 0.95 | 论文集，陕西人民出版社 | 1988.11 | 宁夏第四届社科成果奖 | 论文二等奖 |
| 甘宁青回族中的苏非派 | 杨怀中 | 论文 | 0.83 | 《宁夏社会科学》 | 1986年第4期 | 宁夏第四届社科成果奖 | 论文二等奖 |
| 蒙古与西夏关系略论 | 陈育宁 汤晓芳 | 论文 | 0.81 | 《民族研究》 | 1988年第5期 | 宁夏第四届社科成果奖 | 论文二等奖 |
| 论当前社会生活中的竞争 | 陈通明 | 论文 | 0.65 | 《社会》 | 1987年第6期 | 宁夏第四届社科成果奖 | 论文三等奖 |
| 宁夏回族聚居地区精神文明建设中若干问题的调查研究 | 宁夏社科院课题组 | 论文 | 0.78 | 宁夏人民出版社 | 1988.2 | 宁夏第四届社科成果奖 | 论文三等奖 |
| 关于"从身份到契约"的法学认识 | 蔡伟 | 论文 | 0.45 | 《宁夏社会科学通讯》 | 1988年第5期 | 宁夏第四届社科成果奖 | 鼓励奖 |
| 西部气质的艺术体现——肖川创作论 | 尹旭 | 论文 | 0.56 | 《绿风诗刊》 | 1986年第2期 | 宁夏第四届社科成果奖 | 鼓励奖 |
| 西夏陵墓出土残碑粹编 | 李范文 | 专著 | 8 | 文物出版社 | 1984.11 | 宁夏第三届社科成果奖 | 著作二等奖 |
| 治学辩证法 | 阎佩公 | 专著 | 15.6 | 宁夏人民出版社 | 1985.9 | 宁夏第三届社科成果奖 | 著作二等奖 |
| 伊斯兰教义哲学与儒家传统思想的显著结合 | 余振贵 | 论文 | 0.65 | 论文集 | 1985年第4期 | 宁夏第三届社科成果奖 | 论文一等奖 |

续表

| 成果名称 | 作者 | 成果形式 | 字数（万） | 出版发表单位 | 出版时间或期数 | 获奖名称 | 奖项 |
| --- | --- | --- | --- | --- | --- | --- | --- |
| 试论书法美 | 尹旭 | 论文 | 0.56 | 上海书画出版社 | 1985.3 | 宁夏第三届社科成果奖 | 论文二等奖 |
| 略论社会交往中的教育现象 | 陈通明 | 论文 | 0.47 | 《宁夏社会科学》 | 1985年第1期 | 宁夏第三届社科成果奖 | 论文二等奖 |
| 关于实现"宁夏要先翻身"目标的经济发展速度问题 | 张远成 | 论文 | 0.35 | 《宁夏社会科学通讯》 | 1985年第6期 | 宁夏第三届社科成果奖 | 论文二等奖 |
| 马仲英与"何湟事变"述评 | 吴忠礼 | 论文 | 0.5 | 《宁夏社会科学》 | 1984年第1期 | 宁夏第三届社科成果奖 | 论文二等奖 |
| 提倡创造性的理论研究、保障学术上的自由探索 | 张永庆 | 论文 | 0.45 | 《宁夏社会科学》 | 1985.2 | 宁夏第三届社科成果奖 | 论文三等奖 |
| 我国的社会差别和当前的社会经济政策 | 张同基 | 论文 | 0.6 | 《宁夏社会科学》 | 1984.4 | 宁夏第三届社科成果奖 | 论文三等奖 |
| 元史中宁夏建省及定名问题 | 韩荫晟 | 论文 | 0.45 | 《宁夏社会科学》 | 1985.1 | 宁夏第三届社科成果奖 | 论文三等奖 |
| 一种值得商榷的理论散文化诗歌理论漫谈 | 尹旭 | 论文 | 0.4 | 《宁夏社会科学》 | 1984.3 | 宁夏第三届社科成果奖 | 论文三等奖 |
| 古代的宁夏（上、下） | 陈通明 | 论文 | 0.6 | 《宁夏社科通讯》 | 1984.3 | 宁夏第三届社科成果奖 | 论文三等奖 |
| 党项与西夏资料汇编（上卷第一、二册） | 韩荫晟 | 编著 | 90 | 宁夏人民出版社 | 1983.10 | 宁夏第二届社科成果奖 | 著作一等奖 |
| 西夏研究论集 | 李范文 | 专著 | 24.7 | 宁夏人民出版社 | 1983.10 | 宁夏第二届社科成果奖 | 著作一等奖 |
| 谈谈国民经济发展速度 | 张永庆 | 专著 | 18 | 宁夏人民出版社 | 1983.10 | 宁夏第二届社科成果奖 | 著作二等奖 |

续表

| 成果名称 | 作者 | 成果形式 | 字数（万） | 出版发表单位 | 出版时间或期数 | 获奖名称 | 奖项 |
|---|---|---|---|---|---|---|---|
| 论十八世纪哲合林耶穆斯林的起义 | 杨怀中 | 论文 | 0.7 | 《清代中国伊斯兰教论集》，宁夏人民出版社 | 1981.12 | 宁夏第二届社科成果奖 | 论文一等奖 |
| 坚持和发展毛泽东思想，建设有中国特色社会主义 | 苏树铭 | 论文 | 0.36 | 《宁夏社会科学》 | 1983年第4期 | 宁夏第二届社科成果奖 | 论文二等奖 |
| 应当实事求是地评价《矛盾论》 | 张同基 | 论文 | 0.45 | 《宁夏大学学报》 | 1982年第3期 | 宁夏第二届社科成果奖 | 论文二等奖 |
| 西北顽固派在辛亥革命中的反动 | 吴忠礼 | 论文 | 0.48 | 《宁夏大学学报》 | 1983年第1期 | 宁夏第二届社科成果奖 | 论文二等奖 |
| 近年来国内伊斯兰教若干问题研究 | 余振贵 | 论文 | 0.46 | 《宁夏社会科学》 | 1982年创刊号和1983年第1、2期 | 宁夏第二届社科成果奖 | 论文二等奖 |
| 思想政治工作不可忽视 | 阎佩公 | 论文 | 0.38 | 《宁夏日报》 | 1982.1.2 | 宁夏第二届社科成果奖 | 论文三等奖 |
| 试谈检察机关在综合治理中的职能和作用 | 李温 | 论文 | 0.4 | 北京《青少年犯罪研究通讯》 | 1983年第11期 | 宁夏第二届社科成果奖 | 论文三等奖 |
| "邦泥定国兀卒"考释 | 李范文 | 论文 | 0.5 | 《社会科学战线》 | 1982年第2期 | 宁夏第二届社科成果奖 | 论文三等奖 |
| 甘宁青回族军阀述略 | 吴忠礼 | 论文 | 0.5 | 《宁夏大学学报》 | 1982年第4期 | 宁夏第二届社科成果奖 | 论文三等奖 |
| 试论西夏党项族的来源与变迁 | 李范文 | 论文 | 0.6 | 《宁夏社会科学》 | 1981年试刊号 | 宁夏第一届社科成果奖 | 论文一等奖 |

续表

| 成果名称 | 作者 | 成果形式 | 字数（万） | 出版发表单位 | 出版时间或期数 | 获奖名称 | 奖项 |
|---|---|---|---|---|---|---|---|
| 西夏简史 | 钟侃 吴峰云 李范文 | 论文 | 0.9 | 宁夏人民出版社 | 1979.11 | 宁夏第一届社科成果奖 | 论文二等奖 |
| 讲事实 | 张同基 | 论文 | 0.3 | 《宁夏日报》 | 1979.6.17 | 宁夏第一届社科成果奖 | 论文三等奖 |
| 大力发展城镇集体所有制经济 | 张永庆 | 论文 | 0.38 | 《宁夏日报》 | 1980.6.17 | 宁夏第一届社科成果奖 | 论文三等奖 |
| 毛泽东思想是中国共产党集体智慧的结晶 | 张永庆 | 论文 | 0.35 | 《宁夏日报》 | 1979.12.12 | 宁夏第一届社科成果奖 | 论文三等奖 |
| 做学问的辩证法 | 阎佩公 | 论文 | 0.3 | 《宁夏日报》 | 1979.10.7 | 宁夏第一届社科成果奖 | 论文三等奖 |

## 二、2015年宁夏社科院国家级出版社出版的专著和C刊发表的论文

| 成果名称 | 作者 | 出版单位 | 出版时间 |
|---|---|---|---|
| 中国"三农"问题研究——以宁夏为例 | 李禄胜 | 经济科学出版社 | 2015.3 |
| 隐形将军韩练成 | 薛正昌 | 商务印书馆 | 2015.6 |
| 把握大势 服务大局 倾力打造更有活力更具民族特色的中高端新型智库 | 李兴元 | 《宁夏社会科学》 | 2015年第5期 |
| 古老而又年轻的中阿友谊之树 | 杨怀中 马博忠 杨进 | 《回族研究》 | 2015年第4期 |
| 中国清真寺研究的历史现状与展望 | 马广德 | 《回族研究》 | 2015年第1期 |
| 浅谈回族抗战救国宣传的形式、内涵及特点 | 马广德 | 《回族研究》 | 2015年第3期 |
| 试析清真寺在回族抗战救国中的作用 | 马广德 | 《宁夏社会科学》 | 2015年第3期 |
| 抗战期间回族知识分子群体的救亡宣传与实践 | 钟银梅 | 《回族研究》 | 2015年第3期 |
| 回族古籍文献资源价值及其开发利用愿景 | 钟银梅 方红霞 | 《宁夏社会科学》 | 2015年第6期 |
| 编修家谱的历史渊源和现实作用 | 叶长青 | 《中国地方志》 | 2015年第9期 |

续表

| 成果名称 | 作者 | 出版单位 | 出版时间 |
| --- | --- | --- | --- |
| 丝绸之路经济带背景下的西北地区经济转型问题研究 | 杨巧红 田晓娟 | 《开发研究》 | 2015年第2期 |
| 试论伊斯兰文化对回商企业人力资源管理的启示 | 田晓娟 | 《宁夏社会科学》 | 2015年第2期 |
| "一带一路"战略下中阿智库建设与合作 | 王林伶 | 《宁夏社会科学》 | 2015年第6期 |
| 教学创新是教师的灵魂所在 | 李禄胜 | 《中学地理教学参考》 | 2015年第3期 |
| 宁夏生态移民地区留守儿童生存现状和权利保障 | 孔炜莉 | 《宁夏社会科学》 | 2015年第3期 |
| 论西夏的起诉制度 | 姜歆 | 《宁夏社会科学》 | 2015年第2期 |
| 国家与社会研究范式的应用、限度与修正 | 丁生忠 | 《青海师范大学学报》 | 2015年第6期 |
| 西部文学研究中的价值模式审视（上） | 金春平 牛学智 | 《小说评论》 | 2015年第5期 |
| 西部文学研究中的价值模式审视（下） | 金春平 牛学智 | 《小说评论》 | 2015年第6期 |
| 西部影像叙事对西部形象的早期定格与审视 | 金春平 牛学智 | 《南方文坛》 | 2015年第4期 |
| 现代性与西部现代性程度 | 牛学智 | 《文艺评论》 | 2015年第11期 |
| 当前典型影视中流行文化价值审视 | 牛学智 | 《宁夏社会科学》 | 2015年第2期 |
| 在西北边地体验安琪诗歌 | 牛学智 | 《扬子江评论》 | 2015年第2期 |
| 长篇小说的批评价值与人文话语水平的错位 | 牛学智 | 《上海文学》 | 2015年第8期 |
| 我们这代人的困惑与王蒙文学思想 | 金春平 牛学智 | 《当代作家评论》 | 2015年第6期 |
| 当前宁夏中短篇小说叙事新观察 | 牛学智 | 《名作欣赏》 | 2015年第4期 |
| 权力、信仰与乌托邦——读叶炜的长篇小说《后土》 | 许峰 牛学智 | 《江苏师范大学学报》 | 2015年第2期 |
| 文化守成中的宁夏长篇小说 | 许峰 | 《名作欣赏》 | 2015年第4期 |
| 对阿开放视域下宁夏国际化语言环境的建设 | 陈杰 马金宝 刘娜 | 《回族研究》 | 2015年第4期 |
| 普哈丁园的历史文化价值（中英文） | 孙俊萍 | 《中国穆斯林》 | 2015年第4期 |
| 回族宰牲仪式的宗教人类学解读 | 马燕 | 《宁夏社会科学》 | 2015年第3期 |
| 论城市化进程中吴忠市回汉和谐民族关系的构建 | 马敏 | 《回族研究》 | 2015年第4期 |

续表

| 成果名称 | 作者 | 出版单位 | 出版时间 |
|---|---|---|---|
| 时代·阶级·民族——《心灵史》思想文化刍议 | 尤作勇 李华 | 《民族文学研究》 | 2015年第3期 |
| 《回族研究》与杨怀中先生对推动中国阿拉伯学发展和中阿文明交流的贡献 | 金忠杰 李华 | 《回族研究》 | 2015年第4期 |
| 丝绸之路经济带与宁夏 | 薛正昌 | 《宁夏社会科学》 | 2015年第1期 |
| 城镇化与传统村落文化遗产保护——以宁夏为例 | 薛正昌 郭勤华 | 《北方民族大学学报》 | 2015年第5期 |
| 《金史》夏金榷场考述 | 刘霞 张玉海 | 《宁夏社会科学》 | 2015年第6期 |
| 西夏职官中的宗族首领 | 魏淑霞 | 《宁夏社会科学》 | 2015年第5期 |
| 清代宁夏高僧考述 | 仇王军 | 《宁夏社会科学》 | 2015年第5期 |
| 加强"美丽宁夏"顶层设计，引领建设"美丽宁夏" | 郑彦卿 | 《宁夏社会科学》 | 2015年第5期 |
| 黑水城文书中钱粮物的放支方式 | 潘洁 陈朝辉 | 《敦煌研究》 | 2015年第4期 |
| 也谈网络舆情的内涵 | 叶顺晴 李习文 | 《图书馆理论与实践》 | 2015年第2期 |
| 王彬彬的"鲁迅研究" | 李有智 | 《当代作家评论》 | 2015年第5期 |
| 贾平凹小说中的"引用" | 李有智 | 《扬子江评论》 | 2015年第5期 |
| 第二届回族高层论坛暨《回族研究》百期纪念学术研讨会综述 | 和侃 | 《回族研究》 | 2015年第4期 |
| 回儒：从"清真先正"到"文明对话"的实践者——关于回儒的研究简史 | 马晓琴 | 《北方民族大学学报》 | 2015年第4期 |

### 三、重点成果介绍

成果名称：《中国"三农"问题研究——以宁夏为例》

作者：李禄胜

职称：研究员

成果形式：专著

字数：400千字

出版单位：经济出版社

出版时间：2015年3月

该书是作者在资料占有和大量调查研究基础上，基于"三农"问题的长期性、艰巨性和复杂性，从不同角度和层面对农业和农村经济、农村劳动力转移及县域经济发展等方面问题的分析、研究和形成的对"三农"问题的反思，真实地反映了新中国成立以来尤其是近20年时间横断面上区域经济社会发展和"三农"问题的基本状况。该书以宁夏为研究重点和研究对象，在探讨问题的同时，提出了相应的对策建议，为创新农村工作机制提供了积极的实践与理论支撑，大多研究结果具有突破性、前瞻性和一定的借鉴作用，特别是对各级政府制定决策具有一定的参考价值。该书由我国著名农村经济学家党国英先生作序。

成果名称：《隐形将军韩练成》
作者：薛正昌
成果形式：专著
字数：300千字
出版单位：商务印书馆
出版时间：2015年6月

该书讲述了一位有功于国家和民族的传奇式军人，被誉为"神秘人物"的爱国将领、宁夏人韩练成的戎马一生。韩练成（1909—1984），参加过北伐战争、抗日战争、解放战争，曾任国民党第46军军长、蒋介石委员长侍从室高级参谋，与周恩来有着绝密关系，曾与周恩来多次秘密会见促膝长谈。解放前在上海与董必武秘密会见，又与陈毅将军不谋而合，在莱芜战役中扭转华东局面，为解放战争立下奇功。解放前后，他为国家和民族命运奉献睿智，"文化大革命"期间得到周恩来总理特别嘱咐保护，并坚持为部队、为士兵向中央进言，晚年多次拒绝复出，自评"隐退一生"。该书的出版一是有助于对抗日战争、解放战争的深入研究；二是有助于对共产党人在隐蔽战线沉着、机智、果断和献身精神的研究；三是有助于对周恩来、董必武等老一辈无产阶级革命家与统一战线工作的研究；四是有助于研究抗日战争、解放战争时期，中共与国民党高层的复杂关系，有着重要的现实意义。

成果名称：《中阿蓝皮书：中国—阿拉伯国家经贸关系发展报告（2015）》
主编：张进海、段庆林、王林聪
职称：教授、研究员、研究员
成果形式：编著
字数：300千字
出版单位：宁夏人民出版社
出版时间：2015年9月

该成果由全国从事中阿关系研究和"一带一路"战略研究的资深专家，对"一带一路"建设中的中阿关系，中东格局变化及其对中国利益的影响，打造中阿利益共同体和命运共同体，中阿贸易投资发展趋势及中国分省区对阿贸易状况，中国能源多元化战略中的中阿能源合作策略，亚投行、丝路基金与中阿金融合作，中阿博览会、清真产业发展，以及中阿文化旅游交流合作等热点问题进行了系统分析研究，突出对策价值，具有战略性、前瞻性。是我国首部以中阿关系、中阿经贸和"一带一路"与中阿合作发展为主要内容的蓝皮书。该书分为总报告、"一带一路"与中阿关系、中阿经贸论坛、中阿博览会、战略支点篇、区域合作篇、中阿经贸大事记等七部分。作为资讯类智库产品，《中阿蓝皮书》力求与国际关系类研究平台实行差异化定位，强调从经济学和国际贸易投资的理论、方法与视角，来实证研究中阿经贸合作的专题问题和国别认识，为中阿合作论坛、中阿博览会以及从事中阿经贸合作的政府、企业和社会各界提供决策咨询服务。

成果名称：《西北开发与"西北史地学"研究》
主编：吴忠礼
职称：研究员
成果形式：编著
字数：400千字
出版单位：宁夏人民出版社
出版时间：2015年12月

该成果属国家社会科学基金西部地区研究项目研究成果。目的在于重新认识西北、研究西北、开发西北和振兴西北。编著者在总结历史，深刻反思的同时，探索性地提出一些对策与新看法：如西北开发的拓荒者是代表草原文化的游牧民族，而不是代表农耕文化的汉族；中华创世文明之源在西北，人文共始祖故里也在西北，其他地方有关始祖文化的遗迹，应是始祖部落东迁后为追念祭祀先祖所建；全国各民族同根共族，汉族与少数民族只是生活环境和谋生手段不同，并无优劣之差别。汉族的族源由许多民族融合而形成，与少数民族是兄弟姐妹关系，血浓于水。该成果同时指出，西北地广人少，物产丰富，仅初步开发，潜力巨大，是国家可持续发展的后备基地，代表民族的希望。

《增补万历朔方新志》（校注）
校注者：范宗兴（编审）
成果形式：专著（校本）
字数：380千字
出版单位：宁夏人民出版社
出版时间：2015年12月

《万历朔方新志》是明代启动编纂的一部志书。清初，又在其基础上进行了内容增补，致使该志书的下限断至清康熙年间。该志书体例完备，资料详实，史料容量、时间跨度均超过了前人纂修的《宣德宁夏志》《弘治宁夏新志》《嘉靖宁夏新志》等志书。特别是该志书卷首的宁夏全镇图、城域图、方位图及景观图等，画面清晰，一目了然。该书可视为清代以前的"宁夏通志"，是一部研究宁夏历史的资料性著述。校注者以严谨的治学态度、扎实的志书编校功底，在深入研究的基础上，以研究鉴别、去伪存真、删繁就简、注释说明等方法，对该志书进行了精心点校，并解答了史学界对本志书成书时间、主修及编纂者等方面的疑惑。同时，根据本志序言，校注者将校注本定名为《增补万历朔方新志》。该书荣获2015年度全国优秀古籍图书二等奖。

## 第六节 学术人物

### 一、2014年以前正高级专业技术职务人员

| 姓　名 | 性别 | 出生年月 | 学历/学位 | 职　称 | 主要研究方向 |
| --- | --- | --- | --- | --- | --- |
| 丁　峻 | 男 | 1958.1 | 大　学 | 研究员 | 哲学、心理学 |
| 尹　旭 | 男 | 1942.1 | 大　学 | 研究员 | 哲学、美学 |
| 陈育宁 | 男 | 1945.1 | 大　学 | 研究员 | 民族史 |
| 李范文 | 男 | 1932.11 | 研究生 | 研究员 | 西夏史 |
| 杨怀中 | 男 | 1937.12 | 大　专 | 研究员 | 回族、伊斯兰教 |
| 余振贵 | 男 | 1946.2 | 大　学 | 研究员 | 回族、伊斯兰教 |
| 吴忠礼 | 男 | 1941.1 | 大　学 | 研究员 | 西北地方历史 |
| 张永庆 | 男 | 1934.1 | 大　学 | 研究员 | 政治经济学 |
| 张远成 | 男 | 1935.2 | 研究生 | 研究员 | 经济学 |
| 罗矛昆 | 男 | 1942.11 | 大　学 | 研究员 | 西夏史 |
| 张同基 | 男 | 1942.10 | 大　学 | 研究员 | 哲学、党建 |
| 李树江 | 男 | 1946.8 | 大　学 | 研究员 | 回族文学 |
| 王朝良 | 男 | 1946.9 | 大　专 | 研究员 | 农业经济 |
| 尹全洲 | 男 | 1966.11 | 博　士 | 研究员 | 国际投资、金融 |

续表

| 姓　名 | 性别 | 出生年月 | 学历/学位 | 职　称 | 主要研究方向 |
|---|---|---|---|---|---|
| 赖存理 | 男 | 1946.6 | 大学 | 研究员 | 回族经济 |
| 张庆宁 | 男 | 1949.3 | 大专 | 研究员 | 区域经济 |
| 马　平 | 男 | 1953.7 | 大专 | 研究员 | 回族、伊斯兰教 |
| 景永时 | 男 | 1959.2 | 大学 | 研究员 | 西夏历史 |
| 秦均平 | 男 | 1957.12 | 大学 | 研究员 | 社会学 |
| 高桂英 | 女 | 1962.9 | 大学 | 研究员 | 区域经济 |
| 王希仁 | 男 | 1933.12 | 大学 | 研究员 | 法学 |
| 丁国勇 | 男 | 1934.10 | 大学 | 研究员 | 回族、伊斯兰教 |
| 王　俊 | 男 | 1932.5 | 大学 | 研究员 | 经济学 |
| 李　温 | 男 | 1932.7 | 大学 | 研究员 | 法学 |
| 刘国晨 | 男 | 1951.11 | 大学 | 研究员 | 经济学 |
| 丁克家 | 男 | 1969.8 | 博士 | 研究员 | 回族、伊斯兰教 |
| 贾常业 | 男 | 1954.12 | 大学 | 研究员 | 西夏历史、文字 |
| 宋志斌 | 男 | 1942.10 | 中专 | 研究员 | 党建理论 |
| 张进海 | 男 | 1959.9 | 大学 | 教授 | 文化学 |
| 张　廉 | 男 | 1963.2 | 博士 | 教授 | 法学 |
| 郭正礼 | 男 | 1960.9 | 研究生 | 研究员 | 区域经济 |
| 段庆林 | 男 | 1963.9 | 研究生 | 研究员 | 区域经济 |
| 李保平 | 男 | 1966.7 | 硕士 | 研究员 | 法学 |
| 鲁忠慧 | 女 | 1965.4 | 大学 | 研究员 | 文化学 |
| 孙俊萍 | 女 | 1963.6 | 大学 | 研究员 | 回族、伊斯兰教 |
| 刘　伟 | 男 | 1964.6 | 大学 | 研究员 | 回族、伊斯兰教 |
| 李禄胜 | 男 | 1959.7 | 大学 | 研究员 | 农村经济 |
| 李　霞 | 女 | 1964.6 | 大学 | 研究员 | 区域经济 |
| 马广德 | 男 | 1966.5 | 大学 | 研究员 | 回族、伊斯兰教 |
| 郭亚莉 | 女 | 1962.1 | 大学 | 研究员 | 区域经济 |
| 张耀武 | 男 | 1957.3 | 大学 | 研究员 | 农村经济 |
| 钟银梅 | 女 | 1971.1 | 硕士 | 研究员 | 回族、伊斯兰教 |
| 王伏平 | 男 | 1969.1 | 硕士 | 研究员 | 回族、伊斯兰教 |
| 李有智 | 男 | 1967.1 | 博士 | 研究员 | 回族文学 |
| 陈通明 | 男 | 1948.5 | 大专 | 编审 | 社会学 |

续表

| 姓 名 | 性别 | 出生年月 | 学历/学位 | 职 称 | 主要研究方向 |
|---|---|---|---|---|---|
| 刘克勤 | 男 | 1940.10 | 大学 | 编审 | 区域经济 |
| 黄秉丽 | 男 | 1938.1 | 大学 | 编审 | 地方历史 |
| 薛正昌 | 男 | 1956.11 | 大学 | 编审 | 地方历史文化 |
| 蔡 伟 | 女 | 1962.11 | 大学 | 编审 | 法学 |
| 敬 军 | 女 | 1956.8 | 大学 | 编审 | 回族文化 |
| 范宗兴 | 男 | 1963.3 | 大学 | 编审 | 地方历史 |
| 雷晓静 | 女 | 1963.11 | 大学 | 编审 | 回族古籍整理研究 |
| 马金宝 | 男 | 1967.3 | 大学 | 编审 | 回族、伊斯兰教 |
| 孙颖慧 | 女 | 1968.4 | 大学 | 编审 | 地方历史文化 |
| 许 芬 | 女 | 1963.10 | 大学 | 编审 | 区域经济 |
| 郑彦卿 | 男 | 1961.3 | 研究生 | 编审 | 地方历史 |
| 吴晓红 | 女 | 1970.7 | 大学 | 编审 | 地方历史 |
| 吕 棣 | 女 | 1969.2 | 大学 | 编审 | 地方历史文化 |
| 余 军 | 男 | 1967.9 | 大学 | 研究馆员 | 历史、考古 |
| 李习文 | 男 | 1958.11 | 大学 | 研究馆员 | 地方历史 |
| 张琰玲 | 女 | 1965.12 | 大学 | 研究馆员 | 地方历史 |
| 孔炜莉 | 女 | 1971.1 | 大学 | 研究馆员 | 社会学 |
| 陶 虹 | 女 | 1956.11 | 大学 | 研究馆员 | 地方历史文化 |

## 二、宁夏社会科学院2015年晋升正高级专业技术人员

李文庆，1964年2月出生，河北省孟村县人，宁夏社会科学院农村经济研究所所长、研究员。现从事农村经济、生态经济等研究，主要学术专长是产业经济学研究。主要代表性研究成果有：《银鄂榆三角区域经济发展战略研究》（论文）、《宁夏清真食品和穆斯林用品产业发展的战略构想》（论文）、《宁夏内陆开放型经济中的科技人才支撑问题研究》（论文）、《西部民族地区特色农业与生态环境可持续发展探析》（论文）等。

白洁，女，1971年5月出生，陕西清涧人，研究馆员。现从事《宁夏社会科学》期刊编辑工作。主要研究方向为宁夏地方文献及历史文化研究。主要代表作品有：《回族服饰文化》（专著）、《浅议大数据时代背景下的文献整理》（论文）等，参与《回族历史报刊文选》（教育卷、抗战卷、文化卷、历史卷整理），任副主编。

## 第七节 2015年大事记

**二月**

2月12日，自治区主席刘慧一行到宁夏社科院视察指导工作并看望部分离退休老干部。

## 六月

6月，受自治区党委宣传部委托，宁夏社科院承担了宁夏"新十景"释读专题文章的撰写工作，先后在《宁夏日报》发表近40篇释读文章。

## 七月

7月9—10日，宁夏社科院方志办在彭阳县召开"地方志工作暨族谱、家谱（彭阳）观摩会"。现场观摩彭阳县近年来编修、出版的志书、年鉴及族谱家谱。彭阳县方志办介绍了《崖堡村志》《杨氏族谱》的编纂经验，自治区五市地方志办公室负责人作了交流发言。

7月15日，宁夏社会科学院工会举行换届选举大会，选举产生了新一届宁夏社会科学院工会委员会和工会经费审查委员会。

## 八月

8月19日（宁夏社会科学院院庆日），宁夏社科院举办升国旗活动。全院干部职工90余人参加了升国旗活动。升国旗仪式由纪检组长李兴元主持，张进海院长讲话。

8月28日，宁夏回族自治区党委副书记崔波会见前来参加第十一届西部十二省区社会科学院院长联席会议暨首届中阿智库论坛的中国社会科学院院长助理、学部主席团秘书长郝时远和部分省、区社科院院长与国内著名智库的专家学者。

8月29日，由宁夏社会科学院主办的第十一届西部十二省区社会科学院院长联席会议暨首届中阿智库论坛在银川召开。来自西部十二省（区）以及上海、浙江、福建、湖南、海南、齐齐哈尔等省市社科院院长、办公室主任、科研处处长和国内著名智库的专家学者60余人参加了会议。

8月29日，中国首部《中阿蓝皮书：中国—阿拉伯国家经贸关系发展报告（2015）》在西部十二省（区、市）社会科学院院长联席会议和首届中阿智库论坛上正式发布。该书分总报告、"一带一路"与中阿关系、中阿经贸论坛、专题篇（以中阿博览会为主）、战略支点篇、区域合作篇、中阿经贸大事记等7部分。

## 九月

9月29日，宁夏回族自治区党委任命张进海为宁夏社会科学院党组书记，免去其宁夏社会科学院院长职务；任命张廉为宁夏社会科学院党组副书记、院长。

## 十月

10月12日，中央对外联络部调研组一行六人到宁夏社科院开展"一带一路建设与研究"情况，与该院专家学者举行座谈。

## 十二月

12月20日，自治区党委任命段庆林同志为宁夏社会科学院党组成员。

# 新疆维吾尔自治区社会科学院

## 第一节 历史沿革

新疆维吾尔自治区社会科学院（简称新疆社会科学院）1981年3月正式成立。1957年，根据国务院指示，在中国科学院新疆分院设立以研究新疆少数民族历史为主要任务的历史研究室，时任中国科学院新疆分院筹委会副主任的著名社会学家谷苞兼任研究室主任。1960年，在历史研究室基础上成立民族研究所。同年，自治区党委决定成立哲学社会科学学组，下设哲学、政治经济学、科学社会主义、党史、民族语言文字、考古、教育等8个研究所。1963年底学组撤销，保留民族研究所（归自治区科委领导）。1978年9月，经新疆维吾尔自治区党委批准成立新疆社会科学院筹备组。经过两年多的筹备，1981年3月，在原中国科学院新疆分院民族研究所、新疆博物馆考古队、自治区文字改革委员会语言研究室、自治区党委宣传部政治理论研究室的基础上经过调整、扩建和补充，正式成立了新疆社会科学院。新疆社会科学院为自治区科研事业单位，归属自治区党委宣传部领导。

### 一、领导

新疆社会科学院的历任院长是：谷苞、陈华、邵纯、杨发仁、王拴乾、吴福环、高建龙。

新疆社会科学院的历任党委书记是：蒋慕竹、陈华、阿吾提·托乎提、阿不都热扎克·铁木尔（曾用名热扎克·铁木尔）、铁木尔·吐尔逊。

### 二、发展

新疆社会科学院伴随着中国改革开放的步伐，走过了35年的发展历程。早在建院筹备时期，就确立了以新疆的历史、民族、宗教研究及中亚研究为重点学科，以少数民族语言文字和多元民族文化研究为地方特色的基本格局，至1983年底，新疆社会科学院就已经成为一个结构完善、规模适中、特色鲜明的省级地方社会科学专业研究机构。在随后的发展中，1991年、2007年又增设几个专业研究所，形成了延续至今的12个专业研究所（中心），近250人编制的规模。

长期以来，新疆社会科学院始终把为自治区党委和政府提供决策咨询和参考，为新疆各项事业的发展提供理论支持，为新疆哲学社会科学繁荣发展多出成果作为基本职责，坚持深入基层、深入实际，适应时代发展和不同阶段新疆工作实际变化的需要，紧跟全国社会科学发展步伐，组织开展学术研究、社会调查、理论宣传。在20世纪80年代，完成了打基础的工作，形成了一批研究新疆历史、民族和经济社会发展基本情况的研究成果；20世纪90年代，研究的重点转入新疆经济加快发展、新疆对外开放、加强维护民族团结和反对民族分裂主义、新形势下的宗教工作，等等；进入21世纪，特别是在"十一五"和"十二五"时期，随着各种渠道研究经费的增加，全院科研工作迈上了新台阶，在学科建设、人才队伍、成果产出各方面都取得了长足的进步，咨政服务能力不断提高，社会影响力进一步扩大，并且逐步明确了"自治区研究宣传马克思主义的坚强阵地、自治区党委和政府重要的思想库和智囊团、自治区哲学社会科学研究的学术殿堂、自治区文化软实力的摇篮"的自身发展定位。当前，围绕着第二次中央新疆工作座谈会确定的社会稳定和长治久安这一新疆工作总目标，认真贯彻习近平总书记在哲学社会科学工作座谈会上的讲话精神，新疆社会科学院将坚持基本定位，继续开拓创新，稳步向前发展。

### 三、机构设置

#### 1. 专业机构

1978年9月自治区党委决定成立新疆社会科学院筹备组时，批准建立民族、宗教、考古、中亚、语言等5个研究所。其中，民族研究所为原有建制，其余4个研究所为在相关机构基础上新组建。1980年成立民族文学研究所（2011年10月更名为民族文化研究所）和图书资料室（1983年底改设图书馆）。1981年成立经济研究所和院刊编辑部（1997年2月改名为新疆社会科学杂志社）。1983年底，原民族研究所改名为历史研究所，另外新成立民族研究所，同时新增哲学法学研究所（1990年1月更名为法学研究所）。1986年2月，考古研究所更名为新疆文物考古研究所并隶属于自治区文化厅领导。1991年6月成立马列主义、毛泽东思想研究所。2007年1月新成立邓小平理论和"三个代表"重要思想研究中心、农村发展研究所、社会学研究所。2009年12月，马列主义、毛泽东思想研究所更名为哲学研究所，邓小平理论和"三个代表"重要思想研究中心更名为新疆中国特色社会主义理论体系研究中心。2010年4月在图书馆加挂"网络管理中心"牌子，2011年11月网络管理中心独立，更名为网络信息中心。截至2015年底，新疆社会科学院下属有历史、民族、宗教、中亚、语言、民族文化、经济、法学、农村发展、社会学、哲学、中国特色社会主义理论体系研究等12个专业研究所（中心）及杂志社（含4个编辑部）、图书馆、网络信息中心。

此外，1998年之后，新疆社会科学院还陆续与部分地州县合作设立研究机构，这些机构的人员和编制属各地州县，新疆社科院在业务上给予指导并指派所处负责人兼任副所长。截至2015年共设有：博尔塔拉蒙古自治州经济社会发展研究所、伊犁哈萨克自治州经济社会发展研究所、阿克苏地区社会科学研究所、和田地区经济社会发展研究所、墨玉县县情调研工作站、鄯善县县情调研工作站。

#### 2. 行政和党群机构

党政办公室、组织人事处、科研外事处、计划财务处、机关党委、纪检监察室、工会、离退休职工工作处、机关服务中心。

### 四、人才建设

建院之初，新疆社会科学院只有5个专业研究所，近110人。后通过选调、公开招聘、大学生分配等途径，至1985年扩充至265人。截至2015年底，新疆社会科学院编制246人，在编人员232人，离退休人员139人。在编在岗各类专业技术人员合计180人，其中，具有正高级专业技术职称人员33人，副高级专业技术职称人员64人，中等专业技术职称人员77人；有博士学位的6人，硕士学位的82人。全院有享受国务院特殊津贴专家23人（其中在职7人），自治区优秀贡献专家4人，国家百千万人才工程1人，中宣部"四个一批"人才2人，中组部"万人计划"社会科学领军人才1人，自治区"四个一批"人才6人。全院职工由汉、维吾尔、哈萨克、回、蒙古、柯尔克孜、锡伯、乌孜别克、俄罗斯等9个民族成分组成,其中少数民族占40%。

## 第二节 组织机构

一、新疆社会科学院领导及分工

(一)历任领导

新疆社会科学院历任院长:

谷苞(1981年2月—1983年9月)

陈华(1983年9月—1986年10月)

邵纯(1986年11月—1988年12月)

杨发仁(1993年1月—1995年3月)

王拴乾(1995年3月—2003年8月)

吴福环(2003年8月—2012年4月)

高建龙(2012年4月— )

新疆社会科学院历任党委书记:

蒋慕竹(自治区党委宣传部部长兼任)(党组书记,1981年2月—1983年9月)

陈华(党组书记,1983年9月—1986年11月)

阿吾提·托乎提(维吾尔族,1986年11月—1993年10月)

阿不都热扎克·铁木尔(曾用名热扎克·铁木尔,维吾尔族,2001年1月—2014年11月)

铁木尔·吐尔逊(维吾尔族,2015年4月— )

新疆社会科学院历任党委副书记:

乌依古尔·沙依然(维吾尔族,1981年2月—1983年9月)

何达文(1981年2月—1983年7月)

邵纯(1986年11月—1988年12月)

曹玉泰(1986年11月—1992年7月)

杨发仁(1993年1月—1995年3月)

王拴乾(1995年3月—2003年8月)

吴福环(2003年8月—2012年4月)

新疆社会科学院历任党委委员:

买买提明·玉素甫(维吾尔族,1981年2月—1990年1月)

陈华(1981年2月—1983年9月)

曹玉泰(1981年2月—1986年11月)

谷苞(1982年5月—1983年9月)

阿不都秀库尔·吐尔迪(维吾尔族,1983年9月—1996年12月)

刘志霄(1986年11月—1997年9月)

贾合甫·米尔扎汗(哈萨克族,1986年11月—2001年1月)

杨发仁(1988年12月—1993年1月)

陈延琪(1992年12月—2004年10月)

阿不都热扎克·铁木尔(曾用名热扎克·铁木尔,维吾尔族,1996年12月—2001年2月)

苗普生(1998年6月—2010年8月)

杨乃初(纪委书记,1998年6月—2001年1月)

夏里甫汗·阿布达里(哈萨克族,2002年1月—2004年8月)

张运德(2001年1月—2010年8月,2003年8月任纪委书记)

新疆社会科学院历任副院长:

乌依古尔·沙依然(1981年2月—1983年9月,1983年9月—1986年10月任顾问)

何达文(兼秘书长,1981年2月—1983年7月)

买买提明·玉素甫(1981年2月—1986年10月)

陈华(1981年2月—1983年9月)

曹玉泰(1981年2月—1986年10月、1988年12月—1992年7月)

阿不都秀库尔·吐尔迪(1983年9月—1996年12月)

刘志霄(1986年11月—1997年9月)

贾合甫·米尔扎汗(1986年11月—2001年1月)

杨发仁(1988年12月—1993年1月)

陈延琪（1992年12月—2004年10月）

阿不都热扎克·铁木尔（曾用名热扎克·铁木尔，1996年12月—2014年11月）

苗普生（1998年6月—2010年8月）

夏里甫汗·阿布达里（2002年1月—2004年8月）

（二）现任领导及分工

党委书记、副书记、委员

党委书记：铁木尔·吐尔逊（维吾尔族，2015年4月—　）。

党委副书记：高建龙（2012年4月—　）；

党委委员：葛志新（2011年7月—　）、阿布都热扎克·沙依木（维吾尔族，2003年8月—　）、库兰·尼合买提（女，哈萨克族，2005年8月—　）、刘仲康（2006年1月—2015年3月）、田卫疆（2011年7月—2015年8月）、王玉刚（纪委书记，回族，2012年8月—　）、柴林（2015年1月—　）。

院长、副院长及其分工

院长：高建龙（2012年4月—　），负责全院的科研学术、行政工作。分管杂志社、中亚研究所、经济研究所。

副院长：铁木尔·吐尔逊（2015年4月—　），负责全院党务、纪检工作。分管党政办公室、机关党委、民族研究所。

副院长：葛志新（2011年7月—　），分管人事处、哲学研究所、法学研究所，兼《新疆社会科学》杂志总编，负责联系博尔塔拉蒙古自治州经济社会发展研究所工作。

副院长：阿布都热扎克·沙依木（2003年8月—　），分管民族文化研究所、网络信息中心，兼《新疆社会科学（维文版）》杂志总编，负责联系阿克苏地区社会科学研究所工作。

副院长：库兰·尼合买提（2005年8月—　），分管语言研究所、社会学研究所、工会及计划生育工作，兼《新疆社会科学（哈文版）》杂志总编，负责联系伊犁哈萨克自治州经济社会发展研究所工作。

副院长：刘仲康（2006年1月—2015年3月，2015年3月—2015年11月任自治区党委宣传部巡视员，仍在社科院工作），分管外事工作、离退休职工工作处、宗教研究所。

副院长：田卫疆（2011年7月—2015年8月），分管科研外事处、历史研究所，兼任《西域研究》杂志总编。

副院长：柴林（2015年1月—　），分管农村发展研究所、计划财务处、图书馆、机关服务中心，负责院对口扶贫工作，负责联系和田地区经济社会发展研究所、墨玉县县情调研工作站工作。

纪委书记：王玉刚（2012年8月—　），分管院纪检委（监察室）、新疆中国特色社会主义理论体系研究中心（新疆反腐倡廉理论研究中心），负责联系鄯善县县情调研工作站工作。

二、新疆社会科学院科研机构及领导

历史研究所

党支部书记：贾丛江

所长：贾丛江

副所长：马合木提·阿布都外力（维吾尔族）

民族研究所

党支部书记：古丽巴哈尔·买买提尼亚孜（女，维吾尔族，2015年5月止）、米娜娃·阿不都热依木（女，维吾尔族，2015年6月起，民族研究所、社会学研究所联合支部，专职，正处级）

所长：（空缺）

副所长：曾和平（主持工作）、古丽巴哈尔·买买提尼亚孜

宗教研究所

党支部书记：郭泰山（2015年11月

止）

所长：郭泰山（2015年11月止）

副所长：努尔买买提·托乎提（维吾尔族）、马金伟（回族）

中亚研究所

党支部书记：石岚（女）

所长：（空缺）

副所长：石岚（主持工作）

语言研究所

党支部书记：李树辉（2015年5月止）、那木吉拉（蒙古族，2016年6月起，民族文化研究所、语言研究所联合支部，正处级）

所长：李树辉

副所长：海拉提·阿不都热合曼（维吾尔族）

民族文化研究所

党支部书记：那木吉拉（2016年6月起设民族文化研究所、语言研究所联合支部）

所长：（空缺）

副所长：那木吉拉、艾力·吾甫尔（维吾尔族）

经济研究所

党支部书记：地力木拉提·吾守尔（维吾尔族，2015年6月起设经济研究所、农村发展研究所联合支部，正处级）

所长：宋建华（女）

副所长：地力木拉提·吾守尔

法学研究所

党支部书记：白丽（曾用名白莉，女）

所长：白丽

副所长：皮尔敦·帕它尔（维吾尔族）

农村发展研究所

党支部书记：阿布都伟力·买合普拉（维吾尔族，2015年5月止）、地力木拉提·吾守尔（2015年6月起，经济研究所、农村发展研究所联合支部）

所长：（空缺）

副所长：阿布都伟力·买合普拉（主持工作）

社会学研究所

党支部书记：阿丽努尔·阿不力孜（女，维吾尔族，2015年5月止）、米娜娃·阿不都热依木（2015年6月起，设民族研究所、社会学研究所联合支部）

所长：李晓霞（女）

副所长：阿丽努尔·阿不力孜

哲学研究所

党支部书记：木拉提·黑尼亚提（哈萨克族）

所长：木拉提·黑尼亚提

副所长：何运龙

新疆中国特色社会主义理论体系研究中心

党支部书记：曹兹纲

主任：郭泰山（2015年11月起）

副主任：曹兹纲（主持工作，2015年10月止）、刘芦梅（女）

三、新疆社会科学院科研辅助部门及领导

图书馆

党支部书记：牙力坤·卡哈尔（维吾尔族，2015年6月起设图书馆、网络信息中心联合支部）

馆长：牙力坤·卡哈尔

副馆长：朱一凡

杂志社

党支部书记：薛江（专职，正处级）

社长：刘国防（2015年9月止）、王磊（2015年9月起）

主编：《新疆社会科学》苏成

《新疆社会科学（维）》（空缺）

《新疆社会科学（哈）》（空缺）

《西域研究》刘国防

副主编：《新疆社会科学（维）》买买提·莫明（维吾尔族）

《新疆社会科学（哈）》亚森·库玛尔（哈萨克族，2015年5月止）

网络信息中心

党支部书记：鲁慧菊（女，2015年5月止）、牙力坤·卡哈尔（2015年6月起，图书馆、网络信息中心联合支部）

主任：（空缺）

副主任：鲁慧菊（主持工作）、阿布力孜·马木提（维吾尔族）

四、新疆社会科学院职能部门及领导

党政办公室

主任：（空缺）

副主任：王晓梅（女，回族）、于尚平

组织人事处

处长：柴林（2015年1月止）、苏成（2015年9月起）

副处长：闫静（女）、祖木来提·阿不力克木（女，维吾尔族）

科研外事处

处长：王磊（2015年9月止）、刘国防（2015年9月起）

副处长：张爱玲（女）

计划财务处

处长：李新英（女）

副处长：李晶（女）

机关党委

副书记（专职）：杨洪（正处级）

纪检监察室

副处级纪检监察员：王林纪

工会

副主席（专职）：张海臣

机关服务中心

主任：孟平（2015年7月止）

副主任：李新民

离退休职工工作处

处长：李行力

副处长：木扎帕尔·买买提（维吾尔族，2015年4月起）

## 第三节 年度工作概况

一、围绕自治区成立60周年做好研究和宣传工作

2015年是新疆维吾尔自治区成立60周年，围绕自治区成立60周年开展相关研究和宣传是年度重点工作之一。9月24日，国务院新闻办发表《新疆各民族平等团结发展的历史见证》白皮书，全面介绍了中国民族区域自治制度在新疆的成功实践，引起国内外广泛关注。新疆社会科学院有4位专业研究人员承担了白皮书的撰稿工作，有多位同志承担了白皮书的"解读"宣传工作。一年来，新疆社会科学院专家学者积极主动接受境内外媒体采访100余人次，深入宣传自治区成立60年来尤其是中央新疆工作座谈会以来经济社会发展取得的巨大成就。同时，各专业的学者也撰写并发表了一批学术论文和理论文章，从理论上总结60年来新疆民族工作和经济社会建设的经验。新疆社会科学院编写的《中国特色社会主义理论在新疆的实践》系列丛书已经完成5本书稿，经宣传部同意即将出版。

二、配合做好深入推进"去极端化"宣传、引导工作

为配合自治区深入推进"去极端化"工作，新疆社会科学院专家参与起草《自治区深入推进"去极端化"宣传教育的实施意见》，这是自治区在"去极端化"宣传教育方面的顶层设计。4月，新疆社会科学院策划启动"新疆热点问题解读"系列丛书工作，8月出版第一册《"去极端化"解读30题》，受到自治区党委和社会各界好评。同时，新疆社会科学院还主动策划推出"去极端化专家谈""专家学者走进天山大讲堂""深入和田宣讲"等一

系列活动，深入解读"两文件一条例"（《关于进一步依法治理非法宗教活动，遏制宗教极端思想渗透工作的若干意见》《关于进一步加强和完善伊斯兰教工作的若干意见》《新疆维吾尔自治区宗教事务条例》）和《当前意识形态领域几个突出问题的解析》（系列材料），为在全社会形成正确共识发挥了有力的引领作用。针对境外敌对势力恶意炒作攻击"新疆穆斯林斋月受到限制"的谬论，新疆社会科学院召开多场座谈会，10余名各民族专家学者发声亮剑、撰写文章，有理有据地给予驳斥，有力回击了各种无理挑衅。

### 三、科研工作取得丰硕成果

2015年，新疆社会科学院出版学术著作19部，发表学术论文和各种理论文章340余篇，其中核心期刊28篇，民文优秀期刊30篇，《新疆日报》44篇，同时还在《人民日报》和《求是》上各发表了1篇署名文章。

国家社科基金重大项目"新疆通史"和院级重点项目"经济社会蓝皮书""文化发展报告""企业发展报告""周边国家形势研究报告"等稳步推进，同时启动了"新疆法治报告""新疆廉政报告"的研究。8月启动"'访惠聚'活动成效与问题调查研究"项目，2篇阶段性研究报告被自治区党委领导批示。同时，新疆社会科学院进一步明确"学术研究向南疆适当倾斜，科研人员加大基层调研"的导向，全年共派出40余个小组、240多人次深入南北疆调研，是历年来调研人数最多、调研层面最广的一年。

全院继续高度重视《要报》《专报》工作和舆情研究，注重在重大问题上凝神聚力，在提高质量上用心着力，取得了新突破。全年共编发《要报》68期、《专报》7期、《新疆社会舆情报告》13期，共计40余万字，送中宣部、中央新疆工作协调小组办公室、中央外办和自治区党委、政府参阅。全年自治区领导批示20篇，其中中央政治局委员、自治区党委书记张春贤批示10篇，中宣部采用9篇，自治区党委宣传部舆情处采用30余篇，较好地发挥了咨政的积极作用。

课题立项率实现新提高。2015年立项各类院外课题66项，获得研究经费730.61万元，其中，国家社科基金项目10项、自治区社科基金项目16项、自治区专家顾问团项目4项。从2015年国家社科基金项目中标立项情况看，新疆高于全国平均水平，新疆社会科学院高于新疆平均水平。

学术交流和外事活动空前活跃。新疆社会科学院人员全年参加各类学术会议155余场次，其中国际性学术会议24次、全国性学术会议57次。2015年正式启动"走出去"计划，有计划有针对性选派科研人员前往一些国家进行学术交流和考察访问，已有首批7名专家赴哈萨克斯坦进行学术交流，围绕"一带一路"建设以及双边智库合作深入调研。

2015年，《新疆社会科学》和《西域研究》保持全国核心期刊地位。维、汉、哈3种文版的《新疆社会科学》和《西域研究》4个刊物均获得"自治区第九届期刊奖"。图书馆和网站工作继续加强。

### 四、其他各项工作都取得了新成绩

继续做好"天山大讲堂"的协调服务工作。2014年以来，由自治区党委宣传部牵头，新疆社科院和新疆电视台具体负责承办"天山大讲堂"栏目。2015年，全院专门抽调人员精心对接，认真完成了内容设计、专家选定、稿件审核、联系录播、样片初审等大量细琐而繁杂的工作，完成9大板块70余集节目的录制，其中社科院多位专家学者担任主讲。天山大讲堂播出以来，受到自治区社会各界广泛关注，产生了积极的社会效果，有力配合了自治区的思想宣传工作。

人才培养和引进工作取得新进展。顺利完成了党干校系统培训、非教育系统西部地区人才培养、少数民族特培、国家"万人计划"、高层次人才特殊支持计划后备人选、自治区"四个一批"等人才的遴选推荐工作。2015年面向社会公开招聘了8名硕士研究生，使新疆社会科学院具有研究生以上学历的职工达到98名，占在职职工总数的42.2%。同时，还有6名在职研究人员考上博士深造，1名博士进院博士后工作站。

"访民情、惠民生、聚民心"活动和对口扶贫工作有序推进。2015年，新疆社会科学院继续派出第二批驻村工作组入住和田县朗如乡2个村开展"访惠聚"活动。院领导班子成员先后7次11人次到工作组调研慰问，推进"访惠聚"和扶贫工作，走访慰问联系户和四老人员，协调项目建设，全年共筹措各类资金220余万元，为驻村工作顺利开展提供了有力保障。

党建和思想政治工作进一步加强。认真做好巡视整改工作，扎实开展"三严三实"专项教育活动，党风廉政建设制度得到落实，机关党委工作有所加强。

在自治区党委、政府的关心支持下，历时4年，新建学术大楼于11月份落成启用。

## 第四节 科研活动

### 一、人员、机构等基本情况

（一）人员

截至2015年底，新疆社会科学院在编在岗各类专业技术人员共计180人，其中，具有正高级专业技术职称人员33人，副高级专业技术职称人员64人，中等专业技术职称人员77人；高级职称人员占在编专业技术人员总数的53.89%。

（二）机构

截至2015年底，新疆社会科学院设有历史、民族、宗教、中亚、语言、民族文化、经济、法学、农村发展、社会学、哲学、中国特色社会主义理论体系研究等12个专业研究所（中心）及杂志社（含4个编辑部）、图书馆、网络信息中心。

（三）人事变动

2015年5月，民族研究所研究员齐清顺、《新疆社会科学》汉文编辑部研究员董兆武正式退休。

2015年9月，新疆社会科学院党委作出轮岗决定：苏成任组织人事处处长，刘国防任科研外事处处长，王磊任杂志社社长，郭泰山任新疆中国特色社会主义理论体系研究中心主任。

2015年9月，经公开招聘，新录用魏功祥、马亚楠、热合木提拉·图拉巴、马小丽、刘璐、迪拉娃尔·吐尼亚孜、吴刘莎、地里努尔·哈米提等8名硕士研究生。

### 二、科研工作

（一）科研成果统计

2015年，新疆社会科学院共完成专著18种，540万字；论文196篇，195万字；《要报》《专报》《新疆社会舆情报告》88篇，40万字；研究报告56篇，508万字；论文集1种，22.5万字；一般文章84篇，39万字。

（二）科研课题

1. 新立项课题

2015年，新疆社会科学院共计获准立项各类课题83项。

国家社会科学基金年度项目10项。重点项目1项：新疆古代城镇研究（殷晴）。一般项目4项：新疆少数民族乡村文化建设与对冲和抵御极端势力渗透研究（亚森·胡马尔）、新疆"去宗教极端化"研究（于尚平）、建设法治新疆中的基层治理法治化问题研究（何运龙）、民国时期哈萨克族迁徙研究（阿不都力江·赛依提）。青年项目1项：历史时期伊犁城市发展与社会变迁研究（1760—1949）（李元斌）。西部项目4项：丝绸古道上的北方诸佛教研究（才吾加甫）、南疆地区维稳与维权法律问题研究（热米拉·热杰甫）、新疆女性恐怖活动犯罪研究（古丽燕）、境外伊斯兰教极端思潮利用宗教渗透问题研究（马媛）。

自治区社会科学基金项目16项。重点项目8项：自治区"访民情、惠民生、聚民心"活动成效与问题调查研究（柴林）、新疆人口变动的历史与现状分析（田卫疆）、"去极端化"对策研究（马品彦）、新疆民族工作现状调查研究（李晓霞）、"三期叠加"背景下新疆反恐维稳对策研究（王磊）、民族区域自治制度在新疆的成功实践研究（齐清顺）、新疆宗教工作现状调查研究（于尚平）、新疆周边国家局势与新疆安全研究（耶斯尔）。一般项目6项：民族民间文化传承保护立法研究（白丽）、近年来"伊吉拉特"在新疆的衍变与危害（卞红卫）、南疆地区少数民族就业问题研究（张小玲）、自治区成立60周年来维吾尔经典文学作品爱国主义思想研究（晁正蓉）、南疆企业发展与少数民族就业问题研究（张安虎）、乌鲁木齐市"相互嵌入式"的社会结构和社区环境建设研究（张岩）。青年项目2项：境外"三股势力"现状及对新疆稳定的影响研究（阿依古丽·伊明）、墨玉县"黑户"群体调查研究（阿达莱提·图尔荪）。

院级项目17项。重点项目8项：2015—2016年新疆经济社会形势分析与预测（阿不都热扎克·铁木尔）、新疆企业发展报告（高建龙）、新疆文化发展报告（葛志新）、新疆周边国家形势研究报告（石岚）、新疆法制发展年度报告（2014—2015）（白丽）、《西域故事会》丛书（贾丛江）、新疆"去极端化"研究（马品彦）、推进新疆治理体系和治理能力现代化研究（李晓霞）。区情调研项目3项：新疆反腐倡廉蓝皮书（王玉刚）、新疆"访惠聚"活动调查研究（柴林）、南疆城镇维汉民族交往交流交融调查研究（高芳）。要报专项调研项目4项：新疆少数民族乡村文化建设系列研究报告（木拉提·黑尼亚提）、"访惠聚"活动促进农村民生建设典型调查研究（阿布都伟力·买合普拉）、ISIS组织在新疆周边地区活动新情况新特点及对新疆安全的影响（马媛）、新疆社会舆情预警及应对系列研究报告（王晓梅）。青年项目2项：新疆人口老龄化现状分析及对策研究（李欣凭）、新疆网络文化安全问题研究（王伟）。

国家民委项目2项：新疆少数民族乡村文化建设与对冲和抵御极端势力渗透研究（木拉提·黑尼亚提）、南疆地区"黑户"人群调查研究（阿达莱提·图尔荪）。

自治区专家顾问团项目5项："伽玛尔提"对新疆的渗透及其影响（刘仲康）、丝绸之路经济带背景下新疆商贸物流中心建设路径研究（阿布都伟力·买合普拉）、"去极端化"背景下新疆宗教极端势力的新动向及其应对（于尚平）、依托专家顾问团建设自治区科教智库的建议（王宁）、扎实推进新疆"精准扶贫"的对策建议（王宁）。

自治区普通高校人文社科基地项目4项：新疆南疆农村综合发展水平评价及提升策略研究（苏成）、新疆少数民族乡村文化建设研究（木拉提·黑尼亚提）、新疆农产品品牌评价与建设对策研究（张小玲）、乌鲁木齐市多民族互嵌式和谐社区建设研究（阿达莱提·图尔荪）。

其他委托项目29项。

2. 结项课题

2015年，新疆社会科学院共计结项各类课题61项。

国家社会科学基金项目4项：新疆

"伊吉拉特"的现实危害及对策研究（王磊）、新疆恐怖犯罪的惩治与防范（古丽燕）、现代维吾尔语动词语法范畴研究（古力娜·艾则孜）、巴基斯坦伊斯兰教现状研究（耶斯尔）。

国家社会科学基金重大委托项目《新疆通史》基础、辅助项目2项：突厥语文献研究（李树辉）、欧亚十字路口——新疆历史（马合木提·阿布都外力）。

自治区社会科学基金项目13项：新疆依托密集型能源资源推动跨越式发展的对策研究（高建龙）、突厥语文献研究（李树辉）、新疆地方行政制度的历史考察（田卫疆）、国外"疆独"思潮的渗透与新疆文化安全研究（文丰）、文化语言学视野中的哈萨克语词汇研究（木合亚提·沙黑多拉）、十九—二十世纪哈萨克族瓦克部系谱研究（夏德曼·阿合买提）、中亚地区宗教极端主义对新疆的影响及对策研究（刘艳）、当前维吾尔族社会语言与社会发展变迁研究（阿依先木古丽·阿不都热希提）、新疆宗教极端势力的危害及对策研究（任红）、土耳其宗教现状及其对新疆的影响研究（孙军）、新疆零就业家庭就业援助工程跟踪调查研究（李欣凭）、埃及穆斯林兄弟会的崛起对中亚及新疆的影响（王富忠）、新疆农村合作医疗制度建设研究（张敏）。

院级项目16项。重点项目4项：2015—2016年新疆经济社会形势分析与预测（阿不都热扎克·铁木尔）、新疆文化发展报告（高建龙）、新疆周边国家形势研究报告（石岚）、新疆能源开发中生态文明建设研究（宋建华）。《要报》专项调研项目9项：新疆社会舆情系列研究报告（王晓梅）、宗教极端主义渗透系列研究报告（于尚平）、社会治理体系建设系列研究报告（吐尔文江·吐尔逊）、中亚国家局势对新疆的影响系列研究报告（马媛）、网络舆情系列研究报告（孙军）、新疆少数民族乡村文化建设系列研究报告（木拉提·黑尼亚提）、"访惠聚"活动促进农村民生建设典型调查研究（阿布都伟力·买合普拉）、新疆社会舆情预警及应对系列研究报告（王晓梅）、ISIS组织在新疆周边地区活动新情况新特点及对新疆安全的影响（马媛）。青年项目3项：哈萨克族祝福词"巴塔"研究（阿扎麻提·艾尔肯别克）、乌鲁木齐市社区民族工作——以新华南路街道办事处为例（阿达莱提·塔伊尔）、维吾尔当代文学批评研究（玛依努尔·玉奴斯）。

其他委托项目26项。

3. 延续在研课题

2015年，新疆社会科学院延续在研课题84项。其中：国家社会科学基金项目21项；自治区社会科学基金项目29项；院级课题，重点项目3项，区情调研项目2项，青年项目6项；各类委托项目23项。

## 三、学术交流活动

（一）学术活动

2015年，新疆社会科学院举办、承办（含联合举办、承办）的主要学术会议有：中亚安全形势与丝绸之路经济带建设暨第十六届全国中亚问题研讨会（2015年11月3日）；"丝绸之路与新疆历史"学术研讨会（2015年6月4日）；"新疆屯垦史学术研讨会"（2015年6月25—26日）；《中国西北发展报告（2016）》审稿会（2015年9月8日）。

2015年新疆社会科学院举办、承办的重要学术研讨活动还有："聚焦《新疆维吾尔自治区宗教事务条例》"法治沙龙（2015年1月7日），"现代文化引领、弘扬法治精神与去极端化"与"当前新疆现代文化引领过程中的文化转型问题和新疆乡村文化建设"座谈会（2015年6月27日），新疆社会科学院2015年度青年学术研讨会（2015年7月7日），"当前新疆民族关系和谐发展座谈会"（2015年7月13日—14日），学习习近平总书记"四个全面"战略布局学术研讨会（2015年10月28日）。此外，围绕自治区召开的民族工作会议、南疆工作会议，组织召开了相关专题的理论座谈会。

（二）国际学术交流与合作

1. 学者出访情况

2015年，新疆社会科学院共派学者出访8批21人次。主要有：2015年5月4日至8日，根据外交部的安排，新疆社会科学院院长高建龙、社会学研究所副研究员吐尔文江·吐尔逊参团前往德国进行为期5天学术交流；2015年12月4日，中宣部人权事务局组织"中国新疆文化交流团"赴伊朗、沙特两国访问交流，新疆社会科学院田卫疆研究员随团访问。2015年9月13—20日，新疆社会科学院刘仲康、库兰·尼合买提等一行8人赴吉尔吉斯斯坦和哈萨克斯坦开展学术访问。

2. 外国学者来访及座谈情况

2015年，新疆社会科学院共接待来访学者10批53人次。包括：阿富汗议会代表团一行人10人（4月7日）、印度尼赫鲁大学国际问题研究专家（5月5日）、美国国务院俄国及欧亚研究局局长一行4人（5月20日）、以色列驻华大使马腾一行（6月1日）、美国国会代表团一行10人（7月24日）、澳大利亚驻华使馆政治参赞一行3人（9月15日）、德国外交部代表团（11月16日）、加拿大使馆商务参赞庄君迪女士一行（11月19日）等先后来访新疆社会科学院。此外，2015年8月21日，新疆社科院专家应以色列大使馆邀请赴北京，就打击恐怖主义和宗教极端主义、中东局势的趋势和变化等议题与以色列专家座谈；2015年11月12日，中宣部与外交部联合邀请9名土耳其知名人士来访，代表团一行与新疆社会科学院专家学者针对经济、民族、宗教及文化等方面展开座谈。

四、学术社团、研究中心、期刊

（一）社团

新疆维吾尔自治区历史学学会，副会长兼秘书长田卫疆。

新疆维吾尔自治区民族研究学会，副秘书长曾和平。

新疆维吾尔自治区宗教学学会，副会长兼秘书长郭泰山。

新疆维吾尔自治区中亚学会，会长石岚。

新疆维吾尔自治区哲学学会，会长木拉提·黑尼亚提（哈萨克族）。

新疆维吾尔自治区社会学学会，会长李晓霞。

新疆维吾尔自治区市场营销协会，常务副会长葛志新。

新疆维吾尔自治区法学会中亚法律制度研究会，常务副会长王磊。

新疆维吾尔自治区法学会地方法治研究会，常务副会长白丽。

（二）研究中心（非实体性机构）

新疆社会科学院民族宗教研究中心，常务副主任马品彦。

新疆旅游发展研究中心，主任宋建华。

新疆社会科学院产业发展研究中心，主任曹兹纲。

（三）期刊

《新疆社会科学》（双月刊），主编苏成。2015年共出版6期，计164万字。

《新疆社会科学（维吾尔文）》（季刊），总编阿布都热扎克·沙依木。2015年共出版4期，计96万字。

《新疆社会科学（哈萨克文）》（季刊），总编库兰·尼合买提。2015年共出版4期，计67万字。

《西域研究》（季刊），主编刘国防。2015年共出版4期，计99万字。

## 第五节　重点成果

一、新疆社会科学院2014年以前获省部级以上奖项科研成果

（一）获新疆维吾尔自治区哲学社会科学奖成果

| 序号 | 项目名称 | 项目负责人 | 成果形式 | 奖项 |
| --- | --- | --- | --- | --- |
| 第一届（1985年） ||||||
| 1 | 《福乐智慧》现代维吾尔文诗歌体合译、标音转写本 | 集体完成 | 专著 | 特等奖 |
| 2 | 新疆简史（第一、二册） | 集体完成 | 专著 | 特等奖 |
| 3 | 《突厥语大词典》现代维吾尔文译本 | 集体完成 | 专著 | 特等奖 |
| 4 | 维吾尔族历史（上） | 刘志霄 | 专著 | 一等奖 |
| 5 | 新疆古代民族文物 | 集体完成 | 专著 | 一等奖 |
| 6 | 中亚史 | 王治来 | 专著 | 一等奖 |
| 7 | 社会主义与竞争 | 胡祖源 | 论文 | 一等奖 |
| 8 | 维吾尔文学概论 | 集体完成 | 论文 | 一等奖 |
| 9 | 新疆经济概述 | 集体完成 | 专著 | 二等奖 |
| 10 | 乌孙研究 | 王明哲等 | 专著 | 二等奖 |
| 11 | 关于我国不发达地区生产力发展的几个问题 | 周志群等 | 论文 | 二等奖 |
| 12 | 沙化与绿洲 | 陈华 | 论文 | 二等奖 |
| 13 | 论新疆玛纳斯河流域人工生态系统的建立和发展 | 黄俊等 | 论文 | 二等奖 |
| 14 | 我国的哈萨克族 | 尼合迈德·蒙加尼 | 论文 | 二等奖 |
| 15 | 论楼兰城的发展及其衰废 | 侯灿 | 论文 | 二等奖 |
| 16 | 十至十八世纪初乞儿吉思 | 郭平梁 | 论文 | 二等奖 |
| 17 | 试论一八六四年新疆农民起义 | 纪大椿 | 论文 | 二等奖 |
| 18 | 关于哈萨克族族源与民族形成问题 | 贾合甫·米尔扎汗 | 论文 | 二等奖 |
| 19 | 楼兰考古 | 穆舜英 | 论文 | 二等奖 |
| 20 | 民族文学与我国文学史问题 | 刘宾 | 论文 | 二等奖 |
| 21 | 论现代维吾尔方言及民族语言的基础 | 阿米娜 | 论文 | 二等奖 |
| 22 | 试论刑讯逼供 | 连振华 | 论文 | 二等奖 |
| 23 | 维汉成语词典 | 集体完成 | 专著 | 三等奖 |
| 24 | 马克思主义民族理论和党的民族政策基本知识 | 张凤武等 | 论文 | 三等奖 |
| 25 | 从列宁的原作中理解帝国主义垂死性的原意 | 邵纯 | 论文 | 三等奖 |
| 26 | 论宗教、封建迷信对我国人口增长的作用 | 陈国光 | 论文 | 三等奖 |
| 27 | 建议建立合乎我国国情的地区经济学 | 董兆武 | 论文 | 三等奖 |

续表

| 序号 | 项目名称 | 项目负责人 | 成果形式 | 奖项 |
|---|---|---|---|---|
| 28 | 科学技术进步与哈萨克斯坦的经济发展 | 王沛 | 论文 | 三等奖 |
| 29 | 农村经济改革的重大进步对农村经济结构的影响 | 热扎克·铁木尔 | 论文 | 三等奖 |
| 30 | 突骑施汗国的兴亡 | 薛宗正 | 论文 | 三等奖 |
| 31 | 古代新疆与祖国内地的商业来往 | 徐伯夫 | 论文 | 三等奖 |
| 32 | 淹埋在沙漠中的绿洲古国 | 殷晴 | 论文 | 三等奖 |
| 33 | 西域的羌族 | 钱伯泉 | 论文 | 三等奖 |
| 34 | 试论清代白山派和黑山派之间的斗争及其影响 | 陈慧生 | 论文 | 三等奖 |
| 35 | 生活美与文学创作（维吾尔文） | 阿不都拉·木合买迪 | 论文 | 三等奖 |
| 36 | 试谈各民族语言文字平等和民族立法 | 李泽 | 论文 | 三等奖 |
| 37 | 新疆"三区革命"时期法制建设初探 | 阎殿卿 | 论文 | 三等奖 |
| 第二届（1991年） | | | | |
| 1 | 新疆简史（第三册） | 陈慧生、蔡锦松 | 专著 | 一等奖 |
| 2 | 在新疆鼓吹民族自决的实质是搞民族分裂 | 艾则孜·玉素甫 | 论文 | 一等奖 |
| 3 | 坚持马克思主义民族观 | 富文、陈华 | 论文 | 一等奖 |
| 4 | 对我国社会主义时期宗教问题的再认识 | 唐世民 | 论文 | 一等奖 |
| 5 | 新疆自古以来是伟大祖国不可分割的一部分 | 阿吾提·托乎提 | 论文 | 一等奖 |
| 6 | 清代维吾尔族人口考述 | 苗普生 | 论文 | 一等奖 |
| 7 | 评"历史文化共同体"论 | 刘宾 | 论文 | 一等奖 |
| 8 | 新疆地方历史资料选辑 | 蔡颖、徐伯夫、马国荣等 | 专著 | 二等奖 |
| 9 | 哈萨克族简史 | 尼合买提·蒙加尼 | 专著 | 二等奖 |
| 10 | 柯尔克孜族简史 | 郭平梁 | 专著 | 二等奖 |
| 11 | 翻译问题探讨 | 瞿马洪 | 专著 | 二等奖 |
| 12 | 车祸探因 | 连振华、刘宗国 | 专著 | 二等奖 |
| 13 | 新疆对外贸易概论 | 胡祖源等 | 专著 | 二等奖 |
| 14 | 新疆畜牧经济概论 | 编写组 | 专著 | 二等奖 |
| 15 | 新疆宗教 | 李泰玉等 | 专著 | 二等奖 |
| 16 | 关于"两个离不开"的几点析疑 | 李泽 | 论文 | 二等奖 |
| 17 | 民族分裂主义是对马克思主义民族观的反动 | 杨发仁 | 论文 | 二等奖 |
| 18 | 中亚纳合西班底教团与我国新疆和卓、西北门宦 | 陈国光 | 论文 | 二等奖 |
| 19 | 论松筠 | 纪大椿 | 论文 | 二等奖 |

续表

| 序号 | 项目名称 | 项目负责人 | 成果形式 | 奖项 |
| --- | --- | --- | --- | --- |
| 20 | 两汉屯田和统一新疆的关系 | 陈慧生 | 论文 | 二等奖 |
| 21 | 1907年新疆哈密维吾尔族农民暴动的几个问题 | 蔡锦松、蔡颖 | 论文 | 二等奖 |
| 22 | 和田地区的环境演变与生态经济研究 | 殷晴 | 论文 | 二等奖 |
| 23 | 维吾尔族形成的历史经过（维吾尔文） | 乌依古尔·沙依然、艾比布拉·霍加 | 论文 | 二等奖 |
| 24 | 少数民族语言中的"歇后语"与"准歇后语" | 金炳喆 | 论文 | 二等奖 |
| 25 | 西亚伊斯兰国家文化变迁与发展透视 | 韩琳 | 论文 | 二等奖 |
| 26 | 从"哈凌玛了"看解放前哈萨克族的婚姻制度 | 艾丽曼 | 论文 | 二等奖 |
| 27 | 认识绿洲、保住绿洲、发展绿洲 | 陈华 | 论文 | 二等奖 |
| 28 | 新疆中期（1990—2000年）经济体制改革的基本思路 | 杨发仁等 | 论文 | 二等奖 |
| 29 | 试论和田地区经济发展战略 | 黄俊 | 论文 | 二等奖 |
| 30 | 马克思主义理论和党的民族政策讲座 | 阿吾提·托乎提 | 专著 | 三等奖 |
| 31 | 哈萨克族 | 贾合甫·米尔扎汗 | 专著 | 三等奖 |
| 32 | 锡伯族简史 | 编写组 | 专著 | 三等奖 |
| 33 | 实用法律咨询 | 阎殿卿 | 专著 | 三等奖 |
| 34 | 犯罪改造新探 | 万开锋、万培基 | 专著 | 三等奖 |
| 35 | 新疆资源开发 | 刘甲金、于溶春、周志群 | 专著 | 三等奖 |
| 36 | 新疆农垦经济概论 | 张友德 | 专著 | 三等奖 |
| 37 | 怎样理解民族平等 | 阿不都秀库尔·吐尔迪、林声 | 论文 | 三等奖 |
| 38 | 试论新疆少数民族计划生育问题 | 续西发 | 论文 | 三等奖 |
| 39 | 十五世纪东察合台汗国历史探幽 | 田卫疆 | 论文 | 三等奖 |
| 40 | 汉朝中央政府对新疆的行政管理 | 马国荣 | 论文 | 三等奖 |
| 41 | 1832年清与浩罕议和考 | 潘志平、蒋莉莉 | 论文 | 三等奖 |
| 42 | 史诗中的原始宗教印迹（哈萨克文） | 别克苏里唐 | 论文 | 三等奖 |
| 43 | 试论新疆与苏联边境贸易的发展前景 | 陈诗教 | 论文 | 三等奖 |
| 44 | 关于我国哈萨克文化的几点反思 | 杜肯·玛斯木汗 | 论文 | 三等奖 |
| 45 | 关于继承文化遗产和民族传统（维吾尔文） | 卡德尔·艾克拜尔 | 论文 | 三等奖 |
| 46 | 论干旱地区的生产综合体——绿洲经济 | 刘甲金 | 论文 | 三等奖 |
| 47 | 全方位开放与开发新疆战略 | 胡祖源 | 论文 | 三等奖 |

续表

| 序号 | 项目名称 | 项目负责人 | 成果形式 | 奖项 |
|---|---|---|---|---|
| 48 | 国营商业的主渠道地位与主导作用 | 苗俊杰 | 论文 | 三等奖 |
| 49 | 农村经济发展战略研究 | 热扎克·铁木尔 | 论文 | 三等奖 |
| 第三届（1995年） ||||| 
| 1 | 怎样写法律文书 | 连振华 | 专著 | 一等奖 |
| 2 | 马克思的经济理论体系 | 王拴乾 | 专著 | 一等奖 |
| 3 | 哈萨克族历史与民俗（哈萨克文） | 贾合甫·米尔扎汗 | 专著 | 一等奖 |
| 4 | 马克思主义宗教观通俗读本 | 杨发仁等 | 科普 | 一等奖 |
| 5 | 新疆历史词典 | 纪大椿 | 工具书 | 一等奖 |
| 6 | 稳定发展台阶——我国少数民族地区经济发展的几点思考 | 刘甲金 | 论文 | 一等奖 |
| 7 | 毛泽东与党的民族区域自治政策 | 阿吾提·托乎提 | 论文 | 一等奖 |
| 8 | 走向起飞的选择——新疆开发与开放研究 | 刘甲金、董兆武、热扎克·铁木尔 | 专著 | 二等奖 |
| 9 | 新疆三区革命法制史 | 阎殿卿 | 专著 | 二等奖 |
| 10 | 新疆近代经济技术开发 | 陈延琪、胡祖源等 | 专著 | 二等奖 |
| 11 | 历代西陲边塞诗研究 | 薛宗正 | 专著 | 二等奖 |
| 12 | 对新疆伊斯兰教教育的历史回溯 | 陈国光 | 论文 | 二等奖 |
| 13 | 泛伊斯兰主义、泛突厥主义在新疆传播的历史考察 | 纪大椿、陈超、黄建华、阿德江 | 论文 | 二等奖 |
| 14 | 木卡姆研究及其名称的历史来源（维吾尔文） | 阿不都秀库尔·吐尔地 | 论文 | 二等奖 |
| 15 | 论卫拉特图腾文化及其痕迹（蒙古文） | 那木吉拉 | 论文 | 二等奖 |
| 16 | 中亚浩罕国与清代新疆 | 潘志平 | 专著 | 三等奖 |
| 17 | 维护祖国统一保持社会稳定 | 杨发仁等 | 科普 | 三等奖 |
| 18 | 亚欧大陆桥运输问题初探 | 陈诗教 | 论文 | 三等奖 |
| 19 | "精髓"论 | 石来宗 | 论文 | 三等奖 |
| 20 | 古代于阗的南北交通 | 殷晴 | 论文 | 三等奖 |
| 21 | 新疆民族分裂主义的罪恶根源——穆罕默德·伊明《东突厥斯坦历史》批判 | 钱伯泉 | 论文 | 三等奖 |
| 22 | 清朝对哈萨克政策述略 | 纳比坚·穆哈木德罕 | 论文 | 三等奖 |
| 23 | 论马克思《资本论》二重分析方法 | 王拴乾 | 论文 | 三等奖 |
| 24 | 当前新疆经济形势分析与对策研究 | 杨发仁、黄俊、董兆武、刘甲金 | 研究报告 | 三等奖 |

续表

| 序号 | 项目名称 | 项目负责人 | 成果形式 | 奖项 |
| --- | --- | --- | --- | --- |
| 25 | 试探伊斯兰教在东察合台汗国内部的传播与发展 | 田卫疆 | 论文 | 青年佳作奖 |
| 26 | 《玛纳斯》与《江格尔》史诗中英雄传统的异同 | 曼拜特·图尔迪 | 论文 | 青年佳作奖 |
| 27 | 进行无神论教育的一些思考 | 刘仲康 | 论文 | 青年佳作奖 |

第四届（1999年）

| 序号 | 项目名称 | 项目负责人 | 成果形式 | 奖项 |
| --- | --- | --- | --- | --- |
| 1 | 邓小平民族理论通俗读本 | 杨发仁 | 科普 | 荣誉奖 |
| 2 | 新疆生产建设兵团改革与发展 | 杨发仁、杨振华 | 专著 | 一等奖 |
| 3 | 中亚政局发展的历史现状与新疆的稳定 | 潘志平、王智娟 | 研究报告 | 一等奖 |
| 4 | 邓小平社会主义本质论的哲学特点 | 石来宗 | 论文 | 一等奖 |
| 5 | 评民族与民族分离主义的理论与实践 | 潘志平 | 论文 | 一等奖 |
| 6 | 新疆种植业 | 黄仲植、曾大昭 | 专著 | 二等奖 |
| 7 | 哈萨克文学史（民间文学卷） | 别克苏里唐·凯塞等 | 专著 | 二等奖 |
| 8 | 维吾尔族历史（中编） | 刘志霄 | 专著 | 二等奖 |
| 9 | 新疆市场经济发展研究（上、下册） | 王拴乾等 | 专著 | 二等奖 |
| 10 | 论现代维吾尔语的重音（维吾尔文） | 帕尔哈提·吉兰 | 论文 | 二等奖 |
| 11 | 柯尔克孜文学史（近、现、当代部分）（柯尔克孜文） | 曼拜特·吐尔迪 | 专著 | 三等奖 |
| 12 | 亚欧第二大陆桥研究 | 杨发仁、吕发科 | 专著 | 三等奖 |
| 13 | 新疆制定社会主义市场经济地方性法规研究 | 连振华、何运龙、古丽燕、白洁 | 研究报告 | 三等奖 |
| 14 | 新疆军队转业干部自愿自行就业问题研究 | 沈君立、郭泰山 | 研究报告 | 三等奖 |
| 15 | 古代于阗和吐蕃的交通及其友邻关系 | 殷晴 | 论文 | 三等奖 |
| 16 | 哈萨克族谚语中的哲学思想初探 | 阿班·毛力提汗 | 论文 | 青年佳作奖 |
| 17 | 试论中国伊斯兰文化的形成及其特色 | 韩忠义 | 论文 | 青年佳作奖 |

第五届（2002年）

| 序号 | 项目名称 | 项目负责人 | 成果形式 | 奖项 |
| --- | --- | --- | --- | --- |
| 1 | 中国社会主义市场经济学说 | 王拴乾 | 专著 | 一等奖 |
| 2 | 邓小平民族理论及其在新疆的实践 | 杨发仁 | 专著 | 一等奖 |
| 3 | 民族自决还是民族分裂 | 潘志平主编、王智娟、王鸣野等 | 专著 | 一等奖 |

续表

| 序号 | 项目名称 | 项目负责人 | 成果形式 | 奖项 |
|---|---|---|---|---|
| 4 | 中国新疆地区伊斯兰教史 | 编写组（陈慧生主编） | 编著 | 一等奖 |
| 5 | 中国史书中有关哈萨克族族源史料选译（第一卷）（哈萨克文） | 课题组（总主编：贾合甫·米尔扎汗 主编：卡哈尔曼·穆汗） | 译著 | 一等奖 |
| 6 | 十一届三中全会以来中国共产党对马克思主义宗教理论的十大贡献 | 刘仲康 | 论文 | 一等奖 |
| 7 | 泛突厥主义文化透视 | 陈延琪、潘志平 | 专著 | 二等奖 |
| 8 | 哈萨克族文学创作突破论 | 夏里甫罕·阿布达里 | 专著 | 二等奖 |
| 9 | 新疆跨世纪经济发展战略研究 | 课题组（王拴乾、赵振明、房文杰） | 编著 | 二等奖 |
| 10 | 新疆广汇企业集团崛起的理性思考 | 联合课题组（主编：董兆武、方敏） | 编著 | 二等奖 |
| 11 | 论社会主义市场原则与民族关系原则的统一 | 张运德 | 论文 | 二等奖 |
| 12 | 古楼兰人对生态环境的适应——罗布泊地区墓葬麻黄的文化思考 | 夏雷鸣 | 论文 | 二等奖 |
| 13 | 邓小平理论与新疆的发展 | 石来宗、任建东、刘仲康等 | 编著 | 三等奖 |
| 14 | 丝绸之路与东察合台汗国史研究 | 田卫疆 | 专著 | 三等奖 |
| 15 | 赔偿法律概论 | 何运龙 | 专著 | 三等奖 |
| 16 | 走向21世纪的新疆（政治、经济、文化卷） | 王拴乾 | 编著 | 三等奖 |
| 17 | 地缘政治的需要与"文明的碰撞" | 石岚 | 论文 | 三等奖 |
| 18 | 论新疆汉族地方文化的形成及其特征 | 李晓霞 | 论文 | 三等奖 |
| 19 | 论"纳兹热"与东方文学中的"五卷诗"传统（维吾尔文） | 扎米尔·赛都拉 | 论文 | 三等奖 |
| 20 | 近现代哈萨克族哲学思想的发展 | 木拉提·黑尼亚提 | 论文 | 三等奖 |
| 21 | 谈《医药志》语言中的古语现象（哈萨克文） | 阿里木·朱玛什 | 论文 | 三等奖 |
| 第六届（2004年） ||||| 
| 1 | 《正确阐明新疆历史》、《正确阐明新疆民族史》、《正确阐明新疆伊斯兰教史》（新疆干部学习读本） | 王拴乾 | 编著 | 一等奖 |

续表

| 序号 | 项目名称 | 项目负责人 | 成果形式 | 奖项 |
| --- | --- | --- | --- | --- |
| 2 | 以江泽民同志为核心的第三代中央领导集体对邓小平民族理论的丰富和发展 | 杨发仁 | 论文 | 一等奖 |
| 3 | 中南亚的民族、宗教冲突 | 潘志平 | 专著 | 二等奖 |
| 4 | 突厥语大词典 | 课题组 | 译著 | 二等奖 |
| 5 | 中国共产党三代领导人的反贫困战略思想 | 阿班·毛力提汗 | 论文 | 二等奖 |
| 6 | 论我国动产抵债制度的现存缺陷及其完善 | 王磊 | 论文 | 二等奖 |
| 7 | 打击"三股势力"是保障地区安全与稳定的共同选择 | 张运德 | 论文 | 二等奖 |
| 8 | 论《中苏友好同盟互助条约》谈判中涉及新疆的几个问题 | 齐清顺 | 论文 | 二等奖 |
| 9 | 新疆民汉合校的演变及其发展前景 | 李晓霞 | 论文 | 二等奖 |
| 10 | 新疆察哈尔蒙古历史与文化 | 吐娜 | 专著 | 三等奖 |
| 11 | 哈萨克族文化大观 | 贾合甫·米尔扎汗 | 专著 | 三等奖 |
| 12 | 展示西部企业文明风范 | 张运德 | 调研报告 | 三等奖 |
| 13 | 新疆经济结构调整的思考 | 阿不都热扎克·铁木尔 | 论文 | 三等奖 |
| 14 | 里海石油与国际政治 | 吴福环 | 论文 | 三等奖 |
| 15 | 加入WTO：新疆畜牧业发展思考 | 阿德力汗·叶斯汗 | 论文 | 青年佳作奖 |
| 第七届（2006年） | | | | |
| 1 | 石油天然气勘探开发与新疆社会经济发展 | 冯大真 | 专著 | 一等奖 |
| 2 | 私法的争鸣——私权保护热点问题研究 | 王磊 | 专著 | 一等奖 |
| 3 | "四个认同"读本 | 吴福环 | 宣传读物 | 一等奖 |
| 4 | 新疆史纲 | 苗普生 | 专著 | 一等奖 |
| 5 | 尽快形成比周边国家明显的发展优势——向西开放与构建中亚地区经济高地 | 刘甲金 | 论文 | 二等奖 |
| 6 | 坚持发展是党执政兴国的第一要务把西部大开发推向新阶段 | 杨发仁 | 论文 | 二等奖 |
| 7 | 网络域名权与商标权的冲突及解决 | 白莉（白丽） | 论文 | 二等奖 |
| 8 | 新疆宗教演变史 | 李进新 | 专著 | 二等奖 |
| 9 | 中国史书中有关哈萨克族族源史料选译（第二卷）（哈萨克文） | 贾合甫·米尔扎汗 | 译著 | 二等奖 |

续表

| 序号 | 项目名称 | 项目负责人 | 成果形式 | 奖项 |
|---|---|---|---|---|
| 10 | 2004—2005年新疆经济社会形势分析与预测 | 阿不都热扎克·铁木尔 | 专著 | 三等奖 |
| 11 | 以先进文化为导向推进新疆文化产业发展 | 张运德 | 论文 | 三等奖 |
| 12 | 周边民族宗教冲突与新疆稳定 | 潘志平 | 研究报告 | 三等奖 |
| 13 | 中国历代中央王朝治理新疆政策研究 | 齐清顺 | 专著 | 三等奖 |
| 14 | 卫拉特民俗与民间文学关系研究（蒙古文） | 那木吉拉 | 专著 | 三等奖 |
| 15 | 新疆少数民族高等教育的现状与发展对策 | 吴福环 | 论文 | 三等奖 |
| 第八届（2008年） ||||| 
| 1 | 如何进一步发挥上海合作组织的作用，加强我与新疆周边国家在打击"三股势力"方面的国际合作 | 吴福环、潘志平、王鸣野 | 研究报告 | 一等奖 |
| 2 | 从游牧到定居（哈萨克文） | 阿德力汗·叶斯汗 | 专著 | 二等奖 |
| 3 | 西部大开发与民族问题 | 杨发仁、杨力等 | 专著 | 二等奖 |
| 4 | 高昌回鹘史稿 | 田卫疆 | 专著 | 二等奖 |
| 5 | 关于维护新疆稳定相关法律问题研究 | 古丽燕等 | 研究报告 | 二等奖 |
| 6 | 乌鲁木齐城市经营战略研究 | 王宁、周潇、沈君立、陈延琪等 | 专著 | 三等奖 |
| 7 | 新疆少数民族传统经济生产方式研究 | 阿不都热扎克·铁木尔等 | 专著 | 三等奖 |
| 8 | 北庭春秋——古代遗址与历史文化 | 薛宗正 | 专著 | 三等奖 |
| 9 | 哈萨克族阿肯弹唱 | 别克苏勒坦·凯赛（翻译：佟中明） | 编著 | 三等奖 |
| 10 | "津帮"在近代新疆的商业活动述评 | 贾秀慧 | 论文 | 青年佳作奖 |
| 11 | 现代维吾尔语中动词词干的形式（维文） | 古力娜尔·艾则孜 | 论文 | 青年佳作奖 |
| 第九届（2012年） ||||| 
| 1 | 《清实录》新疆资料辑录 | 历史研究所 | 编著 | 一等奖 |
| 2 | 丝绸之路与西域经济——十二世纪前新疆开发史稿 | 殷晴 | 专著 | 一等奖 |
| 3 | 维护新疆社会稳定的对策研究系列研究报告 | 吴福环 等 | 研究报告 | 一等奖 |
| 4 | 人文视野中的刀郎文化——麦盖提县人文资源开发研究 | 艾比布拉·阿布都沙拉木等 | 编著 | 一等奖 |
| 5 | 中亚费尔干纳：伊斯兰与现代民族国家 | 石岚 | 专著 | 二等奖 |
| 6 | 王莽改制与古代西域姓名体系的变化 | 贾丛江 | 论文 | 三等奖 |

续表

| 序号 | 项目名称 | 项目负责人 | 成果形式 | 奖项 |
| --- | --- | --- | --- | --- |
| 7 | "大中亚"计划与美国国际非政府组织 | 文丰 | 论文 | 青年佳作奖 |
| 8 | 乡土与市井之间——旅游开发中的一个维吾尔族乡村社会 | 李娜 | 论文 | 青年佳作奖 |
| 第十届（2014年） ||||||
| 1 | 新疆人才发展战略研究 | 吴福环、王宁等 | 专著 | 一等奖 |
| 2 | 卫拉特蒙古民俗文化（四卷本）（蒙古文） | 那木吉拉 | 专著 | 一等奖 |
| 3 | 乌鲁木齐市社区党组织建设与作用发挥问题研究 | 课题组 | 研究报告 | 一等奖 |
| 4 | 新疆民族混合家庭研究 | 李晓霞 | 专著 | 二等奖 |
| 5 | 新疆古代佛教研究 | 才吾加甫 | 专著 | 二等奖 |
| 6 | 新疆反恐维稳对策思考 | 王磊 | 研究报告 | 二等奖 |
| 7 | 新疆宗教问题怎么看，怎么办？ | 刘仲康 | 论文 | 二等奖 |
| 8 | 传统文化向现代文化转型的经验与启示——从近代土耳其的世俗化改革与文化转型谈起 | 木拉提·黑尼亚提等 | 论文 | 二等奖 |
| 9 | 国际女性恐怖犯罪及其对新疆的警示 | 古丽燕 | 论文 | 二等奖 |
| 10 | 草原民族与中原文化（哈萨克文） | 亚森·胡玛尔、阿依努尔·亚森 | 专著 | 三等奖 |
| 11 | 公司清算制度法律问题研究——以债权人利益保护为中心 | 白莉（白丽） | 专著 | 三等奖 |
| 12 | 新疆社会舆情分析与研究 | 高建龙等 | 研究报告 | 三等奖 |
| 13 | 对少数民族实现以现代文化为引领研究报告 | 吐尔文江·吐尔逊 | 研究报告 | 三等奖 |
| 14 | "东突"组织在吉尔吉斯斯坦的活动特点 | 马媛 | 论文 | 三等奖 |
| 15 | 回族乡的多民族村落——新疆霍城县三宫回族乡下三宫村调查报告 | 马秀萍 | 专著 | 青年佳作奖 |

（二）获其他省部级以上奖项成果

1. 中宣部精神文明建设"五个一工程"奖

| 项目名称 | 成果形式 | 获奖时间 | 项目负责人 |
| --- | --- | --- | --- |
| 绿洲经济论 | 专著 | 1997年 | 刘甲金<br>黄俊<br>王宁 |
| 论地区差异与协调发展——学习邓小平关于共同富裕思想的几点认识 | 论文 | 1997年 | 刘甲金 |

续表

| 项目名称 | 成果形式 | 获奖时间 | 项目负责人 |
|---|---|---|---|
| 坚持马克思主义国家观，发扬爱国主义光荣传统 | 论文 | 1998 年 | 潘志平 |
| 维护祖国统一简明读本 | 科普读物 | 1997 年 | 多人撰稿 |
| 马克思主义宗教观简明读本 | 科普读物 | 1994 年 | 多人撰稿 |

## 2. 国家科技进步奖

| 项目名称 | 成果形式 | 获奖等级 | 获奖时间 | 项目负责人 |
|---|---|---|---|---|
| 新疆资源开发与生产布局 | 专著 | 三等奖 | 1990 年 | 黄 俊 曾大昭 |

## 3. 自治区科技进步奖

| 项目名称 | 成果形式 | 获奖等级 | 获奖时间 | 项目负责人 |
|---|---|---|---|---|
| 新疆产业结构与产业政策 | 专著 | 二等奖 | 1990 年 | 刘甲金、周勇撰写第四章 |
| 新疆国土资源·工业概况 | 专著 | 二等奖 | 1990 年 | 黄俊等 |
| 科技进步与新疆农业 | 专著 | 二等奖 | 1997 年 | 曾大昭等参与撰稿 |
| 泛伊斯兰主义、泛突厥主义在新疆的传播及对策研究 | 研究报告 | 二等奖 | 1996 年 | 杨发仁 |
| 亚欧大陆桥与新疆经济发展 | 专著 | 三等奖 | 1996 年 | 刘甲金列第六作者，参与撰稿3.3万字 |
| 新疆干旱农业发展模式研究 | 研究报告 | 二等奖 | 1996 年 | 宋建华参与撰稿 |

## 4. 中国科学院、中国社会科学院优秀成果优秀论文奖

| 项目名称 | 成果形式 | 获奖等级 | 获奖时间 | 项目负责人 | 颁奖部门及奖项 |
|---|---|---|---|---|---|
| 新疆种植业资源开发与合理布局 | 专著 | 一等奖 | 1990 年 | 黄 俊 曾大昭 | 中科院优秀成果奖 |
| 关于我国少数民族地区经济发展的几个问题 | 论文 | 二等奖 | 1984 年 | 刘甲金 | 中国社会科学院优秀论文奖 |

5. 其他专项奖

| 颁奖部门及奖项 | 项目名称 | 成果形式 | 获奖等级 | 获奖时间 | 项目负责人 |
| --- | --- | --- | --- | --- | --- |
| 北京市理论成果奖 | 中华民族多元一体格局 | 论文集 | 特等奖 | 1991年 | 谷 苞（多篇） |
| 国家财政部优秀成果奖 | 西部地区乡镇企业发展研究 | 专著 | 一等奖 | 1995年 | 黄 俊等 |
| 国家教委优秀成果奖 | 哈萨克族文学史（第一、二卷） | 专著 | 二等奖 | 1996、1998年 | 贾合甫·米尔扎汗 |
| 国家农业部农业资源区划奖 | 中国不同地区农牧结合的模式及发展前景 | 专著 | 一等奖 | 1996年 | 曾大昭等撰稿 |
| 全国党建刊物优秀奖 | 关于稳定与发展 | 论文 | 二等奖 | 1996年 | 阿班·毛里提汗 |
| 中央统战部理论成果奖 | 反对民族分裂主义几个问题的探微 | 论文 | 二等奖 | 1997年 | 李 泽 |
| 全国报纸理论宣传优秀奖 | 略论少数民族地区经济发展和繁荣 | 论文 | 二等奖 | 1997年 | 王拴乾 |
| 全国青年社会科学成果奖 | 论道德的主体本质 | 论文 | 优秀奖 | 1998年 | 任建东 |
| 国家人事部科研报告奖 | 新疆军队转业干部自愿自谋职业问题研究 | 研究报告 | 一等奖 | 1999年 | 沈君立、郭泰山 |
| 全国高校优秀教材奖 | 哈萨克文学史（民间文学卷） | 专著 | 二等奖 | 1999年 | 别克苏里唐·凯塞 |
| 全国大中专院校少数民族文字优秀教材奖 | 辩证唯物主义和历史唯物主义 | 译文 | 二等奖 | 1999年 | 哈力亚、叶尔纳尔等 |

## 二、新疆社会科学院2015年科研成果基本情况

（一）列入院级重点项目的蓝皮书和年度发展报告

包括《2014—2015年新疆经济社会形势分析与预测（蓝皮书）》《新疆文化发展报告（2014—2015）》和《新疆周边国家形势研究报告——丝绸之路与地区合作》，均由新疆人民出版社出版。另外，《新疆企业发展报告2015》在编辑过程中，"新疆法制发展年度报告（2014—2015）"和"新疆反腐倡廉蓝皮书"研究也已启动。这几个长期跟踪研究、年度发布报告的院级项目，从经济社会、文化、企业、法治、周边国家等各方面，对新疆问题展开专项研究，比较全面、及时地分析阐述了各年度新疆发展的外部环境、政策措施、基本成绩、存在的问题及对策建议，具有较高的决策参考、宣传新疆、资料保存的价值。

（二）一批有一定学术价值的历史学、民族学、宗教学、社会学、语言学及少数民族历史文化等方面的专著和论文

主要包括：《新疆南部乡村汉人》、《中国民族地区经济社会调查——鄯善卷》、《新疆阿布达里聚落研究》（维吾尔文）、《民国时期中国哈萨克族历史》（哈萨克文）、《哈萨克族象征符号研究》（哈萨克文）、《新疆蒙古藏传佛教寺庙》、《近现代新疆蒙古族社会史》、《中国地域文化通览（新疆卷）》、《西域史汇考》等专著13本，计387.4万字；《政策因素对两汉西域经略的影响——以龟兹为例》《杨增新对新疆行政区划的调整及其意义》《回纥信奉摩尼教的社会背景》《20世纪前后俄罗斯塔塔尔族的文化复兴运动》《社会学视阈下的近代新疆汉族商帮——以内部社会结构分析为例》《从曲曼遗址看新疆文化的多样性》等学术论文104篇，计114万字。其中，少数民族作者成果70项，少数民族文字成果49项。

（三）一批研究新疆现实问题的专著和论文

研究的重点主要是：新疆社会稳定、民族团结、宗教和谐，包括反恐和"去宗教极端化"；新疆经济建设、扶贫脱贫；新疆文化发展；新疆基层党政建设；新疆生态文明建设；新疆"一带一路战略"核心区建设等。成果包括：出版2本专著和1本论文集：《新疆森林生态旅游可持续发展研究》《参与与共享——新疆外资扶贫项目中当地少数民族居民共同参与、共同享有研究》《田野经历与书斋思考——新疆社会学调研文集2014》，计59.5万字；发表专题论文70余篇，计66.2万字，其中具有代表性的有：《关于新疆南疆地区发展与稳定的战略思考》、《论新疆治理体系与治理能力现代化》、《国家认同：维吾尔族民族社会发展的基石》、《国际恐怖主义犯罪对新疆的影响》、《全社会提高对宗教极端思想危害的认识，远离宗教极端》（维吾尔文）、《维吾尔族慈善文化与新疆社会救助制度关系研究》、《"重叠共识"视域下多元民族关系的正向生长》、《新疆宗教事务立法研究——兼评〈新疆维吾尔自治区宗教事务条例〉》、《基于产业经济学视角的新疆战略性新兴产业发展探析》、《对喀什经济开发区战略定位的思考和建议》、《南疆三地州多维贫困测度及减贫措施研究》、《新疆少数民族产业工人队伍发展及现状分析》、《强力推进低碳经济 实现新疆跨越式发展》、《新疆南疆三地州文化产业发展研究》、《"访惠聚"是新疆民族团结的大舞台》（哈萨克文）、《践行党的群众路线 谱写法治新疆更平安的新篇章》（维吾尔文）、《论美国的"新丝绸之路"战略》《推动丝路共建 促进区域共赢》等。

（四）一批多学科的和有关新疆热点难点问题的课题研究报告。

2015年各类课题结项61项，计630万字。其中绝大多数为不公开发表的内部研究报告。这些课题成果中，有一批质量较高，对做好以新疆社会稳定和长治久安为总目标的新疆工作有重要决策参考价值，如：《新疆依托密集型能源资源推动跨越式发展的对策研究》（高建龙，12万字）、《新疆"伊吉拉特"的现实危害及对策研究》（王磊，11万字）、《新疆恐怖犯罪的惩治与防范》（古丽燕，21万字）、《巴基斯坦伊斯兰教现状研究》（耶斯尔，11万字）、《国外"疆独"思潮的渗透与新疆文化安全研究》（文丰，9万字）、《中亚地区宗教极端主义对新疆的影响及对策研究》（刘艳，5万字）、《新疆宗教极端势力的危害及对策研究》（任红，5万字）、《土耳其宗教现状及其对新疆的影响研究》（孙军，5万字）、《埃及穆斯林兄弟会的崛起对中亚及新疆的影响》（王富忠，6万

字)、《治理新疆非法宗教活动法律政策实施效果研究》(郭蓓,14万字)、《策勒县以现代文化为引领发展规划》(曾和平,20万字)、《新疆快速城市化过程中失地农民的就业与社会保障问题研究》(李晓霞,4万字)、《乌鲁木齐市社区民族工作——以新华南路街道办事处为例》(阿达莱提·塔伊尔)。此外,也有几项具有较强的专业学术价值的成果,如:《突厥语文献研究》(李树辉,44万字)、现代维吾尔语动词语法范畴研究(古力娜·艾则孜,30万字)、《十九—二十世纪哈萨克族瓦克部系谱研究》(夏德曼·阿合买提,哈萨克文,44万字)。

(五)以庆祝新疆维吾尔自治区成立60周年为主题的理论成果

其中,最重要的成果是4位专业研究人员承担了国务院新闻办发表的《新疆各民族平等团结发展的历史见证》(白皮书)的撰稿工作。同时,各专业的学者也撰写并发表了一批学术论文和理论文章,共计17篇,计8.5万字。其中具有代表性的有:《新疆推进社会治理体系和治理能力现代化的成功实践》、《新疆宗教政策60年》、《新疆社会建设60年》、《民族区域自治是新疆少数民族发展与进步的基石》(哈萨克文)等。

(六)《要报》《专报》及《新疆社会舆情报告》

《要报》《专报》及《新疆社会舆情报告》是新疆社会科学院为自治区领导和中央相关部门提供决策参考的重要平台和通道。2015年共上报88期,计40余万字。其中,《关于提高南疆四地州干部职工收入和全区干部职工津补贴后的舆情反映》《教育引导宗教人士是当前"去极端化"工作的紧迫任务》《新疆各族群众观看专题片〈谎言包装下的"迁徙圣战路"〉的舆情反映》《〈新疆宗教事务条例〉的落实状况调研及建议》《应高度重视基督教在新疆少数民族中的渗透及其危害》《把进一步扩大劳务输出作为和田精准扶贫的主要抓手》等20篇获得自治区领导肯定性批示,其中有10篇获得中央政治局委员、自治区党委书记张春贤的批示。

三、新疆社会科学院2015年主要科研成果(部分)

成果名称:《新疆南部乡村汉人》
作者:李晓霞
职称:研究员
成果形式:专著
字数:501千字
出版单位:社会科学文献出版社
出版时间:2015年6月

成果名称:《中国民族地区经济社会调查——鄯善卷》
作者:郭泰山
职称:研究员
成果形式:调查报告
字数:280千字
出版单位:中国社会科学出版社
出版时间:2015年11月

成果名称:《推动丝路共建 促进区域共赢》
作者:高建龙
职称:教授
成果形式:署名文章
字数:3.7千字
出版单位:《求是》
出版时间:2015年第4期

成果名称:《政策因素对两汉西域经略的影响——以龟兹为例》
作者:刘国防
职称:编审
成果形式:论文

字数：12 千字
出版单位：《西域研究》
出版时间：2015 年第 3 期

成果名称：《当前新疆"穆斯林妇女蒙面问题"的审视与对策》
作者：王磊
职称：研究员
成果形式：论文
字数：11 千字
出版单位：《新疆社会科学》
出版时间：2015 年第 1 期

成果名称：《"丝绸之路经济带"语境下的中国中亚安全合作》
作者：刘艳
职称：助理研究员
成果形式：论文
字数：8.4 千字
出版单位：《新疆社会科学》
出版时间：2015 年第 5 期

成果名称：《关于新疆南疆地区发展与稳定的战略思考》
作者：董兆武
职称：研究员
成果形式：论文
字数：10 千字
出版单位：《新疆社会科学》
出版时间：2015 年第 5 期

成果名称：《阿富汗毒品及其对中亚的影响》
作者：文丰
职称：副研究员
成果形式：论文
字数：11 千字
出版单位：《新疆社会科学》
出版时间：2014 年第 6 期

成果名称：《论美国的"新丝绸之路"战略》
作者：耶斯尔
职称：副研究员
成果形式：论文
字数：12 千字
出版单位：《新疆大学学报》
出版时间：2015 年第 1 期

成果名称：《一带一路视域下中国新疆边境游消费者权益保护研究》
作者：陈琪
职称：助理研究员
成果形式：论文
字数：10 千字
出版单位：《新疆师范大学学报》
出版时间：2015 年第 4 期

成果名称：《"突骑施"对音、指谓及相关历史考辨》
作者：李树辉
职称：研究员
成果形式：论文
字数：23 千字
出版单位：《暨南史学》（第九辑），广西师范大学出版社
出版时间：2014 年 11 月

成果名称：《伊斯兰国对新疆极端主义的影响》
作者：马黎晖（新疆伊犁师范高等专科学校）
职称：副教授
成果形式：专题报告
字数：4 千字
出版单位：新疆社会科学院《要报》
出版时间：2015 年第 28 期

成果名称：《"伊吉拉特"活动是危害国家安全的有组织犯罪》

作者：王磊  字数：5.1 千字
职称：研究员  出版单位：新疆社会科学院《专报》
成果形式：专题报告  出版时间：2015 年第 2 期

## 第六节 学术人物

一、新疆社会科学院建院以来正高级专业技术人员（1981—2014）

| 序号 | 姓名 | 出生年月 | 学历/学位 | 职务 | 职称 | 主要学术兼职 | 代表作 |
|---|---|---|---|---|---|---|---|
| 离退休人员 ||||||||
| 1 | 谷苞（已故） | 1916.9 | 大学 | 院长 | 研究员 | 中国民族学会副会长、新疆史学会会长 | 《南疆农村社会》（调查报告，主编）、《新疆历史人物》（五集，主编） |
| 2 | 杨发仁 | 1934.11 | 大专 | 院长副书记 | 研究员 | 新疆经济学会副会长、全国区域经济学会理事 | 《泛伊斯兰主义、泛突厥主义在新疆的传播及对策研究》（研究报告，项目负责人）、《邓小平民族理论及其在新疆的实践》（专著） |
| 3 | 王拴乾 | 1941.11 | 大学 | 院长副书记 | 教授 | 新疆经济学会会长、新疆市场营销协会会长 | 《马克思的经济理论体系》（专著）、《中国社会主义市场经济学说》（专著） |
| 4 | 吴福环 | 1950.11 | 博士研究生 | 院长副书记 | 教授 | 中国民族学会副会长、新疆中亚学会会长 | 《清季总理衙门研究》（专著）、《中国新疆社会稳定对策研究》（研究报告，首席专家） |
| 5 | 阿吾提·托乎提（维） | 1934.11 | 在职研究生 | 书记 | 研究员 | 全国中共党史学会理事、新疆党史学会副会长 | 《民族团结与社会稳定文集》（维吾尔文）、《新疆是伟大祖国不可分割的一部分》（维吾尔文，论文） |
| 6 | 阿不都热扎克·铁木尔（曾用名热扎克·铁木尔，维） | 1953.4 | 大学 | 书记副院长 | 研究员 | 自治区专家顾问团顾问、新疆民族学研究会会长 | 《新疆少数民族传统经济生产方式研究》（专著，主编）、《论新旧体制转换中的新疆农村经济改革与发展》（论文） |

续表

| 序号 | 姓名 | 出生年月 | 学历/学位 | 职务 | 职称 | 主要学术兼职 | 代表作 |
|---|---|---|---|---|---|---|---|
| | 离退休人员 ||||||||
| 7 | 乌依古尔·沙依然（维，已故） | 1918.12 | 大学 | 副院长副书记 | 研究员 | 新疆党史研究会副会长、自治区外文翻译协会名誉会长 | 《维吾尔族简史》（汉文、维吾尔文，专著，订稿之一）、《乌孜别克族简史》（汉文、维吾尔文，专著，订稿之一） |
| 8 | 阿不都秀库尔·吐尔迪（维，已故） | 1935.4 | 大学 | 副院长 | 研究员 | 全国、自治区民间文艺家协会副主席、中国维吾尔历史文化研究会副会长 | 《新疆历史人物》（第二集）（维吾尔文，专著，合著）、《试论维吾尔古典文学中的几个问题》（论文，第一作者） |
| 9 | 刘志霄（已故） | 1937.10 | 大学 | 副院长 | 研究员 | 中国维吾尔历史研究会副会长、新疆历史学会会长 | 《维吾尔族历史》（上编、中编，专著）、《丝绸之路与维吾尔族》（论文） |
| 10 | 贾合甫·米尔扎汗（哈） | 1940.9 | 在职研究生 | 副院长 | 研究员 | 中国民族史学会副会长、新疆哈萨克语言文化学会副会长 | 《哈萨克族历史与民俗》（哈萨克文、汉文，专著）、《哈萨克族的族源与民族的形成》（哈萨克文、汉文，论文） |
| 11 | 苗普生 | 1948.11 | 硕士研究生 | 副院长 | 研究员 | 中国维吾尔历史文化研究会副会长、新疆历史学会会长 | 《清代维吾尔族人口考述》（论文）、《新疆在中国统一的多民族国家形成、发展和巩固过程中的历史地位》（论文） |
| 12 | 刘仲康 | 1955.10 | 本科 | 副院长 | 研究员 | 中国宗教学会理事、新疆宗教学会会长 | 《新疆伊斯兰极端主义研究》（研究报告）、《十一届三中全会以来中国共产党对马克思主义宗教理论的十大贡献》（论文） |
| 13 | 田卫疆 | 1955.6 | 博士研究生 | 副院长 | 研究员 | 中国民族史学会、中国中外关系史学会副会长，新疆历史学会副会长兼秘书长 | 《高昌回鹘史稿》（专著）、《新疆历史丛稿》（文集） |

续表

| 序号 | 姓名 | 出生年月 | 学历/学位 | 职务 | 职称 | 主要学术兼职 | 代表作 |
|---|---|---|---|---|---|---|---|
| | 离退休人员 |||||||
| 14 | 张运德 | 1950.2 | 大学 | 纪委书记 | 研究员 | 新疆科社学会副会长、新疆社会学学会会长 | 《"去极端化"法治方式研究》（研究报告）、《用好五把钥匙，深入推进"去极端化"》（调研报告） |
| 15 | 伊布拉音·穆提义（维，已故） | 1920.5 | 大学 | 所长 | 研究员 | 新疆语言学会副会长 | 《突厥语大词典》（三卷本，维吾尔文，译著，翻译和审校）、《五体清文鉴》（维吾尔文部分）（整理） |
| 16 | 陈慧生（已故） | 1923.9 | 大学 | 所长 | 研究员 | — | 《民国新疆史》（专著，合著）、《清末"新政"和"宪政"在新疆的实施》（论文） |
| 17 | 郭平梁（已故） | 1925.11 | 大学 | 副所长 | 研究员 | 中国民族史、唐史、敦煌吐鲁番学等学会、协会首届理事 | 《柯尔克孜族简史》（专著，合著）、《回鹘西迁考》（论文） |
| 18 | 瞿马洪（维，已故） | 1928.4 | 高小 | 主编 | 译审 | 新疆翻译协会常务理事 | 《翻译问题浅探》（维吾尔文，论文）、《毛泽东选集》（维文）（审定、校对） |
| 19 | 阎殿卿（已故） | 1932.2 | 大学 | 副所长 | 研究员 | 新疆经济法研究会常务理事 | 《实用法律咨询》（主编）、《新疆"三区革命"法制史》（专著） |
| 20 | 于溶春 | 1932.11 | 大学 | — | 研究员 | — | 《新疆资源开发》（专著，合著）、《新疆产业经济概论》（专著，撰稿之一） |
| 21 | 王沛（已故） | 1933.3 | 大学 | 副所长 | 译审 | 新疆中亚学会副会长 | 《中亚五国概况》（主编）、《哈萨克斯坦的民族关系问题》（论文） |
| 22 | 哈斯木·霍加（维） | 1934.10 | 中专 | 所长 | 译审 | 中国维吾尔历史文化研究会理事、新疆中亚研究会副会长 | 《哈萨克斯坦概况》（维吾尔文，主编）、《吐鲁番历史地名考》（维吾尔文，论文） |

续表

| 序号 | 姓名 | 出生年月 | 学历/学位 | 职务 | 职称 | 主要学术兼职 | 代表作 |
|---|---|---|---|---|---|---|---|
| 离退休人员 ||||||||
| 23 | 卡德尔·艾克拜尔（维，已故） | 1934.11 | 大学 | — | 研究员 | 新疆乌孜别克语文学会常务副会长、秘书长 | 《乌孜别克族简史》（维吾尔文，专著）、《论少数民族文学研究》（维吾尔文，论文） |
| 24 | 殷晴 | 1935.1 | 大学 | 编辑部主任 | 编审 | — | 《丝绸之路与西域经济》（专著）、《和田地区的环境演变与生态经济研究》（论文） |
| 25 | 纪大椿 | 1935.2 | 大学 | 所长 | 研究员 | 中国中亚文化研究会理事、中日关系史学会新疆分会副会长 | 《新疆历史词典》（主编）、《泛伊斯兰主义、泛突厥主义在新疆传播的历史考察》（论文，第一作者） |
| 26 | 薛宗正 | 1935.6 | 大学 | — | 研究员 | — | 《突厥史》（专著）、《安西与北庭——唐代西陲边政研究》（专著） |
| 27 | 金炳哲 | 1935.9 | 大学 | — | 研究员 | — | 《哈汉会话》（主编）、《哈汉谚语辞典》（主编） |
| 28 | 唐世民 | 1935.10 | 大学 | 所长 | 研究员 | 新疆宗教协会副会长 | 《基督教在新疆的传播》（论文）、《对社会主义时期宗教问题的再认识》（论文） |
| 29 | 刘甲金 | 1936.8 | 大学 | 所长 | 研究员 | 中国生产力学会理事、中国少数民族经济研究会理事 | 《绿洲经济论》（专著，合著）、《关于我国少数民族地区经济发展的几个问题》（论文） |
| 30 | 张友德 | 1936.10 | 大学 | — | 研究员 | — | 《新疆农垦经济概论》（编著）、《喀什地区经济发展的几个问题》（论文） |
| 31 | 石来宗 | 1937.3 | 大学 | 所长 | 研究员 | 中国马克思主义哲学史学会理事、新疆党建研究会理事 | 《邓小平社会主义本质论的哲学特点》（论文）、《邓小平理论与新疆的发展》（编著，主编之一） |

续表

| 序号 | 姓名 | 出生年月 | 学历/学位 | 职务 | 职称 | 主要学术兼职 | 代表作 |
|---|---|---|---|---|---|---|---|
| \multicolumn{8}{c}{离退休人员} ||||||||
| 32 | 校仲彝 | 1937.9 | 大学 | — | 研究员 | 中国维吾尔古典文学与木卡姆学会理事 | 《新疆的语言与文学》（专著）、《突厥语大词典》（三卷，译著，合译） |
| 33 | 马国荣（回） | 1940.1 | 大学 | — | 研究员 | — | 《回族》（中国新疆民族民俗知识丛书，主编）、《中国新疆古代社会生活史》（专著，副主编之一） |
| 34 | 塔依尔江·穆罕默德（维） | 1940.3 | 大学 | 所长 | 研究员 | 新疆北京大学校友会副会长 | 《中国少数民族教育史》（第一卷）（参加撰稿）、《维吾尔语言文化研究论文集》（维吾尔文、汉文） |
| 35 | 陈超 | 1940.10 | 大学 | 副所长 | 研究员 | — | 《泛伊斯兰主义、泛突厥主义在新疆的早期传播与杨增新的对策》（论文）、《新疆历史词典》（编委、撰稿之一） |
| 36 | 连振华（已故） | 1941.10 | 大学 | 所长 | 研究员 | — | 《民事诉讼法概论》（编著，合著）、《怎样写法律文书》（编著） |
| 37 | 曾大昭 | 1942.2 | 大学 | — | 研究员 | — | 《新疆农业战略性调整研究》（专著）、《面向21世纪新疆开发、开放的基本思路》（专著，合著） |
| 38 | 黄俊 | 1943.6 | 大学 | 所长 | 研究员 | 全国农经学会理事、新疆农经学会副会长 | 《新疆绿洲经济运行机制研究》（论文）、《新疆城市化发展战略研究》（论文） |
| 39 | 仲高（锡伯） | 1944.8 | 大学 | 副社长 | 编审 | 新疆龟兹学会副会长 | 《丝绸之路艺术研究》（专著）、《中国地域文化通览——新疆卷》（执行主编） |
| 40 | 潘志平 | 1945.8 | 大学 | 所长 | 研究员 | 中国世界民族学会副会长 | 《中亚浩罕国与清代新疆》（专著）、《民族自决还是民族分裂》（主编，合著） |

续表

| 序号 | 姓名 | 出生年月 | 学历/学位 | 职务 | 职称 | 主要学术兼职 | 代表作 |
|---|---|---|---|---|---|---|---|
| 离退休人员 ||||||||
| 41 | 续西发 | 1945.12 | 大学 | — | 研究员 | 新疆人口学会常务理事 | 《南疆脱贫问题社会学调查》（主编）、《中国少数民族计划生育概论》（专著） |
| 42 | 董兆武 | 1946.6 | 大学 | 主编 | 研究员 | — | 《社会主义市场经济理论与实践》（专著）、《新疆经济社会形势分析与预测》（蓝皮书）（1999—2015 历年，主编和主要撰稿之一） |
| 43 | 别克苏勒坦·凯赛（哈） | 1947.9 | 高中 | 所长 | 研究员 | 中国民间文艺家协会会员 | 《哈萨克族民间文学史》（哈萨克文，专著）、《哈萨克族阿依特斯研究》（哈萨克文，专著） |
| 44 | 李进新 | 1948.1 | 大专 | — | 研究员 | — | 《新疆宗教演变史》（专著）、《新疆伊斯兰汗朝史略》（专著） |
| 45 | 齐清顺 | 1948.1 | 大学 | 所长 | 研究员 | 中国民族学会常务理事、新疆民族学会副会长 | 《新疆多民族分布格局的形成（1759—1949 年）》（专著）、《清代新疆经济史稿》（专著） |
| 46 | 阿德力汗·叶斯汗（哈，已故） | 1965.3 | 在职研究生 | 副所长 | 研究员 | — | 《从游牧到定居》（专著）、《传统畜牧业向现代畜牧业转变研究》（哈萨克文，专著） |
| 院领导 ||||||||
| 47 | 铁木尔·吐尔逊（维） | 1957.2 | 本科 | 书记副院长 | 研究员 | 新疆农学会副理事长、新疆棉花学会常务理事 | 《农业科技成果商品化中存在的问题与对策》（论文）、《不同生态类型棉区主要生态因子对棉花产量影响分析》（论文） |
| 48 | 高建龙 | 1960.7 | 省委党校研究生 | 院长副书记 | 教授 | 自治区社科联常委、新疆经济学会副会长 | 《推动丝路共建 促进区域共赢》（《求是》署名文章）、《新疆文化发展报告》（2014 年、2015 年，主持，第一主编） |

续表

| 序号 | 姓名 | 出生年月 | 学历/学位 | 职务 | 职称 | 主要学术兼职 | 代表作 |
|---|---|---|---|---|---|---|---|
| 院领导 |||||||||
| 49 | 阿布都热扎克·沙依木（维） | 1957.9 | 中央党校研究生 | 副院长 | 编审 | 中国维吾尔历史文化研究会副会长 | 《维吾尔族民间文艺与传统技艺》（专著）、《论我区的传统教育思想与教育改革》（论文） |
| 50 | 库兰·尼合买提（哈） | 1961.11 | 中央党校研究生 | 副院长 | 编审 | 自治区社科联副主席、新疆哈萨克语言文化学会副会长 | 《阿肯阿依特斯艺术及传承价值》（论文）、《以现代文化为引领 传承、弘扬新疆各民族传统文化》（论文） |
| 51 | 柴林 | 1972.3 | 博士研究生 | 副院长 | 研究员 | 自治区党建研究会理事 | 《南疆三地州优势资源转换战略与人力资源开发研究》（专著）、《新疆推进学习型党组织建设理论研究》（专著） |
| 历史研究所 |||||||||
| 52 | 贾丛江 | 1967.6 | 本科 | 所长 | 研究员 | 中国维吾尔历史与文化学会常务理事 | 《关于西汉时期西域汉人的几个问题》（论文）、《关于元朝内迁畏兀儿人的几个问题》（论文） |
| 53 | 吐娜（蒙古） | 1960.5 | 本科 | — | 研究员 | 新疆历史学会、新疆卫拉特蒙古研究学会等学会理事 | 《近现代新疆蒙古族社会史》（专著）、《巴音郭楞蒙古族史》（专著，合著） |
| 宗教研究所 |||||||||
| 54 | 马品彦 | 1947.11 | 本科 | — | 研究员 | 自治区人民政府文史馆馆员、公安部西北研究所特聘研究员 | 《新中国使新疆各族人民真正享有宗教信仰自由权利》（《人民日报》署名文章）、《新疆多种宗教并存格局的形成与演变》（论文） |
| 55 | 才吾加甫（蒙古） | 1961.7 | 本科 | — | 研究员 | — | 《新疆古代佛教研究》（专著）、《藏文文献所见于阗佛教》（论文） |

续表

| 序号 | 姓名 | 出生年月 | 学历/学位 | 职务 | 职称 | 主要学术兼职 | 代表作 |
|---|---|---|---|---|---|---|---|
| 离退休人员 ||||||||
| 56 | 郭泰山 | 1958.10 | 在职研究生 | 所长 | 研究员 | 新疆宗教学学会副会长兼秘书长 | 《中国少数民族地区经济社会发展调查——鄯善卷》（主编）、《社会转型中的嬗变与应对——谈当前新疆宗教工作及宗教学研究》（论文） |
| 中亚研究所 ||||||||
| 57 | 石岚 | 1970.1 | 本科 | 副所长 | 研究员 | 新疆中亚学会会长 | 《中亚费尔干纳：伊斯兰与现代民族国家》（专著）、《新疆周边国家形势研究报告——丝绸之路与地区合作》（专著，主编之一） |
| 58 | 古丽燕 | 1968.6 | 本科 | — | 研究员 | 自治区人大法工委和政府法制办立法咨询组成员 | 《国际与女性恐怖犯罪以及对新疆的警示》（论文）、《维护新疆稳定的相关法律研究》（研究报告） |
| 语言研究所 ||||||||
| 59 | 李树辉 | 1957.4 | 大专 | 所长 | 研究员 | 中国维吾尔历史文化研究会常务理事，新疆历史学会理事 | 《乌古斯和回鹘研究》（专著）、《突厥原居地"金山"考辨》（论文） |
| 民族文化研究所 ||||||||
| 60 | 那木吉拉（蒙古） | 1960.9 | 本科 | 副所长 | 研究员 | 新疆民间文艺家协会副会长 | 《卫拉特蒙古民俗文化》（四卷本，蒙文，专著）、《卫拉特民俗与民间文学关系研究》（蒙文，专著） |
| 经济研究所 ||||||||
| 61 | 宋建华 | 1961.10 | 本科 | 所长 | 研究员 | 新疆生态学会副会长 | 《新疆少数民族地区县域经济中的农业产业化问题研究》（研究报告）、《破解新疆三农难题，推进社会主义新农村建设》（论文） |

续表

| 序号 | 姓名 | 出生年月 | 学历/学位 | 职务 | 职称 | 主要学术兼职 | 代表作 |
|---|---|---|---|---|---|---|---|
| 离退休人员 ||||||||
| 62 | 王宁 | 1957.11 | 本科 | 原所长 | 研究员 | 自治区人民政府参事、自治区专家顾问团顾问 | 《新疆人才发展战略研究》（专著，合著）、《南疆跨越式发展研究》（专著，主持） |
| 法学研究所 ||||||||
| 63 | 白丽（曾用名白莉） | 1963.5 | 博士研究生 | 所长 | 研究员 | 自治区专家顾问团成员、自治区人大法工委立法咨询专家组成员 | 《公司清算制度法律问题研究——以债权人利益保护为中心》（专著）、《完善国内反恐立法，依法惩治新疆暴力恐怖犯罪》（论文） |
| 农村发展研究所 ||||||||
| 64 | 阿布都伟力·买合普拉（维） | 1973.7 | 博士研究生 | 副所长 | 研究员 | — | 《新疆南疆地区物流节点评价与网络空间布局研究》（专著）、《区域物流研究——基础理论和综述》（专著） |
| 社会学研究所 ||||||||
| 65 | 李晓霞 | 1964.6 | 硕士研究生 | 所长 | 研究员 | 新疆社会学学会会长 | 《新疆民族混合家庭研究》（专著）、《新疆南部乡村汉人》（专著） |
| 哲学研究所 ||||||||
| 66 | 木拉提·黑尼亚提（哈） | 1965.6 | 博士研究生 | 所长 | 研究员 | 新疆哲学学会会长 | 《哈萨克族宗教信仰的演变》（论文）、《传统文化向现代文化转型的经验与启示——从近代土耳其的世俗化改革与文化转型谈起》（论文，第一作者） |
| 杂志社 ||||||||
| 67 | 刘国防 | 1966.12 | 硕士研究生 | 社长主编 | 编审 | 中国中外关系史学会副理事长 | 《汉西域都护及其始置年代》（论文）、《汉代乌孙赤谷城地望蠡测》（论文） |

续表

| 序号 | 姓名 | 出生年月 | 学历/学位 | 职务 | 职称 | 主要学术兼职 | 代表作 |
|---|---|---|---|---|---|---|---|
| \multicolumn{8}{c}{离退休人员} |||||||
| 68 | 苏 成 | 1972.11 | 本科 | 主编 | 编审 | 新疆经济学会理事 | 《对中华民族的认同》（理论读物）、《青山常在 蓝天常驻 绿水常清——新疆生态文明建设之路》（编著） |
| 69 | 亚森·库马尔（哈） | 1957.11 | 本科 | 副主编 | 编审 | — | 《古代北方游牧民族文化与中原文化的关系》（专著）、《草原民族与中原文化》（专著，合著） |
| 70 | 王慧君 | 1966.11 | 本科 | — | 编审 | — | 《喀什经济开发区战略定位研究》（论文）、《文化创意产业发展研究》（论文） |
| 71 | 陈 霞 | 1967/07 | 在职研究生 | — | 编审 | — | 《丝绸之路的开通及其对新疆的影响》（论文）、《把握新疆历史著述政治方向的原则与方法》（论文） |
| \multicolumn{8}{c}{科研外事处} |||||||
| 72 | 王 磊 | 1972.2 | 硕士研究生 | 处长 | 研究员 | 新疆法学会地方法治研究会常务副会长 | 《私法的争鸣——私权保护热点问题研究》（专著）、《当前新疆"穆斯林妇女蒙面问题"的审视与对策》（论文） |

## 二、新疆社会科学院2015年度晋升正高级专业技术职务人员

阿班·毛力提汗，1959年12月出生，研究员。男，哈萨克族，新疆布尔津人。1994年12月入职新疆社会科学院，长期从事马克思主义理论研究和哈萨克族文化与哲学思想研究，现主要从事中国特色社会主义理论研究，主要学术专长是少数民族贫困与民生问题研究。主要代表作有：《新疆农村贫困问题研究》（专著）、《中国共产党反贫困理论与实践》（论文）、《与宗教极端势力斗争没有调和余地》（理论文章）。

何运龙，1960年12月出生，研究员。男，祖籍陕西省蒲城县人，1993年9月从部队转业到新疆社会科学院，长期从事法学研究和政治理论研究。主要学术专长是新疆法治问题研究、政治理论研究。主要代表作：《赔偿法律概论》（专著）、《"法轮功"等邪教组织在新疆的传播渗透与防范对策研究》（研究报告）、《毛泽东与新疆解放和社会发展》（论文）。

周潇，1967年10月出生，研究员。女，新疆库尔勒人。1991年2月入职新疆社会科学院，长期从事区域经济和产业经济研究。主要学术专长是新疆经济形势分析、区域发展规划、产业布局、城市经济、

县域经济发展以及外资项目经济社会评估等研究。主要代表作有：《参与与共享——新疆外资扶贫项目中当地少数民族居民共同参与、共同享有研究》（专著），1999—2016历年"新疆经济社会形势分析与预测"（蓝皮书）经济篇总报告（执笔）；《新疆少数民族传统经济生产方式研究》（专著，总报告执笔）。

艾力·吾甫尔，1969年10月出生，研究员。维吾尔族，新疆伽师人。1990年8月入职新疆社会科学院，长期从事新疆少数民族文化研究。主要学术专长是维吾尔族历史与文化研究。主要代表作：《新疆阿布达里聚落研究》（专著，维吾尔文）、《清代察合台文献译注》（专著，合著）、《佚名作者〈喀什噶尔史〉作者和版本问题研究》（论文）。

## 第七节 2015年大事记

### 一月

1月23日，新疆社会科学院召开2014年度工作总结暨表彰大会。

1月27日，《新疆通史》编委会主任办公会第49次会议在新疆社会科学院历史研究所召开。会上传达了中央政治局委员、中宣部部长刘奇葆同志在听取《新疆通史》编撰工作汇报时所作的重要讲话和指示精神。

### 二月

2月28日，新疆社会科学院第二批"访民情、惠民生、聚民心"工作组乘车赴和田县朗如乡住村点，院所领导和部分职工为工作组送行。

### 三月

3月4日，新疆社会科学院召开全体职工大会，宣布自治区党委任命：新疆社会科学院原副院长刘仲康为自治区党委宣传部巡视员（免去新疆社会科学院党委委员、副院长职务，仍在社科院工作）；新疆社会科学院原组织人事处处长柴林为新疆社会科学院副院长。

3月11日，自治区副主席田文到新疆社会科学院视察工作并看望慰问科研人员。

3月27日，新疆社会科学院2015年度科研工作会议召开。会议主题是"新型智库建设"。

### 四月

4月10日，新疆社会科学院三届八次职工代表大会召开。

### 五月

5月6日，新疆社会科学院召开全体职工大会，宣布自治区党委决定：铁木尔·吐尔逊同志任新疆社会科学院党委委员、书记、副院长。

5月15日，新疆社会科学院召开"关于在处级以上领导干部中开展'三严三实'专题教育动员大会"。党委书记铁木尔·吐尔逊同志在大会上作动员讲话，院长高建龙同志以"践行'三严三实'，打造新型智库"为题讲专题党课。

5月27日，新疆社会科学院召开2015年度舆情信息工作会议。

### 六月

6月5—7日，高建龙、田卫疆、柴林、马品彦、李晓霞、王磊、苏成、于尚平、周潇、古丽燕、周丽、王宏丽等赴乌鲁木齐市南山参加新疆维吾尔自治区成立60周年白皮书课题集体撰稿会。

### 七月

7月1日，新疆社会科学院隆重召开"七一"表彰大会。表彰先进党支部（5个）、优秀共产党员（29名）和优秀党务工作者（6名）。

**八月**

8月11日，田卫疆、李晓霞、贾丛江、古丽巴哈尔·买买提尼亚孜等在新疆迎宾馆参加全国政协常委、民族和宗教委员会主任朱维群一行就"丝绸之路经济带建设所涉及的民族宗教问题"来疆调研期间举行的座谈会。

**九月**

9月9日，新疆社会科学院召开2015年新进人员座谈会。

9月23日，在古尔邦节、中秋节、国庆节以及自治区成立60年大庆即将到来之际，新疆社会科学院组织召开老中青职工代表座谈会。

**十月**

10月22日，举办新疆社会科学院2015年度党支部书记、副书记、支部委员培训班。

**十一月**

11月10日，自治区党委常委、宣传部部长李学军同志到新疆社会科学院主持召开自治区社科理论工作调研座谈会。

11月29日，新落成的新疆社会科学院学术大楼正式投入使用。

**十二月**

12月9日，新疆社会科学院党委书记铁木尔·吐尔逊同志以"全面贯彻'依法治国'方略，加快推进法制新疆建设步伐"为题，向全院职工作法治专题报告。

# 第四篇 附录

# 中国社会科学院概览

| 全称 | 中国社会科学院 | | 地址 | 北京建国门内大街5号 | |
|---|---|---|---|---|---|
| 网址 | http://cass.cssn.cn/ | 邮编 | 100732 | 电话 | 010 85195018 |
| 编制总额 | 4200 | | 实有人数 | 3617 | |
| 管理岗位 | 815 | 专业岗位 | 2787 | 工勤岗位 | 15 |
| 党组书记 | 王伟光 | | 院长 | 王伟光 | |
| 副书记 | 王京清 | 党组成员 | 张江 李培林 张英伟 蔡昉 荆惠民 | | |
| 纪检组长 | 张英伟 | 副院长 | 张江 李培林 蔡昉 | | |
| 职能部门 | 办公厅　　科研局（学部工作局）　　人事教育局　　国际合作局<br>财务基建计划局　　离退休干部工作局　　直属机关党委　　直属机关纪委<br>基建工作办公室　　信息化管理办公室 ||||||
| 科研院所 | 文学研究所　　民族文学研究所　　外国文学研究所<br>语言研究所　　哲学研究所　　世界宗教研究所<br>考古研究所　　历史研究所　　近代史研究所<br>世界历史研究所　　中国边疆研究所　　台湾研究所<br>经济研究所　　工业经济研究所　　农村发展研究所<br>财经战略研究院　　金融研究所　　数量经济与技术经济研究所<br>人口与劳动经济研究所　　城市发展与环境研究所　　法学研究所<br>国际法研究所　　政治学研究所　　民族学与人类学研究所<br>社会学研究所　　社会发展战略研究院　　新闻与传播研究所<br>世界经济与政治研究所　　俄罗斯东欧中亚研究所　　欧洲研究所<br>西亚非洲研究所　　拉丁美洲研究所　　亚太与全球战略研究院<br>美国研究所　　日本研究所　　和平发展研究所<br>马克思主义研究院　　当代中国研究所　　信息情报研究院<br>中国特色社会主义理论体系研究中心 ||||||
| 直属单位 | 中国社会科学出版社　　社会科学文献出版社　　中国社会科学杂志社<br>中国社会科学院研究生院　　中国社会科学院图书馆　　中国社会科学院服务中心<br>中国社会科学院文化发展促进中心　　郭沫若纪念馆 ||||||
| 直属公司 | 中国人文科学发展公司（中国经济技术研究咨询有限公司）<br>中国经营出版传媒集团 ||||||
| 代管单位 | 中国地方志指导小组办公室（国家方志馆，辖方志出版社） ||||||

# 北京市社会科学院概览

| 全称 | 北京市社会科学院 | | 地址 | 北京市朝阳区北四环中路 33 号 |
|---|---|---|---|---|
| 网址 | http://www.bass.gov.cn | 邮编 100101 | 电话<br>传真 | 010 64870891<br>010 64872765 |
| 编制总额 | | 实有人数 | | 239 |
| 管理岗位 | 47 | 专业岗位 | 189 | 工勤岗位 3 |
| 党委（党组）书记 | 王学勤 | 院长 | 王学勤 | |
| 副书记 | | 副院长 | 周 航 许传玺 赵 弘 杨 奎 | |
| 职能部门 | 办公室　　　机关党委　　　机关纪委<br>机关工会　　科研组织处　　人事处<br>计划财务处　行政处　　　　老干部处<br>国际交流中心 | | | |
| 科研机构 | 文化研究所　　　　历史研究所　　　　　哲学研究所<br>经济研究所　　　　科学社会主义研究所　社会学研究所<br>城市问题研究所　　外国问题研究所　　　满学研究所<br>管理研究所　　　　法学研究所　　　　　传媒研究所<br>市情调查研究中心　首都社会治安综合治理研究所 | | | |
| 科辅部门 | 《北京社会科学》编辑部<br>《城市问题》编辑部<br>图书信息中心 | | | |

# 天津社会科学院概览

| 全称 | 天津社会科学院 | | | 地址 | 天津市南开区迎水道7号 | |
|---|---|---|---|---|---|---|
| 网址 | http://www.tass-tj.org.cn/ | | 邮编 | 300191 | 电话 | 022 23368739 |
| | | | | | 传真 | 022 23622739 |
| 编制总额 | | 347 | | 实有人数 | | 228 |
| 管理岗位 | 67 | | 专业岗位 | 150 | 工勤岗位 | 11 |
| 党委（党组）书记 | | 张 健 | | 院长 | | 张 健 |
| 党组成员 | 王立国 钟会兵 信金爱 施 琪 李同柏 | | | 副院长 | 吕春波 王立国 钟会兵 信金爱 施 琪 | |
| 职能部门 | 办公室　　　　　　科研组　　　　　　织处人事处<br>行政处　　　　　　财务处　　　　　　老干部处 ||||||
| 科研机构 | 马克思主义研究所　　文学研究所　　　历史研究所　　　哲学研究所<br>城市经济研究所　　　现代企业研究所　社会学研究所　　法学研究所<br>日本研究所　　　　　舆情研究所　　　经济社会预测研究所　发展战略研究所<br>东北亚研究所　　　　伦理学研究所 ||||||
| 科辅部门 | 图书馆　　　　　　　　　　　　　　《天津社会科学》编辑部<br>《道德与文明》编辑部　　　　　　《东北亚学刊》编辑部<br>天津社会科学院出版社有限公司 ||||||

# 河北省社会科学院概览

| 全称 | 河北省社会科学院 | | 地址 | 石家庄市裕华西路67号 | |
|---|---|---|---|---|---|
| 网址 | http://www.hebsky.gov.cn | 邮编 050051 | 电话 | 0311　83035743 | |
| | | | 传真 | 0311　83018546 | |
| 编制总额 | 381 | | 实有人数 | 329 | |
| 管理岗位 | 127（参公管理110） | 专业岗位　179 | | 工勤岗位 | 23 |
| 党委（党组）书记 | 郭金平 | | 院长 | 郭金平 | |
| 党组成员 | 曹保刚　杨思远　孙毅　刘月<br>张福兴　彭建强　焦新旗　张国岚 | | 副院长 | 曹保刚　杨思远　孙毅　刘月<br>张福兴　彭建强　焦新旗 | |
| 纪检组长 | 张国岚 | | | | |
| 职能部门 | 办公室　　人事处　　财务处　　　行政处　　　　科研组织处<br>培训处　　老干部处　机关党委　　纪检组（监察室）　社科联秘书处<br>学会工作处　科普工作处　科学成果管理处　社团党建工作处　讲师团工作处<br>经济教研室　哲学教研室　政治文化教研室 | | | | |
| 科研机构 | 经济研究所　　财贸经济研究所　　农村经济研究所<br>语言文学研究所（燕赵文化研究中心）　历史研究所（河北省抗日战争史研究中心）<br>哲学研究所　　社会发展研究所（精神文明建设研究中心）<br>法学研究所　　新闻与传播学研究所　人力资源研究所<br>邓小平理论、"三个代表"重要思想和科学发展观研究所 | | | | |
| 科辅部门 | 社会科学信息中心　　　　　《河北学刊》杂志社<br>《经济论坛》杂志社（旅游研究中心）　《社会科学论坛》杂志社 | | | | |

# 山西省社会科学院概览

| 全称 | 山西省社会科学院 | | 地址 | 太原市并州南路116号 | |
|---|---|---|---|---|---|
| 网址 | http://www.sass.sx.cn | 邮编 | 030006 | 电话<br>传真 | 0351 5691800<br>0351 7040496 |
| 编制总额 | | | 实有人数 | 220 | |
| 管理岗位 | 50 | 专业岗位 | 170 | 工勤岗位 | |
| 党委（党组）书记 | | 李中元 | 院长 | | 李中元 |
| 党组成员 | 潘 云　杨茂林　宋建平<br>景世民　张建武 | | 副院长 | 潘 云　杨茂林 | |
| 职能部门 | 办公室　　　人事处　　　科研组织处　　　行政处<br>机关党委　　监察室　　　工会　　　　　　离退休管理处 ||||||
| 科研机构 | 经济研究所　　　　　能源经济研究所　　　　历史研究所<br>社会学研究所　　　　国际交流中心　　　　　语言研究所<br>文学研究所　　　　　思维科学与教育研究所　党的建设与政治学法学研究所<br>哲学研究所　　　　　马克思主义研究所　　　晋商文化研究中心<br>旅游经济研究中心 ||||||
| 科辅部门 | 《经济问题》杂志社　　　　　　《晋阳学刊》杂志社<br>《五台山研究》编辑部　　　　　《语文研究》编辑部<br>图书馆 ||||||

# 内蒙古自治区社会科学院概览

| 全称 | 内蒙古自治区社会科学院 | | 地址 | 呼和浩特市大学东街129号 | |
|---|---|---|---|---|---|
| 网址 | http://www.nmgass.com.cn | 邮编 | 010010 | 电话 传真 | 0471 4951081 0471 4954831 |
| 编制总额 | | | 实有人数 | | 226 |
| 管理岗位 | 63 | 专业岗位 | 154 | 工勤岗位 | 9 |
| 党委（党组）书记 | | 刘万华 | 院长 | | 马永真 |
| 纪委书记 | 刘满贵 | 副院长 | | 张志华  毅松  金海 | |
| 职能部门 | 办公室　　　　科研组织处　　　　人事处<br>机关党委　　　纪检委 | | | | |
| 科研机构 | 哲学与宗教研究所　　　经济研究所　　　　　　牧区发展研究所<br>历史（成吉思汗）研究所　蒙古语言文字研究所　文学研究所<br>民族研究所　　　　　　政治学与法学研究所　社会学研究所<br>草原文化研究所　　　　俄罗斯与蒙古国研究所　公共管理研究所<br>城市发展研究所　　　　蒙古语言信息技术研发中心（ＭＩＴ） | | | | |
| 科辅部门 | 《内蒙古社会科学》杂志社　　　图书馆<br>《蒙古学研究年鉴》编辑部<br>《领导参阅》编辑部 | | | | |

# 辽宁社会科学院概览

| 全称 | 辽宁社会科学院 | | 地址 | 沈阳市皇姑区泰山路86号 | |
|---|---|---|---|---|---|
| 网址 | http://www.lass.net.cn | 邮编 | 110031 | 电话 | 024 86806061 |
| | | | | 传真 | 024 86806209 |
| 编制总额 | | | 实有人数 | | 219 |
| 管理岗位 | 43 | 专业岗位 | 176 | 工勤岗位 | |
| 党委（党组）书记 | 戴茂林 | | 院长 | | 姜晓秋 |
| 副书记 | 姜晓秋 | 副院长 | | 戴茂林 梁启东 牟岱 | |
| 职能部门 | 办公室　　科研处　　人事处<br>财务处　　离退休干部处　综合处<br>行政管理处　机关党委、纪委、工会 | | | | |
| 科研机构 | 哲学研究所　　　经济研究所　　　东北亚研究所<br>城市发展研究所　法学研究所　　　社会学研究所<br>文化学研究所　　文学研究所　　　历史研究所<br>地方党史研究所　边疆史地研究所　财政金融研究所<br>人力资源研究所　产业经济研究所　心理研究所<br>农村发展研究所　低碳发展研究所 | | | | |
| 科辅部门 | 外事工作办公室　文献信息中心　　《社会科学辑刊》编辑部<br>信息工作办公室　社会科学志办公室 | | | | |

# 吉林省社会科学院概览

| 全称 | 吉林省社会科学院 | | 地址 | 长春市自由大路 5399 号 | |
|---|---|---|---|---|---|
| 网址 | http://www.jlass.com.cn | 邮编 | 130030 | 电话 | 0431 84638373 |
| | | | | 传真 | 0431 84638321 |
| 编制总额 | | | 实有人数 | 302 | |
| 管理岗位 | 98 | 专业岗位 | 194 | 工勤岗位 | 10 |
| 党委（党组）书记 | 邵汉明 | | 院长 | 邵汉明 | |
| 副书记 | | 副院长 | 刘亚政　刘信君　杨静波　郭连强 | | |
| 职能部门 | 办公室<br>社会科学普及宣传处<br>财务处<br>机关党委<br>外事处 | 人事处<br>讲师团工作处<br>行政处<br>科研管理处<br>情报资料室 | 学会工作处<br>网络信息处<br>老干部处<br>研究生处<br>高句丽研究中心办公室 | | |
| 科研机构 | 马克思主义研究所<br>历史研究所<br>经济研究所<br>城市发展研究所<br>日本研究所<br>东北亚研究中心 | 哲学与文化研究所<br>民族研究所<br>软科学开发研究所<br>法学研究所<br>朝鲜·韩国研究所 | 语言文学研究所<br>高句丽研究中心研究室<br>农村发展研究所<br>社会学研究所<br>俄罗斯研究所 | | |
| 科辅部门 | 图书馆<br>《经济纵横》杂志社<br>《现代交际》杂志社 | 《社会科学战线》杂志社<br>《东北史地》杂志社 | | | |

# 黑龙江省社会科学院概览

| 全称 | 黑龙江省社会科学院 | | 地址 | 哈尔滨市道里区友谊路501号 | |
|---|---|---|---|---|---|
| 网址 | http://www.hlass.com/ | 邮编 | 150018 | 电话 | 0451 86497931 |
| | | | | 传真 | 0451 86497715 |
| 编制总额 | | | 实有人数 | | 331 |
| 管理岗位 | 96 | 专业岗位 | 193 | 工勤岗位 | 32 |
| 党委（党组）书记 | | 谢宝禄 | 院长 | | 朱 宇 |
| 副书记 | 朱 宇 战继发 | 副院长 | | 任 玲 王爱丽 | |
| 职能部门 | 党委办公室（院长办公室）　　组织部（人事处）　　宣传部<br>纪委　　　　　　　　　　　　老干部处　　　　　　工会<br>科研处　　　　　　　　　　　行政处 | | | | |
| 科研机构 | 历史研究所　　　　　　　　　政治学研究所　　　　经济研究所<br>哲学与文化研究所　　　　　　社会学研究所　　　　文学研究所<br>东北亚和国际问题研究中心　　俄罗斯研究所　　　　东北亚研究所<br>应用经济研究所　　　　　　　犹太研究中心　　　　法学研究所 | | | | |
| 科辅部门 | 文献信息中心　　　　　　　　网络中心　　　　　　《学习与探索》杂志社 | | | | |

# 上海社会科学院概览

| 全称 | 上海社会科学院 | | | 地址 | 上海市淮海中路622弄7路 | |
|---|---|---|---|---|---|---|
| 网址 | http://www.sass.org.cn/ | 邮编 | 200020 | 电话 | 021 53068658 | |
| | | | | 传真 | 021 53061151 | |
| 编制总额 | | | | 实有人数 | 739 | |
| 管理岗位 | 114 | 专业岗位 | 625 | 工勤岗位 | | |
| 院长 | | 王 战 | | 党委书记 | 于信汇 | |
| 副书记 纪委书记 | 王玉梅 | 党委委员 副院长 | 黄仁伟 谢京辉 王 振 何建华 张兆安 | | | |
| 职能部门 | 纪委（监察室） 党政办公室 党委组织部（老干部办公室） 党委宣传部 党委统战部 人事处 科研处（创新工程办公室） 智库建设处（研究室、重大课题办公室） 国际合作处（台港澳办公室） 财务处（会计服务中心） 审计室 行政处 | | | | | |
| 科研机构 | 经济研究所 部门经济研究所 世界经济研究所 国际关系研究所 法学研究所 政治与公共管理研究所 中国马克思主义研究所 社会学研究所 城市与人口发展研究所 生态与可持续发展研究所 宗教研究所 文学研究所 历史研究所 哲学研究所 信息研究所 新闻研究所 世界中国学研究所 | | | | | |
| 直属单位 | 中国国际经济交流中心上海分中心 智库研究中心 《社会科学报》报社 《社会科学》杂志社 图书馆 研究生院（进修学院） 网络管理中心 上海社会科学院出版社有限公司 上海社科资产经营管理有限责任公司（后勤服务中心） | | | | | |

# 江苏省社会科学院概览

| 全称 | 江苏省社会科学院 | | 地址 | 南京市虎踞北路12号 | |
|---|---|---|---|---|---|
| 网址 | http://www.jsass.com.cn/ | 邮编 | 210013 | 电话 | 025 83737842 |
| | | | | 传真 | 025 83725001 |
| 编制总额 | 277 | | 实有人数 | 203 | |
| 管理岗位 | 45 | 专业岗位 | 150 | 工勤岗位 | 8 |
| 党委（党组）书记 | | 王庆五 | 院长 | 王庆五 | |
| 副书记 | | 党委委员 副院长 | 刘旺洪　樊和平　吴先满 | | |
| 职能部门 | 办公室　　　　　科研组织处　　　　人事处<br>老干部工作处　　后勤管理处　　　　机关党委<br>监察室 | | | | |
| 科研机构 | 经济研究所　　　世界经济所　　　　农村发展研究所<br>财贸研究所　　　社会学研究所　　　社会政策研究所（区域现代化研究院）<br>法学研究所　　　马克思主义研究所　哲学与文化研究所<br>文学研究所　　　历史研究所 | | | | |
| 科辅部门 | 《江海学刊》杂志社　　　　图书馆 | | | | |

# 浙江省社会科学院概览

| 全称 | 浙江省社会科学院 | 地址 | 杭州市西湖区凤起路 620 号 |
|---|---|---|---|
| 网址 | http://www.zjss.com.cn/ | 邮编 310025 | 电话 0571 87053176<br>传真 0571 87053178 |
| 编制总额 | 178 | 实有人数 | 151 |
| 管理岗位 | 61 | 专业岗位 89 | 工勤岗位 1 |
| 党委（党组）书记 | 张伟斌 | 院长 | 迟全华 |
| 副书记 |  | 党委委员<br>副院长 | 葛立成　潘捷军　毛跃　陈柳裕 |
| 职能部门 | 办公室　　　　　　人事处<br>科研情报处　　　　机关党委 ||||
| 科研机构 | 区域经济研究所　　产业经济研究所　　哲学研究所<br>社会学研究所　　　文化研究所　　　　历史研究所<br>法学研究所　　　　政治学研究所　　　公共政策研究所<br>调研中心 ||||
| 科辅部门 | 《浙江学刊》编辑部　　《观察与思考》编辑部<br>图书馆 ||||
| 代管机构 | 浙江省地方志编纂委员会办公室（浙江省人民政府地方志办公室） ||||

# 安徽省社会科学院概览

| 全称 | 安徽省社会科学院 | | 地址 | 合肥市徽州大道1009号 | |
|---|---|---|---|---|---|
| 网址 | http://www.aass.ac.cn/ | 邮编 | 230051 | 电话 | 0551 3438366 |
| | | | | 传真 | 0551 3438358 |
| 编制总额 | | | 实有人数 | | 148 |
| 管理岗位 | 37 | 专业岗位 | 111 | 工勤岗位 | |
| 党委（党组）书记 | | 刘飞跃 | 院长 | | 刘飞跃 |
| 党组成员 | 计永超 施立业 杨俊龙 周之林 | 副院长 | 施立业 杨俊龙 | 纪检组长 | 周之林 |
| 职能部门 | 办公室　　　　科研组织处　　　人事处<br>财务处　　　　离退休工作处　　机关党委<br>监察室　　　　机关服务中心 | | | | |
| 科研机构 | 城乡经济研究所　　经济研究所　　　马克思主义研究所<br>法学研究所　　　　历史研究所（人物研究所）<br>文学研究所　　　　哲学与文化研究所　社会学研究所<br>新闻与传播研究所　当代安徽研究所 | | | | |
| 科辅部门 | 图书馆　　《江淮论坛》杂志社　　《安徽史学》杂志社 | | | | |

# 福建社会科学院概览

| 全称 | 福建社会科学院 | | 地址 | 福州市鼓楼区柳河路 18 号 | |
|---|---|---|---|---|---|
| 网址 | http://www.fass.net.cn/ | 邮编 | 350001 | 电话<br>传真 | 0591 83791486<br>0591 83791479 |
| 编制总额 | | | 实有人数 | 157 | |
| 管理岗位 | 36 | 专业岗位 | 110 | 工勤岗位 | 11 |
| 院长 | | 张 帆 | 党组书记 | | 陈祥健 |
| 副书记 | | 党组成员<br>副院长 | | 黎 昕 李鸿阶 | |
| 职能部门 | 办公室　　　人事处　　　科研组织处<br>对外合作处　　机关党委（工会） | | | | |
| 科研机构 | 文学研究所　　　　历史研究所　　　　哲学研究所<br>经济研究所　　　　法学研究所　　　　亚太经济研究所<br>华侨华人研究所　　社会学研究所　　　精神文明研究所<br>现代台湾研究所 | | | | |
| 科辅部门 | 文献信息中心（福建省台湾文献信息中心人文社科馆）<br>《福建论坛》杂志社 | | | | |
| 直属单位 | 福建省海峡文化研究中心<br>福建社会科学院　中国社会科学院哲学研究所宋明理学研究中心 | | | | |

# 江西省社会科学院概览

| 全称 | 江西省社会科学院 | | 地址 | 南昌市洪都北大道649号 |
|---|---|---|---|---|
| 网址 | http://www.jxss.net.cn/ | 邮编　330077 | 电话<br>传真 | 0791　8596284<br>0791　8592895 |
| 编制总额 | 246 | | 实有人数 | 184 |
| 管理岗位 | 34 | 专业岗位　141 | 工勤岗位 | 9 |
| 党委（党组）书记 | 姜　玮 | | 院长 | 梁　勇 |
| 副书记 | 梁　勇 | 党组成员<br>副院长 | 毛智勇　龚建文　孔凡斌 | |
| 职能部门 | 办公室　　　人事处　　　科研管理处<br>行政财务处　机关党委 | | | |
| 科研机构 | 哲学研究所　　　经济研究所　　　产业经济研究所<br>城市经济研究所　文化研究所　　　社会学研究所<br>法学研究所　　　社会调查事务所　历史研究所<br>应用对策研究室 | | | |
| 科辅部门 | 《江西社会科学》杂志社　《企业经济》编辑部<br>《鄱阳湖学刊》编辑部　　《农业考古》编辑部<br>图书馆　　　　　　　　国际交流合作中心 | | | |

# 山东社会科学院概览

| 全称 | 山东社会科学院 | | 地址 | 济南市舜耕路56号 |
|---|---|---|---|---|
| 网址 | http://www.sdass.net.cn/ | 邮编 250002 | 电话<br>传真 | 0531 82704600<br>0531 82973044 |
| 编制总额 | 341 | | 实有人数 | 286 |
| 管理岗位 | 79 | 专业岗位 201 | 工勤岗位 | 6 |
| 党委（党组）书记 | 唐洲雁 | | 院长 | 张述存 |
| 副书记 | 张述存 王希军 | 党委委员<br>副院长 | 王兴国 姚东方（纪委书记） 王志东 袁红英 | |
| 职能部门 | 办公室　　　　人事处　　　　科研组织处<br>机关党委　　　行政处　　　　财务处<br>离退休干部处 | | | |
| 科研院所 | 文化研究所　　　　　　历史研究所　　　　　哲学研究所<br>国际儒学研究与交流中心　省马克思主义研究中心　法学研究所<br>社会学研究所　　　　　人口学研究所　　　　经济研究所<br>农村发展研究所　　　　国际经济研究所　　　省情研究院<br>财政金融研究所　　　　山东省海洋经济文化研究院<br>当代宗教金融研究所（省国际邪教问题研究中心）<br>政策研究室（创新工程办公室） | | | |
| 科辅部门 | 《东岳论丛》编辑部 | | | |

# 河南省社会科学院概览

| 全称 | 河南省社会科学院 | | 地址 | 郑州市丰产路21号 |
|---|---|---|---|---|
| 网址 | http://www.hnass.com.cn/ | 邮编 450002 | 电话<br>传真 | 0371　63936112<br>0371　63933398 |
| 编制总额 | | | 实有人数 | 227 |
| 管理岗位 | 70 | 专业岗位　157 | 工勤岗位 | |
| 党委（党组）书记 | | 魏一明 | 院长 | 张占仓 |
| 纪委书记 | 周　立 | 副院长 | | 丁同民　袁凯声 |
| 职能部门 | 办公室　　　科研处（对外学术交流中心）　人事教育处<br>行政处　　　离退休工作处　　　　　　　机关党委<br>监察室 ||||
| 科研机构 | 经济研究所　　　　工业经济研究所　　　农村发展研究所<br>城市与环境研究所　政治与党建研究所　法学研究所<br>社会发展研究所　　哲学与宗教研究所　文学研究所<br>历史与考古研究所 ||||
| 科辅部门 | 文献信息中心　　　《中州学刊》杂志社　　《区域经济评论》杂志社<br>《中原文化研究》杂志社 ||||

# 湖北省社会科学院概览

| 全称 | 湖北省社会科学院 | | 地址 | 武汉市武昌区东湖路165号 | |
|---|---|---|---|---|---|
| 网址 | http://www.hbsky.cn/ | 邮编 | 430077 | 电话<br>传真 | 027　86792083<br>027　86783511 |
| 编制总额 | 234 | | 实有人数 | 207 | |
| 管理岗位 | 76 | 专业岗位 | 113 | 工勤岗位 | 18 |
| 党委（党组）书记 | | 张忠家 | 院长 | | 宋亚平 |
| 副书记 | 宋亚平 | 党组成员<br>副院长 | 张忠家　刘玉堂　秦尊文　杨述明　魏登才<br>张忠家　刘玉堂　秦尊文　杨述明 | | |
| 副巡视员 | 黄　勇 | 秘书长 | 魏登才 | | |
| 职能部门 | 办公室　　　　人事处　　　　科研处<br>机关党委　　　离退休干部处　研究生处<br>行政管理处　　财务室 | | | | |
| 科研机构 | 经济研究所　　　农村经济研究所　　长江流域经济研究所<br>中部发展研究所　财贸研究所　　　　马克思主义研究所<br>政法研究所　　　社会学研究所　　　哲学研究所<br>文史研究所　　　楚文化研究所 | | | | |
| 科辅部门 | 《江汉论坛》杂志社　　图书情报中心 | | | | |

# 湖南省社会科学院概览

| 全称 | 湖南省社会科学院 | | 地址 | 长沙市德雅村 |
|---|---|---|---|---|
| 网址 | http://www.bass.gov.cn | 邮编 410003 | 电话 传真 | 0731 84219150 0731 84219173 |
| 编制总额 | | | 实有人数 | 183 |
| 管理岗位 | 49 | 专业岗位 134 | 工勤岗位 | |
| 党委（党组）书记 | | 刘建武 | 院长 | 刘建武 |
| 副书记 | | 党组成员 副院长 | 周小毛　贺培育　刘云波 | |
| 职能部门 | 办　公　室　　科　研　处　　人　事　处 后勤与财务处　　机关党委　　纪检监察室（工会） 离退休办公室 | | | |
| 科研机构 | 文学研究所　　　　　　　　历史研究所 哲学研究所　　　　　　　　经济研究所 区域经济与系统工程研究所　产业经济研究所 中国马克思主义研究所　　　社会学研究所 人力资源研究所 | | | |
| 科辅部门 | 文献信息中心（图书馆）　　　　期刊社 湖南省湘学研究院办公室 湖南省文化创意产业研究中心办公室 美国问题研究中心办公室 | | | |

# 广东省社会科学院概览

| 全称 | 广东省社会科学院 | | 地址 | 广州市天河北路618号 | |
|---|---|---|---|---|---|
| 网址 | http://www.gdass.gov.cn/ | 邮编 | 510635 | 电话<br>传真 | 020 38809459<br>020 38803307 |
| 编制总额 | | | 实有人数 | | 248 |
| 管理岗位 | 71 | 专业岗位 | 165 | 工勤岗位 | 12 |
| 党委（党组）书记 | 蒋斌 | | 院长 | | 王珺 |
| 副书记 | 王珺 | 副院长 | 刘小敏 周薇 温宪元 章扬定 赵细康 袁俊 | | |
| 职能部门 | 办公室　　　科研处<br>人事处　　　党委办公室（监察室） | | | | |
| 科研机构 | 当代马克思主义研究所　　精神文明研究所　　财政金融研究所<br>国际经济研究所　　　　现代化战略研究所　　宏观经济研究所<br>企业研究所　　　　　　产业经济研究所　　　历史与孙中山研究所<br>哲学与宗教研究所　　　社会学与人口学研究所　法学研究所<br>文化产业研究所 | | | | |
| 科辅部门 | 《亚太经济时报》社　　　广东省社会科学综合开发中心<br>广东省省情调查研究中心　《广东社会科学》杂志社<br>图书馆（社会科学信息中心） | | | | |

# 广西社会科学院概览

| 全称 | 广西社会科学院 | | 地址 | 南宁市新竹路5号 | |
|---|---|---|---|---|---|
| 网址 | http://gass.gx.cn/ | 邮编　530022 | 电话 传真 | 0771　5866835 0771　5865753 | |
| 编制总额 | | | 实有人数 | 136 | |
| 管理岗位 | | 专业岗位 | | 工勤岗位 | |
| 党委（党组）书记 | 吕余生 | 院长 | | 吕余生 | |
| 副书记 | 谢林城 | 副院长 | 谢林城　黄志勇　刘建军　黄天贵　黄信章(纪检组长) | | |
| 职能部门 | 办公室　　　人事处 科研处　　　党群处 后勤管理处 | | | | |
| 科研机构 | 东南亚研究所　　　哲学研究所　　　区域经济研究所 工业经济研究所　　数量经济研究所　农村发展研究所 民族研究所　　　　社会学研究所　　文化研究所 台湾研究中心　　　当代广西研究所 | | | | |
| 科辅部门 | 信息中心 院刊编辑部 | | | | |

# 海南省社会科学院概览

| 全称 | 海南省社会科学院 | | 地址 | 海口市海府路 49 号 | |
|---|---|---|---|---|---|
| 网址 | http://www.hnskl.net/ | 邮编 | 570203 | 电话<br>传真 | 0898 65361853<br>0898 65395123 |
| 编制总额 | 9 | | 实有人数 | | 9 |
| 管理岗位 | | 专业岗位 | 9 | 工勤岗位 | |
| 党委（党组）书记 | | 赵康太 | | 院长 | 赵康太 |
| 副书记 | | 副院长 | | 祁亚辉 詹兴文 韩江帆 | |
| 职能部门 | 科研管理处 | | | | |
| 科研机构 | 国际旅游岛研究所<br>南海经济社会发展研究所<br>地方历史与文化研究所 | | | | |
| 科辅部门 | 《南海学刊》编辑部 | | | | |

# 重庆社会科学院概览

| 全称 | 重庆社会科学院 | | 地址 | 重庆市江北区桥北村270号 | |
|---|---|---|---|---|---|
| 网址 | http://www.cqass.net.cn/ | 邮编 | 400020 | 电话 | 023 86856411 |
| | | | | 传真 | 023 86856414 |
| 编制总额 | 145 | | 实有人数 | 127 | |
| 管理岗位 | 49 | 专业岗位 | 78 | 工勤岗位 | |
| 党委（党组）书记 | | 陈澍 | 院长 | 陈澍 | |
| 副书记 | | 党组成员 副院长 | 陈红　张波　王胜　陈劲 | | |
| 职能部门 | 办公室（财务处）　　科研组织处　　秘书处（综合处）<br>人事处　　　　　　　后勤处<br>机关党委 | | | | |
| 科研机构 | 哲学与政治学研究所　　文史研究所　　　　法学研究所<br>社会学研究所　　　　　产业经济研究所　　城市发展研究所<br>区域经济研究所　　　　财经研究所　　　　农村发展研究所<br>公共政策研究部 | | | | |
| 科辅部门 | 图书馆　　　　　　　　培训中心<br>对外学术交流中心　　　《改革》杂志社 | | | | |

# 四川省社会科学院概览

| 全称 | 四川省社会科学院 | | 地址 | 成都青羊区一环路西一段155号 | |
|---|---|---|---|---|---|
| 网址 | http://www.sass.cn/ | 邮编 | 610071 | 电话 | 028 87019309 |
| | | | | 传真 | 028 87019971 |
| 编制总额 | | | 实有人数 | 450 | |
| 管理岗位 | 120 | 专业岗位 | 330 | 工勤岗位 | |
| 党委书记 | | 李后强 | | 院长 | 侯水平 |
| 副书记 | 陈井安 | 党委委员 | 杨钢 郭晓鸣 李明泉 盛毅 郑泰安 向宝云 | | |
| 纪检组长 | 向宝云 | 副院长 | 杨钢 郭晓鸣 李明泉 盛毅 郑泰安 | | |
| 职能部门 | 党政办公室（综合研究室）　　人事处（职称改革领导小组办公室）<br>科研处（对外学术交流中心）　　机关党委（工会）<br>后勤管理处（保卫处）　　　　　财务处<br>离退休人员工作处　　　　　　　监察处（纪委办公室） ||||||
| 科研机构 | 政治学研究所　　毛泽东思想研究所　　哲学与文化研究所<br>管理学研究所　　历史研究所　　　　　法学研究所<br>产业经济研究所　民族与宗教研究所　　文学研究所<br>社会学研究所　　新闻传播研究所　　　金融与财贸经济研究所<br>农村发展研究所　区域经济研究所　　　经济研究所<br>四川震灾研究中心　印度研究中心 ||||||
| 科辅部门 | 《社会科学研究》杂志社　　　　文献信息中心（"四川社会科学在线"网站）<br>四川省社会科学院研究生院　　　四川企业管理与开发研究中心 ||||||

# 贵州省社会科学院概览

| 全称 | 贵州省社会科学院 | | 地址 | 贵阳南明区西湖路梭石巷19号 |
|---|---|---|---|---|
| 网址 | http://www.gzass.net.cn/ | 邮编 550002 | 电话<br>传真 | 0851 5934737<br>0851 5929673 |
| 编制总额 | | | 实有人数 | 180 |
| 管理岗位 | 48 | 专业岗位 132 | 工勤岗位 | |
| 党委（党组）书记 | | 金安江 | 院长 | 吴大华 |
| 副书记 | 吴大华 | 党委常委<br>副院长 | 汤会琳 王朝新 宋 明 索晓霞<br>唐显良（机关党委书记） | |
| 职能部门 | 党政办公室　　　　机关党委　　　　　人事处<br>科研处　　　　　　纪委监察室　　　　后勤处<br>财务处　　　　　　离退休干部处 ||||
| 科研机构 | 历史研究所　　　　文化研究所　　　　民族研究所<br>社会研究所　　　　法律研究所　　　　区域经济研究所<br>城市经济研究所　　农村发展研究所　　对外经济研究所<br>工业经济研究所　　党建研究所　　　　传媒与舆情研究所（社科信息部） ||||
| 科辅部门 | 《贵州社会科学》编辑部<br>图书信息中心 ||||

# 云南省社会科学院概览

| 全称 | 云南省社会科学院 | | 地址 | 昆明市环城西路577号 |
|---|---|---|---|---|
| 网址 | http://www.sky.yn.gov.cn/ | 邮编　650034 | 电话<br>传真 | 0871　4141310<br>0871　4142394 |
| 编制总额 | 309 | | 实有人数 | 284 |
| 管理岗位 | 58 | 专业岗位　244 | 工勤岗位 | 7 |
| 党组书记 | | 何祖坤 | 院长 | 何祖坤 |
| 副书记 | | 副院长 | | 杨正权　边明社　王文成 |
| 职能部门 | 办公室　　　　　　科研处　　　　　　人事教育处<br>培训部　　　　　　机关党委办公室　　纪检监察审计室<br>离退休人员管理处　行政处　　　　　　国际学术交流中心 |||||
| 科研机构 | 马列主义毛泽东思想研究所　　哲学研究所　　　　历史研究所(文献研究所)<br>民族学研究所　　　　　　　　民族文学研究所　　经济研究所<br>农村发展研究所　　　　　　　东南亚研究所　　　南亚研究所<br>社会学研究所　　　　　　　　宗教研究所　　　　印度研究所<br>孟加拉国研究所　　　　　　　缅甸研究所　　　　越南研究所<br>老挝研究所　　　　　　　　　《泰国研究所》 |||||
| 科辅部门 | 图书馆　　　　　　　　　信息中心<br>《云南社会科学》编辑部　南亚东南亚研究编辑部 |||||

# 西藏自治区社会科学院概览

| 全称 | 西藏自治区社会科学院 | | 地址 | 拉萨市色拉路4号 | |
|---|---|---|---|---|---|
| 网址 | http://www.xzass.org/ | 邮编 | 850000 | 电话<br>传真 | 0891 6902143<br>0891 6324914 |
| 编制总额 | | | 实有人数 | | 119 |
| 管理岗位 | 47 | 专业岗位 | 72 | 工勤岗位 | |
| 院　长 | | 白玛朗杰 | 党委书记 | | 车明怀 |
| 副书记 | 索　林 | 副院长 | 索　林　卓玛拉姆（女）　布东列 | | |
| 副巡视员 | 吴　坚 | 受援办主任 | 徐文华 | | |
| 职能部门 | 办公室　　　　　　政工人事处<br>科研管理处　　　　社科联联络协调处<br>学术工作处 | | | | |
| 科研机构 | 马克思主义理论研究所　　民族研究所　　　宗教研究所<br>农村经济研究所　　　　　当代西藏研究所　经济战略研究所<br>贝叶经研究所　　　　　　南亚研究所 | | | | |
| 科辅部门 | 西藏藏文古籍出版社　　院刊编辑部<br>文献信息管理处（图书馆） | | | | |

# 陕西省社会科学院概览

| 全称 | 陕西省社会科学院 | | 地址 | 西安市含光路南段 177 号 | | |
|---|---|---|---|---|---|---|
| 网址 | http://www.sass.gov.cn/ | 邮编 | 710065 | 电话<br>传真 | 029 85262573<br>029 85254196 | |
| 编制总额 | | | 实有人数 | | 165 | |
| 管理岗位 | 47（含双肩挑人员） | 专业岗位 | 131 | 工勤岗位 | 5 | |
| 党委（党组）书记 | 任宗哲 | | 院长 | | 任宗哲 | |
| 党组成员<br>纪检组长 | 刘卫民 | 党组成员<br>副院长 | | 白宽犁　杨辽　毛斌 | | |
| 职能部门 | 机关党委（工会）　　　办公室　　　　　科研管理处<br>人事处　　　　　　　发展合作处　　　计划财务处<br>后勤与开发管理中心　　离退休人员工作处 | | | | | |
| 科研机构 | 中国马克思主义研究所　　经济研究所　　　农村发展研究所<br>金融投资研究所　　　　政治与法律研究所　文化产业与现代传播研究所<br>文学艺术研究所　　　　社会学研究所　　　宗教研究所<br>古籍研究所（陕西省古籍保护整理出版工作领导小组古籍整理出版办公室、陕西省古籍整理办公室） | | | | | |
| 科辅部门 | 信息中心（图书馆、新闻宣传中心）<br>《人文杂志》社　　　《新西部》杂志社 | | | | | |

# 甘肃省社会科学院概览

| 全称 | 甘肃省社会科学院 | | 地址 | 兰州市安宁区健宁路143号 | |
|---|---|---|---|---|---|
| 网址 | http://www.gsass.net.cn/ | 邮编 | 730070 | 电话<br>传真 | 0931 7766766<br>0931 7768029 |
| 编制总额 | | 156 | 实有人数 | | 137 |
| 管理岗位 | 40 | 专业岗位 | 98 | 工勤岗位 | 9 |
| 党委（党组）书记 | | | 院长 | | 王福生 |
| 副书记 | 王福生 | 副院长 | 朱智文　安文华　马廷旭　王俊莲 | | |
| 职能部门 | 办公室　　　　　科研处　　　　　　　组织人事处<br>行政计财处　　　监察室　　　　　　　学术合作处<br>机关党委　　　　工会　　　　　　　　后勤服务中心 | | | | |
| 科研机构 | 区域经济研究所　　　资源环境与城乡规划研究所　　农村发展研究所<br>文化研究所　　　　　西北历史与丝绸之路研究所　　哲学社会学研究所<br>政治研究所　　　　　法学研究所　　　　　　　　　决策咨询与公共政策研究 | | | | |
| 科辅部门 | 《甘肃社会科学》杂志社<br>信息网络数据中心 | | | | |

# 青海省社会科学院概览

| 全称 | 青海省社会科学院 | | 地址 | 西宁市城中区上滨河路1号 | |
|---|---|---|---|---|---|
| 网址 | http://www.qhass.org/ | 邮编 | 810000 | 电话 | 0971 8454679 |
| | | | | 传真 | 0971 8454679 |
| 编制总额 | 90 | | 实有人数 | 86 | |
| 管理岗位 | 21 | 专业岗位 | 57 | 工勤岗位 | 8 |
| 党委（党组）书记 | 陈 玮 | | 院长 | 陈 玮 | |
| 副书记 | | 副院长 | 淡小宁 孙发平 苏海红 | | |
| 职能部门 | 办公室（人事处） 科研管理处 后勤服务中心<br>机关党委 机关纪委 机关工会 | | | | |
| 科研院所 | 民族与宗教研究所　　文史研究所　　社会学研究所<br>政治与法学研究所　　经济学研究所　　藏学研究所<br>生态环境研究所（培训中心） | | | | |
| 科辅部门 | 《青海社会科学》编辑部<br>文献信息中心 | | | | |

# 宁夏社会科学院概览

| 全称 | 宁夏社会科学院 | | 地址 | 银川市西夏区朔方路新风巷8号 | |
|---|---|---|---|---|---|
| 网址 | http://www.nxass.com/ | 邮编 | 750021 | 电话 | 0951 2077427 |
| | | | | 传真 | 0951 2077427 |
| 编制总额 | | 139 | 实有人数 | | 115 |
| 管理岗位 | | 33 | 专业岗位 | 77 | 工勤岗位 | 5 |
| 党委（党组）书记 | | 张进海 | 院长 | | 张 廉 |
| 副书记 | 张 廉 | 党组成员 副院长 | 郭正礼 刘天明 李兴元 段庆林 | | |
| 职能部门 | 办公室　　　　科研组织处　　　　纪检组（监察室）<br>机关党委　　　财务后勤管理中心 | | | | |
| 科研院所 | 综合经济研究所　　农村经济研究所　　法学社会学研究所<br>文化研究所　　　　回族伊斯兰教研究所（中东伊斯兰教国家研究所）<br>历史研究所　　　　宁夏国史研究所（宁夏国史编审委员会办公室） | | | | |
| 科辅部门 | 社科图书资料中心<br>期刊中心 | | | | |
| 代管单位 | 宁夏地方志编审委员会办公室<br>宁夏少数民族古籍整理出版规划小组办公室<br>宁夏国史编审委员会办公室 | | | | |

# 新疆维吾尔自治区社会科学院概览

| | | | |
|---|---|---|---|
| 全称 | 新疆维吾尔自治区社会科学院 | 地址 | 乌鲁木齐市北京南路246号 |
| 网址 | http://www.xjass.cn/ | 邮编 830011 | 电话 0991 3835946<br>传真 0991 3835946 |
| 编制总额 | 246 | 实有人数 | 232 |
| 管理岗位 | 51 | 专业岗位 156 | 工勤岗位 25 |
| 党委书记 | 铁木尔·吐尔逊 | 院长 | 高建龙 |
| 副书记 | 高建龙 | 副院长 | 铁木尔·吐尔逊　葛志新　阿布都热扎克·沙依木<br>库兰·尼合买提　刘仲康　田卫疆　柴　林 |
| 职能部门 | 党政办公室<br>计划财务处<br>工会 | 组织人事处<br>机关党委<br>机关服务中心 | 科研外事处<br>纪检监察室<br>离退休职工工作处 |
| 科研机构 | 历史研究所<br>中亚研究所<br>经济研究所<br>社会学研究所 | 民族研究所<br>语言研究所<br>法学研究所<br>哲学研究所 | 宗教研究所<br>民族文化研究所<br>农村发展研究所<br>新疆中国特色社会主义理论体系研究中心 |
| 科辅部门 | 杂志社（《新疆社会科学》汉、维、哈3个编辑部，《西域研究》编辑部）<br>图书馆<br>网络信息中心 | | |